THESAURUS LITERATURAE BOTANICAE

OMNIUM GENTIUM

INDE A RERUM BOTANICARUM INITIIS AD NOSTRA USQUE TEMPORA.
QUINDECIM MILLIA OPERUM RECENSENS.

EDITIONEM NOVAM REFORMATAM
CURAVIT

G. A. PRITZEL

Leipzig
Brockhaus
1872

Facsimile of the
Original *1872* Edition
Published by
Brockhaus

ISBN 1-888262-60-5

Martino Publishing
P.O. Box 373
Mansfield Centre, CT 06250
1999

PRAEFATIO.

Ante hos viginti annos cum post octo annorum praeparationem et itinera, virorum summorum *Ernesti Meyer, Linkii, Schlechtendalii, Endlicheri, Fenzelii, Alphonsi de Candolle, Hadriani de Jussieu, Laseguii, Webbii, Leonis Comitis Henckel a Donnersmarck* ceterorumque multorum de arte botanica optime meritorum opera magnopere adjutus thesaurum librorum botanicorum locupletissimum condidissem, ex eo tempore tantis laudibus et benevolentiae documentis tantum non ab omnibus rei herbariae studiosis profectis affectus sum, ut facere non possum, quin librum refictum et usque ad recentissimum tempus suppletum iterum ederem.

Ut vero eum plenitudinis gradum, quem ipse cummaxime expetendum esse censui, attingere possem, id potissimum larga librorum copia effectum est, quam horti Regii Kewensis, societatis botanicae Francogallicae, horti botanici Patavini bibliothecae praestantissimae suppeditabant, quibus his novissimis annis usus sum. Quarum bibliothecarum usus *Josephi Hookeri, Danielis Oliveri, A. Laseguii, Roberti de Visiani* summa liberalitate mihi est concessus, quibus viris optime de me meritis gratias ago quam maximas.

Praeterea hanc iteratam editionem augendam censui et additis commentariolis biographicis ex fontibus petitis, et lectoribus ad Regiae Societatis Londinensis Catalogum praestantissimum relegandis.

Berolini Cal. Oct. 1871.

A.

Abat, *Pedro*, Professor der Botanik in Sevilla (Abatia Rz. et Pav.). Colmeiro Bot. esp. 176.

Abbatia, *Bernard*, Arzt in Toulouse, * Toulouse 1530, † Paris 1590.
«Le grand Herbier dudit *Abbatia* n'est encore imprimé lequel il a écrit à l'imitation de Fuchsius.» La Croix du Maine, Les Bibliothèques françaises, I, 72.

Abbot, *Charles*.
1* —— Flora Bedfordiensis, comprehending such plants as grow wild in the county of Bedford, arranged according to the system of Linnaeus, with occasional remarks. Bedford, W. Smith. 1798. 8. XII, 351 p., ind. et 6 tab. col. (6 s. 6 d.)

Abd-Allathif, * Bagdad 1162, † Damascus 1231.
Ernst Meyer, Geschichte der Botanik, III, 301—306.

Abel, *Clarke*, M. D. (Abelia R. Br.) * ... 1780, † Cawnpore (India) 14. Nov. 1826.
Biogr. univ., I, 58.
2* —— Narrative of a Journey in the interior of China, and of a Voyage to and from that country, in the years 1816 and 1817. London, Longman. 1818. 4. XVI, 420 p., tab.
Appendix B: *Robert Brown*, Characters and descriptions of three new species of plants; selected from the only part of Mr. Abel's China Herbarium that escaped the wreck of the Alceste; p. 374—379, 3 tab.

Abel, *Heinrich Kaspar*.
3* —— Medizinisches Kräuter-Paradiesgärtlein, in welchem die bewährtesten Kräuterarzneimittel zu finden, nebst Erörterung einiger botanischer Fragen. Frankfurt 1740. 12.

Abendroth, *Wilhelm Friedrich*.
4* —— De Coffea. D. Lipsiae. 1825. 4. 72 p.

Abercrombie, *David*, M. D., * London 1620, † London 1695.
5 —— Nova medicinae clavis sive ars explorandi medicas plantarum facultates ex solo sapore. Londini 1685. 8. 36 p.
Redit in Museo di piante rare di *Boccone*, p. 95—105 et p. 135—136.

Acerbi, *Giuseppe*, italienischer Generalconsul in Aegypten, * Castelgoffredo bei Mantua 3. Mai 1773, † Castelgoffredo 25. Aug. 1846.
6* —— Travels through Sweden, Finland and Lapland to the North cape in the years 1798 and 1799. In two volumes illustrated with 17 elegant engravings. London 1802. 4. — I: XXIV, 396 p. — II: VIII, 380 p., 17 tab. col. et nigr. (p. 257—263: of Lapland Botany.) (3 l. 3 s.)
7* —— Delle viti italiane ossia materiali per servire alla classificazione, monografia et sinonimia, preceduti dal tentativo di una classificazione geoponica delle viti. Milano 1825. 8. XV, 335 p.

Acharius, *Erik*, Professor und Provinzialmedicus in Wadstena (Acharia Thunb.), * Gefle 10. Oct. 1757, † Wadstena 14. Aug. 1819.
8* —— Lichenographiae Suecicae Prodromus. Lincopiae, Björn. 1798. 8. XXIV, 264 p., 2 tab. (col. 2½ th. — nigr. 2 th.)
9* —— Methodus, qua omnes detectos Lichenes secundum organa carpomorpha ad genera, species et varietates redigere atque observationibus illustrare tentavit Stockholmiae, Ulrich. 1803. II sectiones et suppl. 8. LV, 393, 52 p., 8 tab. (col. 6 th. — nigr. 4 th. — absque tab. 1½ th.)
10* —— Lichenographia universalis, in qua Lichenes omnes detectos, adjectis observationibus et figuris horum vegetabilium naturam et organorum carpomorphorum structuram illustrantibus, ad genera, species, varietates differentiis et observationibus sollicite definitas redegit. Goettingae, Danckwerts. 1810. 4. VIII, 696 p., 14 tab. (col. 11⅜ th. — nigr. 8 th.)

11* **Acharius**, *Erik*. Synopsis methodica Lichenum, sistens omnes hujus ordinis naturalis detectas plantas, quas, secundum genera, species et varietates disposuit, characteribus et differentiis emendatisdefinivit, nec non synonymis et observationibus selectis illustravit. Lundae, Svanborg. 1814. 8. XIII, 392 p. et effigies Acharii. (2 th.)

Ackermann, *Jakob Fidelis*, * Rüdesheim 23. April 1765, † Mannheim 28. Oct. 1815.
12* —— Ueber die Natur des Gewächses. Eine philosophische Einleitung in seine botanischen Vorlesungen. Mannheim, Schwan u. Götz. 1812. 4. 54 p. (¾ th.)

Acosta, *Christóbal*, Arzt in Burgos, * Mossambique, † Burgos 1580.
Colmeiro Bot. esp. 153.
13* —— Tractado de las drogas y medicinas de las Indias orientales con sus plantas debuxadas al vivo, que las vio ocularmente. Burgos, por Martin de Victoria. 1578. 4. 448, 38 p., praef. et ic. xyl. i. t.
latine: Aromatum et medicamentorum in orientali India nascentium liber: plurimum lucis adferens iis, quae a D. Garcia de Orto in hoc genere scripta sunt; *Caroli Clusii* opera ex hispanico sermone latinus factus, in epitomen contractus et quibusdam notis illustratus. Antwerpiae 1582. 8. 88 p. — † Ed. II. impr. cum Garciae ab Horto Aromatum historia. ib. 1593. p. 225—312. — * Ed. III. in Clusii Exoticis p. 253—294.
* *italice*: Trattato della historia natura et virtu delle droghe medicinali et altri semplici rarissimi, che vengono portati dalle Indie orientali in Europa. Con le figure delle piante ritratte e disegnate dal vivo poste a luoghi proprii. Nuevamente recato dalla Spagnuola. Venetia, Ziletti. 1585. 4. 342 p., praef., ind. et ic. xyl. i. t.
* *gallice*. Traicté des drogues et medicamens qui naissent aux Indes etc. mis en français du latin de Charles de l'Ecluse par *Antoine Colin*. — Ed. II. Lyon 1619. 8. 176 p., ind. et ic. xyl. i. t.

Acosta, *Joseph de*, * Medina del Campo um 1539, † Salamanca 15. Febr. 1600.
Colmeiro Bot. esp. 155.
14* —— Historia natural y moral de las Indias, en que se tratan las cosas notables del cielo, y elementos, metales, plantas, y animales dellas. Impresso en Sevilla, en casa de Juan de Leon. 1590. 4. 535 p. y tabla (35) p. — * Sexta edicion Madrid, por Pantaleon Azuar. 1792. 4. 306, 252 p., praef., ind.
* *latine*: Francofurti 1602. folio.
* *anglice*: London 1604. 4.
* *gallice*: Paris 1598. 8.
* *italice*: Venetia 1596. 4.

Adam, *Johann Friedrich*.
15* —— Decades quinque novarum specierum plantarum Caucasi et Iberiae, quas in itinere Comitis Mussin-Puschkin observavit, et definitionibus illustravit. (Kiliae 1805.) 8. 35 p. (*Weber* und *Mohr*, Beiträge, I, 41—75.) datirt Tiflis 10. Nov. 1802.

Adami, *Ernst Daniel*, * Zduny 19. Nov. 1716, † Pommerwitz (Schlesien) 29. Juni 1795.
16* —— Freye Gedanken über das Seltene und Betrachtenswürdige an einem zu Landeshut 1755 gefällten Buchenbaum. Breslau, Meyer. 1756. 8. 77 p., 1 tab.

Adams, *George*, Optiker, * London 1720, † London 5. März 1786.
17* —— Micrographia illustrata or the knowledge of the microscope explain'd. etc. London 1746. 4. XVI, 263 p., 65 tab. (p. 165—235 ad anatomen plantarum adeunt.) — Ed. II: ib. 1747. 4. — Ed. IV: ib. 1771. 8.

Adams, *George*, der Sohn, Optiker, * London 1750, † London 14. Aug. 1795.

18* **Adams**, *George*. Essays on the microscope; containing a practical description of the most improved microscopes etc. with a view of the organization of timber. etc. London 1787. 4. XXIII, 724 p., 31 tab. — * Ed. II: ib. 1798. 4. XX, 724 p., 32 tab. (1 *l. 8 s.*)

Adamski, *Max Joseph Adalbert Andreas Anton*, * Posen 28. Nov 1796.

19* —— Dissertatio sistens Prodromum historiae rei herbariae in Polonia a suis initiis usque ad nostra tempora. Vratislaviae, typ. Groessel. 1825. 8. 56 p.

Adanson, *Michel* (Adansonia L.), * Aix in der Provence 7. April 1727, † Paris 3. Aug. 1806
> *Lejougand*, Notice sur la vie, les travaux, les découvertes, la maladie et la mort de Michel Adanson. Paris 1808. 8. (tiré du Magazin encycl. 1806. tome V. 392–414.)
> *Cuvier*, Eloge historique. Paris 1819. 8.
> Biogr. universelle, I, 156–159.

20* —— Histoire naturelle du Sénégal, avec la relation abrégée d'un voyage fait en ce pays, en 1749–53. Paris 1757. 4. (Voyage: 190 p. Coquillages: XCVI, 275 p., 20 tab.)
> * *anglice*: London 1759. 4.
> * *germanice*: Reise nach Senegall; übersetzt von *Martini*. Brandenburg 1773. 8
> * —— Nachricht von seiner Reise nach Senegal; übersetzt von *Schreber*. Leipzig 1773. 8.

21* —— Familles des plantes. Paris, Vincent 1763. II voll. 8. — I: Contenant une préface historique sur l'état ancien et actuel de la botanique et une Théorie de cette science. CCCXXV, 189 p., 1 tab. — II: (24) 640 p. (15 *fr.*)

22* —— Histoire de la botanique et plan des familles naturelles des plantes. Deuxième édition préparée par l'auteur, publiée sur ses manuscrits par *Alexandre Adanson* et *J. Payer*. Paris, Victor Masson et fils, imprimée en 1847, publiée en 1864. 8. v, 300 p., 1 tab.

Adelburg, *Eduard von*.

23* —— Entwicklung einer analytisch-lexikalischen Methode als leichtesten und sichersten Mittels zur Erkennung der Gewächse. Wien, Singer. 1844. gr. 8. (2 *th.*)

Adler, *Wilhelm*.

24* —— Flora des Ziegenrücker Kreises und der umliegenden Gegenden, etc. Neustadt u. Ziegenrück 1819. 8. XVIII, 334 p. (1½ *th.*)

Aëtios Amydenos.
> *Ernst Meyer*, Geschichte der Botanik, II, 374–378.

Afzelius, *Adam*, Professor in Upsala (Afzelia Sm.), * Larf in Westgothland 8. Oct. 1750, † Upsala 20. Jan. 1837.

25* —— De vegetabilibus suecanis observationes et experimenta. D. Upsaliae, typ. Edman. 1785. 4. 86 p. (non continuata.)

26* —— De Rosis suecanis. D. (Tentamen I–XI.) Upsaliae 1804–13. 4. 74 p.

27* —— Genera plantarum Guineensium revisa et aucta. D. Upsaliae 1804. 4. 26 p. et tab. in tit. cum explicatione.

28 —— Remedia Guineensia. D. Upsaliae 1813–17. 4. 78 p.

29* —— Stirpium in Guinea medicinalium species novae. D. Upsaliae 1818. 4. 8 p. — Fasc. II: ib. 1829. 4. p. 9–16.

30* —— Stirpium in Guinea medicinalium species cognitae. D. I et II. Upsaliae 1825. 4.

31* —— De origine Myrrhae controversa. D. I–V. Upsaliae 1825–29. 4. 40 p.
> K. Vet. Acad. Handl. 1836, 342–345.

32* —— Reliquiae Afzelianae, sistentes Icones fungorum quos in Guinea collegit et in aere incisas excudi curavit Adamus Afzelius. Interpretatur *E. Fries*. Upsaliae, Edquist et soc. 1860. folio. 4 p., 12 tab. (2 *th.*)

Afzelius, *Peter Conrad*.

33* —— Novitiae Florae gotlandicae. D. I. Upsaliae 1844. 8. 18 p.

Agardh, *Karl Adolf*, Professor an der Universität Lund, * Badstad bei Lund 43. Jan. 1785, † Carlstad 28. Jan. 1859. (Agardhia Fr.)

34* —— Caricographia scanensis. D. Lundae, typ. Berling. 1806. 4. 22 p.

35* —— Dispositio Algarum Sueciae. D. I–IV. Lundae, typ. Berling. 1810–12. 4. 45 p.

36* **Agardh**, *Karl Adolf*. Algarum Decades I–IV. Lundae, typ. Berling. 1812–15. 4. 56 p., 3 tab.

37* —— Synopsis Algarum Scandinaviae, adjecta dispositione universali Algarum. Lundae, typ. Berling. 1817. 8. XL, 135 p. (1⅓ *th.*)

38* —— Aphorismi botanici. D. I–XVI. Lundae, typ. Berling. 1817–25. 8. 246 p.

39* —— Dissertatio de metamorphosi Algarum. Lundae, typ. Berling. 1820. 8. 18 p.

40* —— Icones Algarum ineditae. Lundae, typ. Berling. 1820–22. 4. — Fasc. I: 1820. X tab. — Fasc. II: 1822. X tab. (4 *th.*) — Editio nova. Lundae, typ. Berling. 1846. 4. (4) p., 20 tab.

41* —— Species Algarum rite cognitae cum synonymis, differentiis specificis et descriptionibus succinctis. Gryphiae, E. Mauritius. 1823–28. 8. — Vol. I: 1823. 531 p. Vol. II, sectio prior. 1828. LXXVI, 189 p. (4½ *th.*)

42* —— Systema Algarum. Lundae, typ. Berling. 1824. 8. XXXVIII, 312 p. (2 *th.*)

43* —— Classes plantarum. D. I et II. Lundae 1825. 8. 22 p., 1 tab.

44 —— Stirpes agri Rotnoviensis. D. I. Lundae 1826. 8.

45 —— Flora parochiae Bränkyrka. D. I–III. Upsaliae 1827. 8.

46* —— Antiquitates Linnaeanae. Programma academicum. Lundae, typ. Berling. 1826. folio. (18 p.)

47 —— Berättelse om en botanisk Resa till Oesterrike och Nordöstra Italien, år 1827. Stockholm 1828. 8. 15 p.
> *germanice*: von *Creplin* in Flora 1831.

48* —— Essai de réduire la physiologie végétale à des principes fondamentaux. Lund, typ. Berling. 1828. 8. 56 p. (⁵⁄₁₂ *th.*)

49* —— Icones Algarum europaearum. Représentation d'algues européennes suivie de celle d'espèces exotiques les plus remarquables récemment découvertes. Leipzic 1828–35. 8. 40 foll., 40 tab. col. (6⅔ *th.*)

50* —— Om Inskrifter i lefvande träd. D. Lund 1829. 8. 18 p.

51* —— Essai sur le développement intérieur des plantes. Lund, typ. Berling. (1829). 8. 90 p., praef.

52* —— Lärobok i Botanik. Första Afdelningen: Organografi. Malmö, typ. Thomson. 1829–30. 8. 416 p., praef., 4 tab. — * Andra Afdelningen: Växt-Biologie Malmö 1830–32. 8. VIII, 460 p. (Quaeque sectio proprio titulo instructa est.)
> * *germanice*: Lehrbuch der Botanik. Erste Abtheilung: Organographie. A. d. Schwedischen von *L. Meyer*. Mit Vorrede von *J. W. Hornemann*. Kopenhagen 1831. 8. XII, 436 p., 4 tab. — Zweite Abtheilung: Allgemeine Biologie. A. d. Schwedischen von *F. C. H. Creplin*. Mit Vorrede von *Hornschuch*. Greifswald 1832. 8. VI, 479 p., 1 tab. (4¾ *th.*)
> *danice*: Kiobnhavn 1831. 8.

53* —— Conspectus criticus Diatomacearum. D. I–IV. Lundae 1830–32. 8. 66 p. (⅔ *th.*)

54* —— Enumeratio plantarum in regione Landscronensi crescentium. D. I. Lundae 1835. 8. 16 p.
> Cat. of sc. Papers I, 22.

Agardh, *Jakob Georg*, Professor der Botanik in Lund, * Lund 1813.

55* —— De Pilularia. D. Lundae, typ. Berling. 1833. 8. 29 p., 1 tab.

56* —— Synopsis generis Lupini. Lundae, typ. Berling. 1835. 8. XIV, 43 p., 2 tab.

57* —— Novitiae Florae Sueciae ex Algarum familia. D. Lundae (Gleerup.) 1836. 8. 16 p. (50 *c.*)

58* —— Recensio specierum generis Pteridis. Lundae, typ. Berling. 1839. 8. VI, 86 p. (⅔ *th.*)

59* —— Algae maris mediterranei et adriatici, observationes in diagnosin specierum et dispositionem generum. Paris, Masson. 1842. 8. X, 164 p. (3 *fr.* 50 *c.*)

60* —— In systemata Algarum hodierna Adversaria. Lundae, typ. Berling. 1844. 8. 56 p.

61* —— Species, genera et ordines Algarum, seu Descriptiones succinctae specierum, generum et ordinum, quibus Algarum regnum constituitur. Vol. 1. 2. Lundae, Gleerup. (Paris, Masson.) 1848–63. 8. (19 *fr.* 63 *c.*) Vol. I: 1848. Fucoideae. VIII, 363 p. Vol. II: 1851–63. Florideae. XII, 1291 p.

62* —— De cellula vegetabili fibrillis tenuissimis contexta. Lundae, typ. Berling. 1852. 4. 11 p., 2 tab. (Gleerup 75 *c.*)

63* —— Theoria systematis plantarum; accedit familiarum phanerogamarum in series naturales dispositio, secundum structurae normas et evolutionis gradus instituta. Lundae, Gleerup. 1858. 8. xcvi, 404 p., ind. 28 tab. c. expl. (15 *fr*.)

64* **Agardh,** *Jakob Georg.* Vaxtsystemet Methodologi. Lund, Gleerup. 1858. 8. (1 *fr*.)
65 —— Om principerna för bestämmandet af delarnes hetydelse hos vaxterna. Programm. Lund, typ. Berling. 1862. folio.
66 —— Om Spetsbergens Alger. Programm. Lund, typ. Berling. 1862. folio.
Cat. of sc. Papers, I, 22—23.

Agassiz, *Louis,* * Mottier im Canton Freiburg 28. Mai 1807.
67 —— Tableau synoptique des principales familles naturelles des plantes avec indication des genres que l'on trouve en Suisse. Neuchatel, Petitpierre et Prince. 1833. 12. (94 p.)
68* —— Lake superior: its physical character, vegetation and animals, compared with those of other and similar regions. With a Narrative of the tour, by J. E. Cabot, and Contributions of other scientific gentlemen. Boston, Gould, Kendall and Lincoln. 1850. 8 x, 428 p., 17 tab.

Agnethler, *Michael Gottlieb,* * Hermanstadt 19. Juli 1719, † Helmstädt 17. Jan. 1752.
69* —— De Lauro. D. Halae, Gebauer. 1751. 4. 60 p.

Agosti, *Giuseppe,* Conte, * Belluno 10. Febr. 1715, † Belluno 10. Sept. 1786.
G. Pagani-Cesa, Elogio del nobile Conte Giuseppe Agosti. Belluno 1844. 4.
70* —— De re botanica tractatus in quo praeter generalem methodum et historiam plantarum eae stirpes peculiariter recensentur, quae in agro Bellunensi et Fidentino vel sponte crescunt vel arte excoluntur. Additis adnotationibus quibus plurimarum plantarum vires indicantur. Belluni, typ. Tissi. 1770. 8 max. (Cust. A—Ab.) 400 p.

Agricola, *Johann,* vernaculo nomine *Paürle,* † Ingolstadt 1570.
71* —— Medicinae herbariae libri duo, quorum primus habet herbas hujus saeculi medicis communes cum veteribus, Dioscoride videlicet, Galeno, Oribasio, Paulo, Aetio, Plinio et horum similibus. Secundus fere a recentibus medicis inventas continet herbas. Basileae, ex officina Bartholomaei Westhemeri, mense Augusto anno 1539. 8. 336 p., ind. app.
Epistola nuncupatoria data est Ingolstadii Kal. Maji 1530.

Ahlqfist, *Abraham,* * Mörbilånga (Öland) 5. Juli 1794.
72 —— Anmärkningar om Ölands physiska Beskaffenhet och Vegetation. Stockholm 1822. 8. 39 p.
73 —— Flora Runsteniensis. D. I—V. Upsaliae 1815—17. 4. 32 p.

Ahnfelt, *Nils Otto,* * Gullarp bei Lund 31. Oct. 1801, † Lund 1. Jan. 1837.
74* —— Dispositio muscorum Scaniae hypnoideorum, adjectis locis ubi singulos lectos habet, notisque quibus a descriptionibus convenientissimis recedere visi sunt. D. Lundae, typ. Berling. 1835. 8. 24 p.
Cf. Fries Novit. Florae suec. Ed. II. p. 290—302.
Hornschuch in Bot. Zeitung 1837, I, 175—176.

Aichinger von Aichenhayn, *Joseph.*
75* —— Botanischer Führer in und um Wien. Wien, Beck. 1847. 12. iv, 524 p. (1½ *th*.)

Aikin, *William E. A.*
76 —— Catalogue of phaenogamous plants and ferns native or naturalized near Baltimore. 1836 or 1837.

Ainslie, *Whitelaw.*
77* —— Materia indica; or, some account of those articles which are employed by the Hindoos, and other Eastern nations, in their medicine, arts, and agriculture; comprising also formulae, with practical observations, names of diseases in various Eastern languages, and a copious list of oriental books immediately connected with general science etc. London 1826. II voll. 8. — I: xxiv, 654 p. — II: xxx, 604 p. (2 *l*.)
Materia medica of Hindostaan. Madras 1813. 4. est editio prior ejusdem operis, haud vilis moment ad illustrandam historiam plantarum sicuti literaturam orientalem botanices.

Aiton, *William,* * Hamilton (Schottland) ... 1731, † Kew ... 1793.
78* —— Hortus Kewensis, or, a Catalogue of the plants cultivated in the royal botanic Garden at Kew. London 1789. III voll. 8. — I: xxx, 496 p. — II: 460 p. — III: 547 p., 13 tab. —
* Ed. II: enlarged by *William Townsend Aiton*. 1810—13. V voll. 8. — I: 1810. xl, 407 p. — II: 1811. 432 p. — III: 1811. 432 p. — IV: 1812. 522 p. — V: 1813. 568 p.
Altera haec editio usque ad Dodecandriae finem curis *Jonae Dryanrdi*, a classe vero XIII usque ad Cryptogamiam a *Roberto Brown* redacta est.

Aiton, *William Townsend,* der Sohn, Director des Gartens von Kew, * Kew 2. Febr. 1766, † Kew 9. Oct. 1849.
Proc. Linn. Soc. II, 82—83.
79* —— An epitome of the second edition of Hortus Kewensis for the use of practical gardeners; to which is added a selection af esculent vegetables and fruits cultivated in the royal gardens at Kew. With references to figures of the plants. London 1814. 8. xv, 376 p.

Alamanni, *Luigi,* * Florenz 28. Oct. 1495, † Amboise 15. April 1556.
80* —— La coltivatione, al christianissimo re Francesco primo. Parigi, typ. Roberti Stephani. 1546. 4. 154 p.
Haec est *Hallero* editio princeps; apud *Murr* Adnot. ad Bibl. Hallerianam superiorem Venet. 1539 offendi. Redit pluries: Firenze 1546. 12. — Firenze 1549. 8. — Firenze 1590. 8. — * Padova 1746 (et fraude bibliopolae 1718,) 4. xxxvi, 355 p. — † Verona 1745. 8. 376 p. — † Venezia 1756. 8. 280 p. — Parigi 1832. 12. (3 *fr*.) — Plurimae editiones habent vitam et effigiem autoris; de ipso carmine cf. *Hall.* Bibl. bot. 1, 297.

Albarella, *Salvatore.*
81* —— Memoria sulla radice de' vegetali considerata come organo di assorbimento. Napoli, typ. Palma. 1867. 8. 25 p.

Alberti, *Antonio.*
82* —— Flora medica ossia catalogo alfabetico ragionato delle piante medicinali descritto in lingua italiana. Milano, De Stephanis. 1817. VI voll. 8. 244, 239, 244, 245, 239, 240 p., 360 tab. col. — Ed. II: Milano 1836. 8.
83* —— Del modo di conoscere i fungi mangerecci e distinguerli dei sospetti o velenosi. Milano 1829. 4. 94 p., ind., 34 tab. col.

Alberti, *Michael,* Professor in Halle, * Nürnberg 13. Nov. 1682, † Halle 17. Mai 1757.
84* —— De Roremarino. D. Halae 1718. 4. 32 p.
85* —— De Valerianis officinalibus. D. Halae 1732. 4. 20 p.
86* —— De erroribus in pharmacopoliis ex neglecto studio botanico obviis. D. Halae 1733. 4. 24 p.

Alberti, *Salomon,* D. M., * Nürnberg 1540, † Dresden 29. März 1600.
87* —— Orationes, tres, prima, de cognitione herbarum, tironi medicinae apprime necessaria. Norimbergae 1585. 8.

Albertini, *Johannes Baptista von,* * Neuwied 17. Febr. 1769, † Berthelsdorf bei Herrnhut 6. Dec. 1831.
Wolf, Deutsche Nationalliteratur, I, 32.
88* —— et *Lewis David de* **Schweinitz.** Conspectus fungorum in Lusatiae superioris agro Niskiensi crescentium; e methodo Persooniana. Cum tabulis XII aeneis pictis, species novas 93 sistentibus. Lipsiae 1805. 8. xxix, 376 p., 12 tab. col. (7 *th*.)

Albertus de Bollstaedt, cognomine *Magnus,* qui se ipsum Albertum de Lauging appellabat, * Laugingen 1193, † Köln 1280.
89* —— Tabula Tractatuum Parvorum naturalium Alberti Magni Episcopi Ratispon. de ordine Predicatorum: De Sensu et Sensato ... de Vegetabilibus et plantis (fol. 122—179.) de ... (in fine.) Venetiis, impenso heredum quondam Octaviani Scoti Modoetensis et sociorum die 10. Martii 1517. folio.
Editio e codice manco saepissime et perperam egregito Marco Antonio Zimarae tribuitur, qui tamen reliqua Alberti opera naturali a anno 1517—19 eodem loco edidit.
90* —— Beati Alberti Magni Ratisbonensis Episcopi, ordinis Praedicatorum Opera, quae hactenus haberi potuerunt .... in lucem edita studio et labore Petri Jammy. Vol. V. Parva naturalia. (De vegetabilibus, p. 342—507.) Lugduni 1661. folio.)
Totum ex editione praecedente negligenter reimpressum, manu nimis audaci emendatum et commutatum atque scripturae aetatis accommodatum non nisi paucae adhibendum est.
91* —— *Alberti Magni* ex ordine Praedicatorum de vegetabilibus libri VII, historiae naturalis pars XVIII. Editionem criticam ab *Ernesto Meyero* coeptam absolvit *Carolus Jessen.* Berolini, typis et impensis Georgii Reimeri. 1867. 8. lii, 752 p., 2 tab.
Ernst Meyer, Geschichte der Botanik, IV. 9—84.

(Albrecht, Johann Sebastian), * Koburg 4. Juni 1695, † Koburg 8. Oct. 1774.
Memoria J. S. Albrechti. Coburgi (1774). folio.

92* —— De salicum rosis fictis neque bonorum neque malorum nunciis. (Programma.) Coburgi 1748. 4. 8 p.

Alcina, Francisco Ignacio.
Colmeiro Bot. esp. 158.

Aldrovandi, Ulisse, * Bologna 11. Sept. 1522, † Bologna 10. Mai 1605, consepultus in Sancti Stephani vetustissima basilica.
Giovanni Fantuzzi, Memorie della vita di Ul. Aldrovandi, col alcune lettere scelte d'uomini eruditi. Bononiae 1774. 4. cum effigie.
Bayle Dict., I, 150.

93* —— Dendrologiae naturalis scilicet arborum historiae libri duo. Sylva glandaria, acinosumque pomarium. Ubi eruditiones omnium generum una cum botanicis doctrinis ingenia quaecunque non parum juvant et oblectant. Ovidius Montalbanus opus summo labore collegit, digessit, concinnavit. Bononiae, typ. Ferroni. 1668. (in tergo: 1667.) folio. 660 p., ind. et ic. xyl. i. t. — *Francofurti, typ. Ilsner. 1671. folio. 480 p., praef., ind. et ic. xyl. i. t. — *Ed. III. Montalbani nomine inscripta, cum praefatione Georgii Franci. Francofurti ad M. 1690. folio.

94 —— Pomarium curiosum ex mille ducentis autoribus collectum, continens descriptionem singularem arborum; earundem loca natalia; foecunditatem et prolificationem; sympathiam et antipathiam; culturam, usum oeconomicum etc. Bononiae 1692. folio. 480 p., ic. xyl. i. t.
Cf. Bot. Ztg. 1843, p. 52.

Alefeld, Friedrich, Arzt zu Ober-Ramstadt bei Darmstadt, * Gräfenhausen 21. Oct. 1820.

95* —— Die Bienenflora Deutschlands und der Schweiz. Darmstadt, Küchler in Comm. 1856. 8. 176 p. (⅔ th.) — Zweite Ausgabe. Neuwied, Heuser. 1863. 8. VI, 170 p. (⅔ th.)

96* —— Landwirthschaftliche Flora oder die nutzbaren cultivirten Garten- und Feldgewächse Mitteleuropas in allen ihren wilden und Culturvarietäten. Berlin, Wiegandt u. Hempel in Comm. 1866. 8. VIII, 363 p. (1 ⅙ th.)
Cat. of sc. Papers I, 40—41.

Aleksandrowitsch, G.

97* —— De familia plantarum ericacearum praecipua ratione habita earum, quae Florae Petropolitanae sunt propriae. Petropoli 1844. 8. II, 112 p., 5 tab. (rossice.)

Alexandre, Nicolas, Benedictiner, * Paris 1654, † St. Denis 1728.

98* (——) Dictionnaire botanique et pharmaceutique, contenant les principales proprietez des minéraux, des végétaux et des animaux d'usage. Paris, chez Laurent de Conte. 1716. 8. — *Paris 1802. II voll. 8. LVI, 757 p., 17 tab. — *Paris 1817. II voll. 8. XLVIII, 874 p., 17 tab. (15 fr.)

Alexandrinus, Julius, Leibarzt der Kaiser Ferdinand I., Maximilian II. und Rudolf II., * Trient 1506, † Trient 1590.

99* —— Ad Rembertum Dodonaeum epistola apologetica (de fabis veterum). Francofurti 1584. 8. 23 p.

Alexandros Trallianos.
Ernst Meyer, Geschichte der Botanik, II, 379—381.

Allcard, John, Esq., † London 9. April 1856.
Proc. Linn. Soc. 1856, no 3.

Allemão, Francisco Freire, Professor der Botanik in Rio Janeiro.

100* —— Breve noticia sobre a collecção das madeiras do Brasil apresentada na exposição internacional de 1867, pelos Srs. F. Freire Allemão, Custodio Alves Serrão, Ladisláu Netto e J. de Saldanha da Gama. Rio de Janeiro, typ. nacional. 1867. 8. 32 p.

101* —— Plantas novas do Brasil. Rio de Janeiro, typ. Laemmert. 1844—49. 4. 16 foll., 9 tab.
In hac collectione, pro parte ex «Archivo medico brasileiro» seorsim impressa continentur icones et descriptiones sequentium plantarum: Vicentia acuminata (Combretacea) 1844. — Andradea floribunda (Nyctaginea) 1845. — Poarchon fluminensis (Iridea) 1846. — Geissospermum Vellosii (Apocynea) 1846. — Myrocarpus fastigiatus (Legum.) 1847. — Myrocarpus frondosus (Legum.) 1848. — Silvia Navalium (Laurinea) 1848. — Hieronyma alchornoides (Euphorbiacea) 1848. — Ophthalmoblapton macrophyllum (Euphorbiacea) 1849.

102 **Allemão,** Francisco Freire. Trabalhos da Sociedade Vellosiana no anno de 1850. (Rio 1851.) 4. 76 p., 3 tab.

103* —— Trabalhos da Commissão scientifica de exploração. Secção botanica. 1º Folheto. Rio de Janeiro, typ. Laemmert. 1862. 4. 14, 47 p., 4 tab.

Allen, John Fisk.

104* —— Victoria regia; or the Great Water Lily of America. With a brief account of its discovery and introduction into cultivation: with Illustrations by William Sharp, from specimens grown at Salem, Massachusetts, U. St. H. Boston, printed and published for the author, by Dutton and Wentworth. 1854. fol. max. 16, (1) p., 6 tab. col. (2 l. 10 s)

Allioni, Carlo, Professor der Botanik zu Turin, * Turin 23. Sept. 1725, † Turin 28. Juli 1804.
Michel Buniva, Réflexions sur les ouvrages du Dr. Allioni. Turin 1805. 8.

105* —— Rariorum Pedemontii stirpium specimen primum. Augustae Taurinorum, typ. Zapatta. 1755. 4. 55 p., 12 tab.

106* —— Stirpium praecipuarum litoris et agri Nicaeensis enumeratio methodica, cum elencho aliquot animalium ejusdem maris. Parisiis 1757. 8. XXII, 255 p.

107* —— Synopsis methodica stirpium horti Taurinensis. (1760.) 4. 76 p.

108* —— Flora Pedemontana sive Enumeratio methodica stirpium indigenarum Pedemontii. Augustae Taurinorum, typ. Brioli. 1785. III voll. folio. — I: XIX, 344 p. — II: 366, XXIV p. — III: XIV p., 92 tab. — *Auctuarium ad Floram Pedemontanam cum notis et emendationibus. ib. 1789. 4. 53 p., 2 tab.
Florae Pedemontanae exempla tabulis coloratis rarissime occurrunt.

Allman, William, Professor der Botanik in Dublin, * Dublin 1771, † Dublin 8. Dec. 1846.

109* —— A syllabus of botanical lectures and demonstrations, to be given before the university of Dublin. Dublin 1817. 8. 10 p.

110* —— Analysis, per differentias constantes viginti, inchoata, generum plantarum phanerostemonum quae in Britanniis, Gallia et Helvetia, ultraque hos fines sponte sua crescunt. (Commencement of analysis etc.) London, Baldwin and Cradock. 1828. 4. X, 44 p.

Almeloveen, Theodor Janson van, * Mydrecht 24. Juli' 1657, † Amsterdam 28. Juli 1712. Curavit et adnotavit partem sextam Horti malabarici Henrici van Rheede van Draakenstein anno 1686.

Alpino, Prospero, * Marostica bei Vicenza 23. Nov. 1553, † Padua 5. Febr. 1617.
Elogio di Prospero Alpino Marosticense del Dir. Gaspare Federigo. Venezia 1825. 8. 36 p.
Visiani, L'Orto di Padova 15—16.

111* —— De plantis Aegypti liber. etc. Accessit etiam liber de Balsamo alias editus. Venetiis, ap. Franciscum de Fr. Senensem. 1592. 4. 80 foll., ind. et ic. — *Ed. II. emendatior cum observationibus et notis Joannis Veslingii et Alpini libro de Balsamo. Patavii, typ. Frambotti. 1640. 4. 144 p., ind., ic. i. t. praeter Dialogum de Balsamo: 54 p. et Veslingii observationes: 80 p. — *Ed. III. exstat in ejus Historiae naturalis Aegypti parte II. p. 1—70.

112* —— De plantis exoticis libri duo. Opus completum editum studio ac opera Alpini Alpini auctoris filii. Venetiis, apud Jo. Guerilium 1627. 4. 344 p., ic.

113* —— Opera posthuma. Lugduni Batavorum 1735. II voll. 4. — Pars I: Rerum Aegyptiacarum libri IV: 248 p., praef., ind., 25 tab. — Pars II: De plantis Aegypti liber auctus et emendatus; etc. de Laserpitio et Loto Aegyptia; accedunt Veslingii Opobalsami veteribus cogniti vindiciae: 306 p., ind., 72 tab.

114* —— De Balsamo Dialogus. In quo verissima balsami plantae, opobalsami, carpobalsami et xilobalsami cognitio plerisque antiquorum et juniorum medicorum occulta nunc elucescit. Venetiis sub signo Leonis. 1591. 4. (6) 27 foll.
* gallice: par Antoine Colin. Lyon 1619. 8.

115* —— De Rhapontico disputatio, in qua Rhapontici planta, quam hactenus nulli viderunt, medicinae studiosis nunc ob oculos ponitur, ipsiusque cognitio accuratius expenditur atque proponitur. Patavii 1612. 4. 30 p. — † Lugduni Batavorum 1718. 4. 25 p., 1 tab.

Alpino, *Alpino*, Sohn des Prospero, Professor der Botanik in Padua von 1633—37, * Padua ... 1603, † Padua an der Pest 12. Dec. 1637.

Alschinger, *Andreas*.

116* —— Flora Jadrensis complectens plantas phaenogamas hucusque in agro Jadertino detectas et secundum systema Linneano-Sprengelianum redactas. Jaderae, typ. Battara. 1832. 8. 248 p. ($^{11}/_{12}$ th.)
Supplementum exstat in Programmate Gymnasii Jadrensis (Zara) anni 1853.

Alston, *Charles*, Professor in Edinburgh (Alstonia R. Br.), * Eddlewood 1683, † Edinburgh 22. Nov. 1760.
Vita, obitus et scripta *Caroli Alstoni* in Comm. med. Lips. XI, 556—558.

117 —— Index plantarum praecipue officinalium, quae in horto medico Edinburgensi demonstrantur. Edinburg 1740. 8. xxv, et 66 p. praeter *Linnaei* Fundamenta. B. — *Redit in ejus Tirocinio botanico. ib. 1753. 8. 120 p.

118* —— Tirocinium botanicum Edinburgense. Edinburgi, Hamilton and Balfour. 1753. 12. 116, 120 p.

119* —— A dissertation on botany. Translated from the latin (ex tirocinio) by a physician. London, B. Dod. 1754. 8. x, 136 p.

Alten, *Johann Wilhelm von*, Apotheker in Augsburg, * 26. Febr. 1770, † ...

120 —— Augsburgische Blumenlese, oder systematisches Verzeichniss der in der Gegend um Augsburg wild wachsenden Pflanzen, als Einleitung zu einer Flora von Augsburg. Augsburg, Wolff. 1822. 8. XII, 215 p. ($^2/_3$ th.)

Altomari, *Donato Antonio ab*.

121* —— De Mannae differentiis ac viribus deque eas dignoscendi via ac ratione. Venetiis, ex officina Marci de Maria Salernitani. 1562. 4. 46 p.

Alyon, *Pierre Philippe*, * in einem Dorfe bei Puy-de-Dôme 1746, † Paris ... 1816.

122* —— Cours de botanique pour servir à l'education des enfans de S. A. le Duc d'Orléans, où l'on a rassemblé les plantes indigènes et exotiques employées dans les arts et dans la médecine. Paris (1787—88.) folio. 36 p., 101 tab. col.
Opus pulchris, quas *Jean Aubry* sculpsit, tabulis splendidum, pluribus prodiit fasciculis, et fere semper imperfectum offenditur.

Amadei, *Carlo Antonio*, * Bologna um 1650, † Bologna 1720.
Du Petit Thouars in Biographie universelle, I, 551. (1813.)

Amatus Lusitanus, nomine christiano Juan Rodrigo de Castell-Branco, * Castel-Branco bei Coimbra ... 1511, † Saloniki ... 1562.
Ernst Meyer, Geschichte der Botanik, IV, 385—389.
Colmeiro Bot. esp. 150.

123* —— Index Dioscoridis. Ejusdem historiales campi cum expositione *Joannis Roderici Castelli albi Lusitani (Amati Lusitani)*. Antwerpiae, apud viduam Martini Caesaris. 1536. folio.
Bibl. Reip. Paris.

124* —— In *Dioscoridis Anazarbei* de materia medica libros enarrationes eruditissimae *Amati Lusitani* (i. e. *Juan Rodriguez de Castelblanco*). Venetiis, apud Gualterum Scotum. 1553. 4. — *Argentini, excudebat Ribelius. 1554. 4. 536 p., praef., ind. — Venetiis, apud Jordanum Zilettum. 1557. 4. 514 p. absque figuris. B. — *In *Dioscoridis Anazarbei* de medica materia libros quinque *Amati Lusitani* enarrationes eruditae. Accedunt praeter correctiones lemmatum etiam adnotationes *Roberti Constantini*, nec non simplicium picturae ex *Leonhardo Fuchsio*, *Jacobo Dalechampio* atque aliis. Lugduni, apud viduam Arnolleti. 1558. 8. 807 p., ic. xyl. i. t., praef., ind., praeter plagulam, 30 continentem figuras *Dalechampii* easdem, quae editioni *Dioscoridis* Lugduni 1552. 8. annexae sunt.
Contra hunc librum prodiit *Matthioli* Apologia adversus *Amatum Lusitanum* cum censura in ejusdem enarrationes. Venetiis, ex officina Erasmiana Vincentii Valgrisi. 1558. 8.

Ambodik, *Nestor Maximowitsch*, Professor in Petersburg, * Veprik in der Ukraine 1740, † Petersburg 1812.

125 —— Botanicae elementaris fundamenta. Petropoli 1796. II voll. 8. — I: XV, 218 p. — II: XXIX, 270 p., 21 tab. col. (rossice.)

126 —— Novum Dictionarium botanicum rosso-latino-germanicum, conscriptum jussu societatis oeconomicae. Petropoli 1808. 4.
Est amplificatio dictionarii botanici, quod societas oeconomica jam anno 1789. 4 edi curaverat.

127* **Ambodik**, *Nestor Maximowitsch*. Plantae medicinales. Vol. 1—4. Petropoli 1783—89. 8. tab. col. pess.

Ambrosi, *Francesco*.

128* —— Flora Tyroliae australis, seu descriptio plantarum phanerogamarum in solo Tridentino terrisque adjacentibus sponte nascentium. Flora del Tirolo meridionale. Vol. I, II, 1. Padova, typ. Angelo Sicca. 1854—57. 8. — Vol. I: Monocotyledones. XX, 964 p. — Vol. II: Parte 1. Dicotyledones. 820 p., ind. Desinit in Rubiaceis.
Cat. of sc. Papers I, 55.

Ambrosini, *Bartolomeo*, Professor in Bologna, * Bologna 1588, † Bologna 1657.

129* —— Panacea ex herbis quae a Sanctis denominantur concinnata. Opus curiosis gratum, medicis vero et pharmacopoeis perutile. Cui accessit Capsicorum cum suis iconibus brevis historia. Bononiae, apud haeredes Victorii Benatii. 1630. 8. (16) 63 p., ind.

130* —— De Capsicorum varietate cum suis iconibus brevis historia. Bononiae, typ. haeredis Victorii Benatii. 1630. 8. 27 p., ind., 1 tab.
Adhaeret operi praecedenti.

Ambrosini, *Giacinto* (Professor in Bologna (Ambrosinia L.), * Bologna 1605, † Bologna 1671.
Fantucci, Scritt. bologn. I, 219.

131* —— Hortus studiosorum (Bononiae consitus), s. catalogus arborum, fruticum, suffruticum, stirpium et plantarum omnium, quae hoc anno 1657 in studiosorum horto publico Bononiensi coluntur. (Bononiae) 1657. 4. 67 p. (Affixa: Novarum plantarum hactenus non sculptarum historia, eodem autore. p. 69—103.) et ic. xyl. i. t.

132* —— Phytologiae h. e. de plantis partis primae tomus primus, in quo herbarum nostro saeculo descriptarum nomina, aequivoca, synonyma ac etymologiae investigantur. Additis aliquot plantarum vivis iconibus. Bononiae, E. de Ducciis. 1666. folio. 576 p. (34 foll.), praef., ind.

Amherst, *William Pitt*, Earl of, Gesandter in China, (Amherstia nobilis Wall.), * 14. Jan. 1773, † Knowle Park 13. März 1857.

Amici, *Giovanni Battista*, * Modena 25. März 1786, † Florenz 10. April 1863.

133* —— Osservazioni sulla circolazione del succhio nella Chara. Modena 1818. 4. 21 p., 1 tab. (Atti d. soc. ital. in Modena t. XVIII.)

134* —— Osservazioni microscopiche sopra varie piante. Modena, della tip. camerale. 1823. 4. 55 p., 6 tab. (Atti d. soc. ital. in Modena t. XIX.)

135* —— Descrizione di un' Oscillaria vivente nelle acque termali di Chianciano. Firenze 1833. 8. 14 p, 1 tab.
Cat. of sc. Papers I, 56—57.

Ammann, *Johann*, Professor der Botanik in Petersburg, * Schaffhausen 1707, † Petersburg 1741.

136* —— Stirpium rariorum in imperio rutheno sponte provenientium icones et descriptiones. Instar supplementi ad Comment. Ac. sc. imper. Petropoli ex typ. ac. sc. 1739. 4. 210 p., praef.; ind., 35 tab. ($1^7/_8$ th.)

Ammann, *Paul*, Professor in Leipzig, * Breslau 30. Aug. 1634, † Leipzig 4. Febr. 1691.
Joachim Feller, Programma in Pauli Ammanni funere. Lipsiae 1691. folio.

137* —— Ad demonstrationes herbarum programmata (duo) invitatoria. Lipsiae 1664—68. 4. (16 p.)
Est catalogus seminum et commentatio: Planta est homo inversus.

138* —— Suppellex botanica, h. e. Enumeratio plantarum, quae non solum in horto medico Academiae Lipsiensis sed etiam in aliis circa urbem viridariis, pratis ac silvis progerminare solent: cui brevis accessit de Materiam medicam manuductio. Lipsiae 1675. 8. 138, 195 p., praef., ind.

139* —— Character plantarum naturalis a fine ultimo videlicet fructificatione desumtus, ac praemisso fundamento methodi genuinae cognoscendi plantas per canones et exempla digestus. Lipsiae 1676. 12. — *Francofurti et Lipsiae apud N. Scipionem. 1685. 12. 458 p., praef. — *Auctior et correctior redditus notisque illustratus a *Dan. Nebelio.* Francofurti a. M. 1790. 12. 636 p., praef.

140* **Ammann**, *Paul*. Curae secundae, quibus character plantarum naturalis anno praeterito 1685 vel auctior vel correctior redditus fuit. Lipsiae, typ. Krüger. 1686. 12. 95 p.

141* —— Hortus Bosianus, quoad exotica solum descriptus. Lipsiae, typ. Krüger. 1686. 4. 38 p.

Ammersin, *Wendelin.*

142* —— Brevis relatio de electricitate propria lignorum. Lucernae 1754. 12. 27 p.

Amoretti, *Carlo*, bibliothekar der Ambrosiana in Mailand, * Oneglia 12. März 1741, ÷ Mailand 24. März 1816.

143* —— Viaggio da Milano ai laghi maggiore, di Lugano e di Como, e ne' monti che li circondano. Milano 1794. 8. — *Ed. III. ib. 1806. 8. — *Ed. V. ib. 1817. 8. — *Ed. VI. ib. 1824. 8 XL, 374 p., effigies autoris.
Cat. of sc. Papers I, 58.

Amoreux, *Pierre Joseph*, * Beaucaire an der Rhone 26. Febr. 1741, ÷ Montpellier Dec. 1824.
Mémoires Soc. Linn. de Paris, IV, 688—694.

144 —— Recherches et expériences sur les divers lichens d'usage en médecine et dans les arts. Lyon 1787. 8.

145* —— État de la végétation sous le climat de Montpellier ou époques des fleuraisons et des productions végétales. Montpellier 1809. 8. 254 p.

146* (——) Dissertation historique et critique sur l'origine du Cachou. Montpellier, Renaud. 1812. 8. 56 p.

147 —— Dissertation philologique sur les plantes religieuses. etc. Montpellier 1817. 8.
«Une Histoire générale et particulière des chênes est prête à paraître incessamment avec des planches.» Inedita remansit.

Anderson, *Alexander*, Director des botanischen Gartens zu St. Vincent (Andersonia R. Br.), ÷ 1813.

Anderson, *Andrew*, Arzt in Neuyork.

148* —— An Inaugural Dissertation on the Eupatorium perfoliatum of Linnaeus. New York, typ. van Winkle. 1813. 8. 75 p.

Anderson, *James*, D. M., * Hermiston bei Edinburgh 1739, ÷ Madras 6. Aug. 1809.

149* —— Correspondence for the introduction of cochineal insects from America; the varnish and tallow trees from China; the discovery and culture of white lac; the culture of red lac; and also for the introduction of mulberry trees and silk worms Madras 1794. 8.

150 —— Letters for the culture of bastard cedar trees on the coast of Coromandel. Madras 1794. 4.

151 —— Letters on various subjects connected with natural history. Madras 1793—96. 8.

Anderson, *Thomas*, M. D., Director des botanischen Gartens in Calcutta.

152* —— Florula Adenensis. A systematic account with descriptions, of the flowering plants hitherto found at Aden. London, typ. Taylor and Francis. 1860. 8. XXIV, 47 p., 7 tab.

153 Proc. Linn. Soc. Vol. V. Supplement.
—— Report (to the Secretary to the Government of Bengal) of the damages sustained by the botanical Gardens, in the Cyclone of the 5. Oct. 1864. Fcp. 1865. folio.

154* —— Catalogue of plants cultivated in the Royal Botanic Gardens, Calcutta, from April 1864 to Sept. 28, 1864. Calcutta, Bishop's College Press. 1865. 8. IV, 84, XVII p.
Cat. of sc. Papers I, 65.

Anderson, *William*, Botaniker auf der Cookschen Expedition (Andersonia R. Br.).

Anderson, *William*, seit 1815 Curator des botanischen Gartens zu Chelsea, * Easter Warriston bei Edinburgh um 1766, ÷ Chelsea 6. Oct. 1846.
Proc. Linn. Soc. I. 331—332.

Andersson, *Nils Johan*, Professor der Botanik in Stockholm, * im Stifte Linköping 1821.

155* —— Plantae vasculares circa Quickjock Lapponiae Lulensis. D. I. II. praes. *Elia Fries.* Upsaliae, Wahlström et Lästbom. 1844—45. 8. 36 p.

156* **Andersson**, *Nils Johan*. Salices Lapponiae. Cum figuris 28 specierum. Upsaliae, Wahlström et Co. 1845. 8. 90 p., 2 tab. (1 *th.*)

157* —— Conspectus vegetationis Lapponicae. Upsaliae, Wahlström et Co. 1846. 8. X, 39 p. (⅓ *th.*)

158* —— Atlas öfver den skandinaviska Florans naturliga familjer. Stockholm, Haggström. 1849. 8. 29 p., 29 tab. (2⅕ *th.*)

159* —— Plantae Scandinaviae descriptionibus et figuris analyticis adumbratae. Fasc. I. Cyperaceae. Holmiae, Haeggström. 1849. 8. 74 p., 8 tab. — Fasc. II: Gramineae. ib. 1852. 8. 112 p., 12 tab. (5⅓ *th.*)

160* —— Catabrosa algida Fr. Stockholm, typ. Beckman. 1849. 8. 8 p., 1 tab.

161 —— Lärebok i botanik. I—III. Stockholm, Berg. 1851. 8.

162 —— och *K. Fr. Thedenius.* Svensk Skol-Botanik, innefattande 250 Afbildninger af Svenska Växter. Stockholm, Haeggström. 1853. 8. 2 voll. 250 tab. col. (nigr. 12 *th.* col. 18 *th.*)

163* —— Om Galapagos-Öarnes Vegetation. Stockholm, Norstedt et Söner. 1854. 8. 256 p.
Stockholm Acad. Handl. 1853, 61—256.

164* —— Monographia Andropogonearum. I. Anthistirieae. Holmiae, typ. Norstedt. 1856. 4. 27 p, 1 tab.
Ex Novis Actis soc. sc. Ups. II, 229—256.

165* —— Konglig Svenska Fregatten *Eugenies* Resa omkring jorden, under befäl af C. A. Virgin, åren 1851—53. Botanik. Häft 1. 2. Stockholm, Norstedt et Söner. 1857. 1861. 4. 114 p., 16 tab. — I: 1857. Om Galapagos öarnes Vegetation. p. 1—84. — II: 1861. Enumeratio plantarum in insolis Galapagensibus hucusque observatorum, p. 85—114.

166* —— Salices boreali-americanae. A Synopsis of North american willows. Cambridge 1858. 8. 32 p.
Proc. Am. Ac. vol. IV.

167* —— Inledning till botaniken. I—III. Stockholm, Haeggström. 1859—65. 8.

168* —— Monographia Salicum hucusque cognitarum. Pars 1. Holmiae, Norstedt. 1867. 4. IV, 180 p., 9 tab.
Kgl. Sv. Ac. Handl. VI.

169* —— Aperçu de la végétation des plantes cultivées de la Suède. Stockholm, Norstedt. 1867. 8. IV, 96 p., 2 tab.
Elaboravit Salicineas in De Candolle Prodr. XVI, 190—331.
Cat. of sc. Papers I, 65—66.

Andrae, *Karl Justus*, Professor an der Universität Bonn.

170* —— De formatione tertiaria Halae proxima commentatio. Halis, typ. Ploetz. 1848. 8. 33 p.

171* —— Erläuternder Text zur geognostischen Karte von Halle. Halle, Knapp. 1850. 8. VIII, 98 p.

172* —— Vorweltliche Pflanzen aus dem Steinkohlengebirge der preussischen Rheinlande und Westfalens. Heft 1. 2. Bonn, Henry. 1865—67. 4. V, 34 p., 10 tab. (4 *th.* n.)

Andreae, *Johann Gerhard Reinhard*, Apotheker zu Hannover, * Hannover 17. Dec. 1724, ÷ Hannover 1. Mai 1793.

Andrejewsky, *Erastes*, M. D., * Voloczysz in Ruthenien 15. April 1809.

173* —— De thermis Aponensibus in agro Patavino commentatio physiographica. Berolini, typ. Bretschneider. 1831. 4. 42 p., 1 tab.
Notes sur les végétaux qui croissent autour et dans les eaux thermales d'Abano. Ann. sc. nat. III, 189—191. 1835.

Andrews, *Henry C.*

174* —— Botanists Repository, comprising colour'd engravings of new and rare plants only with botanical descriptions in latin and english after the Linnean system. London (1799—1811). gr. 4. X voll. 664 tab. col. totidemque foll. text. — Recensio plantarum hucusque in Repositorio botanicorum depictarum. A review of the plants hitherto figured in the Botanists Repository. With a translation of the essential and specific characters. Index duplex. London 1801. 4. 74 p., ind. (26 *l.*)

175* —— Coloured engravings of Heaths. The drawings taken from living plants only; with the appropriate specific character, full description, native place of growth and time of flowering of each; in latin and english etc. London, published by the author. 1802—30. IV voll. (à 72 tab.) folio. 288 tab. col., totidemque foll. text. Bibl. Reg. Berol.

176* **Andrews**, *Henry C.* The Heathery; or a monograph of the genus Erica, containing coloured engravings with latin and english descriptions, dissections etc. of all the known species of that extensive and distinguished tribe of plants. London 1804—12. VI voll. gr. 8. 300 tab. col. totidemque foll. text. (13 *l.* 10 *s.*)

177* —— Geraniums; or a monograph of the genus Geranium, containing coloured figures of all the known species and numerous beautiful varieties, drawn, engraved, described and coloured from the living plants. London., typ. Taylor. 1805. II voll. 4. — 124 tab. col. totidemque foll. text., ind. (9 *l.* 9 *s.*) Bibl. Imp. Ferdinandi. Bibl. Reg. Ber.

178* —— Roses; or a monograph of the genus Rosa, containing coloured figures of all the known species and beautiful varieties, drawn, engraved, described and coloured from the living plants. London 1805—28. II voll. 4. (129) tab. col. totidemque foll. text. (9 *l.*) Bibl. Imp. Ferdinandi.

Andrieux.
179 —— Catalogue raisonné des plantes, arbres et arbustes, dont on trouve des graines, des bulbes et du plant chez le Sr. *Andrieux.* Paris 1771. 8. 64, 64 p. B.

Andrzejowski, *Anton Lukianowicz*, Professor der Botanik in Wilna, * Volhynien 1784, † Stawicze (im Gouvernement Kiew) 22. Dec. 1868.
180* —— Czackia, genre déterminé et décrit. Krzemieniec 1818. 4. 7 p.

181* —— Rys botaniczny krain zwiedwnych w podróżach pomiędzy Bohem i Dniestrem od Zbruczy aż do morza Czarnego, odbytych w latach 1814, 1816, 1818 i 1822. Vilnae, typ. Zawadzki. 1823. 8. IV, 120 p.

182 —— Nauka wyrazów botanicznych. (Dictionarium glossologiae botanicae.) Cremenecii, typ. Glücksberg. 1827. 8. 218 p.

183 ——, i. *S. W. Besser,* Nazwiska roslin Grekom starożytnym znanych, na język polski przetłómaczone. (Nomina plantarum Graecis antiquis cognitarum in idioma polonicum translata.) Vilnae, typ. Marcinowski. 1827. 8. 12 p.

184* —— Rys botaniczny krain zwiedzonych w podróżach, pomiędzy Bohem a Dniestrem az do ujscia tych rzek w morze, odbytich w latach 1823 i 1824. Ciąg drugi. Vilnae, typ. Marcinowski. 1830. 8. v, 93 p.

d'Angreville, *J. E.*
185* —— La Flore vallaisanne. Genève, Mechling. 1863. 8. VIII, 218 p. (3 fr.)

Angström, *Johan.*
186* —— Dispositio muscorum in Scandinavia huscusque cognitorum. Upsaliae, Hörlin. 1842. 12. 33, (3) p.

Anguillara, *Luigi,* * Anguillara (im Kirchenstaat), † Ferrara Oct. 1570.
187* —— Semplici, liquali in piu Pareri a diversi nobili huomini scritti apaiono. Nuovamente da *M. Giovanni Marinello* mandati in luce. Vinegia, typ. Valgrisi. 1561. 8. 304 p., ind.
latine: cum notis *Casparis Bauhini,* Basileae, ap. Henric. Petrum. 1593. 8. Liber perraris exstat in Bibl. regia Berolinensi, in bibliotheca civitatis Hamburgensis, in Marciana veneta, in Horto Patavino, nec non in Palatina Vindobonensi, ubi Tournefortii exemplum servatur.
Ernst Meyer, Geschichte der Botanik, IV, 378—383.

d'Annone, *Jean Jacques,* Syndikus zu Basel (Annoną L.), * Basel 12. Juli 1728, † Basel 18. Sept. 1804.

Anomoeus, *Clemens.*
188 —— Sacrarum arborum, fruticum et herbarum Decas I et II. Kreuzgarten der Heiligen Schrift. Nürnberg 1609. 8. 2 Theile. — 1: 79 foll. — II: 144 foll. et ic. xyl. i. t. B.

Ansberque, *Edme.*
189 —— Flore fourragère de la France, reproduite par la méthode de compression dite phytoxygraphique. Lyon 1866. folio. 272 p., 270 tab. (40 *fr.*)

190 —— et *Cusin.* Herbier de la flore française, publié sous le patronage du service des parcs et jardins de la ville de Lyon par le procédé de reproduction dit de phytoxygraphie. Lyon 1867. tome 1er, in-fol. avec 190 planches représentant les Renonculacées, les Berbéridées, les Nymphéacées, les Papavéracées, les Fumariacées.
Cet ouvrage, qui formera 25 volumes in-folio, sera publié en huit années. Il peut servir d'illustration à la *Flore de France* de Grenier et Godron.

Anslijn, *Nicolaas,* * Leyden 12. Mai 1777, † 12. Sept. 1838.
191 —— Handleiding in de leer der Botanie, of Kruidkundig Leerboek, inzonderheid voor hen, die tot de Artzenijmengkunde worden opgeleid; bevattende na eene inleiding in de Kruidkunde, eene Sijstematische beschrijving dier gewassen, welke in de Nederlandsche Apotheek vermeld zijn. Amsterdam 1831. 8. met platen. (2 fr. 60 c.)

192 —— Handleiding tot de Kennis der artzenij-gewassen, welke in de nederlandsche apotheek zijn obgenomen, voornamelijk ingerigt ten behoeve van hen, die zich der geneesheel- en artzenijmengkunde wijdende etc. Leijd. 1835—38. 8. 6 tab. (5 *fr.* 70 c.)

193 —— Afbeelding der Artzenij-gewassen. Aflevering 1—34. Amsterdam 1829—39. folio. (à 1½ Gulden).

Anthon, *Ernst Friedrich.*
194* —— Tabelle über die in Deutschland vorkommenden natürlichen Pflanzenfamilien. Nürnberg 1833. gr. folio.

Antoine, *Franz,* Director des kaiserlichen Gartens zu Schönbrunn, * Wien 23. Febr. 1815.
195* —— Die Coniferen, nach Lambert, Loudon und andern frei bearbeitet. 11 Hefte. Wien 1840—47. folio. 112 p., 53 tab. col. (14⅔ *th.* col. 22 *th.*)

196* —— Der Wintergarten in der k. k. Hofburg zu Wien geschildert. Wien, Beck in Comm. 1852. folio obl. XII, 11 p., 12 tab. col. (12 *th.* n., col. 19 *th.* n.)

197* —— Die Kupressineengattungen Arceuthos, Juniperus und Sabina. Wien, Beck. (Gedruckt bei den Mechitaristen. 1857—60.) cum tabulis photographicis 1—92.

Antommarchi, *Francesco,* Napoleon's Arzt auf St. Helena, † St. Jago-de-Cuba 3. April 1838.
198* —— Derniers momens de Napoléon. Paris, Barrois. 1825. II vol. 8. 5 tab. in folio. (26 *fr.*)
In volumine secundo inest: Esquisse de la Flore de St. Hélène.

Antz, *Karl Cäsar,* * Stadt Zell an der Mosel . . . . 1805, † Greifswald 9. Febr. 1859.
199* —— Tabaci historia. D. Berolini, typ. Nietack. 1836. 8. 58 p.

200* —— und *R. E. Clemen,* Flora von Düsseldorf. Düsseldorf, Stahl. (K. Oenicke.) 1846. 8. 224 p. (⅔ *th.*)

Anzi, *Martino.*
201* —— Catalogus Lichenum quos in provincia Sondriensi et circa Novum-Comum collegit et in ordinem systematicum digessit. Novi Comi, ex officina Caroli Franchi bibliopolae. 1860. 8. XVI, 126 p. (4 *Lire.*)

202 —— Neosymbola Lichenum rariorum vel novorum Italiae superioris. Mediolani 1866. 8.

203 —— Analecta lichenum rariorum vel novorum Italiae superioris. Novi Comi 1868. 28 p. 8.

Apicius Coelius.
204* —— *Apicii Coelii* de opsoniis et condimentis sive arte coquinaria libri decem. Cum annotationibus *Martini Lister,* et notis selectioribus variisque lectionibus integris Humelbergii, Barthii, Reinesii, A. von der Linden, et aliorum, ut et variarum lectionum libello. Amstelodami 1709. 8.
Cf. *Dierbach,* Flora Apiciana, Heidelberg 1831. 8. und *Ernst Meyer,* Geschichte der Botanik, II, 236—249.

Apollinaris, *Quintus.*
205* —— Kurtz Handtbüchlin und experiment vieler Artzneyen... Sampt lebendiger Abcontrafactur etlicher gemeiner Kreuter, und daraus mancherley gebranten und distillirten Gewässer. Jetzundt von nuwem gemehrt und gebessert an vielen orten. Gedruckt zu Franckfurt am Mayn, durch Hermann Gülfferichen. 1550. 8. praef., ind. 152 foll. ic. xyl.
Editio prima autoris prorsus ignoti mihi non innotuit. Redit pluries: * Strassburg, bei Josia Rihel. 1571. 8. — * ib. 1599. 8. — * Strassburg 1633. 8. — * Strassburg 1651. 8. — * *latine:* opera Rudolphi Goclenii. Francofurti 1610. 8.

Aquilani, *Massimo.*
206* —— Origine, qualità e spezie di poponi e altro. Firenze, Marescotti. 1602. 4. 17 p.

Archer, *Thomas Croxen* (Archeria Hook. fit.)
207 —— Popular economic botany, or description of the botanical and commercial characters of the principal articles of vegetable origin, used for food, clothing, tanning, dyeing, building, medicine, perfumery etc. London, Reeve and Co. (Routledge). 1853. 8. (7 s. 6 d.) c. 13 tab. col.
 Hooker Journal of botany V. 284—288.
208 —— First steps to economic botany. London, Routledge. 1854. 8. (2 s 6 d.)
209 —— Vegetable products of the world, in common use. London, Routledge. 1862. 8. (2 s. 6 d.)
210* —— Profitable plants; a description of the principal articles of vegetable origin used for food, clothing, tanning, dyeing, building, medicine, perfumery etc. With 20 col. plates. London, Routledge. 1865. 12. xv, 359 p. 12 tab. col. (5 s.)
 Cat. of sc. Papers I. 85—86.

Ardissone, *Francesco*, Professor am Lyceum zu Fano.
211* —— Prospetto delle Ceramiee italiche. Pesaro, typ. Fratelli Rossi. 1867. 4. 92, (3) p., 3 tab. (15 *Lire*.)
212* —— Enumerazione delle Alghe della marca di Ancona. Torino 1867. 4. 32 p.

Ardoino, *Honoré*.
213* (——) Catalogue des plantes vasculaires qui croissent spontanément aux environs de Menton et de Monaco avec l'indication des principales espèces de Nice, Sospel, Vintimille, S. Remo etc. Turin, imprimerie royale. 1862. 8. 46 p.
214* —— Flore analytique du département des Alpes-maritimes. Menton, typ. J. V. Ardoin. 1867. 8. xv, 468 p. (9 *fr*.)

Ardoynis, *Santes de*.
215* —— Incipit liber de venenis quem magister santes de ardoynis de pesauro edere cepit venetiis die octavo novembris 1424 et ipsum ibidē diuino mediante fauore finiuit die 14 Madii 1426. Explicit: Impressum Venetiis opera Bernardini riçij de nouaria: emendatūque per ... Dnicum de Canali feltrēsez etc. 1492. die XIX mensis Julii, regnante Augustino Barbadico, inclyto Venetorum principe. folio. (3) 104 (et 1) foll. Bibl. Goett.
216* —— Opus de venenis, a multis hactenus desideratum et nunc tandem castigatissime editum. Basileae (per Henricum Petri et Petrum Pernam. 1562). folio. 514 p. et praef. *Theodori Zwinger*
 Adhaerent *Ferdinandi Ponzetti* de venenis libri tres: p. 515—573.

Arduino, *Luigi*, * Padua 29. März 1759, † Padua 5. April 1834.
217* —— Della coltura del Solano di Guinea, pianta utilissima per l'arte tintoria Istruzione etc. Padova 1793. 8. 15 p. (Opusc. scelti XVII)
218* —— Istruzione sull' olco di Cafreria. Ed. II. riformata ed accresciuta. Padova 1811. 8. 47 p., 1 tab.
219 —— Nuovo metodo per estrarre lo zucchero dalle canne dell' olco di Calfreria. Padova 1813. 8. 12 p.

Arduino, *Pietro*, * Caprino bei Verona 18. Juli 1728, † Padua 13. April 1805.
 Necrologia in *da Rio*, Giornale X, 91—95.
 Saccardo, Storia della Flora Veneta 49—52.
220* —— Animadversionum botanicarum specimen. Patavii, typ. Conzatti. 1759. 4. 27 p. 12 tab. * Specimen alterum. Venetiis, typ. Sanson. 1764. 4. 42 p, 20 tab.
221* —— Memorie di osservazioni e di sperienze sopra la coltura e gli usi di varie piante, che servono o che servir possono utilmente alla tintura, all' economia, all' agricoltura etc. Tomo I. Padova 1766. 4. xxiv, 105 p., 19 tab.
222 —— Del genere delle averie, delle sue specie e varietà della coltura ed usi economici. Padova 1789. 4. 27 p., 6 tab.

Arena, *Filippo*, * Platiae (in Sicilia) 1. Mai 1708, † . . . .
223* —— La natura e coltura de' fiori fisicamente exposta in due trattati con nuove ragioni, osservazioni e sperienze. Palermo III voll. 4. — I: 1767. viii, 440 p. — II: 1768. viii, 416, 167 p, ind. — III: (Tavole) 1767. 65 tab. folio obliq.

Arendt, *J. J. F.*
224* —— Tabellarische Uebersicht der Flora des mittlern und nördlichen Deutschlands nach dem Linné'schen Sexualsystem, verbunden mit der Methode der natürlichen Pflanzenfamilien, aufgestellt nach P. F. Cürie's Anleitung. 2. Aufl. 1828. Osnabrück 1831. 1 Bogen folio. (⅙ *th*.)
225* —— Scholia Osnabrugensia in Chloridem Hannoveranam d. h. Zusätze und Berichtigungen, unsere vaterländische Flora betreffend, mit Berücksichtigung der osnabrückschen Specialflora; eine höchst nothwendige und wichtige Zugabe zu der Chloris Hannoverana. Osnabrück, Rackhorst. 1837. 8. 35 p. (⅙ *th*.)

Arendt, *Rudolph*.
226 —— Das Wachsthum der Haferpflanze. Physiologisch-chemische Untersuchungen über Aufnahme, Vertheilung und Wanderung der Nahrungsstoffe. Leipzig, Brockhaus. 1859. 8. viii, 199 p. (1 *th*.)

Arenstorff, *C. F.*
227* (——) Comparatio nominum plantarum officinalium cum nominibus botanicis Linnaei et Tournefortii. Oder kurze Beschreibung von mehr als 300 in denen Apotheken gebräuchlichen Pflanzen, Stauden u. Bäumen etc. Berlin 1762. 8. 104 p., ind.

Areschoug, *Friedrich Wilhelm Christian*, Professor der Botanik in Lund, * 1830.
228* —— Revisio Cuscutarum Sueciae. Lundae, Berling. 1853. 8. 20 p., 1 tab.
229 —— Botaniska Observationer. Akademisk Afhandling. Lund, Berling. 1854. 8. 20 p.
230* —— Bidrag till Groddknopparnas Morfologi och Biologi. Akademisk Afhandling. Lund, typ. Berling. 1857. 4. 55 p., 7 tab.
231* —— Skånes Flora, innefattande de fanerogama och ormbunkartade växterna. Lund, Gleerup. 1866. 8. xc, 242 p. (1 ⅔ *th*.)

Areschoug, *Johann Erhart*, Professor der Botanik in Upsala, * 16. Sept. 1811.
232* —— Stirpes in regione Cimbritshamnensi sponte crescentes. D. I. Londini Gothorum 1831. 8. 16 p.
233* —— Plantae cotyledoneae Florae Gothoburgensis quas secundum familiarum naturalium ordinem Friesianum disposuit et descripsit. Londini Gothorum, Gleerup. 1836. 8. xiv, 150 et viii p. (⅔ *th*.)
234* —— Symbolae Algarum rariorum Florae scandinavicae. D. Lundae 1838. 8. 14 p.
235* —— De Hydrodictyo utriculato. D. Lundae 1839. 8. 23 p., 1 tab.
236* —— Iconographia phycologica, seu Phycearum novarum et rariorum icones atque descriptiones. Decas I. Gothoburgi, N. J. Gumpert. (1847.) 4. 6 p., praef., tab. col. impr. 1—10.
237* —— Phyceae Scandinaviae marinae, sive Fucacearum nec non Ulvacearum, quae in maribus paeninsulam scandinavicam affluentibus crescunt, descriptiones. (Fucaceae, ex Act. Upsal. vol. XIII. Ulvaceae, ex Act. Upsal. vol. XIV.) Upsaliae, typ. Leffler et Sebell. 1850. 4. 230 p., 12 tab., sign. 1—9, 1—3. (4 ⅙ *th*.)
238 —— Dispositio muscorum in monte Kinnekulle nascentium. Pars I—V. Upsaliae, Leffler. 1854. 8. 72 p.
239 —— Lärobok i Botanik. Stockholm, tryckt hos Isaac Marcus. 1860—63. 8. vi, 409 p.
240* —— Botanikens elementer Lärobok för Skolor. Lund, typ. Berling. 1863. 8. iv, 231 p.
241* —— Observationes phycologicae. Particula prima: de Confervaceis nonnullis. Upsaliae 1866. 4. 26 p., 4 tab.
 Nova Acta Ups. vol. VI.

Aretius, *Benedictus*, nomine paterno *Marti*, * Petterkinden (Canton Bern) . . . 1505, † Bern 22. April 1574.
242* —— Stockhornii et Nessi Helvetiae montium et nascentium in eis stirpium descriptio. Impr. c operibus *Valerii Cordi*. Argentorati 1561. folio. foll. 232—235.

Aristoteles, * Stageira Olymp. 99,1 = 384 v. Chr., † Chalkis 322 v. Chr.
 Ernst Meyer, Geschichte der Botanik, I, 81—146.
243* —— Aristoteles. Graece. Ex recensione Imm. Bekkeri. Edidit Academia Regia Borussica. Vol. I. II. Berolini 1831. 4. Vol. III: Aristoteles. Latine interpretibus variis. ib. 1831. 4. Vol. IV: Scholia in Aristotelem. Collegit *Chr. A. Brandis*. ib. 1836. 4.
 Index hujus editionis diu desideratus a Bonitzio adjutoribus *J. B. Meyer* et *B. Langkavel* elaboratus mox e prelo prodibit.

244* **Aristoteles.** Phytologiae Aristotelicae fragmenta. Edidit *Fridericus Wimmer.* Vratislaviae, Max et soc. 1838. 8. XII, 98 p. (²/₃ th.)
germanice: Fragmente Aristotelischer Phytologie, in *Ernst Meyer*, Geschichte der Botanik, I, 94—145.
Illustrantia Aristotelem scripta:
 J. Gretscher. De plantis ex Aristotele potissimum collecta. D. Ingolstadii 1591. 4.
* **Fr. A. Gallisch.** De Aristotele rei naturalis scriptore. Epistola gratutatoria. Lipsiae 1776. 4. 16 p.
* **A. W. Henschel.** Commentatio de Aristotele botanico philosopho. Vratislaviae 1824. 4. 58 p. (½ th.)
 E. M. Fries. Grunddragen af Aristotelis Växt-Lära. D. I—III. Upsala 1842. 8. 48 p.
Redit in ejusdem autoris «Bot. Utflygter» p. 43—82.
germanice: von *Creplin* in Hornschuch's Archiv skand. Beiträge I. p. 6—40. und im Auszuge von *Beilschmied* in Jahresber. 1839—42. p. 394—397.
 Franz Biese. Die Philosophie des Aristoteles. Berlin 1835—42. 2 Bde. 8
 G. H. Lewes. A chapter of *Aristotle.* London, Smith & Elder. 1864. 8. (15 s.)
—— *Aristoteles.* Ein Abschnitt aus einer Geschichte der Wissenschaften, übersetzt von *Julius Victor Carus.* Leipzig, Brockhaus. 1865. 8. (XII, 392 p.) (2½ th.)
Aristotelis Problemata quae ad stirpium genus et oleracea pertinent. Cum Eobano Hesso. Argent. 1530. 8. Parisiis, apud Sim. Colin. 1533. 8. cum Brasavola. Lugd. 1537. 8. — Venetiis 1539. 8.
Armitage, *Edward.*
245 —— Lecture on the botany of Natal. Pietermaritzburg, J. Archbell & Son. 1854. 8.
Arnaud, *J. A. M.*
246* —— Flore du Département de la Haute-Loire, ou Tableau des plantes qui y croissent, disposées suivant la méthode naturelle. Puy, typ. Pasquet. 1825. 8. XX, 108 p. (1 *fr.* 75 *c.*) — Supplément. ib. 1830. 8. 39 p.
Arnaud, *J. B.*
247 —— Calendrier républicain botanique et historique. Avignon 1799. 12. 296 p.
Arnauld de la Nobleville, *Louis Daniel,* D. M., * Orléans 24. Dec. 1701, † Orléans 1. März 1778.
248 —— Description abrégée des plantes usuelles employées dans le Manuel des Dames de Charité. Paris et Orléans 1767. 12.
Arnott, *Georg Arnold Walker,* * Edinburgh 6. Febr. 1799, † Edinburgh 15. Juni 1868.
Proc. Linn. Soc. 1869, 101—102.
249* —— Disposition méthodique des espèces de Mousses. Paris, typ. Tastu. 1825. 4. 72 p.
250* —— Botany. Extract from the Encyclopedia britannica, ed. VII, vol. V, 30—141, c. 14 tab.
Cat. of sc. Papers I, 98—99.
Aromatari, *Giuseppe,* * Assisi 1586, † Venedig 16. Juli 1660.
251* —— Epistola de generatione plantarum ex seminibus. Venetiis 1625. 4. 4 p.
Redit in Discursu de rabie contagiosa. Francofurti 1626. 4. p. 7—10 et in Joach. Jungii Opusculis. Coburgi 1747. 4. p. 179—183.
Arrhenius, *Johan Pehr,* Professor in Upsala, * Järeda 27. Sept. 1811.
252* —— Monographia Ruborum Sueciae. Upsaliae, Wahlström et Låstbom. 1840. 8. 64 p.
253* —— Udkast till Växt-rikets terminologie. Upsala 1842—43. 8. 236 p. — Atlas: ib. 1843. 4. 8 p., 8 tab. (2 *Rdr.*)
254* —— Elementarkurs in botaniken. Med atlas. Upsala 1845. 8. — Ed. V. Stockholm, Författer. 1865. 8. VI, 346 p. (4 *Rdr.* 25 *öre*).
255 —— Botanikens första grunder. Upsala, Sandvallson. 1859. 8. — Ed. IV. ib. 1864. 8.
Arrondeau, *Théodore.*
256* —— Études sur la Flore de Toulouse. Monographie du genre Rosa. Bordeaux 1850. 8. 20 p.
Extrait des Actes de la Soc. Linn. vol. 20.
257* —— Flore Toulousaine, ou Catalogue des plantes qui croissent spontanément ou qui sont cultivées en grand aux environs de Toulouse. Toulouse, Gimet. 1856. 8. (3 *fr.*)
Arruda da Camara, *Manoel.*
258 —— Memoria sobre a cultura dos algodoeiros e sobre o methodo de o colher e ensacar. Lisboa 1799. 8.
259* —— Dissertação sobre as plantas do Brazil, que podem dar linhos proprios para muitos usos da sociedade, e suprir a falta do Canhamo. Rio de Janeiro, na impr. regia. 1810. 8. 49 p.
260* **Arruda da Camara,** *Manoel.* Apparecimento de uma collecção de desenhos. Rio de Janeiro 1846. 4. (1 fol., 1 tab. Azeredo pernambucana.)
261 —— Centuriae plantarum pernambucensium, quas *Martinus Ribeiro* († 1816) delineaverat, ineditae. (Cf. Oken, Isis 1848. II. 1508 et Trabalhos da Sociedade Vellosiana 1852).
Artis, *Edmund Tyrell.*
262* —— Antediluvian Phytology, illustrated by a collection of the fossil remains of plants, peculiar to the coal formations of Great Britain. London, Cumberland etc. 1825. 4. XIII, 24 p., 24 tab. — London, typ. Nichols and son. 1838. 4. (non differt.) (2 *l.* 10 *s.*)
Artus, *Wilibald,* Professor zu Jena, * Jena 7. Juli 1809.
263 —— Atlas aller in den neuesten Pharmacopoen Deutschlands aufgenommenen officinellen Gewächse nebst Beschreibung und Diagnostik der hierher gehörigen Pflanzen in pharmacognostischer und pharmacologischer Hinsicht. Sechzig Lieferungen. Leipzig, Bänsch. 1864—67. 4. XV, 396 p., 300 tab. col. (30 *th.*)
Ascherson, *Ferdinand Moritz,* Arzt in Berlin, * Fürth 29. März 1798.
264* —— De fungis venenatis. Commentatio a facultate medica univ. Berol. praemio aureo ornata. Berolini 1828. 8. VIII, 52 p. (⅜ th.)
265* —— Pharmaceutische Botanik in Tabellenform. Berlin, Schüppel. 1831. 4. IV, 82 p., 2 tab. (1 *th.*)
Ascherson, *Paul Friedrich August,* Custos des königl. Herbariums zu Berlin, * Berlin 4. Juni 1834.
266* —— Studiorum phytographicorum de Marchia Brandenburgensi specimen, continens Florae Marchicae cum adjacentibus comparationem. D. Halis, typ. Gebauer. 1855. 8. 32 p.
Uberius redit in Linnaea XXVI, 385—451.
267* —— Flora der Provinz Brandenburg, der Altmark und des Herzogthums Magdeburg. Zum Gebrauche in Schulen und auf Excursionen bearbeitet. 3 Abtheilungen. Berlin, A. Hirschwald. 1864. 8. XXII, 146, 1034 p. (4 *th.*)
268 —— Flora der Provinz Brandenburg, der Altmark und des Herzogthums Magdeburg. Im Auszuge bearbeitet unter Mitwirkung des Verf. v. *W. Lackowitz.* Berlin, A. Hirschwald. 1866. 8. x, 518 p. (1½ *th.*)
Cat. of sc. Papers I, 106.
Asclepi, *Giuseppe,* * Macerata 16. April 1706, † Rom ... Juni 1776.
Adelung, Supplemente zu Jöcher I, 1160.
—— Epitome vegetationis plantarum. Siena 1749.
Asham, *Anton.*
269 —— A littel herbal of the properties of herbes newly amended, declaring what herbs has dependences upon certain constellations etc. London 1550. 12.
Aspegren, *Gustaf Carsten,* * Carlscrona 17. August 1791, † Carlscrona 11. Juli 1828.
270* —— Försök till en Blekingsk Flora. Carlscrona, typ. Flygare. 1823. 8. XVI, 106 p.
271* —— Växt-Rikets Familje-Träd. Carlscrona 1828. 1 tab. folio. max. (Systemdarstellung durch einen Baum.)
Aspelin, *E. F.,* et *A. Thurén.*
272 —— Bidrag till Tavastehus-regionens Flora. Helsingfors 1867. 8. 24 p.
Asso y del Rio, *Ignacio Jordan de* (Assonia Cav.), * Zaragoza 1742, † Zaragoza 1814.
Colmeiro Bot. esp. 170.
273* (——) Synopsis stirpium indigenarum Aragoniae. Massiliae 1779. 4. XXIV, 160 p., ind. et 9 tab. — Mantissa stirpium indigenarum Aragoniae. 1781. p. 159—184, praef. et tab. 10—14.
274* —— Enumeratio stirpium in Aragonia noviter detectarum, impr. cum ejus Oryctographia Aragoniae. 1784. 8. p. 157—183.
Astheimer, *Romanus.*
275* —— Phytologia generalis. D. Neoburgi 1772. 4. 140 p., adn.
Bibl. S. Gallensis.

Aubin, *L. C. P.*
276* (——) Élémens succincts de la langue et des principes de botanique à l'usage des Dames. Paris, Baudouin. 1803. 8. 77 p., 16 tab. (3 fr. 50 c.)

Aublet, *Jean Baptiste Christophore Fusée,* * Salon (Provence) 4 Nov. 1723, † Paris 6. Mai 1778.
Biographie médicale I, 410
277* —— Histoire des plantes de la Guiane française, rangées suivant la méthode sexuelle avec plusieurs mémoires sur différens objets intéressants, relatifs à la culture et au commerce de la Guiane française et une notice des plantes de l'Isle de France Ouvrage orné de près de quatre cents planches en taille-douce, où sont représentées des plantes qui n'ont point encore décrites ni gravées ou qui ne l'ont été qu'imparfaitement. Londres et Paris, chez P. F. Didot. 1775. IV voll 4. xxxII, 976, 52, 160 p., 392 tab. (30 fr., Brunet.)
Icones operis praecedentis originariae in Bibl. Banksiana exstant, exceptis nonnullis ap. B III. 189. recensitis; praeterea in B. B. servabantur: Desseins des plantes non publiés, foll. 60. in 4. et Descriptiones variarum plantarum Guianensium, aliae impressae in historia ejus, aliae ineditae. 132 foll Manuscr. autoris in folio.

Aubriet, *Claude,* Maler, *Tournefort's* Reisegefährte, * Chalons an der Marne 1651, † Paris 1743.
Nagler, Künstlerlexikon, I, 184.

Aubry de la Mottraie.
278* (——) Exercices d'histoire naturelle à l'école centrale du Dép. du Morbihan. Plantes indigènes de Morbihan. Vannes. III cahiers pour les années 9—11 de la liberté. 4. 75, 31, 26 p.

Aucher-Éloy, *Pierre Martin Remi,* * Blois 2. Oct. 1792, † Dschulfa bei Ispahan 6. Oct. 1838.
G. H. v. Schubert, Biographien, III, 134—155. (1847)
279* —— Relations de voyages en Orient de 1830 à 1838, revues et annotées par Mr. le Comte *Jaubert,* accompagnées d'une carte géographique où sont tracés tous les itinéraires suivis par Aucher-Éloy. Paris, Roret. 1843. 8. Partie I et II: xxI, 775 p., 1 carte. (12 fr.)

Audouin, *Jean Victor,* * Paris 27. April 1797, † Paris 9. Nov. 1841.
280* —— Recherches anatomiques et physiologiques sur la maladie contagieuse qui attaque les vers à soie, et qu'on désigne sous le nom de Muscardine. Paris 1838. 8. 19 p., 2 tab. col.
281 —— Nouvelles expériences sur la nature de la maladie contagieuse qui attaque les vers à soie. Paris 1838. 8. 18 p.
Cat. of sc. Papers I, 119.

Audouit, *Edmond.*
282 —— Les plantes curieuses. Paris, Didier et Co. 1850. 8. (4 fr.)
283 —— L'herbier des demoiselles. Nouvelle édition, revue par *F. Höfer.* Paris, Didier. 1865. 8. VIII, 167 p, 122 tab. col. (18 fr.)

Auerswald, *Bernhard,* Lehrer in Leipzig, * Linz bei Grossenhain 19. März 1818, † Leipzig 30. Juni 1870.
284* —— und *E. A.* **Rossmässler,** Botanische Unterhaltungen zum Verständniss der heimatlichen Flora. Mit 48 Tafeln und 380 Illustrationen in Holzschnitt. Leipzig, H. Mendelssohn. 1858. 8. VIII, 510 p. (3 th. — col. 6 th.)
285* —— Anleitung zum rationellen Botanisiren. Leipzig, Veit et Co. 1860. 8. VIII, 102 p., ic. xyl. i. t. (⅔ th. n.)
286* —— Botanische Unterhaltungen zum Verständniss der heimatlichen Flora. Vollständiges Lehrbuch der Botanik in neuer und praktischer Darstellungsweise. Mit 50 Tafeln und 432 in den Text gedruckten Abbildungen. Zweite wesentlich umgearbeitete und vermehrte Auflage. Leipzig, H. Mendelssohn. 1863. 8. VIII, 415 p., 50 tab. (2½ th.)

Augier, *Augustin.*
287* —— Essai d'une nouvelle classification des végétaux, conforme à l'ordre que la nature paraît avoir suivi dans le règne végétal; d'où résulte une méthode qui conduit à la connaissance des plantes et de leurs rapports naturels. Lyon, Bruyset. 1801. 8. VIII, 240 p., 1 tableau (arbre botanique). (3 fr. 50 c.)

Augustin, *Samuel,* Prediger, * Gross-Lomnitz 26. Aug. 1729, † Georgenberg 5. Aug. 1792.
288* —— Prolegomena in systema sexuale botanicorum. D. Viennae, typ. Graeffer. 1777. 8. 84 p., 6 tab.

Aunier, *Jean Juste Noël Antoine,* * Lyon 25. Dec. 1781, † Lyon 9. Aug. 1859.
Bull. soc. bot. VII, 302

Ausius, *Henrik,* * Smoland 28. Sept. 1603, † Upsala 23. April 1659.
289* —— Disputatio physica de plantis in genere. Ubsaliae, typ. Matthiae. 1640. 4. 12, 4 p.

Autenrieth, *Hermann Friedrich,* Arzt, * Tübingen 5. Mai 1799.
290* —— Disquisitio quaestionis acad. de discrimine sexuali jam in seminibus plantarum dioicarum apparente praemio regio ornata. Additis quibusdam de sexu plantarum argumentis generalibus. Tuebingae, Laupp. 1821. 4. 61 p., 2 tab. (⅔ th.)
291* —— Ueber die ächte Augustura-Rinde. D. Stuttgart 1841. 8. 16 p.

Avé-Lallemant, *Julius Leopold Eduard,* * Lübeck 4. Juli 1803, † Lübeck 17. Mai 1867.
292* —— De plantis quibusdam Italiae borealis et Germaniae australis rarioribus. Berolini, typ. Brandes. 1829. 4. 19 p., 1 tab. (⅓ th.)

d'Avoine, *P. J.,* et *Charles* **Morren.**
293* —— Concordance des espèces végétales décrites et figurées par *R. Dodoens,* avec les noms que Linné et les auteurs modernes leur ont donnés. Malines, typ. Olbrechts. Bruxelles, Decq. 1850. 8. 146 p.

Axtius, *Johann Konrad,* D. M., Bürgermeister von Arnstadt.
294* —— Tractatus de arboribus coniferis et pice conficienda, aliisque ex illis arboribus provenientibus. Jenae 1679. 12. 118 p., 5 tab.

Ayres, *Philip Barnard,* M. Dr., Arzt am Hospital von St. Louis auf Mauritius, † St. Louis 1863.
Bull. soc. bot. X, 354.

Azara, *Felix de,* * Barbuñales 18. Mai 1742, † Aragonien 1821.
Colmeiro Bot. esp. 189.
295* —— Voyages dans l'Amérique méridionale depuis 1781—1801, publiés par *C. A. Walckender.* etc. Paris 1809. IV voll. 8. avec un atlas de 25 planches. — I: 389 p. — II: 562 p. — III: 479 p. — IV: 380 p. (42 fr.; sur pap. vélin av. pl. col. 130 fr.)
Vol II. p. 482—541 ad botanicam spectant.

B.

Babey, *Claude Marie Philibert,* * 1786, † Salins 23. Jan. 1848.
296* —— Flore Jurassienne ou description des plantes vasculaires croissant naturellement dans les montagnes du Jura et les plaines, qui sont au pied, réunies par familles naturelles et disposées suivant la méthode de De Candolle, avec l'indication des propriétés et des usages des espèces le plus généralement employées en médecine et dans les arts. Suivie d'un tableau des genres d'après le système sexuel de Linné. Paris, Audot. 1845. IV voll. 8. — I: XLII, 456 p. — II: 523 p. — III: 504 p. — IV: 532 p (36 fr)

Babel, *August.*
297* —— De graminum fabrica et oeconomia. D. Halae 1804. 4. 31 p., 1 tab. col.

Babington, *Charles Cardale,* Professor der Botanik an der Universität Cambridge (Babingtonia Ldl.)
298* —— Flora Bathoniensis: or a catalogue of the plants indigenous to the vicinity of Bath. Bath, Collings. 1834. 12. VI, 62 p., ind. — Supplement: ib. 1839. 12. p. 63—105, 1 mappa, ind.
299* —— Primitiae Florae Sarnicae, or an Outline of the Flora of the Channel Islands of Jersey, Guernsey, Alderney and Serk. Containing a Catalogue of the plants indigenous of the Islands: with occasional observations upon their distinctive characters, affinities and nomenclature. London, Longman. 1839. 8. XVI, 132 p. (4 s.)

300* **Babington**, *Charles Cardale*. Manual of British Botany, containing the flowering plants and ferns, arranged according to the natural orders. London, J. van Voorst. 1843. 8. xxiv, 400 p.
— *Ed. III: ib. 1854. 8. — *Ed. IV: ib. 1856. 8. — *Ed. V: ib. 1862. 8. — *Ed. VI: ib. 1867. 8. lii, 461 p. (10 s. 6 d.)
301* —— A synopsis of the British Rubi. London, John van Voorst. 1846. 8. 34 p.
302* —— Flora of Cambridgeshire: or a Catalogue of plants found in the County of Cambridge. London, John van Voorst. 1860. 8. lvi, 327 p. (7 s.)
303* —— The British Rubi: an attempt to discriminate the species of Rubus known to inhabit the British Isles. London, John van Voorst. 1869. 8. xii, 305 p. (5 s.)
Cat of sc. Papers I, 136—139.
304* —— A syllabus of lectures on botany. Cambridge, University press. 1868. 8. 40 p.
Babington, *Churchill*, Professor in Cambridge.
Cat. of sc. Papers I, 139.
Babo, *Lambert, Freiherr von*, * Mannheim 1790, ✝ Weinheim 20. Juni 1862.
305* —— und *J.* **Metzger**. Die Wein- und Tafeltrauben der deutschen Weinberge und Gärten. Mannheim, Hoff. 1836. 8 xvi, 251 p. (1½ th.) Atlas in folio obl. 72 tab. (12 th.) (Zweite Ausgabe: Stuttgart, Aue. 1851—55. vix differt.)
306* —— Der Weinstock und seine Varietäten. Beschreibung und Synonymik der vorzüglichsten in Deutschland cultivirten Wein- und Tafeltrauben mit Hinweisung auf die bekannteren Rebsorten anderer europäischer Weinländer. Frankfurt a. M., Brönner. 1844. 8. 784 p. (3⅙ th.)
Bacaz, *Gregorio*.
Colmeiro Bot. esp. 188.
Baccanelli, *Giovanni*, Arzt in Reggio.
307 —— Liber de consensu medicorum in cognoscendis simplicibus. Lutetiae, apud Carolum Stephanum. 1554. 12. 140 p. (impr. cum ejus: de consensu medicorum in curandis morbis.)
Bach, *Anton*.
308* —— Abhandlung über den Nutzen der gebräuchlichsten Erdgewächse in der Arzneiwissenschaft. Breslau, Korn. 1789. 8. xvi, 78 p.
Bache, *Niels*, * Knudstrup 15. März 1748, ✝ Charlottenlund 1795.
309 —— Et par ord til publicum i anledning af den usandfaerdige beretning om den Kongelige botaniske hauge og dens gartner. Hafniae 1787. 4. 7 p.
310 —— Kammerraad *Lunds* angreb paa den botaniske haves forfatning besvaret. ib. 1788. 4. 52 p.
Bachelot de la Pylaie, *A. J. M.*, * Fougères (Ille-et-Vilaine) 25. Mai 1786.
311* —— Etudes cryptogamiques ou Monographies de divers genres de mousses, précédées d'une notice sur les environs de Fougères, et d'un essai sur la classification des mousses, dans lequel se trouvent tous les nouveaux genres qui n'ont pas encore été publiés dans les ouvrages qui traitent exclusivement de cette famille des végétaux. Paris 1815. 8. 32 p., 2 tab.
312 —— Flore de l'île de Terre-neuve et des îles Saint-Pierre et Miclon. (Paris, F. Didot. 1829) 4. 128 p.
Opus non amplius prodiit; in hac prima particula Algae adumbrantur.
Bachlechner, *Gregor*.
313* —— Verzeichniss der phanerogamen Pflanzen, welche in der Gegend von Brixen wild wachsen, mit Angabe der Fundorte und der lütenzeit. (Programm.) Brixen, typ. Weger. 1859. 8. 88, (5) p.
Bachman, *John*.
314 —— Catalogue of phaenogamous plants and ferns, native or naturalized, found in the vicinity of Charleston, S. C. 1834. 8.
Backer, *Gerard*.
315* —— De radicum plantarum physiologia, earumque virtutibus medicis plantarum physiologia illustrandis. D. Amstelodami, typ. van Munster. 1829. 8. xvi, 108 p.

Backhouse, *James* (Backhousia Hook.)
316 —— A Monograph of the british Hieracia. York, Simpson. 1856. 8. 92 p.
Cat. of sc Papers I, 147.
Bacle, *César Hippolyte*, * St. Loup bei Genf 15. Febr. 1794, ✝ Buenos-Ayres 4. Jan. 1838.
Bacon, *Francis*, Lord Verulam (Baconia DC.), * Yorkhouse, London, 22. Jan. 1561, ✝ Highgate, London, 9. April 1626.
317* —— Sylva sylvarum, or a natural history, published after the author's death by William Rowley. London 1627. folio. 266 p.
Badaro, *Giovanni Battiste* (Badaroa Bert.), *Laigueglia bei Genua 1793, ✝ St. Paul in Brasilien 1831 (erschossen als Revolutionär?)
Badcock, *Richard*.
318* —— A Letter to Mr. *Henry Baker*, containing some microscopical Observations on the farina foecundans of the Holy-oak and the Passion-Flower, dated Kensington Nov. 6. 1745.
Philos Transactions. Vol XLIV, 151—158
319 —— A Letter ... concerning the farina foecundans of the Yew-Tree. ib. p. 189—191.
Badham, *Charles David*.
320* —— The esculent mushrooms of England. London, Reeve brothers. 1847. gr. 8. x, 138 p., 21 tab. col. (1 l 1 s.) — Ed. II: edited by F. Currey. ib. 1864. gr. 8. 152 p., 12 tab. col. (12 s)
Baenitz, *C*.
321* —— Flora der östlichen Niederlausitz Mit besonderer Berücksichtigung der Umgebungen von Neuzelle, Guben, Sommerfeld und Sorau zum Gebrauche auf Excursionen. Görlitz, Heyn. (E. Remer) 1861. 8. xl, 162 p. (⅔ th.) — *Nachtrag: ib. 1868. 8. 16 p.
Bahi, *Juan Francisco* (Bahia Lag.), * Blanes in Katalonien 1775, ✝ Barcelona 1841.
Colmeiro Bot. esp 198—199.
Bahrdt, *Heinrich*, * Saarbrücken 12. Nov. 1826.
322* —— De pilis plantarum. D. Bonnae, typ. Lechner. 1849. 4. 32 p., 2 tab.
Baier, *Johann Jakob*, Professor in Altdorf, * Jena 14. Juli 1677, ✝ Altdorf 14. Juli 1735.
323* —— De Visco. D. Altdorfi 1706. 4. 36 p.
Baier, qui catalogum omnium operum suorum fecit, dissertationem hanc non agnoscit; Respondens fuit *Leonhard Friedrich Hornung*.
324* —— De Iride. D. Altdorfi 1710. 4. 20 p. (Respondens: *Albert Heering*.)
325* —— De sanguine Draconis. D. Altdorfi 1712. 4. 24 p. (Respondens: *Johann Friedrich Ochs*.)
326 —— De malo Punica. D. Altdorfi 1712. 4. 28 p. (Respondens: *Johann Christoph Weiss*.)
327 —— Millefolium. D. Altdorfi 1714. 4. 22 p. (Respondens: *Georg Jakob Lang*.)
328* —— De Scilla. D. Altdorfi 1715. 4. 24 p. (Respondens: *Georg Ludwig Corvinus*.)
329* —— De Asparago. D. Altdorfi 1715. 4. 24 p. (Respondens: *Anton a Clertio*.)
330* —— De Lilio convallium. D. Altdorfi 1718. 4. 18 p. (Respondens: *Johann Georg Zacharias Doederlin*.)
331 —— De Lupulo. D. Altdorfi 1718. 4. 20 p. (Respondens: *Johann Ehinger*.)
332 —— De Aristolochia. D. Altdorfi 1719. 4. 20 p. (Respondens: *Wilhelm Emmanuel Forster*.)
333* —— De Junipero. D. Altdorfi 1719. 4. 24 p. (Respondens: *Johann Konrad Klein*.)
334 —— De Artemisia. D. Altdorfi 1720. 4. 24 p. (Respondens: *Gottlob Ephraim Hermann*.)
335 —— De Asaro. D. Altdorfi 1721. 4. 20 p. (Respondens: *Jakob Christoph Scheffler*.)
336* —— De Helleboro nigro. D. Altdorfi 1733. 4. 16 p. (Respondens: *Gottlob Karl Bachovius*.)
337* —— De Senna. D. Altdorfi 1733. 4. 24 p. (Respondens *Johann Konrad Senner*.)
Dissertationes *Joannis Jacobi Baieri* maxima ex parte non nisi Respondentis nomine instructae sunt.

338* **Baier,** *Johann Jakob.* Horti medici Academiae Altdorfiensis Historia curiose conquisita. Accedit ejus Commemoratio celebriorum Germaniae hortorum botanico-medicorum. Altdorfi, typ. Kohles. 1727. 4. 56 p., praef., 1 tab.

Baikoff, *Demetrius.*
339 —— De plantarum epidermide. Mosquae 1843. 8. 94 p., 1 tab. (rossice.)
340 —— De plantarum geographia. Jaroslaviae 1843. 4. (rossice.)

Bail, *Theodor,* Oberlehrer an der Realschule in Danzig.
341 —— Die wichtigsten Sätze der neuern Mykologie, nebst einer Abhandlung über Rhizomorpha und Hypoxylon. Jena, Frommann. 1861. 4. (1 th.)
342 —— Mykologische Studien, besonders über die Entwickelung der Sphaeria typhina pers. Jena, Frommann. 1861. 4. 26 p., 2 tab. (1½ th.)
343* —— Ueber Pilzepizootien der forstverheerenden Raupen. Danzig, Anhuth in Comm. 1869. 8. 26 p., 1 tab.
Cat. of sc. Papers I, 155.

Bailey, *J. W.,* † West Point, U. St. 26. Febr. 1857.
Cat of sc. Papers I, 155—156

Baillet, *C.,* et **Timbal-Lagrave,** *E.*
344 —— Essai monographique sur les espèces du genre Galium des environs de Toulouse. Toulouse, Douladoure. 1862. 8. 35 p. (2 *fr.* 50 *c.*)
345* —— et **Filhol.** Études sur l'ivraie enivrante (Lolium temulentum L.) et sur quelques autres espèces du genre Lolium. Parties 1 et 2. Toulouse, typ. Pradel. 1863—64. 8. x et 120 p.

Baillon, *Emmanuel,* † Abbeville 1802.
Biogr. nouv des Cont. II, 39.
346 —— Mémoire (couronné par l'Assemblée constituante) sur les causes du dépérissement des bois. Paris 1794. 8.

Baillon, *Henri Ernest,* Arzt in Paris, * Calais 1827.
Notice sur ses travaux scientifiques. Paris 1866. 4. 90 p.
347* —— De la famille des Aurantiacées. Thèse. Paris, typ. Rignoux. 1855. 4. 59 p. (1 *fr.* 25 *c.*)
348* —— Recherches sur l'organisation des Euphorbiacées. Thèse. Paris, typ. Martinet. 1855. 4.
349* —— Des mouvements dans les organes sexuels des végétaux et dans les produits de ces organes. Thèse. Paris, typ. Rignoux. 1856. 4. 72 p.
350* —— Étude générale du groupe des Euphorbiacées. Paris, Victor Masson. 1858. gr. 8. 684, 52 p. 27 tab. (36 *fr.*)
351* —— Monographie des Buxacées et des Stylocérées. Paris, Victor Masson. 1859. 8. 89 p., 3 tab. (4 *fr.* 50 *c.*)
352* —— Adansonia. Recueil périodique d'Observations botaniques; accompagné de planches. Tomes 1—9. Paris, chez F. Savy. 1860—69. 8. (à 30 *fr.*)
353 —— Guide de l'étudiant au nouveau jardin botanique de la faculté de médecine de Paris. Paris, Savy. 1865. 8. 50 p. (1 *fr.* 25 *c.*)
354* —— Histoire des plantes. (Monographie des Renonculacées, Dilléniacées, Magnoliacées, Anonacées, Monimiacées, Rosacées) Illustrée de figures dans les textes, dessins de Faguet. Paris, Morgand. Hachette. 1867—69. 8. 488 p., ic. xyl. (28 *fr*) — Vol. II: Connaracées-Protéacées. ib. 1869—70. 8. 428 p. (22 *fr.* 50 *c.*) (Continuatur.)
355* —— Traité du développement de la fleur et du fruit. Livr 1. Paris, Masson 1868. 8. 16 p., 1 tab. (1 *fr.* 50 *c.*)
Cat. of sc. Papers I, 158.

Baines, *Henry.*
356* —— The Flora of Yorkshire. London, Longman. 1840. 8. xvi, 159 p.
Supplementum curarunt John Gilbert Baker and John Nowell, anno 1854.

Baker, *H. C.,* Kapitän.
357 —— List of specimens of wood from India. London 1836. 8.

Baker, *John Gilbert,* Custos des königl. Herbariums in Kew.
358* —— The flowering plants and ferns of Great Britain, an attempt to classify them according to their geognostic relations. London 1855. 8.
359* —— North Yorkshire; studies of its botany, geology, climate and physical geography. With four maps. London, Longman. 1863. 8. xii, 353 p., 4 tab. col. (15 *s.*)
360* **Baker,** *John Gilbert.* Review of the british Roses especially those of the North of England. Huddersfield, typ. Whestley. 1864. 8. 38 p.
Reprinted from «The Naturalist».
Cat. of sc. Papers I, 164.
Cyatheaceas et Polypodiaceas exposuit in Martii Flora brasiliensi. fasc. 49

Bakker, *Janus Petrus.*
361* —— De radice Jevarancusae. (Anatherum muricatum P. B.) Trajecti a./Rh., typ. Paddenburg. 1833. 8. 51 p.

Balbis, *Giovanni Battista* (Balbisia Willd), Professor in Turin, * Moretta in Piemont 17. Nov. 1765, † Turin 13. Febr. 1831.
Notice nécrologique sur *Giuseppe Balbis.* (Bibl. de Genève, vol. XLVI. 1831. p. 214—217.)
Colla, Elogio storico. Torino 1832. 4. 30 p.
Grongnier, Discours dans l'Académie de Lyon. (1831.)
362* —— Elenco delle piante crescenti ne' contorni di Torino. Torino dalla stamperia filantropica. 1801. 8. 102 p.
363* —— Miscellanea botanica, ubi et rariorum horti botanici stirpium minusque cognitarum descriptiones, ac additamentum alterum ad Floram Pedemontanam et ad elenchum plantarum circa Taurinensem urbem nascentium; tum locorum natalium indicatio, ac observationes botanicae continentur. (1804—6.) 4. — I: 68 p., 11 tab. — II: 43 p., 2 tab. — (Mém. de l'Acad. de Turin, vol. VII.)
364 —— Enumeratio plantarum officinalium horti botanici Taurinensis Augustae Gallorum Imperatricis Josephinae. Taurini anno XIII. 1805. 4 min., 62 p.
365 —— Flora Taurinensis sive Enumeratio plantarum circa Taurinensem urbem nascentium. Taurini, typ. Giossi. 1806. 8. xvi, 224 p.
366* —— Catalogus stirpium horti bot. Taurinensis. Taurini 1807. 8. — † ad annum 1810. ib. 67 p., Appendix: 8 p. — * ad annum 1812. ib. 80 p. — * ad annum 1813. ib. 83 p., Appendix: 1814. 18 p. (Indicantur praeterea catalogi annorum 1804. 1805. 1811.)
367 —— Horti Academiae Taurinensis stirpium minus cognitarum aut forte novarum icones et descriptiones. Fasc. I. Taurini, typ. acad. sc. 1810. 4. 28 p., 7 tab.
368* —— Flore Lyonnaise ou description des plantes qui croissent dans les environs de Lyon et sur le Mont-Pilat. Lyon, typ. C. Coque. II voll. 8. — I. 1 et 2: 1827. xvi, 890, 30 p. — II: 1828. (Cryptogames) viii, 371 p. — † Supplément. Lyon 1835. 8. 91 p., 1 tab.

Baldinger, *Ernst Gottfried* (Baldingera G.), * Gross-Vargula bei Erfurt 13. März 1738, † Marburg 2. Jan. 1804.
Georg Friedrich Creuzer, Memoria Baldingeri. Marburgi 1804. 4.
369* —— Praefatio programmatis academici, docens, Secale cornutum perperam a nonnullis ab infamia liberari. Jenae 1774. 4. 8 p.
370* —— Index plantarum horti et agri Jenensis. Goettingae, Dieterich. 1773. 8. 75 p., praef.
371* —— Ueber das Studium der Botanik und die Erlernung derselben. Jena, Strauss. 1770. 4. 18 p.
372* —— pr., De filicum seminibus. D. Jenae 1770. 4. 28 p. (Respondens: *Johann Philipp Wolff.*)
(Ludwig, Delect. opusc. bot. I, p. 310—339.)
373* —— Ueber Literargeschichte der theoretischen und praktischen Botanik. Marburg, akad. Buchhandlung. 1794. 8. 117 p.

Baldini, *Baccio,* M. D., † 1585.
374* —— Tractatus de cucumeribus. (Antiquitates cucumerum.) Florentiae, apud B. Sermatellium. 1586. 4. 16 p.

Baldus, *Baldus,* Arzt von Innocentius X, † Rom 1665.
375* —— Opobalsami orientalis in conficienda theriaca Romae adhibiti medicae propugnationes. Romae 1640. 4. 69 p. — * redit Norimbergae cum libro *Volcameri* de Opobalsami orientalis examine et sinceritate. 1644. 12.
376 —— Del vero Opobalsamo orientale discorso apologetico, dato in luce da *Ant. Manfredi* e Vinc. Panazio, Aromatari. Roma 1646. 4.

Baldwin, *William,* M. D. (Balduina Natt.), * Newlin in Pennsylvanien 29. März 1779, † Franklin (Missouri) 1 Sept. 1819.

377* —— Reliquiae Baldwinianae: selections from the correspondence of the late *William Baldwin,* M. D Surgeon in the U. S. navy. With occasional notes and a short biographical memoir. Compiled by *William Darlington.* Philadelphia, Kimber & Sharpless. 1843. 8. 346 p. et effigies *Baldwini.*

Balfour, *Andrew,* der Gründer des botanischen Gartens zu Edinburgh um 1680 (Balfouria R. Br.)

Balfour, *John Hutton,* Professor der Botanik in Edinburgh (Balfouria R. Br.), * Edinburgh 15. Sept. 1808.

378* —— and *Charles C.* **Babington.** An account of the vegetation of the outer Hebrides. (Edinburgh 1841.) 8. 24 p.

379 —— On the Flora of the Bass Rock. Edinburgh, J. Greig and son. 1847. 8. 22 p., 1 tab. col
Included in a work on the Geology and Zoology of the Bass Rock.

380 —— Manual of botany, being an introduction to the structure, physiology and classification of plants. Glasgow, Griffith. 1849. 8. 703 p., ic. xyl. — Last edition. Edinburgh, A. and C. Black. 1863. 8. (12 s. 6 d.)

381* —— Phytotheology, or, botanical Sketches, intended to illustrate the works of God in the structure, functions and general distribution of plants. London and Edinburgh, Johnstone and Hunter. 1851. 8. xvi, 242 p. ic. xyl. (3 s. 6 d.)

382 —— Class Book of botany, being an introduction to the study of the vegetable kingdom. Edinburgh, A. and C Black. 1854. 8. — Ed. II: ib. 1860. 8. 1114 p., ic. xyl. (31 s. 6 d.)

383 —— Outlines of botany, designed for schools and colleges. Edinburgh, A. and C. Black. 1854. 8. 616 p., ic. xyl. (7 s. 6 d.) — Ed. II: ib. 1862. 8. 712 p., ic. xyl. (8 s. 6 d.)

384 —— The Plants of the Bible; trees and shrubs. Edinburgh, J. Nelson and sons. 1857. royal 8. 200 p., 24 col. fig. (7 s. 6 d.)

385 —— Account of a botanical excursion to Switzerland with pupils in August 1858. Edinburgh, Maclachlan. 1859. 8. 66 p. (2 s.)

386 —— Lessons on botany for beginners, in *Constable's* Advanced Reading Book. Edinburgh, Constable. 1859. 8. (3 s. 6 d.)

387 —— Botany and Religion; or, Illustrations of the Works of God, in the Structure, Functions, Arrangements, and Distribution of Plants. Edinburgh, A. and C. Black. 1859. 8. — Ed. II: ib. 1863. 8. 436 p., ic. xyl. (7 s. 6 d.)

388 —— The botanist's companion, or directions for the use of the microscope and for the collection and preservation of plants, with a glossary of botanical terms. Edinburgh, A. and C. Black. 1860. 8. 74 p., ic. xyl. (2 s. 6 d.)

389 —— Observations on temperature in connection with vegetation, with special reference to the frost of December 1860. Edinburgh, Maclachlan and Stewart. 1861. 8. 52 p. (2 s.)

390 —— and **Sadler.** Flora of Edinburgh, being a list of plants found in the vicinity of Edinburgh. Edinburgh, A. and C. Black. 1863. 8. 174 p. (3 s. 6 d.)

391 —— The plants of the Bible. Edinburgh, J. Nelson and Sons. 1866. 8. 192 p., 48 coloured figures. (3 s. 6 d.)

392 —— The Elements of botany, for the use of schools. Edinburgh, A. and C. Black. 1869. 8. 321 p., ic. xyl. (3 s. 6 d.)
Cat. of sc. Papers I, 170—171.

Ball, *John.*

393 —— A Guide to the eastern Alps. London 1868. 8. 603 p.
Cat. of sc. Papers I, 171.

Balmis, *Francisco Javier,* spanischer Arzt (Balmisa Lag.), † nach 1803.
Colmeiro Bot. esp. 182.

394* —— Demonstracion de las eficaces virtudes nuevamente descubiertas en las raices de los plantas de Nueva España, especies de Agave y de Begonia, para la curacion del vicio venéreo y escrofuloso y de otras graves enfermedades que resisten al uso del Mercurio y demas remedios conocidos. Madrid 1794. 8. 347 p., praef., ind. et 2 tab. col.
* *germanice:* Ueber die amerik. Pflanzen Agave und Begonia, deutsch von *Kreyssig.* Leipzig 1797. 8. VIII, 156 p., 2 tab. (⅔ th.)
italice: Roma 1796. 4.

Balog, *Joseph,* D. M. (Baloghia Endl.)

395* —— D. sistens praecipuas plantas in Transsylvania sponte provenientes. Lugduni Batavorum, T. Koet. 1779. 4. 37 p.
Usteri, Delectus vol. I.

Balsamo, cognomine *Crivelli, Giuseppe Gabriel,* Professor in Mailand.

396* —— De Solanacearum familia in genere addita Verbascorum Italiae indigenorum monographia. D. (auspice *Dom. Nocca.*) Ticini regii 1824. 8. 47 p.

397* —— et *Jos. de* **Notaris,** Synopsis muscorum in agro Mediolanensi hucusque lectorum. Mediolani, typ. Rusconi. 1838. 8. 27 p.

398* —— Prodromus Bryologiae Mediolanensis. Mediolani, typ. Rusconi. 1834. 8. 194 p. (5¾ lire.)
Cat. of sc. Papers I, 173—174.

Banal, *Antoine.*

399* —— Catalogue des plantes usuelles. Montpellier (1755.) 8. 56 p. — * ib. 1780. 8. 96 p. — * ib. 1784. 8. 99 p. — ib. 1786. 8. 110 p.

Bandelow, *Adolf David,* M. D., * Dessau 1776, † Dessau 11. März 1835.

400* —— Foliorum Ilicis Aquifolii analysis et virtutes medicae. D. Halae 1789. 8. 24 p.

Bang, *Christian Friedrich.*

401* —— De plantis quibusdam sacrae botanicae. D. 1. Havniae 1767. 8. 26 p.

Banister, *John,* Missionarius ecclesiae anglicanae (Banisteria L.), † in Virginia post annum 1680.
Pulteney, Geschichte der Botanik. II, 302—303.

Banks, *George.*

402 —— An introduction to the study of english botany. London, Longman. 1823. 8. 75 p., 37 tab., effigies *Linnaei.* — Ed. II: London 1832. 8. 80 p., glossary, 37 tab. et effigies *Linnaei.* (9 s.)

403 —— Plymouth and Devonport Flora. No. 1—8. Devonport 1830—32. 8.

Banks, *Joseph* (Banksia L. fil.), * Revesby Abbey in Lincolnshire 13. Dec. 1743, † London 9. Mai 1820.
Andrew Duncan, A short account of the life of the right honourable Sir *Joseph Banks.* Edinburgh 1821. 8. 24 p.
Cuvier, Éloge historique. Paris 1821. 4. 30 p.

404* —— A short account of the cause of the disease in corn, called by farmers the blight, the mildew and the rust. London 1805. 8. 15 p., 1 tab. (1 s. 6 d. — or with the plate accurately coloured 2 s. 6 d.) — impr. cum quarta editione *Curtis* Practical observations of the british grasses.

Baptista, *Isidoro Emilio.*

405* —— Discussão dos caracteres distinctivos da familia das Paronychiaceas. Lisboa, typ. da Academia. 1855. 4. 15 p.

Barbaro, *Ermolao,* * Venedig XII. Kal. Jun. 1454, † auf einer Villa bei Rom 14. Juni 1493.
Apost. Zeno, Diss. Voss. II, 348.
Ernst Meyer, Geschichte der Botanik, IV, 219—223.

406* —— Castigationes Plinianae. Romae 1492. folio. Quaterniones 10, trierniones 7, duernio 1. — * Secundae castigationes, Romae 1493. folio. Quaterniones 3, ternio 1, duernio 1. a—cc. — * Basileae, apud Joannem Valderum. 1534. 4. 528 p., praef., ind. Bibl. Caes. Vindob.

407* —— Corollarii in *Dioscoridem* libri quinque non ante impressi. Impr. cum *Johannis Baptistae Egnatii* in *Dioscoridem* annotamentis. Venetiis 1516. folio. 106 foll. — * In *Dioscoridem* Corollariorum libri quinque. Adjectus est index eorum, quae hisce libris explicantur, quem post *Dioscoridis* indices consultò locavimus. Impr. cum *Dioscoride,* interprete *Marcello Vergilio.* Coloniae, apud Joannem Soterem. 1530, mense Februario. folio. 78 foll.

Barber, *G.*

408* —— The pharmaceutical or medico-botanical map of the world, showing the habitats of all the medicinal plants and drugs in general use. London, Simpkin. 1869. folio. (2 s.)

Barbeu-Dubourg, *Jacques*, M. D., * Mayenne 25. Febr. 1709, † Paris 13. Dec. 1779.
  Vicq d'Azyr, Oeuvres II, 181—196.
409* —— Le botaniste français, comprenant toutes les plantes communes et usuelles disposées suivant une nouvelle méthode et décrites en langue vulgaire Paris, Lacombe. 1767. II voll. 8. — I: xx, 244, 182 p. — II: 508 p.

Barbieri, *Paolo*.
410* —— Osservazioni microscopiche. Memoria fisiologico-botanica Mantova, typ. Carapenti. 1828. 8. 24 p., 1 tab.
  Continuazione nel «Poligrafo» VII, 33—41. (1836.)
  Cat. of sc. Papers I, 178.

Barckhausen, *Gottlieb*.
411* —— Specimen botanicum sistens fasciculum plantarum ex Flora comitatus Lippiaci. D. Goettingae, typ. Dieterich. 1775. 4 28 p.

Barclay, *Robert*. (Barclaya Wall.), † 22. Oct. 1830.
  Hooker, Bot. Misc. II, 122—125.

Barentin, *Friedrich Wilhelm*, * Berlin 14. Oct. 1810.
412* —— Die Vegetation in der Mark Brandenburg. Programm. Berlin 1840. 4. 22 p.

Barham, *Henry*
413 —— Hortus americanus: containing an account of the trees, shrubs and other vegetable productions of South-America and the West-India Islands, and particularly of the island of Jamaica; interspersed with many curious and useful observations, respecting their uses in medicine, diet and mechanics. To which are added a Linnean Index. Kingston, Jamaica, typ. Aikman 1794 8 7, 212 p., ind:

Barisch, *Bernhard Johann*.
414* —— Observationes phytotomicae. D. Halae, typ. Bath. 18.. 8. 31 p.

Barla, *Giambattista*, Director des Museums in Nizza.
415* —— Les Champignons de la province de Nice, et principalement les espèces comestibles, suspectes ou vénéneuses, dessinés d'après nature. Nice 1859. 4. 48 tab. col. (80 fr.)
416* —— Flore illustrée de Nice et des Alpes-maritimes. Iconographie des Orchidées. Nice, imprimerie Caisson et Mignon. 1868. 4. IV, 83 p, 63 tab. col. (24 th.)

Barnades, *Miguel* (Barnadesia L.), * Puigcerdá (Catalonien), † Madrid . 1771.
417* —— Principios de botanica, sacados de los mejores escritores, y puestos en lengua castellana. Parte primera. Madrid, typ. de Soto. 1767. 4. 220 p, praef, ind. et 13 tab.
  Colmeiro Bot. esp. 166.

Barnéoud, *F Marius*.
418* —— Recherches sur le développement, la structure générale et la classification des Plantaginées et des Plumbaginées. Thèse pour le Doctorat. Paris, typ. Schneider. 1844. 4. 44 p, 1 tab.
419* —— Monographie générale de la famille des Plantaginées. Paris, Fortin, Masson et Co. 1845. 4. 52 p.
  Cruciferas chilenses exposuit in *Gay*, Flora chilena.
  Cat. of sc. Papers I, 185.

Barnston, *George*.
  Cat. of sc. Papers I, 186.

Barnstorff, *Bernhard*, Professor in Rostock, * Rostock 14. Sept. 1627, † Rostock 22. April 1704.
420 —— Programma de resuscitatione plantarum. Rostockii 1703. 4. 1 plag.

Baron, *P Alexis*, * Castelnau-Montratier (Lot) 1754.
421* —— Flore des Départemens méridionaux de la France et principalement de celui de Tarn et Garonne ou Description des plantes qui croissent naturellement dans ces départemens etc. Montauban, Crosilhes. 1823. 8. XXXVI, 468 p.

Barratt, *Joseph*.
  Cat. of sc. Papers I, 188.

Barreira, *Frey Isidoro de*.
422* —— Tractado das significaçoens das plantas, flores e fructos que se referem na sagrada escriptura. Tiradas de divinas et humanas letras con suas breves considerações. Em Lisboa, por Pedro Craesbeek. 1622. 4. 582 p., praef., ind. (a p. 377. incipit parte II.) Bibl. Caes. Vindob.
  Colmeiro Bot. esp. 157.

Barrelier, *Jacques*, Dominicaner, * Paris 1606, † Paris 17. Sept. 1673.
  Biographie médicale I, 566—567.
423* —— Plantae per Galliam, Hispaniam et Italiam observatae iconibus aeneis exhibitae. Opus posthumum, cura et studio *Antonio de Jussieu*, medici. Parisiis, apud Stephanum Ganeau. 1714. folio. 8. 140 p., XXVI p. ind. 334 tab. effigies autoris.
  Jacobi Barrelieri codices manuscripti, quotquot e flammis erepti sunt, exstant in Bibliotheca *Hadriani de Jussieu*, nunc in Museo horti Parisiensis: «Munus botanicum sive rariorum plantarum schedia». — «Plantae germanicae, ex itinere recognitae et descriptae.» — «Fungorum historia, trecentas continens species» — «Observationes, notae et indices in Patris Matthaei a. S. Josepho Viridarium orientale.»

Barrère, *Pierre*, * Perpignan 1690, † Perpignan 1. Nov. 1755.
424* —— Question de médecine, dans laquelle on examine, si la théorie de la botanique ou la connaissance des plantes est nécessaire à un médecin? Narbonne 1740. 4. 16 p
425* —— Essai sur l'histoire naturelle de la France équinoxiale ou dénombrement des plantes, des animaux et des minéraux, qui se trouvent dans l'île de Cayenne, les îles de Remire, sur les côtes de la mer, et dans le Continent de la Guyane. etc. Paris 1741. 8. XXIV, 215 p. (Première partie: Plantes p. 1—119.) — ib. 1749. 8.
426* —— Nouvelle relation de la France équinoxiale, contenant la description des côtes de la Guiane et de l'île de Cayenne. etc. Paris 1743. 8. IV, 250 p. et planches.
  Biographie médicale I, 567—568

Barrington, *Daines* (Barringtonia Forst.) * ... 1727, † London 14. März 1800.

Bartalini, *Biagio*, Professor in Siena.
427* —— Catalogo delle piante che nascono spontanee intorno alla città di Siena, coll' aggiunta d'altro catalogo dei corpi marini fossili che si trovano in detto luogo. Siena 1776. 4. IV, 144 p.
  Cat. of sc. Papers I, 196.

Bartels, *Ernst Daniel August*, Professor in Berlin, * Braunschweig 26. Dez. 1778, † Berlin 26. Juni 1838.
428* —— Ueber innere und äussere Bewegung im Pflanzen- und Thierreiche; und insbesondere über Ersatz der äusseren durch innere oder chemische; mit Rücksicht auf Gestaltungsverschiedenheit. Marburg 1828. 8. 26 p. ($1/8$ th.)
  Extraabdruck aus Marburger Schriften, Band II, Heft 2.)

Barter, *Charles*, Mitglied der Niger-Expedition unter Dr. *Baikie*, † zu Rabba in Afrika 1859.
  Journ. Linn. Soc. IV, 17—26.
  Barter, George, Journ. Linn. Soc. II, 180—183.

Bartholinus, *Kaspar Thomeson* (Bartholina R. Br.), * Kopenhagen 10. Sept. 1655, † Kopenhagen 11. Juni 1738.
  Ejus Anatomia plantarum exstat in Actis Havniensibus vol. IV, no 19.

Bartholinus, *Thomas*, * Kopenhagen 20. Oct. 1616, † Hagested 4. Dec. 1680.
429 —— Epistola de simplicibus medicamentis inquilinis cognoscendis, praefixa *Hermanni Grube* Commentario de modo simplicium medicamentorum facultates cognoscendi. Hafniae et Francofurti 1669. 8.

Bartholomaeus Anglicus, ordinis Minorum, circa annum 1260.
430* —— Liber de proprietatibus rerum. impr. per Jo. Koelhoff. 1481. 4. — *Norimbergae per Antonium Koburger. 1483. folio. — *Coloniae 1483. — *Argentinae 1485. folio. — *s. l. 1488. folio. — *Argentinae 1491. folio min. (323 foll. *Norimbergae, per A. Koburger. 1492. folio min. (360 foll.) — *Argentinae 1505. folio.
  In libro XVII hujus encyclopediae agitur de plantis.
  * *gallice*: Le propriétaire de choses traduit par le frère *Jehan Corbichon*. Nouvellement imprimée à Paris 1525 le 20 jour de may par Phelippe le noir. folio.
  * *hollandice*: Harlem 1485. folio.
  * *anglice*: translated at *Berkeley*. 1397. London 1535. folio.
  Ernst Meyer, Geschichte der Botanik, IV, 85—91.

Bartling, *Friedrich Gottlieb*, Professor der Botanik in Göttingen (Bartlingia Brogn), * Hannover 9. Dec. 1798.

431* **Bartling,** *Friedrich Gottlieb.* De littoribus ac insulis maris liburnici. D. geographico-botanica. Hannoverae 1820. 8. 48 p. (¼ th.)
432* —— und *Heinrich Ludwig* **Wendland.** Beiträge zur Botanik. Göttingen 1824—25. 2 Hefte. 8. — I: Diosmeae descriptae et illustratae. 1824. x, 214 p., 2 tab — II: 1825. 210 p. (1½ th.)
433* —— Ordines naturales plantarum corumque characteres et affinitates adjecta generum enumeratione. Goettingae, Dieterich. 1830. 8. v, 498 p. (2⅓ th.)
434* —— Der botanische Garten zu Göttingen i. J. 1837. Eine Skizze. Göttingen, Dieterich. 1837. 4. 8 p, 1 tab. (½ th.)
Cat. of sc. Papers I, 199.
Barton, *Benjamin Smith,* Professor in Philadelphia (Bartonia Willd.), * Lancaster U. St. 10. Febr. 1766, ÷ Philadelphia 19. Dec. 1815
W. P. C. Barton, A biographical sketch. Philadelphia 1816. 8. 34 p. with Portrait
435* —— Collections for an essay towards a Materia medica of the United States. Two parts. Philadelphia, typ Carr et Way. 8. — Part. I. Ed. 1: 1798. 49 p. — Ed. II: 1801. xii, 64 p. Part. II: 1804. 53 p.
436* —— Fragments of the natural history of Pennsylvania. Part first. (Progress of vegetation in the year 1791) Philadelphia, typ Way & Groff. 1799. folio. xviii, 24 p.
437* —— Elements of botany: or outlines of the natural history of vegetables. Illustrated by forty plates. Ed. II. aucta: Philadelphia. 8. — I: 1812. xviii, 324 p., ind. — II: 1814. iv, 180, 44 p., 40 tab. — Ed. I: Philadelphia 1803. 8. — ÷ Revised and corrected with the addition of british examples and occasional notes, by the english editor. London, typ. Gold. 1804. 8. xii, 344 p., 35 p., 30 tab
438 —— Flora virginica, sive plantarum praecipue indigenarum Virginiae historia inchoata, iconibus illustrata. Pars I. (Philadelphia) 1812. 8. 74 p. absque tabulis; desinit in Tetrandria.
439* —— Specimen of a geographical view of the trees and shrubs, and many of the herbaceous plants of North-America, between the latitudes of seventy-one and twenty-five. Illustrated by plates. (Philadelphia) 1809. 4. 10, 26 p.
Barton, *John.*
440 —— A lecture on the geography of plants. London 1827. 12. 95 p. with 4 maps in folio.
† *gallice:* Lecture sur la géographie des plantes; augmentée de notes par *J.* Marchal. Bruxelles 1829. 8. 84 p., 4 tab. geogr.
Cat. of sc. Papers I, 200.
Barton, *J. A.* and *J.* **Castle.**
441 —— The British Flora medica. London 1837—38. II vol. 8. with plates. (2 l. 6 s.)
Barton, *William P. C.,* Professor in Philadelphia, * 1787, ÷ Philadelphia 28. Febr. 1856.
442* —— Florae Philadelphicae Prodromus; plantarum quae hactenus exploratae fuere, quaeque in ipso opere ulterius describentur, exhibens enumerationem, or Prodromus of the Flora Philadelphica, exhibiting a list of all the plants to be described in that work, which have as yet been collected. Philadelphia, typ. Maxwell. 1815. 4. 100 p.
443* —— Some account of a plant used in Lancaster County, Pennsylvania, as a substitute for Chocolate, Holcus bicolor Willd. Philadelphia, typ. Palmer. 1816. 8. 8 p.
444* —— Vegetable materia medica of the United states: or Medical botany; containing a botanical, general and medical history of medicinal plants indigenous to the United states. Philadelphia, Carey. 1817—18. II vol. 4. — I: xv, 273 p. — II: xvi, 243 p., 50 tab. (2 l. 8 s.)
445* —— Compendium Florae Philadelphicae, containing a description of the indigenous and naturalized plants found within a circuit of ten miles around Philadelphia. Philadelphia, Carey. 1818. II voll. 8. — I: 251 p. II: 234 p. — ib. 1824.
446* —— A Flora of North America. Illustrated by original coloured figures drawn from nature. Philadelphia, Carey and son. III vol. 4. — I: 1820. xix, 138 p., tab. col. 1—36. — II: 1822. x, 107 p., tab. col. 37—70. — III: 1823. vii, 100 p., tab. col. 71—106.
Bartram, *John,* der Vater (Bartramia Hedw.), * . . . 1701, ÷ Philadelphia . . . Sept. 1777.
W. Bartram, Some account of the late *John Bartram.* (Philadelphia) Medical and Phys. Journal I, 115—124. (1804.)
W. Darlington, Memorials of *John Bartram* and *Humphrey Marshall.* Philadelphia 1849. 8. 585 p.
Bartram, *William,* der Sohn, Grundbesitzer in Delaware, * Philadelphia 1739, ÷ Delaware 22. Juli 1823.
447* —— Travels through North and South Carolina, Georgia, East and West Florida etc. containing an account of the soil and natural productions of those regions. Philadelphia 1794. 8 — London, reprinted for J. Johnson. 1794. 8. xxiv, 520 p, ind. 8 tab.
* *germanice:* Reisen durch Nord- und Südkarolina, Ost- und Westflorida Berlin 1793 8. xxvi, 469 p., 8 tab.
* *gallice:* Voyage dans les parties du sud de l'Amérique septentrionale, traduit par *Benoist.* Paris, an VII. (1799) II voll. 8. (10 fr.)
Bartsch, *Johann,* holländischer Kolonialarzt (Bartsia L.), * Königsberg in Preussen 1709, ÷ Surinam 1738.
Bary, *Heinrich Anton de,* Professor der Botanik an der Universität Halle, * Frankfurt a. M 26. Jan 1831.
448* —— De plantarum generatione sexuali. D. Berolini, typ Schade. 1853. 8. 35 p.
449* —— Untersuchungen über die Brandpilze und die durch sie verursachten Krankheiten der Pflanzen, mit Rücksicht auf das Getreide und andere Nutzpflanzen. Berlin, G. W. F. Müller. 1853. 8. viii, 144 p., 8 tab. (1⅓ th. n.)
450* —— Untersuchungen über die Familie der Conjugaten (Zygnemeen und Desmidieen). Ein Beitrag zur physiologischen und beschreibenden Botanik. Leipzig, Förster. 1858. 4. vi, 91 p 8 tab. (4 th. n)
451* —— Die Mycetozoen. Ein Beitrag zur Kenntniss der niedersten Thiere. Leipzig, W. Engelmann. 1859. 8. 89 p., 5 tab. (1 th)
Zeitschrift für wissenschaftliche Zoologie. Bd. 10.
452* —— Recherches sur le développement de quelques champignons parasites. Mémoire pour servir de réponse à une question proposée par l'académie des sciences en 1861. (Paris, typ Martinet. 1863.) 8. 144 p., 13 tab.
Annales des sc. nat. IV. Tome 20.
453* —— Die gegenwärtig herrschende Kartoffelkrankheit, ihre Ursache und Verhütung. Eine pflanzenphysiologische Untersuchung, in allgemein verständlicher Form dargestellt. Leipzig, A. Förstner. (A. Felix) 1861. 8. 2, 75 p., 1 tab. (16 sgr n.)
454* —— Ueber die Fruchtentwickelung der Ascomyceten. Eine pflanzenphysiologische Untersuchung. Leipzig, W. Engelmann. 1863. 4. 38 p., 7 tab. (1⅓ th. n.)
455* —— und *M.* **Woronin.** Beitrag zur Kenntniss der Chytridieen. (Freiburg 1863.) 8. 40 p., 2 tab.
Separatabdruck aus den Berichten der naturf. Ges. in Freiburg. Bd. 3.
456* —— Die Mycetozoen (Schleimpilze). Ein Beitrag zur Kenntniss der niedersten Organismen. Zweite umgearbeitete Auflage. Leipzig, Engelmann. 1864. 8. xii, 132 p., 6 tab. (2⅔ th)
457* —— Beiträge zur Morphologie und Physiologie der Pilze. Erste Reihe: Protomyces und Physoderma. Exoascus Pruni und die Taschen oder Narren der Pflaumenbäume. Zur Morphologie der Phalloideen. Syzygites megalocarpus. Frankfurt a. M., Brönner. 1864. 4. 96 p., 6 tab. (2⅔ th. n.) — Zweite Reihe: Entwickelungsgeschichte des Ascobolus pulcherrimus Cr. Mucor Mucedo. Mucor stolonifer. Zur Kenntniss der Perosporeen (mit *M.* Woronin) ib. Winter. 1866. 4. 43 p., 8 tab.
Abhandlungen der Senckenberg'schen Gesellschaft. Bd. 5.
458* —— Morphologie und Physiologie der Pilze, Flechten und Myxomyceten. Leipzig, Engelmann. 1866. 8. xii, 316 p., ic. xyl., 1 tab. (2 th. 16 sgr. n.)
Hofmeister's Handbuch der Botanik, 2. Bd., Abth. 1.
459* —— Prosopanche Burmeisteri, eine neue Hydnoree aus Südamerika. Halle, H. W. Schmidt. 1868. 4. 29 p., 2 tab.
Verhandl. der Nat. Ges. Halle. Bd. 10.
Cat. of sc. Papers I, 201—202.
Baselice, *Luigi.*
460 —— Flora Biccarese. Botaniche peregrinazioni nell' agro Biccarese per la primavera del 1841. Campobasso 1842. 8. 67 p.
Basilius, *Homiliae.*
Ernst Meyer, Geschichte der Botanik, II. 280—284.

Basiner, *Theodor Friedrich Julius*.
461* —— Enumeratio monographica specierum generis Hedysari. Petropoli 1846. gr. 4. 53 p., 2 tab. (½ *th.*)
Cat. of sc. Papers I, 203

Baskerville, *Thomas* (Baskervilla Ldl.), † London 1840.
462 —— Affinities of plants: with some observations upon progressive development. London, Taylor and Walton. 1839. 8. x, 114 p., 1 tab. col.

Bassi, *Agostino*, * Como . . . 1772, † Lodi 15. Febr. 1856.

Bassi, *Ferdinando*, Präfect des Gartens von Bologna (Bassia All.), † Bologna 1774.
463* —— Ambrosina, novum plantae genus. Bononiae, L. a Vulpe. 1763. 4. viii p., 5 tab.
Est seorsim impressa e Comment. Bonon. vol. V. — Ejusdem autoris Novae plantarum species. ib. vol. VI. p. 13—20.
Bull. soc. bot. de France XI, 71—83.

Bastard, *T.*, in Angers (Bastardia H. B. K.)
464* —— Essai sur la Flore du Département de Maine et Loire. Angers, typ. Pavie. 1809. 8. xxvi, 415 p.
465* —— Supplément à l'essai sur la Flore du Département de Maine et Loire. Angers, typ. Pavie. 1812. 8. xii, 58 p.
466* —— Notice sur les végétaux les plus intéressans du jardin des plantes d'Angers. Angers 1810. 12. xxiv, 272 p.
Cat. of sc. Papers I, 204.

Bastelaer, *D. A. van.*
467 —— Promenades d'un botaniste dans un coin des Ardennes Belges. Bruxelles 1865. 8. 35 p.

Baster, *Job.* (Basteria Mill.), * Zierikzee 2. April 1711, † Leiden 6. März 1775.
Van der Aa, Woordenboek II, 163.
468* —— Opuscula subseciva, observationes miscellaneas de animalculis et plantis quibusdam marinis eorumque ovariis et seminibus continentia. Harlemi 1762. II voll. 4. — I: libris III: 1762. 1765. 1761. 148 p., ind., 16 tab. col. — II: libris III: 1762. 1765. 1765. 150 p., ind., 13 tab.
469* —— Verhandeling over de voorttelling der dieren en planten, dienende tot verklaaring van het Kruidkundig Samenstel van den Ridder Linnaeus; en uitbreiding der korte inleiding tot de Kruidkunde, van *Philipp Miller;* geplaatst voor deszelfs maandelykse tuinoeffeningen. Briefswyze opgesteld. Haarlem, Bosch. 1768. 8. 120 p.

Bateman, *James.*
470* —— The Orchidaceae of Mexico and Guatemala. London, typ. Ridgway and sons, for the author. (1837—43.) folio eleph. 16 p., (40 foll.), 40 tab. color. (20 *Guin.*) Bibl. Caes. Vindob. et Bibl. Reg. Dresd.
471 —— A second Century of orchidaceous plants, selected from the subjects published in *Curtis* «Botanical Magazine» since the issue of the «First Century». London, L. Reeve. S. a. royal 4. 100 tab. col. (5 *l.* 5 *s.*)
472* —— A Monograph of Odontoglossum, a genus of the Vandeous section of Orchidaceous plants. Part 1—4. London, L. Reeve. 1864—70. imperial folio. 20 tab. col. (4 *l.* 4 *s.*)

Bates, *Henry Walker.*
473 —— The Naturalist on the river Amazons. London, Murray. 1863. 8. (12 *s.*)
germanice: Leipzig, Dyk. 1864. 8. (3⅓ *th.*)

Batka, *Johann B.*
474* —— Monographie der Cassiengruppe Senna. Festabhandlung, gewidmet der Feier des hundertjährigen Jubiläums des Handlungshauses *Wenzel Batka* in Prag. Prag, Temspký. 1866. 4. 52 p., 5 tab. (1⅙ *th.*)

Batsch, *August Johann Georg Karl*, Professor in Jena (Batschia Moench.), * Jena 28. Oct. 1761, † Jena 29. Sept. 1802.
475* —— Elenchus Fungorum. (Gattungen und Arten der Schwämme.) Accedunt icones 57 fungorum nonnullorum agri Jenensis secundum naturam ab auctore depictae, aeri incisae et vivis coloribus fucatae a *J. S. Capieux*. Halae, Gebauer. 1783. 4. 183 p., 12 tab. — Continuatio I et II: 1786, 1789. 279, xl, 163 p., tab. col. 13—42. (15 *th.*)
476* —— Dispositio generum plantarum Jenensium secundum Linnaeum et familias naturales. Jenae, typ. Heller. 1786. 4. 65 p, ind. (⅓ *th.*)
477* **Batsch**, *August Johann Georg Karl.* Versuch einer Anleitung zur Kenntniss und Geschichte der Pflanzen, für ak. Vorl. entworfen und mit den nöthigsten Abbildungen versehen. Halle, Gebauer. II vol. 8. — I: 1787. iv, 381 p., 6 tab. — II: 1788. 676 p., tab. 7—11.
478* —— Analyses florum e diversis plantarum generibus omnes etiam minutissimas eorum externas partes demonstrantes, et earundem harum partium characterem genericum, philosophiam botanicam, et generum intimiores affinitates a natura statutas. (Blumenzergliederungen etc.) Halae, Gebauer. 1790. 4. Vol. I. fasc. I et II. 98 120 p, 20 tab. col. (latine et germanice). (9⅔ *th.*)
479* —— Botanische Bemerkungen. Erstes (und einziges) Stück. Halle, Gebauer. 1791. 8. xvi, 104 p., 6 tab. cum 140 ic. (⅚ *th.*)
480* —— Botanische Unterhaltungen für Naturfreunde zu eigener Belehrung über die Verhältnisse der Pflanzenbildung entworfen. Jena, Cröcker 1793. 2 Theile. 8. xxii, 621 p. (1½ *th.*)
481* —— Synopsis universalis analytica generum plantarum fere omnium hucusque cognitorum quam secundum methodum sexualem, corollinam et carpologicam adjunctis ordinibus naturalibus exaravit. (P. I et II.) Jenae, Cröcker. 1794. 4. 426 p.
482* —— Dispositio generum plantarum Europae synoptica secundum systema sexuale emendatum exarata adjunctis ordinibus naturalibus. Jenae 1794. 4. 136 p., praef. (⅔ *th.*)
483 (——) Conspectus horti botanici ducalis Jenensis secundum areolas systematice dispositas in usum botanicorum Jenensium. Jenae 1795. 4. 17 p., ind.
484* —— Botanik für Frauenzimmer und Pflanzenliebhaber, welche keine Gelehrten sind. Weimar 1795. 8. viii, 184 p. 4 tab. col. — * Zweite vermehrte Auflage. Weimar, Industriecomptoir. 1798. 8. xiv, 194 p., 4 tab. col.
* *gallice:* Botanique pour les femmes et les amateurs des plantes. Ouvrage allemand mis en français et augmenté de notes et d'autres additions. Par *J. Fr. B(ourgoing).* Weimar, Paris et Strasburg 1799. 8. xvi, 198 p., 4 tab. col.
danice: Kiobnhavn 1801. 8.
suecice: Örebro 1810. 8.
485* —— Der geöffnete Blumengarten (Le jardin ouvert), theils nach dem Englischen von *Curtis* Botanical Magazine neu bearbeitet, theils mit neuen Originalien bereichert, und zur Erläuterung der Frauenzimmer-Botanik für Pflanzenliebhaber, welche keine Gelehrten sind. Ed. II: Weimar 1802. 8. 100 tab. col., 100 foll. text. gallice et germanice, cum praef. et ind. (6⅓ *th.*)
486* —— Tabula affinitatum regni vegetabilis, quam delineavit et nunc ulterius adumbratam tradit. Wimariae 1802. 8. xvi, 286 p., ind., 1 tab. (2 *th.*)
487* —— Beiträge und Entwürfe zur pragmatischen Geschichte der drei Naturreiche nach ihren Verwandtschaften. Gewächsreich. Erster Theil. Gewächse mit fünfblätterigen Blumen. Weimar 1801. 4. 1. Lieferung. 96 p. (Opus morte autoris interruptum.)
488* —— Grundzüge der Naturgeschichte des Gewächsreichs. Ein Handbuch für Lehrer auf Gymnasien und für Naturfreunde zum eigenen Unterricht. Erster Theil. 1. und 2. Abtheilung. Weimar, Industriecomptoir. 1801. 8. 96, 96 p. (¾ *th.*)

Bastó, *Valentin.*
489* —— De Aspidio filice mare. (Historisch-chemische Betrachtung über die Wurzel des männlichen Farrnkrautes.) D. chemica. Vindobonae 1826. 8. 37 p.

Battarra, *Antonio*, † Rimini 1. Nov. 1789.
Biogr. nouv. des Cont. II, 198.
490* —— Fungorum agri Ariminensis historia. Faventiae, typ. Ballanti. 1755. 4. vii, 80 p., 40 tab. — * Edit. II. nec aucta nec diminuta. ib. typ. Martini. 1759. 4.
491* —— Epistola selectas de re naturali observationes complectens. Accessere ex historia naturali curiosa nonnulla et tabulae elegantes. Arimini 1774. 4. 25 p.

Battus, *Konrad*, * Rostock 13. Mai 1573, † Rostock 30. Dec. 1605.
Eloy, Dict. I, 283.
492 —— Oratio prima botanologica. Regiomonti 1601. 4

Baudin, *Nicolas,* französischer Schiffskapitän (Baudinia Lesch.), * auf der Insel Rhé um 1750, † Isle de France 16. Sept. 1803

Bauer, *Ferdinand,* * Feldberg in Oesterreich 20. Jan. 1760, † Hietzing bei Wien 17. März 1826.
  John Lhotsky, A biographical Sketch of *Ferdinand Bauer*. Proc. Linn. Soc. I, 39—40 (1839.)
  Hooker, London Journal II, 106.
  Nagler, Künstlerlexikon I, 324.

493* —— Illustrationes Florae Novae Hollandiae, sive Icones generum quae in Prodromo Florae Novae Hollandiae et insulae van Diemen descripsit *Robertus Brown* Londini, veneunt apud auctorem. 1813. fol. max. VII p., 15 tab. col. (4 l. 14 s. 6 d., nigr. 15 s.)

Bauer, *Franz,* der grösste Pflanzenmaler, * Feldberg in Oesterreich 4. Oct. 1758, † Kew 11. Dec. 1840.
  Proc. Linn. Soc. I, 401—404.
  Proc. Royal Soc. IV, 342—344. (1843.)
  Annals and Mag. of nat. hist. VII, 77—78. 439—441. (1841.)

494* —— Delineations of exotick plants cultivated in the royal garden at Kew. Drawn and coloured, and the botanical characters displayed according to the Linnean System. Published by *W. T. Aiton.* London, typ. Bulmer. 1796. (1791—1800.) no. 1—3. 30 tab. col. (Ericae) praef.

495* —— *Strelitzia depicta* or coloured figures of the known species of the genus Strelitzia from the drawings in the Banksian library. London, John Murray. 1818. 4 tab. col. sign. Nr. 1. 2. 3. 5. sine textu. (2 l. 14 s)
  The work to be completed in four numbers, containing in the whole 16 highly — finished coloured plates; the price two guineas and a half each number.

496* —— Illustrations of Orchidaceous plants. With notes and prefatory remarks by *John Lindley.* London, James Ridgway. 1830—38. folio. 14, 20 foll., xiv p. praef., 14, 20 tab. col.

497* —— Tabulae ineditae plantarum in prima Cookiana expeditione annis 1769—71 ab *Josepho Banksio* et *Daniele Solandro* collectarum. s. a. folio. 28 tab. col. Bibl. Regia Berol.
  Liber emtus est Londini ex bibliotheca Fieldiana. Tabulae aeri insculptae absque inscriptione inter omnes summi artificis facile pulcherrimae!

498* —— Triginta tabulae Ericarum ineditae, a Mackenzie sculptae. Londini 1790—1800. folio. Bibl. Regia Berol.
  In Bibliotheca Goettingensi exstant undecim volumina cum tabulis eximii pictoris, anno 1842 a *Rege Ernesto Augusto* emta. Contenta haec fere sunt:
  Ericae 19 tabulae col.
  Rosae 12 tab. col.
  Fructificatio Filicum 17 tab.
  Orchideae Jacquinianae 29 tab. col
  Orchideae portus Jacksoni a Navarcho Paterson collectae 22 tab col
  Uredo nivalis 5 tab.
  Germinatio Tritici 39 tab. col.
  Morbi frumenti 86 tab. col. cum explic.
  Flores et fructus: 35 tab. col
  Cat of sc. Papers I, 212.

Bauhardt, L.
499* —— Gründliche Anleitung zum Einlegen der Pflanzen, und wie man schöne und dauerhafte Herbarien anlegt. Weimar 1823. 8. xiv, 356 p. (1⅓ th.)

Bauhin, *Johann* (Bauhinia L.), * Basel 12. Febr. 1541, † Mümpelgard 26. Oct. 1613.
  * Notices sur quelques médecins naturalistes et agronomes nés ou établis à Montbéliard dès le seizième siècle. Par C. D. Besançon, typ. Deis. 1835. 8. 56 p. (p. 1—24.)
  Peter Werenfels, Oratio in Jo. *Bauhinum.* Basileae 1700 4
  Niceron, Mémoires XVII, 224—226.

500* —— Historia novi et admirabilis fontis balneique Bollensis in ducatu Wirtembergico ad acidulas Goepingenses.... Adjiciuntur plurimae figurae novae variorum fossilium, stirpium et insectorum, quae in et circa hunc fontem reperiuntur. Montisbeligardi 1598. 4. (Liber 1—3.) praefatio, leges, 291 p. et encomium. — Historiae fontis et balnee admirabilis liber quartus. Montisbelgardi, apud Jacobum Foilletum. 1598. 4. (5) 222 p., Paralipomena: 6 p., index in quatuor tomos, et errata: 20 p. ic. xyl.
  Totus tomus quartus in rebus naturalibus describendis versatur; p. 1—55 Palaeontologia cum 210 iconibus; a p. 55—210: de stirpibus, quas Bollensis et vicinus ager suppeditat, cum 61 iconibus nitidissimis variorum pomorum, et 35 variorum pyrorum; pauci fungi in paralipomenis.
  germanice: Ein New Badbuch und historische Beschreibung von der wunderbaren Krafft und Würkung des Wunderbrunnen und heilsamen Bads zu Boll, anitzo ins Deutsch gebracht durch *M. David Hörter.* Getruckt zu Stutgarten, durch Marx Härstern. 1602. 4. min.
  Von den Gewächsen beim Wunderbrunnen zu Boll, 4. Buch, p. 56—252. (Mitgetheilt durch Herrn *Georg von Martens.*)

501* **Bauhin,** *Johann.* De plantis a divis sanctisve nomen habentibus. Caput ex magno volumine de consensu et dissensu autorum circa stirpes desumtum. Additae sunt *Conradi Gesneri* epistolae hactenus non editae a *Casp. Bauhino.* Basileae, ap. Conrad Waldkirch. 1591. 8. 89 p. praeter *Gesneri* epistolas, quae sunt a p. 91—163

502* —— De plantis Absynthii nomen habentibus, caput desumtum ex... Bauhini laboriosissimo plantarum libro, cui consensus et dissensus circa stirpes titulus est. Tractatus item de absynthiis *Claudii Rocardi.* Montisbeligardi 1593. 8. 170 p., praef., ind.

503* —— et *Johann Heinrich* **Cherler.** Historiae plantarum generalis novae et absolutissimae quinquaginta annis elaboratae jam prelo commissae Prodromus: quo velut in sciagraphia quadam καὶ ὃς ἐν τύπῳ ostendatur: quis in ea labor, qui ordo ac series, quod opus. Ebroduni, ex typographia societatis Caldorianae. 1619. 4. (5) 124 p.

504* —— Historia plantarum universalis. Quam recensuit et auxit *Dominicus Chabraeus,* D. Genev. Juris vero publici fecit *Fr. Lud. a Graffenried,* Dominus in Gertzensee. etc. Ebroduni (Yverdun) III voll. folio. et (3600) ic. xyl. i. t. — I: 1650. 601, 440 p. et 9 p. ind. — II: 1651. 1074 p., ind. — III: 1651. 212, 882 p. et 12 p. ind.

Bauhin, *Kaspar,* Professor in Basel (Bauhinia L.), * Basel 17. Jan. 1560, † Basel 5. Dec. 1624.
  E. *Stupani,* Parentalia Caspari Bauhin. Basileae 1625. 4.
  Niceron, Mémoires XVII, 229—237.
  R. *Wolf,* Biographien III, 63—78.
  J. W. Hess, Kaspar Bauhins Leben und Charakter. Basel, Schweighäusser. 1860. 8. 72 p.

505* —— Phytopinax seu Enumeratio plantarum ab Herbariis nostro saeculo descriptarum, cum earum differentiis: cui plurimarum hactenus ab iisdem non descriptarum succinctae descriptiones et denominationes accessere: additis aliquot hactenus non sculptarum plantarum vivis iconibus. Basileae, per Sebastianum Henricpetri. 4. (1596.) 669 p., praef., ind. et app. cum 8 ic.
  Editio, a Willdenowio et Linkio laudata: Basileae 1698. 4. fictitia est

506* —— Animadversiones in historiam generalem plantarum Lugduni editam. Item catalogus plantarum circiter quadrigentarum eo in opere bis terve positarum. Francofurti a/M., typ. Hartmann. 1601. 4. 95 p.

507* —— Προδρομος Theatri botanici, in quo plantae supra sexcentae ab ipso primum descriptae cum plurimis figuris proponuntur. Francof. a. M., typ. Treudelii. 1620. 4. 160 p., praef., ind. et 138 ic. xyl. i. t. — *Ed. II.* emendatior. Basileae, impensis Joannis Regis. 1671. 4. 160 p., ind. et ic. xyl. iisdem.

508* —— Catalogus plantarum circa Basileam sponte nascentium cum earundem synonymiis et locis in quibus reperiuntur, in usum scholae medicae, quae Basileae est. Basileae, typ. Genathii. 1622. 8. 113 p ind.
  Duo adsunt exempla, quae indice differunt; horum alterum indicem plantarum praemittit catalogo auctorum, alterum vice versa; hujusque index tot nomina plantarum non continet, quot illius. B. — Ed. III. auctior. Basileae, typ. Joh Rod. Genathii. 1671. 8. 113 p., 15 p. ind.
  Cless in Elencho habet editionem «Basileae 1593, 8.» quam puto esse fictitiam. *Haller,* Bibl. bot. I, 386.

509* —— Pinax theatri botanici, sive Index in Theophrasti, Dioscoridis, Plinii et Botanicorum qui a saeculo scripserunt, opera. plantarum circiter sex millium ab ipsis exhibitarum nomina cum earundem synonymiis et differentiis methodice secundum earum et genera et species proponens. Opus XL annorum hactenus non editum summopere expetitum et ad auctores intelligendos plurimum faciens.. Basiliae Helvet., sumtibus et typis Ludovici Regis. 1623. 4 522 p., ind. — *Basiliae, impensis Joannis Regis.* 1671: 4. 518 p., ind.
  Cf. *Roberti Morison,* Hallucinationes Caspari Bauhini in Pinace. («invidiosum opus» Hall.) in ejus Praeludiis. Londini 1669. 12
  In Bibliotheca Candolleana exstat exemplar adjectis a *Candollii* patris manu recentiorum synonymiis; examinavit enim vir egregius, systema regni vegetabilis editurus, olim herbarium Bauhinianum, quod ex pacto una cum herbario *Werneri de la Chenal* [† 1802] in possessionem universitatis Basiliensis transierat
  Brunin, Clavis ad C. Bauhini Pinacem theatri botanici. Zeitschr. f. d. ges. Nat. XIII, 128—300. (1864.)

510* —— Theatri botanici sive Historiae plantarum ex veterum et recentiorum placitis propriaque observatione concinnatae liber primus (unicus) editus opera et cura *Jo. Casp. Bauhini.*

(Gramineae, Liliaceae.) Basiliae, apud Joannem König. 1658. folio. 683 p., ind. et 254 ic.

Bauhin, *Hieronymus*, Sohn von Johann Kaspar, * Basel 26. Febr. 1637, † Basel 22. Jan. 1667.
<small>F. H. Glaser, Oratio funebris Hier. Bauhini, Prof. med Basileae 1667. 4.
R. Wolf, Biographien III. 75.</small>

Bauhin, *Johann Kaspar*, Sohn von Kaspar Bauhin, * Basel 12. März 1606, † Basel 18. Juli 1685.
<small>Zwinger, Oratio panegyrica in obitum Joan. Kasp. Bauhini. Basileae 1687. 4.</small>

Baum, *Otto Ernst*.
511* —— Die ungeschlechtliche Vermehrung der phanerogamischen Pflanzen. Hamburg, Kittler 1850. 8 28 p. (1/6 th.)

Baumann, *Charles A. et Napoléon*.
512* —— Les Camellia de Bollwiller. (Bollweilerer Camelliensammlung) Monographie dédiée à Mr. le Professeur *A. P. de Candolle*. Fasc. 1—4. Bollweiler, chez les frères Baumann. 1829—35. folio. x p, 49 tab. col (30 fr.)

Baumann, *Josua*.
513 —— Miscellanea medico-botanica. D. Marpurgi 1791. 8. 38 p

Baumgardt, *E.*, Director der Realschule in Potsdam.
514* —— Ueber die Flora der Insel Rügen. Programm. Putbus, typ. Friedel. 1845. 4. 17 p.
515* —— Flora der Mittelmark, mit besonderer Berücksichtigung der Umgegend von Berlin und Potsdam. Nebst einer Karte des Gebiets. Berlin, G. Reimer. 1856. 16. cxx, 240 p, 1 mappa. (3/4 th)

Baumgarten, *Johann Christian Gottlob*, * Luckau in der Lausitz 7. April 1765, † Schässburg in Siebenbürgen 29. Dec 1843. (Baumgartenia Spr.)
516* —— Sertum Lipsicum seu stirpes omnes, praeprimis exoticas circa urbem olim maximeque nuperrime plantatas digessit et descripsit secundum methodum Linneanam. Lipsiae 1790. 8. 48. p
517* —— Flora Lipsiensis sistens plantas in agris circuli Lipsici tam sponte nascentes quam frequentius cultas secundum systema sexuale revisum atque emendatum. Lipsiae, Crusius. 1790. 8. 741 p., 4 tab.
518* —— Enumeratio stirpium Magno Transsilvaniae principatui praeprimis indigenarum, in usum nostratum botanophilorum conscripta inque ordinem sexuali-naturalem concinnata. Vol. 1—4. Vindobonae, Camesina. Vol. 4. Cibinii, typ. Steinhausen. 1816—46. 8. xxvii, 427, 392, xii, 340, iv, 232 p. — Mantissa prima et Indices, autore *Michael Fuss*. Cibinii 1846. 8. 82, viii, 112 p. (8 2/3 th.)

Bausch, *Wilhelm*.
519* —— Uebersicht der Flechten des Grossherzogthums Baden. Karlsruhe, typ. Braun. 1869. 8. xlii, 246 p.

Bautier, *Alexandre*, * Rouen . . 1801
520* —— Tableau analytique de la Flore Parisienne, d'après la méthode adoptée dans la Flore française de la Marck et DeCandolle, contenant toutes les espèces phanérogames de nos environs et la description des familles naturelles. etc. Paris, Labé. 1827. 12. xvii, 284 p. — Ed. II: ib. 1832. — Ed. III: ib. 1836. — Ed. IV: ib. 1839. 12. — Ed. V: ib. 1843. 12. — *Ed. VI: ib. 1849. 12. — *Ed. VIII: ib. 1857. 12. — *Ed. IX: ib. 1860. 12. — Ed. X. Paris, Asselin. 1864. 12. (4 fr. 50 c.)

Baveghem, *Pierre Joseph van*, * Antwerpen 2. Dec. 1745, † Antwerpen 29. Jan. 1805.
521* —— Prijsverhandeling over de ontaarding der aardappelen: op Koste de Kasselrije van Audenaerde. Dordrecht 1782. 8. 92 p. (16 stuivers.)
522* —— Kort doch noodzakelijk bericht tot het landvolk, om de aerdappels (pattaters) in hun waare deugd, geaardheid en voor 't krollen te bevaaren. Dortrecht 1783. 8. 27 p.
<small>Commentationes satis memorabiles antiquissimos testes de Solani tuberosi perniciosa calamitate, annis 1778—79 in Belgio observata, afferunt. cf. Anciennes Mémoires de l'Académie de Bruxelles. t. IV. p. XXIV.</small>

Bavoux, *Victor*
523* —— Billotia, ou Notes de botanique, publiées par *V. Bavoux*, *A. Guichard*, *P. Guichard* et *J. Paillot* Vol. I. Besançon, typ. Jacquin. 1864 8. 99 p. et effigies P. C. Billot

Baxter, *William*, Curator des botanischen Gartens in Oxford.
524* —— British phaenogamous Botany; or figures and descriptions of the genera of british flowering plants. Ed III. Oxford, Parker. 1834—43. VI voll. 8. 510 foll., ind., 509 tab. col. (5 l. 15 s. — col. 9 l.)
<small>Cat of sc. Papers I, 219.</small>

Bayer, *Johann N.*, * Gross-Krosse in Oesterreich-Schlesien 20. März 1802.
525* —— Botanisches Excursionsbuch für das Erzherzogthum Oesterreich ob und unter der Enns Wien, Braumüller. 1869. 8. iv, 333 p. (1 2/3 th. n)
526* —— Praterflora. Wien, Braumüller. 1869. 8 xl, 104 p. (2/3 th. n.)
<small>Cat. of sc. Papers I, 219.</small>

Bayle, *François*, Arzt in Toulouse, * Saint Bertrand de Commines 1622, † Toulouse 24. Sept. 1709.
<small>Clos in Bull. soc. bot. V. 35. (1858.) XI, p. xix. (1864)</small>
527* —— Dissertationes physicae etc. Hagae Comitis 1678. 12. 208 p., praef.
<small>D. II est: «de forma plantarum, quae explicatur ex generatione fungi, quae est planta simplicissima» p 39—66. — Editio I. est Tolosae 1677 12</small>

Bayle-Barelle, *Giuseppe*.
528* —— Tavole analitico-elementari di botanica con annotazioni e figure. Milano 1804. 8 63 foll., 9 schemata, 1 tab. folio.
529* —— Descrizione esatta dei funghi nocivi o sospetti con figure colorate. Milano 1808. 4. 58 p., 2 tab. col.
<small>In textu viginti recensentur tabulae.</small>
530* —— Monografia agronomica dei Cereali. Del formento trattato diviso in tre parti con sei tavole. Milano 1809. 8. 209 p., 6 tab.
<small>Cat of sc Papers I, 220.</small>

Bayrhoffer, *Johann David Wilhelm*, * Frankfurt a. M. 25. Oct. 1793, † Lorch a. Rh. 17. Dec. 1868.
<small>Jahrb. des Nassauischen Vereins für Naturkunde XXII, 429—432.</small>
531* —— Uebersicht der Moose, Lebermoose und Flechten des Taunus. Wiesbaden, typ. Ritter (Kreidel in Comm) 1849 8 iv, 101, xiv p. (21 sgr. n.)
<small>Jahrb. des Nassauischen Vereins für Naturkunde, Bd. 5.</small>
532* —— Einiges über Lichenen und deren Befruchtung Bern, Huber & Co. 1851. 4. ii, 44 p., 4 tab (4/5 th.)
533* —— Entwickelung und Befruchtung der Cladoniaceen. Als Manuscript gedruckt. Frankfurt a M. 1860. 4. 26 p., 1 tab.

Bazin, *Gilles Augustin*, † Strasbourg im März 1754.
534* (——) Observations sur les plantes et leur analogie avec les insectes. Strasbourg, Doulssecker. 1741. 8. xvi, 134 p.
<small>germanice: im Hamburger Magazin, Bd. 4 und 9.</small>

Beale, *Lionel S.*
535* —— Protoplasm: or, life, force and matter. London, Churchill. 1870. 8. 92 p., 7 tab. (5 s. 6 d.)

Beaufort, *Henri Ernest de*, Lieutenant de vaisseau (Beaufortia R. Br.), * Aublevoie (Eure) 25. Febr. 1798, † zu Bakel am obern Senegal 3 Sept. 1825.
<small>Jomard, Notice. Paris 1826. 8. avec le portrait.</small>

Beaumont, *Simon van* (Beaumontia Wall.), * Dordrecht 1641, † 8. Febr. 1686.
<small>Van der Aa, Biogr. Woordenboek II, 221.</small>

Becher, *Johann Joachim*, Leibarzt des Kurfürsten von Mainz, * Speier 1635, † London . . . Oct. 1682.
536* —— Parnassus medicinalis illustratus, oder ein neues und dergestalt vormalen noch nie gesehenes Thier-, Kräuter- und Bergbuch. Ulm 1663. folio.
<small>Sunt quatuor partes, quarum altera: Phytologia, d. i. das Kräuterbuch. ib. 1662. fol. 632 p. et ic. xyl. Matthioli et Camerarii.</small>

Bechstein, *Johann Matthaeus*, * Waltershausen 11. Juli 1757, † Dreyssigacker bei Meiningen 23. Febr. 1822.
<small>Ludwig Bechstein, J. M. Bechstein und die Forstakademie Dreissigacker. Meiningen 1855. 8.</small>
537 —— Kurzgefasste gemeinnützige Naturgeschichte der Gewächse des In- und Auslandes. Leipzig 1796. 2 Bände. 8. x, 1316 p., 2 tab.
538* —— Taschenblätter der Forstbotanik. Die in Deutschland einheimischen und akklimatischen Bäume, Sträuche und Stauden enthaltend. Zweite sehr vermehrte Auflage, bearbeitet von *Stephan Behlen*. Weimar, Industrie-Comptoir. 1828. 8. vi, 332 p. (1 1/4 th.) — Ed I ib. 1798 8.

539* **Bechstein**, *Johann Matthaeus*. Forstbotanik, oder vollständige Naturgeschichte der deutschen Holzarten und einiger fremden. Erfurt, Hennings 1810. 8. (4 *th*.) — *Fünfte von *Stephan Behlen* durchgesehene und vermehrte Ausgabe. Erfurt, Hennings und Hopf. 1843. 8. XXVIII, 888 p, 11 tab. (4 1/6 *th*.)

540* —— Forstbotanik. Zweiter Theil, enthaltend Forstkräuterkunde, oder Naturgeschichte der deutschen Forstkräuter. Herausgegeben von *Stephan Behlen* und mitbearbeitet von *F. A. Desberger*. Erfurt und Gotha, Hennings. 1833. 8. VIII, 2002 p. (5 *th*.)
(p. 1154—2002: 2. Abtheilung: Forstkryptogamen von *F. A. Desberger*.)

Beck, *Lewis C.*, Professor in Albany Medical College, * um 1798, † Albany 20. April 1853.
Silliman Journal II Series, XVI, 149.

541* —— Botany of the northern and midland states, or a description of the plants found in the United-States, north of Virginia, arranged according to the natural system; with a synopsis of the genera according to the Linnean system, a sketch of the rudiments of botany and a glossary of terms. Albany, typ. Webster and Skinners. 1833. 8. LV, 471 p. — Second edition, revised and enlarged. New York, Harper and brothers (vor 1851.) 8.
Cat. of sc Papers I, 228—229.

Becker, *Hermann Friedrich*.
542 —— Beschreibung der Bäume und Sträucher, welche in Mecklenburg wild wachsen. Rostock 1791. 8. 87 p. — Ed. II: Leipzig 1805. 8. (7/10 *th*.)

Becker, *Johannes*, * Speyer 20. Febr. 1769, † Frankfurt a. M. 24. Nov. 1833.
Biographie von *Fresenius* in Flora 1834, p 21—29.

543* —— Flora der Gegend um Frankfurt a. M. Frankfurt, Reinherz 1828. 8. 2 Abtheilungen: I: Phanerogamie. 557 p. — II: Kryptogamie. 813 p. — Zweite Hälfte. Kernschwämme. 111 p. (7 2/3 *th*.)

Becker, *Johann Friedrich Adolph*.
544* —— Experimenta circa mutationem colorum quorundam vegetabilium a corporibus salinis, cum corollariis D Goettingae 1779. 4. 58 p.

Becker, *Johann Philipp*, Apotheker in Magdeburg, * Borcken bei Fritzlar 7. Febr. 1711, † Magdeburg 1799.
545*\ —— Chemische Untersuchung der Pflanzen und deren Salze nebst andern dahin gehörigen Materien Leipzig 1786. 8. XXXII, 286 p.

Becker, *Karl Joseph Theodor*, * Herrnhut in der Lausitz 5. Aug. 1801.
546* —— De acidi hydro-cyanici vi perniciosa in plantas D. Jenae, typ. Schreiber. 1823. 4. 23 p.

Beckerstedt, *Karl Jakob*.
547 —— En Örtebook, tryckt med sine rosor och blad. Stockholm 1758. 4. 62 tab. col. absque textu.
De opere hoc perraro, quod in bibliopoliis olim venale fuit, cf. *Wikstr.* Consp lit. suec. p. 125, ubi tabularum completam dat recensionem.

Beckmann, *Johann*, * Hoya 4. Juni 1739, † Göttingen 3. Febr. 1811.
Biogr. nouvelle des Cont II, 296.

548.* —— Lexicon botanicum, exhibens etymologiam, orthographiam et prosodiam nominum botanicorum. Goettingae, Roewer. 1801. 8. VIII, 230 p. (7/8 *th*.)

Beckmann, *Johann Christoph*, Professor an der Universität Frankfurt a./O., * Zerbst 13. Sept. 1641, † Frankfurt a./O. 6. März 1717.
Jöcher, Gelehrten-Lexikon, I, 904—905.

549* —— Memoranda Francofurtana. Francofurti ad Oderam 1676. 4.
Inest: Catalogus plantarum in tractu Francofurtano sponte nascentium p. 72—80. — germanice auctior recusus in *Wolfgang Jobst*, Beschreibung der Stadt Frankfurt. ib. 1706. folio.

550* (——) Bericht von den auf den Blättern der Bäume im Jahre 1680 häufig gefundenen Schlangengestalten von *J. C. B.* Frankfurt a/O. 1680. 4.

551* —— Historische Beschreibung der Kur und Mark Brandenburg. Berlin 1751. II vol. folio.
Inest Catalogus plantarum Marchiae Brandenburgicae, a *Gleditschio* auctus et emendatus

Becquerel, *Antoine César*, * Châtillon-sur-Long (Loire) 7. März 1788.
552 —— Recherches sur les causes qui dégagent de l'électricité dans les végétaux. Paris 1851. 4. 34 p. (2 *fr*.)
553 —— Mémoire sur les effets électriques obtenus dans les tubercules, les racines et les fruits. Paris 1850. 4 36 p., 1 tab. (3 *fr*. 50 *c*)
Cat. of sc. Papers I, 237.

Beddome, *R. H.*, Captain, Conservator of forests, Madras.
554 —— Extract from Report on the Vegetable products of the Pulney Hills.
Madras Journal III 1858. p. 163—202

555* —— The Ferns of Southern India. Being descriptions and plates of the ferns of the Madras Presidency. By Captain *R. H. Beddome*, officiating Conservator of forests Madras, printed by Gantz brothers, at the Adelphi Press 1863. 4. xv, 88, VII p, 271 tab. (6 *l*. 10 *s*. John van Voorst.)

556* —— The Ferns of British India, being Figures and Descriptions of Ferns from all parts of British India (exclusive of those figured in «the Ferns of Southern India and Ceylon».) Two volumes. Madras, printed by Gantz brothers. 4. I: 1866. tab 1—150, p. 1—150. II: 1868. tab. 151—300, p. 151—300. (à 25 *Rupees*.) (8 *l*. John van Voorst.)

557* —— Icones plantarum Indiae orientalis: or, Plates and descriptions of new and rare plants, chiefly from Southern India. Part 1—4. Madras, Gantz brothers. London, J van Voorst. 1868—69. 4. p. 1—16, tab. 1—80. (à 6 *s*. 6 *d*.) (Continuatur.)

Beek. *Albert van*, Inspector of de Münze in Utrecht, * Utrecht 21. Dec. 1787, † Utrecht 7. Jan. 1856.
558* —— et *Cornelius Adrian* **Bergsma**. Observations thermoélectriques sur l'élévation de température des fleurs de Colocasia odora. Utrecht, R. Natan. 1838. 4. 14 p., 7 tableaux et 1 tab.

Beeldsnijder.
559* —— Catalogue des plantes, qui se trouvent à Rupelmonde, province d'Utrecht (1823.) 8. IV, 29 p. — Continuation: 14 p, 1 tab. (Zamia Beeldsnijderiana) — Ed. II: IV, 36 p

Been, *Johannes Nicolai*, Theolog, † Kopenhagen 1708
560* —— Dissertatio evincere contendens, quod spinae et tribuli ante lapsum producti exstiterint. Havniae 1702. 4. 8 p.

Beer, *Johann Georg*, Stadtrath in Wien.
561* —— Praktische Studien an der Familie der Orchideen, nebst Kulturanweisungen und Beschreibung aller schönblühenden tropischen Orchideen. Wien, Karl Gerold und Sohn 1854. 8. X, 334 p., ic. xyl., 1 tab. (3 *th*.)

562* —— Ueber das Vorkommen eines Schleuderorganes in den Früchten verschiedener Orchideen. Wien, Gerold. 1857. 8. 8 p., 2 tab.
Sitzungsb. der Wiener Akademie.

563* —— Die Familie der Bromeliaceen. Nach ihrem habituellen Charakter bearbeitet mit besonderer Berücksichtigung der Ananassa. Wien, Tendler u. Co. 1857. 8. 272 p. c. ic. xyl i. t (1 1/3 *th*.)

564* —— Beiträge zur Morphologie und Biologie der Familie der Orchideen. Wien, Karl Gerold's Sohn. 1863. folio. VIII, 44 p., 12 tab. col. (10 *th*.)
Cat. of sc. Papers I, 245.

Beesley, *Thomas*.
565 —— Botany on the neighbourhood of Banbury, with a sketch of the geology. 1841. 8.

Beggiato, *Francesco Secondo*, Arzt in Vicenza, * Barbana bei Vicenza ... 1805.
Saccardo, Storia della Flora veneta 151.

566* —— De studio botanicae cum nonnullarum Florae plantarum enumeratione. D Patavii, typ. Seminarii. 1830. 8. 16 p.

567* —— Delle terme euganee Memoria. Padova 1838. 8. 72 p., 4 tab. (Ad Algologiam spectat.)

568* —— Per le faustissime nozze Mainardi-Valvasori: Cenni sopra la nuova specie di gelso delle Filippine. Padova 1836. 8. 32 p.

569* —— Per le nozze Lampertico-Colleoni Porto. (Viola olimpia Begg.) Vicenza 1854. folio. 2 foll. cum icone col.

Begon, *Michel*, Intendant der Galeeren zu Rochefort (Begonia L.), * Blois . . . 1638, † Rochefort 4. März 1710.
Biographie universelle II, 505—506.

Béheré, *Jean Baptiste Joseph.*

570 —— Tableau méthodique du système corolliste de Tournefort, pour servir d'introduction à la botanique Paris 1802. gr. folio colomb 4 foll. (3 fr.)
Ejusdem autoris Muscologia Rothomagensis, ou Tableau analytique de toutes les mousses découvertes jusqu'à ce jour aux environs de Rouen. s. a. 8. p. 77—120. nescio e qua collectione deprompta haud raro in bibliothecis botanicis mihi obvia fuit.

Behlen, *Stephan*, * Fritzlar 5. Aug. 1784, † Aschaffenburg 7. Febr. 1847.

571* —— Klima, Lage und Boden in ihrer Wechselwirkung auf die Waldvegetation. Bamberg 1823. 8. 66 p. (¼ th.)

572* —— Der Spessart. Versuch einer Topographie dieser Waldgegend, mit besonderer Rücksicht auf Gebirgs-, Forst-, Erd- und Volkskunde. Leipzig 1823—27. III vol. 8. — I: 1823. x, 274 p., 1 Karte. — II: 1823. vi, 192 p. — III: 1826. viii, 220 p. (4½ th.)
Die Flora des Spessart im 1. Bande p. 78—138.

573 —— Lehrbuch der beschreibenden Forstbotanik. Frankfurt a/M. 1824. 8. (2 th.)

574* —— Botanisches Handbuch oder Diagnostik der einheimischen und der vorzüglichsten in Deutschland im Freien fortkommenden Forstgewächse, mit besonderer Hinweisung auf den Schönbusch bei Aschaffenburg. Bamberg, Wesché. 1824. 8. xvi, 349 p. (3 th.)

575* —— und *F. A. Desberger.* Naturgeschichte und Beschreibung der deutschen Forstkryptogamen. Erfurt und Gotha, Hennings. 1835. 8. 794 p. (2½ th.)

Beiche, *W. Eduard*, in Eismannsdorf.

576* —— Taschenbuch der Pflanzenkunde für Land- und Forstwirthe, oder Beschreibung aller wichtigsten Cultur-, Futter- und Unkrautpflanzen Deutschlands, nebst Angabe ihres Nutzens und Schadens. Berlin, Wiegandt und Hempel. 1869. 8. iv, 200 p. (⅔ th. n.)

Beilschmied, *Karl Traugott*, Apotheker in Ohlau (Beilschmiedia N. v. E.), * Langenöls (Schlesien) 19. Oct. 1793, † Herrnstadt 6. Mai 1848.

577* —— Ueber einige bei pflanzengeographischen Vergleichungen zu berücksichtigende Punkte, in Anwendung auf die Flora Schlesiens. Breslau, Korn. 1829. 8. 39 p.

578* —— Pflanzengeographie nach *A. v. Humboldt's* Werke über die geographische Vertheilung der Gewächse, mit Anmerkungen, grösseren Beilagen und andern pflanzengeographischen Schriften und einem Excurse über die bei pflanzengeographischen Floren-Vergleichungen nöthigen Rücksichten Breslau 1831. 8. xiii, 201 p., 1 mapp. isogotherm. (1½ th.)
Cat. of sc. Papers I, 248.

Beinert, *Karl Christian*, Apotheker in Charlottenbrunn (Beinertia Göpp.), * Waitsdorf bei Bernstadt 15 Jan. 1793, † Charlottenbrunn 20. Dec. 1868
Cat. of sc. Papers I, 249.

Beinling, *Theodor Rudolf*, Dr. phil. in Breslau, * Breslau 2. Sept. 1825.

579* —— De Smilacearum structura. D. Vratislaviae, typ. Storch. 1850. 8. 27 p.

580* —— Ueber die geographische Verbreitung der Coniferen. Gymnasialprogramm. Breslau, typ. Grass, Barth et Co. 1854. 4. 54 p.

Bejthe, *Andreas*, der Neffe von Stephan Bejthe.

581 —— Herbarium asaz Füveskönyv, füveknek és fáknak nevekről, természetetről és hasznokról, irattatott es szereztetett Magyar nyelven a fő Doctorok és természettudó orvosok Dioscoridesnek, Matthiolusnak bölcs irásokból. Németujvárott i. e. Gieszing. Manilius János átal. 1595. 4. Bibl. Musei hung. et Univ. Pest.

Beisly, *Sidney.*

582* —— Shakspere's Garden, or the plants and flowers named in his works described and defined. London, Longman. 1864. 8. xx, 172 p. (6 s.)

Bejthe, *Stephan*, calvinistischer Theolog auf der Burg des Grafen Balthasar Botyán in Németh-Ujvár in den Jahren 1582—97.

583 —— Füves könyv füveknek, és fáknak nevekről, természetekről, és hasznokról, irattatott es szereztetett magyar nyelven á fő Doctorok, és természet tudó Orvosoknak, Dioscoridesnek, és Mathiolusnak bölts Irásokból. Németh-Ujvárot 1595. 4.
Hujus rarissimi herbarii pannonici autor, concomitatus est *Clusium* per potiores Hungariae provincias et ab eo collaudatur tanquam vegetabilium valde gnarus. Ejus «Stirpium nomenclator pannonicus» in quo circiter 330 plantarum nomina latino ac hungarico idiomate recensentur, exstat cum *Clusio.* Antwerpiae 1584. 8. (8 foll.)

Békétoff, *Andreas.*

584 —— Flora Tiflisensis. Petersburg 1853. 8. (rossice.)

585 —— Cours de botanique. Tome 1. Pétersbourg 1864. 8. xvi, 317 p., 29 tab. (rossice.)

Bélanger, *Charles*, * Paris 29. Mai 1805.

586* —— Voyage aux Indes-orientales, par le nord de l'Europe, les provinces du Caucase, la Géorgie, l'Arménie et la Perse pendant les années 1825—29; publié sous les auspices des ministres de la marine et de l'intérieur. Livr. 1—4. Paris, Arthus Bertrand. 1846. 4. — Botanique. Première partie: Phanérogames (15) tab. nigr. Textus non prodiit. — Botanique. Seconde partie: Cryptogamie, par *Charles Bélanger* (Musci frondosi, Hepàticae et Lichenes) *Bory de Saint-Vincent* (Filices et Hydrophytae) et *Camille Montagne* (Champignons). 192 p. in-8. et 16 tab. in-4. sign. 1—16. (Tab 13. 15. 16. sunt coloratae.)

Bell, *George*, Arzt in Manchester; † Manchester 2. Febr. 1784.

587* —— De physiologia plantarum. D. Edinburgi 1777. 8.
anglice: in Mem. of the society of Manchester, voll. II. p. 394—419

Bell, *Jakob*, † Tunbridge Wells 12. Juni 1859.
Cat. of sc. Papers I, 253.

Bellairs, *Nona.*

588* —— Wayside Flora, or, Gleanings from rock and field towards Rome. London, Smith, Elder et Co. 1866. 8. xvi, 150 p, 1 tab. col.

Bellani, *Angelo.*

589 —— Della indefinibile durabilità della vita nelle bestie con un' appendice sulla longavità delle piante. Milano, O. Manini. 1836. 8. 104 p.

590* —— Sulle funzioni delle radici nei vegetabili. Milano 1843. 8. 108 p.

Bellardi, *Carlo Antonio Lodovico*, Professor in Turin (Bellardia Schreb.), * Cigliano in Piemont 30. Juli 1741, † Turin 4. Mai 1826.
Carena Elogio storico in Mem. Accad. Taur. XXXIII, 53—68

591 —— (De Mimosa sentiente.) D. Torino 1764. 8.

592* —— Osservazione botaniche con un saggio d'appendice alla Flora Pedemontana del medico *Lodovico Bellardi* indirizzate al Signor Conte Felice S. Martino sopra alcune piante nominate nella topografia medica di Ciamberi e sua difesa. Torino 1788. 8. 63 p.

593* —— Appendix ad Floram Pedemontanam. Augustae Taurinorum 1792. 4. 80 p., 7 tab. col.
Ex actis Taur. vol. V. p. 209—286. — Omissis tabulis aeneis in Usteri's Annalen, Stück 15.
Cat. of sc. Papers I. 257.

Bellardi, *Luigi.*

594 —— Quadri iconografici di botanica, proposti ad uso delle scuole. Torino, typ. Paravia e Co. 1863. 4.

Bellermann, *F.*

595* —— Landschafts- und Vegetationsbilder aus den Tropen Südamerikas. Nach der Natur gezeichnet von *F. Bellermann.* Erläutert von *Hermann Karsten.* Nach den Originalen photographirt von *C. Lincke.* Berlin, C. Lincke. 1868. 4. 4 p., 24 tab. (15 th.)

Bellermann, *Johann Bartholomaeus.*

596* —— Abbildungen zum Kabinet der vorzüglichsten in- und ausländischen Holzarten nebst deren Beschreibung. Erfurt 1788. folio. 60 Blätter Text und 60 ill. Tafeln. (Dazu gehören * 2 Kästchen mit 60 Stück Holzarten.)

Belleval, *Charles François Dumaisniel de,* * 1733, † Abbeville . . . 1790.
 Höfer, Biogr. nouv. générale V, 254.

Belleval, *Charles de.*
597* (———) Beautés méridionales de la Flore de *Montpellier*, par un ancien herboriste de cette ville. Montpellier 1826. 8. 194 p.
598* ——— Questions et Observations particulièrement philologiques sur quelques plantes, par un vieux herboriste. Montpellier, typ. Tournel. 1830. 8. 32 p.
599* ——— Nomenclateur botanique languedocien. Annuaire de la société d'agriculture du Dép. de l'Hérault. Année 1840. Montpellier, Castel. 1840. 8. 156 p.

Belleval, *Pierre Richer de,* der Gründer des Gartens von Montpellier (Bellevalia Lap.), * Chalons-sur-Marne wahrscheinlich 1564, † Montpellier, einige Tage nach dem 5. Nov. 1632.
 (*Amoreux*) Recherches sur la vie et les ouvrages de Pierre Richer de Belleval. Avignon 1786. 8. VIII, 78 p.
 Dorthes, Éloge historique. Montpellier 1788. 4. 60 p., 1 tab.
600* ——— Onomatologia seu nomenclatura stirpium, quae in horto regio Monspeliensi recens constructo coluntur, *Richerio de Belleval*, medico regio, anatomico et botanico Professore imperante. Monspelii, apud Joannem Giletum. 1598. 12. (39 foll.)
601* ——— Dessein touchant la recherche des pays de Languedoc, desdié à Messieurs les gens des trois estatz dudit pays. Montpellier, par Gillet. 1605. 8. 8 p., 5 tab. Bibl. Reg. Berol.
602 ——— Remontrance et supplication au Roy Henry IV touchant la continuation de la recherche des plantes de Languedoc et peuplement de son jardin de Montpellier. 4. cum 3 fig. plant.
603* ——— Opuscules, auxquels on a joint un traité *d'Olivier de Serres*. Nouvelle édition d'après les exemplaires de la bibliothèque du roi par *P. M. A. Broussonet*. Paris 1785. 8. 8, 38, 4, 8 p., 5 tab.
 Ejusdem tabulae posthumae 260, jam Tournefortio dictae (Voyage II. 297.) partim a *Gilibert* editae sunt; ineditas vero 95 vidi in Bibliotheca *Hadriani de Jussieu*. Maxima, quae innotuit, copia (450) servatur cum Bibliotheca Delessertiana in Instituto Parisiensi; Monspelii vero nuperrime tabulae 451—500 repertae sunt; cf. *Planchon* in Bull. soc. bot. XII, p. XVII.

Belli, *Honorio.*
 Biogr. médicale II, 124—125.
 Epistolae ejus de rarioribus quibusdam plantis creticis. Aegyptiis novis, ab anno 1594—98 datae exstant in *Clusii* historia plantarum p. 297—314. Nonnullae ejusdem stirpes insignes in Creta observatae, additae sunt secundae editioni *Joannis Ponae* Plant. montis Baldi, Basileae 1608. 4. nec non in *Raji* Stirpium europaearum Sylloge.

Bellucci, *Toma,* Präfect des Gartens in Pisa, * Pistoja . ., † Pisa 1671.
604* ——— Plantarum index horti Pisani. Florentiae 1662. 12. 64 p.

Bellynck, *A.*
605* ——— Flore de Namur ou descriptions des plantes spontanées et cultivées en grand dans la province de Namur, observées depuis 1850; accompagnée de tableaux analytiques. des étymologies des noms, des propriétés des plantes etc., etc. Plantes vasculaires. Namur, F. J. Douxfils. Bruxelles, C. Muquardt. 1855. 8m. IV, XXXII, 355 p.

Belon, *Pierre* (Belonia L.), né au bourg de Fouletourte près de la Soulletière, pays du Maine, en 1517 * tué par un assassin dans le bois de Boulogne en 1564.
 * cf. ipsissima verba in Obs. lib. l. c. 7.
 ** false apud Seguierum: «obiit Romae 1555, aet 65.»
 Ph. J. Gaucher de Passac, Notice sur Pierre Belon. Blois 1824. 8.
 Biographie universelle III, 600.
 Höfer, Biographie V, 295—299.
606* ——— De arboribus coniferis, resiniferis, aliis quoque nonnullis sempiterna fronde virentibus, cum earundem iconibus ad vivum expressis. etc. Parisiis 1553. 4. (8) 32 foll., ic. xyl. i. t.
607* ——— Les observations de plvsievrs singvlaritez et choses memorables, trouuées en Grèce, Asie, Iudée, Egypte, Arabie, et autres pays estranges, redigées en trois liures, Par Pierre Belon du Mans. A monseigneur le Cardinal de Tournon. A Paris, En la boutique de Gilles Corrozet, en la grand salle du Palais, pres la chapelle de messieurs les Presidens. 1553. Auec priuilege du Roy. 4. (12) 210 foll., ic. xyl. i. t effigies autoris aet. 39. (In calce: Imprimé à Paris par Benoist Preuost demeurant en la rue Fremetel, à l'enseigne de l'Estoil-le d'Or.

Pour Gilles Corrozet, et Guillaume Cauellat Libraires. — *Les observations de plusieurs singularités trouvées en Grèce, Asie, Judée, Egypte, Arabie. Paris, Cavellat. 1554. 3 vol. 4. — Paris 1588. 4. (24) 468 p.
 latine: per *Clusium*: Plurimarum singularium et memorabilium rerum in Graecia. etc. Antwerpiae ex officina Plantiniana. 1589. 8. 495 p. — *Lugd 1609. folio. — et in Exoticis *Clusii*.
 Die Dedication an den Cardinal *François de Tournon* ist datirt aus der Abtei Saint-Germain bei Paris vom Jahre 1553. Die Zeitbestimmung der Reise (1546—49) findet sich am Ende der Vorrede: abweichend davon ist das Datum in *Buchstaben* 29. Oct. 1537 in Buch II. c. 74.
608* **Belon,** *Pierre.* Portraits d'oyseaux, animaux, serpens, herbes, arbres, hommes et femmes d'Arabie et d'Egypte. Paris 1557. 4. — Paris 1618. 4.
609* ——— Les remonstrances sur le default du labour et culture des plantes et de la cognoissance d'icelles contenant la manière d'affranchir et apprivoisir les arbres sauvages. Paris 1558. 8. 80 foll.
 latine: De neglecta stirpium cultura atque earum cognitione libellus, edocens qua ratione silvestres arbores cicurari et mitescere queunt; latine per *C. Clusium* impr. c. ejus versione latina observationum *Bellonii*. Antwerpiae ex officina Plantiniana. 1589. 8. 87 p. et in Exoticis *Clusii* II. p. 209—212.

Below, *Jakob Fredrik,* Professor in Lund, * Stockholm 25. März 1669, † Moskau März 1716.
610 ——— De vegetabilibus in genere. D. Londini Gothorum 1700. 4. 25 p.

Beltramini de' Casati, *Francesco.*
611* ——— I Licheni Bassanesi enumerati e descritti. Bassano, typ. Roberti. 1858. 8. 314 p., 4 tab. (12 *Lire* 50 c.)

Belzoni, *Giambattista,* * Padua 5. Nov. 1778, † Gata in Afrika 3. Dec. 1823.
 Annali universali dei viaggi, vol. I. (1824) cum effigie.

Benjamin, *Ludwig,* D. M., * Hamburg 24. März 1848. vide Martius Flora brasiliensis.
 Cat. of sc. Papers I, 270—271.

Benincasa, *Giuseppe,* Gründer des Gartens zu Pisa (Benincasa Savi.), * in Flandern um 1500, † Florenz 1595.

Bennett, *Frederik Debell.*
612* ——— Narrative of a whaling voyage round the globe from the year 1833—36. etc. London, Bentley. 1840. 8. — I: XV, 402 p., 2 tab. — II: III, 395 p., 1 tab.
 Pag. 327—395: Botany; a descriptive catalogue of the plants collected during the Tuscan's voyage.

Bennett, *John Joseph,* Vicepräsident der Linnean Society in London (Bennettia Gray.)
613* ——— Plantae javanicae rariores descriptae iconibus illustratae, quas in insula Java annis 1802—18 legit et investigavit *Thomas Horsfield*. E siccis descriptionibus et characteres plurimarum elaboravit *John Joseph Bennett*; observationes structuram et affinitates praesertim respicientes passim adjecit *Robertus Brown*. Londini, veneunt apud Gul. H. Allen et socios. 1838 52. 4. VIII, XVI, 259 p., 50 tab. col., 1 mappa geogr. (3 l. 3 s. — col. 5 l. 5 s.)
 Prodierunt p. 1—104 anno 1838, p. 105—196 anno 1840, p. 197—238 anno 1844, p. 239—258 anno 1852.
 Cat. of sc. Papers I, 275.

Bentham, *George,* Präsident der Linnean Society in London (Benthamia Ldl.)
614* ——— Catalogue des plantes indigènes des Pyrénées et du Bas-Languedoc avec des notes et observations sur les espèces nouvelles ou peu connues; précédé d'une notice sur un voyage botanique fait dans les Pyrénées pendant l'été de 1825. Paris Huzard. 1826. 8. 128 p. (3 *fr.*)
615* ——— Labiatarum genera et species: or, a description of the genera and species of plants of the order Labiatae; with their general history, characters, affinities and geographical distribution. London, Ridgway. 1832—36. 8. LXVIII, 783 p., et mappa. (1 l. 16 s.)
616* ——— Report (I & II) on some of the more remarkable hardy ornamental plants raised in the Horticultural Society's Garden from seeds received from Mr. *David Douglas* in the years 1831, 1832, 1833. London, typ. Nicol. 1834. 4. 13, 8 p., 3 tab. col.
617* ——— Scrophularineae indicae. A synopsis of the East Indian

Scrophularineae contained in the collections presented by the East India Company to the Linnean Society of London, and in those of Mr. *Royle* and others; with some general observations on the affinities and subdivisions of the order. London, J. Ridgway. 1835. 8. 57 p.
<small>Scrophularinearum revisio exstat in Lindley Bot. Register, Junio 1835</small>

648* **Bentham**, *George*. Commentationes de Leguminosarum generibus. Vindobonae, typ Gollinger. 1837. 4 max. 78 p., praef., ind.
<small>Annalen des Wiener Museums, 2. Theil.</small>

649* ——— Plantae Hartwegianae. Londini, Guil. Pamplin. 1839—57. 8. IV, 393 p. (12 s.)

620* ——— The Botany of the Voyage of *H. M. S. Sulphur*, under the command of Captain Sir *Edward Belcher*, during the years 1836—42. Published under the authority of the Lords Commissioners of the Admirality. Edited and superintended by *Richard Brinsley Hinds*, attached to the expedition. The botanical descriptions by *George Bentham*. London, Colburn. 1844. 4. 195 p., 60 tab. (3 l. 3 s.)

621* ——— Handbook of the British Flora; a description of the flowering plants and ferns indigenous to, or naturalized in the British Isles. For the use of beginners and amateurs. London, Lowell Reeve. 1858. 8. XVI, 655 p. (12 s.) — *Ed. II: ib. 1866. 8. LXX, 600 p.

622* ——— Idem liber. With (1295) Illustrations from original drawings by *W. Fitch*. Vol. 1. 2. London, Lowell Reeve. 1865. 8. LXXIV, 1076 p., ic. xyl. (3 l. 10 s)

623* ——— *C. Fr. Ph. Martii* Flora Brasiliensis. Leguminosae. I. Papilionaceae. Exposuit *Georgius Bentham* Lipsiae, Fr. Fleischer in comm. 1859—62. folio. 350 p., 127 tab.

624* ——— Outlines of elementary botany, as introductory to local Floras. London, Lovell Reeve. 1861. 8. 45 p. (2 s. 6 d.)

625* ——— Flora Hongkongensis: a description of the flowering plants and ferns of the island of Hongkong With a map of the island London, Lovell Reeve. 1861. 8. 20, LII, 482 p., 1 mappa geogr. (16 s.)

626* ——— Flora Australiensis: a Description of the plants of the Australian territory. By *George Bentham*, assisted by *Ferdinand Müller*. Published under the authority of the several governments of the Australian colonies. London, L. Reeve and Co. 1863—70. 8. — Vol. I: 1863. Ranunculaceae-Anacardiaceae. 20*, XL, 508 p. — Vol. II: 1864. Leguminosae-Combretaceae. VIII, 521 p. — Vol III: 1866. Myrtaceae-Compositae. VIII, 704 p. — Vol. IV: 1869. Stylidieae-Pedalineae. IX, 576 p. — Vol. V. 1870. Myoporineae-Proteaceae. VIII, 599 p. (5 l. 11 s.)

627* ——— Genera plantarum ad exemplaria imprimis in herbariis Kewensibus servata definita, auctoribus *G. Bentham* et *J. D. Hooker*. Volumen I. sistens Dicotyledonum polypetalarum ordines LXXXIII: Ranunculaceae-Cornaceas. Londonii, Reeve and Co. 1862—67. 8. xv, 1040 p. (50 s.)
<small>*Georgius Bentham* elaboravit in Prodromo Candolleano Polemoniaceas IX, 302—322. Scrophularinaceas X, 186—586, Labiotas XII, 27—603, Stackhousiaceas XV, 499—502.</small>
<small>Cat. of sc. Papers I, 280—282.</small>

Bentley, *Robert*, Professor der Botanik am Kings College, London.

628* ——— On the advantages of the study of botany to the student of medicine. An inaugural Address. London, typ. Whiting. 1860. 8. 23 p.

629* ——— Manual of botany; including the structure, functions, classifications, properties and uses of plants. London, John Churchill. 1861. 8 XXX, 811 p., ic. xyl. i. t. (14 s.)
<small>Cat. of sc. Papers I, 282</small>

Bentzel-Sternau, *Albert, Graf,* * 25. Mai 1806.

630* ——— Ueber die neueren Fortschritte der Lichenologie. Herausgegeben auf Kosten des Vereins für Naturkunde. Presburg, Weigand. 1859. 8. 25 p.

Bérard, *Pierre*, Apotheker in Grenoble (Berardia Vill.)
<small>Höfer, Dict. V, 449.</small>

Berchtold, *Friedrich, Graf von,* * Catz in Böhmen 1780.

631* ——— O Přirozenosti Rostlin aneb Rostlinář, obsahugjcj popsánj a wyobrazenj rostlin podlé řádů přirozených zpořádané, s zewrubným wyznamenánjm wlastnostj, užitečnosti a škodliwosti, obzwláště wywodin a zplodin, spůsobu wydobýwánj, poslednjch dobroty a porušenosti neygistěgšjho poznánj a skaušenj, též spůsobu užitečných sázenj, chowánj a rozmnožowánj. etc. Wydán Bedřichem Wšemjrem Hrabětem z Berchtoldu a Janem Swatoplukem Preslem. W Praze, Joz. Krause. 1823—35. III voll. 4. — I: 1823. 124 Bogen, 80 tab. — II: 1825. 547 p., 80 tab. III: 1830—35. 216 p., 36 tab. <small>Bibl. Reg. Berol.</small>

632* **Berchtold**, *Friedrich, Graf von*. Oekonomisch-technische Flora Böhmens nach einem ausgedehnteren Plane bearbeitet, oder systematische Beschreibung der in Böhmen wildwachsenden und cultuvirten Gewächse mit genauer Angabe ihrer Nützlichkeit und Schädlichkeit, ihrer Anwendung und Behandlung in Künsten, Gewerben, Land-, Forst- und Hauswirthschaft. In ökonomisch-technischer Hinsicht von *F. Grafen v. Berchtold*, in botanischer von *Wenzel Benno Seidl, Philipp Maximilian Opitz, Franz Xaver Fieber*. Prag 1836—43. 8. (8 *Gulden* 24 *Kr.*) — I: Prag, typ. Pospischil. 1836. xv, 508 p., ind. (Morandria-Triandria) — II: Prag, typ. Thabor. 1838—39. 297, 278 p. (Tetrandria-Pentandria) — III, 1. Prag, typ. Thabor. 1841. p. 279—512. — III, 2. Prag, typ Thabor. 1843. XVI, 577 p. (Pentandria-Solanum)
<small>Continuatio non prodiit. Seorsim impressae exstant Monographiae generis Potamogetonis et Echii, autore *Francisco Xaverio Fieber*. Verbasci autore *Johanne Pfund*. Solani autore *P. M. Opiz*.</small>

633* ——— Die Kartoffeln (Solanum tuberosum Casp. Bauh), deren Geschichte, Charakteristik, Nützlichkeit, Schädlichkeit, Cultur, Krankheiten etc. Mit ausführlichen Angaben ihrer industriellen Verwendung. Monographisch bearbeitet nach Jassnüger, Pfaff, Viborg, Putsche, Bertuch etc. und eigenen Ansichten. Prag, Credner. 1842. 8. XVI, 573 p, 2 tab. (1 7/12 th.)
<small>Sistit partem secundam tomi tertii libri praecedentis.</small>

Berdau, *Felix*, D. M. in Warschau.

634* ——— Flora cracoviensis, sive Enumeratio plantarum in magno Ducatu Cracoviensi et adjacentibus regionibus provinciae Vadovicensis et Bochnensis, tum in valle quae dicitur Ojców sponte crescentium. Cracoviae, typ. universitatis. 1859. 8. VIII, 448 p., 1 tab. (Gladiolus parviflorus Berdau.)
<small>Cat of sc. Papers I, 287.</small>

Bérenger, *Adolfo de*.

635* ——— Intorno la generazione della crittogama del Ricino. Verona, typ. Vicentini. 1866. 8. 39 p., 1 tab.

Berens, *Reinhold (von)*, *Riga 12. Jan. 1745, † Riga 28. Oct. 1823.

636* ——— De Dracone arbore *Clusii*. D Goettingae, typ. Schultz. 1770. 4. 52 p., 1 tab.

Berg, *Albert*,

637* ——— Physiognomy of tropical vegetation in South-America; a series of views illustrating the primeval forests on the river Magdalena and in the Andes of New Granada, with a fragment of a letter from *Baron Humboldt* to the author and a preface by *Frederik Klotzsch*. (Etudes physiognomiques sur la végétation de l'Amérique tropicale; Physiognomie der tropischen Vegetation Südamerikas.) London, Colnaghi et Co. Düsseldorf, Buddeus. 1854. folio. x, 12 p., 14 tab. (18 th.)

Berg, *Alexander*,

638* ——— Anleitung zur Erkennung der in der Arzneikunde gebräuchlichen phanerogamen Gewächse etc. Berlin, Herbig. 1832. 8. XI, 169 p. (1 th.)

Berg, *Ernst von*, Gutsbesitzer in Neuenkirchen in Mecklenburg-Strelitz, * Quedlinburg 1782, † Neuenkirchen 6. Febr. 1855.
<small>Biographie in Bolle's Archiv Heft 9, p. 106—116.</small>

639* ——— Die Biologie der Zwiebelgewächse oder Versuch, die merkwürdigsten Erscheinungen in dem Leben der Zwiebelpflanzen zu erklären. Neustrelitz und Neubrandenburg, Dümmler. 1837. 8. VI, 117 p. (7/12 th.)

640* ——— Vollständiger Bericht über einige bei verschiedenen Pflanzen beobachtete Ausartungen mit Erklärungsversuchen. Neubrandenburg 1843. 4. 24 p., 1 tab. (1/4 th.)
<small>Cat. of sc. Papers I. 288.</small>

Berg, *Ernst von*, Bibliothekar des Gartens in Petersburg.

641* ——— Catalogus systematicus bibliothecae horti imperialis botanici Petropolitani. Petropoli, typ. academiae caes. scientiarum. 1852. 8. XVI, 514 p.

Etiam inscribitur: Schriften aus dem ganzen Gebiete der Botanik, herausgegeben vom Kais. Botanischen Garten. Band 1.

642* **Berg**, *Ernst von*. Catalogue alphabétique et méthodique des dessins de plantes exécutés et conservés au jardin impérial de botanique à St. Pétersbourg. Pétersbourg, typ. acad. 1857. 8. 36 p.
Bonas dedit ad primam mei Thesauri editionem emendationes, quibus diligenter usus sum.

Berg, *Otto Karl*, Professor der pharm. Botanik an der Universität Berlin, * Stettin 18. Aug. 1815, † Berlin 20. Nov. 1866.

643* —— Handbuch der pharmaceutischen Botanik für Pharmaceuten und Mediciner. Berlin, Plahn. 1845. 8. VIII, 437 p. — *Fünfte verbesserte Auflage. Berlin, Gärtner. 1866. 8. VIII, 458 p. (2 *th*. n.)

644* —— Charakteristik der für die Arzneikunde und Technik wichtigsten Pflanzengenera in Illustrationen, nebst erläuterndem Text nach seinem Handbuche der pharmaceutischen Botanik geordnet. Berlin, L. Nitze. 1845. 4. VIII, 143 p., 96 tab. (8 *th*. n.) — *Zweite vermehrte Auflage. Berlin, R. Gärtner. 1861. 4. II, 115 p., 99 tab. (8 *th*. n.)

645* —— Revisio Myrtacearum Americae hucusque cognitarum, seu *Klotzschii* Flora Americae aequinoctialis exhibens Myrtaceas. (Halae 1855.) 8. 472 p.
E Linnaea vol XXVII. seorsim impressa.

646* —— und *C. F.* **Schmidt**, Darstellung und Beschreibung sämmtlicher in der Pharmacopoea borussica aufgeführten officinellen Gewächse, oder der Theile und Rohstoffe, welche von ihnen in Anwendung kommen. Nach natürlichen Familien. Band 1—4. Leipzig, A. Förstner. (A. Felix.) 1858—63. 4. 204 foll. text. et ind., 198 tab. col., 6 tab. nigr. (33 $^2/_3$ *th*.)

647* —— Florae Brasiliensis Myrtographia, sive descriptio Myrtacearum in Brasilia provenientium. Lipsiae, apud F. Fleischer in comm. 1855. folio. 656 p., 85 tab., sign. 1—82, 31^a, 44^a, 47^a. (41 *th*. 14 sgr)

648* —— Die Chinarinden der pharmacognostischen Sammlung zu Berlin. Berlin, Gärtner. 1865. 4. II, 48 p., 10 tab. (2 $^2/_3$ *th*. n.)

649* —— Pharmaceutische Waarenkunde. 1 Theil: Pharmacognosie des Pflanzenreichs. Dritte völlig umgearbeitete Auflage. Berlin, Gärtner. 1863. 8. XVI, 684 p. (3 $^1/_2$ *th*. n.) — *Vierte Auflage. Neu bearbeitet von *August Garcke*. ib. 1869. 8. XXXI, 743 p. (4 *th*.)

650* —— Anatomischer Atlas zur pharmaceutischen Waarenkunde in Illustrationen auf 50 in Kreidemanier lithographirten Tafeln, nebst erläuterndem Texte. Berlin, Gärtner. 1865. 4. II, 103 p., 50 tab. (7 $^1/_3$ *th*. n.)

Bergamaschi, *Giuseppe*.

651* —— Gita botanica agli Appennini Boglelio e Lesime. Pavia 1823. 4. 14 p.

652* —— Lettera seconda sopre varie piante degli Apennini etc. Pavia 1823. 4. 29 p.

653* —— Peregrinazione statistico-fitologica fatte nelle Valli Camonica, Seriana, Brembana. Pavia, Bizzoni. 1853. 8. 116 p. (2 *lire* 25 *c*.)
Cat. of sc. Papers I, 289.

Berge, *Fr*. und *V. A.* **Riecke**.

654* —— Giftpflanzenbuch oder allgemeine und besondere Naturgeschichte sämmtlicher inländischen so wie der wichtigsten ausländischen phanerogamischen Gewächse, mit treuen Abbildungen sämmtlicher inländischen und vieler ausländischen Gattungen. Stuttgart, Krain und Hoffmann. 1845. 4. XI, 329 p., 72 tab. col. (6 *th*.)
Novo titulo anno 1855; 4 *th*.

Bergen, *Heinrich von*, Drogueriemakker in Hamburg.

655* —— Versuch einer Monographie der China. (Mit 8 Kupfern in folio, 10 Tabellen.) Hamburg, typ. Hartwig und Müller. 1826. 4. XI, 348 p., 8 tab. col. in folio. (18 *th*.)

Bergen, *Karl August von*, * Frankfurt a/O. 11. Aug. 1704, † Frankfurt a/O. 7. Oct. 1759.
Comment. med. Lips., IX, 551—560.

656* —— Propempticon inaugurale, quo breviter disquirit, utri systematum an Tournefortiano an Linneano potiores partes deferendae sint? (Francofurti a/V. 1742.) 4. 16 p. — Ed. II: Lipsiae 1742. 4.

657* **Bergen**, *Karl August von*. Catalogus stirpium indigenarum aeque ac exterarum quas hortus medicus Academiae Viadrinae complectitur. etc. Francofurti a/V. 1744. 3. 120 p., praef.

658* —— Epistola de Alchimilla supina ejusque coccis. Francofurti a/V. 1748. 4. 16 p.
Jam antea in Comm. lit. Nor. 1739 hunc scopum tetigit

659* —— Flora Francofurtana methodo facili elaborata; accedunt cogitata de studio botanices methodice et quidem proprio Marte addiscendae, terminorum technicorum nomenclator et necessarii indices. Francofurti a/V. 1750. 8. 375 p., praef., ind.

660* —— De Aloide. D. Francofurti a/V. 1753. 4. 22 p., 1 tab.

661* —— De Petasitide. D. Francofurti a/V. 1759. 4. 34 p.

Berger, *Andreas Reinhold*, Dr. phil., * Breslau 30. Nov. 1824, † Breslau 19. Jan. 1850.

662* —— De fructibus et seminibus ex formatione lithanthracum. D. Vratislaviae, typ. Richter. (Gosohorsky.) 1848. 4. 30 p., 3 tab. ($^1/_2$ *th*.)

Berger, *Ernst*, † Sickershausen 13. Aug. 1853.

663* —— Catalogus Herbarii, oder vollständige Aufzählung der phanerogamischen und kryptogamischen Gewächse Deutschlands. Nach Koch's Synopsis und Wallroth's Compendium Fl. germ. crypt., Bruch und Schimper, Nees v. Esenbeck, Link und Fries nebst Aufzählung der bis jetzt bekannten ausländischen Pflanzen. Würzburg, Voigt und Mocker. 1841—46. 4 Theile. 12. — I: Die deutschen Phanerogamen enthaltend. 1841. VIII, 123 p. — II: Synonymik und Synonymenregister zum 1. Theile. 1843. VIII, 238 p. — III: Die deutschen Kryptogamen. 1846. 192 p. — IV: Synonymik und Synonymenregister zum 3. Theile (Kryptogamen). 1843. 194 p. (2 $^{29}/_{30}$ *th*.)

664* —— Die Bestimmung der Gartenpflanzen auf systematischem Wege; die Farn bearbeitet von *A. Schnizlein*. Erlangen, Palm und Enke. 1853—55. 8. XII, 682 p. (4 *th*.)

Berger, *Franz Xaver*, † Nauplia 1834.
Linnaea 1834, 567.

Bergeret, *J.*, * Morlaas (Basses-Pyrénées . . .), † 1814.

665* —— Flore des Basses-Pyrénées ou description de toutes les plantes qui croissent naturellement ou qui pourraient être cultivées avantageusement dans le département des Basses-Pyrénées. Pau an XI. (1803.) II voll. 8. — I: CLXXV, 195 p. — II: 416 p. (Desinit in fine Polyandriae.)

Bergeret, *Jean Pierre*, * Lasseube bei Oléron 25. Nov. 1751, † Paris 28. März 1813.

666* —— Phytonomatotechnie universelle, c'est-à-dire, l'art de donner aux plantes des noms tirés de leurs charactères; nouveau système au moyen duquel on peut de soi-même, sans le secours d'aucun livre, nommer toutes les plantes qui croissent sur la surface de notre globe. Paris 1783—84. III voll. folio. 240, 252, 176 p., 328 tab. col.
In Vol. III: Crucifères françaises.
Opus incompletum; prodiit 97 fasciculis, teste Candollio jam annis 1773—75 editis; fasciculi inscripti sunt 1—28; vigesimus primus semper deest. Pretium fasciculi tabulis nigris 4 fr. 50 c. — tab. col. 9 fr.; tab. col. in charta holl. 18 fr. Hujus editionis completa collectio 80 fr. L'héritier.

Berggren, *Sven*.

667* —— Iakttagelser öfver Mossornas könlösa fortplantning genom groddknoppar och med dem analoga bildningar. Akademisk Afhandling. Lund, typ. Berling. 1865. 4. 30, (3) p., 4 tab.

668* —— Bidrag til Skandinaviens Bryologie. Lund 1866. 4. 30 p., 1 tab.
Acta Univ. Lund 1865, II.

Berghaus, *Heinrich*; Professor in Potsdam, * Cleve 3. Mai 1797.

669* —— Allgemeiner pflanzengeographischer Atlas. Eine Sammlung von acht Karten, welche die auf das Pflanzenleben bezüglichen Erscheinungen nach geographischer Verbreitung und Vertheilung in wagerechter und senkrechter Ausdehnung abbilden und versinnlichen. Gotha, Justus Perthes. 1851. folio. 4 p., 8 tab. (5 *th*. n.)
Physikalischer Atlas. Fünfte Abtheilung.

Berghes, *C. de*.

670 —— Abbildung sämmtlicher Holzpflanzen, welche in den Forsten des mittleren Europa vorkommen. Herausgegeben als Anhang zu Hartig's Forst-Lehrbuch. Erstes Heft. Köln, Bachem. 1825. 8. 12 tab. col. (Continuatio haud prodiit.)

Bergius, *Bengt*, * Lifvered in Westgothland 2. Sept. 1723, ✝ Stockholm 28. Oct. 1784.

671* —— Tal om Läckerheter, både i sig selfva sådana, och för sådana ansedda genom Folkslags bruk och inbildning. Förra Delen. Stockholm 1785. 8. 272 p.
Pars prior hujus libri, cujus indicem edidit *Blom*, est de vegetabilibus; pars posterior, ib. 1788. 8. 328 p. ab *Odmanno* edita, praecipue de animalibus.
* *germanice*: Ueber die Leckereien, mit Anmerkungen von *J. Reinh. Forster* und *Kurt Sprengel* Halle 1792 2 Theile. 8.

Bergius, *Karl Heinrich*, * Küstrin nach 1790, ✝ Capetown 4. Jan. 1818.
Ejus Plantae capenses servantur in Regio Museo botanico Berolinensi.

Bergius, *Peter Jonas* (Bergia L.), * Erikstad in Småland 6 Juli 1730, ✝ Stockholm 10. Juli 1790.

672 —— Rön om spannemåls-bristens ärsättjande medelst Quickrot. Stockholm 1757. 4. 11 p.

673* —— Descriptiones plantarum ex capite bonae spei cum differentiis specificis, nominibus trivialibus et synonymis auctorum justis. Secundum systema sexuale ex autopsia concinnavit atque sollicite digessit. Stockholmiae, Salvus. 1767. 8. 360 p, praef., ind. et 5 tab.

674 —— Materia medica e regno vegetabili, sistens simplicia officinalia pariter atque culinaria. Stockholmiae 1778. II voll. 8. 908 p. — Ed. II. correctior. Stockholmiae 1784. II voll. 8 xiv, 972 p.

Bergsma, *Arnold Jakob*.
675* —— Over de Parthenogenesis in het Plantenrijk. Utrecht, Kemink en Zoon. 1857. 8. (2) 103 p.
Dissertatio inauguralis de parthenogenesi plantarum non differt.

Bergsma, *Cornelis Adrian*, * Leeuwarden 12. Mai 1778, ✝ Utrecht 22. Juni 1859.

676* —— De Thea. D Trajecti ad Rhenum 1824. 8. 52 p (Sequitur Catalogus chronologicus autorum, qui de thea scripserunt: 50 p.)

677 —— De aardappel epidemie in Nederland in den jare 1845. Utrecht 1845. 8. 39 p

Bergstrand, *C. E*
678* —— Naturalhistoriska Auteckningar om Öland. (Flora.) Stockholm, typ Beckman. 1851. 8. 24 p.

Beringer, *Johann Bartholomaeus Adam*.
679* —— et *Lorenz Anton* **Dercum**. Plantarum quarundam exoticarum perennium in horto medico Herbipolensi anno 1721 noviter erecto reperiundarum Catalogus pro anno 1722. folio. 12 p.

Berkeley, Rev. *Miles Joseph* (Berkeleya Grev.), in Sibbertoft, Market Harborough, England.

680* —— Gleanings of British Algae; being an appendix to the supplement to English Botany. London, Sowerby 1833. 8. 50 p. with notice, ind., 20 tab. col.

681* —— British Flora, Fungi. (Hooker, British Flora II, 2.) London 1836. 8. 32, 386, xv p. (12 s.)

682 —— British Fungi: consisting of dried specimens of the species described in vol. V. part II. of the English Flora; together with such as may hereafter be discovered indigenous to Britain. London 1836—43 4. — Fasc. I: 1836. species 1—60. — Fasc. II: 1836. species 61—120. — Fasc. III: 1837. species 121—240 —. Fasc. IV: 1843. species 241—350.

683* —— Decades of Fungi. (Decas 1—62.) London 1844—56 8.
Hooker, London Journal, vol III—VII; and Journal and Misc. vol. I—VIII. (with plates.)

684* —— Some notes upon the cryptogamic portion of the plants collected in Portugal (1842—50) by Dr. *F. Welwitsch*. The Fungi. London, Pamplin 1853. 8. 12 p.

685* —— Introduction to cryptogamic botany. London, Baillière. 1857. 8. viii, 604 p., 127 ic. xyl. (1 l.)

686* —— Outlines of british fungology; containing characters of above of thousand species of Fungi, and a complete list of all that have been described as natives of the british isles. London, Lovell Reeve. 1860. 8. xvii, 442 p., 24 tab. col. c. expl. (30 s.)

687* —— Handbook of british Mosses; comprising all that are known to be natives of the british isles. London, Lovell Reeve et Co. 1863. 8. xxxvi, 324 p., 24 tab. col. c. expl. (21 s.)
Cat. of sc. Papers I, 295—297.

Berkenhout, *John*, * Leeds . . . 1730, ✝ Besselsleigh 3. April 1791.
Biogr. médicale II, 177.

688 —— Clavis anglica linguae botanicae or a botanical Lexicon, in which the terms of botany are applied, derived, explained, constructed and exemplified. London 1764. 8. 28 plagg. dimid.

689* —— Outlines of the natural history of Great Britain and Ireland. London, Cadell. 1770. 8. — Ed. II: London 1789. 8. — Ed. III: ib. 1795. II voll. 8. — I: Comprehending the animal and fossil kingdoms. xix, 334 p. — II: Comprehending the vegetable kingdom. 466 p.

Berkenkamp, *W. A.*
690* (——) Catalogus plantarum horti botanici Coloniensis. Coloniae Agrippinae, typ. Thiriart. 1816. 8. 130 p., ind.
Impressor *Thiriart* jam anno 1806 catalogum horti Coloniensis ipse curaverat.

Berkhey, *Jan Le Francq van*, * Leiden 23. Jan. 1729, ✝ Haag 13. März 1812.
Loosjes, *Adrian*, Geest der geschriften van *Jan Le Francq van Berkhey*. Amsterdam 1813. 8.

691* —— Expositio characteristica structurae florum qui dicuntur Compositi cum figuris ad naturam expressis. Lugd. Batavorum 1760. 4. 151 p., praef., 9 tab. (sign. 1—8.)

Berlandier, *Jean Louis*, aus Genf (Berlandiera D. C.), ✝ Matamoros (Mexico) 1851.

692* —— Mémoire sur la famille des Grossulariées. Genève 1828. 4. p. 43—60., 3 tab.
Mém. de la société de physique et d'histoire naturelle de Genève. vol III 1826 Elaboravit Grossulariëas in DC. Prodr. III. p. 477—483.

Berlèse, *Laurent*, Abbé.
693* —— Monographie du genre Camellia, et traité complet de sa culture, sa description, et sa classification. Paris, Huzard. 1837 8. — *Ed. II. ib. 1840. 8. — *Ed. III. Paris, Cousin. 1845. 8. 21½ plag. 7 tab. (5 fr.)
germanice: Ueber Camellien oder Versuch über die Cultur und Gattungen derselben. Mit Anmerkungen. Berlin 1838. 8. viii, 240 p (1 th.)
—— Cultur und Beschreibung der schönsten bis jetzt bekannten Camellien etc. Deutsch von *G. P. v. Gemminden*. Weissensee 1838. 8. viii, 128 p., 3 tab. (1 th.) — Nachtrag ib. 1841. 8. (¾ th.)
—— Beschreibung und Cultur der Camellia etc. Quedlinburg 1838 8 viii, 107 p. (¾ th.)

694* —— Iconographie du genre Camellia ou Collection des Camellia les plus beaux et les plus rares points d'après nature dans les serres de Mr. l'Abbé Berlèse par *J. J. Jung*, avec la description exacte de chaque fleur, accompagnée d'observations pratiques sur la culture. Livr. 1—96. Paris, H. Cousin. 1839—68. folio. 192 tab. col. (à 3 fr.) (Continuatur)

Bernard, *Pierre Frédéric B.*, * St. Julien 1749, ✝ Montbéliard 10. Mai 1825.

695* (——) Tableau de la Flore du Jura et de l'ancienne Franche-Comté, des Vosges et de l'ancienne Alsace. Strassburg (1823). 8. 10 p.

Bernhard a Bernitz, *Martin*, archiater Casimiri III. et Stanislai IV.

696* —— Catalogus plantarum tum exoticarum quam indigenarum, quae anno 1651 in hortis regiis Varsaviae, et circa eandem in locis sylvaticis, pratensibus, arenosis et paludosis nascuntur, collectarum. Dantisci 1652. 12. 80 p., praef. — *Hafniae 1653 cum viridariis S. Pauli.

Bernhardi, *Johann Jakob*, Professor der Botanik in Erfurt (Bernhardia Willd.), * Erfurt 7. Sept. 1774, ✝ Erfurt 13. Mai 1850.

697* —— Catalogus plantarum horti Erfurtensis. 1799. 8. 16 p. — Supplementum I—VI. 1804—8. 14 p.

698* —— Systematisches Verzeichniss der Pflanzen, welche in der Gegend um Erfurt gefunden werden. Erster Theil. Erfurt, Hoyer und Rudolphi. 1800. 8. xxviii, 346 p. (1 th.)

699* —— Lichenum gelatinosorum illustratio. (Schrader's Journ. 1. Stück. p. 1—17.)

700* —— Ueber Asplenium und einige ihm verwandte Gattungen der Farrenkräuter. Erfurt 1802. 8. 18 p., 1 tab.

701* **Bernhardi**, *Johann Jakob*. Anleitung zur Kenntniss der Pflanzen, zum Gebrauch bei Vorlesungen. (Handbuch der Botanik.) Erster Band. Erfurt 1804. 8. VIII, 410, 40 p., 5 tab. (1⅔ *th.*)
702* —— Beobachtungen über Pflanzengefässe und eine neue Art derselben. Erfurt, Hennings. 1805. 8. VI, 82 p., 2 tab. (⁷/₁₂ *th.*)
703* —— Ueber einige minder bekannte Ehrenpreisarten des südlichen Deutschlands. Erfurt, Beyer und Maring. 1806 8. 43 p, 1 tab.
704* —— Ueber den Begriff der Pflanzenart und seine Anwendung. Erfurt, Otto. 1834. 4. VIII, 68 p. (⅔ *th.*)
Bernhardi est editor Ephemeridum, quibus titulus: «Thüringische Gartenzeitung» et «Allgemeines deutsches Gartenmagazin», cujus VIII voll. ab anno 1815—24 curavit.
Cat. of sc Papers I, 303—305.
Bernoulli, *Daniel* I., Professor der Botanik an der Universität Basel, * Gröningen 9. Febr 1700, † Basel 17. März 1782
705 —— Positiones anatomico-botanicae. Basileae 1721 4.
Bernoulli, *Karl Gustav*.
706* —— Die Gefässkryptogamen der Schweiz. Basel, Schweighauser. 1857. 8. VIII, 96 p. (⅔ *th.* n.)
707* —— Uebersicht der bis jetzt bekannten Arten von Theobroma. Zürich, Zürcher und Furrer. 1869. 4. 45 p., 7 tab.
Denkschriften der Schweizerischen Naturf. Gesellschaft. Band 24.
Bernstein, *Heinrich Agathon*, * Breslau 22. Sept. 1822, † Balanta (Molukken) 19. April 1865.
Béron, *Pierre*.
708 —— Déluge et vie des plantes avant et après le déluge. 1. Déluge constaté suivant les lois physiques dans la nature des comètes, dans les contours des continents et dans la distribution des volcans, des fossiles, des blocs erratiques et des races humaines sur la terre. 2. Origine et vie des plantes constatées dans les relations de la végétation aux saisons, aux climats et aux engrais et dans la réfutation complète de la théorie dominante sur la culture des plantes. Paris, Mallet-Bachelier. 1857. 4. VIII, 148 p. (6 *fr.*)
Bert, *Paul*.
709* —— Recherches sur les mouvements de la Sensitive (Mimosa pudica L.) Paris, Baillière. 1867. 8. 38 p.
Mémoires de la soc. sc. phys. de Bordeaux.
Berta, *Tommaso Luigi*.
710* —— Iconografia di scheletri di diverse foglie indigene ed esotiche preparati ed impressi. Parma 1828. 4. 7, 4 p., 50 tab.
711* —— Iconografia del sistema vascolare delle foglie messo a nudo ed impresso. Parma 1830. 4. 15, 117 p., 60 tab.
Bertani, *Pellegrino*.
712* (——) Osservazioni intorno al Dizionario elementare di botanica del *Tinelli*. Mantova 1809. 8. 82 p.
713* —— Nuovo Dizionario di Botanica. Mantova III voll. 8. — I: 1817. A—E. VII, 344 p. — II: 1817. F—M. 451 p. — III: 1818. N—Z. 336 p.
Bertero, *Carlo Giuseppe*, * San Vittoria in Piemont 1789, † auf dem Meer zwischen Tahiti und Chile nach dem 9. April 1831.
Colla, Elogio in Mem Turin I, 123.
714* —— Specimen medicum nonnullas indigenas stirpes continens exoticis succedaneas. D. Taurini 1811. 4. 36 p.
Silliman Journal XIX, 63—70, 299—311. XX, 248—261.
Berthelot, *Sabin*, französischer Consul in St. Croix (Teneriffa, Berthelotia DC.); * Marseille 1794.
715* —— Coup d'œil sur les forêts canariennes, sur leurs changements et leurs alternances. Paris 1836. folio. 75 p., 7 tab.
Cat. of sc. Papers I, 314.
Berthold, *C*.
716* —— Darstellungen aus der Natur, insbesondere aus dem Pflanzenreiche Köln, Bachem. 1869. 8. 352 p. (⁹/₁₀ *th*)
717* —— Die Gefässkryptogamen Westfalens. Brilon, Friedländer. 1865. 4. 36 p., 2 tab. (⅓ *th.*)
Bertholdi, *Hermann*.
718* —— Der Pflanzensammler oder vollständige Anweisung, ein Herbarium anzulegen, nebst einer speciellereh Uebersicht von den vorzüglichst anerkannten Pflanzensystemen. Berlin, Stahr. 1840. 12. VI, 133 p, 4 Tabellen. (⅔ *th.*)

PRITZEL. Thes. lit. bot.

Bertholon de St. Lazare, † Lyon ... 1799.
719* —— De l'électricité des végétaux, ouvrage dans lequel on traite de l'électricité de l'atmosphère sur les plantes, de ses effets sur l'économie des végétaux, de leurs vertus médico- et nutritivo-électriques, et principalement des moyens de pratique de l'appliquer utilement à l'agriculture, avec l'invention d'un électro-végétomètre. Paris et Lyon, Didot. 1783. 8. XVI, 468 p., 3 tab.
* *germanice*: Ueber die Electricität in Beziehung auf die Pflanzen. Leipzig. Schwickert. 1785. 8. XVI, 301 p., 3 tab.
Bertoloni, *Antonio*, Professor der Botanik in Bologna (Bertolonia DC.), * Sarzana 11. Febr. 1775, † Bologna 17. April 1869.
Saccardo, Storia di Flora veneta 135—136.
Nuovo Giornale botanico I, 149—152.
720* —— Rariorum Liguriae plantarum Decas I. Genuae 1803. 8. 29 p. — *Decas II. Pisis 1806. 8. 47 p. — *Decas III. Accedit specimen zoophytorum Portus Lunae. Pisis 1810. 8. 125 p.
In titulis Decadum II et III loco Liguriae legitur: Italiae.
721* —— Plantae genuenses, quas annis 1802—3 observavit et recensuit. Genuae 1804. 8. 145, 11 p.
722 —— Institutiones rei herbariae. Bononiae 1807. 8.
723* —— Amoenitates italicae sistentes opuscula ad rem herbariam et zoologiam Italiae spectantia. Bononiae 1819. 4. 472 p., 6 tab. (18 *lire.*)
724* —— Excerpta de re herbaria. Bononiae 1820. 4. 16 p., 1 tab.
725* —— Lucubrationes de re herbaria. (Commentationes in Cupani Panphyton siculum.) Bononiae 1822. 4. 40 p, 1 tab.
726 —— Descrizione de' Zafferani italiani. Bologna 1826. 4 5 foll.
727 —— Continuatio historiae horti botanici et scholae botanicae Archigymnasii Bononiensis adjectis descriptionibus trium novarum plantarum. Bononiae 1827. 4. 48 p, 2 tab. col.
728* —— Praelectiones rei herbariae et prolegomena ad Floram italicam. Bononiae 1827. 8. VIII, 334 p. (6 *lire.*)
729* —— Mantissa plantarum Florae Alpium Apuanarum. Bononiae 1832. 4. 74 p., ind.
730* —— Disquisitio de quibusdam plantis novis aliisque minus cognitis. Bononiae 1832. 4. 12 p., 1 tab. col.
731* —— Dissertatio de quibusdam novis plantarum speciebus et de Bysso antiquorum. Bononiae 1835. 4. 48 p., 2 tab. col.
732* —— Commentarius de Mandragoris. Bononiae 1835. 4. 43 p., 3 tab. col.
733* —— Descrizione di un nuovo genere e di una nuova specie di pianta gigliacea. Modena 1835. 4. 6 p., 1 tab. col. (Strangweja hyacinthoides Bert.)
734 —— Commentarius de itinere neapolitano aestate anni 1834 suscepto. Bononiae 1837. 4. 23 p, 3 tab. col.
735* —— Horti botanici Bononiensis plantae novae vel minus cognitae. Bononiae. II fasc. 4. — I: 1838. 40 p., 5 tab. col. — II: 1839. 14 p., 4 tab. col.
736* —— Florula Guatimalensis sistens plantas nonnullas in Guatimali sponte nascentes. Bononiae 1840. 4. 43 p., ind., 12 tab. col.
737* —— Miscellanea botanica. 1—24. Bononiae, typ. E. ab Ulmo et aliorum. 1842—63. 4.
738* —— Flora italica, sistens plantas in Italia et insulis circumstantibus sponte nascentes. Bononiae, ex typographeo Richardi Masii. 1833—54. X voll. 8. (46⁵/₁₂ *th.*) — I: 1833. Monandria-Triandria. 882 p. — II: 1835. Tetrandria-Pentandria. 800 p. — III: 1837. Pentandria. 637 p. — IV: 1839. Hexandria-Decandria. 800 p. — V: 1842. Dodecandria-Polyandria. 654 p. — VI: 1844. Didynamia-Tetradynamia. 644 p. — VII: 1847. Tetradynamia-Diadelphia. 644 p. — VIII: 1850. Diadelphia-Syngenesia. 660 p. — IX: 1853. Syngenesia-Gynandria. 664 p. — X: 1854. Monoicia-Polygamia. 639 p., index generalis, effigies autoris.
739* —— Flora italica cryptogama. Pars (1.) 2. Bononiae, typ. Cenerelli. Paris, Baillière. 1858—67. 8. — I: 1858. 662 p. — II: 1862—(67.) 338 p. (7 *th*)
740* —— Piante nuove asiatiche. Memoria 1. 2. Bologna, typ. Gamberini e Parmeggiani. 1864. 1865. 4. 10, 12 p., 10 tab.
Cat. of sc. Papers I, 324—325.
Bertoloni, *Giuseppe*, Sohn von Antonio, Professor in Bologna.
741* —— Iter in Apenninum Bononiensem. Bononiae 1841. 4. 25 p., 2 tab col.

4

742* **Bertoloni**, *Giuseppe*. Illustrazione di piante mozambizese. Dissertazione 1—4. Bologna 1852—54. 4

743 —— Florole delle due isolette più piccole del Golfo della Specia, cioè del Tino e del Tinetto. Bologna 1866. 4. 12 p.

744 —— La Vegetazione dei Monti di Porretta (Appennino) e dei suoi prodotti vegetali Bologna 1868. 8.
Memorie della Accademia di Bologna.
Cat of sc. Papers I, 325—326

Besler, *Basilius*, Apotheker in Nürnberg (Besleria L.), * Nürnberg .. 1561, ÷ Nürnberg ... 1629.
Biographie médicale II, 216

745* —— Hortus Eystettensis sive diligens et accurata omnium plantarum, florum, stirpium ex variis orbis terrae partibus singulari studio collectarum, quae in celeberrimis viridariis, arcem episcopalem ibidem cingentibus hoc tempore conspiciuntur, delineatio et ad vivum repraesentatio; in quatuor partes divisus. s. l. 1613. folio max. 366 foll., et tabulae aeneae totidem aversa pagina textus impressae, numeris non inscriptae.
Classis verna: foll. 14, 18, 17, 17, 13, 14, 15, 8, 9, 9 = 134.
Classis autumnalis: foll. 13, 13, 9, 7 = 42.
Classis aestiva: foll 14, 16, 16, 10, 12, 12, 10, 12, 12, 12, 12, 10, 10, 11, 14 = 183
Classis hyberna: foll. 7. — (Hanc editionem vidi in Bibl Reg. Berolinensi tabulis coloratis; ibidem servatur exemplar manuscriptum, de quo cf. *Moehsen*, de manuscr. med. Bibl Berolin. p. 64.)
*Ed. II: auspiciis *Marquardi II*. Episcopi Eistetensis 1640. folio. 361 tab. numeris inscriptis. (quae editio figuris rudioribus primae inferior est)
*Ed. III: 1713. folio. 367 tab. absque textu latino (Editio valde rara; duae aliae reimpressiones laudantur, quas non vidi: anni 1727 teste *Moehsen*, Epist. p. 75. et anni 1750, teste *Falkenstein*, Bibliothek zu Dresden, p. 128.)
Autor omnino dubius est: *Basilius Besler*, pharmacopola Norimbergensis (n. 1561, † 1629), semet ipsum esse fatetur; sed quum illiteratus latinique sermonis minime gnarus fuerit, Hieronymum fratrem, sui praefationes scripsit, ipsius operis etiam autorem perhibent: *Baier* Biogr. Prof. Altdorfens. p 82—83 *Ludovico Jungermann* tribuit. Nec aliter de horto ipso, qui ut Germaniae antiquissimus ita sui aevi celeberrimus a *Joanne Conrado a Gemmingen*, episcopo Eichstaedtensi in monte Seti Willibaldi conditus fuit, quo tempore ac modo interierit, nuntii omnino desiderantur; cf *Hall* Bibl. I. 413. — *Spreng* Hist. II. 125—127. — Ut Linneanis nominibus nomenclatura splendidi operis illustraretur, cura *Fr. Widmann* Norimbergae, e typographia Felseckeriana anno 1805 edidit Catalogum systematicum omnium arborum, fruticum et plantarum celeberrimi horti Eystettensis, in quarta forma 79 paginarum Est alia editio Gallorum lingua scripta et *Josephinae Imperatrici* dicata Eystett. 1806 4. 80 p

746* —— Fasciculus rariorum et aspectu dignorum varii generis, quae collegit et suis impensis aeri ad vivum incidi curavit atque evulgavit. (1616.) 4 obl. 24 tab. aen. — Continuatio. (1623.) 4 32 tab. Bibl. Cand

Besler, *Michael Rupertus*, Sohn von Hieronymus, dem Bruder des Basilius, * Nürnberg 5. Juli 1607, ÷ Nürnberg 8. Febr. 1661
Acta Erud. 1717, p. 539.

747* —— Gazophylacium rerum naturalium e regno vegetabili, animali et minerali depromptarum, nunquam hactenus in lucem editarum, fidelis cum figuris aeneis ad vivum incisis repraesentatio. (Lipsiae, typ. Wittigau) 1642. folio. 24 tab., 1 p. — Lipsiae et Francofurti, apud Klosium 1716. folio et ib. 1733. folio. 35 tab., 4 foll. — Rariora musei Besleriani, quae olim *Basilius* et *Michael Rupertus Besleri* collegerunt, aeneisque tabulis ad vivum incisis evulgarunt, nunc commentariolo illustrata a *Johanne Henrico Lochner*, denuo luci publicae commisit *Michael Fridericus Lochner*. s. l. 1716. folio. 112 p, 40 tab., quarum 24 eaedem ac in editione anni 1642.

Besnard, *Anton Fr*

748* —— Bayerns Flora. Aufzählung der in Bayern diesseits und jenseits des Rheins wildwachsenden phanerogamischen Pflanzen. München, Grubert. 1866. 16. xvi, 478 p. (1⅓ th.)

Besnou et *Bertrand* **Lachénée**.

749* —— Catalogue raisonné des plantes vasculaires de l'arrondissement de Cherbourg Cherbourg, Mouchel. 1862. 8 257 p. (3 fr.)

Bessa, *Pancrace*, * Paris 1772, ÷ Paris nach 1830.

750* —— Fleurs et fruits gravés et coloriés sur les peintures aquarelles faites d'après nature. Paris 1808. fol. max. Bibl. Imp. Ferdin.
Sex fasciculi cum 24 tab. indicabantur; equidem vidi 8 tab. col.
Nagler, Künstlerlexikon, I, 475.

Besse, *Victor*.

751* —— De la pomme de terre. Ses usages, sa maladie, ses succédanés. Thèse. Paris, typ. Thunot. 1855. 4. 58 p.

Besser, *Wilhelm S. J. G. von*, * Innspruck 7. Juli 1784, ÷ Krzemieniec 11. Oct. 1842.
Nekrolog von Trautvetter in Bull. Mosc. xvi, 341—360. (1843)

752* —— Primitiae Florae Galiciae Austriacae utriusque. Encheiridion ad excursiones botanicas concinnatum. Viennae, Doll. 1809. II vol. 12. — I: 399 p. — II: 423 p. (2⅔ th.)

753* —— Catalogue des plantes du jardin botanique du gymnase de Volhynie à Krzemieniec. 1810. 8. 88 p. — * Krzemieniec 1811. 3. 117 p. — * Catalogus plantarum in horto botanico Gymnasii Volhyniensis Cremeneci cultarum. Cremeneci 1816. 8. 161 p., praef.

754* —— Enumeratio plantarum hucusque in Volhynia, Podolia, gub. Kiioviensi, Bessarabia Cis-tyracia et circa Odessam collectarum, simul cum observationibus in Primitias Florae Galiciae austriacae. Vilnae 1822. 8. viii, 111 p. (1 th) — Ed. I. ib. 1821. 8. 79 p.

755* —— Tentamen de Abrotanis seu de sectione secunda Artemisiarum Linnaei 1832. 4. 92 p., 5 tab.
Nouv Mém. de Moscou t. III.
Cat of sc. Papers I, 348.

Betcke, *Ernst Friedrich*, Arzt in Pentzlin in Mecklenburg (Betckea DC.)

756* —— Animadversiones botanicae in Valerianellas. D. Rostockii, typ. Adler. 1826. 4. 28 p., 1 tab.
Cat of sc Papers I, 638

Beunie, *Johann Baptista de*.

757 —— Antwoord op de vraege, welk zyn de profytelykste planten van dit land, ende welk is hun gebruyk zoo in de Medicynen als in andre Konsten. Brüssel 1772. 4. 70 p.

Beurling, *Pehr Johan*, † Stockholm 5. Dec. 1866.

758* —— Plantae vasculares seu cotyledoneae Scandinaviae, nempe Sueciae et Norvegiae, juxta regni vegetabilis systema naturae digestae. Holmiae, Norstedt. 1859. 8. 69 p. (⅘ th.)
Cat of sc Papers I, 351.

Beyrich, *Karl* (Beyrichia Cham.), ÷ bei Fort Gibson U. St. A., 15. Sept. 1834.
* *George Catlin*, Letters London 1841 8 (no 45.)

759* —— Description de quelques arbres et de quelques plantes de Malacque. Exstat in Mémoires pour servir à l'histoire naturelle des plantes dressés par *M. Dodart*. Amsterdam et Leipzig, Merkus. 1758. 4. p. 637—644.

Bianca, *Giuseppe*.

760 —— Flora dei contorni d'Avola. Catania 1844—59. 4.
Atti della Accademia Gioenia, vol. 1—14.

Bianconi, *Giovanni Giuseppe*, Professor in Bologna.

761* —— Di alcuni movimenti che si osservano nelle piante per la diffusione de' semi. Bologna 1841. 8. 26 p., 2 tab.

762 —— Sul sistema vascolare delle foglie considerato come carattere distintivo per la determinazione delle filliti. Bologna, typ. Marsigli 1838. 8. p. 343—390, 7 tab.

Biasoletto, *Bartolommeo*, Apotheker in Triest (Biasolettia Koch.), † Triest 17. Jan. 1858.

763* —— Di alcune alghe microscopiche Saggio. Trieste 1832 8. 69 p., 29 tab. col.

764* —— Viaggio di S. M. Federico Augusto re di Sassonia per l'Istria, Dalmalcia e Montenegro. Trieste 1841. 8. 264 p, 3 tab. col. (2⅔ th.)
Conspectus plantarum oeconomicarum Istriae autore *Biasoletto* est in libro: «Pittoreskes Oestreich». Nr. 13. Istrien Wien 1840. 4.

765* —— Escursioni botaniche sullo Schneeberg (Monte nevoso) nella Carniola. Discorso tenuto in due tornate al Gabinetto di Minerva. Trieste, typ. Papsch 1846 8. 96 p., 1 tab.
Cat of sc. Papers I, 356

Bibra, *Ernst Freiherr von*, * Schwebheim . 1806.
766* —— Die narkotischen Genussmittel und der Mensch. Nürnberg, W. Schmid. 1855. 8. vi, 398 p. (2 th.)
767* —— Die Getraidearten und das Brod. Nürnberg. W. Schmid. 1860. 8. viii, 502 p. (2⅔ th.)
Cat. of sc Papers I, 351.

Bicheno, *James Ebeneser*, Colonialsecretär, Vandiemensland, (Bichenia Don), * Newbery in Beckshire 17 .., † Hobarttown (Van Diemensland) 28. Febr. 1851.
Proc. Linn Soc. II. 181—182
Cat. of sc. Papers I, 358.

Bidloo, *Lambert*, Apotheker in Amsterdam, * Amsterdam 30. Aug. 1633, ÷ Amsterdam 11. Juni 1724.
Van der Aa, Biogr. Woordenboek II, 521.
768* —— Dissertatio de re herbaria, praemissa *Joannis Commelini* Catalogo plantarum Hollandiae. Amsterdam 1683. 8. 82 p. — Lugduni Bat. 1709. 8. 80 p.

Bidwill, *John Carne*, Esq., * England 1815, ÷ Tinana in Australien 1. März 1853.
Hooker Journal and Misc. V, 252
Cat. of sc Papers I, 360.

Bieber, *Johann Andreas*, M. D., † Gotha 21. Nov. 1801.
769 —— Blätterskelete. 1. Zehend. Gotha 1774. 8. (½ *Louisd'or*.)

Biehler, *Johann Friedrich Theodor*.
770* —— Plantarum novarum ex herbario Sprengelii Centuria. D. Halae, typ. Grunert. 1807. 8. 46 p.

Biel, *Johann Christian*.
771* —— Exercitatio de lignis ex Libano ad templum Hierosolymitanum aedificandum petitis, qua per ligna illa II. Paral. II. 8. cedrina, cupressina et pinea intelligenda esse, ostenditur. etc. Brunsvigae 1740. 4. (6) 61 p. — Ed. II. Brunsvigae 1749 4.

Bieler, *Ambrosius Karl*, Dr. Med. in Regensburg, * Regensburg . . . 1693, † Regensburg 14. Sept. 1747.
vide Weinmann 654—656.

Bjerkander, *Clas*, * Bjerka 23. Sept. 1735, ÷ Grefbäck 1. Aug. 1795.
Oedmann, Aminnelse-tal. Stockholm 1798. 8
Wikström Consp lit bot. 33—35

Bigelow, *Jakob*, Professor der Botanik zu Boston (Bigelowia Spr.)
772* —— Florula Bostoniensis. A collection of plants of Boston and its vicinity, with their generic and specific characters, principal synonyms, descriptions, places of growth and time of flowering and occasional remarks. Boston, Cummings and Hillard. 1814. 8. viii, 268 p. — *Ed. II. ib. 1824. 8. v, 422 p. — *Ed. III. Boston, Little and Brown. 1840. 8. vi, 468 p. (11 D. 50 c)
773* —— American Medical Botany, being a collection of the native medical plants of the United States etc. Boston 1817—21. III vol. 4 min. — 1: 1817. 198 p — II: 1819. 200 p — III: 1820—21. 198 p., 60 tab. col. (21 D.)
Cat of sc. Papers I, 361

Bignon, *Jean Paul*, Bibliothekar in Paris (Bignonia L.), * Paris 19. Sept. 1662, ÷ Isle-Belle bei Melun 14. Mai 1743.

Bill, *Johann Georg*, Professor der Botanik in Grätz, * Wien . . 1813, ÷ Grätz 30. Aug. 1870.
774* —— Grundriss der Botanik für Schulen. Wien, Gerold. 1854. 8. — Zweite umgearbeitete Auflage. ib. 1857. 8. — *Vierte umgearbeitete Auflage. ib. 1866. 8. viii, 264 p, ic. xyl. (1 ⅕ th)

Billberg, *Gustav Johannes* (Billbergia Thunb.), * Karlskrona 14. Juni 1772, † . . .
775 —— Botanicon Scandinaviae s. plantarum in Suecia et Norvegia sponte crescentium icones; plerumque ad vivum coloratae cum descriptionibus succinctis, synonymis selectis et differentiis specificis. Holmiae 1822. 8.
Opus hocce easdem continet tabulas ac Svensk Botanik, Första Bandet. tab. 1—36; sed textus a *Billbergio* conscriptus: haud continuatum est; cf. W. Consp. lit. suec. p. 32.
Billbergius operis Svensk Botanik post obitum *Swartzii* a numero 91—99 et tab. 541—594 textum composuit, et figurarum sculpturam inspexit; cf. *Palmstruch.*

Billerbeck, *Julius Heinrich Ludwig*, Rector in Hildesheim, * 24. Dec. 1772, † Hildesheim nach 1838.
776* —— Flora classica. Leipzig, Hinrichs. 1824. 8. viii, 285 p. (1 ⅓ th)

Billot, *Paul Constant*, * Rambervillers (Vogesen) 2 März 1796, † Mutzig 19. April 1863.
Bull. soc. bot. X, 214—216
777* —— Annotations à la Flore de France et d'Allemagne Haguenau, typ. W Edter. 1855—(62) 8. 242 p., ind, 5 tab. (6 fr.)
* —— Billotia vide Bavoux.

Bingley, *William*, ÷ 11. März 1823.
778 —— Practical introduction to botany. London 1817. 12. — Ed. II. by John Frost ib. 1827. 8.

Biörlingsson, *Karl Julius*, * Ostgothland 17 Jan 1803.
779 —— De elementis physiologiae plantarum in usum practicum spectantibus. D. I. Upsaliae 1828. 4. 10 p.

Biörnlund, *Benedict*, * Ostgothland 6. Nov. 1732, † Bjorneborg 6. Dec. 1815.
780* —— Fundamentum differentiae specificae plantarum verum et falsum. D. Gryphiswaldiae, typ. Röse 1761. 4. 18 p.

Biot, *Jean Baptiste* (Biotia DC), * Paris 21. April 1774, † Paris 3. Febr. 1862
Cat of sc Papers I, 374—386

Biria, *J. A. J.*
781* —— Histoire naturelle et médicale des Renoncules, précédée de quelques observations sur la famille des Renonculacées D. Montpellier, Jean Martel. 1811 4. 53 p, 2 tab.

Birkholz, *Adam Michael*, Professor der Medicin in Leipzig, * Prettin 23. Nov. 1746, ÷ Leipzig 1. Juli 1818
782* (——) Das Johanniskraut, chemisch-medicinisch abgehandelt von *Anthropo-Mago-Botanophilo*. Leipzig, Boehme. 1781. 8. 76 p.

Biroli, *Giovanni* (Birolia Bell), * Novara 29. Dec 1772, ÷ Novara 1. Jan. 1825.
Mem. Acad Turin. XXXIII, 33.
Tipaldo, Biogr. Ital. illustri II, 25—27
783* —— Flora economica del Dipartimento dell' Agogna Vercelli 1805. 8. 114 p.
784* —— Flora Aconiensis seu plantarum in Novariensi provincia sponte nascentium descriptio. Ex typographia Viglevanensi 1808. II voll. 8. — 1: xxiv, 218 p — II: 260 p
785* —— Catalogus plantarum horti botanici Novariensis, ad annum 1810. 8 35 p.
786* —— Catalogus plantarum regii horti botanici Taurinensis. Augustae Taurinorum 1815. 8. 86 p, praef.
Cat of sc. Papers I, 388

Bisceglia, *Vito*,
787* —— Flora della provincia di Bari. Napoli 1809. 8 59 p.
Atti Ist incorr I, 63—103

Bischof, *Karl Wilhelm*, * Bonn . . 1825.
788* —— De alcalibus in plantis. D Bonnae, typ. Georgii. 1848. 8. 56 p.

Bischoff, *Gottlieb Wilhelm*, Professor der Botanik in Heidelberg (Bischoffia Bl), * Dürkheim a. d Hardt . . 1797, † Heidelberg 11 Sept. 1854
789* —— Die botanische Kunstsprache in Umrissen nebst erläuterndem Texte. Zum Gebrauch bei Vorlesungen und zum Selbstunterricht Nürnberg 1822 folio. iv, 114 p., 21 tab. (2½ th.)
790* —— De plantarum praesertim cryptogamicarum transitu et analogia Commentatio. Heidelbergae 1825. 8. 59 p. (⅓ th.)
791* —— Die kryptogamischen Gewächse mit besonderer Berücksichtigung der Flore Deutschlands und der Schweiz organographisch, anatomisch, physiologisch und systematisch bearbeitet. Nürnberg 1828. 4. 2 Lieferungen: Chareen, Equiseteen, Rhizocarpen und Lycopodeen. x, 131 p., 13 tab. (4¾ th.) jetzt 1 th.
792* —— Plantae medicinales, secundum methodum Candollii naturalem in conspectum relatae, adjectis medicamentis, quae praebent, simplicibus. Heidelbergae, Oswald. 1829. 4. 24 p. (⅜ th.)
793* —— Uebersicht des Linnéschen Sexualsystems. Heidelberg 1829. folio. (⅙ th.)
794* —— Grundriss der medicinischen Botanik als Leitfaden bei Vorlesungen, so wie zum Selbststudium, und besonders zum repetirischen Studium für Studirende Nach den natürlichen

4*

Familien des Gewächsreichs bearbeitet. Heidelberg, Oswald. 1831. 8. XXIV, 584 p. (3¼ th.)

795* **Bischoff**, *Gottlieb Wilhelm*. Lehrbuch der allgemeinen Botanik. (Naturgeschichte der drei Reiche, Band 4 und 5.) 3 Abtheilungen. Stuttgart 1834—39. 8. — I: 1834. LXX, 479 p. — II: 1836. 548 p. — III: 1839. 839 p., 16 tab. (13 th.)

796* —— De Hepaticis inprimis tribuum Marchantiearum et Ricciearum commentatio. Heidelbergae 1835. 4. 40 p, 1 tab.

797* —— Wörterbuch der beschreibenden Botanik oder die Kunstausdrücke, welche zum Verstehen der phytographischen Schriften nothwendig sind. Lateinisch-deutsch und deutsch-lateinisch bearbeitet, alphabetisch geordnet und erklärt. Stuttgart 1839 8. 283 p. (1 th.) — *Zweite verbesserte und vermehrte Auflage, mit Berücksichtigung der neueren botanischen Schriften. Bearbeitet von Professor J. A. Schmidt. Stuttgart, Schweizerbart. 1857. 8. 230 p. (1 th.)

798* —— Handbuch der botanischen Terminologie und Systemkunde. Nürnberg, Schrag. 1833—44. III Bände. 4. — I: 1833 XVI, 581, 44 p., 47 tab. — II: 1842. X, p. 583—1047, 30 tab. sign 48—77. et 90 p. Erklärung. — III: 1844. VI, p 1051—1609. (16⅓ th.)
Volumen primum sistit terminos plantarum phanerogamarum: 6 th. — volumen alterum terminologiam cryptogamarum: 5½ th. — volumen tertium cognitionem systematum et indices: 4⅓ th. — Sectio prima et altera prodierunt anno 1860 novis titulis «Allgemeine Uebersicht der Organisation der phanerogamischen und kryptogamischen Pflanzen», pretio 4⅔ th. n.

799* —— Medicinisch-pharmaceutische Botanik. Ein Handbuch für Deutschlands Aerzte und Pharmaceuten. Erlangen, Enke. 1843. 8. XII, 875 p. (4¼ th.) — Zweite vermehrte Ausgabe. ib. 1847. 8. XII, 875 p. und 72 p. Nachträge. (3¼ th.) herabgesetzt: 28 sgr.

800* —— Die Botanik in ihren Grundrissen mit Rücksicht auf die historische Entwickelung. (Aus der «Neuen Encyklopädie der Wissenschaften und Künste». Band III besonders abgedruckt.) Stuttgart, Franckh. 1848. 8. 138 p. (21 sgr. n.)

801* —— Beiträge zur Flora Deutschlands und der Schweiz. Erste Lieferung. Enthaltend die Cichorien der deutschen und schweizer Flora, mit Ausschluss der Gattung Hieracium. Heidelberg, Groos. 1851. 8. XX, 341 p. (2 th.)

Bischoff, *Ludwig Wilhelm Theodor*, Professor an der Universität München, * Hannover 28. Oct. 1807.

802* —— De vera vasorum plantarum spiralium structura et functione Commentatio Bonnae, Weber. 1829. 8 93 p., 1 tab. (7/12 th.)

Bishop, *David*.

803 —— Causal botany; or a treatise on the causes and character of changes in plants, especially of changes which are productive of subspecies or varieties. London 1829. 8.

Bjurzon, *J*.

804* —— Skandinaviens Wäxtfamiljer i Sammandrag. Upsala, Wahlström 1846. 8. VI, 100 p, 1 tab. (1 Rdr)

Bivona-Bernardi, *Antonio* (Bivonaea DC.), * Messina 24. Oct. 1778, † Messina 7. Juli 1834.
Parlatore, Breve cenno sulla vita e sulle opere del Barone *Antonio Bivona-Bernardi*. Palermo 1837. 8. 19 p.

805* —— Sicularum plantarum Centuria I (et II.) Panormi, Barravechia. 1806—7. 4 min. 84, 73 p, 13 tab.

806* —— Monografia delle Tolpidi. Palermo, typ. Sanfilippo. 1809 18 p, 5 tab.

807* —— Stirpium rariorum minusque cognitarum in Sicilia sponte provenientium descriptiones nonnullis iconibus auctae. Manipulus I—IV Panormi typis regiis. 1813—16. 4. (32) 30, 29 p. et 14 tab.

808 —— Scinaia. Algarum marinarum novum genus. (Palermo 1822.) 8. 3 p., 1 tab. Bibl. Cand.

Black, *Allan A.*, Gärtner bei Henderson, 1853—64 Custos des Hooker'schen Museums, * Forres in Morayshire 1832, † auf Table Island nächst den Andamanen-Inseln 5. Dec. 1865.
Gardeners Chronicle 1866. 102.
Bot. Ztg. 1866, 95—96.

Blackstone, *John*, (Blackstonia Huds.), † London ... 1755.

809* —— Fasciculus plantarum circa Harefield (Middlesex) sponte nascentium cum appendice ad loci historiam spectante. London, typ. H. Woodfall. 1737. 12. VIII, 148 p.

810 **Blackstone**, *John*. Specimen botanicum, quo plantarum plurium rariorum Angliae indigenarum loci natales illustrantur. Londini, typ. Gul. Faden. 1746. 8. 106 p., praef., 1 tab.

Blackwell, *Elizabeth* (Blackwellia Comm.)

811* —— A curious herbal, containing 500 cuts of the most useful plants, which are now used in the practice of physick, to which is added a short description of the plants and their common uses in physick. London 1737—(39.) II voll. folio. — I: Descriptio 1—63, tab. col. 1—252. — II: 1739. Descriptio 64—125, tab. col. 253—500.

812* —— Herbarium Blackwellinum emendatum et auctum, i. e. *Elizabethae Blackwell* Collectio stirpium, quae in pharmacopoliis ad medicum usum asservantur. Edidit et praefatus est *Christoph Jakob Trew*; figuras excudit *Nikolaus Friedrich Eisenberger*. (Vermehrtes und verbessertes Blackwell'sches Kräuterbuch. 38 [sic] Auflage.) Nürnberg 1750—73. Centuria I—VI folio 600 tab col, text.
Quas uxor infelicis medici *Alexandri Blackwell*, qui funesta in Suecia morte periit Holmiae die 9. Aug. 1749, ex amicorum consilio ad vitam sustentandam artificiosa delineaverat manu plantas medicatas aerique inscripserat, has hac ornatiori auctiorique editione publici juris anglico germanicoque sermone fecit *Trewius* Historiam operum botanicorum ex plenissima sua bibliotheca addidit, nec non centum tabularum a *Blackwella* omissarum, appendicem. Posterioribus voluminibus primum C. G. Ludwig, inde E. G Bose et potissimum *Georgius Rudolphus Boehmer* adhibuerunt manum. Pretium operis pro chartae differentia fuit 40, 50 et 66½ th.
Kaspar Gabriel Groening. Nomenclator Linnaeanus in *Elisabethae Blackwell* Herbarium selectum emendatum et auctum. Lipsiae, Graeff. 1794 8. XVI, 120 p.

Blaese, *G*.

813 —— Die natürlichen Familien der wildwachsenden Phanerogamen der baltischen Provinzen Liv-, Kur- und Esthland. Riga, Bacmeister. 1869. 8. VI, 125 p., 6 tab. (1 th. n.)

Blagrave, *Joseph*

814 —— Supplement or enlargement to *Nich Culpepper's* English Physician; containing a description of the form, names, place, time, caelestial governement of all such medicinal plants as grow in England, and are omitted in his book called «The English Physician», and supplying the additional virtues of such plants wherein he is defective. London 1666. 8. — Ed. II: London, Obadiah Blagrave. 1674. 8.

Blair, *Patrick*, D. M. zu Dundee in Schottland (Blairia L.), † Boston (Lincolnshire) 1728.
Pulteney, Geschichte. II. 356—361.

815* —— Miscellaneous observations in the practise of physic, anatomy and surgery, with remarks in botany. London 1718. 8. 149 p., 2 tab. Bibl. Goett.

816* —— Botanik essays. In two parts. The first containing the structure of the flowers and the fructification of plants, with their various distributions into method: and the second, the generation of plants, with their sexes and manner of impregnating the seed: also concerning the animalcula in semine masculino. etc. London, typ. Innys. 1720. 8. 414 p., praef., 4 tab

817* —— Pharmaco-botanologia, or an alphabetical and classical dissertation on all the british indigenous and garden plants of the new London Dispensatory. etc. London 1723—28. VII Decades. 4. 343 p., 1 tab. (Desinit in *Hedera*.) Bibl. Goett.

Blake, *John Bradley*, * London 4. Nov. 1754, † Canton (China) 16. Nov. 1773.

Blake, *J. L*.

818* —— Conversations on vegetable physiology and botany. Philadelphia, Carey et Hart. 1834. 12.

Blanc, *Abbé*.

819* —— Essai de botanique pratique. etc. Embrun, Moyse. 1784. 12. VIII, 294 p.

Blanche.

820* —— et **Malbranche**, Catalogue des plantes cellulaires et vasculaires de la Seine-inférieure. Rouen, typ. Boissel. 1864. 8. 166 p.

Blanchet, *Rodolphe* (Blanchetia DC), * Vevey 18. Mai 1807.
821 —— Catalogue des plantes vasculaires qui croissent naturellement dans le canton de Vaud, publié par la société des sciences naturelles de ce canton. Vevey 1836. 8. xxiv, 128 p.
822 —— Influence de l'Ammoniaque et des sels ammoniacaux sur la végétation. Lausanne 1843. 8. 36 p. (5 *Batzen*.)
823 —— Essai sur l'art de tailler la vigne et les arbres fruitiers. Lausanne 1844. 8. 38 p.
824 —— De l'épidémie des pommes de terre. (Lausanne 1845.) 8. 16 p.
825 —— Les champignons comestibles de la Suisse Lausanne 1847. 4.

Blanco y Fernandez, *Antonio*, D. M.
826* —— Tratado elemental de botanica teórico-práctico. Valencia, imprenta de Jaime Martinez. II vol. 1834—35. 4 min. — I: Parte teórica. 1834. 184 p, praef., ind. — II: Parte práctica. 1835. 328 p. Bibl. Cand.
827 —— Introduccion al estudio de las plantas. Madrid 1845—46 3 voll. 8.
Fortasse versio libri ill. Alph. DC.

Blanco, *Manoel*, Augustinermönch (Blancoa Ldl.), * Navianos (Kastilien) 1780, † Manila 1. April 1845.
Duchartre Revue bot. 1846, 282—285.
Colmeiro Bot. hisp. 204.
828* —— Flora de Filipinas. Segun el sistema sexual de Linneo. Manila, en la imprenta de Sto Thomas por D. Candido Lopez. 1837. 8. lxxviii, 887 p. — Segunda impresion, corregida e aumentada por el mismo autor. Manila, imprenta de Don Miguel Sanchez. 1845. 8. lxix, 619 p.
Fr. Antonio Llanos edidit «Fragmentos de algunas plantas de Filipinas no incluidas en la Flora de Blanco.»

Blandow, *Otto Christian* (Blandowia Willd.). * Waren in Mecklenburg 5. Aug. 1778, † Waren 15. März 1810.
829* —— Uebersicht der Mecklenburgischen Moose nach alphabetischer Ordnung. (Neustrelitz) 1809. 8. 16 p.

Blankaart, *Stephen* (Blankara Ad.), * Middelburg 24. Oct. 1650. † Amsterdam 23. Febr. 1702.
830 —— De nederlandschen Herbarius, or Kruikboek der voornaamste kruiden, tot de medicyne, spysbereidingen en konstwerken dienstig, handelende van zommige hier te lande wassende boomen, kruiden, heesters, mossen, enz. Amsterdam, by Nic. ten Hoorn. 1698. 8. 621 p., tab. — ib. 1714. 8. 614 p., praef., ind., tab.

Blasquez, *Pedro* é *Ignazio* **Blasquez.**
831* —— Memoria sobre el Maguey mexicano (Agave Maximilianea) México, imprenta de Andrade y Escalante. 1865. 8. 32 (1) p., 2 tab. col.

Blessner, *G.*
832 —— Flora Sacra New York, S. T. Gordon. 1864. 8 obl , 208 p. (1 *Doll*.)

Bligh, *William* (Blighia Kön.), * 1753, † London 17. Dec. 1817.
König Annals of botany II, 570.

Bloch, *Georg Castaneus*, * 1717, † 1773.
833 —— Tentamen phoinicologiae sacrae s. Dissertatio emblematico-theologica de Palma. Havniae 1767. 8. 178 p.

Bloch, *Johannes Erasmus.*
834 —— Horticultura danica, cum descriptione vireti ad arcem Cronenburg prope Helsingoram. Havniae 1647. 4. tab.

Blondin, *Pierre*, Vertreter Tourneforts, * Vaudricourt in der Picardie 18. Dec. 1682, † Paris 15. April 1713.
Biogr. médicale II, 290.

Blot, *Natalis Sebastian.*
835* —— Quaestio botanico-medica (an, ut naturali cuique plantarum classi idem vegetativus character, sic eadem medica facultas?) D. (Cadomi 1747.) 4. 6 p.

Blottner, *Karl Ludwig*, Arzt, * Fraustadt in Schlesien . . . 1773, † Reinerz 25. Febr. 1802.
836* —— De fungorum origine. D. Halae 1797. 8. 46 p.

Bluff, *Mathias Joseph* (Bluffia N. v. E.), * Köln 5. Febr. 1805, † Aachen 5. Juni 1837.
837* —— et *Karl Anton* **Fingerhuth.** Compendium Florae germanicae. Norimbergae 1821—33. IV tomi. 12. — Sectio I: Plantae phanerogamicae seu vasculosae. II tomi. 1825. — I: xxiv, 755 p. — II: xviii, 788 p., 2 tab. — Sectio II: Plantae cryptogamicae seu cellulosae, seu Flora cryptogamica Germaniae, autore *Friedrich Wilhelm Wallroth*. 1831—33. II tomi. I: xxvi, 654 p. — II: lvi, 923 p. (10 *th*.) — *Ed. II: aucta et amplificata, curantibus *M. J. Bluff*, *C. G. Nees von Esenbeck* et *J. C. Schauer*. ib. 1836—38. II vol. 12. — I: 1. 2. xviii, 648, 448 p. — II: 764, 159 p., ind. (2 *th*.)

Blum, *O. F.*
838 —— Anleitung zum Studium der Botanik oder Pflanzenkunde. (Bildungsbibliothek, Band 2.) Leipzig, O. Wigand. 1849. 8. v, 113 p. (½ *th*.)

Blume, *Karl Ludwig*, Director des Reichsherbars in Leyden (Blumea Rchb.), * Braunschweig 9. Juni 1796, † Leyden 3. Febr. 1862.
839* —— Catalogus van eenige der merkwaardigste zoo in- als uitheemsche gewassen, te vinden in's lands plantentuin te Buitenzorg. Batavia, gedrukt ter Lands-Drukkerij (1823). 8. 112 p.
840* —— Korte Beschrijving van de Palma der Javanen. Medegedeeld in de Bataviasche Courant van den 23. Maart 1825. no 12 Batavia, ter Lands Drukkerij. 8. 22 p.
841* —— Tabellen en Platen voor de Javaansche Orchideën. Batavia, ter Lands Drukkerij. 1825. folio. 5 Tabellen, 15 tab.
842* —— Bijdragen tot de Flora van Nederlandsch Indië. Batavia, ter Lands Drukkerij. 17 Stuk. 1825—26 8. 1169 p.
843* —— Enumeratio plantarum Javae et insularum adjacentium minus cognitarum vel novarum ex herbariis *Reinwardtii*, *Kohlii*, *Hasseltii* et *Blumii*. Hagae, Hartmann, 1830. 8. Fasc. I et II. editionis novae. vi, x, 274 p. (2 *th*) — *Ed I: Lugduni Batavorum 1827—28. II fasc. 8. vi, x, 274 p., et 4 p. Addenda. (3 *fr*.)
844* —— De novis quibusdam plantarum familiis expositio et olim jam expositarum enumeratio. (Lugduni Batavorum 1833.) 8. 32 p.
845* —— et *J. B.* **Fischer.** Flora Javae nec non insularum adjacentium. Bruxellis, sumtibus J. Frank, typ. H. Remy. 1828. folio. x, 548 p., 238 tab. col. (138 *th*.)
Anonsceae, p. 1—108, tab. 1—53.
Balsamifluae, p. 1—12, tab. 1—2.
Chloranthaceae, p. 1—14, tab. 1—2.
Cupuliferae, p. 1—46, tab. 1—24.
Dipterocarpeae, p. 1—24, tab. 1—6.
Filices, p. 1—196, tab. 1—94. (incompl.)
Luglandeae, p. 1—16, tab. 1—6.
Loranthaceae, p. 1—40, tab. 1—28. (incompl.)
Magnoliaceae, p. 1—40, tab. 1—12.
Myriceae, p. 1—8, tab. 1.
Rhizantheae, p. 1—26, tab. 1—6.
Schizandreae, p. 1—18, tab. 1—5.
846* —— Rumphia, sive Commentationes botanicae imprimis de plantis Indiae orientalis tum penitius incognitis, tum quae in libris Rheedii, Rumphii, Roxburghii, Wallichii, aliorum, recensentur. Lugduni Batavorum, impensis auctoris. (Amstelodami, J. G. Sulpke) IV voll. 1835—48. folio. (280 *Fl*.) — Tomus I: 1835. (ii), 204 p., 70 tab. col., sign. 1—70, et tabula in fronte, Parentalia inscripta. — Tomus II: 1836, 176 p., 67 tab. col., sign. 71—137 et tabula in fronte, sepulcrum Rumphii inscripta. — Tomus III: 1837. ii, 224 p., 44 tab col., sign. 138—173, 157ᵇ, 163ᵇ, 167ᵇ, 172ᵇ, 172ᶜ et effigies Blumii in fronte. — Tomus IV: 1848. 75 p., 32 tab. col., sign. 174—200, 176ᵇ, 176ᶜ, 178ᵇ, 178ᶜ, 200ᵇ. Bibl. Berol. Vind. Cand. Deless. Lips. Goett.
847* —— Flora Javae et insularum adjacentium nova series. Cum imaginibus majori ex parte naturae coloribus expressis. Tomus I. (Orchideae.) Lugduni Batavorum, impensis auctoris. Amstelodami, C. G. Sulpke. 1858. folio. vi, 162 p., 71 tab. col., sign. 1—66, 9ᵇ, ᶜ, ᵈ, 12 . (36 *th*.)
Exstat etiam inscriptione gallica: Collection des Orchidées de l'Archipel indien et du Japon. Ouvrage faisant suite à la Flora Javae. Bull. soc. bot. IX, 50—53.
848* —— Museum botanicum Lugduno-Batavum sive stirpium exoticarum novarum vel minus cognitarum ex vivis aut siccis brevis expositio et descriptio. Lugduni Batavorum, E. J. Brill. 1849—56. 8. — I: 1849—51. 394 p., 24 tab. — II: 1856. 256 p., 32 tab.

C. L. **Blume.** Antwoord aan den Hr W H de Vriese Leyden 1850 8.
(**W. H. de Vriese**). Inlichtingen over een schrijven van den Hr C. L. Blume aan W H de Vriese. (Overgedr uit het Nederl Kruidk. Archief) (Leyden 1850). 8.
J. K. Hasskarl. Antwoord aan den Hr. C. L. Blume, wegens onderscheidene ten mijnen aanzien geuite beschuldigingen, vervat in zijn «Antwoord aan den Hr W. H. de Friese» Leyden 1850 8
(**Fr. Junghuhn**), Inlichtingen aangeboden aan het Publiek over zeker geschrift van der Hr C L Blume, en antwoord aan dien Heer (Overdruk uit den Alg. Konst- en Letterbode 1850) 8.
C L. Blume. Opheldering van de Inlichtingen van den Hr. Fr Junghuhn Leyden 1850 8
Fr. Junghuhn. Vervolg der inlichtingen aangeboden aan het Publiek over een Geschrift van den Hr. C. L Blume. Leyden 1850 8.
Cat of sc Papers I, 437—438

Blytt, *Axel*, Conservator des botanischen Museums in Christiania

849* —— Botanisk Reise i Valders og de tilgraendsende Egne. Christiania. Johan Dahl 1864. 8. 149 p, 1 mappa geogr

850* —— Om Vegetations-forholdene ved Sognefjorden. Christiania, J Dahl 1869. 8 VIII, 223 p, 1 mappa geogr.

Blytt, *Matthias Numsen*, Professor der Botanik in Christiania (Blyttia Fr.), * Overhalden bei Drontheim 26. April 1789, † Christiania 26. Juli 1862
Parlatore, Parole in morte di Matteo Blytt Firenze 1863 8

851* —— Fortegnelse over de in Kongeriget Norge vildvaxende Traearter og Buskväxter, in *Hornemann* Forsög Ed III, vol II, 323—338 (1837)

852* —— Enumeratio plantarum vascularium, quae circa Christianiam sponte nascuntur Christianiae, typ. Gröndahl 1844 4 76 p.
In Programmate collegii academici ad celebranda Oscari primi regis natalitia edito

853 —— Norsk Flora Indeholdende Beskrivelser over de i Kongeriget Norge fundne vildtvoxende phanerogame Planter, ordnede efter det Linneiske System. Förste Hefte. Christtania 1847 8. 160 p.

854* —— Norges Flora, eller Beskrivelser over de i Norge vildtvoxende Karplanter, tilligemed af de geographiske Forholde, under hvilke de forekomme I Deel Christiania, typ. Bregger et Christie 1861 8. (2) 386 p.
Cat of sc Papers I, 443

Bobart, *Jakob*, der Vater (Bobartia L), * Braunschweig ., † Oxford 4 Febr. 1679

855* (——) Catalogus plantarum horti medici Oxoniensis latinoanglicus Oxonii, apud Henricum Hall 1648. 8 54 p. — *Ed II: Catalogus horti botanici Oxoniensis, alphabetice digestus, duas praeterpropter plantarum chiliades complectens, priore duplo auctior, idemque climatior, nec non etymologiis, qua graecis qua latinis, hinc inde petitis, enucleatior; in quo nomina latina pariter et graeca vernaculis, et in ejus sequiore parte, vernacula latinis praeponuntur. Cui accessere plantae minimum sexaginta suis nominibus insignitae, quae nullibi nisi in hoc opusculo memorantur Cura et opera socia *Philippi Stephani* M D. et *Gulielmi Bronne* A M adlibitis etiam in consilium D *Bobarto* patre, hortulano academico ejusque filio, utpote rei herbariae callidissimis. Oxonii, William Hall. 1658. 8. 214 p.
Pulteney, Geschichte der Botanik. I, 121—124

Bobart, *Jakob*, der Sohn, Präfect des Oxforder Gartens, † Oxford nach 1715
Edidit anno 1699 partem tertiam Morisonii Plantarum Historiae universalis. Pulteney I, 125. 225

Boccone, *Paolo*, ordinis Cisterciensium, cognomine Sylvius (Bocconia L), * Savona bei Genua 24 April 1633, † Palermo 22. Dec 1703
Biographie médicale II, 297—298
Moretti, Sopra alcuni erbari del Padre Boccone conversati nell' imp bibliotheca di Vienna. Pavia, typ Bizzoni. 1830 8 16 p
Seinen Nachlass fand Bertoloni bei den Kapuzinern zu Genua

856 —— Monitum de Abrotano marino. Cataneae 1668. folio. 1 plag.

857* —— Manifestum botanicum *Pauli Bocconi* Panormitani Siculi Serenissimi Magni Hetruiae Ducis Phylliatri de plantis siculis ant tantum descriptis ant penitus novis in hoc Trinacriae regno observatis, affabrè ac diligenti calamo delineatis, sumptibus ejusdem Bocconi Catanae, in aedibus illustrissim. Senatus, apud Bonaventuram La Rocca VI Idib. Oct. 1688 4. 4 p. **Bibl. Horti Pat.**

858* —— Elegantissimarum plantarum cultoribus nec non observatoribus perdoctis, quibus forte desunt infrascripta semina, nunc recentia offeruntur et communicantur honesto pretio per Paulum Boccone Panormitanum. Catanae, in aedibus illustrissimi Senatus, apud Bonaventuram La Rocca. Pridie Cal Novembris 1668. 4 p. **Bibl. Horti Pat.**

859* **Boccone**, *Paolo*. Icones et descriptiones rariorum plantarum Siciliae, Melitae, Galliae et Italiae. Quarum unaquaeque proprio charactere signata, ab aliis ejusdem classis facile distinguitur. Oxonii, e theatro Scheldoniano 1694. 4. 96 p, ind., (52) tab.
Editor hujus operis est *Robertus Morison*, qui manuscripta et icones a *Carolo Hattonio* Parisiensi acceperat

860* —— Osservazioni naturali ove si contengono materie medicofisiche e di botanica, produzioni naturali, fossori diversi, luoghi sotterranei d'Italia ed altre curiosità. Disposte in trattati famigliari. Bologna 1684. 12. 400 p, 1 tab.

861* —— Museo di Fisica e di Esperienze variato, e decorato di Osservazioni naturali, notizie medicinali e ragionamenti secundo i principii de moderni, di *Don Paolo Boccone*, etc. ed al presente *Don Silvio Boccone*. Venetia, Zuccato. 1697. 4. 319 p.
* germanice: Curiöse Anmerkungen aus seinem noch nie im Druck gewesenen Museo experimentali-physico zusammengezogen, und im Durchreisen durch Deutschland zum Andenken seiner in teutscher Sprach zum Druck hinterlassen. Frankfurt und Leipzig 1697. 12. 501 p , 1 tab

862* —— Museo di piante rare della Sicilia, Malta, Corsica, Italia, Piemonte e Germania Venezia 1697. 4. 196 p., 131 tab.
Inest: Appendix ad *Andreae Caesalpini* libros de plantis: p. 125—132. In omnibus exemplaribus, quae vidi, paginae 129—138 duplices absunt, diversae licet materiae

863* —— Appendix ad suum Musaeum de plantis siculis, anno 1701, cum observationibus physicis nonnullis. Venetiis, apud Andream Poleti, sub signo Italiae. 1702. 4. min. 14 p

Bock, *Hieronymus*, latine **Tragus** (Tragia Plum), * im Dorfe Heidesbach im Odenwalde, 3 Stunden nordöstlich von Heidelberg, 1 Stunde nordwestlich von dem Städtchen Hirschhorn, um das Jahr 1498, † Hornbach 21. Febr. 1554.
Adami, Vitae medicarum 29—32 (übersetzt in Pollichia XXII, 19—26)
Biographie médicale II, 299—300.
Biographie universelle IV, 631 (du Petit-Thomers.)
Hoefer, Biogr. générale XLV, 569—570.
Ernst Meyer, Geschichte der Botanik IV. 303—309. (1857).
Kirschleger in *Stöber's* Alsatia (1868.)

864* —— New Kreutterbuch von underscheydt, würckung und namen der kreutter, so in teutschen landen auch wachsen. Auch 'derselbigen eygentlichem und wolgegründetem Gebrauch in der Arznei, zu behalten und zu fürdern leibs gesuntheyt fast nutz und tröstlichem, vorab gemeynem verstand. Wie das auff dreien Registern hiernach verzeychnet ordentlich zu finden. Beschriben durch *Hieronymum Bock* aus langwiriger und gewisser erfarung, und gedruckt zu Strassburg, durch Wendel Rihel. Im jar MDXXXIX. folio.
Auf der Rückseite des Titels Vorrede von *Wendel Rihel*. Blatt 2: Zuschrift von *Hieronymus Bock* an die Pfalzgräfin *Elizabeth* beim Rhine, datirt Hornbach 1. Jan 1539. Blatt 3 4. Vorrede. — Theil 1. cap. 1—200. 174 mit römischen Ziffern numerirte Blätter, und 6 nicht numerirte Blätter Indices — Theil 2. cap. 1—119. 88 mit römischen Ziffern numerirte Blätter und 4 nicht numerirte Blätter Indices. Die beiden einzigen mir bekannten Exemplare dieser Originalausgabe ohne Holzschnitte befinden sich in den Bibliotheken von Göttingen und Berlin.

865* —— Kreuterbuch Darin Underscheid, Würckung und Namen der Kreuter, so in Deutschen Landen wachsen, auch derselbigen eigentlicher und wohlgegründeter Gebrauch in der Artzney fleissig dargeben, Leibs Gesündheit zu behalten und zu fürdern sehr nützlich und tröstlich, Vorab dem gemeinen einfältigen Man Durch *H. Hieronymum Bock* aus langwiriger und gewisser erfarung beschriben und jetzund von newem fleissig übersehen, gebessert und gemehret, dazu mit hüpschen artigen Figuren allenthalben gezieret. Darüber findest du drei vollkomene nützliche Register under welchen das erst die gemeine lateinische und griechische Namen der Kreuter hat, das andre die Deutsche, das dritt die Anzeig der Artznei und rhat für allerlei krankheiten und Leibsgepresten. (Strasburg, gedruckt von Wendel Rihel.) 1546. folio. (3 Theile.) 354, 72 p., indices et (567) ic. xyl. i. t.
Widmung an den Landgrafen Philipp von Hessen, datum Hornbach 1. April 1546.

866* —— Kreuterbuch, darinn Underscheidt, Namen und Würckung der Kreuter, Stauden, Hecken und Beumen, sammt ihren

Früchten, so in deutschen Landen wachsen ... durch *Hieronymum Bock* aus langwiriger und gewisser erfarung beschriben, und jetzund von newem fleissig übersehen, gebessert und gemehret, dazu mit hüpschen artigen und läblichen Figuren der Kreutter allenthalben gezieret. Mit Kaiserlicher Freiheit auff Siben jar. Gedruckt zu Strassburg, durch Wendel Rihel, im jar 1551. folio. 224 p., c. ic. xyl. et effigie Tragi, (24) foll praef. et indices.
    Widmung dem Wolgebornen Herrn, Herrn Philipsen, Graven zu Nassaw und Saarbrücken, datum Sarbrucken, heut Mitwochs den 4 Febr. 1551.
    Editiones post mortem Tragi ex officina Riheliana emissae, inde ab anno 1577 annotationibus Melchioris Sebizii et quarta parte posthuma «Teutsche Speisskammer» auctae:
* Strassburg 1556. folio.
* Strassburg 1560. folio.
* Strassburg 1565. folio.
* Strassburg 1572. folio.
  Strassburg 1577. folio.
* Strassburg 1580. folio.
* Strassburg 1587. folio.
* Strassburg 1595. folio.
* Strassburg, in Verlag W. Chr Glasers. 1630. folio. (Haec est ultima.)

867 **Bock**, *Hieronymus*. De stirpium maxime earum quae in Germania nostra nascuntur, usitatis nomenclaturis, propriisque differentiis, neque non temperaturis ac facultatibus, Commentariorum libri tres, germanica primum lingua conscripti, nunc in latinam conversi, interprete *Davide Kybero*, Argentinensi. His accesserunt praefationes duae, altera *Conradi Gesneri* rei herbariae scriptorum, qui in hunc usque diem scripserunt, catalogum complectens: altera ipsius autoris herbariae cognitionis laudes continens: Praeterea corollarii vice ad calcem adjectus est *Benedicti Textoris* Segusiani de stirpium differentiis libellus. Argentinae, excudebat Wendelinus Rihelius. 1552 4. 1200 p, praef. ind et ic. xyl. i. t.

868* —— Verae atque ad vivum expressae imagines omnium herbarum, fruticum et arborum, quarum nomenclaturam et descriptiones vir hac in re citra controversiam doctissimus *Hieronymus Bock* in suo tum germanico, tum latinitati donato herbario comprehendit; nunc primum hac minori forma in gratiam et utilitatem omnium herbariae rei studiosorum excusae. Eigentliche und wahrhaftige Abbildung und Contrafactur etc. Strasburg bei Wendel Rihel. 1553 4. 333 p., 6 p ind. et (567) ic. xyl. i. t.
    Sunt icones *Fuchsii* et propriae a *Davide Kandel* pulchre delineatae seorsim editae. Editio I. est anni 1550. 4.
    Tragi Herbarum aliquot dissertationes et censurae exstant cum *Brunfelsii* Herbarii tomo secundo, edit. 1531. app. p. 155—165 — edit. 1536. p. 272—281.

Bock, *Joseph*.
869* —— Plantarum secundum Pharmacopeam austriacam anni 1820 officinalium quotquot in Magno Transsilvaniae Principatu sponte proveniunt, descriptio, Linnaeo et praesertim Thunbergio duce in systema sexuali-artefíciosum concinnata. D Cibinii 1832. 8. vi, 58 p.

Bocquillon, *Henri*, * Crugny (Marne) 1834.
870* —— Revue du groupe des Verbénacées. Recherches des types. Organogénie. Organographie. Affinités. Classification. Description des genres. Paris, Baillière. 1861—63. 8. (4) 187 p, 20 tab. (15 fr.)

Bodard, *Pierre Henri Hippolyte*.
871* —— Mémoire sur la Véronique cymbalaire. Pise, Polloni. 1798. 8. 16 p.
872* —— Dissertation sur les plantes hypocarpogées, c'est à dire, qui ont la propriété d'introduire leurs fruits en terre. Pise, Polloni. 1798. 8. 74 p.
873* —— Analyse du cours de botanique médicale-comparée, ou l'on indique les plantes indigènes qui peuvent être substituées aux plantes exotiques. Paris 1809. 4. 19 p. (90 c.)
874 —— Cours de botanique médicale comparée ou exposé des substances végétales exotiques comparées aux plantes indigènes. etc. Paris 1810. II voll. 8. — I: cxvii, 328 p. — II: 445 p. (15 fr.)

Bode, *A*.
875* —— Verbreitungsgränzen der wichtigsten Holzgewächse des europäischen Russlands. Berlin 1856. 8. 107 p.
    Beiträge zur Kenntniss Russlands, Band 18.

Bodenstein, *Adam von*, * .. 1528, † Basel 1577.
    Adam Vitae medicorum 231—233.
876 —— De duodecim herbis signis Zodiaci dicatis. Basileae, apud Petrum Pernam. 1581 folio. Seguier.
877* —— Kurtze Beschreibung und Nutz der Kräuter, so den zwölf himmlischen Zeichen in ihrer eygenschaft und würckung sich vergleichen Amberg, Michel Forster. 1611. 8. 32 p.

Boeck, *J. B.*
878 —— Naturgetreue Abbildungen der in Deutschland einheimischen wilden Holzarten, mit erläuterndem Text Lieferung 1—18. Augsburg, Rieger. 1844—59. 4. 56 p, 72 tab. col. (15 3/4 th.)

Böckel, *Godwin*.
879* —— Aufzählung und Beschreibung aller im Oldenburgischen und in der Umgebung von Bremen wildwachsenden cryptogamischen Gefässpflanzen. Oldenburg 1853. 8. 36 p.
    Cat of sc. Papers I, 446

Boecler, *Johannes*, Professor der Chemie, Physik, Botanik und Materia medica zu Strassburg, * Strassburg 21. Sept. 1710, † Strassburg 19. Mai 1759.
880* —— De Foeniculo. D. Argentorati 1732. 4. 40 p.
881* —— De neglecto vegetabilium circa Argentinam nascentium usu. Specimen I et II. Argentorati 1732 et 1733. 4.
882* —— De Coriandro. D. Argentorati 1739. 4

(**Boehm**, *Johannes*)
883 —— Catalogus rariorum plantarum hortuli *Johannis Boehm* Venetiis 1689. 8.

Boehm, *Joseph Anton*, Professor in Wien.
884* —— Beiträge zur Kenntniss des Chlorophylls Wien, Gerold 1867 8 36 p
885* —— Ueber die Ursache des Saftsteigens in den Pflanzen. Wien, Gerold. 1863. 8. 16 p., 1 tab. (4 sgr.)
886* —— Wird das Saftsteigen in den Pflanzen durch Diffusion, Capillarität oder durch den Luftdruck bewirkt? ib 1864. 8 39 p., 1 tab. (1/4 th.)
887* —— Ueber die physiologischen Bedingungen der Chlorophyllbildung ib. 1865. 8. 14 p. (3 sgr.)
888* —— Sind die Bastfasern Zellen oder Zellfusionen? ib. 1866. 8 23 p. (4 sgr.)
889* —— Ueber die Entwickelung von Gasen aus abgestorbenen Pflanzentheilen ib. 1866. 8. 21 p., 1 tab. (1/6 th.)
890* —— Ueber die Function und Genesis der Zellen in den Gefässen des Holzes. ib 1867. 8. 16 p., 2 tab (1/5 th.)
    Aus den Sitzungsberichten der Wiener Akademie
    Cat. of sc. Papers I, 456.

Boehmer, *Georg Rudolf*, Professor der Anatomie und Botanik an der Universität Wittenberg (Boehmeria Jacq.), * Liegnitz 1. Oct. 1723, † Wittenberg 4. April 1803.
    K. S. Zachariae, Memoria G. R. Boehmeri. Witteb. 1805. 4
    Biogr. médicale II, 312—317.
891* —— Flora Lipsiae indigena. Lipsiae 1750. 8. 340 p., praef. ind. (3/4 th.)
892* —— Bibliotheca scriptorum historiae naturalis, oeconomiae aliarumque artium ac scientiarum ad illam pertinentium realis systematica. (Systematisch-literarisches Handbuch der Naturgeschichte etc.) Lipsiae 1785—89. V partes. 8. — Pars I. Scriptores generales. vol. 1: 1785. xviii, 778 p. — vol. 2: 1786. 772 p — Pars III. Phytologi. 1787. vol 1: 808 p., vol. 2: 642 p. — Pars V. Hydrologi Accedit index universalis 1789 x, 740 p. (13 1/6 th.)
    Pars II. continet zoologos, pars IV. mineralogos. — Liber satis diligenter elaboratus est, sed autoris saepe libros absque autopsia recensentis fides minime intacta.
893* —— Technische Geschichte der Pflanzen, welche bei Handwerken, Künsten- und Manufacturen bereits im Gebrauche sind, oder noch gebraucht werden können. Leipzig, Weidmann. 1794 2 Theile. 8. — I: 780 p. — II: 670 p. (3 3/4 th.)
894* —— Lexicon rei herbariae tripartitum, continens etymologiam nominum et terminologiam partim in descriptione partim in cultura plantarum assumptam. Lipsiae, Crusius 1802. 8. xii, 392 p. et corrigenda. (1 1/2 th)

Praeside Boehmero dissertationes academicae:

895* **Boehmer**, *Georg Rudolf.* De medicamentis vegetabilibus suppositiis. D. Vitembergae, typ. Tzschiedrich. 1748. 4. 22 p.
896* —— Plantae caule bulbifero. D Lipsiae 1749. 4. 30 p.
897* —— De vegetabilium celluloso contextu. D. Wittenbergae 1753. 4. 34. p — * Editio altera cum commentatione de plantarum semine. Wittenbergae 1785. 8.
898* —— De nectariis florum. D. ib. 1758. 4. 47 p.
899* —— De virtute loci natalis in vegetabilia. D. ib. 1761. 4. 29 p.
900* —— Planta res varia. D. ib. 1765. 4. 30 p.
901* —— De justa plantarum indigenarum in pharmacopoliis reformandis aestimatione. D. Wittenbergae typ. Dürr. 1770. 4. 32 p.
902* —— De plantis in Cultorum memoriam nominatis. D. ib. 1770. 4. 60 p. — *Ed. nova continuata: Lipsiae 1799. 8. 233 p. (⅝ th.)
  Annotationes doctas scripsit vir egregius piae memoriae Leo Comes Henckel von Donnersmarck in *Millin Magasin encycl.* IV. 271—278. V. 46—43, 241—264.
903* —— De vegetabilium collectione virtutis causa. D. I. II. ib. 1776—77 4. 30, 30 p.
904* —— Spermatologiae vegetabilis Pars I—VII. D. ib. 1777—84. 4. 36, 34. 27, 47, 34, 26, 22 p. — * Commentatio-physico-botanica de plantarum semine, antehac Spermatologiae titulo per partes, nunc conjunctim edita et aucta. Accedit dissertatio de contextu celluloso vegetabilium. Wittenbergae 1785. 8. 458 p. (⅝ th.)
905* —— Commentatio de plantis segeti infestis; accedit commentatio de plantis auctoritate publica exstirpandis, custodiendis, et e foro proscribendis. Wittenbergae et Servestae. 1792. 4. 128 p. (⁶⁄₁₂ th)
906* —— De Taxo boccato. D. ib. 1796. 4. 32 p.
907* —— De plantis monadelphis praesertim a *Cavanilles* dispositis. ib. 1797 4. 18 p.
908* —— De Toxicodendro. D. ib. 1800. 4. 20 p
909* —— De viribus Sassaparillae antisyphiliticis. D. Wittenbergae 1803. 4. 34 p. (Accedunt: Quaedam de Sassaparilla et Carice praemissa: 12 p.)

Programmata academica:

910* —— De plantis fasciatis. Wittenbergae 1752. 4. 16 p
911* —— De Melocacto ejusque in Cereum transformatione. ib. 1757. 4 14 p.
912* —— De ornamentis, quae praeter nectaria in floribus reperiuntur ib. 1758. 4. 16 p.
913* —— De serendis vegetabilium seminibus monita. Pars 1 et II ib. 1761. 4. 8, 8 p.
914* —— Dissertationis de nectariis florum additamenta. ib. 1762. 4. 8 p
915* —— De plantarum superficie exercitatio I—IV. ib. 1770. 4. 8, 8, 8 et 8 p.
916* —— Commoda, quae arbores a cortice accipiunt. ib. 1773. 4. 8, 8 p.
917* —— De dubia fungorum collectione. ib. 1776. 4. 8 p
918* —— De satione mixta. ib. 1784. 4. 8, 8 p.
919* —— De coeruleo colore in frequenti florum coronariorum lusu valde raro. ib. 1786. 4. 12 p.
920* —— Cyano segetum nuper imputatum virus limitatur. ib. 1787. 4. 12 p.
921* —— Dispositionem plantarum in tabulis synopticis nuper commendatam nunc exemplo Mesembryanthemi illustrat. ib. 1789. 4. 12 p.
922* —— Tabularum synopticarum, quibus genera plantarum disponuntur, exempla proponit. Pars I et II. ib. 1790. 4. 11, 16 p
923* —— De vegetatione plantarum inversa. ib. 1794. 4. 40 p.
924* —— De foliis arborum deciduis. Specimen I—III. ib. 1797. 4. 8, 8, 8 p.
925* —— Plantas fabulosas imprimis mythologicas recenset. Specimina I—XV. ib. 1800—3. 4. 11, 14, 10, 8, 8, 8, 8, 8, 8, 8, 8, 8, 8, 8, 8 p.
  Prolusionum Boehmerianarum specimina VIII—XV, autore d. IV. Apr. 1803. lugubri morte erepto, paulo mutato titulo edidit *Traugott Carolus Augustus Vogt.*

Boeninger, *Theodor Konrad.*
926* —— De plantis venenatis et speciatim de plantis venenatis agri Duisburgensis. D. Duisburgi a/Rh., typ. Benthon. 1790. 8. 133 p.·

Boeninghausen, *Clemens Maria Friedrich von*, Arzt, * Heringhafen 1785, † Münster 25. Jan. 1864.
927* —— Nomenclator botanicus sistens plantas phanerogamas in circulo Coesfeldiae Westphalorum inquilinas, secundum normam Linneanam dispositus. Coesfeldiae (1821). 8. 20 p.
928* —— Prodomus Florae Monasteriensis Westphalorum. Phanerogamia. Monasterii, Regensberg. 1824. 8. xiv, 332 p (1⅓ th)

Boer, *Petrus de*, * im Dorfe Holwerd in Friesland.
929* —— Specimen botanicum inaugurale de Coniferis Archipelagi indici. Trajech a/Rh, J. G. van Terveen et fil. 1866. 4. 56 p., 3 tab.

Boerhaave, *Hermann*, Professor der Botanik an der Universität Leiden (Boerhavia L.), * im Dorfe Voorhout bei Leiden 31. Dec. 1668, † Leiden 23. Sept 1738.
  Sermo academicus, quem habuit quum honesta missione impetrata botanicam et chemicam professionem publice poneret. XXVIII Apr. 1729. Lugdini Batavorum 1729 4. 38 p.
  Eloge de Mr. *Boerhaave*, Hist. de l'Ac. des Sc. de Paris 1738. p. 105—116.
  Albert Schultens, Oratio academica in memoriam *Hermanni Boerhavii.* Lugd. Bat 1738. 4. 83 p.
  Van der Aa, Biogr. Woordenboek II, 726—735.
930* —— Index plantarum, quae in horto academico Lugduno-Batavo reperiuntur. Lugduni Batavorum 1710. 8. 278 p., praef, ind.
931* —— Index alter plantarum, quae in horto academico Lugduno Batavo aluntur. Lugduni Batavorum, sumtibus autoris apud Petrum van der Aa. 1720. 4. — I: 34, 320 p. — II: 270 p., ind. et 40 tab. — * ib. apud J. van der Aa. 1727. 4. (praeter titulum non differt.)
  In bibliotheca Musei botanici Vindobonensis vidi aliam hanc impressionem anonymam, *Hottonii* laudibus in praefatione memorabilem, quam *Boerhavius* in catalogo operum suorum non agnoscit: * Index plantarum, quae in horto academico Lugduno Batavo aluntur, ut et plurimarum in eodem cultarum descriptiones et icones. Lugduni, apud Janssonios. 1720. 4. xvi, 699 p., tab.
932* —— Historia plantarum, quae in horto academico Lugduni Batavorum crescunt cum earum characteribus et medicinalibus virtutibus. Romae, apud F. Gonzagam (revera Lugd. Bat) 1727. II partes 8. 698 p., ind. — * Ed. II. aucta et ab infinitis mendis purgata. Londini 1731. II partes. 8. 698 p., ind. — Ed. III: Londini 1738. 8. 696 p.
  Maculosissimum et confusissimum opus ab *Anonymo* quodam conscriptum.

Boettger, *Christoph Heinrich*, * Kassel· 12. Juni 1737, † Kassel 3. Sept. 1781.
933* —— Beschreibung des botanischen Gartens zu Kassel. Programm. Kassel, typ. Schmiedt. 1777. 4. 30 p., 1 tab. (⅛ th.)
934* —— Verzeichniss der Bäume und Stauden im Park zu Weissenstein. Zwei Programme. Kassel, typ. Schmiedt. 1777. 4. 44, 76 p. (¼ th.)

Boetticher, *Karl*, Professor an der Bauakademie in Berlin.
935* —— Der Baumcultus der Hellenen. Nach den gottesdienstlichen Gebräuchen und den überlieferten Bildwerken dargestellt. Berlin, Weidmann. 1856. 8. xiv, 544 p., 22 tab. (5⅛ th. n.)

Bogenhard, *C.*, Pharmaceut, seit 1852 in Nordamerika.
936* —— Taschenbuch der Flora von Jena oder systematische Aufzählung und Beschreibung aller in Ostthüringen wildwachsenden und cultivirten Phanerogamen und höheren Kryptogamen, mit besonderer Berücksichtigung ihres Vorkommens. Nebst einer Darstellung der Vegetationsverhältnisse der bunten Sandstein-, Muschelkalk- und Keuperformation im mittleren Saal- und Ilmgebiete. Eingeleitet von *M. J. Schleiden.* Leipzig, W. Engelmann. 1850. xx, 483 p. 8. (2¼ th.)
  Cat. of sc. Papers I, 453.

Bohadsch, *Johann Taufer*, Professor in Prag (Bohadschia Presl.), * Prag . . . 1724, † Prag 16. Oct. 1768.

Bohler, *John.*
937* —— Lichenes britannici or Specimens of the Lichens of Britain. In monthly fasciculi with descriptions and occasional remarks. Sheffield 1835—37. fasc. I—XVI. 8. 16 tab. col. (à 8 species desiccatae totidemque foll. explic. = Nr. 1—128 à 3 s 6 d.)

Bohman, *Johan.*

938* —— Omberg (in Ostrogothia) och dess omgivningar. Linköping 1829. 8. 125, 3 p.

939* —— Wettern och dess Küster. Andra Resan. Örebro 1840. 8. viii, 312, 4 p.

Bojer, *Wenzel* (Bojeria DC.), * Prag 1. Jan. 1800, ÷ Port Louis auf Mauritius 4. Juni 1856.
Hooker, Journal and Misc. VIII, 312—317. Bonplandia 1856, 381—382. 1857. 330.

940* —— Hortus Mauritianus ou enumération des plantes exotiques et indigènes qui croissent à l'île Maurice, disposées d'après la méthode naturelle. Maurice, typ. Mamarot et Co. 1837. 8 max. vii, 456 p. Bibl. Imp. Ferdin. et Cand. Bibl. Kew.
W. Bojer, Description des plantes recueillies en Madagascar, vide: Bouton, Rapports annuels de l'île Maurice. XII—XIII. 1843. p. 13—21., p. 43—54. Cat. of sc. Papers I, 463.

Boisduval, *Jean Alphonse*, * Ticheville (Orne) 17. Juni 1801.

941* —— Flore Française ou description synoptique de toutes les plantes phanérogames et cryptogames, qui croissent naturellement sur le sol français, avec les caractères des genres des agames et l'indication des principales espèces. Paris, Roret. 1828. III voll. 18. — I: xxiii, 347 p. — II: 370 p. — III: 396 p. (10 fr.)
Sistit partem alteram libri inscripti: Manuel complet de botanique, chez Roret; accedit mappa: 120 tab. 18 fr. — tab. col. 36 fr.

Boissier, *Edmond* (Boissiera Domb.)

942* —— Elenchus plantarum novarum minusque cognitarum, quas in itinere hispanico legit. Genevae, typ. Lador et Ramboz. 1838. 8. 94 p. (1 th.) — * Erfordiae, Otto. 1840. 8. 66 p. (⅓ th.)

943* —— et *George François* **Reuter**. Diagnoses plantarum novarum hispanicarum, praesertim in Castella nova lectarum. Martio 1842. Genevae 1842. 8. 28 p. (3 fr.)

944* —— Voyage botanique dans le midi de l'Espagne pendant l'année 1837. Paris, Gide. 1839—45. II voll. 4. — Tome I: Narration et géographie botanique. Planches. x, 248 p, 208 tab col. sig. 1—181. (1ª, 4ª, 6ª, 9ª, 14ª, 14ᵇ, 26ª, 40ª, 64ª, 80ª, 84ª, 85ª, 92ª. 94ª, 98ª, 102ª, 108ª, 113ª, 118ª, 122ª, 123ª, 125ª, 126ª, 132ª; duplices tab. 92. 98. 115.) et un tableau synoptique des hauteurs et limites des végétaux. — Tome II: Énumération des plantes du royaume de Grenade. Additions et corrections. 757 p. (396 fr. vélin: 600 fr.)

945* —— Diagnoses plantarum orientalium novarum. Series prima. Vol. 1 2. fasc. 1—13. Series secunda. Vol. 3. fasc. 1—6. Lipsiae, B. Hermann. Parisiis, Baillière. 1842—59. 8.
I: 1. 1842. 76 p.
I: 2. 1843. 115 p.
I: 3. 1843. 60 p.
I: 4. 1844. 86 p.
I: 5. 1844. 94 p.
I: 6. 1855. 136 p.
I: 7. 1846. 130 p. (6⅚ th.)
II: 8. (1849.) 128 p.
II: 9. 1849. 131 p
II: 10 1849. 122 p.
II: 11. 1849. 136 p.
II: 12. 1853. 120 p.
II: 13. 1853. (c. indice) 114 p
III: 1 1853. 120 p.
III: 2. 1856. 125 p.
III: 3. 1856. 177 p.
III: 4. 1859. 146 p.
III: 5. 1856. 118 p.
III: 6. 1859. 148 p. (cum indice).
(à 3 fr. le fascicule; les fascicules 1, 3, 6 et 7 sont épuisés)

946* —— et *G. F.* **Reuter**. Pugillus plantarum novarum Africae borealis Hispaniaeque australis. Genevae, typ Ramboz. 1852. 8. 134 p. (3 fr.)

947* —— Aufzählung der auf einer Reise durch Transkaukasien und Persien gesammelten Pflanzen, in Gemeinschaft mit *E. Boissier* bearbeitet von *F. Buhse*. Moskau, typ. Gautier. 1860. 4. lxvii, 246 p., 10 tab., 1 mappa.
Nouveaux Mémoires des nat. de Moscou, tome XII.

948* —— Icones Euphorbiarum ou Figures de 122 espèces du genre Euphorbia dessinées et gravées par *Heyland*, avec des considérations sur la classification et la distribution des plantes de ce genre. Paris, V. Masson. Bâle et Genève, H. Georg 1856. folio. 24 p., 120 tab. (70 fr.)

949* **Boissier**, *Edmond.* Flora orientalis, sive Enumeratio plantarum in Oriente, a Graecia ad Aegypti et Indiae fines hucusque observatarum. Vol. I. Thalamiflorae. Basileae, Georg. 1867. 8. xxxiv, 1017 p (20 fr. — 5⅓ th.)
Ejus sunt in Prodromo Candolleano Plumbaginaceae vol. XII, 617—696, et Euphorbiaceae, vol. XV, 2.
Cat. of sc Papers I, 461—462.

Boissier de la Croix de Sauvages, *Pierre Augustin* (Sauvagesia Jacq.), * Alais (Gard) 28. Aug 1710, ÷ Alais 19. Dec 1795.
d'Hombres, Firmas, Notice biographique. 1838 8.
Barbaste, Etude biographique, philosophique et botanique sur François Boissier de Sauvages. Montpellier 1851. 8.

950* —— Methodus foliorum, seu plantae Florae Monspeliensis, juxta foliorum originem, ad juvandam specierum cognitionem digestae. A la Haye 1751. 8. xliv, 343 p., 1 tab)

Boissieu, *C. V. de.*

951* —— Flore d'Europe, contenant les détails de la floraison et de la fructification des genres européens, et une ou plusieurs espèces de chacun de ces genres dessinés et gravés d'après nature. ed. Lyon, Bruyset. 1805—7. 8 III voll. ou 12 Livraisons à 20 planches = 240 tab. totidemque foll. text. (60 fr.) — 90 fr. — 144 fr.)
In Bibliotheca Delessertiana 660 tab. duobus voluminibus comprehensa adsunt.

Boitard, *Pierre*, * Mâcon 27. April 1787, † Montrouge Aug. 1859.

952* —— La botanique des Dames. Paris 1821. III voll. 12. — I: 203 p. — II: 222 p. — III: 236 p. (9 fr.)

953* —— Flore de la botanique des Dames. Paris 1821. 12. 104 tab. col, explication et 8 p. ind.

954* —— Manuel complet de botanique ou Principes de botanique élémentaire. etc. Paris, Roret. 1826. 12. vi, 400 p., 6 tab. (3 fr. 50 c.) — Nouvelle édition. ib. 1852. 8. (9 fr. 50 c.)
germanice: Die Botanik in ihrer Anwendung, von *Theodor Thon*. Ilmenau 1828. 8. (1⅔ th.)

955 —— Manuel de physiologie végétale. etc. Paris 1829. 12. 356 p, 2 tab. (3 fr.)

956 —— Herbier des demoiselles. Paris 1832. 4 cahiers: 16 tab. (8 fr.)

957 —— Botanique des demoiselles. Paris 1835. 8. iv, 156 p, 64 tab. (13 fr. — col. 26 fr.)

Boivin, *Louis Hyacinthe*, * Compiègne (Oise) 27. Aug. 1808, ÷ im Marinehospital zu Brest 7. Dec. 1852.
Notice sur la vie et les travaux de Boivin, par M. le comte Jaubert: Bull. soc. bot. I, 225—239.

Boldó, *Baltasar Manuel* (Boldoa Cav. Boldoa Juss.)
Colmeiro Bot. esp. 186.

Boll, *Ernst*, * Neubrandenburg 21. Sept. 1817, † Neubrandenburg 20. Jan. 1868.
Meklenburgisches Archiv 1869, 1—34.
Cat. of sc. Papers I, 465—466.

958* —— Flora von Meklenburg in geographischer, geschichtlicher, systematischer, statistischer u s. w. Hinsicht geschildert. Neubrandenburg, C. Brünslow. 1860. 8. (2) 204 p.
Separatabdruck aus dem Archiv f. Fr. d. N. in M. Jahrgang 14.
Nachtrag im Archiv XVIII, 95—138.

Boll, *J.*

959 —— Verzeichniss der Phanerogamen und Kryptogamenflora von Bremgarten ... Kanton Zürich. Aarau, Christen. 1869 8. viii, 127 p. (14 gr.)

Bolla, *Johann von*, Schuldirector in Pressburg.
Cat. of sc Papers I, 466.

Bolle, *Karl*, in Berlin, * Berlin 21. Nov. 1821.

960* —— De vegetatione alpina in Germania extra Alpes obvia. D. Berolini, typ. Schade. 1846. 8. 50 p.
Cat. of sc. Papers I, 466—467.

Bolós, *Francisco Javier*, * Olot in Katalonie 1773, † Olot 1844.
Colmeiro Bot. esp. 201

Bolton, *James* (Boltonia L'her.)

961* —— Filices britannicae; an history of the british proper ferns; with plain and accurate descriptions and new figures of all the species and varieties etc Part I: Leeds (1785). 4. xvi,

p. 1—59, ind., tab. col. 1—31 — Part II: Huddersfield 1790. 4 p. 60—81, tab. col. 32—46.

962* **Bolton**, *James*. An history of fungusses, growing about Halifax. In three volumes (and Appendix or Supplement). Huddersfield 1788—91. III voll. 4. xxxii, 182 p, 182 tab. col.

germanice: Geschichte der merkwürdigsten Pilze. Aus dem Englischen mit Anmerkungen von *K. L. Willdenow*. Berlin 1795—1820. IV voll. 8. — I: 1795. xii, 68 p., tab. col. 1—44. — II: 1797. xvi, 72 p. et tab. col. 45—92. — III: 1799. xiv, 80 p. et tab. col. 93—138 — IV: 1820. Anhang und Nachträge von *Chr. G.* und *Fr. L. Nees von Esenbeck*. clxxx, 80 p., ind. et tab col 139—182 (22½ *th.*)

Ejus «Catalogue of plants growing in the parish of Halifax» exstat in *Watson*, History of the parish of Halifax London 1775. 4 p. 729—764.

Bommer, *J. E.*

963* —— Monographie de la classe des fougères. Classification. Bruxelles, Mayolez. 1867. 8. 107 p., 6 tab.

Bonadei, *Carlo*.

964* —— Intorno all' accrescimento delle piante dicotiledoni e monocotiledoni. Sondrio, typ. Brughera. 1864. 8. 100 p.

Bonafede, *Francesco*, Professor in Padua, Gründer des Gartens (Bonafidia Neck.), * Padua um 1474, † Padua 15. Febr. 1558.

Visiani, Della vita e degli scritti di Francesco Bonafede. Padova 1845 8. 24 p.

«Scripsit nondum divulgata multa librorum volumina in tres tomos divisa, quae Venetiis ab excellenti collegio Physicorum approbata sunt, et ut libere ab impressoribus excudi possint, impretatum. Primus tomus quatuor volumina continet: commentarium scilicet in librum Aristotelis de stirpibus et plantis, secundum de nominibus ad historiam plantarum pertinentibus . . . sextum de nomenclatura simplicium medicamentorum. Obiit (oculorum lumine destitutus) anno Domini 1550 die 15. Febr. et sepultus est in Basilica D. Francisci in sepultura fratrum tertii ordinis. Vixit annos LXXXIV.»

B. Scardeonius de antiquitate urbis Patavii. Basileae 1560. folio. p. 223—224.

Bonafous, *Mathieu*, * Turin . . . 1794, † Turin . . . 1852.

Bouchard, Notice biographique. Paris 1853. 8.

965* —— De la culture des muriers. Lyon 1822. 8. 56 p. — Ed. II: ib. 1824. 8. 53 p., 1 tab. — * Ed. III: Paris 1827. 8. xii, 62 p., 1 tab. — Quatrième édition revue et augmentée. Paris 1840. 8. viii, 547 p., 5 tab. (7 *fr.*)

966* —— Histoire naturelle, agricole et économique du Mais. Paris 1836. folio. 181 p., 19 tab. col. (tab. 13—17 nigrae.) (100 *fr.*)

Cat. of sc. Papers I, 470—471.

Manuscrits inédits: Histoire naturelle et économique du riz. Ampelographie subalpine.

Bonami, *François* (Bonamia Dup. Th.), * Nantes 10. Mai 1710, † Nantes 5. Jan. 1786.

Mémoires soc. royale de médicine. Paris 1787. 4. p. 31—33.

967* —— Florae Nannetensis Prodromus. etc. Nannetis 1782. 12. xvi, 126 p. — Addenda: ib. 1785. 12. 14 p.

Bonastre, *J. F.*

Cat. of sc. Papers I, 474—476.

Bonato, *Giuseppe Antonio*, Professor der Botanik in Padua (Bonatea Willd.), * Padua 12. Juli 1753, † Padua 21. Juni 1836.

968* —— Pisaura automorpha e Coreopsis formosa, piante nuove. Padova, typ. Penada. 1793. 4. 27 p, 2 tab.

969* ——, *A.* **Dalla Decima** e *V. L.* **Brera**, Osservazioni sopra i funghi mangerecci. Padova, typ. Sem. 1815. 8. 33 p.

970* —— Elogio dei Veneti promotori della scienza erbaria. Padova, typ. Sicca. 1851. 8. 23 p.

Bondam, *H.*

971* —— en *W. G.* **Top**. Flora Campensis. Naamlijst der . . . Te Kampen, bij Gebroeders Fels. 1849. 4. 54 p.

Bondt, *Jakob de*, latine **Bontius** (Bontia Plum.), Arzt in Batavia, * Leiden . . . 1599, † Batavia 1631.

Eloy Dict. I, 405.

Van der Aa, Biogr. Woordenboek II, 836.

972* —— Notae in Garciae ab Horto Historiam plantarum Brasiliae. Lugd. Bat. 1642. 12. — * impr. cum *Pisonis* de Indiae utriusque re naturali et medica. Amstelod. 1658. folio. — * impr. cum *Prosperi Alpini* medicina Aegyptiorum. Lugd. Batav. 1718. 4. 109 p., ind.

Bontius moriens historiam plantarum Brasiliae *Pisoni* legavit, quae tunc imperfecta erat, illumque rogavit, ut ad finem illam perduceret.

Bondt, *Nikolaus*, Professor der Botanik in Amsterdam, * Wilsween 20. März 1765, † Amsterdam 17. Aug. 1796.

973* —— De cortice Geoffreae surinamensis. D. Lugduni Batavorum 1788. 8. 106 p., praef, 1 tab.

* *hollandice:* door *H. A. Bake*. Leyd. 1790. 8. (90 *c.*)

974 **Bondt**, *Nikolaus*. Verhandeling over de overeenkomst tusschen dieren en planten. Amsterdam 1792. 8.

975 —— De utilitate illorum laborum, quos recentiores in re botanica exercenda posuerunt, rite aestimanda. Amsterdam 1794. 4.

Van der Aa, Biogr. Woordenboek II, 832—834.

Bonelli, *Giorgio*, Professor in Roma (Bonellia Bert.)

976* —— Hortus Romanus juxta systema Tournefortianum paulo strictius distributus a *Georgio Bonelli*, specierum nomina suppeditante, praestantiorum, quas ipse selegit, adumbrationem dirigente *Liberato Sabbati*. Romae, sumtibus Bouchard et Gravier. 1772—93. VIII voll. 4. 800 tab. col. et textus.

Voll. II—V. inscripta sunt: Hortus Romanus secundum systema Tournefortii a *Nicolao Martellio* Linneanis characteribus expositus, adjectis singularum plantarum analysi ac viribus; species suppeditabat ac describebat *Liberatus Sabbati*. — Voll. VI—VIII inscripta sunt: Hortus Romanus a *Nicolao Martellio*, species suppeditabat ac describebat *Constantinus Sabbati*.

Bonfiglioli, *Giuseppe*.

Ejus index plantarum Aetnae exstat in *Petri Carrera* «Il Mongibello descritto.» Catanea 1636. 4. recusa in *Graev.* et *Burmann* Thes. sicil. tom. X.

Bongard, *Heinrich Gustav* (Bongardia C. A. M.), * Bonn 12. Sept. 1786, † Petersburg . . . Nov. 1839.

977* —— Descriptiones plantarum novarum. Petropoli (et Lipsiae) 1839. 4. 45 p., 22 tab. (1⅙ *th*)

Acad. caes. sc. Comment. ser. VI. tom. V.

978* —— und *Karl Anton* **Meyer**. Verzeichniss der im Jahre 1838 am Saisang-Nor und am Irtysch gesammelten Pflanzen. Ein zweites Supplement zur Flora Altaica. St. Petersburg 1841. 4. 90 p., 16 tab. (1⅕ *th.*)

Mém. de l'Acad. des sc. nat. tome IV.

Cat. of sc. Papers I, 480—481.

Bonhomme, *Jules*.

979* —— Notes sur quelques Algues d'eau douce. Premier fragment. Rodez, typ. Carrère. 1858. 8. 8 p., 2 tab. (1 *fr.* 50 *c.*)

Bonjean, *Joseph*.

980* —— Histoire physiologique, chimique, toxicologique et médicale du seigle ergoté. Couronné par la société royale de pharmacie de Paris. Paris et Lyon 1842. 8. 36 p.

Bonnemaison, *Théophile* (Bonnemaisonia Ag.)

Cat. of sc. Papers I, 483.

Bonnet, *Charles* (Bonnetia Mart.), * Genf 13. März 1720, † Genthod 19. Mai 1793.

Saussure, Eloge historique. Genève 1793. 8.
Cuvier, Éloge historique. Paris 1793. 4.
Trembley, Mémoire. Bern 1794. 8.
R. Wolf, Biographien, III, 257—290.

981* —— Recherches sur l'usage des feuilles dans les plantes et sur quelques autres sujets relatifs à l'histoire de la végétation. Goettingue et Leide, Elie Luzac. 1754. 4. vii, 343 p., 31 tab. — * redit: Œuvres, tom. II. p. 179—459.

Supplementum primum operis inest in Mém. étrangers de l'Académie des sc. de Paris tom. IV. p. 617—620, et Supplementa primum et alterum conjuncta: Œuvres, tom. II. p. 460—505.

hollandice: Onderzoek van het gebruik der bladen in de plantgewassen, zynde een vervolg van't werk daarover uitgegeven. (Uitgezochte Verhandelingen, 10 Deel. p. 345—353.)

* *germanice:* Untersuchungen über den Nutzen der Blätter in den Pflanzen; deutsch von *J. Chr. Arnold*. Nürnberg, typ. du Launoy. 1762. 4. 224 p., 31 tab. (3½ *th.*)

germanice: dasselbe, vermehrt von *Boeckh;* herausgegeben von *Gatterer*. Ulm, Stettin. 1803. 4. tab. (3⅔ *th.*)

982* —— Considérations sur les corps organisés. Amsterdam 1762. II voll. 8. — I: xlii, 274 p. — II: xx, 328 p.

germanice: Betrachtung über die organisirten Körper, übersetzt von von *Goetze*. Lemgo 1775. 2 Theile. 8. (1⅓ *th.*)

983* —— Contemplation de la nature. Amsterdam 1764. II voll. 8. — I: lxxxiv, 298 p. — II: vi, 260 p. — Hamburg 1782. III voll. 8.

germanice: Betrachtung über die Natur, von *J. D. Titius*. Leipzig 1803. 2 Bände. 8. (2⅔ *th.*)

Bonnet, *Marcellin*, in Carcassonne.

984* —— Facies plantarum. Carcassonne (1810?). 3 fasc. folio. 4 plag. 45 tab. col.

Bonorden, *Hermann Friedrich*, Regimentsarzt in Köln a/Rh., * Herford 28. Aug. 1801.

985* —— Handbuch der allgemeinen Mykologie als Anleitung zum Studium derselben, nebst speciellen Beiträgen zur Vervollkommnung dieses Zweiges der Naturkunde. Stuttgart, Schweizerbart. 1851. 8. vii, 336 p., 12 tab. col. (5 *th.*)

986* **Bonorden**, *Hermann Friedrich.* Zur Kenntniss der wichtigsten Gattungen der Coniomyceten und Cryptomyceten. Halle, H. W. Schmidt. 1860. 4. 63 p., 3 tab. (2 *th.* n.)

987 —— Abhandlungen aus dem Gebiete der Mykologie. Theil 1. 2. Halle, Schmidt. 1864—70. 4. — I: 1864. vi, 168 p., 2 tab. — II: 1870. iii, 55 p. (5 *th.* n.)
Cat. of sc. Papers I, 486.

Bonpland, *Aimé* (Bonplandia Cav.), * La Roche 22. Aug. 1773, † San Francisco de Borja in der Provinz Corrientes 4. Mai 1858.
Adolphe Brunel, Biographie d'*Aimé Bonpland*. 2e édition, considérablement augmentée. Avec portrait. Toulouse, Aurel. 1864. 8. 75 p.
Biographie in Bonplandia 1854, 259—263.
Portrait in Bonplandia 1856.

988* —— Description des plantes rares cultivées à Malmaison et à Navarre. Paris, typ Didot. 1813. folio. 157 p., ind. et 64 tab. col. (528 *fr.* et sur papier grand Colombier 1056 *fr.*)
Tabulae a Redouté delineatae.
Cat. of sc. Papers I, 486.

Boodt, *Anselm Boëtius de*, Leibarzt Kaiser Rudolf II., * Brügge um 1550, † Prag 21. Juni 1632.

989 —— Florum, herbarum ac fructuum selectiorum icones, et vires pleraeque hactenus ignotae; e bibliotheca Olivarii Vredii J. C. Brugensis. Accessit *Lamberti Vossii* Rossellani Lexicon novum herbarum tripartitum: latino-flandrobelgico-gallicum, flandrobelgico-latinum et gallico-latinum. Brugis Flandrorum, apud J. B. et L. Kerchovios. 1640. 4 obl. (8), 119 p., 30 tab. cum 60 figuris; praeter 27 et 28 omnino e *Passaei* Horti floridi parte altera, mutato ordine.
Editio prior a *Seguiero* citatur: Francofurti, apud Marnium. 1609.

Boogh, *J.*

990 —— Nederduitsch woordenboek, of alphabeth van alle kruiden, wortels, zaaden, gommen etc. met een daar agter gevoegde: Catalogus generalis omnium fere simplicium in thesauro sanitatis praestantium. Amsterdam 1794. gr. 8. (55 *c.*)

Boon-Mesch, *Hendrik Carel van der*, Professor am Athenäum zu Amsterdam, * Delft 6. April 1795, † Delft 19. Juni 1831.
Van der Aa, Biogr. Woordenboek II, 879—883.

991* —— Commentatio de vi lucis ad creanda principia vegetabilium proxima, praemio ornata. Lugduni Batavorum, Luchtmans. 1819. 4. 50 p. (5/6 *th.*)

992* —— De ratione, quae est inter structuram et formam externam plantarum. Commentatio praemio ornata. Lugduni Batavorum, Luchtmans. 1819. 4. 48 p. (5/6 *th*)

Boos, *Franz*, Director der kaiserlichen Hofgärten in Wien, * Frauenalp in Baden 23. Dec. 1753, † Wien 23. Febr. 1832.
Wurzbach, Biogr. Lexikon II, 61—62.

Boos, *Joseph*, Gärtnergehülfe.

993* —— Schönbrunns Flora, oder systematisch geordnetes Verzeichniss der im k. k. holländisch-botanischen Hofgarten zu Schönbrunn cultivirten Gewächse. Wien und Triest 1816. 8. x, 393 p., app. (1 2/3 *th.*)

Booth, *John*, Sohn des Schotten James Booth, * Flottbeck 1801, † Flottbeck 14. Sept. 1847.
Schroeder, Hamburger Schriftsteller-Lexikon I, 339.
Den «Rosenstreit» siehe unter Lehmann.

Boott, *Francis*, M. D., * Boston 26. Sept. 1792, † London 24. Dec. 1863.
Seemann, Journal II, 61—62.

994* —— Two introductory lectures on (vegetable) Materia medica. London, Highley. 1827. 8. 70 p.

995* —— Illustrations of the genus Carex. London, William Pamplin. 1858—67. folio min. xii, iv, 233 p., 600 tab. (30 *Guineas* = 210 *th.*) — (Part. I 1858. xii, 74 p., 202 tab., sign. 1—200, 146*, 146**. — Part II. 1860. iv, p. 75—103, tab. 201—310. — Part III 1862. p. 104—126, tab. 311—411. — Part IV. London, Reeve and Co. 1867. p. 127—233, tab. 412—600. (10 *Guineas.*)
Partem quartam (ultimam) post autoris mortem edidit et praefamine instruxit vir ill. J. D. Hooker.

Borch, *Michael Johann, Reichsgraf von*, * Warkland in Liefland 30. Juni 1753, † Warkland 10. Jan. 1811.

996* —— Lettres sur les truffes de Piémont. Milan 1780. 8. viii, 51 p, 3 tab. col.

Borch, *Ole*, latine *Olaus* **Borrichius**, Professor der Chemie und Botanik zu Kopenhagen, * Synder Borch in Jütland 7. April 1626, † Kopenhagen 13. Oct. 1690.

997* —— De somno et somniferis maxime papavereis. D. Hafniae 1683. 4. 40 p.

998* —— De usu plantarum indigenarum in medicina; de clysso plantarum etc. Hafniae 1690. 4. 101 p.
* *germanice:* Kurzer Begriff von Gebrauch der einländischen Kräuter in der Artzney. Hamburg 1696. 8. 255 p.

Borchmann, *F.*

999* —— Holsteinische Flora. Ein Taschenbuch zum Bestimmen der einheimischen Phanerogamen. Kiel, Karl Schröder et Co. 1856. 12. 276 p. (5/6 *th.* n.)

Bordiga, *Benedetto.*

1000* —— Storia delle piante forestiere le più importanti nell' uso medico ed economico colle loro figure in rame. Milano 1791—94. IV voll. 4. — I: 1791. 204 p., tab. col. 1—24. — II: 1792. 204 p., tab. col. 25—48. — III: 1793. 196 p., tab. col. 49—72. — IV: 1794. 205 p., tab. col. 73—96.

Boreau, *Alexandre*, * Saumur 1803.

1001 —— Voyage aux montagnes du Morvan, suivi d'observations sur les végétaux de cette contrée. Nevers 1832. 12. 146 p.

1002 —— Programme de la Flore du centre de la France suivi du catalogue des plantes observées dans le rayon de cette Flore et d'observations relatives à quelques plantes critiques. Nevers 1835. 8. 42 p.

1003* —— Notes sur quelques espèces de plantes françaises. Angers, Cosnier et Lachèse. 1844. 8. 24 p.

1004* —— Flore du centre de la France, ou description des plantes qui croissent spontanément dans la région centrale de la France et de celles, qui y sont cultivées en grand, avec l'analyse des genres et des espèces. Paris, Roret. 1840. II voll. 8. — I: ix, 330 p. — II: 589 p. (12 *fr.*) — * Deuxième édition très-augmentée. ib. 1849. 8. II voll. xvi, 328, 643 p. (12 *fr.*) — * Troisième édition, très-augmentée. ib. 1857. 8. xvi, 356, 771 p. (15 *fr.*)

1005* —— Catalogue raisonné des plantes phanérogames qui croissent naturellement dans le département de Maine et Loire. Paris, Roret. 1859. 8. 216 p. (3 *fr.*)
Cat. of sc. Papers I, 495.

Borel, *Pierre*, Leibarzt Ludwig XIV., * Castres (Languedoc) um 1620, † Paris 1689.

1006* —— Hortus seu armamentarium simplicum mineralium, plantarum et animalium ad artem medicam utilium. Cum brevi et accurata juxta celeberrimos autores eorum etymologia, descriptione, loco, temperie et viribus. Parisiis, apud Olivarium de Varennes. 1669. 8. (8) 384 (et 4) p.
Editio in Bibl. Banksiana laudata: Castris 1666. 8. non differt.

Boretius, *Matthias Ernst*, Professor der Medicin in Königsberg, * Lötzen 18. Mai 1694, † Königsberg 4. Oct. 1738.

1007* —— De Hieraciis prussicis. D. Lugduni Batavorum 1720. 4. 21 p.

1008* —— De anatome plantarum et animalium analoga. D. Regiomonti 1727. 4. 16 p.

Borghesi, *Giovanni.*
Lettera scritta da Pondisceri. Roma 1705. 12.
Haller, Bibl. bot. II, 76.

Borkhausen, *Moritz Balthasar* (Borkhausia Koch.), * Giessen . . . 1760, † Darmstadt 30. Nov. 1806.
Roehling, Borkhausens Ringen nach dem schönsten Ziele des Mannes. Frankfurt a. M., Wilmans. 1808. 8. xiv, 162 p., 1 tab. col. (3/4 *th.*)

1009* —— Versuch einer forstbotanischen Beschreibung der in den Hessen-Darmstadtschen Landen, besonders in der Obergrafschaft Catzenellenbogen im Freien wachsenden Holzarten. Frankfurt a/M. 1790. 8. xl, 397 p. (1 1/6 *th.*)

1010* —— Tentamen dispositionis plantarum Germaniae seminiferarum secundum novam methodum a staminum situ et proportione, cum characteribus generum essentialibus. Opus posthumum. Darmstadt 1792. 8. — * ib. 1809. 8. 158 p., ind. (1/3 *th.*) (Praeter omissam dedicationem non differt.)

1011* —— Flora der obern Grafschaft Catzenelnbogen und der benachbarten Gegend, nach den Systemen vom Stande, der

Verbindung und dem Verhältnisse der Staubfäden. (Der Botaniker. Heft 13—18. Eisenach.) Halle 1795—96. 8. 278, 148 p.

1012* **Borkhausen**, *Moritz Balthasar*. Botanisches Wörterbuch oder Versuch einer Erklärung der vornehmsten Begriffe und Kunstwörter in der Botanik Giessen 1797. 2 Theile. 8. — I: A—L. VIII, 376 p. — II: M—Z. Nebst einer kurzen Geschichte der Botanik: 504 p (3 1/3 th. — herabgesetzt: 1 1/3 th.)
Liber anno 1816 novo titulo instructus est. Nachträge, vide: *Dietrich*

1013* —— Theoretisches praktisches Handbuch der Forstbotanik und Forsttechnologie. Giessen und Darmstadt, Heyer. 1800—3 2 Theile. 8 XVIII, 2070 p, ind. (6 th. — jetzt 1 1/3 th.)
Cat. of sc. Papers I, 497

Bornemann, *Johann Georg*, Dr. phil. und Bergmann in Eisenach.
Cat of sc. Papers I, 498

Bornet, *Edouard*.
1014 —— Description de trois Lichens nouveaux. Cherbourg, Fenardent. 1856. 8. 12 p , 4 tab.

1015* —— et G. **Thuret**. Recherches sur la fécondation des Floridées. Paris, Masson et fils. 1867. 8. 32 p., 3 tab.
Ann. sc. nat. vol VII.
Cat. of sc. Papers I, 498—499

Borrer, *William* (Borrera Ach), * . . . 1781, ÷ Henfield in Sussex 10. Febr 1862.

1016* —— and *Dawson* **Turner**. Specimen of a Lichenographia britannica; or attempt at a history of the British Lichens. Imperfect, for private circulation only Yarmouth, printed by C. Sloman. 1839. 8. II, 240 p, (8 p.) ind.
Vidi Parisiis in bibliotheca *Camilli Montagne*; impressio libelli rarissimi per viginti sex annos distrahebatur; *Dawsonius Turner* addidit indicem et titulum, nec non a p. 209 ad finem nuperum supplementum de Gyrophora.

Borrich, *Ole*, Professor der Chemie und Botanik in Kopenhagen, * Borchen in Dänemark 7. April 1626, † Kopenhagen 3. Oct. 1690.
Eloy Dict. I, 417—420.

017 —— Oratio de experimentis botanicis, 1675 habita exstat inter Dissertationes a S. Linthrup editas. Hafniae 1715. 8.

1018* —— De usu plantarum indigenarum in medicina. Hafniae 1688. 8.
* germanice: Hamburg 1696. 8.

Borszczow, *Elias*.
1019* —— Fungi ingrici novi aut minus cogniti iconibus illustrati. (Beiträge zur Pflanzenkunde, Heft 10) Petersburg (Leipzig, Voss.) 1857. 8. p 53—64, tab. col. 1—8.

1020* —— Enumeratio Muscorum Ingriae. (Beiträge zur Pflanzenkunde etc. Lieferung 10.) Petersburg (Leipzig, Voss.) 1857. 52 p.

1021* —— Die aralo-caspischen Calligoneen. Petersburg. Eggers et Co. 1860. 4. 45 p., 3 tab. (22 sgr.)
Mém. ac. Pét. vol III.

1022* —— Die pharmaceutisch-wichtigsten Ferulaceen der aralocaspischen Wüste, nebst allgemeinen Untersuchungen über die Abstammung der im Handel vorkommenden Gummiharze: Asa foetida, Ammoniacum und Galbanum. Petersburg, Eggers u. Co. 1860. 4. 40 p, 8 tab. (2 1/6 th.)
Mém. ac Pét. vol. III.

Bory de Saint-Vincent, *Jean Baptiste Marcellin*, Oberst (Borya Willd), * Agen . . 1780, † Paris 22. Dec. 1846.

1023* —— Mémoire sur les genres Conferva et Byssus de Chevalier C. Linné. Bordeaux, typ. Cavazza. an V. (1797.) 8. 58 p., 3 tab. col.

1024* —— Voyage dans les quatre principales îles des mers d'Afrique, fait par ordre du gouvernement pendant les années IX et X de la république (1801 et 1802), avec l'histoire de la traversée du Capt. *Baudin* jusqu'au Port Louis de l'isle Maurice. Paris, Buisson. 1804. III voll. 8. — I: XV, 408 p. — II: 431 p. — III: 473 p — Atlas in 4: 58 tab. sign 1—56: quarum sedecim plantas exhibent. (48 fr.)

1025* —— Voyage souterrain, ou description du plateau de St. Pierre de Maestricht. Paris, Ponthieu. 1821. 8. 381 p., 4 tab. (6 fr. 50 c.)

1026* —— Expédition scientifique de Morée. Tome III, 2. partie: Botanique Paris, Levrault. 1832. 4. 367 p. et Atlas in folio: 38 tab. quarum duae pictae. (103 fr.)

In elaborando opere *Bory* adjutores sibi associavit *Adolphum Brongniart*, qui Orchidearum familiam, *Fauché*, qui Gramineas, *Chaubardum* denique, qui nonnullas phanerogamarum familias adumbravit.

1027* **Bory de Saint-Vincent**, *Jean Baptiste Marcellin*. Nouvelle Flore du Péloponnèse et des Cyclades, entièrement revue, corrigée et augmentée par M *Chaubard* pour les phanérogames et M. *Bory de Saint-Vincent* pour les cryptogames, les agames, les considérations générales, la distribution des espèces par familles naturelles et ce qui a rapport aux habitats. Paris et Strasbourg, Levrault. 1838. folio. 87 p., praef., ind., 42 tab. (75 fr.)
Bory de St. Vincent est editor collectionis «Dictionnaire classique d'histoire naturelle. Paris 1822—31. 17 voll 8.» Varias ipse elaboravit voces, quarum singulae. e g. Matière, Oscillaires seorsim impressae exstant
vide *Duperrey* et *Exploration* sc. de l'Algérie.
Cat. of sc. Papers I, 500—501.

Bosc, *Joseph Antoine*, * Aprey (Haute Marne) 20. Sept. 1764, † Besançon 20. Mai 1837.

1028* —— Traité élémentaire de physique végétale appliquée à l'agriculture. Paris, Huzard. (1824). 8. 116 p. (1 fr.)
rossice: Moscoviae 1830. 8.

1029* —— Traité de physique végétale appliquée à l'agriculture Besançon, typ. Sainte-Agathe. 1839. 8. 224 p.

Bosc, *Louis Augustin Guillaume*, * Paris 29. Jan. 1759, † Paris 10. Juli 1828.
Virey, Discours prononcé aux funérailles de L. A. Bosc. Paris 1828. 4.
Cuvier, Eloge historique Paris 1829. 4.
A. J. de *Silvestre*, Notice biographique. Paris 1829. 8.

1030* —— Mémoire sur les différentes espèces de chênes qui croissent en France, et sur ceux étrangers à l'empire qui se cultivent dans les jardins et pépinières des environs de Paris, ainsi que sur la culture générale et particulière des uns et des autres. Paris 1808. 4. 69 p.
Extrait des Mémoires de l'Institut, tome VIII.

1031* —— Collection de Mémoires ou de lettres relatives aux effets sur les oliviers de la gelée du 11 au 12 Janvier 1820. Paris, Hazard 1822. 8. VIII, 232 p

Bosch, D *Miguel*.
1032 —— Manual de botanica aplicada á la agricultura y á la industria. Obra publicada á espensas del Ministerio de Fomento. Madrid: Imprenta del colegio de Sordo-Mudos 1858 8. XXVI, 208 p.

Bosch, *Roelof Benjamin van den*, * Rotterdam 1810, ÷ Goes 18 Jan. 1862.

1033* —— Synopsis Hymenophyllacearum, monographiae hujus ordinis Prodromus. Lugd. Batavorum, Hazenberg. 1858—64 8. 79, 51 p.
Nederlandsch Kruidkundig Archief IV, 341—419 V. 135—185.

1034* —— Hymenophyllaceae javanicae, sive Descriptio Hymenophyllacearum Archipelagi indici, iconibus illustrata. Edidit Academia regia scientiarum. Amstelodami, C. G. van der Post. 1861. 4. 67 p, 52 tab. (4 1/5 th.)
vide Dozy. Bryologia javanica.
Cat. of sc. Papers I, 503.

Boschan, *Friedrich*.
1035* —— De Scopolina atropoide. D. Vindobonae, typ. Ueberreiter. 1844. 8 2 tab.

Bose, *Adolf Julian*, Professor der Medicin zu Leipzig, * Wittenberg 1742, † Leipzig 1. Sept. 1770.
Jöcher-Adelung I, p. 2097.

1036* —— De disquirendo charactere plantarum essentiali singulari. D. Lipsiae, typ. Langenheim. 1765. 4. 40 p.

1037* —— De motu humorum in plantis vernali tempore vividioro. D. Lipsiae 1764. 4. 8 p.

Bose, *Ernst Gottlob*, Professor der Medicin in Leipzig, Leipzig 30. April 1723, † Leipzig 22. Sept. 1788.

1038* —— De nodis plantarum. D. Lipsiae, typ. Langenheim. 1747 4. 24 p.

1039* —— De radicum in plantis ortu et directione. D Lipsiae, typ. Langenheim. 1756. 4. 35 p.

1040* —— Programma de secretione humorum in plantis. Lipsiae, typ. Langenheim. 1755. 4. 20 p.

1041* —— Motum humorum in plantis cum motu humorum in animalibus comparat. D. Lipsiae 1763. 4. 24 p.

1042* **Bose**, *Ernst Gottlob*. De generatione hybrida. Pars I—III. Lipsiae 1777. 4. 16, 16, 16 p., 1 tab.
1043* —— De fabrica vasculosa vegetabili et animali. Lipsiae 1783. 4.

Bose, *Kaspar*, Kaufmann und Rathsherr zu Leipzig, ÷ 21. April 1700.
Programma academicum in funere *Casparis Bosii*. Lipsiae 1700. folio.
Ersch und *Gruber*, Encyklopädie, XII, 66.

Bose, *Kaspar*, Professor extraordinarius Lipsiensis, * Leipzig . . 1703, ÷ Leipzig 21. April 1733.
1044* —— De motu plantarum sensus aemulo. D. Lipsiae, typ. Breitkopf. 1728. 4. 56 p.
1045* —— Calycem Tournefortii explicat. D. Lipsiae 1733. 4. 32 p.

Bosse, *Abraham*, berühmter Kupferstecher, * Tours um 1612, ÷ Tours 1678.
vide *Dodart, Robert*.

Bosse, *J. F. W.*
1046* —— Vollständiges Handbuch der Blumengärtnerei, oder genaue Beschreibung fast aller in Deutschland bekannt gewordenen Zierpflanzen. Dritte sehr vermehrte und verbesserte Auflage. Hannover, Hahn. 1859—61. 3 Bände. 8. XVI, 954, 965, 971 p. (11 2/3 th.) — (Erste Auflage. ib. 1829. 8. — Zweite Auflage. ib 1840—54. 5 Bände. 8.)

Bosseck, *Heinrich Otto*, M. D. in Leipzig, * Leipzig 27. Oct. 1726, ÷ Leipzig 30. Jan. 1776.
1047* —— De antheris florum. D. Lipsiae 1750. 4. 48 p.
vide *Bose*, Plaz.

Bossu, *Antonin*, * Monceau-le-Comte (Nièvre) 1809.
1048* —— Traité des plantes médicinales indigènes. Paris, chez l'auteur. 1854. 8. 480 p, 60 tab. — Ed. II: refondue. ib. 1862. 8. (22 fr.)

Bottione, *Angela Maria*.
1049 —— Stirpes, quas vivas pinxit in aemulatione naturae annis 1806—12. Augustae Taurinorum 1813. 8. 15 foll. (Catalogus)

Bouchardat, *Apollinaire*, * im Dép. de Yonne 1810.
1050* —— Recherches sur la végétation appliquées à l'agriculture. Paris, Chamerot 1846. 12. 197 p. (2 fr.)
1051 —— Traité de la maladie de la vigne. Paris, Bouchard-Huzard. 1852. 8. (3 fr. 50 c.)
Extrait des mémoires de la société Impériale et centrale d'agriculture. Année 1852.
vide Delondre.
Cat. of sc. Papers I, 512.

Boucher (de *Crèvecoeur*), *Jules Armand Guillaume*, * Parvy-le-Monial 26. Juli 1757, ÷ Abbeville 24. Nov. 1844.
1052* —— Extrait de la Flore d'Abbeville et du Département de la Somme. Paris 1803. 8. XVI, 108 p.
1053 —— Flore d'Abbeville. Ed. III. Abbeville 1834. 8. 116 p.

Boudier, *Emile*.
1054* —— Des champignons au point de vue de leurs caractères usuels, chimiques et toxologiques. Mémoire couronné. Paris, Baillière et fils. 1866. 8. 136 p.
* germanice: Die Pilze in ökonomischer, chemischer und toxikologischer Hinsicht. Deutsch mit Anmerkungen von *Th. Husemann*. Berlin, Reimer. 1867. 8. x, 181 p., 2 tab. (1 th.)

Boué, *Ami*, * Hamburg 16. März 1794.
1055* —— De methodo Floram regionis cujusdem conducendi, exemplis e Flora scotica etc. ductis illustrata. D. Edinburgi 1817. 8. 63 p.
1056* —— La Turquie d'Europe. Paris, A. Bertrand. 1840. 8. 4 voll. (32 fr.) — Vol. I, 408—476: Végétation.

Boullay, *Pierre François Guillaume*, * Caen 1777.
1057* —— Dissertation sur l'histoire naturelle et chimique de la coque du Levant (Menispermum Cocculus). Examen sur son principe vénéneux considéré comme Alcali végétal et d'un nouvel acide particulier à cette semence. Paris, Colas. 1818. 8. 32 p. — Deuxième thèse. ib. 1818. 4. 21 p.

Bourguignat, *Jules René*, *Brienne-Napoléon (Aube) . . . 1829.
1058 —— Catalogue raisonné des plantes vasculaires du département de l'Aube. Tome I. Paris, Ve Bouchard-Huzard. 1857. 8. VIII, 184 p. (5 fr.)

Bourlet, *Abbé*.
1059* —— Catalogue des plantes phanérogames qui croissent naturellement dans les fortifications de la ville de Douai. Douai, typ. D'Aubers. 1847. 8. 87 p.
Extrait des Mémoires de Douai.

Bourne, *Edward*.
1060* —— De plantarum irritabilitate. D Edinburgi 1794. 8. 66 p.

Bourquenoud, *François*, * Charmey (Canton Freiburg) 25. April 1785, ÷ Freiburg (Schweiz) 1837.
Conservateur suisse X, 277—308.
Actes de la soc. helv. des sc. nat. Neuchâtel 1837. 130—133.

Bourru, *Edmond Claude*.
1061* —— Num Pili, plantae? D. Paris 1764. 4. 12 p

Boutelou, *Claudio* (Bouteloua Lag.), * Aranjuez 1774, ÷ Sevilla 1842.
Colmeiro Bot. esp. 190—191.
1062* —— Tratado de la huerta, ó método de cultivar toda clase de hortalizas. Madrid 1801. 4 min. 400 p. — Ed. II: Madrid 1813. 4.
1063* —— Tratado de las flores. Madrid 1804. 4. — Ed. II: Madrid 1837. 4.

Boutelou, *Estéban*, Professor der Agricultur in Madrid (Bouteloua Lag.), * Aranjuez 1776, ÷ Madrid 1813.
Colmeiro Bot. esp. 189—190.

Boutelou, *Pablo*, Professor der Botanik in Sevilla, * Alicante . . . 1817, ÷ Sevilla . . . 1846.
Colmeiro Bot. esp. 204.
1064* —— Memoria acerca de la aclimatisacion de plantas ecsóticas. Sevilla 1842. 4 min. 53 p.

Bouton, *Louis*.
1065* —— Rapports annuels sur les travaux de la société d'histoire naturelle de l'île Maurice. Nos. 10—16. Maurice, typ. Gerneen. 1839—45. 4.
Annos VI—IX, 1835—40. edidit *Jules Desjardins*. Nuperiores non vidi.
1066* —— Medicinal plants growing or cultivated in the Island of Mauritius. Mauritius, printed at the Cerneen printing Establishment. 1857. 8. XIV, 177 p.
Transactions of the Royal Society of arts and sciences of Mauritius. New Series, Vol. I. Part 1.
1067* —— Rapport . . sur les diverses espèces des Cannes à sucre, cultivées à Maurice. Maurice 1863. 8.
1068 —— Plantes médicinales de Maurice. Ed. II. Port-Louis 1864. 8.

Bové, *Nicolas* (Bovea Decaisne), * Mühlenbach (Luxemburg) 1. Jan. 1802, ÷ im Militärhospital in Algier 9. Sept. 1841
1069* —— Observations sur les cultures de l'Egypte. Extrait des Annales de l'Institut de Fromont. 1835. 6. 92 p.
Cat. of sc. Papers I, 550.

Bowdich, *Thomas Edward*, Reisender in Afrika (Bowdichia H. B. K.), * Bristol 1790, ÷ an der Mündung des Gambia 10. Jan. 1824.
1070 —— Excursions in Madeira and Porto Santo during the autumn of 1823, while on his third voyage to Africa etc. London, Whitaker. 1825. 4. XII, 278 p., 11 tab. (Botany: p. 244—267.)
* gallice: Accompagné de notes de Mr. le Baron *Cuvier* et Mr. le Baron *de Humboldt*. Paris 1826. 8. 447 p. et Atlas in 4.

Bowerbank, *James Scott*, 3 Highbury Grove, London.
1071* —— A History of the fossil fruits and seeds of the London Clay. Part I. London, J. van Voorst. 1840. 8. 144 p., 17 tab. (16 s)

Bowman, *John Eddowes*, Esq., * Nantwich in Cheshire 30. Oct. 1785, ÷ Manchester 4. Dec. 1841.
Proc. Linn. Soc. I, 135—136.
Cat. of sc. Papers I, 553.

Boym, *Michael*, Jesuit, ÷ in China 1659.
1072* —— Flora sinensis, fructus floresque humillime porrigens serenissimo et potentissimo . . Leopoldo Ignatio, Hungariae regi florentissimo. Viennae Austriae, typ. Matthaei Rictii. 1656. folio. (36 folia, 23 tab. col., quarum 17 plantas, 6 animalia continent.)
gallice: Flora Sinensis, ou traité des fleurs, des fruits, des plantes, particuliers à la Chine. Impr. avec sa relation de la Chine; p. 15—30 dans la

seconde partie de la Relation de divers voyages par *Thevenot*. Paris 1696. folio.

Bracht, *Albert*, kaiserl. österr. Hauptmann, † in der Schlacht von Custozza 25. Juli 1848.

Brackenridge, *William D.*

1073* —— United States Exploring Expedition during the years 1838, 1839, 1840, 1841, 1842, under the command of *Charles Wilkes*, U. S. N. Vol. XVI. Botany. Cryptogamia. Filices, including Lycopodiaceae and Hydrop. terides. By *William D. Brackenridge*. With a Folio Atlas of 46 plates. Philadelphia: printed by C. Sherman. 1854. 4. VIII, 357 p., 46 tab. nigr. (8 *l*. 8 *s*.)

Braconnot, *Henri*, * Commercy 29. Mai 1781, † Nancy 13. Jan. 1855.

1074 —— De l'influence du sel sur la végétation; avec des observations sur ce mémoire par *Soyer-Willemet*. Nancy 1845. 8. 16 p.
Cat. of sc. Papers I, 557—561.

Bradley, *Richard*, Professor der Botanik in Cambridge (Bradleya Banks.), † Cambridge 5. Nov. 1732.
Pulteney II, 333—356.

1075* —— The history of succulent plants; containing the Aloes, Ficoids, Torch-thistles, Melon-thistles, etc. engraved from the originals. (Historia plantarum succulentarum etc.) London, printed for the author. 1716—27. 4. V Decades. (70 p) 50 tab latine et anglice.
Conjunctim prodierunt novo titulo 1734.

1076* —— New improvements of planting and gardening, both philosophical and practical. London 1717. 8. — Ed. VI: in three parts. London 1731. 8. 608 p., praef., ind., tab.
gallice: Nouvelles observations physiques et pratiques sur le jardinage. Paris 1756. III vol. 8.

1077 —— A Philosophical Account of the Works of Nature to set forth the several gradations in the Animal and Vegetable Kingdom. London 1721. 4.

1078 —— A General Treatise of Husbandry and Gardening; a new system of Vegetation. Illustrated with many Observations and experiments, etc. London 1724. II voll. 4.

1079* —— New experiments and observations, relating to the generation of plants, occasion'd by a letter published in the Philosophical Transactions by *Patrick Blair*, M. D. Together with an account of the extraordinary vegetation of peaches, abricots, nectarines, plums, cherries, figs, wines, grossberries, currans etc. as they were artificially cultivated this spring 1724. London 1724. 8. Sloane.

1080* —— Dictionarum botanicum, or a botanical dictionary for the use of the curious in husbandry and gardening. London 1728. II voll. 8. — I: 30 plagg. — II: 30 plagg.

1081 (——) A true account of the Aloe americana or africana, which is now in blossom in Mr. *Cowell's* garden at Hoxton, which is upwards of twenty foot high, and has already put forth thirty branches for flowers all upon one stem, twelve whereof are already fairly opened and blown out. As also of the Cereus, or great Torch-Thistle, which have likewise put forth their blossoms in Mr. *Cowell's* said garden, the like whereof has never been seen in England before. London, T. Warner. 1729. 8. 44 p, 1 tab. B.
Multa alia ad agriculturam spectantia edidit Polygraphus noster, quae pro parte recenset *Seguierus* p. 343—356. — Spreng. Gesch. d. Bot. II, p. 165—166.

Bragança, *Don Juan de*, Stifter der Akademie zu Lissabon (Bragantia Lour.), * Lissabon ... 1719, † Lissabon 16 Nov. 1806.

Braguier, *B.*

1082 —— et **Maurette**. Tableau synoptique des végétaux du département des Deux-Sèvres. Saint-Maixent 1842. 18. 120 p.

Brandes, *E.*

1083* —— Die Flora Deutschlands und der angränzenden Länder. Nach einem neuen Systeme, durch welches auch dem Anfänger in der Botanik das schnelle und richtige Bestimmen aller aufgefundenen Pflanzen möglich wird. Stolberg am Harz 1846. 12. LXXV, 418, 10 p. (1½ *th*.)

Brandis, *Dietrich*, Superintendent der Teakforsten in Rangoon, * Bonn a/Rh. 31. März 1824.

1084* **Brandis**, *Dietrich*. Report on the Pegu Teak forests for the years 1857—60. With Appendix: Report on the Attaran forests for the year 1860. Calcutta, typ. Lewis. 1861. 8. VIII, 171, VII, 217 p.
Selections from the Records of the government of India, nr. 31 and 32.

1085 —— List of specimens of some of the woods of british Burmah sent to England for the exhibition of 1862. Rangoon 1862. 4.
Cat. of sc. Papers I, 572.

Brandon, *Jan Hendrik*, berühmter Pflanzenmaler, † Utrecht 1716.

1086 —— Hortus regius Honselaerdigensis ou collection d'un frontispice et 97 planches de plantes et de fleurs tant indigènes qu'exotiques dessinées en couleurs. 1 vol. folio.
Opus splendidum fuit inter libros Meermannianos; vide: *Cat. Bibl. Meermannianae*, t. I. Hagae 1824. 8. p. 266. Nr. 639.

Brandsch, *Karl*.

1087 —— Beschreibung einiger grösserer Pilzarten aus der Umgebung von Mediasch. Programm. Mediasch 1854. 4.

Brandt, *Ernst*, * Neustadt-Magdeburg 1. Nov. 1821.

1088* —— Nonnulla de parasitis quibusdam phanerogamicis observata. D. Halae, typ. Gebauer. 1849. 8. 51 p., 1 tab.

Brandt, *Johann Friedrich*, Akademiker in Petersburg, * Jüterbogk 25. Mai 1802.

1089* —— Flora Berolinensis seu descriptio plantarum phanerogamarum circa Berolinum sponte crescentium vel in agris cultarum, additis Filicibus et Charis. Berolini, Flittner. 1824. 12. LIV, 373 p. (1 *th*.)

1090* —— Tabellarische Uebersicht der officinellen Gewächse. Berlin (Hischwald.) 1829—30. 3 Tafeln in folio. (½ *th*.)

1091* —— *Philipp* **Phoebus** und *J. T. C.* **Ratzeburg**. Abbildung und Beschreibung der in Deutschland wild wachsenden und in Gärten im Freien ausdauernden Giftgewächse. Nach natürlichen Familien erläutert. Zwei Abtheilungen. Berlin (Hirschwald.) 1838. 4. (8⅔ *th*.)
Erste Abtheilung: Deutschlands phanerogamische Gewächse, von *Brandt* und *Ratzeburg*. Zweite verbesserte und vermehrte Ausgabe. VI, 200 p. et 48 tab. col. pro parte. (5½ *th*.) (Erste Ausgabe in 10 Heften mit 47 Tafeln. ib. 1828—34 4. (9½ *th*.) — Nachträge. ib. 1838. 4. 34 p., 1 tab. col. (⅞ *th*.)
Zweite Abtheilung: Deutschlands kryptogamische Giftgewächse, von *Philipp Phoebus*. XII, 114 p., 9 tab. col. (3 *th*.)

Brandt, *M. G. W.*

1092* —— Das Pflanzenleben, dessen Wachsthum, Sprache und Deutung in Gedichten und Aussprüchen. Ein Beitrag zur sinnigen Betrachtung der Natur. Frankfurt a/M., Winter. 1866. 8. XXXVIII, 579 p. (2 *th*.)

Brasavola, *Antonio Musa*, päpstlicher Leibarzt, Professor der Physik in Ferrara (Brasavola R. Br.), * Ferrara 16. Jan. 1500, † Ferrara 6. Juli 1555.
G. Baruffaldi, Commentario istorico all' inscrizione eretta nell' almo studio di Ferrara l'anno 1704 in memoria del famoso A. M. Brasavola. Ferrara 1704. 4.

1093 —— Examen omnium simplicium medicamentorum, quorum usus est in publicis disciplinis et officinis. Romae, apud Antonium Bladum de Asula. 1536. folio. s. — Lugduni, apud Vincentium. 1536. 8. — * Addita sunt insuper *Aristotelis* Problemata, quae ad stirpium genus et oleracea pertinent. Lugduni, sub scuto Coloniensi apud Frellonios; excudebat Joh. Barbous. 1537. 8. 542 p. et Epistola nuncupatoria cum indice. — * Venetiis sub signo Putei. 1539. 8. (non differt) — * Lugduni, apud Pullonium de Tridino. 1544. 8. — * Venetiis, apud Valgrisium. 1545. 8.
Vide *Mundella*.
Ernst Meyer, Geschichte der Botanik, IV, 237—242.

Bratranek, *F. Th.*

1094* —— Beiträge zu einer Aesthetik der Pflanzenwelt. Leipzig, F. A. Brockhaus. 1853. 8. VI, 438, (1) p. (2 *th*. 8 sgr.)

Braun, *Alexander*, Professor an der Universität Berlin, * Regensburg 10. Mai 1805.

1095* —— Betrachtungen über die Erscheinung der Verjüngung in der Natur, insbesondere in der Lebens- und Bildungsgeschichte der Pflanze. (Programm. Freiburg im Breisgau, typ. univ.

Poppen. 1849—50. Leipzig, Engelmann. 1851. 4. xvi, 364 p., 3 tab. col. (3 *th.*)
* *anglice:* Reflections on the phenomenon of rejuvenescence in nature, especially in the life and development of plants. Translated by Arthur Henfrey in Botanical and Physiological *Memoirs*, printed for the Ray Society. 1853. 8. xxv, 341 p., 5 tab. col.

1096* **Braun,** *Alexander.* Ueber die Richtungsverhältnisse der Saftströme in den Zellen der Characeen. Berlin, Druckerei der Akademie der Wissenschaften. 1852. 8. 50 p.

1097* —— Das Individuum der Pflanze in seinem Verhältniss zur Species. Generationsfolge, Generationswechsel und Generationsvertheilung der Pflanze. Berlin, Druckerei der Akademie der Wissenschaften. 1853. 4. 106 p., 6 tab.
Abhandlungen der Akademie, 1853.

1098* —— Ueber den schiefen Verlauf der Holzfaser und die dadurch bedingte Drehung der Stämme. Berlin, Druckerei der Akademie der Wissenschaften. 1854. 8. 54 p.
Monatsberichte der Akademie, August 1854.

1099* —— Ueber einige neue und weniger bekannte Krankheiten der Pflanzen, welche durch Pilze erzeugt werden. Mit Beiträgen von *Robert Caspary* und *Anton de Bary*. Berlin 1854. 8. 31 p., 2 tab. col.
Verhandlungen des Gartenbauvereins, Neue Reihe, Band 1.

1100* —— Algarum unicellularium genera nova et minus cognita, praemissis observationibus de Algis unicellularibus in genere. Lipsiae, Engelmann. 1855. 4. (vi), 111 p., 6 tab. (3 *th.*)

1101* —— Ueber Chytridium, eine Gattung einzelliger Schmarotzergewächse auf Algen und Infusorien. Berlin (Dümmler.) 1856. 4. p. 21—63, 5 tab. (1 ⅓ *th.*)
Abhandlungen der Akademie, 1855.

1102* —— Ueber Parthenogenesis bei Pflanzen. Berlin, Druckerei der Akademie der Wissenschaften. (Dümmler.) 1857. 4. p. 311—376, 1 tab.
Abhandlungen der Akademie, 1856.

1103* —— Ueber Polyembryonie und Keimung von Caelebogyne. Ein Nachtrag zu der Abhandlung über Parthenogenesis bei Pflanzen. Berlin, Dümmler in Comm. 1860. 4. 55 p., 6 tab.
Abhandlungen der Berliner Akademie, 1859.

1104* —— Zurückführung der Gattung Leersia Sw. zur Gattung Oryza L. Berlin, typ. Müller. 1861. 8. p. 195—208, 1 tab.
Verh. des bot. Vereins in der Mark.

1105* —— Zwei deutsche Isoëtes-Arten, nebst Winken zur Aufsuchung derselben und ein Anhang über einige ausländische Arten derselben Gattung. Berlin, typ. Müller. 1862. 8. 37 p.
Verh. des bot. Vereins der Mark Brandenburg.

1106* —— Die Characeen Afrikas, zusammengestellt. (Aus dem Monatsbericht der Akademie der Wissenschaften 1867, 782—872.) Berlin 1868. 8.

1107* —— Ueber eine Misbildung von Podocarpus chinensis. (Monatsbericht der Berliner Akademie.) Berlin 1869. 8. 7 p.

1108* —— Neuere Untersuchungen über die Gattungen Marsilea und Pilularia. Berlin 1870. 8.
Monatsberichte der Akademie 1870, p. 653—753.
Cat. of sc. Papers I, 582—585.

Braun, *Karl Friedrich Wilhelm*, Professor an der Gewerbeschule in Bayreuth, † Bayreuth 21. Juni 1864.

1109* —— Beiträge zur Urgeschichte der Pflanzen. Programm der Gewerbschule zu Bayreuth. Bayreuth, typ. Birner. 1843. 4. 23 p., 2 tab.
Cat. of sc. Papers I, 585.

Braune, *Franz Anton von* (Braunea Willd.), * Zell im Pinzgau 16. März 1766, † Salzburg 24. Sept. 1853.

1110* —— Salzburgische Flora oder Beschreibung der in dem Erzstifte Salzburg wildwachsenden Pflanzen. Salzburg, Mayr. 1797. III voll. 8. — I: lxxvi, 426 p., 3 tab. — II: xl, 838 p., 3 tab. — III: xl, 380 p., ind. (3 ⅓ *th.*)

1111* —— Salzburg und Berchtesgaden. Ein Taschenbuch für Reisende und Naturfreunde. Wien, Beck. 1821. 8. 503 p., 2 (pflanzengeographische) Tabellen. (2 ⅓ *th.*)
Cat. of sc. Papers I, 585—586.

Bravais, *Louis,* * Annonay (Ardèche), † Annonay um 1842.

Bravais, *Auguste,* * Annonay 23. Aug. 1811, † Paris 30. Mai 1863.

1112* —— Mémoires sur la disposition géometrique des feuilles et des inflorescences, précédés d'un Résumé des travaux des MM. *Schimper* et *Braun* sur le même sujet, par *Charles Martins* et *Auguste Bravais*. Paris 1838. gr. 8. xxvii, 190 p. et 7 tab.
* *germanice:* Ueber die geometrische Anordnung der Blätter und der Blütenstände, übersetzt von *W. G. Walpers*. Breslau, Barth. 1839. 8. xii. 258 p., 9 tab. (2¼ *th.*) (Unbrauchbar.)
vide Gaimard.

1113* **Bravais,** *Louis,* et *Auguste* **Bravais.** Essai sur la disposition générale des feuilles rectisériées. (Clermont-Ferrand, 1839.) 8. 53 p., 2 tab.

1114 —— Analyse d'un brin d'herbe ou examen de l'inflorescence des Graminées. Mémoire présenté au congrès scientifique du Mans (12. Sept. 1839). Mans 1840. 8. 32 p., 1 tab.
Cat. of sc. Papers I, 586—589.

Bray, *Franz Gabriel, Graf von,* Glanzpräsident der Regensburger Societät (Braya Sternb.), * Rouen 24. Dec. 1765 oder 1775, † Irlbach 2. Sept. 1832.
Martius, Akademische Denkrede auf *Franz Gabriel, Grafen von Bray*. Regensburg 1835. 8. 39 p.
Wissenschaftliches Vermächtniss an die Königl. botanische Gesellschaft zu Regensburg. Regensburg 1833. 4. 55 p. et effigies Comities de Bray.
Cat. of sc. Papers I, 589.

Brayer, *A.*

1115 —— Notice sur une nouvelle plante de la famille des Rosacées, employée avec le plus grand succès en Abyssinie contre le Taenia et apportée de Constantinople. (Paris 1822.) 8. 8 p, 1 tab. (Brayera anthelmintica Kth.)

Brébisson, *L. Alphonse de* (Brebissonia Spach.), * Falaise ... 1798.

1116* —— et **Godey.** Algues des environs de Falaise, décrites et dessinées. Falaise, Brée. 1835. 8. 66 p., 8 tab. col. (5 *fr.*)

1117* —— Considérations sur les Diatomées et essai d'une classification des genres et des espèces appartenant à cette famille. Falaise, Brée. 1838. 8. 22 p.

1118* —— Flore de la Normandie. Première partie. Phanérogamie. Caen, Hardel. 1836. 12. xvi, 430 p. (5 *fr.*) — * Ed. II. ib. 1849. 8. xvi, 356 p. — * Flore de la Normandie. Phanérogames et Cryptogames semi-vasculaires. Troisième édition, augmentée de tableaux analytiques et d'un dictionnaire des termes de botanique. Caen, Hardel. Paris, Derache. Rouen, Le Brument. 1859. 8. xxxiv, 400 p. (7 *fr.*)

1119 —— Flore de Normandie. Ed. IV. Caen 1869. 8. 423 p. (2⅓ *th.*)
Cat. of sc. Papers I, 590.

Breda, *Jacques Gisbert Samuel van,* * Delft 24. Oct. 1788, † Harlem 2. Sept. 1867.

1120* —— Oratio de educatione vere liberali et historiae naturalis studio, inprimis ad illam conducente. Leovardiae 1818. 4. (1 *fr.*)

1121 —— Oratio de Florae mundi primigenii reliquiis in lithanthracum fodinis praesertim conservatis. Gandavi 1823. 4.

1122* —— Genera et species Orchidearum et Asclepiadearum, quas in itinere per insulam Java jussis et auspiciis Guilielmi I collegerunt Dr. *H. Kuhl* et Dr. *J. C. van Hasselt*. Editionem et descriptiones curavit *J. G. S. van Breda*. Vol. I. fasc. 1—3. Gandavi 1827. folio. 15 foll., 15 tab. col. (14 *th.*)

Bredemeyer, *Franz,* Hofgartendirector in Wien (Bredemeyera Willd.), † ... 1839.

Bredsdorff, *Jakob Hornemann,* zuletzt Lector der Botanik an der Akademie zu Sorö̈e, * Skjerninge 8. März 1790, † Skjerninge 16. Juni 1841.

1123 —— De regulis in classificatione rerum naturalium observandis Commentatio. D. Havniae 1817. 8. 69 p.

1124* —— Haandbog ved botaniske excursioner i Egnen om Sorö̈e. Kiöbnhavn 1834—35. 8. Häfte 1—2: 182 p.

Brefeld, *Oscar.*

1125* —— Dictyostelium mucoroides, ein neuer Organismus aus der Verwandtschaft der Myxomyceten. Frankfurt a/M., Winter. 1869. 4. 24 p., 3 tab. (1 *th.*)
Abhandlungen der Senckenbergischen Gesellschaft.

Breidenstein, *W.*

1126 —— Mikroskopische Pflanzenbilder in sehr starker Vergrösserung zum Gebrauche bei dem Unterrichte in der Botanik, nebst einem Grundriss der Anatomie und Physiologie der Pflanzen zur Erläuterung der Abbildungen. Darmstadt, Diehl. 1856. 4. II, 15 p., 42 tab. (2⅖ th.)

Breiter, *Christian August*, * Merseburg 6. Aug. 1776, ÷ Leipzig 18. April 1840.

1127* —— Hortus Breiterianus oder Verzeichniss aller derjenigen Gewächse, welche im Breiter'schen botanischen Garten zu Leipzig gezogen und unterhalten werden, nebst einem Theil der in Deutschland einheimischen Pflanzen. Leipzig, Taubert. 1817. 8. LVI, 558 p., 1 tab. (3 th.)

Brendel, *Adam*, Professor in Wittenberg, ÷ Wittenberg 1719.

1128* —— De Rorella D. Wittenbergae 1716. 4. 40 p.

1129 —— De plantis flore perfecto simplici regulari tetrapetalo. Wittenbergae 1718. 4.

Brenner, *August Rudolf*, * Merseburg 19. März 1821.

1130* —— De communicatione chemica inter plantas et animalia per aerem atmosphaericum nutritione et respiratione effecta. D. Halis, typ. Plötz. 1845. 8. 42 p.

Brenner, *Sophia Elizabeth*.

1131 —— Minne öfver den Americanska Aloen, huilken uppå Noor begynte blomstras i Septembri 1708. Stockholm 1708. folio. 3 plagg. s.

Bréon, *Jean Nicolas*, * Sierck bei Thionville 27. Sept. 1785, ÷ Noyon . . . 1864.

1132* —— Catalogue des plantes cultivées aux jardins botanique et de naturalisation de l'île Bourbon. A Saint-Denis, île Bourbon, de l'imprimerie du gouvernement. 1820. 4. 58 p. — Supplément. ib. 1822. 4. 19 p. — ib. 1825. 4. 93 p.

Brera, *Valeriano Luigi*, * Pavia . . . 1772, ÷ Venedig 5. Oct. 1840.
Epoche biografiche. Venezia 1838. 8.
Cat. of sc. Papers I, 605.

Bresler, *Moritz*, * Breslau . . . Aug. 1802, ÷ . . . vor 1851.

1133* —— Generis Asparagi historia naturalis atque medica. D. Berolini, typ. Nietack. 1826. 8. X, 46 p.

Breutel, *Johann Christian*, Geistlicher in Berthelsdorf bei Herrnhut.
Cat of sc. Papers I, 612.

Brewer, *James Alexander*.

1134* —— A new Flora of the neighbourhood of Reigate, Surrey, containing the flowering plants and ferns, and a list of the mosses. London, Pamplin. 1856. 8. VIII, 194 p., 1 mappa

1135* —— Flora of Surrey; or, a Catalogue of the flowering plants and ferns found in the county, with the localities of the rarer species. From the Manuscripts of the late J. D. Salmon, and from other sources. London, John van Voorst. 1863. 8. XXIV, 367 p., 2 mappae geogr. (7 s. 6 d.)

Brewer, *Samuel* (Breweria R. Br.), ÷ Bradford 1743.
Pulteney, Geschichte der Botanik. II, 394—396.

Breyne, *Jakob*, Kaufherr zu Danzig (Breynia Forst.), * Danzig 14 Jan 1637, ÷ Danzig 25. Jan. 1697.

1136* —— Exoticarum aliarumque minus cognitarum plantarum Centuria prima, cum figuris aeneis summo studio elaboratis. Gedani, typis, sumtibus et in aedibus autoris excudebat Rhetius. 1678. folio. 195 p., praef., ind., 101 tab. Accedit: Appendix: VI p. et *Wilhelm ten Rhyne*, De frutice Thee et fasciculus rariorum plantarum: p. VII—XXV.
Clavis Breyniana oder Schlüssel zu Jacobi Breynii Gedanensis Exoticarum aliarumque minus cognitarum plantarum centuria prima, cum figuris aeneis summo studio elaboratis und zu *Johannis Philippi Breynii* Icones fasciculi rariorum plantarum primus et secundus bearbeitet und mit einigen Anmerkungen herausgegeben von *E. F. Klinsmann*. Danzig 1855. 4. VI, 30 p.

1137* —— Prodromus fasciculi rariorum plantarum anno 1679 in hortis celeberrimis Hollandiae etc. observatarum. Cui accedunt interrogationes de nonnullis plantarum ab auctore in Cent. I. descriptarum partibus etc. Gedani, typ. Rhetius. 1680. 4 52, 7 p. et 3 tab.

1138* —— Prodromus fasciculi rariorum plantarum secundus, exhibens catalogum plantarum rariorum anno 1688 in hortis celeberrimis Hollandiae observatarum etc. Gedani, typ. Rhetius. 1689. 4. 108 p, 1 tab.

1139* —— Prodromi fasciculi rariorum plantarum primus et secundus, quondam separatim nunc nova hac editione multum desiderata conjunctim editi, notulisque illustrati. Accedunt icones rariorum et exoticarum plantarum aeri incisae, fasciculo olim promisso destinatae: adjectis nominibus et succinctis descriptionibus. Quibus praemittuntur vita et effigies autoris, cura et studio *Johannes Philippi Breynii*, filii. Hujus ad calcem annetitur Dissertatio botanico-medica de radice Gin-sem seu Nisi et herba Acmella cum additamentis. Gedani, typ. Schreiber. 1739. 4. 108, 54 p., 32 tab.

Breyne, *Johann Philipp*, Arzt in Danzig, * Danzig. 5. Aug. 1680, ÷ Danzig 12. Dec. 1764.
Reyger, Flora Gedan. II, 1—24.

1140* —— De radice Gin-Sem seu Nisi et Chrysanthemo bidente zeylanico, Acmella dicto. D. (praeside *Fr. Dekkers*.) Lugduni Batavorum 1700. 4. 20 p., 1 tab. col.

1141* —— De fungis officinalibus et eorum usu in medicina. D. Lugduni Batavorum 1702. 4. 41 p.

Brez, *Jacques*, Predikant, * Middelburg . . . 1771, ÷ Middelburg 26. Juli 1798.

1142* —— La Flore des insectophiles, précédée d'un discours sur l'utilité des insectes. Utrecht, Wild et Altheer. 1791. 8. XXVI, 324 p.

Bridel, *Samuel Elisée* (später **Bridel-Brideri**), * Crassier bei Nyon 28. Nov. 1761, ÷ Gotha 7. Jan. 1828.
Actes de la soc. helv. Lausanne 1828, 75—81.

1143* —— Muscologia recentiorum seu Analysis, historia et descriptio methodica omnium muscorum frondosorum hucusque cognitorum ad normam Hedwigii. Gotha, Ettinger. 1797—1822. 4. — Tom. I: 1797. XXIV, 179 p. — Tom. II. pars I: 1798. X, 222 p., 6 tab. — Tom. II. pars II: 1801 .XII, 192 p., 6 tab. — Tom. II. pars III: 1803. 178 p., 2 tab. — Supplementa: Pars I: 1807. VIII, 271 p. — Pars II: 1812. 257 p. — Pars III: 1817. XXXII, 115 p. (10½ th.)
Animadversiones in Muscologiae Recentiorum tomum secundum. ab ipso auctore propositae. Schrader, Journal I, 268—299. (1800.)

1144* —— Methodus nova muscorum ad naturae normam melius instituta et Muscologiae recentiorum accommodata. (Muscologiae recentiorum supplementum p. IV.) Gotha, Gläser. 1819. 4. XVIII, 220 p , 2 tab. (2 th.)

1145* —— Bryologia universa seu systematica ad novam methodum dispositio, historia et descriptio omnium muscorum frondosorum hucusque cognitorum cum synonymia ex auctoribus probatissimis. Lipsiae, Barth. II voll. 8. — I: 1826. XLVI, 856 p, 13 tab. — II: 1827. 848 p. (10 th. — 11 th. — 12 th. — 14 th.)

Bridges, *Thomas L.*, botanischer Reisender, ÷ auf hoher See auf der Reise nach Nicaragua 9. Sept. 1865.
Transact. Bot. Soc. Edinb. vol. VIII.

Brierre de Boismont, *Alexandre Jacques François*, * Rouen 18. Oct. 1797.

1146* —— et **Pottier** (*de Rouen*). Élémens de botanique ou histoire des plantes considérées sous le rapport de leurs propriétés médicales et de leurs usages dans l'économie domestique et les arts industriels. Paris, Raymond. 1825. gr. 12. XII, 367 p.

Briganti, *Francesco*, Sohn des Vincenzio, Professor in Neapel.
Cat. of sc. Papers I. 625.

Briganti, *Vincenzio*, Professor an der Universität Neapel, * Salvitelle 7. Juni 1766, ÷ Neapel 5. April 1836.
Atti del Real Ist. d'incoragg. Nap. IV, 329—335.

1147* —— Clavis systematis sexualis Linnaei sistens plantarum classes, ordines eorumque anomalias, in tres tabulas synopticas distributa atque iconibus aeri incisis illustrata. Neapoli, typ. Severini. 1804. folio. 21 p., 1 tab.

1148* —— De nova Pimpinellae specie cui nomen Anisoides dissertatio. Neapoli, typ. Codai. 1805. folio. 19 p, 1 tab.

1149* —— Stirpes rariores, quae in regno Neapolitano aut sponte veniunt aut hospitantur. Pemptas prima. Neapoli 1810. folio. 5 tab.
Pemptas altera inedita remansit.
Cat of sc. Papers I, 625.

Brignoli a Brunnhoff, *Giovanni*, Professor der Botanik in Modena (Brignolia Bert.), * Gradisca in Friaul 27. Oct. 1774, ÷ Modena 15. April 1857.
Bonplandia 1857, 206—208.

1150* **Brignoli a Brunnhoff,** *Giovanni.* Horti botanici R. Archigymnasii Mutinensis historia. Adjecta horti ejusdem ichnographia et hypocaustorum orthographia. Mutinae, Guerrini. 1842. 4. 52 p., 2 tab.
1151* —— Fasciculus rariorum plantarum Forojuliensium. Urbini, typ. Sofiani. 1810. 4. 32 p.
1152* —— Catalogus plantarum in horto botanico Archigymnasii Mutinensis cultarum. Mutinae 1817. 8. — ib. 1836. 8. 40 p.
1153* —— Intorno alla Flora degli antichi Lettera. Modena, typ. Rossi. 1845. 8. 23 p.
Cat. of sc. Papers I, 627.

Bring, *Ebbe,* * Skyrup 30. Dec. 1733, † Malmö 17. Jan. 1804.
1154* —— De morbis plantarum. D. 1. Lundae, typ. Berling. 1758. 4. 29 p.

Brittinger, *Christian,* Apotheker in Linz.
Cat. of sc. Papers I, 634—635.

Britzger, *Franz Xaver.*
1155* —— Introductio in artem botanicam. Ulmae, Wohler. 1850. 8. 328 p. (1 1/5 *th.* n.)

Brockhausen, *Rudolf,* Pastor in Horn bei Detmold.
1156* —— Die Pflanzenwelt Niedersachsens in ihren Beziehungen zur Götterlehre und dem Aberglauben der Vorfahren. Hannover 1865. 8.
Zeitschrift des historischen Vereins für Niedersachsen, 1865, p. 1—137.

Brockmüller, *H.*
1157* —— Die Laubmoose Mecklenburgs. Schwerin (Stiller.) 1869. 8. 170 p. (2/3 *th.*)

Broecker, *Gustav.*
1158* —— De textura et formatione spinarum et partium similium. D. Mitaviae, Reyher. 1849. 4. 29 p., 1 tab. (6/10 *th.*)

Brögelmann, *W.*
1159* —— Beschreibung der vorzüglichsten neuen Pflanzen, welche im letztverflossenen Jahrzehend zuerst sind entdeckt und bekannt geworden. Frankfurt a/M., Brönner. 1812. 8. 232 p. (1 *th.*)

Broers, *Georg.*
1160 —— Responsio ad quaestionem: Quid botanici de variis plantarum gemmis atque de gemmatione universa observarint et docuerint? Trajecti a/Rh., Altheer. 1835. 8. 151 p.

Bromelius, *Olof,* Physicus der Stadt Goetheborg, * Örebro 24. Mai 1639, † Goetheborg 5. Febr. 1705.
1161* —— Lupologia eller en liten tractat om humle-gårdar. Stockholm 1687. 12. 92 (24 p.) — Ed. II: Stockholm 1740. 8. 78 p. B.
1162* —— Chloris gothica s. Catalogus stirpium circa Gothoburgum nascentium, in quo exhibentur quotquot hactenus inventae sunt, quae vel sponte proveniunt, vel in agris seruntur una cum synonymis selectioribus tum latino quam suecico idiomate, botanicorumque praecipuorum nominibus et observationibus quibusdam non inutilibus. Gothoburgi 1694. 8. (4) 124 p. praeter Catalogum librorum.

Bromfield, *William Arnold,* M. D., * Boldre (New Forest, Hants) 1800, † Damascus 9. Oct. 1851.
Proc. Linn. Soc. II, 182—183.
Hooker, Journal and Misc. III, 373—382.
1163* —— Flora vectensis: being a systematic description of the phaenogamous and flowering plants and ferns indigenous to the isle of Wight. Edited by *W. J. Hooker* and *Thomas Bell Salter.* London, William Pamplin. 1856. 8. xxxv, 678 p. effigies autoris et mappa geogr. (21 *s.*)
Cat. of sc. Papers I, 644.

Bromhead, *Sir Edward French,* High Steward of Lincoln (Bromheadia Lindl.), * Dublin 26. März 1789, † Thurlby Hall in der Grafschaft Lincoln 14. März 1855.
Proc. Linn. Soc. II, 405—406.
Cat. of sc. Papers I, 644.

Brondeau, *Louis de,* † Estillac bei Agen 24. Dec. 1859.
1164* —— Recueil de plantes cryptogames de l'Agenais, nouvelles, rares et peu connues, omises dans la Flore agenaise (de *Saint-Amans*) décrites et dessinées. Lithographiées par Madame *Sophie Lamouroux.* Suivi d'un supplément à la Cryptogamie de la Flore agenaise. Agen 1828—30. 8. Fascicules 1—3: 39 p., 10 tab. (7 *fr.*)

1165* **Brondeau,** *Louis de.* Examen microscopique de deux Cryptogames de la France, et description de cinq espèces nouvelles. Bordeaux, typ. Lafargue. 1851. 8. 15 p., 9 tab
Actes de la Soc. linnéenne XVII.
Cat. of sc. Papers I, 644.

Brongniart, *Adolphe Théodore,* * Paris 14. Jan. 1801.
1166* —— Sur la classification et la distribution des végétaux fossiles. Paris 1822. 4. 91 p., 6 tab.
Extrait des Mém. du Muséum d'hist. nat. tome VIII.
1167* —— Essai d'une classification naturelle des champignons, ou tableau méthodique des genres rapportés jusqu'à présent à cette famille. Paris, Levrault. 1825. 8. 99 p., 8 tab. (5 *fr.*)
1168* —— Mémoire sur la famille des Rhamnées, ou histoire naturelle et médicale des genres, qui composent ce groupe des plantes. Paris 1826. 4. 78 p., 6 tab. (4 *fr.* 50 *c.*)
1169* —— Mémoire sur la génération et le développement de l'embryon dans les végétaux phanérogames. Paris, typ. Thuau. 1827. 8. 143 p., 11 tab.
Extrait des Annales des sciences naturelles, tome XII.
1170* —— Considérations générales sur la nature de la végétation qui couvrait la surface de la terre aux diverses périodes de la formation de son écorce. Paris 1828. 8. 34 p.
Extrait des Annales des sc. nat. tome XV.
1171* —— Prodrome d'une histoire des végétaux fossiles. Paris, Levrault. 1828. 8. viii, 223 p.
1172* —— Histoire des végétaux fossiles ou recherches botaniques et géologiques sur les végétaux renfermés dans les diverses couches du globe. Paris, G. Dufour et d'Ocagne. 1828—37. II voll. 4. — I: (fasc. 1—12.) 1828. xii, 488 p., 166 tab. — II: (fasc. 13—15.) 1837. 72 p., 28 tab. (195 *fr.*)
1173* —— Enumération des genres de plantes cultivés au Muséum d'histoire naturelle de Paris suivant l'ordre établi dans l'école de botanique en 1843. Paris 1843. 8. xxxii, 136 p. (2 *fr.* 50 *c.*) — Deuxième édition revue et augmentée. Paris, J. B. Baillière. 1850. 8. 237 p. (3 *fr.*)
1174* —— Botanique (Phanérogamie) du Voyage autour de monde exécuté sur la Corvette *La Coquille* pendant les années 1822—25, publié par *L. J. Duperrey.* Paris, Arthur Bertrand. 1829. 4. 232 p., 67 tab.
Tabulae signatae sunt 1—78; in tabularum ordine desunt: 23. 55. 57. 58. 63. 65. 66. 67. 72. 73. 74. 76; opus incompletum remansit.
1175* —— et *A.* **Gris.** Fragments d'une Flore de la Nouvelle-Calédonie. Paris, V. Masson. 1864. 8. 99 p.
Extrait des Annales des sc. naturelles.
1176* —— Rapport sur les progrès de la botanique phytographique. Publication faite sous les auspices du ministère de l'instruction publique. Paris, à l'imprimerie impériale. (Hachette et Co.) 1868. 8. 216 p.
Cat. of sc. Papers I, 645—648.

Bronn, *Heinrich Georg,* Professor in Heidelberg, * Ziegelhausen bei Heidelberg 3. März 1800, † Heidelberg 5. Juli 1862.
1177* —— De formis plantarum leguminosarum primitivis et derivatis. Heidelbergae, Groos. 1822. 8. 140 p., 1 tab. (2/3 *th.*)
1178* —— Lethaea geognostica oder Abbildungen und Beschreibungen der für die Gebirgsformationen bezeichnendsten Versteinerungen. Stuttgart, Schweizerbart. 1835—38. 8. 2 Bände. — I: 1835—37. p. 1—768. — II: 1838. p. 769—1346, 48 tab. 4. (14 1/6 *th.*) — * Dritte stark vermehrte Auflage, bearbeitet von *H. G. Bronn* und *Ferdinand Roemer.* 3 Bände. ib. 1851—56. 8. xii, 788, viii, 412, viii, 1130 p. und Atlas in 4. 63 tab. und Text. (43 *th.*)
1179* —— Index palaeontologicus oder Uebersicht der bis jetzt bekannten fossilen Organismen, unter Mitwirkung von *H. R. Goeppert* und *Hermann von Meyer.* 1. Abtheilung: Nomenclator palaeontologicus. 2. Abtheilung: Enumerator palaeontologicus. Stuttgart, Schweizerbart. 1848—49. 8. lxxxiv, 1381, 980 p. (12 2/3 *th.*)
1180* —— Morphologische Studien über die Gestaltungsgesetze der Naturkörper überhaupt und der organischen insbesondere. Leipzig, Winter. 1858. 8. ix, 481 p. (2 *th.* 8 *sgr.* n.)

Bronner, Oeconomierath in Wiesloch.
1181* —— Die wilden Trauben des Rheinthals. Heidelberg, typ. Georg Mohr. 1857. 8. 48 p., 1 tab.

Brookshaw, *George.*

1182* —— Pomona britannica, or a collection of the most esteemed fruits at present cultivated in this country; together with the blossoms and leaves of such as are necessary to distinguish the various sorts from each other. Accurately drawn and coloured from nature with full descriptions of their various qualities, seasons etc. London, typ. Bensley. 1812. folio. v, 60 p., ind., 93 tab. Bibl. Imp. Ferd. et Deless.
In opere splendido cujusvis generis fructus exculenti in charta nigra vivis coloribus sunt picti.

Broome, *C. E.*
Cat. of sc. Papers I, 655.

Brosse, *Guy de la,* † Paris 1643.

1183 —— Reliquiae operis historici plantarum in horto regio Parisiensi educatarum, a Guidone de La Brosse; ab Abrahamo Bosse aeri incisarum. 48 planches et deux plans du jardin du Roy. Gr. in-fol.
Ce recueil, sans frontispice et sans texte, est gravé à l'eau forte; il est extrèmement rare. En tête du volume se trouvent deux notes, l'une de la main d'Ant.-Laurent de Jussieu, l'autre de Commerson, sur l'origine de cet ouvrage. «Comme ce travail, dit M. de Jussieu, entrepris par Gui de La Brosse, fut abandonné, on rompit les cuivres, mais auparavant MM. de Jussieu l'ainé et Vaillant en firent tirer 24 exemplaires qu'ils se partagèrent pour les distribuer à leurs amis.»
Bibl Cand. Juss. Brit. Museum.

1184* —— De la nature, vertu et utilité des plantes, divisé en cinq livres. Paris, Baragues. 1628. 8. 680 p., praef.

1185* —— Dessein d'un jardin royal pour la culture des plantes médicales à Paris. impr. cum priori. ib. 1628. 8. p. 681—849. et ind.

1186* —— Advis pour le jardin royal des plantes médicinales, que le roy veut establir à Paris. (Paris 1631.) 4. 40 p.
Adhaerent: Ordre du dessein du jardin royal des plantes, p. 41—46. et Mémoire des plantes usagères, p. 47—58.

1187* —— Description du jardin royal des plantes médicinales estably par le Roy Louis le Juste à Paris. Contenant le catalogue des plantes, qui y sont de présent cultivées, ensemble le plan du jardin. Paris 1636. 4. 107 p. et prospectus horti.
Catalogus plantarum omissa descriptione horti adest in Simonis Paulli Viridariis variis p. 81—201.

1188* —— L'ouverture du jardin royal de Paris, pour la démonstration des plantes médicinales. Paris, par Jacques Dugast. 1640. 8. 38 p. Bibl. Juss.

1189* —— Catalogue des plantes cultivées à présent au jardin royal des plantes médicinales, estably par Louis le Juste à Paris. Ensemble le Plan de ce jardin en perspective orisontale. Paris, chez Jacques Dugast. 1641. 4. (6) 101 p.

Brosterhuysen, *Jan.*

1190 —— Catalogus plantarum horti medici scholae Auriacae, quae est Bredae, quibus in ipsa origine instructus est. Bredae 1647. 12. 58 p. B.

Brotbeck, *Johann Konrad* (latine **Brotbequius**).

1191 —— De plantis. D. Tuebingae 1656. 4. (24 p.) (Respondens: *Elias Rudolf Camerarius.*) B.

Brotero, *Felix de Avellar*, Professor der Botanik zu Coimbra von 1791—1800, dann seit 1800—21 Director des botanischen Gartens zu Ajuda bei Lissabon (Broteroa DC.), * Santo-Antão de Tojah bei Lissabon 25. Nov. 1744, † Acolena de Belem 4. Aug. 1828.
Revista literaria de Oporto, 1843, no. 83.
Link, Reise II, p. 38—39.
Artikel von *Ferd.* Denis in Nouv. Biogr. génér. VII, 511—513.
Colmeiro Bot. esp. 175—178.

1192* —— Compendio de Botanica. Paris et Lisboa, P. Martin. 1788. II vol. 8. — I: 471 p. — II: 411 p., 31 tab. — *Ed. II: Compendio de botanica do Doutor *Felix de Avellar Brotero*, addicionado e posto em harmonia com os conhecimentos actuaes desta sciencia, segundo os botanicos mais celebres, como Mirbel, DeCandolle, Richard, Lecocq e outros. Por *Antonio Albino da Fonseca Benevides*. Lisboa, typ. da Academia. 1837—39 II voll. 8. — I: 1837. xi, xxiii, 401 p., 12 tab. — II: 1839. vii, vii, 668 p., 25 tab.

1193* —— Principios de agricultura philosophica. (Livro I: Anatomia e physiologia dos vegetaes.) Coimbra, na real imprensa da universidade. 1793. 4. 115 p. Bibl. Goett.

1194* **Brotero**, *Felix de Avellar.* Flora lusitanica, seu plantarum quae in Lusitania vel sponte crescunt, vel frequentius coluntur, ex florum praesertim sexubus systematice distributarum, Synopsis. Olissipone ex typographia regia. 1804 II voll. 8. — I: xviii, 607 p. — II: 557 p.

1195 —— Historia natural dos Pinheiros e Abetos. s. l. 1817. I vol. 4.
Teste *Gusmao* in Revista literaria. Oporto 1843. Nr. 83.

1196* —— Phytographia Lusitaniae selectior seu novarum, rariorum et aliarum minus cognitarum stirpium, quae in Lusitania sponte veniunt, ejusdemque Floram spectant, descriptiones iconibus illustratae. Olisipone, ex typographia regia. 1816—27. II voll. folio min. — I: 1816. 235 p. (3 foll.) tab. 1—82. — II: 1827. 263 p., tab. 83—181.
* Hujus operis fasciculus primus, plurimis laborans mendis typographicis, jam anno 1801. Olisiponae e typographia ad arcem Caeci prodierat; in folio minori: (8½ p.) et 8 tab.

1197* —— Historia natural da orzella. Lisboa, na impressão regia. 1824. 8. 16 p.

1198* —— Noções botanicas das especies de Nicociana e da sua cultura. Lisboa, na impressão regia. 1826. 8. 47 p.

Brouard.
Cat. of sc. Papers, I, 685.

1199* —— Catalogue des plantes du Département de l'Eure. Évreux, typ. d'Anzelle. 1820. 12. xiv, 122 p. (1 *fr.* 50 *c.*)

Broughton, *Arthur.*

1200* —— Enchiridion botanicum, complectens characteres genericos et specificos plantarum per insulas britannicas sponte nascentium ex Linnaeo aliisque desumtos. Londini 1782. 8. ii, 226 p., ind.

1201 —— Hortus Eastensis, or a catalogue of exotic plants in the garden of *Hinton East* Esq. in the mountains of Liguanea, at the time of his decease. Kingston 1792. 4. 82 p. B.
* Redit in *Bryan Edwards* History of the british colonies, ed. IV. vol. III. p. 367—407.

1202 —— Hortus Eastensis, or a catalogue of exotic plants cultivated in the botanic garden in the mountains of Liguanea; published by order of the Hon. House of Assembly. St. Jago de la Vega 1794. 4. 35 p. B.

1203 —— A catalogue of the more valuable and rare plants growing in the public botanic garden in the mountains of Liguanea, in the Island of Jamaica: also of medicinal and other plants, growing in South and North America, the East Indies etc. the introduction of which would be a great acquisition to the botanic gardens here. (St. Jago de la Vega) 1794. 4. 6 p. B.

Broussonet, *Pierre Marie Auguste*, Professor in Montpellier, * Montpellier 28. Febr. 1761. † Montpellier 26. Juli 1807.
DeCandolle, Éloge historique. Montpellier 1809. 4. 33 p.
Cuvier, Éloge. Moniteur 1808. no. 21.
Thiébaut, Éloge. Mém. soc. Linn. Paris, vol. III. (1824.)

1204* —— Elenchus plantarum horti botanici Monspeliensis anno 1804. Monspelii 1805. 8. viii, 63 p. — Appendix: 1806. 18 p.

Broussonet, *Jean Louis Victor*, * Montpellier 16. Aug. 1771, † Montpellier 1847.

1205* —— Corona Florae Monspeliensis. D. Monspelii 1790. 8. xvi, 48 p.

Browall, *Johan*, Bischof von Abo (Browallia L.), * Vesterås 30. Aug. 1707, † Åbo 25. Juli 1755.
Carleson, Åminnelse-tal. Stockholm 1756. 8.

1206* —— Examen epicriseos in systema plantarum sexuale cl. Linnaei a. 1737 Petropoli evulgatae, auctore *Joanne Georgio Siegesbeck*. Jussu amicorum institutum a *J. B.* Aboae (1739). 4. (4) 52 p.
* Reimpressum est cum *Linnaei* Oratione de necessitate peregrinationum intra patriam. App. p. 1—53. Lugduni Batavorum 1743. 8.

1207 —— De Convallariae specie, vulgo lilium convallium dicta. D. I et II. Aboae 1744 et 1744. 4. 38 p. B.

1208* —— De harmonia fructificationis plantarum cum generatione animalium. D. Aboae 1744. 4. 25 p.

1209* —— Specimen de transmutatione specierum in regno vegetabili. D. I et II. Aboae 1745. 4. 58 p.

Brown, *John C.*

1210* (——) Report of the Colonial Botanist for the year 1866.

Presented to both Houses of Parliament. Cape Town, typ. Saul Solomon. 1866. 4. 11 p.

Brown, *J. P.*, † Thun 1842.
1211* —— Catalogue des plantes, qui croissent naturellement dans les environs de Thoune et dans la partie de l'Oberland Bernois, qui est le plus souvent visitée par les voyageurs. Thoune et Aarau, Christens. 1843. 8. 150 p.
Cat. of sc. Papers I, 659.

Brown, *Philipp*, M. D. in Manchester, † 1779.
1212 —— A catalogue of very curious plants, collected by the late *Philipp Brown* M. D. lately deceased, to be sold at his garden near Manchester. Manchester 1779. 8. 30 p. B.

Brown, *Robert*, Bibliothekar im British Museum (Brownea Jacq.), * Montrose (Schottland) 21. Dec. 1773, † London 10. Juni 1858.
1213* —— The miscellaneous botanical Works of Robert Brown. Vol. 1. 2. London, published for the Ray Society by Robert Hardwicke. 1866—68. 8. et 4. (3 *l.*) — I: 1866. Containing Geographico-botanical and structural and physiological Memoirs. VIII, 612 p. — II: 1867. Containing Systematic Memoirs and Contributions to Systematic Works. VIII, 786 p. — III: Atlas of plates. 1868. 4. 15 p., 38 tab.
Edited by John J. Bennett.
1214* —— Vermischte botanische Schriften. In Verbindung mit einigen Freunden ins Deutsche übersetzt und mit Anmerkungen versehen von *Christian Gottfried Nees von Esenbeck*. Nürnberg, Schrag. 1825—34. 5 Bände. 8. — I: 1825. XVIII, 704 p., 1 tab. — II: 1826. VIII, 794 p. — III: 1827. XIV, 460 p. — IV: 1830. VIII, 548 p., 5 tab. — V: 1844. X, 477 p., 4 tab. (12½ th., jetzt 2½ th.)
1215* —— Prodromus Florae Novae Hollandiae et insulae Van-Diemen. Vol. I. Londini, Johnson. 1810. 8. VIII, 592 p. — * Ed. nova (male impressa) curis redactionis Isidis. (1821.) 4. 184 p. (2 th.) — * Ed. III: curis *Chr. Godofredi Nees ab Esenbeck*. Norimbergae 1827. 8. XIV, 460 p. (2½ th.)
1216* —— Supplementum primum Prodromi Florae Novae Hollandiae, exhibens Proteaceas novas quas in Australia legerunt DD. *Baxter, Caley, Cunningham, Fraser et Sieber*, et quarum e siccis exemplaribus characteres elaboravit. Londini, typ. Taylor. 1830. 8. 40 p.
1217* —— On the natural order of plants called Proteaceae. Transactions of the Linnean Society X, 15—226. (1810.)
Works II, 1—192.
1218* —— On the Asclepiadeae, a natural order of plants separated from the Apocineae of Jussieu. (Read 4. Nov. 1809.) Memoirs of the Wernerian Society. Vol. I, 12—78. (1811.)
Werks II, 193—247.
Asclepiadeae recensitae. Ex idiomate anglico transtulit *C. B. Presl.* Edidit *Casparus Comes Sternberg.* Pragae, Calve. 1819. 8. 68 p.
1219* —— Some observations on the parts of fructification in Mosses. Extracted from the Transactions of the Linnean Society X, 312—324. (1811.)
Works I, 343—355.
1220* —— Contributions to the Botanical Magazine and Botanical Register. London 1811—26.
Works II, 667—699.
1221* —— On Woodsia, a new genus of ferns. Read 7. Nov. 1812. Transactions Linn. Soc. XI, 170—174. (1812.)
Works II, 249—254.
1222* —— Genera et species plantarum, quae in horto Kewensi coluntur. Extracted from *Aiton* Hortus Kewensis Ed. II. Vol. III, 1—22. IV, 71—130, 266—338. V, 188—222, 460—468. (1812.)
Works II, 365—510.
1223* —— List of new and rare plants collected in Abyssinia during the years 1805 and 1810. (*Henry Salt*, A Voyage to Abyssinia. London 1814. 4. Appendix p. 63—65.)
Works I, 91—95.
1224* —— General Remarks geographical and systematical on the Botany of Terra Australis. London 1814. 4. 84 p., 10 tab.
Works I, 1—89.
1225* —— Observations systematical and geographical on the Herbarium collected by Professor *Christian Smith* in the vicinity of the Congo, during the expedition to explore that river under the command of Capt. *Tuckey* in the year 1816. London 1818. 4. 66 p.
Narrative of an Expediton to explore the river Zaire, p. 420—483.
Works I, 97—173.
1226* **Brown**, *Robert*. Observations on the natural family of plants called Compositae. Transact. Linn. Soc. XII, 76—142. (1817.)
Works II, 257—318.
1227* —— Characters and descriptions of three new species of plants found in China by *Clarke Abel* Esq.; selected from a small collection of specimens, the only part of his Herbarium that escaped the wreck of the *Alceste*. London 1818. 4. 8 p., 2 tab.
Abel, Narrative of a Journey in the interior of China. London 1818. 4. p. 374—379.
Works II, 319—328.
1228* —— On some remarkable deviations from the usual structure of seeds and fruits. Extracted from the Transactions of the Linnean Society XII, 143—151. (1818.)
Works I, 357—366.
1229* —— List of plants collected by the officers in Capt *Ross's* Voyage on the Coasts of Baffin's Bay. (*John Ross*, Voyage of discovery. London 1819. 4. p. 137—144.)
Works I, 175—178.
1230* —— Characters and description of Lyellia, a new genus of mosses. Transactions Linn. Soc. XII, 560—583. (1819.)
Works II, 329—351.
1231* —— Catalogue of plants found in Spitzbergen by Captain *Scoresby*. Reprinted from *W. Scoresby*, An Account of the Arctic Regions. Edinburgh 1820. Vol. I. Appendix no. 5.
Works I, 179—182.
1232* —— An account of a new genus of plants, named Rafflesia. Reprinted from the Transactions of the Linnean Society XIII, 201—234. (1821.)
Works I, 367—398.
1233* —— Extracts from Dr. *Richardson's* Botanical Appendix to the «Narrative of a Journey to the Shores of the Polar sea», by Capt. *John Franklin*. London 1823. 4. p. 729—768.
Works II, 511—527.
1234* —— Chloris Melvilliana. A List of plants collected in Melville Island, (latitude 74° — 75° N., longitude 110° — 112° W.) in the year 1820; by the officers of the voyage of Discovery under the orders of Captain *Parry*. With characters and descriptions of the new genera and species. London, printed by W. Clowes. 1823. 4. 52 p., 4 tab. — (Seorsim impressa ex: * A supplement to the Appendix of Capt. *Parry's* Voyage for the Discovery of a north-west passage in the years 1819—20. London, Murray. 1824. 4. Nr. XI. p. CCLIX—CCCX. et tab. 3—6.)
* germanice: von *Gustav Kunze* in Flora 1824. Beilage p. 65—115.
Works I, 183—256.
1235* —— Observations on the structure and affinities of the more remarkable plants collected by the late *Walter Oudney*, M. D. and Major *Denham* and Captain *Clapperton* in the years 1822, 1823 und 1824, during their expedition to explore Central Africa. London 1826. 4. 44 p. — Reprinted from the «Narrative of Travels and Discoveries in Northern and Central Africa», by Major *Denham* and Captain *Clapperton*. London 1826. Appendix p. 208—248.
Works, vol. I, p. 257—303.
1236* —— Character and description of Kingia, a new genus of plants found on the south-west coast of New Holland: with observations on the structure of its unimpregnated ovulum; and on the female flower of Cycadeae and Coniferae. (Read before the Linnean Society of London, Nov. 1 et 15. 1825.) 38 p., 1 tab. — (In: *King*, Narrative of... Australia, vol. II. p. 534—565.) (1827.)
Works I, 433—461.
1237* —— A brief account of microscopical observations made in the months of June, July and August 1827, on the particles contained in the pollen of plants; and on the general existence of active molecules in organic and inorganic bodies. (London, printed by Richard Taylor. 1828. 8. 16 p.) — * Additional remarks on active molecules. 1829. 8. 7 p. (Not published)
Works I, 463—486.

germanice: Mikroskopische Beobachtungen, übersetzt von *Beilschmied*. Nürnberg, Schrag. 1829. 8. 28 p. (⅙ th.)

1238* **Brown**, *Robert*. Names of and Notes on Indian plants. Extracted from Wallich's List. London 1828—49
Works II, 529—538.

1239* —— Notes and Observations on Indian plants. Extracted from *Wallich*, Plantae asciticae rariores. London 1830—32.
Works II, 539—556.

1240* —— Observations on the organs and mode of fecundation in Orchideae and Asclepiadeae. London, typ. Taylor. Oct. 1831. 8. 36 p.
Reprinted from the Transactions of the Linnean Society XVI, 685—745. (1833.)
Works I, 487—551.

1241* —— General view of the Botany of Swan River. Extracted from the «Journal of the Royal Geographical Society». vol. I, 17—21. (1832.)
Works I, 305—312.

1242* —— Remarks on the structure and affinities of Cephalotus. London and Edinburgh, Philosophical Magazine, I, 314—317. (1832.)
Works II, 353—359.

1243* —— Characters and description of Limnanthes, a new genus of plants allied to Floerkea. Read at the Linn. Society June 18th 1833.
Works II, 361—364.

1244* —— Extracts from *Horsfield*, Plantae javanicae rariores. London 1838—52.
Works II, 557—666.

1245* —— On the relative position of the divisions of stigma and parietal placentae in the compound ovarium of plants. Reprinted from Horsfield. Plantae javanicae rariores, II, 107—112. (1840.)
Works I, 553—563.

1246* —— On the female flower and fruit of Rafflesia Arnoldi and on Hydnora africana. Reprinted from the Transactions of the Linnean Society XIX, 221—247. (1844.)
Works I, 399—431.

1247* —— On the plurality and development of the embryos in the seeds of Coniferae. Reprinted from the Annals and Mag. of nat. hist. XIII, 368—374. (1844.)
Works I, 365—376.

1248* —— Botanical Appendix to Capt. *Charles Sturt* Narrative of an Expedition into Central Australia. London 1849. 8. Vol. II. p. 66—92.
Works I, 313—340.

1249* —— On the origin and mode of propagation of the gulfweed. Proc. Linn. Soc. II, 77—80. (1850.)
Works I, 577—582.

1250* —— Some account of Triplosporite, an undescribed fossil fruit. Transact. Linn. Soc. XX, 469—475. (1851.)
Works I, 583—591.

Brown, *Samuel*, Arzt in Madras.

1251* —— East India plants with their names, virtues, description, and some additional remarks by *James Petiver*. (Philosoph, Transactions vol. XXII. p. 579—594. 699—721. 843—858. 933—946. 1007—1022. — vol. XXIII. p. 1055—1065 1251—1265. 1450—1460.)
Sunt plantae a *Samuele Brownio*, medico in arce S. Georgii Indiae orientalis, circa Madras lectae, quarum jam in volumine XX. p. 313—335. partem descripserat *Jacobus Petiver*.

Browne, *Alexander* (Brownia L.)
Plantae ab eo in India orientali et in Capite Bonae Spei lectae a Plukenetio saepe citantur.

Browne, *Daniel J.*

1252* —— The Sylva americana; or a description of the forest trees indigenous to the United States, practically and botanically considered. Boston, W. Hyde et Co. 1832. 8. 408 p., ic. xyl.

Browne, *Patrick*, D. M. (Brownea Jacq.) * in der Grafschaft Mayo in Irland . . . 1720, ÷ Rushbrook 29. Aug. 1790.
Lambert, Anecdotes of the late *Patrick Browne*. Transact. Linn. Soc. IV, 31—34. (1798.)

1253* —— The civil and natural history of Jamaica in three parts. London, Osborne. 1756. folio. 503 p., 50 tab. — * Ed. II, with four additional indexes. London, White and son. 1789. folio. VIII, 503, (23) p., 50 tab.
Plantae recensentur p. 71—37½. et tab. 1—38.

Browne, *Thomas*, D. M., * London 19. Nov. 1605, ÷ London 19. Oct. 1682.

1254* —— Enquiries in the vulgar errors. London 1646. folio.

1255* —— Works, edited by *Simon Wilkin*. Vol. 1—3. London 1852. 8.

Browne, *William*, * Oxford 1628, ÷ Oxford ... März 1678.
Pulteney, Geschichte der Botanik, I, 123.

Bruce, *James* (Brucea Mill.), * Kinnaird in Schottland 14. Dec. 1730, ÷ Kinnaird 27. April 1794.
A. *Murray*, Account of the life and writings of *James Bruce*. Edinburgh 1808. 4.
F. B. *Head*, Life of *James Bruce*. London 1832. 8.

1256* —— Travels. vol. V: Select specimens of natural history collected in travels to discover the Source of the Nile, in Egypt, Arabia, Abyssinia and Nubia. Edinburgh 1790. gr. 4. XIV, 230 p., ind., 24 tab. plant., 19 tab. anim, 3 mapp. geogr.
Integrum opus omnium quinque voluminum pretio 3l. 3s. A. London 1812.
* *germanice*: Reisen zur Entdeckung der Quellen des Nil. Uebersetzt von *Volkmann*, mit Anmerkungen von *Blumenbach*. 5. (naturhistorischer) Band. Leipzig 1791. 8. 384 p., 46 tab. (24 tab. plaat). 1 mapp. geogr.
* *gallice*: Voyage aux sources du Nil en Nubie et en Abyssinie pendant les années 1768—72. Traduit par *J. H. Castera*. Londres 1790—92. XI tom. 8. Tom. XI. 1792. 352 p. continet historiam naturalem; tabulae in forma quarta: tab. 1—24 illustrant plantas

Bruch, *Karl Ludwig*.

1257* —— De.Anagallide. D. Argentorati 1758. 4. 49 p.

Bruch, *Philipp*, Apotheker in Zweibrücken (Bruchia Schw.), * Zweibrücken 11. Febr. 1781, ÷ Zweibrücken 11. Febr. 1847.
Biographie im 5. Jahresbericht der Pollichia.
Cat. of sc. Papers I, 668.

Brückmann, *Franz Ernst*, Arzt zu Wolfenbüttel, * im Kloster Marienthal bei Helmstedt 27. Sept. 1697, ÷ Wolfenbüttel 21. März 1753.

1258* —— Specimen botanicum exhibens fungos subterraneos, vulgo tubera terrae dictos. Helmstadiae, typ. Schnorr. 1720. 4. 25 (3) p, 1 tab.

1259* —— Relatio brevis historico-botanico-medica de Avellana mexicana vulgo Cacao dicta. D. praeside *J. C. Spies*. Helmstadii, typ. Hamm. 1721. 4. 48 p., 2 tab. — * Ed. II, auctior. Brunsvigae, Schroeder. 1728. 4. 32 p., 2 tab.

1260* —— Epistola de fungo hypoxylo digitato. Helmstadii 1725. 4. 12 p., 2 tab.

1261* —— De lapide violaceo sylvae Hercyniae. Guelpherbyti 1725. 4. 15 p.

1262* —— De Ocymastro flore viridi pleno observatio botanica. Wolfenbütteliae 1732. folio. cum tabula.

1263* —— Sendschreiben an *J. H. Kniphof*, die Art, die Kräuter nach dem Leben abzudrucken und also sehr compendiöse Herbaria picta zu machen, vorstellend. Wolfenbüttel 1733. 4. 8 p.

1264* —— Centuria I—III. Epistolarum itinerariarum. Wolfenbutteliae 1742—45. 4.

Brückmann, *Urban Friedrich Benedict*, Sohn von Franz Ernst, Professor und Leibarzt in Braunschweig, * Wolfenbüttel 23. April 1728, ÷ Braunschweig 20. Juni 1812.
A. L. Z. 1812, December, p. 781.

1265* —— De nuce Been. D. Helmstadiae 1750. 4. 28 p.

1266* —— Kurze Abhandlung vom Sego. Braunschweig 1751. 4. 16 p.

Brückner, *Adolph Friedrich*, Dr., Arzt zu Neubrandenburg, * Neubrandenburg 22. Nov. 1781, ÷ Neubrandenburg 25. Mai 1818.

1267* —— Florae Neobrandenburgensis Prodromus. D. Jenae 1803. 8. 88 p.

Brückner, *Arthur*, Director der Irrenanstalt zu Schwetz, * Schweidnitz 7. Sept. 1826.

1268* —— De relationibus et analogia formam inter et vires plantarum medicas. D. Vratislaviae, typ. Storch. 1850. 8. 40 p.

Brückner, *Gustav Adam*, Dr., Obermedicinalrath in Ludwigslust, * Neubrandenburg 18. Dec. 1789, ÷ Ludwigslust 30. März 1860.
Biographie in Boll's Archiv 1860, 430—434.

Brügger, *Chr. G.*

1269 —— Flora des Poschiavinothales (in *Leonhardi*, Das Poschiavinothal. Leipzig 1859. 8.)
Cat. of sc. Papers I, 672.

Brüllow, *Friedrich*.
1270* ——— Systematische Eintheilung des Pflanzenreichs nach natürlichen Familien für Schulen. Posen, Heine. 1845. 8. 11¼ Bogen, 3 tab. (½ th.)
1271* ——— Botanische Wandkarte, nebst Anleitung zum Gebrauch. Berlin, G. Reimer. 1855. 8. 37 p., 9 tab. col. in folio. (4⅔ th.)

Brugmans, *Sebald Justin*, Professor in Leyden (Brugmansia Pers.), * Franeker 24. März 1763, † Leiden 22. Juli 1819.
Van der Aa, Biogr. Woordenboek II, 1466—1473.
1272* ——— Dissertatio praemio condecorata ad quaestionem ab Academia Divionensi propositam: Quaenam sunt plantae inutiles et venenatae, quae prata inficiunt, horumque diminuunt fertilitatem; quaenam porro sunt media aptissima illis substituendi plantas salubres ac utiles, nutrimentum sanum ac abundans pecori praebituras? Groningae 1783. 8. 90 p.
1273* ——— Orationes duae, prima aditialis: de accuratiori plantarum indigenarum notitia maxime commendanda; altera valedictoria: de natura soli Frisici exploranda. Lugduni Batavorum 1787. 4. 84 p.
1274* ——— De mutata humorum in regno organico indole a vi vitali vasorum derivanda. D. Lugduni Batavorum 1789. 8. 97 p.
1275* (———) Elenchus plantarum, quae in horto Lugduno-Batavo coluntur. s. l. 1818. 8. 39 p.

Bruhin, *Thomas A.*
1276* ——— Flora Einsidlensis. Systematische Aufzählung der in Einsiedeln freiwachsenden und häufiger kultivirten Gefässpflanzen. Einsiedeln, Gebr. Renziger. 1864. 8. 75 p. (¼ th.)
1277 ——— Die Gefässkryptogamen Vorarlbergs. Zum Gebrauch bei botanischen Excursionen. Bregenz, typ. Teutsch. 1865. 8. 64 p.

Bruin, *Cornelis de* (Brunia L.), * Gravenhage 27. Juli 1652, † Utrecht 1719.
(«Pictor erat et ignarus homo ejusque scripta in historia naturali non multum usum habent.») *Boehmer.*
Van der Aa, Biogr. Woordenboek II, 1489—1491.

Bruinsma, *A. F. A.*
1278 ——— De Diosma crenata. D. Lugduni Batavorum 1838. 4.

Bruinsma, *J. J.*
1279* ——— Flora Frisica, of naamlijst en kenmarken der zigtbaarbloeijende planten van de provincie Friesland; benevens eene schets van derzelver verspreiding, en aanwijzing van de geneeskrachtige, oeconomische en technische gewassen; voorafgegaan door eene korte beschrijving van de natuurlijke gesteldheid des Frieschen bodems. Leeuwarden, W. Eckhoff. 1840. 8. VIII, 187 p. (2 *Gulden.*)

Bruman, *Hendrik*, Rector in Zwolle, † Zwolle 1679.
1280 ——— Index plantarum circa Zuollam in Transilania crescentium 1662. 8. Desid. B.

Brunet, *P. O.*, Professor in Toronto.
1281 ——— Catalogue of Canadian woods. Paris 1857. 8.

Brunetti, *Silvestro*.
1282 ——— Dissertazione inaugurale sui fenomeni fisiologici dei vegetabili. Venezia, G. Antonelli. 1858. 8. 17 p.

Brunfels, *Otto* (nach der Heimath seines Vaters, der Burg Braunfels im Lahnthale) (Brunfelsia Plum.), * Mainz ... um 1488, † Bern 23. Nov. 1534.
Adami Vitae medicorum 22—23.
Meyer, Geschichte der Botanik IV, 295—303.
1283* ——— Herbarum vivae eicones ad naturae imitationem summa cum diligentia et artefício effigiatae, una cum effectibus earundem in gratiam veteris illius et jamjam renascentis herbariae medicinae, per *Oth. Brunf.* recens editae 1830. Quibus adjecta ad calcem Appendix isagogica de usu et administratione simplicium. Item Index contentorum singulorum. Argentorati, apud Joannem Schottum. (1530.) folio. 266 (72) p., (86) ic. xyl. i. t. — * Novi Herbarii tomus II. per *Oth. Brunf.* recens editus 1531. (in calce: 1532.) Continens, quae versa pagina subnotantur: I: Appendix de vera herbarum cognitione. — II: Exegesis omnium simplicium *Dioscoridis*, et quomodo iis, quae in officinis servantur, respondent. — III: *Scribonii Largi* de simplicibus fragmentum. — IV: Demonstrationes aliquot herbarum ex corollariis *Hermolai Barbari*, de quibus dubium quibusdam est, qualibus nominibus designentur apud auctores. — V: *Joannis Mainardi* Ferrariensis medici annotationes aliquot simplicium ex scriptis ejus extractae. — VI: *Pandulphi Collinutii* de interpretatione simplicium, quae sunt apud Plinium, calumniis Leoniceni responsio. — VII: *Leonardi Fuchsii* annotationes de simplicibus a medicis hactenus perperam intellectis et aestimatis. — VIII: Comitis *Hermanni a Neunar* censurae aliae herbarum super eadem re. — IX: *Joachimi Schylleri* medici judicium de caryophyllis. — X: *Hieronymi Tragi* dissertationes fere 50 de herbarum quarundam nomenclaturis. — XI: *Marci Gatinarae* medici Ticinensis annotatio una et altera de Taraxaco, Cichorea, Iva, Esula et Soldanella. — XII: *Jacobi de Manliis* Alexandrini interpretatio simplicium secundum ritum officinarum. — XIII: *Hieronymi Tragi* Herbarii apodixis germanica, ex qua facile vulgares herbas omnes licebit perdiscere: germanicè. ib. (1531.) folio. 90, 199 (5) p., ind., (49) ic. xyl. i. t. — * Tomus herbarii *Othonis Brunfelsii* III (posthumus, cum salutatione *Joannis Schotti* ad lectorem), corollariis operi praefixis, quibus respondet calumniatoribus suis, passim errata quaedam priorum tomorum diluens. ib. 1536. folio. 240 (2) p., ind, (103) ic. xyl. i. t.
Sunt reimpressiones aliquae eadem officina: Tomus I eodem titulo et absque mutatione anno * 1532; una cum tomo II et III anno 1536 editis, anno * 1537, hoc titulo generali praefixo: «Othonis Brunfelsii Herbarium tomis tribus exacto tandem studio, opera et ingenio, candidatis medicinae simplicis absolutum» qua in editione nil reperitur mutatum. Tandem anno * 1539 iterum eodem titulo generali prodibat opus, cujus tomus primus paginis quidem respondet praecedentibus editionibus, sed non contentis, quibus denuo accesserunt aex icones (Plantaginis aquaticae, Dracontii majoris, Parietariae, Aristolochiae, Verbenae foeminae, Perfoliati), ex quibus autem quatuor ultimae totidem aliis hic omissis (Boni Henrici, Fumariae bulbosae secundae, Senecionis, Bifolii sine flore) seu emendatae substituuntur. — Tomus II recusus est anno * 1536 eodem quidem titulo, sed ita mutatus, ut non solum paginis (313 p. praeter indicem), verum etiam quatuor iconibus, (Jaceae nigrae, Rosmarini, Salviae, Valerianae) sed parvis differat; una cum impressio jungitur cum omnium tomorum editione anni 1539. — Tomus III recusus est anno * 1540; paginis quidem convenit cum ejus prima editione, sed continet quatuor figuras novas (Astrantiae, alteram iconem Sempervivi, Filicis, Cumini), et duas emendatas (Allii, Porri), totidem vero etiam viliores (Acetosellae, Anisi); et una (Colchici) prorsus omissa est. Ceterum huic impressioni iterum accedit: Appendix de usu et administratione simplicium. ib. 1539. folio. (40 foll.)
Opera completa *Brunfelsii*, qui primus Germanorum icones ex vivo fidelissime et artefíciose delineatas edidit, rarissime obvia sunt: vidi integram collectionem Vindobonae in Bibl. Eugeniana, quod exemplar olim fuit *Tournefortii*; alias in Bibl. Berolinensi, Candolleana et Delessertiana.
* germanice: Contrafayt Kreuterbuch nach rechter vollkommener Art, und beschreibungen der alten bestberümten ärtzt, vormals in Teutscher sprach, der massen nye gesehen noch in Truck ausgangen. Sampt einer gemeynen Inleytung der Kreüter urhab, erkantnuss, brauch, lob und herrlichkeit. Strassburg, bei Hans Schotten 1532. folio. (34) 332 p., (176) ic. xyl. i. t. — Ander Theyl des teutschen contrafayten kreuterbuchs. Durch D. *Otth. Brunnfels* zusammen verordnet und beschriben, (tomum posthumum adornavit D. *Michael Herr.*) ib. 1537. folio. 173 p., praef., ind., (98) ic. xyl. i. t. — Kreuterbuch contrafeyt, beide theyl vollkommen, nach rechter wahrer Beschreibung der alten Lerer und ärzt. Frankfurt a/M. durch Herman Hülfferichen. 1546. folio. 115 foll., introd, ind., ic. xyl. i. t.

1284* **Brunfels**, *Otto*. Onomastikon medicinae, continens omnia nomina herbarum, fruticum, suffruticum, arborum, sentium, seminum, florum, radicum etc. etc. Argentorati, apud Joannem Schottum. 1534. folio. (terniones 30: A—Gg.) Bibl. Goett.
Lexicon, momente dudum *Gesnero*, immaturum et festine congestum.
1285* ——— In *Dioscoridis* historiam plantarum certissima adaptatio, cum earundem iconum nomenclaturis graecis, latinis et germanicis. Der kreüter rechte wahrhaffige contrafactur, erkanntnuss und namen, kryechisch, lateinisch und deutsch, nach der Beschreibung Dioscoridis. Argentorati, Jo. Schottus aere perennius dedit. 1543. folio. 372 p. (p. 108—111. et 244—292 semper omissae), 44 p. index, ic. xyl. i. t.
Continet hic liber 314 icones, ex quibus 271 eaedem sunt, quae in Brunfelsii operibus vel latinis vel germanicis apud eundem typographum excusis reperiuntur. Quoniam huic libro nulla praefatio sive alia informatio praefixa est, incertum manet, cujus ope usus sit typographus in illis, quae ad correctionem et auctionem ejus pertinent. Sequierus falso, a catalogo Riviniano deceptus, Fuchsii operibus adnumerat.

Bruni, *Achille.*
1286* ——— Descrizione botanica delle campagne di Barletta. Napoli, typ. Flautina. 1857. gr. 8. 246 p., 1 tab. (45 *gran.*)

Brunn, *Johann Wilhelm*, D. M., * Schlackstadt in Dessau 6. Mai 1779, † Köthen nach 1838.
1287* ——— De vasis plantarum. D. Halae, typ. Hendel. 1800. 8. 34 p.

Brunner, *Samuel*), * Bern 1790, † Bern 17. Mai 1844.

1288* —— Bericht über die in der Engepromenade bei Bern befindliche Sammlung von Bäumen und Sträuchern, welche bei uns im Freien ausdauern. Bern 1828. 8. 32 p., 1 tab. (4 *Batzen*.)

1289* —— Streifzug durch das östliche Ligurien, Elba, die Ostküste Siciliens und Malta, zunächst in Bezug auf Pflanzenkunde im Sommer 1826 unternommen. Winterthur 1828 8. XVI, 334 p. (1 3/4 *th*)

1290* —— Ausflug über Constantinopel nach Taurien im Sommer 1831. St. Gallen u. Bern. Huber. 1833 8. XIII, 353 p. (2 2/3 *th*.)

1291* —— Reise nach Senegambien und den Inseln des grünen Vorgebirges im Jahre 1838. Bern, typ. Haller. 1840. 8. XI, 390 p., 1 tab. (1 2/3 *th*)
Botanische Ergebnisse einer Reise nach Senegambien und den Inseln des grünen Vorgebirges. Beiblätter zur Flora 1840. 8. 153 p.

1292* —— Einiges über den Steinlöcherpilz (Polyporus Tuberaster Jacq. et Fries) und die Pietra fungaja der Italiener. Neuenburg 1842. 4. 19 p, 2 tab col.
Neue Denksch. der allg. schweizerischen Gesellsch. Band 7

Brunschwyg, *Hieronymus*

1293* —— Hie anfahen ist das büch genannt liber de arte distillandi, von der Künst der distillierung, zusammen colligiert und gesetzt von *Hieronymo Brunsthwygk*, so das von vilen erfahrenden Meystern der ertzny er erfahren und ouch durch sin teglich hantwürckung erkundet und gelernt hatt. (In calce:) Hiemit volendt das büch genant lyber de arte distillandi de simplicibus von *Jeronimo Brunschwyg* vvundtArtzot der Keiserlichen freyen statt Strassburg, und getruckt durch den vvolgeachten Johannem Grueninger zu Strassburg in dem achten tag des meyen 1500. folio. 212 foll. (238) ic. plant xyl. i. t.
In praefatione auctor de se ipso haec scribit: «Ich *Hieronymus Brunschwyg*, des geschlechts *Salern*, bürtig von Strassburgk.» De vita autoris, qui *Brunschwick*, *Brunschwiig*, *Brunsvicensis*, *Brunschwoig*, *Brunschwyg*, *Braunschweig*, variis varie audit literatoribus, nihil certi constat. Ejus liber innumeris redit impressus vicibus, praesertim cum *Marsilii Ficini* Buch des Lebens. Strassburg, Grüninger. 1505. folio. 1512. 1515. 1521. 1532. 1537. folio.
— Prodiit etiam cum *Eucharii Rhodionis* editionibus Horti sanitatis, Francofurti a/M apud Egenolphum. 1533 et 1536 folio. Iterum recusus est cum *Uffenbachii* editione germanica *Dioscoridis*, omissis figuris. Francofurti a/M. 1610 folio.
anglice: The vertuose boke of distillacyon of the waters of all manner of herbes, translate out of duyche. London 1527. folio.

Brunton, *John*.

1294 —— A catalogue of plants botanically arranged according to the system of Linnaeus, most of which are cultivated and sold by *John Brunton* and Co. at their nursery, Perryhill. Birmingham 1777. 8. 85 p.

Brunyer, *Abel*, * Uzès 22. Dec. 1575, † Uzès 14. Juli 1665.

1295 —— Hortus regius Blesensis. Parisiis, typ. Antonii Vitré. 1653. 4. 67 p. — *Ed altera, cui accessit 500 plantarum nomenclatura. Parisiis, typ. Antonii Vitré. 1655. folio min. 106 p

Bruttau, *A.*

1296* —— Lichenen Est-, Liv- und Kurlands. Dorpat, typ. Laakmann. 1870. 8. 166 p (1 *th*.)

Bruz, *Ludwig*.

1297* —— De gramine Mannae sive Festuca fluitante. D. Viennae 1775. 8. 48 p., 1 tab.

Bruzelius, *Arvid*, * Tågarp bei Lund 8. März 1799.

1298* —— pr. Observationes in genus Charae. D. Londini Gothorum, typ. Berling. 1824. 8. 24 p.
* *germanice*: frei bearbeitet von *Fürnrohr* in Flora 1826. p. 481—494.

Bry, *Johann Theodor de*, Kupferstecher, * Lüttich um 1562, † Frankfurt a/M. 1620.

1299* —— Florilegium novum, hoc est variorum maximeque rariorum florum ac plantarum singularium una cum suis radicibus et cepis eicones diligenter aere sculptae et ad vivum ut plurimum expressae. New Blumenbuch etc. Exhibitum nuperque auctum. (Oppenheim) 1612. folio. (6 p.) tab. 1—78. et 9 tab. non signatae. (Hujus editionis partem II. 1614. et III. 1618. non vidi) — Anthologia magna s. Florilegium novum et absolutum, variorum maximeque rariorum germinum, florum ac plantarum, quas pulchritudo, fragrantia, etc. eicones elegantissimae etc. Francofurti, in officina Bryana. 1626. folio. (6 foll.) 142 tab. aen
Figurae plantarum hortensium maxima pro parte ex *Passaeo* et *Petri Vallet* horto regis Henrici IV. petitae.
Tab. 1 et 2. non signatae; in priori legitur: Folgende Gewächs haben theils in diesem 1618. theils im negst vorgehenden Jahre, sammt anderen vielen, deren Abriss in diesem Buch zu finden, geblühet in M. *Laurentii Thomae Walliseri* Prof. phil. pract. in Acad. zu Strasburg Garten. Sunt editiones novae parum mutatae. Francofurti, apud Matthiam Merian. 1641. 4. et ultima inscripta «Anthologia Mariana». Francofurti 1776. folio.

Bryant, *Charles*, † 1799.

1300* —— An historical account of two species of Lycoperdon, in which the plants are accurately described. London, G. Wilkie. (1782) 8. 52 p., 1 tab.

1301* —— Flora diaetetica, or history of esculent plants both domestic and foreign etc. London 1783. 8. XVI, 379 p., ind.
* *germanice*: Verzeichniss der zur Nahrung dienenden sowohl einheimischen als ausländischen Pflanzen. Leipzig 1785—86. II voll. 8. — I: 1785. XII, 596 p. — II: Zusätze des Uebersetzers. 1786. 8. VIII, 608 p.

1302 —— A dictionary of the ornamental trees, shrubs and plants, most commonly cultivated in Great-Britain. Norwich (1790 ?) 8. 73 plagg. dimid. B.

Bryant, *Henry*.

1303 —— A particular enquiry into the causes of that disease in wheat, commonly called Brand. Norwich (1784). 4. 58 p. B.

Bubani, *Pietro*.

1304* —— Dodecathea. Florentiae 1850. 8. 36 p.

1305* —— Flora Virgiliana. Bologna, typ. Mareggiani. 1869. 8. 135 p. (3 *Lire*.)

Bucci, *Gabriel*.

1306 —— Discorso della generazione delle piante, in quale maniera alcune nel corso dell' anno si spogliano delle foglie e perchè altre conservino la perpetua lor verdura. Venezia 1697. folio.
Galeria di Minerva II, 395—397.

Buch, *Christian Leopold Freiherr von* (Buchia H. B. K.), * Stolpe in der Uckermark 26. April 1774, † Berlin 4. März 1853.
Geinitz, Gedächtnissrede. Dresden 1853. 8.
von Martius, Denkrede. München 1853. 4.

1307* —— Allgemeine Uebersicht der Flora auf den Canarischen Inseln. Eine Abhandlung, vorgelesen in der K. Pr. Akademie der Wiss. zu Berlin im Jahre 1817. Berlin 1819. 4. 48 p.

1308* —— Physikalische Beschreibung der Canarischen Inseln. Berlin 1825. 4. 407 p., 1 tab, Atlas in folio: 9 tab. (Von p. 105—199: Uebersicht der Flora der Canarischen Inseln.)
* *gallice*: traduit par *C. Boulanger*; édition revue et augmentée par l'auteur. Paris 1836. 8. 1 tab.: Laurus foetens. Atlas: 12 tab. (25 *fr.*)

Buchel, *Arnold*, * Utrecht 17. März 1565, † Utrecht 5. Juli 1644.

1309 —— Descriptio florum, fructuum, herbarum . . . a C. R. Bossoto aeri incisarum. 1641. 8.

Buchenau, *Franz*, Director der Realschule in Bremen, * Kassel 12. Jan. 1831.

1310 —— Beiträge zur Entwickelungsgeschichte des Pistills. D. Marburg, typ. Elwert. 1851. 8.
Linnaea XXV. 622—649.

1311* —— Die botanischen Producte der londoner internationalen Industrieausstellung. Ein Bericht. Bremen, Gesenius. 1863. 8. 84 p. (14 *sgr.*)

1312* —— Index criticus Butomacearum, Alismacearum, Juncaginacearum, que hucusque descriptarum. Bremen, C. E. Müller. 1868. 8.
Abhandlungen des Bremer Naturw. Vereins.
Cat. of sc. Papers I, 693.

Bucher, *Christian Traugott*, † Dresden 3. Febr. 1808.

1313* —— Florae Dresdensis nomenclator, oder systematisches Verzeichniss der in der Gegend von Dresden wildwachsenden Sexualpflanzen. Dresden 1806. 8. X, 236 p., ind. (7/8 *th*.)

Buchhave, *Rudolf*.

1314* —— Grunden til Plantelaeren. Sorøe 1768. 8. 64 p. B.

Buchner, *Johann Andreas*, Prof. der Pharmacie zu München, * München 6. April 1783, † München 5. Juni 1852.
Cat. of sc. Papers I, 694—695.

Büchner, *Johann Gottfried* (Buchnera L.), * Erfurt 12. Nov. 1695, † Greiz 8. Mai 1749.

1315 —— Umständliche Erzählung verschiedener Exempel recht sonderbarer Vermehrung der Feldfrüchte. Schneeberg 1748. 4.

1316* **Büchner,** *Johann Gottfried.* Dissertationes epistolicae de memorabilibus Voigtlandiae ex regno vegetabili. (Greizae 1743.) 4. 48 p.
Buchner, *Ludwig Andreas,* Professor in München, * München 23. Juli 1813.
1317* —— Neue chemische Untersuchung der Angelica-Wurzel. Eine Inaugural-Abhandlung. Nürnberg 1842. 4. 16 p.
Cat. of sc. Papers I, 695—696.
Buchoz, *Pierre Joseph,* Leibarzt des Königs Stanislas, * Metz 27. Jan. 1731, † Paris 30. Jan. 1807.
Eloy Dict. I, 473—476.
1318* —— Lettres périodiques sur la méthode de s'enrichir promptement et de conserver sa santé par la culture des végétaux. Ed. II: Paris 1759—70. V voll. 8.
germanice: Sammlung auserlesner Briefe. Nürnberg 1772—74. 3 Theile. 8.
1319* —— Quatrième discours sur la botanique, de la génération des plantes. Pont-à-Mousson 1760. 4. 13 p.
1320* —— Tournefortius Lotharingiae ou catalogue des plantes qui croissent dans la Lorraine et les trois Evêchés. (Nancy 1764.) 8. VIII, 288 p.
1321* —— Traité historique des plantes, qui croissent dans la Lorraine et les trois Evêchés. Paris, Fetil. 1770. X voll. 12. — I: 324 p. — II: 359 p., 31 tab. — III: 403 p., 18 tab. — IV: 161 p., 14 tab. — V: 243 p., 24 tab. — VI: 426 p., 18 tab. — VII: 249 p., 16 tab. — VIII: 165 p., 18 tab. — IX: 304 p., tab. — X: 511 p., tab., ind.
Editio: Nancy, Messin. 1762—69. IX voll. 8. maxima ex parte eadem est impresso.
1322* —— Manuel médical et usuel des plantes tant exotiques qu'indigènes. Paris 1770. II voll. 8. — I: VIII, 470 p. — II: XLVIII, 400 p.
1323* —— Dictionnaire raisonné universel des plantes, arbres et arbustes de la France. Paris 1770—71. IV voll. 8. — I: XII, 650 p. — II: 654 p. — III: 643 p. — IV: 352, CCXLIV p.
1324* —— Manuel alimentaire des plantes tant indigènes qu'exotiques qui peuvent servir de nourriture et de boisson aux différens peuples de la terre. Paris 1771. 8. 663 p.
1325* —— Histoire universelle du règne végétal ou nouveau dictionnaire physique et économique de toutes les plantes qui croissent sur la surface du globe, etc. Ouvrage orné de 1200 planches gravées en taille-douce par les meilleurs maîtres et dessinées d'après nature. Paris 1775—78. XII voll. folio. 180, 195, 209, 213, 199, 217, 198, 213, 210, 247, 227, 203 p., 1200 tab.
Opus desinit in voce: *Penn.*
1326* —— Collection précieuse et enluminée des fleurs les plus belles et les plus curieuses, qui se cultivent tant dans les jardins de la Chine que dans ceux de l'Europe. Paris (1776.) II voll. folio. 200 tab. col., ind. — I: Plantes de la Chine peintes dans le pays: 100 tab. col. — II: Plantes les plus belles qui se cultivent dans les jardins de l'Europe: 100 tab. col.
1327* —— Les dons merveilleux et diversement coloriés de la nature dans le règne végétal. Paris 1779—83. II voll. folio. 200 tab. col.
1328* —— Plantes nouvellement découvertes, récemment dénommées et classées, représentées en gravures, avec leurs descriptions; pour servir d'intelligence à l'histoire générale et économique des trois règnes. Paris, chez l'auteur et Debure l'aîné. 1779. folio. 52 p., 50 tab.
1329* —— Herbier ou collection des plantes médicinales de la Chine, d'après un manuscrit peint, qui se trouve dans la bibliothèque de l'empereur de la Chine. Paris 1781. folio. 100 tab. col.
1330* —— Le jardin d'Eden, le paradis terrestre renouvelé dans le jardin de la reine à Trianon. Paris 1783. II voll. folio. 200 tab. col.
Interdum non nisi 140 tabulae adsunt, adjectis septem aliis multo majoribus.
1331* —— Le grand jardin de l'univers. Paris 1785. II voll. folio. 200 tab. col.
1332* —— Nouveau traité physique et économique par forme de dissertations de toutes les plantes qui croissent sur la surface du globe. Ed. II. Paris 1787—88. II voll. folio.
1333* —— Le jardin du roi. Paris 1792. folio. 30 tab. col.

1334* **Buchoz,** *Pierre Joseph.* Collection curieuse des champignons Paris 1792. folio. 10 tab. col.
1335* —— Flore économique des plantes qui croissent aux environs de Paris etc. Par une société de naturalistes. Paris an VII. (1797.) 8. VIII, 659 p. — ib. 1805. 8.
1336* —— Manuel tinctorial des plantes ou traité de toutes les plantes qui peuvent servir à la teinture et à la peinture. Ed. V Paris 1800. 8. XVI, 287 p.
1337 —— Monographie de la rose et de la violette, considérées sous leurs aspects d'utilité et d'agrément etc. Cette monographie est terminée par un mémoire sur l'Hortensia. Paris 1804. 8. 272 p.
Catalogus noster partem solummodo parvam innumerabilium operum miserrimi compilatoris continet; in cujus ignominiam *L'Heritier* Buchoziam foetidam condidit, et qui per semiseculum (1758—1807) ultra 500 volumina consarcinavit.
Buchwald, *Johannes de,* * ... 1658, † Kopenhagen ... 1738.
1338 —— Specimen medico-practico-botanicum, seu brevis et dilucida explicatio virtutum plantarum et stirpium indigenarum in officinis pharmaceuticis quam plurimum usitatarum. etc. Hafniae, typ. Wieland. 1720. 4. 320 p., praef., cum speciminibus plantarum adglutinatis.
germanice: Specimen medico-practico-botanicum, oder kurze und deutliche Erklärung derer in der Medicin gebräuchlichsten und in Dänemark wildwachsenden ErdGewächse, Pflanzen und Kräuter, etc. Ins Deutsche übersetzt von *Balth. Joh. de Buchwald.* Kopenhagen, typ. Höpfner. 1721. 8. 546 p., praef. (Mit eingeleimten Medicinalkräutern: 2 Rdr. 3 Mark.)
Buckley, *S. B.*
Cat. of sc. Papers I, 705.
Buckman, *James.*
1339 —— Botanical guide to the environs of Cheltenham. Cheltenham 1844. 8.
Cat. of sc. Papers I, 705—706.
Bucquet, *Jean Baptiste* (Bucquetia DC.), * Paris 18. Febr. 1746, † Paris 24. Jan. 1780.
Vicq d'Azyr, Oeuvres I, 249—276.
1340* —— Introduction à l'étude des corps naturels tirés du règne végétal. Paris 1773. II voll. 8. — I: XVI, 455 p., 3 tab. — II: VIII, 396 p.
Budde, *Wilhelm,* * Köln a/Rh. 28. April 1844.
1341* —— De Euphorbiae helioscopiae L. floris evolutione. D. Bonnae, typ. Carthaus. 1864. 8. 27 p.
Buée, *Wilhelm Urban.*
1342* —— A narrative of the successful manner of cultivating the clove tree in the island of Dominica, one of the windward Charibbee islands. London, printed in the year 1797. 4. 31 p., 1 tab. Bibl. Goett.
Libellus rarissimus jubente Britanniarum rege in commodum Indiae occidentalis colonorum impressus est.
Buek, *Heinrich Wilhelm,* D. M. in Hamburg, * Hamburg 10. April 1796.
1343* —— Genera, species et synonyma Candolleana alphabetico ordine disposita, seu Index generalis et specialis ad A. P. DeCandolle Prodromum systematis naturalis regni vegetabilis. Pars I—III. (DC. vol. 1—13.) Berolini, Nauck. (Hamburg, Perthes, Besser et Mauke.) 1840—58. 8. XI, 423, VI, 233, X, 508 p. (7²/₃ th.)
Cat. of sc. Papers I, 709.
Buek, *Johann Nikolaus,* Handelsgärtner in Hamburg, * Hamburg 29. Mai 1736, † Hamburg 1. Oct. 1812.
1344 —— Verzeichniss von in- und ausländischen Bäumen, Sträuchern, Pflanzen und Samen. Bremen, Förster. 1779. 8. 200 p.
vide *Giseke.*
Buek, *Johann Nikolaus II.,* * Hamburg ... 1779, † Frankfurt a/O. 30. Jan. 1856.
1345* —— Hortus Francofurtanus, oder Verzeichniss der in meinem Garten cultivirten Gewächse, mit Hinzufügung der in der Nähe Frankfurts wildwachsenden Pflanzen. Frankfurt a/O., typ. Trowitzsch. 1824. 8. X, 124 p.
Cat. of sc. Papers I, 706.
Buek, *P.*
1346* —— Nomina plantarum per annum 1811 in horto ill. Comitis *Gregorii Wladimiri Orlovii* cultarum. s. l. (1811.) 4. 44 p.

Buettner, *David Siegmund August,* Professor der Botanik in Göttingen, * Chemnitz 28. Nov. 1724, † Göttingen 20. Nov. 1768.

1347* —— Enumeratio methodica plantarum carmine clarissimi *Joannis Christiani Cuno* recensitarum. Impr. cum *Cunonis* carmine: Amstelodami, Schoots van Cappellen. 1750. 8. p. 209 230., 1 tab

Buhse, F

1348* —— Aufzählung der auf einer Reise durch Transkaukasien und Persien gesammelten Pflanzen (in Gemeinschaft mit *Edmound Boissier*.) Moskau, typ Gautier. 1860. 4. LXVII, LV, 248 p., 10 tab., 1 mappa geogr.
Nouveaux Mémoires des nat de Moscou, vol. XII.
Cat. of sc. Papers I, 712—713

Bujack, *J. G.*, Gymnasiallehrer in Königsberg.

1349* —— Botanisch-kritische Bemerkungen über die Gräser, besonders über die Getraidearten. Gymnasial-Programm. Königsberg, typ. Degen. 1830. 4. 12 p.

Buisson, *J. P.*

1350* —— Classes et noms des plantes pour suppléer aux étiquettes pendant le cours de botanique, qu'il fera au collège de pharmacie. Paris 1779. 12. XLIII, 115 p. (36 sols.)

Bulleyne, *William,* * Ely um 1500, † London 7. Jan. 1576.

1351 —— The booke of simples, being an herbal in the form of a dialogue. London 1562. folio. XC foll. praeter 3 p. figurarum ligno incisarum. B
Sistit partem priorem ejusdem autoris libri, qui inscribitur: Bulwarke of defence againste all sicknes
Pulteney, Geschichte der Botanik I, 59—63.

Bulliard, *Pierre* (Bulliarda D. C), * Aubepierre 1742, † Paris 26. Sept. 1793.

1352* —— Introduction à la Flore des environs de Paris, suivant la méthode sexuelle de M. Linné et les démonstrations botaniques qui se font au jardin du roi Paris 1776. 8 32 p., 2 tab col
Sistit partem voluminis primi operis sequentis.

1353* —— Flora Parisiensis ou descriptions et figures des plantes, qui croissent aux environs de Paris, avec les différens noms, classes, ordres et genres, qui leur conviennent, rangés suivant la méthode sexuelle de Mr. Linné etc Paris 1776—80. V voll. 8 640 tab. col cum totidem foliis textus, altera tantum pagina impressis Indices: 52 et 16 p. (100 *fr*. — Pauca exemplaria in forma quarta: 150 *fr*)

1354* —— Histoire des plantes vénéneuses et suspectes de la France Paris 1784. folio. x, 177 p., 72 tab. col. — *Ed. II: Paris 1798. 8. XVII, 398 p (4 *fr*. 50 c)

1355* —— Dictionnaire élémentaire de botanique ou exposition alphabétique des préceptes de la botanique Paris 1783. folio. XII, 242 p, 20 tab. col. B — *ib. 1797. folio. (non differt) — * Edition revue et presque entièrement refondue par *Louis Claude Richard* Paris an VII. 8. LII, 228 p., 19 tab. — * Ed II: Paris 1802. 8 LXIV, 228 p., 19 tab — Ed. III: Paris 1812. folio 242 p., 10 tab. col. (50 *fr*.)

1356* —— Herbier de la France, ou collection complette des plantes indigènes de ce royaume, avec leurs détails anatomiques, leurs propriétés et leurs usages en médecine. Paris 1780—95. XII voll folio. 600 tab. col
(Reproduction des 601 et 602. planches qui manquent habituellement aux champignons de *Bulliard,* suivies de la table de la 13. année de l'Atlas, qui n'avait jamais été publiée avant ce jour; et précédée d'une notice iconographique et bibliographique sur les œuvres de *Bulliard,* par F. V. *Raspail.* Paris 1840. petit in-folio. [5 p.] 2 tab. col. [sign. 601 et 602] [10 *fr*])

1357* —— Histoire des champignons de la France, ou traité élémentaire, renfermant dans un ordre méthodique les descriptions et les figures des champignons qui croissent naturellement en France. Paris an VI. (1791—1812) folio. 700 p., 111 tab. col

Bunbury, *Charles James Fox,* Bart., London (Bunburia Harv)
Cat. of sc Papers I, 715—716.

Bunce, *Daniel.*

1358 —— Guide to the Linnean system of botany. Melbourne 1851 8.

1359 **Bunce,** *Daniel.* Hortus Tasmanensis. Melbourne 1851. 8.

Bunge, *Alexander von,* emeritirter Professor der Botanik in Dorpat (Bungea C. A. M), * Kiew 24. Sept 1803.

1360* —— Conspectus generis Gentianae, imprimis specierum rossicarum. Mosquae 1824. 4. 60 p., 4 tab. (sign. 8—11.)
Mém. de Moscou VII, 197—256.

1361* —— Enumeratio plantarum, quas in China boreali collegit. (Petropoli 1831.) 4. 73 p.
Mém. sav. étr. Pét. II, 75—148.

1362* —— Plantarum mongholico-chinensium Decas I. Casani 1835 8. 29 p., 3 tab.

1363* —— Verzeichniss der im Jahre 1832 im östlichen Theile des Altaigebirges gesammelten Pflanzen. Ein Supplement zur Flora Altaica. St. Petersburg 1836. gr. 8. 114 p. (⅞ *th*.)

1364* —— Icones plantarum novarum vel minus cognitarum, quas in prima parte operis *Alexandri Lehmann* Reliquiae botanicae sive Enumeratio plantarum in itinere per deserta Asiae mediae ab A. Lehmann annis 1839—42 collectarum descripsit *Alexander Bunge* in «Arbeiten des naturf. Vereins zu Riga», I. Band. 1848. p. 115—253. (Riga 1851.) folio. 15 tab.

1365* —— Beitrag zur Kenntniss der Flor Russlands und der Steppen Central-Asiens. St. Petersburg, Eggers et Co. 1851. 4. 369 p. (4 *th*.)
Mémoires des savants étrangers de l'académie de Pét Tome VII.

1366* —— Tentamen generis Tamaricum species accurate definiendi. Dorpati, typ. Mattieseni. 1852. 4. 84 p.

1367* —— Plantas Abichianas in itineribus per Caucasum regionesque transcaucasicas collectas enumerat. Petersburg, Eggers. Lipsiae, Voss. 1858. 4. 20 p. (8 *sgr*.)
Mém. acad. Pét. VI. Série VII, 581—598.

1368* —— Anabasearum Revisio. Petropoli, Eggers. Lipsiae, Voss. 1862. 4. 102 p., 3 tab. (1⅓ *th*.)
Mém. acad. Pét. vol. IV.

1369* —— Uebersichtliche Zusammenstellung der Arten der Gattung Cousinia Cass. St. Petersburg, Eggers et Co. Leipzig, Voss. 1865. 4. 56 p. (½ *th*.)
Mém. acad. Pét. vol. IX.

1370* —— Generis Astragali species gerontogaeae. Pars prior et altera. Petropoli (Lipsiae, Voss) 1868—69. 4. 140, 254 p. (3 *th*. 12 *sgr*.)
Mém. de Acad. Pét. XI. XIV.
Cat. of sc. Papers I, 716—717.

Buniva, *Michele Francesco,* M. D., * Pinerolo ... 1761, † Piscina 26. Oct. 1834.

1371 —— De generatione plantarum. D. Augustae Taurinorum 1788. 8. 54 p. B.

1372* —— Nomenclator Linnaeanus Florae Pedemontanae. Augustae Taurinorum 1790. 12. XXXV, 189 p.

Bunsen, *Robert,* Professor in Heidelberg, * Göttingen 31. März 1811.

1373* —— De Ratanhiae radice ejusque usu medico. D. Goettingae 1828. 8. 30 p.

Buonanni, *Filippo,* * Rom 7. Jan. 1638, † Rom 30. März 1725.

1374* —— Micrographia curiosa. Impr. cum ejus Observationibus circa viventia. Romae 1691. 4. 106 p., 40 tab.

Burchard, *Ernst Friedrich.*

1375 —— Epistola de calyce et calycistis. Rostock 1743. 4. B.

1376 —— Epistola de naturali et optima florum anatome. Rostock 1743. 4. B.

Burchell, *William J.* (Burchellia R. Br.)

1377* —— Travels in the interior of southern Africa. London, Longman. 1822—24. II voll. 4. — I: 1822. XII, 582 p., 10 tab. col with an entirely new map and (50) engravings. — II: 1824. VI, 648 p., 10 tab. with (46) engravings. (9 *l*. 9 *s*.)
Omnes plantae in itinere lectae in adnotationibus operis recensitae sunt; hinc inde aliquae descriptae et iconibus elegantissimis ligno incisis illustratae. Catalogus plantarum exstat seorsim impressus e volumine II, 611—618.

Burckhard, *Johann Heinrich* (Burcardia Scop.), * Wolfenbüttel um 1676, † Wolfenbüttel 3. Mai 1738
Adelung, Supplement zu Jöcher I, 2436.

1378* —— Epistola ad illustrem et excellentissimum virum Dominum Godofredum Guilelmum Leibnitzium polyhistorem con-

summatissimum qua characterem plantarum naturalem nec a radicibus nec ab aliis plantarum partibus minus essentialibus peti posse ostendit, simulque in comparationem plantarum quam partes earum genitales suppeditant, paucis inquirit. Cum *Laurentii Heisteri* praefatione, qua etc. Helmstadii, typ. Drimborn. 1750. 4. 159 p., ind., 2 tab. col. — * Helmstadii, ex officina Weygandiana. 1750. 8. 159 p., ind., 2 tab. col. (non differt.) (Praefatio Heisteri p. 1—98; epistola Burckhardi p. 99—159.)
<small>Editionem primam: Wolfenbüttel 1702. 4. 32 p. non novi; de libro cf. Hall Bibl. bot. II, 66. — Spreng. Hist. rei herb. II, 195—197.</small>

Bureau, *Édouard*, D. M. in Paris, * Nantes 1830.

1379* —— De la famille des Loganiacées et des plantes qu'elle fournit à la médecine. Thèse. Paris, typ. Rignoux. (Baillière.) 1856. 4. 150 p., 1 tab. (2 fr. 50 c.)

1380* —— Monographie des Bignoniacées ou Histoire générale et particulière des plantes qui composent cet ordre naturel. Paris, J B. Baillière et fils. 1864. 4. 215, 35 p., 31 tab. (30 fr.)
<small>Cat. of sc Papers I, 727</small>

Burger, *Johann*, * Wolfsberg in Kärnthen 5. Aug. 1773, † Triest 24. Jan. 1842.

1381* —— Vollständige Abhandlung über die Naturgeschichte, Cultur und Benutzung des Mais oder türkischen Weizens. Wien 1809. 8. XII, 438 p., 4 tab. (2 th.)

1382* —— Systematische Klassificazion und Beschreibung der in den österreichischen Weingärten vorkommenden Traubenarten, mit den charakteristischen Merkmalen der Gattungen und Arten, ihren wissenschaftlichen und ortsüblichen Benennungen. Wien, Gerold, 1837. 8. VIII, 140 p. (²/₃ th)

Burgersdyk, *L. A.*

1383 —— Handleiding tot de beoefening der plantenkunde. Breda 1857. 8.

Burghart, *Gottfried Heinrich*, * Reichenbach 5. Juli 1705, † Brieg um 1776

1384* —— Iter sabothicum d. i. ausführliche Beschreibung einiger a. 1733 und die folgenden Jahre auf den Zothenberg gethanen Reisen. Breslau und Leipzig 1736. 8. (18) 176 p., 5 tab.
<small>Pflanzen des Zobtenbergs p. 121—137.</small>

Burgsdorff, *Friedrich August Ludwig von*, Oberforstmeister der Kurmark (Burgsdorffia Moench.), * Leipzig 23. März 1747, † Berlin 18. Juni 1802.

1385* —— Versuch einer vollständigen Geschichte vorzüglicher Holzarten in systematischen Abhandlungen zur Erweiterung der Naturkunde und Forsthaushaltungswissenschaft. Berlin, Pauli 1783—87. II vol. 4. — I: 1783. XVIII, 234 p., 24 tab. pro parte col. — II: 1787. XXII, 492 p., 9 tab. (11¹¹/₁₂ th. — col. 16⁵/₁₂ th. herabgesetzt auf 6 th. — col. 9 th.)

1386* —— Anleitung zur sichern Erziehung und zweckmässigen Anpflanzung der einheimischen und fremden Holzarten, welche in Deutschland und unter ähnlichem Klima im Freien fortkommen. Berlin, Pauli. 1787. 8. Ed. II: Berlin 1790—91. 2 Theile. 8. — I: 234 p, 3 tab. — II: 280 p. — Ed. III: Marburg 1806. 2 Theile. 8 (1¹/₃ th.)
<small>rossice: Petropoli 1801. 2 voll. 4.</small>

1387* —— Einleitung in die Dendrologie oder systematischer Grundriss der Forstnaturkunde und Naturgeschichte. Berlin 1800. fol. obl. 14 fol. — *Ed. IV. ib. 1812. fol. obl. 14 foll. (²/₃ th.)

Burman, *Johannes*, Professor der Botanik in Amsterdam seit 1728 (Burmannia L.), * Amsterdam 26. April 1706, † Amsterdam 20. Jan. 1779.
<small>Van der Aa, Biogr. Woordenboek II, 1064—1065.</small>

1388* —— Thesaurus zeylanicus, exhibens plantas in insula Zeylana nascentes; inter quas plurimae novae species et genera inveniuntur. Omnia iconibus illustrata ac descripta. Amstelaedami 1737. 4. 235 p., ind., 110 tab.

1389* —— Catalogi duo plantarum africanarum, quorum prior complectitur plantas ab *Hermanno* observatas, posterior vero quas *Oldenlandus* et *Hartogius* indagarunt. Impr. cum *Burmanni* Thesauro zeylanico. Amstelaedami 1737. 4. 33 p.
<small>Catalogus posterior maximam partem desumtus est e P. Kolbe Beschryving van de Kaap de goede Hoop. 1 Deel p. 285—304.</small>

1390* —— Rariorum africanarum plantarum ad vivum delineatarum iconibus et descriptionibus illustratarum Decas prima (— decima). Amstelaedami 1738—39. 4. VIII, 268 p., 100 tab.

1391* —— Wachendorfia. Amstelaedami 1757. folio. 4 p., 1 tab.
<small>Ein Nachdruck erschien: Gerae, typ Roth. 1771. 4. XII p., 3 tab.</small>

1392* —— Flora Malabarica, sive index in omnes tomos horti malabarici, quem juxta normam a botanicis hujus aevi receptam conscripsit, et ordine alphabetico digessit. Amstelaedami 1769. folio. 10 p.

1393* —— Index alter in omnes tomos Herbarii Amboinensis cl. G. *Everhardi Rumphii*, quem de novo recensuit, auxit et emendavit. Lugduni Batavorum 1769. folio. (10, 20 p.)

1394 —— Horti Medici Amstelaedamensis plantarum usualium Catalogus. (Amstelaedami 1775). 8.

Burman, *Nikolaus Laurens*, Sohn von Johannes, * Amsterdam 1734, † Amsterdam 11. Sept. 1793.
<small>Van der Aa II, 1607</small>

1395* —— Specimen botanicum de Geraniis. Lugduni Batavorum, Haack. 1759. 4. 52 p., 2 tab
<small>Accedit: Casimiri Christoph. Schmidel, De medulla radicis ad florem pertinente. (12 p., 1 tab)</small>

1396* —— Flora indica: cui accedit series zoophytorum indicorum, nec non Prodromus Florae Capensis Lugduni Batavorum 1768. 4 241 p, ind., 67 tab. praeter Prodromum Florae Capensis: 28 p.

Burnett, *Gilbert T.*, Professor am Kings College, London, * London 1800, † London 27. Juli 1835.

1397* —— Inaugural address, delivered at a meeting of the medico-botanical society of London. London 1833. 8. 24 p.

1398* —— Outlines of botany, including a general history of the vegetable Kingdom, in which plants are arranged according to the system of natural affinities. London 1835. II voll. 8. VIII, VIII, 1190 p., ic. xyl. (1 l. 44 s)

1399 —— Lecture delivered in Chelsea Garden. London 1835. 8.
<small>Cat. of sc. Papers I, 735.</small>

Burnett, *M. A.*

1400* —— Plantae utiliores, or, Illustrations of useful plants employed in the arts and medicine. Vol. 1—4. London, Whittaker et Co. 1842—50. 4. 130 foll. 130 tab. col.

Burr, *F.*

1401 —— The field and garden vegetables of America. Boston 1865. 8. ic. xyl.

Burser, *Joachim*, zuerst Arzt in Annaberg in Sachsen, dann Professor an der Ritterakademie zu Soroe auf Seeland (Bursera Jacq.), * Camenz in der Lausitz 1583, † Soroe 28. Aug. 1639.
<small>Haller, Bibl. bot. I, 478.</small>

Burtin, *François Xavier*, M. D., * Maestrich 1744, † Brüssel 9. Aug. 1818.

1402* —— Mémoire sur la question: Quels sont les végétaux indigènes que l'on pourrait substituer dans les Pays-Bas aux végétaux exotiques relativement aux différens usages de la vie? Bruxelles 1784. 4. IX, 187 p.

Bury, *Mrs. Edward*.

1403* —— A selection of Hexandrian plants belonging to the natural orders Amaryllidae and Liliacae, from drawings by Mrs. *Edward Bury*; engraved by R. Havell. London, published by R. Havell. (1831—34.) folio max. 51 tab. col. 56 foll. text.
<small>Bibl. Imp. Ferd.</small>
<small>Opus splendidissimum, paucis impressum exemplaribus prodiit annis 1831—34 decem fasciculis pretio 10 Guin. Descriptionum autor anonymus est; tabulae secundum plantas vivas horti Edinburgensis, eximia, quam Aquatinta vocant, arte pictae.</small>

Busbecq, *Auger Gislain de*, Kaiser Karls V. Gesandter bei der Hohen Pforte (Busbeckia Mart.), * Commines in Flande n 1522, † Maillot bei Rouen 28. Oct. 1592.
<small>Eck, Johann Georg, Dissertatio de Aug. Ghisl. Busbequio. Lipsiae 1768. 4.
Kickx, Esquisses sur les ouvrages de quelques anciens naturalistes belges. Bull. acad. Belg. 1838, 202—215.</small>

Bute, *John Stuart, Earl of*, Lordschatzmeister (Stewartia L), * Schottland 1713, † Lutton (Bedfordshire) 10. März 1792.

1404 **Bute**, *John Stuart, Earl of*. Botanical tables, containing the different familys of British plants, distinguished by a few obvious parts of fructification rang'd in a synoptical method. (London 1785) IX voll. 4.
Vol. I: Post titulum et dedicationem aeri incisas sequitur: General plan of the tables, (seu conspectus classium et generum britannicorum sub singulis classibus militantium, paginis 27 aeri incisis; unicuique classi opponitur tabula aenea colorata, exhibens plantam unam alteramve ex hac classe.) Has excipit: Introduction p. 1—39. — Observations on the generical characters of British plants, and an account of the parts on which they are composed, p. 41—51. Characters of the (British) genera, p. 53—229. Appendix, tyronem docens quomodo plantam sibi obviam, in hac methodo inveniat, p 3 et xxvii cum 26 tab. aen. col. Index: p. 231—253. Introduction to the general tables of plants, with a further explanation of the tabular arrangement: 54 p.
Vol. II: Figures of the Genera. table I—VII. p. 1—98. tabulae aen. col. totidem.
Vol. III: Figures of the Genera. table IX—XIV. p. 99—192. tab. totidem; praeter tabulas duas, nescio cur, repetitas e priori volumine, p. 49 et 50.
Vol. IV: Figures of the Genera. table XV—XVIII. p. 193—290. tab. totidem.
Vol. V: Figures of the Genera. table XIX—XXII. p. 291—387. tab. totidem.
Vol. VI: Figures of the Genera. table XXIII—XXVII. p. 388—510. tab. totidem.
In tabulis his a *Johanne Miller* delineatis et sculptis, exhibentur partes fructificationis unius speciei ex quoque genere plantarum britannicarum absque descriptionibus; textus enim solam explicationem figurarum, eamque sat inopem continet.
Vol. VII: The characters of the species of British plants, vol. I: p 1—294.
Vol. VIII: The characters of the species of British plants, vol. II: p. 295—569 et 28 p index
Vol. IX: Some observations on the terms employed in Botany, and particularly on those borrowed from the anatomical descriptions of animals: 11 p. Figures of the different parts of plants: 90 tab. aen. col. cum paginis totidem impressis, ubi definitiones terminorum frustra quaeras, sed qualescunque invenias in sequenti: A glossary containing an explanation of botanical terms, with latin translations and references to the figures: 28 p.
Operis hujus, splendidi magis quam utilis, duodecim tantum exemplaria impressa sunt. Tabulae terminos botanicos explicantes, omnes redeunt in *Joannis Milleri* Illustration of the termini botanici of Linnaeus. Equidem librum non vidi; apposui *Dryandri* descriptionem ad verbum e Bibl. Banks. sumtam.
«Der Graf von Bute lehnte die Bitte, sein Prachtwerk dem British Museum zu schenken, mit der Entschuldigung ab, dasselbe sei nur für Frauenzimmer.»
A. L. Z. 1785, 192.

Butt, *J. M.*
1405 —— The botanical primer, being an introduction to english botany, adapted to the Linnean system and language. London 1827. 12. (6 s.)

Buxbaum, *Johann Christian*, * Merseburg 5. Oct. 1693[1]), † Wermsdorf bei Merseburg 17. Juli 1730.
1406* —— Enumeratio plantarum accuratior in agro Hallensi locisque vicinis crescentium una cum earum characteribus et viribus, qua variae nunquam antea descriptae exhibentur cum praefatione *Friderici Hoffmanni* de methodo compendiosa plantarum vires et virtutes in medendo indagandi. Halae, in officina Rengeriana. 1721. 8 342 p., praef., ind., 2 tab.
1407* —— Plantarum minus cognitarum centuriae, complectens plantas circa Byzantium et in Oriente observatas. Petropoli 1728—40. 4. — Centuria I: 1728. 48 p, 65 tab. — Centuria II: 1728. 46 p., 50 tab. — Centuria III: 1729. 42 p., 74 tab. — Centuria IV: 1733. 40 p., 66 tab.— Centuria V: 1740. 48 p., 21 tab. et appendicis figurae 44. (22½ th.)

---
[1]) Nach einer Originalurkunde des Pfarramts St. Max zu Merseburg.

Buxton, *Richard*, * Sedgley Hall bei Manchester 15. Jan. 1786.
1408* —— Botanical Guide to the flowering plants, ferns, mosses and Algae, found indigenous within 16 miles of Manchester. London, Longman. 1849. 8. xxi, 168 p. (6 s.)

Byczkowski, *Heinrich*.
1409* —— Das Verhältniss der Pflanzen zur Atmosphäre. D. Dorpat 1846. 8. 77 p.

C.

Cadet-de-Gassicourt, *Louis Claude*, * Paris 24. Juli 1731, † Paris 17. Oct. 1799.

Cadet-de-Gassicourt, *Charles Louis*, Sohn von Louis Claude (Cadetia Gaud.), * Paris 23. Jan. 1769, † Paris 21. Nov. 1821.
Cat. of sc. Papers I, 752.

Cadet-de-Gassicourt, *Charles Louis Félix*, * Paris ... 1789, † Paris ... 1861.
Cat. of. sc. Papers I. 753.

Cadet-de-Vaux, *Antoine Alexis*, Bruder von Louis Claude, * Paris 13. Sept. 1743, † Nogent-les-Vierges 29. Juni 1828.

Caels, *Theodor Peter*.
1410* —— De Belgii plantis qualitate quadam hominibus caeterisve animalibus nociva seu venenata praeditis, symptomatibus ab earum usu productis nec non antidotis adhibendis. D. Bruxellis 1774. 4. 66 p., ind.

Caffin, *Jacques François*, * Saumur 10. Febr. 1778.
1411* —— Exposition méthodique du règne végétal, dans laquelle les plantes sont classées d'après les différences qu'elles présentent dans leur organisation et leurs fonctions. etc. Paris 1822. 8. vi, 84 p. (2 fr.)
Bulletin soc. philom. 1820, 55—57.

Cafflisch, *Johann Friedrich*, in Augsburg.
1412* —— *G. Körber* und *Gottfried Deisch*, Uebersicht der Flora von Augsburg. Augsburg, Jenisch und Stage. 1850. 8. VIII, 104 p. (9 sgr.)

Cagnati, *Marsilio*, * Verona 1543, † Rom 1612.
1413* —— Variarum observationum libri IV, quorum duo posteriores nunc primum accessere. Romae, apud B. Donangelum. 1587. 8. 328. p., praef., ind.

Cajus, *John*, * Norwich 1510, † Cambridge 1573.
1414 —— De rariorum animalium et stirpium historia liber I. impr. cum ejus «De canibus Britannicis» libro. Londini 1570. 8. 30 foll. — cum eodem libro: Londini 1729. 8. p. 37—122.

Cailliaud, *Frédéric*, Conservator des Museums zu Nantes (Cailliea Guill.), * Nantes 1787, † Nantes 1. Mai 1869.
1415* —— Voyage à Méroé, au fleuve blanc, au-delà de Fázoql, dans le midi du royaume de Sennar à Syouah et dans cinq autres oasis, fait dans les années 1819—22. Paris, typ. Rignoud. 1826—27. 4 voll. 8. et Atlas in folio.
Vol. IV. p. 293—402 u. tab. 62—64: Centurie de plantes d'Afrique du voyage à Méroé recueillies par M. *Cailliaud* et décrites par M. *Raffeneau-Delille*.

Calandrini, *Jean Louis*, Syndic de Genève (Calandrinia H. B. K.), * Genf ... 1703, † Genf 30. Dec. 1758.
Journal helvétique 1759, 30—34.
1416* —— Theses physicae de vegetatione et generatione plantarum. D. Genevae 1734. 4. 10 p.

Calcara, *Pietro*.
1417 —— Storia naturale dell' isola di Ustica. Palermo 1842. 8.
1418* —— Sui boschi della Sicilia Memoria. Palermo, typ. Solli. 1848. 8. 28 p.
1419 —— Florula medica Siciliana. Palermo 1851. 8.

Caldarone, *Giacomo*, * Palermo 1. Jan. 1651, † ... 1731.
1420 —— Epistola botanica. Exstat in libro *Gervasii*: Bizzarrie botaniche di alcuni semplicisti di Sicilia. Neapoli, Novellus de Bonis. 1674. 4.
Éloy Dict. I, 209.

Caldas, *Francisco José de,* Director der Sternwarte zu Santa Fé de Bogotá (Caldasia Mutis), * Poxagan in Neu-Granada um 1770, hingerichtet zu Santa Fé de Bogotá 30. Oct. 1816.
v. *Martius* in Flora 1846, 385—390.

Caldenbach, *Christoph,* Professor in Tübingen, * Schwiebus in Schlesien 11. Aug. 1613, † Tübingen 16. Juli 1698.
1421* —— De Lauro. D. Tubingae 1670. 4. 15 p.
1422* —— De Olea. ib. 1679. 4. 16 p.
1423 —— De Palma. ib. 1679. 4.
1424* —— De Vite. ib. 1683. 4. 20 p.

Callard de la Ducquerie, *Jean Baptiste,* * Caen 1630, † Caen 1719.
1425 —— Ager medicus Cadomensis sive hortus plantarum, quae in locis paludosis, pratensibus, maritimis, arenosis et silvestribus prope Cadomum in Normanniá sponte nascuntur. Parisiis 1714. folio.
Liber ineditus; cf. *Éloy* Dict. hist. I, 510.

Calvi, *Giovanni,* Professor in Pisa, * Cremona ..., † Pisa ...
1426* —— Commentarium inserviturum historiae Pisani vireti botanici academici. Pisis, typ. de Pizarris. 1777. 4. 193 p., 1 tab.

Calwer, *C. G.*
1427* —— Landwirthschaftliche und technische Pflanzenkunde Deutschlands. Abtheilung 1—3. Stuttgart, Krais und Hoffmann. 1852—55. 4. (7½ th.) — 1. Abtheilung: Deutschlands Feld- und Gartengewächse. 1852. xii, 276 p., 36 tab. col. (3 th.) — 2. Abtheilung: Deutschlands Obst- und Beerenfrüchte. 1854. vi, 146 p., 28 tab. col. (3 th.) — 3. Abtheilung: Deutschlands technische Pflanzen. 1855. vi, 54 p., 12 tab. col. (1½ th.)

Calzolaris, *Francesco,* Apotheker in Verona (Calceolaria L)
1428* —— Il viaggio di Monte Baldo dalla magnifica citta di Verona, nel quale si descrive con maraviglioso ordine il sito di detto monte e d' alcune altre parti ad esso contigue, et etiandio si narra d' alcune segnalate piante e herbe che ivi nascono e che all uso della medicina più di tutte l' altre conferiscono. Venezia, Vincenzo Valgrisi. 1566. 4 Bibl. Maz.
* *latine:* Iter Baldi civitatis Veronae montis, in quo mirabili ordine describitur montis ipsius atque aliarum quarundam ipsum contingentium partium situs. Recensentur praeterea quaedam insignes plantae ac herbae ibi nascentes, quae usui medico plus caeteris conferunt. Impr. cum Epitome utilissimâ *Matthioli* de plantis. Venetiis, Valgrisi. 1571. 4. 7 foll. — Venetiis, Paulus Zamfretus. 1584. 4. Bum. — * Recens in lucem editum cum eodem libro: Francofurti a/M. 1586. 4. (17 p.) — * cum *Seguieri* Plant. Veron. vol. II. p. 443—447.

Camara-Leme, *João da,* Arzt auf Madeira.
1429* —— Études sur les Ombellifères vénéneuses. Montpellier, typ. Cristin. 1857. 8. 218 p.

Cambessedes, *Jacques* (Cambessedia DC.), * Montpellier 9. fructidor VII, 26. Aug. 1799, † Férussac (Lozère) 20. Oct. 1863.
Notice sur sa vie et ses travaux par J. E. *Planchon.* Bull. soc. bot. X, 543—565.
1430* —— Monographie du genre Spiraea, précédée de quelques considérations générales sur la famille des Rosacées. Paris 1824. 8. 58 p., 7 tab.
Annales des sc. nat. Avril 1824.
1431* —— Excursions dans les îles Baléares. Paris 1826. 8. 32 p.
Nouvelles Annales des voyages.
1432* —— Enumeratio plantarum, quas in insulis Balearibus collegit, earumque circa mare mediterraneum distributio geographica. Parisiis, typ. Belin. 1827. 4. 168 p., 9 tab. sign. 10—18.
Mém. du Muséum, vol. 14, 173—335.
Cat. of sc. Papers I, 772.

Cambry, *Jacques,* * Lorient ... 1749, † Paris 31. Dec. 1807.
1433 (——) Voyage dans le Finistère ou État de ce département en 1794 et 1795. Paris an VII. (1799.) III voll. 8. 284, 314, 282 p., tab. — Nouvelle édition, accompagnée ... de la Flore du département par M. le chevalier *de Fréminville.* Brest 1836. 8. (6 fr. 50 c.)
Plantes du Finistère, vol. III, 243—252.
1434 —— Description du département de l'Oise. Paris IX. (1803.) II voll.
On trouve dans le deuxième volume une liste des plantes observées autour de onze villes et bourgs du département et une note sur le Carex arenaria de la forêt de Compiègne.

Camerarius, *Alexander,* Professor der Medicin in Tübingen, Sohn von Rudolf Jakob, * Tübingen 3. Febr. 1696, † Tübingen 13. Nov. 1736.
1435* —— De botanica. D. Tubingae 1717. 4. 28 p.

Camerarius, *Elias,* Professor der Medicin in Tübingen, Sohn von Elias Rudolf, * Tübingen 17. Febr. 1672, † Tübingen 6. Febr. 1734.
1436 —— pr. Σημολογία, seu de Betula. D. Tuebingae 1727. 4. 26 p.

Camerarius, *Elias Rudolf,* Professor der Medicin in Tübingen, * Tübingen 7. Mai 1641, † Tübingen 7. Juni 1695.
1437 —— pr. De Cichorio. D. prior. Tuebingae 1690. 14 p. 4.

Camerarius, *Joachim II.,* Sohn des Humanisten, Arzt in Nürnberg (Cameraria L.), * Nürnberg 6. Nov. 1534, † Nürnberg 11. Oct. 1598.
Adami, Vitae medicorum 344—356.
Preu, Narratio succincta de vita et meritis *Joachimi Camerarii.* Altdorfii, 1782. 4. 28 p.
Wittwer, Rede zu *Joachim Camerarius II.* Gedächtniss. Nürnberg 1792. 4.
Irmisch, Ueber einige Botaniker des 16. Jahrhunderts. Sondershausen 1862. 4. p. 39—43.
1438* —— Opuscula quaedam de re rustica, partim collecta, partim composita, quorum Catalogus post praefationem habetur. Noribergae 1577. 4. 53 foll. — * Ed. iterata auctior. Noribergae, excudebat Paulus Kaufmann. 1596. 8. 239 p.
1439* —— Hortus medicus et philosophicus: in quo plurimarum stirpium breves descriptiones, novae icones non paucae, indicationes locorum natalium, observationes de cultura earum peculiares atque insuper nonnulla remedia euporista, nec non philologica quaedam continentur. Cum *Thalii* Sylva Hercynia nunc primum editum. Francofurti a/M., Joh. Feyerabend. 1588. 4. 184 p., praef.
1440* —— Icones accurate nunc primum delineatae praecipuarum stirpium, quarum descriptiones tam in Horto quam in Sylva Hercynia suis locis habentur. Francofurti a/M., Joh. Feyerabend. 1588. 4. 47 et 9 icones xylogr. in totidem paginis.
Adhaeret fere semper Horto medico.
1441* —— Symbolorum et emblematum ex re herbaria desumtorum Centuria. Noribergae 1590. 4. 110 foll. cum 100 ic. elegantissime ligno incisis. — * Norimbergae, typ. Voegeli. 1605. 4. 102 foll. cum praef., ic. — Moguntiae 1697. 8. 204 p., ic. B.

Camerarius, *Rudolf Jakob,* Professor der Medicin in Tübingen, Sohn von Elias Rudolf, * Tübingen 17. Febr. 1665, † Tübingen 11. Sept. 1721.
Act. Ac. Nat. Cur. vol. I. App. p. 165—183.
1442* —— pr. De plantis vernis. D. Tuebingae 1688. 4. 22 p.
1443* —— De Herba Mimosa seu sentiente. D. Tuebingae 1688. 4. 20 p.
1444* —— Epistola ad *D. Mich. Bern. Valentini* de sexu plantarum. Tuebingae 1694. 8. 110 p.
1445* —— De convenientia plantarum in fructificatione et viribus. D. Tuebingae 1699. 4. 16 p.
1446* —— De Scordio. D. Tuebingae 1706. 4. 24 p.
1447* —— De ustilagine frumenti. D. Tuebingae 1709. 4. 4 p.
1448* —— De Lolio temulento. D. Tuebingae 1710. 4. 24 p
1449* —— Biga botanica sc. Cervaria nigra et Pini coni. D. Tuebingae 1712. 4. 16 p.
1450 —— De Ulmaria. D. Tuebingae 1717. 4. R.
1451* —— De Fumaria. D. Tuebingae 1718. 4. 14 p.
1452* —— De Rubo idaeo. D. Tuebingae 1721. 4. 20 p.
1453 —— Opuscula botanici argumenti collegit et edidit *Johann Christian Mikan.* Pragae 1797. 8. vi, 224 p., effigies *Camerarii.*

Camisola, *Giuseppe.*
1454 —— Flora Astese secondo il sistema sessuale di *Linneo,* con cenni sulla virtù di molte piante indigene impiegate in medicina non tanto sull' Astese che su altre provincie del Piemonte nascenti. Asti 1854. 8. 488 p.

Campana, *Antonio Francesco,* Professor in Ferrara, * Ferrara 3. April 1754, † Ferrara 2. Mai 1833.
1455* —— Catalogus plantarum horti botanici regii Lycei Ferrariensis. Ferrariae 1812. 8. 31 p.

Campdera, *François* (Campderia Benth.)
1456* —— Monographie des Rumex, précédée de quelques vues générales sur la famille des Polygonées. Paris 1819. 4. 169 p., 3 tab.

Camper, *Pieter*, Professor in Groningen, * Leyden 11. Mai 1722, † Haag 7. April 1789.
  Stöver, Leben Linné's II, 337
1457* —— Oratio de analogia inter animalia et stirpes. Groningae, Spandaw. 1764. 4. 56, (4) p.

Campi, *Baldassar* e *Michel,* Fratelli.
  Biographie médicale III, 137.
1458* —— Nuovo Discorso col quale si dimostra qual sia il vero Mitridato, con un breve capitolo del vero Aspalato. Lucca, Guidoboni. 1623. 4. (6) 60 p
1459* —— Parere sopra il Balsamo. Lucca, Bidelli. 1639. 4. 20 p.
1460* —— Risposta ad alcune objettioni fatte nel libro nostro del Balsamo Signor *Stef. de' Gaspari*. Lucca, Bidelli. 1640. 4. 18 p.
1461* —— In dilucidazione e confirmazione maggiore di alcune cose state da noi dette nella Risposta al Signor *Gaspari*. Pisa, Francesco delle Dote. 1641. 4. 12 p.
1462* —— Spicilegio botanico, Dialogo, nel quale si manifesta lo sconosciuto cinnamomo delli antichi. etc. Lucca, typ. Marescandoli. 1654. 4. 123 p, praef, ind., tab. — ib. 1669. 4.
  Libelli rarissimi exstant in Bibliotheca Horti Patavini.

Canal, *Emanuel Joseph, Graf Malabaila von*, k. k. Kämmerer etc. in Prag (Canala Pohl.), * Wien 3. Juni 1745, † Prag 20 Febr. 1826.
  vide *Tausch.*

Cancrin, *Graf Georg*, russischer Finanzminister (Cancrinia Kar.), * Hanau 8. Dec. 1774, † Petersburg 22. Sept. 1845.

Candolle, *Augustin Pyramus de* (Candollea Lab.), * Genf 4. Febr. 1778, † Genf 9. Sept. 1841.
  Biographie nouvelle des Contemporains V, 254 et Supplément 11—15.
  Flourens, Éloge historique de *Pyramus DeCandolle*. lu à la séance publique (de l'Institut royal de France) du 19 Décembre 1842. Paris 1842. 4. 48 p
  * *Dunal,* Éloge historique. Montpellier, typ. Martel 1842. 4. 50 p.
  * *Morren,* Notice sur la vie et les travaux d'*A. P. DeCandolle.* Bruxelles, typ. Hayer. 1843. 12. 57 p.
  Roget in Proc. Royal Soc of London. vol. IV, 316—349. (1844.)
  Daubeny in Edinburgh Philos. Journal XXXIV, 197—216. (1843.)
  * *DelaRive.* Genève 1845. 8. 147 p. (Bibl. univ. de Genève 1844.)
  Brogniart, Notice sur *A. P. DeCandolle* (Extrait des Mém. de la Soc royale et centr d'agric. 1846) 8 12 p.
  * *DelaRive,* Auguste Pyramus DeCandolle, sa vie et ses travaux. Paris et Genève, Cherbuliez. 1851 8. 311 p.
  Th von Martius, in Flora 1842, no 1—3; übersetzt in Silliman Journal XLIV, 217—239.
  Rudolf Wolf, Biographien IV, 349—374. (1862)
  * Mémoires et Souvenirs de *Augustin-Pyramus DeCandolle,* écrits par lui-même et publiés par son fils. Genève et Paris, Cherbuliez. 1862. 8. xvi, 599 p. (7fr. 50 c.)

1463* —— Plantarum historia succulentarum. Histoire des plantes grasses, avec leurs figures en couleurs, dessinées par *P. J. Redouté* Paris, Garnery. 1799—1829. XXXI fasciculi. folio. (185 tab. col. 159 foll.)
  Opus fere semper incompletum! Fasciculi I—XX: 120 tab. col. totidemque folia textus praeter titulum, praefationem et indicem sistunt volumen primum. Tunc sequuntur fasciculi XXI—XXVIII, in quibus tabulae et textus 131—159 insunt usque ad *Mesembryanthemum viridiflorum,* sine titulo et indice Ultimos fasciculos XXIX—XXXI annis 1828—29 imprimi curavit bibliopola Garnery Parisiensis, vix very edidit, quum ne in autoris quidem bibliotheca adsint. His etiam beatus *Guillemin* operam navavit. Exstant in bibliotheca *Berolinensi* et *Goettingensi.* Sequentes insunt tabulae: *Stapelia hirsuta, Cactus Royeni, Umbilicus pendulinus, Anthericum asphodeloides, Mesembryanthemum lateriflorum, Mesembryanthemum scabrum, Stapelia Asterias, Stapelia reticulata, Cotyledon angulata, Mesembryanthemum albidum, Mesembryanthemum tuberculatum, Mesembryanthemum radicans, Stapelia grandiflora, Mesembryanthemum lacerum, Mesembryanthemum crassifolium, Kalanchoe crenata, Talinum patens, Reaumuria vermiculata.* — Duae operis sunt impressiones, altera forma folio dicta, cujus interdum folia 139—142 cum tabulis desiderantur, subditis aliis e minori editione; pretium fasciculi 30 fr. = 930 fr.; altera quarta forma, pretio fasciculi 12 fr. = 372 fr.

1464* —— Astragalogia, nempe Astragali, Biserrulae et Oxytropidis, nec non Phacae, Coluteae et Lessertiae historia iconibus illustrata. Parisiis, J. B. Garnery. 1802. folio min. VIII, 269 p., 50 tab. (60 fr.) — * Parisiis 1802. folio max. VIII, 218 p., 50 tab. (125 fr)

1465* —— Les Liliacées peintes par *P. J. Redouté.* Paris, typ. Didot jeune. 1802—8. IV voll. folio. 240 foll. 240 tab. col.
  Textum voluminum V—VIII: Paris 1809—16. folio. tab. 241—486 curarunt *F. DelaRoche* et *Alire Raffenau-Delile.*

1466* **Candolle,** *Augustin Pyramus de.* Strophanthus, novum genus ex Apocinearum familia descriptum et iconibus illustratum. Parisiis, sumtibus J. B. Garnery, typ. Didot junioris. an XII. 1804. folio. IV, 14 p., 5 tab.

1467* —— Essai sur les propriétés médicales des plantes comparées avec leurs formes extérieures et leur classification naturelle. D. Paris 1804. 4. 148 p. — *Ed II: Paris, Crochard. 1816. 8. XII, 397 p. (5 fr. 50 c.)
  Editionem fraudosam: Bamberg 1805. 8. non vidi.
  * *germanice:* Versuch über die Arzneikräfte der Pflanzen, verglichen mit den äusseren Formen und der natürlichen Klasseneintheilung derselben. Nach der zweiten französischen Auflage mit Zusätzen und Anmerkungen von *Karl Julius Perleb.* Aarau, Sauerländer. 1818. 8. XIV, 450 p. (2 th)

1468* —— et *Jean Baptiste* **DelaMarck.** Flore française ou descriptions succinctes de toutes les plantes qui croissent naturellement en France, disposées selon une nouvelle méthode d'analyse et précédées par un exposé des principes élémentaires de la botanique. Troisième édition. Paris, Desray. 1805. IV tomes 8. — I: XVI, 224, 388 p., 11 tab. — II: XII, 600 p. avec une carte botanique de la France. III: 731 p. — IV: 944 p. *Même édition augmentée du tome V ou volume VI, contenant 1300 espèces non décrites dans les V premiers volumes. Paris 1815. 8. 662 p. (48 fr.) — La carte séparément: 6 fr.)
  Extrait: Principes élémentaires de botanique et de physique végétale. Paris 1805. 8. 164 p.

1469 —— Géographie agricole et botanique. (Article du Nouveau cours complet d'agriculture théorique et pratique, ou dictionnaire raisonné et universel d'agriculture, vol. VI. 1809. p. 355. — Ed. II; ib. vol. VII. 1822. p. 303.)

1470* —— Synopsis plantarum in Flora gallica descriptarum. Parisiis, Agasse. 1806. 8 (7 fr.) — * A. P. DeCandolle Botanicon gallicum sive Synopsis plantarum in Flora gallica descriptarum. Editio II. Ex herbariis et schedis Candollianis propriisque digestum a *J. E. Duby.* Paris, Desray. 1828—30. II voll. 8. — I: 1828. Plantae vasculares. XII, p. 1—544. — II: 1830. Plantae cellulares. p. 545—1068.

1471* —— Icones plantarum Galliae rariorum nempe incertarum aut nondum delineatarum. Fasciculus I. Parisiis 1808. 4. VIII, 16 p., 50 tab.

1472* —— Théorie élémentaire de la botanique, ou exposition des principes de la classification naturelle et de l'art de décrire et d'étudier les végétaux. Paris 1813. 8. VIII, 500 p., ind. — * Ed. II. revue et augmentée. Paris 1819. 8. VIII, 566 p. (6 fr.) —— * Ed. III. publiée par *Alphonse DeCandolle* d'après les notes et les manuscrits de l'auteur. Paris, Roret. 1844. 8. XII, 468 p. (8 fr.)
  * *germanice:* Theoretische Anfangsgründe der Botanik, oder Erklärung der Grundsätze der natürlichen Klasseneintheilung und der Kunst, die Gewächse zu beschreiben und zu studiren. Aus dem Französischen, mit vielen Anmerkungen, Zusätzen, und einem Versuche eines terminologischen Wörterbuchs der Botanik vermehrt von Dr. *Johann Jakob Roemer.* Zürich 1814—15. 2 Bände. 8. — I: 1814. XVI, 428 p. — II: (in drei Abtheilungen.) 1815. VI, 317. VI, 826 p., 1 tab. (6¼ th.)

1473* —— Regni vegetabilis systema naturale, sive ordines, genera et species plantarum secundum methodi naturalis normas digestarum et descriptarum. Parisiis, Treuttel et Würtz. 1818—21. II voll. 8. — I: 1818. sistens Prolegomena et ordines quinque, nempe Ranunculaceus, Dilleniaceas, Magnoliaceas, Anonaceas et Menispermeas: 564 p. — II: 1821. sistens ordines sex, nempe Berberideas, Podophylleas, Nymphaeaceas, Papaveraceas, Fumariaceas et Cruciferas: 745 p. (27 fr.)

1474* —— Rapports sur les voyages botaniques et agronomiques faits dans les départemens de l'empire d'après les ordres de S. E. le Ministre de l'intérieur. Paris 1813. 8. 140, 111, 119 p.
  Singulae jam antea hisce titulis prodierunt:
  * Rapports sur deux voyages botaniques et agronomiques dans les départemens de l'ouest et du sud-ouest. Paris 1808. 8. 140 p.
  Mém. de la soc. d'agric. de Paris. X. p. 228. — XI. p. 1.
  * Rapports sur deux voyages botaniques et agronomiques dans les départemens du sud-est et de l'est. Paris 1810. 8. 111 p.
  Mém. de la soc. d'agric. de Paris, XII. p. 210. — XIII. p. 203.

* Rapports sur deux voyages botaniques et agronomiques dans les départemens de nord-est et du centre. Paris 1813. 8. 119 p.
Mém. de la soc. d'agric. de Paris, XIV. p. 213 — XV. p. 200.

1475* **Candolle**, *Augustin Pyramus de*. Catalogus plantarum horti botanici Monspeliensis, addito observationum circa species novas aut non satis cognitas fasciculo. Monspelii, typ. Martel. 1813. 8. 155 p., praef.

1476* —— Recueil de mémoires sur la botanique, contenant: Observations sur les plantes Composées, la description de Chailletia, monographie des Ochnacées, Simaroubées et Biscutelles. Paris, Gabriel Dufour. 1813. 4. 52, 14, 7, 28, 10 p. et 48 tab. (21 *fr.*)

1477* —— (Premier) Rapport sur la fondation du jardin de botanique de Genève. Genève 1819. 8. 42 p. (75 *c*)

1478* —— Second rapport sur la fondation du jardin de botanique de Genève. Genève 1821. 8. 46 p. (75 *c.*)

1479* —— Instruction pratique sur les collections botaniques à l'usage des voyageurs, qui sans avoir étudié l'histoire naturelle des plantes, désirent être utiles à cette science. (Genève 1820.) 8. 16 p.

1480* —— Catalogue des arbres fruitiers et des vignes du jardin botanique de Genève. Février 1820. Genève 1820. 8. vi, 42 p. (1 *fr.* 25 *c*)

1481* —— Essai élémentaire de géographie botanique. (Paris 1820.) 8. 64 p.
Article: «Géographie botanique» du dictionnaire des sciences naturelles.

1482* **Candolle**, *Augustin Pyramus de*. Notice abrégée de l'histoire et l'administration des jardins botaniques. (Paris 1822.) 8. 19 p.
Dictionnaire des sc. nat. vol. XXIV. 1822. p. 165—184.

1483* —— Mémoire sur les différentes espèces, races et variétés de choux et de raiforts en Europe. Paris 1822. 8. 35 p. (1 *fr.* 25 *c.*)
Annales d'agriculture française. 1822. ser. II. vol. XIX. p. 273. — Bibl. univ. Agriculture. VIII. p. 191—226.
* *anglice:* Memoir on the different species, races and varieties of the genus Brassica (cabbage) and of the genera allied to it, which are cultivated in Europe. (London 1821.) 4. 43 p.
Transactions of the Horticultural Society of London, vol. V. 1822. p. 1—43, 1 tab. — Tilloch, Phil. Mag. vol. LXI. p. 37—99. et p. 181—196.
* *germanice:* Die verschiedenen Arten, Unterarten und Spielarten des Kohls und der Rettige, welche in Europa erbaut werden. Aus dem Französischen von C. F. W. Berg. Leipzig 1824. 8. viii, 52 p. (½ th.)

1484* —— et *Alphonse de***Candolle**. Rapports (Notices) sur les plantes rares, qui ont fleuri dans le jardin de Genève. Nr. 1—10. Genève, Cherbuliez. 1823—47. 4. 33, 23, 32, 38, 28, 24, 55, 31, 20, 26 p., 28 tab. col.
Mémoires de la soc. de phys. de Genève.

1485* —— et *Alphonse* de**Candolle**. Prodromus systematis naturalis regni vegetabilis, sive Enumeratio contracta ordinum, generum, specierumque plantarum hucusque cognitarum juxta methodi naturalis normas digesta. Pars I—XVI. Parisiis, sumtibus Victoris Masson. 1824—70. 8.
Index nominum et synonymorum voluminum 1—10 in volumine X, 599—679. — Index specierum vide Buek. — En vente les tomes I à XV et XVI. pars posterior 262 *fr.* Chacun des volumes depuis le tome VIII, se vend 16 *fr.*

Conspectus Familiarum in DC. Prodromo vol. I—XVI.

Familia.	Autor.	Volumen.	Annus.	Familia.	Autor.	Volumen.	Annus.
Acanthaceae	N. v. Esenbeck	XI, 46—521	1847	Celastrineae	DC.	II, 1—18	1825
Acerineae	DeCandolle	I, 593—596	1824	Ceratophylleae	DC.	III, 73—74	1828
Aegicereae	Alph. DC.	VIII, 141—143	1844	Chailletiaceae	DC.	II, 57—58	1825
Alangieae	DC.	III, 203—204.	1828	Chlenaceae	DC.	I, 521—522	1824
Amarantaceae	Moquin	XIII, 2. 231—424	1849	Chloranthaceae	Solms	XVI, 472—485	1869
Ampelideae	DC.	I, 627—636	1824	Cistineae	Dunal	I, 263—286	1824
Ancistrocladeae	Alph. DC.	XVI, 601—603	1868	Coliemelliaceae	DC.	VII, 549	1839
Anonaceae	DC.	I, 83—94	1824	Combretaceae	DC.	III, 9—24	1828
Apocyneaceae	Alph. DC.	VIII, 317—489	1844	Compositae	DC.	V. VI. VII.	1836—38
Aquilarineae	DC.	II, 59—60	1825	Compositarum Crepis et Hieracium	Froelich	VII, 164—172 199—240	1838
Araliaceae	DC.	IV, 251—266	1830	Coniferae	Parlatore	XVI, 361—521	1868
Aristolochiaceae	Duchartre	XV, 1. 421—498	1864	Convolvulaceae	Choisy	IX, 523—462	1845
Asclepiadeae	Decaisne	VIII, 490—665	1844	Coriarieae	DC.	I, 739—740	1824
Aurantiaceae	DC.	I, 535—540	1824	Corneae	DC.	IV, 271—276	1830
Balsamineae	DC.	I, 685—688	1824	Corylaceae	Alph. DC.	XVI, 124—183	1864
Basellaceae	Moquin	XIII, 2. 220—230	1849	Crassulaceae	DC.	III, 381—414	1828
Begoniaceae	Alph. DC.	XV, 1. 206—408	1864	Cruciferae	DC.	I, 131—236	1824
Berberideae	DC.	I, 105—110	1824	Crypteroniaceae	Alph. DC.	XVI, 677—679	1868
Betulaceae	Regel	XVI, 161—190	1868	Cucurbitaceae	Seringe	III, 297—320	1828
Bignoniaceae	DC.	IX, 142—248	1845	Cupuliferae	Alph. DC.	XVI, 1—123	1864
Bixineae	DC.	I, 259—262	1824	Cycadaceae	Alph. DC.	XVI, 522—547	1866
Bombaceae	DC.	I, 475—480	1824	Cyphiaceae	Alph. DC.	VII, 497—501	1839
Borragineae	DC.	IX, 466—559	1845	Cyrtandraceae	DC	IX, 258—286	1845
		X, 1—178	1846	Daphniphyllaceae	J. Müller	XVI, 1—6	1869
Brunoniaceae	Alph. DC.	XII, 615—616	1848	Datiscaceae	Alph. DC.	XV, 409—412	1864
Bruniaceae	DC.	II, 43—46	1825	Diapensieae	Alph. DC.	XIII, 1. 691—692	1852
Büttneriaceae	DC.	I, 481—502	1824	Dilleniaceae	DC.	I, 67—76	1824
Buxaceae	J. Müller.	XVI, 7—23.	1869	Dipsaceae	DC.	IV, 643—664	1830
Cacteae	DC.	III, 457—476	1828	Dipterocarpeae	Alph. DC.	XVI, 604—637	1868
Calycantheae	DC.	III, 1—2	1828	Droseraceae	DC.	I, 317—320	1824
Calycereae	DC.	V, 1—3	1836	Ebenaceae	Alph. DC.	VIII, 209—243	1844
Camellieae	DC.	I, 529—530	1824	Elaeagnaceae	Schlechtendal	XIV, 606—616	1847
Campanulaceae	Alph. DC.	VII, 414—496	1839	Elaeocarpeae	DC.	I, 519—520	1824
Cannabineae	Alph. DC.	XVI, 28—31	1869	Empetraceae	Alph. DC.	XVI, 24—27	1869
Capparideae	DC.	I, 237—254	1824	Epacrideae	DC.	VII, 734—771	1839
Caprifoliaceae	DC.	IV, 321—340	1830	Ericaceae	DC.	VII, 580—733	1839
Caryophylleae	Seringe	I, 351—422	1824	Erycibeae	DC.	IX, 463—465	1845
Caryoph. (Silene)	Otth	I, 367—385	1824	Erythroxyleae	DC.	I, 573—576	1824
Casuarineae	Miquel	XVI, 333—344	1868				

Familia.	Autor.	Volumen.	Annus.	Familia.	Autor.	Volumen.	Annus.
Euphorbiaceae	Boissier et J. Müller	XV, 2.	1862.1866	Orobanchaceae	Reuter	XI, 1—45	1847
				Oxalideae	DC.	I, 689—702	1824
Ficoideae	DC.	III, 415—456	1828	Papaveraceae	DC.	I, 117—124	1824
Flacourtianeae	DC.	I, 255—258	1824	Papayaceae	Alph. DC.	XV, 1. 413—420	1864
Fouquieraceae	DC.	III, 349—350	1828	Paronychieae	DC.	III, 365—380	1828
Francoaceae	DC.	VII, 777—778	1839	Passifloreae	DC.	III, 321—338	1828
Frankeniaceae	DC.	I, 349—350	1824	Penaeaceae	Alph. DC.	XIV, 483—492	1847
Fumariaceae	DC.	I, 125—130	1824	Philadelpheae	DC.	III, 205—206	1828
Garryaceae	Alph. DC.	XVI, 486—488	1869	Phytolacceae	Moquin	XIII, 2. 1—40	1849
Gentianaceae	Grisebach	IX, 38—141	1845	Piperaceae	Cas. DC.	XVI, 235—471	1869
Geraniaceae	DC.	I, 637—682	1824	Pittosporeae	DC.	I, 345—348	1824
Gesneriaceae	DC.	VII, 523—547	1839	Plantaginaceae	Decaisne	XIII, 1. 693—738	1852
Globulariaceae	Alph. DC.	XII, 609—614	1848	Platanaceae	Alph. DC.	XVI, 156—160	1864
Gnetaceae	Parlatore	XVI, 347—360	1868	Plumbaginaceae	Boissier	XII, 617—696	1848
Goodenovieae	DC.	VII, 502—520	1839	Podophyllaceae	DC.	I, 111—112	1824
Granateae	DC.	III, 3—4	1828	Polemoniaceae	Bentham	IX, 302—322	1845
Grossularieae	Berlandier	III, 477—483	1828	Polygaleae	DC.	I, 321—342	1824
Grubbiaceae	Alph. DC.	XIV, 617—618	1847	Polygonaceae	Meisner	XIV, 1—185	1847
Gunnereae	Alph. DC.	XVI, 596—600	1868	Portulaceae	DC.	III, 351—364	1828
Guttiferae	Choisy	I, 557—564	1824	Primulaceae	Duby	VIII, 33—74	1844
Halorageae	DC.	III, 65—72	1828	Proteaceae	Meisner	XIV, 209—482	1847
Hamamelideae	DC.	IV, 267—270	1830	Pyrolaceae	DC.	VII, 772—776	1839
Helwingiaceae	Alph. DC.	XVI, 680—681	1868	Ranunculaceae	DC.	I, 1—66	1824
Hernandiaceae	Meisner	XV, 1. 261—265	1864	—— (Aconitum).	Seringe	I, 56—64	1824
Hippocastaneae	DC.	I, 597—598	1824	Resedaceae	J. Müller	XVI, 548—589	1868
Hippocrateaceae	DC.	I, 567—572	1824	Rhamneae	DC.	II, 19—42	1825
Homalineae	DC.	II, 53—56	1825	Rhizoboleae	DC.	I, 599—600	1824
Hydroleaceae	Choisy	X, 179—185	1846	Rhizophoreae	DC.	III, 31—34	1828
Hydrophyllaceae	Alph. DC.	IX, 287—301	1845	Rosaceae	DC.	II, 525—639	1825
Hypericineae	Choisy	I, 541—556	1824	Rosaceae	Seringe	II, 530—625	1825
Jasmineae	DC.	VIII, 300—316	1844	Rousseaceae	DC.	VII, 521—522	1839
Juglandeae	Casimir DC.	XVI, 134—146	1864	Rubiaceae	DC.	IV, 341—622	1830
Labiatae	Bentham	XII, 27—603	1848	Rutaceae	DC.	I, 709—732	1824
Lacistemaceae	Alph. DC.	XVI, 590—595	1868	Salicineae	Andersson	XVI, 190—331	1868
Lauraceae	Meisner	XV, 1. 1—260	1864	—— (Populus)	Wesmael	XVI,	1868
Leguminosae	DC.	II, 93—524	1825	Salsolaceae	Moquin	XIII, 2. 41—219	1848
Leguminosae	Seringe	II, 171—215, 354—380	1825	Samydeae	DC.	II, 47—52	1825
				Santalaceae	Alph. DC.	XIV, 619—692	1847
Lentibulariae	Alph. DC.	VIII, 1—32	1844	Sapindaceae	DC.	I, 601—618	1824
Lineae	DC.	I, 423—428	1824	Sapotaceae	Alph. DC.	VIII, 154—208	1844
Loaseae	DC.	III, 339—344	1828	Saxifragaceae	DC. et Seringe	IV, 1—54	1830
Lobeliaceae	Alph. DC.	VII, 389—403	1839	Scrophulariaceae	Bentham	X, 186—586	1846
Loganiaceae	Alph. DC.	IX, 1—37	1845	Selaginaceae	Choisy	XII, 1—26	1848
Lophiraceae	Alph. DC.	XVI, 638—639	1868	Sesameae	DC.	IX, 249—257	1845
Loranthaceae	DC.	IV, 277—320	1830	Simarubeae	DC.	I, 733—734	1824
Lythrarieae	DC.	III, 75—94	1828	Solanaceae	Dunal	XIII, 1. 1—690	1852
Magnoliaceae	DC.	I, 77—82	1824	Sphenocleae	DC.	VII, 548	1839
Malpighiaceae	DC.	I, 577—592	1824	Stackhousiaceae	Bentham	XV, 1. 499—502	1864
Malvaceae	DC.	I, 429—474	1824	Stilbaceae	Alph. DC.	XII, 604—608	1848
Marcgraviaceae	Choisy	I, 565—566	1824	Stylideae	DC.	VII, 331—338	1839
Melastomaceae	DC.	III, 99—202	1828	Styraceae	Alph. DC.	VIII, 244—272	1844
Meliaceae	DC.	I, 619—626	1824	Tamariscineae	DC.	III, 95—98	1828
Memecyleae	DC.	III, 5—8	1828	Terebinthaceae	DC.	II, 61—92	1825
Menispermaceae	DC.	I, 95—104	1824	Ternstrœmeriaceae	DC.	I, 523—528	1824
Monimiaceae	Alph. DC.	XVI, 640—676	1868	Theophrastaceae	Alph. DC.	VIII, 144—153	1844
Monotropeae	DC.	VII, 779—781	1839	Thymelaeaceae	Meisner	XIV, 493—605	1847
Myoporaceae	Alph. DC.	XI, 701—716	1847	Tiliaceae	DC.	I, 503—518	1824
Myricaceae	Casimir DC.	XVI, 147—155	1864	Tremandreae	DC.	I, 343—344	1824
Myristicaceae	Alph. DC.	XIV, 187—208	1847	Tropaeoleae	DC.	I, 683—684	1824
Myrsinaceae	Alph. DC.	VIII, 75—140	1844	Turneraceae	DC.	III, 345—348	1828
Myrtaceae	DC.	III, 207—296	1828	Umbelliferae	DC.	IV, 65—250	1830
Napoleoneae	DC.	VII, 550—551	1839	Urticaceae	Weddell.	XVI, 32—235	1869
Nyctagineae	Choisy	XIII, 2. 425—458	1849	Vaccinieae	Dunal	VII, 552—579	1839
Nymphaeaceae	DC.	I, 113—116	1824	Valerianeae	DC.	IV, 623—642	1830
Ochnaceae	DC.	I, 735—738	1824	Verbenaceae	Schauer	XI, 522—700	1847
Olacineae	DC.	I, 531—534	1824	Violarieae	de Gingins	I, 287—316	1824
Oleaceae	DC.	VIII, 273—299	1844	Vochysieae	DC.	III, 25—30	1828
Onagrariae	DC. et Seringe	III, 35—64	1828	Zygophylleae	DC.	I, 703—708	1824

1486* **Candolle**, *Augustin Pyramus de*. Mémoires sur la famille des Légumineuses. (Nr. I—XV.) Paris, A. Belin. 1825. 4. 525 p., 70 tab. et 2 tableaux sur la distribution géographique. (72 *fr.*)
— sur grand raisin vélin: 160 *fr.*)

1487* —— Plantes rares du jardin de Genève. Fasc. 1—4. (1825—26.) Genève, Barbezat et Delame. 1827. 4. 92 p., praef., ind. 24 tab. col. (60 *fr.*)

1488* —— Note sur les Myrtacées. Paris 1826. 8. 8 p.
Article: «Myrtacées» du Dict. classique d'hist. nat. vol. XI. p. 399.

1489 —— Considérations sur la phytologie ou botanique générale, son histoire et les moyens de la perfectionner. Paris 1828. 8. 16 p.
Article: «Phytologie» dans le Dict. classique d'hist. nat. tome XIII. p. 478.

1490* —— Revue de la famille des Cactées avec des observations sur leur végétation et leur culture, ainsi que sur celles des autres plantes grasses. Paris 1829. 4. 119 p., 21 tab. col.
Mém. du Muséum d'hist. nat. de Paris, vol. XVII. p. 1—119. — Animadversiones in hanc commentationem scripsit *Antonio Bertolini*. Bologna 1830. 8. 50 p.

Collection de dix mémoires:

1491* —— I: Mémoire sur la famille des Mélastomacées. Paris 1828. 4. 84 p., 10 tab.

1492* —— II: Mémoire sur la famille des Crassulacées. Paris 1828. 4. 47 p., 13 tab.

1493* —— III: Mémoire sur la famille des Onagraires. Paris 1829. 4. 16 p., 3 tab.

1494* —— IV: Mémoire sur la famille des Paronychiées. Paris 1829. 4. 16 p., 6 tab.

1495* —— V: Mémoire sur la famille des Ombellifères. Paris 1829. 4. 84 p., 19 tab.

1496* —— VI: Mémoire sur la famille des Loranthacées. Paris 1830. 4. 31 p., 12 tab.

1497* —— VII: Mémoire sur la famille des Valérianées. Paris 1832. 4. 24 p., 5 tab.

1498* —— VIII: Mémoire sur quelques espèces de Cactées nouvelles ou peu connues. Paris 1834. 4. 27 p., 12 tab.

1499* —— IX: Observations sur la structure et la classification de la famille des Composées. Paris 1838. 4. 44 p., 19 tab.

1500* —— X: Statistique de la famille des Composées. Paris 1838. 4. 22 p., 4 tableaux.

1501* —— Organographie végétale ou description raisonnée des organes des plantes, pour servir de suite et de développement à la théorie élémentaire de la botanique et d'introduction à la physiologie végétale et à la description des familles. Paris, Deterville. 1827. II voll. 8. — I: xx, 558 p. — II: 304 p., 60 tab. (18 *fr.*)
* *germanice*: Organographie der Gewächse, oder kritische Beschreibung der Pflanzenorgane. Eine Fortsetzung und Entwicklung der Anfangsgründe der Botanik, und Einleitung zur Pflanzenphysiologie und zur Beschreibung der Familien. Aus dem Französischen mit Anmerkungen von *Karl Friedrich Meisner*. Stuttgart, Cotta. 1828. 2 Bände. 8. — I: xxv, 491 p. — II: vi, 273 p., 60 tab. (4 *th.*)
anglice: Vegetable organography, or an analytical description of the organs of plants. Translated by *B. Kingdon*. Ed. II. New York, Wiley and Putnam. 1840. 8. (3 *Dollar* 50 *cts.*)

1502* —— Physiologie végétale ou exposition des forces et des fonctions vitales des végétaux, pour servir de suite à l'organographie végétale et d'introduction à la botanique géographique et agricole. Paris, Béchet jeune. 1832. III voll. 8. xxxii, 1579 p. (6⅔ *th.*)
* *germanice*: Pflanzenphysiologie oder Darstellung der Lebenskräfte und Lebensverrichtungen der Gewächse. Eine Fortsetzung der Pflanzenorganographie und eine Einleitung zur Pflanzengeographie und ökonomischen Botanik: (Zweiter Titel: Vorlesungen über Botanik, 2. und 3. Band.) Aus dem Französischen übersetzt und mit Anmerkungen versehen von *Johannes August Christian Roeper*. Stuttgart, Cotta. 1833—35. 2 Bände. 8. — I: 1833. xxxvi, 462 p., 6 Tabellen. — II: 1835. viii, 902 p., 1 Tabelle. (5 *th.*)

1503* —— Botanique. (Paris 1834.) 8. 14 p.
Article extrait de l'Encyclopédie des gens du monde, tome III. p. 737 sqq.

1504* —— Histoire de la botanique Genevoise. Discours prononcé à la cérémonie académique des promotions, le 14 juin 1830. Genève et Paris 1830. 4. 61 p.
Mém. de la soc. de physique et d'hist. nat. de Genève, vol. V. part I.

1505* —— et *Alphonse deCandolle*. Monstruosités végétales. Premier fascicule. Neufchâtel 1841. 4. 23 p., 7 tab. pro parte col.
Nouveaux mémoires de la soc. helvétique des sc. nat. vol. V.

1506* —— Mémoire sur la famille des Myrtacées. Ouvrage posthume, publiée par les soins du fils de l'auteur (*Alphonse deCandolle*). Genève, Cherbuliez. 1842. 4. 61 p., 22 tab. (10 *fr.*)
Mém. de la soc. de phys. et d'hist. nat. de Genève, vol. IX.
Cat. of sc. Papers II, 192—195.

Candolle, *Alphonse Louis Pierre Pyramus de*, Sohn des Augustin Pyramus, * Paris 28. Oct. 1806.

1507* —— Monographie des Campanulées. Paris, Desray. 1830. 4. viii, 384 p., 20 tab. (25 *fr.*)

1508* —— Mémoire sur la famille des Anonacées, et en particulier sur les espèces du pays des Birmans. Genève 1832. 4. 45 p., 5 tab.

1509* —— Introduction à l'étude de la botanique ou traité élémentaire de cette science. Paris, Roret. 1835. II voll. 8. — I: xvi, 534 p. — II: viii, 460, 16 p., 8 tab. (16 *fr.*) — impressio fraudosa: * Bruxelles, Meline, Cans et Co. 1837. gr. 8. xii, 462 p, 8 tab.
* *rossice*: vertente *J. Schychowski*. Mosquae 1837. 8. xxiii, 541 p., 7 tab. et effigies *A. P. DeCandollii*.
* *germanice*: Anleitung zum Studium der Botanik, bearbeitet von *A. von Bunge*. Leipzig, Köhler. 1838. 8. — * Zweite sehr vermehrte Auflage. ib. 1844. 8. (3½ *th.*)

1510* —— Distribution géographique des plantes alimentaires. Genève 1836. 8. 63 p.
Bibliothèque universelle de Genève Avril et Mai 1836.

1511* —— Notice sur le jardin botanique de Genève. Genève, typ. Gruaz. 1845. 8. 27 p.

1512* —— Géographie botanique raisonnée ou exposition des faits principaux et des lois concernant la distribution géographique des plantes de l'époque actuelle. II tomes. Paris, Victor Masson. Genève, J. Kessmann. 1855. 8. xxxii, iv, 1366 p., 2 mappae. (20 *fr.*)

1513* —— Lois de la nomenclature botanique. Texte préparé sur la demande du comité d'organisation du Congrès international de botanique de Paris, du 16. août 1867. Paris, Masson et fils. 1867. 8. 60 p.
Actes du Congrès. p. 177—208.
* *anglice*: Laws of botanical nomenclature, translated by *H. A. Weddell*. London, L. Reeve and Co. 1868. 8. 72 p. (2 *s.* 6 *d*)
germanice: Regeln der botanischen Nomenklatur. Basel und Genf, H. Georg. 1868. 8. 69 p. (16 *sgr.*)
Cat. of sc. Papers II, 190—192.

Candolle, *Casimir Pyramus de*, Sohn des Alphonse, * Genève . . . 1836.

1514* —— De la production naturelle et artificielle du liège dans le chêne-liège. Genève, typ. Fick. 1860. 4. 13 p., 3 tab. (3 *fr.*)
Mém. de la soc. phys. XVI.

1515 —— Théorie de l'angle unique en phyllotaxie. Genève 1865. 8.

1516* —— Mémoire sur la famille des Pipéracées. Genève, typ. Ramboz et Schuchardt. 1866. 4. 32 p., 7 tab.
Mémoires de la soc. physique de Genève, tome XVIII.

1517* —— Théorie de la feuille. Genève, typ. Ramboz. 1868. 8. 35 p., 2 tab.
Archives des sciences. Mai 1868.
Casimir de Candolle est autor familiarum Juglandearum et Myricearum in Prodromo XVI, 134—155.

Cannart d'Hamale, *Frédéric*.

1518* —— Monographie historique et littéraire des Lis. Malines, Ryckmans-van Deuren. 1870. 8. 122 p.

Cannegieter, *Heinrich*, * Steinfurt in Westfalen . . . 1691, † Arnheim 28. Aug. 1770.

1519* —— Dissertatio de Brittenburgo, matribus brittis, britannica herba, brittia Procopio memorata, Britannorumque antiquissimis per Galliam et Germaniam sedibus. Huic accedunt ejusdem Notae atque observationes ad *Abrahami Muntingii* dissertationem historico-medicum de vera antiquorum herba britannica. Hagae Comitum 1734. 4. 179 p., praef., ind., 1 tab.

Canstein, *Philipp*, Baron von.

1520* —— Karte von der Verbreitung der nutzbarsten Pflanzen über den Erdkörper. Berlin, Schropp. 1834. folio und Text in 8: 16 p. (2⅔ *th.*)

Cantieny, *G.*

1521* —— Verzeichniss der in der Umgegend von Zittau wildwachsenden offenblütigen Pflanzen. Programm. Zittau, typ. Seifert. 1854. 4. 21 p.

Cantiprato, *Thomas de,* * Leuwis bei Brüssel 1201, ÷ wahrscheinlich um 1270.
De ejus opere inter annos 1230—44 scripto «De naturis rerum» cf. *Ernst Meyer,* Geschichte der Botanik IV, 91—96.

Cantor, *Theodor.*
1522* —— General features of Chusan, with remarks on the Flora and Fauna of that island. London, typ. Taylor. 1842. 8. 38 p.
Seorsim impr ex Annals and Magazine of Natural History, vol. IX.

Capelli, *Carlo,* Professor der medicinischen Botanik in Turin, * Scarnafiggi .. 1763, ÷ Turin ... Oct. 1831.
1523* —— (——) Catalogus stirpium, quae aluntur in regio horto botanico Taurinensi. Augustae Taurinorum 1821. 8. 67 p.

Capellini, *J.*
1524* —— et *Oswald* **Heer,** Les Phyllites crétacées du Nebraska. Zurich, typ. Zurcher et Furrer. 1866. 4. 22 p., 4 tab.
Mém. soc. helv. XXII. 1—24.

Cappel, *Johann Friedrich Ludwig,* Gouvernementsarzt zu Wolodomir, *Helmstädt 18. Juli 1759, ÷ Wolodomir 16. Mai 1799.
1525* —— Verzeichniss der um Helmstädt wildwachsenden Pflanzen. Dessau 1784. 8. x, 196 p.

Cappeller, *Moritz Anton,* * Willisau in Luzern 9. Juni 1685, ÷ Münster in der Schweiz 16. Sept. 1769.
1526* —— Pilati montis historia in pago Lucernensi Helvetiae siti; figuris aeneis illustrata. Basileae, Im Hof. 1767. 4. 188 p., 7 tab.
Vegetabilia Pilati p. 75—107 et 187—188.

Cappellinus, *Severinus Johannis.*
1527 —— Dissertationum physicarum de plantis prima. Havniae 1684. 4. (6 foll.) B.

Cara, Diarium plantarum Bengaliae.
Msscr anni 1784 in folio, servatur in Bibliotheca Lycei Novo-Eberacensis.

Cardano, *Geronimo,* * Pavia 24. Sept. 1501, ÷ Rom 21. Sept. 1576.
Cardano, Geronimo, Liber de libris propriis. Lugd. 1557. 8.
—— De vita propria Paris 1643. 8.
Behr, J. H., Dissertatio de superstitione Hieronymi Cardani in rebus naturalibus. Lipsiae 1725. 4.
Rixner und *Siber,* Hieronymus Cardanus. Sulzbach 1820. 8.
Ernst Meyer, Geschichte der Botanik IV, 413—415.
1528* —— De subtilitate libri XXI. Norimbergae 1550. folio. et pluries.
Liber octavus tractat de plantis

Cardini, *Ignazio,* * Mariana auf der Insel Corsica ... 1562, † Lucca ...
De ejus opere rarissimo de plantis insulae Corsicae cf. Eloy, Dict. hist. I, 541—542.

Carena, *Giacinto,* Professor in Turin, * Carmagnola 25. April 1778, ÷ Turin 13. März 1859.
1529* —— De animalium et plantarum analogia. D. Taurini 1805. 8. 130 p.

Careño, *Eduardo* (Carrenoa Boiss.), * Aviles in Asturien 1817, † Paris ... 1841.
Colmeiro Bot. esp. 204—205.

Carey, *William,* Gründer des botanischen Gartens von Serampore, Herausgeber von Roxburgh's Flora indica, * Panlerspury in Northamptonshire 17. Aug. 1761, † Serampore 9. Juni 1834.
E. Carey, Memoir of the Rev. *William Carey.* London 1836. 8. (12s.)
Kroyer Tidskrift I, 233—242.

Carion, *J. E.*
1530* —— Catalogue raisonné des plantes du Dép. de Saône-et-Loire, croissant naturellement ou soumises à la grande culture. Autun, typ. Dejussieu. 1859. 8. VIII, 120 p.
Publication de la société Éduenne.

Cariot, *Abbé.*
1531* —— Le guide du botaniste à la Grande Chartreuse et à Chalais, ainsi que dans les localités voisines et sur les montagnes environnantes. Lyon, Girard et Josserand. 1856. 8. 52 p., 1 tab. (1 fr. 50 c)

1532* —— Étude des fleurs. Botanique élémentaire, descriptive et usuelle. Ed. IV. Lyon, Girard et Josserand. 1864. 3 voll. 8. (15 fr.)

Carl, *Joseph Anton,* Professor in Ingolstadt, * Benedictbeuren 3. Aug. 1725, † Ingolstadt 22. März 1800.

1533* **Carl,** *Joseph Anton.* Botanisch-medizinischer Garten, worinnen die Kräuter in nahrhafte, heilsame und giftige eingetheilt sind. Ingolstadt, Attenkhover. 1770. 8. 469 p., praef., ind.

Carlisle, *Anthony,* * Stillington (Durham) 2. Febr. 1769, † London 2. Nov. 1840.
Proc. Linn. Soc. I, 104—105.

Carlwitz, *Hans Karl von,* Oberberghauptmann in Freiberg (Carlowizia Moench.), * 25. Dec. 1645, † Freiberg 3. März 1714.
1534* —— Sylvicultura oeconomica oder Hausswirthliche Nachricht und naturmässige Anweisung zur wilden Baumzucht. etc. Leipzig 1713. folio. 414 p., praef., ind.

Carmichael, *Dugald* (Carmichaelia R. Br.), * Lismore (Hebriden) ... 1772, † ... Sept. 1827.
Colin Smith, Biographical Notice in Hooker Bot. Misc. II, 1—59. 258—343. III, 23—76.
Ejus Flora insulae Tristan da Cunha exstat in Transact. Linn. Soc. XII. 483—513. (1818.)

Carmignani, *Vincenzo.*
1535* —— Memoria sulle Mediche (Medicago) tornata L. turbinata L. tuberculata Willd. e aculeata Willd. (Pisa 1810.) 8. 15 p.
Estratto dal Giornale pisano, tomo XII.

Caroli Magni Imperatoris Capitulare de villis.
Ernst Meyer, Geschichte der Botanik III, 391—412.
A. Kerner in Verh. des zool. bot. Vereins in Wien, V, 787—826.

Carpenter, *George W.,* † in Louisiana nach 1832.
Cat. of sc. Papers I, 794.

Carpenter, *William B.*
1536 —— Scripture natural history. London 1828. 8. 608 p.
1537* —— Vegetable physiology and botany. London, Orr et Co. 1844. — ib. 1858. 8.
1538* —— The microscope and its revelations. Illustrated by 345 engravings. London, John Churchill. 1856. 8. xx, 778 p. ic. xyl. i. t.

Carradori, *Giovacchino,* Professor an der Universität zu Pisa, * Prato 6 Juni 1758, † Pisa 24. Nov. 1818.
Raddi, Notizie riguardanti la vita e gli studij dal Dr. *G. Carradori.* (Mem. soc. it. Mod. XIX, 1—8. con ritratto.)
1539 —— Della trasformazione del Nostoc in Tremella verrucosa, in Lichen fascicularis ed in Lichen rupestris. In Prato per Vestri e Guasti. 1797. 12. 39 p.
1540 —— Sulla vitalità delle piante esperienze ed osservazioni. Milano 1807. 8. 27 p
Cat. of sc. Papers I, 796—798

Carrichter, *Bartholomaeus, von Redingen,* Leibarzt Kaiser Maximilian II. (Carrichtera DC.)
1541* —— Kräuterbuch, darinnen begriffen, unter welchem Zeichen Zodiaci, auch in welchem Gradu ein jedes Kraut stehe, wie sie in Leib und zu allen Schaden zuzubereiten, und zu welcher Zeit sie zu colligieren seien. Vormals nie in truck aussgangen. Strassburg, typ. Christian Müller. 1575. 8. 223 p., praef., ind. — *Ed. II: Strassburg, typ. Christian Müller. 1577. 8. 223 p., praef., ind. (nova sed immutata impressio!) — Strassburg 1597. 8. 223 p. praeter partem practicam. B. — *Strassburg, Bertram. 1615. 8. 224, 80 p. — Strassburg, Bertram. 1619. 8. — *Nürnberg, Dümmler. 1621. 8. — *Nürnberg, Dümmler. 1652. 8. — Nürnberg, Cardiluccius. 1686. 8 — Tübingen 1739. 8. B.

1542* —— Horn des Heyls menschlicher Blödigkeit, oder Gross Kräuterbuch, darinn die Kräuter des Teutschenlands auss dem Liecht der Natur nach rechter Art der himmelischen Einfliessungen beschrieben. Strassburg, typ. Christian Müller. 1576. folio. — Strassburg, Bertram. folio. — *Strassburg, Bertram. 1606. folio. 181 p, praef., ind. et ic. xyl. i. t. — *Strassburg, Bertram. 1619. folio. (9) 180 foll., ind., xyl. i. t. — Zusammengetragen auss obgedachten Auctoris Schrifften von *Theophilo Krafften* von Gladenbach aus Hessen. Frankfurt a/M., Götzens Erben. 1673. 4. 374 p. cum ic. xyl. i. t., praef., ind.
Editiōnes priores sunt sub pseudonymo *Philomousi Anonymi* editae; omnes post mortem auctoris per *D. Toxiten,* qui, ni fallor, audit Dr. *Melchior Schönnfeldt.*

Carrière, *Élie Abel,* Chef der Baumschulen des Muséum d'histoire naturelle in Paris.
1543* —— Traité général des Conifères ou description de toutes les espèces et variétés aujourd'hui connues. Paris, chez

l'auteur. 1855. 8. xv, 656 p. (10 fr.) — Nouvelle édition. ib. 1867. 8.

1544 **Carrière**, *Élie Abel.* La vigne. Paris, chez l'auteur. 1865. 8. 384 p. (3 fr. 50 c.)

Carruthers, *William*, British Museum, London.
Cat. of sc. Papers I, 801.

Carson, *Joseph.*
1545 —— Illustrations of medical botany. Vol. 1. 2. Philadelphia 1847. 4. 100 tab. col.

Cartheuser, *Johann Friedrich*, Professor der Medicin in Frankfurt a/O., * Hayne bei Stolberg 29. Sept. 1704, † Frankfurt a/O. 22. Juni 1777.
1546* —— De Cassia aromatica ejusdemque differentia, principiis et viribus. D. Francofurti a/V. 1745. 4. 32 p.
1547 —— De ligno nephritico, colubrino et semine santonico. D. Francofurti a/V. 1749. 4. 24 p.
1548* —— De Marrubio albo et Alchimilla. D. Francofurti a/V. 1753. 4. 24 p.
1549* —— De cortice caryophylloide Amboinensi vulgo Culilawan dicto. D. Francofurti a/V. 1753. 4. 34 p.
1550* —— De praecipuis balsamis nativis. D. Francofurti a/V. 1755. 4. 40 p.
1551* —— De Cardamindo. D. Francofurti a/V. 1755. 4. 24 p.
1552 —— De Chenopodio ambrosiode. D. Francofurti a/V. 1757. 4. 42 p.
1553 —— De radice Saponariae. D. Francofurti a/V. 1760. 4. 24 p.
1554 —— De Branca ursina germanica. D. Francofurti a/V. 1761. 4. 20 p.
1555 —— De Saccharo. D. Francofurti a/V. 1761. 4. 24 p.
1556 —— De Lichene cinereo terrestri. D. Francofurti a/V. 1762. 4. 16 p.
1557 —— De radicibus esculentis in genere. D. Francofurti a/V. 1765. 4. 26 p.
1558 —— De radice Mungo. D. Francofurti a/V. 1769. 4.
1559* —— De genericis quibusdam plantarum principiis hactenus plerumque neglectis. Francofurti a/V., Kleyb. 1754. 8. 78 p. — * Ed. III. prioribus auctior. ib. 1764. 8. 85 p.
1560* —— Enumeratio systematica stirpium per Ducatum Megapolitanum Strelitzense observatarum. Dissertationis appendix. Trajecti ad Viadrum 1777. 4. p. 33—40.

Caruel, *Teodoro*, Professor in Florenz.
1561* —— Prodromo della Flora toscana, ossia Catalogo metodico delle piante che nascono salvatiche in Toscana e nelle sue isole e che vi sono estaaente coltivate. Firenze, Lemonnier. 1860. 8. xxii, 767 p. — Supplemento. ib. 1864. 8. 51 p.
1562* —— Studi sulla polpa che involge i semi in alcuni frutti carnosi. Firenze, typ. Cellini. 1864. 4. 14 p., 2 tab. col.
Annali del Museo di Firenze.
1563* —— Illustratio in hortum siccum Andreae Caesalpini. Florentiae, typ. Lemonnier. 1858. 8. xii, 128 p.
1564 —— Florula dell' isola di Montecristo. Milano 1864. 8. 38 p.
1565* —— I generi delle Ciperoidee europee. Memoria scritta in occasione del concorso per la cattedra di botanica di Napoli. Firenze, typ. Cellini. 1866. 4. 31 p.
1566* —— Guida del botanico principiante. Firenze, typ. Cellini. 1866. 8. 104 p. (1 fr.)
1567* —— Di alcuni cambiamenti avvenuti nella Flora della Toscana in questi ultimi tre secoli. Milano, typ. Bernardoni. 1867. 8. 41 p.
Atti soc. it. sc. nat. IX.
Cat. of sc. Papers I, 805—806.

Carvalho, *José Monteiro de.*
1568 —— Diccionario portuguez das plantas, arbustos, matas, arvores, animaes . . . que la divina omnipotencia creou no globo terraqueo. Lisboa, na officina de Miguel Manescal da Costa. 1765. 8. xiv, 600 p.

Casaretto, *Giovanni.*
1569* —— Novarum stirpium brasiliensium Decades. (1—10.) Genuae 1842—45. 8. 96 p.
Emendationes dedit *W. J. Hooker* in London Journal of bot. VI, 481.

Caspary, *Robert*, Professor der Botanik an der Universität Königsberg, * Königsberg 29. Jan. 1818.
1570* —— De Nectariis. Commentatio botanica. Bonnae, Marcus. (Elberfeldae, typ. Schellhof.) 1848. 4. 56 p., 3 tab. ($^5/_6$ th.)
1571* —— Ueber Wärmeentwicklung in der Blüthe der Victoria regia. Berlin, Foerster. 1855. 8. 48 p., 4 tab. ($^2/_3$ th.)
Monatsbericht der Berliner Akademie 1855, 711—756.
1572* —— Ueber zwei- und dreierlei Früchte einiger Schimmelpilze (Hyphomyceten.) Berlin, Hirschwald. 1855. 8. 28 p., 1 tab. col. ($^3/_5$ th. n.)
Monatsbericht der Berliner Akademie 1855, 308—333.
1573* —— Conspectus systematicus Hydrillearum. Berlin 1857. 8. 15 p.
Monatsbericht der Berliner Akademie der Wissenschaften.
1574* —— Die Hydrilleen (Anacharideae Endl.) Berlin 1859. 8. 137 p., 5 tab.
Pringsheim Jahrbücher I, 377—513.
1575* —— De Abietinearum Carr. floris feminei structura morphologica. D. pro loco. Regiomonti, typ. Dalkowski. 1861. 4. 12 p.
1576* —— Die Nuphar der Vogesen und des Schwarzwaldes. Halle, H. W. Schmidt. 1870. 4. 92 (2) p., 2 tab. col. ($2^1/_3$ th.)
Abh. der nat. Ges. Halle XI.
Cat. of sc. Papers I, 811—813.

Cassebeer, *Johann Heinrich*, Apotheker in Gelnhausen (Cassebeeria Kaulf.)
1577* —— Ueber die Entwickelung der Laubmoose. Frankfurt a/M., Hermann. 1823. 8. viii, 77 p. ($^1/_4$ th.)
1578 —— und *G. L. Theobald.* Flora der Wetterau. Lieferung 1. 2. Hanau, König. 1847—49. 8. 160 p. ($^2/_3$ th. n.)

Cassel, *Franz Peter*, Professor der Botanik in Gent (Cassellia N. v. E.), * Köln . . . 1783, † Gent . . . 1821.
1579* —— Versuch über die natürlichen Familien der Pflanzen mit Rücksicht auf ihre Heilkraft. Köln 1810. 8. 174 p. ($^2/_3$ th.)
1580* —— Lehrbuch der natürlichen Pflanzenordnung. Frankfurt a/M. 1817. 8. viii, 403 p. ($1^1/_2$ th.)
1581* —— Morphonomia botanica sive observationes circa proportionem et evolutionem partium plantarum. Coloniae Agrippinae 1820. 8. x, 172 p., 4 tab. (1 th.)

Cassini, *Alexandre Henri Gabriel, Comte de*, Pair de France (Cassinia R. Br.), * Paris 9. Mai 1781, † Paris 16. April 1832.
Gossin, Notice sur Henri de Cassini. Paris 1832. 8.
Cassini, Opusculus III, 1—29.
1582* —— Opuscules phytologiques. Premier recueil, contenant 1. une ébauche de la synanthérologie; 2. des mémoires ou articles de botanique sur différens sujets étrangers à la synanthérologie; précédé d'une table indicative de tous les mémoires et articles concernant la botanique, publiés jusqu'à ce jour par l'auteur dans quelques journaux scientifiques et dans le Dictionnaire des sc. natur. Paris 1826—34. III voll. 8. — I: 1826. lxvii, 426 p., 8 tab. — II: 1826. 552 p. — III: (supplémentaire) contenant 1° un résumé de la synanthérologie; 2° quatre lettres élémentaires sur la botanique. 1834. xxx, 221 p. (20 fr.)
Cat. of sc. Papers I, 816—818.

Cassone, *F.*
1583 —— Flora medico-farmaceutica. Vol. 1—6 Torino 1846—52. 8. c. 600 tab. col.

Castagne, *Louis.*
1584* —— Observations sur quelques plantes acotylédonées de la famille des Urédinées et dans les sous-tribus des Nemasporées et des Aecidinées, recueillies dans le Dép. des Bouches-du-Rhône. No. I. Marseille 1842. 8. 35 p., 1 tab. — No. II. Aix 1843. 8. 24 p., 2 tab.
1585* —— Catalogue des plantes qui croissent naturellement aux environs de Marseille. Aix, Pardigon. 1845. 8. 263 p., 7 tab. — Supplément. Aix 1851. 8.
1586* —— Catalogue des plantes qui croissent naturellement dans le département des Bouches-du-Rhône, suivi d'un aperçu sur la végétation des Bouches-du-Rhône, etc. par le professeur *A. Derbès.* Marseille, Camoin frères. 1862. 8. liv, 205 p. (5 fr.)

Castel, *René Richard* (Castela Turp.), * Vire 6. Oct. 1758, † Rheims ... 1832.
1587* —— Les plantes. Poème. Paris (1797). 12. VIII, 150 p. — * Ed. II. revue, corrigée et augmentée. Paris an VII. (1799.) 12. XIII, 254 p., 5 tab. — Ed. III: Paris 1802. 12. — * Ed. IV: Paris 1811. 12. XIII, 319 p., 5 tab. — Nouvelle édition. Paris, Boret. 1843. 8. (3 *fr.*)
* *latine*: Botanicôn libros quatuor e carmine gallico in latinos versus transtulit *Clarus Ludovicus Rohard.* Angers et Paris 1818. 8. 100 p., praef. (2 *fr.* 50 *c.*)

Castelli, *Edmund*, Professor in Cambridge, * 1606, ÷ Cambridge 1674.
1588 —— Oratio in scholis theologicis habita cum in Academia Cantabrigiensi praelectiones suas in secundum Canonis Avicennae librum auspicaretur, quibus via praestruitur ex scriptoribus orientalibus ad clarius enarrandam botanologicam S. Scripturae partem. Londini, Thomas Roycroft. 1667. 4.

Castelli, *Pietro*, Professor der Medicin in Rom, später Präfect des Gartens von Messina, * Messina nach 1590, ÷ Messina 1656.
Biogr. méd. III, 179.
1589 —— Epistola in qua agitur, nomine Hellebori simpliciter prolato, tum apud Hippocratem, tum alios auctores, intelligendum album. Romae 1622. 4. 28 p. — Epistola secunda. ib. 1622. 4. 48 p.
1590* (——) Exactissima decriptio rariorum quarundam plantarum quae continentur Romae in horto Farnesiano. Romae, typ. Mascardi. 1625. folio. 101 p., praef, ind. (28) tab. aeri incis.
«Operis: «Exactissima descriptio» autor est *Petrus Castellus*, atque falso sibi vindicavit Aldinus; typographus enim hisce etiam verbis: «In gratiam Tobiae Aldini scripsi cuncta» profitetur, Aldinum auctorem non esse.» Seguier.
1591* —— Hortus Messanensis. Messanae, typ. viduae Bianco. 1640. 4. (16) 54 p. cum horti iconographia: 14 tab.
1592 —— Opobalsamum, examinatum, defensum, judicatum, absolutum et laudatum. Venetiis 1640. 4. 163 p.
1593 —— Opobalsamum triumphans. (Venetiis, apud Petrum Tomasinum. 1640) 4. 51 p.
1594 —— De Smilace aspera sententia botano-physica. An Smilax aspera europaea sit eadem ac Salsaparilla americana, et an altera alterius vive in lue venerea curanda usurpari possit? Messanae, apud heredes Petri Breae. 1652. 4.

Castiglioni, *Luigi*, *Conte* (Castiglionea Rz. et P.), ÷ Mailand 22. Juni 1832.
1595* —— Viaggio negli stati uniti dell' America settentrionale, fatto negli anni 1785—87; con alcune osservazioni sui vegetabili più utili di quel paese. Milano 1790. II voll. 8. — I: XII, 403 p., tab. 1—8. — II: VI, 402 p., tab. 9—14 et 3 schemata.
Vol. II. p. 169—402: Osservazioni sui vegetabili più utili degli stati uniti.
1596 (——) Storia delle piante forestiere. Vol. 1—4. Milano 1791—94. 4. cum tabulis.

Castle, *Thomas*.
1597* —— An introduction to systematical and physiological botany. London 1829. 12. XVIII, 285 p., ind, 8 tab. col. (12 *s.* 6 *d.*)
1598* —— A synopsis of systematic botany. London, E. Cox. 1833. 4. 17 p., 1 tab.
1599 —— An introduction to the medical botany, illustrated with coloured figures. Third edition. London 1837. 8. (6 *s.*)
1600 —— The Linnean artificial system of botany. London 1837. 4. (5 *s*)

Catelan, *Laurent*, Apotheker in Montpellier.
1601 —— Rare et curieux discours de la plante appellée Mandragore Paris 1639. 12.

Catesby, *Mark* (Catesbaea Gron.), ... 1680, † London 23. Dec. 1749.
Pulteney Geschichte II, 415—421.
1602* —— The natural history of Carolina, Florida and the Bahama Islands: containing the figures of birds, beasts, fishes, serpents, insects and plants; particularly the forest-trees, shrubs and other plants, not hitherto described, or very incorrectly figured by authors. Together with their descriptions in english and french. London 1731—43. II voll. folio. — I: 1731. XLIV, XII, 100 p., 100 tab. col. — II: 1733. 2, 100 p., 100 tab. col. (Accedit: An Account of Carolina and the Bahama-Islands: 20 p., 20 tab. col. — * revis'd by *Edwards.* London 1754. II voll. folio. — Ed. III. London 1771. II voll. folio. *germanice:* Nürnberg 1750. folio.
1603* **Catesby**, *Mark.* Hortus britano-americanus, or a curious collection of trees and shrubs, the produce of the british colonies in North America; adapted to the soil and climate of England, with observations on their constitution, growth and culture. etc. London, printed by W. Richardson and S. Clark for John Ryall. 1763. folio. VI, 41 p., 17 tab. col.
Editio inscripta «Hortus Europae americanus». London, printed for J. Millan. 1767. minime differt.

Catlow, *Agnes*.
1604 —— Popular Garden Botany. Ed. III. London, Reeve. 1849. 8. (10 *s.* 6 *d.*)
1605 —— Popular Field Botany. Ed. III. London, Reeve. 1849. 8. (10 *s.* 6 *d*)

Cato, *Marcus Porcius* (Catonia Vahl.), * 234, ÷ 149 a. Chr.
1606* —— De re rustica. (Cum scriptoribus rei rusticae.) Ed. princeps. Venetiis, Nicol Jenson. 1472. folio. a 1608. 21ᵃ—42ᵃ. — * Venetiis, Aldus. 1514. 8. — * Venetiis, Aldus. 1523. 4. — * Florentiae, Junta 1528. 4. — * Parisiis, ex officina Ascensiana. 1529. folio. — * Parisiis, apud Joh. Parvum. 1533. folio. — * Basileae, Herwag. 1535. 4. — * Lugduni, apud Gryphium. 1541. 8. — * Parisiis, Rob. Stephanus. 1543. 8. — * Lugduni, apud Gryphium. 1549. 8. — * Lugduni, Plantinus. 1598. 8. — curavit *J. M. Gesner.* Lipsiae 1735. 4. — * Biponti 1787. 8. — * Ex optimorum scriptorum atque editorum fide et virorum doctorum conjecturis correxit atque interpretum omnium collectis et excerptis commentariis suisque illustravit *Johann Gottlob Schneider.* Lipsiae 1794. 8.
Ernst Meyer I, 338—348.

Cattaneo, *Antonio*, * 1. Jan. 1786, ÷ Mailand 2. März 1845.
1607* (——) Catalogo delle piante più interessanti del giardino Cattaneo, per l' anno 1812. Novara 1812. 8. 29 p.

Cattaneo, *Giacomo*.
1608* (——) Della idropisia de' gelsi. Milano, Montani. 1767. 8. 145 p.

Caussinus, *Nicolaus*.
1609* —— Polyhistor symbolicus. Coloniae, apud J. Kinckium, sub Monocerote. 1631. 8. 597 p., ind.
Parabolarum historicarum liber X: Plantae. p. 464—510.

Cauvet, *D*.
1610* —— Études sur le rôle des racines dans l'absorption et l'excrétion. Thèse pour le Doctorat ès sciences naturelles. Strasbourg, typ. Silbermann. 1861. 4. 130 p.
1611* —— Des Solanées. Thèse à l'école de pharmacie. Strasbourg, typ. Silbermann. 1864. 4. 152 p., 6 tab.
1612* —— Nouveaux éléments d'histoire naturelle médicale. Tome 1. 2. Paris, Baillière. 1869. 8. XII, 524, 770 p.

Cavallini, *Filippo*.
1613* —— Brevis enumeratio plantarum praesenti anno a publico sapientiae romanae medicinalium simplicium Professore ostensarum et quae in hortum hyemalem reddactae asservantur. etc. Romae, typ. Molo. 1689. 12. 144 p. Bibl. Goett.
A pag. 103—129 incipit: Pugillus meliteus seu omnium herbarum in insula Melita ejusque districtis enascentium perbrevis enarratio; — cf. *Brückmann*, Epist. itin. 62. Cent. II. p. 674—691.

Cavanilles, *Antonio José*, Professor der Botanik zu Madrid (Cavanillesia Rz. et P.), * Valencia 16. Jan. 1745, ÷ Madrid 4. Mai 1804.
Colmeiro Bot. esp. 173—176.
Cat. of sc. Papers I, 845—846.
1614* —— Monadelphia classis Dissertationes decem. Matriti, ex typographia regia. 1790. 4. X, 463 p., 296 tab.
In titulis singularum leguntur anni 1785—90; Parisiis, quantum scio, typis Didotii impressae sunt.
1615* —— Carta de D. *Antonio Cavanilles* en respuesta á la que se insertó en la segunda parte del memorial literario del mes de Septiembre de 1788, donde se hace crítica de sus disertaciones botánicas por uno que se titula vecino de Lima. (Madrid 1789.) 12. 15 p.

1616* **Cavanilles**, *Antonio José*. Icones et descriptiones plantarum, quae aut sponte in Hispania crescunt, aut in hortis hospitantur. Matriti 1794—1801. VI voll. folio. — I: 1791. 67 p., tab. 1—100. — II: 1793. 79 p., tab. 101—200. — III: 1794. x, 52 p., tab. 201—300. — IV: 1797. 82 p., tab. 301—400. — V: 1799. iv, 74 p., tab. 401—500. — VI: 1801. 97 p., tab. 501—600. (300 fr. Baillière.)

1617* —— Observaciones sobre la historia natural, geografia, agricultura, poblacion y frutos del reyno de Valencia. Madrid 1795—97. II voll. folio. — I: 1795. xii, 236 p., 29 tab. — II: 1797. 338 p., 25 tab. (80 fr. A. Barcelona)

1618* —— Coleccion de papeles sobre controversias botánicas. Con algunas notas del mismo á los escritos de sus antagonistas. Madrid, imprenta real. 1796. 8. 274 p.

1619* —— Descripcion de las plantas, que demostró en las lecciones publicas del año 1801 (y 1802), precedida de los principios elementales de la botanica. Madrid 1802. 8. cxxxvi, 625 p.
italice: Principi elementari di botanica, tradotti da *Dom. Viviani.* Genova 1803. 4. — Ed. II: ib. 1808. 8.

Cavolini, *Filippo,* Professor an der Universität Neapel (Caulinia DC.), * Vico Equense ... 1756, † Neapel 15. März 1810.
Delle Chiaje, Necrologia di *F. Cavolini,* in Atti dell' Ist. d'incorregg. Nap. III, 315—328.

1620* —— (latine **Caulinus**). Zosterae oceanicae Linnaei anthesis. Neapoli 1792. 4. 20 p., 1 tab.
* *anglice,* with additions by *Charles Konig,* in Annals of botany II, 77—98. (1806.)

1621* —— Phucagrostidum Theophrasti anthesis. Neapoli 1792. 4. 35 p., 2 tab.

1622* —— Memorie postume sceverate dalle schede autografe di *Filippo Cavolini* per cura ed a spese di *S. D.-Chiaje.* Benevento, tipografia delle Streghe. 1853. 4. xxiv, 344 p., 24 tab. (6 th.)

Caylus, *Anne Claude Philippe de Tubière de Grimoard de Pestel de Levi, Comte de,* * Paris 31. Oct. 1692, † Paris 5. Sept. 1765.

1623* —— Dissertation sur le Papyrus. (Paris) 1758. 4. 56 p., 4 tab.
Lucubratiuncula sub auspiciis *Bernardi de Jussieu* scripta prodiit primum in Mém. de l'Académie des inscriptions et belles-lettres, tome XXVI, p. 267—320.

Caylus, *Comte de* (Caylusia St. Hil.)

1624* —— Histoire du rapprochement des végétaux. Paris 1806. 8. 128 p., ind.

Cazin, *E.*

1625* —— Notice sur les champignons qui croissent dans les galeries souterraines de l'établissement thermal de Bagnères-de-Luchon, avec des remarques de *M. C. Montagne.* Paris, Germer Baillière. 1859. gr. in-8, 31 p., 1 tab. (2 fr. 50 c.)
cf Journal de pharmacie 1855, 175—192.

Celakovsky, *Ladislav,* Professor der Botanik in Prag.

1626* —— Ueber den Zusammenhang in den fortschreitenden Stufen des Pflanzenreichs. Programm. Kommotau 1859. 4.

1627 —— Přírodopisný atlas rostlinstva. Prag, Kober. 1865. 4.

1628* —— Prodromus der Flora von Böhmen, enthaltend die wildwachsenden und allgemein kultivirten Gefässpflanzen des Königreiches. Herausgegeben von dem Comité für die naturwissenschaftliche Durchforschung Böhmens. Prag, typ. Grégr. 1867. 8. 112 p.
Archiv für die naturwissenschaftliche Landesdurchforschung von Böhmen. 1. Band. Arbeiten der botanischen Sektion in den Jahren 1864—68.
Cat. of sc. Papers I, 858.

Celi, *Ettore,* Professor der Botanik in Modena.

1629 —— Lezioni elementari di organografia, fisiologia e metodologia vegetabile. Fasc. 1—4. Modena 1853. 8. 320 p.

1630 —— Lezioni elementari di botanica. Reggio, Calderini. 1855. 8.

Cels, *François,* * Paris ... 1771, † Montrouge ... 1832.

1631* —— Catalogue des arbres, arbustes et autres plantes de terre chaude, d'orangerie et de pleine terre, cultivés dans l'établissement de *F. Cels.* Paris 1817. 8. 38, 4 p. — *Paris 1832. 8. ii, 139 p. — *ib. 1835. 8. 54 p. — *ib. 1836—37. 8. 60 p. — *ib. 1839. 8. 50 p. — *ib. 1840—41. 8. 42 p — *Paris 1842. 8. 30 p. — *ib. 1843. 8. 30 p. — *ib. 1845. 8. 52 p.

Cels, *Jacques Martin,* * Versailles ... 1743, † Montrouge 13. Mai 1806.
Cuvier, Eloge historique.
Bose, Notice. Versailles 1806. 8

Celsius, *Olof,* Professor der Theologie in Upsala (Celsia L.), * Upsala 19. Juli 1670, † Upsala 24. Juni 1756
Bäck, Åminnelsetal öfver *Olof Celsius.* Stockholm 1758. 8. 29 p
Nov. Act. Soc. Ups. vol II. p. 295—308.
Joh. Ihre, Oratio funebris in memoriam *Dom. Olavi Celsii.* Upsaliae 1762 4.

1632 —— Botanici sacri exercitatio prima, qua חרב ex Arabum scriptis illustratur. D. Upsaliae 1702. 8. 29 p. cum figura ligno incisa. B.

1633 —— Exercitationis de Palma caput primum. D. Upsaliae 1711. 8. 30 p. B.

1634 —— De arbore scientiae boni et mali. D. Upsaliae 1715. 8. 22 p. B.

1635 —— אבטיחים sive Melones Aegyptii ab Israelitis desiderati, Num. XI, 5. quinam et quales fuerint? D. Lugduni Batavorum 1726. 8. 28 p. B.
Redeunt omnes cum aliis ejusmodi argumentis ex Actis lit. Suec in opere sequenti.

1636* —— Hierobotanicon sive de plantis sacrae scripturae Dissertationes breves. Upsaliae, sumtu auctoris. 1745—47. II voll. 8. — I: 1745. 572 p., praef. — II: 1747. 600 p.
Hujus libri non nisi 200 exemplaria impressa sunt, quorum nonnulla novis titulis, additis verbis: «Amstelodami, apud J. Wetsten. 1748.» instructa sunt. — «Quoniam in hoc opus contulerat autor sua per vitam omnem studia, erat consequens, ut immensae inde lectionis veraeque laus polyhistorias oriretur. Pluscula eorum, quae utrique insunt volumini, partim forma disputationum academicarum, partim in Actis soc. Upsal. jam ante ediderat, quae denique conjuncta ceteris supplevit et expolit. Quandoquidem suo incommodo iterum posse cogitas fuit autor, haud adeo multa exemplaria prodiere ac rarescere proinde, tum foris tum et Upsaliae magis magisque occeperunt. Quodcirca Goettingae iterum publicare constituit illustris *Joannes David Michaelis,* suas insuper annotationes additurus, uti legitur in praef. ad partem posteriorem Poëseos sacrae hebraicae *Lowthianae,* Goettingae 1761, quamquam impedito haud dubie utilissimis laboribus aliis, nondum, quod scimus, absolvere promissum licuit.» Nov. Act. Upsal. t. II. p. 306—307.

Celsus, *Aulus Cornelius,* * circa annum 25. a. Chr., † circa annum 50 p. Chr.

1637* —— *Auli Cornelii Celsi* medicinae libri octo. Editio altera accuratior, cui accedit Lexicon Celsianum. Veronae 1810. 4.
Cf. *Ernst Meyer,* Geschichte der Botanik II, 4—21.

Ceni, *Antonio.*

1638* —— Guida all' orto botanico in Padova. Padova, typ. Bianchi. 1854. 8. 55 p, 7 tab. (2 Lire.)

Ceré, *Jean Nicolas de* (Cerea Aub. Th.), * auf Isle de France 1737, † auf Isle de France 2. Mai 1810.
Deleuze in Ann. du Muséum XVI, 329—337.

Cervantes, *Vicente,* Professor der Botanik in Mexico (Cervantesia Rz. et P.), † Mexico 26. Juli 1829, aet. 70.
Cat. of sc. Papers I, 860.

1639 —— Discurso pronunciado en el real jardin botanico (de Mexico. De resina elastica generatim, et de arbore Novae Hispaniae resinam hujusmodi producente, speciatim.) Suplemento á la Gazeta de literatura. Mexico 2 de Julio 1794. 4. 35 p., 1 tab.

Cervi, *Giuseppe,* Leibarzt Philipp's V. (Cerviana Minuart., Cervia Rodr.), * Parma 1663, † im Palast Buen Retiro 25. Jan. 1748.

Cesalpini, *Andrea* (Caesalpinia L.), * Arezzo ... 1519, † Rom 23. Febr. 1603.
Michault, Notices sur *Caesalpin.* (*Nicéron,* Mémoires. vol. XLIII)
Gentili in Magazino toscano. Livorno 1754. con ritratto.
Karl Fuchs, Andreas Caesalpinus, de cujus viri ingenio, doctrina et virtute. D. Marburgi Cattis 1798. 4. 25 p.
Sprengel, Hist. rei herb. II, 422—430.
Brocchi in Biblioteca italiana X, 203—215.
Bertoloni in Opusc. scientifici III, 270.
Dierbach in *Geiger's* Magazin VIII, 121.
Lettera inedita di *Andrea Cesalpino,* di Roma li di 17. Oct. 1602. Per la nobilissime nozze Dolfin-Correr. Padova, coi tipi del seminario. 1847. 8. 13 p.
Caruel, Illustratio in hortum siccum *Andreae Cesalpini.* Florentiae 1858. 8.

1640* —— De plantis libri XVI. Ad serenissimum Franciscum Medicem, Magnum Aetruriae Ducem. Florentiae, apud Georgium Marescottum. 1583. 4. 621, (50) p.

1641* —— Appendix ad libros de plantis. Romae, apud Aloysium Zanettum. 1603. 4. 19 p. praeter appendicem ad peripateticas quaestiones. — *redit in Museo di piante rare di Boccone, p. 125—132.

Unicum libelli rarissimi exemplum magno meo gaudio vidi in splendida bibliotheca horti Patavini. Dedicatio Caesalpini ad Baccium Valorium scripta est Romae, die 19 Jan. 1603. Nitidissimo manuscripto exstat ad calcem exemplaris librorum XVI de plantis in *Bibl. Eugueniana Vindob.* III. Nr. 45.

Cesati, *Vincenzo, Barone*, Professor der Botanik in Neapel (Cesatia Endl.)

1642* —— Sugli studii fito-fisiologici degli Italiani e più particorlamente sulla guida allo studio della fisiologia vegetabile e della botanica del Prof. *Giuseppe Moretti*, Cenni critici. Milano 1836. 8. 42 p.

1643* —— Saggio su la geografia botanica e su la flora della Lombardia. Milano, typ. Bernardoni. 1844. 8. 74 p., 1 tab. botanico-geographica.

1644* —— Stirpes italicae rariores vel novae, descriptionibus iconibusque illustratae. Accedunt animadversiones in characteres plantarum pariter tabulis adumbratae. (Iconographia stirpium italicarum universa.) Mediolani, typ. Pirola, sumtibus autoris. fasc. I—III. 1840. folio elephant. 24 tab. et text. (30 *th.*)
De hoc opere disseruit de *Schlechtendal* in Bot. Zeit. 1846. p. 872—875.

1645* —— Elenco sistematico di alcune piante dei luoghi di Terra Santa Vercelli, typ. De-Gaudenzi. 1866. 4. 10 p.

1646* —— Compendio della Flora italiana, compilato per cura dei Professori *V. Cesati*, *G. Passerini* e *G. Gibelli*, con un Atlante di circa 80 tavole eseguite sopra disegni tratti dal vero per opera di *G. Gibelli*. Milano, Vallardi. 1869—70. 8. 168 p., 21 tab. (Continuatur.)
Cat. of sc. Papers I, 861.

Cesi, *Federigo*, Principe di San Angelo e San Poli, der Gründer der Accademia dei Lincei in Rom (Caesia R. Br.), * Rom 1585, † Rom 1. Aug. 1630.
Mandosius, Bibliotheca romana 235—237. (1682.)
Michelangelo Poggioli, Sulla vastità delle cognizioni botaniche di *Federigo Cesi*. Opuscoli scient. I. 293—318. (1817.)
Famiglie celebri italiane. Fasc. VII. Milano 1822. folio.

1647* —— Phytosophicarum tabularum pars I. impr. cum *Hernandez* Historia plantarum mexicanarum, p. 904—950. Romae 1651. folio.

Cessac, *P. de.*

1648 —— Catalogue des plantes vasculaires de la Creuse. Guéret 1862. 8. 60 p.

Chaboisseau, *Abbé.*

1649* —— De l'étude spécifique du genre Rubus. Bordeaux, typ. Lafargue. 1863. 8. 44 p.
Congrès scientifique de France. 28. Session.

Chabrey, *Dominique* (Chabraea DC.), * Genf nach 1610, † Yverdun nach 1666.
Eloy Dict. hist. I, 585—586.
Notices sur quelques médecins . . Basançon 1835. 8. p. 52—54.

1650* —— (latine **Chabraeus**). Stirpium icones et sciagraphia. cum scriptorum circa eas consensu et dissensu ac caeteris plerisque omnibus, quae de plantarum natura, natalibus, synonymis, usu et virtutibus scitu necessaria sunt. Genevae, typ. G. et J. de la Pierre. 1666. folio. 661 p., ind., ic. i. t.
— * Omnium stirpium sciagraphica et icones, quibus plantarum et radicum tum in hortis cultarum, tum in urbium fossis et muris, pratis, arvis, montibus, collibus, nemoralibus, fluviis, riguis et littoralibus, villis et pagis sponte provenientium, nomina, figura, natura, natales, synonyma, usus et virtutes docentur. Cum doctissimorum scriptorum circa eas consensu et dissensu cum quadruplici indice nominum. Coloniae Allobrogum, sumtibus Samuelis de Tournes. 1677. folio. 661 p., ind., ic. i. t. (non differt.)
vide *Bauhin*.

Chaillet, *Jean Frédéric de* (Chailletia DC.), * Neuchâtel 9. Aug. 1747, † Neuchâtel 29. April 1839.
DC. in Mém. soc. Neufchâtel 1839.

Chaix, *Dominique*, *Abbé* (Chaixia Lap.), * Mont-Auroux (Dauphiné) 1731, † 1800.

1651* (——) Plantae vapincenses sive Enumeration plantarum in agro Vapincensi a valle le Valgandemas ad amniculum le Buech prope Segesteronem sponte nascentium aut oeconomice cicurum (*Villars*, Histoire des plantes de Dauphiné I, 309—377. (1786.)

Chalon, *Jean.*

1652* —— Anatomie comparée des tiges ligneuses dicotylédones. Mémoire 1. 2. Gand, typ. Annoot-Broeckman. 1867. 1868. 8. 62, 66 p., 6 tab.

1653* —— Das Leben der Pflanzenzelle von *W. Hofmeister*. Résumé analytique. Namur, typ. Godenne. 1867. 8. 17 p.

Chaloner, *Edward.*

1654* —— and *George* **O'Gorman**. The Mahagoni-tree: its botanical characters, qualities and uses, with practical suggestions for selecting and cutting it in the regions of its growth, in the West Indies and Central America. With an Appendix. Liverpool, Rockliff and Son. London, Effingham Wilson, 11, Royal Exchange. (1851.) 8. 117 p., 1 mappa geogr., 7 tab.

Chambers, *William.*

1655* —— De Ribes Arabum et ligno Rhodio. D. Lugduni Batavorum 1724. 4. 41 p.

Chamisso, *Adalbert von*, eigentlich Louis Charles Adelaide Chamisso de Boncourt (Chamissoa H. B. K.), * auf Schloss Boncourt in der Champagne 27. Jan. 1781, † Berlin 21. Aug. 1838.
von *Schlechtendal*, Dem Andenken an *Adalbert von Chamisso*, als Botaniker. Linnaea 1839. 93—112.
—— Hooker London Journal of botany, Sept. 1843.
Ampère, in Revue de deux mondes, 15. Mai 1840.
Augsb. Allg. Zeitung 1838, ausserordentliche Beilage, Nr. 516—519.
Brockhaus, Conversations-Lexikon IV, 312—313.

1656* —— Reise um die Welt mit der Romanzoffischen Entdeckungsexpedition in den Jahren 1815—18 auf der Brigg Rurik, Cpt. Otto von Kotzebue. (Tagebuch, Bemerkungen und Ansichten.) Leipzig 1836. 2 Bände. 8. — I: 436 p., effigies *Chamissonis*. — II: 396 p. (2 *th.*)

1657* —— Uebersicht der nutzbarsten und schädlichsten Gewächse, welche wild oder angebaut in Norddeutschland vorkommen. Nebst Ansichten von der Pflanzenkunde und dem Pflanzenreiche. Berlin, 1827. 8. VIII, 526 p. (2 *th.*)

Champier, *Simphorien* (latine **Campegius**), * St. Symphorien 1472, † 1533.

1658* —— Hortus Gallicus pro Gallis in Gallia scriptus verumtamen non minus Italis, Germanis et Hispanis quam Gallis necessarius, in quo Gallos in Gallia omnium aegritudinum remedia reperire docet, nec medicaminibus egere peregrinis, quum deus et natura de necessariis unicuique regioni provident. Lugduni, in aedibus Melchioris et Gasparis Trechsel. 1533. 8. 83 p. (8 foll.)

1659* —— Campus Elysius Galliae amoenitate refertus: in quo sunt medicinae compositae, herbae et plantae virentes: in quo quicquid apud Indos, Arabes et Poenos reperitur apud Gallos reperiri posse demonstratur. Lugduni ib. eod. anno. 8. 135 p. (4 foll.)

Champion, *John George*, Lieutenant Colonel, † Skutari 30. Nov. 1854.
Cat. of sc. Papers I, 870.

Champy.

1660* —— Flore Algérienne, avec texte descriptif des plantes, arbustes et arbres indigènes, dont un grand nombre est cultivé au jardin des plantes à Paris. Paris 1844. gr. 8. VII, 53 p., 50 tab. pess. col. (9 *fr.*)
«L'ouvrage que nous publions, n'est pas un traité de botanique.» Verba editoris.

Chandler, *Alfred.*

1661* —— Camellia britannica introduced by *Chandler* and *Buckingham* of Vauxhall. London 1825. 4. 22 p., 8 tab. col. Bibl: Imp. Ferd.

1662* —— Illustrations and descriptions of the plants, which compose the natural order Camelliae, and of the varieties of Camellia japonica, cultivated in the gardens of Great Britain. The drawings by *Alfred Chandler*; the descriptions by *William Beattie Booth*. London 1831. folio. XII, 48 p., 40 tab. col. (pulcherrimae!) (7 *L.*)

Chantelot, *A.*

1663* —— Catalogue des plantes cryptogames et phanerogames, qui croissent spontanément aux environs de la Teste-de-Buch. Bordeaux, typ. Lafargue. 1844. 8. 84 p.
Actes de la soc. Linn. vol. XIII.

Chanter, *Charlotte*.
1664 —— Ferny combes. A ramble after ferns in the glens and valleys of Devonshire. 2^d edition. London, Reeve. 1856. 12. 118 p., 8 tab. col. (5 s.)

Chapman, *A. W.*, M. D., Apalachicola, Florida, U. St. (Chapmannia Torr. et Gray.)
1665* —— Flora of the Southern United States, containing abridged descriptions of the flowering scants and ferns of Tennessee, North and South Carolina, Georgia, Alabama, Mississippi and Florida. Arranged according to the natural system. The ferns by *Daniel C. Eaton*. New York, Ivison, Phinney et Co. 1865. 8. XXXVIII, 621 p. (4 ½ th.)
Non differt a prima editione anni 1860.

Chapman, *James*.
1666* —— Travels in the interior of South Africa. In two volumes. London, Bell and Daldy. 1858. 8.
Botanical Appendix by *John Sandersson* Esq. and Rev. *Edward Armitage*, in vol. II, 438—465.

Charas, *Moyse*, * Uzès (Languedoc) 1618, † Paris 17. Jan. 1698.
Cap. Moyse Charas. Paris 1840. 8.
1667* —— Pharmacopoea regia galenica et chymica, gallice ab autore conscripta, jam vero latinitate donata. Genevae 1683. 4. II voll. 496, 404 p., praef., ind.
1668* —— Operum tomus tertius, continens historiam naturalem animalium, plantarum et mineralium, Theriacae *Andromachi* compositionem ingredientium etc. Genevae 1684. 4. 275 p., 5 tab.
* *gallice*: Thériaque d'*Andromacus* avec une description particulière des plantes, des animaux et des minéraux, employé à cette grande composition. Nouvelle édition revue et augmentée. Paris 1691. 8. 305, 12 p., praef., ind.

Charbonnier, *Théodore*.
1669* —— Recherches pour servir à l'histoire botanique, chimique et physiologique de l'Argémone du Mexique. Thèse. Paris, typ Parat. 1808. 4. 38 p.

Chardin, *Jean* (Chardinia Desf.), * Paris 16. Nov. 1643, ÷ London 15. Jan. 1713.

Charpentier, *Johann G. F. von*, Director der Saline zu Bex (Charpentiera Gaud.), * Freiberg 7. Dec. 1786, † Bex 12. Sept. 1855.
Mitth. der naturf. Ges. in Zürich, Heft 10, p. 184—197.,
Cat. of sc. Papers I, 878.

Charsley, *Fanny Anne*.
1670* —— The wild flowers around Melbourne. London, by Day and Son. 1867. 4. 14 foll., 13 tab. col.

Chastenay, *Victorine de* (Chastenaea DC.), * Marvis 1770, † Paris um 1830.
1671* (——) Calendrier de Flore ou Etude de fleurs d'après nature. Paris 1802—3 III voll. 8. — I: XXXII, 397 p. — II: 535 p. — III: XVI, 522 p.

Chatelain, *Jean Jacques* (Chatelania Neck.)
1672 —— Specimen inaugurale de Corallorhiza. Basileae 1760. 4. 15 p.

Chatin, *Adolphe*, * Tulins (Isère) 1813.
Notice sur les travaux scientifiques. Versailles, typ. Cerf. 1866. 4. XII, 102 p.
1673 —— Quelques considérations sur les théories de l'accroissement par couches concentriques, des arbres munis d'une véritable ecorce (arbres dicotylés): Thèse. Paris, Fain et Thunot. 1840. 8. 32 p.
1674 —— Anatomie comparée végétale appliquée à la classification. Traduction de l'organisation intérieure ou des parties cachées des végétaux, par celles placées à leur surface. Thèse. Paris 1840. 4. 35 p.
1675* —— Mémoire sur le Vallisneria spiralis L. considéré dans son organographie, sa végétation, son organogénie, son anatomie, sa tératologie et sa physiologie. Paris, Mallet-Bachelier. 1855. 4. 31 p, 5 tab. (6 fr.)
1676* —— Anatomie comparée des végétaux. Livraison 1—14. Paris, Baillière. 1856—62. 8. 96, 528 p., 136 tab. (105 fr.)
1677* —— Le Cresson. Paris, Baillière. 1866. 8. 126 p. (2 fr.)
1678* —— La truffe. Étude des conditions générales de la production truffière. Paris, Bouchard-Huzard. 1869. 8. 202 p., 2 tab. (3 fr.)
Cat. of sc. Papers I, 885—888.

Chaubard, *Louis Anastase*, * Agen 17. Aug. 1785, † Paris 13. Jan. 1854.

Chaumeton, *François Pierre*, * Chouzé 20. Sept. 1775, † Paris 10. Aug. 1819.
1679* ——, **Chamberet** et **Poiret**. Flore médicale, peinte par Madame *E. Panckoucke* et par *P. J. T. Turpin*. Paris 1814 —20. VIII voll. 8. — I: 1814. XVI, 209 p., tab. col. 1—58. — II: 1815. 236 p., tab. col. 59—116. — III: 1816. 265 p., tab. col. 117—172. — IV: 1817. 266 p., tab. col. 173—231 bis. — V: 1818. 280 p., tab. col. 233—291. — VI: 1818. 271 p., tab. col. 292—349. — VII: 1819—20: Partie élémentaire par *Poiret*, iconographie par *Turpin*. VIII, 278, 174 p., 56 tab. col. — VIII: 1820. Essai d'une iconographie élémentaire et philosophique des végétaux par *Turpin*. 199, 32 p. et planches.
«Cet ouvrage assez mauvais s'est publié en 107 livraisons, de 4 planches chacune; prix de chaque livraison in 4. 3 fr., papier vélin 12 fr. L'ouvrage complet, édition in 4.: 214 fr., édition sur papier vélin: 1284 fr. — L'édition in folio et in 4. conviennent dans la pagination; mais l'édition in 8. est différente.» — Duo in membrana sunt impressa exemplaria, quorum alterum vidi in Bibl. Imper. Francisci Austriae, cui, dum anno 1814 Parisiis commoraretur, pretio 12,000 fr. oblatum est.

Chauvin, *François Joseph* (Chauvinia Borg.), * Vire 29. Sept. 1797, † Caen 5. Febr. 1859.
1680* —— Des collections d'Hydrophytes et de leur préparation. Caen, typ. Hardel. 1834. 8. 78 p.
1681* —— Recherches sur l'organisation, la fructification et la classification de plusieurs genres d'algues, avec la description de quelques espèces inédites ou peu connues. Essai d'une répartition des polypiers calcifères de Lamouroux dans la classe des algues. Caen, typ. Hardel. 1842. 4. 132 p.
Cat. of sc. Papers I, 892.

Chavannes, *Édouard*.
1682* —— Introduction à la Flore helvétique de Mr. *Gaudin*. Lausanne 1830. 8. 29 p.
Extrait de la feuille du canton de Vaud 17e année.
1683* —— Monographie des Antirrhinées. Paris, Treuttel et Würtz. 1833. 4. X. 190 p., 11 tab. (18 fr.)
Cat. of sc. Papers I, 893.

Chemnitz, *Johann*, Arzt zu Braunschweig (Chemnitzia Endl.), * Braunschweig 1610, † Braunschweig 31. Jan. 1651.
1684* —— (latine **Chemnitius**). Index plantarum circa Brunsvigam trium fere milliarium circuitu nascentium cum appendice iconum. Brunsvigae, Zilliger. 1652. 4. 55 p., 7 tab.

Cherler, *Johann Heinrich*, Schwiegersohn Johann Bauhin's (Cherleria Hall.), * Basel gegen Ende 1570, † Mümpelgard 1610.
Notices sur quelques médecins. Besançon 1835. 8. p. 54—56.
R. Wolf, Biographien III, 68.

Chesnecophorus, *Johannes*, Professor in Upsala, * Nerike 1584, † Upsala 31. Jan. 1635.
1685 —— Disputatio physica de plantis. D. Upsaliae, typ. Matthiae. 1621. 4. (4, 16 p.)
Dissertatio haecce primum est opusculum botanicum in Suecia editum.
1686 —— Disputatio physica decima nona de plantis. D. Upsaliae, typ. Matthiae. 1626. 4. (24 p.)
Harum dissertationum, quae in Suecia perrarae sunt, possidebat *Hallerus* 19, Upsaliae 1620—26 editas.

Chesnon, *C. G.*
1687* (——) Statistique du département de l'Eure. Botanique. Évreux, typ. Tavernier. 1846. 4. 60 p.

Chevalier, *Jean Damien*, * Angers . . . 1700, † 1770.
1688* —— Lettres à *M. de Jean* sur les maladies et sur les plantes de St. Domingue. Paris 1752. 12. 224 p.

Chevallier, *François Fulgis*, * Paris 2. Juli 1796, † Freiburg im Breisgau 24. Dec. 1840.
1689* —— Dissertation sur les ciguës indigènes, considérées comme poissons et comme médicamens Thèse. Paris 1821. 4. 36 p.
1690* —— Histoire des Graphidées, accompagné d'un tableau analytique des genres. Ouvrage renfermant des observations anatomiques et physiologiques sur ces végétaux. Paris 1824. 4. XV, 86 p., 24 tab. col. (36 fr. — 10 ⅔ th.)
Fertur etiam titulo: Histoire générale des Hypoxylons. — «Graphidearum Historia» Paris 1837. est nova inscriptio ejusdem operis.
1691* —— Flore générale des environs de Paris, selon la méthode

naturelle, description de toutes les plantes agames, cryptogames et phanérogames qui y croissent spontanément, leurs propriétés, leur usage dans la médecine, les arts et l'économie domestique; avec une classification naturelle des agames et des cryptogames, basée sur l'organisation de ces végétaux. Paris 1826—27. II voll. 8. — 1: 1826. xxiv, 676 p., tab. 1—14. II: 1827. 983 p., tab. 15—18. (24 fr. — col. 32 fr.) — Ed. II. aucta. Paris, Ferra 1836 8. (18 fr)

1692* **Chevallier**, *François Fulgis*. Fungorum et Byssorum illustrationes, quos ut plurimum novos trecentos et ultra cum caeteris minus bene cognitis in diversis Europae regionibus collegit, ad vivum delineavit, sculpsit et coloribus naturalibus decoravit. Parisiis 1837. fol min. — Fasc. I: (1837.) 52 tab. col praeter iconem Epigogii Gmelini in fronte operis et totidem foll. text. (30 fr. — 9⅔ th.) — Fasc. II: 31 tab. col.
Cat of sc Papers I, 901

Chiavena, *Nicolò*, Apotheker zu Belluno (Clavena DC), † Belluno 1617
Ersch und Gruber Encyclopädie XVII, 419—420.

1693* Historia Absinthii umbelliferi *Nicolai Clavenae* Bellunensis Venetiis, apud Euangelistam Deuchinam. 1610. 4. (6) foll, 1 tab. accedit Historia Scorsonerae italicae *Nicolai Clavenae*. (8) foll.
Seguières laudat editionem «Cenatae apud Marcum Glaserium. 1609. 4.» Praefatio data est Belluni XX. Cal. Dec 1608.

Chicoyneau, *François*, Präfect des Gartens von Montpellier, * Montpellier 1672, † Montpellier 13. April 1752.

1694 Discours sur les plantes sensitives Montpellier 1732 4.
Filius ejus fuit *François Chicoyneau*, Professor botanices et horti praefectus. * Monspelii 2. Juni 1702, † Monspelii 22. Juni 1740

Chirat, *Ludovic*.

1695* Étude des fleurs, botanique élémentaire, descriptive et usuelle. simplifiée pour la jeunesse et les familles. Lyon, Cormon et Blanc. 1841. II voll 12. — I: 740, 11 p., 10 tab. — II. 800 p (15 fr.) — Deuxième édition, entièrement revue par *Cariot* Lyon, Girard et Josserand. 1854—55. III voll. 12.

Chitty, *S. C*

1696 Botanical dictionary in Tamil language. Madras 1844. 8

Chlebodarow, *Alexei*.

1697* Zur Frage: Woher nimmt die Pflanze ihren Stickstoff? D. Dorpat typ. Laakmann. 1855. 8. vi, 49 p.

Choisy, *Jacques Denys*, Professor in Genf (Choisya H. B. K.), * Jussy bei Genf 5. April 1799, † Genf 26. Nov. 1859.

1698* Prodromus d'une monographie de la famille des Hypéricinées Genève 1821. 4. 70 p, 9 tab (6 fr.)

1699* Mémoire sur la famille des Selaginées. Genève 1823. 4. 44 p., 5 tab.

1700* Description des Hydroléacées. (Genève 1833.) 4. 28 p., 3 tab.

1701* Convolvulaceae orientales, nempe indicae, napaulenses, birmanicae, chinenses, japonicae nec non et quaedam australasicae etc. (Genevae 1834) 4. 120, 7 p., 6 tab. — *De Convolvulaceis Dissertatio secunda. (Convolvulaceae rariores.) (Genevae 1838.) 4. p. 121—164. 4 tab. — *De Convolvulaceis Dissertatio tertia. (Cuscutarum enumeratio.) (Genevae 1841.) 4 p. 165—192. 5 tab.

1702* Note sur les Convolvulacées du Brésil et sur le Marcellia, genre nouveau de cette famille. Genève 1844. 4. 8 p., 1 tab. (Marcellia villosa Choisy.)

1703* Mémoire sur les familles des Ternstroemiacées et Camelliacées. Genève, typ J G. Fick. 1855. 4. 98 p., 3 tab.

1704* Plantae javanicae nec non ex insulis finitimis et etiam e Japonia quaedam oriundae. In Cl. Zollingeri Catalogo javanensi elaboratae et nunc denuo vulgatae. Genevae, typ. Ramboz. 1858 8 30 p.
In Prodromo Candolleano sequentes familiae a Choisy elaboratae sunt:
Hypericineae, I, 541—556.
Guttiferae, I, 557—564.
Marcgraviaceae, I, 565—566.
Convolvulaceae, IX, 323—462.
Hydrolaceae, X. 179—185.
Selagináceae, XII, 1—26.
Nyctagineae, XII, 2. 425—458.
Cat. of sc. Papers I, 919.

Chomel, *Pierre Jean Baptiste*, Arzt (Chomelia Jacq.), * Paris 1671, † Paris 1740.

1705* Réponse à deux lettres écrites par M. *P. C(ollet)* sur la botanique. (Paris 1697.) gr. 8. 48 p.

1706* Catalogus plantarum officinalium secundum earum facultates dispositus. Parisiis 1730. 8. 116 p.

1707* Abrégé de l'histoire des plantes usuelles. etc. Paris 1712. 8. 640 p. — *Nouvelle édition augmentée. Paris 1715. II voll. 8. xlviii, 830 p., ind. — Ed. IV. ib. 1730. III voll. 8. 830, 214 p. — *Ed. V. ib. 1738. III voll. 8. xlviii, 830, 214, 116 p. — *Ed. VI. ib. 1761. III voll. 8. — *Nouvelle édition. Paris 1782. 8. — *Ed. VII. augmentée par *J. B. N Maillard* Beauvais et Paris 1803. II voll. 8. — I: 504 p. — II: 518 p. (12 fr.) — Ed. VIII. v. *Dubuisson*.

Choulette, *Sébastien*, * Toul (Meurthe) 1803.

1708* Synopsis de la Flore de Lorraine et d'Alsace ou description succincte et tableau analytique des plantes phanérogames qui croissent spontanément ou qui sont le plus généralement cultivées dans l'est de la France. Première partie: Tableau analytique des genres et des espèces. Strasbourg et Paris 1845. 12 284 p. (2 fr. 50 c.)

Christ, *Hermann*, Privatdocent an der Universität Basel.

1709* Ueber die Verbreitung der Pflanzen der alpinen Region der europäischen Alpenkette. Zürich, typ. Zürcher und Furrer. 1867. 4. 84 p., 1 tab.
Neue Denkschriften der Schweizer Gesellschaft, Band XXII.

1710* Ueber die Pflanzendecke des Juragebirges. Basel, Georg 1868. 8. 30 p. (8 sgr. n)
Cat. of sc Papers I, 921.

Christ, *Johann Ludwig*, Pfarrer zu Kronberg (Christia Moench), * Öhringen 18. Oct. 1739, † Kronberg bei Mainz 18. Nov 1813.

1711 Vollständige Pomologie, oder systematisches Verzeichniss aller kernbaren Obstsorten. Frankfurt a/M. 1803—13. 2 Bände 8. (7⅙ th.) (Die zu beiden Bänden gehörigen 51 tab. 3 th. — col. 15⅓ th.)

1712 Handbuch der Obstbaumzucht und Obstlehre. Vierte nach des Verf. Tode herausgegebene sehr vermehrte Auflage. Frankfurt a/M. 1817. 8. (2⅔ th)

Christener, *Christian*, Lehrer in Bern.

1713* Die Hieracien der Schweiz Programm der Berner Kantonschule. Bern, typ. Rieder. 1863. 4. vii, 24 p., 2 tab

Christison, *Robert*, Professor in Edinburgh, * Edinburgh 18 Juli 1797
Cat. of sc. Papers I, 922—923.

Ciassi, *Giovanni Maria*, * Treviso 1654, † etwa 1679.

1714* Mediationes de natura plantarum et tractatus physicomathematicus de aequilibrio praesertim fluidorum ac de levitate ignis. Venetiis, apud Benedictum Milochum. 1677. 12. 108 p., praef. (Meditationes de natura plantarum p. 1—45.)

Ciccarelli, *Alfonso*, * Bevagna . . ., † . . . 1580.

1715* Opusculum de Tuberibus, cum opusculo de Clitumno flumine. Patavii, Lud. Bosettus 1564. 12. 34 foll.
* *gallice:* Opuscule sur les truffes, traduction libre du latin d'*Aphonse Ciccarellus*, auteur du XVe siècle: avec des annotations sur le texte et un préambule historique par *P. I. Amoreux*. Montpellier 1813. 8. 180 p.

Ciccone, *Antonio*.

1716* De la Muscardine et les moyens d'en prévenir les ravages dans les magnaries. Paris, typ. Bouchard-Huzard. 1858. 8. 196 p., 3 tab.

Cienfuegos, *Bernardo* (Cienfugosia Cav.), * Tarragona 15.., ÷ Madrid 16..
Colmeiro Bot. esp. 157.

Cirillo, *Domenico*, Professor in Neapel, Präsident der gesetzgebenden Versammlung (Cyrilla L'her.), * Grumo in der Terra di Lavora um 1730, hingerichtet von Bourbonischem Gesindel in Neapel im August 1799.
Monthly Magazine, Aug. 1802.
Orloff, Mémoires sur Naples II, 382.

1717* Ad botanicas institutiones introductio. Neapoli 1766. 4. 28 p., 2 tab. — *Ed. II: Neapoli 1771. 4. 12 p., 2 tab.

1718* **Cirillo**, *Domenico.* De essentialibus nonnullarum plantarum characteribus commentarius. Neapoli 1784. 8. 75 p., 4 tab.
1719* —— Fundamenta botanica sive philosophiae botanicae explicatio. Ed. III. auctior. Neapoli 1785—87. II voll. 8. — I: 1785. 516 p. — II: 1787. 506 p., ind., 2 tab.
1720* —— Plantarum rariorum regni Neapolitani fasc. I et II. Neapoli 1788—92. folio. — 1: 1788. 39 p., 12 tab. col. — II: 1792. 35 p., 12 tab. col.
Multae insunt plantae hortenses. Textus fasciculi II. rarissimi redit: *Usteri*, Annalen, 13. Stück, p. 41—65.
1721* —— Discorsi accademici Neapoli 1789. 8. 335 p.
Praeter commentationem: «Del moto e della irritabilità de' vegetabili» nihil rem nostram tangit.
1722* —— Tabulae botanicae elementares quatuor priores sive Icones partium quae in fundamentis botanicis describuntur. Neapoli 1790. folio min. 18 p., 4 tab.
1723* —— Cyperus Papyrus. Parma, in aedibus Palatinis typ. Bodonianis 1796. folio max. 20 p., 2 tab. col.
1724* —— Some account of the Manna tree. Philosophical Transactions LX, 233—236.
Clairville, *Joseph Philippe de* (Clairvillea DC), * ... 1742, ÷ Winterthur 31. Juli 1830.
1725* —— Plantes et arbustes d'agrément, gravés et enluminés d'après nature. Ouvrage entrepris par quelques amateurs Fasc. I—IV. Winterthur, Steiner et Co. 1791—94. 8. 90 p., 20 tab. col.
1726* (——) Manuel d'herborisation en Suisse et en Valais, rédigé selon le système de Linné, corrigé par ses propres principes. Avec l'indication d'un nouveau système dérivé également de ce grand maître. Par l'auteur de l'entomologie helvétique. Winterthur, chez Steiner-Ziegler. 1811. 8. xxvii, 382 p. (1 1/3 th.) — * Genève et Paris, Paschoud 1819. 8. est eadem impressio.
Clapp, *Asahel*, Arzt in New Albany (Indiana) (Clappia Gray.), ÷ 17. Dec. 1862.
1727 —— A synopsis, or systematic Catalogue of the indigenous and naturalized medicinal plants of the United States. Philadelphia 1852. 8. 222 p.
Transact. Am. Med. Assoc. V, 689—896.
Clapperton, *Hugh*, Seefahrer (Clappertonia Meisn.), * Annan (Dumfrieshire) 1788, ÷ Soccatoo in Afrika 13. April 1827.
Journal of a second Expedition. London 1829. 4.
vide *Robert Brown*.
Clarici, *Paolo Bartolomeo*, * Ancona 6. Juni 1664, ÷ Padua 20. Dec. 1724.
1728* —— Istoria e coltura delle piante che sono pe'l fiore più ragguardevoli e più distinte per ornare un giardino in tutto il tempo dell' anno; con un trattato degli agrumi. Venezia 1727. 4. 771 p., praef., 2 tab. (icnographia horti *Gerardi Sagredo*.)
Clarion, *Jean*, Arzt in Paris (Clarionia Lag.), * Saint-Pont-le-Segne 1780, ÷ Paris 1856.
1729* —— Observations sur l'analyse des végétaux, suivies d'un travail chimique sur les rhubarbes exotique et indigène. D. Paris 1803. 8. 48 p.
Clarke, *Benjamin*, Esq., London.
1730 —— New arrangement of phanerogamous plants with especial reference to relative position, including their relations with the Cryptogams. London 1866. folio.
Cat. of sc. Papers I, 934.
Clarke, *Edward Daniel*, * Willingdon 5. Juni 1779, ÷ Cambridge 9. März 1822.
The Life and remains of the late Sir *Edward Daniel Clarke*. London 1824. 4. x, 670 p., effigies *Clarkii*.
1731* —— Travels in various countries of Europe Asia and Africa. London, Cadell and Davies. 1813—23. VI voll. 4. — Part I: Russia, Tartary and Turkey. 1813. xvii, 800 p., 48 tab. — Part II, sect. 1—3: (Appendix V: Plants in the Crimea, p. 729—736.) Greece, Egypt and the Holy Land. 1813—16. 720, 822, 735 p., 39 tab. (Appendix II: List of all the plants collected during these travels in Greece, Egypt, and the Holy Land, alphabetically arranged p. 716—724.) — Part III, sect. 1—2: Scandinavia. 1819—23. 763, 555 p., 46 tab.

Clarke, *Joshua*, Esq. Saffron Walden, Essex.
Cat. of sc. Papers I, 936.
Clarke, *Robert*, Surgeon and Colonial Apothecary to the Colony of Sierra Leone.
Cat. of sc. Papers I, 937.
Claus, *Karl*, Professor in Dorpat (Clausia Trotzky.), * Dorpat 23. Jan. 1796, ÷ Dorpat 24. März 1864.
Karl Schmidt, Lebensbild von Professor Dr. *Karl Claus*. Dorpat 1864. 8.
1732 —— Grundzüge der analytischen Phytochemie. Erster Theil. Dorpat 1837. 8. vi, 186 p.
1733* —— Lokalfloren der Wolgagegenden. (Beiträge zur Pflanzenkunde des russischen Reichs, Heft 8.) St. Petersburg (Leipzig, Voss). 1851. 8. 324 p. (1 $^{17}/_{30}$ th.)
Claus, *Karl*, Professor der Zoologie in Marburg.
1734* —— Ueber die Gränze des thierischen und pflanzlichen Lebens. Leipzig, Engelmann. 1863. 4. 23 p. (1/2 th.)
Clauson, *Th.*
Cat. of sc. Papers I, 947.
Claussen, *M. P.*
Cat. of sc. Papers I, 947.
Clavel de Saint-Geniez.
1735* —— Traité pratique et expérimental de botanique. Histoire naturelle des plantes, arbres, arbrisseaux, sous-arbrisseaux, arbustes, herbes, etc., croissant sur la surface du globe terrestre, ou fossiles. Paris, Vivès. 1855. 3 voll. 8. (30 fr.)
Clavenna, *Jacob Antonius*.
1736* —— Clavis Clavennae aperiens naturae thesaurum, ejusque gemmas depromens, vires scilicet plantarum in generali earundem historia ex Dalechampio potissimum sumta, a Gulielmo Rovillio Lugduni semel edita, sparsim descriptas, nunc collectas et omnibus ac singulis morbis ordine alphabetico attributas. Tarvisii, typ. Righettini. 1648. folio. 1062 p., praef., ind., effigies autoris.
Clavijo, *Don José de Viera y*, Custos des königl. Naturalienkabinets in Madrid (der Clavigo Goethes) (Clavija Rz. et Pav.), * Realejo de Ariba auf Tenerifa 28. Dec. 1731, ÷ Madrid 21. Febr. 1813.
Claye, *Louis.*
1737 —— Culture des fleurs et des plantes aromatiques. Fabrication des parfums en Portugal et dans ses colonies. Avenir de cette industrie dans ce royaume. Paris, Lebigre-Duquesne. 1865. 8. 59 p.
Clayton, *John*, Arzt in Virginien (Claytonia L), * Fulham in der Grafschaft Kent um 1685, ÷ 15. Dec. 1773.
vide *Gronovius*.
Cleghorn, *Hugh*, Conservator of forests, Madras.
1738* (——) Hortus Madraspatensis. Catalogue of plants, indigenous and naturalized, in the agrihorticultural Society's Gardens, Madras. Madras, printed for the society at the american Mission press. 1853. 8. iv, 26 p.
1739* (——) General Index of the plants described and figured in Dr. Wight's work entitled Icones plantarum Indiae orientalis. Madras, typ. H. Smith. 1856. 4. iv, 68 p.
1740 —— Report, as Conservator of forests, to the Secretary of government, dated Magalore, Mai 1858. 4.
1741 —— Memorandum upon the Pauchontree, or Indian Gutta tree (Bassia elliptica Dalz.) Madras 1858. 4.
1742 —— Reports on the Government Botanical and Horticultural Gardens, Ootacamund. for 1858. Madras 1859. 8. 29 p. — for 1859. ib. 1860. 8.
1743* —— The forests and gardens of South India. London, W. H. Allen et Co. 1861. 8. xiv, 412 p., 13 tab. (12 s.)
1744 —— Report upon the forests of the Punjab and the Western Himalaya. Roorkee 1864. 8.
Cat. of sc. Papers I, 947.
Clément Mullet, *J. J.*, ÷ Paris 1870.
1745 —— Sur les noms des céréales chez les anciens, et en particulier chez les Arabes. Paris, Imprimerie Impériale. 1865. 8. 45 p.
Journal asiatique. Vol. V. 185—226.

1746* **Clément Mullet**, *J. J.* Etudes sur les noms arabes de diverses familles de végétaux. Paris, Ad. Labitte. 1870. 8. 150 p.
Journal asiatique. VI Série tome XV. p. 1—150.
vide *Ibn-al-Awam*.

Clemente, *Simon de Rojas*, Bibliothekar des botanischen Gartens in Madrid (Clementea Cav.), * Titaguas in Valencia 1777, † Madrid Febr. 1827.
Colmeiro Bot. esp. 195—197.

Clementi, *Giuseppe*, Professor in Turin.

1747* —— Sertulum orientale seu Recensio plantarum in Olympo bithynico, in agro byzantino et hellenico nonnullisque aliis Orientis regionibus annis 1849—50 collectarum. Taurini, ex officina regia. 1855. 4. 103 p., 8 tab.
Memorie d. R. Acc. di Torino XVI.
Cat. of sc. Papers I, 982.

Clerc, *Louis*.

1748* —— Manuel classique et élémentaire de botanique, d'anatomie et de physiologie végétale. Paris 1835. 4. 131 p., 8 tab. col.

Clewberg, *Christophorus*, pr.

1749 —— De חרר arbore sub qua Elias profugus recubuisse legitur 1 Reg. XIX. 4. 5. D. Upsaliae 1758. 4. 19 p. B.

1750 —— De variis frumentorum et leguminum speciebus in Sac. Cod. Vet. Test. memoratis. D. Upsaliae 1760. 4. 12 p., 1 tab. B.

Cleyer, *Andreas*, Arzt, aus Kassel (Cleyera Thunb.).
Chinam et ipsam Iaponiam adiit, redux versus annum 1680. Epistolae eius insunt *M. B. Valentini* historiae simplicium, p. 377 s.; variae observationes de plantis iaponicis Ephemeridibus nat. curiosorum. Exstant etiam volumina duo pictarum plantarum e Japonia a *Cleyero* ad *Christ. Mentzelium* missarum in bibl regia berolinensi. De iis *Christ. Henr. Erndelius* in ep. de flora japonica ad *Io. Phil. Breynium*. Dresd. 1716 4. Emtum a *Cleyero* in Iaponia opus continet icones plantarum pictas 739., appositis nominibus japonicis, sed nulla explicatione. Nomina recentiorum meis ex precibus benevole apposuit die 26. Apr. 1856 illustrissimus *Philippus Fr. de Siebold*.

Clifford, *George*, der Schützer Linné's (Cliffortia L.), * Amsterdam 7. Jan. 1685, † Amsterdam 10. April 1760.

Clifford, *Thomas Hugues*, seit 1821 Constable, * England 4. Dec. 1762, † Gent 25. Febr. 1825.

1751 —— Flora Tixalliana. Flore des environs de Tixall. Paris 1818. 4.
Höfer XI, 539.

Clos, *Dominique*, Professor der Botanik und Director des Gartens zu Toulouse.

1752* —— Ebauche de la rhizotaxie, ou de la disposition symmétrique des radicelles de la souche; suivie de la détermination de la véritable nature des radicelles. Thèse. Paris, typ. Bachelier. 1848. 4. 72 p

1753* —— Révision comparative de l'herbier et de l'histoire abrégée des Pyrénées de Lapeyrouse. Toulouse, typ. Douladouse. 1857. 8. 86 p. (3 fr. 50 c)

1754* —— Coup d'œil sur la végétation de la partie septentrionale du département de l'Aude. Bordeaux, typ. Lafargue. 1863. 8. 30 p., 1 tab.
Cat. of sc. Papers I, 957—959.

Clusius, *Carolus* (gallice **Charles de l'Ecluse**) (Clusia L.), * Arras 18. Febr. 1525, † Leiden 4. April 1609.
E. Vorstius, Oratio funebris in obitum *Caroli Clusii* Atrebatis. Accesserunt variorum epicedia. (Antwerpiae), in officina Plantiniana Raphelengii. 1611. 4. 39 p. — * ib. 1611. folio. 24 p.
Caroli Clusii et Conradi Gesneri Epistolae ineditae. Ex archetypis edidit, adnotatiunculas adspersit nec non praefatus est *L. Chr. Treviranus*. Lipsiae 1830. 8. VI. 62 p. (⁵/₆ th.)
H. W. de Vriese, Over eene verzameling eigenhandige brieven aan *Carolus Clusius*, voorhanden in de bibliotheek der Leidsche Hoogeschool. Leiden 1843. 8. 14 p.
Ernst Meyer, Geschichte der Botanik. IV. 350—358. (1857.)
Neilreich, Verh. d. zool. bot. Ges. in Wien, V, 24—27. (1855.)
Reichardt, Ueber das Haus, in welchem *Karl Clusius* während seines Aufenthaltes in Wien (1573—88) wohnte. Verh. d. zool. bot. Ges. 1867, 977—986.

1755 —— Petit recueil, auquel est contenue la description d'aucunes gommes et liqueurs, provenans tant des arbres, que des herbes: ensemble de quelques bois, fruicts et racines aromatiques, desquelles on se sert des boutiques: retiré en partie hors de l'herbier aleman, et assemblé en partie hors des escrits de divers autheurs tant anciens que modernes, lesquelz ont traité de ceste matière. Par celui qui a traduit l'herbier de bas aleman en françois. Anvers, de l'imprimerie de Jean Loe. 1557. folio. p. 549—584. (impressum cum *Clusii* traduction *Dodonaei*. Antwerp. 1557. 8.)

1756* **Clusius**, *Carolus*. Rariorum aliquot stirpium per Hispanias observatarum historia, libris duobus expressa ad Maximilianum II. Imperatorem. Antwerpiae, Plantinus. 1576. 8. 529 p., ind. cum iconibus ligno incisis i. t.

1757* —— Aliquot notae in *Garciae* Aromatum historiam. Antwerpiae, Plantinus. 1582. 8. 23 p. praeter Descriptiones peregrinarum nonnullarum stirpium et aliarum exoticarum rerum. p. 24—43.

1758* —— Rariorum aliquot stirpium per Pannoniam, Austriam et vicinas quasdam provincias observatarum historia, quatuor libris expressa. Antwerpiae, Plantinus. 1583. 8 766 p. et ic. ligno inc. i. t. (Adhaeret *Beithii* stirpium nomenclator pannonicus. ib. 1584. 8. (8 foll.)

1759* —— Rariorum plantarum historia. Antwerpiae, ex officina Plantiniana apud Joannem Moretum. 1601. folio. 364, CCCXLVIII p., ind. cum (1146) ic. ligno inc. i. t.
Accesserunt Fungorum in Pannoniis observatorum historia; epistolae *Belli* et *Roelsii* et *Ponae* plantae Baldi. Hujus libri appendices et auctuaria exstant in *Clusii* Exoticis et Curis secundis.

1760* —— Exoticorum libri decem, quibus animalium, plantarum, aromatum, aliorumque peregrinorum fructuum historiae describuntur: item *Petri Bellonii* observationes, (*Garcia ab Horto, Christoval Acosta, Monardes*), eodem *Carlo Clusio* interprete. Antwerpiae, Plantinus. 1605. folio. 378 p., ind., 52 p. et app. et 242 p.

1761* —— Curae posteriores seu plurimarum non ante cognitarum aut descriptarum stirpium peregrinorumque aliquot animalium novae descriptiones, quibus et omnia ipsius opera aliaque ab eo versa augentur et illustrantur. Accessit seorsim *Everardi Vorstii* de *Clusii* vita et obitu oratio. Antwerpiae, Plantinus. 1611. folio. 71, 24 p. cum ic. ligno inc. i. t. — * ib. 1611. 4. 134 et 39 p. cum ic. i. t.

Cluyt, *Outger*, latine *Augerius* **Cluttus** (Clutia Boerh.)
Eloy Dict. I, 669—670.
Van der Aa III, 508—509.

1762 —— Memorie der vreemder bloom-bollen, wortelen, kruyden, planten, struycken, zaden ende vruchten, hoe men die sal wel gheconditioneert bewaren ende over seynden. Amsterdam 1631. 8. (4 foll.) B.

1763* —— Opuscula duo singularia. I. De nuce medica. II. De Hemerobio sive Ephemero insecto et Majah verme. Amsterdami, typ. Charpentier. 1634. 4. (38), 103, (3) p., 1 tab. ic. xyl.

Cobo, *Barnabas*, Jesuit (Coboea Cav.), * Lopera in Jaen 1582, † Lima 1657.
Colmeiro Bot. esp. 157.

Cocchi, *Antonio Gelestino*, Professor in Rom, * Benevent 1695, † Florenz 1. Jan. 1758.

1764 —— Oratio in aperitione horti botanici supera Janiculum. Romae 1726. 4.

Cocco, *Anastasio*.

1765 —— Per lo stabilimento della Flora Messinese di piante artificiali in rilievo orazione. Messina, Pappalardo. 1824. 8. 15 p.

Cocconi, *Girolamo*.

1766 —— Flora dei foraggi che crescono negli Stati Parmensi. Parma, typ. Ferrari. 1856. 8.

Cockfield, *Joseph*.

1767 (——) Catalogue of scarce plants found in the neighbourhood of London. London 1813. 12.

Cocks, *John*, M. D.

1768 —— The Sea-Weed Collector's Guide; containing plain Instructions for collecting and preserving; and a List of all the known species and localities in Great Britain. London 1853. 8. (2 s. 6 d.)
Cat. of sc. Papers II, 5.

Cocquius, *Adriaan*, * Rotterdam 1617, † Leiden nach 1683.

1769 —— Historia ac contemplatio sacra plantarum, arborum et herbarum, quarum fit mentio in sacra scriptura. Vlissingae, typ. Laren. 1664. 4. 263 p., praef.

Idem liber redit anno 1671 mutato titulo: «Observationes et exercitationes philologico-physiologicae ad vetus testamentum.»

Coeler, *August Friedrich.*
1770* —— De Usnea seu musco cranii humani. D. Lugduni Batavorum 1732. 4. 31 p.

Coemans, *Eugène,* Abbé in Gent.
1771 —— Monographie du genre Pilobolus, Tode, spécialement étudié au point de vue anatomique et physiologique. Bruxelles 1861. 4. 68 p., 3 tab. (5 *fr.*)
1772 —— Spicilèges mycologiques. Nr. 1—8. Bruxelles 1862—63. 8.
Bull. bot. belg. vol. I. II.
1773 —— Monographie des Sphénophyllum d'Europe. Bruxelles, Hayez. 1865. 8. 26 p., 2 tab. (2 *fr.*)
Extrait du Bull. de l'Ac. royale de Belgique. XVIII, 134—160.
1774* —— Description de la Flore fossile du premier étage du terrain crétacé du Hainaut. Bruxelles, typ. Hayez. 1866. 4. 21 p., 3 tab.
Mém. cour. Ac. Belg. vol. XXIII.
Cat. of sc. Papers II. 7.

Cohn, *Ferdinand Julius,* Professor der Botanik in Breslau, * Breslau 24. Jan. 1828.
1775* —— Symbola ad seminis physiologiam. D. Berolini. (Vratislaviae, typ. Günther.) 1847. 8. (II), 76 p.
1776* —— De cuticula. Vratislaviae. (Halle, typ. Gebauer.) 1850. 8. 71 p., 2 tab.
1777* —— Die Menschheit und die Pflanzenwelt. Habilitationsrede. Breslau, typ. Sulzbach. 1851. 8. 24 p.
1778* —— Der Haushalt der Pflanzen. (Belehrende Unterhaltungen, Heft 19.) Leipzig, Brockhaus. 1854. 8. II, 78 p. (⅙ *th.*)
Cat. of sc. Papers II. 8—10.

Cointrel, *Pierre,* Démonstrateur de botanique in Lille.
1779* —— Oratio in laudem botanices, habita in magna conceutus aula coram amplissimo senatu hujus urbis, Insulis hac vigesima prima Januarii 1749. (Lille) 1749. 4. 7 p.
1780* —— Discours sur la botanique, prononcé en public le 29 mai 1750. Lille (1750). 12. 24 p.
1781* —— Catalogue des plantes du jardin botanique de Lille. Lille 1751. 8. 118 p.

Colbiörnsen, *Christian,* * Kopenhagen 29. Jan. 1749, † Kopenhagen 17. Dec. 1814.
1782* —— Programma de sexu plantarum. Havniae 1782 folio.

Colden, *Cadwallader,* Lt. Governor of New York (Coldenia L.), * Dunse, Scotland, 17. Febr. 1688, † New York 21. Sept. 1776.
* Selections from the scientific correspondence of *Cadwallader Colden* with *Gronovius, Linnaeus, Collinson* and other naturalists; arranged by *Asa Gray.* New Haven, typ. Hamlen. 1843. 8. 51 p.
Hujus filia *Jenny Colden,* uxor medici scotici *Farquhar,* descripserat *Hypericum virginicum* in Essays by a soc. in Edinb. vol. II. p. 1. sqq. et moriens († 1754) Floram manuscriptam Novi Eboraci tabulis ornatam reliquit *Wangenheimio,* quae postea ex manibus *Baldingeri* in *bibliothecam Banksianam* migravit. Schrad. Journ. 1800. II. p. 468.

Colebrooke, *Henry Thomas,* F. R. S, bekleidete von 1782 bis 1817 hohe Civilämter in Indien, * London 15. Juni 1765, † London 10. März 1837.
Cat. of sc. Papers II. 12—13.

Colenso, *William.*
1783* —— Excursion in the northern island of New Zealand, in the Summer 1841—42. Launceston, Van Diemensland, printed at the Office of the Launceston Examiner. 1844. 8. 95 p.
1784* —— Classification and description of some newly-dicovered ferns, collected in the northern island of New Zealand in the summer of 1841—42. Launceston, Van Diemens Land, . . . examiner. 1845. 8. 29 p. Bibl. Kew.
Cat of sc. Papers II. 14.

Colenuci, *Pandolfo,* * Pesaro . . ., gemordet von Johann Sforza am 11. Juli 1504.
1785* —— Pliniana defensio adversus Nicolai Leoniceni accusationem. Ferrarae (1493.) 4. 50 foll. Bibl. Horti Pat.
Redit in *Brunfels,* Herbarum vivae eicones, tom. II.

Coles, *William,* * Adderbury 1626, † Winchester 1662.
1786 —— The art of simpling, an introduction to the knowledge and gathering of plants. London 1656. 12. 123 p., praeter Discovery of the lesser world. B.
1787 —— Adam in Eden, or natures paradise; the history of plants, fruits, herbs and flowers. London 1657. folio. 626 p. B.

Colius, *Jakob.*
1788* —— Syntagma herbarum encomiasticum, earum utilitatem et dignitatem declarans; *Abrahamo Ortelio* quondam inscriptum. Lugduni Batavorum, apud Henricum Haestens. 1606. 4. (26 foll) — * Ed. II: (Antwerpiae) ex officina Plantiniana Raphelengii. 1614. 4. 61 p. — Ed. III: Lugduni Batavorum 1628. 8. 82 p. B.

Colla, *Luigi,* zu Rivoli bei Turin (Collaea DC.), * Turin 22. April 1766, † Turin 22. Dec. 1848.
Delponte, Elogio storico. Memorie di Torino, vol. XII. (1852.) p. 1—38.
Parlatore, Elogio storico. Firenze 1850. 8. 20 p.
1789* —— L'antologista botanico. Torino, typ. Pane. 1813—14. VI voll. 8. — I: XXXII, 368 p., tab. 1—8. — II: VII, 411 p., tab. 9—13. — III—V: 1267 p. — VI: III, 423 p., tab. 14—17.
1790* —— Memoria sul genere Musa, e monografia del medesimo. Torino 1820. 4. 74 p., 3 tab.
Mem. accad. Torino XXV, 333—402.
1791* —— Hortus Ripulensis seu enumeratio plantarum quae Ripulis coluntur. Augustae Taurinorum, ex regio typographaeo. 1824. 4. XII, 163 p., 40 tab. — * Appendices inscripti: Illustrationes et icones rariorum stirpium, quae in ejus horto Ripulis florebant. — I: p. 111—138, 7 tab. — II: (1825.) 4. p. 319—358, 9 tab. — III: 54 p., 12 tab. — IV: (1827—28.) 4. 69 p., 12 tab. nigr. et col.
1792* —— Freyliniae genus. Taurini 1830. 4. 7 p., 1 tab.
1793* —— Novi Scitaminearum generis (*Cassumunar Roxburghii*) de stirpe iam cognita commentatio. Taurini, ex regio typographia. 1830. 4. 12 p., 1 tab.
1794* —— Plantae rariores in regionibus Chilensibus a clarissimo Bertero nuper detectae. Augustae Taurinorum 1832—36. 4. 47, 42, 27, 55 p., 75 tab.
Vol. XXXVII, 41—86. (1834.)
Vol. XXXVIII, 1—42. 117—142. (1835.)
Vol. XXXIX, 1—56. (1836.)
1795* —— Herbarium Pedemontanum juxta methodum naturalem dispositum additis nonnullis stirpibus exoticis ad universos ejusdem methodi ordines exhibendos. Augustae Taurinorum, ex typogr. regia. 1833—37. VIII voll. 8. — I: Thalamiflorae. 1833. IX, 566 p. — II: Calyciflorae ad Umbelliferas. 1834. 558 p. — III: Umbelliferae ad Campanulaceas. 1834. 587 p. — IV: Campanulaceae ad Chenopodeas. 1835. 592 p. — V: Chenopodeae ad Gramineas. 1836. 571 p. — VI: Gramineae ad Fungos. 1836. 606 p. — VII: Fungi et indices. 1837. 672 p. — VIII: (in 4.) sistens indicem nominum vernaculorum, indicem iconum earumque explicationem, tum icones. 1837. 102 p., 98 tab. (modice malae!) (85 *lire* 80 c.)
1796* —— Storia e descrizione del Cactus senillis. Torino, typ. Favale. 1838. 4. 10 p.
1797* —— Storia e descrizione del Cactus (Mamillaria) spiraeformis. Torino, typ. Favale. 1840. 4. 11 p.
1798* —— Memoria circa una nuova specie di Calonyction ed osservazioni sul genere. Torino, typ. Speirani. (1840.) 4. 15 p., 1 tab. (Calonyction macrantholeucum.)
1799* —— Camelliografia ossia tentativo di una nuova disposizione naturale delle varietà della Camellia del Giappone e loro descrizione. Torino, Giuseppe Pomba. 1843. 8. IX, 150 p., 2 tab. col. (4 *lire.*)
1800* —— Observations sur la famille des Rutacées, sur le genre Correa et formation du nouveau genre Antommarchia. Turin 1843. 4. 31 p., 2 tab.
Mém. Ac. Turin, vol. V, Nouv. Série.
Cat. of sc. Papers II, 17—18.

Colladon, *Louis Théodore Frédéric,* Arzt in Genf (Colladonia DC.), * Genf 25. Aug. 1792, † Genf 25. April 1862.
1801* —— Histoire naturelle et médicale des Casses et particulièrement de la Casse et de Sénés employés en médecine. Montpellier, Jean Martel. 1816. 4. 140 p., 20 tab.

Colladon, *Theodor.*
1802* —— Adversaria seu Commentarii medicinales critici, epanorthotici, dialytici, exegematici ac didactici. etc. Coloniae

Allobrogum, typ. Jacobi Stoer. 1615. II voll 8. — I: 431 p., praef. — II: 414 p., ind Bibl. publica Genev
Nostram rem fere unice tangunt tomi II p. 359—412, contin. errorum variorum de plantis medicis miscellanea

Collaert, *Adrian*, * Antwerpen .. 1520, † Antwerpen ... 1567.

1803* —— Florilegium ab *Hadriano Collaert* caelatum et a *Philippo Gallco* editum. s l. et a. 4 24 tab. aen Bibl. Reg. Bruxell.

Collegno, *Giacinto Provana di.*

1804* —— Quelle est la distribution des débris végétaux dans les dépôts, qui se forment de nos jours? D. Paris 1838. 4. 12 p.

Collet, *Philibert* (Colletia Comm.), * Châtillon-les-Dombes 11 Febr. 1643, † Châtillon-les-Dombes 30 März 1718.

1805* (——) Lettres sur la botanique (Paris 1697.) 12. 44 p. Bibl. Juss.
Harum epistolarum editio originaria rarissima est; ad *Bonnet Bourdelot* missae sunt et reimpressae in 8. majori: 27 p cum responsione *Chomelii.*

1806* (——) Catalogue des plantes les plus considérables qu'on trouve autour de la ville de Dijon Dijon, chez Claude Michard. (1702) 12 116 p Bibl Juss.
«Colletia Commers nominatur a Collet, methodi Tournefortianae acri impugnatore, Commersonii conterraneo, qui Floram Bressicam persecutus fuerat, nondum etiam nunc evulgatam » Jussieu. Genera p. 418

Collie, *Alexander*, † in König Georgs Sund, im December 1835 vide W. J. Hooker, Botany of Capt *Beechey's* Voyage.

Collin, *Andreas.*

1807 —— Specimen academicum sistens fata botanica in Finnlandia. Aboae 1758. 4.

Collins, *Zachaeus* (Collinsia Nutt), ÷ Philadelphia 12. Juni 1831, aet. 67.

Collinson, *Peter*, amicus botanicorum (Collinsonia L), * Hugal Hall in Westmoreland 14 Jan 1694, ÷ London 11. Aug. 1768.
(*John Fothergill*) Some account of the late *Peter Collinson* London 1770 4 18 p — Uebersetzt in *Fothergill's* Sämmtlichen Schriften, Band 2
Memoria *Collinsoni* in Comment. med. Lips. XVI, 351—353.
Lambert in Transact. Linn Soc. X, 270—282.
A Tribute to the Memory of *Peter Collinson* Philadelphia 1851. 8 37 p., with Portrait. (Reprinted from the Biblical Repertory.)

Colmeiro, *Don Miguel*, Professor der Botanik in Madrid (Colmeiroa Reut)

1808* —— Ensayo histórico sobre los progresos de la botánica desde su orígen hasta el día, considerados mas especialmente con relacion á España Barcelona, typ. Brusi. 1842. 8. 71 p.

1809* —— Principj che devono regolare una Flora applicati particolarmente alla formazione della Spagnuola. Lucca 1843. 8. 14 p.

1810* —— Catalogus plantarum in horto botanico Barcinonensi annis 1843 et 1844 cultarum seminumque nuper collectorum quae pro communicatione offeruntur. Barcinone, typ. Monfort. 1844. 8. 23 p.

1811* —— Catalogo metódico de plantas observadas en Cataluña. Madrid, Calleja 1846. 8. 176, 131 p. (20 *Reales.*)

1812 —— Memoria sobre el modo de hacer las herborizaciones y los herbarios. Madrid 1848. 8.

1813* —— Apuntes para la Flora de las Castillas. Madrid, Calleja. (Paris, Baillière) 1849 8 176 p.

1814* —— Recuerdos botánicos de Galicia. Santiago 1850. 4. 24 p.

1815 —— Nuevas investigaciones sobre los alerces, por tradicion se supone haber existido antiguamente en los alrededores de Sebilla y Córdoba, e instrucciones para verificar la siembra de arar, llamado alerco Africano, cuya semilla acaba de recibirse. Madrid, imprenta del Diario 1852. El autor. 8. 13 p. (2 *Reales.*)

1816* —— La botánica y los botánicos de la península hispanolusitana. Estudios bibliográficos y biográficos. Obra premiada por la biblioteca nacional e impresa á expensas del gobierno Madrid, typ. Rivadeneyra. 1858. 8 max. x, 216 p. (12 *Reales.*) (Liber vere egregius!)

1817 —— y *Estéban* **Boutelou**. Exámen de las encinas y donas árboles de la península que producen Bellotas con la designacion de los que llaman Mestos. Sevilla 1854. José Geofrin. 8. 16 p

1818* —— Curso de botánica, ó Elementos de organografia, fisiologia, metodologia y geografia de las plantas ... Parte I—III. (Tomo I. II.) Madrid y Santiago, Angel Calleja. 1854—57 8. xii, 584. xi, 1024 p.

1819* **Colmeiro**, *Don Miguel.* Enumeracion de las cryptogamas de España y Portugal. Parte I. Acrogenas. Madrid, Aguado. 1867. 8. 119 p.
Revista de los progresos, t. XVI. XVII.
Cat. of sc. Papers II, 24.

Colombano.

1820* —— Collezione ragionata e fedele delle contraddizioni degli errori di massima botanica, delle calonnie etc. che si trovano nel libro che ha per titulo: «Saggio su la maniera d'impedire la confusione, che tien dietro alla innovazione de' nomi, e alle inesatte descrizioni delle piante in botanica.» s. l. 1800 8. 90 p.

Colombina, *Gasparo.*

1821* —— Il bomprovifaccia, per sani et amalati. Padova, Tozzi. 1621. 8. 335 p. ind. cum ic. ligno incisis, maxime rudibus. Bibl. Hort. Pat.

Colonna, *Fabio*, latine **Columna** (Columnea L.), * Neapel um 1567, † Neapel 1650.
Vita a *Jano Planco* scripta exstat in Phytobasano Mediol. 1744. p. I—X.
Du Petit Thouars in Biogr. univ. VIII, 658—659.
Tenore, Memorie per servire alle illustrazioni ed a' comenti delle opere botaniche di *Fabio Colonna*. Giornale enciclopedico di Napoli, 1816. I, 3—29

1822* —— Φυτοβασανος sive plantarum aliquot historia. Neapoli, apud J. J. Carlinum. 1592. 4. 120, 32 p, praef., ind., (36) p.

aeri inc. — * Editio altera, cui accessit Vita *Fabii* et Lynceorum notitia adnotationesque in Phytobasanon, *Jano Planco* Ariminensi auctore. Florentiae, Viviani (in aliis exemplaribus: Mediolani) 1744. 4. LII, 134 p., 38 p.

1823* —— Minus cognitarum rariorumque nostro coelo orientium stirpium Εκφρασις, in quâ non paucae ab antiquioribus Theophrasto. Dioscoride, Plinio, Galeno aliisque descriptae, praeter illas etiam in Φυτοβασανω editas disquiruntur et declarantur. Item de aquatilibus aliisque nonnullis animalibus libellus. Omnia fideliter ad vivum delineata atque aeneis typis expressa, cum indice in calce voluminis locupletissimo. Romae, apud Jacobum Mascardum. 1616. 4. 340, 99 p. praeter animalium observationes et libellum de purpura; cum 131 tabulis aeneis, in quibus 247 plantae repraesentantur; et effigies *Columnae*, aet. XXXVIII.
Exstat prior hujus operis editio: Romae, apud Guilelmum Faciottum. 1606. 4. cum 161 iconibus, quam nullibi vidi.

Colsmann, *Johannes*, Professor der Chirurgie in Kopenhagen (Colsmannia Lehm.), * Kopenhagen 31 Oct. 1771, † Kopenhagen 3. Aug. 1830.

1824 —— Prodromus descriptionis Gratiolae, sistens species a D. *König* detectas. Hafniae 1793. 8. 16 p.
Römer, Archiv II, 240—244.

Columella, *Lucius Junius Moderatus* (Columella Lour.)
Ernst Meyer, Geschichte II, 58—80.

1825* —— De rei rustica libri XII. et liber de arboribus. Venetiis, Aldus. 1523. 4. — Parisiis 1533. folio. — Basileae 1535. 4 — Parisiis 1543. 8. — Mannhemii 1781. 8. — Biponti 1787. 8. — Ex optimorum scriptorum atque editorum fide et virorum doctorum conjecturis correxit, atque interpretum omnium collectis et excerptis commentariis suisque illustravit *Johann Gottlob Schneider.* Lipsiae 1794. 8.

Comelli, *Francesco*, * Udine 4. Sept. 1793, † Udine 23. Nov. 1852.
G. A. Pirona, Della vita e degli studii di *Francesco Comelli* Udine, typ. Vendrame. 1853. 8.

1826* —— Intorno alle alghe microscopiche del Dr. B. Biasoletto relazione. Udine 1833. 8. 29 p.

1827* —— Intorno alle alghe di acqua dolce ed alle produzioni animali che si credevano alghe studio. Saggio primo. Udine, Vendrame. 1835. 8. 32 p. et 3 spec. siccae.

v. Comini, *Ludwig.*

1828* —— Die Traubenfäule und ihre Folgen mit besonderer Berücksichtigung ihres epidemischen Charakters in der Gegend von Bozen Innsbruck, Pfaundler in Comm. 1858. 8. x, 54 p. (12 *sgr*)

Commelin, *Jan*, Professor der Botanik in Amsterdam, Oheim von Kaspar C., * Amsterdam 23. Juli 1629, † Amsterdam 19. Jan. 1692.
Eloy Dict. hist. I, 694.
Biogr. médicale III, 309.
Van der Aa, Biogr Woordenboek III, 648. «* Amsterdam 23. April 1629.»

1829 **Commelin**, Jan. Afteekeningen van verscheyden, vreemde Gewassen; in de Medicyn-Hoff der Stadt' Amsteldam. Door Ordre vande Heeren J. Huydekoper en J. Commelin, als Commissarissen vanden voorn. Hoff. Inden jaren 1687 en volg. (tot 1749). 9 dln. gr. folio.
Dit werk bestaat uit afbeeldingen, uit de hand geteekend en gekleurd, en keurig uitgevoerd, van de gewassen, die in den Hortus gebloeid hebben, zonder systematische orde, waarschjinlijk zoo als ze juist in bloei stonden, afgebeeld.
In *J. Commelini* Hortus Amstelaed. 1697; zijn de platen naar deze primitive afbeeldingen genomen, natuurlijk niet in dezelfde volgorde, en minder in getal. In de voorrede tot deel II zegt zijn zoon *Casper* het volgende met betr. tot deze verzameling:
... «de hier nochtans beschrevenen zijn alle gequeeckt in den hof, «en zyn naa het leeven met desselfs verwe geteeckent, di met een groot «getal afteekeningen van anderen gewassen in den hof bewaard werden, «welcke versaamelingh van geschilderde gewassen, door dien de E. A HH. «Commissarissen van deesen hof, als voorstanders van de Kruyd-kunde, in «het afteeckenen van het groot getal der uitlandtsche gewassen, die in «deselve werden gequeeckt en gequeeckt zullen werden, volharden, een «Koninckyck werck staat te werden.»
Deze af beeldingen zijn op perkament in gr. fol., elke plaat op zwaar papier opgeplakt. In de eerste deelen (tot Dl. V pl. 29) is op den verso van het vorige blad elke plant gedenomineerd, somtijds met korte beschrijving Even als de titels is dit gedaan in keurig schoonschrift De titels van de Deelen zijn hetzelfde, alleen de Commissarissen verschillen.
Dl. I. Onder de genoemde Commissarissen. 1787—89. Met 2 wapens en 44 ongenomm. pl.
Dl. II. Onder dez Comm. 1690—92. Met 48 ongenomm. pl.
Dl. III. Onder de Comm. *Fr. de Vroede, Jo. Huydecooper van Maarseeven* en *G. Pancras.* Zonder jr. Met 3 wapens, 51 genomm. pl.
Dl. IV. Onder dez. Comm Zonder jr. Met 50 genomm. pl.
Dl. V. Onder de Comm. *P. Rendorp, F. van Collen* en *G Clifford.* Zonder jr. zonder wapens. Met 50 genomm. pl.
Dl. VI, VII. Als voorg. deel.
Dl. VIII. Als voorg. deel. Met 77 genomm. pl.
De pl. zijn geteekend door *Johan Moninckx fs.* en (vooral sedert Dl. V) *Maria Moninckx f.*, slechts enkelen zijn van *Alida Withoos* en *Johanna Helena Herolt*, velen echter zonder naamteekening.
Dl. IX is blijkbaar van later dagteekening en niet veel meer dan eene weldra opgegeven poging om het kostbare werk op minder kostbare wijze voort te zetten. Zonder titel behelst het slechts 5 platen op papier geteekend, 1 door *Dorothea Storme* en 4 door *J. M. Cok*; deze laatste dragen het jaartal 1749.
Servatur in Horto Amstelodamensi.

1830* —— Nederlantze Hesperides; dat is, Oeffening en gebruik van de Limoen-en Oranje-boomen; gestelt na den aardt en climaat der Nederlanden. Amsterdam, by Marcus Doornik. 1676. folio. 47 p., praef., ind., 27 tab.
anglice: London 1683. 8. 19½ p.

1831* —— Catalogus plantarum indigenarum Hollandiae, cui praemissa *Lamberti Bidloo* Dissertatio de re herbaria. Amstelodami, Boom. 1683. 12. 82, 115 p. — *Ed. II. Lugduni Bat., apud Langerak. 1709. 12. 117, 80 p.

1832* —— Catalogus plantarum horti medici Amstelaedamensis. Pars prior Amstelodami, ex officina Commeliniana. 1689. 8. 371 p., praef. — *Eadem impressio novo titulo: Amsteldami, apud Wetstenios. 1602. 8.

1833* —— Horti medici Amstelaedamensis rariorum tam orientalis, quam occidentalis Indiae, aliarumque peregrinarum plantarum magno studio ac labore, sumtibus civitatis Amstelodamensis longa annorum serie collocatarum descriptio et icones ad vivum aeri incisae. Opus posthumum. Latinitati donatum, notisque et observationibus illustratum a *Frederico Ruyschio* et *Francisco Kiggelario*. Amstelodami, apud P. et J. Blaeu. 1697—1701. II voll. folio. — Pars prima: 1697. 220 p, 112 tab. — Pars altera, auctore *Caspare Commelino*: 1801. 224 p., ind., 112 tab. (latine et belgice.)

Commelin, Kaspar, Professor der Botanik in Amsterdam, Neffe von Jan. C. (Commelina Hoffgg.), * Amsterdam ... 1667, † Amsterdam 25. Dec. 1731.
Éloy Dict. hist. I, 695.
Biographie médicale III, 308
Van der Aa, Biogr. Woordenboek III, 649.

1834* —— Flora Malabarica sive horti Malabarici catalogus exhibens omnium ejusdem plantarum nomina, quae e variis tum veteribus tum recentioribus botanicis collegit, et in ordinem alphabeticum digessit. Lugduni Batavorum, apud Haaringh. 1696. 8 284 p.
Idem liber: Lugd. Bat., apud F. Haaringh. 1696 folio. (6) 71 p. et iterum cum inscriptione Botanographia, apud Langerak anno 1718 folio. 71 p.

1835* —— Plantarum usualium horti medici Amstelodamensis catalogus. Amstelodami (1698). 8. 83 p. — *Ed. III auctior. ib. (1724.) 8. 107 p.

1836* **Commelin**, Kaspar. Praeludia botanica ad publicas plantarum exoticarum demonstrationes; his accedunt plantarum rariorum, in Praeludiis botanicis recensitarum, icones et descriptiones. Lugduni Batavorum, apud Haringh. 1703. 4. 85 p., 33 tab. — *Lugduni Batavorum, apud J. du Vivie 1715. 4. 85 p., 33 tab. (non differt.)

1837* —— Horti medici Amstelaedamensis plantae rariores et exoticae ad vivum aeri incisae. Lugduni Batavorum, apud Haringh. 1706. 4. 48 p., praef., 48 tab. — *ib. apud J. du Vivie. 1715. 4. (non differt.)

Commelin, Kaspar, Sohn von Kaspar Commelin.

1838 —— Oratio metrica in laudem rei herbariae. Amstelaedami 1715. 4. 12 p. в.

Commerson, Philibert (Commersonia Forst.), * Châtillon-les-Dombes 18. Nov. 1727, † auf Isle de France 13. März 1773
Éloge de Commerson par De Lalande in Journal de physique V, 89—120 VIII, 357—363.
Linné Ordines pl naturales, praef. p. 29.
P. A. Cap, Philibert Commerson. Paris 1860. 8. 40 p.
P. A. Cap, Philibert Commerson. Paris, V. Masson. 1861. 8 199 p.
Commersonii Codices manuscripti servantur Parisiis in Horto; unus exstat in Bibliotheca Regia Berolinensi. (Libri picturati A. 87. in 4)

Comolli, Giuseppe, Professor der Landwirthschaft in Pavia (Comollia DC.)

1839* —— Plantarum in Lariensi provincia lectarum enumeratio, quam ipse in botanophilorum usu atque commodo exhibet uti prodromum Florae Comensis. Novo-Comi, typ. Ostinelli 1824. 8. XIX, 208 p.

1840* —— Flora Comense, disposta secondo il sistema di Linneo. Vol. I—VII. Como, typ. Ostinelli (postea Pavia typ. Bizzoni.) 1834—57. 8. — I: 1834. XXXVII, 368 p — II: 1835. 323 p — III: 1836. 267 p. — IV: 1846. VI, 400 p. — V: 1847 477 p. — VI: 1848. 414 p. — VII: 1857. 312 p.

Companyo, Louis, * Céret (Pyrénées orientales) . . . 1781.

1841 —— Histoire naturelle du département des Pyrénées orientales. Tome 1—3. Perpignan, typ. J. B. Alzine. 1861—64. 8.
Tome II. 1863. Règne végétal 940 p

Comparetti, Andrea, Professor zu Padua (Comparettia Poepp.), * Vicinale in Friaul 3. Aug 1746, † Padua 22. Dec. 1801.

1842* —— Prodromo di fisica vegetabile. Padova, typ. Conzatti. 1791 —99. II voll. 8. — I: 1791. 72 p. — II: 1799. 80 p.

1843* —— Riscontri fisico-botanici ad uso clinico. Padova, typ. Conzatti. 1793. 8. 128 p

1844 —— Osservazioni sulle proprietà della China del Brasile Padova, Penada. 1794. 8 72 p.

Compton, Henri, Bischof von London (Comptonia Banks.), * Compton . . . 1632, † Fulham 7. Juli 1713.

Comstock, John L.

1845 —— An Introduction to the Study of Botany, including a Treatise on Vegetable Physiology, and Descriptions of the most common Plants in the Middle and Northern States. Ed. XI. New York, Pratt. 1845. 8. — Ed XV. ib. 18*. . 8

Comte, Joseph Achille, * Grenoble 29. Sept. 1802, † Nantes 1866.

1846 —— Cahiers d'histoire naturelle à l'usage des collèges II. Botanique. Paris. 1836. 8. — *Nouvelle édition. Paris, Masson. 1858. 8. (2 fr.)

1847 —— Introduction au règne végétal d' *A. L. de Jussieu*, disposée en tableau méthodique. Paris 1834. folio. (1 fr. 25 c)
germanice: Weimar 1834. folio.

Condamine, Charles Marie de la (Condaminea DC.), * Paris 28. Jan. 1701, † Paris 4. Febr. 1774.

1848* —— Relation abrégée d'un voyage fait dans l'intérieur de l'Amérique méridionale, depuis la côte de la mer du sud jusques aux côtes du Brésil et de la Guiane, en descendant la rivière des Amazones. Paris 1745. 8. XVI, 216 p. et une carte. (Mém. de l'Acad. de sc. de Paris, 1745. p. 391—492.)
—— *Nouvelle édition augmentée: Maestricht 1778. 8. 379 p., 2 tab.

Conrad, J.

1849* —— Flora der Herrschaft Tepl. In *K. J. Heidler*, Pflanzen- und Gebirgsarten von Marienbad. Prag 1837. 8. p. 35—54.

Conrad, *Salomon W.* (Conradia Nutt.), * Philadelphia 2. Oct. 1834.
Cat. of sc. Papers II, 33.

Constantin, *Robert,* * Caen . . . 1512, † 27. Dec. 1605.
vide *Dioscorides, Scaliger, Theophrastus.*

Contant, *Paul,* le fils, * Poitiers vers 1570, † Poitiers 1632.

1850* —— Les œuvres divisées en cinq traictez. 1. Les commentaires sur Dioscoride. 2. Le second Eden. 3. Exagoge mirabilium naturae e gazophylacio. 4. Synopsis plantarum cum etymologiis. 5. Le jardin et cabinet poétique. Poictiers, par Julian Thoreau. 1628. folio. 250, 79, 90, 59 p., tab. Bibl. Juss.

1851* —— Les divers exercices de *Jacques* et *Paul Contant,* père et fils, maistres apoticaires de la ville de Poictiers, où sont esclaircis et resouldz plusieurs doubtes qui se rencontrent en quelques chapitres de *Diosocride* et qui ont travaillé plusieurs interprètes composez par le dit *Jacques* et recueillies, reveus, augmentez et mis en bon ordre par le dit *Paul,* pour servir de commentaire aus simples escriptz dans son poesme intitulé: le second Eden. Poictiers, par Julian Thoreau. 1628. folio. 250 p., praef. Bibl. Juss.

Contejeau, *Charles.*

1852* —— Enumération des plantes vasculaires des environs de Montbéliard. Besançon, typ. d'Outhenin-Chalandre. 1854. 4. 247 p., 1 tab. géol. col. — * Additions. ib. 1856. 8. 32 p.
Extrait des Mémoires de la société d'Emulation du Doubs, années 1853, 1854, 1856.
Cat. of sc. Papers II, 36—37.

Conti, *Livio Ignazio.*

1853 —— Il vero silfio overo Laserpitio degli antichi, dopo lo spazio di più di 1200 anni ch'è stato perso e incognito, nuovamente discoperto e manifestato. (Giornale de' letterati. Venezia, Dec. 1673. Giornale XVI. ed aggiunta sopra l'istessa scoperta.)
Lettera sopra la detta scoperta. Venezia, Vitali. 1674. 4.
Risposta a questa lettera. Venezia, Dom. Milocco. 1674. 4.

Cook, *James,* der Seefahrer (Cookia Sonn.), * Marton in der Grafschaft York 27. Oct. 1728, † Owaihi 14. Febr. 1779.

Cooke, *M. C.*

1854* —— A Manual of structural botany. London, Robert Hardwicke. (1861.) 12. IV, 123 p., ic. xyl. i. t.

1855 —— Plain and easy accounts of British Fungi, with descriptions of the esculent and poisonous species, details of the principles of scientific classification, and a tabular arrangement of orders and genera. London, Hardwicke. 1862. 8. 24 tab. col. (6 s.)

1856 —— Manual of botanical terms. London 1865. 8. (2 s.)

1857* —— Rust, smut, mildew, and mould: an introduction to the study of microscopic Fungi. With nearly 300 (coloured) figures, by *J. E. Sowerby.* London, Hardwicke. 1865. 8. 250 p. (6 s.)

1858 —— Index fungorum britanicorum. London, Hardwicke. 1865. 8. (2 s. 6 d.)

1859 —— Fern book for Everybody, containing all the British Ferns, with the foreign species suitable for a fernery. London, Hardwicke. 1867. 8. (1 s.)
Cat. of sc. Papers II, 40.

Cooper, *Daniel,* M. D., * London 1807, † Leeds 23. Nov. 1842.

1860* —— Flora metropolitana; or botanical rambles within thirty miles of London: being the results of excursions in 1833—35. etc. London, Highley. 1836. 12. XVI, 139 p. — Supplement: 1837. 36 p. (6 s.)
Cat. of sc. Papers II, 41.

Cooper, *J. G.,* Arzt in Washington.

1861 —— and *Asa Gray.* Botanical Report on the route from the Missisippi River to the Pacific Ocean, made in 1853—55. Washington, typ. Th. H. Ford. 1860. 4. 76 p., 6 tab.
Executive Documents of the 36th Congress, first Session, Nr. 56.

Cooper, *Thomas Henry.*

1862* —— The Botany of the county of Sussex. Sussex, typ. Baxter. 1834. 8. 52 p.

Cop, *Maria Johannes.*

1863* —— Oratio de botanices cum ceteris philosophiae naturalis partibus necessitudine. Daventriae, Lange. 1842. 8. IV, 51 p.

1864 **Cop,** *Marie Johannes.* Over zoogenoemde eigene warmte bij Planten. Zwolle 1848. 8.

Coppens, *Bernard,* Professor in Gent, * . . ., † Gent . . . 1801.
Couret de Villeneuve, Éloge funèbre. Gand 1801. 8.

1865* (——) Terminologie botanique, à l'usage des élèves de l'école centrale du Département de l'Escault. Gand, Cotier. 1798. 8. 56 p., praef.

Coquebert de Montbret, *Antoine François Ernest,* Botaniker der ägyptischen Expedition (Coquebertia Brugm.), * Hamburg 31. Jan. 1781, † Cairo . . . 1801.

Coquebert de Montbret, *Gustave,* * 1805, † Paris 1837.
Brongniart in Ann. sc. nat. II, tome 6, 37—38.

Corda, *August Karl Joseph* (Cordaea N. v. E.), * Reichenberg 22. Oct. 1809, † in den mexikanischen Gewässern auf der Bremer Barke Victoria im September 1849.
Denkschrift über A. J. Corda's Leben und botanisches Wirken, von W. R. Weitenweber. Prag, Calve. 1852. 4. 38 p. (Aus den Abhandlungen der Böhm. Ges. der Wissenschaften, Band VII, p. 59—94.)

1866* —— Monographia Rhizospermarum et Hepaticorum. (Die Wurzelfarren und Lebermoose.) Erstes Heft. Prag 1829. 4. 16 p., 6 tab. (½ th.)

1867* —— Genera Hepaticarum. Die Gattungen der Lebermoose. Prag 1828. 8.
Opiz, Beiträge zur Naturgeschichte, p. 643—655.

1868* —— Ueber den Bau des Pflanzenstammes. Prag, Kronberger. 1836. 8. 35 p.
Weitenwebers Beiträge I, 2.

1869* —— Ueber Spiralfaserzellen in dem Haargeflechte der Trichien. Ein Schreiben an *A. v. Humboldt.* Prag, Calve. 1837. 4. 8 p., 1 tab. (7/24 th.)

1870 —— Observations sur les Euastrées et les Cosmariées. Prague 1839. 12. 32 p., 6 tab.

1871 —— Observations on the microscopic animalcules about the hot springs of Carlsbad. In *John de Carro,* Essai on the Mineral Waters of Carlsbad. Prague 1835. 12. 135 p., 6 tab.

1872* —— Observations microscopiques sur les animalcules des eaux et des thermes de Carlsbad. In: *Carro,* Almanach de Carlsbad. Dixième année. Prague 1840. 12. p. 186—221. 6 tab.

1873* —— Icones Fungorum hucusque cognitorum. Abbildungen der Pilze und Schwämme. Pragae, Ehrlich. 1837—54. VI voll. folio. (47¼ th.) — I: 1837. 32 p., 7 tab. — II: 1838. 43 p., 8 tab. — III: 1839. 55 p., 9 tab. — IV: 1840. 53 p., 10 tab. — V: 1842. 92 p., 10 tab. — VI: ultimus, quem, consulatis literariis autoris reliquiis, edidit *Joan. Bapt. Zobel.* 1854. XX, 91 p., 20 tab. (15 th.)

1874* —— Prachtflora europäischer Schimmelbildungen. Leipzig und Dresden 1839. folio. VIII, 55 p., 25 tab. col. (15 th.)
* gallice: Flore illustrée de Mucédinées d'Europe. Leipzig 1840. folio. VIII, 55 p., 25 tab. col. (15 th.)

1875* —— Anleitung zum Studium der Mykologie, nebst kritischer Beschreibung aller bekannten Gattungen, und einer kurzen Geschichte der Systematik. Prag, Ehrlich. 1842. 8. CXXII, 223 p., 8 tab. (2⅔ th.)

1876* —— Beiträge zur Flora der Vorwelt. Prag 1845. 4 max. VIII, 128 p., 60 tab. (16 th.) — Neue Titelausgabe. Berlin, Calvary. 1867. 4. (8 th.)
Cat. of sc. Papers II, 48—49.

Cordes, *J. W. H.*

1877* —— Het zamenstel der voornaamste Europesche houtsoorten. Handleiding tot mikroskopisch onderzoek van houtachtige plantenweefsels. Haarlem, de Erven Loosjes. 1857. 8. VIII, 128 p., 8 tab. (2 fl. 25 cd.)

Cordienne, *Alexandre Joseph,* * Jussey (Haute-Saône) 15. Aug. 1796, † Dôle 6. Juli 1826.

1878 —— Prospectus raisonné d'un Cours de botanique. Dôle 1820. 4.

1879 —— Tableau synoptique d'une classification des plantes. Dôle 1822. folio.

1880 (——) Notice topo-phytographique abrégée de quelques lieux du Jura, de l'Helvétie et de la Savoie. Dôle 1822. 8. 39 p.

Cordier, *F. S.*

1881 —— Guide de l'amateur de champignons, ou précis de l'histoire des champignons alimentaires, vénéneux et employés

dans les arts, qui croissent sur le sol de la France. Paris, Bossange. 1826. 12. 247 p., 11 tab. col. — *Histoire et description des champignons alimentaires et vénéneux qui croissent sur le sol de la France, etc. Nouvelle édition. Paris, Rouvier. 1836. 12. x, 247 p., 11 tab. col. (4 fr. 50 c.)
germanice: Quedlinburg 1838. 8. (¹/₂ th.)

1882 **Cordier**, *F. S.* Les champignons de la France. Paris, Rothschild. 1869. 8.

Cordus, *Eurich*, Professor an der Universität Erfurt, * Simmtshausen zwischen Marburg und Frankenberg ... 1486, † Bremen 24. Dec. 1535.
W. Kahler, Vita Eurici Cordi exposita. Rintelii 1744. 4. 74 p.

1883* —— Botanologicon. Coloniae, apud J. Gymnicum. 1534. 12. 183 p., ind. — Botanologicon. Elenchus meliorum rerum quae in eo continentur. *Valerii Cordi* Adnotationes in *Dioscoridis* de medica materia libros. Index locupletissimus. Parisiis, apud Guilelmum Morelium. 1551. 12. 193 p., praef., ind., praeter *Valerii Cordi* Adnotationes: 395 p., ind.
Index hujus libri rarissimus impressus est cum *Dioscoride* per Rivium, Francofurti 1549. p. 534—541. sequenti titulo: Indicium de herbis et simplicibus medicinae ac eorum, quae apud medicos controvertuntur, decisio et explicatio.

Cordus, *Valerius*, der Sohn (Cordia Plum.), * Simmtshausen in Oberhessen 18. Febr. 1515, † Rom 25. Sept. 1544.
* De morbo et obitu *Valerii Cordi* epistola *Hieronymi Schreiberi* in *Valerii Cordi* Stirpium descriptionis libro V. Argentorati 1563. folio.
Ernst Meyer, Geschichte der Botanik IV, 317—322. (1857.)
Thilo Irmisch, Ueber einige Botaniker des 16. Jahrhunderts. Sondershausen 1862. 4. p. 10—34.

1884* —— Annotationes in *Pedacii Dioscoridis* Anazarbei de medica materia libros V. Cum ejusdem Historia stirpium et Sylva etc. His accedunt Stochornii et Nessi stirpium descriptio *Benedicti Aretii*, et *Conradi Gesneri* de hortis Germaniae liber recens una cum descriptione Tulipae Turcarum etc. Omnia summo studio atque industria *Conradi Gesneri* collecta. Argentorati, excudebat Josias Rihelius. 1561. folio. 304 foll. cum praefatione et literis *Gesneri*, ind., ic. xyl. i. t.
Primum prodierunt cum versione latina *Dioscoridis*, Francofurti a/M. 1549. folio. Adduntur etiam Botanologico *Eurici Cordi*. Parisiis, apud Guilelmum Morelium. 1551. 12.

1885* —— Stirpium descriptionis liber quintus, qua in Italia sibi visas describit in praecedentibus vel omnino intactas vel parcius descriptas hunc autem morte praeventus perficere non potuit. De morbo et obitu *Valerii Cordi* epistola *Hieronymi Schreiberi* Norimbergensis. In ejusdem obitum *Casparis Crucigeri* elegia, emendationes quaedam et additiones in opera *Valerii Cordi* Argentinae excusa apud Rihelium 1560. Argentorati, excudebat Rihelius. 1563. *Editio nova plurimis emendationibus et adnotationibus ex Gesneri codice desumtis aucta et recusa. Norimbergae 1751. folio. 130 p.

Corinaldi, *Jakob*, in Pisa.
1886* —— Notizie storiche della Accademia Valdarnese del Poggio, colle Memorie concernenti le scienze naturali raccolte da due primi volumi dei Memorie Valdarnesi. Pisa, typ. Prosperi. 1839. 8. 72 p., 3 tab.

Cornarius, *Janus*, vernaculo nomine *Haynpol* vel *Hagenbut*, Arzt in Zwickau, dann in Jena, * Zwickau ... 1500, † Jena 16. März 1558.
Adami, Vitae medicorum 85—90.
Baldinger, Programmata III de Jano Cornario. Jenae 1770. 4.

1887* —— Vulpecula excoriata. Francofurti, apud Christianum Egenolphum Hadamarium. 1545. mense Martio. 4. (19 foll.) sign. a—e³. Bibl. Reg. Paris.

1888* —— Nitra ac Brabyla, pro Vulpecula excoriata asservanda. Per *Janum Cornarium* medicum physicum, Hippocraticum in schola Marpurgensi Professorem. Ad *Leonhartum Fuchsium*, scholae medicae apud Tubingam Professorem. Francofurti, typ. Egenolf. mense Augusto 1545. 4. (20 foll.) sign. A—E⁴.
Bibl. Reg. Paris.

1889* —— Orationes in Leonhartum Fuchsium medicum, sive Fuchseides III. Quarum inscriptiones sunt: I. Vulpecula excoriata. II. Vulpecula excoriata asservata, sive nitra ac brabyla pro Vulpecula excoriata asservanda. III. Vulpeculae catastrophe, seu qui debeat esse scopus, modus ac fructus contentionum. (Francofurti, apud Egenolphum.) 1546. 8. sign. A—L⁴. Bibl. Reg. Dresd.

Cornarius, *Janus*, Prediger zu Hamelburg in Franken.
1890* —— Theologiae vitis viniferae libri tres, lectu theologis aeque utiles ac philologis jucundi: editi studio *M. Abrahami Sculteti*, Grünbergensis Silesii. Heidelbergae 1614. 8. 398 p., praef., ind.

Cornaz, *Édouard*, Arzt in Neuchâtel, * Marseille 1825.
1891* —— Enumération des Lichens jurassiques et plus spécialement de ceux du canton de Neuchâtel.
Bull. soc. sc. nat. Neuchâtel II, 385—408. (1847.)
Cat. of sc. Papers II, 53.

Cornelissen, *Egide Norbert*, * Antwerpen 12. Juli 1769, † Gent 18. Juli 1849.
1892* —— Sur les tubera des anciens, considérés comme étant les truffes de nos jours (Lycoperdon Tuber L.) et à cette occasion sur deux passages de la traduction de *Suétone* par *LaHarpe*. Gand 1834. 8. 12 p.

Cornelius, *Hermann*.
1893* (——) Catalogus plantarum horti publici Amstelodamensis. Amstelodami 1661. 8. 53 p.

Cornut, *Jacques Philippe* (Cornutia Plum.), * Paris 19. Oct. 1626, † Paris 23. Aug. 1651.
1894* —— Canadensium plantarum aliarumque nondum editarum historia. Cui adjectum est ad calcem Enchiridion botanicum Parisiense, continens indicem plantarum, quae in pagis, silvis, pratis et montosis juxta Parisios locis nascuntur. Parisiis, S. le Moyne. 1635. 4. 238 p., praef., ind., tab. — *Parisiis, venundantur apud Joannem d'Hovry. 1662. 4. est eadem impressio novo titulo.
Höfer, Nouvelle Biographie générale XI, 897—899.

Corragioni de Orelli, *Joseph Maria*, * Luzern 1781.
Spicilegium Florae pagi Lucernensis cryptogamicae. D. Jenae 1803.

Correa da Serra, *José Francisco* (Correa Sm.), * Serpa in Portugal 5. Juni 1751, † Caldas 11. Sept. 1823.
Notice sur la vie et les travaux de Mr. Correa de Serra par Francois d'Almeida in Mémoires du Muséum XI, 215—229.
Colmeiro Bot. esp. 187—188.
Phil. Transact. 1796, 494—505.
Cat. of sc. Papers II, 55.

Corson, *James*, * Dalscairth in Schottland ... 1814, † Timor 16. Juni 1844.
Plantas in insulis maris australis collectas descripsit *Georgius Don* in Loudon Gard. Mag. 1842. 370 sq.

Corti, *Bonaventura*, Professor in Modena am Collegio dei Nobili, * Viano (Modena) ... 1729, † Reggio 3. Febr. 1813.
1895* —— Osservazione microscopiche sulla Tremella e sulla circolazione del fluido in una pianta acquajuola. (Chara.) Lucca, G. Rogghi. 1774. 8. 207 p., 3 tab.

Cortuso, *Jacopo Antonio*, Ostensor simplicium in Padua seit 1590 (Cortusa L.), † Padua 21. Juni 1603.
Visiani, Orto di Padova 13—15.

1896* (——) L'horto dei simplici di Padova, que si vede primieramente la forma di tutta la pianta con le sue misure: ed indi i suoi partimenti distinti per numeri in ciascuna arella, intagliato in rame. In Venetia, appresso Girolamo Porro. 1591. 8. (72 foll.), effigies *Cortusii* et 5 tab. horti situm illustrantes.
Editionem novam, curavit *Joh. Georg Schenck*, Francofurti 1608. 8. cui accessit *Melchioris Guilandini* Conjectanea synonymica plantarum.

Cosentini, *Ferdinando*, Professor in Catania, * Catania 1769, † Catania 7. Juli 1840.
* Elogio scritto dal *Padre Tornabene* in Atti della Accademia Gioenia, vol. XX, pag. I—XVI.

1897 —— Saggio di botanica. Catania, per Francesco Pastore. 1805. 4.
Cat. of sc Papers II, 57.

Cosentini, *Giuseppe Maria*, * Catania 3 Aug. 1759, † Catania 30. Sept. 1839.
Cocco Grasso, Notizie biografiche. Palermo 1840. 8.

Cossa, *Alfonso*.
1898* —— Sull' assorbimento delle radici Considerazioni e Ricerche. Pisa, tip. Pieraccini. 1859. 8. 35 p.

Cossigny de Palma, *Joseph Francois Charpentier de* (Cossignia Comm.), * Palma auf Isle de France . . 1730, † Paris 29. März 1809.
<small>Hofer, Biogr. générale XII, 51—52.</small>

1899* (——) Lettre sur les arbres à épiceries avec une instruction sur leur culture et leur préparation; et lettre sur le café. (Paris 1775.) 12. 71 p.

1900 —— Essai sur la culture et la fabrication de l'Indigo. Isle de France 1779. 4.
<small>anglice: Calcutta 1789, 4. 172 p, tab.</small>

Cosson, *Ernest,* D. M. (Cossonia Dur.), * Paris . . . 1819

1901* —— et *Ernest Germain.* Observations sur quelques plantes critiques des environs de Paris. Paris, Bouchard-Huzard. 1840 8. VIII, 68 p., 2 tab. (2 *fr.*)

1902* —— —— et *A.* **Weddell.** Introduction à une Flore analytique et descriptive des environs de Paris, suivie d'un catalogue raisonné des plantes vasculaires de cette région. Paris, Fortin Masson et Co. 1842. 8. 163 p. (2 *fr.*)

1903* —— —— Supplément au catalogue raisonné des plantes vasculaires des environs de Paris, précédé d'une réponse au livre de M. *Mérat,* intitulé: Revue de la Flore Parisienne. etc. Paris, Fortin Masson et Co. 1843. 8 94 p. (75 c.)

1904* —— —— Synopsis analytique de la Flore des environs de Paris ou description abrégée des familles et des genres, accompagnée de tableaux dichotomiques destinés à faire parvenir aisément au nom des espèces. Paris, Masson. 1845. 8. XXXI, 275 p (3 *fr.* 50 c) — *Deuxième édition. Paris, Masson. 1859. 8. XLVIII, 581 p. (4 *fr.*)

1905* —— Flore descriptive et analytique des environs de Paris ou description des plantes, qui croissent spontanément dans cette région, et de celles qui y sont généralement cultivées, accompagnée de tableaux analytiques des familles, des genres et des espèces et d'une carte des environs de Paris. Ouvrage faisant suite à la partie botanique du cours d'histoire naturelle par Jussieu, Milne-Edwards et Beudant. Paris 1845. 8. II parties. LII, 731 p. et 1 carte. (13 *fr*) — *Deuxième édition. Paris, Victor Masson et fils. 1861. 8. LIV, 962 p. (15 *fr*)

1906* —— Atlas de la Flore des environs de Paris ou Illustrations de toutes les espèces des genres difficiles et de la plupart des plantes litigieuses de cette région, avec des notes descriptives et un texte explicatif en regard. Paris 1845. 8. 42 tab. a *Dr. Germain* delineatae, totidemque foll text. (9 *fr*)

1907* —— Notes sur quelques plantes critiques, rares et nouvelles, et Additions à la Flore des environs de Paris Fasc. 1—4. Paris, typ. Beaule. 1848—51. 8. 184 p (2 *fr.*)

1908* —— Rapport sur un Voyage botanique en Algérie d'Oran au Chott-el-Chergai, entrepris en 1852. Paris, Victor Masson. 1852. 8. 82 p.

1909* —— et *Louis* **Kralik.** Catalogue des plantes observées en Syrie et en Palestine de Déc. 1850 à Avril 1851 par M. M. *de Saulcy* et *Michon.* Paris, Gide et Baudry. 1854. 4. VII, 20 p.

1910* —— Rapport sur un voyage botanique en Algérie, de Philippeville à Biskra et dans les monts Aurès, entrepris en 1853 sous le patronage du ministre de la guerre. Avec une carte. Paris, V. Masson. 8. 159 p, 1 tab.
<small>Annales des sciences naturelles 4e série. Tome IV. 1856.</small>

1911* —— Itinéraire d'un voyage botanique en Algérie, exécuté en 1856 dans le sud des provinces d'Oran et d'Alger, sous le patronage du ministère de la guerre. Paris, Martinet. 1857. 8. 107 p
<small>Bulletin de la Société botanique de France Tomes 3 et 4 1856—57.</small>

1912* —— et *Louis* **Kralik.** Sertulum tunetanum. Notes sur quelques plantes rares et nouvelles recueillies en 1854 par *L. Kralik* dans le sud de la régence de Tunis. Paris, typ. Martinet. 1857. 8. (6) 66 p.
<small>Bull. soc. bot tome IV.</small>

1913* —— et **Durieu de Maisonneuve.** Flore d'Algérie. Deuxième partie Phanérogamie. Groupe des Glumacées. Paris, imprimerie impériale. 1854—67. 4. CIV, 331 p. — Atlas: II, 39 p, 90 tab.
<small>Tres tabulae gerunt signum 22bis, 41bis, 45bis. Desunt tabulae 57. 70.</small>

1914* **Cosson,** *Ernest.* Appendix Florae Juvenalis, ou Liste des plantes étrangères récemment observées au Port Juvénal près Montpellier. Paris, typ. Martinet. 1860. 8. 13 p.
<small>Bull. soc. bot. de France, tome VI</small>

1915* —— Considérations générales sur l'Algérie étudiée surtout au point de vue de l'acclimatation. Paris, typ. Martinet. 1863. 8.
<small>Extrait de l'Annuaire de la société d'acclimatation.
Cat of sc. Papers II, 85</small>

Costa y Cuxart, *Antonio Cipriano,* Professor der Botanik in Barcelona.
<small>Colmeiro Bot. hisp. 206.</small>

1916* —— Programa y resúmen de las lecciones de botánica general, dadas en la catedra. Barcelona, Tomás Gorchs. 1859. 8. XII, 252 p.

1917* —— Introduccion á la Flora de Cataloña, y Catálogo razonado de las plantas observadas en esta region. Barcelona, imprenta del diario de Barcelona. 1864. 8. LXI, 343 p.

Coste, *Jean François,* * Ville (Ain) 14. Jan. 1741, ÷ Paris 8. Nov. 1819.

1918* —— et **Willemet.** Essais botaniques, chimiques et pharmaceutiques sur quelques plantes indigènes substituées avec succès à des végétaux exotiques Nancy 1778. 8. x, 120 p

1919* —— —— Matière médicale indigène, ou Traité des plantes nationales substituées avec succès à des végétaux exotiques. etc. Nouvelle édition, considérablement augmentée. Nancy 1793. 8. x, 152 p., ind., 1 tabeau.

1920* (——) Précis historique de l'importation et de la naturalisation en France du Rheum palmatum L. de la Tartarie chinoise, c'est-à-dire de la Rhubarbe de première qualité. Paris 1805. 8. 90 p.

Costeo, *Giovanni,* Professor der Medicin in Turin, und seit 1581 in Bologna, * Lodi, ÷ Bologna 1603.
<small>Ernst Meyer, Geschichte der Botanik IV, 418—419.</small>

1921* —— De universali stirpium natura libri duo. Augustae Taurinorum 1578. 4. 496 p. cum dedicatione ed int. <small>Bibl. Cand. Bibl. Pat.</small>

Coster, *D. J.*

1922* —— Kunstwoordenleer d zigtbaar-bloeijende planten Utr. 1853. m. 500 fig. 8.

1923 —— De Plantkunde geschetst. Amsterdam, Brinkman. 1861—64. 8. XXIV, 416 p., ic. xyl. (4 fl. 60 c.)

Cothenius, *Christian Andreas,* Leibarzt Friedrich's II. in Berlin, * Anklam 14. Fepr. 1708, ÷ Berlin 5. Jan. 1789.
<small>Möhsen, Akademische Denkrede. Berlin 1789.</small>

1924* —— Dispositio vegetabilium methodica a staminum numero desumta. Berolini, typ. Spener. 1790. 8 XIV, 34 p.

Cotta, *Heinrich,* Forstrath in Tharand, * auf der kleinen Zillbach, einem Hennebergschen Forsthause am 30. Oct. 1763, † Tharand 25. Oct. 1844.

1925* —— Naturbeobachtungen über die Bewegung und Function des Saftes in den Gewächsen, mit vorzüglicher Hinsicht auf Holzpflanzen. Weimar 1806. 4. XIV, 96 p, 7 tab. col. (4 *th.* — col. 6 *th*)

Cotton, *Joseph Gustave Stanislas.*

1926* —— Étude comparée sur le genre Krameria et les racines, qu'il fournit à la médecine. Thèse. Paris, typ. Parent. 1868. 4. 103 p., 1 tab.

Coultas, *Harland.*

1927 —— What may be learned from a tree. Ed. II. Philadelphia 1860. 8. 200 p. (2 *s.*)

1928 —— The Principles of Botany, as exemplified in the Cryptogamia; for the use of schools and colleges. Philadelphia, typ. Collins. 1852. 8. 94 p, ic. xyl. (3 *s*)

Coulter, *Thomas,* M. D. (Coulteria H. B. K.), † Dublin . 1843.

1929* —— Mémoire sur les Dispacées. Genève 1823. 8. 49 p., 2 tab.

Courcière, *P.*

1930* —— Graminées et Cryptogames vasculaires de la Flore de Gard, d'après l'herbier de M. de Pouzolz. Nîmes, Waton. 1862. 8. p. 505—644.

Couret-Villeneuve, *Louis Pierre*, * Orleans 29. Juni 1749, ertrank in Gent 20. Jan. 1806.
1931* —— Hortus Gandavensis centrali academiae annexus, juxta Linnaei methodum dispositus. (Description de toutes les plantes etc.) Gandavii an X 12. 380 p., praef. (3 *fr.* 75c)
<small>Ejusdem autoris: «Prodromus Florae Aurelianensis. Orleans 1784. 8.» a *Schultesio* et *Querardo* laudatus, mihi non innotuit.</small>

Courtin, *Albert*.
1932 —— Die Familie der Coniferen. Eine systematisch geordnete Darstellung und Beschreibung aller zum Geschlechte der Tannen und Nadelhölzer etc. gehörigen Gewächse. Stuttgart, Schweizerbart. 1858. 8. VI, 174 p. (24 *sgr.*)

Courtois, *Richard*, Professor in Lüttich (Courtoisia N. v. E), * Verviers 17 Jan. 1806, ÷ Lüttich 14. April 1835.
<small>*Morren*, Notice sur la vie et les travaux de *Richard Courtois*, dans l'Annuaire le l'acad. de Belgique 1838.</small>
1933* —— Concinna expositio eorum, quae de organorum propagationi inservientium plantarum phanerogamicarum ortu, situ, fabrica et functione innotuerunt. Gandavi 1822. 4. 113 p.
1934* —— Magazin d'horticulture, contenant la description, la synonymie et la culture des plantes les plus remarquables etc. Supplément aux ouvrages de *Dumont-Courset, Noisette, Vilmorin* et *Poiteau*. Tome premier. Liège 1833. 8. LVIII, 350, 159 et 15 p.
<small>Cat. of sc Papers II, 113</small>

Couverchel.
1935* —— Mémoire sur la maturation des fruits. Paris 1832. 4. 36 p.
<small>Mém. sav. étrangers III, 206—241.</small>
1936 —— Traité des fruits, tant indigènes qu'exotiques ou Dictionnaire carpologique, comprenant l'histoire botanique, chimique, médicale, économique et industrielle des fruits. etc. Paris, Bouchard-Huzard. 1839. 8. XVI, 717 p. (10 *fr.*)
<small>Vidi prospectum libri ejusdem autoris: Botanique du cultivateur, cum 600 tab. in folio, qui anno 1839 sub prelo fuit.</small>

Covolo, *Giambattista, Conte dal*.
1937* (——) Discorso della irritabilità d'alcuni fiori nuovamente scoperta Firenze, Albizzini. 1764. 8. 25 p., 1 tab.
<small>*anglice:* A discourse concerning the irritability of some flowers London (1767). 8. 43 p., 1 tab.
germanice: Rede über die Reizbarkeit einiger Blumen. (Naturforscher, 6. Stück, p. 216—237.)</small>

Cowell, *M. H*.
1938* —— A Floral guide for East Kent, etc. being a record of the habitats of indigenous plants found in the eastern division of the county of Kent, with those of Faversham, particularly detailed and definitely exhibited. In two divisions illustrated by two maps. Faversham 1839. 8. XIII, 98 p. (5 *s.*)

Cowley, *Abraham*, * London 1618, ÷ Chertse an der Themse 3. Aug. 1667
<small>Sprat, De vita et scriptis *A. Couleii.* London 1668. 12. 14 p.</small>
1939 —— Poemata latina. Libri I. II. Londini 1662. 8. — * Poemata latina, in quibus continentur sex libri plantarum, duo herbarum, florum, sylvarum et unus miscellaneorum. Huic editioni secundae accessit index rerum antehac desideratus. Londini 1668. 12. 343 p., praef., ind. — Basileae 1793. 8. XXX, 384 p.
<small>*Pulteney,* Gesch. der Bot. I, 204—207.</small>

Coxe, *John Redmann*, M. D., Pennsylvania.
1940 —— A brief description of the Agaricus atramentarius. Philadelphia 1842. 8. 12 p.
<small>Cat. of sc. Papers II, 79.</small>

Coxhead, *Henry*.
1941* (——) Catalogue of the vasculares or phaenogamous plants of Great Britain arranged according to the natural system. London, Henry Coxhead. (1842.) imp. 8. 15 p. (6 *d.*)

Coyte, *William Beeston*.
1942 —— Hortus botanicus Gippovicensis, or a systematical enumeration of the plants cultivated in Dr. *Coyte's* botanic garden at Ipswich, in the county of Suffolk. Ipswich, Jermin. 1796. 4. 158 p. B.
1943 —— Index plantarum. Vol. 1. London 1807. 8.

Coze, *L*.
1944 —— Histoire naturelle et pharmacologique des médicaments narcotiques fournis par le règne végétal. Thèse. Strasbourg, Eduard Huder. 1853. 4. IV, 71 p., 3 tab.

Cramer, *Johann Christian*, M. D.
1945* —— Enumeratio plantarum, quae in systemate sexuali Linneano eas classes et ordines non obtinent, in quibus secundum numerum et structuram genitalium reperiri debent. Marpurgi Cattorum, typ. Krieger. 1803. 8. XXXII, 215 p. (1 *th.*)

Cramer, *Johann Rudolph*, Professor der Theologie in Zürich. * Elg bei Zürich ... 1678, † Zürich 14. Juli 1737.
1946* —— De Myrto. D. philologico-theologica. Tiguri 1731. 4. 32 p.

Cramer, *Karl*, Professor an der polytechnischen Schule in Zürich.
1947* —— Botanische Beiträge. Inauguraldissertation. Zürich, Schulthess. 1855. 4. 39 p., 8 tab. (1 *th.* 18 *sgr.* n.)
<small>*Nägeli* und *Cramer*, Pflanzenphysiologische Untersuchungen, Heft 3.</small>
1948* —— (Ueber die Ceramieen.) Zürich, Schulthess. 1857. 4. 40 p., 13 tab. (2 *th.* 12 *sgr.* n.)
<small>*Nägeli* und *Cramer*, Pflanzenphysiologische Untersuchungen. Heft 4.</small>
1949 —— Ueber Pflanzen-Architektonik. Zürich, Orell, Füssli u. Co 1860. gr. 8. IV, 35 p., 1 tab. (16 *sgr.* n.)
1950* —— Physiologisch-systematische Untersuchungen über die Ceramiaceen. 1. Lieferung. Zürich 1863. 4. 130 p., 13 tab (3 *th* n)
<small>Denkschriften der Schweizerischen Naturf. Ges. XX, 1—131.</small>
1951* —— Bildungsabweichungen bei einigen wichtigeren Pflanzenfamilien und die morphologische Bedeutung des Pflanzeneies. Heft 1. Zürich, Fr. Schulthess in Comm. 1864. 4. V, 148 p., 16 tab. (3 ⅔ *th.* n.)

Crantz, *Heinrich Johann Nepomuk (von)*, Professor an der Universität Wien (Crantzia Nutt.), * Luxemburg ... 1722 † auf seinem Eisenbergwerke bei Zeiring in Ostersteiermark ... 1799.
<small>*Neilreich,* in Verh. d. zool. Bot. Ges. V, 33—34.</small>
1952* —— Questio academica ex materia medica et botanica: An plantarum officinalium etiam aliarum recepta nomina recte mutentur? D. Viennae 1760. 4. (10 p.)
1953* —— Materia medica et chirurgica juxta systema naturae digesta. Viennae 1762. III voll. 8. 158, 156 et 162 p., praef., ind. — *Ed. II. correcta et aucta: Viennae 1765. III voll. 8. 208, 236 et 196 p., praef., ind.
1954* —— Stirpes austriacae. Viennae et Lipsiae 1762—67. III fasciculi. 8. — I: 1762. XX, 55 p., 3 tab. — II: 1763. XVI, 438 p., 6 tab. — III: 1767. 127 p., 6 tab. — *Ed. II. aucta: Viennae 1769. II partes. 4. — I: XII, 229 p., 15 tab. — II: (quae in editione priori desideratur) p. 230—508, ind., 3 tab.
1955* —— Institutiones rei herbariae juxta nutum naturae digestae ex habitu. Viennae 1766. II voll. 8. — I: LVI, 592 p. — II: 550 p., ind.
<small>Additamentum generum novorum, cum eorundem speciebus cognitis, et specierum novarum. Impr. cum *Fr. Xav. Hartmann*: Primae lineae institutionum botanicarum *Cranzii.* Ed. II. 1767. p. 75—94.</small>
1956* —— Classis Umbelliferarum emendata cum generali seminum tabula et figuris aeneis in necessarium Institutionum rei herbariae supplementum. Lipsiae 1767. 8. 125 p., 6 tab.
1957* —— De duabus Draconis arboribus botanicorum. etc. Viennae 1768. 4. 31 p., 1 tab.
1958* —— Classis Cruciformium emendata cum figuris aeneis in necessarium institutionum rei herbariae supplementum. Lipsiae, Kraus. 1769. 8. 139 p., ind., 3 tab.

Cranz, *David*, Missionär der mährischen Brüder in Grönland 1761—62, * Neugarten in Pommern 3. Febr. 1723, † Gnadenfrei 6. Juni 1777.
<small>Grönlandiae parcam, sed singularem floram collegit *Davides Cranz,* missionarius fratrum evangelicorum in terra illa inhabitabili. Catalogum brevem iam primo operi (Historie von Grönland, I, p. 79., Barby 1770. 8.) insertum, insigniter auxit, meliusque determinavit praestantissimus *Schreberus* (Fortsetzung der Historie von Grönland, p. 280 p. s.).</small>

Crasso, *Paolo*.
1959 —— De Lolio tractatus, in summa annonae caritate anno

1591. in tredecim capita redactus, cum epistola *Ulyssis Aldrovandi*. Bononiae, apud J. B. Bellagambam. 1600. 4. 64 p.
B. et Bibl. Maz.

Crell, *Johann Friedrich,* Professor in Helmstädt, * Leipzig 6. Jan. 1707, ÷ Helmstädt 19. Mai 1747.

1960* —— De cortice Simaruba. D. Helmstadii 1746. 4. 36 p.
«*Johannis Friederici Crellii* Oratiuncula de studii botanici et cumprimis systematis Riviniani praestantia, dicta Lipsiae d. 5. April. 1723 (in Desid. B. recensita) typis nondum excusa est.» Monumentorum *Crellii* sylloge. Helmst. 1747. folio. p. 21

Crell, *Lorenz,* Professor in Helmstädt, * Helmstädt 21. Jan. 1745, ÷ Göttingen 7. Juni 1816.

1961* —— Ueber das Vermögen der Pflanzen und Thiere, Wärme zu erzeugen und zu vernichten. Aus dem Englischen übersetzt und mit einer eignen Abhandlung über denselben Gegenstand vermehrt. Helmstedt 1778. 8. 94 p., praef.
Sunt experimenta a *Blagden, Hunter* et *Dobson* instituta.

Crépin, *François,* Professor in Gendbrugge.

1962* —— Manuel de la Flore de Belgique. Bruxelles, E. Tarlier. 1860. 8. LXXV, 236 p. (5 *fr.*) — Deuxième édition considérablement augmentée. Bruxelles, Mayolez. 1866. 8. LXIII, 384 p.

1963* —— Notes sur quelques plantes rares et critiques de la Belgique. Fasc. 1—5. Bruxelles, Mayolez. 1859—65. 8. 30, 75, 40, 63, 274 p., 6 tab. (11 *fr.* 50 *c.*)
Bulletin et Mém. cour. Ac. Belg. XVIII.

1964* —— L'Ardenne. Bruxelles, Mayolez. 1863. 8. 60 p.
Bull. soc. d'hortic. 1862.

1965* —— Revue de la Flore de la Belgique. Bruxelles 1863. 8. 450 p. (8 *fr.*)
Cat. of sc. Papers II, 90—91.

Crescenzi, *Piero de,* latine *Petrus* **de Crescentiis** (Crescentia L.), * Bologna um das Jahr 1235, schrieb ums Jahr 1305, ÷ Bologna 1320.
Ernst Meyer, Geschichte der Botanik IV, 138—159.
* Re, Sulle opere agrarie di *Pietro Crescenzi* Lettera. Milano, typ. Silvestri. 1807. 31 p.
* Re, Elogio di *Piero de Crescenzi.* Bologna, typ. Masi. 1811. 8 56 p.

1966* —— Opus ruralium commodorum. Editio princeps. Folium 1ª: Petri de crescentijs civis. Bononiensis | epistola in librū comodorū ruralium. | ( ) enerabili in xpo patri. et domio spali. viro | etc. Folium 109ª: Petri de crefcencijs ciuis bononi. ruraliū omodorum libri duo decim | finiunt feliciter per *iohanne Schüszler* ciuem augustensem impressi. | circit xiiij kalendas marcias. Anno vero a partu virginis salutife- | ro Millesimo quadringentesimo et septuagesimoprimo tc̄ (1471.) folio. (209) foll. 35 linearum. Bibl. univ. Lips. *Hain* Nr. 5828. — Opus ruralium commodorum. Impressum per Joannem de Westphalia, in alma universitate louaniēsi residentē. Anno incarnationis dominice MCCCCLXXIV, mensis Decembris die nona. folio. 196 foll. binis columnis 42 linearum. *Hain* No. 5829. — Opus ruralium commodorum. s. l. et a. folio. 158 foll. sign. 53 linearum, charactere gothico. *Ebert* Nr. 5438. — * Opus ruralium commodorum. Argentine, anno domini 1486, finitum quinta feria ante festum Sancti Gregorii. folio. 147 foll. binis columnis 46 linearum. Bibl. univ. Lips. *Hain* Nr. 5831. («Stimmt in der Form der Lettern und in den Lesarten genau mit der Löwener Ausgabe überein.» *Ernst Meyer* in litt.) — * De agricultura, omnibusque plantarum et animalium generibus libri XII etc. Basileae, per Henricum Petrum. 1538. 4. 564 p., ind. — * De omnibus agriculturae partibus et de plantarum animaliumque natura et utilitate libri XII. Basileae, per Henricum Petri. (1548) folio. (5) foll. 385 p., ic. xyl. i. t.
«Unter diesen verschiedenen Ausgaben des lateinischen Textes sind die Augsburger, Löwener, die ohne Druckort mit Holzschnitten, und die Baseler offenbar nach ganz verschiedenen Handschriften abgedruckt, und in den Lesarten sehr abweichend. Die beiden ersten scheinen den Vorzug zu verdienen. Die Baseler, sowohl die in folio, als die in 4., die ganz übereinstimmen, sind wegen vielfacher, zum Theil willkührlich ausgefüllter Lücken, fast ganz unbrauchbar.» *Ernst Meyer* in litt.
germanice. Petrus de Crescentijs zu teutsch mit figuren. s. l. et a. folio. 205, (5) foll. *Hain* Nr. 5833.
* *germanice:* Folium 1ª: Petrus de crescentiis zu teutsch mit figuren. Folium 229ᵇ: Hie endet sich Petrus de crescenciis zu dutsche. Gedruckt un volendet noch der geburt Christi. MCCCCXCIII. (1493.) Des dinstags noch sant Michels tag. s. l (Strassburg.) folio. (234) foll. binis columnis (sign. a—z, A—G.), (300) ic. xyl. i. t. *Hain* Nr. 5834.
germanice: Strassburg 1494. folio. — ib. 1512. folio. — * ib. 1518. folio. — ib. 1531. folio.
polonice: Cracoviae 1542. folio. — ib. 1549. folio. — ib. 1571. folio.
gallice: Le liure des prouffits champestres et ruraulx, compile par maistre Pierre de Crescences, et translate depuis en langage françois. Paris, Anth. Verard, 1486, le 10ᵉ jour de juillet, in-fol. goth. de 7 et 219 ff.
gallice: Liure des prouffits champestres. (au recto du dernier f., 1ʳᵉ et unique col.) «Cy fine ce present liure intitule des prouffitz chāpestres et ruraulx . . . Et īprime a paris par Jehan bon hōme libraire de luniversite de paris le xv iour doctobre. Lan mil. cccc. iiiiˣˣ et six», in-foll.
italice: In libro della agricultura di Pietro Crescentio. *Florentie, per me Nicholaum (Laurentii, alemanum) diocesis uratislaviensis, die xv mensis julii, Anno* ɱ. cccc. ʟ. xxviii, in-fol. de 201 ff. non chiffrés, à 43 lig. par page, sign. a—bbb.
* *italice:* Trattato del agricoltura, già traslatato nella favella Fiorentina e di nuovo riviste e riscontro con testi a penna dallo Nferigno (*Bastiano de Rossi*), accademico della Crusca. Firenze, Cosimo Giunti. 1605. 4. 576 p
* *italice:* Milano 1805. 8. 3 voll. (Classici italiani.)
* *italice:* Verona 1851—52. 3 voll. 8.

Crespi, *Mariano,* in Vertova.

1967* —— Trattato della malattia dominante nella vegetazione ossia la crittogamologia generale e speciale della vite, gelso e baco. Milano, typ. Francesco. 1862. 8. 127 p.

Crocq, *A. J.*

1968 —— Tableau synoptique du jardin des plantes de Bruxelles, exécuté d'après la réorganisation qu'en a faite Mr. *Dekin* en 1809. Bruxelles, typ. de Haes. (1809.) gr. folio. 8 foll.

Crombie, *Jacobus M.*

1969* —— Lichenes britannici, seu Lichenum in Anglia, Scotia et Hibernia vigentium enumeratio, cum eorum stationibus et distributione. Londini, L. Reeve and Co. 1870. 8. VII, 138 p. (4 *s.* 6 *d.*)

Crome, *Georg Ernst Wilhelm,* Professor in Möglin, * Eimbeck 1780, † Möglin 2. Mai 1813.
Boll, Flora von Mecklenburg. 151.

1970* —— Sammlung deutscher Laubmoose. Schwerin 1803. 4. 90 p. und 60 Arten aufgeklebter Laubmoose. — Erste Nachlieferung: Schwerin 1805. 48 p. und 30 Arten aufgeklebter Laubmoose, sign. 61—90. — Zweite Nachlieferung: Schwerin 1806. 48 p. und 30 Arten aufgeklebter Laubmoose. ($5^2/_3$ *th.*)

1971* —— Botanischer Kinderfreund. Göttingen 1807—8. 6 Hefte. 12. 24 tab. col. ($3^1/_2$ *th.*)

1972* —— Der Boden und sein Verhältniss zu den Gewächsen. Hannover 1812. 8. VIII, 216 p. ($^{11}/_{12}$ *th.*)

1973 —— Handbuch der Naturgeschichte für Landwirthe. Erster und zweiter Theil: Pflanzenkunde. Hannover 1810—11. 8. ($6^1/_3$ *th.*)

Croom, *H. B.* (Croomia Torr.), * Lenoir County, North Carolina . . . 1799, † durch Schiffbruch an der Küste von Nord-Carolina . . . 1837.

1974* —— A catalogue of plants native or naturalized, in the vicinity of New-Bern, North-Carolina; with remarks and synonyms. New-York, typ. G. C. Scott. 1837. 8. X, 52 p.
Opus posthumum a *John Torrey* editum. Biographiam autoris infelicis adjecit *Dr. Francis L. Hawks.*
Cat. of sc. Papers I, 97—98.

Crosfield, *George.*

1975 —— Calendar of Flora at Warrington in 1809. Warrington 1810. 8.

Crouan, *P. L.,* et *H. M.* **Crouan** (Crouania Ag.)

1976* —— Florule du Finistère, contenant des descriptions de 360 espèces nouvelles de Sporogames, des nombreuses observations . . . Paris, Klincksieck. Brest, Lefournier. 1867. 8. 262 p., 32 tab. col. ($26^1/_2$ *fr.*)

Cruckshanks, *Alexander.*
Cat. of sc. Papers II, 100.

Crüger, *Hermann,* Director des botanischen Gartens auf Trinidad seit 1858, † auf Trinidad 25. Febr. 1864.

1977* —— Outline of the Flora of Trinidad. London, typ. Better and Galpin. 1858. 8. 27 p.
Redit in *L. A. A. de Verteuil,* Trinidad. London 1858. 8. p. 455—479.
Cat. of sc. Papers II, 100.

Cruse, *Wilhelm,* Professor an der Universität Königsberg (Crusea Cham.), * Mitau 13. Mai 1803.

1978* —— De Rubiaceis capensibus, praecipue de genere Anthospermo. D. Berolini 1825. 4. 22 p., 2 tab. ($^1/_2$ *th.*)

1979* —— De Asparagi officinalis L. germinatione. D. Regiomonti 1828. 8. VIII, 34 p.

Cubières, Simon Louis Pierre, Marquis de, * Roquemaure (Gard) 12. Oct. 1747, † Paris 10. Aug. 1821.
Silvestre, Notice biographique. Paris, Huzard. 1822. 8. 26 p.
Challan, Notice historique sur la vie et les travaux de marquis de Cubières. Paris 1822. 8.

1980 —— Mémoire sur le Cèdre rouge de Virgine. Paris s. a. 8.
1981 —— Mémoire sur le Tulipier. Versailles 1803. 8.
1982* —— Mémoire sur l'Erable à feuilles de frêne, ou Acer Negundo Versailles 1804. 8. 15 p.
1983* —— Mémoire sur les micocouliers ou Celtis de Linné. (Paris) 1808. 8. 24 p.
1984* —— Mémoire sur les cyprès de la Louisiane. (Paris) 1809. 8. 30 p., 2 tab.
1985* —— Mémoire sur le Magnolier auriculé (Magnolia auriculata.) (Paris) 1810. 8. 18 p., 1 tab.

Cullen, W. H.
1986* —— Flora Sidostiensis; or, a Catalogue of the plants indigenous to the vicinity of Sidmouth. Sidmouth, W. S. Hoyle. London, Simpkin. 1849. 8. xvii, 57 p.

Cullum, Thomas Gery (Cullumia R. Br.), * 30. Nov. 1741, † 8. Sept. 1831.
1987 —— Florae anglicae specimen, imperfectum et ineditum anno 1774 inchoatum. 8. 104 p. (Desinit in Dauco) в.

Culpeper, Nicholas, Arzt in London, * London ... 1616, † zu Spitalfields 1654.
1988 —— The English Physitian enlarged. London 1653. 8. 398 p. — ib. 1684. 8. — ib. 1792. 8. — ib. 1812. 4. — Edited by Virtue. London, Kelly. 1860. 4. (21 s.)

Cultrera, Padre Paolo.
1989 —— Flora biblica, ovvero Spiegazione delle piante menzionate nella sacra scrittura. Palermo 1861. 8. (5 Lire.)

Cuming, Hugh, Esq., * West Alvington in Devonshire 14. Febr. 1791, † London 10. Aug 1865.
Seemann Journal 1865, p. 325.
Bot Ztg. 1866, 31—32.

Cunningham, Allan, Bruder und Nachfolger Richard's als Colonial botanist in New South Wales, * Wimbledon in der Grafschaft Surrey (Schottland) 13. Juli 1791, † Sidney 27. Juni 1839, aet. 48
Heward, Biographical sketch of the late Allan Cunningham, with a Portrait. Hook. Journal of bot. IV. p. 231—320 and London Journ. of bot. vol. I. p. 107—128 and p 263—292.
1990* —— A specimen of the indigenous botany of the mountain country between the colony round Port Jackson and the settlement of Bathurst.
Fields, Geographical Memoirs on New South Wales. London 1825. p. 323 sqq.
* germanice: Linnaea 1827 p 120—144.
1991* —— A few general remarks on the vegetation of certain coasts of Terra australis and more especially of its northwestern shores.
King, Narrative of a survey of the coasts of Australia. London 1827. vol. II. p. 497—533
* germanice: von Beilschmied in Flora Literaturbericht. 1829. II. p. 1—37.
Cat. of sc. Papers II, 105.

Cunningham, Richard, Colonial Botanist in New South Wales (Cunninghamia R. Br.), * Wimbledon in der Grafschaft Surrey 12. Febr. 1793, wurde von den Wilden erschlagen auf Neuholland am 24. April 1835.
Biographie mit Portrait in Hooker Companion II. 210—221.

Cunningham, James, chirurgus emporii britannici in insula Chusan (Cunninghamia Schreb.).
Pulteney Sketches II, 59—62.

Cuno, Johann Christian (Cunonia L.), * Berlin 1708, † Weingarten bei Durlach 1780.
1992* —— Ode über seinen Garten. Nachmals besser. Zweite Auflage. Amsterdam, Capelle 1750. 8. 134 p., 1 tab.
Accedunt: Libellus Bielkii non hujus loci; Johann Daniel Denso, Beweis der Gottheit aus dem Grase, p. 173—208, et David Siegmund August Büttner, Enumeratio methodica plantarum in carmine recensitarum, p. 209—230.

Cupani, Francesco (Cupania Plum.), * Mirto (Sicilien) 21. Jan. 1657, † Palermo 19. Jan. 1711.
Biblioteca italiana XXVII, 190—202.
Bertoloni Lucubrationes. Bononiae 1822. 4.
Biographie universelle IX, 572—573.
1993 —— Catalogus plantarum sicularum noviter adinventarum. Panormi, apud Petrum Coppolam et Carolum Adamum. 1692. folio. 4 p. — Syllabus plantarum Siciliae nuper detectarum. Panormi, apud Joannem Adamum. 1694. 16. s.
1994* **Cupani**, Francesco. Hortus Catholicus s. ill. et exc. Principis Catholicae, Ducis Misilmeris etc. Neapoli, apud Fr Benzi. 1696. 4. 237 p., praef. — Supplementum: p. 238—262. — * Supplementum alterum. Panormi, typ. Gramignani. 1697. 4. 95, (3) p. Bibl. Berol., Goett. et Deless.
1995* —— Panphyton siculum sive historia naturalis de animalibus, stirpibus et fossilibus, quae in Sicilia vel in circuitu ejus inveniuntur. Opus posthumum ad motum Rev. Patris Francisci Cupani imaginibus aeneis circiter septingentis e vero tractis. Panormi, typ. Ant. Epiro. 1713. 4 max. 84 foll. utraque pagina signata (1—168.) et iconibus aeneis plantarum impressa.
Liber ineditus rarissimus absque textu et titulo typis expresso exstat in Bibl. Mus. bot. Vindob. Cand. Deless. Banks. Römer. Bibl. Regia Berolinensis ex demo Comitis Leonis Henckel von Donnersmarck Bibl. Horti Patavi. — In Bibliotheca Musei botanici Vindobonensis praeterea circiter 50 tabulae non ligatae servantur, quas beatus Jacquinius e Sicilia ipse reportavit.
«Als der Prinz della Cattolica, mütterlicher Oheim des jetzigen, starb, waren grosse Streitigkeiten über die Erbschaft Während der Zeit wurden aus der schönen Bibliothek viele Bücher gestohlen, und unter andern das kostbare Manuscript Pamphytum Siculum, mit allen Kupfern, Pflanzen etc. Der jetzige Prinz hat es, aller angewandten Mühe ungeachtet, nie wieder erhalten können.» Aus einem Briefe des Abts Bandieri an Micheli in Florenz vom Jahr 1731.
«Cum sedulus homo ingentem sicularum plantarum copiam congesserit, decem annos insumsit operi perficiendo, quod «Panphytum siculum» nominaturus erat. In hoc opere habuit Vincentium et Antonium Bonannios adiutores. Fato autem praematuro ereptus. Cupanius reliquit septingentas tabulas aeri incisas, quarum 198 sub prelo sudarunt, dum is obiret. Ingratus alumnus Anton. Bonannius, ut suas faceret eas tabulas, editionem distulit, facileque et ipsi Chiarellio (discorso prelim. alla storia nat. di Sicilia 1789.) persuasit, semetipsum esse auctorum. Prodierunt autem eae tabulae Panormi 1713. Operis genuini Cupaniani unum vel alterum duntaxat in ipsa Sicilia superest exemplar, quod invidiae Bonanni tribuit Antonius Bivona Bernardi (sicul. plant. cent. I, Panorm. 1806. 4.) deceptumque Chiarellium arbitratur, qui sexdecim volumina ea tabularum panphyti, quasi Bonanniana essent, semet editurum esse pollicebatur.» Sprengel Hist. II.
Pamphysis sicula sive Historia naturalis animalium, vegetabilium et mineralium quae in Sicilia vel in circuitu ejus inveniuntur. Opus incoeptum a R. P. Francisco Cupani, tertii ord. S. Francisci, in Panphyto siculo, continuatum suppletumque ab Antonino Bonanno Gervasi Panormitano, et tandem absolutum a Josepho, Stephano et Francisco Paulo Chiarelliis, Panormitanis variarum academiae sociis et in regia Panormi studiorum universitate chemicae et historiae naturalis demonstratoribus, et ab hoc superstite typis mandatum. Sub auspiciis C. S. Rafinesque Schmaltz, ejusque observationibus annotationibusque locupletatum imaginibus aeneis circiter 700, ab ipsis Cupani schematibus exscriptis et exacte denuo incisis per Salvatorem de Ippolito. Panormi, typ. Giordano. 1807. 4. (Manifesto e Prospetto.) 8 p., 1 tab. Bibl. Cand.

Cürie, P. F.
1996* —— Anleitung die im mittleren und nördlichen Deutschland wachsenden Pflanzen auf eine leichte und sichere Weise durch eigne Untersuchung zu bestimen. Görlitz, Zobel. 1823. 8. xxxviii, 351 p. — * Elfte verbesserte Auflage. Der Bearbeitung von August Lüben 3. Auflage. Leipzig, Hinrichs. 1865. 8. viii, 400 p. (1 th.)

Currey, Frederick, Mykolog, Secretär der Linnean Society, London.
Cat. of sc. Papers II, 108.

Curtis, Henry.
1997* —— Beauties of the Rose containing Portraits of the principal varieties of the choicest perpetuals. Vol. 1. 2. Bristol, John Lavars. 1850. 4. 40 tab. col. and text.

Curtis, Moses A., Mykolog in Carolina.
Cat. of sc. Papers II, 110.

Curtis, Samuel, Redacteur des Botanical Magazine seit 1827, * ... 1779, † La Chaire auf der Insel Jersey 6. Jan. 1860.

Curtis, William (Curtisia Ait.), * Alston ... 1746, † Brompton 7 Juli 1799.
Sketch of the life and writings of the late Mr. William Curtis, by Dr. Thornton, in Lectures of botany. 1805. vol. III. 33 p. with Portrait.
1998* —— A catalogue of the plants growing wild in the environs of London. London 1774. 8. 40 p.
1999 —— Explanation of the plate containing the fructification etc. of the mosses. 2 p. et 1 tab. aen. long. 6 unc. lat. 5 unc. inscripta: Engraved for W. Curtis botanic lectures 1776. в.
2000 —— Linnaeus system of botany, so far as relates to his classes and orders of plants, illustrated by figures entirely

new, with explanatory descriptions. London 1777. 4. 15 p, 2 tab. col. B.

2001 **Curtis**, *William*. A catalogue of certain plants, growing wild, chiefly in the environs of Settle in Yorkshire, observed in a six weeks botanical excursion in 1782. folio. 1½ plag. B.

2002* —— A catalogue of the british medicinal, culinary and agricultural plants, cultivated in the London botanical garden. London 1783. 8. 149 p.

2003 —— An enumeration of the british grasses. London 1787. folio. 1 p. — * redit in ejus Practical observations on british grasses, p. 42—52. — Ed. III p. 46—57.

2004* —— Flora Londinensis, or plates and descriptions of such plants as grow wild in the environs of London. London 1777 —87. folio. 70 fasciculi; singulus tabularum col. 6., totidemque foliorum textus. (17 *l* 10 *s*)

2005* —— Flora Londinensis: containing a history of the plants indigenous to Great Britain, illustrated by figures of the natural size A new edition, enlarged by *George Graves* and *William Jackson Hooker* London, printed for George Graves by Richard and Arthur Taylor. 1817—28. V voll. folio. — I: 1817. 145 tab col. — II: 1821. 143 tab. col. — III: 1826. 202 tab. col. — IV: 1821. 140 tab. col. — V: 1828. 72 tab. col. = 702 tab col totidemque foll text et quatriplices indices. (87 *l*. 4 *s*.) (20 *l*. A)

2006* —— An abridgement of the Flora Londinensis with reduced plates, St. Georges Crescent, St. Georges Fields. 1792. 8. 36 foll, 36 tab. col.

2007* —— The Botanical Magazine, or flower-garden displayed: in which the most ornamental foreign plants, cultivated in the open ground, the green-house and the stove, will be accurately represented in their natural colours. To which will be added their names, class, order, generic and specific characters, according to the celebrated Linnaeus: their places of growth and times of flowering: together with the most approved methods of culture. A work intented for the use of such Ladies, gentlemen and gardeners, as wish to become scientifically acquainted with the plants they cultivate. London (L. Reeve and Co.) 1787—70. 96 voll. gr. 8. 5870 tab. col. and text.
Series I. Vols. 1—53, being vols. 1—14 by W. Curtis; vols. 15—42 by J. Sims; vols. 43—53, or New Series, vols. 1—11 by J Sims, plates 1—2704, with text, 1786—1826, and Index to the first 42 vols. 1817.
Series II. Vols 54—70, or New Series, vols. 1—17, plates 2705—4131, by S. Curtis and W. J. Hooker, with text, 1827—44.
Series III. Comprising the plants of the royal gardens of Kew and of other botanical establishments in Great Britain, with suitable descriptions, and a supplement of botanical and horticultural information. Vol. 71—96, or Third Series, vol. 1—26, plates 4132—5870, by W. J. and Joseph Dalton Hooker, with text. 1845—70.
Third Series is published at 2 *guineas* per volume.

2008* —— General indexes to the plants contained in the first fifty-three volumes (or old series complete) of the Botanical Magazine: to which are added, a few interesting memoirs of the author, Mr. *William Curtis*. Containing an alphabetical english and an alphabetical latin index, and a systematical index; by *Samuel Curtis*. London 1828. 8. XXXII, 214 p, effigies *Curtisii*. (5 *s*.)

2009* —— A companion to the botanical Magazine, or a familiar introduction to the study of botany, being the substance of a course of lectures, chiefly explanatory of the Linnean System London 1788. 8. 33 p., 8 tab. with explication.

2010* —— Practical observations on the British grasses, especially such as are best adapted to the laying down or improving of meadows and pastures: likewise an enumeration of the british grasses. — * Ed II: London 1790. 8. 67 p., 6 tab. — * Ed. III: London 1798. 8. 73 p., 6 tab. col. — The fourth edition with additions To which is now added a short account of the diseases in corn, called by farmers the blight, the mildew and the rust, by Sir *Joseph Banks*. London 1805. 8. 58 p., 6 tab. col. — Ed. V. ib. 1812. 8. — * Sixth edition, with considerable additions by *John Lawrence*. London, Sherwood. 1824 8. (2) 165 p., 6 tab. col. (7 *s*. 6 *d*)
* *germanice*: Leipzig, Fleischer. 52 p , 6 tab.

2011 **Curtis**, *William*. The subscription catalogue of the Brompton botanic garden for the years 1790. 1791. 1792. 1793. 1795. 1796. 1799. 8. 38, 43, 46, 34, 36, 38 et 36 p. B.

2012* —— Lectures on Botany, as delivered in the botanic garden at Lambeth. Arranged from the manuscripts in the possession of his son-in-law, *Samuel Curtis*, Florist, Walworth. London 1805. III voll 8 max. — I: 134 p., tab. col. 1—48. — II: 108 p., tab. col. 49—95. — III: 63 p., 24 tab. col. (pro parte insecta illustrantes.) — Ed. II. ib. 1807. III voll. 8.
Cusin et **Ansberque**.

2013* —— Herbier de la Flore française. Publié sous le patronage du service du parc et des jardins de la ville de Lyon. (Procédé de reproduction dit phytoxygraphique) Lyon 1867. folio. vi p., 191 tab. (Ranunculaceae-Fumariaceae)
Cusson, *Pierre*, Professor in Montpellier (Cussonia Thunb.), * Montpellier 14. Aug. 1727, † Montpellier 13. Nov. 1783.
Biogr. univ. IX. 586—587.
Vicq d'Azyr, Oeuvres I, 107—120.
Custer, *Jakob Laurenz*, Bezirksarzt zu Thal bei Rheinegg, * 16. März 1755, † 24 Januar 1828.

2014* —— Phanerogamische Gewächse des Rheinthals und der dasselbe begrenzenden Gebirge, beobachtet in den Jahren 1816, 1818 und 1819.
Steinmüller, Neue Alpina I, 72—151. (1821.)
Cutanda, *Vicente*, Catedratico am botanischen Garten zu Madrid (Cutandia Willk.), * Madrid 2. Nov. 1804, ÷ Madrid 23. Juli 1865.
Colmeiro Bot. esp. 206.

2015* —— y *Mariano* **Del Amo**. Manual de botanica descriptiva, o resumen de las plantas que se encuentran en las cercanias de Madrid, y de las que se cultivan en los jardines de la corte. Madrid, typ. Santiago Sannaque. 1848. 8. XVI 1155 p., 1 schema.

2016* —— Flora compendiada de Madrid y su provincia ó descripcion sucinta de las plantas vasculares que espontáneamente crecen en este territorio. Madrid, imprenta nacional. 1861. gr. 8. 759 p., 2 tab.
Cutler, *Manasseh*, * Ipswich ... 1743, ÷ 28. Juli 1823.

2017* —— An account of some of the vegetable productions, naturally growing in this part of America, botanically arranged.
Memoirs Am. Acad. I, 396—493. (1785.)
Cutler, *Miss* (Cutleria Grev.), ÷ Exmouth 15. April 1866.
Bot. Ztg. 1866, 268.
Cuzent, *G*.

2018* —— Études sur quelques végétaux de Tahiti. Tahiti 1857. 8. 134 p. Bibl. Reg. Ber.
Douze Monographies, tirées d'un Journal imprimé à Tahiti: Le Messager.

2019* —— Tahiti. Considérations géologiques, météorologiques et botaniques sur l'île ... Végétaux susceptibles de donner des produits utiles au commerce et à l'industrie et de procurer des frets de retour aux navires. Cultures et productions horticoles. Catalogue de la Flore de Tahiti. Rochefort, typ. Thèze. 1860. 8. 275 p., 3 tab. Iles de la société. (3 *fr*. 50 *c*.)
Cyrillus, Patriarch von Alexandrien, * um 376, ÷ 444.

2020* —— De plantarum et animalium proprietate liber nunc primum in lucem editus. Cum *S. Gregorii Nazianzeni* carminibus selectis. Romae, apud Franc. Zannettum. 1590. 8. (8) 197 p.
Czacki, *Tadeusz*, Graf, Starost von Nowogrodek, der Gründer des Gartens von Krzeminiec (Czackia Bess.), * Porytsk in Volhynien 28. Aug. 1765, † Dubna in Volhynien 8. Febr. 1813.
Czenpinski, *Paul*.

2021* —— Botanica dlá szkól Naradowych. Warszawie 1785. 8. 238 p., 6 tab. B.
Czerwiakowski, *Ignaz Raphael*, Professor der Botanik in Krakau.

2022* —— Ryciny wraz z opisami do botaniki ogólnéj. Kraków 1841. 4 18 p, 16 tab.

2023 **Czerwiakowski**, *Ignaz Raphael*. Botanika ogólna roślin Jawnopłcionych. 2 tomy z atlasem rycin w 4ce. Krakowie, D. E. Friedlein. 1841. 52. 8. (20 *Złp.*)
2024 —— Botaniki szczególnéj część pièrwsza, zawierająca: Opisanie roślin skrytopłciowych, lékarskich i przemysłowych. Krakowie, Friedlein. 1852. 8. VIII, 262 p. (5 *Złp.* = ⅚ *th.*)
2025 —— Botaniki szczogelnéj część druga, zawierająca: Opisanie roślin jednolistniowych lékarskich. Krakowie, Friedlein. 1852. 8. 822 p. (12 *Złp.* = 2 *th.*)
2026* —— et *Joseph* **Warszewicz**. Catalagus plantarum quae in Horto botanico Cracoviensi anno 1864 educantur. Cracoviae, typ. univ. 1864. 8. xv, 470 p., 3 tab.

Czihak, *Jakob von*, Obrist-Stabsarzt a. D. in Aschaffenburg.
Cat. of sc. Papers II. 125.

Czompo, *Johann*.
2027* De Euphorbiaceis Hungariae, Croatiae, Transylvaniae Dalmatiae et litoralis Hungarici. D. Pestini 1837. 8. 44 p.

D.

Dachroeden, *Karl Friedrich, Freiherr von* (Dachroedenia Bernh.), * 22. April 1731, † Erfurt 20. Nov. 1809.
Daenen, *Abbé*, in Dreux, * Münster im Kanton Wallis 16. Juli 1788, † Dreux 8. März 1863.
Bull. soc. bot. X, 133—135.

Daenzer, *F. G.*
2028* —— Des Euphorbiacées et en particulier de celles usitées en médecine, dans l'économie domestique et dans les arts. D. Strasbourg 1834. 4. 82 p.

Dahl, *Andreas*, Demonstrator der Botanik in Åbo (Dahlia Cav.), * in der Parochie Warnhelm 17. März 1751, † Åbo 25. Mai 1789.
2029* —— Observationes botanicae circa systema vegetabilium divi a Linné Goettingae 1784. editum, quibus accedit justae in manes Linneanos pietatis specimen. Havniae, typ. Moeller. 1787. 8. 44 p.
Est refutatio recensionis supplementi plantarum in Commentariis Lipsiensibus; redit in: Magazin für die Botanik, 4. Stück. p. 20—46.

Dahl, *T.*
2030 —— Botanisk Lommebog for Skoler. 2. Udgave. Kjöbenhavn (Wöldike) 1861. 8. 152 p.

Daiber, *J.*
2031 —— Taschenbuch der Flora von Württemberg. Tübingen, Osiander. 1866. 12. VI, 230 p. (⅔ *th.*)

Dalberg, *Nils*, Arzt (Dalbergia L.), * Linköping 1735, † Stockholm 3. Jan. 1820.

Dale, *Samuel*, M. D. (Dalea L.), * 1659, † Bocking 6. Juni 1739.
2032 —— Pharmacologia seu manuductio ad materiam medicam. Londini 1693. 12. 389 p. — Supplementum: Londini 1705. 12. — Ed. III: Londini 1737. 4. 460 p.

Dale, *Thomas*.
2033* —— De Pareira brava et Serapia officinarum. D. Lugduni Batavorum 1723. 4. 19 p.

Dalechamps, *Jacques*, D. M. in Lyon (Dalechampia Plum.), * Bayeux bei Caen 1513, † Lyon 1588.
Biographie médicale III, 376—377.
Du Petit Thouars in Biogr. univ. X, 443.
Fée in Höfer XII, 804—806.
Ernst Meyer, Geschichte IV, 391—399.

2034 —— Historia generalis plantarum. Lugduni 1554. 8. *Bumaldus*.
Immers deze eerste uitg., die zelfs *Prietzel* niet heeft kunnen vinden, is in het bezit der Stadsbibliothek te Amsterdam (vermeld *Catalogus* afd. *Natuurk*. V. C. No. 15).

2035* (——) Historia generalis plantarum in libros XVIII per certas classes artefìciose digesta, haec, plusquam mille imaginibus plantarum locupletior superioribus, omnes propemodum quae ab antiquis scriptoribus graecis, latinis, arabibus, nominantur; nec non eas quae in Orientis atque Occidentis partibus ante seculum nostrum incognitis, repertae fuerunt, tibi exhibet. Habes etiam earundem plantarum peculiaria diversis nationibus nomina: habes amplas descriptiones, e quibus singularum genus, formam, ubi crescant, et quo tempore vigeant, nativum temperamentum; vires denique in medicina proprias cognosces. Adjecti sunt indices, non solum graeci et latini, sed aliarum quoque linguarum locupletissimi. Lugduni, apud Gulielmum Rovillium. 1587. (in aliis exemplaribus 1586.) II voll. folio. cum ic. xyl. i. t. — I: p. 1—1095. et (6 foll.) — II: p. 1097—1922. Appendix: 36 p. et (38 foll.) indices.
Johannes Molinaeus (Des Moulins), medicus Lugdunensis hanc historiam ad umbilicum perduxit, quam *Dalechampius* superveniente imbecillitate absolvere non potuit. Plantarum Aegyptiarum et Syriacarum eiconicae figurae et historiae summa diligentia et cura descriptae a *Leonardo Rauwolf*, in *Dalechamp* Hist. gen. pl. II. app. 19—36.
* *gallice*: Histoire générale des plantes, contenant XVII livres également départis en deux tomes: sortie latine de la Bibliothèque de Mr. *Jacques Dalechamps*, puis faite française par *Jean des Moulins*, etc. Lyon, chez les héritiers de Roville. 1615. II voll. folio. — I: 960 p., ind. — II: 758 p., ind., ic xyl. i. t. — * Dernière édition revue et corrigée. Lyon, chez Philip Borde. 1653. II voll. folio. (non differt)

Dalen, *Cornelius*, Director des botanischen Gartens in Rotterdam, * 1766, † Rotterdam 24. Oct. 1852.

Dalibard, *Thomas François* (Dalibarda L.), * Crannes (Maine) ... 1703, † Paris 1779.
2036* —— Florae Parisiensis Prodromus, ou catalogue des plantes qui naissent dans les environs de Paris, rapportées sous les dénominations modernes et anciennes, et arrangées suivant la méthode sexuelle de Linneus. Avec l'explication en français de tous les termes de la nouvelle nomenclature. Paris, Durand. 1749. 8. LIV, 403 p., praef., ind., 4 tab.

Dallaporta, *Nicolò*.
2037* —— Prospetto delle piante che si trovano nell' isola di Cefalonia, e che si possono adoperare a titolo di alimento o di rimedio. Corfu, nella stamperia del governo. 1821. 4. XIII, 148 p.

Dalton, *James*, † Croft (Yorkshire) 2. Jan. 1848.

Dalzell, *Nicholas A.*
2038* —— Catalogue of the indigenous flowering plants of the Bombay Presidency, forming an Index to the Bombay Flora. Surat: Irish presbyterian Mission press. 1858. 8. III, 78 p.
Bibl. Kew.
2039* —— and *Alexander* **Gibson**. The Bombay Flora: or, short descriptions of all the indigenous plants hitherto discovered in or near the Bombay presidency; together with a supplement of introduced or naturalised species. Bombay, printed at the education society's press, Byculla. 1861. 8 IV, 332, 112 p.
Cat. of sc. Papers II, 135.

Dambourney, *Louis Alexandre*, * Rouen 10. Mai 1722, † Rouen 2. Juni 1795.
2040 —— Recueil de procédés et expériences sur les teintures solides que nos végétaux indigènes communiquent aux laines et aux lainages. Paris 1786. 8. 407 p. — Nouvelle (troisième) édition augmentée. Paris 1793. 8.

Dampier, *William*, Kapitain in der britischen Kriegsflotte, vorher Flibustier (Dampiera R. Br.), * East Coker in Somersetshire 1652, verschollen nach 1711.
2041* —— A new voyage round the world. London 1697. 8. 550 p. cum tabulis.
De pluribus Americae meridionalis plantis tractat in hoc itinere, quas *Rajus* in Hist. plant. III. p. 225 retulit et descripsit.
List of plants collected on the West Coast of Australia, in 1699, by *William Dampier*. Konig and Sims Annals of botany II. 531—532.

Dana, *Giovanni Pietro Maria*, Professor der Botanik in Turin (Danaea Colla.)

Dancer, *Thomas*.
2042 —— Catalogue of plants, exotic and indigenous, in the botanical garden. Jamaica 1792. St. Jago de la Vega (1792). 4. 16 p.
Decem paginae priores, de plantis exoticis, redeunt in *Bryan Edward's* History of the british colonies in the West Indies, vol. I. p. 198—211.

Daniell, *William Freeman*, M. D., * 1818, † Southampton 26. Juni 1865.
Cat. of sc. Papers II. 146—147.

10*

Danielli, *Stefano,* * Butrio 1. Jan. 1656, † Bologna 1726.

2043* —— Raccolta di quistioni intorno a cose di botanica, notomia, filosofia e medicina, agitate già tra gli celebratissimi publici professori nella università di Bologna, *Marcello Malpighi e Giangirolamo Sbaragli,* fatta per uso degli studiosi. Bologna 1723. 8. 79 p. Bibl. Reg Dresd

Danzel, *Johann Friedrich Nikolaus,* M. D., * Hamburg 2. Febr. 1792, † Hamburg 10. Nov. 1847.

2044* —— De Lycopodii herba et semine. D. Goettingae 1814. 8. 71 p.

Darby, *John,* Professor in New York.

2045 —— A manual of botany, adapted to the productions of the southern states, in two parts, arranged on the natural system. New York, Wiley and Putnam 1841. 12. (1 *Dollar* 50 *cts.*)

2046 —— Botany of the Southern States. In two parts Part I. Structural and Physiological Botany, and Vegetable Products. Part II. Descriptions of Southern Plants; arranged on the Natural System New York. 1855. 8. 612 p. (9 *s.*)

Dardana, *Giuseppe Antonio.*

2047* —— In Agaricum campestrem veneno et patria infamem acta ad *Victorium Picum.* Augustae Taurinorum 1788. 8. 32 p.

Darlington, *William,* M. D. (Darlingtonia DC.), * 28. April 1782, † West-Chester 23 April 1863.
Silliman Journal II, 36, 132—139
Memorial of *William Darlington,* MD. West-Chester, typ. James. 1863. 8 32 p., effigies.

2048* —— Florula Cestrica; an essay towards a catalogue of the phaenogamous plants, native and naturalized, growing in the vicinity of the borough of West-Chester, in Chester County, Pennsylvania: with brief notices of their properties and uses in medicine, rural economy and the arts. West-Chester, typ. Siegfried. 1826 4 min. xv, 152 p., 3 tab. col. (1 *l.* 4 *s*) — * Ed. II: Flora cestrica, an attempt to enumerate and describe the flowering and filicoid plants of Chester-county in the state of Pennsylvania. ib 1837. 8. xxiii, 640 p., 1 mappa col. — * Ed. III: Philadelphia, Lindsay and Blackston. 1853. 8. c, 498 p. (2 *D.* 25 *c.*)

2049* —— An essay on the development and modifications of the external organs of plants. Compiled chiefly from the writings of *J. Wolfgang von Goethe,* for a public lecture to the class of the Chester county cabinet of natural science. West-Chester, Pennsylvania 1839. 8. 38 p.

2050* —— A discourse on the character, properties and importance to man of the natural family of plants called Gramineae, or true grasses West-Chester, Pennsylvania 1841. 8. 22 p.

2051* —— Reliquiae Baldwinianae. Philadelphia, Kimber et Sharpless 1843. 8. 346 p., effigies *Baldwini*

2052* —— Plea for a National Museum and Botanic Garden at the city of Washington. West-Chester 1841. 8. 12 p.

2053* —— Agricultural Botany: an enumeration of useful plants and weeds. Philadelphia, J. W. Moore. 1847. 8. LVIII, 270 p.

2054* —— Memorials of *John Bartram* and *Humphry Marshall.* With notices of their botanical contemporaries. With illustrations. Philadelphia. Lindsay and Blakiston 1849. 8. 585 p., 2 tab. and autographs. (16 *s.*)
Cat. of sc. Papers II, 152.

Darluc, *Michel,* Professor in Aix, * Grimaud bei Fréjus 1707, † Aix 1783.

2055* —— Histoire naturelle de la Provence, contenant ce qu'il y a de plus remarquable dans les règnes végétal, minéral, animal et la partie géoponique. Avignon, Niel. 1782—86. III voll. — I: 1782. xvi, 523 p. — II: 1784. xx, 315 p. — III: 1786. II, 373 p

Darwin, *Charles Robert,* in Down (Kent), * Shrewsbury 12. Febr. 1800.

2056* —— Journal of researches into the natural history and geology of the countries visited during the voyages of H. M. S Beagle round the world. London, Murray. 1845. 8. — New edition. ib. 1870. 8. (9 *s.*)

2057* —— On the origin of species by means of natural selection; or, the preservation of favoured races in the struggle for life. London, John Murray. 1859. 8. IX, 502 p. (14 *s.*) —
* Fifth edition with additions and corrections. ib. 1869. 8 xxiii, 596 p. (12 *s.* 6 *d.*)
* *germanice:* Ueber die Entstehung der Arten im Thier- und Pflanzenreich durch natürliche Züchtung, oder Erhaltung der vervollkommneten Rassen im Kampfe um's Daseyn. Nach der dritten englischen Ausgabe übersetzt und mit Anmerkungen versehen von *H. G. Bronn.* Stuttgart, Schweizerbart. 1860. 8. viii, 520 p., 1 tab. (2⅔ *th.* n.) — * Zweite verbesserte und sehr vermehrte Auflage. Mit *Darwin's* Portrait. ib. 1863. 8. viii, 551 p. (2⅔ *th.*)
— *germanice:* Ueber die Entstehung der Arten durch natürliche Zuchtwahl oder die Erhaltung der begünstigsten Rassen im Kampfe um's Dasein. Aus dem Engl. übersetzt von *H. G. Bronn.* Nach der 5. engl. sehr vermehrten Auflage durchgesehen und berichtigt von *J. Victor Carus* 4. Aufl. ib. 1870. viii, 530 p. Mit *Darwin's* Porträt. (3 *th.*)
* *gallice:* De l'origine de l'espèce. Traduit par *C. A. Royer.* Paris, Guillaumin et Co. 1862 8. LXIV, 712 p. (5 *fr.*) — Ed. II. augmentée d'après des notes de l'auteur. ib. 1865. 8. (7 *fr.* 50 *c.*)
— *belgice:* Het ontstaan der soorten door middel van de natuurkeus, of het bewaard blijven van bevoorregte rassen in den strijd des levens. Uit het engelsch vertaald door *T. C. Winkler.* Harlem, Kruseman. 1860. 8.

2058* **Darwin,** *Charles Robert.* On the various contrivances by which british and foreign Orchids are fertilised by insects, and on the good effects of intercrossing. With illustrations. London, John Murray. 1862. 8. VI, 365 p., ic xyl. (9 *s.*)
* *germanice:* Ueber die Einrichtungen zur Befruchtung britischer und ausländischer Orchideen durch Insecten, und über die günstigen Erfolge der Wechselbefruchtung. Mit Nachträgen des Verfassers übersetzt von *H. G. Bronn.* Stuttgart, Schweizerbart. 1862. VI, 227 p., ic. xyl.

2059* —— On the movements and habits of climbing plants. London, typ. Taylor and Francis. 1865. 8. 118 p. (4 *s.*)
Journal Linn. Soc. IX, No. 33. 34.

2060* —— The variation of animals and plants under domestication. In two volumes. London, John Murray. 1868. 8. VIII, 411, VIII, 486 p., ic. xyl. (1 *l.* 8 *s*)
* *germanice:* Das Variiren der Thiere und Pflanzen im Zustande der Domestication. Aus dem Englischen übersetzt von *J. Victor Carus.* In zwei Bänden. Stuttgart, Schweizerbart. 1868. 8. — I: VIII, 530 p., ic. xyl. — II: Mit den Berichtigungen und Zusätzen des Verfassers zur 2. englischen Auflage. VIII, 639 p. (6⅓ *th.* n.)
* *gallice:* De la variation des animaux et des plantes. Traduit par *J. J. Moulinié.* Paris, Reinwald. 1868. II voll. 8. (20 *fr*)
Cat. of sc. Papers II, 152—153.

Darwin, *Erasmus,* M. D., * Elston in Nottinghamshire 12. Dec. 1731, † auf seinem Landhause bei Derby 18. April 1802.
Monthly Magazine XIII, 456—463.
Seward, Memoirs of the life of Dr. *Erasmus Darwin.* London 1804. 8.

2061* —— The botanic garden, a poem in two parts. Part I: containing the economy of vegetation. Part II: the loves of the plants. With philosophical notes. London 1791. (Lichfield 1789). 4. — I: 214, 126 p., 9 tab. — II: 184 p., 8 tab. — * Ed. IV: London 1799. 8. — I: xx, 492 p., tab. — II: xvi, 282 p., tab.
* *gallice:* Les amours des plantes, poème en quatre chants suivi de notes et des dialogues sur la poésie. Ouvrage traduit de l'anglais de *Darwin* par *J. P. F. Deleuze.* Paris an VIII. (1800.) 12. 412 p. (3 *fr.*)
* *germanice: Darwin's* Abhandlungen und Bemerkungen über verschiedene naturwissenschaftliche Gegenstände, aus dessen Botanic Garden gesammelt von *G. E. W. Crome.* 1. Theil. Botanik und Zoologie. Hannover, Hahn. 1810. 8. x, 297 p.
* *italice:* con note di *Giovanni Gherardini.* Milano 1805. 8. — ib. 1808. 8. — ib. 1844 4.

2062* —— Phytologia or the philosophy of agriculture and gardening etc. London 1800. 4. VIII, 612 p., ind., 12 tab.
* *germanice:* Phytonomie oder philosophische und physische Grundsätze des Acker- und Gartenbaus. Aus d. Englischen von Dr. *Hebenstreit.* Leipzig 1801. 2 Bände. 8. VIII, 399, 202 p., 6 tab. (3 *th.*)

Darwin, *R. W.*

2063 —— Principia botanica, or easy introduction to botany. Ed. III. Newark 1810. 8.

Dassen, *Michael,* Arzt in Zwolle, * Zwolle 21. April 1809, † Zwolle 10. Oct. 1852.

2064* —— De Scillitino additis experimentis de venenorum vi in plantas. D. Groningae 1834. 8. 42 p., 1 tab.

2065 —— Onderzoek aangaande de bladbewegingen, die niet door aanzwellingen ontstaan. Zwolle 1837. 8. 29 p.

2066 —— Onderzoekingen over de vochtbeweging bij planten. Zwolle, Tjeenk Willink. 1846. 8. 17, 16, 16 p.

2067 —— Onderzoekingen over den tweezaadlobbigen stengel. Zwolle, Tjeenk Willink. 1847. 8. 27 p.

2068 —— Over den stengel van eenzaadlobbige planten. Zwolle, Tjeenk Willink. 1847—48. 8. 23, 32 p., 1 tab.
Overgedrukt uit de Nieuwe Archief voor binnen- en buitenlandsche geneeskunde door *I. van Deen.*
Cat. of sc. Papers II, 154.

Daubeny, *Charles Giles Bridle*, Professor in Oxford (Daubenya Ldl.), * Stratton in Gloucestershire 11. Febr. 1795, † Oxford 13. Dec. 1867.

2069* —— An inaugural lecture on the study of botany, read in the library of the botanic garden, Oxford. Oxford 1834. 8. 39 p., Appendix: 7 p., 2 tab. (Plans of the botanic garden.)

2070 —— Oxford Botanic Garden. Oxford 1850. 12. — Ed. II. ib. 1853—63. 8.

2071* —— Remarks on the final causes of the sexuality of plants, with particular reference to Mr. Darwin's work on the origin of species. Oxford, Parker and H. Bohn. 1860. 8. 34 p., 1 tab. (1s)

2072* —— Essay on the trees and shrubs of the ancients; being the substance of four lectures delivered before the University of Oxford, intended to be supplementary to those on Roman Husbandry, already published. London, J. H. Parker. 1865. 8. 160 p. (5s.)

2073 —— Plants of the world, and where they grow. New edition. London, Routledge. 1868. 16. 400 p. (5s.)
Cat. of sc. Papers II, 155—157.

Daudirac, *François*.

2074* —— Dissertation sur l'utilité de la botanique en médecine. Thèse. Paris 1828. 4. 22 p.

Davall, *Edmond* (Davallia Sm.), * in England . . ., † Orbe im Kanton Bern 1799.
Konig Annals of botany I, 577.

Davids, *Eugen*.

2075 —— Commentatio de fontibus vegetationis plantarum. Lugduni Batavorum 1822. 4.

Davies, *Hugh*.

2076* —— Welsh botanology; part the first (and second). A systematic catalogue of the native plants of the isle of Anglesey, in latin, english and welsh; with the habitats of the rarer species and a few observations. To which is added an Appendix, consisting of those genera, in the three first volumes of Flora britannica, which are not of spontaneous growth in Anglesey, rendered likewise into welsh. London 1813. 8. xiv, xv, 255 p., 1 tab. (4s. 6d.)
Cat. of sc. Papers II, 166.

Davy, *Humphry*, Präsident der Royal Society in London (Davya DC.), * Penzance 17. Dec. 1778, † Genf 29. Mai 1829.

2077* —— Elements of agricultural chemistry, in a course of lectures for the board of agriculture. London 1813. 4. viii, 323 p., 10 tab. with an Appendix: Account of the results of experiments on the produce and nutritive qualities of different grasses and other plants, used as the food of animals, instituted by *John Duke of Bedford*. XLIII p., ind. — New edition, with notes by Dr. *John Davy*. London 1839. 8. (15s.)
* gallice: Traduit par *Bulos*. Paris 1819. II voll. 8. — I: 7, 342 p., 6 tab. — II: 431 p., 2 tab.

2078* —— Miscellanies: being a collection of Memoirs and Essays on scientific and literary subjects. Vol. 1. 2. Oxford, J. Parker and Co. 1867. 8. 207, 214, 152 p. (21s.)
Cat. of sc. Papers II, 155—157.

Deakin, *Richard*.

2079* —— Florigraphia britannica, or Engravings and descriptions of the flowering plants and ferns of Britain. Vol. 1—4. London, Groombridge 1841—48. 8. with 1625 coloured figures. (5l.)

2080* —— Flora of the Colosseum of Rome. London, Groombridge 1855. 8. viii, 237 p., 8 tab. (7s. 6d.)

Debat, *L.*

2081* —— Flore analytique des genres et espèces appartenant à l'ordre des mousses, pour servir à leur détermination dans les départements du Rhône, de la Loire, de Saône-et-Loire, de l'Ain, de l'Isère, de l'Ardèche, de la Drôme et de la Savoie. Paris, Savoy. 1867. 4. 195 p. (5fr.)

Debeaux, *J. Odon*, pharmacien aide-major im Militärhospital in Bordeaux.

2082* —— Catalogue des plantes observées dans le territoire de Boghar (Algérie). Bordeaux, typ. Lafargue. 1861. 8. 121 p. (3fr. 50c.)
Extrait des Actes de la Soc. Linnéenne, tome XXIII. 1859.

2083* **Debeaux**, *J. Odon*. Les Herborisations des environs de Barèges. Paris, F. Savy. 1864. 8. 26 p.

2084* —— Essai sur la pharmacie et la matière médicale des Chinois. (Bordeaux, typ. Gounouilhou.) Paris, Baillière. 1865. 8. 120 p. (3fr. 50c.)

2085* —— Notes sur quelques matières tinctoriales des Chinois. Paris, F. Savy. 1866. 8. 16 p.
Cat. of sc. Papers II, 187.

Debey, *M. H*, Arzt in Aachen.
Cat. of sc. Papers II, 187.

Decaisne, *Joseph*, Professor am Jardin des plantes in Paris, Mitglied des Instituts (Decaisnea Ldl.), * Brüssel 11. März 1809.

2086* —— Florula sinaica. Enumération des plantes recueillies par *M. Bové* dans les deux Arabies, la Palestine, la Syrie et l'Égypte. Paris, typ Renouard. 1834. 8. 67 p., 1 tab. (Ann. sc. nat. II. tome 2. 3.)

2087* —— Herbarii Timorensis descriptio. Parisiis, Roret. 1835. 4. 173 p, ind., 6 tab.
Annales du Muséum. 1834. tom. III, 333—501.

2088* —— Recherches anatomiques et physiologiques sur la Garance, sur le développement de la matière colorante dans cette plante, sur sa culture et sa préparation, suivies de l'examen botanique du genre Rubia et de ses espèces. Bruxelles, typ. Hayez. 1837. 4. 77 p., 10 tab. col.

2089* —— Recherches sur l'analyse et la composition chimiques de la betterave à sucre par *E. Péligot*; et sur l'organisation anatomique de cette racine par *J. Decaisne*. Paris 1839. 8. VIII, 50 p., 1 tab.

2090* —— Mémoire sur le développement du pollen, de l'ovule et sur la structure des tiges de gui (Viscum album). Bruxelles, typ. Hayez. 1840. 4. 63 p., 3 tab.
Mém. de l'Acad. de Bruxelles, tom. XIII.

2091* —— Plantes de l'Arabie heureuse recueillies par *P. E. Botta*. Paris 1841. 4. 110 p., 8 tab.
Archives du Muséum II, 89—199.

2092* —— Essai sur une classification des algues et des polypiers calcifères. Paris, Masson. 1842. 8. 120 p., 4 tab. (4fr.)

2093* —— Histoire de la maladie des pommes de terre en 1845. Paris, Dusacq. 1846. 8. vii, 126 p. et table des matières. (2fr. 50c.)

2094* —— Le Jardin fruitier du Muséum ou Iconographie de toutes les espèces et variétés d'arbres fruitiers cultivés dans cet établissement, avec leur description, leur histoire, leur synonymie. Publié sous les auspices de S. E. le Ministre de l'agriculture et du commerce. Vol. I—VII. Paris, Firmin Didot. 1858—65. 4. (Continuatur.) Vidi Fasciculos 1—81, cum 336 tabulis coloratis, pretio 420 fr.

2095* —— et Charles **Naudin**. Manuel de l'amateur des jardins. Traité général d'horticulture. Ouvrage accompagné de figures dessinées par *A. Riocreux*. Paris, Firmin Didot. 1862—66. II voll. 8. 706, VIII, 824 p. (15fr.)
In Prodromo Candolleano exstant autore *Josepho Decaisne*: Asclepiadeae, VIII, 490—665. Plantaginaceae, XIII, 1. 693—738.
Cat. of sc. Papers II, 189—190.

DeCannart d'Hamale.

2096* —— Monographie historique et littéraire des lis. Malines, typ. Ryckmans-van-Deuren. 1870. 8. iv, 122 p.

Dechenaux, *A.*

2097 —— Clé d'analogie en botanique. Genèse des plantes, ou classification des familles selon l'ordre des périodes sociales. Livr. 1. Paris 1845. 8.

Dechesnel, *Adolphe*.

2098 —— Botanique des poètes, des artistes et des gens du monde; avec planches. Paris (avant 1838). VI voll. 12.

Decken, *Karl Claus von der*, † 2. Oct. 1865.

2099 —— Reisen in Ost-Afrika in den Jahren 1859—65. Leipzig, Winter. 4.
Volumen tertium nondum editum continebit botanicam autoribus *P. Ascherson, M. Kuhn, P. G. Lorenz, W. Sonder*.

Dedu, *N.*, M. D. in Montpellier.

2100* —— De l'ame des plantes, de leur naissance, de leur nourriture et de leurs progrez. Essay de physique. Paris, Michallet.

1682. 12. 66 p , praef. — * impr. avec l'Anatomie des plantes par *Grew.* Leide 1685. 12. p. 249—310.
<small>*latine:* in *Nicolai de Blegny* Zodinco gallico.</small>

Deering, *Charles* (Deeringia R. Br.), † Nottingham 12. April 1749.
2101* ——— Catalogus stirpium, or a catalogue of plants naturally growing and commonly cultivated in divers parts of England, especially about Nottingham. Nottingham, typ. Ayscouch 1738. 8. 231, 9, 24 p.
2102 ——— Scarce plants which are met with hereabout, more frequently than elsewhere. In his Historical account of the town of Nottingham Nottingham 1751. 4. p. 89—90. B.
<small>Autor est Saxo e gente Doering: sed in Anglia nomen germanicum in *Charles Deering* mutavit)
Pulteney Geschichte II. 452—457.</small>

Degland, *Jean Vincent Yves,* Professor der Botanik in Rennes, * Rennes 20. Jan 1773, † Rennes 19. Febr 1841.
2103* ——— Examen de cette question: La sève circule-t-elle dans les plantes à l'instar du sang dans certaines classes d'animaux? Montpellier 1800. 4. 27 p.
<small>A la suite du Discours sur les causes de mouvement de la sève dans les plantes, par *Gouan,* an VIII. 4.</small>
2104* ——— De Caricibus Galliae indigenis tentamen. Parisiis 1828. 8. 33, 4 p., 2 tab
<small>Extrait de *Loiseleur-Deslongchamps,* Flora gallica, Ed. II.</small>

Dehnhardt, *Friedrich.*
2105* ——— Catalogus plantarum horti Camaldulensis. (Neapoli 1829.) 4 38 p. — *Ed. II auctior. Neapoli 1832. 4. 24 p, 1 tab
2106* ——— Replica ad una lettera pubblicata sotto il nome del Dottor *D. Quirino Amorosi* intorno ad un opusculo messo a stampa (in Napoli dal Signor Federigo Dehnhardt). Parigi 1841 8. 48 p.

Dejean, *Ferdinand,* Arzt in Wien, † Wien 23. Febr. 1797.
2107 ——— Dissertatio inauguralis, qua exponitur historia, analysis chemica, origo et usus oeconomicus Sodae hispanicae. Lugduni Batavorum 1773 4. 42 p.
<small>*Schlegel,* Thes. mat. med. I. p. 83—122</small>

Dein, *Johann.*
2108 ——— Muthmassliche Untersuchung der in den Samen verborgenen Wachsthumskräfte und der unendlichen Fortpflanzung aller natürlichen Dinge. Nürnberg 1699 4.

Dekin, *A.*
2109* ——— et *A. F.* **Passy.** Florula Bruxellensis seu catalogus plantarum circa Bruxellas sponte nascentium. Bruxellis 1814. 8 72 p.

DelaBaïsse.
2110* ——— Dissertation sur la circulation de la sève dans les plantes. Qui a remporté le prix etc. Bordeaux, Brun. 1733. 12. 79 p.
<small>Autor est Pater *Sarrabat,* e societate Jesu, qui in hoc libro cognomen genüs suae adoptavit.</small>

Delachénaye, *B.*
2111* ——— Abécédaire de Flore ou langage des fleurs, méthode nouvelle de figurer avec des fleurs les lettres, les syllabes et les mots etc. Paris 1811. 8. 160 p., praef., 4 tab. nigr., 8 tab. col (30 fr.)

Delalande, *Jean Marie,* * Saint-Gildas-des-Bois (Seine inférieure) 6. Febr 1807, † Nantes 21. Nov. 1851.
2112* ——— Une première excursion botanique dans la Charente-inférieure en Septembre 1847. Nantes, typ. Mellinet. 1848. 8. 27 p — Une seconde excursion. ib. 1849. 8. 64 p.

Delalande, *Pierre Antoine,* * Versailles 27. März 1787, † Paris 27. Juli 1823.
<small>*Lasègue,* Musée Delessert 447—448</small>

Del Amo, *Mariano,* Professor in Granada
2113* ——— Memoria premiada sobre la distribucion geográfica de las plantas coniferas, leguminosas, rosaceas, salsolaceas, amentaceas, coniferas y gramineas de la península ibérica. Madrid 1861. 4. 241 p
<small>Mem. ac. ciencias Madrid V. 223—463.
Colmeiro Bot esp. 206.</small>

Delany, *Mary,* Tochter des Lord Lansdowne, * Coulton (Wiltshire) 1700, † Windsor 1788.
2114 ——— A catalogue of plants copyed from nature in paper mosaick, finished in the year 1778 8. 47 foll.

Delarbre, *Antoine* (Larbrea St. Hil.), * Clermont-Ferrand 1724, † Clermont-Ferrand 1841.
2115* ——— Séance publique pour l'ouverture du jardin royal de botanique. Clermont-Ferrand 1782. 8. 66 p.
<small>p. 1—37: *Duvernin,* Discours sur la botanique; p. 39—66: *Delarbre,* Discours sur l'utilité et la nécessité d'un jardin de botanique.</small>
2116* ——— Flore d'Auvergne ou Recueil des plantes de cette ci-devant province. Clermont-Ferrand 1795. 8. XL, 220, 24 et 11 p. — *Paris et Clermont-Ferrand 1797. 8. (non differt.) (4 fr.) —³ * Seconde édition augmentée. Riom et Clermont, typ. Landriot et Rousset. 1800. II voll. 8. XXVI, 891 p. (9 fr.)

DelaRoche, *Daniel,* Arzt, * Genf 1743.
2117* ——— Descriptiones plantarum aliquot novarum. D. Lugd. Bat. 1766. 4. 35 p, 5 tab. col

DelaRoche, *François,* M. D., Sohn von Daniel (Rochea DC.), † Paris 23. Dec. 1813.
2118* ——— Eryngiorum nec non generis novi Asclepideae historia. Parisiis 1808. folio. 70 p., 32 tab.
<small>Idem autor textum voll. V—VI. Liliacearum a *Redouté* pictarum composuit.</small>

De Las.
2119* ——— Phytographie universelle, ou nouveau système de botanique, fondé sur une méthode descriptive de toutes les parties de la fleur; avec une nouvelle langue antho-phyllographique. Stockholm et Lyon 1783. 8. VIII, 182 p.

Delastre, *Charles Jean Louis* (Lastraea Borg.), † Poitiers 12. Aug. 1859.
<small>Bull. soc. bot. de France VI, 383—384.</small>
2120* ——— Aperçu statistique de la végétation du département de la Vienne. Poitiers 1835. 8. 16 p., 1 tab.
2121 ——— Flore analytique et descriptive du Département de la Vienne, avec planches et vocabulaire. Paris et Poitiers, Meilhac. 1842. 8. XXII, 546 p., 4 tab. (7 fr. 50 c.)
<small>Supplément: Annales des sc. nat. 1842. p. 148—152.</small>

Delathauwer, *L. A.*
2122* ——— Het belgische Kruidboek, of de Gentsche Hovenier. Deel 1—4. Gent, Hoste. 1848—49. 8. 435. 379, 104, 404 p.

DelaVigne, *Gislain François.*
2123* ——— De Gratiola officinali L. ejusque usu praecipue in morbis cutaneis. D. Erlangae 1799. 8. 46 p. (⅛ th.)
2124* ——— Flore germanique, ou histoire des plantes indigènes de l'Allemagne et en grande partie de la France. Erlangen 1801—2. 4 cahiers. 12. XXII, 128 p. et 64 tab. col. (5⁵/₁₂ th.)

Delbos, *Joseph,* Professor in Mühlhausen (Elsass).
2125 ——— Thèse de botanique. Recherches sur le mode de répartition des végétaux dans le département ce la Gironde. Bordeaux, Métreau. 1854. 4. 45 p.

Delessert, *Benjamin* (Delessertia Lem.), * Lyon 14. Febr. 1773, † Paris 1. März 1847.
<small>A. *Lasègue,* Musée botanique de Mr. *Benjamin* Delessert. Paris 1845. 8.
Alph. *DeCandolle,* Notice sur B. *Delessert.* Genève 1847. 8.
G. A. *Pritzel,* Erinnerungen, in Grenzboten 1847. 8.
Charles *Dupin,* Travaux et bienfaits. Paris 1848. 8.
Flourens, Éloge historique. Paris 1850. 4.</small>
2126* ——— Icones selectae plantarum, quas in systemate universali ex herbariis Parisiensibus, praesertim ex Lessertiano descripsit *Augustin Pyramus DeCandolle,* ex archetypis speciminibus a P. J. F. *Turpin, (Riocreux, Heyland, Decaisne)* delineatae. Paris 1820—46. V voll. folio. — I: 1820. VI, 26 p, 100 tab. — II: 1823. IV, 28 p., 100 tab. — III: 1837. VIII, 70 p., 100 tab — IV: 1839. III, 52 p., 100 tab. — V: 1846. IV, 55 p. cum indice generali; 101 tab. (175 fr.)

Deleuze, *Joseph Philippe François* (Leuzea DC.), * Sisteron . . . März 1753, † Paris 29. Oct. 1835.
2127* ——— Histoire et description du Muséum d'histoire naturelle. Paris 1823. II voll. 8. VI, 720 p., 3 plans et 14 vues. (12 fr.) (Avec un rapport, extrait des Moniteurs de 3 et 30 Juillet 1823) 8. 18 p.
<small>Cat. of sc. Papers II, 227.</small>

Del'Horme, *A.*
2128 ——— Catalogue des plantes cultivées au jardin botanique et de naturalisation de la Martinique. Saint-Pierre 1829. 8. 81 p. (1 fr. 25 c.)

Delile, *Alire Raffeneau,* Professor der Botanik zu Montpellier (Lilaea H. B. K.), * Versailles 23. Jan. 1778, ÷ Montpellier 5. Juli 1850.
  Charles Martins, L'histoire des botanistes de Montpellier p. 37—39
  Joly, Eloge historique, dans les Mémoires de l'Académie de Toulouse, 5. Série, vol. III.

2129* —— Description de l'Égypte, ou Recueil des observations et des recherches qui ont été faites en Égypte pendant l'expédition de l'armée française, publié par les ordres de S. M. l'empereur Napoléon le Grand. Histoire naturelle. Tome second. Paris, de l'imprimerie impériale. 1813. 4. max. 752 p.
  Alire Raffeneau Delile, Mémoire sur les plantes qui croissent spontanément en Égypte. p. 3—10
  Histoire des plantes cultivées en Égypte Premier mémoire. Sur les Céréales graminées, les fourrages, et les grains de la classe des plantes légumineuses p. 11—24.
  Florae aegyptiacae illustratio. p. 49—82.
  Flore d'Égypte. Explication des plantes, (tab. 1—62) p. 145—320.

2130* —— Mémoires botaniques extraits de la «Description de l'Egypte.» Paris, imprimerie impériale. 1813. folio.
  I. Description du Palmier Doum de la Haute Egypte, ou Cucifera thebaica. 1810. 6 p.
  II. Histoire des plantes cultivées en Egypte. 1813. 14 p.
  III. Mémoire sur les plantes qui croissent spontanément en Egypte. 1813. 10 p.
  IV. Florae aegyptiacae illustratio. 1813. 34 p.
  V Flore d'Egypte. Explication des planches. 1813. 176 p., 62 tab. bot.

2131* —— Flore d'Égypte. Ed. II. Paris, Pancoucke. 1824. 8. 472 p. et Atlas in folio. 62 tab. (25 *fr.* Savy.)
  Description de l'Égypte vol. XIX.

2132* —— Dissertation sur les effets d'un poison de Java, appelé Upas tieuté, et sur la noix vomique, la fève de St. Ignace, le Strychnos potatorum et la pomme de Vontac, qui sont du même genre de plantes, que l'Upas tieuté. D. Paris, typ. Didot. 1809. 4. 48 p.

2133* —— Sur une Flore Byzantine manuscrite, rapportée de Constantinople. (In *Andreossy,* Voyage à l'embouchure de la mer noire Paris 1818. 8. p. 281—293.)

2134* —— Centurie de plantes d'Afrique du voyage à Méroé recueillies par M. *Frédéric Cailliaud.* Paris, imprimerie royale. 1826. 8. 112 p.
  Extrait du Voyage à Méroé par *Cailliaud,* vol. IV. p. 293—402.

2135* —— Fragmens d'une Flore de l'Arabie pétrée. Plantes recueillies par M. *Léon de Laborde,* nommées, classées et décrites par M *Delile.* Paris, Giard. 1833. 4. 25 p., 1 tab.
  La pr nière impression avec la planche se trouve dans *Léon de Laborde et Linant,* Voyage dans l'Arabie pétrée. Paris, Girard. 1830. folio. p. 81—87

2136* —— Leçon de botanique à l'ouverture du cours de cette science, à la faculté de médecine de Montpellier. Montpellier, Ricard. 1833 8. 35 p.

2137* —— Essais d'acclimatations à Montpellier et mélanges d'observations. (Montpellier 1836.) 8 42 p.
  Bulletin de la société d'agriculture de l'Hérault.

2138* —— Index complectens semina in horto botanico regio Monspeliensi anno 1838 collecta, pro mutua commutatione oblata, additis characteribus specificis plantarum quarundam vel ex toto novarum, vel accuratius nuper observatarum. (Monspelii, typ. Martel. 1839) 8. 14 p., 2 tab. col.
  Insunt diagnoses et icones novarum specierum generis Erodii. Vidi praeterea indices seminum annis 1836 et 1839 collectorum, quibus aeque descriptiones accedunt; ib. 1837. 8. 28 p. — ib. 1840. 8. 15 p

2139* —— Souvenirs d'Égypte. Herborisations au Désert. Montpellier, typ. Boehm. 1844. 8. 15 p.
  Extrait de la Revue du Midi, Juillet 1844.

2140* —— Eclaircissements sur diverses parties de la botanique. Montpellier, typ. Martel. 1845. 8. 35 p.

Delise, *Dominic François,* Bataillonschef zu Vire (Calvados) (Delisea Lam.), ÷ Vire 16. Nov. 1841.

2141* —— Histoire des Lichens. Genre Sticta. Caen, Chalopin. 1825. (in pagina inferiore: 1822.) 8 171 p. avec Atlas: ib. 1825. folio min. obliq. 19 tab. col. et un cercle méthodique des genres. (12 *fr.*)
  Mémoires de la soc. Linn. de Calvados, I. p. 1—167. II. p. 13 et p. 598.

Delle Chiaje, *Stefano,* Professor der Anatomie in Neapel, * Teano 24. April 1794, ÷ Neapel 22. Juli 1860.

2142* —— Memoria sul Ciclamino Poliano. Napoli 1824. 4. 12 p., 1 tab.
  Redit in ejus «Opuscoli fisico-medici». Napoli 1833. 8. p. 161—168.

2143* —— Iconografia ed uso delle piante medicinali ossia trattato di farmacologia vegetabile. Napoli, typ. Crapart. II voll. 8 et 1 vol. 4. — I: 1824. XLIV, 372 p. — II: 1825. 264 p. — III: 1824. 119 tab. col. in 4.
  Flora medica. Napoli 1836. 8. fortasse non differt.

2144* —— Hydrophytologiae regni Neapolitani icones. Neapoli, typ. Cataneo. 1829. folio. 16, 12 p, 100 tab. col.
  Opus alias duas gerit inscriptiones: Algarum regni Neapoli descriptiones et icones; nec non: Hydrophylorum Siciliae citerioris Prodromus.

Delondre, *Auguste,* ÷ Graville bei Havre 27 Febr. 1865.

2145* —— et *A.* **Bouchardat.** Quinologie. Des Quinquinas et des questions qui dans l'état présent de la science et du commerce s'y rattachent avec le plus d'actualité. Paris, Germer-Baillière. 1854. 4. 52 p, 23 tab. (40 *fr.*)

Delort de Mialhe, *Marc-Martial,* * Narbonne 1804, ÷ Narbonne 25. Juni 1856.
  Bull. soc. bot. IX, 596—604.

Delpino, *Federigo.*

2146 —— Pensieri sulla biologia vegetale sulla tassonomia, sul valore tassonomico dei caratteri biologici, e proposta di un genere nuovo delle Labiate. Pisa 1867. 8. 100 p.

2147* —— Sugli apparecchi della fecondazione nelle piante antocarpee. Firenze, typ Cellini. 1867. 8. 39 p.

Delponte, *J. B.,* Professor der Botanik in Turin.

2148* —— Stirpium exoticarum rariorum vel forte novarum pugillus. Mem. acad. Torino XIV, 393—411. (1854.)

Dematra, * 14. April 1742, ÷ Corbières 2. April 1824.

2149* —— Essai d'une monographie des rosiers indigènes du canton de Fribourg. Fribourg en Suisse 1818. 8. 8 p.

Dembosz, *St.*

2150 —— Tentamen florae territorii Cracoviensis medicae, sive enumeratio plantarum medicarum circa Cracoviam sponte nascentium ac exoticarum secundum sistema Linnei disposita. Cracoviae, Friedlein. 1841. 8. (9 złp)

Demel, *Joseph Eustachius.*

2151* —— Analysis plantarum. D. Viennae 1782. 8. 59 p.

Demersay, *Alfred.*

2152* —— Du Tabac au Paraguay; culture, consommation et commerce. Avec une lettre sur l'introduction du tabac en France, par *Ferdinand Denis* Paris, Guillaumin et Co. 1851. 8. v, 30, XLIII p., 2 tab. (2 *fr.* 50 c.)

Demerson, *L.*

2153* —— La Botanique enseignée en 32 leçons. Paris 1825. 12. XVI, 462 p. — * Ed. III. augmentée. Paris 1827. 12. 498 p , 11 tab. col. (7 *fr.* 50 c.)

Demidow, *Procopius a* (Demidovia Pall.)

2154* (——) Enumeratio plantarum ordine alphabetico undique collectarum ex quatuor plagis mundi; adjecta botanicorum characterum descriptione, quae in horto *Procopii a Demidow* Consitarii status actualis Mosquae vigent. Mosquae 1786. 8. 469 p., praef. (rossice et latine.)
  Plantas in eodem horto cultas recensuit, *Lepechin,* Reise durch Russland, III. p. 83; et *P. S. Pallas* in enumeratione 1781 edita. — Hortus ipse, 1756 conditus, in incendio urbis 1812 periit.

Denesle, *J A. N.,* Gründer des Gartens von Poitiers (Neslia Desv)
  L. Faye, Notice sur *J. A. Denesle.* Poitiers 1844. 8. 18 p.

2155* —— Introduction à la botanique. (Poitiers, typ. Catineau an VI.) 8. 56 p.

Déniau, *P. C. Félix.*

2156* —— Le Silphium (Asa foetida) précédé d'un Mémoire sur la famille des Ombellifères considérée au point de vue économique, médical et pharmaceutique. Thèse. Paris, typ. Thunot et Co 1864. 4. 100 p.

Denisse, *Étienne,* Zeichner.

2157* —— Flore d'Amérique, dessinée d'après nature sur les lieux.

Riche collection de plantes les plus remarquables, fleurs et fruits de grosseur et de grandeur naturelle. Paris 1843—46. folio. 12 livraisons à 6 tab. col. sign. 1—72. et une feuille de texte. (120 fr.)
Opus botanicis prorsus inutile.

Dennstedt, *August Wilhelm*.
2158* —— Weimars Flora. Erste Abtheilung. (Phanerogamen.) Jena 1800. 8. vi, 562 p. ($^3/_4$ th.)
2159* —— Das Gewächsreich, oder charakterisirende Beschreibung aller zur Zeit bekannten Gewächse, als Commentar zu den *Bertuch*schen Tafeln der allgemeinen Naturgeschichte. Erstes Heft. Weimar 1807. gr. 8. 248 p., 6 tab. (1 $^1/_2$ th.)
2160* —— Nomenclator botanicus seu enumeratio omnium hucusque cognitorum vegetabilium adjectis praecipuis synonymis. Eisenbergae 1810. II voll. 8. — I: viii, 524 p. — II: viii, 215 p. (2 th)
2161* —— Schlüssel zum Hortus indicus malabaricus, oder dreifaches Register zu diesem Werke. Weimar 1818. 4. 40 p. ($^1/_2$ th.)
2162* —— Hortus Belvedereanus oder Verzeichniss der bestimmten Pflanzen, welche in dem Garten zu Belvedere bei Weimar bisher gezogen worden, und zu finden sind, bis weitere Fortsetzungen folgen. Weimar 1820—21. Zwei Lieferungen. 8. — I: 1820. vii, 120 p. — II: 1821. 28 p. (1 th.)

Denyau, *Alexander Michael*, Professor der Medicin zu Paris.
2163* —— Oratio panegyrica de plantis. Parisiis, typ. Langlois. 1695. 4. 12 p. Bibl. Juss.

Derbes, *Alphonse*, Professor in Marseille.
2164* —— et *Antoine Joseph Jean* **Solier**. Mémoire sur quelques points de la physiologie des Algues. Paris 1856. 4. 120 p., 23 tab.
Supplément I. aux Comptes rendus de l'Académie des sciences.
Cat. of sc Papers II, 241—242

Dercum, *Lorenz Anton*, Professor der Botanik in Würzburg.
2165* —— Theses phytologicae, continentes fundamenta rei herbariae. Wirceburgi, typ Kleyer. 1742 4. xviii, 52 p., 1 tab.
2166* —— De Rosa. D Wirceburgi 1754. 4. 27 p., praef.

Derive, *Théodore*.
2167* —— Flore vénéneuse de la province de Liège, ou description des plantes nuisibles ou suspectes qui croissent spontanément dans cette partie du royaume. Verviers 1839. 12. 128 p., 12 tab.

Descemet, *Jean*, M. D., * Paris 20. April 1732, † Paris 7. Oct. 1810.
2168* (——) Catalogue des plantes du jardin des Messieurs les apoticaires de Paris, suivant leurs genres et les caractères des fleurs, conformément à la méthode de Mr. *Tournefort* dans son Edition française de 1694. (Paris) 1741. 8. 100 p. — *ib. 1759. 8. xxii, 136 p.

Deschizeaux, *Pierre*, * Mâcon ... 1687, † Paris um 1730.
Biogr. méd. III, 446.
2169* —— Mémoire pour servir à l'instruction de l'histoire naturelle des plantes de Russie, et à l'établissement d'un jardin de botanique à St. Petersbourg 1725. 8. 33 p. Bibl. Cosson. — Seconde édition, revue et corrigée. s. l. 1728. 8. 33 p.

Déscourain, *François*, Apotheker zu Étampes (Descourainea Webb.), * 1658, † 1740
«Ditionis Stampanae in Aurelianensi provincia egregia Flora prodiit, elaborata a *Francisco Descurain*, pharmacopoeo Stampano, edita a *Joh. Steph.* **Guettard**, auctoris nepote: Observations sur les plantes. Paris 1747. II voll 4°» *Spreng.* Hist. II 477.

Descourtilz, *Michel Etienne*, M. D. in Paris, * Boiste bei Pithiviers 25. Nov. 1775
2170 —— Voyages d'un naturaliste, et ses observations faites sur les trois règnes de la nature, dans plusieurs ports de mer français, en Espagne, au Continent de l'Amérique septentrionale, à Saint-Yago de Cuba et à St. Domingue etc. Paris 1809. III voll 8. — I: lxiv, 365 p., 16 tab. — II: 470 p., 16 tab. — III: 476 p., 45 tab. (multae desiderantur.)
2171* —— Flore médicale des Antilles ou traité des plantes usuelles des colonies françaises, anglaises, espagnoles et portugaises; peinte par *J. Th. Descourtilz*. Paris 1821—29. VIII voll. 8. — I: 1821. 292 p., tab. col. 1—68. — II: 1822. 346 p., tab. col. 69—152. — III: 1827. 370 p., tab. col. 153—232. — IV: 1827. 338 p., tab. col. 233—304. — V: 1827. 292 p., tab. col. 305—380. — VI: 1828. 308 p., tab. col. 381—452. — VII: 1829. 344 p., tab. col. 453—531. — VIII: 1829. 400 p., 72 p. ind., tab. col. 531—600. (250 fr.)
Quinque exemplaria impressa sunt in forma folio dicta. Inde a fasciculo 56 liber inscribitur: Flore pittoresque et médicale.
2172* **Descourtilz**, *Michel Etienne*. Des champignons comestibles, suspects et vénéneux, avec l'indication des moyens à employer pour neutraliser les effets des espèces nuisibles. Paris 1827. 8. c, 10 tab col. (40 fr.)
Idem autor addidit editioni Curmerianae: «*Pauli et Virginiae*» Floram insulae Francogalliae.

Déséglise, *Alfred*.
2173 —— Observations on the different methods proposed for the classification of the species of Rosa. Huddersfield 1865. 8.
Cat. of sc Papers II, 249.

Des Etangs, *Stanislas*, Friedensrichter in Bar-sur-Aube (Aube).
2174* —— Liste des noms populaires des plantes de l'Aube et des environs de Provins, contenant l'indication des lieux où ils sont usités, celle de la station des espèces qu'ils concernent, les noms botaniques, français et latins qui s'y rapportent, enfin les observations auxqu'elles ils ont donné lieu. Paris, Masson. 1845. 8. 110 p.
Extrait des Mém. de la soc. d'agriculture de l'Aube 1844.
Cat. of sc Papers II, 249.

Desfontaines, *Réné Louiche*, genannt, Professor am Jardin des plantes in Paris (Desfontainea Ruiz et Pav. Louichea L'hér.), * Tremblay (Dép. Ile-et-Vilaine) 14. Febr. 1750, † Paris 16. Nov. 1833.
DeCandolle, Notice historique sur sa vie et ses travaux. (Genève 1834.) 8. 32 p. — (Paris 1834.) 8. 22 p. et 1 tab. Facsimile.
* *P. Flourens*, Éloges historiques de *Réné Louiche Desfontaines* et de *Jacques Julien DelaBillardière*. Paris 1837. 4. 31 p.
La date de sa naissance n'est pas sans doute; les registres de la commune de Tremblay ont été détruits pendant la révolution.
2175 —— Description d'un nouveau genre de plante: Spaendoncea. (Paris 1795.) 8. 7 p., 1 tab.
2176* —— Flora atlantica sive historia plantarum, quae in Atlante, agro Tunetano et Algeriensi crescunt. Parisiis, annis VI—VIII reipublicae. (1798—1800) II voll. 4. — I: xx, 444 p, tab. 1—116. — II: 458 p, tab. 117—261. (263 fr. — pap. vélin: 526 fr)
2177* —— Tableau de l'école de botanique du Muséum d'histoire naturelle. Paris 1804. 8. viii, 238 p. — *Ed. II. ib. 1815. 8. x, 274 p. — * Catalogus plantarum horti regii Parisiensis. Ed. III. Paris 1829. 8. xvii, 416 p. — * Additamentum: ib. 1832. 8. p. 417—484. (7 fr.)
2178* —— Choix des plantes du corollaire des instituts de *Tournefort*, publiées d'après son herbier et gravées sur les dessins originaux d'*Aubriet*. Paris 1808. 4. 92 p., 70 tab. col.
2179* —— Histoire des arbres et arbrisseaux, qui peuvent être cultivés en pleine terre sur le sol de la France. Paris 1809. II voll. 8. — I: xxx, 493 p. — II: 635 p.
2180* —— Voyage dans les régences de Tunis et d'Alger (1783—86), publié par M. *Dureau de la Malle*. Paris 1838. 8. lii, 385 p., cum tabulis.

Deshayes, *G. P.*
2181* (——) Carte botanique de la méthode naturelle d'*A. L. de Jussieu*. Paris an IX. (1801.) 8. 92 p., ind.
2182* (——) Le Vademecum du botaniste voyageur aux environs de Paris, à l'usage etc. Paris, Baudouin. 1803. 8. xii, 426 p. et 1 mappa geogr.

Desjardins, *Julien François*, Stifter der Société d'histoire naturelle auf Mauritius, * Isle de France ... 1799, † Paris 18. April 1840.
Revue de zoologie 1840. p. 122—128.
2183* —— Sixième rapport annuel sur les travaux de la société d'histoire naturelle de l'île Maurice. Port Louis, île Maurice. 1835. 4 min. 33 p — Septième rapport. ib. 1836. 4 min. 67 p. — * Huitième rapport. ib. 1837. 4 min. 43 p. — *Neuvième rapport. Paris 1840. 8. 68 p.

Desmars, J.
2184 —— Catalogue des plantes qui croissent spontanément aux environs de Redon. Redon, chez L. Guillet. 1866. 8. 75 p.

Desmazières, *Jean Baptiste Henri Joseph*, * 1796, † Lambersart bei Lille 23. Juni 1862.
Bull. soc. bot. IX, 321—323.
2185* —— Agrostographie des départemens du Nord de la France, ou analyse et description de toutes les Graminées qui croissent naturellement ou que l'on cultive généralement dans ces départemens. Lille 1812. 8. x, 179 p. (3 *fr.*)
2186* —— Catalogue des plantes omises dans la botanographie belgique et dans les Flores du Nord de la France, etc. Lille 1823. 8. XIII, 107 p. (2 *fr.* 50 *c.*)
2187* —— Observations botaniques et zoologiques. Lille 1826. 8. 52 p., 3 tab. (Tractat de fungis.)
Cat. of sc. Papers II, 260—261.

Desmoulins, *Charles*, in Bordeaux.
2188* —— Catalogue raisonné des plantes qui croissent spontanément dans le département de la Dordogne. Bordeaux, typ. Lafargue 1840. 8. 165 p. — Supplément I. ib. 1846. 8. 69 p. — Supplément II. ib. 1849. 8. 178 p. — Supplément III. final. 1859. 8. 453 p. (6 *fr.*)
2189* —— État de la végétation sur le Pic du Midi de Bigorre au 17 Oct. 1840. Bordeaux 1844. 8. 112 p., 1 tab. col.
2190* —— Note sur le Sisymbrium bursifolium Lap. Bordeaux, typ. Faye. 1845. 8. 24 p.
2191* —— Documents relatifs à la naturalisation en France du Panicum Digitaria Laterr. Bordeaux, typ. Lafargue. 1848. 8. 22 p.
Actes Soc. Linn. tome 15.
2192* —— Erythraea et Cyclamen de la Gironde. Bordeaux, typ. Lafargue. 1851. 8. 55 p. (1 *fr.* 50 *c.*)
2193* —— Études organiques sur les Cuscutes. Toulouse, typ. Chauvin et Feillès. 1853. 8. 80 p.
Congrès scientifique de France, Session XIX
2194* —— De la connaissance des fruits et des graines. Bordeaux, typ. Gounouilhou. 1862. 8. 32 p.
Actes de l'acad. de Bordeaux.
Cat. of sc. Papers II, 262—264.

Desnoix, *Charles Julien*.
2195* —— Notice historique sur la famille des Loganiacées, la noix vomique, la fève St. Ignace etc. Thèse. Paris, typ. Thurot. 1853. 4. 24 p. (1 *fr.* 75 *c.*)

Desportes, *Jean Baptiste René Pouppé*, D. M. (Portesia Juss.), * Vitré 1704, † auf St. Domingo 1746.
2196* —— Histoire des maladies de St. Domingue. Paris 1770. III voll. 12. — I: 330 p. — II: 344 p. — III: 454 p.
Plantae Domingenses recensentur in vol. III. p. 3—56. et p. 181—309.

Desportes, *Narcisse Henri François*, * Champroud (Sarthe) 1776, † Mans 1856.
2197* —— Rosetum gallicum, ou énumération méthodique des espèces et variétés du genre Rosier indigènes en France ou cultivées dans les jardins avec la synonymie française et latine. LeMans et Paris 1828. 8. XVII, 124 p.
Idem liber redit anno sequenti 1829 novo titulo: * Roses cultivées en France, au nombre de 2562 espèces ou variétés.
2198* —— Flore de la Sarthe et de la Mayenne (Maine), disposée d'après la méthode naturelle avec l'indication des propriétés médicales des plantes et leur usage dans les arts. LeMans 1838. 8. LX. 528 p. (6 *fr.* 25 *c.*)

Despréaux, J. M., D. M., * Mexico 1842 oder 1843.
Lasègue, Musée Delessert p. 112. 187.

Destremx, J. J.
2199* —— Elenchus plantarum horti botanici *J. J. Destremx*, anno 1805. Nismes 1806. 8. 69 p. — * Alais 1821. 8. 48 p.

Des Vaulx, J. P.
2200 —— Les plantes suspectes de la France. Lille, Lefort. 1865. 8. (1 *fr.* 50 *c.*)

Desvaux, *Augustin Nicaise*, Professor der Botanik in Angers (Desvauxia R. Br.), * Poitiers 28. Aug. 1784, † Bellevue bei Angers 12. Juli 1856.
Bulletin de la soc. bot. de France, 1856, p. 637.

2201* (**Desvaux**, *Augustin Nicaise*.) Journal de botanique rédigé par une société de botanistes. Paris 1808—9. II voll. 8. — I: 1808. 384 p., 11 tab. — II: 1809. 383 p., 13 tab.
2202* (——) Journal de botanique appliquée à l'agriculture, à la pharmacie, à la médecine et aux arts. Paris 1813—14. IV voll. 8. — I: 1813. 292 p., tab. 1—11. — II: 1813. 272 p., tab. 12—20. — III: 192 p., tab. 21—30. — IV: 288 p., tab. 31—41.
Sistit alteram seriem diarii praecedentis, immo ejus volumina III—VI.
2203* —— Phyllographie ou histoire naturelle des feuilles, peintes par *Bonnet* père et fils. Paris 1809. 8. 80 p., 14 tab.
2204* —— Programme du cours de botanique, professé au jardin des plantes d'Angers pour 1817. Angers 1817. 8. 27 p. — Ed. II. ib. 1832. 8. 34 p. (2 *fr.* 50 *c.*)
2205* —— Nomologie botanique ou essai sur l'ensemble des lois d'organisation végétale. Angers, Mame. 1817. 8. 28 p. — * Ed. II. ib. 1831. 8. 36 p.
2206* —— Observations sur les plantes des environs d'Angers, pour servir de supplément à la Flore de Maine et Loire, et de suite à l'histoire naturelle et critique des plantes de France Angers et Paris, Fourier-Mame. 1818. 12. 188 p.
2207* —— Recherches sur les appareils sécrétoires du nectar ou du nectaire dans les fleurs. Paris 1826. 8. 80 p. (2 *fr.* 50 *c.*)
Mémoires de la soc Linn. de Paris, vol. V.
2208* —— Flore de l'Anjou, ou exposition méthodique des plantes du département de Maine et Loire et de l'ancien Anjou, d'après l'ordre des familles naturelles, avec des observations botaniques et critiques. Angers, Fourier-Mame. 1827. 8. XXXVIII, 369 p. (6 *fr.*)
2209* —— Opuscules sur les sciences physiques et naturelles avec figures. Angers, typ. L. Pavie. 1831. 8. p. 1—106, 20—218, 7 tab. (Graminées.)
2210* —— Statisque naturelle de Maine et Loire. Angers 1834. 8. XII, 582 p. (Botanique: p. 406—582.)
2211* —— Traité général de botanique. Tome premier, première et deuxième partie. Paris 1838—39. 8. XXXI, 950 p.
Cat of sc. Papers II. 275—276.

Desvaux, *Étienne Émil*, * Vendôme (Loir-et-Cher) 8. Febr. 1830, † Mondoubleau 13. Mai 1854.
E. Cosson, Sur Emile Desvaux, ses études et ses publications botaniques. Bull. soc. bot. VI, 542—547. 569—576.
2212* —— Cyperaceae et Gramineae chilenses. Sacado de la Flora chilena de Don *Claudio Gay*, tomo VI, p. 159—469. Paris, typ. Thunot. 1853. 8.

Detharding, *Georg Gustav*, D. M , * Rostock 22. Juni 1765, † Rostock 1838.
2213* (——) Verzeichniss einer Sammlung von getrockneten mecklenburgischen Gewächsen. Erste Abtheilung. Phanerogamen. Rostock 1809. 8. 32 p.
2214* —— Conspectus plantarum magniducatuum Megalopolitanorum phanerogamarum. Rostockii 1828. 8. VIII, 84 p. 2 tab. folio. (2/3 *th.* — 5/6 *th.*)
L. Boll, Flora von Meklenburg 151. (1860.)

Deusing, *Anton*, Professor der Medicin zu Gröningen, * Meurs 15. Oct. 1612, † Gröningen 29. Jan. 1666.
2215* —— Dissertationes de Manna et Saccharo. Groningae, typ. Cölleni. 1659. 12. 170 p.
2216* —— De Mandragorae pomis pro Dudaim Genes. XXX. habitis et de Mandragorae mangoniis. D. Groningae, typ. Cölleni. 1659. 12. 34 p. praeter alia.

Deutz, *Jan*, Rathsherr in Amsterdam, Gönner Thunbergs (Deutzia Thunb.)

Devonshire, *William Spencer Cavendish, Duke of*, President of the Royal Horticultural Society of England, * London 21. Mai 1790, † Hardwicke 18. Jan. 1858.

Dewey, *Chester*, Professor an der Rochester University, * Sheffield (Massachusetts) 25. Oct. 1784, † Rochester 13. Dec. 1867.
Silliman Journal III. 45, 122—123.
2217* (——) Report on the herbaceous flowering plants of Massachusetts, arranged according to the natural orders of Lindley, and illustrated chiefly by popular descriptions of their character, properties and uses. Published agreeably to an

order of the legislature by the commissioners on the zoological and botanical survey of the state. Cambridge, typ. Folsom. 1840. 8. VIII, 277 p.
Ejus «Caricography» exstat in *Silliman* Journal a vol. VII ad XLII. 1824—66.

Dexbach, *Johann Georg.*
2218* —— De Cassia cinnamomea et Malabathro. D. Marburgi, typ. Kürsner. 1700. 4. 46 p.
Valentini, Historia simplicium p. 597—609

Diard.
2219* —— Catalogue raisonné des plantes qui croissent naturellement à Saint Calais et dans ses environs: revue par *Ed. Guéranger* Saint-Calais, Peltier-Voisin 1852. 8. 252 p.

Dickie, *George*, Professor der Botanik in Aberdeen.
2220 —— Flora Abredonensis: comprehending a list of the flowering plants and ferns found in the neighbourhood of Aberdeen; with remarks on the climate, the features of the vegetation. Aberdeen, Peter Gray and Lewis Smith. 1838. 8. v, 70 p (2s 6d)
2221* —— The botanist's Guide to the counties of Aberdeen, Banff and Kincardine. Aberdeen, A. Brown and Co. 1860. 8 XXXII, 344 p., 1 mappa.
2222* —— A Flora of Ulster and Botanist's guide to the north of Ireland. Belfast, C. Aitchison. 1864. 8 XIX, 176 p. (3s.)
Cat. of sc. Papers II, 283—284

Dickinson, *Joseph*.
2223* —— The Flora of Liverpool (Read before the Literary and Phil. Soc. in the Session 1850—51.) Liverpool (London) 1851. 8. 166 p. (5s.)

Dickson, *Alexander*, Professor der Botanik am Trinity College in Dublin
Cat. of sc Papers II, 285.

Dickson, *James* (Dicksonia L'her). Schottland 1738, ÷ Broad Green 14. Aug. 1822.
Gentlemen's Mag. 92, 376.
2224* —— Fasciculi (IV) plantarum cryptogamicarum Britanniae London, typ Nicol. 1785—1801. 4. 28, 31, 24, 28 p. et 12 tab. partim col.
Archetypa iconum a *James Sowerby* pictarum servantur in British Museum. — Ob summam in Germania raritatem Turici recudi curarunt *Roemer et Usteri*; nec vero, quantum scio, ultra fasciculum alterum quidquam prodiit
Cat. of sc. Papers II, 285.

Dickson, *James H.*
2225* —— The fibre plants of India, Africa, and our colonies, a treatise on rheen, plantain, pine apple, jute, African and China grass, and New Zealand flax, and on the cultivation, preparation, and cottonizing of home-grown and continental flax and hemp, fitted for spinning on the existing cotton machinery Dublin, Herbert. 1865. 8. 400 p. (7s. 6d)

Didrichsen, *Didrik Ferdinand*, Botaniker auf der Galathea 1845—47, Bibliothekar des botanischen Gartens in Kopenhagen, * Kopenhagen 1814
Cat. of sc. Papers II. 287.
2226 —— Har Linné seet Tingen og haft Syn paa Sagen trods nogen Eftermand? Kjobenhavn 1861. 8 30 p.

Diel, *August Friedrich Adrian*, * Gladenbach 4 Febr. 1756, ÷ Ems 21. April 1839.
2227* —— Versuch einer systematischen Beschreibung der in Deutschland vorhandenen Kernobstsorten Frankfurt a/M. 1799—1819. 21 Bändchen. 8. (17 5/6 th)
2228* —— Systematische Beschreibung der vorzüglichsten in Deutschland vorhandenen Kernobstsorten. Stuttgart und Tübingen 1821—32. 6 Bärdchen. 8. 245, 242, 325, 231, 224 et 241 p., 6 tab. col. (6 7/12 th)
Sistit continuationem, quasi fasciculos 22—27 operis praecedentis. Indicem generalem omnium 27 fasciculorum edidit *H. Meyer*. Braunschweig. 1831. 8 (2/3 th.).

Dierbach, *Johann Heinrich*, Professor der Botanik in Heidelberg (Dierbachia Spr), * Heidelberg 23. März 1788, † Heidelberg 9. Mai 1845
2229* —— Handbuch der medicinisch-pharmaceutischen Botanik, oder systematische Beschreibung sämmtlicher offizineller Gewächse, zum Gebrauche für Aerzte, Apotheker, Droguisten und als Leitfaden für akademische Vorlesungen. Heidelberg 1819. 8. VIII, 492 p. (3 th)
2230* **Dierbach**, *Johann Heinrich*. Flora Heidelbergensis plantas sistens in praefectura Heidelbergensi et in regione affini sponte nascentes secundum systema sexuale Linneanum digestas. Heidelbergae 1819—20. II partes. 12. XII, 406 p. cum mappa geogr. (2 1/4 th.)
2231* —— Anleitung zum Studium der Botanik. Für Vorlesungen und zum Selbstunterrichte Heidelberg 1820. 8. VIII, 280 p., 13 tab. (2 th.)
2232* —— Die Arzneimittel des *Hippocrates*, oder Versuch einer systematischen Aufzählung der in allen Hippocratischen Schriften vorkommenden Medikamente. Heidelberg, Groos. 1824. 8. XXIV, 270 p. (1 1/2 th.)
2233* —— Beiträge zu Deutschlands Flora, gesammelt aus den Werken der ältesten deutschen Pflanzenforscher. Heidelberg, Groos. 1825—33. 4 Theile. 8. — I: 1825. XVI, 86 p., effigies *Trägi*. — II: 1828. 80 p , effigies *Fuchsii*. — III: 1830 64 p , 8 tab , effigies *Clusii*. — IV: 1833. IV, 164 p., effigies *Conradi Gesneri*. (3 th.)
2234* —— Systematische Uebersicht der um Heidelberg wildwachsenden und häufig zum ökonomischen Gebrauche cultivirten Gewächse. Erstes Heft. Karlsruhe 1827. 8. 178 p (1/2 th.)
Extraabdruck aus *Geiger's* Magazin für Pharmacie.
2235* —— Die neuesten Entdeckungen in der materia medica. Heidelberg 1828. Zwei Abtheilungen. 8. XX, 782 p. (3 th.) — Zweite durchaus neue und bis auf die jüngsten Zeiten fortgesetzte Ausgabe. Band I—III. 1. Heidelberg 1837—45. 8. (9 th)
2236* —— Repertorium botanicum, oder Versuch einer systematischen Darstellung der neusten Leistungen im ganzen Umfange der Pflanzenkunde. Lemgo 1831. 8. X, 266 p. (1 5/12 th.)
2237* —— Abhandlung über die Arzneikräfte der Pflanzen, verglichen mit ihrer Structur und ihren chemischen Bestandtheilen. Lemgo 1831. 8. IV, 392 p. (1 1/3 th.)
2238* —— Flora Apiciana. Ein Beitrag zur näheren Kenntniss der Nahrungsmittel der alten Römer, mit besonderer Rücksicht auf die Bücher des *Caelius Apicius* de opsoniis et condimentis sive arte coquinaria. Heidelberg 1831. 8. VIII, 75 p. (1/2 th.)
2239* —— Flora mythologica, oder Pflanzenkunde in Bezug auf Mythologie und Symbolik der Griechen und Römer. Ein Beitrag zur ältesten Geschichte der Botanik, Agricultur und Medicin. Frankfurt a/M., Sauerländer. 1833. 8. X, 218 p. (1 1/3 th.)
2240* —— Grundriss der allgemeinen ökonomisch technischen Botanik oder systematische Beschreibung der nutzbarsten Gewächse aller Himmelsstriche. Heidelberg 1836—39. 2 Bände. 8. — I: 1836. XV, 263 p. — II: 1839. XXXIV, 572 p. (4 th.)
2241* —— Synopsis materiae medicae oder Versuch einer systematischen Aufzählung der gebräuchlichsten Arzneimittel. Heidelberg 1841—42. Zwei Abtheilungen. 8. XVI, 1302 p. (6 th)
Cat. of sc. Papers II, 290—291.

Diereville (Diervilla Tournef.).
2242* —— Relation du voyage du Port Royal de l'Acadie. Amsterdam 1710. 8.

Diesing, *Karl Moritz*, Custos des zoologischen Museums in Wien (Diesingia Endl.), * Krakau 16. Juni 1800, † Wien 10. Jan. 1867.
2243* —— De nucis vomicae principio efficaci. D. Vindobonae 1826. 8. 24 p.
Cat. of sc. Papers II, 292.

Dieterich, *Karl Friedrich*, Professor der Rechte in Erfurt (Dieterichia L.), * Mainz 23. Aug. 1734, † Erfurt 31. Aug. 1805.
2244* —— Pflanzenreich nach dem neusten Natursysteme des K. S. Ritters Karl von Linné. Erfurt 1770. 2 Theile. 8. 1332 p., praef., ind. — * Zweite vermehrte Ausgabe von *Christian Friedrich Ludwig*. Leipzig 1798—99. 3 Bände. 8. XI, 628, 544, 462 p. (4 1/3 th.)
2245* —— Anfangsgründe der Pflanzenkenntniss. Leipzig 1775. 8. 362 p, 12 tab. — Zweite verbesserte und vermehrte Auflage. Leipzig 1785. 8 323 p., 12 tab. (1 th.)

Dietrich, *Adam*, Correspondent Linné's, * Ziegenhain 1. Nov. 1711, † 10. Juli 1782.

Dietrich, *Albert*, Custos des königlichen Gartens in Berlin, * Danzig 8. Nov. 1795, † Berlin 22. Mai 1856.

2246* —— Flora der Gegend um Berlin oder Aufzählung und Beschreibung der in der Mittelmark wildwachsenden und angebauten Pflanzen. Mit einer Vorrede von *H. F. Link*. Erster Theil. Phanerogamen. Berlin 1824. 8. xii, 944 p. (2 *th*.)

2247* —— Terminologie der phanerogamischen Pflanzen. Berlin 1829. folio obl. 26 p, 8 tab. (1 *th*.) — *Zweite durchaus umgearbeitete Auflage. Berlin 1838. gr. 8. viii, 127 p., 24 tab. (1 1/3 *th*.)
hollandice: Kunstwoordenleer der planten. Amsterdam 1834. 8. — Ed. II. ib. 1841. 8.

2248* —— Ueber die europäischen Arten der Gattung Gladiolus. (Programm) Berlin 1832. 4. 13 p., 1 tab. col.

2249* —— Flora regni Borussici Flora des Königreichs Preussen, oder Abbildung und Beschreibung der in Preussen wildwachsenden Pflanzen. Berlin 1833—44. XII voll. 8 max. 864 tab. col. totidemque foll. text. (96 *th*.)
Fungos exposuit illustr. Friedrich Klotzsch.

2250* —— Handbuch der pharmaceutischen Botanik. Ein Leitfaden zu Vorlesungen und zum Selbststudium. Berlin 1837. 8. xxix, 414 p. (2 *th*.)

2251* —— Botanik für Gärtner und Gartenfreunde. Berlin 1837—39. 3 Theile. 8. — I: 1837. Allgemeine Botanik: 479 p. — II und III: 1839. Besondre oder praktische Botanik. 544, 844 p. (5 7/12 *th*)

2252* —— Flora marchica oder Beschreibung der in der Mark Brandenburg wildwachsenden Pflanzen. Berlin 1841. 8. xliv, 820 p. (2 1/3 *th*.)

Dietrich, *David Nathanael Friedrich*, ein Vielschreiber in Jena, der deutsche Buchoz, * 1800.

2253 —— Deutschlands Giftpflanzen, nach natürlichen Familien aufgestellt mit Abbildungen. Jena 1826. 8. viii, 64 p., 24 tab. col. (1 1/3 *th*.)

2254 —— Flora Jenensis oder Beschreibung der Pflanzen, welche in der Umgegend von Jena wachsen. Erster Band oder 2 Theile. Jena 1826. 8. vi, 716 p. (2 *th*.)

2255 —— Handbuch der Botanik oder systematische Beschreibung aller deutschen Pflanzen, so wie der wichtigen ausländischen. Jena 1828. 8. Erster Theil, erste Abtheilung: vi, 342 p. (1 1/4 *th*.)
Desinit feliciter in Pentandria.

2256 —— Forstflora oder Abbildung und Beschreibung der für den Forstmann wichtigen Bäume und Sträucher, welche in Deutschland wild wachsen, so wie der ausländischen, daselbst im Freien ausdauernden. Jena 1828—33. 23 Hefte. gr. 8. 92 tab 11 1/2 Bogen Text (11 1/2 *th*.) — Zweite Auflage. Jena 1838—40. 29 Hefte. gr. 4. 285 tab. col. 172 Blätter Text. (29 *th*.) — Vierte Auflage. Leipzig, Baensch. 1867. 4. (30 *th*)

2257* —— Flora universalis in kolorirten Abbildungen. Ein Kupferwerk zu den Schriften Linné's, Willdenow's, De Candolle's, Sprengel's, Roemer's und Schulte's u. A. Jena, Aug. Schmid. 1831—56. 476 Hefte mit 4760 col. Tafeln in 4. (1110 2/3 *th*. — herabgesetzt 500 *th*.)

2258* —— Flora universalis. Neue Folge, welche grösstentheils neu entdeckte noch nicht abgebildete Pflanzen enthält. Heft 1—8. Jena, Schmid. Leipzig, T. O. Weigel. 1849—55. 4. (16) p, 80 tab. col. (18 2/3 *th*. n) — *Neue Serie. Heft 1. 2. Jena, Suckow. 1861. 4. (4) p., 20 tab. col. (4 *th*. n.)
Plantae novae e Herbario Sonderi, ab ipso Sondere descriptae.

2259 —— Flora medica oder Abbildung der wichtigsten officinellen Pflanzen. Mit Berücksichtigung der preussischen und andrer neuer Pharmacopoen herausgegeben. Jena 1831. 18 Hefte. 4. 4 p., 180 tab. col (12 *th*.)

2260 —— Das Wichtigste aus dem Pflanzenreiche, für Landwirthe, Fabrikanten, Forst- und Schulmänner. Jena 1831—38. 22 Hefte. gr 4. 41 Bogen, 88 tab. col. (7 1/3 *th*.) — Zweite ganz umgearbeitete Auflage. ib. 1840. 3 Hefte. gr. 4. 1 1/2 Bogen, 30 tab. col. (2 *th*.)

2261* —— Lichenographia germanica oder Deutschlands Flechten in naturgetreuen Abbildungen nebst kurzen Beschreibungen. Jena 1832—37. 9 Hefte. 4. 46 p., 225 tab. col. (27 *th*)

2262* **Dietrich**, *David Nathanael Friedrich*. Deutschlands Flora. Nach natürlichen Familien beschrieben und durch Abbildungen erläutert. Ein Handbuch für Botaniker überhaupt, so wie für Aerzte, Apotheker, Forstmänner, Oekonomen und Gärtner insbesondre. Jena 1833—42. 3 Bände. gr. 8. 57 Bogen, 711 tab. col. (71 *th*. — herabgesetzt: 43 *th*)

2263 —— Taschenbuch der Arzneigewächse Deutschlands. Jena 1838. 8. 17 1/4 Bogen, 50 tab. col. (3 1/2 *th*)

2264* —— Taschenbuch der ausländischen Arzneigewächse. Jena 1839. 8. iv, 324 p., 69 tab. col (5 1/4 *th*.)

2265* —— Deutschlands ökonomische Flora oder Beschreibung und Abbildung aller für Land- und Hauswirthe wichtigen Pflanzen. Jena 1841—43. 3 Bände. 8. — I: Die Futterkräuter. xiv, xvi, 203 p., 50 tab. col., 1 tab nigr. — II: Die Unkräuter. 8 Bogen, 50 tab. col. — III: Getraidearten, Oelgewächse u. s. w. 9 1/2 Bogen, 46 tab. col. (9 1/6 *th*.)

2266 —— Taschenbuch der pharmaceutisch vegetabilischen Rohwaarenkunde für Aerzte, Apotheker und Droguisten. Jena 1842—46. 6 Hefte. 8. 28 Bogen, 60 tab. col. (4 1/3 *th*)

2267* —— Deutschlands kryptogamische Gewächse, oder Deutschlands Flora sechster und siebenter Band: Kryptogamie Jena 1843—46. 2 Bände. 8. — Zweite Ausgabe. Erster Band. Die Farnkräuter, Laub- und Lebermoose. Jena, Suckow. 1864. gr. 4. 120 tab col. (7 1/5 *th*. n)

2268* —— Synopsis plantarum seu Enumeratio systematica plantarum plerumque adhuc cognitarum cum differentiis specificis et synonymis selectis ad modum Persoonii elaborata. Vol. 1—5. Vimariae, Voigt. 1839—52. 8. (30 *th*. — herabgesetzt: 7 1/2 *th*.)

2269 —— Encyclopädie der Pflanzen. Enthaltend die Beschreibung aller bis jetzt bekannten Pflanzen, nach dem Linné'schen System geordnet. Jena, A. Schmid. 1841—53 gr. 4. 2 Bände oder 41 Lieferungen. (col. 82 *th*.)

2270 —— Zeitschrift für Gärtner, Botaniker und Blumenfreunde, oder Repertorium botanicae exoticae systematicae, sistens diagnoses generum et specierum novarum. Band 1—5. Jena, A. Schmid. 1840—50. gr. 4. (col. 23 *th*)

Dietrich, *Friedrich Gottlieb*, Gartendirector in Eisenach, * Ziegenhain 9. März 1768. † Eisenach 2. Jan. 1850
Göthe, Zur Morphologie. p. XXIII—XXV.
Werke, Letzte Ausgabe. XXXVI. 71—76.
Allg. Gartenzeitung 1850, p 69.

2271* —— Die Weimarsche Flora oder Verzeichniss der im Herzoglichen Park in Weimar befindlichen Bäume, Sträucher und Stauden. Eisenach 1800. 8. xvi, 224 p. (3/4 *th*) — *Ed. II. ib. 1808. 8. — *Ed. III. ib. 1811. 8. vi, 364 p., 1 tab. (1 1/4 *th*)

2272* —— Der Apothekergarten, oder Anweisung in Apotheken brauchbare Gewächse zu erziehen Berlin 1802. 8. (1 1/3 *th*)

2273* —— Die Linnéischen Geranien für Botaniker und Blumenliebhaber, durchaus neu und nach der Natur abgebildet und nach sorgfältigen Beobachtungen beschrieben. Ersten Bandes 1—3. Heft. Weimar 1802. 4. 50 p., 12 tab col. (3 *th*.)

2274* —— Vollständiges Lexicon der Gärtnerei und Botanik. Berlin 1802—10. 10 Bände. 8. — Generalregister: ib. 1811. 8. — Nachtrag: ib. 1815—21. 10 Bände. 8. (62 *th*)

2275* —— Neu entdeckte Pflanzen. Berlin 1825—35. 7 Bände. 8. Abelicea—Rytiploca. (21 *th*)

2276* —— Handlexicon der Gärtnerei und Botanik. Berlin 1829—30. 2 Bände. 8. — I: 1829. Abama—Chrysanthemum. vi, 608 p — II: 1830. Chrysiphiala—Heretiera. vi, 610 p. (6 *th*)

2277* —— Aesthetische Pflanzenkunde oder Auswahl der schönsten Zierpflanzen nach den Bedürfnissen der Blumenfreunde in Klassen eingetheilt. Berlin 1842. 8. vii, 300 p. (1 1/6 *th*.)

2278 —— Nachtrag zu Borckhausens botanischem Wörterbuche oder Versuch einer Erklärung der vornehmsten Begriffe und Kunstwörter in der Botanik. Mit einer gedrängten Geschichte der Botanik. Giessen 1816. 8. vi, 111 p. (1/2 *th*.)

Dietrich, *H. A.*

2279 —— Blicke in die Kryptogamenwelt der Ostseeprovinzen. Dorpat, Gläser in Comm. 1856—59. 8. 220 p ($1\frac{1}{2}$ *th.*)

Dorpater Archiv I, 261—416, 487—548.

Diez, *Heinrich Friedrich von*, * Bernburg 2. Sept. 1751, † Berlin 18. April 1817.

2280* —— Vom Tulpen- und Narzissenbau in der Türkei. Aus dem Türkischen des *Scheich Muhammed Lalézari* übersetzt. Halle 1815. 8. 40 p. ($\frac{1}{8}$ *th.*)

Digby, *Kenelme*, * Gothurst, Buckinghamshire 11. Juli 1603, † London 11. Juni 1665.

Biogr. médicale III, 478—482.

2281 —— A discourse concerning the vegetation of plants. London 1661. 12. 100 p. — printed with his book on Bodies. ib. 1669. 4 p. 207—231.

* *latine:* Dissertatio de plantarum vegetatione, vertente *Olfredo Dapper*. Amstelodami 1663. 12. praef. — * ib. 1669. 12. 85 p. — ib. 1678. 12. 78 p. B.

* *gallice:* Discours sur la végétation des plantes. Paris 1667. 12. 89 p., praef.

Dijk, *C. M. van*

2282* —— and *A. van* **Beek**. Onderzoekingen aangaande het zwart in de Melisbrooden. Amsterdam 1829. 8. 55 p., 2 tab.

Cat. of sc. Papers II, 294.

Dillenius, *Johann Baptista Joseph*.

2283* —— De Lichene pyxidato (fimbriato et coccifero). D. Moguntiae, typ. Alef. 1785. 8 48 p., 1 tab.

Redit in *Schlegel*, Thes. mat. med. I. p. 307—326.

Dillenius, *Johann Jakob*, Professor der Botanik in Oxford (Dillenia L.), * Darmstadt ... 1687, † Oxford 2. April 1747.

Pulteney, Geschichte der Botanik II. 370—392.
Transact. Linn. Soc. VII, 101—115.
Fée in *Höfer* Biogr. XIV, 176—179.

2284* —— Catalogus plantarum sponte circa Gissam nascentium. Cum appendice, qua plantae post editum catalogum circa et extra Gissam observatae recensentur, specierum novarum vel dubiarum descriptiones traduntur, et genera plantarum nova figuris aeneis illustrata, describuntur: pro supplendis institutionibus rei herbariae Josephi Pitton Tournefortii. Francofurti a/M. 1719. 8. 240 p, ind. Appendix: 174 p., 16 tab.

Accedit: Examen Responsionis *Augusti Quirini Rivini*: 20 p. — Aliam Vindobonae vidi editionem anni 1718.

2285* —— Hortus Elthamensis, seu plantarum rariorum quas in horto suo Elthami in Cantio coluit vir ornatissimus *Jacobus Sherard*, delineationes et descriptiones, quarum historia vel plane non, vel imperfecte a rei herbariae scriptoribus tradita fuit. Londini, sumtibus auctoris. 1732. II voll. folio. VIII, 437 p., 324 tab.

Lugduni Batavorum, apud Cornelium. Haak. 1774. II voll. folio. (12 p.) 324 tab. Nova est iconum editio absque textu.

2286* —— Historia muscorum, in qua circiter sexcentae species veteres et novae ad sua genera relatae describuntur, et iconibus genuinis illustrantur: cum appendice et indice synonymorum. Oxonii, e theatro Sheldoniano. 1741. 4. XVI, 576 p, 85 tab. — * Edinburgi, e prelo academico. 1811. 4. XVI, 576, 8 p., 85 tab.

Per saecula huic operi aequale humanum ingenium non exhibebit. — *Sprengel*, Hist. II, 222.

Historia muscorum; a general history of Land and Water etc. Mosses and corals. Containing all the known species, exhibited by about 1000 figures, or 85 large royal 4. Copperplates, drawn and engraved in the best manner from the originals. Their names, places of growth and seasons in english. Their names in latin referring to each figure, London, Millan. 1763. 4. 13, 10 p., 85 tab. — * ib. 1768. 4. (In his editionibus textus desideratur.)

Dillwyn, *Lewis Weston* (Dillwynia Sm.), * Ipswich i. J. 1778, † Sketty-Hall bei Swansea 31. Aug. 1855.

Proc. Linn. Soc. 1856, No. 3.

2287* —— British Confervae; or colored figures and descriptions of the british plants referred by botanists to the genus Conferva. London 1809. 4. 87, (226) p., 115 tab. col.

Prodiit annis 1802—14 fasciculis, «Synopsis of the british Confervae» inscriptis.

* *germanice:* Grossbritanniens Conferven. Nach Dillwyn für deutsche Botaniker bearbeitet von *Friedrich Weber* und *Daniel Matthias Heinrich Mohr*. 4 Hefte. Göttingen 1803—5. 8, 32, 28, 64, 16 p., 37 tab ($1\frac{2}{3}$ *th.*)

2288* (——) A Review of the references to the Hortus Malabaricus of *Henry van Rheede van Draakenstein*. Not published. Swansea, printed at the Cambrian-Office, by Murray and Rees. 1839. 8. VIII, 69 p.

2289* (**Dillwyn**, *Lewis Weston*). Hortus Collinsonianus. An account of the plants cultivated by the late Peter Collinson Esq. Swansea, typ. Murray and Rees. 1843. 8.

2290* —— Materials for a Fauna and Flora of Swansea and the neighbourhood. Not published. Swansea, typ. Rees. 1848. 8. 44 p.

Dioscorides, *Pedanios, Anazarbeus*, floruit circa annum 77.

Ernst Meyer, Geschichte der Botanik II, 96—117. (1855.)
Fée in *Höfer*, Biogr. XIV, 305—308.

2291* —— ΠΕΔΑΚΙΟΥ ΔΙΟΣΚΟΡΙΔΟΥ ἀναζαρβέως περὶ ὕλης ἰατρικῆς λόγοι ἕξ. Venetiis apud Aldum. Mense Julio. M. ID. folio. Titulus, 5 foll. ind, 129 foll. textus *Dioscoridis*, 48 foll. textus et scholia *Nicandri*.

In foll. 1^{b} habetur epistola inscripta: «Aldus Manutius Romanus Hieronymo Donato patritio Veneto S. D.» et signata: «Venetiis octauo Idus Julias. M. ID.» *Nicandri* Theriaca et Alexipharmaca sequuntur scholia, quae tamen nonnunquam in exemplaribus desiderantur. Omnia 184 folia quadraginta linearum cum custodibus et signaturis implent. Editio princeps jureque maximi aestimata, quae novem tantum *Dioscoridis* complectitur libros, quorum sextus est περὶ δηλητηρίων φαρμάκων (de venenis), et tres ultimi περὶ ἰοβόλων (de venenatis animalibus). Libellus, qui inscribitur περὶ εὐπορίστων ἁπλῶν τε καὶ συνθέτων φαρμάκων (de facile parabilibus tam simplicibus quam compositis medicamentis) prorsus deest; is autem, cujus titulus est Νόθα, textui insertus est. De hoc libello cf. *Choulant* Bücherkunde. Leipzig 1841. 8. p. 77—78. *Curtii Sprengel* de hac editione judicium legitur in ejus praefatione p. XX. his verbis: «Editionum princeps, quam Aldus Manutius 1499 Venetiis curavit, a paucis visa, a nemine consulta, quod, ut fere incredibile, profecto tamen verissimum est. Concinnum est, quod ipse possideo, exemplar et nitidum, paucas habet mendas, accentus multo scientius collocatos, quam in posterioribus; lectiones plurimas optimas continet, quas *Saracenus* tandem divinavit.»

2292* —— ΔΙΟΣΚΟΡΙΔΗΣ. Venetiis, in aedibus Aldi et Andreae soceri, mense Junio M.D XVIII 4 min. (12), 443, (1) foll

A foll. 223 ordo numerorum turbatus est, ideoque folium ultimum 235 falso numeratum est Ceterum hic eadem librorum divisio atque in prima editione occurrit, sicuti εὐπόριστα desiderantur, νόθα autem a foll. 214—230 textu finito habentur. *Nicander* quoque, qui omissus est, plerumque ex editione anni 1523 huic additur. *Anonymi* carmen de herbis 190 hexametris constans, in quo 13 diversae plantae describuntur, scholiis nonnullis graecis illustratum a foll. 231—235 legitur. Hanc secundam editionem esse correctiorem, sed multo rariorem minusque quaesitam vulgo judicant, sicut etiam *Schweiger*, aliorum verba repetens, *Curtii Sprengelii* judicium injuria neglexit, quod ille scientissimus rei in praefatione his verbis protulit: «Proxima est, quam Aldinam etiam secundam nominare consuescunt, quamque *Saracenus*, cum ipsi plane ignota esset princeps, Aldinae (quasi unicae) nomine insignivit. Curavit eam *Fr. Asulanus, Aldi* levir, opem ferente *Hi. Roscio*, medico Patavino, qui castigasse textum et e codicum collatione recognovisse dicitur. Prodiit Venetiis 1518 forma subquadrata. Discessit plane a textu Aldino, quem nusquam citat, neque fontes commemoravit, multa notavit, spuria visa in appendicem amandavit, ubi tamen et plura occurrunt, quae incuria aut negligentia in textu imprimendo omissa erant.»

2293* —— ΔΙΟΣΚΟΡΙΔΗΣ. (Πεδακίου Διοσκορίδου περὶ ὕλης ἰατρικῆς λόγοι ἕξ.) Ιανου του κορναριου εἰς διοσκοριδων.| Φυτων και ζωων τα μερη, τα τε εἴδεα παντα | Ὁσσ' ἐς ἀκεστοριην συμφορα την δυναμιν. | Γης ἔτι τ' ἔντερα παντα δμου βυθου τε θαλασσης | σμικρα βιβλος δεχεται, Φημι Διοσκοριδου. Basileae, ex aedibus Joan. Bebelii, anno M.D.XXIX. mens. Aug. 4 min. (non 8.) (12), 446 foll.

Paucis emendatis ex editione anni 1518 repetita est. «Nullum vestigium est, editorem *Janum Cornarium* codicibus usum fuisse.» **Spreng.**

2294* —— *Pedacii Dioscoridae Anazarbei* de medica materia libri V. de letalibus venenis, eorumque precautione et curatione etc. liber unus, interprete *Marcello Vergilio*, Secretario Florentino. Ejusdem *Marcelli Virgilii* in hosce *Dioscoridis* libros commentarii doctissimi, in quibus praeter omnigenam variamque eruditionem collatis aliorum interpretum versionibus, suae translationis ex utriusque linguae autoribus certissima adferuntur documenta etc. Coloniae, opera et impensa Joannis Soteris, MDXXIX. mense Augusto. folio. (12 foll.) 753 p.

«Ex editione anni 1518 textus est expressus, cui eximiam opposuit *Virgilius* interpretationem et castigationes lectu dignissimas. Dici paucis nequit, quam laudabilis sit opera ab ipso in exponendo et castigando *Dioscoridis* textu collocata. Conjecturas sagacissimas adjunxit, nonnunquam et doctos excursus, quibus alii passim auctores illustrantur.» — Huic editioni fere semper affixi sunt *Hermolai Barbari* in *Dioscoridem* corollariorum libri quinque. Coloniae 1530. folio.

2295* —— *Dioscoridis* libri octo graece et latine. Castigationes in eosdem libros (auctore *Jacobo Goupylo*). Parisiis, apud Petrum Haultinum et impensis viduae Arnoldi Birkmanni. 1549. (Excudebat Benedictus Prevost in vico Frementello, sub signo stellae aureae, mense Augusto 1549.) 8. (20), 392 foll.

Hanc editionem *Jac. Goupylus* curavit, qui codicum mstorum Parisiensium usu, quorum etiam varias lectiones in calce (foll. 382—391) adjunxit, priorem editionem longe superavit. Versio latina est *Ruellii*. Liber VI de venenis, libri VII et VIII de animalibus venenatis et νόθα in calce adfixa habentur; εὐπόριστα autem desiderantur. Diligenter typis excusa editio et magni habita.

2296* **Dioscorides**, *Pedanios, Anazarbeus*. ΠΕΔΑΚΙΟΥ ΔΙΟΣΚΟΡΙΔΟΥ τοῦ Ἀναζαρβέως τὰ σωζόμενα ἅπαντα. *Pedacii Dioscoridis Anazarbaei* Opera quae exstant, omnia. Ex nova interpretatione *Jani Antonii Saraceni* Lugdunaei, medici. Addita sunt ad calcem ejusdem interpretis scholia, in quibus variae codicum variorum lectiones examinantur, diversae de medica materia, seu priscorum, seu etiam recentiorum sententiae proponuntur, ac interdum conciliantur: ipsius denique autoris corruptiora; obscuriora, difficilioraque loca restituuntur, illustrantur et explicantur. (Lugduni et Francofurti) sumtibus haeredum Andreae Wecheli. 1598. folio. (17) foll., 479, 144, 135 p, ind, effigies *Dioscoridis et Saraceni*.
Verissimum de hac editione judicium tulit *Curtius Sprengel* in praefatione p. XXI, dicens: «Egregia omnino est, quum, quantum in potestate erat, ad castigandum textum contulerit, quum ipse satis acute nonnunquam veras auguratus sit lectiones, studiumque laudabile collocaverit in comparandis et veterum monumentis *Dioscoridem* excipientibus et interpretibus priscis.» Cum εὐπόριστα, 6 foll. praefixa, 135 p. complectentia, singularem titulum habeant, reliqua opera in novem libros sunt divisa, quorum quinque priores Materiam medicam continent, ut *Dioscorides* ipse in praefatione indicaverat. *Photius* librum sextum Alexipharmaca et septimum Theriaca habuit. Euporista sunt reliqui libri; notha cum versione in calce leguntur.

2297* —— *Pedanii Dioscoridis Anazarbei* de materia medica libri quinque. Ad fidem codicum manuscriptorum, editionis Aldinae principis usquequaque neglectae, et interpretum priscorum textum recensuit, varias addidit lectiones, interpretationem emendavit, commentario illustravit *Curtius Sprengel*. (Kuehn, Opera medicorum graecorum tom. XXV—XXVI.) Lipsiae, Cnobloch. 1829—30. II voll. 8. — I: 1829. xxviii, 850 p. — II: 1830. iv, 716 p. (10 th.)

2298* —— Εὐπόριστα *Ped. Dioscoridis Anazarbei* ad Andromachum, hoc est de curationibus morborum per medicamenta paratu facilia, libri II. Nunc primum et graece editi et partim a *Joanne Moibano*, medico Augustano, partim vero post hujus mortem a *Conrado Gesnero* in linguam latinam conversi; adjectis ab utroque interprete symphoniis *Galeni* aliorumque graecorum medicorum. Argentorati, excudebat Josias Rihelius M.D.LXV. 8. (32) foll, 903 p., (11) foll.

Editiones latinae:

2299* —— (Folium 1ª:) Notādum q; libri *diascorides* dicti duplex r̄perit or | dinatio cum eodem tamen ephemio omnio. Una qdē | in quīque libros eptita: ut testat etiā no paʳ hūc diascoridem recōmendat: In | qua plura otinent capta s. breuiora ita ut uolumen sit. (Folium 101ª:) Explic dyascorides que *petrus* | *paduanēsis* legendo corexit et exponendo q̄ vtiliora sūt ī luce; deduxit. | Impressus colle c̄p magistru; ioh'em | allemanum de medemblick. anno | Xp̄i millesimo. CCCC° lxxviij°. (1478.) mense | iulij. folio. (103) foll. 47 lin. binis columnis.
De vetustissima *Dioscorides* versione, quae fortasse facta est a *Petro Aponensi*, cf. *Dibdin* Bibl. Spenc. suppl. p. 121.

2300* —— *Dyoscoridis* exactissimi indagatoris fidelissimiq: scri | ptoris virtutū simpliciū medicinarū Liber. cccccccxvij | continens capitula: cum nōnullis additionibus Pe | tri *paduanēsis* in margine libri notatis. (Folium 120ᵇ:) Explicit liber *dyoscoridis* de | natura simpliciū quē *Petrus pa* | *duanensis* padue legēdo corexit | et exponēdo que vtiliora sunt in | luce deduxit: imp̄ssus Lugduni per Gilbertū de villiers expēsis | Honestissimi viri Bartholomei | trot. Anno dn̄i M. ccccc. xij. die | vo. XXIV. mensis Martij. | gr. 4. (16), 120 foll., ind.

2301* —— *Joannis Baptistae Egnatii* Veneti in *Dioscoridem* ab *Hermolao Barbaro* tralatum annotamenta, quibus morborum et remediorum vocabula obscuriora in usum etiam mediocriter eruditorum explicantur. *Pedacii Dioscoridis Anazarbei* de medicinali materia ab eodem *Barbaro* latinitate primum donati libri quinque. etc. *Hermolai Barbari* Corollarium libris quinque absolutum. Accedit in *Dioscoridem* et corollarium indexque copiosissimus. (Excudendos Venetiis hosce Dioscoridis libros octo Aloisius et Franciscus Barbari et Joannes Bartholomeus Astensis curarunt in Gregoriorum fratrum officina Hermolao Barbaro Patricio Veneto et Aquileiensi Patriarcha interprete Lauredano Principe optimo Kal. Februariis MCCCCCXVI restitutae salutis.) folio. (36), cxxxiii, 106 foll.

2302* **Dioscorides**, *Pedanios, Anazarbeus*. *Pedacii Dioscorides Anazarbei* de medicinali materia libri quinq; de viruletis animalibus et venenis cane rabioso, et eorum notis ac remediis libri quatuor, *Joanne Ruellio* Suessionensi interprete. (Impressum est in praeclarissimo Parrhisiorum Gymnasio hoc celeberrimum Dioscoridis opus in officina Henrici Stephani e regione scholae decretorum absolutumq; octauo Calendas Maias. Anno domini M.D.XVI. folio. (12), 457, (2) foll.
Erste Ausgabe der geschätzten Uebersetzung des *J. Ruellius* (n. 1474 † 1537). Später erschien sie noch Argentorati 1529. folio. Venetiis 1538. 8. Basileae 1542. 8. Francofurti et Marpurgi 1543. folio. Lugduni 1543. 12. Lugduni 1546. 12. Lugduni 1547. 12. Francofurti 1549. folio. Lugduni 1550. 8, Lugduni 1552. 8. Lugduni 1554. 8. und öfter, theils mit, theils ohne Abbildungen. Auch findet sich diese Uebersetzung in des *Jac. Goupylus* griechisch-lateinischer Ausgabe, Paris 1549. 8., und liegt dem lateinischen *Matthiolus* zu Grunde.

2303* —— *Pedacii Dioscoridae Anazarbei* de medica materia libri sex, interprete *Marcello Vergilio*, secretario Florentino, cum ejusdem annotationibus, nuperque diligentissime excusi. Addito indice eorum, quae digna notatu visa sunt. (Florentiae, per haeredes Philippi Juntae Florentini anno ab incarnatione Domini MDXVIII, Idibus Octobris. folio. 364 foll.

2304 —— *P. Dioscoridae* Pharmacorum simplicium reique medicae libri VIII. *Jo. Ruellio* interprete. In inclyta Argentorata apud Jo. Schottum. 1529. folio. (4), 362, (13) foll.

2305* —— *Pedacii Dioscorides Anazarbei* de medica materia libri sex a *Marcello Virgilio (Vergilio)*, secretario Florentino, latinitate donati, cum ejusdem commentationibus, nuper quam diligentissime ex secunda interpretis recognitione excusi. Accedit insuper in *Dioscoridem* index latine graeceque excusus, alius praeterea in commentationes quam copiosissimus eorum, quae tum graece, tum latine notatu digna visa sunt. (Florentiae, per haeredes Philippi Juntae Florentini. Anno ab incarnatione Domini M.D.XXIII. Idibus Februarii. folio. (10), 352 foll.
Panzer in Annal. typogr. VII. p. 45. Nr. 240 habet tertiam editionem Florentinam per haeredes Philippae Juntae anno MDXXVIII. folio. secundum Catalogue des livres de Bolong. Crev. II. p. 455, et ex *Bandini* de Florentina Juntarum typographia II. p. 270. *Renouard* autem in secunda editione libri: Annales des Aldes t. III. p. 387. Nr. 68 in indicanda editione anni 1523 adnotavit haec: «A l'année 1528 *Bandini* met encore un Dioscoride latin, in folio, sûr la foi du second catalogue de Crevenna. Mais le premier de 1776 en mentionne un de 1523, édition dont l'existence n'est pas douteuse, et on peut regarder comme certain que la date de 1528 est dans le second catalogue une faute typographique au lieu de 1523.»

Editiones Ruellianae in minori forma:

2306* —— Bononiae 1526. 8. — Basileae 1532. 8. — Parisiis 1537. 8. — *Basileae 1542. 8. — *Lugduni 1543. 8. — Lugduni 1547. 8. — Lugduni 1550. 8. — Venetiis 1550. 8. — Lugduni 1552. 8.

2307* —— *Pedanii Dioscoridis Anazarbei* de medicinali materia libri sex, *Joanne Ruellio* Suessionensi interprete. Singulis cum stirpium, tum animantium historiis, ad naturae aemulationem expressis imaginibus, seu vivis picturis, ultra millenarium numerum adjectis; non sine multiplici peregrinatione, sumptu maximo, studio atque diligentia singulari, ex diversis regionibus conquisitis. Additis etiam Annotationibus sive Scholiis brevissimis quidem, quae tamen de medicinali materia omnem controversiam facile tollant. Per *Gualtherum H. Ryff*, Argentinum. Omnia ex doctissimorum virorum lucubrationibus jamprimum concinnata et in lucem aedita. etc. Accessere in eundem autorem Scholia nova, cum nomenclaturis graecis, latinis, hebraicis et germanicis, *Joanne Lonicero* autore. Franc(ofurti), apud Chr. Egenolphum. (Excusum Marpurgi per Christianum Aegenolphum, mense Augusto, 1543.) folio. (12) foll., 439 p., ic. xyl. i. t., (10) foll, 87 p. — ib. 1545. folio.

2308* —— *Pedanii Dioscoridis Anazarbei* de medicinali materia libri sex, *Joanne Ruellio* Suessionensi interprete. Singulis cum stirpium, tum animatium historiis, ad naturae aemulationem expressis imaginibus, seu vivis picturis, ultra millenarium numerum adjectis; non sine multiplici peregrinatione. sumptu maximo, studio atque diligentia singulari, ex diversis regionibus conquisitis. Additis etiam Annotationibus sive

Scholiis brevissimis quidem, quae tamen de medicinali materia omnem controversiam facile tollant. Per *Gualtherum Rivium*, Argentinum, Medicum. Accesserunt priori editioni *Valerii Cordi* Simesusii Annotationes doctissimae in *Dioscoridis* de medica materia libros. *Eurici Cordi* Simesusii Judicium de herbis et simplicibus medicinae: ac eorum quae apud medicos controvertuntur explicatio. Herbarum nomenclaturae variarum gentium *Dioscoridi* adscriptae, secundum literarum ordinem expositae, autore *Conrado Gesnero*, Medico. Cum indice quintuplici copiosissimo: quorum primus omnium fere simplicium, quibus passim utuntur medici, nomenclaturas graecas; alter latinas, officinis, herbariis et Arabum familiae vulgares: tertius gallicas: quartus Germaniae superioris et inferioris, saxonicae item linguae nomina: quintus curationes et remedia morborum miro ordine complectitur. Franc. Apud Chr. Egenolphum (in calce: Francofurti, Apud Chr. Egenolphum Hadamarium anno 1549 Mense Aprili) folio. (38), 554 p., ic. xyl. i t.

2309* **Dioscorides**, *Pedanios, Anazarbeus* interprete *Pet. Andr. Matthiolo*, cum ejusdem commentariis. Venetiis, apud Vincentium Valgrisium. 1554. folio ic. xyl min. i. t.
Erste lateinische Ausgabe der berühmten Commentarien des *Pietro Andrea Mattioli* (* 1500 † 1577) zum Dioscorides, mit denen eine lateinische Uebersetzung desselben geliefert wird, die nur sehr wenig von der des Ruellius abweicht. Diese Ausgabe hat kleinere Holzschnitte, eben so die mit einigen Abbildungen vermehrten Ausgaben: Venetiis, apud Valgrisium. 1558. folio. Venetiis, apud Valgrisium. 1560. folio. Grössere Holzschnitte haben: Venetiis, in officina Valgrisiana. 1565. folio. (eine vorzüglich geschätzte Ausgabe, von welcher die Kgl. Bibliothek in Dresden ein Exemplar, auf blau Papier gedruckt und die Holzschnitte mit Silber gehöht, besitzt); ferner Venetiis 1569. (1570?) folio. und Venetiis 1583. folio Hierzu kommen die bereicherten Ausgaben dieser Commentarien in den beiden von *Kaspar Bauhin* besorgten Ausgaben der Opera omnia *Mattholii*. Basileae 1598. folio. und Basileae 1674. folio.

2310* ——— *Pedacii Dioscoridis* de materia medica libri VI innumeris locis ab *Andrea Matthiolo* emendati ac restituti. Lugduni, apud J. Frellonium. (apud Gul. Rovillium) 1554. 16. 564 p, ind.

2311* ——— *Pedacii Dioscoridae Anazarbensis* de materia medica libri V, *Jano Cornarii* Medico Physico interprete. Ejusdem *Jani Cornarii* Emblemata singulis capitibus adjecta. *Dioscoridae* de bestiis venenum ejaculantibus et letalibus medicamentis libri II. eodem *Cornario* interprete. Ejusdem *Jani Cornarii* in eosdem libros Expositionem libri II. Adjunctis in fine tribus tabulis locupletissimis, quibus omnia, quae toto tractantur opere, indicantur. Froben. Basileae M D LVII. (in calce: Basileae per Hieronymum Frobenium. M.D.LVII) folio. (34), 560, (23) foll.

2312* ——— *Pedacii Dioscoridis Anazarbei* de materia medica libri quinque. Ejusdem de venenis libri duo. Interprete *Jano Antonio Sarraceno*. (Francofurti) Apud heredes A. Wechelii. 1598. 8. 767 p, ind.

Editiones hispanicae:

2313* ——— *Pedacio Dioscorides Anazarbeo* Acerca de la materia medicinal y de los venenos mortiferos. Traducido de lengua griega en la vulgar castellana y illustrado con claras y substantiales annotationes y con las figuras de innumeras plantas exquisitas y raras por el Doctor *Andres de Laguna*, Medico de Julio III. Pont. Max. En Anvers, en casa de Juan Latio. 1555. folio. min. 616 p, praef, ind., ic. xyl. i. t. — * Valencia, por Miguel Sorolla. 1636 folio. (20), 616 p., ic. xyl. i. t.
Aliae indicantur editiones, quae fortasse non differunt, Madrid 1569 folio. — Valencia, Claudio Macé. 1561. folio. — Salamanca, por Mathias Gast. 1563 folio. — Salamanca, Corn. Bonard. 1566. folio. — ib. 1570. folio. — Valencia, por Miguel Sorolla. 1677 folio. — Madrid 1695. folio. — Tandem etiam editio, quam vero potius translationem Commentariorum *Matthioli* sistere equidem censeo, Madrid 1733. II voll. folio. et novis titulis Madrid 1752. II voll. folio., in quo Commentarius inest a *Don Francisco Suarez de Rivera* confectus, qui etiam emendavit nonnulla. — Lego insuper apud Colmeiro Ensayo histórico sobre los progresos de la botánica, p. 9: «El celebre *Lebrija* hizo imprimir en Alcalá en 1518 el *Dioscorides* traducido por *Ruellio*, que corrigió y unió á su Lexicon artis medicamentariae.» Collectionem Iconum a *Juan Jarava* titulo «Historia de las yervas y plantas, sacada de Dioscoride Anazarbeo» editam vide supra in translationibus *Fuchsii*.

Editiones gallicae:

2314* ——— Les six livres de *Pedacion Dioscoride d'Anazarbe* de la matière médicale translatez de latin en françois. A chacun chapitre sont adjoustées certaines annotations fort doctes (par D. *Martin Matthee*). Lyon, chez Thibault Payan. 1559. 4. (12), 574 p. ic. xyl. i. t. Bibl. Juss. — *Lyon, pour Loys Cloquemin 1580. 4. (eadem impressio, novo titulo.) Bibl. Juss.
Seguier indicat antiquiorem editionem, quae fortasse est in bibliotheca St Germ. Parisiensi: «Translaté en francois par *Martin Matthée* Médecin, avec des annotations. Lyon, Balthazar Arnoullet. 1553. folio.» addens: «In calce adjectae sunt plurimorum simplicium descriptiones et icones, quae in *Dioscoride* non continentur.»

Editiones italicae:

2315 **Dioscorides**, *Pedanios, Anazarbeus. Dioscoride* fatto di greco italiano. Al cui fine sono apposte le sue tavole ordinate, con certe avertenze, e trattati necessarij, per la materia medesima. Per *Curtio Trojano di Navò*. MDXLII. (in calce: In Venetia per Giovanni de Farri et fratelli. Nel MDXLII.) 8.
Titulus hujus versionis, quae parum innotuit, est: «Di *Dioscoride Anazarbeo de la medicinal materia*, libro primo. Interprete il *Fausto da Longiano.*» Finito libro sexto exhibentur: Le certe avertenze e trattati necessarij «quae sunt: 1. *Paulo Egineta* di li pesi e de le misure. 2. De le misure de le cose liquide. 3. De la misura de le cose acide, tratte da diversi autori. 4. De li nomi de la infermità de gli antichi e secondo l'exposition sua. 5. De la interpretatione d'alcune parole che sono parute di più importanza. 6. Diversità de testi d'alcuni luoghi d'importanza.»

2316 ——— Di *Pedacio Dioscoride Anazarbeo* della historia et materia medicinale tradotti in lingua volgare italiana da M. *Pietro Andrea Mattioli (Matthiolo?)* Sanese Medico. Con amplissimi Discorsi, et commenti, et Dottissime annotationi et censure del medesimo interprete. Da cui potra ciascuno facilmente acquistare la vera cognitione de' semplici non solamente scritti da *Dioscoride*, ma da altri antichi et moderni scrittori, et massimamente da *Galeno*. La cui dottrina intorno à tale facultà tutta fedelmente interpretata si ritrova posta ne' proprii luoghi. Con due tavole alphabetiche da poter con prestezza ritrovare ciò, che vi si cerca. Et con la dichiaratione di molti vocaboli medicinali, che da tutti forse non sono intesi. Opera veramente non manco utile, che necessaria. Con privilegio di N. S. Papa Paolo III. Et dello Illustriss. Senato Veneto per anni X M.D.XLIII. (in fine: Stampato in Venetia per Nicolo de Bascarini da Pavone di Brescia. Corretto, et rivisto per il proprio Autore il mese d'Ottobre dell' anno MDXLIIII. folio.
Haec est prima editio versionis italicae et commentarii *Matthioli*. Numerosas has editiones equidem accurate indicare nequeo; cf. Difesa e illustrazione delle opere botaniche di *Pietro Andrea Mattioli*, botanico del XVI secolo (autore *Giuseppe Moretti*). (Milano 1844). 8. 59 p. Impressa est docta commentatio in Giornale dell' Istit. Lomb. e Bibl. italiana, vol. IX.

2317* ——— *Dioscoride Anazarbeo* della materia medicinale. Tradotto in lingua florentina da M. *Marcantonio Montigiano da S. Gimignano*, medico. In Firenze MDXLVII. (in fine: Stampato in Fiorenza, appresso Bernardo de' Giunti: di Genaio MDXLVI.) 8. 302 foll., (7) foll. ind.
Alterum volumen in praefatione promissum, quod Emendationes habere debebat, non prodiit.

2318* ——— Il *Dioscoride* dell' eccellente Dottor Medico M. P. *Andrea Matthioli* da Siena: co i suoi discorsi, da esso la seconda volta illustrati et diligentemente ampliati: con l'aggiunta del sesto libro de i rimedi di tutti i veleni da lui nuovamente tradotto, et con dottissimi discorsi per tutto commentato Con Privilegio di N. S. Papa Paolo III. et dell'Illustrissimo Senato Vinitiano per anni X. In Vinegia, appresso Vincenzo Valgrisi, alla bottega d'Erasmo M.D.XLVIII. 4. (64), 756, 128 p. — ib. 1550. 4. — ib. 1555. folio.

2319 ——— Il *Dioscoride* . . . commentato. Con la giunta di tutte le figure delle piante, delle herbe, delle pietre e de gli animali tratte dal vero, et istesso naturale, et non più stampate In Mantova, appresso Jacomo Roffinello. 1549. 4.
Haec est tertia, non secunda, *Matthioli* versionis editio.

2320* ——— Il *Dioscoride* etc. con li suoi discorsi per la terza volta illustrati, et copiosamente ampliati: co' l sesto libro de gli Antidoti contra à tutti i veleni da lui tradotto et dottissimi discorsi per tutto commentato. Aggiuntevi due amplissime tavole, nell' una delle quali con somma facilità si può ritrovare ciò, che in tutto il volume si contiene; nell' altra poi tutti i Semplici medicamenti, per qual si voglia morbo adunati insieme. Sonovi anchora aggiunte tre tavole poste in figura, le quali dichiarano tutti i pesi e le misure delle cose, di cui fa memoria *Dioscoride;* accommodate à i pesi et a le misure che oggidì s'usano nelle speciarie. Vi è ancho aggiunta un' altra tavola in figura, laqual brevemente dichiara ove si prendano i Semplici Medicamenti. Vi sono poi molto altre aggiunte sparse per tutto 'l volume due bellissimi discorsi aggiunti sopra i prologhi del primo et del quinto libro; ove si tratta in uno, cio che si può desiderar intorno all' historia delle piante, e nell' altro, quel tutto, che alla generazione, materia, et causa delle cose minerali s'appartiene. In Vinegia, appresso Vincenzo Valgrisi, alla bottega d'Erasmo. MDLII. 4.

Editiones germanicae:

2321* **Dioscorides**, *Pedanios, Anazarbeus.* Des hochberümpten *Pedanii Dioscoridis Anazarbei* Gründliche und gewisse Beschreibung aller materien und gezeugs der Artzney, in sechs Bücher verfast, und zum ersten mal aus der Griechischen und Lateinischen Sprachen gründlich verteutscht durch *Johan Dantzen von Ast.* Frankfurt am Mayn, bei Ciriaco Jacobizzum Bart. 1546. folio ic. xyl. i. t.

2322* ———— Kräuterbuch des uralten und in aller Welt berühmtesten Griechischen Skribenten *Pedacii Dioscoridis Anazarbei*, Von allerley wolriechenden Kräutern, Gewürtzen, köstlichen Oelen und Salben, Bäumen, Hartzen, Gummi, Getrayt, Kochkräutern, scharpffschmäckenden Kräutern, und andern, so allein zur Artzney gehörig, Kräuterwein, Metalle, Steinen, allerley Erden, allem und jedem Gifft, viel und mancherley Thieren, und derselbigen heylsamen und nutzbaren Stück. In siben sonderbare Bücher unterschieden. Erstlich durch *Joannem Danzium von Ast,* der Artzney Doctorem, verteutscht, Nun mehr aber von *Petro Uffenbach,* bestellten Medico zu Franckfurt Aufs newe übersehen, verbessert, in ein richtige Form gebracht, und nicht allein mit Lebhafften Figuren geziert, sondern auch mit dess wolerfahrnen Wundarztes *Hieronymi Bravnsschweig* zweyen Büchern, als der Kunst zu destilliren, und dann dem heylsamen und vielfaltigen Gebrauch aller und jeden destillirten Wasser, vermehrt. Mit Kays. May. Freyheit nit nach zu trucken. Gedruckt zu Frankfurt am Mayn, durch Johann Bringern, in Verlegung Conrad Carthoys. M.DC.X. folio. (6) foll., 616 p., (16) foll. ind., ic. xyl. i. t. — * Gedruckt zu Franckfurt am Mayn, durch Erasmum Kempffern, in Verlegung Conrad Carthoys. Anno M.DC.XIV. folio. (praeter recens impressum titulum non differt.)

Codices manuscripti:

Duo prae ceteris codices sunt manuscripti magni habiti in Palatina Vindobonensi Bibliotheca asservati, quorum alterum Busbecquius Maximiliano secundo Imperatori Constantinopoli apportavit, cum iconibus pictis pulcherrimis, de quo cf. *Mosel,* Geschichte der Wiener Hofbibliothek, p. 32. 320—322. *Maria Theresia* Imperatrice jubente hujus picturae olim ad edendum paratae sunt. Lego in libro manuscripto optimi *Candollii* patris haec verba anno 1816 in itinere anglico scripta: «J'ai vu à Norwich chez Mr. *James Edward Smith* les planches du manuscrit de *Dioscoride* de Vienne, qu'on dit être du cinquième siècle; l'impératrice les avait fait graver, et *Jacquin* donna le premier exemplaire à *Linné,* et le second à *Sibthorp;* le premier se trouve aujourd'hui à Norwich, le second à Oxford. Alors cela les planches ont été perdues ou détruites, et il n'en reste que ces deux exemplaires. Mr. *Jacquin* le fils demande à l'université d'Oxford, de lui rendre celui, que son père avait, dit-il, prêté à *Sibthorp;* Alter est Neapolitanus saeculi quinti. — De aliis codicibus *Dioscoridis* cf. de *Villoison,* Epist. Wimar. Turici. 1785. 4. p. 109. — *Matthaei,* Sammlung verschiedener Aerzte. 1808 p. 360. — *Iriarte,* Codd. Bibl. Madrit. 1. 435. — *Millin,* Magazin encyclopédique, tome II. 1796. p. 152. — *Weigel* in Baldinger's Medic. phys. Journal, Bd. VIII, Stück XXXII. p. 5. — *Dietz,* Analecta med. Lipsiae 1833. 8. — *H. Fynes Clinton,* Fasti hellenici. Vol. II. Oxonii 1830. 4. p. 548. — *Hall.* Bibl. bot. II. p 85—86. — Antiqua *Dioscoridis* versio, quae *Cassiodori* aetate exstabat, non amplius superest, de qua ille Div. lect. cap. XXXI. sic. loquitur: «Quod si vobis (l. e monachis infirmorum curam habentibus) non fuerit graecarum linguarum nota facundia, imprimis habetis Herbarium *Dioscoridis,* qui herbas agrorum mirabili proprietate descripsit atque depinxit.»
Dodonaei stirpium historiae pemptades p. 109, 123, 126, 149, 286, 368, 373, 436, 562, 563, die mit dem Zusatz «ex Cod. Caesar» bezeichneten Holzschnitte.
L. Leclerc, De la traduction arabe de *Dioscoride.* Journal asiatique IX. 1—38. (1867.)

Dioscoridis commentatores:

vide *Johannes Agricola.*
 » *Amatus Lusitanus.*
 » *Ermolao Barbaro.*
 » *Brunfels.*
 » *Contant.*
 » *Valerius Cordus.*

vide *Leonhard Fuchs.*
 » *Guilandinus.*
 » *Holtzachius.*
 » *Laguna.*
 » *Joh. Lonitzer.*
 » *Marogna.*
 » *Mottioli.*
 » *Pasini.*
 » *Petri.*
 » *Stupanus.*
 » *Textor.*
 » *Alphabetum empiricum.*

2323 **Dioszegi,** *Samuel,* *Debrecin um 1760, †Debrecin 13. Aug. 1813.
———— Magyar füvészkönyv melly a két magyar hazában tatálható növényeknek megesmerésére vezet a Linné alkotmánya szerént. (Ungarisches floristisches Buch, welches zu der Erkenntniss der in beiden Ungarn vorkommenden Pflanzen nach dem Linné'schen Systeme führt.) 2 Bände. 1807. 8. 608 p.

2324 ———— Orvosi Füvészkönyv mint a magyar füvészkönyv praktika része. (Medicinische Botanik.) Debrecin 1813. 8. xiv, 306 p.

Dippel, *Leopold.*

2325* ———— Beiträge zur vegetabilischen Zellenbildung. Mit 6 Tafeln in Farbendruck. Leipzig, W. Engelmann. 1858. 4 viii, 68 p, 6 tab. (2⅔ th.)

2326* ———— Botanik. (Die gesammten Naturwissenschaften, Band II, 369—616.) Essen, Baedeker. 1858. 8.

2327* ———— Entstehung der Milchsaftgefässe, und deren Stellung in dem Gefässbündelsysteme der milchenden Gewächse. Rotterdam, typ. van Baalen. 1865. 4. 121 p., 17 tab.
Nieuwe Verhandelingen . . . Rotterdam. vol. XII, 3.

2328* ———— Die Intercellularsubstanz und deren Entstehung. Rotterdam, typ. J. van Baalen. 1867. 4. 50 p., 2 tab.
Nieuwe Verhandlingen . . . Rotterdam. II. Series, vol. I, 3.

2329* ———— Beiträge zur Kenntniss der in den Soolwässern von Kreuznach lebenden Diatomeen, so wie über Struktur, Theilung, Wachsthum und Bewegung der Diatomeen überhaupt. Kreuznach, Voigtländer. 1870. 8. 50 tab., 3 tab.

2330* ———— Das Mikroskop und seine Anwendung. I. Theil, und II. Theil 1. Abtheilung. Braunschweig, Vieweg und Sohn. 1867—69 8. xiv, 494, viii, 328 p., 9 tab. ic. xyl. (7⅔ th.)
Cat. of sc. Papers II, 296.

Ditmar, *L. P. Fr.,* Senator in Rostock (Ditmaria Spr.)

2331 ———— Duo genera fungorum.
Schrader, Neues Journal III, 55—56. (1809.)
Boll, Flora von Meklenburg 153.

Ditrich, *Ludwig.*

2332* ———— Plantae officinales indigenae, linguis in Hungaria vernaculis deductae. D. Budae 1835. 8. 34 p.

Dittrich, *Johann Georg,* † 10. Mai 1842.

2333* ———— Systematisches Handbuch der Obstkunde nebst Anleitung zur Obstbaumzucht und zweckmässigen Benutzung des Obstes. Jena 1837—41. 3 Bände. 8. — I: 1837. 22 Bogen, 2 tab. — II: 1837. 42 Bogen, 6 tab. — III: Mit Dr. *Liegel's* Portrait. 1844. LXIII, 714, 7 p. (8½ th.) — Zweite vermehrte Auflage. Jena 1839—41. 3 Bände. 8. in 22 Lieferungen: 126½ Bogen, 2 Tabellen, 9 tab. (5½ th.)
De tabulis, quibus liber illustratur, cf. vocem: *Obstcabinet.*

Dittweiler, *Wilhelm.*

2334* ———— Lehrbuch der Botanik für Thierärzte, Landwirthe und Pharmaceuten und die betreffenden Lehranstalten, zum Gebrauch bei Vorlesungen und zum Selbstunterricht. Stuttgart 1847. 8. xii, 444 p., 194 ic. xyl. i. t. (2 th.)

Dobel, *Karl Friedrich.*

2335* ———— Synonymisches Wörterbuch der in der Arzneikunde und im Handel vorkommenden Gewächse etc. Kempten 1830. 8. xvi, 510 p. (2 th.)

2336* ———— Neuer Pflanzenkalender, oder Anweisung, welche in Deutschland wachsenden Pflanzen man in jedem Monate blühend finden könne, und an welchem Standorte. Nürnberg 1835. 2 Bände. 8. viii, 838 p. (2 th.)

Dobrowsky, *Abt Joseph* (Dobrowskya Presl.), * Gyermet in Ungarn 17. Aug. 1753, † Brünn 6. Jan. 1829.
Biographische Skizze von *J. Ritter von Rittersberg.* Prag, Enders. 1829. 8. 20 p., effigies. (¹¹⁄₂₄ th.)
Franz Patacky, Joseph Dobrowsky's Leben und gelehrtes Wirken. Prag 1833. 8. mit Portrait.

2337* **Dobrowsky**, *Abt Joseph*. Entwurf eines Pflanzensystems nach Zahlen und Verhältnissen. Der Schlüssel zur Vereinigung der künstlichen Pflanzensysteme mit der natürlichen Methode. Prag, Calve. 1802. 8. 98 p., 1 tab. ($^7/_{24}$ th.)

Dochnahl, *Friedrich Jakob*.

2338* —— Die Lebensdauer der durch ungeschlechtliche Vermehrung erhaltenen Gewächse, besonders der Kulturpflanzen. Berlin, Wiegandt. 1854. 8. VIII, 136 p. ($^2/_3$ th.)

2339* —— Der sichre Führer in der Obstkunde auf botanisch-pomologischem Wege oder Systematische Beschreibung aller Obstsorten. Band 1—4. Nürnberg, W. Schmidt. 1855—60. 8. (5 $^1/_3$ th.)

2340* —— Anleitung die Holzpflanzen Deutschlands nach ihren Blättern und Zweigen zu erkennen. Nürnberg, W. Schmidt. 1860. 8. 106 p., ind. ($^1/_2$ th)

Dodart, *Dionys*, Leibarzt Ludwig XIV. (Dodartia Tournef.), * Paris . . . 1634, † Paris 5. Nov. 1707.
Hist. de l'Acad. des sc. de Paris 1707, 182—192.

2341* —— Mémoires pour servir à l'histoire des plantes. Paris, de l'imprimerie royale. 1676. folio. 131 p., 38 tab. in textu et 64 tab. absque descriptione. — * Ed. II. revue et corrigée. Paris, de l'imprimerie royale. 1679. 12. 329, (10) p. — * Ed. III : avec les descriptions de quelques arbres et de quelques plantes de Malaque, par le Père *de Bèze*. Amsterdam et Leipzig, Arkste et Merkus. 1758. 4. 94 p. et p. 553—644, 38 tab.
Mém. de l'Acad. des sc. de Paris, 1666—69, tome IV, p. 121—323.
Opus conjunctis curis sociorum Academiae Parisiensis editum. Icones eaedem sunt, quam illae a *Nicolao Robert*, *A. Bosse* et *Ludovico de Chastillon* editae. In editione altera solus discursus praeliminaris adest.

Dodoens, *Rembert*, latine **Dodonaeus** (Dodonaea L.), * Mecheln 29. Juni 1517, † Leyden 10. März 1585.
P. J. van Meerbeeck, Recherches historiques et critiques sur la vie et les ouvrages de *Rembert Dodoens*. Malines, Hanicq. 1841. 8. XIV, 340 p. effigies. (5 fr.)
Paul Ludwig Roentgen, Bemerkungen über Dodonaeus Leben und Schriften, nebst einem Commentar zu dessen Werke: Stirpium pemptades sex. Inaugural-Dissertation. Würzburg, typ. Richter. 1842. 8. II, 58 p.
* Eloge de *Rembert Dodoens*, prononcé à la société de sc. méd. et nat. de Malines, par le Dr. *P. J. D'Avoine*. Malines, typ. Olbrechts. 1850. 8. 50 p., 1 tab., avec le portrait de Dodoens. (2 fr. 50 c.)
Ernst Meyer, Geschichte der Botanik IV, 340—350. (1857.)

2342* —— De frugum historia liber unus. Ejusdem epistolae duae, una de Farre, Chondro, Trago, Ptisana, Crimno et Alica; altera de Zytho et Cerevisia. Antwerpiae, ex officina J. Loëi. 1552. 8. et ic. xyl. i. t. **Bibl. Caes. Vindob.**

2343* —— Trium priorum de stirpium historia commentariorum imagines ad vivum expressae. Una cum indicibus graeca, latina, officinarum, germanica, brabantica, gallicaque nomina complectentibus. Antwerpiae, ex officina J. Loëi. 1553. 8. 439 p., praef., ind. 438 icones ligno incisae. Posteriorum trium de stirpium historia commentariorum imagines ad vivum artificiosissime expressae; una cum marginalibus annotationibus. Item ejusdem annotationes in aliquot prioris tomi imagines, qui trium priorum librorum figuras complectitur. Antwerpiae, ex officina J Loëi. 1554. 8. 302 p. ind. 275 icones ligno incisae. — * De stirpium historia commentariorum imagines, in duos tomos digestae, supra priorem editionem multarum novarum figurarum accessione locupletatae ac postremo recognitae. Accessere succinctae ac breves in utriusque tomi imagines adnotationes. Antverpiae, ex officina Loëi. 1559. II voll. 8. cum ic. xyl. i. t.
Tomus I. 439 paginarum eadem est editio cum priori, prima tantum glagula denuo impressa. Tomus II paginas habet 445, quarum 272 priores ejusdem omnino editionis sunt, reliquae vero vel diversae, vel de novo additae, indicesque cum titulo denuo impressae.

2344* —— Cruydeboeck in den welcken die gheheele historie, dat es tgheslacht, tfatsoen, naem, natuere, cracht ende werckinghe van den cruyden, niet alleen hier te lande wassende, maer oock van den anderen vremden in der medecijnen oorboorlijck, met grooter neersticheyt begrepen ende verclaert es, met derselver cruyden natuerlick naer dat leven conterfeytsel daerby ghestelt. Duer D. *Rembert Dodoens*, medecijn van der stadt van Mechelen. (In calce legitur:) Ghedruckt Tantwerpen by Jan van der Loe in onser Vrouwen pandt, int jaer 1554. folio. (20 foll.) 818 p., ic. xyl. i. t. (9 fol.) **Bibl. Reg. Brux.**

Editio princeps rarissima a *Sequierio*, *Trewio*, *Hallero*, *Linnaeo*, *Pacquotio*, *Banksio* desiderata, ab *Hulthemio* per viginti quinque annos frustra quaesita, servatur Bruxellis in regia bibliotheca. Privilegium imperatoris datum est Bruxellis die XXVII. Maji 1551. — Post praefationem sequitur effigies *Dodonaei*, aetatis 35. — Liber in sex partes divellitur; sunt 818 paginae; praecedunt 20 folia absque signatura; claudunt 9 folia absque signatura. Prima icon est Abrotanum foemina et mas, ultima Petroselinum.

2345* **Dodoens**, *Rembert*. Cruydeboeck. Antwerpen 1563. folio. — * Antwerpen 1581. folio. — * Antwerpen 1590. folio. — * Cruydt-Boeck; volgens sijne laetste Verbeteringe; met biivoeghsels achter elck capittel, uut verscheyden cruydtbeschrijvers; item, een beschrijvinghe vande Indiaensche ghewassen, meestighetrocken uyt de schriften van *Car. Clusius*. Leyden, Fr. van Ravelingen. 1618. folio. 1495 p., ind., ic. xyl. i. t. — * Antwerpen, B. Moretus. 1644. folio. 1492 p., ind., ic. xyl. i. t.
* *gallice*: Histoire des plantes, en laquelle est contenue la description entière des herbes, c'est à dire leurs espèces, forme, noms, temperament, vertus et operations: non seulement de celles qui croissent en ce pays, mais aussi des autres etrangères, qui viennent en usage de medecine. Nouvellement traduite de bas aleman en francois par *Charles de l'Ecluse*. Anvers, de l'imprimerie de Jean Loë. 1557. 4. 584 p. (A—CC.) praef., ind., ic. xyl. i. t.
Haec est prima translatio editionis flandriensis anni 1554; sed simul quasi editio secunda considerari potest. Dicit enim Dodonaeus in epistola dedicatoria anni 1557: Secunda hac aeditione severa animadversione adhibita omnia recognovimus, pleraque mutavimus, nonnulla transtulimus, totum opus non exigua accessione locupletavimus et auximus, multarum stirpium nemini quod sciam adhuc depictarum imagines adjecimus.» — A p. 549—584 sequitur *Caroli Clusii*: Petit recueil d'aucunes etc.
* *anglice*: A niewe herball, or histori of plants; first set forth in the doutche tongue, and now first translated out of french into english by *Henry Lyte* Esq. London (imprinted at Antwerpe) 1578. folio. 779 p., ic. xyl. i. t. — London 1586. 4. 916 p. absque ic. — London 1595. 4. 916 p. absque ic. — London 1619. folio. 916 p. absque ic.
Dodoen's briefe Epitome of the new Herball or history of Plants, wherein is contained the disposition and true declaration of the Physicke helpes of all sorts of herbes and plants, under their names and operations, not only of those here in this our countrey of England growing, but all other Realmes, Countreys and Nations, collected out of the most exquisite new Herball, first set forth in the Dutch or Almayne Tongue, by the worthy and learned man of famous memory, D. *Reinbert Dodeon*, translated by *Henry Lyte*, Esquire, and by *William Ram*, gentleman: otherwise called *Ram's* little Dodeon. London, by S. Stafford. 1606. 4.

2346* —— Frumentorum, leguminum, palustrium et aquatilium herbarum ac eorum, quae eo pertinent, historia. Additae sunt imagines vivae, exactissimae, jam recens non absque haud vulgari diligentia et fide artificiosissime expressae, quarum pleraeque novae et hactenus non editae. Antverpiae, ex officina Chr. Plantini. 1566. 8. 271 p, ind. — ib. 1569. 8. 293 p., ind. ic. xyl. i. t.

2347* —— Florum et coronariarum odoratarumque nonnullarum herbarum historia. Antverpiae, ex officina Chr. Plantini. 1568. 307 p., ind., ic. xyc. i. t. — * ib. 1569. 8. 309 p., ic. xyl. i. t.

2348* —— Purgantium aliarumque eo facientium, tum et radicum, convolvulorum et deleteriarum herbarum historiae, libri IV. Accedit appendix variarum et quidem rarissimarum nonnullarum stirpium, ac florum quorundam peregrinorum elegantissimorumque icones omnino novas nec antea editas, singulorumque breves descriptiones continens, cujus altera parte umbelliferae exhibentur non paucae. Antverpiae, ex officina Chr. Plantini. 1574. 8. 505 p., ind., ic. xyl. i. t.

2349* —— Historia vitis vinique et stirpium nonnullarum aliarum; item medicinalium observationum exempla. Coloniae, apud Maternum Cholinum. 1580. 8. 168 p., praef., ind.
Stirpium aliquot historiae jam recens conscriptae, a p. 47—96.

2350* —— Stirpium historiae pemptades sex, sive libri XXX. Antwerpiae, ex officina Christophori Plantini. 1583. folio 860 p., ind., ic. xyl. i. t. — * Varie ab auctore, paullo ante mortem aucti et emendati. Antwerpiae 1616. folio. 872 p., ind., ic. xyl. i. t.
Richard Courtois, Commentarius in *Remberti Dodonaei* Pemptades, in Nov. Act. Acad. Nat. Curios 1835 vol. XVII, pars II. — Remarques critiques, par Lejeune, ib. XIX, pars I.
Concordance des espèces végétales décrites et figurées par *R. Dodoens*, avec les noms que Linné et les auteurs modernes leur ont donnés, par *P. J. d'Avoine* et *Charles Morren*. Malines, typ. Olbrechts. Bruxelles, Decq. 1850. 8. 146 p.

Doebner, *E. Ph.*

2351* —— Lehrbuch der Botanik für Forstmänner. Nebst einem Anhange, die Holzgewächse Deutschlands und der Schweiz. Zweite verbesserte Auflage. Aschaffenburg, Krebs. 1858. 8. X, 416, 75 p. — Dritte verbesserte Auflage. ib. 1865. 8. (2 $^1/_4$ th.)

Doell, *J. Ch.*, Ober-Bibliothekar in Karlsruhe.
2352* —— Rheinische Flora. Beschreibung der wildwachsenden und kultivirten Pflanzen des Rheingebiets vom Bodensee bis zur Mosel und Lahn, mit besondrer Berücksichtigung des Grossherzogthums Baden. Frankfurt a/M. 1843. 8. XL, 832 p. (3⅙ th.)
2353* —— Zur Erklärung der Laubknospen der Amentaceen. Eine Beigabe zur rheinischen Flora. Frankfurt a/M., Brönner. 1848. 8. IV, 28 p. (⅙ th.)
2354* —— Die Gefässkryptogamen des Grossherzogthums Baden. Zugleich als erstes Heft einer Flora des Grossherzogthums Baden. Carlsruhe, Braun. 1855. 8. 90 p.
2355* —— Flora des Grossherzogthums Baden. Band 1—3. Carlsruhe, G. Braun. 1857—62. 8. (4⅘ th.) — I: 1857. VI, p. 1—482. — II: 1859. IV, p. 483—960. — III: 1862. VI, p. 961—1429.
Cat. of sc. Papers II, 308.

Doeltz, *Johann Christian*.
2356* —— Neue Versuche und Erfahrungen über einige Pflanzengifte. Herausgegeben von *J. Chr. G. Ackermann*. Nürnberg, Bauer und Mann. 1792. (8), 53 p.

Doerrien, *Katherina Helena*, * Hildesheim 1717, † Dillenburg 7. Juni 1795.
Flora 1839, 481—484.
2357* —— Verzeichniss und Beschreibung der sämmtlichen in den Fürstlich Oranien-Nassauischen Landen wildwachsenden Gewächse. Herborn 1777. 8. 496 p., praef. — Lübeck 1779. 8. 496 p., praef. (1 th.)

Doisy, F.
2358 —— Essai sur l'histoire naturelle du département de la Meuse. Partie I: Flore. Verdun et Paris 1835. II voll. 16. 1160 p., 1 tab. (7 fr.)

Doleschall, *Gabriel*.
2359* —— Physiologia plantarum. (hungarice.) D. Pestini 1840. 8. 40 p.

Dollfuss, *Johann Georg*.
2360* —— Specimen botanico-medicum. (Veronica, Caucalis.) D. Basileae 1784. 4. 19 p.

Dolliner, *Georg*, D. M. in Idria, * Ratschach in Krain 11. April 1794.
2361* —— Enumeratio plantarum phanerogamicarum in Austria inferiori crescentium. Vindobonae 1842. 8. IV, 160 p. (⅞ th.)
Cat. of sc. Papers II, 309.

Dombey, *Joseph* (Dombeya Cav.), * Macon 22. Febr. 1742, † auf der Insel Montserrat Mai 1793.
Deleuze in Ann. du Muséum IV, 136—169.
Mouton-Fontenelle, Éloge. Bourg 1813. 8. 57 p.
Ejus liber manuscriptus «Novae plantae americanae annis 1778—79 collectae» exstat cum Bibl. Delessertiana in Instituto gallico.

Dombrain, *H. Honywood*, Rev.
2362 —— The Floral Magazine. Vol. 1—5. London. 8. 320 tab. col. (2 l. 2 s)

Domitzer, *Johann*.
2363 —— Ein news Pflantz | buechlein, Von | mancherley artiger | Pfropffung vñ Bel- | tzung der Bawm.·. Gedruckt zu Zwickaw | durch Gabriel Kantz. M.D.XXIX.*. 8. 28 foll. — * Augspurg durch H. Stayner. 1534. 8. 54 p. et pluries.

Don, *David*, Professor am King's College in London (Donia R. Br.), * Forfar 1800, † London 8. Dec. 1841.
Proc. Linn. Soc. I, 145—149.
2364* —— Prodromus Florae Nepalensis sive enumeratio vegetabilium quae in itinere per Nepaliam proprie dictam et regiones conterminas a. 1802—3. detexit atque legit *Fr. Hamilton* (olim *Buchanan*). Accedunt plantae a *Wallichio* nuperius missae. Londini 1825. 8. XII, 256 p.
2365* —— Outlines of a course of lectures on botany. London, Fellowes. 1836. 8. 16 p.
Cat. of sc. Papers II, 312—314.

Don, *George*, Bruder von David, * Forfar 17. Mai 1798, † Kensington bei London 25. Febr. 1856.
Proc. Linn. Soc. 1856, p. 23—25.
2366* —— A general History of the dichlamydeous plants comprising complete descriptions of the different orders; together with the characters of the genera and species, and an enumeration of the cultivated varieties; their places of growth, time of flowering, mode of culture, and uses in medicine and domestic economy; the scientific names accentuated, their etymologies explained, and the classes and orders illustrated by engravings, and preceded by introductions to the Linnean and natural systems, and a glossary of the terms used; the whole arranged according to the natural system. (vel altero titulo:) A general system of gardening and botany: containing a complete enumeration and description of all plants hitherto known; with their generic and specific characters, places of growth, time of flowering, mode of culture and their uses in medicine and domestic economy. Preceded by introductions to the Linnean and natural systems, and a glossary of the terms used. Founded upon *Miller's* Gardeners Dictionary, and arranged according to the natural system. London, H. Bohn. 1831—38. IV voll. 4. — I: 1831. XXVIII, 818 p. — II: 1832. VIII, 875 p. — III: 1834. VIII, 867 p. — IV: 1838. VIII, 908 p. (red. to 31 s. 6 d.)

Donarelli, *Carlo*, Director des botanischen Gartens in Rom, * Rom um 1808, † Rom 28. Dec. 1851.
2367* (——) Enumeratio seminum ex collectione anni 1834 horti Romani. (Romae 1834.) folio. 8 p.
Cat. of sc. Papers II, 314.

Donati, *Antonio*, Apotheker in Venedig («rudis homo» Boehmer, «doctus homo» Sprengel), * Venedig 16. Juli 1606, † Venedig 22. Mai 1659.
2368* —— Trattato de semplici, pietre e pesci marini, che nascono nel lito di Venetia, la maggior parte non conosciuti da Teofrasto, Dioscoride, Plinio, Galeno e altri scrittori, diviso in due libri. Venetia, appresso Pietro Maria Bertano. 1631. 4. 120 p., praef., 33 tab. aen. i. t.
Rajus in sylloge stirpium europaearum harum plantarum catalogum descripsit.

Donati, *Marcello*, *Conte*, * Correggio 1538, †Mantua 5. Juni 1602.
2369* —— De radice purgante, quam Mechioacan (i. e. Jalapa) vocant. Mantuae 1569. 4. 24 p.

Donati, *Vitaliano* (Donatia Forst.), * Padua 8. Sept. 1717, † im indischen Meere 1763.
Giuseppe Gennari, Elogio di *Vitaliano Donati*. Padova 1839. 8.
2370* —— Della storia naturale marina dell' adriatico. Saggio. Giuntavi una lettera del Signor *Lionardo Sesler* intorno ad un nuovo genere di piante terrestri. Venezia, appresso Fr. Storti. 1750. 4. 81 p., praef., 10 tab.
* germanice: Auszug seiner Naturgeschichte des Adriatischen Meers, den Boden des Meers zu untersuchen, nebst Instrumenten in solcher Tiefe zu fischen; von Classen der Meerpflanzen, der Polyparen, der Thierpflanzen und Pflanzenthiere, und Uebergang der Natur vom Pflanzenreiche zum Thierreiche. Nebst *Leonhard Sesler's* Anhange von einer besondern Bergpflanze, Vitaliana. Aus dem Italienischen. Halle 1753. 4. 71 p., 1 tab.
* gallice: Essai sur l'histoire naturelle de la mer adriatique; avec une lettre du Dr. *Leonard Sesler* sur une nouvelle espèce de plante terrestre. Traduit de l'italien. A la Haye, chez P. de Hondt. 1758. 4. III, 73 p., 11 tab.

Donato d'Eremita.
2371 —— Vera effigie della granadiglia, detta fior della passione. All' ill. ed ecc. Signor Giovan Fabri Linceo. Di Napoli a 20 di Decemb. 1619. (Tabula aenea col. long. 13 unc. lat. 9 unc.) B.
2372 —— Granadiglia overo fior della passione. All' ill. Sign. Fabio Colonna Linceo. Di Napoli a 30 di Ottobre 1622. (Tabula aenea long. 14 unc. lat. 10 unc.) B.
Haec est tabula, cujus mentionem facit *Fabio Colonna* in annotationibus ad *Hernandez* historiam plantarum mexicanarum, p. 890, sed primam in Italia editam esse iconem Passiflorae perperam asserit. *Donati Eremitani* Historia Granadillae 1622. citatur a *Barth. Claricio* in Hist. plant. hort. p. 421.

Dondi, *Giacomo* (Jacobus de Dondis seu Patavinus), Arzt zu Venedig (Dondia Spr.), * Padua 1298, † Padua 1359.
Ernst Meyer, Geschichte der Botanik IV, 171—179.

Donkin, *Arthur Scott*.
2373 —— The natural history of the british Diatomaceae. London, J. van Voorst. 1870. 8. Fasc. 1. 24 p., 4 tab. (2 s. 6 d.) (Continuatur.)

Donn, *James*.
2374* —— Hortus Cantabrigiensis: or a catalogue of plants indigenous and foreign, cultivated in the Walkerian botanic garden, Cambridge. Cambridge 1796. 8. 147 p. — *Ed. II.

Cambridge 1800. 8. — *Ed. III. Cambridge 1804. 8. — Ed. IV. Cambridge 1807. 8. — *Ed. V. Cambridge 1809. 8. 266 p. (7s.) — *Ed. VI Cambridge 1811. 8. 292 p. (9s.) — *Ed. VII. Cambridge 1812. 8. vi, 308 p. (10s.) — *Ed. VIII. by *Fr. Pursh.* London 1815. 8. 355 p. — *Ed. IX. by *Fr. Pursh.* London 1819. 8. 355 p. — *Ed. X. by *John Lindley.* London 1823. 8. — *Ed. XI. by *John Lindley.* London 1826. 8 vii, 415 p. (10s. 6d.) — *Ed. XII. with numerous additions and corrections by *George Sinclair.* London 1831. 8. vii, 543 p. (12s) — *Ed. XIII: Hortus Cantabrigiensis: or an accented Catalogue of indigenous and exotic plants cultivated in the Cambridge botanic garden. With the additions and improvements of the successive editors: *Fr. Pursh, John Lindley* and *George Sinclair*. The thirteenth edition, now further enlarged, improved and brought down to the present time, by *P. N. Don*. London, Longman and Co. 1845. 8. xii, 772 p. (1 l. 4s)

Donovan, *Edward O.,* ÷ London 1. Febr 1837.
2375 —— Essay on the minute parts of plants in general. Nr. I—IV. (London 1789—90.) 4. 22 p., 12 tab. col.
2376 —— The botanical review, or the beauties of Flora. Nr I—VII. London (1790). 8 27 p., 15 tab. col.

Doody, *Samuel,* Apotheker in London (Doodia R Br), † London 1706.
Pulteney, Geschichte der Botanik II, 338—340.

D'Orbigny, *Alcide.*
2377* —— Voyage dans l'Amérique méridionale, (le Brésil, la république orientale de l'Uruguay, la république Argentine, la Patagonie, la république de Bolivia, la république du Pérou), exécuté pendant les années 1826—33. Tome septième: Botanique. Paris, P. Bertrand. 1839—47. gr. 4.
Partie I—II: Cryptogamie, par *Camille Montagne.* 1839. (I: Sertum patagonicum. 19 p., tab. col 1—7. II: Florulae boliviensis stirpes novae vel minus cognitae. 119 p., tab. nigr. 1—3.) (40 fr.)
Partie III: Palmetum Orbignianum. Descriptio Palmarum in Paraguaria et Bolivia crescentium secundum *Alc. de Orbigny* exempla, schedulas et icones digessit *Karl Philipp Friedrich von Martius.* 1847. 40 p., tab. col. 1—32.
Editae sunt praeterea quinque tabulae inscriptae No. 8, 9, 10, 11, 13, quae plantas continent phanerogamas.

Dorstenius, *Theodericus,* Professor in Marburg (Dorstenia Plum.), *Westphalen um 1492, † Kassel 18. Mai 1552.
Biogr. médicale III, 515.
2378* —— Botanicon continens herbarum aliorumque simplicium, quorum usus in medicinis est, descriptiones et icones ad vivum effigatas: ex praecipuis tam graecis quam latinis autoribus jam recens concinnatum. Additis etiam, quae neotericorum observationes et experientiae vel comprobarunt denuo, vel nuper invenerunt. Francofurti, Christianus Egenolphus excudebat. 1540. folio. 306 (10) foll., praef., ind., ic. xyl. i. t.

Dorstenius, *Johann Daniel,* Professor in Marburg, *Marburg 20. April 1643, † Marburg 20. Sept. 1706.
2379* —— Rei herbariae commentatio. D. Marburgi Cattorum 1675. 4. 14 p.

Dossin, *Pierre Etienne* (Dossinia Morr.), *Lüttich 1777, † Lüttich 26. Dec. 1852.

Dotzauer, *J. O. F.*
2380* —— Der botanische Gärtner. Eine Beleuchtung dessen, was den botanischen Gärten im Allgemeinen mangelt. Hamburg, Kittler. 1849. 8. iv, 23 p. (⅕ th. n.)
Linnaea XIX, 380—410.

Douglas, *David* (Douglasia Ldl.), *Scone bei Perth 1799, † Havaii 12. Juli 1834.
A brief Memoir of the life of Mr. *David Douglas*, with a portrait. Hooker, Companion II, 79—182. Monument: Hooker Journ. and Misc. VIII, 111 Bentham in Transact. Hort. Soc. New Series, I, 403—414.
Cat. of sc Papers II, 327.

Douglas, *James,* Arzt zu London (Douglassia Schreb.), † London 1742.
2381* —— Lilium Sarniense or a description of the Guernsay-Lilly. To which is added the botanical dissection of the Coffeeberry.

London, typ. Straham. 1725. folio. vi, 35, 22 p., 2 tab. — London 1737. folio. 76 p., 3 tab.
2382* **Douglas,** *James.* Arbor Yemensis, fructum Coffé ferens: or a description of the Coffee tree. London, printed for Thomas Woodword. 1727. folio. ii, 60 p. — *Supplement: ib. 1727. folio. 54 p.

Doumenjou, *Jean Bazile,* ÷ Villemagne 9. März 1856.
Bull. soc. bot. III, 79.
2383 —— Herborisations sur la Montagne-Noire et les environs de Sorèze et de Castres, suivies du Catalogue des plantes phanérogames qui végètent dans ces localités. Castres, veuve Chaillot. 1848. 8. (4 fr.)

Douy, *J.*
2384* —— Nouveau manuel de botanique et de physique végétale. Paris 1836. 8. 246 p., 7 tab. (2 fr. 50 c.)
2385 —— Physique végétale, ou Traité élémentaire de botanique; revu par *Mirbel.* Paris, Jeanthon. 1832. 8. 108 p.

Dove, *Heinrich Wilhelm,* Professor an der Universität zu Berlin (Dovea Kth.), *Liegnitz 6. Oct. 1803.
2386* —— Ueber den Zusammenhang der Wärmeveränderungen der Atmosphäre mit der Entwicklung der Pflanzen. Berlin, Reimer. 1846. gr. 4. 132 p, 1 tab (1½ th.)
Cat. of sc. Papers II, 329—335

Dowden, *Richard.*
2387 —— Walks of wild flowers; or the Botany of the Bohereens London 1852. 8. (4 s. 6d.)

Dozy, *Franz,* D. M. in Leiden, *Leiden 27. Dec. 1807, ÷ Neuwied 7. Oct. 1856.
W. Vrolik, Levensbesch. van *François Dozy* in de Versl. en Meded der K. Ak. der Wet. V, 402.
Van der Aa, Biogr. Wordenboek IV, 316—317.
2388* —— et *J. H.* **Molkenboer**. Muscorum frondosorum novae species ex Archipelago indico et Japonia. Lugduni Batavorum, Hazenberg et soc. 1844. 8 22 p., praef. (½ th.)
2389* —— —— Bijdrage tot de Flora cryptogamica van Nederland. Leiden, Luchtmans 1844—45. 8. 40, 22 p.
Tijdschrift voor Nat. Gesch. vol. XI. XII.
2390* —— —— Musci frondosi inediti archipelagi indici sive descriptio et adumbratio muscorum frondosorum in insulis Java, Borneo, Sumatra, Celebes, Amboina, nec non in Japonia nuper detectorum minusve cognitorum. Fasc. I—V. Lugduni Batavorum, Hazenberg et soc. 1845—47. 4. 160 p., 50 tab. (17½ th.)
2391* —— —— Novae fungorum species in Belgio septentrionali nuper detectae, quas iconibus et descriptionibus illustrarunt. Lugduni Batavorum, Luchtmans. 1846. 8. 18 p., 2 tab. col. (1½ th.)
Seorsim impr. ex *Hoeven* en *Vriese* Tijdschrift vol. XII.
2392* —— Bijdrage tot de anatomie en phytographie der Sphagna. Uitgegeven door de koniklije academie van wetenschappen. Amsterdam, van der Post. 1854. 4. 14 p., 2 tab.
2393* —— et *J. H.* **Molkenboer**. Prodromus florae bryologicae Surinamensis. Accedit: Pugillus specierum novarum florae bryologicae Venezuelanae. Harlemi, Erven Loosjes. 1854. 4. iv, 52 p., 19 tab.
2394* —— Bryologia Javanica, seu descriptio Muscorum frondosorum Archipelagi indici iconibus illustrata, auctoribus *F. Dozy* et *J. H. Molkenboer.* Post mortem auctorum edentibus *R. B. van der Bosch* et *C. N. van der Sande Lacoste.* Lugduni Batavorum, E. J. Brill. 1855—70. 4. — Vol. I: 1855—61. xii, 161 p., tab. 1—130. — Vol. II: 1862—70. 246 p, tab. 131—315.
2395* —— Plagiochila Sandei Dz. icone illustrata. Accedunt novae Hepaticarum Javanicarum species a *C. M. van der Sande Lacoste* breviter descriptae. Lugd. Bat., Hazenberg. 1856. 4. 16 p., 1 tab.
Cat. of sc. Papers II, 336—337.

Draparnaud, *Jacques Philippe Raymond,* Professor in Montpellier (Draparnaudia Bory), *Montpellier 3. Juni 1772, † Montpellier 2. Febr. 1804.
Poitevin, Notice sur la vie et les ouvrages de M. *Draparnaud.* Montpellier, Renaud. an XIII. (1805.) 8.
2396* —— Discours relatifs à l'histoire naturelle. Montpellier an IX. 8. 41 p.

Insunt duae orationes: Discours sur les avantages de l'histoire naturelle, p. 3—29, et discours sur les mœurs et la manière de vivre des plantes, p. 30—41.

2397* **Draparnaud**, *Jacques Philippe Raymond*. Dissertation sur l'utilité de l'histoire naturelle dans la médecine, présentée à l'école de médecine à Montpellier. D. Montpellier an XI. 8. 64 p.

Draper, *John William*, Professor in New York, * Liverpool 5. Mai 1811.

2398 —— A treatise on the forces which produce the organization of plants; with an appendix, containing several memoirs on capillary attraction, electricity and the chimical action of light. New York, Harper and brothers. 1844. 4. 216 p., 4 tab.

Drapiez, *A.*, Professor in Brüssel (Drapiezia Bl.), * 1790.

2399 —— Herbier de l'amateur de fleurs, contenant, gravés et coloriés, d'après nature, les végétaux qui peuvent orner les jardins et les serres; l'on y a joint leur synonymie, leur description, leur histoire, leurs modes de culture et de propagation. Bruxelles, V^e De Mat. 1828—35. VIII voll. 4. 44 p., 600 tab. col. c. descr., ind.

2400 —— Encyclographie du règne végétal, présentant la figure, la description et l'histoire des plantes le plus récemment découvertes sur tous les points du globe ou introduites dans les serres des jardins de l'Angleterre, de la Belgique et des autres parties de l'Europe. Bruxelles 1833—38. VI voll. (62 fasciculi.) folio min. 372 tab. col. et text. (391 *fr.*)
Cat. of sc. Papers II, 340.

Drège, *J. F.* (Dregea E. M.)

2401* —— Zwei pflanzengeographische Dokumente, nebst einer Einleitung von *Ernst Meyer*. (Besondre Beigabe zur Flora 1843. Band II.) (Leipzig 1844.) 8. 230 p. und 1 Karte von Südafrika. ($^2/_3$ *th.*)

2402* —— Catalogus plantarum exsiccatarum Africae australioris, quas emturis offert. 8. Nr. 1. (20 Mart. 1837.) 11 p. — Nr. 2. (20 Mart. 1838.) p. 13—32. — Nr. 3. (24 Apr. 1840.) 16 p.
Linnaea XIX, 583—680. XX, 183—258.

(**Dreier**, *Johann*, W. O. **Focke**, und *Johann* **Kollmeier**.)

2403 —— Flora Bremensis. Index plantarum vascularium circa Bremam urbem sponte crescentium. — Bremens Flora. Verzeichniss der in der Umgegend von Bremen wildwachsenden Gefässpflanzen (Phanerogamen und Filicoideen) mit Angabe der Standorte. Bremen, Schünemann. XVI, 80 p. ($^1/_3$ *th.* n.) — * Nachträge und Berichtigungen von *Franz Buchenau*. Bremen, Müller. 1866. 8. 48 p. (8 *sgr.*)

Drejer, *Salomon Thomas Nicolai*, * Eveldrup bei Viborg 15. Febr. 1813, † Kopenhagen 21. April 1842.

2404* —— Flora excursoria Hafniensis. Hafniae, Schubothe. 1838. 12. LXV, 339 p. (1$^1/_6$ *th.*)

2405 —— Lærebog i den botaniske Terminologi og systemlære. Kiøbnhavn 1839. 8. (3 *Rd.* 32 *Skill.*)

2406 —— Compendium i den medicinske Botanik. Kiøbnhavn 1840. 8. VIII, 408 p. (64 *Skill.*)

2407* —— Elementa phyllologiae. D. Hafniae 1840. 8. 75 p. ($^1/_3$ *th.*)

2408* —— Revisio critica Caricum borealium in terris sub imperio Danico jacentium inventarum. Hafniae 1841. 8. 62 p. (40 *Skill.*)

2409* —— Symbolae Caricologiae ad synonymiam Caricum extricandam stabiliendamque et affinitates naturales eruendas. Opus posthumum ab academia scientiarum danica *(J. Vahl)* editum. (Hafniae) Lipsiae, L. Schumann. 1844. folio. 37 p., 3 schemata, 17 tab. (5 *th.*)

2410 —— Anvisning til at kjende de danske Foderarter. Ed. III. Kiøbnhavn 1847. 8. (1 *th.*)
Cat. of sc. Papers II, 342.

Dresser, *Christopher*.

2411* —— Unity of variety, as deduced from the vegetable kingdom; being an attempt at developping that oneness which is discoverable in the habits, mode of growth, and principle of construction of all plants. London, J. S. Virtue. 1859. 8. XV, 162 p, ic. xyl. (10 *s.* 6 *d.*)

2412* —— The rudiments of structural and physiological botany; being an introduction to the study of the vegetable kingdom. London, J. S. Virtue. 1859. 8. XXIII, 433 p. (560) ic. xyl.

2443* **Dresser**, *Christopher*. Popular Manual of botany, being a development of the rudiments of the botanical science. Edinburgh, A. and Ch. Black. 1860. 8. VIII, 233 p., 12 tab. (3 *s.* 6 *d.*)
Cat. of sc. Papers II, 342.

Dreves, *Johann Friedrich Peter*, * Waaren in Mecklenburg 28. Febr. 1772, † Selters 6. Aug. 1816.
Schroeder, Lex. der hamb. Schriftst. II, 70—71.

2414* —— Botanisches Bilderbuch für die Jugend und Freunde der Pflanzenkunde. 5 Bände oder 28 Hefte. Leipzig 1794—1801. 4. 154, 176, 188, 186, 124 p., 152 tab. col. (18$^2/_3$ *th.*)
Inde a volumine III hoc altero inscribitur titulo: Getreue Abbildungen und Zergliederungen deutscher Gewächse, von *Fr. Dreves* und *Friedrich Gottlob Hayne*.
* francogallice: Choix de plantes d'Europe, décrites et dessinées d'après nature. Leipzig 1802. V voll. 4. — I: XII, 40 p., tab. col. 1—25 — II: XII, 44 p., tab. col. 26—50. — III: XII, 44 p., tab. col. 54—75. — IV: XII, 40 p., tab. col. 76—100. — V: (non vidi) tab. col. 101—125. (25 *th.*)

Driesche, *Jan van der*, latine **Drusius**, * Oudenarde 28. Juni 1550, † Leyden 12. Febr. 1616.
Abel Curiander, Vitae J. Drusii delineatio. Franeker 1816 4.

2415 —— Tractatus, an per Dudaim Mandragorae significentur? s. l. et a. 12.

Driessen, *Petrus*, Professor der Botanik in Gröningen, * Gröningen 30. Aug. 1753, † Gröningen 11. Jan. 1828.
Munniks, Levenschets van *Petrus Driessen*. Groningen 1829. 8. mit Portrait.

2416* (——) Index plantarum quae in horto ac. Groningano coluntur. Groningae 1820. 8. 57 p.

Drouet, *Henri*, * Troyes 1829.

2417* —— Catalogue de la Flore des îles Açores, précédé de l'itinéraire d'un voyage dans cet archipel. Paris, Baillière et fils. 1866. 8. 153 p. (4 *fr.*)

Drümpelmann, *Ernst Wilhelm*.

2418* —— Flora livonica, oder Abbildung und Beschreibung der in Livland wildwachsenden Pflanzen. Riga 1809—10. 10 Hefte. folio.

Drummond, *James L.*

2419* —— First steps to botany. Ed. II. London, Longman. 1826. 8. VIII, 391 p., ic. xyl. (9 *s.*)

2420* —— Observations on natural systems of botany. London, Murray. 1849. 8. 100 p. (3 *s.*)

Drummond, *James*, Reisender in Australien.
Cat. of sc. Papers II, 346.

Drummond, *Thomas*, Bruder des James, † Havanah März 1835.
Lasègue, Musée Delessert 196—198. 204.

Drury, *Herber*, Lieutenant Colonel.

2421* —— The useful plants of India, alphabetically arranged with botanical descriptions, vernacular synonyms and notices of their economical value in commerce, medicine and arts. Madras 1858. 8. XXIV, 559 p. (18 *s.*)

2422* —— Handbook of the Indian Flora, being a Guide to all the flowering plants hitherto described and indigenous to the continent of India. Madras, Higginbotham. 1864—66. II voll. 8. VI, 659, 604 p (80 *s.*)

Dryander, *Jonas* (Dryandra Thunb.), * 1748, † London 19. Oct. 1810.

2423* —— Desiderata pro Bibliotheca Banksiana. (London) 1790. 8. 27 p. Bibl. Mus. bot. Vindob.
Recensentur 1343 opera ex historia naturali, quae ill. *Banks* pro bibliotheca desiderabat, valde rara pleraque, e *Seguiero* potissimum sumta; quorum maxima pars jam mihi innotuit.

2424* —— Catalogus bibliothecae historico-naturalis *Josephi Banks*. Londini, typ. Gul. Bulmer et soc. 1796—1800. V voll. 8. — I: Scriptores generales. 1798. VII, 309 p., ind. — II: Zoologi. 1796. XX, 578 p., ind. — III: Botanici. 1797. XXIII, 656 p., ind. — IV: Mineralogi 1799. IX, 390 p., ind. — V: Supplementum et index auctorum. 1800. 531 p.
Cat. of sc. Papers II, 347.

Dub, *Julius*, Professor am grauen Kloster in Berlin.

2425* —— Kurze Darstellung der Lehre *Darwin's* über die Entstehung der Arten der Organismen mit erläuternden Bemerkungen. Stuttgart, Schweizerbart. 1870. 8. VIII, 299 p. (2 *th.*)

Dubois, *François Noel Alexandre*, Abbé, * Orléans 9. Sept. 1752, † Orléans 2. Sept. 1824.

2426* —— Méthode éprouvée, avec laquelle on peut parvenir facilement et sans maître à connaître les plantes de l'intérieur de la France et en particulier celles des environs d'Orléans etc. Orléans, typ. Darnault-Maurant. an XI. 1803. 8. xv, 592 p. — *Nouvelle édition: Paris, Cretté. (typ. Écron.) 1825. 8. xv, 592 p. — Ed. II: Paris, typ. Plassan. 1833. 8. (6 fr. 50 c.) — Méthode éprouvée avec laquelle on parvient facilement et sans maître à connaître les plantes de la France. Troisième édition entièrement refondue et augmentée par M. *Boitard*. Paris, Cotelle. (typ. Gratiot.) 1840. 8. (8 fr.) — Ed. IV ib. 1846. 8. (8 fr.)
<small>*Saint-Hilaire*, Notice sur 70 espèces et quelques variétés de plantes phanérogames trouvées dans le Département du Loiret, depuis la publication de la Flore Orléanaise de M. l'abbé *Dubois*. Orléans, typ. Huet-Perdoux. s a. 8. 47 p.</small>

Dubois, *Fr.*

2427 —— Matière médicale indigène, ou Histoire des plantes médicales qui croissent spontanément en France et en Belgique. Tournai 1848. 8 436 p. (7 fr.)

Dubois de Montpéreux, *Frédéric*, *Motiers-Travers (Neuchâtel) 28. Mai 1798, † Peseux (Neuchâtel) 7. Mai 1850.

2428* —— Voyage autour du Caucase, chez les Tcherkesses et les Abkhases, en Colchide, en Géorgie, en Arménie et en Crimée; avec un Atlas. Paris 1836—39. VI voll. 8.
<small>* germanice: Darmstadt 1842—46. 3 Bände. 8. (vol II. p. 480—493: Versuch einer Flora des Beschtau, von *Charles Godet*.</small>

Du Breuil, *Alphonse*, * Rouen 1811, † Paris 1858.

2429* —— Cours élémentaire théorique et pratique d'arboriculture. Paris, Langlois, et Leclercq; V. Masson. 1846. 8. III, 613 p, 5 tab. (325) ic. xyl. — *Ed. IV. ib 1858. 8. (12 fr.)
<small>* germanice: Theoretisch-praktische Anleitung zur Baumzucht. Deutsch von *Albert Dietrich*. Berlin, Duncker und Humblott. 1847. 8. (3 th.)</small>

Dubreuil, *H.*

2430* —— Histoire naturelle et médicale de quelques végétaux de la famille des Euphorbiacées. Thèse. Paris 1835. 4. 28 p.

Dubuisson, *J. R. Jacquelin.*

2431* —— Essai sur les propriétés de la force vitale dans les végétaux. Paris 1808. 8. 66 p.

2432 —— Plantes usuelles indigènes et exotiques. Paris, Duprat-Duverger. 1809. II voll. 8. 102 tab. col. (120 fr.)
<small>Est editio octava operis No. 1707 recensiti.</small>

Duby, *Jean Etienne*, Pfarrer zu Genf (Dubyaea DC.), * Genf 1798.

2433* —— Essai d'application à un tribu d'Algues, de quelques principes de taxonomie ou Mémoire sur le groupe des Céraminiées. Genève 1832. 4. 26 p., 2 tab. — *Second mémoire. Genève 1832. 4. 25 p., 5 tab. col. — *Troisième mémoire (Genève 1836.) 4. 16 p., 2 tab

2434* —— Mémoire sur la famille des Primulacées. Genève, Kessmann. 1844. 4. 46 p., 4 tab. (7 fr.)
<small>Primulaceas elaboravit in Prodromo VIII, 33—74 et alteram curavit editionem Botanici Gallici Candolleani.
Cat. of sc. Papers II, 355—356</small>

Duchartre, *Pierre Etienne*, Mitglied des Instituts in Paris, * Portiragnes (Hérault) 27. Oct. 1811.
<small>Notice sur ses travaux. Paris 1861. 4 42 p.</small>

2435* —— Revue botanique; recueil mensuel renfermant l'analyse des travaux publiés en France et à l'étranger sur la botanique et sur ses applications à l'horticulture, l'agriculture, la médecine etc. Vol. 1. 2. Paris, A. Franck. 1845—47. 8. (24 fr.)

2436* —— Observations anatomiques et organogéniques sur la Clandestine d'Europe (Lathraea clandestina L.). Paris, imprimerie royale. 1847. 4. 118 p., 8 tab.
<small>Extrait du Tome X des Mémoires présentés par divers savants à l'Académie des sciences.</small>

2437* —— Rapport sur les progrès de la botanique physiologique. Paris, imprimerie impériale (Hachette et Co.) 1868. 8. 409 p.

2438* —— Éléments de botanique, comprenant l'anatomie, l'organographie la physiologie des plantes, les familles naturelles et la géographie botanique. Avec 506 figures dessinées d'après nature par *A. Riocreux.* Paris, Baillière. 1867. 8. 1088 p. (18 fr.)
<small>Duchartre scripsit Monographiam Aristolochiacearum in DC. Prodromo XV, 1. 421—498. (1864.)
Cat of sc. Papers II, 356—358.</small>

Duchesne, *Antoine Nicolas* (Duchesne Sm.), * Versailles 7. Oct. 1747, † Paris 18. Febr. 1827.

2439* —— Manuel de botanique, contenant les propriétés des plantes utiles pour la nourriture, d'usage en médecine, employées dans les arts, d'ornement pour les jardins et que l'on trouve à la campagne aux environs de Paris. Paris 1764. 8. xxiv, 44, 76, 92, 94, 75 p. (2 fr. 40 c.)

2440* —— Histoire naturelle des Fraisiers, contenant les vues d'économie réunies à la botanique etc. Paris 1766. 8. xii, 324, 118 p. (2 fr. 40 c.)

2441* —— Essai sur l'histoire naturelle des Courges. (Extrait de l'Encyclopédie méthodique par *DelaMarck*.) s. l. et a. 8. 46 p.

2442* —— Essai sur l'histoire naturelle des Fraisiers. (Extrait de l'Encyclopédie méthodique par *DelaMarck*.) s. l. et a. 8. 46 p.
<small>Ejusdem autoris manuscriptum ineditum: Description de deux champignons observés aux environs de Paris (1772). 4. 8 foll., 2 tab., ubi observationes suas de myceliis fungorum exponit, fuit in Bibl *Hadriani de Jussieu*. cf. *A. L. de Jussieu*, Gen. plant. p. 5.</small>

Duchesne, *Edouard Adolphe*, * Paris 1804.

2443* —— Traité du Maïs ou blé de Turquie, contenant son histoire, sa culture et ses emplois en économie domestique et en médecine. Ouvrage couronné. Paris 1831. 8. 366 p., 2 tab. nigr., 1 tab. col.
<small>germanice: Ueber den Mais oder das türkische Korn. Ilmenau und Weimar 1833. 8. (1 th)</small>

2444 —— Répertoire des plantes utiles et des plantes vénéneuses du globe etc. Paris, Renouard. 1836. 8. (12 fr.) — *Nouvelle édition corrigée et augmentée. Bruxelles 1846. gr. 8. xLv, 505 p. avec un Atlas. (16 fr.)

Duchesne, *J. B.*

2445 —— Guide de la culture des bois ou herbier forestier. Paris 1825. 8. x, 144 p., 60 tab. in folio. (80 fr.)

Duchesne, *Leger*, latine *Leodegarius a Quercu.*

2446* —— In *Ruellium* de stirpibus epitome. Cui accesserunt volatilium, gressibilium, piscium et placentarum magis frequentium apud Gallias nomina. Parisiis, apud Tiletanum. 1539. 8. (8 foll.) praeter apendicem. — *Rothomagi, ex officina Gerovaldi Sebire, in bibliopolarum porticu. 1539. 8. (24) p. in fine: Rothomagi excudebat Joannes Parvus Trecensis. Bibl. *Eug. Fournier*. — De stirpibus vel plantis ordine alphabetico digestis epitome, longe quam antehac, per *Joannem Brohon* locupletior emendatiorque edita. Cadomi, ex officina Michaelis Augier. 1541. 8. (32 foll.) — *Omnia multo quam antea locupletiora. Parisiis, apud Tiletanum. 1544. 8. 75 p. (Plantae: p. 3—66.)

DuChoul, *Jean.*

2447* —— De varia Quercus historia. Accessit Pylati montis descriptio. Lugduni, apud Rovillium. 1555. 8. 109 p., ind, ic. xyl.

Ducluzeau, *J. A. P.*

2448* —— Essai sur l'histoire naturelle des Conferves des environs de Montpellier. D. Montpellier, typ. Ricard. (1805). 8. 89 p.
<small>In calce libri legitur: «Sept planches, qui doivent accompagner cette dissertation, suivront.» Non vero secutae sunt.</small>

DuColombier, *Maurice.*
<small>* Botanique arithmétique. Paris, typ. Martinet. 1855. 8. 4 p.</small>

2449* —— Exposition d'une méthode propre à résoudre avec précision diverses questions de statistique botanique. Metz, typ. Verronnais. 1857. 8. 30 p., 1 tab.

Ducommun, *J. B.*

2450 —— Taschenbuch für den Schweizerischen Botaniker. Solothurn 1869. 8. 1024 p. (12 fr.)

Dueben, *Magnus Wilhelm von*, * Schonen 1814, † Lund 8. Aug. 1845.

2451* —— Enumeratio plantarum in regione Landscronensi crescentium. D. I. Lundae 1835 8. 16 p.

2452* —— Conspectus vegetationis Scaniae. D. Lundae 1837. 8. 42 p.

2453* —— Handbok i Vextrikets naturliga familjer, deras förvandtskaper, geographiska utbredning, egenskaper och vigtigaste

DuFay, *Charles François*, * Paris 14. Sept. 1698, † Paris 16 Juli 1739.
2454* —— Observations sur la Sensitive. (Mémoires de l'acad. des sc. Année 1736, p. 87—110, 1 tab.)

Dufour, *Jean-Marie Léon*, * 1779, † Saint-Sever (Landes) 18. April 1865.
2455* —— Révision des genres Cladonia, Scyphophorus, Helopodium et Baeomyces de la Flore française. Bruxelles 1821. 8. 32 p.
Extrait du 8e tome des Ann. gén. des sc. phys.
2456* —— Lettre à M. le Dr. *Grateloup* sur les excursions au Pic d'Anie et au Pic Amoulat dans les Pyrénées. Bordeaux 1836. 8. 50 p.
2457* —— Notice botanique et culinaire sur les champignons comestibles du Dép. des Landes. Mont-de-Marsan 1840. 8. 14 p.
Extrait des Ann. de la soc. d'agriculture des Landes.

Dufour, *Louis*.
2458 —— Cours élémentaire sur les propriétés des végétaux et leurs applications. Neuchâtel 1855. 8. (5 fr.)
2459 —— Propriétés des végétaux et leurs applications à l'alimentation, la médecine, la teinture, l'industrie. Neuchâtel, Leidecker. 1861. 8. (4 fr.)

Dufour, *Philippe Sylvestre*, * Manosque (Provence) 1622, † Vevay 1687.
2460 —— De l'usage du caphé, du thé et du chocolate. Lyon 1671. 12. 188 p.
anglice: The manner of making Coffee, Tea and Chocolate (translated by *John Chamberlayn*.) London 1685. 12. 116 p.
2461* —— Traitez nouveaux et curieux du café, du thé et du chocolate. Ouvrage également necessaire aux médecins et à tous ceux qui aiment leur santé. Lyon, Girin et Rivière. 1685. 12. 445 p., praef., ind. — *A la Haye, chez Moetjens. 1685. 12. 403 p., ind., 4 tab. — *Lyon, Deville. 1688. 12. 444 p., praef., ind. — *A la Haye 1693. 12. 404 p., 4 tab.
latine: Novi tractatus de potu Caphé, de Chinensium Thé et de Chocolata, a *D. M.* notis illustrati. Genevae 1699. 12. 188 p., 4 tab.
2462 —— Libellus primus sub titulo: *Jacobi Sponii* Bevanda asiatica, hoc est physiologia potus Café, a *D. D. Manget* notis et a Constantinopoli plantae iconismis recens illustrata. (Lugduni) 1705. 4. 56 p., 5 tab. (ex libello Comitis *Marsigli*.)

Dufresne, *Pierre*, M. D., * Latour en Faucigny (Savoyen) 1786, † Chesne Tennex 1836.
2463* —— Histoire naturelle et médicale de la famille des Valérianées. D. Montpellier 1811. 4. 64 p., 3 tab.

Duftschmid, *Johann*, Arzt in Linz, * Linz 20. Juli 1804, † Linz 10. Dec. 1866.
Cat. of sc. Papers II, 374.
Ejus «Flora von Oberösterreich» mox prodibit.

Dugnani, *Giulio*.
2464* —— Saggio di botanica. Milano, typ. Marelli. 1775. 4. 28 p., 2 tab.

DuHamel du Monceau, *Henri Louis* (Hamelia Jacq.), * Paris 12. April 1700, † Paris 14. Aug. 1781.
Hist. Acad. sc. 1782, 131—155.
2465* —— Avis pour le transport par mer des arbres, des plantes vivaces, des semences et de diverses autres curiosités d'histoire naturelle. Seconde édition considérablement augmentée. Paris, de l'imprimerie royale. 1753. 8. VIII, 90 p. — *cum *Turgot*, Mémoire instructif etc. Lyon 1758. 8. p. 147—235.
germanice: Kopenhagen 1756. 8. 133 p.
2466* —— Traité des arbres fruitiers, contenant leur figure, leur description, leur culture etc. Paris 1768. II voll. 4. — I: XXIX, 337 p. (62 tab.) — II: 280 p. (118 tab.) — *Paris 1782. III voll. 8. — I: 320 p. — II: 338 p. — III: 260 p. cum tabulis plurimis.
germanice: Pomona gallica oder von Obstbäumen. Nürnberg 1771—83. 3 Bände. 4. (16½ th.)
germanice: Naturgeschichte oder ausführliche Beschreibung der Erdbeerpflanzen, aus dessen Abhandlung von den Obstbäumen besonders herausgegeben, und von *DuChesne's* Histoire naturelle des fraisiers vermehrt. Nürnberg 1775. 4. 42 p., 9 tab.
2467* —— Traité des arbres fruitiers. Nouvelle édition par *A. Poiteau* et *P. J. F. Turpin*. Paris (1808—)35. VI foll. folio. 329 tab. col. ex signatura (sed plures, quum multi numeri bis terve absint, cum textu abque signatura).
2468* **DuHamel du Monceau**, *Henri Louis*. La physique des arbres; où il est traité de l'anatomie des plantes et de l'économie végétale; pour servir d'introduction au traité complet des bois et des forests; avec une dissertation sur l'utilité des méthodes de botanique. Paris, Guerin et Delatour. 1758. II voll. 4. — I: LXVIII, 307 p., 35 tab. — II: 432 p., 22 tab. — *Paris, chez la veuve Desaint. 1788. II voll. 4. — I: LXVIII, 307 p., 28 tab. — II: 438 p., 22 tab.
germanice: Naturgeschichte der Bäume; von der Zergliederung der Pflanzen. Nürnberg 1764—65. 2 Theile. 4. (7⅓ th.)
hispanice: Disertacion acerca de los métodos botánicos: traducida é ilustrada con varias notas por *Casimir de Ortega*. Madrid 1772. 4. (4) 53 p.
2469* —— Traité des arbres et arbustes, qui se cultivent en France en pleine terre. Paris 1755. II voll. 4. — I: LXII, 368 p., 139 tab. — II: 387 p., 111 tab. — *ib. 1785. nullo modo differt.
* Additions pour le traité des arbres et arbustes, impr. avec son «Traité des semis et plantations des arbres.» ib. 1760. 4. 27 p., 1 tab.
germanice: Abhandlung von Bäumen, Stauden und Sträuchen, welche in Frankreich in freier Luft gezogen werden. Aus dem Französischen von *Karl Christoph Oelhafen von Schoellenbach*. Nürnberg 1763. 2 Theile. 4. — I: 258 p., praef., 3 tab. — II; 284 p., ind., 7 tab. (5⅓ th.)
2470* —— Traité des arbres et arbustes que l'on cultive en France en pleine terre. Seconde édition. («*Nouveau Duhamel*») considérablement augmentée, rédigée par *J. L. A. Loiseleur-Delongchamps* et *Etienne Michel*. Avec les figures d'après les dessins de MM. *P. J. Redouté* et *P. Bessa*. Paris 1801—19. VII voll. folio. — I: 264 p., 60 tab. col. — II: 284 p., 71 tab. col. — III: 234 p., 58 tab. col. — IV: 240 p., 63 tab. col. — V: 330 p., 84 tab. col. — VI: 266 p., 80 tab. col. — VII: 252 p., 72 tab. col. (80 th. Weigel.)

Dujardin, *Félix*, Professor der Zoologie in Rennes, * Tours 5. April 1801, † Rennes 8. April 1860.
2471* (——) Flora complète d'Indre et Loire publiée par la société d'agriculture, sciences, arts et belles-lettres et dédiée à M. D'Entraigues, préfet du Département. Précédée d'une introduction à l'étude de la botanique. Tours, Mame. 1838. 8. (38) 472 p., 3 tab.
2472* —— Nouveau Manuel complet de l'observateur au microscope. Paris, Roret. 1843. 8. 320, 44 p., 30 tab. (10 fr. 50 c.)

Dulac, *J.*, Abbé in Tarbes.
2473* —— Flore du département des Hautes-Pyrénées (publiée pour la première fois), plantes vasculaires spontanées, classification naturelle. Paris, J. Savy. 1867. 8. XII, 644 p., 1 mappa geogr. (10 fr.)

Dulong, *Pierre Louis*, Mitglied des Instituts zu Paris (Dulongia Kth.), * Rouen 12. Febr. 1785, † Paris 18. Juli 1838.

Dumas, *Jean Baptiste*, Mitglied des Instituts in Paris (Dumasia DC.), * Alais (Gard) 14. Juli 1800.
2474* —— Mémoire sur les substances végétales qui se rapprochent du camphre et sur quelques huiles essentielles. Thèse. Paris 1832. 8. 22 p.

Dumas, *Isidore*.
2475* —— Quelques mots sur la structure de l'Hellébore fétide et sur l'évolution de ses organes floraux. Thèse. Montpellier 1844. 4. 48 p., 6 tab.

Duméril, *André Marie Constant*, Mitglied des Instituts (Dumerilia Lag.), * Amiens 1. Jan. 1774, † Paris 14. Aug. 1860.
2476* —— Traité élémentaire d'histoire naturelle. Ouvrage composé par ordre du gouvernement pour servir à l'enseignement dans les Lycées. Paris 1804. 8. — Ed. II: Paris 1807. II voll. 8. — I: XV, 265 p. (p. 56—265: Botanique.) — II: XII, 360 p. (Zoologie.) — Ed. III: «Élémens des sciences naturelles.» ib. 1825. 8. — I: XXVIII, 354 p. (p. 133—351, et tab. 1—8: Botanique.) — *Ed. IV: Paris 1830. II voll. 8. — I: XVI, 364 p., 8 tab (Botanique: p. 149—364.)

Duméril, *A. Auguste*, * Paris 1812.
2477* —— Des odeurs, de leur nature et de leur action physiologique. Dissertation sur quelques points de la physiologie des végétaux. Thèses. Paris, Baillière. 1843. 8. 96, 40 p. (2 fr.)

DuMolin, *Jean Baptiste*, * Bordeaux 1790.
2478* —— Flore poétique et ancienne ou Études sur les plantes les plus difficiles à reconnaître des poètes anciens grecs et latins. Paris, Baillière 1856. 8. VII, 320 p. (6 fr.)

DuMont de Courset, *George Louis Marie* (Dumontia Lamx.), * im Schlosse Courset im Boulonnais 16. Sept. 1746, † Paris 15. Juni 1824.

2479* —— Le botaniste cultivateur, ou Description, culture et usages de la plus grande partie des plantes étrangères, naturalisées et indigènes, cultivées en France, en Autriche, en Italie, et en Angleterre, rangées suivant la méthode de Jussieu. Paris 1802. V voll. 8. — *Ed. II. entièrement refondue et considérablement augmentée. Paris 1811—14 VII voll. 8. — I: 1811. VIII, 562 p. et tableaux. — II: 1811. 638 p. — III: 1811. 551 p. — IV: 1811. 631 p. — V: 1811. 567 p. — VI: 1811. 631 p. — VII: Supplément 1814. 370, 45 p.
germanice; Die botanische Pflanzkunst nach *Dumont-Courset* von *Christian Gottlieb Berger*. Leipzig 1804—5 2 Theile. 8. (4 *th.*)
* *italice*: Il botanico coltivatore; recata in italiano dall' Ab. *Girolamo Romano*. Padova 1819—20 XII voll. 8.

Dumont d'Urville, *Jules Sébastien César*, französischer Contre-Admiral (Durvillaea Bory), * Condé sur Noireau 23. Mai 1790, † bei der Katastrophe auf der Eisenbahn von Versailles 8 Mai 1842.

2480* —— Enumeratio plantarum, quas in insulis Archipelagi aut littoribus Ponti Euxini annis 1819 et 1820 collegit atque detexit. Parisiis 1822. 8. VIII, 135 p.
Extrait des Mémoires de la soc. Linn. de Paris, vol. I, 255—387.

2481* —— Flore des Malouines. Paris 1825. 8. 56 p., 2 tab.
Mém. soc. Linn. de Paris IV, 572—621.

2482* —— Voyage au Pôle sud et dans l'Océanie sur les corvettes l'*Astrolabe* et *La Zélée*, pendant les années 1837 à 1840, sous le commandement de M. *J. Dumont d'Urville*. Paris, Gide. 1841—54. 23 voll. in 8. et 6 voll. in folio.
Botanique par *Hombron, Jacquinot* et *Decaisne*. 2 voll. 8. et Atlas de 66 planches, dont 20 col. (175 *fr*)

Dumortier, *Barthélemy Charles*, Präsident der belgischen Deputirtenkammer (Dumortiera N. v. E.), * Tourney 3. April 1797.

2483* —— Commentationes botanicae. (Observations botaniques.) Tournay 1822. (1823.) 8 116 p.

2484* —— Observations sur les Graminées de la Flore belgique. Tournay, typ. Custerman. 1823. 8. 153 p, 16 tab. col.

2485* —— Notice sur un nouveau genre de plantes: Hulthemia; précédée d'un aperçu sur la classification des Roses. Tournay 1824. 8. 14 p

2486* —— Verhandeling over het geslacht der Wilgen (Salix) en de natuurlijke Familie der Amentaceae. (Bijdragen tot de Nat. Wetensch. te Amsterdam.) 1825. 8. 20 p

2487* —— Florula Belgica, operis majoris Prodromus. Staminacia. Tornaci Nerviorum, typ. Custerman. 1827. 8. 172 p.

2488* —— Analyse des familles des plantes avec l'indication des principaux genres, qui s'y rattachent. Tournay 1829. 8 maj. 104 p.

2489* —— Recherches sur la motilité des végétaux. Gand 1829. 8 16 p.
Extrait du Messager des sciences et des arts

2490* —— Sylloge Jungermannidearum Europae indigenarum, earum genera et species systematice complectens. Tornaci Nerviorum 1831. 8. 100 p, 2 tab. col.

2491* —— Recherches sur la structure comparée et le développement des animaux et des végétaux. Bruxelles 1832. 4. IV, 143 p, 2 tab.

2492* —— Notice sur le genre Maelenia de la famille des Orchidées. Bruxelles, typ. Hayez. 1834. 4. 18 p, 1 tab. col.

2493* —— Essai carpographique présentant une nouvelle classification des fruits. Bruxelles, typ. Hayez. 1835. 4. 136 p, 3 tab.

2494* —— Recueil d'Observations sur les Jungermanniacées. Fasc. I. Révision des genres. Tournay, typ. Blanquart. 1835. 8. 27 p.

2495* —— Notice sur le genre Dionaea. Bruxelles, typ. Hayez 1837. 8 p
Bulletin Acad. Belg. tome IV.

2496* —— Notice sur la cloque de la pomme de terre. Bruxelles, typ. Hayez. 1845. 8. 20 p
Bull. Acad. Belg. tome XII.

2497* —— Monographie des Saules de la Flore Belge. Bruxelles 1862. 8.
Bull. soc. bot. I, 130—148.

2498* **Dumortier,** *Barthélemy Charles*. Monographie du genre Batrachium. Bruxelles 1863. 8. 16 p.
Bull. soc. bot. II, 207—219.

2499* —— Monographie des espèces du genre Rabus, indigènes en Belgique. Bruxelles 1863. 8.
Bull. soc. bot. II, 220—237.

2500* —— Monographie des Roses de la Flore belge. Gand, typ. Annoot-Braeckman. 1867. 8. 68 p.

2501* —— Etude agrostographique sur le genre Michelaria et la classification des Graminées. Gand, typ. Annoot-Braeckman. 1868. 8. 33 p.

2502* —— Monographie du genre Pulmonaria. ib. 1868. 8. 35 p.
Cat. of sc. Papers II, 399—400.

Dunal, *Michel Félix*, Professor der Botanik in Montpellier (Dunalia H. B. K.), * Montpellier 24. Oct. 1789, † Montpellier 29. Juli 1856.
Planchon, Éloge historique. Montpellier, typ. Martel. 1856. 8. 40 p

2503* —— Histoire naturelle, médicale et économique des Solanum, et des genres, qui ont été confondus avec eux. D. Montpellier 1813. 4. 248 p., ind., 26 tab.

2504* —— Solanorum generumque affinium Synopsis seu Solanorum historiae editionis secundae Summarium, ad characteres differentiales redactum, seriem naturalem, habitationes stationesque specierum breviter indicans. Monspelii 1816. 8 51 p., praef.

2505* —— Monographie de la famille des Anonacées. Paris 1817. 4. 144 p, 35 tab.

2506* —— Considérations sur la nature et les rapports de quelques-uns des organes de la fleur. Paris et Montpellier 1829 4. 148 p., 3 tab.

2507* —— Considérations sur les fonctions des organes floraux colorés et glanduleux. Paris et Montpellier, Gabon et Co. 1829. 4. 40 p.

2508* (——) Mémoire sur la structure, le développement et les organes générateurs d'une espèce de Marsilea (M. Fabri) trouvée par M. *Esprit Fabre* dans les environs d'Agde. Orléans, typ. Danicourt-Haut. 1837. 8. 19 p., 3 tab.

2509* —— Eloge historique de *Augustin Pyramus DeCandolle*. Montpellier 1842. 4. 59 p, effigies *Candollii*.

2510* —— Description du Planera Richardi Mich., et indication de la cause qui l'empêche de donner des graines dans nos climats. Montpellier 1843. 8. 12 p., 2 tab.

2511* —— Petit bouquet méditerranéen, communiqué à l'Académie des Sciences de Montpellier. Montpellier, typ. Böhm. 1847. 4. 11 p., 6 tab.
Dunal elaboravit in Prodromo Candolleano: Cistineas, I, 263—286. — Vaccinieas, VII, 552—579. — Solanaceas, XIII, 1—690.
Cat. of sc. Papers II, 400—401.

Dunant, *Philippe* (Dunantia DC.), * Genf 1797, † Arles 25. Sept. 1866.
Bull. soc. bot. XIII, 238.

Duncan, *Andrew*, Professor der Medicin in Edinburgh (Duncania Rchb.), † Edinburgh 1829.

2512* —— Tentamen inaugurale de Swietenia Soymida. Edinburgi 1794. 8. 55 p.
In manuscriptis posthumis *Candolleanis* lego, autorem esse *F. Meyer*, M. D.

2513* (——) Catalogue of medical plants according to their natural orders. Edinburgh 1826. 8. IV, 27 p.

Duncan, *James*.

2514* —— Catalogue of plants in the royal botanical garden, Mauritius. (Mauritins) H. Plaideir, government printer. 1863. folio 104, VII p.

Duncan, *John Shute*.

2515 —— Botanical theology, or evidences of the existence and attributes of the deity. Ed. II Oxford 1826. 8.

Dunker, *Wilhelm*, Professor in Kassel, *Eschwege 21. Febr. 1809.

2516* —— Monographie der norddeutschen Wealdenbildung. Ein Beitrag zur Geographie und Naturgeschichte der Vorwelt. Braunschweig, Oehme und Müller. 1846. 4. XXII, 86 p., 21 tab. (8⅔ *th.*)

2517* —— und *Hermann von* **Meyer**. Palaeontographica. Beiträge zur Naturgeschichte der Vorwelt. Band 1—19. Kassel, Fischer. 1846—70. 4.

Dunstall, *John*.

2518 —— A booke of flowers, fruicts, beastes, birds and flies, exactly drawne, and are to bee sold by P. Stent, at the white hors in Guiltspur street, without Newgate. 20 tab. aen. long. 5 unc., lat. 7 unc. — The second booke of flowers ... exactly drawne, newly printed with additions by *John Dunstall* anno 1661, sould by Peter Stent. 20 tab. — The therd booke of flowers, drawne, with additions by *John Dunstall*. Are to be sould by P. Stent, at the with horse in Guiltspur street, betwixt Newgate and Pye-comer. 1661. 20 tab. B.

Duperrey, *Louis Isidore* (Duperreya Gaudch.), * Paris 22. Oct. 1786.

2519* —— Voyage autour du monde sur La Coquille pendant les années 1822—25. Paris, Arthus Bertrand. 1828. 4. et folio.
Botanique: Cryptogames, récoltées par *d'Urville* et *Lesson*. 240 p., 39 tab. col. (90 fr.)
Tabulae 1—24 (Algae) sunt coloratae; tab. 25—29 (Lycopodiaceae et Filices) nigrae.

DuPetit-Thouars, *Abel Aubert*, Vice-amiral, membre de l'Institut, * ... 1793, † ... 1864.

2520 —— Voyage autour du monde sur la frégate «La Vénus» pendant les années 1836—39. Paris, Gide. 1840—49. 8. u. folio.
Tome V, 2: Botanique, par *J. Decaisne*. 1 vol. in 8. (9 fr.)
Atlas de botanique: 28 tab. in folio. (80 fr.)

DuPetit-Thouars, *Louis Marie Aubert* (Aubertia Bory.), * im Schlosse Boumois in Anjou 5. Nov. 1758, † Paris 11. Mai 1831.
Flourens, Éloge historique, lu à la séance publique annuelle de l'Académie des sciences du 10. Mars 1845. Paris, typ. Firmin-Didot. 1845. 4. 31 p.

2521* —— Histoire des végétaux recueillis sur les isles de France, La Réunion (Bourbon) et Madagascar. Première partie. Contenant les descriptions et figures des plantes qui forment des genres nouveaux, ou qui perfectionnent les anciens; accompagnées de dissertations sur différens points de botanique. Paris (1804.) 4. XVI, 40 p., 10 tab.
120 Planches doivent la compléter; 30 sont faites depuis long-temps. Note publiée en 1815.

2522* —— Histoire des végétaux recueillis dans les isles australes d'Afrique. Première partie, contenant les descriptions et figures des plantes qui forment des genres nouveaux ou qui perfectionnent les anciens. Paris 1806. 4. XVI, 72 p., 24 tab. col.

2523* —— Notice historique sur le genre Canirum ou Strychnos de Linnaeus. Strasburg 1806. 8. 14 p.

2524* —— Essais sur l'organisation des plantes, considérée comme résultat du cours annuel de la végétation. Paris 1806. 8. v, 26 p.

2525* —— Genera nova Madagascariensia secundum methodum Jussieuanam disposita. (Paris 1806.) 8. 29 p.

2526* —— Essais sur la végétation considérée dans le développement des bourgeons. Paris 1809. 8. x, 304 p., 2 tab. (6 fr.)

2527* —— Mélanges de botanique et des voyages. Premier recueil. Paris 1811. 8. 32, 48, 29, 80, 46; 48 p., 1 carte, 18 tab. (6 fr.)
Dissertation sur l'Enchaînement des Etres, lue dans une séance publique, en 1788. — Genera nova Madagascarica, adressée à M. de Jussieu, en 1795. — Observations sur les plantes des îles Australes, adressées à M. de LaMark, en 1801, avec 2 planches. — Cours de Botanique appliquée aux productions Végétales de l'île de France. Première promenade ou leçon. — Esquisse de la flore de Tristan d'Acugna, précédée de la description de cette île, avec 15 planches et une carte. — XIIIme Essai sur la Moëlle et le Liber.

2528* —— Discours sur l'enseignement de la botanique, prononcé le 24 mai 1814, pour servir d'ouverture au Cours de Phytologie établi depuis 1809 à la Pépinière du Roi, au Roule. Paris 1814. 8. 48 p.

2529* —— Recueil des rapports et des mémoires sur la culture des arbres fruitiers, lus dans les séances particulières de la société d'agriculture de Paris. Paris 1815. 8. XII, 256 p., 8 tab. — Bibliothèque chronologique: VII p. (6 fr.)

2530* —— Histoire d'un morceau de bois, précédée d'un essai sur la sève considérée comme résultat de la végétation; et de plusieurs autres morceaux tendant à confirmer la théorie de physiologie végétale. Paris 1815. xxxv, 192 p., 1 tab. (2 fr. 50 c.)

2531* —— Le verger français ou traité général de la culture des arbres fruitiers qui croissent en pleine terre dans les environs de Paris. Divisé en cinq volumes in 8., contenant chacun une partie distincte mais dépendante d'un plan général; second recueil de morceaux détachés, contenant un mémoire sur les effets de la gelée dans les plantes. Paris 1817. 8. Observations préliminaires et introduction: XLVIII p. Mémoire sur les effets de la gelée dans les plantes: 84 p. (3 fr.)

2532* **DuPetit-Thouars**, *Louis Marie Aubert*. Revue générale des matériaux de botanique et autres, fruit de 35 années d'observations, dont dix passées sous les tropiques; servant de prospectus pour les ouvrages qu'il est prêt à publier et qu'il propose par souscription et d'annonce pour ceux qu'il a publiés devant seize ans qu'il est de retour en Europe. Paris 1819. 8. 10 p.

2533* —— Cours de phytologie ou de botanique générale. Premiere séance. Indroduction. Paris 1819. 8. 8, 16 p. cum effigie *Joachimi Jungii*. — Seconde séance: Phytognomie. Paris 1820. 8. 32 p. (2 fr.)

2534* —— La physiologie végétale devoit-elle être exclue du concours pour le prix fondé par M. de Monthion? Paris (1822.) 8. 21 p.

2535* —— Histoire particulière des plantes Orchidées recueillies sur les trois îles australes d'Afrique, de France, de Bourbon et de Madagascar. Paris 1822. 8. VIII, 32 p., 2 tableaux, 108 tab. (36 fr.)
Tab. 72 bis. post tab. 97 sequuntur signaturae: 99. 99. 100. 102. 107. 107. 106. 109. 108. 108.

2536* —— Sur la formation des arbres, naturelle ou artificielle. Paris 1828. 8. 16 p.

2537* —— Notice historique sur la pépinière du roi au Roule; faisant suite à un discours sur l'enseignement de la botanique, prononcé dans cet établissement le 24 mai 1824. Paris 1825. 8. 64 p.
Cat. of sc. Papers I, 113—114.

Dupeyrat, *Guillaume*, † 1643.

2538* (——) La Betoyne, dédiée à Monseigneur de Bethune, Duc de Sully. s. a. et l. 8. 8 foll. Bibl. Paris.

DuPinet, *Antoine*, latine **Pinaeus**.

2539* (——) Historia plantarum. Earum imagines, nomenclatura, qualitates et natale solum. Quibus accessere simplicium medicamentorum facultates secundum locos et genera ex *Dioscoride* Lugduni, apud Gabrielem Coterium. 1561. 12. 640, 229 p., ind., ic. xyl. i. t. — *Ed. II: ib. 1567. 12. (non differt)
Est *Matthiolus* in compendium redactus, ut elucet e praef. p. 3: «Feriantí mihi incidit in manus anno superiore Matthiolus in Dioscoridem, quem ubi gallice reddidissem, placuit etiam nunc manualem ipsum facere»
* gallice: L'histoire des plantes, traduicte de latin par *Geofroy Linocier*. L'histoire des plantes aromatiques, qui croissent dans l'Inde tant occidentale qu'orientale Paris, Charles Macé. 1584. 12. 704 p., ic. xyl. i. t., praeter appendices. — *Seconde édition. Paris, chez Guillaume Macé. 1619. 12. 704 p., ic. xyl. i. t., praeter appendices, ind.

Duplessy, *F. S.*

2540* —— Des végétaux résineux tant d'indigènes qu'exotiques ou description complète des arbres, arbrisseaux, arbustes et plantes qui produisent des résines etc. Paris 1802. IV voll. 8. — I: xxxvi, 438 p. — II: xvi, 435 p. — III: xi, 440 p — IV: xiv, 586 p.

Dupont, *J. D.*

2541* (——) Double Flore Parisienne, ou description de toutes les plantes qui croissent naturellement aux environs de Paris, distribuées suivant la méthode naturelle d'une part et suivant le système de Linnée d'une autre. etc. Paris, Chr. Fr. Cramer. 1805. 8. XVI, 217, 142 p. — *Ed. II. augmentée d'un supplément. Paris, Gabon. 1813. 8. XVI, 217, 175 p.

Duppa, *Richard*, High Sheriff of Radnor, † Chesney Longueville 25. Febr. 1831.

2542* —— Illustrations of the Lotus of antiquity. London, printed by T. Bensley. 1813. 4. 16 (2) p., 5 tab. col. Bibl. Berol.

2543* —— Illustrations of the Lotus of the ancients and Tamara of India. London, typ. Bensley and son. (Only 25 copies printed.) 1816. folio. 36 p., 12 tab. col. Bibl. Deless.

Dupuis, *Aristide*.

2544* —— Traité élémentaire des champignons comestibles et vénéneux. Paris, A. Goin. 1854. 8. 96 p., 8 tab. col.

2545* **Dupuis**, *Aristide*. Le règne végétal divisé en traité de botanique générale, flore médicale et usuelle, horticulture botanique et pratique (plantes potagères, arbres fruitiers, végétaux d'ornements), plantes agricoles et forestières, histoire biographique et bibliographique de la botanique, par *A. Dupuis, Fr. Gérard, O. Reveil* et *F. Hérincq*, et d'après les travaux des plus éminents botanistes français et étrangers. Paris, Morgand.
: Cet ouvrage formera (avec histoire de la botanique), 17 volumes, dont 9 volumes gr. in-8. de texte et 8 atlas petit in-4. de planches gravées ; les atlas renfermant (avec textes descriptifs en regard) plus de 3000 dessins de plantes ou de détails botaniques finement coloriés. — Les 17 volumes, revêtus d'un élégant cartonage, avec planches et textes descriptifs, montés sur onglets, 800 fr.

Dupuy, *Dominique*, Abbé in Auch, * Lectoure (Gers) 1812.
2546 —— Florule du département du Gers et des contrées voisines. Auch, Brun. 1847. 8.

Durand, *Elias*, in Philadelphia.
: Cat. of sc. Papers II, 414—415.

Durand, *Jean Baptiste Léonard*, * Uzerche (Limousin) December 1742, † in Spanien November 1812.
2547* —— Voyage au Sénégal. Paris 1802. II voll. 8. LVI, 359, 383 p. avec un Atlas en 4: VIII, 67 p., 43 tab. (tab. 22. 37. 38. 39. 40. 41. 42. sunt botanicae.)

Durand, *Philipp*.
2548* —— De quibusdam Chloridis speciebus. D. botanica. Monspelii 1808. 4. 23 p.

Durand, *Pierre Bernard*, Professor in Caen, * Montpincon (Calvados) 19. Febr. 1814, † Caen 13. Juli 1853.

Durand-Duquesney.
2549* —— Coup d'œil sur la végétation des arrondissements de Lisieux et de Pont-l'Evêque, suivi d'un Catalogue raisonné des plantes vasculaires de cette contrée. Lisieux, typ. Pigeon. 1846. 8. 127 p.
: Extr. des Mémoires de la soc. d'émulation de Lisieux.

Durande, *Jean François* (Durandea Delarbre), * Dijon 1730, † Dijon 23. Jan. 1794.
2550* (——) Notions élémentaires de botanique, avec l'explication d'une carte composée pour servir aux cours publics de l'Académie de Dijon. Dijon 1781. 8. 368, XCII p. avec une grande carte, pour illustrer le système de Linné en 4 feuilles.
2551* —— Flore de Bourgogne ou Catalogue des plantes naturelles à cette province et de celles, qu'on y cultive le plus communément etc. Ouvrage rédigé pour servir aux cours publics de l'Académie de Dijon. Dijon 1782. II voll 8. — I: VIII, 520, LXXVIII p. — II: XIV, 290, LXXX p.

Durante, *Castore*, Leibarzt des Papstes Sixtus V. (Castorea Plum. Duranta L), *Gualdo bei Spoleto um 1529, † Viterbo 1590.
: Marini, Archiatri pontificii I, 465.
: Ernst Meyer, Geschichte der Botanik IV, 383—384.
2552* —— Herbario nuovo, con figure, che rappresentano le vive piante, che nascono in tutta Europa, e nell' Indie orientali e occidentali. Con versi latini, che comprehendono le facoltà de i semplici medicamenti. Con discorsi, che dimonstrano i nomi, le spetie, la forma, il loco, il tempo, la qualità e le virtù mirabili dell' herbe, insieme col peso, e ordine da usarle, scoprendosi rari secreti e singolari rimedii da sanar le più difficili infirmità del corpo human. Con due tavole copiosissime, l'una dell' herbe e l'altra dell' infirmità e di tutto quello che nell' opera si contiene. In Roma, appresso Bartholomeo Bonfadino e Tito Diani. 1585. folio. (12 foll.) 492 p., ic. parv. xyl. i. t. (16 foll. indices) effiges *Jacobi Antonii Cortusi* et *Castoris Durante* aetatis 56; accedunt: Figure aggiunte senza discorsi et alcune trasposte come nelli errati si vede. 5 foll. cum 60 ic. Bibl. **Cand.** — *Venezia 1602. folio. 492 p., ic. xyl. i. t. et: «Figure aggiunte.» B. — Venezia 1612. folio. Bibl. **Bodl.** — * Venetia, appresso de Sesso. 1617. folio — Trevigia 1617. folio. Bibl. **Reg. Par.** — *Venezia, appresso i Giunti. 1636. 4. (4 foll. praef.), 515 p. cum ic. xyl. i. t. (19 p. «Figure aggiunte senza discorsi», 24 p. ind.) — *con aggionta de i discorsi à quelle figure, che erano nell' appendice, fatti da *Giovanni Maria Ferro*, et hora in questa novissima impressione, vi si è posto in fine h'herbe Thè, Caffè, Ribes de gli Arabi, e Cioccolata. Venetia, presso Giov. Giac. Hertz. 1684. folio. 480 p., ind., ic. xyl., i. t.
: *Seguierus* laudat editionem principem: «Venezia, apud Jo. Jacob. Hertz. 1584. folio.» quam adoptare dubito. Praefatio enim meae editionis e *Candolleana bibliotheca* data est Romae die XXVII Martii 1585, nec meminit autor, librum jam prius impressum fuisse.

Dureau de la Malle, *Adolphe Auguste Jules César*, * Paris 2. März 1777, † Paris 17. Mai 1857.
: Cat. of sc. Papers II. 415.

Duret, *Claude*, † 17. Sept. 1611.
2553* —— Histoire admirable des plantes et herbes esmerveillables et miraculeuses en nature: mesmes d'aucunes qui sont vrays zoophytes ou plantanimales, plantes et animaux tout ensemble pour avoir vie vegetative, sensitive et animale etc. Paris, Buon. 1605. 8. 341 p., ic. xyl. i. t., praef.

Durheim, *Karl Jakob*, Oberzollverwalter in Bern, *Bern 1780.
2554* —— Schweizerisches Pflanzen-Idiotikon. Ein Wörterbuch von Pflanzenbenennungen in den verschiedenen Mundarten der deutschen, französischen und italienischen Schweiz, nebst ihren lateinischen, französischen und deutschen Namen. Bern, Huber et Co. 1856. 8. VIII, 281 p. (1½ th.)

Durieu de Maisonneuve, Director des botanischen Gartens in Bordeaux (Durieua Boiss.).
2555* —— Flore d'Algérie. Cryptogamie, première partie. Paris, imprimerie impériale. 1847—49. 4. II, 631 p.
2556* —— Le nouveau Jardin des plantes. Discours. Bordeaux, typ. Dupuy. 1853. 8. 20 p.
2557* —— Notes détachées sur quelques plantes de la Flore de la Gironde. Bordeaux, typ. Lafargue. 1855. 8. 83 p.
: Actes de la soc. Linn. de Bordeaux tome XX.
2558* —— Catalogue des graines recoltées dans le jardin de Bordeaux. Année 1—7. Bordeaux 1863—69. 4.
: Cat. of sc. Papers II, 417.

DuRoi, *Johann Philipp*, Arzt zu Braunschweig (Duroia L. fil.), * Braunschweig 2. Juni 1741, † Braunschweig 8. Dec. 1785.
2559* —— Dissertatio inauguralis, Observationes botanicas (de arboribus Americae septentrionalis) sistens. Helmstadii 1774. 4. 62 p.
2560* —— Die Harbkesche wilde Baumzucht theils nordamerikanischer und andrer fremder theils einheimischer Bäume, Sträucher und strauchartigen Pflanzen, nach den Kennzeichen, der Anzucht, den Eigenschaften und der Benutzung beschrieben. Braunschweig, Schulbuchhandbuch. 1771—72. II voll. 8. — I: 1771. LXX, 447 p., 3 tab. — II: 1772. 512 p., ind., 3 tab. — * Herausgegeben mit Vermehrungen und Veränderungen von *Johann Friedrich Pott*. Braunschweig 1791—1800. III voll. 8. — I: 1795. XLVIII, 659 p., 3 tab. — II: 1800. 606 p. — III: 1800. 276 p., 3 tab.

DuRondeau.
2561 —— Quelles sont les plantes les plus utiles des Pays-Bas, et quel est leur usage dans la médecine et dans les arts? Bruxelles 1772. 4. 18 p.

DuTertre, *Jean Baptiste* (Tertrea DC.), * 1610, † 1687.
2562 —— Histoire générale des Antilles habitées par les Français. Paris 1667—71. IV voll. 4. 593, 539, 317, 362 p.
: Primum prodiit Parisiis anno 1654. Autor monachus Dominicanus fuit, non neglexit rem herbariam; ne tamen characteres plantarum a viro botanices imperito expectes. Ex hoc tamen fonte *Rochefort*, *Labat*, *Pomet* et alii potissimum hauserunt. Hall. Bibl. bot. I. p. 537—538. — Revue de Paris, vol. LV. p. 232.

Dutour de Salvert.
: Cat. of sc. Papers II, 421.

Dutrochet, *Henri Joaquim* (Trochetia DC.), * Néon in Poitou 14. Nov. 1776, † Paris 4. Febr. 1847.
2563* —— Recherches anatomiques et physiologiques sur la structure intime des animaux et des végétaux et sur leur motilité. Paris, Baillière. 1824. 8. 233 p., 2 tab. (4 fr.)
2564* —— L'agent immédiat du mouvement vital dévoilé dans la nature et dans son mode d'action chez les végétaux et chez les animaux. Paris 1826. 8. VIII, 226 p. (4 fr.)
2565* —— Nouvelles recherches sur l'endosmose et l'exosmose, suivies de l'application expérimentale de ces actions physiques

à la solution du problème de l'irritabilité végétale et à la détermination de la cause de l'ascension des tiges et de la descente des racines. Paris 1828. 8. II, 106 p., 2 tab. (2 fr. 50 c.)

2566* **Dutrochet**, *Henri Joaquim.* Mémoires pour servir à l'histoire anatomique et physiologique des végétaux et des animaux. Paris, Baillière. 1837. 8. II voll. et Atlas. — I: XXXI, 576 p. — II: 573 p. — Atlas: 36 p., 30 tab. (24 fr.)
Cat. of sc. Papers II, 422—425.

Duttenhofer, *Karl Friedrich*, * 1758, † 17. März 1814.
2567* —— Von dem Pflanzenleben, in Beziehung auf den Ackerbau. Stuttgart 1779. 4. 48 p.

Duval, *Charles Jeunet*, * Roie in der Picardie 1751, † Irlbach 10. Sept. 1828.
2568* —— Systematisches Verzeichniss derjenigen Farrenkräuter, Afterfarrenkräuter und Laubmoose, so bei Regensburg wachsen. Nürnberg 1806. 8. (⁵/₂₄ th.)
2569* —— Systematisches Verzeichniss derjenigen Flechten (Lichenes), welche um Regensburg wild wachsen, nebst Angabe der Wohnorte und Bemerkungen über die vorzüglichsten Arten. Nürnberg und Altdorf 1808. 8. 56 p.
2570* —— Irlbacher Flora oder Aufzählung derjenigen Pflanzen, welche in einem Umkreise von 3 Stunden von dem gräflich *de Bray*'schen Schlosse Irlbach wachsen. Irlbach (Regensburg, typ. Montag.) 1817—23. 8. X, 92 p.

DuVal, *Guillaume*, Professor in Paris, * Pontoise um 1572, † Paris 22. Sept. 1646.
2571* —— In phytologiam sive doctrinam de plantis praefatio paraenetica. Parisiis, ex typis Joannis Libert. 1614. 4 min. 44 p. Bibl. Reg. Par.
2572* —— Phytologia sive Philosophia plantarum. Opus posthumum. Parisiis, apud Casparum Meturas. 1647. 8. 472 p., dedic., ind.
A p. 34—52: Commentarius ad libros duos περὶ φυτῶν inter Aristotelis opera vulgo quidem, sed falso.

Duval, *Henri Auguste*, * Alençon 28. April 1777, † Paris 16. März 1814.
2573 —— Démonstrations botaniques, ou analyse du fruit, considéré en général. (Extrait des Leçons de *Claude Louis Richard*.) Paris 1808. 12.
Ejusdem auctoris est parvum supplementum anonymum ad *Dupont*, Double Flore Parisienne. Paris 1813. 8.

Duval-Jouve, *Joseph*, Inspector der Academie in Strassburg, * Boissy-Lamberville 1810.
2574* —— Histoire naturelle des Equisetum de France. Mémoire présenté à l'académie des sciences et accompagné du Rapport de *M. A. Brongniart*. Paris, J. B. Baillière. 1864. 4. VIII, 296 p., 10 tab. (20 fr.)
2575* —— Études sur le pétiole des Fougères. Haguenau, Berger-Levrault. 1656—61. 8. 46 p., 3 tab. (3 fr. 75 c.)
Extrait des Annotations, par *Billot*.
2576* —— Étude sur les Aira de France. Paris, typ. Martinet. 1865. 8. 28 p., 2 tab.
2577 —— Étude anatomique de quelques Graminées et en particulier des Agropyrum de l'Hérault. Montpellier 1870. 4. 103 p., 5 tab.
Mém. de l'Académie de Montpellier, tome VII.
Cat. of sc. Papers II, 426.

Duvau, *Auguste* (Duvaua Kth.), * Tours 14. Jan. 1771, † la Farinière (Indre et Loire) 11. Jan. 1831.
Bélanger, Notice nécrologique. Paris, typ. Fain. 1832. 8. 8 p.
Cat. of sc. Papers II, 427.

Duvaucel, *Alfred* (Duvaucellia Bowd.), * vers ... 1793, † Madras vers la fin daoût 1824.
Höfer, Biogr. XV, 534—539.

Duve, *Jordan.*
2578* —— De acceleranda per artem plantarum vegetatione. D. Lipsiae 1717. 4. 20 p.

Duvernin.
2579* —— Discours sur la botanique, dans la séance publique pour l'ouverture du jardin royal de botanique. Clermont-Ferrand 1782. 8. 87 p.

Duvernoy, *Georg David.*
2580* —— De Lathyri quadam venenata specie in comitatu Montbelgardensi culta. Basileae 1770. 4. 19 p.

Duvernoy, *Georg Ludwig II.*, Stadtdirectionsarzt in Stuttgart.
2581* —— De Salvinia natante, cum aliquibus aliis plantis cryptogamis comparata. D. (praeside *Gustav Schübler*.) Tubingae 1825. 4. 15 p., 1 tab.

Duvernoy, *Georg Ludwig*, Professor in Paris, * Mümpelgard 6. Aug. 1777, † Paris 1. März 1855.
Höfer, Biogr. gén. XV, 554—556.
2582 —— Discours prononcé le 22 Déc. 1827 à l'ouverture du cours d'histoire naturelle de la faculté des sciences de Strasbourg. Strasbourg 1828. 8. 42 p.

Duvernoy, *Johann Georg*, Professor in Tübingen (Duvernoya Desf.), * Mümpelgard um 1692, † Tübingen 1759.
2583* —— Designatio plantarum circa Tubingensem arcem florentium etc. Tubingae 1722. 8. 154 p.

Duvernoy, *Johann Georg II.*
2584* —— Untersuchungen über Keimung, Bau und Wachsthum der Monokotyledonen. Stuttgart, Brodhag. 1834. 8. 57, (4) p., 2 tab. (⅓ th.)

Dwigubsky, *Iwan A.*, Professor in Moskau, * Korotcha (Kursk) ... 1771, † Kachyra 30. Dec. 1839.
Bulletin de la soc. nat. Moscou 1840, 342—359.
2585 —— Prodromus Florae Mosquensis. D. Mosquae 1802. 8.
2586 —— Fundamenta botanica *Linnaei*. Mosquae 1805. 8. (rossice.)
2587 —— Elementa historiae naturalis vegetabilium. Pars I. Mosquae 1811. 8. — ib. 1823. 8. (rossice.)
2588 —— Methodus facilis recognoscendi plantarum, quae sua sponte circa Mosquam enascuntur, in usum alumnorum universitatis Mosquensis. Mosquae 1827. 8. — Ed. II. 1838. 8.
2589 —— Flora Mosquensis, sive descriptio plantarum, quae in provincia Mosquensi sua proveniunt sponte. Mosquae 1828. 12. (rossice.)
2590 —— Icones plantarum medicinalium rossicarum, ordine alphabetico. Mosquae 1828—34. IV voll. 4. (rossice.)

Dziarkowski, *J.*
2591* —— Wybór roslin krajowych dla okazania skutków lekarskich, ku użytkowi dómowemu. w Warszawie, typ. Piarów. 1806. 8. 226 p., ind. — Ed. II: ib. 1813. 8. — Ed. III: ib. 1824. 8.
Selecta plantarum indigenarum, causa demonstrandae earum Virtutis medicae scripta.
2592 —— i *K. Siennicki.* Pomnożenie dykcyonarza roślinnego ś. p. X. Krystofa Kluka. Vol 1—3. w Warszawie 1824—28. 8.

E.

Eaton, *Amos*, Professor zu Albany, * 1776, † Troy (New York) 10. Mai 1842.
Silliman Journ. XLIII, 215.
2593* —— Manual of botany for North America: containing generic and specific descriptions of the indigenous plants and common cultivated exotics, growing north of the gulf of Mexico. Albany, Webster and Skinners. 1817. 12. 164 p. — Ed. II: ib. 1818. — Ed. III: ib. 1822. — *Ed. IV: ib. 1824. — Ed. V: ib. 1829. — *Ed. VI: ib. 1833. — *Ed. VII: ib. 1836. 8. — Ed. VIII: 1841. 8. (5 D. 50 c.)

Eaton, *Daniel Cady*, Professor of Yale College.
2594* —— Filices Wrightianae et Fendlerianae. Ex Mem. Ac. Am. sc. VIII. Cantabrigiae 1860. 4. p. 193—220.
Cat. of sc. Papers II, 435.

Eaton, *H. Hulbert*, * Katshill im Staate New York 21. Juli 1809, † 16. Aug. 1832.
2595 —— Description of a few species of plants from the vicinity of Troy, NY. Lexington, Ky. 1832. 8.

Ebbinghaus, *Julius.*
2596 —— Die Pilze und Schwämme Deutschlands. Mit besondrer

Rücksicht auf die Anwendbarkeit als Nahrungs- und Heilmittel, sowie auf die Nachtheile derselben. Leipzig, Baensch. 1868. 4. 32 tab. col. (4 *th.* n.)

Ebel, *S. Th.*, Oberlehrer in Königsberg.
2597* —— Beschreibung der preussischen Laubmoose. Programm. Königsberg, typ. Schultz. 1856. 4. 29 p.

Ebel, *Wilhelm*, * Königsberg 1815.
2598* —— De Armeriae genere. Prodromus Plumbaginearum familiae. D Regiomonti Prussorum, typ. Dalkowski. 1849. 4. iv, 44, (6) p., 1 tab. (²/₃ *th.*)
2599* —— Zwölf Tage auf Montenegro. Königsberg, Bon. 1842—44. 2 Hefte. 8. — I: 1842. Reisebericht. iv, 135 p. — II: 1844. Botanische Bemerkungen. iv, 176, xxxix p., 4 tab. (2⅙ *th.*)

Ebermaier, *Johann Christoph*, * Melle ... 1767.
Biogr. médicale IV, 5.
2600* —— Vergleichende Beschreibung derjenigen Pflanzen, welche in den Apotheken leicht mit einander verwechselt werden. Braunschweig 1794. · 8. 211 p.
2601* —— Ueber die nothwendige Verbindung der systematischen Pflanzenkunde mit der Pharmacie, und über die Bekanntmachung der giftartig wirkenden Pflanzen. (Regensburger Preisschriften) Hannover 1796. 8 117 p.
2602* —— Von den Standörtern der Pflanzen im Allgemeinen und denen der Arzneigewächse besonders. Münster 1802. 8. 232 p. (²/₃ *th.*)

Ebermaier, *Karl Heinrich*, Medizinalrath in Düsseldorf, * Rheda 4 Febr. 1802, ÷ Düsseldorf Januar 1870.
2603* —— Plantarum papilionacearum monographia medica. D Berolini, typ Brüschke. 1824. 8. 108 p.

Eble, *Burkard*, M D., * Weil 6. Nov. 1799, ÷ Wien 3. Aug. 1839
2604* —— Die Lehre von den Haaren in der gesammten organischen Natur. Wien, Heubner. 1831. 2 Bände. 8 — I: Haare der Pflanzen und Thiere xvii, 224 p., 11 tab. (p. 1—60: Pflanzenhaare)

Echeandia, *Pedro Gregorio*, Apotheker in Zaragoza (Echeandia Ort.), * Pamplona 1746, ÷ Zaragoza 1817.
2605* —— Flora Caesaraugustana, y Curso práctico de botánica. Obra póstuma. Madrid 1861. 8. 50 p., 1 tab. col.
Colmeiro Bot. esp 188

Echterling, *Johann B. H.*
2606* —— Verzeichniss der im Fürstenthum Lippe wildwachsenden und überall angebaut werdenden phanerogamischen Pflanzen. Detmold 1846. 8. 60 p.
E *Rudolphi Brandes*: «Die Mineralquellen zu Meinberg» seorsim impressus.

Eckard, *Gottfried*, pr.
2607* —— De Nardo pistica ex Marc. XIV, 3. et Joann XII, 3. D. Wittenbergae. typ. Ziegenbein. 1681. 4. (16 p.)

Eckerberg, *Johann Gustaf*, * Carlstad 24. Febr 1776, ÷ Lund 1808.
2608* —— De reformationibus classium plantarum *Caroli a Linné*. D. Londini Gothorum 1804. 4. 19 p.

Ecklon, *Christian Friedrich*, * Apenrade 17. Dec 1795, ÷ Capetown December 1868.
Bonplandia 1857. 353—354.
2609* —— Topographisches Verzeichniss der Pflanzensammlung von *Christian Friedrich Ecklon*. Erste Lieferung. Oder: Standorte und Blütezeit derjenigen Arten aus der Familie der Coronarien und Ensaten, welche bis jetzt auf dem Vorgebirge der guten Hoffnung beobachtet und gesammelt worden sind. Esslingen 1827. 8. x, 44 p., 1 Tabelle. (¼ *th.*)
2610* —— et *Karl* **Zeyher**. Enumeratio plantarum Africae australis extratropicae, quae collectae determinatae et expositae ab *Ecklon et Zeyher*. Pars I—III. Hamburgi, Perthes und Besser. 1834—37. 8 400 p. (2¼ *th.*)

Écorchard, *J. M.*, Professor in Nantes.
2611* —— Cours de botanique au jardin des plantes de Nantes. Nantes 1836. 8.
2612* —— Spécimen d'une Flore, projet d'embellissement du jardin des plantes de Nantes. Nantes, Guéraud. 1841. 8. 32 p.

Écorchard, *J. M.* Dernière réponse aux attaques de M. *Desvaux*. Nantes, Guéraud. 1841. 8. 15 p.
2613 —— Histoire du jardin des plantes de Nantes. Réponse aux critiques dirigées contre les travaux qui ont transformé le jardin; projet d'agrandissement; et plan colorié propre à en demontrer l'importance. Nantes, Guéraud. 1855. 8. 72 p, 1 tab. (1 *fr.* 50 c.)

Eddy, *Caspar Wistar*.
2614 —— Plantae Plandomenses, or a Catalogue of the plants growing spontaneously in the neighbourhood of Plandome. New York 1808. 8.
Medical Repository V, 123—131.

Edel, *Julius*.
2615 —— Bemerkungen über die Vegetation in der Moldau. Wien 1853. 8. 16 p.
Verh des zool. bot. Vereins III, 27—42.

Edgeworth, *Miss Maria*, * 1. Jan. 1767, † Edgeworthtown 21. Mai 1849.
2616* (——) Dialogues on Botany for the use of young persons explaining the structure of plants and the progress of vegetation. London 1819. 8. vii, 467 p.

Edgeworth, *M. Pakenham*, Esq., Bengal Civil Service (Edgeworthia Meisn.).
2617* —— Catalogue of plants found in the Banda district, 1847 49. (Mooltan, Oct. 7. 1851.) 8. 62 p.
Cat. of sc. Papers II, 444.

Edmonston, *Thomas* (Edmonstonia pacifica Seem.), * Buness 20. Sept. 1825, † durch eine Kugel in der Bucht von Atacamas (Ecuador) an Bord des Herald 24. Jan. 1846.
2618* —— A Flora of Shetland; comprising a list of the flowering and cryptogamic plants of the Shetland islands. Aberdeen, Georg Clark and Son. 1845. 8. xxvii, 67 p.
Cat. of sc. Papers II, 446—447.

Edwards, *G. F.*
2619 —— Tableau des plantes indigènes du département de la Lys, à l'exception des arbres et des champignons. Bruges 1810. 8.

Edwards, *John*.
2620* —— The British herbal, containing 100 plates of the most beautiful medicinal plants, which blow in the open air at Great Britain, with their botanical characters, and a short account of their cultivation. London 1770. folio. 50 p., 100 tab. col.
Redit anno 1775 hac inscriptione «A select collection of one hundred plates.»

Edwards, *Sydenham*.
2621* —— The Botanical Register: consisting of coloured figures of exotic plants, cultivated in british gardens; with their history and mode of treatment. The designs by *Sydenham Edwards*. Vol. 1—33. London, James Ridgway. 1815—47. 8. 2702 tab, totidem folia text.
In vol. 1—23 continentur tabulae 1—2014; in vol. 24—33 continentur 688 tabulae voluminatim signatae. Seriem secundam inde a vol. 14 (1828), edidit *John Lindley* qui etiam Appendicés et anno 1839. indicem generalem curavit; cf. *John Lindley*.
2622* —— The new botanic garden, illustrated with 133 plants engraved by Sansom, from the original pictures, and coloured with the greatest exactness from drawings by *Sydenham Edwards*. In two volumes. London, John Stockdale. 1812. 4. 503 p., ind., 60 tab. col.

Edwards, *William Frederick*, * in Jamaica 6. April 1776, ÷ Paris 24. Aug. 1842.
Berriat-Saint-Prix, Discours prononcé aux funérailles. Paris 1842. 8.
2623* —— De l'influence de la température sur la germination. Paris 1834. 8. 11 p.
2624* —— Mémoire de physiologie agricole sur la végétation des céréales sous de hautes températures. Versailles 1835. 8. 28 p.

Egede, *Hans*, Missionar auf Grönland, * Trondenäs Sögn in Norwegen 31.Jan.1686, † Stubbekjöbing auf Falster 5. Nov. 1758.
2625* —— Det gamle Grönlands Nye Perlustration, eller Naturel-Historie. Kiöbenhavn, typ. Groth. 1741. 4. x, 131 p., 10 tab. (1 tab. bot.)
* germanice: Beschreibung und Naturgeschichte von Grönland, übersetzt von Krünitz. Berlin, Mylius. 1763. 8.

Egenolph, *Christian*, Buchdrucker in Frankfurt a/M.
Ernst Meyer, Geschichte der Botanik IV, 335.

2626* —— Herbarum imagines vivae. der kreuter lebliche conterfeytunge. Francoforti Christianus Egenolphus excudebat. (*1536.) (*1538.) 4. 40 foll. icones, 4 foll. ind. — *Imaginum herbanum pars II, Andertheyl der Kreutter Conterfeytungen. Francoforti, Christianus Egenolphus Hadamarius excudebat. (*1536.) 4. 20 foll. icones, 2 foll. ind.

2627* —— Plantarum, arborum, fruticum et herbarum effigies, numero octingentae, ad vivum depictae, cum earundem propriis sex linguarum videlicet graecis, latinis, anglicis, gallicis, hispanicis et germanicis nomenclaturis Bäume, Stauden, Kreuter... Francofurti, apud haeredes Chr. Egenolph. 1562. 4. 394 p. cum iconibus xyl., indices.

Eggemann, *H.*, Gymnasiallehrer in Osnabrück.

2628* —— Bruchstück aus der osnabrückischen Flora. Programm. Osnabrück 1859. 4. p. 17—33.

Eglinger, *Christoph*, Professor in Basel, * Basel 30. Dec. 1686, † Basel 27. März. 1733.

2629 —— Theses anatomicae et botanicae. Basileae 1711. 4.
2630 —— Theses anatomicae et botanicae. Basileae 1721. 4.

Eglinger, *Nicolas*, Arzt in Basel, * Basel 24. Mai 1645, † Basel 1. Aug. 1711.

2631* —— Positionum botanico-anatomicarum centuria. D. resp. *Joanne Casparo Bauhin*. Basileae, typ. Werenfels. 1685. 4. 16 p.

Egnazio, *Giovanni Battiste Cipelli*, cognomine. * Venedig 1473, † Venedig 4. Juli 1553.

2632* —— In *Dioscoridem* ab *Hermolao Barbaro* tralatum annotamenta, quibus morborum et remediorum vocabula obscuriora explicantur etc. et *Hermolai Barbari* Corollarium. Venetiis, in officina Gregoriorum fratrum. 1516. folio. (35) cxxxiv, 106 foll.

Ehrenberg, *Christian Gottfried*, Professor in Berlin (Ehrenbergia Mart), * Delitzsch 19. April 1795.

2633* —— Sylvae mycologicae Berolinenses. D. Berolini, typ. Bruschke. 1818. 4. 32 p., 1 tab. (⁷/₁₂ th.)

2634* —— Syzygites, eine neue Schimmelgattung, nebst Beobachtungen über sichtbare Bewegung in Schimmeln. (Berlin 1820.) 4. 13 p., 2 tab.

2635* —— Symbolae physicae seu Icones et descriptiones plantarum cotyledonearum quae ex itinere per Africam borealem et Asiam occidentalem *Friderici Guilelmi Hemprich* et *Christiani Godofredi Ehrenberg* studio novae aut illustrate redierunt. Percensuit et regis jussu et impensis edidit *C. G. Ehrenberg*. Decas prima et altera. Berolini, ex officina academica, venditur a Mittlero. 1828. folio. tab. 1—19.
Opus ineditum remansit.

2636* —— Ueber das Pollen der Asclepiadeen. Ein Beitrag zur Auflösung der Anomalien in der Pflanzenbefruchtung. Berlin 1831. 4. 21 p, 2 tab. col. (⁷/₁₂ th.)

2637* —— Mikroscopische Analyse des curländischen Meteorpapiers von 1686 und Erläuterung desselben als ein Product jetzt lebender Conferven und Infusorien. Berlin 1839. 4. 14 p., 2 tab. col. (1 ²/₃ th.)
Abh. der Akademie 1838, 45—58.

2638* —— De Myrrhae et Opocalpasi ab *Hemprichio* et *Ehrenbergio* in itinere per Arabiam et Habessiniam detectis plantis. Berolini, typ. academicis. 1841. folio. 24 p.
Hujus libri inediti tantum sex priores paginae programmatis academici loco publici juris factae sunt.

2639* —— Passat-Staub und Blut-Regen ein grosses organisches unsichtbares Wirken und Leben in der Atmosphäre. Mehrere Vorträge. Berlin 1847. 4. 192 p., 6 tab. (5 ¹/₃ th. n.)

2640* —— Mikrogeologie. Das Erden und Felsen schaffende Wirken des unsichtbar kleinen selbständigen Lebens auf der Erde. Leipzig, L. Voss. 1854. folio. 133 Bogen Text und 41 Tafeln mit über 4000 grösstentheils colorirten vom Verfasser gezeichneten Originalabbildungen. (72 th.)
Cat. of sc. Papers II, 458—467.

Ehrenberg, *Karl*, jüngster Bruder von Christian Gottfried, botanischer Sammler in St. Thomas, St. Domingo und Mexico, † Berlin 13. Aug. 1849.
Cat. of sc. Papers II, 457—458.

Ehret, *Georg Dionysius*, berühmter Pflanzenmaler (Ehretia L.), * im Markgrafthum Baden 1708, † London 1770.
Nagler, Künstlerlexikon IV, 91—92.

2641* —— Plantae et papiliones rariores depictae et aeri incisae. (London 1748—59.) folio. 15 tab. col., long. 17 unc., lat 11 unc.
Praeterea fuit in Bibliotheca Banksiana volumen continens icones plantarum 65, forma folio dicta, ab *Ehretio* pictas, emtum e collectione iconum *Roberti More* Armigeri vide *Trew*.

Ehrhart, *Balthasar*, M. D, Stadtarzt in Memmingen (Ehrhardia Scop), † Memmingen um 1756.
Biogr. médicale IV, 15.

2642* (——) Botanologiae juvenilis mantissa, in qua de necessitate herbaria, quae vocant viva, bono publico tradendi, deque ea conficiendi methodo, dilucide agitur. Ulmae, Bartholomaei 1732. 8. 86 p.
Das erste Herbarium vivum kam im Jahre 1732 zu Ulm von *Balthasar Ehrhart* heraus unter dem Titel: Herbarium vivum recens collectum, in quo Centuriae V. plantarum officinalium, tum et nonnullarum sacris litteris, auctoribus classicis, et usu oeconomico celebratarum, magna diligentia exsiccatarum et methodo · hactenus probata, durabilium redditarum in natura, quod vocant, repraesentantur. Concomitatur Mantissa de necessitate herbaria viva bono publico tradendi, deque ea conficiendi methodo tractatu. — Continuatio. Memmingae 1745—46. folio.

2643 —— Unterricht von einer zu verfassenden Historie der nützlichsten Kräuter, Pflanzen und Bäume. Memmingen 1752. 4. 20 p.

2644* —— Oeconomische Pflanzenhistorie nebst dem Kern der Landwirthschaft, Garten- und Arzneikunst. Ulm und Memmingen, Gaum. 1753—62. 12 Bände. 8. — I: 304 p., praef. — II: 268 p. — III: 194 p., ind. — IV: 184 p. — V: 227 p — VI: 369 p., ind. — VII: 400 p — VIII: 220 p. — IX: 204 p. — X: 196 p. — XI: 153 p. — XII: Register über das ganze Werk: 202 p.
Octo posteriorum partium, mortuo *Ehrharto*, auctorem esse *Philippum Fridericum Gmelin*, refert *Beckmann*, Gesch. der Erfindungen, II, p. 542. (Vol. I—III altera exstant editione.)

Ehrhart, *Friedrich* (Ehrharta Thunb.), * Holderbank im Kanton Bern 4. Nov. 1742, Linné's Schüler vom 20. April 1773 bis 26. Sept. 1776, † Herrenhausen 26. Juni 1795.
Usteri, Bot. Annalen XIX, 1—9.
Bonplandia 1858, 226—229.

2645* —— Beiträge zur Naturkunde und den damit verwandten Wissenschaften, besonders der Botanik, Chemie, Haus- und Landwirthschaft, Arzneigelehrtheit und Apothekerkunst. Hannover und Osnabrück, Schmidt 1787—92. 8. — I: 1787. 192 p. — II: 1788. 182 p. — III: 1788. 183 p. — IV: 1789. 184 p. — V: 1790. 184 p. — VI: 1791. 184 p. — VII: 1792. 184 p.

Ehrmann, *Johann Christian*, Professor in Strassburg, der Herausgeber des Mappus, * Strassburg 1710, † Strassburg 16. Aug. 1797.

Eichelberg, *J. F. A.*

2646* —— Naturgetreue Abbildungen und ausführliche Beschreibungen aller in- und ausländischen Gewächse, welche die wichtigsten Produkte für Handel und Industrie liefern, als naturgeschichtliche Begründung der merkantilischen Waarenkunde. Zürich, Meyer und Zeller. 1845. roy. 8. IV, 295 p., 72 tab. col. (8 th. n.)

Eichler, *August Wilhelm*, Professor in Grätz.

2647* —— Zur Entwicklungsgeschichte des Blattes mit besondrer Berücksichtigung der Nebenblatt-Bildungen. Marburg, Elwert. 1861. 8. IV, 60 p., 2 tab. (⅖ th. n)

2648* —— Bewegung im Pflanzenreiche. Ein populärer Vortrag. München 1864. 8. 28 p.
Exposuit Loranthaceas et Balanophoreas in *Martii* Flora brasiliensi. Cat. of sc. Papers II, 648.

Eichstadt, *Lorenz*, Professor am Gymnasium zu Danzig, * Stettin 10. Aug. a. St. 1596, * Danzig 8. Juni 1660.

2649 —— De plantis in genere. D. Dantisci 1648. 4.
2650 —— pr. An camphora Hippocrati, Aristoteli, Theophrasto et aliis priscis philosophis et medicis fuerit incognita. Dantisci 1650. 4.

Eichwald, *Eduard*, * Mitau 4. Juli 1795.

2651* —— Naturhistorische Skizze von Litthauen, Volhynien und

Podolien in geognostisch-mineralogischer, botanischer und zoologischer Hinsicht entworfen. Wilna, typ. Zawadski. 1830. Flora Lithauens von *Gorski*. 4. 256 p., 3 tab. (3½ th.)

2652* **Eichwald**, *Eduard*. Plantarum novarum vel minus cognitarum, quas in itinere Caspio-caucasico observavit, fasciculi duo. Vilnae, sumtibus autoris. Lipsiae, Voss. 1831—33. folio. 42 p., 40 tab. (8 th.)
Cat. of sc. Papers II, 468—470.

2653* —— Lethaea rossica ou Paléontologie de la Russie. Premier volume, première partie; contenant la Flore de l'ancienne période. Stuttgart, Schweizerbart. 1855. 8. 268 p., 23 tab. in 4.

Eimbcke, *Georg*, Apotheker in Hamburg, * Hamburg 17. Dec. 1771, † Eppendorf bei Hamburg 20. April 1843.

2654* —— Flora Hamburgensis pharmaceutica, oder Verzeichniss und Beschreibung der um Hamburg und in den angränzenden Ländern wildwachsenden Arzneipflanzen. Hamburg 1822. 8. 168 p., ind. (1 th.)

Eisengrein, *Georg Adolf*, Professor der Botanik zu Freiburg im Breisgau, * 11. Oct. 1799, † Freiburg 26. Juli 1857.

2655* —— Die Familie der Schmetterlingsblüthigen oder Hülsengewächse, mit besondrer Hinsicht auf Pflanzen-Physiologie und nach den Grundsätzen der physiologisch-systematischen Anordnung ihrer Gattungen bearbeitet. Ein Beitrag zur comparativen Botanik. Stuttgart und Tübingen 1836. 8. VIII, 462 p. (1⅔ th.)

2656* —— Einleitung in das Studium der Pflanzenklasse der Akotyledonen oder des Vegetationskreises der Wurzelherrschaft. Freiburg, typ. Emmerling. 1842—44. 3 Hefte. 8. — I: Allgemeiner Theil. 1842. 56 p. — II: Die Ordnung der Süsswasseralgen. 1843. 108 p. — III: Die Ordnung der Flechten. 1844. 105 p. (1⅙ th.)

2657* —— Die Pflanzenordnung der Gonatopteriden und Hydropteriden (Gliederfarne, Wasserfarne) dargestellt in der Charakteristik und Entwicklungsgeschichte ihrer Familien, der Lycopodiaceen, Characeen, Equisetaceen, Rhizokarpeen, Isoeteen, Ophioglosseen und Marattiaceen, nebst Einleitung und Darstellung des Uebergangs der Moosvegetation. (Einleitung in das Studium der Akotylen, Heft 7—11.) Frankfurt a/M., Brönner. 1848. 8. XXX, 584 p. (2 th.)

2658* —— Beiträge zur Entwicklungsgeschichte und Metamorphose des Samenkeims der Pflanzen, mit besondrer Rücksicht auf dessen Wichtigkeit für die Physiologie und Systematik der pflanzlichen und thierischen Organismen, nebst dem Grundrisse des Natursystems des Pflanzenreiches. Frankfurt a/M., Brönner. 1851. 8. XXVIII, 160 p. (1 th.)

Ekart, *Tobias Philipp*, * Simau bei Coburg 21. Mai 1799.

2659* —— Frankens und Thüringens Flora in naturgetreuen Abbildungen. Erstes Heft. Mit einem Theile der Kleearten. Bamberg und Aschaffenburg 1828. 4. 6 p., 2 tab. (½ th.)

2660* —— Synopsis Jungermanniarum in Germania vicinisque terris hucusque cognitarum, figuris CXVI microscopico-anatyticis illustrata. Coburgi, Riemann. 1832. 4. XVI, 72 p., 13 tab. (5 th., jetzt 1 th.)
Cat. of sc. Papers I, 474.

Ekeberg, *Karl Gustaf*, schwedischer Seefahrer (Ekebergia Sparrm.), * Daudero Sockn 10. Juni 1716, † Altontagard 4. April 1784.
Sparrman, Åminnelse-tal. Stockholm 1791. 8. 44 p.

Ekman, *Fr. L.*
2661 —— Bidrag till Kännedonen af Skandinaviens Hafsalger. D. Stockholm 1857. 8. 16 p.

Elkan, *Ludwig*, Arzt in Königsberg, * Königsberg 21. Nov. 1815, † Königsberg 1851.

2662* —— Tentamen monographiae generis Papaver. D. Regiomonti Borussorum, Graefe et Unzer. 1839. 4. 36 p., 1 tab. (½ th.)

Elliot, *Walter*.
2663* —— Flora andhrica a vernacular and botanical list of plants commonly met with in the Telugu districts of the northern circars. Part I. Madras, typ. Graves and Co. 1859. 8. 194 p.

Elliott, *Stephen*, Professor in Charlestown (Südkarolina) (Elliotia Mühlb.), † Charlestown April 1830.
James Moultrie, An Eulogium on *Stephen Elliott*, M. D. Charlestown, typ. Miller. 1830. 8. 46 p.

2664* —— A sketch of the botany of South-Carolina and Georgia in two volumes. Charleston, Schenck. 1821—24. II vol. 8. — I: 1821. X, 14, 606 p., 12 tab. — II: 1824. VIII, 743 p.
Observations on the genus Glycine. Journ. Ac. nat. sc. Phil. I. (1817).

Ellis, *John*, Kaufmann in London (Ellisia L.), * 1711, † London 5. Oct. 1776.
Fée, Vie de Linné 169—185.

2665* —— Directions for bringing over seeds and plants from the East-Indies and other distant countries in a state of vegetation etc. to which is added the figure and botanical description of Dionaea muscipula. London 1770. 4. 41 p., 2 tab. nigr., 1 tab. col. — Some additional Observations on preserving seeds from foreign parts; also Account of the garden at St. Vincent under the care of Dr. *George Young*. London 1773. 4.
* *germanice*: Leipzig, Flittner. 1775. 8. 54 p., 1 tab.
* *germanice*: Beschreibung der Dionaea, herausgegeben von *J. C. D. Schreber*. Erlangen 1771. 4. 48 p., 1 tab. col. — * Ed. II. (mit Saxifraga sarmentosa L.) ib. 1780. 4. 28 p., 3 tab. col.

2666 —— Copies of two letters to Dr. Linnaeus and to Mr. W. Aiton. London 1771. 4. 16 p., 2 tab. B.
Sunt descriptiones et icones Illicii floridani et Gordoniae Lasianthi.

2667* —— An historical account of Coffee, with an engraving and botanical description of the tree. London, Dilly. 1774. 4. IV, 71 p., 1 tab. col.
Pars hujus opusculi italice adest in Scelta di opusc. interess. XVII. p.3—30.
germanice: Leipzig 1776. 8.

2668* —— A description of the Mangostan and the Bread-fruit, with directions for voyagers, for bringing over these and other vegetable productions. London, Dilly. 1775. 4. IV, 47 p., 4 tab.

Ellrodt, *Theodor Christian*, * Bayreuth 28. März 1767, † Bayreuth 2. Aug. 1804.

2669* —— Schwamm-Pomona, oder Beschreibung der essbaren und giftigen Schwämme Deutschlands. Baireuth 1800. 12. 302 p., 1 Tabelle, 13 tab. col. (2⅔ th.)

Elmiger, *Joseph*.
2670* —— Histoire naturelle et médicale des Digitales. D. Montpellier 1812. 4. 46 p., 2 tab.

Elsholz, *Johann Siegesmund*, Leibarzt des grossen Kurfürsten (Elsholzia Willd.), * Frankfurt a/O. 26 Aug. 1623, † Berlin 19. Febr. 1688.
Joh. Boediker, Ehrengedächtniss. Berlin 1688. folio.

2671* —— Flora marchica, sive catalogus plantarum, quae partim in hortis electoralibus Marchiae Brandenburgicae primariis Berolinensi, Aurangiburgico et Potstamensi excoluntur, partim sua sponte passim proveniunt. Berolini, ex officina Rungiana. 1663. 8. 223 p., ind.

2672* —— Neuangelegter Gartenbau, oder Unterricht von der Gärtnerei auf das Klima der Kurmark Brandenburg, wie auch der benachbarten deutschen Länder gerichtet. Cölln a. d. Spree, Georg Schultze. 1666. 4. — * Ed. II: Cölln a. d. Spree 1672. 4. — * Ed. III: Berlin 1684. 4. 395 p., tab. — * Vierter Druck. Leipzig, Fritsch. 1715. folio. 258 p., ind., tab. (Adhaeret: Ejusdem Diaeteticon, d. i. Neues Tischbuch, p. 259—520. et ind.)
In bibliotheca regia Berolinensi (Libri picturati A. 53.) exstat ejusdem * Theatrum Tuliparum ad mandatum Seren. Elect. Brand. *Friderici Gulielmi*. 1661. folio. 127 tab. col., praef., ind. — De aliis ejus manuscriptis cf. *Moehsen*, Epist. II. 71.

Elsner, *Moritz*, Gymnasiallehrer in Breslau, * Kornitz bei Sprottau 20. Nov. 1809.

2673* —— Flora von Hirschberg und dem angränzenden Riesengebirge. Breslau, typ. Freund. 1837. 8. VIII, 210 p. (¾ th.)

2674* —— Synopsis Florae Cervimontanae. Praemissa est de speciei definitionibus quaestiuncula critica. D. Vratilaviae, Aderholz. 1839. 8. 45 p. (¼ th.)

Elwert, *Johann Kaspar Philipp*, Hofmedikus in Hildesheim, * Speier 5. Nov. 1760, † Hildesheim 3. Nov. 1827.

2675* —— Fasciculus plantarum e Flora Margraviatus Baruthini. D. Erlangae 1786. 4. 28 p.

Emerson, *George B.*
2676* ——— A Report on the trees and shrubs growing naturally in the forests of Massachusetts. Published agreeably to an order of the legislature, by the commissioners on the zoological and botanical survey of the state. Boston, typ. Dutton and Wentworth. 1846. 8. xv, 547 p., 17 tab.
George H. Emerson † 28. Dec. 1865 nach Silliman II, 39, 373.

Émery, *Henri.*
2677* ——— Études sur le rôle physique de l'eau dans la nutrition des plantes. Thèse. Paris, typ. Martinet. 1865. 4. 165 p.

Emmert, *Friedrich*, Pfarrer zu Zell.
2678* ——— und *Gottfried von Segnitz.* Flora von Schweinfurt. Schweinfurt, Giegler. 1852. 8. 280 p. (⅘ th.)

Emmons, *Ebenezer*, Arzt in Albany.
2679* ——— Agriculture of New York. Albany, typ. Benthuysen. 1846—51. 3 voll. 4. — Vol. II: 1849. VIII, 343 p., 27 tab. bot. col. (Potatoes, Food of cattle, Cereals, Leguminous plants, Esculent vegetables, Fruit-and Forest-trees.) — Vol III: 1851. Pomology. VIII, 340 p., 97 tab. col.

Emmrich, *Hermann Friedrich*, Professor in Meiningen, * Meiningen 9. Febr. 1815.
2680* ——— Ueber die Vegetationsverhältnisse von Meiningen. (Programm der Realschule.) Meiningen 1851. 4. 30 p.

Emory, *William H.*, U. St. Commissioner.
2681* ——— Notes of a military reconnoissance from Fort Leavenworth in Missouri to San Diego in California. Washington, typ. Wendell und van Benthuysen. 1848. 8. 416 p. with plates.
Torrey, Botanical Appendix, p. 137—156. c. 12 tab. *Engelmann.* Cacteae p. 157—159 c. 2 tab.
2682* ——— Report on the United States and Mexican boundary Survey, made under the direction of the Secretary of the Interior. Vol. II. Washington, typ. A. O. P. Nicholson. 1859. 4.
Continentur in hoc volumine: «Introduction by C. C. Parry, M. D.» quae fere omnino in geographica plantarum consideratione versatur, a pag. 8—26. Sequuntur a pag. 27—270: «Botany of the boundary, by John Torrey» cum tab. 1—71, et a pag. 1—78: «Cacteae of the boundary, by George Engelmann», cum tab. 1—75. Caetera sunt zoologici argumenti.

Empson, *Charles.*
2683* ——— The Cowthorpe Oak, from a painting by the late *George William Fothergill*, . . . with a descriptive account. Second edition. London, Ackermann and Co. 1842. 4. 18, (1) p., 1 tab.

Encontre, *Daniel*, Professor der Botanik in Montauban, * Nîmes (Gard) 1762, † Montauban 16. Sept. 1818.
2684* ——— Additions à la Flore biblique de *Sprengel.* (Montpellier 1811.) 8. 15 p.
2685* ——— Recherches sur la botanique des anciens. (Mémoire sur l'aconit des anciens.) (Montpellier 1813.) 8. 34 p.

Ende, *Willem Peter van den.*
2686* ——— Enarratio et comparatio methodorum plantarum. D. praemio ornata. Trajecti a/Rh. 1820. 8. 100 p.
2687 ——— Commentatio de methodis botanicis. Trajecti a/Rh. 1823. 8. 104 p.

Ender, *Ernst.*
2688* ——— Index Aroidearum. Verzeichniss sämmtlicher Aroideen, welche bereits beschrieben und in den Gärten befindlich sind, mit Aufführung ihrer Synonyme. Mit einer Einleitung von *Karl Koch.* Berlin, Wiegandt & Hempel. 1864. 8. xx, 85 p. (24 sgr.)

Endlicher, *Stephan Ladislaus*, Professor der Botanik und Director des botanischen Gartens und des botanischen Museums in Wien (Endlichera Presl.), * Pressburg 24. Juni 1804, † Wien 28. März 1849.
2689* ——— Flora Posoniensis, exhibens plantas circa Posonium sponte crescentes aut frequentius cultas methodo naturali dispositas. Posonii, Landes. 1830. 8. xx, 493, xxx p., 1 tab. col. (2 th.)
2690* ——— Prodromus Florae Norfolkicae sive catalogus stirpium quae in insula Norfolk annis 1804 et 1805 a *Ferdinando Bauer* collectae et depictae nunc in Museo Caesareo Palatino rerum naturalium Vindobonae servantur. Vindobonae, Beck. 1833. 8. VIII, 100 p. (1 th.)

2691* **Endlicher**, *Stephan Ladislaus.* Atacta botanica. Nova genera et species plantarum descripta et iconibus illustrata. Vindobonae, Beck. 1833. folio. 26 p., 40 tab. (14 th.)
Tabulae 1—9. 11—25. 27. 29—36. 39—40.
2692* ——— et *Eduard Fenzl.* Sertum Cabulicum. Enumeratio plantarum quas in itinere inter Dera-Ghazee-Khan et Cabul, mensibus Majo et Junio 1833, collegit Dr. *Martin Honigberger.* Accedunt novarum vel minus cognitarum stirpium icones et descriptiones. Fasc. I. Vindobonae, Rohrman et Schweigerd. 1836. 4. 8 p., 4 tab.
2693* (——— *Georg Bentham, Eduard Fenzl, Heinrich Schott*). Enumeratio plantarum quas in Novae Hollandiae ora austro-occidentali ad fluvium Cygnorum et in sinu Regis Georgii collegit *Karl von Hügel.* Vindobonae 1837. 8. vi, 83 p. (1 th.)
2694* ——— Stirpium Australasicarum Herbarii Hügeliani decades tres. Vindobonae, Sollinger. 1838. 4. 23 p.
Annalen des Wiener Mus. der Naturgesch. vol. I. p. 189—211.
2695* (——— et *Eduard Fenzl.*) Novarum stirpium Decades. Editae a Museo Caesareo Palatino Vindobonensi. I. Vindobonae, Beck. 1839. 8. Decas I—X: 90 p. (1¼ th.)
2696* ——— Genera plantarum secundum ordines naturales disposita. Accedit supplementum primum. Vindobonae, Beck. 1836—50. 4 min. LX, 1483 p. (18 th.) — *Mantissa botanica sistens generum plantarum supplementum secundum. ib. 1842. 114 p. (1½ th.) — *Mantissa botanica altera, sistens generum plantarum supplementum tertium. ib. 1843. 111 p. (1½ th.) — Supplementum quartum. ib. 1847. 104 p. (1⅕ th.) — Supplementum quintum. ib. 1850. 95 p. (1⅕ th.)
2697* ——— Iconographia generum plantarum. Vindobonae, Beck. 1838. 4. xvi p., 125 tab. (15½ th.)
Prodiit annis 1837—40 decem fasciculis.
2698* ——— Grundzüge einer neuen Theorie der Pflanzenzeugung. Wien, Beck. 1838. 8. 22 p. (5/12 th.)
2699* ——— Enchiridion botanicum exhibens classes et ordines plantarum; accedit nomenclator generum et officinalium vel usualium indicatio. Lipsiae, Engelmann. 1841. 8. xiv, 763 p. (4½ th.)
2700* ——— Die Medizinalpflanzen der östreich'schen Pharmacopoe. Ein Handbuch für Aerzte und Apotheker. Wien, Gerold. 1842. 8. xii, 608 p. (3⅓ th.)
2701* ——— Catalogus horti academici Vindobonensis. Vindobonae, Gerold. 1842—43. II voll. 8. — I: 1842. iv, 492 p. — II: 1843. 542 p. (3 th.)
2702* ——— und *Franz Unger.* Grundzüge der Botanik, Wien, Gerold. 1843. 8. xl, 494 p., 1 mappa. (4 th.)
2703* ——— Synopsis Coniferarum. Sangalli, Scheitlin et Zollikofer. 1847. 8. iv, 368 p. (1 7/10 th.)
Cat. of sc. Papers II, 495—496.

Endress, *Philipp Anton Christoph* (Endressia Gay.), * Lustenau bei Ellwangen 21. Sept. 1806, † Strassburg 9. Dec. 1831.
Gay, Notice sur *Endress.* Paris, typ. Thuau. 1832. 8. 66 p.

Endter, *Heinrich Christian Gottlieb.*
2704* ——— De Astragalo exscapo Linn. D. Goettingae 1789. 8. 25 p.

Engel, *Louis Charles.*
2705 ——— Histoire naturelle et pharmacologie des médicaments astringents végétaux. Thèse. Strasbourg, Ve Berger-Levrault. 1853. 4. (Tit. 36 p.)
2706* ——— Influence des climats et de la culture, sur les propriétés médicales des plantes. Thèse. Strasbourg, typ. Berger-Levrault. 1860. 4. 35 p.

Engelhardt, *Hermann*, Oberlehrer in Dresden.
2707* ——— Flora der Braunkohlenformation im Königreich Sachsen. Gekrönte Preisschrift. Leipzig, S. Hirzel. 1870. gr. 8. 69 p., 15 tab. (4 th. n.)

Engelhardt, *W.*
2708* ——— Die Nahrung der Pflanzen. Leipzig, G. Meyer. 1856. 8. iv, 214 p. (⅔ th.)

Engelmann, *Christoph Wilhelm*, Gymnasialdirector in Mitau.
2709* ——— Genera plantarum oder die Pflanzengattungen der in den russischen Ostseeprovinzen Esth-, Liv- und Kurland wildwachsenden Pflanzen. Mitau und Leipzig, Reyher. 1844. 8. x, 128 p., 4 tab. (⅔ th.)

Engelmann, *Georg*, Arzt in St. Louis in den Vereinigten Staaten (Engelmannia Kl), * Frankfurt a/M. um 1810.

2710* —— De antholysi prodromus; cum 93 iconibus in tabulis V lithograptis. D. Francofurti a/M., Brönner. 1832. 8. 68, VI p., 5 tab. (7 7/12 th.)

2711* —— and *Asa* **Gray**. Plantae Lindheimerianae: an enumeration of *F. Lindheimer's* collection of Texan plants, with remarks and descriptions of new species etc. Boston, typ. Freeman and Bolles. 1845. 8. 56 p. — Part II. ib. 1847. 8. p. 140—240.
Boston Journal of nat. hist. vol. V. and VI.

2712* —— Synopsis of the Cacteae of the territory of the United Staates and adjacent regions. Cambridge, Metcalf and Co. 1856. 8. 59 p.
Proc. Am. Acad. III, 259—314.

2713* —— Report on the Botany of the Expedition of Lieutenant A. W. Whipple near the 35th Parallel. Washington 1846. 4.
Description of the Cacteae by *George Engelmann* and *John M. Bigelow*. p. 26—60, tab. 1—24.

2714* —— United States and Mexican Boundary Survey, under the order of Lieutenant Colonel *W. H. Emory*. Washington 1858. 4.
George Engelmann, Cacteae of the Boundary: 78 p., 76 tab.

2715* —— Systematic Arrangement of the species of the genus Cuscuta, with critical Remarks on old species and descriptions of new ones. St. Louis 1860. 8.
Transactions of the Acad. of St. Louis I, 453—523.
* *latine:* Generis Cuscutae species . . . latine vertit *Paulus Ascherson*. Berolini, typ. Bosselmann. 1860. 8. VI, 88 p. (²/₄ th. n.)

2716* —— Revision of the north american species of the genus Juncus. St. Louis, G. Knapp and Co. 1868. 8.
Transactions Acad. St. Louis II, 424—498.
Cat. of sc. Papers II, 498—499

Engesser, *Karl*.

2717* —— Flora des südöstlichen Schwarzwaldes, mit Einschluss der Baar, des Wutachgebietes und der anstossenden Grenze des Höhgaues. Donaueschingen, L. Schmidt. 1852. 12. XXXVI, 270 p. (1 th.) — * Zweite mit einem Anhang vermehrte Ausgabe. ib. 1857. 12. XXXVI, 270, 36 p. (1 th.)

Engeström, *Johan*, Bischof von Lund, * Lilla Slagerup 21. Nov. 1699, † Lund 16. Mai 1777.

2718 —— De Quercu, Hebraeis אלון et אלה, איל. D. I et II. Londini Gothorum 1737—38. 4. 34, 68 p., praef. B.

Engler, *Adolf*, Gymnasiallehrer in Breslau.

2719* —— Beiträge zur Naturgeschichte und Verbreitung des Genus Saxifraga L. Halle, typ. Gebauer-Schwetschke. 1866. 8 124 p., 2 mappae geogr.
Separatabdruck aus Linnaea XXXV, 1—124.

2720* —— Index criticus specierum atque synonymorum generis Saxifraga L Vindobonae, typ. Caroli Überreuter. 1869. 8. 44 p.
Verh des Wiener zool. bot. Vereins, 1869.

Engstfeld, *E*, Lehrer in Siegen.

2721* —— Ueber die Flora des Sieger Landes. Programm. Siegen 1856. 4. 22 p. — * Fortsetzung. ib. 1857. 8. 47 p.

Enslin, *Johann Christoph*.

2722* —— De Boleto suaveolente Linn. D. Erlangae, Palm. 1784. 4. 32 p., 1 tab. — * Mannhemii, Löffler. 1785. 4. (non differt.)
* *germanice:* Abhandlung über die Eigenschaften und den Gebrauch des wohlriechenden Weidenschwamms. Marburg 1798. 8. 88 p., 1 tab.

Erdelyi, *Michael von*, * Wien 9. Juni 1782, † Wien 21. April 1837.

2723* —— Anleitung zur Pflanzenkenntniss oder Botanik. Wien, Tendler. 1835. 2 Theile. 8. — I: VIII, 338 p., 2 tab. — II: VI, 336 p. (3½ th)

Erdmann, *Karl Gottfried*, Arzt in Dresden, * Wittenberg 31. März 1774, † Dresden 13. Jan. 1835.

2724* —— Sammlung und Beschreibung der Giftpflanzen, die in Sachsen wild wachsen. 9 Hefte, jedes mit 10 getrockneten Pflanzen. Dresden 1797. folio. (4½ th.)

2725* —— Tabellarische Uebersicht der theoretischen und praktischen Botanik nach ihrem ganzen Umfange. Dresden, Gerlach. 1802. 4. 4. 30 p., praef. (⅛ th)

Erdmann, *Karl*.

2726 —— Die unorganischen Bestandtheile in den Pflanzen. Göttingen 1855. 8. 30 p.
Liebig's Annalen 94, 254. (1855)

Erfurth, *Ch. B.*

2727 —— Flora von Weimar, mit Berücksichtigung der Kulturpflanzen. Weimar, Böhlau. 1867. 8. XVI, 320 p. (1 th. n.)

Erici, *Johann*, Professor der Mathematik in Dorpat, † Dorpat 22. Dec. 1686.

2728 —— De plantis. D. Dorpati 1647. 4.

Erikson, *Gustaf*, Professor in Norköping, * Marstrand 4. Aug. 1789.

2729 —— Dissertatio oeconomica, sistens reflexiones nonnullas circa nutritionem vegetabilium, quatenus e natura soli haec imprimis pendeat. D. I—III. Upsaliae 1815. 4. 38 p.

Erman, *Adolf*, Professor in Berlin (Ermania Cham.), * Berlin 12. Mai 1806.

2730* —— Verzeichniss von Thieren und Pflanzen, welche auf einer Reise um die Erde gesammelt wurden. (Naturhistorischer Atlas zur Reise.) Berlin, Reimer. 1835. folio. 64 p., 17 tab. (4⅓ th.)
Plantae itineris plerumque Kamtschatkenses cum una tabula recensentur p. 53—64.

Erndl, *Christian Heinrich*, kursächsischer Leibarzt (Erndlia Gies.), * Dresden 1676, † Dresden 17. März 1734.
Biogr. médicale IV, 47—48.

2731* —— De Flora japanica, codice bibliothecae regiae Berolinensis rarissimo, epistola ad Johannem Philippum Breynium. Dresdae, typ. Riedel. (1716) 4. 14 p.

2732* —— Varsavia physice illustrata. Cui annexum est Viridarium vel catalogus plantarum circa Varsaviam nascentium. Dresdae, Zimmermann. 1730. 4. 7, 247 p., praeter Viridarium: 132 p.

Ernsting, *Arthur Konrad*, Arzt (Ernstingia Neck.), * Sachsenhagen . . . 1709, † Sachsenhagen 11. Sept. 1768.

2733* —— Phellandrologia physico-medica. D. Brunsvigae, Schröder. 1739. 4. 89 p., 1 tab.

2734* —— Prima principia botanica, in quibus omnia ad hanc scientiam spectantia in usum discentium ordine alphabetico traduntur. (Anfangsgründe der Kräuterwissenschaft.) Wolfenbüttel, Meissner. 1748. 8. 482 p., praef., ind., 6 tab.

2735* —— Historische und physikalische Beschreibung der Geschlechter der Pflanzen, welcher Herrn Linnaeus systematisches Verzeichniss von den Geschlechtern der Pflanzen beigefügt worden. Lemgo, Meyer. 1762. 2 Theile. 4. 748 p., praef., ind., 10 tab.

Eschenbach, *Johann Friedrich*, Professor in Leipzig (Eschenbachia Moench.), * Leipzig 2. Juli 1757.

2736* —— Diatribe epistolaris nectariorum usum exhibens. Lipsiae 1776. 4. 14 p.

2737* —— Diatribe de physiologia seminum. Lipsiae 1777. 4. 12 p.

2738* —— Disputatio physica, observationum botanicarum specimen continens. Lipsiae 1784. 4. 40 p.
Usteri, Delectus opusc. bot. II. p. 79—120.

Eschscholtz, *Johann Friedrich*, Professor in Dorpat (Eschscholtzia Cham.), * Dorpat 12. Nov. 1793, † Dorpat 19. Mai 1831.

Eschweiler, *Franz Gerhard* (Eschweilera Mart.), * 1796, † Regensburg 4. Juli 1831.

2739* —— De fructificatione generis Rhizomorphae commentatio Accedit novum genus Hyphomycetum. Elberfeldiae, Büschler. 1822. 4. 35 p., 1 tab. (½ th.)

2740* —— Systema Lichenum, genera exhibens rite distincta, pluribus novis adaucta. Norimbergae, Schrag. 1824. 4. 26 p., 1 tab. (⅔ th.)

Esmarch, *H. P. C.*

2741* —— Anfang (und erste und zweite Fortsetzung) einer Schleswig'schen Flora. Schleswig, typ. Seringhausen. 1789. 1790. 1791. 8. 24, 32, 20 p. (Class. Linn. I—VIII.)

2742* —— Beschreibung der Gräser, rietartigen Gewächse, Schäftlinge und Kannenkräuter, welche in den Herzogthümern Schleswig und Holstein wild wachsen. Schleswig und Leipzig, Boie. 1794. 8. 114 p., praef.

2743* —— Beschreibung der Gewächse, welche in einer Strecke von zwei Meilen um die Stadt Schleswig wild wachsen. Schleswig, typ. Seringhausen. 1810. 8. 260 p.

Esper, *Eugen Johann Christoph,* Professor der Naturgeschichte zu Erlangen, * Wunsiedel 2. Juni 1742, † Erlangen 27. Juli 1810.
<small>Bertholdt, Gedächtnissrede auf Esper. Erlangen 1810. 8.</small>

2744* —— Icones fucorum cum characteribus systematicis, synonymis auctorum et descriptionibus novarum specierum. (Abbildungen der Tange, mit beigefügten systematischen Kennzeichen, Anführungen der Schriftsteller und Beschreibungen der neuen Gattungen. Nürnberg 1797—1802. II voll. 4. — I: fasc. I—IV. 1800. 217 p., tab. col. 1—111. — II: fasc. V—VII. 1808. 132, IV, III p., tab. col. 112—184. (36 1/6 th.)
<small>Fasciculus VII ultimus in multis bibliothecis desideratur. Tabulae signantur 1—169, sed 15 adsunt extra seriem.</small>

Esteve, *Pedro Jaime,* Arzt in Valencia (Stevia Cav.), † Valencia 1556.
<small>Colmeiro Bot. esp. 149.</small>

Estienne, *Charles,* latine **Stephanus,** * Paris 1504, † Paris 1564.

2745* —— De re hortensi libellus, vulgaria herbarum, florum ac fruticum, qui in hortis conseri solent, nomina latinis vocibus efferre docens. Parisiis, ex officina Roberti Stephani. 1535. 8. — Lugduni 1536. 8. 88 p. — Additus est libellus de cultu et satione hortorum, ex antiquorum sententia. Lutetiae 1545. 8. 141 p.

2746* —— Praedium rusticum, in quo cujusvis soli vel culti vel inculti plantarum vocabula ac descriptiones, earumque conserandarum atque excolendarum instrumenta suo ordine describuntur. In adolescentulorum, bonarum literarum studiosorum gratiam. Lutetiae, apud Carolum Stephanum. 1554. 8. 648 p., ind. — ib. 1629. 8. 599 p.

Etienne, *Victor.*

2747 —— Botanique. Résumé d'un mémoire sur les éléments corticaux. Paris, typ. Noblet. 1865. 8. 32 p., 1 tab.

Etlinger, *Andreas Ernst.*

2748* —— De Salvia. D. Erlangae 1777. 4. 63 p.

Ettingshausen, *Konstantin von,* D. M., Professor der Botanik und Mineralogie am Josephinum in Wien, * Wien 16. Juni 1826.

2749* —— Die tertiäre Flora von Häring in Tirol. Wien, Braumüller. 1853. gr. 4. 118 p., 31 tab. (9 1/3 th.)
<small>Abh. der Geol. Reichsanstalt.</small>

2750* —— Die eocene Flora des Monte Promina. Wien, Staatsdruckerei. 1855. 4. 28 p., 14 tab.
<small>Denkschriften der Akademie, Band 8.</small>

2751* —— Ueber die Nervation der Blätter bei den Celastrineen. Wien, Staatsdruckerei. 1857. 4. 41 p., 10 tab.
<small>Denkschriften der Akademie, Band 13.</small>

2752* —— Die Blattskelete der Apetalen. Wien, Staatsdruckerei. 1858. 4. 92 p., 51 tab.
<small>Denkschriften der Akademie, Band 15.</small>

2753* —— Ueber die Nervation der Bombaceen. Wien, Staatsdruckerei. 1858. 4. 14 p., 11 tab.
<small>Denkschriften der Akademie, Band 14.</small>

2754* —— und *M. H. Debey.* Die urweltlichen Thallophyten des Kreidegebirges von Aachen und Maestricht. Wien, Staatsdruckerei. 1859. 4. 86 p., 3 tab.
<small>Denkschriften der Akademie, Band 16.</small>

2755* —— Bericht über das Werk: Physiotypia plantarum austriacarum. Wien, Staatsdruckerei. 1856. 8. 87 p., 10 tab.
<small>Sitzungsberichte der Akademie, Band XX.</small>

2756* —— und **A. Pokorny.** Physiotypia plantarum Austriacarum. Der Naturselbstdruck in seiner Anwendung auf die Gefässpflanzen des österreichischen Kaiserstaates, mit besonderer Berücksichtigung der Nervation in den Flächenorganen der Pflanzen. 5 Bände mit 500 Folio und 30 Quart-Tafeln. Wien 1856. folio. (122 2/3 th.)

2757* —— —— Die urweltlichen Acrobryen des Kreidegebirges von Aachen und Maestricht. Wien, Staatsdruckerei. 1859. 4. 68 p., 7 tab.
<small>Denkschriften der Akademie, Band 17.</small>

2758* —— Die Blattskelete der Dikotyledonen mit besondrer Rücksicht auf die Untersuchung und Bestimmung der fossilen Pflanzen. Wien, Staatsdruckerei. 1861. 4. XLV, 308 p., 95 tab.

2759* —— Ueber die Entdeckung des neuholländischen Charakters der Eocenflora Europas. Wien, Staatsdruckerei. 1862. 8. 93 p., ic. xyl.

2760* **Ettingshausen,** *Konstantin von.* Physiographie der Medicinalpflanzen. Mit 294 in den Text gedruckten Abbildungen im Naturselbstdruck. Wien, Braumüller. 1862. 8. XIV, 432 p.

2761* —— Photographisches Album der Flora Oestreichs. Wien, Braumüller. 1864. 8. 319 p., 173 tab. photogr. (3 1/3 th. n.)

2762* —— Die Farnkräuter der Jetztwelt zur Untersuchung und Bestimmung der in den Formationen der Erdrinde eingeschlossenen Ueberreste von vorweltlichen Arten dieser Ordnung nach dem Flächenskelet bearbeitet. Wien, Gerold. 1864. 4. XVI, 298 p., 180 tab. (33 1/3 th.)

2763* —— Die fossile Flora des Tertiärbeckens von Bilin. Theil 1—3. Wien, Gerold. 1867—69. 4. (12 th. n.)
<small>Denkschriften der Wiener Akademie, Band 26. 28. 29.
Cat. of sc. Papers II, 525—526.</small>

Euchholz, *J. B.*

2764* —— Flora Homerica. Gymnasialprogramm. Culm, typ. Lohde. 1848. 4. 30 p.

Euphrasén, *Bengt Anders.*

2765 —— Beskrifning öfver Svenska vestindiska ön St. Barthelemy, samt öarne St. Eustache och St. Christopher. Stockholm 1795. 8.
<small>* germanice: Reise nach der schwedischen westindischen Insel St. Barthelemy und den Inseln St. Eustache und St. Christoph. Aus dem Schwedischen von *Blumhof.* Göttingen, Dietrich. 1798. 8. 308 p., ind., 1 tab. Pflanzen: p. 147—264.</small>

Evelyn, *John,* Schatzmeister des Greenwich-Hospitals (Evelyna P. et Endl.), * Wotton 31. Oct. 1620, † Greenwich 27. Febr. 1706.
<small>Memoirs illustrative of the life and writings of *John Evelyn* Esq., comprising his diary from 1641 to 1705. London 1818. 2 voll. 4.</small>

2766* —— Silva: or a discourse of forest trees and the propagation of timber in his Majesty's dominions. London 1664. folio. 120 p. praeter Pomonam et Calendarium hortense. — Ed. II. London 1670. folio. — ib. 1706. folio. — Ed. V: ib. 1729. folio. 329 p. praeter Terram, Pomonam, Acetaria et Calendarium hortense. — Ed. with notes by *Alexander Hunter.* York 1776. 4. 649 p., 39 tab. B. — * A new edition with notes by *A. Hunter,* to which is added the Terra, a philosophical discourse of earth. York 1786. II voll. 4. — I: 311 p., ind. (23 foll.), 28 tab. col. et effigies *Evelyni.* — II: 343 p., ind., 13 tab. col. — * The fifth edition, with the editor's last corrections. London, Henry Colburn. II voll. 1825. 4. — I: 50, 330 p., 28 tab. et effigies *Evelyni.* — II: 393 p., 14 tab. Terra: 88 p., 3 tab.

Everaerts, *Gilles,* Arzt in Antwerpen.

2767 —— De Herba Panacea, quam alii tabacum, alii Petum aut Nicotianam vocant, brevis commentariolus. Antwerpiae, apud Bellerum. 1583. 12. — ib. 1587. 12. — * Ed. III: Ultrajecti. Hoogenhuysen. 1644. 12. 58 p.

Eversmann, *Eduard Friedrich,* Professor in Kasan (Eversmannia Bge.), * Hagen in Westphalen 23. Jan. 1794, † Kasan 4. April 1860.

2768* —— In Lichenem esculentum Pall. et species consimiles adversaria. Nova Acta Leop. XV, 349—362. (1831.)

Ewer, *Samuel.*

2769 —— Manuale sive Compendium botanices. Londini 1808. 8.

Eysenhardt, *Karl Wilhelm,* Professor der Botanik in Königsberg (Eysenhardtia H. B. K.), * Berlin 21. Jan. 1794, † Königsberg 25. Dec. 1825.

2770* —— De accurata plantarum comparatione, adnexis observationibus in Floram Prussicam. D. Regiomonti, typ. Hartung. 1823. 4. 22 p. (1/2 th.)
<small>Cat. of sc. Papers II, 537.</small>

Eysel, *Johann Philipp,* Professor in Erfurt (Eyselia Rchb.), * Erfurt 7. Sept. 1651, † Erfurt 30. Juni 1717.

2771* —— Die wundersmwürdige Weiden-Rosen, welche im Julio und Augusto auff denen nahe bei dem Rothenberge gepflantzten Weidenbäumen gefunden worden. Erfurt 1711. 4. 8 p., ic. xyl.

2772* —— De Agallocho, Paradiesholtz. D. Erfordiae 1712. 4. 24 p.

2773* —— Bellidographia sive Bellidis descriptio. D. Erfordiae 1714. 4. 32 p.

2774* —— De Fuga Daemonum. D. Erfordiae 1714. 4. 24 p.

2775* **Eysel**, *Johann Philipp.* De Bonoheinrico oder Guten Heinrich. Erfordiae 1714. 4. 24 p.
2776* —— Filius ante patrem, phtisicorum asylum. D. Erfordiae 1714. 4. 24 p.
2777 —— De Rore solis. D. Erfordiae 1715. 4. 24 p.
2778* —— De Aquilegia scorbuticorum asylo. D. Erfordiae 1716. 4. 27 p.
2779* —— Trifolium fibrinum. D. Erfordiae 1716. 4. 20 p.
2780* —— De Betonica. D. Erfordiae. 1716. 4. 20 p.
2781* —— De Veronica, Grundtheil, Ehrenpreis. D. Erfordiae 1717. 4. 24 p.
Eysfarth, *Christian Siegesmund.*
2782* —— De morbis plantarum. D. Lipsiae 1723. 4. 48 p.
Eysson, *Rudolph*, Arzt in Groningen, † Groningen 1706.
Isinck, Oratio funebris. Groningae 1706. 4.
2783 —— Sylvae Virgilianae prodromus, sive specimina philologico-botanica de arboribus glandiferis proprie dictis, earumque praecipuis additamentis. Groningae 1695. 12. 264 p.
2784 —— Disputatio philologico-botanica de Fago, quae Sylvulae Virgilianae prima. D. Groningae 1700. 12.
2785 —— Disputatio de Castaneis. D. Groningae 1703. 12. 89 p.

F.

Faber, *Johann*, Arzt Urban's VIII., * Bamberg um 1570, † Rom . . .
2786 —— De Nardo et Epithymo adversus *Josephum Scaligerum* disputatio. Romae 1607. 4. 34 p. B. — *cum libro *Casparis Scioppii* et *Scaligeri* Hypobolimaeo. Moguntiae 1607. 4. 408—429.
Faber, *Johann Ernst*, Professor in Kiel, später in Jena, * Limmershausen 1745, † Jena 14. April 1774.
2787* —— Historia Mannae inter Hebraeos. Kilonii 1770. 4.
Redit in *Reiske* et *Fabri*, Opuscula medica ex monimentis Arabum et Hebraeorum. Halae 1776. 8. p. 81—140.
Faber, *Johann Matthaeus*, Arzt in Heilbronn, * Augsburg 24. Febr. 1626, † Heilbronn 21. Sept. 1702.
2788* —— Strychnomania, explicans Strychni manici antiquorum vel Solani furiosi recentiorum historiae monumentum, indolis nocumentum, antidoti documentum. Augustae Vindelicorum, Goebel. 1677. 4. 107 p., 13 tab., appendix.
2789 —— Pilae marinae anatome botanologica. Norimbergae 1692. 4.
Fabre, *Esprit.*
2790* —— Observations sur les maladies régnantes de la vigne, mises au jour par *Félix Dunal.* Montpellier, typ. Grollier. 1853. 4. 48 p., 6 tab.
Cat. of sc. Papers II, 542.
Fabre, *Jean Henri*, Professor in Avignon, * St. Léons 1823.
2791* —— Recherches sur les tubercules de l'Himantoglossum hircinum. Thèse. Paris, typ. Martinet. 1855. 4. 39 p., 2 tab.
Cat. of sc. Papers II, 545.
Fabregon, *Matthieu.*
2792* —— Description des plantes qui naissent ou se renouvellent aux environs de Paris, avec leurs usages dans la médecine et dans les arts etc. Paris 1740. VI voll. 8. XXIV, 354, 358, 248, 312, 304 et 471 p.
Volumini ultimo accedit: Dissertation sur l'origine et le progrès de la botanique, p. 347—471.
Fabri, *Honoré*, * Le Bugey 1606, † Rom 9. März 1688.
2793* —— Tractatus duo: quorum prior (p. 1—145) est de plantis et de generatione animalium, posterior de homine. Parisiis, apud Franciscum Muguet. 1666. 4. 440, 142 p., praef., ind. — *Norimbergae, typ. Endter. 1677. 4. 482 p., praef., ind.
Fabricius, *Johann Christian*, Professor in Kiel (Fabricia Thunb.), * Tondern 7. Jan. 1745, † Kiel 3. März 1808.
Discipulus Linnaei annorum 1762—64, e cujus manuscripto edidit Giseke Linnaei Praelectiones in ordines naturales plantarum.

Fabricius, *Paul*, seit 1553 Professor an der Universität Wien, * Lauban (Schlesien) 1519 oder 1529, † Wien 20. April 1588.
Fertur anno 1557 scripsisse Catalogum stirpium circa Viennam crescentium. Nemo fide dignus vidit librum.
Fabricius, *Philipp Konrad*, Professor in Helmstädt, * Butzbach 2. April 1714, † Helmstädt 19. Juli 1774.
2794* —— Primitiae Florae Butisbacensis, sive sex decades plantarum rariorum inter alias circa Butisbacum sponte nascentium cum observationibus methodos plantarum Tournefortianam, Rivinianam, Rajanam, Knautianam et Linneanam potissimum concernentibus. Wetzlariae, typ. Winkler. 1743. 8. 64 p.
2795 —— Oratio de Germanorum in rem herbariam meritis. Helmstadii 1751. 4.
2796* —— Enumeratio methodica plantarum horti medici Helmstadiensis, subjuncta stirpium rariorum vel nondum satis extricatarum descriptione. Helmstadii, typ. Drimborn. 1759. 8. 239 p., praef. — *Ed. II. auctior. Helmstadii, typ. Drimborn. 1763. 8. 448 p., praef., ind. — *Ed. III. auctior posthuma. Helmstadii, typ. Drimborn. 1776. 8. (additum est ad calcem supplementum 24 paginarum.)
Fabricius, *Wolfgang Ambrosinus*, Arzt in Nürnberg, * Nürnberg um 1625, † Nürnberg 1653.
2797 —— Ἀπόρημα βοτανικὸν de signaturis plantarum. Norimbergae 1653. 4.
Fabry, *Johann*, Professor in Rimaszombat in Ungarn, * Losonc im Neograder Comitat 1830.
2798 —— Rimaszombat virànya (Flora von Rimaszombat.) Gymnasialprogramm. Rimaszombat 1858—59. 4.
Facchini, *Francesco*, D. M., * Forno im Fassathal 24. Oct. 1788, † Vigo im Fassathal 6. Oct. 1852.
2799* —— Zur Flora Tirols. I. Heft. Flora von Südtirol, von *Facchini*. Mit einem Vorworte und Anmerkungen von *Fr. B. von Hausmann*. Innsbruck, typ. Wagner. 1855. VIII, 151 p. (1 th.)
Zeitschrift des Ferdinandeums, 3. Folge, Heft 5.
Cat. of sc. Papers II, 545.
Fagerborg, *Andreas*, Pastor in Hille, * 4. Aug. 1762.
2800 —— De primordiis botanices. D. historico-literaria. Upsaliae 1807. 4. 20 p.
Fagon, *Guy Crescent*, Ober-Intendant des Jardin des plantes (Fagonia Tournef.), * Paris (im Garten) 11. Mai 1638, † Paris 11. März 1718.
Antoine de Jussieu, Eloge de Mr. *Fagon*, avec l'Histoire du Jardin Royal de Paris. Paris 1718. 4.
Fagraeus, *Jonas Theodor*, D. M. (Fagraea Thunb.), * Smoland 1729, † Gåsevadsholm 16. April 1797.
Fairfax, *Blackberry.*
2801 —— Oratio in laudem botanices. London 1717. 4. Desid. B.
2802 —— Oratio apologetica pro re herbaria. 1718. Desid. B.
Faivre, *Ernest*, Professor in Lyon, * Pontailles sur Saone (Côte d'or) 1827.
2803 —— Considérations sur la variabilité de l'espèce. Lyon, typ. Rey. 1864. 8. (3 fr.)
Cat. of sc. Papers II, 550.
Falconer, *Hugh*, Superintendant des botanischen Gartens von Suharunpore (Serampore) von 1832—55 (Falconeria Royle.), * Forres in Schottland 29. Febr. 1808, † London 31. Jan. 1865.
The Reader (Journal) 11. Febr. 1865.
2804 —— Report on Teak Forests of the Tenasserim Provinces; with other papers on the Teak forests of India. With maps and two botanical plates. Calcutta 1852. gr. 8.
Cat. of sc. Papers II, 551—552.
Falconer, *John* (1547 in Ferrara).
Ernst Meyer, Geschichte der Botanik IV, 270.
Falconer, *R. W.*
2805* (——) Contributions towards a Catalogue of plants, indigenous to the neighbourhood of Tenby. London, Longman. 1848. 8. 54 p.
Falconer, *William*, * Bath 1743, † Bath 30. Aug. 1824.
2806 —— Miscellaneous Tracts and Collections relating to Natural History, selected from the principal writers of antiquity on

that subject. (Cont. Tabula plantarum in priscis scriptoribus graecis maxime repertarum; cui adjic. synonyma a C. Bauhino et C. Linnaeo edita, p. 109—203) Cambridge 1793. 4. v, 203 p.

Falimierz, *Stefanek* (latine **Phalimirus**).
2807 —— O ziołach y o moczy gich. O Paleniu wodek z zioł, etc. Kraków, Florian Ungler. 1534. 4.
Arnold, de monum. hist. nat. Polon. p. 26. — Adamski, Hist. rei herb. in Polonia p. 24—25.

Falk, *Johan Pehr* (Falkia L), * Westgothland 1730, erschoss sich in Kasan in der Nacht des 20. März 1774 († Kasan 13. Dec. 1773. Trautvetter)
2808 —— Beiträge zur topographischen Kenntniss des Russischen Reichs. Bearbeitet von *J. G. Georgi*. St. Petersburg, Kaiserl. Akademie der Wissenschaften. 1785—86. III voll. 4. — I: 1785. xii, 402 p., 2 cart., 6 tab. — II: 1786. vi, 282 p., 17 tab — III: 1786. p. 285—584. Reg.: xxxv p., tab. 18—39.
Plantae itineris cum 17 tab. in vol. II. p. 9.—282 recensentur.

Fallen, *Karl Friedrich*, Professor in Lund, * Christinaehamn 22. Sept. 1764, † Esperöd 26. Aug 1830.
2809 —— De Beta pabulari. D. Lundae 1792. 4. 29 p.
2810 —— De irritabilitate motus caussa in plantis. D. Lundae 1798. 4. 28 p.

Falugi, *Virgilio*, Vallisambrosae Abbas (Falugia Endl.).
2811* —— Prosopopeiae botanicae, ad methodum Rivini pars I. sive nomenclator botanicus. Florentiae, typ. Mariae de Albizzinis. 1697. 12. 130 p. — Pars secunda de plantis umbelliferis. ib 1699. 12. 120 p.
2812 —— Prosopopeiae botanicae, Tournefortiana methodo dispositae. Florentiae, typ. Caesaris de Bindis. 1705. 12. 341 p., praef., ind., effigies. Bibl. Horti Pat.

Famintzin, *A.*, Docent in Petersburg.
2813? —— Die Wirkung des Lichtes auf das Wachsen der keimenden Kresse. Petersburg 1865. 4. 19 p.
2814* —— und *J. Boranetzky*. Zur Entwicklungsgeschichte der Gonidien und Zoosporenbildung der Lichenen. Petersburg 1867. 4 7 p., 1 tab.
Aus den Abhandlungen der Akademie.

Farin.
2815* —— Catalogue des plantes du jardin de botanique de Caen. Caen, typ. Leroy. 1781. 8. 48 p., 1 tab.

Farkaš-Vukotinović, *Ludwig von*, Obergespan des Kreutzer Comitats, * Agram 1815.
2816* —— Die Botanik nach dem naturhistorischen Princip. Agram, Suppan. 1855. 8. vi, 74 p.
2817 —— Syllabus Florae croaticae. Agram 1857. 8.
2818 —— Hieracia croatica in seriem naturalem disposita Zagrabiae, typ. Gaj. 1858. 4. 21 p., 2 tab.
Cat. of sc. Papers II, 565.

Fasch, *Augustin Heinrich*, Professor in Jena, * Arnstadt 19. Febr. 1639, † Jena 22. Jan. 1690.
2819* —— De Myrrha. D. Jenae, typ. Krebs. 1676. 4. (34) p.

Fatio, *Nicolaus* (Fatioa DC.), * Basel 16. Febr. 1664, † Maddersfield bei Worcester 10 Mai 1753.
R. Wolf, Biographien IV, 67—86.
2820 (——) Fruit-Walls improved, by inclining them to the Horizon. London 1699. 4. xxviii, 128 p.

Fauconnet, *Charles*.
2821* —— Herborisations à Salève. Genève, typ. Carey. (Bâle, H. Georg.) 1867. 8. liv, 197 p. (4 fr. 50 c.)
2822* —— Promenades botaniques aux Voirons et Supplément aux Herborisations à Salève. ib. 1868. 8. 63 p. (2 fr.)

Faujas-de-Saint-Fond, *Barthélemy* (Faujasia Cass.) * Montélimart (Dauphiné) 17. Mai 1741, † Soriel 18. Juli 1819.
2823* —— Mémoire sur le Phormium tenax, improvement appelé lin de la Nouvelle-Zélande. Paris, typ. Belin. 1813. 4. 30 p., 1 tab.

Favre, *L.*, in La-Chaux-de-Fonds.
Bull. Neuchâtel II, 235—237.

Faye, *Léon*, † Poitiers 20. Oct. 1855
2824* —— Rabelais botaniste. Ed. II. Angers, typ. Cosnier. 1834. 8. 16 p.

2825* (**Faye**, *Léon*.) Note sur les progrès de l'étude de la botanique dans le département de la Charente-inférieure. Poitiers 1846. 8. 20 p.
2826* (——) Catalogue des plantes vasculaires du département de la Charente-inférieure. Sivray, typ. Ferriol. 1850. 8. 87 p — *Supplément. ib. 1851. 8. p. 88—94.

Féburier.
2827* —— Essai sur les phénomènes de la végétation, expliqués par les mouvemens des sèves ascendante et descendante. Ouvrage principalement destiné aux cultivateurs. Paris, Huzard. 1812. 8. iv, 188 p. (2 fr. 30 c.)
2828* —— Notice sur la moelle et l'étui médullaire des arbres dicotylédones, sur les causes de leur forme, de leur développement et de la réduction de leur diamètre Paris, Huzard. 1812. 8. 34 p.
2829* —— Observations sur la physiologie végétale et sur le système physiologique. de M. *Aubert DuPetit-Thouars*. (Versailles, Lebel. 1821) 8. 79 p.
2830* —— Précis d'anatomie végétale. Versailles et Paris, Jacob et Huzard. 1824. 8. ii, 74 p. (2 fr. 50 c.)

Fechner, *Gustav Theodor*, Professor in Leipzig, * Gross-Särchen bei Muskau 19. April 1801.
2831* —— Resultate der bis jetzt unternommenen Pflanzenanalysen Leipzig, L. Voss. 1829. 8. viii, 351 p. (1 2/3 th.)
2832* —— Nanna oder über das Seelenleben der Pflanzen Leipzig, Leopold Voss. 1848. 8. xii, 309 p. (1 11/15 th)

Fechner, *K. A.*
2833* —— Flora der Oberlausitz oder Beschreibung der in der Oberlausitz wildwachsenden und häufig kultivirten offenblütigen Pflanzen. Görlitz, Heyn. 1849. gr. 16. lvi, 198 p. (2/3 th. n.)

Fedelissimi, *Giambattista*, Arzt in Pistoja.
2834 —— Lexicon herbarum. Pistoja 1636.
Biogr. médicale IV, 122.

Fée, *Antoine Laurent Apollinaire*, Professor der Botanik in Strassburg (Feaea Spr.), * Ardentes (Indre) 7. Nov. 1789.
2835* —— Flore de Virgile ou nomenclature méthodique et critique des plantes, fruits et produits végétaux mentionnés dans les ouvrages du prince des poëtes latins; travail inséré dans le tome VIII. (p. 429—460.) de Virgile de la collection des classiques dédiée au roi. Paris, typ. Didot. 1822. 8. 252 p, 1 tab.
2836* —— Essai sur les Cryptogames des écorces exotiques officinales, précédé d'une méthode lichénographique et d'un genera, avec des considérations sur la reproduction des agames. Paris, Firmin-Didot. 1824—37. II voll. 4. — I: 1824 cii, 167 p., tab. col. 1—34. (42 fr) — II: Supplément et révision. 1837. 178 p., tab. col. 35—43.
2837* —— Méthode lichénographique et genera; ornée de quatre planches, dont trois coloriées donnant les caractères des genres qui composent la famille des Lichens avec leurs détails grossis. Paris 1824. 4. 100 p., 4 tab. col. (12 fr.)
Redit in libro: «Essai sur les Cryptogames des écorces exotiques.»
2838* —— Cours d'histoire naturelle pharmaceutique ou histoire des substances usitées dans la thérapeutique, les arts et l'économie domestique. Paris, Corby. 1828. II voll. 8. — I: xxxvi, 659 p. — II: vii, 822 p. (18 fr.)
Végétaux: vol. I. p. 127. — vol. II. p. 685.
2839* —— Essai historique et critique sur la phytonymie ou nomenclature végétale. (Gand 1828.) 8. 24 p.
2840* —— Vie de *Linné*, rédigée sur les documens autographes laissés par ce grand homme et suivie de l'analyse de sa correspondance avec les principaux naturalistes de son époque. Paris 1832. 8. xi, 379 p., 6 tab.
Mémoires de la société royale des sc. de Lille année 1832.
2841* —— Flore de Théocrite et des autres bucoliques grecs. Paris, Firmin-Didot. 1832. 8. xvi, 118 p.
2842* —— De la reproduction des végétaux. Strasbourg, typ. Levrault 1833. 4. 46 p.
2843* —— Examen de la théorie des rapports botanico-chimiques. D. Strasbourg, typ. Levrault. 1833. 4. 64 p.

2844* **Fée**, *Antoine Laurent Apollinaire.* Commentaires sur la botanique et la matière médicale de *Pline* composés pour le *Pline* de la collection Panckoucke. Paris, imprimerie Panckoucke. 1833. III voll. 8. — I: IV, 423 p. — II: 468 p. — III: 509 p.
Edition tirée à 50 exemplaires.

2845* (——) (Discours botanique prononcé dans la) Séance publique de la faculté de médecine de Strasbourg, 26. Déc. 1833. Strasbourg, typ. Levrault. 1834. 4. 55 p.

2846* —— Mémoire sur le groupe des Phyllériées et notamment sur le genre Erineum. Paris, typ. Levrault. 1834. 8. 74 p., 11 tab.

2847* —— Catalogue méthodique des plantes du jardin botanique de Strasbourg. Strasbourg, typ. Levrault. 1836. 8. XVI, 138 p.

2848* —— Histoire du jardin botanique de Strasbourg. Strasbourg, typ. Silbermann. 1836. 8. 27 p.

2849* —— Les Jussieu et la méthode naturelle. Strasbourg, typ. Silbermann. 1837. 8. 28 p.

2850* —— Mémoires lichénographiques. (Ouvrage tiré à part de l'Acad. imp. des Cur. de la nat. vol. XVIII. Suppl) 1838. 4. 80 p., 6 tab. col.

2851 —— Mémoire sur l'ergot du seigle et sur quelques agames qui vivent parasites sur les épis de cette céréale. Premier mémoire. Strasbourg, typ. Levrault. 1843. 4. 46 p., 2 tab. (3 *fr.*)

2852* —— Mémoires sur la famille des fougères. Mémoires 1—11. Strasbourg, Berger-Levrault. (Paris, Baillière. Paris, Masson) 1844—66. 4. et folio. (235 *fr.*)
I: 1844. folio. Examen des bases adoptées dans la classification des fougères et en particulier de la nervation. 14 p., 2 tab. — II: 1845. folio. Histoire des Acrostichées. 114 p., 64 tab. (I. II: 76 *fr.*) — III. IV: 1851—52. folio. Histoire des Vittariées et des Plearogrammées. Histoire des Antrophyées 54 p., 5 tab. (15 *fr*) — V: 1850—52. 4. Genera Filicum. Exposition des genres de la famille des Polypodiacées. 387 p., 32 tab. (54 *fr.*) — VI. VII. VIII: 1854—57. 4 Iconographie des espèces nouvelles décrites ou énumérées dans le Genera Filicum et Révision des publications antérieures relatives à la famille des fougères. VI, 138 p., 27 tab. (30 *fr.*) — IX: 1857. 4. Catalogue méthodique des Fougères et des Lycopodiacées du Mexique. 48 p. (10 *fr.*) — X: 1865. Iconographie des espèces nouvelles décrites ou énumérées dans le Genera Filicum et Révision des publications antérieures relatives à la famille des fougères. 50 p., tab. 28—41. (15 *fr.*) — XI: 1866. Histoire des fougères et des Lycopodiacées des Antilles. XVI, 164 p., 31 tab. (35 *fr.*)

2853* —— Mimosa pudica L. Mémoire physiologique et organographique sur la Sensitive et les plantes dites someillantes. Strasbourg, typ. Berger-Levrault. 1849. 4. 33 p., 1 tab.
Mémoires soc. d'hist. nat. IV, 70—100.

2854* —— Le Darwinisme, ou Examen de la théorie relative à l'origine des espèces. Paris, Masson et fils. 1864. 8. (3 *fr.*)

2855* —— Cryptogames vasculaires (Fougères, Lycopodiacées, Hydropteridées, Equisetacées) du Brésil. (Matériaux pour une Flore générale de ce pays.) Paris (Baillière, Masson), Levrault, veuve Berger-Levrault. 1869. 4. XVI, 268 p., 78 tab. (60 *fr.*)
Cat. of sc. Papers II, 580—581.

Fehr, *Johann Michael*, Präsident der Leopoldinischen Akademie, * Kitzingen 9. Mai 1601, † Schweinfurt 15. Nov. 1688.

2856* —— Anchora sacra, vel Scorzonera, ad normam et formam Academiae Naturae Curiosorum elaborata. Jena, typ. Bauhofer. 1666. 8. 167 p, 4 tab.

2857* —— Hiera picra, vel de Absinthio analecta. Lipsiae, Trescher. 1668. 8. 180 p, praef., 3 tab. aen., 1 tab. xyl.

Feistl, *Johann Kaspar.*

2858* —— Vegetabilia recentiora siccis esse praeferenda. D. Altorfii, typ. Meyer. 1740. 4. 16 p.

Feldmann, *Bernhard*, Arzt in Berlin, * Köln a. d. Spree 17. Nov. 1701, † Berlin Januar 1777.

2859* —— Comparatio plantarum et animalium. D. Lugduni Batavorum, Wishoff. 1732. 4. 63 p. — * Novis accessionibus ex ipsis defuncti schedis manuscriptis aucta recusa curâ *J. A. Merck.* Berolini 1780. 8. 111 p.

Fellmann, *Jakob* et *N. J.*
Cat. of sc. Papers II, 586.

Fellner, *Maximilian Johann Nepomuk.*

2860* —— Prodromus ad historiam fungorum agri Vindobonensis. D. Viennae, typ. Trattnern. 1775. 8. 104 p., praef.

Fendler, *August*, in Tovar (Venezuela).

2861* —— and *Asa* **Gray**. Plantae Fendlerianae novo-mexicanae: an account of a collection of plants made chiefly in the vicinity of Santa Fé New Mexico. Boston 1849. 4. 116 p. tab.
Mem. Am. Acad. IV, 1—116.

Fenzl, *Eduard*, kaiserlicher Regierungsrath und Professor, Custos des botanischen Museums in Wien (Fenzlia Endl.), * Krummnussbaum an der Donau 15. Febr. 1808.

2862* —— Versuch einer Darstellung der geographischen Verbreitungs- und Vertheilungsverhältnisse der natürlichen Familie der Alsineen in der Polarregion und eines Theils der gemässigten Zone der alten Welt. Wien, typ. Wallishauser. 1833. 8. 70 p., 3 Tabellen. (⅜ *th.*)

2863* —— Beitrag zur Charakteristik sämmtlicher Abtheilungen der Gnaphalien DeCandolle's nebst einer Synopsis aller zur restituirten Gattung Ifloga Cassini's gehörigen Arten. (Regensburg 1839.) 8. 36 p.
Flora XXII, 705—717. 721—731. 737—750.

2864* —— Pugillus plantarum novarum Syriae et Tauri occidentalis primus. Vindobonae 1842. 8. 18 p. (½ *th.*)

2865* —— Darstellung und Erläuterung vier minder bekannter, ihrer Stellung im natürlichen Systeme nach bisher zweifelhaft gebliebner Pflanzengattungen; gefolgt von einer Abhandlung über die Placentation der ächten und einer Kritik der zweifelhaften Bignoniaceen. (Regensburg 1841.) 4. 118 p., 5 tab.
Denkschriften der botanischen Gesellschaft III, 152—270.

2866* —— Illustrationes et descriptiones plantarum novarum Syriae et Tauri occidentalis. Stuttgart, Schweizerbart. 1843. 8. VIII, 84 p., 20 tab. folio.
Seorsim impressae ex *Russegger*, Reise, Band I. Theil 2. p. 883—970.
Exstant etiam sic inscriptae: Abbildungen und Beschreibungen neuer und seltener Thiere und Pflanzen in Syrien und im westlichen Taurus gesammelt von *Theodor Kotschy*. Herausgegeben von *Fenzl*, *Heckel* und *Redtenbacher*. ib. 1843—49. 8. 258 p., 25 tab. (6 *th.*)

2867* —— Beitrag zur näheren Kenntniss des Formenkreises einiger inländischer Leucanthemum- und Pyrethrum-Arten *DeCandolle's*. Wien, Ueberreuter. 1853. 8. 30 p.
Schriften des zoologisch-botanischen Vereins, Band III. 1853.

2868* —— Cyperus Jacquini *Schrad.*, Prolixus *Kunth.* u. Comostemum montevidense *N. ab Es.* Ein Beitrag zur näheren Kenntniss des relativen Werthes der Differential-Charaktere der Arten der Gattung Cyperus. Wien, Braumüller. 1855. 4. 20 p., 3 tab. (⅘ *th.*)
Denkschriften der Akademie, Band 8.

2869* —— Illustrirte Botanik oder Naturgeschichte des Pflanzenreichs, in Umrissen nach seinen wichtigsten Ordnungen dargestellt. Pest, Hartleben. 1857. 8. X, 307 p., 16 tab. col.
Cat. of sc. Papers II, 588.

Ferber, *Johan Eberhard.*

2870* —— Hortus Agerumensis, exhibens plantas saltem rariores exoticas et officinales, quas horto proprio intulit, secundum methodum Linnaei sexualem digestus. Holmiae, typ. Nyström. 1739. 8. 76 p., ind.

Ferguson, *William*, Director des botanischen Gartens in Melbourne.

2871* —— Description of the Palmyra Palm of Ceylon. (Borassus flabelliformis L.) Colombo, printed at the Observer Press. 1850. 8. 39 p., 6 tab.

Fermond, *Charles*, pharmacien en chef de la Salpêtrière, Paris, * Angoulême 1810.

2872* —— Études sur la symmétrie considérée dans les trois règnes de la nature. Paris, Chaix et Co. 1855. 8. 54 p., ic. xyl. (2 *fr.* 50 *c.*)

2873* —— Monographie du tabac, comprenant l'historique, les propriétés thérapeutiques, physiologiques et toxicologiques, la description des principales espèces employées ... Paris, typ. Chaix et Co. (Baillière.) 1857. 8. 352 p., effigies autoris. (5 *fr.*)

2874* —— Faits pour servir à l'histoire générale de la fécondation chez les végétaux. Paris, Pillet. 1859. 8. 45 p. (1 *fr.* 50 *c.*)

2875* —— Essai de phytomorphie ou Études des causes qui déterminent les principales formes végétales. Tome I. Paris, Germer Baillière. 1864. 8. IV, XXXVI, 644 p., 16 tab. — Tome II. ib. 1868. IV, 645 p., 14 tab. (30 *fr.*)
Extrait du tome II de l'Essai de Phytomorphie. Études comparées des feuilles dans les trois grands embranchements végétaux. Paris 1864. 8. 156 p., 13 tab. (10 *.*)

2876* **Fermond**, *Charles*. Phytogénie, ou théorie mécanique de la végétation. Paris, Germer Baillière. 1867. 8. xv, 692 p., 5 tab.
<small>Bull. soc. bot. XIII, 211—217.</small>

Ferrari, *Giovanni Battista* (Ferraria L.), * Siena 1584, † Siena 1. Febr. 1655.

2877* —— Flora seu de florum cultura libri IV. Romae, apud Stephanum Paulinum. 1633. 4. 522 p., tab. — * accurante *Bernhardo Rottendorfio*. Amstelodami, apud Janssonium. 1646. 4. 522 p., tab. — * accurante *Bernhardo Rottendorfio*. ib. 1664. 4. 552 p., praef., ind., 45 tab.
<small>* *italice*: Flora, trasportata dalla lingua latina nell' italiana da *L. A. Perugino*. Roma, Facciotti. 1638. 4. 520 p., praef., ind., 45 tab.
Adiunctis sibi sociis, pictoribus egregiis, *Petro Berettini Cortonensi* († 1669) et *Guidone Renio Bononiensi* († 1641), flores pulcherrimos delineari curavit et descripsit.</small>

2878* —— Hesperides sive de malorum aureorum cultura et usu libri quatuor. Romae, sumtibus Hermanni Scheus. 1646. folio. (10) 480 p., ind., tab.

Ferret

2879* —— et **Galinier**. Voyage en Abyssinie dans les provinces du Tigré, du Samen et de l'Ahmara. Paris, Paulin. 1847. III voll. 8. et Atlas.
<small>In vol. III, p. 85—163 invenitur: Énumération des plantes recueillies par MM. *Ferret* et *Galinier* et décrites par M. *Raffeneau-Delile*.</small>

Feueregger, *Karl*.

2880* —— De Valerianeis Hungariae, Croatiae, Transylvaniae, Dalmatiae et litoralis Hungarici. D. Pestini, typ. Beimel. 1837. 8. 30 p.

Feuereusen, *Karl Gottlob*.

2881* —— Pflanzenorganologie oder Etwas aus dem Pflanzenreiche, insonderheit die sonderbaren Wirkungen des Nahrungssaftes in den Gewächsen. Hannover, typ. Pockwitz. 1780. 8. 30 p.

Feuillée, *Louis*, Minorit (Fevillea L.), * Mane (Provence) 1660, † Marseille 18. April 1732.
<small>Zach, Monatliche Correspondenz (mit Portrait) 1807, Band 15. 16.
Höfer, Biogr. XVII, 603—605.</small>

2882* —— Journal des observations physiques, mathématiques et botaniques, faites par l'ordre du roi sur les côtes orientales de l'Amérique méridionale et dans les Indes occidentales depuis 1707—12. Paris, Griffart. 1714. III voll. 4. — I et II: 767 p., 50 tab. (plantas illustrantes). — III: ib. 1725. XL, 426 p. — Accedit: Histoire des plantes médicales de Perou et Chili: 71 p., 50 tab.
<small>* *germanice*: Beschreibung zur Arznei dienlicher Pflanzen von D. *Georg Leonhard Huth*. Nürnberg, Seeligmann. 1756—58. 2 Theile. 4. — I: 1756. 136 p., 50 tab. — II: 1758. 208 p., 50 tab.</small>

Fibig, *Johann*, Professor in Mainz (Fibigia Koel.), † Mainz 21. Oct. 1792.

2883* —— Einleitung in die Naturgeschichte des Pflanzenreichs nach den neusten Entdeckungen. Mainz 1791. 8. XVI, 446 p.

Ficinus, *Heinrich David August*, Professor an der med. chirurgischen Akademie in Dresden (Ficinia Schrad.), * Dresden 18. Sept. 1782, † Dresden 16. Febr. 1857.

2884* —— Flora der Gegend um Dresden. Dresden 1807—8. 8 min. Phanerogamie. xxxvIII, 430 p., 1 tab. col. (1½ *th*.) — * Zweite vermehrte und verbesserte Auflage. Dresden 1821—23. 2 Theile. 8. — I: 1821. Phanerogamie. xII, 542 p — II: 1823. Kryptogamie, von *Karl Schubert*. xxvIII, 466 p., 3 tab. (4½ *th*.) — * Dritte verbesserte Auflage, von *Ficinus* und *Gustav Heynhold*. Dresden 1838. 8. Erster Theil: Phanerogamie. xxIV, 300 p. und geognostische Karte. (2⅓ *th*.)
<small>Editio: Leipzig, Arnold. 1850. 8. (1 *th*.) non differt.</small>

Fick alias **Fikke**, *Johann Jakob*, Professor in Jena, * Jena 28. Nov. 1662, † Jena 23. Juni 1730.

2885* —— De plantarum extra terram vegetatione. D. Jena, typ. Krebs. 1688. 4. 28 p.

Fieber, *Franz Xaver*, Director des Kreisgerichts zu Chrudim in Böhmen, * Prag 1. März 1807.

2886* —— Symbolische Pflanzen, Blumen und Früchte, grösstentheils nach der Natur gezeichnet und gemalt. Mit erläuterndem Text zu «Selam oder die Sprache der Blumen». Fünf Hefte. Prag, Bohmanns Erben. 1826—30. 12. 53, 51, 60, 47, 48 p., 100 tab. (1⅔ *th*. — col. 4⅙ *th*.)

2887* **Fieber**, *Franz Xaver*. Die Potamogeta Böhmens. Prag, typ. Thabor. 1838. 8. 54 p., 4 tab.

2888* —— Die Echien Böhmens. (Prag, typ Thabor. 1841.) 8. 16 p.
<small>Utraque monographia seorsim impressa est ex: Oekonomisch-technische Flora Böhmens.</small>

Fiedler, *Karl Friedrich Bernhard*, Amtsarzt in Dömitz, * Schwerin 12. Juni 1807, † Dömitz 3. Juni 1869.

2889* —— Synopsis Hypnearum Megapolitanarum. D. Rostochii, typ. Adler. 1844. 8. 32 p.

2890* —— Synopsis der Laubmoose Mecklenburgs. Schwerin, Kürschner. 1844. 8. x, 138 p. (⅝ *th*.)

Fiedler, *Karl Gustav*, * Bautzen 26. Aug. 1791, † Dresden 24. Nov. 1853.

2891* —— Reise durch alle Theile des Königreichs Griechenland. Leipzig 1840—41. 2 Theile. 8. — I: 1840. xvIII, 858 p., 6 tab. — II: 1841. vi, 618 p., 5 tab., 1 mappa geogn. col. (9 *th*.)
<small>In volumine I. p. 507—858 recensentur vegetabilia Graeciae, quae pars seorsim exstat, inscripta: Uebersicht der Gewächse des Königreichs Griechenland. Dresden 1840. 8. p. 507—874, additis appendice ac indice.</small>

Fiedler, *Karl Wilhelm*.

2892 —— Anleitung zur Pflanzenkenntniss. München 1787. 8. — Mannheim, Schwan. 1804. 8. (¼ *th*.)

Field, *Henry*, * London 29. Sept. 1755, † Woodfort 19. Sept. 1837.

2893* (——) Memoirs historical and illustrative of the botanick garden at Chelsea, belonging to the society of apothecaries of London. London, typ. Gilbert. 1820. 8. 114 p.

Fielding, *Henry B.*, † 21. Nov. 1851.
<small>Proc. Linn. Soc. II, 188.</small>

2894* —— and *George* **Gardner**. Sertum plantarum, or drawings and descriptions of rare and undescribed plants from the author's (*Fielding*) herbarium. London 1844. 8. (75 foll.), ind., 75 tab. (21 *s*.) — Vol. II: Lancaster 1849. 8. 13 tab. and index. (ineditum remansit).

Fiera, *Baptista*, * Mantua 1469, † Mantua 1538.

2895* —— Coena de herbarum virtutibus et ea medicaea artis parte, quae in victus ratione consistit. Argentorati, apud Chr. Aegenolphum. s. a. 8. 27 (13) p. — * notis illustrata a *Carolo Avantio*, *Rhodigino*. Patavii, typ. Sardi. 1649. 4. (8 foll.) 208 p., ind., effigies autoris.

Figari Bey, *Antonio*, Arzt.

2896* —— Studii scientifici sull' Egitto, sue adjacenze compresa la peninsola della Arabia petraea. Lucca, typ. Giusti. 1864—65. II voll. 8. L, 300, 724 p., 1 mappa geol. (72 *fr*.)
<small>Cat. of sc. Papers II, 606.</small>

Figueiredo, *Jeronymo Joaquim de*, Professor in Coimbra.

2897* —— Flora pharmaceutica e alimentar portugueza ou Tractato daquelles vegetaes indigenas de Portugal, e outros nelle cultivados, cujos productos são usados, ou susceptiveis de se usar come remedios e alimentos. Lisboa, typ. acad. sc. 1825. 8. 604 p.

Figuier, *Louis*, D. M., * Montpellier ... 1819.

2898* —— Histoire des plantes. Paris, Hachette. 1865. 8. xv, 531 p., ic. xyl. (10 *fr*.) (Ouvrage pour la jeunesse.)

Figulus, *Carolus*.

2899* —— Dialogus, qui inscribitur botanomethodus sive herbarum methodus. Coloniae, apud Johannem Schoenstenium. 1540. 4. (23 foll.) Bibl. St. Gall.
<small>Liber hic rarus, quem in bibliotheca monasterii *St. Galli* offendi, facile primam ac antiquissimam sistit methodum cognoscendi herbas; est dialogus inter autorem *Figulum* et juvenem Coloniensem *Zyttardum*, in qua *Gisbertus Longolius*, medicus Coloniensis, princeps Germanorum botanicus, cui ipse *Euricus Cordus* cederet, praedicatur.</small>

Filipecki, *Joseph*.

2900* —— Observationes circa naturam plantarum. D. Viennae 1784. 8. 48 p.

Filet, *G. J.*

2901* —— De planten in den botanischen tuin bij het groot Militairhospitaal te Weltevreden. Batavia, Lange et Co. 1855. 8. vIII, 189 p.

2902* —— De inlandsche plantennamen, bijenverzameld en in alphabetische orde gerangschikt. Batavia, Lange et Co. 1859. 8. 280 p.
<small>Natuurk. Tijdschr. voor Nederl. Indië, vol. 19.</small>

Fingerhuth, *Karl Anton*, Arzt in Esch bei Enskirchen.
2903* —— Tentamen Florulae Lichenum Eiffliacae, sive enumeratio lichenum in Eiffla provenientium. Norimbergae, Schrag. 1829. 8 100 p (½ th)
2904* —— Monographia generis Capsici. Düsseldorpii, Arnz et Co. 1832. 4. IV, 32 p., 10 tab. col. (2 th.)
Fiorini-Mazzanti, *Elisabetta*, *Contesa*, * Rom . . . 1812.
2905* —— Specimen bryologiae romanae. (Ed. II.) Romae, typ. Puccinelli 1841. 8. 56 p, praef. — Ed. I. Romae, typ. Boulzaler. 1831. 8 26 p., 1 tab.
2906 —— Appendice al Prodromo della Flora romana (aut. *Sebastiani* et *Mauri*). s. l et a. 8. 24 p.
Fiscali, *Ferdinand*.
2907 —— Deutschlands Forstculturpflanzen. Zweite verbesserte Auflage Ollmütz, Hölzel. 1858. gr. 8. IV, 207 p., 18 tab. col. (8 th. n)
Fischer von Waldheim, *Alexander*, Botaniker auf Parry's zweiter arktischer Reise, Professor der Botanik in Warschau.
2908* —— De interna plantarum fabrica. D. Mosquae 1820. 8. 71 p.
2909* —— Florula bryologica Mosquensis. Mosquae 1864. 8. 165 p.
Bulletin des nat. de Moscou XXXVII, I, 1—95, II, 1—71.
Fischer, *F B.*
2910* —— Synopsis Astragalorum Tragacantharum Mosquae, typ. univ. 1853 8. 173 p, 12 tab
Bull. nat. Mosc. 1853, 316—486.
Fischer, *Friedrich Ernst Ludwig (von)*, Director des botanischen Gartens in Petersburg (Fischera DC), * Halberstadt 20. Febr. 1782, † Petersburg 17. Juni 1854.
2911* —— Specimen de vegetabilium imprimis filicum propagatione. D. Halae, typ. Grunert. 1804. 8. 40 p., 1 tab. (⅓ th)
2912* (——) Catalogue du jardin des plantes du Comte *Alexis de Razoumoffsky* à Gorenki près de Moscou. Moscou 1808. 8. 143 p. — * Moscou, typ. Vsevolojsky. 1812. 8. VIII, 76 p., 1 tab.
2913* —— Beitrag zur botanischen Systematik, die Existenz der Monokotyledoneen und der Polykotyledoneen betreffend. Zürich, Gessner. 1812. 4. 32 p., 3 tab. (1 th)
2914 —— et *C. A.* **Meyer**. De cultura frumenti in horto Imp. bot. Petropolitano a. 1836. Petropoli 1837. 4.
* *germanice:* Bericht über die Getreidearten, welche im Jahr 1836 im Kaiserl. botanischen Garten zu St. Petersburg gebaut wurden. (St. Petersburg 1837.) 4. 11 p.
2915* (—— ——) Enumeratio (prima et altera) plantarum novarum a clarissimo *Schrenk* lectarum. Petropoli (Lipsiae, Voss.) 1841—42. 8. — I: 1841. VII, 113 p., 2 tab. — II: 1842. III, 77 p.
2916* —— —— Sertum Petropolitanum seu icones et descriptiones plantarum, quae in horto botanico Imperiali Petropolitano floruerunt Fasc. 1—4. Petropoli 1846—69. folio.
Edidit anno 1824 Catalogum horti imperialis Petropolitani, et inde ab anno conjunctim cum *C. A. Meyer* Indices seminum, in quibus permultae species novae primum describuntur.
Cat. of sc. Papers II, 616—617
Fischer, *Johann Andreas*, Professor der Medicin in Erfurt, * Erfurt 28. Nov. 1667, † Erfurt 13. Febr. 1729.
2917* —— De Papavere erratico. D. Erfordiae, typ. Grosch. 1718. 4. 28 p.
2918* —— De Dirdar *Ibnsinae* Ulmo arbore. D. Erfordiae 1718. 4. 30 p.
2919* —— De Ricino americano. D. Erfordiae 1719. 4. 24 p.
Fischer, *Johann Baptist*, Adjunct am Reichs-Herbarium zu Leiden, Mitherausgeber von Blume's Flora Javae, † Leiden 26 Mai 1832.
Fischer, *Johann Bernhard*, Leibarzt der Kaiserin Anna, * Lübeck 28. Juli 1685, † Hinterbergen bei Riga 8. Juli 1772.
2920 —— Versuch einer Naturgeschichte von Liefland. Königsberg 1778. 8. — * Zweite vermehrte und verbesserte Auflage. Königsberg, Nicolovius. 1791. 8. 826 p., praef
Pflanzen: p. 386—682.
Fischer, *Johann Karl.*
2921* —— Verzeichniss der Gefässpflanzen Neu-Vorpommerns und Rügens. Stralsund 1861. 4. II, 56 p.
Fischer, *Leopold Heinrich.*
2922* —— Beiträge zur Kenntniss der Nostochaceen, und Versuch einer natürlichen Eintheilung derselben. D. Bern, Huber et Co. 1853. 4. 24 p., 1 tab. col. (⅓ th. n.)
Fischer, *L.*
2923 —— Taschenbuch der Flora von Bern. Systematische Uebersicht der in der Gegend von Bern wildwachsenden und zu ökonomischen Zwecken allgemein cultivirten phanerogamischen Pflanzen. Bern, Huber & Co. 1855. 8. XX, 139 p., 1 mappa col. (1 th.) — * Zweite ungearbeitete Auflage. Bern, Huber. 1863. 8. XX, 243 p., 1 mappa col. (⅓ th. n.)
2924* —— Verzeichniss der Phanerogamen und Gefässkryptogamen des Berner Oberlandes und der Umgebung von Thun. Bern, Dalp. 1862. 8. 128 p. (⅖ th. n.)
Fischer, *Levin.*
2925* —— Methodus nova herbaria, plantarum ad septem summa genera redactarum synonyma, regulas principatas, experimentaque curativa proponens. Brunopoli (i. e. Brunsvigae 1646?) 8 160 p.
Fischer-Ooster, *Karl (von).*
2926* —— Ueber Vegetationszonen und Temperaturverhältnisse in den Alpen. Bern, typ. Haller. 1848. 8. 31 p., 2 tab
Mitth. der naturf. Ges. in Bern.
2927* —— Die fossilen Fucoiden der Schweizer-Alpen, nebst Erörterungen über deren geologisches Alter. Bern, Huber et Co in Comm. 1858. 4. VIII, 74 p, 18 tab., sign. 1ª, 1ᵇ, 1ᶜ, 2—16
Cat. of sc. Papers II, 626
Fitzroy, *Robert*, Admiral (Fitzroya Hook. fil.), † London 30. April 1865.
Flachs, *Siegesmund Andreas*, Superintendent in Colditz, * Berggiesshübel 21. Nov. 1692, † Colditz um 1750.
2928 —— Exercitatio pro loco, sistens vestitum e Papyro in Gallia nuper introductum, e scriniis antiquitatis erutum. Lipsiae 1718. 4. (28 foll.)
Flacourt, *Étienne de*, Gouverneur von Madagascar (Flacourtia Comm.), * Orleans . . . 1607, ertrank im Meer auf der Rückkehr von Madagascar 10. Juni 1660
2929* —— Histoire de la grande isle Madagascar. Paris, chez Pierre L'Amy. 1658. 4. 192 p., praef, app., tab. — Troyes et Paris, Clouzier. 1661. 4. 471 p., praef., tab.
Description des plantes: p. 114—146, et 1 tab. bot.
Fleischer, *Franz*, Professor in Hohenheim.
2930* —— Beiträge zur Lehre von den Keimen der Samen der Gewächse. Programm. Stuttgart, typ. Mäntler. 1851. 8. IV, 159 p.
2931* —— Ueber Missbildungen verschiedner Kulturpflanzen und einiger andrer landwirthschaftlichen Gewächse. Programm. Esslingen, Conrad Weychardt. 1862. 8. (2) 100 p., 8 tab. (26 sgr.)
Fleischer, *Georg Christian.*
2932 —— Lilia Rubenis, sive Dissertatio philologica-critica de דודאים. D. Hafniae 1703. 4. 18 p.
Fleischer, *Johann Gottlieb*, Arzt in Mitau, * Mitau 15. Oct. 1797, † Mitau 1838.
2933* —— Systematisches Verzeichniss der in den Ostseeprovinzen bis jetzt bekannt gewordenen Phanerogamen, mit Angabe der gebräuchlichsten deutschen, lettischen und esthnischen Benennungen. Mitau, Schubert. 1830. 4. 120 p.
2934* —— Flora der deutschen Ostseeprovinzen Esth-, Liv- und Kurland, herausgegeben von *Emanuel Lindemann*. Mitau, Reyher. 1839. 8. VI, 390 p., effigies *Fleischeri*. (1¾ th.) — * Zweite vermehrte Auflage, herausg. von *Alexander Bunge*. ib. 1853. 8. VI, 291 p. (1¼ th.)
Fleischmann, *Andreas*, † Laybach 5. Juni 1867.
2935* —— Uebersicht der Flora Krains oder Verzeichniss der im Herzogthume Krain wildwachsenden und allgemein kultivirten sichtbar blühenden Gewächse. Laybach, Lercher. 1844. 8. 144 p. (⅔ th.)
Supplementum in Flora Ratisb. 1846. p. 239—240.
Fleming, *John*, Arzt in Indien, † London 10. Mai 1815.
2936* —— A catalogue of Indian medicinal plants and drugs with their names in the hindustani and sanscrit languages. Calcutta, printed at the Hindustani press by J. H. Hubbard. 1810. 8. 72 p., (V p.) ind.
Reprinted with additions from the Asiatic Researches XI, 153—196.

hollandice: Uit het Engelsch vertaald en met de Maleidsche namen vermeerderd; als ook een korte beschrijving van eenige planten, die op h. c. Java gevonden worden, door J. R. **Vos**. (Rotterd. (omt. 1820). 8.
germanice: in *Sprengel,* Jahrbücher 1, 111—146.

Fleming, *John,* in Edinburgh.
Cat. of sc. Papers II, 636—638.

Fleurot, *P.,* in Dijon.
Cat. of sc. Papers II, 640.

Fleury, *J. F.* (Fleurya Gaudch)
2937* (——) Orchidées des environs de Rennes. Rennes, typ. Cousin-Danelle. 1819. 8. 32 p.

Flinders, *Matthew,* Admiral (Flindersia R. Br.), * Donington (Lincolnshire) um 1780, † London 19. Juli 1814.
2938* —— A voyage to Terra australis; undertaken for the purpose of completing the discovery of that vast country and prosecuted in the years 1801, 1802 and 1803 in his Majesty's ship the *Investigator.* London 1814. II voll. 4. — I: CCIV, 269 p., 4 tab. — II: 613 p., 5 tab. et Atlas in folio: 18 tab. geogr., 10 tab. bot. a *Bauer* delin.
A p. 533—613: General remarks, geographical and systematical, on the Botany of Terra australis, by *Robert Brown,* naturalist to the voyage.

Floder, *Ali.*
2939* Synopsis plantarum paroeciae Uplandiae Funbø. D. I. Upsaliae 1853. 8. 16 p.

Floderus, *M. M.*
2940 (——) et *Th.* **Krok.** Förteckning öfver Skandinaviska Halföns Fanerogamer och Ormbuskar. Upsala, Edquist et Co. 1861. 8. 36 p.

Floerke, *Heinrich Gustav,* Professor der Botanik in Rostock seit 1816 (Floerkea Spr.), * Alten-Kalden in Meklenburg-Schwerin 24. Dec. 1764, † Rostock 6. Nov. 1835.
Bull. soc. bot. Belg. III.349—359. — Flora 1867, 186—208.
2941* —— Deutsche Lichenen gesammelt und mit Anmerkungen herausgegeben. Lieferung 1—3. Berlin 1815. 8. 14, 13, 16 p.
2942* —— De Cladoniis, difficillimo Lichenum genere commentatio nova. Rostockii, Stiller. 1828. 8. 106 p. (²/₃ th.) — (* Cladoniarum exemplaria exsiccata, commentationem novam illustrantia. Fasc. I—III. Rostockii, Stiller. 1829. 4.)
Cat. of sc. Papers II, 641

Flor, *M. R.*
2943 —— Systematisk Characteristik over de i Christiania Omegn vildvoxende Planter etc. Christiania 1847. 8. 92 p.

Flotow, *Julius von,* Kgl. Pr. Major (Flotowia Spr.), * Pitzerwitz in der Neumark 9. März 1788, † Hirschberg in Schlesien 15. Aug. 1856.
2944* ——, *H. R.* **Göppert** und *Chr. G.* **Nees von Esenbeck** bringen Hrn. Dr. *Ernst Wilhelm Martius* zur Feier seiner goldnen Hochzeit Gruss und Glückwunsch. Mit einem Anhange über die Rinde Páo Pereira und die darauf vorkommenden Lebermoose und Flechten. Breslau, typ. Friedländer. (1842). 8. 18 p.
Cat. of sc. Papers II, 642.

Flower, *Thomas Bruges.*
2945 —— Flora Thanetensis, or a Catalogue of plants indigenous to the Isle of Thanet. Ramsgate 1847. 12.
2946 —— Flora of Wiltshire. London 1866. 8.

Flueckiger, *F. A.,* Docent an der Universität zu Bern.
2947* —— Lehrbuch der Pharmakognosie des Pflanzenreichs, Naturgeschichte der wichtigeren Arzneistoffe vegetabilischen Ursprungs. Berlin, Gaertner. 1867. XXVIII, 748 p. (4 *th.* n.)

Flügge, *Johann,* Arzt in Hamburg, * Hamburg 22. Juli 1775, † Barmbeck 28. Juni 1816.
2948* —— Graminum Monographiae. Pars I. Paspalus. Reimaria. Hamburg, Berthes et Besser. 1810. 8. 224 p. (1 ¹/₃ th.)
2949 —— Plan zur Anlegung eines botanischen Gartens nahe bey Hamburg. Hamburg 1810. 8.
Cat. of sc. Papers II, 647.

Focke, *Gustav Waldemar,* Arzt in Bremen.
2950* —— De respiratione vegetabilium. D. Heidelbergae, Mohr. 1833 4. VIII, 26 p., 1 tab. (¹/₂ th.)
2951* —— Die Krankheit der Kartoffeln im Jahr 1845. Für Botaniker und Landwirthe bearbeitet. Bremen 1846. gr. 4. 76 p., 2 tab. col. (1 ¹/₈ th.)
Cat. of sc. Papers II, 647.

Focke, *Hendrik Charles* (Fockea Endl.), * Paramaribo 16. Aug. 1802, † Paramaribo 29. Juni 1856.
Cat. of sc. Papers II, 647.

Focke, *Ludwig Emil.*
2952 —— Leitfaden für den Unterricht in der Botanik. Aschersleben, Laue. 1846. 8. IV, 105 p.

Fockens, *Jakob Wilhelm.*
2953* —— Ueber die Luftwurzeln der Gewächse. D Göttingen, typ. Huth. 1857. 8. 84 p., 4 tab. (²/₃ th.)

Fodéré, *François Emanuel,* Arzt in Strassburg, * St. Jean Maurienne (Savoyen) 8. Jan. 1764, † Strassburg 4. Febr. 1835.
2954* —— Voyage aux Alpes maritimes, ou Histoire naturelle, agraire, civile et médicale du Comté de Nice et pays limitrophes. Tome 1. 2. Paris, Levrault. 1821. 8. XXIV, 376, 426, (6) p.

Fonseca Benevides, *Antonio Albino,* Professor in Lissabon.
3955* —— Diccionario de Glossologia botanica ou Descripção dos termos technicos de Organographia, taxonomia, physiologia e pathologia vegetal. Lisboa, typ. da Academia. 1841. 4 min IV, 487 p.

Fontana, *Felice,* Abbate, Director des Museums in Florenz, * Pomarolo bei Florenz 15. April 1731, † Florenz 11. Jan. 1805.
2956* —— Osservazioni sopra la ruggine del grano. Lucca, typ. Giusti. 1767. 8. 114 p., 1 tab. col.
2957* —— Saggio di osservazioni sopra il falso ergot, e Tremella. Firenze, Cambiagi. 1775. 4. 29 p.

Forbes, *Edward,* Professor der Botanik am Kings College in London, später in Edinburgh, * auf der Insel Man 12. Febr. 1815, † Edinburgh 18. Nov. 1854.
Proc. Linn. Soc. II, 408—412.
2958* —— On the connexion between the distribution of the existing Fauna and Flora of the british Isles. London 1846. 8. 98 p, 2 maps:
Cat. of sc. Papers II, 655—658.

Forbes, *John,* botanischer Reisender in Africa bei der Expedition von William Owen (Forbesia Eckl.), * 1799, † Senna im August 1823.
Laségue, Musée Delessert 576.

Forbes, *John,* Principal Gardener at Woburn Abbey.
2959* (——) Hortus ericaceus Woburnensis, or a catalogue of heaths in the collection of the *Duke of Bedford,* at Woburn Abbey. Alphabetically and systematically arranged. (London) 1825. 4. XIV, 42 p., 6 tab. col., 4 tab. nigr. Bibl. Reg Berol.
2960* (——) Salicetum Woburnense: or, a catalogue of willows indigenous and foreign in the collection of the *Duke of Bedford,* at Woburn Abbey; systematically arranged. (London) 1829. 4. XVI, 294 p., 140 tab. col. Bibl. Reg. Berol. et Mus. Vindob.
2961* (——) Hortus Woburnensis, a descriptive catalogue of upwards of six thousand ornamental plants, cultivated at Woburn Abbey. With numerous illustrative plans for the erection of forcing houses, green houses and an account of their management throughout the year. London, James Ridgway. 1838. 8. XXIV, 440 p., ind., 27 tab. pro parte col. (2 *l.* 12 *s.* 6 *d.*)
A few Copies are printed on Royal Paper, for such of the Nobility as may desire them. Proofs, 2 *l.* 2 *s.* Ditto, Coloured. 2 *l.* 12 *s.* 6 *d.*
2962* (——) Pinetum Woburnense: or a catalogue of coniferous plants, in the collection of the *Duke of Bedford,* at Woburn Abbey; systematically arranged. Londini, typ. Moyes. 1839. 8 max. XVI, 226 p., 67 tab. col., 1 tab. nigr. Bibl. Reg. Berol. et Mus. Vind.

Forer, *Lorenz,* Controversist, * Luzern 1580, † Regensburg 7. Jan. 1659.
2963* —— Disputatio physica de plantis. Dilingae, J. Mayer. 1615. 4

Forget, *Jean,* Arzt des Herzogs Karls IV. von Lothringen.
2964 —— Artis signatae designata fallacia sive de vanitate signaturarum plantarum. Nancei, apud Ant. Charlot. 1633. 12.

Formi, *Pierre,* † Nimes 5. Juli 1679.
2965* —— Traité de l'adianton ou cheveu de Venus, contenant la description, les utilitez et les diverses preparations galeniques et spagyriques de cette plante. Montpellier, Buisson. 1644. 8. 80 p., praef., 4 tab.
Redit in *Buchoz,* Traités très rares. Paris 1780. 12. p. 93—157

Forsander, *Johan*, * Jönköping 6. Mai 1795, † Wexiö 8. Juli 1866.
Botaniska Notiser 1866, 110—111.

2966* —— De vegetatione Scaniae. D. Lundae, typ. Berling. 1820. 4. 16 p.

Forsberg, *Carl Pehr*, M. D., * Jönköping 1. Febr. 1793, † Carlsborg 20. April 1832.

2967* —— De Campanulis suecanis. D. Upsaliae, typ. Palmblad. 1829. 4. 9 p.

Forselles, *Jacob Henrik af*, Berghauptmann bei der Silbergrube zu Sala, * Strömfors Bruk in Finnland 27. Dec. 1785, † 13. Juni 1855.

2968 —— Tvenne nya växter fundne i Sverige och beskrifne. Upsaliae, typ Edman. 1807. 8. 16 p., 1 tab. (Poa remota Fors. et Artemisia coarctata Fors.)

Forskål, *Pehr* (Forskalea tenacissima L.), * Calmar (Småland) 1736, † Jerim in Arabien 11. Juli 1768.
Stoever I, 326—328.

2969* —— Flora aegyptiaco-arabica, sive descriptiones plantarum, quas per Aegyptum inferiorem at Arabiam felicem detexit. Post mortem auctoris edidit *Carsten Niebuhr*. Havniae, typ. Möller. 1775. 4. 32, cxxvi, 219 p., 1 mappa bot. geogr. (2½ th.)
Insunt praeterea: Florula litoris Galliae ad Estac prope Massiliam, Florula Melitensis, Flora Constantinopolitana, Flora aegyptica, sive catalogus plantarum systematicus Aegypti inferioris.

2970* —— Icones rerum naturalium, quas in itinere orientali depingi curavit. Post mortem auctoris ad regis mandatum aeri incisas edidit *Carsten Niebuhr*. Havniae, typ. Möller. 1776. 4. 15 p., 43 tab. (5 th.)

Forsten, *Eltio Alegondas*, Arzt in Middelburg.

2971* —— De Cedrela febrifuga. D. Lugd. Batav., van den Hoek. 1836. 4. 34 p., 1 tab.

Forster, *Benjamin Meggot*, Kaufmann in London, Bruder des Thomas Furly und Edward.

2972 —— Peziza cuticulosa London 1792. 8. 2 p., 1 tab.

2973 —— Introduction to the knowledge of funguses. London 1820. 8.

Forster, *Edward*, Vicepräsident der Linnean Society, * Walthamstow in Essex 12. Oct. 1765, † London 21. Febr. 1849.
Proc. Linn. Soc. II, 39—40.
Cat. of sc. Papers II, 669.

Forster, *Georg*, der Sohn, * Nassenhuben bei Danzig 26. Nov. 1754, † Paris 11. Jan. 1794. (22. Nivôse).
Biographie von *Gervinus* in G. Forster's Sämmtlichen Werken. Leipzig 1843. 8.
Moniteur 1794, p. 478.

2974* —— Geschichte und Beschreibung des Brodbaums. Programm. Cassel 1784. 4. 47 p, 2 tab.
Hessische Beiträge, vol. I. p. 208—232 et p 384—400.

2975* —— Florulae insularum australium prodromus. Gottingae, Dietrich 1786. 8. 8, 103 p (⅓ th.)

2976* —— De plantis esculentis insularum oceani australis commentatio botanica. Berolini 1786. 8. 80 p. (⁵/₂₄ th.)

2977 —— Fasciculus plantarum magellanicarum, et plantae atlanticae, ex insulis Madeira, St. Jacobi, Adscensionis, St. Helena et Fayal reportatae. (Gottingae 1787.) 4. 64 p.
Comment. soc. Goett. vol. IX. p. 13—74

2978* —— Herbarium australe, seu catalogus plantarum exsiccatarum quas in Florulae insularum australium prodromo in commentatione de plantis esculentis insularum oceani australis, in fasciculo plantarum magellanicarum descripsit et delineavit; nec non earum quas ex insulis Madeira, St. Jacobi, Adscensionis, St. Helenae et Fayal reportavit. Goettingae, Schneider. 1797. 8. 24 p.
Icones plantarum in itinere ad insulas maris australis collectarum ineditae, 130 tabulae aeneae in folio, fuerunt olim in Bibl. Lambertiana.

Forster, *Johann Reinhold*, seit 1780 Professor der Naturgeschichte an der Universität Halle a. d. S. (Forstera L. fil.), * Dirschau 22. Oct. 1729, † Halle 9. Dec. 1798

2979* —— Florae Americae septentrionalis or a catalogue of the plants of North-America. London, White. 1771. 8. 51 p. — printed with his translation of the Travels of *Bossu*, ib. 1771. 8. vol. II. p. 17—67.

2980 —— Liber singularis de Bysso antiquorum. Londini 1776. 8. 133 p

2981* **Forster**, *Johann Reinhold*, et *Georg* **Forster**. Characteres generum plantarum, quas in itinere ad insulas maris australis collegerunt, descripserunt, delinearunt annis 1772—75. Londini, White. 1776. 4. x, viii, 150 p., 75 tab. (9 th.) — *Ejusdem editionis impressio in folio: Londini 1776. folio. 76 p., 75 tab.
Characterum generum volumen alterum Petropoli servari, Ruprechtius retalit illustrissimo Visiani.
* germanice: Beschreibungen, übersetzt von *J. S. Kerner*. Stuttgart, Maentler. 1779. 4. 160 p., praef., ind., 18 tab.

Forster, *Thomas Farleigh*.

2982* —— Flora Tonbrigensis or a catalogue of plants growing wild in the neighbourhood of Tonbridge Wells. London, typ. Taylor. 1816. 8. vii, 216 p., 3 tab. col. (8 s. 6 d.) — Ed. II. with additions by *T. Forster*. Tonbridge Wells, Clifford. 1842. 8. (eadem impressio, additis 56 paginis.)

Forsyth, *J. S.*

2983 —— The first lines of botany, or primer to the Linnaean system. etc. London, Balcock. 1827. 12. 18, 184 p., 3 tab. col.

Forsyth, *William*, Director der Königlichen Gärten zu St. James und Kensington, * Aberdeen 1737, † Kensington 25. Juli 1804.

2984 —— Observations on the diseases, defects and injuries in all kinds of fruit and forest trees. London 1791. 8. 74 p.
germanice: Ueber die Krankheiten und Schäden der Obst- und Forstbäume; übersetzt von *Georg Forster*. Mainz 1792. 8. (¹/₆ th.) — Mit Anmerkungen von *J. C. Christ*. Frankfurt a/M. 1801. 8. (¹/₄ th.)
gallice: Paris 1791. 8.

2985* —— A treatise on the culture and management of fruittrees. etc. London 1802. 4. 371 p, 13 tab. — Ed. II. with additions. London, Longman. 1803. 8. xxvii, 523 p., 13 tab.
germanice: Berlin 1804. 8.
gallice: Paris 1803. 8.

Fortemps, *Joseph Karl von*.

2986* —— Vita plantarum illustrata. Vindobonae 1780. 8. 44 p.

Fortune, *Robert*, Director des Gartens in Chelsea, * Berwickshire 1813.

2987* —— Three years' wanderings in the northern provinces of China, including a visit to the Tea, Silk and Cotton Countries: with an account of the agriculture and horticulture of the Chinese, new plants etc. London, Murray. 1847. 8. xiv, 407 p., tab. (15 s.)

2988* —— A Journey of the Tea Countries of China; including Sung-Le and the Bohea Hills. London, Murray. 1852. 8. xvi, 398 p., 17 tab. (18 s.)

Fougeroux, *Auguste Denis* (Fougerouxia DC.), * Paris 10. Oct. 1732, † Paris 28. Dec. 1789.
Éloge in Hist. de l'Acad. des sc. de Paris 1789, p. 39—44
Ejus commentationes botanicae recensentur in Bibl. Banksiana V, 238.

Fourcy, *Eugène de*, * Paris 1812.

2989* —— Vade-mecum des herborisations parisiennes conduisant, sans maître, aux noms d'ordre, de genre et d'espèce des plantes spontanées ou cultivées en grand dans un rayon de vingt-cinq lieues autour de Paris. Paris, Delahaye. 1859. 8. xxxi, 299 p. — *Ed. II. ib. 1866. 8. xii, 275 p. (4 fr.)

Fournel, *D. H. L.*, Professor in Metz, † Metz 1848.

2990* —— et **Haro**. Tableau des champignons observés dans les environs de Metz. Premier mémoire. Metz, typ. Lamort. 1838. 8. 47 p. (1 fr. 50 c.)

Fournier, *Eugène*, Arzt in Paris.

2991* —— Des Ténifuges employés en Abyssinie. Paris, typ. Rignoux. 1861. 4. 68 p., 1 tab. (Albizzia anthelmintica Ad. Br.)

2992* —— De la fécondation dans les Phanérogames. Thèse. Paris, F. Savy. 1863. 8. 154 p., 2 tab. (3 fr.)

2993* —— Recherches anatomiques taxonomiques sur la famille des Crucifères et sur le genre Sisymbrium en particulier. Thèse. Paris, typ. Martinet. 1865. 4. 155 p., 2 tab.

2994* —— Études sur le genre Hesperis. Paris, typ Martinet. 1868. 8.
Bull. soc. bot. de France VIII, 220—223, 326—361, 1 tab.
Cat. of sc. Papers II, 689—690.

Fraas, *Karl*, Director der Thierarzneischule in München, * Stettelsdorf bei Bamberg 8. Sept. 1810.

2995* —— Στοιχεῖα τῆς βοτανικῆς. Ἀθῆναι 1837. 8.

2996* —— Beitrag zur Geschichte europäischer Kulturpflanzen.

Programm der Gewerbsschule zu Freysing. Freysing, typ. Müller. 1843. 4. 8 p.

2997* **Fraas**, *Karl*. Synopsis plantarum florae classicae oder Uebersichtliche Darstellung der in den klassischen Schriften der Griechen und Römer vorkommenden Pflanzen, nach autoptischer Untersuchung im Florengebiete entworfen und nach Synonymen geordnet. München, Fleischmann. 1845. 8. xxxix, 320 p. (1 ⅓ th.)

2998* —— Klima und Pflanzenwelt in der Zeit; ein Beitrag zur Geschichte beider. Landshut, Krüll. 1847. 8. xx, 137 p. (¾ th.)
Cat. of sc. Papers II, 693—694.

Fragoso, *Juan*, aus Toledo, Arzt Philipp II. (Fragosa Rz. et Par.)

2999 —— Catalogus simplicium medicamentorum, quae in usitatis hujus temporis compositionibus aliorum penuria invicem supponuntur. Compluti 1566. 8. 126 foll.

3000 —— Discursos de las cosas aromaticas, arboles y frutales y de otras muchas medicinas simples, que se traen de la India oriental y sirven al uso de medicina. Madrid, Francisco Sanchez. 1572. 8. 211 foll.
* *latine*: Aromatum, fructuum et simplicium aliquot medicamentorum ex India utraque in Europam delatorum, historia brevis. Argentinae, excudebat Martinus. 1600. 8. 115 foll., praef., ind.
Colmeiro Bot. esp. 152.

Franchet, *A.*

3001* —— Essai sur la distribution géographique des plantes phanérogames dans le Dép. de Loir-et-Cher. Vendome, typ. Lemercier. 1866. 8. 28 p.

3002* —— Essai sur les espèces du genre Verbascum croissant spontanément dans le centre de la France et plus particulièrement sur leurs hybrides. Angers, Lachèse. 1868. 8. 204 p., 7 tab.
Extrait des Mémoires de la soc. acad. de Maine et Loire, tome XXII, p. 65—204.

Francis, *George W.*

3003* —— A catalogue of british flowering plants and ferns, to facilitate botanical correspondence and reference. London, Black. 1835. folio. (6 d.) — Ed. V. 1840. folio. (6 d.)

3004 —— An analysis of the british ferns and their allies. London, Simpkin. 1837. 8. iii, 68 p., ind., 7 tab. (4 s) — 5. edition, revised by *Arthur Henfrey*. ib. 1860. 8. 90 p. (5 s.)

3005 —— The little english Flora. London 1839. 8. xiii, 174 p., praef., 14 tab. (6 s. 6 d.)

3006 —— The grammar of botany; with engravings. London 1840. 8. (4) 160 p.

Francoeur, *Louis Benjamin*, * Paris 16. Aug. 1773, † Paris 15. Dec. 1849.

3007* (——) Flore Parisienne ou description des caractères de toutes les plantes qui croissent naturellement aux environs de Paris, distribuées suivant la méthode du jardin des plantes de cette ville par *L. B. F****. Paris an IX. (1801.) 12. xi, 296 p.

François de Neufchateau, *Nicolas Louis*, *Comte de*, Minister des Innern unter Napoleon, * Saffais in Lothringen 17. April 1750, † Paris 10. Jan. 1828.

3008* —— Lettre sur le robinier, connu sous le nom impropre de faux Acacia, avec plusieurs pièces relatives à la culture et aux usages de cet arbre. Paris, Meurant. 1803. 12. 314 p., 1 tab. (2 fr. 50 c.)

Franeau, *Jean*.

3009* —— Jardin d'hyver ou cabinet des fleurs, contenant en XXVI elegies les plus rares et signalez fleurons de plus fleurissans parterres. Illustré d'excellentes figures representantes au naturel les plus belles fleurs des jardins domestiques. Douay, typ. Borremans. 1616. 4. (14) 198, 22 p. et tab.

Frank, *Albert Bernhard*, Privatdocent in Leipzig.

3010 —— Ueber die Entstehung der Intercellularräume der Pflanzen. Leipzig 1867. 8.

3011 —— Beiträge zur Pflanzenphysiologie. Leipzig, Engelmann. 1868. 8. viii, 167 p., 5 tab. (1 ⅓ th. n.)

3012* —— Pflanzentabellen zur leichten, schnellen und sichern Bestimmung der höhern Gewächse Nord- und Mittel-Deutschlands. Leipzig, Weissbach. 1869. 8. xxviii, 176 p., ic. xyl. (1 th. n.)

3013* —— Die natürliche wagerechte Richtung von Pflanzentheilen und ihre Abhängigkeit vom Lichte und von der Gravitation. Leipzig, Weissbach. 1870. 8. 95 p., 1 tab.

Frank, *Joseph C.* (Frankia Steud.), † New Orleans 1835.

3014* —— Rastadts Flora. Heidelberg, Winter. 1830. 8. xxxiii, 171 p. (¾ th.)

Franke, *Georg*, latine **Francus de Franckenau**, Professor zu Heidelberg, Wittenberg und Kopenhagen, * Naumburg 3. Mai 1644, † Kopenhagen 14 Juni 1704.

3015* —— Lexicon vegetabilium usualium, in quo plantarum, quarum usus usque innotuit, nomen cum synonymis latinis, graecis, germanicis et interdum arabicis, temperamentum, vires et usus generalis et specialis atque praeparata ex optimis quibusque autoribus breviter proponuntur. Argentorati, typ. Josiae Staedel. 1672. 12. 142 p., praef. — *Ed. II: Flora Francica, h. e. Lexicon plantarum hactenus usualium etc. ib. 1685. 12. 165 p., praef. — *Ed. III: Lipsiae 1698. 12. 299 p., praef. — *Ed. novissima cura *G. Fr. Franci*, filii autoris. Argentorati, typ. Staedel. 1705. 12. 240 p, praef., ind. et Programmata: 122 p.
* *germanice*: Flora Francica rediviva, oder Kräuterlexicon, übersetzet und um zwei Theile vermehret von *Christoph Hellwig*. Leipzig, Martini. 1713. 8. 404 p., praef. — *Ed. II: vermehrt von *J. G. Thilo*. Leipzig, Martini. 1716. 8. 640 p., praef. — Ed. III: Leipzig 1728. 8. 640 p. B. — *Ed. IV: Leipzig, Martini. 1736. 8. 640 p. praef. — *Ed. V: Leipzig, Gross. 1753. 8. 712, 136 p., praef. — *Ed. VI: Züllichau, Frommann. 1766. 8. (⅞ th.) (non differt.)

3016 —— De Soldanella. D. Heidelbergae 1674. 4.

3017* —— Programmata ad herbationes annorum 1677—87. Heidelbergae 1677—87. 4.
Redeunt in Flora Francica, 1685. p. 1—90. 1698. p. 3—81. 1705. p. 3—122.

Franke, *Johann*, Arzt in Bautzen.

3018* —— Hortus Lusatiae, d. i. Lateinische, deutsche und etzliche wendische Nahmen derer gewechse, welche in Ober- und Niederlausitz, entweder im garten werden gezeuget, oder sonsten ... von sich selber wachsen. Budissinae, apud Michael Wolrab. 1594. 4. 48 p. Bibl. Mus. brit. Lond.

Franke, *Johann*, latine **Franckenius**, Professor der Anatomie und Botanik zu Upsala (Franckenia L.), * Stockholm 25. Jan. 1590, † Upsala 16. Oct. 1661.

3019* —— Signatur, das ist, Gründtliche und Wahrhaftige Beschreibung der von Gott und der Natur gebildeten unnd gezeichneten gewächsen, als kreutern, wiirtzeln, blettern, blumen, samen, früchten, säfften, beumen, gestäuden, gummaten, hartzten, steinen, edelgesteinen und specialerden. Rostock 1618. 4. 36 (6) foll.

3020 —— Speculum botanicum, in quo juxta alphabeti ordinem praecipuarum herbarum, arborum, fruticum, et suffruticum nomenclaturae sive appellationes tam in suecica quam latina lingua ad lustrandum proponuntur. Upsaliae, excudebat Aescillus Matthiae. 1638. 4. (25 foll.) — Speculum botanicum renovatum, denuo revisum, pluribus plantarum speciebus auctum. Upsaliae, excudebat Johan Pauli. 1659. 4. (20 foll.)
Autor, Paracelsicus homo, tota signaturae insania captus, fuit primus, qui plantas Sueciae indigenas adnotavit et heic alphabetico ordine enumeravit, intermixtis vero exoticis.

Franke, *Johann*, latine **Francus**, Arzt in Ulm.

3021* —— Polycresta herba Veronica ad botanices philosophicae juxta et medicae cynosuram elaborata. Ulmae, typ. Gassenmayer. 1690. 12. 272 p., ind.

3022* —— Veronica theezans i. e. collatio Veronicae europaeae cum Thee chinitico. Coburgi 1693. 8. — Ed. II. auctior et correctior. Lipsiae et Coburgi, Pfotenhauer. 1700. 12. 158 p., praef., ind., 3 tab.

3023* —— Trifoli fibrini historia selectis observationibus et perspicuis exemplis illustrata. Francofurti, Kroniger, 1701. 8. 64 p.

3024 —— Herba Alleluja botanice considerata. Ulmae, typ. Gassenmayer. 1709. 12. 390 p., ind., 1 tab.

3025* —— Spicilegium de Euphragia herba, medicina polycestra, verumque oculorum solamen. etc. Francofurti, Schumacher. 1717. 8. 80 p., praef.

3026 —— Das verschmächte und wieder erhöhte Flachsseidenkraut. Ulm 1718. 8. 32 p.

3027* —— Thappuah Jeruschalmi seu Momordicae descriptio

medico-chirurgico-pharmaceutica etc. Ulmae, Bartholomaei. 1720. 8. 70 p., praef., 1 tab.

3028* **Franke**, *Johann.* Tractatus singularis de Urtica urente, de qua Graeci et Latini pauca, paucissima Arabes conscripserunt. etc. Dilingae, typ. Schwertlen. 1723. 8. 175 p.

3029* —— Gründliche untersuchung der unvergleichlichen Sonnenblume oder sogenannten Heliotropii magni von Peru. Ulm 1725. 8 24 p

Franqueville, *Graf Albert de*, Fécamp bei Pau in Frankreich (Franquevillea Gray.)

Frantz, *A*

3030 —— Ueber Leben und Krankheit der Pflanzen. Allen denkenden Freunden der Natur und Landwirthschaft zur Erwägung dargeboten Sondershausen, Eupel. 8. VIII, 130 p. (21 *sgr.*)

Franz, *Johann Georg Friedrich*, Arzt in Leipzig, * Leipzig 1737, † Leipzig 14. April 1789.

3031* —— De Asparago ex scriptis medicorum veterum. D Lipsiae, typ. Sommer 1778. 4. 42 p

Franzoja, *Giovanni.*

3032* —— Disceptatio academica de analysi Smilacis Chinae et Arundinis Donacis. D Patavii, typ. Seminarii. 1825. 8. 26 p.

Fraser, *Charles*, Colonial botanist in New South Wales.

3033* —— Remarks on the botany of the banks of Swan River, Isle of Buache, Baie Geographe and Cape Naturaliste.
Hooker, Bot. Miscellany I, 221—269. (1836.)

Fraser, *John*, der Vater, Reisender in Neufundland 1780—84, in Nordamerika 1785—96 (Frasera Walt.), * Javernesshire 1750, † Glasgow 5. Mai 1811.
Biographical sketch in *Hooker* Companion II, 300—305. with Portrait.

Fraser, *John.*

3034* —— A short history of the Agrostis Cornucopiae or the new american grass, and a botanical description of the plant etc. London 1789. folio 8 p., 1 tab. col. (3 s. 6 d)

3035 —— Thalia? dealbata, discovered growing in a lake of North-America, in the year 1790. 1 tab. aen. col. a J Sowerby delineata, edita 1. Aug. 1794.

Frauenfeld, *Georg Ritter von*, Custos des zoologischen Museums in Wien, * Wien 2. Juni 1807.

3036* —— Die Algen der dalmatischen Küste mit Hinzufügung der von Kützing im adriatischen Meere überhaupt aufgeführten Arten. Wien (Leipzig, Brockhaus.) 1855. Imp 4 XVIII, 78 p., 24 tab. physiotyp. (2⅓ *th.*)

Freeman, *Miss Charlotte.*

3037 (——) and *Miss Juliana Sabina Strickland*-. Select specimens of British plants. I: London 1797—1809. folio.

Freige, *Johannes Thomas*, Professor in Altdorf, † 16. Jan. 1583.

3038 —— Quaestionum medicarum libri XXXVI. Basileae, apud Henricum Petrum. 1558 8. Bum
Liber XXVIII inscribitur: Dendrographia; liber XXIX: Phyturgia; liber XXX: Botanologia.

Frémineau, *Henri*, Arzt in Paris, * Paris 1828.

3039* —— Anatomie du système vasculaire des Cryptogames vasculaires de France. Paris, F. Savy. 1868. 8 78 p., 7 tab.

Frémont, *John Charles*, General (Fremontia Torr.), * Savannah (Südkarolina) 21. Jan 1813.

3040* —— Report of the exploring expedition to the Rocky Mountains in the year 1842, and to Oregon and North California in the year 1843—44. Printed by order of the Senate of the United States. Washington, typ. Gales and Seaton. 1845. 8. 693 p, 4 tab bot., 2 tab. Filices fossiles, 1 mappa geogr. fol. max.
Insunt descriptiones et icones novorum generum et specierum plantarum, auctore *John Torrey*, pag. 311—319.

Frémont, *L. C. A.*

3041 —— Note sur l'Orobanche de Dioscoride, contenant sa description, ses propriétés, les avantages, qu'on peut retirer de sa culture, la preuve, que cette plante n'est point parasite, des conjectures sur l'Orobanche de Théophraste, etc. Cherbourg et Paris 1807 8. 32 p.

Frémy, *Edmond*, * Paris 8. Febr. 1814
Cat. of sc. Papers II, 710—712

Frenzel, *Johann Samuel Traugott*, Arzt in Wittenberg * Schönau 2. Sept. 1740, † Wittenberg 8. Nov 1807.

3042* —— Verzeichniss wildwachsender Pflanzen und ihres Standortes in der Nähe um Wittenberg. Wittenberg, typ. Tzschiedrich. 1799. 8. 32 p. — Wittenberg, Kühne. 1802. 8. (⅛ *th.*)

3043* —— Verzeichniss wildwachsender, angebauter und unterhaltener Holzarten in der Gegend von Wittenberg. Wittenberg, typ. Tzschiedrich. 1801. 8. 64 p.

Frenzel, *Simon Friedrich*, pr.

3044 —— Suavissimum Fragariae fructum, fraga animo delibanda proponit *Caspar Schoen*. D. Wittenbergae 1662. 4. 2 plag.

Fresenius, *Johann Baptist Georg Wolfgang*, Arzt in Frankfurt a/M. (Fresenia DC.), * Frankfurt 25. Sept. 1808, † Frankfurt 1. Dec. 1866.

3045* —— Syllabus observationum de Menthis, Pulegio et Preslia. Francofurti a/M., typ. Wenner. 1829. 8. 23 p. (⅓ *th.*)

3046* —— Taschenbuch zum Gebrauche auf botanischen Excursionen in der Umgegend von Frankfurt a/M. Zwei Abtheilungen. Frankfurt a/M., Brönner. 1831—32. 8. VI, 621 p. (1¾ *th.*)

3047* —— Beiträge zur Flora von Aegypten und Arabien. Frankfurt a/M. 1834. 4. 58 p., 4 tab.
Museum Senck. I, 63—94, 163—188.

3048* —— Beiträge zur Flora von Abyssinien Frankfurt a/M., 1837—45. 4. 100 p., 5 tab.
Museum Senck. II, 103—286. III, 61—78.

3049* —— Grundriss der Botanik zum Gebrauche bei seinen Vorlesungen. Frankfurt a/M. 1840. 8. 78 p. (⅜ *th.*) — *Zweite Auflage. Frankfurt a/M. 1843. 8. IV, 90 p. (½ *th.*)

3050* —— Zur Controverse über die Verwendung von Infusorien in Algen. Frankfurt a/M., Zimmer. 1847. 8. IV, 18 p., 1 tab. col.

3051* —— Beiträge zur Mykologie. Heft 1—3. Frankfurt a/M., 1850—63. 4. IV, 113 p., 13 tab. (3 *th.*)

3052* —— Beiträge zur Kenntniss mikroskopischer Organismen. Frankfurt a/M., Brönner, 1856—58. 4. 34 p., 3 tab
Cat. of sc. Papers II, 717.

Freycinet, *Casimir.*

3053* —— Catalogue raisonné des arbres, arbrisseaux et sous-arbrisseaux, cultivés en plein air dans la pépinière à Loriol, Dép. de la Drome. Valence, typ. Viret. s. a. 8. 134 p.

Freycinet, *Louis Claude de Saulces de*, Capitaine de vaisseau (Freycinetia Gchd.), * Montélimart 7. Aug. 1779, † Freycinet (Drome) 18. Aug. 1842.

Freyer, *Johann Gottfried.*

3054* —— De Lythro Salicaria L. D. Goettingae, typ. Rosenbusch. 1802. 8. 70 p., 1 tab. col.

Freylin, *L. de* (Freylinia Benth.).

3055* —— Catalogue des plantes cultivées dans le jardin de Buttigliera (Marengo). Turin 1810. 8. 32 p. Supplément: Asti 1812. 8. 7 p.

Freyreis, *Georg Wilhelm*, * Frankfurt a/M. 12. Juli 1789, † Leopoldinia in Brasilien 1 April 1825.

Friche-Joset.

3056 —— et **Montaudon**. Synopsis de la Flore du Jura septentrional et du Sundgau. Mulhouse 1856. 8.

Friebe, *Wilhelm Christian*, * Grossballhausen in Thüringen 28. Juli 1762, † Riga 14 Sept. 1811.

3057* —— Oekonomisch-technische Flora für Liefland, Esthland und Kurland. Riega 1805. 8. XXVIII, 392 p. (1⅔ *th.*)

Friedrich August, König von Sachsen, * Dresden 18. Mai 1797, † bei Brennbichl in Tirol 9. Aug. 1854.

3058* —— Flora von Marienbad. In *K. J. Heidler*, Pflanzen und Gebirgsarten von Marienbad. Prag 1837. 8. pag. 1—30.

Friedrichsthal, *Emanuel Ritter von* (Friedrichsthalia Fenzl.), * Brünn 1809, † Wien 3. März 1842.

3059* —— Reise in den südlichen Theilen von Neugriechenland. Mit einem botanischen Anhange (p. 261—311.) von *Vincenzo Cesati* und *Eduard Fenzl.* Leipzig, Engelmann 1838. 8. VIII, 311 p. (1½ *th.*)

Fries, *A.*

3060 —— Die weidenartigen Gewächse in der Gegend von Wertheim. Wertheim 1864. 8 48 p.

Fries, *Elias Magnus*, Professor der Botanik in Upsala (Friesia DC.), * auf der Pfarre Femsjö in Smoland 15. Aug. 1794.

3061* —— Novitiae Florae suecicae. Lundae 1814—23. 4. 122 p — *Ed. altera auctior et in formam commentarii in *Wahlenbergii* Floram suecicam redacta Londini Gothorum 1828. 8. XII, 306 p. (1½ *th*.) — *Continuatio, sistens mantissam I, II, III uno volumine comprehensas. Accedunt de stirpibus in Norvegia recentius detectis praenotationes e maxima parte communicatae a *Matth. N. Blytt.* Lundae et Upsaliae 1832—42. 8. 84, 64, x, 204 p.

3062* —— Observationes mycologicae, praecipue ad illustrandam Floram suecicam. Havniae, Bonnier. 1815—18. II voll. 8. — I: 1815. 230 p., 4 tab. col. — II: 1818. x, 372 p., 4 tab. col. (3 *th*.) — *Ed. nova. Havniae 1824. 8. 368 p., 8 tab. col. (3½ *th*.)

3063* —— Lichenum Dianome nova. D. Lundae 1817. 4. 10 p.

3064* —— Specimen systematis mycologici. D Lundae, typ. Berling. 1817. 8. 8 p.

3065* —— Flora hallandica, sistens enumerationem vegetabilium in Hallandia sponte nascentium, additis locis natalibus et observationibus selectis. Pars prior. (Monandria-Dioecia.) Lundae 1817 et 1818. 8. 159 p. (11/12 *th*)

3066* —— Symbolae Gasteromycorum ad illustrandam Floram suecicam. D. I—III. Lundae 1817—18. 4. 25 p.

3067* —— Om Brand och Rost på wäxter, jemte fullständig underrättelse om deras kännetecken, orsaker, skada samt medel till dess förekommande. Lund, typ. Berling. 1821. 8. 54 p.

3068* —— Systema mycologicum sistens fungorum ordines, genera et species hucusque cognitas, quas ad normam methodi naturalis determinavit, disposuit atque descripsit. Gryphiswalde, Moritz. 1821—29. III voll. 8. — I: 1821. LVII, 520 p. — II: 1823. 620 p. — III: 1829. VIII, 524 p., index: 202 p. (9¼ *th*.) — *Supplementa. ib. 1830—32. VI, 238, 154 p

3069* —— Schedulae criticae de Lichenibus exsiccatis Sueciae. I—XIV. Londini Gothorum (Lincopiae et Norcopiae) 1824—33. 4. 24, 14, 4, 34, 22, 22, 17 p.

3070* —— Systema orbis vegetabilis. Primas lineas novae constructionis periclitatur *Elias Fries*. Pars I. Plantae homonemeae. Lundae 1825. 8. VII, 374 p. (2 *th*.)

3071* —— Stirpium agri Femsoniensis index, observationibus illustrata. Lundae 1825—26. 8. 100 p.

3072* —— Elenchus fungorum, sistens commentarium in systema mycologicum. Gryphiae, Moritz. 1828. II voll. 8. — I: 238 p. — II: VI, 154 p. (2 *th*)

3073* —— Synopsis Agaricorum europaeorum. D. I. Lundae, typ. Berling 1830. 8. 16 p.

3074 —— Primitiae geographiae Lichenum. D. Lundae 1831. 8. 18 p.

3075* —— Lichenographia europaea reformata. Praemittuntur Lichenologiae fundamenta. Compendium in theoreticum et practicum Lichenum studium. Lundae et Gryphiae 1831. 8. CXX, 486 p. (3⅓ *th*.)

3076* —— Mappa botanica ex affinitate et analogia, sive clavis artificialis in familias plantarum phanerogamarum indigenas e partibus floris conspicuis. (Manuscr. cum autoris amicis communicatum.) Upsala, Palmblad. 1835 folio. 2 p.
Etiam in Flora scanica impressa est: «Clavis in familias plantarum indigenas secundum affinitatem et analogiam.»

3077* —— Boleti, fungorum generis, illustratio. D Upsaliae 1835. 8. 14, 4 p.

3078* —— Corpus Florarum provincialium Sueciae. I. Flora scanica. Upsaliae, typ. Palmblad. 1835. 8. XXIV, 394 p.

3079* —— Botaniskt-Antiquariske Excursioner af hvilka den första öfver Grekernes Nympheaceer. D. I—III. Upsala 1836. 4. 28 p. — Om Sädeslagens Stamland. D. Upsala 1836. 8. p. 29—36.

3080* —— Anteckningar öfver de in Sverige växende ätliga Svampar. D. I—VIII. Upsala, Palmblad. 1836. 4. 68 p.

3081* —— Genera Hymenomycetum; nova expositio. D. Upsaliae 1836. 8. 17 p.

3082* —— Synopsis generis Lentinorum. D. Upsaliae 1836. 8. 18 p.

3083* —— Epicrisis systematis mycologici, seu Synopsis Hymenomycetum. Upsaliae et Lundae, Gleerup. 1836—38. 8 XII, 610 p. (4½ *th*)

3084* **Fries**, *Elias Magnus*. Fungi guineenses *Adami Afzelii* ad schedulas et specimina inventoris descripti D. I. Upsaliae 1837. 4. 8 p.

3085* —— Spicilegium plantarum neglectarum. Decas I. Agaricos hyperrhodios sistens. D. Upsaliae 1837. 4. 8 p.

3086* —— Öfver Växternes Namn. D. I—IV. Upsala, typ. Leffler. 1842. 8. 64 p.
Redit in autoris: Botaniska Utflygter. Upsala 1843. 8. p. 113—178, et germanice in *Hornschuch* Archiv I, p. 41—98.

3087 —— Äro Naturvetenskaperna något Bildningsmedel? En litterär Stridsfråga. D. I—III. Upsala 1842. 8. 40 p.
* *germanice*: Sind die Naturwissenschaften ein Bildungsmittel? Dresden 1844. gr. 8. VIII, 43 p (⅕ *th*.)

3088 —— Våren. En botanisk betraktelse. D. I—III. Upsala 1842. 8. 48 p.
Redit in: Botaniska Utflygter. Upsala 1843. 8. p. 211—256, et germanice in *Hornschuch* Archiv I, p. 181—220.

3089* —— Grunddragen af *Aristotelis* Växtlära. D. I—III. Upsala, typ. Leffler. 1842. 8. 48 p.
Redit in: Botaniska Utflygter. Upsala 1843. 8. p. 43—82, et germanice in *Hornschuch* Archiv I, p. 6—40.

3090* —— Enumeratio lichenum et Byssacearum Scandinavae hucusque cognitarum. Upsaliae 1843. 8. 59 p.

3091* —— Summa vegetabilium Scandinaviae, sive enumeratio systematica et critica plantarum quum cotyledonearum tum nemearum, inter mare occidentale et album, inter Eidoram et Nordkap hactenus lectarum indicata simul distributione geographica. Sectio prior. Accedunt expositio systematis plantarum morphologici, comparatio vegetationis adjacentium regionum, definitiones specierum in Kochii Synopsi Florae germanicae et nemearum monographiis haud obviarum et aliter expositarum. Sectio I. II. Holmiae, Bonnier. 1846—49. 8. VIII, 572 p. (3⅜ *th*.)

3092* —— Symbolae ad historiam Hieraciorum. Upsaliae 1847—48. 4. XXXIV, 220 p.
Nova Acta Ups. vol. XIII.

3093* —— Phanerogamer och Filices i Södermanland. D. Upsaliae 1851. 8.

3094 —— Novae symbolae mycologiae. Fasc. I. sistens fungos in peregrinis terris a botanicis danicis nuper collectos. Upsaliae 1851. 4. 127 p.

3095* —— Cortinarii et Hygrophori Sueciae. Upsaliae, excudebat reg. acad. typographi. (1852.) 8. 146 p. (1½ *th*.)

3096* —— Botaniska Utflygter. En Samling af strödda Tillfällighetskrifter. Bandet I—III. Stockholm, Haegström 1852—64. 8. 592, 344, VI, 448 p.
Voluminis primi altera est impressio anni 1853.

3097 —— Observationes criticae plantas suecicas illustrantes. Upsaliae, Wahlström et Co. 1854. 8. 24 p.

3098 —— Conspectus Florae Ostrogothicae. Pars I. Upsaliae, Leffler. 1854. 8. 19 p.

3099 —— Monographia Amanitarum Sueciae. Upsaliae, Leffler. 1854. 8. 16 p.

3100 —— Monographia Armillariarum Sueciae. Upsaliae, Leffler 1854. 8. 16 p.

3101 —— Monographia Clytocybarum Sueciae. P I—III. Upsaliae, Leffler. 1854. 8. 48 p.

3102 —— Monographia Collibiarum Sueciae. P. I. et II. Upsaliae, Leffler. 1854. 8. 18 p.

3103 —— Monographia Lepiotarum Sueciae. Upsaliae, Leffler. 1854. 8. 17 p.

3104 —— Monographia Mycenarum Sueciae. P. I. Upsaliae, Leffler. 1854. 8. 16 p.

3105 —— Monographia Omphaliarum Sueciae. Upsaliae, Leffler. 1854. 8. 16 p.

3106 —— Monographia Tricholomatum Sueciae. P. I—III. Upsaliae, Leffler. 1854. 8. 50 p.

3107* —— Monographia Hymenomycetum Sueciae. Vol. 1. 2. Upsaliae, typ. Leffler. 1857. 1863. 8. — I: 1857. XI, 484 p. — II: 1863. IV, 355 p.

3108* —— Anmärkningar öfver de i Sverige växande Pilarterna

och deras ekonomiska nytta. Upsala, Wahlström et Co. 1859. 8. 53 p

3109* **Fries**, *Elias Magnus.* Epicrisis generis Hieraciorum. (Ex «Upsala Universitets Årsskrift.») Upsaliae, typ. Berglund. 1862 8. 159 p

3110* —— Sveriges ätliga och giftiga Svampar, tecknade efter naturen, utgifna af Kgl. Wetenskaps Akademien. (Fungi esculenti et venenati Scandinaviae etc.) Stockholm, typ. Salmson. 1862—69 folio. 53 p., 93 tab col.

3111 —— Schedulae criticae plantas Europae indigenas illustrantes. I. Notula de Veronica didyma. II. Notula de variis Graminearum europaearum generibus. Bruxellis 1863. 8. 16 p.
Bull soc bot belg.

3112 —— Symbolae ad synonymiam Hieraciorum. Upsaliae 1866. 8.

3113* —— Icones selectae Hymenomycetum nondum delineatorum. Fasc I—IV. Holmiae, Samson et Wallin 1867—70. 4. 26 p., 40 tab col. (17 1/3 th.)
Opus egregium decem fasciculis absolutum erit
Cat of sc Papers II, 721—726.

Fries, *Elias Petrus*, Sohn von Elias Fries, * Femsjö (Småland) 14. Oct. 1834, ÷ Upsala 17. Dec. 1858.

3114 —— Anteckningar öfver Svamparnes geografiska Utbredning. Akademisk Afhandling. Upsala, C. A. Leffler. 1857. 8. 32 p.

Fries, *Theodor Magnus*, Docent der Botanik in Upsala, Sohn von Elias.

3115* —— De Stereocaulis et Pilophoris commentatio. Upsaliae, typ. Wahlström. 1857. 8. 42 p. (1/6 th.)

3116* —— Monographia Stereocaulorum et Pilophororum. Upsaliae, typ. Leffler. 1858 4. 76 p, tab. 7—10.

117* —— Lichenes arctoi Europae Groenlandiaeque hactenus cogniti. Upsaliae, typ. C. A. Leffler. 1860. 4. 298 p.
Ex Actis R. S. Sc. Ups. Ser. III, vol. 3.

3118 —— Genera Heterolichenum europaea recognita. Upsaliae, typ. Edquist. 1861. 8. 116 p.

3119* —— Genmäle med anledning af Sällskapets pro Fauna et Flora fennica Notiser. Häft V och VI. Upsala, Edquist et Berglund. 1862. 8. 49 p.
Cat. of sc. Papers II, 727.

Friese, *J. R.*

3120 —— Grundriss der Phytognosie. Innspruck 1836. 8. XII, 267 p. (1 th.)

Friese, *Lorenz*, latine **Phrisius**, Physikus in Metz.

3121* —— Synonyma und gerecht usslegung der wörter, so man dan in der artzny allen Kreutern, Wurzlen, Blumen, Somen, Gesteinen, Sefften und andre dingen zu schreiben ist. In latinischer, hebraischer, arabischer, kriechischer und mancherlei tütscher zeugen. Bissher nit beiander gesehen und vil irtung und missbruch darin gehalten, hie mit fleiss und arbeit zusammen bracht. Getruckt und volendt von Johannes Grieninger in der loblichen stat Strassburg uff sant Andreas abent. In dem Jar 1519. 4. 50 Blätter. — *Zweiter Druck: Getruckt und volendt von Bartholomeum Grüninger. In der löblichen statt Strassburg auff S. Adolffs und Johannestag. 1535. 4. 60 p.
Seltnes und wichtiges Quellenwerk für deutsche Pflanzennamen

Frignet, *Ernest*, * Strassburg 1823.

3122* —— Essai sur l'histoire de la blastogénie foliaire ou de la production des bourgeons par les feuilles. Thèse pour le Doctorat ès sciences. Strasbourg, typ. Berger-Levrault. 1846. 8. 41 p., 1 tab

Fristedt, *Robert*.

3123 —— Växtgeografisk skildring af Södra Ångermanland. D. Upsala 1857. 8. 40 p.
Cat. of sc. Papers II, 728.

Fritsch, *Karl*, Professor in Prag, * Prag 16. Aug. 1812.

3124* —— Ueber die periodischen Erscheinungen im Pflanzenreiche. Prag, Calve. 1845. 4. 89 p, 1 tab. col. (1 1/4 th.)
Abhandlungen der Kgl Böhmischen Gesellschaft der Wissenschaften, Band 4, p. 1—89.

3125* —— Resultate achtjähriger Beobachtungen über jene Pflanzen, deren Blumenkronen sich täglich periodisch öffnen und schliessen. Prag, typ. Haase. 1851. 4. 164 p., 1 tab.
Abhandlungen der böhmischen Akademie. Band 7
Cat. of sc. Papers II, 729—730.

Fritzsche, *Karl Julius*, Akademiker in Petersburg, * Neustadt bei Stolpe (Sachsen) 29. Oct. 1808.

3126* —— Beiträge zur Kenntniss des Pollen. Erstes Heft. Berlin, Nicolai. 1832. 4. 48 p., 2 tab. col. (5/6 th.)

3127* —— De plantarum polline. D. Berolini 1833. 8. 40 p.

3128* —— Ueber den Pollen. St. Petersburg 1837. 4. 122 p.. 13 tab. col. (4 1/2 th.)
Mémoires de l'Académie imp. des sc. de Pétersbourg. tome III
Cat. of sc. Papers II, 730—732.

Frivaldszky von Frival, *Imre (Emerich)*, Mitglied der ungarischen Akademie in Pesth (Frivaldia Endl.), * Bacskó im Zempliner Comitat 1799.

3129* —— Plantae novae turcicae ex Balcano. Magyar Tudós Társaság Évkönyvei. II, 235—244, c. 4 tab. (1835.) III, 156—170, c. 6 tab. (1837.) IV, 194—207, c. 12 tab. (1840.)
cf. Flora, Zeitschrift, XIX, 433—448

Froelich, *C.*, in Teufen.

3130 —— Die Alpenpflanzen der Schweiz in naturgetreuen Darstellungen Lieferung 1—10. Teufen, J. J. Brugger. (Herisau, Meisel.) 1852—57. 4. 60 tab. col. und Text. (30 fr.)

Frölich, *Friedrich Heinrich Wilhelm*, Prediger (Froelichia Vahl.), * Glücksburg 25. Sept. 1769, ÷ Gross-Boren 21. Jan. 1845.

Frölich, *Joseph Aloys*, * Oberndorf 19. März 1766, ÷ Ellwangen 11. März 1841.

3131 —— De Gentiana libellus, sistens specierum cognitarum descriptiones cum observationibus. Erlangae, Walther. 1796. 8. 141 p, 1 tab.
Elaboravit Monographiam Hieracii in DC. Prodr. VII.

Fromberg, *Peter Friedrich Heinrich*.

3132* —— De connexione inter plantarum vitam et partes constituentes. D Trajecti a/Rh., Bollaan. 1847. 8. XII, 141 p.

Fronius, *Friedrich*, Pfarrer zu Agnethlen in Siebenbürgen, * Gross-Alisch 4. Jan. 1829.

3133* —— Flora von Schässburg. Ein Beitrag zur Flora von Siebenbürgen. Gymnasialprogramm Kronstadt, J. Gött. 1858. 8. 95 p.
Cat. of sc. Papers II, 735.

Frost, *John*, Gründer der Medico-botanical Society zu London, * London 1803, ÷ Berlin 17. März 1840.

3134* —— An oration, delivered before the medico-botanical society of London. London 1825. 4. 16 p.

3135* —— Some account of the science of botany, being the substance of an introductory lecture to a course on botany. London 1827. 4. 17 p

3136* —— An oration, delivered before the medico-botanical society of London. London 1828. 4. 34 p.
Cat. of sc. Papers II, 736.

Fuchs, *Leonhard*, Professor in Tübingen (Fuchsia L.), * Wembdingen im Ries (in der bairischen Oberpfalz) 17. Jan. 1501, ÷ Tübingen 10. Mai 1566.
Georg Hizler, Oratio de vita et morte Leonharti Fuchsii. Tubingae 1566 4. 40 p.
K. J. G. Lorenz, De Leonardo Fuchsio. D. Berolini 1846. 8. 46 p.
Ernst Meyer, Geschichte der Botanik IV, 309—316.

3137* —— Annotationes aliquot herbarum et simplicium a medicis hactenus non recte intellectorum. Impr. cum *Brunfelsii* Herbario vol. II. editionis 1531. p. 129—155, editionis 1536. p. 247—271.

3138* —— De historia stirpium commentarii insignes maximis impensis et vigiliis elaborati, adjectis earundem vivis plusquam quingentis imaginibus, nunquam antea ad naturae imitationem arteficiosius effictis et expressis. Basileae, in officina Isingriniana. 1542. folio. 896 p., praef., (512) ic. xyl pulcherr. i. t.
Editiones minores prodierunt: Parisiis, apud Math. Dupuys. 1546. 12.
Parisiis, apud Bogardan. 1546 12. — Lugduni, apud Arnolletum. 1547 1549. 1551. 8.

3139* —— New Kreuterbuch, in welchem nit allein die gantz histori, das ist, namen, gestalt, statt und zeit der wachsung, natur, kraft und würckung des meysten theyls der kreuter so in teutschen und andern landen wachsen, mit dem besten vleiss beschriben, sonder auch aller derselben wurtzel, stengel, bletter, blumen, samen, frücht und in summa die gantze gestalt allso artlich und kunstlich abgebildet und kontrafayt ist, das dessgleichen vormals nie gesehen noch an tag kommen.

Getruckt zu Basell, durch Michael Isingrin. 1543. folio. Alphab. 2 et trierniones 2; ic. magn. ligno inc. i. t.
* *gallice:* Commentaires très excellens de l'hystoire des plantes, composéz premièrement en latin par *Leonhart Fousch*, medecin très renommé; et depuis en françois par un homme savant et bien expert en la matière. Paris, Gazeau. 1549. folio. 344 capita cum ic. xyl. i. t., ind.
* *gallice:* L'histoire des plantes mis en commentaires par *Leonart Fuschs* medecin tres-renommé, et nouvellement traduict de latin en françois avec vraye observation de l'auteur en telle diligence que pourra tesmoigner ceste œuvre presente. Lion, chez G. Rouille. 1558. 4. 607 p., praef., ind., ic. xyl. min. i. t.
* *gallice:* L'histoire des plantes reduicte en tres bon ordre, augmentee de plusieurs simples avec leurs figures et pourtraicts: et illustree par les commentaires de *Leonarth Fusch*, medecin tres-savant, faicts premierement en latin et puis traduit en françois. Lyon, par Charles Pesnot. 1575. folio. 344 capita cum ic. xyl. i. t., ind.
* *belgice:* Den nieuwen herbarius, dat is, dboeck van den cruyden int welcke bescreven is niet alleen die gantse historie van de cruyden, maer oock gefigureert ende geconterfeyt. Basel, Isingrin. (1543.) folio.

3140* **Fuchs**, *Leonhard*. Läbliche Abbildung und Contrafaytung aller kreuter, so der hochgelert Herr Leonhart Fuchs in dem ersten theyl seins neüwen Kreuterbuchs hat begriffen, in ein kleinere Form auf das allerartlichest gezogen, damit sie füglich von allen mögen hin und wider zur noturfft getragen und gefürt werden. Basell, durch Michel Isingrin. 1545. 8. 516 tab, ind.
* *latine:* De stirpium historia commentariorum tomi vivae imagines, in exiguam angustioremque formam contractae. Basileae 1545. 8. ind. p. cum totidem figuris ligno incisis absque textu praeter graecum, latinum, gallicum, germanicum (et inde ab anno 1552 italicum) nomen superscriptum, praef., ind. — * Basileae 1549. 8. (non differt.) — * Stirpium imagines, in enchiridii formam contractae. Lugduni 1549. 12. 516 p., ic. ligno inc. minimae. — * Plantarum effigies, quinque diversis linguis redditae. Lugduni, apud Arnolletum. 1552. 12. 516 p., ic. ligno inc. minimae. — * Lugduni 1595. 12. (non differt.)
Sub nomine *Leonardi Fuci* impressores Galliae pluries ediderunt libellos miserrimos.

3141* —— Apologia, qua refellit malitiosas *Gualtheri Ryffi*, veteratoris pessimi, reprehensiones, quae ille *Dioscoridi* nuper ex Egenolphi officina prodeunti attexuit: obiterque quam multas, imo propemodum omnes herbarum imagines e suis de stirpium historia inscriptis commentariis idem suffuratus sit, ostendit. Basileae, apud Michaelem Isingrin. 1544. 8. (34) foll.
Bibl. Reg. Dresd.

3142* —— Cornarrius furens. Basileae (1545.) 8 lat. (24 foll.) Bibl. Caes. Vindob.
Unicum exemplar libelli rarissimi, quod vidi in Bibl. Caes. Vindobonensi, in fine mutilum est; sunt 24 folia, latissima octava forma, custodibus a—b signata, quorum ultimum desinit in verbo: «Stultitia.» Est responsio *Fuchsii* post *Cornarii* Vulpeculam excoriatam; non vero, ut *Seguierus* vult, in *Nitra* ac *brabyla*.

3143* —— Adversus mendaces et christiano homine indignas *Christiani Egenolphi* typographi Francofurtani suique architecti calumnias *Leonharti Fuchsii* medici responsio denuo in lucem edita. Basileae, ex officina Erasmi Xylotecti, 1545, mense Augusto. 8. (26 foll.) Bibl. Caes. Vindob.
Editio princeps vix usquam exstat; hanc *Fuchsius Ulrico Morharto*, typographo Tubingensi, tradiderat in nundinis paschalibus Francofurtanis anni 1545 vendendam; sed subornaverat *Egenolphus*, qui cita versutia omnia hujus impressionis exemplaria coemerent, ita ut mense Augusto ejusdem anni hanc alteram editionem curare coactus fuerit auctor. — Editio anni 1535 a *Merklino, Hallero* et in *Desideratis Banksianis* laudata, fictitia est.

Fuchs, *Remacleus*, latine **Fuscus**, Canonicus in Lüttich, * Limburg um 1510, † Lüttich 21. Dec. 1587.

3144* —— Plantarum omnium, quarum hodie apud pharmacopolas usus est magis frequens nomenclaturae, juxta Grecorum, Latinorum, Gallorum, Italorum, Hispanorum et Germanorum sententiam. Parisiis 1541. 8. (28 foll.)

3145* —— De plantis antea ignotis, nunc studiosorum aliquot neotericorum summa diligentia inventis libellus, una cum triplici nomenclatura. Venetiis 1542. 12.

3146 —— De herbarum notitia, natura atque viribus dialogus. De simplicium medicamentorum electione tabella. Antwerpiae 1544. 8.
Bull. Ac. de Belgique, 16. Dec. 1863.

Fuckel, *Leopold*, zu Ostrich im Rheingau.

3147* —— Nassau's Flora. Phanerogamen. Wiesbaden, Kreidel und Niedner. 1856. 8. LXIV, 384, xx p., 1 mappa geogn., 11 tab. (1 1/3 th.)

3148 —— Enumeratio Fungorum Nassoviae. Series I. Wiesbaden 1860. 8. 123 p.
Indices specierum in collect. sua Fungorum Rhenan. ejusque supplementis editarum. Fasc. I—III. Hostrichiae 1865—67. 4.

3149* **Fuckel**, *Leopold*. Nassaus Flora. Ein Taschenbuch zum Gebrauche bei botanischen Excursionen. Phanerogamen. Wiesbaden, Kreidel 1870. 12. LXIV, 384 p., ind., 12 tab. (1 1/3 th.)

3150* —— Symbolae mycologicae. Beiträge zur Kenntniss der rheinischen Pilze. Wiesbaden, Niedner. 1869—70. 8. 459 p., 6 tab. col.
Jahrb. d. Nassauischen Vereins für Naturkunde. Jahrg. XXIII. u. XXIV

Fürnrohr, *August Emanuel*, Professor am Lyceum zu Regensburg, * Regensburg 27. Juli 1804, † Regensburg 6. Mai 1861.

3151* —— Flora Ratisbonensis oder Uebersicht der um Regensburg wildwachsenden Gewächse. Regensburg 1839. 8 xxxii, 274 p., 2 tab., 1 mappa geogn. col. (1 1/3 th.) — Nachträge und Berichtigungen. In einem Gratulationsprogramm zur *Hoppe's*chen Doctorjubelfeier, 5. Mai 1845. Regensburg 1845. 4. p. 24—31.
Cat. of sc. Papers II, 241.

Fuhlrott, *Karl*, Oberlehrer in Elberfeld, * Leinefelde 1. Jan. 1804

3152* —— Jussieu's und DeCandolle's natürliche Pflanzensysteme, nach ihren Grundsätzen entwickelt und mit den Pflanzenfamilien von Agardh, Batsch und Linné, so wie mit dem Linné'schen Sexualsystem verglichen. Bonn, Weber. 1829. 8. vi, 242 p. (1 1/2 th.)

3153* —— Beiträge zur Systematik. Programm. Elberfeld 1833. 8. 27 p.

3154* —— Das Pflanzenreich und seine Metamorphose. Programm der Realschule zu Elberfeld. Elberfeld, typ. Lucas. 1838. 8. 31 p.
Cat. of sc. Papers II, 739.

Fuiren, *Georg*, M.-D. (Fuirena Rottb.), * Kopenhagen 31. Mai 1581, † Kopenhagen 25. Nov. 1628.

3155* —— Index plantarum indigenarum, quas in itinere suo observavit, quae circa Nidrosiam reperiuntur. Impr. cum *Thomae Bartholini* Cista medica Hafniensi. Hafniae 1662. 8. p. 278—293.

Fuisting, *Wilhelm*, Dr. phil., * Münster 18. Juli 1839.

3156 —— De nonnullis apothecii Lichenum evolvendi rationibus D. Berolini, typ. Schade. 1865. 8. 61 p.

Funck, *Heinrich Christian*, Apotheker zu Gefrees im Fichtelgebirge, * 1771, † Gefrees 14. April 1839.

3157* —— Deutschlands Moose. Ein Taschenherbarium zum Gebrauch auf botanischen Excursionen. Baireuth 1820. 8. 70 p. und 60 Blätter getrocknete Moose in Etui. (18 th.)

3158* —— Kryptogamische Gewächse des Fichtelgebirges. Zweite Ausgabe. Leipzig 1806—38. 42 Hefte. 4. (31 5/8 th)

Funcke, *Joseph*.

3159* —— Der Waldkultus und die Linde in der Geschichte, in Sagen und Liedern. Köln, Dumont Schauberg. 1869. 12. 154 p.

Furber, *Robert*, Gärtner in Kensington.

3160* —— A catalogue of such trees and shrubs, both exotick and domestick, as will prosper in our climate, in the open ground. Impr. cum *Milleri* Gardeners dictionary. London 1724. 8. voll. II. sign. Hh³—Hh⁸.

Fuss, *Michael*, Pfarrer in Gierelsau in Siebenbürgen, * Hermannstadt 5. Oct. 1814.

3161* —— Bericht über den Stand der Kenntniss der Phanerogamenflora Siebenbürgens. Gymnasialprogramm. Hermannstadt 1854. 4. 31 p.

3162* —— Flora Transsylvaniae excursoria. Cibinii, typ. haeredum G. de Closius. 1866. 8. v, 863 p.
cf. *Baumgarten*, Flora Transsylvaniae, vol. IV.
Cat. of sc. Papers II, 746.

G.

Gachet, *Antoine Hippolyte*, * Bordeaux 15. Nov. 1798, † Bordeaux 22. Nov. 1842.
Cat. of sc. Papers II, 751.

Gaede, *Heinrich Moritz*, Professor zu Lüttich, * Kiel 26. März 1796, † Lüttich 2. Jan. 1834.

3163* (——) Index plantarum horti botanici Leodiensis. Leodii, typ. Collardin. 1828. 8. iv, 99 p.

Gaertner, *Joseph,* Arzt zu Calw bei Stuttgart (Gaertnera Lam.), * Calw 12. März 1732, † Tübingen 14. Juli 1791.
Deleuze, Ann. Mus. I, p. 207—233.
* germanice: Ueber das Leben und die Werke *Gärtner's* und *Hedwig's.* Stuttgart 1805. 8. 109 p. (⅛ th.)

3164* —— De fructibus et seminibus plantarum. Stuttgardiae et Lipsiae 1788—1807. III voll. 4. (32 th.)
 I: Stuttgardiae 1788. Accedunt seminum centuriae quinque priores. CLXXXII, 384 p., ind., tab. 1—79.
 II: Tuebingae 1791. Continens seminum centuriae quinque posteriores. LII, 520 p, tab. 80—180. (I—II: 21⅓ th.)
 III: Lipsiae 1805—7. Supplementum carpologiae, seu continuati operis *Josephi Gaertner* de fructibus et seminibus plantarum voluminis tertii centuria I et II, auctore *Karl Friedrich Gaertner.* 256 p, tab. 181—255. (10⅔ th.)

Gaertner, *Karl Friedrich,* der Sohn, Arzt in Calw, * 1. Mai 1772, † 1. Sept. 1850.
Würtemb. Jahrbücher VIII, 16—33.

3165* —— Beiträge zur Kenntniss der Befruchtung. Erster Theil. Versuche und Beobachtungen über die Befruchtungsorgane der vollkommeneren Gewächse, und über die natürliche und künstliche Befruchtung durch den eignen Pollen. Stuttgart, Schweizerbart. 1844. 8. x, 644 p. (3¾ th. — jetzt 2 th.)

3166* —— Versuche und Beobachtungen über die Bastarderzeugung im Pflanzenreich. Mit Hinweisung auf die ähnlichen Erscheinungen im Thierreiche Ganz umgearbeitete und sehr vermehrte Ausgabe der von der Kgl. holländischen Akademie der Wissenschaften gekrönten Preisschrift. Mit einem Anhange. Stuttgart (Schweizerbart.) 1849. gr. 8. XVI, 794 p. (3¹¹/₁₅ th. — jetzt 2 th.)
Methode der künstlichen Bastardbefruchtung der Gewächse und Namensverzeichniss der Pflanzen, mit welchen von dem Verfasser Versuche angestellt worden. Stuttgart (Schweizerbart). 1849. 8. 83 p.
Besonderer Abdruck aus den Versuchen und Beobachtungen.
Cat. of sc. Papers II, 774.

Gaertner, *Philipp Gottfried,* Apotheker in Hanau, * Hanau 29. Oct. 1754, † Hanau 27. Dec. 1825.

3167* ——, *Bernhard* **Meyer** und *Johannes* **Scherbius.** Oekonomisch-technische Flora der Wetterau. Frankfurt a/M., Guilhauman. 1799—1802. 3 Bände. 8. — I: 1799. XII, 534 p., 1 mappa geogr. — II: 1800. 512, 52 p. — III: 1804—2. 438, 30, 388, 32 p. (6¼ th.)

Gage, *Thomas,* Baronet (Gagea Salisb.), * 1780, † Rom 27. Dec. 1820.

Gagnebin, *Abraham* (Gagnebina Neck.), * Renan (Bern) 29. Aug. 1707, † Renan (A la Ferrière) 23. April 1800.
R. Wolf, Biographien III, 227—240.

Gaillardot, *Charles,* Hospitalarzt in Saïda (Syrien).
Cat of sc. Papers II, 755.

Gaillon, *Benjamin,* * Rouen 2. Jan. 1782, † Boulogne-sur-mer 4. Jan. 1839.

3168* —— Essai sur l'étude des Thalassiophytes ou plantes marines. Rouen 1820. 8. 12 p.

3169* —— Aperçu microscopique et physiologique de la fructification des Thalassiophytes symphysistées. Rouen 1821. 8. 14 p.

3170* —— Résumé méthodique des classifications des Thalassiophytes, avec un tableau synoptique. Strasbourg 1828. 8. 59 p.
Extrait du vol. LIII. du Dictionnaire des sc. nat.

3171* —— Aperçu d'histoire naturelle et observations sur les limites qui séparent le règne végétal du règne animal. Boulogne 1838. 8. 35 p.
Cat. of sc. Papers II, 755.

Gaimard, *Paul* (Gaimardia Gaud.), * 1790, † 1858.

3172* —— Voyage en Islande et au Groënland, exécuté pendant les années 1835—36 sur la corvette «La Recherche». Paris, A. Bertrand 1838—51. 8. 7 voll. 8. avec 2 atlas in folio et 1 atlas in 8: 246 tab. (534 fr.)
Géographie botanique et Botanique par *Ch. Martius* et *A. Brovais.*

3173* —— Voyages de la commission scientifique du Nord, en Scandinavie, en Laponie, au Spitzberg et aux Feroë pendant les années 1828—40. Paris, A. Bertrand. 1843—48. 16 voll. avec 5 atlas in folio: 373 tab. (1000 fr.)

Gakenholz, *Alexander Christoph,* Professor in Helmstädt. † Helmstädt 1717.

3174 **Gakenholz,** *Alexander Christoph.* Epistola ad Leibnitium de emendanda et rite instituenda medicina. Cellae 1701. 4.
Respondit Leibnitius (opp. ed. Dutens, vol. 2. s. 2. p. 169.)

3175* —— Progymnasma de vegetabilium praestantia et indole cognoscenda et exploranda. Helmstadii, typ. Hamm. 1706. 4. (24 p.)

Galama, *S. J.*

3176* —— Verhandeling over het moederkoorn. Groningen, Oomkens. 1834. 8. VIII, 219 p.

Galenos, *Klaudios,* * Pergamon 131, † etwa 200.

3177* —— Opera omnia. Ed. C. G. Kühn. Tomus 1—20. Lipsiae 1821—33. 8.
Ernst Meyer, Geschichte der Botanik II, 187—194.

Galeotti, *Henri (Guillaume),* Director des botanischen Gartens in Brüssel, * Versailles 8. Sept. 1814, † Brüssel 13. März 1858.
Cat. of sc. Papers II, 758—759.

Galinsoga, *Mariano Martinez,* Präfect des botanischen Gartens in Madrid (Galinsoga Rz. et Pav.).

Galland, *Antoine,* Professor am Collège de France, * Rollot (Picardie) 1646, † Paris 17. Febr. 1715.

3178* (——) De l'origine et du progrez du cafe. Sur un manuscrit arabe de la Bibliotheque du Roy. Caen, typ. Cavelier. 1699. 8. 29 p. Bibl. Juss.

Gallesio, *Giorgio, Conte.*

3179* —— Traité du Citrus. Paris, Fatin. 1811. 8. XVIII, 363 p. et 1 tableau synoptique du genre Citrus.

3180* —— Teoria della riproduzione vegetale. Vienna 1813. 8. — Pisa, presso Capurro. 1816. 8. VIII, 136 p.
* germanice: Theorie der vegetab. Reproduction. Deutsch von *Georg Jan.* Wien, Stöckholzer. 1814. 8. 140 p.

3181* —— Pomona italiana, ossia trattato degli alberi fruttiferi, contenente la descrizione delle migliori varietà dei frutti coltivati in Italia etc. Fasc. 1—35. Pisa, presso Capurro. 1817—34. gr. folio. (1400 fr.)

3182* (——) Pomona italiana; parte scientifica; fasciculo primo contenente il trattato del fico. Pisa, typ. Capurro. 1820. 8. XIII, 123 p. et quadro sinottico. (5 paoli.)

3183* —— Gli agrumi dei giardini botanico-agrarii di Firenze, distribuiti metodicamente in un quadro sinottico. Firenze, typ. Fumagalli. 1839. folio. 12 p., 1 tab.

Gallizioli, *Filippo.*

3184* —— Elementi botanico-agrari. Firenze, typ. Ognissanti. 1809—12. IV voll. 8. — I: 1809. XII, 492 p. — II: 1810. 470 p. — III: 1810. 528 p. — * IV: 1812. VIII, 371 p.
Tomus quartus inscribitur: Dizionario botanico che comprende i nome delle piante nelle principali lingue d'Europa.

Galpine, *John.*

3185* —— A synoptical compend of british botany, arranged after the Linnean system. Salisbury 1806. 8. — * Ed. II. London, Bagster. 1820. 8. (10 s. 6 d.)

Gandy, *Charles L.*

3186* —— Essai botanique et médical sur les plantes ombellifères. D. Strasbourg, Eck. 1812. 4. 30 p.

Ganser, *Benno,* pr.

3187* —— Observationes botanicae circa nutritionem et anatomiam plantarum. D. Salisburgi, typ. Mayr. s. a. 4. 14 p.

Ganterer, *Ubald.*

3188* —— Die bisher bekannten österreichischen Charen, vom morphologischen Standpunkte bearbeitet. Inauguralabhandlung. Wien, Haas. 1847. 4. 21 p., 2 tab. col. (2 th.)

Ganzel, *Karl Ludwig.*

3189* —— De Lactuca sativa et Lactucario. D. Berolini 1849. 8. 32 p.

Garbiglietti, *A.*

3190* —— Catalogo dei funghi crescenti nei contorni di Torino ed in altre provincie degli antichi stati sardi. Torino 1867. 4. 64 p.

Garcin, *Laurent* (Garcinia L.), * Grenoble 1633, † Neuchatel 1752.
Conservateur suisse 1829, 96—127.
Haller, Bibl. bot. II, 223.

Garcke, *Friedrich August,* Custos des Königlichen Herbariums zu Berlin, * Bräunrode im Mannsfeldischen Gebirgskreise 25. Oct. 1819.

3191* —— Flora von Halle, mit näherer Berücksichtigung der Umgegend von Weissenfels, Naumburg, Freiburg, Bibra, Nebra, Querfurt, Allstadt, Artern, Eisleben, Hettstedt, Sandersleben, Aschersleben, Stassfurt, Bernburg, Köthen, Oranienbaum, Bitterfeld und Delitzsch. Erster Theil. Phanerogamen. Halle, Ed. Anton. 1848. 8. xx, 128, 595 p. (2 th.) — Zweiter Theil. Kryptogamen nebst einem Nachtrage zu den Phanerogamen. Berlin, Karl Wiegandt. 8. xii, 276 p. (2 th.)

3192* **Garcke**, *Friedrich August*. Flora von Nord- und Mitteldeutschland. Zum Gebrauch auf Excursionen, in Schulen und beim Selbstunterricht bearbeitet. Berlin, Wiegandt. 1849. 8. iv, 392 p. (1 th.) — *Neunte verbesserte Auflage. Berlin, Wiegandt und Hempel. 1869. 8. viii, 108, 520 p. (1 th.)
Cat. of sc. Papers II, 766—767.

Garçon, *J. B.*
3193* ——— Réponse à une question de médecine, dans laquelle on examine, si la théorie de la botanique ou la connaissance des plantes est nécessaire à un médecin? Narbonne, typ. Besse. 1740. 4. 28 p.

Garden, *Alexander*, Arzt in Charlestown (Gardenia L.), * London 20. Jan. 1730, † London 15. April 1792.

Gardiner, *William*, † Dundee 21. Juni 1852.
3194* ——— Twenty lessons on british Mosses; or, first steps to a Knowledge of that beautiful tribe of plants. Illustrated with (20 dried) specimens. Dundee, David Mathers. 1848. 8. 46 p. (2 s. 6 d.) — Second Series. London, Longman Brown, ... 1849. 8. 58 p. — Ed. IV. London, Longman. 1849. 8. (3 s. 6 d.)
3195* ——— The Flora of Forfarshire. London, Longman. Edinburgh, D. Mathers. 1848. 8. xxiv, 308 p., 1 tab. (7 s. 6 d.)

Gardini, *Francesco Giuseppe*.
3196* ——— De influxu electricitatis atmosphaericae in vegetantia. D. Augustae Taurinorum, excudebat Briolus. 1784. 8. xviii, 157 p.

Gardner, *George*, Esq., F. L. S. Superintendent of the Royal Botanic Garden, Paradenia, Ceylon, * Glasgow im Mai 1812, † Kandy auf Ceylon 10. März 1849.
Proc. Linn. Soc. II, 40—44.
3197* ——— Report on the Royal botanic garden at Peradenia, Kandy, presented to his Excellency the Governor in August 1845. Colombo, printed at the government Press, by J. Gilgot. 8. 10 p.
3198* ——— Travels in the interior of Brazil, principally through the northern provinces and the Gold and Diamond districts, during the years 1836—41. London, Reeve. 1846. II voll. 8. (1 l. 4 s.)
De his itineribus botanicis cf. *Hooker*, London Journal of botany. 1847. p. 54—58.

Garidel, *Pierre Joseph*, Professor in Aix (Garidella Tournef.), * Manosque 1. Aug. 1658, † Aix 6. Juni 1737.
Moquin Tandon, Notice sur *Garidel* dans le Plutarque provençal. Marseille 1858.
3199* ——— Histoire des plantes, qui naissent aux environs d'Aix et dans plusieurs autres endroits de la Provence; (avec une explication des noms des auteurs botanistes, avec quelques remarques historiques sur leurs ouvrages). Aix, chez Joseph David. 1715. folio. xxxix, xlii, 522 p., ind., 100 tab.
Sunt novi tituli: * Paris, chez Charles Osmond. 1799. Paris, chez A. U. Coustelier, et * apud eundem 1723; sed impressio ipsa est princeps Aquitana anni 1715.

Garofalo, *Biagio*, latine *Blasius* **Caryophilus**, * Neapel 1677, † Wien 1762.
3200 ——— Dissertationes de אויב, דודאים, קיקיון et שושנים. in parte 1. Dissertationum miscellanearum p. 177—330. Romae 1748. 4.
Exhibent Bibliorum Origanum, Ricinum, Lilium, Mandragoram et Hyssopum.

Garovaglio, *Santo*, Professor der Botanik in Pavia (Garovaglia Endl.), * Como 28. Juni 1805.
3201* ——— Catalogo di alcune crittogame raccolte nella provincia di Como e nella Valtellina. Parte I: Muschi frondosi. Como, presso Ostinelli. 1837. 8. 35 p. — Parte II: Licheni. Milano, presso Carpano. 1838. 8. 56 p. — * Parte III, che comprende le specie trovate negli anni 340—43. Pavia, presso Bizzoni. 1843. 8. 46 p.
3202* ——— Delectus specierum novarum vel minus cognitarum quas in collectionibus suis cryptogamicis evulgavit. Sectio I. II. Musci frondosi et Lichenes. Ticini, typ. Fusi. 1838. 8. x, 35 p.

3203* **Garovaglio**, *Santo*. Enumeratio muscorum omnium in Austria inferiore hucusque lectorum, adjecta indicatione loci eorum natalis, et temporis, quo fructum ferunt. Viennae, Volke. 1840. 8. viii, 48 p. (½ th.)
3204* ——— Bryologia austriaca excursoria tamquam Clavis analytica ad omnes in imperio austriaco hucusque inventos muscos facile et tuto determinandos. Vindobonae, Volke. 1840. 8. 88 p., praef., ind. (⅚ th.)
3205* ——— Sulle attuali condizioni dell' orto botanico della università di Pavia Relazione. Pavia, typ. Bizzoni. 1862. 8. 24, xvi p. (1 Lire 50 c.)
3206* ——— Della distribuzione geografica dei Licheni di Lombardia, e di un nuovo ordinamento del genere Verrucaria Cenni. Pavia, typ. Bizzoni. 1864. 8. 34 p. (1 Lira 50 c.)
3207* ——— Alcuni discorsi sulla botanica. Fasc. 1. 2. Pavia, typ Bizzoni. 1865. 8. 81, 92 p. (3 Lire.)
3208* ——— Sui più recenti sistemi lichenologici, e sulla importanza comparativa dei caratteri adoperati in essi per la limitazione dei generi e delle specie, Memoria. Pavia, typ. Bizzoni. 1865. 8. 34 p. (1 Lira 50 c.)
3209* ——— Tentamen dispositionis Lichenum in Longobardia nascentium. Sectio 1—4. Mediolani, typ. Bernardoni. 1865—68. 4. x, 174 p., 10 tab. (22 Lire 50 c.)
3210* ——— Manzonia, novum Lichenum angiocarporum genus. Mediolani 1866. 4. 1 tab. (1 Lira 50 c.)
3211* ——— et *J. Gibelli*. Octona Lichenum genera vel adhuc controversa vel sedis prorsus incertae in systemate, novis descriptionibus iconibusque accuratissimis illustrata. Mediolani, typ. Bernardoni. 1868. 4. 17 p., 3 tab.
Mem soc. it. sc. nat. IV.
3212* ——— Thelopsis, Belonia, Weitenwebera et Limboria, quatuor Lichenum angiocarpeorum genera recognita iconibusque illustrata. Penitiores partes microscopio investigavit iconesque confecit *Josephus Gibelli*. Mediolani, typ. Bernardoni. 1867. 4. 11 p., 2 tab. (4 Lire.)

Garreau, *Lazare*, Professor in Lille, * Autun (Saone et Loire) 1812.
3213 ——— Recherches sur l'absorbation et l'exhalation des surfaces aériennes des plantes. Lille, Leleux. 8. 36 p.
Extrait des travaux du comice agricole de Lille.
3214 ——— Mémoire sur la respiration des plantes. Lille, Dumaine. 1851. 8. 36 p.
3215 ——— Recherches expérimentales. 1° sur les causes qui concourent à la distribution des matières minérales fixes dans les divers organes des plantes. 2° sur la matière vivante des plantes et la circulation intracellulaire. Thèse. Lille, Horemans. 1859. 4. (8 fr.)
Cat. of sc. Papers II, 772.

Garsault, *François Alexandre de*, * 1691, † vers 1776.
3216* ——— Description vertus et usages de 719 plantes tant étrangères que de nos climats; et de 134 animaux en 730 planches, gravées en taille-douce sur les desseins d'apres nature etc. Paris 1767. IV voll. 8. xiv, 372 p., 743 tab.
Vol. V: p. 375—471. et tab. 644—729 exhibent animalia. De his tabulis vide *Quérard*, France litt. III. p. 269—270.

Gasc, *J. P.*
3217* ——— Discours sur les avantages de l'étude des sciences, surtout de celle de la nature et sur la botanique. Paris 1810. 8. xii, 54 p.
3218* ——— Mémoire sur l'influence de l'électricité dans la fécondation des plantes et des animaux. Mayence, typ. Zabern. 1811. 8. 37 p. — * Paris, typ. Tastu. 1823. 8. 63 p.

Gasparrini, *Guglielmo*, Professor der Botanik an der Universität Neapel, * Castelgrande (Basilicata) 14. Jan. 1804, † Neapel 28. Juni 1866. (Flora 1867, 379.)
3219* ——— Descrizione di un nuovo genere di piante della famiglia delle Leguminose. (Napoli 1838.) 8. 10 p., 1 tab. (Farnesia odora Gasp.)
3220* ——— Ricerche sulla natura della pietra fungaja e sul fungo

che vi soprannasce (i. e Mycelium Polypori Tuberastri Fr.) Napoli 1841. 4. 48 p., 5 tab.

3221* **Gasparrini**, *Guglielmo*. Nova genera, quae super nonnullis Fici speciebus struebat. Neapoli 1844. 4. 11 p.

3222* —— Ricerche sulla natura del caprifico, e del fico; e sulla caprificazione. Napoli, tip. V. Puzziello. 1845. 4. 96 p., 8 tab.

3223* —— Ricerche sulla origine dell' embrione seminale in alcune piante fanerogame. Napoli, typ. Fibreno. 1846. 4. 51 p, 3 tab.
Atti della VII. adunanza in Napoli.

3224* —— Revisio generis Trigonellae et super nonnullis aliis plantis annotationes. Neapoli, typ. Nobile. 1852. 4. 9 p.

3225* —— Ricerche sulla natura dei succiatori e la escrezione delle radici, ed Osservazioni morfologiche sopra taluni organi della Lemna minor. Napoli, Giuseppe Dura. 1856. 4. 152 p., 11 tab. (4 *Duc.* 40 *gr.*)

3226* —— Osservazioni sopra alcune malattie degli organi vegetativi degli Agrumi. Napoli, typ. Fibreno. 1862. 4. 25 p

3227* —— Ricerche sulla embriogenia della Canape. Napoli, typ. del Fibreno. 1862. 4. 44 p.

3228* —— Osservazioni sopra talune modificazioni organiche in alcune cellule vegetali. Napoli, typ. Fibreno. 1863. 4. 163 p., 9 tab.

Gassendi, *Sierre*, Chantersier 22. Jan. 1592, † Paris 24. Oct. 1655.

3229* —— Opera. Lyon 1658. 6 voll. folio. (Tomus II, Physicae Sectio III, liber quartus: de plantis.)
Bull. soc. bot. V, 36.

Gaston, *Jean Baptiste*, Herzog von Orléans, Sohn Heinrich IV. von Frankreich (Gastonia Comm. Borbonia L.), 25. April 1608. † 2. Febr. 1660.
Jussieu in Ann Mus. II, 8

Gaterau.

3230* —— Description des plantes qui croissent aux environs de Montauban ou qu'on cultive dans les jardins. Montauban, Grosilhes. 1789. 8 216 p.

Gattenhof, *Georg Matthias*, Professor in Heidelberg (Gattenhofia Neck.), * Munnerstadt in Franken 1722, † Heidelberg 19 Jan. 1788.

3231* —— Stirpes agri et horti Heidelbergensis ordine Ludwigii, cum characteribus Linneanis, Hallerianis aliorumque. Heidelbergae, Pfähler. 1782. 8. 352 p., praef. ind.

Gatterer, *Christoph Wilhelm Jakob*, Professor in Heidelberg, 21. Dec. 1759, † Heidelberg 11. Sept. 1838.

3232* —— Literatur des Weinbaues aller Nationen, von den ältesten bis auf die neuesten Zeiten, nebst Kritiken und den wichtigsten literarischen Nachweisungen. Heidelberg, Osswald. 1832. 8. vi, 63 p. (3/8 *th.*)

Gaudichaud-Beaupré, *Charles*, Mitglied des Instituts seit 1837 (Gaudichaudia Kunth.), * Angoulême 4. Sept. 1789. † Paris 16 Jan. 1864.
E. Puscallet, Notice biographique sur M. *Gaudichaud-Beaupré*, Membre de l'Institut. Deuxième édition. Paris, de Lacombe. 1844. 8. 31 p.

3233* —— Recherches générales sur l'organographie, la physiologie et l'organogénie des végétaux. Mémoire qui a partagé, en 1835, le prix de physiologie expérimentale fondé par feu *de Montyon*. Paris, imprimerie royale. 1841. 4. 130 p, 18 tab. col.

3234* —— Botanique du voyage autour du monde, fait par ordre du roi sur les corvettes *l'Uranie* et *La Physicienne* pendant les années 1817—20 par M. *Louis de Freycinet*. Paris 1826. 4. vii, 522 p. — Atlas: ib. 1826. folio: 22 p, 120 tab. delin. et sculpt. ab *A Poiret*, filio.

3235* —— Botanique du voyage autour du monde exécuté pendant les années 1836 et 1837 sur la corvette la Bonite 5 vols. in-8. de texte et atlas gr. in-fol. de 156 planches dont 6 coloriées. Paris 1844—66. (324 *fr.*)
On vend séparément: La Cryptogamie, par MM. *C. Montagne* et *Leveillé*. 1 vol in-8 accompagné d'un atlas de 20 planches gravées. (60 *fr.*)
Cat. of sc. Papers II, 781—782.

Gaudin, *Charles Th.*, in Lausanne.
Cat. of sc Papers II, 784.

Gaudin, *Jean François Gottlieb Philippe*, Pastor in Nyon (Gaudinia Gay.), * Longirod 1766, † Nyon 15. Juli 1833.

3236* **Gaudin**, *Jean François Gottlieb Philippe*. Etrennes de Flore. (Carices.) Nr. I. pour l'an 1804. Lausanne, Hignou. 1804. 16. 206 p.

3237* —— Agrostographia alpina oder Beschreibung schweizerischer Gräser, welche meistens auf den Alpen und auf der Gebirgskette des Jura wachsen.
Alpina III, 1—75. IV. 201—282. 1808—9.

3238* —— Agrostologia helvetica, definitionem descriptionemque graminum et plantarum eis affinium in Helvetia sponte nascentium complectens. Parisiis et Genevae, Paschoud. 1811. II voll. 8. — I: xxii, 361 p. — II: 326 p. (12 *fr.*)

3239* —— Flora helvetica sive historia stirpium hucusque cognitarum in Helvetia et in tractibus conterminis aut sponte nascentium aut in hominis animaliumque usus vulgo cultarum continuata. Turici, Orell, Füssli et Co. 1828—33. VII voll. 8. — I: 1828. xxxii, 504 p., 4 tab. col. — II: 1828. 626 p., 15 tab. col. — III: 1828. 590 p. — IV: 1829. 663 p., 5 tab. col. — V: 1829. 514 p., 1 tab. col. — VI: 1830. 400 p., 3 tab. col. — VII: 1833. 667 p. (16 2/3 *th.*)

3240* —— Synopsis Florae helveticae. Opus posthumum continuatum et editum a *J. P. Monnard*. Turici, Orell, Füssli et Co. 1836. 8. xvi, 824 p. (3 *th.*)

Gaultier de Claubry, *Henri-François*, * Paris 21. Juli 1792.

3241* —— Recherches sur l'existence de l'iode dans l'eau de la mer et dans les plantes qui produisent la soude de Varecks, et analyse de plusieurs plantes de la famille des algues. Thèse. Paris, typ. Fengueray. 1815. 4. 40 p.
Cat. of sc. Papers II, 787—788.

Gauthier, *Hugues*, Arzt in Quebek (Gaultheria L.).

3242* —— Introduction à la connaissance des plantes ou Catalogue des plantes usuelles de la France avec les caractères distinctifs etc. Avignon et Paris, Lottin et Robinot. 1760. 8. xxiv, 268 p. — * Paris, Santus. 1785. 8. (titulo paullo mutato est eadem impressio.)

Gautier-Dagoty, *Jacques*, * Marseille 1717, † Paris 1785.
Nagler, Künstler-Lexikon V, 50—52.

3243* —— Collection des plantes usuelles, curieuses et étrangères, selon les systèmes de Mr. Tournefort et Linnaeus etc. Paris 1767. folio. 40 tab. col. totidemque foll. text.

3244* —— Plantes purgatives d'usage, tirées du jardin du roi et de celui de MM. les apoticaires de Paris, représentées avec leur couleur naturelle et imprimées selon de *nouvel art*; avec leurs vertus et leurs qualités. Premier cahier. Paris 1776. 4. xxiv, 24 p., 8 tab. col.

Gautieri, *Giuseppe*, * Novara 5. Juli 1769, † Novara 23. Febr. 1833.

3245* —— Della ruggine del frumento Pensieri. Milano, typ. Silvestri. 1807. 8. 34 p., 1 tab.

3246* —— Dell' influsso de' boschi sullo stato fisico de paesi e sulla prosperità delle nazioni. Milano 1814. 8. 32 p.

Gay, *Claude*, Mitglied des Instituts in Paris, * Draguignan 18. März 1800.

3247* —— Historia fisica y política de Chile, segun documentos adquiridos en esta republica durante doce años de residencia en ella, y publicada bajo los auspicios del supremo gobierno. Botánica (Flora chilena). Tomo 1—8. Paris, en casa del autor. Chile, en el Museo de historia natural de Santiago. (Paris, H. Bossange) 1845—53. et Atlas: 135 tab. col. (150 *fr.*) — I: Ranunculaceae-Rutaceae.) 1845. 496 p. — II: Celastraceae-Crassulaceae.) 1846. 534 p. — III: (Mesembianthemeae-Compositae.) 1847. 482 p. — IV: (Compositae-Labiatae.) 1849. 516 p. — V: (Verbenaceae-Orchideae.) 1849. 479 p. — VI: (Cannaceae-Filices.) 1853. 551 p. — VII. VIII: Musci, Hepaticae, Lichenes, Algae, Fungi, autore *C. Montagne*.) 1850. 1852. 515, 448 p.

Gay, *Jacques*, Secretär der Pairskammer in Paris (Gaya Gaud.), * Nyon (canton de Vaud) 11. Oct. 1786, † Paris 16. Jan. 1864.
Bull. soc. bot. X, 452—453. XI, 341—357.

3248* —— Monographie des cinq genres de plantes que comprend la tribu des Lasiopétalées dans la famille des Buettnériacées. Paris 1821. 4. 38 p., 8 tab

3249* **Gay**, *Jacques*. Fragment d'une monographie des vraies Buettnériacées. Paris 1823. 4. 24 p., 4 tab.
3250* —— Monographie des genres Xeranthemum et Chardinia. Paris 1727. 4. 47 p., 2 tab.
Mém. de la soc. d'hist. nat. de Paris III, 325—371.
3251* —— Erysimorum quorundam novorum diagnoses simulque Erysimi muralis descriptionem praemittit, monographiam generis editurus. Parisiis, Béthune et Plon. 1842. 8. 16 p.
3252* —— Eryngiorum novorum vel minus cognitorum heptas. Parisiis, typ. Martinet. 1848 8. 39 p., 1 tab.
Cat. of sc. Papers II, 797—799.
Gayffier, *E. de.*
3253 —— Herbier forestier de la France. Reproduction photographique des plantes ligneuses. Paris 1869. 200 tab.
Gaza, *Theodorus* (Gazania Gaertn.), † in Kalabrien 1478.
Ernst Meyer, Geschichte der Botanik IV, 215—219.
Gebhard, *Johann Nepomuk*, Intendant des Goldbergwerks zu Zell im Zellerthale, * Freysingen 23. Juli 1774, † Grätz 9. Juni 1828.
3254* —— Verzeichniss der von dem Jahre 1804—19 auf meinen botanischen Reisen durch und in der Steyermark selbst beobachteten und gesammelten Pflanzen. Grätz, typ. Tanzer. 1821. 12. xx, 307 p. (2/3 th.)
Gebler, *Friedrich August* (Geblera Fisch. et C. A. M.), * Zeulenroda 15. Dec. 1782, † Barnaul in Sibirien 21. März 1850.
Geer, *Jan Lodewijk Willem*, Baron van, * Utrecht 14. Nov. 1784, † Utrecht 3. Nov. 1857.
3255* —— Plantarum Belgii confoederati indigenarum spicilegium alterum, quo Gorteri Flora VII provinciarum amplificatur et illustratur Trajecti ad Rhenum 1814. 8. 59 p.
Est primum idque unicum, quod edidit de Geer, alterum post illud, quod 1788 ediderat Stephan Johann van Geuns.
Geheeb, *Adelbert*, Pharmaceut.
3256 —— Die Laubmoose des Cantons Aargau. Mit besonderer Berücksichtigung der geognostischen Verhältnisse und der Phanerogamen-Flora. Aarau, Sauerländer. 1864. 8. VIII, 77 p. (12 sgr.)
Gehler, *Johann Karl*, Professor in Leipzig, * Görlitz 17. Mai 1732, † Leipzig 6. März 1796.
3257* —— De usu macerationis seminum in plantarum vegetatione. Programma. Lipsiae, typ. Langenham. 1763. 4. 20 p.
3258 —— Oratio de nexu studii botanici cum oeconomico. Lipsiae 1763. 4.
Geiger, *Philipp Lorenz*, Professor in Heidelberg, * Freinsheim 30. Aug. 1785, † Heidelberg 19. Jan. 1836.
3259 —— De Calendula officinali. D. Heidelbergae 1818. 8. (1/2 th.)
3260* —— Pharmaceutische Botanik. Zweite Auflage, neu bearbeitet von Th. Fr. L. Nees von Esenbeck und J. H. Dierbach. Heidelberg, Winter. 1839—40. 8. VI, 2023 p. (9 th.) — Ergänzungsheft: Heidelberg 1843. 8. LVI, 347 p. (1 2/3 th.)
Geinitz, *Hans Bruno*, Professor in Dresden, * Altenburg 16. Oct. 1814.
3261* —— und *August von* **Gutbier**. Die Versteinerungen des Zechsteingebirges und des Rothliegenden oder des permischen Systems in Sachsen. Heft 1. 2. Leipzig, Arnold. 1848—49. 4. VI, 42, 32 p., 20 tab. (7 2/3 th. n.)
3262* —— Darstellung der fossilen Flora des Hainichen Ebersdorfer und des Flöhaer Kohlenbassins. Gekrönte Preisschrift. Leipzig, Hirzel. 1854. 4. VIII, 80 p., 14 tab. col. (8 th. n.)
3263* —— Die Versteinerungen der Steinkohlenformation in Sachsen. Leipzig, Engelmann. 1855. folio. VII, 61 p., 36 tab. (20 th. n.)
3264* —— Die Leitpflanzen des Rothliegenden und des Zechsteingebirges oder der permischen Formation in Sachsen. Programm der Polytechnischen Schule. Leipzig, Engelmann. 1858. 4. 28 p., 2 tab. (1 1/3 th. n.)
3265* —— Dyas oder die Zechsteinformation. Heft 2: Die Pflanzen der Dyas. Leipzig, Engelmann. 1862. 4. VIII, p. 131—342, 19 tab. (12 th. n.)
Cat. of sc. Papers II, 813—814.
Geiseler, *Eduard Ferdinand*, Arzt in Danzig (Geiseleria Kl.), * Stettin 20. Sept. 1781, † Danzig 6. April 1827.

3266* —— Crotonis monographia. D. Halae, typ. Grunert. 1807. 8. x, 83 p. (1/3 th.)
Gellerstedt, *Johan Daniel*.
3267 —— Nerikes Flora, eller kort beskrifning af Nerikes vilda Vexters kännetecken och nytta. Örebro, typ. Lindh. 1831. 12. 126, 9 p., 1 tab. — Andra Upplagen omarbetad af C. O Hamnström. Örebro, typ. Lindh. 1852. 8. II, 222 p.
Gemeinhardt, *Johann Kaspar*.
3268* —— Catalogus plantarum circa Laubam nascentium tam indigenarum quam exoticarum culturae mangonio ibidem prognatarum. Budissae, Richter. (Laubae, typ. Schillii) 1724 8. 198 p., praef., ind.
Genersich, *Samuel*, Physikus in Leutschau.
3269* —— Florae Scepusiensis elenchus sive enumeratio plantarum in comitatu Hungariae Scepusiensi eumque percurrentibus montibus carpathicis sponte crescentium. Leutschoviae, typ. Podhorinszki. 1798. 8. 76 p.
3270 —— Catalogus plantarum rariorum Scepusii anno 1801 in autumno in usum amicorum conscriptus. s. l. 1801. 4. 4 p. (588 species.)
Genevier, *L. Gaston*.
3271* —— Extrait de la Florule des environs de Mortague-sur-Sèvre (Vendée). Angers, typ. Lachèse. 1866. 8. 35 p.
3272* —— Essai monographique sur les Rubus du bassin de la Loire. Angers, typ. Lachèse. 1869. 8. 346 p. (6 fr. Savy.)
Extrait du Tome XXIV des Mém. soc. acad. Maine et Loire.
Cat. of sc. Papers II, 820.
Genlis, *Stéphanie Félicité Ducrest de Saint-Aubin*, Comtesse de (Genlisea St. Hil.), * Champcéri 24. Jan. 1746, † Paris 1. Jan. 1831.
3273* —— La botanique historique et litéraire, contenant tous les traits, toutes les anecdotes et les superstitions relatives aux fleurs. Paris 1810. 8. VIII, 359 p. (5 fr.)
italice: Milano 1813. II voll. 12.
* germanica: Uebersetzt und vermehrt von Dr. K. J. Stang. Bamberg und Würzburg 1817. 2 Theile. 8. (2 th.)
* anglice: Historical and literary botany. By Eliza P. Reid. Windsor. C. Andrews. 1826. 3 voll. 8.
Gennari, *Patrizio*, 1865 Prof. an der Universität Cagliari.
3274* —— Specie e varietà più rimarchevoli e nuove da aggiungersi alla Flora sarda. Cagliari, tip. Corriere di Sardegna. 1866. 8. 32 p.
Cat. of sc. Papers II, 820.
Genth, *C. F. F.*, * Platte bei Wiesbaden im Juli 1810, † Nastätten 13. Aug. 1837.
3275* —— Flora des Herzogthum Nassau und der obern, so wie untern Rheingegenden von Speier bis Cöln. Erster Theil. Kryptogamie. Erste Abtheilung. Mainz, Kupferberg. 1836. 8. XII, 439 p. (1 1/3 th.)
Geoffroy, *Claude Joseph*, Bruder von Etienne François, * Paris 8. Aug. 1685, † Paris 9. März 1752.
Geoffroy, *Etienne François* (Geoffroya Jacq.), * Paris 13. Febr. 1672, † Paris 5. Jan. 1731.
3276* —— Tractatus de materia medica. Parisiis, Saillant. 1741. III voll. 8. (desinit in Meliloto.)
* gallice: Traité de la matière médicale. Paris 1757. XVI voll. 12. (vol II—IV: Plantes exotiques. — vol. V—VII: Plantes indigènes, Abrotanum-Melilotus. vol. VIII—X. (ou Suite I—III) Plantes indigènes, Melissa-Xiris.)
Les figures des plantes (et animaux) d'usage en médecine, décrits dans la matière médicale de Geoffroy, dessinés d'après nature par Mr. de Garsault s. a. Plantes: IV voll. 8. tab. 4. (1 th.)
Georgi, *Johann Gottlieb*, Akademiker in Petersburg (Georgina Willd.), * Wachholzhagen in Pommern 31. Dec. 1729, † Petersburg 7. Nov. 1802.
3277* —— Geographisch physikalische und naturhistorische Beschreibung des russischen Reiches. Drei Theile und Nachtrag in dreizehn Abtheilungen. Königsberg, Nicolovius. 1797—1802. 8. (14 th.)
Theil III. Band 4. 5. p. 611—1461: Pflanzenarten im Umfange des russischen Reiches. (1800.)
Gera, *Francesco Agostino*.
3278* —— Della fecondazione delle piante. D. Milano 1830. 8. 45 p.
3279* —— Ed. II: ib. 1830. 8. 144 p. (2 Lire)
—— Sulla epidemia della patata cenni. Venezia, Antonelli. 1847. 8. 24 p., 2 tab.

Gerard, *Louis,* * Cotignac (Var) 16. Juli 1733, † Cotignac 16. Nov. 1819.
<small>Octave Teissier, Etude biographique. Toulon 1859. 8. 100 p. et portrait.</small>

3280* —— Flora Galloprovincialis. Parisiis, Bauche. 1761. 8. XXVIII, 585 p., 19 tab.

3281* —— Mémoire lu à l'institut national le 6 Thermidor an VIII, concernant deux plantes dont la fructification s'exécute dans l'intérieur et à l'extérieur de la terre. (Paris 1800.) 8. 30 p., 1 tab.

Gerarde, *John,* Wundarzt in London (Gerardia L.), * Nantwich 1545, † London 1607.

3282* —— The Herball, or generall historie of plantes. London, imprinted by John Norton. 1597. folio. (17) 1392 p., ind., effigies autoris, ic. ligno inc. elegantissime col. i. t. <small>Bibl. Goett.</small>
— * Ed. II: Very much enlarged and amended by *Thomas Johnson*. London, printed by Norton. 1633. folio. 1630 p., praef., ind., ic ligno inc i. t.
<small>Exemplaria anni * 1636 non differunt.</small>

3283 —— Catalogus arborum, fruticum ac plantarum tam indigenarum quam exoticarum in horto *Gerardi* nascentium. Londini, ex officina Roberti Robinson. 1596. 4. <small>Sloane.</small> — Ed. II: London 1599. 4. 28 p. <small>Bibl. Bodl.</small>

Gérardin, *Sébastien,* * Mirecourt 9. März 1751, † Paris, 17. Juli 1816.

3284* —— Tableau élémentaire de botanique. Paris, Perlet. 1805. 8. XL, 425 p., 8 tab. (7 *fr.* 50 *c.*)

3285* —— Essai de physiologie végétale, ouvrage dans lequel sont expliquées toutes les parties des végétaux. Paris, Schöll. 1810. II voll. 8. — I: L, 456 p., 32 tab. — II: XXXVI, 460 p., 22 tab. (25 *fr.* — col. 60 *fr.*)

3286* —— Dictionnaire raisonné de botanique. Publié, revu et augmenté de plus de trois mille articles par *N. A. Desvaux.* Paris, Dondey-Dupré. 1817. 8. XVI, 746 p. et le portrait de *Gérardin.* — * Ed. II. ib. 1822. 8. (10 *fr.*) (non differt.)

Gerber, *Traugott,* Arzt (Gerberia Cass.), † Viborg 1743.
<small>Plantas collegit ad ripas Tanais et Volgae. Floram manuscriptam Mosquensem ad Hallerum misit.</small>

Geremia, *Giacomo.*

3287 —— Storia delle varietà delle uve che trovansi nel dintorno dell' Etna. Catania 1835. 4. 66 p.
<small>Atti Acc. Gioen. X, 201—222. XI, 313—340.</small>

Gerendaу, *Josef,* Professor der Botanik in Pest, * Dömsöd 1814, † Pest 8. April 1862.

Gerhardt, *Hermann,* Gymnasiallehrer in Prenzlau, † Prenzlau 29. Oct. 1856.

3288* —— Flora von Prenzlau und der nördlichen Uckermark. Programm. Prenzlau 1856. 4. 28 p.

Germain de Saint-Pierre, *Ernest,* Arzt in Paris.
<small>Notice sur les mémoires et les ouvrages publiés par M. E. Germain de Saint-Pierre. Paris, Mollet-Bachelier. 1855. 4. 20 p.</small>

3289* —— Guide du botaniste, ou Conseils pratiques sur les excursions botaniques; sur la récolte, la préparation, le classement des plantes et la conservation des herbiers; sur l'emploi du dessin et l'usage du microscope appliqués à l'étude des plantes, et sur la rédaction des travaux botaniques; accompagné d'un «Traité élémentaire des propriétés et usages économiques des plantes» qui croissent spontanément en France et de celles qui y sont généralement cultivées. Paris, Masson. 1852. 8. XII, 832 p. (7 *fr.* 50 *c.*)

3290* —— Histoire iconographique des anomalies de l'organisation dans le règne végétal, ou Série méthodique d'observations raisonnées de tératologie végétale. Livr. 1. 2. Paris, typ. Firmin-Didot. 1855. folio. VIII, 42 p., 16 tab. col.

3291 —— Archives de biologie végétale, ou Recherches expérimentales sur les divers phénomènes de la végétation. Livr. 1. 2. Paris 1856. 4. 16 p, 7 tab. col.

3292* —— Nouveau Dictionnaire de botanique, comprenant la description des familles naturelles etc. Paris, Baillière. 1870. 8. XVI, 1388 p., 1600 ic. xyl. (25 *fr.*)
<small>Cat. of sc. Papers II, 852—855.</small>

Germar, *Ernst Friedrich,* Oberbergrath und Professor in Halle, * Glauchau 3. Nov. 1786, † Halle a. d. S. 8. Juli 1853.

3293* **Germar,** *Ernst Friedrich.* Die Versteinerungen des Steinkohlengebirges von Wettin und Löbejün im Saalkreise. Petrificata stratorum etc. Heft 1—8. Halle, Schwetschke. 1853. folio. 40 tab. (16 *th. n.*)

Gernet, *C. A. von,* in Moskau.

3294 —— Xylologische Studien. Heft 1—3. Moskau 1861—66. 8.
<small>Cat. of sc. Papers II, 857.</small>

Gervasi, *Nicolo,* * Palermo ... 1632, † Palermo 30. Mai 1681.
<small>Mongitore, Bibl. sicula.</small>

3295 —— Bizarrie botaniche d'alcuni semplicisti di Sicilia. Napoli, apud Novellum de Bonis. 1673. 4.

Gesner, *Konrad,* Arzt in Zürich (Gesneria Plum. Conradia Mart.), * Zürich 26. März 1516, † Zürich 13. Dec. 1565.
<small>Vita clarissimi philosophi et medici *Conradi Gesneri* Tigurini conscripta a *Josia Simlero* Tigurino. Item Epistolae *Gesneri* de libris a se editis et carmina complura in obitum ejus conscripta. His accessit *Caspari Wolphii* Hypochesis s. de *Conradi Gesneri* stirpium historia ad *Johannem Cratonem* pollicitatio. Tiguri, excudebat Froschoverus. 1566. 4. 52 foll., ic. ligno inc.
Nicéron, Mémoires XVII, 337—371. (1732.)
Johannes Hanhart, Conrad Gesner. Ein Beitrag zur Geschichte des wissenschaftlichen Strebens und der Glaubensverbesserung im 16. Jahrhundert. Winterthur 1824. 8. X, 355 p. (1½ *th.*)
Ernst Meyer, Geschichte der Botanik IV, 323—334.
Rudolf Wolf, Biographien I, 15—42.
Bruhin, Commentar zum *Gesner* im Bericht der nat. Ges. von St. Gallen 1865, 18—104.</small>

3296* —— Opera botanica per duo saecula desiderata, vitam autoris et operis historiam, *Cordi* librum quintum cum adnotationibus *Gesneri* in totum opus etc. Nunc primum in lucem edidit et praefatus est *Casimir Christoph Schmiedel*. Norimbergae 1751—71. II voll. folio. — I: 1754. LVI, 130 p., 22 tab. ligno inc., 21 tab. aen., quarum ultima col. — II: 1759. 1770. XI, 43, 65 p., 31 tab. col.

3297* —— Historia plantarum et vires ex Dioscoride, Paulo Aegineta, Theophrasto, Plinio et recentioribus Graecis juxta elementorum ordinem. Una cum rerum et verborum locupletissimo indice. Basileae, apud Robertum Winter. 1541. 8. 281 p., ind. — * Parisiis, apud J. L. Tiletanum. 1544. 8. 261 p., ind.

3298* —— Catalogus plantarum latine, graece, germanice et gallice. Πίναξ φυτῶν, λατινιστί, ἑλληνιστί, γερμανικῶς καὶ κελτικῶς. Namenbuch aller Erdgewächsen, lateinisch, griechisch, teutsch und französisch. Regestre de toutes plantes en quatre langues, latin, grec, aleman et francoys. Una cum vulgaribus pharmacopolarum nominibus. Adjectae sunt etiam herbarum nomenclaturae variarum gentium, *Dioscoridi* adscriptae secundum literarum ordinem expositae. Tiguri, apud Christophorum Froschoverum. 1542. 4. 162 foll. et Epistola nuncupatoria: 3 foll. — cum *Dioscoride Ryffi*. Francofurti 1543. folio.

3299* —— De raris et admirandis herbis, quae sive quod noctu luceant, sive alias ob causas lunariae nominantur, commentariolus: et obiter de aliis etiam rebus, quae in tenebris lucent. Inseruntur et icones quaedam herbarum novae. Ejusdem descriptio montis fracti sive montis Pilati juxta Lucernam in Helvetia. His accedunt *Jo. du Choul* Lugdunensis Pilati montis in Gallia descriptio; *Jo. Rhellicani* Stockhornius, qua Stockbornus mons altissimus in Bernensium Helvetiorum agro versibus heroicis describitur. Tiguri, apud Andream et Jacobum Gesnerum. 1555. 4. 86 p., ind., ic. xyl. — * Editione hac secunda emendatior, curante *Thoma Bartholino.* Hafniae, typ. Godicchenii. 1669. 8. 82 p. (10 foll. ind.), ic. xyl.

3300* —— De stirpium aliquot nominibus vetustis ac novis: quae multis jam saeculis vel ignorarunt medici, vel de eis dubitarunt: ut sunt Mamirás, Móly, Oloconítis, Doronicum, Bulbocastanum, Granum alzelin et habbaziz et alia complura epistolae II, una *Melchioris Guilandini* Borussi, altera *Conradi Gesneri.* Basileae, apud Episcopium juniorem. 1557. 8. 45 p., ic. ligno inc. i. t.

3301* —— De stirpibus aliquot epistolae V. *Melchioris Guilandini* R. IV. *Conradi Gesneri* Tigurini I. etc. Patavii, apud Gratiosum Perchacinum. 1558. 4. 48 foll.

3302* —— Epistolarum medicinalium libri III. His accesserunt Aconiti primi *Dioscoridis* asseveratio, et de oxymellitis elleborati utriusque descriptione et usu libellus. Omnia edita per *Casparum Wolphium.* Tiguri, apud Froschoverum. 1577. 4. 160 foll.

3303 **Gesner**, *Konrad*. Epistolarum medicinalium liber IV (ad *Joannem Kentmannum*; edidit *Simon Gronenberg*). Wittebergae 1584. 4. (26 foll.)
3304* —— Epistolae (plurimae ad *Joannem Bauhinum*) a *Casp. Bauhino* nunc primum editae. Impr. cum *Joannis Bauhini* de plantis a divis nomen habentibus. Basileae 1591. 8. p. 91—163.
3305* —— De stirpium collectione tabulae tum generales tum per duodecim menses cum germanicis nominibus et aliis hactenus a nemine traditis, olim per *Conradum Gesnerum* conscriptae ac editae: nunc autoris opera locupletatae et de novo in usum pharmacopolarum luci datae per *Casparum Wolphium*, Tigurinum medicum. Accesserunt de stirpibus et de earum partibus tabulae ex *Theophrasti* praecipue libris, eodem *Gesnero* autore. Tiguri, ex officina Froschoveri. 1587. 8. 146 (8) foll.
* Prius jam prodierant cum *Davidis Kyberi* Lecico. Argentinae 1553. 8. p. 467—548.
Conradi Gesneri Epistola de Tulipo Turcarum et inclytus de Hortis Germaniae liber exstant in *Valerii Cordi* Annotationibus in *Dioscoridem*. Argentorati 1561. folio. foll. 213. 236—300.

Gesner, *Johann Albrecht*, Arzt in Stuttgart, * Roth in Anspach 17. Sept. 1694, † Stuttgart 10. Juni 1760.
3306* —— De Zingibere. D. Altdorfii, typ. Meyer. 1723. 4. 32 p.

Gessner, *Johann*, Professor der Mathematik und Physik zu Zürich, * Zürich 18. März 1709, † Zürich 6. Mai 1790.
Hirzel's Denkrede. Zürich 1791.
* *R. Wolf*, Johannes Gessner, der Freund und Zeitgenosse von Haller und Linné. Zürich, Meyer und Zeller. 1846. 4. 27 p. und Portrait.
3307* —— Dissertationes de partium vegetationis et fructificationis structura, differentia et usu. Impr. cum *Linnaei* Oratione de peregrinationibus intra patriam. Lugduni Batavorum 1743. 8. p. 55—108. — * impr. cum *Linnaei* Fundamentis botanicis. Halae 1747. 8. p. 33—78. — impr. cum *Giliberti* editione Fundam. bot. II. p. 551—600.
3308* —— De Ranunculo bellidifloro et plantis degeneribus. D. Tiguri 1753. 4. 24 p, 1 tab. col.
3309* —— Phytographia sacra generalis (et specialis). D. I—VII. et I—III Tiguri, ex officina Gessneriana. 1759—73. 4. — Phytographiae sacrae generalis pars practica I: 1760. 56 p. — II: 1762. 54 p. — III: 1763. 30 p. — IV: 1764. 31 p. — V: 1765. 35 p. — VI: 1766. 34 p. — VII: 1767. 33 p. — Phytographiae sacrae specialis I: 1768. 27 p. — II: 1769. 25 p. — III: 1773. 32 p.
3310* —— Tabulae phytographicae analysin generum plantarum exhibentes. Cum commentatione edidit *Christian Salomon Schinz*. Turici, Orell, Füssli et Co. 1795—1826. II voll. folio. — I: 1795. XII, 225 p., tab. col. 1—28. — II: 1804. 118 p., tab. col. 29—64.
Anno 1844 opus completum, 79 plagulae textus et 82 tab. nigr., ad annum 1826 continuatio a libraria emturis pretio 38½ thalerorum commendabatur. Fasciculus XXI dicitur ultimus.

Geubel, *Heinrich Karl*.
3311* —— Die physiologische Chemie der Pflanzen, mit Rücksicht auf Agricultur. Zugleich eine wissenschaftliche Widerlegung der Ansichten Liebig's und Schleiden's. Frankfurt a/M., Sauerländer. 1845. 8. XII, 312 p. (1½ th.)

Geuns, *Steven Jan van* (Geunsia Bl.), * Groningen 18. Nov. 1767, † Utrecht 16. Mai 1795.
3312* —— Plantarum Belgii confoederati indigenarum spicilegium, quo *Davidis Gorteri*, viri clarissimi; Flora VII provinciarum locupletatur. Hardervici, J. van Kasteel. 1788. 8. 77 p.
3313* —— Verhandeling over de inlandsche plantgewassen, omtrent welker nuttige eigenschappen men met grond verwagten kan, dat, ten nutte van het vaderland, verdere nasporingen kunnen worden gedaan. Haarlem 1789. 8. 86 p.
3314* —— Oratio de instaurando inter Batavos studio botanico publice habita. Trajecti ad Rhenum 1791. 4. 58 p.

Gevers Deynoot, *P. M. E.*
3315* —— Flora Rheno-Trajectina, seu enumeratio plantarum Trajecti ad Rhenum sponte crescentium. Pars I et II. phan. et crypt. continens. (Flora van Utrecht, of Oplelling en aanwijzing etc.) Utrecht, N. van der Monde. 1843. 8. XII, 180 p. (1½ th.)

Geyer, *Johann Daniel*, Arzt in Dresden, * 1661, † Dresden 3. Aug. 1735.
3316* —— Δικταμνογραφία sive brevis Dictamni descriptio. D. Francofurti et Lipsiae, typ. Nisius. 1687. 4. 38 p., 1 tab.

Geyer, *Karl Andreas*, bot. Reisender in Nordamerika von 1834—45, * Dresden 30. Nov. 1809, † Meissen 21. Nov. 1853.
Biographie von *Gustav Reichenbach* in Hooker Journal and Misc. VII, 182—183.

Ghini, *Luca*, * im Schloss Croava bei Imola ... 1500, † Pisa 4. Mai 1556.
Fantuzzi, Vita di U. Aldrovandi.
J. Calvi, Commentarium historicum Pisani vireti.
Ernst Meyer, Geschichte der Botanik IV, 257.

Gibbes, *Lewis R.*
3317 —— A catalogue of the phaenogamous plants of Columbia, S. C., and its vicinity. Columbia 1835. 8.
3318 —— Botany of Edings Bay. 1859. 8. 8 p.
Proc. Elliott Soc. I, 241—248.

Gibelli, *Giuseppe*, Assistent am botanischen Garten zu Pavia.
3319 —— Sugli organi riproduttori del genere Verrucaria. Milano 1865. 4. 1 tab.

Giboin, *N. J. B.*
3320* —— Fragmens de physiologie végétale. Montpellier, typ. Izar et Ricard. an VII. (1799). 4. 57 p.
Autor libri est *Jacques Philippe Raymond Draparnaud*, teste Candolle Syst. nat. I. p. 50.
* germanice: Fragmente aus der Physiologie der Pflanzen. Strasburg 1803. 8. IV, 87 p. (⅓ th.)

Gibson, *Alexander*, M. D., Conservator of forests in the Bombay Presidency, * Lawrence Kick (Kincardineshire) 24. Oct. 1800, † 16. Jan. 1867.
3321* —— Report on Teak and other plantations and forests in the Bombay Presidency. Bombay 1852. 8.
Forming Vol. I. for 1852 of the Transactions of the agrihorticultural Society of Bombay.
Cat. of sc. Papers II, 873—874.

Gibson, *George Stacey*.
3322* —— The Flora of Essex; or a List of the flowering plants and ferns found in the county of Essex. London, William Pamplin. 1862. 8. L, 469 p. (6 s.)
Cat. of sc. Papers II, 874.

Gies, *Wilhelm*.
3323* —— Anleitung zum Bestimmen der offenblütigen Gewächse. Gymnasialprogramm. Fulda, typ. Uth. 1847. 8. VII, 143 p.

Gieswald, *Hermann*, † Danzig 23. Febr. 1862.
3324* —— Ueber den Hemmungsprozess in der Antherenbildung. Danzig 1862. 4. 35 p., 1 tab.
Cat. of sc. Papers II, 878.

Gilby, *William Hall*.
3325* —— De mutationibus quas ea, quae e terra gignuntur, aëri inferunt. D. Edinburgi 1815. 8. 36 p.
On the respiration of plants. Edinb. Phil. Journal IV, 100—106. (1821.)

Gilibert, *Jean Emmanuel*, Professor in Wilna, später in Lyon (Gilibertia Rz. et Pav.), * Lyon 21. Juni 1741, † Lyon 2. Sept. 1814.
3326* —— Flora lithuanica inchoata, seu enumeratio plantarum, quas circa Grodnam collegit et determinavit. Grodnae 1781. (et Vilnae 1782). 8. XVIII, (23), 243, 294 p.
3327* —— Caroli Linnaei Systema plantarum Europae exhibens characteres naturales generum etc. Coloniae Allobrogum, Piestre. 1785—87. VII voll. 8. — I: LXXXVIII, 47, 86, 42 et 127 p. (Inest: Flora lithuanica; Chloris Lugdunensis; et Flora Delphinalis, opera *Villarsii*.) — II: XXIV, 183, 221 p. — III: XXXII, 646 p. — IV: 752, 15, 38 p. — V: LXXIV, LXXVI, 604 p., tab. — VI: 782, 52 p. — VII: XXXII, 594 p., 13 tab.
In vol. V—VII: Fundamenta botanica *Linnaei*.
3328* —— Exercitia phytologica, quibus omnes plantae europaeae, quas vivas invenit in variis herbationibus seu in Litthuania, Gallia, alpibus, analysi nova proponuntur, ex typo naturae describuntur, novisque observationibus aut figuris raris illustrantur; additis stationibus, tempore florendi, usibus medicis aut oeconomicis, propria auctoris experientia natis. Lugduni Gallorum, Delamollière. 1792. II voll. 8. — I: Plantae lithuanicae cum lugdunensibus comparatae: LXXX p. et

p. 1—388. — II: Caeterae plantae lithuanicae cum lugdunensibus comparatae: p. 391—655.
<small>Liber quasi supplementum systematis plantarum Europae considerari potest. Multae intercurrunt tabulae absque signatura, quarum plurimae sunt ineditae *Richeri de Belleval*, aliae e *Loeselio* et *Vaillantio* sumtae.</small>

3329* (**Gilibert**, *Jean Emmanuel*.) Tableau des plantes à démontrer dans le jardin botanique de Lyon. (Lyon) 1804. 8. 71 p.

3330* —— Le Calendrier de Flore pour l'année 1778 autour de Grodno et pour l'année 1808 autour de Lyon. Lyon, Leroy. 1809. 8. VIII, 88 p., 1 tab.

3331* —— Synopsis plantarum horti Lugdunensis. Lyon, Leroy. 1810. 8. 36 p.

Gilii, *Filippo Luigi*, Director der Vaticanischen Sternwarte (Gilia Rz. et Pav.), * Corneto 14. März 1756, † Rom 15. Mai 1821.

3332* —— e *Caspar* **Xuarez**. Osservazioni fitologiche sopra alcune piante esotiche introdotte in Roma. Roma, stamperia Casaletti. 1789—92. III fasc. 4. 64, 70, 99 p, 30 tab.

Gille, *Arnold* (Gillenia Moench).
<small>Hortus Cassellanus. (Index nominum.) Cassellis 1627. 4.</small>

Gillet et *J. H.* **Magne**.

3333* —— Nouvelle Flore française. Descriptions succinctes et rangées par tableaux didotomiques des plantes qui croissent spontanément en France et de celles qu'on y cultive en grand. Paris, Garnier frères. 1863. 8. XXVI, 620 p. ic. xyl. — Ed II. ib. 1867. 8. (8 fr)

Gillet, *François Pierre Nicolas*, * Laumont 28. Mai 1747, † Paris 1834.

3334* —— Sur le fructification du Phormium tenax ou lin de la nouvelle Zélande à Cherbourg et à Toulon: sur la germination particulière de ces graines et leur culture. (Paris), typ. Huzard. 1824. 8. 8 p.

Ginanni, *Francesco, Conte*, patrizio Ravennate (Ginannia Scop.), Neffe, * Ravenna 13. Dez. 1716, † Ravenna 8. März 1766.
<small>Nova Acta Ac. Nat. Cur. IV, 297—298</small>

3335* —— Delle malattie del grano in erba trattato storico-fisico. Pesaro, typ Gavelli. 1759. 4. XVIII, 426 p, 8 tab

3336* —— Istoria civile e naturale delle Pinete Ravennati etc. opera postuma. Roma, typ. Gavelli. 1774. 4. 478 p., praef., 18 tab.

Ginanni, *Giuseppe, Conte*, * Ravenna . . . 1692, † 1753.

3337* —— Opere postume (tomo I) nel quale si contengono 114 piante (Algae et Zoophyta) che vegetano nel more adriatrico Venezia 1755. folio (10), XIX, 63 p., 55 tab.
<small>Volumen II omnino zoologici est argumenti.</small>

Gingins de Lassaraz, *Frédéric Charles Jean, Baron*, * im Schlosse Lassaraz (Kanton Waadt) 14. Aug. 1790.

3338* —— Mémoire sur la famille des Violacées. Genève, Paschoud. 1823 4. 28 p., 2 tab.

3339* —— Histoire naturelle des Lavandes. Genève, Cherbuliez. 1826. 8. VIII, 188 p., 11 tab. in 4 (7 fr. 50 c)
<small>Cat. of sc Papers II, 891.
Elaboravit Violarieas in DC Prodr I, 287—316.</small>

Giordano, *Antonio*.

3340* —— Cenno fisiologico-chimico sulla decolorazione delle foglie in autumno e della loro caduta. Torino, typ. Varcelotti. 1835. 8. 56 p, 1 schema.

Giordano, *Ferdinando*.

3341* —— Memoria su di una nuova specie d'Ibisco. (Hibiscus hakeaefolins Giord.) Napoli 1833. 4. 8 p., 1 tab.

3342* —— Osservazioni sopra una nuova specie di Embothrio. Napoli 1837. 4. 10 p., 1 tab.

Giovene, *Giuseppe Maria*, Canonicus von Molfetta, * Molfetta 23. Jan. 1753, † Molfetta 2. Jan. 1837.
<small>Cat. of sc. Papers II, 894</small>

Girardin, *Jean*, Professor in Rouen, * Paris 16. Nov. 1803.

3343 —— et *Jules* **Juillet**. Nouveau Manuel de botanique, ou principes élémentaires de physique végétale. Paris, Compère. 1827. 12. VI, 610 p, 12 tab. (5 fr. 50 c.)

Giraudy, *Honoré*, Prosector in Marseille (Giraudia Solier), † Marseille Anfang Nov. 1862.

Girgensohn, *G. K.*, Hofrath in Dorpat.

3344* —— Naturgeschichte der Laub- und Lebermoose Liv-, Esth- und Kurlands. Dorpat, Gläser. 1860. 8. 488 p.
<small>Dorpater Archiv II, 1—488.</small>

Girod-Chantrans, *Justin*, Officier im Genie-Corps, * Besançon 1750, † Besançon 1. April 1841.

3345* —— Recherches chimiques et microsoopiques sur les Conferves, Bisses, Tremelles etc. Paris, Bernard. 1802. 4. VIII, 254 p., 36 tab. col. (18 fr.)

3346* —— Essai sur la géographie physique, le climat et l'histoire naturelle du département du Doubs, dans lequel on trouve une cryptogamie enrichie de la description d'un grand nombre d'espèces inédites. Paris, Courcier. 1810. II voll. 8. — I: XXVI, 303 p. — II: XIV, 432 p. (10 fr.)
<small>Cat. of sc. Papers II, 905.</small>

Girou de Buzareingnes, *Charles*, * St. Geniez 1. Mai 1773, † Buzareingnes 25. Juli 1856.
<small>Notice biographique. Rodez, typ. Carrère. 1856. 8.
Cat. of sc. Papers II, 906.</small>

Giseke, *Paul Dietrich*, Professor am Johanneum in Hamburg, Schüler Linné's (Gisekia L), * Hamburg 8. Dec. 1741 (vielleicht 1745), † Hamburg 26. April 1796.

3347* —— Systemata plantarum recentiora. D. Goettingae, typ. Schulz. 1767. 4. 54 p.

3348* —— Index Linneanus in *Leonhardi Plukenetii* Opera botanica. Accessere variae in vitam et opera *Plukenetii* observationes partim ex ipsius manuscriptis. Index Linneanus in *Joannis Jacobi Dillenii* historiam muscorum. Hamburgi, typ. Meyn. 1779. folio. X, 46 p. — * Hamburgi, typ. Meyn. 1779. 4. X, 39 p.

3349* —— Tabula genealogico-geographica affinitatum plantarum secundum ordines naturales Linnaei delineata. 1789. 1 tab. folio max.

3350* —— Theses botanicae in usum auditorum typis exscriptae. Hamburgae, typ. Meyn. 1790. 8. 51 p.

3351* —— Icones plantarum, partes, colorem, magnitudinem et habitum earum ad amussim exhibentes, adjectis nominibus Linnaeanis; ediderunt *Paul Dieterich Giseke, Johann Dominicus Schulze, A. A. Abendroth* et *N. J Buek*. Fasc I—III. Hamburgi, opera et sumtibus Jacobi von Doehlen. 1777—78. folio. 75 tab. col.

Gleditsch, *Johann Gottlieb*, Professor und Akademiker in Berlin (Gleditschia), * Leipzig 5. Febr. 1714, † Berlin 8. Oct. 1786.
<small>*Willdenow* und *Paul Usteri*, Beiträge zur Biographie des verstorbenen Dr. *Johann Gottlieb Gleditsch*. Zürich 1790. 8. 111 p, effigies *Gleditsch*.
* Éloge in Mémoires de l'Académie des sciences à Berlin, 1786, 49—51.</small>

3352 —— Catalogus plantarum, quae tum in horto Domini *de Zieten* Trebnizii coluntur, tum et in vicinis locis sponte nascuntur. Lipsiae 1737. 8. 152 p.

3353* —— Consideratio epicriseos *Siegesbeckianae* in *Linnaei* systema plantarum sexuale et methodum botanicam huic superstructam. Berolini, Haude. 1740. 8. 36, CCXX p. (1/3 th.)

3354* —— Dissertatio inauguralis de methodo botanica, dubio et fallaci virtutum in plantis indice. Francofurti a/V., typ. Schwartz. 1742. 4. 48 p. — *Ed. II. Lipsiae, typ. Langenhem. 1742. 4. (4 foll.) 48' p.

3355* —— Lucubratiuncula de fuco subgloboso, sessili et molli; in Marchia electorali viadrina et ejus viciniis reperiundo. Berolini, Haude. 1743. 4. 28 p.
<small>* germanice: Von der Kugelpflanze, oder der sogenannten Seepflaume in der Mark Brandenburg. In *Gleditsch*, Physik. bot. ökon. Abhandlungen III, p. 1—16.</small>

3356* —— Methodus Fungorum, exhibens genera, species et varietates cum charactere, differentia specifica, synonymis, solo, loco et observationibus. Berolini, schola realis. 1753. 8. 162 p., ind., 6 tab. (1/4 th.)

3357* —— Systema plantarum a staminum situ. Berolini, Haude. 1764. 8. CIV, 323 p. (1 th.)

3358* —— Vermischte physikalisch-botanisch-ökonomische Abhandlungen. Halle 1765—67. 3 Bände. 8. — I: 1765. 318 p, 2 tab. — II: 1766. 440 p., 2 tab. — III: 1767. 397 p., 1 tab. (3 th.)

3359* —— Vermischte Bemerkungen aus der Arzneiwissenschaft, Kräuterlehre und Oekonomie. Erster Theil. Leipzig, Hartknoch. 1768. 8. 230 p., 1 tab. (2/3 th.)

3360* —— Alphabetisches Verzeichniss der gewöhnlichsten Arzneigewächse, ihrer Theile und rohen Produkte, welche in den grössten deutschen Apotheken gefunden werden. Berlin 1769. 8. x, 480 p., praef, ind. (1 1/6 th)

3361* **Gleditsch**, *Johann Gottlieb*. Systematische Einleitung in die neue Forstwissenschaft. Berlin 1775. 2 Bände. 8. — I: 544 p. — II: 677 p. (3 th.)

3362* —— Vollständig theoretisch-praktische Geschichte aller in der Arznei und Haushaltung nützlich befundnen Pflanzen. Erster Band. Berlin, Decker. 1777. 8. xxxii, 623 p. (1 1/2 th.)

3363* —— Einleitung in die Wissenschaft der rohen und einfachen Arzneimittel. Berlin und Leipzig 1778—87. 4 voll. 8. — I: 1778. 568 p. — II: 1. 2. 1779—81. 618, 464 p. (5 1/3 th.)

3364* —— Botanica medica, oder die Lehre von den vorzüglich wirksamen einheimischen Arzneigewächsen. Herausgegeben von *F. W. A. Lüders*. Berlin, Vieweg. 1788—89. 2 Theile. 8. — I: 1788. xii, 460 p. — II: 1789. 420 p, ind. (1 2/3 th.)

3365* —— Vermischte botanische Abhandlungen, herausgegeben und mit einer Vorrede versehen von *Karl Abraham Gerhard*. Berlin, Hesse. 1789. IV voll. 8. — I: 258 p., 2 tab. — II: 296 p., 1 tab. — III: 248 p., 2 tab. — IV: 1790. 162 p. (2 th.)

Glehn, *P. von*, Conservator am bot. Garten in Petersburg.

3366* —— Flora der Umgebung Dorpats. Dorpat, Gläser. 1860. 8. (16 sgr. n.)
Dorpater Archiv II, 489—574.

Gleichen, *Friedrich Wilhelm, Freiherr von*, genannt **Russworm** (Gleichenia Sm.), * Bayreuth 14. Jan. 1717, † auf seinem Schlosse Greiffenstein bei Bonnland in Franken 16. Juni 1783.

3367* —— Das Neuste aus dem Reiche der Pflanzen oder Mikroskopische Untersuchungen und Beobachtungen der geheimen Zeugungstheile der Pflanzen etc. Mit Kupfern von *Johann Christoph Keller*. Nürnberg, Launoy. 1764. folio. 72, 40, 26 p., 45 tab. col. (16 2/3 th)
Editio anni 1790 non differt.
* gallice: traduit par J. F. Isenflamm. ib. 1770. folio.

3368* —— Auserlesene mikroskopische Entdeckungen bei den Pflanzen, Blumen und Blüten, Insecten und andern Merkwürdigkeiten. Nürnberg, Raspe. 1777—81. 6 Hefte. gr. 4. 160 p., 83 tab, effigies autoris. (14 2/3 th.)

Glocker, *Ernst Friedrich*, Professor der Mineralogie an der Universität Breslau, * Stuttgart 1. Mai 1793, † Stuttgart 15. Juli 1858.

3369* —— Versuch über die Wirkungen des Lichtes auf die Gewächse. Breslau 1820. 8. viii, 207 p., ind. (2/3 th.)

Glos, *Samuel*.

3370 —— Monographie der Seegewächse. Neusohl, typ. Machold. 1855. 8. vi, 37 p.

Gloxin, *Benjamin Peter*, Arzt in Colmar (Gloxinia L'her.)

3371* —— Observationes botanicae. D. Argentorati, Holäufer. 1785. 4. 26 p., 3 tab.

Gmelin, *Christian Gottlob*, Professor der Chemie in Tübingen, Bruder von Ferdinand Gottlob, * Tübingen 12. Oct. 1792, † Tübingen 13. Mai 1860.

3372* —— Chemische Untersuchung der Seidelbastrinde. D. (*F. L. Baer*.) Tübingen, typ. Schönhardt. 1822. 8. 37 p.

Gmelin, *Ferdinand Gottlob*, Neffe von Samuel Gottlieb, Professor der Medizin und Naturgeschichte in Tübingen, * Tübingen 10. März 1782, † Tübingen 21. Dec. 1848.

3373 —— De plantarum exhalationibus. D. (auctor *Johann Ludwig Palmer*.) Tuebingae 1817. 8. 45 p.

Gmelin, *Georg Friedrich*.

3374* —— De convenientia plantarum in fructificatione et viribus. D. Tuebingae 1699. 4. 16 p.
Dissertatio inauguralis praeside Rudolpho Jacobo Camerario proposita est.

Gmelin, *Johann Friedrich*, Sohn von Philipp Friedrich, Professor, zuerst in Tübingen, dann in Göttingen, * Tübingen 8. Aug. 1748, † Göttingen 1. Nov. 1804.

3375* —— Irritabilitas vegetabilium in singulis plantarum partibus explorata, ulterioribusque experimentis confirmata. D. Tuebingae, Siegmund. 1768. 4. 30 p.
Dissertatio inauguralis, praeside F. Chr. Oetinger proposita, reimpressa est in Ludwig, Delect. opusc. vol. I. p. 272—309.

3376* **Gmelin**, *Johann Friedrich*. Enumeratio stirpium agro Tubingensi indigenarum. Tuebingae, typ. Siegmund. (1772). 8. 16, 334 p., ind.

3377* (——) Onomatologia botanica completa, oder vollständiges botanisches Wörterbuch. Frankfurt und Leipzig 1772—78. 10 Bände. 8. 1044, 1120, 1080, 1108, 1034, 1004, 974, 856, 672, 1147 p. (13 5/6 th.)

3378* —— Abhandlung von den giftigen Gewächsen, welche in Teutschland und vornehmlich in Schwaben wild wachsen. Ulm, Stettin. 1775. 8. 228 p. — Ulm, Stettin. 1805. 8. (1/2 th.)

3379* —— Allgemeine Geschichte der Pflanzengifte. Nürnberg, Raspe. 1777. 8. p., praef. — * Zweite vermehrte Auflage. Nürnberg, Raspe. 1803. 8. xii, 852 p. (2 5/6 th.)

3380 —— Abhandlungen von den Arten des Unkrauts auf den Aeckern in Schwaben. Lübeck 1779. 8. 408 p.

Gmelin, *Johann Georg*, Bruder von Philipp Friedrich, Akademiker in Petersburg, von 1733—43 in Sibirien, seit 1749 Professor in Tübingen, * Tübingen 12. Juni 1709, † Tübingen 20. Mai 1755.
Kurze Nachricht von J. G. Gmelin. Göttingen 1749. 8. Comm. med. Lips. IV, 729—738.

3381* —— Flora sibirica, sive historia plantarum Sibiriae. Petropoli 1747—69. IV voll. 4. — I: 1747. cxxx, 221 p, ind., 50 tab. — II: 1749. xxiv, 240 p, ind., 98 tab. — III: 1768. 276 p., ind., 84 tab. — IV: 1769 214 p., 84 tab. (11 1/4 th)
Volumen tertium et quartum, Joanne Georgio anno 1755 mortuo, edidierunt e recensione Samuelis Gottlieb Gmelin, autoris e fratre filii. Volumen quintum, plantas complectens cryptogamas, nunquam prodiit. Commentarium scripsit C F von Ledebour in Regensburges Denkschriften III. 43—138.

3382* —— Sermo academicus de novorum vegetabilium post creationem divinam exortu. Accedit *Rudolphi Jacobi Camerarii* de sexu plantarum epistola. Tuebingae, typ. Erhardt. 1749. 8. 148 p.
Programma continens vitam Gmelini: p. 1—39; sermo ipse: p. 40—82; Camerarii epistola: p. 83—148.

3383* —— Reise durch Sibirien von dem Jahre 1733—43. Göttingen 1751—52. 4 Theile. 8. 467, 652, 584, 692 p., 4 chartae geogr.

3384 —— pr. Rhabarbarum officinarum. D. Tuebingae 1752. 4. 32 p.

3385 —— pr. De Coffee. D. Tuebingae 1752. 4. 16 p.

3386* —— J. G. Gmelini Reliquias quae supersunt, commercii epistolici c. C. Linnaeo, A. Hallero, G. Stellero, floram Gmelini sibiricam ejusque iter sibiricum potissimum concernentis curavit G. H. Th. Plieninger. Stuttgart 1861. 8. 196 p. (1 1/6 th. n.)

Gmelin, *Karl Christian*, Arzt zu Carlsruhe, * Badenweiler 18. März 1762, † Carlsruhe 26. Juni 1837.

3387* —— Consideratio generalis Filicum. D. Erlangae, typ. Kunstmann. 1784. 4. 63 p.

3388* —— Flora Badensis alsatica et confinium regionum cis et transrhenana plantas a lacu bodamico usque ad confluentem Mosellae et Rheni sponte nascentes exhibens, secundum systema sexuale cum iconibus ad naturam delineatis. Carlsruhae, Müller. 1805—26. IV voll. 8. — I: 1805. xxxii, 768 p., 5 tab. — II: 1806. 717 p., 5 tab. — III: 1808. 795 p., 4 tab. — IV: Supplementa cum indicibus. 1826. 807 p., 10 tab. (12 3/4 th.)
Volumina V—VII, Floram cryptogamicam Badensem, autoribus C. Chr. Gmelin et Alexandro Braun, complectentia anno 1833 a libraria Groos indicantur, non vero prodierunt.

3389* (——) Hortus Magni Ducis Badensis Carlsruhanus. Carlsruhae, typ. Macklot. 1811. 8. x, 288 p.

3390 —— Nothhülfe gegen Mangel aus Misswachs, oder Beschreibung wildwachsender Pflanzen, welche bei Mangel der angebauten als ergiebige und gesunde Nahrung gebraucht werden können. Carlsruhe 1817. 8. (1 1/3 th.)

3391* (——) Beschreibung der Milchblätterschwämme in Baden und dessen nächsten Umgebungen. Carlsruhe, Müller. 1825. 8. 29 p., 1 tab. col. (3/8 th.)

Gmelin, *P*.

3392 —— Die natürlichen Pflanzenfamilien nach ihren gegenseitigen Verwandtschaften. Mit einer vergleichenden Uebersicht der Systeme von *Jussieu*, *DeCandolle* und *Endlicher*. Stuttgart, Schweizerbart. 1867. 8. x, 124 p., 4 tab. (4/6 th. n.)

16*

Gmelin, *Philipp Friedrich*, Bruder von Johann Georg, Professor der Botanik und Chemie an der Universität Tübingen, * Tübingen 19. Aug. 1721, † Tübingen 9. Mai 1768.

3393* —— Otia botanica, quibus in usum praelectionum academicarum definitionibus et observationibus illustratum reddidit Prodromum Florae Leydensis *Adriani van Royen*, qui plantas terra marique crescentes methodo naturali digessit. Tubingae, Berger. 1760. 4. 200 p, ind.

3394* —— pr Botanica et chemia ad medicam applicata praxin per illustria quaedam exempla. D. Tubingae 1755. 4. 30 p.

3395* —— pr. Fasciculus plantarum patriae urbi (Reutlingae) vicinarum, sponte crescentium culturarumque, cum usu omni earundem plebejo. D. Tubingae 1764. 4. 32 p.

Gmelin, *Samuel Gottlieb*, Sohn von Johann Konrad, Neffe von Johann Georg und Philipp Friedrich, Akademiker zu Petersburg, reiste von 1767—1774 mit Pallas, Güldenstädt und Lepechin im südl. Russland und am kaspischen Meere (Gmelina L), * Tübingen 23. Juni 1743, † von dem Chan der Chaitaken gefangen genommen im Kerker zu Achmetkent in der Krimm 27. Juli 1774.

3396* —— Historia Fucorum. Petropoli, typ. ac. sc. 1768. 4. 6, 239 p., 35 tab. sign. I—XXXIII. (5½ *th.*)

3397* —— Reise durch Russland zur Untersuchung der drei Naturreiche. Petersburg, Akademie der Wissenschaften. 1774. 3 Theile. 4. — I: 182 p., 40 tab. — II: 260 p., 46 tab. — III: 508 p., 57 tab.

Gochnat, *Fr. Karl.*

3398* —— Tentamen medico-botanicum de Cichoraceis. Argentorati, typ. Heitz. 1808 4. 24 p, 3 tab.

Godefroy, *F. F.*

3399 —— Essai sur la formation des substances végétales. Thèse. Strasbourg, typ. Levrault. 1818. 4. 20 p.
Cat. of sc. Papers II, 926.

Godet, *Charles H.*

3400* —— Flore du Jura, ou Description des plantes vasculaires qui croissent spontanément dans le Jura suisse et français, plus spécialement dans le Jura neuchâtelois. Neuchâtel, chez l'auteur. 1853. 8. XVI, 872 p. — Supplément. ib. 1869. 8.

3401 —— Description des plantes vénéneuses du canton de Neuchâtel 18.. 8. 26 tab. col. (6 *fr.*)

Godman, *Frederick Du Cane.*

3402* —— Natural history of the Azores, or Western Islands. London, John van Voorst. 1870. 8. v. 358 p., 2 tab. (9 *s*)
Botany of the Azores, by H. C. Watson, p. 113—328.

Godron, *Dominique Alexandre*, Professor in Nancy, * Hayange (Meurthe) 1807.

3403* —— Essai sur les Renoncules à fruits ridés transversalement. Nancy, typ Grimblot. 1840. 8. 36 p., 2 tab.

3404* —— Quelques observations sur la famille des Alsinées. Nancy, typ. Crimblot. 1842. 8. 21 p. (1 *fr.* 25 *c.*)

3405* —— Monographie des Rubus, qui croissent naturellement aux environs de Nancy. Nancy, typ. Grimblot. 1843. 8. 45 p. (1 *fr.* 50 *c.*)

3406* —— Catalogue des plantes cellulaires du Département de la Meurthe. Nancy, typ. Tromp. 1843. 8. 40 p.
Extrait de la Statistique du Département de la Meurthe, publiée par *Henri Lepage*.

3407* —— Flore de Lorraine (Meurthe, Moselle, Meuse, Vosges). Nancy, Grimblot. 1843—44. III voll. 8. — I: 1843. XXIV, 330 p. — II: 1843. 305 p. — III: 1844. 274, 84 p. (12 *fr.*) — * Premier supplément. 1845. 34 p. — * Ed. II. Nancy, Grimblot. Paris, Baillière. 1857. 8. II voll. XII, 504, 557 p. (12 *fr.*)

3408* —— De l'hybridité dans les végétaux. Thèse. Nancy, typ. Raybois. 1844. 4 22 p.

3409* —— Observations critiques sur l'inflorescence considérée comme base d'un arrangement méthodique des espèces du genre Silene. Nancy, Grimblot et Raybois. 1847. 8. 43 p.

3410* —— Considérations sur les migrations des végétaux et spécialement sur ceux, qui étrangers au sol de la France, y ont été introduits accidentellement. Montpellier, typ. Boehm. 1853. 4. 26 p.

3411* **Godron**, *Dominique Alexandre.* Florula Juvenalis. Montpellier, typ. Boehm. 1853. 4. 48 p

3412* —— Florula Juvenalis ou énumération des plantes étrangères qui croissent naturellement au port Juvénal près de Montpellier précédée de considérations sur les migrations des végétaux. Nancy, Grimblot. 1854. 8. 116 p. (2 *fr.*)
Mém. acad. Stanislas 1853, 368—436.

3413* —— De l'espèce et des races dans les êtres organisés et spécialement de l'unité de l'espèce humaine. Paris, Baillière. 1859. II voll. 8. 472, 429 p. (12 *fr.*)

3414* —— Essai sur la géographie botanique de la Lorraine. Nancy, typ. Raybois. 1862. 8. 211 p. (3 *fr.* 50 *c.*)

3415* —— Recherches expérimentales sur l'hybridité dans le règne végétal. Nancy, typ. Raybois. 1863. 8. 76 p. (2 *fr.*)

3416 —— Observations sur les races du Datura Stramonium. Nancy, typ. Raybois. 1864. 8. 12 p.

3417 —— Mémoire sur les Fumariées à fleurs irrégulières et sur la cause de leur irrégularité. Nancy, typ. Raybois. 1864. 8. 16 p.

3418* —— Mémoire sur l'inflorescence et les fleurs des Crucifères. Nancy, typ. Raybois. 1865. 8. 42 p.

3419* —— Observations sur les bourgeons et sur l'inflorescence des Papilionacées. Nancy, typ. Raybois. 1865. 8. 25 p.

3420* —— Nouvelles Recherches sur l'hybridité dans le règne végétal. Nancy, typ. Raybois. 1866. 8. 40 p.

3421* —— De la signification morphologique des différents axes de végétation de la vigne. Nancy, typ. Raybois 1867. 8. 38 p., 1 tab.
Cat. of sc. Papers II, 927—928.

Goebel, *Karl Christian Traugott Friedemann*, Professor zu Dorpat, * Niederrossla bei Weimar 21. Febr. 1794, † Dorpat 26. Mai (a. St.) 1851.

3422* —— und *Gustav* **Kunze**. Pharmaceutische Waarenkunde, mit illuminirten Kupfern nach der Natur gezeichnet von *Ernst Schenk*. Eisenach 1827—34. 2 Bände. 4. — I: 1827—29. Heft 1—6: Die Rinden und ihre Parasiten aus der Ordnung der Flechten. VIII, 240 p., 31 tab. col. — II: 1830—34. Heft 7—14. Die Wurzeln. 300 p., 40 tab. col. (18⅔ *th.*)

3423* —— Reise in die Steppen des südlichen Russlands, in Begleitung der Herren Dr. *Karl Claus* und *A. Bergmann*. Dorpat, Kluge. 1837—38. 2 Theile. 4. — I: 1837. XIV, 325 p, 12 tab. topogr. — II: 1838. VIII, 372 p., 6 tab. botanicae. (15 *th.*)

Goeppert, *Heinrich Robert*, Professor der Botanik an der Universität Breslau (Goeppertia N. v. E.), * Sprottau in Schlesien 25. Juli 1800.

3424* —— Nonnulla de plantarum nutritione. D. Berolini, typ. Stark. 1825. 8. 35 p.

3425* —— De acidi hydrocyanici vi in plantas commentatio. Vratislaviae 1827. 8. III, 58 p. (¼ *th.*)

3426* —— Beschreibung des botanischen Gartens der Königlichen Universität Breslau. Mit dem Plane des Gartens. Breslau 1830. 8. VIII, 90 p., 1 tab. (½ *th.*)

3427* —— Ueber die Wärme-Entwickelung in den Pflanzen, deren Gefrieren und die Schutzmittel gegen dasselbe. Breslau, Max et Co. 8. XIV, 272 p. (1⅓ *th.*)

3428* —— Ueber Wärmeentwicklung in der lebenden Pflanze. Ein Vortrag, gehalten zu Wien am 18. Sept. 1832 in der Versammlung deutscher Naturforscher und Aerzte. Wien, Gerold. 1832. 8. 26 p. (¼ *th.*)

3429* —— Ueber die giftigen Pflanzen Schlesiens. Programm. Breslau, Grass, Barth u. Co. (1832.) 8. 82 p.

3430* —— Die in Schlesien wildwachsenden offizinellen Pflanzen. Einladungsprogramm. Breslau 1835. 8. 48 p.

3431* —— Systema Filicum fossilium. Die fossilen Farrenkräuter. Breslau und Bonn 1836. gr. 4. XXXII, 486 p., 44 tab. (8⅓ *th.*)
Sistit simul supplementum voluminis XVII. Nov. Act. Acad. Caes. Leop. Nat. Cur.

3432* —— De floribus in statu fossili. Commentatio botanica. Vratislaviae 1837. 4. 28 p., 2 tab.

3433* —— De Coniferarum structura anatomica. Vratislaviae, Max et Co. 1841. 4. VI, 86 p., 2 tab. (⅔ *th.*)

3434* —— Ueber die fossile Flora des Quadersandsteins von Schlesien und der Umgegend von Aachen; als erster und zweiter

Beitrag zur Flora der Tertiärgebilde. Breslau 1841. 4. 38, 26 p., 9 tab.
Nov. Act. Acad. Caes. Leop. Nat. Cur. vol. XIX. 2.

3435* **Goeppert**, *Heinrich Robert*. Ueber die fossile Flora der Gypsformation zu Dirschel in Oberschlesien, als dritter Beitrag zur Flora der Tertiärgebilde. Breslau 1842. 4. 12 p., 2 tab.
Nov. Act. Acad. Caes. Leop. Nat. Cur. vol. XIX. 2.

3436* —— Die Gattungen der fossilen Pflanzen, verglichen mit denen der Jetztwelt und durch Abbildungen erläutert. Les genres des plantes fossiles comparés avec ceux du monde moderne expliqués par des figures. Bonn 1841—45. Fasc. I—VI. 4 obl. (120 p., 55 tab) (8 *th*.)

3437* —— Beobachtungen über das sogenannte Ueberwallen der Tannenstöcke für Botaniker und Forstmänner. Bonn, Henry und Cohen. 1842. 4. VI, 26 p., 3 tab. (1 *th*.)

3438* —— und *Georg Karl* **Berendt**. Der Bernstein und die in ihm befindlichen Pflanzenreste der Vorwelt. Berlin 1845. folio. IV, 125 p., 7 tab pro parte col. (4 2/3 *th*.)

3439* —— Abhandlung über die Preisfrage: «Man suche durch genaue Untersuchungen darzuthun, ob die Steinkohlenlager aus Pflanzen entstanden sind, welche an den Stellen, wo jene gefunden werden, wachsen, oder ob diese Pflanzen an andern Orten lebten und nach den Stellen, wo sich die Steinkohlenlager befinden, hingeführt wurden?» Leiden, Arnz et Co. 1848. 4. XVIII, 300 p., 23 tab. (5 2/3 *th*.)

3440* —— Monographie der fossilen Coniferen. Preisschrift. Leiden, Arnz et Co. 1850. 4. (12), 286, 73 p., 58 tab.
Natuurk. Verhand. Haarlem, II. Deel 6.

3441* —— Beiträge zur Tertiärflora Schlesiens. Cassel 1852. 4.
Palaeontographica II, 257—285, 6 tab.

3442* —— Fossile Flora des Uebergangsgebirges. (Flora fossilis formationis transitionis.) Vratislaviae et Bonnae 1852. 4. X, 299 p, 44 tab.
Nova Acta Ac. nat. cur. vol. XXII, Supplementum.

3443* —— Die Tertiärflora auf der Insel Java, nach den Entdeckungen des Herrn *Fr. Junghahn* beschrieben und erörtert in ihrem Verhältnisse zur Gesammtflora der Tertiärperiode. Gravenhage, Miesing. 1854. 4. 169 p., 14 tab.

3444* —— Beiträge zur Kenntniss der Dracaenen. Breslau 1854. 4. 19 p., 3 tab.
Nova Acta Leop. XXV, 41—60.

3445* —— Ueber botanische Museen, insbesondre über das an der Universität Breslau. Görlitz, E. Remer. 1856. 8. VIII, 68 p.

3446* —— Der königliche botanische Garten der Universität Breslau. Görlitz, E. Remer. 1857. 8. IV, 96 p., 1 tab.

3447* —— Die fossile Flora der Permischen Formation. Cassel, Fischer. 1864—65. 4. 316 p., 64 tab.
Palaeont. vol. XII.

3448* —— Bericht über den gegenwärtigen Zustand des botanischen Gartens in Breslau. Breslau, typ. Grass, Barth u. Co 1868. 8. 20 p.

3449* —— Skizzen zur Kenntniss der Urwälder Schlesiens und Böhmens. Dresden 1868. 4. 57 p., 9 tab.
Nova Acta Leop. vol. XXXIV.

3450* —— Ueber Inschriften und Zeichen in lebenden Bäumen. Breslau, Morgenstern. 1869. 8. 37 p., 5 tab. (5/12 *th*. n.)

3451* —— Ueber die Riesen des Pflanzenreichs. Berlin, Lüderitz. 1869. 8. 32 p. (1/5 *th*. n)
Virchow Sammlung, Heft 68.
Cat. of sc. Papers II, 938—944.

Goethe, *Johann Wolfgang von* (Goethea N. v. E. et Mart.), * Frankfurt a/M. 28. Aug. 1749, † Weimar 22. März 1832.
Charles Fr. Martins: «La Métamorphose des plantes de *Goethe* et la loi de symétrie d'*Aug. Pyramus de Candolle*.» Revue indépendante tome VII. p. 38—60.
Ernst Meyer: «Die Metamorphose der Pflanzen und ihre Widersacher.» Linnaea VII. 1832. p. 401—460.
A. Clemens, Goethe als Naturforscher. Frankfurt a/M., Küchler. 1841. gr. 8. 40 p.
Bernhardi, Ueber die Metamorphose der Pflanzen. 8. 29 p.
Flora 1843. Band 1, p. 37—51, 53—67.
Œuvres scientifiques de *Goethe*, analysées et appréciées par *Ernest Faivre*. Paris, L. Hachette et Co. 1862. 8. 444 p.
Fr. Kirschleger, Goethe naturaliste et spécialement botaniste. Strasbourg, typ. Christophe. 1865. 8. 25 p.

3452* —— Versuch die Metamorphose der Pflanzen zu erklären.

Gotha, bei Karl Wilhelm Ettinger. 1790. gr. 8. (3 foll.) 86 p. (3/8 *th*.)
Redit libellus in summi viri: «Zur Morphologie.» Stuttgart 1817. 8. I. p. 1—60, in Soretiana editione germanico-gallica. Stuttgart 1831. 8., nec non in operum posthumorum editione. Stuttgart 1842. 8. vol. LVIII. p. 19—80.
* *gallice*: Essai sur la métamorphose des plantes par *J. W. de Goethe*, traduit de l'allemand sur l'édition originale de Gotha (1790), par M. *Frédéric de Gingins-Lassaraz*. Genève, Barbezat. 1829. 8. 87 p.
* *gallice et germanice*: Essai sur la métamorphose des plantes. Traduit par *Frédéric Soret*, et suivi de notes historiques. Stuttgart 1831. 8. 239 p. (1 1/4 *th*.)
* *italice*: Saggio sulla metamorfosi delle piante di *G. W. Goethe*, tradotto da *Pietro Robiati*. Milano, Pirotta. 1842. 4. XII, 119 p., ind. (2 lire 61 c.)
* *anglice*: Journal of botany I, 327—315, 360—374. (1863.)

3453* **Goethe**, *Johann Wolfgang von*. Zur Naturwissenschaft überhaupt, besonders zur Morphologie. Erfahrung, Betrachtung, Folgerung durch Lebensereignisse verbunden. Stuttgart und Tübingen 1817—24. 2 Bände oder 6 Hefte. 8. — I: Heft 1—2. 1817—22. XXXII, 368, 384 p., 3 tab. — II: Heft 1—2. 1823—24. 160, 220 p., 6 tab (6 1/3 *th*.)
Insunt: Zur Morphologie I. 1. p. I—XXXII: Das Unternehmen wird entschuldigt; die Absicht eingeleitet; der Inhalt bevorwortet; Geschichte meines botanischen Studiums; Entstehen des Aufsatzes über die Metamorphose der Pflanzen; p. 1—60: Versuch die Metamorphose der Pflanzen zu erklären; p. 61—96: Schicksal der Handschrift; Schicksal der Druckschrift; Entdeckung eines trefflichen Vorarbeiters; glückliches Ereigniss. — I. 2. p. 117—144: Drei günstige Recensionen; andre Freundlichkeiten: Nacharbeiten und Sammlungen. — I. 3. p. 285—304: Verstäubung, Verdunstung, Vertropfung. — I. 4. p. 315—328. Botanik. — II. 1. p. 28—45. Probleme. Erwiederung von *Ernst Meyer*. — II. 2. p. 65—83. Irrwege eines morphologisirenden Botanikers; Rose, Mehlthau und Honigthau, mit Bezug auf den Russ des Hopfens; von *Chr. Gottfried Nees von Esenbeck*. — II 2. p. 156—160. Ueber *Martius* Genera et species Palmarum, von *Goethe*.
* *gallice*: Œuvres d'histoire naturelle de *Goethe*, comprenant divers mémoires d'anatomie comparée, de botanique et de géologie, traduits et annotés par *Charles Fr. Martins*. Avec un Atlas in-folio, contenant les planches originales de l'auteur et plus de trois dessins et d'un texte explicatif sur la métamorphose des plantes par *P. J. F. Turpin*. Paris 1837. 8. VIII, 468 p. et Atlas in folio: 79 p., 7 tab. (20 *fr*.)
Rapport sur cet ouvrage par *Auguste de Saint-Hilaire*: Comptes rendus de l'Acad. des sc. août 1838.

3454* —— Mittheilungen aus der Pflanzenwelt. (Bonn 1831.) 4. 32 p., 2 tab.
Ex novis actis physico-med. academiae caesareae Leopoldino-Carolinae T. XV. pars 2. p. 362—384.

Gohren, *Fr. Ludwig August Hermann von*.

3455* —— Medicorum priscorum de signatura imprimis plantarum doctrina. Commentationis de necessitudine quae inter morphologiam et pharmacologiam regni vegetabilis intercedit, pars prima. D. Jenae, typ. Schreiber. 1840. 8. 101 p. (11/24 *th*.)

Gok, *Karl Friedrich von*, † Stuttgart 27. Nov. 1849.

3456* —— Die Weinrebe und ihre Früchte, oder Beschreibung der für den Weinbau wichtigeren Weinrebenarten nebst einem naturgemässen Classificationssystem. Stuttgart, Ebner. 1836 (—1839). folio. 18, 106 p., 30 tab. col. sign. I. B. I—XXVIII. (25 1/2 *th*.)

Goldbach, *Karl Ludwig*, Hofrath in Moskau (Goldbachia DC.), * Leipzig 12. April 1793, † Moskau 13. März 1824.

3457* —— Dissertatio Croci historiam botanico-medicam sistens. Mosquae 1816. 8. 54 p.
Ejusdem «Monographiae generis Croci tentamen» in Mém. de la soc. des nat. de Moscou V. p. 142—161.

3458* —— Plantae officinales Rossiae. Fasc. 1. 2. Mosquae 1823. VI, 36, 40 p., 22 tab. (rossice.)
Cat. of sc. Papers II. 928.

Goldenberg, *Friedrich*.

3459* —— Grundzüge der geognostischen Verhältnisse und der vorweltlichen Flora in der nächsten Umgebung von Saarbrücken. (Schulprogramm.) Saarbrücken 1835. 4. 32 p.

3460* —— Flora Saraepontana fossilis. Die Pflanzenversteinerungen des Steinkohlengebirges von Saarbrücken abgebildet und beschrieben. Heft 1—3. Saarbrücken, Neumann. 1855—62. 4. 38, 60, 47 p., 18 tab. (9 5/6 *th*.)'

3461* —— Die Selaginen der Vorwelt. Programm. Saarbrücken, typ. Hofer. 1854. 4. 22 p.

Goldmann, *Ignaz*, Oberlehrer, * Grossbarthof 25. Dec. 1810, † Berlin 18. März 1848.

3462* —— Grundriss der Botanik. Berlin, Heymann. 1841. 8. VI, 98 p. (1/3 *th*.)

3463* —— Lehrbuch der Botanik. Abtheilung 1. 2. Berlin, Förstner. 1848—53. 8. (1 3/4 *th*. n.)

Golowin, *Wasil.*
3464 —— De vita plantarum. Mosquae 1825. 8. III, 64 p. (rossice.)

Gomes, *Bernardino Antonio*, Arzt der portugiesischen Flotte (Gomezia Llav , Gomezia R. Br.), * Arcos (Minho) 1769, † Lissabon 13. Jan. 1823.
3465* —— Observationes botanico-medicae de nonnullis Brasiliae plantis, quas patrio latinoque sermone exaratas regiae scientiarum Academiae offert. (Observações botanico-medicas sobre algumas plantas do Brazil etc.) Olisipone, typ Academiae scientiarum. 1803. II fasciculi. 4. — I: IV, 46 p., 5 tab. — II: 55 p., 6 tab.
Cat. of sc Papers II. 932.

Gonnermann, *W.*
3466 —— und *L.* **Rabenhorst**. Mycologia europaea. Abbildungen aller in Europa bekannten Pilze, mit kurzem Text versehen. Heft 1—6. Dresden, am Ende in Comm. 1869—70. folio. 43 p., 36 tab. col. (15 *th.* n.)

Gonnet, *Philippe*, Abbé in Nîmes.
3467 —— Flore élémentaire de la France. Partie 1 2. Paris, Ledoyen. 1847. 8. (12 *fr.*)

Gonod, *Eugène-Benoît.*
3468 —— Etudes sur les plantes qui croissent autour des sources minérales Thèse. Paris, typ. Thunot 1856. 4. 44 p.

Goodenough, *Samuel*, Bischof von Carlisle (Goodenia Sm.), * Kimpton (Hampshire) 29. April 1743, † Worthing 12. Aug. 1827.

Gordon, *George.*
3469 —— Collectanea for a Flora of Moray, or a List of the Phœnogamous Plants and Ferns hitherto found within the Province. London 1839. 8. (Privately printed.)
3470 —— and *Robert* **Glendinning**. The Pinetum; being a synopsis of all the coniferous plants at present known, with descriptions, history, and synonymes, and comprising nearly one hundred new kinds. London, Bohn. 1858. 8. (16 *s*) — *Supplement. ib. 1862. 8. 119 p.
Cat. of sc Papers II, 945

Gorkom, *K. W. van.*
3471 —— Die Chinakultur auf Java. Aus dem Holländischen von *C. Hasskarl.* Leipzig, Engelmann. 1869. 8. III, 61 p. (18 *gr.*)

Gorrie, *David.*
3472 —— Illustrations of scripture from botanical science. London, Blackwood. 1853. 8. 160 p. (3 *s*. 6 *d*)

Gorter, *David de*, Professor in Hardervyk, später russischer Leibarzt (Gorteria Gaertn.), * Enkhuizen 30. April 1717, † Zutphen 3. April 1783.
Van der Aa VII, 304—305.
3473* —— Flora Gelro-Zutphanica. Harderovici 1745. 8. 204 p. — Appendix. ib. 1757. 8. p. 205—254.
3474 —— Elementa botanica methodo cl. *Linnaei* accommodata atque in usum auditorum evulgata. Hardervici, Wigmans. 1749. 8 90 p., praef., 11 tab.
3475* —— Flora ingrica ex schedis *Stephani Krascheninnikow* confecta et propriis observationibus aucta. Petropoli, typ. acad. 1761. 8 VIII, 190 p. — Appendix. (autore *E. Lackmann.*) ib. 1764. 8. p. 191—204.
3476 —— Flora belgica. Trajecti 1767—77. 8. 418, 20 p.
3477* —— Flora septem provinciarum Belgii foederati indigena. Harlemi, Bohn. 1781. 8. X, 378 p., effigies *Gorteri.*
3478* —— Leer de Plantkunde. Eerste Deel. Amsterdam, Smit. 1782. 8. (10) 362 p., 1 tab.

Gorter, *Jan van*, Arzt in Enckhuysen, * Enckhuysen 19. Febr. 1689, † Enckhuysen 11. Sept. 1762.
3479 —— Exercitationes medicae quatuor. Amstelodami 1737. 4.

Gosse, *L. A.*, Arzt in Genf.
3480* —— Monographie du l'Erythroxylum Coca. Bruxelles 1861. 8. 144 p.
Mém. cour. ac. Belg. tome XII.

Gosselmann, *C. A.*
3481 (——) Systematisk Förteckning på de i Blekinge vildtväxande slägten af Fanerogamer och Ormbunkar. Carlskrona, Hallen. 1861. 8. II, 64 p.

Gottschalck, *Jakob.*
3482* —— Catalogus plantarum horti academici Lugduni Batavorum. Plöen, Schmidt. 1697. 8. 173 p. — *zum zweiten mal verbessert. Plöen 1704. 8. 179, 34 p. (latine et germanice.)

Gottsche, *Karl Moritz*, Arzt in Altona, * Altona 3. Juli 1808.
3483* —— Synopsis Hepaticarum. Conjunctis studiis scripserunt et edi curaverunt *C. M. Gottsche, Johann Bernhard Wilhelm Lindenberg* et *Christian Gottfried Nees von Esenbeck.* Hamburgi, Meissner. 1844—47. 8. XIII, 834 p. (5 *th.*)
3484* —— De mexikanske Levermosser. Efter Prof. *Fr. Liebmann's* Samling beskrefne. Kjøbnhavn, ty. Bianco Luno. 1867. 4.
Vid. Selsk. Skrifter vol. VI, p. 96—381. tab. 1—20.
Cat. of sc. Papers II, 956.

Gouan, *Antoine*, Professor in Montpellier (Gouania Jacq.), * Montpellier 15. Dec. 1733, † Montpellier 1. Dec. 1821.
Amoreux im Mém. soc. Linn. de Paris I, 683—730.
Roubieu, Éloge. Montpellier 1823. 8. 15 p.
3485* —— Hortus regius Monspeliensis, sistens plantas tum indigenas tum exoticas Nr. 2200, ad genera relatas, cum etc. secundum sexualem methodum digestas. Lugduni, de Tournes. 1768. 8. 548 p., ind., 7 tab
3486* —— Flora Monspeliaca, sistens plantas Nr. 1850 ad sua genera relatas et hybrida methodo digestas; adjectis nominibus specificis trivialibusque, synonymis selectis, habitationibus plurium in agro Monspeliensi nuper detectarum, et earum quae in usus medicos veniunt nominibus pharmaceuticis virtutibusque probatissimis. Lugduni, Duplain. 1765. 8. XVI, 543 p., 3 tab.
3487* —— Illustrationes et observationes botanicae, ad specierum historiam facientes, seu rariorum plantarum indigenarum, pyrenaicarum, exoticarum adumbrationes, synonymorum reformationes, descriptionum castigationes, varietatum ad species genuinas redactarum determinationes. Tiguri, Orell et Co. 1773. folio. 83 p., 26 tab.
3488* —— Explication du système botanique du Chevalier *von Linné;* pour servir d'introduction à l'étude de la botanique. etc Montpellier, typ. Picot. 1787. 8. 72 p., 1 tab.
3489* —— Herborisations des environs de Montpellier ou guide botanique à l'usage des élèves de l'école de santé. Montpellier, Izar et Ricard. an IV. 1796. 8. XII, 174 p., 1 tab. geogr.
3490* —— Discours sur les causes du mouvement de la sève dans les plantes. Montpellier, Izar et Ricard. (1802.) 4. 48 p.
3491* —— Traité de botanique et de matière médicale, précédée d'une nouvelle édition de l'explication de système de *Linné* ou Nomenclateur botanique. Montpellier, Izar et Ricard. 1804. 8. VI, 73, 146, 430 p. et effigies *Gouani.*
3492* —— Description du Ginkgo biloba dit Noyer de Japan. Montpellier, Delmas. 1812 8. 11 p., 1 tab.

Goube, *J. J. C.*
3493* —— Traité de la physique végétale des bois. Paris, Goujon. 1801. 8. XII, 326 p., 3 tableaux. (3 *fr.*)
3494* —— Traité de la vie et de l'organisation des plantes. Rouen, Mégard. 1810. 8. IV, 308 p.

Goudot, *Justin*, botanischer Reisender auf Madagascar.
Lasègue, Musée Delessert 188.
Cat of sc. Papers II. 958.

Gouffé de la Cour, Director des Gartens zu Marseille (Gouffeia Cast)
Ejus Commentationes botanicae exstant in Mémoires de l'Académie de Marseille, 1810—14.

Gough, *Richard*, Archäolog, * London 21. Oct 1735, † 20. Febr. 1809.
3495 —— An account of the Cedar of Libanus, now growing in the garden of Queen Elizabeth's Palace at Enfield. (London) 1788. folio. 4 p. 8.

Gourdon, *Jean*, Professor in Toulouse, * Lyon 1824.
3496 —— et *P.* **Naudin**. Nouvelle Iconographie fourragère. Toulouse et Paris, Asselin. 1865—67. gr. 8. 120 tab. col. (80 *fr.*)

Gouriet, *Edouard.*
3497* —— Essai sur la méthode naturelle et sur la classification, par séries parallèles, des familles monocotylédonées et des Dicotylédonées monopétales. Thèse. Niort 1866. 4. 27, 88 p.

Grabowski, *Henri Emanuel,* * Leobschütz 11 Juli 1792 † Breslau 1. Oct. 1842.

3498* —— Flora von Oberschlesien und dem Gesenke mit Berücksichtigung der geognostischen, Boden- und Höhen-Verhältnisse. Breslau, Gosohorski. 1843. 8. x, 451 p. (1½ th)
Cat. of sc. Papers II, 974.

Graeger, *Johann Nicolaus*

3499* —— De Asaro europaeo D. physico-chemica. Goettingae 1830. 8. 31 p

Graells, *Mariano de la Paz,* Professor der Zoologie in Madrid (Graellsia Boisc.)

3500* —— Indicatio plantarum novarum aut nondum recte cognitarum, quas in pugillo primo descripsit iconibusque illustravit. Matriti, A. Gomez Fuentenebro. 1854. 8. 30 p.

3501* —— Ramilletes de plantas españolas. Primer Ramillete presentado á la Real Academia de sciencias de Madrid en 28 de Mayo 1854. Madrid, Aguado. 1859. 4. 35 p., 9 tab.

Graf, *Rainer,* Capitular des Benediktinerstiftes St Paul in Klagenfurt.
Cat. of sc. Papers II, 975.

Graf, *Siegmund,* Apotheker zu Laibach (Grafia Rchb), * Laibach 28. Juli 1801, † Laibach 3. Sept. 1838.

3502* —— Die Fieberrinden in botanischer, chemischer und pharmaceutischer Beziehung. Wien, Heubner. 1824. 8. 114 p.
Cat. of sc. Papers II, 975.

Graff, *Eberhard Gottlieb,* Professor in Elbing, * Elbing 1780, † Berlin 18. Oct. 1841.

3503* —— Preussens Flora oder systematisches Verzeichniss der in Preussen wildwachsenden Pflanzen. Elbing und Königsberg, Nicolovius. 1809. 8. VIII, 239 p. (1 th)

Graham, *John* (Grahamia Gill), * Dumfriesshire 1805, † Bombay 28. Mai 1839.

3504* —— A catalogue of the plants growing in Bombay and its vicinity; spontaneous, cultivated or introduced, as far as they have been ascertained. Bombay, printed at the government press. 1839. 8. IV, 254, IX p. Bibl. Horti Paris.
Recensentur methodo Candolleana 1799 species phanerogamarum atque filicum, nova elaboratione earum, quae anno 1837 in «Madras Journal Nr. 14 et 15» enumeratae fuerunt.
Thomson, Records IV, 35—40, 111—115, 194—198, 300—303 (1836)

Graham, *Robert,* Professor der Botanik in Edinburgh, * Stirling 7. Dec 1786, † Coldoch in Pertshire 7. Aug. 1845.
Charles Ransford, Biographical Sketch of the late *Robert Graham,* M. D. Edinburgh 1846. 8. 40 p
Cat. of sc. Papers II, 977.

Grahe, *Ferdinand.*

3505 —— Ueber die Chinarinden. Kasan 1857. 8. XIV, 156 p., 4 tab. (rossice)

Grandgagnage, *Charles,* * Liège 1812.

3506* —— Vocabulaire des noms wallons d'animaux, des plantes et des minéraux. Ed. II. revue et augmentée. Liège, Ch. Gnusé. 1857 8. 35 p. (2 fr. 50 c.)

Granger, 1733—36 Botaniker des Jardin des plantes in Persien und Aegypten (Grangeria Comm.), † in Persien 1737

Gras, *Albin,* Professor in Grenoble.

3507* —— Statistique botanique du Département de l'Isère, ou Guide du botaniste dans ce département Grenoble, typ. Allier. 1844. 8. 192 p.
Extrait de la Statistique générale du Département de l'Isère.

Gras, *Auguste,* Bibliothekar in Turin.
Cat. of sc. Papers II, 985—986.

Grassmann, *Hermann,* Professor am Marienstiftsgymnasium zu Stettin.

3508* —— Deutsche Pflanzennamen. Stettin, typ. A. Grassmann. 1870. 8. VII, 288 p. (1¼ th)

Grateloup, *Jean Pierre Silvestre,* Arzt in Bordeaux, † Bordeaux August 1861.

3509 —— Cryptogamie Tarbellienne ou description succincte des plantes cryptogames, qui croissent aux environs de Dax (Aquae augustae Tarbellicae) dans le Dép. de Landes (in agro syrtico) et dans les lieux circonvoisins (Bordeaux 1835.) 8. 68 p.
Actes de la Soc. Linn. de Bordeaux t. VII. 1835.
Cat. of sc. Papers II, 988—989.

Grau, *Johann,* Professor der Physik in Cassel

3510* —— De plantis. D. (octava). Cassellis 1601. 4.

Graumüller, *Johann Christian Friedrich,* † Jena 5. Sept. 1824.

3511* —— Systematisches Verzeichniss wilder Pflanzen, die in der Nähe und umliegenden Gegend von Jena wildwachsen. Jena, akad. Buchhandlung. 1803. 8. XVI, LXII, 430 p (1½ th)

3512* —— Characteristik der um Jena wildwachsenden Pflanzenarten in tabellarischer Form. Jena, akad. Buchhandlung. 1803 8. IV, 240 p. (⅝ th.)

3513* —— Neue Methode von natürlichen Pflanzenabdrücken. Erstes Heft Jena, akad. Buchhandlung. 1809. 4. VIII, 16 p., 12 tab. (1½ th.)

3514* —— Tabellarische Uebersicht des alten Linnéischen Pflanzensystems und des verbesserten von Thunberg, so wie der natürlichen Systeme von Jussieu und Batsch. Eisenberg 1811. 4. XII, 19 p. (⅜ th.)

3515* —— Diagnose der bekanntesten, besonders europäischen Pflanzengattungen. Eisenberg 1811. 8. VIII, 435 p. (2¼ th.)

3516 —— Flora pharmaceutica Jenensis Jena 1815. 4. (¼ th.)

3517* —— Handbuch der pharmaceutisch-medizinischen Botanik. Eisenberg 1813—19. 6 Bände. 8. — I: 1813. XXIV, 496 p. — II: 1814. XIV, 466 p. — III: 1815. XII, 542 p. — IV: 1817. X, 469 p. — V: 1818. XIV, 464 p. — VI: (Register.) 1819. 170 p. (12⅔ th.)

3518* —— Flora Jenensis oder Beschreibung der in der Nähe von Jena wildwachsenden Pflanzen etc. Erster Band. (Classis I—V.) Eisenberg, Schoene. 1824. 8. XXII, 450 p. (1½ th.)

Graves, *George.*

3519 —— A monograph of the British grasses. Nr. I—V. London 1822. roy. 8. 42 tab. col. (1 l 1 s.)

3520 —— Hortus medicus. Edinburgh 1834. 8. 43 tab. (30 s.)

Graves, *Louis,* Generaldirector der Forsten (Gravesia Naud), † Paris 5. Juni 1857.

3521* —— Catalogue des plantes observées dans l'étendue du département de l'Oise. Beauvais, typ. Desjardins. 1857. 8 XVI, 302 p. (3 fr.)

Gray, *Asa,* Professor an der Harvard University in Cambridge, U. St. (Graya H. et Arn), * Utica oder Paris im Staate New York 18 Nov. 1810

3522* —— Elements of botany. New York, Carville. 1836. 8. XIV, 428 p., ic. xyl.

3523* —— The botanical Text-book for colleges, schools and private students. New-York, Wiley and Putnam 1842. 8. 413 p. — *Ed. II. ib. 1845. 8. 509 p. — Ed. III. ib 1850. 8. ic xyl. (1 D. 50 c.)

3524* —— Chloris boreali-americana. Illustrations of new, rare and otherwise interesting North American plants. Decade I. Cambridge, Metcalf and Co. 1846. 4. 56 p., 10 tab col.
Memoirs of the Am. Acad. vol. III. 1—56.

3525* —— A manual of the botany of the Northern United States, from New England to Wisconsin and South to Ohio and Pennsylvania inclusive, the Mosses and Liverworts by Wm S. Sullivant, arranged according to the Natural system Boston and Cambridge, James Munroe and Co. 1848. 8. LXXII, 710 p. — *Second edition: including Virginia, Kentucky and all east of the Mississippi. New York, G. P. Putnam and Co. 1856. 8. XXVIII, 739 p., 14 tab. — *Ed V, including the district east of the Missisippi and north of North Carolina and Tennessee. With twenty plates, illustrating the Sedges, Grasses, Ferns etc. New York, Ivison, Phinney, Blakeman and Co. 1867. 8. 701 p, 20 tab.

3526* —— Genera Florae Americae boreali-orientalis illustrata. The Genera of the plants of the United States illustrated by figures and analyses from nature, by *Isaac Sprague.* Vol. I. II. Boston, J Munroe et Co. (New York, Wiley and Putnam.) 1848—49 gr. 8 230, 229 p, tab 1—186 (2 l. 3 s.)

3527* —— Plantae Wrightianae texano-neomexicanae: an account of a collection of plants made by Charles Wright, A. M., in an expedition from Texas to New Mexico, in the summer and autumn of 1849, with critical notices and characters of other

new and interesting plants from adjacent regions. Part I. Washington City, published by the Smithsonian Institution. New York, C. G. Putnam. 1852. 4. 146 p., tab. 1—10. — Part II: Plants collected in Western Texas, New Mexico and Sonora, in the years 1851 and 1852. ib. 1853. 4. 119 p, tab. 11—14.
Smithsonian Contributions vol. III and V.

3528* **Gray**, *Asa*. Account of the botanical species collected in the Expedition of the American Squadron to the China Seas and Japan, performed in the years 1852—54 under the Command of Commodore *M. C. Perry*. In Narrative etc. Washington 1856. 4. Vol. II, p. 303—332.

3529* —— Botany of the United States Expedition during the years 1838—42 under the command of *Charles Wilkes*, U. St. N. Phanerogamia. Philadelphia, typ. Sherman. 1854. 4. 777 p., 100 tab. in folio. (13 *l* 13 *s*.)
Wilke's Exploring Expedition vol. XV, Part I.
Continet Ranunculeas usque ad Loranthaceas. Partem alteram non vidi.

3530 —— First lessons in botany and vegetable physiology. New York 1857. 8. XII, 236 p. (6 s.)

3531* —— How plants grow: a simple introduction to structural botany New York 1858. 8. 233 p, ic. xyl.

3532* —— Report upon the Colorado River of the West, explored in 1857 and 1858 by Lieutenant *Joseph 'C. Ives*. Washington, Government printers office. 1861. 4.
Part IV: Botany by *Gray, Torrey, Thurber* and *Engelmann*: 30 p.
Cat. of sc. Papers II. 994—996.

Gray, *John Edward*, * London 1800.

3533* —— A natural arrangement of british plants. London, Baldwin. 1821. II voll. 8. — I: XXVIII, 824 p, 21 tab. col. — II: VIII, 757 p. (2 *l*. 2 *s*)

3534* —— Handbook of british Water-weeds or Algae. The Diatomaceae by *W. Carruthers*. London, R. Hardwicke. 1864 8. IV, 123 p. (3 s. 6 d.)

Gray, *Samuel Octavus*.

3535 —— British Sea Weeds. London 1867. 8 14 tab. col. (9 s.)

Grebe, *Karl Friedrich August*, Forstmeister in Eisenach.

3536* —— De conditionibus ad arborum nostrarum saltuensium vitam necessariis. D. Marburgi Cattorum, typ. Elwert. 1841. 8. 31 p

Grech Delicata, *Johann Karl*, Arzt auf Malta.

3537* —— Plantae Melitae lectae secundum systema Candolleanum digestae. Holmiae, Norstedt et fil. 1849. 8 24 p.

3538* —— Flora Melitensis, sistens stirpes phanerogamas in Melita insulisque adjacentibus hucusque detectas secundum systema Candolleanum digestas. Melitae, typ. F. W. Franz. 1853. 8. XVI, 49 p

Gregoire, *Jacques*.

3539* (——) Hortus pharmaceuticus Lutetianus. (Paris), typ. Petri Targa. 1638 12. 84 p. Bibl. Juss.

Gregory, *William*, Professor in Edinburgh, † Edinburgh 24. April 1858.

3540* —— New Forms of Marine Diatomaceae found in the Firth of Clyde and in Loch Fine. Edinburgh, typ. Neill et Co. 1857. 4. IV, 73 p, 6 tab.
Cat. of sc. Papers III, 9.

Gremli, *August*.

3541* —— Excursionsflora für die Schweiz. Aarau, Christen, 1867. 8. XVI, 392 p. (1½ th.) — *Nachträge. ib. 1870. 8. IV, 96 p (14 sgr)

Grenier, *Charles*, Professor der Botanik in Besançon, * Besançon 1808.

3542* —— Monographia de Cerastio. Vesontione, typ. Outhenin-Chalandre. 1841. 8 max. 95 p., 9 tab.

3543* —— Catalogue des plantes phanérogames du Département du Doubs (Besançon, typ. Silbermann. 1843) 8. 72 p.

3544* —— Thèse de géographie botanique du Département du Doubs. Strasbourg 1844. 8. 29 p., 1 tab.

3545* —— Florula Massiliensis advena. Besançon, typ. Dodivers. 1857. 8. 48 p.

3546* —— et *D. A.* **Godron**. Flore de France, ou Description des plantes qui croissent naturellement en France et en Corse. Tome 1—3. Paris, J. B. Baillière. 1848—56. 8. — 1: 1848. 766 p. — II: 1850. 760 p. — III: 1855—56. 663 p. (30 *fr*.)

3547* **Grenier**, *Charles*. Flore de la chaine Jurassique. 1re partie. Dicotylées. Dialypétales. Paris, Savy, Besançon, Dodivers et Co. 1865. 8. 347 p. (5 *fr*) cpl. 100/n p. (11 *fr*.)
Mém. soc. d'émulation du Doubs. III. Série, tome 10.
Cat. of sc. Papers III, 11.

Grész, *Johann*.

3548* —— De Potentillis Hungariae, Croatiae, Transsylvaniae, Dalmatiae et litoralis Hungarici D. Pestini 1837. 8. 30 p.

Gretser, *Jakob*, * Markdorf in Schwaben 1561, † Ingolstadt 29. Jan. 1625.

3549 —— De plantis ex *Aristotele* potissimum collecta. D. Ingolstadii, typ. Eder. 1591. 4.

Greville, *Robert Kaye*, Professor in Edinburgh (Grevillia R. Br.), * Bishop Auckland (Durham) 13. Dec. 1794, † Edinburgh 4. Juni 1866.

3550* —— Scottish cryptogamic Flora or coloured figures and descriptions of cryptogamic plants belonging chiefly to the order Fungi, and intended to serve as a continuation of English Botany. Edinburg, Maclachnan. 1823—29. Vol. 1—6 8. 360 foll., ind., 360 tab. col. (15 *l*. 6 *s*.)

3551* —— Flora Edinensis: or a description of plants growing near Edinburgh, arranged according to the Linnean System. Edinburgh, Blackwood. 1824. 8. LXXXI, 478 p., 4 tab.

3552* —— and *G. A.* **Walker-Arnott**. A new arrangement of the genera of mosses with characters and observations on their distribution, history and structure. Memoirs 1—3. (Edinburgh 1825.) 8. 127 p, 4 tab. sign. 7. 2. 3. 13.
Etiam inscribitur: Tentamen methodi muscorum.

3553* —— Algae britannicae, or descriptions of the marine and other inarticulated plants of the British islands, belonging to the order Algae; with plates illustrative of the genera. Edinburg, Maclachnan. 1830. 8. LXXXVIII, 218 p., 19 tab. col. (2 *l*.2 *s*.)
Cat. of sc. Papers III, 12—14.

Grew, *Nehemiah*, Arzt in Coventry und seit 1672 in London, Mitglied der Royal Society seit 1670 (Grewia L.), * Coventry 1628, † London 25. März 1711.

3554 —— The anatomy of vegetables begun. With a general account of vegetation founded thereon. London, Hickman. 1672. 8. (30) 198 (17) p., 3 tab. — *Impr. cum ejus: The anatomy of plants. London 1682. folio. p. 1—49.
* *latine*: Anatomia vegetabilium primortia, cum generali theoria vegetationis eidem superstructa. (Ephem. Acad. Nat. Cur. Dec. I. Ann. 8. App. p. 287—379.)
* *gallice*: Anatomie des plantes. Traduite (par *Le Vasseur*.) Paris, chez Lambert Roulland. 1675. 12. (24) 215 (12) p. — *Seconde édition. Paris, chez Dezallier. 1679. 12. (non differt.)
* *gallice*: Anatomie des plantes. Leide 1685. 12. 246 p., 1 tab., praeter Dedu: De l'ame des plantes, et experimenta *Grewii* et *Boylei*: 108 p. — Nouvelle édition revue et corrigée. Leide 1691. 12,
italice: tradotta da *F. M. Nigrisoli*.

3555 —— An idea of a phytological history propounded, together with a continuation of the anatomy of vegetables, particularly prosecuted upon roots. London 1673. 8. 144 p., 7 tab. — *Impr. cum ejus: The anatomy of plants. London 1682. folio. p. 51—96.
* *latine*: Idea historiae phytologicae, in Ephem. Ac. Nat. Cur. Dec. I. Ann. 9 et 10. App. p. 99—218.

3556* —— The comparative anatomy of trunks, together with an account of their vegetation grounded thereupon; in two parts. The former read before the royal society Febr. 25. 1674/5; the latter June 17. 1675. The whole explicated by several figures in nineteen copperplates, presented to the royal society in the years 1673 and 1674. London, Kettilby. 1675. 8. 81 (44) p., 10 tab. — *Impr. cum ejus: The anatomy of plants. London 1682. folio. p. 97—140.
* *latine*: Comparativa anatomia truncorum, una cum theoria vegetationis eorum eidem superstructa. (Ephem. Ac. Nat. Cur. Dec. I. Ann. 9 et 10. App. p. 219—293.)

3557* —— The anatomy of plants, with an idea of a philosophical history of plants, and several other lectures, read before the royal society. London, printed by Rawlins. 1682. folio. 304 p, praef., ind., 83 tab.
Praeter tres priores libellos hic primum occurrit: The anatomy of leaves, flowers, fruits and seeds. Inde a p. 213 usque ad finem adjunguntur

Lectures read before the royal society. In praefamine cavet autor, ne Malpighiana suis antiquiora habeantur; sed quo *Grewius* partem priorem operis Societati Regiae tradiderat die (17 Dec. 1671), eodem *Malpighii* cum iconibus codicem accepit societas, ita ut nonnisi hoc unum certum evadat, *Malpighium* si non prius, tamen absque ullo conaminum Grewianorum adjuvamento sua praestitisse.

3558* **Grew**, *Nehemiah*. Musaeum Regalis Societatis, or a catalogue and description of the natural and artificial rarities belonging to the Royal Society, and preserved at Gresham College. London, printed by Rawlins. 1681. folio. 386, 42 p., praef., ind., 31 tab.
In parte altera agitur de regno vegetabili. — Praefixi sunt novi tituli cum annis 1684. 1685. 1694.

Grienwaldt, *Franz Joseph*.
3559* —— De vita plantarum. D. Altdorfii 1732. 4. 16 p.

Griesselich, *Ludwig*, Badenscher Generalstabsarzt, * Sinnsheim 9. März 1804, † Hamburg 31. Aug. 1848.
3560* —— Kleine botanische Schriften. Erster (und einziger) Theil. Karlsruhe 1836. 8. VI, 392 p. (1⅓ *th*.)
3561* —— Deutsches Pflanzenbuch. Anleitung zur Kenntniss der Pflanzenwelt, und Darstellung derselben in ihrer Beziehung auf Handel, Gewerbe u. s. w. Karlsruhe, Groos. 1847. 8. VIII, 194, 540 p., (86) ic. xyl. (2⅕ *th*.)
Cat. of sc. Papers III, 15.

Griewank, *C.*, Geistlicher in Meklenburg.
Cat. of sc. Papers III, 15.

Griewank, *G.*, Arzt auf dem Sachsenberge.
3562 —— Kritische Studien zur Flora Meklenburgs. Inaugural-Abhandlung. Rostock, typ. Adler. 1856. 8. 35 p.

Griffen, *Augustus R.*
3563* —— An essay on the botanical, chemical and medical properties of the Fucus edulis of Linnaeus. D. New York, typ. van Winkle and Wiley. 1816. 8. 36 p., 1 tab. col.

Griffith, *Robert Eglesfeld*, Professor in Philadelphia, † Philadelphia 27. Juni 1850.
3564 —— Medical Botany. Philadelphia 1845. 8. (3½ *Doll*.)
Cat. of sc. Papers III, 16.

Griffith, *William*, Arzt in Indien (Griffithia R. Br.), * Ham Common (Grafschaft Surrey) 4. März 1810, † Malacca 9. Febr. 1845.
MacClelland, Memoir in Journal of the agr. and hort. Society of India, vol. IV.
Hooker London Journal IV, 371—375.
Proc. Linn. Soc. I, 239—244.
3565* —— Report on the Tea plant of Upper Assam. Calcutta 1838. 8. 85 p., 6 tab.
Transactions agr. Soc. of India V, 94—180.
Madras Journal VIII, 348—369.
3566* —— The Palms of British East India. Calcutta 1845. 8. 193 p.
Calcutta Journal of natural history vol. V, 1—183, 311—355, 445—491.
3567* —— On Azolla and Salvinia. Calcutta 1845. 8. 47 p., 6 tab.
Calcutta Journal of natural history V, 227—273.
3568* —— Icones plantarum asiaticarum. Part 1—3. Arranged by *John MacClelland*. Calcutta, Bishops College Press, and typ. C. A. Serrao. 1847—51. 4. (52 *Rup*.) — Part I. Development of organs in phaenogamous plants. 1847. III p., tab. 1—62. — Part II. Cryptogamous plants. 1849. tab. 63—138, p. IV—VIII. — Part III. Monocotyledonous plants. 1851. VI p., tab. 139—359.
3569* —— Notulae ad plantas asiaticas. Part I. Development of organs in phaenogamous plants. Calcutta, Bishop's College Press. 1847. 8. VIII, 255 p. — Part II. On the higher cryptogamous plants. Calcutta, typ. C. A. Serrao. 1849. 8. p 256—628, ind. — Part III. Monocotyledonous plants. Calcutta, typ. Serrao. 1851. 8. 436 p., ind.
3570* —— Itinerary Notes of plants collected in the Khasyah and Bootan mountains, 1837—38, in Afghanisthan and neighbouring countries 1839—41. Arranged by *John MacClelland*. Calcutta, typ. Bellamy. 1848. 8. LXIX, 435 p., 3 tab. (12 *Rupees*.)
3571* —— Palms of British East India. Arranged by *John MacClelland*. Calcutta, typ. Charles A. Serrao. 1850. folio. XVI, 182 p., Appendix: p. XIX—XXVIII, (139) tab. nigr. sign. 175—242. (50 *Rupees*.)
Simul cum prioribus etiam inscribitur: «Posthumous Papers.»
Cat. of sc. Papers III, 18—19.

Grigolato, *Gaetano*, in Rovigo.
3572* —— Flora medica del Polesine, ovvero descrizione delle piante medicinali che nascono nelle provincia di Rovigo. Fasc. 1—5. Rovigo, typ. Minelli. 1843. gr. 4. 224 p., 11 tab. col.
3573* **Grigolato**, *Gaetano*. Illustrazione alle vascolari crescenti spontanee nel Polesine di Rovigo. Rovigo, typ. Minelli. 1854. 4. XI, 82 p.

Grigor, *James*.
3574* —— The Eastern Arboretum; or, Register of remarkable Trees, Seats, Gardens etc. in the County of Norfolk. London, Longman. 1841. 8. X, 371 p., 50 tab. (17 *s*. 6 *d*.)

Grimard, *Édouard*, * Lacépède (Lot-et-Garonne) 1827.
3575 —— La plante. Botanique simplifiée. Paris, Hetzel. 1864. 8. XVIII, 716 p. (10 *fr*.)

Grimm, *Johann Friedrich Karl*, Arzt in Gotha (Grimmia Hedw.), * Eisenach 5. Febr. 1737, † Gotha 28. Oct. 1821.
3576* —— Synopsis methodica stirpium agri Isenacensis. Norimbergae 1767—70. 4. 116, 80, 44 p.
Nova Acta Leop. vol. III. IV. V.

Grimme, *F. W.*, Oberlehrer.
3577* —— Flora von Paderborn. Paderborn, Schöningh. 1868. 8. XXIII, 272 p. (16 *sgr*.)

Grindel, *David Hieronymus*, Professor in Dorpat, dann in Riga, * bei Riga 28. Sept. a/St. 1776, † Riga 8. Jan. a/St. 1836.
3578* —— Pharmaceutische Botanik zum Selbstunterrichte, insbesondre für angehende Apotheker und Aerzte. Riga 1802. 8. — *Ed. II: Riga 1805. 8. XVI, 416 p., 4 tab. (1½ *th*.)
3579* —— Botanisches Taschenbuch für Liv-, Kur- und Esthland. Riga 1803. 8. X, 373 p., 4 tab. col. (1⅔ *th*.)
3580* —— Fasslich dargestellte Anleitung zur Pflanzenkenntniss. Riga 1804. 8. 239 p., 4 tab. col. (1⅙ *th*.)

Grindon, *Leo H.*, Lecturer on botany, Manchester.
3581* —— British and garden botany. London, Routledge. 1864. 8. XIII, 869 p., ic. xyl. i. t. (12 *s*.)
3582* —— The trees of Old England: sketches of the aspects, associations and use of those which constitute the forests, and give effect to the scenery of our native country. London, Pitman. 1868. 8. IV, 96 p. (2 *s*. 6 *d*.)

Gris, *Arthur*, aide-naturaliste in Paris.
3583* —— Recherches microscopiques sur la chlorophylle. Thèse. Paris, typ. Martinet. 1857. 4. 47 p., 5 tab.
3584* —— Recherches anatomiques et physiologiques sur la germination. Mémoire couronné par l'Académie des sciences. Paris, Victor Masson et fils. 1864. 8. 123 p., 14 tab.
Ann. sc. nat. V. Tome II.
3585* —— Recherches pour servir à l'histoire physiologique des arbres. Paris, Gauthier-Villars. 1866. 4. 44 p.
Cat. of sc. Papers III, 22—23.

Grischow, *Karl Christoph*, Apotheker in Stavenhagen (Grischowia Karst.), * Stavenhagen 17. Febr. 1793.
3586* —— Physikalisch-chemische Untersuchungen über die Athmungen der Gewächse und deren Einfluss auf die gemeine Luft. Leipzig, Barth. 1819. 8. XIV, 225 p. (1⅙ *th*.)

Griscom, *John H.*, Arzt in New York, † 26. Febr. 1852.
3587* —— Observations on the Apocynum cannabinum. Philadelphia, typ. Skerrett. 1833. 8. 19 p.

Grisebach, *Heinrich Rudolf August*, Professor der Botanik in Göttingen (Grisebachia Kl.), * Hannover 17. April 1814.
3588* —— Observationes quaedam de Gentianearum familiae characteribus. D. Berolini, typ. Nietack. 1835. 8.
3589* —— Genera et species Gentianearum adjectis observationibus quibusdam phytogeographicis. Stuttgartiae et Tubingae, Cotta. 1839. 8. VIII, 364 p. (2 *th*.)
Gentianaceas exposuit in DC. Prodr. IX, 38—141. (1845.)
3590* —— Spicilegium Florae rumelicae et bithynicae, exhibens synopsin plantarum quas aest. 1839 legit. Accedunt species, quas in iisdem terris lectas communicarunt *Friedrichsthal, Frivaldzki, Pestalozza*, vel plene descriptas reliquerunt *Buxbaum, Forskål, Sibthorp, Sestini*, alii. Brunsvigae, Vieweg. 1843—45. II voll. 8. — I: 1843. XII, 407 p. — II: 1844. 548 p. (8 *th*.)

3594* **Grisebach,** *Heinrich Rudolf August.* Berichte über die Leistungen in der Pflanzengeographie (geographischen und systematischen Botanik) während der Jahre 1843—53. Berlin, Nicolai. 1845—56. 8. 78, 88, 78, 64, 26. 94, 107, 101, 120, 122, 125, 78 p. (7½ *th.*)

Omnes seorsim impressae sunt e *Wiegmanni* Archiv für Naturgeschichte, ubi etiam anni 1840—42 exstant. Continuationem harum relationum dedit ill autor in «*Behm*, Geographisches Jahrbuch», Band 1—3. (1866—70.) Versiones anglicae leguntur in «Tracts edited by the Ray Society».

3592* —— Ueber die Bildung des Torfs in den Emsmooren aus deren unveränderter Pflanzendecke. Nebst Bemerkungen über die Kulturfähigkeit des Bourtanger Hochmoors. Göttingen 1846. 8. 118 p. ($^5/_{12}$ *th.*)

In: Göttinger Studien. 1845. 8. p 255—370.

3593* —— Ueber die Vegetationslinien des nordwestlichen Deutschlands. Ein Beitrag zur Geographie der Pflanzen. Göttingen, Vandenhoeck und Ruprecht. 1847 8. 104 p. (½ *th.*)

Aus «Göttinger Studien» Jahrgang 1847.

3594* —— Commentatio de distributione Hieracii generis per Europam geographica. Sectio I: Revisio specierum Hieracii in Europa sponte crescentium. Goettingae, Dieterich. 1852. 4. 80 p. ($^3/_5$ *th*)

3595* —— Grundriss der systematischen Botanik für akademische Vorlesungen. Göttingen, Dieterich. 1854. 8. 180 p. (⅔ *th.*)

3596* —— Systematische Bemerkungen über die beiden ersten Pflanzensammlungen Philippi's und Lechler's im südlichen Chile und an der Maghellaensstrasse. Göttingen, Dieterich. 1854. 4. 50 p., 1 tab. ($^2/_5$ *th.* n.)

Göttinger Abhandlungen, Band 6

3597* —— Systematische Untersuchungen über die Vegetation der Karaiben, insbesondre der Insel Guadeloupe. Göttingen, Dieterich. 1857. 4. 138 p. (1⅓ *th*)

Abh. d K. G. d W., Band 7.

3598* —— Erläuterungen ausgewählter Pflanzen des tropischen Amerikas. Göttingen, Dieterich. 1860. 4. 58 p. (⅔ *th.* n.)

Göttinger Abhandlungen, Band 9.

3599* —— Flora of the British West Indian Islands. London, Lovell, Reeve and Co. 1864. 8. xvi, 789 p. (1 *l.* 7 *s.* 6 *d*)

3600* —— Die geographische Verbreitung der Pflanzen Westindiens. Göttingen, Dieterich. 1865. 4. 80 p. ($^4/_5$ *th.*)

Abh. der Göttinger Gesellschaften XII, 1—80.

3601* —— Catalogus plantarum cubensium, exhibens collectionem Wrightianam aliasque minores ex insula Cuba missas, quas recensuit *A. Grisebach.* Lipsiae, Engelmann. 1866. 8. iv, 301 p. (2⅔ *th*)

Cat. of sc. Papers III, 24—25.

Grisley, *Gabriel.*

3602* —— Viridarium lusitanum, in quo arborum, fruticum et herbarum differentiae onomasti insertae, quas ager Ulyssiponensis ultra citraque Tagum ad trigesimum usque lapidem profert. Ulyssipone, ex. prelo Antonii Craesbeeck. (1661.) $^{12}/_{10}$ 24. 12 (40 foll.) — *Viridarium lusitanum. Accessere *Johannis Raji* de auctore et opere judicium. Veronae, juxta editionem quae prodiit Ulyssipone ex prelo A. Craesbeeck. 1749 8. 110 p. — *Viridarium *Grisley* Lusitanicum. Linneanis nominibus illustratum, jussu Academiae in lucem editum a *Dominico Vandelli.* Olisipone, typ. Acad. reg. scient. 1789. 8. xx, 134 p

Praeterea ab *Hallero* et *Dryandro* laudatur impressio sine loco et anno 8 76 p, quae fortasse eadem est cum illa, quam ex *Gronovio* habet *Seguierus*: «Hagae Comitum, sumptibus Beaumontianis. 1714. 12.» his additis verbis: «Haec secunda editio cum prima, ordine, forma, characteribus omnino convenit, annique 1661 notam praefert, licet anno 1714 typis mandata fuerit» — Impressio Veronensis anni 1749 curante *Seguiero* 125 tantum exemplaribus excusa est — *Rajus* librum inseruit in stirpium europaearum syllogen. London 1694. 8. p. 370

Groenland, *Johannes,* in Paris

Cat. of sc. Papers III, 25—26

Grönvall, *T. A. L.*

3603 —— Några anteckningar till Skanes Flora. D. Malmö, typ. Cronholm 1859. 8. 20 p

3604 —— Några Observationer till belysning af Skanes Bryologi. D. Malmö, typ. Cronholm. 1864. 8. 35 p.

Grognot (aîné).

3605* —— Plantes cryptogames cellulaires du département de Saône-et-Loire, avec descriptions de plusieurs espèces nouvelles. Autun, chez Dejussieu. 1863. 8. 296 p. (6 *fr.*)

Gronovius, *Jan Fredrik,* M. D., Senator in Leiden (Gronovia L.), * 1690, † 1762.

Mem. in Comment. med. Lips. vol. XI. p. 721—726.

3606* —— Camphorae historia. D. Lugduni Batavorum, Luchtmans 1715. 4. 38 p.

3607* —— Flora virginica, exhibens plantas, quas nobilissimus vir D. *Johannes Claytonius* in Virginia crescentes observavit atque collegit; easdem methodo sexuali disposuit, ad genera propria retulit, nominibus specificis insignivit et minus cognitas descripsit *Joh. Frid. Gronovius.* Lugduni Batavorum 1739 —43. II voll. 8. 206 p, ind. — *Flora virginica, exhibens plantas quas nobilissimus vir D.D. *Johannes Claytonius* in Virginia crescentes observavit, collegit et obtulit D. *Joh. Fred. Gronovio,* cujus studio et opera descriptae et in ordinem sexualem systematicum redactae sistuntur. Lugduni Batavorum 1762. 4. 176 p., praef., ind. et 1 mappa geogr.

Haec est editio secunda, curis *Laurentii Theodori Gronovii* filii publici juris facta, variisque *Claytonii, Coldenii, Mitchellii, Kalmii,* aliorum observationibus adaucta.

3608* —— Flora orientalis, sive recensio plantarum, quas botanicorum coryphaeus *Leonhardus Rauwolf* annis 1573—75 in Syria, Arabia, Mesopotamia, Babylonia, Assyria, Armenia et Judaea crescentes observavit et collegit, earumdem ducenta specimina, quae in bibliotheca publica Lugduno-Batava asservantur, nitidissime exsiccata et chartae adglutinata in volumen retulit. Has methodo sexuali disposuit, synonymis illustravit, nominibus specificis insignivit. Lugduni Batavorum, typ. de Groot. 1755. 8. 150 p., praef.

Gronovius, *Lorenz Theodor,* der Sohn, Senator in Leiden, * Leiden 1730, † Leiden 1777.

3609* —— Auctuarium in bibliothecam botanicam, antehac a clarissimo viro, botanico eximio D.D. *Joanne Francisco Seguierio* conscriptam et editam. Lugduni Batavorum, apud Cornelium Haak. 1760. 4. 65 p., praef., ind.

Adnexum est fere semper exemplaribus Bibliothecae botanicae *Seguieri.*

Groof, *Jacobus van,* apostolischer Vikar in den niederländischen Antillen, * Leiden 1783, † Paramaribo 30. April 1852.

Journal des Débats, 18. Juni 1852.

Grosgebauer, *Philipp,* Rector des Gymnasiums in Weimar, * Gotha 26. Jan. 1653, † Weimar 1711.

3610 —— Programma de agnis tartaricis et vegetabilibus. Von den Lämmern, so aus der Erden wachsen. Vinariae 1690. 4.

Grosourdy, *René de.*

3611* —— El médico botánico criollo. Paris, chez François Bracher (1864) 4 voll 8. 426, 512, 416, 511 p. (100 *fr.*)

Bull. soc. bot. XII. 72—74.

Grosse, *Ernst.*

3612* —— Deutschlands Kulturpflanzen. Leipzig, Abel. 1858. 8. vi, 192 p (⅔ *th.*)

3613* —— Flora von Aschersleben. Aschersleben, Huch, 1861. 8. 76 p.

3614* —— Taschenbuch der Flora von Nord- und Mitteldeutschland. Aschersleben, Carstedt. 1865. 8. vi, 236 p. ($^5/_{12}$ *th.*)

Grossinger, *Johann Baptist,* Regimentspater in Komorn, * Komorn 2. Sept. 1728, † Komorn 1803.

3615 —— Universa historia physica regni Hungariae. Tomus 1—6. Posonii, Weber. 1792—99. 8.

Tomus 4 et 5 sistunt Regnum vegetabile.

Grossmann, *L.*

3616 —— Elementarbuch für den Unterricht in der Botanik. Mit besondrer Berücksichtigung der Flora von Schwäbisch-Hall. Stuttgart, Ebner und Seubert. 1843. 8. vi, 224 p. (¾ *th.*)

Grube, *Hermann,* Arzt in Hadersleben, * Lübeck 1637, † Hadersleben 1698.

3617* —— De vita et sanitate plantarum. D. Jenae 1664. 4. (8 foll.)

3618* —— Analysis mali citrei compendiosa ad botanices, philosophicae juxta ac medicae, cynosuram redacta. Hafniae, Paulli. 1668. 8. 72 p.

Grunow, *A.*

3619* —— Reise der östreichischen Fregatte Novara. Botanischer

Theil, Band 1. Die Algen. Wien, Gerold· in Comm. 1868. gr. 4. 104 p., 12 tab. (3⅔ th. n.)
Cat. of sc. Papers III, 53.

Guarini, *Francesco Paolo*.
3620* —— Memoria sulla botanica. Napoli, typ. dell' Ancora. 1867. 8. 68 p.

Gubler, *Adolphe*, Arzt in Paris, * Metz 1821.
Cat. of sc. Papers III, 54—55.

Gudrius von Tours, *Johann*.
3621* —— Anatomia et physiognomia simplicium, das ist: Zween Tractatus von der Signatura aller Erdgewächsen. Nürnberg, Endter. 1647. 12. — *Stuttgart, Rösslin. 1659. 12.

Gueldenstaedt, *Anton Johann*, Akademiker in Petersburg seit 1767, reiste 1768—75 mit S. G. Gmelin im südöstlichen Russland (Gueldenstaedtia Fisch.), * Riga 26. April a. St. 1745, † Petersburg 23. März a. St. 1781.

Gümbel, *Theodor*, Rector in Landau, * Dannenfels 19. Mai 1812, † Landau 10. Febr. 1858.
3622* —— Die Moosflora der Rheinpfalz. Landau, Kaussler in Comm. 1857. 8. 95 p., 1 tab. (1½ th.)
Cat. of sc. Papers III, 85—86.

Gümbel, *C. Wilhelm*.
3623* —— Ueber Lecanora ventosa Ach. nebst Beiträgen zur Entwicklungsgeschichte der Lichenen. Wien 1856. 4. 48 p., 1 tab. col.
Cat. of sc. Papers III, 85.

Günderrode, *Friedrich Justinian, Freiherr von*, Präsident des Oher-Appellations-Gerichts zu Darmstadt, * Frankfurt a/M. 2. Febr. 1765, † Darmstadt 11. Nov. 1845.
3624* —— Die Pflaumen. Heft 1—6. Darmstadt, im Verlage der Herausgeber. 1804—8. 8. 186 p., 36 tab. optime col. (12 fl.)

Guenther, *Johann*.
3625* —— und *Friedrich* **Bertuch**. Pinakothek der deutschen Giftgewächse. Jena, Mauke. 1840. 6 Lieferungen. 4. 16 p, 36 tab. col. (3 th.)

Günther, *Karl Christian*, Medicinalassessor zu Breslau, * Jauer 10. Oct. 1769, † Breslau 18. Juni 1833.
3626* (——, *Heinrich* **Grabowski** und *Friedrich* **Wimmer**.) Enumeratio stirpium phanerogamarum quae in Silesia sponte proveniunt. Vratislaviae 1824. 8. VIII, 168 p. (⅔ th.)

Günther, Professor in Bernburg.
3627*. —— Die Ziergewächse und ihre Cultur bei den Alten. I. Programm. Bernburg, typ. Reiter. 1861. 4. 28 p.

Guépin, *Jean Pierre*, Arzt in Angers (Guepinia Fr), * Angers 1779, † Angers 11. Febr. 1858.
3628* —— Flore de Maine et Loire. Tome premier. (Phanérogames.) Angers, Pavie. 1830. 12. LII, 360 p. — *Ed. II. ib. 1838. LXII, 409 p. (7 fr.) — *Supplément. 1842. 8. III, 63 p. — *Ed. III. revue avec soin et considérablement augmentée. Angers, Laine. 1845. 8. XCIX, 440 p. — Supplément I. et II. ib. 1850—56. 8. 54, 43 p. (6 fr.)

Guersent, *L. B.*, Arzt in Paris, * 1776, † Paris 22. Mai 1848.
3629* —— Quels sont les caractères des propriétés vitales dans les végétaux? Paris 1803. 8. 84 p.
Cat. of sc. Papers III, 70.

Guettard, *Jean Étienne* (Guettarda Vent.), * Étampes 22. Sept. 1715, † Paris 7. Jan. 1786.
Eloge: Hist. de l'Acad. des sc. de Paris 1786. p. 47—62.
3630* —— Observations sur les plantes. Paris 1747. II voll. 8. — I: XLVIII, 302 p., ind., 4 tab. — II: 464 p., ind.
Hujus operis haud parvam occupat partem egregia Stampanae ditionis in Aurelianensium agro Flora e codice manuscripto posthumo patrui (ni fallor) *Francisci Déscurain* (*1658, †1740) edita. Reliqua de plantis rarioribus australioris Galliae. potissimum vero de pilis glandulisque plantarum agunt.

3631* —— Mémoires sur différentes parties des sciences et arts. Paris 1768—83. V voll. — I: 1768. CXXVI, 439 p., 18 tab. — II: 1770. LXXXV, LXXII, 530 p. — III: 1770. 544 p., 71 tab. — IV: 1783. 687 p., 115 tab. — V: 1783. 446 p., 54 tab.
Mém. de Paris 1744. 1745. 1748. 1749. 1750. 1751. 1756.

Guiart, *D. L.*, * 1766, † Paris 22. Jan. 1848.
3632* —— Classification végétale et exposé d'une nouvelle méthode calquée sur celle de Tournefort. Paris 1807. 12. 410 p.

3633 **Guiart**, *D. L.* Nouvelle méthode calquée sur celle de Tournefort, d'après laquelle sont rangées les plantes de l'Ecole de pharmacie de Paris. Paris 1823. 8. 48 p.
Cat. of sc. Papers III, 72.

Guibourt, *Nicolas Jean Baptiste Gaston*, Professor an der École de pharmacie in Paris, * Paris 2. Juli 1790, † Paris 22. Aug. 1867.
3634* —— Histoire naturelle des drogues simples. Paris 1822. 8. — Ed. III. ib. 1836. 8. — Ed. IV. Paris, Baillière. 1849—51. 8. IV voll., ic. xyl. — Ed. V. ib. 1857. 8. (30 fr.) (non different.)
* *italice*: Milano 1825—26. 8.
Cat. of sc. Papers III, 73—75.

3635* (——) Notice sur *Félix Louis L'Herminier*, suivie de la nomenclature synonymique créole et botanique des arbres et bois indigènes et exotiques observés à la Guadeloupe. Paris, typ. Loquin. 1834. 8. 18 p.

Guilandinus, *Melchior*, Präfect des Gartens zu Padua (Guilandina Juss), * Marienburg 1520, † Padua 3. Jan. 1589.
Pisanski, Nachricht. Königsberg 1785. 4.
Visiani, L'orto di Padova, p. 9—12.
Ernst Meyer, Geschichte der Botanik IV, 403—404.
3636* —— De stirpium aliquot nominibus vetustis ac novis, quae multis jam saeculis vel ignorarunt medici, vel de eis dubitarunt: ut sunt Mamirás, Móly, Oloconitis, Doronicon, Bulbocastanum, Gramen Azelin vel Habbaziz et alia complura, epistolae duae, una *Melchioris Guilandini* Borussi, altera *Conradi Gesneri* Tigurini. Adduntur et icones novae tres. Basileae, apud Episcopum juniorem. 1557. 8. 45 p., 1 tab., ic. xyl.

3637* —— De stirpibus aliquot epistolae V, *Melchioris Guilandini* R. IV, *Conradi Gesneri* Tigurini I. Patavii, apud Gratiosum Perchacinum. 1558. 4. 48 foll.
A fol. 27—42 redeunt duae epistolae libri praecedentis. Epistola *Guilandini* quarta cum responsoria *Gesneri* adsunt in Epistolis *Matthioli*. Pragae 1561. folio. p. 113—158.

3638* —— Apologia adversus *Petrum Andream Matthiolum* liber primus, qui inscribitur Theon. Patavii, apud Gratiosum Perchacinum. 1558. 4. 19 foll.

3639* —— Papyrus, hoc est, commentarius in tria *Caji Plinii Majoris* de Papyro capita. Venetiis, apud Antonium Ulmum. 1572. 4. 280 p., praef. — *Ed. II. Lausannae, typ. le Preux. 1576. 4. (6) 151 p. — *Ed. III. Ambergae, typ. Schönfeld. 1613. 8. 423 p., praef., ind.

3640* —— Conjectanea synonymica plantarum, sive index botanicus, eruditissimus Patavii oretenus dictatus. Impr. cum Horto Patavino, publicante *Schenck von Grafenberg*. Francofurti 1600. 8. p. 27—93. — *Francofurti 1608. 8. p. 27—93.

Guillard, *Achille*, * Marcigny-sur-Loire 28. Sept. 1799.
3641* —— Sur la formation et le développement des organes floraux. Paris, Mercklein. 1835. 4. 16 p., 3 tab.

3642* —— Observations sur la moelle des plantes ligneuses. Paris, J. B. Baillière. 1847. 8. 34 p. (2 fr.)
Cat. of sc. Papers III, 77—78.

Guillemeau, *Jean Louis Marie*, * Niort 6. Juni 1766, † Niort um 1850.
3643* —— Histoire naturelle de la Rose, où l'on décrit ses différentes espèces, sa culture, ses vertus et ses propriétés. etc. Paris 1800. 12. IX, 340 p., 1 tab. (3 fr.)

3644* —— Calendrier de Flore des environs de Niort. etc. Niort 1804. 8. 276 p. (3 fr.)

Guillemin, *Antoine*, aide-naturaliste au Muséum d'histoire naturelle (Guilleminia H. B. K.), * Pouilly sur Saône (Côte d'or) 20. Jan 1796, † Montpellier 13. Jan. 1842.
Laségue, Notice sur la vie et les travaux de *A. Guillemin*. Paris, typ. Renouard. 1842. 8. 14 p. et Portrait.

3645* —— Recherches microscopiques sur le Pollen et considérations sur la génération des plantes. Paris, Baillière. 1825. 4. 24 p., 1 tab. (2 fr.)

3646* —— Icones lithographicae plantarum Australasiae rariorum. Decades duae. Parisiis, Treuttel et Würtz. 1827. folio min. II, 14 p., 20 tab.

3647* ——, *Samuel* **Perrottet** et *Achille* **Richard**. Florae Senegambiae tentamen, sive historia plantarum in diversis Sene-

17*

gambiae regionibus a peregrinatoribus *Perrottet* et *Leprieur* detectarum. Volumen I. Parisiis 1830—33. 4 max. xi, 316 p., ind., 72 tab. (96 *fr.*)

3648* **Guillemin**, *Antoine*. Considérations sur l'amertume des végétaux, suivies de l'examen des familles naturelles ou cette qualité physique et dominante. Thèse. Paris, typ. Didot. 1832. 4. 59 p.

3649* ——— Archives de botanique ou recueil mensuel de mémoires originaux, d'extraits et analyses bibliographiques d'annonces et d'avis divers concernant cette science. Paris 1833. II voll. 8. — I: 580 p., tab. 1—10. — II: 608 p., tab. 11—20. (20 *fr.*)

3650* ——— Zephyritis Taïtensis. Énumeration des plantes découvertes par les voyageurs dans les îles de la Société principalement dans celle de Taïti. Paris, Renand. 1837. 8. 84 p.
* Supplément par Edélestan Jardin in Mém. de Cherbourg VII, 237—244. Cat. of sc. Papers III, 80.

Guimpel, *Friedrich*, Kupferstecher in Berlin, * Berlin 1. Aug. 1774, † Berlin 1839.

3651* ———, *Karl Ludwig* **Willdenow** und *Friedrich Gottlob* **Hayne**. Abbildung der deutschen Holzarten. Berlin, Schüppel. 1815—20. II voll. 4. — I: 1815. 147 p., 108 tab. col. — II: 1820. p. 149—302. tab. col. 109—216.

3652* ———, *Friedrich Otto* und *Friedrich Gottlob* **Hayne**. Abbildung der fremden in Deutschland ausdauernden Holzarten. Berlin 1819—30. 24 Hefte. 4. 170 p., 144 tab. col. (36 *th.*)

3653* ——— Abbildung und Beschreibung aller in der Pharmacopoea borussica aufgeführten Gewächse. Text von *D. F. L. von Schlechtendal*. Berlin 1830—37. 3 Bände oder 53 Hefte. 4. — I: 1830. 191 p., tab. col. 1—100. — II: 1833. 123 p., tab. col. 101—200. — III: 1837. 120 p., tab. col. 201—308. (26½ *th.*)

3654* ——— Pflanzenabbildungen und Beschreibungen zur Erkenntniss offizineller Gewächse. Text von *Johann Friedrich Klotzsch*. Erster (und einziger) Band. Berlin 1838. 4. iv, 51 p., 24 tab. col. (4 *th.*)

Gulia, *Gavino*, Arzt auf der Insel Malta.

3655* ——— Repertorio botanico Maltese. Malta, typ. Laferta. 1855—56. 8. viii, 68 p.

Gulliver, *George*.

3656* ——— Catalogue of plants collected in the neighbourhood of Banbury. London 1841. 12.
Cat. of sc. Papers III, 87.

Gundelsheimer, *Andreas*, Leibarzt des ersten Königs von Preussen, der Reisegefährte Tourneforts (Gundelia Tournef.), * Feuchtwangen 1668, † Stettin 17. Juni 1715.

Gunn, *Ronald Campbell*, Esq., Penquite, Van Diemensland.
Cat. of sc. Papers III, 87.

Gunnerus, *Johann Ernst*, Bischof vom Stift Drontheim (Gunnera L.), * Christiania 26. Febr. 1718, † Christiansund 25. Sept. 1773.

3657* ——— Flora norvegica. Nidrosiae et Hafniae, Pelt. 1766—72. II partes. folio. — I: 1766. 96 p., ind., 3 tab. — II: 1772. 148 p., ind., 9 tab.
Additamenta in hanc Floram: Om nogle Norske planter. Norske Vidensk. Selsk. Skrift IV. p. 81—86.

Gussone, *Giovanni*, Professor der Botanik in Neapel, * Villlamaina 8. Febr. 1787, † Neapel 14. Jan. 1866.
Pasquale, Poche parole sul feretro di *Giovanni Gussone*. Napoli 1866. 4.

3658* (———) Catalogus plantarum, quae asservantur in regio horto ser. *Fr. Borbonii Principis Juventutis* in Boccadifalco prope Panormum. Adduntur nonnullae adnotationes ac descriptiones novarum aliquot specierum. Neapoli, typ. Trani. 1821. 8. xi, 84, 16 p.

3659* ——— Plantae rariores, quas in itinere per oras Jonii et Adriatici maris et per regiones Samnii et Apruttii collegit. Neapoli, ex regia typographia. 1826. 4. 404, 14 p., praef., 66 tab

3660* ——— Florae siculae prodromus, sive plantarum in Sicilia ulteriori nascentium enumeratio secundum systema Linneanum disposita. Neapoli, ex regia typographia. 1827—28. II voll. 8. — I: 1827. Classis I—XII. viii, 592, 11 p. — II: 1828. Classis XIII—XVII. 586 p. — *Supplementum ad Florae siculae prodromum, quod et specimen Florae insularum Siciliae ulteriori adjacentium. Fasc. I et II. Classis I—XVII. Neapoli, ex regia typographia. 1832—43. 8. viii, 242 p.

3661* **Gussone**, *Giovanni*. Flora sicula sive descriptiones et icones plantarum rariorum Siciliae ulterioris, *Francisci I. Borbonii* regis utriusque Siciliae regni jussu edita. Vol. I. Neapoli, ex regia typographia. 1829. folio. fasc. 1: 16 p., 5 tab. col. (28 *fr.* 50 *c*) Bibl. Imp. Franc. et Bibl. Goett.
Operis hujus splendidi praeter has quinque tabulas, Salicorniae species illustrantes, nihil porro prodiit.

3662* ——— Florae siculae synopsis exhibens plantas vasculares in Sicilia insulisque adjacentibus hucusque detectas, secundum systema Linneanum dispositas. Neapoli, typ. Tramater. 1842—45. II voll. 8. — I: 1842. Classis I—XII. v, 582 p. — II: 1844. Classis XIII—XXIV. 920 p.

3663* ——— Enumeratio plantarum vascularium in insula Inarime sponte provenientium vel oeconomico usu passim cultarum. Neapoli, typ. Vanni. 1854. 8. xii, 428, (8) p., 20 tab. (3 *Ducati*)
Cat. of sc. Papers III, 94.

Gutbier, *Christian August von*, Oberst, * Rosswein in Sachsen 11. Juli 1798, † 9. Mai 1866.

3664* ——— Abdrücke und Versteinerungen des Zwickauer Schwarzkohlengebirges und seiner Umgebungen. Zwickau 1835. 8. 80 p., 11 tab. (2⅓ *th.*)

3665* ——— Ueber einen fossilen Farrenstamm, Caulopteris Freieslebeni aus dem Zwickauer Schwarzkohlengebirge. Zwickau, Richter. 1842. 8. 16 p., 4 tab. (⅓ *th.*)
Cat. of sc. Papers III, 95.

Gutheil, *Hermann E.*

3666* ——— Beschreibung der Wesergegend um Höxter und Holzminden. Nebst Aufzählung der daselbst wildwachsenden phanerogamischen Pflanzen. Holzminden, Erdmann. 1837. 8 vi, 76 p. (¼ *th.*)

3667* ——— Grundzüge zu einer Flora von Kreuznach. (Regensburg 1839.) 8. 68 p.
Beiblätter zur Flora 1839. II. p. 1—68.

Guthnick, Director des botanischen Gartens in Bern.
Cat. of sc. Papers III, 95.

Guyétant, *Sébastien*, M. Dr., * Lons-le-Saulnier 1777, † Lons-le-Saulnier nach 1852.

3668* ——— Catalogue des plantes à fleurs visibles, qui croissent dans les montagnes du Jura et dans les plaines qui s'étendent depuis ces montagnes jusqu'à la Saône. Besancon, typ Couchi. 1809. 8. 56 p.

Gyllenstålpe, *Michael*, Professor in Abo, † Abo 1671.

3669* ——— pr. De regno vegetabili in genere. Aboae 1656. 4. 12 p.

H.

Haan, *Willem van*, * Leyden 7. Febr. 1801, † 15. April 1850.

3670* ——— Commentatio pretio ornata: Quinam sunt limites inter vitam animalium et vegetabilium? (Leyden) 1821. 4. 43 p.

Haberle, *Karl Konstantin*, Professor der Botanik in Pesth (Haberlea Friv.), * Erfurt 11. Febr. 1764, ermordet in Pesth 31. Mai 1832.

3671* ——— Beobachtungen über das Entstehen der Sphaeria lagenaria Pers. so wie des Merulius destruens Pers. Erfurt, Beyer. 1806. 8. 64 p.

3672* ——— Succincta rei herbariae hungaricae et transsylvanicae historia. Budae, typ. univ. 1830. 8. 66 p.

Hacquet, *Belzazar (Balthasar)*, k. k. Bergrath und Professor zu Laibach, dann zu Lemberg (Hacquetia Neck.), * Le Conquet in der Bretagne ... 1739, † Wien 10. Jan. 1815.
De ejus itineribus. cf. Verh. der zool. bot. Ges. in Wien 1861, 433—446.

3673* ——— Plantae alpinae carniolicae. Viennae, Kraus. 1782. 4. 31 p., 5 tab. — *Idem liber: Viennae, typ. Wappler. 1782. 4. 16 p., 5 tab.

Haeberlin, *Georg Heinrich*, Professor der Theologie in Tübingen, * Stuttgart 30. Sept. 1644, † Stuttgart 20. Aug. 1699.

3674* **Haeberlin**, *Georg Heinrich*. Dissertatio theologica, in qua sententia de generatione plantarum a recentioribus quibusdam philosophis probabiliter asserta ex sacris literis clare ostenditur. Tuebingae, J. G. Cotta. 1693. 12. 106 p., ind.
Haecker, *Gottfried Renatus*, * Barby 29. Juli 1789, † Lübeck 7. Oct. 1864.
3675* —— Lübeckische Flora. Lübeck, Aschenfeld. 1844. 8. xi, 376 p. (1½ th.)
Zusätze: Mekl. Archiv XI, 133—135.
Haenfler, *Johann*.
3676* —— Unvorgreiffliche Gedanken, wegen der in Stennwitz auf dem Scheunfluhr den 20 July 1697 angetroffenen mildiglich bluttrieffenden Kornähren. Cuestrin (1697.) 4. 32 p.
Haenke, *Thaddaeus*, Phytograph des Königs von Spanien seit 1789 (Haenkea Salisb.), * Kreibnitz bei Leitmeritz in Böhmen 5. Oct. 1761, † in der Provinz Cochabamba in Bolivien 1817.
Biographie von Graf *Kaspar Sternberg* in Presl, Reliq. Haenk. vol. I, i—xv. Ejus Botanische Beobachtungen im Riesengebirge exstant in *Jirasek*, Beobachtungen. Dresden 1791. 4. p. 31—159.
Haenseler, *Felix* (Haenseleria Boiss.), * Durrach in Baiern 1766, † Malaga 12. Aug. 1841.
3677* —— Ensayo para una analysis de las aguas de Carratraca. Malaga, en la oficina de D. Luis de Carreras 1817. 4. 25 p.
Lista de las plantas de Carratraca p. 19—23.
Häring.
3678* —— Zusammenstellung der Kennzeichen der in Deutschland wachsenden verschiedenen Eichen-Gattungen und ihrer hauptsächlichen Fehler; insbesondre zum Anhalt bei der Abnahme von Eichenhölzern für die Marine. Berlin 1853. folio. 164 p., 56 tab. col.
Hagelgans, *Johann Heinrich*, Professor in Koburg, * Rodach 23. Nov. 1606, † Koburg 1647.
3679 —— Rosa loquens, hoc est, de primariis Rosae mysteriis ad studiosam juventutem oratio paraenetica. Coburgi 1652. 12. 102 p.
Hagen, *Johann Heinrich*, Hofapotheker in Königsberg, * Schippenbeil (Ostpreussen) 20. Dec. 1738, † Königsberg 30. Nov. 1775.
3680* —— Physikalisch-botanische Betrachtungen über die Weidenrosen und die in Preussen befindlichen sechszehn nutzbaren Weidenarten. Königsberg 1769. 4. 20 p.
Hagen, *Karl Gottfried*, Professor in Königsberg (Hagenia Willd.), * Königsberg 24. Dec. 1749, † Königsberg 2. März 1829.
3681* —— Tentamen historiae Lichenum et praesertim prussicorum. Regiomonti 1782. 8. 142 p., 2 tab. col.
3682* —— Commentatio botanica de Ranunculis prussicis. Regiomonti 1784. 4. 41 p.
3683* —— De Cardamine pratensi. D. Regiomonti 1785. 4. 16 p.
3684* —— De principio plantarum odoro. D. Regiomonti 1788. 4. 16 p.
3685* —— Veronicarum prussicarum recensio. Regiomonti 1790. 4. 8 p.
3686* —— De plantis in Prussia cultis. Programma I—VIII. (Monandria-Monadelphia.) Regimonti, typ. Hartung. 1794—99. 8. 30, 31, 31, 36, 39, 36, 20, 32 p.
3687* —— De plantarum nutrimento ab aqua proficiscente. D. Regiomonti 1798. 8. 16 p.
3688* —— Preussens Pflanzen, beschrieben. Königsberg, Nicolovius. 1818. 2 Bände. 8. — I: xii, 436 p., 1 tab. — II: 438 p., 1 tab. (4 th.) (Bornträger 1 th.)
3689* —— Chloris Borussica. Regiomonti 1819. 12. 446 p. (1⅔ th.)
Hagena, *Karl*, Gymnasiallehrer in Oldenburg.
3690* —— Phanerogamen-Flora des Herzogthums Oldenburg auf Grundlage von Trentepohl's Flora unter dem Beistande andrer Botaniker zusammengestellt. (Separatabdruck aus dem 2. Bande der Abhandlungen des naturw. Vereins zu Bremen.) Bremen, C. E. Müller. 1869. 8. 49 p.
Cat. of sc. Papers III, 115.
Hagenbach, *Karl Friedrich*, Professor der Botanik in Basel, * Basel 1771, † Basel 20. Nov. 1849.
3691* —— Tentamen Florae Basileensis exhibens plantas phanerogamas sponte nascentes secundum systema sexuale digestas, adjectis *Caspari Bauhini* synonymis ope horti ejus sicci comprobatis. Basileae 1821—34. II voll. 8. — I: 1821. xviii, 450 p., effigies Bauhini, 2 ab. col. — II: 1834. viii, 587 p. (4⅓ th.) — *Supplementum: ib. 1843. 8. 220 p., 1 tab. col. (⅚ th.) — Nachtrag in den Baseler Berichten VII, 114—126. (1847.)
Hagendorn, *Ehrenfried*, Arzt zu Görlitz, * Wohlau in Schlesien 22. Jan. 1640, † Görlitz 27. Febr. 1692.
3692* —— Tractatus physico-medicus de Catechu sive terra japonica. Jenae, Bielke. 1679. 8. 81 p., praef.
3693* —— Cynosbatologia, ad normam Academiae Naturae Curiosorum adornata. Jenae, Bielke. 1681. 8. 191 p., praef., ind., 8 tab.
Hager, *Abraham Achates*.
3694 —— De Aloe aculeata americana quae Chorae, Misniae oppido, in horto *Conradie Loeseri* anno 1663 floruit. Altenburgi, typ. Baversinck. 1663. 4. 1¼ plag.
Hagstroemer, *Andreas Johann*, * Länna Bruk, Südermannland 8. Sept. 1753, † Stockholm 8. März 1830.
3695 —— Tvenne års observationer på den tid blomster och kräk om våren först visag sit uti och omkring Stockholm (Patriotiska Sällsk. Hush. Journal för år 1780, Aug. 36—41.)
Hahmann, *A*.
3696* —— Die Dattelpalme, ihre Namen und ihre Verehrung in der alten Welt. Nordhausen, typ. Kirchner. 1858. 8. (2) 44 p.
Bonplandia VII. 206—217. 224—233. (1859.)
Hahn, *Johann David*, * Heidelberg 9. Juli 1729, † Leyden 19. März 1784.
3697 —— Sermo academicus de chemiae cum botanica conjunctione utili et pulchra. Trajecti ad Rhenum 1759. 4. 34 p.
Hahn, *Petrus*.
3698 —— pr. De Platano. D. Aboae 1695. 8. 20 p.
3699 —— Δενδρολογία. D. Aboae 1698. 4. 40 p.
Haid, *Johann Jakob*, Kupferstecher in Nürnberg, * Süssen bei Ulm 23. Jan. 1704, † Ulm 23. Nov. 1767.
Hales, *Stephen*, Pfarrer zu Teddington (Halesia Ell., Halesia R. Br.), * Beckesbourn bei Kent 17. Sept. 1677, † Teddington in Middlesex 4. Jan. 1761.
Éloge: Hist. de l'Acad. de Paris 1762. p. 213—230.
3700* —— Statical essays. Volumen I: Vegetable staticks, or, an account of some statical experiments on the sap in vegetables. London 1727. 8. ix, 376 p., 19 tab. — *Ed. II. London 1731. 8. x, 376, (2) p., 19 tab. — *Ed. III. London 1738. 8. x, 376, (2) p., 19 tab.
* *gallice*: Paris 1735. 4. xviii, 408 p., 20 tab. — *Paris 1779. 8. xxxii, 390 p., 20 tab.
* *italice*: Napoli 1776. 8. 376 p., 20 tab. Bibl. Cand.
* *germanice*: Statick der Gewächse. Halle, Renger. 1748. 4. l, 264 p., ind., 11 tab.
Hall, *Hermann Christian van*, Professor in Groningen (Hallia Thunb.).
3701* —— Commentatio de systematibus botanicis cum aliorum tum ipsius Linnaei. Trajecti ad Rhenum, van Paddenburg. 1821. 8. 104 p.
3702* —— Specimen botanicum, exhibens synopsin graminum indigenorum Belgii partis septentrionalis olim VII provinciarum. Trajecti ad Rhenum, Sepp. 1821. 8. 167 p., 1 tab.
3703* —— Elementa botanices in usum lectionum academicarum conscripta. Groningae, Oomkens. 1834. 8. xii, 244 p., ind. (2 fl. 25 c.) — Ed. III. inscripta: Handboek der Kruidkunde. ib. 1847. 8.
3704 —— Bejinselen der Plantkunde. Groningen 1836. 8.
3705 —— Redevoeringen over het Plantenrijk en zijne natuurlijke afbeeldingen in en verband met het Dierenrijk beschouwd. Groningen 1838. 8. (2 fl. 80 c.)
3706 —— Neêrlands plantenschat. Leeuwarden, Suringar. 1856. 8. viii, 334 p. (3 fl. 90 c.)
3707 —— Toegepaste kruidkunde. Handleiding tot aanwijzing van het gebruik, dat de mensch maakt van voorwerpen uit het plantenrijk. Groningen, Wolters. 1857. 8. 214 p. (2 fl.)

3708* **Hall,** *Hermann Christian van.* Observationes de Zingiberaceis. Lugduni-Batavorum, Brill. 1858. 4. vi, 54 p., 3 tab.
_{Cat. of sc. Papers III, 135.}
3709* —— Flora Belgii septentrionalis, sive Florae Batavae Compendium. Vol. 1. 2. Amsterdam, Sepp en zoon. 1825—40. 8.
— I: Phanerogamia. xxix, 864 p. — II: Cryptogamia (autoribus *F. A. G. Miquel* et *M. Dassen*) xvi, xi, 477 p., ind.
Nieuwe Bijdragen tot de Nederlandsche Flora. Hoeven en Vriese, Tijdschrift VIII, 203—259. (1841)

Hall, *T. B.*
3710* —— A Flora of Liverpool. London, Whitaker. 1839. 12. xvii, 186 p., 1 tab. (6 *s.*)

Halle, *Fraser.*
3711* —— Letters, historical and botanical, relating chiefly to places in the Vale of Teign. London, Houlston et Stoneman. 1851. 8. 158 p.

Halle, *Johann Samuel,* Professor am Cadetten-Corps in Berlin, * Bartenstein 11. Dec. 1727, ✝ Berlin 9. Jan. 1810.
3712* —— Die deutsche Giftpflanzen. Berlin 1784—93. 2 Theile. 8.
— I: 1784. viii, 119 p., 16 tab. col. — II: 1793. 126 p., 8 tab. col. — *Berlin 1804—5. 2 Theile. 8. 24 tab. (3 *th.*)

Haller, *Albert von,* Professor in Göttingen von 1736—53 (Halleria L.), * Bern 16. Oct. 1708, ✝ Bern 12. Dec. 1777.
Éloge. Hist. de l'Acad. des sc. 1777, 127—154.
Heyne, Elogium in Novi Comment. Goett. III, app. 9—20.
Zimmermann, Das Leben des Herrn von *Haller.* Zürich 1755. 8.
Rudolf Wolf, Biographien II, 105—146.
3713* —— De methodico studio botanices absque praeceptore. D. Goettingae 1736. 4. 32 p., 1 tab.
3714* —— De Veronicis quibusdam alpinis observationum specimen I et II. Programmata. Goettingae 1737. 4. 18 p.
3715* —— Dissertatio de Pedicularibus, quae specimen est historiae stirpium in Helvetia sponte nascentium. Goettingae, typ. Schultz. 1737. 4. 44 p.
3716* —— Ex itinere in sylvam Hercyniam hac aestate suscepto observationes botanicae. D. Goettingae, Tarpion. 1738. 4. 70 p., 1 tab.
3717* —— Iter helveticum anni 1739. Goettingae, libr. univ. 1740. 4. 120 p., 2 tab.
3718* —— Enumeratio methodica stirpium Helvetiae indigenarum. Goettingae, Vandenhoek. 1742. II voll. folio. 36, 794 p., 24 tab.
3719* —— Brevis enumeratio stirpium horti Goettingensis. Goettingae, Vandenhoek. 1743. 8. 94 p., 1 tab.
3720* —— De Alii genere naturali libellus. Goettingae, Vandenhoek. 1745. 4. 56 p, 2 tab.
3721* —— Observationes botanicae. Goettingae 1747. 4. iv, 22 p., 1 tab.
3722* —— Opuscula sua botanica prius edita recensuit, retractavit, auxit, conjuncta edidit. Goettingae 1749. 8. 397 p., 5 tab. (1 *th.*)
3723* —— Enumeratio plantarum horti regii et agri Gottingensis aucta et emendata. Gottingae 1753. 8. lxxx, 424 p., ind.
3724 —— Enumeratio stirpium, quae in Helvetia rariores proveniunt. s. l. 1760. 8. 56 p.
3725* —— Historia stirpium indigenarum Helvetiae inchoata. Bernae 1768 III voll. folio. I: 444 p., tab. 1—20. — II: lxiv, 323 p, tab. 21—44. — III: 204 p., tab. 45—48. (15 *th.*)
3726* —— Nomenclator ex historia plantarum indigenarum Helvetiae excerptus. Bernae 1769. 8. iv, 216 p.
3727* —— Bibliotheca botanica, qua scripta ad rem herbariam facientia a rerum initiis recensentur. Tiguri 1771—72. II voll. 4. — I: 1771. Tempora ante Tournefortium. xvi, 654 p. — II: 1772. A Tournefortio ad nostra tempora. 785 p. (7½ *th.*)
Additiones dedit *Abraham Kall.* Havniae 1775. 8. 21 p.
3728* —— Appendices in *Johannis Scheuchzeri* Agrostographiam. Tiguri, Orell, Füssli et soc. 1775. 4. 92 p.
3729* —— Icones plantarum Helvetiae, ex ipsius historia stirpium helveticarum denuo recusae. Bernae 1795. folio. xxxviii, 63 p., 52 tab. (10 *th.*) — *Bernae 1813. folio. (non differt.)

Haller, *Albert von,* Sohn von Albert, * Bern 1758, ✝ Bern 1. März 1823.

Haller, *Gottlieb Emmanuel von,* Senator in Bern, Sohn von Albert, * Bern 17. Oct. 1735, ✝ Bern 9. April 1786.

3730* **Haller,** *Gottlieb Emmanuel von.* Dubia quaedam ex cl. Linnaei Fundamentis hausta. Programma 1—5. Gottingae 1750 —53. 4. 6, 24, 15, 19, 15 p.

Hallier, *Ernst,* Docent in Jena.
3731* —— De Cycadeis quibusdam fossibus in regione Apoldensi repertis. D. Jenae, typ. Schreiber, 1858. 8. 24 p.
3732* —— De geometricis plantarum rationibus. D. Jenae, typ. Schreiber. 1860. 8. 28 p.
3733* —— Die Vegetation auf Helgoland. Ein Führer für den Naturfreund am Felsen und am Seestrand. Hamburg, O. Meissner. 1861. 8. vii, 48 p., 4 tab. — Zweite mit einer vollständigen Flora vermehrte Auflage. ib. 1863. 8. (¼ *th.*)
3734* —— Der Grossherzoglich Sächsische Botanische Garten zu Jena. Leipzig, Engelmann. 1864. 8. 59 p.
3735* —— Die pflanzlichen Parasiten des menschlichen Körpers. Leipzig, Engelmann. 1866. 8. iv, 116 p., 4 tab. col. (1⅕ *th.*)
3736* —— Das Cholera-Contagium. Botanische Untersuchungen, Aerzten und Naturforschern mitgetheilt. Leipzig, Engelmann. 1867. 8. ix, 40 p., 1 tab.
3737* —— Phytopathologie. Die Krankheiten der Kulturgewächse. Leipzig, Engelmann. 1868. 8. 373 p., 5 tab. col. (3 *th.* n.)
3738 —— Parasitologische Untersuchungen bezüglich auf die pflanzlichen Organismen bei Masern, Hungertyphus... Leipzig, Engelmann. 1868. 8. viii, 80 p., 2 tab. col. (1 *th.* n.)
_{Cat. of sc. Papers III, 140.}

Halling, *Magnus.*
3739 —— Theses botanicae. Hafniae 1733. 4

Hallman, *Daniel.*
3740 —— De στεφάνῳ ἐξ ἀκανθῶν, corona de spinis. D. Rostochii 1757. 4. 88 p., 1 tab.

Hamberger, *Georg Erhard,* Professor in Jena, * Jena 21. Dec 1697, ✝ Jena 22. Juli 1755.
3741* —— Praefatio ad *Johannis Wolfgangi Wedelii* Tentamen botanicum, qua difficultates in methodo plantarum occurrentes, una cum mediis quibus eaedem removeri possunt, exposuit. Jenae 1747. 4 xxviii p.
3742* —— Sendschreiben an T. T. Herrn Hofrath *Haller* in Göttingen. Jena 1748. 4. 8 p.

Hamburger, *Emanuel.*
3743* —— Symbolae quaedam ad doctrinam de plantarum metamorphosi. Commentatio botanico-morphologica. Vratislaviae 1842. 4. 52 p, 2 tab. (½ *th.*)

Hamilton, *Arthur.*
3744* —— Esquisse d'une monographie du genre Scutellaria ou Toque. Lyon, typ. Perrin. 1832. 8. 67 p., 2 tab.
Mémoires soc. Linn. I, 1—67.

Hamilton, *William.*
3745* —— Prodromus plantarum Indiae occidentalis hucusque cognitarum tam in oris Americae meridionalis quam in insulis antillicis sponte crescentium aut ibi diuturne hospitantium; nova genera et species hactenus ignotas complectens. Londini, Treuttel et Würtz. 1825 8. xvi, 67 p., 1 tab. col. (1⅓ *th.*)
_{Cat. of sc. Papers III, 148.}

Hammar, *Olof.*
3746 —— Några Anmärkningar rorande Carpologien. Lund 1849. 8.
3747 —— Monographia Orthotrichorum et Ulotarum Sueciae. Lundae 1852. 8.
3748 —— Monografi öfver slägtet Fumaria. Lund 1854. 8. xvi, 63 p, 10 tab.
Nova Acta Ups. Series III. vol. II, 257—306.

Hammer, *Christopher,* General-Conducteur des Stiftes Aggerhuus, * Kirchspiel Gran 26. Aug. 1720, ✝ Melbostad... 1804.
3749 —— Samling af botaniske afhandlinger. Christiania 1769. 8.
3750* —— Florae Norvegicae Prodromus. Kiøbenhavn, typ. Enke. 1794. 8. 164 p. 10 foll.

Hammond, *William.*
3751* (——) Catalogue of orchidaceous plants in the collection of the Rev. *John Clowes,* Broughton Hall, near Manchester. Manchester, Simms and Dinham. 1842. 8. 46 p., 1 tab. col. (Odontoglossum Clowesii.)

Hampe, *Ernst*, Apotheker in Blankenburg (Hampea integerrima Schlecht.), * Fürstenberg a. d. Weser 5. Juli 1795.

3752* —— Prodromus Florae Hercynicae oder Verzeichniss der in dem Harzgebiet wildwachsenden Pflanzen. Halle 1836. 8. 90 p. — *Nachträge: (Nordhausen) 1842. 8. 8 p. — *Neueste Nachträge: Linnaea 1844. p. 671—674.

3753* —— Icones muscorum novorum vel minus cognitorum. Decas I—III. Bonnae 1844. 8. 37 foll., 30 tab. (2 *th.*)

3754* —— Klima, Vegetation und Flora des Harzes, nach Mittheilungen von *Ernst Hampe* in: *Brederlow*, der Harz. Braunschweig 1845. 8. p. 86—111.

Hanbury, *Daniel*, F. R. S., London (Hanburya Seem.).

3755 —— Notes on chinese Materia medica. London 1862. 8. 48 p. *germanice:* von *Theodor Martius.* Speyer 1863. 8.
Cat. of sc. Papers III, 155—156.

Hance, *Henri F.*, in Hongkong (China).

3756* —— Adversaria in stirpes imprimis Asiae orientalis criticas minusve notas, interjectis novarum plurimarum diagnosibus. Paris, Victor Masson. 1866. 8. 62 p.
Cat. of sc. Papers III, 156.

Handschuch, *Karl Friedrich Gottfried Albert.*

3757* —— De plantis fumariaceis systematis naturalis earumque viribus et usu, adjectis descriptionibus specierum, quae in Germania crescunt. D. Erlangae, typ. Kunstmann. 1832. 8. 44 p. (1/6 *th.*)

Handtwig, *Gustav Christian,* † Rostock 1766.

3758* —— pr. De Orchide. D. Rostockii 1747. 4. 29 p.

3759* —— De Bryonia, von der heiligen Rübe. Rostockii 1758. 4. 32 p.

Hanmann, *Christian.*

3760* —— De plantis in genere. D. Lipsiae, typ. Ritzsch. 1635. 4. (16 p.)

Hanin, *L.*, Arzt in Paris.

3761* —— Enumeratio plantarum circa Metas sponte nascentium. Metis, typ. Collignon. 1806. 4. 28 p.

3762 —— Cours de botanique et de physiologie végétale. Paris, Caille et Ravier. 1811. 8. XXVIII, 759 p., 1 tab. col. (9 *fr.*)

3763* (——) Voyage dans l'empire de Flore, ou élémens d'histoire naturelle végétale. Paris, Méquignon. 1800. II voll. 8 — I: X, 148 p. — II: 179 p. (3 *fr.* 25 *c.*)

Hannemann, *Johann Ludwig*, in Kiel, * Amsterdam 25. Oct. 1640, † Kiel 25. Oct. 1724.

3764* —— Nova et accurata methodus cognoscendi simplicia vegetabilia. Kilonii, typ. Reumann. 1677. 4. 148 p.

3765* —— Phoenix botanicus seu diatriba physica curiosa de plantarum ex suis cineribus resuscitatione. (Kiliae 1678.) 4. (15 foll.)

Hanstein, *Heinrich.*

3766* —— Die Familie der Gräser in ihrer Bedeutung für den Wiesenbau. Wiesbaden, Ritter. 1867. 8. XIV, 132 p., 11 tab. (1 1/4 *th.*)

3767* —— Verbreitung und Wachsthum der Pflanzen in ihrem Verhältnisse zum Boden. Darmstadt, Jonghaus. 1859. 8. VIII, 173 p.
Cat. of sc. Papers III, 152.

Hanstein, *Johannes*, Professor der Botanik an der Universität Bonn, * Potsdam 15. Mai 1822.

3768* —— Plantarum vascularium folia, caulis, radix utrum organa sint origine distincta, an ejusdem organi diversae tantum partes. D. (Berol. univ.) Halae 1848. 8. 83 p., 3 tab.

3769* —— Untersuchungen über den Bau und die Entwicklung der Baumrinde. Berlin, Müller. 1853. 8. VI, 108 p., 8 tab.

3770* —— Ueber gürtelförmige Gefässstrangverbindungen in Stengelknoten dicotyler Gewächse. Berlin, Dümmler in Comm. 1858. 4. (5/6 *th.* n.)
Abhandlungen der Akademie 1857, 77—98, 4 tab.

3771* —— Die Milchsaftgefässe und die verwandten Organe der Rinde. Gekrönte Preisschrift. Berlin, Wiegandt und Grieben. 1864. 4. VIII, 92 p., 10 tab. (3 *th.*)

3772* **Hanstein,** *Johannes.* Ueber den Zusammenhang der Blattstellung mit dem Bau des dikotylen Holzringes. Programm. Berlin, typ. Nauck. 1857. 4. 14 p., 1 tab.

3773* —— Pilulariae globuliferae generatio cum Marsilia comparata. Dissertatio academica. Bonnae, Marcus. 1866. 4. 16 p. (8 *sgr.*)

3774* —— Uebersicht des natürlichen Pflanzensystems. Bonn, Marcus. 1867. 8. 19 p.

3775* —— Botanische Abhandlungen aus dem Gebiet der Morphologie und Physiologie. Herausgegeben von *Johannes Hanstein.* 1. Heft. Die Entwicklung des Keims der Monocotyledonen und Dicotyledonen. Bonn, Marcus. 1870. 8. 112 p., 18 tab.
Cat. of sc. Papers III, 172.

Hapel-la-Chenaye, † in Guadeloupe 1808.
Cat. of sc. Papers III, 173.

Happe, *Andreas Friedrich*, Maler in Berlin, * Aschersleben 1733, † Berlin 1802.

3776* —— Flora cryptogamica depicta seu muscorum et lichenum iisque affinium plantarum icones. Berolini 1783. 4. 50 tab. col., text.

3777* —— Flora depicta aut plantarum selectarum icones ad naturam delineatae. Berolini 1783—92. folio. (8 foll.), 317 tab. col. (63 1/3 *th.*)

3778* —— Abbildungen ökonomischer Pflanzen. Drei Hefte. Berolini 1792—94. folio. (5 3/4 *th.*)

3779* —— Botanica pharmaceutica, exhibens plantas officinales, quarum nomina in dispensatoriis recensentur. Berolini 1788. folio. 204 p., 595 tab. col. (sign. 1—595.) (140 *th.*)
Icones, etiam temporis respectu habito, satis mediocres 78 fasciculis annis 1788—1806 prodierunt.

Hardouin, *L.*

3780* ——, F. **Renou** et E. **Leclerc.** Catalogue des plantes vasculaires qui croissent spontanément dans le département du Calvados. Caen, Hardel. 1849. 8. XIV, 439 p. (3 *fr.* 50 *c.*)

Hardt, *Hermann von der*, Professor in Helmstädt, * Melln in Westphalen 15. Nov. 1660, † Helmstädt 28. Febr. 1746.

3781* —— מקרדות πικρίδια Intybum sylvestre wilde Endivie in Elisae mensa mors in olla 2 Reg. IV. nec non באשים ἀγριοσταφύλιες Bryonia in Esaiae vinea Teufelskürbis Esaia V pro illustrando Jona. Helmstadii, typ. Hamm. 1719. 4. 16 p.

Hardy, *Auguste*, Director der kaiserlichen Domaine Boukandoura (Algérie), * Versailles 1819.

3782* —— Catalogue des végétaux cultivés à la pépinière centrale du gouvernement à Alger. Alger 1844. 4. 8 p. — ib. 1850. 4. 81 p. — ib. 1860. 8. 80 p.

Harmens, *Gustav*, Professor in Lund, * Stockholm 4. Nov. 1699, † Lund 18. Nov. 1774.

3783 —— pr. De similitudine vitae physicae in animalibus et plantis. D. Londini Goth. 1752. 4. 24 p.

3784 —— De transpiratione plantarum. D. Londini Goth. 1756. 4. 22 p.

3785 —— De differentia humorum in animalibus et plantis. D. Londini Goth. 1771. 4. 24 p.

Harnisch, *Johann Andreas.*

3786* —— Meditationes botanico-medicae de planta quadam Marchiae propria Pimpinella nigra. Lipsiae 1757. 4. 48 p. — *Lipsiae 1758. 4. 40 p.

Haro, *A.*

3787* —— Tableau des champignons observés dans les environs de Metz. etc. Premier mémoire. Metz, Lamort. 1838. 8. 47 p. (1 *fr.* 50 *c.*)
Mém. Ac. Metz XIX, 107—151.

Harpestreng, *Henrik*, Canonicus in Röskilde, † . . . 1244.

3788* —— Danske Lägebog fra det trettende Aarhundrede forste Gang udgivet efter et Pergamentshaandskrift i det store Kongelige Bibliothek, med Inledning, Anmärkninger og Glossarium af *Christian Molbech.* Kiøbnhavn, Thiele. 1826. 8. VIII, 206 p.
Molbech im Serapeum 1849, p. 21.
Ernst Meyer, Geschichte der Botanik III, 537—539.

Harrison, *Joseph.*

3789 —— The Floricultural Cabinet and Florist's Magazine. Second edition. London, Whittaker et Co. 1833—42. 8. X voll. c. tab. col. — New Series. Vol. 1—7. ib. 1846. 8. (4 *l*. 14 *s*.)

Harrwitz, *Julius,* * Breslau 3. Oct. 1819.
3790* —— De Cladosporio herbarum. D. Berolini, typ. Schlesinger. 1845. 8. 42 p., 1 tab.

Hartig, *Theodor,* Forstrath in Braunschweig, * Dillenburg 1801.
3791* —— Abhandlung über die Verwandlung der polykotyledonischen Pflanzenzelle in Pilz- und Schwammgebilde. Berlin, Lüderitz. 1833. 8. VII, 46 p., 2 tab. (½ *th*.)
3792* —— Neue Theorie der Befruchtung der Pflanzen. Braunschweig, Vieweg. 1842. 4. 44 p., 1 tab. (1⅓ *th*.)
3793* —— Beiträge zur Entwicklungsgeschichte der Pflanzen. Berlin 1843. 4. 28 p., app., 1 tab. (½ *th*.)
3794* —— Das Leben der Pflanzenzelle, deren Entstehung, Vermehrung, Ausbildung und Auflösung. Berlin, Förstner. 1844. 4. 52 p., 2 tab. (1½ *th*.)
3795* —— Vollständige Naturgeschichte der forstlichen Kulturpflanzen Deutschlands. Berlin, Förstner. 1851. 4. XVII, 584 p., 120 tab. col., sign. 1—104. (28 *th*. n.)
Prodiit jam ab anno 1840 cum inscriptione: Lehrbuch der Pflanzenkunde in ihrer Anwendung auf die Forstwirthschaft.
3796* —— Entwicklungsgeschichte des Pflanzenkeims, dessen Stoffbildung und Stoffwandlung während der Vorgänge des Reifens und des Keimens. Leipzig, Förstner. 1858. 4. XII, 164 p., 4 tab. col. (3⅓ *th*. n.)
Cat. of sc. Papers III, 194—195.

Harting, *Pieter,* Professor in Utrecht, * Rotterdam 27. Febr. 1812.
3797* —— Bijdrage tot de Anatomie der Cacteen. Amsterdam 1842. 8. 64 p., 2 tab.
Hoeven en Vriese, Tijdschrift IX, 181—244.
3798* —— Het Mikroskop, deszelfs gebruik, geschiedenis en tegenwordige toestand. Een Handboek voor Natuur- en Geneeskundigen. Utrecht, van Paddenburg en Co. 1848—54. IV voll. 8 — I: 1848. X, 413 p., 5 tab. — II: 1848. IX, 339 p., 3 tab. — III: 1850. XVII, 524 p., 10 tab. — IV: 1854. VII, 325 p., 3 tab.
Cat. of sc. Papers III, 196—197.

Hartinger, *Anton,* * Wien 13. Juni 1806.
3799* —— Paradisus Vindobonensis, Auswahl seltner und schönblühender Pflanzen der Wiener Gärten in naturgetreuen Abbildungen. Erläutert von *Stephan Endlicher.* Wien (Gerold) 1844—47. Band I: Lieferung 1—16. folio. 60 tab. col., Text. Band II: Lieferung 16—21. Erläutert von *Eduard Fenzl.* ib. 1848—60. tab. col. 61—84. Text. (54 *th*)
3800* —— Deutschlands Forstculturpflanzen in getreuen Abbildungen, nach der Natur gezeichnet und in Farbendruck ausgeführt. Mit einem erläuternden Texte von *Ferdinand Fiscali.* Heft 1—5. Ollmütz, Hölzel. 1858. imp. folio. (10 *th*.)
3801* —— Die essbaren und giftigen Pilze in ihren wichtigsten Formen. Wien 1858. imp. folio.

Hartman, *Carl Johan* (Hartmania DC.), * Gefle 14. April 1790, † Stockholm 27. Aug. 1849.
3802* —— Genera graminum in Scandinavia indigenorum recognita. D. Upsaliae 1849. 4. 10 p.
3803* —— Svensk och Norsk Excursions-Flora. Phanerogamer och Ormbunkar. Stockholm, Haeggström. 1846. 12. XVI, 191 p. (1 *Rdr*.) — Ed. II. ib. 1853. 8. — Ed. IV. ib. 1866. 8.
3804* —— Handbok i Skandinaviens Flora, innefattande Sveriges och Norriges Vaxter, till och med Mossorna. Stockholm, Z. Haeggstroem. 1820. 8. 32, XLIII, 488 p., 2 tab. — *Ed. II. ib. 1832. 8. — *Ed. III. ib. 1838. 8. — *Ed. IV. ib. 1843. 8. — *Ed. V. ib. 1849. 8. — *Ed. VI. ib. 1854. 8. — *Ed. IX. ib. 1864. 8. IV, LXIV, 322, XII, 120 p. (6 *Rdr*.)
Cat. of sc. Papers III, 200.

Hartman, *Carl,* der Sohn.
3805 —— Flora Gevaliensis, seu Enumeratio plantarum circa Gevaliam sponte crescentium. Gevaliae, Landin. 1847. 8. 57 p.
3806 —— Annotationes de plantis Scandinavicis herbarii Linneani, in Musaeo societ. Linnaeanae Londin. asservati. (Ex Act. Reg. Acad. Scient. Holm. 1849 et 1851.) (Holmiae, Bonnier.) 8. (1⅓ *rth*.)

3807* **Hartman,** *Carl.* Skandinaviens halfons Phanerogamer och Filices. Ed. III. Stockholm 1864. 8. 50 p.
3808* —— Landskapet Nerikes Flora. Örebro 1866. 8. 276 p.

Hartman, *Robert.*
3809 —— Gefle-tractens Växter med växtstellen för de sällsyntare. Andra uplagan. Gefle, Landin. 1863. 8. 60 p.

Hartmann, *Franz Xaver, Ritter von,* Protomedikus von Oberöstreich, * Praunsdorf 22. Juli 1737, † Linz 1791.
3810* —— Primae lineae institutionum botanicarum *Crantzii.* D. Vindobonae 1766. 8. 60 p., 4 tab. — *Ed. II. cum *Crantzii* Additamento generum novorum, cum eorundem speciebus cognitis et speciebus novis. Lipsiae 1767. 8. 94., 1 tab.

Hartmann, *Leopold, Freiherr von.*
3811* —— Abhandlung von dem Wachsthum und den Krankheiten der Pflanzen. Rede. München, J. N. Fritz. 1774. 4. 56 p.

Hartmann, *Peter Emmanuel,* Professor in Frankfurt a/O., * Halle 3. Juli 1727, † Frankfurt a/O. 1. Dec. 1791.
3812* —— pr. Plantarum prope Francofurtum ad Viadrum sponte nascentium fasciculus primus. D. Francofurti a/V. 1767. 4. 16 p.
3813* —— De Salice laurea odorata, Linnaei pentandra. D. Trajecti a/V. 1769. 4. 40 p.
3814* —— Exercitatio litteraria de *Joannis Langii* studiis botanicis. D. Trajecti a/V. 1774. 4. 16 p.
Usteri Delect. opusc. bot. II. p. 121—140.
3815* —— Historia Gentianae naturalis et medica. D. Trajecti a/V. 1777. 4. 48 p.
3816* —— Antinephritica Uvae ursinae virtus merito suspecta. D. Trajecti a/V. 1778. 4. 55 p.
3817* —— Solani Dulcamarae palaiologia Pliniana. Trajecti a/V. typ. Winter. 1779. 4. 42 p.
3818* —— Super Daphnes Gnidii usu epispastico pauca quaedam. D. Trajecti a/V. 1780. 4. 19 p.
3819* —— Iconum botanicarum *Gesnerio-Camerarianarum* minorum nomenclator Linneanus. D. Trajecti a/V. 1781. 4. 52 p.
3820* —— De Gratiola. D. Trajecti a/V. 1784. 4. 28 p., 1 tab.
Respondens fuit *Jakob Friedrich Hoffmann,* idem ni fallor, qui deinde apud Varsavienses botanicus innotuit.
3821* —— De Sedo acri Linnaeano ejusque virtute in cancro aperto et exulcerato. D. Trajecti a/V. 1784. 4. 28 p.
3822* —— De Monarda. D. Trajecti a/V. 1791. 4. 19 p.

Hartmann, *Wilhelm.*
3823* —— Observationes botanicae de discrimine generico Betulae et Alni. D. Stuttgardiae 1794. 4. 38 p.
Roemer Archiv II, 350—378.

Hartung, *C. A. F. A. Heinrich.*
3824* —— De Cinchonae speciebus atque medicamentis Chinam supplentibus. D. Argentorati, Levrault. 1812. 4. 39 p.

Hartweg, Director des Gartens zu Karlsruhe, † 13. März 1831.
3825* —— Hortus Carlsruhanus, oder Verzeichniss sämmtlicher Gewächse, welche in dem Grossherzoglich botanischen Garten zu Karlsruhe cultivirt werden, nebst dem Geschichtlichen der botanischen und Lustgärten von 1530—1825. Karlsruhe, Macklot. 1825. 8. XLVI, 307, 7 p., 1 tab. (2 *th*.)

Hartweg, *Theodor,* Hofgärtner in Schwetzingen (Hartwegia Linde.), * Karlsruhe 18. Juni 1812.
Cat. of sc. Papers III, 203.

Hartwiss, *Nicolaus von,* Director des botanischen Gartens zu Nikita, † Artek bei Sympheropol 12./24. Nov. 1860.

Harvey, *Alexander.*
3826 —— Trees and their nature; or, the bud and its attributes: in a series of letters to his son. London, Nisbet. (1847?) 12. 260 p. (5 *s*.)
Edinb. New Phil. Journal XLII, 1—23. (1847.)

Harvey, *William Henry,* Professor der Botanik in Dublin (Harveya Hook.), * bei Limerik 5. Febr. 1811, † im Hookerschen Hause zu Torquay 15. Mai 1866.
3827* —— The genera of South African plants arranged according to the natural system. Cape Town, Robertson. 1838. 8. LXVI, 429 p. — *Second edition, edited by *J. D. Hooker.* Capetown, J. D. Juta. London, Longman. 1868. 8. LII, 483 p. (18 *s*.)

3828* **Harvey**, *William Henry*. A Manual of the british Algae: containing generic and specific descriptions of all the known british species of sea-weeds, and of Confervae, both marine and fresh-water. With references to the figures in Mrs. *Wyatt's* «Algae Danmonienses» and other works. London 1841. 8. LVII, 229 p. (9 s.) — *Ed. II. With plates to illustrate the genera. London, John van Voorst. 1849. 8. LII, 252 p., 27 tab. col. (1 l. 11 s. 6 d.)

3829 —— The Sea-side Book. London, J. van Voorst. 1849. 8. — Ed. IV. ib. 1857. 8. (5 s.)

3830* —— Phycologia britannica; or, history of the british sea-weeds; containing Coloured Figures and descriptions of all the species of Algae inhabiting the shores of the British Islands. In four volumes, arranged systematically, according to the Synopsis London, Reeve and Benham. 1846—51. 8. tab. 1—388 and text. (6 l. 6 s.)
    Synopsis of British Seaweeds. Descriptions of all the known Species, abridged from Professor *Harvey's* «Phytologia Britannica». 8. 220 p. (5 s.) (non vidi.)
    Atlas of British Seaweeds. Figures of all the known Species, drawn from Professor *Harvey's* «Phycologia Britannica». In 80 coloured plates. 4. (3 l. 3 s.) (non vidi.)

3831* —— Nereis australis, or Algae of the southern Ocean: being figures and descriptions of marine plants collected on the shores of the Cape of good hope, the extratropical australian colonies, Tasmania, New Zealand, and the antarctic regions, deposited in the Herbarium of the Dublin University. Part 1. 2. London, Reeve brothers. 1847—49. imp. 8. VIII, 124 p., tab. col. 1—50.

3832* —— Nereis boreali-americana; or Contributions towards a history of the marine Algae of North America. In three parts. Washington, published by the Smithsonian Institution. New York, D. Appleton et Co. 1858. 4. VIII, 150, 258, 140 p., 50 tab. col. (3 l. 3 s.)
    Seorsim e Smithsonian Contributions, vol. III. V. X.

3833* —— Phycologia australica; or a History of Australian Seaweeds. Vol. 1—5. London, Reeve and Co. 1858—63. tab. col. 1—300, 300 foll. text, Synopsis and General Index. (Vols. I. to IV., 30 s. each; Vol. V., with Synopsis and Indexes, 33 s.)

3834* —— and *Otto Wilhelm* **Sonder**. Flora capensis; being a systematic description of the Cape Colony, Cafraria and Port Natal. Vol. I: Ranunculaceae to Connaraceae. Dublin, Hodges, Smith and Co. 1859—60. 8. 21, XXVIII, 546 p. (12 s.) — Vol. II: Leguminosae to Loranthaceae. ib. 1861—62. 8. IX, 621 p. (12 s.) — Vol. III: Rubiaceae to Campanulaceae. ib. 1864—65. 8. IX, 633 p. (18 s.)

3835* —— Thesaurus capensis: or, Illustrations of the South African Flora, being figures and brief descriptions of south african plants, selected from the Dublin University Herbarium. Vol. I. Dublin, Hodges, Smith and Co. 1859. 8. 68 p., 100 tab. — Vol. II. ib. 1863. 8. 68 p., tab. 101—200. (40 s.)
    Indicem Generum Algarum, autore *W. H. Harvey* non vidi.
    Cat. of sc. Papers III, 205—207.

Harzer, *Karl August Friedrich*, * 1784, † Dresden 18. März 1846.

3836* —— Naturgetreue Abbildungen der vorzüglichsten essbaren, giftigen und verdächtigen Pilze. Nach eignen Beobachtungen gezeichnet und beschrieben. Dresden, Pietzsch u. Co. 1842. gr. 4. X, 136 p., ind., 80 tab. col., 1 tab. nigr. (24½ th.)
    Prodiit annis 1842—45 sedecim fasciculis.

Hasaeus, *Theodor*.

3837* —— Dissertationum et observationum philologicarum sylloge. Bremae 1731. 8. 650 p., tab.
    Insunt dissertatio de ligno Sittim, p. 170—252, et dissertatio de Rubo Mosis חסנה dicto.

Haslinger, *Franz*, Lehrer.

3838 —— Botanisches Excursionsbuch. (Flora von Brünn.) Brünn, Buschak und Irrgang. 1869. 8. XXXI, 280 p. (⅘ th. n.)

Hassall, *Arthur Hill*.

3839* —— A history of the british freshwater Algae, including descriptions of the Desmideae and Diatomaceae. London, Highley. 1845. 8. — I: VIII, 462 p. — II: 24 p., 103 tab. col. (2 l. 5 s.)
    Editiones annorum 1852 et 1857 praeter novos titulos non differunt.
    Cat. of sc. Papers III, 208—209.

Hasselbom, *Nicolaus*.

3840 —— pr. Aphorismi de morbis plantarum. D. Aboae 1748. 4. 8 p.

Hasselquist, *Fredric* (Hasselquistia L.), * Törnwalla 14. Jan. 1722, † Smyrna 9. Febr. 1752.

3841* —— Iter palaestinum, eller Resa til Heliga Landet, förrättad ifrån år 1749 til 1752, utgivnen af *Carl Linnaeus*. Stockholm, typ. Salvii. 1757. 8. 619 p., praef.
  * germanice: Rostock 1762. 8. 606 p. (1⅓ th.)
  * anglice: London 1766. 8.
  * gallice: Paris 1769. II voll. 12.
    Literae *Hasselquistii* ad *Linnaeum*, priores, quae in itinere a p. 569—593 leguntur, germanice versae adsunt in Hamburg. Magaz. 7. Band. p. 160—201.

Hasselt, *Johann Konrad van* (Hasseltia H. B. K.), † auf Java 1821.
    Cat. of sc. Papers III, 209—210.

Hasskarl, *Justus Karl*, in Cleve, * Kassel 6. Dec. 1811.

3842* —— Catalogus plantarum in horto botanico Bogoriensi cultarum alter. (Tweede Catalogus der ins Lands Plantentuin te Buitenzorg gekweekte gewassen.) Batavia, typ. officinae publicae. 1844. 8. 391 p. (3 th. n.)

3843* —— Aanteekeningen over het nut, door de Bewoners von Java aan eenige planten van dat Eiland togeschreven, uit berigten der inlanders zamengesteld. Amsterdam 1845. 8. VIII, 136 p. et emend.

3844* —— Plantae javanicae rariores, adjectis nonnullis exoticis in Javae hortis cultis, descriptae. Berolini, Foerstner. 1848. 8. 554 p. (3½ th.)

3845* —— Retzia, sive Observationes botanicae, quas de plantis horti botanici Bogoriensis annis 1855 et 1856 fecit. Pugillus I. II. Bataviae, typ. Lange et Co. 1855. 8. 252 p. — 1856. 4. 54 p.

3846* —— Filices javanicae seu Observationes botanicae, quas de Filicibus horti Bogoriensis nec non ad montem Gedeh sponte crescentibus fecit. Pugillus I. Bataviae, typ. Lange et Co. 1856. 4. 64 p.

3847* —— Hortus bogoriensis descriptus, sive Retziae editio nova valde aucta et emendata. Pars prima. Amstelodami, Günst. Bonnae, apud A. Marcum. 1858. 8. XI, 376 p.

3848* —— Horti malabarici clavis nova. Regensburg, Manz in Comm. 1862. 8. 101 p.
    Separatabdruck aus Flora 1861—62.

3849* —— Neuer Schlüssel zu *Rumph's* Herbarium amboinense. Halle, H. W. Schmidt. 1866. 4. VI, 247 p.
    Abhandlungen der Naturf. Gesellschaft, Band 9.

3850* —— Commelinaceae indicae, imprimis Archipelagi indici, adjectis nonnullis hisce terris alienis. Propriis expensis C. R. soc. zool. bot. Vindobonae, typ. Uberreuter. 1870. 8. 182 p.
    Cat. of sc. Papers III, 211—213.

Haub, *P. F.*, Gymnasiallehrer in Conitz.

3851* —— Album plantarum, quae circa Conicium sponte crescunt phanerogamarum. Conitz, typ. Harich. 1847. 4. 87 p.

Hauck, *Hieronymus*.
    Nürnberger Abhandlungen I, 241—268. (1858.)

Haugk, *Johannes*.

3852 —— Catalogus plantarum horti academici Lugduno-Batavi, cum indice plantarum indigenarum, quae prope Lugdunum in Batavis nascuntur. Darmstadt 1679. 12. 139 p.

Hauser, *Johann Jakob*.

3853 —— Theses botanicae et anatomicae. Basileae 1711. 4.
    Meminit spicae Zeae, in qua granum Avenae fuerit.

Hausleutner, *Johann Ludwig Erdmann*, Apotheker zu Reichenbach, * Reichenbach 11. Sept. 1805, † Reichenbach 26. Aug. 1851.
    Cat. of sc. Papers III, 224.

Hausmann, *Franz von*.

3854* —— Flora von Tirol. Ein Verzeichniss der in Tirol und Vorarlberg wild wachsenden und häufiger gebauten Gefässpflanzen. Mit Berücksichtigung ihrer Verbreitung und örtlichen Verhältnisse verfasst und nach *Koch's* Synopsis der deutschen Flora geordnet. Innspruck, Wagner. 1851—55. 8. XIV, 1614 p. (5 th. 12 sgr.)
    Cat. of sc. Papers III, 224.

3855* —— Gagea und Lloydia. Eine Monographie. Wien, typ. Ueberreuter. 1841. 8. VI, 58 p.
    Alio titulo: Dissertatio exponens species generum plantarum Gageae et Lloydiae.

Havet, *Armand Etienne Maurice* (Havetia H. B. K.), * Rouen 1795, † Madagascar 1. Juli 1820.
Notice nécrologique sur *A. E. M. Havet.* Paris 1823. 8. 20 p.

Haworth, *Adrian Hardy* (Haworthia Duv.), * 1772, † Little Chelsea 24. Aug. 1833.

3856* —— Observations on the genus Mesembryanthemum in two parts, containing scientific descriptions of above one hundred and thirty species. London, J. Barker. 1794. 8. 480 p.

3857* —— Miscellanea naturalia sive dissertationes variae ad historiam naturalem spectantes. Londini, typ. Taylor. 1803. 8. 204 p.
Agitur praesertim de Mesembryanthemi, Tetragoniae, Portulaccae et Saxifragae generibus.

3858* —— Synopsis plantarum succulentarum cum descriptionibus, synonymis, locis; observationibus anglicanis, culturaque. Londini, typ. Taylor. 1812. 8. VIII, 334 p. (10*s.* 6*d.*) — *Editio usui hortorum Germaniae accommodata. (curavit *Franz von Paula Schrank.*) Norimbergae, Schrag. 1819. 8. VIII, 372 p.

3859* —— Supplementum plantarum succulentarum, sistens plantas novas vel nuper introductas sive omissas in synopsi plantarum succulentarum cum observationibus variis anglicanis. Adjunctur Narcissearum revisio. Londini, J. Harding. 1819. 8. XX, 158 p. (5*s.*)

3860* —— Saxifragearum enumeratio. Accedunt revisiones plantarum succulentarum. Londini, Wood. 1821. 8. XX, 207 p. (10*s.* 6*d.*)

3861* —— Narcissearum Monographia. The second edition with additions and improvements. London, Ridgway. 1831. 8. 22 p.
Cat. of sc. Papers II, 235—236.

Hayne, *Friedrich Gottlob*, Professor in Berlin, * Jüterbogk 18. März 1763, † Berlin 28. April 1832.

3862* —— Termini botanici iconibus illustrati oder botanische Kunstsprache durch Abbildungen erläutert. Berlin 1807. (1799—1812.) II voll. 4. 182 p., 69 tab. col. (20$\frac{1}{2}$ *th.*)

3863* —— Dendrologische Flora der Umgegend und der Gärten Berlin's. Berlin, Hitzig. 1822. 8. XL, 245 p., 1 tab. (1$\frac{1}{3}$ *th.*)

3864* —— Getreue Darstellung und Beschreibung der in der Arzneikunde gebräuchlichen Gewächse, wie auch solcher, welche mit ihnen verwechselt werden können. Berlin, auf Kosten des Verfassers. 1805—46. XIV voll. 4. 648 foll., 648 tab. col.
Volumina XII et XIII ediderunt *Brandt* et *Ratzeburg*. Vol. XIV, fasc. 1. 2. *Fridericus Klotzsch*. Pretium voluminum I—XIII col. 104 *th.* pro parte col. 69$\frac{1}{2}$ *th.*)
Darstellung und Beschreibung der Arzneigewächse, welche in die neue Preussische Pharmacopoe aufgenommen sind, nach natürlichen Familien geordnet und erläutert von *J. F. Brandt* und *J. Th. Chr. Ratzeburg*. Berlin 1829—41 IV voll. 4. — I: 1829. p. 1—86, 55 tab. col., effigies *Hayne*. — II: 1830. p. 87—166, 55 tab. col. — III: 1834. 77 p., 50 tab. col. — IV: 1841. 92 p., 70 tab. col. (29$\frac{1}{3}$ *th.*)
Repetuntur misera fraude tabulae libri praecedentis; num descriptiones de novo elaboratae sint, ignoro.
Cat. of sc. Papers III, 240.

Hayne, *Joseph*, Professor am Johannum in Grätz, † Grätz 1835.

3865* —— Gemeinnütziger Unterricht über die schädlichen und nützlichen Schwämme. Wien, Volke. 1830. 8. 76 p. ($\frac{1}{4}$ *th.*)
Ejusdem autoris liber manuscriptus: «Systematisches Verzeichniss der Arten und Abarten essbarer Fasolen, welche im k. k. Universitätsgarten 1823 cultivirt worden sind» servatur in bibliotheca Musei botanici Vindobonensis. Recensentur 279 varietates, addita latina descriptione.

Hazslinszky, *Friedrich*, Director des ev. Collegiums in Eperies, * Kesmark 6. Jan. 1818.
Cat. of sc. Papers III, 241.

Hebenstreit, *Ernst Benjamin Gottlieb*, Professor der Anatomie in Leipzig, * Leipzig 10. Febr. 1758, † Leipzig 12. Dec. 1803.

3866* —— Diatribe de vegetatione hyemali. Lipsiae 1777. 4. 16 p.

3867* —— Causas humorum motum in plantis commutantes recenset. Lipsiae 1779. 4. 12 p.

3868* —— Momenta quaedam comparationis regni animalis cum vegetabili. D. Lipsiae 1798. 4. 47 p.

Hebenstreit, *Johann Christian*, Akademiker in Petersburg, * Klein-Jena bei Naumburg 28. Juli 1720, † Leipzig 27. Sept. 1795.

Hebenstreit, *Johann Ernst*, Professor der Medizin in Leipzig (Hebenstreitia L.), * Neuenhof bei Neustadt a. d. Orla 15. Jan. 1702, † Leipzig 5. Dec. 1757.

3869* —— pr. De sensu externo facultatum in plantis judice. D. Lipsiae 1730. 4. 44 p. (Respondens: *Christian Gottlieb Ludwig.*)

3870* —— Definitiones plantarum. D. Lipsiae 1731. 4. 44 p.

3871* **Hebenstreit**, *Johann Ernst*. Programma de methodo plantarum ex fructu optima. Lipsiae 1740. 4. 16 p.

3872* —— Programma de foetu vegetabili. Lipsiae 1747. 4. 24 p.

Hécart, *Gabriel Antoine Joseph*, * Valenciennes 23. März 1755, † Valenciennes 19. Nov. 1838.

3873* —— Essai sur les qualités et propriétés des arbres, arbrisseaux, arbustes et plantes ligneuses, qui croissent naturellement dans le département du Nord, ou que l'on peut y naturaliser. Valenciennes, an III., typ. Varlé. (1795.) 4. 132 p., ind.

3874* —— Florula Hannoniensis. Valenciennes, typ. Priquet. 1836. 8. 66 p.
Mém. soc. d'agr. Valenc. II, 155—208.

Hecker, *Johann Julius*, Pastor in Berlin, * Werden a. d. Ruhr 2. Nov. 1707, † Berlin 24. Juni 1768.

3875* —— Einleitung in die Botanik. Halle 1734. 8. 547 p., praef.

3876* (——) Flora Berolinensis: d. i. Abdruck der Kräuter und Blumen nach der besten Abzeichnung der Natur. Centuria I—III. Berlin 1757—58. folio. 8 p., 300 tab.
Sunt icones fuliginis ope de plantis ipsis expressae, ut fuit mos aevo.

Hecquet, *Anatole*, * Abbeville 1817.

3877* —— Topographie physique et médicale de la ville d'Abbeville. Amiens 1857. 8. 152 p. (3 *fr.* 5 *c.*)
Inest: Catalogue des plantes cryptogames recueillies par *M. Tillette de Clermont.*

Hedwig, *Johann*, Professor der Botanik in Leipzig seit 1789 (Hedwigia Sw.), * Kronstadt in Siebenbürgen 8. Oct. 1730, † Leipzig 18. Febr. 1799.

3878* —— Fundamentum historiae naturalis muscorum frondosorum, concernens eorum flores, fructus, seminalem propagationem, adjecta generum dispositione methodica, iconibus illustratis. Lipsiae, Crusius. 1782. II voll. 4. — I: XXIII, 112 p., 10 tab. — II: XI, 107 p., 10 tab. (4$\frac{1}{2}$ *th.* — col. 7 *th.*)

3879* —— Theoria generationis et fructificationis plantarum cryptogamicarum. Petropoli 1784. 4. 164 p., 37 tab. col. (1$\frac{7}{8}$ *th.*) — *Theoria generationis et fructificationis plantarum cryptogamicarum Linnaei retractata et aucta. Lipsiae 1798. 4. XII, 268 p., 42 tab. col. (20 *th.*)

3880* —— Descriptio et adumbratio microscopico-analytica muscorum frondosorum nec non aliorum vegetantium e classe cryptogamica Linnaei novorum dubiisque vexatorum. (Mikroscopisch-analytische Beschreibungen etc.) Lipsiae 1787—97. IV voll. folio. — I: 1787. 109 p., praef., 40 tab. col. — II: 1789. 112 p., 40 tab. col. — III: 1792. 100 p, praef., 40 tab. col. — IV: 1797. 106 p., 40 tab. col. (col. 64 *th.* — nigr. 32 *th.*)

3881* —— De fibrae vegetabilis et animalis ortu. Programma academicum. Lipsiae, Müller. 1789. 4. 32 p. ($\frac{5}{12}$ *th.*)
Exemplaria anni 1790 praeter titulum non differunt.

3882* —— Sammlung seiner zerstreuten Abhandlungen und Beobachtungen über botanisch ökonomische Gegenstände. Leipzig 1793—97. 2 Bändchen. 8. — I: 1793. 208 p., 5 tab. col. — II: 1797. 175 p., 1 tab. col. (2$\frac{1}{3}$ *th.*)

3883* —— Belehrung die Pflanzen zu trocknen und zu ordnen. Für junge Botaniker. Gotha, Ettinger. 1797. 8. 206 p. — *Ed. II. Gotha 1801. 8. VIII, 206 p. ($\frac{7}{24}$ *th.*)

3884* —— Filicum genera et species recentiori methodo accommodatae analytico descriptae. Iconibus ad naturam pictis illustratae a *Romano Adolpho, filio.* Lipsiae, Schäfer. 1799—1803. IV fasc. folio. (69 p., 24 tab. col.) (12 *th.*)

3885* —— Species muscorum frondosorum descriptae et tabulis aeneis coloratis illustratae. Opus posthumum, editum a *Friedrich Schwaegrichen.* Lipsiae, Barth. 1801. 4. VI, 352 p., 77 tab. col. — Supplementum I, vol. 1. 1811. XVI, 196 p., tab. I—XLIX. vol. 2. 1816. VII, 373 p., tab. L—C. — Supplementum II, vol. 1. 1823—24. VI, 186 p., tab. CI—CL. vol. 2. 1826—27. 210 p., tab. CLI—CC. — Supplementum III, vol. 1. 1827—28. (180 p.) tab. CCI—CCL. vol. 2. 1829—30. (168 p.) tab. CCLI—CCC. — Supplementum IV, vol. 1. sect. 1. 1842. (100 p.) tab. CCCI—CCCXXV. (100 *th.* — in charta velina: 133$\frac{1}{3}$ *th.*) 1856 herabgesetzt von *Barth* 45 *th.*, charta velina 60 *th.*)

Hedwig, *Romanus Adolf*, Sohn Johann's, Professor in Leipzig, * Chemnitz 1772, † Leipzig 1. Juli 1806.

3886 **Hedwig**, *Romanus Adolf.* Epistola ad D. Joh. Hedwigium natalitia celebrantem scripta. Lipsiae VIII. Octobr. 1793. 4.

3887* —— Tremella Nostoch. Commentatio. Lipsiae, Büschel 1798. 4. 71 p., 1 tab. col. (2/3 *th.*)

3888* —— Aphorismen über die Gewächskunde. Zum Gebrauch meiner Vorlesungen. Leipzig, Schäfer. 1800. 8. xxiv, 102 p. (1/2 *th.*)

3889* —— Observationum botanicarum fasciculus I. Lipsiae, Schäfer. 1802. 4. 20 p., 11 tab. col. (3 *th.*)
Eodem titulo prodiit Programma invitatorium Lipsiae, typ. Hirschfeld. 1802. 4. 15 p.

3890* —— Genera plantarum secundum characteres differentiales ad *Mirbelii* editionem revisa et aucta edenda curavit. Lipsiae, Reclam. 1806. 8. vi, 378 p. (2 1/6 *th.*)
Continet classes Linn. I—X.
Cat. of sc. Papers III, 247.

Heer, *Oswald*, Professor der Botanik an der Universität Zürich (Heeria Meisn.), * Niederutzwyl im Kanton St. Gallen 31. Aug. 1809.

3891* —— Beiträge zur Pflanzengeographie. Mit einem Gemälde der Vegetationsverhältnisse des Cantons Glarus. Zürich, Orell et Co. 8. 190 p., 2 tab.
Besondrer Abdruck aus *Fröbel's* und *Heer's* Mittheilungen aus dem Gebiet der theoretischen Erdkunde. I. 3.

3892* —— Ueber die obersten Grenzen des thierischen und pflanzlichen Lebens in den Schweizeralpen. Zürich, Meyer und Zeller. 1845. 4. 19 p., 1 tab. (3/10 *th.*)

3893* —— Ueber Vaterland und Verbreitung der nützlichsten Nahrungspflanzen, und geschichtlicher Ueberblick des schweizerischen Landbaues. Zwei Vorträge gehalten zu Zürich und Winterthur. Zürich, Zürcher und Furrer. 1847. 8. 78 p.
gallice: traduit par *Ch. Th. Gaudin.* Lausanne 1855. 8.

3894* —— Der botanische Garten zu Zürich. Zürich, Höhr. 1853. 4. 23 p., 1 tab. col. (2/5 *th.*)

3895* —— et *Charles Th.* **Gaudin.** Recherches sur le climat et la végétation du pays tertiaire. Winterthur, Wurster et Co. Genève et Paris, Cherbuliez. 1861. gr. 4. (4) 220, xxii p., 2 tab. geogr. (15 *fr.*)

3896* —— Die Pflanzen der Pfahlbauten. (Abdruck aus dem Neujahrsblatt der naturforschenden Gesellschaft auf das Jahr 1866.) Zürich, Meyer und Zeller. 1865. 4. 54 p., ic. xyl., 1 tab. (2/3 *th.* n.)

3897* —— Flora fossilis arctica. Die fossile Flora der Polarländer, enthaltend die in Nordgrönland, auf der Melville-Insel, im Banksland, am Mackenzie, in Island und in Spitzbergen entdeckten fossilen Pflanzen. Mit einem Anhang über versteinerte Hölzer der arktischen Zone von *Karl Cramer.* Zürich, Schulthess. 1868. 4. vii, 192 p., 50 tab., 1 mappa geogr. (13 14/30 *th.* n.)

3898* —— Ueber die Braunkohlenpflanzen von Bornstedt. Halle, Schmidt. 1869. 4. 22 p., 4 tab. (1 *th.* n.)
Abh. der nat. Ges. in Halle.

3899* —— Miocene batische Flora. Königsberg, K. Koch in Comm. 1869. 4. v, 104 p., 30 tab. (10 *th.*)
Cat. of sc. Papers III, 248—249.

Hegelmaier, *Friedrich*, Professor der Botanik in Tübingen.

3900* —— Monographie der Gattung Callitriche. Stuttgart, Ebner und Seubert. 1864. 4. 64 p., 4 tab. (28 *sgr.*)
cf. *E. Lebel*, Callitriche, esquisse monographique. Mém. soc. Cherbourg IX, 129—176. (1863.)

3901* —— Die Lemnaceen. Eine monographische Untersuchung. Leipzig, Engelmann. 1868. 4. vi, 169 p., 16 tab. (5 2/3 *th.* n.)

Hegetschweiler, *Johann*, Arzt und Staatsrath zu Zürich, * Zürich 14. Dec. 1789, † Pfäffikon 6. Sept. 1839.

3902* —— Commentatio botanica sistens descriptionem Scitaminum L. nonnullorum nec non Glycines heterocarpae. Turici, Orell. 1813. 4. 12 p., 7 tab. (1/2 *th.*)

3903* —— Reisen in den Gebirgsstock zwischen Glarus und Graubünden in den Jahren 1819—22. Zürich 1825. 8. 193 p., 11 tab. (1 1/3 *th.*)
Inest: Versuch einer theilweisen Monographie von Aretia, Cerastium, Aconitum, Potentilla, Saxifraga, Hieracium.

3904* —— und *J. D.* **Labram.** Sammlung von Schweizerpflanzen. Basel 1826—34. 80 Hefte. 8. 480 tab. col., 480 foll. (33 1/3 *th.*)

3905* **Hegetschweiler**, *Johann.* Die Giftpflanzen der Schweiz (beschrieben von *Johann Hegetschweiler*) gezeichnet von *J. D. Labram*, lithographirt von *C. J. Brodtmann.* Zürich s. a. 3 Hefte. 4. xxvi, 46 p., 18 tab. col.
Fasciculi tres posteriores, tabulas sistentes 19—36, quantum scio, non prodierunt.

3906* —— Beiträge zu einer kritischen Aufzählung der Schweizerpflanzen und einer Ableitung der helvetischen Pflanzenformen von den Einflüssen der Aussenwelt. Zürich, Schulthess. 1831. 8. 382 p., ind., 1 tab. geogr. bot. (1 2/3 *th.*)

3907* —— Flora der Schweiz. Fortgesetzt und herausgegeben von *Oswald Heer.* Zürich, Schulthess. 1840. gr. 12. xxviii, 1135 p., 8 tab. (3 1/8 *th.*) — * Supplementum: *Oswald Heer*, Analytische Tabellen zur Bestimmung der phanerogamischen Pflanzengattungen der Schweiz. 1840. p. 1009—1135. (7/12 *th.*)
Cat. of sc. Papers III, 250.

Hehn, *Victor.*

3908* —— Kulturpflanzen und Hausthiere in ihrem Uebergang aus Asien nach Griechenland und Italien so wie in das übrige Europa. Historisch-linguistische Skizzen. Berlin, Bornträger. 1870. 8. iv, 456 p.

Heiberg, *P. A. C.*

3909* —— Conspectus criticus Diatomacearum danicarum. Kritisk Oversigt over de Danske Diatomeer. Kjøbnhavn, Wilhelm Prior. 1863. 8. 135 p., 6 tab.

Heidegger, *Johann Heinrich.*

3910* —— De Ficu a Christo maledicta. D. Amstelodami 1657. 4.

Heiden, *Eduard*, * Greifswald 8. Febr. 1835.

3911* —— Das Keimen der Gerste. D. Berlin, typ. Starcke. 1859. 8. 108 p.

Heim, *Ernst Ludwig*, der berühmte Arzt (Heimia Link.), * Solz in der Grafschaft Henneberg 22. Juli 1747, † Berlin 15. Sept. 1834.
Autobiographie, herausgegeben von *Kessler.* Berlin 1835. 8.
Pr. Staatszeitung 1834, Nr. 263.

Heim, *Friedrich Timotheus*, Pastor, * Solz 1751, † Effelder 5. Juni 1821.

3912* —— Systematische Classification und Beschreibung der Kirschensorten von *Christian Freiherrn Truchsess von Wetzhausen zu Bettenburg.* Stuttgart, Cotta. 1819. 8. xxvi, 692 p., ind.

Heim, *Georg Christoph*, Pfarrer in Gumpelstadt, * Solz 30. Mai 1743, † Meiningen 2. Mai 1807.

3913* —— Deutsche Flora. Halle, Gebauer. 1799. 2 Thle. 8. xiv, 876 p. (2 1/2 *th.*)
Aus dem Botaniker, Heft 1—18.

Heinze, *Johann Georg* (Heinzia Scop.), * Suhla 23. April 1719, † Eutin 28. Dec. 1801.

3914* —— De muscorum notis et salubritate. D. Goettingae 1747. 4. 51 p., praef.

3915 —— Commentatio de incrementis botanicae contemplationis muscorum. Goettingae 1747. 4.

Heinzel, *Gustav*, * Breslau 22. Dec. 1816.

3916* —— De Macrozanica Preissii. D. Vratislaviae, typ. Grass. 1844. 4. 56 p., 4 tab.
Cat. of sc. Papers III, 262.

Heister, *Elias Friedrich*, Sohn von Lorenz, * Altdorf 28. April 1715, † Leyden 11. Nov. 1740.

3917* —— Oratio de hortorum academicorum utilitate. Helmstadii 1739. 4. 32 p.

Heister, *Lorenz*, Professor in Helmstädt (Heisteria L.), * Frankfurt a/M. 19. Sept. 1683, † Helmstädt 18. April 1758.
Leporin, Ausführlicher Bericht vom Leben und Schriften des durch ganz Europam berühmten Herrn D. *Laurentii Heisteri.* Quedlinburg, typ. Sievert. 1725. 4. 70 p. und Porträt.
Wernsdorf, Memoria *Laurentii Heisteri.* Helmstadii 1758. 4. mit Porträt.

3918* —— Programma de studio rei herbariae emendando. Helmstadii 1730. 4. 16 p.

3919* —— Indices plantarum, quibus hortum academiae Juliae annis 1730—33 auxit. I—IV. Helmstadii 1830—33. 8. 40, 32, 24, 16 p.

3920* —— Systema plantarum generale ex fructificatione, cui annectuntur regulae ejusdem de nominibus plantarum a cel. Linnaei longe diversae. Helmstadii 1748 8. 48 p.

3921* **Heister**, *Lorenz*. Designatio librorum, dissertationum aliarumque exercitationum academicarum, quas ab anno 1708 ad annum 1750 edidit *Laurentius Heisterus*. Helmstadii 1750. 4. 24 p
3922* —— Descriptio novi generis plantae ex bulbosarum classe, cui Brunsvigiae nomen imposuit. Brunsvigae 1753. folio. 28 p., 3 tab. col. (1⅔ *th*)
  * *germanice*: Braunschweig 1755. folio. 40 p., 3 tab. col.

Praeside Heistero dissertationes:
3923* —— De collectione simplicium. D. Helmstadii 1722. 4. 24 p
3924* —— De foliorum utilitate in constituendis plantarium generibus, iisdemque facile cognoscendis. D. Helmstadii 1732. 4. 56 p.
3925* —— De Pipere. D. Helmstadii 1740. 4 48 p., 1 tab.
3926* —— Meditationes et animadversiones in novum systema botanicum sexuale *Linnaei* D. Helmstadii 1741 4. 62 p.
3927* —— De nominum plantarum mutatione utili ac noxia; cum appendice de floribus Piperodendri (Schini mollis). D. Helmstadii 1741. 4. 62 p., 1 tab.
3928* —— De nuce Been. D. Helmstadii 1750. 4. 28 p.
3929* —— De generibus plantarum medicinae causa potius augendis quam minuendis. D. Helmstadii 1751. 4. 47 p.

Heldmann, *C.*
3930* —— Oberhessische Flora. Taschenbuch zum Gebrauche auf botanischen Excursionen in der Umgebung von Marburg und Giessen. Marburg, Garthe. 1837. 8. x, 415 p. (1⅓ *th*)

Heldreich, *Theodor von*, Director des botanischen Gartens in Athen.
3931* —— Die Nutzpflanzen Griechenlands. Mit besondrer Berücksichtigung der neugriechischen und pelasgischen Vulgarnamen. Athen, Karl Wilberg. 1862. 8. VIII, 103 p. (20 sgr. n.)
  Cat. of sc. Papers III, 263.

Helfer, *Johann Wilhelm*, ein Arzt aus Prag, ermordet auf einer Andamaneninsel 30. Jan. 1840.
3932* —— Hinterlassene Sammlungen aus Vorder- und Hinter-Indien. Nach seinem Tode im Auftrage des böhmischen Nationalmuseums unter Mitwirkung Mehrerer bearbeitet und herausgegeben von *Hermann Maximilian Schmidt-Göbel*. Erste (einzige) Lieferung. Prag (Ehrlich) 1846. 8. VIII, 94 p., 3 tab. (1⅝ *th*.)
  cf. Transactions of the India Agr. Soc. V, 38—41. (1838)

Hellbom, *P. J.*
3933* —— Phanerogamer och Filices i Osterakers Socken af Södermanland. Upsala 1851. 8.

Hellenius, *Carl Niclas*, Professor in Åbo (Hellenia Willd.)
3934 —— Förtekning på Finska medical-växter. D. Åbo 1773 4. 22 p.
3935 —— Hortus academiae Aboënsis. D. Aboae 1779. 4. 30 p. (Respondens: Joseph Mollin.) — Pars II. (praeside Wallenio.) ib 1802. 4. p. 31—48.
3936* —— De Calla. D. Aboae 1782. 4. 14 p.
3937* —— De Hippuride. D. Aboae 1786. 4. 21 p., 1 tab.
  Usteri Delect. opusc. bot. I. p. 1—22.
3938* —— De Evonymo. D Aboae 1786. 4. 25 p., 1 tab.
  Usteri Delect. opusc. bot. I. p. 81—104.
3939* —— Specimen calendarii Florae et Faunae Aboënsis. D. Aboae 1786 4. 20 p.
3940* —— De Hippophaë. D. Aboae 1789. 4. 11 p.
3941* —— De Tropaeolo. D. Aboae 1789. 4. 26 p., 1 tab.
3942* —— De Cichorio. D. Aboae 1792. 4. 18 p.
3943* —— Afhandling om Wassen, Arundo Phragmites L. D. Aboae 1795. 4. 16 p.

Heller, *Franz Xaver*, Professor der Botanik zu Würzburg, * Würzburg 28. Dec. 1778, † Würzburg 20. Dec. 1840.
3944* —— Organa plantarum functioni sexuali inservientia. D. Wirceburgi, typ. Nitribitt. 1800. 8. 74 p.
3945* —— Graminum in Magno Ducatu Wirceburgensi tam sponte crescentium quam cultorum enumeratio systematica. Wirceburgi, Stahel. 1809. 8. 54 p., ind. (¼ *th*)
3946* —— Flora Wirceburgensis seu plantarum in Magno-Ducatu Wirceburgensi indigenarum enumeratio systematica etc. Wirceburgi, Stahel. 1810—15. II voll. 8. — I: 1810. XLVIII, 586 p., ind. — II: 1811. VI, 450 p., ind. — Supplementum: 1815. 86 p., ind. (3½ *th*.)

Heller, *Karl Bartholomaeus*, Lehrer am Gymnasium zu Ollmütz, * Misliborschitz in Mähren 20. Nov. 1824
3947* —— Reisen in Mexico in den Jahren 1845—48. Mit 2 Karten, 6 Holzschnitten und 1 Lithographie. Leipzig, Engelmann. 1853. 8. XXIV, 432 p., 3 tab.
  Versuch einer systematischen Aufzählung der in Mexico einheimischen, unter dem Volke gebräuchlichen und kultivirten Nutzpflanzen. p. 395—432.
3948 —— Darwin und der Darwinismus. Wien, Beck. 1869. 8. 39 p. (8 *gr*.)
  Cat. of sc. Papers III, 265.

Helmrich, *Karl*, * Schweidnitz 10. März 1833.
3949* —— Prodromus Florae Suidniciensis. D. Berolini. 1857. 8. 32 p.

Helvigius, *Christoph*, pater.
3950 —— De studii botanici nobilitate oratio. Lipsiae 1666. 4. 10 foll.

Helvigius, *Christoph*, filius, * Greifswald 21. Dec. 1679, † Greifswald 16. Juli 1714.
3951* —— Programma de ortu, initio et progressu scientiae botanicae ejusdemque scriptoribus. Gryphiswaldiae 1707. 4. 16 p.

Helwing, *Georg Andreas*, Pastor in Angerburg in Preussen (Helwingia Adans.), * Angerburg 14. Dec. 1666, † Angerburg 3. Jan. 1748.
3952* —— Flora quasimodogenita, sive enumeratio aliquot plantarum indigenarum in Prussia, quarum in herbariis hactenus editis borussicis aut nulla aut superficiaria facta est mentio, additis nonnullis iconibus, descriptionibus et observationibus, nec non annexo florilegio ad clima Prussiae accommodato; cum praefatione *Johannis Philippi Breynii*. Gedani 1712. 4. 74 p., 3 tab.
3953* —— Florae campana seu Pulsatilla cum suis speciebus et varietatibus methodice considerata et interspersis variis observationibus oculis curiosorum exposita. Lipsiae, typ. Schreiber. (1719.) 4. 100 p, praef., 12 tab.
3954* —— Supplementum Florae prussicae, sive enumeratio plantarum indigenarum post editam Floram quasimodogenitam additis synonymiis, appellationibus latinis, germanicis, polonicis, nec non observationibus curiosis ultra numerum quadringentesimum aucta. Gedani, typ. Titii. (1726.) 4. 66 p., praef., ind., 3 tab.
  Ejusdem autoris liber manuscriptus «Tournefortius prussicus» servatur in Bibliotheca Univ. Regiomontanae.

Henckel, *Johann Friedrich*, Arzt in Freiberg, * Merseburg 11. Aug. 1679, † Freiberg 26. Jan. 1744.
3955* —— Flora saturnizans, die Verwandtschaft der Pflanzen mit dem Mineralreich. Leipzig, Martini. 1722. 8. (10), 674 p., 10 tab. — * Neue verbesserte Auflage. Leipzig, Gross. 1755. 8. 608 p., ind., 10 tab.

Henckel von Donnersmarck, *Leo Victor Felix*, Graf, ein treuer Mitarbeiter am Thesaurus literaturae botanicae, * Königsberg 25. Juni 1785, † Ilmenau 10. Juli 1861.
3956* —— Adumbrationes plantarum nonnullarum horti Halensis academici selectarum. Halae, typ. Grunert. 1806. 4. 24 p., praef., 1 tab.
3957 (——) Enumeratio plantarum circa Regiomontum Borussorum sponte crescentium. Regiomonti 1817. 8. VIII, 240 p.
  Liber, jam anno 1812 ad bibliopolam *Hartung* missus, incompletus e prelo prodiit. Explicit in Monoecia classe cum Carice panicea.
3958* —— Nomenclator botanicus sistens plantas omnes in *Caroli a Linné* Speciebus plantarum ab ill. *Karl Ludwig Willdenow* enumeratus. Halae, Hendel. 1803. 8. IV, 677 p. — Index generum ib. 1806. 58 p. — * Ed. II. Halae 1821. 8. VI, 828 p. (2 *th*.)
  Cat. of sc. Papers II, 320. III, 272.

Henderson, *E. G.* and *A.*
3959 —— Illustrated Bouquet. Vol. 1—3. London 1857—64. folio.

Henderson, *Joseph*, † Wentworth Wood House 22. Nov. 1866.
  Cat. of sc. Papers III, 273.

Henfrey, *Arthur*, Professor der Botanik am Kings College in London, * Aberdeen 1. Nov. 1819, † Turnham-Green bei London 7. Sept. 1859.
3960* —— Outlines of structural and physiological botany. London, John van Voorst. 1847. 8. XVI, 245, XLVII p., 18 tab.

3961* **Henfrey**, *Arthur*. The rudiments of botany. London, John van Voorst. 1849. 12. vi, 249 p. — Ed. II. ib. 18.. 12. 240 p (3 s 6 d.)
3962* —— The botanical Gazette, a Journal of the progress of the british botany and the contemporary literature of the Science. Vol. 1. 2. 3. London, Richard and John E. Taylor. 1849—51. 8.
3963* —— Outlines of the natural history of Europe. The vegetation of Europe, its conditions and causes. London, John van Voorst. 1852. 8. 387 p., 1 tab. col. (5 s.)
3964* —— Elementary Course of Botany. London, John van Voorst. 1857. 8. XII, 702 p, ic. xyl. (12 s. 6 d.)
Cat. of sc. Papers III, 275—276.

Henkel, *J. B.*, † Tübingen 2. März 1871.
3965* —— Systematische Charakteristik der medizinisch wichtigen Pflanzenfamilien. Würzburg, Stahel, 1856. 12. 62 p. (⅓ th. n.)
3966* —— und *W. Hochstetter*. Synopsis der Nadelhölzer, deren charakteristischen Merkmale, nebst Andeutungen über ihre Kultur und Ausdauer in Deutschlands Klima. Stuttgart, Cotta. 1865. 8. XXVIII, 446 p. (2 th.)

Hennert, *Karl Wilhelm*, Geheimer Forstrath, * Berlin 3. Jan. 1739, † Berlin 21. April 1800.
3967* —— Bemerkungen auf einer Reise nach Harbke. Berlin, Nicolai. 1792. 8. 88 p.

Henning, *Johannes*.
3968* —— Observationes de plantis Tanaicensibus. Mosquae 1826. 4
Mém. soc. Mosc. VI, 61—93.

Hénon, *J. L.*
3969* —— Histoire et description d'un champignon parasite, Merulius destruens Pers., qui attaque aux bois employés dans les constructions et qui les détruit. Lyon 1854. 8. 12 p., 1 tab. col.
Cat. of sc. Papers III, 281.

Henrici, *Robert Stephan*, Arzt, * 1718, † 1782.
3970 —— Animadversiones de laude et praestantia vegetabilium. D. Havniae 1740. 4. 12 p.

Henry, *Aimé*, in Bonn.
3971* —— Die Giftpflanzen Deutschlands zum Schulgebrauch und Selbstunterricht durch Abbildungen und Beschreibungen erläutert. Bonn, Henry und Cohen. 1836. 8. 48 p., 32 tab. col. (2⁵⁄₁₂ th.)
Cat. of sc. Papers III, 283.

Henschel, *August Wilhelm Eduard Theodor*, Professor in Breslau (Henschelia Presl.), * Breslau 20. Dec. 1790, † Breslau 24. Juli 1856.
3972* —— Von der Sexualität der Pflanzen. Nebst einem historischen Anhange von *Franz Joseph Schelver*. Breslau, Korn. 1820. 8. 644 p. (2½ th.)
3973* —— Commentatio de *Aristotele* botanico philosopho. Vratislaviae, Gosohorsky. 1824. 4. 58 p. (½ th.)
3974* —— Clavis Rumphiana botanica et zoologica. Accedunt Vita *Georgi Eberhardi Rumphii*, Plinii indici, specimenque materiae medicae amboinensis. Vratislaviae, Schulz. 1833. 8. XIV, 215 p., 1 tab. (1⅛ th.)
3975* —— Zur Geschichte der botanischen Gärten und der Botanik überhaupt in Schlesien, im 15. und 16. Jahrhundert. Ein Vortrag. Berlin, Nauck. 1837. 8. 42 p.
Seorsim impr. ex *Otto* und *Dietrich*. Allgem. Gartenzeitung, vol. V, p. 61.
Cat. of sc. Papers III, 295.

Henshall, *John*.
3976* —— A practical treatise on the cultivation of orchidaceous plants, with remarks on their geographical distribution and a select catalogue of the best kinds in cultivation. London, Groombridge. 1845. 8. VIII, 124 p., 1 tab. col.
* germanice: Hannover 1846. 8. 154 p. (⅞ th.)

Henslow, *John Stevens*, Professor in Cambridge, * Manchester 1796, † Cambridge 18. Mai 1861.
Jenyns, Memoir of the Rev. J. St. Henslow. London 1862. 8.
3977* —— The principles of descriptive and physiological botany. London, Longman. 1835. 8. VIII, 322 p., ic. xyl. i. t. (6 s.)
Forming Vol. 75 of Dr. *Lardner's* Cabinet Cyclopaedia.
3978* —— A Catalogue of british plants. Cambridge, typ. Hodson. 1829. 8. 40 p. — * Ed. II. ib. 1835. 8. 115 p.

3979* **Henslow**, *John Stevens*. A Dictionary of botanical terms. London, Groombridge. 1850. 8. — New edition. ib. (1858.) 8. 218 p. (4 s.)
3980* —— and *Edmund Skepper*. Flora of Suffolk. London, Simpkin and Marshall. (1860.) 8. X, 140 p.
Cat. of sc. Papers III, 296—297.

Hentze, *W.*, Hofgarten-Director in Cassel.
Cat. of sc. Papers III, 298.

Hepp, *Philipp*, D. M., Arzt zu Neustadt a. d. Haardt, † Frankfurt a/M. 5. Febr. 1867.
3981* —— Lichenenflora von Würzburg, oder Aufzählung und Beschreibung der um Würzburg wachsenden Flechten. Mainz, Kupferberg. 1824. 8. 105 p., 1 tab. (⁵⁄₁₂ th.)
3982 —— Mikroskopische Abbildungen und Beschreibung der Sporen der europäischen Lichenen: Band 1—16. Zürich 1833—67. 4. (Sehr selten.)
Cat. of sc. Papers III, 300.

Herbert, *William*, Dekan von Manchester, * 12. Jan. 1778, † London 28. Mai 1847.
3983* —— An appendix (to the Botanical Register), containing a Treatise on Bulbous roots, Amaryllis, Brunsvigia, Ammocharis, Boophane, Imhofia, Nerine, Lycoris, Griffinia, Crinum, Urceolaria, Cyrtanthus, Vallota, Monella, Gastronema, Hippeastrum, Coburgia, Sprekelia etc. London, Ridgway. 1821. gr. 8. 52 p., 2 tab. nigr., 2 tab. col (5 s.)
3984* —— Amaryllidaceae; preceded by an attempt to arrange the monocotyledonous orders, and followed by a Treatise on Cross-Bred Vegetables and supplement. London, Ridgway. 1837. 8 max. VI, 428 p., 48 tab. col. (3 l. 8 s.)
Cat. of sc. Papers III, 305.

Herbich, *Franz*, k. k. Regimentsarzt in Czernowitz, * Wien 8. Mai 1791, † Krakau 29 Sept. 1865.
Biographie und Portrait in Verh. der zool. bot. Ges. in Wien XV, 963—972.
3985* —— Additamentum ad Floram Galiciae. Leopoli, Stanislavoviae et Tarnoviae, Kühn et Millikowski. 1831. 8. 46 p, 1 tab.
3986* —— Selectus plantarum rariorum Galiciae et Bucovinae. Czernovicii, typ. Eckardt. 1836. 4. 19 p., praef. (⅓ th.)
3987 —— Stirpes rariores Bucovinae, oder die seltenen Pflanzen der Bucovina. Stanislawow, J. P. Piller. 1853. 8. 68 p.
3988* —— Flora der Bucowina. Leipzig, Volckmar 1859 8. VI, 460 p. (1⅔ th. n.)
Cat. of sc. Papers III, 305.

Herder, *Ferdinand von*.
3989* —— Bemerkungen über die wichtigsten Bäume, Sträucher und Stauden des botanischen Gartens in St. Petersburg und der St. Petersburger Flora. Moskau 1865. 8. 134 p.
Bulletin des nat. de Moscou, année 1864.
Cat. of sc. Papers III, 306.

Hergt, *Johann Ludwig*.
3990* —— Versuch einer Flora von Hadamar. Hadamar 1822. 8. XVI, 416 p. (1¼ th.)

Hering, *Karl*, Apotheker zu Stuttgart, * Stuttgart 1796, † Stuttgart 5. März 1843.
Cat. of sc. Papers III, 308.

Hermann, *Paul*, Professor der Botanik in Leiden (Hermannia L.), * Halle 30. Juni 1640, † Leiden 25. Jan. 1695.
G. Bidloo, Oratio in funere Pauli Hermanni dicta. Lugduni Batavorum 1695. 4. 32 p.
3991* —— Horti academici Lugduno Batavi catalogus, exhibens plantarum omnium nomina, quibus ab anno 1681 ad 1686 hortus fuit instructus, ut et plurimarum in eodem cultarum et a nemine hucusque editarum descriptiones et icones. Lugduni Batavorum, Boutesteyn. 1687. 8. 699 p., ic. aen. i. t.
3992* —— Paradisi batavi prodromus, sive plantarum exoticarum in Batavorum hortis observatarum index. Edidit *Simon Warton* in ejus Schola botanica. Amstelaedami 1689. 12. p. 304—386.
3993* —— Florae Lugduno-Batavae flores sive enumeratio stirpium horti Lugduno-Batavi methodo naturae vestigiis insistente dispositarum. Lugduni Batavorum, Haaring. 1690. 8. 267 p., praef., ind.
3994* —— Paradisus batavus, innumeris exoticis curiosis herbis et rarioribus plantis magno sumtu et cura ex variis terrarum

orbis regionibus tam oriente quam occidente collectis, acquisitis, illustratus. Opus posthumum edidit *William Sherard.* Lugduni Batavorum 1698. 4. 247, 15 p., 111 tab. — *ib. 1705. 4. (non differt)

3995* **Hermann**, *Paul.* Musaeum zeylanicum, sive catalogus plantarum in Zeylana sponte nascentium observatarum et descriptarum Lugduni Batavorum, Severin. 1717. 8. 71 p. — *Ed. II: ib 1726. 8. 71 p

Hermbstädt, *Sigismund Friedrich*, Professor in Berlin (Hermbstaedtia Rchb.), * Erfurt 14 April 1760, † Berlin 22. Oct. 1833.

3996* —— Anleitung zur Zergliederung der Vegetabilien nach physisch-chemischen Grundsätzen. Berlin, Oehmigke 1807. 8. x, 107 p. (⅚ th.)

3997* —— Versuche und Bemerkungen über das Keimen der Pflanzensamen. Berlin 1812. 4.
Abhandl der Berliner Akademie 1812—13. 116—128.

3998* —— Versuche und Beobachtungen über den Instinct der Pflanzen Berlin 1812. 4.
Abhandlungen der Akademie der Wissenschaften, 1812, 107—115.
Cat of sc Papers III, 314—317.

Hernandez, *Francisco*, Leibarzt Philipps II. von Spanien (Hernandea Plum.)
Colmeiro Bot. esp 154.

3999* —— Quatro libros de la naturaleza y virtutes de las plantas y animales que estan recevidos en el uso de medicina, en la nueva España y el metodo y correccion y preparacion, que para administrallas se requiere, con lo que el Doctor *Francisco Hernandez* escrivio en lengua latina. Muy util para todo genero de gente que vive en estacias y pueblos, de no ay medicos ni botica. Traducido y aumentados muchos simples y compuestos y ochos muchos secretos curativos por *Fr Francisco Ximenez*, hijo del convento de S. Domingo de Mexico, natural de la villa de Luna del Reyno de Aragon. En Mexico, en casa de la viuda de Diego Lopez Davalos. 1615. 4. 203 foll., praef., ind. Bibl. Caes. Vindob.

4000* —— Rerum medicarum Novae Hispaniae thesaurus, seu plantarum, animalium, mineralium mexicanorum historia ex *Francisco Hernandez*, novi orbis medici primarii, relationibus in ipsa mexicana urbe conscriptis a *Nardo Antonio Reccho* collecta ac in ordinem digesta: a *Joanne Terrentio, Joanne Fabro* et *Fabio Columna* Lynceis notis et additionibus illustrata. Cui accessere aliquot ex Principis *Federici Caesii* frontispiciis theatri naturalis phytosophicae tabulae una cum quam plurimis iconibus Romae, typ. Vitalis Mascardi. 1651. folio. 950, 90 p., ind., ic. t

4001* —— Opera quum edita tum inedita ad autographi fidem et integritate expressa, impensu et jussu regio. (De historia plantarum Novae Hispaniae.) Matriti, typ. Ibarra. 1790. III voll. 4. — I: XVIII, 452 p. — II: 562 p. — III: 571 p. Bibl. Reg. Berol.

Hernquist, *Pehr*, Professor in Skara, * Skrelund 8. März 1726, † Skara 18. Dec 1808.
Joseph Wallin, Minne af Pehr Hernquist. Skara 1818. 8. 34 p., effigies.

4002 —— Dissertatio (prima et unica), genera *Tournefortii* stilo reformato et botanico sistens. Londini Gothorum 1771. 4. 24 p.
Desinit in classis III. sectione quarta, genere Euphrasiae.

4003 —— Kort Genwäg til Naturaliers Kännedom. Skara, typ. Lewerentz. 1795. 8. 534 p.
Inledning til Wäxt-Riket: p. 97—214.

Herold, Professor Dr.
4004* —— Taschenbuch der teutschen Flora. Nordhausen, Fürst. 1845. 8. 460 p. (1⅔ th.)
Sub hoc nomine delituit miser quidam librorum consarcinator, *Schoepfer* vel *Schroepfer* dictus, qui tam insolenter *Kochii* Synopsin exscripsit, ut redemptore Synopseos postulante, fraudosam libri repetitionem amplius divendi lege prohiberetur

Herr, *August.*
4005* —— Anleitung zur Botanik und vorzüglich zur Kenntniss der wildwachsenden phanerogamischen Pflanzen Deutschlands. Giessen 1827. 8. XVI, 304 p. (⅚ th.)

4006* —— Ueber Bewegung in der Pflanzenwelt. Programm. Herborn, typ. Beck. 1846. 4. 27 p.

Herrera, *Gabriel Alonso de*, * Talavera de la Reina um 1470, † vor 1539.
Colmeiro Bot. esp. 148.

4007 **Herrera**, *Gabriel Alonso de.* Obra de agricultura, compilada de diversos auctores, de mandado del muy ilustre y reverendísimo Señor el Cardenal de España Arzobispo (Francisco Ximenez) de Toledo. Con privilegio Real. (al fin dice así:) Esta obra de agricultura ó labranza del campo fue imprimida en la villa de Alcalá de Henares por el honrado y muy industrioso varon en el arte de imprimir *Arnao Guillen de Brocar*, cibdadano de Logroño. Acabóse de imprimir á 8 dias del mes de Junio, año de nascimiento de nuestro Salvador Jesu Christo. 1513. folio. — *Agricultura general de *Gabriel Alonso de Herrera*, corregida segun el testo original de la primera edicion publicada en 1513 por el mismo autor, y adicionada por la real sociedad economica matritense. Madrid, en la imprenta real. 1818—19. IV voll. 4 min. — I: 1818. XXIV, 544 p. — II: 1818. VIII, 466 p. — III: 1819. VIII, 655 p. — IV: 1819. VII, 361 p.

Herrera, *Johann*, Professor in Strassburg, * Barr im Elsass 31. Dec. 1738, † Strassburg 4. Oct. 1800.
Lauth, Vita J. Hermanni. Argent. 1802. 8. 64 p.

4008* —— De Rosa D. Argentorati 1762. 4: 36 p.
4009* —— De botanices systematicae in medicina utilitate. D. Argentorati, typ. Heitz. 1770. 4. 29 p. (Resp.: *Franz Joseph Helg.*)

Herrmann, *Johann Friedrich.*
4010* —— Calendarium seu index plantarum in Marchia media circa Berolinum sponte nascentium. Berolini, Hitzig. 1810. 12. XIX, 156 p. (¾ th.)

Herrmann, *Karl Robert.*
4011* —— Oekonomische Pflanzenkunde der landwirthschaftlichen Kulturgewächse. Colberg, Post. 1846—47. 8. VIII, 496 p. (2 th.)

Hermann, *Paul.*
4012 —— Der Pilzjäger oder die in Deutschland wachsenden essbaren, verdächtigen oder nicht essbaren und schädlichen Pilze. 2. Auflage. Dresden, Adler und Dietze. 8. XVI, 48 p., 3 tab. col. (1½ th.)

Hertel, *Johann Gottlob.*
4013* —— pr. De plantarum transpiratione. D. Lipsiae 1735. 4. 24 p. (Respondens: *Traugott Gerber.*)

Hertodt a Todenfeld, *Johann Ferdinand*, Arzt zu Brünn in Mähren, * Nikolsburg 1645, † Brünn 1714.
4014* —— Crocologia, seu curiosa Croci, regis vegetabilium, enucleatio. Jenae 1670. 8. 283 p., praef., ind., 1 tab.

Hervey de Saint-Denys, *Marquis M. J. Léon*, * Paris 1825.
4015 —— Recherches sur l'agriculture et l'horticulture des Chinois et sur les végétaux, les animaux et les procédés agricoles que l'on pourrait introduire avec avantage dans l'Europe occidentale et le nord de l'Afrique. Paris 1850. 8. (6 fr.)

Herzog, *Michael.*
4016* —— Ueber die Phanerogamen-Flora von Bistritz. Programm. Kronstadt, Gött. 1859. 8. 49 p.

Hess, *Ch.*
4017* —— Zusammenstellung der vorzüglichsten essbaren und giftigen Schwämme des Fichtelgebirges. Programm. Baireuth, typ. Höreth. 1843. 4. 5 p.

Hess, *Heinrich.*
4018* —— Ueber die Analogie in Form und Wirkung der Pflanzen. D. Würzburg, typ. Becker. 1851. 8. 30 p.

Hess, *Johannes*, * Florstadt 1787, † Darmstadt 23. Juni 1837.
4019* —— Uebersicht der phanerogamischen natürlichen Familien. Darmstadt, Leske. 1832. 8. X, 133 p. (¾ th.)

Hess, *Karl*, Rector in Stettin.
4020* —— Pflanzenkunde, mit einer vollständigen Flora des germanischen Tieflandes. Berlin, Oehmigke 1846. 2 Theile. 8. (2 7/12 th.)

Hesse, *Paul.*
4021* —— Defensio viginti problematum *Melchioris Guilandini* adversus quae *Petrus Andreas Mattheolus* ex centum scripsit. Adjecta est P. Matthaeoli adversus viginiti problemata *Guilandini* disputatio. Patavii, apud Ulmum. 1562. 8. (14) 151 p.

Hesslén, *Niels*, Bischof von Lund, * Hässlycke 2. Sept. 1728, † Lund 13. April 1811.
4022* —— De usu botanices morali. D. Londini Gothorum. 1755. 4. 52 p.
Hessler, *Karl*.
4023* —— De Timmia, muscorum frondosorum genere. D. Goettingae 1822. 4. 22 p., 1 tab. (⅙ th.)
Heucher, *Johann Heinrich*, Professor in Wittenberg, dann Leibarzt in Dresden (Heuchera L.), * Wien ... 1677, † Dresden 23. Febr. 1747.
  Vita in Opp. Lipsiae 1745. II voll. 4.
4024* ——, pr. De vegetabilibus magicis. D. Wittenbergae, typ. Hake. 1700. 4. (9 foll)
4025* —— Index plantarum horti medici Academiae Wittenbergensis. Wittenbergae, Gerdes. 1711. 4. 54 p., praef., ind., 1 tab.
4026* —— Novi proventus horti medici Academiae Wittenbergensis. Wittenbergae, Gerdes. 1711. 4. 87 p, praef., ind., 1 tab. — *Wittenbergae, Meisel. 1713. 4. 90 p., praef., ind., 1 tab.
4027* ——, pr. Plantarum historia fabularis. D. Wittenbergae, typ. Kreusig. 1713. 4. 62 p.
Heudelet, Reisender in Afrika (Heudelotia A. Rich.), * Vesoul 1802, † am Senegal October 1837.
  Laségue, Musée Delessert 176.
Heuffel, *Johann*, Arzt, * Modern im Pressburger Comitat 1800, † Lugos im Banat 25. Sept. 1857.
4028* —— De distributione plantarum geographica per comitatum Hungariae Pestinensem. D. Pestini 1827. 8. 40 p.
4029 —— Enumeratio plantarum in Banatu Temesiensi sponte crescentium et frequentius cultarum. Viennae (Braumüller) 1858. 8. (⅔ th n.)
  Verhandl. des zool. bot. Vereins VIII, 39—246.
  Cat. of sc. Papers III, 338.
Heufler, *Ludwig*, *Ritter von*, später Freiherr zu Rasen und Perdonegg, Sectionsrath im Staatsministerium in Wien, * Innsbruck 26. Aug. 1817.
4030* —— Bericht über den tirolischen Pflanzengarten des Ferdinandeums. Innspruck 1840. 8. 12 p.
4031* —— Die Ursachen des Pflanzenreichthums in Tirol. Ein Vortrag. Innspruck, Wagner. 1842. 8. 38 p.
4032* —— Die Golazberge in der Tschitscherei. Ein Beitrag zur botanischen Erdkunde. Triest, Favarger. 1845. 4. 36 p., 1 tab. geogr. (⅔ th.)
4033* —— Die Laubmoose von Tirol. Geographisch erläutert. Wien 1851. 8. 32 p.
  Sitzungsberichte der Akademie.
4034* —— Ein botanischer Beitrag zum deutschen Sprachschatz. Aus einem Sendschreiben an die Brüder J. und W. Grimm. Wien, C. Gerold. 1852. 8. 38 p.
4035* —— Specimen florae cryptogamae vallis Arpasch Carpatae Transilvani. Eine Probe der kryptogamischen Flora des Arpaschthales in den siebenbürgischen Karpaten. Wien 1853. folio. 66 p., 7 tab. (1⅔ th.)
4036* —— Untersuchungen über die Hypneen Tirols. Wien, Braumüller. 1860. 8. 120 p. (¹⁶⁄₃₀ th n.)
  Verh. des zool. bot. Vereins X, 383—502. Bonplandia IX, 191—1—192.
  Cat. of sc. Papers III, 338—339.
Heugel, *C. A.*, in Riga.
  Cat. of sc. Papers III, 389.
Heurck, *Henri van*, Professor der Botanik in Antwerpen.
4037* —— et *J. J. de Beucker*. Antwerpsche Analytische Flora. Erste Deel. Antwerpen, typ. van Ishoven. 1861. 8. XXVI, 192 p. (3 fr.)
4038* —— et *Alfred Wesmael*. Prodrome de la Flore du Brabant. Louvain, Fontain. 1861. 8. 96 p. (1 fr. 25 c.)
4039* —— et *Victor Guibert*. Flore médicale belge. Louvain 1864. 8. 450 p.
4040* —— Le microscope; sa construction, son maniement et son application aux études d'anatomie végétale. Paris, Delahaye. 1865. 8. 108 p., ic. xyl. — *Ed. II. Anvers. 1868. 8. 223 p., ic. xyl. (3 fr. 50 c.)
Heurlin, *Samuel*, Pastor in Asheda, * Bladinge 26. Febr. 1744, † Lund 11. Dec. 1835.
4041 —— De Syngenesia. D. Londini Gothorum 1771. 4. 18 p.

Heusinger, *Heinrich*.
4042* —— Observata quaedam circa Rhoa Toxicodendron et radicantem. D. Helmstadii 1809. 4. 36 p., 2 tab.
Heuzé, *Gustave*, * Paris 1816.
4043* —— Plantes fourragères. Versailles, Beau. 1856. 8. VIII, 478 p., 20 tab. col. — Ed. II. ib. 1861. 8. (10 fr.)
4044* —— Les plantes industrielles. Partie 1. 2. Paris, Hachette. 1859—60. 8. III, 378, 510 p., 20 tab. col. (16 fr. 50 c)
Heward, *Robert*.
4045* —— Some Observations on a collection of ferns from the island of Jamaica. London 1838. 8.
  Mag. Nat. hist. II, 453—467.
Heyer, *Karl*, Professor der Forstwissenschaft in Giessen.
4046* —— Phanerogamenflora der grossherzoglichen Provinz Oberhessen und insbesondre der Umgebung von Giessen. Nach dem Tode des Verfassers bearbeitet und herausgegeben von *Julius Rossmann*. Giessen, typ Keller. 1860—62. 8. VIII, 482 p.
  Beilage zu den Berichten der Oberhessischen Gesellschaft
Heyland, *Johann Christoph*, **Kumpfler** genannt, der Zeichner DeCandolle's (Heylandia DC), *Frankfurt a/M. 1791, † Genf 1866.
Heyne, *Benjamin* (Heynea Roxb.), † Vappera bei Madras 6. Febr. 1819.
  Cat. of sc. Papers III, 345.
Heyne, *Friedrich Adolf*, Coburgischer Rath, * Leuben bei Meissen 3. April 1760, † Rochlitz 7. Aug. 1826.
4047* —— Pflanzen-Kalender. Leipzig 1804. 2 Hefte. 8. XXIV, 403 p, 1 tab. — *Zweite vermehrte Auflage mit einer Anleitung zum Studium der Botanik von *Friedrich Schwägrichen*. Leipzig 1806. 2 Hefte. 8. LII, 403 p. (1½ th.)
Heynhold, *Gustav*.
4048* —— Das natürliche Pflanzensystem. Ein Versuch, die gegenseitigen Verwandtschaften der Pflanzen aufzufinden. Dresden und Leipzig, Arnold. 1840. 8. VIII, 181 p. (1 th.) — Zweite Ausgabe. ib. 1850. 8. (¼ th) (non differt.)
4049* —— Nomenclator botanicus hortensis, oder alphabetische und synonymische Aufzählung der in den Gärten Europa's kultivirten Gewächse. Dresden und Leipzig, Arnold. 1840. Lexic.-8. XX, 888 p. (4 th.)
4050* —— Alphabetische und synonymische Aufzählung der in den Jahren 1840—46 in den europäischen Gärten eingeführten Gewächse. Dresden und Leipzig, Arnold. 1846. 8. XX, 774 p.
Hjaltalin, *Oddur Jónsson*, Arzt auf Island, * Kálfafell 12. Juli 1782, † Bjamarhavn, Islands Vest-Amt, 12. Mai 1840.
4051* —— Islenzk Grasafraeði. Utgefin að tilhlutun hins íslenzka Bókmenta félags. Kaupmannahöfn, prentud af Kvist. 1830. 8. 379 p. (1 Rdr.)
Hilaire de Latourette.
4052 —— Flore de l'ancien Velay, aujourd'hui partie du département de la Haute-Loire. Puy, Gaudelet. 1849. 8.
Hildebrand, *Friedrich (Hermann Gustav)*, Professor der Botanik zu Freiburg im Breisgau, * Cöslin 6. April 1835.
4053* —— De caulibus Begoniacearum, imprimis iis, qui vasorum fasciculis in paremchymate medullari dispersis sunt praediti. D. Berolini, typ. Schade. 1858. 8. 42 p.
4054* —— Anatomische Untersuchungen über die Stämme der Begoniaceen. Mit 8 Tafeln. Berlin, Hirschwald. 1859. 4. 34 p., 8 tab. (1½ th.)
4055* —— Einige Beobachtungen aus dem Gebiete der Pflanzenanatomie. Bonn, Henry et Cohen. 1861. 4. 28 p., 2 tab. (⅔ th. n.)
4056* —— Flora von Bonn. Bonn, Max Cohen. 1866. 8. XXXI, 212 p. (⅔ th. n.)
  Verh. nat. Vereins der Rheinlande, Band XIII.
4057* —— Die Geschlechtsvertheilung bei den Pflanzen und das Gesetz der vermiedenen und unvortheilhaften stetigen Selbstbefruchtung. Mit 62 Figuren in Holzschnitt. Leipzig, W. Engelmann. 1867. 8. IV, 92 p. (27½ sgr.)
  Cat. of sc. Papers III, 349.
Hildegardis de Pinguia, Abtissin des Benedictinerklosters auf dem St. Rupertusberg bei Bingen, * Bechelheim an der Nahe 1099, † Bingen 1179.

Friedrich Anton. Reuss, De libris physicis S. Hildegardis commentatio historico-medica. Wirceburgi, Stahel 1835. 8 xx, 71 p.
F. A. Reuss in Annalen des Nassauischen Vereins für Alterthumskunde VI, 50—106. (1859)
Ernst Meyer, Geschichte der Botanik III, 517—536. (1856.)

4058* **Hildegardis de Pinguia.** Physica S. Hildegardis. Elementarum, Fluminum aliquot Germaniae, Metallorum, Leguminum, Fructuum et Herbarum: Arborum et Arbustorum: Piscium denique, Volatilium et Animantium terrae naturas et operationes IV libris mirabili experientia posteritati tradens. Argentorati, apud Johannem Schottum. 1533. folio. p. 1—121, ind. cum annexis. — * Ed. II. vix mutata in Experimentario medicae Argentorati, apud Schottum. 1544. folio. 121 p.

4059* —— S. Hildegardis Abbatissae Opera omnia, ad optimorum librorum fidem edita, Physicae textum primus integre publici juris fecit *Carolus Daremberg*, bibliothecae Mazarinae praefectus Prolegomenis et notis illustravit *Fridericus Antonius Reuss* Tomus unicus. (Patrologiae Vol. 197.) Parisiis, apud J P. Migne. 1855. gr. 8. 1384 p. (7 *fr.*)
S. Hildegardis Subtilitatum diversarum naturarum creaturarum libri novem ex antiquo bibliothecae imp. codice manuscripto nunc primum exscripti accurante *C. Daremberg*, p. 1117—1352.

Hildenbrand, *Franz Edler von*, D. M., Professor der Klinik an der Universität Wien, * Wierzbowie in Volhynien 7. Sept 1789, † Ofen 6. April 1849.
Neilreich Geschichte 60.

Hildt, *Johann Adolph*.
4060* —— Beschreibung in- und ausländischer Holzarten. Weimar, Industrie-Comtoir. 1798—99. 2 Theile. 8. XII, 251 p. (1¼ *th*)

Hill, *John*, Pharmaceut und Arzt in London (Hillia Jacq), * Peterborough 1716, † London 22. Nov. 1775.
4061* —— A general natural history. Vol. II: A history of plants. London, Osborne. 1751. folio. XXVI, 642 p., ind., 16 tab.
4062 —— The useful family herbal. London 1755. 8. 404 p., 8 tab.
4063* —— The british herbal: an history of plants and trees, natives of Britain, cultivated for use, or raised for beauty. London, Osborne. 1756. folio. 533 p., ind., 75 tab. col.
4064* —— The sleep of plants and cause of motion in the sensitive plants explain'd. In a letter to *C. Linnaeus*. London, Baldwin. 1757. 12. 57 p., praef., ind. — * Ed. II: London 1762. 8. 35 p.
* *gallice*: Genève et Paris 1773. 8. XII, 51 p. (Journal de physique, tome 1 p 377—394)
* *germanice*: Nürnberg 1768. 8. 86 p.
italice: Il sonno delle piante. (Scelta di opusc. interess. vol. XXIV. p. 17—47.)
4065* —— An account of a stone, which on being watered produces mushrooms. London 1758. 8 38 p., 2 tab.
4066* —— Outlines of a system of vegetable generation. London, Baldwin. 1758. 8. 46 p., 6 tab.
* *germanice*: Entwurf eines Lehrgebäudes von Erzeugung der Pflanzen. Aus dem Englischen von *G. L. Huth*. Nürnberg 1761. 8. 47 p., 6 tab.
belgice: Amsterdam 1811. 8.
4067* —— The origin and production of proliferous flowers, with the culture at large for raising double from single and proliferous from the double. London 1759. 8. 38 p., 7 tab. — Ed. II. London 1759. 8. 40 p, 7 tab.
* *germanice*: Nürnberg, Seligmann. 1766. 8. — * Nürnberg, Monath. 1768. 8.
belgice: Amsterdam 1810. 8. tab. col.
4068* —— Flora britanica, sive synopsis methodica stirpium britannicarum. Londini, Waugh. 1760. 8. 672 p, tab.
Est Synopsis *Raji* ad methodum Linnaeanam redacta.
4069* —— Hortus Kewensis, sistens herbas exoticas indigenasque rariores in area botanica hortorum aug. Pr. Cambriae Dotissae apud Kew in comitatu Surreiano cultas, methodo florali nova dispositas. Londini 1768. 8. 458 p., ind., 20 tab. — * Editio secunda aucta. ib. 1769. 8. 458 p., ind., 20 tab. (minime differt!)
4070* —— The vegetable system; or, the internal structure and the life of plants; their parts and nourishment explained; their classes, orders, genera and species, ascertained and described; in a method altogether new; comprehending an artificial index and a natural system. With figures of all the plants designed and engraved by the author. The Whole from nature only. London, Baldwin. 1764—75. XXVI voll. folio. — I: (ed. II.) 1770. 150 p., 21 tab. — II: (ed. II.) 1771. 121 p., 87 tab. — III: 1761. p. 121—172, tab. 88—137. — IV: 1772. 49 p., 46 tab. — V: 1763. 68 p., 53 tab. — VI: 1764. 64 p., 62 tab. — VII: 1764. 63 p., 60 tab. — VIII: 1765. 60 p., 51 tab. — IX: 1765. 60 p., 60 tab. — X: 1765. 59 p., 59 tab. — XI: 1767. 60 p., 60 tab. — XII: 1767. 64 p., 70 tab. — XIII: 1768. 64 p., 71 tab. — XIV: 1769. 60 p., 60 tab. — XV: 1769. 60 p., 61 tab. — XVI: 1770. 57 p., 61 tab. — XVII: 1770. 60 p., 60 tab. — XVIII: 1771. 60 p., 61 tab. — XIX: 1771. 60 p., 60 tab. — XX: 1772. 60 p., 60 tab. — XXI: 1772. 60 p., 60 tab. — XXII: 1773. 61 p., 61 tab. — XXIII: 1773. 60 p., 60 tab. — XXIV: 1774. 60 p., 60 tab. — XXV: 1774. 60 p., 60 tab. — XXVI et ultimus: 1775. 60, XXIX p., index generalis, 60 tab. (250 *th*.) Bibl. Reg. Berol.

4071* **Hill**, *John*. The vegetable system. London 1762. 8. 381 p., 21 tab.
Idem liber ac tomus primus praecedentis operis, continens institutiones botanicas.

4072* —— Herbarium britannicum, exhibens plantas Britanniae indigenas, secundum methodum floralem novam digestas. Volumen primum (et alterum). Londini, sumtibus auctoris. 1769. 8. 296 p., ind., 195 tab.
Methodo propria, eadem ac in systemate ejus, sed adsunt tantum in his voluminibus decem priores classes, et tribus prima undecimae.

4073* —— The construction of timber, from its early growth. In five books. London, Baldwin. 1770. folio. 62 p., ind., 43 tab. — * London, Baldwin. 1770. 8. 170 p., ind., 43 tab. — * Ed. II. London, White. 1774. folio. 62 p., ind., 44 tab.

4074* —— Exotic botany illustrated, in 35 figures of chinese and american shrubs and plants. London 1772. folio. 35 p., 35 tab.

4075* —— Virtues of british herbs, with their history and figures. Nr. I—III. London 1772. 8. 106, 50 p., 31 tab.
Tabulae aeneae eaedem ac in ejus Herbario britannico, sed heic tantum adsunt Classes I. II. et pars tertiae systematis ejus.

4076* —— A Decade of curious and elegant trees and plants: drawn after specimens received from the East Indies and America in the year 1772, and accurately engraved. London 1773. folio max. 20 p., ind., 10 tab. col. (18 *th*.)
italice: Roma, typ. Salomoni. 1786. 4. 31 p., 10 tab.

4077 —— Twenty-five new plants, rais'd in the Royal Garden at Kew; their history and figures. London, B. White. 1773. folio. 9 p, 25 tab. col.
Facile plures fertilissimi autoris libellos praeterii; indicavi, qui mihi innotuerant.

Hillebrandt, *Franz*, botanischer Gärtner in Wien, * Eisgrub 7. Nov. 1805, † Wien 5. Dec. 1860.
Cat. of sc. Papers III, 353.

Hiller, *Matthaeus*, Professor in Tübingen, *Stuttgart 15. Febr. 1646, † Königsbronn 1. Febr. 1725.
4078* ——, pr. De plantis in scriptura sacra memoratis Decas I. et II. Tubingae, typ. Reis. 1716. 4. 40 p.
4079* —— Hierophyticon, sive commentarius in loca scripturae sabrae quae plantarum faciunt mentionem, distinctus in duas partes. Trajecti ad Rhenum, Broedelet. 1725. 4. 488, 287 p., praef., ind.

Hilscher, *Simon Paul*, Prof. med. Jenensis, * Altenburg 12. Aug. 1682, † Jena 20. Dec. 1748.
4080* —— De natura et origine roris mellei vulgo dicti et rubiginis vegetabilium. Von der Natur und Ursprung des sogenannten Honigthaus und Brand der Erdgewächse. Jenae 1736. 4 8 p.
4081* —— Proluso de gramine dactylo latiore folio ejusque semine, Germanis Schwaden vel Manna dicto. Jenae 1747. 4. 8 p.

Hilsenberg, *Karl Theodor* (Hilsenbergia Bojer), * Erfurt 11. März 1802, † auf der Insel St. Marie bei Madagascar 11. Sept. 1824.
Nekrolog der Deutschen 1825. p. 1—9.
Hooker, Bot. Misc. III, 246—277. (1833.)

Hiltebrandt, *F.*
4082* —— Generis Dracocephali monographia. Goettingae, typ. Baier. 1805. 8. XXII, 80 p., 5 tab. (½ *th*.)

Hincks, *Rev. William*, in Canada.
Cat. of sc. Papers III, 355.

Hinds, *Richard Brinsley*, Botanist of the Expedition of H. M. Ship Sulphur.

4083* **Hinds**, *Richard Brinsley*. The regions of vegetation; being an analysis of the distribution of vegetable forms over the surface of the globe in connexion with climate and physical agents London, typ. Palmer. 1843. 8. 140 p.
Belcher, Narrative of a Voyage, vol. II, 325—460.
Cat. of sc. Papers III, 358—359.

Hinterhuber, *Georg*, em. Prof. des Lyceums in Salzburg (Hinterhubera Schultz Bip., Hinterhubera Rchb.), * Stein bei Krems 26. Mai 1768, † Salzburg 21. Nov. 1850.

Hinterhuber, *Julius*, zweiter Sohn von Georg, * Salzburg 18. Jan. 1810
Cat. of sc. Papers III, 360.

Hinterhuber, *Rudolf*, Sohn von Georg, Apotheker zu Mondsee, * Stein bei Krems 1802.

4084* —— und *Julius* **Hinterhuber**. Prodromus einer Flora des Kronlandes Salzburg und dessen angränzenden Ländertheilen. Salzburg, typ. Oberer. 1851. 8. IX, 414 p. (1 1/6 *th.*)
Cat. of sc. Papers III, 360.

Hinterwaldner, *Johann Max*.

4085 —— Nachtrag zur Flora Karlstadts Beitrag zur Flora Petrinjas. Programm. Karlstadt 1869. 4.

Hinüber, *von*, Oberamtsrichter.

4086 —— Verzeichniss der im Sollinge und Umgegend wachsenden Gefässpflanzen. Göttingen, Deuerlich 1868. 8. 38 p. (1/6 *th* n.)

Hippel, *Karl von*.

4087* —— Natur und Gemüth. Beiträge zur Aesthetik der Pflanzenwelt. Berlin, A. Duncker. 1867. 8. VII, 197 p. — Zweite Auflage ib. 1871. 8. VII, 191 p.

Hirschfeld, *Heinrich*, Arzt, * Glogau 1808.

4088* —— De Lactuca virosa et Scariola. D. Berolini 1833. 8. 62 p.

His, *Charles*, General-Inspector der Bibliotheken, * Normandie 1769, † Paris 21. Jan. 1851.

4089* (——) Notice sur les orangers. Paris, Didot 1829. 4. 25 p., 1 tab.

Hisinger, *E. V. E.*

4090* —— Flora Fagervikiensis, eller Öfversigt af de vid och omkring Fagervik vexande Cotyledoner och Filices. Helsingfors, H. C. Fries. 1855. 4. 60 p.

Hisinger, *Wilhelm*, * Elfstorps Bruk 22. Dec. 1766, † Skinskatteberg 28. Juni 1852.

4091* —— Anteckningar i Physick och Geognosi under resor uti Sverige och Norige. Häftet I—VI (Upsala) Stockholm 1819—37. 8. 112, 90, 103, X, 258, 174, 7, 168 p., 29 tab.
Multa spectant ad doctrinam de geographia plantarum.

4092 (——) Förteckning på Wäxterna i Skinskattebergs Socken i Westmanland. Stockholm 1832. 8 45 p.

4093* —— Lethaea suecica, seu petrificata Sueciae iconibus et characteribus illustrata Holmiae 1837—41. 4. 124, 11, 6 p., 45 tab. sign A—C. 1—42. (14 2/3 *th.*)
Plantae fossiles illustrantur in tab. 31. 32. 33. 34. 38. 42

Hitchcock, *Edward*, Professor in Amherst (Massachusetts), * Deerfield 24. Mai 1793, † Amherst 27. Febr. 1864.

4094* —— A catalogue of plants growing without cultivation in the vicinity of Amherst College. Amherst, typ. Adams and Co. 1829. 8. 64 p.
Cat. of sc. Papers III. 365—367.

Hitzer, *A.*

4095* —— Die Lebensdauer der Pflanzen in ihrem Zusammenhange mit der Fortpflanzung durch Früchte und Gemmen dargestellt. Berlin, Nauck. 1844. 8. VI, 57 p. (1/3 *th*)

Hladnik, *Franz*, Professor in Laybach (Hladnickia Rchb), * Idria 29 März 1773, † Laybach 25. Sept. 1844.

Hlubek, *Franz Xaver*, Professor in Gratz, * Chatischau in Schlesien 11. Sept. 1802.

4096 —— Versuch einer neuen Charakteristik und Klassifikation der Rebensorten, mit besondrer Rücksicht auf die im Herzogthum Steyermark vorkommenden. Grätz 1841. 8. (3/4 *th.*)

4097* —— Die Ernährung der Pflanzen und die Statik des Landbaues. Preisschrift. Prag 1841 8. XXXII, 476 p, 10 Tabellen. (4 *th.*)

Hoare, *Richard Colt* (Hoarea Sweet), * Stourhead (Wiltshire) 9. Dec. 1758, † Stourhead 19. Mai 1838

Hobius van der Vorm.

4098* —— Atriplex salsum vulgo dictum soutenelle, essentia, viribus et operationibus suis primo descriptum. Amsterdam, typ. a Waesberge. 1661. 12. 94 p., praef.

Hoch, *F.*

4099 —— Supplementer till Dovres Flora. Christiania 1863. 8 15 p
Nyt Mag. for Nat

Hochstetter, *Christian Friedrich*, Professor und Stadtpfarrer von Esslingen, * Stuttgart 16. Febr. 1787, † Reutlingen 20 Febr. 1860

4100* —— Populäre Botanik, oder fassliche Anleitung zur Kenntniss der Gewächse. Stuttgart 1831. 8. — * Ed. II: Reutlingen, Mäcken. — Ed. III ib. 1849. 8. (3 7/10 *th.*)

4101* —— Nova genera plantarum Africae tum australis tum tropicae borealis. Regensburg 1842. 8 32 p.
Seorsim impressa e Flora Ratisb. annorum 1841—42.

4102* —— Die Giftgewächse Deutschlands und der Schweiz Esslingen 1844. 8 II, 56 p, 24 tab col. (1 2/3 *th*)

4103 —— Die Graspflanze. Stuttgart, Ebner und Seubert. 1847. 8.

4104* —— Naturgeschichte des Pflanzenreichs in Bildern. 2. Auflage. Esslingen, Schreiber. 1865. VIII, 88 p., 52 tab. (5 *th*)
Cat. of sc. Papers III, 370—371.

Hochstetter, *Wilhelm*.

4105* —— Wegweiser durch den botanischen Garten der Universität Tübingen. Tübingen, Riecker. 1860. 12 112 p., 1 tab. (9 *sgr.*)

Hocquart, *Léopold*, Professor in Ath, † Ath 1817.

4106* —— Flore du Département de Jemappe, ou définitions des plantes qui y croissent spontanément. Mons, Monjot. 1814 8. VIII, 303 p. (3 *fr*)

Hoefer, *Ferdinand*.

4107 —— Dictionnaire de botanique pratique. Paris, Firmin Didot frères. 1850. 8. III, 726 p. (5 *fr*)

Hoefer, *Matthias*, Benedictiner, * Waizenkirchen (Oberösterreich) 7. Febr. 1754, † Kematen (Oberösterreich 21 Oct. 1826.

4108* —— Etymologisches Wörterbuch der in Oberdeutschland, vorzüglich aber in Oesterreich üblichen Mundart. Drei Theile. Linz, typ. Kastner. 1815. 8. XVIII, 342, 344 p, ind.
Ein wichtiges Quellenwerk für die in Oesterreich lebenden Trivialnamen der Pflanzen

Hoefft, *F. M. S V.*

4109* —— Catalogue des plantes, qui croissent spontanément dans le district de Dmitrieff sur la Svapa dans le gouvernement de Koursk. Moscou, typ. Semen. 1826. 8. XXIII, 66 p.

Höfle, *Marc Aurel*, Privatdocent der Botanik in Heidelberg, † Heidelberg 4. Febr. 1855.

4110* —— Die Pflanzensysteme von Linné, Jussieu und DeCandolle. Heidelberg, Winter 1845. 4. 31 p (1/3 *th.*)

4111* —— Die Flora der Bodenseegegend mit vergleichender Betrachtung der Nachbarfloren. Erlangen, Enke. 1850. 8. VIII, 175 p. (26 *sgr.* n)

4112* —— Grundriss der angewandten Botanik. Zum Gebrauche bei Vorlesungen. Erlangen, Enke. 1851. 8. VIII, 268 p. (1 1/3 *th*)

Hoegberg, *J. D.*

4113 —— Svensk Flora, innefattande Sveriges Phanerogamen Orebro 1843. 8 VIII, 92, 296 p., 3 tab. (2 *Rdr.*)

Hoeninghaus, *Friedrich Wilhelm*, * Crefeld 17. Aug. 1770, † Crefeld 13. Juni 1854.

4114* —— Ueber fossile Blätter im Süsswasserkalk von Membach. Crefeld, 1. Sept. 1840. 4. 1 fol., 1 tab.

Hoepffner, *Nicolaus*.

4115* —— Das verkehrte Jahr, da der Winter im Sommer, und der Sommer im Winter war etc. Mit angehängten kürtzlichen Bericht, theils von einem Kornhalm mit 11 Achren, theils von einer sonderbaren Wunderblüte, die auf einem Birnbaume, ingleichen von zwiefachen Rosen und Lilien, so in Thüringen sich ereignet hat. Jena, Bielcke. (1696.) 4. 90 p., 1 tab.

Hoess, *Franz*.

4116* —— Gemeinfassliche Anleitung die Bäume und Sträuche Oestreichs aus den Blättern zu erkennen. Wien, typ. Strauss. 1830. 12 LXXVIII, 380 p, 10 tab (2 3/8 *th*)

4117* **Hoess**, *Franz*. Das Nöthigste über den innern Bau der Organe und deren wichtigere Verrichtungen in Holzgewächsen. Wien, typ. Strauss. 1833. 8. 82 p. (1/3 *th.*)

4118* —— Monographie der Schwarzföhre (Pinus austriaca) in botanischer und forstlicher Beziehung. Wien, typ. Strauss. 1831. folio. 20, (12) p., 2 tab. col (8 *fl*)

Hoeven, *Jan van der*, Professor der Zoologie in Leiden, * Rotterdam 9. Febr. 1801.

4119* —— Commentatio de foliorum plantarum ortu, situ, fabrica et functione Lugduni Batavorum, typ. Luchtmans. 1821. 4. 22 p.

Hofberg, *Hermann*.

4120 —— Södermanlands Phanerogamer och Filices. (87 S.) 1852. (12 *ngr.*)
Cat of sc. Papers III, 383.

Hoffberg, *Carl Fredric*, Arzt in Stockholm, * Stockholm 1729, † Stockholm 27. Dec. 1790.

4121 —— Anvisning til Wäxt-Rikets Kännedom Stockholm 1768. 8 81 p, ind, 10 tab. — Andra uplagan Stockholm 1784. 8 267 p, 10 tab. B. — Tredge uplagan. Stockholm 1790. 8. 460 p, 10 tab

Hoffer, *Stephan Michael*, Arzt in Ofen.

4122 —— Lycopodineae Hungariae D. Budae 1839. 8. 12 p.

Hoffmann, *Christian*

4123* —— Ficus arbor philologice considerata. D. Jenae, typ. Bauhofer. 1670 4. 40 p.

Hoffmann, *Friedrich*, Professor der Medizin in Halle, * Halle 19. Febr. 1660, † Halle 12 Nov. 1742.

4124 —— Opuscula physico-medica. Ulmae 1726. II voll. 8.
In volumine primo inest Methodus vires plantarum indagandi, quae jam 1721 cum Buxbaumio prodierat

Hoffmann, *Georg Franz*, Professor der Botanik in Göttingen von 1792—1804, und in Moskau von 1804—26 (Hoffmannia Willd), * Marktbreit in Baiern 31. Jan 1761, † Moskau 17. März 1826
Biographie von Maximowitsch im Moskauer Neuen Magazin für Naturgeschichte, 1826, p 238—256

4125* —— Enumeratio Lichenum iconibus et descriptionibus illustrata. Erlangae 1784. 4 102 p. 22 tab (9 *th.*)

4126* —— De vario Lichenum usu. Sectio I. D. Erlangae, typ. Ellrodt. 1786 4 35 p
Redit in Mémoires couronnés sur l'utilité des Lichens Lyon 1787. 8.

4127* —— Historia Salicum iconibus illustrata. Lipsiae 1785—91. II voll folio — I: 1787. 78 p., tab col. 1—24. — II: Fasc. I: 1791. 12 p., tab. 25—31. (10 *th.* — nigr. 5 1/3 *th.* — Weigel 2 *th*)

4128* —— Observationes botanicae. Erlangae, Palm 1787. 4. 17 p. (1/12 *th*)

4129* —— Vegetabilia cryptogama Erlangae 1787—90. II fasc. 4. — I: 1787. VIII, 42 p, 8 tab — II: 1790. 34 p., 8 tab. (4 *th.*)

4130* (——) Nomenclator fungorum. Pars I. Agarici. Berlin, Pauli. 1789 8 VIII, 256 p, 6 tab. — * Continuatio. Berlin 1790. 8 85 p.

4131* —— Plantae lichenosae. Descriptio et adumbratio plantarum e classe cryptogamica Linnaei, quae Lichenes dicuntur Lipsiae 1789—1801. III voll folio — I: 1790. IV, 104 p., tab. col 1—24. — II: 1794 78 p, tab col. 25—48. — III: 1801. 62 p., tab. col. 49—72. (42 *th*)

4132* —— Deutschlands Flora oder botanisches Taschenbuch für das Jahr 1791. Erlangen 1791 12. 360 p., 12 tab. col. — * Neue vermehrte und verbesserte Auflage. Erlangen 1800. 1804 2 Bändchen 12 40, 273, 40, 308 p, 24 tab. col — * Zweiter Theil für das Jahr 1795. Kryptogamie, 100, 200 p., 14 tab col. (9 1/8 *th*)

4133* —— Hortus Gottingensis, quem proponit simulque orationem inchoandae professioni sacram indicit. Goettingae et Lipsiae, Crusius. 1793. folio 14 p., 1 tab. col (1 2/3 *th.*)

4134* —— Vegetabilia in Hercyniae subterraneis collecta iconibus descriptionibus et observationibus illustrata. Norimbergae, Frauenholz. (1797—1811.) folio. 34 p., praef., 18 tab. col. (18 *th.* — jetzt 4 *th.*)

4135* —— Syllabus plantarum officinalium. Systematisches Verzeichniss der einfachen Arzneimittel des Gewächsreiches. Göttingen, Schroeder. 1802. 8. 78 p

4136* **Hoffmann**, *Georg Franz*. Phytographische Blätter. Verfasst von einer Gesellschaft Gelehrten. Erster Jahrgang. Göttingen, Schroeder. 1803. 8. x, 124 p., 8 tab. col.

4137 —— Oratio in universitate Mosquensi habita de hortis botanico-medicis. Mosquae 1807. 4.

4138* (——) Hortus Mosquensis. Mosquae (1808). 8. 42, (24) p, 1 tab.

4139* —— Syllabus plantarum Umbelliferarum denuo disponendarum, exhibens enumerationem omnium specierum etc. Mosquae 1814. 8. 20 p. (1/3 *th.*)

4140* —— Genera plantarum Umbelliferarum eorumque characteres naturales secundum numerum, figuram, situm et proportionem omnium fructificationis partium. Mosquae 1814. 8. XXIX, 182 p., 3 tab. — * Ed. II. aucta et revisa. Mosquae 1816. 8 XXXIV, 222 p, app., 6 tab. (3 1/3 *th*)
cf. Allg. Lit. Zeitung 1816, 121—136.

Hoffmann, *Hermann*, Professor in Giessen.

4141* —— Schilderung der deutschen Pflanzenfamilien vom botanisch-descriptiven und physiologisch-chemischen Standpunkte. Giessen 1846. 8. xx, 280 p, 12 tab. (1 2/3 *th*) — 2 Ausgabe. Mainz, Wirth Sohn. 1851. 8. xx, 280 p. (2/3 *th*) (non differt.)

4142* —— Untersuchungen über den Pflanzenschlaf. Giessen, E. Heinemann 1851. 8. 29 p. (1/6 *th*)

4143* —— Pflanzenverbreitung und Pflanzenwanderung; eine botanisch-geographische Untersuchung. Darmstadt, Jonghaus. 1852. 8. 144 p, 1 Tabelle. (3/4 *th.*)

4144* —— Lehrbuch der Botanik zum Gebrauche beim Unterricht in Schulen und höheren Lehranstalten. Darmstadt, Diehl. 1857. 8. 251 p. ic. xyl. (16 *sgr.* n.)

4145* —— Witterung und Wachsthum oder Grundzüge der Pflanzenklimatologie Leipzig, A. Förstner. 1857. 8. 583 p., 1 tab. in folio. (4 1/3 *th*)

4146* —— Icones analyticae fungorum Abbildungen und Beschreibungen von Pilzen mit besondrer Berücksichtigung auf Anatomie und Entwickelungsgeschichte. Heft 1—4. Giessen, Ricker 1861—65. folio min. 105 p., tab. col. 1—24. (10 2/3 *th* n)

4147* —— Index Fungorum, sistens icones et specimina sicca nuperis temporibus edita; adjectis synonymis. Indicis mycologici editio aucta. Lipsiae, Förstner. 1863. 8 VI, 153 p. (3 *th*)

4148* —— Untersuchungen zur Bestimmung des Werthes von Species und Varietät Ein Beitrag zur Kritik der *Darwin*'schen Hypothese. Giessen, J. Ricker. 1869. 8. 171 p., 1 tab. (1/5 *th*)

4149* —— Mykologische Berichte Uebersicht der neuesten Arbeiten auf dem Gebiete der Pilzkunde. Giessen, Ricker. 1870—71. 8. VIII, 95, 118 p. (1 *th* 14 *sgr.*)
Relationes anteriores leguntur in von *Schlechtendal*, Bot. Zeitung 1862—66. Cat. of sc. Papers III, 387.

Hoffmann, *J.*

4150* —— Die Angaben schinesischer und japanischer Naturgeschichten von dem Illicium religiosum (dem Mangthsao der Schinesen, Sikiminoki der Japaner) und dem davon verschiednen Sternanis des Handels. Leiden 1837. 8 max. 16 p., praef.

4151* —— et *H.* **Schultes**. Noms indigènes d'un choix de plantes du Japon et de la Chine, déterminés d'après les échantillons de l'herbier des Pays-Bas à Leyde. Nouvelle édition augmentée. (Titulus hollandicus: Inlandsche Namen eener Reeks etc.) Leyde, E. J. Brill. 1864. 8. XIII, 90 p.
Erste Ausgabe im Journal de la soc. asiatique. vol. XX, 257—370 (1852.

Hoffmann, *J. F.*

4152* —— Bijdrage tot oplossing der vraag: Is Lemna arrhiza auct. eene standvastige onderscheidene Soort, dan wol een ontwikkelingsworm van eenige andere van hetzelfde Geslacht? Leiden, Luchtmans. 1838. 8. 52 p., 2 tab.
Uit het Tijdschrift van Nat. Gesch. en Physiol. afzonderlijk afgedrukt. Cat. of sc. Papers III, 388.

Hoffmann, *Jakob Friedrich*, Professor der Botanik an der Universität Warschau, * 1758, † Warschau Mitte October 1830.

4153* —— Drei physiologisch-botanische Abhandlungen. Warschau, typ. Gałęzowski. 1828. 8. 58 p. (1/2 *th.*)
Insunt: Befruchtungsprozess der Pflanzen und Reifung des Samens. Der Bau des Samens, besonders die Lage, Richtung und Bestimmung des funiculi umbilicalis und des ductus spermatici. Die Entwicklung des Samens,

die Ursache der heruntersteigenden Richtung des rostelli corculi, und der aufsteigenden der plumula.

Hoffmann, *Johann Moritz*, Professor in Altdorf, Sohn von Moritz, * Altdorf 6. Oct. 1653, † Anspach 31. Oct. 1727.

4154* —— Florae Altdorfinae deliciae hortenses locupletiores factae, sive appendix catalogi horti Altdorfini plantarum novarum accessione aucta. Altdorfii 1703. 4. 19 p.

Hoffmann, *Moritz*, Professor der Medizin in Altdorf, * Fürstenwalde in der Mark 20. Sept. 1622, † Altdorf 22. April 1698.

4155* —— Florae Altdorfinae deliciae hortenses, sive catalogus plantarum horti medici, quibus auctior erat A. C. 1660. Altdorfii (1660). 4. (30 foll.), 1 tab. ichnographiam horti sistens.

4156* —— Florae Altdorfinae deliciae hortenses, sive catalogus plantarum horti medici, quibus A. C. 1650 usque ad annum 1677 auctior est factus. Altdorfii (1677). 4. 64 p. cum eadem tabula. (Appendices annorum 1688 et 1691.)

4157* —— Florae Altdorfinae deliciae sylvestres, sive catalogus plantarum in agro Altdorfino locisque vicinis sponte nascentium, cum synonymis auctorum, designatione locorum atque mensium, quibus vigent, lapidumque ac fungorum observatorum historia auctior editus. Altdorfii, typ. Hagen. 1662. 4. (52 foll.), 1 tab. — * Altdorfii, typ. Meyer. 1677. 4 (non differt.)

4158* —— Florilegium Altdorfinum sive tabulae, loca et menses exhibentes, quibus plantae exoticae et indigenae sub coelo norico vigere et florere solent. Altdorfii 1676. 4. 16 p.

4159* —— Montis Mauritiani in agro Leimburgensium eminentis, ejusque viciniae descriptio medico-botanica, sive catalogus plantarum in excursionibus herbilegis se offerentium. Altdorfii 1694. 4. 24 p.

Hoffmann, *Philipp*.
4160 —— Prodromus florae Eystettensis. Eichstätt (Krüll). 1870. 8. CLVI, 278 p. (1⅙ th.)

Hoffmannsegg, *Johann Centurius, Graf von* (Hoffmannseggia Cav), * Dresden 23. Aug. 1766, † Dresden 13. Dec. 1849.

4161* —— und *Heinrich Friedrich* **Link**. Flore portugaise, ou description de toutes les plantes qui croissent naturellement en Portugal, avec figures coloriées, cinq planches de terminologie et une carte. Berlin, typ. Amelang. (G. Reimer) 1809—40. II voll. folio. — I: 1809. 4, 458 p., 78 tab. col. — II: 1820. 436 p, 36 tab. col., sign. 79—109. (253 th.)
Operis splendidi longe interrupti anno 1840 demum fasciculus vigesimus tertius prodiit. Exemplum bibliothecae Linkianae continet in volumine secundo plagulas 110—136 seu paginas 437—520 ineditas.

4162* —— Verzeichniss der Pflanzenkulturen in den Gräflich Hoffmannseggischen Gärten zu Dresden und Rammenau. Dresden 1824. 8. 310 p., 1 tab. — * Zweiter und dritter Nachtrag. ib. 1826. 8. 240, 96 p., 1 tab (3⅓ th.) — * Nachtrag zu 1841. ib. 1842. 8. 31 p.

4163* —— Verzeichniss der Orchideen im Gräflich Hoffmannsegg'schen Garten zu Dresden. Dresden 1842. 8. 28 p. — * Ed. II. ib 1843. 8. 64 p. — * Ed. III. ib. 1844. 8. 68 p.

Hofmann, *J*.
4164* —— Flora von Freysing. Programm. Freysing 1857. 4 VIII, 109 p.

Hofmann, *Joseph Vincenz*.
4165* —— Ueber die tirolischen Arten der Gattung Verbascum. Innspruck, Wagner. 1841. 8. 18 p.

Hofmann Bang, *Niels*, Etatsrath, * Veile 8. Juni 1776, † Kopenhagen 5. März 1855.

4166* —— De usu Confervarum in oeconomia naturae. Hafniae 1818. 8. 27 p., 1 tab. col.

4167* —— Skrivelse til Hr. Professor *Schouw* angaaende de paa det inddaemmede ved Hofmansgave fremkomne planter. Kiøbenhavn, typ. Seidelin. 1822. 8. 8 p.

Hofmeister, *Wilhelm (Friedrich Benedict)*, Professor der Botanik in Heidelberg, * Leipzig 18. Mai 1824.

4168* —— Die Entstehung des Embryo der Phanerogamen. Eine Reihe mikroskopischer Untersuchungen. Leipzig, Fr. Hofmeister. 1849 4. V, 89 p., 14 tab. (2¹⁴⁄₁₅ th.)

4169* **Hofmeister**, *Wilhelm (Friedrich Benedict)*. Vergleichende Untersuchungen der Keimung, Entfaltung und Fruchtbildung höherer Kryptogamen (Moose, Farrn, Equisetaceen, Rhizokarpeen und Lycopodiaceen) und der Samenbildung der Coniferen. Leipzig, Fr. Hofmeister. 1851. 4. VIII, 179 p, 33 tab. (5⅓ th.)

4170* —— Beiträge zur Kenntniss der Gefässkryptogamen. Leipzig, Weidmann. 1852. 4. (1⅓ th.)
Abhandlungen der sächs. Ges. der Wissenschaften IV, 123—173, 18 tab.

4171* —— Neue Beiträge zur Kenntniss der Embryobildung der Phanerogamen. I. II Leipzig, Hirzel. 1859—61. 4. (5⅓ th.)
Abhandlungen der sächs. Ges. der Wissenschaften VI, 535—672, 27 tab. — VII, 629—760, 25 tab.
Cat. of sc. Papers III, 397—398.

Hofstädter, *P. Gotthardt*.
4172* —— Vegetationsverhältnisse von Kremsmünster und Umgebung. Programm. Kremsmünster 1862. 4. 34 p.

Hogg, *John*.
Cat. of sc. Papers III, 399—400.

Hogg, *Robert*.
4173* —— The vegetable kingdom and its products. London, Kent and Co. 1858. 8. 890 p. (10s. 6d.)

Hohenacker, *R. Fr.*, in Kirchheim unter Teck (Hohenackera Fisch. et M.), * Zürich 1798.
4174* —— Enumeratio plantarum in territorio Elisabethopolensi et in provincia Karabach sponte nascentium. (Moskau 1833.) 8. 52 p.

4175* —— Enumeratio plantarum quas in itinere per provinciam Talysch collegit. (Moskau 1838.) 8. 178 p., 1 tab.

Holandre, *Jean Joseph Jacques*, Bibliothekar in Metz, * Fresnes 4 Mai 1773.
4176* —— Flore de la Moselle, ou manuel d'herborisation. Metz, Thiel 1829. II voll. 8. LXXVIII, 712 p. (6 fr.) — Supplément. Metz 1836. 8. — Nouvelle édition. Metz 1842. II voll. 8.
Cat. of sc. Papers III, 401

Holl, *Friedrich*.
4177* —— Die Verwechselungen und Aehnlichkeiten der wichtigsten officinellen Pflanzen. Dresden, im Verlage des Verfassers. 1835. 4 12 p., 13 tab.

4178* —— Wörterbuch deutscher Pflanzennamen oder Verzeichniss sämmtlicher in der Pharmacie, Oekenomie, Gärtnerei, Forstkultur und Technik vorkommenden Pflanzen. Erfurt, Keyser. 1833. Lexic. 8. IV, 434 p. (2 th.)

4179* —— und *Gustav* **Heynhold**. Flora von Sachsen. Beschreibung der in dem Königreiche Sachsen, dem Herzogthume Sachsen preuss. Antheils, den Grossherz. und Herz Sächs. Landen Ernestinischer Linie, den Herz. Anhaltischen, Fürstl. Schwarzburgschen und Fürstl. Reussischen Raubstaaten wildwachsenden und allgemein angebauten Pflanzen, mit besondrer Berücksichtigung ihrer Verwendung. Erster Band. (Phanerogamen.) Dresden, Naumann. 1842. 8. X, 862 p (2¼ th.) — * Clavis generum. ib. 1843. 8. 70 p. (¼ th)
Cat. of sc. Papers III, 403—404.

Holle, *G. von*.
4130* —— Zur Entwicklungsgeschichte von Borrera ciliaris. Inauguraldissertation. Göttingen, typ. Huth. (Deuerlich) 1849. 4. (2) 43 p., 2 tab. (⅔ th. n.)

4131* —— Ueber die Zellenbläschen der Lebermoose. Heidelberg 1857. 8. 26 p., 1 tab. (12 sgr)

4182* —— Farnflora der Gegend von Hannover. Hannover, Rümpler. 1862. 8. III, 61 p. (⅙ th. n.)

4183 —— Flora von Hannover. Heft 1—3. Hannover, Rümpler. 1862—67. 8.
Cat. of sc. Papers III, 403.

Holler, *August*.
Cat. of sc. Papers III, 406.

Hollstein, *Christian Heinrich*.
4184* —— Rhabarbari historia. D. Lugduni Batavorum, Mulhof. 1718. 4. 21 p., 1 tab.

Holm, *nobilis* **Holmskiold**, *Theodor* (Holmskioldia Retz.), * Nyborg 14. Juni 1732, † Kopenhagen 16. Sept. 1794.
4185 —— Afhandling om Anagallis og dens kraft mod vandskraek. Kiøbenhavn 1761. 8. 30 p., 1 tab. col.

4186* **Holm**, *nobilis* **Holmskiold**, *Theodor*. Beata ruris otia fungis danicis impensa. Havniae (1790—99) II voll. folio — I: xxiv, 148, 38 p, (33) tab. col. — II: 70 p., 42 tab. col. (160 *th.* — nigr. 53⅓ *th*)
Volumen alterum post obitum autoris curavit *Ericus Viborg*.

4187* —— Coriphaei Clavarias Ramariasque complectentes cum brevi structurae interioris expositione Denuo cum adnotationibus editi nec non commentatione de fungis clavaeformibus aucti a *Christiano Henrico Persoon*. Lipsiae 1797. 8. IV, 239 p., 4 tab col. (1½ *th*)

Holtzachius, *Joannes Cosma*.

4188 —— Annotationes in *Dioscoridem*. Lugduni, typ. Frellonii. 1556. 12 Bum

Holtzbom, *Andreas*.

4189 —— De Mandragora D. Trajecti ad Rhenum 1704. 4. 15 p.
Dissertatio haecce omnino congruit cum *Olai Rudbeck* disputatione de Mandragora, Holmiae anno 1702 proposita

Holzschuher.

4190* —— Erläuterung der natürlichen und künstlichen Systeme in der Botanik Programm Posen, typ. Decker. 1841. 4. 20 p.

Homann, *G. G. J.*

4191* —— Flora von Pommern oder Beschreibung der in Vor- und Hinterpommern sowohl einheimischen als auch unter freiem Himmel leicht fortkommenden Gewächse. Cöslin, Hendess. 1828—35 3 Bände. 8. — I: 1828. xvi, 318 p. — II: 1830. xxxii, 287 p. — III: 1835. xxxiv, 453 p (5 *th.*)

Homberg, *Wilhelm*, Arzt des Herzogs von Orleans, * Batavia 8 Jan 1652, † Paris 24. Sept. 1715.

4192 —— Observation sur la germination des plantes. Mém. ac. sc X, 348 Année 1693 Suppl

Hombron.

4193* —— et *Jacquinot*. Botanique du voyage au pôle sud et dans l'Océanie, sur l'Astrolabe et la Zélée. Paris, Gide et Baudry. 1845—53. 8 et Atlas (175 *fr.*) — Tome I: *Montagne*, Plantes cellulaires. 1845 xiv, 349 p., 20 tab. - Tome II: *Decaisne*, Plantes vasculaires. 1853 96 p., 3 tab.

Honckeny, *Gerhard August*, Amtmann zu Holm bei Prenzlau (Honkenya Willd.), * 1724, † Prenzlau 17. Oct. 1805.

4194* —— Vollständiges systematisches Verzeichniss aller Gewächse Teutschlandes. Erster Band. Leipzig, Crusius. 1782. 8. LVI, 716 p.

4195* —— Synopsis plantarum Germaniae, continens plantas in Germania sua sponte provenientes adjectis omnibus auctorum synonymis, curante *Karl Ludwig Willdenow*. Berolini sumtibus autoris. 1792—93. II voll. 8. — I: 1792. LXXII, 632. — II: 1793 VI, 370 p. (3 *th.*)

Honigberger, *Johann Martin*, * Kronstadt 1795.

4196* —— Früchte aus dem Morgenlande. Wien, Gerold. 1851 8. 590 p, 40 tab. (4 *th.* n)
Arzneipflanzen: p. 389—590, tab. 9—38.

Honuphriis, *Franciscus de*.

4197 —— Stirpium nomina in pharmacopolio Minimorum in monte Pincio reperiundarum. Romae 1682. 4. Falc.

Hooke, *Robert*, Professor in London (Hookia Neck.), * Freshwater auf der Insel Wight 18 Juli 1635, † London 3. März 1703.

4198* —— Micrographia. London, Allestry. 1667. folio. (18 foll), 246 p, (5 foll), 38 tab
Exemplaria *Halleri* et *Banksii* habent annum 1665. — Compendium splendidi operis, teste *Hallero* Londini 1745. folio. prodiit, conservatis tabulis, sermone contracto, rejectis ratiociniis *Hookii*.

Hooker, *Joseph Dalton*, Director des Gartens und Museums in Kew, * Halesworth (Suffolk) 30. Juni 1817.

4199* —— The Botany of the Antarctic Voyage of H. M. discovery ships Erebus and Terror in the years 1839—43, under the command of Captain Sir *James Clark Ross*. Vol. 1—6. London, Reeve brothers 1844—60 4 (40*l*. 17*s* col. — 28*l*. 15*s*. plain.)
I Flora antarctica. Part 1 2. 1844—47. 574 p., 198 tab. col. (10*l* 15*s*. col. — 7*l*. 10*s* plain)
II. Flora Novae Zelandiae. Part 1 2. 1853—55. xxxix, 312, 378 p, 130 tab. col. (12*l* 12*s*. col. — 8*l* 15*s*. plain.)
III Flora Tasmaniae. Part 1. 2. 1860. cxxviii, 359, 422 p., 200 tab. col. (17*l*. 10*s*. col. — 12*l*. 10*s*. plain.)

4200* **Hooker**, *Joseph Dalton*. The Rhododendrous of Sikkim Himalaya; being an account, botanical and geographical, of the Rhododendrons recently discovered in the mountains of eastern Himalaya, from drawings and descriptions made on the spot, during a government botanical mission to that country. Edited by Sir *William Hooker*. London, Reeve 1849—(51.) folio. xiv, 33 p., 30 tab. col. (3*l*. 16*s*.)

4201* —— Illustrations of Himalayan plants, chiefly selected from drawings made for the late J. F. Cathcart Esq., of the Bengal Civil Service. London, Lovell Reeve. 1855 folio. x p., tit. col., tab. col. 1—24, textus non sign. (5*l*. 5*s*.)

4202* —— Himalayan Journals; or, Notes of a naturalist in Bengal, the Sikkim and Nepal Himalayas, the Khasia mountains etc. With maps and illustrations. In two volumes. London, John Murray. 1854. 8 (1*l*. 16*s*)

4203* —— and *Thomas* **Thomson**. Flora Indica; being a systematic account of the plants of British India etc. Vol. 1. London, W. Pamplin. 1855. 8. xvi, 280, 285 p., 1 mappa. (12*s*.)

4204* —— Handbook of the New Zealand Flora: a systematic description of the native plants of New Zealand and the Chatham, Kermadec's, Lord Aucklands, Campbell's and Macquarries Islands. Published under the authority of the government of New Zealand. London, Reeve and Co. 1867. 8. 15, LXVIII, 798 p. (1*l*. 10*s*.)
Part I, p. 1—392, published 1864; Part II, p. 393 to end, published 1867.

4205* —— The Students Flora of the British Islands. London, Macmillan and Co. 1870. 8. xx, 504 p. (10*s*. 6*d*.)
Cat. of sc. Papers III, 419—422.

Hooker, *William Dawson*.

4206* —— Inaugural dissertation upon the Cinchonas, their history, uses and effects. Glasgow, typ. E. Khall. 1839. 8. 29 p.

Hooker, *William Jackson* (Hookeria Sm.), Director des botanischen Gartens in Kew, * Norwich 6. Juli 1785, ÷ Kew 12. Aug. 1865.
Gardener's Chronicle 1865, Nr. 34. 35.
H. G. *Reichenbach* fil. in Bot. Ztg. 1866, Beilage zu Nr. 10. 8 p.
DeCandolle, La vie et les écrits de Sir *William Hooker*. Genève 1866. 8. 19 p.

4207* —— Journal of a tour in Iceland in the summer of 1809. London, printed for Vernor, Hood etc. by J. Keymer, Yarmouth. 1811. 8. LXII, 496 p., ind., 4 tab. col. (Appendix E: Icelandic plants, p. 459—496.) — *Second edition, with additions. London, printed for Longman etc. 1813. II voll. 8. — I CVI, 369 p., 4 tab. col. — II: Appendices: 394 p., ind. (1*l*. 6*s*.)

4208* —— British Jungermanniae: being a history and description with coloured figures of each species of the genus and microscopical analyses of the parts. London 1816. folio. 88 tab. col. sign. 1—84, suppl. 1—4; text.

4209* —— Plantae cryptogamicae, quas in plaga orbis novi aequinoctiali collegerunt *Alexander von Humboldt* et *Aimé Bonpland*. Adjectis tabulis species quasdam novas minusve cognitas (Muscorum frondosorum et hepaticorum) exhibentibus nec non *Alexandri de Humboldt* notationibus quibusdam plantarum geographiam spectantibus. Nr. 1. Londini, veneunt apud J. Harding, typ. Taylor. 1816. 4. (8 foll.), 4 tab. col. (12*s*.)
Fasciculus alter vix prodiit.

4210* —— Musci exotici, containing figures and descriptions of new or little known foreign mosses and other cryptogamic subjects. London 1818—20. II voll. 8. — I: 1818. tab. 1—96. — II: 1820. tab. 97—176. cum textu. (col. 4*l*. 4*s*. — nigr. 2*l*. 2*s*.)

4211* —— and *Thomas* **Taylor**. Muscologia britannica, containing the mosses of Great Britain and Ireland, systematically arranged and described. London 1818. 8. xxxv, 152 p., 31 tab. — *Second edition corrected and enlarged. London 1827. 8. xxxvii, 272 p., 36 tab. (3*l*. 3*s*. col.)

4212* —— Flora scotica, or a description of Scottish plants, arranged both according to the artificial and natural methods. In two volumes. London 1821. 8. x, 292, 297 p., ind. (14*s*.)

4213* —— Botanical illustrations: being a series of figures designed to illustrate the terms employed in a course of lectures on botany, with descriptions. Edinburgh 1822. folio obliquo. 21 tab. col., (42) p.

4214* **Hooker**, *William Jackson*. Some account of a collection of arctic plants formed by *Edward Sabine*, during a voyage in the polar seas in the year 1823. London, typ. Taylor. 1824. 4. 35 p.
<small>From the Transactions of the Linnean Society vol XIV.</small>

4215* —— Exotic Flora, containing figures and descriptions of new, rare or otherwise interesting exotic plants, especially of such as are deserving of being cultivated in our gardens. Edinburgh, Blackwood. 1823—27. III voll. gr. 8. 232 tab. col., textus.

4216* (——) A catalogue of plants contained in the royal botanic garden of Glasgow in the year 1825. Glasgow 1825. 8. 67 p., 1 tab.

4217* —— and *Robert Kaye* **Greville**. Icones Filicum: ad eas potissimum species illustrandas destinatae, quae hactenus vel in herbariis delituerunt prorsus incognitae, vel saltem nondum per icones botanicis innotuerunt. (Figures and descriptions of Ferns etc) Londini 1829—31. II voll. folio — I: 1829. tab. 1—120, 120 foll. — II: 1831. tab. 121—240, 120 foll., 9 p. ind. (25 *l.* 4 *s.*)

4218* —— The British Flora, comprising the phaenogamous plants and the ferns. London, Longman. 1830. 8. — *Ed. II. ib. 1832. 8. — *Ed. III. ib. 1835. 8. — *Ed. IV. ib 1838. 8. — *Ed. V. ib. 1842. 8. — *Ed. VI; in collaboration with *George W. Walker-Arnott*. ib. 1850. 8. — *Ed. VII ib. 1855. 8. — *Ed. VIII. revised and corrected. ib. 1860. 8 XLII, 639, (12) p., 12 tab. (14 *s.* — col. 21 *s.*) — Volumen II. comprising the Cryptogamia. London 1833—36. II parts. 8. (1 *l.* 4 *s.*) — I: 1833. Musci frondosi et hepatici, Lichenes, Charae et Algae. x, 4, 432 p. (12 *s.*) — II: 1836. Fungi, by the Rev. *M. J. Berkeley*. 32, 386, xv p. (12 *s.*)
<small>Volumen alterum *Hookeri* British Flora etiam inscribitur: The English Flora of *Sir James Edward Smith*, vol. V.</small>

4219* —— Botanical Miscellany; containing figures and descriptions of such plants as recommend themselves by their novelty, rarity or history etc. London 1830—33. III voll 8. — I: 1830. 356 p., tab 1—75. — II: 1831. 421 p., tab. 76—95, tab. suppl. col. 1—19. — III: 1833. 390 p, tab. 96—112, tab. suppl. col. 21—41. (15 *l.* 15 *s.*)

4220* —— The Journal of Botany, being a second series of the botanical Miscellany; containing figures and descriptions of such plants as recommend themselves by their novelty, rarity or history, or by the uses to which they are applied in the arts, in medicine and in domestic oeconomy; together with occasional botanical notices and information. London 1834 —42. IV voll. 8. — I: 1834. 390 p., 28 tab. pro parte col. sign. 113—140. — II: 1840. 442 p., 16 tab., effigies *Olof Swartz*. — III: 1841. 446 p., 17 tab., effigies *Jussieu*. — IV: 1842. 433 p., tab. 18—25, effigies *Richard* et *A. Cunningham*.

4221* —— The London Journal of Botany, containing figures and descriptions of such plants as recommend themselves by their novelty, rarity, history or uses; together with botanical notices and information and occasional portraits and memoirs of eminent botanists. London 1844—48. VII voll. 8. — I: 1842. 678 p, 23 tab. — II: 1843. 678 p., 24 tab. — III: 1844. 666 p., 24 tab. — IV: 1845. 666 p., 24 tab. — V: 1846. 666 p., 24 tab. — VI: 1847. 612 p., 24 tab. — VII: 1848. 674 p., 23 tab. (12 *l.* 12 *s.*)

4222* —— Flora boreali-americana, or the Botany of the northern parts of British America: compiled principally from the plants collected by Dr. *Richardson* and Mr. *Drummond* on the late northern expeditions, under command of Captain *Sir John Franklin*, to which are added those of Mr. *Douglas*, from North-West-America and of other naturalists. London, H. G. Bohn. 1833—40. II. voll. 4. — I: 1833. VI, 335 p. — II: 1840. 351 p., 238 tab., 1 mappa geogr. (12 *l.* 12 *s.*)
<small>Carices elaboravit *Francis Boott*, in vol. II, 207—228.</small>

4223* —— Companion to the Botanical Magazine; being a Journal, containing such interesting botanical information, as does not come within the prescribed limits of the Magazine. London, typ. Couchman. 1835—36. II voll. 8. — I: 1835. 384 p., 19 tab., effigies *David Douglas*. — II: 1836. 381 p., 32 tab., effigies *John Fraser* et *Richard Cunningham*.

4224* **Hooker**, *William Jackson*. Icones plantarum; or figures, with brief descriptive characters and remarks of new or rare plants selected from the authors herbarium. Vol. 1—10. London, Pamplin. (Reeve.) 1837—54 8. tab. 1—1000 and text. — Third series, by *Joseph Dalton Hooker*. Vol. 1. London, Williams and Norgate. 1867—71. 8. 82 p., tab. 1001—1100. (15 *l.* 8 *s*)

4225* (——) Copy of a letter addressed to *Dawson Turner* Esq. on the occasion of the death of the late *Duke of Bedford:* particularly in reference to the services rendered by his Grace to Botany and Horticulture. Printed only for private distribution. Glasgow 1840. 4. 25 p., 1 tab. col.

4226* —— and *G. A.* **Walker-Arnott**. The Botany of Captain *Beechey's* Voyage, comprising an account of the plants collected by Messrs *Lay* and *Collie* and other officers of the expedition, during the voyage to the pacific and Bering Strait, performed in his Majesty's Ship *Blossom*, under the command of Captain *F. W. Beechey* in the years 1825—28. London, H. G. Bohn. 1841 4. 485 p., 94 tab.

4227* —— Genera Filicum, or illustrations of the Ferns and other allied genera; from the original coloured drawings of *Francis Bauer* Esq, with descriptive letterpress. London, H. G. Bohn 1842. royal 8. (120) p., 120 tab. col..(7 *l.* 4 *s*)

4228* —— Notes on the botany of the antarctic voyage, conducted by Captain *James Clark Ross* in her Majesty's discovery ships *Erebus* and *Terror;* with observations on the Tussac grass of the Falkland islands. London, Baillière. 1843. 8. 83 p., 2 tab. col.

4229* —— Species Filicum; being descriptions of the known ferns, particularly of such as exist in the authors herbarium. Vol. 1—5. London, Pamplin. 1846—64. 8. xv, 245, 250, 291, 292, 314 p., tab. 1—304. c. expl. (7 *l.* 8 *s*)
<small>Animadversiones acerrimae in hoc opus, autore *Gustav Kunze*, continentur in Botanische Zeitung 1844. p. 255; 1845. p. 796. 813. 838; 1847. p. 183. 198 223. 241. 258. 276 300. 319. 328. 349.</small>

4230* —— A century of orchidaceous plants selected from *Curtis* Botanical Magazine, consisting of a hundred of those most worthy of cultivation, systematically arranged and illustrated with coloured figures and dissections chiefly executed by Mr. *Fitch;* accompanied by an introduction on the culture and general management of Orchidaceous plants, and with copious remarks on the treatment of each species by *John Charles Lyons*. London, Reeve and Co. 1846. 4. 100 tab. col. (5 Guineas.)
<small>A second century of Orchidaceous plants, selected from the subjects published in *Curtis's* «Botanical Magazine» since the issue of the «First Century.» Edited by *James Bateman*, Esq. Parts I. to V., each with 10 Coloured Plates. (10 *s.* 6 *d.*) (non vidi.)</small>

4231* —— Kew Gardens: or a popular guide to the royal botanic gardens at Kew. Ed. II. London, Longman. 1847. 8. 60 p., 1 tab. — *Ed. XIX. ib. 1860. 8. 60 p., 1 tab. (1 *s.*)

4232* —— Description of Victoria regia or Great Waterlily of South America. London, Reeve brothers. 1847. folio. 8 p., 4 tab. col.

4233* —— Niger Flora; or, an enumeration of the plants of western tropical Africa, collected by the late Dr. *Theodore Vogel*, botanist to the Voyage of the expedition sent by H. B. M. to the River Niger in 1841, under the command of Captain *H. D. Trotter;* including Spicilegia gorgonea by *Ph. B. Webb*, and Flora nigritiana by Dr. *J. D. Hooker* and *George Bentham;* with a sketch of the life of Dr. *Vogel*. London, Baillière. 1849. 8. xv, 587 p., 1 mappa, 2 et 50 tab. (1 *l.* 1 *s.*)

4234* —— Filices exoticae; or, figures and descriptions of exotic ferns; chiefly of such as are cultivated in the Royal gardens of Kew. London, Lovell Reeve. 1859. 4. tab. col. 1—100 a *Fitch* delineatae, 100 foll. textus.
<small>Prodiit 12 fasciculis annis 1857—59, pretio 125 *s.*</small>

4235* —— Journal of botany and Kew Garden Miscellany. Vol. 1—9. London, Reeve and Co. 1849—57. 8. — I: 1849. 386 p., 12 tab. — II: 1850. 386 p., 12 tab. — III: 1851. 384 p., 12 tab. — IV: 1852. 354 p., 12 tab. — V: 1853. IV, 416 p.,

12 tab. — VI: 1854. 386 p., 12 tab. — VII: 1855. 386 p., 12 tab — VIII: 1856. 386 p, 12 tab. — IX: 1857. 386 p., 12 tab

4236* **Hooker**, *William Jackson*. Victoria regia; or, Illustrations of the Royal Waterlily, in a series of figures chiefly made from specimens flowering at Syon and at Kew, by *Walter Fitch*; with descriptions by *Sir W. J. Hooker*. London, Reeve and Benham. 1851. folio max 20 p, 4 tab. col.

4237* —— Catalogue of hardy herbaceous plants in the Royal Gardens of Kew. London, typ. Eyre and Spottiswoode. 1853. 8 62 p

4238* —— A Century of ferns; being figures with brief descriptions of one hundred new or rare, or imperfectly known species of ferns, from various parts of the world. A selection from the authors «Icones plantarum.» London, W. Pamplin. 1854. 8 vii, (100) p, tab. 1—100. (2 *l.* — col. 3 *l* 3 *s*.) — *A second Century of ferns. Part 1. 2. ib. 1860. tab. 1—50 and text (20 *s*)

4239* —— Museum of economic botany, or a popular guide to the Museum of the Royal Gardens of Kew. London, Longman. 1855. 8. 80 p, 1 tab.

4240* —— Paris Universal Exhibition. Report on vegetable products obtained without cultivation. London, typ. Spottiswoode. 1857. 8. 182 p.

4241* —— The British Ferns; or, coloured figures and descriptions, with the needful analyses of the fructifications and venation, of the ferns of Great Britain and Ireland, systematically arranged. The drawings by *Walter Fitch*. London, Lovell Reeve. 1861. 8. (16, 132) p, 66 tab col. (2 *l*)

4242* —— Garden Ferns. The drawings by *Walter Fitch*. London, Lovell Reeve and Co 1862. 8. v, (128) p., 64 tab. col (2 *l*)
vide *Nightingale, Parry, Scoresby.*
Cat. of sc. Papers III. 422—424.

Hooper, *Robert*.
4243* —— Observations on the structure and economy of plants: to which is added the analogy between the animal and the vegetable Kingdom. Oxford, Fletcher. 1797. 8. vi, 129 p.

Hoorebeke, *Charles Joseph*.
4244* —— Mémoire sur les Orobanches (en Thiois) honger, smeêrkruyd, brem-raep, priemen, pour servir d'instruction à la culture du trèfle dans les communes où l'Orobanche nuit à sa culture. Gand, Gossin-Verhaeghe 1818. 8. 22 p.

Hope, *John*, Professor der Botanik in Edinburgh (Hopea Roxb), * Edinburgh 10. Mai 1725, † Edinburgh 10. Nov. 1786

Hope, *Thomas Charles*, Professor in Edinburgh, * Edinburgh 21. Juli 1766, † Edinburgh 13. Juni 1844

4245 —— Tentamen inaugurale, quaedam de plantarum motibus et vita complectens. Edinburgi 1787. 8. 37 p.

Hopkirk, *Thomas*.
4246* —— Flora Glottiana, being a catalogue of the indigenous plants on the banks of the river Clyde, and in the neighbourhood of the city of Glasgow. Glasgow, John Smith and Son. 1813. 8. 170 p. (7 *s*. 6 *d*.)

4247* —— Flora anomala. A general view of the anomalies in the vegetable Kingdom. Glasgow and London, Smith and Longman. 1817. 8. 198 p, 11 tab. (10 *s*. 6 *d*.)

Hoppe, *David Heinrich*, bairischer Hofrath, * Vilsen (Hannover) 15 Dec. 1760, † Regensburg 1. Aug. 1846
Biographie und Portrait in Dr. *Hoppe's* Jubelfeier. Regensburg 1845. 4. 31 p.
Selbstbiographie. Nach seinem Tode ergänzt und herausgegeben von A. E. Fürnrohr. (Auch als Jahrgang 23 von *Hoppe's* Botanischem Taschenbuch.) Regensburg, Manz. 1849. 8. viii, 352 p., effigies Hoppii. (1 ⅛ *th*.)

4248* —— Ectypa plantarum Ratisbonensium, oder Abdrücke derjenigen Pflanzen, welche um Regensburg wild wachsen. Erstes bis Achtes Hundert. Verfertigt und verlegt von *Johann Mayr*. Regensburg 1787—93. VIII voll. folio. (52 p) 800 tab. (32 *th*.)

4249* —— Botanisches Taschenbuch für die Anhänger dieser Wissenschaft und der Apothekerkunst. Regensburg 1790—1811. 22 Jahrgänge. 8. 182, 208, 248, 260, 258, 268, 252, 252, 236, 252, 252, 252, 252, 252, 252, 266, 251, 252, 251, 243, 232 et 236 p, tab. (18½ *th*.)
Inscribitur inde ab anno 1805: «Neues botanisches Taschenbuch»

4250* **Hoppe**, *David Heinrich* und *Friedrich* **Hornschuch**. Tagebuch einer Reise nach den Küsten des adriatischen Meeres und den Gebirgen von Krain, Kärnthen, Tirol, Salzburg, Baiern und Böhmen, vorzüglich in botanischer und entomologischer Hinsicht. Regensburg, Rotermundt. 1818. 8. xii, 283 p., 1 tab. col. (1½ *th*.)

4251* —— Anleitung, Gräser und grasartige Gewächse nach einer neuen Methode für Herbarien zuzubereiten etc. Regensburg und Nürnberg, Riegel und Wiesner. 1819. 4. vii, 35 p., 2 tab. (1 ⅛ *th*)

4252* —— Caricologia germanica oder Aufzählung der in Deutschland wildwachsenden Riedgräser Leipzig, Hofmeister. 1826. 8. viii, 104 p. (⁷/₁₂ *th*.)

4253* —— und *Jakob* **Sturm**. Caricologia germanica oder Beschreibungen und Abbildungen aller in Deutschland wildwachsenden Seggen. Nürnberg, Sturm. 1835. 12. 112 foll, 112 tab. col.
Sistit particulam Florae germanicae a *Jakob Sturm* delineatae.
Cat. of sc. Papers III, 430—431.

Hoppe, *Tobias Konrad*
4254* —— Einige Nachricht von den sogenannten Eichen-, Weiden- und Dornrosen, welche in dem vorigen Jahre in der Lausitz, in Schlesien und an andern Orten an den Eichen und Weiden sind gefunden worden etc. Leipzig, Crull. 1748. 4. 20 p.

4255* —— Antwort-Schreiben auf diejenigen Zweifel, welche der ... Herr *J. Fr. Schreiber* ... zweien Sendschreiben von den sogenannten Weidenrosen ... entgegengesetzt. Gera 1748. 4. 19 p

4256* —— Abhandlung von der Begattung der Pflanzen. Altenburg 1773. 8. xvi, 62 p.

4257* —— Geraische Flora. Jena 1774. 8. 224 p.

Horaninow, *Paul* (Horaninovia F. et M), * Mohilew 1796, † Petersburg 3. Nov. 1866.

4258* —— Primae lineae botanices. Petropoli 1827. 8. 338 p., 12 tab. (rossice).

4259* —— Fundamenta botanices. Petropoli 1841. 8 xvi, 371 p.

4260* —— Characteres essentiales familiarum ac tribuum regni vegetabilis et amphorganici ad leges Tetractydis naturae conscripti: accedit enumeratio generum magis notorum et organographiae supplementum. Petropoli, typ. Wienhöber. 1847. 8. viii, 302 p.

4261* —— Die Pilze in medizinisch-polizeilicher Beziehung. Petersburg 1848. 8. 126 p. (rossice).

4262* —— Prodromus monographiae Scitaminearum, additis nonnullis de phytographia, de Monocotyleis et Orchideis. Petropoli, typ. academiae scient. 1862. folio. 45 p, 4 tab.

Horkel, *Johann*, Professor der Physiologie an der Universität Berlin (Horkelia Cham.), * Burg auf der Insel Femarn 8. Sept. 1769, † Berlin 15. Nov. 1846.
Cat. of sc. Papers III, 433.

Hornemann, *Jens Wilken*, Professor der Botanik in Kopenhagen (Hornemannia Willd.), * Marstal auf der Insel Aeroe 6. März 1770, † Kopenhagen 30. Juli 1841.

4263* —— Forsøg til en Dansk oeconomisk Plantelære. Kjøbenhavn 1795 8 — Ed. II: ib. 1806. 8. — *Ed. III: ib. 1821—37. II voll. 8. — I: 1821. xii, 1042 p., 2 tab. — II: 1837. 990 p. (8 *Rdr*)

4264* —— Enumeratio plantarum horti botanici Hafniensis. Hafniae 1807. 8. 44 p.

4265* —— Hortus regius botanicus Hafniensis, in usum tironum et botanophilorum. Hafniae 1813—15. II voll. 8. xiv, 995 p. — Supplementum 1—3. ib. 1819. 8. 172, 44, 11 p.

4266* —— Om Berberissen kan frembringe Kornrust? Kjøbenhavn, typ Graebe. 1816. 8. 32 p. (16 *Schill*.)
Aftrykt af nye oeconom. Annaler. 2. Bind.

4267* —— De indole plantarum guineensium observationes. Programma academicum. Hafniae, typ. Schultz. 1819. 4. 27 p.

4268* —— Nomenclatura Florae danicae emendata, cum indice systematico et alphabetico. Hafniae 1827. 8. xxviii, 214 p. (2 *Rbd*)
Cat. of sc. Papers III, 435.

Hornschuch, *Christian Friedrich*, Professor in Greifswald (Hornschuchia N. v. E.), * Rodach 21. Aug 1793, † Greifswald 25. Dec. 1850.

4269* **Hornschuch**, *Christian Friedrich*. De Voitia et Systylio, novis muscorum frondosorum generibus. Commentatio. Erlangae 1818. 4. 22 p, 2 tab. col. (¼ th.)
Cat. of sc. Papers III, 439.

Hornstedt, *Claudius Fredrik*, Arzt, reiste in Java und am Cap (Hornstedtia Retz), * Linköping 1758.

4270 —— Dissertatio de novis generibus plantarum. Upsaliae 1799. 8. 28 p.

Hornung, *Ernst Gottfried* (Hornungia Rchb.), * Frankenhausen in Schwarzburg-R. 15. Sept. 1795, † Aschersleben 30. Sept. 1862.
Cat. of sc. Papers III, 440—441.

Horsfield, *Thomas* (Horsfieldia Blum.), * Bethlehem in Pennsylvanien 12. Mai 1773, † London 14. Juli 1859.

4271* —— An experimental Dissertation on the Rhus Vernix, Rhus radicans and Rhus glabrum. Philadelphia, typ. Cist. 1798. 8. vi, 88 p.
Cat. of sc. Papers III, 441.

Horst, *Christoph*.
4272 —— Hortulus medicus. Cassellis 1610. 4.

Horst, *Gisbert*.
4273 —— De Turpeto et Thapsia. Romae, apud Antonium Bladum. 1544. 4.

Horst, *Jakob*, Professor der Medizin in Helmstädt, * Torgau 1. Mai 1537, † Helmstädt 21. Mai 1600.

4274* —— Opusculum de vite vinifera ejusque partibus. etc. Helmstadii, excudebat Jacobus Lucius. 1587. 8. 60 foll., praef.

4275* —— Herbarium Horstianum, seu de selectis plantis et radicibus libri duo; in compendium redacti per *Gregorium Horstium*. Accessit *Jacobi Horstii* opusculum de vite vinifera. Marpurgi, typ. Chemlin. 1630. 8. (8) 414 p.

Horst, *Johann Daniel*, Physikus in Frankfurt a/M., * Giessen 14 Oct. 1616, † Frankfurt a/M. 27. Jan. 1685.

4276* —— Malva arborescens lutea. Gissae Hessorum, typ. Hampel. 1654. 4. (16 p)

Horvatovszky, *Sigismund*, Arzt.
4277* (——) Florae Tyrnaviensis indigenae pars prima. D. Tyrnavii 1774. 8. 46 p.

Hosack, *David*, Professor der Botanik am Columbia College in New York (Hosackia Dougl.), * New York 31. Aug. 1769, † New York 23. Dec. 1835.

4278 —— Syllabus of a course of lectures on botany, delivered in Columbia College. New York 1795. 8.

4279* —— Hortus Elginensis: or a Catalogue of plants indigenous and exotic cultivated in the Elgin botanic garden in the vicinity of New York, established in 1804. New York, Swords. 1806. 8. 29 p. — *Ed. II. enlarged. ib. 1811. 8. x, 65 p.

4280* —— A statement of facts relative to the establishment and the progress of the Elgin botanic garden. New York 1811. 8. 56 p.

4281* —— An inaugural discourse delivered before the New York Horticultural Society. New York, typ. Seymour. 1824. 8. 46 p.
Cat. of sc. Papers III, 444.

Hose, *Johann Albert*, † Heidelberg 8. Oct. 1800.

4282* —— Herbarium vivum muscorum frondosorum cum descriptionibus analyticis ad normam Hedwigii. Lipsiae, Graeff. 1799—1800. II fasciculi. 8. — I: 1799. 93 p., 12 species exsiccatae. — II: 1800. 89 p., 12 species exsiccatae. (4 th. — Liber absque speciminibus musc. ⅔ th.)

Hoser, *Joseph*, Leibarzt des Erzherzogs Karl, * Ploschkowitz bei Leitmeritz 30. Juni 1770, † Prag 22. Aug. 1848.

4283 —— De modo plantas juxta systema Linnéanum determinandi. Pragae, Sommer. 1828. 8. vi, 38 p.

Host, *Nicolaus Thomas*, Kaiserlicher Leibarzt in Wien, * Fiume 6. Dec. 1761, † Schönbrunn 13. Jan. 1834.

4284* —— Synopsis plantarum in Austria provinciisque adjacentibus sponte crescentium. Vindobonae, Wappler. 1797. 8. 666 p. (2½ th.)

4285* —— Icones et descriptiones graminum austriacorum. Vindobonae 1801—9. IV voll. folio. — I: 1801. 74 p., praef., 100 tab. col. — II: 1802. 72 p., 100 tab. col. — III: 1805. 66 p, 100 tab. col — IV: 1809. 58 p., ind., 100 tab. col. (180 th.)

4286* **Host**, *Nicolaus Thomas*. Flora austriaca. Viennae, Beck. 1827—31. II voll. 8. — I: 1827. 576 p. — II: 1831. 768 p. (4 th.)

4287* —— Salix. Volumen primum. Vindobonae, typ. Strauss. 1828. folio. 34 p., praef., 105 tab. col. (7 th.)

Hotton, *Petrus*, Professor in Leyden (Hottonia L.), * Amsterdam 18. Juni 1648, † Leyden 10. Jan. 1709.

4288* —— Sermo academicus, quo rei herbariae historia et fata adumbrantur. Publice habitus VII Id. Maji 1695, quam inauguraretur ad medicinae et botanices professionem in academia Lugduno-Batava iteratò capessendam. Lugduni Batavorum, apud Abrahamum Elzevier. 1695. 4. 65 p.
Redit in *Usteri*, Delectus opusc. bot. I. p. 195—244. De ejusdem autoris Syntaxi herbaria inedita cf. *Boerhave* Ind. plant. in praef. p. 16.

4289* —— Thesaurus phytologicus, d. i. Neu eröffneter und reichlich versehener Kräuterschatz: Nürnberg, Buggel und Seitz. 1738. 4. 958 p., praef.

Houstoun, *William* (Houstonia L.), * Schottland 1695, † Jamaica 1733.

4290* —— Reliquiae Houstounianae: seu plantarum in America meridionali a Guil. *Houstoun* collectarum icones manu propria aere incisae: cum descriptionibus e schedis ejusdem in bibliotheca *Josephi Banks* asservatis. Londini 1781. 4. 12 p , 26 tab. — *Ed. in Germania prima, juxta exemplar Londinense.' Norimbergae, Raspe. 1794. 8. 24 p., 15 tab. (1 th)

Houttuyn, *Martin*.
4291 (——) Houtkunde; Verzameling van in- en uitlandsche houten, en derzelver benamingen in het hollandsch, hoogduitsch, engelsch, fransch en latijn. Jcones lignorum exoticorum et nostratium, ex arboribus, arbusculis et fruticibus varii generis collectorum, aeri incisae et coloribus nativos imitantibus inductae. Addita sunt eorundem lignorum nomina belgica, germanica, anglica, gallica et latina typis impressa. Amstelaedami, Sepp. 1773. 4. 100, LVIII p., 101 tab. col. (latine et hollandice) (81 fl.)
Editio anni 1791 praeter adjectum supplementum cum tabulis sex coloratis anno 1795 editum non differt.
* *germanice:* Nürnberg 1773—98. 4.

Hovey, *C. M.*
4292 —— The Fruits of America. Boston 1847. royal 8. 48 tab. col. (3 l. 3 s)

How, *William*, Arzt zu London, * London 1619, † London 1656.
4293* (——) Phytologia britannica, natales exhibens indigenarum stirpium sponte emergentium. Londini, typ. Cotes. 1650. 8. 133 p., praef.

Howard, *John Eliot*.
4294* —— Illustrations of the Nueva Quinologie of Pavon. London, Reeve and Co. 1862. folio. xvi p., 27 tab col. and text. (6 l. 6 s.)
Cat. of sc. Papers III, 450.

Howell, *J. W.*
Cat. of sc. Papers III, 451.

Howitt, *Godfrey*.
4295 —— and *William* **Valentine**. Muscologia Nottinghamensis. Nottingham 1833. 8.

4296* —— The Nottinghamshire Flora. London, Hamilton. 1839 8. 124 p., 1 tab.

Hoyer, *Karl A. H.*
4297* —— Flora der Grafschaft Schaumburg und der Umgegend. Rinteln, Büsendahl. 1838. 8. iv, 512, XXXIV p. (1⅓ th.)

Huber, *Candidus*, Benediktiner zu Stallwang, Herausgeber einer Holzbibliothek in 24 Bänden, * Ebersberg in Baiern 4. Febr. 1747, † Stallwang 15. Juni 1813.

4298* —— Vollständige Naturgeschichte aller in Deutschland einheimischen und nationalisirten Bau- und Baumhölzer. München 1808. II voll. 4. (3 th.)

Huber, *François* (Huberia DC.), * Genf 2. Juli 1750, † Lausanne 22. Dec. 1831.
Notice sur la vie et les écrits de *François Huber*. (Bibl. univ. de Genève, vol. XLIX. 1832. p. 187—207.)

4299* —— et *Jean* **Senebier**. Mémoires sur l'influence de l'air et de diverses substances gazeuses dans la germination des différentes graines. Genève, Paschoud. 1801. 8. XIII, 230 p. (2 *fr.* 50 *c.*)

germanice: Hannover 1805. 8. (1/2 *th.*)

Huber, *J. Chr.*

4300* —— und *J.* **Rehm.** Uebersicht der Flora von Memmingen. Memmingen (Augsburg, typ. Himmer.) 1860. 8. XL, 80 p.

Huber, *Johann Jakob*, Professor der Anatomie in Cassel, * Basel 11. Sept. 1707, † Cassel 6. Juli 1778.

4301* —— Positiones anatomico-botanicae. Basileae 1733. 4. 8 p.

Hubert.

4302* —— Essai sur quelques Hydrophytes de la Charente-Inférieure. La Rochelle, Cailland. 1845. 8. 44 p.

Hudson, *William*, Apotheker in London (Hudsonia L.), * Kendal (Westmoreland) 1730, † London 23. Mai 1793.

4303* —— Flora anglica; exhibens plantas per regnum Britanniae sponte crescentes, distributas secundum systema sexuale, cum differentiis specierum, synonymis auctorum, nominibus incolarum, solo locorum, tempore florendi, officinalibus pharmacopoeorum London 1762. 8. VIII, 506 p., ind. — * Ed. II. emendata et aucta. Londini, Nourse. 1778. 8. XXXVIII, 690 p. — * Ed. III. London 1798. 8. IV, XXXII, 688 p. (10 *s.* 6 *d.*)

Huebener, *J. W. P.*, † Hamburg Februar 1847.

4304* —— Muscologia germanica, oder Beschreibung der deutschen Laubmoose. Leipzig, Hofmeister. 1833. 8. XVIII, 722 p. (3 1/2 *th.*)

4305* —— Hepaticologia germanica, oder Beschreibung der deutschen Lebermoose. Mannheim, Schwann und Götz. 1834. 8. LXIV, 314 p. (1 2/3 *th.*)

4306* —— Einleitung in das Studium der Pflanzenkunde. Mannheim 1834. gr. 12. VI, 246 p. — (1/2 *th.*) — * Ed. II. Mannheim 1836. gr. 12. VI, 246 p. — * Ed. III. Mannheim 1841. gr. 12 VI, 246 p. (1/2 *th.*)

4307* —— Theoretische Anfangsgründe der wissenschaftlichen Pflanzenkunde. Mainz 1835. 8. (1 *th.*)

4308* —— Flora der Umgegend von Hamburg, städtischen Gebietes, Holstein-Lauenburgischen und Lüneburgischen Antheils. Hamburg 1846. gr. 8. XLIV, 523 p (2 2/3 *th.*)

Cat. of sc. Papers III, 455.

Huebner, *J. G.*, Seminarlehrer in Potsdam.

4309 —— Pflanzenkunde. 2. Auflage. Potsdam, Ringel. 1867. 8. VIII, 414 p., ic. xyl. (1 1/2 *th.* n.)

4310 —— Pflanzen-Atlas. 3. Auflage. Berlin, Grieben. 1869. 4. 32 tab. col. (1 1/2 *th.* n.)

Huegel, *Karl, Freiherr von*, österreichischer Gesandter in Florenz und Brüssel (Hügelia Benth.), * Regensburg 25 April 1794, † Brüssel 2. Juni 1870.

A. v. Reumont in A. A. Zeitung Juni 1870.

4311* —— Botanisches Archiv der Gartenbaugesellschaft des österreichischen Kaiserstaates. Abbildungen und Beschreibungen neuer oder seltener Pflanzen, welche in den Gärten der Monarchie blühen. Wien, Beck. 1837. 2 Hefte. 4. 11 foll., 10 tab col. (3 2/3 *th.*)

4312* —— Kaschmir und das Reich der Siek. Stuttgart, Hallberger. 1840—44. Botanik: Band II, 245—286 8.

4313* —— Orchideensammlung im Frühjahr 1845. (1080 species.) (Wien 1845) 8. 34 p

cf. Enumeratio plantarum.

Huenefeld, *Friedrich Ludwig*, Professor zu Greifswald, * Müncheberg 30. März 1799.

4314* —— Anweisung durch eine neue Methode die Gewächse naturgetreu, mit Beibehaltung ihrer Stellungen, Ausdehnungen und Farben auf eine leichte Weise zu trocknen und aufzubewahren. Leipzig 1831. 8. 33 p. (1/4 *th.*)

Erdmann's Journal für technische und ökonomische Chemie, 10. Band, 1 Heft.

Cat. of sc. Papers III, 468—471.

Huenerwolf, *Jakob Augustin*, Arzt zu Arnstadt, * Arnstadt 1644. † 1685.

4315* —— Anatomia Paeoniae, in qua natales et qualitates Paeoniae exhibentur. Arnsteti, typ. Meurer. 1680. 8. 110 p., ind.

Huerto, *Garcia del*, latine **ab Horto.**

4316* —— Coloquios dos simples, e drogas he cousas mediçinais da India, e assi dalgũas frutas achadas nella onde se tratam alguas cousas tocantes amediçina, pratica e outras cousas boas pera saber, compostos pello Doutor *Garcia Dorta.* Impresso em Goa por Joannes de endem as X dias de Abril de 1563 annos 4. (7) 217 foll. Bibl. Deless.

* *latine:* Aromatum et simplicium aliquot medicamentorum apud Indos nascentium historia: primum quidem lusitanica lingua per dialogos conscripta a D. *Garcia ab Horto*, Proregis Indiae medico; deindo latino sermone in epitomen contracta et iconibus ad vivum expressis locupletioribusque adnotatiunculis illustrata a *Carolo Clusio.* Antwerpiae, Plantinus 1567. 8. 250 p., ind. — * Ed. II: Antwerpiae, Plantinus. 1574. 8. 227 p., ind. — * Ed. III: Antwerpiae, Plantinus. 1579. 8. 217 p., ind. — * Ed. IV. castigatior et aliquot locis auctior. Antwerpiae, ex off. Plantiniana apud vid. Moreti. 1593. 8. 217 p., ind. — * Ed. V. cum *Clusii* Exoticis. Antwerpiae 1605. folio. p. 145—242.

anglice: Londini 1577. 4.

* *italice.* Venetia 1582. 8. 317, 249 p., praef., ind.

* *gallice:* Seconde édition revue et augmentée. Lyon, Pillehotte. 1619. 8 369 p., praef., ind., ic.

Hueser, *Friedrich.*

4317* —— De Carice arenaria. D. Goettingae 1802. 8. 28 p., 1 tab.

Huet du Pavillon, *A.*, Professor in Toulon-sur-mer.

Cat. of sc. Papers III, 458.

Huettenschmid, *Gustav Friedrich.*

4318* —— Analysis chemica corticis Geoffroyae jamaicensis nec non Geoffroyae surinamensis. D. Heidelbergae 1824. 8. 35 p.

Hughes, *Griffith.*

4319* —— The natural history of Barbados. In ten books. London, printed for the author. 1750. folio. VII, 314 p., add., ind, 29 tab.

Botany, p. 97—256.

Hughes, *William.*

4320* —— The american physician, or a treatise of the roots, plants, trees, shrubs, fruit, herbs, etc. growing in the english plantations in America. London, W. Crook. 1672. 12. 159 p.

Hugo, *August Johannes* (Hugonia L.), † Hannover 17. Febr 1758.

4321* —— De variis plantarum methodis. D. Lugduni Batavorum 1711. 4. 24 p.

Hull, *John.*

4322* —— The British Flora, or a Linnean arrangement of british plants; with their generic and specific characters, select synonyms, english names, places of growth, duration, times of flowering and references to figures Manchester, typ. Dean. 1799. II parts. 8. VII, 449 p., ind. — * Ed. II. Vol. I. (Monandria-Polygamia.) Manchester, typ. S. Russel. 1808. 8. XVI, 319 p. Bibl. Kew.

4323* —— Elements of botany. Manchester, typ. Dean. 1800 8. — I: XXXIV, LX, 302 p., 12 tab. — II: II, 409 p., 4 tab.

Hulthem, *Charles Joseph Emmanuel van* (Hulthemia Dum.), * Gent 17. April 1764, † Gent 16. Dec. 1832.

4324* —— Discours sur l'état ancien et moderne de l'agriculture et de la botanique dans les Pays-Bas. Gand, typ. de Goesin-Verhaeghe. 1817. 8. 70 p.

Humboldt, *Friedrich Alexander von* (Humboldtia Vahl.), * Berlin 14. Sept. 1796, † Berlin 6. Mai 1859.

4325* —— Florae Fribergensis specimen plantas cryptogamicas praesertim subterraneas exhibens. Accedunt Aphorismi ex doctrina physiologiae chemicae plantarum. Berolini 1793. 4. XIV, 189 p., 4 tab. (2 1/2 *th.*)

Florae Fribergensis specimen: p. 1—132; Aphorismi ex doctrina physiologiae chemicae plantarum: p. 133—182; Synonymia Lichenum castigata Tabula affinitatum phytologicarum; p. 183—185.

Cf. ejusdem: Plantae subterraneae (Fribergenses) descriptae in *Usteri* Annalen, III. p. 53—58.

* *germanice:* Aphorismen aus der chemischen Physiologie der Pflanzen. Aus dem Lateinischen übersetzt von *Gotthelf Fischer.* Nebst einigen Zusätzen von *Johann Hedwig* und Vorrede von *Christian Friedrich Ludwig.* Leipzig, Voss et Co. 1794. 8. XX, 206 p. (3/4 *th.*)

4326* —— Ideen zu einer Physiognomik der Gewächse. Tübingen 1806. 8. 28 p. (1/6 *th.*)

Redit in «Ansichten der Natur» II, 1—248. (1849.)

4327* —— et *Aimé* **Bonpland.** Essai sur la géographie des plantes; accompagné d'un tableau physique des régions équinoxiales, fondé sur des mesures exécutées depuis le dixième degré de latitude boréale jusqu'au dixième degré de latitude australe pendant les années 1799—1803. Paris, Levrault, an XIII. 1805. 4 maj 155 p.

* *germanice:* Ideen zu einer Geographie der Pflanzen Tübingen 1807. 4 XII, 182 p, 1 tab (9 1/3 *th* — col. 13 *th*)

4328* **Humboldt,** *Friedrich Alexander von.* De distributione geographica plantarum secundum coeli temperiem et altitudinem montium, prolegomena. Lutetiae Parisiorum, typ. Gratiot. 1817. 8. 249 p., ind., 1 tab. col. (7 *fr.*)

4329* —— Sur les lois que l'on observe dans la distribution des formes végétales. Paris, Feugueray. 1816. 8. 15 p.
Annales de chimie et de physique I, 225—239.

4330* —— Nouvelles recherches sur les lois que l'on observe dans la distribution des formes végétales. Paris 1820. 8. 26 p., 1 tableau.
Extrait du Dictionnaire des sc. nat. XVIII, 422—436.

4331* —— Monographia Melastomacearum continens plantas hujus ordinis hucusque collectas, praesertim per regnum Mexici, in provinciis Caracarum et Novae Andalusiae, in Peruvianorum, Quitensium, Novae Granatae Andibus, ad Orenoci, Fluvii nigri, fluminis Amazonum ripas nascentes. In ordinem digessit *Amatus Bonpland.* Lutetiae Parisiorum 1806—23. II vol. = 24 fasciculi. folio. — I: Melastomae. 1816. VI, 142 p., ind., 60 tab. col. — II: Rhexiae. 1823. II, 158 p, ind., 60 tab. col. (864 *fr.*)
Altera adest gallica inscriptio: Monographie des Mélastomacées; tandem tertius titulus: Monographia Melastomarum, auctore *Amato Bonpland.*

4332* —— Plantae aequinoctiales, per regnum Mexici in provinciis Caracarum et Novae Andalusiae, in Peruvianorum, Quitensium, Novae Granatae Andibus, ad Orenoci, Fluvii nigri, fluminis Amazonum ripas nascentes. In ordinem digessit *Amatus Bonpland.* Parisiis 1805—18. II voll. = 17 fasciculi. folio. — I: 1808. VII, 234 p., 68 tab. sign. 1—65; effigies *José Celestino Mutis.* — II: 1809. 191 p., 75 tab. sign. 1—140. (510 *fr.*)
Altera adest gallica inscriptio: Plantes équinoctiales.

4333* —— Nova genera et species plantarum quas in peregrinatione orbis novi collegerunt, descripserunt, partim adumbraverunt *Amatus Bonpland* et *Alexander de Humboldt.* Ex schedis autographis *Amati Bonpland* in ordinem digessit *Carolus Siegesmund Kunth.* Accedunt *Alexandri de Humboldt* notationes ad geographiam plantarum spectantes. Lutetiae Parisiorum 1815—25. VII voll = 36 fasciculi. folio. — I: 1815. XLVI, 302 p., tab. col. 1—96. — II: 1817. 323 p., tab. col. 97—192. — III: 1818. 456 p., tab. col. 193—300. — IV: 1820. 312 p., tab. col. 301—402. — V: 1821. 432 p., tab. col. 413—512. — VI: 1823. 544 p., tab. col. 513—610. — VII: 1825. 506 p., tab. col. 611—700. (6480 *fr.* — nigr. 1800 *fr.* — nigr. magna quarta forma: 1206 *fr.*)
Kunth, Synonyma ad plantas Humboldtianas e Mantissa tertia Roemeri et Schultesii. Linnaea V, 366—369. (1830.)
Cat. of sc. Papers III, 462—467.

Humphreys, *Henry Noel.*
4334* —— The Galery of exotic flowers. Nr. 1. London, by Owen Jones. (1855.) 4 tab. col. (10 *s.*)

Hundeshagen, *Johann Christian,* Director des forstwissenschaftlichen Instituts in Giessen, * Hanau 10. Aug. 1783, ✝ Giessen 10. Febr. 1834.
4335* —— Lehrbuch der forst- und landwirthschaftlichen Naturkunde. Zweite Abtheilung: Die Anatomie, der Chemismus und die Physiologie der Pflanzen. Tübingen, Laup. 1829. 8. VII, 372 p. (1½ *th.*)

Hunter, *John.*
4336* —— Memoranda on vegetation. Published from the original Manuscript. London, typ. Taylor and Francis. 1860. 4. VI, 34 p.

Huperz, *Johann Peter.*
4337* —— De filicum propagatione. D. Goettingae, typ. Grape. 1798. 8. 35 p., 1 tab.
Ejusdem anni alia exstat libelli impressio, cum *Maratti* De vera florum existentia in plantis dorsiferis edita.

Husemann, *August* und *Theodor.*
4338 —— Die Pflanzenstoffe in chemischer, physiologischer, pharmakologischer und toxikologischer Hinsicht. Lieferung 1. 2. Berlin, Springer. 1870. 8. 528 p. (3⅓ *th.*)

Husnot, *T.* (in Caen.)
4339* —— Catalogue des Cryptogames recueillies aux Antilles françaises en 1868, et Essai sur leur distribution géographique dans les îles. Caen, typ. Blanc-Hardel. 1870. 8. 60 p., 1 tab.
Bull. soc. linn. Norm. IV. II. Série.

Huss, *Magnus.*
4340* —— De Hypericis Sueciae indigenis. D. Upsaliae 1830. 4. 10 p.

Hussenot.
4341* —— Chardons Nancéiens ou prodrome d'un catalogue des plantes de la Lorraine; par le Docteur *Hussenot*, qui n'est rien, pas même médecin. Premier fascicule. Nancy, typ. Dard. 1835. 8. 213 p.

Hussey, *Mrs. T. J.*
4342 —— Illustrations of British Mycology. Figures and descriptions of the Funguses of interest and novelty indigenous to Britain. 2 vols. London 1847—55. roy.-4. with 140 beautiful coloured plates. (12 *l*. 2 *s*. 6 *d*.)

Hyacinthus, *P. F. C.*
4343 —— Index plantarum horti botanici Melitensis anno 1806. 12.

Hyde, *Thomas,* * Billingsley (York) 16. Mai 1636, ✝ Oxford 18. Febr. 1703.
4344* —— De herbae Cha collectione cum epistola de mensuris Chinensium Oxoniae, e theatro Scheldoniano. 1688. 8. Sloane.
Ejusdem autoris, viri eruditissi et rerum orientalium peritissimi liber: De religionis veterum Persarum historia. Oxonii 1700. 4. — Ed. nova. ib. 1760. 4. teste *Hallero* varia continet botanica, de Medica ejusque nominibus, Syris Espasto, (unde Esparsette), de Been utroque, cum iconibus.

I. J.

Jablonski, *Paul Ernst,* Rittergutsbesitzer auf Muschen, * Frankfurt a/O. 1809.
4345* —— De conditionibus vegetationi necessariis quaedam. D. Berolini, typ. Nietack. 1832. 8. 32 p.

Jack, *William* (Jackia ornata Wall.), * Aberdeen 29. Jan. 1795, ✝ auf der See in der Nähe des Cap 15. Sept. 1822.
4346 —— Descriptions of Malayan plants. In the «Malayan Miscellanies vol. 1. 2», published at the Sumatran Mission Press. Bencoolen 1820—22. 8.
* *Hooker* Bot. Misc. I, 273—290. II, 60—89. (1830—31.)
Hooker Journal I, 358—380. (1834.)
Hooker Companion I, 121—157, 219—224, 253—273. (1835.)
Calcutta Journal of nat. hist. IV, 1—62, 159—201, 205—374. (1843.) et
* seorsim impressa: Calcutta (1843.) 230 p., 2 tab.
Cat. of sc. Papers III, 506.

Jacob, *Edward,* Apotheker in Faversham, * 1710, ✝ Faversham (Kent) 26. Nov. 1788.
4347* —— Plantae Favershamienses. A catalogue of the more perfect plants growing spontaneously about Faversham in the county of Kent. etc. London, typ. J. March. 1777. 8. 146, LIII p., effigies autoris.

Jacobaeus, *Johann Adolph.*
4348* —— De plantarum structura et vegetatione schedion. Havniae 1727. 8. 27 p., praef.

Jacobovics, *Anton.*
4349* —— Elenchus plantarum officinalium Hungariae indigenarum phanerogamarum. D. Pestini, typ. Beimel. 1835. 8. 70 p.

Jacquemart, *Albert.*
4350* —— Flore des Dames. Botanique à l'usage des Dames et des jeunes personnes. Paris, Loss. 1840. 12. 338 p., 12 tab. col., 2 tab. nigr. (6 *fr.*)

Jacquemont, *Victor* (Jacquemontia Choisy), * Paris 8. Aug. 1801, ✝ Bombay 7. Dec. 1832.
4351* —— Correspondance de *Victor Jacquemont* avec sa famille et plusieurs de ses amis pendant son voyage. Paris, Fournier. 1835. 2 voll. 8. — Ed. V. Paris, Garnier. 1860. 2 voll. 8. (7 *fr.*)

4352* —— Voyage dans l'Inde pendant les années 1828—32. Paris, typ. Firmin-Didot. 1841—44. VI voll. 4. (400 *fr.*)
In Vol. IV: Botanique: Plantae rariores, quas in India orientali collegit *Victor Jacquemont*, auctore *J. Cambessèdes*. 183 p., avec un Atlas, contenant 180 tab. sign. 1—180.

Jacques, *Antoine,* Gartendirector in Neuilly, * 1780, ✝ 1866.
4353* —— Catalogue glossologique des arbres, arbustes, plantes

vivaces et annuelles cultivées ou croissant naturellement aux domaines privés du roi (Neuilly, Le Raincy et Monceaux). Paris, Audot. 1833. 12. 116 p.

4354* **Jacques**, *Antoine*. Manuel général des plantes, arbres et arbrisseaux ou Flore des jardins de l'Europe. Paris, libraire agricole. 1845—62. 4 voll. 8. (36 *fr*)
Tomus quartus autore *P. E. Duchartre*.

Jacquin, *Joseph Franz*, seit 1806 *Baron von*, Professor der Botanik und Chemie an der Universität, * Schemnitz 7. Febr. 1766, † Wien 4. Dec. 1839.

4355* —— Eclogae plantarum rariorum aut minus cognitarum, quas ad vivum descripsit et iconibus coloratis illustravit. Vindobonae 1811—44. II voll. folio. — I: 1811—16. VIII, 155 p., tab. col. 1—101. — II: Post obitum Jacquini ab auctoris filia *Isabella* a *Schreibers* evulgatum. Synopsin specierum cum indice adjecit *Eduard Fenzl*. 1844. 11 p., ind., tab. col. 101—169.
Tabula 157 semper desideratur.

4356* —— Eclogae graminum rariorum aut minus cognitorum, quae ad vivum descripsit et iconibus coloratis illustravit *Joseph Franz de Jacquin*. Post obitum *Jacquini* ad fidem auctoris manuscripti absolvit, titulo ac indice instruxit *Eduard Fenzl*. Vindobonae, typ. Strauss et Sommer. 1813—44. folio. 65 p, praef., add., ind., 48 tab. col. sign. 1—45, 47—49.

4357* —— Synopsis Stapeliarum in quatuor fasciculis prioribus Monographiae Jacquinianae descriptarum (Wien) 1816. 8. 12 p.

4358* —— Ueber den Ginkgo. Wien 1819. 8. 8 p., 1 tab. col.

4359* —— Der Universitätsgarten in Wien. Wien, typ. Gerold. 1825. 8. 49 p., 1 tab. col.
Cat. of sc. Papers III, 524.

Jacquin, *Nicolaus Joseph*, seit 1806 *Baron von*, seit 1752 in Wien, von 1755—59 in Amerika, Professor der Chemie und Botanik zuerst in Schemnitz, dann in Wien, quiescirt 1797, * Leyden 16. Febr. 1727, † Wien 24. Oct. 1817.
Raimann, Gedächtnissrede. Wien 1818. 4. 28 p.

4360* —— Enumeratio stirpium plerarumque quae sponte crescunt in agro Vindobonensi, montibusque confinibus. Accedunt observationum centuria et appendix de paucis exoticis. Vindobonae, Krauss. 1762. 8. 315 p., ind., 9 tab.
Plantae addendae et corrigendae sunt in autoris Observat. bot. p. 41—48.

4361* —— Enumeratio systematica plantarum, quas in insulis Caribaeis vicinaque Americes Continente detexit novas, aut jam cognitas emendavit. Lugduni Batavorum, Haak. 1760. 8. 41 p, praef. — * Norimbergae, stanno Chr. de Launoy recusum. 1762. 8. 41 p.

4362* —— Selectarum stirpium americanarum historia, in qua ad Linneanum systema determinatae descriptaeque sistuntur plantae illae, quas in insulis Martinica, Jamaica, Domingo aliisque et in vicinae Continentis parte observavit rariores, adjectis iconibus in solo natali delineatas. Vindobonae, in off. Krausiana. 1763. folio. VII, 284 p., 183 tab. *aen.* (13½ *th.*) — * Editio ad exemplar majoris operis recusa. Manhemii 1788. 8. XIV, 363 p.
Hujus libri tria tantum sunt exemplaria tabulis coloratis, omnia Viennae.

4363* —— Selectarum stirpium americanarum historia, in qua ad Linneanum systema determinatae descriptaeque sistuntur plantae illae, quas in insulis Martinica, Jamaica, Domingo aliisque et in vicinae Continentis parte observavit rariores; adjectis iconibus ad autoris archetypa pictis (aeri haud incisis). (Vindobonae, circa annum 1780.) folio max. 137 p., ind., 264 tab. manu pictae. Bibl. Mus. bot. Vindob., Berol., Goett., Dresd., Mus. Brit.
Opus rarissimum auctam praecedentis libri sistit editionem, cujus vix ultra 18 exemplaria typis expressae et pictae sunt, ut ipse saepius affirmaverat *Jacquinius*. Exemplar Dresdense, teste *Eberto*, anno 1818 pretio 500 thalerorum emtum est.

4364* —— Observationum botanicarum iconibus ab auctore delineatis illustratarum Pars I—IV. Vindobonae, ex officina Krausiana. 1764—71. folio. 48, 32, 22, 14 p., 100 tab. (10 *th.*)

4365* —— Hortus botanicus Vindobonensis, seu plantarum rariorum, quae in horto botanico Vindobonensi etc. coluntur, icones coloratae et succinctae descriptiones. Vindobonae, typ. L. J. Kaliwoda. 1770—76 III voll. folio. — I: 1770. p. 1—44., tab. col. 1—100. — II: 1772. p. 45—95., ind., tab. col. 101—200. — III: typ. Gerold. 1776. 52 p., ind., 100 tab. col. (250 *th.*)

4366* **Jacquin**, *Nicolaus Joseph*. Florae austriacae sive plantarum selectarum in Austriae Archiducatu sponte crescentium icones ad vivum coloratae et descriptionibus ac synonymis illustratae. Viennae, typ. Kaliwoda. 1773—78. V voll. folio. — I: 1773. 61 p., tab. col. 1—100. — II: 1774. 60 p., tab. col. 101—200. — III: 1775. 55 p., tab. col. 201—300. — IV: 1776. 53 p., tab. col. 301—400. — V: 1778. 60 p., tab. col. 401—450; cum appendice stirpium ex aliis provinciis Austriae adjacentibus: 50 tab. col.

4367* —— Miscellanea austriaca ad botanicam, chemiam et historiam naturalem spectantia, cum figuris partim coloratis. Vindobonae, ex officina Krausiana. 1778—81. II voll. 4. — I: (Fungi.) 1778. 212 p., 21 tab. — II: 1781. 423 p., 23 tab. (13⅓ *th.*)

4368* —— Icones plantarum rariorum. Vindobonae, Wappler. 1781—93. III voll. folio. — I: 1781—86. 20 p., tab. col. 1—200. — II: 1786—93. 22 p., tab. col. 201—454. — III: 1786—93. 24 p., tab. col. 455—648. (270 *th*)

4369* —— Anleitung zur Pflanzenkenntniss nach Linné's Methode. Zum Gebrauche seiner theoretischen Vorlesungen. Wien, Wappler. 1785. 8. 171 p., 11 tab. — Ed. II: Wien 1800. 8. — * Dritte Auflage, umgearbeitet und vermehrt von *Joseph Franz von Jacquin*. Wien 1840. 8. 224 p., 11 tab. (1⅜ *th.*)
* *italice:* Introduzione allo studio dei vegetabili, tradotta, illustrata ed accresciuta da *Roberto de Visiani*. Padova 1824. gr. 8. XV, 222 p., 10 tab.

4370* —— Collectanea ad botanicam, chemiam et historiam naturalem spectantia, cum figuris. Vindobonae, Wappler. 1786—96. V voll. 4. — I: 1786. 386 p., 22 tab. col. — II: 1788. 374 p., 18 tab. col. — III: 1789. 306 p., 23 tab. col. — IV: 1790. 359 p., 27 tab. col. — V: Supplementum. 1796. 171 p., 16 tab. col. (53⅓ *th.*)

4371* —— Oxalis. Monographia iconibus illustrata. Viennae, Wappler 1794. 4. 119 p., 81 tab. (quarum 75) col. (15 *th.*)

4372* —— Plantarum rariorum horti caesarei Schönbrunnensis descriptiones et icones. Viennae, Wappler. 1797—1804. IV voll. folio. — I: 1797. XII, 70 p, tab. col. 1—129. — II: 1797. 68 p., tab. col. 130—250. — III: 1798. 80 p., tab. col. 251—400. — IV: 1804. 56 p, tab. col. 401—500 (60 *th.*)

4373* —— Stapeliarum in hortis Vindobonensibus cultarum descriptiones figuris coloratis illustratae. Vindobonae, Wappler et Beck. 1806. folio. (64 foll.), praef., ind., 64 tab. col
Opus anno 1819 a filio *Josepho Francisco von Jacquin* absolutum est.

4374* —— Fragmenta botanica figuris coloratis illustrata, ab anno 1800 ad annum 1809 per sex fasciculos edita. Viennae, typ. Schmidt. 1809. folio. 86 p., ind, 138 tab. col. (36 *th.*)

4375* —— Genitalia Asclepiadearum controversa. Viennae, Beck. 1811. 8. 140 p., 1 tab. col. (1⅛ *th*)
Codices autoris manuscripti «Adversaria in Dioscoridem» volumen unum quarta forma, et «Genera ex Cryptogamia Linnaei figuris ad vivum expressis illustrata» fasciculus in folio, 5 p. et 17 tab. col exstant in Bibliotheca Musei botanici Vindobonensis.

Jaeger, *August*.

4376 —— Ein Blick in die Moosflora der Kantone St. Gallen und Appenzell. (Berlin, Friedländer.) 1869. 8. 84 p. (1 *th.* n.)
Verh. der St. Galler nat. Ges.

4377 —— Enumeratio generum et specierum Fissidentacearum. Sangalli 1869. 8. (Berlin, Friedländer.) 36 p. (⅖ *th.* n.)

4378 —— Musci cleistocarpi. Uebersicht über die cleistocarpischen Moose. St. Gallen 1869. 8. (Berlin, Friedländer.) 55 p. (½ *th.* n.)

Jaeger, *B.*

4379* —— Lectures sur l'histoire naturelle d'Haïti, appliquée à l'économie rurale et domestique. Tom. I. contenant la botanique. Première livraison. Port-au-Prince, de l'imprimerie du gouvernement. 1830. 4. II, 75 p. Bibl. horti Hal.

Jaeger, *Friedrich Wilhelm*.

4380* —— Erläuterung einiger Hauptgesetze der Natur, welche die Verbreitung der Gewächse über die Erdoberfläche bedingen. Programm. Hamburg, typ. Meissner. 1847. 4. 35 p.

Jaeger, *Georg Friedrich von*, Obermedizinalrath (Jaegeria H. B. K.), * Stuttgart 25. Dec. 1785, † Stuttgart 10. Sept. 1866.

4381* **Jaeger**, *Georg Friedrich von*. Ueber die Missbildungen der Gewächse. Stuttgart, Steinkopf. 1814. 8. xii, 320 p., 2 tab. (1½ *th*.)
4382* —— Observationes quaedam de effectibus variarum aëris specierum in plantas. Programma. Stuttgartiae, typ. Maentler. 1823. 4. 12 p.
4383* —— Ueber die Pflanzenversteinerungen, welche in dem Bausandstein von Stuttgart vorkommen. Stuttgart, Metzler. 1827. 4. 40 p., 1 tab. (1⅔ *th*.)
4384* —— Observationes de quibusdam Pini silvestris monstris. Programma festale. Stuttgartiae, typ. Mäntler. 1828. 4. 8 p., 1 tab.
4385* —— Ueber die Wirkungen des Arseniks auf Pflanzen. Stuttgart, Schweizerbart. 1864. 8. vi, 115 p. (22 *sgr*. n.)
Cat. of sc. Papers III, 526—528.

Jahn, *August Friedrich Wilhelm Ernst*.
4386* —— Plantas circa Lipsiam nuper inventas describit. Prolusio academica. Lipsiae 1774. 4. 12 p.

Jahn, *C. L.*
4387* —— Die Holzgewächse des Friedrichshains bei Berlin. Berlin, J. Springer. 1864. 8. iv, 80 p., 1 mappa. (⅓ *th*.)

Jakovcsich, *Anton Paul*.
4388* —— Literatura doctrinae de fungis venenatis, suspectis et edulibus, accedente synopsi specierum hungaricarum Amanitae. D. Pestini 1838. 8. 23 p., 1 tab.

James, *Edwin P.*
4389* —— Catalogue of plants collected during a Journey to and from the Rocky Mountains, during the sommer of 1820. Philadelphia 1825. 4.
Transact. Am. Phil. Soc. II, 172—190.

James, *J.*
4390* —— Discours historique sur le jardin des plantes et le cours de botanique d'Amiens. Amiens, typ. Yvert. 1858. 8. 35 p.

Jameson, *William*, Beamteter in Indien.
Cat. of sc. Papers III, 533.

Jameson, *William*, Professor in Quito (Jamesonia Hook.)
4391* —— Synopsis plantarum Quitensium exhibens plantas praecipue in regione temperata et frigida crescentes. Tomus I. II. (Ranunculaceae-Labiatae.) Quito, typ. J. P. Sanz. 1865. 8. ii, 33, 324 p.
Cat. of sc. Papers III, 532—533.

Jampert, *Christian Friedrich*, Docent der Medizin in Halle, * 1727, † Halle 1758.
4392* —— Specimen physiologiae plantarum (I et II), quo dubia contra vasorum in plantis probabilitatem proponuntur. D. Halae 1755. 4. 44 p.

Jandel, *Auguste*, in Luneville.
4393* —— La Botanique sans maîtres ou Étude des fleurs et des plantes champêtres de l'intérieur de la France. 2ᵉ édition. Paris, Savy. 1868. 8. xii, 393 p. (3 *fr*.)

Janka, *Victor von*, Kürassieroffizier in Grosswardein.
Cat. of sc. Papers III, 535.

Jardin, *Edelestan*.
4394* —— Herborisations sur la côte occidentale d'Afrique pendant les années 1845—48. Paris, typ. Dupont. 1851. 8. 19 p.

Jaroscz, *Franz Eduard Felix*, * Warschau 4. Oct. 1799.
4395* —— Plantae novae capenses. D. Berolini, typ. Brüschke. 1821. 8. 24 p.

Jaschke, *Robert*, * Breslau 8. Febr. 1830.
4396 —— De rebus in arboribus inclusis. D. Vratislaviae 1859. 8. 44 p., 1 tab.

Jaubert, *Hippolyte François*, Graf von, ehemaliger Minister der öffentlichen Arbeiten (Jaubertia Guill.), *Paris 28. Nov. 1798.
4397* —— et *Eduard* **Spach**. Illustrationes plantarum orientalium, ou Choix de plantes nouvelles ou peu connues de l'Asie occidentale. Vol. 1—5. Paris, Roret. 1842—57. 4. (750 *fr*.)
I: 1842—43. vi, 176 p., 1 mappa geogr., tab. 1—100. — II: 1844—46. 123 p., tab. 101—200. — III: 1847—50. 152 p, tab. 201—300. — IV: 1850—53. 147 p., tab. 301—400. — V: 1853—57. 116 p., tab. 401—500.
4398* —— La botanique à l'exposition universelle de 1855. Paris, Chaix. 1855. 8. vii, 123 p.

4399* **Jaubert**, *Hippolyte François*. Sur l'enseignement de la botanique. Paris, typ. Martinet. 1857. 8. 31 p.
Cat. of sc. Papers III, 539.

Jaume Saint-Hilaire, *Jean Henri*, * Grasse (Var) 30. Oct. 1772, † Paris 18. Febr. 1845.
4400* —— Exposition des familles naturelles et de la germination des plantes. Paris, Treuttel et Würtz. an XIII. 1805. II voll. 8. — I: 7, lxiii, 512 p., tab. 1—70 et A—E. — II: 473 p, tab. 71—112. (36 *fr*.)
4401* —— Plantes de la France décrites et peintes d'après nature. Paris, chez l'auteur, Didot 1805—22. X voll. petit 4. x, xxxviii, 15 p., 1000 foll., 12, 1000 tab. (370 *fr*. in 8. — 600 *fr*. in 4.)
4402* —— Traité des arbrisseaux et des arbustes cultivés en France et en pleine terre. Paris, chez l'auteur, typ. Firmin-Didot. 1825. II voll. gr. 8. 176 tab. col. et text.
4403* —— Mémoire sur les indigofères du Bengala et de la Chine, ou histoire et description de quelques végétaux peu connus et dont les feuilles donnent un très-bel indigo. (Paris 1826). folio. 12 p., 5 tab. col. (20 *fr*.)
4404* —— La Flore et la Pomone françaises ou histoire et figures en couleur des fleurs et des fruits de France ou naturalisés sur le sol français. Paris, chez l'auteur. 1828—33. VI voll. folio. 544 tab. col. (344 *fr*.)
4405* —— Flore Parisienne, ou Description des plantes qui croissent aux environs de Paris et dans les départemens voisins. Paris, Huzard. 1835. 4. 112 p., ic. xyl., 1 carte.
Cat. of sc. Papers III, 540.

Ibbetson, *Agnes* (Ibbetsonia Benth.), * London 1757, † Exmouth 1823.
Cat. of sc. Papers III, 487—489.

Ibbitson, *H.*
4406 —— Catalogue of phaenogamous plants of Great Britain. London 1848. 8.

Ibn-al-Awam.
4407* —— Le Livre de l'agriculture d'*Ibn-al-Awam*, traduit de l'arabe par *J. J. Clément Mullet*. Tome 1. 2. Paris, A. Franck. 1864—67. 8. 657, 460, 24, x, 293 p. (22 *fr*.)

Ibn Bathûthah, * Tanger 1303, † Tanger 1377.
Ernst Meyer, Geschichte der Botanik III, 309—327.

Ibn Beithar, aus Malaga, † Damascus 1248.
Ernst Meyer, Geschichte der Botanik III, 227—234.
Bull. soc. bot. XIII, 439. XIV, 116.
4408* —— Elenchus Materiae Ibn Beitharis Malacensis, ed. *Fr. R. Dietz*. Lipsiae, Cnobloch. 1833. 8. iv, 179 p.
4409* —— Grosse Zusammenstellung über die Kräfte der bekannten einfachen Heil- und Nahrungsmittel von *Abu Mohammed Abdallah Ben Ahmed* aus Malaga, bekannt unter dem Namen *Ebn Beithar*. Aus dem Arabischen übersetzt von Dr. *Joseph von Sontheimer*. Stuttgart, Hallberger. 1840—42. 8. — I: xvi, 592 p. — II: 786, 70 p. (14 *th*.)

Ibn Roschid (Averroës), * Cordova . . . 1120 (Hegira 520), † Marocco . . . 1198 (Hegira 595).
Ernst Meyer, Geschichte der Botanik III, 216—222.

Ibn Sinâ (Avicenna), * Chamatin bei Bochara im August oder September 980 (Hegira 370), † Hamadan in Persien im Juni 1037 (Hegira 428).
Ernst Meyer, Geschichte der Botanik III, 184—203.
4410* —— Zusammengesetzte Heilmittel der Araber. Nach dem 5. Buch des Canons von *Ibn Sina* aus dem Arabischen übersetzt von *Sontheimer*. Freiburg im Br., Herder. 1845. 8. viii, 288 p.

Jeffrey.
4411 —— Botanical Expedition to Oregon. Edinburgh 1853. 4. 5 tab.

Jeleznoff, *N.*
4412 —— De evolutione et ortu floris et ovuli Tradescantiae virginicae L. D. Petropoli 1840. 8. iii, 45 p, 2 tab. (rossice.)
4413 —— De foetu vegetabili et de generatione plantarum. D. Petropoli 1842. 8. 34, (3) p., 1 tab. (rossice.)

Jenkinson, *James* (Jenkinsonia Sweet.)
4414* —— A generic and specific description of british plants, translated from the Genera et species plantarum of Linnaeus. Kendal, typ Caslon. 1775. 8. 258 p., 5 tab.

Jenner, *Edward*.
4415* —— Flora of Tunbridge Wells. Tunbridge Wells, J. Colbran. London, D. Bouge. (1845.) 8. xxii, 136 p., 2 tab. col.

Jensen, *Thomas*.
4416* —— Bryologia danica, eller de danske Bladmoser. Kjøbenhavn 1856 8 iv, 216 p., 9 tab. (2 *th*)
Cat. of sc. Papers III, 545.

Jenssen-Tusch, *H.*
4417* —— Nordiske Plantenavne. (Plantenavne i forskellige europaeiske sprog, Afdeling I) Kjøbnhavn, Hagerup. 1867. 8. xviii, 276 p.

Jessen, *Karl Friedrich Wilhelm*, Professor an der Akademie zu Eldena, * Schleswig 15. Sept. 1821.
4418* —— Prasiolae generis Algarum monographia. D. Kiliae, libraria academica. 1848. gr. 4. 20 p., 2 tab. (3/5 *th*.)
4419* —— Ueber die Lebensdauer der Gewächse und die Ursachen verheerender Pflanzenkrankheiten. Eine Preisschrift. Aus den Verhandlungen der Kaiserlichen Leopoldinisch-Carolinischen Akademie abgedruckt. Breslau und Bonn, Weber. 1855. 4. 188 p.
4420* —— Was heisst Botanik? Ein Vortrag Leipzig, T. O. Weigel. 1861. 8. 28 p.
4421* —— Deutschlands Gräser und Getreidearten zu leichter Erkenntniss nach dem Wuchse, den Blättern, Blüthen und Früchten zusammengestellt und für das Land- und Forstwirthschaft nach Vorkommen und Nutzen ausführlich beschrieben. Leipzig, T. O. Weigel. 1863. 8. xii, 299 p., 208 ic. xyl.
4422* —— Botanik der Gegenwart und Vorzeit in culturhistorischer Entwickelung. Ein Beitrag zur Geschichte der abendländischen Völker. Leipzig, Brockhaus. 1865 8 xxii, 495 p. (2 1/2 *th*.)
Cat. of sc. Papers III, 518.

Jessenius a Jessen, *Johann*, Rector der Universität Prag, * Breslau 27. Dec. 1566, hingerichtet in Prag 20. Juni 1621.
4423* —— De plantis disputatio prior. Wittenbergae 1601. 4. 10 foll.

Jirasek, *Franz Anton*, Bergrath in Salzburg, Sohn von Johann, * Leitmeritz 26 März 1781.
4424* —— Beiträge zu einer botanischen Provincial-Nomenclatur von Salzburg, Baiern und Tirol. Salzburg, F. X. Duyle. 1806. 4. 62, (20) p.

Jirasek, *Johann*, K. öslr. Ingenieur, Ober-Wald-Commissar zu Salzburg (Jirasekia Schmidt.), * Libochowitz bei Leitmeritz 26. Juli 1754, ÷ Salzburg 6. Juli 1797.
4425* —— und *Thaddaeus* **Haenke**. Mineralogische und botanische Bemerkungen auf einer Reise nach dem Riesengebirge. Dresden, Walther. 1788. 4. 159 p., 1 mappa geogr.
4426* —— Beobachtungen auf Reisen nach dem Riesengebirge. Dresden, Walther. 1791 4. xviii, 309 p., 2 tab.
Inest: *Thaddaeus Haenke*, Botanische Beobachtungen, p. 31—159.

Iken, *Konrad*, * Bremen 25 Dec. 1689, † Bremen 30. Juni 1753.
4427* —— Dissertatio de Lilio saronitico, emblemate sponsae, ad illustrationem loci Cant II. 1. Bremae 1728. 8. 38 p.

Illiger, *Johann Karl Wilhelm*, Director des zoologischen Museums in Berlin (Illigera Bl.), * Braunschweig 19. Nov. 1775, † Berlin 10. Mai 1813.
4428* —— Versuch einer allgemeinen systematischen Terminologie für das Thier- und Pflanzenreich, nebst Gedanken über die Begriffe Art und Gattung in der Naturgeschichte. Helmstedt 1800. 8. (1 1/2 *th*.)
succice: Upsala 1818. 8 xxvii, 531 p

Ilmer, *Georg*
4429* —— pr. De Tilia. D Lipsiae, typ. Michaelis. 1669. 4. (16 p.)
Bibl. Reg. Dresd. (Respondens: *Daniel Lindner*)
Meminit ingentis longaevae tiliae, jam a *Caspare Schwito* descriptae prope Neustadt an der grossen Linden, ad fluvium Kocher in agro Heilbronnensi.

Ilmoni, *Immanuel*, Professor in Helsingfors, * Nummis in Finnland 29 März 1797, ÷ Helsingfors 14. April 1856.
4430* —— pr. Enumeratio plantarum officinalium Fenniam sponte inhabitantium. D Helsingforsiae 1837. 8. 90 p.

Imhof, *Franz Jakob* (Imhofia Heist.).
4431* —— Zea Maydis morbus ad ustilaginem vulgo relatus. D. Argentorati, typ. Heitz. 1784. 4. 34 p, 1 tab.

Imlin, *Philipp Jakob*.
4432* —— De Soda et inde obtinendo peculiari sale. D. Argentorati, typ. Heitz. 1760. 4. 32 p.

Imperato, *Ferrante*, Apotheker in Neapel (Imperata Cirillo.)
4433* —— Dell' historia naturale libri XXVIII. Napoli, nella stamperia à Pôrta Reale, per Constantino Vitale. 1599. folio. 791 p., ic. xyl. i. t. Bibl. Horti Pat. — *Ed. II: In questa seconda impressione aggiontoui da *Giovanni Maria Ferro* alcune annotationi alle piante nel libro XXVIII. Venetia, presso Combi. 1672. folio. 696 p., praef., ind., ic. xyl. i. t.
* *latine: Ferrandi Imperati Nespolitani Historiae naturalis libri XXIIX. Coloniae (in aliis exemplaribus: Lipsiae). Saurmann. 1695. 4. 928 p., praef., ind., ic. xyl. i. t.
Verum auctorem fuisse *Nicolaum Antonium Stelliolam* pretio redemtum, ut nomen *Ferrantis* praefigi permitteret, testis est *V. Placcius.*

d'Incarville, Jesuit, Missionär in Peking (Incarvillea Juss.), † 12. Juni 1757.
4434* —— Catalogue des plantes et autres objets d'histoire naturelle en usage en Chine.
Mém. Mosc. III, 103—128. IV, 26—48.

Ingen-Houss, *Jan*, Dr. med., Arzt in Breda, dann in London, Kais. östr. Leibarzt, F. R. S., * Breda in Holland ... 1730, † Boword bei London 7. Sept. 1799.
4435* —— Experiments upon Vegetables, discovering their great power of purifying the common air in the sunshine, and of injuring it in the shade and at night. London, Elmsly. 1779. 8. lxviii, 302 p., ind., 1 tab.
* *germanice:* Leipzig, Weygand. 1780. 8. 176 p., ind., 1 tab. (5/12 *th*.)
* *germanice:* Versuch mit Pflanzen. Wien 1786—90. 8.
* *hollandice:* Delft 1790. 8.
* *gallice:* Paris 1780. 8. — *ib. 1785. 8. — ib. 1787—89. 8.

Inzenga, *Giuseppe*, Professor der Botanik in Palermo.
4436 —— Funghi siciliani. Centuria prima. Palermo 1869. 4. 95 p., 8 tab. col. (10 *Lire*.)

Jochmann, *Emil Karl Georg Gustav*, * Liegnitz 29. Juli 1833.
4437* —— De Umbelliferarum structura et evolutione nonnulla. D. Vratislaviae, typ. Storch. 1854. 4. 28 p., 3 tab. (Gosohorsky: 1/2 *th*.)

Jöndl, *Johann Philipp*, Baurath, * 3. Nov. 1782.
4438 —— Ueber Park-Anlagen und Verschönerung der Landschaften, nebst einer kurzen, vorbereitenden Abhandlung über Pflanzenphysiologie. Mit 13 Plänen und Detailzeichnungen. Wien, Wallishausser. 1850. x, 344 p. Lex.-8. (10 *th*. n.; Velinp. 13 *th*. 10 sgr. n.)

Jörlin, *Engelbert*, * Jörland 8. Juni 1733, ÷ Gothenburg 1810.
4439* —— Specimen botanico-oeconomicum de usu quarundam plantarum . indigenarum prae exoticis. D. Londini Gothorum 1769. 4. 12 p.
4440* —— Partes fructificationis seu principia botanices illustrata. D. Londini Gothorum 1771. 4. 26 p., 6 tab. — *Ed. II. emendata: Lundae 1786. 8. 32 p., praef., 6 tab.
4441 ——, pr. Specimen botanico-oeconomicum sistens Trifolium hybridum. D. Lundae 1780. 4. 14 p.
4442* ——, pr. Avena elatior, Knylhafre eller Fromental. D. Lund 1781. 4. 24 p., 1 tab.

Johann, Erzherzog von Oestreich (Johannia Willd.), * 20. Jan. 1782, † Brandhof (Steiermark) 11. Mai 1859.
4443* —— Icones plantarum austriacarum ineditae. (Vindobonae 1807.) folio. 92 tab. aeri inc.

John, *Christian Samuel*, Kgl. dänischer Missionar auf Trankebar (Johnia Roxb.), † Trankebar 1. Sept. 1813.

John, *Johann Friedrich*, * Anklam 10. Jan. 1782, † Berlin 5. März 1847.
4444* —— Chemische Tabellen der Pflanzenanalysen. Nürnberg 1814. folio. x, 94 p. (2 3/8 *th*.)
4445* —— Ueber die Ernährung der Pflanzen im Allgemeinen und den Ursprung der Pottasche und andrer Salze in ihnen insbesondre. Preisschrift. Berlin 1819. 8. xviii, 299 p. (1 1/2 *th*.)

Johns, *C. A.*
4446* —— Flora sacra; or, the knowledge of the works of nature conducive to the knowledge of the God of nature. London, J. Parker. 1840. 12. 48 p.

Johns, *William.*
4447* —— Practical botany; an improved arrangement of the generic characters of british plants. London 1826. 8. 156 p. (9 s)

Johnson, *Charles Pierpoint,* Botanical Lecturer at Guy's Hospital.
4448 —— British poisonous plants, illustrated by *John E. Sowerby.* London, J. E. Sowerby. 1836. 8. 82 tab. (7 s.)
4449 —— British wild flowers, illustrated by *John E. Sowerby.* London, J. E Sowerby. 1860. 8. 82 tab. col. (60 s.)
4450* —— The useful plants of Great Britain. Illustrated by *John E. Sowerby.* London, Robert Hardwicke. 1867. 8. 324 p., 25 tab. col. (12 s.)

Johnson, *Jakob.*
4451* —— Von der Nahrung der Kulturpflanzen. D. St. Petersburg 1844. 8. 56 p. (½ th.)

Johnson, *L.*
4452 —— Botanical Teacher for North America, in which are described the indigenous and common exotic plants growing north of the Gulf of Mexico. Albany 1834. 8.

Johnson, *Thomas* (Johnsonia R. Br.), * Selby in Yorkshire, † verwundet vor der Stadt Basing 30. Sept. 1644.
4453* —— Iter plantarum investigationis ergo susceptum in agrum Cantianum anno 1629 Julii 13. — Ericetum Hamstedianum, sive plantarum ibi crescentium observatio habita eodem anno, 1 Augusti. (London 1629.) 4. 8 foll.
4454* (——) Descriptio itineris plantarum investigationis ergo suscepti in agrum Cantianum anno Dom. 1632, et enumeratio plantarum in Ericeto Hampstediano locisque vicinis crescentium. (Londini, excudebat Thomas Cotes.) 1632. 8. 39 p., 2 tab.
Icones redeunt in *Johnsoni* editione Herbarii *Gerardi*, London 1633. folio. p. 614 et 1570.
4455* (——) Mercurius botanicus sive plantarum gratia suscepti itineris anno 1634 descriptio. Cum earum nominibus latinis et anglicis etc. Huit accessit de Thermis Bathonicis tractatus. Londini, excudebat Thomas Cotes. 1634. (4) 78 p. praeter Thermas Bathonicas: 19 p.
4456* —— Mercurii botanici pars altera, sive plantarum gratia suscepti itineris in Cambriam descriptio, exhibens reliquarum stirpium nostratium (quae in priore parte non enumerabantur) catalogum. Londini 1641. 8. 37 p.
Pulteney, Botany in England I, 127.
4457* —— Opuscula omnia botanica *Thomae Johnsoni,* pharmaceuticae societatis Londinensis socii. Nuperrime edita a *T. S. Ralph.* Londini, sumtibus Gulielmi Pamplin. 1847. 4. 13, 48, 78, 19, 37 p., 3 tab. (12 s.)

Johnston, *George,* Arzt in Berwick, * Simprin 20. Juli 1797, † Berwick 30. Juli 1855.
4458* —— A Flora of Berwick-upon-Tweed. Edinburgh, typ. Carfrai. 1829—31. II voll. 8. — I: Phaenogamia. 1829. XXIV, 242 p., 2 tab. col. — II: Cryptogamia et Addenda. 1831. 335 p., 8 tab. (15 s.)
4459* —— The botany of the eastern borders, with the popular names and uses of the plants, and of the customs and beliefs which have been associated with them. London, John van Voorst. 1853. 8. XII, 336 p., 13 tab. u. Titel. (10 s. 6 d.)

Johnstone, *William Grosart.*
4460* —— and *Alexander* **Croall.** The natural printed british seaweeds; a history, accompanied by figures and dissection of the Algae of the british isles. In four volumes. London, Bradbury and Evans. 1859—60. 8. c. 222 tab. col. (8 l. 8 s.)

Johren, *Martin Daniel,* Professor in Frankfurt a/O. (Johrenia DC.), † Frankfurt a/O. 1718.
4461* —— Vademecum botanicum seu Hodegus botanicus, non solum botanophilis sed aliis etc. utilis, secundum methodum Tournefortianam. Colbergae, apud Jeremiam Hartmann. (1710). 8. 248 p., praef. — *Francofurti, Conradi. 1717. 8. (non differt.)
«Charles (Linné) acheta la botanique de J. Hodegus (!!) et choisit cet auteur de préférence à tous les autres.»
Fée, Vie de Linné p. 7.

Joly, *Nicolas,* Professor der Zoologie in Toulouse, * Toul (Meurthe) 1812.
4462* —— Observations générales sur les plantes qui peuvent fournir des couleurs bleues à la teinture, suivies de recherches anatomiques, physiologiques et chimiques sur le Polygonum tinctorium et spécialement sur le Chrozophora tinctoria (Croton tinctorium L.). Montpellier, typ. Boehm. 1839. 4. 99 p., 5 tab. col.
4463* —— Études sur les plantes indigofères en général et particulièrement sur le Polygonum tinctorium. Montpellier, Picot. 1839. 8. 64 p., 1 tab. col.
Extrait du Bull. de la soc. d'agric. de L'Hérault.

Joly, *Pierre.*
4464 —— Raisons des anciens en la consécration de certains arbres, herbes et fleurs. Metz 1588. 8. Falc.

Jolyclerc, *Nicolas,* † Paris 6. Febr. 1817.
4465 —— Principes de la philosophie du botaniste. Paris, Rouvaux. an VI. (1798). 8. XVI, 462 p. (5 fr.) — *Paris, Bertrand. 1808. 8. (non differt.)
4466 —— Phytologie universelle ou Histoire naturelle et méthodique des plantes. Paris, typ. Hacquin. an VII. (1799). V voll. 8. XVI, 496, 551, 525, 534, 504 p. (25 fr.) — Atlas de plus de 700 pl. in folio. (72 fr.)

Joncquet, *Dionys,* † September 1671.
4467* —— Hortus, sive Index onomasticus plantarum, quas excolebat Parisiis annis 1658 et 1659. Accessit ad calcem stirpium aliquot paulo obscurius officinis, Arabibus aliisque denominatarum per Casparem Bauhinum explicatio. Parisiis, apud Franciscum Clouzier. 1659. 4. 140, 47 p., praef., 2 tab.
4468* (——) Hortus regius. Pars prior. Parisiis, apud Dionysium Langlois. 1665. folio. 188, (22) p.
Sunt exemplaria annorum 1661 et 1666, quae praeter titulum non differunt.

Jones, *J. P.*
4469 —— Botanical tour through various parts of the counties of Devon and Cornwall. Exeter 1820. 12.
4470* —— and *J. F.* **Kingston.** Flora Devoniensis, or a descriptive catalogue of plants growing in the county of Devon etc. London, Longman. 1829. 8. LXVII, 162, LXVII, 217 p.

Jones, *Sir William,* F. R. S. (Jonesia Roxb.), * London 28. Sept. 1746, † London 27. April 1794.
4471* —— The religious use of botanical philosophy. A sermon. London 1784. 4. 18 p.
Asiatick Researches II, 405—447. (1790.) IV, 229—312. (1795.)
Botanica insunt in Operum collectione. London, Robinson. 1799. 4. (vol. II.)

Jonghe, *Adrian,* latine **Junius,** * Horn 1. Juli 1512, † Leyden 16. Juni 1575.
4472* —— Phalli, ex fungorum genere in Hollandiae sabuletis passim crescentis descriptio et ad vivum expressa pictura. Delphis, apud Schinckelium. 1564. 4. (13 foll.) ic. xyl. i. t. — Lugduni Batavorum, apud Christ. Guyotum. 1601. 4. 8 foll. ic. xyl. i. t.

Jonston, *Johannes,* Arzt in Lissa, * Sambter in Polen 3. Sept. 1603, † Ziebendorf bei Lüben 8. Juni 1675.
Elias Thomae, Lampas perenni lucida. Leichrede auf *Johann Jonston.* Brieg 1675. folio.
4473 —— Syntagmatis dendrologici specimen. Lesnae Polonorum 1645. 4. Adamski.
4474* —— Notitia regni vegetabilis seu plantarum a veteribus observatorum, cum synonymis graecis et latinis obscurioribusque differentiis in suas classes redacta series. Lipsiae, Trescher. 1661. 12. 331 p., praef.
4475* —— Dendrographias sive historiae naturalis de arboribus et fruticibus tum nostri quam peregrini orbis libri decem, figuris aeneis adornati. Francofurti a/M., typ. Polich. 1662. folio. 477 p., praef., ind., 137 tab. — *Ed. II: Historiae naturalis de arboribus et plantis libri X., quos ob raritatem denuo imprimendos suscepit F. J. Eckebrecht, bibliopola Heilbrunnensis. 1768. II voll. folio. — I: 214 foll., 28 tab. — II: 265 foll., 79 tab. a *Matthia Merian* sculptae. (13 ⅙ th.)

Jóo, *Stephan,* Professor der Botanik in Klausenburg.
Cat. of sc. Papers III, 577.

Jordan, *Alexis.*
4476* —— Observations sur plusieurs plantes nouvelles, rares ou critiques de la France. Fragment 1—7. Lyon, typ. Dumoulin.

Paris, Baillière 1846—49. 8. (26 fr.) — I: 1846. 45 p., 5 tab. — II: 1846. 39 p., 2 tab. — III: 1846. 254 p., 12 tab. — IV: 1846. 37 p., 2 tab. — V: 1847. 77 p., 5 tab. — VI: 1847. 88 p., 2 tab. — VII: 1849. 44 p.

4477* **Jordan**, *Alexis.* Pugillus plantarum novarum praesertim gallicarum. Paris, Baillière. 1852. 8. 148 p. (4 fr.)

4478* —— De l'origine des diverses variétés ou espèces d'arbres fruitiers et autres végétaux généralement cultivés pour les besoins de l'homme. Paris, Baillière. 1853. gr. 8. 97 p. (2 fr. 50 c.)

4479* —— Nouveau Mémoire sur la question relative aux Aegilops triticoides et speltaeformis. Paris, J. B. Baillière. 1856. 8. 67 p. (2 fr. 50 c.) — 1857. 8. 82 p., 1 tab. (2 fr. 50 c.)

4480* —— Diagnoses d'espèces nouvelles ou méconnues pour servir de matériaux à une Flore réformée de la France et des contrées voisines. Tome I. Partie 1. Paris, F. Savy. 1864. 8. 355 p. (9 fr 50 c.)
Paginae 1—150 ex Ann. Linn. Lyon 1860.

4481* —— et *Julius* **Fourreau**. Breviarium plantarum novarum sive specierum in horto plerumque cultura recognitarum descriptio contracta ulterius amplianda. Fasc. 1. Parisiis, Savy. 1866 8 62 p. (5 fr.)

4482* —— et *Jules* **Fourreau**. Icones ad Floram Europae novo fundamento instaurandam spectantes. Vol. 1. Paris, Savy. 1866—68. folio. 200 tab. col. (360 fr.)
Cet ouvrage se publie en 200 fascicules de 5 planches gravées et coloriées, et texte explicatif.
Cat. of sc. Papers III, 577—578.

Josch, *Eduard, Ritter von*, Präsident des Landgerichtes in Laibach, * Schwadorf 28. Juli 1799.

4483* —— Die Flora von Kärnten. Klagenfurt 1853—54. 8. 132 p.
Jahrbuch des Landesmuseums in Kärnten II, 53—96. III, 1—71.
Cat of sc. Papers III, 580.

Josst, *Franz*
4484* —— Beschreibung und Kultur tropischer Orchideen. Prag, typ. Gerabek. 1851. 8. XII, 558 p., ind., 2 tab

Joubert, *P. Ch.*
4485* —— La séminologie générique ou nouvelle méthode pour arrêter la formation des synonymies botaniques. Discours préliminaire Paris, Bachet jeune 1840. 8 16 p.

Jourdan, *Pascal*
4486* —— Flore murale de la ville de Tlemcen, province d'Oran (Algérie) Alger, typ. Paysant. 1866. 8. 38 p
Gazette méd de l'Algérie.

Irmisch, *Thilo*, Professor in Sondershausen.
4487* —— Der Anorganismus Die Pflanze Das Thier. Ein Versuch zu deren Bestimmung. Sondershausen, typ. Eupel. 1843. 8 16 p. (1/6 th.)

4488* —— Systematisches Verzeichniss der in dem unterherrschaftlichen Theile der Schwarzburgischen Fürstenthümer wildwachsenden phanerogamischen Pflanzen. Sondershausen, Eupel. 1846. 8. XII, 76 p. (1/5 th.)

4489* —— Zur Morphologie der monokotylischen Knollen- und Zwiebelgewächse. Berlin, Reimer. 1850. 8. XXII, 286 p., 10 tab. (1 5/6 th)

4490* —— Bemerkungen über die Auswahl des Stoffes für den botanischen Unterricht auf Gymnasien, und Nachträge zur Flora Schwarzburgs. Programm. Sondershausen 1849. 4.

4491* —— Beiträge zur Biologie und Morphologie der Orchideen. Leipzig, Abel. 1853. 4 VIII, 82 p., 6 tab. (3 1/3 th. n.)

4492* —— Beiträge zur vergleichenden Morphologie der Pflanzen. Abtheilung 1—4 Halle, Schmidt. 1854—63. 4. 50, 38, 54 p., 13 tab. (5 1/3 th)

4493* —— Beiträge zur Naturgeschichte der einheimischen Valeriana-Arten, insbesondere der Valeriana officinalis und dioica. Halle, Schmidt 1854. 4. 25 p., 4 tab. (1 1/3 th.)

4494* —— Morphologische Beobachtungen an einigen Gewächsen aus den natürlichen Familien der Melanthaceen, Irideen und Aroideen Berlin, Bosselmann. 1856 4. 24 p., 2 tab. (2/3 th.)

4495* —— Ueber einige Arten aus der natürlichen Pflanzenfamilie der Potameen Berlin, Bosselmann. 1858. 4. VII, 56 p., 3 tab. (4 th)

4496* **Irmisch**, *Thilo*. Beiträge zur Morphologie der monocotylischen Gewächse. 1. Heft. Amaryllideen. Halle, Schmidt. 1860. 4. 76 p., 12 tab. (3 th. n.)

4497* —— Ueber einige Botaniker des 16. Jahrhunderts, welche sich um die Erforschung der Flora Thüringens, des Harzes und der angrenzenden Gegenden verdient gemacht haben. (Gymnasialprogramm.) Sondershausen, typ. Eupel. 1862. 4 58 p.
Valerii Cordi, Georgii Aemylii, Joachimi Camerarii, Joannis Thalii fata docte exponuntur.

4498* —— Ueber Papaver trilobum Wallr. Ein Beitrag zur Naturgeschichte der Gattung Papaver. Halle, Schmidt. 1865. 4. 20 p., 2 tab. (1/5 th.)
Cat. of sc. Papers III, 496—498.

Irvine, *Alexander.*
4499* —— The London Flora; containing a concise description of the phaenogamous british plants, which grow spontaneously in the vicinity of the metropolis. London, Smith, Elder and Co. 1838. gr. 12. XVI, 340 p. (10 s.)

4500* —— The Phytologist. A botanical Journal. Vol. 1—6. London, W. Pamplin. 1855—63. 8.

4501 —— The illustrated handbook of the british plants. London, Thomas Nelson and son. 1858. 8. (7 s. 6 d.)
Cat. of sc. Papers III, 498.

Irvine, *R. H.*
4502 —— A short account of the materia medica of Patna. Calcutta 1848. 8. 130 p.
Cat. of sc. Papers III, 499.

Isenflamm, *Jakob Friedrich*, Professor der Botanik in Erlangen, * Wien 21. Sept. 1724, † Erlangen 22. Febr. 1793.
4503* ——, pr. Methodus plantarum medicinae clinicae adminiculum. D. Erlangae 1764. 4. 42 p.

Isert, *Paul Erdmann*, dänischer Oberarzt in Guinea (Isertia Schreb.), * 1757, † Guinea 21. Jan. 1789.

Isidorus Hispalensis, * Cartagena 570, † Sevilla 4. April 636.
4504 —— Etymologiarum libri XX. Editio princeps: Argentorati, Joh. Mentelin. s. a. folio. Hain Nr. 9270. — Augustae Vindelicorum, per Gintherum Zainer. 1472. 19 Nov. folio. — Opera omnia, denuo correcta et aucta recensente *Faustino Arevalo*, qui Isidoriana praemisit, varior. praefat. notas collatt. collegit vett. editt. et cod. ms. Rom. contulit. Romae 1797—1803. gr. 4. — * Isidori Hispalensis Episcopi Etymologiarum libri XX edidit *Friedrich Wilhelm Otto*. Lipsiae 1833. 4. XII, 702 p.

Isink, *Adam Menson.*
4505 ——, pr. Disputatio philologica de fabis. Groningae 1712. 4. 40 foll.

Isnard, *Antoine Tristan* **Danty** *d'*, Professor am Garten zu Paris (Isnardia L.), † 1743.
Mémoires de l'acad. des sc. 1716—24.

Itier, *Jean.*
4506* —— Oratio medica de utilitate atque jucunditate botanicae. D. Monspelii, typ. Picot. 1778. 4. 18 p.

Itzigsohn, *Hermann*, Arzt, * Neudamm am Purimsfeste 1814.
4507* —— Verzeichniss der in der Mark Brandenburg gesammelten Laubmoose, nebst einigen Bemerkungen über die Spermatozoen der phanerogamischen Gewächse. Berlin, Hirschwald. 1847. 8. IV, 20 p. (1/5 th.)

4508* —— De fabrica sporae Mougeotiae genuflexae. Neudamm 1856. 8. 15 p., 1 tab.
Cat. of sc. Papers III, 501—502.

Juch, *Karl Wilhelm*, Professor in Altdorf, * Mühlhausen in Thüringen 30. Nov. 1774, † Augsburg 9. März 1821.
4509 —— Anleitung zur Pflanzenkenntniss Baierns. München 1806. 8. (1 th.)

4510 —— Die Giftpflanzen. Zur Belehrung für Jedermann. Zwölf Hefte. Augsburg 1817. folio min. 48 foll., 48 tab. col. (8 th.)

Jühlke, *Ferdinand*, Gartendirector in Potsdam.
4511* —— Die botanischen Gärten mit Rücksicht auf ihre Benutzung und Verwaltung. Ein Commentar zu den Bemerkungen über die Führung der botanischen Gärten von *L. Chr. Treviranus*. Hamburg, Kittler. 1849. 8. (2), 16 p. (5/16 th.)

Jüngst, L. V., Professor in Bielefeld.
4512* —— Flora der nächsten Umgebungen Bielefelds. Programm. Bielefeld, typ. Küster. 1833. 8. 104 p.
4513* —— Kurzer Abriss der Pflanzenkunde zum Unterricht an höheren Lehranstalten. Bielefeld 1833. 8. xviii, 116 p. ($5/12$ th.)
4514* —— Flora von Bielefeld. Bielefeld, Helmich. 1837. 8. xxiv, 358 p. ($1\,1/6$ th) — *Flora Westphalens. Zweite Auflage. ib. 1852. 8. xviii, 438 p. ($1\,1/3$ th.) — *Dritte Auflage. ib. 1869. 8. xi, 480 p. ($1\,1/5$ th.)

Juergens, Georg Heinrich Bernhard, Bürgermeister zu Jever in Oldenburg (Juergensia Spr.), * Jever 26. Oct. 1771, † Jever 12. Sept. 1846.
Edidit annis 1816—25 undeviginti fasciculos Algarum exsiccatarum Frisiae orientalis.

Juge de Saint Martin, Jacques Joseph, * Limoges 16. Sept. 1743, † 29. Jan. 1824.
4515 —— Notice des arbres et arbustes, qui croissent naturellement ou qui peuvent être élevés en pleine terre dans le Limousin. Limoges 1790. 8. xv, 309 p. (3 fr.)

Juhász vel Ihász, graece dictus **Melius**, Peter, † Debrecin 1572.
4516 —— Herbarium az fáknak, füveknek nevekről, termeszetekről, és hasznokról, Galénusból, Pliniusból et Adamus Lonicerusból szedettettek ki. Kolosvárott (Klausenburg) 1578. 4. 188 foll. cum indice latino, hungarico et germanico. (Herbarium vom Namen, der Natur und dem Nutzen der Bäume ins Ungrische übertragen von Peter Melius aus Horki. Gedruckt zu Klausenburg in der Werkstätte der Witwe des Kaspar Heltai im Jahre 1578.) Bibl. Musei et Acad. Pesth.
Editionem anni 1562. 4. Debrecini editam notat Horanyi in Memorabilibus Hungariae.

Julia-Fontenelle, Jean Simon Étienne, Professor der Chemie in Paris, * Narbonne 18. Oct. 1780, † Paris 8. Febr. 1842.
Cat. of sc. Papers III, 589.

Julian.
4517 —— Disertacion sobre Hoyo ó Coca. Lima 1787. (Moreno.)

Julien, Stanislas, Sinolog, * Orleans 30. Sept. 1799.
Cat. of sc. Papers III, 590.

Jumpertz, Karl, * Jülich 1829.
4518* —— De foecundatione plantarum. D. Bonnae, typ. Carthaus. 1855. 8. 27 p., 1 tab.

Jundzill, Józef.
4519* —— Opisanie roślin w Litwie, na Wołyniu, Podolu i Ukrainie dziko rosnących, iako i oswoionych podług wydania szesnastego układu róślin Linneusza. Wilno, Józef Zawadski. 1830. 8. xii, 583 p.

Jundzill, X. Bonifaciusz Stanisław, Professor der Botanik zu Wilna, * Litthauen 1761, † Wilna um 1830.
4520 —— Opisanie roślin litewskich według układu Linneusza. w Wilnie, w drukarni X. X. Pijarów. 1791. 8. 371 p. — *Ed. II: ib. 1811. 8. 333 p., praef., ind. Bibl. E. Meyer.
Synopsis plantarum Magni Ducatus Lithuaniae sponte crescentium, secundum systema Linnaei.
4521 —— Początki Botaniki, fyzyologia roślin, nauka wyrazów. W Warszawie 1804. II voll. 8. 113, 112 p. — Ed. II: W Wilnie 1818. 8.
Elementa botanices, physiologia et terminologia plantarum.

Jung, Georg Sebastian, Arzt in Wien, † 1682.
4522* —— Χρυσομηλον seu malum aureum, h. e. Cydonii collectio, decorticatio, enucleatio et praeparatio physico-medica. Vindobonae 1673. 8. 268 p.

Jung, latine **Jungius**, Joachim, Professor am Johanneum in Hamburg (Jungia L. fil.), * Lübeck 21./22. Oct. 1587, † Hamburg 23. Sept. 1657.
Martin Fogel, Historia vitae et mortis Joachimi Jungii. Hamburgi 1657. 4.
Des Dr. Joachim Jungius aus Lübeck Briefwechsel mit seinen Schülern und Freunden. Aus den Manuscripten der Hamburger Stadtbibliothek zusammengestellt von Robert C. B. Avé-Lallemant. Lübeck, Asschenfeldt. 1863. 8. xxviii, 456 p.
4523* —— Isagoge phytoscopica, ut ab ipso privatis in collegiis auditoribus solita fuit tradi. Ad exempla, quae ipse auctor summa diligentia deprehendebatur revidisse et multis locis sua manu locupletasse, accurate expressa. Recensente Jo. Vagetio. Hamburgi, sumtibus Testamenti Jungiani. (1678). 4. (39 foll.)

4524* **Jung**, Joachim. Opuscula botanico-physica (nempe Isagoge phytoscopica et de plantis doxoscopiae physicae minores) ex recensione et distinctione Martini Vogelii et Joannis Vagetii Accedit Josephi de Aromatariis Epistola de generatione plantarum e seminibus. Coburgi, Otto. 1747. 4. 183 p., praef.
4525* —— Doxoscopiae physicae minores, sive Isagoge physica doxoscopica, in qua praecipuae opiniones, in physica passim receptae, breviter quidem, sed accuratissime examinantur. Ex recensione et distinctione M. F. H. (i. e. Martini Fogelii Hamburgensis), cujus annotationes quaedam accedunt. Hamburgi, typ. Pfeiffer. 1662. 4. Alphab. 3. plagg. 12 et 16.

Jung, W., Apotheker in Hochheim.
4526* —— Flora des Herzogthums Nassau oder Verzeichniss der im Herzogthum Nassau wildwachsenden Gewächse. Hadamar und Weilburg, Lanz. 1832. 8. xxiv, 524 p. ($2\,1/3$ th.)

Jungk, Christian Ludwig.
4527* —— Observationes botanicae in Floram Halensem. D. Halis Saxonum, typ. Grunert. 1807. 8. 26 p.
Liber omnino quadrat cum Sprengelii Mantissa prima Florae halensis, praeter non additam Novarum specierum centuriam.

Jungermann, Ludwig, Professor der Botanik in Giessen 1614—24, in Altdorf 1625—53 (Jungermannia Dill.), * Leipzig 4. Juli 1572, † Altdorf 8. Juni 1653.
Trew, Programma. Altdorfii 1653. 4.
4528* —— Catalogus plantarum quae circa Altorfium noricum et vicinis quibusdam locis, recensitus a Casp. Hofmanno. Altorfi, apud Conradum Agricolam. 1615. 4. (64 p.)
4529 —— Cornucopiae Florae Giessensis proventu spontanearum stirpium cum Flora Altorfiensi amice et amoene conspirantis, uti Lipsiensium, Wittebergensium, Jenensium quoque deliciis herbarum abundantis. Giessae, apud Nicolaum Hampelium. 1623. 4.
4530* —— Catalogus plantarum, quae in horto medico Altdorphino reperiuntur. Altdorphii, typ. Scherff. 1635. 4. (20 p.)
4531* —— Catalogus plantarum, quae in horto medico et agro Altdorphino reperiuntur. Auctus et denuo recensitus. Altdorphii, typ. Scherff. 1646. 8. (80 p)

Junghans, Philipp Kaspar, Professor der Botanik in Halle (Junghansia Gm), * Römhild 11. Oct. 1738, † Halle 15. Mai 1797.
4532* (——) Index plantarum horti botanici Halensis. Halae 1771. 8. (32 p.)
4533* —— Icones plantarum rariorum ad vitam impressae. Centuria I. Halae 1787. folio. tab. col. 1 (Bulbocodium vernum) — 68.
4534* —— Icones plantarum officinalium ad vitam impressae. Centuria I. Halae 1787. folio. tab. col. 1 (Daphne Mezereum) — 37.

Junghuhn, Franz Wilhelm, * Mansfeld 26. Oct. 1812, † Lembang 24. April 1864.
A. W. Kroon, Levensschets van Franz Wilhelm Junghuhn. Overgedrukt uit tijdschrift de Dageraad. Amsterdam, F. Gunst. 1864. 8. 48 p., Portrait. (1 fl.)
4535* —— Praemissa in Floram cryptogamicam Javae insulae. Fasc. I. continet enumerationem fungorum, quos in excursionibus per diversas Javae regiones hucusque observavit. (Batavia 1838). 8. 86 p., 15 tab. col.
Verh. van het Batav. Gen. van Kunsten en Wetenschappen. XVII Deel. III Stuk.
4536* —— Nova genera et species plantarum Florae javanicae. Leiden 1840. 8. 35 p., 1 tab.
Tijdschrift voor nat. geschied. Deel VII.
4537* —— Plantae Junghuhnianae. Enumeratio plantarum quas in insulis Java et Sumatra detexit Fr. Junghuhn. Fasc. 1—4. Lugduni Batavorum, H. R. de Breuk. 1851—55. 8. 522 p.
Autoribus ill. Miquel, Bentham, Montagne, Molkenboer, Hasskarl, van den Bosch allisque.

Jurine, André (Jurinea Cass.), * Genf 1780, † Paris 1804.
4538* —— Recherches sur l'organisation des feuilles. Paris 1802. 4. Journal de physique LVI, 159—200.

Jussieu, Adrien de, Sohn von Antoine Laurent, * Paris im Jardin des plantes 23. Dec. 1797, † Paris (rue Cuvier 61, Jardin des plantes) 29. Juni 1853.
Decaisne, Notice historique. Bull. soc. bot. I, 386—400.
4539* —— De Euphorbiacearum generibus medicisque earundem viribus tentamen. Parisiis, typ. Didot. 1824. 4. 118 p., 18 tab.

4540* **Jussieu**, *Adrien de.* Monographie du genre Phebalium. (Paris 1825.) 4. 13 p., 3 tab.
Extrait du tome II. des Mémoires de la soc. d'hist. nat. de Paris.

4541* —— Mémoires sur les Rutacées ou considérations sur ce groupe de plantes, suivies de l'exposition des genres qui les composent. Paris, typ. Belin. 1825. 4. 160 p., 16 tab. (sign. 14—29) (15 fr.)
Extrait des Mém. du Muséum d'hist. nat. tome XII.

4542* —— Mémoires sur le groupe des Méliacées. (Paris 1830.) 4. 152 p., 12 tab., 1 plan sur la distribution géographique.
Extrait des Mém. du Muséum d'hist. nat. tome XIX. p 153—304.

4543* —— Monographie des Malpighiacées ou exposition des caractères de cette famille des plantes, des genres et espèces qui la composent. Paris 1843. 4. 151, 368 p., 23 tab. pro parte col.
Archives du Muséum III, 5—152, 255—616.

4544* —— Botanique. (Cours élémentaire d'histoire naturelle à l'usage des collèges.) Paris, Masson. 1843. 8. — *Ed. II. ib. 1844. 8. — *Ed. III. ib. 1845. 8. — Ed. VI. ib. 1855. 8. — *Ed. IX. ib. 1864. 8. VIII, 501 p., 812 ic. xyl. (6 fr.)
Ouvrage adopté par le Conseil de l'instruction publique et approuvé par Mgr. l'archevêque de Paris.
anglice: by *J. H. Wilson*. London, H. G. Bohn. 8. (6s.)
germanice: von *Schmidt*, *Goebel* und *Pfund*. Prag 1844. 8.
germanice: von *G. Kissling*. Stuttgart 1845. 8.
italice: da *Lionardo Dorotea*. Napoli 1844—45. 8.
italice: di *Balsamo-Crivelli*. Milano 1846. 8. — ib. 1850. 8.

4545* —— Taxonomie. Coup d'œil sur l'histoire et les principes des classifications botaniques. (Extrait du Dict. univ. d'hist. nat.) Paris 1848. 8. 69 p.
Cat. of sc. Papers III, 595—596.
*Catalogue de la bibliothèque scientifique de *M. M. de Jussieu*, dont la vente aura lieu le lundi 14 Janvier 1858 par le ministère de *M. Boulouze*. Paris, Labitte. 1857. 8. xv, 464 p.

Jussieu, *Antoine de,* * Lyon 6. Juli 1686, † Paris 22. April 1758.
Histoire de l'Ac. des sc. de Paris. 1758. p. 115—126

4546* —— Discours sur le progrès de la botanique au jardin royal de Paris, suivi d'une introduction à la connaissance des plantes, prononcéz à l'ouverture des demonstrations publiques le 31 May 1718. Paris, Ganeau. 1718. 4. 24 p.

4547* —— Traité des vertus des plantes. Ouvrage posthume de Mr. *Antoine de Jussieu,* édité et augmenté par *Gandoger de Foigny* Nancy, Leclerc. 1771. 8. xxxvi, 412 p. — Paris, chez Merlin. 1772. 8. (est eadem impressio)

Jussieu, *Antoine Laurent,* Professor am Jardin des plantes seit 1778, * Lyon 12 April 1748, † Paris 17. Sept. 1836.
Brongniart, Notice historique sur *Antoine Laurent de Jussieu*. Paris 1837. 8. 20 p avec le portrait et le Facsimile de *A. L. de Jussieu*.
Flourens, Éloge historique Paris 1838. 4. 60 p.

4548* ——, pr An inveteratis alvi fluxibus Simarouba? D. (30. Jan. 1772.) Parisiis, typ. Quillau. 1772. 4. 4 p.

4549* —— Genera plantarum secundum ordines naturales disposita, juxta methodum in horto regio Parisiensi exaratam anno 1774. Parisiis, apud Herissant et Barrois. 1789. 8. 24, LXXII, 498 p. — *Excudi curavit notisque auxit *Paulus Usteri*. Turici, Ziegler. 1791. 8. LXXIX, 526 p.

4550* —— Principes de la méthode naturelle des végétaux. Paris, Levrault. 1824. 8. 51 p. (1 fr. 15 c.)
Extrait du vol. III. du Dict. des sc. nat.

4551* —— Introductio in historiam plantarum. Introductionis olim generibus plantarum praemissae editio altera posthuma, aucta et maxima parte nova. (edidit *Adrien de Jussieu.*) (Paris, typ. Renouard.) s. a. 8. 111 p.

Mémoires de botanique d'Antoine Laurent de Jussieu:
«Tous ces mémoires, dont seulement ceux sur les Rubiacées et les Paronychiées sont tirés à part, sont extraits de la collection des Mémoires et des Annales du Muséum, dont ils portent la pagination. Ils sont rangés ici non par ordre de publication, mais par ordre de matière, savoir: d'abord les mémoires généraux, qui traitent de plusieurs familles à la fois; puis les mémoires particuliers sur certains familles ou certains genres, disposés d'après la série publiée par *M. de Jussieu* dans les Elémens de botanique de *M. Mirbel*; enfin des notes sur certains points de synonymie etc.»
Adrien de Jussieu.

Exposition d'un nouvel ordre des plantes, adopté dans les démonstrations du jardin royal (Mém. de l'Acad. des sc. 1774. p 175—197.
Mémoires sur les caractères généraux des familles tirés de graines et confirmés ou rectifiés par les observations de Gaertner.
Premier mémoire: Aristolochiées-Plumbaginées. (Ann. V. 1804) Supplément. (Ann. VII. 1806.)
Second mémoire: Monopétales hypogynes. (Ann. V. 1804.)
Troisième mémoire: Monopétales périgynes. (Ann. V. 1804.)
Quatrième mémoire: Monopétales épigynes à anthères réunies. Première partie. (Ann. VI. 1805.)
Cinquième mémoire: — Deuxième partie. (Ann. VII. 1806.)
Sixième mémoire: — Troisième partie. (Ann. VIII. 1806.)
Septième mémoire: Monopétales épigynes à anthères distinctes. (Ann. X. 1807.)
Huitième mémoire: Caprifoliées — Loranthées. (Ann. XII. 1808.)
Neuvième mémoire: Araliacées — Ombellifères. (Ann. XVI. 1810.)
Dixième mémoire: Renonculacées — Malpighiacées. (Ann. XVIII. 1811.)
Onzième mémoire: Hypéricées — Guttifères. (Ann. XX. 1830.)
Douzième mémoire: Aurantiacées — Théacées. (Mém. II. 1815.)
Treizième mémoire: Première partie: Méliacées — Géraniacées. (Mém. III. 1817.)
Treizième mémoire: Deuxième partie: Méliacées — Tiliacées. (Mém. V. 1819.)
Mémoires sur les genres de plantes à ajouter ou à retrancher à diverses familles connues:
Premier: Primulacées — Rhinanthées — Acanthées — Jasminées — Verbénacées — Labiées — Personées. (Ann. XIV. 1809.)
Deuxième: Solanées — Borraginées — Convolvulacées — Polemoniacées — Bignoniées — Gentianées — Apocinées — Sapotées — Ardisiacées. (Ann. XV. 1810.)
Mémoire sur la réunion de plusieurs genres de plantes en un seul dans la famille des Laurinées. (Ann. VI. 1805.)
Observations sur la famille des Amarantacées. (Ann. II. 1803.)
Observations sur la famille des Nyctaginées. (Ann. II. 1803.)
Mémoire sur le Dicliptera et le Blechum, genres nouveaux de plantes composés de plusieurs espèces auparavant réunies de Justicia. (Ann. IX. 1807.)
Observations sur la famille des Verbenacées. (Ann. VI. 1805.)
Sur le Curanga, genre nouveau de plantes de la famille des Personées. (Ann. VII. 1807.)
Mémoire sur le genre Phelipaea de Thunberg et sur d'autres plantes qui portent le même nom. (Ann. XII. 1808.)
Mémoire sur le Cantua, genre de plantes de la famille des Polemoniées. (Ann. III. 1804.)
Sur le Solanum cornutum du Mexique. (Ann. III. 1804.)
Sur le Petunia, genre nouveau de la famille des Solanées. (Ann. II. 1803.)
Sur la plante nommée par les botanistes Erica Daboecia, et sur la nécessité de la rapporter à un autre genre et à une autre famille. (Ann. I. 1802.)
Mémoire sur les Lobéliacées et les Stylidiées, nouvelles familles de plantes. (Ann. XVIII. 1811.)
Mémoire sur l'Acicarpha et le Boopis, deux genres nouveaux de plantes de la famille des Cinarocéphales. (Ann. II. 1803.)
Mémoire sur le Kleinia et l'Actinea, deux genres nouveaux de la famille des Corymbifères. (Ann. II. 1803.)
Sur le Gymnostyles, genre nouveau de la famille des Corymbifères. (Ann. IV. 1804.)
Mémoire sur l'Opercularia, genre de plantes voisin de la famille des Dipsacées. (Ann. IV. 1804.)
Sur la famille des plantes Rubiacées. (Mém. VI. 1820.)
Mémoire sur quelques nouvelles espèces d'Anémones. (Ann. III. 1804.)
Mémoire sur la Paullinia, genre de plantes de la famille des Sapindacées. (Ann. IV. 1804.)
Mémoire sur le Melicocca et quelques espèces nouvelles de ce genre des plantes. (Mém. III. 1817.)
Sur quelques espèces du genre Hypericum. (Ann. III. 1804.)
Mémoire sur une nouvelle espèce de Marcgravia et sur les affinités botaniques de ce genre. (Ann. XIV. 1809.)
Mémoire sur le Grewia, genre de plantes de la famille des Tiliacées. (Ann. IV. 1804.)
Mémoire sur la famille nouvelle des Polygalées. (Mém. I. 1815.)
Examen de la famille des Renoncules. (Mém. de l'Acad. des sc. 1773. p. 214—240.)
Note sur le genre Hydropityon de Gaertner fils et sur ses affinités avec d'autres genres. (Ann. X. 1807.)
Sur la nouvelle famille des Paronychiées. (Mém. II. 1815.) Mémoire sur le Loasa, genre de plantes qui devra constituer avec le Mentzelia une nouvelle famille. (Ann. IV. 1804.)
Observations sur la famille des plantes Onagraires. (Ann. III. 1804.)
Mémoires sur les Passiflorées:
Premier mémoire: Sur quelques nouvelles espèces du genre Passiflore, et sur la nécessité d'établir une famille des Passiflorées. (Ann. VI. 1805.)
Second mémoire: Sur la famille des Passiflorées et particulièrement sur quelques espèces nouvelles du genre Tacsonia. (Ann VI 1805.)
Mémoire sur les Monimiées, nouvel ordre des plantes. (Ann. XIV. 1809.)
Sur quelques genres de la Flore de Cochinchine de Loureiro.
Première note: Aubletia. Aglaia. Citta. Knema. (Ann. VII. 1806.)
Deuxième note: Tetradium. Gonus. Limacia. (Ann. XI. 1808.)
Troisième note: Adenodus. Réflexions sur l'Elaeocarpus. Gemella. Ann. XI 1808)
Quatrième note: Anoma. (Ann. XI. 1808.)
Cinquième note: Nephroia. Pselium. Thilachium. (Ann. XII. 1808.)
Sixième note: Melodorum. Desmos. Note sur les genres de la famille des Anonacées. (Ann. XVI. 1810.)
Septième note: Physkium. (Ann. IX. 1807.)
Note sur le calice et la corolle. (Ann. XIX. 1812.)
Extrait d'un Mémoire de M. Cusson sur les plantes ombellifères. (Histoire de la société royale de médicine. 1782—83.)

Jussieu, *Bernard de,* * Lyon 17. Aug. 1699, † Paris 6. Nov. 1776.
Hist. de l'Acad. des sc. de Paris 1777. p. 94—117.
Le Preux, Eloge de Mr. Bernard de Jussieu. Séance publique tenue par la fac. de med. de Paris. Paris, Quillau 1779. 4. p. 37—54.
Journal de phys. XV. p. 3—16

4552* ——, pr. Quaestio medica, an compar animantium et vegetantium perspiratio? Parisiis, typ. Quillau. 1777. 4. 7 p.
Bernardi de Jussieu ordines naturales in Ludovici XV horto Trianonensi dispositi, anno 1759. 8 **Bibl. Juss.**

Jussieu, *Christophle de.*
4553* —— Nouveau traité de la thériaque. Trevoux, chez Etienne Ganeau. 1708. 12. (16) 174 p. Bibl. Juss.
Jussieu, *Joseph de,* Bruder von Antoine und Bernard, * Lyon 3. Sept 1704, † Paris 11 April 1779.
Justander, *Johan Gustaf.*
4554* —— Observationes historiam plantarum fennicarum illustrantes. D. Aboae 1791. 4. 16 p.
Ives, *Eli*
Cat. of sc. Papers III, 502
Ives, *Joseph C.*
4555* —— Report upon the Colorado River of the West, explored in 1857—58. Washington Government printing Office. 1861. 4. 36th Congress Ex Docum. Vol. 14.
Botany: Catalogue of the plants collected upon the expedition, by *Asa Gray, Torrey, Thurber* and *Engelmann.* 1860. 30 p

K.

Kaasböl, *Hilarius Christoph,* Pastor in Kopenhagen, * 1682, ÷ 1754.
4556 —— De arboribus sodomaeis. D. (Hafniae) 1705. 4. 12 p.
Kabath, *Hermann.*
4557* —— Flora der Umgegend von Gleiwitz, mit Berücksichtigung der geognostischen, Boden- und Höhenverhältnisse. Gleiwitz, Landsberger. 1846. 8. 210 p. (1 th)
Kablik, *Josephine,* * Hohenelbe 9. März 1787, ÷ Hohenelbe 21. Juli 1863.
Kabsch, *Wilhelm,* † Appenzell 20. Juni 1864.
4558* —— Das Pflanzenleben der Erde. Eine Pflanzengeographie für Laien und Naturforscher. Nach dem Tode des Verfassers mit einem Vorwort versehen von *H. A. Berlepsch.* Hannover, Rümpler. 1855. 8. xvi, 642 p., 1 tab. (4 th. n)
Cat. of sc. Papers III, 599.
Kachler, *Johann,* * Wien 7. Febr. 1782, ÷ Wien nach 1863.
4559* —— Encyclopädisches Pflanzenwörterbuch aller einheimischen und fremden Vegetabilien. Wien, Sollinger. 1829. II voll. gr. 8. — I: A—L. 296 p. — II: M—Z. viii, 336 p. (2 th.)
4560* —— Grundriss der Pflanzenkunde, in Gestalt eines Wörterbuchs der botanischen Sprache. Wien 1830. gr. 8. xii, 302 p., Tabellen. (2/3 th.)
4561* —— Alphabetisch-tabellarisch-scientifisches Samenverzeichniss. Wien 1839. 8. iv, 205 p.
Kaehnlein, *Ulrich.*
4562* —— Verzeichniss einiger um Wittenberg befindlichen Kräuter. Wittenberg 1763. 8. 16 p.
Kaempfer, *Engelbert,* Leibarzt des Grafen von der Lippe (Kaempferia L.), * Lemgo 16 Sept. 1651, ÷ Lemgo 2. Nov. 1716.
4563* —— Decas miscellanearum observationum. D. Lugduni Batavorum 1694. 4.
Redit in fasciculis amoenitatum exoticarum.
4564* —— Amoenitatum exoticarum politico-physico-medicarum fasciculi V, quibus continentur variae relationes, observationes et descriptiones rerum persicarum et ulterioris Asiae, multa attentione in peregrinationibus per universum Orientem collectae. Lemgoviae, typ et imp. H. W. Meyer. 1712. 4. 912 p., praef., ind., tab.
Fasciculus VI: Herbarii transgangetici specimen cum 500 iconibus interiit: maxima certe et in plerisque vix unquam reparanda jactura. Pauca quaedam manuscripta *Kaempferiana* vidit *Haller* in bibliotheca Goettingensi; majoris momenti sunt, quae in Museo britannico servantur, recensita apud *Murr,* Annot. p. 6—11.
4565* —— Icones selectae plantarum, quas in Japonia collegit et delineavit *Engelbertus Kaempfer;* ex archetypis in Museo britannico asservatis (edidit *Joseph Banks*). Londini 1791. folio. 3 p , 59 tab.
Kahleyss, *Jakob Gottfried Benjamin,* Arzt in Gröbzig (Dessau), * Jessnitz 23. Dec. 1778.
4566* —— De vegetabilium et animalium differentiis. D. Halae 1802. 8. 30 p.

Kaiser, *J. A.*
4567 —— Chemische Untersuchung des Agaricus muscarius L. Göttingen 1862. 8. 52 p.
Kalchberg, *Albert, Ritter von.*
4568* —— Ueber die Natur, Entwickelungs- und Eintheilungsweise der Pflanzenauswüchse. D. Wien, typ. Stöckholzer. 1828 8. 39 p
Kaleniczenkow, *Johann.*
Cat. of sc. Papers III, 601.
Kall, *Nicolaus Christoph,* Professor in Kopenhagen, * Kopenhagen 25 Sept. 1749.
4569 —— De duplici plantarum sexu Arabibus cognito Programma I et II. Hafniae 1782—83. folio.
Kalm, *Matthias.*
4570* —— Sciagraphia studii botanici. D. Aboae 1821. 4 20 p
Kalm, *Pehr,* Professor der Oekonomie in Åbo (Kalmia L.), * Nerpis in Finland 1715, ÷ Åbo 16. Nov 1779.
Odhelius, Åminnelse-tal Stockholm 1780. 8.
4571* —— Wästgötha och Bahusländska Resa förrättad år 1742 Stockholm 1746 8 304 p , praef, ind , ic xyl.
4572 —— En Resa til Norra America. Stockholm 1753—61. III voll 8. — I: 1753. 484 p. — II: 1756. 526 p. — III: 1761 538 p
* germanice: Beschreibung der Reise nach dem nördlichen Amerika. Göttingen 1754—64. 3 Theile. 8. (3½ th.)
4573 —— Possibilitas varia vegetabilia exotica fabricis nostris utilia in Finlandia colendi. D. Aboae 1754. 4 11 p.
4574 —— Adumbratio Florae D. Aboae 1754. 4. 28 p.
4575 —— De Erica vulgari et Pteride aquilina. D. Aboae 1754 4. 20 p.
4576 —— Om Caffé och de inhemska växter, som pläga brukas i des ställe. D. Åbo 1755. 4. 18 p.
4577 —— De praerogativis Finlandiae praecipue quoad plantas spontaneas in bellariis adhibitas. D. Aboae 1756. 4. 22 p.
4578 —— De foecunditate plantarum D. Aboae 1757. 4. 12 p.
4579 —— Fata botanices in Finlandia. D. Aboae 1758. 4. 20 p.
4580 —— Om nyttan och nödvändigheten af våra inhemska växter kännande. D. Åbo 1760. 4. 15 p.
4581 —— Praestantia plantarum indigenarum prae exoticis. D. Åbo 1762. 4. 43 p.
4582 —— Norra Americanska färge-örter. D. Åbo 1763. 4. 8 p.
4583 —— Florae fennicae pars prior. D. Aboae 1765. 4. 10 p.
4584 —— Genera compendiosa plantarum fennicarum. D. Aboae 1771. 8. 32 p.
Kaltenbach, *J. H.*
4585 —— Flora des Aachener Beckens. Aachen, B. Boisserée. 1845 12. (2/3 th.)
Erfahrungen und Winke beim Studium der Gattung Rubus. Verh. Rheinl. und Westph 1845, 54—62.
Kamel, *Georg Joseph,* latine **Camellus,** Jesuitenmissionar auf den Philippinen (Camellia L.), * Brünn in Mähren 21. April 1661, ÷ Manila 2. Mai 1706.
de Backer, Bibliothèque des écrivains de la compagnie de Jésus, IV, 89
4586* —— Herbarum aliarumque stirpium in insula Luzone Philippinarum primariâ nascentium icones ab auctore delineatae *ineditae,* quarum syllabus in *Joannis Raji* Historiae plantarum tomo tertio. folio. 260 ic.
Plures praeterea descriptiones *Kameli,* nondum editae, inveniuntur in Museo britannico. Manuscr. Sloan 4078 et 4081. Bibl. Juss. et Deless.
Kamp, *Moritz,* * Elberfeld 3. Juli 1833.
4587* —— De Lycopodio Chamaecyparisso. D. chemica. Bonn 1856. 8. 28 p.
Kandel, *David,* «ein junger Knabe, eines Bürgers Sohn zu Strassburg» (Kandelia Wight et Arn.).
H. Bock Kreuterbuch, 1546. Vorrede
Kanitz, *August.*
4588* —— Geschichte der Botanik in Ungarn. Skizzen. Hannover. Riemschneider. 1863. 8. 187 p.
Cat. of sc. Papers III, 606.
Kapp, *Christian Ehrhard,* Arzt in Dresden, * Leipzig 23. Jan. 1739, † Dresden 30. Sept. 1824
4589* —— Motum humorum in plantis cum motu humorum in animalibus comparat. Lipsiae 1763. 4. 24 p.
Karelin, *Georg*
4590* —— et *Johann* **Kirilow.** Enumeratio plantarum in desertis

Songoriae orientalis et in jugo summarum alpium Alatau anno 1841 collectarum. (Mosquae 1842.) 8. 223 p.
Bull soc Mosc XV, 129—180, 321—453, 503—542.
Cat. of sc. Papers III, 607

Karl August, Grossherzog von Sachsen-Weimar, * 3. Sept. 1757, ÷ Graditz bei Torgau 14. Juni 1828.

Karsch, *Anton*, Professor in Münster, * Münster 19. Juni 1822.

4591* —— Phanerogamen-Flora der Provinz Westfalen mit Einschluss der Bentheimschen, Lingenschen, Meppenschen, Osnabrückschen, der Fürstenthümer Lippe-Detmold und Waldeck und der Grafschaften Schaumburg und Itter. Münster, Regensberg in Comm. 1853 8. LXII, 842 p (2 th. n)

4592* —— Flora der Provinz Westphalen Ein Taschenbuch. Münster, Asschendorff. 1856. 8 LVIII, 287 p (²/₃ th.)

Karsten, *Hermann (Gustav Karl Wilhelm)*, Professor in Wien, * Stralsund 4. Nov. 1817

4593* —— De cella vitali. D. Berolini, Schroeder. (1843) 8. 72 p., 2 tab

4594* —— Die Vegetationsorgane der Palmen. Ein Beitrag zur vergleichenden Anatomie und Physiologie. Berlin, Schneider in Comm 1847. 4. VIII, 163 p., 9 tab. (2 th.)
Abhandlungen der Akademie der Wissenschaften, Jahrgang 1847

4595* —— Auswahl neuer und schönblühender Gewächse Venezuela's. Mit Abbildungen von *C. F. Schmidt*. Heft (1) 2. Berlin, Decker. 1848. 4 40 p, tab col. 1—12. (4 th)

4596* —— Ueber den Bau der Cecropia peltata L. Bonn, Weber. 1854 4. 24 p., 2 tab. (½ th.)
Nova Acta Leop XXIV, 79—100.

4597* —— Organographische Betrachtung der Zamia muricata Willd. Ein Beitrag zur Kenntniss der Organisationsverhältnisse der Cycadeen Berlin, Dümmler. 1857. 4. (⁴/₅ th)
Abh. der Berliner Akademie 1857 27 p., 3 tab.

4598* —— Ueber die Stellung einiger Familien parasitischer Pflanzen im natürlichen System Bonn, Weber. 1858. 4. 44 p. (1½ th.)
Nova Acta Leop. XXVI, 885—900

4599* —— Florae Columbiae terrarumque adjacentium specimina selecta in peregrinatione duodecim annorum observata. Tomus I. II Berolini, F. Dümmler. 1858—69. folio. 200, 188 p., 200 tab col. (200 th. — nigr. 150 th.)

4600* —— Die medizinischen Chinarinden Neu-Granada's Berlin, Schneider 1858. 4. 71 p , 2 tab. (²/₃ th n.)
* anglice: London, typ Eyre and Spottiswoode 1861. 8. 75 p.

4601* —— Das Geschlechtsleben der Pflanzen und die Parthenogenesis. Berlin, Decker. 1860. 4 IV, 52 p., 2 tab. (³/₄ th.)

4602* —— Histologische Untersuchungen Berlin, Dümmler. 1862. 4. IV, 78 p , 3 tab (1²/₃ th.)

4603* —— Entwicklungserscheinungen der organischen Zelle. Leipzig, Barth. 1863. 8. 23 p, 1 tab. (¹/₅ th.)

4604* —— Gesammelte Beiträge zur Anatomie und Physiologie der Pflanzen I Band. 1843—63. Berlin, F. Dümmler. 1865. 4. VIII, 459 p., 25 tab. (4 th)

4605* —— Botanische Untersuchungen aus dem physiologischen Laboratorium der landwirthschaftlichen Lehranstalt in Berlin. Berlin, Wiegandt und Hempel. (1865)—67. 8. IV, 683 p., 33 tab. (10½ th.)

4606* —— Chemismus der Pflanzenzelle. Eine morphologisch-chemische Untersuchung der Hefe mit Berücksichtigung der Natur, des Ursprunges und der Verbreitung der Contagien. Wien, Braumüller. 1869. 8. III, 90 p. (²/₃ th.)
Cat of sc. Papers III, 614—615.

Karwinsky von Karwin, *Wilhelm*, *Freiherr*, botanischer Reisender in Brasilien (Karwinskia Zucc.), † München 2. März 1855.

Katzer, *Joseph*.

4607* —— Systematische Uebersicht der officinellen Pflanzen, welche in der Oestreich'schen Pharmacopoe enthalten sind. D. Wien, typ. Ueberreiter. 1840. 8 IV, 94 p. (²/₃ th.)

Kaulfuss, *Georg Friedrich*, Professor in Halle, † Halle 9. Dec. 1830.

4608* —— Enumeratio filicum, quas in itinere circa terram legit clar. *Adalbertus de Chamisso* adjectis in omnia harum plantarum genera permultasque species non satis cognitas vel novas animadversionibus. Lipsiae, Cnobloch. 1824. 8. VI, 300 p., 12 tab (1³/₄ th.)

4609* **Kaulfuss**, *Georg Friedrich*. Erfahrungen über das Keimen der Charen, nebst andern Beiträgen zur Kenntniss dieser Pflanzengattung. Leipzig, Cnobloch. 1825. 8. 92 p., 1 tab. (⁷/₁₂ th.)

4610* —— Das Wesen der Farrenkräuter, besonders ihrer Fruchttheile, zugleich mit Rücksicht auf systematische Anordnung betrachtet, und mit einer Darstellung der Entwickelung der Pteris serrulata aus dem Samen begleitet. Erste Hälfte. Leipzig, Cnobloch. 1827. 4. XXIV, 117 p., 1 tab. (1²/₃ th.)
Cat. of sc. Papers III, 619.

Kegel, *Aribert Heinrich Hermann*, Universitätsgärtner in Halle, 1844—46 in Surinam (Kegelia Sch. Bip.), * Hettstedt 11. April 1819, ÷ Halle 27. Mai 1856.

Kehrer.

4611* —— Leitfaden für den Unterricht in der Botanik. Gymnasialprogramm. Heilbronn, Ruoff. 1844. 4. 28 p.

4612* —— Flora der Heilbronner Stadtmarkung. Beitrag 1. 2. Heilbronn 1856. 1866. 4. 40, 48 p.

Keith, *Patrik* (Keithia Spr.), * Schottland 1769, † 25. Jan. 1839.

4613* —— A system of physiological botany. London, Baldwin. 1816. II voll. 8. — I: XL, 478 p., 8 tab. — II: 526 p, 1 tab (1 l. 6 s.)

4614 —— A botanical lexicon. London 1837. 8. (10 s. 6 d.)
Cat. of sc Papers III, 628—629.

Kelaart, *Edward Frederik*.

4615* —— Flora Calpensis. Contributions to the botany and topography of Gibraltar and its neighbourhood. London, J. van Voorst. 1846. 8. XVIII, 219 p., 4 tab.

Kelch, *Wilhelm Gottlieb*, Arzt in Königsberg, † Königsberg 2. Febr 1813.

4616* —— Flora medica borussica, sistens plantas officinales sponte vigentes. Regiomonti 1805. 8. X, 78 p.

Kellander, *Daniel*, Arzt in Götheburg, ÷ Götheburg 1724.

4617* —— De seminibus. D. Lugd. Bat., Wishoff. 1720. 4. 14 p.

Keller, *Antonio*.

4618* —— Osservazioni fatte sulla malattia delle uve. Padova, typ. Sicca 1855 8. 10 p.

4619* —— Principii di botanica. Parte I. Padova, typ. Sicca, 1856. 8. 108 p, 3 tab.

4620* —— Sulla malattia delle uve. Padova, typ. Prosperini. 1862. 8. 22 p.

Kellogg, *Albert*, Arzt in San Francisco.
Cat. of sc. Papers III, 632.

Kennion, *Edward*.

4621* —— An Essay on trees in Landscape. London, H. G. Bohn. 1844. 4. 48 p., 60 tab.

Kent, *Miss*.

4622* (——) Sylvan sketches; or a companion to the Park and the shrubbery. London, Taylor and Hessey. 1825. 8. XLIV, 408 p. (10 s. 6 d.)
Cat. of sc. Papers III, 638.

Kentmann, *Theophilus*, * Meissen 21. Jan. 1552, † Halle 12. Juli 1610.

4623* (——) Tabula locum et tempus quibus uberius plantae potissimum spontaneae vigent et proveniunt, exprimens. Wittebergae, Seelfisch. 1629. 4. 10 p.

K'Eogh, *John*.

4624 —— Botanologia universalis hibernica, or a general Irish herbal. Corke 1735. 4. 145 p.

Ker, *John Bellenden*, alias **Gawler**.

4625* —— Strelitzia depicta, or coloured figures of all the known species of the genus Strelitzia, from the drawings, by *Franci Bauer*, in the Banksian library. London 1818. folio. Fasc. I et II: tab. col. 1—8.

4626* —— Iridearum genera, cum ordinis charactere naturali, specierum enumeratione synonymisque. Bruxellis, de Mat. 1827. 8. 158 p.
Autor est omnium descriptionum plantarum in *Botanical Register* annorum 1815—24, quae signum in calce non gerunt.
Cat. of sc. Papers III, 638.

Kerbert, *Karl*, Arzt, * 1816, † Zaandijk 14. Sept. 1857.

Kerndt, *Karl Huldreich Theodor*.

4627* —— Quaestionum phytochemicarum Sectio I: De fructibus

Asparagi et Bixae Orellanae. D. Lipsiae, H. Fritzsche. 1849. 8. VIII, 95 p. (⅔ th. n.)

Kerner, *Anton Joseph,* Professor in Innsbruck, * Mautern 13. Nov. 1831.

4628* —— Das Pflanzenleben der Donauländer. Innspruck, Wagner. 1863. 8. XIII, 348 p. (2 th. n.)

4629* —— Der botanische Garten der Universität zu Innsbruck. Innsbruck, Wagner. 1863. 8. 22 p. — * Zweite umgearbeitete Auflage. ib. 1869. 8. 20 p. (4 sgr.)

4630 —— und *J.* **Kerner.** Herbarium österreichischer Weiden. 1.—9. Dekade. Innspruck, Wagner. 1863—69. (9 th. n)

4631 —— Die Kultur der Alpenpflanzen. Innspruck, Wagner. 1864. 8. XI, 162 p., ic. xyl. (24 gr. n.)

4632 —— Die hybriden Orchideen der österreichischen Flora. (Innspruck, Wagner.) 1865. 8. 34 p. (16 gr. n.)
Aus Abh. der zool. bot. Ges. in Wien.

4633 —— Gute und schlechte Arten. Innspruck, Wagner. 1866. 8. 60 p. (⅓ th. n.)

4634 —— Die Abhängigkeit der Pflanzengestalt von Klima und Boden. Ein Beitrag zur Lehre von der Entstehung und Verbreitung der Arten, gestützt auf die Verwandtschaftsverhältnisse, geographische Verbreitung und Geschichte der Cytisusarten aus dem Stamme Tubocytisus DC. Innspruck, Wagner. 1869. 4. 48 p., 1 tab. (12 sgr. n.)
Cat. of sc. Papers III, 639—640.

Kerner, *Johann Simon (von),* württembergischer Hofrath, * Kirchheim unter Teck 25. Febr. 1755, † Stuttgart 13. Juni 1830.

4635* —— Handlungsprodukte aus dem Pflanzenreich. Sechs Hefte. Stuttgart, Metzler. 1784—86. folio. 42 tab. col., text. (13 th.)

4636* —— Beobachtungen über die beweglichen Blätter der Süsskleepflanze, Hedysarum gyrans. Programm. Stuttgart 1784. 4. 32 p., 1 tab.

4637* —— Giftige und essbare Schwämme, welche sowohl im Herzogthum Wirtemberg als auch im übrigen Teutschland wild wachsen. Stuttgart, Verf. 1786. 8 VIII, 68 p., 16 tab. col. (1⅓ th.)

4638 (——) Flora Stuttgardiensis, oder Verzeichniss der um Stuttgardt wildwachsenden Pflanzen. Stuttgart 1786. 8. 402 p.

4639* —— Abbildung aller ökonomischen Pflanzen. Figures des plantes économiques. Stuttgart 1786—96. VIII voll. 4. 156, 44, 134 p., 800 tab. col. (240 th.)

4640* —— Beschreibung und Abbildung der Bäume und Gesträuche, welche in dem Herzogthum Wirtemberg wild wachsen. Erster Band. Heft 1—9. Stuttgart, Cotta. 1788. (1783—92.) 4. (VIII), 30, 138 p., ind., tab. col. 1—71. (23 th)

4641 —— Darstellung ausländischer Bäume und Gesträuche, welche in Deutschland im Freien ausdauern. Leipzig, Benj. Fleischer. 1796. Erster Band. Heft 1—4. 4. 60 tab. col. (20 th.)

4642* —— Hortus sempervirens, exhibens icones plantarum selectiorum quotquot ad vivorum exemplarium normam reddere licuit. Stuttgardiae, typ. Academiae Carolinae. (typ. Henrici Maentler in ultimo vol.). 1795—1830. LXXI voll. folio eleph. 851 tab. col. manu pictae, 851 foll. **Bibl. Imp. Franc. et Deless.**
Unicum, quod vidi, completum exemplar Horti sempervirentis, est in bibliotheca Delessertiana, pretio 32,000 *fr.* gall. emtum. Volumen primum, in quo, ut omnibus insequentibus, duodecim insunt tabulae, a libraria Cottae pretio 148½ *th.* divendebatur; pretium integri operis 10,543½ *th.* Quare «sempervorantem» haud insalse appellabat hortum meritissimus bibliothecarius Imperatoris Austriae, qui, quum anno 1826 tabulae voluminis LXIV taediosi operis fraudose ab autore ex prioribus repeterentur, fausta hac nixus occasione, has, Imperatore annuente, non solum remisit, sed etiam insequentes accipere omnino repudiavit. Adsunt tantum 63 volumina cum 756 tabulis pictis De ipso opere inutili cf. Göttinger Gelehrte Anzeigen 1798. I. 84

4643* —— Icones plantarum selectiorum. Fasc. I. Stuttgardiae, apud autorem. 1802. folio. II foll., 4 tab. col. (3½ th.) **Bibl. Cand.**
Insunt: Erica ampullacea, Passiflora perfoliata, Stapelia sororia, Butea frondosa, quae plantae ac tabulae jam in Horto sempervirente occurrunt, cujus editionem inferiorem edere hoc fasciculo infaustum fecit periculum *Kernerus.*

4644* —— Le raisin, ses espèces et variétés dessinées et coloriées d'après nature. Stuttgart et Mannheim 1803—15 XII fasc. folio latiss. 144 tab. col., 12 foll. **Bibl. Imp. Franc. et Deless.**
In exemplari Vindobonensi desideratur fasciculus ultimus.

4645* **Kerner,** *Johann Simon (von).* Les Melons. Stuttgart 1810. folio latiss. 4 foll. text., 3 foll. tit et dedic. scripta et picta, 34 tab. splendide pictae. **Bibl. Imp. Franc. et Deless.**

4646* —— Genera plantarum selectarum specierum iconibus illustrata. Stuttgartiae et Mannhemii, Artaria. 1811—28. XI voll. folio. 220 tab. col., 220 foll. **Bibl. Imp. Franc.**

Kerstens, *Johann Christian,* Professor in Kiel, * Stade 17. Dec. 1713, † Kiel 13 Juli 1802.

4647* —— pr. Primitiae Florae holsaticae. D. Kiliae 1780. 8 112 p.
Neque praeses, neque respondens *Friedrich Heinrich Wiggers* hanc scripserunt dissertationem; autorem enim se profitetur cl *Georg Heinrich Weber.*

Kesselmeyer, *Johann.*

4648* —— De quorundam vegetabilium principio nutriente. D. Argentorati, typ. Kürsner. 1759. 4. 31 p.

Kessler, *Franz Anton.*

4649* —— De Viola. D. Vindobonae, typ. Schulz. 1763. 8. 55 p.

Kessler, *Hermann Friedrich,* Lehrer in Cassel.

4650* —— Landgraf Wilhelm IV. als Botaniker; ein Beitrag zur Geschichte der Botanik. Programm der Realschule. Cassel 1859. 4 22 p.

4651* —— Das älteste und erste Herbarium Deutschlands, im Jahre 1592 vom Dr. *Caspar Ratzenberger* angelegt, gegenwärtig noch im Königlichen Museum in Cassel befindlich beschrieben und commentirt Cassel, Freyschmidt 1870. 8. 92 p. (½ th. n)

Keys, *Isaiah W. N.*

4652* —— Flora of Devon and Cornwall. (Fasc. 1. 2.) Ranunculaceae-Umbelliferae. Plymouth, J. W. N. Keys. 1866—67. 8. 121 p. (To be continued)
Cat. of sc. Papers III, 646

Kickx, *Jean,* Professor in Brüssel (Kickxia Dum), * Brüssel 9. März 1775, † Brüssel 27 März 1831.

4653* —— Flora Bruxellensis, exhibens characteres generum et specierum plantarum circum Bruxellas crescentium. Bruxellis, typ Rampelbergh. 1812. gr. 8. III, 348 p. (7 *fr.*)
Cat. of sc. Papers III, 648.

Kickx, *Jean,* der Sohn, Professor in Brüssel, * Brüssel 17. Jan. 1803, † Brüssel 1. Sept 1864.

4654* —— Accurata descriptio plantarum officinalium et venenatarum tum phanerogamarum tum cryptogamarum in agro Lovaniensi sponte crescentium. Lovanii 1827. 4. XVI, 348 p.

4655* —— Flore cryptogamique des environs de Louvain, ou description des plantes cryptogames et agames qui croissent dans le Brabant et dans une partie de la province d'Anvers. Bruxelles, typ. Vandooren. 1835. 8. XV, 263, 24 p.

4656* —— Notice sur quelques espèces peu connues de la Flore belge. Bruxelles, typ. Vandooren. 1835. 8 10 p., 3 tab. col. (Fungi.)

4657* —— Recherches pour servir à la Flore cryptogamique des Flandres. Centuries 1—5. Bruxelles, Hayez. 1840—55. 4. 46, 46, 51, 60, 63, VII p.
Mém. ac. Belg vol. XIII. seq.

4658* —— Clavis Bulliardiana, seu Nomenclator Bulliardi Icones Fungorum duce Friesio illustrans. Gandavi, typ. van Dosselaere. 1857. 8. 56 p.

4659* —— Flore cryptogamique des Flandres. OEuvre posthume de *Jean Kickx,* publiée par *Jean Jacques Kickx* Tome 1. 2. Gand, Hoste. Paris, Baillière. 1867. 8. 521, 490 p.
Cat. of sc. Papers III, 648.

Kiehl, *Georg Friedrich Wilhelm.*

4660* —— De Cassiae speciebus officinalibus. D. Halae, typ. Bath. 1801. 8. 30 p.

Kielmeyer, *Karl Friedrich von* (Kielmeyera Mart), * Bebenhausen bei Tübingen 22. Oct. 1765, † Stuttgart 24. Sept. 1844.
G. Jaeger, Ehrengedächtniss in Nova Acta Leop. XXI, 2

4661* —— pr. Observata quaedam de vegetatione in regionibus alpinis. D. Tuebingae, typ. Schramm. 1804. 8. 30 p.

4662* —— Observata quaedam de materierum quarundam oxydatarum in germinationem efficientia pro diversa seminum rerumque externarum indole. D. Tuebingae, typ Hopffer. 1805. 4. 32 p.

4663* **Kielmeyer**, *Karl Friedrich von*. Observationes quaedam chemicae de acredine nonnullorum vegetabilium. D. Tuebingae, typ. Reis 1805. 8. 36 p.
4664* —— De effectibus arsenici in varios organismos nec non de indiciis quibusdam veneficii ab arsenico illati. D. Tuebingae, typ Schramm 1808. 8. 78 p.
4665* —— Animadversiones de materiis narcoticis regni vegetabilis earumque ratione botanica D. Tuebingae, typ. Hopffer. 1808. 8 76 p
4666* —— Dissertatio inauguralis botanica, sistens characteristicen et descriptiones decadis rariorum plantarum horti academici Tubingensis, in systematibus L. vegetabilium vel non consignatarum vel minus rite definitarum. D. Tuebingae, typ. Schramm. 1814. 4. 18 p.
   Omnes has dissertationes, pro more in Academia Tubingensi antiquitus recepto, a Praeside conscriptas esse inter omnes constat.

Kieser, *Dietrich Georg*, Professor in Jena (Kiesera Reinw.), * Harburg 24. Aug. 1779, † Jena 11. Oct. 1862.
4667* —— Aphorismen aus der Physiologie der Pflanzen. Göttingen, Dietrich. 1808. 8 150 p. (²/₃ th)
4668* —— Mémoire sur l'organisation des plantes, qui a remporté le prix en 1812. Harlem, Beets. (1812). 4 xxi, 345 p., 22 tab. (4 *Ducaten*)
   Verhandelingen uitgegeven door Teylers tweede Genootschap. Vol XVIII.
4669* —— Grundzüge der Anatomie der Pflanzen. Zum Gebrauch bei seinen Vorlesungen Ein Auszug aus der im Jahr 1812 zu Harlem gekrönten Preisschrift. Auch unter dem Titel: Elemente der Phytonomie Erster Theil. Phytotomie. Jena, Crocker 1815 8. xliv, 264 p., 6 tab. (1²/₃ th)
   Cat. of sc. Papers III, 650

Kiesling, *Christian Gotthilf*, Arzt in Leipzig, * 1724, † 1754.
4670* —— De succis plantarum. D. Lipsiae, typ. Langenheim. 1752. 4. 40 p
   * *germanice*: Von den Säften der Pflanzen, in *Boerner's* Sammlungen aus der Naturgeschichte I. 238—306

Kiggelaer, *Franz* (Kiggelaria L.).
4671* (——) Horti *Beaumontiani* exoticarum plantarum catalogus, exhibens plantarum minus cognitarum et rariorum nomina, quibus idem hortus a d. 1690 instructus fuit. Hagae Comitis 1690. 8. 42 p., praef.

Kimball, *James*.
4672 —— Flora of the Apalachian coal field. Inaugural-Dissertation. Göttingen 1857. 8 38 p., 3 tab.

Kindberg, *Nils Conrad*, Lektor in Linköping
4673* —— Symbolae ad Synopsin generis Lepigonorum. D. Upsaliae, typ. Leffler 1856. 8. 16 p. (16 *sk*.)
4674 —— Dispositio plantarum Synantherearum, quae extra Scandinaviam occurrunt et in herbario scholae Lincopensis asservantur. Linköping, Ridderstad. 1862. 8 6 p
4675 —— Sexualsystemet jemfördt med Prof. *Fries* naturliga System. Linköping, Ridderstad. 1862. 4. 4 p.
4676* —— Östgöta Flora (Fanerogamerna). Linköping, Stahlström. (1861) 8. viii, 406 p.
   Cat. of sc. Papers III, 654

King, *Philipp Parker*, Admiral (Kingia R. Br.), * Norfolk 13. Dec. 1793, † Port Jackson 25. Febr. 1856.

Kippist, *Richard*, Bibliothekar der Linnean Society in London.
   Cat. of sc. Papers III, 658.

Kirby, *Mary*.
4677* —— A Flora of Leicestershire. London, Hamilton, Adams et Co. 1850. 8. ix, 183 p. (12 *s*. 6 *d*.)

Kirchhoff, *Alfred*, Oberlehrer in Berlin, * Erfurt 23. Mai 1838.
4678* —— De Labiatarum organis vegetativis. D. morphologica. Bonnae, typ. Krüger. 1861. 8. 34 p.
4679* —— Schulbotanik in methodischen Cursen bearbeitet. Halle, Schmidt. 1865. 8. viii, 135, viii, 84 p. (³/₅ th.)
4680* —— Die Idee der Pflanzenmetamorphose bei *Wolf* und *Goethe*. Programm. Berlin 1867. 4. 35 p.

Kirchmaier, *Georg Kaspar*, Professor in Wittenberg, * Uffenheim in Franken 29. Juli 1635, † Wittenberg 28. Sept. 1700.
4681* —— pr. De raris atque admirandis arboribus quibusdam. D. Wittenbergae, typ. Wendt. 1660. 4. 12 p.

4682* **Kirchmaier**, *Georg Kaspar*. De Coralio, Balsamo et Saccharo. D. Wittenbergae 1661. 4. 16 p.
4683 —— De Papyro veterum. D. Wittenbergae 1666. 4.
4684* —— De Tribulis potissimum aquaticis. D. Wittenbergae, typ. Schrödter. 1692. 4. 16 p.

Kirchner, *Ernst*.
4685* —— Uebersicht der wissenschaftlichen Pflanzenkunde. Berlin, Nauck. 1830. 8. 66 p. (¹/₄ th.)
4686* —— Schulbotanik. Berlin, Nauck. 1831. 8. xii, 630 p., 2 tab. (1¹/₂ th.)

Kirillow, *Peter*.
4687* —— Die Loniceren des russischen Reiches geschichtlich und kritisch behandelt. D. Dorpat, (Glaeser.) 1849. 8. 72 p. (²/₅ th. n.)

Kirilow, *Iwan* (Kirilowia Bge), * Irkutsk 1822, † Arsamas 11. Sept 1842.
   Cat. of sc. Papers III, 662.

Kirschleger, *Friedrich*, Professor in Strassburg (Kirschlegeria Spach.), * Münster am Oberrhein 6. Jan. 1804, † Strassburg 15. Nov. 1869.
4688* —— Statistique de la Flore d'Alsace et des Vosges qui font partie de cette province. Mühlhausen, typ. Risler. 1831. 4 118 (2) p. (2²/₃ th.)
4689* —— Prodrome de la Flore d'Alsace. Strasbourg, Scheurer. 1836—38. 8. xviii, 252, 30 p. (3 *fr*. 75 *c*.)
4690* —— Essai historique de tératologie végétale. Thèse. Strasbourg, Silbermann. 1845. 4. 74 p.
4691* —— Notices botaniques. Strasbourg 1845. 4. 8 p., 1 tab.
4692* —— Essai sur les folioles carpiques ou carpidies dans les plantes angiospermes. Thèse. Strasbourg, Berger et Levrault. 1846. 8. 92 p.
4693 —— Statistique végétale des environs de Strasbourg. Strasbourg 1845. 8
4694* —— Flore d'Alsace et des contrées limitrophes. Vol. 1. 2. 3. Strasbourg, chez l'auteur; Paris, Victor Masson. 1852—58. 8. xvii, 662, cxxiv, 612, 396 p.
4695 —— La métamorphose des plantes de *Goethe*. Strasbourg, typ. Christophe. 1865 8. 18 p.
4696* —— *Goethe* naturaliste et spécialement botaniste. Lecture. Strasbourg, typ. Christophe. 1865. 8. 25 p.
4697* —— Le monde végétal dans ses rapports avec les us et coutumes, les légendes et la poésie populaire sur les bords du Rhin. Strasbourg, typ. Christophle. 1866. 8. 18 p.
4698 —— Flore vogéso-rhénane, ou description des plantes qui croissent naturellement dans les Vosges et dans la vallée du Rhin. Tome I. Paris, Baillière. 1870. 8. (7 *fr*. 50 *c*.)
   Cat. of sc. Papers III, 664—665.

Kirsten, *Andreas Jakob*.
4699* —— De Areca Indorum. D. Altorfii, typ. Meyer. 1739. 4. 38 p., 1 tab.

Kirsten, *Georg*, Arzt in Stettin, * Stettin 20. Jan. 1613, † Stettin 4. März 1660.
4700 —— Exercitationum phytophilologicarum ex sacris, quarum secunda de Colochyntide prophetica et Cocco. Stetini 1651. 4.

Kirsten, *Johann Jakob*, Professor in Altdorf, * Altdorf 18. Mai 1710, † Altdorf 4. Jan. 1765.
4701* —— pr. Exercitatio de Styrace. D. Altdorfii 1736. 4. 32 p.
4702* —— In *Virgilii* versum: «Alba ligustra cadunt, vaccinia nigra leguntur.» D. Altorfii 1764. 4.

Kitaibel, *Paul*, Professor der Botanik in Pesth (Kitaibelia Willd.), * Mattersdorf (Ungarn) 3. Febr. 1757, † Pesth 13. Dec. 1817.
   Flora 1831. 149—159.
4703* —— Reliquiae Kitaibelianae e manuscriptis Musei nationalis hungarici publicatae, ab *Augusto Kanitz*. Vindobonae, Braumüller. 1862—63. 8. 130 p. (1 th. n.)
   Verh. der zool. bot. Ges. Band 12 und 13.
4704* —— Additamenta ad Floram hungaricam, e manuscriptis de plantis Hungariae Musei nationalis hungarici edidit *Augustus Kanitz*. Halis 1864. 8. 338 p.
   Linnaea 1863, 305—642.

Kittel, *Martin Balduin*, Director der Gewerbeschule zu Aschaffenburg.

4705* **Kittel**, *Martin Balduin.* Rapport sur la nouvelle disposition des mousses présentée par M. *Walker-Arnott.* Paris 1826. 8. 144 p.
Extrait du V. vol. des Mém. de la Société Linn. de Paris.
4706* —— Taschenbuch der Flora Deutschlands. Nürnberg, Schrag. 1837. 12. civ, 744 p. (1⅔ *th.*) — *Zweite Auflage. Nürnberg 1844. 8 cxx, 1221 p. (2 *th.*) — *Dritte Auflage. Nürnberg 1853. 8. (2⅔ *th*)
4707* —— Taschenbuch der Flora Deutschlands nach dem Linneischen System geordnet. Nürnberg, Schrag. 1847. 8. cxi, 507 p.
Cat. of sc. Papers III, 667.
Kittlitz, *F. H. von.*
4708* —— Vier und zwanzig Vegetationsansichten von Küstenländern und Inseln des stillen Oceans. Aufgenommen in den Jahren 1827—29 auf der Entdeckungsreise der Kais. Russischen Corvette *Senjawin* unter Capt. *Lütke.* Siegen und Wiesbaden, Friedrich. 1844—45. 4. 70 p., 24 tab. (24 *th.*)
* *anglice:* Translated by *Berthold Seemann.* London, Longman. 1861. 4. x, 68 p., 24 tab.
4709* —— Vegetations-Ansichten aufgenommen und radirt. 1. Heft: vier Vegetations-Ansichten aus den westlichen Sudeten. Wiesbaden 1854. 4. vi, 15 p., 4 tab. col. (3 *th.*)
Klatt, *Friedrich Wilhelm.*
4710 —— Flora des Herzogthums Lauenburg, oder Aufzählung und Beschreibung aller im Herzogthum Lauenburg wildwachsenden Pflanzen. Hamburg, Jowien. 1865. 8. iii, 224 p. (⅘ *th*)
4711* —— Norddeutsche Anlagenflora. Hamburg, Jowien. 1865. 8. xii, 84 p, 30 tab. (⅗ *th.*)
4712* —— Cryptogamenflora von Hamburg. Erster Theil: Schafthalme, Farn, Bärlappgewächse, Wurzelfrüchtler und Laubmoose. Hamburg, Meissner. 1868. 8. iv, 219 p. (1½ *th.* n.)
4713* —— Die Gattung Lysimachia L. monographisch bearbeitet. Homburg, Nolte. 1862. 4. 45 p., 24 tab. (1½ *th.* n.)
Abh. des Vereins in Hamburg, Band 4. Cat. of sc. Papers III, 673.
Klein, *Jakob Theodor* (Kleinia L.), * Königsberg 15. Aug. 1685, ✝ Danzig 27. Febr. 1759.
Hendel, Lobrede. Danzig 1759. 4. 42 p.
4714* —— Fasciculus plantarum rariorum et exoticarum ex horto. Dantisci 1722. folio. 8 p. — *Gedani, typ. Schreiber. 1748. 8. 28 p.
4715 —— An Tithymaloides; frutescens; foliis Nerii Plum. nec Cacalia nec Cacaliastrum Gedani, typ. Schreiber. 1730. 4. 8 p., 1 tab.
Kleinhans, *Rodolphe,* * Paris 1828.
4716* —— Album des Mousses des environs de Paris. Paris, chez l'auteur. F. Savy. (1869.) 4. 30 foll. texte lith., 30 tab. (22 *fr.* 50 *c.*)
Klemm, *Johann Konrad,* Professor in Tübingen, * Herrenberg 23. Nov. 1655, ✝ Tübingen 18. Febr. 1717.
4717* —— De Olea. D. physico-philologica. Tubingae, typ. Reiss. 1679. 4. 16 p.
Klett, *Gustav Theodor.*
4718* —— und *Hermann Eberhard Friedrich* **Richter**. Flora der phanerogamischen Gewächse der Umgegend von Leipzig. Leipzig, Hofmeister. 1830. 2 Theile. 8. xxiv, 1 mappa. (2⅔ *th.*)
Klinggräff, *Hugo von.*
Cat. of sc. Papers III, 676.
Klinggraeff, *Karl Julius von,* in Paleschken bei Stuhm.
4719* —— Flora von Preussen. Die in der Provinz Preussen wildwachsenden Phanerogamen nach natürlichen Familien geordnet und beschrieben. Marienwerder, Baumann in Comm. 1848. 8. xxxvi, 560 p. (2 *th.* n.) — *Nachtrag. ib. Levysohn in Comm. 1854. 8. iv, 116 p. (⅓ *th.*) — *Zweiter Nachtrag. ib. 1866. 8. viii, 172 p. (½ *th.* n.)
Cat. of sc. Papers III, 675—676.
Klinkhardt, *C. H.*
4720* —— Betrachtung des Pflanzenreichs oder Erklärung des Wachsthums und der Ausbildung der Pflanzen. Berlin, typ. Trowitzsch. 1828. 8. viii, 257 p. (1⅓ *th.*)
Klinsmann, *Ernst Ferdinand,* Arzt in Danzig, * Danzig 14. Oct. 1794, ✝ Danzig 31. Mai 1865.

4721* **Klinsmann**, *Ernst Friedrich.* De Emetino et Cephaeli Ipecacuanha, Psychotria emetica, Richardsonia brasiliensi. D. Berolini, typ. Hayn. 1823. 8. 54 p.
4722* —— Clavis Dilleniana ad hortum Elthamensem. Danzig, Homann in Comm. 1856. 4. 31 p.
Cat. of sc. Papers III, 677.
Klipstein, *Johann Christian Gottlob,* * Jena 8. April 1764.
4723* —— De nectariis plantarum. D. Jenae, typ. Fickelscher. 1784. 4. 18 p.
Klöbisch, *R. L.*
4724* —— Deutsche Waldbäume und ihre Physiognomie. Für Künstler und Naturfreunde geschildert. Mit 88 Holzschnitten nach Originalzeichnungen. Leipzig, J. J. Weber in Comm. 1857. Lex.-8. xii, 86 p., 16 tab. (2 *th.*)
Klotzsch, *Johann Friedrich,* Custos des Königl. Herbariums in Berlin, * Wittenberg 9. Juni 1805, ✝ Berlin 5. Nov. 1860.
4725* —— Ueber die Abstammung der im Handel vorkommenden Chinarinde. Berlin 1857. 4. 2 tab.
Abh. der Akademie 1857, 51—75.
4726* —— *Linné's* Natürliche Pflanzenklasse Tricoccae des Berliner Herbariums im Allgemeinen und die Euphorbiaceae insbesondre. Berlin 1859. 4. 118 p.
Abh. der Akademie 1859, 1—108.
4727* —— Die Aristolochiacene des Berliner Herbariums. Berlin 1859. 8.
Monatsbericht der Akademie 1859, 571—626, 2 tab.
4728* —— Pflanzen-Bastarde und Mischlinge, so wie deren Nutzanwendung. Berlin 1854. 8. 29 p.
Monatsbericht der Akademie 1854.
4729* —— Ueber Pistia. Berlin 1852. 4. 30 p., 3 tab.
Abh. der Akademie 1852, 329—359.
4730* —— Begoniaceengattungen und Arten. Berlin 1854. 4. 12 tab.
Abh. der Akademie 1854, 121—255.
4731* —— *Philipp Schönlein's* botanischer Nachlass auf Cap Palmas. Berlin 1856. 4. 4 tab.
Abh. der Akademie 1856, 221—241.
4732* —— Die botanischen Ergebnisse der Reise des Prinzen *Waldemar* von Preussen in den Jahren 1845—46. Durch Dr. *Werner Hoffmeister* auf Ceylon, dem Himalaya und von Tibet gesammelte Pflanzen beschrieben von *Friedrich Klotzsch* und *August Garcke.* Berlin, Decker 1862. 4. 164 p, ind., 100 tab. (20 *th.* n.)
Cat. of sc. Papers III, 679—681.
Kluk, *Christoph,* Probst zu Cichanowiec in Podlachien, * Cichanowiec 1739, ✝ Cichanowiec 1796.
4733 —— Roślin potrzebnych, wygodnych osobliwie Krajowych, albo które w kraju użyteczne bydź mogą, utrzymanie, rozmnożenie i użycie. w Warszawie, w drukarni Xięży Pijarow. 1777—80. III voll. 8. — Ed. II. cur. J. Dziarkowski et K. Siennicki. ib. 1823—26. 4 voll. 8.
Plantarum necessarium et utilium praecipue indigenarum cultura.
4734 —— Dykcyonarz roślinny, w którym podług układu Linneusza etc. (Lexicon botanicum secundum Linnaei systema concinnatum, ubi non solum indigenae, sylvestres, utiles vel noxiae verum etiam exoticae plantae, quae in patria cultura propagari possint, describuntur.) w Warszawie w drukarni X. Pijarow. 1785—88. III voll. 8.
Knaf, *Joseph,* Arzt in Commotau, * Petsch 2. Oct. 1801, ✝ Kommotau 15. Juni 1865.
Cat. of sc. Papers III, 683—684.
Knapp, *F. H.*
4735 —— The botanical chart of british flowering plants and ferns: shewing at one view their chief characteristics, generic and specific names, with the derivations, their localities, properties etc. Bath 1846. 8. 192 p. (6 *s.* 6 *d.*)
Knapp, *John Leonard,* Esq., * Shenley (Buckinghamshire) 9. Mai 1767, ✝ Alveston (Gloucestershire) 29. April 1845.
4736* —— Gramina britannica, or representations of the British grasses, with remarks and occasional descriptions. London, typ. Bensley. 1804. 4. 119 tab. col., 118 foll., praef., ind. (8 *l.* 8 *s.*) — Ed. II: London, White. 1840. 4. 118 tab. (Now re-issued, and reduced in price from 3 *l.* 16 *s.*, to 30 *s.*)
4737 —— Journal of the naturalist. London 1829. 8. — Ed. III. ib. 1830. 8.

Knapp, *Joseph Hermann*.
4738 —— Prodromus Florae Nitriensis. Vindobonae 1865. 8. 86 p.
Pressburger Corresp.-Blatt II, 117—199.

Knauer, *B.*
4739 —— Die Flora im Suczkawa und seiner Umgebung. Programm. Suczkawa 1863. 4.

Knaut, *Christoph*, Arzt in Halle, *Halle 1638, ╪ Halle 7. Oct. 1694.
4740* —— Enumeratio plantarum circa Halam Saxonum et in ejus vicinia ad trium fere milliarium spatium provenientium cum earum synonymiis, locis natalibus, ubi proveniunt, et tempore quo florent, additis characteribus generum summorum atque subalternorum, et indice copioso. Lipsiae, Lanckisch. 1687. 8. 187 p., ind. — Ed. II: Herbarium Hallense. Halae, typ. Salfeld. 1689. 8. 216 p., ind.

Knaut, *Christian*, Sohn von Christoph (Knautia L.), ╪ Halle 11. April 1716.
4741* —— Dissertatio praeliminaris, qua de variis doctrinam plantarum tradendi variorum methodis disseritur, veraque ac genuina methodus indigitatur. Halae 1705. 4. 1 plag.
4742* —— Methodus plantarum genuina, qua notae characteristicae seu differentiae genericae tam summae quam subalternae ordine digeruntur et per tabulas' quas vocant synopticas perspicue delineantur; in gratiam studiosae juventutis adornata atque edita. Lipsiae et Halae, typ. Sell. 1716 8. 267 p., ind.

Kneiff, *Friedrich Gotthard*, Apotheker in Strassburg (Kneiffia Spach.), ╪ Strassburg 7. Sept. 1832.
Flora VIII 590—591.

Knigge, *Thomas*.
4743* —— De Mentha Piperitide commentatio botanico-medica. Erlangae, Palm. 1780. 4. 40 p., 1 tab. (1/6 th.)

Knight, *Joseph*, Nurseryman, King's Road, Chelsea.
4744* —— On the cultivation of the plants belonging to the natural order of Proteaceae, with their generic as well as specific characters and places, where they grow wild. London, typ. Savage. 1809. 4. XIX, 128 p., 1 tab. col. (10 s. 6 d.)
4745* —— A synopsis of the coniferous plants grown in Great Britain, and sold by *Knight* and *Perry*, at the exotic nursery, King's Road, Chelsea. London, Longman. 1850, 8. IV, 64 p. (5 s.)

Knight, *Thomas Andrew*, Esq., Präsident der Horticultural Society (Knightia R. Br.), * Wormsley Grange bei Herford 10. Oct. 1758, ╪ London 11. Mai 1838.
4746* —— Pomona Herefordiensis; containing coloured engravings of the old cider and Perry fruits of Herefordshire. With such new fruits as have been found to possess superior excellence. Accompanied with a descriptive account of each variety. Published by the Agricultural Society of Herefordshire. London, typ. W. Bulmer et Co. 1811. 4. VIII p., 30 tab. col., 30 foll., text. (80 s.)
4747* —— A selection from the physiological and horticultural papers, published in the Transactions of the Royal and Horticultural Societies. (Edited by George Bentham and John Lindley.) London, Longman. 1841. 8. XII, 379 p, 7 tab., effigies autoris. (15 s.)
Cat. of sc. Papers III, 687—688.

Knight, *William*.
4748* —— Outlines of botany, intended to accompany a series of practical demonstrations in that science, given in Marischal college and university. Aberdeen, typ. Chalmers. 1828. 8. 100 p.

Kniphof, *Johann Hieronymus*, Professor der Medizin in Erfurt (Kniphofia Moench.), * Erfurt 1704, † Erfurt 23. Jan. 1763
4749* —— Lebendig Officinal Kräuterbuch. Erfurt, Funke. Centuria I et II. 1733—34. IV voll. folio.
4750* —— De gramine levidensi et praecellentissimo. D. Erfordiae 1747. 4. 20 p.
4751* —— Physikalische Untersuchung des Peltzes, welchen die Natur durch Fäulniss auf einigen Wiesen im Jahre 1752 hervorgebracht hat. Erfurt 1753. 4. 24 p
4752* —— Botanica in originali seu Herbarium vivum in quo tam indigenae quam exoticae plantae Tournefortii, Rivini et Ruppii methodo collectae, peculiari, nondum visa, operosaque enchiresi, atramento impressorio obductae, ectypum eleganter suppeditant Centuriae XII opera *Joh. Mich. Funckii* Acad. Typ. Erfurti 1747. II voll. folio. Tit., praef., plantarum nomina, index nominalis plantarum manuscripti. 1186 tab. fuligine impr. pictae. — Botanica in originali, seu Herbarium vivum in quo quo plantarum tam indigenarum quam exoticarum peculiari quadam operosaque enchiresi atramento impressorio obductarum nominibus suis ad methodum Linnaei et Ludwigii insignitarum elegantissima ectypa exhibentur opera et studio *Joh. Godofr. Trampe*, typographi Halensis. Halae 1757—64. folio. XII Centuriae vel II voll. 1254 tab. fuligine impr. pict. — Accedit: Index universalis. Halae, Trampe. 1767. folio. 14 p.

Knobloch, *Tobias*.
4753 —— Dissertatio physica de plantis. Wittenbergae 1603. 4.

Knoop, *Johann Hermann*, * Amsterdam 4. Aug. 1769.
4754* —— Pomologia. Leuwarden 1758—63. II voll. folio. — I: 1758. 86 p., 20 tab. — II: (Fructologie, Beschryving der Vrugtboomen.) 1763. 132 p., 19 tab. — Amsterdam 1790. folio. — I: VIII, 36 p., 20 tab. col. — II: (Beschryving van Vruchtboomen en Vruchten.) 70 p., 19 tab. col.
* *germanice:* Nürnberg, Seligmann. 1760—66. II voll. folio. — I: 1760. 56 p., praef., ind, 8 tab. col. — II: 1766. 42 p., praef., ind., 12 tab. col. (8 th.)
* *gallice:* Amsterdam 1768. II voll. folio. — I: 139 p., 20 tab. — II: (Fructologie.) 205 p., 19 tab.
4755* —— Dendrologia, of Beschryving van Plantagie-Gewassen, die men in ten tuinen cultiveert. [Leeuwarden 1763. folio. 168 p. — *Amsterdam, Allart. 1790. folio 87 p., ind.

Knop, *Wilhelm*, * Altenau 28. Juni 1817.
4756* —— Ueber das Verhalten einiger Wasserpflanzen zu Gasen. Habilitationsschrift. Leipzig, typ. Hirschfeld. 1853. 8. 63 p., 1 tab.
Cat of sc. Papers III, 692.

Knorr, *Georg Wolfgang*, Kupferstecher, * Nürnberg 30. Dec. 1705, ╪ Nürnberg 17. Sept. 1761.
4757* —— Thesaurus rei herbariae hortensisque universalis exhibens figuras florum, herbarum, arborum, fruticum aliarumque plantarum prorsus novas et ad ipsos delineatas depictasque archetypos nativis coloribus etc. Nürnberg, bei G. W. Knorr's Erben. 1770—72. II voll. folio. — I: 1770. 30, 26, 236, 24, 54, 34 p., ind., (301) tab. col. — II: 1772. 130 p., ind., (102) tab. col.
Etiam inscribitur: Allgemeines Blumen-, Kräuter-, Frucht- und Gartenbuch etc. Textum scripserunt *Philipp Friedrich Gmelin* und *Georg Rudolph Boehmer*. — Sunt exemplaria tomi primi, in quorum titulo annus 1750 legitur

Knowles, *Gilbert*.
4758* —— Materia medica botanica; in qua herbae morbis depellendis aptissimae apponuntur; carminibus latinis hexametris Londini, typ. Bowyer. 1723. 4. (14) 256 p, ind.

Knowles, *G. B.*
4759 —— and *Fredrik* **Westcott**. The Birmingham Botanic Garden or Midland Floral Magazine, containing accurate delineations with botanical and popular descriptions of plants. London 1836—37. 8.
4760* —— —— The Floral Cabinet and Magazine of exotic Botany. London, W. Smith. 1837—40. III voll. 4. — I: 1837. VIII, 94 p., tab. col 1—45. — II: 1838. 188 p., tab. col. 46—90 — III: 1840. 188 p., tab. col. 91—137. (5 l. 8 s.)

Knowlton, *Thomas*, Gärtner in Eltham (Knowltonia Salisb.), * 1692, ╪ Lanesborough (Yorkshire) 1782.

Kny, *Leopold*, Docent an der Universität Berlin, * Breslau 6. Juli 1841
4761 —— Symbola ad Hepaticarum frondosarum evolutionis historiam. D. Berolini, typ. Schade. 1863. 8. 55 p.

Koch, *Georg Friedrich*, Arzt in Wachenheim in der Pfalz.
Cat. of sc. Papers III, 703—704.

Koch, *Johann Friedrich Wilhelm*, Consistorialrath in Magdeburg, * Sudenburg 30. Mai 1759, ╪ Magdeburg 3. März 1831.
4762* —— Botanisches Handbuch zum Selbstunterricht. Magdeburg 1797—98. 2 Bände. 8. — *Ed. II. ib. 1808. 3 Bände. 8. — * Dritte ganz umgearbeitete Auflage. Magdeburg, Heinrichshofen. 1824—26. 3 Bände. 8. — I: 1824. XVI, 125, 535 p. — II: 1826 189 p. — III: 1824. 211 p., 2 tab. (4 7/12 th.)

Koch, *Karl (Heinrich Emil)*, Professor in Berlin, * Weimar 6. Juni 1809.
4763* —— Monographia generis Veronicae. D. Wirceburgi, typ. Becker. 1838., 8. 36 p.
4764* —— De phytochemia. D. Jenae, typ. Bran. 1834. 8. 60 p.
4765* —— Das natürliche System des Pflanzenreichs nachgewiesen in der Flora von Jena. Jena 1839. 8. IV, 179 p. (1 1/6 th.)
4766* —— Beiträge zu einer Flora des Orientes. (In 10 Heften.) Heft 1—6. Berlin, Schneider in Comm. 1848—51. 8. (4 th. n.)
Linnaea XXI, 289—443, 609—736. XXII, 177—336, 597—752. XXXIII, 577—713. XXIV, 305—480.
4767* —— Hortus dendrologicus. Verzeichniss der Bäume, Sträucher und Halbsträucher, die in Europa, Nord- und Mittelasien, im Himalaya und in Nordamerika wild wachsen und möglicher Weise in Mitteleuropa im Freien ausdauern; nach dem natürlichen Systeme und mit Angabe aller Synonyme, sowie des Vaterlandes, aufgezählt und mit einem alphabetischen Register versehen. Berlin, Schneider und Co. 1853. 8. XVI, 354 p. (2 th. 21 sgr.)
4768 —— Die Weissdorn- und Mispel-Arten (Crataegus und Mespilus), insbesondere die des königl. botanischen Gartens in Berlin und der königl. Landesbaumschule bei Potsdam. Berlin, typ. Feister. 1854. 8. 94 p.
4769* —— Die botanischen Gärten. Ein Wort zur Zeit. Berlin, Riegel. 1860. 8. 70 p.
4770* —— Bildende Gartenkunst und Pflanzenphysiognomik. Ein Vortrag. Berlin, Wiegandt. 1859. 8. 39 p.
4771* —— Dendrologie. Bäume, Sträucher und Halbsträucher, welche in Mittel- und Nordeuropa im Freien kultivirt werden. Kritisch beleuchtet. Erster Theil: Polypetalen. Erlangen, Enke. 1869. 8. XVIII, 735 p. (4 th. n.)
Cat. of sc. Papers III, 705.
Koch, *Wilhelm Daniel Joseph*, Professor in Erlangen, * Kusel im Herzogthum Zweibrücken 5. März 1771, † Erlangen 14. Nov. 1849.
4772* —— et *J. B.* **Ziz**. Catalogus plantarum quas in ditione Florae Palatinatus legerunt, in amicorum usum conscriptus. Phanerogamia. Moguntiae 1814. 8. 24 p.
4773* —— De Salicibus europaeis commentatio. Erlangae, Heyder. 1828. 8. 64 p., ind. (1/3 th)
4774* —— De plantis labiatis. Programma. Erlangae, typ. Junge. 1833. 4. 15 p.
4775* —— Synopsis Florae germanicae et helveticae, exhibens stirpes phanerogamas rite cognitas, quae in Germania, Helvetia, Borussia et Istria sponte crescunt atque in hominum usum copiosius coluntur, secundum systema Candolleanum digestas, praemissa generum dispositione, secundum classes et ordines systematis Linneani conscripta. Francofurti a/M. 1837. 8. LX, 844 p. (Index generum, specierum et synonymorum 1838. 8. 102 p.) (5 th.) — * Ed. II: Leipzig, Gebhardt et Reisland. 1843—45. 8. LX, 1164 p. (6 3/4 th.) — * Ed. III. ib. 1857. 8. XLVIII, 875 p. (6 th.)
* germanice: Synopsis der deutschen und Schweizer Flora, enthaltend die genauer bekannten, welche in Deutschland, der Schweiz, in Preussen und Istrien wild wachsen und zum Gebrauch der Menschen in grösserer Menge gebaut werden, nach dem DeCandolle'schen Systeme geordnet, mit einer vorangehenden Uebersicht der Gattungen nach den Klassen und Ordnungen des Linné'schen Systems. Zwei Abtheilungen. Frankfurt a/M. 1837—38. 8. VIII, 840 p. Register der Gattungen, Arten und Synonyme: 101 p. (5 th.) — * Ed. II: Leipzig 1846—47. 8. LVIII, 1210 p. (6 th.)
4776* —— Taschenbuch der deutschen und schweizer Flora, enthaltend die genauer bekannten Pflanzen, welche in Deutschland, der Schweiz, in Preussen und Istrien wild wachsen und zum Gebrauche der Menschen in grösserer Menge gebaut werden. Leipzig, Gebhardt und Reisland. 1844. 8. LXXIII, 604 p. (2 th.) — * Sechste Auflage. ib. 1865. LXX, 583 p. (1 1/2 th.)
Cat. of sc. Papers III, 705—707.
Koehler, *Joseph*.
4777 —— Zur Kenntniss der Pilze. Programm. Olmütz 1862. 4.
Koehne, *Emil*, * Sasterhausen bei Striegau 12. Febr. 1848.
4778* —— Ueber Blüthenentwicklung bei den Compositen. D. Berlin, typ. Schade. (Enslin.) 1869. 8. 71 p., 3 tab. (2/3 th. n.)
Kölbing, *F. W.*, Bischof der Brüdergemeinde zu Herrnhut, † Herrnhut 31. Dec. 1840.

4779* **Kölbing**, *F. W.* Flora der Oberlausitz, oder Nachweisung der daselbst wildwachsenden phanerogamischen Pflanzen mit Einschluss der Farnkräuter. Görlitz, typ. Zobel. 1828. 8. XVI, XVI, 118 p. (3/8 th.)
Nachtrag: Görlitzer Abh. III, 17—25. (1842.)
Koelderer, *Johann Georg.*
4780* —— Viscum plerarumque arborum planta parasitica. D. Argentorati 1747. 4. 32 p.
Koeler, *Georg Ludwig*, Professor in Mainz, † Mainz 22. April 1807.
4781* —— Descriptio graminum in Gallia et Germania tam sponte nascentium quam humana industria copiosius provenientium. Francofurti a/M., Varrentrapp. 1802. 12. XIV, 384 p., 10 schemata. (2 th.)
4782* —— Lettre à Mr. *Ventenat* sur les boutons et ramifications des plantes, la naissance de ces organes et les rapports organiques existant entre le tronc et les branches. Mayence, Zabern. 1805. 4. 28 p., 1 tab.
Koelle, *Johann Ludwig Christian*, Medizinalrath in Bayreuth (Koellea Biria), * Moenchberg 18. März 1763, † Bayreuth 30. Juli 1797.
4783* —— Spicilegium observationum de Aconito. Erlangae, typ. Junge. 1786. 8. 60 p., 1 tab.
4784* —— Flora des Fürstenthums Bayreuth. Gesammelt von *Koelle*, bearbeitet und herausgegeben von *Theodor Christian Ellrodt*. Bayreuth, Palm. 1798. 8. XIV, 354 p. (1 th.)
Koelliker, *Albert*, * Zürich 1818.
4785 —— Verzeichniss der phanerogamischen Gewächse des Kantons Zürich. Zürich, Orell, Füssli und Co 1830. 8. XXV, 154 p. (7/12 th.)
Koelpin, *Alexander Bernhard*, Medizinalrath in Stettin (Koelpinia Pall.), * Garz auf Rügen 31. Aug. 1739, † Stettin 18. Nov. 1801.
4786* —— Commentatio botanico-physica de stylo, ejusque differentiis externis. Gryphiswaldiae, typ. Röse. 1764. 4. 54 p.
4787* —— Oratio historiae naturalis et speciatim botanices praestantia ac dignitate. Gryphiswaldiae, typ. Röse. 1766. 4. 24 p.
4788* —— Florae Gryphicae supplementum herbationibus accommodatum. Gryphiae 1769. 8. 128 p., praef., ind.
4789* —— Praktische Bemerkungen über den Gebrauch der sibirischen Schneerose (Rhododendron chrysanthum) in Gichtkrankheiten. Berlin und Stettin. 1779. 8. 115 p., 1 tab.
Koelreuter, *Joseph Gottlieb*, Professor in Carlsruhe (Koelreuteria Laxm.), * Sulz am Neckar 27. April 1733, † Carlsruhe 12. Nov. 1806.
4790* —— De insectis coleopteris, nec non de plantis quibusdam rarioribus. D. Tuebingae 1755. 4. 48 p., 1 tab. (Schinus molle.)
Dissertatio praeside *Georg Friedrich Sigwart* proposita est.
4791* —— Vorläufige Nachricht von einigen das Geschlecht der Pflanzen betreffenden Versuchen und Beobachtungen. Leipzig, Gleditsch. 1761. 8. 50 p. — * Erste Fortsetzung. ib. 1763. 8. 72 p. — * Zweite Fortsetzung. ib. 1764. 8. 128 p. — * Dritte Fortsetzung. ib. 1766. 8. 156 p.
4792* —— Das entdeckte Geheimniss der Kryptogamie. Karlsruhe 1777. 8. 155 p.
Cat. of sc. Papers III, 724.
Koene, *Johann Rottger*, * Berghausen 14. Aug. 1799, † Berlin 22. Nov. 1860.
4793* —— Abhandlung über Form und Bedeutung der Pflanzennamen in der deutschen Sprache. Münster, typ. Coppenrath. 1840. 4. 44 p.
Koenig, *Emmanuel*, der Vater, Professor der Medizin in Basel, * Basel 1. Nov. 1658, † Basel 30. Juli 1731.
4794* —— Disputatio physico-medica, generalia regni vegetabilis enucleans. D. Basileae, typ. Koenig. 1680. 4. 84 p., praef.
4795* —— Regnum vegetabile physice, medice, anatomice, chymice, theoretice, practice enucleatum. Basileae. 1680. 4. 84 p. — Basileae 1688. 4. — * ib. 1708. 4. 1112 p., ind., effigies autoris.
Koenig, *Emmanuel*, Professor der Anatomie und Botanik zu Basel, Sohn von Emmanuel, * Basel 14. Oct. 1698, † Basel 12. Sept. 1742.

4796 **Koenig,** *Emmanuel.* Theses medicae, botanicae et anatomicae. Basileae 1721. 4. — ib. 1724. 4.

4797* —— Adversaria quaedam botanica et anatomica. D. Basileae 1731. 4. 8 p.

Koenig, *Johann Gerhard,* seit 1767 dänischer Missionsmedikus in Tranquebar (Koenigia L), * Ungernhof in Livland 29. Nov. 1728, † Jagrenatporum auf Tranquebar 26. Juni oder 31 Juli 1785.

4798 —— De remediorum indigenorum ad morbos cuivis regioni endemicos expugnandos efficacia. D. Hafniae 1773. 8. 80 p.

Koenig, *Karl,* Custos des British Museum, anglice Charles Konig, Esq (Koniga R. Br), * Braunschweig 1774, † London 29 Aug 1851

Cat. of sc. Papers III, 725

4799* —— and *John* **Sims.** Annals of Botany. London, typ. Taylor. 1805—6. II voll. 8. — I: 1805. VIII, 592 p., 12 tab. — II: 1806 VIII, 600 p, 18 tab.

4800* (——) Tracts relative to botany. Translated from different languages London, Phillips and Pardon 1805. 8. 277 p., 9 tab.

Koenig, *Karl,* Pfarrer zu Oppau.

4801* —— Der botanische Führer durch die Rheinpfalz, oder Uebersicht aller bisher in der Rheinpfalz aufgefundnen phanerogamen Pflanzen Mannheim, Goetz. 1841. 8 XVI, 243 p., ind. ($^2/_3$ *th*) — Zweite Ausgabe. ib. 1843. 8 (non differt.)

Koenig, *Samuel Friedrich.*

4802* —— De Lamio Plinii D. Argentorati, typ. Pauschinger 1742. 4. 20 p, 1 tab.

Koerber, *Gustav Wilhelm,* Professor in Breslau, * Hirschberg 10. Jan. 1817.

4803* —— De gonidiis Lichenum. D. Berolini 1839. 8. 75 p.

4804* —— Lichenographiae germanicae specimen, Parmeliacearum familiam continens. Commentatio pro obtinenda legendi venia die 23 Maji 1846 publice defensa Vratislaviae 1846. 4. 21 p.

4805* —— Grundriss der Kryptogamen-Kunde. Zur Orientirung beim Studium der kryptogamischen Pflanzen, so wie zum Gebrauch bei seinen Vorlesungen. Breslau, Trewendt. 1848. 8. VIII, 203 p (1$^1/_2$ *th.*)

4806* —— Systema Lichenum Germaniae. Die Flechten Deutschlands (insbesondre Schlesiens) mikroskopisch geprüft, kritisch gesichtet, charakteristisch beschrieben und systematisch geordnet. Breslau, Trewendt und Granier. 1855. 8. XXXIV, 458 p., 4 tab. col. (5$^1/_3$ *th*)

4807* —— Parerga lichenologica. Ergänzungen zum Systema Lichenum Germaniae. Breslau, Trewendt. (1859)—65. 8. XVI, 501 p. (5$^1/_3$ *th.*)

Cat of sc. Papers III, 732.

Koernicke, *Friedrich,* Lehrer in Waldau, * Pratau bei Wittenberg 29. Jan. 1828.

4808* —— Monographia scripta de Eriocaulaceis. D. Berolini, typ. Schade. 1856. 8. 36 p.

4809* —— Monographiae Marantearum Prodromus. Pars 1. 2. Mosquae, typ. univ. 1859 4. et 1862. 8.

Mém Mosc. XI. 299—362, 8 tab.
Bull Mosc. XXXV, 1—147
Cat. of sc. Papers III, 735.

Koerte, *Franz (Friedrich Ernst),* * Möglin 24. Aug. 1841.

4810* —— Utrum Spongiae officinalis tela fibrosa animali an vegetabili sit structura? D. Berolini, typ. Schade. 1848. 8. 44 p.

Kohlhaas, *Johann Jakob,* Arzt in Regensburg, * Markgröningen 19. Oct. 1747, † Regensburg 19. Juli 1811

4811* —— Giftpflanzen auf Stein abgedruckt mit Beschreibungen. Erstes Heft. Regensburg 1805. 4. XXXIV, 22 p., 10 tab. col.

Sedecim indicantur fasciculi cum 160 tab. col

Kohlrausch, *Otto.*

4812 —— Ueber die Zusammensetzung einiger essbarer Pilze mit besondrer Berücksichtigung ihres Nahrungswerthes. D. Göttingen, Ranke. 1868. 8 35 p ($^1/_3$ *th.* n.)

Koker, *Aegidius van.*

4813* —— Plantarum usualium horti medici Harlemensis catalogus. Harlemi, van Kessel. 1702. 8. 154 p.

Kolaczek, *Erwin,* Professor in Ung. Altenburg.

4814* —— Lehrbuch der Botanik. Wien, Braumüller. 1856. 8. XXI, 470 p., ic. xyl. (3$^1/_6$ *th.*)

Cat. of sc. Papers III, 712.

Kolb, *Max.*

4815* —— Der Königliche botanische Garten in München. München, H. Manz. 1867. 8. VII, 58 p, 5 tab. (1$^1/_3$ *th.*)

Kolbe, *Peter* (Kolbea Schlcht.), * Dorflas bei Wunsiedel 10. Oct. 1675, † Neustadt a. d. Aisch 31. Dec. 1726.

4816* —— Beschreibung des Vorgebirgs der guten Hoffnung und der Hottentotten. Nürnberg 1719. folio. tab. (3$^1/_3$ *th.*)

Catalogus plantarum indigenarum et descriptiones ab *Hartogio, Oldenlandio* et aliunde sumtas in hoc opere contulit.

Kolenati, *Friedrich August,* Professor in Brünn, * Prag 1813, † auf dem Altvater 17. Juli 1864.

4817* —— Versuch einer systematischen Anordnung der in Grusien einheimischen Reben. Moscou 1846. 8. 104 p.

Bull. soc. nat. XIX, 279—371.
Cat. of sc Papers III, 714—716.

Koller, *Johann Baptist Cajetan.*

4818* —— Grundzüge der Botanik zum Gebrauche an technischen Lehranstalten. Augsburg, Jacquet. 1854. 8. VI, 258 p. (18 *sgr.*)

Kontopulos, *Konstantin.*

4819* —— De physiologia plantarum secundum Aristotelem et Theophrastum. D. Berolini, typ. Schlesinger. 1848. 8. 37 p.

Koppe, *Karl,* Professor in Soest.

4820* —— Standorte in und bei Soest wachsender Pflanzen. Programm. Soest, typ. Nasse. 1859. 4. 29 p. — * Ed. II. mit W. Fix. ib 1865. 8. XIV, 125 p., ind. ($^2/_3$ *th.*)

Kops, *Jan,* Professor in Utrecht, * Utrecht 1765, † Utrecht 12. Jan. 1849.

4821 (——) Index plantarum, quae in horto Rheno-Trajectino coluntur anno 1822. Trajecti ad Rhenum, typ. Altheer. 1823. 8. 76 p, praef.

4822* —— Flora batava of Afbeelding en Beschrijving van Nederlandsche Gewassen. Afgebeeld onder opzigt van J. C. Sepp en Zoon. Vol. 1—13. Amsterdam, J. C. Sepp en Zoon. 1800—68. 4. 1040 tab. col. totidem foll. text. (Continuatur.)

Vol. 1—4 elaboravit *Jan Kops,* vol 5—8 *Hermann Christian van Hall,* vol 9—10 *J. E. von der Trappen,* vol. 11—12 *P. M. E. Gevers Deynoot,* vol. 12—13 *F. A. Harsten,* vol. 14 *T. W. van Eeden.*
Cat of sc. Papers III, 732.

Kordgien, *Hugo Andreas,* * Meyken 2. Febr. 1842.

4823* —— De plantis in terra arte facta cultis. D. Regimonti, typ. Dalkowski. 1863. 8. 15 p.

Kornhuber, *Georg Andreas,* Professor am Polytechnikum in Wien.

4824 —— Die Umbelliferen des Vegetationsgebiets von Pressburg. Programm. Presburg 1854. 4. 22 p.

4825 —— Uebersicht der Phanerogamen der Presburger Flora. Programm. Presburg 1859. 4.

4826 —— Die Gefässpflanzen der Flora von Pressburg. I. Abth. Programm. Presburg 1860. 8.

Cat. of sc. Papers III, 734—735.

Korschel, *F.*

4827 —— Flora von Burg Burg, Colbatzky. 1856. 8. IV, 56 p, 1 Karte.

Korthals, *Peter Wilhelm.*

4828* —— Observationes de Naucleis indicis. Bonnae, typ. Georg. 1839. 8. 20 p.

4829* —— Verhandelingen over de natuurlijke Geschiedenis der Nederlandsche overzeesche Bezittingen, door de Leden der Natuurkundige Commissie in Indië en andere Schrijvers. Uitgegeven op last van den Konig door *C. J. Temminck.* Botanie door *P. W. Korthals.* Leiden, Luchtmans in Comm. 1839—42. folio. 259 p., praef., ind., 70 tab. col. (63 *fl.*)

Insunt: Nepenthes. Dipterocarpeae. Bauhinia. Ternstroemiaceae. Nauclea. Cratoxylon. Salacia et Hippocratea. Praravinia et Omphacarpus. Quercus. Melastomaceae. Cleisocratera, Boschia et Maranthes.
Cat. of sc. Papers III, 736—737.

Kospoth, *Karl, Freiherr von.*

4830 —— Beschreibung und Abbildung aller in Deutschland wildwachsenden Bäume und Sträucher, nebst einigen bei uns im Freien fortkommenden ausländischen Holzarten. Erstes Heft. Erfurt 1802. 4. 5$^1/_2$ plag., 1 tab. ($^1/_2$ *th.*)

Kosteletzky, *Vincenz Franz*, Professor in Prag.
4831* —— Clavis analytica in Floram Bohemiae phanerogamicam. Prag, typ. Sommer. 1824. 8. VIII, 140 p. ($^2/_3$ th.)
4832* —— Allgemeine medizinisch-pharmaceutische Flora, enthaltend die systematische Aufzählung und Beschreibung sämmtlicher bis jetzt bekannt gewordner Gewächse aller Welttheile. Prag, Borrosch und André. 1831—36. 6 Bände. 8. — I: 1831. XLVI, 312 p. — II: 1833. p. 313—750. — III: 1834. p. 751—1118. — IV: 1835. p. 1119—1556. — V: 1836. p. 1557—2006. — VI: 1836. (Register.) p. 2007—2237. (9 th.) — herabgesetzt: (4½ th.)
4833* (——) Index plantarum horti caesarei regii botanici Pragensis. Verzeichniss der im k. k. botanischen Garten zu Prag kultivirten Pflanzen. Prag, typ. Gerzabeck. 1844. 8. 114 p.

Kostrzewski, *Jakob*.
4834* —— De Gratiola. D. Viennae 1775. 8. 64 p., 1 tab.

Kotschy, *Theodor*, Custos-Adjunct des botanischen Museums in Wien (Kotschya Endl.), * Ustron in Schlesien 15. April 1813, † Wien 11. Juni 1866.
4835* —— Die Eichen Europa's und des Orients. Gesammelt, zum Theil neu entdeckt, und mit Hinweisung auf ihre Kulturfähigkeit für Mittel-Europa beschrieben. Vierzig Foliotafeln ausgeführt in Oelfarbendruck mit erläuterndem Texte in deutscher, französischer und lateinischer Sprache. Wien und Ollmütz, Eduard Hölzel. (1858)—62. folio. 40 tab. col. und Text. (32 th. n.)
4836* —— Die Vegetation und der Canal auf dem Isthmus von Suez. Wien, typ. Ueberreuter. 1858. 4. 16 p.
4837* —— Die Vegetation des westlichen Elbrus in Nordpersien. Wien 1861. 8.
4838* —— Die Sommerflora des Antilibanon und hohen Hermon. Wien 1864. 4.
4839* —— Der Libanon und seine Alpenflora. Wien 1864. 4.
4840* —— De plantis nilotico-aethiopicis, quas collegit Knoblecher. Vindobonae, Gerold. 1864. 8. 15 p., 3 tab. ($^1/_5$ th.)
  Sitzungsberichte der Akademie, Band 50.
4841* —— Plantae Binderianae niloticae aethiopicae. Wien, Gerold. 1865. 8. 23 p., 6 tab. (1 th. n.)
  Sitzungsberichte der Akademie, Band 51.
4842* —— Plantae Arabiae in ditionibus Hedschas, Asyr et El Arysch a medico germanico nomine ignoto, in El Arysch defuncto a 1836—38 collectae. Wien, Gerold. 1865. 8. 14 p., 7 tab. ($^2/_3$ th.)
  Sitzungsberichte der Akademie, Band 52.
4843* —— Plantae Tinneanae sive descriptio plantarum in expeditione Tinneana ad flumen Bahr-el-Ghasal ejusque affluentias in septentrionali interioris parte collectarum. Opus XXVII tabulis exornatum Theodori Kotschy et Joannis Peyritsch consociatis studiis elaboratum suis sumtibus ediderunt Alexandrina P. F. Tinne et Joa. A. Tinne. Vindobonae 1867. folio. VIII, 68 p., ic. xyl. col., 27 tab. col. (35 th. n. — cum tab. nigr. 22 th.)
  Cat. of sc. Papers III, 738.
  Inscr. gall.: Plantes Tinnéennes.

Kotzi, *Ignaz Valentin*.
4844* —— De generibus plantarum. D. Tyrnaviae 1776. 8. 30 p.

Kovats, *Julius von*, Professor der Botanik in Pest, * Ofen 25. Sept. 1815.
4845* —— Die fossile Flora von Erdobenye. Pest, typ. Hertz. 1856. 8. 37 p., 7 tab.
4846* —— Die fossile Flora von Tállya. Pest, typ. Hertz. 1856. 8. 14 p.
  Arbeiten der Geologischen Gesellschaft in Ungarn.

Kozak a Prachien, *Johannes Sophronius*, * Homazowiz (Böhmen) 1602, † Bremen 30. Jan. 1686.
4847* —— Septimanae horologii macrocosmi liber quartus de vegetabilium speciebus, partibus et signaturis. Vesaliae, excudebat Henricus Wolphram. 1640. 4. 84 p.

Krafft, *Georg Wolfgang*, Professor in Tübingen, * Tuttlingen 15. Juli 1701, † Tübingen 12. Juni 1754.
* De vegetatione plantarum experimenta et consectaria. Novi Comm. Petrop. II, 231—256.

Krafft, *Guido*, Professor in Wien.
4848 —— Die normale und anormale Metamorphose der Maispflanze. Wien, Gerold. 1870. gr. 8. III, 71 p., 2 tab. ($^1/_5$ th. n)

Kraft, *Johann*.
4849 —— Pomona austriaca oder Abbildung von 576 Obstgattungen, wie sie in seiner Baumschule zu Währingen und Weinhaus wachsen. Wien 1791—94. 18 Hefte. 4. tab. col. (43$^1/_3$ th.)
4850 —— Pomona austriaca oder Abhandlung von Obstbäumen. Wien 1790—96. 20 Hefte = II voll. folio. 200 tab. col. (120 th.)

Kralik, *(Jean) Louis*, Custos des Cosson'schen Herbars in Paris, * Strassburg 26. Juli 1813.
4851* —— et J. **Billon**. Catalogue des Reliquiae Mailleanae. Paris, typ. Martinet. 1869. 8. 59 p.
  Cat. of sc. Papers III, 742.

Kralitz, *Heinrich*.
4852 (——) Catalogus plantarum horti academici Lugduno-Batavi, quibus is instructus erat anno 1635, praefecto ejusdem horti *Adolpho Vorstio*. Accessit Index plantarum indigenarum, quae prope Lugdunum in Batavis nascuntur. Lugduni Batavorum 1636. 24. 66 p.

Kramer, *Johann Georg Heinrich*, Militärarzt in Temesvar (Krameria Loefll.)
4853 —— Tentamen botanicum sive methodus Rivino-Tournefortiana herbas, fructices, arbores omnes facillime cognoscendi. Dresdae, typ. Harpeter. 1728. 8. 31, 151 p. — *Ed. II: Viennae, Kaliwoda. 1744. folio. 60, 150 p., 3 tab. (2 th.

Kramer, *Wilhelm Heinrich*.
4854* —— Elenchus vegetabilium et animalium per Austriam inferiorem observatorum. Viennae, Trattner. 1756. 8. 400 p ind. (1 th.)
  Vegetabilia: p. 1—307.

Krapf, *Karl von*.
4855* —— Ausführliche Beschreibung der in Unterösterreich, sonderlich um Wien herum wachsenden erlaubten und unerlaubten Schwämme etc. 2 Hefte. Wien, van Ghelen. 1782. gr. 4. 27. 22 p., 17 tab. col. (6$^2/_3$ th.)

Krasan, *Franz*.
4856* —— Pflanzenphänologische Beobachtungen für Görz. Programm. Görz, typ. Paternolli. 1868. 8. 37 p.
  Cat. of sc. Papers III, 744.

Krascheninnikow, *Stephan Petrovitsch* (Krascheninnikowia Güld. Turcz.), * Moskau ... 1713, † Petersburg 12. Febr. 1755

Kratzmann, *Eduard*, Arzt in Teplitz, * Kratzau 1810, † Teplitz 28. April 1865.
4857* —— De Coniferis usitatis. D. Pragae 1835. 8. 80 p.

Kratzmann, *Emil*, Arzt in Marienbad, * Kratzau 1814, † Prag 12. Febr. 1867.
4858* —— Die Lehre vom Samen der Pflanzen. Prag, Borrosch und André. 8. 98 p., 4 tab. ($^3/_4$ th.)

Krauer, *Johann Georg*, Professor in Luzern, * Rothenburg 1794, † Altwyss (Luzern) 3. Oct. 1845.
4859* —— Prodromus Florae Lucernensis, sive stirpium phanerogamarum in agro Lucernensi et proximis ejus confiniis sponte nascentium catalogus. Lucernae, typ. Meyer. 1824. 12. XII, 105 p.

Krause, Apotheker in Breslau, † Breslau 22. Oct. 1858.
  Cat. of sc. Papers III, 745.

Krause, *C*.
4860* —— Euricius Cordus. Eine biographische Skizze aus der Reformationszeit. Hanau, König. 1863. 8. IV, 124 p. (16 sgr. n.)

Krause, *Christian Ludwig*, Gärtner in Berlin, † Berlin 1773.
4861* —— Catalogus arborum, fruticum et herbarum exoticarum et indigenarum, quarum semina venduntur. Berolini 1753. 8. 40 p

Krause, *Ernst*.
4862* —— Die botanische Systematik in ihrem Verhältniss zur Morphologie. Kritische Vergleichung der wichtigsten älteren Pflanzensysteme, nebst Vorschlägen zu einem natürlichen Pflanzensysteme nach morphologischen Grundsätzen. Weimar, Voigt. 1866. 8. VIII, 234 p. (1 th.)

Krause, *Johann Wilhelm*, Pfarrer in Taupachl in Sachsen-Weimar, * 1764, † Taupachl 5. Juni 1842.
4863* —— Abbildungen und Beschreibungen aller bis jetzt bekannten Getreidearten. Leipzig, Baumgärtner. 1835—37. folio. 48 tab. col., Text. (16 th.)

4864* **Krause**, *Johann Wilhelm*. Das Getraidebuch oder neuste Wanderungen durch das wissenschaftliche Gebiet der Getraide. Leipzig, Baumgärtner. 1840. 8. x, 294 p. (1 1/2 *th.*)

Krause, *Rudolf Wilhelm*, Professor in Jena, * Naumburg 22. Oct. 1642, † Jena 26. Dec. 1718.

4865 —— De Rosa. D. Jenae 1674. 4. Desid. B.

4866 —— De studio botanico et chemico. Jenae 1681. 4. Desid. B.

4867* —— De signaturis vegetabilium. D. Jenae 1697. 4. 23 p.

4868* —— De Cardamomis. D. Jenae 1704. 4. 44 p., 1 tab.

4869* —— De naturae in regno vegetabili lusibus. Propemticum inaugurale. Jenae 1706 4. 8 p.

Krauss, *Ferdinand*, Director des zoologischen Museums in Stuttgart (Kraussia Harv.)

4870* —— Beiträge zur Flora des Cap- und Natallandes. Regensburg 1846. 8. 215 p., 2 tab.
Zeitschrift Flora 1844—46.

Krauss, *J. C.*

4871* (——) Afbeeldingen der Artsseny-Gewassen met derzelver nederduitsche en latynsche Beschryvingen. (Icones plantarum medicinalium) Amsterdam, by J C. Sepp en Zoon. 1796—1800. VI voll. 8. 600 tab. col., totidemque foll, text., ind.
Textum composuit *Theodericus Leonardus Oskamp.*

4872* (——) Afbeeldingen der fraaiste, meest uitheemsche Boomen en Heesters, die tot verciering van engelsche Bosschen en Tuinen kunnen geplant en gekweekt werden. Amsterdam 1803—8. XXI fasciculi. 4. (100 *fl.* 80 *c.*)

Krebs, *F. L.*

4873* —— Vollständige Beschreibung und Abbildung der sämmtlichen Holzarten, welche im mittleren und nördlichen Deutschland wild wachsen. Braunschweig, Vieweg. 1827—35. 25 Hefte. folio. 112 3/4 plag., 150 tab. col. (37 1/2 *th.* — nigr. 20 5/6 *th*)
Fasciculum XXV non vidi. Oehme et Mueller, bibliopolae Brunsvicenses, librum anno 1847 novis titulis ediderunt: col 16 2/3 *th.*)

Krejč, *Robert.*

4874 —— Pflanzengeographische Skizze aus dem südlichen Böhmen. Programm. Rakonitz 1859. 8.

Krémer, *J. P.*, Arzt in Metz.

4875* —— Monographie des Hépatiques de la Moselle, suivie d'une méthode analytique des genres et des espèces. Metz, Thiel. 1837. 8. iv, 44 p. — * Ed. II. revue et augmentée. Metz, typ Mayer. 1863 8. 51 p.

4876* —— De la sexualité et de l'hybridité des plantes. Thèse. Montpellier 1852. 8. 88 p., 3 tab.

4877* —— Description du Populus euphratica (Peuplier d'Euphrate) sa découverte sur les frontières du Maroc et son introduction en France. Metz, Warton. Paris, Baillière. 1866. 4. 4 p., 3 tab.

Krempelhuber, *August von*, in München.

4878* —— Die Lichenenflora Baierns, oder Aufzählung der bisher in Bayern diesseits des Rheins aufgefundnen Lichenen, mit besondrer Berücksichtigung der vertikalen Verbreitung dieser Gewächse in den Alpen. Regensburg 1861. 4. iv, 317 p.
Regensburger Denkschriften IV, 1—276

4879* —— Geschichte und Literatur der Lichenologie von den ältesten Zeiten bis zum Schlusse des Jahres 1865. Zwei Bände. München, typ. Wolf und Sohn. Selbstverlag des Verfassers. 1867—69. 8 — I: 1867. Geschichte und Literatur. xiv, 616 p., Portrait Massalongo's. — II: 1869. Die Flechtensysteme und Flechtenspecies. viii, 776 p., Portrait Krempelhuber's (10 2/3 *th.* n.)
Cat. of sc Papers III, 752.
Lichenes exposuit in «Reise der Novara», Botanik, Band I, p. 105—129, tab. 12—19. (1870)

Kretzschmar, *Eduard.*

4880* —— Südafrikanische Skizzen. Leipzig, Hinrichs. 1853. 8. viii, 382 p. (1 4/5 *th.*)
Heilmittel aus dem Pflanzenreiche: p. 123—144.

Kretzschmar, *Samuel*, † in Dresden 1774.

4881* —— Beschreibung der in Dresden ohnlängst erzeugten Martyniae annuae villosae; nebst einer Abhandlung von *Christian Friedrich Schulze* von dem Nutzen, den ein botanischer Garten verschaffen könnte. Friedrichstadt (i. e. Dresden), typ. Hagenmüller. (1764.) 4. 40 p., 2 tab. (7/12 *th.*)

Kreutzer, *Karl Joseph*, Bibliothekar in Wien.

4882* —— Oestreichs Giftgewächse. Wien, Braumüller. 1838. 8. 177 p. (2/3 *th.*)

4883* —— Beschreibung und Abbildung sämmtlicher essbaren Schwämme, deren Verkauf auf den niederösterreichschen Märkten gesetzlich gestattet ist. Wien, Braumüller. 1839. 8. viii, 57 p., 8 tab. col. (1/2 *th*)

4884* —— Prodromus Florae Vindobonensis, oder Verzeichniss der in den Umgebungen Wien's wild wachsenden Pflanzen. Wien, Volke. 1840. 8. iv, 103 p. (1/2 *th.*)

4885* —— Anthochronologion plantarum Europae mediae. Blütenkalender der Pflanzen des mittleren Europa. Wien, Volke. 1840. 12. viii, 236 p. (3/4 *th.*)

4886* —— Blüthen-Kalender und systematisch geordnete Aufzählung der Pflanzen in den Umgebungen Wiens. Wien, Armbruster. 1840. 12. vi, 247 p. (1 *th.*) — * Zweite Auflage. Wien, Mayer. 1859. 8. (1/2 *th.*)

4887* —— Taschenbuch der Flora Wiens. Zweite umgearbeitete Auflage. Wien, Seidel. 1864. 8. xii, 550 p. ic xyl (1 2/3 *th.* n.)

4888* —— Das Herbar. Wien, Helf. 1864. 8. iv, 196 p. ic. xyl. (1 *th.* n.)

Kreysig, *Friedrich Ludwig*, k. Leibarzt in Dresden (Kreysigia Rchb.), * Eilenburg 7. Juli 1769, † Dresden 3. Juni 1839.

4889* —— Momenta quaedam vitae vegetabilis cum animali convenientiam illustrantia. Programma I et II. Wittenbergae 1796. 4. 12, 8 p.

Krocker, *Anton Johann*, Arzt in Breslau (Krockeria Moench.), * Schönau bei Glogau 1744, † Breslau 27. Mai 1823.

4890* —— Flora silesiaca renovata, emendata, continens plantas Silesiae indigenas de novo descriptas ultra nongentas, circa mille auctas. Vratislaviae, Korn. 1787—1823. Tomi I—IV vel 5 partes. 8. — I: 1787. xxxvi, 639 p. — II: 1790. xxii, 406, 522 p. — III: 1814. lii, 374 p. — IV: 1823. xl, 345, 334 p., 110 tab. (nigr. 13 *th.* — col. 20 *th.*)

Krocker, *Anton*, Dr. med., Geh. Sanitätsrath in Breslau, * Breslau 1774, † Breslau 29. Nov. 1863.

4891* —— De plantarum epidermide. Cum praefatione *Curtii Sprengel.* D. Halae, Schwetschke. 1800. 8. iv, 68 p., 3 tab.

Krocker, *Hermann*, Arzt in Breslau, * Breslau 4. Nov. 1810.

4892* —— De plantarum epidermide observationes. D. Vratislaviae 1833. 4. 27 p, 3 tab. (1/2 *th.*)

Kroeber, *Heinrich.*

4893* —— Ueber die Ruta graveolens L. und die mit derselben zunächst verwandten Arten. D. Würzburg, typ. Bauer. 1830. 8. 32 p.

Kröningssvärd, *C. G.*

4894* —— Flora dalekarlica. Landskapet Dalarnes indigéna Phanerogamer och Filices. Fahlun, typ. Åkerblom. 1843. 8. 66 p. (20 *sk.*)

Kröyer, *Christian Karl.*

4895* —— De sexualitate plantarum ante Linnaeum cognita. D. Hafniae 1761. 4. 12 p.

Krok, *Th. O. B. N.*

4896 —— Anteckningar till en Monografi öfver växtfamiljen Valerianeae. I. Valerianella. Stockholm, Nordstedt et Söner. 1864. 4. 105 p., 4 tab.
K. Sv. Ac. Handl. V, p. 1—105.

Krombholz, *Julius Vincenz von*, * Politz 19. Dec. 1782, † Prag 2. Nov. 1843.
Bolzano, Biographie, mit Portrait. Prag 1845. 8.

4897* —— Conspectus fungorum esculentorum, qui per decursum anni 1820 Pragae publice vendebantur. (Uebersicht der essbaren Schwämme etc.) Programm. Prag, Calve. 1821. 8. 40 p. (1/4 *th.*)

4898* —— Naturgetreue Abbildungen und Beschreibungen der essbaren, schädlichen und verdächtigen Schwämme. Prag 1831 —47. 10 Hefte. folio. x, 85, 30, 36, 32, 17, 30, 24, 31, 28, 28 p., (5) p. ind., 78 tab. col. (62 5/6 *th.* — herabgesetzt 38 *th.*)

Kros, *Simon Petrus.*

4899* —— Dissertatio botanica inauguralis de Spira in plantis conspicua. Groningae, J. Gleuns. 1845. 8. (6) 142 p.
Cat. of sc. Papers III, 758.

Krüger, *Johann Friedrich*, Stiftsbaumeister, * Strausberg 1770, † Quedlinburg 6. Febr. 1836.

4900* —— Lateinisch-deutsches Handwörterbuch der botanischen Kunstsprache und Pflanzennamen Quedlinburg, Basse. 1833. 8. VII, 133 p., 2 tab. (1½ th.)

4901* —— Das Pflanzenreich. Quedlinburg, Basse. 1835. 8. X, 578 p.

Krüger, *Marcus Salomonides*.

4902* —— Bibliotheca botanica. Handbuch der botanischen Literatur. Berlin, Haude und Spener. 1841. 8. VI, 464 p. (2 th.)

Krzisch, *Josef Friedrich*, in Pressburg.
Cat. of sc Papers III, 762.

Kubinyi, *A*.

4903 —— Plantae venenosae Hungariae Budae 1842. 8. 30 tab. col. (hungarice.)

Kuechelbecker, *Georg Gottlob*, † Leipzig 1758.

4904* —— De spinis plantarum. D. Lipsiae 1756. 4. 36 p.

Küchenmeister, *Gottlob Friedrich Heinrich*, Arzt in Dresden, * Buchheim in Sachsen 22. Jan. 1821.

4905* —— Die in und an dem Körper des lebenden Menschen vorkommenden Parasiten. Zweite Abtheilung Die pflanzlichen Parasiten. Leipzig, Teubner 1855. 8. X, 148 p., 5 tab.
anglice: Translated by *E. Lankester*. London 1857. 2 voll. 8.

Kühn, *Adam*, Professor in Philadelphia (Kühnia L.), * 1742, † Philadelphia 5. Juli 1817.

Kühn, *Julius*, Professor in Halle.

4906* —— Die Krankheiten der Kulturgewächse, ihre Ursachen und ihre Verhütung. Berlin, Bosselmann. 1858. 8. XXIII, 312 p, 7 tab.
Cat of sc. Papers III, 768

Kützing, *Friedrich Traugott*, Professor an der Realschule in Nordhausen, * Ritteburg bei Artern 8. Dec. 1807.

4907* —— Tabulae phycologicae und Abbildungen der Tange. Band 1—20. Nordhausen, Förstemann. 1845—70. 8. 2000 tab. col. und Text. (400 th n. — nigr. 200 th.)

4908* —— Synopsis Diatomacearum. Halle 1834. 8. 92 p., 7 tab. (1 th)
Seorsim impressa ex Linnaea, vol. VIII. p. 529—620.

4909* —— Algarum aquae dulcis Germaniae Decades I—XVI. Halle 1833—36. 8. (Herbarium mit Text) (10 ⅔ th)

4910* —— Ueber die Polypiers calcifères des *Lamouroux*. Programm. Nordhausen und Leipzig, Schmidt. 1841. 4. 33 p. (⅝ th)

4911* —— Die Umwandlung niedrer Algenformen in höhere, so wie auch in Gattungen ganz verschiedner Familien und Klassen höherer Kryptogamen mit zelligem Bau. Haarlem 1841 4. 131 p, 16 tab.
Natuurk. Verh. van de Holl. Maatsch. der Wetensch. te Haarlem. II verz. 1. Deel.

4912* —— Phycologia generalis oder Anatomie, Physiologie und Systemkunde der Tange. Leipzig, F. A. Brockhaus. 1843. 4. XXXII, 458 p., 80 tab. col (40 th.)

4913* —— Ueber die Verwandlung der Infusorien in niedre Algenformen. Nordhausen, Köhne. 1844. 4. VII, 24 p., 1 tab. col. (⅔ th)

4914* —— Die kieselschaligen Bacillarien oder Diatomeen. Nordhausen, Köhne 1844. 4. 152 p., 30 tab. (15 th) — Zweiter Abdruck. Nordhausen, Förstemann. 1865. 4. (15 th. n)

4915* —— Die Sophisten und Dialektiker, die gefährlichsten Feinde der wissenschaftlichen Botanik (Streitschrift gegen *Schleiden*.) Nordhausen, Förstemann. 1844. 8. 21 p. (¼ th)

4916* —— Phycologia germanica, d. i. Deutschlands Algen in bündigen Beschreibungen. Nordhausen, Köhne. 1845. 8. X, 340 p. (3½ th)

4917* —— Species Algarum. Lipsiae, F. A. Brockhaus. 1849. gr. 8. VI, 922 p. (7 th)

4918* —— Ueber Heterocladia prolifera Decaisne. Programm. Nordhausen 1849. 4.

4919* —— Grundzüge der philosophischen Botanik. Leipzig, Brockhaus 1851—52. 8. XX, 337, XXX, 345 p., 18 tab. (5⅓ th. n.)
Cat. of sc. Papers III, 782

Kuhl, *Heinrich* (Kuhlia H. B. K.), * Hanau 1797, † Buitenzorg auf Java 14 Sept. 1821.
Cat of sc. Papers III, 764

Kuhn, *Maximilian*, * Berlin 3. Sept. 1842.

4920* —— Filices Deckenianae. D. Lipsiae, typ. Breitkopf. 1867. 8. 28 p.

4921* —— Filices africanae. Revisio critica omnium hucusque cognitorum cormophytorum Africae indigenorum additamentis Braunianis novisque africanis speciebus ex reliquiis Mettenianis adaucta. Accedunt Filices Deckenianae et Petersianae. Lipsiae, Engelmann. 1868. 8. 233 p. (1⅓ th. n.)

4922* —— Beiträge zur mexikanischen Farnflora. Halle, Schmidt. 1869. 4. 24 p. (½ th. n.)
Abh. der naturf. Ges in Halle.

Kullberg, *Daniel*, Pastor in Winberg, * Falkenberg 2. Oct. 1773.

4923* —— De affinitate generum plantarum in classibus systematis sexualis Linnaei obvia. D. Lundae 1796. 4. 20 p.

Kulm oder **Kulmus**, *Johann Adam*, Professor in Danzig, * Breslau 18. März 1689, † Danzig 29. Mai 1745.

4924 —— De plantis earumque nutritione. D. Gedani 1728. 4.

4925* —— De literis in ligno Fagi repertis. D. Gedani 1730. 4 29 p., 1 tab.

Kummer, *Ferdinand*, Custos des Herbars in München, * 1807, † München 22 März 1870.
Flora XXXII, 1—10, 753—766.

Kummer, *Georg Friedrich*, Arzt in Leipzig, * Leipzig 14. Juli 1791, † Leipzig 16. Dec. 1824.

Kummer, *Paul*.

4926 —— Das Leben der Pflanze. Auf dem Grunde der gegenwärtigen Wissenschaft populär dargestellt. Zerbst, Luppe. 1870. 8. VII, 79 p (⅖ th. n)

Kundmann, *Johann Christian*, Arzt in Breslau (Kundmannia Scop), * Breslau 26. Oct. 1684, † Breslau 11. Mai 1751.

Kunth, *Karl Sigismund*, Professor der Botanik in Berlin (Kunthia H B), * Leipzig 18. Juni 1788, † durch Selbstmord in Berlin 22. März 1850.
A. v. Humboldt im Preussischen Staatsanzeiger vom 9. Mai 1851

4927* —— Flora Berolinensis sive enumeratio plantarum circa Berolinum sponte crescentium. Berolini, Hitzig. 1813. 8 X, 282 p. (1⅓ th) — *Ed II: Berolini, Duncker et Humblot 1838. II voll. 8. VII, 407, 438 p (3¾ th.)
Adnotationes quaedam ad Floram Berolinensem, auctore *Adalbert de Chamisso* (1815.) 8. 13 p.

4928* —— Mimoses et autres plantes Légumineuses du Nouveau Continent, recueillies par MM *de Humboldt* et *Bonpland*. Paris, typ. Smith. 1819(—24) folio 223 p, 60 tab. col (672 fr.)

4929* —— Malvaceae, Büttneriaceae, Tiliaceae, familiae denuo ad examen revocatae characteribusque magis exactis distinctae, addita familia nova Bixinarum. Paris, typ. Smith. 1822. 8 20 p.

4930* —— Synopsis plantarum quas in itinere ad plagam aequinoctialem orbis novi collegerunt *Alexander de Humboldt* et *Amatus Bonpland*. Parisiis 1822—25. IV voll 8. — I: 1822. IV, 491 p. — II: 1823. 526 p. — III: 1824. 496 p. — IV: 1825 528 p. (40 fr)

4931* —— Handbuch der Botanik Berlin 1831. 8. XII, 735 p (3½ th)
hollandice: door *N. B Millard* Amsterdam 1836 II voll. 8. (6 fl.)

4932* —— Vier botanische Abhandlungen. Gelesen in der Akademie der Wissenschaften den 24. März 1831. Ueber die Verwandtschaft der Gattung Stilbe. — Ueber eine neue Gattung der Nyctagineen — Ueber die Gattung Sympicea Lichtenst. — Ueber die Willdenow'sche Gattung Omphalococca. Berlin 1832. 4 16 p (⅙ th)

4933* —— Zwei botanische Abhandlungen. Gelesen in der Akademie der Wissenschaften den 19 Juli 1832. Ueber die Blüten- und Fruchtbildung der Cruciferen. — Ueber einige Aublet'sche Pflanzengattungen. Berlin 1833. 4. 24 p, 3 tab.

4934* —— Anleitung zur Kenntniss sämmtlicher in der Pharmacopoea borussica aufgeführten officinellen Gewächse, nach natürlichen Familien. Berlin, Duncker und Humblot 1834. 8. VII, 496 p. (2⅔ th.)

4935* —— Enumeratio plantarum omnium hucusque cognitarum, secundum familias naturales disposita, adjectis characteribus, differentiis et synonymis Stutgardiae et Tubingae, Cotta 1833—50. 5 voll. 8. (14 9/10 th.)
Tomus I: Agrostographia synoptica, sive enumeratio

Graminearum omnium hucusque cognitarum, adjectis characteribus, differentiis et synonymis. 1833. 606 p. (3 *th*.)
— Supplementum tomi primi, exhibens descriptiones specierum novarum et minus cognitarum. 1835. 436 (40) p., 40 tab. (3 1/3 *th*.)
— Tomus II: Cyperographia synoptica, sive enumeratio Cyperacearum omnium hucusque cognitarum, adjectis characteribus, differentiis et synonymis. 1837. 591 p. (3 *th*.)
— Tomus III: Enumeratio Aroidearum, Typhinearum, Pandanearum, Fluvialium, Juncagineaum, Alismacearum, Butomearum, Palmarum, Juncacearum, Phylidrearum, Restiaccarum, Centrolepidearum et Eriocaulearum omnium hucusque cognitarum, adjectis characteribus, differentiis et synonymis. 1841. 644 p. (3 1/3 *th*.)
— Tomus IV: Enumeratio Xyridearum, Mayaccarum, Commelyncarum, Pontederiacearum, Melanthacearum, Liliacearum et Asphodelearum omnium hucusque cognitarum, adjectis characteribus, differentiis et synonymis. 1843. 572 p. (3 3/4 *th*.)
— Tomus V: Enumeratio Asparaginearum, Smilacinearum, Lapagericarum, Roxburghiacearum, Herreriearum, Ophiopogonearum, Aspidistrearum, Discorinearum, Taccacearum et Amaryllidearum. 1850. 908 p. (4 3/5 *th*.)

4936* **Kunth**, *Karl Sigismund*. Distribution méthodique de la famille des Graminées. Paris, Gide. 1835. II voll. folio. — I: Genera. p 1—175, XLV p. — II: p. 177—579, Errata, 220 tab. (528 *fr*)
4937* —— Bemerkungen über die Familie der Piperaceen. Halle 1840. 8. 166 p.
Seorsim impr. e Linnaea vol. XIII. fasc. VI p. 561—726.
4938* —— Eichhornia, genus novum e familia Pontederiacearum. Berolini 1842. 8. 7 p.
4939* —— Lehrbuch der Botanik. Erster Theil. Allgemeine Botanik: Organographie, Physiologie, Systemkunde, Pflanzengeographie. Berlin 1847. 8. XII, 588 p. (3 *th*.)
Cat. of sc. Papers III, 773—774.

Kuntze, *Otto*.
4940* —— Taschenflora von Leipzig. Leipzig und Heidelberg, Winter. 1867. 8. XLII, 298 p. (1 *th*. n)
4941* —— Reform deutscher Brombeeren. Beiträge zur Kenntniss der Eigenschaften der Arten und Bastarde des Genus Rubus L Leipzig, Engelmann. 1867. 8. 127 p. (1 1/3 *th*.)

Kunze, *Gustav*, Professor der Botanik zu Leipzig (Kunzea Rchb.), * Leipzig 4. Oct. 1793, † Leipzig 30. April 1851
L. *Reichenbach*, Worte zur Erinnerung an *Gustav Kunze*. Leipzig, typ. Hirschfeld 1851. 4. 16 p.
4942* —— und *Johann Karl* **Schmidt**. Mykologische Hefte, nebst einem allgemein-botanischen Anzeiger. Leipzig, G. Voss. 1817—23. 2 Hefte 8. — I: 1817. XVI, 109 p., 2 tab. — II: 1823. XII, 176 p., 2 tab. (2 1/3 *th*.)
4943* —— Plantarum acotyledonearum Africae australioris recensio nova e *Drègei*, *Eckloni* et *Zeyheri* aliorumque peregrinatorum collectionibus aucta et emendata. Particula prima, Filices L. complectens. D. Lipsiae 1836. 8. 77 p.
Alia exemplaria alio titulo (Halae) paginis 90; ex Linnaeae vol. X. seorsim typis expressa.
4944* —— Analecta pteridographica, sive descriptio et illustratio Filicum aut novarum aut minus cognitarum. Lipsiae, L. Voss. 1837. folio. VIII, 50 p., 30 tab. (8 *th*.)
4945* —— Die Farrnkräuter in colorirten Abbildungen naturgetreu erläutert und beschrieben. *Schkuhr's* Farrnkräuter, Supplement. Band 1. 2. Leipzig, Ernst Fleischer. 1840—51. 4. (35 *th*.)
— Band I: (Lieferung 1—10.) 1840—47. VI, 252 p., ·effigies autoris (optima!) tab. col. 1—100. (25 *th*.) — Band II: (Lieferung 11—14.) 1848—51. p 1—98, tab. col. 101—140. (10 *th*.)
4946* —— Supplemente der Riedgräser (Carices) zu *Chr. Schkuhr's* Monographie in Abbildung und Beschreibung herausgegeben; oder *Schkuhr's* Riedgräser, Neue Folge. 1. Band. 1. Hälfte. Leipzig, Ernst Fleischer. 1840—50. 8. 206 p., ind., tab. col. 1—50. (10 *th*)
4947* —— Chloris austro-hispanica. E collectionibus *Willkommianis* a mense Majo 1844 ad finem mensis Maji 1845 factis composuit. Ratisbonae 1846. 8. 92 p. (2/3 *th*)
Seorsim impressa e Flora Ratisbonensi 1846

4948* **Kunze**, *Gustav*. Index Filicum (sensu latissimo) adhuc quantum innotuit in hortis europaeis cultarum, cum synonymis gravioribus patria introductionis seu germinationis tempore duratione et cultura. Halis, typ. Gebauer. 1850. 8. 118 p.
Linnaea tom. XXIII
4949* —— *Gustavi Kunzii* Index Filicum in hortis europaeis cultarum synonymis interpositis auctus cura *Augusti Baumanni*. Argentorati, Schmidt. 1853. 8. 96 p.
Cat. of sc. Papers III, 775—776.

Kunze, *Karl Sebastian Heinrich*, Lehrer in Flensburg, * Kiel 2. Febr. 1774, † Flensburg 30. Mai 1820.
4950* —— Deutschlands kryptogamische Gewächse, oder botanisches Taschenbuch auf das Jahr 1795. Hamburg, Bachmann. 1795. 8. VI, 102 p. (1/3 *th*.)

Kurr, *Johann Gottlob*, Professor in Stuttgart (Kurria Steud.), * Sulzbach 15. Jan. 1798, † Stuttgart 9. Mai 1870.
4951* —— Untersuchungen über die Bedeutung der Nektarien in den Blumen, auf eigne Beobachtungen und Versuche gegründet. Stuttgart, Henne. 1838. 8. VIII, 150 p. (7/12 *th*.)
4952* —— Beiträge zur fossilen Flora der Juraformation Würtembergs. Stuttgart, typ. Guttenberg. 1845. 4. 24 p., 8 tab. (8/15 *th*.)

Kurtze, *G. Adolph*.
4953* —— De petrefactis, quae in schisto bituminoso Mansfeldensi reperiuntur. D. Halae 1839. 4. 38 p., praef., 8 tab. (2/3 *th*.)

Kurz, *Sulpiz*, Curator of the Royal Herbarium, Calcutta.
4954* —— Report on the vegetation of the Andaman Islands. Calcutta 1867. folio. 27, XXV, 13 p., 1 tab. geogr. — *Reprinted with additions. Calcutta: office of Superintendent of government printing 1870. folio. 75 p., 1 tab. Bibl. Al. Braun.

Kuyper, *J. A. B.*
4955 —— Eerste naamlijst van zigtbaarbloijende plaanten, welcke in de omstreken van Breda gevonden. Breda 1826. 8. Dumortier.

Kviakowska, *J. von*.
4956* —— Erste Anfangsgründe der Botanik in Briefen. Wien 1823. 8. 87 p., 1 tab. col.

Kyber, *David*, Arzt in Strassburg (Kyberia Neck.), * 1525, † Strassburg 1553.
4957* —— Lexicon rei herbariae trilingue ex variis et optimis qui de stirpium historia scripserunt, authoribus concinnatum. Item Tabulae collectionum in genere et particulatim per XII menses in usum Pharmacopolarum conscriptae per *Conradum Gesnerum*. Argentinae, apud Wendelinum Rihelium. 1553. 8. 548 p., praef.

Kyd, *Colonel* (Kydia Roxb.), Gründer des botanischen Gartens in Calcutta um das Jahr 1787, † Calcutta 1794.

Kylling, *Peder* (Kyllingia L.), * Assen um 1640, † Kopenhagen 1696.
4958* —— Viridarium danicum, sive catalogus trilinguis latino-danico-germanicus plantarum indigenarum in Dania observatarum. Hafniae 1688. 4. 174 p., praef., ind.

L.

Laban, *F. C.*
4959 —— Flora der Umgegend von Hamburg und Altona. Hamburg, Berendsohn. 1865. 8. IV, 164 p. (12 *sgr*.)

Labat, *Jean Baptiste*, Dominikaner (Labatia Sw.), * Paris 1663, † Paris 6. Jan. 1738.
4960* —— Nouveau voyage aux isles de l'Amérique, contenant l'histoire naturelle de ces pays etc. Paris, Giffart. 1722. VI voll. 12.
La partie botanique de ce voyage a été critiquée dans les Mémoires de Trévoux, Juillet 1727, p. 1303—1318, sous le titre d'Observations d'un botaniste habitant des îles occidentales de l'Amérique.

Labat, *Léon*, Arzt, * Agde (Hérault) 1803, † Nizza Anfang Februar 1847.
4961* —— De l'irritabilité des plantes, de l'analogie qu'elle présente avec la sensibilité organique des animaux, et du rôle important, qu'elle joue dans les diverses maladies des tissus

végétaux. Paris, Germer-Baillière 1834. 8. 188 p., 1 tab. (3 *fr.* 50 *c.*)
Autor postea fuit archiater aulicus in Persia, et nomen *Mirza Labat Khan* adoptavit.

La Billardière, *Jacques Julien Houton de* (Billardiera Sm.), * Alençon (Orne) 28. Oct. 1755, † Paris 8. Jan. 1834.
Éloge par Flourens: Mém. Ac. sc. Par. vol. XVI, 21—44.

4962* —— Relation du voyage à la recherche de *La Pérouse*, fait par ordre de l'Assemblée constituante pendant les années 1791 et 1792 et pendant la première et la seconde année de la république française. Paris, Jansen. an VIII. (1799.) II voll. 8. et Atlas in folio de 44 planches, dont 14 sont de botanique. — I: XVI, 440 p. — II: 332, 109 p.
* Londres, Deboffe. 1800. II voll. 8. est eadem impressio.

4963* —— Novae Hollandiae plantarum specimen. Parisiis 1804—6. II voll. 4. — I: 1804. 112 p. — II: 1806. 130 p., 265 tab. (212 *fr.*)
Prodiit annis 1803—7. fasciculis 26 et dimidio; quisque 10 tabularum à 8 *fr.*

4964* —— Icones plantarum Syriae rariorum, descriptionibus et observationibus illustratae. Parisiis 1791—1812. V Decades. 4. — I et II: 1791. 22, 18 p., 20 tab. — III: 1809. 16 p., 10 tab. — IV et V: 1812. 16, 16 p., 20 tab. (45 *fr.*)

4965* —— Sertum austro-caledonicum. Parisiis 1824—25. II partes. 4. 83 p., 80 tab. (64 *fr.*)
Cat. of sc. Papers III, 784.

Labouret, *J.*, in Raffec (Charente).

4966* —— Monographie de la famille des Cactées, . . suivie d'un Traité complet de culture et d'une table alphabétique des espèces et variétés. Paris, Dusacq. (1858.) 8. XLVII, 682 p.
Cat. of sc. Papers III, 787.

Labram, *J. D.*, und **Hegetschweiler**.
Schweizerpflanzen.
Das von *Labram* nachgelassene Exemplar enthielt 788 col. Tafeln und wurde 1867 in der Ascherschen Buchhandlung für 30 *th.* offerirt.

Labranos, *Christophoros*.

4967* —— Στοιχεῖα βοτανικῆς, περιέχοντα τὴν ὀργανογραφίαν, φυσιολογίαν καὶ ταξινομίαν. Κορφοῦ 1853. 8.

Lachenal, *Werner de*, Professor der Botanik in Basel (Lachenalia Jacq), * Basel 23. Oct. 1736, † Basel 4. Oct. 1800.

4968* —— Specimen inauguarale Observationum botanicarum. D. Basileae 1759. 4. 16 p.

4969* —— Observationes botanico-medicae. D. Basileae 1776. 4. 16 p., 1 tab. (Aquilegia.)

Lachmann, *Heinrich*, Arzt in Braunschweig, * Braunschweig 3. Aug. 1797.

4970* —— Flora Brunsvicensis, oder Aufzählung und Beschreibung der in der Umgegend von Braunschweig wildwachsenden Pflanzen nach Linné's Sexualsystem. Braunschweig, Meyer. 1827—31. 2 Bände. 8. — I: Chorographie, Geognosie, Meteorologie, Allgemeine Vegetation. 1827. XLVI, 324 p., 1 mappa geogr., 5 tab. — II: Phanerogamen. 1828. 1831. XIV, 496, 352 p. (6 ⅙ *th.*)
Cat. of sc. Papers III, 791.

Lachmann, *Johannes*, * Braunschweig 1. Aug. 1832, † Poppelsdorf 7. Juli 1860.
Cat. of sc. Papers III, 791.

Lacipière, *P. Léopold*.

4971 —— Des émétiques végétaux en général et des émétiques végétaux indigènes en particulier. Strasbourg 1854. 8. 35 p.

Lackowitz, *Wilhelm*, Lehrer in Berlin.

4972 —— Flora von Berlin. Berlin, Kortkampf. 1868. 16. XXII, 239 p. (½ *th.* n.)

La Croix, *Demetrius de* (hibernico suo nomine **Mac Encroe**).

4973* —— Connubia florum latino carmine demonstrata. Cum interpretatione gallica D*******. Parisiis 1728. 8. VII, 39 p., 1 tab.
* Ed. II: notas et observationes adjecit *Richard Clayton*. Bathoniae 1791. 8. 138 p., 1 tab.
* *gallice:* Paris 1798. 8. 108 p.
germanice: Die Vermählung der Pflanzen. Physikalische Belustigungen 3. Band, p. 1331—1358.
Haec fratris ad fratrem de connubiis florum epistola, quae laudes canit *Vaillantii*, exstat primum in Botanico Parisiensi, Leyde 1727. folio. post praefationem.

Lacroix, *Louis-Sosthène Veyron*, Abbé, in Poitiers, * 1818, † 20. Nov. 1864.

4974* **Lacroix**, *Louis-Sosthène Veyron*. Nouveaux faits constatés relativement à l'histoire de la botanique et à la distribution géographique des plantes de la Vienne. Caen, typ. Hardel. 1857. 4. 32 p.
Cat. of sc. Papers III, 792—793.

Lademann, *Johann Matthias Friedrich*.

4975 —— De systematibus plantarum. D. Helmstadii, typ. Schnorr 1785. 4. 24 p.

Laestadius, *C. P.*

4976 —— Bidrag till kännedom om växtligheten i Torneå Lappmark. Upsala 1860. 8.

Laestadius, *Lars Levi*, Pastor der Parochie Karesuando in Lappland, * in Lappland 10. Jan. 1800.

4977* —— Botaniska Anmärkningar, gjorda i Lappmarken och tillgränsande Landsorter. Stockholm, Lindh. 1823. 8. 18 p.
Sv. Ak. Handl. 1822, 327—342.

4978 —— Bidrag till kännedomen om växtligheten i Torneo Lappmark. D. Upsala, Edquist. 1860. 8. 16 p.
Cat. of sc. Papers III, 794.

Laët, *Jan de* (Laetia L.), * Antwerpen, † 1649.
cf. Epist. ad Wormium 781—784.

Laffon, *J. C.*

4979 —— Flora des Cantons Schaffhausen. Schaffhausen 1848. 8
cf. Verh. der Schweizer Gesellschaft 1827, 257—303.

Lafitau, *Joseph François*, Missionär, * Bordeaux 1670, † Bordeaux 1740.

4980* —— Mémoire présenté à Son A. R. MS. le Duc d'Orléans, concernant la précieuse plante du Gin seng de Tartarie, découverte en Canada. Paris, chez J. Monge. 1718. 8. 88 p, 1 tab. — * Nouvelle édition. Montréal, typ. Senecal. 1858. 8 44 p., 1 tab.

Lafões, *Don Juan de*, aus dem Hause Braganza, der Stifter der Akademie von Lissabon (Lafoensia Vand.), * Lissabon 1749, † Lissabon 10. Nov. 1806.

Lafons, *Alexandre de*, Baron de *Mélicocq*, * Noyon 1802, † Raismes (Nord) 1867.

4981* —— Prodrome de la Flore des arrondissements de Laon, Vervins, Rocroy et des environs de Noyon. Noyon 1839. 8. 68 p., ind.
Cat. of sc. Papers III, 795—796.

Lagasca, *Mariano* (Lagasca Cav., Lagasca DC., Lagascaea H. B. K.), * Encinacorva in Arragonien 4. Oct. 1776, † Barcelona 23. Juni 1839.
Colmeiro Bot. esp. 191—195.
A. *Yañez*, Elogio historico *de Don Mariano Lagasca* Barcelona 1842. 8. c. effigie.

4982* —— Amenidades naturales de las Españas: ó bien disertaciones varias sobre las producciones naturales espontáneas ó conaturalizadas en los dominios españoles. Tomo I. (num. l.) Orihuela, en la imprenta de la muy ilustre Junta. 1811. 4. XI, 44 p.
Contenta: Sobre el cencro espigado, Cenchrus spicatus L. p. 1—18. — Lista de plantas de la China, del Japon, Amboyna, Malabar y Filipinas conaturalizadas en España. p. 19—25. — Disertacion sobre un órden nuevo de plantas de la clase de las Compuestas. p. 26—43.

4983* —— Instruccion sobre el modo con que pueden dirigir sus remesas y noticias al real jardin botánico de Madrid los que gusten concurrir á la perfeccion de la *La Ceres Española*, ó tratado completo de todas las plantas, especialmente de las cultivadas en España, cujas semillas pueden convertirse en pan. (Madrid 1816.) 4. 3 p.

4984* (——) Elenchus plantarum, quae in horto regio botanico Matritensi colebantur anno 1815, cum novarum aut minus cognitarum stirpium diagnosi, nonnullarum descriptionibus contractis. Matriti, typ. regia. 1816. 4. 20 p, praef.

4985* —— Genera et species plantarum, quae aut novae sunt aut nondum recte cognoscuntur. Matriti, typ. regia. 1816. 4. 35 p., 2 tab. col.

4986* —— Memoria sobre las plantas Barrilleras de España. Madrid, typ. regia. 1817. 4. 84 p., praef., ind.

4987* —— Amenidades naturales de las Españas. Tom. I. número segundo. Madrid, Ibarra. 1821. 4. p. 47—111.
Disertacion sobre la familia natural de las plantas aparasoladas; por su discipulo *Sebastian Eugenio Vela*, p. 61—86. — Dispositio Umbelliferarum carpologica, autore *Mariano Lagasca*. p. 87—111.

4988* **Lagasca**, *Mariano*. Observaciones sobre la familia natural de las plantas aparasoladas, (Umbelliferae). Londres 1826. 8. 43 p.
En el Periodico español que sale en Londres con el título de *Ocios de Españoles Emigrados*, en la imprenta de A. Macintosh, 20 Great New Street.
Cat of sc. Papers III, 801—802.

Lagerstroem, *Magnus*, Dir. soc. merc. Ind. orient. (Lagerstroemia L.), ÷ 1759.

Lagger, *Franz*, Arzt zu Freiburg in der Schweiz, ÷ 1870.
Cat. of sc. Papers III, 802.

Lagrèze-Fossat, *Adrien*, Advokat in Moissac (Tarn et Garonne.)

4989* —— Notice géologico-botanique sur l'arrondissement de Moissac. Montauban (1838) 8. 22 p.

4990* —— Flore de Tarn et Garonne, ou description des plantes vasculaires qui croissent spontanément dans ce département. Montauban, Rethoré. 1847. 8. XII, 527 p. (9 *fr.*)
Cat. of Papers III, 804

Laguesse, *J. B. A.*

4991* —— Monographie des espèces du genre Myosotis qui croissent spontanément dans le Dép. de la Côte d'Or. Dijon, typ. Noellat. 1857 8. 16 p

Laguna, *Andrés*, Leibarzt Pabst Julius III. (Lagunea Cav.), * Segovia 1494, ÷ 1560.
Colmeiro Bot esp. 150.
Ernst Meyer, Geschichte der Botanik IV, 389—390.

4992* —— Annotationes in *Dioscoridem Anazarbeum* juxta vetustissimorum fidem elaboratae. Lugduni, apud Rovillium. 1554. 12. 340 p

Laguna, *Maximo*

4993* —— Resúmen de los trabajos verificados por la comision de la Flora forestal española durante los años de 1867 y 1868. Madrid 1870. 4. 138 p., 7 tab.

Lagusi, *Vincenzo*.

4994* —— Erbuario italo-siciliano in cui si contiene una raccolta di moltissime piante col nome italiano, latino e siciliano, il tempo di coglierle, dove sogliono nascere, e il loco specifiche virtù, con due indici l'uno latino, e l'altro siciliano. Palermo, typ. Valenza. 1743. 4. 302 p., praef., ind.

La Harpe, *Jean*.

4995* —— Essai d'une Monographie des vraies Joncées. Paris, typ. Tastu 1825. 4. 93 p.
Mém. soc d'hist nat III, 89—181.

La Hire, *Jean Nicolas* (Hiraea Jacq.), * Paris 1685, ÷ Paris 1727.

Lajard, *Félix*, * Lyon 30. März 1783, ÷ Tours Sept. 1858.

4996* —— Recherches sur le culte du cyprès pyramidal chez les peuples civilisés de l'antiquité. Paris, typ. Didot. 1847. 8. 75 p., 5 tab
Nouv. Annales de l'Inst. arch vol. XIX.

Laicharting, *Johann Nepomuk von*, Professor der Naturgeschichte an der Universität zu Innsbruck, * Innsbruck 4. Febr 1754, ÷ Innsbruck 7. Mai 1797.

4997* —— Vegetabilia europaea in commodum botanicorum per Europam peregrinantium ex systemate plantarum C. a Linné collecta et novis plantis ac descriptionibus adaucta. Oeniponte 1770—71. II voll. 8. — I: 1790. 541 p., praef, ind. — II: 1791. LVI, 782 p., ind.

4998* —— Manuale botanicum, sistens plantarum europaearum characteres generum, specierum differentias nec non earum loco natalia. Sectio I et II Lipsiae, Barth. 1794. 8. 631 p., ind.

Laisney, *Louis*.

4999* —— Dissertation sur quelques plantes vénéneuses. D. Montpellier, typ. Ricard. an XIV. 4. 31 p.

La Llave, *Pablo*, Arzt in Mexico (Llavea Lag.).
Colmeiro Bot. esp. 201.

5000* —— et *Juan* **Lexarza**. Novorum vegetabilium descriptiones. Mexici, apud Martinum Riveram. 1824—25. II fasc. 8. — I: 1824. (6) 32 p. — II: 1825. (6) 43 p.

Lallemant, *Charles*, Arzt.

5001* —— Étude sur l'ergot du Diss. (Ampelodesmos tenax Link) Alger, Peyront. 1863. 8. 19 p.
Extrait de la Gazette médicale de l'Algérie

La Marck, *Jean Baptiste Antoine Pierre* **Monnet**, *Chevalier de*, * Bazentin (Somme) in der Picardie 1. Aug. 1744, ÷ Paris 18. Dec. 1829.
Cuvier, Eloge dans Mémoires de l'Acad. vol. XIII, p. 1—31.
Guillemin Archives I, 86—95.

5002* **La Marck**, *Jean Baptiste Antoine Pierre* **Monnet**, *Chevalier de*. La Flore française ou description succincte de toutes les plantes, qui croissent naturellement en France. Paris, de l'imprimerie royale. 1778. III voll. 8. — 1: CXIX, 223, 132, XXIX p., 8 tab. — II: IV, 684 p. — III: 654, XX p. — *Ed. II. Paris, Agasse. l'an III. (1793.) III voll. 8. — I: IV, CXX, 223, 159 p., 8 tab. — II: IV, 684 p. — III: 674 p.
Ed. III. vide DeCandolle.

5003* —— Extrait de la Flore française. Deux parties. Paris 1792. 8. XXIV, 184, 348 p.

5004* —— Encyclopédie méthodique. Botanique. Paris 1783—1817. XIII voll. 4. — I: 1783, A—Cho. XLIV, 752 p. — II: 1786. Cic—Gor. 774 p. — III: 1789. Gor—Mau. VIII, 759 p. — IV: 1797. Mau—Pan. VII, 764 p. — V: 1804. Pan—Pyx. VIII, 748 p. — VI: 1804. Qua—Sci. 786 p. — VII: 1806. Sci—Tra. 731 p. — VIII: Tre—Zuc. 879 p. — Supplément. IX: 1810. A—Byt. XVIII, 761 p. — X: 1811. Caa—Gyr. 876 p. — XI: 1813. Hab—Mor. 780 p. — XII: 1816. Mor—Ryn. 731 p. — XIII: 1817. Sa—Z. et Addenda. VIII, 780 p. avec un Atlas gr. in 4: 900 tab.
DelaMarck est autor voluminum I—IV; Poiret continuavit opus a vol. V—XIII.

5005* —— Tableau encyclopédique et méthodique des trois règnes de la nature. Botanique. Illustration des genres. Paris 1791—1823. III voll. 4. — I: 1791. XVI, 496 p — II: 1793. 554 p. — III et Supplément: 1823. 728 p.
DelaMarck est autor voluminum I et II; Poiret absolvit opus.

5006* —— Histoire naturelle des végétaux classés par familles, avec la citation de la classe et de l'ordre de Linné et l'indication de l'usage qu'on peut faire des plantes dans les arts, le commerce, l'agriculture, le jardinage, la médecine etc. Paris, Deterville. 1802. XV voll. 12. — *Paris, Roret. 1830. XV voll. 12. cum 120 tab.
Opus pertinet ad «*Suites de Buffon*»; DelaMarck est autor voluminum I et II; volumina III—XV scripta sunt a *Brisseau-Mirbei*.

5007* —— et *Augustin Pyramus* **DeCandolle**. Synopsis plantarum in Flora gallica descriptarum. Parisiis 1806. 8. XXIV, 432 p

Lambergen, *Tiberius*.

5008 —— Oratio inauguralis, exhibens encomia botanices, ejusque in re medica utilitatem singularem Groningae 1754. 4. 72 p.

Lambert, *Aylmer Bourke*, Esq., Vice-Präsident der Linnean Society in London (Lambertia Sm.), * Bath 2. Febr. 1761 ÷ Kew 10. Jan. 1842.
Proc. Linn. Soc. I. 137—139.

5009* —— A description of the genus Pinus, illustrated with figures, directions relative to the cultivation, and remarks on the uses of the several species. London, printed for J. White by T. Bensley. 1803. folio max 91 p, (5 foll.), 44 tab. col (tab. 10. 12. 33 et 34[b] sunt nigrae). — vol II. (to which is added an appendix containing an account of the Lambertian Herbarium by Mr. *David Don*) London, John Gale. 1824. folio. VI, 42, (3) p., tab. col. 1. 2. 3. 4. 5. 6. 8. 9. 11. 12
Bibl. Imp. Franc.

5010* —— A description of the genus Pinus, illustrated with figures: directions relative to the cultivation, and remarks on the uses of the several species; also descriptions of many other trees of the family of Coniferae. To which is added an Appendix containing descriptions and figures of some other remarkable plants, and an account of the Lambertian Herbarium, by Mr. *David Don*. Second edition. In two volumes. London, Weddell. 1828. folio max. — vol. I: VI, 62 p., 39 tab. omnes col., effig. Lambert. — vol. II: p. 63—124. et Appendix: p. 1—24, (2) p. ind, 25 tab. col., 2 tab. nigr. — vol. III: (Editio prima). 1837. 32 foll, (31) p., tab. omnes col. (78 l. 15 s.) — *Ed. minor. ib. 1832. gr. 8. VIII, 183 p , 84 tab col.
Of this magnificent work only 25 copies were taken off. The description to the second and third volumes are by Prof *Don*, under whose immediate direction the engravings were coloured in imitation of the originals and have quite the appearance of original drawings.
Cat. of sc Papers III, 812—813.

5011* (——) A description of the genus Cinchona, comprehending the various species of vegetables, from which the Peruvian and other barks of a similar quality are taken. Illustrated by figures of all the species hitherto discovered. To which

is prefixed Prof. *Vahl's* Dissertation on this genus etc. London, White. 1797. 4. IX, 54 p., 13 tab.
5012* **Lambert,** *Aylmer Bourke.* An illustration of the genus Cinchona; comprising descriptions of all the officinal peruvian barks, including several new species: Baron de *Hunboldt's* account of the Chichona forests of South America: and *Lambert's* memoir on the different species of Quinquina. London, Searle. 1821. 4. IX, 181 p., 5 tab.
Lambert, *Edouard.*
5013 —— et **Burgues.** Études sur les Algues dans le département de l'Aisne. Paris 1860. 8. (1 *fr.* 50 *c.*)
5014* —— Botanique à l'usage des Lycées ou établissements d'instruction publique. Paris, F. Savy. 1864. 8. XXIV, 276 p.
Lambert, *Ernest.*
5015* —— Exploitation des forêts de chêne-liège et des bois d'oliviers en Algérie. Paris, au bureau des Annales forestières. 1860. 8. III, 113 p. (3 *fr.*)
Lambert, *Wilhelm,* Stabsarzt zu Therlose, * Wetzlar 14. Mai 1827, † Therlose 12. März 1860.
5016* —— De geographia plantarum in Wetteravia et Marchia Brandenburgica indigenarum nonnulla. D. Berolini, typ. Schade. 1849. 8. 34 p.
Lambertye, *Léonce, Comte de,* in Chaltrait (Marne), * Montluçon (Allier) 1810.
5017* —— Catalogue raisonné des plantes vasculaires, qui croissent spontanément dans le département de la Marne. Paris, Chameret. 1846. 8. 14½ plag., 1 mappa bot. geol. (3 *fr.*)
5018* —— Le Fraisier; sa botanique, son histoire, sa culture. Paris, A. Goin. 1864. 8. 392 p.
La Métherie, *Jean Claude de,* * Clayette 4. Sept. 1743, † Paris 1. Juli 1817.
5019* —— Considérations sur les êtres organisés. Paris 1804. II voll. 8. — I: XVI, 428 p., 3 tab. (Végétaux: p. 120—283.) — II: 512 p. (12 *fr.*)
Lammersdorff, *Johann Anton.*
5020* —— Plantarum cryptogamicarum fructificationis historiae Prodromus, de Filicum fructificatione. D. Goettingae, typ. Dieterich. 1781. 8. 35 p.
Lamotte, *Martial,* Apotheker in Riom.
5021* —— Catalogue des plantes vasculaires de l'Europe centrale, comprenant la France, la Suisse, l'Allemagne. Paris, Baillière. 1847. 8. 104 p. (2 *fr.* 50 *c.*)
5022* —— Notes sur quelques plantes nouvelles du plateau central de la France. Clermont-Ferrand 1855. 8. 29 p.
Annales de l'Ac. de Clermont-Ferrand XXVIII, 19—43.
5023 —— Étude sur le genre Sempervivum L. Clermont-Ferrand, Thibaud. 1864. 8. 57 p.
Cat. of sc. Papers III, 822.
Lamouroux, *Jean Vincent Félix,* Professor in Caen, * Agen 3. Mai 1779, † Caen 26. März 1825.
Notice biographique par *J. F. Lamouroux.* Paris, typ. Fournier. 1829. 8. 28 p.
5024* —— Dissertations sur plusieurs espèces de Fucus, peu connues ou nouvelles. Premier fascicule. Agen, Noubel. an XIII. (1805.) 4. XXIV, 83 p., 36 tab. (15 *fr.*)
5025* —— Essai sur les genres de la famille des Thalassiophytes non articulées. Paris, Dufour. 1813. 4. 84 p., 7 tab. (6 *fr.*)
Extrait des Annales du Muséum d'hist. nat. tome XX.
5026* —— Histoire des polypiers coralligènes flexibles, vulgairement nommées Zoophytes. Caen 1816. 8. LXXXIV, 559 p., 19 tab. (20 *fr.*)
anglice: London 1824. 8.
Cat. of sc. Papers III, 822—823.
Lamouroux, *Justin P.,* Arzt in Paris.
5027* —— Résumé complet de botanique. Paris, Bachelier. 1826. II voll. 12. — I: VIII, 275 p., 3 tab. — II: IV, 280 p., 2 tab. (7 *fr.*)
* germanice: Leipzig 1828. 12. (1½ *th.*)
* italice: Milano 1843. 12.
5028 —— Résumé de phytographie ou d'histoire naturelle des plantes, contenant les caractères distinctifs et la description des familles et des genres du règne végétal, avec l'histoire, la patrie et les usages remarquables; accompagnée d'une Iconographie de 108 planches. Paris, Bachelier. 1828. II voll. 12. — I: XIV, 220 p. — II: VIII, 404 p., 108 tab. (14 *fr.*)
Lamy, *Edouard.*
5029* —— Flore de la Haute-Vienne. Limoges, Ardant. 1856. 8. 64 p.
5030* —— Essai monographique sur le châtaignier. Limoges, typ. Chapouland. 1860. 8. 66 p.
5031* —— Simple aperçu des plantes cryptogames et agames du Dép. de la Haute-Vienne. Limoges, typ. Chapouland. 1860. 8. 44 p.
5032* —— Plantes plus ou moins aquatiques, aspect des lieux qu'elles fréquentent .... Limoges, typ. Chapouland. 1868. 8. 28 p.
Cat. of sc. Papers III, 830.
Lancisi, *Giovanni Maria,* Arzt in Rom (Lancisia Gaertn.), * Rom 26. Oct. 1654, † Rom 20. Jan. 1720.
5033* —— Dissertatio epistolaris de ortu, vegetatione et textura fungorum. Romae 1714. folio. XVIII p.
Impressa est una cum *L. F. Marsilii* Dissertatione; ad calcem sequitur: «De herbis et fructibus in recens aggesto litore Tiberis suborientibus.»
Landerer, *Xaver,* Professor der Chemie in Athen.
5034 —— Handbuch der Botanik. Athen 1845. 8. (graece)
Cat. of sc. Papers III, 831—834.
Landoz, *Johann.*
5035 —— Verzeichniss der Pflanzen um Klausenburg. Klausenburg 1844. 8. 18 p.
Landrin, *A.*
5036* —— Quelques monstruosités végétales et Catalogue des cas de prolifère observés. Versailles, typ. Aubert. 1863. 8. 12 p., 2 tab.
Landsborough, *David,* Rev., * 1782, † Saltcoats (Ayrshire) 12. Sept. 1854.
5037 —— Treasures of the Deep: or Specimens of scottish Seaweeds. Glasgow 1847. 4.
5038* —— Popular history of british seaweeds. London 1849. 8. — Ed. II. ib. 1851. 8. 416 p., 22 tab. col. (10 *s.* 6 *d.*)
Cat. of sc. Papers III, 836.
Lang, *Adolph Franz,* in Pressburg.
5039 —— Enumeratio plantarum in Hungaria sponte nascentium, quas in usum botanicorum. legit. Pestini 1822. 8. 12 p.
Lang, *Otto Friedrich,* * Verden 23. Mai 1817, † Verden 26. Dec. 1847.
Bot. Zeitung 1851, 686—688.
Cat. of sc. Papers III, 839.
Lange, *Johann,* Professor in Heidelberg, * Löwenberg (Schlesien) 1485, † Heidelberg 21. Juni 1565.
Hartmann, De *J. Langii* studiis botanicis. Traj. a/V. 1774. 4.
5040* —— Epistolae medicinales. Basileae 1544. 4.
Lange, *Johann Michael,* Professor in Altdorf, * Etzelwangen 9. März 1664, † Prenzlau 10. Jan. 1731.
5041* —— Dissertatio botanico-theologica de herba Borith. Altdorfi 1705. 4. 40 p., 1 tab.
Lange, *Johan,* Professor der Botanik in Kopenhagen.
5042* —— Haandbog i den danske Flora. Kjøbnhavn, C. A. Reitzel. 1851. 8. LVI, 637 p. — * Anden omarbeidede Udgave. ib. 1856—59. 8. LXVI, 764 p. — * Tredie forøgede Udgave. ib. 1864. 8. CIV, 841 p. (5 *Rdr.*)
5043* —— Oversigt over Grønlands Planter. Kjøbenhavn, L. Klein. 1857. 8. 30 p.
Seorsim impr. e *H. Rink,* Grønland, p. 106—136.
5044* —— Pugillus plantarum imprimis hispanicarum, quas in itinere 1851—52 legit *Johannes Lange.* (Fasc. 1—4.) Havniae, typ. Bianco Luno. 1860—65. 8. 399 p., 2 tab.
Af N. F. V. Meddelelser.
5045* —— Descriptio iconibus illustrata plantarum novarum vel minus cognitarum praecipue e Flora hispanica. Fasc. 1—3. Havniae, typ. Louis Klein. 1864—66. folio. IV, 16 p., tab. col. 1—35. (15 *Rdr.*)
5046* —— Fortegnelse over de i Veterinair og Landb. Have og i Forsthaven i Charlottenlund dyrkende Frilandstræer og Buske. Kjøbenhavn, Reitzel. 1871. 8. 94 p., 2 tab.
Lange, *M. T.,* Probst zu Rylskov in Schleswig.
5047 —— Om Forandringen af Danmarks plantevæxt i de sidste 2 aarhundreder. Kjøbenhavn, J. Lund. 1859. 8. 98 p.
Cat. of sc. Papers III, 831.

Langethal, *Christian Eduard*, Professor der Landwirthschaft in Jena.

5048* —— Die Gewächse des nördlichen Deutschlands. Jena, Luden. 1843. 8. vi, 498 p. (2⅔ th.)
5049* —— Terminologie der beschreibenden Botanik. Jena 1846. 8. 334 p, 56 tab. (3 th.)
5050* —— Lehrbuch der landwirthschaftlichen Pflanzenkunde für practische Landwirthe und Freunde des Pflanzenreiches. Jena 1841—45. 3 Theile. 8. — I: 1841. Süssgräser. viii, 119 p., 10 tab — II: 1843. Klee- und Wickpflanzen. 156 p., 10 tab. — III: 1845. Hackfrüchte, Handelsgewächse und Küchenkräuter. x, 258 p., 11 tab. col. (4 th. — nigr. 3½ th.) — Dritte Auflage Theil 1—3. Jena, Cröker. 1855—64. 8. viii, 155, 196, 312 p., 35 tab. col. (4⅔ th.)
5051 —— Beschreibung der Gewächse Deutschlands nach ihren natürlichen Familien und ihrer Bedeutung für die Landwirthschaft. Jena, Mauke. 1858. 8. iv, 739 p. (3 th.) — Zweite vermehrte Auflage. ib. 1868. 8. viii, 788 p. (2 th. n.)
5052* —— Kalender der heimischen Pflanzen und Thiere, nebst einem Verzeichniss der Höhe und des Alters der merkwürdigsten Bäume der Erde. Jena, Frommann. 1868. 8. vi, 114 p (16 gr. n.)

Langguth, *Georg August*, Professor der Anatomie und Botanik in Wittenberg, * Leipzig 7. Juni 1711, † Wittenberg 1782.

5053* —— Antiquitates plantarum feralium apud Graecos et Romanos. D. Lipsiae 1738. 4. 92 p.
5054* —— Programma de plantarum venenatarum arcendo scelere. Wittebergae 1770. 4. 12 p.

Langhanss, *Gottfried*.

5055 —— Programm von einem versteinerten Baume. Landshut 1736. 4.

Langheinrich, *Georg Nikolaus*, Professor in Leipzig, * Hof 8. Jan. 1650, † Leipzig 1680.

5056* ——, pr. De sensu plantarum. D. Lipsiae, typ. Wittigau. 1672. 4. 16 p.

Langkavel, *Bernhard*, Oberlehrer am Friedrichwerderschen Gymnasium in Berlin.

5057* —— Botanik der späteren Griechen vom dritten bis dreizehnten Jahrhundert. Berlin, Berggold. 1866. 8. xxiv, 207 p.

Langmann, *Johann Friedrich*, Lehrer an der Realschule zu Neustrelitz.

5058* —— Flora der beiden Grossherzogthümer Mecklenburg für Schulen und zum Selbstunterricht. Anhang: Entwurf einer Pflanzengeographie Meklenburgs von *G. Brückner*. Neustrelitz, Barnewitz. 1841. 8. xx, 414, ix, 22 p. (1⅔ th.)
Nachtrag im Meklenburgschen Archiv IV, 145—150. (1850.)
5059 —— Flora von Nord- und Mitteldeutschland. Zweite verbesserte Auflage. Neustrelitz, G. Barnewitz. 1856. 8. xvi, 608 p. (1½ th.)

Langsdorf, *Georg Heinrich von*, russischer Generalkonsul in Brasilien (Langsdorfia Raddi.), * Wöllstein (Rheinhessen) 18. April 1774, † Freiburg im Breisgau 29. Juni 1852.

5060* —— et *Friedrich Ernst Ludwig* **Fischer**. Plantes recueillies pendant le voyage des Russes autour du monde, expédition dirigée par M. *de Krusenstern*. Parties I et II: Icones filicum. Tübingen, Cotta. 1810—18. folio. 26 p., 30 tab. (5 th.)
Cat. of sc. Papers III, 843.

Langstedt, *Friedrich Ludwig*.

5061* —— Allgemeines botanisches Repertorium zum gemeinnützigen Gebrauch für jeden Kenner und Liebhaber dieser interessanten Wissenschaft. Nürnberg 1804—5. II voll. 8. — I. 1804. A—F. 768 p. — II: 1805. G—Z. viii, 822 p. (4⅔ th.)

Lankester, *Edwin*.

5062 —— Report of lectures on the natural history of plants yielding food. London 1845. 12.
5063 —— The british Ferns. London 1866. 8.
Cat of sc. Papers III, 844—845.

Lantzius-Béninga, *Bojung Scato Georg*, Professor in Göttingen, * Stiekelkamp in Ostfriesland 12. Aug. 1815, † Göttingen 6 März 1871

5064* **Lantzius-Béninga**, *Bojung Scato Georg*. De evolutione sporidiorum in capsulis muscorum. D. Goettingae, typ. Huth. 1844. 4. 24 p., 2 tab. (⅓ th.)
5065* —— Beiträge zur Kenntniss der Flora Ostfrieslands. Göttingen, Vandenhoeck und Ruprecht. 1849. 4. 55 p. (⅓ th.)
5066* —— Die unterscheidenden Merkmale der deutschen Pflanzenfamilien und Geschlechter. 1. Abtheilung. Göttingen, Rente. 1866. 8. x, 34 p., 21 tab. (2⅔ th.)
Cat. of sc. Papers III, 845.

Lanzillotti, *L.*

5067 —— Compendio di botanica. Napoli, tip. Marchese. 1863. 8. 307 p.

Lanzoni, *Giuseppe*, Professor in Ferrara, * Ferrara 26. Oct. 1663, † Ferrara 1. Febr. 1730.

5068* —— Citrologia, seu curiose Citri descriptio. Ferrariae, typ Pomatelli. 1690. 12. 107 p.

La Peyrouse, *Philippe Picot*, Baron *de*, * Toulouse 20. Oct. 1744, † Toulouse 18. Oct. 1818.
Decampe, Éloge. Toulouse 1819. 8. 36 p.

5069* —— Figures de la Flore des Pyrénées, avec des descriptions, des notes critiques et des observations. Tom. I. (livraisons 1—4.) Paris 1795—1801. folio. viii, 68 p., 43 tab. col.
Icones elegantissimae quarum 33 ad Saxifragas spectant, a *Redoute* pictae sunt. Ducentas in lucem edere autoris fuit voluntas, qui jam anno 1778 nonnullas Pyrenaeorum montium plantas adumbraverat: † s. l. 4. 16 p. et 6 tab. sign. 15—20.
5070* —— Histoire abrégée des plantes des Pyrénées et Itinéraire des botanistes dans ces montagnes. Toulouse 1813. 8. lxxxiii, 700 p., 1 tab. (12 fr.) — * Supplément. ib. 1818. 8. xii, 159 p.
Révision comparative de l'herbier et de l'histoire abrégée des plantes des Pyrénées de Lapeyrouse, par M. D. Clos, in Mém. de l'Acad. des sc. de Toulouse 1857. 8. 86 p.
Tous les exemplaires du grand ouvrage de Lapeyrouse, intitulé Figures de la Flore des Pyrénées n'ont que 43 planches, toutes relatives aux Phanérogames. M. Roumeguère a découvert presque toute l'édition des planches 44—46 consacrées aux Cryptogames, avec une décade de texte. (Mémoires de l'Académie des sc. de Toulouse, 5ᵉ Série, Tome I. p. 411.)

La Peyrouse, *Isidore de*, Professor in Toulouse, † Toulouse September 1833.
Cat. of sc. Papers III, 845.

Lapeyrouse, *Zéphirin*.

5071* —— Essai sur les fleurs à enveloppe unique. Thèse. Paris 1830. 4. 15 p.

Lapham, *Increase A.*, in Milvaukie, Wisconsin.

5072 —— Catalogue of plants found near Milvaukie, W. S.
5073 —— Plants of Wisconsin.
Proc. Am. Assoc. 1849. 19—62.
5074 —— The grasses of Wisconsin and the adjacent states Madison 1854. 8.

La Pylaie, *B. de*.
Cat. of sc. Papers III, 852.

La Quintinie, *Jean de*, * Saint-Loup 1626, † Versailles 1686
Briquet, Éloge. Niort 1807. 8.

5075* —— Instruction pour les jardins fruitiers et potagers, avec un traité des orangers. Paris 1690. II voll. 4. — ib. 1695 II voll. 8. — Ed. III: Amsterdam 1697. II voll. 4. — I: 276 p. — II: 344, 140 p. cum tabulis. — Paris 1715. 1730. 1740. 1746. 1756. 1760. (editiones valde inferiores.)
anglice: by John Evelyn. London 1693. 1701. 8.
italice: Bassano 1697. 8. — Venetiis 1704. folio.

Larambergue, *Henri de*, in Castres (Tarn).
Cat. of sc. Papers III, 852.

Larber, *Giovanni*.

5076* —— Sui funghi saggio generale. Con tavole in rame ed una descrizione e tavola sinottica de' funghi mangerecci più communi d'Italia. Bassano, typ. Baseggio. 1829. II voll. 4 — I: 173 p., 10 tab. col. — II: 324 p., 11 tab. col. sign. 11—20 et suppl.
5077* —— Monografia della segale speronata. Bassano 1844. 8. 84 p., 1 tab.

Larreátegui, *Joseph Dionisio*.

5078* —— Descripciones de plantas. Discurso que en la abertura del estudio de botánica de 1. de Junio de 1795 pronunció en el Real Jardin de México. (México 1795.) 4. 48 p., 1 tab.
Continet praeter regulas in plantis describendis observandas a pag. 31—48 adumbrationem generis Chiranthodendri.
* *gallice:* Description botanique du Chirantodendron, traduite par *Lescallier* Paris, imprimerie impériale. 1805. 4. 28 p., 2 tab. col

Larsson, L. M.
5079 —— Symbolae ad Floram Daliae. Carlstadii 1851. 8.
5080 —— Flora öfver Wermland and Dalekarlen. Carlstad, typ. Kjellin. 1859. 8. ix, 308 p.

Lasch, *Wilhelm*, Apotheker zu Driesen in der Neumark, * 1786, † Driesen 1. Juli 1863.
Cat. of sc. Papers III, 857—858.

Lasègue, *Antoine*.
5081* —— Musée botanique de Mr. *Benjamin Delessert*. Notices sur les collections de plantes de la bibliothèque, qui le composent; contenant en outre des documens sur les principaux herbiers d'Europe, et l'exposé des voyages entrepris dans l'intérêt de la botanique. Paris, Fortin, Masson. 1845. 8. (5), 588 p. (7 fr.)

Latapie, *François de Paule A.*, Professor der Botanik in Bordeaux, * Bordeaux 8. Juli 1739, † Bordeaux 8. Oct. 1823.
5082* —— Hortus Burdigalensis, seu catalogus omnigenarum plantarum, praesertim officinalium, quae in horto botanico Academiae scientiarum Burdigalensis juxta Linneanum systema demonstrabuntur anno 1784. Burdigalae, apud Michael Racle. 1784. 8. 83 p.

Laterrade, *Charles*, Professor der Botanik in Bordeaux.
Cat. of sc. Papers III, 868.

Laterrade, *Jean François* (Laterradea Rasp.), * Bordeaux 23. Jan. 1784, † Bordeaux 30. Oct. 1858.
Éloge historique par *Charles Demoulins*, in Actes de la Soc. Linn. Bord. tome XXII. Portrait.
5083* —— Flore Bordelaise, ou tableau des plantes, qui croissent naturellement aux environs de Bordeaux. Bordeaux, typ. Moreau. 1811. 12. 364 p. — * Seconde édition, entièrement refondue et augmentée d'un essai de la Flore de la Gironde. Bordeaux, typ. Brossier. 1821. 12. 516 (2) p. — Ed. III: Bordeaux, typ. Laguillottière. 1829. 12. 2 tab. — *Ed. IV: Flore Bordelaise et de la Gironde. Bordeaux, typ. Lafargue. 1846. 12. 624 p. (6 fr.) — Supplém. ib. 1857. 8.
Cat. of sc. Papers III, 868—869.

Latourrette, *Marc Antoine Louis Claret de* (Tourretia Domb.), * Lyon August 1729, † Lyon September 1793.
5084* (——) Démonstrations élémentaires de botanique, à l'usage de l'école royale vétérinaire. Lyon 1766. II voll. 8. — I: Introduction à la botanique. xvi, 272 p., 8 tab. — II: Description des plantes usuelles. viii, 652, xl p. — Ed. II. ib. 1773. 8. — *Ed. III. augmentée par *Jean Emmanuel Gilibert*. Lyon 1787. III voll. 8. — I: lii, 176, xxiv, 482 p., 11 tab. — II: lxxxviii, 580 p. — III: 720 p., 2 tab. — *Ed. IV. augmentée par *Jean Emmanuel Gilibert*. Lyon 1796. IV voll. 8. — I: cxv, 515 p., 8 tab. — II: 752 p. — III: 776 p. — IV: 752 p., 4 tab. — Partie de figures. Lyon 1796. II voll. 4. — I: 15 p., 14 tab., xvi, 104 p., tab. 1—166. — II: tab. 167—282. (Icones *Richerii de Belleval* hactenus ineditae.) 24 p., 16 tab. (e *Leersii* Herbornensi.) 31 p., 16 tab. (e *Vaillantii* Botanico Parisiensi exscriptae.) 48, 15 p., 12 tab. (e *Linnaei* Flora lapponica repetitae.)
5085* (——) Voyage au Mont-Pilat dans la province du Lyonnais, contenant des Observations sur l'histoire naturelle de cette montagne, et des lieux circonvoisins; suivies du Catalogue raisonné des plantes qui y croissent. Avignon et Lyon, chez Regnault. 1770. 8. viii, 223 p.
Botanicon pilatense, p. 109—223.
5086* —— Chloris Lugdunensis. Impr. cum *Linnaei* Systemate plantarum Europae a *Gilibert* edito. Lugduni 1785. 8. viii, 43 p.

Laubert, *Charles Jean*, Arzt, Teano (Neapel) 8. Sept. 1762, † Paris 3. Nov. 1834.
5087* —— Recherches botaniques, chimiques, pharmaceutiques sur le Quinquina. Paris, typ. Pancoucke. 1816. 8. 157 p.
Cat. of sc. Papers III, 873.

Laugier, *François*, aus Nanzig, Professor der Botanik in Wien (Laugeria Jacq.), † Reggio (Lombardei) 17. Dec. 1793.

Lauremberg, *Peter*, Professor in Hamburg und Rostock (Laurembergia Berg.), * Rostock 26. Aug. 1585, † Rostock 13. Mai 1639.
5088* —— Horticultura libris II comprehensa, huic nostro coelo et solo accommodata. Francofurti a/M., Merian. (1632.) 4. 196 p., 23 tab. — * ib. 1654. 4. 165, 43 p., tab.

5089* **Lauremberg**, *Peter*. Apparatus plantarius primus, tributus in duos libros: I. de plantis bulbosis. II. de plantis tuberosis etc. Adjunctae sunt plantarum quarundam novarum novae ichnographiae et descriptiones. Francofurti a/M., Merian. (1632.) 4. ic. col. i. t., 24 tab. — * ib. 1654. 4. paginae totidem; revera tamen diversa impressio.
* *germanice*: Die edle Gartenwissenschaft, durch (*Wolfgang Abraham Stromer von Reichenbach*). Nürnberg, Endter. 1682. 3 Theile. 8. 336, 364, 703 p., praef., ind., tab.

Lauremberg, *Wilhelm*.
5090* —— Botanotheca, hoc est modus conficiendi herbarium vivum, in gratiam et usum studiosorum medicinae conscripta. Rostochii, typ. Pedani. 1626. 12. (48 foll.)
Redit pluries curis *Mauritii Hoffmanni*. Altdorfii 1662. 4. — ib. 1693 4. — cum *Simonis Paulli* Viridariis. Hafniae 1653. 12. p. 731—799. et cum ejusdem Quadripartito botanico. Argentorati 1667. 4. p. 635—660. — Francofurti a/M. 1708. 4. p. 668—690.

Laurent, *Paul*, Professor an der Forstschule in Nancy.
Cat. of sc. Papers III, 886.

Laurer, *F.*, Professor in Greifswald.
Cat. of sc. Papers III, 887.

Laures, *C. de*.
5091 —— et *A. Becquerel*. Recherches sur les conferves des eaux thermales de Néris. Paris, Victor Masson. 1855. 8. 44 p. ic. xyl

Lauth, *Thomas*, Professor der Anatomie in Strassburg, * Strassburg 19. Aug. 1758, † Bergzabern 16. Sept. 1826.
5092* —— De Acere. D. Argentorati 1781. 4. 40 p.

Lauvergne, *Hubert*, Arzt in Toulon.
5093* —— Géographie botanique du port de Toulon et des iles de Hyères. Motifs qui nous font présager l'entière acclimatation des végétaux exotiques, utiles à l'industrie, à la pharmacie, à l'art naval. D. Montpellier, typ. Martel. 1829. 4. 44 p.

Lavalle, *Jean*, Professor in Dijon, * Dijon 1820.
5094* —— Traité pratique des champignons comestibles, comprenant leur organisation, leurs caractères botaniques, leurs propriétés alimentaires, leur culture .... Paris, Baillière Dijon, Lamarche et Drouelle. 1852. 8. 147 p., 12 tab. col. (7 fr.)

Lavallée, *Alphonse*.
5095* —— Le Brome de Schrader (Bromus Schraderi Kth.) Paris, J. Rotschild. 1864. 8. 32 p. — Ed. II. (Développements.) ib. 1865. 8. 72 p., 2 tab. (1 fr. 50 c.)

Lavy, *Jean*, Arzt in Turin.
5096* —— Stationes plantarum Pedemontio indigenarum. Taurini, Orgens. anno IX. 1801. 8. 103 p. et errata.
5097* —— Genera plantarum subalpinam regionem exornantium earumque characteres naturales secundum numerum, figuram, situm et proportionem omnium fructificationis partium. Taurini, Orgens. anno X. (1802.) 8. xxxv, 305 p.
5098* —— Phyllographie piémontaise, ou nouvelle méthode de connaître les plantes d'après les caractères particuliers des feuilles. (Turin, typ. Pomba. 1846.) III voll. 8. — I: xxv, 474 p. — II: 474 p. — III: 367 p.
5199* —— État général des végétaux originaires. Paris, Baillière. 1830. 8. 408 p. (7 fr. 50 c.)

Lawrance, *Miss Mary*.
5100* —— A collection of roses from nature. London, published by Miss Lawrance, teacher of botanical drawing. 1799. folio min. 90 tab. col., Frontispice col., 2 foll. ind. (12 l. 12 s. A. London 1842.) Bibl. Goett.

Lawson, *George*, in Edinburgh.
5101* —— The Royal Water-Lily of South-America, and the waterlilies of our land: their history and cultivation Edinburgh, James Hogg. 1851. 8. 108 p., 2 tab. col. (2 s. 6 d.)
Cat. of sc. Papers III, 895—896.

Lawson, *Peter*, Handelsgärtner in Edinburgh.
5102* —— The agriculturist's manual, being a familiar description of the agricultural plants cultivated in Europe. Edinburgh 1836. 8. xv, 430 p. (9 s.)

5103* **Lawson,** *Peter* Pinetum Britannicum, containing a descriptive account of all Hardy Trees of the Pine Tribe cultivated in Great Britain. Part 1 — 32. Edinburgh, P. Lawson. London, Quaritch. 1866—71. folio. 32 tab. col. and text. (16 *l.* 16 *s.*) (Continuatur)
This large work on the Coniferae, by Messrs. *Peter Lawson* and Son, which has been for some years in preparation, will before long be completed The work is issued in parts, at intervals not exceeding two months The size is imperial folio, each part containing at least one Drawing, sometimes two, carefully coloured in imitation of the Originals, with the necessary quantity of letterpress, copiously illustrated with Engravings on Wood. The Pinetum Britannicum was originally intended for Private Circulation only; but the application for Copies having greatly exceeded the number reserved, it has been determined, in order to meet the demand of those who are interested in the cultivation of this important tribe of Plants, to print One Hundred Copies for sale, beyond which the issue will not be extended.

Laxmann, *Eric,* Pastor in Kolywan in Sibirien (Laxmannia Fisch), * Åbo 24. Juli 1737, ÷ in der Nähe von Tobolsk 16 Jan 1796

Lea, *Thomas G,* ÷ Waynesville (Cincinnati) vor 1849.

5104* —— Catalogue of plants, native and naturalized, collected in the vicinity of Cincinnati, Ohio, during the years 1834—44. Philadelphia, typ. Collins. 1849. 8. iv, 77 p.
Hooker Journal of bot III, 89—90. (1851.)

Leandro do Sacramento, Director des botanischen Gartens in Rio Janeiro (Leandra Raddi)
Colmeiro Bot. esp 202

5105* —— Nova plantarum genera e Brasilia. Monachii 1820. 4
Münchner Denkschriften 1820, 229—244

Leavenworth, *Melines C.* (Leavenworthia), ÷ bei New Orleans im December 1862.
Cat of sc Papers III, 904

Lebeaud,

5106 —— Manuel de l'herboriste, ou description succincte des plantes usuelles indigènes. Paris, Emymery. 1825. 12. xxiii, 359 p.

Lebel, *E.,* Arzt in Valognes (Manche).
Cat of sc. Papers III, 904—905.

Le Berryais, *Louis René,* * Bercey bei Avranches 31 Mai 1722, ÷ Bois-Guérin 7. Jan. 1807.

5107* (——) Traité des jardins, ou le nouveau *DelaQuintinye.* Paris 1775. 8. — Troisième édition. Paris 1789. IV voll. 8. — I: xxiv, 401 p., 11 tab — II: 443 p. — III: 518 p. — IV: 523 p, 14 tab. (21 *fr*)
Meritissimus autor *Duhamelio* adscriptum librum «Traité sur les arbres fruitiers» fere totum solus composuit Posthumas reliquit descriptiones Phaseolorum manuscriptas, 49 tabulis coloratis exornatas.

Lebert, *Hermann,* Professor in Breslau, * Breslau 1813.

5108* —— De Gentianis in Helvetia sponte nascentibus. D. Turici, typ. Schultes. 1834. 4. 49 p.
Ueber die Pilzkrankheit der Fliegen in *Virchow's* Archiv XII, 69—79, 144—171. (1857.)

Leblond, *Charles*

5109* —— et *Victor* **Rendu.** Botanique, ou notions élémentaires et pratiques sur l'histoire naturelle des plantes, à l'usage des institutions normales primaires et des écoles. Paris 1834. 8. viii, 142 p. (2 *fr.* 50 *c.*)

Leblond, *Jean Baptiste,* Arzt in Cayenne (Blondea Rich.), * Toulongeon bei Autun 2. Dec. 1747, ÷ Guzy (Nièvre) 4. Aug 1815.

5110 —— Essai sur l'art de l'indigotier, pour servir à un ouvrage plus étendu, lu et approuvé par l'académie des sciences. (Paris) 1791. 8.

5111 —— Observations sur le cannelier de la Guyane française. Imprimées et publiées par ordre du gouvernement. Cayenne, de l'imprimerie de la république. 1795. 8.

5112 —— Mémoire sur la culture du cotonier dans les terres basses, dites Palétuviers à la Guyane française. Impr. par ordre du citoyen *Victor Hugues,* agent du gouvernement français. Cayenne, de l'imprimerie de la république, an IX. 1801 4.

Lebouidre-Delalande, *L. Joseph.*

5113* —— Leçons à ma fille sur la botanique ou traité élémentaire de physiologie végétale en six leçons. Paris, Bréauté. 1834—37. II voll. 12. — I: 1834. 319 p. — II: 1837. 323 p., 2 tableaux. (5 *fr*)

5114* **Lebouidre-Delalande,** *L. Joseph.* Traité élémentaire de physiologie végétale. Paris, Firmin Martin. 1845. 8. xi, 388 p. (7 *fr.*)

Lebreton, *F.*

5115 —— Manuel de botanique à l'usage des amateurs et des voyageurs. Paris, Prault. 1787. 8. xxiv, 328 p., 8 tab. col.

Leche, *Johan,* Professor der Medizin in Åbo (Lechea Kalm.), * Barckåkra bei Lund 22. Sept. 1704, ÷ Åbo 17. Juni 1764.

5116* —— pr. Primitiae Florae scanicae. D. Lundae, typ. Decreaux. 1744. 4. 54 p., praef., ind.
Autoris Flora suecica manuscripta inedita servatur in Bibliotheca Bergiana Holmiensi.

Lechler, *Wilibald,* * Kloster Reichenbach (Württemberg) 10. Sept. 1814, ÷ Guayaquil (Central-Amerika) 5. Aug 1856.

5117* —— Supplement zur Flora von Würtemberg. Stuttgart, Schweizerbart. 1844. 8. 72 p. (⅓ *th.*)

5118* —— Berberides Americae centrales. Accedit Enumeratio plantarum, quas in America australi autor detexit. Stuttgartiae, Schweizerbart. 1857. 8. 59 p.
Cat. of sc. Papers III, 913.

Leclerc,

5119 —— Recherches physiologiques et anatomiques sur le mouvement des végétaux. Discours. Tours 1859. 8. — Ed. II. Tours 1861. 8. 32 p.

Leclerc, *E.,* Professor in Caen.
Cat. of sc. Papers III, 913.

Leclerc, *Eugen Alexandre.*

5120* —— De l'influence des végétaux sur l'homme. Thèse. Paris, typ. Didot. 1829. 4. 23 p.

Leconte, *John,* Major (Lecontia Torr.), * Shrewsbury 22. Febr. 1784, ÷ Philadelphia 21. Nov. 1850.
Cat. of sc. Papers III, 915—916.

Lecoq, *Henri,* Professor und Director des Gartens in Clermont-Ferrand (Lecoquia DC), * Avesnes (Nord) 14. April 1802.

5121* —— Recherches sur la reproduction des végétaux. Thèse. Clermont, typ. Thibaud-Landriot. 1827. 4. 30 p., 1 tab. col.

5122* —— Précis élémentaire de botanique. Paris, Maire-Nyon. 1828. 8. xiv, 472 p. (6 *fr.*)

5123* —— De la préparation des herbiers pour l'étude de la botanique. Paris, Levrault. 1829. 8. 60 p. et épreuves. (4 *fr.*)

5124* —— et *J.* **Juillet.** Dictionnaire raisonné des termes de botanique et des familles naturelles. Paris, J. B. Baillière. 1831 8. xix, 749 p. (9 *fr.*)

5125* —— Traité des plantes fourragères, ou Flore des prairies naturelles et artificielles de la France. etc. Paris, Cousin. 1844. 8. xiv, 620 p.

5126* —— De la fécondation naturelle et artificielle des végétaux et de l'hybridation, considérée dans les rapports avec l'horticulture, l'agriculture et la sylviculture. Paris, Audot. 1845. 8. xx, 287. p. — * Ed. II. Paris, maison rustique. 1862. 8. xx, 425 p. ic. xyl., 2 tab.
germanice: Weimar, Voigt. 1846. 8. (1½ *th.*)

5127* —— et *M.* **Lamotte.** Catalogue raisonné des plantes vasculaires du plateau central de la France, comprenant l'Auvergne, le Velay, la Lozère, les Cévennes, une partie du Bourbonnais et la Vivarais. Paris, Victor Masson. 1847. 8. 440 p. (6 *fr.*)

5128 —— De la toilette et de la coquetterie des végétaux. Clermont-Ferrand, typ. Pérol. 1847. 8. 20 p.

5129* —— Études sur la géographie botanique de l'Europe et en particulier sur la végétation du plateau central de la France. Tome 1—9. — I: 1854. xv, 524 p. — II: 1854. vii, 510 p., 1 tab. col. — III: 1854. viii, 546 p. — IV: 1855. vi, 536 p. — V: 1856. vii, 603 p. — VI: 1857. vii, 480 p. — VII: 1857. vii, 601 p. — VIII: 1858. vii, 623 p. — IX: 1858. viii, 559 p., 2 tab. Paris, Baillière. 1854—58. 8. (72 *fr.*)

5130* —— La vie des fleurs. Paris, Hachette. 1864. 8. 348 p.
* *germanice:* übersetzt von *Hallier.* Leipzig, Weber. 1862. 8.

5131* —— Botanique populaire, contenant l'histoire complète de toutes les parties des plantes et l'exposé des règles à suivre pour décrire et classer les végétaux. Paris, librairie agricole. 1862. 8. 408 p, 215 ic xyl. (3 *fr.* 50 *c*)
Cat. of sc. Papers III, 919—921.

LeCourt, *Benoît*, latine **Curtius**.
5132* —— Hortorum libri triginta. In quibus continentur arborum historia, partim ex probatissimis quibusque autoribus, partim ex ipsius autoris observatione collecta. Lugduni, excudebat Johannes Tornaesius. 1560. folio. 683 p., praef., ind.

Ledebour, *Karl Friedrich von*, Professor in Dorpat von 1811—36 (Ledebouria Roth.), * Stralsund 8. Juli 1785, † München 4. Juli 1851.

5133* —— et *Johann Patricius* **Adlerstam**. Dissertatio botanica sistens plantarum domingensium decadem. Gryphiae, typ. Eckardt. 1805. 4. 27 p.

5134* (——) Enumeratio plantarum horti botanici Gryphici; cum III supplementis. Gryphiae 1806—10. 8. 40 p.

5135* —— Observationes botanicae in Floram rossicam. Petropoli 1814. 4. 64 p.
Mém. ac Pét. V. 514—578.

5136* —— Monographia generis Paridum, qua ad scholas audiendas invitat. Dorparti 1827. folio. 10 p., 1 tab. (2/3 th)

5137* —— Flora altaica. Scripsit *Karl von Ledebour*, adjutoribus *Karl Anton Meyer* et *Alexander von Bunge*. Berolini, Reimer. 1829—34. IV voll. 8. — I: 1829. XXIV, 440 p. — II: 1830 XVI, 464 p. — III: 1831. VIII, 368 p. — IV: 1833. XIV, 336, XCVI p. (7 11/12 th.)
A. von Bunge, Florae altaicae supplementum. Mém. sav. étr. Pét. II, 525—608. (1835.)

5138* —— Icones plantarum novarum vel imperfecte cognitarum Floram rossicam, imprimis altaicam, illustrantes. Rigae 1829—34. V voll. folio. — I: 1829. 26 p., tab. col. 1—100. — II: 1830. 30 p., tab. col. 101—200. — III: 1831. 30 p., tab. col. 201—300. — IV: 1833. 28 p., tab. col. 301—400. — V: 1834. 36 p., tab. col. 401—500. (col. 375 th. — nigr. 215 th.; herabgesetzt: col. 64 th. — nigr. 38 th.)

5139* —— Commentarius in *J. G. Gmelini* Floram Sibiricam. (Regensburg 1841.) 4. 96 p.
Bes. Abdruck aus den Regensburger Denkschriften, Band III, p. 43—138.

5140* —— Flora rossica, sive Enumeratio plantarum in totius imperii rossici provinciis europaeis, asiaticis et americanis hucusque observatarum. Volumen 1—4. Stuttgartiae, E. Schweizerbart. 1842—53. 8. (28 th. 16 sgr.) — I: 1842. XVI, 790 p., 1 mappa geogr. — II: 1844—46. VI, 13, 937 p., — III: 1846—51. 13, 8, 866 p. — IV: cum indice generali. 1853. XVI, 741 p.
Cat. of sc. Papers III, 921.

Ledel, *Johann Samuel*.
5141* —— Succincta Mannae excorticatio, oder philologisch-physikalisch-medizinische Betrachtung des Schwadens. Sorau 1733. 8. 74 p., 1 tab.

Ledermüller, *Martin Frobenius*, Justizrath in Bayreuth, * Nürnberg 20. Aug. 1719, † Nürnberg 16. Mai 1769.

5142* —— Mikroskopische Gemüths- und Augenergötzungen, bestehend in hundert nach der Natur gezeichneten und illuminirten Kupfertafeln, nebst Nachlese in 5 Sammlungen, enthaltend fünfzig illuminirte Kupfertafeln. Nürnberg 1759—62. gr. 4. 204, 94 p., ind., 150 tab. col. (16 2/3 th.)
gallice: Amusement microscopique. Nuremberg 1764—68. 4. 126, 138, 118 p., 100, 50 tab. col.

5143* —— Physikalisch-mikroskopische Zergliederung des Korns oder Rokens nebst der Beobachtung seines Wachsthums. Nürnberg, typ. Launoy. 1764. folio. 12 p., 4 tab. col. (1 1/12 th.)

5144* —— Physikalisch-mikroskopische Zergliederung und Vorstellung einer sehr kleinen Winterknospe des Hippocastani. Nürnberg, typ. Launoy. 1764. folio. 8 p., 3 tab. col. (5/6 th.)

5145* —— Versuch bei angehender Frühlingszeit die Vergrösserungs Werckzeuge zum nützlich und angenehmen Zeitvertreib anzuwenden. Nürnberg, Wirsing. 1764. folio. 48 p., 12 tab. col. (6 th.)

5146 —— Physikalisch-mikroskopische Vorstellung einer angeblichen Rockenpflanze, das Stauden-, Stock- oder Gerstenkorn genannt. Nürnberg 1765. folio. 1 1/3 th.)

Le Dien, *Émile*, in Paris.
Cat. of sc. Papers III, 922.

Le Docte, *Henri*.
5147* —— Mémoire sur la chimie et la physiologie végétales. Bruxelles 1849. 8.
Mémoires cour. Acad. belg. III.

Ledru, *André Pierre*, Naturforscher der Baudin'schen Expedition (Drusa DC.), * Chantenay (Sarthe) 22. Jan. 1761, † Mans 11. Juli 1825.

Lee, *James*, Handelsgärtner in Hammersmith (Leea L.), * Schottland 1715, † Hammersmith 25. Juli 1795.

5148* —— An introduction to botany. London 1760. 8. 320 p., 12 tab. — * Ed. III: London 1776. 8. XXIV, 432 p., 12 tab. — * Ed. V. London 1794. 8. XXIV, 434 p., 12 tab. — * New edition, by *C. Stewart*. Edinburgh 1806. 8. XIII, 379 p., 12 tab.

Lee, *James*, der Sohn, † Hammersmith 10. Juni 1824.

Leefe, *J. E.*, Rev., of Audley End, Essex.
Collection of British Wittows. Hooker London Journal I. 448. II. 156—159. IV. 219—220.
Cat. of sc. Papers III, 925.

Leers, *Johann Daniel*, Apotheker in Herborn (Leersia Sol.), * Wunsiedel 23. Febr. 1727, † Herborn 7. Dec. 1774.

5149* —— Flora Herbornensis, exhibens plantas circa Herbornam Nassoviorum crescentes, secundum systema sexuale Linneanum distributas, cum descriptionibus rariorum imprimis graminum, propriisque observationibus et nomenclatore. Accesserunt graminum omnium indigenorum eorumque adfinium icones CIV, auctoris manu ad vivum delineatae. Herbornae Nassoviorum 1775 8. LIX, 288 p., praef., ind., 16 tab. (Heyer in Giessen: 1 1/4 th.) — * Ed. altera: Berolini, impensis C. F. Himburgi. 1789. 8. LXXVIII, 289 p., ind., 16 tab (2 1/2 th.)
In editione altera, quam a *Willdenowio* curatam esse lego, exstat meritissimi autoris vita a filio *Henrico Paulo Leers* conscripta, p. XIII—XXIV; iterum vitam enarravit *Huebener* in Flora, Ratisbonensi diario, 1839. p. 484—488.

Lees, *Edwin*.
5150 —— The affinities of plants with man. London 1834. 8. 122 p.

5151* —— The botany of the Malvern Hills in the counties of Worcester, Hereford and Gloucester; with the precise stations of the rarer plants etc. London (1843). 8. VIII, 64 p. — Ed. II. London, Bogue. 1853. 8. — Ed. III. Malvern 1868. 8.
Cat. of sc. Papers III, 925—926.

Leeuwenhoek, *Anton van* (Leeuwenhoekia R. Br.), * Delft 24. Oct. 1652, † Delft 26. Aug. 1723.

5152* —— Arcana naturae, ope et beneficio exquisitissimorum microscopiorum detecta, variisque experimentis demonstrata, una cum ..... comprehensa. Delphis 1695. 4. 568 p., praef., ind. — Lugduni Batavorum 1696. 4. 545 p. — Ed. altera. ib. 1696. 4. 58, 258 p. — * Ed. III. ib. 1698. 4. (non differt.)
Opera omnia, tomus II. pars 1.
anglice: The select works of *A. van Leeuwenhoek*, containing his microscopical discoveries in many of the works of nature, translated from the dutch and latin editions published by the author; by *Samuel Hoole*. London 1798. II voll. 4. VIII, 344 p., 20 tab.

5153* —— Opera omnia, seu Arcana naturae ope exactissimorum microscopiorum detecta, experimentis variis comprobata, epistolis ad varios illustres viros, ut et ad integram, quae Londini floret, sapientem societatem, cujus membrum est, datis, comprehensa et quatuor tomis distincta. Editio novissima, prioribus emendatior, cum indicibus cuique tomo accommodatis. Lugduni Batavorum, apud Langerak. 1715—22. IV voll. 4. — I: 1722. 449 p., ind. — II: 1715. 515 p., ind. — III: 1722. 192 p., ind. — IV: 1719. 429 p., ind. Omnia cum multis tabulis aeneis.
«Unter diesem Titel hat der Verleger *Arnold Langerak* die meist schon früher einzeln erschienenen Werke des Verfassers, ohne sie umzudrucken, vermuthlich nur zusammen gefasst. Der erste Band enthält noch 14 Seiten Dedication u. s. w., wovon nur die acht ersten paginirt sind, drei Briefsammlungen, die erste p. 1—64, die zweite p. 1—258, die dritte unter dem besondern Titel: Continuatio epistolarum p. 1—124. Das Register über alle drei Sammlungen befindet sich unter den fortlaufenden Signaturen nach am Schluss der zweiten Sammlung, hat aber keine Pagina. — Der zweite Theil führt nur den Titel Arcana naturae detecta. Edit. noviss auctior et correctior. ibid. eod. Vorn 10 p. Inhaltsanzeige ohne Pagina. Dann Text, p. 1—515, dann Index mit fortlaufender Signatur ohne Pagina. Dann unter besonderm Titel: Continuatio arcanorum naturae detectorum. ibid. eod. 10 p. Inhaltsanzeige ohne Pagina, dann Text p. 1—192 und Index mit fortlaufender Signatur ohne Pagina. — Der dritte Band: Epistolae ad societatem regiam anglicam et alios illustres viros per modum Continuatio mirandorum arcanorum naturae detectorum, quae ex Belgico in Latinam linguam translatae sunt; ibid. 1719. 429 paginirte Seiten, voran Inhaltsanzeige, hinten Index ohne Pagina. — Der vierte Band: Epistolae physiologicae super compluribus

naturae arcanis etc. Hactenus nunquam editae. Delphis, apud Adrianum Beman. 1719. 446 p Text, voran Inhaltsanzeige, hinten Index ohne Pagina. — Die zahlreichen Abbildungen sind ohne fortlaufende Nummer nur mit der Pagina bezeichnet zu der sie gehören.» E. M.

Lefébure, *E. A.*

5154* —— Expériences sur la germination des plantes. Strasburg, typ. Louis Eck. an IX. (1801.) 8. 139 p. (1 *fr.* 80 *c.*)

Lefébure, *Louis F. H.*, * Paris 18. Febr. 1754, † Paris 23. Mai 1839.

5155 —— Méthode signalementaire pour servir à l'étude du nom des plantes, ou nouvelle manière d'apprendre à connaître le nom des plantes à leur première inspection. Avec des tablettes mobiles. Paris, Desoër. 1814—15. 8. Nr. 1—3: 96, 16, 80 p. (14 *fr.* 50 *c.*)

5156 —— Corcordance des trois systèmes de Tournefort, Linnaeus et Jussieu, par le système foliaire appliqué aux genres des plantes, qui croissent spontanément dans le rayon de dix lieues autour de Paris. Paris, Desoër. 1816. 8 75 p. (3 *fr.*)

5157 (——) Flore de Paris. Genera et species, ou première application faite du nouveau système floral aux plantes vivantes. Paris, Cassin. 1835. 8. iv, 124 p. (4 *fr.*)

Lefèvre, *Edouard.*

5158 —— Aperçu sur la Flore de l'arrondissement de Chartres. Chartres 1859—60 8. 20 p.

5159* —— Botanique du département d'Eure et Loir. Chartres, Petrot-Garnier. 1866. 8. viii, 311 p. (5 *fr.*)

Lefranc, *Edouard,* Pharmacien en chef in Sidi-Bel-Abbès (Oran).

5160* —— Etude botanique, chimique et toxicologique sur l'Atractylis gummifera (el Heddad des Arabes.) Paris, Germer Baillière. 1866 8. 72 p.

5161* —— Des Chamaeléons noir et blanc des anciens, Cardopatium orientale Spach et Atractylis gummifera L. Botanique et Matière médicale. Paris, typ. Martinet. 1867. 8. 32 p.

5162* —— De l'acide atractylique et des Atractylades. Paris, Rozier. 1869. 8. 38 p., 3 tab

Le Grand, *Antoine.*

5163* —— Essai sur la géographie botanique de l'Aube. Troyes, typ Bouquot. 1859. 8. 16 p

Le Héricher, *Edouard,* * Valogne 1812.

5164 —— Essai sur la Flore populaire de Normandie et d'Angleterre. Avranches (Paris, Dumoulin) 1857. 8. 111 p.

Lehmann, *Alexander,* * Dorpat 18. Mai 1814, † Simbirsk 12. Sept. 1842.
Cat of sc. Papers III, 934.

Lehmann, *Johann Friedrich.*

5165* —— Primae lineae Florae Herbipolensis. D. Herbipoli, typ. Nitribitt. 1809. 8. 66 p., praef.

Lehmann, *Johann Georg Christian,* Professor am Johanneum und Director des botanischen Gartens in Hamburg (Lehmannia Spr.), * Haselau bei Ütersen in Holstein 25. Febr. 1792, † Hamburg 12. Febr 1860.

5166* —— Monographia generis Primularum. Lipsiae, Barth. 1817. 4. 95 p., 9 tab. (4 *th.*, in charta velina: 5⅓ *th.*)

5167* —— Beschreibung einiger neuen und wenig bekannten Pflanzen. (Asperifoliae.) Halle, Hendel. 1817. 8. 26 p., 2 tab.
Seorsim impr. ex: Neue Schriften der naturf. Gesellschaft zu Halle, Band III.

5168* —— Plantae e familia Asperifoliarum nuciferae. Pars I et II. Berolini, Dümmler. 1818. 4. 478, ix p. (2⅔ *th.* — in charta scriptoria: 6 *th*)

5169* —— Generis Nicotianarum historia. Pars botanica. (Hamburgi) 1818. 4. 52 p., 4 tab. (1 *th.*)

5170* —— Monographia generis Potentillarum. Hamburgi, Hoffmann et Campe. 1820. 4. 201 p., 20 tab. (3 *th.* — jetzt ⅔ *th.*)

5171* —— Icones et descriptiones novarum et minus cognitarum stirpium. Pars I. Icones rariorum plantarum e familia Asperifoliarum. Hamburgi, Perthes et Besser. 1821. folio. 28 p., 50 tab. (13 *th*)
Prodiit annis 1821—24 quinque fasciculis.)

5172 —— Novarum et minus cognitarum stirpium pugillus 1—10 addita enumeratione plantarum omnium in his pugillis descriptarum. Hamburgi, typ. Meissner. (Perthes et Besser.) 1828—57. 4. (11 9/10 *th.*) — I: 1828. 39 p. — II: 1830. 80 p. — III: 1831. 58 p. — IV: 1832. vi, 64 p. (Hepaticae Wallichianae.) — V: 1833. iv, 28 p. (Hepaticae.) — VI: 1834. 72 p., 5 tab. (Cycadeae.) — VII: 1838. (2) 41 p., 1 tab. — VIII: 1844. 56 p. — IX: 1851. viii, 78 p. (Potentillae.) — X: 1857. 34 p. (Hepaticae; Index.)

5173* **Lehmann,** *Johann Georg Christian.* De plantis Cycadeis praesertim Africae australis. Hamburgi, typ. Meissner. 1834. folio. 16 p., 5 tab. col.
Eaedem sunt tabulae, quae in autoris Pugillo sexto occurrunt.

5174* —— Entgegnung auf die letzte Schrift der Herrn Gebrüder *Booth.* (Hamburg, typ. Meissner. März 1834.) 8. 28 p.
James Booth und Söhne gegen Prof. *Lehmann* in Betreff der Prachtrose: «Königin von Dänemark.» Altona 1833. 8. 24 p.

5175* —— Monographiae generis Potentillarum supplementum. Fasciculus I. Hamburgi, Perthes et Besser. 1835. 4. 22 p., 10 tab. (1⅓ *th.*)

5176* (——) Plantae Preissianae, sive enumeratio plantarum, quas in Australasia occidentali et meridionali-occidentali annis 1830—41 collegit *Ludwig Preiss.* Partim ab aliis, partim a se ipso determinatas, descriptas, illustratas edidit. Hamburgi, Meissner. 1844—48. II voll. 8. — I: (Dicotyledones.) 1844 —45. viii, 647 p. — II: (Monocotyledones et Acotyledones.) 1846—48. x, 499 p. (7 *th.* n.)

5177* —— Revisio Potentillarum iconibus illustrata. Bonnae, Weber. 1856. 4. xvi, 231 p., 64 tab. (16 *th*).
Nova Acta Leop. vol. XXIII, Supplementum.
Cat. of sc. Papers III, 936—937.

Lehmann, *Julius.*

5178* —— Allgemeine Betrachtungen über die Pilze und chemische Beiträge zur näheren Kenntniss derselben. (Programm.) Dresden, typ. Blochmann. 1855. 8. 32 p.

Lehmann, *Karl B.*
Cat. of sc. Papers III, 934.

Lehmann, *Karl Heinrich,* Arzt in Kröben, * Breslau 1806.

5179* —— De convenientia plantarum in habitu et viribus. D. Vratislaviae 1831. 8. x, 46 p.

Lehr, *Friedrich August,* Arzt in Wiesbaden, * Wiesbaden 16. Oct. 1774, † Wiesbaden 5. März 1834.

5180* —— De carbone vegetabili. D. Marburgi Cattorum 1794. 8. 115 p.

Lehr, *Georg Philipp,* Stiftsarzt zu Frankfurt a/M., † Frankfurt a/M. 5. Mai 1807.

5181* —— De Olea europaea. D. botanico-medica. Goettingae, Dieterich. 1779. 4. 70 p., 1 tab.

Leiblein, *Valerius,* Professor in Würzburg, † Würzburg 9. April 1869.
Algologische Bemerkungen in Flora X. XIII. (1827. 1830.)

Leibniz, *Gottfried Wilhelm,* Freiherr von (Leibnizia Cass.), * Leipzig 21. Juni a/St. 1646, † Hannover 14. Nov. a/St. 1716.

5182* —— Epistola ad *A. C. Gackenholtzium* de methodo botanica. I. De optima ratione plantas digerendi. II. De optima dividendi methodo generatim. III. De dividendi methodo recentiorum botanicorum. IV. De usu plantarum. V. De diversa plantas dividendi methodo. VI. De methodo *Joachimi Jungii.* VII. De plantarum comparationibus non ex floribus tantum instituendis. VIII—X. De diversis plantas discriminandi capitibus. XI. De re medica in melius provehenda, atque *Ramazzini* et *Hoffmanni* in eam meritis. Exstat in Operibus omnibus *Leibnitzii,* studio *Ludovici Dutens.* Genevae 1768. 4. vol. II. p. 169—174.

Lejeune, *Alexander Ludwig Simon,* Oberarzt des Civilhospitals in Verviers (Lejeunia Lib.), * Verviers 23. Dec. 1779, † Verviers 15. oder 28. Dec. 1858.

5183* —— Flore des environs de Spa, ou distribution, selon le système de Linnaeus, des plantes qui croissent spontanément dans le département de l'Ourte et dans les départements circonvoisins. Liège, Duvivier. 1811—13. 8. — I: 1811. 254 p. — II: 1813. 350 p. (3 *fr.* 50 *c.*)

5184* —— De quarundam indigenarum plantarum virtutibus commentarii. D. Leodii, typ. Collardin. 1820. 4. 24 p.

5185* —— Revue de la Flore des environs de Spa. Liège, Duvivier. 1824. 8. viii, 264 p. (5 *fr.*)

5186* **Lejeune,** *Alexander Ludwig Simon,* et *Richard* **Courtois.** Compendium Florae belgicae. Leodii, Collardin. 1828—36. III vol. 8. — I: 1828. xx, 264 p. — II: 1831. vii, 320 p. (2½ th.) — III: Verviae, Remagie. 1836. vi, 423 p. (2¼ th.)
Cat. of sc. Papers III, 943.
Leighton, *William Allport,* Rev. in Shrewsbury.
5187* —— Flora of Shropshire. Shrewsbury, John Davies. (London, J. van Voorst.) 1841. 8. xii, 573 p., 20 tab. (8 s.)
5188* —— The british species of angiocarpous Lichens, elucidated by their sporidia. London, printed for the Ray Society. 1851. 8. 101, 18 p., 30 tab. col.
Cat. of sc. Papers III, 743—744.
Leimer, *Franz,* Benedictiner in Augsburg.
5189* —— Die Flora von Augsburg, mit Berücksichtigung ihres medizinisch-ökonomisch-technischen Werthes, nebst einer Namenerklärung. Augsburg, Kollmann. 1854. 12. x, 371 p., 1 mappa geogr. (1 th.)
Leincker, *Johann Sigismund.*
5190 —— Horti medici Helmstadiensis praestantia e plantis rarioribus, superiori anno ibidem florentibus. Helmstadii 1746. 4. 23 p.
Le Jolis, *Auguste (François),* Gründer der naturwissenschaftlichen Gesellschaft in Cherbourg, * Cherbourg 1823.
5191* —— Lichens des environs de Cherbourg. Paris, Baillière. 1859. 8. 108 p.
Mémoires de Cherbourg VI, 225—332.
5192* —— Plantes vasculaires des environs de Cherbourg. Paris, Baillière. 1860. 8. 120 p.
Mémoires de Cherbourg, tome VII.
5193* —— Liste des Algues marines de Cherbourg. Paris, Baillière. 1863. 8. 168 p., 6 tab.
Mém. soc. Cherb. X.
5194* —— Mousses des environs de Cherbourg. Paris, Baillière. 1868. 8. 46 p.
Mémoires soc. nat. Cherbourg XIV.
Cat. of sc. Papers III, 947.
Leitgeb, *Hubert,* Professor der Botanik in Gratz.
5195* —— Die Haftwurzeln des Epheu. Wien, Gerold. 1858. 8. 13 p., 1 tab.
Sitzungsberichte der Akademie, Band 29.
5196* —— Die Luftwurzeln der Orchideen. Wien, Gerold. 1864. 4. 46 p., 3 tab. (5⅕ th.)
Denkschriften der Akademie.
5197 —— Beiträge zur Entwicklungsgeschichte der Pflanzenorgane. Heft 1—3. Wien, Gerold. 1868—69. 8. (1¹⁄₁₀ th. n.)
Cat. of sc. Papers III, 944.
Le Lectier, Procureur du Roy, à Orléans.
5198* —— Catalogue des arbres cultivéz dans le verger et plan du Sieur Le Lectier. 1628. 8. 35 p. Bibl. Reg. Par.
Lemaire, *Charles,* Professor in Gent, * Paris 1800.
5199* —— Cactearum aliquot novarum ac insuetarum in horto Monvilliano cultarum accurata descriptio. Fasc. I. Paris, Levrault. 1838. 4. xiv, 40 p., ind., 1 tab. (3 fr. 50-c.)
5200* —— Cactearum genera nova speciesque novae et omnium in horto Monvilliano cultarum ex affinitatibus naturalibus ordinatio nova, indexque methodicus. Lutetiis Parisiorum, Loss. 1839. 8. xvii, 115 p.
5201* —— L'horticulteur universel; Journal général des jardiniers et amateurs, rédigé par *Charles Lemaire.* Paris, Cousin. 1839—44. VI voll. 8.
Inde ab anno 1845 incipit nova series cum inspriptione Herbier général de l'Amateur, 2ᵉ série, contenant les figures coloriées des plantes nouvelles et rares des jardins de l'Europe, leur description, leur culture, par MM. *A. Brongniart, Richard, Spach,* etc., et rédigé par *Ch. Lemaire.*
5202* —— Iconographie descriptive des Cactées, ou essais systématiques et raisonnés sur l'histoire naturelle, la classification et la culture des plantes de cette famille. Paris, Cousin. Livr. 1—8. 1841—47. folio. 32 p., 16 tab. col. (40 fr.)
Les planches, au nombre approximatif de 200, peintes d'après nature par *M. Maubert,* sont gravées sur cuivre par *M. Duménil,* tirées en couleur et finement retouchées au pinceau.
L'ouvrage formera environ 100 livraisons grand in-folio, qui paraîtront régulièrement tous les 20 jours; les cent premiers souscripteurs seuls recevront gratis toutes les livraisons dépassant le nombre de 100.
5203* —— Flore des serres et jardins de l'Europe, ou descriptions et figures des plantes les plus rares et les plus méritantes nouvellement introduites sur le continent ou en Angleterre, et extraites notamment des Botanical Magazine etc. Edition française enrichie de notices historiques etc. Tome 1—7. (Livr. 1—78.) Gand, sous la direction de *Louis van Houtte,* éditeur. 1845—52. gr. 8. tab. col. (1—142) 143—754.
In voluminibus posterioribus legitur: Rédigé par MM. *Blume, Brongniart, Decaisne, F. E. L. Fischer, Goeppert, Louis van Houtte, A. de Jussieu, Miquel, Planchon, A. Richard, A. St. Hilaire, Scheidweiler, De Spae, De Vriese.*
5204* **Lemaire,** *Charles.* Le jardin fleuriste. Journal général des progrès et des intérêts botaniques et horticoles, contenant l'histoire, la description, la figure et la culture des plantes les plus rares et les plus méritantes nouvellement introduites en Europe. Gand, Gyselinck. 1851—54. 4 voll. gr. 8. 430 tab. col. (80 fr.)
5205* —— L'illustration horticole, journal spécial des serres et des jardins, rédigé par *Ch. Lemaire,* et publié par *Ambroise Verschaffelt.* Vol. 1—7. Gand 1854—70. gr. 8. (à 15 fr.)
Cat. of sc. Papers III, 948.
Lemaire-Lisancourt.
5206* —— Notions générales et remarques particulières sur la physique végétale. Paris typ. Colas. 1813. 8. 20 p.
Cat. of sc. Papers III, 948.
Leman, *Dominique Sebastian* (Lemanea Bory.), * Neapel 30. Dec. 1781, † Paris 28. Febr. 1829.
Ejus sunt partes ad Cryptogamiam spectantes in Dictionnaire des sciences naturelles, nec non Commentatio de genere Rosa in Journal de physique LXXXVII, 359—367. (1818.)
Annales des sciences d'observation 1829, 151.
Le Maout, *Emmanuel,* Professor in Paris, * Guingamp 1800.
5207* —— Leçons élémentaires de botanique fondées sur l'analyse de 50 plantes vulgaires et formant un traité complet d'organographie et de physiologie végétale. Paris, Langlois et Leclerq. 1844. II voll. 8. xv, 888 p. — Atlas: 50 tab. — Ed. III. Paris 1867. 8. (12 fr. — col. 16 fr.)
5208* —— Atlas élémentaire de botanique avec le texte en regard, comprenant l'organographie, l'anatomie et l'iconographie des familles d'Europe, à l'usage des étudians et des gens du monde. Ouvrage contenant 2340 figures dessinées par MM. *L. Steinheil* et *Joseph Decaisne.* Paris, Fortin, Masson et Co. 1846. gr. 4. viii, 227 p. (15 fr.)
5209* —— et *J.* **Decaisne.** Flore élémentaire des jardins et des champs, accompagnée de clefs analytiques conduisant promptement à la détermination des familles et des genres, et d'un vocabulaire des termes techniques. 2 volumes. Paris, Dusacq. 1855. 8. 936 p. — Ed. II. ib. 1865. 8. (9 fr.)
5210* —— Traité général de botanique descriptive et analytique. Paris, Firmin Didot. 1868. 8. (30 fr.)
anglice: A general system of descriptive and analytical botany. In Two Parts. Part I. Organography, Anatomy, and Physiology of Plants. Part II. Iconography, or the Description and History of Natural Families. Translated by Mrs. *Hooker.* Edited and arranged according to the Botanical System adopted in the Universities and Schools of Great Britain, by *J. D. Hooker.*
Lémery, *Nicolas,* Mitglied des Instituts, * Rouen 19. Nov. 1645, † Paris 19. Juni 1715.
5211 —— Dictionnaire ou traité universel des drogues simples, mis en ordre alphabétique. Paris 1698. 4. — *Ed. II. revue, corrigée et augmentée. Paris, L. D'Houry. 1714. 4. — *Nouveau Dictionnaire revu, corrigé et considérablement augmenté par *Simon Morelot.* Paris, Remont. 1807. II voll. 8. — I: xii, 788 p. — II: 681 p., 20 tab. (15 fr. 75 c.)
germanice: Vollständiges Materialien-Lexicon, verdeutscht durch *Chr. Fr. Richter.* Leipzig 1721. folio.
Lemnius, *Levinus,* Arzt, * Zierikzee in Zeeland 20. Mai 1505, † Zierikzee 1. Juli 1568.
5212* —— Occulta naturae miracula; (libri duo.) Antwerpiae, Simon. 1561. 8. 164 foll., praef. — Occulta naturae miracula; (libri quatuor.) Antwerpiae 1567. 8. 473 p. — Francofurti 1604. 8. — Lugduni Batavorum 1666. 8. 638 p.
Versiones germanicae, gallicae, anglicae, italicae.
5213 —— Similitudinum ac parabolarum quae in Bibliis ex herbis atque arboribus desumuntur dilucida explicatio. Antverpiae, apud Gulielmum Simonem. 1568. 8. 139 foll. praef. — Erphordiae, excudebat Esaias Mechlerus. 1581. 8. 137 foll. — Lugduni, apud Ant. Soubron. 1652. 8.
anglice: An herbal for the Bible, drawn into english (with alterations) by *Thomas Newton.* London 1587. 8. 287 p.

Le Monnier, *Louis Guillaume*, Professor der Botanik am Jardin des plantes (Monniera L.), * Paris 27. Juni 1717, † Montreuil 7. Sept. 1799.
  Observationes botanicae ex Pyrenaeis exstant in *Cassini*, La Méridienne de Paris 1744. 4.
  Éloge par *Cuvier*. Ventôse IX. p. 101—117.

Lenné, *Peter Joseph*, K. Pr. Generalgartendirector (Lennea Klotzsch.), * Bonn 29. Sept. 1789, † Sanssouci 23. Jan. 1866.

Lenormand.
  Catalogue des plantes recueillies à Cayenne par M. *Deplanche*. Bull. soc. Linn. de Normandie IV. 153—177. V, 327—331. (1859—60.)

Lenz, *Harald Othmar*, * Schnepfenthal 1799, † 13 Jun 1870.

5214* —— Die nützlichen, schädlichen und verdächtigen Schwämme. Gotha, Becker 1831. 8 vi, 130 p., 1 tab. — Atlas in 4. 18 tab col (3⅓ th) — Vierte Auflage. Gotha, Thienemann. 1868. 8 175 p., 19 tab. col. (2 th. n.)

5215* —— Botanik der alten Griechen und Römer, deutsch in Auszügen aus deren Schriften nebst Anmerkungen. Gotha, Thienemann. 1859. 8. VIII, 776 p. (3⅓ th. n)

Leo, *Julius*, * Königsberg 19. April 1794.

5216* —— Taschenbuch der Arzneipflanzen, oder Beschreibung und Abbildung sämmtlicher offizinellen Gewächse Berlin, Laue. 1826—27. 4 Bände oder 40 Hefte. 8. 280 tab. col, text. (col. 18⅔ th.)

Leonhard, *Philipp Konrad*.

5217* —— De novo aquae salsae fonte detecto. D. Goettingae 1753. 4. 16 p.
  De plantis prope salinas crescentibus, p. 11—16

Leonhardi, *Hermann, Freiherr von*.

5218* —— Die bisher bekannten österreichischen Armleuchter-Gewächse besprochen vom morphogenetischen Standpunkte. Prag, Tempsky in Comm. 1864. 8. 105 p. (⅔ th)
  Cat. of sc. Papers III, 957.

Leoniceno, *Nicolo*, Professor in Ferrara (Leonicenia Scop.), * Vicenza 1428, † Ferrara 1524.
  Antonio Agostini, De vita et operibus *Nicolai Leoniceni* Patavii 1844. 8.
  Ernst Meyer, Geschichte der Botanik IV, 224—229.

5219* —— De *Plinii* et aliorum medicorum erroribus. Impressi Ferrarie per magistri Laurentium de valentia et Andream de castronovo socios. die XVIII. Decembris anno domini 1492. 4. (18 foll.) — * Ferrariae 1509. 4. — Basileae, excudebat Henricus Petrus, mense Junio 1529. 4. (16) 318 p.
  Excerpta hujus libri sub titulo «De falsa quarundam herbarum inscriptione a Plinio» exstant in *Brunfelsii* Herbarii tomo II. ed. 1531. appendix p. 44—89 — ed. 1536. p. 140—205

Leopold, *Johann Dietrich*, * Ulm 1702, † Ulm 1736.

5220* —— Deliciae silvestres Florae Ulmensis, oder Verzeichniss derer Gewächse, welche in des Heil. Röm. Reichs freye Stadt Ulm in Aeckern, Wiesen, Felsen, Wäldern, Wassern u. s. w. angepflanzt zu wachsen pflegen. etc Ulm, Wohler. 1728. 8. 180 p., praef, ind.
  Idem fuit Respondens dissertationis praeside *Elia Camerario* propositae: Σημηλογια, seu de Betula Tubingae 1727. 4

Lepechin, *Iwan*, Director des Gartens in Petersburg (Lepechinia Willd.), * Petersburg 20. Sept. 1737, † Petersburg 18. April 1802.

Lépine, *Jules*, Pharmaceut der französischen Flotte in Pondichéry.

5221* —— De Hydrocotyle asiatica L. Pondichéry, imprimerie du gouvernement. 1854. 8. 86 p.

5222 —— Nomenclature des objets envoyés par l'établissement français de Pondichéry à l'Exposition de Madras. 1859. 4. 48 p. — * Deuxième envoi des établissements français dans l'Inde. Pondichéry 1861. 4. 448 p. — Premier envoi. ib. 1858. 4.

Lerche, *Johann Jakob*, Russischer Militär-Oberarzt (Lerchea L.), * Potsdam 26. Dec. 1703, † Petersburg 23. März 1780.

5223 —— Descriptio plantarum quarundam partim minus cognitarum Astrachanensium et Persiae provinciarum Caspio mari adjacentium. Accedit plantarum catalogus Istarum regionum cum variis observationibus. Norimbergae 1773. 4. 46 p.
  Ex novis actis physico-med. academiae caes. Leopoldino-Carolinae. Tom. V. Append. p. 164—206.

Leroy, *Alphonse Vincent Louis Antoine*, Arzt in Paris, * Rouen 23 Aug. 1741, ermordet in der Nacht vom 14./15. Jan. 1816.

5224 —— Mémoire sur le Kinkina français. Paris, Méquignon. 1808. 8. 16, 4 p.

Leschenault de la Tour, *Louis Théodore*, Directeur du jardin du roi à Pondichéry (Leschenaultia R. Br.), * Châlons-sur-Saône 13. Nov. 1773, † Paris 14. März 1826.

5225* —— Notice sur le cannellier de l'île de Ceylan, sur sa culture et ses produits. A St. Denis, île Bourbon, de l'imprimerie du gouvernement. 1821. 4. 14 p.

5226* —— Notice sur la végétation de la Nouvelle-Hollande et de la terre de Diémen. (Voyage de découvertes aux terres australes pendant les années 1800—4. rédigé par *(François) Péron*, continué par *Louis de Freycinet*. Ed. II. Paris, Bertrand. 1824. 8. vol. IV. p. 327—353.)
  Cat. of sc. Papers III, 967.

Leschevin, *C. L.*

5227* —— Physiologie végétale. Paris, typ. Feugueray. 1825. 8. 128 p. (2 fr. 50 c.)

Leske, *Nathanael Gottfried*, Professor an der Universität zu Leipzig, und im letzten Lebensjahre Professor in Marburg (Leskea Hedw.), * Muskau in der Lausitz 22. Oct. 1751, † Marburg 25. Nov. 1786.
  Etwas zur Lebensgeschichte *Nathanael Gottfried Leskens*, von *Loeper*. (Leipz. Magazin, 1786. p. 504—520.)

5228* —— De generatione vegetabilium. D. Lipsiae, typ. Breitkopf. 1773. 4. 32 p.

Lespiault, *Maurice*.

5229* —— Notice sur les champignons comestibles du Département de Lot et Garonne et des Landes d'Albert. Agen, typ. Noubel. 1845. 8. 46 p., ind.

Lespinasse, *Gustave*, in Bordeaux.
  Cat. of sc. Papers III, 970.

Lesquereux, *Léo*, in Columbus (Ohio).

5230* —— Quelques recherches sur les marais tourbeux en général. Neuchâtel 1844. 4. IV, 140 p.
  Mém. de la société de Neuchâtel, tome III. 1845.
  * germanice: Untersuchungen über die Torfmoore im Allgemeinen. Berlin, Veit und Comp. 1847. 8. XI, 260 p.

5231* —— Catalogue des mousses de la Suisse. 4. VI, 54 p.
  Mém. de la société de Neuchâtel, tome III. 1845.
  Cat. of sc. Papers III, 970.

Lessing, *Christian Friedrich*, Arzt (Lessingia Cham.), * Wartenburg in Schlesien 10. Aug. 1810.

5232* —— Reise durch Norwegen nach den Loffoden durch Lappland und Schweden. Nebst einem botanisch-geographischen Anhange und einer Karte. Berlin, Mylius. 1831. 8. VI, 302 p., 1 tab. (1⅔ th)

5233* —— De generibus Cynarocephalarum atque de speciebus generis Arctotidis. D. Berolini, typ. Trowitzsch. 1832. 8. IV, 30 p.

5234* —— Synopsis generum Compositarum earumque dispositionis novae tentamen, monographiis multarum capensium interjectis. Berolini, Duncker et Humblot. 1832. 8. XI, 473 p., 1 tab. (2½ th.)
  Cat. of sc. Papers III, 971.

Lesson, *René Primivère*, Naturforscher auf der Corvette *La Coquille* unter Capt. *Duperrey*, dann Professor in Rochefort, * Rochefort 20. März 1794, † Rochefort 1849.

5235* —— Flore Rochefortine ou description des plantes qui croissent spontanément ou qui sont naturalisées aux environs de la ville de Rochefort. Rochefort, chez l'éditeur. 1835. 8. 634 p.
  Idem de geographia plantarum insulae Malouinarum Soledad egregie disseruit in: Observations générales sur l'histoire naturelle des diverses contrées visitées par la Corvette *La Coquille*. *Duperrey*, Voyage; Zoologie Paris 1826. 4. vol. I. p. 187—360.

Lestiboudois, *François Joseph*, Sohn von Jean Baptiste, Professor der Botanik in Lille, † Lille 1815.

5236* —— Botanographie belgique, ou méthode pour connaître facilement toutes les plantes, qui croissent naturellement dans les provinces septentrionales de la France. Lille, typ. Henri. 1781 8. 8, XLVIII, 334 p., tab. — * Seconde édition, corrigée, augmentée et divisée en trois parties. Lille, Vanackère. an VII de la république. (1799.) III voll. 8. — I: XXIII, 226 p. — II: XIV, 344 p. — III: XIV, 335, 444 p., 23 tab. (18 fr.) — * Ed. III. ib. an XII. 1804. 8. (eadem impressio!)

5237* —— De viribus plantarum. D. Duaci, typ. Derbaix. 1783. 4 18 p.

Lestiboudois, *Jean Baptiste*, Professor der Botanik in Lille (Lestiboudesia Th.), * Douai 30. Jan. 1715, † Lille 20. März 1804.

5238* (——) Abrégé élémentaire de botanique, à l'usage de l'école de botanique de Lille. Lille, Henry. 1774. 8. IV, 49 p. et une carte in folio.

Lestiboudois, *Thémistocle*, Sohn von François Joseph, Conseiller d'état in Paris, * Lille 1797.

5239* —— Essai sur la famille des Cypéracées. Paris, typ. Didot. 1819. 4. 46 p. (3 fr.)

5240* —— Mémoire sur la structure des monocotylédonés. Lille, typ. Leleux. 1823. 8. 40 p.

5241* —— Botanographie élémentaire, ou principes de botanique, d'anatomie et de physiologie végétale. Lille, Vanackère. (Paris, Roret.) 1826. 8. x, 559 p. (7 fr.)

5242* —— Botanographie belgique, ou Flore du nord de la France et de la Belgique proprement dite; ouvrage disposé selon la méthode naturelle. Lille, Vanackère. (Paris, Roret.) 1827. II voll. 8. — I: Cryptogamie. xxxiv, 314 p., 22 tableaux. — II: Phanérogamie. 498 p. (14 fr.)

5243* —— Notice sur le genre Hedychium de la famille des Musacées. Lille, typ. Danel. 1820. 8. 27 p., 1 tab.

5244* —— Études sur l'anatomie et la physiologie des végétaux. Paris, Treuttel et Würtz. 1840. 8. 292 p., 21 tab.

5245* —— Phyllotaxie anatomique, ou Recherches sur les causes organiques des diverses distributions des feuilles. Paris, typ. Martinet. 1848. 4. 147 p., 5 tab.
Annales des sc. nat. IIIme Série, X, 15—105, 136—189.
Cat. of sc. Papers III, 975—976.

Leszczyc Suminski, *J., Graf von*.

5246* —— Zur Entwicklungsgeschichte der Farrnkräuter Berlin, Decker. 1848. 4. 26 p., 6 tab. (1 th.)
gallice: Ann. sc. nat. XI, 114—126. (1849.)

Letellier, *Jean Baptiste Louis*.

5247* —— Dissertation sur les propriétés alimentaires, médicales et vénéneuses des champignons, qui croissent aux environs de Paris. D. Paris, typ. Didot. 1826. 4. 32 p., 1 tab. col.

5248* —— Histoire et description des Champignons alimentaires et vénéneux qui croissent aux environs de Paris. Paris, Crevot. 1826. 8. 143 p., 12 tab. (6 fr. — col. 8 fr. 50 c.)

5249* —— Figures des champignons servant de supplément aux planches de *Bulliard*, peintes d'après nature et lithographiées. Paris, Meilhac. 1829—42. Livraisons 1—18. 4. tab. col. 603—710 sine textu. (Pretium fasciculi 6 tab. col. = 2 fr. 55 c. — nigr. = 1 fr.)

5250* —— et **Speneux**. Expériences nouvelles sur les champignons vénéneux, leurs poisons et leurs contre-poisons. Paris, J. B. Baillière. 1866. 8. 30 p.
Cat. of sc. Papers III, 978.

Letourneux, *H*.

5251* —— Lettres à Nanine sur la botanique. Paris (Rennes, Duchesne.) 1827. 12. 284 p., 1 tab. (3 fr. 50 c.)

Letourneux, *Tacite*, président du tribunal civil de Fontenay-le-Comte (Vendée).
Cat. of sc. Papers III, 979.

Lettsom, *John Coakley*, Arzt in London (Lettsomia Rz. et Pav.), * auf der Insel Little-van-Dyk in Westindien 1744, † London 1. Nov. 1815.
Pettigrew, T. J., Memoirs of the life and writings of the late J. C. Lettsom. 3 voll. London 1817. 8.

5252* —— The natural history of the Tea-Tree, with observations on the medical qualities of Tea and effects of Tea-drinking. London 1772. 4. VIII, 64 p., 1 tab. — * A new edition. London, typ. J. Nicholls for Ch. Dilly. 1799. 4. IX, 102 p., 1 tab. nigr. 4 tab. col.
* gallice: Paris 1773. 12.
* germanice: Leipzig, Dyck. 1776. 8.

5253* (——) Hortus Uptonensis or a catalogue of stove and green-house plants in *Dr. Fothergill's* garden at Upton at the time of his decease. (1781.) 8. 44 p., 1 tab. and catalogue of auction: 50 p.

Le Turquier Delongchamp.

5254* —— Flore des environs de Rouen Deux parties. Rouen, Renault. 1816. 12. XXXII, 583 p. (7 fr.) — Supplément: Rouen. typ. Périaux. 1825. 12. 84 p.

5255* **Le Turquier Delongchamp et Levieux**. Concordance des figures de plantes cryptogames de Dillen, Micheli, Tournefort, Vaillant et Bulliard, avec la nomenclature de DeCandolle, Smith, Acharius et Persoon. Rouen, typ. Périaux. 1820. 8. 62 p.

5256* —— Concordances de Persoon (Synopsis methodica fungorum) avec DeCandolle (Flore française, vol. II et VI) et avec Fries (Syst. mycol. vol. I et II) et de DeCandolle (Flore française vol. II et VI) et des figures de champignons de France de Bulliard avec la nomenclature de Fries. Rouen, typ. Nicétas Périaux. 1826. 8. (3) 94 p.
Cat. of sc. Papers III, 979.

Leunis, *Johannes*, Professor in Hildesheim, * Mahlerter bei Hildesheim 2. Juni 1802.

5257* —— Analytischer Leitfaden für den ersten wissenschaftlichen Unterricht in der Naturgeschichte. 2. Heft. Botanik. Hannover, Hahn. 1853. 8. VIII, 152 p., ic. xyl. — * Sechste verbesserte und vermehrte Auflage. ib. 1870. 8. XII, 211 p., ic. xyl. (16 sgr. n.)

5258 —— Synopsis der Pflanzenkunde. Hannover 1847. 8. — Dieselbe. 2. Auflage. Theil I, II, 1—3 (soviel erschienen). Hannover 1864—67. 8. mit Holzschnitten.

Léveillé, *Joseph Henri*, Arzt in Paris, * Crux-la-Ville (Nièvre), 28. Mai 1796, † Paris 3. Febr. 1870.

5259* —— Recherches sur la famille des Agarics. Paris, typ. Lebel 1825. 8.

5260* —— Notice sur le genre Agaric, considéré sous les rapports botanique, économique, médical et toxicologique. Paris 1840. 8. 20 p.
Extrait du Dict. univ. d'histoire naturelle.

5261* —— Considérations mycologiques, suivies d'une nouvelle classification des Champignons. Paris, typ. Martinet. 1846. 8. 136 p.
Extrait du dictionnaire universel hist. nat.

5262* —— Iconographie des champignons de *Paulet*, Recueil de 217 planches dessinées d'après nature, gravées et coloriées, accompagné d'un texte nouveau présentant la description des espèces figurées, leur synonymie, l'indication de leurs propriétés utiles ou vénéneuses, l'époque et les lieux où elles croissent, par *J. H. Léveillé*. Paris, J. B. Baillière. 1855. 4. VIII, 135 p., 217 tab. col. sign. 1—204. (170 fr.) (le texte: 20 fr.)
Idem noster fungos itineris clarissimi *Gaudichaud* descripsit: «Description des champignons recueillis par M. *Gaudichaud* durant le voyage de la corvette du roi *La Bonite*. 8. 41 p.» — fungos recensuit a *Zollinger* in Java insula lectos, in *Moritzi*, Systematisches Verzeichniss p 118—126; partem scripsit botanicam itineris Principis *Anatole de Demidoff*: Voyage dans la Russie méridionale (Paris 1842) vol. II, p. 34—242, 6 tab. fungorum.
Cat. of sc. Papers III, 988.

Levi, *M. G.*

5263* —— Della maniera di formare e conservare gli erbari botanici capitoli quattro. Venezia, typ. Orlandelli. 1819. 8. 65 p.

Lewis, *Capt. Meriwether*, Statthalter von Louisiana (Lewisia Pursh.), * Virginien 1774, † 11. Oct. 1809.

Lexarza, *Juan*, Arzt (Lexarza Llave.), * Valladolid in Mexico 1785, † Mexico 1. Sept. 1824.

Leybold, *Friedrich*, in München.
Cat. of sc. Papers III, 997—998.

Leydolt, *Franz*, Professor in Wien, * Wien 15. Juli 1810, † Neuwaldegg 11. Juni 1859.

5264* —— Die Plantagineen in Bezug auf die naturhistorische Species. Wien, typ. Wallishausser. (1836.) 8. 54 p., praef., 1 tab. ($^{11}/_{12}$ th.)

Leyendecker, *Franz*.

5265* —— Die Blätter unsrer Laubbäume. Programm. Weilburg 1864. 4. 16 p.

Leysser, *Friedrich Wilhelm von* (Leyssera L.), * Magdeburg 7. März 1731, † Halle 10. Oct. 1815.

5266* —— Flora Halensis, exhibens plantas circa Halam Salicam crescentes secundum systema sexuale Linneanum distributas. Halae 1761. 8. 224 p., praef, ind. — *Editio altera aucta

et reformata. Halae, Salicae, sumtibus auctoris, typ. C. G. Taeubel. 1783. 8. 305 p., ind., 1 tab.
Johann Friedrich Wohlleben, Supplementi ad *Leysseri* Floram Halensem fasciculus primus. Halae, Renger. 1796. 8. (2), 44 p., 1 tab.

L'héritier (de Brutelle), *Charles Louis*, Mitglied des Instituts in Paris (Heritiera Ait.), * Paris 1746, ermordet in Paris (27. Thermidor an X.) 16. Aug. 1800.
Cuvier, Notice historique. Paris 1800. 4.

5267* —— Geraniologia, seu Erodii, Pelargonii, Geranii, Monsoniae et Grieli historia iconibus illustrata. Parisiis, typ. Petri Francisci Didot. 1787—88. folio. 44 tab.
Textus ineditus servatur in bibliotheca Candolleana, quae omnes possidet codices manuscriptos postumos L'héritieri, inter quos 2000 Dombeyanarum praeprimis plantarum ad vivum descriptiones. In Bibl. Banks. III 301. citatur praeterea prima plagula Geraniologiae brevioris octava forma, in qua continentur differentiae specificae, synonyma et loci natales 26 specierum Erodii.

5268* —— Stirpes novae aut minus cognitae, quae descriptionibus et iconibus illustravit. Parisiis, typ. P. D. Pierres. 1784—85. VI fasciculi folio. VI, 184 p., 84 tab
In bibliotheca Candolleana asservantur praeterea tabulae 28 ineditae fasciculorum VII et VIII.
Tabulas ineditas 85—124 vidi in Bibliotheca Morettiana 91 tab., sign. 1—84, 7. 30. 52. 53 56. 57. 59bis.

5269* —— Cornus. Specimen botanicum, sistens descriptiones et icones specierum Corni minus cognitarum. Parisiis, typ. Petri Francisci Didot. 1788. folio. 15 p, 6 tab.
Sunt exemplaria pauca membranacea, forma maxima, tabulis coloratis.

5270* —— Sertum anglicum, seu plantae rariores, quae in hortis juxta Londinum inprimis in horto regio Kewensi excoluntur, ab anno 1786—87 observatae. Paris, typ. Didot. 1788. folio. 36 p., praef., 34 tab

5271* (——) Kakile, cum animadversionibus in Buniadem, Myagrum et Crambem. 1788. folio. 11 p. (6 foll.) Bibl. Cand.

5272* —— Buchozia. s. l. et a. folio. 2 foll., 1 tab.
5273* —— Hymenopappus. s. l. et a. folio. 2 foll., 1 tab.
5274* —— Louichea. s. l. et a. folio. 2 foll., 1 tab. (Stirpes novae, p. 135—136.)
5275* —— Michauxia. s. l. et a. folio. 2 foll., 2 tab.
5276* —— Virgilia. s. l. et a. folio. 2 foll., 2 tab.
5277* —— Oxybaphus. s. l. et a. 1 tab. sine textu.
5278* —— Tricratus. s. l. et a. 1 tab. sine textu.
5279* —— Cadia, nouveau genre de plante. s. l. et a. 8. 14 p., 1 tab.
Extrait du Magazin encyclopédique, tom V. p. 20.
Cat. of sc. Papers IV, 1.

L'Herminier, *Félix Louis*, * Paris 18. Mai 1779, ÷ Paris 25. Oct. 1833.
Guibourt, Notice sur F. L. L'Herminier. Paris, typ. Locquin. 1834. 8. 18 p.

Lhotsky, *Johann* (Lhotskya Schauer.), * Lemberg 27. Juni 1800.
5280 —— Journey from Sydney to the Australian Alps. Sydney 1835. 8.

Liaudet, *Philipp*.
5281* —— Memoranda der praktischen Botanik in ihrer Anwendung auf Materia medica. Weimar, Landes-Industrie-Comptoir. 1851. 8. VI, 184 p., 32 tab. (1 ½ th.)

Libert, *Marie Anne* (Libertia Spr.), * Malmedy 7. April 1782, ÷ Malmedy 14. Jan. 1865.
5282* —— Mémoires sur des cryptogames observées aux environs de Malmédy. Paris, typ. Decourchant. 1826. 8. 7 p., 1 tab.
Cat. of sc. Papers IV, 5.

Liboschitz, *Joseph*, Arzt in Petersburg, ÷ Wien 5. Jan. 1824.
5283* —— et *Karl Bernhard* **Trinius**. Flore des environs de St. Pétersbourg et de Moscou. Tome premier. St. Pétersbourg, Pluchart. 1811. 4. 121 p, 40 tab. col.

5284 —— —— Description des mousses, qui croissent aux environs de St. Pétersbourg et de Moscou. St. Pétersbourg 1811. 8.

5285* —— Beschreibung eines neuendeckten Pilzes. Wien, Camesina. 1814. folio. 8 p. ,1 tab. col. (germanice et gallice.) (1 th)

5286 —— Tableau botanique des genres observés en Russie et disposés selon la méthode naturelle. Wien, Camesina. 1814. folio.
Cat. of sc. Papers IV, 6.

Lichtenstein, *August Gerhard Gottfried*, Dr. med., * Helmstädt 1780, † Helmstädt 3. Sept. 1851.
5287* —— Index alphabeticus generum botanicorum quotquot a *Willdenowio* in speciebus plantarum et a *Persoonio* in Synopsi plantarum recensentur, concinnatus. Helmstadii, typ. Leuckart. 1814. 8. VIII, 88 p. (½ th.)

Lichtenstein, *Georg Rudolph*, Professor in Helmstädt, * Braunschweig 1745, † Braunschweig 28. Mai 1807.
5288* —— Anleitung zur medicinischen Kräuterkunde. Erster Theil Die Theorie, Linné's System und die Kunstsprache. Helmstädt, Kühnlin. 1782. 8. XIV, 208 p., 8 tab. (3 Theile. 1782—86. 8. 2 ½₁₂ th.)
Partes II—III non vidi.

Licopoli, *Gaetano*, in Neapel.
5289* —— Sulla organogenia dei pappi e degli altri organi florali nel Sonchus oleraceus L. Napoli, stamperia della regia università. 1868. 4. 24 p., 2 tab.
Atti dell' Acc. Pontaniano, vol. IX.

Lidbeck, *Andreas*, Demonstrator in Lund, * Lund 26. Juli 1772, † Stockholm 11. Mai 1829.
5290* ——, pr. De limitibus inter regna naturae. D. Lundae, typ. Berling. 1790. 4. 46 p.
5291* ——, pr. Observationes circa horticulturam academicam et speciatim Lundensem. D. Lundae, typ. Berling. 1791. 4. 28 p.
5292* ——, pr. De plantis in Suecorum memoriam nominatis. D. Lundae, typ. Berling. 1792. 4. 15 p.

Lidbeck, *Erik Gustaf*, Professor in Lund (Lidbeckia Berg.), * Bräcke 21 Juni 1724, † Lund 9. Febr. 1803.
5293* ——, pr. Dissertatio, Fungos regno vegetabili vindicans. Londini Gothorum, typ. Berling. 1776. 4. 16 p.
cf. *Jonas Dryander* non est autor, ut in titulo legitur, sed respondens; cf. *Dryander*, Bibl. Banks. III. 443.
5294 ——, pr. De Moro alba. D. Lundae 1777. 4. 16 p. B.
5295* ——, pr. De Betula Alno. D. Lundae, typ. Berling. 1779. 4. 14 p.

Liebe, *Theodor*.
5296* —— Ueber die geographische Verbreitung der Schmarotzerpflanzen. 1. u. 2. Abth. Programm. Berlin 1862. 1869. 4. 24, 34 p.
5297* —— Die Elemente der Morphologie. Berlin, Hirschwald. 1868. 8. VIII, 60 p., 1 tab., ic. xyl. (⅖ th. n.)
5298* —— Grundriss der speciellen Botanik. Berlin, Hirschwald. 1866. 8. IV, 132 p. (16 sgr.)

Liebentantz, *Michael*, Diaconus in Breslau, * Breslau 6. Jan. 1636, † Breslau 28. März 1678.
5299* —— De Rachelis deliciis Dudaim ad Genesin XXX. comma 14. D. Wittebergae, typ. Wendt. 1660. 4. (16 p.) — Ed. IV: ib. 1678. 4. 3 plag. B. — Ed. VI: Wittebergae 1719 4. Bibl. Linn.

Lieblein, *Franz Kaspar*, Professor der Botanik in Fulda, * Carlstadt a/M. 15. Sept. 1744, † Fulda 28. April 1810.
5300* —— Flora Fuldensis, oder Verzeichniss der in dem Fürstenthume Fuld wildwachsenden Bäume, Sträuche und Pflanzen, zum Gebrauch der hiesigen akademischen Vorlesungen. Frankfurt a/M., Andreae. 1784. 8. XVI, 482 p., ind. (1 th.)

Liebmann, *Frederik Michael*, * Helsenör 10. Oct. 1813, † Kopenhagen 29. Oct. 1856.
A. S. Ørsted, Notice sur la vie de *Liebmann* et spécialement sur son voyage au Mexique. (*Liebmann*, Chênes p. VII—X.)
5301* —— Mexicos Bregner, en systematisk, critisk, plantegeographisk Undersögelse. Kjøbenhavn, typ. Bianco Luno. 1849. 4. 174 p. (2 th.)
K. D. V. S. Skrifter, vol. I. p. 151—322, 353—362.
5302* —— Mexicos Halvgraes (Cyperaceae) bearbeidede efter Forgaengernes og egne Materialier, med Tillaeg af de i Nicaragua og Costa Riga af Mag. A. S. Ørsted samlede samt nogle faa ubeskrevne vestindiske Former. Kjøbenhavn, typ. Bianco Luno. 1850. 4. 92 p. (1 ⅙ th.)
K. D. V. S. Skrifter, vol. II. p. 189—277.
5303* —— Mexicos og Central-Americas Neldeagtige Planter (Ordo Urticaceae) indbefattende Familierne Urticeae, Moreae, Artocarpeae og Ulmaceae. Kjøbenhavn, typ. Bianco Luno. 1851. 4. 62 p.
K. D. V. S. Skrifter, vol. II. p. 285—343.
5304* —— Les chênes de l'Amérique tropicale. Iconographie des espèces nouvelles ou peu connues. Ouvrage posthume, achevé et augmenté d'un aperçu sur la classification des chênes en général par *A. S. Ørsted*. Leipzig, Voss. 1869. folio. XI, 31 p, 57 tab., sign A—K, 1—47. (32 th. n.)
Cat. of sc. Papers IV, 21—22.

Liegel, *G.*

5305* —— Systematische Anleitung zur Kenntniss der Pflaumen, oder: das Geschlecht der Pflaumen in seinen Arten und Abarten. Erstes Heft. Passau, Winkler. 1838. 8. x, 105 p., 2 tab. (⁷/₁₂ *th.*) — Zweites Heft. Linz, Eurich und Sohn. 1841. 8. xii, 320 p., 1 tab, effigies *J. G Dittrich.* (1 ⅓ *th.*)

5306* —— Vollständige Uebersicht aller von ihm beschriebenen Pflaumen. Regensburg, Manz. 1861. 8. xii, 84 p. (½ *th.*)
Cat of sc. Papers IV, 22.

Lienau, *W.*

5307* —— Die phanerogamischen Pflanzen des Fürstenthums Lübeck und seine Umgebung. Eutin, Völckers. 1863. 8. viii, 88 p. (½ *th.*)

Lightfoot, *John,* Pfarrer zu Gotham in England (Lightfootia Schreb.), * 9. Dec. 1735, ÷ Uxbridge 18. Febr. 1788.

5308* —— Flora scotica: or a systematic arrangement in the Linnean method of the native plants of Scotland and the Hebrides. London, White. 1777. II voll. 8. xlii, 1151 p., ind., 35 tab. — Ed. II. ib. 1789. 2 voll. 8. (vix differt)

Lilja, *N.*

5309* —— Skånes Flora, innefattande Skånes Fanerogamer och i ett Bihang Skånes Ormbunkar. Lund, Gleerup. København, Gyldendal. Christiana, J. Dahl. 1838. 8. xiv, 529 p. (3 *Rdr.*) — * Ny omarbetad upplaga. Vol. 1. 2. Stockholm, Hjerta. 1870. 8. 1048 p. (5 *Rdr.*)

5310 —— Flora öfver Sveriges odlade Vexter, innefattande de flesta på frik Land odlade Vexter i Sverige, jemte de allmännare och vackrare fönster vexterna, med Kännetecken och Kort Anvisning om deras Odlingssätt. Stockholm, Z. Häggström. 1839. 8. xx, 176 p. (1 *Rdr.* 16 *sk.*) — Supplementet. ib. 1840. 8. 36, 84 p. (40 *sk.*)
Cat. of sc. Papers IV, 23.

Liljeblad, *Samuel,* ÷ 1. April 1815.

5311* (——) Svenska Oert-slagen, eller kort afhandling om sattet at efter botaniske grunder urskilja svenska växterna, til classer, ordninger och slägter. Upsala, typ. Edman. (1792.) 8. (4), 88 p., 1 tab.

5312* —— Utkast til en Svensk Flora, eller Afhandling om Svenska Wäxternas väsendteliga kännetekn och nytta. Upsala, tryckt Edmans Enka. 1792. 8. 358 p., praef., ind., 2 tab. — * Ed. II. ib. 1798. 8. xxxii, 508 p., 2 tab. — Tredge uplagan, med Norska Wäxter tillökt, efter Författarens död utgifven. Upsala, tryckt hos Zeipel et Palmblad. 1816. 8. lviii, 763 p., praef., 2 tab.

5313* —— Ratio plantas in sedecim classes disponendi. D. Upsaliae, typ. Edman. 1796. 4. 8 p.

5314 —— Coloniae plantarum in Suecia. Pars I—II. Upsaliae 1809. 4. 16 p. (incompl.)

Lilienfeld, *Fr.*

5315* —— Dissertatio circa Phytotoxicologiam cechicam, plantas venenatas Cechiae indigenas Umbelliferas exhibens. Pragae 1834. 8. 108 p.

Liljenroth, *Franz.*

5316* —— Anmärkningar om Växternas födande ämnen. Lund, typ. Berling. 1797. 4. 30 p.

Limbourg, *Robert,* * Theux 1. Dec. 1731, ÷ 20. Febr. 1792.

5317 —— Dissertation sur cette question: Quelle est l'influence de l'air sur les végétaux? qui a remporté le prix à Bordeaux en 1757. Bordeaux, veuve de P. Brun. 1758. 4.
Hall. Bibl. bot. II. p. 476 indicat autorem *Jean Philippe Limbourg*, qui frater fuit Roberti.

Limmer, *Konrad Philipp,* Arzt und Oberbürgermeister in Zerbst, * Nienburg 28. Febr. 1658, ÷ Zerbst 1. Jan. 1730.

5318 ——, pr. De plantis in genere. D. Servestae 1691. 4. 4 plag.

Limminghe, *Alfred, Comte de,* ÷ Rom April 1861.

5319* —— Flore mycologique de Gentinnes. Catalogue des Mycètes observés dans cette partie du Brabant wallon, pendant les années 1855—57. Namur, Douxfils. 1857. 8. 90 p.

Lincke, *Johann Rudolf*

5320* —— Deutschlands Flora in colorirten Abbildungen. Leipzig, Polet. (1840—47.) 79 Lieferungen. 8. 320 p., (316) tab. col. (Werthlos.)

Lincoln, *Almira H.*

5321* —— Familiar lectures on Botany. For the use of higher schools and academies. Hartford, Huntington. 1829. 8. 335, 4 p., 13 tab. — New York 1854. 8. 506 p. (7 *s.* 6 *d.*)

Lindberg, *Sextus Otto.*

5322* —— Om de europeiska Trichostomeae. Akademisk Afhandling. Helsingfors, Frenckell 1864. 8. 48 p.
Cat. of sc. Papers IV, 27.

Lindblad, *Adolf,* Docent in Upsala.

5323 —— Synopsis fungorum in Suecia nascentium Upsala 1853. 8.

5324 —— Hydnorum jubatorum in Suecia nascentium synopsis. Upsaliae, Wahlström & Co. 1853. 8. 18 p

5325 —— Monographia Lactariorum Sueciae. Upsaliae 1855. 8 xvi, 34 p.

5326 —— Om tillvaron af ett Centrum i naturliga Grupper. Lund 1857. 4.

Lindblom, *Alexis Eduard,* Docent in Lund, * Lyckeby 15. Jan. 1807, ÷ Lund März 1853.

5327* —— Stirpes agri Rotnoviensis. D. I—V. Lundae, typ. Berling. 1826—29. 8. 84 p.
Desinit in Decandria.

5328* —— In geographiam plantarum intra Sueciam distributionem adnotata proponit. Lundae, Gleerup. 1835. 8. 100 p., 5 tab. (1 *th.*)

5329* —— Bidrag till kännedomen af de Skandinaviska arterna al slägtet Draba. (Stockholm, typ: Norstedt. 1840.) 8. 94 p.

5330* —— Botaniska Notiser för år 1839—45. Lund, typ. Berling (Gleerup.) 1841—45. vii voll. 8. (11 *Rdr.*)
Cat. of sc. Papers IV, 27—28.

Lindeberg, *C. J.*

5331 —— Synopsis plantarum vascularium in regione Maeleri orientali-boreali sponte nascentium. Upsaliae, Hanselli. 1848. 8. 33 p.

5332 —— Novitiae Florae Scandinaviae. I. Göteborg 1858. 8. 2 tab.
Cat. of sc. Papers IV, 28.

Lindemann, *Eduard,* in Elisabethgrad (Cherson).
Cat. of sc. Papers IV, 28.

Lindemann, *Emanuel,* Lehrer in Mitau, 1794, † Mitau 22. Aug. 1845.

Lindemann, *Friedrich.*

5333* —— De cultu herbarum in vasis, qui fuit apud veteres. Zittaviae 1844. 4. 8 p.

Linden, *J.,* Director des botanischen Gartens in Brüssel, * Luxemburg 1817.

5334* —— Hortus Lindenianus. Recueil iconographique des plantes nouvelles introduites par l'établissement de *J. Linden.* Livr. 1. 2. Bruxelles, typ. Hayez. 1859—60. gr. 8. (2) 25 p., 12 tab. col. (8 *fr.*)

5335* —— Pescatorea. Iconographie des Orchidées, avec la collaboration de MM. *J. E. Planchon, Gustav Reichenbach* et *G. Lindemann.* Premier volume Bruxelles, Hayez. 1860. folio. 50 foll., 48 tab. col. (96 *fr.*)
Cat. of sc. Papers IV, 28.

Lindenberg, *Johann Bernhard Wilhelm* (Lindenbergia Lehm.), † Bergedorf 6. Juni 1851.

5336* —— Synopsis Hepaticarum europaearum adnexis observationibus et adnotationibus criticis illustrata. Bonnae, Weber. 1829. 4. 133 p., 2 tab. (1 ⅓ *th.*)
Nov. Act. Acad. Leop. vol. XIV. Supplementum.

5337* —— Monographie der Ricciеen. Bonn 1836. 4. 144 p., 19 tab. (6 *th.*)
Nova Acta Leop. XVIII, 361—504.

5338* —— Synopsis Hepaticarum. Conjunctis studiis scripserunt et edi curaverunt *C. M. Gottsche, J. B. G. Lindenberg* et *C. G. Nees von Esenbeck.* Hamburgi, Meissner. 1844(—47) 8. xxvi, 833 p. (5 *th. n.*)

5339* —— et *C. M. Gottsche.* Species Hepaticarum. Fasc. 1—11: Plagiochila, Lepidozia, Mastigobryum. Bonnae, Henry et Cohen. 1839—51. 4. xxxv, 164, 78, xii, 147 p., 67 tab. col. (22 ⅓ *th.*)
Cat. of sc. Papers IV, 30.

Linder, *Johann,* nobilis **Lindestolpe,** D. M. (Lindera Thunb.), * Carlstad . . . 1676, † Stockholm 24. März 1723.

5340* —— Flora Wiksbergensis, eller et Register uppå the Träd, Buskar, Örter och Gräs, som innom en fjerdingsväg kring

Surbrunnen Wiksberg, antingen på åkrar sås, eller wildt wäxa, med theras brukeligaste Namn på Latin och på Svenska. Stockholm 1716. 8. 42 p. — Andra Uplagan. Stockholm, typ. Horn. 1728 8. (4) 42 p.

Lindern, *Franz Balthasar von* (Lindernia All.), * Buchsweiler 1. März 1682, ÷ Strassburg 25. April 1755.

5341* —— Tournefortius alsaticus cis et trans Rhenanus, sive opusculum botanicum, ope cujus plantarum species etc. circa Argentoratum tiro dignoscere possit. Argentorati, Stein. 1728. 8. 160 p., praef, ind, 5 tab.

5342* —— Hortus alsaticus, plantas in Alsatia nobili imprimis circa Argentinam sponte provenientes designans. Argentorati, Beck. 1747. 8. 302 p, praef., ind, 12 tab.

Lindheimer, *Ferdinand*, in Neubraunfels (Texas).
Wiegmann's Archiv XII, 277—287.

Lindley, *John*, Professor der Botanik in London (Lindleya H B K.), * Chatton bei Norwich 5. Febr. 1799, ÷ London 1 Nov. 1865.
Seemann Journal LII, 384—388

5343* —— Rosarum monographia; or a botanical history of Roses. To which is added an appendix for the use of cultivators. London, Ridgway. 1820 8. xxxix, 156 p., 19 tab. col. (1 *l*. 1 *s*)
* *gallice*: Paris, Audot. 1824. 9. VIII, 182 p. (3 *fr.* 50 *c*)

5344* —— Collectanea botanica: or figures and botanical illustrations of rare and curious exotic plants. (I — VIII) London, Arch. 1821. folio. 41 foll., 41 tab. col. (4 *l*)

5345* —— Digitalium monographia: sistens historiam botanicam generis, tabulis omnium specierum hactenus cognitarum illustratam, ut plurimum confectis ad icones *Ferdinandi Bauer* penes *Guilielmum Cattley*, Arm. Londini, J. H. Bohte. 1821. folio. II, 27 p, 28 tab. col. (nigr. 4 *l.* 4 *s*. — col. 6 *l.* 6 *s*)

5346* —— Orchidearum sceleti. Londini, typ. Taylor. 1826. 8. 27 p., ic xyl

5347* —— A synopsis of the British Flora; arranged according to the natural orders: containing vasculares or flowering plants. London, Longman. 1829. gr. 12. XII, 360 p. — *Ed. II: ib. 1835 gr 12. VIII, 376 p. (10 *s.* 6 *d*) — Ed. III: ib. 1841. gr. 12. (10 *s.* 6 *d*.)

5348* —— An introduction to the natural system of botany. London, Longman. 1830. 8. XLVIII, 374 p. (12 *s.*) — *Ed. II. London 1835. 8. xv, 580 p., 6 tab. (18 *s*) — Ed. III. London 1839. 8. (18 *s*)
First american edition: with an appendix by *John Torrey*. New York 1831. 8.
* *germanice*: Weimar 1833 8 (3 *th*)

5349* —— An outline of the first principles of botany. London, Longman. 1830. 12. VIII, 106 p., 4 tab. (3 *s*) — *Ed. II. ib. 1834. 12. VIII, 106 p., 4 tab. (3 *s*). — Ed. IV. mutata inscriptione: Elements of botany. London 1841. 8. — Ed. VI. in two parts. (12 *s*.)
* *germanice*: Weimar 1831. 8.
* *gallice*: Paris 1832. 8.
* *italice*: Monza 1834. 8.
* *lusitanice*: Rio de Janeiro 1840. 8.
rossice Mosquae 1839. 8.

5350* —— The Genera and species of orchidaceous plants. London, Ridgway. 1830—40. 8. XIII, 553 p.
Editio major exstat cum 40 tabulis col a *Francisco Bauer* delineatis.

5351* —— and *William* **Hutton**. The fossil Flora of Great-Britain; figures and descriptions of the vegetable remains found in fossil state in this country. London, Ridgway. 1831—37. III voll 8. — I: 1831—32. LIX, 218 p., tab. 1—79. — II: 1833—35. XXXVIII, 208 p., tab. 80—156 — III: 1837. 204 p., tab. 157—230. (6 *l.* 12 *s*.)

5352* —— An introduction to botany. London, Longman. 1832. 8. XVI, 557 p., 6 tab ic. xyl. — *Ed. IV. In two volumes. ib. 1848. 8. XII, 406, VII, 427 p. ic. xyl.

5353* —— Nixus plantarum. Londini, apud Ridgway et filios. 1833. 8. 28 p.
* *germanice*: Verdeutscht durch *K. Th. Beilschmied*. Nürnberg, Schrag. 1834. 8. 44 p.

5354* —— On the principal questions at present debated in the philosophy of botany. London, typ. Taylor. 1833. 8. 31 p.

5355* —— Ladies' botany: or a familiar introduction to the study of the natural system of botany. London, Ridgway. 1834. XIII, 302 p, 25 tab. (16 *s*.) — Ed VI. London, Ridgway and sons. (1862.) XVI, VIII, 580 p., 50 tab. col.
* *germanice*: Botanik für Damen. Bonn, Henry und Cohen. 1849. gr 12 xx, 474 p., 25 tab col. (3 *th*)

5356* **Lindley**, *John*. A key to structural, physiological and systematical botany, for the use of classes. London, Longman 1835. 8. 80 p. (5 *s.*)
* *hungarice*: Kolozsvártt, Filsch és fia. 1836 12. XVII, 162 p., 9 tab.
* *gallice*: Aphorismes de physiologie végétale et de botanique. Paris, Colas. 1838. 8. 180 p.

5357* —— A natural system of botany; or a systematic view of the organization, natural affinities and geographical distribution of the whole vegetable kingdom. Second edition. London, Longman. 1836. 8. XVI, 526 p. (18 *s.*)

5358* —— Victoria regia (London, October 16. 1837.) folio eleph. 4 foll., 1 tab. col.
Privately printed by W. Nicol at the Shakspeare-Press; 25 copies.

5359* —— Flora medica; a botanical account of all the more important plants used in medicine, in different parts of the world. London, Longman 1838. 8. XIII, 656 p. (18 *s.*)

5360* —— Sertum orchidaceum: a wreath of the most beautiful orchidaceous flowers. London, James Ridgway and Sons 1838 folio max. 49, 1 tab. col., (124 p.) (12 *l.* 10 *s*.)
Prodiit annis 1837—42 decem fasciculis, singuli 11 *s*.

5361* —— Miscellaneous notices and miscellaneous matter. (Appendices of Botanical Register, vol. XXIV—XXXII. London 1838 —46. 8.) 95, 95, 90, 92 ?, 86, 85, 92, 86 p.

5362* —— Swan River. Sketch of the vegetation of this colony. London, Ridgway 1840. 8. 58 p., 9 tab. col. (10 *s.* 6 *d*)

5363* —— School botany. London, Longman. 1839. 8 et pluries. (6 *s.*)

5364* —— The theory of horticulture, or an attempt to explain the principal operations of gardening upon physiological principles. London, Longman. 1840. 8. XVI, 387 p., ic. xyl. (12 *s.*) — The theory and practice of horticulture. ib. 1849. 8. 622 p. ic. xyl. (21 *s.*)
* *germanice*: Theorie der Gärtnerei. Wien, Gerold. 1842. 8. 281 p. (2 *th*)
* *germanice*: Theorie der Gartenkunde. Uebersetzt von *L. Chr. Treviranus*. Erlangen, Palm und Enke. 1853 8. XVIII, 424 p. (1½ *th*.)
rossice: Theoria Horticulturae. Rossice reddita cum annotationibus *J Schichowsky*. Petropoli 1845. 8.

5365 —— Pomologia Britannica; or, figures and descriptions of the most important varieties of fruit cultivated in Great Britain. London, Henry G. Bohn. 1841. 3 vol. 8. 152 tab. col., 152 foll. (10 *l.* 10 *s*. — reduced at 3 *l.* 10 *s*.)

5366* —— Orchideae Lindenianae; or, notes upon a collection of Orchids formed in Colombia and Cuba by Mr. *J. Linden*. London, Bradbury and Evans. 1846. 8. VIII, 28 p. (2 *s.* 6 *d*)

5367 —— The vegetable kingdom; or the structure, classification and uses of plants, illustrated upon the natural system. With upwards of five hundred illustrations. London, typ. Bradbury and Evans. 1846. 8. LXVIII, 908 p., 1 tab. (2 *l.* 10 *s*.) — *Second edition. ib. 1848. 8. (30 *s*) — * Ed. III. with corrections and additional genera. ib. 1853. 8. LXVIII, 908 p. ic. xyl. (36 *s*)

5368* —— Medical and economical botany. London, Bradley and Evans. 1849. 8. IV, 274 p, ic. xyl. (14 *s*) — New edition. (7 *s.* 6 *d*.)

5369* —— and *Joseph* **Paxton**. The Flower Garden of new or remarkable plants. Vol. 1—3. London 1851—53. 4. 108 p. ic. xyl, 108 tab. col. (40 *th*)

5370* —— Folia orchidacea. An Enumeration of the known species of Orchids Vol. 1. Part 1—9. London, published for the author by J. Matthews. 1852—59. 8. (22 *s.* 6 *d*.)

5371* —— On symmetry of vegetation. London, Chapman and Hall. 1854. 8. 51 p., ic. xyl. in textu. (1 *s.*)

5372* —— Descriptive botany, or, the art of describing plants correctly in scientific language. Second edition. London, Bradbury. 1860. 8. 31 p., ic. xyl. (1 *s.*)

5373* —— and *Thomas* **Moore**. The treasury of botany, or popular dictionary of the vegetable kingdom. London, Longman. 1866. 8. 1274 p., ic. xyl. 20 tab. (20 *s*.)
Cat. of sc. Papers-IV, 31—33.

Lindsay, *Archibald* (Lindsaya Dryand.)

5374* —— De plantarum incrementi causis. D. Edinburgi 1781. 8. 43 p.

Lindsay, *John.*
Cat. of sc. Papers IV, 34.
Lindsay, *W. Lauder*, Arzt in Dumfries.
5375 —— A popular history of british Lichens. London, Reeve. 1858. 16. 22 tab., 378 p. (10 s. 6 d)
5376* —— Contributions to New Zealand Botany. London and Edinburgh, Willams and Norgate. 1868. 4. 102 p., 4 tab. col. (1 l. 1 s)
Cat. of sc. Papers IV, 34.
Link, *Heinrich Friedrich*, Professor der Botanik in Berlin (Linkia Cav.), * Hildesheim 2. Febr. 1767, † Berlin 1. Jan. 1851.
5377* —— Florae Goettingensis specimen, sistens vegetabilis saxo calcareo propria. D. inauguralis botanico-medica, 26. Aug. 1789. Goettingae, typ. Grape. 1789. 8. 43 p. ($^1/_6$ th.)
Redit in *Usteri* Delect. opusc. bot. I. p. 299—336. Supplementum: in *Usteri* Annalen der Botanik. 1795. Stück XIV. p. 1—17.
5378* —— Annalen der Naturgeschichte. Erstes (und einziges) Stück. Göttingen, Dieterich. 1791. 8. 126 p. ($^7/_{24}$ th.)
Totus fasciculus ab ipso editore scriptus; p. 27—38 Botanische Bemerkungen ad Floram Goettingensem.
5379* —— Dissertationes botanicae, quibus accedunt Primitiae horti botanici et Florae Rostockiensis. (D. I. de terminis botanicis. p. 1—31. — D. II. de generum in botanica constituendorum ratione. p. 31—35. — D. III. de differentiis specificis plantarum. p. 35—81.) Suerini, Bärensprung. 1795. 4. VI, 81 p. ($^2/_3$ th.)
5380* —— Philosophiae botanicae novae seu institutionum phytographicarum prodromus. Goettingae, Dieterich. 1798. 8. 192 p. ($^7/_{12}$ th)
5381* —— Grundlehre der Anatomie und Physiologie der Pflanzen. Göttingen, Danckwerts. 1807. 8. 305 p., 6 tab. ($^2/_3$ th.)
5382* —— Nachträge zu den Grundlehren der Anatomie und Physiologie der Pflanzen. Göttingen, Danckwerts. 1809. 8 83 p. ($^1/_3$ th.) — * Zweites Heft. ib. 1812. 42 p. ($^1/_4$ th.)
5383* —— Kritische Bemerkungen und Zusätze zu *Kurt Sprengel's* Werk: Ueber den Bau und die Natur der Gewächse. Halle, Kümmel. 1812. 8 59 p. ($^1/_4$ th.)
5384* —— Die Urwelt und das Alterthum, erläutert durch die Naturkunde. Berlin, Dümmler. 1820—22. 2 Theile. 8. ($2^2/_3$ th.) — * Zweite ganz umgearbeitete Ausgabe. Erster Theil. ib 1834. 8. VI, 462 p. (2 th.)
5385* —— Enumeratio plantarum horti regii botanici Berolinensis altera. Berolini, G. Reimer. 1821—22. II voll. 8. — I: VIII, 458 p. — II: 1822. IV, 478 p. ($4^2/_3$ th.)
5386* —— et *Friedrich* **Otto**. Icones plantarum selectarum horti regii botanici Berolinensis cum descriptionibus et colendi ratione. Abbildungen auserlesner Gewächse des Königlichen botanischen Gartens zu Berlin. Fasc. I—X. Berolini, (Reimer). 1820—28 4. 128 p., 60 tab. col. (20 th.)
5387* —— —— Icones plantarum rariorum horti regii botanici Berolinensis cum descriptionibus et colendi ratione. Abbildungen neuer und seltener Gewächse des Königlichen botanischen Gartens zu Berlin. Pars I, fasc. I—VIII. Berolini, Oehmigke. 1828(—31). 4. 96 p., 48 tab. col. ($10^1/_8$ th.)
5388* —— Elementa philosophiae botanicae. Berolini, Haude et Spener. 1824. 8. 486 p. ($1^3/_4$ th.) — * Elementa philosophiae botanicae. Grundlehren der Kräuterkunde. (latine et germanice.) Ed. II. ib. 1837. II voll. 8. — I: XII, 504 p., 4 tab. — II: XV, 357 p. (4 th.)
5389* —— und *Friedrich* **Otto**. Ueber die Gattungen Melocactus und Echinocactus, nebst Beschreibung und Abbildung der im Königlichen botanischen Garten bei Berlin befindlichen Arten. Berlin 1827. 4. 23 p., tab. 11—37.
Aus den Verhandlungen des Preuss. Gartenbauvereins.
5390* —— Hortus regius botanicus Berolinensis, descriptus. Berolini, Reimer. 1827—33. II voll. 8. — I: 1827. VIII, 384 p. — II: 1833. IV, 376 p. (3 th)
5391* —— Handbuch zur Erkennung der nutzbarsten und am häufigsten vorkommenden Gewächse. Berlin, Haude und Spener. 1829—33. 3 Theile. 8 — I: 1829. VIII, 864 p. — II: 1831. 533 p. — III: 1833. XVIII, 536 p. ($7^1/_2$ th.)
Etiam inscribitur: *Willdenow* Grundriss der Kräuterkunde. Theil II—IV.

5392* **Link**, *Heinrich Friedrich*. Ueber Pflanzenthiere überhaupt und die dazu gerechneten Gewächse besonders. Berlin, (Dümmler.) 1831. 4. 15 p., 1 tab. col. ($^{11}/_{12}$ th.)
5393* —— *Guilelmo Josepho* Professori Rostochiensi . gratulatur simulque de antiquitatibus botanicis Rostochiensibus disputat. Berolini, typ. Feister, die XIV Martii 1835. 4. 8 p.
5394* —— Icones anatomico-botanicae ad illustranda elementa philosophiae botanicae. Anatomisch-botanische Abbildungen zur Erläuterung der Grundlehren der Kräuterkunde. Berolini, Haude et Spener 1837—42. Fasc. I—IV. folio. IV p, 32 tab. (12 th.)
5395* —— Icones selectae anatomico-botanicae. Ausgewählte anatomisch-botanische Abbildungen. Berolini, Haude et Spener. (Lüderitz) 1839—42. Fasc. I—IV. folio. 15 plag., 32 tab. (12 th.)
5396* ——, *Friedrich* **Klotzsch** und *Friedrich* **Otto**. Icones plantarum rariorum horti regii botanici Berolinensis seltener Pflanzen Berlin, Veit et Co. (vol. II. Nicolai.) 1841—44. II voll. 4. — I: 1844. p. 1—61, tab. col. 1—24. — II: 1842—44. p. 63—126, tab. col. 25—48. (12 th.)
5397* —— Filicum species in horto regio botanico Berolinensi cultae. Berolini, Veit. 1841. 8. 179 p. (1 th.)
5398* —— Abietinae horti regii botanici Berolinensis cultae. Halae 1841. 8. 65 p.
Seorsim impr e Linnaea 1841. p. 481—545.
5399* —— Jahresberichte über die Arbeiten für physiologische Botanik in den Jahren 1840. 1841 1842—43. 1844—45. Berlin, Nicolai. 1842—46. 4 Bändchen. 8. ($3^1/_2$ th)
Seorsim impr. e *Wiegmann's* Archiv, vol. II sqq.
5400* —— Vorlesungen über die Kräuterkunde für Freunde der Wissenschaft, der Natur und der Gärten. Berlin, Lüderitz. 1843—45. 8. IV, 349 p., 9 tab. ($2^1/_4$ th.)
5401* —— Anatomia plantarum iconibus illustrata. Fasc. I—III. Anatomie der Pflanzen in Abbildungen. Berlin, Lüderitz. 1843—47. 4. — I: 1843. 11 p., tab. 1—12. — II: 1845. 15 p., tab 13—24 — III: 1847. 10 p., tab. 25—36. (6 th.)
Cat. of sc. Papers IV, 35—38.
Linke, *J. R.*
5402* —— Atlas der Giftpflanzen oder Abbildung und Beschreibung der den Menschen und Thieren schädlichen Pflanzen. Zweite umgearbeitete Auflage. Leipzig, Baensch 1868. 4. 16 tab. col. (2 th. n.)
Linnaeus, *Carl*, nach 1757 von **Linné**, Professor der Botanik in Upsala (Linnaea borealis L.), * Rashult in Småland 23. Mai 1707, † Upsala 10. Jan 1778.
Abraham **Bäck**, Åminnelse-Tal öfver ... Herr *Carl von Linné*, hållet, i Kongl. Maj. Höga Öfvervaro, för Kongl. Vetenskaps Academien, den 5 December 1778. Stockholm, Lange. 1779. 8. 84 p.
germanice: Stockholm 1779. 8.
Vita *Caroli a* **Linné**. (Nov. act. soc. ups. V. 335—344.)
Éloge de **Linné**. (Hist. de l'acad. des sc. de Paris, 1778. 66—84.)
Éloge de *Linnaeus*. (Hist. de la soc. royale de médecine, 1777—78. p. 17—44.)
* Orbis eruditi judicium de *Caroli* Linnaei scriptis (Holmiae 1741.) 8. (16 p.) Bibl. Cand.
De hoc rarissimo libello, in collectione epistolarum Stoeveriana p.159—172 recuso, cf. *Baron* **Desgenettes**, Notice sur un opuscule rare relatif à *Linné*. Extrait du 117me cahier, tome XXX, du Journal complémentaire des sciences médicales, Mars 1838. 8. 4 p. — «Dies ist die einzige besondre Apologie, die *Linné* jemals für sich geschrieben (nach der akademischen Schrift: Decades binae thesium medicarum, die sein erbitterter Gegner, der Mineralog *Johan Gottschalk* **Wallerius**, am 25. Febr. 1741 öffentlich zu Upsala vertheidigt hatte), so wie die einzige Schrift, die er anonymisch herausgegeben hat. Weder *Haller* noch andre Literatoren scheinen sie gekannt zu haben. Der Titel enthält den Wahlspruch *Linné's* aus dem *Virgil*: Famam extollere factis — hoc virtutis opus; und auf der Rückseite die Inschrift *Gronow's* auf *Linné*: Sic nuccumbe malis; Te noveril ultimus Ister, Te Boreas gelidus. Alsdann folgt eine kurze Uebersicht der vorzüglichsten Lebensmerkwürdigkeiten *Linné's* und im Verzeichniss seiner bis dahin erschienenen Schriften, mit ihren verschiednen Ausgaben zusammen 21, nebst einer Angabe der Männer, die das *Linné*'sche System öffentlich angenommen und vertheidigt haben: *van Royen*, *Gronov*, *Ferber*, *Browallius*, *Gleditsch*. Hierauf werden die gedruckten oder in Briefen geäusserten Urtheile und Lobsprüche über *Linné* mitgetheilt: *Johann van Gorter*, *Boerhaave* («Saecula laudabunt, boni imitabuntur, omnibus proderit»), *van Royen*, *Gronov*, *Burmann*; *Hans Sloane*, *Dillenius*, *Lawson*, *Donell Jacob*; *DeSauvages*, *Antoine de Jussieu*, *Barrère*, *Gravel*; *Albrecht van Haller*, *Johann Gesner*; *Gleditsch*, *Ludwig*, *Johann Joachim Lange*, *Friedrich Otto Menken*, *F. Thomas Kohl*.» *Stoever*, Leben des Ritters *Carl von Linné*, I. p. 240—257.
Richard **Pulteney**. A general view of the writings of *Linnaeus*. London 1781. 8. 425 p. — * The second edition, with corrections, considerable additions and memoirs of the author by *William George* **Maton**. To which is annexed the diary of *Linnaeus*, written by himself. London, typ. Taylor.

1805. 4 xv, 595 p, 4 tab., effigies *Linné, Pulteney;* medals; facsimile. (1 *l.* 11 *s.* 6 *d.*)

* *gallice:* Revue générale des écrits de *Linné* Traduit de l'anglais avec des notes et additions par *L A Millian de Grandmaison.* Londres et Paris, Buisson 1789 II voll. 8. — I: vi, 386 p — II: 400 p.

* *J. F. B de Saint-Amans,* Éloge de *Charles de Linné* Agen, Noubel. 1791. 8. 32 p.

D. H Stoever, Leben des Ritters *Carl von Linné* Nebst den biographischen Merkwürdigkeiten seines Sohnes, und einem vollständigen Verzeichnisse seiner Schriften. Hamburg, Hoffmann 1792 2 Theile 8 — I: xl, 392, (2) p., 1 tab.: effigies *Linné.* — II: iv, 341 p — Nachtrag: ib 1793. 8 16 p

* *anglice:* Translated from the original german by *Joseph Trapp* London, White 1794 4 xxxviii, 435 p, 1 tab: effigies *Linné.* (1 *l* 1 *s.*)

* *A. J Retzius,* Tal hållit d. 11. Junii 1811, då D *Carl von Linné's* Bröstbild därstädes upsattes. Lund, typ Berling. 1811. 8. 16 p.

* *Marquis,* Éloge de *Linné* Rouen 1817 8.

* *Wahlenberg,* Linné och hans Vetenskap. Svea Tidskrift för Vetenskap och Konst. 5te Häftet Upsala 1822. 8. p 69—130.

* *Adam Afzelius,* Egenhändiga Anteckningar af *Carl Linnaeus* om sig sjelf Med Anmärkningar och Tillägg. Stockholm 1823 4. xxiv, 248 p, 6 tab

* *germanice: Linné's* eigenhändige Anzeichnungen über sich selbst, mit Anmerkungen und Zusätzen von *(Adam) Afzelius* Aus dem Schwedischen übersetzt von *Karl Lappe* Nebst *Linné's* Bildniss und Handschrift. Berlin, Reimer. 1826 8 xx, 260 p., 2 tab (1¼ *th*)

C A. Agardh, Antiquitates *Linnaeanae* Programma. Lundae, typ Berling 1826. folio 18 p.

—— Äreminne öfver *Carl von Linné,* in Svenska Ac. Handlingar X, 49—108 (1826.)

* —— Vie de *Linné,* rédigée sur les documens autographes laissés par ce grand homme, et suivie de l'analyse de sa correspondance avec les principaux naturalistes de son époque Paris 1832. 8. xi, 379 p, 6 tab

Carolo Linnaeo statuam juventus academica Upsaliensis decrevit anno 1822, posuit anno 1829. Upsaliae, Palmblad et Co 1829. 4. 8 p.

C G Myrin, Om *Linné's* Naturhistoriska Samlingar och deras bortförande till England. Ett bidrag till Sveriges Litteratur-historia. Tidskrift Skandia II, 242—288 (1833)

* *Fischer von Waldheim,* Fête séculaire de *Charles de Linné,* célébrée par la société impériale des naturalistes de Moscou le $^{14}/_{22}$ juin 1835. Moscou, typ. Semen. 1835 8. 32 p

Fuernrohr, Gedächtnissrede zur Linnéischen Jubelfeier. (Regensburg 1835.) 8

* *Ph von Martius,* Reden und Vorträge über Gegenstände aus dem Gebiete der Naturforschung Stuttgart und Tübingen, Cotta 1838 8. vi, 308 p (1½ *th.*)

Insunt: Zum Andenken *Linné's* an seinem Geburtstage. Der philosophische Gedanke in *Linné's* Werken Auszug aus *Linné's* Rede bei einem Besuche König Adolph Friedrich's. Die verschiednen Alter des menschlichen Lebens, nach *Linné's* Metamorphosis humana Ueber den magischen Einfluss der Natur auf die Menschen Des Naturforschers Leiden und Freuden. Drei Lieder zur Feier von *Linné's* Geburtstag im Freien zu singen. Linnéische Litanei, ausgeführt in vielen Gebeten vom Pater Fidelis: von Prof *Zuccarini.*

* —— *Linné* und der Zweifler (München 1838.) 4 17 p.

Seorsim ex: «Deutsche Blätter» München 1838. p 225—241.

* —— Rede zum Linnaeusfeste in Ebenhausen bei München. (Regensburg 1842.) 8. 16 p.

* *Brignoli de Brunnhoff,* Discorso per l' inaugurazione del busto di *Carlo Linneo* nell' orto botanico di Modena. Modena, tip. della Camera. 1843 8. 30 p.

* *Miss Brightwell,* The life of *Linnaeus.* London, J. van Voorst. 1858. 8. 191 p. (3 *s* 6 *d.*)

C A Agardh, Äreminne öfver Arkiatern *Carl von Linné.* Samlade Skrifter af blandadt innehåll Bandet II, 1—50. (1863.)

Epistolae Linneanae:

5403* **Linnaeus,** *Carl.* Collectio epistolarum, quas ad viros illustres et clarissimos scripsit *Carolus a Linné.* Accedunt Opuscula pro et contra virum immortalem scripta, extra Sueciam rarissima. Edidit *Dietrich Heinrich Stoever.* Hamburgi, Hoffmann 1792 8. xiv, 194 p.

Ad *Albert von Haller* epistolae 26, ad *Pennant* 1, ad Academiam scientiarum Parisiensem 1, ad *Thunberg* 8, ad *Giseke* 8, ad *E. C. Schultz* 1. Praeterea in hac collectione continentur reimpressiones Decadum binarum thesium medicarum, autore *Wallerio;* Orbis eruditi judicium de *Caroli Linnaei* scriptis; et dissertatio *Hediniana:* Quid *Linnaeo* patri debeat medicina?

* A selection of the correspondence of *Linnaeus* and other naturalists, from the original manuscripts. By Sir *James Edward Smith.* In two volumes. London, printed by J Nichols and son, for Longman, Hurst, Rees etc. 1821. 8 — I: xiv, 605 p — II: iv, 580, 25 p (1 *l.* 10 *s.*)

In volumine primo continentur epistolae *Linnaei* ad *John Ellis; Petri Collinson, Johannis Ellis* et *Alexandri Garden* epistolae ad *Linnaeum,* nec non epistolae mutuae *Johannis Ellis* et *Alexandri Garden;* dein epistolae a *Banks* ad *Smith,* et unica a *Francisco Garden* ad *John Ellis* data, ac denique biographiae *Collinsonii, Ellisii* et *Alexander Garden* a *Smith* conscriptae. In volumine altero plurimae insunt epistolae virorum celeberrimorum: epistolae *Linnaei* ad *Hallerum,* jam antea duobus in locis publicatae, una cum *Halleri* ad *Linnaeum; Linnaeanae* ad *Grimaldi, James Lind, E. Mendes da Costa, Georg. Edwards, Tulbagh* et *Cusson;* epistolae ad *Linnaeum* a *Dillen, Amman, Boerhaave, Antoine* et *Bernard de Jussieu, Catesby, Mitchell, Colden, Raibaud, D'Ayen, Adanson, de Réaumur, Ascanio, Mutis, Drury, Jean Jaques Rousseau, Ramsay Monboddy, Caroline Luise von Baden, Masson* et *Giseke;* ad *Linnaeum* filium a *Mutis, Masson, Condorcet, DuRoi, Banks* cum responsionibus, et perplures aliae Anglorum epistolae.

* *Caroli Linnaei* literas XI ad *Alexandrum Gardenium,* Doctorem medicinae Caroliniensem, datas necdum promulgatas edidit *A. F. Lueders* Kiliae, typ Mohr 1829 4. 16 p.

* *H. C. van Hall,* Epistolae ineditae *Caroli Linnaei,* addita parte commercii literarii inediti, inprimis circa rem botanicam, *J Burmanni, N. L. Burmanni, Dillenii, Halleri, Schmidelii, Johannes Gesneri, Oederi, Pallasii, Vandellii* et *Thunbergii,* annis 1736—93. Ex literis autographis edidit *Hermann Christian van Hall.* Groningae, van Boekeren. 1830. 8. 268 p., praef, ind. (1⅞ *th.*)

Lettere inedite di *Carlo Linneo,* publicate dal Cav. *Antonio Bertoloni,* estratte dal fasc. III. dei nuovi annali delle scienze naturali. Bologna, typ Marsigli. 1838. 8 8 p.

* *Caroli Linnaei* Epistolae ad *Nicolaum Josephum Jacquin;* ex autographis edidit *Karl Nikolaus Joseph von Schreibers.* Praefatus est notasque adjecit *Stephan Endlicher.* Vindobonae, Gerold 1841 8 viii, 167 p. (1⅓ *th*)

* Epistolae *Caroli a Linné* ad *Bernardum de Jussieu* ineditae, et mutuae *Bernardi* ad *Linnaeum:* curante *Adriano de Jussieu.* Ex actis Acad. act. et sc. Amer. ser. II tom. 5. Cantabrigiae, typ Metcalt 1854 4 p. 179—234.

Lettres inédites de *Linné* à Boissier de la Croix de Sauvages, publiées par le Baron *L A. d'Hombre-Firmas.* Angers 1861. 8.

Correspondance inédite de *Linné* avec *Claude Richard* et *Antoine Richard* 1764—74) traduite et annotée par *A Landrin.* Versailles 1863. 8. 48 p.

Millin Magasin V, 354—365

Konig and *Sims* Annals II, 387—388.

Proc. Linn. Soc. II, 32 245.

5404* **Linnaeus,** *Carl. Caroli Linnaei,* Sueci, Doctoris medicinae, Systema naturae, sive regna tria naturae systematice proposita per classes, ordines, genera et species. O Jehova! quam ampla sunt opera Tua! quam ea omnia sapienter fecisti! quam plena est terra possessione tua! Psalm CIV. 24. Lugduni Batavorum, apud Theodorum Haak. MDCCXXXV. Ex typographia Joannis Wilhelmi de Groot. folio max. (7 foll) — * Systema naturae, in quo naturae regna tria, secundum classes, ordines, genera, species systematice proponuntur. Editio II. auctior. Stockholmiae, Gottfr. Kiesewetter. 1740. 8. 80 p. — * latine et germanice per *Johann Joachim Lange.* Halle, typ. Gebauer. 1740. 4 obl. (8), 70 p. — * Ed. IV. ab auctore emendata et aucta. Accesserunt nomina gallica. Parisiis, David. 1744. 8. 108 p. — cura *M. G. Agnethler.* Halle 1747. 8. — * Ed. VI: emendata et aucta. Stockholmiae, Godofr. Kiesewetter. 1748. 8 224 p., 18 p. ind., 8 tab, effigies *Linnaei.* — * Secundum sextam Holmiensem editionem. Lipsiae, Kiesewetter. 1748. 8. 224 p, 18 p. ind., 8 tab., effigies *Linnaei.* — Lugduni Batavorum 1756. 8. 227 p., 8 tab. — Ed. X reformata. Holmiae, impensis Laurentii Salvii. 1758—59. II voll. 8. 1384 p. — * Ad editionem decimam reformatam Holminensem (recusa curâ *Joh. Joach. Lange*). Halae Magdeburgiae, Curt. 1760. II voll. 8. — I: Animalia. 823 p. — II: Vegetabilia. p. 825—1380. — * Ed. XII. reformata. Holmiae, Salvius. 1766—68. III voll 8. — I: 1766. Animalia. 1327 p., 36 p. ind. — II: 1767. Vegetabilia. 736 p. — III: 1768. Mineralia; appendix animalium et vegetabilium. 236 p, 20 p. ind., 3 tab. — * Ed. XIII. aucta, reformata, cura *Joh. Fr. Gmelin.* Lipsiae, Beer. 1788—93. III tomi. 8. — I: Pars 1—7. 1788. Animalia. 4120 p — II: Pars 1—2. 1791. Vegetabilia. xl, 1661 p. — III: 1793. Mineralia. 476 p. (17⅙ *th.*)

Dryander in Transact Linn. Soc. II, 212—235.

Editiones I. II. VI. X XII sunt originariae, ab ipso Linnaeo auctae et reformatae. Editio prima perrara reimpressa est curis ill. Fée. Paris, Levrault. 1830. 8. vi, 81 p.

* *hollandice:* Natuurlyke historie oft uitvoerige beschryving der Dieren, Planten en Mineraalen, volgens het samenstel van *Linnaeus.* Deel II. Planten. 14 Stuk. Amsterdam 1774—83. 8. 438, 616, 688, 564, 576, 468, 832, 784, 760, 828, 456, 558, 616, 698 p., 105 tab.

* *germanice:* Des Ritters *C. von Linné* vollständiges Natursystem nach der zwölften lateinischen Ausgabe und nach Anleitung des holländischen *Houttuyn*'schen Werks, mit einer ausführlichen Erklärung ausgefertigt von *Philipp Ludwig Statius Müller.* Nürnberg, Raspe. 1773—1800. 11 Bände. 8. und Atlas: 195 tab. col.

* *anglice:* General system of nature, translated, amended et enlarged by *William Turton.* London 1806. VII voll. 8.

gallice: Système de la nature, traduit par *Vandersteqen de Putte,* d'après la treizième édition latine de *Gmelin* Bruxelles 1793. IV voll. 8.

suecice: Caroli Linnaei Inledning i Ort-Riket, efter Systema naturae, på svenska öfversatt af *Johan J. Haartman.* Stockholm, tryckt hos L. Salvius. 1753. 8. (12), 136, (8) p, 3 tab

5405* —— Fundamenta botanica, quae majorum operum prodromi instar theoriam scientiae botanices per breves aphorismos tradunt. Amstelodami, apud Sal. Schouten. 1736 8. 36 p. — * Ed. II. Stockholmiae, apud Gottfr. Kiesewetter. 1740. 8. 87 p. — * Ed. III. Amstelodami, apud Sal. Schouten. 1741. 8 51 p — impr. cum *Alston,* Index plantarum. Edinburgi 1740 8. 22 p. — * impr. cum Linnaei systemate naturae. Parisiis, David 1744. 8. xxvi p. — * Halae, Bierwirth. 1747. 8. 78 p. — * impr. cum *Alston* Tirocinio botanico. Edinburgi 1753. 8. p. 83—109. — * impr. cum Linnaei Operibus variis.

Lucae, typ. Juntini. 1758. 8. p. 1—61. — *curante *J. E. Gilibert.* Coloniae Allobrogum 1786. 8. tom. I. p. 1—48. — Matriti 1788. 8. 97 p.

5406* **Linnaeus,** *Carl.* Bibliotheca botanica, recensens libros plus mille de plantis hucusque editos secundum systema auctorum naturale in classes, ordines, genera et species dispositos, additis editionis loco, tempore, forma, lingua etc. cum explicatione fundamentorum botanicorum pars I. Amstelodami, apud Sal. Schouten. 1736. 8. 153 p., praef., clavis et series classium et ind.: 29 p. — *Ed. nova. Halae, Bierwirth. 1747. 8. — *Editio altera priori longe auctior et emendatior. Amstelodami, Schouten. 1751. 8. xiv, 220 p.

5407* —— Musa Cliffortiana, florens Hartecampi 1736 prope Harlemum. Lugduni Batavorum 1736. 4. 46 p., 2 tab.

5408* —— Hortus Cliffortianus, plantas exhibens, quas in hortis tam vivis quam siccis Hartecampi in Hollandia coluit vir nobilissimus et generosissimus *Georgius Clifford,* J. U. D, reductis varietalibus ad species, speciebus ad genera, generibus ad classes, adjectis locis plantarum natalibus differentiisque specierum. Cum tabulis aeneis. Amstelaedami 1737. folio. x, iv, 501 p. (i. e. p. 1—231 et 301—501), 1 p. addenda, (16) p. ind., 36 et 1 tab.

5409 —— Viridarium Cliffortianum, in quo exhibentur plantae, quas vivas aluit hortus Hartecampensis annis 1735—37 indicatae nominibus ex horto Cliffortiano depromtis. Amstelaedami 1737. 8. 104 p.

5410* —— Flora lapponica, exhibens plantas per Lapponiam crescentes, secundum systema sexuale, collectas in itinere impensis soc. reg. lit. et scient. Sueciae anno 1732 instituto. Additis synonymis et locis natalibus omnium, descriptionibus et figuris rariorum, viribus medicatis et oeconomicis plurimarum. Amstelaedami, apud Salomonem Schouten. 1737. 8. 372, (48) p , 12 tab. — *Editio altera, aucta et emendata, studio et curâ *James Edward Smith.* Londini, impensis B. White. 1792. 8. L, 390 p., (14) p. ind , 12 tab.
Prodromus immortalis operis «Florula lapponica» exstat in Act. liter. et scient Sueciae 1732. p. 46—58. 1735. p. 12—23.

5411* —— Genera plantarum, eorumque characteres naturales secundum numerum, figuram, situm et proportionem omnium fructificationis partium. Lugduni Batavorum, apud Conrad. Wishoff. 1737. 8. 384 p, praef., clavis classium, ind. — *Ed. II. aucta et emendada. Lugd. Batav., Wishoff. 1742. 8. 527 p., ind. — *Ed. II. (III.) nominibus plantarum gallicis locupletata. Parisiis, David. 1743. 8. xxxii, 413 p., ind., cum fragmentis methodi naturalis. 2 tab. — *Genera plantarum, quae novis septuaginta auctoris generibus sparsim editis locupletata, recudenda curavit *Christoph Karl Strumpff.* Halae Magdeburgicae, Kümmel. 1752. 8. xxxii, 444 p., ind. — *Ed. V. ab auctore reformata et aucta. Holmiae, impensis Laurentii Salvii. 1754. 8. xxxii, 500 p., (22) p. ind. — *Ed. VI. ab auctore reformata et aucta. Holmiae, impensis Laurentii Salvii. 1764. 8. xx, 580 p., (42) p. ind. et ordines naturales. — Viennae, Trattner. 1767. 8. — *Ed. novissima (VII.) novis generibus ac emendationibus ab ipso perillustri auctore sparsim evulgatis adaucta, curante *Johann Jakob Reichard.* Francofurti a/M., Varrentrapp. 1778. 8. xxix, 571 p., ind. — *Ed. VIII, post Reichardianam secunda, prioribus longe auctior atque emendatior, curante *Johann Christian Daniel (von) Schreber.* Francofurti a/M., Varrentrapp. 1789—91. II voll. 8. xxxii, 872 p. — *Ed. VIII (IX.) praecedente longe auctior, curante *Thaddaeo Haenke.* Vindobonae, ex officina Wappleriana 1791. II voll. 8. xxi, 844 p. — *Editio nova, curante *Curtio Sprengel.* Goettingae, Dieterich. 1830—31. II voll. 8. vi, 870 p. (4 th.)
* *germanice:* Gattungen der Pflanzen und ihre natürliche Merkmale. Nach der sechsten Ausgabe und der ersten und zweiten Mantisse übersetzt von *Johann Jakob Planer.* Gotha, Ettinger. 1775. II voll. 8. 1000 p., introductio. — *Nachtrag. ib. 1785. 8. 104 p , ind.
Corollarium generum plantarum, exhibens genera plantarum sexaginta, addenda prioribus characteribus expositis in Generibus plantarum. Accedit Methodus sexualis. Lugduni Batavorum, apud Conradum Wishoff. 1737. 8. 25, 23 p., 1 tab.
Libellus editus est una cum editione principe Generum.

5412* **Linnaeus,** *Carl.* Classes plantarum, seu Systemata plantarum omnia a fructificatione desumta, quorum XVI universalia et XIII partialia compendiose proposita secundum XVI classes, ordines et nomina generica cum clavi cujusvis methodi et synonymis genericis. Fundamentorum botanicorum Pars II Lugduni Batavorum, apud Conradum Wishoff. 1738. 8. 656 p. — Halae, Kümmel. 1747. 8. 656 p.

5413* —— Critica botanica, in qua nomine plantarum generica, specifica et variantia examini subjiciuntur, selectiora confirmantur, indigna rejiciuntur, simulque doctrina circa denominationem plantarum traditur. Seu Fundamentorum botanicorum Pars IV. Accedit *Johannis Browallii* de necessitate historiae naturalis discursus. Lugduni Batavorum, apud Conradum Wishoff. 1737. 8. 270 p., praef, ind., 24 p. — *Fundamenta botanica, curante *Gilibert,* III. p. 363—594.

5414* —— Flora suecica, exhibens plantas per regnum Sueciae crescentes, systematice cum differentiis specierum, synonymis autorum, nominibus incolarum, solo locorum, usu pharmacopoeorum. Stockholmiae, sumtu et literis Laurentii Salvii. 1745. 8. xii, 419 p., 1 tab — *Ed. II. aucta et emendata. Stockholmiae, sumtu et literis Laurentii Salvii. 1755. 8. xxx, 464 p., ind., 1 tab.

5415* —— Öländska och Gothländska Resa på Riksens Höglofliga Ständers befallning förrättad åhr 1741. Stockholm och Upsala, hos Gottfried Kiesewetter. 1845. 8. (8), 344, (30) p , 2 chart. geogr., 1 tab.
* *germanice:* übersetzt von *J. Chr. D. (von) Schreber.* Halle, Curt. 1764. 8. 364 p., ind., 3 tab., 2 chart. geogr.

5416* —— Wästgöta-Resa, på Riksens Höglofliga Ständers Befallning förrättad år 1746. Stockholm, uplagd på Lars Salvii kostnad. 1747. 8 284 p., praef., ind., 5 tab.
* *germanice:* übersetzt von *J Chr. D. (von) Schreber* Halle, Curt 1765. 8. 313, (20) p , 7 tab.

5417* —— Skånska Resa, på Höga Öfverhetens befallning förrättad år 1749. Stockholm, uplagd på Lars Salvii Kostnad. 1751. 8. xiv, 434 p., praef., ind., 1 mappa geogr, 6 tab.
* *germanice:* Leipzig und Stockholm, Kiesewetter. 1756. 8 336 p , praef , 1 mappa geogr, 2 tab.

5418* —— Oratio, qua peregrinationum intra patriam asseritur necessitas, habita Upsaliae in auditorio majori MDCCXLI. Octob. XVII, quum medicinae professionem regiam et ordinariam susciperet. Upsaliae 1741. 8. 48 p. — Lugduni Batavorum, apud Cornelium Haak. 1743. 8.
Redit in Amoen. acad. vol II. ed. I. p. 408—429. ed. II. p. 378—401. ed. III. p. 408—429 — Select. ex Amoen. acad. p. 233—259 — Fundamenta bot. ed. *Gilibert* tom. II. p. 713—732.
anglice: translated by *Stillingfleet,* in his Miscellaneous tracts, ed. I. p. 1—30. ed. II. p. 1—35.

5419 —— Deliciae naturae. Tal hållit uti Upsala Domkyrka ar 1772 den 14 Decemb. vid. Rectoratets nedläggande af *Carl von Linné.* Efter de Studerandes åstundan, på Svenska öfversatt och utgifvet. Stockholm, tryckt hos Joh. Georg Lange. 1773. 8. 39 p. — Å nyo Uplagd. Stockholm, hos P. Sohm 1816. 8. 42 p.
latine: Amoen acad. edente *Schreber,* vol. X. p. 66—99.
Editio originaria latina, a *Stoever* Leben Linné's II. p. 208. citata, ex sententia *Wikstroemii* vix impressa fuit. Oratio haecce habita fuit, quum anno 1772 rectoratum academicum deponeret *Linnaeus.*

5420 —— Elementa botanica. (Edidit *Daniel Solander.*) Upsaliae 1756. 8. 4 p.
Redeunt in praefatione Systematis vegetabilium, in editionibus postea impressis.

5421 —— Delineatio plantae in usum auditorum. Upsaliae, apud Christianum Steinert. 1758. 8. 8 p.
Redit in editionibus Systematis vegetabilium XIII. et sequentibus, in *Lipp* Enchirid. bot. p. 58—67, in *Reuss* Compend. bot. I. p. 27—37, ed. II. p. 35—45, latine et belgice in *Gorter's* Leer der plantkunde, p. 33—76, anglice «Delineation of a plant» in System of vegetables, translated by a botanical sosiety at Lichfield, vol. I. p. 13—21.

5422* —— Flora zeylanica, sistens plantas indicas Zeylonae insulae, quae olim 1670—77 lectae fuere a *Paulo Hermanno,* Prof. bot. Leydensi, demum post 70 annos ab *Augusto Guenthero,* Pharmacopola Havniensi, orbi redditae; hoc vero opere revisae, examinatae, determinatae et illustratae generibus certis, differentiis specificis, synonymis propriis, descriptionibus compendiosis, iconibus paucis. Holmiae, sumtu et literis Laurentii Salvii. 1747. 8 240 p., ind., 4 tab. — *Amstelaedami, apud Wetstenium. 1748. 8. (non differt.)

5423* **Linnaeus**, *Carl.* Hortus Upsaliensis, exhibens plantas exoticas horto Upsaliensis Academiae a sese illatas ab anno 1742 in annum 1748, additis differentiis, synonymis, habitationibus, hospitiis, rariorumque descriptionibus in gratiam studiosae juventutis. Volumen I. Stockholmiae, sumtu et literis Laurentii Salvii 1748 8 306 p, ind., 3 tab.

5424* —— Materia medica, liber I. de plantis. Holmiae, Salvius 1749. 8 252 p., prolegomena, 1 tab. — curante *J. C. D Schreber.* Vindobonae 1773 8 — Ed. IV. auctior, curante *J. C. D Schreber.* Lipsiae et Erlangae 1782. 8 — *Mantissa. ib. 1782. 8 16 p — *Ed V. auctior, curante *J C. D. Schreber.* Lipsiae et Erlangae, Walther. 1787. 8. 318 p., prolegomena, ind.

5425* —— Amoenitates academicae, seu dissertationes variae physicae, medicae, botanicae, antehac seorsim editae nunc collectae et auctae cum tabulis aeneis. Holmiae et Lipsiae, apud Godofredum Kiesewetter. (inde a volumine II: Holmiae, apud L. Salvium) 1749—79. VII voll. 8. — *Ed. III curante *Johann Christian Daniel (von) Schreber.* Erlangae, Palm. 1787—90. X voll 8 (18 *th.*)

Vol. I: Holmiae et Lipsiae, Kiesewetter. 1749. 563 p., 17 tab. (edidit *P Camper*) — Lugduni Batavorum, apud Cornelium Haak. 616 (13) p., 15 tab. — Ed. III. curante *Schreber.* Erlangae 1787. 8. 571 p., 17 tab.

Vol. II: Holmiae, Salvius. 1751. 8. (Amstelodami 1752) 478 p, 4 tab. — Ed. II. aucta. Holmiae 1762. 444 p., 4 tab. — Ed III curante *Schreber.* Erlangae 1787. 472 p, 4 tab.

Vol. III: Holmiae, Salvius 1756. (Amstelaedami 1764.) 464 p., 4 tab. — Ed II. (III.) curante *Schreber.* Erlangae 1787. 464 p., 4 tab

Vol IV: Holmiae, Salvius. 1759 (Lugduni Batavorum 1760) 600 p, 4 tab — Ed. II. curante *Schreber.* Erlangae 1788 600 p, 4 tab.

Vol V: Holmiae, Salvius. (Lugd. Bat.) 1760 483 p., 3 tab. — Ed. II. curante *Schreber.* Erlangae 1788. 483 p., 3 tab.

Vol VI: Holmiae, Salvius. 1763. (Lugd Bat 1764.) 486 p., 5 tab — Ed. II. curante *Schreber.* Erlangae 1789. 486 p., 6 tab (Sexta pertinet ad vol. V.)

Vol. VII: Holmiae, Salvius. (Lugd. Bat.) 1769. 506 p., 7 tab. — Ed. II curante *Schreber* Erlangae 1789 506 p., 7 tab.

Vol. VIII: edidit *Schreber.* Erlangae 1785. 332 p., 8 tab.

Vol IX: edidit *Schreber* Erlangae 1785 331 p

Vol X: accedunt *Caroli a Linné filii* Dissertationes botanicae collectae, curante *Schreber.* Erlangae 1790. 148, 431 p, 6 tab

Singula volumina semel vel bis tantummodo, singula autem tertia vice impressa sunt, intercedente editione nova Amoenitatum Amstelodamensi. Quare etiam singulorum voluminum editiones, Dryandro duce, apposui
Selectae ex Amoenitatibus academicis dissertationes ad universam naturalem historiam pertinentes, quas edidit et additamentis auxit *L. B e S. J* (i. e *Leopold Biwald*) Graeciae, typ. Widmanstadt. 1764 4 316 p., praef., 2 tab. — *Continuatio: ib. 1766. 4 297 p, 1 tab — *Continuatio altera: ib 1767. 4 277 p., 4 tab. — Ed. II: Graeciae, apud Zaunrieth. 1786 8 285 p, 3 tab
Select Dissertations from the Amoenitates academicae, a supplement to Mr. *Stillingfleet's* Tracts relating to natural history; translated by the Rev. *F J Brand* Vol. I. London 1781 8 480 p

5426* —— Philosophia botanica, in qua explicantur Fundamenta botanica cum definitionibus partium, exemplis terminorum, observationibus rariorum, adjectis figuris aeneis. Stockholmiae, apud Godofr. Kiesewetter. 1751. 8 362 p., 9 tab., 2 tab. xyl — *Ed II: Viennae, typ. Johann Thomas Trattner 1763. 8 368 p, praef. 9 tab., 2 tab. xyl — *Ed II: curante *Johann Gottlieb Gleditsch.* Berolini 1780. 8. 362 p, 11 tab — *Fundamenta botanica, curante *J. E. Gilibert,* III. p. 1—362, 13 tab — *Ed. III. aucta cura *K L Willdenow.* Berolini 1790. 8. 364 p, 11 tab — *Ed. IV. studio *Curtio Sprengel* Halae, Kümmel. 1809 8 362 p, 11 tab. (2⅓ *th.*) — *Tornaci Nerviorum, typ Caroli Casterman-Dieu. 1824. 8. xxvi, 471 p, 9 tab et clavis systematis

germanice: Pflanzenphilosophie im Auszuge Augsburg, Wolf 1787 8
hispanice: por *Antonio Palau y Verdera* Madrid, A de Sancha 1778 8 312 p, praef, 9 tab

hispanice: annotationibus, explanationibus, supplementis aucta, opera *Casimiro Gomez Ortega.* Matriti 1792. 4. 426 p., 10 tab.
gallice: Traduite par *Fr. Alex. Quesné.* Paris, Cailleau. 1788. 8. iv, 456 p., 11 tab. (7 fr.)
anglice: with *Hugh Rose,* Elements of botany London 1775. 8.

5427* **Linnaeus**, *Carl.* Species plantarum, exhibentes plantas rite cognitas, ad genera relatas, cum differentiis specificis, nominibus trivialibus, synonymis selectis, locis natalibus secundum systema sexuale digestas. Holmiae, impensis Laurentii Salvii. 1753. II voll. 8. 1200 p., praef., ind. — *Editio secunda, aucta. Holmiae, impensis Laurentii Salvii. 1762—63. II voll. 8. xiv, 1684, 164 p., ind. — *Ed. III: Vindobonae, J. Th. de Trattner. 1764. II voll. 8. 1682 p., ind. — *Editio quarta, post Reichhardianam quinta, adjectis vegetabilibus hucusque cognitis, curante *C. L. Willdenow.* Berolini, G C. Nauck. 1797—1830. VI voll. 8. — I: 1797. xxxi, 1568 p. — II: 1799. 823 p. — III: 1800. 2409 p. — IV: 1805. 1157 p. — V, pars I: 1810. l, 542 p. — V, pars II, sectio prima: Species muscorum frondosorum, pars I, editae a *Friedrich Schwaegrichen.* 1830. xiv, 122 p. — pars I et II: Hyphomycetes et Gymnomycetes, edidit *Heinrich Friedrich Link.* 1824—25. xv, 162, vi, 128, xix p. (20⅔ *th*) — Index filicum. ib. 1821. 8. — *Editio sexta. Tomus I, pars I. Sectio 1—2. autore *Albert Dietrich.* Berolini, Nauck. 1831—38. 8. — I: 1831. Monandria et Diandria. x, 735 p. — II: 1833. Triandriae Monogynia. 747 p. (6 *th.*)
* *J. A. Schultes,* Observationes botanicae in *Linnaei* species plantarum ex editione *C. L. Willdenow.* Oeniponti, Wagner. 1809. 8. xii, 220 p. (1 *th.*)

5428* —— Disquisitio de quaestione ab Academia imperiali scientiarum Petropolitana in annum MDCCLIX pro praemio proposita: «Sexum plantarum argumentis et experimentis novis, praeter adhuc jam cognita, vel corroborare vel impugnare, praemissa expositione historica et physica omnium plantae partium, quae aliquid ad foecundationem et perfectionem seminis et fructus conferre creduntur,» ab eadem Academia die VI. Septembris MDCCLX in conventu publico praemio ornata. Petropoli, typ academiae scientiarum. 1760 4. 30 p.
* *anglice:* A dissertation on the sexes of plants. By *J. E. Smith.* London, Nicol. 1786. 8. xv, 62 p.

5429* —— Mantissa plantarum. Generum editionis VI et Specierum editionis II. Holmiae, impensis Laurentii Salvii. 1767. 8. p. 1—142, ind. — *Mantissa plantarum altera Generum editionis VI et Specierum editionis II. Holmiae, impensis Laurentii Salvii. 1771. 8. p. 143—588, ind.

5430* —— Systema vegetabilium, secundum classes, ordines, genera, species, cum characteribus et differentiis. Editio decima tertia accessionibus et emendationibus novissimis manu perillustris auctoris scriptis adornata a *Johann Andreas Murray.* Goettingae, Dieterich. 1774. 8. vi, 844 p. — *Supplementum plantarum Systematis vegetabilium editionis XIII, Generum plantarum editionis VI, et Specierum plantarum editionis II. (editum a *Carolo Linnaeo,* filio) Brunsvigae, impensis Orphanotrophaei. 1781 8. 467 p. praef. — *Ed. XIV, edita a *J. A Murray.* Goettingae, Dieterich. 1784. 8. xx, 887 p., ind — *Ed. XV, praecedente longe correctior, curante *J. A. Murray.* Parisiis, typ. Didot. 1798. 8. xvi, 821 p. — *Editio decima quinta, quae ipsa est recognitionis a beato *J. A. Murray* institutae tertia, procurata a *Chr. H. Persoon.* Goettingae, Dieterich 1797. 8. xvi, 1026 p., ind. — *Editio nova, aucta et locupletata. Curantibus *J. J. Roemer* et *J. A. Schultes.* Stuttgardiae, Cotta. 1817—30. VII voll. 8. — I: 1817. xxviii, 642 p. — II: 1817. viii, 964 p. — III: 1818. vi, 584 p. — IV: 1819. lx, 888 p. — V: 1819. viii, lii, 632 p. — VI: 1820. viii, lxx, 852 p., effigies *J. J. Roemer.* — VII: pars I et II: curarunt *J. A. Schultes* et *J. H. Schultes,* filius. 1829—30. xliii, cvii, 1815 p. (33½ *th.*) — *Editio nova, generibus inde ab editione XV detectis aucta et locupletata. Volumen I. Sectio prima, inceptum a *J. J. Roemer* et *J. A. Schultes.* Stuttgardiae, Cotta. 1820. 8. 323 p. (1½ *th*) — *Mantissae in volumina I—III. curarunt *J. A. Schultes* et *J. H. Schultes,* filius Stuttgardiae, Cotta. 1822—27. III voll. 8. — I: 1822. vi, 386 p — II: 1824. 388 p. — III: 1827. 747 p. (9 *th.*) — *Ed. XVI, curante *Kurt Sprengel.* Goettingae, Dieterich

1825—28. IV voll. vel V partes. 8. — I: Classis I—V: 1825.
vi, 992 p. — II: Classis VI—XV. 1825. 939 p. — III:
Classis XVI—XXIII. 1826. 936 p. — VI, pars I: Classis XXIV.
1827. 592 p. — IV, pars II: Curae posteriores. 1827. 410 p.
— * Tentamen supplementi auctore Anton Sprengel. 1828.
35 p. (19 $^{11}/_{12}$ th.)

Systematis vegetabilium editiones idcireo a decima tertia numerantur, quia regnum vegetabile jam antea in duodecim editionibus Systematis naturae descriptum erat Editio paenultima Roemerio-Schultesiana incompleta complectitur classes Monandriam ad Hexandriam. Post quartum editum volumen die 15 Januarii 1819 obiit meritissimus *Roemer*; post septimum fatis succubuit indefessus *Schultes*, die 21 Aprilis 1831.

5431* **Linnaeus,** Carl. Caroli Linnaei Systema plantarum. Editio
novissima, novis plantis ac emendationibus ab auctore sparsim
evulgatis adaucta, curante *J. J. Reichard*. Francofurti a/M,
Varrentrapp. 1779—80. IV voll. 8. — I: 1779. 778 p. — II:
1779. 674 p. — III: 1780. 972 p. — IV: 1780. 662 p, ind.

Systema plantarum curante *Reichard* sistit Systema vegetabilium et Species plantarum cum utraque Mantissa in unum redactas
* *germanice*: Des Ritters *Carl von Linné* Vollständiges Pflanzensystem nach der dreizehnten lateinischen Ausgabe und nach Anleitung des holländischen *Houttuyn*'schen Werkes übersetzt (von *G. F. Christmann* und *G W F. Panzer*) Nürnberg, Raspe. 1777—88 14 Theile. 8. — I: 1777 798 p., tab. 1—11. — II: 1777. 548 p., tab. 12—17. — III: 1778. 683 p, tab 18—25. — IV: 1779 709 p., tab. 26—37. — V: 1779. 870 p, tab. 38—44. — VI: 1780. 696 p., tab. 45—51. — VII: 1781. 584 p., tab. 52—57. — VIII: 1782. 794 p., tab. 57^b—63. — IX: 1783. 630 p., tab. 66—69. — X: 1783. 381 p., tab 70—76 — XI: 1784. 664 p., tab. 77—86. — XII: 1785. 810 p., tab. 87—93 — XIII, erster Band: 1786. 562 p., tab. 94—101, 105. — XIII, zweiter Band: 1787. 565 p, tab 102—104. — XIV: 1789. Allgemeines Register. 614 p. (30 *th*.)
* *germanice*: Nach der vierzehnten lateinischen Ausgabe von *J. A. Murray* übersetzt von *Joseph Lippert*. Wien, Krauss 1786. 2 Bände. 8.
germanice: Karl von Linné's Vollständiges Pflanzensystem, im Auszuge neu bearbeitet von *Blasius Merrem*. Marburg, Krieger. 1811. 2 Bände. 8. (3 *th*.) — Ed. II. ib. 1823. 2 Bände. 8. (3½ *th*.)
* *anglice*: A system of vegetables. Liechfield 1783. II voll. 8. 897 p., 11 tab.
* *gallice*: Système sexuel des végétaux. Première édition française par *Nicolas Jolyclerc* Paris, Ronvaux. an VI. (1798.) 8. 789 p. (9 *fr.* 25 c.) — Ed. II: Paris, A. Bertrand. 1810 II voll. 8. (12 *fr.*)
* *gallice*: Système des plantes, extrait et traduit des ouvrages de *Linné*, par *J. P. Mouton-Fontenille de la Clotte*. Lyon 1804. V voll. 8
* *gallice: Linné* français. Montpellier, Seguin. 1809. V voll. 8. — I: 32, LXXX, 532 p. — II: 467 p. — III: 648 p. — IV: 518 p. — V: tables
Giosue Scannagala, *Stoevero* teste, editionem XV. contractam Systematis vegetabilium edidit, Ticini 1789. 8. 288 p., quae mihi ignota est. Pariter ignoro editionem lusitanicam anni 1791.

5432* —— Caroli Linnaei Systema, Genera, Species plantarum uno
volumine. Editio critica adstricta, conferta, sive Codex botanicus Linnaeanus, textum Linnaeanum integrum ex omnibus
Systematis, Generum, Specierum plantarum editionibus, mantissis, additamentis, selectumque ex ceteris ejus botanicis
libris digestum, collatum, contractum, cum plena editionum
discrepantia exhibens. In usum botanicorum practicum edidit
brevique adnotatione explicavit *Hermann Eberhard Richter*.
Lipsiae, sumtum fecit Otto Wigand. 1835. 4. xxxii, 1102 p.
— * In codicem botanicum Linnaeanum index alphabeticus
generum, specierum et synonymorum omnium completissimus.
Composuit atque edidit *Wilhelm Ludwig Petermann*. Lipsiae,
sumtum fecit Otto Wigand. 1840. IV, 202 p. (16 *th*. — jetzt: 4 *th*)

5433* —— Caroli à Linné Termini botanici, classium methodi
sexualis generumque characteres compendiosi; recudi curavit
primos cum suis definitionibus interpretatione germanica
donatos *Paul Dieterich Giseke*. Hamburgi 1781. 8. 219 p. —
* Editioni huic alteri accesserunt Fragmenta Ordinum naturalium *Linnaei*, nomina germanica *Planeri* Generum, gallica
et anglica Terminorum; et indices. Hamburgi, C. Chr. Herold.
1787. 8. 396 p., praef.

suecice: Carl von Linné's Termini botanici eller botaniska Ord, samlade och med anmärkningar på Svenska Öfversatta af *Bengt Anders Euphrasén*. Gothéborg, tryckt hos Lars Wahlström. 1792. 8. 74 p.

5434* —— Caroli a Linné Praelectiones in ordines naturales plantarum. E proprio et *Jo. Christ. Fabricii*, Prof. Kil MSto edidit
Paul Dieterich Giseke. Accessit uberior Palmarum et Scitaminum expositio, praeter plurium novorum generum reductiones cum mappa geographico-genealogica affinitatum ordinum, et aliquot fructuum Palmarum figurae. Hamburgi, B. G.
Hoffmann, typ. G. F. Schniebes. 1792. 8. L, 662 p., 8 tab.

5435* —— Exercitatio botanico-physica de nuptiis et sexu plantarum, in qua recentiorum botanicorum placita et observationes recensentur. Authore *C. Linnaeo*. Edidit et latine vertit *Johan Arvid Afzelius*. Upsaliae, typ academiae. 1828. 8. 49 p., (¹/₃ th.)

Latine et suecice. Rudbeckio libellum exhibuit *Celsius*, quo aditum ad *Rudbeckium*, et veniam lectiones publicas loco *Rudbeckii* habendi obtinuit *Linnaeus*. Manuscriptum hujus opusculi casu quodam in taberna mercatoria Upsaliae anno 18.. invenit *D D. Lidén*, qui id ab interitu servavit. Exemplar aliud autographum *Linnaei*, Stockholmiae 1733 8, ab ipso ad amicum *Johann Joachim Lange*, math. Professorem Halensem, missum, fuit in possessione *Stoeveri*, qui etiam autographon Linnaeanum Horti Uplandici nunquam impressi (Upsaliae 1730. 8. 74 p.) possidebat. *Stoeveri*, Leben des Ritters Carl von Linné, II p. 316—318.

Symbolae ad historiam literariam Sueciae. Sectionis primae pars prima, continens Anecdoton Linnaeanum. Dissertatio, quam pro gradu philosophico, edidit *Johan Arvid Afzelius*. Upsaliae 1827 8. 16 p.

* Opera varia, in quibus continentur Fundamenta botanica, Sponsalia plantarum et Systema naturae Lucae, typ Juntini. 1758. 8 376 p., praef., 1 tab.
* Miscellaneous tracts relating to natural history, husbandry and physick, translated from the latin, with notes by *Benjamin Stillingfleet* London 1759 8 230 p. — * Ed II. London, Dodsley. 1762. 8. xxxii, 391 p., 11 tab.
* Des Ritters *Karl von Linné* auserlesene Abhandlungen aus der Naturgeschichte, Physik und Arzneiwissenschaft. Mit Kupfern und Anmerkungen. Leipzig, Böhme. 1776—78. 3 Theile.

Dissertationes academicae:
1743—76.

5436* **Linnaeus,** Carl. Betula nana. (*Laurentius Magnus Klase*.)
Stockholmiae 1743. 4 20, (4) p., 1 tab.
Amoen. acad. vol I. ed. Holm p. 1—22. ed. Lugd. p. 333—351. ed Erlang. p. 1—22.

5437* —— Ficus. (*Cornelius Hegardt*.) Upsaliae 1744. 4. 28 p., 1 tab
Amoen. acad. vol. I. ed. Holm. p. 23—54. ed. Lugd. p. 213—243. ed Erlang. p. 23—54.

5438* —— Peloria. (*Daniel Rudberg*) Upsaliae 1744. 4 18,(10) p., 1 tab.

5439* —— Plantae *Martino-Burserianae*. (*Roland Martin*) Upsaliae
1745. 4. 32 p.
Amoen. acad. vol. I. ed. Holm p. 141—171. ed. Lugd. Bat p. 299—322 ed. Erlang. p. 141—171.

5440* —— Hortus Upsaliensis. (*Samuel Nanclér*.) Upsaliae 1745. 4.
45 p., 4 tab.
Amoen. acad. vol. I. ed. Holm. p. 172—210. ed. Lugd. Bat. p. 20—60 ed. Erlang. p. 172—210.

5441* —— Passiflora. (*Johan Gustaf Hallmann*.) Holmiae 1745. 4.
37 p., 1 tab.
Amoen. acad. vol. I. ed. Holm. p. 211—242. ed. Lugd. Bat. p. 244—279. ed. Erlang. p. 211—242.

5442 —— Anandria (*Erland Zacharias Tursén*.) Upsaliae 1754. 4.
15 p., 1 tab.
Amoen. acad. vol. I. ed. Holm. p. 243—259. ed. Lugd. Bat. p. 161—176. ed. Erlang. p 243—259.

5443 —— Acrostichum. (*Johan Benjamin Heiligtag*) Upsaliae 1745.
4. 17, (4) p., 1 tab.
Amoen. acad. vol. I. ed. Holm. p. 260—276. ed. Lugd. Bat. p. 144—160. ed. Erlang. p. 260—276

5444* —— Sponsalia plantarum. (*Johan Gustaf Wahlbom*) Stockholm 1746. 4. 60, (8) p, 1 tab.
Amoen. acad. vol. I. ed. Holm. p. 327—380. ed. Lugd. Bat. p. 61—109. ed. Erlang. p. 328—380.
suecice: öfversatt af *Johan Gustav Wahlbom*. Stockholm, Salvius. 1750. 8. 68, (8) p., 1 tab.

5445* —— Vires plantarum. (*Friedrich Hasselquist*.) Upsaliae 1747.
4. 37, (3) p.
Amoen. acad. vol. I. ed. Holm. p. 418—453. ed. Lugd. Bat. p. 389—428. ed. Erlang. p. 418—453.

5446* —— Nova plantarum genera. (*Carl Magnus Dassow*.) Holmiae
1747 4. 32 p.
Amoen. acad. vol. I. ed. Holm. p. 381—417. ed. Lugd. Bat. p. 110—143. ed. Erlang. p. 381—417.

5447* —— Flora oeconomica. (*Elias Aspelin*.) Upsaliae 1748. 4.
30, (8) p.
Amoen. acad. vol. I. ed. Holm. p. 509—539. ed. Lugd. Bat. p. 352—388 ed. Erlang. p. 509—540. — Fund. bot. ed. Gilibert. vol. II. p. 35—61. — cum additamento editoris: Select. diss. ex Amoen. acad. p. 95—153.
suecice: Stockholm 1749. 8.

5448 —— Lignum colubrinum leviter delineatum. (*Johan Anders Darelius*.) Upsaliae 1749. 4. 22 p.
Amoen. acad. vol. II. ed. Holm. p. 100—125. ed. Lugd. Bat. p. 89—111. ed. Erlang. p. 100—125.

5449 —— Radix Senega. (*Jonas Kiernander*.) Holmiae 1749. 4.
32 p, 1 tab.
Amoen. acad. vol. II. ed. Holm. p. 126—153. ed. Lugd. Bat. p. 112—136. ed. Erlang. p. 126—153. cum additamento editoris: Select. diss. ex Amoen. acad. p. 203—232.

5450 —— Gemmae arborum. (*Pehr Löfling*.) Upsaliae 1749. 4.
32, (4) p.
Amoen. acad. vol. II. ed. Holm. p. 182—224. ed. Lugd. Bat. p. 163—202 ed. Erlang. p. 182—224. Fund. bot. ed. Gilibert, vol. I. p. 363—398.

5451* **Linnaeus**, Carl Splachnum. (*Lars Montin*) Stockholmiae 1750. 4. 15, (5) p., 1 tab col.
Amoen. acad. vol. II. ed. Holm. p. 263—283. ed. Lugd. Bat. p 242—260. ed. Erlang. p. 263—283.

5452* —— Semina muscorum detecta. (*Pehr Jonas Bergius*.) Upsaliae 1750. 4. 18, (6) p., 1 tab.
Amoen. acad. vol. II. ed. Holm. p. 284—306. ed. Lugd. Bat. p. 261—280. ed. Erlang. p. 284—306 Fund bot. ed. *Gilibert*, vol. II. suppl. 13—31.

5453* —— Plantae rariores Camtschatcenses. (*Jonas Halenius*.) Upsaliae 1750. 4. 30 p., 1 tab.
Amoen. acad. vol. II. ed. Holm. p. 332—364. ed. Lugd. Bat. p. 306—334. ed. Erlang. p. 332—364.

5454* —— Nova plantarum genera. (*Leonhard Johan Chenon*.) Upsaliae 1751. 4. 47 p.
Amoen. acad. vol. III. p. 1—27. exclusis characteribus generum.

5455* —— Plantae hybridae. (*Johan Haartman*.) Upsaliae 1751. 4. 30, (4) p, 1 tab.
Amoen. acad vol. III. p. 28—62. Fund. bot. ed. *Gilibert*, vol. I. p. 459—492.

5456* —— Plantae esculentae patriae. (*Johan Hjorth*.) Upsaliae 1752. 4. 28, (6) p.
Amoen. acad. vol. III. p. 74—99. Select. diss. ex Amoen. acad. p. 15—43. Fund bot ed. *Gilibert*, vol. II. p. 431—454.
suecice: Stockholm 1852. 8

5457* —— Euphorbia ejusque historia naturalis et medica. (*Johan Wiman*) Upsaliae 1752. 4. 33, (3) p.
Amoen. acad. vol III. p. 100—131.

5458* —— Rhabarbarum. (*Samuel Ziervogel*) Upsaliae 1752. 4. 24 p, 1 tab.
Amoen. acad. vol. III. p. 211—230.

5459* —— Hospita insectorum Flora (*Jonas Gustav Forsskåhl*.) Upsaliae, M. Höjer. 1752. 4. 40, (4) p.
Amoen. acad. vol. III. p. 271—312. Fund bot ed. *Gilibert*, vol. II. p. 99—136. — Flora ipsa, additis insectorum nominibus trivialibus, redit in dissertatione Linnaeano: Pandora insectorum, p. 11—31.

5460* —— Vernatio arborum. (*Harald Barck*.) Upsaliae 1753. 4. 20 p
Amoen. acad. vol. III p. 363—376. Fund. bot. ed. *Gilibert*, vol. I. p. 399—412

5461* —— Incrementa botanices proxime praeterlapsi semisaeculi. (*Jacob Bjaur*.) Holmiae 1753. 4. 20, (4) p.
Amoen. acad. vol. III. p. 377—393. Fund. bot. ed. *Gilibert*, vol. I. p. 49—61

5462* —— Demonstrationes plantarum in horto Upsaliensi 1753. (*Johan Christian Hüjer*.) Upsaliae 1753. 4. 27 p.
Amoen. acad. vol. III. p. 394—424.

5463* —— Herbationes Upsalienses. (*Anders N. Fornander*) Upsaliae 1753 4. 20 p.
Amoen. acad vol III p. 425—445.

5464* —— Plantae officinales (*Nils Gahn*.) Upsaliae 1753. 4. 31, (5) p.
Amoen. acad. vol. IV p 1—25. Fund. bot. ed. *Gilibert*, vol. II. p. 155—180.

5465* —— Censura medicamentorum simplicium vegetabilium. (*Gustav Jacob Carlbohm*) Upsaliae 1753. 4. 24 p.
Amoen. acad. vol. IV. p. 26—42. Continuat. Select. diss. ex Amoen. acad. p. 95—113 Fund. bot. ed. *Gilibert*, vol. II. p 137—153.

5466* —— Stationes plantarum. (*Anders Hedenberg*) Upsaliae 1754. 4. 23, (7) p.
Amoen. acad vol IV. p. 64—87. Fund. bot. ed. *Gilibert*, vol. I. p. 284—309.

5467* —— Flora anglica. (*Isaac Olai Grufberg*.) Upsaliae 1754. 4. 29 p.
Amoen. acad vol IV. p. 88—111.

5468* —— Herbarium amboinense. (*Olof Stickman*) Upsaliae 1754. 4. 28 p.
Amoen. acad. vol. IV. p. 112—143.

5469* —— Horticultura academica. (*Johan Gustaf Wollrath*) Upsaliae 1754. 4. 21 p.
Amoen. acad. vol. IV. p. 210—229.

5470* —— Centuria I. plantarum. (*Abraham D Juslenius*.) Upsaliae 1755. 4. 35, (5) p.
Amoen. acad. vol. IV. p. 261—296.

5471* —— Metamorphoses plantarum. (*Nils E. Dahlberg*.) Holmiae 1755. 4. 26 p.
Amoen. acad. vol. IV. p 368—386. Continuat. Select. diss ex Amoen. acad. p. 208—228. Fund. bot. ed. *Gilibert*, vol. I p. 345—361.

5472* —— Somnus plantarum. (*Petrus Bremer*.) Upsaliae 1755. 4. 22 p, 1 tab.
Amoen. acad. vol. IV. p 333—350. Continuat. Select. diss. ex Amoen. acad. p. 133—152. Fund bot. ed. *Gilibert*, vol. I p. 413—430.

5473* —— Fungus melitensis. (*Johann Pfeiffer*.) Upsaliae 1755. 4. 16 p, 1 tab
Amoen. acad. vol. IV. p. 351—367. Continuat. Select diss. ex Amoen. acad. p. 153—171.

5474* —— Centuria II plantarum. (*Eric Torner*.) Upsaliae 1756. 4. 33, (5) p
Amoen. acad. vol. IV. p 297—332

5475* **Linnaeus**, Carl. Flora palaestina. (*Bengt Johan Strand*) Upsaliae 1756. 4. 32 p.
Amoen. acad. vol. IV. p. 443—467.

5476* —— Flora alpina. (*Nils N. Ämann*.) Upsaliae 1756. 4. 27, (5) p.
Amoen. acad. vol. IV. p. 415—442. Continuat. Select. diss. ex Amoen acad. p. 172—207. Fund. bot. ed. *Gilibert*, vol. II suppl. p. 1—12.

5477* —— Calendarium Florae (Upsaliensis). (*Alexander Mal. Berger*) Upsaliae 1756. 4. 22, (6) p.
Amoen. acad. vol. IV. p. 387—413. Fund. bot. ed. *Gilibert*, vol. I. p. 431—458. *anglice:* translated by *P. Stillingfleet*. London 1761. 8. 17 p., praeter calendaria Florae Stratton. et Athen. *suecice:* Stockholm 1757. 4.

5478* —— Flora Monspeliensis. (*Theophilus Erdmann Nathhorst*.) Upsaliae 1756. 4. 30 p.
Amoen. acad. vol. IV. p. 468—495.
Notes sur quelques plantes critiques du Flora monspeliensis de *Linné*, par J. Duval-Jouve. Bull. soc. bot. X. 10—20.

5479* —— Prodromus Florae danicae. (*Georg Tycho Holm*.) Upsaliae 1757. 4. 26 p.
Amoen. acad. vol. V. p. 30—49.

5480* —— Buxbaumia. (*Anton Roland Martin*.) Upsaliae 1757. 4. 16 p, 1 tab.
Amoen. acad. vol. V. p. 78—91.

5481* —— De transmutatione frumentorum. (*Bogislaus Hornberg*.) Upsaliae 1757. 4. 16 p.
Amoen. acad. vol. V. p. 106—119. Continuat. alt. Select. diss. ex Amoen. acad. p. 22—37. Fund. bot. ed. *Gilibert*, vol. II. p. 487—499.

5482* —— Spigelia Anthelmia. (*Johan Georg Colliander*.) Upsaliae 1758. 4. 16 p., 1 tab.
Amoen. acad. vol. V. p. 133—147.

5483* —— Frutetum suecicum. (*David Magnus Virgander*.) Upsaliae 1758 4. 26, (2) p.
Amoen. acad. vol. V. p. 204—231. Continuat. alt. Select. diss. ex Amoen. acad. p. 73—104. Fund. bot. ed. *Gilibert*, vol. I. p. 577—604.

5484* —— Auctores botanici. (*Augustin Loo*.) Upsaliae 1759. 4. 20, (2) p.
Amoen. acad. vol. V. p. 273—297. Fund. bot. ed. *Gilibert*, vol. I. p. 85—112

5485* —— Instructio peregrinatoris. (*Eric Anders Nordblad*.) Upsaliae 1759. 4. 15, (4) p.
Amoen. acad. vol. V. p. 298—313.

5486* —— Plantae tinctoriae. (*Engelbert Jörlin*.) Upsaliae 1759. 4. 30 p.
Amoen. acad. vol. V. p. 314—342. Fund. bot. ed. *Gilibert*, vol. II. p. 273—299.

5487* —— Flora capensis. (*Carl Henrik Wännman*.) Upsaliae 1759. 4. 19 p.
Amoen. acad. vol. V. p. 353—370.

5488* —— Arboretum suecicum. (*David D. Pontin*.) Upsaliae 1759. 4. 30 p.
Amoen. acad. vol. V. p. 174—203. Continuat. alt. Select. diss. ex Amoen. acad. p. 38—72. Fund. bot. ed. *Gilibert*, vol. I. p. 545—575.

5489* —— Plantarum jamaicensium pugillus. (*Gabriel Elmgren*.) Upsaliae 1759. 4. 31 p.
Amoen. acad. vol. V. p. 389—413.

5490* —— Flora jamaicensis. (*Carl Gustaf Sandmark*.) Upsaliae 1759. 4 27 p.
Amoen. acad. vol. V. 371—388.

5491* —— Nomenclator botanicus. (*Bengt Berzelius*.) Holmiae, typ. Laurentii Salvii. 1759. 4. 19 p.
Amoen. acad. vol. V. p. 414—441. Fund. bot. ed. *Gilibert*, vol. I. p. 113—139.

5492* —— Flora belgica. (*Christian Fredrik Rosenthal*.) Upsaliae 1760. 4. 23 p.
Amoen. acad. vol. VI. p. 44—62.

5493* —— Prolepsis plantarum. (*Henrik Ullmark*.) Upsaliae 1760. 4. 22, (2) p.
Amoen. acad. vol. VI. p. 324—341. Continuat. alt. Select. diss. ex Amoen. acad. p. 146—166. Fund. bot. ed. *Gilibert*, vol. I. p. 311—326.

5494* —— Plantae rariores africanae. (*Jacob Printz*.) Upsaliae 1760. 4. 28 p.
Amoen. acad. vol. VI. p. 77—115.

5495* —— Termini botanici. (*Johan Elmgren*.) Upsaliae 1762. 4. 32 p.
Amoen. acad. vol. VI. p. 217—246. Fund. bot. ed. *Gilibert*, vol. I. p. 141—168. — Ed. aucta a *Schreber*. Lipsiae 1767. 8. — Erlangae 1789. 8. — Termini botanici, definitionibus pluribus aucti a *John Rotheram*. Novi Castri 1779. 8. 47 p. — impr. cum *Hudson* Flora anglica, ed. II. p. V—XXIX

5496* —— Plantae Alströmeria. (*Johan Peter Falck*.) Upsaliae 1762. 4. 16 p., 1 tab.
Amoen. acad. vol. VI. p. 247—262.

5497* —— Nectaria florum. (*Birger Mårten Hall*.) Upsaliae 1762. 4 16, (2) p.
Amoen. acad. vol. VI. p. 263—278. Fund. bot. ed. *Gilibert*, vol I. p. 268—283.
suecice: Stockholm 1778. 8

5498* **Linnaeus**, Carl. Fundamentum fructificationis. (*Johan Mårten Gråberg.*) Upsaliae 1762. 4'. 24, (4) p.
Amoen. acad. vol. VI. p. 279—304. Fund. bot. ed. *Gilibert*, vol. I. p. 169—192.

5499* —— Reformatio botanices. (*Johan Mårten Reftelius.*) Upsaliae 1762. 4. 21, (6) p.
Amoen. acad. vol. VI. p. 305—323. Fund. bot. ed. *Gilibert*, vol I. p. 65—84.

5500* —— De Raphania. (*Georg Rothman.*) Upsaliae 1763. 4. 21, (3) p., 1 tab.
Amoen. acad. vol. VI. p. 430—451.

5501* —— Fructus esculenti. (*Johan Salberg.*) Upsaliae 1763. 4. 22, (2) p.
Amoen. acad. vol. VI. p. 342—364. Continuat. alt. Select. diss. ex Amoen. acad p. 167—193. Fund. bot. ed. *Gilibert*, vol. II. p. 465—486.

5502* —— Lignum Quassiae. (*Carl Magnus Blom.*) Upsaliae 1763. 4. 13 p., 1 tab.
Amoen. acad. vol. VI. p. 416—429.

5503* —— De prolepsi plantarum. (*Johann Jakob Ferber.*) Upsaliae 1763. 4. 18, (2) p.
Amoen. acad. vol. VI. p. 365—383. Continuat. alt. Select. diss. ex Amoen. acad. p. 194—216. Fund. bot. ed. *Gilibert*, vol. I. p. 327—344.

5504* —— Hortus culinaris. (*Jonas Tengborg.*) Holmiae 1764. 4. 26 p.
Amoen. acad. vol. VII. p. 18—41. Fund. bot. ed. *Gilibert*, vol. II. p. 331—353.

5505* —— De potu Chocolatae. (*Anton Hoffmann.*) Holmiae 1765. 4. 10 p.
Amoen. acad. vol. VII. p. 254—263. Fund. bot. ed. *Gilibert*, vol. II. p. 389—398.

5506* —— Potus Theae. (*Pehr Tillaeus.*) Upsaliae 1765. 4. 16 p., 1 tab.
Amoen. acad. vol. VII. p. 236—253. Fund. bot. ed. *Gilibert*, vol. II. p. 355—370.

5507* —— Usus Muscorum. (*Andreas Henrici Berlin.*) Upsaliae 1766. 4. 14, (6) p.
Amoen. acad. vol. VII. p. 370—384. Fund. bot. ed. *Gilibert*, vol. I. p. 493—507.

5508* —— Dissertatio, mundum invisibilem breviter delineatura. (*Johan Carl Roos.*) Upsaliae 1767. 4. 23 p.
Amoen. acad. vol. VII. p. 385—408.

5509* —— Fundamenta agrostographiae. (*H. Gahn.*) Upsaliae 1767. 4. 38 p., 2 tab.
Amoen. acad. vol. VII. p. 160—196. Fund. bot. ed. *Gilibert*, vol. I. p. 509—544.

5510* —— Dissertatio de Menthae usu. (*Carl Gustaf Laurin.*) Upsaliae 1767. 4. 11 p.
Amoen. acad. vol. VII. p. 282—292. Fund. bot. ed. *Gilibert*, vol. II. p. 261—271.

5511* —— Rariora Norvegiae. (*Henrik Tonning.*) Upsaliae 1768. 4. 19 p.
Amoen. acad. vol. VII. p. 466—496.

5512* —— De Coloniis plantarum. (*Johan Flygare.*) Upsaliae 1768. 4. 13 p.
Amoen. acad. vol. VIII. p. 1—12. Fund. bot. ed. *Gilibert*, vol. II. Supplem. p. 1—12.

5513* —— Iter in Chinam. (*Anders Sparrman.*) Upsaliae 1768. 4. 16 p.
Amoen. acad. vol. VII. p. 497—506.

5514* —— Flora Åkeröensis. (*Carl Johan Luut.*) Upsaliae 1769. 4. 20 p.
Amoen. acad. vol. VIII. p. 29—45.

5515* —— De Erica. (*Johan Adolf Dahlgren.*) Upsaliae 1770. 4. 15, (5) p., 1 tab.
Amoen. acad. vol. VIII. p. 46—62.

5516* —— De Dulcamara. (*Georg Hallenberg.*) Upsaliae 1771. 4. 14 p.
Amoen. acad. vol. VIII. p. 63—74.

5517* —— Pandora et Flora Rybyensis. (*Daniel Henrik Söderberg.*) Upsaliae 1771. 4. 23, (1) p.
Amoen. acad. vol. VIII. p. 75—106.

5518* —— Fraga vesca. (*Sveno Anders Hedin*) Upsaliae 1772. 4. 13, (5) p.
Amoen. acad. vol. VIII. p. 169—181.

5519* —— Planta Cimicifuga. (*Johan Hornborg.*) Upsaliae 1774. 4. 10 p., 1 tab.
Amoen. acad. vol. VIII. p. 193—204.

5520* —— Marum. (*Johan Adolf Dahlgren.*) Upsaliae 1774. 4. 18 p.
Amoen. acad. vol. VIII. p. 221—237.

5521* —— Viola Ipecacuanha. (*Daniel Wickman.*) Upsaliae 1774. 4. 12 p.
Amoen. acad. vol. VIII. p. 238—248.

5522* —— Plantae surinamenses. (*Jacob Alm.*) Upsaliae 1775. 4. 18 p., 1 tab. col.
Amoen. acad. vol. VIII. p. 249—267.

5523 —— De Ledo palustri. (*Johan Pehr Westring.*) Upsaliae 1775. 4. 18, (2) p.
Amoen. acad. vol. VIII. p. 268—288.

5524* **Linnaeus**, Carl. Planta Aphyteja (*Erik Acharius.*) Upsaliae 1776. 4. 12 p., 1 tab.
Amoen. acad. vol. VIII. p. 310—317.

5525* —— Hypericum. (*Carl Nils Hellenius.*) Upsaliae 1776. 4. 14 p., 1 tab.
Amoen. acad. vol. VIII. p. 318—332.

Linné, *Carl von*, der Sohn, Professor in Upsala, * Fahlun 20. Jan. 1741, † Upsala 1. Nov. 1783.
David Schulz von Schulzenheim, Grifte-tal öfver *Carl von Linné* (Sonen), hållet i Upsala Domkyrka, den 30. Nov. 1783, då den å Svärds-sidan utgångna von Linnéiska ättens sköldemärke sönderslogs. Upsala 1784. 8. 42 p.
* *germanice*: Gedächtnissrede auf Herrn *Carl von Linné*, gehalten in der Domkirche zu Upsal den 30. Nov. 1783, als das adelige Familienwappen des auf der männlichen Seite erloschenen von Linneischen Stammes zerschlagen ward. Leipzig, Müller. 1784. 8. 38 p.

5526* —— Decas prima (et secunda) plantarum rariorum horti Upsaliensis, sistens descriptiones et figuras plantarum minus cognitarum. Stockholmiae, Salvius. 1762—63. folio. 40 p., 20 tab)
Redit Lipsiae, apud Crusium 1767. folio.

5527* —— Dissertatio botanica, illustrans nova Graminum genera. Upsaliae, typ. Edman. 1779. 4. 37 p., 1 tab.
Amoen. acad. ed. *Schreber*, vol. X Appendix, p. 1—40.

5528* —— Dissertatio de Lavandula. Upsaliae, typ. Edman. 1780. 4. 22 p, 2 tab.
Amoen. acad. ed. *Schreber*, vol. X. Appendix, p. 41—68.

5529* —— Methodus Muscorum illustrata. Dissertatio, quam praeside *Carolo von Linné* filio proponit Olof Swartz. Upsaliae, typ. Edman. 1781. 4. 38 p., 2 tab.
Amoen. acad. ed. *Schreber*, vol. X. Appendix. p. 69—122. *Ludwig*, Delectus opusc. vol. I. p. 310—381.

Linschotten, *Jan Huyghen van* (Linscotia Adans.), * Harlem 1563, † Enckhuysen 8. Febr. 1611.

5530* —— Itinerarium, ofte Schipvaert naer Oost ofte Portugaels Indien, inhoudende .... als oock van de Boomen, Vruchten, Kruyden, Specereyen, ende dierghelycke Materialen van die Landen. Amsterdam 1596. folio. — Amsterdam 1644. folio.
Redit latine in India orientali *de Bry*; gallice et germanice pluribus, ni fallor, vicibus. Peregrinator, ex *Halleri* sententia, melioris notae sex fere annos in India orientali vixit, arbores utiles et aromaticas depictas dedit et descriptas cum *Paludani* notis.

Linsser, *Karl*, in Petersburg

5531* —— Die periodischen Erscheinungen des Pflanzenlebens in ihrem Verhältnisse zu den Wärme-Erscheinungen. Abhandlung 1. 2. Petersburg 1867—69. 4. 44, 87 p. (1 th. 7 sgr.)
Mém. ac. Pét. vol. XI et XIII.

Lipp, *Franz Joseph*, Professor der Botanik zu Freiburg im Br., * Freiburg 20. Mai 1734, † Freiburg 8 Febr. 1775.

5532* —— Enchiridion botanicum, sistens delineationem plantae *Carl von Linné* definitam, exemplis et figuris illustratam. Specimen inaugurale. Vindobonae, typ. de Trattnern. 1765. 8. 74 p., ind., 11 tab. — Ed. II. ib. 1779. 8.

Lippi, *Augustin* (Lippia L.), * Paris 29. April 1678, ermordet in Abyssinien 1704.
«Ex variis, quas ad Fagonium, Bourdelotium, et Dodartium, medicos aulicos scripsit epistolis, exstat collectio ducentarum et amplius plantarum hactenus ignotarum descriptiones et nomina complectens.» Tournefort Inst. I, 27.
Description des plantes observées en Egypte par M. Lippi en 1704. Codex manuscriptus (manu *Isnardi*.) 4. 206 p olim beati Hadriani de Jussieu, nunc in horto Parisiensi.

Lisa, *Domenico*.

5533* —— Elenco dei muschi raccolti nei contorni di Torino. Torino, stamperia reale. 1837. 8. 61 p.

Lischwitz, *Johann Christoph*, Professor in Leipzig, später in Kiel, * Lauban 6. Februar 1693, † Kiel 27. Aug. 1743.

5534* —— Veterum in re herbaria diligentiam et ad nostrum usque aevum botanices incrementa brevissime evolvit. Programma. Lipsiae, typ. Schede. 1724. 4. (12 p.)

5535* —— De continuanda *Rivinorum* industria in eruendo plantarum charactere. D. Lipsiae, typ. Zunkel. 1726. 4. 25 p. (Respondens: *Johann Ernst Hebenstreit*)

5536* —— De ordinandis rectius Virgis aureis genuinis acque ac spuriis. D. Lipsiae 1731. 4. 80 p., praef.

5537* —— Programma de variis naturae lusibus ac anomaliis circa plantas. Kilonii 1733. 4. (12 p)

5538* —— De plantis diaphoreticis et sudoriferis, cum habitu externo, cum quoque charactere botanico diversis, charactere autem pharmaceutico ac usu fere congeneribus. D. Kilonii 1734. 4. 63 p.

5539 **Lischwitz**, *Johann Christoph*. Orationes duae, I. De plantis dolorosam Domini Jesu passionem, miro naturae lusu et artificio, quoad omnia passionis instrumenta, depingentibus. II De plantis gloriosam resurrectionem Christi nostramque in illa fundatam a mortuis resuscitationem referentibus. Kilonii 1739. 4

5540* —— Plantae diureticae cum habitu externo tum quoque charactere botanico diversae, charactere autem pharmaceutico congeneres usuque eaedem. D. Kilonii, typ. Bartsch. 1739. 4. 46 p.

5541* —— Dissertatio, sistens plantas anthelminticas et habitu externo et toto genere botanico diversas, charactere autem pharmaceutico usuque medicinali congeneres. D. Kilonii 1742. 4. 108 p.

List, *Friedrich Ludwig*, Oberlehrer in Tilsit.

5542* —— Spicilegium botanicum, continens stirpes nuperrime in Lithuania detectas et observationes criticas ad cl *Hagenii* Chloridem prussicam. (Programma) Tilsae, typ. Post. 1828. 4. 10 p.

5543* —— Plantae lithuanicae, quae Chloridi borussicae cl. *Hagenii* inserendae sunt. II Salicum, quae prope Tilsam sponte crescunt, adumbrationes. (Programma) Tilsae, typ. Post. 1837 4. 12 p.

Lister, *Martin*, M. D. (Listera R Br.), * Radcliffe 1638, † London 2. Febr. 1711

Llanos, *Antonio*, Agustino calzado in Manila

5544* —— Fragmentos de algunas plantas de Filipinas no incluidas en la Flora de las islas. Manila, establecimiento tipografica de Santo Tomás. 1851. 8. 125 p.

Lloyd, *George* (Lloydia Salisb.), † bei Theben 29. Oct. 1843.

Lloyd, *G. N.*

5545 —— Botanical terminology or dictionary, explaining the terms most generally employed in systematic botany. Edinburgh, Bell and Bradfute. 1826. 8. vii, 228 p.

Llyod, *James*.

5546 —— Flore de la Loire-inférieure Nantes, Prosper Sebire. (Paris, Baillière) 1844 12. 335 p

5547* —— Flore de l'ouest de la France, ou description des plantes qui croissent spontanément dans les départements de la Charente-Inférieure, Deux-Sèvres, Vendée, Loire-Inférieure, Morbihan, Finistère, Côtes-du-Nord, Ille-et-Vilaine. Nantes, Forest ainé. Paris, Baillière 1854. 8. 574 p. (5 *fr*) — * Ed. II. Nantes, Veloppé 1868. 8. ccxvi, 644 p

Llyod, *John*.
Cat. of sc Papers IV, 64

Lobarzewski, *Hyacinth von*, Professor der Botanik in Lemberg, † Lemberg 4. Jan. 1862.
Cat of sc Papers IV, 65.

Lobelius, *Matthias* (de l'**Obel**) (Lobelia L.), * Ryssel in Flandern 1538. † London 2. März 1616.
Ernst Meyer, Geschichte der Botanik IV, 358—360.

5548* —— Plantarum seu stirpium historia. Cui adnexum est Adversariorum volumen. Antwerpiae, Plantinus. 1576. folio. 671, 471, 15, 24 p, ind et (1495) ic. xyl. i. t.
* *belgice*: Kruydtboeck oft Beschryvinghe van allerleye Ghewassen Kruyderen, Hesteren, ende Gheboomten. Antwerpen, Plantin. 1581. folio. — I: 994 p. — II: 312 p. et ic. xyl. i t. praeter libellum de Succedaneis

5549* (——) Plantarum seu stirpium icones. Antwerpiae, Plantinus. 1581. II partes. 4 oblig. 860, 280 p. et ind. syn. — Icones ligno incisae plerumque binae in unaquaque pagina. —
* Icones stirpium seu plantarum tam exoticarum quam indigenarum in gratiam rei herbariae studiosorum in duas partes digestae. Cum septem linguarum indicibus ad diversarum nationum usum Antwerpiae, Plantinus. 1591. 4 obl.
Haec altera editio iconesque continet totidem, et ego nunc *Trewio* consentio, qui editiones inter sese haud differre asserit; bene scio, quod alteri accesserit index multilinguis nec non iconum mutatae interdum inscriptiones; sed *Dryander* Bibl. B It. 65: vel e minima, inquit, utriusque comparatione eas vere diversas esse apparet

5550* —— Stirpium illustrationes. Plurimas elaborantes inauditas plantas, subreptitiis *Joannis Parkinsoni* rhapsodiis e codice manuscripto insalutato sparsim gravatae. Ejusdem adjecta sunt ad calcem Theatri botanici Amartemata, accurante *Guilelmo How*, Anglo Londini, typ. Warren. 1655. 4. 170 p., praef., ind.

Lochner, *Michael Friedrich* (Lochneria Scop.), * Fürth 28. Febr. 1662, † Nürnberg 15. Oct. 1720.

5551* (——) Μηκωνοπαιγνιον, sive Papaver ex omni antiquitate erutum, gemmis, nummis, statuis et marmoribus aeri incisis illustratum. Norimbergae, typ. Hein. 1713. 4. (8), 182 p., 30 tab.

5552* —— Mungos animalculum et radix descripta. Norimbergae, Michahelles. 1715. 4. 32 p

5553* —— Nerium, sive Rhododaphne veterum et recentiorum, qua Nerei et Nereidum mythologia, Amyci Laurus, saccharum Alhaschar et ventus ac planta Badsamur aliaque explicantur ac diversis sacrae scripturae locis lux affunditur. Accedit Daphne Constantiniana. Norimbergae, Hoffmann. 1716. 4. 112 p., 8 tab.

5554* —— Commentatio de Ananasa, sive nuce pinea indica, vulgo Pinhas. Norimbergae, typ. Endter. (1716) 4. 76 p., 5 tab.

5555 —— De Acriviola ejusque novis speciebus flore pleno et peruviana foliis quinquefidis. (Norimbergae 1717.) 4. 32 p., 1 tab.

5556* —— Schediasma de Parreira brava, novo americano aliisque recentioribus calculi remediis. Norimbergae, Monath. 1719. 4. 86 p., 6 tab
Prodierat jam antea in Ephem. Acad. Nat. Cur. Cent. I. et II. append. p. 241—304. et Cent. III. IV. p. 161—168.

Locke, *John*.

5557 —— Outlines of botany. Boston 1825. 8.

Lockhart, *David* (Lockhartia Hook.), † Trinidad 1846.
Cat. of sc. Papers IV, 68.

Loddiges, *Conrad*, Nurseryman in Hackney bei London (Loddigesia Sims)

5558* —— Catalogue of plants in the collection of *Conrad Loddiges* and Sons. London, typ. Wilson. 1814. 8. 40 p. — * Ed. XI: ib. 1818. 8. 51 p. — * Ed. XII: ib 1820. 8. 55 p. — * Ed. XIII: ib. 1823. 8. 48 p. — * Ed. XIV: ib. 1826. 8. 78 p. — * Ed. XV: ib. 1830. 8. 79 p. — * Ed. XVI: ib 1836. 8. 85 p.

5559* —— The botanical Cabinet, consisting of coloured delineations of plants from all countries. London, Arch. 1818—24. X voll. 4. tab. col. 1—1000. totidem foll. text, ind. — vol. XI—XX: ib. 1825—33. 8. tab. col. 1001—2000. totidem foll. text, ind.

5560* —— Orchideae in the Collection of *Conrad Loddiges* and Sons, arranged according to Dr. *Lindley's* Genera and species; with their native countries and years of introduction. London, typ. Wilson. (1842.) 12. 40 p.
Ditissima collectio 1654 specierum; coram habeo anteriorem editionem ejusdem catalogi sine anno duodecima forma: 25 p., in qua 1024 species recensentur.

5561* —— Palms etc. in the collection of *Conrad Loddiges* and sons, with their native countries. London, typ. Wilson and Ogilby. 1845. 12. 14 p.

Loddiges, *George*, * Hackney 12. März 1784, † Hackney 5. Juni 1846.

Loebe, *William*.

5562 —— Landwirthschaftliche Flora Deutschlands oder Abbildung und Beschreibung aller für Land- und Hauswirthe wichtiger Pflanzen. Dritte vermehrte und verbesserte Auflage. Leipzig. Baensch. 1868. 4. 160 tab. col. (20 *th*. n.)

Loeber, *G. A.*

5563* —— Die Heiligkeit des Oelbaums in Attika. Programm. Stade, typ. Pockwitz. 1857. 8. 54 p.

Loefling, *Pehr* (Loeflingia L), * Tollforsbrug 31. Jan. 1729, † auf der Missionsstation Merercuri in Venezuela 22. Febr. 1756.

5564* —— Iter hispanicum, eller Resa till Spanska länderna uti Europa och America, förrättad ifrån år 1751 til år 1756, utgifven efter dess frånfälle af *Carl Linnaeus*. Stockholm, Salvius 1758. 8. 316 p., praef., 2 tab.
* *germanice*: Peter Löfling's Reise nach den Spanischen Ländern in Europa und Amerika. Aus dem Schwedischen übersetzt von *Alexander Bernhard Koelpin*. Berlin und Stralsund, Lange. 1766. 8. 406 p., praef., 2 tab.

Loehr, *Egidius von*.

5565* —— Beiträge zur genaueren Kenntniss der Hülsenfrüchte und insbesondre der Bohne. D. Giessen, Ferber. 1848. 4. 19 p., 1 tab. (¼ *th*. n.)

Loehr, *Matthias Joseph*, Apotheker in Köln, † Coblenz 26. Mai 1800, † Köln 1864.

5566* —— Flora von Coblenz, oder systematische Zusammenstellung und Beschreibung der in jener Gegend des Mittelrheins wildwachsenden und gebauten phanerogamen Pflanzen. Köln, Dumont-Schauberg. 1838. 8. xxvi, 320 p. (1 1/6 th.)

5567* —— Taschenbuch der Flora von Trier und Luxemburg, mit Berücksichtigung der Nahe- und Glangegenden. Trier, Troschel. 1844. 8. lxvi, 319 p. (1 1/2 th.)

5568* —— Enumeratio der Flora von Deutschland und der angränzenden Länder. Braunschweig, Vieweg. 1852. 8. xxii, 820 p. (2 th. n.)

5569* —— Botanischer Führer zur Flora von Köln. Köln, Dumont-Schauberg. 1860. 8. xv, 323 p.
Cat. of sc. Papers IV, 75.

Lönnrot, *Elias*.
5570 —— et *Th.* **Saelan**. Flora fennica. Helsingissä 1866. 8. xx, 426 p., 3 tab.

Lönnroth, *K. J.*
5571 —— Växternas Metamorphoser. Stockholm, S. Riemstedt. 1859. 8. 4, 42 p.
Cat. of sc. Papers IV, 81.

Loesche, *Gustav Eduard*.
5572* —— De causis naturae chemicae et efficaciae plantarum. D. Lipsiae, typ. Staritz. 1843. 4. 31 p.

5573* —— Das vegetabilische Leben und die chemische Affinität in ihren gegenseitigen Beziehungen dargestellt. Leipzig, Voss. 1844. 8. iv, 132 p. (2/3 th.)

Loescher, *Eduard*.
5574* —— Die königliche Wasserlilie Victoria regia, ihre Geschichte, ihr Wesen und ihre Kultur. Hamburg, Perthes, Besser und Mauke. 1852. 8. viii, 97 p, 3 tab. (2/3 th. n.)

Loeselius, *Johannes*, Professor zu Königsberg, * Brandenburg 26. Aug. 1607, † Königsberg 30. März 1655.
5575* —— Plantas in Borussia sponte nascentes e manuscriptis parentis mei divulgo, *Johannes Loeselius*, Johannis filius. Regiomonti Borussorum, typ. P. Mensenii. 1654. 4. 83 p., praef., ind. Bibl. Reg. Berol.

5576* —— Flora prussica, sive plantae in regno Prussiae sponte nascentes. Quarum catalogum et nomina *Johannes Loeselius* olim disseruit, nunc additis nitidissimis iconibus rariorum, partim ab aliis nondum delineatarum plerarumque Prussiae propriarum et inquilinarum plantarum, earundemque accurata descriptione, nec non adjectis synonymiis veterum botanicorum, interspersisque observationibus historico-philologico-criticis et medico-practicis noviter efflorescentes, curante *Johann Gottsched*. Regiomonti, sumtibus typographiae Georgianae. 1703. 4. 294 p, praef, ind., 85 tab.

Loeuillart-d'Avrigni, *A. E. C.*
5577* —— Principes de botanique médicale. Paris, Payen. 1821. 12. xviii, 371 p.

Loew, *Ernst*, * Berlin 23. Juni 1843.
5578* —— De Casuarinearum caulis foliique evolutione et structura. Berolini, typ. Lange. 1865. 8. 54 p. (1/3 th.)

Loew, *Karl Friedrich*, Arzt in Wien von 1722—38, * Oedenburg 22. März 1699, † Oedenburg 6. Nov. 1741.
5579 —— Epistola ad botanicos, qua de Flora pannonica conscribenda consilium cum ipsis communicat. Sempronii 1739. 4.
Redit in Act. Acad. Nat. Cur. vol. V. appendix, p. 145—154.

Loewe, *Johann Karl Christian*, † Silberburg 7. Juni 1807.
5580 —— Handbuch der theoretischen und praktischen Kräuterkunde. Breslau 1787. 8. 509 p. — Halberstadt, Gross. 1794. 8. 509 p. (vix differt.)

Loewis, *Andreas von*.
5581* —— Ueber die ehemalige Verbreitung der Eichen in Liv- und Estland. Ein Beitrag zur Geschichte des Anbaus dieser Länder. Dorpat, Schünmann. 1824. 8. 275 p. (1 1/4 th.)

Logan, *James*, Gouverneur von Pennsylvanien (Logania R. Br.), * Lurgan in Irland 1674, † Stanton (Pennsylvanien) 31. Oct 1751.
5582* —— Experimenta et meletemata de plantarum generatione. Lugduni Batavorum, Haak. 1739. 8. 32 p., 1 tab.

* anglice: Experiments and considerations on the generation of plants. London, Davis. 1747. 8. iii, 39 p.
* germanice: Versuche und Gedanken von der Erzeugung der Pflanzen. Physik. Belustigungen, vol. III. p. 1088—1102.
Phil. Transact. 1736, p. 192.

Lohenschiold, *Otto Christian von*, Professor in Tübingen, * Kiel 20. Aug. 1720, † Tübingen 4. Sept. 1761.
5583* —— De floribus Lygiis vulgo lilia vocatis regni Galliae insignibus. D. Tuebingae 1756. 4.

Loiseleur-Deslongchamps, *Jean Louis Auguste* (Longchampia DC.), * Dreux 24. März 1774, † Paris 13. Mai 1849.
5584* —— Flora gallica, seu enumeratio plantarum in Gallia sponte nascentium secundum Linnaeanum systema digestarum, addita familiarum naturalium synopsi. Lutetiae, typ. Migueret. 1806—7. II voll. 8. viii, 742 p., 21 tab. (10 fr.) — * Ed. II. aucta et emendata. Paris, Baillière. 1828. II voll. 8. — I: xxxiv, 407 p., 16 tab. — II: 394 p., 15 tab. (16 fr.)
Notice sur les plantes à ajouter à la Flore de France (Flora gallica). avec quelques corrections et observations. Paris, typ. Sajou 1810. 8. 169 p. ind., 6 tab. (2 fr. 50 c.) — Nouvelle notice. ib. 1827. 8. 40 p.

5585* —— Recherches historiques, botaniques et médicales sur les narcisses indigènes, pour servir à l'histoire des plantes de France Paris, typ. Baudouin. 1810. 4 42 p.
Extraites du vol. II. des Mémoires de l'Institut; savants étrangers, 1811.

5586* —— Herbier général de l'amateur, contenant la description, l'histoire, les propriétés et la culture des végétaux utiles et agréables. Livr. 1—96 = Vol. 1—8. Paris, Audot. 1816—27. 4. 570 planches coloriées peintes par *P Bessa*. — Nouvel herbier de l'amateur, contenant la description, la culture, l'histoire, les propriétés et les plantes rares et nouvelles cultivées dans les jardins de Paris. Livraisons 1—8. Paris, Levrault. 1832. 4. — * Herbier général de l'amateur. Deuxième série par *J. L. A. Loiseleur-Deslongchamps Charles* et *Lemaire* Paris, Cousin. 1839—43. 124 livraisons. 4. 248 tab. col. et text. Bibl. Deless.
Volumen primum editum est ab ill. Mordant de Launay.

5587* —— Nouveau voyage dans l'empire de Flore, ou Principes élémentaires de botanique. Paris, Méquignon l'aîné. 1817. II voll. 8. — I: xii, 214 p. — II: 377 p. (7 fr. 50 c.)

5588* —— Manuel des plantes usuelles indigènes, ou histoire abrégée des plantes de France, distribuées d'après une nouvelle méthode. Paris, Méquignon l'aîné. 1819. II voll. 8. — I: xxvi, 672 p — II: iv, 470 p., 6 tableaux. (12 fr.)

5589* —— Flore générale de la France. Livr. 1—8. Paris, Ferra. 1828—32. 8. 286 p., 48 tab. (48 fr.)
Plura non prodierunt

5590 —— Histoire du cèdre du Liban. Paris, Huzard. 1837. 8. 66 p., 2 tab.

5591 —— Considérations sur les Céréales et principalement sur les froments (partie historique). Paris, Bouchard-Huzard. 1842—43. 8. 108, 248 p.

5592* —— La Rose, son histoire, sa culture, sa poésie. Paris, Audot. 1844. 8. 426 p. (3 fr. 50 c.)
Cat. of sc. Papers IV, 76.

Londerseel, *Assuwerus van*.
5593 —— (Icones animalium et plantarum.) *Assuwerus van Londerseel* fecit, *Clas Janss. Visscher* excudebat anno 1625. 42 tab. aen., longit. 3 1/2 unc., latit. 5 unc. Brit. Mus.

Londes, *Friedrich Wilhelm*, Privatdocent in Göttingen (Londesia F. et M.), * 24. Mai 1780, † Constantinogorskaja im Kaukasus 29. März 1807.
5594* —— De Chaerophyllo bulboso ejusque usu cum medico tum botanico. D. Goettingae, typ. Grap. 1801. 4. 25 p., 1 tab.

5595 —— Grundriss zu Vorlesungen über Forst- und ökonomische Botanik. Göttingen, Schroeder. 1802. 8. 15 p.

5596* —— Handbuch der Botanik. Göttingen, Röwer. 1804. 8. x, 539 p., ind. (1 1/2 th.)

5597* —— Verzeichniss der um Göttingen wildwachsenden Pflanzen, nebst Bestimmung des Standortes. Göttingen, Dieterich. 1805. 8. viii, 88 p. (1/3 th.)
Cat. of sc. Papers IV, 78.

Lonitzer, *Adam* (Lonicera L.), * Marburg 10. Oct. 1528, † Frankfurt a/M. 29. Mai 1586.
5598* —— Naturalis historiae opus novum, in quo tractatur de

natura et viribus arborum, fruticum, herbarum, animantiumque terrestrium, volatilium et aquatilium, item gemmarum, metallorum, succorumque concretorum, adeoque de vera cognitione, delectu et usu omnium simplicium medicamentorum, quorum et medicis et officinis usus esse debet, una cum eorundem ad vivum effigiatis effigiebus. Ex utriusque linguae summorum virorum penetralibus, summo labore et studio conscripta per *Adamum Lonicerum.* Francofurti, apud Christianum Egenolphum. 1551. folio. (18), 353 foll., ic. xyl. — * Tom. II: Naturalis historiae tomus II, de plantarum earumque potissimum, quae locis nostris rariores sunt, descriptione, natura et viribus. Jam recens summo studio et diligentia congestus. Accessit Onomasticon continens varias plantarum nomenclaturas, utpote graecas, latinas, italicas, gallicas, germanicas: vocumque, quarum in plantarum descriptionibus frequens est usus, explicationem, cum indice multiplici. Francofurti, apud Christianum Egenolphum. (1555.) folio. 85 foll., ic. xyl. — * Botanicon. Plantarum historiae cum earundem ad vivum arteficiose expressis iconibus tomi duo. Francofurti, apud haeredes Christiani Egenolphi. 1565. folio. (non differt.)

5599* **Lonitzer**, *Adam*. Kreuterbuch, neu zugericht, Künstliche Conterfeytunge der Bäume, Stauden, Hecken, Kreuter, Getreyde, Gewürtze. Item von fürnembsten Gethiern der Erden, Vögeln und Fischen; auch von Metallen, Gummi und gestandnen Säften Frankfurt a/M., Egenolph. 1557. folio. 342 foll., ind., ic. xyl. — *Frankfurt a/M, Egenolph. 1564. folio. 343 foll., ind., ic. xyl. — Frankfurt a/M., Egenolph. 1569. folio. — Zum fünften Mal durchsehen, gebessert und gemehret Frankfurt a/M., Lechler. 1573. folio. ic. xyl. — *Frankfurt a/M. 1577. folio. — *Frankfurt a/M. 1587. folio. — Frankfurt a/M. 1593. folio. ic. xyl. — Frankfurt a/M 1598. folio. — *Frankfurt a/M., Latomus. 1604. folio. — *Frankfurt a/M., getruckt durch S. Latomum. 1609. folio. 308 p., ic. xyl. — *Frankfurt a/M 1616. folio. ic. xyl. — *durch *Peter Uffenbach* übersehen, verbessert, an vielen Orten vermehrt. Frankfurt a/M., Kempffer. 1630. folio. 750 p., ind., ic. xyl. — ib. 1650. folio. — Ulm 1679. folio. 750 p., ind., ic. xyl. — *Ulm, Bartholomae. 1713. folio. 750 p., ind., ic. xyl. — Mit einer Zugabe von *Balthasar Ehrhart.* Ulm 1737. folio. 750 p., ind., ic. xyl. 136 p. — *Ulm 1765. folio. 750 p, ind., ic. xyl. — *Ulm 1770. folio. 750 p., ind., ic. xyl. — Augsburg, Wolf. 1783. folio. (3²/₃ th.)

Lonitzer, *Johann*, latine **Lonicerus**, Professor in Marburg, *Artern 1499, † Marburg 20. Juli 1569.

5600* — In Dioscoridae Anazarbei de re medica libros e *Marcello Virgilio* versos scholia nova. Marpurgi, Christian Egenolphus excudebat. 1543. folio. 87 foll., praef., ind.

Loosjes, *Adrian*, * Haarlem 13. Mai 1761, † Haarlem 28. Febr. 1818.

5601* — Flora Harlemica, of Lyst der planten rondom Haarlem in het wild groeijende. Haarlem, by Jacob Tydgaat. 1779. 8. VIII, 53 p.

Lorek, *C. G.*

5602* — Flora prussica. Abbildungen sämmtlicher bis jetzt aufgefundener Pflanzen Preussens. Königsberg, Unzer. 1826—30. 12 Hefte. 4. 51, 4 p., praef, tab. col. 1—210. (25 th.) *Nachtrag: ib. 1837. tab col. 211—226. — Nachtrag: tab. col. 227—230. — * Dritte verbesserte und vermehrte Ausgabe. Königsberg, Universitätsbuchhandlung. 1848. gr. 8. 57 p., 241 tab. (12 th.)

Lorente, *Vicente Alfonso* (Lorentea Less.), Jarafuel 1758, † Valencia 1813.

5603* — Nova generum Polygamiae classificatio. Valentiae, e prelo J. Estevan et Cervera. (1796.) 4. 29 p, praef.

5604* — Carta (I—II) sobre las observaciones botanicas, que ha publicado D. *Antonio José Cavanilles.* Valencia, por J. Estevan y Cervera. 1797—98. 8. — I: 1797. 27 p. — II: 1798. 28 p.

5605* — Systema botanicum Linnaeano-anomalisticum, seu de anomaliis plantarum, quae in systemate Linnaeano observantur. Valentiae, typ. Monfort. 1799. 4. 31 p.

Lorentz, *Paul Günther*, Professor der Botanik in Cordova (Südamerika).

5606* — Beiträge zur Biologie und Geographie der Laubmoose. D. München, typ. Wolf. 1860. 4. 38 p. (¹/₂ th.)

5607* — Moosstudien. Leipzig, W. Engelmann. 1864. 4. VIII, 172 p., 5 tab. (3 th.)

5608* — Bryologisches Notizbuch. Stuttgart, Schweizerbart. 1865. 8. IV, 90 p. (³/₄ th.)

5609* — Verzeichniss der Europäischen Laubmoose. Stuttgart, Schweizerbart. 1865. 8. 29 p. (6 sgr.)

5610* — Ueber die Moose, die *Ehrenberg* in den Jahren 1820—26 in Egypten, der Sinai-Halbinsel und Syrien gesammelt. Berlin 1867. 4. 57 p. (2 th.)
Abh. der Akademie der Wissenschaften 1867, 1—57.

5611* — Studien zur Anatomie des Querschnitts der Laubmoose. Berlin, Friedländer und Sohn. 1869. 8. 54 p, 5 tab. (⁴/₅ th. n.)

Lorenz, *Johann Friedrich*.

5612* — Grundriss der theoretischen und praktischen Botanik. Leipzig, Weygand. 1781. 8. 128 p.

Lorenz, *Joseph Romuald*.

5613* — Die Stratonomie von Aegagropila Sauteri. Wien, Gerold. 1856. 4. 26 p., 5 tab. (1¹/₅ th. n)
Denkschriften der Akademie X, 147—172.

5614* — Physikalische Verhältnisse und Vertheilung der Organismen im Quarnerischen Golfe. Wien, Staatsdruckerei. 1863. 8. XII, 379 p., 6 tab. (3¹/₃ th. n.)
Cat. of sc. Papers IV, 84.

Loret, *Henri*, in Montpellier.

5615* — L'herbier de la Lozère et M. Prost. Mende, typ. Ignon. 1862. 8. 54 p.
Cat. of sc. Papers IV, 85.

Lorey.

5616* — et **Duret**. Catalogue des plantes, qui croissent naturellement dans le département de la Côte d'Or. Dijon, typ. Frantin. 1825. 8. 47 p.

5617* — Flore de la Côte d'Or, ou description des plantes indigènes et des espèces le plus généralement cultivées et acclimatées, observées jusqu'à ce jour dans ce département. Dijon, Douillier. 1831. II voll. 8. CLII, 1131 p., 7 tab.

Lorinser, *Gustav*, Arzt in Wien, † Wien 20. Mai 1863.

5618 — Conspectus Stachyopteridum in Bohemia sponte nascentium. D. Pragae 1837. 8.

5619* — und *Friedrich Lorinser.* Taschenbuch der Flora Deutschlands und der Schweiz. Wien, Tendler u. Co. 1847. 8. VIII, 488 p. (1¹/₂ th.)

5620* — Botanisches Excursionsbuch für die deutsch-österreichischen Kronländer und das angrenzende Gebiet. Wien, Tendler u. Co. 8. LVI, 384 p. (1¹/₃ th.) — *Dritte Auflage, durchgesehen und ergänzt von *F. W. Lorinser.* Wien, Gerold. 1871. 8. C, 450 p. (2 th.)

Lortet, *Louis*, in Lyon.

5621* — Recherches sur la fécondation et la germination du Preissia commutata *N. v. E.* pour servir à l'histoire des Marchantia. Paris, Baillière. 1867. 8. 59 p., 3 tab. (4 fr. 50 c.)
Cat. of sc. Papers IV, 87.

Losana, *Matteo*, * Vigona (Piemont) 1738, † Lambriano (Piemont) 2. Dec. 1833.

5622* — Delle malattie del grano in erba non curate, o ben conosciute. Carmagnola, typ. Barbiè. 1811. 8. 350 p., 1 tab.

5623* — Saggio sopra il carbone del Mais. Torino, typ. Bianco. 1828. 8. 32 p., 1 tab.

Loscos y Bernál, *Francisco*, in Castelserás.

5624* — et *José* **Pardo**. Series inconfecta plantarum indigenarum Arragoniae praecipue meridionalis. Ex lingua castellana in latinam vertit, recensuit, emendavit observationibus suis auxit atque edendam curavit *Mauritius Willkomm.* Dresdae, typ. Blochmann. 1863. 8. x, 135 p.

Loudon, *John Claudius*, * Cambuslany bei Edinburgh 8. April 1783, † Bayswater bei London 14. Dec. 1843.

5625* — An Encyclopaedia of plants; comprising the description, the specific character, culture, history, application in the arts, and every other desirable particular, respecting all the plants

indigenous to, cultivated in, or introduced into Britain; with figures of nearly 10,000 species; the specific characters by Professor *Lindley;* the drawings by *J. D. C. Sowerby;* the engravings by *R. Branston.* London, Longman. 1829. 8. xx, 1159 p., ic. xyl. (4 *l*. 14 *s.* 6 *d.*) — * First additional supplement. ib. 1841. 8. IV, 1143—1329 p. (15 *s.*) — Ed. II. corrected, with supplement. London, Longman. 1841. 8. (3 *l*. 13 *s* 6 *d.*) — New edition. ib. 1866. 8. (42 *s.*) (vix differt.)
* *germanice:* bearbeitet von *David Dietrich.* Jena, Schmidt. 1836—42. 8.

5626* **Loudon,** *John Claudius.* The Gardeners' Magazine. London, printed for the conductor. London, (Longman.) 1826—43. XIX voll. 8.
Series I: vol. I—XI. Series II: vol. XII—XVI. Series III: vol. XVII—XIX.

5627* —— Hortus britannicus: a catalogue of all the plants indigenous cultivated in, or introduced into Britain. Part I. The Linnean arrangement, in which nearly 30,000 species are enumerated. Part II. The Jussieuan arrangement of nearly 4000 genera. London, Longman. 1830. 8. xxiv, 576 p. (1 *l*. 1 *s.*) — * First additional supplement: ib. 1832. 8. p. 579—602. — * Ed. II: ib. 1832. 8. xxiv, 602 p. (1 *l*. 3 *s.* 6 *d.*) (non differt.) — * Second additional supplement: ib. 1839. 8. p. 602—745. (8 *s.*) — * Ed. III: with supplements: ib. 1839. 8. xxiv, 745 p. (1 *l*. 11 *s.* 6 *d.*)

5628* —— Hortus lignosus Londinensis, or a catalogue of all the ligneous plants, indigenous and foreign, hardy and half-hardy, cultivated in the gardens and grounds in the neighbourhood of London. London, Longman. 1838. 8. 170 p. (7 *s.* 6 *d.*)

5629* —— Arboretum et Fruticetum britannicum: or the trees and shrubs of Britain, native and foreign, hardy and half-hardy, pictorially and botanically delineated, and scientifically and popularly described; with their propagation, culture, management and uses in the arts, in useful and ornamental plantations, and in landscape-gardening. Preceded by a historical and geographical outline of the trees and shrubs of temperate climates throughout the world. London, Longman. 1838. VIII voll. 8. — vol. I—IV: ccxxx, 2694 p., (2546) ic. xyl. — vol. V—VIII: 412 tab. (10 *l.* — col. London, Ridgway. 25 *l*. 5 *s.*)

5630* —— The Derby Arboretum; containing a catalogue of the trees and shrubs included in it; a description of the grounds, and directions for their management. London, Longman. 1840. 8. 97 p., 1 tab. (1 *s.*)

5631* —— An Encyclopaedia of trees and shrubs; being the Arboretum et Fruticetum britannicum *abridged:* containing the hardy trees and shrubs of Britain native and foreign, scientifically and popularly described. London, Longman. 1842. 8. LXII, 1162 p. (2200) ic. xyl. (2 *l*. 10 *s.*)

Loudon, *Jane Wells,* Wittwe von John Claudius Loudon, * Birmingham 1802, † Bayswater 13. Juli 1858.

5632* —— The Ladies' Flower-garden of ornamental annuals. London, William Smith. 1840. 4. xvi, 272 p., 48 tab. col. (2 *l*. 2 *s.*)

5633* —— The Ladies' Flower-garden of ornamental bulbous plants. London, William Smith. 1841. 4. x, 270 p., 58 tab. col. (2 *l*. 12 *s.*)

5634* —— The Ladies' Flower-garden of ornamental perennials. London, William Smith. 1842. II voll. 4. (4 *l*. 4 *s.*)

5635* —— Botany for Ladies. London, Murray. 1842. 8. xvi, 493 p., ic. xyl. (8 *s.*)

5636* —— British wild flowers, their description, arrangement and glossary. London, William Smith. 1845. 4. 60 tab. col. (2 *l*. 12 *s.* 6 *d.*)

Loureiro, *Juan,* portugisischer Jesuit (Loureira Meisn.), * Lissabon 1715, † Lissabon 1796.
Colmeiro Bot. esp. 178.

5637* —— Flora cochinchinensis, sistens plantas in regno Cochinchina nascentes, quibus accedunt aliae observatae in sinensi imperio, Africa orientali, Indiaeque locis variis. Ulyssipone, typ. academiae. 1790. II voll. 4. xx, 744 p. — * Denuo in Germania edita cum notis a *Karl Ludwig Willdenow.* Berolini, Haude et Spener. 1793. II voll. 8. xxiv, 882 p. (3 *th.*)
Cat. of sc. Papers IV, 91.

Lovell, *Robert.*
Pulteney, Geschichte der Botanik I, 133—136.

5638* —— Παμβοτανολογία, sive Enchiridion botanicum, or a compleat herball, containing the summe of what hath hitherto been published either by ancient or moderne authors both galenicall and chymicall, touching trees, shrubs, plants, fruits, flowers etc. in an alphabeticall order. Oxford, printed by W. Hall for Richard Davis. 1659. 8. 671 p. et Isagoge: 84 p. — * Ed. II: ib. 1665. 8. 672 p. et Isagoge: 84 p.

Lovicz, *Simon de.*

5639* —— Enchiridion medicinae. Cracoviae, ex officina Ungleriana. 1537. 8.
(«Accedit operi nomenclatura polonica herbarum nostratium et nonnullarum exoticarum, secundum seriem alphabeti et editio *Aemilii Macri* de herbarum virtutibus.») *Adamski,* Historia rei herb. in Polonia, p. 22—24.

Lowe, *E. J.*

5640* —— Ferns, british and exotic. Vol. 1—8. London 1856—60. 8. (6 *l*. 6 *s.*)

5641* —— A natural history of british grasses. London, Groombridge and sons. 1858. gr. 8. x, 245 p., 74 tab. col. (1 *l*. 1 *s.*)

5642 —— Beautiful leaved plants. London 1864. gr. 8. 60 tab. col. (21 *s.*)
gallice: traduit par *J. Rothschild.* Paris, Rothschild. 1865. 8. 60 tab. col., ic. xyl. (25 *fr.*)

5643* —— Our native Ferns. Two volumes. London 1867. 8. (2 *l*. 2 *s.*)

5644* —— The natural history of new and rare ferns. London 1868. 72 tab. col. (21 *s.*)

Lowe, *John,* in Edinburgh.
Cat. of sc. Papers IV, 96—97.

Lowe, *Richard Thomas.*

5645* —— Primitiae Faunae et Florae Maderae et Portus Sancti, sive species quaedam novae vel hactenus minus rite cognitae animalium et plantarum in his insulis degentium breviter descriptae. Cambridge, typ. Smith. 1831. 4. 70 p., 6 tab. col.
Transactions of the Cambridge Philosophical Society. vol. IV. p. 1—78.

5646* —— Novitiae Florae Maderensis: or notes and gleanings of Maderan Botany. Cambridge, Parker. 1838. 4. 29 p.
Transactions of the Cambridge Philosophical Society, vol. VI.

5647* —— A manual Flora of Madeira and the adjacent islands of Porto Santo and the Desertas. Vol. 1. Dichlamydeae. London, John van Voorst. 1868. 8. XII, 618 p. (15 *s.*)

5648 —— Florulae Salvagicae tentamen: or a List of plants collected in the Salvage Islands. London, J. van Voorst. 1869. 8. (1 *s.*)
Cat. of sc. Papers IV, 98—99.

Lucae, *August,* Apotheker in Berlin (Lucaea Kth.), * Berlin 25. März 1800, † Berlin 9. April 1848.

Lucas, *Ewald.*

5649* —— De Solano tuberoso ejusque principio narcotico. D. medicotoxologica. Hirschberg, typ. Landoldt. 1846. 8. 32 p.

Lucé, *Johann Wilhelm Ludwig von.*

5650* —— Topographische Nachrichten von der Insel Oesel. Prodromus Florae osiliensis. Riga, typ. Haecker. 1823. 8. 384 p. — * Nachtrag. Reval, typ. Lindfors. 1829. 8. p. 385—462. (1 ½ *th.*)

Lucot, *Alexis.*

5651 —— Emblèmes de Flore et des végétaux. Paris, L. Janet. 1849. 8. (3 *fr.*)

Ludemann, *J. M. F.*

5652 —— pr., De systematibus plantarum. D. Pars prima. Helmstadii 1785. 4. 22 p.

Ludewig, *Georg Martin,* Rector zu Schlotheim in Schwarzburg, * 1724, † 8. Jan. 1800.
De influxu lucis in vegetationem plantarum. Acta Jabl. V, 1780.

Ludolff, *Michael Matthias,* Professor in Berlin (Ludolfia Willd.), * 1705, † Berlin 30. Juli 1756.

5653* —— Catalogus plantarum, favente, quam lectiones, quae in collegio medico-chirurgico publice habentur, suppeditant, occasione Berolini demonstratarum vel demonstrabilium etc. Berolini, Schütz. 1746. 8. 232 p.
A p. 225—232 sequitur: Synopsis dissertationum duarum perfectiones methodi botanicae concernentium; cf. Mém. de l'Académie de Berlin 1745.

Ludwig, *Christian Friedrich,* Professor in Leipzig, * Leipzig 19. Mai 1757, † Leipzig 8. Juli 1823.

5654* —— De plantarum munimentis. Programma. Lipsiae, typ. Langenheim. 1776. 4. 20 p.

5655* **Ludwig**, *Christian Friedrich*. Epistola de sexu Muscorum detecto. Lipsiae, typ. Breitkopf. (1777.) 8. (4 foll.)
Redit in ejus Delect. opusc. vol. I. p. 382—388.

5656* —— De pulvere autherarum. D. Lipsiae, typ. Breitkopf. 1778. 4. 33 p.

5657 —— Die neuere wilde Baumzucht in einem alphabetischen und systematischen Verzeichnisse aufgestellt. Leipzig 1783. 8. 70 p. — Leipzig, Joachim. 1802. 8. ($^5/_{12}$ th.)

5658* —— Delectus opusculorum ad scientiam naturalem spectantium. Edidit *Chr. Fr. Ludwig.* Volumen primum (et unicum). Lipsiae, Crusius. 1790. 8. vi, 560 p., 7 tab. (1$^5/_6$ th.)
Insunt: *Georg Rudolph Boehmer*, De plantis in memoriam Cultorum nominatis; *Chistoph Oetinger* et *Johann Friedrich Gmelin*, Irritabilitas vegetabilium; *Ernst Gottfried Baldinger* et *Johann Philipp Wolff*, De Filicum seminibus; *Carl von Linné filius* et *Olof Swartz*, Methodus Muscorum illustrata; *Christian Friedrich Ludwig*, Epistola de sexu Muscorum detecto; *Reinhold Berens*, De Diacone arbore Clusii; *Karl Gottfried Hagen*, De Ranunculis prussicis

5659* —— Handbuch der Botanik. Zu Vorlesungen für Aerzte und Oekonomen. Leipzig, Fritsch. 1800. 8. xiv, 578 p., 4 tab. (2 th.)

Ludwig, *Christan Gottlieb*, Professor in Leipzig (Ludwigia L.), * Brieg in Schlesien 30. April 1709, † Leipzig 7. Mai 1773.

5660* ——, pr. De vegetatione plantarum marinarum. D. Lipsiae 1736. 4. 32 p., 1 tab.

5661* ——, pr. De sexu plantarum. D. Lipsiae 1737. 4. 36 p.
Redit in *Reichard*, Sylloge opusc. bot. p. 1—30.

5662* —— Definitiones generum plantarum in usum auditorum. Lipsiae, Gleditsch. 1737. 8. 144, (32) p. — * auctae et emendatae. ib. 1747. 8. 346 p., praef., ind ($^3/_4$ th.) — * auctas et emendatas edidit *Georg Rudolph Boehmer*. ib. 1760. 8. xlviii, 516 p., ind. (1$^1/_6$ th.)

5663* —— Aphorismi botanici in usum auditorum conscripti. Lipsiae, typ. Langenheim. 1738. 8. 80 p.

5664* —— Institutiones historico-physicae regni vegetabilis praelectionibus academicis accommodatae. Lipsiae 1742. 8. 224 p. — * Ed. II. aucta et emendata. Lipsiae, Gleditsch. 1757. 8. 264 p, praef, ind.
* *hollandice*: Leeuwarden 1757. 8.

Programmata academica:

5665* —— De minuendis plantarum generibus. Lipsiae 1737. 4. 16 p.

5666* —— Observationes in methodum plantarum sexualem celeb. *Linnaei*. Lipsiae 1739. 4. 16 p.

5667* —— De minuendis plantarum speciebus. Lipsiae 1740. 4. 16 p.

5668* —— Specimen primum, et alterum, quo radicum officinalium bonitatem ex vegetationis historia dijudicandam esse generatim demonstrat. Lipsiae 1743. 4. 32 p.

5669* —— De colore plantarum quaedam observata. Lipsiae 1756. 4. 16 p.

5670* —— De colore florum mutabili observata. Lipsiae 1758. 4. 16 p.

5671* —— De colore plantarum species distinguente. Lipsiae 1759. 4. 12 p.

5672* —— De rei herbariae studio et usu. Lipsiae 1768. 4. 16 p.

5673* —— De elaboratione succorum plantarum in universum disserit. Pars I—III. Lipsiae 1768—72. 4. 16, 19, 16 p.

5674* —— De plantarum viribus medicis in universum. Lipsiae 1772. 4 16 p.

5675* —— De plantarum viribus specificis commentatio I. Lipsiae 1772 4. 8 p.

5676* —— De viribus plantarum cultura mutatis. Lipsiae 1772. 4. 16 p.

Ludwig, *Fritz*.

5677* —— Die Befruchtung der Pflanzen durch die Hülfe der Insecten, und die Theorie *Darwin's* von der Entstehung der Arten. Bielefeld 1867. 8. 35 p.

Ludwig, *Rudolf*.

5678* —— Fossile Pflanzen aus der Wetterauer Braunkohle. Cassel 1855. 4.
Palaeontographica V, 71—110, 132—151, 8 tab.

5679* —— Fossile Pflanzen aus der ältesten Abtheilung der rheinisch-wetterauischen Tertiärformation. Cassel 1859—60. 4.
Palaeontographica VIII, 39—154, 63 tab.
Cat. of sc. Papers IV, 126—127.

Lueben, *August*.

5680 —— Anweisung zu einem methodischen Unterricht in der Pflanzenkunde. Halle, Anton. 1832. 8. xxxiv, 556 p. (1$^1/_2$ th.)

—— * Vierte verbesserte Auflage. ib. 1865. 8. xxx, 536 p., ic. xyl. (3 th.)

5681* **Lueben**, *August*. Die Hauptformen der äussern Pflanzenorgane in stark vergrösserten Abbildungen. Leipzig, Barth. 1846. 8. 16 p., 14 tab. in folio. (1$^3/_5$ th.)

Lueder, *Franz Hermann Heinrich*, Superintendent zu Dannenberg (Lueneburg), † Dannenberg 31. Dec. 1791.

5682* —— Botanisch-praktische Lustgärtnerei, nach Anleitung der besten, neuesten brittischen Gartenschriftsteller, π, nöthigen Anmerkungen für, das Klima in Deutschland. Leipzig, Weidmann's Erben und Reich. 1783—86. 4 Bände. 4. — I: 1783. l, 430 p., 14 tab. — II: 1784. 628 p. — III: 1785 456 p. — IV: 1786. xiv, 494 p., ind. (15$^5/_6$ th)

Lueders, *Friedrich Wilhelm Anton*, * 1751, † Havelberg 6. Nov. 1810.

5683 —— Nomenclator botanicus stirpium brandenburgicae secundum systema Gleditschianum a staminum situ digestus. Berolini, Hesse. 1786. 8. iv, 107 p.

Luedersdorff, *Friedrich Wilhelm*, Landesökonomierath in Berlin, * Bärwalde 24. April 1801.

5684* —— Das Auftrocknen der Pflanzen fürs Herbarium und die Aufbewahrung der Pilze, nach einer Methode, wodurch jenen ihre Farbe, diesen ausserdem auch ihre Gestalt erhalten wird. Berlin, Haude und Spener. 1827. 8. xvi, 150 p., 1 tab. (1 th.)

Luedgers, *Max Stanislaus Joseph*.

5685* —— De medicamento novantiquo Tebaschir dicto. D. Gottingae, typ. Grape. 1791. 8. 46 p.

Luerssen, *Christian*, Assistent am bot. Laboratorium in Leipzig.

5686* —— Zur Controverse über die Einzelligkeit oder Mehrzelligkeit des Pollens der Onagrarieen, Cucurbitaceen und Corylaceen. Jena, Frommann. 1868. 8. 33 p., 3 tab.

Luetke, *Friedrich*, Admiral (Luetkea Bong.)

5687* —— Voyage autour du monde sur la corvette *Le Séniavine*. Atlas, lithographié d'après les dessins originaux d'*Alexandre Postels* et du Baron *(F. H. von) Kittlitz*. Paris, Engelmann et Co. 1836. folio. 3 mappae geogr., 51 tab.
Tabulae 2. 5. 8. 9. 11. 15. 16. 19. 20. 21. 33. 34. 37. 38. 40. 41. 42. 50. physiognomiam vegetationis egregie adumbrant.

Lumnitzer, *Stephan*, * Schemnitz 1750, † Pressburg 11. Jan. 1806.

5688* —— Flora Posoniensis, exhibens plantas circa Posonium sponte crescentes secundum systema sexuale Linnaeus digestas. Lipsiae, Crusius. 1791. 8. viii, 557 p., 1 tab. (1$^1/_2$ th.)

Lunan, *John*.

5689* —— Hortus Jamaicensis, or a botanical description (according to the Linnaean system) and an account of the virtues etc. of its indigenous plants hitherto known, as also of the most usefull exotics. Compiled from the best authorities, and alphabetically arranged in two volumes. Jamaica, printed at the office of the San Jago de la vega gazette. 1814. 4. — I: viii, 538 p. — II: 402 p. (2 *l*. 10 *s*. 6 *d*.)

Lund, *A. A. W.*

5690 —— Wimmerby-Florans Phanerogamer och Ormbunkar. D. Upsala, typ. Hanselli. 1863. 8. 34 p.

Lund, *Nils*, * Bragernaes 23. Mai 1814, † Venezuela 21. Febr. 1847.

5691* —— Conspectus Hymenomycetum circa Holmiam crescentium, quem supplementum Epicriseos *Eliae Fries* scripsit. Christianiae, typ. Malling. (Dahl) 1845. 8. v, 118 p., praef. ($^4/_5$ th.)

5692* —— Haandbog i Christianias phanerogame Flora. Christiania, J. W. Cappelen. 1846. 8. xvii, 334 p., 1 tab. (2 th. 18 sgr.)

Lundequist, *Nils Wilhelm*.

5693 —— Flora paroeciae Bränkyrka. D. 1—3. Upsaliae 1827. 8.

Lundmark, *Johan Daniel*, * 1755, † 1792.

5694 —— Dissertatio de usu Linnaeae medico. Upsaliae, typ. Edman. 1788. 4. 10 p.

Lush, *Charles*, * 1795, † Hydrabad 4. Juli 1845.
Cat. of sc. Papers IV, 131.

Luxford, *George*, * Sutton (Surrey) 7. April 1807, † Walworth 12. Juni 1854.

5695 —— A Flora of the neighbourhood of Reigate, Surrey, containing the flowering plants and ferns. London, John van Voorst. 1838. gr. 12. xviii, 118 p., 1 mappa geogr. (5 s.)

5696* **Luxford**, *George.* The Phytologist: a popular botanical Miscellany. Conducted by *George Luxford.* Vol. 1—5. London, John van Voorst. 1844—54. 8. — I. (1841—44.) 1844. xxiii, 1144 p. ic. xyl. — II. (1845—47.) conducted by *Edward Newman.* 1845—47 xv, 1052 p. — III. (1848—50.) xii, xii, xvi, 1120 p. — IV. (1851—53.) xxviii, xi, xi, 1160 p., appendix xxxii p. — V. (1854.) 216 p., and General Index: 27 p.
New Series, by A. Froine. Vol. 1—6. London, Pamplin. 1855—63. 8.
Cat. of sc. Papers IV, 136.

Luyken, *Johann Albert.*

5697* —— Tentamen historiae Lichenum in genere, cui accedunt primae lineae distributionis novae. D. Goettingae, typ. Dieterich. 1809. 8. 102 p. (⅓ th.)

Luzsiczky, *Anton.*

5698* —— De vita plantarum. D. Vindobonae, typ. Ueberreuter. 1842. 8 45 p.

Lyell, *Charles,* Esq. (Lyellia R. Br.), * 7. März 1767, ✝ Kinnardy (Forfarshire) 8. Nov. 1849.

Lyell, *K. M.*

5699* —— A geographical Handbook of all the known ferns, with tables to show their distribution. London, Murray. 1870. 8. xi, 225 p. (7 s. 6 d.)

Lyngbye, *Hansen Christian,* Prediger in Söeborg auf Seeland, * Blendstrup 29. Juni 1782, ✝ Söeborg 18. Mai 1837.

5700* —— Tentamen Hydrophytologiae danicae, continens omnia hydrophyta cryptogama Daniae, Holsatiae, Faeroae, Islandiae, Groenlandiae hucusque cognita, systematice disposita, descripta et iconibus illustrata, adjectis simul speciebus norvegicis. Opus praemio ab universitate regia Havniensi ornatum, sumtu regio editum. Havniae, Gyldendal. 1819. 4. xxxii, 248 p., 70 tab. (16 *Rdr.*)

Lyon, *P.*

5701 —— A treatise on the physiology and pathology of trees. London (1816?) 8. (10 s. 6 d.)

Lyons, *J. C.*

5702* —— A practical treatise on the management of Orchidaceous plants, with an alphabetical descriptive catalogue of upwards of one thousand species. Second edition. London, J. Ridgway. Dublin, Hodges and Smith. 1845. 8. xv, 234 p. (10 s.)

Lyons, *Israel,* Lehrer der Botanik in Oxford, * Cambridge 1739, ✝ London 1. Mai 1775.

5703 —— Fasciculus plantarum circa Cantabrigiam nascentium, quae post *Rajum* observatae fuere. Londini, Millar. 1763. 8. xvi, 56 p.

M.

Maack, *Richard,* in Petersburg.
Die ersten botanischen Nachrichten über das Amurland. Bäume und Sträucher. Bull. ac. Pét. XV, 257—267, 353—383. (1857.)

Mabille, *P.,* Professor in Bastia.

5704* —— Catalogue des plantes qui croissent autour de Dinan et de St. Malo. Bordeaux, Degréteau. 1866. 8. 160 p.
Actes soc. linn. Bordeaux vol. XXV.

5705* —— Recherches sur les plantes de la Corse. Fasc. 1. 2. Paris, Savy. 1867—69. 8. 47 p.

Macaire-Prinsep, *Isaac Français* (Macairea DC.), * Genf 21. Juli 1796.
Cat. of sc. Papers IV, 115—117.

Macarthur.

5706 —— et *Charles* **Moore**. Catalogue des collections de bois indigènes de N. S. W. Australia, envoyées à l'exposition de 1855. Paris 1855. 4.

Mac Clelland, *John.*

5707 —— Report on the physical condition of the Assam Tea plant, with reference to geological structure soils and climate. (Calcutta 1838.) 8.
From the Transactions of the agric. and hortic. society of India, vol. V.

5708 (**Mac Clelland**, *John.*) Papers relating to the measures adopted for introducing the cultivation of the Tea plant in India. Calcutta 1839. folio.

5709* —— Report of the Geological Survey of India. Calcutta, J. C. Sherriff. 1850. 4.
Classified List of plants, p. 72—96.

Mac Cosh, *J.,* Professor in Melbourne.
Cat. of sc. Papers IV, 150.

Macdonald, *George.*

5710 —— and *James* **Allen**. The botanists wordbook. London, Reeve. 1853. 12.

Macer Floridus.
* *Friedrich Boerner,* De Aemilio Marco, ejusque rariore hodie opusculo de virtutibus herbarum Diatribe. Lipsiae (1854). 4. 20 p.
Ernst Meyer, Geschichte der Botanik III, 426—434.

5711* —— De viribus herbarum. Editio princeps: Neapoli, impressus per *Arnoldum de Bruxella,* anno millesimo quadringentissimo (sic!) septuagesimo septimo (1487) die vero nona mensis Maji folio minor. 45 foll. Hain Nr. 10420. — Mediolani, *Antonius Zarotus* Parmensis impressit MCCCCLXXXII die XIX Novembris. 4. Hain Nr. 10421. — Venetiis, impressus per *Bernardinum Venetum de Vitalibus.* 1506. 4. 12 plag. — Venetiis 1508. 4. 12 plag. — Cadomi, ere et impensis *Mich. Angier* et *Jo. Mace.* 1509. 8. — * Parisiis 1511 die 29 Mart. 8. 56 foll. — * Parisiis 1522. 8. cum interpretatione Guill. Gueroaldi. 159 foll. — * *Aemilius Macer* de herbarum virtutibus emaculatior, tersiorque in lucem aeditus. Praeterea *Strabi* Galli Hortulus vernantissimus, scholiis *Joannis Atrociani* illustratus. Basileae (apud Joannem Fabrum Emmeum Juliacensem. MDXXVII.) 8. (8), 73 foll. — * (Friburgi, apud Joannem Fabrum Emmeum Juliacensem. 1530.) 8. (4), 108 foll. — *Aemilius Macer* de herbarum virtutibus, cum veris figuris herbarum, graduationibus simplicium, nomenclatura et interpretatione polonica herbarum et morborum secundum seriem alphabeti, et expositione terminorum obscurorum contentorum in hoc opere, per *Simon de Lovicz.* Cracoviae, ex officina Ungleriana. 1537. 8. cum ic. xyl. — * *Macri* de materia medica libri V. versibus conscripti. Per *Janum Cornarium* medicum physicum emendati et annotati, et nunquam antea ex toto editi. Francofurti, Christian Egenolph. (1540.) 8. (11), 132 foll. — * De herbarum virtutibus *Aemilii Macri* Veronensis elegantissima poesis cum succincta admodum difficilium et obscurorum D. *Georgii Pictorii,* Villingani Doctoris medici et apud Caes. Curiam Ensishemii archiatrum, expositione antea nunquam in lucem edita. Cum carmine de herba quadam exotica, cujus nomen mulier est rixosa, eodem D. *Georgio Pictorio* Villingano autore. Basileae, impr. per Henricum Petri. (mense Martio 1559.) 8. (12) foll., 199 p., ic. xyl. — * *Macer Floridus* de viribus herbarum una cum *Walafridi Strabonis, Othonis Cremonensis* et *Joannis Folcz* carminibus similis argumenti, quae secundum codices manuscriptos et veteres editiones recensuit, supplevit, et adnotatione critica instruxit *Ludwig Choulant.* Accedit *Anonymi* carmen graecum de herbis, quod e codice Vindobonensi auxit et cum *Godofredi Hermanni* suisque emendationibus edidi *Julius Sillig.* Lipsiae, Voss. 1832. 8. xii, 220 p. (1¾ th.)
Praeterea inest *Macri Floridi* carmen in collectione medica Aldina Venetiis 1547. folio. et particula carminis in *Nicolai Marscalci* Enchiridio poetarum clarissimorum. Erfordiae 1502. 4.
anglice: Macer's Herbal practysed by Doctor *Lynacro.* Translated out Latin into Englyshe. London, excudebat Robert Wyer. s. a. (post annum 1535.) 12.
gallice: Les fleurs du livre des vertus des herbes, composé jadis en vers latins par *Macer Floride,* et illustré de commentaires par M. *Guillaume Gueroult,* médecin à Caen, traduit en vers français par *Lucas Tremblay,* Parisien, Professeur ès bonnes sciences mathématiques. Rouen, Martin et Honoré Mallard. 1588. 8.

Macfadyen, *James,* * Glasgow 1800, ✝ Jamaica 1850.

5712* —— The Flora of Jamaica; a description of the plants of that Island, arranged according to the natural orders. With an appendix containing an enumeration of the genera according to the Linnean system, and an essay on the geographical distribution of the species. Volumen I: Ranunculaceae— Leguminosae. (Glasgow, typ. Khull) London, Longman. 1837. 8. xii, 351 p. (15 s.) — Vol. II. Rosaceae—Araliaceae. 192 p.

Vidi partem incompletam voluminis secundi in egregia Bibliotheca Kewensi. Impressio facta est in Jamaica insula, sed liber autore morte abrepto, incompletus remansit; cf. *Hooker* Journ. and Misc. II. 288.

Macfadyen, *James*.
5713* —— Description of the Nelumbium jamaicense, the waterbean. (Not published.) Jamaica: printed by R. J. de Cordova, 66, Harbourstreet, Kingston. 1847. 8. 8 p., 3 tab. col. Bibl. Kew.
cf. *Hooker* London Journal VII. 46.
Cat. of sc. Papers IV, 157.

Mac Gibbon, *J.*
5714* —— Catalogue of plants in the botanic garden, Cape Town, Cape of Good Hope. Cape Town, Saul Salomon and Co. 1858. 8. IV, 36 p.

Mac Gillivray, *P. H.*
5715* —— A Catalogue of the flowering plants and ferns growing in the neighbourhood of Aberdeen. Aberdeen, Walton. 1853. 8. 52 p. (1 s. 6 d.)

Macgillivray, *William*, Professor in Aberdeen, † Aberdeen 5. Sept. 1852.
5716 —— A Manual of botany: comprising vegetable anatomy and physiology; or an account of the structure and functions of plants. London, Adam Scott. 1840. 8. (4 s. 6 d.) — Ed. II. ib. 1853. 8. (4 s. 6 d.)
Idem compendia a *William Withering* et *James Edward Smith* scripta novis editionibus curavit, et *Achille Richard* «Nouveaux élémens de botanique» anglice vertit.
Cat. of sc. Papers IV, 159.

Mac Ivor, *William Graham*, Director des Gartens in Ootacamund.
5717* —— Hepaticae britannicae; or, pocket Herbarium of british Hepaticae. New Brentford, typ. Ch. J. Murphy. 1847. 8. 18 foll.
5718 —— Report on the horticultural garden, Ootacamund, Neilgherry hills. Ootacamund 1849. 8.
5719* —— Report on the Government Botanical and Horticultural Gardens, Ootacamund. Madras, typ. Smith. 1857. 8. 44 p.
5720 —— Notes on the propagation and cultivation of the medicinal Cinchonas or Peruvian bark trees. Madras 1863. 8.

Mackay, *James Townsend*, † Dublin 15. Febr. 1862.
5721* —— A catalogue of the plants found in Ireland, with descriptions of some of the rarer sorts. Part I. Dublin, R. Graisberry. 1825. 4. 98 p.
5722* —— Flora hibernica, comprising the flowering plants, ferns, Characeae, Musci, Hepaticae, Lichenes and Algae of Ireland, arranged accordding to the natural system, with a Synopsis of the genera according to the Linneean system. Dublin, William Curry, Inn and Co. 1836. 8. XXXIV, 354, 279 p. (16 s.)
Cat. of sc. Papers IV, 161—162.

Mac Kerc, *Mark J.*, in Port Natal.
5723* (——) The Ferns of Natal. Pietermaritzburg, typ. Davis. 1869. 8. IV, 28 p (³/₄ th)
5724* —— and *W. J. Gerrard*. Synopsis Filicum capensium. Pietermaritzburg 1870. 8.

Maclure, *William* (Maclura Nutt.), * Ayr (Schottland) 1763, † Mexico 23. März 1840. 8.
Morton, Memoir of W. Maclure, Philad. 1840. Portrait.

Mac Mahon, *Bernard*, Seedsman in Philadelphia (Mahonia Nutt.).
5725* —— A catalogue of american seeds. Philadelphia, typ. Graves. 1806. 8. 30 p.

Mac Nab, *William*, Curator des botanischen Gartens zu Edinburgh, * Dailly (Ayrshire) 1780, † Edinburgh 1. Dec. 1848.
5726* —— A treatise on the propagation, cultivation and general treatment of Capeheaths, in a climate where they require protection during the wintermonths. Edinburgh, Thomas Clark. 1832. 8. 43 p., 1 tab. col.

Macquart, *Jean*, † Lille 25. Nov. 1855.
5727 —— Les plantes herbacées d'Europe et leurs insectes. Tome 1—3. Lille, Donel. 1853—55. 8.
Mém. soc. Lille 1853, 157—343. 1854, 157—350. 1855, 263—408.

Macreight, *D. C.*
5728* —— Manual of british botany; in which the orders and genera are arranged and described according to the natural system of DeCandolle. London, Churchill. 1837. 8. XVII, 296 p. (7 s. 6 d.)

Macvicar, *John*.
5729* —— Observations on the germination of the Filices. Edinburgh, typ. Neill. 1824. 4. 8 p., 1 tab. col.
Cat. of sc. Papers IV, 172.

Madinier, *Paul*, * Paris 1836.
5730* —— De la nutrition végétale au point de vue de la loi de restitution. Examen critique des théories de Mr. G. Ville. Paris, Delagrave. 1867. 8. 32 p.

Madiot, Directeur de la pépinière royale de naturalisation du Rhône.
5731 —— Traité classique et historique des arbres exotiques acclimatés depuis 60 ans en France et principalement dans le département du Rhône. 2 voll. 8.

Maerklin, *Georg Friedrich*, Apotheker in Wiesloch, † Wiesloch 31. Juli 1828.
5732* —— Betrachtungen über die Urformen der niedern Organismen. Heidelberg, Winter. 1823. 8. XII, 83 p. (¹/₂ th.)
Cat. of sc. Papers IV, 246.

Maerter, *Franz Joseph*.
5733* —— Verzeichniss der östreichischen Gewächse. Erstes Stück. Wien, Hartl. 1780. 8. 115 p.
5734* —— Verzeichniss der östreichischen Bäume, Stauden und Buschgewächse, mit Anmerkungen aus der Natur- und ökonomischen Geschichte derselben. Wien, Gerold. 1781. 8. 212 p. — * Dritte (vermehrte) Auflage: Wien, Stahel et Co. 1796. 8. 466 p., praef. (1 ²/₃ th.)
5735* —— Vorstellung eines ökonomischen Gartens nach den Grundsätzen der angewandten Botanik. Wien, Krauss. 1782. 8. 114 p., praef. (¹/₄ th.)
5736* —— Fundamenta et termini botanici, congesta secundum methodum et ad ductum Linnaei. Bruxellis, typ. Lemaire. 1789. 8. 130 p., 1 tab. (²/₃ th.)

Magaud de Beaufort, *Mademoiselle*.
5737* —— Cours de botanique pour les Dames. (Paris, typ. Béthune et Plou. 1844.) 8. 8 p.

Magnol, *Pierre*, Professor und Director des botanischen Gartens in Montpellier (Magnolia L.), * Montpellier 8. Juni 1638, † Montpellier 21. Mai 1715.
Gauteron, Éloge. Montpellier 1715. 8.
5738* —— Botanicon monspeliense sive plantarum circa Monspelium nascentium πρωτογνώμον in quo plantarum ... edocentur. Lugduni, ex officina Francisci Carteron. Impensis Francisci Bourly, Bibliopolae Monspeliensis. 1676. cum superiorum permissu. 8. (14) 287 p., 19 tab. aen.
Hanc rarissimam editionem principem vidi Parisiis in bibliotheca Cossoniana.
5739* —— Botanicum Monspeliense, sive plantarum circa Monspelium nascentium index, in quo plantarum nomina meliora seliguntur; loca, in quibus plantae sponte adolescunt, tum a prioribus botanicis, tum ab autore observata indicantur et praecipue facultates traduntur. Adduntur variarum plantarum descriptiones et icones. Cum appendice, quae plantas de novo repertas continet et errata emendat. Monspelii, Marret (ex officina Danielis Pech.) 1686. 8. 309 p., praef., tab. Linn. 1688.
5740* —— Prodromus historiae generalis plantarum, in quo familiae plantarum per tabulas disponuntur. Monspelli, typ. Pech. 1689. 8. 79 p., praef., ind.
5741* —— Hortus regius Monspeliensis, sive catalogus plantarum, quae in horto regio Monspeliensi demonstrantur. Accesserunt novae plurimarum plantarum cum suis iconibus descriptiones. Virtutes etiam juxta neotericorum principia breviter explicantur. Monspelii, apud Honoratum Pech. 1697. 8. 209 p., praef., (21) tab.
5742* —— Novus character plantarum, in duos tractatus divisus. I. De herbis et suffruticibus, in tres libros divisus. II. De fruticibus et arboribus, in tres etiam libros divisus. Opus posthumum ab autoris filio *(Antoine Magnol)*, in academica Monspeliensi Professore regio, in lucem editum. Monspelii, apud viduam Honorati Pech. 1720. 4. 340 p., praef.

Magnus, *Paul.*
5743* —— Beiträge zur Kenntniss der Gattung Najas L. Berlin, G. Reimer. 1870. 4. VIII, 63 p., 8 tab. (2⅓ th. n.)
Mahieu, *J. N.*
5744 —— Elémens de phytologie, expliqués au collège de Châlons-sur-Marne. Châlons-sur-Marne, Boniez-Lambert. 1835. 8.
Maillard, *L.*
5745* —— Annexes O. et P. aux Notes sur l'île de la Réunion. Botanique: Cryptogamie, par *Montagne* et *Millardet*; Phanérogamie, par *Duchartre.* Paris, Dentu 1862. 8. 30 p., 4 tab. col.
Maille, *Alphonse* (Maillea Parl), * Rouen 1813, ✝ Paris 30. Sept. 1865.
Main, *James,* ✝ Chelsea 1846.
5746* —— Illustrations of vegetable physiology, practically applied. London, W. Orr. 1833. 8. XIII, 328 p., ic. xyl.
5747 —— Popular botany; explanatory of the structure and habits of plants. London, Orr and Co. 1836. 8. 27 tab., ic. xyl. (4 s. 6 d. — col. 7 s.)
Cat. of sc Papers IV. 192
Major, *Johann Daniel,* Professor in Kiel, * Breslau 16. Aug. 1634, ✝ Stockholm 3. Aug. 1693.
5748* —— Dissertatio botanica de planta monstrosa Gottorpiensi mensis Junii anni 1665, ubi quaedam de coalescentia stirpium et circulatione succi nutritii per easdem proferuntur. D. Schleswigae, apud Johannem Holwein. 1665. 4. (16) foll., 2 tab.
5749 —— Programma ad rei herbariae cupidos. Accesserunt *Theophili Kentmanni* tabulae, locum et tempus collectarum stirpium exprimentes Kilonii 1667. 12 obl.
5750* —— Amerikanische bei dem Schlosse Gottorff im Monat August und September 1668 blühende Aloe. (Schleswig 1668.) 4. 30 p. — *impr. cum *Waldschmiedt* Gründliche Beschreibung der Aloe insgemein. Kiel 1705. 4. 36 p.
5751 ——, pr. Dissertatio de Myrrha, Locustis, jejunio Christi, Christo medico, lunaticis, paralyticis et sale. Kilonii 1668. 4. 40 p
5752 —— Memoria initiati horti medici. Kilonii 1669. folio.
5753 —— Catalogus plantarum, quarum mentio fit in *Werner Rolfink* libro secundo de vegetabilibus in gratiam praelectionum. Kilonii 1673. 4.
Majus, *Heinrich,* Professor in Marburg, * Kassel 7. Febr. 1632, ✝ Rinteln 31. Dec 1696.
5754* —— De plantis et arboribus. D. Marpurgi Cattorum, typ. Kürsner. 1681. 4. 16 p
Majus, *Johann Heinrich,* Professor in Giessen, * Pforzheim 5. Febr. 1653, ✝ Giessen 3. Sept. 1719.
5755 —— Dissertatio inauguralis de Manna, duplici ex scripturae et naturae libro occasione. Giessae 1706. 4.
Makowsky, *Alexander.*
5756 —— Sumpf- und Uferflora von Ollmütz. Ollmütz 1860.
Cat. of sc. Papers IV. 197.
Malacarne, *Vincenzo,* * Saluzzo 28. Sept. 1744, ✝ Padua 4. Sept. 1816.
5757* —— Di un fungo della classe de' licoperdi formato a guisa di tempietto che nasce particolarmente nel territorio Pavese a San Zenone Lezione academica. Verona, typ. Mainardi. 1814. 4. 15 p., 1 tab.
Inserito nel tomo XVII. della società italiana delle scienze.
Malesherbes, *Chrétien-Guillaume de Lamoignon de* (Malesherbia Rz. et Pav), * Paris 6. Dec. 1721, guillotinirt mit seiner Tochter zu Paris am 22. März 1794.
Notice historique par *Jean-Baptiste Dubois.* Magasin encycl. 1795. IV. p 355—414
Malherbe, *Alfred,* Rath am Gerichtshofe von Metz, * Isle de France, ✝ Metz 1866.
5758* —— Notice sur quelques espèces de chênes et spécialement sur le chêne liège (Quercus Suber). Metz, Verronnais. 1838. 8. 40 p.
5759* —— Notice sur le Papyrus. Metz, Lamort. 1840. 8. 7 p.
Malmgren, *A. J.*
Öfversigt af Spetsbergens Fanerogam Flora. Stockholm. Öfversigt XIX, 229—268. (1862.)
5760 —— Svenska expeditioner till Spetsbergen och Jan Mayen utförda under åren 1863 och 1864. Stockholm, Norstedt et Söner. 1867. 8.
p. 254—262: Botanik af *A. J. Malmgren.*
5761 **Malmgren**, *A. J.* Bihang till Berättelsen om Svenska expeditionen till Spetsbergen, 1864. Stockholm, Norstedt et Söner. 1868. 8. 21 p.
Malpighi, *Marcello* (Malpighia L), * Crevalcuore bei Bologna 10. März 1628, ✝ Rom 29. Nov. 1694.
Vita a seipso scripta in Opera postuma. Londini 1697. folio.
Fabroni, Vitae Italorum III, 128—193 (1779.)
* *Testa,* Marcellus Malpighius, Sermo. Bononiae, typ. Ludesini 1817. 4. 45 p.
* *Gaetano Atti,* Notizie edite ed inedite della vita e delle opere di M. Malpighi e di Lorenzo Bellini. Volume unico. Bologna, typ. alla Volpe. 1847. 4. VIII, 539 p , 1 tab.
5762* —— Anatome plantarum. Cui subjungitur appendix, iteratas et auctas ejusdem autoris de ovo incubato observationes continens. Regiae societati Londini ad scientiam naturalem promovendam institutae dicata. Londini, impensis Johannis Martyn. 1675. folio. 15, 82, 20 p., 54, 7 tab. — * Anatomes plantarum pars altera. ib. 1679. folio 93 p., 39 tab.
5763* —— Opera omnia, seu thesaurus locupletissimus botanico-medico-anatomicus, 24 tractatus complectens et in duos tomos distributus. Editio novissima. Lugdini Batavorum, apud Petrum van der Aa 1687. II voll. 4. — I: Anatome plantarum. 170 p., ind., 142 icones. — II: Medico-anatomica continens. 379 p., ind., icones. — * Opera omnia. Londini, apud Robertum Schott. 1686. II voll. folio. cum tabulis aeneis. I: 78, 35 p. — II: 72, 44, 20, 144 p.
5764* —— Opera posthuma, figuris aeneis illustrata, quibus praefixa est ejusdem vita a seipso scripta. Londini, Churchill. 1697. folio 110, 187, 10 p , 19 tab., effigies *Malpighi.* — * Amstelodami, apud Georgium Gallet 1698. 4. 387 p , 20 tab. — * Amstelodami, apud Donatum Donati. 1700. 4. (non differt)
—— Opera posthuma, cura *Faustini Gavinelli* edita objectionibus circa plantas *Johannis Baptistae Triumfetti*; responsio objectionibus auctoris anonymi circa folia seminalia; alia responsio ad impugnationes *Johannis Borelli.* Venetiis, Andreas Poletus. 1698. folio. — * ib. 1743. folio. (non differt)
Maltby, *F. N*
5765 —— Memoir on the institution of Government Gardens in Travancore. 1862. 4.
Malthé, *Gottlieb Friedrich.*
5766* —— De generatione muscorum. D. Goettingae, typ. Grape. 1787. 8. 32 p
Maly, *Joseph Karl,* Arzt in Gratz, * Prag 2. März 1797, ✝ Gratz 25. Jan 1866.
5767* —— De analogis plantarum affinium viribus. D. Pragae, typ. Sommer. 1823. 8 50 p, praef
5768* —— Systematische Beschreibung der gebräuchlichsten in Deutschland wildwachsenden oder kultivirten Arzneigewächse Grätz, Ludewig. 1837 8. x, 134, 8 p. (⅚ th.)
5769* —— Flora styriaca, oder nach natürlichen Familien geordnete Uebersicht der im Herzogthum Steyermark wildwachsenden und allgemein gebauten sichtbar blühenden Gewächse und Farren. Grätz, Ludewig. 1838 gr 12. XVI, 159 p.- (⅔ th.) — * Nachträge. Grätz, Dirnböck. 1848 8. IV, 20 p.
5770* —— Anleitung zur Bestimmung der Gattungen der in Deutschland wildwachsenden und allgemein kultivirten Pflanzen. Wien, Braumüller. 1846. gr. 12. XI, 164 p. (⅔ th.) — * Zweite vermehrte Auflage. ib. 1858. 8. XII, 170 p. (⅔ th.)
5771* —— Enumeratio plantarum phanerogamarum imperii austriaci universi. Vindobonae, Braumüller. 1848. 8. XVI, 423 p. (2 th.)
5772* —— Botanik für Damen. Wien, Gerold. 1862. 8. x, 322 p. (1½ th.)
5773* —— Systematische Beschreibung der in Oesterreich wildwachsenden und kultivirten Medizinalpflanzen. Wien, W. Braumüller. 1863 8. XIII, 190 p. (⅓ th.)
5774* —— Oekonomisch-technische Pflanzenkunden. Wien, Braumüller. 1864. 8. XVI, 221 p. (1 th.)
5775 —— Flora von Steiermark. Systematische Uebersicht der in Steiermark wildwachsenden und allgemein gebauten blühenden

Gewächse und Farne. Aus seinem Nachlasse. Wien, Braumüller 1868. 8. xii, 303 p. (1 ⅓ th. n)
Cat of sc. Papers IV, 211.

Mammatt, *Edward.*
5776* —— A collection of geological facts and practical observations intended to elucidate the formation of the Ashby-Coalfield. Ashby-de-la-Zouch, Lumley. 1836. 4. max. xii, 101 p., 133 tab. col. (2 l.)
Tabulae 102 sistunt vegetabia petrificata.

Manardus, *Johannes*, Professor in Ferrara, * Ferrara 1462, ⸸ Ferrara 8. Mai 1536.
Ernst Meyer, Geschichte der Botanik IV, 235—236.
5777 —— Epistolae medicinales Ed. princeps (rarissima) in calce: Hasce medicinales epistolas Joannis Manardi Ferrariensis medici formis excussit Bernardinus de Odonino. Anno a Christi aduentu MDXXI nonis Novemb. Ferrariae — * Epistolarum medicinalium libri XX, ad autographum collati et editi. Ejusdem in *Mesue* simplicia et composita annotationes et censurae. Basileae, apud Michael Isingrin. 1540. folio. (10) foll., 603 p.
Redit pluries Editio princeps continet libros sex priores.

Mandeville, *Henry John*, Minister at Buenos Ayres (Mandevilla Ldl), * Suffolk 1773, ⸸ Buenos Ayres 16. März 1861.

Mandon, *Gustave*, botanischer Reisender in der höheren Cordillere Boliviens (Mandonia Weddl), ⸸ Poitiers 30. Dec. 1866.

Manetti, *Giuseppe.*
5778* (——) Catalogus plantarum caesarei regii horti prope Modiciam (cum Supplementis I—III.) Mediolani, typ. regiis. 1842—46. 8. x, 107, 36, 22, 30 p.

Manetti, *Saverio*, Arzt in Florenz (Manettia Mut.), * 1723, ⸸ 1784.
5779* —— Viridarium Florentinum, sive conspectus plantarum, quae floruerunt et semina dederunt hoc anno 1750 in horto caesareo Florentino, cum constitutione trium novorum generum. Florentiae, Paperini. 1751. 8. xv, 109 p.
Adjecta est appendix 32 paginarum: Spicilegium plantas continens 325 Viridario Florentino addendas, pro aestivis demonstrationibus hujus anni 1751 descriptas et dispositas
5780* —— Caroli Linnaei Regnum vegetabile juxta systema naturae in classes, ordines et genera ab eodem constitutum, societatis physico-botanicae Florentinae usui accommodatum ac recusum curante *Xaverio Manetti*. Florentiae, typ. Viviani. 1756. 8. 123 p, 2 tab.

Manganotti, *Antonio.*
5781* —— Elementi di botanica organografica, fisiologica e pratica; compilati ad uso della propria scuola nel ginnasio municipale di Verona Verona, typ. Antonelli. 1852. 8. 175 p., 4 tab. (2 *Lire* 50 c.) — Ed. II. ampliata ib. 1856. 8
5782* —— Cenni di geografia e paleontologia botanica. Verona, typ. Antonelli 1854. 8. 54 p.

Mangles, *James.*
5783* —— The floral calendar, monthly and daily. With miscellaneous details relative to plants and flowers, gardens and greenhouses, horticulture and botany, aviaries etc. London, printed by Calder for private distribution. 1839. 8. xx, 156 p., tab. col.

Mangold, *Johann Kaspar.*
5784 —— Praeliminaria de conciliandis methodis Tournefortii, Rivini, Hermanni et Raji. Basileae 1716. 4.

Mann, *Gustav.*
5785 —— A descriptive Catalogue of the Natal contribution to the international exhibition of 1862 London, Jarrold. 1862. 8. 29 p.
On the Palms of western tropical Africa. Transact. Linn. Soc. XXIV, 421—439.

Mann, *Horace*, ⸸ 11. Nov 1868.
5786* —— Catalogue of the phaenogamous plants of the United States, east of the Missisippi, and of the Vascular cryptogamous plants of North America, north of Mexico. Cambridge, Mass. (1868) 8. 56 p. (25 *cents*)

Mann, *Johann Gottlieb.*
5787* —— Deutschlands gefährlichste Giftpflanzen mit erläuterndem Texte. Stuttgart, Brodhag. 1829. folio. 30 p., 22 tab. col., 2 tab. nigr. (4 ⅙ th.)

5788 **Mann**, *Johann Gottlieb*. Die ausländischen Arzneipflanzen. Lieferung 1—16. Stuttgart, Brodhag. 1830—33. folio. 96 foll., 96 tab. col. (21 ⅓ th.)

Mann, *Wenzeslaus*, ⸸ Böhmisch-Leipa 1839
5789* —— Lichenum in Bohemia dispositio succinctaque descriptio. D. Pragae, typ. Sommer. (Enders.) 1825. 8. 100 p. (⅔ th.)

Mannhardt, *Johannes.*
5790* —— Lobariae parietinae seu Lichenis parietini Linn. analysis chemica denuo instituta. D. Kiliae 1848. 4. 24 p.

Manso, *A. L. P. da Silva.*
5791* —— Enumeração das substancias brazileiras, que podem promover a catarze. Rio de Janeiro, na typografia nacional. 1836. 8. 51 p.

Mappus, *Marcus*, Professor in Strassburg (Mappa Juss.), * Strassburg 23. Oct. 1632, ⸸ Strassburg 9. Aug. 1701.
5792* —— Catalogus plantarum horti academici Argentinensis in usum rei herbariae studiosorum. Argentorati, typ. Spoor. 1691. 12. 150 p, praef.
5793* —— De Rosa de Jericho vulgo dicta. D. Argentorati, typ. Spoor. 1700. 4. 16 p
5794* —— Historia plantarum alsaticarum posthuma, opera et studio *Johannes Christiani Ehrmann* Argentorati, Dulsecker. (Amstelodami, Mortier.) 1742. 4 335 p., praef., ind., 7 tab.

Marabelli, *Francesco.*
5795* —— De Zea Mays planta analytica disquisitio. Papiae, Comini. 1793. 8. 71 p. — Lipsiae, Müller. 1794. 8. (¼ th.)

Maranta, *Bartolommeo*, aus Venosa (Maranta Plum.), ⸸ Neapel nach 1559.
Ernst Meyer, Geschichte der Botanik IV, 415—418.
5796* —— Methodi cognoscendorum simplicium libri III. Cum indice copioso. Venetiis, ex officina Erasm. Vincent. Valgrisii. 1559. 4. (18) foll., 296 p.
Novum herbarium, sive methodus cognoscendorum omnium simplicium. Venetiis 1571. 4. (18) foll, 296 p. (non differt.)

Maratti, *Giovanni Francesco*, Professor der Botanik in Rom (Marattia Sw.), ⸸ Rom 1777.
5797* —— Descriptio de vera florum existentia, vegetatione et forma in plantis dorsiferis sive epiphyllospermis, vulgo Capillaribus. Romae, Salvioni. 1760. 8. 19 p., 1 tab. — * *Josephi Francisci Maratti* Liber rarissimus de vera florum existentia in plantis dorsiferis. Recudi curavit, commentatione auxit de filicum propagatione *Johann Peter Huperz.* Goettingae, Schroeder. 1798. 8 23, 26 p., 1 tab.
Ad curiosi libelli (Spreng. Hist. I. 361.) historiam conferenda est: «Botanophili Romani ad clar. virum Joannem Christophorum Amadutium Ariminensem Epistola, qua clarissimum virum *Joannem Franciscum Marattium* ab Adansonii Galli censuris vindicat. Romae, ex aedibus meis, Kalend. Oct. 1768. 12» Exstat in *Maratti* Florae Romanae praefatione.
5798* —— Plantarum Romuleae et Saturniae in agro Romano existentium specificas notas describit inventor. Romae, typ. Archangeli Casaletti. 1772. 8. 22 p., 2 tab.
5799* —— Flora Romana. Opus posthumum nunc primum in lucem editum (edidit *Mauritius Benedictus Oliveri*). Romae, typ. Joseph Salviucci. 1822. II voll. 8. — I: Classis I—XIII. xxxii, 415 p. — II: Classis XIV—XXIV. 543 p. (*Scudi* 2. 55.)

Maravigna, *Carmelo.*
5800* —— Saggio di una Flora medica catanese, ossia catalogo delle principale piante medicinali che spontaneamente crescono in Catania e ne' suoi contorni con la indicazione delle loro mediche azioni. Catania, typ. Pappalardo. 1829. 4. 104 p., 4 tab.
Estratto degli Atti della Accademia Gioenia, vol. III.

Marcellus Empiricus.
Jakob Grimm, Ueber Marcellus Burdigalensis. Berlin, Dümmler. 1849. 4. Abh. der Berliner Akademie 1847, 429—460.
5801 —— Ueber die Marcellischen Formeln. Berlin, Dümmler. 1855. 4.
Abh. der Berliner Akademie 1855, 51—68.
Ernst Meyer, Geschichte der Botanik II, 299—315.
5802* —— Marcelli viri illustris de medicamentis empiricis sicis et rationabilibus liber, . . . jam primum in lucem emergens suae integritati plerisque locis restitutus a Jano Comario. Basileae, Froben. 1536. folio. 252 p., ind.

Marcellus Vergilius, † Florenz 27. Nov. 1521.
Ernst Meyer, Geschichte der Botanik IV, 229—232
Marcet, *François*, Professor der Physik in Genf (Marcetia DC.), * London 25. Mai 1803.
Cat. of sc. Papers IV, 225—226.
Marcet, *Mistriss Jane*, * London 1769, † London 28. Juni 1858.
5803* (———) Conversations on vegetable physiology; comprehending the elements of botany, with their application to agriculture. London, Longman. 1829. II voll. 8. — I: XII, 286 p. — II: XII, 304 p. — Ed. II: ib. 1834. 8. (12 s.) — *Ed. III: London, Longman. 1839. 8. XXVIII, 449 p., 4 tab.
* *gallice*: Conversations sur la physiologie végétale. Paris et Genève, Cherbuliez. 1830. II voll. 8. — I: X, 310 p. — II: VIII, 303 p. (9 fr.) — *Ed. II: La botanique et la physiologie Végétale. Paris, Cherbuliez. 1834. II voll. 8. (9 fr.)
* *germanice*: Unterhaltungen über die Physiologie der Pflanzenwelt. Leipzig, Rein. 1844. 8. XII, 354 p., 4 tab. (1½ th.)
Marcgraf, *Georg* (Marcgravia Plum.), * Liebstadt bei Meissen 20. Sept 1610, † an der Küste von Guinea 1644.
Marchand, *L.*
5804* ——— De radicibus et vasis plantarum, ou considérations anatomico-physiologiques sur les plantes, et principalement sur leurs racines et leurs vaisseaux. Utrecht, van Paddenburg et Co. 1830. 8. VI, 138 p., 1 tab.
Cat. of sc. Papers IV, 228—229.
Marchand, *Léon*, Arzt in Paris.
5805* ——— Du Croton Tiglium recherches botaniques et thérapeutiques. Paris, typ. Rignoux. 1861. 8. 94 p., 2 tab.
5806* ——— Recherches organographiques et organogéniques sur le Coffea arabica L Thèse. Paris, (J. B. Baillière.) 1864 8. 48 p, 4 tab.
5807* ——— Des tiges des phanérogames. Des points d'organisation communs aux types des monocotylédones et des dicotylédones. Paris, J. B Baillière. 1865 8. 90 p, 3 tab.
5808* ——— Des classifications et des méthodes en botanique. Angers, typ. Lachèse. 1867. 8. 107 p.
5809* ——— Histoire de l'ancien groupe des Térébinthacées. Paris, typ. Martinet. 1869. 8. 54 p.
5810* ——— Révision du groupe des Anacardiacées. Paris, Baillière. 1869. 8. 198 p., 3 tab.
Cat. of sc. Papers IV, 229.
Marchant, *Jean*, Mitglied der Pariser Akademie, * um 1650, † Paris 1738.
Ejus commentationes botanicae exstant in Mémoires de l'ac. des sc. 1693 1701 1707. 1711. 1718. 1719. 1723. 1727. 1735.
Marchant, *Nicolas*, der Vater, Director des Gartens des Herzogs Gaston von Orleans in Blois (Marchantia L), † 1678.
Marès, *Henri*, * Châlon-sur-Saône 1820.
5811 ——— Mémoire sur la maladie de la vigne. Montpellier, typ. Grollier. 1856. 8. 2 tab. (5 fr.)
Mém. acad. Montpellier III, 321—397
Margot, *H.*
5812* ——— et *François George* **Reuter**. Essai d'une Flore de l'île de Zante. Genève, Kessmann. 1841 4. p. 1—104. et 81—96, 6 tab. (3 fr.)
Mémoires de la société de physique et d'histoire naturelle de Genève, tome VIII. 2 (1839) p. 249—314, tab 1—4 et 6, et ibid tome IX 1 (1841) p. 1—56, tab. 5.)
Marion, *Fulgence*.
5813* ——— Les merveilles de la végétation. Paris, Hachette. 1868. 8. 314 p, 12 tab. (2 fr)
Mariotte, *Edme*, Prior von Saint-Martin sous Beaune, † 12. Mai 1684.
5814* ——— Premier essay de la végétation des plantes, contenu dans une lettre écrite à Mr. Lantin, conseiller au Parlement de Bourgogne. Paris, chez Estienne Michallet. 1679. 12. 179 p.
Mariotti, *Prospero*, Professor am Lyceum zu Perugia, * Perugia 1703, † Perugia October 1767.
Marissal, *F. D.*
5815 ——— Catalogue des espèces omises dans la Flore du Hainaut. Algues. Tournai 1850. 8
Markham, *Clements R.*
5816* (———) Notes on the culture of Chinchonas. s. l. (1859). 8. 22 p.
5817* ——— Travels in Peru and India, while superintending the collection of Chinchona plants and seeds in South America and their introduction into India. London, John Murray. 1862 8. XVIII, 572 p., 2 mappae geogr. (16 s.)
Cat. of sc. Papers IV, 245.
Marogna, *Nicolò*, latine **Maronea**.
5818* ——— Commentarius in tractatus *Dioscoridis* et *Plinii* de Amomo Impr. cum *Ponae* descriptione Baldi montis. Basileae, sumtibus Lazari Zetzner. 1608. 4. 75 p.
* *italice*: Commentario ne' trattati di *Dioscoride* e di *Plinio* dell' Amomo. Impr. cum «Monte Baldo descritto da *Giovanni Pona*.» Venezia, appresso Rob. Meietti. 1617. 4. 132 p.
Marquart, *Friedrich*.
5819* ——— Beschreibung der in Mähren und Schlesien am häufigsten vorkommenden essbaren und schädlichen Schwämme. Brünn, typ. Rohrer. 1842. 8. 72 p.
5820* ——— Die essbaren und schädlichen Schwämme beschrieben. Ollmütz, Hölzel gr. 8. 48 p, 4 tab. col. (3½ th.)
Cat. of sc. Papers IV, 247.
Marquart, *Ludwig Clamor*, Professor in Bonn, * Osnabrück 29. März 1804
5821 ——— Die Farben der Blüten. Eine chemisch-physiologische Abhandlung. Bonn, Habicht. 1835. 8. 92 p. (½ th.)
5822* ——— Die Scammoniumsorten des Handels, monographisch bearbeitet. Lemgo, Meyer. 1836—37. 8. 44, 44 p.
Archiv der Pharmacie II. Reihe VII. Bandes 3. Heft und X. Bandes 2. 3 Heft
5823* ——— und *Julius Rudolph Theodor* **Vogel**. Beiträge zur Geschichte der Herba Origani cretici. (Nürnberg 1840) 8. 24 p.
Cat. of sc. Papers IV, 247
Marquet, *François Nicolas*, * Nancy 1687, † Nancy 29. Mai 1759
5824* ——— Venimecum de botanique, contenant la description et les propriétés des plantes usuelles. Paris, Dufour. 1773. II voll. 12. XXIX, 776 p. (5 fr.)
Marquis, *Alexandre Louis*, Professor der Botanik in Rouen, * Dreux 1777, † Rouen 17. Sept 1828.
5825* ——— Essai sur l'histoire naturelle et médicale des Gentianes. Thèse. Paris, typ Didot. 1810. 4. 22 p.
5826 ——— Recherches historiques sur le chêne. Rouen, typ. Baudry. 1812. 8. 20 p.
5827* ——— Plan raisonné d'un cours de botanique spéciale et médicale. Discours. Rouen, typ. Baudry. 1815. 8 24 p
5828* ——— Esquisse du règne végétal ou tableau caractéristique des familles des plantes. Rouen, Baudry et Renault. 1820. 8 VII, 128 p.
5829* ——— Fragmens de philosophie botanique. Paris, Méquignon-Marvis et Béchet. 1821. 8. VII, 207 p. (2 fr. 50 c)
Cat. of sc. Papers IV, 248.
Marschall von Bieberstein, *Friedrich August*, Freiherr (Biebersteinia Steph), * Stuttgart 10. Aug. 1768, † Maref bei Charkow 28. Juni 1826.
5830* ——— Beschreibung der Länder zwischen den Flüssen Terek und Kur am kaspischen Meere. Mit einem botanischen Anhange. Frankfurt a/M, Esslinger. 1800. 8. 214 p. (⅚ th.)
5831* ——— Flora taurico-caucasica, exhibens stirpes phaenogamas in Chersoneso taurica et regionibus caucasicis sponte crescentes. Charkoviae, typis academicis (Lipsiae, Weygand.) 1808—19 III voll. 8. — I: 1808. VI, 428 p. — II: 1808 477 p. — III: Supplementum, continens plantas phanerogamas per Tauriam atque Caucasum post edita priora volumina detectas et in pristinas animadversiones. 1819. IV, 654 p. (7 th.)
5832* ——— Centuria plantarum rariorum Rossiae meridionalis, praesertim Tauriae et Caucasi iconibus descriptionibusque illustrata. Pars I. Charkoviae, typis academicis. 1810. folio 50 foll. tab. col. 1—50. — *Pars II. Decas I—III. Petropoli, typ. academiae. (Lipsiae, Voss.) 1832—43. folio. 30 foll., tab. col 51—80. (Pars II. 1—3: 18 th)
Cat of sc. Papers IV, 249.
Marsden, *William* (Marsdenia R. Br.), * Verval in Irland 16. Nov. 1754, † Edgegrove in Hertfortshire 6. Oct. 1836
Marshall, *Henry*.
5833* ——— Contribution to a natural and economical history of the Coco-nut tree. Edinburgh, Carfrae and Son. 1832. 8. 30 p. — *Ed. II: Edinburgh, typ. Stark. 1836. 8. 32 p
Mem. Wern. Soc. V, 107—143. (1823)
Cat. of sc. Papers IV, 250.

Marshall, *Humphry* (Marshallia Schreb.)

5834 —— Arbustum americanum, the american grove, or an alphabetical catalogue of forest trees and shrubs, natives of the american United States. Philadelphia 1785. 8. 174 p.
* *gallice:* Traduit, avec des observations sur la culture par *(Lezermes)* Paris. Cuchet 1788. 8. VII, XXIV, 278 p
* *germanice:* Beschreibung der wildwachsenden Bäume und Staudengewächse in den Vereinigten Staaten von Nordamerika. Mit Anmerkungen von *Christian Friedrich Hoffmann* Leipzig, Crusius. 1788. 8. XVI, 344 p, ind (²/₄ th)

Marshall, *William*

5835* —— The new Water weed; Anacharis Alsinastrum. Some account of it. London, William Pamplin. 1852. 8. 16 p.
Cat. of sc Papers IV, 251

Marsham, *Robert*, * 1707, † Stretton Stawless (Norfolk) 4. Sept 1794
Phil. Transactions, vol 51 67 79.

Marsigli, *Luigi Fernando, Conte*, * Bologna 10. Juli 1658, † Bologna 1. Nov 1730.
Fabroni, Vitae Italorum V. 6—64

5836* —— Dissertatio de generatione fungorum, et *Johannis Mariae Lancisii* responsio una cum dissertatione de Plinianae villae ruderibus atque Ostiensis litoris incremento. Romae, typ. Gonzaga 1714. folio. 40, XLVII p, ind., 31 tab. sign. 1—28.

Marsili, *Giovanni*, latine **Marsilius**, Professor in Padua (Marsilea L.), † um 1804
König, Ann. of botany 1805. I 181.

5837* —— Fungi Carrariensis historia. (Patavii, typ. Penada) 1766. 4. 40 p, 1 tab

5838* —— Notizie inedite scritte da *Giovanni Marsili*, gia Professore di botanica nella J. R. Università di Padova. Padova, typ. Cartallier e Sicca 1840. 8. 23 p. Bibl. Cand.
Edidit *Cesare Sacerdoti*

5839* —— Notizie del pubblico giardino de' semplici di Padova compilate intorno l' anno 1771 da *Giovanni Marsili*, Professore di botanica e Prefetto dell' orto medesimo. Padova, coi tipi del seminario. 1840. 8. 30 p. Bibl. Cand.
Edidit, nonnullas animadversiones adjecit *Roberto de Visiani*.

Marsson, *Theodor*, Apotheker in Wolgast, * Wolgast 8. Nov. 1816.

5840* —— Flora von Neu-Vorpommern und den Inseln Rügen und Usedom. Leipzig, Engelmann 1869. 8. VI, (26), 650 p. (3½ th. n.)

Martelli, *Niccola*, Professor der Botanik in Rom, † Rom 12. März 1829, aet. 95.

5841* —— Braschiae plantae novi generis descriptio, nomini majestatique *Pii VI. P. M.* dicata. Romae, typ. Zempel. 1791. 4. 20 p., 1 tab. Bibl. Cand
Libellus rarissimus latina ac italica lingua exhibet descriptiones ac icones duarum ex agro Romano plantarum, quae vix a Sedi genere segregari possunt. Idem autor voluminibus II—VII Horti Romani, quem supra Nr. 977 indicavi, operam navavit.

Martens, *Eduard von*, * Stuttgart 18. April 1831.

5842* —— Ueberblick der Flora arctica. Regensburg, typ. Demmler. 1859. 4. 44 p.
Regensburger Denkschriften. Band 4.

Martens, *Friderich*.

5843* —— Spitzbergische oder Grönländische Reise-Beschreibung, gethan im Jahre 1671. Aus eigner Erfahrunge beschrieben, die dazu erforderte Figuren nach dem Leben selbst abgerissen, (so hierbey in Kupffer zu sehen) und durch den Druck mitgetheilet Hamburg 1675. 4. (5 foll.), 132 p., tab. A—Q.
Opusculum ut ederet, fecit *Martinus Fogelius*, qui variis quaestionibus memoriam auctoris refricavit. Ad rem herbariam pertinet partis primae caput primum, in quo plantae Spitzbergicae recensentur, cum tabulis F G. H I Harum plantarum catalogum *Rajus* in tomo III. Historiae plantarum inseruit.

Martens, *Georg von*, in Stuttgart (Martensia Gies.), * Venedig 12 Juni 1788.

5844* —— Reise nach Venedig Ulm, Stettin. 1824. 2 Theile. 8. — I: XIV, 462 p, 2 tab. — II: VI, 664 p, 9 tab. (6 th.)
In volumine II. p. 539—648: Flora Veneta.

5845* —— Italien. Stuttgart, Scheible, Rieger und Sattler. 1844—46. 3 Bände. 8. (9 th.)
Die Pflanzen: Band II, 1—251.

5846* —— Die Gartenbohnen. Ihre Verbreitung, Cultur und Benutzung. Stuttgart, Ebner und Seubert. 1860. 4. VIII, 92 p., 12 tab. col. (2 th. 28 sgr.) — * Zweite vermehrte Ausgabe. Ravensberg, Ullmer. 1869. gr. 4. VIII, 106 p., 13 tab. col. (2 th. n.)

5847* **Martens**, *Georg von*. Die Farben der Pflanzen. Stuttgart, typ. Greiner. 1862. 8. 150 p, 1 tab. col.
Jahreshefte des Vereins für Naturkunde XVIII, 239—388.

5848* —— und *Karl Albert* **Kemmler**. Flora von Württemberg und Hohenzollern Zweite ganz umgearbeitete Auflage der Flora von Württemberg von *Schübler* und *v. Martens*. Tübingen, Osiander. 1865. 8. 958 p. (2⅘ th.)

5849* —— Preussische Expedition nach Ostasien. Botanischer Theil. Die Tange. Berlin 1866—68. gr. 8. 152 p., 8 tab. (2 th.)
Cat. of sc. Papers IV, 252—253.

Martens, *Martin*, Professor der Botanik in Löwen, * Maestricht 8. Dec. 1797, † Löwen 8. Febr. 1863.

5850* —— et *Henri* **Galeotti**. Mémoire sur les fougères du Mexique et considérations sur la géographie botanique de cette contrée. (Bruxelles 1842) 4. 99 p., 23 tab.
Mémoires de l'Académie royale de Bruxelles, tome XV.

5851* —— Enumeratio synoptica plantarum phanerogamicarum ab *Henrico Galeotti* in regionibus mexicanis collectarum (Bruxelles 1842—45) 8.
Extrait du Bulletin de l'académie de Belgique, tome 9—12.
Cat. of sc. Papers IV, 254—255.

Martersteck, *Johann Clemens*.

5852* —— Bonnischer Flora Erster Theil, oder Verzeichniss aller hier wild und frei wachsenden Arzneipflanzen. Bonn, typ. Abshoven. (Duisburg, Dänzer.) 1792. 8. 475 p., praef. (1¼ th.)

Marthe, *François*.

5853 —— Catalogue des plantes du jardin médical de Paris. Paris, Gabon. an IX. 1801. 8. 144 p.

Marti, *Antonio de*, * Altafulla 14. Juni 1750, † Tarragona 19. Aug. 1832.

5854* —— Experimentos y observaciones sobre los sexos y fecundacion de las plantas, presentados a la real academia de Barcelona. Barcelona, por la viuda Piferrer. (1791.) 8. 86 p.

Martin, *Adolf*.

5855* —— Die Pflanzennamen der deutschen Flora mit den wichtigeren Synonymen in alphabetischer Ordnung etymologisch erklärt. Halle, H. W. Schmidt. 1851. 8. IV, 121 p. (½ th.)
Cat. of sc. Papers IV, 256.

Martin, *Joseph*, Gartendirector in Fr. Guyana.
Notice sur la culture des arbres à épiceries introduits à Cayenne. Annales du Mus. I, 81—89. (1802.)

Martin, *Pehr*, Arzt, † Upsala 1728.
Epistola ad Guil. Sherardum. Acta lit. Sueciae 1722, 340—343.
Catalogus plantarum novarum *Joachimi Burseri*, quarum exempla reperiuntur in horto ejusdem sicco, Upsaliae in bibliotheca publica servata. Acta lit. Sueciae 1724, 495—535.

Martin, *(de Moussy)*, *V*.

5856 —— Essai historique sur les Céréales. Paris, Huzard et Crochard. 1839. 4. III, 63 p.

Martinello, *Cechino*.

5857* —— Raggionamenti sopra l'Amomo e Calamo aromatico novamente l' anno 1604 havuto di Malacca, città d' India. Venezia, Grazioso Perchacino. 1604. 4. 8 foll.

Martini.

5858 (——) Dissertatio epistolaris de oleo Wittnebiano seu Kajuput, ab homine Wolfenbuttelano in India orientali invento, in terras Brunsvicenses feliciter revocato ejusque saluberrimis effectis. (Wolfenbüttel) 1754. 4. 34 p.

Martini, *Georg Heinrich*.

5859 —— De thuris in veterum Christianorum sacris usu. Lipsiae 1752. 4.

Martini, *Jakob*.

5860* (——) Die fruchtbare Boriza oder das heilsame Mondkraut (Botrychium Lunaria), mit vielen chymischen und lunarischen Früchten abgebildet. Brieg, typ. Jacob. 1684. 8. 127 p.

Martinis, *Bartolommeo de*.

5861* —— Catalogus plantarum a me in itinere montis Baldi inventarum et juxta methodum aliorum botanicorum descriptarum. Veronae, typ. Jo. Berni. 1707. 4. 24 p.

5862* —— Nuovo invento, cioè aggiunta al genere delle Anagallidi acquatiche di due non più date in luce. Verona, Merli. 1717. 8. 14 p., 1 tab.

Martinoff, *Iwan.*

5863 —— Lexicon botanicum. Petropoli 1826. 8. xvi, 362 p. (rossice.)

Martins, *Charles (Frédéric)*, Professor der Botanik und Director des botanischen Gartens in Montpellier, * Paris 6. Febr. 1806.

5864* —— Essai sur la topographie botanique du mont Ventoux en Provence. Paris, typ. Renouard. 1838. 8. 44 p., 1 tab.
Annales des sciences naturelles, tome X. p. 129—150. 228—249.

5865* —— Du microscope et de son application à l'étude des êtres organisés et en particulier à celle de l'utricule végétale et des globules du sang. Paris, Rignoux. 1839. 4. 42 p.

5866* —— De la délimitation des régions végétales sur les montagnes du continent européen. Paris, Rignoux 1840. 8. 14 p.

5867* —— Voyage botanique le long des côtes septentrionales de la Norvège. Paris, Arthus Bertrand. (1848.) 8. 138 p. (14 *fr*)
Extrait du Voyage de la Corvette La Recherche par Paul Gaimard.

5868* —— De la tératologie végétale, de ses rapports avec la tératologie animale. Thèse de Concours pour la chaire de botanique et d'histoire naturelle médicales. Montpellier, typ. Jean Martel. 1851. 4. 72 p.

5869* —— Coup d'œil sur l'histoire des botanistes et du jardin des plantes de Montpellier. Discours. Montpellier, typ. Ricard. 1852. 8. 40 p.
Extrait de la Gazette médicale de Montpellier.

5870* —— Le jardin des plantes de Montpellier. Essai historique et descriptif. Paris, Victor Masson. 1854. 4. 92 p., 9 tab.

5871* —— De la croissance du Gingko biloba L. sous le climat de Montpellier comparée à celle de quelques autres Conifères. Montpellier, typ. Böhm. 1854. 4. 10 p.

5872* —— Promenade botanique le long des côtes de l'Asie-Mineure, de la Syrie et de l'Egypte, à bord de l'Hydaspe. Montpellier, Martel. 1858. 4. 36 p., 4 tab. (3 *fr.*)

5873* —— La végétation du Spitzberg comparée à celle des Alpes et des Pyrénées. Montpellier, typ. Boehm. 1865. 4. 26 p.
Mémoires de Montpellier, tome 6.

5874* —— Mémoire sur les racines aérifères ou vessies natatoires des espèces aquatiques du genre Jussiaea. Montpellier, typ. Boehm. 1866. 4. 32 p., 4 tab.
Mém. de l'acad. de Montpellier, IV.

5875* —— Le climat et la végétation des îles Borromées sur le lac majeur. Montpellier, typ. Gras. 1866. 8. 14 p.
Cat. of sc. Papers IV, 262—266.

Martiny, *Eduard.*

5876* —— Encyclopädie der medizinisch-pharmaceutischen Naturalien- und Rohwaarenkunde. Band 1. 2. A—Z. Quedlinburg, Basse. 1843—54. 8. vi, 911, vi, 964 p. (7½ *th.*)

Martius, *Ernst Wilhelm*, * Weissenstadt im Fichtelgebirge 10. Sept. 1756, † Erlangen 12. Dec. 1849.
Erinnerungen aus meinem neunzigjährigen Leben. Leipzig, Leopold Voss. 1847. 8. xvi, 327 p. (1½ *th.*)

5877* —— Anweisung, Pflanzen nach dem Leben abzudrucken. Wetzlar, Winkler. 1785. 8. 80 p., 1 tab.

5878* —— Gesammelte Nachrichten über den Macassarischen Giftbaum. Erlangen, Walther. 1792. 8. 43 p., 1 tab. col.

Martius, *Georg.*

5879* —— Pharmakologisch-medizinische Studien über den Hanf. D. Erlangen, typ. Junge und Sohn. (1855.) 8. 92 p.

Martius, *Heinrich von*, * Radeberg in Sachsen 28. Dec. 1781, † Berlin 3./4. Aug. 1831.

5880* —— Prodromus Florae Mosquensis. Mosquae, ex officina F. Luby. 1812. 8. 202 p. Bibl. Reg. Berol. — *Ed. II: Lipsiae, in comm. industriae. 1817. 8. xvi, 288 p. (1⅓ *th.*)
Editione principe hujus Florae vix rarior ullus invenitur liber; duo tantum servata sunt ex magno urbis incendio exemplaria, quorum alterum, ex quo reimpressio facta est Lipsiensis, in regia vidi Berolinensi bibliotheca.

Martius, *Karl.*

5881* —— Versuch einer Monographie der Sennesblätter. Habilitationsschrift. Leipzig, Voss. 1857. 8. viii, 158 p. (⅘ *th.*)

Martius, *Karl Friedrich Philipp von*, Professor in München (Martia Leandro.), * Erlangen 17. April 1794, † München 13. Dec. 1868.
Sitzungsberichte der Bayrischen Akad. der Wissenschaften 1869, 383—387.

5882* **Martius**, *Karl Friedrich Philipp von.* Plantarum horti academici Erlangensis enumeratio adjectis specierum novarum vel minus cognitarum descriptionibus atque illustrationibus. D. Erlangae, typ. Hilpert. 1814. 8. 209 p. (½ *th*)

5883* —— Flora cryptogamica Erlangensis, sistens vegetabilia e classe ultima Linn. in agro Erlangensi hucusque detecta. Norimbergae, Schrag. 1817. 8. lxxviii, 508 p., 6 tab. pro parte col. (2⅔ *th.*)

5884* —— Historia naturalis Palmarum. Opus tripartitum, cujus volumen primum Palmas generatim tractat, volumen secundum Brasiliae Palmas singulatim descriptione et icone illustrat, volumen tertium ordinis, familiarum, generum characteres recenset, species selectas describit et figuris adumbrat adjecta omnium synopsi. Accedunt tabulae ccxlv. Monachii, impensis auctoris. Lipsiae, apud Fr. Fleischer in Comm. 1823—50. folio. (328⅔ *th.*)
Vol. I: De Palmis generatim. Scripserunt de Palmarum structura Hugo a Mohl, de Palmis fossilibus Franc. Unger, de Palmarum formatione et rationibus geographicis *C. Fr. Ph. de Martius.* 1831—50. vi, cxcviii p., 55 tab.
Vol. II. III: Expositio Palmarum systematica 1833—50. 350 p., tab. col. 1—180.

5885* —— Die Physiognomie des Pflanzenreiches in Brasilien. Eine Rede, gelesen in der am 14. Febr. 1824 gehaltnen Sitzung der Königlichen Bayerischen Akademie der Wissenschaften. München, typ. Lindauer. (1824.) 4. 36 p. (⅔ *th.*)

5886* —— Specimen materiae medicae brasiliensis, exhibens plantas medicinales, quas in itinere per Brasiliam observavit. (Monachii) 1824. 4. 20 p, 9 tab (1$^5/_{12}$ *th.*)

5887* —— Palmarum familia ejusque genera denuo illustrata. Programma. Monachii, typ. Lindauer. 1824. 4. 24 p

5888* —— Nova genera et species plantarum, quas in itinere per Brasiliam annis 1817—20 suscepto collegit et descripsit. Monachii, typ. Lindauer et Wolf 1824—32. III voll. folio. — I: Pingendas curavit et secundum autoris schedulas digessit *Joseph Gerhard Zuccarini.* 1824. 158 p., tab. col. 1—100 — II: 1826. 148 p., tab. col. 101—200. — III: 1829—32. 198 p., tab. col. 201—300. (247⅔ *th.* — nigr. 158⅓ *th.*)

5889* —— Hortus botanicus Regiae Academiae Monacensis, sive horti botanici, qui Monachii floret, historia breviter enarrata et praesens conditio descripta. Programma. Monachii, die 1 Maji 1825. 4. 28 p., 2 tab.

5890* —— Beitrag zur Kenntniss der natürlichen Familie der Amarantaceen. (Bonnae 1825.) 4. 114 p., 2 tab. (Amarantacearum per orbem terrarum distributionem illustrantes.)
Acta Acad. Caes. Leop. Carol. Nat. Cur. vol. XIII. p. 209—322.

5891* —— Soemmeringia, novum plantarum genus. Programma gratulatorium. Monachii, typ. Lindauer. 1828. 4. 31 p., 2 tab.

5892* —— Icones plantarum cryptogamicarum, quas in itinere annis 1817—20 per Brasiliam instituto collegit et descripsit. Monachii, impensis autoris. 1828—34. folio minor. 138 p., 76 tab. col. (73 *th.*)

5893* (—— et *Franz von Paula* **Schrank.**) Hortus regius Monacensis. Verzeichniss der im Königlichen botanischen Garten zu München wachsenden Pflanzen. München und Leipzig, Fr. Fleischer. 1829. 8. xii, 210 p. (1 *th.*)

5894* —— Amoenitates botanicae Monacenses. Auswahl merkwürdiger Pflanzen des Königl. botanischen Gartens zu München. Frankfurt a/M, Brönner. (Schmerber.) 1829—31. 4. 26 p, 16 tab. col. (5⅓ *th.*)

5895* —— Flora brasiliensis, seu enumeratio plantarum in Brasilia tam sua sponte quam accedente cultura provenientium, quas in itinere auspiciis *Maximiliani Josephi I.* Bavariae regis annis 1817—20 peracto collegit, partim descripsit; alias a *Maximiliano Principe Wiedensi, Sellovio* aliisque advectas addidit, communibus amicorum propriisque studiis secundum methodum naturalem dispositas et illustratas edidit *Karl Friedrich Philipp von Martius.* Stuttgardiae et Tubingae, Cotta. 1829—33. Voluminis I. pars prima, et voluminis II. pars prima. 8. — I, 1: 1833. Algae, Lichenes, Hepaticae. Exposuerunt: *Karl Friedrich Philipp von Martius, Franz*

Gerhard Eschweiler et *Christian Gottfried Nees von Esenbeck.* iv, 390 p. (2 *th.*) — II, 1: 1829. Gramineae. Etiam inscribitur: Agrostologia brasiliensis, seu descriptio Graminum in imperio brasiliensi hucusque detectorum, auctore *Christian Gottfried Nees von Esenbeck.* ii, 608 p. (3 *th.*)

5896* **Martius**, *Karl Friedrich Philipp von.* Die Pflanzen und Thiere des tropischen Amerika. Ein Naturgemälde. München, bei dem Verfasser. (Leipzig, Fr. Fleischer.) 1831. 4. 48 p., 4 tab. (2⅔ *th.*)
Seorsim impr. ex editione majori Itineris brasiliensis, vol. III.

5897* —— Die Eriocauleen, als selbstständige Pflanzenfamilie aufgestellt und erläutert. (Bonnae 1833.) 4. 72 p., 5 tab.
Acta Acad. Caes. Leop. Carol. Nat. Cur. vol. XVII. p. 1—72.

5898* —— Conspectus regni vegetabilis secundum characteres morphologicos praesertim carpicos in classes, ordines et familias digesti. Nürnberg, Schrag. 1835. 8. XVIII, 72 p. (½ *th.*)

5899* —— Herbarium Florae brasiliensis. Plantae brasilienses exsiccatae, quas denominatas partim diagnosi aut observationibus instructas botanophilis offert. Monachii 1837(—40). 8. 352 p.
Seorsim impr. ex «Beiblätter zur Regensburger Flora.» Paginae 1—72 faciunt ad historiam literariam Florae brasiliensis.

5900* —— Die Verbreitung der Palmen in der alten Welt, mit besondrer Rücksicht auf die Florenreiche. Erste Abhandlung. München 1839. 4. 94, 36 p.
Seorsim impr. ex Münchner Gelehrte Anzeigen 1839. Nr. 105—118.

5901* —— Beiträge zur Kenntniss der Gattung Erythroxylon (München 1840:) 4. 130 p., ind., 10 tab.
Abh. der Bayrischen Akademie der Wissenschaften, vol. III, 279—411.

5902* —— Flora Brasiliensis, sive Enumeratio plantarum in Brasilia hactenus detectarum, quas suis aliorumque botanicorum studiis descriptas et methodo naturali digestas ediderunt *C. Fr. Philippus de Martius*, eoque defuncto successor *Augustus Guilelmus Eichler.* Opus cura Musei C. R. Pal Vindobonensis auctore *Stephano Endlicher*, successore *Eduardo Fenzl* conditum. Fasc. 1—50. Lipsiae, Fr. Fleischer in Comm. 1840—70. folio. 1324 tab., text. (484⅕ *th.*) (Continuatur.)

Singulas familias elaborarunt:
Acanthaceas: *Nees von Esenbeck.* — Agaveas: *von Martius.* — Alismaceas: *Seubert.* — Alstroemerieas: *Schenk.* — Amaryllideas: *Seubert.* — Anonaceas: *Martius.* — Antidesmeas: *Tulasne.* — Apocynaceas: *Müller Arg.* — Balanophoreas: *Eichler.* — Begoniaceas: *Alph. DC.* — Berberideas: *Eichler.* — Borragineas: *Fresenius.* — Burmanniaceas: *Seubert.* — Butomeas: *Seubert.* — Caesalpinieas: *Bentham.* — Capparideas: *Eichler.* — Celastrineas: *Reissek.* — Cestrineas: *Sendtner.* — Chloranthaceas: *Miquel.* — Combretaceas: *Eichler.* — Commelinaceas: *Seubert.* — Coniferas: *Eichler.* — Convolvulaceas: *Meisner.* — Cordiaceas: *Fresenius.* — Cruciferas: *Eichler.* — Cyatheaceas: *Baker.* — Cycadeas: *Eichler.* — Cyperaceas: *Nees von Esenbeck.* — Dilleniaceas: *Eichler.* — Dioscoreas: *Grisebach.* — Droseraceas: *Martius* et *Miquel.* — Ehretiaceas: *Fresenius.* — Ericaceas: *Meisner.* — Eriocaulaceas: *Koernicke.* — Fumariaceas: *Eichler.* — Gentianaceas: *Progel.* — Gesneriaceas: *Hanstein.* — Gleicheniaceas: *Sturm.* — Gnetaceas: *Tulasne.* — Haemodoraceas: *Seubert.* — Heliotropieas: *Fresenius.* — Hernandiaceas: *Meisner.* — Hydrocharideas: *Seubert.* — Hymenophyllaceas: *Sturm.* — Hypoxideas: *Seubert.* — Iasmineas: *Eichler.* — Ilicineas: *Reissek.* — Iuncaceas: *Seubert.* — Labiatas: *Schmidt.* — Lacistemaceas: *Schnizlein.* — Lauraceas: *Meisner.* — Leguminosas: *Bentham.* — Liliaceas: *Seubert.* — Loganiaceas: *Progel.* — Loranthaceas: *Eichler.* — Lycopodiaceas: *Spring.* — Magnoliaceas: *Eichler.* — Malpighiaceas: *Grisebach.* — Maratiaceas: *Sturm.* — Mayaceas: *Seubert.* — Menispermaceas: *Eichler.* — Monimiaceas: *Tulasne.* — Muscos: *Hornschuch.* — Myristicaceas: *Alph. DC.* — Myrsineas: *Miquel.* — Myrtaceas: *Berg.* — Oleaceas: *Eichler.* — Ophioglosseas: *Sturm.* — Osmundaceas: *Sturm.* — Papaveraceas: *Eichler.* — Papilionaceas: *Bentham.* — Piperaceas: *Miquel.* — Podostemaceas: *Tulasne.* — Polygonaceas: *Meisner.* — Polypodiaceas: *Baker.* — Pontederiaceas: *Seubert.* — Primulaceas: *Miquel.* — Proteaceas: *Meisner.* — Ranunculaceas: *Eichler.* — Rapateaceas: *Seubert.* — Rhamneas: *Reissek.* — Rosaceas: *J. D. Hooker.* — Salicineas: *Leibold.* — Salsolaceas: *Fenzl.* — Santalaceas: *Alph. DC.* — Sapotaceas: *Miquel.* — Schizaeaceas: *Sturm.* — Scrophularineas: *Schmidt.* — Smilaceas: *Grisebach.* — Solaneas: *Sendtner.* — Styraceas: *Seubert.* — Swartzieas: *Bentham.* — Symplocaceas: *Miquel.* — Thymeleaceas: *Meisner.* — Urticineas: *Miquel.* — Utriculatas: *Benjamin.* — Vellosieas: *Seubert.* — Verbenaceas: *Schauer.* — Winteraceas: *Eichler.* — Xyrideas: *Seubert.*

5903* —— Die Kartoffel-Epidemie der letzten Jahre, oder die Stockfäule und Räude der Kartoffeln, geschildert und in ihren ursachlichen Verhältnissen erörtert. München, Akademie der Wissenschaften. 1842. 4. 70 p., 3 tab. col. (1 *th.*)

5904* —— Sendschreiben über die Kartoffelkrankheit. Utrecht und Düsseldorf, Boetticher. 1846. gr. 8. 1¾ plag. (⅙ *th.*)
Seorsim impr. ex: «Centralblatt des landwirthschaftlichen Vereins in Bayern 1845. p. 362—379.»

5905* **Martius**, *Karl Friedrich Philipp von.* Systema materiae mediae vegetabilis brasiliensis. Lipsiae, Fr. Fleischer. 1843. 8 XXVI, 155 p. (⅚ *th.*)

5906* —— Quaedam de priscorum botanicorum epistolis in Bibliotheca Universitatis Erlangensis asservatis. Impr. cum *David Heinrich Hoppe's* Jubelfeier. Regensburg, Manz. 1845. 4. p. 11—20.

5907* —— Palmetum Orbignianum. Descriptio Palmarum in Paraguaria et Bolivia crescentium secundum *Alcide de Orbigny* exempla, schedulas et icones digessit *Karl Friedrich Philipp de Martius.* Impr. cum *Alcide D'Orbigny*, Voyage dans l'Amérique méridionale, vol. VII. Paris, P. Bertrand. 1847. 4. 140 p., 32 tab. col.

5908* —— Ueber die botanische Erforschung des Königreichs Bayern. (München) 1850. 8. 18 p.

5909* —— Wegweiser für die Besucher des K. Botanischen Gartens in München, nebst einem Verzeichnisse der in demselben vorhandenen Pflanzengattungen. München, Christian Kaiser. 1852. 8. vi, 169 p., 1 tab.

5910* —— Syllabus praelectionum de botanica pharmaceuticomedica. (Monachii, typ. Wolf. 1852.) 8. 34 p.

5911* —— Versuch eines Commentars über die Pflanzen in den Werken von *Marcgrav* und *Piso* über Brasilien, nebst weitern Erörterungen über die Flora dieses Reiches. I. Kryptogamen. München, Franz. 1853. 4. 60 p. (⅗ *th.* n.)
Abh. der Bayrischen Akademie der Wissenschaften, Band 7.

5912* —— Vermischte Schriften botanischen Inhalts. Aus den Sitzungsberichten der Akademie besonders abgedruckt. München, typ Weiss. 1860. 8. 34 p.

5913* —— Vorträge über die Florenreiche oder Imperia Florae. München, typ. Weiss. 1865. 8. 56 p.
Cat. of sc. Papers IV. 266—269.

Martius, *Theodor Wilhelm Christian*, * Erlangen 1. Juli 1796.

5914* —— Grundriss der Pharmakognosie des Pflanzenreiches zum Gebrauche bei akademischen Vorlesungen. Erlangen, Palm und Enke. 1832. 8. XX, 459 p. (2⅓ *th.*)

5915* —— Die ostindische Rohwaarensammlung der Friedrich-Alexanders-Universität zu Erlangen beschrieben und erläutert Erlangen, Palm und Enke. 1853. 8. 54 p. (8 *sgr.* n.)
Cat. of sc. Papers IV. 269—270.

Martrin-Donos, *Victor, Comte de*, in Montauban (Tarn et Garonne).

5916* —— Herborisations dans le midi de la France en 1854. Montauban, typ. Lapie-Fontanel. 1855. 8. 28 p.

5917* —— Plantes critiques du département du Tarn, ou Extrait de la Flore du Tarn inédite. Toulouse, typ. Chauvin. 1862. 8. 32 p.

5918* —— Florule du Tarn, ou Enumération des plantes, qui croissent spontanément dans le département du Tarn. (Toulouse, Armaing.) Paris, J. B. Baillière. 1864. 8. XXIV, 872 p. (8 *fr.*) — *Deuxième Partie:* Végétaux cellulaires, par *V de Martrin-Donos* et *E. Jeaubernat.* Toulouse, Delboy. Paris, Baillière 1867. 8. XXIX, 278 p. (Zusammen 15 *fr.*)
cf. Bull. soc. bot. XIV. 125.

Martyn, *John*, Professor der Botanik in Cambridge, von 1730—61 (Marfynia L.), * London 12. Sept. 1699, † Chelsea 29. Jan. 1768.

5919* (——) Tabulae synopticae plantarum officinalium ad methodum Rajanam dispositae. Londini, Strahan. 1726. folio. iv, 20 p.

5920 —— Methodus plantarum circa Cantabrigiam nascentium. Londini 1727. 8. 132 p.
Novae editionis emendatae 24 paginae tantum forma octava impressae sunt.

5921* —— Historia plantarum rariorum. Centuriae primae decas I—V. Londini, typ. Reily. 1728. folio max. iv, 52 p., 50 tab. col.
Icones plantarum ex horto Chelseano et Cantabrigiensi, ab *Huysum* pictae et a *Kirkall* aeri incisae, elegantissimae certe sunt, plerumque novae. Ita ut splendidissimo operi praeter Catesbaeum simile ea aetas non haberet: sed nulla synonyma adjecta sunt, nulli characteres expressi. *Isaaci Rand* sermo de hocce libro habitus coram societate anglica reperitur in Philos. Transact. Nr. 407.
germanice et latine: Historia plantarum rariorum ob praestantiam denuo edita studio atque opera *Johannis Daniel Meyer*, pictoris. Beschreibung seltner Pflanzen etc. Nürnberg, typ. Bieling. 1752. folio. 24 p., praef. 50 tab. col.

* germanice et latine: Abbildung und Darstellung seltner Gewächse, neu übersetzt, systematisch bestimmt und mit Anmerkungen begleitet von *Georg Wolfgang Franz Panzer*. Nürnberg, Frauenholz. 1797. folio. VIII, 72 p., 50 tab. col. (12 th.)

5922* **Martyn**, *John*. The first lecture of a course of botany; being an introduction to the rest. London, typ. Reily. (Strahan.) 1729. 8. VIII, 23 p., 14 tab. (1 s. 6 d.)

Martyn, *Thomas*, Professor in Cambridge, * 1735, † Portenhall (Bedfordshire) 3. Juni 1825.
G. C. Gorham, Memoirs of John and of Thomas Martyn, Professors of botany in the university of Cambridge. London 1830. 8. (7s.)

5923 —— Plantae Cantabrigienses, or a catalogue of the plants, which grow wild in the county of Cambridge, disposed according to the system of Linnaeus. Herbationes Cantabrigienses, or directions to the places, where they may be found, comprehended in 13 botanical excursions. List of the more rare plants, growing in many parts of England and Wales. London 1763. 8. 114 p. B.

5924 —— Catalogus horti botanici Cantabrigiensis. Cantabrigiae 1771. 8. 193 p., 1 tab. iconogr. horti. B.

5925 —— Mantissa plantarum horti botanici Cantabrigiensis. Cantabrigiae 1772. 8. 31 p B.

5926 —— Horti botanici Cantabrigiensis catalogus. Cantabrigiae 1794. 8. 66 p. B.

5927* —— Letters on the elements of botany, addressed to a Lady by the celebrated *Jean Jacques Rousseau*. Translated into english with notes and twenty-four additional letters, fully explaining the system of Linnaeus. By *Thomas Martyn*. London, White and Son. 1785. 8. XXIII, 503 p., ind. — * Ed. II. with corrections and improvements. London, White and Son. 1787. 8. XXV, 500 p., ind.

5928* —— Thirty-eight plates with explanations; intended to illustrate *Linnaeus* System of vegetables, and particularly adapted to the Letters on the elements of botany. London, White. 1788. 8. VI, 72 p., 38 tab. col.

5929* —— Flora rustica, exhibiting accurate figures of such plants as are either useful or injurious in husbandry, with scientific characters, popular descriptions and useful observations London, Nodder. 1792—94. IV voll. 8. — I: 1792. foll. et tab. col. 1—36. — II: 1792. foll. et tab. col. 37—72. — III: 1793. foll. et tab. col. 73—108. — IV: 1794. foll. et tab. col. 109—144.

5930* —— The language of botany: being a dictionary of the terms made use of in that science, principally by Linnaeus; with familiar explanations and an attempt to establish significant english termes. The whole interspersed with critical remarks. London, White. 1793. 8. XXVIII p. praef., 22 plag. sign. A—Z. — * Ed. II. corrected and enlarged. London, White. 1796. 8. XXXIII p. praef., sine paginis. — * Ed. III. corrected and enlarged. London 1807. 8. XXXIII p. praef., sine paginis: 28 1/4 plag.
Ejusdem «Observations on the language of botany» sunt in Transact. of the Linnean Society, vol. I. p. 147—154.

5931* —— *Thomas Martyn's* Inleiding tot de Kruidkunde etc. In het fransch en hollandsch door *J. van Noorden*. London, Vernor en Hood. (Rotterdam, Bennet.) 1798. 8. Volumen I: XIX, 252, 32 p., 12 tab. col. (Plura non adsunt.) Bibl. Cand.
Accurate non didici, ad quem librum hanc translationem referendam esse. Autoris «Gardener's dictionary» cf. inter editiones *Philipp Miller*.

Marum, *Martin van*, * Gröningen 20. März 1750, † Harlem 26. Dec. 1837.

5932* —— De motu fluidorum in plantis, experimentis et observationibus indagato. D. Groningae, apud H. Spandaw. 1773. 4. 56 p.

5933* —— Dissertatio, qua disquiritur, quo usque motus fluidorum, et caetera quaedam animalium et plantarum functiones consentiunt. Groningae, apud H. Spandaw. 1773. 4. 32 p.

5934* —— Catalogue des plantes cultivées au printems 1810 dans son jardin à Harlem. (Harlem 1810.) 8. VIII, 64 p.

Marzari-Pencati, *Giuseppe*, *Conte*, * Vicenza ... 1779, † Vicenza 10. Juni 1836.

5935* (——) Elenco delle piante spontanee fino ad ora osservate nel territorio di Vicenza. Milano, typ. Tosi e Nobile. 1802. 8. 58 p.

5936* **Marzari-Pencati**, *Giuseppe*, *Conte*. Memoria sull' introduzione del Lichene islandese come alimento in Italia etc. Venezia, typ. Fracasso. 1815. 4. 100 p

Masius, *Georg Heinrich*, Professor in Rostock, * Schwerin 20. Dec. 1771, † Rostock 25. Aug. 1823.

5937 (——) Tentamen pharmacopoeae pauperum una cum catalogo plantarum medicinalium in terris Megalopolitanis indigenarum. Rostochii, typ. Adler. 1820. 8. 54 p.

Masius, *Hermann*.

5938* —— Naturstudien. Skizzen aus der Pflanzen- und Thierwelt. Leipzig, Brandstetter. 1852. 8. X, 159 p. — Siebente Auflage ib. 1869. 8. VIII, 448 p., 1 tab. (2 1/4 th.)

Mason, *Francis*.

5939* —— Flora burmanica or a Catalogue of plants indigenous and cultivated in the valleys of the Irrawaddy, Salwen and Tenassirim. Tavoy: Karen Mission press. 1851. 8. p. 545—676.
Bibl. Reg. Ber.

5940* —— Burmah, its people and natural productions, or, Notes on the nations, Fauna, Flora and Minerals of Tenasserim, Pegu and Burmah. With systematic catalogues of the known .... plants with vernacular names. Rangoon: Th. St. Ranney London, Trübner and Co. 1860. 8. XVIII, 913 p. (1 l. 10 s.)
Cat. of sc. Papers IV, 276.

Massalongo, *Abramo Bartolommeo*, Professor am Lyceum zu Verona, * Tregnago bei Verona 13. Mai 1824, † Verona 25. Mai 1860.
Cornalia, Sulla vita etc. in Atti delle soc. ital. di scienze nat vol. II
Visiani in Atti dell' Ist. veneto 1861. 8. 65 p.
germanice: Verh. des zool. bot Vereins XVIII, 35—94.

5941* —— Schizzo geognostico sulla valle del Progno o torrente d'Illasi con un saggio sopra la Flora primordiale del M. Bolca. Verona, typ. Antonelli. 1850. 8. 77 p.

5942* —— Sopra le piante fossili dei terreni terziari del Vicentino Osservazioni. Padova, typ. Bianchi. 1851. 8. 263 p. (10 Lire.)

5943* —— Conspectus Florae tertiariae orbis primaevi. Patavii, typ. Bianchi. 1852. 8. 37 p.

5944* —— Sapindacearum fossilium Monographia. Veronae, typ. Ramanzini. 1852. 8. 28 p., 6 tab. (4 Lire.)

5945* —— Ricerche sull' autonomia dei Licheni crostosi e Materiali pella loro naturale ordinazione. Verona, typ. Frizerio. 1852. 8. XIV, 207 p., 64 tab. (20 fr.)

5946* —— Sulla Lecidea Hookeri Schaer. Nota. Verona, typ. Ramanzini. 1853. 8. 9 p., 1 tab.

5947* —— Memorie lichenografiche, con un appendice alle Ricerche sull' Autonomia dei Licheni crostosi. Verona, Münster. 1853. 8. 183 p., 29 tab. (12 fr.)

5948* —— Prodromus Florae fossilis Senogalliensis. (Milano), typ. Bernardoni. 1854. 4. 37 p., 4 tab.
Giornale dell' Ist. lomb. V, 197—230.

5949 —— Geneacaena Lichenum. Verona, typ. Ramanzini. 1854. 8. 24 p.

5950* —— Neagenia Lichenum. Verona, typ. Ramanzini. 1854. 8. 10 p.

5951* —— Monografia delle Dombeyacee fossili fino ad ora conosciute. Verona, typ. Antonelli. 1854. 8. 23 p., 1 tab.

5952* —— Enumerazione delle piante fossili miocene fino ad ora conosciute in Italia. Verona, typ. Antonelli. 1855. 8. 31 p.

5953* —— Frammenti lichenografici. Verona, typ. Ramanzini. 1855. 8. 27 p.

5954* —— Zoophycos, novum genus plantarum fossilium. Veronae, typ. Antonelli. 1855. 8. 52 p., 3 tab. (1 1/8 th.)

5955* —— Plantae fossiles novae in formationibus tertiariis regni Veneti nuper inventae. Veronae, typ. Ramanzini. 1855. 8. 24 p. (1 Lire.)

5956* —— Symmicta Lichenum novorum vel minus cognitorum. Veronae, typ. Antonelli. 1855. 8. 156 p. (4 Lire.)

5957* —— Schedulae Criticae in Lichenes exsiccatos Italiae. Veronae, typ. Antonelli. 1855(—56). 4. 188 p.

5958* —— Miscellanea lichenologica. Verona-Milano, typ. Civelli. Dizembre 1856. 4. p. 35—46.
Estratto dal Volume publicato in occasione delle Nozze Bizio-Patixati.

5959* **Massalongo**, *Abramo Bartolommeo*. Descrizione di alcuni Licheni nuovi. Venezia, typ. Antonelli. 1857. 8. 35 p., 5 tab. col.
5960* —— Sulla Flora fossile di Sinegaglia Letera. Verona, typ. A. Merlo. 1857. 8. 52 p.
5961* —— Flora fossile del monte Colle nella provincia Veronese. Venezia, typ. Antonelli 1857. 4. 19 p., 8 tab.
5962* —— Sulle pinnate fossile di Zovengedo e dei Vegroni Lettera. Verona, typ. Merlo. 1858. 8. 20 p.
5963* —— Monografia del genere Silphidium. Modena 1858. 4. 23 p., 7 tab.
<small>Memorie soc. ital. Serie II, tomo 1.</small>
5964* —— Synopsis Florae fossilis Senogalliensis. Veronae, apud A. Merlo. 1858. 8. 136 p., ind. (3 *Lire*.)
5965* —— Syllabus plantarum fossilium hucusque in formationibus tertiariis regni Veneti detectarum. Veronae, typ. A. Merlo. 1859. 8. xi, 179, (1) p. (4 *Lire*.)
5966* —— Saggio fotografico di alcuni animali e piante fossili del agro Veronese, fotografati da *Maurizio Lotze*. Specimen photographicum animalium quorundam plantarumque fossilium agri Veronensis. Veronae, typ. Vincentino-Franchini. 1859. 4. 101 p, 40 tab. photogr. (26 $^{2}/_{3}$ *th*.)
5967* —— Studii sulla Flora fossile e geologia stratigrafica del Senigalliese. Parte II. *Massalongo*, Flora fossile. Imola, typ. Ign. Galeati et fil. 1859. 4. vii, 506 p., 1 mappa geol., 45 tab., 45 foll. expl.
5968* —— Lichenes capenses quos collegit in itinere 1857—58 Dr. *Wawra*. Venezia, typ. Antonelli. 1861. 4. 60 p., 8 tab. col.
<small>Mem. Ist. Veneto vol. 10.</small>
5969* —— Musacearum Palmarumque fossilium montis Vegroni (provinciae Veronensis) sciagraphia. Venetiis, typ. Antonelli, 1861. 4. 21 p., 11 tab.
<small>Mem. Ist Veneto vol. IX.
Cat of sc Papers IV, 277—278</small>

Massara, *Giuseppe Filippo*, Arzt in Sondrio, * Pavia 1792, † Sondrio 2 Sept. 1839.
5970* —— Prodromo della Flora Valtellinese, ossia catalogo delle piante rinvenute in varie escursioni botaniche nella provincia di Sondrio. Sondrio, typ. Cagnoletta. 1834. 8. xx, 219 p., 1 tab. col

Masson, *Francis* (Massonia L.), * Aberdeen in Schottland August 1741, † Montreal in Canada 24. Dec. 1805.
<small>König, Annals of bot. II, 592</small>
5971* —— Stapeliae novae; or a collection of several new species of that genus; discovered in the interior parts of Africa. London, Nicol 1796. folio. 24 p., 41 tab. col.
<small>Textus decem priorum specierum redit in *Usteri* Annalen der Botanik, Stück XXII. p. 14—19.
Cat. of sc Papers IV, 279</small>

Masters, *Maxwell T.*, Professor in London (Mastersia Benth.)
5972 —— Vegetable Morphology; its history and present condition. London 1862. 8.
5973* —— Vegetable teratology, an Account of the principal deviations from the usual construction of plants. London, published for the Ray Society by Robert Hardwicke. 1869 8. xxxviii, 534 p. ic. xyl.
<small>Cat. of sc. Papers IV. 280—281.</small>

Matthieu, *Auguste*, Professor an der Forstschule in Nancy, * Nancy 1814.
5974* —— Flore forestière. Description et histoire des végétaux ligneux qui croissent spontanément en France. Nancy, Grimblot, Vve Raybois & Co. 8. 1858. xvi, 384 p. — * Ed. II. revue et augmentée. ib. 1860. 8. xxviii, 455 p. (9 *fr*.)

Matthieu, *C*.
5975* —— Flore générale de la Belgique, contenant la description de toutes les plantes, qui croissent dans ce pays. Tome 1 2. Bruxelles, Muquardt. 1853. 8. 655, 664 p. — Supplément. ib. 1855. 8. 43 p. (5 $^{1}/_{3}$ *th*.)

Matthaeus Sylvaticus.
<small>Ernst Meyer, Geschichte der Botanik IV. 167—177.</small>
5976* —— Liber pandectarum medicinae. Editio princeps: Folium 1ª: *Matheus moretus* Brixiensis: Ad reverendissimum in christo patrē ac dominū Dominum Franciscū de gonzaga Cardinalem Mantuanum ac Bononie legatū. Folium 1ᵇ—5ª: index. Folium 6ª: * Liber pandectarum medicine omnia medicine simplicia continēs: quem ex omnibus antiquorum libris aggregavit eximius artium et medicine doctor Matheus silvaticus ad serenissimum sicilie regē Robertum. s. l. (Argentorati.) et a. folio max. 367 foll. bibl. k. m. Hain Nr. 15192. (Ex conjectura *Panzeri*, Ann. typogr. l. p. 79. Nr. 429 impressio Manteliana.) — * Lugduni, per Mag. Martin Huss et Joh. Fibe. 1478. folio.

Matthews, *Alexander*, botanischer Reisender in Chile und Peru (Matthewsia Hook.), † Chadrapoyas (Peru) 24. Nov. 1841.

Mattioli, *Pierandrea*, latine **Matthiolus** (Matthiola R. Br.), * Siena 23. März 1500, † Trient 1577.
<small>Ernst Meyer, Geschichte der Botanik IV. 366—378.</small>
* Vita di *Pietro Andrea Mattioli*, raccolta dalle sue Opere da un Accademico Rozzo di Siena. 4. 54 p.
5977* —— Apologia adversus *Amatum Lusitanum* cum censura in ejusdem enarrationes. Venetiis, ex officina Erasmiana Vincentii Valgrisii. 1558. 8. — * impr. cum Commentariis in Dioscoridem: ib. 1559. folio. 46 p. — * impr. cum editione Operum.
5978* —— Epistola de Bulbocastaneo, Oloconitide, Mamire, Traso, Moly, Doronico etc. Pragae, apud Johannem Cantorem 1558. 12. (35) p.
5979 —— Epistolarum medicinalium libri quinque. Pragae, ex officina Georg Melantrich ab Aventino. 1561. folio. 395 p, ic. xyl. — Lugduni, apud Caesarem Farinam. 1564. 8. 652 p., ic. xyl. — * impr. cum editione Operum. (Basileae) Francofurti a/M., typ. Bassaei. 1598. folio. p. 41—218. — * impr. cum editione Operum. Basileae, typ. Genath. 1674. folio p. 41—218.
5980* —— Adversus viginti problemata Melchioris Guilandini disputatio. Impr. cum *Pauli Hessi* Defensione. Patavii, apud M Antonium Ulmum. 1562 8. p. 21—151. — Disputatio adversus XX problemata Melchioris Guilandini. Venetiis, apud Vincentium Valgrisium. 1563. 4.
5981 —— Opusculum de simplicium medicamentorum facultatibus secundum locos et genera. Venetiis, apud Vincentium Valgrisium. 1569. 12. 329 foll. — * Lugduni, apud Guilelmum Rovillium. 1571. 12. 668 p.
5982* —— Compendium de plantis omnibus, una cum earum iconibus de quibus scripsit suis in Commentariis in *Dioscoridem* editis. Accedit *Francisci Calceolarii* Opusculum de itinere e Verona in Baldum montem. Venetiis, ex officina Valgrisiana. 1571. 4. 921 p., ic. xyl.
5983* —— De plantis epitome utilissima novis plane ad vivum expressis iconibus descriptionibusque longe et pluribus et accuratioribus, nunc primum diligenter aucta et locupletata a D. Joachimo Camerario. Accessit praeter indicem exactissimum liber singularis de itinere ab urbe Verona ad Baldum montem, auctore Francisco Calceolario, pharmacopoeo Veronensi. Francofurti a/M. 1586. 4. 1003 p., praeter *Calceolarium*: (17) p , praef., ind , (1003) ic. xyl.
Icones maxima ex parte sunt *Conradi Gesneri*; de iis conferatur: * Peter Immanuel Hartmann, Iconum botanicarum Gesnerio-Camerianarum minorum nomenclator Linnaeanus. D Trajecti a/V. 1781. 4. 52 p.
5984* —— Opera, quae exstant, omnia; hoc est: Commentarii in sex libros *Pedacii Dioscoridis* Anazarbei de medica materia, adjectis in margine variis graeci textus lectionibus ex antiquissimis codicibus desumtis, qui Dioscoridis depravatam lectionem restituunt: nunc a *Casparo Bauhino* post diversarum editionum collationem infinitis locis aucti. Accedunt de ratione distillandi aquas ex omnibus plantis. Apologia in *Amatum Lusitanum*. Epistolarum medicinalium libri quinque Dialogus de morbo gallico. Basileae, typ. Nicolai Bassaei. 1598. folio. 1027 p , praef., ind., 236 p. ic. (330) xyl. i. t. — Basileae, Johannis Koenig. 1674. folio. (non differt.)

Editiones latinae:
5985 —— *Pedacii Dioscoridis* de materia medica libri sex, interprete *Petro Andrea Matthiolo*, cum ejusdem commentariis. Venetiis, in officina Erasmiana, apud Vincentium Valgrisium. 1554. folio. ic xyl. min. i. t. — Secundo aucti, adjectis plurimis plantarum et animalium imaginibus, quae in priore

editione non habentur. His accesserunt Apologia adversus *Amatum Lusitanum* cum censura in ejusdem ennarrationes. Venetiis, ex officina Erasmiana Vincentii Valgrisii. 1558. folio. ic. xyl. min. i. t. — ib. 1559. folio. — *ib. 1560. folio. — * *Petri Andreae Matthioli* Senensis medici Commentarii in sex libros *Pedacii Dioscoridis Anazarbei* de medica materia, jam denuo ab ipso autore recogniti et locis plus mille aucti. Adjectis magnis ac novis plantarum ac animalium iconibus supra priores editiones delineatis. Accedit De ratione destillandi aquas ex omnibus plantis. Venetiis, ex officina Valgrisiana. 1565. folio. 1459 p., ind., ic. xyl. magn. i. t. — ib. 1569. folio. ic. xyl. magn. i. t. — *ib. 1570. folio. 956 p., praef., ind., ic. xyl. i. t. — *Venetiis, apud Felicem Valgrisium. 1583. II voll. folio. 583, 772 p., praef., ind., (4) foll., ic. xyl. magn. i. t. — Venetiis, apud Valgrisium. 1596. folio. ic. xyl. parv. i. t. — * *Petri Andreae Matthioli* Opera, quae exstant omnia; hoc est: Commentarii in sex libros *Pedacii Dioscoridis Anazarbei* de medica materia, adjectis in margine variis graeci textus lectionibus ex antiquissimis codicibus desumtis, qui Dioscoridis depravatam lectionem restituunt: nunc a *Casparo Bauhino* post diversarum editionum collationem infinitis locis aucti. Accedunt de ratione destillandi aquas ex omnibus plantis. Apologia in *Amatum Lusitanum*. Epistolarum medicinalium libri quinque. Dialogus de morbo gallico. Basileae, typ. Nicolai Bassaei. 1598. folio. 1027 p., praef., ind., 236 p., ic. (330) xyl. i. t. — *Opera omnia. Basileae, Johannes Koenig. 1674. folio. (non differt.) — *Matthioli* Commentarii in *Dioscoridem*. Venetiis, apud Nicolaum Pezzanam. 1744. folio. ic. xyl.

Editiones italicae:

5986* **Mattioli**, *Pierandrea*, latine **Matthiolus**. Di *Pedacio Dioscoride Anazarbeo* libri cinque della historia et materia medicinale tradotta in lingua volgare italiana da M. *Pietro Andrea Matthiolo* Sanese medico. Con amplissimi Discorsi et commenti, et dottissime annotatione et censure dal medesimo interprete. etc. Venetia, per Nicolo de Bascarina da Pavone di Brescia. 1544. folio. — *Firenze 1547. 8. — *Vinegia 1548 4. — *Mantova 1549. 4. — *Vinegia 1552. 8.

5987* —— I discorsi di M. *Pietro Andrea Matthioli* ne i sei libri della materia medicinale di *Pedacio Dioscoride Anazarbeo*. Vinegia, typ. Valgrisi. 1555. folio. (86), 741 p., ic. xyl. — *ib. 1563. folio. — *ib. 1568. folio. 1527 p.
Letzter von *Mattioli* besorgter Druck.

5988 —— In italiano, con le figure grandi, ed in fine dell' arte di distillar. Venezia, typ. Valgrisi. 1570. folio. (957) ic. magn. xyl. i. t. — Vinegia, Valgrisi. 1581. folio. — ib. 1604. folio. praef., ind.

Editiones germanicae:

5989* —— New Kräuterbuch mit den allerschönsten und artlichsten Figuren aller Gewechss, dergleichen vormals in keiner Sprache nie an den tag kommen. Erstlich in Latin gestellt. Folgends durch *Georgium Handsch* der Arzney Doctorem, verdeutscht und zu gemeinem nutz und wolfart deutscher Nation in Druck verfertigt. Gedruckt zu Prag, durch Georgen Melantrich von Aventino auf sein und Vincentii Valgriss Buchdruckers zu Venedig, unkosten. 1562. folio. 575 p. cum iconibus ligno incisis magnis, praef., ind. Bibl. Reg. Berol.

5990* —— Kreuterbuch des hochgelehrten und weitberühmten Hr. D. *Petri Andreae Matthioli*, jetzt wiederumb mit vielen schönen newen Figuren, auch nützlichen Artzneyen und andern guten Stücken zum andern Mal aus sondrem Fleiss gemehrt und gefertiget durch *Joachimum Camerarium*, der löblichen Reichsstatt Nürnberg Medicum. Sampt dreien wohlgeordneten nützlichen Registern etc. Frankfurt a/M., gedruckt bei Johann Feyerabend (in Verlegung Peter Fischers). 1590. folio. 455 foll., ind., ic. xyl. i. t. — ib 1598. folio. — *ib. 1600. folio. — *ib. 1611. folio. — *ib. 1626. folio. — New vollkommenes Kräuterbuch . . . . verbessert und vermehrt von *Bernhard Verzascha*. Basel, bei Johann Jakob Decker. 1678. folio. 792 p., ic. xyl.

Editiones gallicae:

5991 **Mattioli**, *Pierandrea*, latine **Matthiolus**. Les Commentaires de M. P. *Andre Matthiolus* sur les six livres de *Pedacius Dioscoride Anazarbeen* de la matière medicinale. Traduits de latin en françois par M. *Antoine du Pinet*. Lyon, Gabriel Cotier. 1561. folio. ic. xyl. parv. i. t. — Commentaires de M. *Pierre André Matthiole* medecin senois, sur les six livres de *Ped. Dioscoride Anazarbeen* de la matière medecinale. etc. mis en françois sur la dernière édition latine de l'autheur, par M. *Jean des Moulins*, Docteur en medecine. A Lyon, par Guillaume Roville. 1572. folio. 819 p., praef., ind, ic. i. t — * Les Commentaires de M. P. *Andre Matthiolus* sur les six livres de *Pedacius Dioscoride Anazarbeen* de la matière medecinale. Traduits de latin en françois par M. *Antoine du Pinet*: et illustrez de nouveau d'un bon nombre de figures, et augmentez en plus de mille lieux à la derniere édition de l'auteur, tant de plusieurs remedes à diverses sortes de maladies; que aussi des destillations: comme pareillement de la connaissance des simples. Lyon, chez Pierre Rigaud 1605. folio. 606 p., praef., ind., ic. — *Les Commentaires de M. P. *André Matthiole*, medecin sienois, sur les six livres de la matière medecinale de *Pedacius Dioscoride Anazarbeen* Traduits de latin en françois par *Antoine du Pinet*: et enrichis de nouveau d'un nombre considerable de figures; et augmentez tant de plusieurs remedes a diverses sortes de maladies; comme aussi d'un traité de chymie en abregé pour l'analyse tant des végétaux que de quelques animaux et mineraux, par un Docteur en medecine. Derniere edition, reveuë, corrigée et mise dans un meilleur langage avec deux tables latine et françoise. Lyon, chez Jean Baptiste de Ville. 1680. folio. (3) foll., xcv p, effigies *Matthioli*; (7) foll., 636 p., (17) foll. ind, ic. xyl. parv

Editiones bohemicae:

5992* —— Herbarz: ginak Bylinarz etc. per *Thaddeum Hagek*. Wystistieno w Starém Miestie Prazskem v Girkijka Melantrycha z Awentynu. Létha Pánie. 1562. folio. 392 foll, praef., ind., ic. xyl. i. t. Bibl. Reg. Berol.

5993 —— per *Adam Huber* et *Dan. Adam*. Prag 1566. folio.
* «Des Grafen Kaspar von Sternberg Catalogus plantarum ad septem varias editiones Commentariorum *Matthioli* in *Dioscoridem* ad Linnaeani systematis regulas elaboratus Pragae, Calve. 1821. folio. IV 30 p. (1½ th.) giebt die lateinische Synonymik der Ausgaben von 1554, 1558 und 1565, der Opera omnia von 1674, (welche übrigens mit der Originalausgabe von 1598 durchaus übereinstimmen,) zweier böhmischen Uebersetzungen des Herbarium *Matthioli* von *Hagek*, Prag 1562, und von *Adam Huber*, Prag 1596, und der deutschen Ausgabe dieses Herbariums von Joachim Camerarius, Frankfurt 1611. folio. (welche ebenfalls von der Originalausgabe von 1590 nicht abweicht). Daher sind nur drei Ausgaben der Commentarien benutzt, die andern vier Werke sind das oft mit den Commentarien verwechselte Herbarium, welches nur die botanischen Holzschnitte mit ihnen gemein hat, aber weder den Text des *Dioscorides* noch die Erläuterung zu demselben enthält; auch handelt das Herbarium nur von Pflanzen, die Commentarien auch von Thieren und andern Arzneikörpern.»
Giuseppe Moretti, Difesa e illustrazione delle Opere botaniche di *Pier Andrea Mattioli*. Memoria I—VIII. Milano dalla tipografia Bernardoni. 1844 —52 8. 58, 22, 29, 22, 22, 54, 39 p.

5994* (——) Historia plantarum. Earum imagines, nomenclatura, qualitates et natale solum. Quibus accessere simplicium medicamentorum facultates secundum locos et genera ex *Dioscoride*. Lugduni, apud Gabrielem Coterium. 1561. 12. 640, 229 p., ind., ic. xyl. i. t. — *Ed. II: ib. 1567. 12. (non differt.)
Est *Matthiolus* in compendium redactus, autore Antonio Pinaeo, potius *Antoine Du Pinet*, ut elucet e praefatione p. 3: «Ferianti mihi incidit in manus anno superiore Matthiolus in Dioscoridem, quem ubi gallice reddidissem, placuit etiam nunc manualem ipsum facere.»

5995 —— Epistolarum medicinalium libri quinque. Pragae, ex officina Georg Melantrich ab Aventino. 1561. folio. 395 p. — Lugduni, apud Caesarem Farinam 1564. 8. 652 p., ic. xyl — *impr. cum editione Operum. (Basileae) Francofurti a/M., typ. Bassaei. 1598. folio. p. 44—218 — *impr. cum editione Operum. Basileae, typ Genath. 1674. folio. p 44—218

Mattuschka, *Heinrich Gottfried, Graf von*, Besitzer des Gutes Pitschen in Schlesien (Mattuschkea Schreb.), * Jauer 22. Febr. 1734, † Pitschen 19. Nov. 1779.

5996* —— Flora silesiaca, oder Verzeichniss der in Schlesien wildwachsenden Pflanzen, nebst einer umständlichen Beschreibung derselben, ihres Nutzens und Gebrauches in Arznei und Haushaltung. Breslau und Leipzig, Korn 1776—77. 2 Theile. 8. — I: 1776. 538 p, praef. — II: 1777. 8. 468 p. — * Geschlechts- und Namenregister zur Flora silesiaca. ib. 1789. 8 102 p. (2⅚ *th.*)

5997* **Mattuschka,** *Heinrich Gottfried, Graf von.* Enumeratio stirpium in Silesia sponte crescentium in usum herborisantium. Vratislaviae, Korn. 1779. 8. 348 p., praef., ind. (⅚ *th.*)

Mauch, *W. J Th.*

5998* —— Einige Notizen über Pflanzen und pflanzenkundige Männer in den Herzogthümern Schleswig, Holstein und Lauenburg. Schleswig, im Taubstummeninstitut. 1840. 8. 32 p.
Aus *Falck*, Staatsbürgerl Magazin, Band X, Heft 1.

Mauchart, *B. D.*

5999* —— Schönbrunn's botanischer Reichthum. Wien, Geistinger. 1805. 12. IV, 461 p (1¼ *th*) — Nachlese von *J. St. Schmidt.* Wien 1808 8. 92 p. (¼ *th*)

Maugin, *Auguste.*

6000 (——) Question du Sésame. Pétition adressée aux chambres législatives par la société royale et centrale d'agriculture, sciences et arts du Département du Nord. Douai, typ. d'Aubers. Décembre 1843 8. 13 p.

Mauke, *Johann Gottlob,* * Niederkerzdorf bei Lauban 20 Dec. 1759, ÷ Brockwitz bei Meissen 11. Febr. 1841.

6001* —— Grasbüchlein, oder Anweisung, die schädlichsten und nützlichsten inländischen Gräser kennen .... zu lernen. Leipzig und Meissen, Jacobaer. 1801. 4. xx, 88 p., 16 tab — Ed. II. Leipzig, Müller. 1818. 4 16 tab. (1⅓ *th.*)

Mauksch, *Johann Daniel.*

6002* —— De partibus plantarum. D. Tyrnaviaé 1776. 8. 34 p.

Mauksch, *Thomas,* ÷ Käsmark 1831.
Isis 1834, 656

Maulny.

6003* —— Plantes observées aux environs de la ville du Mans. Avignon 1786. 8. 242 p. Bibl. Cand.

Maund, *B.*

6004* —— The Botanic Garden: consisting of highly finished representations of hardy ornamental flowering plants, cultivated in Great Britain, with their classification, history, culture and other interesting information. London, Baldwin, Simpkin and Marshall 1825—42. IX voll. 4 minor. 216 tab. col., text. (11 *l.* 5 *s.*) Bibl. Reg. Ber.
Indicantur volumina X—XIII Non vidi.

6005* —— The Botanist, containing accurately coloured figures of tender and hardy ornamental plants with descriptions scientific and popular; assisted by *J. S. Henslow.* London, Groombridge. (1839 sqq.) V voll 4. 250 tab. col., text. (8 *l* — ed. minor: 5 *l.*) Bibl Mus. bot. Vind.

Mauri, *Ernesto,* * Rom 12. Jan 1791, ÷ Rom 13. April 1836.
Tenore, Necrologia in Omnibus, foglio periodico. Napoli 4 giugno 1836.

6006* —— Romanarum plantarum centuria decima tertia. Romae, typ de Romanis. 1820 8 58 p, 2 tab.
Centurias duodecim priores vel Florae Romanae Prodromum jam anno 1818 cum *Antonio Sebastiani* ediderat, sub cujus nomine infra librum indicabo.

6007* ——, *Antonio* **Orsini** et *Michele* **Tenore.** Enumeratio plantarum, quas in itinere per Aprutium vel per pontificiae ditionis finitimas provincias aestate anni 1829 collegerunt. Neapoli 1830. 4. 90 p
Atti dell' Accademia Pontaniana, vol. I: Napoli 1832. 4. p. 185—236.

Maurille de Saint Michel, *Père*

6008* —— Phytologie sacrée, ou discours moral sur les plantes de la Sainte Ecriture: symboles des mystères de la foy et des verités chrestiennes; divisée en six parterres. Angers, chez P. Yvain. 1664. 4. 787 p., praef., ind

Mauz, *Eberhard Friedrich.*

6009* —— Versuche und Beobachtungen über das Geschlecht der Pflanzen und die Veränderungen derselben durch äussere Einflüsse. (Tübingen 1322.) 8. 15 p.

Mavor, *William,* * Aberdeen 1. Aug. 1758, ÷ Woodstock 29. Dec. 1837.

6010* —— The Lady and Gentleman's botanical pocket book. London, Vernor. (1800)' 12. x, 185 p., ind., 2 tab. (3 *s.*)

Maximowicz, *Karl Johann,* in Petersburg (Maximowiczia Rupr.)

6011* —— Primitiae Florae Amurensis. Versuch einer Flora des Amurlandes. Petersburg, Akademie der Wissenschaften. Leipzig, L. Voss. 1859. 4. 504 p., 10 tab., 1 mappa geogr. (5 *th.* 17 *sgr.* n.)
Mém. prés. Pétersb. IX, 1—504.

6012* —— Plantarum novarum Japoniae et Mandschuriae diagnoses. Decas 1—6. (Petropoli) 1866—68. 8.

6013* —— Rhamneae orientali-asiaticae. Petersburg (Leipzig, Voss.) 1867. 4. 20 p., 1 tab. (½ *th.* n.)
Mém. Pét. vol. X.

6014* —— Revisio Hydrangearum Asiae orientalis. Petersburg (Leipzig, Voss) 1867. 4. 48 p., 3 tab. (23 *sgr.* n.)
Mém. Pétersb. vol. X.

6015* —— Rhododendreae Asiae orientalis. St. Petersbourg, Eggers et Co. 1870. 4. 53 p., 4 tab. (⁹⁄₁₀ *th.*)
Mém. acad Pét. XVI, No 9.
Cat. of sc. Papers IV, 304.

Maycock, *James Dottin.*

6016* —— Flora Barbadensis: or a catalogue of plants indigenous, naturalized and cultivated in Barbados. To which is prefixed a geological description of the island. London, Ridgway. 1830. 8. xx, 446 p., ind., 2 tab. geol. (18 *s.*)
* Catalogue of plants indigenous, naturalized and cultivated in the British West India Colonies by the late *James Dottin Maycock*, M. D. exstat in *Andrew Haliday*, The West Indies. London 1837: 8. p. 389—408.

Mayer, *Friedrich.*
Cat. of sc. Papers IV, 310—311.

Mayer, *Georg,* latine **Marius,** * Würzburg 1533, ÷ Heidelberg 5. März 1606.

Mayer, *Johann.*

6017* —— Pomona franconica, oder natürliche Abbildung und Beschreibung der besten und vorzüglichsten europäischen Gattungen der Obstbäume und Früchte, welche in dem hochfürstlichen Hofgarten zu Würzburg gezogen werden. Nebst den hauptsächlichsten Anmerkungen über deren Erziehung, Propfung und Pflege. Description des arbres fruitiers etc. Nürnberg, Winterschmidt. 1776—1801. 3 Bände. 4. — I: 1776 CIV, 152 p., VIII, VIII, XVII tab. col. — II: 1779. 364 p, LXXVII tab. col. — III: 1801. 350 p., CLV tab. col (87⅔ *th.* — in charta meliori: 145⅙ *th.*)

Mayer, *Johann Christoph Andreas,* Leibarzt und Director des botanischen Gartens in Berlin, * Greifswalde 8. Dec. 1747, ÷ Berlin 5. Nov. 1801.

6018* —— Abhandlung von dem Nutzen der systematischen Botanik in der Arznei- und Haushaltungskunst. Greifswald, Röse. 1772. 4. 18 p.

6019 —— Mein Garten. Frankfurt 1778. 8. (1 *th.*)

6020* —— Einheimische Giftgewächse, welche für Menschen am schädlichsten sind. Zwei Hefte. Berlin, typ. Decker. 1798—1800. folio. — I: 1798. 18 p., 5 tab. col. — II: 1800. (non vidi) (3 *th.*)

6021* —— Vorzügliche einheimische essbare Schwämme. Anhang der Beschreibung der schädlichen einheimischen Giftgewächse. Berlin, typ. Decker. 1801. folio. 20 p., 3 tab. col.
Mém. acad. Berlin 1788—96..

Mayr, *Anton.*

6022* —— De venenata Ranunculorum indole. D. Viennae, typ. Schmidt. 1783. 8. 28 p, 1 tab.

Mayrhofer, *Karl.*

6023* —— De Orchideis in territorio Vindobonensi crescentibus. D. Vindobonae, typ. Sollinger. 1832. 8. VIII, 56 p.

Mazzucato, *Giovanni.*

6024 —— Sopra alcune specie di frumenti Memoria botanico-georgica. (Triticum Trevisium, anglicum, creticum, aegypticum *Aduini* et *Duhamelianae.*) Padova 1807. 8. 60 p., 4 tab.

6025* —— Viaggio botanico all' Alpi Giulie. Lettera al Prof. *Arduino.* Udine, typ. Vendrame. 1811. 8. 28 p. Bibl. Cand.
Inest: Paradisea Mazz. novum Liliacerum genus, = Czackia Andrz.

6026* —— Triticorum definitiones atque synonyma. Utini, ex typographia Peciliana. 1812. 8. 30 p.

Mead, *Richard,* königlicher Leibarzt in London (Meadia Catesby.), * Stepney 11. Aug. 1673, ÷ London 16. Febr. 1754.

Mease, *James*, Arzt in Philadelphia, * 1771, † Philadelphia 14. Mai 1846.
Cat. of sc. Papers IV, 315.

Medicus, *Ludwig Wallrad*, Professor in München, * 1771, † München 18. Sept. 1850.

6027* —— Zur Geschichte des künstlichen Futterbaues, oder des Anbaues der vorzüglichsten Futterkräuter, Wiesenklee, Luzerne, Esper, Wicke und Spargel. Naturgeschichtlicher und landwirthschaftlicher Beitrag. Nürnberg, Riegel und Wiessner. 1829. 8. VIII, 188 p. ($^7/_8$ th.)

Medikus, *Friedrich Casimir*, Dr. med., Reg.-Rath, Director des Gartens in Schwetzingen und Mannheim, * Grumbach... 1736, † Mannheim 15. Juli 1808.

6028* —— Index plantarum horti electoralis Manhemiensis. Manhemi 1771. 24. 70 p., 1 tab. ($^5/_{24}$ th.)

6029* —— Beiträge zur schönen Gartenkunst. Mannheim, akademische Buchhandlung. 1782. 8. 378 p., praef., ind. ($^5/_6$ th.)

6030* —— Botanische Beobachtungen des Jahres 1782. Vier Hefte. Mannheim, akademische Buchhandlung. 1783. 8. 419 p., 1 tab.

6031* —— Ueber den merkwürdigen Bau der Zougungsglieder einiger Geschlechter aus der Familie der Contorten. (Nerium, Periploca, Koelreuteria, Cynanchum, Asclepias.) Mannheim, akademische Buchhandlung. 1782. 8. 88 p.
Sistit particulam libri praecedentis.

6032* —— Botanische Beobachtungen des Jahres 1783. Mannheim, akademische Buchhandlung. 1784. 8. (30), 312 p., ind. (I II: 3 $^1/_3$ th.)

6033* —— Theodora speciosa, ein neues Pflanzengeschlecht; nebst einem Entwurfe, die künstliche und natürliche Methode in Ordnung des Pflanzenreiches zugleich anzuwenden. Mannheim, (Schwan.) 1786. 8. 116 p., 4 tab. ($^5/_{12}$ th.)

6034* —— Ueber einige künstliche Geschlechter aus der Malvenfamilie, der Klasse der Monadelphien, mit beigefügtem Urtheil über Linneische Geschlechter und deren Klassification. Mannheim 1787. 8. 158 p. ($^2/_3$ th.)

6035* —— Philosophische Botanik mit kritischen Bemerkungen. Zwei Hefte. Mannheim, akademische Buchhandlung. 1789—91. 8. — I: 1789 Von den mannigfaltigen Umhüllungen der Samen. 266 p. — II: 1791. Ueber die zur Bildung einer Pflanzengattung erforderlichen Eigenschaften. 112 p., ind. (1 $^1/_6$ th.)

6036* —— Lettre à M. de la Metherie, sur l'origine des Champignons. Mannheim 1790. 8. 16 p.

6037* —— Pflanzengattungen nach dem Inbegriffe sämmtlicher Fruktifikationstheile gebildet und nach dem Sexual-Pflanzenregister geordnet; mit kritischen Bemerkungen. Erstes Heft. Mannheim, Schwan und Goetz. 1792. 8. 127 p., 2 tab. ($^3/_4$ th.)

6038 —— Ueber nordamerikanische Bäume und Sträucher, als Gegenstände der deutschen Forstwirthschaft und der schönen Gartenkunst. Mannheim, Schwan und Goetz. 1792. 8. 96 p., praef.

6039* —— Geschichte der Botanik unsrer Zeiten. Mannheim, Schwan und Goetz. 1798. 8. 96 p. ($^3/_8$ th.)

6040* —— Kritische Bemerkungen über Gegenstände aus dem Pflanzenreiche. Ersten Bandes erstes und zweites Stück. (Cruciferen.) Mannheim, Schwan und Goetz. 1793. 8. 303 p. ($^5/_6$ th.)

6041* —— Beiträge zur Pflanzenanatomie, Pflanzenphysiologie, und einer neuen Charakteristik der Bäume und Sträucher. Sieben Hefte. Leipzig, Gräff. 1799—1801. 8. 521 p. (1 $^7/_{12}$ th.)

6042* —— Pflanzenphysiologische Abhandlungen. Leipzig, Gräff. 1803. 3 Bändchen. 12. XII, 287, 244, 215 p., ind. (2 $^1/_4$ th.)

6043* —— Beiträge zur Kultur exotischer Gewächse. Mannheim, Loeffler. 1806. 12. ($^5/_6$ th.)
In hoc libello continetur omnium autoris scriptorum catalogus.

Meehan, *Thomas*, in Philadelphia.
Cat. of sc. Papers IV, 319.

Meerburgh, *Nicolaus*.

6044 —— Afbeeldingen van zeldsaame gewassen. Leyden 1775. folio. 7 plag., 50 tab. col.

6045 —— Naamlyst der boom en heestergewassen, dienstig tot het aanleggen van lustboschjes of zogenaamde hermitagien. Leyden 1782. 8. 44 p.

6046* —— Plantae (et papiliones) rariores vivis coloribus depictae. Lugduni Batavorum, apud Jacobum Meerburg. 1789. folio. (26) p., 55 tab. col.

6047* **Meeburgh**, *Nicolaas*. Plantarum selectarum icones pictae. Lugduni Batavorum, apud Jacobum Meerburg. 1798. folio. (10) p., 28 tab. col.

Meese, *David*, Gärtner zu Franeker (Meesia Hedw.), * Leeuwarden 25. Dec 1723.
N. Mulder, Oratio de meridis Davidis Meese. Groningae 1823. 4. 30 p.

6048* —— Flora Frisica, of Lijst der Planten, welke in de Provintie Friesland in het Wilde gevonden worden. Franeker, typ. Brouwer. 1760. 8. 87 p., praef., 2 tab.

6049* —— Het XIX Classe van de Genera plantarum Linn. (Syngenesia) opgeheldert en vermeerdert. Accedit: Beschryving van een zonderlinge Zee-plant. Leeuwarden, Chalmot. 1761. 8. IV, 152 p., 8 tab.

6050* —— Plantarum rudimenta, sive illarum methodus, ducta ex differentia earum seminum, cotyledonum aliarumque partium, quae brevi tempore post earum propullulationem ad ulterius incrementum in iis conspiciuntur; quorum omnium utilitatem praefatio satis superque lectorem docebit. (Pars prima Nr. 1 et 2.) Leovardiae, typ. Coulon. 1763. 4. 82 p., praef., ind. 7 tab. col.
Feruntur etiam hoc titulo: «Eerste beginseling der Planten, of Leerwyze derzelve etc.» et liber ipse simul latina et belgica lingua conscriptus est.

Megenberg, *Konrad von*.

6051* —— Hye nach volget das puch der natur, das Innhaltet. Zu dem ersten von eygenschafft und natur des menschen Darnach von der natur und eygenschafft des himels, der tief des gefügels, der kreüter, der steyn und von vil ander natürlichen dingen und an disem puch hat ein hochgelerter man bey funfzehen iaren Colligiert und gearbeyt, ... Welches puch meyster *Cunrat von Megenberg* von latein in teütsch transferiert und geschrieben hat. *Hanns Bämler* zu Augspurg lxxv. (1475) folio. 292 foll.

6052* —— Das Buch der Natur von *Konrad von Megenberg*. Die erste Naturgeschichte in deutscher Sprache. Herausgegeben von *Franz Pfeiffer*. Stuttgart, Karl Aue. 1861. 8. LXII, 807 p. (5 th.)

Megerle von Mühlfeld, *Johann Georg*.

6053* —— Oestreichs Färbepflanzen. Wien, typ. Ueberreuter. 1813. 8. XVI, 121 p., ind.

Méhu, *Adolphe*.

6054* —— Étude du Houblon et du Lupulin. Thèse. Montpellier 1867. 8. 94 p., 1 tab.

Meibom, *Brandanus*, Professor in Helmstädt, * 14. Juni 1678, † Helmstädt 16 Oct. 1740

6055 —— Botanica generalia. Programma lectionibus botanicis praemissum. Helmstadii 1718. 4.

Meier, *Georg*, latine **Marius**, * Würzburg 1533, † Heidelberg 8. März 1606.
Gesner Horti Germ. 278.
Dodon. Proleg.
Matth. Opera ed. Bauhin VI. 112. 118 121. 126.

Meier, *Karl Gottlob*.

6056* —— De Carice arenaria. D. Francofurti a/V. 1772. 4. 40 p., 1 tab.

Meigen, *Johann Wilhelm*, * Solingen 3. Mai 1764, † Stollberg bei Aachen 11 Juli 1845.

6057* —— und *H. L. Weniger*. Systematisches Verzeichniss der an den Ufern des Rheins, der Roer, der Maas, der Ourte und in den angränzenden Gegenden wildwachsenden und gebaut werdenden phanerogamischen Pflanzen. Köln, Rommerskirchen. 1819. 8 obl. VIII, 108 p. ($^2/_3$ th.)

6058* (——) Versuch einer Flora der Ufer des Niederrheins, der Roer, der Maas, der Ourte und der angränzenden Gegenden. Nach Anleitung von *Meigen's* und *Weniger's* Systematischem Verzeichnisse. Köln, Rommerskirchen. 1823. 12. XXXII, 518 p. (1 th. — charta vel. 1 $^1/_2$ th.)

6059* —— Deutschlands Flora, oder systematische Beschreibung der in Deutschland wildwachsenden und im Freien angebauten Pflanzen. Essen, Bädeker 1836—42. 3 Bände. 8. — I: 1836 (Cl. 1—5.) XX, 478 p., tab. 1—49. — II: 1837. (Cl. 5—12.)

VI, 500 p., tab. 50—97. — III: 1842. (Cl. 13—20.) 620 p., tab 98—144. (7½ th.)

Meinardus, *Franciscus*
6060 —— De visco Druidarum orationes. Pictavii 1614. 8. Falc.

Meinecke, *Johann Ludwig Georg,* Professor in Halle, * Stadthagen 3. Jan. 1781, † (entleibte sich) Schkeuditz 27. Aug. 1823.
6061* —— Ueber das Zahlenverhältniss in den Fruktifikationsorganen der Pflanzen und Beiträge zur Pflanzenphysiologie. Halle, Hendel 1809. 8. 50 p. (¼ th)
Neue Schriften der naturf. Ges. zu Halle. 1. Heft.
6062* —— Der Botaniker ohne Lehrer Eine Anweisung zur Pflanzenkunde in Briefen an eine Freundin der Natur nach *Jean Jacques Rousseau* und *H. v. C.* bearbeitet und mit Anmerkungen begleitet von *J. L. G Meinecke* Halle, Hendel. 1809. 8. VIII, 361 p, 4 tab. col. (1⅓ th.)

Meins.
6063* —— Die Flora der Umgegend von Glückstadt. Glückstadt, typ. Augustin. 1862 4. 18 p.

Meinshausen, *Karl.*
6064 —— Synopsis plantarum diaphoricarum Florae ingricae, oder Notizensammlung über die mannigfache Verwendung der Gewächse Ingriens. Petersburg, Münx. 1869 8. 102 p. (⅘ th. n)

Meisner, *Karl Friedrich,* Professor der Botanik in Basel (Meisneria DC).
6065* —— Monographiae generis Polygoni Prodromus. Genevae, typ. Lador. 1826 4. IV, 117 p., 7 tab. (1⅔ th.)
6066* —— Plantarum vascularium genera secundum ordines naturales digesta eorumque differentiae et affinitates tabulis diagnosticis expositae. Lipsiae, libraria Weidmannia. 1836—43. folio Pars prior. Tabulae diagnosticae. 442 p. Pars altera. Commentarius, exhibens praeter adnotationes et explicationes varias, generum synonyma librorumque indicationem, quibus descriptiones fusiores et icones nec non specierum novarum diagnoses suppeditantur. 401 p. (19 th. — jetzt 8 th.)
6067* —— Ueber die geographischen Verhältnisse der Lorbeergewächse. München, G. Franz. 1866. 4. 34 p.
Abh. der Bayrischen Akademie. Band X.
Illustrissimus C F. *Meisner* elaboravit in Prodromo Candolleano, vol. XIV. Polygonaceas, Proteaceas. Thymeleaceas, et in vol XV. Lauraceas et Hernandiaceas. In Martii Flora brasiliensi ejusdem autoris sunt familiae Convolvulacearum, Ericacearum, Proteacearum, Hernandiacearum, Lauracearum, Polygonacearum et Thymelacearum
Cat. of sc. Papers IV, 325—326.

Meissas, *Napoléon,* * Embrun 1806.
6068* —— Résumés d'histoire naturelle. Botanique. Paris et Lyon, Perisse. 1839. 8 VI, 304 p.
6069* —— Petite botanique. Paris et Lyon, Perisse. 1842. 12. 143 p. — Ed. V ib. 1864. 12 (90 c)

Meister, *Georg* (Meisteria L. fil., Meisteria Scop.)
6070* —— Der orientalisch-indianische Kunst- und Lustgärtner, wie auch Anmerkungen, was bey des Autoris zweimahliger Reise nach Japan, von Java major, längst der Küsten Sina, Siam und rückwärts über Malacca observiret worden. Dresden, typ. Riedel. 1692 4 310 p, ind, tab.

Meitzen, *Hugo.*
6071* —— Ueber den Werth der Asclepias Cornuti Decne als Gespinnstpflanze. D. Göttingen, typ. Dieterich 1862. 8. 62 p., 3 tab.

Melartin, *Erich Gabriel,* Erzbischof von Upsala, * 11. Jan 1780, † Upsala 8 Juni 1847.
6072* —— Ueber die Gewächskunde Finnlands. Gymnasialprogramm. St. Petersburg, typ. Iversen. 1804. 4. 24 p.

Melén, *Erik Gustaf,* * 1801, † Calmar 1828.
6073* —— De Erythraeis suecanis. Upsaliae, typ. Palmblad. 1826. 4. 8 p

Mellesinus, *Johann Siegfried.*
6074* —— Carmen heroicum de virtutibus et proprietatibus Scordii herbae, nuper in Germania a *Valerio Cordo* inventae. (Augustae Vindelicorum, typ. Math. Francus. anno 3. Olympiadis 787. 4. 7 foll., 1 tab. col.

Melleville.
6075* (——) Les amours des plantes. Poëme, accompagné de nombreuses notes sur la botanique et la physiologie végétale. Paris, Corbet 1835. 8. VII. 340 p.

Melvill, *J. C*
6076* —— The Flora of Harrow. With notices . . . London, Longman . . . 1864. 8. VI, 127 p. (3 s. 6 d)

Meneghini, *Giuseppe,* Professor in Pisa (Meneghinia Endl)
6077* —— Ricerche sulla struttura del caule nelle piante monocotiledoni. Padova, coi tipi della Minerva. 1836. 4 max. 110 p., 10 tab.
6078* —— Conspectus Algologiae Euganeae, germanicis naturalium rerum scrutatoribus Pragae anno 1837 convenientibus oblatus. Patavii, typ. Minervae. 1837. 8. 37 p.
Seorsim impr. ex Comment. di medicina del Dr. *Spongia,* fasc. Sept. 1837.
6079* —— Cenni sulla organografia e fisiologia delle Alghe. Padova, coi tipi della Minerva. 1838. folio min. 64 p.
6080* —— Synopsis Desmidiearum hucusque cognitarum. Halae ad Salam, typ. Gebauer. 1840. 8. 40 p.
Seorsim impr. ex Linnaea, vol. XIV.
6081* —— Monographia Nostochinearum italicarum addito specimine de Rivulariis. Augustae Taurinorum, ex officina regia. 1842. 4. 143 p, 17 tab. col.
Estratto dal vol. V. serie II. delle Memorie delle R. Accademia delle Scienze di Torino
6082* —— Alghe italiane e dalmatiche illustrate dal Professore *Giuseppe Meneghini.* Fascic. I—V. Padova, tipografia di Angelo Sicca. 1842—46. 8. 384 p., 5 tab
6083 —— Sulla animalità delle Diatomee, e revisione organografica dei generi di Diatomee stabiliti dal *Kuetzing.* Venezia, Naratovich. 1845. 4. 196 p.
Atti Ist. ven. V, 43—231.
Cat. of sc. Papers IV, 310—311.

Menge, *Anton,* Professor in Danzig.
6084* —— Catalogus plantarum phanerogamicarum regionis Grudentiensis et Gedanensis. Grudentiae, typ. Röthe. (Gedani, Homann) 1839. 12. 442 p. (1 th.)

Menke, *Karl Theodor,* Brunnenarzt zu Pyrmont, * Bremen 13 Sept. 1791, † Pyrmont 19. April 1861.
6085* —— De leguminibus veterum, particula prima. D. Goettingae, Dieterich. 1814 4. 32 p.

Mennander, *Carl Fredrik,* Professor in Åbo, später Erzbischof von Upsala, * Stockholm 19. Juni 1712, † Upsala 22. Mai 1786.
6086 ——, pr. De nutrimento plantarum. D. Aboae 1747. 4. 20 p.
6087 ——, pr. De foliis plantarum. D. Aboae 1747. 4. 19 p.
6088 ——, pr. De radicibus plantarum. D. Aboae 1748. 4. 15 p.
6089 —— De transpiratione plantarum. D. Aboae 1750. 4. 8 p.
6090 ——, pr. De seminibus plantarum. D. Aboae 1752. 4. 22 p.

Mentz, *Friedrich,* Professor in Leipzig, * Langen-Dortmund 7. Nov. 1678, † Leipzig 19. Dec. 1749.
6091* —— De plantis quas ad rem magicam facere crediderunt veteres. D prior. Lipsiae, typ. Brandenburger. 1705. 4. (16 foll.)

Mentzel, *Christian,* kurfürstlicher Leibarzt in Berlin (Mentzelia L.), * Fürstenwalde 15. Juni 1622, † Berlin 16 Nov. 1701, * Fürstenwalde 22. Juni 1622, † Berlin 17. Jan. 1701.
6092 —— Centuria plantarum circa nobile Gedanum sponte nascentium. Dantisci 1650. 4.
Addit auctor. appendicis loco se *Oelhafii* Elencho, Dantisci 1643. 4. suam subjecisse centuriam. Redit haec in tomo secundo «Tentaminis Florae Gedanensis, autore *Gottfried Reyger.»* Dantisci 1766. 8. p. 201—224.
6093* —— Πίναξ βοτανώνυμος πολύγλωττος καθολικός. Index nominum plantarum universalis multilinguis, Latinorum, Graecorum et Germanorum literis per Europam usitatis conscriptus et sic constructus, ut plantarum genera, species, colorum et aliarum partium differentiae, quotquot hactenus innotuere, ordine sub se collocarentur, citatis classicorum autorum locis genuinis ab ipso Hippocrate ad novissimos usque saeculi nostri botanicos desumtis. Adjectus est pugillus plantarum rariorum etc. opera *Christiani Mentzelii* D. Berolini, ex officina Rungiana. 1682. folio. 334 p., (18) foll., 41 tab.
Reimpressiones hujus libri sunt Berolini 1696. folio et 1713. folio. Praeter titulum mutatum «Lexicon plantarum polyglotton universale» nulla nota differunt; sed his editionibus accedit: «Ad indicem universelem nominum plantarum et pugillum corollarium» 2 plag., tab. 12—13. in quo plantae in promontorio bonae spei a *Johann Friedrich Rücker* collectae recensentur cum figuris quarundam.

Menzel, *Albert.*
6094* (—— et *Philipp* **Menzel.**) Synonyma plantarum, seu simplicium, ut vocant, circa Ingolstadium sponte nascentium, cum designatione locorum et temporum, quibus vigent et florent: in usum scholae medicae Ingolstadiensis collecta. Ingolstadii, typis Ederianis. 1618. 8. 141 p., praef. — Ingolstadii, typis Ederianis. 1654. 8. 141 p., praef. (eadem impressio!)
Albert Menzel et ejus pater *Philipp Menzel* ab editore *Wilhelm Eder* autores praedicantur.

Menzies, *Archibald* (Menziesia Sm.), * Weem (Perthshire) 15. März 1754, † Kensington 15. Febr. 1842.
Cat. of sc. Papers IV. 345.

Mérat, *François Victor*, Arzt in Paris (Meratia Cass.), * Paris 16. Juli 1780, † Paris im März 1851.
6095* —— Nouvelle Flore des environs de Paris, suivant le système sexuel de Linné, avec l'indication des vertus des plantes usitées en médecine, des détails sur leur emploi pharmaceutique etc. Paris, typ. Chapelet. 1812. 8. xxxviii, 420 p. — *Ed. II: Paris 1821. 8. — *Ed. III: Paris 1831—34. II voll. 12. — *Ed. IV: Paris, Méquignon-Marvis. 1836. II voll. 12. — I: Cryptogamie. viii, 489 p. — II: Phanérogamie. xx, 662 p. (12 *fr.*) — *Ed. V. corrigée et augmentée. Bruxelles, Hauman et Co. 1837—38. II voll. 12. — I: 1837. Cryptogamie. viii, 388 p. — II: 1838. Phanérogamie. xiii, 496 p. (4 *th.*) — Ed. VI. Bruxelles 1841. 8. (non differt.)
6096* —— Élémens de botanique à l'usage des personnes qui suivent les cours du jardin du roi et de la faculté de médecine de Paris. etc. — Ed. IV. Paris, Crochard. 1817. 12. xxii, 386 p. — *Ed. V. revue, corrigée et augmentée. Paris, Crochard. 1822. 12. x, 418 p. — Ed. VI. Paris, Crochard. 1829. 12. (4 *fr.*) o.
Editiones I—III. non vidi.
6097* —— Synopsis de la nouvelle Flore des environs de Paris suivant la méthode naturelle. Paris, Méquignon-Marvis. 1837. 12. 315 p., praef. (4 *fr.* 50 *c.*)
6098* —— Notice sur une hépatique, regardée comme l'individu mâle du Marchantia conica L. Paris, Bouchard-Huzard. 1840. 8. 12 p., 1 tab. (Nemoursia tuberculata Mérat.) (75 *c*)
Extrait des Annales de l'agriculture française, Juillet 1840.
6099* —— Revue de la Flore Parisienne, suivie du texte du Botanicon Parisiense de *Vaillant* avec les noms Linnéens en regard. Paris, Baillière. 1843. 8. iv, 492 p. (5 *fr.* 50 *c*) — *Appendix: ib. 1846—47. 8. p. 493—508.
Cat. of sc. Papers IV, 345—346.

Mercati, *Michele*, Intendant des vatikanischen Gartens, päbstlicher Leibarzt, Schüler Cesalpini's, * San Miniato (Toscana) 8. April 1541, † Rom 25. Juni 1593.
Niceron XXXVIII, 145—152.

Mercier, *Philippe* (Merciera A. DC.), † Genf 30. Oct. 1831.

Mercklin, *Karl Eugen von*, Physiolog des botanischen Gartens in Petersburg.
6100* —— Zur Entwickelungsgeschichte der Blattgestalten. Jena, Hochhausen. 1846. 8. 92 p., 2 tab. (⅘ *th.*)
6101* —— Beobachtungen an dem Prothallium der Farnkräuter. St. Petersburg (Leipzig, L. Voss.) 1850. 4. iv, 84 p, 7. tab. (3⅓ *th.* n.)
6102* —— Palaeodendrologikon rossicum. Vergleichende anatomisch-mikroskopische Untersuchungen fossiler Hölzer aus Russland. Ein Beitrag zur vorweltlichen Flora. Eine von der K. Akademie der Wissenschaften des zweiten *Demidoff*'schen Preises gewürdigte Schrift. St. Petersburg, Druckerei der Akademie. 1855. 4. vi, 99 p., 20 tab. col. (16 *th.* n.)
Cat. of sc. Papers IV, 347.

Mercurialis, *Hieronymus*, Professor in Pisa, * Forli 30. Sept. 1530, † Forli 13. Nov. 1606.
6103* —— Variarum lectionum libri quatuor, in quibus complurium maximeque medicinae scriptorum infinita paene loca vel corrupta restituuntur, vel obscura declarantur. Venetiis, Junta. 1570. 4. 122 foll.
Spectant ad philologiam botanicam et concilianda loca veterum.

Meredith, *Louisa Anne.*
6104* —— Some of my bush friends in Tasmania. London, Day and Son. 1860. 4. 106 p., 11 tab. col.

Merian, *Maria Sibilla* (Meriana Trew.), * Frankfurt 2. April 1647, † Amsterdam 13. Jan. 1717.
6105 —— Dissertatio de generatione et matamorphosibus insectorum Surinamensium: in qua, praeter vermes et erucas Surinamenses earumque admirandam metamorphosin, plantae, flores et fructus, quibus vescuntur, et in quibus fuerunt inventae, exhibentur. His adjunguntur bufones, lacerti, serpentes, aranea, aliaque istius regionis animalcula. Dissertation sur la génération et la métamorphose des insectes de Surinam. Amstelodami, apud Geraldum Walk. 1705. folio. 60 tab. s. — Amstelodami 1719. folio. 72 tab. — *Hagae Comitum, apud Petrum Gosse. 1726. folio. (6), 72 p., 72 tab.
Editio princeps anni 1705, licet duodecim tabulis pauperior, tamen ob pulchritudinem tabularum ceteris praefertur. *Maria Sibilla Merian,* filia inclyti sculptoris *Matthaei Merian,* uxor *Johannis Andreae Graff,* (* 1647, † 1717.) Surinamum adierat cum filiis *J. Helena* et *Dorothea Maria,* ut novis insectis ditesceret. Opus post reditum editum hactenus huc pertinet, quod plantas, in quibus insecta nidulantur, simul delineatas habet; nomina latina adjecit *Caspar Commelyn.* Multa exempla ipsa coloribus suis elegantissima expressit, de quibus *Willdenow* haec affert: «die von der Verfasserin selbst illuminirte Ausgabe ist daran kenntlich, dass alle Figuren die entgegengesetzte Lage, als in den nicht illuminirten Ausgaben haben.»
gallice: Recueil des plantes des Indes. Paris, chez Desnos. 1768. folio 72 tab., 5 p. — *Troisième édition, revue, corrigée, et considérablement augmentée, par M *Buch'oz.* Paris, chez L. C. Desnos. 1771. II foll. folio. I: Des plantes de Surinam. 72 p., 72 tab. — II: Des plantes de l'Europe. 72 p., 47 tab.

Merlet de la Boulaye, *Gabriel Eléonor*, Professor der Botanik in Angers, * Angers 3. April 1736, † Angers 17. Febr. 1807.
6106* —— Herbisations dans le Département de Maine et Loire et aux environs de Thouars, Département des Deux-Sèvres. Publiées par plusieurs de ses élèves (*Davy de La Roche.*) Angers, Fourier-Mame. 1809. 12. 226 p. (2 *fr.*)

Merrem, *Blasius*, Professor in Marburg, * Bremen 4. Febr. 1761, † Marburg 23. Febr. 1824.
6107 —— Index plantarum horti academici Marburgensis. Marburg 1807. 8. (¼ *th.*)
6108* —— Handbuch der Pflanzenkunde nach dem Linne'schen System. Marburg, Neue akad. Buchhandlung. 1809. 2 Theile. 8. — I: xii, 648 p. — II: 140 p. (3½ *th.*)
6109 —— *Carl von Linne's* Vollständiges Pflanzensystem, im Auszuge neu bearbeitet und mit den neueren Fortschritten dieser Wissenschaft bereichert. Marburg, Krieger. 1811. 2 Bände. 8. (3 *th.*) — Ed. II: ib. 1823 2 Bände. 8. (3⅓ *th.*)

Merrem, *Daniel Karl Theodor.*
6110* —— Ueber den Cortex adstringens brasiliensis. Köln, Bachem. 1828. 8. iv, 106 p., 1 tab. col. (1⅓ *th.*)

Mertens, *Franz Karl*, Director der Handelsschule zu Bremen (Mertensia H. B. K.), * Bielefeld 3. April 1764, † Bremen 19. Juni 1831.
Biographische Skizzen verstorbner Bremischer Aerzte 239—392.
Nova Acta Leop. XIII, 773—778.

Mertens, *Karl Heinrich*, Sohn von Franz Karl, Adjunkt der Akademie zu Petersburg (Mertensia H. B. K.), * Bremen 17. Mai 1796, † Petersburg 30. Sept. 1830.
Notices (botaniques) sur les îles Carolines. Impr. cum: *Friedrich Luetke,* Voyage autor du monde, vol. III. p 132—144. Meritissimi autoris vita exstat in eodem volumine. p. 337—352.

Merz, *Christoph Friedrich.*
6111* —— De Cariciis quibusdam medicinalibus Sarsaparillae succedaneis. D. Erlangae 1784. 8. 30 p.

Mesaize, *P. F.*
6112 —— Projet élémentaire d'un cours de Botanique au jardin de l'Académie de Rouen. Rouen 1793. 4.

Messerschmid, *Daniel Gottlieb* (Messerschmidia L.), * Danzig 16. Sept. 1685; † im Elende zu Petersburg 1735.
Nachricht von *Daniel Gottlieb Messerschmid's* siebenjähriger (1720—27) Reise in Sibirien. *Pallas,* Neue nordische Beiträge III, 97—158.

Mesue.
J. G. Hahn, De veris Mesve scriptis non deperditis, sed sub Jani Damasceni nomine conservatis. Vratislaviae 1733. 4.
Ernst Meyer, Geschichte der Botanik III, 178—183.
6113* —— *Joh. Mesuae* Opera, quae exstant, omnia, ex duplici translatione: altera antiqua, altera nova *Jac. Silvii*; cum *Joh. Manardi* et *Jac. Sylvii* annotationibus. Adjectae sunt etiam recens *Andreae Marini* Annotationes in Simplicia vetustissimis imaginibus desideratis etc. Omnia a *Marino* e vetustissimis

.xemplaribus castigata. Venetiis, apud Vincentium Valgrisium. 1561. folio. ic. xyl. i. t.

Metsch, *Johann Christian*, Sanitätsrath in Suhl, * Suhl 25. Febr. 1796, † Schleusingen 28. Juli 1856.

6114* —— Flora Hennebergica, enthaltend die wildwachsenden und angebauten Gefässpflanzen, so wie die Armleuchtergewächse. Schleusingen, Glaser. 1845. 8. xii, 390 p. (1 *th.*)
Cat. of sc. Papers IV, 354.

Mettenius, *Georg Heinrich*, Professor der Botanik in Leipzig, * Frankfurt a/M. 24. Nov. 1823, † Leipzig 18. Aug. 1866.

6115* —— De Salvinia. D. Heidelbergae, typ. Bayrhoffer. 1845. 4. 20 p.

6116* —— Beiträge zur Kenntniss der Rhizocarpeen. Frankfurt a/M., Schmerber. (Keller.) 1846. 4. 65 p., praef., 3 tab. (11/12 *th.*)

6117* —— Beiträge zur Botanik. Heft 1. (die Fortpflanzung der Gefässkryptogamen. Algologische Beobachtungen. Ueber den Bau der Phytocrene.) Heidelberg, Mohr. 1850. 8. 61 p., ind., 6 tab. (1 1/2 *th.* n.)

6118* —— Filices horti botanici Lipsiensis. Die Farne des botanischen Gartens zu Leipzig. Leipzig, L. Voss. 1856. folio. iv, 135 p., 30 tab. col. (16 *th.*)

6119* —— Filices Lechlerianae chilenses ac peruanae. Fasciculi duo. Lipsiae, L. Voss. 1856. 1859. 8. 30, 38 p., 3 tab. (1 *th.* 16 *sgr.*)

6120* —— Ueber einige Farngattungen. I—III. Frankfurt a/M., Brönner. 1856—59. 4. 138, 158, 210 p, 11 tab. (8 2/3 *th.* n.)
Aus den Abhandlungen der *Senckenberg*'schen Naturf. Gesellschaft.

6121* —— Beiträge zur Anatomie der Cycadeen. Leipzig, Hirzel. 1860. 4. 64 p., 5 tab. (1 *th.* n.)
Leipziger Abhandlungen V, 565—629.

6122* —— Ueber den Bau von Angiopteris. Leipzig, Hirzel. 1863. 4. 72 p., 10 tab. (1 *th.* 14 *sgr.* n.)
Leipziger Abhandlung VI, 501—570.

6123* —— Ueber die Hymenophyllaceae. Leipzig, Hirzel. 1864. 4 104 p, 5 tab. (1 1/5 *th.*)
Leipziger Abhandlungen, Band 7.
Cat. of sc. Papers IV, 355.

Metzger, *Eduard.*

6124 —— Ornamente aus deutschen Gewächsen, zum Gebrauche für Plastik und Malerei entworfen; zur Anwendung auf Architectur und Gewerbe bearbeitet. München, literarisch-artistische Anstalt. 1841—42. 5 Hefte. royal-folio. 5 foll., 25 tab. nigr., 11 tab. col. (17 1/2 *th.*)

Metzger, *Johann*, Gartendirector in Heidelberg, † Wildbad 15. Sept. 1852.

6125* —— Europäische Cerealien. In botanischer und landwirthschaftlicher Hinsicht bearbeitet. Heidelberg, Winter. 1824. folio. viii, 74 p., 20 tab. (6 2/3 *th.*)

6126* —— Systematische Beschreibung der kultivirten Kohlarten mit ihren zahlreichen Spielarten, ihrer Kultur und ökonomischen Benutzung nach mehrjährigen Anbauungsversuchen bearbeitet. Heidelberg, Osswald. 1833. 8. 65 p., 1 tab. (1/3 *th.*)

6127* —— Gesetze der Pflanzen- und Mineralbildung angewendet auf altdeutschen Baustil. Stuttgart, Schweizerbart. 1835. gr. 8. viii, 24 p., 9 tab. (1/2 *th.*)

6128* —— Die Getraidearten und Wiesengräser in botanischer und ökonomischer Hinsicht bearbeitet. Heidelberg, Winter. 1841. 8. (iv), 256 p. (1 *th.*)

6129* —— Landwirthschaftliche Pflanzenkunde, oder praktische Anleitung zur Kenntniss und zum Anbau der für Oekonomie und Handel wichtigen Gewächse. Heidelberg, Winter. 1841. 8. xxxix, 1153 p. (4 3/4 *th*)

Meurer.

6130* —— Beiträge zur Uebersicht der kurhessischen Flora. Rinteln, typ. Bösendahl. 1848. 4. 24 p.

Meurs, *Jan*, der Sohn, * in Holland 1613, † Soröe 1654.

6131 —— Arboretum sacrum, sive de arborum, fruticum et herbarum consecratione, proprietate, usu ac qualitate libri tres. Lugduni Batavorum, ex officina Elzeviriana. 1642. 8. 140 p., praef., ind.
Redit cum editione Hortorum *Rapini*. Ultrajecti 1672. 8. 127 p

Meyen, *Franz Julius Ferdinand*, Professor in Berlin (Meyenia (Schlcht.), * Tilsit 28. Juni 1804, † Berlin 2. Sept. 1840.

6132* —— De primis vitae phaenomenis in fluidis formativis et de circulatione sanguinis in parenchymate. D. Berolini, typ. Brüschke. 1826. 4. 29 p. (5/24 *th.*)

6133* —— Anatomisch-physiologische Untersuchungen über den Inhalt der Pflanzenzellen. Berlin, Hirschwald. 1828. 8. 92 p. (1/2 *th.*)

6134* —— Phytotomie. Berlin, Haude und Spener. 1830. 8. xxii, 356 p., 14 tab. (3 *th.*)

6135* —— Ueber die Bewegung der Säfte in den Pflanzen. Ein Schreiben an die Akademie der Wissenschaften zu Paris. Berlin, Sander. 1834. 20 p. (1/6 *th.*)

6136* —— Ueber die neusten Forstschritte der Anatomie und Physiologie der Gewächse. Eine von der *Teyler*schen Gesellschaft zu Haarlem gekrönte Preisschrift. Haarlem, Bohn. (Amsterdam, Müller.) 1836. gr. 4. viii, 319 p., 21 tab. (sign. 1—11.) (10 1/4 *th.*)

6137* —— Ueber die Sekretionsorgane der Pflanzen. Eine von der Königl. Societät der Wissenschaften zu Göttingen gekrönte Preisschrift. Berlin, Morin. 1837. 4. 99 p., 9 tab. (3 *th.*)

6138* —— Grundriss der Pflanzengeographie mit ausführlichen Untersuchungen über das Vaterland, den Anbau und den Nutzen der vorzüglichsten Kulturpflanzen, welche den Wohlstand der Völker begründen. Berlin, Haude und Spener. 1836. 8. x, 478 p.. 1 tab. (2 1/2 *th.*)
suecice: Öfversättning af *G. Torssell*. Örebro, Lindh. 1841—42. 8. viii, 8, 308, vi, 127 p., 2 tab. (3 *Rdr.*)
* *anglice*: Outlines of the geography of plants. Translated by *Margaret Johnston*. London, Ray Society. 1846. 8. x, 422 p, 1 tab.

6139* —— Jahresberichte über die Resultate der Arbeiten im Felde der physiologischen Botanik, von den Jahren 1836—39. Berlin, Nicolai. 1837—40. 8. 125, vi, 186, iv, 153, viii, 184 p. (4 1/6 *th.*)
Relationes annorum 1834 et 1835 exstant in *Wiegmann's* Archiv 1835. 133—251. 1836, 15—130, 159—162.

6140* —— Neues System der Pflanzenphysiologie. Berlin, Haude und Spener. 1837—39. 3 Bände. 8. — I: 1837. 440 p., 6 tab. — II: 1838. iv, 562 p., 3 tab., ic. xyl. — III: 1839. x, 627 p., 6 tab. (8 *th.*)

6141* —— Noch einige Worte über den Befruchtungsact und die Polyembryonie bei den höheren Pflanzen. Berlin, Haude und Spener. 1840. 8. 50 p., 2 tab. in 4. (3/8 *th.*)

6142* —— Pflanzenpathologie. Lehre von dem kranken Leben und Bilden der Pflanzen. Nach des Verfassers Tode besorgt von *Chr. G. Nees von Esenbeck*. Berlin, Haude und Spener. 1841. 8. xi, 330 p. (2 *th.*)

6143* —— Beiträge zur Botanik gesammelt auf einer Reise um die Erde. Nach *Meyen's* Tode von den Mitgliedern der Akademie fortgeführt und bearbeitet. Breslau und Bonn, F. Weber. 1843. 4. xxxii, 512 p., 13 tab. (8 *th.*)
Sistit simul Novorum actorum academiae caesareae Leopoldino-Carolinae naturae curiosorum voluminis XIX. supplementum I.
J. T. C. Ratzeburg, *Meyen's* Lebenslauf, p. XIII—XXXII.
Theodor Vogel, Leguminosae, p. 1—46.
Aug. Heinr. Rud. Grisebach, Gentianeae, p. 47—52.
C. G. Nees v. Esenbeck, Cyperaceae, p. 53—132.
—— Gramineae, p. 133—208.
Jul. Meyen et *Jul. v. Flotow*, Lichenes, 209—232.
J. F. Klotzsch, Fungi, p. 233—246.
G. Walpers, Cruciferae, Capparideae, Calycereae et Compositae, p. 247—296. Enumeratio familiarum aliarum auctoribus variis, p. 297—495.
Cat. of sc. Papers IV, 357—359.

Meyenberg, *Heinrich Julius.*

6144* —— Flora Einbeccensis sive enumeratio plantarum circa Einbeccam undique ad duo millaria sponte nascentium. Goettingae, typ. Woyken. 1712. 8. 103 p.

Meyer, *Andreas*, * Riga 21. Febr. 1742, † Judenbach 22. Sept. 1807.

6145* —— Botanicum copiosum dictionarium seu herbarium continens ordine alphabetico descriptionem tum peregrinarum tum hic crescentium arborum, fruticum, herbarum, florum, radicum, muscorum, fungorum et seminum, et eorum nominum in lingua russica, latina, gallica, italica, anglica et graeca. 2 partes, litteras A. B. C. continentes. Mosquae 1781—83. 4. 650, 607, 16 p. Bibl. Gott.

Meyer, *Bernhard*, Florist der Wetterau, * Hanau 24. Aug. 1767, † Offenbach 1. Jan. 1836.

Meyer, *Ernst Heinrich Friedrich*, Professor der Botanik in Königsberg in Preussen, * Hannover 1. Jan. 1791, † Königsberg 7. Aug. 1858.

6146* — Junci generis Monographiae specimen. D. Goettingae, typ. Baier. 1819. 8. 48 p.

6147* — Synopsis Juncorum rite cognitorum. Ad inaugurandam ejusdem plantarum generis monographiam. Goettingae, Vandenhoeck. 1822. 8. 66 p. ($^1/_3$ th.)

6148* — Synopsis Luzularum rite cognitarum cum additamentis quibusdam ad Juncorum Synopsin prius editam. Goettingae, Vandenhoeck. 1823. 8. VIII, 40 p. ($^1/_6$ th.)

6149* — Plantarum surinamensium corollarium primum. Bonnae 1825. 4. 60 p
Nova Acta Leop. XII, 2. 759—818.

6150* — De Houttuynia atque Saurureis. Regiomonti, Unzer. (Lipsiae, Voss.) 1827. 8. 62 p., 1 tab. ($^1/_2$ th.)

6151* — De plantis labradoricis libri tres. Lipsiae, sumtibus Leopoldi Vossii. 1830. 8. XXII, 218 p. ($1^1/_4$ th.)
Triginta priores operis paginae seorsim quoque dissertationis loco anno 1830 editae sunt.

6152* — Elenchus plantarum Borussiae indigenarum. (Regiomonti circa annum 1835.) 8. 32 p.

6153* — Commentariorum de plantis Africae australioris, quas per octo annos collegit observationibusque manuscriptis illustravit *Joannes Franciscus Drège*. Vol. I. fasciculus I et II. Lipsiae, Voss. 1835—37. 8. LXX, 326 p. ($3^2/_3$ th.)

6154* — Vergleichende Erklärung eines bisher noch ungedruckten Pflanzenglossars. Königsberg, Hartung. 1837. 4. 25 p.
Im zweiten Bericht über das naturwissenschaftliche Seminar an der Universität zu Königsberg.»

6155* — Preussens Pflanzengattungen nach Familien geordnet. Königsberg, Gräfe und Unzer. 1839. 12. X, 278 p. ($^5/_6$ th.)

6156* — *Nicolai Damasceni* de plantis libri duo *Aristoteli* vulgo adscripti. Ex *Isaaci Ben Honain* versione arabica latine vertit *Alfredus*. Ad codd. mss. fidem addito apparatu critico recensuit *Ernestus Meyer*. Lipsiae, Voss. 1841. 8. XXVIII, 138 p. ($1^1/_2$ th)

6157* — Ueber das Amylum. Gelesen in der physikalisch-ökonomischen Gesellschaft in Königsberg, den 18. Sept. 1839. 8. p. 385—411.
Preussische Provinzialblätter XXII. 1839. p. 385—411.

6158* — Ueber die Coniferen. Vorgelesen in der Physikalischökonomischen Gesellschaft in Königsberg, den 19. Febr. 1841. 8. p. 385—413.

6159* — Ueber Seidenflachs, besonders den neuseeländischen. Vorgelesen in der physikalisch-ökonomischen Gesellschaft in Königsberg, den 18. Febr. 1842; darauf mehrfach berichtigt und erweitert. (Königsberg 1842.) 8. 24 p.

6160* — Das Ueberwallen abgehauener Baumstümpfe. Vorgelesen in der physikalisch-ökonomischen Gesellschaft zu Königsberg, den 2. Dec. 1842. 8. 18 p.
Preussische Provinzialblätter, Januarheft 1843.

6161* — Die Entwicklung der Botanik in ihren Hauptmomenten. Gelesen in der physikalisch-ökonomischen Gesellschaft zu Königsberg, den 7. Dec. 1843. Königsberg, Bornträger. 1844. 8. 24 p. ($^1/_4$ th.)

6162* — Neueste Nachrichten über einige vegetabilische Eroberer in Südamerika. Gelesen in der physikalisch-ökonomischen Gesellschaft in Königsberg. (Königsberg 1846.) 8.
Königsberger naturwissenschaftliche Unterhaltungen, erster Band, zweites Heft, p. 179—184.

6163* — Die Vertheilung der Nahrungspflanzen auf der Erde. Gelesen in der physikalisch-ökonomischen Gesellschaft in Königsberg. (Königsberg 1846.) 8.
Königsberger naturwissenschaftliche Unterhaltungen, erster Band, zweites Heft, p. 185—211.

6164* — Botanische Erläuterungen zu *Strabon's* Geographie und einem Fragment des Dikäarchos. Ein Versuch. Königsberg, Bornträger. 1852. 8. VIII, 213 p. (28 sgr.)

6165* — Geschichte der Botanik. Band 1—4. Königsberg, Bornträger. 1854—57. ($9^2/_3$ th. — jetzt 4 th.)
Cat. of sc. Papers IV, 361—362.

Meyer, *Friedrich Albrecht Anton*, * Hamburg 29. Juni 1768, † Göttingen 29. Nov. 1795.

6166* — Dissertatio inauguralis de cortice Augusturae. Goettingae 1790. 8. 53 p.

Meyer, *Georg Friedrich Wilhelm*, Professor in Göttingen, * Hannover 18. April 1782, † Göttingen 19. März 1856.

6167* — Primitiae Florae Essequeboensis adjectis descriptionibus centum circiter stirpium novarum observationibusque criticis. Goettingae, Dieterich. 1818. 4. X, 316 p., 2 tab. ($4^1/_2$ th.)

6168* — Beiträge zur chorographischen Kenntniss des Flussgebiets der Innerste in den Fürstenthümern Grubenhagen und Hildesheim. Mit besonderer Rücksicht auf die Veränderungen, die durch diesen Strom in der Beschaffenheit des Bodens und in der Vegetation bewirkt worden sind. Eine Anlage zur Flora des Königreichs Hannover. Göttingen, Vandenhoeck und Ruprecht. 1822. 2 Theile. 8. — I: XXIX, 368 p. — II: X, 368 p., 1 tab. nigr., 1 tab. col. ($3^1/_6$ th.)

6169* — Nebenstunden meiner Beschäftigungen im Gebiete der Pflanzenkunde. Erster Theil: die Entwicklung, Metamorphose und Fortpflanzung der Flechten, in Anwendung auf ihre systematische Anordnung, und zur Nachweisung des allgemeinen Ganges der Formbildung in den unteren Ordnungen der kryptogamischen Gewächse. Göttingen, Vandenhoek und Ruprecht. 1825. 8. XI, 372 p., 1 tab. col. ($2^2/_3$ th.)

6170* — Chloris Hanoverana, oder nach den natürlichen Familien geordnete Uebersicht der im Königreiche Hannover wildwachsenden sichtbar blühenden Gewächse und Farrn, nebst einer Zusammenstellung derselben nach ihrer Benutzung im Haushalte, in den landwirthschaftlichen Gewerben und in den Künsten. Göttingen, Vandenhoeck und Ruprecht. 1836. 4. VIII, VI, 744 p. ($7^2/_3$ th.)

6171* — Flora hanoverana excursoria, enthaltend die Beschreibungen der phanerogamischen Gewächse Norddeutschlands in den Flussgebieten der Ems, Weser und Unterelbe, geordnet nach natürlichen Familien unter Angabe der Wohn- und Standorte, der Bodenbeschaffenheit, der Begrenzung der Gesammtverbreitung etc. Göttingen, Vandenhoeck und Ruprecht. 1849. 8. XLVIII, 686 p. ($2^1/_6$ th.)

6172* — Flora des Königreichs Hannover oder Schilderung seiner Vegetation. 1.—3. Theil. Göttingen, bei dem Verfasser. 1842—54. folio. 247, 82 p., 27 Bogen. tab. col. 1—30.

Meyer, *Gottlob Andreas*.

6173* — , pr. De Sycomoro, quam Zachaeus Publicanorum magister ascenderat. D. philologica. (Luc. XIX, 1—4.) Lipsiae, typ. Goeze. 1694. 4. (20 p.)

Meyer, *Johann Karl Friedrich*, Hofapotheker zu Stettin, Schüler Linné's, * Stettin 17. Oct. 1739, † Stettin 20. Febr. 1811.

Meyer, *Johann Christian Friedrich*.

6174* — Naturgetreue Darstellung der Entwicklung, Ausbildung und des Wachsthums der Pflanzen, und der Bewegung und Functionen ihrer Säfte, mit vorzüglicher Hinsicht auf Holzgewächse. Leipzig, Sommer. 1808. 8. XVI, 322 p., 2 tab. ($2^1/_4$ th.)

Meyer, *J. C.*

6175* — und *Fr. Schmidt*. Flora des Fichtelgebirges. Mit zwei Tabellen. Augsburg, Rieger. 1854. 8. VI, 162 p. ($^4/_5$ th.)

Meyer, *Karl Anton*, Director des botanischen Gartens in Petersburg (Meyera), * Witebsk 1. April 1795, † Petersburg 24. Febr. 1855.

6176* — Verzeichniss der Pflanzen, welche während der 1829—30 unternommenen Reise im Caucasus und in den Provinzen am westlichen Ufer des kaspischen Meeres gefunden und gesammelt worden sind. St. Petersburg. (Leipzig, Voss.) 1831. 4. 241 p. ($1^7/_8$ th.)

6177* — Verzeichniss der im Jahre 1833 am Saisang-Nor und am Irtysch gesammelter Pflanzen. Ein zweites Supplement zur Flora altaica. St. Petersburg. (Leipzig, Voss.) 1841. 4. 90 p., 16 tab. ($1^1/_8$ th.)
Mém. ac. Pét. IV. 157—246.

6178* — Florula provinciae Tambow, oder Verzeichniss der im Gouvernement Tambow beobachteten Pflanzen. (Beiträge zur

Pflanzenkunde des Russischen Reichs. Heft 1.) St. Petersburg. (Leipzig, Voss.) 1844. 8. xvii, 30 p. (2/15 *th.*)

6179* **Meyer,** *Karl Anton.* Ueber einige Cornusarten aus der Abtheilung Thelycrania. St. Petersburg. (Leipzig, Voss.) 1845. 4. 33 p. (2/15 *th.*)
Mémoires de l'Académie de Pétersbourg V, 191—224.

6180* —— Versuch einer Monographie der Gattung Ephedra. St. Petersburg. (Leipzig, Voss.) 1846. gr. 4. 76 p., 8 tab. (1 *th.*)
Mémoires de l'Académie de Pétersbourg V, 35—108.

6181* —— Ueber die Zimmtrosen, insbesondre über die in Russland wildwachsenden Arten derselben. St. Petersburg. (Leipzig, Voss.) 1847. 4. 39 p. (1/2 *th.*)
Mémoires de l'Académie de Pétersbourg VI.

6182* —— Florula provinciae Wiatka, oder Verzeichniss der im Gouvernement Wiatka gesammelten Pflanzen (Beiträge etc. Heft 5.) Petersburg und Leipzig, Voss. 1848 8 78 p, 1 tab. (1/3 *th.*)

6183* —— Verzeichniss der von Kolenati im mittleren Theile des Kaukasus, auf dem Kreuzberge und in Kasbeck gesammelten Pflanzen. (Beiträge etc. Heft 6.) Petersburg und Leipzig, Voss 1849. 8. 62 p. (2/5 *th.*)

6184* —— Kleine Beiträge zur näheren Kenntniss der Flora Russlands. Petersburg. (Leipzig, Voss.) 1850. 4. 24 p. (1/3 *th.*)

6185* —— Verzeichniss einiger im Gouvernement Tambow beobachteter Pflanzen. Ein Nachtrag zu der Florula provinciae Tambow. (Beiträge etc. Heft 9.) Petersburg (Leipzig, Voss) 1854. 8. 132 p.
Cat. of sc. Papers IV, 360—361.

Meyer, *Leopold.*

6186* —— De Fuco vesiculoso atque de Jodo quaedam, quod continet. D. Kiliae 1830. 4. 15 p.

Meyer, *Ludwig.*

6187* —— De Fuco crispo, seu Lichene Carrageno. D. Berolini, typ. Nietack. 1835. 8. 29 p.

Miall, *Louis C.*

6188* —— and *Benjamin* **Carrington.** The Flora of the West Riding: a List of plants observed in the West Riding of Yorkshire. London, W. Pamplin. 1862. 8. xii, 97 p., 2 tab. geogr. (2 *s.* 6 *d.*)

Michaelis, *A.*

6189* —— Repetitorium und Examinatorium der Botanik. Tübingen, Laupp. 1851. 8. viii, 180 p. (2/3 *th.*)

Michaelis, *Johann David,* Professor in Göttingen, * Halle 27. Febr. 1717, † Göttingen 22. Aug. 1791.

6190* —— Fragen an eine Gesellschaft gelehrter Männer, die auf Befehl des Königes von Dänemark nach Arabien reisen. Frankfurt a/M., Brönner. 1762. 8. 397 p.

Michalet, *Eugène*

6191* —— Notice sur quelques plantes récemment observées dans le dép. du Jura et le pays de Gex. Besançon, typ. D'Outhenin-Chalandre. 1854. 8. 16 p.

6192 —— Botanique du Jura. Paris 1864. 8. (5 *fr.*)

Michault, *Jean Baptiste,* * Dijon 18. Jan. 1707, † Paris 16. Nov. 1770.

6193* —— Lettre sur la situation de la Bourgogne par rapport à la botanique s. l. 1738. 8.
Scriptiuncula perrara videtur; est in Desideratis pro bibl. Banksiana; Parisiis frustra eam quaesivi.

Michaux, *André* (Michauxia L'her.), * Satory am Park von Versailles 7. März 1746, † auf Madagascar 13. Nov. 1802.
Deleuze in Ann Mus. III, 191.
Cubières, Notice. Paris 1807. 8.

6194* **Michaux,** *André.* Histoire des chênes de l'Amérique, ou descriptions et figures de toutes les espèces et variétés de chênes de l'Amérique septentrionale, considérées sous les rapports de la botanique, de leur culture et de leur usage. (Publiée par *François André Michaux.*) Paris, typ. Crapelet. an IX. 1801. folio. (30) foll., 36 tab. a *Redouté* delin. (30 *fr.* — papier gr. raisin fin: 60 *fr.*)
* *germanice:* Geschichte der amerikanischen Eichen. Stuttgart, (Löflund). 1802—4. 2 Hefte. 4. 28 p., 14 tab. col. (6 *th.*)

Michaux, *François André,* der Sohn, * Versailles 1770. † Vauréal bei Pontoise 23. Oct. 1855.

6195* —— Mémoire sur la naturalisation des arbres forestiers de l'Amérique septentrionale, dans lequel on indique ce que l'ancien gouvernement avait fait pour arriver à ce but, et les moyens qu'il conviendroit d'employer pour y parvenir; suivi d'un tableau raisonné des arbres de ce pays, comparés avec ceux, que produit la France Paris, Levrault. 1805. 8. 36 p.

6196* —— Histoire des arbres forestiers de l'Amérique septentrionale, considérées principalement sous les rapports de leur emploi dans les arts et de leur introduction dans le commerce, ainsi que d'après les avantages, qu'ils peuvent offrir aux gouvernements en Europe, et aux personnes, qui veulent former de grandes plantations. Paris, typ. Hausmann. 1810—13. III voll. 4. — I: 1810. 222 p., 24 tab. col. (14 tabulae Coniferae et 10 tabulae Juglandes.) — II: 1810. 280 p., 50 tab. col. (26 tabulae Quercus.) — III: 1813. 408 p., 71 tab. col. (324 *fr.*)
* *anglice:* The North American Sylva. A Description of the Forest Trees of the United States, Canada, and Nova Scotia, considered particularly with respect to their Use in the Arts, and their Introduction into Commerce; to which is added a Description of the most Useful of the European Forest Trees. Illustrated by 156 coloured plates. Translated from the French of *F. Andrew Michaux,* with Notes, by *J. Jay Smith.* 3 vols. Philadelphia 1859. gr. 8. (7 *l.* 6 *s*)
Continuationem vide in voce Nuttall.

6197* —— Mémoire sur le Zelkoua, Planera crenata. Paris, Huzard. 1831. 8. 21 p., 1 tab. (1 *fr.* 50 *c*)

Michel, *Étienne.*

6198* —— Traité du citronier. Paris, Bertrand (typ. (Ballard) 1816. folio. 82 p., 21 tab. col.

Michel, *Rudolf Wilhelm.*

6199* —— Tentamen botanico-medicum de Artemisiis usitatis. Pragae, typ. Pospišil. 1834. 8. 98 p.

Michelazzi, *Augustin,* Professor in Görtz.

6200* —— Compendium regni vegetabilis, quod in usum suorum auditorum elucubratus est. (Goritii), typ. Valerii de Valeriis s. a. 8. iv, 294 p., 1 tab.

Micheli, *Pier' Antonio,* Director des Gartens in Florenz (Michelia L.), * Florenz 11. Dec. 1679, † Florenz 1. Jan. 1737.
Fabroni, Vitae Ital. IV, 105—159.
A. Cocchi, Eulogium. Florentiae 1737. 4.
Giovanni Targioni-Tozzetti, Notizie della vita e delle opere di *Pier' Antonio Micheli,* botanico florentino, pubblicate per cura di *Adolfo Targioni-Tozzetti.* Firenze, Le Monnier. 1858. 8. vi, 446 p.

6201* (——) Relazione dell' erba detta da' botanici Orobanche, e volgarmente succiamele, flamma e mal d'occhio; che da molti anni in quà si è soprammodo propagata quasi per tutta la Toscana; nella quale si dimostra qual sia la vera origine di detta erba, perchè danneggi i legumi, e il modo di estirparla. Firenze, typ. Tartini. 1723. 8. 47 p. — *Compendio della relazione. In Firenze, typ. Bonducci. 1754. 8. 34 p.

6202* —— Nova plantarum genera juxta Tournefortii methodum disposita, quibus plantae MDCCCC recensentur, scilicet fere MCCCC nondum observatae, reliquae suis sedibus restitutae; quarum vero figuram exhibere visum fuit, eae ad DL aeneis tabulis CVIII graphice expressae sunt; adnotationibus atque observationibus praecipue fungorum, mucorum, affiniumque plantarum sationem, ortum et nutrimentum spectantibus, interdum adjectis. Florentiae, typ. Bernardi Paperini. 1729. gr. 4. (11) foll., 234 p., 108 tab.
Icones plantarum submarinarum, tabulae aeneae sexaginta ineditae, in folio, tomo secundo hujus operis destinatae, servantur in Museo britannico cum Bibliotheca Banksiana. De continuando opere *Guilelmus Piatti,* bibliopola Florentinus, anno 1825 botanices cultoribus haec annuntiavit: «Celeberrimi Botanici *Petri Antonii Micheli* pars altera Novorum Generum Plantarum a botanicis jamdiu exspectata, quae de plantis aquaticis et submarinis agere debebat, morte praematura ipsius *Micheli* interrupta fuit. Postea ab *Johanne Targioni-Tozzetti* ejus discipulo, et herbarii atque manuscriptorum *Micheli* possessore absolutum opus fuit sub titulo Descriptio Plantarum marinarum Musei sui; quod nunc *Octavianus Targioni, Johannis* filius et botanices Professor Florentinus, ab amicis botanicis excitatus, tantem edere decrevit Itaque hoc opus, multis fidelibus nitidissimisque iconibus, cum fructificationis partibus microscopio auctis, in septuaginta tabulas aeneas complexas, notisque illustratum et synonymis excellentissimorum botanicorum nostri temporis, latine editum in varios fasciculos botanicis offert, typis Guillelmi Piatti in folio parvo juxta editionem Novorum Generum Plantarum Micheli, secundam ineditam partem efficiens. (cf. *Targioni-Tozzetti.*)

Itinera per montes Pistoiae et ditionem Senensem annis 1728, 1733 et 1734 suscepta, exstant in *Giovanni Targioni-Tozzetti: Relazioni d'alcuni viaggi.* Ed. II. vol IX—X.

6203* **Micheli,** *Pier' Antonio.* Catalogus plantarum horti caesarei Florentini. Opus posthumum, jussu societatis botanicae editum, continuatum et ipsius horti historia locupletatum ab *Joanne Targionio-Tozzetti.* Florentiae, typ. Bernardi Paperini. 1748. folio. LXXXVIII, 185 p., 7 tab.

Michelis, *F.,* Professor in Braunsberg.

6204* —— Das Formentwicklungsgesetz im Pflanzenreiche oder das natürliche Pflanzensystem nach idealem Principe ausgeführt. Bonn, Henry. 1869. 8. XXIV, 435 p. (1⅔ *th.* n.)

Michetus, *Eugenius.*

6205* —— Lexicon botanicum, complectens nomina synonyma, qualitates ac celebratiores dotes simplicium expositorum in publico eorundem apparatu habito in festo nativitatis B. Mariae Virginis. Romae, typ. Tinassii. 1675. 12. 47 p. Bibl. horti Pat.

Michiel, *Pier Antonio.*
Marsili, Di Pier Antonio Micheli botanico insigne del seculo XVI e di una sua opera manuscritta. Venezia, Marlo. 1845. 4. 24 p.
Ejus codices botanici manuscripti servantur in Bibliotheca Marciana ex dono *Josephi Bonati* Patavini anno 1796 dato.

Michon, *L. A. Joseph.*

6206* —— Les Céréales en Italie sous les Romains. Paris, Durand. 1859. 8. 214 p. (3 *fr.*)

Michot, *N. L.,* Abbé.

6207* —— Tableau botanique de la méthode naturelle de *Jussieu.* Mons, Capront. 1842. 1 très-grand tableau folio.

6208* —— Flore du Hainaut. Mons, typ. Masquillier et Lamir. 1845. 8. XXXII, 421 p.
De l'instinct des plantes. Mém. soc. Hainaut I, 166—186. (1853.)

Middendorff, *Alexander Theodor von,* * in Liefland 18. Aug. 1815.

6209* —— Reise in den äussersten Norden und Osten Sibiriens während der Jahre 1843 und 1844. I. Band. Theil 2: Botanik. Bearbeitet von *E. R. von Trautvetter, F. T. Ruprecht, C. A. Meyer, E.* und *G. Borszczow.* St. Petersburg, Druckerei der Akademie der Wissenschaften. Eggers et Co. 1856. 4. 435, 445 p., 32 tab., sign. 1—34. (6 *th.*) — * IV. Band, Theil 1. Uebersicht der Natur Nord- und Ost-Sibiriens. ib. 1867. 4. XIII, 783, LVIII p. (6 *th.*)
Inhalt: Phänogame Pflanzen aus dem Hochnorden, von *E. R. von Trautvetter*, pag. 1—190; Tange des Ochotskischen Meeres, von *F. J. Ruprecht*, pag. 191—435; Florula ochotensis phaenogama, von *E. R. von Trautvetter* und *C. A. Meyer*, pag. 1—133; Musci Taimyrenses etc. a *E. G. et G. G. Borszczow*.
Die Gewächse Sibiriens, p. 525—783 und Anhang p. I—LVIII.

Mieg, *Achilles,* Professor zu Basel (Miegia Neck.), * Basel 1731, † Basel 1799.

6210* —— Specimen I, II. Observationum botanicarum. Basileae 1753. 1776. 4. 8. 16 p.

Mieg, *Johann Rudolf,* *Basel 3. Juli 1694, † Basel 6. März 1733.

Miégeville, *Abbé,* à Notre-Dame de Garaison (Hautes-Pyrénées) 29. Mai 1866.
Cat. of sc. Papers IV, 381.

Mielck, *Eduard.*

6211* —— Die Riesen der Pflanzenwelt. Leipzig, Winter. 1863. 4. VIII, 128 p., 16 tab. (3 *th.* n.)

Miers, *John,* Esq., London.

6212* —— Illustrations of south american plants. Vol. I. II. London, H. Baillière. 1846—57. 4.
Vol. I: (1846—)50. IV, 183, (20) p., tab. 1—34. (1 *l.* 15 *s.*)
Vol. II: 1849—57. IV, 150, 79, (22) p., tab. 35—87. (2 *l.* 2 *s.*)

6213* —— Contributions to botany, iconographic and descriptive, detailing the characters of plants that are either new or imperfectly described; to which is added Remarks on their affinities. Vol. 1—3. London, Williams and Norgate. 1851—71. 4. VI, 311, VII, 267, V, 402 p., 154 tab. (67) p. Description of the plates. (5 *l.* 16 *s.*)
Volumen tertium continet Monographiam Menispermacearum.
Cat. of sc. Papers IV, 382—383.

Migout, *A.*

6214* —— Flore du département de l'Allier. Description des plantes qui y croissent spontanément, classées suivant la méthode naturelle. Moulins, typ. Ducroux et Gourjon Dulac. 1866 8. XXIV, 415 p, 24 tab.

Mihálka, *Anton.*

6215 —— Növénytan. (Botanisches Lehrbuch.) Ed. II. Pest 1856 8. IV, 140 p.

Mik, *Johann.*

6216 —— Die Flora der Umgebung von Ollmütz. Ollmütz 1860. 8.

Mikan, *Johann Christian,* Professor in Prag, Sohn von Joseph Gottfried, * Töplitz 5. Dec. 1769, † Prag 28. Dec. 1844.

6217* —— Delectus Florae et Faunae brasiliensis. Vindobonae, typ. Strauss. 1820. folio. 42 p., (24) tab. (72 *th.*—herabgesetzt: 54 *th.*)
Apteranthes Gussoneana. Nova Acta Leop. XVII, 569—598.

Mikan, *Joseph Gottfried,* Professor in Prag (Mikania Willd.), * Böhmisch-Leipa 3. Sept. 1743, † Prag 7. Aug. 1814.

6218* —— Catalogus plantarum omnium juxta systematis vegetabilium *Caroli Linnaei* editionem novissimam decimam tertiam in usum horti botanici Pragensis. Pragae, Gerle. 1776. 8. VIII, 403 p., ind.
«*Mikan* hinterliess im Ms. ein Verzeichniss von nicht weniger als 1700 Schreib- und Druckfehlern, die aus der *Reichard*'schen Ausgabe der *Linné*'schen Species plantarum in die *Willdenow*'sche übergingen.» *Schultes*, Grundriss p. 402.

Milde, *Julius,* * Breslau 2. Nov. 1824, † Meran 3. Juli 1871.

6219* —— De sporarum Equisetorum germinatione. D. Vratislaviae, typ. Grass, Barth et Co. 1850. 8. 20 p., 2 tab.

6220* —— Beiträge zur Kenntniss der Equiseten. Bonn, Weber. 1852. 4. Nova Acta Leop. XXIII, 557—612, 3 tab.

6221* —— Monographie der deutschen Ophioglossaceen. Programm. Breslau, typ. Grass. 1856. 4. 24 p.

6222* —— Die höheren Sporenpflanzen Deutschlands und der Schweiz. Leipzig, Felix. 1865. 8. VIII, 152 p. (27 *sgr.*)

6223* —— Monographia Equisetorum. Dresden, typ. Blochmann und Sohn. 1865. 4. 607, (35) p., 35 tab. pro parte col. (12 *th.* n.)
Nova Acta Nat. Cur. XXXII, pars 2.

6224* —— Filices Europae et Atlantidis Asiae minoris et Sibiriae. Leipzig, A. Felix. 1867. 8. IV, 311 p. (2⅔ *th.* n.)

6225* —— Monographia generis Osmundae. Vindobonae, typ. Uebereuter, propriis expensis soc. zool. bot. 1868. 8. IV, 140 p., 8 tab.

6226* —— Monographia Botrychiorum. Vindobonae, typ. Uebereuter, propriis expensis soc. zool. bot. 1869. 8. 136 p., 3 tab.

6227* —— Bryologia silesiaca. Laubmoos-Flora von Nord- und Mittel-Deutschland, mit besonderer Berücksichtigung Schlesiens und mit Hinzunahme der Floren von Jütland, Holland, der Rheinpfalz, von Baden, Franken, Böhmen, Mähren und der Umgegend von München. Leipzig, Felix. 1869. 8. IX, 410 p. (3 *th.* n.)
Cat. of sc. Papers IV, 385—387.

Milhau.

6228 —— Dissertation sur le Caffeyer. Montpellier 1746. 8. 29 p.

6229 —— Dissertation sur le Cacaoyer. Montpellier 1746. 8. 32 p.

Milhau, *Johann Ludwig.*

6230 —— Dissertatio inauguralis de Carvi. Argentorati 1740. 4. 26 p.

Millardet, *A.*

6231* —— Des genres Atichia, Myriangium et Naetrocymbe. — Études sur la matière colorante des Phycochromacées et des Diatomées. — De la germination des Zygospores dans les genres Closterium et Staurastrum. Strasbourg, typ. Silbermann. 1869. 4. 50 p., 4 tab.
Extrait des Mémoires soc. sc. nat. Str. vol. VI.

6232* —— Le prothallium mâle des Cryptogames vasculaires. Strasbourg 1869. 4. 90 p.

Miller, *John Frederick.*

6233 —— (Icones animalium et plantarum) painted, engraved and published by *John Frederick Miller.* 1776—94. 60 tab. aen. col., longit. 18 unc., lat. 12 unc. Nomina et loci natales: 10 p.

Miller, *Joseph.*

6234 —— Botanicum officinale. London, E. Bell. 1722. 8. 466 p.

Miller, *Mistress Maria.*

6235* —— and *George* **Lawson.** Wild flowers of North America. Executed from nature of the full size of the flowers. Part 1. London, Reeve and Co. 1867. 4. 6 foll., 6 tab. col.

Miller, *Philip*, Gärtner in Chelsea (Milleria Cass.), Middlesex 1691, † Chelsea 18. Dec. 1771.

6236 —— The Gardeners and Florists dictionary. London 1724. II voll. 8.

6237 —— The Gardeners Dictionary: containing the methods of cultivating and improving the kitchen, fruit and flower garden, as also, the physick garden, wilderness, conservatory and vineyard, according to the practice of the most experienc'd gardeners of the present age; interspers'd with the history of the plants, the characters of each genus, and the names of all particular species in latin and english; and an explanation of all the terms used in botany and gardening. London, C. Rivington. 1731 folio. 7 alphab, 4 plag., 2 alphab. — * Ed. II. corrected. London, C. Rivington. 1733. folio. xxi p, 9 alphab., ind. — Ed. III: London 1737. 1739 folio. — Ed. IV: London (Dublin) 1741 folio — Ed. V: London 1747. folio. — Ed. VI: London 1752. folio. — * Ed. VII: London 1759. folio. — * Ed. VIII: London 1768.. II voll. folio. — Ed. IX. posthuma; the whole corrected and newly arranged by *Thomas Martyn*. London 1797—1804. II voll. folio. — I: 1797. A—I. 16 alphab., 3½ plag. — II: 1804.
  * *germanice*: übersetzt von G. L. Huth. Nürnberg, Lochner. 1750—58. III voll. folio — ib. 1769—76. 4 voll. 4.
  * *gallice*: Paris, Guillot. 1785—90 10 voll 4.
  * *hollandice*: Leiden 1745 II voll. folio.

6238* —— The Gardeners Dictionary abridg'd from the folio edition by the author. London 1735. II voll. 8.
  * *germanice*: Frankfurt a/M 1802—3. II voll 8

6239* —— The Gardeners Kalendar; with a short introduction to the science of botany. London 1732 8. — Ed. XV. London 1769. 8. LXVI, 382 p.
  germanice: Gärtnerkalender, übersetzt von *Buettner* Göttingen, Vandenhoek 1750 8 (⁵/₁₂ th.)
  * *hollandice*: Korte Inleiding tot de Kruitkunde Haarlem, Jan Bosch. 1772 8. 54 p., 7 tab.

6240* —— Catalogus plantarum officinalium, quae in horto botanico Chelseyano aluntur. Londini 1730 8 VIII, 152 p.

6241* —— Figures of the most beautiful, useful and uncommon plants described in the Gardeners Dictionary; to which are added their descriptions. London, Rivington. 1760. II voll. folio 200 p., praef., ind. 300 tab col.
  * *germanice*: Abbildungen der nützlichsten, schönsten und seltensten Pflanzen, welche in seinem Gärtnerlexicon vorkommen. Aus dem Englischen. Nürnberg, Winterschmidt. 1768—82. 2 Bände. folio. — I: 1768. 158 p. tab col I—150 — II: 1782. 155 p., tab. col. 151—300. (50 th)
  Editio anni 1771. non differt.

Milne, *Colin*, Rector in Porth-Chapel (Sussexshire), * 1743, † Deptford 2. Oct. 1815.

6242* —— A botanical dictionary London 1770. 8. 28 plag. — Ed II: London 1778. 8 — Ed III: London, Symonds 1805. 8 sign. A—Z., ind., 25 tab col

6243* —— Institutes of botany: containing accurate, compleat and easy descriptions of all the known genera of plants; translated from the latin of the celebrated *Charles von Linné*. London, Griffin. 1771. 4 4, 134 p. — * Part II: ib. 1772. 4. p. 135—302.
  Opus incompletum remansit Paginae 1—227 exhibent «A view of the ancient and present state of botany, including a particular illustration of every plan of arrangement, which has appeared since the origin of the science.» Reliquae characteres continent compendiosos et secundarios generum trium priorum classium et partis quartae.

6244 (——) A descriptive catalogue of rare and curious plants, the seeds of which were lately received from the East-Indies. London 1773. 4. 66 p.

6245 —— and *Alexander* **Gordon**. Indigenous botany, or habitations of english plants, containing the result of several botanical excursions, chiefly in Kent, Middlesex and the adjacent counties in 1790, 1791, and 1792. Volumen I. London 1793. 8. 476 p

Milne-Edwards, *Alphonse*.

6246* —— De la famille des Solanacées. Thèse. Paris, typ. Martinet. 1864. 4. 137 p, 2 tab, ic. xyl

Milne, *William Grant*, Botaniker bei der Expedition des Capt. Denham, † Creek Town (Südafrika) 3. März 1866.
  Cat of sc Papers IV, 396

Miltitz, *Friedrich von*, † Dresden 6 März 1840.

6247* —— Handbuch der botanischen Literatur für Botaniker, Bibliothekare, Buchhändler und Auctionatoren. Berlin, Rücker. 1829. 8. VII, 544 p. (1 ⅔ th.)

Minderer, *Raimund*, *Augsburg 1570, † Augsburg 13. Mai 1621.

6248 —— Aloedarium marocostinum. Augustae Vindelicorum, apud Christoph Mangium. 1616. 8. 235 p., praef., ind. — * Ed. II. Augustae Vindelicorum, typ. Aperger. 1622. 12. (17) foll., 308 p., ind., 53 p. — Ed. III. Augustae Vindelicorum, typ Joh. Praetorii. 1626. 12.

Minding, *Julius*.

6249* —— Das Leben der Pflanze. Ein Gedicht. Leipzig, Leopold Voss. 1837. 8. 86 p. (½ th.)

Mingaud.

6250 —— De l'Erinus alpinus. Histoire topographique de son habitat constaté. Paris, typ. Gaittet. 1868. 8. 19 p. (1 fr.)

Mink, *W*.

6251 —— Aufzählung der wilden Phanerogamen um Crefeld, nebst häufig kultivirten, mit Standörtern. Programm. Crefeld 1839. 4. 26 p.

Minuart, *Juan* (Minuartia Loefl.), * Barcelona 1693, † 1768, Colmeiro Bot. esp. 161.

6252* —— Cerviana, sub auspiciis illustrissimi viri D. *Josephi Cervi*, archiatri regii, feliciter edita. (Mollugo L.) (Madrid 1739.) 4. 2 p. Bibl. Juss.

6253* —— Cotyledon hispanica. (Pistorinia DC) (Madrid 1739.) 4. 2 p. Bibl. Juss.

Miquel, *Friedrich Anton Wilhelm*, Professor der Botanik in Utrecht (Miquelia Bl.), * Neuenhaus (Hannover) 24. Oct. 1811. † Utrecht 23. Jan. 1871.

6254* —— Germinatio plantarum. Commentatio praemio ornata. Groningen, Oomkens. 1832. 4. 71 p., 2 tab.

6255* —— Commentatio (praemio ornata) de organorum in vegetabilibus ortu et metamorphosi. Lugduni Batavorum, Luchtmans. (Lipsiae, Weidmann.) 1833. 4. 101 p., 2 tab. (2 th.)

6256 —— Specimen Florae homericae. Amsterdam 1836. 8.
  * *germanice*: Homerische Flora. Altona, Hammerich. 1836. 8. VII, 70 p. (⅓ th.)

6257 —— De nord-nederlandsche vergiftige Gewassen. Fasc. I—IV. Amsterdam 1836. folio. 36 tab. col.

6258* —— Disquisitio geographico-botanica de plantarum regni batavi distributione. Lugduni Batavorum, van den Heuvell. (Lipsiae, Weidmann.) 1837. 8. XXXII, 88 p. (1 ⅓ th.)

6259* —— Leerboek tot de kennis der Artsenijgewassen, krachten, gebruik, en pharmaceutische bereidingen. Amsterdam 1838 8. XLIV, 406 p.

6260* —— Commentarii phytographici, quibus varia rei herbariae capita illustrantur. Lugduni Batavorum, Luchtmans. 1838—40. folio. VII, 146 p., 14 tab.
  I. * Commentatio de vero pipere Cubeba, deque speciebus cognatis ac cum eo commutatis, cui praemissa est disputatio taxonomica et geographica de Piperaceis. Lugduni Batavorum, Luchtmans. 1839. folio. p. 1—29, tab. 1—3. (3 ⁷/₁₂ th.)
  II. * Observationes de Piperaceis et Melastomaceis. ib. 1840. folio. p. 30—92, tab. 4—11.
  III * Sylloge plantarum novarum vel minus cognitarum ex ordinibus Araliacearum, Cactearum, Hypoxidearum, Cycadearum et Urticacearum. ib 1840. folio. p. 93—146, tab. 12—14.

6261* —— Genera Cactearum descripta et ordinata, quibus praemissi sunt characteres totius ordinis et affinitatum adumbratio. Roterodami, Baedeker. 1839. 8. 32 p. (⅓ th.)
  Bull. des sc. phys. et nat. en Néerl. année 1839. p. 87—119.

6262* —— Monographia generis Melocacti. Vratislaviae et Bonnae, Weber. 1841. gr. 4. 120 p., 11 tab. (4 th.)
  Acta Acad. Caes. Leop. Carol. Nat. Cur. vol. XVIII. Supplementum I p. 83—202ᶜ.

6263* —— Sertum exoticum, contenant des figures et descriptions de plantes nouvelles ou peu connues. Première livraison. Roterdam, Kramers. (Leipzig, Dyk.) 1842. royal 4. 8 p., 5 tab. (1 ⅓ th.)

6264* —— Monographia Cycadearum. Trajecti ad Rhenum, apud Robertum Natan. 1842. folio. 82 p., 8 tab. (4 ⅓ th.)

6265* **Miquel**, *Friedrich Anton Wilhelm*. Systema Piperacearum. Fascic. I—II. Roterodami, apud H. A. Kramers. (Lipsiae, Dyk.) 1843—44. 8. IV, 575 p. (5 *th.*)
6266* —— Illustrationes Piperacearum. (Vratislaviae, typ. Grass, Barth et Co. 1844.) 4. 87 p., 92 tab.
Nova Acta Nat. Cur. vol. XXI. Suppl.
6267* —— Oratio de regno vegetabili in telluris superficie mutanda efficaci, quam publice habuit die II. m. Martii 1846, quum in Athenaeo illustri Amstelaedamensi medicinae et botanices professionem ordinariam auspicaretur. Amstelaedami, typ. civ. publ. 1846. 4. 43 p.
6268* —— Revisio critica Casuarinarum. Amstelodami, C. G. Sulpke. 1848. 4. 84 p., 12 tab.
6269* —— Over de Afrikaansche Fijgeboomen. Amsterdam, Sulpke. 1849. 4. 40 p., 5 tab.
Verh. Ac. Amst. I. 111—150.
6270* —— Stirpes surinamenses selectae. Lugduni Batavorum, Arnz et soc. 1850. 4. VIII, 234 p., 65 tab. (10²/₃ *th.*)
Natuurk. Verhandel. Haarlem. Tweede Verzameling, Deel VII.
6271* —— Analecta botanica indica. Commentationes de variis stirpibus Asiae australioris. Pars I—III. Amstelodami, Sulpke. 1850—52. 4. — I: 1850. 30 p., 10 tab. — II: 1851. 44 p., 7 tab. — III: 1852. 50 p., 3 tab.
Ex Verhandelingen der 1. Kl. des Nederl. Instituut, 3. Reeks, Deel 3. 4. 5.
6272* ——, de **Vriese, Molkenboer, Spring**. Plantae Junghuhnianae Lugd. Bat. 1851—55. 8. 522 p.
6273* —— Cycadeae quaedam americanae, partim novae. Amsterdam, Sulpke. 1851. 4. 8 p., 4 tab. pro parte col.
Verh. N. Inst. vol. IV. 181—188.
6274* —— Flora Indiae batavae. Flora van Nederlandsch Indië Vol. 1—3. Amsterdam, C. G. van der Post. Leipzig, Fr. Fleischer. 1855—59. 8. XXIV, 1116, XII, 704, IX, 1103, X, 773 p., tab. bot. 1—41, 9 tab., mappae et effigies Rumphii. (Subcr. 24 *th.*, Ladenpreis 30 *th.*)
6275* —— Flora Indiae Batavae. Supplementum I. Prodromus Florae Sumatranae. Amsterdam 1860—61. 8. XX, 656 p., 4 tab. (Leipzig, Fr. Fleischer: 5¹/₃ *th.* n.)
6276 —— et *J. C.* **Groenewegen**. Catalogus Horti Botanici Amstelodamensis. Amsterdam 1857. 8.
6277* —— Journal de botanique néerlandaise, rédigé par *F. A. W. Miquel*. Tome 1. Amsterdam et Utrecht, van der Post. 1861. 8. 384 p., 3 tab.
6278* —— Prodromus Systematis Cycadearum. Ultrajecti et Amstelodami, van der Post. 1861. 4. 36 p. (¹/₂ *th.*)
6279* —— Sumatra, seine Pflanzenwelt und ihre Erzeugnisse. Leipzig, Fr. Fleischer. 1862. 8. XXIV, 656 p., 4 tab. (4¹/₂ *th.* n.)
6280* —— Choix des plantes rares et nouvelles, cultivées et dessinées dans le jardin botanique de Buitenzorg. Publié avec un texte explicatif: La Haye, chez C. W. Mieling. 1863. folio. 26 tab. col., 30 foll.
6281* —— Annales Musei botanici Lugduno-Batavi. Vol. 1—4. Amstelodami, C. G. van der Post. (Lipsiae, Fr. Fleischer.) 1863—69. folio. — I: 1863—64. VIII, 331 p., 10 tab. col. — II: 1865—66. VI, 343 p., 10 tab. col. — III: 1867. VI, 315 p., 10 tab. col. — IV: 1868—69. VI, 319 p., 10 tab. col.
6282* —— Prolusio Florae japonicae Fasc. 1—8. Amsterdam 1865—67. folio. VIII, 392 p., 2 tab. (Leipzig, Fr. Fleischer: 13 *th.* 18 *sgr.* n.)
6283* —— De Palmis Archipelogi indici observationibus novae. Amstelodami, van der Post. 1868. 4. 33 p., 1 tab. col. (17 *gr.* n.)
Nat. Verh. d. K. Ak. Deel XI.
6284* —— Catalogus Musei botanici Lugduno-Batavi. Pars prima. Flora japonica. Hagae Comitum, Nijhoff. 1870. 8. VI, 229 p.
6285* —— Illustrations de la Flore de l'Archipel indien. Tome I. Livr. 1. Amsterdam, C. G. van der Post. (Leipzig, Fr. Fleischer.) 1870. 4. 48 p., 13 tab. (2⁵/₆ *th.*)
Cat. of sc Papers IV, 401—405.
Casuarineas elaboravit in DC. Prodr. XVI, 333—344.
In Flora brasiliensi elaboravit: Chloranthaceas, Ebenaceas, Myrsineas, Piperaceas, Primulaceas, Symplocaceas, Sapoteas, Urticineas.

Mirbel, *Charles François*, surnommé **Brisseau** (Mirbelia Sm.), * Paris 27. März 1776, † Champerret bei Paris 12. Sept. 1854.
Payen, Éloge historique. Paris 1858. 8. 94 p.
6286* —— De l'influence de l'histoire naturelle sur la civilisation. Discours prononcé au Licée Républicain à l'ouverture du cours de botanique le 9 Nivôse an IX. Paris an IX. (1801.) 8. 32 p. (75 *c.*)
6287* **Mirbel**, *Charles François*, surnommé **Brisseau**. Traité d'anatomie et de physiologie végétales, suivi la nomenclature méthodique ou raisonnée des parties extérieures des plantes, et un exposé succinct des systèmes de botanique les plus généralement adoptés. Paris an X. 2 voll. 8. — I: 378 p. et un tableau. — II: 351 p. (9 *th.*)
6288* —— Histoire naturelle générale et particulière des plantes; ouvrage faisant suite aux œuvres de *Leclerc de Buffon*. Paris 1800—6. XVIII voll 8. 142 tab.
Mirbel non nisi volumina I. II. IV. V. et VI scripsit.
6289* —— Exposition et défense de ma théorie de l'organisation végétale. (Erläuterung und Vertheidigung meiner Theorie des Gewächsbaus) Publiée par le Dr. *Bilderdyk*. A la Haye 1808 8. XXXVIII, 295, 72 p. et 3 tab.
6290* —— Exposition de la théorie de l'organisation végétale. servant de réponse aux questions proposées en 1804 par la société royale de Göttingue. Paris 1809. 8. VIII, 320 p, 9 tab.
6291* —— Elémens de physiologie végétale et de botanique Paris 1815. III voll. 8. VIII, LII, 924 (101) p., 72 tab. (25 *fr*)
6292* —— Recherches sur la distribution géographique des végétaux phanérogames de l'ancien monde, depuis l'équateur jusqu'au pôle arctique; suivie de la description de neuf espèces de la famille des Amentacées. Paris 1827. 4. 132 p., 9 tab. (sign. 20—28.)
Extrait des Mémoires du Muséum d'histoire naturelle XIV, 349—474
germanice: Literaturblätter der Botanik. 1828.
Cat. of sc Papers IV, 405—406.

Mitchell, *John*, Arzt in Virginien (Mitchella L), † 1768.
6293* —— Dissertatio brevis de principiis botanicorum et zoologorum deque novo stabiliendo naturae rerum congruo, cum Appendice aliquot generum plantarum recens conditorum et in Virginia observatorum. Norimbergae, impensis Wolfgangi Schwarzkopfii. 1769. 4. 46 p.
Praefatio: «ex aedibus meis Virginiae 17¹¹/₄1.» Libellus, jam in Actis Acad Nat. Cur. vol. VIII. p. 187—224 typis excusus, continet additiones ad Linnaei Generum plantarum editionem primam.
Fée, Vie de Linné 149—150.

Mitchell, *John*
6294 —— Dendrologia, or a treatise on forest trees, with *Evelyn's* Sylva revised, corrected and abridged. London, Baldwin 1828. 8. (15 *s.*)

Mitchell, *Thomas Livingstone*, Colonel, * Craigend in Schottland 1792, † Sidney 5. Oct. 1855.
6295* —— Three Expeditions into the Interior of Eastern Australia. Vol. 1 2. London, Boone. 1839. 8.
In variis operis locis a *John Lindley* septuaginta septem novae plantarum species describuntur. Redeunt hae descriptiones in Annales des sc nat. vol. XV. Janvier 1841.
6296* —— Journal of an expedition into the interior of Tropical Australia London 1848 8.
Systematical List of the principal plants collected in the foregoing Journey, named and described by *Bentham, Hooker, Lindley*, p 431—437

Mitscherlich, *Gustav Alfred*, Docent an der Universität Berlin, * Berlin.
6297* —— De Cacao. D Berolini 1857. 8. 35 p., 1 tab.
6298* —— Der Cacao und die Chocolade. Berlin, Hirschwald. 1859. 8. VI, 129 p., 3 tab., 1 mappa geogr. (1¹/₃ *th.* n.)

Mitten, *William*
6299* —— Musci austro-americani. Enumeratio muscorum omnium austro-americanorum auctori hucusque cognitorum, (Journal of the Linnean Society, vol XII.) London, Williams and Norgate. 1859. 8. 659 p. (18 *s.*)
Cat. of sc. Papers IV. 416.

Mizauld, *Antoine*, latine **Mizaldus**, * Montlucon um 1520, † Paris 1578.
6300* —— Alexikepus seu auxiliaris hortus, extemporanea morborum remedia ex singulorum viridariis facile comparanda paucis proponens Lutetiae, apud Federicum Morellum. 1565. 8. (8) foll., 267 p, ind — *Coloniae, apud Gymnicum 1576. 8.
germanice: Arztgarten. Von Kreutern, so in den Gärten gemeinlich wachsen. Jetzt verdeutscht durch *Georg Henisch*. Basel, Peter Perna. 1577 8

6301 **Mizauld,** *Antoine,* latine **Mizaldus.** Opusculum de Sena, planta inter omnes quotquot sunt hominibus beneficentissima et saluberrima. Lutetiae, apud Federicum Morellum. 1573. 8. 18, 3 p.

Mlady, *Fr. R.*
6302* —— Synopsis Amanitarum in agro Pragensi sponte nascentium. D. Pragae, typ. Haase. 1838. 8. 33 p.

Mociño, *José Mariano* (Mocina DC.), † Barcelona 1819.
Colmeiro Bot. esp. 185—186.

Moe, *N.*
6303 —— De norske Fodervæxter. Christiania 1852. 8. 181 p.
6304 —— Veiledning til dyrkning af glaciale, alpinske och arctiske planter. Christiania 1862. 8 15 p.

Moegling, *Johann Ludwig.*
6305 —— Praeludia rei herbariae. Tubingae 1612. 4.
6306 ——, pr. Palingenesia, sive resurrectio plantarum, ejusque ad resurrectionem corporum nostrorum futuram applicatio. D. Tubingae 1683. 4. 20 p.

Moehl, *Heinrich.*
6307* —— Morphologische Untersuchungen über die Eiche. Cassel, Fischer. 1862. 4. III, 35 p., 3 tab. (1⅓ th. n.)

Moehring, *Paul Heinrich Gerhard,* * Jever 21. Juli 1710, ÷ Jever 28. Oct. 1792.
6308* —— Primae lineae horti privati in proprium et amicorum usum per triennium exstructi. Oldenburgi, typ. J. C. Götjen. 1636. 8. 111 p.
Nova Acta Nat. Cur. vol. IX.

Moellenbrock, *Valentin Andreas,* ÷ Halle 8. Aug. 1675.
6309* —— Cochlearia curiosa, cum indice rerum et verborum locupletissimo. Lipsiae, Gross. 1674. 8. 140 p., praef., ind., 4 tab.

Moeller, *Georg Friedrich.*
De ejus experimentis circa foecundationem plantarum et in ea animadversionibus Professoris *Abraham Gotthelf Kaestner* cf. Spreng. Hist. rei herb II. p. 393—396.

Moeller, *Hermann.*
6310 —— Utkast till Föreläsningarna öfver Principia botanicae. 1755. 8. L.

Moench, *Konrad,* Professor in Marburg, * Cassel 15. Aug. 1744, † Marburg 6. Jan. 1805.
6311* —— Enumeratio plantarum indigenarum Hassiae praesertim inferioris secundum methodum sexualem dispositarum. Pars prior cum (VI) tabulis aeri incisis. Cassellis, sumtibus auctoris. (Goettingae, Vandenhoeck.) 1777. 8 268 p. (1 *th.*)
Desinit in Icosandria. Pars altera nunquam prodiit.
6312* —— Verzeichniss ausländischer Bäume und Stauden des Lustschlosses Weissenstein bei Cassel. Frankfurt und Leipzig, Fleischer. 1785. 8. XIV, 144 p., 8 tab. (⅔ *th.*)
6313* —— Methodus plantas horti botanici et agri Marburgensis a staminum situ describendi. Marburgi Cattorum, in libraria academica. 1794. 8. VIII, 780 p., ind. — *Supplementum ib. 1802. 8. IV, 328 p. (3⅔ *th.*)
6314* —— Einleitung zur Pflanzenkunde. Marburg, akademische Buchhandlung. 1798. 8. 274 p. (⅚ *th.*)

Moerch, *Otto Josias Nicolai,* * Aalborg (Jütland) 1799, ÷ Kopenhagen 25. Juli 1842
6315* —— Catalogus plantarum horti botanici Hafniensis. Hauniae, typ. Schultz. 1839. 8 102 p. — Supplementum. ib. 1840. 8. 12 p.

Moessler, *Johann Christian.*
6316 —— Botanische Blätter zur Beförderung des Selbststudiums der Pflanzenkunde. Herausgegeben von *A. J. H. Mayer.* Hamburg, Wettach. 1806—S. 8. 42 p. (1 *th.*)
6317* —— Taschenbuch der Botanik zur Selbstbelehrung. Hamburg, Hoffmann. 1805. 8. VIII, 287 p, 6 tab. col. (2½ *th.*)
6318* —— Gemeinnütziges Handbuch der Gewächskunde, nebst einer Einleitung in die Botanik. Altona, Hammerich. 1815. 2 Bände. 8. LIII, 1415 p., praef., ind. (7 *th.*) — *Zweite vermehrte Auflage, herausgegeben von *H. G. L. Reichenbach.* ib. 1827—29. 3 Bände. 8. (5⅓ *th.*) — *Dritte Auflage ib. 1833—34 3 Bände. 8. CXIV, 1994 p. (6¾ *th.*)

Moggridge, *J. Traherne.*
6319* —— Contributions to the Flora of Mentone and to a Winter Flora of the Riviera, including the coast from Marseilles to Genoa. Part 1—3. London, L. Reeve and Co. 1864—68. VII, 75 foll., 75 tab. col., sign. 1—73. (45 s.)

Mohammed Effendy Charkany.
6320* —— Thèse sur l'Opium. Paris, typ. Plon. 1856. 4. 104 p.

Mohl, *Hugo von,* Professor und Director des botanischen Gartens in Tübingen (Mohlana Mart.), * Stuttgart 8. April 1805.
6321* —— Ueber den Bau und das Winden der Ranken und Schlingpflanzen. Eine gekrönte Preisschrift. Tübingen, Laupp. 1827. 4. VIII, 152 p., 13 tab. (1⅔ *th.*)
6322* —— Ueber die Poren des Pflanzenzellgewebes. Tübingen, Laupp. 1828. 4. 36 p., 4 tab. (⅔ *th.*)
6323* —— Ueber den Bau der porösen Gefässe der Dicotyledonen. München, Franz. 1832. 4. 20 p., 1 tab.
6324* —— De *Martii* structura. Ex *Martii* opere: «Genera et species Palmarum» inscripto. Monachii 1831. folio. LII p., 16 tab.
Uebersetzt in: Vermischte Schriften p. 129—185, 1 tab.
6325* —— Ueber den Bau des Cycadeenstammes und sein Verhältniss zu dem Stamme der Coniferen und Baumfarn. (Besondrer Abdruck der Denkschriften der Münchner Akademie der Wissenschaften, Band X.) München 1832. 4. 46 p., 3 tab
Umgearbeitet in: Vermischte Schriften p. 195—211.
6326* —— De structura caudicis filicum arborearum. Seorsim expressum e *Martii* opere: «Icones selectae plantarum cryptogamicarum Brasiliae.» Monachii 1833. folio. 23 p., 6 tab. col.
Im Auszuge übersetzt ohne Tafeln in: Vermischte Schriften p. 108—121.
6327* —— Einige Bemerkungen über die Entwickelung und den Bau der Sporen der kryptogamischen Gewächse. Erste Abtheilung. Regensburg 1833. 8. 43 p., 2 tab. (Aus der Flora.)
Vermischte Schriften p. 67—83.
6328* —— Beiträge zur Anatomie und Physiologie der Gewächse. Erstes Heft: Ueber den Bau und die Formen der Pollenkörner. Bern, Fischer. 1834. 4. IV, 130 p., 6 tab. (3⅛ *th.*)
6329* —— Ueber die Vermehrung der Pflanzenzellen durch Theilung. D. Tübingen, Fues. 1835. 4. 20 p., 1 tab.
Gänzlich umgearbeitet in Vermischte Schriften p. 362—371.
6330* —— Ueber die Verbindung der Pflanzenzellen unter einander. D. Tübingen, Fues. 1835. 4. 24 p., 2 tab.
6331* —— Untersuchungen über die Entwickelung des Korkes und der Borke auf der Rinde der baumartigen Dicotyledonen. D. Tübingen, Fues. 1836. 4. 26 p.
Vermischte Schriften p. 212—228.
6332* —— Untersuchungen über den Mittelstock von Tamus Elephantipes L. D. Tübingen, Fues. 1836. 4. 16 p.
Vermischte Schriften p. 186—194.
6333* —— Beobachtungen über die Umwandlung von Antheren in Carpelle. D. Tübingen, Bähr. 1836. 8. 37 p.
Vermischte Schriften p. 28—44.
6334* —— Erläuterung und Vertheidigung meiner Ansicht von der Structur der Pflanzensubstanz. Tübingen, Fues. 1836. 4. IV, 39 p., 2 tab. (⅓ *th.*)
6335* —— Untersuchung der Frage: Welche Autorität soll den Gattungsnamen der Pflanzen beigegeben werden? D. Tübingen, Fues. 1836. 8. 24 p.
Vermischte Schriften p. 1—12.
6336* —— Ueber die Symmetrie der Pflanzen. D. Tübingen, Fues. 1836. 8. 49 p.
Umgearbeitet in: Vermischte Schriften p. 13—27.
6337* —— Ueber die Functionen der Blätter. D. Tübingen, Fues. 1836. 8. 25 p.
6338* —— Untersuchungen über die Lenticellen. D. Tübingen, Fues. 1836. 4. 19 p.
Vermischte Schriften p. 233—244.
6339* —— Untersuchungen über die winterliche Färbung der Blätter. D. Tübingen, Bähr. 1837. 8. 36 p.
Mit Zusätzen: Vermischte Schriften p. 375—392.
6340* —— Untersuchungen über die anatomischen Verhältnisse des Chlorophylls. D. Tübingen, Bähr. 1837. 8. 26 p.
Vermischte Schriften p. 349—361.

6341* **Mohl,** *Hugo von.* Anatomische Untersuchungen über die porösen Zellen von Sphagnum. D. Tübingen, Bähr. 1837. 8. 43 p.
Vermischte Schriften p. 294—313.
6342* —— Ueber den Bau der vegetabilischen Zellenmembran. D. Tübingen 1837. 8. 41 p.
Vermischte Schriften p. 314—334.
6343* —— Ueber die männlichen Blüten der Coniferen. D. Tübingen, Bähr. 1837. 8. 36 p.
Mit Zusätzen: Vermischte Schriften p. 45—61.
6344* —— Morphologische Betrachtungen über das Sporangium der mit Gefässen versehenen Kryptogamen. D. Tübingen, Bähr. 1837. 8. 40 p.
Vermischte Schriften p. 94—107.
6345* —— Untersuchungen über die Wurzelausscheidung. D. Ein Auszug aus einer von der medizinischen Fakultät in Tübingen im Jahr 1836 gekrönten Preisschrift. Als Inauguraldissertation unter dem Präsidium von *Hugo Mohl* der öffentlichen Prüfung vorgelegt von *Eduard Walser* von Ulm. Tübingen 1838. 8. 48 p.
6346* —— Ueber den Einfluss des Bodens auf die Verbreitung der Alpenpflanzen. D. Tübingen 1838. 8. 68 p.
Vermischte Schriften p. 393—428.
6347* —— Untersuchungen über die Frage: In welchem System des Holzes wird der rohe Nahrungssaft zu den Organen geleitet? D. Tübingen 1843. 8. 28 p.
6348* —— Dr. *Justus Liebig's* Verhältniss zur Pflanzenphysiologie. Tübingen, Fues. 1843. 8. 59 p. (³/₈ *th.*)
6349* —— Vermischte Schriften botanischen Inhalts. Tübingen, L. F. Fues. 1845. 4. VIII, 442 p., 12 tab. (3 ¹/₃ *th.* — herabg.: 1 ¹/₃ *th.*)
Praeter jam indicatas dissertationes in hac collectione continentur: «Ueber die fibrosen Zellen der Antheren. Flora 1830. II. p. 697. Verm. Schr. p. 62—66. — Ueber die Entwickelung der Sporen von Anthoceros laevis. Linnaea 1839. Verm. Schr. p. 84—93. — Ueber den Bau des Stammes von Isoetes lacustris. Linnaea 1840. Verm. Schr. p. 122—128. — Sind die Lenticellen als Wurzelknospen zu betrachten. Flora 1832. Verm. Schr. p. 229—232. — Ueber die Spaltöffnungen auf den Blättern der Proteaceen. Act. Leop. XVI. II. 1833. Verm. Schr. p. 245—251. — Ueber die Entwicklung der Spaltöffnungen. Linnaea 1838. Umgearbeitet. Verm. Schr. p. 252—259. — Ueber die Cuticula der Gewächse. Linnaea 1842. Verm. Schr. p. 260—267. — Ueber den Bau der grossen getüpfelten Röhren von Ephedra. Linnaea 1832. Verm. Schr. p. 268—271. — Einige Bemerkungen über den Bau der getüpfelten Gefässe. Linnaea 1842. Verm. Schr. p. 272—283, 1 tab. — Ueber den Bau der Ringgefässe. Flora 1839. Verm. Schr. p. 283—293 — Einige Beobachtungen über die blaue Färbung der vegetabilischen Zellenmembran durch Jod. Flora 1840: Verm. Schr. p. 335—348. — Ueber die Reizbarkeit der Blätter von Robinia. Flora 1832. Verm. Schr. p. 372—374. — Einige Bemerkungen über die Grössenbestimmung mikroscopischer Objecte. Linnaea 1842. Mit Zusätzen: Vermischte Schriften p. 429—442.»
6350* —— Mikrographie, oder Anleitung zur Kenntniss und zum Gebrauche des Mikroskops. Tübingen, L. F. Fues. 1846. 8. x, 351 p., 6 tab. (2 ³/₈ *th.*)
6351* —— Grundzüge der Anatomie und Physiologie der vegetabilischen Zelle. Braunschweig, Vieweg. 1851. 8. 152 p., ic. xyl., 1 tab. (1 *th.*)
Aus *Rudolf Wagner's* Handwörterbuche der Physiologie besonders abgedruckt.
* *anglice:* translated by *Arthur Henfrey.* London, John van Voorst. 1852. 8. VIII, 158 p., ic. xyl., 1 tab. (7 *s.* 6 *d.*)
6352 —— Rede gehalten bei der Eröffnung der naturwissenschaftlichen Facultät der Universität Tübingen. Tübingen, Laupp. 1863. 8. 35 p. (¹/₄ *th.*)
Cat. of sc. Papers IV, 421—423.
Mohr, *Daniel Matthias Heinrich,* Adjunct der Universität Kiel (Mohria Sw.), † Kiel 26. Aug. 1808.
6353* —— Observationes botanicae, quibus plantarum cryptogamarum ordines, genera et species illustrare conatus est. D. Kiliae, typ. Mohr. 1803. 8. 45 p.
Cat. of sc. Papers IV, 426—427.
Mohr, *H.*
6354* —— Försög til en Islands Naturhistorie. Kiøbnhavn, typ. Holm. 1786. 8. XVI, 413 p., 7 tab.
Planteriget p. 149—252.
Moisand, *Charles Auguste.*
6355 —— Flore Nantaise, ou tableau analytique d'après la méthode de M. Delamarck des plantes naturelles au département de la Loire-inférieure. Nantes, typ. Mellinet. 1839. 8. 50 plag.
Moldenhawer, *Johann Heinrich Daniel,* * Königsberg in Pr.
6356* —— Dissertatio anatomica de vasis plantarum speciatim radicem herbamque adeuntibus. D. Trajecti ad Viadrum, typ. Winter. 1779. 4. 85 p. (¹/₃ *th.*)

Moldenhawer, *Johann Jakob Paul,* Professor der Botanik zu Kiel, * Hamburg 11. Febr. 1766, ÷ Kiel 22. Aug. 1827.
6357* —— Beiträge zur Anatomie der Pflanzen. Kiel, typ. Wäser. (Hamburg, Perthes und Besser.) 1812. 4. XII, 335 p., 6 tab. (8 *th*)
6358* —— Tentamen in Historiam plantarum *Theophrasti.* Hamburgi, Hoffmann. 1791. 8. 151 p. (²/₃ *th.*)
Molendo, *Ludwig.*
6359* —— Moosstudien aus den Algäuer Alpen. Beiträge zur Phytogeographie. Leipzig, W. Engelmann in Comm. 1865 8 164 p. (1 ¹/₃ *th.*)
Aus Jahresbericht XVIII des naturf. Vereins in Augsburg.
Cat. of sc. Papers IV, 429.
Moleschott, *Jakob,* * Herzogenbusch 9. Aug. 1822.
6360* —— Kritische Betrachtung von *Liebig's* Theorie der Pflanzenernährung, mit besonderer Angabe der empirisch constatirten Thatsachen. Eine von der *Teyler'schen* Gesellschaft im Jahre 1844 gekrönte Preisschrift. Harlem, E. Bohn. 1845. 4. VIII, 122 p. (1 ¹/₂ *th.*)
6361* —— Physiologie des Stoffwechsels in Pflanzen und Thieren. Erlangen, Enke. 1851. gr. 8. XXII, 592 p. (3 ¹/₅ *th.* n.)
Molina, *Juan Ignazio,* Jesuit (Molina Rz. et P.), * Talca (Chili) 24. Juni 1740, ÷ Bologna 12. Sept. 1829.
Nov. Comm. Bonon. VIII.
6362* —— Saggio sulla storia naturale de Chile. Bologna, typ. Tommaso d'Aquino. 1782. 8. 367 p., 1 mappa geogr. — Ed. II: Bologna 1810. 4.
* *germanice:* Versuch einer Naturgeschichte von Chili. Aus dem Italienischen von *J. D. Brandis.* Leipzig, Jacobäer. 1786. 8. 328 p., praef., 1 tab geogr. (1 *th.*)
In p. 99—170 agitur de plantis.
* *gallice:* Essai sur l'histoire naturelle du Chili. Traduit de l'italien et enrichi de notes par *Gruvel.* Paris, Née de la Rochelle. 1789. 8. XVI, 351 p Livre III, p. 93—168: Herbes, arbustes et arbres du Chili.
* *hispanice:* Madrid 1788. 8.
Commentar von *R. A. Philippi* in Bot. Ztg. 1864, Beilage, p. 1—24.
Molkenboer, *Julian Hendrik,* * Haarlem 24. Febr. 1816, † Leiden 17. Sept. 1854.
6363* —— De Colocyntide. D. Lugd. Bat. 1840.
6364* —— et *C. Kerbert.* Flora Leidensis, sive elenchus plantarum spontanearum phanerogamicarum, quae hucusque prope Lugdunum Batavorum repertae sunt, secundum ordines naturales digestus. Lugduni Batavorum, van Leeuwen. 1840. 8 XXXII, 389 p. (5 *fl.*)
Caetera sua scripta cum *F. Dozy* edidit.
Cat. of sc. Papers IV, 433.
Molon, *Francesco,* in Vicenza.
6365* —— Sulla Flora terziaria delle prealpi Veneti. Milano, typ. Bernardoni. 1867. 4. 140 p. (16 *Lire.*)
Monardes, *Nicolás* (Monarda L.), * Sevilla 1493, ÷ Sevilla 1588.
Colmeiro Bot. esp. 151.
EM. IV. 412. (Amerika.)
6366 —— Historia medicinal de las cosas que se traen de nuestras Indias occidentales, que sirven en medicina. Duas partidas. Sevilla 1569. 4. — Ed. II. con lo tratado de la grandeza de Hierro y e de la Neve. Sevilla 1574. 4. — *Ed. III: Prima y segunda y tercera partes de la historia medicinal: de las cosas que se traen de nuestras Indias occidentales, que sirven en medicina. etc. En Sevilla, en casa de Fernando Diaz. 1580. 4. (7), 162 foll. Bibl. Deless.
Liber tertius hac posthuma editione, *Monarde* circa annum 1578 mortuo, primum prodiit. Praefatio addita est anni 1574.
* *latine:* De simplicibus medicamentis ex occidentali India delatis, quorum in medicina usus est. Auctore D. *Nicolao Monardis* Hispalensi medico; interprete *Carolo Clusio* Atrebate. Antwerpiae, ex officina Christophori Plantini. 1574. 8. 88 p., ind., ic. xyl. i. t.
* *latine:* Simplicium medicamentorum ex novo orbe delatorum, quorum in medicina usus est, historia, hispanico sermone descripta a D. *Nicolao Monardis* Hispalensi medico: Latio deinde donata et adnotationibus iconibusque affabre depictis illustrata a *Carolo Clusio* A. Atrebate. Altera editio. Antwerpiae, ex officina Plantini. 1579. 8. 84 p., ind., ic. xyl. i. t.
Hae duae editiones partem I et II *Monardis* tantum continent, in unum volumen contractas.
* *latine:* Simplicium medicamentorum ex novo orbe delatorum, quorum in medicina usus est, historiae liber tertius: hispanico sermone nuper descriptus a D. *Nicolao Monardes,* Hispalensi medico: nunc vero primum Latio donatus et notis illustratus a *Carolo Clusio* A. Antwerpiae, ex officina Christophori Plantini. 1582. 8. 47 p.
Hunc tertium librum secundum editionem hispanicam anni 1580 *Clusius* ex Anglia in Belgium properans, adverso ventu Gravesendae et in ipso alto aequore aliquamdiu detentus, ut istius morae taedium falleret inter nauticos clamores latinum fecit.

latine: Simplicium medicamentorum ex novo orbe delatorum, quorum in medicina usus est, historia; hispanico sermone duobus libris descripta, Latio deinde donata et in unum volumen contracta, insuper annotationibus illustrata a *Carolo Clusio* Tertia editio. (Libri III altera.) Impr. cum *Garciae ab Horto* Aromatum historia. Antwerpiae, ex off. Plantiniana, apud vid. Moreti. 1593. 8. p 313—456. — * Ed. IV. cum *Caroli Clusii* Exoticis Antwerpiae, Plantinus. 1605. folio. p. 295—355.
In hac editione tres libri in unum contracti sunt
anglice: Joyfull newes out of the newe founde worlde, wherein is declared the vertues of hearbes, trees, oyles, plantes and stones, englished by *Jhon Frampton*, Marchant London 1577. 4. 109 foll. — London 1580. 4. 109 foll. praeter reliquos tractatus *Monardis*. — London 1596. 4. 109 foll praeter reliquos tractatus *Monardis*.
In hac ultima versione etiam liber tertius continetur
* *italice*: Delle cose, che vengono portate dall' Indie occidentali pertinenti all' uso della medicina. Novamente recata dalla spagnola nella nostra lingua italiana (da *Annibali Briganti*) Parte prima et seconda. Venetia, typ. Ziletti. 1582. 8. 249 p., praef., ind. — Ed. II. Venetia 1589. 8. parte primera. p. 237—299, parte seconda. p. 1—101.
Impressa est utraque editio cum traductione italica *Garciae ab Horto*; liber tertius italice non exstat.
* *gallice*: Histoire des simples medicamens apportés de l'Amérique desquels on se sert en la medecine Escrite premierement en Espagnol par M. *Nicolas Monard*, medicin de Siville. Du despuis mise en latin et illustrée de plusieurs annotations par *Charles de l'Ecluse* d'Arras. Et nouvellement traduicte en français par *Antoine Colin*. Edition seconde augmentée. Lyon, Pillehotte 1619. 8. 262 p., ind., ic. xyl. i. t.

Mongredien, *Augustus.*
6367* —— Trees and shrubs for english plantations; a selection and description of the most ornamental trees and shrubs. With illustrations. London, John Murray. 1870. 8. XII, 388 p.

Monkewitz, *Johann Heinrich.*
6368* —— Chemisch medizinische Untersuchung über die Wandflechte (Lichen parietinus) und über die gebräuchlichsten Chinarinden. D Dorpat 1817. 8. 38 p.

Monnard, *Jean Pierre,* * 1791.
Observations sur quelques Crucifères décrites par M *DeCandolle* dans le second volume de son Systema. Paris 1826 8.
Ann. sc. nat. VII, 389—419.

Monnier, *Auguste,* Professor der Botanik in Nancy.
6369* —— Essai monographique sur les Hieraoium et quelques genres voisins Nancy. typ. Hissette. 1829. 8. 92 p., 5 tab.
Cat. of sc. Papers IV, 443.

Monrad, *Jeremias Wolfgang.*
6370 —— De Verbena ejusque usu in sacris et incantationibus veterum. D. literaria. Hafniae 1751. 4.

Montagne, *Jean François Camille,* Mitglied des Instituts Montagnea DC.), * Vaudoy (Seine et Marne) 15. Febr. 1784, ÷ Paris 5. Jan. 1866
Bull soc. bot. XIII, 277—284.
P A. Cap, Camille Montagne, botaniste Paris, Baillière 1866. 8. 98 p et portrait

6371 —— Notice sur les plantes cryptogames à ajouter à la Flore française Paris, typ Renouard. 1835—36. 8. No. 1—5.) 34, 38, 26, 32, 19 p., 9 tab. pro parte col.

6372* —— Sertum patagonicum Cryptogames de la Patagonie Paris 1839 4. 19 p, 7 tab. col.: Algae.
Pertinet ad sectionem alteram partis botanicae operis: *Alcide D' Orbigny,* Voyage dans l'Amérique méridionale.

6373* —— Florula Boliviensis. Cryptogames de la Bolivia, recueillies par *Alcide D'Orbigny.* Paris 1839. 4. 119 p., 3 tab.
Pertinet ad sectionem alteram partis botanicae operis: *Alcide D'Orbigny,* Voyage dans l'Amérique méridionale.

6374* —— Prodromus generum, specierumque Phycearum novarum, in itinere ad polum antarcticum ab illustri *Dumont d'Urville* peracto collectarum, notis diagnosticis tantum hac evulgatarum, descriptionibus vero fusioribus nec non iconibus analyticis jam jamque illustrandarum. Parisiis, Gide. 1842. 8. 16 p.

6375* —— Esquise organographique et physiologique sur la classe des champignons. Paris, Bertrand. 1841. 8. 56 p.
Liber sistit particulam operis: «Histoire physique, politique et naturelle de l'île de Cuba par *Ramon de la Sagra*.»
* *germanice*: Skizzen zur Organographie und Physiologie der Klasse der Schwämme. Uebersetzt und mit ihnen Anmerkungen versehen von *Johannes D. C. Pfund.* Prag. Calve. 1844. 8. x, 67 p. (½ th.)

6376* —— Cryptogamie. Exposition sommaire de la morphologie des plantes cellulaires. (Extrait du Dictionnaire universel d'histoire naturelle) Paris, typ. Bourgogne et Martinet. 1843. 8. 16 p.

6377* —— Essai d'organographie de la famille des Hépatiques. (Extrait du Dictionnaire universel d'histoire naturelle.) Paris, typ Bourgogne et Martinet. 1845. 8. 15 p.

6378* **Montagne,** *Jean François Camille.* Aperçu morphologique de la famille des Lichens. Paris, typ. Bourgogne et Martinet. 1846. 8. 12 p.
* *germanice*: von *Karl Müller.* Halle, Graeger. 1851. 8. 32 p. (⅓ th.)

6379* —— Plantes cellulaires du Voyage au Pôle Sud et dans l'Océanie sur les corvettes *l'Astrolabe* et *La Zelée,* sous le commandement de Monsieur *Dumont d'Urville,* 1837—40. Paris, Gide. 1845. 8. XIV, 349 p, 20 tab.

6380* —— Historia fisica politica y natural de la isla de Cuba por D. Ramon de la Sagra. Tomo IX. Botanica. Criptogamia o plantas celulares. Paris. A. Bertrand. 1845. 4. 328 p., 20 tab. col.
Idem liber exstat ab autore in lingua gallica scriptus: Plantes cellulaires de l'île de Cuba.

6381* —— Considérations générales sur la famille des mousses, comprenant leur morphologie et leur classification. (Extrait du Dictionnaire universel d'histoire naturelle.) Paris, typ. Martinet. 1846. 8. 20 p.

6382* —— Phycologie, ou Considérations générales sur l'organographie, la physiologie et la classification des algues. (Extrait du Dictionnaire universel d'histoire naturelle.) Paris, typ. Martinet. 1847. 8. 46 p.

6383* —— Coup d'œil rapide sur l'état actuel de la question relative à la maladie de la vigne. Paris, E. Thunot. 1853. 8. 29 p.

6384* —— Cryptogamia guyanensis, seu plantarum cellularium in Guyana gallica annis 1835—49 a cl. *Leprieur* collectarum enumeratio universalis. Parisiis, Victor Masson. 1855. 8. 202 p., 4 tab. col.
Ann. sc. nat. I, 91—144, III, 91—144, 311—329.

6385* —— Sylloge generum specierumque cryptogamarum quas in variis operibus descriptas iconibusque illustratas, nunc ad diagnosim reductas, multasque novas interjectas, ordine systematico disposuit. Parisiis, Baillière. 1856. 8. XXIV, 498 p. (12 fr.)
Cat. of sc. Papers IV, 446—449.

Montalbani, *Ovidio,* Professor in Bologna, * Bologna 1601, ÷ Bologna 20. Sept. 1671.

6386 —— Index plantarum omnium a se collectarum, exsiccatarum et chartis agglutinatarum, ex quibus quatuor magna volumina botanoscopica consarcinavit. Bononiae, ex officina Theodori Mascheronii et Clementis Ferronii. 1624. 4.

6387* —— Bibliotheca botanica, seu herbaristarum scriptorum promota synodia; cui accessit individualis graminum omnium ab auctoribus hucusque observatorum numerosissima nomenclatura. Bononiae, typ. her. Benatii. 1657. 12 min. 188 p. (Bibliotheca: p. 1—110. Gramina: p. 111—188.) — * Primum Bononiae, typis heredum Benatii anno 1657 impressa, nunc iterum (una cum *Seguieri* Bibliotheca botanica) edita Hagae Comitum, apud Joannem Neaulme. 1740. 4 66 p (Bibliotheca: p. 5—40. Species graminum individuales: p. 41—62. Index autorum: p. 63—66.)

6388* —— Hortus botanographicus, herbarum ideas et facies supra bis mille αὐτότατας, perpetuam et facillimam immensae cognitionis botanicarum differentiarum ad memoriam in parvo trium tomorum octavi folio concludens spatio, quem sibi genioque suo construxit, coluit et perennavit auctor; cui singularum plantarum sequens praecessit index. Bononiae, typ. Jacobi Montii. 1660. 8. 110 p. cum figuris xylographicis
Inde a pagina 100—110 sequitur appendix: Monstrosarum aliquot observationum indicatio, de quibus in Aldrovandaea Dendrologia mox edenda suis locis diffusa dabitur historia. — De hoc opere hae apud ipsum *Montalbanum* in ejus Bibliotheca botanica laudes leguntur: «Tres tandem tomos Botanographiae in octava folii forma, mole quidem parvos, sed virtute quam maximos nec non admirabilissimos, ad manus habet (anno 1657), in quibus innumerae plantae quantumvis procerae et ingentes a natura et arte simul junctis artificiosissime et facillime effigiatae visuntur in aeternitatem, ubi et campi, prata, sylvae, montes, valles, ibidem abbreviari et veluti ad nutum conspicientis inambulari persentiuntur.»

6389* —— Nova antepraeludialis dendranatomes, arboreae scilicet resolutionis adumbratio. Bononiae, typ. Ferroni. 1660. folio
Bibl. Reg. Paris. et S.
Puerile opus esse testatur *Malphighi* Opp. posth. p. 161.

6390* —— *Ulyssis Aldrovandi* Dendrologiae naturalis scilicet arborum historiae libri duo. Sylva glandaria acinosumque pomarium. Ubi eruditiones omnium generum una cum botanicis doctrinis ingenia quaecunque non parum juvant et oblectant. Ovidius Montalbanus opus summo labore collegit, digessit, concinnavit. Bononiae, typ. Ferroni. 1668. (in tergo: 1667.) folio. 660 p., ind., ic. xyl. i. t. — *Francofurti a/M., typ. Ilsner. 1671. folio. 480 p., praef., ind., ic. xyl. i. t. — *Ed. III: Ovidii Montalbani Δενδρολογία, seu Arboretum libris II de Sylva glandaria, acinosoque Pomario comprehensum ad methodum Ulyssis Aldrovandi, cum indice copioso, et praefatione Georgii Franci. Francofurti a/M., sumtibus Alberti Othonis Fabri. 1690. folio. ic. xyl. i. t.

Opus ab *Ulysse Aldrovando* († IV. Non. Maji 1605) derelictum a *Montalbano* binis vicibus editum, tandem post ejus fata († 1672) sub ipsius Montalbani nomine prodiit.
Jo. Antonii Bumaldi bibliotheca botanica pag 26 der Ausgabe, welche *Seguier* als Anhang zu seiner eignen Bibliotheca botanica, Haga-Comitum 1740 in 4. besorgte. Die Original-Ausgabe war Bononiae 1657 in 24. erschienen, und gehört zu den literarischen Seltenheiten. — Der pseudonyme Name *Jo. Antonius Bumaldus* ist durch Versetzung der Buchstaben aus *Ovidius Montalbanus* gebildet. Unter dieser Larve spricht der Verfasser an verschiedenen Stellen sehr unbefangen von den schriftstellerischen und sonstigen Leistungen des *Ovid. Montalbanus*, also seinen eigenen; was um so weniger auffällt, da er alle Bologneser vor Andern rühmt. Dass er der aldrovandischen Sammlung vorstand, erzählt er pag 38 in dem Artikel über sich selbst unter seinem rechten Namen.

Montandon, *P. J.*, Arzt in Delle.
6391 —— Synopsis de la Flore du Jura septentrional et du Sundgau. Mulhouse 1856. 8. XII, 409 p.

M(ontbrison), *Louis Bernard de*, *Saint Esprit 31. Juli 1768, † 1832.
6392* —— Lettres à Mme de C** sur la botanique et sur quelques sujets de physique et d'histoire naturelle; suivies d'une méthode élémentaire de botanique. Paris, Levrault. 1802. II voll 12.
— I: 273 p., ind., 3 tab. — II: 316 p, ind, 1 tab. (7 fr.)

Monte Pigati, *Giovanni Antonio de*.
6393* —— Nova ad praxin medicam praecipue utilissima, universae botanices rudimenta. Patavii, typ. Conzatti. 1757. 4. 54 p. Bibl. Horti Pat.

Monti, *Giuseppe*, Professor der Botanik zu Bologna (Montia Mich), *Bologna 27. Nov. 1682, † Bologna 29. Febr. 1760
6394* —— Catalogi stirpium agri Bononiensis Prodromus, gramina ac hujusmodi affinia complectens. Bononiae, Pisarri. 1719. 4. 66 p., ind., 3 tab.
6395* —— Plantarum varii indices ad usum demonstrationum, quae in Bononiensis archigymnasii publico horto quotannis habentur. Bononiae, apud Const. Pisarri. 1724. 4. XX, 78 p., 1 tab
— (*Ed. II. curante *Gaetano Monti*, filio.) Accedit horti publici Bononiensis brevis historia. Bononiae, typ. Laelii a Vulpe. 1753. 4. XX, 160 p., 2 tab.
6396* —— Exoticorum simplicium medicamentorum varii indices ad usum exercitationum, quae in Bononiensi instituto singulis hebdomadis habentur. Bononiae, typ. Laelii a Vulpe. 1724. 4. 39 p. — *Ed. II. impr. cum Indicibus botanicis et materie medicae, curante *Gaetano Monti*. ib. 1753. 4. p. 129—160.

Monti, *Lorenzo*.
6397* —— Dizionario botanico Veronese, che comprende i nomi volgari Veronesi delle piante da giardino col corrispondente latino Linneano, cui aggiungonsi altre specie indigene e i nomi italiani. Verona, typ. Mainardi. 1817. 8. 159 p. (A—Z) (2 Lire 25 c.)

Montin, *Lars Jonas*, Arzt, Lieblingsschüler Linné's (Montinia Thunb.), *auf der Insel Hisingen 6. Sept. 1723, † Halmstad 2. Jan. 1785.
Thunberg, Aminnelse-tal. Holmiae 1791. 8.
Acta Holm. XXVII. 234—272. (1766.)

Mont-Saint, *Thomas*, maître chirurgien à Sens.
6398* (——) Le jardin Senonois cultivé naturellement d'environ six cents plantes diverses, qui croissent à moins d'une lieue de la ville et cité de Sens. Sens, chez George Niverd. 1604. 12. 26 p., praef., 4 p. appendix. Bibl. Cand.

Moody, *S.*
6399 —— The Palm Tree London, Nelson. 1864. 12. 463 p., ic. (5 s.)

Moon, *Alexander*.
6400* —— A catalogue of the indigenous and exotic plants growing in Ceylon, distinguishing the several esculent vegetables, fruits, roots and grains, together with a sketch of the divisions of genera and species in use amongst the singhalese Also an outline of the Linnean System of Botany; in the english and singhalese languages for the use of the Singhalese. Colombo, printed at the Wesleyan mission press. 1824. 4. 9, 77, 41, (40) p.

Moore, *C.*
6401* (——) Catalogue of plants in the Government botanic garden, Sydney, New South Wales. Sydney, typ. Hanson. 1857. 8. 36 p.

Moore, *David*, Glasnevin Garden.
6402* —— and *Alexander Goodman* **More**. Contributions towards a Cybele britannica, being Outlines of the geographical distribution of plants in Ireland. Dublin, Hodges, Smith and Co. 1866. 8. LV, 399 p. (10 s.)
Cat. of sc. Papers IV, 456.

Moore, *Thomas*, Curator of the Chelsea Botanic Garden, *Guilford (Surrey) 29. Mai 1821.
6403* —— The Handbook of british Ferns. London, Groombridge. 1848. 8. — Ed. III. ib. 1857. 8. (5 s.)
6404* —— A popular history of the british ferns. Ed. II. London, Reeve. 1855. 8. 379 p. (10 s. 6 d.)
6405* —— The Ferns of Great Britain and Ireland. Edited by *John Lindley*. Nature-printed by Henry Bradbury. London, published by Bradbury and Evans. 1855. folio. 51 tab. col and text. (7 l 7 s) Bibl. Kew.
6406* —— Index Filicum: being an illustrated Synopsis of the genera, and an Enumeration of the species of ferns etc. Part 1—20. London, Pamplin. 1857—62. 8. (à 1 s)
6407 —— Illustrations of orchidaceous plants. London, Willis. 1857. gr. 8. (30 s)
6408 —— The field botanist's Companion. London, L Reeve et Co. 1862. 8. XXVIII, 414 p, 24 tab. col (16 s)
6409 —— The Elements of botany. Ed 10. London, Longman. 1865. 12. 210 p. (2 s. 6 d.)
Cat. of sc. Papers IV, 458

Moquin-Tandon, *(Christian Horace Bénédict) Alfred*, *Montpellier 7. Mai 1804, † Paris 15. April 1863.
Cosson, Bulletin de la soc. bot X. 199—214.
Achille Janot, Eloge de M. *Moquin-Tandon*, lu à l'Académie des jeux floraux. Avec Portrait. Toulouse, impr. Rouget frères et Delahaut. 1865 8. 26 p.
D. Clos, Éloge de M. *Moquin-Tandon*. Toulouse, impr. Rouget frères et Delahaut. 8. 46 p.
Extrait des Mémoires de l'Académie impériale, tome II. 1864.
Joseph Michon, Éloge de M. *Moquin-Tandon*. Paris, typ. Martinet. 1864. 8 23 p.
6410* —— Essai sur les dédoublemens ou multiplications d'organes dans les végétaux. Montpellier, typ. Martel. 1826. 4. 24 p, 2 tab. (2 fr. 50 c.)
6411* —— Chenopodearum monographica enumeratio. Parisiis, P. J. Loss. 1840. 8. XI, 182 p. (3 fr. 50 c.)
6412* —— Élémens de tératologie végétale, ou Histoire abrégée des anomalies de l'organisation dans les végétaux. Paris, Loss. 1841. 8. XII, 403 p. (6 fr. 50 c.)
germanice: Pflanzen-Teratologie oder Lehre von dem regelwidrigen Wachsen und Bilden der Pflanzen. Mit Zusätzen von *Johann Konrad Schauer*. Berlin, Haude und Spener. 1842. 8. XII, 399 p. (2 th.)
Etiam inscriptus est: «Handbuch der Pflanzenpathologie und Pflanzenteratologie. Herausgegeben von *Chr. Gottfr. N. v. Esenbeck*. Zweiter Band.»
6413* —— Elements de Botanique médicale, contenant la description des végétaux utiles à la médecine et des espèces nuisibles à l'homme, vénéneuses ou parasites; précédée de considérations générales sur l'organisation et la classification des végétaux. Paris, Baillière. 1861. 8. XII, 543 p: (6 fr.) — Ed. II. ib. 1866. 8. (vix differt.)
6414 —— Le monde de la mer. Paris, Hachette. 1865. 8. 400 p., 22 tab col.
Publié sous le nom *Alfred Frédol*.
Monographiae Phytolaccearum, Salsolacearum Basellacearum et Amarantacearum exstant in DC. Prodromo XIII. 2. 1—424. (1849.)
Cat. of sc. Papers IV, 459—461.

Morandi, *Giambattista*.
6415* —— Osservazioni intorno al sinonimo alfabetico dell' erbe più usuali, che si legge nell' antidotario Milanese. Milano, stamperia Malatesta. 1743. 4. 8 p., 1 tab.
6416* —— Risposta alle osservazioni apologetiche fatte d. *Cesare Carini*, ordinata a confermare· le sue osservazioni intorno

al sinonimo alfabetico dell' erbe. Milano, stamperia Malatesta. 1743. 4. 24 p
De his litibus cf. Hall. Bibl. bot. II. p. 337.

6417* **Morandi**, *Giambattista*. Historia botanica practica, seu plantarum, quae ad usum medicinae pertinent, nomenclatura, descriptio et virtutes. Mediolani, typ. Malatestae. 1744. folio max. 32, 164 p., 68 tab. col. (25 *lire* imp.) — *Mediolani, apud Galeatum. 1761. folio. 32, 164 p., praef., 68 tab.
Mordant de Launay, *Jean Claude Mien*, Bibliothekar am Jardin des plantes, ÷ Hâvre 13. März 1816.

6418* —— et **Loiseleur-Deslongchamps**. Herbier général de l'amateur, contenant la description, l'histoire, les propriétés et la culture des végétaux utiles et agréables. Paris, Audot. 1816—28. 4. 572 tab. col.
More, *Alexander G.*
Cat. of sc. Papers IV, 462.
Moreau de Jonnès, *Alexandre*, * Rennes 19. März 1778, † Paris 1862.

6419* —— Recherches sur les changemens produits dans l'état physique des contrées par la destruction des forêts. Bruxelles 1825. 4. 235 p.
* *germanice*: Untersuchungen über die Veränderungen, die durch die Ausrottung der Wälder in dem physischen Zustande der Länder entstehen. Aus dem Französischen von *W. Widenmann*. Tübingen, Osiander. 1828. 8. x, 212 p. (⅚ *th*)
Moreira, *N. J.*

6420 —— Diccionario de plantas medicinaes Brasileiras. Rio de Janeiro 1862. 4.
Morel, *Charles*.

6421* —— Culture des Orchidées, contenant des instructions sur leur récolte, expédition et mise en végétation, avec une liste descriptive d'environ 550 espèces et variétés. Paris, Dusacq. 1855. 8. VIII, 196 p. (3 *fr.*)
Morel, *J. F. Nicolas*.

6422* —— Catalogue des plantes du jardin botanique établi à Besançon Besançon, typ. Daclin. an XIII. 1805. 8. VIII, 112 p.
Morel, *L. F.*

6423 —— Traité des champignons au point de vue botanique, alimentaire et toxologique. Moulins, Desrosiers. 1865. 16. 305 p, ic. xyl. (4 *fr.*)
Moréno y Maïz, *Thomas*.

6424* —— Recherches chimiques et physiologiques sur l'Erythroxylum Coca du Pérou et sur la Cocaïne. Thèse. Paris, chez Ad Leclerc. 1868. 4. 90 p., 1 tab.
Moretti, *Giuseppe*, Professor der Botanik zu Batavia (Morettia DC), * Roncara bei Pavia 30. Nov. 1782, † Pavia 1. Dec. 1853.
Giornale dell' Istituto lombardo IX, 495. (1857.)

6425* —— Tentativo diretto ad illustrare la sinonimia delle specie del genere Saxifraga indigene del suolo italiano. Pavia, typ. Fusi et Co. 1823. 4. 36 p., ind.
6426* —— Il botanico italiano, ossia Discussioni sulla Flora italica. Nr. I—III. Pavia, typ. Fusi et Co. 1826. 4. 44 p., 3 tab.
6427* —— Guida allo studio della fisiologia vegetabile e delle botanica. Pavia, Fusi. 1835. II fasc. 8. 160 p. (3 *lire*.)
6428* —— Prodromo di una monografia delle specie del genere Morus. Milano, typ. G. B. di Gio. 1842. 8. 20 p.
6429* (——) Difesa e illustrazione delle opere botaniche di *Pietro Andrea Mattioli*. Memoria 1—8. Milano 1844—52. 8.
Seorsim impr. e Giornale del Istit. Lomb. e Bibl. italiana, vol. IX.
6430* —— Sull' Apios tuberosa Lettera. Milano 1851. 8. 10 p.
6431* —— Sugli Anacardi orientale e occidentale. Milano 1851. 8. 43 p.
6432* —— Sulla Dantia palustris di Petit. Nota. Pavia, Bizzoni. 1853 8. 11 p.

Dissertationes Ticinenses praeside Giuseppe Moretti:
6433* —— De epidermidis plantarum structura et evolutione. D. Ticini, typ. Bizzoni. 1823. 8. 29 p.
6434* —— De Pipere nigro. Ticini 1826. 8. 16 p.
6435* —— Della fecondazione delle piante. Milano 1830. 8. 45 p.
6436* —— De Potentillis italicis. Ticini 1830. 8. 26 p.
6437* —— De nonnullis physiologico-botanicis animadversionibus quae retrogradum lymphae vegetabilis motum respiciunt. Ticini, typ. Fusi 1831 8. 22 p.

6438 **Moretti**, *Giuseppe*. De Primulis italicis. Ticini, typ. Fusi. 1834. 8. 22 p.
6439* —— De Gentianis comensibus. Ticini 1832. 8.
6440* —— Nonnulla de Crocis italicis. Ticini 1834. 8. 28 p.
6441* —— Synopsis Veronicarum, quae in Italia sponte nascuntur. Ticini, typ. Fusi. 1834. 8. 35 p.
6442* —— Osservazioni ed esperienze sopra alcuni punti di fisiologia vegetabile non per anco studiati dai botanici. Ticini, typ. Bizzoni. 1835. 8. 21 p., 1 tab.
6443* —— De radicis vegetabilium officiis. Ticini, typ. Fusi. 1837. 8. 24 p.
6444* —— De plantarum morphologia. Ticini, typ. Bizzoni. 1838. 8. 39 p.
6445* —— De vegetabilibus sponte crescentibus in caevadio almi collegii Borromaei. Ticini 1838. 8.
6446* —— De vegetabilibus phanerogamicis quae sponte crescunt in variis cavaediis Archigymnasii Ticinensis. Ticini 1838. 8. 32 p
6447* —— De Cedro Libani. Ticini 1838. 8. 39 p.
6448* —— Sul influsso della luna nella vegetazione. Ticini 1838. 8. 16 p.
6449* —— De vegetabilium rhachitide. Ticini 1839. 8. 20 p.
Harum dissertationum aliae a praeside, aliae a proponentibus conscriptae sunt, quas equidem certe secernere nequeo.
Cat. of sc. Papers IV, 465—466.
Moricand, *Moïse Etienne* (Moricandia DC.), * Genf 1780, † Genf 26. Juni 1854.

6450* —— Flora Veneta, seu enumeratio plantarum circa Venetiam nascentium secundum methodum Linnaeanam disposita. Volumen I: Phanerogamia. Genevae, Paschoud. 1820. 8. x, 439 p. (6 *fr.* — 2½ *th.*)
Volumen alterum cryptogamicum nunquam prodiit; conferas de hac Flora: *Giuseppe Moretti*, Intorno alla Flora Veneta del Signora *Moricand* osservazioni. s. a. 8. 48 p., e Bibliotheca italiana.
6451* —— Plantae americanae rariores descriptae et iconibus illustratae, Genève, Barbezat et Co. 1830. folio. 8 p., tab. 1—10: Brongniartia intermedia, Laplacea barbinervis, Ternstroemia Ruiziana, Ternstroemia Pavoniana, Hibiscus tampicensis, H Berlandierianus, H. Lavateroides, Sida filiformis, Sida anomala, var. mexicana, Plantanus mexicanus.
Fasciculus casu ineditus inediti; cf. Bot. Zeitung, 1847. p. 475—477.
6452* —— Plantes nouvelles d'Amérique. Genève, imprimerie de Jules Guillaume Fick. 1833—46. gr. 4. IV, 176 p., 100 tab.
Prodiit decem fasciculis.
Mém. soc. phys. Gen. VI, 529—536. VII, 249—264.]
Moriceau, *Charles Gustave*, † Nantes 20. März 1863.
Bull. soc. bot. VIII. 775.
Morin, *Louis*, membre de l'Académie des Sciences (Morina Tournef.), * Mans 11. Juli 1636, † Paris 1. März 1715.
Morin, *Pierre*.

6453* —— Catalogues de quelques plantes à fleurs, qui sont de present au jardin de *Pierre Morin* le jeune, dit troisième, fleuriste. Paris, typ. Francois le Conte. 1651. 4. 48 p. — ib. 1655. 4. — *Impr. cum libro insequenti. Paris, chez Charles de Sercy. 1658. 12. p. 149—222. Bibl. Juss.
6454* —— Remarques necessaires pour la culture des fleurs, diligemment observées par *Pierre Morin*. Avec un catalogue des plantes rares. Paris, chez Charles de Sercy. 1658. 4. 222 p., praef., ind. Bibl. Juss. — Rouen 1665. 8. s. — Augmentées d'un traité des œillets, et de quelle facon il faut les cultiver. Paris, chez Charles de Sercy. 1674. 12. s. — ib. 1698. 12. s
6455 (——) Instruction facile, pour connoistre toutes sortes d'orangers et citronniers, qui enseigne aussi la manière de les cultiver, semer, planter, greffer, transplanter, tailler et gouverner, selon les climats, les mois et saisons de l'année. Avec un traité de la taille des arbres, composé par le Sir *Pierre Morin*. Paris, Sercy. 1674. 12. 125 p., praef. — Paris 1680. 12.
Morin, *René*.

6456* —— Catalogus plantarum horti *Renati Morini* inscriptarum ordine alphabetico, cum quatuor anni temporibus, quibus florent. (Parisiis) 1621. 12. 26 p. Bibl. Juss.
Moris, *Giuseppe Giacinto*, Professor der Botanik zu Turin (Morisia Gay.), * Arbassano 25. April 1796, † Turin 18. Mai 1869.

6457* **Moris**, *Giuseppe Giacinto*. Stirpium sardoarum elenchus. Fasciculus I—III. Carali, ex typis regiis. 1827—29. 4. 55, 12, 4, 26 p.
6458 (——) Enumeratio seminum regii horti botanici Taurinensis. Taurini 1831—46. 8. — 1831: 36 p. — 1832: 34 p. — 1833: 34 p. — 1835: 25 p. — 1836: 29 p. — 1837: 31 p. — 1838: 38 p. — 1839: 37 p. — 1840: 40 p. — 1841: 44 p. (Ridolfia, novum genus Umbelliferarum.) — 1842: 42 p. — 1843: 31 p. — 1844: 32 p. — 1845: 32 p. (Buglossites n. g.) — 1846: 32 p.
6459* —— Illustrationes rariorum stirpium horti botanici univ. Taurinensis. (Taurini 1833.) 4. 26 p., 6 tab.
    Mem. della Reale Accad. delle scienze di Torino, tom. XXXVI. p. 177—200.
6460* —— et *Giuseppe* **De Notaris**. Florula Caprariae, sive enumeratio plantarum in insula Capraria vel sponte nascentium vel ad utilitatem latius excolendarum. Taurini, ex regio typografeo. 1839. 4. 244 p., 6 tab.
    Mem. della Reale Accad. di Torini. Ser. II. tom. II. p. 59.
6461* —— Flora sardoa, seu historia plantarum in Sardinia et adjacentibus insulis vel sponte nascentium vel ad utilitatem latius excolendarum. Taurini, ex regio typographeo. Vol. I—III. 1837—59. 4. XII, 606, 562, 564 p., 113 tab. col. (38 *th*.)
    Cat. of sc. Papers IV, 473—474.
Morison, *Robert*, Professor der Botanik in Oxford (Morisonia Plum.), * Aberdeen 1620, † London 10. Nov. 1683.
    Vita a Bobartio scripta in Hist. pl. vol. III.
6462* —— Praeludia botanica. Pars I: Hortus regius Blesensis auctus, cum notulis durationis, et characterismis plantarum tam additarum, quam non scriptarum. Item plantarum in eodem horto regio Blesensi aucto contentarum, nemini hucusque scriptarum brevis et succincta descriptio; quibus accessere Observationes generaliores botanicae ex eodem horto collectae, rei herbariae studiosis valde necessariae; p. 1—347. — Pars II: Hallucinationes *Caspari Bauhini* in Pinace, tam in digerendis quam denominandis plantis, p. 349—425. Animadversiones in tres tomos universalis historiae plantarum *Johannis Bauhini*; p. 427—459. Dialogus inter socium collegii regii Londinensis Gresham dicti et botanographum regium de methodo autorum in rem botanicam hucusque scribentium et de plantis imperfectis; p. 460—499. In calce: Epistola ad *Abel Brunyer* et *Nicolaum Marchant*. Londini, typ. Roycroft. 1669. 12. 499 p., praef.
6463* —— Plantarum Umbelliferarum distributio nova, per tabulas cognationis et affinitatis ex libro naturae observata et detecta. Oxonii, a theatro Scheldoniano. 1672. folio. 91 p., 3 foll., 12 tab. iconum, 8 tab. affinitatum, explicationibus aversa pagina impressis.
    Liber considerari potest quasi tomus primus operis insequentis, cujus initium ab altera parte sumitur. Reimpressio vel nova potius editio immutata renovatis titulis, quam emiserunt anno 1715 *Paulus et Isaacus Vaillant*, bibliopolae Londinenses, salutatur hanc ob rem: Plantarum historiae universalis Oxoniensis tomus primus. Sed revera tomus primus operis, in quo arbores contineri debebant, nunquam prodiit.
6464* —— Plantarum historiae universalis Oxoniensis Pars secunda, seu Herbarum distributio nova, per tabulas cognationis et affinitatis ex libro naturae observata et detecta. Oxonii, e theatro Scheldoniano. 1680. folio. 617 p., 8, 25, 25, 31, 29 = 118 tab. — *Plantarum historiae universalis Oxoniensis Pars tertia, post auctoris mortem († 1683) expleta et absoluta a *Jacobo Bobartio*. Cum vita *Morisonii*. Oxonii, e theatro Scheldoniano. 1699. folio. 657 p., ind., 15, 37, 18, 22, 3, 31, 18, 7, 5, 10 = 166 tab.
    Hae duae partes una cum libro praecedenti occurrunt nova immutata editione sub hoc titulo: Plantarum historia universalis Oxoniensis, pars I—III. Oxonii, et prostat Londini, apud Paulum et Isaacum Vaillant. 1715. folio.
Moritz, *Karl*, * 1796, † Tovar (Venezuela) 25. Juni 1866.
    Cat. of sc. Papers IV, 474.
Moritz, *Wilhelm*.
6465* —— De Lini cathartici vi purgante observationes. D. Dorpati 1835. 8. 32 p.
Moritzi, *Alexander*, Professor in Chur (Moritzia DC.), * Graubündten 1807, † Chur 13. April 1850.
    DC. in Archives de Genève XV. 5—101.
6466* —— Die Pflanzen der Schweiz, ihrem wesentlichen Charakter nach beschrieben, und mit Angaben über ihren Standort, Nutzen u. s. w. versehen. (Die Cotyledonalpflanzen.) Chur, Benedict. (Zürich, Schulthess.) 1832. 8. VIII, 462 p., 1 tab. (2 1/12 *th*.)
6467* **Moritzi**, *Alexander*. Die Pflanzen Graubündens. Ein Verzeichniss der bisher in Graubünden gefundenen Pflanzen mit besonderer Berücksichtigung ihres Vorkommens. (Die Gefässpflanzen.) Neuchatel, typ. Petitpierre. 1839. 4. 158 p., 6 tab.
    Neue Denkschriften der schweizerischen naturf. Gesellschaft, Band III.
6468* —— Réflexions sur l'espèce en histoire naturelle. Soleure, typ. Vogelsang-Graff. 1842. 8. 109 p.
6469* —— Die Flora der Schweiz mit besonderer Berücksichtigung ihrer Vertheilung nach allgemeinen physischen und geologischen Momenten. Zürich und Winterthur, Literarisches Comtoir. 1844. 8. XII, 640 p., 1 mappa geologica. (2 2/3 *th*.) — *Leipzig, Verlagsbureau. 1847. 8. (1 1/2 *th*.) (eadem impressio novo titulo!)
    Conferantur animadversiones in hanc Floram autore *Oswald Heer* in: Neue Helvetia. Zweiter Jahrgang. 1844. p. 350—362 et 422—453.
6470* —— Systematisches Verzeichniss der von *H. Zollinger* in den Jahren 1842—44 auf Java gesammelten Pflanzen, nebst einer kurzen Beschreibung der neuen Gattungen und Arten. Solothurn, typ. Zepfel. (Verlag des Verfassers.) 1845—46. 8. XII, 144 p. (1 *th*.)
    Fungi, autore *Léveillé*, p. 118—126; Lichenes, autore *Schaerer*, p. 126—129; Musci, autore *Duby*, p. 130—135.
    Cordyloblaste Heusch, Bot. Zeitung VI, 606—606.
Morland, *Samuel*, * 1625, † Hammersmith 30. Dec. 1695.
    Some new Observations on the parts and the use of the flower in plants. Philosophical Transactions XXIII, Nr. 287, p. 275—278. (1703.)
Morren, *Charles François Antoine*, Professor der Botanik in Gent (Morrenia Ldl.), * Gent 3. März 1807, † Luik 17. Dec. 1858.
    Ed. Morren, Charles Morren, sa vie et ses œuvres. Gand 1860. 8.
6471* —— et *Auguste* **Morren**. Recherches sur la rubéfaction des eaux et leur oxygénation par les animalcules et les algues. Bruxelles, typ. Hayez. 1841. 4. XII, 130 p, 5 tab. col. (12 *fr*.)
6472* —— Responsio ad quaestionem: Quaeritur Orchidis latifoliae descriptio botanica et anatomica, quae praemium reportavit. Gandavi 1827. 4. 92 p, 6 tab.
6473* —— Notice sur un lis du Japon. Gand, typ. Vanderhaeghen. 1833. 8. 4 p., 2 tab. col.
6474* —— et *Joseph* **Decaisne**. Observations sur quelques plantes du Japon. Bruxelles, typ. Hayez. 1836. 8. 10 p.
6475 —— Loisirs d'anatomie et de physiologie végétales. Bruxelles 1833—37. 8.
6476* —— Les siècles et les légumes, ou quelques mots sur l'histoire des jardins potagers. Discours. Liège, Dessain. 1837. 8. 14 p.
6477* —— Les femmes et les fleurs. Discours. Liège, Dessain. 1838. 8. 33 p.
6478* —— Recherches sur le mouvement et l'anatomie du Stylidium graminifolium. Bruxelles, Hayez. 1838. 4. 22 p., 1 tab. col.
6479* —— Études d'anatomie et de physiologie végétales, ou collection d'opuscules sur ces sciences. Bruxelles, Muquardt. 1841. 8.
    Collection d'extraits.
6480* —— Mémoire sur la formation de l'Indigo dans les feuilles du Polygonum tinctorium ou Renouée tinctoriale. Bruxelles, Hayez. 1839. 4. 32 p., 1 tab. col.
6481* —— Recherches sur le mouvement et l'anatomie du style du Goldfussia anisophylla. Bruxelles, Hayez. 1839. 4. 34 p., 2 tab.
6482* —— Botanique. (Notions élémentaires, Partie IV.) Bruxelles, Deprez-Parent. 1843. 8. VI, 110 p.
6483* —— Prémices (Études) d'anatomie et de physiologie végétales, ou collection d'opuscules sur ces sciences. Bruxelles, C. Muquardt. 1841. 8. (96) p., 5 tab.
    Travaux académiques des années 1836—40.
6484* —— Dodonaea, ou Recueil d'observations de botanique. Deux parties. Bruxelles, Muquardt. 1841—43. 8. (2 *th*.) — I: 1841. VII, 150 p., 6 tab. — II: 1843. 122 p., 4 tab.
    Travaux académiques des années 1841—43.
6485* —— Fuchsia, ou Recueil d'observations de botanique, d'agriculture, d'horticulture et de zoologie. Bruxelles, Decq. 1849. 8. XVIII, XXVIII, 170 p., 12 tab. col.
    Travaux académiques des années 1845—49.
6486* —— Lobelia, ou Recueil d'observations de botanique et

spécialement de tératologie végétale. Bruxelles, M. Hayez. 1851. 8. VIII, 206 p, 14 tab., effigies *Lobelii*.
Contient les travaux académiques des années 1850—51.
Cat. of sc. Papers IV, 478—484.

Morren, *Édouard*, Prof. der Botanik in Lüttich, * Gent 1833.
6487* —— Dissertation sur les feuilles vertes et coloriées, envisagées spécialement au point de vue des rapports de la chlorophylle et de l'erythrophylle. Gand, Annoott-Braeckman. 1858. 8. 222 p., 2 tab.
6488 —— La Belgique horticole réd. par *Ed. Morren*. Tom. I—XX Liège. 1850—70. 20 vol. av. plus. planches color.

Morris, *Richard*.
6489* —— The Botanists Manual: a catalogue of hardy, exotic and indigenous plants, arranged according to their respective months of flowering. London, Sherwood. 1824. 8. 189 p. (7 s. 6 d.)
6490* —— Flora conspicua; a selection of the most ornamental flowering, hardy, exotic and indigenous trees, shrubs and herbaceous plants for embellishing flowergardens and pleasure grounds. Drawn and engraved from living specimens by *William Clark*. London, printed for Thomas Griffiths. 1830. 8. IV, 60 foll., 60 tab. col.

Morton, *John*.
6491 —— The natural history of Northamptonshire. London, R Knaplock. 1712. folio. 551, 46 p., 14 tab.
De plantis illius comitatus in capite sexto tractavit. I. De plantis nondum observatis. II. De quibusdam a *Rajo* omissis in Synopsi plantarum Angliae. III De rarioribus. IV. De illis, quae propter earum qualitates maxime observandae sunt.

Moscati, *Pietro*, * Castiglione 13. Jan. 1739, † Mailand 19. Jan. 1824.
6492* (——) Dissertazioni sopra una gramigna che nella Lombardia infesta la Secale. Milano, typ. Marelli. 1772. 4. 366 p., praef, 2 tab.
Insunt commentationes auctoribus: *Pietro Moscati, Michele Rosa, Giovanni Videmar, Francesco Franchetti, Giannambrogio Sangiorgio*.

Motley, *James*.
Cat. of sc. Papers IV, 495—496.

Mouchon, *Émile*.
6493* —— Dictionnaire de bromatologie végétale exotique. Lyon, Guilbert et Dorier. Paris, Baillière. 1847—48. 8. XI, 423 p. (6 fr.)

Mougeot, *Jean Baptiste*, Arzt in Bruyères in den Vogesen, * Bruyères 25. Sept. 1776, † Bruyères 5. Dec. 1858.
6494* —— Considérations générales sur la végétation spontanée du Dép. des Vosges. Epinal, typ. Glay. 1845. 8. 386 p.

Mougeot, *Antoine*.
6495* —— Essai d'une Flore du nouveau grès rouge des Vosges, ou description des végétaux silicifiés qui s'y rencontrent. Paris 1852. 8.
Cat. of sc. Papers IV, 498.

Mouton-Fontenille, *Jean Philippe*, * Montpellier 8. Sept. 1769, † Lyon 22. Aug. 1837.
6496* —— Tableau des systèmes de botanique généraux et particuliers. Lyon, Reymann. 1798. 8. 212, 95 p., 100 tableaux synoptiques. (5 fr.)
6497* —— Dictionnaire des termes techniques de botanique. Lyon, Bruyset. 1803. 8. XXVI, 444 p. (5 fr. 50 c.)
6498* —— Coup d'œil sur la botanique. Lyon, Yvernault et Cabin. 1810. 8. XXXII, 79 p.
6499* —— Tableaux de concordance des genres d'un Pinax des plantes Européennes. Paris, Deterville. (Lyon, Cabin.) (1814—15.) 8. XX, 95 p.

Mudd, *William*.
6500 —— A Manual of british Lichens. London 1867. 8. (15 s. 6 d.)

Mudie, *Robert*, * Forfarshire 28. Juni 1777, † Pentonville 29. April 1842.
6501* —— The botanic annual, for familiar illustrations of the structure, habits, economy, geography, classification and principal uses of plants. London, Cochrane. 1832. 8. XV, 446 p., 2 tab. (15 s.)

Muehlenbeck, *Heinrich Gustav*, Arzt in Mühlhausen, * St. Marie aux Mines 2. Juni 1798, † Mühlhausen 21. Nov. 1845.
6502 —— Notice nécrologique sur *Henri Gustave Muehlenbeck*. Mulhouse, typ. Baret. 1845. 8. 19 p.

Muehlenberg, *Heinrich Ludwig*, evang.-luth. Geistlicher zu Lancaster in Pennsylvanien (Mühlenbergia Schreb.), * 1756, † Lancaster 24. Juni 1817.
6503* —— Catalogus plantarum Americae septentrionalis hucusque cognitarum indigenarum et cicurum, or a Catalogus of the hitherto known native and naturalized plants of North-America, arranged according to the sexual system of Linnaeus Lancaster, typ. Hamilton. 1813. 8. IV, 112 p. — *Ed. II. aucta et correcta. Philadelphia, Conrad. 1818. 8. IV, 122 p.
6504* —— Descriptio uberior graminum et plantarum calamariarum Americae septentrionalis. Philadelphia, Conrad. 1817. 8. II, 295 p.
Ejusdem autoris opus posthumum: «Descriptio uberior Florae lancastriensis et americanae» annis 1817—18 a bibliopola Conrad Philadelphiae annuntiatum, vix e prelo prodiit.
Cat. of sc. Papers IV, 503.

Muehlpfort, *Heinrich*, latine **Mylphortus**.
6505 —— Medizinisches Spaziergänglein, darinne der mit heiligen Namen bekannten Kräuter Art und Eigenschaft angedeutet wird. Schleusingen 1627. 8.

Mueller, *Anton*.
6506 —— Alphabetisches Wörterbuch synonymer lateinischer, deutscher und böhmischer Namen der offizinellen Pflanzen. Prag (Rziwnatz.) 1866. 4. 174 p. (1 th. 26 sgr. n.)

Mueller, *Bernhard*.
6507 —— De plantarum cognitione medico necessaria. D. Basileae 1626. 4.

Mueller, *Daniel*, botanischer Gärtner in Upsala, * Stralsund 7. Juni 1812, † Upsala 18. Sept. 1857.
Cat. of sc. Papers IV, 514—515.

Mueller, *Felix*.
6508* —— Spicilège de la Flore bruxelloise. Premier fascicule. Bruxelles, Hayez. 1862. 8. 52 p.

Mueller, *Ferdinand*.
6509 —— Das grosse illustrirte Kräuterbuch. Zweite umgearbeitete Auflage. Ulm, Ebner. 1866—69. gr. 8. ic. xyl. (2 th.)

Mueller, *Ferdinand*, Regierungsbotaniker in Melbourne.
6510* —— Definitions of rare or hitherto undescribed Australian plants. Melbourne, Goodhugh and Trembath. 1855. 8. 53 p.
Reprinted from the Transactions of the Victoria Institute.
6511* —— Fragmenta phytographiae Australiae. Vol. I—VI. Melbourne: auctoritate gubern. Coloniae Victoriae. Ex officina Joannis Ferres. 1858—68. 8. — Vol. I. 1858—59. 252 p., tab. 1—10. — Vol. II. 1860—61. 199 p., tab. 11—15. — Vol. III. 1862—63. 177 p., tab. 16—25. — Vol. IV. 1863—64. 195 p., tab. 26—34. — Vol. V. 1865—66. 240 p., tab. 35—44. — Vol. VI. 1867—68. 276 p., tab. 45—60.
6512* —— The plants indigenous to the colony of Victoria. Vol. I. Thalamiflorae. (Vol. II.) Lithograms. Melbourne, typ. J. Ferres. 1860—65. 4. VIII, (18) p., tab. 1—72, et suppl. tab. 1—18. (Vol. I: 3 l. 3 s.)
6513* —— The vegetation of the Chatham-Islands. Melbourne, typ. Ferres. 1864. 8. 86 p., 7 tab.
6514* —— Analytical drawings of Australian Mosses. Fasc. 1. Melbourne, typ. Ferres. 1864. 8. 27 p., 10 tab.
* gallice: Notes sur la végétation indigène et introduite de l'Australie. Traduit de l'anglais par *E. Lissignol*. Melbourne, typ. Masterman. 1866. 8. 53 p.
6515* —— Report on the vegetable products exhibited in the international exhibition of 1866—67. Melbourne, Blundell et Co. 1867. 8. 48 p.
Cat. of sc. Papers IV, 515—516.
6516 —— Essay on the Plants collected by E. Fitzalan during Lieut. Smith's Expedition to the Estuary of the Burdekin. folio. Melbourne 1860.

Mueller, *Hermann*, in Lippstadt.
6517* —— Geographie der in Westphalen beobachteten Laubmoose. Verhandlungen des nat. Vereins der Rheinlande XXI, 81—223, 2 tab.

Mueller, *Jean,* (aus Aargau) in Genf.

6518* —— Monographie de la famille des Résédacées. Ouvrage couronné. Zürich, typ. Zurcher et Furrer. (Genève, Kessmann.) 1857. 4. 239 p., 10 tab.
Elaboravit Apocynaceas in Martii Flora brasiliensis, et Resedaceas in DC. Prodr. XVI, 548—589.
Cat. of sc. Papers IV, 521.

Mueller, *Jean Baptiste*, Apotheker und Medicinalrath, * Mainz 16. April 1806.

6519* —— Botanisch prosodisches Wörterbuch, nebst einer Charakteristik der wichtigsten natürlichen Pflanzenfamilien. Brilon, typ. Lechner. 1840—41. 4. vi, 504 p. ($3\frac{1}{3}$ *th.*)

6520* —— Flora Waldeccensis et Itterensis, oder Aufzählung und Beschreibung der in dem Fürstenthum Waldeck und der Hessischen Herrschaft Itter wildwachsenden Pflanzen. Phanerogamen. Brilon, Lechner. (Paderborn, Wesener.) 1841. 8. xc, 453 p. ($1\frac{2}{3}$ *th.*)

Mueller, *Johann Abraham Theodor.*

6521* —— De Clematide Vitalba L. ejusque usu medico. D. Erlangae, typ. Kunstmann 1786. 4 28 p.

Mueller, *Johann Gotthilf.*

6522* —— Species plantarum secundum vegetationis et fructificationis partes ad vivum delineatae. Decas I. Berlin, Kunst. 1757. folio. 10 tab. col. ($2\frac{1}{3}$ *th.*)

Mueller, *Johann Sebastian*, anglice *John* **Miller**, * Nürnberg 1715, † London 1780.

6523* —— Illustratio systematis sexualis *Linnaei.* Londini 1777. folio. 104, 4 tab. col, 104 foll., 5 p. (21 *l.*)
* *germanice* et *latine:* Illustratio systematis sexualis *Linnaei* denuo edita, revisa ac translatione germanica locupletata per *Moritz Balthasar Borkhausen*, adjectis tabulis 108 ad originale Millerianum aeri incisis et coloratis (per *Konrad Felsing*, Darmstadtinum). Darmstadii, Merk. 1792. folio. (Vix a sequenti differt!) — *Francofurti a/M, apud Varrentrapp et Wenner. 1804. folio. (18 plag. = 120 p.), 108 tab. col. (76 *th.*)

6524 —— An illustration of the sexual system of *Linnaeus* London 1779—89. II voll. 8. — I: 1779. 106 p., 104, 1 tab. — II: 1789. An illustration of the termini botanici of *Linnaeus* 86 p., 86 tab.
* *latine:* Illustratio systematis sexualis Linneani, quam e textu anglico editionis minoris translatam nunc emendatam additamentis variis propriis praecipue terminorum botanicorum notioni inservientibus atque indicibus necessariis locupletatam accuravit *D. Fridericus Guilielmus Weiss.* Francofurti a/M., apud Varrentrapp et Wenner. 1789. II voll. 8. — I: xxiv, 495 p. — II: 104, 1 tab. col. (sculptore *Carolo Goepperto.*) ($12\frac{3}{4}$ *th.* — nigr. $6\frac{3}{4}$ *th.*)
Volumen alterum etiam inscribitur: Tabulae iconum etc.

6525* —— (Icones plantarum. Londini 1780) gr. folio. tab. col. 1—7., explicatio latina et anglica: 1 foll. Bibl. Mus. bot. Vind.

Mueller, *Joseph.*

6526* —— Systematisches Verzeichniss der in der Umgegend Aachens wildwachsenden phanerogamen Pflanzen. Aachen, Schulbuchhandlung. 1832. 4. 28 p. ($\frac{5}{24}$ *th*)

6527* —— Prodromus der phanerogamischen Flora von Aachen, (Systematisches Verzeichniss etc.) Zweite Auflage. Aachen und Leipzig, Mayer. 1836. 8. xii, 182 p. ($\frac{7}{12}$ *th.*)

Mueller, *Karl*, der Herausgeber der *Walpers'*schen Annalen, * Berlin 20. Febr. 1817, † Oeynhausen 21. Juni 1870.

6528* —— Annotationes quaedam de familia Elaeocarpeacearum. D Berolini, typ. Bernstein 1849. 8. 41 p., 1 tab.

Mueller, *Karl (August Friedrich Wilhelm)*, Schriftsteller in Halle, * Allstedt in Thüringen 16. Dec. 1818.

6529* —— Deutschlands Moose oder Anleitung zur Kenntniss der Laubmoose Deutschlands, der Schweiz, der Niederlande und Dänemarks. Halle, Schwetschke. 1853. 8. viii, 512 p. (2 *th.*)

6530 —— Das Buch der Pflanzenwelt. Botanische Reise um die Welt. Versuch einer kosmischen Botanik. Den Gebildeten aller Stände und allen Freunden der Natur gewidmet. Leipzig, Spamer. 1857. 8. (2 *th.*) — Zweite vermehrte und verbesserte Auflage. Zwei Abtheilungen. ib. 1869. 8. xiv, 284, 368 p., ic. xyl., 9 tab. ($3\frac{1}{3}$ *th.* n)
gallice: Les merveilles du monde végétal; traduit par *J. P. E. Husson*, Bruxelles, Schnée. 1860—62. II voll. 8. ($10\frac{1}{2}$ *fr.*)

6531* —— Der Pflanzenstaat, oder Entwurf einer Entwicklungsgeschichte des Pflanzenreiches. Eine allgemeine Botanik für Laien und Naturforscher. Leipzig, Förster. 1861. gr. 8. xxiv, 599 p., 1 tab., ic. xyl. ($2\frac{2}{3}$ *th.*)
Cat. of sc. Papers IV, 530—532.

Mueller, *Karl August.*

6532* —— Tentamen accuratioris cryptogamorum et cryptogamiae definitionis. Goettingae 1805. 8. 22 p.

Mueller, *N J. C.*, Docent der Botanik in Heidelberg.

6533* —— Das Wachsthum des Vegetationspunktes von Pflanzen mit decussirter Blattstellung. (Berlin 1866.) gr. 8. 50 p., 10 tab
Pringsheim, Jahrbücher für wissenschaftliche Botanik, Band 5.

6534* —— Eine allgemeine morphologische Studie. (Halle 1869.) 4 10, 55 p., 4 tab.
Separat-Abdruck aus der Bot. Zeitung 1869. Nr. 35—42.

Mueller, *Otto Friedrich*, dänischer Conferenzrath in Kopenhagen (Müllera L. fil.), * 1730, † Kopenhagen 26. Dec. 1784.

6535* —— Efterretning og erfaring om Svampe, især, Rør-Swampens velsmagende Pilse (Boletus bovinus). Kiøbnhavn, typ. Möller. (Schubothe.) 1763. 4. 70 p., 2 tab. (48 *Skill.*)
* *germanice:* Von Schwämmen, insonderheit von dem essbaren Bilz. In ejus Kleine Schriften I. p. 31—98.

6536* (——) Flora Fridrichsdalina, sive methodica descriptio plantarum in agro Fridrichsdalensi simulque per regnum Daniae crescentium cum characteribus genericis et specificis, nominibus trivialibus, vernaculis, pharmaceuticis, locis natalibus specialissimis, iconibus optimis allegatis, ac speciebus pluribus in Dania nuper detectis. Argentorati, Bauer. 1767. 8. xviii, 238 p., ind., 2 tab.
Cf. *N—g.* Schreiben an den Herrn *H**** die Beurtheilung der Flora Fridrichsdalina in dem Dänischen Journal betreffend, nebst einer Vermehrung der dänischen Floren. 1769. 8. 19 p.

6537* —— Kleine Schriften aus der Naturhistorie, herausgegeben von *Johann August Ephraim Goeze.* Erster Band. Dessau 1782. 8. 132 p., 18 tab. ($\frac{5}{6}$ *th.*)
Floram danicam annis 1773—82 continuavit a fasciculo X—XV.

Mueller, *Philipp.*

6538 —— De plantis in genere. Lipsiae, Lantzenberger. 1607. 4.

Mueller, *Philipp Jakob*, in Weissenburg.
Cat. of sc. Papers IV, 533.

Mueller, *Samuel.*

6539* —— Vademecum botanicum, oder beyträgliches Kräuterbüchlein, darinnen der vornehmsten und in der Arzneikunst gebräuchlichsten Kräuter und Gewächse Abbildungen und Beschreibung. Frankfurt und Leipzig 1687. 8. 869 p., praef, ind., ic. xyl. — * Curiöser Botanicus. Dressden und Leipzig 1706. 8. — * ib. 1719. 8. (16) foll., 896 p., ic. xyl., ind. — * ib. 1745. 8. (non differt.)

Muenchhausen, *Otto*, *Freiherr von*, Landdrost in Kalemberg (Münchhausia L.), * Schwöbbern bei Hameln 1716, † 13. Juli 1774.

6540 —— Neues vorläufiges Verzeichniss derer in seinem Garten zu *Schwoebbern* im Jahr 1748 vorhanden gewesenen Bäume, Stauden und Kräuter. Göttingen 1748. folio.

6541* —— Der Hausvater. Eine ökonomische Schrift. Hannover, Helwing. 1765—74. VI voll. 8. (11 *th*)
Permulta in erudito opere ad rem botanicam spectant: «Verzeichniss aller Bäume und Stauden, welche in Deutschland fortkommen,» vol. V, p. 93—492. (1770.)

Muenter, *(Andreas Heinrich August) Julius*, Professor in Greifswald, * Nordhausen 14. Nov. 1815.

6542* —— Observationes phytophysiologicae. (De caulis incremento.) D. Berolini 1841. 8. 34 p.

6543* —— Die Krankheiten der Kartoffeln, insbesondre die im Jahre 1845 pandemisch herrschende nasse Fäule. Berlin 1846. 8. x, 168 p., 1 tab. ($\frac{4}{5}$ *th.*)

6544* —— Jahresbericht über die Leistungen im Gebiete der physiologischen Botanik während des Jahres 1846. Berlin Nicolai. 1849. 8. 128 p. ($\frac{5}{6}$ *th.* n)
Aus *Wiegmann's* Archiv, Jahrgang 1847, Band 2.

6545* —— Ueber Tuscarora-Rice. (Hydropyrum palustre L.) (Zur Feier des hundertjährigen Bestehens des botanischen Gartens.) Greifswald 1863. 8. 37 p.
Aus der Zeitschrift für Akklimatisation.

6546* —— Die Gründung des botanischen Gartens der Königl. Universität Greifswald. Programm. Greifswald 1864. 4.
Cat. of sc. Papers IV, 547.

Muhl, *Servatius*.

6547* —— Das Pflanzenreich nach natürlichen Familien. Trier, Gall. 1828. 8. xxxii, 183 p. (½ th.)

Mulder, *Claas*, Prof. in Groningen, † Groningen 16. Mai 1867.

6548* —— Elenchus plantarum, quae prope urbem Leidam nascuntur. Lugduni Batavorum, Luchtmans. 1818. 4. 127 p.
Cat of sc. Papers IV, 503—504.

Mule, *Johannes*, Propst in Salling-Herred, * 27. Aug. 1714, ÷ 1787.

6549 —— De Ficu arefacta meditationes. D. Havniae 1739. 4. 1 plag.

Munby, *Giles*, in Oran, Algier.

6550 —— Flore de l'Algérie, ou catalogue des plantes indigènes du royaume d'Alger, accompagné des descriptions de quelques espèces nouvelles ou peu connues. Paris, Baillière. 1847. 8. xvi, 120 p., 6 tab. (4 fr.)

6551* —— Catalogus plantarum in Algeria sponte nascentium. Oran, typ Perrier. 1859. 8 ii, 35 p. (1 fr. 50 c.) — * Ed. II. Londini, typ. Taylor and Francis. 1866. 8. iv, 42 p. (2964 species.)
Cat. of sc. Papers IV, 512.

Mundella, *Aloysius*.

6552 —— Epistolae medicinales. Ejusdem Annotationes in *Antonii Musae Brasavolae* Simplicium medicamentorum examen. Basileae, apud Michael Isingrin. 1538. 8. — ib. 1543. 4.
Ernst Meyer, Geschichte der Botanik IV, 258—261.

Mundelstrup, *Janus Nicolai*, Rector der Schule in Aarhuus (Jütland), * 1657, ÷ 1701.

6553 —— De pomis sodomiticis. D. Havniae 1683. 4. 2 plag.

Munro, *D. R.*

6554 —— A description of the forest and ornamental trees of New Brunswick. St. John, typ. Chupp and Co. 1862. 8. 24 p.

Munro, *William*.

6555* —— Hortus agrensis, or Catalogue of all plants found wild or cultivated in the neighbourhood of Agra. Agra 1844. 4.
Cat. of sc. Papers IV, 545

Munting, *Abraham*, Professor in Groningen (Muntingia L.), * Groningen 19. Juni 1626, ÷ Groningen 31. Jan. 1683.

6556* —— Waare Oeffening der Planten, waar in de rechte aart, natuire en verborgene eigenschappen der boomen, heesteren, kruiden ende bloemen door een veeljaarige onderzoekinge zelfs gevonden, als meede op wat maniere zy, in onze Neder en Hoog Duitsche landen, gezaait, geplant, bewaart, ende door het geheele jaar, geregeert moeten zyn, kenbaar gemaakt worden Amsterdam, Jan Rieuwertsz. 1672 4. 652 p, ind., 40 tab. — * Ed. II. Naauwkeurige Beschryving der Aardgewassen, waar in de veelerley Aart en bijzondere Eigenschappen der Boomen, Heesters, Kruyden, Bloemen, met haare Vrugten, Zaden, Wortelen en Bollen, neevens derzelver waare Voortteeling, geluckige Aanwinning en heylzaame Genees-Krachten, na een veel-jarige Oeffening en eigen Ondervinding in drie onderscheide Boeken, naauwkeuriglijk beschreeven worden Leyden en Utrecht, P. van der Aa. 1696. folio. 929 p., praef., ind., 250 ic.

6557* —— De vera antiquorum herba Britannica, ejusdem efficacia contra Stomacacen seu Scelotyrben, Frisiis et Batavis de Scheurbuyck. Amstelodami, apud Hieronymum Sweerts. 1681. 4. 231 p., 24 tab.

6558* —— Aloidarium, sive Aloes mucronato folio americanae majoris aliarumque ejusdem speciei historia, in qua Floridi illius temporis, loci, naturae, culturae nec non qualitatum ratio paucis enarratur. Impr. cum libro praecedenti. ib. 1680. 4. 33 p., ind., 8 tab.
Editio sic dicta altera «Amstelodami, apud Wolters. 1693. 4.» praeter renovatos titulos non differt.

6559* —— Phytographia curiosa, exhibens arborum, fruticum, herbarum et florum icones, 245 tabulis ad vivum delineatis ac artificiosissime aeri incisis. Varias earum denominationes latinas, gallicas, italicas, germanicas, belgicas aliasque ex probatissimis autoribus desumtas collegit et adjecit *Franciscus Kiggelaer*. Lugduni Batavorum et Amstelodami, apud Petrum van der Aa. 1702 II voll. folio. 47 p., praef., ind., 245 tab.
Redit pluries,

Munting, *Henrich*, Professor in Groningen, * 1583, † Groningen 16. März 1658.

6560* —— Hortus et universae materiae medicae gazophylacium, in quo plantas tum usitatiores ac vulgatiores et in agro Omlandico ac Drentico, caeterisque conterminis, passim per campos, pascua, viridaria, nemora, saltus, stagna, lacus, flumina et loca palustria ac maritima ubertim provenientes, tum etiam minus usitatas ac rariores ex diversis mundi plagis periculose ac difficulter conquisitas atque huc translatas ordine alphabetico descripsit. Groeningae, ex officina Augusti Eissens. 1646. 12. 5¾ plag.
Ejusdem Catalogus plantarum horti Groeningensis anno 1646 est in *Simonis Paulli* Viridariis variis, p. 593—706.

Muralt, *Johann von*, Arzt in Zürich (Muralta Adans.), * Zürich 18. Febr. 1645, † Zürich 12. Jan. 1733.

6561* —— Physicae specialis pars quarta, Botanologia, seu Helvetiae paradisus. Tiguri, typ. Gessner. 1710. 8. p. 387—752, ind.
• *germanice*: Eydgnössischer Lustgarte, d. i. gründliche Beschreibung aller in den Eydgnössischen Landen und Gebürgen frey auswachsender und in den Gärten gepflanzter Kräuter und Gewächse. Zürich, Lindinner. 1715. 8. 448 p., praef., ind.

Murillo y Velarde, *Tomas de*.

6562 —— Tratado de raras y peregrinas yervas, y la diferencia que ay entre el antiguo Abrotano, y la natural y legitima planta Buphthalmo; y unas anotaciones a las yerbas Mandragoras, Macho y Hembra. Madrid 1674. 4. 50 foll., 4 tab.
Colmeiro Bot. esp. 158.

Murith, Prior in Martigny, * Saint-Branchier im Wallis 1742, † Martigny im October 1818.

6563* —— Le guide du botaniste, qui voyage dans le Valais, avec un catalogue des plantes de ce pays et de ses environs, auquel on a joint les lieux de naissance et l'époque de la fleuraison pour chaque espèce. Lausanne, Vincent. 1810. 4. viii, 108 p.

Murphy, *Edmund*.

6564* —— A treatise on the agricultural grasses. Dublin, William Curry jun. and Co. 1844. 8. 84 p., 12 tab. (2 s. 6 d.)

Murray, *Alexander*, † Aberdeen 1838.

6565* —— The northern Flora; or a description of the wild plants belonging to the north and east of Scotland. Part I. Edinburgh, Black. 1836. 8. xvii, 150, xvi p.

Murray, *Andrew*.

6566* —— The Pines and Firs of Japan. Illustrated by upwards of 200 woodcuts. London, typ. Bradbury. 1863 8. 123 p., ic. xyl.

Murray, *Johann Andreas*, DM., Consiliarius aulicus, Prof. med. et bot. Goettingensis (Murraya Koen.), * Stockholm 27. Jan. 1740, † Göttingen 22. Mai 1791.
Sch. Grdr. p. 175—176.
Baldinger, Biographien lebender Aerzte und Naturforscher, I. 3. Stück. Jena 1771. 8.
Elogium Jo. And. Murray in consessu regiae scient. soc. recitatum die IV. Jun. 1791. a *C. G. Heyne*. Goettingae 1791. 4. 12 p.

6567* —— Enumeratio vocabulorum quorundam, quibus antiqui linguae latinae auctores in re herbaria usi sunt. Viro summo venerabili, parenti optimo *Andreae Murray* pio animo dedicata a filio *Johanne Andrea Murray*. Holmiae, typ. Nyström. 1756. 4. 11 p. Bibl. X. X.

6568* —— Commentatio de Arbuto uva ursi, exhibens descriptionem ejus botanicam, analysin chemicam, ejusque in medicina et oeconomia varium usum. Programma academicum. Goettingae, typ. Pockwitz. 1764. 4. 66 p.
Redit in autoris Opusculis, vol. I. p. 1—101.

6569 —— De amico insectorum scrutinii cum re herbaria connubio. Goettingae 1774. 4. Desid. B.

6570* —— Prodromus designationis stirpium Goettingensium, cum figuris aeneis. Goettingae, Dieterich. 1770. 8. 252 p., praef., 2 tab. (½ th.)

6571* —— Apparatus medicaminum tam simplicium quam praeparatorum et compositorum in praxeos adjumentum consideratus. Goettingae, Dieterich. 1776—92. VI voll. 8. — I: 1776. 627 p. — II: 1779. 465 p. — III: 1784. 572 p. — IV: 1787. 665 p. — V: 1790. 604 p. — VI: post mortem auctoris († 22 Maji 1791) edidit *Ludwig Christoph Althof*. 1792. 243 p. — *Editio altera auctior, curante *Ludwig Christoph Althof*. ib. 1793—94. VI voll. 8. — I: 1793. xxxviii,

964 p., ind. — II: 1794. 628 p., ind. — III—VI sunt prioris editionis, 1784—92: 572, 665, 243 p., ind.

6572* **Murray**, *Johann Andreas*. pr. Dissertatio, Dulcium naturam et vires expendens. Goettingae 1779. 4. 39 p.
Redit in autoris Opusculis, vol. II. p. 139—190.

6573 —— Vindiciae nominum trivialium stirpibus a *Linneo* impertitorum. D. Sectio I et II. Goettingae, typ. Dieterich. 1782. 4. 28, 23 p.
Redit in autoris Opusculis, vol. II. p. 293—332 et in *Linnaei* Fund. bot. ed. *Gilibert*, I. p. XLVII—LXXV.

6574* —— Succi Aloes amari initia. Programma academicum. Goettingae 1785. 4. 24 p.
Redit in autoris Opusculis, vol. II. p. 471—500.

6575* —— Opuscula in quibus commentationes varias tam medicas quam ad rem naturalem spectantes retractavit, emendavit, auxit. Goettingae, Dieterich. 1785—86. II voll. 8. — I: 1785. XXII, 392 p., 2 tab. — II: 1786. VI, 500 p., 3 tab.

6576* —— Memorial für den Herrn D. *Paul Usteri* in Zürich. Göttingen, Dieterich. 1790. 8. 13 p. Bibl. Goett.

Murray, *John*.

6577* —— Experimental researches on the painted Corolla of the Flower, in relation to its physiology: with remarks on the luminosity of the sea. London, Longman, Hurst etc. 1824. 8. 19 p.

6578* —— A descriptive account of the Palo de Vaca or Cow-Tree of the Caracas. With a chemical analysis of the milk and bark. London, Effingham Wilson. 1837. 8 max. 24 p., 1 tab. — *Ed. II. ib. 1833. 8. (2 *s*. 6 *d*.)

6579* —— An account of the Phormium tenax. Second edition. London, Relfe and Fletcher. 1838. 8. 56 p.

Murray, *S*.

6580* (——) Companion to the Glasgow botanic garden, or popular notices of some of the more remarkable plants contained in it; with plan. Glasgow, Smith. (1819.) 8. 116 p., 1 tab.

Mussche, *Jean Henri*.
N. Cornelissen, Notice sur *J. H. Mussche*. Gand 1835. 8.

6581* —— Catalogue des plantes du jardin botanique de la ville de Gand. Gand, typ. Goesin-Verhaeghe. (1810.) 8. 49 p.

6582* —— Hortus Gandavensis, ou tableau général de toutes les plantes exotiques et indigènes, cultivées dans le jardin botanique de la ville de Gand etc. Gand, Goesin-Verhaeghe. 1817. 8. 14, 164 p., 1 tab. (Hoorebekia, = Haplopappus Cass. novum genus Compos.)

Musset, *Charles*.

6583 —— Nouvelles recherches anatomiques et physiologiques sur les Oscillaires. Thèse. Toulouse 1862. 4. 28 p., 1 tab.

6584* —— Nouvelles recherches expérimentales sur l'hétérogénie ou génération spontanée. Thèse. Toulouse 1862. 4. 44 p., 1 tab.

Mustel.

6585* —— Traité théorique et pratique de la végétation contenant plusieurs expériences nouvelles et démonstratives sur l'économie végétale et sur la culture des arbres. Paris et Rouen, Leboucher. 1781—84. IV voll. 8. — I: 1781. XVI, 502 p. — II: 1781. 482 p. — III: 1784. IV, 496 p., 4 tab. — IV: 1784. VIII, 524 p. (20 *fr*.)

Mutel, *Auguste*, Sous-directeur d'artillerie au Havre, * Arras 1795, † Vincennes 1. April 1847.

6586* —— Flore du Dauphiné, ou description succincte des plantes croissant naturellement en Dauphiné ou cultivées pour l'usage de l'homme et des animaux. Grenoble et Paris, Prudhomme et Treuttel et Würtz. 1830. II voll. 8. — I: XI, 148 p., 4 tab. — II: 544 p. (10 *fr*.) — *Ed. II. entièrement refondue. Grenoble, Merle et Co. Paris, Lacroy et Baudry. 1848—49. 8. VIII, 768, 140 p. (10 *fr*.)

6587* —— Flore française destinée aux herborisations, ou description des plantes croissant naturellement en France ou cultivées pour l'usage de l'homme et des animaux. Paris, Levrault. 1833—38. V voll. 8. — I: 1834. X, 524 p. — II: 1835. 452 p. — III: 1836. 440 p. — IV: 1837. 218, 81, 81 p. — V: Table générale. 1838. 189 p. — Atlas: 1834. (1837.) 92 tab., 3 tab. suppl. (32 *fr*.)

6588* **Mutel**, *Auguste*. Premier mémoire sur les Orchidées. Paris, Baillière. 1838. 8. 16 p., 4 tab. (3 *fr*.)

6589* —— Mémoire sur plusieurs Orchidées nouvelles ou peu connues, avec des observations sur les caractères génériques. Paris, Baillière. 1842. 4. 61 p., 5 tab.

6590* —— Eléments de botanique. Ed. III. Grenoble 1857. 8. 216 p., 1 tab. (1 *fr*. 25 *c*.)
Cat. of sc. Papers IV, 563.

Mutis, *José Celestino* (Mutisia L. fil.), * Cadix 6. April 1732, † Santa Fé de Bogotá 2. Sept. 1808.
Semanario del nuevo reino de Granada, Ed. II. p. 161—166.
Colmeiro, Bot. hisp. lusit. p. 171—172.
Mutis multas observationes botanicas publici fecit juris in diario quodam mihi ignoto urbis Santa Fé de Bogatá, ubi inde ab anno 1760 sedem fixerat. Alias multas cum *Linnaeo* communicavit, in Supplementum plantarum anni 1781 a *Linnaeo filio* receptas. Pretiosa collectio iconum, ad *Floram de Santa Fé de Bogotá* illustrandam destinatarum una cum ditissimo herbario jacet inedita in horto Matritensi.
Icones ineditae plantarum Novo-Granatensium servantur etiam Londini in Bibliotheca societatis Linneanae.

Mygind, *Franz von* (Myginda Jacq.), * Broust (Jütland) 1710, † Wien 6. April 1789.
L. v. Hohenbühel, Heufler in Verhandl. des zool. bot. Vereins, Band 20.

Myrin, *Claes Gustav*, Docent der Botanik in Upsala, * Westgard 24. Nov. 1803, † Upsala 22. März 1835.
Minnes-Tal. Upsala, Palmblad. 1836. 8. 34 p.

6591* —— Historia rei herbariae in Suecia. D. Upsala 1833. 4. 8 p.

6592* —— Corollarium Florae Upsaliensis, dissertationibus, academicis annorum 1833—34 editum. Upsaliae, typ. Palmblad. (Gryphiae, apud Mauritium.) 1834. 8. 123 p.
Cat. of sc. Papers IV, 564.

N.

Naccari, *Fortunato Luigi*, Vice-Consul in Chioggia (Naccaria Endl.).

6593* —— Flora Veneta, o descrizione delle piante che nascono nella provincia de Venezia, arrichita di osservazioni medico-economiche. Venezia, Bonvechiato. 1826—28. VI voll. 4. 127, 135, 170, 150, 142, 133 p., 1 tab.

6594* —— Algologia adriatica. Bologna, typ. Cardinali e Frulli. 1828. 4. 97 p.

6595* —— Aggiunte alla Flora veneta. Bologna, typ. Bortolotti. 1824. 4. 26 p.

Nadermann, *Hermann Ludwig*, * Münster 30. Dec. 1778, † Münster 31. Oct. 1860.

6596* —— Hortensia. Monasterii, Theissing. 1846. 4. 16 p. (1/4 *th*.)
Poema latinum de plantis vernis et de re hortensi vernali.

Naegeli, *Karl*, Professor der Botanik in München.

6597* —— Die Cirsien der Schweiz. (Neuchatel 1841.) 4. VIII, 166 p., 8 tab.
Neue Denkschriften der schweizerischen Gesellsch. für Naturw., Band V.

6598* —— Zur Entwicklungsgeschichte des Pollen bei den Phanerogamen. Zürich, Orell, Füssli et Co. 1842. 8. 36 p., 3 tab. (5/12 *th*.)

6599* —— Die neuen Algensysteme, und Versuch zur Begründung eines eignen Systems der Algen und Florideen. Zürich, in Comm. bei Fr. Schulthess. 1847. 4. 275 p., 10 tab. (3 11/15 *th*.)

6600* —— Gattungen einzelliger Algen, physiologisch und systematisch bearbeitet. Zürich, Schulthess. 1849. 4. VIII, 139 p., 8 tab. (4 1/2 *th*. n.)

6601* —— Systematische Uebersicht der Erscheinungen im Pflanzenreich. Ein akademischer Vortrag. Freiburg im Breisgau, Wagner. 1853. 4. 68 p.

6602* —— und *Karl* **Cramer**. Pflanzenphysiologische Untersuchungen. Heft 1—4. Zürich, Schulthess. 1855—58. 4. (18 *th*. n.) — I. von *Naegeli*. 1855. VI, 120 p., 14 tab. (4 *th*. n.) — II. von *Naegeli*. (Die Stärkörner.) 1858. X, 624 p., 10 tab. (10 *th*. n.) — III. von *Cramer*. 1855. VI, 33 p., 8 tab. (1 3/5 *th*. n.) — IV. von *Cramer*. 1857. IV, 40 p., 13 tab. (2 2/5 *th*. n.)

6603* —— Die Individualität in der Natur, mit vorzüglicher Berücksichtigung des Pflanzenreichs. Zürich, Meyer und Zeller. 1856. 8. 42 p. (2/5 *th*.)
Akademische Vorträge, Heft 2.

6604* **Naegeli,** *Karl.* Beiträge zur wissenschaftlichen Botanik. Heft 1—4 Leipzig, Engelmann. 1858—68. 8. (13⅔ th. n.)
— I: 1858. VI, 156 p., 19 tab. — II: 1860. IV, 192 p., 8 tab. — III: 1863. IV, 198 p., 11 tab. — IV: 1868. IV, 202 p., 23 tab.
In fasciculo 2—4 continetur: *S. Schwendener*, Untersuchungen über den Flechtenthallus.
6605* —— Botanische Mittheilungen. München, typ. Weiss. 1861—63. 8 321 p.
Aus den Sitzungsberichten der bayrischen Akademie der Wissenschaften.
6606* —— Dickenwachsthum des Stengels und Anordnung der Gefässstränge bei den Sapindaceen. München, typ. Weiss. 1864. 8. 72 p.
6607* —— Entstehung und Begriff der naturhistorischen Art. Rede. 1. und 2. Auflage. München, (Franz.) 1865. 4. 53 p. (⅔ th. n.)
6608* —— und *S.* **Schwendener.** Das Mikroskop. Theorie und Anwendung desselben. Theil 1. 2. Leipzig, Engelmann. 1865—67. 8. IV, x, 654 p., ic. xyl. (3⅘ th. n.)
Cat. of sc. Papers IV, 565—566.

Naezén, *Daniel Erik,* Arzt in Umeå, * Scara 11. März 1752, † Umeå 2. Dec. 1808
6609 —— Index plantarum rariorum, quas in itinere anno 1780 in urbis Ulricaehamn Vestrogothiae confiniis detexit. Impr. cum *Fantii* dissertatione de Ulricaehamn. Upsaliae, typ. Edman. 1782. 4. p. 29—32.

Nahuys, *Alexander Peter,* Professor in Utrecht (Nahusia Schneev.), * um 1736, † Utrecht 6. April 1794.
6610* —— Oratio inauguralis de religiosa plantarum contemplatione, acerrimo ad divini numinis amorem et cultum stimulo. Trajecti ad Rhenum 1775. 4. 56 p.

Naironi, *Antonio Fausto,* Professor am Collegio della Sapienza in Rom, * Bani am Libanon 1636, † Rom 3. Nov. 1707.
6611 —— De saluberrima potione Cahve seu Cafe nuncupata discursus *Fausti Naironi* Banesii, Maronitae, linguae chaldaicae seu syriacae in almo urbis archigymnasio lectoris. Ad eminentissimum et reverendissimum principem D. Jo. Nicolaum S R. E. Card. de Comitibus. Romae, apud Mich. Herculem. 1671. 12. 57 p.

Nardo, *Giovanni Domenico,* Arzt in Venedig.
6612* —— Considerazioni generali sulle alghe, loro carattere, classificazione, composizione chimica e applicazioni alla medicina, all' arti, all' agricoltura etc. Venezia, typ. Antonelli. 1835. 4. 46 p.
Cat of sc. Papers IV, 569—571.

Nardo, *Luigi.*
6613* —— Dissertatio de Corticis Pini maritimiae analysi chemica et medico usu. Patavii 1831. 8.
6614* —— Su alcuni usi ed applicazioni economiche del Pinus maritima e della sua corteggia Memoria chimico-technica. Venezia, typ. Lampato 1834. 8. 20 p.

Nati, *Pietro.*
6615* —— Florentina phytologica observatio de malo Limonia citrata-aurantia Florentiae vulgo La Bizarria. Florentiae, typ. H. de Nave. 1674. 4. 18 p, 1 tab.
anglice: A phytological observation concerning Oranges and Limons, both separately and in one piece produced on one and the same tree. Philos. Transact vol. X. Nr 114. p. 313—314.
Orsus erat collectionem iconum hortorum Florentinorum: *Targioni* Chorografia praef p. 40. — In *Desideratis pro Bibliotheca Banksiana* citantur: «Icones plantarum» in folio

Naudin, *Charles,* in Paris, * Autun 14. Aug. 1815.
6616 —— Études sur la végétation des Solanées, la disposition de leurs feuilles et leurs inflorescences. Thèse. Paris, typ. Baudouin. 1842. 4. 16 p., app., 1 tab.
6617* —— Melastomacearum quae in Museo Parisiensi continentur Monographicae descriptionis et secundum affinitates distributionis tentamen. Parisiis, V. Masson. 1849—53. 8. 720 p., 27 tab. (20 fr.)
Ann. sc. nat. vol. 12—18.
Cat. of sc. Papers IV, 575—576

Naumann, *Karl Friedrich,* in Dresden, * Dresden 30. Mai 1797.
6618* —— Ueber den Quincunx als Grundgesetz der Blattstellung vieler Pflanzen. Dresden und Leipzig, Arnold. 1845. 8. VI, 80 p, 1 tab. (⅔ th.)

Naumburg, *Johann Samuel,* Professor der Botanik in Erfurt (Naumburgia Moench.), * Erfurt 1768, † Erfurt 12. Mai 1799.
6619* —— Delineationes Veronicae Chamaedryos, Dianthi Carthusianorum, Lamii maculati et purpurei, Arabis alpinae, Violae grandiflorae, Zanichelliae palustris et Polymorphi tremelloides. D. Erfordiae 1792. 8. 35 p.
6620* —— Lehrbuch der reinen Botanik nach auf Erfahrungswissenschaft angewandten Principien der kritischen Philosophie, mit Vorrede von *Friedrich Kasimir Medicus.* Hamburg und Altona, Vollmer. 1798. 8. XVI, 655 p. (1¾ th.)
Cat. of sc. Papers IV, 579.

Nave, *Johann,* * Prag 16. Sept. 1831, † Brünn 18. Nov. 1864.
6621* —— Anleitung zum Einsammeln, Präpariren und Untersuchen der Pflanzen, mit besondrer Rücksicht auf Kryptogamen. Dresden, Burdach. 1864. 8. VI, 94 p., ic. xyl. (⅖ th.)
anglice: London 1867 8.
Cat. of sc. Papers IV, 579.

Neal, *Adam.*
6622 —— A catalogue of the plants in the garden of *John Blackburne* Esq., at Oxford, Lancashire. Warrington 1779. 8. 72 p.

Neale, *Adam,* Arzt, † Dunkirk 22. Dec. 1832.
6623* —— Researches respecting the natural history, chemical analysis and medical virtues of the spur, or ergot of rye. London, H. Phillips. 1828. 8. VIII, 105 p., 1 tab col.

Neander, *Johann.*
6624* —— Tabacologia h. e. Tabaci seu Nicotianae descriptio medico-chirurgico-pharmaceutica etc. Lugduni Batavorum, ex officina Elzeviri. 1622. 4. 256 p., praef., ind.
6625* —— Sassafrasologia: hoc est: Tecmarsis, nobile Sassafras lignum dextre ac feliciter in omnibus ferme corporis humani incommodis in usum ducendi. Bremae, typ. Wessel. 1627. 4. 102 p., praef., ind.

Nebel, *Daniel,* Professor in Heidelberg, * Heidelberg 24. Sept. 1664, † Heidelberg 15. März 1713.
6626 —— De novis hujus saeculi inventis botanicis. Marburgi 1694. 4.
6627* ——, pr. De plantis verno tempore efflorescentibus, et usualibus plerisque. Marburgi 1706. 4.
6628* ——, pr. De plantis incipiente aestate efflorescentibus, usualibus plerisque. D. Marburgi, typ Kürsner. 1707. 4. 16 p.
6629* ——, pr. De Roremarino. D. Heidelbergae 1710. 4.

Nebel, *Wilhelm Bernhard,* Professor in Heidelberg, * Marburg 3. Juli 1699, † Heidelberg 8. April 1748.
6630* —— De plantis dorsiferis usualibus. D. Heidelbergae 1721. 4. 33 p.
6631* —— De Acmella palatina. D. Heidelbergae 1739. 4. 24 p., 1 tab.

Necker, *Noel Joseph de,* kurpfälzischer Botaniker in Mannheim (Neckera Hedw.), * Lille 1729, † Mannheim 10. Dec. 1793.
6632* —— Deliciae gallo-belgicae sylvestres, seu tractatus generalis plantarum gallo-belgicarum ad genera relata mea cum differentiis, nominibus trivialibus, pharmaceuticis, locis natalibus, proprietatibus, virtutibus, ex observatione, chemiae legibus, auctoribus praeclaris, cum animadversionibus secundum principia Linnaeana. Argentorati, Leroux. 1768. II voll. 8. XXIV, 568 p., ind., 2 tab. — * Argentorati, Stein. 1773. II voll. 8. (non differt.)
6633* —— Methodus muscorum per classes, ordines, genera et species, cum synonymis etc. Mannheim, (Loeffler.) 1771. 8. XVII, 296 p., 1 tab. (⅚ th.)
6634* —— Physiologia muscorum per examen analyticum de corporibus variis naturalibus inter se collatis continuatum proximamve animalis cum vegetabili concatenationis indicantibus. Manheimii, Schwan. 1774. 8. 343 p., 1 tab. (1 th.)
6635* —— Traité sur la Mycitologie, ou discours historique sur les champignons en général etc. Mannheim, Fontaine. 1783. 8. 133 p., 1 tab.
6636* —— Elementa botanica, genera genuina, species naturales omnium vegetabilium detectorum, eorumque characteres diagnosticos ac peculiares exhibentia, secundum systema omologicum seu naturale evulgata. Tribus voluminibus divisa, cum 63 tabulis aeri incisis, volumine separato collectis. Accedit Corollarium ad philosophiam botanicam *Linnaei*

spectans; cum phytozoologia philosophica lingua gallica conscripta. Neowedae ad Rhenum, apud societatem typographicam. 1790 et Argentorati, apud König. 1791. 8. — I: xxxii, 389' p. — II: 460 p. — III: 456, 29, 78 p., 54 tab. (7½ th.)
— *Moguntii, Kupferberg. 1808. III voll. 8. (vix differt)

6637* **Necker**, *Noel Joseph de*. Phytozoologie philosophique, dans laquelle on démontre, comment le nombre des genres et des espèces, concernant les animaux et les végétaux, a été limité et fixé par la nature, etc. Neuwied sur le Rhin, et Strasbourg, König. 1790. 8. 78 p., effigies *Neckeri*.

6638* —— Corollarium ad philosophiam botanicam Linnaei spectans, generis, speciei naturalis etc. vegetabilium omnium detectorum; fructuum diversorum aliarumque fructificationis partium definitiones expletas, continens. Neowedae ad Rhenum, apud societatem typographicam. 1790. 8. 29, (2) p.
Enumeratio plantarum in Palatinatu crescentium Acta Theod. palat. II.

Nectoux, *Hipolyte*.

6639* —— Voyage dans la haute Égypte au dessus des cataractes, avec des observations sur les diverses espèces de Séné, qui sont répandues dans le commerce. Paris, Garnery. 1808. folio. xii, 22 p., 4 tab. col. ad Cassiam genus spectantes.

Née, *Luis* (Neea Ruiz et P.).
Colmeiro Bot. esp 183.
Cat. of sc. Papers IV, 582—583.

Needham, *John Tuberville*, Abt, * London 10. Sept. 1713, † Brüssel 30. Dec. 1781.

6640 —— An account of some new microscopial discoveries. London 1745. 8. 126 p., 6 tab.
* *gallice:* Nouvelles découvertes faites avec le microscope. Leide 1747. 12. 136 p., 7 tab.
germanice: Introductio et cap. I—VI. XI. vertente *Goeze*, in Berlin. Samml. VII. 271—289; 341—362; 453—475; 565—582.

6641* —— Observations upon the generation, composition and decomposition of animal and vegetable substances. London, printed in the year 1749. 4. 52 p., 1 tab.
* *gallice:* Paris, Ganeau. 1750. 8. xviii, 524, 29 p., 8 tab.
Sur la poussière, qui féconde les plantes, p. 71—102.

Nees von Esenbeck, *Christian Gottfried*, Präsident der Leopoldinischen Akademie, Professor der Botanik in Breslau (Neesia), * auf dem Reichenberge bei Erbach 14. Febr. 1776, † Breslau 16. März 1858.

6642* —— Die Algen des süssen Wassers nach ihren Entwicklungsstufen dargestellt. Bamberg, C. F. Kunz. 1814. 8. iv, 48 p. (³/₈ th.)

6643* —— Das System der Pilze und Schwämme. Ein Versuch. Würzburg, Stahel. 1816. 4. xxxviii, 329 p., 44 tab. ad nat. col. (25 th.)

6644* —— Synopsis specierum generis Asterum herbacearum, praemissis nonnullis de Asteribus in genere, eorum structura et evolutione naturali. Erlangae 1818. 4. 32 p.

6645* ——, *C. Gustav* **Bischof**, und *H. A.* **Rothe**. Die Entwicklung der Pflanzensubstanz physiologisch, chemisch und mathematisch dargestellt mit combinatorischen Tafeln der möglichen Pflanzenstoffe und den Gesetzen ihrer stöchiometrischen Zusammensetzung. Erlangen, Palm und Enke. 1819. 4. 232 p. (2⅔ th.)

6646* —— Handbuch der Botanik. (Etiam inscriptus: Handbuch der Naturgeschichte zum Gebrauch bei Vorlesungen. Von *Gotthelf Heinrich Schubert*. Vierter Theil.) Nürnberg, Schrag. 1820—21. 2 Bände. 8. — I: 1820. xxx, 725 p. — II: 1821. vi, 690 p. (5⅞ th. — 1 th.)

6647* —— et *Th. Fr. L.* **Nees von Esenbeck**. De Cinnamomo disputatio, qua hortum medicum Bonnensem feliciter instructum rite inauguraturi res ejus viris rei herbariae studiosis commendant. (Amoenitates botanicae Bonnenses. Fasciculus I.) Bonnae, (Weber.) 1823. 4. vi, 74 p., 7 tab. (3⅓ th.)

6648* —— —— et *Wilhelm* **Sinning**. Plantarum, in horto medico Bonnensi nutritarum icones selectae. Manipulus I. (Amoenitates botanicae Bonnenses. Fasciculus II.) Bonnae 1824. 4. 13 p., 6 tab. col. (2⅓ th.)

6649* ——, *Christian Friedrich* **Hornschuch**, et *Jakob* **Sturm**. Bryologia germanica, oder Beschreibung der in Deutschland und in der Schweiz wachsenden Laubmoose. Nürnberg, Sturm. 1823—31. II voll. 8. — I: 1823. cliii, 206 p., tab. col. I—XII. — II: 1 et 2. 1827 et 1831. 182, 208 p., tab. col. XIII—XLIII. (11 th. — nigr. 5½ th.)

6650* **Nees von Esenbeck**, *Christian Gottfried*. Fridericia et Zollernia, ad socios literae. (Bonnae) 1827. 4. 18 p., 4 tab.
Nov. Act. Acad. Caes. Leop. Carol. Nat. Cur. vol. XIII.

6651* —— Agrostologia brasiliensis, seu descriptio graminum in imperio brasiliensi hucusque detectorum, auctore *C. G. Nees ab Esenbeck*. Stuttgardiae et Tubingae, Cotta. 1829. 8 II, 608 p. (3 th.)
Est volumen alterum Florae brasiliensis a *Martius* editae.

6652* —— Enumeratio plantarum cryptogamicarum Javae et insularum adjacentium, quas a *Blumio* et *Reinwardtio* collectas describi edique curavit. Fasciculus prior, Hepaticas complectens. Vratislaviae, Grass, Barth et soc. 1830. 8. viii, 86 p. (½ th.)

6653* —— Genera et species Astercarum. Recensuit, descriptionibus et animadversionibus illustravit, synonyma emendavit. Vratislaviae, Grüson. 1832. 8. xiv, 309 p. (1¾ th.)

6654* —— Hufelandiae Illustratio. (Programma gratulatorium.) Vratislaviae 1833. 4. 25 p., 2 tab.

6655* —— Naturgeschichte der europäischen Lebermoose. Mit besonderer Beziehung auf Schlesien und die Oertlichkeiten des Riesengebirgs. (Etiam inscriptus: Erinnerungen aus dem Riesengebirge.) Berlin und Breslau 1833—38. IV voll. 8. — I: Berlin, Rücker. 1833. xx, 347 p., 1 tab. — II: Berlin, Rücker. 1836. xii, 499 p., — III: Breslau, Grass, Barth et Co. 1838. 593 p. — IV: Breslau, Grass, Barth et Co. 1838. lxxii, 539 p. (7½ th.)

6656* —— Systema Laurinarum. Berolini, Veit. 1836. 8. ix, 720 p, cum charta, distributionem geographicam exhibens. (3½ th.)

6657* —— Kamptzia, novum arborum Myrtacearum genus. (Programma gratulatorium.) Vratislaviae ad Viadrum, typ. Grass, Barth et soc. 1840. folio. 12 p., 2 tab.

6658* —— Florae Africae australioris illustrationes monographicae. I. Gramineae. Glogaviae, Prausnitz. 1841. 8. xx, 390 p. (2 th.)

6659* —— Ad socios literae etc. Adjecta est Lepidagathidis, generis ex Acanthacearum ordine, illustratio monographica. Vratislaviae ad Viadrum, typ. Grass, Barth et soc. 1841. 4. 40 p.
Acanthaceas dedit in DC. Prodr. XI, 46—521. (1847.)
Cat. of sc. Papers IV, 583—585.
In Martii Flora brasiliensi elaboravit Acanthaceas et Cyperaceas.

Nees von Esenbeck, *Theodor Friedrich Ludwig*, Professor an der Universität Bonn, * Reichersberg im Odenwalde 26. Juli 1787, † Hyères 12. Dec. 1837.
Theodor Friedrich Ludwig Nees von Esenbeck, den Freunden des Verstorbenen gewidmet. (Als Manuscript gedruckt.) Breslau 1838. 8. 40 p.

6660* —— De muscorum propagatione. Commentatio. Erlangae (Bonnae, Marcus.) 1818. 4. 26 p., 1 tab. col. (½ th.)

6661* —— Radix plantarum mycetoidearum. Commentatio botanica. Bonnae, (Marcus.) 1819. 4. 19 p., 1 tab. (¾ th.)

6662* —— Plantae officinales, oder Sammlung offizineller Pflanzen. Mit lithographirten Abbildungen von *A. Henry*, und Beschreibungen von *M. F. Weihe*, *J. W. Wolter* und *P. W. Funke*. Fortgesetzt von *Th. Fr. L. Nees von Esenbeck*. Düsseldorf, in der lithographischen Anstalt Arnz et Co. 1821—33. 18 Hefte und 5 Supplementhefte. folio. (822) p., 552 tab. col. (92 th.)
Quinque fasciculi supplementi prodierunt annis 1829—33 pretio 20 th. Textus seorsim: 6 th.

6663* —— und *Wilhelm* **Sinning**. Sammlung schönblühender Gewächse in lithographirten Abbildungen für Blumen- und Gartenfreunde. Mit Beschreibungen und vollständiger Angabe der Kultur. Düsseldorf, Arnz et Co. 1825(—31.) 4. 222 (3) p., 100 tab. roy. folio. (15 th. — col. 25 th.)

6664* —— und *Karl Heinrich* **Ebermaier**. Handbuch der medizinisch-pharmaceutischen Botanik. Nach den natürlichen Familien des Gewächsreiches bearbeitet. Düsseldorf, Arnz et Co. 1830—32. 3 Theile. 8. — I: 1830. viii, 394 p. — II: 1831. p. 392—894. — III: 1832. viii, 602 p. (6⅜ th.)

6665* —— Genera plantarum Florae germanicae, iconibus et descriptionibus illustrata. Fasc. 1—31. Bonnae, Henry et Cohen. 1833—60. 8. 622 tab. cum textu. (31 th.)

Fasciculum I—XVI curavit beatus *Nees von Esenbeck* († 12. Dec. 1837); post ejus obitum continuavit opus a fasciculo XVII—XXI *Friedrich Karl Leopold Spenner* († 5. Juli 1841), adhibitis ab optimo *Neesio* relictis tabulis fasciculorum XVII et XVIII; post ejus mortem continuaverunt a fasciculo XXII—XXIV *Aloys Putterlick* († 29. Juli 1845). Fasciculos XXV, XXVIII, XXXI curavit *Adalbertus Schnizlein*, fasciculum XXVI *Th. Guil. Bischoff*, fasciculum XXVII *Robertus Caspary*, fasciculos XXIX et XXX *Dietericus Brandis*.

6666* **Nees von Esenbeck**, *Theodor Friedrich Ludwig* und *A. Henry*. Das System der Pilze. Durch-Beschreibungen und Abbildungen erläutert. Erste Abtheilung. Bonn, Henry und Cohen. 1837. gr. 8. vi, 74 p., 12 tab. col. (2 *th*.)
Cat. of sc. Papers IV, 585—586.

Neilreich, *August*, Oberlandesgerichtsrath in Wien, * Wien 12. Dec. 1803, † Wien 1. Juni 1871.

6667* —— Flora von Wien. Eine Aufzählung der in den Umgebungen Wiens wildwachsenden oder im Grossen gebauten Gefässpflanzen, nebst einer pflanzengeographischen Uebersicht. Wien, Beck. 1846. gr. 8. xcii, 706 p. (4½ *th*.)

6668* —— Flora von Nieder-Oesterreich. Eine Aufzählung und Beschreibung der im Erzherzogthume Oesterreich unter der Enns wildwachsenden oder im Grossen gebauten Gefässpflanzen, nebst einer pflanzengeographischen Schilderung dieses Landes. Wien, Karl Gerold's Sohn. 1859. 8. cxxxii, 1010 p. (9 *th*. n.) — *Nachträge. Leipzig, Brockhaus Sortiment. 1866. 8. viii, 104 p. (⅔ *th*. n.)

6669* —— Aufzählung der in Ungarn und Slavonien bisher beobachteten Gefässpflanzen. Wien, Braumüller. 1866. 8. xxiv, 504 p. (3⅔ *th*. n.)

6670* —— Diagnosen der in Ungarn und Slavonien bisher beobachteten Gefässpflanzen, welche in *Koch's* Synopsis nicht enthalten sind. Wien (Leipzig, Brockhaus Sortiment.) 1867. 8. vi, 153 p. (⅔ *th*. n.)

6671* —— Die Vegetationsverhältnisse von Kroatien. Herausgegeben von der zool. bot. Gesellschaft in Wien. Wien (Leipzig, Brockhaus.) 1868. 8. xli, 288 p. (1⅓ *th*. n.)
Cat. of sc. Papers IV, 588.

Nemnich, *Philipp Andreas*, Censor in Hamburg, * Dillenburg 5. Juni 1764, † Hamburg 6. März 1822.

6672* —— Allgemeines Polyglotten-Lexicon der Naturgeschichte. Leipzig, Böhme. 4 Bände oder 8 Lieferungen. (1793—98.) 4. — I: 1793. 1684 p., praef. — II: 1795. 1592 p. — III: 1056 p. — IV: 1798. p. 1057—2108. (20 *th*.)
Eine durchaus werthlose und kritiklose Sammlung.

Nendtvich, *Karl Maximilian*, Professor in Ofen, * Fünfkirchen 31. Dec. 1811.

6673* —— Dissertatio, exhibens enumerationem plantarum in territorio Quinque-ecclesiensi sponte crescentium, praemisso tractatu generali de natura geognostica montium etc. Budae, typ. universitatis. 1836. 8. 38 p., 2 tab.

Nestler, *Christian Gottfried*, Professor in Strassburg, * Strassburg 1778, † Strassburg 2. Oct. 1832.
Ehrmann et *Fée*, Discours prononcés sur la tombe de Mr. *Chr. Gottfried Nestler*. Strasbourg, typ. Silbermann. 1832. 8. 13 p.

6674* —— Monographia de Potentilla, praemissis nonnullis observationibus, circa familiam Rosacearum. Parisiis et Argentorati, Treuttel et Würtz. 1816. 4. 80 p., ind., 12 tab. (2 *th*.)

6675* (——) Index plantarum quae in horto academico Argentinensi anno 1817 viguerunt. Argentorati, Levrault. 1818. 8. 23 p. — *Supplementum: 1819. 8. 8 p.

6676* —— Discours prononcé le 11 Dec. 1828. Strasbourg, typ. Levrault. 1829. 4. 16 p.

Netto, *Ladislau de Sousa-Mello*, Director der botanischen Section des Kaiserlichen Museums in Rio Janeiro.

6677* —— Sur la structure anormale des tiges des Lianes. Paris, typ. Parent. 1865. 8. 20 p.

6678* —— Additions à la Flore brésilienne. Itinéraire botanique dans la province de Minas Geraes. Paris, typ. Raçon. 1866. 8. 42 p.

6679* —— Apontamentos sobre a collecção das plantas economicas do Brasil para a exposição internaticional de 1867. Paris, Baillière. 1866. 8. 47 p.

6680* —— Apontamentos relativos á botanica applicada no Brasil. Rio de Janeiro, typ. Laemmert. 1871. 8. v, 78 p.
Cat. of sc. Papers IV, 591.

Neubert, *Wilhelm*.

6681* —— Betrachtungen der Pflanzen und ihrer einzelnen Theile. Stuttgart, Weise. 1865. 8. 58 p., 10 tab. (⅓ *th*.)

Neuenar, *Hermann Graf von*, Kanzler der Universität Köln, * im Herzogthum Jülich 1492, † Augsburg 1530.

Neugebauer, *Ludwig Adolf*, * Dojutrowe 6. Mai 1821.

6682* —— De calore plantarum. D. Vratislaviae, typ. Klein. 1845. 8. 55 p.

Neumann, *Karl Georg*, Medizinalrath, * Gera 13. März 1774, † Trier 17. Nov. 1850.

6683* —— Die lebendige Natur. Berlin, Herbig. 1835. 8. 378 p. (1⅔ *th*.)

Neves Mello, *Antonio Jose das*, Professor in Coimbra seit 1811, † 1835.

6684* —— Circa Stipae arenariae aristam (hygrometri loco adhibendam) atque Cinchonam brasiliensem et alias, observationes. Rio de Janeiro, na impr. regia. 1811. 8. 14 p.
Colmeiro Bot. esp. 199.

Nevianus, *Marcus*.

6685 —— De plantarum viribus poematium. Lovanii, apud Hieronymum Wellaeum. 1563. 8. 106 foll., praef, ind.

Newman, *Edward*.

6686* —— A history of british ferns and allied plants. London, John van Voorst. 1840. 8. xxxiv, 104 p. — Ed. IV. ib. 1865. 8. 200 p., ic. xyl. (5 *s*.)

6687 —— The Phytologist: a monthly botanical Journal. Vol. 1—5. London, John van Voorst. 1842—54. 8.
Cat. of sc. Papers IV, 600—604.

Newton, *James*.

6688 —— Enchiridion universale plantarum, or an universal and compleat history of plants. (Londini circa annum 1689.) 8.
Opus incompletum, cujus tantum initium impressum, viz. Liber primus de arboribus pomiferis: 38 p., praeter tabulam auctorum 2 foll., cum 15 tabulis aeneis.

6689* —— A compleat herbal, containing the prints and the english names of several thousand trees, plants, shrubs, flowers, exotics etc. All curiously engraved on copper-plates. London, printed by Cave. 1752. 8. (20) p., 176 tab. — *Ed. II: London, Backington, Allen et Co. 1798. 8. (20) p., 176 tab., effigies *James Newton*. (non differt.) (10 *s*. 6 *d*.)
Merae sunt icones parvae et subtiles, numerosissimae, ex *Parkinson* fere sumtae et ex *Muntingio*. Sola nomina, eaque anglica.

Neygenfind, *Friedrich Wilhelm*.

6690* —— Enchiridium botanicum, continens plantas Silesiae indigenas, cui adjungitur in fine Calendarium botanicum. Misenae, Goedsche. 1821. 8. x, 532 p., 1 tab. (2⅙ *th*.)

Nicholson, *Henry*.

6691 —— Methodus plantarum, in horto medico collegii Dublinensis, jamjam disponendarum. Dublini 1712. 4. 35 p.

Nicolai, *Ernst August*.

6692* —— Verzeichniss der Pflanzen, die in der Umgebung von Arnstadt wild wachsen, nebst Angabe ihres Standorts und Blütezeit. Arnstadt 1836. gr. 12. iv, 74 p. (¼ *th*.)

Nicolai, *Johannes*.

6693* —— Tractatus de phyllobolia seu florum et ramorum sparsione in sacris et civilibus rebus usitatissima. Francofurti a/M., G. H. Öhrling. 1698. 8. 22, 185 p.

Nicolaos Damascenus.
Ernst Meyer, Geschichte der Botanik I, 324—333.

6694* —— De plantis libri duo *Aristoteli* falso adscripti. Basileae, apud Robertum Winter. 1539. 8. — *Impr. graece cum Operibus *Theophrasti*. Basileae (1541.) folio. p. 197—214. — *Luteliae 1556. 4. — *Impr. latine cum Operibus *Aristotelis*. Lugduni 1579. 12. tom. IV. p. 804—842. — *Venetiis 1585. 8. — *Impr. graece et latine cum Operibus *Aristotelis* ex bibliotheca *Is. Casauboni*. Lugduni, apud. Gu. Laemarium. 1590. folio. tom. II. p. 582—595. — Graece et latine, cum interpretatione *Julii Caesaris Scaligeri*. Parisiis, typ. Regiis. 1619. folio. — Nicolai Damasceni de plantis libri duo *Aristoteli* vulgo adscripti. Ex *Isaaci Ben Honain* versione arabica latine vertit *Alfredus*. Ad codd. mss. fidem addito apparatu critico recensuit *Ernestus Meyer*. Lipsiae, Voss. 1841. 8. xxviii, 138 p. (1½ *th*.)

Nicolson, Dominikaner in Paris (Nicolsonia DC.).
6695* (———) Essai sur l'histoire naturelle de l'isle de Saint-Domingue. Paris, Gobreau. 1776. 8. xxxi, 374 p., 10 tab.
Nicolucci, *Giustiniano.*
6696* ——— De quibusdam algis aquae dulcis. Neapoli, typ. Sebeti. 1843. 8. 22 p.
Niemann, *Albert.*
6697* ——— Ueber eine neue organische Basis in den Cocablättern. D. Göttingen, Vandenhoek und Ruprecht. 1860. 8. 52 p., 1 tab. ($^1/_3$ th. n.)
Niemann, *Johann Friedrich.*
6698* ——— Pharmacopoea batava cum notis et additamentis medicopharmaceuticis. Ed. II. Vol. 1. 2. Lipsiae, Barth. 1824. 8. LXXVIII, 728, XXX, 805 p.
Niemecsky, *Daniel,* Arzt, * Neustadt bei Saar 13. Febr. 1762, ÷ Brünn nach 1812.
6699* ——— Pertractatio de plantis parasiticis aliisque segeti obstantibus; cum pluribus iconibus aeneis. Francofurti a/M. 1795. II voll. 8.
6700* ——— Einleitung in die Pflanzenkur, nebst neuer Eintheilung des Pflanzenreichs. Wien 1796. 4. 8 p. — Ed. II. Leipzig, Kummer. 1800. 4. ($^2/_3$ th.)
Nieremberg, *Juan Eusebio,* Jesuit (Nierembergia Rz. et Pav.), * Madrid 1595, ÷ Madrid 1658.
6701* ——— Historia naturae maxime peregrinae libris XVI distincta. Antwerpiae, ex officina Plantiniana. 1635. folio. 502 p., praef., ind., ic. xyl. i. t.
Plantae: p. 291—372 libri XIV et XV. Primum hispanice prodiit hoc titulo: *Filosofia curiosa y tesoro de maraviglias de la naturaleça.* Madrit 1637. II voll. 8.
Nietzki, *Adam.*
6702* ——— Dissertatio epistolaris de studii botanici ratione ad medici clinici acumen in observando. Halae Salanae, aere Curtiano. 1758. 4. 8 p.
Nightingale, *Thomas.*
6703* ——— Oceanic sketches. With a botanical appendix by Dr. *Hooker* of Glasgow. London, Cochrane. 1835. gr. 12. x, 132 p., 6 tab. (7 *s.* 6 *d.*)
A p. 127—132: *William Jackson Hooker,* List of the ferns in the botanical collection made by Mr. *Nightingale* in the pacific isles.
Nikandros Kolophonios (Nicandra Adans.)
Ernst Meyer, Geschichte der Botanik I, 244—250.
6704* ——— Alexipharmaca, cum scholiis graecis et *Eutecnii* Sophistae Metaphrasi graeca. Ex libris scriptis emendavit, animadversionibusque et paraphrasi latina illustravit *Johann Gottlob Schneider.* Halae, in orphanotropheo. 1792. 8. 346 p. (1$^1/_6$ th.)
— * Theriaca, cum scholiis graecis auctoribus, *Eutecnii* Metaphrasi graeca, editoris latina et carminum deperditorum fragmentis. Ad librorum scriptorum fidem recensuit, emendavit et illustravit *Johann Gottlob Schneider.* Lipsiae, Fleischer. 1816. 8. (3$^1/_3$ th.) — * Nicandri Theriaca et Alexipharmaca recognovit *F. S. Lehrs.* Impr. cum Poetis bucolicis et didacticis. Parisiis, Ambros. Firmin Didot. (Lipsiae, Hermann) 1846. Lex.-8. p. 127—156. Accedit Anonymi Carmen de herbis. p. 168—174.
Nissole, *Guillaume,* Professor in Montpellier (Nissolia Tournef.), * Montpellier 19. April 1647, † Montpellier 1734.
Nitschke, *Theodor,* Professor und Director des botanischen Gartens in Münster, * Breslau 3. April 1834.
6705* ——— Commentatio anatomico-physiologica de Droseae rotundifoliae L. irritabilitate. D. Vratislaviae, typ. Grass. 1858. 8. 27 p.
6706* ——— Pyromycetes. Vol. I, 1. 2. Vratislaviae, Trewendt. 1867 —69. 8. 320 p. (3$^1/_3$ th.)
Cat. of sc. Papers IV, 626.
Niven, *Ninian.*
6707* ——— The visitors companion to the botanic garden, Glasnevin. Dublin, W. Curry. 1838. 8. xiv, 183 p., 3 tab.
Nocca, *Domenico,* Professor der Botanik in Pavia (Nocca Cav.)
6708* ——— In botanices commendationem oratio. Turici 1793. 8. 32 p.
6709* ——— Ticinensis horti academici plantae selectae, quas descriptionibus illustravit, observationibus auxit, coloribus ad naturam prope reddidit. Fasciculus I. Ticini, typ. Galeazzi. 1800. folio. 52 p., 6 tab. col. (Winterthur, Steiner: 8 *th.*)

6710* **Nocca,** *Domenico.* Elementi di botanica. Con varie tavole, che illustrano il sistema Linneano, disegnate dall' autore. Pavia, Galeazzi. 1801. 8. 189 p., 4 tab. — * Ed. II: ib. 1805. 8. 173 p., 5 tab.
6711* ——— Istituzioni di botanica pratica a commodo di quelli, che se applicano alle scienze mediche. Pavia, Galeazzi. 1801. 8. 372 p.
6712* (———) Synopsis plantarum horti botanici Ticinensis anno 1803. Papiae, typ. Bolzani (1803) 8. 45 p. — Appendix: 16 p.
6713* ——— Synonymia plantarum horti botanici Ticinensis. Papiae, Galeazzi. 1804. 8. 115 p.
6714* ——— Epistolae ad multos viros doctos datae. Accedunt ejusdem inscriptiones variae. Ticini, typ. Galeazzi. 1805. 8. 123 p.
6715* ——— Instituzioni di botanica pratica applicabili alla medicina, alla fisiologia, all' economia ed alle arti. Pavia, Capelli. 1808—9. III voll. 8. — I: x, 407 p. — II: iv, 420 p. — III: iv, 343 p.
6716* ——— Illustratio usus et nominis plantarum, quae in *Julii Caesaris* commentariis indigitantur. Ticini, typ. Bolzani. 1812. 4. 28 p.
6717* ——— Sopra il sonno delle foglie delle piante. Pavia 1809—10. 4.
Brugnatelli, Giornale II, 162—166. III, 1860, 131—140.
6718* ——— Historia atque ichnographia horti botanici Ticinensis. Ticini regii, typ. Fusi et Galeazzi. 1818. 4. 114 p., 1 tab. nigr., 1 tab. col.
6719* ——— Se *Virgilio* ha veramente descritto il limone o *Citrus medica* de' botanici nel libro segondo delle georgiche coi versi: Media fert tristes succos. D. s. l. 1819. folio min. 20 p.
6720* (———) Clavis rem herbariam addiscendi absque praeceptore, seu Enchiridion ad excursiones botanicas in agro Ticinensi. Pars I et II. Ticini regii, typ. Fusi et socii. 1823. 8. 157, 272 p.
6721* (———) Flora farmaceutica, o descrizioni delle piante indigene ed esotiche, che sono prescritte in medicina, seguendo la farmacopea austriaca e l'Apparatus medicaminum del Sign. *Murray* etc. Pavia, typ. Bizzoni. 1826. II voll. 8. — I: viii, 317 p., 5 tab. — II: iv, 192 p.
6722* (———) Onomatologia seu nomenclatura plantarum, quae in horto medico Ticinensi coluntur anno 1813; additur synonymia nonnullarum stirpium ad errores qua in commutationibus, qua in coemtionibus distinendos accommodata. Papiae, typ. Bolzani. (1813.) 8. 76, (7) p.
6723* ——— Termini botanico-cryptogamici ad normam recentiorum definiti nec non exemplis e classe XXIV systematis Linneani desumtis iconibusque 218 illustrati. Papiae, typ. Capelli. 1814. 8. xxiii, 188, xv p., 4 tab.
6724* ——— et *Giovanni Battista* **Balbis.** Flora Ticinensis, seu enumeratio plantarum quas in peregrinationibus multiplicibus plures per annos solertissime in Papiensi agro peractis observarunt et collegerunt. Adduntur regionis ichnographia plantarum vel novarum vel minus cognitarum icones, stationes, inflorescentiae tempora, nonnullarum stirpium officinalium virtutes medicae recentiorum experientia natae. Ticini, typ Capelli. 1816—21. II voll. 4. — I: 1816. (Cl. 1—14.) 17, cxxxix, 409 p., tab. 1—10, 1 mappa geogr. — II: 1821. (Cl. 15—24.) xvi, 393, 39 p., tab. 11—27.
Commentationes Nocceanae leguntur in *Usteri,* Annalen. Stück 5—21.
Nocito, *Gerardo.*
6725 ——— Lucidarium medicinae, seu notitia omnium simplicium medicinalium, in quo tempora collectionis plantarum determinantur. Neapoli, impressum per Antonium de Caneto Papiensem. 1511. 4.
Noé, *Wilhelm,* Director des botanischen Gartens von Galata-Serai, Constantinopel.
Cat. of sc. Papers IV, 631.
Noeggerath, *Jakob,* Professor in Bonn, * 10. Oct. 1788.
6726* ——— Ueber aufrecht im Gebirgsgestein eingeschlossene fossile Baumstämme und andre Vegetabilien. Historisches und Beobachtung. Bonn, Weber. 1819. 8. 65 p., praef., 2 tab. ($^1/_2$ th.)
6727* ——— Fortgesetzte Bemerkungen über fossile Baumstämme und andre Vegetabilien. Bonn, Weber. 1821. 8. 68 p. ($^1/_3$ th.)
Noehden, *Georg Heinrich,* † 14. März 1826.
Cat. of sc. Papers IV, 631—632.

Noehden, *Heinrich Adolph*, * Göttingen 20. Juli 1775, † 13. Nov. 1804.

6728* —— De argumentis contra *Hedwigii* theoriam de generatione muscorum. D. Goettingae, typ. Rosenbusch. 1797. 4. 36 p.

6729* —— Entwurf zu Vorlesungen über die pharmacologische Botanik. Goettingen, Schroeder. 1802. 8. 16 p.
Cat. of sc. Papers IV, 632.

Noerdlinger, *Hermann*, Professor in Hohenheim, * Stuttgart 13. Aug. 1818.

6730* —— Die technischen Eigenschaften der Hölzer. Stuttgart, Cotta. 1860. 8. xvi, 551 p., ic. xyl. (2⅘ *th.* n.)

6731 —— Querschnitte von hundert Holzarten. Stuttgart, Cotta. 1861. 16. 110 p., 100 tab. (4⅔ *th.* n.)

Nogueira da Gama, *Manoel Jacinto.*

6732* —— Memoria sobre o Loureiro Cinnamomo vulgo Caneleira de Ceylão. Lisboa, na off. patriarcal. 1797. 8. 38 p., 1 tab. col.

Noisette, *Louis Claude* (Noisettia H. B. K.), * Châtillon 2. Nov. 1772, † Paris 9. Jan. 1849.

6733 —— Le jardin fruitier, contenant l'histoire, la description, la culture et les usages des arbres fruitiers, des fraisiers et des meilleures espèces de vignes qui se trouvent en Europe. Paris, Audot. 1821. 4. 95, 176 p., 90 tab. col. (180 *fr.* — nigr. 37 *fr.* 50 *c.*) — Ed. II. augmentée. Paris, Audot. 1832—39. Fasc. I—XXVI. 8. 216 tab. (130 *fr.*)
Cat. of sc. Papers IV, 638.

Nolte, *Ernst Ferdinand*, Professor der Botanik in Kiel (Noltea Rchb.), * Hamburg 24. Dec. 1791.

6734* —— Botanische Bemerkungen über Stratiotes und Sagittaria. Kopenhagen, typ. Popp. (Hamburg, Perthes und Besser.) 1825. 4. 44 p., 2 tab. (1⅓ *th*)

6735* —— Novitiae Florae holsaticae, sive supplementum alterum Primitiarum Florae holsaticae *G. H. Weberi*. Kilonii, libraria academica. 1826. (Hamburg, Perthes und Besser. 1828.) 8. xxiv, 82 p. (¾ *th.*)
Flora 1817, 297—298.

Nonne, *Johann Philipp* (Nonnea Med.), * Erfurt 7. Febr. 1729, † Erfurt 14. März 1772.

6736* —— Flora in territorio Erfordensi indigena. Erfordiae, typ. Nonne. 1763. 8. 336, xxx p.

6737 —— De botanices usu, et ratione, qua studium hoc rite ingrediendum. Erfordiae 1763. 4.

6738* —— De plantis nothis, occasione spicae Tritici, cui Avenae fatuae aliquot semina innata erant. Programma. Erfordiae, typ. Nonne. (1765.) 4. 11 p.
Usteri, Delectus opusc. bot. vol. I. p. 245—256.

Nooten, *B. Hoola van.*

6739 —— Fleurs, fruits et feuillages choisis de la flore et de la pomone de l'île de Java, peints d'après nature. Bruxelles 1863. folio. 36 tab. col.

Nordmann, *Alexander von* (Nordmannia Fisch.), * Ruotzensalmi 24. Mai 1803, † Helsingfors 25. Juni 1866.
Otto E. A. Hjelt, Gedächtnissrede auf *Alexander von Nordmann*, gehalten in der finnischen Gesellschaft der Wissenschaften am 29. April 1867. Helsingfors 1868 8 61 p.
Cat. of sc. Papers IV, 640—641.

Nordstedt, *O.*

6740 —— Iakttagelser öfver Characeernas groning. Lund 1866. 4. 1 tab.

Norman, *J. M.*

6741* —— Gonatus praemissus redactionis novae generum nonnullorum Lichenum. Christianiae 1852. 8. 40 p., 2 tab. (⁷⁄₁₀ *th.*)

6742* —— Quelques observations de morphologie végétale. Programme. Christiania 1857. 4. 32 p., 2 tab.

6743* —— Index supplementarius locorum natalium specialium plantarum nonnullarum vascularium in provincia arctica Norvegiae sponte nascentium. Nidrosiae, typ. Manglie. 1864. 8. 58 p.
Cat. of sc. Papers IV, 643.

Noronha, *Fernando* (Noronhia Stadm.), † Isle de France 1787.
Ejus Prodromus phytologicus, vegetabilia exhibens nuperrime in insula Madagascar detecta, in lucem proditurus erat anno 1787, ope typographiae regiae insulae Franciae, nisi fatum praematurum autoris obviam ivisset. Icones ineditae 110 plantarum javanicarum servantur Samarangae in schola navali, et in Regia Bibl. Berolinensi.

Nortier, *H. Kloete.*

6744 —— Catechismus der plantkunde. Rotterdam, Kramers. 1848. 8. — 2. druk. Herzien en vermeerderd door *N. W. P. Rauwenhoff.* ib. 1865. 8. 128 p., ic. xyl. (1¼ *fl.*)

Notaris, *Giuseppe de* (Notarisia Colla), * Mailand 1805.

6745* —— De quibusdam Chenopodii speciebus. D. Ticini 1830. 8.

6746* —— Mantissa Muscorum ad Floram pedemontanam. Taurini 1836. 4. 48 p.
Mem. acc. Torino XXXIX, 211—258.

6747* —— Specimen de Tortulis italicis. Taurini (1836.) 4. 50 p.

6748* —— Muscologiae italicae spicilegium. Mediolani, typ. Rasconi. 1837. 4. 26 p.

6749* —— Syllabus muscorum in Italia et in insulis circumstantibus hucusque cognitorum. Taurini 1838. 8. xx, 331 p. (2⅓ *th.*)

6750* —— Primitiae Hepaticologiae italicae. (Taurini 1838.) 4. 74 p., 1 tab.
Memorie Accad. Torino, ser. II. vol. I. p. 287—354.

6751* —— Micromycetes italici novi vel minus cogniti. Decas I—IV. (Taurici 1841—44.) 4. 30, 30 p., 12 tab.
Memorie Accad. Torino, ser. II. vol. III. p. 55—82. VII. p. 1—30.

6752* —— Algologiae maris ligustici specimen. (Taurini 1842.) 8. 45 p., 7 tab.
Memorie Accad. Torino, ser. II. vol. IV. p. 273—315.

6753* —— Repertorium Florae Ligusticae. Taurini, ex regio typographeo. 1844. 4. 495 p.

6754* —— Prospetto della Flora ligustica e dei zoofiti del mare ligustico. Genova, typ. Ferrando. 1846. gr. 8. 80 p.

6755* —— et *A.* **Figari.** Agrostographiae aegyptiacae Fragmenta. Pars I. II. Taurini, ex officina regia. 1852—53. 4. 18, 75 p., 11 tab.
Memorie della accademia di Torino, voll. XII. et XIV.

6756* —— Jungermanniearum americanarum pugillus. Taurini, ex officina regia. 1855. 4. 32 p., 4 tab.
Memorie della accademia di Torino, vol. XVI.

6757* —— Appunti per un nuovo censimento delle Epatiche italiane. Torino, stamperia reale. 1858. 4. 44 p., 5 tab.
Memorie della Accademia di Torino, vol. XVIII.

6758* —— Musci italici. Fasc. I: Tortula. Genova, presso l' autore. (Torino, Loescher.) 1862. 8. 69 p., 35 tab. (12 *Lire.*)

6759* —— Sferiacei italici. Centuria I. Fascicolo 1. 2. Genova, co' tipi del R. I. de' Sordo-Muti. 1863. 4. 90 p., 25 tab.

6760* —— Proposte di alcune rettificazioni al profilo dei Discomiceti. Genova, typ. de' Sordo-Muti. 1864. 8. 34 p.

6761* —— Cronaca della briologia italiana. Parte 1. 2. Genova, typ. del R. I. de' Sordo-Muti. 1866—67. 8. 27, 46 p.

6762* —— Elementi per lo studio delle Desmidiacee italiche. Genova, typ. ist. de' Sordo-Muti. 1867. 4. 84 p., 9 tab.

6763* —— Epilogo della Briologia italiana. Genova, co' tipi del R. I. de' Sordo-Muti. 1869. 8. max. xxiv, 781 p. (40 *fr.*)
Atti della R. Università di Genova, vol. I.
Cat. of sc. Papers IV, 645—646.

Noulet, *Jean Baptiste*, Professor in Toulouse, * Venerque (Haute-Garonne) 1802.

6764* —— Flore du bassin sous-pyrénéen, ou description des plantes, qui croissent naturellement dans cette circonscription géologique, avec l'indication spéciale des espèces qui se trouvent aux environs de Toulouse. Toulouse, Paya. 1837. 8. lxvii, 753 p. (8 *fr.*) — Additions et corrections. Toulouse, typ. Bonnal. 1846. 8. 43 p.

6765* —— et *A.* **Dassier.** Traité des champignons comestibles suspectes et vénéneux, qui croissent dans le bassin sous-pyrénéen. Toulouse et Paris, Paya. 1838. 8. xxx, 260 p., 42 tab. col. (24 *fr.*)

6766* —— Flore analytique de Toulouse et de ses environs. Toulouse, librairie centrale. 1855. 8. xviii, 370 p. — Ed. II. Toulouse, Delbay. 1861. 8. (2 *fr.* 50 *c.*)
Cat. of sc. Papers IV, 647.

Nourij, *Franz Gustav.*

6767* —— Historia botanica, chemico-pharmaceutica et medica foliorum Diosmae serratifoliae (vulgo foliorum Buchu). D. Groningae, Römelingh. 1827. 8. 64 p.

Nowacki, *Anton*, * Samolenz in Posen 30. Nov. 1839.

6768* —— Untersuchungen über das Reifen des Getreides nebst

Bemerkungen über den zweckmässigsten Zeitpunkt zur Ernte. Halle, Buchhandlung des Waisenhauses. 1870. 8. vi, 127 p., 2 tab. (²/₅ th.)
Paginae priores 32 prodierunt dissertationis loco.

Nowodworsky, *Johann*, Professor in Prag, † Prag 21. Juni 1811.

6769* —— (——) Elenchus plantarum, quae in horto illustrissimi Comitis *Josephi Malabaila de Canal* studio et diligentia coluntur ac in herbario vivo asservantur. Pragae, typ. Haase. 1804. 8. x, 70 p.

Nuernberger, *Christian Friedrich*, Professor der Botanik in Wittenberg, * Zwickau 1744, † Wittenberg 26. Febr. 1795.
Titius, Programma de vita beati D. *Nürnberger*. Vitenbenbergae 1799. 4.

Numan, *Alexander*, * Baflo bei Groningen 8. Dec. 1780, † 1. Sept. 1852.

6770* —— et L. **Marchand**. Sur les propriétés nuisibles, que 'les fourrages peuvent acquérir pour différens animaux domestiques par des productions cryptogamiques. Traduit du Hollandais. Groningue, Schierbeck. 1830. 8. 115 p., praef., 5 tab.

Nutius, *Michael*.

6771 —— Fasciculus, sive elenchus herbarum. Venetiis 1678. 12.

Nuttall, *Thomas* (Nuttallia Torr. et Gr.), † Nutgrove in Lancashire 7. Sept. 1859.
Elias Durand, Memoir of the late *Thomas Nuttall*. Proc. Ann. Phil. Soc. vol. VII. p. 125.

6772* —— The genera of North-American plants, and a catalogue of the species to the year 1817. Philadelphia, typ. Heartt. 1818. II voll. 8. — I: vIII, 312 p. — II: 254, 14 p.

6773* —— An introduction to systematic and physiological botany. Cambridge, Hilliard and Brown. 1827. 8. xII, 360 p., 12 tab.

6774* —— The North-American Sylva, or a description of the forest trees of the United States, Canada and Nova Scotia, not described in the work of *François André Michaux*, and containing all the forest trees discovered in the Rocky Mountains, the territory of Oregon down to the shores of the Pacific and into the confines of California, as well as in various parts of the United States, illustrated by 122 finely coloured plates. Philadelphia, J. Dobson. 1842—54. III voll. impr. 8. xII, 136, 123, 148 p., ind., tab. col. 1—121. (nigr. 4 l. 10 s. — col. 6 l. 6 s.)
Cat. of sc. Papers IV, 650—651.

Nylander, *A. Edwin*.
Cat. of sc. Papers IV, 651.

Nylander, *Fredrik*, Docent der Botanik in Helsingfors.

6775* —— Spicilegium plantarum fennicarum. Centuria I—III, 1. Helsingforsiae, typ. Frenckel. 1843—46. 8. 31, 38, 16 p.

6776 —— Eriophori monographia. Helsingfors 1846. 4.
Acta soc. sc. Fenn. III, 1—23.

Nylander, *Wilhelm*, Professor der Botanik in Helsingfors, * Uleaborg (Finnland) 1823.

6777 —— Collectanea lichenologica in Gallia meridionali et Pyrenaeis. Holmiae, J. Beckman. 1853. 8. 16 p.

6778 —— Monographia Calicieorum. Specimen academicum. Helsingforsiae 1857. 8. 34 p.

6779* —— Prodromus Lichenographiae Galliae et Algeriae. Burdigalae, typ. Lafargue. 1857. 8. 221 p.
Actes soc. Linn. Bord. I, 249—461.

6780* —— Synopsis methodica Lichenum omnium hucusque cognitorum, praemissa introductione lingua gallica tractata. Tomus I. (unicus.) Parisiis, typ. Martinet. 1858—59. 8. 430, IV p., 8 tab. col. (20 fr.)

6781* —— og *Th.* **Saelan**. Herbarium Musei fennici. Helsingfors, Finska Literatur-Sällskapets tryckeri. 1859. 8. 118 p., 1 mappa geogr.

6782 —— Bidrag till Finlands Bryologi. Helsingfors 1859. 8.

6783* —— Lichenes Scandinaviae sive Prodromus Lichenographiae scandinavicae. Helsingforsiae, typ. heredum Simelii. 1861. 8. 312 p., 1 tab.
Notiser VI.

6784* —— Synopsis Lichenum Novae Caledoniae. Caen, typ. F. Le Blanc Hardel. 1868. 8. 101 p.
Bull. soc. Linn. Norm. II. Série. voll. II.
Cat. of sc. Papers IV, 651—653.

Nylandt, *Petrus*.

6785* —— Der Nederlandsche Herbarius of Kruydt-Boeck, beschryvende de geslachten, gedaente, plaetse, tijt, oeffening, aert, krachten en medicinael gebruyck van alderhande boomen, heesteren, boom-gewassen, kruyden en planten, die in de Nederlanden in't wilde gevonden, en in de hoven onderhouden werden, als mede de uytlandtsen of vreemde droogens, die gemeenlyck in de Apothekers winckels gebruyckt worden, uyt verscheyde kruydt-beschryvers, tot nut van alle natuurkunders, geneesmeesters, Apothekers, Chirurgyns, en liefhebbers van kruyden en planten by een vergadert en beschreven. T' Amsterdam, Marcus Doornick. 1670. 4. 342 p, (150) ic. xyl. i. t. — * Amsterdam, Marcus Doornick. 1673. 820 p., praef., ind., ic. xyl. i. t.
germanice: Neues medizinalisches Kräuterbuch. Osnabrück, Johann Georg Schwaender. 1678. 4. 395 p., ic. cyl. i. t.

Nyman, *Carl Fredrik*, * Stockholm 21. Aug. 1820.

6786* —— Ofversigt af Wäxtfamiljerna med afseende på deras användande vid wäxternas undersökning och bestämning, enligt Prof. *Fries* system. Stockholm 1843. 8. x, 118 p. (1 *Rdr*.)

6787* —— Botanikens första grunder. Stockholm 1849. 8. II, 112 p., 1 tab. (24 *sk*.)

6788* —— Sylloge florae Europaeae seu plantarum vascularium Europae indigenarum enumeratio adjectis synonymis gravioribus et indicata singularum distributione geographica. Oerebroae, N. M. Lindh. 1854—55. Lex. 8. xxIV, 442 p. — *Supplementum. ib. 1865. 8. (herabgesetzt: 2 ⅔ *th*)

6789 —— Svenska Växternas natur-historia eller Sverigé's Fanerogamer. 2 vol. Oerebro 1867—68. gr. 8.
Cat. of sc. Papers IV, 653.

Nyst, *P*.

6790* —— Catalogue des plantes cultivées dans le jardin botanique de la ville de Bruxelles. Bruxelles, typ. Bols-Wittouck. 1826. 8. IV, 91 p.

O.

Oakes, *William* (Oakesia Tuck.), † Ipswich (Massachusets) 1. Febr. 1849.
Collectanea botanica; or Notices of rarer plants found in Essex County, Massachusetts. Proc. Essex Inst. I, 270—273.

Obbes, *F. N.*

6791 —— Over Vicia Faba nauvoensis. Leiden 1866. 8. 1 tab.

Oberdieck, *H.*

6792* —— Etymologie von Obstnamen. Programm. Breslau, typ. Foland. 1866. 4. 28 p.

Oberlin, *Heinrich Gottfried*.

6793* —— Propositions géologiques. Strasbourg, typ. Levrault. 1806. 8. xIV, 261 p., 5 tab. (Pyrola umbellata.) (4 *fr*.)
Botanique: p. 89—155.

Oberlin, *L.*

6794* —— Aperçu systématique des végétaux médicinaux. Paris, V. Masson. 1867. 142 p. (2 *fr*. 50 *c*.)

Oberndorffer, *Johann*.

6795 —— Horti medici, qui Ratisbonae est, descriptio, in qua arborum, fruticum et plantarum tum indigenarum, quam exoticarum nomina ceu in catalogo designantur. Ratisbonae, typ. Matthiae Mylii. 1621. 8.

Oczko, *Woyciech*.

6796 —— Descriptio herbarum medicarum. Cracoviae 1581. 4.

Odonus, *Caesar*, Professor in Bologna (Odonia Bert.)

6797* —— *Theophrasti* sparse (ae) de plantis sententiae in continuatam seriem ad propria capita revocatae, nominaque secundum literarum ordinem disposita. Bononiae, apud Alexandrum Benaccium. 1561. 4. 142 foll.

Odoricus de Porto Naonis.
Ernst Meyer, Geschichte der Botanik IV, 131—135.

Oeder, *Georg Christian*, zuletzt Landvogt in Oldenburg (Oederia DC.), * Anspach 3. Febr. 1728, † Oldenburg 28. Jan. 1791.

6798* —— Underretning om Flora danica. Relatio de Flora danica. Hafniae 1761. folio. 7 p., 1 tab. col.

6799* **Oeder**, *Georg Christian*. Icones plantarum sponte nascentium in regnis Daniae et Norvegiae, in ducatibus Slesvici et Holsaticae, et in comitatibus Oldenburgi et Delmenhorstiae, ad illustrandum opus de iisdem plantis regio jussu exarandum, Florae danicae nomine inscriptum. Vol. I—XVI. Havniae 1761—1871 folio. 2880 tab. col. et textus. (620 *th*.) (Continuatur.)
Adest editio tabulis nigris pretio multo minori.

6800* —— Nomenclator botanicus inserviens Florae danicae. Havniae, typ. Philibert. (Schubothe.) 1769. 8. 231 p. (1 *Rdr*.)

6801* —— Enumeratio plantarum Florae danicae, i. e. sponte nascentium in regnis Daniae et Norvegiae, ducatibus Slesvigi et Holsatiae, comitatibus Oldenburgi et Delmenhorstiae. Havniae, typ. Philibert. (Schubothe.) 1770. 8. (Cryptantherae.) 112 p (48 *Skill*.)
germanice: Verzeichniss der zu der Flora danica gehörigen, in dem Königreiche Dännemarck wildwachsenden Pflanzen. Kopenhagen 1770. 8.

6802⁻ —— Elementa botanicae. Havniae, Mumme. (Schubothe.) 1764—66. II voll. 8 vi, 382 p., 14 tab. (2 *Rbd*. 64 *Skill*.)
* *germanice*: Einleitung zu der Kräuterkenntniss. Kopenhagen, Mumme. 1764—66. II voll. 8. 434 p., 14 tab.

Oelhafen von Schoellenbach, *Karl Christoph*, * Nürnberg 16. Febr. 1709, † Nürnberg 20. Juni 1783.

6803* —— Abbildung der wilden Bäume, Stauden- und Buschgewächse, welche nicht nur in Farben nach der Natur vorgestellt, sondern auch nach ihrer wahren Beschaffenheit, nach dem Stand ihrer Blätter, nach ihren männlichen und weiblichen Blüthen, Früchten und Samen, nach ihrem Wachsthum und Alter, das sie gewöhnlich erreichen, nach ihrer Erziehung und Pflege, die sie erfordern, kurz und gründlich beschrieben werden Herausgegeben, verlegt, und mit den in Kupfer gestochenen und illuminirten Abbildungen versehen von *Adam Wolfgang Winterschmidt*. Nürnberg, Winterschmidt. 1767—1804. III voll. 4. — I: 1773. Tangel- oder immergrüne Bäume. 82 p., 34 tab. col. (6 *th*.) — II: Laub- oder Blätterbäume. 72 p, 43 tab. col. (incomplet!) (15 *th*) — III: Stauden. (9 *th*.)
Vidi semper exemplaria incompleta, in medio altero volumine interrupta Post autoris obitum *J. Wolff* opus continuavit.
gallice: Traité des arbres, arbrisseaux et arbustes de nos forêts traduit de l'allemand par *God. Benistant*. Nuremberg 1775 III cahiers. 8. (48 *fr*.)

Oelhafius, *Nicolaus*.

6804* —— Elenchus plantarum circa nobile Borussorum Dantiscum sua sponte nascentium, earundem synonyma latina et germanica, loca natalitia, florum tempora et vires exhibens. Dantisci, typis et impensis G. Rheti. 1643. 4. 20 foll. sign. 1—80., praef., ind. — * Ed recensita ac locupletata a successore *Laurentio Eichstadio*. ib. 1656. 8. 256 p., praef., 3 tab.

Oellinger, *Georg*, Gründer eines botanischen Gartens in Nürnberg «der getrew lieb Herr Jörg» des Hieronymus Bock, † Nürnberg 1550.
Seine botanischen Handschriften werden in der Universitätsbibliothek zu Erlangen aufbewahrt.

Oersted, *Anders Sandöe*, Professor der Botanik in Kopenhagen, * Rudkjøbing 21. Juni 1816.

6805* —— Planterigets Naturhistorie, en almeenfattelig Fremstilling af de vigtigste Planter i deres Forhold till Menneskene og Jorden. Kjøbenhavn, Klein. 1839. 8. xvi, 384 p., 34 tab. (2 *Rbd* 40 *Skill*.)

6806* —— De regionibus marinis. Elementa topographiae historico-naturalis freti Öresund. D. Hauniae 1844. 8. (2), 88 p., 2 tab. (½ *th*.)

6807* —— Centralamerika's Gesneraceer, et systematisk, plantegeographisk Bidrag til Centralamerika's Flora. Kjøbenhavn, typ. Mahle. 1858. 4. 78 p., 11 tab., 1 mappa geogr. (2 *th*.)

6808* —— L'Amérique centrale. Recherches sur sa Flore et sa géographie physique Résultats d'un voyage dans les états de Costa Rica et de Nicaragua exécuté pendant les années 1846—48. Première livraison (la seule publiée.) Copenhague, imprimerie de Bianco Luno. 1863. gr. 4. iv, 48 p., 22 tab. (10 *th*.)

6809* —— Om sygdomme hos planterne, sam foraarsages af Snyltesvampe navnlig om Rost och Brand. Kjøbenhavn, Schubothe. 1863. 8. iv, 146 p., 3 tab. ic. xyl.

6810* —— Iagttagelser . . . Opdagelser af de hidtil ukjendte Befrugtningsorganer hos Bladswampene. Kjøbenhavn, typ. Luno. 1865. 8. 15 p., 2 tab.

6811* **Oersted**, *Anders Sandöe*. Nouvelles observations sur un champignon parasite, dont les générations alternantes habitent sur deux plantes hospitalières différentes. Copenhague, typ. B. Luno. 1866. 8. 16 p., 2 tab.
K. D. Vid. Selsk. Overs. 1866.

6812* —— Nouveaux essais de semis faits avec des champignons parasites. Copenhague, typ. B. Luno. 1867. 8. 9 p., 1 tab.
K. D. Vid. Selsk. Overs. 1867.

6813 —— Om Berberisserust og Graesrust. Kjøbenhavn 1866. 8.

6814* —— Recherches sur la classification des Chênes. Copenhague, typ. Bianco Luno. 1867. 8. 80 p., 2 tab.
Vidensk. Meddelelser, vol. 1867.

6815* —— Om en saeregen, hidtil ukjendt Udvikling hos visse Snyltesvampe og navnlig om de genetiske forbindelse mellem Sevenbommens Baeverust og Paeretraeets Gitterrust. Kjøbnhavn, typ. Bianco Luno. 1868. 4. 14 p., 3 tab. col.
Kongl. Vid. S. Skrifter, vol. VII.
Cat. of sc. Papers IV, 696—697.

Oetinger, *Ferdinand Christoph*, Professor in Tübingen, * Göppingen 1719, † Tübingen 15. April 1772.

6816* —— pr. Irritabilitas vegetabilium in singulis plantarum partibus explorata, ulterioribusque experimentis confirmata. D. Tuebingae 1768. 4. 30 p.
Respondens et fortasse autor est *Johann Friedrich Gmelin*; redit in Usteri Delectus opusc. I. 272—309.

Oettel, *Karl Christian*, * Pösneck 2. Mai 1742, † Meffersdorf 26. Febr. 1819.

6817* —— Systematisches Verzeichniss der in der Oberlausiz wildwachsenden Pflanzen. Görlitz, Anton. 1799. 8. 88 p. (⁵⁄₂₄ *th*.)

Ohlert, *Arnold*, Schulrath in Danzig.

6818* —— Zusammenstellung der Lichenen der Provinz Preussen. Danzig, Weber. 1870. 4.

Ohlert, *Bernhard*, * Thiensdorf bei Elbing 15. Aug. 1821.
Ueber die Gesetze der Blattstellung. Poggendorffs Annalen 93, 260—285, 349—380. 95, 139—155.

Ohlert, *E.*, Oberlehrer in Königsberg.

6819* —— Ueber die morphologische Stellung der Samen phanerogamischer Gewächse. Programm. Königsberg, typ. Dalkowski. 1866. 4. 9 p.
Cat. of sc. Papers IV, 665.

Oken, *Lorenz*, Professor in Jena (Okenia Dietr.), * Bohlsbach 1. Aug. 1779, † Zürich 11. Aug. 1851.

6820* —— Entwurf von *Oken's* philosophischem Pflanzensystem. (Weimar 1817.) 8. 110 p.
Dietrich, Oekon. bot. Journal I, 1—110.

Olafsyn, *Olaf*.

6821 —— Termini botanici, som grunde til plantelaeren. Kjøbenhavn 1772. 8. 72 p.
Ejus explicatio nominum plantarum Islandiae vernaculorum est in Act. Soc. Sc. Island. vol. I. p. 1—19.

Olcott, *Henry S*.

6822* —— Sorgho and Imphee, the Chinese and african sugar Canes; a treatise upon their origin, varieties and culture. New-York, Moore. 1857. 8. 350 p.

Oldham, *Richard*, botanischer Reisender in Ostasien, † Amoy 13. Nov. 1864.

Olearius, *Johann Christoph*, * Halle 17. Sept. 1668, † Arnstadt 31. März 1747.

6823* —— Aloedarium historicum, i. e. Historische Beschreibung derjenigen Aloen, welche in europäischen Landen, sonderlich in Teutschland, nach und nach bisher geblüht und bekannt worden, etc. Arnstadt, typ. Meurer. 1713. 8. 48 p., praef., 2 tab.

Olearius, *Johann Gottfried*, Superintendent in Arnstadt, * Halle 25. Sept. 1635, † Arnstadt 23. Mai 1711.

6824* —— Hyacinth-Betrachtung, darinn die anmuthige und überaus schöne Hyacinthblume zu leiblicher Ergetzung und geistlicher Erbauung allen rechtschaffnen gottseligen Gartenliebhabern zu einem Exempel der christlichen Gartenlust fürgestellt wird. Leipzig, Wittigau. 1665. 12. 100 p., praef., ind., 1 tab.

6825* (——) Specimen Florae Hallensis, sive designatio plantarum hortuli M. J. G. O. quibus instructus fuit anno 1666. 1667.

1668. certis de causis, amicis maxime sic volentibus exhibita atque publicata. Halae Saxonum, typ. Salfeld. 1668. 12. (30) foll.

Olin, *Johan Henrik* (Olinia Thunb.), * Wexiö 5. Dec. 1769, † Wexiö 21. Juni 1824.

6826* —— Plantae suecanae, annonae imprimis difficultate urgente, victui humano inservientes. D. I et II. Upsaliae, typ. Edman. 1797—98. 4. 30 p.

Oliver, *Daniel*, Custos des botanischen Museums in Kew.

6827* —— Lessons in elementary botany. London and Cambridge, Macmillan and Co. 1864. 8. VIII, 317 p., ic. xyl. (4 s. 6 d.)

6828* —— Official Guide to Kew Museums. A Handbook to the Museums of economic botany of the Royal Gardens, Kew. Ed. IV. Third edition. London, Reeve and Co. 1868. 8. 86 p. (6 d.)

6829* —— Guide to the Royal Botanic Gardens and Pleasure Grounds, Kew. Twenty-fourth edition. London 1867. 8. 63 p., 1 tab. (6 d.)

6830* —— Flora of tropical Africa. By Daniel Oliver, assisted by other botanists (John Gilbert Baker, W. B. Hemsley, Maxwell T. Masters). Vol. I. Ranunculaceae—Connaraceae. Published under the authority of the first Commissioner of Her Majesty's works. London, L. Reeve and Co. 1868. 8. XII, XLI, 479 p. — Vol. II. Leguminosae to Ficoideae. ib. 1871. VIII, 613 p. (1 l.)
Cat. of sc. Papers IV. 674—675.

Olivi, *Giuseppe*, * Chioggia 19. März 1769, † Padua 25. Aug. 1795.

6831* —— Dell' Ulva atropurpurea, specie nuova e tintoria delle Lagune Venete Memoria botanica. (Padova) 1793. 4. 13 p.
Seorsim impr. e Saggi dell' Accad. di Padova, tom. III. 1. p. 144—154.

Olivier, *Guillaume Antoine* (Oliveria Vent.), * Arcs bei Toulon 19. Jan. 1756, † Lyon 1. Oct. 1814.

6832* —— Voyage dans l'empire Othoman, l'Égypte et la Perse, fait par ordre du gouvernement pendant les six premières années de la république. Deux volumes et Atlas. Paris an IX—XII. 1804—4. 4.: I: 1804. XII, 432 p. — II: 1804. II, 466 p. — Atlas en trois livraisons. gr. 4.: 50 tab. — *Ed. minor. ib. 1804—7. 8.
Tab. 12. 13. 14. 15. 32. 43. 44. 45. 46. 47. tangunt rem herbariam.

Olivier, *Théodore*, * Ath (Belgien) 1847, † 1867.

6833* —— Traité de botanique élémentaire, à l'usage des établissements d'instruction. Tournai, Casterman. 1863. 12. 115 p. (1 fr.)

Olorinus, *Johannes* (i. e. Johann **Sommer** aus Zwickau.)

6834* —— Centuria arborum mirabilium, d. i. Hundert Wunderbäume mit aus dem Grund und Boden des grossen Weltengartens unsres Herrn Gottes gewachsen. Aus dem grossen Weltgarten in diess kleine papieren Gärtlein versetzet. Magdeburgk, bey Lewin Braunss. 1616. 12. 122 p., praef.

6835* —— Centuria herbarum mirabilium, d. i. Hundert Wunderkräuter, so da theils in der Newen Welt, theils in Deutschland wachsen. Allen Liebhabern der Wundergeschöpfe Gottes zur Lust, Lehre und Trost. Aus vielen beglaubten Autoribus mit grosser Mühe und Fleiss zusammengetragen. Magdeburgk, bei Levin Braunss. 1616. 12. 139 p.

Olsson, *P.*

6836 —— Om de svenska arterna af slägtet Equisetum. D. Upsala 1866. 8. 37 p.

Opatowski, *Heinrich*, Arzt in Saalfeld, * Saalfeld 1812.

6837* —— De Memecycleis ordine naturali a *Decandolle* constituto. D. Berolini, typ. Nietack. 1838. 8. 28 p.

Opatowski, *Wilhelm*, Arzt in Saalfeld, * Saalfeld 19. Mai 1810, † Saalfeld 13. Nov. 1838.

6838* —— Commentatio historico-naturalis de familia Fungorum Boletoideorum. D. Berolini, typ. Schade. 1836. 8. 34 p., 1 tab. col.

Opiz, *Maximilian Philipp*, Forstamts-Concipist in Prag (Opizia Presl.), * Caslau 5. Juni 1787, † Prag 20. Mai 1858.

6839* —— Deutschlands kryptogamische Gewächse nach ihren natürlichen Standorten geordnet. Anhang zur Flora Deutschlands von *Roehling*. Prag, typ. Scholl. 1816. 8. 166 p. (1 th.)

6840* —— Böheims phanerogamische und kryptogamische Gewächse. Nebst Angabe ihres gebräuchlichsten Provinzialnamens, ihres Vorkommens, ihrer Verbreitung, Anführung der Fundorte der seltneren nebst ihren Findern, und Andeutung des landesüblichen Gebrauchs, ihres Nutzens und ihrer Schädlichkeit. Prag, Enders. 1823. 8. 168 p. (⅔ th.)

6841* **Opiz**, *Maximilian Philipp*. Auf welchem Wege wäre die Wahrheit, das höchste Ziel der reinen Botanik zu erreichen? Ein Wort zur Beherzigung eines jeden Botanikers. Prag, Enders. 1829. 8. 29 p. (⅙ th.)

6842* —— Beiträge zur Naturgeschichte. Nummer 1—12. Prag 1823—28. 8. (2 fl. 24 kr.)

6843 —— Seznam rostlin květeny České. V Prace, Fr. Řívnac. 1852. 8. VI, 216 p.
Malá encyklopedie nauk Nákladem Českého Museum. Díl X.
Cat. of sc. Papers IV. 685.

Orbigny, *Alcide d'*, Professor am Muséum d'histoire naturelle in Paris (Orbignya Mart.), * Cuéron 6. Sept. 1802, † Pierrefitte (Seine) 30. Juni 1857.

6844* —— Descripcion geográfica, histórica y estadística de Bolivia. Tomo primero. Paris, Gide. 1845. 8. LIV, 402 p., 14 tab. nigr. et col. in 4.
Tabulae 2. 8. 9. 13. tangunt rem herbariam.

6845* —— Voyage dans l'Amérique méridionale, exécuté dans les années 1826—33. Paris, Bertrand. 1835—49. 4. et folio. (1200 fr.)
Plantas cryptogam. exposuit ill. *Carolus Montagne*, Palmas *Philippus von Martin*.

Orbigny, *Charles d'*, Naturaliste am Muséum in Paris, * Cuéron 1806.

6846* —— Dictionnaire universel d'histoire naturelle. Paris, Renard et Martinet. 1839—49. 8.
Essai sur les plantes marines des côtes du golfe de Gascogne. Mém. Mus. VI. 163—203. (1820.)

Ordoyno, *Thomas*.

6847* —— Flora Nottinghamiensis, or a systematic arrangement of the plants, growing naturally in the county of Nottingham; with their Linnean and english names, generic and specific characters in latin and english, place of growth and time of flowering. Newark, typ. Ridge. 1807. 8. 7, v, 344 p. (6 s.)

Orfila, *Mathéo José Bonaventura*, Professor in Paris, * Mahon auf Minorca 24. April 1787, † Paris 12. März 1853.
Mémoires de l'académie de médecine XVIII. p. 1—32.

6848* —— Traité des poisons tirés des règnes minéral, végétal et animal, ou Toxicologie générale. Paris 1813—15. 8. — Traité de toxicologie. Cinquième édition revue, corrigée et considérablement augmentée. Paris, Labé. 1852. 2 voll. 8. (19 fr.)

Oribasios, *Pergamenus* (Oribasia Schreb.), * Pergamon 325, † 400.
Ernst Meyer, Geschichte der Botanik II. 261—273.

6849* —— *Oribasii* medici De simplicibus libri quinque. Impr. cum *Sanctae Hildegardis* Physicis. Argentorati, apud Schottum. 1533. folio. p. 122—233. — *Impr. cum *Sanctae Hildegardis* Physicis in Experimentario medicinae. Argentorati, apud Schottum. 1544. folio. p. 122—233. (eadem impressio!)

Orphanides, *Theodor Georg*, Professor der Botanik in Athen.

6850* —— Enumeratio Chloridis hellenicae. Athen, typ. Ktena et Soutza. 1866. 8. 77 p. (neogracae).

Ortega, *Casimiro Gomez*, Neffe von José Ortega, Director des botanischen Gartens in Madrid von 1771—1801, * Añover de Tajo 1740, † Madrid 1818.
Colmeiro Bot. esp. 166—169.

6851* —— De Cicuta commentarius. Matriti, typ. Ibarra. 1763. 4. (8), 45 p., 1 tab.
* hispanice: Tratado de la naturaleza y virtudes de la Cicuta, llamada vulgarmente Cañaeja. Madrid, Ibarra. 1763. 4. 52 p., praef., 1 tab.

6852* —— De nova quadam stirpe, seu Cotyledonis Mucizoniae et Pistoriniae descriptio. Matriti, Ibarra. 1772. 4. 6 p, 1 tab. Bibl. Juss.

6853 (——) Indice de las plantas, que se han sembrado en el real jardin botanico en este año de 1772. (Madrit 1772.) 4. 15 p.

6854* —— Tabulae botanicae, in quibus classes, sectiones et genera plantarum in Institutionibus Tournefortianis tradita synoptice exhibentur in usum praelectionem botanicarum. Matriti, apud Joach. Ibarra. 1773. 4. 39 p. — *Ed. II. latino-hispanica: subjectis plurium specierum nominibus hispanicis et quarundam vocum technicarum explicatione. Matriti, typogr. regia. 1783. 8. 167, (86) p.
Etiam hispanice inscribitur: «Tablas botanicas» etc.

6855 **Ortega**, *Casimiro Gomez*. Tratado de las aguas termales de Trillo. Madrid 1778. 8.
Inde a p. 37—47 occurrit: Catálogo des las plantas, que se crian en el sitio de los Baños (de Trillo) y su inmediacion.
6856* —— Instruccion sobre el modo mas seguro y económico de transportar plantas vivas por mar y tierra á los paises mas distantes. Madrid, Ibarra. 1779. 4. 70 p., 1 tab.
6857* —— Historia natural de la Malagueta, ó pimienta de Tavasco. etc. Madrid, Ibarra. 1780. 4. 34 p., 1 tab.
6858* —— y *Antonio* **Palau y Verdera**. Curso elemental de botánica dispuesta para la enseñanza del real jardin de Madrid. Madrid 1785. II voll. 8. XVI, 226, XL, 184 p. — *Segunda edicion. Madrid, imprenta de Marin. 1795. II voll. gr. 8. — Parte teórica: XVI, 256 p., prolegomena, 9 tab. — Parte práctica: XLIV, 240 p., 1 tab. — Reimpreso en México por D. Felipe de Zúñiga y Ontiveros. 1788. 4. IX, 108 p.
* italice: per *Giambattista Gualteri*. Parma, della reale stamperia. 1788. 8. XXX, 328, XXIX p.
6859* —— Novarum aut rariorum plantarum horti Matritensis descriptionum decades cum nonnullarum iconibus. Centuria I. Matriti, ex typ. Mariniana. 1800. 4. IV, 138 p., 18 tab.
Prodiit annis 1797—1800 decem fasciculis.

Ortega, *José*, Apotheker König Ferdinand VI. (Ortegia Loefll., Ortega DC.), † Madrid 1761.
Colmeiro Bot. esp. 163.

Orth, *Johann Martin Anastasius*.
6860* —— pr. Flora deliciosa foecundae germinantis copiae cornu superba. D. Herbipoli, typ. Kleyer. 1723. 8. 120 p., praef.

Ortlob, *Johann Friedrich*, * Öls 2. Aug. 1661, † Leipzig.
6861* —— pr. Analogia nutritionis plantarum et animalium. D. Lipsiae 1683. 4. 16 p.

Ortmann, *Anton*, Apotheker in Elbogen, † 25. Nov. 1861.
6862* —— Flora Carlsbadensis, in *L. Fleckles*, Karlsbad. Stuttgart 1838. 8. p. 185—266.
6863* —— Flore cryptogamique de Carlsbad, in *Carro*, Almanach X, 126—154. (1840.)
6864* —— Flora des Elbogner Kreises im Königreich Böhmen. In: *Gluckselig*, der Elbogner Kreis. Carlsbad 1842. 8. p. 72—106.
Cat. of sc. Papers IV, 701—702.

Osbeck, *Pehr*, schwedischer Marineprediger, später Prediger in Hasslöf bei Götheborg (Osbeckia L.), * Oset 9. Mai 1723, † Hasslöf 23. Dec. 1805.
Ödmann, Aminnelse-tal. Stockholm 1815. 8. 16 p.
6865* —— Dagbok öfwer en Ostindisk Resa åren 1750—52. etc. Stockholm, typ. Grefing. 1757. 8. 376 p., praef., ind., 12 tab.
* germanice: Rostock, Koppe. 1765. 8. XXIV, 552 p., ind., 13 tab.
* anglice: London, White. 1771. 8.

Oschatz, *Adolph* (Oschatzia Walp.), * Deutsch-Krona 6. Aug. 1812, † Berlin 20. Dec. 1857.
6866* —— De Phalli impudici germinatione. D. Vratislaviae, typ. Grass, Barth et soc. 1842. 4. 16 p., 1 tab.
Nova Acta Leop. XIX, 2. 661—672.

Oskamp, *Dieterich Leonhard*, Arzt in Utrecht (Oskampia Moench.)
6867* —— Specimen botanico-physicum inaugurale, exhibens nonnulla, plantarum fabricam et oeconomiam spectantia. Trajecti ad Rhenum, typ. Paddenburg. 1789. 4. 70 p.
6868* —— Tabulae plantarum terminologicae, adjecta systematis Linnaei explicatione, nec non praecipuos vegetabilium characteres eruendi methodo brevissima. Lugduni Batavorum, Honkoop. 1793. folio. 8 p., (6) foll.

Ossa, *José Antonio*, Director des botanischen Gartens in der Havanna (Ossaea DC.).
Colmeiro Bot. esp. 202.

Osten-Sacken, *Baron Friedrich von der*.
6869* —— und *F. J.* **Ruprecht**. Sertum Tiantschanicum, Botanische Ergebnisse einer Reise im mittleren Tian-Schan. Petersburg (Leipzig, Voss). 1869. 4. 74 p. (²⁄₃ th. n.)
Mém. ac. sc. Pét. vol. 14.

Ott, *Johann*, Arzt in Prag.
6870* —— Catalog der Flora Böhmens, nach weiland Professor *Friedrich Ignaz Tausch's* Herbarium Florae bohemicae. Prag, typ. Haase. 1851. 4. IV, 48, (3) p. — *Prag, Dominicus. 1859. 4. (non differt.)

Otth, *G.*
Cat. of sc. Papers IV, 712.

Otth, *Karl Adolf*, Arzt und Landschaftsmaler, * Bern 2. April 1803, † zwischen Cairo und Jerusalem 16. Mai 1839.
Verh. schw. naturf. Ges. 1839, 204—210.
Scripsit Monographiam generis Silene in DC. Prodr. I, 367—385.

Otto, *Balthasar*.
6871* —— pr. De Nardo Pistica, ex historia passionis dominicae exercitatio philologica. Lipsiae, e cassiterographia Coleri. 1673 4. (16) foll.

Otto, *Bernhard Christian*, Professor in Frankfurt a/O., *Nipars bei Stralsund 6. März 1745, † Frankfurt a/O. 5. Nov. 1835.
6872* —— Theses aliquot botanicae medicaeque. D. Trajecti a/V. 1789. 4. 8 p.
6873* —— De Fumaria. D. Trajecti a/V. 1789. 4. 23 p.
6874* —— De Phytolacca. D. Trajecti a/V. 1792. 4. 19 p.
6875* —— De Phellandrii aquatici charactere botanico et usu medico. D. Trajecti a/V. 1793. 4. 28 p.

Otto, *Friedrich*, Gartendirector zu Schöneberg bei Berlin (Ottonia Spr.), * Schneeberg im Erzgebirge 4. Sept. 1782, † Berlin 7. Sept. 1856.

Otto, *Johann Gottfried*.
6876* —— Versuch einer auf die Ordnung und den Stand der Lamellen gegründeten Anordnung und Beschreibung der Agaricorum. Leipzig, Gerhard Fleischer. 1816. 8. XVI, 106 p., ind. (¹⁄₂ th.)

Otto, *Karl*.
6877* —— Die vorzüglichsten in Thüringen wildwachsenden Giftpflanzen, mit besonderer Rücksicht auf ihren Standpunkt im Fürstenthum Schwarzburg-Rudolstadt. Rudolstadt, Renovanz. 1834. 8. 28 p., 15 tab. (⁷⁄₁₂ th.) — Ed. II. ib. 1842. 8. (¹⁄₄ th. — col. ¹⁄₃ th.)
6878* —— Der Schlüssel zur Botanik, oder kurze und deutliche Anleitung zum Studium der Gewächskunde etc. Rudolstadt 1835. 12. XVI, 430 p., 19 tab. (1 ³⁄₄ th.)

Oudemans, *Cornelius Anton Johann Abraham*, Professor der Botanik in Amsterdam.
6879* —— Bijdrage tot de kennis van de morphologische en anatomische structuur van de vrucht en het zaad des Kamferbooms van Sumatra (Dryobalanops Camphora Colebr.) Rotterdam 1855. 8.
6880* —— Aanteekeningen op de systematisch en pharmacognostisch botanische gedeelte der Pharmacopoea neerlandica. Rotterdam, Petri. 1854—56. 8. XXXVIII, 664, 31 p., 34 tab.
6881* —— en *N. W. P.* **Rauwenhoff**. De scheikundige Verschijnselen bij de Kieming der Planten-Zaden. Rotterdam, Kramers. 1858. 8. 139 p.
6882 —— Inwijdingsrede over de Plantkunde. Utrecht 1859. 8.
6883* —— The Flora van Nederland ten behoeve van het algemeen beschreven. Deel 1—3. Haarlem, A. C. Kruseman. 1859—62. 8. XXIII, 472, XXI, 453, XXXIII, 416 p., 91 tab. col.
6884* —— Ueber den Sitz der Oberhaut bei den Luftwurzeln der Orchideen. Amsterdam, van der Post. 1861. 4. 32 p., 3 tab.
6885* —— Annotationes criticae in Cupuliferas nonnullas Javanicas. Edidit Academia regia. Disciplinarum nederlandica. Amstelodami, C. G. van der Post. 1865. 4. 24 p., 12 tab.
6886 —— Lœrbok der Plantenkunde. Utrecht 1866—67. 2 voll. 8.
6887 —— Eerste beginselen der plantenkunde. Amsterdam 1868. 8.
Cat. of sc. Papers IV, 715.

Oudney, *Walter*, M. D. (Oudneya R. Br.), * Edinburgh ... 1791, † Murmur (Afrika) 12. Jan. 1824.

Outhov, *Gerard*.
6888 —— Exercitatio de Manna Israelitarum. Groningae 1694. 4.

Oviedo, *Gonzalo Fernandez de* (Ovieda L.), * Madrid 1478, † Valladolid 1557.
6889* —— Primera parte de la historia natural y general de las Indias, yslas y tierra firme del mar oceano. Sevilla 1535. folio. CXCIII foll., ic. rudes xylogr. i. t.
Ad eam herbariam pertinent libri VII. VIII. IX. X.

Ozeretschowski, *Nicolaus*, Reisegefährte Lepechins
De Viburno Opulo. Nova Acta Petr. XV. 452—457. (1799.)

P.

Paaw, *Peter*, Professor in Leyden seit 1589 (Pavia Boerh.), * Amsterdam 1564, † Leyden 1. Aug. 1617.
6890* —— Hortus publicus academiae Lugduno-Batavae, ejus ichnographia, descriptio, usus. Addito, quas habet stirpium, numero et nominibus. Lugduni, typ. Patii. 1603. 8. 176 p., praef., ind. — *ib. 1629. 8. 179 p., praef., ind.
<small>Aliae sunt editiones annorum 1591, 1601 et 1617. Paginae 176 inscribendis nominibus plantarum inservlturae, quum praeter lineas transversas et numeros in margine notatos nihil contineant. Sequitur Index horti academicae Lugduno-Batavae, exhibens eas, quibus is instructus fuit, stirpes (ad octingentas) singulis indicatis annis, cum iconographia horti aeri incisa.</small>

Packbusch, *Stephan Ludwig*.
6891* —— De varia plantarum propagatione. D. Lipsiae, typ. Reinholdi. 1695. 4. (10) foll.

Page, *William Bridgewater*.
6892 —— Prodromus of the plants cultivated in the Southampton Botanic Gardens. London, Murray. 1818. 8. (10 s. 6 d.)

Pagenstecher, *Alexander Arnold*.
6893* —— pr. De Rapis. D. I et II. Groningae, typ. a Velsen. 1710. 12. 40 p.

Pagenstecher, *Friedrich*.
6894* —— Ueber Linum catharticum Linn. D. München, typ. Franz. 1845. 8. 24 p.

Paine, *John A.*
6895 —— Catalogue of Plants found in Oneida County and Vicinity. Utica 1865. 8.

Palau, *Antonio*, Professor am botanischen Garten zu Madrid von 1773—93 (Palava Cav.), † Madrid 1793.
<small>Colmeiro Bot. esp. 172—173.</small>

Palisot de Beauvois, *Ambroise Marie François Joseph, Baron* (Palisotia Rchb.), * Arras 28. Oct. 1755, † Paris 21. Jan. 1820.
<small>Thiébaut-de-Berneaud, Éloge historique. Paris 1821. 8. 81 p. et Portrait.
Cuvier, Recueil. Paris 1827. 8.</small>
6896* —— Flore d'Oware et de Benin en Afrique. Paris, typ. Fain. 1804—7. II voll. folio. — I: an XII. 1804. xii, 100 p., tab. col. 1—60. — II: 1807. 95 p., tab. col. 61—120. (480 fr. — nigr. 240 fr.)
<small>Rarum idque pulcherrimum opus prodiit 20 fasciculis usque ad annum 1818 vel 1821.</small>
6897* —— Prodrome des cinquième et sixième familles de l'Aethéogamie. Les Mousses, les Lycopodes. Paris, Fournier fils. 1805. 8. ii, 114 p. (3 fr.)
<small>Seorsim impr. ex Magasin encyclopédique, an IX. vol. V.</small>
6898* —— Nouvelles observations sur la fructification des Mousses et des Lycopodes. (Paris, typ. Courcier. 1811.) 4. 32 p., 1 tab.
6899* —— Premier (et second) mémoire et observations sur l'arrangement et la disposition des feuilles; sur la moelle des végétaux ligneux et sur la conversion des couches corticales en bois. (Paris 1812.) 4. 42 p., 4 tab.
6900* —— Essai d'une nouvelle agrostographie; ou nouveaux genres des Graminées, avec figures représentant les caractères de tous les genres. Paris, typ. Fain. 1812. 8. lxxiv, 182 p., et Atlas in 4.: 16 p., 25 tab.
6901* —— Muscologie, ou traité sur les Mousses. Paris, typ. d'Hautel. 1822. 8. 88 p., 11 tab.
<small>Mémoires de la société Linnéenne de Paris. I, 388—472.
Cat. of sc. Papers IV, 743.</small>

Pallas, *Johann Dietrich*.
6902* —— De Chrysosplenio. D. Argentorati, typ. Heitz. 1758. 4. 20 p.

Pallas, *Peter Simon* (Pallasia L.), * Berlin 22. Sept. 1741, † Berlin 8. Sept. 1811.
<small>Rudolphi, Beiträge zur Anthropologie. Berlin 1812. 8.</small>
6903* —— Reise durch verschiedne Provinzen des russischen Reiches. St. Petersburg, Druckerei der Akademie der Wissenschaften. (Leipzig, Voss.) 1771—76. 3 Theile. 4. — I: 1771. 504 p., tab. sign. 1—11 et A—L. — * Ed. II: ib. 1801. — II: 1773. 744 p., tab. sign. 1—14, A—Z. — III: 1776. 760 p., ind., tab. sign. 1—8, A'—Nn. (11¼ th.)
<small>gallice: Paris 1793. 8.</small>

6904* **Pallas**, *Peter Simon*. Enumeratio plantarum, quae in horto *Procopii a Demidof* Moscuae vigent. Petropoli 1781. 8. xxx, 163 p., 3 tab. col.
6905* —— Flora rossica, seu stirpium imperii rossici per Europam et Asiam indigenarum descriptiones et icones. Jussu et auspiciis *Catharinae II.* augustae edidit. J. G. Fleischer. Petropoli, ex typographia imperiali. (Lipsiae, Voss.) Tomi I. pars I et II. 1784—88. folio. — Tomi I pars I: 1784. viii, 80 p., tab. col. I—L. — Tomi I pars II: 1788. 114 p., tab. col. LI—C. (24⅜ th.) — *Vol. II. Pars I. ib. 1815. folio. tab. col. 101—125. <small>Bibl. Reg. Berol.</small>
<small>rossice: Vertit Basilius Sujeff. Petropoli 1786. folio.</small>
6906 —— Florae rossica, seu stirpium imperii rossici per Europam et Asiam indigenarum descriptiones. Tomi I pars I et II. Francofurti et Lipsiae, J. G. Fleischer. 1789—90. 8. — I: 1789. xxii, 491 p. — II: 1790. 229 p.
<small>Est reimpressio textus ex editione originali Florae rossicae, absque tabulis.</small>
6907* —— Species Astragalorum descriptae et iconibus coloratis illustratae. Cum appendice. Lipsiae, sumtibus Godofredi Martini. 1800. folio. viii, 124 p., 91 tab. col. (53 th.)
6908* —— Illustrationes plantarum imperfecte vel nondum cognitarum, cum centuria (non absoluta) iconum, recensente *Petro Simon Pallas*. Lipsiae, G. Martini. 1803. folio. 68 p., 59 tab. col. (34½ th.)
<small>In catalogo librorum ad nundinas paschales anni 1809 impressorum indicantur: «P. S. Pallas, Icones plantarum selectarum cum descriptionibus. Fasciculus I. Lipsiae, Tauchnitz in comm. 1809. folio.» Quae tabulae a Pallasii in itinerihus socio, Geissler, Lipsiensi, sculptae, licet a Schultes Grundriss p. 220, citate, certo e prelis Tauchnitzianis, teste viro human. Carolo Tauchnitz, non prodierunt.
Lambert in Transact. Linn. Soc. X, 256—265. XI, 419.</small>

Palm, *Ludwig Heinrich*.
6909* —— Ueber das Winden der Pflanzen. Preisschrift. Stuttgart 1827. 8. vi, 104 p., 3 tab. (7/12 th.)

Palmberg, *Johan*, Lector in Strengnäs, † 1691.
6910 —— Serta florea suecana, eller: svenske Orte-Krantz, 1684. Tryckt af Zach. Äsp. 8. (16), 416 p., ind., cum figuris. — Serta florea suecana etc. Å nyo uplagd och förbättrad, af J. B. Stenmeyer. Stockholm, Horrn. 1738. 8. 282, 118 p., (62) p. ind., sine figuris.

Palmer, *Johann Ludwig*, Arzt, * Marbach 1784, † Marbach 24. April 1836.
6911* —— De plantarum exhalationibus. D. Tuebingae 1817. 8. 43 p.

Palmstruch, *Johan Wilhelm*, * Stockholm 3. März 1770, † Wenersborg 30. Aug. 1811.

Paludanus, *Bernhard*, Arzt zu Enckhuysen (Paludana L.), * Steenwyck in Ober-Yssel 1550, † Enckhuysen 3. April 1633.
<small>Hasskarl in Bot. Zeitung 1866, 25—29.</small>

Palustre.
6912* —— Études de botanique, ou classification des végétaux d'après les méthodes de MM. *de Jussieu* et *de Candolle*. Poitiers, typ. Saurin. 1840. 4. 34 p. (3 fr.)
6913* —— Botanique. Niort, typ. Robin. 1841. 8. 12 p.

Pampuch, *Albert*.
6914* —— Flora Tremesnensis, oder systematische Aufstellung der in der Umgegend von Trzemessno bis jetzt entdeckten wildwachsenden Pflanzen etc. Trzemessno, Olawski. 1840. 8. 70 p.

Panarolis, *Domenico*, Prof. der Botanik in Rom, † Rom 1657.
6915* —— De necessitate botanices seu de simplicium cognitione medico necessaria Proludium. Impr. cum ejus Medic. observat. pentacost. quinque. Romae 1652. 4. — *Hanoviae, typ. Aubry. 1654. 4. p. 182—188.
<small>Prodiit prius teste Merklin: Romae 1643. 4.</small>
6916* —— Plantarum amphitheatralium catalogus. Impr. cum ejus Medic. observat. pentacost. quinque. Romae 1652. 4. — *Hanoviae, typ. Aubry. 1654. 4. p. 189—195.
<small>Sunt plantae in Amphitheatro Vespasiani Romae sponte nascentes.</small>

Pančić, *Josef*, Professor in Belgrad, * Bribir (im kroatischen Litorale) 1814.
6917* —— Taxilogia botanica. D. Pestini, typ. Beimel. 1842. 8. vi, 22 p.
6918* —— Flora agri Belgradensis methodo analytica digesta. Belgradi 1865. 8. x, 295 p.
<small>Cat. of sc. Papers IV, 748.</small>

Panckow, *Thomas* (Pancovia Willd.), * Linum bei Ruppin 27. Jan. 1622, † Berlin 9. Dec. 1665.

6919* **Panckow**, *Thomas*. Herbarium portatile, oder behendes Kräuter- und Gewächsbuch, darin nicht allein 1363 sowohl einheimische als ausländische Kräuter zierlich und eigentlich abgebildet, sondern auch die meisten kürzlich erklärt werden. Nebst Herrn *Theophili Kenntmanni* angehängter Kräutertafel. Berlin, typ. Chr. Runge. (1654.) 4. 172 p., ind., 1363 ic. xyl.
— * Leipzig, Kirchner. 1656. 4. — * Herbarium, mit Fleiss übersehn etc. durch *Bartholomaeum Zornn*. Cölln an der Spree, Georg Schultze. 1673. 4. 425 p., praef., ind., 1536 ic. xyl.

Pander, *Christian* (Panderia F. et M.), * 1794, † Petersburg 22. Sept. 1865.

Pansner, *Lorenz von*.
6920* —— Erster Versuch einer systematischen Anordnung der Stachelbeersorten. Als Manuscript nur in wenigen Exemplaren gedruckt. Arnstadt, typ. Ohlenroth. 1846. 8. 68 p.

Panzer, *Georg Wolfgang Franz*, Arzt in Hersbruck (Panzera Willd.), * Etzelwang 31. Mai 1855, ÷ Hersbruck 28. Juni 1829.
6921* —— Observationum botanicarum specimen. Norimbergae et Lipsiae, Schneider. 1781. 8. 56 p., praef. (1/6 *th.*)
6922* —— Beitrag zur Geschichte des ostindischen Brotbaums mit einer systematischen Beschreibung desselben aus den älteren sowohl als neueren Nachrichten und Beschreibungen zusammengetragen. Nürnberg, Raspe. 1783. 8. 45 p., 1 tab. (1/4 *th.*)
Redit in *Linne's* Vollständiges Pflanzensystem vol. X. Nürnberg 1783. 8. p. 337—381.
6923* —— De *Volcamero* quaedam, additis duabus *Boerhavii* et *Tournefortii* ad illum epistolis antea nondum impressis. Programma gratulatorium. Norimbergae 1802. 4. 15 p.
6924* —— Ideen zu einer künftigen Revision der Gattungen der Gräser. München, (Franz.) 1813. 4. 62 p., 6 tab. (1 *th.*)
Seorsim impr. ex Denkschriften der Königl. Akademie der Wissenschaften zu München für 1813. p 253—312.

Pappe, *Karl Wilhelm Ludwig*, * Hamburg 1803, ÷ Capetown 1862.
6925* —— Enumerationis plantarum phaenogamarum Lipsiensium specimen. D. Lipsiae, typ. Hirschfeld. 1827. 8. xx, 42 p.
6926* —— Synopsis plantarum phaenogamarum agro Lipsiensi ingenarum. Lipsiae, Voss. 1828. 8. xx, 85 p. (1/2 *th.*)
6927 —— A list of South African indigenous plants used as remedies by the colonists of the Cape of Good Hope. Capetown, printed by G. J. Pike. 1847. 8. 14 p.
6928* —— Florae capensis medicae Prodromus, or, an enumeration of south african indigenous plants, used as remedies by the colonists of the Cape of good hope. Capetown, A. S. Robertson. 1850. 8. VII, 32 p., ind. — * Second edition: with corrections and numerous additions. Capetown, W. Britain. 1857. 8. VI, 54 p.
6929* —— Silva capensis, or a description of south african foresttrees and arborescent shrubs used for technical and oeconomical purposes, by the colonists of the Cape of good Hope. Cape Town, Van de Sandt de Villiers et Co. 1853. 8. 53 p.
6930* —— and *Rawson W.* **Rawson**. Synopsis Filicum Africae australis; or, an Enumeration of the south africah ferns hitherto known. Capetown, W. Brittain. 1858. 8. VIII, 57 p.

Paris, *Edouard Gabriel*, Capitaine au 12e bataillon des chasseurs à pied, à Chambéry.
Cat. of sc. Papers IV, 757.

Parisot, *L.*
6931* —— Notice sur la Flore des environs de Belfort. Besançon, typ. Dodivers. 1858. 8. 108 p.
Mém. de la soc. d'émulation du Doubs.

Parkinson, *James*.
6932* —— Organic remains of a former world. London, typ. Wittingham. 1811. III voll. 4. — Vol. I. containing the vegetable kingdom: XII, 461 p., ind., 9 tab. col., 2 tab. nigr.
Vol. II et III. rem nostram non tangunt.

Parkinson, *John* (Parkinsonia Plum.), * London 1567, ÷ London nach 1629.
6933* —— Paradisi in sole Paradisus terrestris, or a garden of all sorts of pleasant flowers . . . with a kitchen garden of all manner of herbes, rootes and fruites, for meate or sause used with cuts, and an orchard of all sorts of fruitbearing trees and shrubbes fit for our land together with the right orderinge planting and preserving of them and their uses and vertues. London (printed by Humphrey Lownes and R. Young.) 1629. folio. 612 p., praef., ind., ic. xyl., effigies autores. — * The second impression much corrected and enlarged. London, Thrale. 1656. folio. 612 p., praef., ind., ic. xyl.
6934* **Parkinson**, *John*. Theatrum botanicum: the theater of plants: or an herball of a large extent: containing therein a more ample and exact history and declaration of the physicall herbs and plants that are in other authours, encreased by the accesse of many hundreds of new, rare and strange plants from all the parts of the world. etc. London, printed by Tho. Cotes. 1640. folio. (9 foll.), 1755 p., ic. xyl.

Parkinson, *Sydney*.
6935* —— A journal of a voyage to the South Seas, in his Majesty's ship, *the Endeavour*. London 1773. 4. 212 p., 27 tab.
Plants of use for food. medicine etc. in Otaheite p. 37—50; *germanice:* Die Pflanzen der Insel Outahitee, mit Anmerkungen erläutert, im Naturforscher, viertes Stück, p. 220—258.

Parlasca, *Simone*.
6936* —— Il fiore della granadiglia overo della passione di nostro Signore Giesu Christo spiegato e lodato con discorso e varie rime. In Bologna, appresso Bartolomeo Cocchi. 1609. 4.
Adjecta sunt varia latina ac italica carmina in florem passionis Christi, eodem anno per eundem Cocchium impressa: 42 p.

Parlatore, *Filippo*, Professor der Botanik in Florenz (Parlatoria Boiss.), * Palermo 8. Aug. 1816.
6937* —— Rariorum plantarum et haud cognitarum in Sicilia sponte provenientium fasciculus I et II. Panormi, typ. diarii literarii et typ. Oretea. 1838—40. 8. — I: 1838. 16 p., 2 tab. — II: 1840. 16 p., tab. (non vidi tabulas).
6938* —— Flora panormitana, sive Plantarum prope Panormum sponte nascentium enumeratio. Vol. I, fasc. 1. 2. (Monandria—Triandria.) Panormi, typ. Pensante. 1839. 8.
6939* —— Icones plantarum rariorum et haud cognitarum. Florae panormitanae. Panormi, typ. Lao. 1839. 4. 4 tab.
6940* —— Sulla botanica in Italia e sulla necessità di formare un erbario generale in Firenze. Discorso. Parigi, Lacombe. 1841. 8. 19 p.
6941* —— Come possa considerarsi la botanica nello stato attuale delle scienze naturali. Prolusione etc. Firenze, Piatti. 1842. 8. 35 p.
6942* —— Plantae novae vel minus notae opusculis diversis olim descriptae generibus quibusdam speciebusque novis adjectis iterum recognitae. Parisiis, Gide. 1842. 8. 87 p.
6943* —— Notizia sulla Pachira alba della famiglia delle Bombaceae. Firenze 1843. 8. 7 p.
6944* —— Lezioni di botanica comparata. Firenze, società tipografica. 1843. 8. 238 p.
6945* —— Monografia delle Fumariee. Firenze, soc. tipogr. 1844. 8. x, 110 p., 1 tab. (3 *Lire.*)
6946* —— Osservazioni sull' anatomia dell' Aldrovanda vesiculosa, pianta aquatica della famiglia delle Droseracee. Firenze, soc. tipogr. 1844. 8. 8 p.
6947* —— Maria Antonia, novello genere della famiglia delle Leguminose. Firenze, soc. tipogr. 1844. 4. 8 p., 1 tab.
6948* —— Flora Palermitana, ossia Descrizione delle piante che crescono spontanee nella valle di Palermo. Volume primo. (Parte 1. 2.) Firenze, per la società tipografica. 1845. 8. XI, 442 p. (8 *fr.* 20 *c.*)
Desinit in descriptione Muscari racemosi.
6949* —— Flora italiana, ossia Descrizione delle piante che crescono spontanee e vegetano come tali in Italia e nelle isole ad essa aggiacenti, disposta secondo il metodo naturale. Vol. 1—4. Firenze, tipografia Le Monnier. 1848—69. 8. — I: 1848. 568 p. — II: 1852. 638 p. — III: 1850. 690 p. — IV: 1867—69. 623 p.
6950* —— Mémoire sur le Papyrus des anciens et sur le Papyrus de Sicile. Paris, imprimerie impériale. 1853. 4. 34 p., 2 tab.
Mémoires présentés à l'Institut, XII. 469—502.
6951* —— Nuovi generi e nuove specie di piante monocotiledoni. Firenze, typ. Le Monnier 1854. 8. 64 p.

6952* **Parlatore**, *Filippo*. Considérations sur la méthode naturelle en botanique. Florence, typ. Le Monnier. 1863. 8. 73 p. (2 *Lire*.)
6953* —— Studi organografici sui fiori e sui frutti delle Conifere. Firenze, typ. Cellini. 1864. 4. 29 p., 3 tab. (4 *Lire*.)
6954* —— Le specie dei Cotoni. Firenze, stamperia reale. 1866. 4. 64 p, 6 tab. col. in folio.
Elaboravit Gnetaceas et Coniferas in DC. Prodromo XVI, 347—521.
Cat. of sc. Papers IV, 760—761.

Parley, *Peter*.
6955* —— Tales about plants; with engravings. London, Tegg. 1839. 8. XII, 500 p. (7 s. 6 d.)

Parmentier, *A. A.*
6956* —— Le Mais ou blé de Turquie, apprécié sous tous ses rapports. Paris, imprimerie impériale. 1812. 8. VI, 303 p. — * Supplément par le Comte *François de Neufchateau*. Paris, Huzard. 1817. 8. 420 p.

Parmentier, *Joseph*.
6957* —— Catalogue des arbres et plantes cultivés dans les jardins de Mr. *Joseph Parmentier*. Bruxelles, Demanet. 1818. 8. 82 p.

Parnell, *Richard*.
6958* —— The Grasses of Scotland. Edinburgh, Blackwood and Sons. 1842. 8. XXI, 152 p, 66 tab. (1 *l*.)
6959 —— The grasses of Britain, containing a scientific description of each species, remarks on their use in agriculture etc. Edinburgh, Blackwood and Sons. 1845. gr. 8. 360 p., 142 tab. (2 *l*. 2 *s*.)

Parry, *William Edward*, Admiral.
6960* —— Narrative of an Attempt to reach the North Pole. London, J. Murray. 1828. 4.
Botanical Appendix, by *W. J. Hooker*, p. 207—222.
* Appendix to Capt. *Parry's* Journal. London, John Murray. 1825. 4.
Botanical Appendix, by *W. J. Hooker*, 2 tab., p. 381—430.

Parskius, *Fr.*
6961 —— Rosa aurea omnique aevo sacra. s. l. 1728. 4. 86 p.

Parsons, *James*, Arzt in London (Parsonsia P. Br.), * Barnstapel (Devonshire) 1705, † London 4. April 1770.
6962 —— The microscopial theatre of seeds. Volumen I. London 1745. 4. 348 p., 8 tab.
In Bibliotheca Banksiana adsunt etiam archetypa iconum ab autore delineata cum figuris tabulae nonae ineditae.

Partsch, *Paul*, * Wien 11. Juni 1791, † Wien 3. Oct 1856.
6963* —— Bericht über das Detonationsphänomen auf der Insel Meleda bei Ragusa. Wien, Heubner. 1826. 8. XI, 211 p., 1 charta geogr. (1 ¾ th.)
Plantae insulae Meleda p. 19—22.

Pasini, *Antonio*.
6964 —— Annotazioni ed emendazioni nella tradottione di *P. A. Matthioli* de' cinque libri della materia medicinale di *Dioscoride*. Bergamo, Corvino Ventura. 1592. 4. 252 p.

Pasquale, *Giuseppe Antonio*, Professor in Neapel.
6965* —— e *Giulio* **Avellino**. Flora medica della provincia di Napoli, typ. Azzolino. 1841. 8. 200 p. (45 *grani*.)
6966* —— Su d' una varietà di Lycopersicum esculentum, detta volgarmente Pomidoro granatino. Napoli, typ. Fibreno. 1866. 4. 9 p., 1 tab.
6967* —— Descrizione di una anomalia del Polipodio volgare. Napoli, typ. Ghio. 1866. 4. 44 p, 1 tab.
6968* —— Sulla eterofillia Dissertazione. Napoli, typ. Ghio. 1867. 4. 67 p., 7 tab.
6969* —— Catalogo del real orto botanico di Napoli con prefazione, note e carta topografica. Napoli, typ. Ghio. 1867. 4. XXXI, 114 p., 1 tab. (5 *Lire*.)
6970* —— Flora Vesuviana o Catalogo ragionato delle piante del Vesuvio confrontate con quelle dell'Isola di Capri e di altri luoghi circostanti. Napoli, stamperia del Fibreno. 1869. 4. 142 p.

Pasquier, *Victor*.
6971* —— Monographie du Madi cultivé, Madia sativa. Liège, typ. Oudart. 1841. 8. 135 p., 3 tab.
Cat. of sc. Papers IV, 771.

Passaeus, *Crispinus*, alias **Du Pas**.
6972* —— Hortus floridus, in quo rariorum et minus vulgarium florum icones ad vivam veramque formam accuratissime delineatae et secundum quatuor anni tempora divisae exhibentur, incredibili labore ac diligentia *Crispini Passaei* junioris delineatae ac suum in ordinem redactae. Arnhemii, apud Janssonium. 1614—(17.) 4 obliq. 184 foll. et tab.
Ver: 41 tab. aeneae. *(Hallero* 54.) Aestas: 19 tabulae aeneae. Autumnus: 25 tab. aeneae, praeter duas numeris non notatas. Hyems: 12 tab. aeneae. Textus latinus in aversa pagina tabularum impressus est. Pars altera: Figurae 120 in 61 tabulis absque textu. Pars harum tabularum redit in Iconibus *Boetii de Boot*, quas supra Nr. 990 recensui. Tabularum partis vernalis duae adsunt editiones, quarum altera varias figuras insectorum habet, altera vero non Tabularum etiam partis autumnalis et hyemalis duae adsunt editiones, quarum altera numeris caret, altera prioribus assimilatur, habet, nec ullum textum, altera prioribus assimilatur. *Seguierus* habet partis primae editionem anteriorem: Arnhemii 1607 4. et conjunctorum tomorum posteriores: Amstelodami 1651 fclio. et 1654. 4.

6973* **Passaeus**, *Crispinus*, alias **Du Pas**. Cognoscite lilia agri quomodo crescant, non laborant neque nent: attamen dico vobis ne Salomonem quidem in universa gloria sua sic amictum fuisse, ut unum ex his: Matth. 6. cap. Formulis *Crispiani Passaei* et *Joannis Waldnelii*. s. a et l. 4 obliq 48 foll. cum titulo. Bibl. Cand.
Continentur in hoc libro plantarum figurae aeri incisae 1—99, nominibus latinis, gallicis, anglicis, germanis. Prima icon est Chamaeniolon: ultima Quercus.

Passerini, *Giovanni*, Professor in Parma.
6974* —— Flora Italiae superioris methodo analytica Thalamiflorae, praemissa synopsi familiarum Phanerogamiae. Mediolani, apud Sanctum Bravetta. 1844. 8. VIII, 134 p.
6975* —— Flora dei contorni di Parma, esposta in tavole analitiche, con un dizionario esplicativo de' termini tecnici e una lista de' nomi volgari e rispondenti latini. Parma, typ. Carmignani. 1852. 8. XLVIII, 408 p (4 *l*. 50 c.)
6976* —— Mazzetto di fiori per la festa dell' 8. Gennajo 1855, formato con alcune piante nuove e poco conosciute del R. Orto botanico Parma, impr. roy. 1855. 4. 11 p., 1 tab.

Passerini, *Valentino*.
6977 —— Sogno di *Valent. Passerini* nella licenza, ch'ei prende da Monte Baldo. Trento, Giovanni Parone. 1684. 12.
Versibus plantas in monte Baldo ab eo repertas describit autor.

Passow.
6978* —— Die Pflanze und die Luft. Programm. Stralsund 1861 4. 13 p.

Pasteur, *Louis*, in Paris, * Dôle 27. Dec. 1822.
6979* —— Mémoire sur les corpuscules organisés qui existent dans l'atmosphère. Paris, typ. Mallet-Bachelier. 1862. 8 110 p., 2 tab.
6980* —— Études sur la maladie des vers à soie. Moyen pratique assuré de la combattre et d'en prévenir le retour. Tome 1 2. Paris, Gauthier-Villars. 1870. 8. VIII, 322, 327 p, 12 tab. (20 *fr*.)

Pateck, *Johann*.
6981 —— Die Giftpflanzen. Prag, Tempsky. 1866—67. 4. III, 28 p, 40 tab. col. (3 ⅓ th. n.)

Patrik, *William*.
6982* —— A popular description of the indigenous plants of Lanarkshire. Edinburgh, Daniel Lizars. 1831. 12. XXXIV, 399 p. (6 *s*.)

Patrin, *Eugène Louis Melchior* (Patrinia Juss.), * Morman bei Lyon 3. April 1742, † Saint Vallier bei Lyon 15. Aug. 1815
Neue Nordische Beiträge II, 365—373. IV, 163—198.

Patris, *J. B.* (Patrisia Rich.).
—— Essai sur l'histoire naturelle et médicale du Cassie. Journal de physique IX. 140—144.

Patrizi, *Francesco*, * 1529, † Rom 1597.
Ernst Meyer, Geschichte der Botanik IV, 420—422.

Patze, *C.*, Stadtrath in Königsberg.
6983* —— , *Ernst* **Meyer** und *L.* **Elkan**. Flora der Provinz Preussen. Königsberg, Bornträger. 1850. 8. XL, 599 p. (2 ⅖ th. — jetzt 1 ⅓ th.)

Patzelt, *Joseph Eduard*.
6984* —— Wildwachsende Thalamifloren der Umgebungen Wiens. Wien, typ. Ueberreuter. 1842. 8. 90 p.

Paulet, *Jean Jacques* (Pauletia Cav.), * Anduze (Cévennes) 27. April 1740, † Fontainebleau 4. Aug. 1826.
6985* —— Tabula plantarum fungosarum. Parisiis, e typographia regia. 1791. 4. 31 p., 1 tableau, 1 tab. (2 *fr*.)
Roemer's Archiv, vol. I. Stück 2, p. 59—74.
6986* —— Traité des champignons, ouvrage dans lequel on trouve après l'histoire analytique et chronologique des découvertes et des travaux sur ces plantes, suivie de leur synonymie

botanique et des tables nécessaires, la description détaillée, les qualités, les effets, les différens usages non seulement des champignons proprement dits, mais des truffes, des agarics, des morilles et autres productions de cette nature. Paris, de l'imprimerie nationale exécutive du Louvre. 1793. (—1835) II voll. 4. et Atlas in folio min. — I: xxxvi, 629 p. — II: 476 p. — Atlas: 217 tab. col., effigies autoris. (230 fr.)

6987* (**Paulet**, *Jean Jacques*.) Examen d'un ouvrage, qui a pour titre: «Illustrationes *Theophrasti* in usum botanicorum praecipue peregrinantium, auctore *Johanne Stackhouse*. Oxonii 1811. 8.» Melun et Paris, Huzard. 1816. 8. 61 p. (1 fr. 50 c.)

6988* (——) Flore et Faune de *Virgile*, ou histoire naturelle des plantes et des animaux les plus intéressans à connaître, et dont ce poète a fait mention. Paris, Huzard. 1824. 8. xix, 159 p, 4 tab. (7 fr. — col. 15 fr.)

6989* —— Iconographie des champignons de *Paulet*, Recueil de 217 plantes dessinées d'après nature, gravées et coloriées, accompagné d'un texte nouveau présentant la description des espèces figurées, leur synonymie, l'indication de leurs propriétés utiles ou vénéneuses, l'époque et les lieux où elles croissent, par *J. H. Léveillé*. Paris, J. B. Baillière. 1855. 4. viii, 135 p., 217 tab. col., sign. 1—204. (170 fr) (le texte: 20 fr.)

Pauli, *Adrian*, Arzt, * Danzig 1584, ÷ Danzig 1622.

6990* ——, pr. Decas problematum de plantis. D. Dantisci, typ. Hünefeld. 1614. 4 (8) foll. Bibl. Juss.

Paulli, *Johan*.

6991 —— Dansk oeconomisk urte-bog. Kiøbenhavn 1761. 8. 510 p

Paulli, *Simon*, Leibarzt des Königs von Dänemark und Professor der Botanik in Kopenhagen, * Rostock 6. April 1603, † Kopenhagen 23. April 1680.
Vita in Quadrip. ed. III, 799—811.

6992* —— Quadripartium botanicum de simplicium medicamentorum facultatibus. Rostochii, ex officina Hallevordiana: 1639. 4. 80, 184, 19 p. — *Argentorati 1667. 4. 567 p., praeter opuscula medica, et *Guilelmi Laurembergii* Bothanothecam, h e. Methodum conficiendi herbarium vivum, p. 635—660. — * Ed. III: Quadripartitum botanicum de simplicium medicamentorum facultatibus, ex veterum et recentiorum decretis et observationibus Francofurti a/M., typ. Joh. Bauer. 1708. 4. (9) foll., 811 p., indices.
Quadripartium p. 1—628. Doses purgantium p. 629—667. *Laurembergii* Botanotheca p. 668—690. Tabulae, Oratio de abusu tabaci, De officio medicorum p. 691—798. Vita *Simonis Paulli* p. 799—811.

6993* —— Flora danica, det er: Dansk Urtebog: etc. Kiøbenhavn, typ. Melchior Martzan. 1648. (in tergo 1647.) 4. 393 p., praef., ind., 393 tab. xyl.

6994* —— Viridaria varia regia et academica publica in usum magnatum et φιλοβοτάνων collecta ac recognita. — I. Catalogus plantarum horti regii Hafniensis. — II. Catalogue des plantes cultivées au jardin du Roy à Paris depuis deux ans et demy qu'il est dressé. 1686. — III. Catalogus plantarum tam exoticarum quam indigenarum, quae anno 1654 in hortis regiis Varsaviae nasci observatae sunt. — IV. Catalogus plantarum horti medici Oxoniensis. — V. Catalogus plantarum horti gymnasii Patavini, quibus auctior erat anno 1642. — VI. Catalogus plantarum horti academi Lugduno Batavi, quibus is constructus erat annis 1642 et 1644. — VII. Index plantarum indigenarum, quae in locis paludosis, pratensibus etc. prope Lugdunum in Batavis nascuntur. — VIII. Appendix plantarum, quae horto publico academiae Lugduno Batavae accesserunt anno 1644. — IX. Catalogus plantarum horti Groeningensis, ordine alphabetico editus anno 1646. — X. Catalogus plantarum seminum exoticorum. — XI. *Guilielmi Laurembergii* Botanotheca, ed. II. p. 734—799. Hafniae, typ Lamprecht. 1653. 12. 799 p., praef.

Paullini, *Christian Franz*, Arzt zu Eisenach (Paullinia L.), * Eisenach 25. Febr. 1643, † Eisenach 10. Juni 1712.
Esaias Dahlborn, Vita, studia et gloria *Paulliniana*. Lipsiae 1703. 8. (47 p)

6995 —— Dissertatio botanica de Chamaemoro norvegica observationibus illustrata. Hamburgi 1676. 4.

6996* —— Sacra herba, sive nobilis Salvia, juxta methodum et leges ill. Academiae Nat. Cur. descripta. Augustae Vindelicorum, Kroniger. 1688. 8. 414 p., praef., ind.

6997* **Paullini**, *Christian Franz*. De Jalapa liber singularis, secundum leges et methodum imp. Acad. Leopoldinae Naturae Curiosorum scriptus. Francofurti a/M., Knoch. 1700. 8. 417 p., praef., ind.

6998* —— De Theriaca coelesti reformata liber singularis, secundum leges et methodum imperialis Academiae Leopoldinae Naturae Curiosorum scriptus. Francofurti a/M., Knoch. 1701. 8. 347 p., praef, ind.

6999* —— Μοσχοκαρυογραφία, seu nucis moschatae curiosa descriptio historico-physico-medica. Francofurti et Lipsiae, Stoessel. (Erfordiae, typ. Grosch.) 1704. 8. 876 p., praef, ind., 1 tab.

Paulos Aeginetes (Aeginetia L., Aeginetia Cav.).
Ernst Meyer, Geschichte der Botanik II, 412—421.

Pauquy, *Charles Louis Constant*.

7000* —— De la Beladone, considérée sous les rapports botanique, chimique, pharmaceutique etc. Thèse. Paris, Didot. 1825. 4. 60 p.

7001* —— Statistique botanique, ou Flore du Département de la Somme et des environs de Paris etc. Amiens, typ. Machart. 1831. 8. xi, 635 p. — † Paris, Baillière. 1834. 8. (8 fr.) (est eadem impressio?)
Cat. of sc. Papers IV, 782.

Pavon, *José* (Pavonia Cav.).
Colmeiro Bot. resp. 181.

7002* (——) Disertacion botanica sobre los generos Tovaria, Actinophyllum, Araucaria y Salmia. (Madrid 1791.) 4. 14 p.

Paxton, *Joseph*, der Erbauer des Krystallpalastes, * Milton Bryant 1802, † London 8. Juni 1865.

7003* —— Magazine of botany, and Register of flowering plants. Vol. 1—16. London, Orr and Smith. 1834—49. gr. 8. 768 foll., 768 tab. (28 l. Sterl. — Prodierunt quotannis fasciculi 12 cum 48 tabulis pretio 1 l. 15s.)

7004* —— and *Joseph* **Harrison**. The Horticultural Register. Vol. 1—5. London, Baldwin and Cradock. 1832—36. 8.

7005* —— and *John* **Lindley**. Botanical Dictionary. London, Bradbury. 1840. 8. — *ib. 1868. 8. xii, 623 p. (16 s.)

Payen, *Anselme*, in Paris, * Paris 17. Jan. 1795, † Paris 13. Mai 1871.

7006 —— Mémoire sur l'Amidon, considéré sous les points de vue anatomique, chimique et physiologique. Sur les fécules des diverses plantes et leurs applications. Paris, typ. Renouard. 1839. 8. 147 p., 6 tab.

7007* —— Mémoires sur les développements des végétaux. Paris, imprimerie royale. 1842. 4. 463 p., 16 tab. col.
Mémoires présentés VIII, 163—372. IX, 1—253.
Cat. of sc. Papers IV, 783—789.

Payer, *Jean Baptiste*, Mitglied des Instituts, * Asfeld (Ardennes) 3. Febr. 1818, † Paris 4. Sept. 1860.

7008* —— Des classifications et des méthodes en histoire naturelle. Thèse. Paris, typ. Delacour. 1844. 4. 36 p.

7009* —— Essai sur la nervation des feuilles dans les plantes dicotylées. Thèse. Paris, typ. Baudouin. 1840. 4. 12 p, 1 tab.

7010* —— Familles naturelles des plantes, faisant suite à la seconde édition des familles naturelles d'Adanson. Algues et Champignons. Paris, Masson. 1848. 4. 112 p., ic. xyl. (non continué.)

7011* —— Botanique cryptogamique, ou Histoire des familles naturelles des plantes inférieures. Avec 1105 gravures sur bois, représentant les principaux caractères des genres. Paris, V. Masson. 1850. gr. 8. vi, 223 p., ic. xyl. (15 fr.) — Deuxième édition revue et annotée par *B. Baillon*. Avec 1081 figures représentant les principaux caractères des genres. Paris, F. Savy. 1868. gr. 8. viii, 254 p., ic. xyl. (15 fr.)

7012* —— De la famille des Malvacées. Paris, typ. Rignoux. 1852. 4. 39 p.

7013* —— Traité d'organogénie végétale comparée de la fleur. Paris, Victor Masson. 1857. gr. 8. Texte: viii, 748 p. Atlas: viii p., 154 tab. (150 fr.)

7014* —— Eléments de botanique. Paris, V. Masson. 1857—58. 8. (15 fr.)

7045 **Payer**, *Jean Baptiste*. Leçons sur les familles naturelles des plantes faites à la faculté des sciences de Paris. Livraisons 1—8. Paris, Masson. 1860—64. 8.
Cat. of sc. Papers IV, 789—790.

Payot, *Venance*, Maire de Chamounix.
7046* —— Guide du botaniste au Jardin de la Mer de Glace. Genève, typ. Gruaz. 1854. 12. 15 p. (1 fr.)
7047 —— Catalogue des fougères, prêles et Lycopodiacées des environs du Mont Blanc. Genève, Cherbuliez. 1860. 8. (2 fr. 50 c.)
7048* —— Catalogue phytostatique, ou Guide du Lichénologue au Mont Blanc. Lausanne, typ. Blanchard. 1860. 8. 32 p.
Cat. of sc. Papers IV, 790.

Peccana, *Alessandro*.
7049* —— De' commentarii della scandella libri tre. (Hordeum distichum L) Verona, typ. Tamo. 1622. 4. 86 p.
7020* —— De Chondro et Alica libri duo. Verona, typ. Tami. 1627. 4. 50 p.

Pechey, *John*, Arzt in London (Pecheya Scop.)
7021 —— The compleat herbal of physical plants. London, Henry Bonwicke. 1694. 8. 349 p.

Peckolt, *Theodor*.
7022* —— Analyses de materia medica brasileira. Rio de Janeiro, Laemmert. 1868. 8. 108 p.

Pedicino, *Nicola Antonio*, Professor in Neapel.
7023* —— Pochi studi sulle Diatomee viventi presso alcune terme dell' isola d' Ischia. Napoli, typ. del Fibreno. 1867. 4. 19 p., 2 tab.
Atti dell' Acc. di Napoli, vol. III.

Peine, *Elias*, Gärtner in Leipzig.
7024 —— Der Bosensche Garten in Leipzig, oder ein Verzeichnüss derer, so wohl aussländischer, alss einheimischer Bäume, Stauden und Kräuter, so in demselben itzo zu finden. Halle, Christoph Salfeld. 1690. 8. — Ed. II: Leipzig 1699. 8. — *Ed. III: Leipzig, typ. Tietze. 1705. 8. 111 p. — *Ed IV: Leipzig, typ. Tietze. 1713. 8. 115 p.

Peiresc, *Nicolas Claude Fabry de* (Pereskia Mill.), * Beaugensie (Provence) 1. Dec. 1580, † Aix 24. Juni 1637.

Peixoto, *Domingos Ribeiro dos Guimaraens*.
7025* —— Dissertation sur les médicamens brésiliens que l'on peut substituer aux médicamens exotiques dans la pratique de la médecine au Brésil etc. Thèse. Paris, typ. Didot. 1830. 4. 152 p.

Péligot, *Eugène*, Professor in Paris, * Paris 2. Febr. 1811.
7026* —— Recherches sur l'analyse et la composition chimiques de la betterave à sucre; et sur l'organisation anatomique de cette racine par *Joseph Decaisne*. Paris, Matthias. 1839. 8. VIII, 50 p., 1 tab.

Pelletier, *Gaspard*, Arzt, † Middelburg 1658.
7027* —— Plantarum tum patriarum quam exoticarum in Walachria, Zeelandiae insula, nascentium synonymia. Middelburgi, excudebat Richardus Schilders. 1610. 8. 398 p., praef.

Pelletier, *Joseph*, *Paris 22. März 1788, † Paris 19. Juli 1842.
7028 —— et **Caventou**. Analyse chimique des Quinquina, suivie d'observations médicales sur l'emploi de la quinine et de la cinchonine. Paris, Colas. 1821. 8. VIII, 88 p.
Cat. of sc. Papers IV, 806—810.

Pena, *Pierre*, Arzt in Narbonne (Penaea L.).
7029* —— et *Mathias de l'Obet*. Stirpium adversaria nova, perfacilis vestigatio, luculentaque accessio ad priscorum, praesertim *Dioscoridis* et recentiorum materiam medicam. Quibus prae diem accedit altera pars. Conjectaneorum de plantis appendix. De succis medicatis et metallicis sectio. Antiquae et novae medicinae lectiorum remediorum thesaurus. De succedaneis libellus. Londini, Thomas Purfoot. 1570. (in tergo: 1571.) folio. 457 p., ind., (268) ic. xyl. i. t. — *Antwerpiae, Plantinus. 1576. folio. 471 p, ic xyl. i. t. — *Dilucidae simplicium medicamentorum explicationes et stirpium adversaria, quibus accessit altera pars cum prioris illustrationibus, castigationibus, auctuariis, rarioribus aliquot plantis, selectioribus remediis. Impr. cum *Lobelii* In *G. Rondelletii* methodicam pharmaceuticam officinam animadversiones. Londini, Thomas Purfoot. 1605. folio. 549 p., ind., ic. xyl. i. t.
Bene jam monet *Dryander*: «Tres esse diversas editiones non crediderim, sed usque ad paginam 456 vere eandem, mutato titulo et diversis ad calcem additionibus; cf. *Trew* Catalogus primus librorum botanicorum p. 4.»

Penfold, *Jane Wallas*.
7030* —— A selection of Madeira flowers, fruits and ferns; a selection of the botanical productions of that island, foreign and indigenous, drawn and coloured from nature. London, Reeve brothers. 1845. royal 4. 20 p., 20 tab. col (1 L 1 s.)

Pennier de Longchamp, *Pierre Barthélemy*.
7031 —— Dissertation physico-médicale sur les truffes et sur les champignons. Avignon, Roberty et Guilhermont. 1766. 12 VII, 59 p.

Percival, *Thomas*, Arzt in Manchester, * Warrington 29. Sept. 1740, † Manchester 30. Aug. 1804.
7032* —— Speculations on the perceptive power of vegetables, addressed to the Literary and Philosophical Society of Manchester. Warrington, typ. Eyres. (1785.) 8. 19 p.
Mem. Soc. Manch. II, 114—130.
* *germanice*: Also hätten die Pflanzen Vorstellungen und Bewusstsein ihrer Existenz? Eine Diatribe für Liebhaber der Naturkunde und Psychologie. Frankfurt, Jäger. 1790. 8. 60 p.

Pereboom, *Cornelis*.
7033* —— Systema characterum plantarum, seu Dictionarum rerum botanicum, filio conscriptum et ab ipso figuris illustratum. Lugduni Batavorum, Luchtmans. 1788. 4. 311 p.

Pereboom, *Nicolaus Ewoud*.
7034* —— Materia vegetabilis, systemati plantarum praesertim philosophiae botanicae inserviens. Lugduni Batavorum, Luchtmans 1787 et 1788. (III Decades.) 4. 74 p., 30 tab.

Pereira, *Jonathan*, Professor in London (Pereiria Ldl.), * 22. Mai 1804, † London 20. Jan. 1853.
7035* —— The elements of Materia medica and Therapeutics. Third edition enlarged and improved, including Notices of most of the medicinal substances in use in the civilized world and forming an Encyclopedia of Materia medica. Vol. 1. 2. London, Longman. 1849—53. 8 — I: 1849. XXIV, 897 p., ic xyl. — II, 1: 1850. XXIV, 899—1538 p, 1 tab. ic. xyl. — II, 2: 1853. XXIV, 31 p, 1539—2316, 1 tab, ic. xyl. — *Ed. IV ib. 1854—57. 8. (3 l. 15 s)
* *germanice*: Handbuch der Heilmittellehre. Nach dem Standpunkte der deutschen Medicin bearbeitet von *Rudolf Buchheim*. Zwei Bände. Leipzig, Leopold Voss. 1845—48. 8. (9⅔ th.)
Pflanzenreich: Band II, p. 1—820.

Perelygin, *Peter*.
7036* —— Fundamenta rei herbariae. Petropoli 1828. 8. VII, 269 p. (rossice).

Perez, *Lorenzo*, Apotheker in Toledo.
7037 —— Libro de theriaca. Toledo 1575.
7038 —— De medicamentorum simplicium et compositorum hodierno aevo apud nostrates pharmacopolas exstantium delectu, repositione et aetate per generationes duas Toleti 1599 Cap. de VIII.

Perini, *Carlo e Agostino*, Aerzte in Trento.
7039 —— Flora dell' Italia settentrionale e del Tirolo meridionale Trento 1854—65. folio. 400 tab. (120 Lire)

Perktold, *Anton*, Chorherr in Wilten, † im Kloster zu Wilten 27. Oct. 1870.
Cat. of sc Papers IV, 829

Perleb, *Karl Julius*, Professor zu Freiburg im Breisgau (Perlebia Mart.), * Constanz 20. Juni 1794, † Freiburg 8. Juni 1845.
7040* —— Lehrbuch der Naturgeschichte des Pflanzenreichs. Freiburg im Breisgau, Wagner. 1826. 8. XII, 422 p. (1⅔ th.)
* Lehrbuch der Naturgeschichte. Erster Band. 1826. p. 193—620.
7041* —— De horto botanico Friburgensi. Programma academicum. Friburgi Brisgoviae, typ. Wagner. 1829. 4. XXVIII, 33 p., 1 tab (½ th.)
7042* —— Clavis classium, ordinum et familiarum atque index generum regni vegetabilis. Diagnostische Uebersichtstafeln des natürlichen Pflanzensystems. Nebst vollständigem Gattungsregister. Freiburg im Breisgau, Emmerling 1838. 4. VIII, 94 p. (1 th.)

Pernitzsch, *Heinrich*.
7043* —— Flora von Deutschlands Wäldern mit besonderer Rücksicht auf praktische Forstwissenschaft. Leipzig, Baumgärtner 1825. 8. *VI, 332 p. (1½ th.)

Perotti, *Carlo*.
7044* —— Fisiologia delle piante. etc. (Barge), stamperia Savigliancse. 1810. II voll. 8. — I: VIII, 222 p. — III: 309 p.

Perowski, *Graf Leo Alexejewitsch*, oberster Director aller Kaiserlichen botanischen Gärten (Perowskia Karelin), * 1792, † Petersburg 22. Nov. 1856.

Perraudière, *Henri René Le Tourneux de la*, * Angers 6. Juni 1831, † Bougie in Afrika 31 Aug. 1861.
 Cosson, Notice sur la vie, les recherches et les voyages botaniques de Henri de la Perraudière. Paris 1862 8. 24 p.
 Bull soc. bot. VIII, 591, 612.

Perrault, *Claude*, * Paris 1613, † Paris 9. Oct. 1688.
7045* —— OEuvres diverses de physique et de méchanique, divisées en deux volumes. A Leide, chez Pierre van der Aa. 1721. 4. (78), 876 p., cum effigie *Claudii Perrault* et multis tabulis.
 A pag. 69—126 legitur autoris tractatus «De la circulation de la sève des plantes, primum anno 1680 Parisiis impressus. Sequuntur a pag. 684^{bb}—684^{dd}.» Observations sur les fruits, dont la forme et la production avaient quelque chose de fort extraordinaire cum tabula fructus Pyri monstrosi.
 * *germanice:* Der Herren *Perrault*, *Charras* und *Dodart's* Abhandlungen zur Naturgeschichte der Thiere und Pflanzen. Aus dem Französischen übersetzt von *Johann Joachim Schwabe*. Leipzig, Arkstee und Merkus. 1757—58. III voll. 4. c. tab. — I: XXVI, 346 p., ind. — II: 378 p , ind. — III: 358 p., ind

Perreymond.
7046* (——) Plantes phanérogames qui croissent aux environs de Fréjus avec leur habitat et l'époque de leur fleuraison. Paris, Levrault. (Fréjus, Aragon.) 1833. 8. 90 p, praef

Perrottet, *George Samuel*, Regierungsbotaniker in Pondichéry (Perrottetia DC), * Vully im Kanton Waadt 1793, † Pondichéry 1870.
 Lasègue, Musée Delessert 89—94.
7047* —— Catalogue raisonné des plantes introduites dans les colonies françaises de Bourbon et de Cayenne et de celles rapportées vivantes des mers d'Asie et de la Guyane au jardin du roi à Paris. Paris, typ. Lebel. 1824. 8. 63 p.
7048* —— Observations sur les essais de culture tentés au Sénégal et sur l'influence du climat par rapport à la végétation; précédées d'un examen général sur le pays. (Extrait des Annales maritimes. 1831.) Paris, de l'imprimerie royale. 1831. 8. 76 p.
7049* —— Mémoire sur la culture des indigofères tinctoriaux et sur la fabrication de l'Indigo. Paris, typ. Duverger. 1832. 8. 52 p., 1 tab.
7050* —— Art de l'indigotier ou traité des indigofères tinctoriaux et de la fabrication de l'Indigo, suivi d'une notice sur le Wrightia tinctoria et sur les moyens d'extraire de ses feuilles le principe colorant qu'elles contiennent. Paris, Bouchard-Huzard. 1842. 8. VIII, 219 p. (4 fr.)
7051* —— Rapport adressé à M. le ministre de la marine et des colonies sur une mission dans l'Inde, à Bourbon, à Cayenne, à la Martinique et à la Guadeloupe, concernant l'industrie sérigène et la culture du mûrier. (Extrait des Annales maritimes et coloniales) Paris, imprimerie royale. 1842. 8. 80 p.
7052* —— Lettre sur l'introduction du Vanillier à l'île de la Réunion. Pondichéry, typ. Géruzat. 1860. 8. 7 p.
 Cat. of sc. Papers IV, 835.

Perry, *W. G.*
7053* —— Plantae Varvicenses selectae; or botanists guide through the County of Warwick. Warwick, typ. W. Perry. 1820. 8. (2) 120 p.

Persoon, *Christian Hendrik* (Persoonia Sm.), * Capetown 1755, † Paris 17. Febr. 1837.
7054* —— Einige Bemerkungen über die Flechten, nebst Beschreibungen einiger neuen Arten aus dieser Familie der Aftermoose. (Zürich 1794.) 8. 36 p., 3 tab. col.
 Usteri, Annalen der Botanik, Stück VII. p 1—32. 155—158.
7055* —— Observationes mycologicae, seu descriptiones tam novorum quam notabilium fungorum. Lipsiae, Wolf. 1796—99. II partes. 8. — I: 1796. 115 p., 6 tab. col. — II: 1799. XII, 106 p., 6 tab. col. (5⅓ th.)
7056* —— Commentatio de fungis clavaeformibus, sistens specierum hucusque notarum descriptiones cum differentiis specificis nec non auctorum synonymis. Lipsiae, Wolf. 1797. 8. 124 p., 4 tab. col. (2 th.)

7057* **Persoon**, *Christian Hendrik*. Tentamen dispositionis methodicae fungorum in classes, ordines, genera et familias cum supplemento adjecto. Lipsiae, Wolf. 1797. 8. IV, 76 p., 4 tab. (⅔ th.)
 Paginae priores 48 redeunt ex *Roemer* Neues Magazin für die Botanik. vol. I. p. 81—128; reliquae sistunt supplementum.
7058* —— Icones et descriptiones fungorum minus cognitorum. Lipsiae, Breitkopf-Härtel. (1798—1800.) Fasc. I—II. 4. 60 p., 14 tab. col. (6 th.)
7059* —— Commentarius, D. *Jacobi Christiani Schaefferi* Fungorum Bavariae indigenorum icones pictas, differentiis specificis, synonymis et observationibus selectis illustrans. Erlangae, Palm. 1800. 4. 130 p , praef., ind. (2⅔ th)
7060* —— Synopsis methodica fungorum, sistens enumerationem omnium hucusque detectarum specierum cum brevibus descriptionibus nec non synonymis et observationibus selectis. Goettingae, Dieterich. 1801. II partes. 8. XXX, 706 p. cum proprio indice specierum, anni 1808. 5 tab. (2⅔ th.)
7061* —— Icones pictae rariorum fungorum. Fasc. I—IV. Paris 1803—6. 4. 64 p., 24 tab (12½ th.)
7062* —— Synopsis plantarum, seu Enchiridium botanicum, complectens enumerationem systematicam specierum hucusque cognitarum. Paris, Cramer. Tuebingae, Cotta. 1805—7. II voll. 12. — I: 1805. XII, 546 p. — II: 1807. 657 p. (3⅝ th.)
 —— Species plantarum, seu enchiridium botanicum, complectens enumerationem systematicam specierum hucusque cognitarum. Petropoli, typis Caesar. Academiae Scientiarum. 1817—21. V voll. 8. — Pars I: 1817. VII, 882 p. — Pars II: 1819. 477 p. — Pars III: 1819. 464 p. — Pars IV: 1821. 455, XII p. — Pars V: 1821. 436 p.
7063* —— Traité sur les champignons comestibles, contenant l'indication des espèces nuisibles, précédé d'une introduction à l'histoire des champignons. Paris, Belin-Leprieur. 1818. 8. 10, 276 p., 4 tab. col.
 * *germanice:* Abhandlung über die essbaren Schwämme, übersetzt von *Dierbach*. Heidelberg. Groos. 1822. 8 XII, 180 p., 4 tab. (1⅛ th.)
7064* —— Mycologia europaea, seu completa omnium fungorum in variis Europae regionibus detectorum enumeratio, methodo naturali disposita; descriptione succincta, synonymia selecta et observationibus criticis additis Erlangae, Palm. III sectiones. 1822—28. 8. — I: 1822. 356 p., tab. col. 1—12. — II: 1825. 214 p., tab. col. 13—22. — III: (part. I.) 1828. 282 p., tab. col. 23—30. (12⅔ th.)
 Cat. of sc. Papers III, 838.

Perty, *Maximilian*, Professor in Bern, * Ohrnbau bei Ansbach 1804.
7065* —— Blepharophora Nymphaeae. Ein Beispiel automatischer Wimperbewegung im Pflanzenreiche. Nebst einigen Erörterungen über Bewegung durch schwingende mikroskopische Organe und über Sporozoidien, Infusorien, Bacillarien. Bern, Fischer. 1848. 4. IV; 35 p., 3 tab. (1⅛ th.)
7066* —— Die Bewegung durch schwingende mikroskopische Organe im Thier- und Pflanzenreiche. Nebst Erörterungen über Sporozoidien, Infusorien, Bacillarien, und über die Elementarstructur der Halcyonella fluviatilis, var. Nymphaeae. Bern, Fischer. 1848. 4. IV, 42 p., 3 tab.
7067* —— Zur Kenntniss kleinster Lebensformen nach Bau, Functionen, Systematik, mit Specialverzeichniss der in der Schweiz beobachteten. Bern, Jent und Reinert. 1852. 4. VIII, 228 p., 17 tab. col. (13 th.)

Pescatore, Besitzer berühmter Orchideenhäuser in Frankreich, * Luxemburg 10. März 1793, † Paris 9. Dec. 1855.

Peschier, *Jean*, Arzt in Genf (Peschiera DC.), * Genf 1774, † Genf Februar 1831.
7068* —— De irritabilitate animalium et vegetabilium. D. Edinburgh, typ. Mudie. 1797. 8. 51 p.

Pesneau, *J. B.*
7069* —— Catalogue des plantes recueillies dans le Département de la Loire inférieure. Nantes, Forest. (Paris, Pesron.) 1837. 12. IV, 175 p. (2 fr. 50 c.)

Petagna, *Vincenzo,* *Neapel 17. Jan. 1734, † Neapel 6. Oct. 1810.
7070* —— Delle facultà delle piante trattato. Tomo 1. 2. Napoli, Gaëtano Raimondi. 1796. 8. VIII, 784 p.
   Insunt solummodo classes Linneanae 1—18.
7071* —— Institutiones botanicae. Neapoli, typ. Porcelli. 1785—87. V voll. 8. — I: 1785. De philosophia botanica. XV, 285 p., 10 tab. — II—V: 1787. De plantis in specie. 2142 p., ind.

Peter, *Hermann* (Peteria A. G.).
7072* —— Untersuchungen über den Bau und die Entwicklungsgeschichte der dikotyledonischen Brutknospen. Inaugural-Dissertation. Hameln, Schmidt und Suckert. 1862. 8. VI, 40 p., 2 tab. — Zweite vermehrte Auflage. ib. 1863. 8. VIII, 59 p., 3 tab. ($^{4}/_{5}$ *th.*)

Petermann, *Wilhelm Ludwig,* Professor der Botanik zu Leipzig, *Leipzig 3. Nov. 1806, † Leipzig 27. Jan. 1855.
7073* —— De flore gramineo, adjectis graminum circa Lipsiam tam sponte nascentium quam in agris cultorum descriptionibus genericis. D. Lipsiae, Barth. 1835. 8. 80 p., 1 schema, 1 tab. ($^{1}/_{2}$ *th.*)
7074* —— Handbuch der Gewächskunde zum Gebrauche bei Vorlesungen, so wie zum Selbststudium. Leipzig, Barth. 1836. 8. XXVI, 690 p. ($3^{1}/_{2}$ *th.*)
7075* —— Flora Lipsiensis excursoria, exhibens plantas phanerogamas circa Lipsiam tam sponte nascentes, quam in agris cultas, simul cum arboribus et fruticibus pomerii Lipsiensis. Lipsiae, Barth. 1838. 8. X, 707 p., 1 tab. (3 *th.*)
7076* —— Flora des Bienitz und seiner Umgebungen. Leipzig, Fr. Fleischer. 1841. 16. XVIII, 171 p., 1 mappa geogr. ($^{2}/_{3}$ *th.*)
7077* —— Taschenbuch der Botanik. Leipzig, Volckmar. 1842. 8. 484 p., 12 tab. (2 *th.*)
7078* —— Das Pflanzenreich in vollständigen Beschreibungen aller wichtigen Gewächse dargestellt und durch naturgetreue Abbildungen erläutert. Leipzig, Eisenach (1838—)45 gr. 8. IV, 1010 p., 282 tab. col. (herabgesetzt: col. 15 *th.*, schwarz $4^{3}/_{4}$ *th.*)
7079* —— Analytischer Pflanzenschlüssel für botanische Excursionen in der Umgegend von Leipzig. Leipzig, C. H. Reclam sen. 1846. 8. CLXVI, 592 p. ($1^{1}/_{2}$ *th.*)
7080* —— Deutschlands Flora. Mit Abbildungen sämmtlicher Gattungen und Untergattungen. Leipzig, G. Wigand. 1846—49. 4. 668 p., 100 tab. col. (8 *th.* — col. 12 *th.* n.)

Peters, *Wilhelm,* Professor der Zoologie in Berlin (Petersia Welw.), *Coldenbüttel bei Eiderstädt 22. April 1815.
7081* —— Naturwissenschaftliche Reise nach Mossambique, auf Befehl Seiner Majestät des Königs *Friedrich Wilhelm IV.* in den Jahren 1842—48 ausgeführt von *Wilhelm C. H. Peters.* Botanik, bearbeitet von *Anderson, Boeckeler, Bolle, Braun, Garcke, Hasskarl, Klatt, Klotzsch, Kunth, Karl Müller, Reichenbach, Steetz.* Berlin, Georg Reimer. 1862—64. 4. XXII, 548 p. (37 *th.* n.)

Petif, *C.*
7082* —— Enumeratio plantarum in ditione Florae Palatinatus sponte crescentium. Post *Pollichium, Kochium* et *Zizium* denuo recensuit auxitque. Pars phanerogamica. Riponti, typ. Ritter. 1830. 8. VIII, 96 p.

Petit, *Antoine,* † 3. Juni 1843 (wurde im Nil, in der Nähe des Tanasees von einem Krokodil gefressen.)
   Lasègue, Musée Delessert 165—167.

Petit, *François Pourfour du,* Arzt in Paris (Petitia Jacq.), *Paris 24. Juni 1664, † Paris 18. Juni 1741.
7083* (——) Lettres d'un médicin des hôpitaux du roy à un autre médecin de ses amis. Namur, chez Albert. 1710. 4. 50 p., 8 tab.
   La troisième lettre contient une critique sur les trois espèces de Chrysosplenium de l'Institut de Tournefort, trois nouveaux genres de plantes et quelques nouvelles espèces. p. 39—50 et 7 tab.

Petit, *Pierre,* Arzt in Paris, *Paris 1617, † Paris 13. Dec. 1687.
7084* —— Thea, sive de sinensi herba Thee carmen, cui adjectae *Johannis Nicolai Pechlini* de eadem herba epigraphae et descriptiones aliae. Lipsiae 1685. 4. 6 plag., 1 tab.
7085 —— Homeri Nepenthes, sive de Helenae medicamento luctum, animique omnem aegritudinem abolente et aliis quibusdam eadem facultate praeditis Dissertatio. Trajecti a/R., typ. Zyll. 1689. 8.

Petit-Radel, *Philippe,* Arzt in Paris, *Paris 7. Febr. 1749, † Paris 30. Nov. 1815.
7086* —— De amoribus Pancharitis et Zoroae poema eroticodidacticon; seu umbratica lucubratio de cultu Veneris Mileto olim peracto, ut amathunteo sacello mysta subduxit et variis de generatione quum vegetantium, tum animantium exemplis auctum vulgavit Athenis. Parisiis, Molini. 1798. 8. (1 *fr.*) — Ed. II. plane reformata et tabulis aeneis illustrata; cui accedit vita autoris. Parisiis, Didot jeune. an IX. 1801. 8. effigies autoris. (6 *fr.*)
   * *gallice:* Le mariage des plantes, traduit de l'ouvrage du D. *Petit-Radel,* intitulé: De amoribus Pancharitis et Zoroae. Paris, Fuchs. an VIII. 1798. 12. 23 p. — Seconde édition revue et augmentée de la traduction française avec des notes. Paris, typ. Chanson. 1813. 8. 56 p. (1 *fr.* 50 *c.*)

Petiver, *James,* Apotheker in London (Petiveria Plum.), † London 20. April 1715.
7087* —— Musei *Petiveriani* centuria I (—X), rariora naturae continens, viz. animalia, fossilia, plantas, ex variis mundi plagis advecta, ordine digesta, et nominibus propriis signata. Londini, typ. Smith and Walford. 1695. (1692—1703). 8. 93 p, 2 tab.
   Mille sunt rariorum species, quae inter multas plantae sunt, undique conquisitae cum synonymis et nonnullis iconibus. Rari etiam et novi eo aevo Musci intercedunt.
7088* —— Gazophylacii naturae et artis decades X, in quibus animalia, quadrupedes, aves, pisces, reptilia, insecta, vegetabilia item fossilia, corpora marina et stirpes minerales e terra erutae, lapides figura insignes, descriptionibus brevibus et iconibus illustrantur. Hisce annexa suppellex antiquaria. Londini, Christophorus Bateman. 1702—9. II voll. — I: Decas I—V. 1702—4. 78 p. in 8., tab. in folio 1—50. A classical and topical catalogue of all the things figured in the 5 Decades, or first volume of the Gazophylacium naturae et artis. 1706. 8. p. 81—94. — II: Decas VI—X. 1709. folio. 12 p, tab. 51—100.
   Inter animalia aliasque non nostri scopi icones intercedunt plurimae plantarum exoticarum capensium et ex utraque India allatarum; alpinae etiam eaedem, quae apud Scheuchzerum, figurae. Redeunt hae tabulae et textus in folio in Operum ejus volumine primo, tabulis auctae 101—156, cum 10 p. textus, ubi vero nulla mentio tabulae 156.
7089* —— Opera historiam naturalem spectantia or Gazophylacium. Containing several 1000 figures of birds, beasts, reptiles, insects, fish, beetles, moths, flies, shells, corals, fossils, minerals, stones, fungusses, mosses, herbs, plants etc. from all nations, on 156 copperplates with latin and english names. London, Milan. 1764. III voll. folio and 8. — I: folio. (10) plag., 180 tab. — II: folio. ($23^{1}/_{2}$) plag., 126 tab. — III: 8. 93, 96 p., 4 tab.
   East India plants with their names, virtues, description, and some additional remarks by James Petiver. (Philosoph. Transactions vol. XXII. p. 579—594. 699—721. 843—858. 933—946. 1007—1022. — vol. XXIII. p. 1055—1065. 1251—1265. 1450—1461.)
   Sunt plantae a Samuele Brownio, medico in arce S. Georgii Indiae orientalis, circa Madras lectae, quarum jam in volumine XX. p. 313—335. partem descripserat Jacobus Petiver.

Petrelli, *Eugenio.*
7090* —— Vera narratio fruticis, florum et fructuum novissime in occidentalibus Indiis nascentium. Impr. cum *Antonii Possevini* Cultura ingeniorum. Coloniae Agrippinae, apud Joannem Gymnicum. 1610. 8. p. 189—207, 1 tab.
   Est descriptio et icon mystica Passiflorae, uti prius Simon Parlasca Bibliopola Bononiae ediderat prelo Coccione.

Petri, *Cornelis.*
7091* —— Annotatiunculae aliquot *Cornelii Petri* Leydensis in quatuor libros *Dioscoridis* Anazarbei. (Antwerpiae, excudebat Joannes Grapheus.) 1533. 8. (51 foll.)

Petri, *Friedrich,* *Berlin 26. Mai 1837.
7092* —— De genere Ameriae. D. Berolini, typ. Schade. 1863. 8. 41 p.

Petri von Hartenfelss, *Georg Christoph,* Professor in Erfurt, *Erfurt 13. Febr. 1633, † Erfurt 11. Dec. 1718.
7093* —— Asylum languentium, seu Carduus sanctus vulgo benedictus, medicina patrumfamilias polychresta, verusque pauperum thesaurus. Jenae, Trescher. 1669. 8. 252 p., 2 tab.

Pètsi, alias *Peéchi, Lucas.*
7094 —— Keresztény szüzeknek tisztességes koszoruja, avagy lelki füves kert, lelki virágos kert, h. e. Virginum christianarum corona honesta, sive hortus floridus animarum. Tyrnaviae 1591. 8. 20 ic. xyl. j. t.
   Describit autor monachus, idem qui etiam coluit hortulum botanicum

privatum, in opusculo rarissimo coronam florum e viginti diversis plantis cum nominibus et proprietatibus, pieque admonet ad viginti virtutes diversas.

Pettenkofer, *Max,* Professor der Chemie in München, *Lichtenheim 3. Dec. 1818.

7095* —— Ueber Mikania Guaco. D. München, typ. Wolf. 1844. 8. 42 p.

Petter, *Franz,* Professor in Spalatro in Dalmatien, † Cattaro 7. Juli 1858.

7096 —— Versuch einer Geschichte der amerikanischen Agave besonders der in dem Schlossgarten zu Friedland blühenden mit einer Einleitung über die Verbreitung einiger anderer interessanter Gewächse. Friedland, R. Ledsebe. 1817. 8. 54 p., 1 tab.

7097* —— Botanischer Wegweiser in der Gegend von Spalato in Dalmatien. Ein alphabetisches Verzeichniss der von dem Verfasser in Dalmatien und insbesondre in der Gegend von Spalato gefundnen wildwachsenden Pflanzen nebst Angabe ihrer Fundörter, Blütezeit etc. Zara, Battara. (Wien, Gerold.) 1832. 12 obl. 32, 144, p. ($^1/_{12}$ th.)
Cat. of sc. Papers IV, 862.

Petzold, *E.,* Park- und Garteninspector zu Muskau.

7098* —— und *G.* **Kirchner.** Arboretum Muscoviense. Ueber die Entstehung und Anlage des Arboretum Sr. K. H. des Prinzen Friedrich der Niederlande zu Muskau, nebst einem beschreibenden Verzeichniss der sämmtlichen in demselben cultivirten Holzarten. Gotha, in Commission bei W. Opetz. 1864. 8. VIII, 830 p., nebst colorirtem Plan des Arboretums. (5$^2/_3$ th. n)

Peyre, *B. L.*

7099 —— Méthode analytique-comparative de botanique, appliquée aux genres de plantes phanérogames qui composent la Flore française. Paris, Ferra jeune. 1823. 4. XVI, 62 p., 1 tab. (9 fr.)

Peyritsch, *Johann.*

7100* —— Ueber Pelorien bei Labiaten. Wien 1869. 8. 24 p., 6 tab.
Sitzungsberichte der Akademie, Band 60.
Cat of sc. Papers IV, 864—865.

Pfautz, *Johann,* * 1622, † Ulm 1674.

7101* —— Descriptio graminis medici plenior, ex variis haud infinitae notae scriptoribus, de nomine, forma, loco, tempore, qualitatibus ac viribus, cum additione descriptionis Ampeloprasi poliferi. Ulmae, Balthasar Kühne. 1656. 4. 19 p.

Pfeffer, *Wilhelm,* Docent in Marburg.

7102* —— Bryognographische Studien aus den rhätischen Alpen. 1869. 4. 143 p. (1$^1/_3$ th. n.)
Neue Schweizerische Denkschriften, Band 24.

Pfeiffer, *Ludwig,* Arzt in Kassel, * 4. Juli 1805.

7103* —— Enumeratio diagnostica Cactearum hucusque cognitarum. Berolini, Oehmigke. 1837 8. VIII, 192 p. ($^5/_6$ th.)

7104* —— Beschreibung und Synonymik der in deutschen Gärten lebend vorkommenden Kakteen. Berlin, Oehmigke. 1837. 8. VI, 231 p. (1 th.)

7105* —— Einige Worte über die subalpine Flora des Meissners. Kassel, typ. Hotop. 1844. 8. 16 p.

7106* —— Uebersicht der bisher in Kurhessen beobachteten wildwachsenden und eingebürgerten Pflanzen. Unter specieller Mitwirkung des *Johann Heinrich Cassebeer* zu Bieber. Erste Abtheilung. Kassel, Bohné. 1844. 8. X, 251 p. (1$^1/_6$ th.)

7107* —— Flora von Niederhessen und Münden. Beschreibung aller im Gebiete wildwachsenden und im Grossen angebauten Pflanzen, mit Rücksicht auf Schulgebrauch und Selbststudium bearbeitet. Kassel, Fischer. 1847—55. Zwei Bände. 8. L, 428, XIV, 232 p. (1$^3/_4$ th.)

7108* —— und *Friedrich* **Otto.** Abbildung und Beschreibung blühender Kakteen. (Figures des Cactées en fleur peintes et lithographiées d'après nature.) Kassel, Fischer. 1843—50. II voll. 4. 60 col. Tafeln und Text. (37 th. — schwarz 12 th.)

7109* —— Synonymia botanica locupletissima generum, sectionum et subgencrum ad finem anni 1858 promulgatorum. In forma conspectus systematici totius regni vegetabilis schemati Endlicheriano adaptati. Cassellis, Fischer. 1870. 8. VIII, 672 p. (3$^1/_2$ th)
Cat. of sc. Papers IV, 872—873.

Pfitzer, *Ernst Hugo Heinrich,* Privatdocent in Bonn, * Königsberg in Pr. 26. März 1846.

7110* —— Ueber die Schutzscheide der deutschen Equisetaceen. D. Königsberg, typ. Dalkowski. 1867. 8. 31 p.

7111* **Pfitzer,** *Ernst Hugo Heinrich.* Untersuchungen über Bau und Entwicklung der Bacillariaceen (Diatomaceen). Bonn, Marcus. 1871. 8. VI, 189 p., 6 tab. col.
Hanstein, Botanische Abhandlungen, Heft 2.

Pfizmaier, *August,* Professor in Wien, *Karlsbad 10. März 1808.

7112* —— Die Sprache in den botanischen Werken der Japaner. Wien, Gerold. 1865. 8. 78 p. ($^2/_5$ th)
Wiener Sitzungsberichte LI, 513—588.

Pfund, *Johannes.*
Cat. of sc. Papers IV, 880.

7113* —— Monographiae generis Verbasci prodromus. Deutschlands Bärtlinge oder Wollkräuter (Königskerzen) mit besondrer Berücksichtigung der böhmischen Arten. Prag, typ. Th. Thabor. 1840. 8. 80 p., 1 tab.

Pfund, *Theodor Gottfried Martin,* Custos der Königl. Bibliothek in Berlin, * Berlin 16. April 1818.

7114* —— De antiquissima apud Italos Fabae cultura ac religione. D Berolini, typ. Nietack. 1845. 8. 39 p.

Phanias von Eresos.
Ernst Meyer, Geschichte der Botanik I, 189—193.

Phelps.

7115 —— Botanical calendar, exhibiting at one view the generic and specific name, the class, order and habitat of all the british plants. London 1810. 8. 186 p., 5 tab. (3 s. 6 d.)

Phelsum, *Murk van.*

7116* —— Explicatio partis IV Phytographiae *Leonhardi Pluc' neti.* Harlingae, typ. van der Plaats. 1769. 4. XII, 35 p., ind.

Philibert, *J. C.*

7117* —— Introduction à l'étude de la botanique. Paris, Delalain. an VII. III voll. 8. — I: 454 p. — II: 658 p. — III: 524 p., 10 tab. col. — *ib. 1803. III voll. 8. (18 fr.) (non differt.)

7118* —— Exercices de botanique à l'usage des commençans. Paris, Bossange. 1801. II voll. 8. 438 p., 153 tab. col. (30 fr. nigr. — col. 42 fr.)

7119* —— Leçons élémentaires de botanique, à l'usage des cours publics et particuliers et des écoles ou lycées. Paris 1802. 8. — *Nouvelle édition. Paris, Dentu. 1807. 8. VIII, 544 p. (6 fr.)

7120* —— Dictionnaire abrégé de botanique, faisant suite aux exercices de botanique. Paris, typ. Chapelet. 1803. 8. VI, 180 p., 24 tab. col. (8 fr)

7121* —— Dictionnaire universel de botanique contenant l'explication détaillée de tous les termes français et latins de botanique et de physique végétale. Paris, Merlin. 1804. III voll. 8. — I: A—E. IX, 604 p. — II: F—O. 551 p. — III: P—Z. p. 551—1134., 5 tab. (19 fr. 50 c)

Philippar, *François,* Directeur du jardin des plants de Versailles, * Peuving in Oestreich 1801, † Versailles im Juni 1849.

7122* —— Catalogue méthodique des végétaux cultivés dans le jardin des plantes de la ville de Versailles, précédé d'une notice historique sur les jardins royaux et particuliers de Versailles. Versailles, typ. Montalant-Bougleux. 1843. 8 max. 284 p., 3 tab.

Philippe, *Xavier,* * Soissons 1802, † Bagnères 1866.

7123* —— Flore des Pyrénées. Bagnères-de-Bigorre, Plassot. 1859—60. 2 voll. 8. 605, 505 p. (12 fr.)

Philippi, *Rudolf Amandus,* Director des Museums zu Santiago in Chile (Philippia Kl.), * Charlottenburg bei Berlin 14. Sept. 1808.

7124* —— Florula Atacamensis seu enumeratio plantarum, quas in itinere per desertum Atacamense observavit. Halis, Anton. 1860. 4. 62 p., 6 tab. (2 th.)
Sistit simul appendicem operis «Reise durch die Wüste Atamaca.» Plantarum novarum chilensium centurias duodecim descripsit in Linnaea annorum 1857—64.
Cat. of sc. Papers IV, 882.

Philippi, *Theodor,* Assistent am Königl. Preuss. Herbarium zu Berlin, † Conception 10. März 1852.

Phillips, *Henry.*

7125* —— Pomarium britannicum: an historical and botanical account of fruits known in Great Britain. London, Allman. 1820. gr. 8. VII, 378 p., 3 tab. col. — Ed. II: ib. 1821. 8. — *Ed. III: London, Colburn et Co 1823. 8. IX, 372 p., 3 tab.

7126* **Phillips**, *Henry*. History of cultivated vegetables etc. Ed. II. London, Colburn. 1822. II voll. 8. — I: VII, 383 p. — II: 430 p. (1 *l*. 1 *s*.)
7127* —— Sylva florifera: the shrubbery historical and botanically treated; with observations on the formation of ornamental plantations and picturesque scenery. In two volumes London, Longman et Co. 1823. 8. — I: VI, 336 p. — II: 333 p. (1 *l*. 1 *s*.)
7128* —— Flora historica: or the three seasons of the british parterre historically and botanically treated. London, Lloyd. 1824. II voll. 8. — I: LI, 354 p. — II: XII, 464 p. (1 *l*. 4 *s*.)
— *The second edition revised. London, Lloyd. 1829. II voll. 8. — I: XLVII, 333 p. — II: VIII, 423 p. (1 *l*. 1 *s*)
7129* —— Floral Emblems. London, Saunders and Otley. 1825. 8. XVI, 352 p., 20 tab. (1 *l*. 1 *s*.)
Phoebus, *Philipp*, Professor in Giessen, * Märkisch Friedland 27. März 1804.
7130* —— Deutschlands kryptogamische Giftgewächse in Abbildungen und Beschreibungen. Berlin, Hirschwald. 1838. 4. XII, 114 p., 9 tab. col. (3 *th*.)
7131* —— Die *Delondre-Bouchardat*'schen Chinarinden. Giessen, Riecker. 1864. gr. 8. IV, 75 p., 1 tab. ($2/3$ *th*.)
* Ueber den Keimkörner-Apparat der Agaricineen und Hellvellaceen. Nova Acta Leop. XIX, 2. 169—218. (1838.)
Picard, *Casimir*, Arzt, * Amiens 16. Dec. 1806, † Abbeville 13. März 1841.
7132* —— Étude sur les Géraniées qui croissent spontanément dans les départemens de la Somme et du Pas-de Calais. Boulogne, typ. Le Roy-Mabille. 1838. 8. 46 p. (1 *fr*. 50 *c*.)
7133* —— Observations botaniques sur le genre Sonchus. Boulogne, typ. Le Roy-Mabille. s. a. 8. 16 p., 1 tab. (1 *fr*.)
Cat. of sc. Papers IV, 897.
Piccioli, *Antonio*.
7134* —— Pomona Toscana, che contiene una breve decrizione di tutti i frutti che si coltivano nel suolo toscano per servire alla collezione in gesso dei medesimi. Firenze 1820. 8. (16) foll.
Describuntur 44 varietates Citri ad collectionem illustrandam.
Piccioli, *Giuseppe*.
7135* —— Hortus Panciaticus, ossia catalogo delle piante esotiche e dei fiori esistenti nel giardino della villa detta la Loggia presso a Firenze, di proprietà del Marchese *Niccolò Panciatichi*. Firenze 1783. 4. 32 p., 1 tab. col. (Panciatica purpurea.)
Picco, *Victorius*, latine **Picus** (Picoa Vittad)
7136* —— Meletemata inauguralia. Augustae Taurinorum, excudebat Briolus. 1788. 8. 283 p., 2 tab. col.
De fungorum generatione p. 1—103; ex materia medica, de fungis p. 105—167; de symptomatibus, quae fungorum venenatorum esum consequi solent p. 237—264.
Piccone, *Antonio*.
7137 —— Elenco dei Muschi di Liguria. Genova, tipografia de' Sordo-muti. 8. 50 p.
Pichon.
7138 —— et **Broca**. Catalogo raisonné ou tableau analytique et descriptif des plantes cultivées à l'école de botanique de Brest, etc. Brest, de l'imprimerie impériale. 1811. 8. XIV, 571 p.
Pickering, *Charles*.
7139* —— The geographical distribution of animals and plants. A new issue. London, Trübner et Co. Boston, Little, Brown and Co. 1864. 4. 168 et (44) p.
Wilkes, Exploring Expedition, vol. XV.
On the geophraphical distribution of plants. Transact. Am. Phil. Soc. III, 274—284. (1830.)
Piddington, *Henry*, Secretär der Agricultural-Society of India (Piddingtonia DC.).
7140* —— An english index to the plants of India. Calcutta, Thacker et Co. (printed at the baptist mission press.) 1832. 8. VIII, 235 p.
Piepenbring, *Georg Heinrich*, Professor in Rinteln, * Horsten in Kurhessen 5. Jan. 1763, † Rinteln 6. Jan. 1806.
7141* —— Lehrbuch der Fundamental-Botanik. Gotha, Ettinger. 1805. 8. XIV, 445 p. (1 $1/3$ *th*.)
Pieper, *Philipp Anton*, Arzt in Paderborn, * Istrup in Westphalen 1798, † Paderborn 15. April 1851.

7142* **Pieper**, *Philipp Anton*. Das wechselnde Farbenverhältniss in den verschiednen Lebensperioden des Blattes nach seinen Erscheinungen und Ursachen. Berlin, Enslin. 1834. 8. XV, 167 p., 2 tab. (1 *th*.)
7143* —— Neckera Schlechtendali. Programma gratulatorium. Paderbornae 1838. 4. 10 p., 1 tab.
Pieri, *Michele Trivoli*.
7144* —— Della Corcirese Flora Centurie prima, seconda e terza, ossia storia di piante trecento, appartenente al suolo dell' isola di Corfu. Corfu, nella stamperia del governo. 1814. 4 max. 141 p., praef.
7145* —— Flora Corcirensis Centuriae I et II, sive enumeratio 200 plantarum, quas in insula Corcirea invenit. Corcirae, typis publicis. 1824. 8. IX, 85 p.
Pierquin.
7146* —— Réflexions sur le sommeil des plantes. Paris, Bechet. 1839. 8. 16 p.
Piesse, *Septimus*.
7147* —— The art of perfumery and the methods of obtaining the odours of plants. Ed. III. London, Longman. 1862. 8. (10 *s*. 6 *d*.)
* *gallice*: Paris, Baillière. 1865. 8. (7 *fr*.)
7148* —— Lecture on perfumes, delivered before the Royal Horticultural Society. London, Hardwicke. 1865. 8. 22 p.
Piller, *Mathias*.
7149* —— et *Ludwig* **Mitterpacher**. Iter per Poseganam Slavoniae provinciam, mensibus Junio et Julio 1782 susceptum. Budae, typ. regiae universitatis, prostat apud Weingand et Köpf. 1783. 4. 147 p., 16 tab. pro parte col.
Pinnock.
7150* —— Catechism of botany; being a pleasing description of the vegetable kingdom. London, Whittacker. 1822. 12. 72 p., effigies *Linnaei*. (9 *d*.)
Pio, *Giovanni Battista*.
7151* —— De Viola specimen botanico medicum. D. Taurini, typ. Bianco. 1813. 4. 52 p., 3 tab.
Pion, *Petrus*.
7152* —— Phytologia, sive Theses de plantis quatenus medicis materiam subministrant remediorum. D. Wirceburgi, typ. Fleischmann. 1598. 4. 88 p.
A p. 8—22: Centum plantarum sponte in Germania provenientium delineatio.
Piper, *Wilhelm*.
7153* —— Taschenbuch der norddeutschen Flora. Malchin, Piper. 1846. 8. (1 $1/4$ *th*.) — *Zweite Auflage. Anclam, W. Dietze. 1854. 8. VI, 288 p. (1 *th*.) (non differt.)
Piré, *Louis*.
7154* —— et F. **Müller**. Flore analytique du centre de la Belgique. Bruxelles 1866. 8.
Pirona, *Gian Jacopo*, Professor in Udine, * Dignano (Friaut) 22. Nov. 1789, † Udine 4. Jan. 1870.
7155* —— Vocabulario friulano. Venezia 1869. 8.
Inest a pag. 481—526. Vocabulario botanico friulano.
Pirona, *Giulio Andrea*, Professor in Udine.
7156* —— Florae forojuliensis Syllabus. Programma. Utini, typ. Liberalis Vendrame. 1855. 8. 170 p.
Piso, *Willem* (Pisonia L.).
7157* —— *Guilielmi Pisonis* de medicina brasiliensi libri IV, et *Georgii Marcgravii* historiae rerum naturalium Brasiliae libri VIII. *Joannes de Laet* in ordinem digessit et annotationes addidit et varia ab auctore omissa supplevit. Lugduni Batavorum, apud Franciscum Hackium, et Amstelodami, apud Elzevirios. 1648. folio. 122, 293 p., praef., ind., ic. xyl. i. t. — *Ed. II: Gulielmi Pisonis, medici Amstelaedamensis, de Indiae utriusque re naturali et medica libri quatuordecim, quorum contenta pagina sequens exhibet. Amstelaedami, apud Ludovicum et Danielem Elzevirios. 1658. folio. 327 p., prolegomena, ind. — Accedit: *Georgii Marcgravii de Liebstad* Tractatus topographicus et meteorologicus Brasiliae cum eclipsi solari etc. 39 p. — *Jacobi Bontii* Historiae naturalis et medicae Indiae orientalis libri sex. 226 p., ind., (185) ic. xyl. i. t.
In hac altera editione accedit etiam *Guilielmi Pisonis* Mantissa aromatica.

seu de aromatibus cardinalibus quatuor et de plantis aliquot indicis in medicinam receptis relatio nova. Ex vetere orbe hic exstat Canellae historia et nova icon, et Nucis moschatae et Piperis, Arundinis Mambu, Rotang, aliaque.

7158* **Piso**, *Willem*. Gulielmi Pisonis Historia medica Brasiliae. Novam editionem curavit et praefatus est *Josephus Eques de Vering*. Vindobonae, typ. congreg. Armenorum. 1817. 8. 157 p.
* v. *Martius*, Versuch eines Commentars über die Pflanzen in den Werken von *Marcgrav* und *Piso* über Brasilien, nebst weiteren Erörterungen über die Flora dieses Reiches. I. Kryptogamen. München, Franz. 1853. 4. 60 p. (⅔ th. n.)
Abhandl. der Bayrischen Akademie der Wissenschaften, Band. 7.

Pitzschmann, *George Gottlob*.
7159* —— Gottseelig und vernunft-mässige vermuthung von einem gewächse der Erden, welches gleich einer Semmel in einem garten Schlesiens gefunden worden. Leipzig 1700. 8. 126 p.

Pizcueta, *José*, Director des bot. Gartens in Valencia.
Colmeiro Bot esp. 203.
Cat. of sc. Papers IV, 922.

Planchon, *Gustave*, Professor an der Ecole de pharmacie in Paris, * Ganges (Hérault) 1833.
7160* —— Des Globulaires, au point de vue botanique et médical. Montpellier, typ. Boehm. 1859. 8. 59 p., 1 tableau. (3 fr.)
7161 —— Les principes de la méthode naturelle appliquées comparativement à la classification des végétaux et des animaux. Thèse. Montpellier, typ. Boehm. 1860. 8. 112 p.
7162* —— Des modifications de la flore de Montpellier, depuis le 16ᵐᵉ siècle jusqu'à nos jours. Paris, Savy. 1864. 4. 59 p.
7163* —— Étude des tufs de Montpellier au point de vue géologique et paléontologique. Thèse. Paris, F. Savy. 1864. 4. 73 p., 3 tab. (4 fr.)
7164* —— Des Quinquinas. Paris, Savy. Montpellier, typ. Boehm. 1864. 8. 150 p. (3 fr. 50 c.)
7165 —— Les caractères des drogues simples et usuelles. Paris 1868. 8. ic. xyl.

Planchon, *J. E.*, Professor der Botanik in Montpellier.
7166* —— Mémoire sur les développements et les caractères des vrais et des faux arilles; suivi de considérations sur les ovules de quelques Véroniques et de l'Avicennia. Montpellier, typ. Boehm. 1844. 4. 53 p., 3 tab.
7167* —— et *Louis* **van Houtte**. La Victoria regia au point de vue horticole et botanique. Gand 1850. 4. tab. col.
7168 —— De la concordance entre les formes, la structure, les affinités des plantes, et leurs propriétés médicinales. Montpellier 1851. 8.
7169* —— Hortus Donatensis. Catalogue des plantes cultivées dans les serres de S. E. le prince Anatole de Demidoff à San Donato, près Florence. Paris, typ. Remquet. 1854—58. 8. xxxiv, 255 p., 6 tab. col. in folio.
7170* —— Des Hermodactes au point de vue pharmaceutique. Thèse. Paris, typ. Martinet. 1856. gr. 8. 47 p., 1 tab.
7171* —— et *José* **Triana**. Mémoire sur la famille des Guttifères. Paris, Victor Masson. 1862. 8. iv, 336 p., 6 tab.
Annales sc. nat. IV. Série, tome 13—15.
7172* —— Rondelet et ses disciples, ou la botanique à Montpellier au 16ᵐᵉ siècle. Discours. Montpellier, Boehm. 1866. 8. 22 p.
Extrait du Montpellier médical.
Cat. of sc. Papers IV, 930—932.

Planellas Giralt, *José*.
7173* —— Ensayo de una flora fanerogámica Gallega ampliada con indicaciones acerca los usos médicos de las especies que se describen. Santiago de Compostela, typ. Romero. 1852. 8. 452 p. (50 Reales.)

Planer, *Johann Jakob*, Professor in Erfurt (Planera Gmel.), * Erfurt 25. Juli 1743, † Erfurt 10. Dec. 1789.
7174* —— Index plantarum, quas in agro Erfurtensi sponte provenientes olim D. *Johann Philipp Nonne*, deinde D. *Johann Jakob Planer* collegerunt. Gotha, Ettinger. 1788. 8. 284 p.
7175* —— Indici plantarum Erfurtensium fungos et plantas quasdam nuper collectas addit. Programma. Erfordiae, typ. Nonne. 1788. 8. 44 p., praef.
7176 (——) Versuch einer teutschen Nomenklatur der Linnéischen Gattungen, zur Uebersetzung der Genera plantarum *Linnaei*. Erfurt, Müller. 1771. 8. 228 p. (⅝ th.)

Plank, Professor in München.
7177* —— Grundriss der Veterinärbotanik. München, typ. Rösl. 1840. 8. 114 p.

Plappart, *Joachim Friedrich*.
7178* —— De Juglande nigra. D. Vindobonae, typ. Gerold. 1777. 8. 27 p., 1 tab. col.
Redit aucta Juglande cinerea in *Jacquin* Miscellanea austr. vol. II. p. 3—24.

Plaschnick, *Karl*, Gärtner am botanischen Garten in Leipzig, * Pretzsch a. d. Elbe 28. Juli 1795, † Leipzig 7. Juni 1850.
7179* —— Ueber die Kultur der Farrenkräuter und deren Erziehung aus Samen im Königlichen botanischen Garten zu Berlin. Berlin 1831. 4. 19 p.
Verhandlungen zur Beförderung des Gartenbaus in den Königl. Preussischen Staaten.

Plat, *Hugh*.
7180* —— The garden of Eden, or a description of all flowers and fruits now growing in England, with rules how to advance their nature and growth. Ed. V. London 1660. 8. 175 p. — The second part. London 1660. 8. 159 p. — The sixth edition. London, Leake. 1675. 8. — I: (26), 148 p. — II: (14), 159 p.

Platearius, *Matthaeus*.
Ernst Meyer, Geschichte der Botanik III, 506—513.

Plato, *Karl Gottlieb*.
7181* —— Deutschlands Giftpflanzen, zum Gebrauche für Schulen fasslich beschrieben. Vier Hefte. Leipzig, (Hunger.) 1829—40. 8.
Editio prima fasciculi primi jam anno 1815 prodiit.

Pławski, *Alexander*.
7182 —— Słownik wyrazów botanicznych. (Glossologia botanica.) Vilnae, typ. Zawadzki. 1830. 8.

Plaz, *Anton Wilhelm*, Professor der Medizin in Leipzig, * Leipzig 1. Jan. 1706, † Leipzig 26. Febr. 1784.
Vita *Antonii Guilielmi Plaz*. (Comm. lips. XXVI. 546—554.)
7183* —— Historiam radicum exponit. Programma. Lipsiae 1733. 4. 20 p.
7184* —— De plantarum seminibus. Programma. Lipsiae 1736. 4. (8) foll.
7185* —— Foliorum in plantis historia. D. Lipsiae 1740. 4. 50 p.
7186* —— Caulis plantarum explicatus. D. Lipsiae 1745. 4. 42 p.
7187* —— De flore plantarum. D. Lipsiae 1749. 4. 55 p.
7188* —— Organicarum in plantis partium historia physiologica antehac seorsim succincte exposita, nunc curatius revisa et aucta. Lipsiae, ex officina Langenhemia. 1751. 4. 119 p., praef., ind.
Insunt in hac collectione libelli quinque academici, modo recensiti.
7189* —— De plantarum plethora. Programma. Lipsiae 1754. 4. 23 p.
7190* —— De natura plantas muniente. Programma. Lipsiae 1761. 4. 16 p.
7191* —— De plantarum virtutibus ex ipsarum charactere haudquaquam addiscendis. Prolusio I—III. Lipsiae 1762—63. 4. 16, 12 p.
7192* —— De Saccharo. Programma. Lipsiae 1763. 4. 16 p.
7193* —— De plantarum sub diverso coelo nascentium cultura. Programma. Lipsiae 1764. 4. 12 p.
7194* —— De motu humorum in plantis vernali tempore vividiore. Programma. Lipsiae 1764. 4. 8 p.

Plée, *Auguste* (Pleea Rich.), * 1787, † Fort Royal (Martinique) 17. Aug. 1825.
7195* —— et *François* **Plée**. Herborisations artificielles aux environs de Paris, ou Recueil de toutes les plantes, qui y croissent naturellement, dessinées et gravées d'après nature de grandeur naturelle, avec les détails anatomiques en couleur au bas de chaque espèce etc. Paris, chez les auteurs. 1811. 8. 99 tab. col. et texte.
7196* —— Le jeune botaniste, ou entretiens d'un père avec son fils sur la botanique et la physiologie végétale. Paris, Ferra. 1812. II voll. 8. xv, 696 p., 12 tab. col. (6 fr. 50 c.)

Plée, *François*.
7197* —— Types de chaque famille et des principaux genres des plantes qui croissent spontanément en France; exposition détaillée et complète de leurs caractères et de l'embryologie. Livr. 1—166. Paris, Baillière. 1844—64. 4. 166 tab. col. (210 fr. 50 c)

7198 **Plée,** *François.* Glossologie ou vocabulaire donnant la définition des mots techniques usités dans l'enseignement. Paris, Baillière. 1854. 8. (1 fr. 25 c.)

Plenck, *Joseph Jakob (von),* Prof. an der Militärakademie in Wien (Plenkia Ruf.), * Wien 28. Nov. 1738, † Wien 24. Aug. 1807.

7199* —— Bromatologia seu doctrina de esculentis et potulentis. Viennae, Graeffer. 1784. 8. 428 p., ind., 1 tab.
Paginae 19—176 agunt de vegetabilibus esculentis.

7200* —— Toxicologia, seu doctrina de venenis et antidotis. Viennae, Graeffer. 1785. 8. 338 p., ind.

7201* —— Icones plantarum medicinalium secundum systema Linnaei digestarum cum enumeratione virium et usus medici, chirurgici atque diaetetici. Viennae, R. Graeffer. 1788—1812. VIII voll. folio. 758 tab. col., text. latine et germanice. (200 th.)
Volumen VIII post obitum auctoris edidit *Joseph Lorenz Kerndl.*

7202* —— Physiologia et pathologia plantarum. Viennae, Blumauer. 1794. 8. 184 p., ind.
* *germanice:* Wien, Wappler. 1795. 8. 157 p., praef., ind.
* *germanice:* Koeln, Imhoff. 1818. 8. 215 p.
* *gallice:* Paris, Barrau. 1802. 8. 220 p. (2 fr. 50 c.)
* *italice:* Venezia 1799. 8.

7203* —— Elementa terminologiae botanicae ac systematis sexualis plantarum. Viennae, Blumauer. 1796. 8. 168 p., ind.

7204* —— Anfangsgründe der botanischen Terminologie und des Geschlechtssystems der Pflanzen. Wien, Wappler. 1798. 8. 168 p. (³/₄ th.)
* *hispanice:* Elementos de la nomenclatura botanica. Barcelona, Jordi, Roca y Gaspar. 1802. 4. 222 p.

Pleniger, *Andreas.*
7205* —— Ueber Pflanzenphysiologie. D. Wien, typ. Ueberreuter. 1841. 8. 78 p.

Plessier, *Léon.*
7206* —— Récit d'une excursion botanique aux environs de Beauvais. Beauvais 1864. 8. 8 p.

Plinius Secundus, *Cajus* (Plinia L.), * Como oder Verona 23, † am Vesuv 25. Aug. 79.

7207* —— Historiae naturalis libri XXXVII. Ed. princeps: Venetiis, J. de Spira. 1469. folio. 354 foll. (Folium primum libri secundi et secundum libri ultimi recentiores sunt impressionis.)

7208* —— Caji Plinii Secundi Naturalis Historiae libri XXXVII. Recensuit et commentariis criticis indicibusque instruxit *Julius Sillig.* Vol. 1—8. Gothae, Perthes. 1851—58. 8. (32 th. n.)

7209* —— C. Plinii Secundi Naturalis Historia. D. Detlefsen recensuit. Vol. 1—4. (Liber 1—31.) Berolini, apud Weidmannos. 1866—71. 8.
* *Fée,* Commentaires sur la botanique et la matière médicale de *Pline* composés pour le *Pline* de la collection Panckoucke. Paris, imprimerie Panckoucke. 1833. III voll. 8. — I: iv, 423 p. — II: 468 p. — III: 509 p.
Commentarios botanicos dedit *L. Desfontaines* in editione *Plinii* a *N. E. Lemaire* parata. Parisiis 1827—31. 8.

Plot, *Robert* (Plotia Adans.), * Sutton-Baron (Kentshire) 1640, † Sutton-Baron 30. April 1696.

Plucar.
7210 —— Aufzählung der in der Umgegend Teschen's aufgefundnen Laubmoose. Programm. Teschen 1855—56. 4.

Plues, *Margaret.*
7211* —— British Grasses: an introduction to the study of the Gramineae of Great Britain and Ireland. London, Reeve and Co. 1867. 8. VIII, 307 p., 16 tab. col. (10 s. 6 d.)

Plukenet, *Leonard,* Arzt in London (Plukenetia Plum.), * 1642, † London 1706.
Pulteney, Geschichte der Botanik II, 275—281.

7212* —— Opera omnia botanica, in sex tomos divisa. Londini, apud Innys. 1720. VI voll. 4.
I: Phytographia, seu stirpium illustrium et minus cognitarum icones, tabulis aeneis summa diligentia elaboratae, quarum unaquaeque titulis descriptoriis en notis suis propriis et characteristicis desumptis insignita, ab aliis ejusdem sortis facile discriminatur. Pars I et II. Londini, sumtibus auctoris. 1691. tab. 1—120.
II: Phytographia. Pars III. Londini, sumtibus auctoris. 1692. tab. 121—250.
III: Phytographia. Pars IV. Londini, sumtibus auctoris. 1696. tab. 251—328.

IV: Almagestum botanicum, seu Phytographiae Pluc'netianae Onomasticon, methodo synthetica digestum, exhibens stirpium exoticarum rariorum novarumque nomina, quae descriptionis locum supplere possunt, cui (ad ampliandum regnum vegetabilium) accessere plantae circiter 500 suis nominibus similiter insignitae, quae nullibi nisi in hoc opere (sex fere plantarum chiliades complectente) memorantur; adjiciuntur et aliquot novarum plantarum icones. Londini, sumtibus auctoris. 1696. 402 p.
V: Almagesti botanici Mantissa, plantarum novissima detectarum ultra millenarium numerum complectens. Londini 1700. 191 p., ind., tab. 329—350.
VI: Amaltheum botanicum, i. e. stirpium indicarum alterum copiae cornu, millenas ad minimum et bis centum diversas species novas et indictas nominatim comprehendens, quarum sexcentae et insuper selectis iconibus aeneisque tabulis illustrantur. Londini 1705. 214 p., tab. 351—454.
Ejusdem impressionis est editio altera, itc inscripta. * Leonardi Plukenetii Opera, voluminibus quatuor, secundo excusum ediderunt Davies, Payne, Reymers etc. Londini 1769. 4. Paginarum et tabularum numerus ad amussim congruit, sed volumini primo addita est effigies *Plukenetii.*
M. van Phelsum. Explicatio Phytographiae L. *Plukenetii.* Harlingae 1769. 4.
* *Gieseke,* Index Phelsum Linnaeanus in *Leonhardi Plukenetii* Opera botanica. Accessere variae in vitam et opera *Plukenetii* observationes partim ex ipsius manuscriptis. Index Linneanus in *Joannis Jacobi Dillenii* historiam muscorum. Hamburgi, typ. Meyn. 1779. folio. x, 46 p. — * Hamburgi, typ. Meyn. 1779. 4. x, 39 p.

Plumier, *Charles,* ex ordine Franciscanorum (Plumeria L.), * Marseille 20. April 1646, † auf der Insel Gadis am Hafen von Cadix 20. Nov. 1704.

7213* —— Description des plantes de l'Amérique, avec leurs figures. Paris, de l'imprimerie royale. 1693. folio. 94 p., praef. ind., 108 tab.
Tabulae 50 priores redeunt in ejus «Traité des fougères.»

7214* —— Nova plantarum americanarum genera. (Accedit Catalogus plantarum americanarum, quarum genera in Institutionibus rei herbariae jam nota sunt, quasque descripsit et delineavit in insulis americanis.) Parisiis, Boudot. 1703. 4. 52, 21 p., 40 tab.

7215* —— Filicetum americanum, seu filicum, polypodiorum, adiantorum etc. in America nascentium Icones. Parisiis, e typographia regia. 1703. folio. 222 tab. sign. 1—221., ind. mscr.
Bibl. Deless.
Tabulae 1—164 sistunt Filicum easdem tabulas, quae sunt in libro sequenti: tabulae 165—222 eaedem sunt ac tabulae 54—108 in libro: Description des plantes de l'Amérique, potissimum e Passiflorearum et Aroidearum familia.

7216* —— Traité des fougères de l'Amérique. Tractatus de filicibus americanis. Paris, de l'imprimerie royale. 1705. folio. latine et gallice. XXXVI, 146 p., ind., 170, 2 tab.

7217* —— Plantarum americanum fasciculus primus (—decimus), continens plantas, quas olim *Carolus Plumierus,* botanicorum princeps, detexit eruitque, atque in insulis Antillis ipse depinxit. Has primum in lucem edidit, concinnis descriptionibus et observationibus, aeneisque tabulis illustravit *Johannes Burmannus.* Sumtibus auctoris, prostant Amstelodami in horto medico. 1755—60. folio. 262 p., ind., 262 tab.
Recensentur praeterea in Bibliotheca Banksiana III. 187. volumina quinque, emta e Bibliotheca *Johannis Comitis de Bute,* in quibus continentur 312 icones Plumerianae, quaedam ex editis in diversis operibus ejus, sed plurimae ineditae; aliae coloribus fucatae, aliae partim coloratae, aliae absque coloribus. Paucae alienae immixtae. folio.
Mém. soc. linn. Paris. II. p. 83.
«Manuscrits de *Plumier* au museum: copie chez M. *de Jussieu.* L'ensemble des dessins dont une partie seulement a été publiée (et par fragments) dans l'ouvrage de *Burmann.* — Les palmiers publiés par *Martius.*»
Note originale d'Andrien *de Jussieu.*

Pluquet, *Frédéric,* * Bayeux 19. Sept. 1781, † Bayeux 3. Sept. 1834.

7218 —— Extrait des observations sur l'origine, la culture et l'usage de quelques plantes du Bessin. Caen 1824. 8. 20 p. (1 fr.)

Pluskal, *F. S.*
7219 —— Die sämmtlichen bisher bekannten Krankheiten der Kartoffeln, mit besondrer Würdigung der belgischen Kartoffelseuche in den Jahren 1845 und 1846. Brünn, (Wimmer.) 1847. 8. 125 p. (⁵/₁₂ th.)

7220 —— Neue Methode die Pflanzen auf eine höchst einfache

Art gut und schnell für das Herbar zu trocknen. Brünn, Buschak und Irrgang. 1849. 8. 40 p. (8 ngr. n.)
<small>Cat. of sc. Papers IV, 949.</small>

Poech, *Joseph,* * 1816, † Prag 20. Jan. 1846.

7221* —— Enumeratio plantarum hucusque cognitarum insulae Cypri. Vindobonae, typ. Ueberreiter. 1842. 8. 42 p.
<small>Cat. of sc. Papers IV, 949.</small>

Poederle, *Eugène Joseph Charles Gilain Hubert d'Obnen, Baron de,* * Brüssel 20. Sept. 1742, † Saintes im Hennegau 17. Aug. 1813.

7222* —— Manuel de l'arboriste et du forestier belgiques; ouvrage extrait des meilleurs auteurs et soutenu d'observations faites dans différents pays, où l'auteur a voyagé. Bruxelles, Flon. 1772. 8. — Supplément. ib. 1779. 8. — Ed. II: ib. 1788. 8. — *Ed. III: ib. 1792. II voll. 8. — I: 284 p., ind. — II: 342 p., ind.

Poeppig, *Eduard Friedrich,* Professor der Zoologie an der Universität Leipzig (Poeppigia Kunze.), * Plauen im Vogtlande 16. Juli 1798, † Leipzig 4. Sept. 1868.

7223* —— Fragmentum Synopseos Phanerogamarum ab auctore annis 1827—29 in Chile lectarum. D. Lipsiae, typ. Elbert. 1833. 8. 30 p.

7224* —— Reise in Chile, Peru, und auf dem Amazonenstrome während der Jahre 1827—32. Leipzig, Friedrich Fleischer. 1835—36. 2 Bände. 4. — I: 1835. XVIII, 466 p. — II: 1836. VIII, 464 p., 1 mappa geogr., 16 tab. in folio. (13 1/3 th.)

7225* —— Nova genera ac species plantarum, quas in regno Chilensi, Peruviano et in terra Amazonica annis 1827—32 legit *Eduardus Poeppig* et cum *Stephano Endlicher* descripsit iconibusque illustravit. Lipsiae, Friedrich Hofmeister. 1835—45. III voll. folio. — I: 1835. IV, 62 p., tab. 1—100. — II: 1838. 74 p., tab. 101—200. — III: 1845. IV, 91 p., tab. 201—300. (60 th. — col. 120 th.)

Poggioli, *Michel Angelo.*

7226* —— De amplitudine doctrinae botanicae qua praestit *Fridericus Caesius* Romae 1865. 8. 31 p.
<small>Estratto dal Giornale arcadico vol. XI.</small>

Pohl, *Johann Ehrenfried,* Professor der Botanik in Leipzig, seit 1788 Leibarzt in Dresden, * Leipzig 12. Sept. 1746, † Dresden 25. Oct. 1800.

7227* —— Animadversiones in structuram ac figuram foliorum in plantis. D. Lipsiae, typ. Langenheim. 1771. 4. 32 p. (Respondens: *Nathanael Gottfried Leske.*)
<small>Usteri Delect. opusc. bot. I. p. 145—194.</small>

7228 —— De plantis venenatis umbelliferis. D. Lipsiae 1771. 4.

Pohl, *Johann Emmanuel,* Professor an der Universität Wien, von 1817—21 in Brasilien, * Kamnitz in Böhmen 22. Febr. 1782, † Wien 22. Mai 1834.

7229* —— Tentamen Florae Bohemiae. Versuch einer Flora Böhmens. Prag, Enders und Co. Zwei Abtheilungen. 1810—15. 8. — I: 1810. XXXII, 302 p., 1 tab. — II: 1815. VI, 234 p. (Class. Linn. 1—13.) (2 2/3 th.)

7230* —— Des Freiherrn *von Hochberg* botanischer Garten zu Hlubosch. Prag, typ. Gerzabek. 1812. 8. 58 p., praef.

7231* —— Plantarum Brasiliae icones et descriptiones hactenus ineditae. Vindobonae, (Wallishauser.) 1827—31. II voll. folio. — I: 1827. XVI, 136 p, tab. col. 1—100. — II: 1831. 152 p., tab. col. 101—200. (nigr. 42 2/3 th. Voss. 46 2/3 th. Heinsius. — col. 213 1/3 th. Voss. 190 2/3 th. Heinsius.)

7232* —— Reise im Innern von Brasilien. Wien, (Wallishauser.) 1832—37. 2 Theile. 4. — I: 1832. XXX, 448 p., und Atlas mit 4 grossen Ansichten, 1 illuminirte Insecten- und 1 illuminirte geognostische Tafel. (22 2/3 th.) — II: 1837. XII, 641 p., 3 tab. (28 th.)

Poiret, *Jean Louis Marie,* * St. Quentin ... 1755, † Paris 7. April 1834.
<small>Biogr. univ. Suppl. vol. LXXVII, 342—344. (1845.)</small>

7233* —— Voyage en Barbarie, ou Lettres écrites de l'ancienne Numidie, pendant les années 1785 et 1786; avec un essai sur l'histoire naturelle de ce pays. Paris, Née de la Rochelle. 1789. II voll. 8. — I: XXIV, 363 p. — II: 345 p.
<small>Règne végétal: vol. II. p. 71—315.</small>

* *germanice:* Strassburg 1789. 2 Theile. 8. — I: XXIV, 365 p. — II: 267 p., 4 tab.

7234* **Poiret,** *Jean Louis Marie.* Leçons de Flore. Cours complet de botanique, explication de tous les systèmes, introduction à l'étude des plantes. Suivi d'une iconographie végétale en 56 planches coloriées offrant près de mille objets par *Pierre Jean François Turpin.* Ouvrage entièrement neuf. Paris, Panckoucke. 1819—20. III voll. 8. — I: 1819. VIII, 8, 278, (5) p. — II: 1820. 3, 174 p., 57 tab. col. — III: 1820. 199 p. (34 fr.)

7235* —— Histoire philosophique, littéraire, économique des plantes de l'Europe. Paris, chez Ladrange et Verdière. 1825—29. VIII voll. 8. (70 fr.)

Poiteau, *Antoine,* * Amblecy 23. März 1766, † Paris März 1854.

7236* —— et *Pierre Jean François* **Turpin.** Flore parisienne, contenant la description des plantes, qui croissent naturellement aux environs de Paris. Paris, Schoell. 1808—13. folio. 40 p., 48 tab. col., sign. 1—75. (200 fr.)

7237* —— Le jardin botanique de l'école de médecine de Paris, ou description abrégée des plantes qui y sont cultivées. Paris, Méquignon-Marvis. 1816. 12. (3 fr.)

7238* —— Mémoire tendant à faire admettre au nombre des vérités demonstrées la théorie de *Lahire* sur l'origine et la direction des fibres ligneuses dans les végétaux. Paris, typ. Fain. 1831 8. 44 p., 1 tab. (1 fr. 25 c.)
<small>Cat. of sc. Papers IV, 969.</small>

Pokorny, *Aloys,* Professor in Wien, * Iglau 22. Mai 1826.

7239* —— Die Vegetationsverhältnisse von Iglau. Ein Beitrag zur Pflanzengeographie des böhmisch-mährischen Gebirges. Wien, Braumüller in Comm. 1852. 8. VIII, 164 p., 1 mappa geogr. (1 1/2 th. n.)

7240* —— Ueber die Nervation der Pflanzenblätter. Programm. Wien 1858. 4. 32 p.

7241* —— Plantae lignosae imperii austriaci. Oesterreichs Holzpflanzen. Eine auf genaue Berücksichtigung der Merkmale der Laubhölzer gegründete floristische Bearbeitung aller im österreichischen Kaiserstaate wild wachsenden oder häufig cultivirten Bäume, Sträucher und Halbsträucher. Wien, Hof- und Staatsdruckerei. 1864. 4. XXVIII, 524 p., 80 tab. (13 1/3 th. n.)
<small>Cat. of sc. Papers IV, 970—971.</small>

Polák, *Karl.*

7242 —— Recensio plantarum phanerogamarum in Com. Castriferrei Hungariae hucusque inventarum. Ofen 1839. 8. 20 p.

Polisius, *Gottfried Samuel,* * Frankfurt a/O. 1636, † Frankfurt a/O. 1700.

7243* —— Myrrhologia. Impr. cum anno sexto decadis secundae Ephemeridum Academiae Naturae Curiosorum. Norimbergae, typ. Endter. 1688. 4. 339 p., index.

Pollender, *Aloys,* Arzt in Wipperfürth.

7244* —— Ueber das Entstehen und die Bildung der kreisrunden Oeffnungen in der äussern Haut des Blütenstaubes nachgewiesen an dem Bau des Blütenstaubes der Cucurbitaceen und Onagrarien. Bonn, Cohen. 1867. 4. 20 p., 2 tab. (2/3 th. n.)

7245* —— Wem gebührt die Priorität in der Anatomie der Pflanzen, dem *Grew* oder dem *Malpighi*? Berlin, Dümmler in Comm. 1867. 4. 14 p. (1/4 th. n.)

7246* —— Neue Untersuchungen über das Entstehen, die Entwicklung, den Bau und das chemische Verhalten des Blütenstaubes. Bonn, typ. Georgi. Berlin, Dümmler. 1868. 4. 47 p., 4 tab. (1 1/3 th. n.)

Pollich, *Johann Adam,* Arzt in Kaiserslautern (Pollichia Med.), * Kaiserslautern 1. Jan. 1740, † Kaiserslautern 24. Nov. 1780.
<small>Rheinische Beiträge zur Gelehrsamkeit 1780. I. 397—443. Jahresbericht der Pollichia XXII. 1—18.</small>

7247* —— Historia plantarum in Palatinatu electorali sponte nascentium incepta, secundum systema sexuale digesta. Mannhemii, C. F. Schwan. (Schwan und Goetz.) 1776—77. III tomi. 8. — I: 1776. XXXII, 454 p. — II: 1777. 664 p. — III: 1777. 320 p., ind., 4 tab. (herabgesetzt: 2 th.)

Pollini, *Ciro,* Professor der Botanik in Verona (Pollinia Spr.), * Mailand 1782, † Verona 1. Febr. 1833.

7248* —— Elementi di botanica compilati. Verona, typ. Moroni.

1810—11. II voll. 8. — I: 1810. 392 p., 11 tab. — II: 1811. 526 p., 9 tab.

7249* **Pollini**, *Ciro*. Discorso istorico sulla botanica. Verona, typ. Moroni. 1812. 8. 30 p.

7250* —— Saggio di osservazioni e di sperienze sulla vegetazione degli alberi. Verona, typ. Bisesti. 1815. 8. 160 p.

7251* —— Horti et provinciae Veronensis plantae novae vel minus cognitae, quas descriptionibus et observationibus exornavit. Fasciculus primus. Ticini, typ. Galeatti. 1816. 4. 40 p., 1 tab.

7252* —— Sulle Alghe viventi nelle terme Euganei, Lettera. Milano, typ. Pirotta. 1817. 8. 24 p., 1 tab.
Biblioteca italiana tom. VII.

7253* —— Flora Veronensis, quam in Prodromum Florae Italiae septentrionalis exhibet. Veronae, impensis societatis typographicae. 1822—24. III voll. 8. — I: 1822. xxxv, 535 p., 2 tab. — II: 1822. 754 p., 6 tab. — III: 1824. 898 p., 4 tab.
Moretti, Intorno alla Flora Veronensis del Signor Prof. *Pollini* osservazioni. Milano, typ. imp. reg. 1822. 8. 36 p.
Cat. of sc. Papers IV, 976.

Polo, *Marco* (Poloa DC.), * Venedig um 1236, † Venedig um 1324.
Ernst Meyer, Geschichte der Botanik IV, 115—131.

Polonio, *Antonio Federigo*, Adjunct an der Universität Pavia.

7254 —— Osservazioni organogeniche sui foretti feminei dell' Arum Italicum. Pavia 1861. gr. 4. 16 p., 1 tab. chromolith. in fol.
Cat. of sc. Papers IV, 977.

Polscher, *W.*, *Limburg 21. Nov. 1834, † Limburg 27. April 1861.

7255* —— Anleitung zur Bestimmung der in der Umgegend von Duisburg wachsenden Gräser. Programm. Duisburg 1861. 8. 28 p.

Polsterer, *Albert Johann*, * Geissenfeld 18. Juni 1798.

7256* —— Hyères in der Provence. Wien, Beck. 1834. 8. 46 p. (½ th.)
Inest a pagina 36—46 enumeratio 350 plantarum indigenarum.

Pomel, *Auguste*.

7257 —— Matériaux pour la Flore atlantique. Oran, le 1er mars 1860. 8. 16 p.

Pomet, *Pierre* (Pometia Forst.), * Paris 2. April 1658, † Paris 18. Jan. 1699.

7258* —— Histoire générale des drogues simples et composées, traitant des plantes, des animaux et des minéraux. Paris, Jean Baptiste Loyson. 1694. folio. 304, 108, 116, 16 p., ic. xyl. — * Nouvelle édition augmentée et corrigée par *Pomet*, fils. Paris, Ganeau. 1735. II voll. 4. — I: xviii, 306 p., ind. — II. 406 p., ind.
anglice: History of drugs. London 1712. 4.
germanice: Aufrichtiger Materialist und Spezereyhändler. Leipzig 1717. folio. 67 tab.

Pona, *Francesco*, Arzt in Verona, * Verona 1594, † Verona 1654.

7259* —— Il paradiso de fiori, overo lo archetypo de giardini discorso. Con il catalogo delle piante che si possono avere del monte Baldo nel mese di maggio. Verona, presso Angelo Tamo. 1622. 4.

Pona, *Giovanni*.

7260* —— Plantae seu simplicia, ut vocant, quae in Baldo monte et in via ab Verona ad Baldum reperiuntur; cum iconibus et nominibus quamplurimarum quae a nullo antè sunt observatae: nunc a *Joanne Pona*, Pharmacopaeo Veronensi repertae, descriptae et editae. Verona 1595. 4. 16 icones. s. — * Antverpiae, ex officina Plantiniana, apud Joannem Moretum. 1601. folio. Impr. cum *Clusii* Historia plantarum p. CCCXXI—CCCXLVIII. — *Plantae seu simplicia, ut vocant, quae in Baldo monte et in via a Verona ad Baldum reperiuntur cum iconibus et nominibus aliarum quam plurimarum, quae a nullo ante sunt observatae. Secunda editio. Cui additae sunt nonnullae stirpes insignes ab *Honorio Bello* Vicetino in Creta observatae. Apposita etiam est disceptatio *Nicolai Maroneae* de amomo veterum, cum legitima amomi racemi icone. Basileae, Zetzner. 1608. 4. 112 p., praef., ind., (38) ic. xyl. i. t.
Editionem Veronensem anni 1595 ubique frustra quaesivi; suspectam hanc habeo; sed praefatio revera est anni 1595.
italice: Monte Baldo descritto da *Giovanni Pona* Veronese. In cui si figurano e descrivono molte rare piante de gli antichi etc. per *Francesco Pona* del latino tradotto Venetia, appresso Rob. Meietti. 1617. 4. 248 p., praef., ind., (91) ic. xyl. i. t.
Accedit huic translationi, aeque ac editioni latinae Basiliensi *Maroneae* Commentarius de Amomo, de quo cf. Thes. lit. bot. N. 6514.

7261* **Pona**, *Giovanni*. Del vero Balsamo de gli antichi. Commentario sopra l' historia di *Dioscoride*, nel quale si prova, che solo l' opobalsamo arabico è il legitimo, e s'esclude ogn' altro licore abbracciato sotto il nome di balsamo. Venetia, Roberto Meietti. 1623. 4. 54 p.

Poncelet, *Polycarpe*.

7262* —— Histoire naturelle du froment, des maladies du blé, etc. Desprez. 1779. 8. xxxii, 387 p., 10 tab. (6 fr.)

Pons, *Jacques*.

7263* —— In historiam generalem plantarum *Rovillii* duobus tomis et appendice comprehensam breves annotationes et animadversiones compendiosae. Lugduni, apud Joannem Pillehotte. 1600. 8. 59 p.

Pontedera, *Giulio*, Professor in Padua (Ponteria L.), * Pisa 7. März 1688, † Padua 3. Sept. 1757.
Gennari, Lettera intorno la vita del fu *Pontedera*. Venezia 1758. 8.
Fabroni, Vitae Italorum XII, 205—235.

7264* —— Compendium tabularum botanicarum, in quo plantae 272 ab eo in Italia nuper detectae recensentur. Accessit ejusdem Epistola ad *Sherardum*. Patavii, typ. seminarii. 1718. 4. xviii, 168, xxiv p.

7265* —— Anthologia, sive de floris natura libri tres, plurimis inventis observationibusque ac aeneis tabulis ornati. Accedunt ejusdem Dissertationes XI. Patavii, typ. seminarii. 1720. 4. 303, 296 p., ind, 12 tab.

7266* —— Epistolae ac dissertationes. Opus posthumum in duos tomos distributum, praefatione et notis auctum ab *Josepho Antonio Bonato*. Patavii, typ. seminarii, apud N. Bettinelli. 1791. II voll. 4. — I: L, 378 p. — II: 364 p., ind.

Pontén, *Johan Pehr*.

7267* —— Dissertatio philosophico-botanica de serie vegetabilium. Gryphiae, typ. Eckhardt. 1800. 4. 14 p.

Pontoppidan, *Johannes*.

7268 —— De Manna Israelitarum. D. Havniae 1756. 4. 8 p.

Popowitsch, *Johann Siegmund Valentin*, Professor in Wien, * Arzlin (Steiermark) 9. Febr. 1705, † Berchtholdsdorf bei Wien 21. Nov. 1774.

7269* —— Untersuchungen vom Meere. Frankfurt und Leipzig 1750. 4. 38, lxxvi, 49—432 p., app., praef., ind.
A p. 351—398 agitur de fungis, et merita *Linnaei* detrectantur.

7270* —— Versuch einer Vereinigung der Mundarten in Deutschland. Wien 1780. 8.
Bene de plantarum nominibus vernaculis disseruit.

Poppe, *Johann*.

7271* —— Kräuterbuch, darinnen die Kräuter des Teutschen Landes, aus dem Licht der Natur, nach rechter Art der Signaturen der himmlischen Einfliessung nicht allein beschrieben, auch darinnen angezeigt wird, unter welchen Planeten, unter welchem Zeichen Zodiaci, auch in welchem Gradu ein jedes Kraut stehe, wie man aus den Signaturen erkennen kann, wozu ein jedes Kraut zu gebrauchen, und wieviel ein jedes Kraut Signaturen in sich habe. Leipzig, Zacharias Schürer und Götze. 1625. 8. 676 p., praef., ind.

Porcher, *Francis Peyre*.

7272* —— The medicinal, poisonous and dietetic properties of the cryptogamic plants of the United States. New York, typ. Baker. 1854. 8. 126 p.
From the Transact. of the Am. Med. Ass. vol. VII.

Porta, *Giambattista*, * Neapel 1538, † Neapel 4. Febr. 1615.
(*Duchêne*), Notice historique sur la vie et les ouvrage de *Jean Baptiste Porta*, gentilhomme Napolitain; par D***. Paris an IX. 8. 383 p.
Colangelo, Raconto storico della vita di *G. B. Porta*. Romae 1843. 8.
Ernst Meyer, Geschichte der Botanik, IV, 438—444.

7273* —— Phytognomica octo libris contenta, in quibus nova facillimaque affertur methodus, qua plantarum, animalium, metallorum, rerum denique omnium ex prima extimae faciei inspectione quivis abditas vires assequatur, etc. Neapoli, apud Horatium Salvianum. 1588. folio. 320 p., ic. xyl. i. t. — * Ed. II: Francofurti a/M., apud Joannem Wechelum. 1591. 8. 552 p., praef., ind., ic. xyl. i. t. — * Ed III: Francofurti a/M., apud Nicolaum Hoffmannum. 1608. 8. 539 p., ic. xyl. i. t. — * Ed. IV: Rothomagi, Berthelin. 1650. 8. 605 p., praef., ic. xyl. i. t.

Portal, *Salvator.*
7274* —— Catalogus plantarum horti botanici *Salvatoris Portal* Albaevillae in Sicilia, qua mutua commutatione exhibentur. Catanae, typ. Longo. 1826. 12. 69 p.

Portenschlag-Ledermayer, *Franz Edler von*, * Wien 13. Febr. 1772, † Wien 7. Nov. 1822.
7275* —— Enumeratio plantarum in Dalmatia lectarum. Zum Andenken des Verewigten von seinen Freunden. Wien, Franz Härter. 1824. 8. 16 p., 12 tab. (1/2 *th.*)
In bibliotheca Candolleana servatur collectio plantarum a *Portenschlag* in Dalmatia detectarum, curis illustr. *von Welden* anno 1822 sculptarum.

Porter, *George Richardson*, * London 1792, † Tunbridge-Wells 3. Sept. 1855.
7276* —— The tropical agriculturist: a practical treatise on the cultivation and management of various productions suited to tropical climates. London, Smith, Elder and Co. 1833. 8. XII, 429 p., ic. xyl. et tab. (1 *l.* 1 *s.*)

Post, *Hampus von.*
7277 —— Försök till systematisk uppställning af vextställena i mellersta Sverige. Stockholm, typ. Marcus. 1862. 8. II, 41 p.

Postel, *Emil.*
7278* —— Der Führer in die Pflanzenwelt. Langensalza, Gressler. 1856. 8. — Fünfte Auflage. ib. 1871. 8. 850 p., 14 tab. (2 1/3 *th.*)
7279* —— Vademecum für Freunde der Pflanzenwelt. Langensalza 1860. 8. VIII, 735 p. (2 *th.*)

Postels, *Alexander:*
7280* —— et *Franz* **Ruprecht.** Illustrationes Algarum in itinere circa orbem jussu imperatoris *Nicolai I.* atque auspiciis navarchii *Friderici Lütke* annis 1826, 1827, 1828 et 1829 celoce *Seniavin* executo in oceano pacifico, imprimis septemtrionali ad littora rossica asiatico-americana collectarum. Petropoli, typ. Eduard Pratz. (Lipsiae, Voss.) 1840. folio max. rossice et latine: VI, 30, IV, 24 p., 41 tab. col. sign. 1—40. (nigr. 33 1/3 *th.* — col. 85 1/3 *th.*)

Pott, *Johann Friedrich*, Leibarzt des Herzogs von Braunschweig, * Halberstadt 1738, † Braunschweig 13. April 1805.
7281* —— Index herbarii mei vivi. (Post fatum possessoris auctoritate haeredum imprimi curavit Dr. *J. C. L. Hellwig*) Brunovici, typ. Vieweg. mense Julio 1805. 8. (52) p.

Pouchet *(Eugène)*, † Saint-Yon (Eure) Juli 1861.

Pouchet, *Felix Archimede*, Professor in Rouen, * Rouen 26. Aug. 1810.
7282* —— Essai sur l'histoire naturelle et médicale de la famille des Solanées. Thèse. Paris, typ. Didot. 1827. 4. 78 p.
7283* —— Histoire naturelle et médicale de la famille des Solanées. Rouen, typ. Baudry. 1829. 8. 187 p.
7284 —— Considérations sur le jardin botanique de Rouen. Rouen, typ. Baudry. 1832. 4. 12 p, 1 tab. — Nouvelles considérations. ib. 1832. 8. 32 p.
7285* —— Flore, ou Statistique botanique de la Seine-inférieure, contenant la description, les propriétés médicales et économiques, et l'histoire abrégée des plantes de ce département. Tome 1. 2. Rouen, typ. Baudry. 1834. 8. XVI, 10, 84 p.
C'est la première livraison d'un ouvrage, qui en devrait avoir sept.
7286* —— Traité élémentaire de botanique appliquée. Paris, Baillière. 1835—36. II voll. 8. — I: 1835. VII, 396 p. — II: 1836. 661 p. (14 *fr.*)

Pourret, *Pierre André* (Pourretia Rz. et P.), * Narbonne 1754, † Santiago 1818.
7287* —— Extrait de la Chloris Narbonnensis, renfermée dans la relation d'un voyage fait depuis Narbonne jusqu'au Montserrat, par les Pyrénées. (Extrait des Mémoires de Toulouse, vol. III.) 4. 38 p.
Bull. soc. bot. V, 291—293. IX, 596.

Pouzin, *N. Fulcrand.*
7288* —— Avis au botaniste, qui doit parcourir les alpes. (Montpellier), typ. Izar et Ricard. Floréal, an VIII. 4. 62 p.

Pouzolz, *Pierre Charles Marie de.*
7289* —— Catalogue des plantes qui croissent naturellement dans le Gard, pour servir à la formation de la Flore de ce Département. Nismes, typ. Ballivet et Fabre. 1842. 4. 46 p.
7290 **Pouzolz**, *Pierre Charles Marie de.* Flore du Département du Gard. Tome I. II, 1. Montpellier, Dumas. 1856—62. (16 *fr.* — col. 20 *fr.*)

Power, *Thomas.*
7291* —— The botanist's Guide for the County of Cork, being a systematic Catalogue of the native plants of the County etc. 130 p.
Exstat in libro «Contributions towards a Fauna and Flora of the County of Cork. London, John van Voorst. 1845. 8.»

Pozzetti, *Pompilio*, Secretär der Akademie der Wissenschaften in Modena.
7292* —— Sopra alcune rose particolari dell' Italia inferiore.
Mem. soc. ital. XI, 608—619. (1804.)

Povelsen, *Biarno*, * Island 12. Mai 1719, † 1778.
7293* —— Specimen observationum, quas circa plantarum quarundam maris islandici et speciatim algae sacchariferae dictae originem, partes et usus collegit. Havniae, typ. Berling. 1749. 4. 28 p.

Prachatitz, *Christian de.*
Botanisches Manuscript Bohuslai Balbini Bohemia docta II, 18.
Graf *Sternberg*, Botanik in Böhmen.
Dobrowski, Geschichte der böhmischen Sprache. Prag 1818.

Pradal, *E.*
7294* —— Catalogue des plantes cryptogames recueillies dans le département de la Loire inférieure. Nantes, typ. Mellinet. 1858. 8. 254 p.

Praetorius, *Johannes*, Rector in Halle, * 1635, † 1705.
7295* —— De plantis. D. Halae, typ. Salfeld. 1677. 4. 8 p.

Praetorius, *Stephanus.*
7296 —— Von der Mayenblum, Lilium convallium. 1578. — Lilium Convallium. Editio secunda. Tubingae, Reisl. 1676. 12. (18), 205 p., ind.

Prahl, *J. F.*
7297* —— Index plantarum, quae circa Gustroviam sponte nascentur phanerogamarum. Gustroviae, Opitz. 1837. 8. 66 p. (3/8 *th.*)
Supplementum dedit *J. Drewes* in programmate Gustroviensi 1847.

Prantl, *K.*, Docent in München.
7298 —— Das Inulin. Ein Beitrag zur Pflanzenphysiologie. Preisschrift. München 1870. 8. 72 p., 1 tab.

Praschil, *Wenceslaus Wilhelm.*
7299* —— Plantae venenatae in territorio Vindobonensi sponte crescentes. D. Viennae, typ. Mechitaristarum. 1840. 8. 40 p.

Pratesi, *Pietro.*
7300* —— Tavole di botanica elementare. (Pavia 1801.) 8. lat. 50 p., 45 tab. Bibl. Cand.

Pratt, *Anne.*
7301* —— Flowers and their associations. London, Knight and Co. 1846. 8. 228 p.
7302 —— The flowering plants and ferns of Great Britain. Vols 2—4. London, Christian Knowledge Society. 8. (15 *s.*)
7303 —— The ferns of Great Britain, and their allies the club mosses, petterworts, and horsetails. London, Christian Knowledge Society. 8. 164 p. (12 *s.*)

Preibisch, *Christoph.*
7304 —— De plantarum natura. D. Lipsiae 1620. 4.

Preiss, *Balthasar.*
7305* —— Rhizographie, oder Versuch einer Beschreibung und Eintheilung der Wurzeln, Knollen und Zwiebeln der Pflanzen etc. Prag, Kronberger. 1823. 8. 256 p., ind. (2 2/3 *th.*)

Prescott, *John D.* (Prescottia Ldl.), † durch Selbstmord in Petersburg 1837.

Presl, *Jan Swatopluk*, Professor in Prag, * Prag 4. Sept. 1791, † Prag 6. April 1849.
7306* —— et *Karel Bořiwog* **Presl.** Flora cechica. Indicatis medicinalibus, oeconomicis technologicisque plantis. Pragae, Calve. 1819. 8. XIV, 224 p. (1 3/4 *th.*)
7307* —— —— Deliciae Pragenses, historiam naturalem spectantes. Vol. I. Pragae, Calve. 1822. 8. VIII, 244 p. (1 1/3 *th.*)
7308* —— Wšeobecný Rostlinopis, čili popsání rostlin we wšelikém ohledu užitečných a skodliwých. Prag, Museum's Verlag. (Kronberger.) 1846. II voll. 8. — I: XXXII, p. 1—1006. — II: p. 1007—2072.

7309 **Presl,** *Jan Swatopluk.* Tricet a dwa Obrazy k prwopočátkům Rostlinsolowi. w Praze 1848. 4.

Presl, *Karel Bořiwog,* Professor der Naturgeschichte und Technologie in Prag, * 17. Febr. 1794, † Prag 2. Oct. 1852.

7310* —— Gramineae siculae. D. Pragae, typ. Sommer. 1818. 8. 40 p.

7311* —— Cyperaceae et Gramineae siculae. Pragae, Hartmann. (typ. Sommer.) 1820. 8. xxii, 58 p. (1/3 *th.*)

7312* —— Flora sicula, exhibens plantas vasculosas in Sicilia aut sponte crescentes aut frequentissime cultas, secundum systema naturale digestas. Tomus I. (Ad Rutaceas usque.) Pragae, Borrosch. 1826. 8. xlvi, 216 p. (2 *th.*)

7313* —— Epistola de Symphysia, novo genere plantarum ad *Josephum de Jacquin.* Pragae 1827. 4. (4) p., 1 tab.

7314* —— Reliquiae Haenkeanae, seu descriptiones et icones plantarum, quas in America meridionali et boreali, in insulis Philippinis et Marianis collegit *Thaddaeus Haenke.* Redegit et in ordinem digessit *Karel Bořiwog Presl.* Cura Musei bohemici. Pragae, Calve. 1830—36. II voll. folio. — I: 1830. xv, 356 p., tab. 1—48. — II: Fasc. I—II. 1835—36. 152 p., tab. 49—72. (34 2/3 *th.*)

7315* —— Symbolae botanicae, sive descriptiones et icones plantarum novarum aut minus cognitarum. Pragae, sumtibus auctoris, typ. J. Spurny. 1832—33. II voll. vel fasc. folio. — I: Fasc. I—V. 1832. ii, 76 p., ind., tab. 1—50. — II: Fasc. VI—VIII. 1833—(52). 24 p., tab. 51—80. (34 *th.*)

7316* —— Repertorium botanicae systematicae. Excerptae scriptoribus botanicis, continentia diagnoses generum et specierum novarum aut melius distinctarum, indicationes iconum, generum et specierum jam cognitarum et adnotationes succinctas botanicam systematicam spectantes, sistentia supplementum continuum Prodromi systematis naturalis *Candollei*, systematis vegetabilium *Schultesii* et *Sprengelii.* Volumen I. Pragae, typ. Haase. 1834. 8. viii, 385 p. (2 *th.*)

7317* —— Bemerkungen über den Bau der Blumen der Balsamineen. Prag, Haase. 1836. 8. 54 p., 1 tab. (1/3 *th.*)
Aus den Abhandlungen der königlichen böhmischen Gesellschaft der Wissenschaften.

7318* —— Beschreibung zweier neuen böhmischen Arten der Gattung Asplenium. Prag, Haase. 1836. 8. 11 p., 1 tab.

7319* —— Prodromus monographiae Lobeliacearum. Pragae, Haase. 1836. 8. 52 p.
Seorsim impr. ex Actis regiae bohemicae societ. scient.

7320* —— Tentamen pteridographiae, seu genera filicacearum praesertim juxta venarum decursum et distributionem exposita. Pragae, Haase. 1836. 8. 290 p. — *Supplementum tentaminis pteridographiae, continens genera et species ordinum dictorum Marattiaceae, Ophioglossaceae, Osmundaceae, Schizaeaceae et Lygodiaceae. ib. 1845. 4. 119 p. (2 *th.* 28 *sgr.*)
Seorsim impr. ex Actis regiae bohemicae societ. scient.

7321* —— Hymenophyllaceae. Eine botanische Abhandlung. Prag, Haase. 1843. 4. 70 p., 12 tab. (2 *th.*)
Aus den Abhandlungen der königlichen böhmischen Gesellschaft der Wissenschaften, fünfte Folge, Band III.

7322* —— Botanische Bemerkungen. Prag, Haase. 1844. 4. 154 p. (1 2/3 *th.*)
Aus den Abhandlungen der königlichen böhmischen Gesellschaft der Wissenschaften, fünfte Folge, Band III.
Nach *W. J. Hooker's* Meinung erst im Jahr 1846 in den Buchhandel gekommen.

7323* —— Die Gefässbündel im Stipes der Farrn. Heft 1. Prag, typ. Haase. 1847. 4. 48 p., 7 tab. (1 *th.*)

7324* —— Epimeliae botanicae. Mss. lectum in concessu sectionis historiae naturalis soc. reg. boh. scientiarum 2. Juni 1847. Pragae, typ. Haase. 1849. 4. 264 p., 15 tab. (3 *th.*)
Hooker, Journal IV. 286—287. (1852.)

Prestandrea, *Antonio,* Professor der Botanik in Messina.

7325* —— Su di un proposto problema di fillotassi breve disquisizione. Messina, typ. Fiumara. 1843. 8. 16 p.

7326* —— Su di una rarissima e speciale ramificazione della Yucca aloifolia L. Messina, typ. Fiumara. 1845. 8. 8 p.

7327* —— Pelo concorso al posto di Professore sostituto alla Cattedra di botanica nella R. Università degli studij di Catania Scrittura estemporanea. Catania 1845. 8.

Prestele, *Joseph.*

7328 —— Die wichtigsten Giftpflanzen Deutschlands in lebensgrossen Abbildungen. Friedberg, Bindernagel. 1843. 8. 4 plag., 24 tab. gr. folio. (2 *th.* — col. 4 1/3 *th.*)

Preston, *T. A.*

7329* (——) Flora of Marlborough. London, John van Voorst. 1863. 12. xxiv, 129 p., 1 tab. (3 *s.* 6 *d.*)

Preuschen, *Georg August.*

7330* —— De Cypero esculento L. D. Erlangae, Hilpert. 1801. 8. 43 p.

Prevost, *Jean.*

7331* —— Catalogue des plantes, qui croissent en Bearn, Navarre et Begorre et es Costes de la mer des Basques, depuis Bajonne jusques à Fontarabie et S. Sebastien en Espagne. Pau, par la vefve de Pierre Desbaratz. 1655. 8. 60 p., praef.

Prevost, *Jean Louis.*

7332 —— Collection des fleurs et des fruits peints d'après nature et tirés de son porte-feuille. Paris, Vilquin. 1805. folio. iv, 19 (48) p., ind., 48 tab. col. (50 *fr.*)

Prevost, *Isaac Bénédict,* * Genf, 7. Aug. 1755, † Montauban 8. Juni 1819.

7333* —— Mémoire sur la cause immédiate de la carie au charbon des blés et de plusieurs autres maladies des plantes. Montauban, Fontanel. 1807. 4. 80 p., ind., 3 tab.

Pringsheim, *Natan,* Professor in Berlin, * Wziesko (Oberschlesien) 30. Nov. 1823.

7334* —— De forma et incremento stratorum crassiorum in plantarum cellula observationes quaedam novae. D. Halae, typ. Gebauer. 1848. 8. 36 p., 2 tab.

7335* —— Untersuchungen über den Bau und die Bildung der Pflanzenzelle. Erste Abtheilung. Grundlinien einer Theorie der Pflanzenzelle. Berlin, Hirschwald. 1854. 4. vi, 91 p., 4 tab. col. (2 *th.* n.)

7336* —— Zur Kritik und Geschichte der Untersuchungen über das Algengeschlecht. Berlin, Hirschwald. 1856. 8. 75 p., ind. (1/3 *th.*)

7337* —— Ueber die Befruchtung und Keimung der Algen, und das Wesen des Zeugungsactes. Erster bis dritter Aufsatz. Berlin, Druckerei der Akademie der Wissenschaften. 1855—57. 8. 33, 15, 18 p., 2 tab. col.
Aus den Monatsberichten der Berliner Akademie.

7338* —— Ueber die Dauerschwärmer des Wassernetzes. Berlin, Hirschwald. 1861. 8.

7339* —— Beiträge zur Morphologie der Meeresalgen. Berlin, Dümmler. 1862. 4. 37 p., 8 tab. (1 1/3 *th.* n)
Abh. der Berliner Akademie, 1862, 1—37.

7340* —— Ueber Richtung und Erfolge der cryptogamischen Studien neuerer Zeit. Oeffentliche Rede. Jena, Frommann. 1864. 8. 29 p. (1/5 *th.*)
Ejus Jahrbücher für wissenschaftliche Botanik recensentur inter Diaria.

Printz, *H. C.*

7341* —— Beretning om en i Sommeren 1864 foretagen botanisk Reise i Valders. Christiania 1865. 8. 50 p.
Nyt Magazin for Naturvidenskaberne XIV, 51—96.

Prior, *R. C. Alexander,* Arzt in London.

7342* —— On the popular names of british plants, being an explanation of the origin and meaning of the names of our indigenous and most commonly cultivated species. London, Williams and Norgate. 1863. 8. xxvi, 250 (2) p. (7 *s.* 6 *d.*)

Pritchard, *Stephen F.*

7343* —— An alphabetical list of indigenous and exotic plants, growing on the island of St. Helena, corrected by Mr. *James Bowie,* botanist, Ludwigsburg garden. Capetown, printed by G. J. Pike. 1836. 8. 31 p.

Pritzel, *Georg August,* Archivar der Akademie der Wissenschaften in Berlin, * Carolath (Schlesien) 2. Sept. 1815.

7344* —— Anemonarum revisio. Lipsiae, in commissis apud Leopoldum Voss. 1842. 8. 142 p., 6 tab. (1 1/3 *th.*)
Seorsim impr. addito indice specierum et synonymorum e Linnaea vol. XV. p. 561.

7345* —— Specimen bibliographiae botanicae, quod *Ernesto Meyer,* botanices Professori Regiomontano, nuptias *Johannae Isen-*

bartiae cum Doctore *Zaddachio* celebranti gratulaturus scripsit. Viennae, typ. Caroli Gerold. 1845. 8. 7 p.
<small>Insunt varii librorum tituli jocose mutilati, undique collecti. Novem inter amicos distribui exemplaria.</small>

7346* **Pritzel**, *Georg August*. Iconum botanicarum Index locupletissimus. Verzeichniss der Abbildungen sichtbar blühender Pflanzen und Farnkräuter aus der botanischen und Gartenliteratur des 18. und 19. Jahrhunderts in alphabetischer Folge zusammengestellt. Berlin, F. Nicolai. 1855. 4. xxxii, 1184 p. Ed. novis titulis ab auctore repudiata. ib. 1861. — *Zweiter bis zum Jahre 1865 fortgeführter Theil. ib. 1866. 4. ii, 298 p. (6 *th.* n.)

7347* —— Thesaurus literaturae botanicae omnium gentium inde a rerum botanicarum initiis ad nostra usque tempora, quindecim millia operum recensens. Lipsiae, F. A. Brockhaus. 1851. 4. viii, 547 p. (14 *th.* — in charta velin à 21 *th.*)
<small>Impressio partis alphabeticae annis 1847—49, partis systematicae annis 1850—51 absoluta est.</small>

Probst, *Johann Ernst*.

7348* —— Verzeichniss der in- und ausländischen Bäume, Stauden und Sommergewächse des *Kaspar Bosi*schen Gartens in vier Ordnungen, wie solche sich im Jahre 1737 befunden. Leipzig, typ. Langenheim. 1. Januar 1738. 8. 144 p., 2 tab. — *Leipzig 1747. 8. 140 p.

7349* —— Wörterbuch, worinnen deren Kräuter Nahmen, Beyworte und sonst gewöhnliche Redensarten aus dem Lateinischen ins teutsche übertragen sind. Leipzig 1741. 8. 160 p. — *Leipzig 1747. 8. 160 p.

Proell, *Alois*.

7350* —— Tentamen, fungos austriacos esculentos iisque similes virulentos propria investigatione determinandi. D. Viennae, typ. Pichler. 1839. 8. 22 p.

Progel, *August*.
<small>Ejus sunt Gentianaceae et Loganiaceae in *Martii* Flora brasiliensi.</small>

Prolongo, *Pablo*, in Malaga (Prolongoa Boiss.), *Malaga 1806.
<small>Colmeiro Bot. esp. 204.</small>

Pronville, *Auguste de*.

7351* —— Nomenclature raisonnée des espèces, variétés et sous-variétés du genre rosier, observées au jardin royal des plantes, dans ceux de Trianon, de Malmaison et dans les pépinières des environs de Paris. Paris, Huzard. 1818. 8. 119 p. (2 *fr.* 50 *c.*)

7352* —— Sommaire d'une monographie du genre rosier. Paris, Huzard. 1822. 8. 52 p.

Prost, *T. C.*

7353* —— Notice sur la Flore du département de la Lozère. Mende, chez Ignon. (1820.) 8. 12 p.

7354* —— Liste des mousses, hépatiques et lichens, observés dans le département de la Lozère. Mende, Ignon. 1828. 8. 80 p.

Provancher, *L.*

7355* —— Flore Canadienne, ou description de toutes les plantes de forêts, champs, jardins et eaux du Canada. Quebec, J. Darveau 1862. 8. xxix, 842 p.

Prytz, *Lars Johan*, Demonstrator der Botanik zu Åbo, *Finnland 9. April 1789, † Åbo 23. Juni 1823.

7356* —— Florae fennicae breviarium, dissertationibus academicis absolvendum. D. I—VI. Aboae, typ. Frenckel. 1819—21. 4. 92 p.
<small>Continuatio, ni fallor, nunquam prodiit. Insunt 277 species. Dissertationes I et II, anno 1819 editas, in quibus continentur, p. 1—28, ipse ego non vidi.</small>

Pseudo-Apulejus.
<small>Ernst Meyer, Geschichte der Botanik II, 316—328.
François Lenormant, Note sur un manuscrit de la Bibliothèque impériale (ancien fond latin 6862.) Bull. soc. bot. II, 315—321.</small>

7357* —— Herbarium Apuleji Platonici ad Marcum Agrippam. (Romae) Jo. Ph. de Lignamine. (1493) 4. 101 foll., ic. xyl. — De Herbarum virtutibus. Impr. c. Galeno. Paris, Wechel. 1528. folio. foll. 15—34. — *Basileae 1528. folio. — *ib. 1532. folio. — Argentorati 1533. folio. — De medicaminibus herbarum liber I. per Gabr. Humelbergium Isinae (Tiguri) 1537. 4. 303 p., praef., ind. — *De viribus herbarum, ad veterum exemplarium fidem magna diligentia excusus: cui adscripta est nomenclatura, qua officinae, herbarii et vulgus gallicum efferre solent. Parisiis, apud Petrum Drouart, 1543. 8. 32 foll. — *De medicaminibus herbarum. Impr. cum Sexto Placito de medicamentis ex animalibus ex recensione et cum notis *J. Chr. G. Ackermann*. p. 125—350. Norimbergae et Altdorfii 1788. 8.

7358* **Pseudo-Apulejus**. Herbarium Apuleji Platonici (Versio antiqua anglosaxonica ex codice Bibliothecae Bodleianae).
<small>In *O. Cockayne*, Leechdoms, Wortcunning and Starcraft of Early England. Vol. I. London, Longman. 1864. 8. p. 1—325.</small>

Puccinelli, *Benedetto*, Professor der Botanik am Lyceum zu Lucca.

7359* —— Synopsis plantarum in agro Lucensi sponte nascentium. Vol. 1. 2. Lucae, typ. Bertini. 1841—48. 8.

Puel, *Timothée*, Arzt in Paris.

7360* —— Catalogue des plantes vasculaires qui croissent dans le département du Lot. Cahors, typ. J. Pombarieu. 1845—52. 8. 248 p.

7361* (——) Catalogue de l'herbier de Syrie, publié par *J. Blanche* et *C. Gaillardot*. Paris, typ. Dondey-Dupré. (1854—55.) 8 14 p.

Puerari, *Marc Nicolas* (Pueraria DC.).
<small>De Candolle, Hist. bot. gen. 48.</small>

Pujade, *J. V. J.*

7362* —— Dissertation sur l'utilité de la botanique dans la médicine. Montpellier, typ. Concourdan. an XIII. 4. 35 p.

Puihn, *Johann Georg*, Arzt in Culmbach, † 1793.

7363* —— Materia venenaria regni vegetabilis. Lipsiae, Hilscher. 1785. 8. xii, 196 p.

Pulteney, *Richard* (Pultenaea Sm.), *Longborough 17. Febr. 1730, † Blandford 13. Oct. 1801.

7364* —— Dissertatio inauguralis de Cinchona officinali Linnaei, sive cortice peruviano. Edinburgi 1764. 8. 60 p., 1 tab

7365* —— Historical and biographical sketches of the progress of botany in England, from its origin to the introduction of the Linnean System. London, Cadell. 1790. II voll. 8. — I: xvi, 360 p. — II: 352 p., ind.
<small>* *germanice*: Geschichte der Botanik bis auf die neueren Zeiten mit besonderer Rücksicht auf England. Aus dem Englischen mit Anmerkungen von *Karl Gottlob Kuehn*. Leipzig. Weygand. 1798. II voll. 8. xii, 566 p.
* *gallice*: Esquisses historiques et biographiques des progrès de la botanique en Angleterre, depuis son origine jusqu'à adoption du système de Linné. Traduit de l'anglais (par *Boulard*). Paris, Maradan. 1809. II voll 8. — I: viii, 374 p. — II: 365 p.</small>

7366 —— Catalogue of rare plants found in the neighbourhood of Leicester, Loughborough, and in Charley Forest. (From Nichols's History of Leicestershire.) London 1790. folio.

7367* —— Catalogues of the birds, shells, and some of the more rare plants of Dorsetshire. London, typ. Nichols. 1799. folio. 92 p. — *Ed. II. with additions and a brief Memoir of the author. ib. 1813. folio. 110 p. et tab.
<small>Botany p. 61—106.</small>

Purdie, *William*, Director des botanischen Gartens auf Trinidad (Purdiaea Planch.), † St. Ann's Gardens (Trinidad) 10. Oct. 1857.

Purkinje, *Johannes Evangelista*, Professor der Physiologie in Prag, früher in Breslau (Purkinjia Presl.), * Libochowitz bei Leitmeritz 17. Dec. 1787, † Prag 28. Juli 1869.

7368* —— De cellulis antherarum fibrosis nec non de granorum pollinarium formis commentatio phytotomica. Vratislaviae, J. D. Grüson. 1830. 4. viii, 58 p., 18 tab. (3½ *th.*)

Pursch, *Friedrich Traugott* (Purshia DC.), * Grossenhayn (Sachsen) 4. Febr. 1794, † Montreal (Canada) 11. Juli 1820.

7369* —— Verzeichniss der im Plauischen Grunde und den zunächst angrenzenden Gegenden wildwachsenden Pflanzen. Impr. cum *W. G. Becker*, der Plauische Grund bei Dresden Nürnberg, Frauenholz. 1799. folio. p. 45—94.

7370* —— Flora Americae septentrionalis, or a systematic arrangement and description of the plants of North-America. London, White, Cochrane et Co. 1814. II voll. 8. xxxvi, 751 p., 24 tab. col. — *ib. 1816. 8. xxxvi, 751 p., 24 tab. col. (eadem impressio.)

7371* **Pursch,** *Friedrich Traugott.* Hortus Orloviensis, or a catalogue of plants cultivated in the island of Orloff near St. Petersburgh by *Peter Buek,* gardener to his E. *Count Orloff.* London, typ. Taylor. 1815. 8. VII, 72 p.

Purton, *Thomas,* * Endon Burnell 10. Mai 1768, † Alcester 1833.

7372* —— A botanical description of british plants, in the midland counties, particularly of those in the neighbourhood of Alcester. Vol. 1—3. Stratford upon Avon, J. Ward. (London, Longman.) 1817—21. 8. XI, 795, XIV, 575 p., 34 tab. col. (2 *l.* 10 *s.*)
London Magazine IX, 606—610.

Putsche, *Karl Wilhelm Ernst,* Pfarrer zu Wenigenjena, * Grosscromsdorf bei Weimar 1. Mai 1765, † Wenigenjena 7. Sept. 1834.

7373* —— Versuch einer Monographie der Kartoffeln oder ausführliche Beschreibung der Kartoffeln, nach ihrer Geschichte, Charakteristik, Kultur und Anwendung in Teutschland. Herausgegeben von *Fr. Just. Bertuch.* Weimar, Industrie-Comtoir. 1819. 4. x, 158 p., 9 tab. col., 4 tab. nigr. ($3\frac{1}{2}$ *th.*)

Putterlick, *Aloys,* Custosadjunct am botanischen Museum zu Wien (Putterlickia Endl.), * Iglau 3. Mai 1810, † Wien 29. Juli 1845.

7374* —— Synopsis Pittosporearum. Vindobonae, Beck. 1839. 8. 30 p., ind. ($\frac{5}{12}$ *th.*)
Edidit *Nees* Genera plantarum, fasciculos 22—24.

Puvis, *Antoine,* * Cuiseaux 1776, † Paris 29. Juli 1851.

7375* —— De la dégénération et de l'exstinction des variétés de végétaux propagés par les greffes, boutures, tubercules etc. et de la création des variétés nouvelles par les croisemens et les semis. Paris, Huzard. 1837. 8. 94 p.

7376 —— De l'importance et de la nécessité des semis pour l'amélioration et le renouvellement des variétés cultivées. Bourg, typ. Millet-Bettier. 1848. 8. 48 p.

Q.

Quadri, *Giovanni Battista,* Professor in Neapel, * Vicenza 1780, † Neapel 26. Sept. 1851.

7377* —— Nótizie intorno ad una specie di fungo velenoso. Milano, typ. Silvestri. 1807. 4. 12 p., 1 tab. col.

Quartin-Dillon, Arzt, † im Marebthale in Abyssinien 22. Oct. 1841.
Lasègue, Musée Delessert 165—167.

Quatremère d'Isjonval, *Denis Bernard,* * Paris 4. Aug. 1754, † Bordeaux 1830.

7378* —— Essai sur les caractères qui distinguent les cotons des diverses parties du monde. etc. Paris, Demonville. 1784. 4. 82 p.

Quekett, *Edwin John,* Professor in London (Quekettia Lindl.), * Langport 2. Sept. 1808, † London 28. Juni 1847.

Quekett, *John,* Professor in London, * London 1815, † London 20. Aug. 1861.

7379* —— Lectures on histology. Vol. 1. Elementary tissues of plants and animals. London, Baillière. 1852. 8. VIII, 214 p., ic. xyl. — Vol. II. ib. 1854. 8. VIII, 413 p., ic. xyl. (1 *l.* 8 *s.* 6 *d.*)

Quer, *José,* Professor der Botanik in Madrid (Queria Loefl.), * Perpiñan 26. Jan. 1695, † Madrid 19. März 1764.
Vita in Flora española, vol. V.
Colmeiro Bot. esp. 163—165.

Quer y Martinez, *Joseph.*

7380* —— Flora Española, ó Historia de las plantas, que se crian en España. Madrid, por J. Ibarra. 1762—84. VI voll. 4. — I: 1762. 402 p., praef., tab. 1—11. — II: 1762. 303 p., praef., tab. 12—43. — III: 1762. 436 p., praef., 79 tab. — IV: 1764. 471 p., 66 tab. — V et VI: 1784. XXXII, 538, 667 p., 34 tab.
Continuacion, ordenada, suplida y publicada par Don *Casimiro Gomez de Ortega.*
Tomus primus continet versionem Isagoges in rem herbariam *Tournefortii,* p. 65—272, et discursum de methodis botanicis, p. 273—379. Tomus secundus continet: Diccionario en que se explican los términos y voces mas usuales de la botánica, p. 1—64, *Josephi Monti* Plantarum genera a botanicis instituta, p. 83—104, et Catálogo de los autores Españoles, que han escrito de historia natural, p. 105—128. Incipit Flora ipsa in pagina 129.

R.

Rabenhorst, *Ludwig,* in Dresden (Rabenhorstia Rchb.), * Treuenbrietzen 1806.

7381* —— Flora lusatica, oder Verzeichniss und Beschreibung der in der Ober- und Niederlausitz wildwachsenden und häufig cultivirten Pflanzen. Zwei Bände. Leipzig, Kummer. 1839—40. 8. — I: Phanerogamen. 1839. LXVII, 336 p. — II: Kryptogamen. 1840. XXII, 507 p. ($4\frac{11}{12}$ *th.*)

7382* —— Populär praktische Botanik, oder Anleitung, die in Deutschland häufig wildwachsenden und gezognen Gewächse kennen zu lernen. Leipzig, Kummer. 1843 8. x, 406 p. ($1\frac{11}{12}$ *th.*)

7383* —— Deutschlands Kryptogamenflora, oder Handbuch zur Bestimmung der kryptogamischen Gewächse Deutschlands, der Schweiz, des Lombardisch-Venetianischen Königreichs und Istriens. Leipzig, Kummer. 1844—53. 8. (8 *th.* 13 *sgr.*) — I. Pilze. 1844. XXII, 613 p. ($3\frac{1}{3}$ *th.*) — II, 1. Lichenen. 1845. XII, 129 p. ($\frac{5}{6}$ *th.*) — II, 2. Algen. 1847. XIX, 216 p. ($1\frac{1}{3}$ *th.*) — II, 3. Lebermoose, Laubmoose und Farn. 1848. XVI, 352 p. ($2\frac{1}{10}$ *th.*) — Synonymenregister. 1853. 144 p. ($\frac{5}{6}$ *th.*)

7384* —— Botanisches Centralblatt für Deutschland. Erster Jahrgang. Leipzig, Kummer. 1846. 8. VIII, 552 p., 1 tab. ($2\frac{2}{3}$ *th.*)

7385* —— Hedwigia. Ein Notizblatt für kryptogamische Studien. Band 1—10. Dresden, C. Heinrich. 1852—71. 8. (20 *th.*)

7386* —— Kryptogamenflora von Sachsen, der Oberlausitz, Thüringen und Nordböhmen, mit Berücksichtigung der benachbarten Länder. Abtheilung 1. 2. Leipzig, Kummer. 1863—70. 8. (5 *th.* 22 *sgr.* n.) — I. 1863. Algen, Lebermoose, Laubmoose. XX, 653 p., ic. xyl. ($3\frac{1}{5}$ *th.* n.) — II. 1870. Flechten. XI, 406 p., ic. xyl. (2 *th.* 16 *sgr.* n.)

7387* —— Flora europaea Algarum aquae dulcis et submarinae. Cum figuris generum omnium xylographice expressis. Lipsiae, Kummer. 1864—68. 8. 359, 319, XX, 461 p., effigies autoris. ($7\frac{2}{3}$ *th.*)

Raddi, *Giuseppe* (Raddia Bertol.), * Florenz 9. Febr. 1770, † Rhodos 6. Sept. 1829.

7388* —— Synopsis Filicum brasiliensium. Bononiae, typ. Nobili. 1819. 4. 19 p., 2 tab.

7389* —— Jungermanniografia etrusca. Modena 1820. 4. 43 p., 7 tab.
Mem. soc. ital. Modena XVIII, 14—56.
* *latine:* curavit *Chr. G. Nees von Esenbeck.* Bonnae, Henry et Cohen. 1841. 4. IV, 28 p., 7 tab. (1 *th.*)

7390* —— Agrostographia brasiliensis, sive Enumeratio plantarum ad familias naturales Graminum et Cyperoidarum spectantium, quas in Brasilia collegit et descripsit. Lucca, della tipografia ducale. 1823. 8. 58 p., 1 tab.

7391* —— Plantarum brasiliensium nova genera et species novae vel minus cognitae. Pars I. Filices. Florentiae, typ. Pezzati. 1825. folio. 101 p., 84 tab. male lith. (45 *Lire*)

Radermacher, *Jakob Cornelis Matthaeus,* Beamter auf Java 1757—83 (Radermacheria Thunb.), ermordet 24. Dec. 1783.

7392* —— Naamlyst der planten, die gevonden worden op het eiland Java. Batavia 1780—82. III Stuk. 4. — I. 1780. 60 p. — II. 1781. 67, 88, 40 p. — III. 1782. 102, 42, 70 p.

Radius, *Justus,* Professor in Leipzig (Radiusia Rchb.), * Leipzig 1797.

7393* —— Dissertatio de Pyrola et Chimophila. Specimen I et II. Lipsiae, Voss. 1821. 1829. 8. 39, 32 p., 5 tab. (1 *th.*)

Radlkofer, *Ludwig,* Professor der Botanik in München.

7394* —— Die Befruchtung der Phanerogamen. Ein Beitrag zur Entscheidung des darüber bestehenden Streites. Inauguraldissertation. Leipzig, Engelmann. 1856. 4. VII, 36 p., 3 tab. ($1\frac{1}{3}$ *th.* n.)

7395* —— Der Befruchtungsprozess im Pflanzenreiche und sein Verhältniss zu dem im Thierreich. Leipzig, Engelmann. 1857. 8. x, 102 p. ($\frac{3}{4}$ *th.*)

7396* —— Ueber das Verhältniss der Parthenogenesis zu den andern Fortpflanzungsarten. Leipzig, Engelmann. 1858. 8. 74 p. ($\frac{2}{3}$ *th.*)

7397* **Radlkofer**, *Ludwig*. Ueber Krystalle proteinartiger Körper pflanzlichen und thierischen Ursprungs. Leipzig, Engelmann. 1859. 8. xiv, 154 p., 3 tab. (1⅓ *th.* n.)

Raeuschel, *Ernst Adolf*.
7398* —— Nomenclator botanicus, omnes plantas ab ill. *Carolo von Linné* descriptas, aliisque botanicis temporis recentioris detectas enumerans. Ed. III. Lipsiae, Feind. 1797. 8. xii, 414 p.
_{Sunt priores editiones anonymae Lipsiae annorum 1772 et 1782.}

Rafinesque-Schmaltz, *Constantino Samuel* (Rafinesquia Nutt.).
7399* —— Caratteri di alcuni nuovi generi e nuove specie di animali e piante della Sicilia. Palermo, ty. Sanfilippo. 1810. 8. 105 p., 20 tab.
7400* —— Florula Ludoviciana, or a Flora of the state of Louisiana. Translated, revised and improved from the french (Voyage vol. III.) of C. C. Robin. New York, C. Wiley and Co. 1817. 8. 178 p. (1 *Dollar.*)
7401* —— Medical Flora; or Manual of the Medical Botany of the United States of North America. Vol. 1. 2. Philadelphia, Atkinson. 1828—30. 8. xii, 268, 276 p., 100 tab. (3 *Dollars.*)
7402* —— New Flora and botany of North America or a supplemental Flora additional to all the botanical works on North America and the United States. In four parts. Philadelphia 1836. 8. 100, 96, 96, 112 p. (5 *Dollars.*)

Rafn, *Carl Gottlob*, Professor in Kopenhagen (Rafnia Thunb.).
7403* —— Danmarks och Holsteens Flora systematisk, physisk og oeconomisk bearbeydet. Deel 1. 2. Kjøbenhavn 1796—1800. 8. x, 722, x, 840 p.
7404* —— Udkast til en Plantephysiologie. Kjøbenhavn, typ. Popp. 1796. 8. viii. 240 p.
_{* germanice: Entwurf einer Pflanzenphysiologie, übersetzt von F. A. Markussen. Kopenhagen und Leipzig, Schubothe. 1798. 8. xx, 346 p.}

Rainey, *Georg*.
7405* —— An experimental inquiry into the cause of the ascent and descent of the sap, with some observations upon the nutrition of plants. London, Pamplin. 1847. 8. viii, 52 p., 2 tab. (3 *s.*)

Ralfs, *John*.
7406* —— The british phaenogamous plants and ferns. London, Longman. 1839. 8. xvi, 208 p. (8 *s.*)

Ralph, *Thomas Shearman*.
7407* —— Icones carpologicae; or Figures and Descriptions of fruits and seeds. (Leguminosae.) London, Pamplin. 1849. 4. iv, 48 p., ind., 40 tab. (16 *s.*)

Rambosson, *J*.
7408* —— Histoire et Légendes des plantes utiles et curieuses. Paris, Firmin Didot. 1868. 8. v, 371 p., 20 tab., ic. xyl.

Ramond, *Louis François Élisabeth*, *Baron de Carbonnière* (Ramondia Rich.), *Strassburg 4. Jan. 1753, † Paris 14. Mai 1827.
7409* —— Observations faites dans les Pyrénées. Paris, Belin. 1789. 8. viii, 452 p., 3 tab.
7410* —— Voyages au Mont-Perdu et dans la partie adjacente des Hautes-Pyrénées. Paris, Belin. 1801. 8. 392 p., 6 tab.
_{Cuvier, Éloge, lu le 16. Juin 1828.}

Ramspeck, *Jakob Christoph*, Arzt in Basel (Ramspekia Scrp.).
7411* —— Selectarum Observationum anatomico-physiologicarum atque botanicarum specimen I et II. Basileae, typ. Pistor. 1751—52. 4. 28, 17 p.

Raoul, *E*., Chirurgien de la marine royale.
7412* —— Choix des plantes de la Nouvelle-Hollande. Paris, Fortin, Masson et Co. 1846. gr. 8. 53 p., 30 tab. (36 *fr.*)

Rapin.
7413* —— Esquisse de l'histoire naturelle des Plantaginées. Paris 1827. 8. 55 p.
_{Annales de la soc. Linn. de Paris VI.}

Rapin, *Daniel*.
7414* —— Le Guide du botaniste dans le canton du Vaud. Lausanne, chez tous les libraires. 1842. 8. xxiii, 428 p.

Rapp, *Wilhelm von*.
7415* —— Ueber das Santonin. D. Heilbronn 1837. 8. 46 p.
7416* —— Ueber die Veratrine. Tübingen 1839. 8. 42 p.

Raspail, *François Vincent*, Professor in Paris (Raspailia Brongn.), * Carpentras (Vaucluse) 29. Jan. 1794.
7417* —— Mémoire sur la famille des Graminées, contenant 1. la physiologie, 2. la classification des Graminées, 3. l'analyse microscopique et le développement de la fécule dans les Céréales. Paris 1825. 8. 48, 28, 52, 16, 44, 11 p., 6 tab.
_{* germanice: Abhandlung über die Bildung des Embryo in den Gräsern und Versuch einer Klassifikation dieser Familie. Aus dem Französischen mit Anmerkungen von Bernhard Trinius. Petersburg, Akademie der Wissenschaften. 1826. 8. xii, 121 p., 2 tab.}
7418* —— Nouveau système de physiologie végétale et de botanique. Paris, Baillière. 1837. 2 voll. 8. — I: xxxii, 599 p. — II: 658 p. — Atlas: 94 p., 60 tab. (30 *fr.*)

Raspe, *Gottfried*.
7419 —— Disputatio physica de plantis. Lipsiae 1627. 4.

Rastoin, *Edouard*.
7420* —— Lettre d'un frère à sa sœur sur la botanique et la physiologie des plantes. Paris, Lefebure. 1829. 8. 273 p.

Ratchinsky, *S*.
7421* —— Notice sur quelques mouvements opérés par les plantes sous l'influence de la lumière. Moscou 1857. 8. 28 p., 2 tab.
7422* —— Ueber die Bewegungen der höheren Pflanzen. Moskau 1858. 8. 148 p., 5 tab. (rossice).
_{Bulletin nat. Moscou, 1857. 1858.}

Rathke, *J*.
7423 (——) Enumeratio plantarum horti botanici universitatis Christianiensis. Christianiae, typ. Gröndahl. 1823. 8. 59 p., praef.

Ratzeburg, *Julius Theodor Christian* (Ratzeburgia Kanth.), * Berlin 16. Febr. 1801.
7424* —— Observationes ad peloriarum indolem definiendam spectantes. Berolini 1825. 4. 27 p., 1 tab.
7425* —— Untersuchungen über Formen und Zahlenverhältnisse der Naturkörper. Berlin, Trowitzsch. 1829. 4. vi, 34 p., 1 tab. (⅔ *th.*)
7426* —— Die Standortsgewächse und Unkräuter Deutschlands und der Schweiz, in ihren Beziehungen zur Forst-, Garten- und Landwirthschaft und zu andern Fächern. Berlin, Parthey. 1859. 8. xxxv, 487 p., 12 tab. (4 *th.* n.)

Rau, *Ambrosius*, Professor in Würzburg, † 18. März 1870.
7427* —— Enumeratio Rosarum circa Wirceburgum et pagos adjacentes sponte crescentium cum eorum definitionibus, descriptionibus et synonymis secundum novam methodum disposita et speciebus varietatibusque novis aucta. Norimbergae, Felssecker. 1816. 8. 178 p., 1 tab. col. (1 *th.*)

Rauch, *F. A*.
7428* —— Régénération de la nature végétale. Paris, typ. Didot. 1818. II voll. 8. xxxi, 502, 398 p. (10 *fr.*)

Rauwenhoff, *N. W. P*., Professor der Botanik in Utrecht.
7429* —— Bijdrage tot de Kennis van Dracaena Draco. Amsterdam, C. G. van der Post. 1863. 4. 54 p., 5 tab.

Rauwolf, *Leonhart*, aus Augsburg (Rauwolfia L.), † 1596.
7430* —— Leonharti Rauwolfen, der Artznei Doctorn und bestallten Medici zu Augsburg Aigentliche Beschreibung der Raiss, so er vor dieser zeit gegen Auffgang in die Morgenländer, fürnehmlich Syriam, Judaeam, Arabiam, Mesopotamiam, Babyloniam, Assyriam, Armeniam etc. nicht ohne geringe Mühe unnd grosse gefahr selbs vollbracht: neben vermeldung etlicher mehr gar schön fremden und aussländischen Gewächsen, samt iren mit angehenckten lebendigen contrafacturen unnd auch annderer denckwürdiger sachen, die als er auf solcher erkundigt, gesehen und observiret hat. Alles in vier underschidliche Thail mit sonderem Fleiss abgetheilet, und ein jeden weitter in seine sondere Capitel, wie dero innhalt in zu end gesetztem Register zu finden. (Laugingen, durch Leonhart Reinmichel, in costen und verlag Georgen Willers. 1583. 4. 487 p., praef., (22) foll., 44 ic. plantarum xylogr.
_{Huic editioni primum accessit pars quarta botanici omnino argumenti, ita inscripta: Der vierte thail, etlicher schöner aussländischer kreüter, so uns noch unbekandt, unnd deren in seiner rayss in die morgenländer gethon, gedacht wird, artliche und lebendige contrafeit: 7 p., 42, (53?) 44?) ic. plantarum xylographicae. Priores vidi editiones, in quibus omnibus pars quarta iconographica desideratur: * Laugingen, durch Leonhart Reinmichel. 4. 487 p. — * ib. 1582. 4. 487 p. — * Frankfurt a/M., gedruckt bei}

Christoff Raben. 1582. 4. (12), 123, 161, 176, (6) p. — Cf. insuper *Gronovii* librum supra Nr. 3920 allatum.
* *hollandice:* Verzameling der Reisen tom. XVII.
* *anglice:* Travels into the Eastern countries, translated by *Nicholas Saphorsi*. (Ray, Collection of travels, vol. I.) London 1693. 8. 396 p. — (*Ray*, Collection of travels, ed. II. vol. II.) London 1738. 8. 338 p.

Ray, *John*, latine **Rajus** (Rajania L.), * Black Notley (Essex) 29. Nov. 1628, † 17. Jan. 1705.

    Philosophical letters between the late learned Mr. *John Ray*, and several of his ingenious correspondents, to which are added those of *Francis Willughby* Esq., published by *William Derham*. London 1718. 8. 376 p.
    Select remains of *John Ray*, with his life by *William Derham*, published by *George Scott*. London 1760. 8. 336 p.
    * Memoirs of *John Ray*, consisting of his life by Dr. *Derham*; biographical and critical notices by Sir *James Edward Smith* and *Cuvier* and *Du Petit Thouars*. Edited by *Edwin Lankaster*. London, Ray Society. 1846. 8 XII, 220 p.
    * The Correspondence of *John Ray*; consisting of Selections from the philosophical letters published by Dr. *Derham*, and Original Letters of *John Ray*, in the collection of the British Museum. Edited by *Edwin Lancaster*. London, Ray Society. 1848. 8. XVI, 502 p, effigies *Raji*.

7431* (——) Catalogus plantarum circa Cantabrigiam nascentium, in quo exhibentur quotquot hactenus inventae sunt quae vel sponte proveniunt vel in agris seruntur; una cum synonymis selectioribus, locis natalibus et observationibus quibusdam oppido raris. Adjiciuntur in gratiam tironum index anglico-latinus etc. Cantabrigiae, typ. Field. 1660. 8. (30) 182 p. — Appendix: ib. 1663. 8. — *Appendix editio secunda, aucta plantis sexaginta. Cantabrigiae, typ. Hayes. 1685. 8. (32) p. Bibl. Juss.

7432* (——) Index plantarum agri Cantabrigiensis, in quo nomina anglica latinis praeponuntur ordine alphabetico: in gratiam tironum. Cantabrigiae, typ. Field. 1660. 8. 103 p.

7433 —— Travels through the Low-countries, Germany, Italy and France with curious observations, natural, topographical, moral, physiological etc. also, a catalogue of plants found spontaneously growing in those parts and their virtues, etc. London 1673. 8. — *The second edition. London, Walthoe. 1738. II voll. 8. — I: 428, 119 p. — II: 489, 44 p.
    Inest: Catalogus stirpium in exteris regionibus a nobis observatarum, quae vel non omnino vel parce admodum in Anglia sponte proveniunt.

7434 —— Catalogus plantarum Angliae et insularum adjacentium: tum indigenas tum in agris passim cultas complectens. In quo praeter synonyma necessaria, facultates quoque summatim traduntur, una cum observationibus et experimentis novis medicis et physicis. Londini, impensis Johannis Martyn. 1670. 8. 358 p., praef. — *Editio secunda, plantis circiter quadraginta sex et observationibus aliquam multis auctior. Londini, typ. A. Clark, impensis Johannis Martyn. 1677. 8. 311 p., praef., ind., 2 tab.

7435* —— Methodus plantarum nova, brevitatis et perspicuitatis causa synoptice in tabulis exhibita; cum notis generum tum summorum tum subalternorum characteristicis, observationibus nonnullis de seminibus plantarum et indice copioso. (Londini) Amstelaedami, Jansson-Waesberg. 1682. 8. 166 p., praef., ind. — *Methodus plantarum emendata et aucta; in qua notae maxime characteristicae exhibentur, quibus stirpium genera tum summa tum infima cognoscuntur et a se mutuo dignoscuntur, non necessariis omissis. Accedit methodus Graminum, Juncorum et Cyperorum specialis, eodem auctore. Londini, Smith et Walford. 1703. 8. 202 p., ind. — Amstelaedami, apud Wetstenios. 1710. 8. Rivin. — *Londini, apud Chr. A. Myntsing. 1733. 8. 196 p., praef., ind.

7436* —— Historia plantarum, species hactenus editas aliasque insuper multas noviter inventas et descriptas complectens. In qua agitur primo De plantis in genere, earumque partibus, accidentibus et differentiis; deinde genera omnia tum summa tum subalterna ad species usque infimas, notis suis certis et characteristicis definita, methodo naturae vestigiis insistente disponuntur; species singulae accurate describuntur, obscura illustrantur, omissa supplentur, superflua resecantur, synonyma necessaria adjiciuntur; vires denique et usus recepti compendio traduntur. Londini, typ. Mariae Clark. 1686—1704. III voll. folio. — I: 1686. p. 1—983. — II: 1688. p. 985—1944., indices et nomenclator. — III: Supplementum tomi I et II. Accedit: Historia stirpium insulae Luzonis et Philippinarum a *Georgio Josepho Camello*, item *Tournefortii* Corol-

larium institutionum. Londini, apud Smith et Walefort. 1704 IX, 666, 135, 255 p., ind.
    Tomus I et II redeunt ex eadem puto impressione anno 1693 mutatis titulis.

7437 **Ray**, *John*, latine **Rajus**. Fasciculus stirpium britannicarum, post editum plantarum Angliae catalogum observatarum, cum synonymis et locis natalibus. Londini, Faithourne. 1688. 8. 27 p. B.

7438* —— Synopsis methodica stirpium britannicarum, in qua tum notae generum characteristicae traduntur, tum species singulae breviter describuntur: ducentae quinquaginta plus minus novae species partim suis locis inseruntur partim in appendice seorsim exhibentur; cum indice et virium epitome Londini, Sam. Smith. 1690. 8. 317 p., praef.,' 2 tab. — *Ed. II: Londini, Sam. Smith et Walford. 1696. 8. 346 p., praef., ind., praeter *Rivini* et *Raji* epistolas. — *Ed. III. emendata et aucta. Londini, Innys. 1724. 8. 482 p, praef., ind., 24 tab.

7439 —— Stirpium europaearum extra Britannias nascentium Sylloge, quas partim observavit ipse, partim ex *Carolii Clusii* Historia, *Casparis Bauhini* Prodromo et Catalogo plantarum circa Basileam, *Fabii Columnae* Ecphrasi, Catalogis hollandicarum *Commelyni*, Altdorfinarum *Mauritii Hoffmanni*, sicularum *Pauli Bocconi*, Monspeliensium *Petri Magnolii* collegit. Adjiciuntur catalogi rariorum alpianarum et pyrenaicarum, baldensium, hispanicarum *Gabrielis Grislei*, graecarum et orientalium, creticarum, aegyptiacarum, aliique ab eodem. Londini, Smith et Walford. 1694. 8. 400, 45 p., effigies *John Ray*.

7440* —— De variis plantarum methodis dissertatio brevis, in qua agitur I. de methodi origine et progressu, II. de notis generum characteristicis, III. de methodo sua in specie, IV. de notis, quas reprobat et rejiciendas censet *Tournefort*. V. de methodo Tournefortiana. Londini 1696. 8. 48 p.

Re, *Filippo*, * Reggio 26. März 1763, † Reggio 20. März 1817.

7441* —— Saggio teorico-pratico sulle malattie delle piante. Venezia, typ. Vitarelli. 1807. 8. 437 p. — Seconda edizione. Milano, Silvestri. 1817. 8. 334 p., 2 tab. (3 fr.)

Re, *Giovanni Francesco*, * Cordova 1773, † Turin 2. Nov. 1833.

7442* —— Flora Segusiensis, sive stirpium in circuitu Segusiensi, nec non in monte Cenisio aliisque circumeuntibus montibus sponte enascentium enumeratio, secundum Linnaeanum systema. Taurini, typ. Barberis. (1805.) 8. 93 p.

7443* —— Ad Floram Pedemontanam Appendix (prima). Taurini, typographia regia. (1824.) 8. 62 p.
    *Appendix altera exstat in Mem. della R. Acc. di Torino. tom. XXXI. 1824. p. 189—224.

4744* —— Flora Torinese. Vol. I. (Classes Linn. I—XVI) Torino, typ. Bianco. 1825. 8. 372 p. Bibl. Cand.

Rea, *John*.

7445* —— Flora, seu de florum cultura; or a complete florilege, furnished with all requisites belonging to a Florist. (Flora, Ceres, et Pomona.) London, Marriott. 1665. folio. 239 p., praef., ind. — *Flora, Ceres et Pomona. Second impression. London, Marriott. 1676. folio. 231 p., ind., 8 tab. — Third impression. London 1702. folio. (eadem impressio, novo titulo.)

Read.

7446* —— Traité du seigle ergoté, dans lequel on examine les causes de cette excroissance végétale etc. Strasbourg, typ. Le Roux. 1771. 8. 93 p., praef., 1 tab.

Rebentisch, *Johann Friedrich*.

7447* —— Prodromus Florae neomarchicae, secundum systema proprium conscriptus atque figuris XX coloratis adornatus, cum praefatione *Caroli Ludovici Willdenow*, in qua de vegetabilium cryptogamicorum dispositione tractatur. Berolini, Schüppel. 1804. 8. LXII, 406 p. 4 tab. col. (2½ th.)

7448* —— Index plantarum circa Berolinum sponte nascentium, adjectis aliquot fungorum descriptionibus. Berolini, Schüppel. 1805. 8. 46 p. (¼ th.)

Reboul, *Eugen de*.

7449* —— Nonnullarum specierum Tuliparum in agro Florentino sponte nascentium propriae notae. (Florentiae, in archiepiscopali typographia. 1822) 8. 7 p. — *Appendix: Florentiae, XII. Kalend. Maji 1823. 8. 2 p. **Bibl. Cand.**

Reboul, *Eugen de.*
7450* Selecta specierum Tuliparum in agro Florentino sponte nascentium synonyma. Florentiae, typ. Galilaei. 1838. 8. 8 p. **Bibl. Cand.**

Reche, *E. F. Th.*
7451* De Amyridis speciebus officinalibus. D. Halae, typ. Ruff. 1801. 8. 26 p.

Recluz, *C.*
7452* —— Des sucs végétaux aqueux en général. Paris, Trouvé. 1828. 8. 40, VIII p.
Extrait du Journal de Chimie médicale, de pharmacie et de toxicologie, année IV, Nr. 1—5 et 7.

Redouté, *Pierre Joseph* (Redoutea Vent.), * 18. Aug. 1761, † 18. Juni 1840.
7453* —— Les Liliacées, peintes par *P. J. Redouté*. Paris, de l'imprimerie Didot. 1802—16. VIII voll. folio. 486 foll., ind., 486 tab. col.
Textum voluminum I—IV scripsit *Augustin Pyramus DeCandolle*, voluminum V—VI *François DelaRoche*, voluminum VII—VIII *Alire Raffeneau-Delile*.

7454* —— La botanique de *Jean Jacques Rousseau*, ornée de soixante-cinq planches imprimées en couleurs d'après les peintures de *P. J. Redouté*. Paris, Delachaussée et Garnery. an XIV. 1805. folio. x, 124 p., 65 tab. col. (350 *fr.* — édition in 4. 200 *fr.*)

7455* —— Les Roses peintes par *P. J. Redouté*, décrites par *Claude Antoine Thory*. Paris, de l'imprimerie F. Didot. 1817—24. III voll. folio minor. — I: 1817. 156 p., 59 tab. col., effigies *P. J. Redouté*. — II: 1821. 122 p., 59 tab. col. — III: 1824. 125 p., 54 tab. col. (750 *fr*) — Paris, Panckoucke. 1824. gr. 8. 160 foll., 160 tab. col. (140 *fr.*)
Editio minor prodiit 40 fasciculis à 3 fr. 50 c., quisque cum 4 tabulis. Editio major triginta fasciculis divulgata est fasciculis. praemisso Prospectu operis; in volumine primo. p. 139—156 reperitur Bibliotheca botanica operum de Rosis.

7456* —— Choix des plus belles fleurs, prises dans différentes familles du règne végétal, et de quelques branches des plus beaux fruits groupées quelquefois et souvent animées par des insectes et des papillons, gravées, imprimées en couleur et retouchées au pinceau avec un soin qui doit répondre de leur perfection. Dédié à LL. AA. RR. les Princesses *Louise* et *Marie d'Orléans*. Paris, chez l'auteur et les libraires, typ. Panckoucke. 1827. folio. 17 p., praef., (144) tab. col. **Bibl. Cand. et Deless.**
Textum anno 1833 addidit beatus *Antoine Guillemin*.

7457* —— Le bouquet royal. OEuvre posthume de *P. J. Redouté*, dédié à S. M. la Reine des Français. Paris, chez les marchands de nouveautés. 1843. folio. 4 tab. col. (Rosae), praef., effigies *P. J. Redouté*. **Bibl. Deless.**

Redowsky, *D.*
7458* (——) Enumeration plantarum, quae in horto Comitis *Alexii a Razumowsky* in pago Mosquensi Gorinka vigent. s. l. 1804. 12. 52 p.
Trautvetter aliam notat ejusdem horti enumerationem eodem *Redowsky* autore, ex anno 1803.

Redtenbacher, *Joseph.*
7459* —— De Caricibus territorii Vindobonensis. D. Vindobonae, typ. Wallishausser. 1834. 8. 40 p.

Rees, *Richard van.*
7460* —— Disquisitio de decompositione acidi carbonici in vegetatione, praemio ornata. Trajecti ad Rhenum, Paddenburg. 1818. 8. 64 p.

Reess, *Max*, Privatdocent in Halle a/S.
7461* —— Zur Entwicklungsgeschichte der Stammspitze von Equisetum. Inauguraldissertation. Jena, typ. Frommann. 1867. 8. 28 p., 2 tab.
Pringsheim, Jahrbücher der Botanik VI.

Regel, *Eduard*, Director des botanischen Gartens in Petersburg.
7462* —— Die Kultur und Aufzählung der in deutschen und englischen Gärten befindlichen Eriken, nebst Synonymie und kurzer Charakterisirung und Beschreibung derselben. (Zürich, Orell, Füssli et Co. 1843.) 4. 189 p., 3 tab. (1½ *th.*)
Verhandlungen der Gesellschaft zur Beförderung des Gartenbaues in den Preussischen Staaten, Lieferung 33.

7463* **Regel**, *Eduard*. Die äussern Einflüsse auf das Pflanzenleben in ihren Beziehungen zu den wichtigsten Krankheiten der Kulturgewächse. Zürich, Meyer und Zeller. 1847. 8. 32 p. ($^7/_{30}$ *th.*)

7464* —— Die Schmarotzergewächse und die mit denselben in Verbindung stehenden Pflanzenkrankheiten. Zürich, Schulthess. 1854. 8. IV, 124 p., 1 tab. (16 *sgr.* n.)

7465* —— Die Pflanzen der Pflanzen unsrer höheren Gebirge, sowie des hohen Nordens. Erlangen, Enke. 1856. 8. 16 p., 1 tab. col. (⅓ *th* n.)

7466* —— Die Parthenogenesis im Pflanzenreiche. St. Petersburg, Eggers und Co. 1859. 4. 48 p., 2 tab. (⅔ *th.*)
Mém. ac. Pét. Vol. I, Nr. 2.

7467* —— Catalogus plantarum quae in horto Aksakoviano coluntur. Petropoli 1860. 8. VII, 144 p.

7468* —— Uebersicht der Arten der Gattung Thalictrum, welche im russischen Reiche und den angränzenden Ländern wachsen. Moskau 1861. 8. 50 p., 3 tab.
Bull. nat. Mosc. 1861

7469* —— Monographia Betulacearum hucusque cognitarum. Mosquae, typ. universitatis. 1861. 4. 129 p, 14 tab.
Mém. des nat. de Moscou XIII.

7470* —— Tentamen Florae ussuriensis oder Versuch einer Flora des Ussurigebietes. St. Petersburg, Eggers und Co. 1861. 4. XIII, 228 p, 12 tab. (3 *th.* 8 *sgr.*)
Mém. ac. Pét. Vol. IV, Nr. 4.

7471* —— Nachträge zur Flora der Gebiete östlich vom Altai bis Kamtschatka und Sitka. Band 1. Moskau 1861. 8.

7472* —— et *F. von* **Herder**. Enumeratio plantarum in regionibus cis- et transiliensibus a cl. Semenovio anno 1857 collectarum. Fasc. 1—4. Mosquae, typis universitatis. 1864—69. 8. 43, 159, 88, 177 p, 5 tab.
Betulaceas elaboravit in DC. Prodromo XVI. 161—190.

7473* —— Gartenflora. Allgemeine Monatsschrift für deutsche, russische und schweizerische Garten- und Blumenkunde. Jahrgang 1—20. Erlangen, Enke. 1852—71. 8. (col. à 4 *th.*)

Regnaud, *Charles*, Arzt in Paris.
7474* —— Histoire naturelle, hygiénique et économique du cocotier (Cocos nucifera L.). Paris, typ. Rignoux. 1856. 4. 142 p. (4 *fr.*)

Regnault, *François* et *Geneviève de Nangis-*.
7475* (——) La botanique mise à la portée de tout le monde, ou collection des plantes d'usage dans la médecine, dans les alimens et dans les arts. Paris, chez l'auteur. 1774. III voll. folio. 467 foll., 3 schemata explicationi partium inservientia, ind., 467 tab. col.

Rehfeldt, *Abraham.*
7476* —— Hodegus botanicus menstruus, praemissis rudimentis botanicis, plantas quae potissimum circa Halam Saxonum vel sponte proveniunt vel studiose nutriuntur, enumerans, quo loco eaedem inveniantur, et quo tempore juxta seriem mensium floreant, indigitans, plantis officinalibus peculiariter notatis. Halae, sumtibus orphanotrophei. 1717. 8. 95 p.

Rehmann, *Joseph*, Arzt, * Freiburg im Br. 17. Oct. 1753, † Petersburg 6. Oct. 1831.
7477* —— Beschreibung einer Thibetanischen Handapotheke. Ein Beitrag zur Kenntniss der Arzneykunde des Orients. St. Petersburg, F. Drechsler. 1811. 8. 54 p.

Reichard, *Johann Jakob*, Stadtarzt in Frankfurt a/M., * Frankfurt 7. Aug. 1743, † Frankfurt 21. Jan. 1782.
Schriften der Berliner Nat. Freunde IV. 440—447.

7478* —— Flora Moeno-Francofurtana, enumerans stirpes circa Francofurtum ad Moenum crescentes, secundum methodum sexualem dispositas. Francofurti a/M., typ. H. L. Brönner. 1772—78. II voll. 8. — I: 1772. 112 p., ind. — II: 1778. 196 p., ind., 1 tab.

7479* —— Sylloge opusculorum botanicorum, cum adjectis annotationibus. Pars I. Francofurti a/M., Varrentrapp. 1782. 8. 182 p.

7480* —— Enumeratio stirpium horti botanici Senkenbergiani, qui Francofurti ad Moenum est. Francofurti a/M., Varrentrapp et Wenner. 1782. 8. 68 p.

Reichardt, *Eduard.*
7481* —— Ueber die chemischen Bestandtheile der Chinarinde. Braunschweig, Schwetschke. 1855. 8. XI, 165 p., 4 tab. (1 *th.*)

7482* **Reichardt,** *Eduard.* De plantarum partibus anorganicis. Jenae, Döbereiner. 1856. 8. 36 p. ($^1/_6$ *th.* n.)

Reichardt, *Heinrich Wilhelm,* Custos am botanischen Kabinet in Wien.

7483* —— Ueber die Gefässbündel-Vertheilung im Stamme und Stipes der Farne. Wien, Gerold. 1859. 4. 28 p., 3 tab. (26 *sgr.* n)

Reichardt, *Oscar.*

7484 —— Blicke in das Pflanzenleben. Leipzig, Wilfferodt. 1869. 8. xII, 28 p. (26 *gr.* n)

Reichel, *C. F.*

7485* —— Ueber Chinarinde und deren chemische Bestandtheile. Leipzig, Engelmann. 1856. 8. 56 p. ($^1/_4$ *th.*)

Reichel, *Christoph Karl,* Arzt, * Dresden 28. März 1724, † Meissen nach 1750.

7486* —— Diatribe de vegetabilibus petrifactis. Vitembergae, Zimmermann. 1750. 4. 26 p.

Reichel, *Friedrich Daniel.*

7487* —— Standorte der seltneren und ausgezeichneteren Pflanzen in der Umgegend von Dresden. Dresden und Leipzig 1837. gr. 16. 80 p. ($^1/_4$ *th.*)

Reichel, *Georg Christian,* Professor in Leipzig (Reichelia Schreb.), * 1727, † Leipzig 1771.

7488* —— De vasis plantarum spiralibus. D. Lipsiae 1758. 4. 44 p., 1 tab.

Reichenbach, *Anton Benedikt,* Lehrer in Leipzig, * Leipzig 7. Juli 1807.

7489* —— Allgemeine Pflanzenkunde. Leipzig, Franke. 1837. 4. VIII, LII p, 8 tab. col. ($1^1/_6$ *th.* — nigr. $^2/_3$ *th*)

7490* —— Naturgeschichte des Pflanzenreichs. Leipzig, Franke. 1837. 4. VIII, LII, 392 p., 72 tab. col.

7491* —— Naturgeschichte des Pflanzenreichs für Gymnasien, Real-, Handels- und Gewerbschulen, und zum Selbstunterrichte. Leipzig, Kollmann. 1840. 8. 180 p.

Reichenbach, *Heinrich Gottlieb Ludwig,* Professor in Dresden (Reichenbachia Spr.), * Leipzig 8. Jan. 1793.

7492* —— Flora Lipsiensis pharmaceutica; sistens plantarum agri Lipsiensis nunc et olim officinalium venenatarumque diagnoses, descriptiones, synonyma, locos natales, qualitates, vires et usum. Lipsiae, Franz. 1817. 8. xII, 260 p. (1 *th.*)

7493* —— Uebersicht der Gattung Aconitum. Grundzüge einer Monographie derselben. Regensburg 1819. 8. 84 p. ($^1/_2$ *th.*)
Seorsim impr. e Flora, diario botanico Ratisbonensi.

7494* —— Monographia generis Aconiti, iconibus omnium specierum coloratis illustrata, latine et germanice elaborata. Lipsiae, Vogel. 1820. II voll. folio. 100 p., 19 tab. col. ($11^1/_2$ *th*)

7495* —— Amoenitates botanicae Dresdenses. Specimen primum, observationes in Myosotidis genus continens. D. Dresdae, Arnold. 1820. 8. 30 p. ($^1/_6$ *th.*)

7496* —— Magazin der ästhetischen Botanik, oder Abbildung und Beschreibung der für Gartenkultur empfehlenswerthen Gewächse, nebst Angabe ihrer Erziehung. Icones et descriptiones plantarum etc. Leipzig, Baumgärtner. 1821—26. 4. xxvIII, (200) p., 96 tab. col. (16 *th.*)

7497* (——) Katechismus der Botanik, als Anleitung zum Selbststudium dieser Wissenschaft, und als botanisches Wörterbuch zu gebrauchen. Gestaltlehre, mit mehr als 600 erläuternden Figuren. Leipzig, Baumgärtner. 1820. 8. xxxiv, 217 p., 7 tab. (1 *th.*) — * Zweite, fast um das Doppelte vermehrte Auflage. Gestaltlehre. ib. 1825. 8. xxx, 215 p., 7 tab. ($1^1/_2$ *th.*) — * Zweites Bändchen: Physiologie. ib. 1824. 8. x, 252 p., 3 tab. ($1^1/_2$ *th.*) — Drittes Bändchen: Systematik. ib. 1826. 8. 306 p., 5 tab. ($1^3/_4$ *th*)
anglice: London 1821. 8.

7498* —— Die Vergissmeinnichtarten Dentschlands. (Aus *Sturm's* Flora, Heft 1—42.) Nürnberg, Sturm. 1822. 12. 17 tab. col., text. ($^2/_3$ *th.*)

7499* —— Illustratio specierum Aconiti generis, additis Delphiniis quibusdam. Neue Bearbeitung der Arten der Gattung Aconitum. Lipsiae, Friedrich Hofmeister. 1823—27. folio. (152) p., 72 tab. col. (12 *th.*)

7500* **Reichenbach,** *Heinrich Gottlieb Ludwig.* Taschenbuch für Gartenfreunde. Eine Erläuterung von 1960 Zierpflanzen, nach natürlichen Familien geordnet, und mit Nachweisungen zu ihrer Kultur begleitet. Dresden, Hilscher. 1827. 8. xxIV, 481 p. (1 *th*)

7501* —— Iconographia botanica exotica, sive Hortus botanicus, imagines plantarum imprimis extra Europam inventuram colligens, cum commentario succincto editus. Lipsiae, Friedrich Hofmeister. 1827—30. III voll. 4. xx, 72, *x*, *x*, xvI, 18 p, 250 tab. (nigr. $16^2/_3$ *th.* — col. $33^1/_3$ *th.* — herabges. 20 *th.*)

7502* —— Conspectus regni vegetabilis per gradus naturales evoluti Tentamen. Pars prima. Inest clavis herbariorum hortorumque, seu dispositio regni vegetabilis secundum classes, ordines, formationes, familias, tribus, genera et subgenera, adjecto indice locupletissimo generum, subgenerum, synonymorum et nominum franco-gallicorum. Uebersicht des Gewächsreiches in seinen natürlichen Entwicklungsstufen. Lipsiae, Cnobloch. 1828. 8. xIV, 294 p. ($1^1/_2$ *th.*)

7503* —— Botanik für Damen, Künstler und Freunde der Pflanzenwelt überhaupt, enthaltend eine Darstellung des Pflanzenreichs in seiner Metamorphose, eine Anleitung zum Studium der Wissenschaft und zum Anlegen von Herbarien. Leipzig, Cnobloch. 1828. 8. x, 584 p. ($2^2/_3$ *th*)

7504* —— Iconographia botanica, seu Plantae criticae. Icones plantarum rariorum et minus rite cognitarum indigenarum exoticarumque, iconographia et supplementum, imprimis ad opera *Wildenowii, Schkuhrii, Persooni, Roemeri* et *Schultesii,* delineatae et cum commentario succincto editae a *H. G. Ludovico Reichenbach.* Centuria I—X. Lipsiae, Friedrich Hofmeister. 1823—32. X voll. 4. — I: 1823. 98 p., tab. col. 1—100. — II: 1824. 96 p., tab. col. 101—200. — III: 1825. 92 p., tab. col. 201—300. — IV: 1826. 88 p., tab. col. 301—400. — V: 1827. 68, 20 p., ind., tab. col. 401—500. — VI: 1828. IV, 34, 28 p., tab. col. 501—600. — VII: 1829. 50 p., tab. col. 601—700. — VIII: 1830. 38 p., tab. col. 701—800. — IX: 1831. 50 p, tab. col. 801—900. — X: 1832. 42 p., tab. col. 901—1000. (nigr. $66^2/_3$ *th.* — col. $133^1/_3$ *th.* — herabges. 80 *th*)

7505* —— Flora germanica excursoria, ex affinitate regni vegetabilis naturali disposita, sive principia Synopseos plantarum in Germania terrisque in Europa media adjacentibus sponte nascentium cultarumque frequentius. Insunt plantae: Acroblastae et Phylloblastae. Accedit: I. conspectus generum et clavis e systemate sexuali Linnaeano. II. Expositio methodi naturalis cum tabula. III. Index generum et specierum synonymicus locupletissimus, simul ad sublevandum commercium botanicum adaptatus et seorsim accipiendus. IV. Mappa geographica, sistens Territorium Florae. V. Mappa orographica, sistens Alpium tractum. Lipsiae, Cnobloch. 1830—32. 12. xLVIII, 878 p., 2 tab. — * Florae germanicae Clavis synonymica. Lipsiae, Cnobloch. 1833. 12. LXXII, 140 p. ($4^1/_2$ *th.*)

7506* —— Das Pflanzenreich in seinen natürlichen Klassen und Familien entwickelt, und durch mehr als tausend in Kupfer gestochene übersichtliche bildliche Darstellungen für Anfänger und Freunde der Botanik erläutert. Leipzig, Verlag der Expedition des Naturfreundes. 1834. 4. IV, 62 p., 1 tab. in folio max. — * Erste Fortsetzung: 1. Gesetze für die natürliche Verwandtschaft der Pflanzen. 2. Die Entfaltung der Stufen des Pflanzenreichs selbst. 3. Zusammenstellung der Entwicklungsstufen. Leipzig, Wagner. 1835. 4. p. 63—95. ($1^5/_6$ *th.*)
Liber simul sistit fasciculos primum et quartum collectionis, quae inscribitur: «Das Universum der Natur.» Tabula seorsim divenditur: ($1^1/_2$ *th.*)

7507* —— Flora exotica. Die Prachtpflanzen des Auslandes mit naturgetreuen Abbildungen herausgegeben von einer Gesellschaft von Gartenfreunden in Brüssel, mit erläuterndem Text, und Anleitung zur Kultur von *H. G. Ludwig Reichenbach.* Leipzig, Friedrich Hofmeister. 1834—36. V voll. folio. — I: 1834. 58 p., 72 tab. col. — II: 1834. 48 p., 72 tab. col. — III: 1835. 52 p., 72 tab. col. — IV: 1835. 46 p., 72 tab. col. — V: 1836. 48 p., 72 tab. col. (120 *th.*)

7508* **Reichenbach**, *Heinrich Gottlieb Ludwig.* Kupfersammlung zum praktischen deutschen Botanisirbuche. Erste (und einzige) Lieferung. Enthält: Keimung und Knospung, und 294 Gattungen der deutschen Flora mit ihren Analysen. Leipzig, Wagner. 1836. 8. 16 p., 12 tab. ($^3/_4$ *th.*)

7509 —— Handbuch des natürlichen Pflanzensystems, nach allen seinen Klassen, Ordnungen und Familien, nebst naturgemässer Gruppirung der Gattungen, oder Stamm und Verzweigung des Gewächsreiches, enthaltend eine vollständige Charakteristik und Ausführung der natürlichen Verwandtschaften der Pflanzen in ihrer Richtung aus der Métamorphose und geographischen Verbreitung, wie die fortgebildete Zeit deren Anschauung fordert. Dresden und Leipzig, Arnold. 1837. 4. x, 346 p. ($3^3/_4$ *th.*) — Zweite Ausgabe. ib. 1850. 8. ($^3/_4$ *th.*) (non differt.)

7510* —— Der deutsche Botaniker. Erster Band: Das Herbarienbuch. Dresdae et Lipsiae, Arnold. 1841. 8. Zwei Abtheilungen. xcv, 213, 236 p. ($2^1/_2$ *th.*) — *Zweiter Band. Flora saxonica. ib. 1842. 8. xlviii, 461 p. ($1^1/_2$ *th.*) — *Zweite Ausgabe mit vollständigem Register der deutschen und lateinischen Namen. ib. 1844. 8. xlviii, 503 p. (2 *th.*)

7511* —— et *Gustav H.* **Reichenbach.** Icones Florae germanicae et helveticae, simul pedemontanae, istriacae, dalmaticae, hungaricae, transsylvanicae, borussicae, holsaticae, belgicae, hollandicae, ergo mediae europeae, exhibens nuperrime detectis novitiis additis, collectionem compendiosam imaginum characteristicarum omnium generum atque specierum, quas in sua Flora germanica excursoria recensuit auctor. Vol. 1—22. Lipsiae, 1834—70. 4. 2800 tab. col. und Text. (425 *th.*)
germanice: Deutschlands Flora, mit höchst naturgetreuen charakteristischen Abbildungen aller ihrer Pflanzenarten in natürlicher Grösse, und mit Analysen auf Kupfertafeln, als Beleg für die Flora germanica excursoria, und zur Aufnahme und Verbreitung der neuesten Entdeckungen innerhalb Deutschlands und der angränzenden Länder: Belgien und Holland, Holstein und Schleswig, Ostpreussen, Galizien und Siebenbürgen, Ungarn, Dalmatien, Istrien, Oberitalien, der Schweiz und Piemont. ib. 1837—70. 4.

Reichenbach, *Heinrich Gustav,* Professor der Botanik in Hamburg, * Leipzig 3. Jan. 1823.

7512* —— De pollinis Orchidearum genesi ac structura et de Orchideis in artem ac systema redigendis. Commentatio pro venia docendi. Lipsiae, F. Hofmeister. 1852. 4. 38 p, 2 tab.

7513* (——) Katalog der Orchideensammlung von *G. W. Schiller* zu Ovelgönne a. d. Elbe. Dritte Ausgabe. Hamburg, typ. Nestler. 1857. 8. 80 p., 4 tab. — Vierte Ausgabe. ib. 1861. 8. 76 p.

7514* —— Xenia orchidacea. Beiträge zur Kenntniss der Orchideen. Band I. II, 1—7. Leipzig, Brockhaus. 1858—70. 4. 408 p., 170 tab. pro parte col. ($45^1/_2$ *th.*)

7515* —— Beiträge zur Orchideenkunde Central-Amerikas. Hamburg, typ. Meissner. 1866. 4. 112 p., 10 tab.

7516* —— Beiträge zur Orchideenkunde. Jena, Frommann. 1869. 4. 19 p., 6 tab. ($1^1/_2$ *th.* n.)

Reichenbach, *Karl Freiherr von,* * Stuttgart 12. Febr. 1788.

7517* —— Die Pflanzenwelt in ihren Beziehungen zur Sensitivität und zum Ode. Wien, Braumüller. 1858. 8. viii, 122 p. (16 sgr. n.)

Reichert, *Karl Bogislaus,* Professor an der Universität Berlin, * Rastenburg 20. Dec. 1811.

7518* —— Die monogene Fortpflanzung. (Festschrift zur Jubelfeier der Universität Dorpat.) Dorpat, typ. Schünmann. 1852. 4. 151 p. ($1^2/_3$ *th.*)

Reid, *Hugo.*

7519* —— Outlines of medical botany. Edinburgh, Maclachlan and Co. 1832. 8. — *Second edition greatly enlarged. ib. 1839. 8. xii, 425 p., 1 tab.

Reid, *William.*

7520* —— The History of sugar and Sugar yielding plants. London, Longmans, Green and Co. 1866. 8. viii, 206 p. (5 *s.*)

Reimers, *Martin.*

7521* —— Respirationis plantarum explicatio. D. Kiliae 1839. 4. 16 p.

Reiner, *Joseph.*

7522* —— und *Sigmund* **von Hohenwarth.** Botanische Reisen nach einigen Oberkärntnerischen und benachbarten Alpen unternommen, und nebst einer ausführlichen Alpenflora und entomologischen Beiträgen als ein Handbuch für reisende Liebhaber herausgegeben. Erste Reise im Jahr 1791. Klagenfurt, Walliser. 1792. 8. xi, 270 p., ind., 6 tab. col. — *Ulm 1793. 8. (non differt.) — *Zweiter Band. Als Fortsetzung der ersten Reise im Jahr 1791. Klagenfurt, Johann Leon. 1812. 8. ix, 261 p., 10 tab.
Volumen alterum post *Reineri* mortem adjuvante *Lorenz Chrysanth von Vest* elaboratum et editum est; inest Flora alpina a p. 127—261. Tabulae 8. 9. 10 sunt pictae.

Reinhardt, *Otto*, Lehrer in Berlin, * Potsdam 14. Febr. 1838.

7523* —— Enumeratio muscorum frondosorum in Marchia Brandenburgensi et in Ducatu Magdeburgensi ad hoc tempus repertorum. D. Berolini, typ. Müller. 1863. 8. 36 p.

7524* —— Uebersicht der in der Mark Brandenburg bisher beobachteten Laubmoose. Berlin, typ. Müller. 1863. 8. 52 p.
Aus den Verhandlungen des botanischen Vereins der Mark, Heft 5.

Reinhold, *Samuel Abraham.*

7525* —— De Aconito Napello. D. Argentorati, typ. Heitz. 1769. 4. 42 p.

Reinsch, *Paul.*

7526* —— Die Alpenflora des mittleren Theils von Franken ... und Diagnosen und Abbildungen von 51 neuen Arten und 3 neuen Gattungen. Nürnberg, Wilhelm Schmidt. 1867. 8. viii, 238 p., 13 tab. ($1^1/_3$ *th.* n.)
Abh. der naturf. Ges. in Nürnberg, Band 3.

Reinwardt, *Kaspar Georg Karl,* Professor der Botanik zu Leyden (Reinwardtia N. v. E.), * Lütteringhausen im Bergischen 3. Juni 1773, † Leyden 6. März 1854.

7527* —— Oratio de ardore, quo historiae naturalis et imprimis botanices cultores in sua studia feruntur. Hardervici, Tyhoff. 1801. 4. 56 p.

7528* —— Oratio de augmentis, quae historiae naturali ex Indiae investigatione accesserunt. Hardervici 1823. 4.

7529* —— Ueber den Charakter der Vegetation auf den Inseln des indischen Archipels. Ein Vortrag. Berlin, Akademie der Wissenschaften. 1828. 4. 18 p. ($^1/_3$ *th.*)

Reisseck, *Siegfried,* Custos des Kaiserlichen Herbars in Wien (Reisseckia Endl.), * Teschen 11. April 1819.

7530* —— Ueber Endophyten der Pflanzenzelle, eine gesetzmässige den Samenfäden oder beweglichen Spiralfasern analoge Erscheinung. Wien, Braumüller und Seidel in Comm. 1846. 4. 16 p., 1 tab. col.
Haidinger, Naturw. Abhandlungen, Band I.

7531* —— Die Fasergewebe des Leines, des Hanfes, der Nessel und Baumwolle. Wien, Braumüller. 1852. folio. 54 p., 14 tab. (5 *th.* n.)
Denkschriften der Wiener Akademie, Band 4.

7532* —— Die Palmen. Eine physiognomisch-culturhistorische Skizze. Wien, Braumüller. 1861. 8. 39 p. ($^1/_3$ *th.* n.)
Celastrineae, Ilicineae, Rhamneae exposuit in *Martii* Flora brasiliensi.

Reitter, *Johann Daniel von,* Württembergscher Forstrath, * Döblingen 21. Oct. 1759, † 6. Febr. 1811.

7533* —— und *G. F.* **Abel.** Abbildung der hundert deutschen wilden Holzarten, nach dem Nummernverzeichniss im Forsthandbuche von *Friedrich August Ludwig von Burgsdorf.* Vier Hefte. Stuttgart, Druckerei der Karlsschule. 1790. 4. 38 p., 100 tab. col. — Fortsetzung: Stuttgart, Cotta. 1803. 4. 25, 2 tab. ($11^2/_3$ *th.*)
Editio * Stuttgart, auf Kosten der Herausgeber 1805. 4. non differt.

Relhan, *Richard* (Relhania L'her.), * 1753.

7534* —— Flora Cantabrigiensis, exhibens plantas agro Cantabrigiensi indigenas, secundum systema sexuale digestas, cum characteribus genericis, diagnosi specierum, synonymis selectis, nominibus trivialibus, loco natali, tempore inflorescentiae. Cantabrigiae, typ. J. Archdeacon, veneunt apud J. Merrill. 1785. 8. 490 p., 7 tab. — Supplementa 1—3. ib. 1786—93. 8. 39, 36, 44 p. — Ed. II. Cantabrigiae, Deighton. 1802. 8. xii, 568 p., 6 tab. — *Editio tertia. Cantabrigiae, typis et sumtibus academicis excudebat J. Smith. 1820. 8. xi, 597 p., 7 tab.

Relph, *John.*

7535 —— An inquiry into the medical efficacy of a new species of Peruvian Bark, lately imported into this country under the name of yellow bark. London 1794. 8. 177 p.

Remy, *E. A.*, Arzt in Mareuil-le-Port (Marne).
7536 —— Flore de la Champagne, description succincte de toutes les plantes cryptogames et phanérogames des départements de la Marne, de l'Aube et de la Haute-Marne. Reims, typ. Lutton. 1858. 12. XII, 281 p. (6 *fr.*)
7537* —— Essai d'une nouvelle classification de la famille des Graminées. Première partie: Les genres. Paris, Germer Baillière. 1861. 8. LX, 308 p. (8 *fr.*)

Remy, *Jules*, in Louvercy bei Chalons sur Marne, * Louvercy 2. Sept. 1826.
7538 —— Analecta Boliviana, seu nova genera et species plantarum in Bolivia crescentium. Pars prima. Paris, typ. Martinet. 1847. 8. 358 p., 1 tab.
Seorsim ex Annales des sc. nat.
7539 —— Monografia de las Compuestas de Chile. Paris 1849. 8. 15 tab.
Sistit partem operis viri illustris *Claudii Gay*.

Renard, *Joseph Claudius*, * Mainz 28. Febr. 1778, † Mainz 18. Dec. 1827.
7540* —— Die inländischen Surrogate der Chinarinde, in besondrer Hinsicht auf das Kontinent von Europa. Mainz, Kupferberg. 1809. 8. XII, 196 p. (1 *th.*)

Renault, *P. A.*
7541* —— Flore du Département de l'Orne; ouvrage élémentaire de botanique. Alençon, Lepernay. an XII. (1804.) 8. x, 222 p. (3 *fr.*)

Reneaulme, *Paul de* (Renealmia R. Br.), * Blois um 1560, † Blois 1624.
7542* —— Specimen historiae plantarum. Plantae typis aeneis expressae. Parisiis, apud Hadrianum Beys 1611. 4. 150 p., (5) foll., 25 tab.

Rengger, *Johann Rudolf*, * Baden (Aargau) 21. Jan. 1795, † Aarau 9. Oct. 1832.
7543* —— Reise nach Paraguay in den Jahren 1818—26. Aarau, Sauerländer. 1835. 8. XXXVI, 495 p., 4 tab. (2⅛ *th.*)

Rennie, *R.*
7544* —— Essays on the natural history and origin of Peat moss. Edinburgh, typ. Ramsay. 1810. 8. XVI, 665 p.

Requien, *Esprit* (Requienia DC.), * Avignon 6. Mai 1788, † Corsica 30. Mai 1851.
Biographie in *Martins Botanistes de Montpellier*, p. 35—37.

Respinger, *Johann Heinrich.*
7545* —— Theses anatomico-botanicae. Basileae, typ. Decker. 1733. 4. 8 p.

Retzius, *Anders Johan*, Professor in Lund (Retzia Thunb.), * Christianstad auf Schone 3. Oct. 1742, † Stockholm 6. Oct. 1821.
7546 —— Fasciculus observationum botanicarum. D. Lundini, typ. Berling. 1774. 4. 28 p.
7547* —— Observationes botanicae, sex fasciculis comprehensae. Quibus accedunt *Johannis Gerardi Koenig* Descriptiones Monandrarum et Epidendrorum in India orientali factae. Lipsiae, Crusius. (Vogel.) 1779—91. folio. 38, 28, 76, 30, 32, 67 p. — 19 tab. col., effigies *Retzii*. (nigr. 5 *th.* — col. 8⅔ *th.*) 2 *th.* — col. 3 *th.*
7548* —— Florae Scandinaviae Prodromus, enumerans plantas Sueciae, Lapponiae, Finlandiae et Pomeraniae, ac Daniae, Norvegiae, Holsatiae, Islandiae, Groenlandiaeque. Holmiae, typ. Petri Hesselberg. 1779. 8. 257 p., praef., ind. — * Ed. II: Lipsiae, Crusius. 1795. 8. XVI, 382 p. (1⅙ *th.*)
7549* —— Dissertatio, sistens Supplementum et emendationes in editionem secundam Prodromi Florae Scandinaviae. Lundae, typ. Berling. 1805. 4. 20 p.
7550* —— Dissertatio, sistens Supplementum II et emendationes in editionem secundam Prodromi Florae Scandinaviae. Lundae, typ. Berling. 1809. 4. 14 p.
7551 —— Dissertatio gradualis, sistens momenta nonnulla de genere in historia naturali. D. Londini Gothorum, typ. Berling. 1799. 4. 16 p.
7552 **Retzius**, *Anders Johan.* Dissertatio botanica, sistens methodum Tournefortianum a cl. *Guiart* filio reformatam, quam sub praesidio D. M. A. J. *Retzii* pro laurea modeste exhibet *Carolus Adolphus Agardh*. Lundae, typ. Berling 1805. 4. 14 p.
7553* —— Försök till en Flora oeconomica Sueciae, eller Svenska Wäxters Nytta och Skada i Hushållningen. Lund, typ. Lundblad. 1806. II voll. 8. VIII, 792 p, ind. (40 *Skill.*)
7554 —— Bihang till Flora oeconomica Sueciae. D. Lund, typ. Berling. 1812. 4. 20 p.
7555 —— Botanico oeconomisk Afhandling om Berberis Buskens Nytta och Skada. D. Lund, typ. Berling. 1807. 4. 21 p.
7556* —— De plantis cibariis Romanorum. D. Lundae, typ. Berling. 1808. 4. 71 p.
7557* —— Flora Virgiliana, oller Försök at utreda de Wäxter som anföras uti *P. Virgilii Maronis* Eclogae, Georgica och Aeneides, jämte Bihang om Romarnes Matwäxter. Lund, Lundblad. 1809. 8. 207 p.
7558* —— Observationum botanicarum Pugillus. D. Lundae, typ. Berling. 1810. 4. 23 p.
7559* —— Observationum in Criticam botanicam *Caroli a Linné* specimen primum et secundum. D. Lundae, typ. Berling. 1811. 4. 27 p.

Reubel, *Johann*, Professor der Physiologie in München, * Roshausen 27. Febr. 1779, † München 9. Nov. 1852.
7560° —— Entwurf eines Systems der Pflanzenphysiologie und der Thierphysiologie. 1. Band. München, Scherer. 1804. 8. VI, 278 p. (⅞ *th.*)

Reum, *Johann Adam*, Professor an der Forstakademie zu Tharand, * Altenbreitungen 16. Mai 1780, † Tharand 26. Juli 1839.
7561 —— Grundriss der deutschen Forstbotanik. Dresden, Oswald. 1814. 8. — *Zweite Auflage. Dresden, Arnold. 1825. 8. VIII, 489 p. — *Dritte verbesserte Auflage. ib. 1837. 8. VIII, 468 p. (2⅜ *th.*)
7562* —— Die deutschen Forstkräuter. Dresden, Arnold. 1819. 8. VIII, 111 p.
7563* —— Oekonomische Botanik, oder Darstellung der haus- und landwirthschaftlichen Pflanzen, zum Unterrichte junger Landwirthe. Dresden, Arnold. 1833. 8. XII, 356 p. (2 *th.*)
7564* —— Pflanzenphysiologie, oder das Wachsen, Leben und Verhalten der Pflanzen, mit Hinsicht auf deren Zucht und Pflege. Dresden, Arnold. 1835. 8. XXIII, 262 p. (1½ *th.*)

Reusch, *Erhard*, Professor in Helmstädt, * Coburg 2. Mai 1678, † Helmstädt 4. Febr. 1740.
7565* —— Programma de Botanicis non Medicis. Helmaestadii 1739. 4. 8 p.

Reuss, *August Emanuel.*
7566* —— Die Versteinerungen der böhmischen Kreideformation. Mit Abbildungen der neuen oder weniger bekannten Arten. (Abtheilung 1. 2.) Stuttgart, Schweizerbart. 1845—46. 4. IV, 148 p., 51 tab. (15 *th.*)
Pflanzen beschrieben und abgebildet von *August Joseph Corda*, p. 81—96 und tab. 46—51.

Reuss, *Christian Friedrich*, * Kopenhagen 7. Juli 1745, † Tübingen 19. Oct. 1813.
7567* —— Compendium botanices, systematis Linnaeani conspectum, ejusdem applicationem ad selectiora plantarum Germaniae indigenarum usu medico et oeconomico insignium genera eorumque species continens. Ulmae, Stettin. 1774. 8. 445 p., praef., ind., 10 tab. — *Ed. II aucta: Ulmae, Stettin. 1785. 8. 589 p., praef., ind., 10 tab.
7568* (——) Kenntniss derjenigen Pflanzen, die Malern und Färbern zum Nutzen gereichen können. Leipzig 1776. 8. 812 p.
7569° (——) Dictionarium botanicum, oder botanisches, lateinisches und deutsches Handwörterbuch für Aerzte, Kameralisten etc. nach dem Linneischen Systeme. Leipzig, Hilscher. 1781. II voll. 8. XVI, 376, 485 p.

Reuss, *Friedrich Anton*, Professor in Würzburg.
7570* —— De libris physicis S. *Hildegardis* commentatio historico-medica. Wirceburgi 1835. 4. XX, 71 p.
7571* —— *Walafridi Strabi* Hortulus. Carmen ad codd. mss. veterumque editionum fidem recensitum, lectionis varietate

notisque instructum Accedunt Analecta ad antiquitates Florae germanicae et capita aliquot *Macri* nondum edita. Wirceburgi, Stahel. 1834. 8. 105 p. (⅔ *th*.)

7572* **Reuss,** *Friedrich Anton.* Die ersten botanischen und Kunstgärten Bayerns, mit geschichtlichen Nachrichten über mehrere früher besonders beliebte Culturgewächse. Ingolstadt, A. Attenkover (G Schröder.) 1862. 12. 23 p.

Reuss, *Georg Christian.*
7573* —— Pflanzenblätter in Naturdruck mit der botanischen Kunstsprache für die Blattform. Stuttgart, Schweizerbart. 1862—69. 8. 174 p., 42 tab. (5⅚ *th*)

Reuss, *Gustav.*
7574 —— Května Slovenska čili opis všech jednosnubných na Slovensku divorostaucích a mnohých zahradních zrostlin podlé saustavy *DeCandolle*-ovy. S připojeným zrostlinářskym názvoslovím, slovníkem a návodem k určitbě zrostlin podlé saustavy *Linné*-ovy vypracoval a vydal. Stavuici tiskem Francisca Lorbera. 1853. 8. LXXVI, 497 p. (Prag, Kronberger.) (2⅔ *th*.)

Reuss, *Leopold.*
7575* —— Flora des Unter-Donaukreises, oder Aufzählung und kurze Beschreibung der im Unter-Donaukreise wildwachsenden Pflanzen Mit Angabe des Standortes, der Blütezeit, der ökonomischen, technischen und medizinischen Benutzung. Passau, Pustet. 1831. 8. 18½ plag. (1⅓ *th*.)

7576 —— Flora von Passau. Passau, Pustet. 1838. 12.

Reuter, *George François* (Reutera Bois.), * Paris 30. Nov. 1815.
7577* —— Catalogue détaillé des plantes vasculaires, qui croissent naturellement aux environs de Genève, avec l'indication des localités et de l'époque de la floraison. Genève, Cherbuliez 1832. 8. 138 p. — *Supplément. Genève, Gruaz. 1841. 8. 51 p., 1 tab. — Ed. II. Genève, Kessmann. 1861. 8. XVI, 300 p (5 *fr*.)

7578* —— Essai sur la végétation de la Nouvelle Castille. Genève, typ. Fick. 1843. 4. 34 p., 1 tab. (Colmeiroa buxifolia Reut.)
Orobancheas exposuit in DC. Prodr. XI. 1—45.

Reveil, *Pierre Oscar,* Arzt in Paris, * Villeneuve-de-Marsan (Landes) 1824, † Paris 1865.
7579* —— Recherches sur l'Opium Thèse. Paris, typ. Rignoux. 1856. 4. 100 p.

Revel, *J.*
7580* —— Recherches botaniques faites dans le Sud-Ouest de la France. Bordeaux, Lafargue. 1865. 8. 62 p., 1 tab.
Actes de la Soc. Linn. XXV.

Reyger, *Gottfried,* *Danzig 4. Nov. 1704, †Danzig 29. Oct. 1788.
Blech, Lobrede. Danzig 1789. 4. 43 p.

7581* —— Tentamen Florae Gedanensis methodo sexuali accommodatae. Dantisci, Wedel. 1764—66. II voll. 8. — I: 1764. 293 p. — II: Accessit *Joannis Philippi Breynii* vita et *Christiani Menzelii* centuria plantarum Gedanensium. 1766. XII, 224 p.
Tomus secundus sistit editionem auctam et reformatam tomi prioris.

7582* —— Die um Danzig wildwachsenden Pflanzen nach ihren Geschlechtstheilen geordnet und beschrieben. Danzig 1768. 8. (7) foll., 431 p.

7583* —— Die um Danzig wildwachsenden Pflanzen nach ihren Geschlechtstheilen geordnet und beschrieben. Neue ganz umgearbeitete und vermehrte Auflage von *Johann Gottfried Weiss.* Danzig, Anhuth. 1825—26. II voll. 8. — I. 1825. Phanerogamia. VII, 544 p. — II: 1826. Cryptogamia. LX, 432, 10 p., 3 tab. (2⅔ *th*.)
«Ein ganz neues, völlig werthloses Buch. Der zweite Theil ist aus von *Schlechtendal's* Flora Berolinensis fast wörtlich übersetzt.

Reymond, *M. C. A.,* Abbé.
7584 —— Flore utile de la France. Paris, Guyot. 1854. 8.

Reynier, *Louis,* * Lausanne 1762, † Lausanne 17. Dec. 1824
Ejus commentationes botanicae exstant in volumine primo «Mémoires pour servir à l'histoire .. de la Suisse» Lausanne 1788.

Rheede tot Draakestein, *Heinrich Adrian van* (Rheedia L.), * Utrecht 1635, † 15. Dec. 1694.
7585* —— Hortus indicus malabaricus, continens regni malabarici apud Indos celeberrimi omnis generis plantas rariores, latinis, malabaricis, arabicis et Bramanum characteribus expressas etc.

Amstelodami, sumtibus Someren et van Dyck. 1678—1703. XII voll. folio.

I: 1678. Adornavit *Henricus van Rheedo tot Draakestein* et *Johannes Casearius*, commentariis illustravit *Arnoldus Syen.* (De arboribus.) 110 p., 57 tab.

II: 1679. Adornavit. *H. van Rheede* et *J. Casearius*, commentariis illustravit *Johannes Commelinus.* (De fruticibus regni malabarici.) 110 p., 56 tab.

III: 1682. Adornavit *H. van Rheede* et *Johannes Munnicks*, commentariis illustravit *Johannes Commelinus.* 87 p., 64 tab.

IV: 1683. 125 p., 61 tab.

V: 1685. 120 p., 60 tab.

VI: 1686. Adornavit *H. van Rheede* et *Theodorus Jansonius ab Almeloveen*, commentariis illustravit *Johannes Commelinus.* 109 p., 61 tab.

VII: 1688. Adornavit *H. van Rheede*, commentariis illustravit *Johannes Commelinus*, in ordinem redegit et latinitate donavit *Abraham a Poot.* (De varii generis fruticibus scandentibus.) 111 p., 59 tab.

VIII: 1688. (De varii generis herbis pomiferis et leguminosis.) 97 p., 51 tab.

IX: 1689. 170 p., 87 tab.

X: 1690. 187 p., 94 tab.

XI: 1692. 133 p., 65 tab.

XII: 1703. 151 p., ind., 79 tab.

De celeberrimo opere cf. Journal des Sav. VII. 150. XIII. 9. XVII. 656.
* *J. Burmann*, Flora Malabarica, sive index in omnes tomos horti malabarici, quem juxta normam a botanicis hujus aevi receptam conscripsit, et ordine alphabetico digessit. Amstelaedami 1769. folio. 10 p.
* Index alter in omnes tomos Herbarii Amboinensis cl. *G. Everhardi Rumphii*, quem de novo recensuit, auxit et emendavit. Lugduni Batavorum 1769. folio. (10, 20 p.)
* *A. W. Dennstedt*, Schlüssel zum Hortus indicus malabaricus. Weimar 1818. 4. 40 p.
* *Fr. Hamilton*, Commentary on the Hortus malabaricus. London 1822—35. 4. 40 p.
* (*C. W. Dillwyn*), A Review of the references to the Hortus malabaricus of Henry van Rheede van Draakenstein. Swansea 1839. 8. XIII, 69 p

7586* —— Hortus indicus malabaricus; classium, generum et specierum characteres Linnaeanos, synonyma autorum atque observationes addidit *John Hill.* Pars I. Londini 1774. 4. 110 p., 57 tab.

7587* —— Malabaarse Kruidhof etc. vertaalt door *Abraham van Poot.* Amsteldam, van Someren. 1689. II voll. folio. — I: 39 p., 57 tab. — II: 29 p., 56 tab.
Editio: Gravenhage, R. Alberts. 1720. non differt.

Rhind, *William.*
7588 —— A Catechism of botany. Edinburgh 1833. 8.
7589 —— History of the vegetable kingdom. London, Blackie. 1852. 8. (1 *l*. 7 *s*.)

Rhode, *Johann Gottlieb,* Professor in Breslau, * Halberstadt 1762, † Breslau 23. Aug. 1827.
7590* —— Beiträge zur Pflanzenkunde der Vorwelt, nach Abdrücken im Kohlenschiefer und Sandstein aus schlesischen Steinkohlenwerken. Breslau 1821—23. folio. 40 p., 10 tab. col. (3⅓ *th*.)

Rhodes, *Jean Baptiste.*
7591 —— L'épigéonosie, ou la peste universelle du globe terrestre, surtout des vignes. Plaisance (Gers) chez l'auteur. 1854. 8. (10 *fr*.)

Rhumelius, *Janus Chunradus.*
7592* —— Theologia vegetabilis. Norimbergae, typ. Simon Halbmayer. 1626. 8. 62 p.

Ricci, *Angelo Maria,* * Mopolino 1777, † Rieti 1. April 1850.
7593* —— L'Orologio di Flora. Scherzi botanici. Venezia, Alvisopoli. 1827. 4. 38 p.

Ricciardi, *Francesco,* Conte, Duca di Camaldoli, * Foggia 12. Juni 1758, † Neapel 17. Dec. 1842.

Richard, *Achille,* Professor der Botanik an der École de médecine in Paris, * Paris 27. April 1794, † Paris 5. Oct. 1852.
Ad. *Brongniart*, Notice historique sur M. *Achille Richard.* Bull. soc. bot. I. 373—386.

7594* —— Nouveaux élémens de botanique et de physiologie végétale. Paris, Béchet. 1819. 8. XV, 410 p., 8 tab. — *Ed. II: Paris, Béchet. 1822. 8. XVIII, 487 p., 8 tab. — *Ed. III:

Paris, Béchet 1825. 8. xxiv, 519 p., 8 tab. — *Quatrième édition. Paris, Béchet. 1828. 8. xxiv, 593 p., 8 tab. col. — *Ed. V: Paris, Béchet. 1833. 8. xxiv, 456, 256 p. — *Sixième édition. Paris, Béchet. 1838. 8. xii, 756 p., 4 tab. — *Septième édition. Paris, Béchet. 1846. 8. vi, 851 p., ic. xyl. i. t. (8 fr.) — Neuvième édition, par *Charles Martins.* Paris, Savy. 1864. 8. vii, 661 p. (6 fr.) — *Dixième édition augmentée par *Charles Martins* et *Jules de Seynes.* Paris, Savy. 1870. 8. v, 663 p. (6 fr.)
Sunt versiones germanicae, anglicae, hollandicae, hispanicae, rossicae.

7595* **Richard,** *Achille.* Histoire naturelle et médicale des différentes espèces d'Ipécacuanha du commerce. Paris, Béchet. 1820. 4. 72 p., 2 tab. (3 fr. 50 c)

7596* —— Botanique médicale, ou Histoire naturelle et médicale des médicamens, des poisons et des alimens, tirés du règne végétal. Paris, Béchet. 1823. II voll. 8. xiv, 817 p.
* *germanice:* A. Richard's Medizinische Botanik. Mit Zusätzen und Anmerkungen von *Gustav Kunze* und *G. F. Kummer.* Berlin, Enslin. 1824—26. 2 Theile. 8. xiv, vi, 1304 p. (3 th)

7597* —— Monographie du genre Hydrocotyle de la famille des Ombellifères. Bruxelles, typ. Weissenbruch. 1820. 8. 86 p., 18 tab. sign. 50—67. (5 fr.)

7598* —— Dictionnaire des drogues simples et composées, ou Dictionnaire d'histoire naturelle médicale, de pharmacologie et de chimie pharmaceutique par *A. Chevallier.* Paris 1827—29. V voll. — I: 1827. xii, 622 p. — II: 1827. 650 p. — III: 1828. vi, 642 p. — IV: 1829. 598 p. — V: 1829. 378 p., 16 tab.
Locos botanicos elaborarunt *Achille Richard* et *Guillemin.*

7599* —— Monographie des Orchidées des îles de France et de Bourbon. Extrait d'un Essai d'une Flore des îles de France et de Bourbon. Paris, typ. Tastu. 1828. 4. 83 p., 11 tab.
Extrait des Mémoires d'histoire naturelle, tome IV.

7600* —— Mémoire sur la famille des Rubiacées, contenant des caractères des genres de cette famille et d'un grand nombre d'espèces nouvelles. Paris, typ. Tastu. 1829. 4. 224 p., 15 tab.
Extrait des Mémoires d'histoire naturelle, tome V.

7601* —— Monographie des Orchidées recueillies dans la chaîne des Nil-Gherries (Indes-orientales) par *M. G. Samuel Perrottet.* Paris, typ. Renouard. 1841. 4. 36 p., 12 tab. (6 fr.)
Extrait des Annales des sc. nat. Janvier 1841.

7602* —— Élémens d'histoire naturelle médicale, contenant des notions générales sur l'histoire et les propriétés de tous les alimens, médicamens ou poisons, tirés des trois règnes de la nature. Paris, Béchet. 1831. II voll. 8. — I: xvi, 597 p., 8 tab. col. — II: 842 p.
Botanique: vol. I. p. 231—597. vol. II. p. 1—797.

7603* —— Voyage de découvertes de *l'Astrolabe,* exécuté par ordre du roi pendant les années 1826—29 sous le commandement de M. *Julien Sébastien César Dumont d'Urville.* Botanique par *A. Lesson* et *Achille Richard.* Paris, Tastu. 1832—34. II voll. 8. et Atlas in folio. — I: 1832. (Essai d'une Flore de la Nouvelle-Zélande, par *Achilles Richard.*) xvi, 376 p. — II: 1834. (Sertum Astrolabianum, par *Achilles Richard.*) LVI, 167 p. — Atlas: 1833. 39, 39 tab. nigr. et col.

7604* —— Tentamen Florae abyssinicae, sive Enumeratio plantarum hucusque in plerisque Abyssiniae provinciis detectarum et praecipue a beatis Doctoribus *Richard Quartin Dillon* et *Antonio Petit* (annis 1838—43) lectarum. Vol. I. II. Parisiis, Arthus Bertrand. (1847—51.) 8. — I: 1847. xi, 472 p. — II: 1851. 518 p. — Atlas in folio: 103 tab. sign. 1—102, 53bis, cum explicatione. (270 fr. — Le texte seul: 30 fr)
Etiam sub titulo: Voyage en Abyssinie, exécuté pendant les années 1839—43 par une commission scientifique composée de MM. *Théophile Lefebure,* Lieutenant de vaisseau, *A. Petit* et *Quartin Dillon,* naturalistes du Muséum, Vignaud, dessinateur. Troisième partie: Botanique. Vol. V et VI.

Richard, *Louis Claude Marie* (Richardia Kth.), * Versailles 4. Oct. 1754, † Paris 7. Juni 1821.
Cuvier, in Mém. Mus. XI, 215—229.

7605* —— Tableau explicatif du système sexuel de *Linné.* Paris, typ. Hautbout. s. a. gr. folio. 1 plag.

7606* —— Démonstrations botaniques, ou Analyse du fruit considéré en général. Publiées par *Henri Auguste Duval.* Paris, Gabon. 1808. 8. 111 p.
* *germanice:* Analyse der Frucht und des Samenkorns. Nach der Duval'schen Ausgabe übersetzt, und mit vielen Zusätzen und Originalzeichnungen Richard's, so wie andern Beiträgen vermehrt von *Friedrich Siegmund Voigt.* Leipzig, Reclam. 1811. 8. xvi, 216 p., 1 tab.

* *anglice:* Observations on the structure of fruits and seeds: Comprising the author's latest corrections; and illustrated with plates and original notes by *John Lindley.* London, John Harding. 1819. 8. ix, 100 p, 6 tab.

7607* **Richard,** *Louis Claude Marie.* Analyse botanique des embryons endorhizes ou monocotylédonés, et particulièrement de celui des Graminées: suivie d'un examen critique sur quelques mémoires anatomico-physiologico-botaniques par *Mirbel.* Paris, Courcier. 1811. 4. 74, 74 p., 6 tab. (8 fr.)

7608* —— De Orchideis europaeis annotationes, praesertim ad genera dilucidanda spectantes. Parisiis, typ. Belin. 1817. 4. 39 p., 1 tab. (3 fr. 50 c.)

7609* —— Commentatio botanica de Conifereis et Cycadeis, characteres genericos singulorum utriusque familiae et figuris analyticis eximie ab autore ipso ad naturam delineatis ornatos complectens. Opus posthumum ab *Achille Richard,* filio, perfectum et in lucem editum. Stuttgardiae, Cotta. 1826. folio minor. xv, 212 p., 30 tab. (36 fr.)

7610* —— De Musaceis commentatio botanica, sistens characteres hujusce familiae generum. Opus posthumum ab *Achille* filio terminatum et in lucem editum. Vratislaviae et Bonnae, Weber. 1831. 4. 32 p., 12 tab. (4 th)
Act. Acad. Caes. Leop. Nat. Cur. vol. XV.

7611* —— Flora boreali-americana, sistens characteres plantarum, quas in America septentrionali collegit et detexit *Andreas Michaux.* Parisiis et Argentorati, Levrault. anno XI. 1803. II voll. 8. — I: x, 330 p., tab. 1—29. — II: 340 p., tab. 30—51.) — *Ed. II: Parisiis, Jouanaux. 1820. II voll. 8. (non differt.)

Richardson, *David Lester.*

7612* —— Flowers and flower-gardens. With an appendix respecting the anglo-indian flower-garden. Calcutta, d'Orazio and Co. 1855. 8. 232, xxxii p.

Richardson, *James,* * Lincolnshire 1806, † Ungurutua im Reiche Bornu 4. März 1851.

Richardson, *John,* * Dumfries in Schottland 1787, † Grasmere 5. Juni 1865.

7613* —— Botanical appendix (to *John Franklin's* Narrative of a journey from the shores of Hudsons Bay and the Polar Sea.) London, typ. Clowes. (1823.) 4. 55 p., 5 tab. pro parte col.

Richardson, *Richard* (Richardia L.), * 1663, † 1721.

7614* —— Extracts from the literary and scientific correspondance of *Richard Richardson,* illustrative of the state and progress of botany, and interspersed with informations respecting the study of antiquities and general literature in Great Britain, during the first half of the eighteenth century. Yarmouth, printed for *Dawson Turner* to private distribution. 1835. 8.

Riche, *Claude Antoine Gaspard,* Mitglied des Instituts (Richea Lab.), * Chamelet 20. Aug. 1762, † Mont d'Or 5. Sept. 1797.

7615* —— De chemia vegetabilium. Avenione 1786. 8.

7616* —— Considérations sur la chimie des végétaux, pour servir de développement aux thèses proposées sur le même sujet au Ludovicée de Montpellier. Avignon 1787. 8.

Richter, *August.*

7617* —— Anleitung zur gründlichen und praktischen Gewächskunde. Köln, Schmitz. 1836. 8. — *Zweite neu bearbeitete Auflage. Theil 1. 2. ib. 1849—54. 8. (1 13/15 th.)

Richter, *August Gottlieb,* Professor in Göttingen, * Zörbig in Sachsen 13. April 1742, † Göttingen 23. Juli 1812.

7618* —— De Agarico. Programma academicum. Goettingae, typ. Dieterich. 1778. 4. 8 p.

Richter, *Berthold,* * Neustadt (Oberschlesien) 1. Nov. 1834.

7619* —— Commentatio de favo ejusque fungo. D. Vratislaviae, typ. Brehmer. 1860. 8. 63 p.

Richter, *Heinrich.*

7620* —— Augsburger Blüthenkalender. Als Anleitung zum Selbstbestimmen der phanerogamischen Gewächse für Anfänger bearbeitet. Augsburg 1863. 8. 177 p. (2/3 th.)

Richter, *Hermann Friedrich Eberhard,* Professor in Dresden, * Leipzig 14. Mai 1808.
Curavit Codicem botanicum Linneanum supra Thes. Nr. 5432 allatum.

Richter, *Karl Samuel August.*
7621* —— Taschenbuch der Botanik. Als Leitfaden für Schüler entworfen von *K. R. Botanophilos.* Zweite, stark vermehrte Auflage. Magdeburg, Creutz. 1830. 8. VIII, 168 p., 2 schemata, 1 tab. (½ th.)
Richter, *Reinhard,* Rector in Saalfeld, * Reinhardsbrunn 28. Oct. 1813.
7622* —— Die Flora von Saalfeld. Programm der Realschule zu Saalfeld. Saalfeld, typ. Wiedemann. 1846. 4. 16 p.
Ricord-Madianna, *Jean Baptiste.*
7623* —— Recherches et expériences sur les poisons d'Amérique, tirés des trois règnes de la nature etc. (I. Du Brinvilliers, Spigelia anthelminthica L. II. Du Mancenillier, Hippomane Mancinella L) Bordeaux, Lawalle. 1826. 4. 169 p., 3 tab.
Riddell, *John L.,* Arzt in New Orleans (Riddelio Nutt.).
7624* —— A synopsis of the Flora of the Western States. Cincinnati, Deming. 1835. 8. 116 p.
7625* —— A supplementary Catalogue of Ohio plants. Cincinnati, typ. N. S. Johnson. 1836. 8. 28 p.
Riddermarck, *Anders,* * Jönköping 20. Nov. 1651, † Ploeninge 15. Mai 1707.
7626 ——, pr. De Ulmo. D. Londini Scaniae 1692. 8. 64 p. (Respondens: *Harald Ulmgrehn.*)
Ridolfi, *Cosimo, Marchese* (Ridolfia Moris), * Florenz 13. Juni 1769, † Pisa 28. April 1844.
 Gaetano Savi, Elogio di *Cosimo Ridolfi.* Modena 1845. 4. 24 p., cum effigie.
7627* (——) Catalogo delle piante coltivate a Bibbiani, e Cenni su quelcune delle medesime. Firenze, typ. Galilei. 1843. 4. XVI, 24 p.
Riebel, *J. B. P.*
7628 —— Mikroskopische Untersuchungen der Getraidepflanze. Augsburg, Reichel. 1871. 8. (21 sgr)
Riedel, *Ludwig,* Botaniker auf der *Langsdorf*'schen Reise in Brasilien (Riedelia Cham.)
Riehl, *G. W. Fr.*
7629* —— De Cassiae speciebus officinalibus. D. Halae 1801. 8. 30 p.
Rigler, *Sigismund Georg.*
7630 —— De Syngenesiae divisionibus. D. Budae 1778. 8.
Riley, *J.,* † York 1847.
7631* —— Catalogue of ferns after the arrangement of *C. Sprengel,* with additions from *C. B. Presl,* and references to the authors by whom the species are described: to which is added a synoptical table of *C. B. Presl's* arrangement of genera. London, Hamilton, Adams et Co. 1841. 8. 29 p.
Ringel, *Friedrich.*
7632* —— De natura et viribus herbae Ledi palustris sive Rosmarini silvestris. D. Halae, typ. Grunert. 1824. 8. 26 p.
Ringius, *H. Henrik.*
7633* —— Herbationes Lundenses. D. I. Lundae, typ. Berling. 1838. 8. 16 p.
Rinaldi, *Giovanni de'.*
7634* —— Il mostruosissimo mostro, diviso in due trattati. Nel primo de' quali si ragiona del significato de' colori. Nel secondo si tratta dell' herbe e fiori. Di nuovo ristampato et dal medesimo riveduto et ampliato. Ferrara, ad instanza di Alfonso Caraffa. 1588. 8. 156 p., (6) foll. Bibl. Caes. Vindob.
 Libri rarissimi praefatio data est anno 1584. Sectio altera tractat de significatione symbolica florum ex antiquissimis poetis et philosophis.
Rink, *H.*
7635* —— Die Nikobarischen Inseln. Eine geographische Skizze, mit specieller Berücksichtigung der Geognosie. Kopenhagen, Klein. 1847. 8. (VIII), 188 p., 2 tab. (1⅓ th.)
 Inest conspectus vegetationis, p. 127—139.
Riolan, *Jean,* fils, * Paris 1577, † Paris 19. Febr. 1657.
7636* —— Requette au roi pour l'établissement d'un jardin. Paris 1618. 8.
 Deest in Horto Parisiensi, in bibliotheca *Hadriana de Jussieu* et in bibliotheca Reipublicae.
Ripa, *Lodovico a.*
7637* —— Historiae universalis plantarum scribendae propositum, addito specimine. Patavii, typ. Conzatti. 1718. 4. 195 p., praef., ind.

Risler, *Jakob.*
7638* —— De Verbasco. D. Argentorati, typ. Pauschinger. 1754. 4. 76 p., 1 tab.
Risler, *Josua.*
7639* —— Serenissimi Marchionis et Principis Bada-Durlacensis Hortus Carlsruhanus, in tres ordines digestus, exhibens nomina plantarum exoticarum perennium et annuarum, quae aluntur per *Christian Thran.* Accedit Aurantiorum catalogus. Loeraci, typ. Carrière. 1747. 8. 224, 14 p., praef.
Risso, *J. A.,* Professor in Nizza, * 8. April 1777, † Nizza 25. Aug. 1845.
7640* —— Essai sur l'histoire naturelle des orangers, bigaradiers, limettiers, cedratiers, limoniers ou citronniers cultivés dans le département des Alpes maritimes. Paris, Dufour. 1813. 4. 74 p., 2 tab.
7641* —— et *A. Poiteau.* Histoire naturelle des orangers. Paris, typ. Hérissant le Doux. 1818—19. folio. 280 p., 109 tab. col. (475 fr.) Bibl. Imp. Austr., Goett., Deless.
 Prodiit 19 fasciculis, singulus pretio 2 fr. 50 c.; 12 fr.; 25 fr.; — Tabulas splendidas pinxit *A. Poiteau.*
7642* —— Histoire naturelle des principales productions de l'Europe méridionale et particulièrement de celles des environs de Nice et des Alpes maritimes. Paris, Levrault. 1826—28. 8. V voll. 8. 46 tab., 2 mapp. geogr. (nigr. 67 fr. 50 c. — col. 135 fr.)
 Volumen primum, p. 313—448, et integrum alterum, VII, 492 p., quae anno 1826 prodierunt, continent historiam regni vegetabilis.
7643* —— Flore de Nice, et des principales plantes exotiques naturalisées dans ses environs. Nice, société typographique. 1844. 8. 588 p., tab.
Ritschl, *Georg,* Lehrer am Gymnasium in Posen.
7644* —— Flora des Grossherzogthums Posen. Im Auftrage des naturhistorischen Vereins zu Posen herausgegeben. Berlin, Mittler und Sohn. 1850. 8. XXXII, 291 p. (1⅓ th. n.)
7645* —— Ueber einige wildwachsende Pflanzenbastarde. Ein Beitrag zur Flora von Posen. Posen, Mittler in Comm. 1857. 4. 24 p., 1 tab. (½ th)
Ritter, *Albert,* Rector in Ilefeld (Rittera Schreb.), * Holzhausen bei Gotha 2. Juni 1684, † Ilefeld um 1755.
Ritter, *Christian Wilhelm,* Arzt, * Flensburg 19. April 1765, † Flensburg nach 1819.
7646* —— Versuch einer Beschreibung der in den Herzogthümern Schleswig und Holstein, und auf den angränzenden Gebieten der freien Hansestädte Hamburg und Lübeck wildwachsenden Pflanzen mit sichtbarer Blüte. Tondern, auf Kosten des Verfassers. 1816. 8. 389, (4) p.
7647* —— Versuch einer Beschreibung der in den Herzogthümern Schleswig und Holstein etc. wildwachsenden Kryptogamen, deren Nutzen und Schaden bekannt ist. Ein Anhang zu meiner Schleswig-Holstein'schen Flora. Augustenburg, Timmermann. 1817. 8. 68 p., et appendix Florae: 17 p.
Ritter, *Johann Jakob,* Professor in Franeker, * Bern 15. Juli 1714, † Gnadenfrei (Schlesien) 23. Nov. 1784.
7648* —— Animadversiones in Floram Riedeselianam. Vratislaviae 1752. 4.
 App. Act. med. phys. vol. X. p. 21—114.
Ritter, *Karl,* Professor der Geographie an der Universität Berlin, * Quedlinburg 7. Aug. 1779, † Berlin 28. Sept. 1859.
7649* —— Ueber die geographische Verbreitung des Zuckerrohrs. Eine in der Königl. Akademie der Wissenschaften gelesene Abhandlung. Berlin, Druckerei der Akademie. 1840. 4. 108 p., 1 mappa bot. geogr.
 Multa insunt ad historiam et geographiam plantarum cultarum spectantia in egregii viri opere «Allgemeine Erdkunde».
Rivière, *Auguste.*
7650* ——, *E. André* et *E. Roze,* Les Fougères. Choix des espèces les plus remarquables pour la décoration des serres, parcs, jardins et salons. Paris, J. Rothschild. 1867—68. 8. 286, 244 p., 155 tab. col. (60 fr.)
Rivinus, *August Quirinus,* Professor in Leipzig (Rivina L.), * Leipzig 9. Dec. 1652, † Leipzig 30. Dec. 1723.
 Lischwitz, Oratio panegyrica funebris. Lipsiae 1724. 4.
 Sein Porträt befindet sich auf der Universitätsbibliothek in Leipzig.

7651* **Rivinus,** *August Quirinus.* Indroductio generalis in rem herbariam. Lipsiae, typ. Günther. 1690. folio. 39 p., praef. — *Ed. II: Lipsiae, Heinrich. 1696. 12. 114 p., praef. — *Ed. III: Introductio generalis in rem herbariam. Accedit corollarii loco responsio ad *Joannis Jacobi Dillenii* objectiones. Lipsiae, Winzer. 1720. 12. 157 p., praef.
Editionis tertiae p. 1—106 sistunt Introductionem generalem, p. 107—125 *Dillenii* Judicium de methodo *Rivini*, p. 125—157 *Rivii* Responsionem ad *J. J. Dillenii* objectiones.

7652* —— Ordo plantarum, quae sunt flore irregularli monopetalo. Lipsiae, sumptibus authoris, typ. Fleischer. 1690. folio. 22 p., ind., 126 tab.

7653* —— Ordo plantarum, quae sunt flore irregulari tetrapetalo. Lipsiae, typ. Fleischer. 1691. folio. 20 p., ind., 119 tab.

7654* —— Ordo plantarum, quae sunt flore irregulari pentapetalo. Lipsiae, typ. Richter. 1699. folio. 28 p., praef., ind., 140 tab.
De hoc opere cf. *Johann Christoph Lischwitzii* Dissertationem de continuanda Rivinorum industria in eruendo plantarum charactere. Lipsiae, typ. Zunkel 1726. 4. 25 p. Figurarum, quas tabulis his post primam editionem additas esse ille p. 21 refert, sequentes in Banksiano exemplari adsunt: *Irreg. monopet.* tab. 2. *Valeriana* flore exiguo; tab. 6. *Locusta* minor; tab. 37. *Horminum* flore variegato; tab. 42. *Serpillum* montanum hirsutum; tab. 67. *Hedera* terrestris minor; tab. 99 *Veronica* minima repens; tab. 100. *Beccabunga* minor. *Irreg pentapet.* tab. 121. *Viola* flore coeruleo longifolia. Reliquae desiderantur. Aliis exemplaribus aliae additae sunt figurae.
Optimus *Rivinus* in hoc opere, cui *Kramero* fides fuerit (tentam. bot. p. 6.), 90,000 florenorum collocaverat, quo facto ad paupertatem et doctrinae botanicae martyrium reductus obiit. Superfuerunt hexapetalae irregulares, quas *Ludwigius* nitidissime edidit. Orchides praeprimis, inter quas nova O. albida. Cum his enumerat Hebenstreitius (de continuanda Rivin. industr. p. 21.) 219 species, quas partim vacuis priorum tabularum spatiis adsculptas reliquit.

7655* —— Icones plantarum, quae sunt flore irregulari hexapetalo. (Lipsiae, circa annum 1760.) folio. (17) tab.
Has a *Rivino* paratas, a *Ruppio* saepe citatas tabulas edidit *Christian Gottlieb Ludwig* diu ab illustrissimi viri morte. Equidem vidi apud opt. *Candollium* 15 tabulas e Orchidearum familia, 2 tabulas ad genus *Melianthus* spectantes; sed in «Bibliotheca Riviniana» 23 tabulae indicantur.

7656* —— Bibliotheca Riviniana, sive Catalogus librorum philologico-philosophico-historicorum, itinerariorum, imprimis autem medicorum, botanicorum et historiae naturalis scriptorum etc. rariorum, quam magno studio et sumtu sibi comparavit D. *Augustus Quirinus Rivinus*, therapeut. et bot. Prof. publ., collegii maj. princ. collegiatus, societatis regiae anglicanae socius, academiae Decemvir, et fac. med. Decanus, vendenda in vaporario collegii rubri a die XXVII Octobris MDCCXXVII, more auctionis consueto. Praemissa est Vita *Rivini* descripta per M. *Georg Samuel Hermann*, Mitweida Misn. Med. C., catalogi autorem. Lipsiae, typ. Immanuelis Titii. (1727.) 8. (7) foll., 740 p., ind., effigies *Rivini*.
Catalogus copia sua aeque ac eximia fide et erudita librorum dispositione memorabilis, diligentissime a me excerptus, plurimos eosque rarissimos indicat libellos botanicos nullibi alias repertos. Historiae plantarum scriptores recensentur a Nr. 6354—7132. Inter posthuma inedita Riviniana in hoc catalogo enumerantur: 1 Tomus Supplementorum ad opus botanicum, constans 112 tabulis aeneis. folio max. — 2. Ordo plantarum, quae sunt flore irregulari hexapetalo, constans 23 tabulis aeneis. folio max. — Tyrocinium botanicum, seu characteres plantarum, cum tabulis aeneis. folio max. — 4. Bibliotheca botanica, continens autorum, qui rem herbariam per annos bis mille ad haec nostra usque tempora tractarunt, imagines, vitas et scripta, quotquot haberi potuerunt, adjecta recensione contentorum atque censura. gr. 4. cum iconibus aeri incisis 200 et multis adhuc sculpendis. — 5. Observationes botanicae. 4

Rivinus, *Quintus Septimius Florenz,* Bürgermeister von Leipzig, * Leipzig 16. Aug. 1651, † Leipzig 22. März 1713.

7657* —— Quaestio phytologica, an plantarum vires ex figura et colore cognosci possint? Lipsiae 1670. 4. 2 plag. (Respondens: *Augustus Quirinus Rivinus*.)

Roberg, *Lars,* Professor in Upsala (Robergia Schreb.), * Stockholm 24. Jan. 1664, † Upsala 21. Mai 1742.

7658 —— Grundvahl til plantekjænningen. Upsaliae 1730. 12. 20 p., ic. xyl.

7659* —— De planta Sceptrum Carolinum dicta. D. Upsaliae 1731. 4. 17 p.

7660* —— Plantarum generatio leviter adumbrata. D. Upsaliae 1738. 4. 8 p., 1 tab.

Robert, *Nicolas,* der berühmte Pflanzenmaler *Gaston's* von Orleans (Robertia DC.), * Langres 1610, † Paris 1684.

7661* —— , *Abraham* **Bosse** et *Louis* **de Chastillon**. Recueil de plantes, dessinées et gravées par ordre du roi *Louis XIV*. (Paris 1701.) III voll. folio max. (16 unc. long., 12 unc. lat. (319) tab.
Brunet de hac collectione monet: «Recueil parfaitement exécuté et dont on recherche encore un peu les anciennes épreuves. L'ouvrage parut d'abord sans explication; mais M. *Buisson* a fait imprimer, vers 1780, un frontispice avec des éclaircissements sur ce recueil, et une table des 319 planches, le tout formant 20 foll.»
Im Jahre 1641 malte er auf Pergament die vielbewunderten Pflanzenminiaturen, welche unter dem Namen «la Guirlande de Julie» bekannt sind, eine Huldigung für das schöne Fräulein Julie de Rambouillet, spätern Herzogin von Montausier. Die Sammlung ist jetzt in England, wohin sie im Jahre 1784 nach dem Tode des Herzogs de la Vallière für 15,510 *Livres* verkauft wurde.

Robert.

7662* (——) Plantes phanérogames, qui croissent naturellement aux environs de Toulon. Brignolles, Perreymond-Dufort. 1838. 8. 117 p., 1 mappa geogr.

Robert de Limbourg.

7663* —— Dissertation sur la question: Quelle est l'influence de l'air sur les végétaux? Bordeaux, typ. Brun. 1758. 4. 48 p.

Robertson, *Archibald.*

7664* —— Colloquia de rebus praecipuis physiologiae vegetabilium atque botanices, quaestionibus et responsis ad usum studiosae juventutis accommodata. Opus recusum. Lovaniae, typ. Valinthout. 1822. 8. 73 p., 4 tab.

Robillard D'Argentelle, *Louis Marc Antoine,* † Paris 12. Dec. 1828.

7665* (——) Catalogue des fruits et des plantes (de l'Inde) modelés, composant le Carporama, rue Grange-Batelière Nr. 2. Paris, typ. Delaguette. (1827?) 8. 47 p. (50 c.)

Robiati, *Ambrosio.*

7666 —— Atlante elementare di botanica. Milano 1847. gr 8. 40 p., 50 tab. col. (6½ *th*.)

Robin, *C. C.*

7667 —— Voyages dans l'intérieur de la Louisiane, de la Floride occidentale, et dans les isles de la Martinique et de Saint-Domingue, pendant les années 1802—6. etc. Suivis de la Flore Louisianaise. Paris, F. Buisson. 1807. III voll. 8. — I: XII, 346 p. — II: 511 p. — III: XII, 551 p.
Tom. III, p. 313—551: Flore Louisianaise.

Robin, *Charles,* Professor an der medizinischen Fakultät in Paris.

7668* —— Les végétaux, qui croissent sur les animaux vivants. Paris, Baillière. 1847. gr. 8. VIII, 120 p., 3 tab.

7669 —— Histoire naturelle des végétaux parasites qui croissent sur l'homme et sur les animaux vivants, par *Charles Robin,* professeur d'histologie à la Faculté de médecine de Paris. Paris 1853. 8. x, 704 p., avec un bel atlas de 15 pl. dessinées d'après nature, grav., en partie col. (16 *fr.*)

Robin, *Jean* (Robinia L.), * Paris 1550, † Paris 25. April 1629.

7670* —— Catalogus stirpium tam indigenarum, quam exoticarum, quae Lutetiae coluntur. Parisiis, typ. Philippi a Prato. 1601. 8. 67 p., praef., carmina gratulatoria.

7671* —— Exoticae quaedam plantae (a *Jean Robin,* filio) ex Guinea et Hispania delatae anno 1603. folio. 2 p. Bibl. Juss.
Jean Robin, pater, botanicus regius et horti scholae Parisiensis curator, addidit has plantas operi *Petri Vallet* «Le jardin du Roy tres chrestien *Henry IV*» infra recensendo.

7672* —— Histoire des plantes nouvellement trouvées à l'isle Virgine et autres lieux, lesquelles ont esté prises et cultivées au jardin de Mr. *Robin*, arboriste du Roy. Non encore veues n'y imprimées par cydevant. (Impr. cum *Geofroy Linocier,* L'histoire des plantes, Ed. II.) Paris, chez Guillaume Macé. 1620. 12. 16 p., ic. xyl. i. t.

7673* —— Enchiridion isagogicum ad facilem notitiam stirpium tam indigenarum quam exoticarum. Hae coluntur in horto D.D. *Johannis* et *Vespasiani Robin,* botanicorum regiorum. Parisiis, apud Petrum de Bresche. 1624. 8. 74 p., praef.

Robin, *Vespasien,* der Sohn, * Paris 22. Juli 1579, † Paris 6. Aug. 1662.
H. *Fisquet* in *Hoefer,* Nouvelle Biographie générale vol. 42, p 439.

Robin, *Edouard.*

7674* —— Rôle de l'oxygène dans la respiration et la vie des végétaux. Paris, Baillière. 1851. 8. 60 p.

Robley, *Augusta J.*

7675* —— A selection of Madeira flowers, drawn and coloured from nature. London, Reeve. 1845. folio. 9 foll., 8 tab. col. (1 *l.* 1 *s.*)

Robolsky, *H.*, Lehrer, ÷ Neuhaldensleben 5. Nov. 1849.

7676* —— Flora der Umgegend von Neuhaldensleben. Zweite Ausgabe. Neuhaldensleben, Eyraud in Comm. (1849.) 8. xxx, 175 p. (3/4 *th*)

Robson, *Stephen*.

7677* —— The British Flora, containing the select names etc. with the principals of botany. York, Philipps. 1777. 8. xx, 330 p., ind, 5 tab

Rocardus, *Claudius*.

7678* —— De plantis Absinthii tractatus. Venetiis, apud Robertum Mejettum. 1589. 4. Bum. — * Impr. cum *Jean Bauhin*, De plantis Absynthii nomen habentibus. Montisbeligardi 1593. 8.

Rocca, *Xavier*.

7679* —— Liste des plantes rares spontanées du midi de la France et de la Corse. Lyon, typ. Charvin et Nigon. 1841. 8.

Roche, *Edmond*.

7680 —— Les Algues. Études marines. Paris, J. Leclère. 1856. 8. 72 p.

Roché, *Marie Edme Étienne Henri*.

7681* —— De l'action de quelques composés du règne minéral sur les végétaux Thèse. Paris, typ. Pillet. 1862. - 4. 71 p.

Rochebrune Trémeau, *Alphonse de*, in Angoulême.

7682* —— et *Alexandre* **Savatier**. Catalogue raisonné des plantes phanérogames, qui croissent spontanément dans le département de la Charente. Paris, J. B. Baillière. 1861. 8. xv, 294 p (5 *fr.*)

Rochel, *Anton* (Rochelia Rchb.), * Neunkirchen am Steinfeld (Niederösterreich) 18. Juni 1770, ÷ Grätz 12. März 1847.

7683* —— Pflanzenumrisse aus dem südöstlichen Karpath des Bannats. Erste Lieferung mit 82 Abbildungen in natürlicher Grösse, sammt den nöthigen Zergliederungen auf 39 Tafeln nach dem Leben gezeichnet, und mit Beschreibungen begleitet Wien 1820. folio. 1 tab. Bibl. Cand.

7684* —— Naturhistorische Miscellen über den nordwestlichen Karpath in Oberungarn. Pesth, typ. Trattner. 1821. 8. xii, 135 p., 1 charta geogr. (2 1/3 *th*)

7685* —— Plantae Banatus rariores, iconibus et descriptionibus illustratae Praemisso tractatu phytogeographico et subnexis additamentis in terminologiam botanicam. Accedunt tabulae botanicae XL et duae mappae lithographicae. Pestini, typ. Füskút. (Hartleben.) 1828. folio. iv, 84 p., ind., 42 tab. (6 *th.*)

7686* —— Botanische Reise in das Bannat im Jahre 1835, nebst Gelegenheitsbemerkungen und einem Verzeichniss aller bis zur Stunde daselbst vorgefundenen wildwachsenden phanerogamen Pflanzen, sammt topographischen Beiträgen über den südöstlichen Theil des Donaustromes im östreichschen Kaiserthum. Pesth, Heckenast. (Leipzig, Otto Wigand.) 1838. 8. 90 p., 1 tab. (2/3 *th*)

Rochet d'Héricourt, *C. L. X.*

7687* —— Second voyage sur les deux rives de la mer rouge dans le pays des Adels et le royaume de Choa. Paris, Arthus Bertrand. 1846. 8. xlviii, 406 p., 16 tab. (16 *fr.*)
Botanique: p. 337—346.

Rochleder, *Friedrich*, Professor in Lemberg, * Wien 15. Mai 1819.

7688* —— Beiträge zur Phytochemie. Wien, Staatsdruckerei. (Gerold.) 1847. 8 51 p. (2/3 *th.*)

7689 —— Anleitung zur Analyse von Pflanzen und Pflanzentheilen. Würzburg, Stahel. 1858. 8. viii, 112 p. (24 *sgr.*)

7690 —— Chemie und Physiologie der Pflanzen. Heidelberg, K. Winter 8. iv, 154 p. (28 *sgr.*)
Abdruck aus *C. G. Gmelin's* Handbuch der organischen Chemie.

Rodati, *Aloysio*.

7691* —— Linnaei de plantarum ordine brevis interpretatio una cum catalogo plantarum quae vel saepius, vel constanter eumdem ordinem eludere visae sunt. Bononiae, typ. S. Thomas Aquinatis. 1785. 8. 40 p., 1 tab.

7692* (——) Index plantarum, quae exstant in horto publico Bononiae anno 1802. Accedunt observationes circa duas species Agaves, nec non continuatio historiae horti ejusdem. Bononiae, typ. Th Aquinatis. (1802.) 4. 121 p., 5 tab.

Rodet, *Henri J. A.*, * Saulce (Drôme) 1810.

693 —— Leçons de botanique élémentaire. Toulouse 1847. 8. 382 p. (5 *fr.*) — Ed. II. revue, corrigée et augmentée: Cours de botanique élémentaire. Lyon, Baretta. 1862. 8. (6 *fr.*)

7694 —— Botanique agricole et médicale. Lyon, Savy. 1857. 8. (10 *fr.*)

Rodin, *Hippolyte*, * Breteuil (Oise) 1829.

7695* —— Esquisse de la végétation du département de l'Oise. Première partie. Beauvais, typ. Desjardins. 1864. 8. 156 p. (3 *fr.*)

Rodriguez, *José Demetrio*, Director des botanischen Gartens zu Madrid (Rodriguezia Rz. et Pav.), * Sevilla um 1780, † Madrid 1846.
Colmeiro Bot. esp. 198.

Rodschied, *Ernst Karl*, Arzt aus Hanau (Rodschiedia Gaertn.), ÷ Rio Essequebo Januar 1796.

7696* —— Commentatio de necessitate et utilitate studii botanici. D. Marburgi, typ. academiae. 1790. 8. 32 p.

Roeber, *Franz Eduard*.

7697* —— Explicatio systematis plantarum naturalis pharmacodynamica praecipue alcaloidum respectu. D. Herbipoli, typ. Bonitas et Bauer. 1842. 8. 126 p.

Roederer, *Charles Gale*.

7698* —— De radice Filicis maris et de extracto ex eo parato. D. Jenae 1829. 4. 26 p.

Roehl, *E. von*.

7699 —— Fossile Flora der Steinkohlenformation Westphalens, einschliesslich Piesberg bei Osnabrück. Cassel, Fischer. 1869. 4. (40 1/2 *th.*)

Roehling, *Johann Christoph*, Pfarrer zu Messenheim in Nassau (Roehlingia Dennst.), * Gundershausen 1757, † Messenheim 1813.

7700* —— Deutschlands Flora, zum bequemen Gebrauche beim Botanisiren. Nebst einer erklärenden Einleitung in die botanische Kunstsprache, zum Besten der Anfänger. Bremen 1796. 8. lxiv, 450 p., ind. — * Ed. II: Frankfurt a/M. 1812—13. III voll. 8. — * Ed. III: Deutschlands Flora. Nach einem veränderten und erweiterten Plane bearbeitet von *Franz Karl Mertens* und *Wilhelm Daniel Joseph Koch*. Frankfurt a/M., Friedrich Wilmans. 1823—39. V voll. 8. — I: sect. 1. 2. 1823. xxiv, 891 p. — II: 1826. iv, 659 p. — III: 1831. viii, 573 p. — IV: 1833. iv, 744 p. — V: sect. 1. 1839. iv, 370 p. (20 *th.*)

7701* —— Deutschlands Moose. Nach der neusten Methode geordnet und beschrieben. (Moosgeschichte Deutschlands.) Bremen, Friedrich Wilmans. 1800. 8. xli, 436 p. (1 5/6 *th.*)

Roelsius, *Tobias*.

7702* —— Epistola de certis quibusdam plantis ad *Clusium*. Impr. cum *Charle De l'Ecluse*, Rariorum plantarum historia. Antwerpiae, ex officina Plantiniana. 1601. folio. p. CCCXV—CCCXX.

Roemer, *Friedrich Adolph*, * Hildesheim 14. April 1809.

7703* —— Die Versteinerungen des Harzgebirges. Hannover, Hahn. 1843. 4. xx, 40 p, 12 tab. (2 *th.*)

9704* —— Die Algen Deutschlands. Hannover, Hahn. 1845. 4. ii, 72 p., 11 tab. (2 *th.*)

7705* —— Beiträge zur geologischen Kenntniss des nordwestlichen Harzgebirges. Cassel 1860. 4. 62 p., 15 tab.
Palaeontographica VII.

Roemer, *Johann Jakob*, Professor in Zürich (Roemeria Med.), * Zürich 8. Jan. 1763, ÷ Zürich 15. Jan. 1819.
Meisner, Naturw. Anzeiger II, 89—93.

7706* —— Magazin für die Botanik, herausgegeben von *Johann Jakob Roemer* und *Paulus Usteri*. Zürich, Füssli (Ziegler und Söhne.) 1785—90. 12 Stück = IV voll. 8. — I: 1787. 167 p., 2 tab. — II: 1787. 164 p., 3 tab. — III: 1788. 158 p. — IV: 1788. 189 p., 4 tab. col. — V: 1789. 184 p. — VI: 1789. 191 p., 1 tab. nigr., 2 tab. col. — VII: 1790. 178 p., 4 tab. col. — VIII: 1790. 184 p. — IX: 1790. 147 p., 2 tab. — X: 1790. 200 p. — XI: 1790. 192 p., 2 tab. col. — XII: 1790. 205 p., 2 tab. col. (8 *th.*)

7707* —— Neues Magazin für die Botanik in ihrem ganzen Umfange. Erster Band. Zürich, Ziegler und Söhne. 1794. 8. viii, 336 p, 4 tab. (1 1/3 *th.*)

7708* **Roemer**, *Johann Jakob*. Archiv für die Botanik. Leipzig, Schaefer. 1796—1805. 9 Stück = III voll. 4. — I: Stück 1—3. 1796—98. VIII, 134, 122, 186 p., ind., 17 tab. — II: Stück 4—6. 1799—1801. 450 p., ind., 13 tab. — III: Stück 7—9. 1803—5. VI, 464 p., 9 tab. (24 th.)
7709* —— Scriptores de plantis hispanicis, lusitanicis, brasiliensibus adornavit et recudi curavit *Johann Jakob Roemer*. Norimbergae, Raspe. 1796. 8. 184 p., 8 tab. (1 th.)
7710* —— Encyclopädie für Gärtner und Liebhaber der Gärtnerei. Erstes (und einziges) Heft. Tübingen 1797. 8. (1 th.)
7711* —— Flora europaea inchoata. Fasciculus I—XII. Norimbergae, Raspe. 1797—1811. 8. 112 tab. col., text. (14 th.)
7712* (——) Catalogus horti botanici societatis physicae Turicensis. (Turici) 1802. 12. (66) p.
7713* —— Collectanea ad omnem rem botanicam spectantia. Partim e propriis, partim ex amicorum schedis manuscriptis concinnavit et edidit. Turici, Gessner. 1809. 4. 314 p., 4 tab. (3 1/3 th.)
7714* —— Versuch eines möglichst vollständigen Wörterbuchs der botanischen Terminologie. Zürich, Orell, Füssli et Co. 1816. 8. VI, 826 p. (4 5/8 th.)
7715* —— *Caroli a Linné* Equitis Systema vegetabilium secundum classes, ordines, genera, species. Cum characteribus, differentiis et synonymiis. Editio nova, speciebus inde ab editione XV detectis aucta et locupletata. Curantibus *Johann Jakob Roemer* et *Joseph August Schultes*. Stuttgardiae, Cotta. 1817—30. VII voll. vel VIII partes. 8. — I: 1817. XXVIII, 642 p. — II: 1817. VIII, 964 p. — III: 1818. VI, 584 p. — IV: 1819. LX, 888 p. — V: 1819. VIII, LII, 632 p. — VI: 1820. VIII, LXX, 852 p., effigies *J. J. Roemer*. — VII, pars I et II: curarunt *Joseph August Schultes* et *Julius Hermann Schultes*, filius. 1829—30. XLIII, CVII, 1815 p. (33 1/2 th.) — * Systema vegetabilium secundum classes, ordines et genera. Editio nova, generibus plantarum inde ab editione XV detectis aucta et locupletata. Volumen I. Sectio prima, inceptum ab *J. J. Roemer* et *J. A. Schultes*. Stuttgardiae, Cotta. 1820 8. 323 p. (1 1/3 th.) — * Mantissae in volumina I—III curarunt *Joseph August Schultes* et *Julius Hermann Schultes*, filius. Stuttgardiae, Cotta. 1822—27. III voll. 8. — I: 1822. VI, 386 p. — II: 1824. 388 p. — III: 1827. 717 p. (9 th.)
Opus solummodo usque ad Heptandriam classem perductum est. Volumina V—VII et Mantissae post Roemeri obitum a Schultesio edita sunt.

Roemer, *M. J.*
7716* —— Handbuch der allgemeinen Botanik, zum Selbststudium auf der Grundlage des natürlichen Systems bearbeitet. Drei Abtheilungen. München, Fleischmann. 1835—40. 8. — I: 1835. VI, 426 p. — II: 1836. 562 p. — III: 1840. 716 p. (6 5/8 th.)
7717* —— Geographie und Geschichte der Pflanzen. München, Fleischmann. 1841. 8. 144 p. (2/3 th.)
Seorsim impr. ex libro praecedenti.
7718* —— Familiarum naturalium regni vegetabilis synopses monographicae, seu enumeratio omnium plantarum hucusque detectarum secundum ordines naturales, genera et species digestarum, additis diagnosibus, synonymis, novarumque vel minus cognitarum descriptionibus. Wimariae, Industrie-Comptoir. 1846—47. Fasc. I—IV. 8. (5 1/5 th.)
Fasc. I: 1846. Hesperides. VIII, 451 p. (1 th.)
Fasc. II: 1846. Peponiferarum Pars I. x, 222 p. (1 1/5 th.)
Fasc. III: 1847. Rosiflorae. VIII, 249 p. (1 1/5 th.)
Fasc IV: 1847. Ensatae. Pars prima. VI, 314 p. (1 3/5 th.)

Roeper, *Johannes August Christian*, Professor der Botanik in Rostock (Roeperia Juss).
7719* —— Enumeratio Euphorbiarum, quae in Germania et Pannonia gignuntur. Goettingae, typ. C. E. Rosenbusch. 1824. 4. VIII, 68 p., 3 tab. (1 1/3 th.)
7720* —— De organis plantarum. Basileae, typ. A. Wieland. 1828. 4. 23 p. (1/4 th.)
7721* —— De floribus et affinitatibus Balsaminearum. Basileae, typ. J. G. Neukirch. 1830. 8. II, 70 p.
7722* —— Verzeichniss der Gräser Mecklenburgs. Rostock, typ. Adler. 1840. 4. 15 p.
7723 —— Zur Flora Mecklenburgs. Erster Theil. (Filices.) Rektoratsprogramm. Rostock, typ. Adler. (Leopold.) 1843. 8. 160 p. 1 tab. (5/8 th.)
7724* **Roeper**, *Johannes August Christian*. Zur Flora Mecklenburgs. Zweiter Theil. (Gramineae.) Rostock, typ. Adler 1844. 8. 296 p., 1 tab. (1 1/2 th.)

Roessig, *Karl Gottlob*, Professor der Rechte in Leipzig, * Merseburg 27. Dec. 1752, † Leipzig 20. Nov. 1806.
7725* —— Oekonomisch-phisikalische Abhandlung über das Mutterkorn (Sclerotium Clavus), dessen Entstehung und Bestandtheile. Leipzig, Schneider. 1786. 8. 76 p.
7726* —— Oekonomisch-botanische Beschreibung der verschiednen und vorzüglicheren Arten, Abarten und Spielarten der Rosen. Leipzig, Kleefeld. 1799—1803. 8. — I: 1799 XII 242 p. — II: 1803. XVI, 247 p. (1 1/2 th.)
7727* —— Die Rosen, nach der Natur gezeichnet und kolorirt, mit kurzen botanischen Bestimmungen begleitet. Les Roses dessinées et enluminées d'après nature, avec une courte description botanique; traduit de l'allemand par M. *de Lahitte*. Leipzig, Industrie-Comptoir. (1802—20). II voll. = 12 Hefte 4. 60·foll. germanice et gallice, 60 tab. col. (10 th.)

Rogers, *Patrick Kerr*.
7728* —— An investigation of the properties of the Liriodendron Tulipifera, or Poplar-tree. Philadelphia, typ. B. Johnson. 1802. 8. 67 p.

Roget, *Peter Mark*.
7729* —— Animal and vegetable physiology, considered with reference to natural theology. London, William Pickering. 1834. 8. — * Ed. III: London, William Pickering. 1840. II voll. 8. — I: XXXVI, 524 p., ic. xyl. i. t. — II: VII, 598 p, ic. xyl. i. t. (The Bridgewater Treatises, Nr. V.)
germanice: übersetzt von Dr. *Hauff.* Stuttgart 1835. 8.

Roggeri, *Gian Giacomo*.
7730 —— Catalogo delle piante native del suolo Romano. Romae 1677. folio. (cum *Donzelli* Theatro pharmaceutico.) — Venezia, Ant. Baralli. 1704. 4.

Rohde, *Michael* (Rohdea Roth.)
7731* —— Monographiae Cinchonae generis specimen, sistens historiam ejus criticam ad introductionem in hoc genus inservientem. D. Goettingae, typ. Barmeier. 1804. 8. 56 p. — * Ed. II. auctior. Goettingae, Vandenhoeck et Ruprecht. 1804. 8. x, 189 p. (1/2 th.)

Rohr, *Julius Bernhard von*, Landkammerrath in Merseburg (Rohria Vahl.), * Elsterwerda 28. März 1688, † Leipzig 18. April 1742.
7732* —— Historia naturalis arborum et fruticum sylvestrium Germanicae, oder Naturgemässe Geschichte von sich selbst wilde wachsenden Bäume und Sträucher in Teutschland. etc. Leipzig, Braun. 1732. folio. 248 p., praef., ind. — Leipzig 1754. 8.
7733* —— Physikalisch-ökonomischer Traktat von dem Nutzen der Gewächse, insonderheit der Kräuter und Blumen, in Beförderung der Glückseligkeit und Bequemlichkeit des menschlichen Lebens. Accedit: Auf was für Art in dem Reich der Gewächse die schweren, undeutlichen und ungewissen Benennungen nach und nach abzuschaffen und solche deutlicher und vernunftmässiger einzurichten. Coburg, Steinmarck. 1736. 8. 358 p.
7734* —— Phytotheologia, oder vernunft- und schriftmässiger Versuch, wie aus dem Reiche der Gewächse die Allmacht, Weisheit, Güte und Gerechtigkeit des grossen Schöpfers erkannt werden möge etc. Frankfurt und Leipzig, Blochberger. 1740. 8. 590 p., praef., ind. — * Ed. II: ib. 1745. 8. 450 p., praef.; ind.
hollandice: Harlem 1764. 4.

Rohrbach, *Paul*, * Berlin 9. Juni 1847, † Berlin 6. Juni 1871.
7735* —— Ueber den Blütenbau und die Befruchtung von Epipogium Gmelini. Eine von der philos. Fakultät in Göttingen gekrönte Preisschrift. Göttingen, typ. Huth. 1866. 4. 28 p., 2 tab.
7736* —— Monographie der Gattung Silene. Leipzig, Engelmann. 1868. 8. VIII, 249 p., 2 tab. (1 1/2 th.)
7737* —— Beiträge zur Kenntniss einiger Hydrocharideen, nebst

Bemerkungen über die Bildung phanerogamer Knospen durch Theilung des Vegetationskegels. Halle, H. W. Schmidt. 1871. 4. 64 p, 3 tab. (1 th. 24 sgr.)
Abhandlungen der naturforschenden Gesellschaft in Halle, Band XII.

Rohrer, *Rudolph.*
7738* —— und *August* **Mayer**. Vorarbeiten zu einer Flora des Mährischen Gouvernements; oder systematisches Verzeichniss aller in Mähren und Oesterreichisch-Schlesien wildwachsenden Phanerogamen. Brünn, Rohrer. 1835. 8. XLIV, 217 p., ind. (1½ th)

Rojas Clemente, *Simon de* (Clementea Cav.), * Titaguas 1777, † Madrid im Februar 1827.
Colmeiro Bot esp. 195—197.
7739* —— Ensayo sobre las variedades de la vid comun que vegetan en Andalucía, con un índice etimológico, y tres listas de plantas en que se caracterizan varias especies nuevas. Madrid, en la imprenta de Villalpando. 1807. 8. XVIII, 324, (1) p, 2 tab.
* *gallice*: Essai sur les variétés de la vigne, qui végètent en Andalousie. Traduit par *L. M. C(aumels.)* Paris, typ. Poulet. 1814. 8 XVI, 418 p, ind.
* *germanice*: Versuch über die Varietäten des Weinstocks in Andalusien. Aus dem Französischen des Marquis *de Caumels* ins Deutsche übersetzt durch *A. A. Freiherrn von Mascon.* Grätz, Ferstl. 1821. 8. XII, 388 p, 1 tab, 6 schemata. (2 th.)
7740 —— Memoria sobre el cultivo y cosecha del Algodon (Gossypium) en general y con aplicacion á España, particularmente á Motril. Madrid, en la imprenta real. 1818. 8. 43 p.
7741* —— Tentativa sobre la liquenologia geográfica de Andalucia. Trabajo ordenado conforme á los manuscritos del autor por Don *Miguel Colmeiro.* Madrid, typ. Aguado. 1863. 8. 22 p
7742* —— Plantas que viven espontáneamente en él termino de Titaguas, pueblo de Valencia. Madrid, typ. Aguado. 1864. 8. 72 p.
Revista de los Progresos de las ciencias XIV.

Rolander, *Daniel* (Rolandra Rottb.)
J. W. Hornemann, Om den svenske naturforsker *Daniel Rolander* og manuscript af hans reise til Surinam. Kjøbenhavn, typ. Seidelin. 1812. 8. 39 p.

Rolfink, *Werner*, Professor in Jena (Rolfinkia Zenk.), * Hamburg 15. Nov. 1599, † Jena 6. Mai 1673.
7743* —— Liber de purgantibus vegetabilibus, sectionibus XV absolutus. Jenae, typ. Joh. Werther. 1667. 4. 454 p., praef., ind. — Ed. II: Jenae, typ. Joh. Werther. 1684. 4. Rivin.
7744* —— De vegetabilibus, plantis, suffruticibus, fruticibus, arboribus in genere libri duo. Jenae, typ. Joh. Werther. 1670. 4. 216 p., praef., ind.

Roloff, *Christian Ludwig*, königl. Leibarzt in Berlin (Roloffa Adans.), * Berlin 6. Juni 1726, † Berlin 26. Dec. 1800.
7745* —— Index plantarum tam peregrinarum quam nostro nascentium coelo, quae aluntur Berolini in horto celebri *Krausiano.* Berolini, typ. Kunst. (1746.) 8. 176 p., praef., ind., 4 tab.

Roman, *J. G.*
7746* —— Catalogus plantarum usualium, quae in horto academico Groningano coluntur, secundum systema Linnaeanum digestus. Groningae, Zuidema. 1802. 8. 146 p., praef., ind.

Romano, *Antonio.*
7747* —— Plantae officinales in Europa sponte crescentes. Viennae, typ. Mechitaristarum. 1837. 8. 128 p.

Romano, *Girolamo*, Abate, * Gorgo bei Padua April 1765, † 31. Mai 1841.
Necrologia in Nuovi Ann. delle sc. nat. di Bologna, tom. VII.
7748* —— Catalogus plantarum italicarum. Patavii, typ. Minerva. 1820. 8. 74 p.
7749* —— Le piante fanerogame Euganee, per le auspicatissime nozze *Meneghini-Fabris.* Padova 1828. 8. — * Ed. III: Padova 1831. 8.

Rombouts, *J. G. H.*
7750 —— et *J. J. F. H. T.* **Merkus Doornik**. Flora Amstelaedamensis, plantarum quae prope et circa Amstelaedamum sponte nascuntur enumeratio et descriptio. Trajecti et Amst. 1852. 8.

Ronalds, *Hugh*, * Brentford 9. Sept. 1784, † Brentford 13 Nov 1833.
7751* —— Pyrus Malus Brentfordiensis: or a concise description of selected apples. With a figure of each sort drawn from nature on stone by his daughter. London, typ. Taylor. 1831. gr. 4. XII, 91 p, 42 tab. pulcherrime col. (5 l. 5 s.)

Ronconi, *Agostino.*
7752* —— Osservazioni su la Flora napolitana. Lettera prima. Napoli, stamperia Flautina. 1811. 8. 40 p.
Analisi delle Osservazioni del Dottor *Agostino Ronconi* su la Flora napolitana del Dottor *Giovanni Gussone.* Napoli, stamperia Coda. 1811. 8. 41 p.

Ronconi, *Giovanni Battista.*
7753* —— Sopra una importante e poco conosciuta malattia del frumento, chiamata Rachitide. Padova, typ. Crescini. 1855. 8. 39 p.

Rondelet, *Guillaume*, Kanzler der Universität Montpellier, der Lehrer der Bauhine, Dalechamp's, Pena's, Lobel's und des Clusius, der Rondibilis des Rabelais (Rondeletia Plum), * Montpellier 27. Sept. 1506 oder 1507, † Réalmont (zwischen Toulouse und Montpellier) 30. Juli 1566.
Broussonet, Notice sur Rondelet. Extrait des Eph. méd. de Montpellier. 1828. 8. 16 p.
J. E. Planchon, Rondelet et ses Disciples; ou la Botanique à Montpellier au 16e Siècle. Montpellier 1866 8.

Rondot, *Natalis*, * Saint-Quentin 1821.
7754* —— Notice du vert de Chine et de la teinture en vert chez les Chinois. (Rhamnus utilis Decne. Rhamnus chlorophorus Decne.) Imprimé par ordre de la chambre de commerce de Lyon. Paris, typ. Ch. Lahure et Co. 1858. 8. 207 p, 2 tab. (30 fr.)

Rooke, *Hayman.*
7755* —— Descriptions and sketches of some remarkable oaks in the Park at Welbeck, with observations on the age and durability of that tree, and remarks on the annual growth of the Acorn. London, White. 1790. 4. 23 p., 10 tab.

Rootsey, *Samuel*, * Colchester 12. Febr. 1788, † Bristol 4. Sept. 1855.
7756* —— Syllabus of a course of botanical lectures; to which is prefixed a poem upon the importance of the study of botany by Mrs. *Turner.* Bristol 1818. 12.

Roques, *Joseph*, Arzt in Paris, * Valence (Tarn) 9. Febr. 1772.
7757* —— Plantes usuelles indigènes et exotiques, dessinées et coloriées d'après nature avec la description de leurs caractères distinctifs et de leurs propriétés médicales. Paris, Hocquart. 1807—8. II voll. 4. — I: 1807: VIII, 266 p., 72 tab. col. — II: 1808. 278 p., 64 tab. col. (100 fr.)
7758* —— Phytographie médicale, ornée de figures coloriées de grandeur naturelle, où l'on expose l'histoire des poisons tirés du règne végétal et les moyens de remédier à leurs effets délétères, avec des observations sur les propriétés et les usages des plantes héroïques. Paris, chez l'auteur, typ. Didot. 1821. II voll. 4. — I: XII, 304 p., tab. col. 1—90. — II: 328 p., tab. col. 91—180. — * Nouvelle édition entièrement refondue avec un Atlas grand-in-4. Paris, Cormon et Blanc. 1835. III voll. 8. — I: XIX, 560 p. — II: 560 p. — Atlas: 150 tab. col. (60 fr.)
7759* —— Histoire de champignons, comestibles et vénéneux, où l'on expose leurs caractères distinctifs, leurs propriétés alimentaires et économiques, leurs effets nuisibles et les moyens de s'en garantir ou d'y remédier. Paris, Hocquart. 1832. 8. — * Ed. II. revue et augmentée. Paris, Fortin, Masson et Co. 1841. 8. 482 p. — Atlas in 4: 24 tab. col. (27 fr.)
7760 —— Nouveau traité des plantes usuelles, spécialement appliquées à la médecine domestique et au régime alimentaire de l'homme sain ou malade. Paris, Dufart. 1837—38. IV voll. 8.

Rosanoff, *Sergius*, † Neapel 3. Dec. 1870.

Roschmann, *Anton*, * 1710, † Innsbruck 1765.
7761* —— Regnum animale, vegetabile et minerale Tyrolense. D. Oeniponti, typ. M. A. Wagner. 1738. 4. 29 p.

Rosbach, *Conrad*, Pfarrherr zu Nieder-Mörlen in der Wetterau.
7762* —— Paradeissgärtlein, darinnen die edleste und fürnembste Kräuter nach ihrer Gestalt und Eigenschafft abcontrafeytet, und mit zweierley Wirckung, leiblich und geistlich, aus den besten Kräuterbüchern und H. Göttlicher Schrifft zusammen geordnet und beschrieben sind. Frankfurt a/M., typ. Johann Spiess. 1588. 8. (32) 294, (34) p., 62 ic. xyl. — * Ed. II:

Neues Paradeissgärtlein. Anfänglich durch weiland Herrn *Conradum Rosapachium* beschrieben, nunmehr ... mit vielen Kräutern vermehrt ... durch *Johann Wilhelm Rosapachen*, Pfarrern zu Anspach. Frankfurt a/M, bei Johann Kriegern. 1613. 8. 435 p., praef, ind., (83) ic. xyl.

Roscoe, *Mistriss Edward.*
7763* —— Floral illustrations of the seasons, consisting of representations drawn from nature of some of the most beautiful hardy and rare herbaceous plants cultivated in the flowergarden, engraved by *R. Havell jun.* Nr. I. Spring. London, Baldwin and Cradock. 1829. 4. vi, 8 p., 8 tab. col. (9 s.)

Roscoe, *William* (Roscoea Sm.), * Liverpool 8. März 1753, † Toxteth-Park 30. Juni 1831.
7764 —— An address, delivered before the proprietors of the botanic garden in Liverpool, previous to opening the garden, May 3, 1802. Liverpool, Creery. 1802. 8. 60 p.
7765* —— Monandrian plants of the order Scitamineae, chiefly drawn from living specimens in the botanic garden at Liverpool. Arranged according to the system of *Linnaeus* with descriptions and observations. Liverpool, typ. George Smith. 1828. folio. (137) foll., 112 tab. col. (15 l. 15 s.)

Rose, *Hugh.*
7766* —— The elements of botany: containing the history of the science: to which is added an Appendix, wherein are described some plants lately found in Norfolk and Suffolk, never found before in England. London, Cadell. 1775. 8. xii, 472 p., 11, 3 tab.

Rosén, *Eberhard* (Rosenia Thunb.), * Säxdräga 16. Nov. 1716, † Lund 21. März 1796.
7767* —— Observationes botanicae circa plantas quasdam Scaniae non ubivis obvias et partim quidem in Suecia hucusque non detectas, quibus accessit brevis disquisitio de strage bovilla, quotannis in pascuis Christianstadii observata. Londini Gothorum, typ. Berling. 1749. 4. 89 p., praef.

Rosenberg, *Johann Karl.*
7768* —— Rhodologia, seu philosophico-medica generosae Rosae descriptio. Flosculis philosophicis, arcanis politicis, chymicis etc. adornata. Argentinae, typ. Marci ab Heyden. 1628. 8. 316 p., praef. — * Editio novissima aucta. Francofurti a/M., Fitzer. 1631. 8. 403 p., praef., ind.

Rosencreutzer, *Max Friedrich.*
7769* —— Newe Practica des Wurtz- und Kräuterkalenders. etc. Nürnberg, Endter. 1652. 4. (15) foll.

Rosenfeld, *Daniel.*
7770* —— De הבצלת השרון sive Rosa saronitica. D. philologica ad illustrandum Com. I. cap. II. Cantic. Wittebergae, typ. Gerdes. 1715. 4. 24 p.

Rosenmueller, *Ernst Friedrich Karl*, * Hessburg bei Hildburghausen 10. Dec. 1768, † Leipzig 17. Sept. 1835.
7771* —— Handbuch der biblischen Alterthumskunde. Vierter Band, erste Abtheilung: Biblische Naturgeschichte. Erster Theil: das biblische Mineral- und Pflanzenreich. Leipzig, Baumgärtner. 1830. 8. 347 p. (4½ th.)
Historia plantarum biblicarum: p. 69—347.

Rosenthal, *Daniel August*, Arzt in Breslau.
7772* —— Synopsis plantarum diaphoricarum. Systematische Uebersicht der Heil-, Nutz- und Giftpflanzen aller Länder. Erlangen, Enke. 1862. 8. xxvi, 1359, (3) p. (6 th. 8 sgr.)

Rosenthal, *Gottfried Erich,* * Nordhausen 13. Febr. 1745, † Nordhausen im Frühjahr 1814.
7773* —— Versuche die zum Wachsthum der Pflanzen benöthigte Wärme zu bestimmen. Erfurt, Keyser. 1784. 4. 24 p.

Rosny, *Léon de,* Professor der orientalischen Sprachen in Paris, * Loos (Nord) 1837.
7774* —— Notice sur le Thuya de Barbarie (Callitris quadrivalvis) et sur quelques autres arbres de l'Afrique boréale. Paris, Just Rouvier. 1856. 8. 19 p., 2 tab. (2 fr.)
7775* —— L'Opuntia, ou Cactus Raquette de l'Algérie. Paris, Rouvier. 1857. 8. 12 p. (50 c.)

Rossi, *Giovanni.*
7776* (——) Catalogus plantarum horti regii Modoetiensis ad annum 1825. Mediolani, typis regiis. 1826. 4. viii, 83 p., 3 tab.

Rossi, *Pietro.*
7777* —— De nonnullis plantis, quae pro venenatis habentur, observationes et experimenta a *Petro Rossi* Florentiae instituta. Pisis, typ. Giovanelli. 1762. 8. 66 p.
7778* —— Istoria di ciò che è stato pensato intorno alla fecondazione delle piante, dalla scoperta del doppio sesso fino a questo tempo, coll' aggiunta di nuove sperienze. Verona, per Dionigi Ramanzini. 1794. 4. 62 p.
Mem. soc. ital. VII, 369—430.

Rossmaessler, *Emil Adolph* (Rossmaessleria Rchb.), * Leipzig 3. März 1806, † Leipzig 8. April 1867.
7779* —— Beiträge zur Versteinerungskunde. Erstes Heft. Dresden und Leipzig, Arnold. 1840. gr. 8. vi, 42 p., 12 tab. (2 th.)
7780* —— Das Wichtigste vom innern Bau und Leben der Gewächse, für den praktischen Landwirth fasslich dargestellt. Dresden und Leipzig, Arnold. 1843. 8. xvi, 220 p., 3 tab. (1⅓ th.)
7781* —— Flora im Winterkleide. Leipzig, Costenoble. 1854. 8. viii, 155 p., ic. xyl., 1 tab. (1¼ th.)
7782* —— Der Wald. Den Freunden und Pflegern des Waldes geschildert. Leipzig, C. F. Winter. 1862. gr. 8. 628 p., ic. xyl., 17 tab., 2 mappae. (7⅔ th.) — Ed. II. ib. 1870. gr. 8. 671 p., ic. xyl., 17 tab.
7783 —— Ueber den Bau des Holzes der in Deutschland wildwachsenden und häufiger kultivirten Bäume und Sträucher. Frankfurt a/M., Sauerländer. 1865. gr. 8. viii, 100 p., ic. xyl., 1 tab. (⅘ th.)

Rossmann, *Julius,* Professor der Botanik in Giessen, * Worms 1832, † Worms 21. Jan 1866.
7784* —— Beiträge zur Kenntniss der Wasserhahnenfüsse, Ranunculus Sect. Batrachium. Giessen, Ricker. 1854. 4. vi, 62 p. (⅔ th.)
7785* —— Beiträge zur Kenntniss der Phyllomorphose. Heft 1: über das gleiche oder verschiedne Verhalten von Blattstiel und Spreite im Gange der Phyllomorphose. Giessen, Ricker. 1857. 4. 60 p., 3 tab. — * Heft 2: über die Spreitenformen einiger Ranunculaceen. ib. 1858. 4. 27 p., 8 tab.
7786* —— Beitrag zur Kenntniss der Spreitenformen in der Familie der Umbelliferen. Halle, H. W. Schmidt. 1864. 4. 14 p., 7 tab.
Abh. der naturf. Ges., Band VIII.

Rosso, *Emmanuele Taranto.*
7787* (——) et *Xaverio* **Gerbino.** Catalogus plantarum in agro Calato-Hieronensi collectarum. Catanae, typ. J. Musumeci-Papale. 1845. 4. 50, (1) p.

Rost, *Woldemar.*
7788* —— De Filicum ectypis obviis in lithanthracum Wettinensium Lobejunensium fodinis. D. Halae, typ. Ploetz. 1839. 8. 31 p.

Rostkovius, *Friedrich Wilhelm Gottlieb,* Medizinalrath in Stettin (Rostkovia Desv.), * 1770, † Stettin 17. Aug. 1848.
7789* —— Dissertatio botanica de Junco. Halae IV Apr. 1801. 8. 58 p., 2 tab. — * Ed. II: Monographia generis Junci. Berolini, Nauck. 1801. 8. (non differt.)
7790* —— et *Wilhelm Ludwig Ewald* **Schmidt.** Flora Sedinensis, exhibens plantas phanerogamas spontaneas nec non plantas praecipuas agri Swinemundii. Sedini, typ. Struck. 1824. 8. viii, 411 p., 2 tab. (1¼ th.)

Rostrup, *E.*, Seminarlehrer in Skaarup (Fyen).
7791* —— Veiledning i den Danske Flora. Kjøbenhavn, Philipsen. 1860. 8. — * Ed. II. ib. 1864. 8. xviii, 276 p. (3 th.)
7792 —— Afbildning og Beskrivelse af de vigtigste Födergräser. Kjøbenhavn, Philipsen. 1865. 4. 66 p., x tab. (2 th. 16 sk.)

Rot von Schreckenstein, *Friedrich,* * 1753, † 1803.
7793* —— und *J. M.* **von Engelberg.** Flora der Gegend um den Ursprung der Donau und des Neckars; dann vom Einfluss der Schussen in den Bodensee bis zum Einfluss der Kinzing in den Rhein. 1. und 2. Bändchen. Donaueschingen, Wilibald. 1804. 8. xx, 389, 645 p., ind.

Rota, *Lorenzo,* † Bergamo 1855.
7794* —— Enumerazione delle piante fanerogame rare della provincia Bergamasca. Pavia, typ. Fusi et Co. 1843. 8. 38 p.

Rota, *Lorenzo*, Arzt in Bergamo.
7795* —— Prospetto della Flora della provincia di Bergamo. Bergamo, typ. Mazzoleni 1853. 4. 104 p

Roth, *Albrecht Wilhelm*, Arzt zu Vegesack bei Bremen (Rothia Pers.), * Dötlingen in Oldenburg 6. Jan. 1757, ÷ Bremen 16. Oct. 1834.
Biographie in Flora 1834, p. 753—763
Biographische Skizzen verstorbner bremischer Aerzte, p. 393—432 (1844.) (von *Ph. Heineken*.)

7796* —— Anweisung, Pflanzen zum Nutzen und Vergnügen zu sammeln, und nach dem Linneischen Systeme zu bestimmen. 1. Theil. Gotha, Ettinger. 1778. 8. 184 p. — *Zweite umgearbeitete Auflage. Gotha, Ettinger. 1803. 8. xvi, 300 p. ($^3/_4$ th.)

7797* —— Verzeichniss derjenigen Pflanzen, welche nach der Anzahl und der Beschaffenheit ihrer Geschlechtstheile nicht in den gehörigen Klassen und Ordnungen des Linnéischen Systemes stehen, nebst einer Einleitung in dieses System. Altenburg 1781. 8. 216 p.
Additamentum invenitur in ejusdem «Beiträge zur Botanik» vol. II. p. 101—124.

7798* —— Beiträge zur Botanik. Bremen, Förster. 1782—83. II voll. 8. — I: 1782. VIII, 132 p. — II: 1783. VIII, 190 p.

7799* —— Botanische Abhandlungen und Beobachtungen. Nürnberg, Winterschmidt. 1787. 4. 68 p., 12 tab. col.

7800* —— Tentamen Florae germanicae. Lipsiae, J. G. Müller. (t. III: ib. Gleditsch) 1788—1800. III voll. 8. — Tomus I, continens enumerationem plantarum in Germania sponte nascentium. 1788. XVI, 560 p., ind. — Tomus II, pars prior, continens synonyma et adversaria ad illustrationem Florae germanicae. 1789. II, 624 p — Tomus II, pars secunda, continens synonyma et adversaria ad illustrationem Florae germanicae. 1793. 593 p — Tomus III, pars prior, continens synonyma et adversaria in illustrationem Florae germanicae. 1800. VIII, 578 p. (6$^1/_2$ th)

7801* —— Bemerkungen über das Studium der kryptogamischen Wassergewächse. Hannover, Hahn. 1797. 8. 109 p. ($^7/_{24}$ th.)

7802* —— Catalecta botanica, quibus plantae novae et minus cognitae describuntur atque illustrantur. Fasc. I—III. Lipsiae, Gleditsch. (F. A. Brockhaus.) 1797—1806. 8 — I: Lipsiae, J G. Müller 1797. VIII, 244 p., ind , 8 tab. col. — II: 1800. 258 p, ind , 9 tab. — III: 1806. 350 p., ind., 12 tab. col. (nigr. 7$^2/_3$ th — col. 10$^2/_3$ th)

7803* —— Neue Beiträge zur Botanik. Erster Theil. Frankfurt a/M., Wilmans 1802. 8. XII, 354 p (1$^1/_6$ th)

7804* —— Botanische Bemerkungen und Berichtigungen. Leipzig, Joachim 1807 8. XIV, 216 p., 1 tab. col. (1 th.)

7805* —— Beantwortung der von der Regensburgischen botanischen Gesellschaft aufgegebenen Preisfrage: Was sind Varietäten im Pflanzenreiche und wie sind sie bestimmt zu erkennen? Nebst beigefügtem Verzeichnisse der gewöhnlichen in Deutschland vorkommenden Varietäten. Regensburg, J. B. Rotermundt 1811. 8. 60, 46 p.

7806* —— Novae plantarum species praesertim Indiae orientalis ex collectione Dr. *Benjamin Heynii* Cum descriptionibus et observationibus. Halberstadii, Vogler. 1821. 8 IV, 411 p (2 th.)

7807* —— Enumeratio plantarum phaenogamarum in Germania sponte nascentium. Pars prima, Sectio 1. 2. Classis I—XIII. Lipsiae, Gleditsch. (F. A. Brockhaus.) 1827. 8. IV, 1015, 642 p. (4$^7/_8$ th.)

7808* —— Manuale botanicum peregrinationibus botanicis accommodatum, sive Prodromus enumerationis plantarum phanerogamarum in Germania sponte nascentium. Fasc. I—III. Lipsiae, Hahn. 1830. 8. VI, 1467 p. (4 th.)

Rotheram, *John*, * etwa 1749, ÷ New Castle upon Tyne 18 März 1787.
7809* —— The sexes of plants vindicated: in a letter to Mr. *William Smellie*, containing a refutation of his arguments against the sexes of plants, and remarks on certain passages of his philosophy of natural philosophy. Edinburgh, Creech. 1790. 8. 43 p.

Rothrock, *J. T.*, M. D.
7810* —— Flora of Alaska Washington 1867. 8.
From the Report of the Smithsonian Institution for 1867, 431—463.

Rottboell, *Christen Friis*, Professor der Botanik in Kopenhagen (Rottboellia R. Br.), * 1727, ÷ Kopenhagen 15. Juni 1797.
7811* —— Botanikens udstrakte nytte, foredraget i et Indbydelses Skrift. Kiøbenhavn, typ. Moller. (Schubothe.) 1771. 8. 63 p., 1 tab. (40 *skill*.)
In p. 21—63 autor agit de Contortis.

7812 —— Descriptiones plantarum rariorum iconibus lustrandas programmate indicit. Havniae 1772. 8. 32 p.

7813* —— Descriptionum et iconum rariores et pro maxima parte novas plantas illustrantium liber primus. Havniae 1773. folio. 71 p., 21 tab. — *Editio nova. Havniae, Gyldendal. 1786. folio. 71 p., 21 tab. (1 *Rdr*. 48 *skill*.) (non differt.)

7814 —— Plantas horti universitatis rariores programmate describit. Havniae 1773. 8. 32 p.

7815 —— Descriptiones rariorum plantarum (surinamensium), nec non materiae medicae atque oeconomicae e terra surinamensi fragmentum. D. Havniae 1776. 4. 34 p., 5 tab. — Descriptiones plantarum quarundam surinamensium. Cum fragmento materiae medicae et oeconomicae surinamensis. Editio secunda emendatior. Hafniae et Lipsiae, Schubothe 1798. folio. 22 p., 5 tab. (88 *skill*.)
Acta literar. universitatis Hafniensis 1778. p. 267—304.

Rottler, *Johann Peter*, dänischer Missionar auf Trankebar (Rottlera Roxb.), * Strassburg Juni 1749, ÷ Madras 27. Jan. 1836.
Wallich in Hooker Journal 1851, p. 67.

Roubieu, *G. J.*
7816* —— Opuscules d'anatomie et d'histoire naturelle. Première partie, contenant: 3. une dissertation sur l'Aloe pitte (Agave americana L.) 4. la description du Colocasia (Arum Colocasia L.) 5 un précis sur les chèvre-feuilles des environs de Montpellier. Montpellier, typ. Fournel. 1816. 8. 87 p., 2 tab. (2 *fr*.)
Affixa est: Un aperçu sur la sensibilité des plantes par *J. Roubieu*, 16 p., tiré des Annales cliniques, tome XXXII.

Roucel, *François Antoine* (Roucela Dum.), * Durlach 1735, ÷ Alost 6. Oct. 1831.
7817 —— Traité des plantes les moins fréquentes, qui croissent naturellement dans les environs des villes de Gand, d'Alost, de Termonde et Bruxelles, rapportées sous les dénominations des modernes et des anciens, et arrangées suivant le systéme de Linnaeus, avec une explication etc. Paris, Bossange. (Bruxelles, Lemaire.) 1792. 8. XXIX, 118 p.

7818* —— Flore du Nord de la France, ou description des plantes indigènes et de celles cultivées dans les départemens de la Lys, de l'Escaut, de la Dyle et des Deux-Nèthes, y compris les plantes, qui naissent dans les pays limitrophes de ces départemens. Ouvrage de près de 30 ans de soins et de recherches. etc. Paris, Richard. 1803. II voll. 8. — I: XXXVI, 465 p. — II: 548 p. (10 *fr*.)

Roumegère, *Casimir*, archiviste in Toulouse, * Toulouse 1828.
7819 —— Synopsis de la Flore cryptogamique de la région du sud-ouest. Toulouse 1858. 8. (3 *fr*.)

7820* —— Cryptogamie illustrée ou Histoire des familles naturelles des plantes acotylédones d'Europe, coordonnée suivant les dernières classifications et complétée par les recherches scientifiques les plus récentes. Famille des Lichens. Paris, J B. Baillière. (Toulouse, F. Gimet.) 1868. 4. 73 p., 20 tab.

Roupell, *Lady*.
7821 (——) Flora of South Africa. Specimens of the Flora of South Africa, by a Lady. (Descriptions by *W. H. Harvey* and *W J Hooker*.) London 1849. gr. folio, 10 tab. col.
Privately printed, Hooker Journal II, 127—128.

Rousseau, *Jean Jacques* (Rousseaea Sm. DC.), * Genf 28. Juni 1712, ÷ Ermenonville bei Paris 2. Juli 1778.
7822 —— Essais élémentaires sur la botanique. Paris 1771. 8.

7823* —— La Botanique de *Jean Jacques Rousseau*, contenant tout ce qu'il a écrit sur cette science etc. Paris, Louis 1802. 8. XXIV, 319 p.

7824* —— La botanique de *Jean Jacques Rousseau*, ornée de soixante-cinq planches imprimées en couleurs d'après les peintures de *P. J. Redouté*. Paris, Delachaussée et Garnery an XIV. 1805. folio. X, 124 p, 65 tab. col. (350 *fr*. — édition in 4: 200 *fr*)

germanice: J. J. *Rousseau's* Botanik für Frauenzimmer in Briefen an die Frau von L**. Aus dem Französischen übersetzt. Frankfurt und Leipzig 1781. 8. 126 p.
anglice: Letters on the elements of botany, addressed to a Lady by the celebrated J. J. *Rousseau.* Translated into english with notes and 24 additional letters, fully explaining the system of Linnaeus. By *Thomas Martyn.* London, White and Son. 1785. 8. XXIII, 503 p., ind. — Ed. VIII. ib. 1815. 8. 434 p.
rossice: vertente *Wladimir Ismailow.* Mosquae 1810. 8.

Roussel, *Ernest.*
7825 ——— Des champignons comestibles et vénéneux, qui croissent dans les environs de Paris. Paris, V. Masson. 1860. 8. 68 p.

Roussel, *Henri François Anne de,* Professor in Caen (Rousselia Gaud.), * Saint Bomer des Forges 11. Juli 1748, † Caen 12. Febr. 1812.
Desvaux, Journal III. 141—144.
7826* ——— Tableau des plantes usuelles rangées par ordre, suivant les rapports de leurs principes et de leurs propriétés. Caen, typ. Poisson. 1792. 8. 175 p. — *Ed. II: Paris, Francart. an V. 8. 224 p.
7827* ——— Flore du Calvados et terrains adjacents, composée suivant la méthode de Jussieu. Caen, typ. Poisson. an IV. (1796.) 8. 268 p. — *Ed. II: Caen, typ. Poisson. 1806. 8. 371 p.

Roussy, *Joseph Ludwig.*
7828* ——— De Fumaria vulgari. D. Argentorati, typ. Pauschinger. 1749. 4. 20 p.

Rouville, *Paul de.*
7829* ——— Monographie du genre Lolium. Thèse pour le doctorat ès-sciences, présentée et soutenue le 27 juillet 1853. Montpellier, typ. Boehm. 1853. 4. 57 p., 3 tab.

Rowden, *Frances Arabella.*
7830* ——— A poetical introduction to the study of botany. London, White and Hookham. 1801. 8. LXXI, 167 p.

Roxburgh, *William,* Arzt und Director des Gartens in Calcutta (Roxburghia Jones.), * Underwood in Schottland 29. Juni 1759, ÷ Edinburgh 10. April 1815.
7831 ——— A botanical description of a new species of Swietenia, with experiments and observations on the bark thereof, in order to determine and compare its powers with those of Peruvian bark, for which it is proposed as a substitute. (London 1793.) 4. 24 p.
Excerpta in Medical facts, vol. VI. p. 127—155.
7832* ——— Plants of the coast of Coromandel; selected from drawings and descriptions presented to the Hon. Court of Directors of the East India Company. Published, by their order, under the direction of Sir *Joseph Banks,* Bart. London, printed by W. Bulmer, for George Nicol, bookseller. 1795—1819. III voll. folio max. — I: 1795. VIII, 68 p., tab. col. 1—100. — II: 1798. 56 p., tab. col. 101—200. — III: 1819. 98 p., ind., tab. col. 201—300.
7833* ——— An alphabetical list of plants, seen by Dr. *Roxburgh* growing on the Island of St. Helena in 1813—14. London 1816. 4. 34 p.
Exstat paucis exemplaribus seorsim impr. ex *Alexander Beatson* Tracts relative to the Island of St. Helena. London 1816. 4. p. 293—326.
7834* (———) Hortus Bengalensis, or a catalogue of the plants growing in the honourable East India Company's botanic garden at Calcutta. Serampore, printed at the mission press. 1814. 4. V, XII, 76 p.
7835* ——— A catalogue of plants described by Dr. *Roxburgh* in his mss. Flora indica, but not yet introduced into the botanical garden. Impr. cum libro praecedenti. Serampore 1813. 4. p. 77—105.
7836* ——— Flora indica; or descriptions of Indian plants. Serampore, mission press. 1820—24. II voll. 8. — I: 1820. 493 p. — II: 1824. 588 p. (26 *Rup.*)
Haecce Florae indicae editio prima ultra Pentandriam producta non est.
7837* ——— Flora indica; or descriptions of Indian plants. Serampore: printed for W. Thacker and Co., Calcutta, and for Parbury, Allen et Co., London 1832. III voll. gr. 8. — I: Classis I—V. 744 p. — II: Classis V—XIII. VI, 691 p. — III: Classis XIV—XXII. VIII, 875 p. (3 *l.* 18 *s.*)
7838* ——— The cryptogamous plants of Dr. *Roxburgh,* forming the fourth and last part of the Flora indica. (Published by permission of government from Dr. *Roxburgh's* MSS. in the library of the H. C. botanic gardens. s. l. et a. 8. 58, 11 p.
Bibl. Juss.
Extra from Calcutta Journal.

Roy, *Henricus van,* latine **Regius,** Professor in Utrecht, * Utrecht 29. Juli 1598, † Utrecht 18. Febr. 1679.
7839* ——— Hortus academicus Ultrajectinus. Ultrajecti 1650. 8. 7 plag.

Royen, *Adrian van,* Professor der Botanik in Leyden (Royena L.), * 1705, † Leyden 1779.
7840* ——— De anatome et oeconomia plantarum. D. Lugduni Batavorum, Samuel Luchtmans. 1728. 4. 46 p., praeter poemata gratulatoria.
7841* ——— Oratio qua jucunda, utilis ac necessaria medicinae cultoribus commendatur doctrina botanica; habita IX Maji 1729, quum publicum institutiones botanicas praelegendi munus in academia Lugduno-Batava inchoaret. Lugduni Batavorum, Samuel Luchtmans. 1729. 4. 26 p., poemata.
7842* ——— Carmen elegiacum de amoribus et connubiis plantarum, quum medicinae et botanices professionem in Batava, quae est Leidae, academia auspicaretur, dictum. Lugduni Batavorum, Samuel Luchtmans. 1732. 4. 34, (4) p.
7843* ——— Florae Leydensis Prodromus, exhibens plantas quae in horto academico Lugduno-Batavo aluntur. Lugduni Batavorum, Samuel Luchtmans. 1740. 8. 538 p., praef., ind., 1 tab.
7844* ——— Ericetum Africanum. 40 tab. absque descriptione. (J. v. d. Spyk fecit. P. Cattell del.) 4.
Opus ineditum.

Royen, *David van,* Professor in Leyden, †Leyden 29. April 1799.
7845* ——— Oratio de hortis publicis, praestantissimis scientiae botanicae adminiculis. Lugduni Batavorum, Luchtmans. 1754. 4. 23 p, poemata.
7846 ——— Novae plantae Schwenckia dictae descriptio. Hagae Comitam. 1766. 8.

Royer.
7847* ——— Catalogue des plantes du jardin du Sieur *Royer,* marchand épicier, rue du Faubourg St. Martin, à Paris. Paris 1760. 8. 111 p. — Ed. III. Paris 1776. 8.

Royer, *Johann.*
7848* ——— Beschreibung des ganzen Fürstlich Braunschweigischen Gartens zu Hessen, mit seinen künstlichen Abtheilungen, Quartieren, Gehegken, Gebäuden, Lauberhütten, Wasserkünsten, Brunnen und ausgehauenen Bildern, auch ordentlicher Specification aller derer Simplicium und Kräuter, so von 1607 biss 1658 darinnen gezeuget worden, nebst nothwendigem Unterricht, wie ein feiner Lust-, Obst- und Küchengarten anzulegen, item Anleitung, wie man allerley sonderliche Garten-Gewächse in der Küchen vielfältig nützen soll, und was für feine Simplicia in den benachbarten Wäldern, Bergen, Gründen, Brüchen, und auf den Hügeln in der See zu finden und aufzuheben seyn. Zum andern Truck vermehret und verbessert. Braunschweig, G. Müller. 1658. 4. 130 p, praef., 8 tab. — *Ed. I: Halberstadt, typ. Kolwald. 1648. 4. 128 p., 14 tab.
In prima editione est descriptio horti a p. 1—10; Catalogus aller derer simplicium, oder Gewächse, so in dem F. B. Garten zu Hessen von anno 1607 an biss auff das 1630 Jahr gezeuget worden, p 11—43; reliqua sunt de horticultura, p. 45—96, et de plantis viciniae, praesertim montis Gaterschlebensis, p. 112—123.

Royle, *John Forbes,* Professor am Queen's College in London (Roylea Wall.), * Cawnpore in Indien . . . 1800, ÷ Acton bei London 2. Jan 1858.
7849* ——— An essay on the antiquity of Hindoo medicine, including an introductory lecture to the course of Materia medica and Therapeutics, delivered at King's College. London, Wm. H Allen et Co. 1837. 8. IV, 196 p. (6 *s.* 6 *d.*)
7850* ——— Illustrations of the botany and other branches of the natural history of the Himalayan mountains and of the Flora of Cashmere. London, Allen et Co. 1839. II voll. folio. — I: VIII, 472 p. — II: Plates. LXXVIII p, 3, 100 tab. col. (11 *l.* 14 *s.*)
7851* ——— Essay on the productive resources of India. London Allen et Co. 1840 8. X, 451 p.

7852 **Royle**, *John Forbes.* A manual of materia medica and therapeutics, including the preparations of the pharmacopoeas of London, Edinburgh and Dublin; with many new medicines. London 1847. 12. 744 p.

7853* —— The fibrous plants of India, fitted for cordage clothing and paper, with an account of the cultivation and preparation of flax, hemp and their substitutes. London, Smith, Elder and Co. 1855. 8. XIV, 413 p. (12 s.)

7854* —— Review of the Measures which have been adopted in India for the improved culture of cotton. London, Smith, Elder and Co. 1857. 8. IV, 104 p.

Rozier, *François,* * Lyon 23. Jan. 1734, von einer Bombe zerschmettert bei der Beschiessung von Lyon 29. Sept. 1793.

7855* —— Cours complet ou Dictionnaire d'agriculture théorique et pratique. Paris 1781—1805. XII voll. 4. — Ed. II: Paris 1809 VII voll. 8. (48 *fr.*)
  Ultima tria volumina editionis primae, quum ill *Rozier* anno 1793 e vita decessisset, curarunt potissimum viri doctissimi *André Thouin* et *Antoine Augustin Parmentier*; editionem alteram ediderunt *Charles Sigisbert Sonnini* et *Tollard.*

Rozin, *A.*

7856* —— Herbier portatif des plantes, qui se trouvent dans les environs de Liège. Premier cahier. (Liège) 1791. 8. VIII, 72 p.

Rubel, *Franz.*

7857* —— De Agarico officinali. D. Vindobonne, Gerold. 1778. 8. 42 p., 1 tab.
  Jacquin, Miscellanea austr. vol. I. p. 164—203.

Ruchinger, *Giuseppe*, Prof. der Medizin in Prag, ✝ Prag 1855.

7858* —— Flora dei Lidi Veneti. Venezia, typ. Fuchs. 1818. 8. 304 p., praef.

Ruchinger, *Giuseppe Maria.*

7859* —— Cenni intorno all' orto botanico del Liceo Convitto di Venezia. Venezia, typ. Cecchini. 1842. 8. 11 p.

Rudbeck, *Olof,* der Vater, Professor in Upsala (Rudbeckia L.), * Arosia 13. Sept. 1630, ✝ Upsala 12. Dec. 1702.
  Esberg, Laudatio funebris *Olai Rudbeckii* patris. Upsaliae 1703. 4.

7860* —— Campi Elysii liber secundus, (qui Iridum, Narcissorum, Hyacinthorum, Tuliparum, Liliorum, Crocorum atque alias ex bulborum genere figuras justa magnitudine expressas habet), opera *Olai Rudbecki* patris et filii editus. Then Andre Delen af Glysis Wald, igenom *Olof Rudbäck*, Fadren och Sonen, uthgången och tryckt uti Upsala Åhr 1701. Upsala 1701. folio. 239 p., (2) foll, ic. xyl. i. t. Bibl. aul. Vindob., Reg. Paris.

7861* —— Campi Elysii liber primus, opera *Olai Rudbeckii* patris et filii editus. Then Förste Delen af Glysis Wald, igenom *Olof Rudbäck*, Fadren och Sonen, uthgången och tryckt uti Upsala åhr 1702. folio. 224 p., ic. xyl. i. t. Bibl. Horti bot. Oxon.
  Editionem novam viginti exemplaribus curavit Bibliotheca Holmiensis anno 1863.
  Amoreux, Notice sur un livre de Botanique des plus rares et sur son auteur. Annales de la Soc. Linn. de Paris 1825, 118—131.

7862* —— Catalogus plantarum, quibus hortum academicum Ubsaliensem primum instruxit anno 1657. Ubsaliae 1658. 12. 43 p

7863* ——, pr. Horticultura nova Upsaliensis. D. Upsaliae 1664. 4. 2¼ plag

7864* —— Deliciae Vallis Jacobaeae, sive Jacobsdaal Comitis *Magni Gabrielis DelaGardie* praedii et hortorum prope Stockholmiam descriptio. Upsaliae 1666. 12. 36 p.

7865* —— Hortus Upsaliensis academiae, primum instructus anno 1657; accedit ejusdem auctuarium novissimum. Upsaliae 1666. 12. 43, 12 p.
  Est eadem omnino impressio ac praecedens, novo substituto titulo et addita appendice 12 paginarum.

7866* —— Hortus botanicus, variis exoticis indigenisque plantis instructus. Upsaliae, typ. Henr. Curio. 1685. 8. 120, (4) p.

7867* —— Reliquiae Rudbeckianae, sive Camporum Elysiorum libri primi, olim ab *Olao Rudbeck* patre et filio Upsaliae anno 1702 editi, quae supersunt, adjectis nominibus Linnaeanis. Accedunt aliae quaedam icones caeteris voluminibus Rudbeckianis aut destinatae aut certe haud omnino alienae, hactenus ineditae, cura *Jacobi Eduardi Smith.* Londini, impensis editoris. 1789. folio. 35 p., ind., ic. xyl. i. t.
  Decrevit *Olof Rudbeck* pater icones ligno incisas plantarum omnium sibi cognitarum una cum synonymis earum edere; itaque partim ex aliis libris, partim ex autopsia 11,000 circiter plantas maximam partem ipse delineavit, coloribus ornavit, inque duodecim volumina digessit, easque dein ligno incidendas curavit. In hoc opere conscribendo magnam vitae partem consumsit, eique senescenti filius *Olof Rudbeck*, in his curis operam tulit assiduam. Tandem anno 1701 tomum *secundum* operis «Campi Elysii» dicti ediderunt, eumque propterea, quod figuras circiter 700 plantarum Liliacearum, Coronariarum, Ensatarum, Orchidearum et Orobanchearum, quae eo continebantur, optatiores esse ementibus crediderunt, quam ceteras. Anno 1702 tomus *primus* prodiit. Continet figuras Cyperacearum, Graminum et Juncacearum, textu eadem ratione ac in tomo secundo, in iisdem paginis ut figurae excuso. Postquam tomus primus ex prelo prodierat, mox infelix incidit incendium Upsaliense die XVI Maji 1702. Ibi flammis consumtae sunt tum exemplaria tomi secundi plurima, quae in templo Cathedrali asservabantur, tum exemplaria tomi primi *omnia*, ex officina typographica nondum emissa, *duobus tantummodo exceptis*, quorum alterum in bibliotheca *Benzeliana*, tunc in *Geeriana*, hodie, teste *Wikström*, ibi nunc temporis deest. Unicum, quod hodie superest, exemplar est in bibliotheca *Sherardiana* in horto botanico Oxoniensi, cujus descriptionem e Bibl. Banks. III. 67. appono. Sunt 224 paginae, sed paginae 41—48 impressae desunt, calamo scriptorio restitutae. Desideratur etiam titulus. Fusiorem operis celebratissimi et rarissimi historiam habes apud *Wikström*, Consp. lit. bot. in Suecia, p. 225—229.

Rudbeck, *Olof,* der Sohn, Professor in Upsala, * Upsala 15. März 1660, ✝ Upsala 23. März 1740.
  Vita *Rudbeckii* in Nov. Act. Ups. vol. V. (1740.) p. 125.
  J. Ihre, Laudatio funebris *Olavi Rudbeckii*. Upsaliae 1741. 4.

7868* —— Propagatio plantarum botanico-physica, quam experientia et rationibus stabilitam, figuris aeneis exornatam, et huic nostro climati accommodatam evulgat *Olavus Rudbeck*, Ol. filius. Upsaliae, excudit Henricus Curio. 1686. 8. 142 p., praef., 5 tab., ic. xyl. i. t.

7869* —— Disputatio medica inauguralis de fundamentali plantarum notitia rite acquirenda, quam pro gradu doctoratus publico examini subjicit *Ol. Rudbeck*. Ultrajecti a/Rh., typ. Halma. 1690. 4. 25 p. — *Dissertatio de fundamentali plantarum notitia rite acquirenda, collatis methodis, Hermanniana, Rajana, Riviniana. Augustae Vindelicorum, typ. Schönig. 1691. 12. 57 p.

7870* —— Nora Samolad, sive Laponia illustrata, et iter per Uplandiam, Gestriciam, Helsingiam, Medelpadiam, Angermanniam, Bothniam etc. Nora Samolad, eller Uplyste Lapland. Medh Resan genom Upland, Gestrikland etc. latine et suecice. Upsalae, propriis impensis editum. 1701. 4. 79 p., praef., 2 tab. xyl., 1 tab. aen. Bibl. Reg. Dresd.
  Opus hoc, teste *Linnaeo*, 12 constabat tomis manuscriptis, quorum primus solum in hoc libello, iter per Uplandiam, proponitur; reliqui tomi cum Upsalia anno 1702 conflagrarunt. Ad rem herbariam pertinet catalogus baccarum edulium septentrionalium et icon Sceptri carolini.

7871 ——, pr. Disputatio de Mandragora. Upsaliae 1702. 8. 28 p.

7872* ——, pr. De Hedera. D. Upsaliae, typ. Werner. 1707. 4. 45 p.

7873* ——, pr. Rubus humilis, fragariae folio, fructu rubro Ackerbär från Norlanden. D. Upsaliae, typ. Werner. 1716. 8. 50 p., 2 tab.

7874 —— Dudaim Rubenis, quos neutiquam Mandragorae fructus fuisse, aut flores amabiles, lilia, violas, narcissos, leucoia, species melonis, vaccinia, chamaebatum, rosam, solanum, halicacabum, certas uvas, tubera, maiisch, circaeam, hordeum, philtra amatoria etc sed fraga, vel mora Rubi idaei spinosi, allatae hic rationes satis videntur evincere. Upsalis, typ Werner. 1733. 4. 18 p.

Rudge, *Edward*, Friedensrichter (Rudgea Salisb.), * Evesham 27. Juni 1763, ✝ Evesham 3. Sept. 1846.

7875* —— Plantarum Guianae rariorum icones et descriptiones hactenus ineditae. Volumen primum. Londini, sumtibus auctoris, typ. Richardi Taylor. 1805. folio. 32 p., 50 tab. (4 *l.*)
  Pulcherrimi operis nihil amplius prodiit; duo praeparabantur volumina octo fasciculis acsolvenda; cuique fasciculo 12 tabulae destinatae erant.

Rudolph, *Johann Heinrich.*

7876* —— Florae Jenensis plantae ad Polyandriam Monogyniam Linnaei pertinentes. D. Jenae, typ. Fickelscher. 1781. 4. 26 p.

Rudolph, *Ludwig.*

7877* —— Ueber die Bedeutung der Pflanzengeographie für den botanischen und geographischen Unterricht. Programm. Berlin, typ. Petsch. 1855. 8. 33 p.

7878* —— Atlas der Pflanzengeographie über alle Theile der Erde. 2. Auflage. Berlin, Nicolai. 1864. folio. 11 foll., 10 tab. col. (4 *th*)

7879* —— Supplementheft zur Pflanzendecke der Erde. Berlin, Nicolai. 1859. 8. 34 p.

Rudolphi, *Friedrich Karl Ludwig*, D. M., * Ratzeburg 18. Sept. 1801, ✝ Ratzeburg 27. April 1849.

7880* —— Systema orbis vegetabilium. D. Gryphiae, typ. Kunike. 1830. 8. 80 p. (⁵⁄₁₂ *th.*)

Rudolphi, *Karl Asmund*, Professor der Anatomie und Physiologie zu Berlin (Rudolphia Willd.), * Stockholm 14. Juli 1771, ÷ Berlin 28 Nov. 1832.

7881* —— Anatomie der Pflanzen. Göttinger Preisschrift. Berlin, Mylius. 1807. 8. xvi, 286 p., 6 tab. (1 ²/₃ th.)

7882* —— Beiträge zur Anthropologie und allgemeinen Naturgeschichte. Berlin, Haude und Spener. 1812. 8. 188 p, 1 tab., effigies *P. S. Pallas*. (1 th)

Rueckert, *Ernst Ferdinand*, Arzt in Königsbrück, * Grosshennersdorf 1794, ÷ Königsbrück 21 Juli 1843.

7883* —— Beschreibung der am häufigsten wildwachsenden und kultivirten phanerogamen Gewächse, Farnkräuter, so wie einiger offizinellen Moose und Schwämme Sachsens und der angrenzenden Preussischen Provinzen, mit Angabe ihrer nützlichen und schädlichen Eigenschaften. Für Freunde der Botanik, Schullehrer und Oekonomen bearbeitet. Leipzig, Crayen. 1840. 2 Theile. 8. — I: viii, 306 p. — II: 302 p. (2 ½ th.)
Ejus «Flora von Sachsen». Grimma 1844 8. (1 th.) est idem liber ac praecedens, a fraudoso bibliopola fallaci hoc titulo de novo emissus

Rüder, *Friedrich August*, * Eutin 26. Jan. 1762, † Leipzig 8. Dec. 1856.

7884* —— Ueber die Ernährung der Pflanzen und die Statik des Landbaus in Beziehung auf *Hlubek's* Preisschrift Leipzig, Peter. 1843 8. 54 p. (¹/₃ th.)

Ruel, *Jean* (etiam de la Ruelle) (Ruellia L.), * Soissons 1474, ÷ Paris 24. Sept. 1537.
Eloy, Dict IV, 132.
Ernst Meyer, Geschichte der Botanik IV, 249—253

7885* —— De natura stirpium libri tres. Parisiis, ex officina Simonis Colinaei. 1536. folio. (6) foll, 884 p., (62) p. ind. — * De natura stirpium libri tres, *Joanne Ruellio* autore, medico hac aetate longe clarissimo, cum indice omnium universi operis observatione dignorum copiosissimo. Basileae, in officina Frobeniana. 1537. folio. 666 p., ind. — Venetiis, per Bernardum Bindomum. 1538. II voll. 8. — Basileae, in officina Frobeniana. 1543. folio. — ib. 1573. folio.

Rueling, *Johann Philipp*, Arzt in Einbeck, dann in Nordheim (Rulingia R. Br.), * 1741.

7886* —— Commentatio botanica de ordinibus naturalibus plantarum. Goettingae, typ Rosenbusch. 1766. 4. 36 p., 1 tabula phytographica universalis.
Usteri, Delect. opusc. bot. II. 431—462.

7887* —— Physikalisch-medizinisch-ökonomische Beschreibung der zum Fürstenthum Göttingen gehörigen Stadt Nordheim und ihrer umliegenden Gegend Göttingen, Vandenhoeck und Ruprecht. 1779. 8 340 p, tab. (1 ¹/₁₂ th.)

7888* —— Ordines naturales plantarum. Goettingae, Vandenhoeck. 1774. 8. 112 p, 1 tab.
Cf *Erxleben* Physik. Bibliothek I. 442—460.

7889* —— Verzeichniss der an und auf dem Harz wildwachsenden Bäume, Gesträuche und Kräuter. Impr. cum *Christoph Wilhelm Jakob Gatterer*, Anleitung den Harz zu bereisen. Göttingen 1786. 8. vol. II. p 186—247.
Rufinus, Liber de simplicibus. Codex manuscriptus saeculi XIV, olim in bibl Saibante
Morelli Bibl p 401. — Nuova Raccolta Calogera XXXVII. 51.

Ruhland, *Reinhold Ludwig*, Arzt in Ulm, * Ulm 16. April 1786, ÷ Ulm 23. April 1827.

7890* —— Dissertatio inauguralis, sistens fragmenta de nutritione plantarum. Landishuti 1809. 8. 37 p

Ruiz Lopez, *Hipolito* (Ruizia Cav.), * Belorada 8. Aug 1754, ÷ Madrid 1815.

7891 —— An historical Eulogium on *Don Hipolito Ruiz Lopez*, first botanist and chief of the expedition to Peru and Chile etc. Translated from the spanish. Salisbury, Brodie. 1831. 8. 55 p.
Colmeiro Bot esp 179—181.

7892* —— Quinologia, o tratado del árbol de la Quina o Cascarilla, con su descripcion, y la de otras especies de Quinos nuevamente descubiertas en el Perú; del modo de beneficiarla, de su eleccion, comercio, virtudes, y extracto elaborado con cortezas recientes, y de la efficacia de este, comprobada con observaciones; á que se añaden algunos experimentos chimicos, y noticias acerca del análisis de todas ellas. Madrid, en la officina de la viuda e hijo de Marin. 1792. 4. 103 p praef., ind.

7893* **Ruiz Lopez**, *Hipolito* Supplemento á la Quinologia. Madrid en la officina de la viuda e hijo de Marin. 1801. 4. 154 p. praef., ind.
* italice: Roma 1792. 8 xxxii, 139 p.
* germanice: Von dem offizinellen Fieberrindenbaum und den andern Arten desselben, die neuerlich *Hippolitus Ruiz* entdeckte und beschrieb Goettingen, Vandenhoeck und Ruprecht. 1794. 8. 106 p., praef., ind

7894* —— et Josef **Pavon**. Florae peruvianae et chilensis Prodromus, sive novorum generum plantarum peruvianorum et chilensium descriptiones et icones. Descripciones y láminas de los nuevos géneros de plantas de la Flora del Perú y Chile. De órden del Rey. Madrid, en la imprenta de Sancha 1794. folio. xxii, 153 p., 37 tab. — * Editio secunda auctior et emendatior. Romae, typ. Palearini. 1797. gr. 4. xxvi, 151 p, 37 tab.
Editio originaria latine et hispanice, editio Romana tantummodo latine conscripta est. In exemplari Delessertiano addita est tabula, Beauharnoisiam genus illustrans, cum descriptione.

7895* —— Respuesta para desengaño del público á la impugnacion, que ha divulgado prematuramente el Presbítero Don *Josef Antonio Cavanilles* contra el Pródromo de la Flora del Perú. etc. Madrid, typ. Marin. 1796. 4 min 190 p.

7896* —— et Josef **Pavon**. Flora peruviana et chilensis, sive descriptiones et icones plantarum peruvianarum et chilensium, secundum systema Linnaeanum digestae, cum characteribus plurium generum evulgatorum reformatis. (Matriti), typ. Gabrielis de Sancha. 1798—1802. IV voll. folio. — I: 1798. vi, 78 p., tab. 1—106 — II: 1799. 76 p, tab. 107—222. — III: 1802 xxiv, 95 p., tab. 223—325. — IV: 1802 tab 326—425

7897* —— —— Systema vegetabilium Florae peruvianae et chilensis, characteres Prodromi genericos differentiales, specierum omnium differentias, durationem, loca natalia, tempus florendi, nomina vernacula, vires et usus nonnullis illustrationibus interspersis complectens. Tomus primus. s. l. typ. Gabrielis de Sancha. 1798. gr. 8. vi, 455 p.
Inde a p. 303 incipit: Pars II.

7898* —— De vera Fuci natantis fructificatione commentarius. Matriti, typ. Marin. 1798. 4 min. 38 p., 1 tab.

7899 —— Disertacion sobre la raiz de la Ratánhia, específico singular contra los fluxos de sangre etc. Madrid, typ. Marin. 1799. 4. (12), 47 p.

7900* —— Ad clarissimum virum *A. L. Jussieum* Epistola, in qua ejus dubiis circa nova plantarum genera in Flora peruviana et in D. *Cavanilles* operibus constituta respondetur. Matriti, typ. Marin. 1801. 4 min. p. 121—154.

7901* —— Memoria sobre las virtudes y usos de la planta llamada en el Perú Bejuco de la Estrella. Madrid, en la imprenta de D. José del Collado 1805. 4. 52 p, praef., 1 tab. (Aristolochia fragrantissima.)

7902* —— Memoria de las virtudes y usos de la raiz de la planta llamada Yallhoy en el Perú. Madrid, en la imprenta de D. José del Collado. 1805. 4. 35 p, 1 tab. (Monnina polystachya.)

7903* —— Memoria sobre la legítima Calaguala y otras dos raices que con el mismo nombre nos vienen de la América meridional. Madrid, en la imprenta de D José del Collado. 1805. 4. 60 p., praef., 1 tab (Polypodium Cataguala.)

Ruiz, *Sebastian Joseph Lopez*.

7904* —— Defensa y demostracion del verdadero descubridor de las quinas del reyno de Santa Fé, con varias noticias útiles de este específico, en contestacion á la memoria de Don *Francisco Antonio Zea*. Madrid, typ. Marin. 1802. 4. 24 p

Ruland, *Joseph*.

7905* —— Ueber das botanische System des *Rivinus*. D. Würzburg 1832. 8. 19 p

Rumetius, *Ludovicus*.

7906* —— Sacrorum bibliorum arboretum morale. Parisiis, excudebat Franciscus Julliot. 1606. 12. 109 p., praef., ind. Bibl. Juss

7907* —— Scripturae sacrae viridarium literale et mysticum, in tres libros [et sexaginta arboreta digestum. Parisiis, apud Joannem Fouet. 1626 8 901 p., praef., ind. Bibl. Juss.

Rumpf, *Georg Eberhard*, * in Grafschaft Solms 1627, † 13. Juni 1702.

August W. E. Th. Henschel, Clavis Rumphiana. Accedit Vita *G. E. Rumphii*, Plinii indici. Vratislaviae, Schultz. 1833. 8. xiv et 215 p., 1 tab. ($1\frac{1}{3}$ *th.*)

J. K. Hasskarl, Neuer Schlüssel zu *Rumph's* Herbarium amboinense. Halle, Schmidt 1866. 4. vi, 247 p.

Abhandlung der naturforschenden Gesellschaft, Band 9.

7908* —— Herbarium Amboinense, plurimas complectens arbores, frutices, herbas, plantas terrestres et aquaticas, quae in Amboina et adjacentibus reperiuntur insulis, adcuratissime descriptas juxta earum formas cum diversis denominationibus, cultura, usu ac virtutibus. Quod et insuper exhibet varia insectorum animaliumque genera, plurima cum naturalibus eorum figuris depicta. Omnia magno labore ac studio multos per años collecta et XII conscripta libris. Nunc primum in lucem edita et in latinum sermonem versa, cura et studio *Joannis Burmanni*, qui varias adjecit synonyma suasque observationes. Amstelodami, apud M. Uytwerf. 1750. (1741—55.) VI voll. folio. latine et hollandice. — I: 200 p., praef., 82, 3 tab. — II: 270 p., 87 tab. — III: 218 p., 141 tab. — IV: 154 p., 82 tab. — V: 1747. 492 p., 184 tab. — VI: 256 p., 90 tab.

7909* —— Herbarii Amboinensis auctuarium. Amsterdam 1755. folio. 74 p., ind. universalis, 30 tab.

Runge, *Friedlieb Ferdinand*, * Billwerder 8. Febr. 1795, † Oranienburg 25. März 1867.

7910* —— Neueste phytochemische Entdeckungen zur Begründung einer wissenschaftlichen Phytochemie Zwei Lieferungen. Berlin, Reimer 1820—21. 8. — I: 1820. xvii, 204 p., 3 tab. — II: 1821 xxiii, 264 p., 4 tab. ($2\frac{2}{3}$ *th.*)

7911* —— De pigmento indico ejusque connubiis cum metallorum nonnullis oxydis. D. Berolini, Reimer. 1822. 8. 54 p. ($\frac{1}{4}$ *th.*)

7912* —— Resultate chemischer Untersuchungen der Cynareen, Eupatorinen, Radiaten, Cichoreen, Aggregaten, Valerianeen und Caprifolien in Auffindung und Nachweisung eines diesen Pflanzenfamilien eigenthümlichen Stoffes. Breslau, typ. Grass, Barth et Co. 1828. 4. 19 p. ($\frac{1}{4}$ *th.*)

Ruppius, *Heinrich Bernhard* (Ruppia L.), * Giessen 1688, † Jena 7. März 1719.

7913* —— Flora Jenensis, sive enumeratio plantarum tam sponte circa Jenam et in locis vicinis nascentium, quam in hortis obviarum, methodo conveniente in classes distributa, figurisque rariorum aeneis ornata: in usum botanophilorum Jenensium edita a *Johanne Henrico Schutteo*. Cui accedit Supplementum. Francofurti et Lipsiae, Bailliar. 1718. 8. 376 p, praef., ind., 3 tab. — * Ed. emendata et aucta. Francofurti et Lipsiae, Bailliar. 1726. 8. 311 p., praef., ind. — * Ed. III: Flora Jenensis *Henrici Bernhardi Ruppii*, ex posthumis auctoris schedis et propriis observationibus aucta et emendata ab *Alberto Haller*. Accesserunt plantarum rariorum novae icones. Jenae, sumtibus C. F. Cunonis. 1745. 8. 416 p., praef., ind., 6 tab.

Ruprecht, *Franz J.*, Custos des Herbars der K. Akademie der Wissenschaften in Petersburg (Ruprechtia C. A. M.), * Prag 1. Nov. 1814. † Petersburg 4. Aug. 1870.

7914* —— Tentamen Agrostographiae universalis, exhibens characteres ordinum, generumque dispositionem naturalem cum distributione geographica, adjectis tabulis analyticis. Pragae, typ. Haase. 1838. 8. 48 p.

7915* —— Bambuseae. Petropoli, typ. academiae scientiarum. (Lipsiae, Voss) 1839. 4. 74 p., 18 tab. (1 *th.*)

Act. Acad. Petrop. ser. VI, tom. V.

7916* —— Flores Samojedorum cisuralensium. Petropoli, typ. acad. sc. (Lipsiae, Voss.) 1845. 8. 67 p., 6 tab. ($\frac{2}{3}$ *th.*)

7917* —— Distributio cryptogamarum vascularium in imperio rossico. Petropoli, typ acad. sc. (Lipsiae, Voss.) 1845. 8. 56 p. ($\frac{1}{3}$ *th.*)

7918* —— In historiam stirpium Florae petropolitanae diatribae. Petropoli, typ acad. sc. (Lipsiae, Voss.) 1845. 8. 93 p. ($\frac{1}{2}$ *th.*)

Tres ultimi libelli sistunt simul fasciculos II—IV collectionis inscriptae: Beiträge zur Pflanzenkunde des Russischen Reiches; in unum corpus collecti eduntur hoc titulo: «Symbolae ad historiam et geographiam plantarum rossicarum.» Petropoli 1846. 8. 252 p., 6 tab. ($1\frac{1}{2}$ *th.*)

7919* —— Bemerkungen über den Bau und das Wachsthum einiger grossen Algenstämme, und über die Mittel, das Alter derselben zu bestimmen. Petersburg (Leipzig, Voss) 1844. 4. 14 p., 1 tab. ($\frac{1}{6}$ *th.* n.)

Mém. ac. Pét. vol. VI.

7920* **Ruprecht**, *Franz J.* Algae Ochotenses. Die ersten sichern Nachrichten über die Tange des Ochotskischen Meeres. Petersburg (Leipzig, Voss.) 1850. 4. 243 p., 10 tab. col. (4 *th.* n.)

Aus *von Middendorff's* Reise in Sibirien.

7921* —— Ueber die Verbreitung der Pflanzen im nördlichen Ural. (Beiträge etc., Heft 6.) Petersburg und Leipzig, Voss. 1850. 8. 84 p. ($\frac{2}{5}$ *th.*)

7922* —— Neue und wenig bekannte Pflanzen aus dem nördlichen Theile des stillen Oceans. Petersburg (Leipzig, Voss.) 1852. 4. 26 p., 8 tab ($2\frac{1}{5}$ *th.* n.)

Mém. ac. Pét. vol. VII.

7923* —— Flora boreali-uralensis. Ueber die Verbreitung der Pflanzen im nördlichen Ural. Nach den Ergebnissen der Ural-Expedition in den Jahren 1847—48. Petersburg, Druckerei der Akademie der Wissenschaften. 1856. 4. 49 p., 3 tab.

Aus *Ernst Hofmann*, der nördliche Ural, Band II.

7924* —— Decas plantarum sive Tabulae botanicae X ex itinerario D. Maack seorsim editae. St. Petersburg, Akademie der Wissenschaften. (Leipzig, Voss.) 1859. folio. 10 tab., 10 foll. (5 *th.* n.)

7925* —— Flora ingrica, sive historia plantarum gubernii Petropolitani. Vol. 1. Petropoli, Eggers et Co. (Lipsiae, Voss.) 1860. gr. 16. xxvi, 670 p. (2 *th.* 28 *sgr.*)

7926 —— Untersuchungen über das Tschornosjom, den vegetabilischen Humusboden Russlands. 2 Theile. (Petersburg 1864—66.) gr. 8. 150 p.

7927* —— Flora Caucasi. Pars prima. Petersburg, Eggers et Co. 1869. 4. iv, 302 p., 6 tab. (3 *th.* 7 *sgr.*)

Mémoires XV, 1.

Rupprecht, *Johann Baptist*, * Wölfelsdorf in der Grafschaft Glatz 1776, † Wien 15. Oct. 1846.

7928* —— Ueber das Chrysanthemum indicum, seine Geschichte, Bestimmung und Pflege. Ein botanisch-praktischer Versuch. Wien, Strauss. 1833. 8. 211 p. ($1\frac{3}{4}$ *th.*)

Ruprich-Robert, *Victor*, Architekt in Paris, * Paris 1820.

7929 —— Flore ornamentale. Paris, Dunod. 1865—70. 4. 150 tab. avec texte. (125 *fr.*)

Russell, Duke of Bedford, *John* (Bedfordia DC.), * 6. Juli 1766, † London 20. Oct. 1839.

* Copy of a letter addressed to Dawson Turner Esq. on the occasion of the death of the late Duke of Bedford. etc. by *Hooker*. Glasgow 1840. 4. (Printed only for private distribution.)

Russow, *Edmund*, Docent in Dorpat.

7930 —— Flora der Umgebung Reval's. Dorpat, Gläser. 1862. gr. 8. 122 p. (28 *sgr.* n.)

7931 —— Beiträge zur Kenntniss der Torfmoose. Dorpat, Gläser. 1865. gr. 8. 84 p., 5 tab. ($\frac{2}{3}$ *th.* n.)

7932* —— Histiologie und Entwicklungsgeschichte der Sporenfrucht von Marsilia. D. Dorpat, typ. Laakmann. 1871. 8. 82 p.

Ruthe, *Johann Friedrich*, * Egenstedt bei Hildesheim 16. April 1788, † Berlin 24. Aug. 1859.

Biographie in Verh. des märk. bot. Vereins 1860, p. 211—216.

7933* —— Flora der Mark Brandenburg und der Niederlausitz. Erste Abtheilung: Phanerogamen. Berlin, Logier. 1827. 8. xxiv, 491 p. ($1\frac{1}{2}$ *th.*) — * Zweite vermehrte und verbesserte Auflage. Phanerogamen und Kryptogamen. Berlin, Lüderitz. 1834. 8. xxvi, 687 p., 2 tab. (2 *th.*)

Rutherford, *Daniel*, Professor der Botanik in Edinburgh, * Edinburgh . . Nov. 1749, † Edinburgh 15. Nov. 1819.

Rutström, *Carl Birger*, * Stockholm 22. Nov. 1759, † Stockholm 13. April 1826.

7934 —— Positiones nonnullae medici et botanici argumenti. D. Harderovici 1793.

7935 —— Spicilegium plantarum cryptogamarum Sueciae. D. Aboae, typ. Frenckel. 1794. 4. 20 p.

Ruysch, *Frederick*, Professor in Amsterdam (Ruyschia Jacq.), * Haag 23. März 1638, † Amsterdam 22. Febr. 1731.

Rydelius, *Anders*, Bischof von Lund, * 24. Aug. 1671, † Lund 1. Mai 1738.

7936 ——, pr. Dissertatio de Palma. Londini Gothorum 1720. 8. 32 p.

Ryder, *Thomas.*
7937 —— Some account of the Maranta, or Indian Arrow root, in which it is considered and recommended as a substitute for starch prepared from corn. London 1796. 8. 32 p.

S.

Saage, *Martin Joseph*, Professor in Braunsberg, * Frauenberg 3. Nov. 1803.
7938* —— Catalogus plantarum phanerogamarum circa Brunsbergam sponte crescentium cum clave Linnaeana et systemate naturali in usum discipulorum. Brunsbergiae, typ. Heyne. (1846.) 8. 88 p.

Sabbati, *Liberato*, de Mevania in Umbria (Sabbatia Adans.).
7939* —— Synopsis plantarum quae in solo Romano luxuriantur. etc. Ferrariae, apud J. Barbieri. 1745. 4. 50 p., 2 tab. et 2 fig. aeri incisae i. t.
Redit anno 1764 ita inscripta: Collectio plantarum.

Sabine, *Joseph*, Stifter der Horticultural Society, * London 1770, ÷ London 20. Jan. 1837.
Proc. Royal Soc. 1837.
7940* —— Some account of the edible fruits of Sierra Leone. (From the Horticultural Transactions.) London, Nicol. 1824. 4. 30 p., 1 tab. col.

Saccardo, *Pierandrea*, Professor in Padua.
7941* —— Della storia e letteratura della Flora veneta Sommario. Milano, Valentiner. 1869. 8. x, 208 p.
7942* —— Prospetto della Flora Trevigiana ossia enumerazione sistematica delle piante finora osservate spontanee o naturalizzate nella provincia di Treviso aggiuntevi le denominazioni vernacole e varie osservazioni. Venezia, dal priv. stab. di G. Antonelli. 1864. 8. 156 p. (⁴/₆ *th.*)
7943* —— Breve illustrazione delle critogame vascolari Trivigliane. Venezia, typ. Visentini. 1868. 8. 69 p.
7944* —— Della storia e letteratura della Flora veneta Sommario. Milano, Valentiner e Mues. 1869. 8. x, 208 p.

Sacconi, *Agostino.*
7945* —— Ristretto delle piante, con suoi nomi antichi e moderni, della terra, aria e sito, ch' amano. Vienna d'Austria, typ. Heyinger. 1697. 4. 127 p., praef.
Editor est autoris frater *Francesco Persio Sacconi.*

Sach, *Johann Heinrich Karl.*
7946* —— Deutschlands wilde Gewächse nach dem Linne'schen Geschlechtssysteme geordnet und durch sorgfältige Zusammenstellung der von ihnen bekannten Wahrheiten dem Liebhaber möglichst kennbar gemacht. Ersten Theiles erster Band. Berlin, Kön. Ak. Buchhandlung. 1804. 8. xx, 383 p. (1 ⅓ *th.*)

Sachs, *Franz Jakob.*
7947* —— De Ulmo. D. Argentorati, typ. Pastor. 1738. 4. 36 p.

Sachs, *Julius*, Professor der Botanik in Würzburg.
7948* —— Ueber die gesetzmässige Stellung der Nebenwurzeln bei verschiednen Dicotyledonengattungen. Wien, Gerold. 1858. 8. 16 p., 2 tab.
Sitzungsberichte der Akademie, Band 26.
7949* —— Physiologische Untersuchungen über die Keimung der Schminkbohnen (Phaseolus multiflorus). Wien, Gerold. 1859. 8. 65 p., 3 tab.
Sitzungsberichte der Akademie, Band 37.
7950* —— Handbuch der Experimental-Physiologie der Pflanzen. Untersuchungen über die allgemeinsten Lebensbedingungen der Pflanzen und die Functionen ihrer Organe. Leipzig, Engelmann. 1866. 8. x, 514 p., ic. xyl. (3⅔ *th.*)
W. Hofmeister's Handbuch, Band 4.
* *gallice*: traduit par *Marc Micheli*. Paris, V. Masson. 1868. 8. viii, 543 p. (12 *fr.*)
7951* —— Lehrbuch der Botanik. Nach dem gegenwärtigen Stand der Wissenschaft bearbeitet. Zweite und theilweise umgearbeitete Auflage. Leipzig, Engelmann. 1870. 8. xii, 688 p., ic. xyl.
7952* —— Arbeiten des botanischen Instituts in Würzburg. Herausgegeben von *Julius Sachs.* 1. Heft. Leipzig, Engelmann. 1871. 8. 98 p. (⁴/₅ *th.*)

Sachs von Lewenhaimb, *Philipp Jakob*, Arzt in Breslau, * Breslau 26. Aug. 1627, ÷ Breslau 7. Jan. 1672.
7953* —— Ἀμπελογραφία, seu Vitis viniferae ejusque partium consideratio physico-philologico-historico-medico-chymica. Lipsiae, Trescher. 1661. 8. 670 p., praef., 70 p.

Sachse, *Karl Traugott*, Lehrer in Dresden, * Obersteinbach 18. Dec. 1815.
7954 —— Zur Pflanzengeographie des sächsischen Erzgebirges Dresden 1855. 8.

Sadebeck, *Richard*, * Breslau 20. Mai 1839.
7955* —— De montium intra Vistritium et Nissam fluvios sitorum Flora. D. Vratislaviae, typ. Neumann. 1864. 8. 42 p.

Sadler, *Joseph*, Professor in Pesth (Sadleria Kaulf.), * Pressburg 6. Mai 1791, ÷ Pesth 1849.
7956* —— Verzeichniss der um Pesth und Ofen wildwachsenden phanerogamischen Gewächse mit Angabe ihrer Standorte und Blütezeit. Pesth, Hartleben. 1818. 8. vi, 79 p. (⅓ *th.*)
7957* —— Descriptio plantarum epiphyllospermarum Hungariae et provinciarum adnexarum atque Transsylvaniae indigenarum. D. Pestini, typ. Trattner. 1820. 8. 33 p.
7958* (——) De Stipae noxa. Pesthini, typ. universitatis. 1825. 8. 15 p.
* *germanice*: ib. 1825. 8. 16 p.
* *hungarice*: ib. 1825. 8. 16 p.
7959* —— Florae Comitatus Pesthinensis. Pestini 1825—26. II voll. 8. 335, 398 p. (3 *th.*) — * Ed. II: Flora Comitatus Pesthinensis in uno volumine comprehensa. Pestini, Kilian et Co. 1840. 8. 499 p. (2 *th.*)
7960* —— De Filicibus veris Hungariae, Transsylvaniae, Croatiae et Litoralis hungarici. D. Budae, typ. universitatis. 1830. 8. 70 p. (½ *th.*)
7961 —— et **Jankovcsich.** Synopsis specierum hungaricarum Amanitae. Pesthini 1838. 8.

Sadler, *Michael.*
7962* —— Synopsis Salicum Hungariae. D. Pestini, typ. Trattner-Károly. 1831. 8. 35 p.

Saelan, *E. L.*, in Helsingfors.
7963* —— Flora fennica. Suomen Kasvio. Helsingissä, Suomalaisen Kirjallisuuden Seuran Kirjapainossa. (Osa 24.) 1866. 8. xx, 426 p., 3 tab. (5 *Markkan* 50 *penniä.*)

Saelan, *Theodor.*
7964* —— Ofversigt af Finlands botaniska Litteratur. (Helsingfors 1867.) 8. p. 83—117.

Saeve, *Carl.*
7965* —— Synopsis Florae gothlandicae. D. I—II. Upsaliae, typ. academicis. 1837. 8. 34 p.

Sage, *Balthazar George*, * Paris 7. Mai 1740, ÷ Paris 9. Sept. 1824.
7966* —— Analyse des blés et expériences propres à faire connaître la qualité du froment et principalement celle du fou de ce grain. Paris, imprimerie royale. 1776. 8. vii, 118 p

Sageret, *Augustin* (Sageretia Brongn.), * Paris 27. Juli 1763 ÷ Paris 23. März 1851.
7967* —— Mémoire sur le semis de la Solanée parmentière ou pomme de terre, d'après plusieurs expériences faites à diverses époques et récemment en 1813. Paris, typ. Huzard. 1814. 8. 51 p.
7968* —— Discussion sur l'existence des deux sèves dites de printemps et d'Août; exposition de quelques idées sur leur nature, leur cause et leurs effets présumés. Paris, typ. Huzard. 1818. 8. 45 p.
7969* —— Mémoire sur les Cucurbitacées, principalement sur le Melon avec des considérations sur la production des hybrides, des variétés etc. Paris, Huzard. 1826. 8. 60 p. — * Deuxième Mémoire. Paris, Huzard. 1827. 8. 118 p. (2 *fr.* 50 *c.*)
7970* —— Pomologie physiologique, ou traité du perfectionnement de la fructification, des moyens d'améliorer les fruits domestiques et sauvages, de faire naître des espèces et variétés nouvelles et d'en diriger la création. Paris, Huzard. 1830. 8. 578 p. (7 *fr.* 50 *c*) — Supplément. ib. 1835. 8. 24 p.

Sagot, *Paul*, Professor in Cluny (Sagotia Baill.).
7971* —— Principes généraux de géographie agricole. Paris, typ. Walder. 1862. 8. 47 p
7972* —— De l'état sauvage et des résultats de la culture et de la domestication. Nantes, typ. Mellinet. 1865. 8. 79 p.

Sagra, *Ramon de la* (Sagraea DC.), ÷ Cortaillod Juni 1871.
7973* —— Historia física, política y natural de la isla de Cuba. Segunda parte: Historia natural. Tomo 9—12 Paris, Arthus Bertrand 1845—55. folio. — Tomo IX 1845. Criptogamia ó plantas celulares por *Camilo Montagne*. 328 p., 20 tab. col. — Tomo X—XII. 1845—55. Introduccion por *Ramon de la Sagra*, 64 p., Fanerogamia ó plantas vasculares por *A. Richard*. 319, 339 p., 103 tab. (240 *fr*.)
Tabulae cum introductione anno 1863 a libraria Savy venduntur pretio 25 fr.

Sahlberg, *Carl*, Professor in Åbo (Sahlbergia Neck.), ÷ um 1840.
7974 ——, pr. De progressu cognitionis plantarum cryptogamicarum. D. I. Åbo 1803. 4. 20 p.

Sahlén, *A. J.*
7975 —— Wenersborgs Flora, eller kort beskrifning på de växter, som förekomma närmast omkring Wenersborg samt på Halle- och Hunneberg, till den studerande ungdomens tjenst utgifven. Mariestad, Berg. 1854 12. VIII, 192 p. (36 *sk*.)

Sailer, *Franz Seraphin*.
7976* —— Die Flora Oberöstreichs. Linz, Haslinger 1841. 2 Bände. 8. — I: XLVIII, 348 p. — II: XLIV, 361 p. (4 *th*.)
7977* —— Flora der Linzergegend und des obern und untern Mühlviertels in Oberöstreich, oder Aufzählung der allda wildwachsenden Pflanzen mit kenntlichen Blüthen mittelst Angabe ihrer deutschen, lateinischen und vulgären Namen. Linz, bei dem Verfasser. 1844. 8. 54 p.

Saint-Amans, *Jean Florimond Boudon de*, * Agen 24. Juni 1748, ÷ Agen 28 Oct. 1831.
7978* —— Fragmens d'un voyage sentimental et pittoresque dans les Pyrénées, ou Lettre écrite de ces montagnes. Metz, Devilly. 1789. 8. IV, 259 p.
Inest a p. 189—259: Le bouquet des Pyrénées, ou catalogue des plantes observées dans ces montagnes, pendant les mois de Juillet et Août de l'année 1788
7979 —— Recherches sur la cause et les remèdes de la maladie, qui détruit les arbres des promenades d'Agen. Agen, typ. Noubel. 1789. 8. 27 p.
7980* —— Flore Agenaise, ou description méthodique des plantes observées·dans le département de Lot-et-Garonne et dans quelques parties des départemens voisins. Agen, Prosper Noubel. 1821. 8. 632 p., 12 tab. (9 *fr*.)
Tabulae libri praecedentis seorsim sunt editae, ita conscriptae: «Le bouquet du département de Lot-et-Garonne»

Saint-Brody, *G. O.*
7981 —— Flora of Weston and its neighbourhood. Weston-super-mare 1856. 8.

Saint-Germain, *J. J. de* (Germanea Lam.).
7982* —— Manuel des végétaux, ou Catalogue latin et françois de toutes les plantes, arbres et arbrisseaux connus sur le globe jusqu'à ce jour, rangés selon le système de Linné par classes, ordres, genres et espèces; etc. Paris, Delaguette. 1784. 8. XL, 378 p. — Suite. ib. 1786. 12 191 p.

Saint-Hilaire, *Augustin François César* **Prouvensal**, nommé *Auguste de Saint-Hilaire* (Hilaria H. B K.), * Orléans 4. Oct. 1779, ÷ Orléans 30. Sept. 1853.
7983* —— Réponse aux reproches, que les gens du monde font à l'étude de la botanique. Paris, typ. Huet-Perdoux. 1811. 8. 30 p
7984* —— Mémoire sur les plantes auxquelles on attribue un placenta central libre et sur la nouvelle famille des Paronychiées; suivi d'une note sur la même famille par M. *Antoine Laurent de Jussieu* Paris, typ. Belin. 1816 4. 109 p., 1 tab. (5 *fr*.)
7985* —— Mémoire sur les Cucurbitacées, les Passiflorées et le nouveau groupe des Nandhirobées. Paris, typ. Belin. 1823. 4 47, 32 p.
7986* —— Histoire des plantes les plus remarquables du Brésil et du Paraguay; comprenant leur description et des dissertations sur leurs rapports, leurs usages etc. Tom. I. Paris, Belin. 1824. 4. LXVII, 355 p., 30 tab (40 *fr*.)

Saint-Hilaire, *Augustin François César* **Prouvensal**, nommé *Auguste de Saint-Hilaire*. Plantes usuelles des Brasiliens. Paris, Grimbert. 1824—28. (298) p., 70 tab. (70 *fr*.)
7987*
7988* —— Flora Brasilinae meridionalis Accedunt tabulae delineatae a Turpinio aerique incisae. Paris, Belin. 1835—33. III voll. folio. — I: 1825. IV, 395 p, ind., tab col. 1—82 — II: 1829. autoribus *Auguste de Saint-Hilaire*, *Adrien de Jussieu* et *Jacques Cambessedes*; tabulas delineante *Eulalia Delile*. 381 p., ind, tab. col 83—159 — III: 1832—33. 160 p., tab. col. 161—192. (360 *fr*.)
7989* —— Conspectus Polygalaearum Brasiliae meridionalis. Orléans, typ. Danicourt-Huet. 1828. 8 18 p.
7990* —— Tableau géographique de la végétation primitive dans la province de Minas Geraes. Paris, P. de la Forest. 1837. 8. 49 p.
In nonnullis exemplaribus legitur in schedula titulo adglutinata: «Seconde édition revue et corrigée.»
7991* —— Deuxième Mémoire sur les Résédacées. Montpellier, typ. Jean Martel 1837. 4. 42 p.
7992* —— Leçons de botanique comprenant principalement la morphologie végétale, la terminologie, la botanique comparée, l'examen de la valeur des caractères dans les diverses familles naturelles. Paris, Loss. 1840. 8 VIII, 930 p., 24 tab. (14 *fr*.)
7993* —— et *Frédéric de Girard*. Monographie des Primulacées et des Lentibulariées du Brésil méridional et de la république argentine. (Deuxième édition corrigée.) Orléans, typ Danicourt-Huet. 1840. 8. 48 p, 2 tab.

Saint-Moulin, *V. J. de*.
7994* —— Commentatio botanico-oeconomica de quibusdam arboribus in Belgio cultis. Trajecti ad Rhenum, Altheer. 1827. 8. 116 p.
7995 —— Monographia Quercus Roboris. Lugd. Bat. 1828. 4. 2 tab.

Saint-Simon, *Marquis de*.
7996* (——) Des Jacintes, de leur anatomie, reproduction et culture. Amsterdam 1768. 4. 164 p., ind., 10 tab.

Saldanha da Gama, *José de*.
7997* —— Configuração e descripção de todos os orgãos fundamentaes das principaes madeiras da provincia de Rio de Janeiro. Vol. 1. Rio de Janeiro, typ. J. J. Fontes. 1865. 8. 155 p., 12 tab.
7998* —— Travaux au sujet des produits qui sont à l'exposition universelle de Paris en 1867. Paris, typ. Brière. 1867. 8. 29 p.
7999* —— Classement botanique des plantes alimentaires du Brésil. Paris, typ. Martinet. 1867. 4. 20 p.

Salisbury, *Richard Anthony* (Salisburya Sm.), * 1762.
8000* —— Icones stirpium rariorum descriptionibus illustratae. Londini, typ. Bulmer. 1791. folio max. 20 p., tab. col. 1—10.
8001* —— Prodromus stirpium in horto ad Chapel Allerton vigentium. Londini 1796. 8. VIII, 422 p.
8002* —— The generic characters in the English Botany collated with those of Linné. London, Hatchard. 1806. 8. VIII, 34 p.
8003* —— The Paradisus Londinensis: containing plants cultivated in the vicinity of the Metropolis. The descriptions by *Richard Anthony Salisbury*; the figures by *William Hooker*. London, published by William Hooker. 1806—7. II voll. 4. 117 tab. pulcherr. col., text.
Opus splendidum prodiit quadraginta fasciculis, tabulis ternis pictis, annis 1806—9. Tabularum explicatio adest usque ad tab. 122; sed ipsae tabulae 118—122 certo non prodierunt.
8004* —— The Genera of plants. A Fragment containing Part of Liriogamae. London, John van Voorst. '1866. 8. VI, 143 p.

Salisbury, *William*.
8005* —— Hortus Paddingtonensis: or a catalogue of plants cultivated in the garden of *J. Symmons*, Esq. Paddington-house. London, typ. Conchman. 1797. 8. 97 p., ind.
8006 —— The botanists Companion, or an introduction to the Knowledge of practical botany and the uses of plants, either growing wild in Great Britain. In two volumes London Longman. 1816. 8.

Salm-Horstmar, *Friedrich, Fürst von*, * 11. März 1799, – Varla bei Coesfeld 27 Mai 1865.

8007* —— Versuche und Resultate über die Nahrung der Pflanzen. Braunschweig, Vieweg. 1856. 8. 39 p. (⅓ th. n.)

Salm-Salm, *Karl, Fürst von* (Salmia Cav.).
«Qui in botanica multum profecit, et mihi hujus scientiae prima rudimenta dedit» Cav. Ic. pl. III, 24.

Salm-Reifferscheid-Dyck, *Joseph, Fürst und Altgraf*, * Dyck 4. Sept. 1773, † Nizza 21. März 1861.
Bonplandia 1861, 331—334.

8008* —— Verzeichniss der verschiednen Arten und Abarten des Geschlechts Aloe, welche von Willdenow, Haworth, DeCandolle und Jacquin beschrieben worden, oder noch unbeschrieben in den Gärten Deutschlands, Frankreichs und der Niederlande sich befinden. (Düsseldorf) 1817. 8. 8, 73 p.
* *gallice*: Catalogue raisonné des espèces et des variétés d'Aloes, etc. ib. 1817. 8. 8, 72 p.

8009* —— Observationes botanicae in horto Dyckensi notatae. Fasc. I—III. Coloniae, typ. Thiriart. 1820—22. 12. — I: 1820. p. 1—35. — II: 1821. p. 37—73. — III: 1822. 47 p.

8010* —— Index plantarum succulentarum in horto Dyckensi cultarum Aquisgrani 1822. 8. 60 p.

8011* —— Index plantarum succulentarum in horto Dyckensi cultarum. Aquisgrani, Beaufort. 1829. 8. 74 p.

8012* (——) Hortus Dyckensis, ou catalogue des plantes cultivées dans les jardins de Dyck. Düsseldorf, Arnz et Co. 1834. 8. VIII, 376 p., 4 tab. (2 th.)

8013* —— Cacteae in horto Dyckensi cultae anno 1841, additis tribuum generumque characteribus emendatis. Düsseldorpii, typ Wolf 1841. 8. 48 p.

8014* —— Cacteae in horto Dyckensi cultae anno 1844, additis tribuum generumque characteribus emendatis. Parisiis, typ. Crapelet. (Düsseldorf, Arnz et Co.) 1845. gr. 8. 54 p., 1 tab. (⅓ th.)

8015* —— Cacteae in horto Dyckensi cultae anno 1849 secundum tribus et genera digestae additis adnotatt. botanicis characteribusque specierum in enumeratione diagnostica Cactearum Dr. *Pfeifferi* non descriptarum. Bonnae, Henry et Cohen. 1850. 8. IV, 267 p., 1 tab. (1 th. n.)

8016* —— Monographia generum Aloes et Mesembrianthemi. Fasc. I—VII. Bonnae 1836—63. 4. 377 tab pro parte col. et text. (43 th. n.)

Salmon, *J. D*

8017 —— Flora of Surrey. Fasc. 1. London 1852. 8.

Salmon, *William*.

8018 —— Botanologia; the English herbal or history of plants. Their names, Greek, Latine and English; their species, or various kinds; their descriptions; their places of growth; their times of flowering and seeding; qualities or properties; their specifications; their preparations; their virtues and uses; a compleat florilegium of all the choice flowers cultivated by out florists etc. Adorned with icons or figures of the most considerable species. London, J. Dawys. 1710—11. II voll. folio. — I: 1710. p. 1—680, ic. xyl. i. t. — II: 1711. p. 681—1296, ic. xyl. i t.

Salter, *Thomas Bell*, zu Ryde auf Wight, * 1814, † Southampton 30. Sept. 1858.

8019. —— Short account of the botany of Poole and its neighbourhood. Poole 1839. 8.

Salvador y Bosca, *Juan*, Apotheker in Barcelona (Salvadora L), * Calella 1596, † Barcelona 1681.
Colmeiro Bot. esp. 158.

8020 —— Noticia historica de la familia de *Salvador* de la ciudad de Barcelona por Don *Petro Andres Pourret*. Barcelona, por Matheo Barceló. 1796. 4. (4) 32 p.

Salvador y Pedrol, *Jaime*, Sohn des Juan, * Barcelona 1649, † Barcelona 1740.
Colmeiro Bot. esp. 158—159.

Salvador y Riera, *Juan*, erster Sohn von Jaime, * Barcelona 1683, † Barcelona 1726.
Colmeiro Bot. esp. 159—160.

Salvador y Riera, *José*, zweiter Sohn von Jaime, * Barcelona 1690, † Barcelona 1761.
Colmeiro Bot. esp. 160.

Salvini, *Antonio Maria*, Professor in Florenz (Salvinia Mich.), * Florenz 12. Jan. 1633, † Florenz 17. Mai 1729.

Salzmann, *Philipp*, * Erfurt 27. Febr. 1781, † Montpellier 11. Mai 1851.
Bot. Ztg. 1853, p. 1—8.

Samzelius, *Abraham*, Ph. Mag, Pastor, * 1723, † 8. Sept. 1773.

8021 —— Blomster-Krants af the allmännaste och märkvärdigaste uti Neriket befintliga Växter, hopflätade och ekänneligen till undervisning för Scholae-Ungdomen uti Örebro utgifven. Örebro, typ. Lindh. 1760. 12. 84 p.

Sandalio de Arias y Costa, *Don Antonio*.

8022* —— Lecciones de agricultura explicadas en la catedra del real jardin botánico de Madrid en año 1815. Madrid, en la imprenta que fué de Fuentenebro. 1816. II voll. 4 min. — I: XL, 174 p. — II: 400 p, ind.
A p. 321—372: Catalogi plantarum spontanearum oeconomicarum Hispaniae.

Sandéen, *Peter Frédrik*, * Lösen 22. Sept. 1839, † Lund 4. April 1868.

8023* —— Morphologiska Iakttagelser öfver Bladknopparne hos några Polygoneae. D. Lund, typ. Berling. 1865. 4. 32 p., 2 tab.

8024 —— Om Individualiteten hos de högra växterna. Carlskrona 1867. 8.

Sande Lacoste, *C. M. van der*.

8025* —— Synopsis Hepaticarum javanicarum, adjectis quibusdam speciebus Hepaticarum novis extra-javanicis. Edidit Academia regia scientiarum. Amsteladami, C. G. van der Post. 1856. 4. 112 p., 22 tab.

Sanderson, *John*.
Botanical Appendix in *James Chapman*, Travels in the Interior of South Africa. London 1868. 8. Vol. II, 438—465.

Sandi, *Alessandro Francesco*, * Belluno 1794, † Treviso 1849
Saccardo, Storia 110—112.

8026* —— Enumeratio stirpium plantarum phanerogamarum agri Bellunensis, quas hucusque patrio municipio cohortante collegit. Beluni, F. Deliberali. 1837. 8. 32 p

Sandifort, *G*.

8027 (——) Elenchus plantarum quae in horto Lugduno-Batavo coluntur. Lugduni-Batavorum, Hazenberg 1822. 8. (4), 92 p

Sangiorgio, *Paolo*.

8028* —— Elementi di botanica compilati ad uso delle università e dei Licei del regno d'Italia. Milano, typ. Sonzogno Batt. 1808. 8. 484 p., 13 tab.

8029 —— Istoria delle piante medicali. Milano 1809—10. IV voll. 8.

Sanguinetti, *Pietro*, Director des botanischen Gartens in Rom, † Rom 25. Juli 1868.

8030* —— Centuriae tres Prodromo Florae Romanae addendae. Romae, typ. Contedini. 1837. 8. 140 p.

8031* —— Florae Romanae prodromus alter, exhibens plantas circa Romam in cisalpinis pontificiae dictionis provinciis et in Picaeno sponte venientes. Romae, ex typographeo bonarum artium 1855(—67.) 4. 971 p., 8 tab. (32 fr. 25 c.)

Sanio, *Karl Gustav*, * Lyck 5. Dec. 1832.

8032* —— Florula Lyceensis, exhibens plantas phanerogamas, cryptogamas vasculares et Characeas in circulo Lyceensi libere crescentes. D. (Regiomontana.) Halae, typ. Gebauer. 1858. 8. 43 p.

8033* —— Untersuchungen über die im Winter Stärke führenden Zellen des Holzkörpers dikotyler Holzgewächse. Halle, Schmidt. 1858. 8. 58 p., 1 tab. (⅖ th.)

San Martino, *Giambatista da*, * San Martino 1739, † Vicenza 1800.

8034* —— Memoria sopra la Nebbia dei vegetabili. Vicenza 1785. 8. 86 p.
Excerpta hujus libri in Opuscoli scelti VIII. 383—393.

Sanna Solaro, *Giammaria*.

8035* —— La malattia dell' uva e della vite. Seconda edizione. Salerno, typ. Migliaccio. 1853. 8. 64 p., 1 tab.

Santa Maria, *el Padre Fernando de.*

8036 —— Manual de medicinas caseras para consuelo de los pobres Indios en las provincias, y pueblos donde no ay médicos ni botánico. (St. Thomas da Manila) 1815. 8. 6 foll., 343 p.

Santi, *Giorgio*, Director des botanischen Gartens in Pisa, ÷ Pienza 39. Dec. 1822.

Sapetza, *Joseph*, ÷ 1869.

8037 —— Die Flora von Neutitschein. Ein Beitrag zur Pflanzengeographie der mährischen Karpathen. Görlitz 1864.

8038 —— Verzeichniss der Pflanzen Karlstadts. Programm. Karlstadt 1867. 4. (Nachtrag von *J. Hinterwaldner* in Programm für 1870.)

Saporta, *Gaston, Comte de.*

8039* —— Études sur la végétation du Sud-Est de la France à l'époque tertiaire. Partie 1—3. Paris, V. Masson. 1863—67. 8. 285, 336, 194 p., 67 tab.
Ann. sc. nat. vol. XVII. seq.

Sarradin, *Stanislas Eugène.*

8040* —— Étude chimico-physiologique sur les cendres des végétaux. Thèse. Paris, typ. Thunot. 1855. 4. 26 p.

Sarrasin, *Jean Antoine*, Arzt in Lyon, Uebersetzer des Dioscorides (Sarracenia L.), * Lyon 25. April 1547, ÷ Lyon 29. Nov. 1598.

Sartorelli, *Giovanni Battista.*

8041* —— Degli alberi indigeni ai boschi dell' Italia superiore. Milano, Baret. 1816. 8. IV, 454 p.

Sartori, *Franz.*

8042* —— Specimen nomenclatoris plantarum phaenogamarum in Styria sponte crescentium, adjunctis adnotationibus. Viennae, Doll. 1808. 8. 107 p. (¼ th.)

Sass, *Arthur Baron von.*

8043* —— Die Phanerogamenflora Oesels und der benachbarten Eilande. Dorpat, typ. Laakmann. 1860. 8. 72 p.
Dorpater Archiv II, 575—646.

Saubinet, *aîné.*

8044* —— Notice sur les mousses et les fougères des environs de Reims. (Reims 1844.) 8. 15 p.
Extrait des Annales de l'Académie de Reims, année 1843—44.

Saumaise, *Claude*, latine **Salmasius** (Salmasia Schreb.), * Sémur 15. April 1588, ÷ Spa 6. Sept. 1658.

8045* —— Plinianae exercitationes in *Caji Julii Solini* Polyhistora ex veteribus libris emendatus. Accesserunt huic editioni de hononymis hyles iatricae exercitationes antehac ineditae, nec non de Manna et Saccharo. Trajecti ad Rhenum 1689. II voll. folio. — I: (24) foll., p. 1—625. — II: p. 627—943; 16, 157 p. ind. — Appendix: Exercitationes de homonymis hyles iatrices, et libelli de Manna et Saccharo. 259 p., 20 p. ind.
Mitto editionem priorem * Parisiis 1629. folio., in qua desideratur appendix, sine cognitione quidem ipsius naturae scriptus, attamen ad rei herbariae historiam gravissimi momenti.

Saunders, *Samuel.*

8046 —— A short and easy introduction to scientific and philosophic botany. London 1792. 8. 107 p.

Saunders, *W. Wilson*, Mitglied der Royal Society, London.

8047* —— Refugium botanicum; or Figures and descriptions from living specimens, of little known or new plants of botanical interest. Vol. 1. 3. London, John van Voorst. 1869—70. 8. — Vol. I. 1869. tab. 1—72. The descriptions by *H. G. Reidenbach* and *J. G. Baker.* — Vol. III. 1870. tab. 145—216. The description by *J. G. Baker.* (à 25 s.)

Saur, *Johann.*

8048 —— Botanologia astrologica, d. i. Herbarum collectio astrologica. Erffurdt 1631. 4.

Saussure, *Horace Bénédict de*, * Genf 17. Febr. 1740, ÷ Genf 22. Jan. 1799.
Senebier, Mémoire historique sur la vie et les écrits de *Horace Bénédict De Saussure*, pour servir à l'introduction à la lecture de ses ouvrages. Genève, Paschoud. an IX. (1801.) 8. (2 fr. 50 c.)
R. Wolf, Biographien IV, 245—274.

8049* (——) Observations sur l'écorce des feuilles et des pétales. Genève 1762. 8. XXIII, 102 p.

8050* —— Voyages dans les Alpes, précédés d'un essai sur l'histoire naturelle des environs de Genève. Neufchatel 1779—96. IV voll. 4. — I: 1779. 540 p., 8 tab. — II: 1786. 641 p., 6 tab. — III: 1796. 532 p., 2 tab. — IV: 1796. 594 p., 5 tab.
germanice: Leipzig 1781—88. 4 Bände. 8. (4½ th.)

Saussure, *Nicolas de*, * Genf 28. Sept. 1709, ÷ Genf . . 1790.
DC. Hist. bot. genev. 41.

Saussure, *Nicolas-Théodore de*, Sohn von Horace Bénédict (Saussurea Cass.), * Genf 14. Oct. 1767, ÷ Genf 18. April 1845.
Macaire, Notice sur la vie et les écrits de *Théodore de Saussure*. Bibliothèque universelle, Mai 1845.

8051* —— Recherches chimiques sur la végétation. Paris 1804. 8. VIII, 327 p., 16 schemata, 1 tab.
germanice: von *Friedrich Siegmund Voigt*, mit Anhang und Zusätzen. Leipzig 1805. 8. xx, 300, 100 p., 16 schemata, 1 tab. (2 th.)

8052* —— De l'influence du desséchement sur la germination de plusieurs graines alimentaires. Genève 1828. 4. 28 p.

Sauter, *Anton Eleutherius*, Bezirksarzt in Salzburg.

8053* —— Versuch einer geographisch-botanischen Schilderung der Umgebungen Wiens. Dissertatio de territorio Vindobonensi geographico-botanica. Wien, typ. Haykul. 1826. 8. 48 p.

8054* —— Flora der Herzogthums Salzburg. Theil 1—4. Salzburg, typ. Endl und Peuker. 1866—71. 8.
Mittheilungen der Ges. für Salzburger Landeskunde, Band 6—11.

Sauzé, *J. C.*

5055* —— et **P. N. Maillard.** Catalogue des plantes phanérogames qui croissent spontanément dans le Département des Deux-Sèvres. Niort, Clouzet. 1864. 8. 57 p.

Savastano, *Francesco Eulalio* (Savastania Neck.), * Neapel 1657, ÷ Neapel 23. Oct. 1717.

8056 —— Botanicorum seu institutionum rei herbariae libri IV. Neapoli, ex officina Novelli de Bonis. 1712. 8. 147, (28) p.
* *italice*: I quattro libri delle cose botaniche, colla traduzione in verso sciolto italiano di *Giampietro Bergantini*. Venezia, Bassaglia. 1749. 8. XVI, 511 p., 2 tab.

Savi, *Gaetano*, Professor in Pisa (Savia Willd.), * Florenz 13. Juni 1769, ÷ Pisa 28. April 1844.
Cosimo Ridolfi, Elogio in Mem. soc. ital. Modena XXIII, 1—23. con ritratto.

8057* —— Flora Pisana. Pisa, Giacomelli. 1798. II voll. 8. — I: VIII, 485 p., 2 tab. — II: 500 p.

8058 —— Enumeratio stirpium in horto Pisano. Pisis 1804. 8.

8059* —— Trattato degli alberi della Toscana. Pisa 1801. 8. 250 p. — * Ed. II: Firenze, Piatti. 1811. II voll. 8. — I: 234 p. — II: 218 p.

8060* —— Due centurie di piante appartenenti alla Flora etrusca. Pisa, typ. Prosperi. 1804. 4. VIII, 244 p.

8061* —— Materia medica vegetabile toscana. Firenze, Molini, Landi et Co. 1805. folio. 56 p., 60 tab. (15 th.)

8062* —— Botanicon etruscum, sistens plantas in Etruria sponte crescentes. Pisis, typ. R. Prosperi. 1808—25. IV voll. 8. — I: 1808. 200 p. — II: 1815. 268 p. — III: 1818. 184 p. — IV: 1825. 320 p. — Appendix: 20 p.

8063* —— Observationes in varias Trifoliorum species. Florentiae, typ. Piatti. 1810. 8. 116 p., ind., 1 tab.

8064* —— Lezioni di botanica. Firenze, Molini, Landi et Co. 1811. II voll. 8. — I: 178 p. — II: 210 p.

8065* —— Osservazioni sopra diverse piante. Pisa, typ. Bracali. 1816. 8. 28 p., 1 tab.

8066* —— Sopra una pianta cucurbitacea, che può formare un nuovo genere (Benincasa). Milano, Maspero. 1818. 8. 12 p., 1 tab.

8067* —— Sul Cedro del Libano (Pinus Cedrus L.) Firenze, Piatti. 1818. 8. 13 p.

8068* —— Flora italiana, ossia Raccolta delle piante più belle, che si coltivano nei giardini d'Italia. Pisa, presso Niccolò Capurro. 1818—24. III voll. folio. — I: 1818. IV, 444 p., (5) foll., 40 tab. col. — II: 1822. 90 p., ind., 40 tab. col. — III: 1824. 86 p., ind., 40 tab. col. Bibl. Caes. Vindob.

8069* —— Sulla Salvinia natans. Memoria. Milano 1820. 8. 14 p., 1 tab.
Bibl. ital. XX, 343—354.

8070* —— Nuovi elementi di botanica. Pisa, typ. Nistri. 1820. 8. XV, 337 p.

8071* —— Sulla naturalisazione delle piante. (Pisa 1822.) 8. 24 p.

8072* —— Osservazioni sopra i generi Phaseolus et Dolichos. Memoria I (—IV). Pisa, typ. Nistri. 1822. 8. 20, 25, 22, 10 p., 4 tab.

8073* **Savi**, *Gaetano*. Sul Viscum album ed il Loranthus europaeus Memoria. Pisa, typ. Nistri. 1823. 8. 23 p.
8074* —— Scelta di generi di piante con i loro respettivi caratteri disposti secondo il sistema sessuale e il metodo naturale per uso delli studenti di botanica. Pisa, typ. Nistri. 1826. 8. xii, 302 p.
8075* —— Notizie per servire alla storia del giardino e museo della università di Pisa. Pisa, typ. Nistri. 1828. 8. 35 p.
8076* —— Sopra alcune Acacie egiziane Memoria. Pisa, typ. Nistri. 1830. 8. 31 p., 1 tab.
8077* —— Cose botaniche. Pisa, typ. Nistri. 1832. 8. 57 p., 3 tab.
8078* —— Istituzioni botaniche. Firenze, Piatti. 1833. 8.
8079* —— Descrizione di una specie di Elaeagnus e di varie altre piante. (Cornachinia fragiformis.) Modena, typ. della camera. 1836. 4. 32 p., 2 tab.
8080* —— Sul Citrus Hystrix e sul Citrus salicifolia. (Firenze) 1837. 8. 16 p., 1 tab.
  Atti Accad. Georgofili di Firenze, vol. XV.
8081* —— Osservazioni sopra alcune specie del genere Origanum. Memoria. Pisa, typ. Nistri. 1840. 8. 20 p., 1 tab.
8082* —— Sull' Erigeron siculum L. (Jasonia sicula DC. Prodr.) Memoria. Modena, typ. della camera. 1841. 4. 7 p., 1 tab.
Savi, *Paolo*, Professor in Pisa, † 1844.
8083* —— Sull' efficacia dello zolfo per guarire la malattia delle viti, e sul modo d' amministrarlo con sicurezza di pieno successo. Pisa, typ. Nistri. 1857. 8. 44 p.
Savi, *Pietro*, Professor der Botanik zu Pisa, † Pisa August 1871.
8084* —— Descrizione della Fimbristylis cioniana. Pisa, Prosperi. 1843. 8. 8 p., 1 tab.
  Estratta dal vol. III delle Memorie Valdarnesi.
8085* —— Florula gorgonica. Firenze, società tipografica. 1844. 8. 39 p.
  Estratta dal Giornale botanico italiano.
Sbaraglia, *Gian Geronimo*, Professor in Bologna, * 1641, † 1710.
8086 —— Raccolta di quistioni intorno a cose di botanica etc. agitate già tra 'l Malpighi e lo Sbaraglia. Bologna 1723. 4.
Scaliger, *Josephus Justus*, * Agen 5. Aug. 1540, † Leyden 21. Jan. 1609.
8087 —— Animadversiones in *Melchioris Guilandini* commentarium in tria *C. Plinii* de Papyro capita libri XIII in *Scaligeri* Opusculis variis. Francofurti 1612. 8. p. 1—52.
Scaliger, *Julius Caesar*, * Ripa bei Verona 1484, † Agen 21. Oct. 1558.
8088* —— In libros duos, qui inscribuntur de plantis, *Aristotele* autore, libri duo. Lutetiae, ex officina Michaelis Vascosani. 1556. 4. 226 foll. — *In libros de plantis, *Aristoteli* inscriptos, commentarii. Lugduni, apud Gulielmum Rovillium. (Genevae, apud Johannem Crispinum.) 1566. folio. 143 p., ind. — * In libros duos, qui inscribuntur de plantis, *Aristotele* autore, libri duo. Denuo nitori suo restituti et in lucem editi. Marpurgi, apud Paulum Egenolphum. 1598. 8. 498 p., praef.
8089 —— Exotericarum exercitationum liber quintus decimus de subtilitate ad *Hieronymum Cardanum*. Lutetiae 1557. 4. 476 foll. — Francofurti a/M. 1582. 8. — Hannoviae 1634. 8. 1076 p.
8090* —— Commentarii et animadversiones in sex libros de causis plantarum *Theophrasti*. Lugduni, apud Guli. (sic!) Rovillium. (Genevae, typ. Joannis Crispini.) 1566. folio. (4) foll., 396 p., (14) foll. ind.
8091 —— Animadversiones in historias *Theophrasti*. Lugduni, apud Joannam Jac. Juntae F. 1584. 8. 424 p.
  Insunt quoque *Roberti Constantini* Annotationes in historias *Theophrasti*, p. 345—424.
Scarella, *Giambattista*.
8092 —— Postille ad alcuni capi della storia botanica del Sign. *Giacomo Zanoni*. Padova, Frambotti. 1676. 12. 63 p.
  Autor in titulo fictum nomen *Vicenzo Menegoti* affectavit.
8093 —— Lettera apologetica intorno ad una pianta anonima (Isnardia palustris). Padova 1687. 4. 12 p., 1 tab.
8094 —— Breve ragguaglio intorno al fiore dell' Aloe americana. Padova, Conzatti. 1710. 8. 56 p., 1 tab.
Scazzola, *Giovanni Antonio*.
8095 —— Filosofia dei fiori. Alessandria, typ. Capriola. 1836. 8. 124 p.

Scepin, *Constantinus*.
8096* —— De acido vegetabili cum annotationibus botanicis. D. Lugduni Batavorum, Potuliet. 1758. 4. 44 p.
  Annotationes botanicae: p. 21—44.
Schabel, *A.*, † Ellwangen 1837.
8097* —— Flora von Ellwangen. Stuttgart, Balz. 1837. 8. xii, 100 p. (½ th.)
Schacht, *Hermann*, Professor der Botanik in Bonn a/Rh., * Ochsenwerder 15. Juli 1814, † Bonn 20. Aug. 1864.
  Biographie von *Johannes Grönland* in Bull. soc. bot. XI, 235—240.
8098* —— Entwicklungsgeschichte des Pflanzen-Embryon. Amsterdam, Sulpke. 1850. 4. 234 p., 26 tab. pro parte col.
  Verhandelingen van het K. Nederl. Inst. te Amsterdam, vol. II.
8099* —— Das Mikroskop und seine Anwendung, insbesondre für Pflanzenanatomie und Physiologie. Berlin, G. W. F. Müller. 1851. 8. xiv, 198 p., 6 tab. (1⅔ th.)
  * *anglice*: by *Frederick Currey*. Ed. II. London, Highley. 1855. 8. xvii, 202 p., ic. xyl. (6s.)
  * *gallice*: Le microscope et son application spéciale à l'étude de l'anatomie végétale. Traduction française publiée d'après la 3e édition allemande par *Jules Dalimier*. Berlin, G. F. O. Müller. 1865. xx, 270 p., 2 tab. (2 th. 4 sgr.)
8100* —— Physiologische Botanik. Die Pflanzenzelle, ihr innerer Bau und das Leben der Gewächse. Nach eignen vergleichenden, mikroskopisch-chemischen Untersuchungen. Berlin, G. W. F. Müller. 1852. gr. 8. xvi, 472 p., 20 tab., quarum 9 col. (6⅔ th.)
8101* —— Die Prüfung der im Handel vorkommenden Gewebe durch das Mikroskop und durch chemische Reagentien. Berlin, G. W. F. Müller. 1853. 8. viii, 64 p., 8 tab. (1¼ th.)
8102* —— Der Baum. Studien über Bau und Leben der höheren Gewächse. Berlin, G. W. F. Müller. 1853. 8. xvi, 400 p., 7 tab., ic. xyl. (3⅔ th.) — *Zweite umgearbeitete Auflage. ib. 1860. 8. viii, 378 p., ic. xyl., 4 tab. (4⅓ th.)
  * *gallice*: Les arbres. Traduit par *E. Morren*. Bruxelles, Maquardt. 1862. 8. 456 p., 5 tab. (12 fr.)
8103* —— Beiträge zur Anatomie und Physiologie der Gewächse. Berlin, G. W. F. Müller. 1854. 8. viii, 328 p., ic. xyl., 9 tab. (3⅓ th.)
8104* —— Bericht an das Königliche Landes-Oekonomie-Kollegium über die Kartoffelpflanze und deren Krankheiten. Berlin, K. Wiegandt. 1856. folio. iv, 40 p., 10 tab. pro parte col. (3 th.)
8105* —— Lehrbuch der Anatomie und Physiologie der Gewächse. Als zweite, vollständig umgearbeitete und vermehrte Auflage der Pflanzenzelle. 1. Theil: die Pflanzenzelle und ihre Lebenserscheinungen. Berlin, G. W. F. Müller. 1856. 8. viii, 446 p., ic. xyl., 5 tab. (3⅓ th.) — 2. Theil: die zusammengesetzten Organe. ib. 1859. 8. xiii, 623 p., ic. xyl., 6 tab. (5 th. n.)
8106* —— Madeira und Tenerife mit ihrer Vegetation. Ein Bericht an das Königl. Preussische Ministerium für die landwirthschaftlichen Angelegenheiten. Berlin, G. W. F. Müller. 1859. 8. vi, 176 p., 6 tab., 10 ic. xyl. (1⅔ th.)
8107* —— Grundriss der Anatomie und Physiologie der Gewächse. Berlin, G. W. F. Müller. 1859. 8. viii, 208 p., ic. xyl. (1⅔ th. n.)
  * *suecice*: Plantarnes Anatomi og Physiologi i Grundtraek. Udgivet af *P. Chr. Asbjornsen* og *Fr. Chr. Schuebeler*. Christiania, Steensballe. 1861. 8. viii, 240 p., ic. xyl.
Schaefer, *M.*
8108* —— Trierische Flora, oder Kurze Beschreibung der im Regierungsbezirk Trier wildwachsenden Pflanzen. Trier, Lintz. 1826. 3 Theile. 8. — I: lvii, 252 p., ind. — II: 254 p., ind. — III: Kryptogamen. 1829. xlviii, 389 p., ind. — Anhang: 37 p. (3⅔ th.)
Schaeffer, *Jakob Christian*, Superintendent in Regensburg (Schaefferia Jacq.), * Querfurt 30. Mai 1718, † Regensburg 5. Jan. 1790.
8109* —— Epistola de studii botanici faciliori ac tutiori methodo, cum specimine tabularum sexualium et universalium in hunc finem elaboratarum aerique incisarum. (Ratisbonae), typ. Zunkel. (1758.) 4. 14 p., 2 tab.
  gallice: Journal de physique, tom. XV, p. 268—284.
8110* —— Isagoge in botanicam expeditiorem, iconibus aeri incisis et pictis illustrata. Ratisbonae, typ. Zunkel. 1759. 8. 96 p., praef., ind., 4 tab. col.
8111* —— Erleichterte Arzneikräuterwissenschaft. Regensburg,

Montag. 1759. 4. 176 p., praef. ind , 4 tab. col. — ib. 1770. 4 — ib. 1743. 4. vi, 234, (14) p., ind., 6 tab. col.

8112 **Schaeffer**, *Jakob Christian.* Vorläufige Beobachtungen der Schwämme um Regensburg. Regensburg 1759. 4. 59 p., 4 tab. col.

8113* —— Der Gichtschwamm mit grünschleimigem Hute. Regensburg, Montag. 1760. 4. 36 p, praef., 5 tab. col.

8114* —— Botanica expeditior. Genera plantarum in tabulis sexualibus et universalibus aeri incisis exhibens Ratisbonae, typ. Weiss. 1760. 4. iv, 338 p., ind., 1 tab. col. — *ib. 1762. 4. (non differt.)

8115* —— Icones et descriptio fungorum quorundam singularium, simul Fungorum Bavariae icones editioni jam paratae propediem evulgandae denunciantur. Abbildung und Beschreibung einiger sonderbaren und merkwürdigen Schwämme. Regensburg, Weiss. 1761. 4. 16 p., 1 tab. col.

8116* —— Fungorum qui in Bavaria et Palatinatu circa Ratisbonam nascuntur icones, nativis coloribus expressae. Ratisbonae, impensis auctoris, typ. Zunkel. 1762—74. IV voll. 4. — I: 1762. tab. col. 1—100, text. — II: 1763. tab. col. 101—200, text. — III: 1770. tab. col. 201—300, text. — IV: 1774. tab. col. 301—330, text., 136 p., (2) foll. (53⅓ th.)
Commentarium in hoc opus, autore *Christian Heinrich Persoon*, vide supra Nr. 7059

Schaeffer, *Karl*, Arzt in Halle, ✝ 1675.

8117* —— Deliciae botanicae Hallenses, seu Catalogus plantarum indigenarum, quae in locis herbosis, pratensibus, montosis, saxonis, clivosis, umbrosis, arenosis, paludosis, uliginosis, nemorosis et sylvestribus circa Hallam Saxonum procrescunt. Hallae Saxonum, typ. Salfeld. 1662. 12. (64) p.

Schaerer, *Ludwig Emanuel*, Prediger in Belp (Bern), * Bern 11. Juni 1785, ✝ Belp 3. Febr. 1853.

8118 —— Lichenum Helveticorum spicilegium. Fasc. 1. 2. Bern 1823—42. 4

8119* —— Lichenes Helvetiae exsiccati (cum diagnostibus et observationibus) Bern 1823—54. 4. (45 th.)

8120* —— Enumeratio critica Lichenum europaeorum, quos ex nova methodo digerit. Accedunt tabulae decem, quibus cuncta Lichenum europaeorum genera et subgenera in lapidem delineata et per partes colorata illustrantur. Bernae, sumtibus auctoris, typ. Straempfli. (Lipsiae, Fr. Fleischer) 1850. 8. xxxvi, 327 p., 10 tab. et effigies autoris. (2⅔ th.)

Schagerström, *Johan August.*

8121 —— Novitiae florae Suecicae ex Algarum familiarum. Lundae 1836. 8. 16 p.

8122 —— Plantae cotyledoneae paroeciae Roslagiae Bro. D. Upsaliae 1839—40. 8. 30 p.

8123 —— Conspectus vegetationis Uplandiae. D. Upsaliae 1845. 8. 83 p.

8124 —— Lärobok i Skandinaviens Växt-familjes efter det Friesiska systemet. Upsala 1846. 8. 96 p. — Ed. III. Upsala, typ. Hanselli. 1862. 8. 134 p.

Scharenberg.

8125* —— Ueber den Unterschied zwischen Thieren und Pflanzen und die sogenannten Mittelformen zwischen den beiden organischen Reichen. Programm. Kiel, typ. Mohr. 1850. 4 19 p.

Scharenberg, *Wilhelm,* * Berlin 7. Dec. 1815, ✝ Erdmannsdorf 1. Sept. 1857.

8126* —— Handbuch für Sudeten-Reisende mit besonderer Berücksichtigung der Freunde der Naturwissenschaften. 3. Auflage neu bearbeitet von *Friedrich Wimmer.* Breslau, Trewendt. 1862. 8. viii, 299 p., 6 tab. col. (1½ th.)

Scharff, *Benjamin,* * Nordhausen 6. Juni 1651, ✝ Sondershausen 8. Mai 1702.

8127* —— Ἀρκευθολογία, sive Juniperi descriptio curiosa, ad normam et formam Academiae Naturae Curiosorum elaborata et variis medicamentis ac observationibus referta. Francofurti et Lipsiae, Wolff. 1679. 8. 380 p, ind, 5 tab.

Schatz, *Wilhelm.*

8128* —— Flora Halberstadensis excursoria, oder Uebersicht der um Halberstadt wildwachsenden sichtbar blühenden Pflanzen nnd Farrn. Halberstadt, Lindequist. 1839. 8. xxiii, 119 p. (½ th.)

8129* **Schatz**, *Wilhelm.* Flora von Halberstadt, oder die Phanerogamen und Farn des Bode- und Ilsegebietes mit besondrer Berücksichtigung der Flora Magdeburgs. Halberstadt, Frantz. 1854. 8. xxviii, 319 p. (1⅙ th.)

Schauer, *Johann Konrad*, Professor zu Eldena und Greifswald (Schaueria N. v. E.), * Frankfurt a/M. 16. Febr. 1813, ✝ Eldena 24. Oct 1848.

8130* —— Die Melaleuken der deutschen Gärten. (Berlin 1835.) 8 16 p.
Seorsim impr. ex *Friedrich Otto*, Allgemeine Gartenzeitung, 1835. Nr. 21.

8131* —— Chamaelaucieae. D. Vratislaviae, typ Grass et Barth. 1841. 4. 21 p.

8132* —— Chamaelaucieae. Commentatio botanica. Vratislaviae, typ. Grass et Barth. 1841. 4. 120 p., 7 tab.
Nov. Actorum Acad. Leop. Nat. Cur. vol. XIX. Suppl. II: Monographia Myrtacearum xerocarpicarum. Sectio I. Chamaelauciearum hucusque cognitarum genera et species illustrans.

8133* —— De Regelia, Beaufortia et Calothamno dissertatio gratulatoria. Vratislaviae, typ. universitatis. 4. 36 p., 1 tab.

8134* —— Der Königliche botanische Garten zu Breslau. Liegnitz, Pfingsten. 1843. 8. 16 p.
Seorsim impr. ex Schlesische Garten- und Blumenzeitung, Heft I—II.

8135* —— Die Stockfäule der Kartoffeln. Ein Vortrag. Anclam und Swinemünde, Dietze. 1846. 8. 43 p. (⅕ th.)
Extraabdruck aus den Verhandlungen des Baltischen Vereins für 1845. p. 187—227.
Verbenaceas exposuit in DC. Prodomo XI, 522—700. nec non in *Martii* Flora brasiliensi.

Scheer, *Frederick.*

8136* —— Kew and its gardens. London, Still. 1840. 8. 69 p.

Scheffer, *Rudolph H. C. C.,* Director des Gartens in Buitenzorg (Java).

8137* —— Commentatio de Myrsinaceis Archipelagi indici. Weesp Hollandiae, G. G. Brugman 1867. 8. iv, 113 p., 1 tab.

8138* —— Observationes phytographicae. Pars 1. 2. Buitenzorg 1869. 8.

Scheibert, *J. W.*

8139* —— Leitfaden für den Unterricht in den Elementen der Botanik. Gymnasialprogramm. Elbing, typ. Wernich. 1845. 4. 21 p.

Scheidweiler, *Michel Joseph*, Professor am Institut horticole zu Gendbrugge, * Köln 1. Aug. 1799, ✝ Gendbrugge 24. Sept. 1861.
Notice sur la vie et les travaux de *M. J. Scheidweiler,* par *Emile Rodigas.* Gand 1862. 4. 31 p., Portrait.

Schelhammer, *Günther Christoph,* Professor in Helmstädt, Jena, Kiel (Schelhammeria Br.), * Jena 13. März 1649, ✝ Kiel 11. Febr. 1716.

8140 —— Programma ad rem herbariam excolendam. s. l. 1681. 4.

8141* —— Catalogus plantarum maximam partem rariorum, quas per hoc biennium in hortulo domestico aluit, et, paucis exceptis, etiam his vernis aestivisque mensibus poterit exhibere. Helmstadii, typ. Hamm. 1683. 4. (49) foll.

8142 —— Programma, quum rei herbariae professionem auspicaretur. Jenae 1690. 4.

8143* —— De nova plantas in classes digerendi ratione ad *Johannem Rajum* et *Augustum Quirinum Rivinum* epistolica dissertatio. Hamburgi, Liebezeit. 1695. 4. 32 p.

8144 —— De nova plantas cognoscendi methodo. s. l. 1698. 4.

8145 —— Viae regiae ad artem stadium primum, de studio botanico recte instituendo. Programma. Kilonii 1705. 4.

Scheljesnow.

8146* —— Ueber die Entstehung des Keims und die Theorien der Pflanzenerzeugung. (rossice.) St. Petersburg 1842. 8. 34 p , 1 tab.

Scheltema, *S. P.*

8147 —— Rheum officinale botanice, chemice et medice spectatum. Arnhemiae, Nijhoff. 1833. 8. (4), 146 p.

Schelver, *Friedrich Joseph*, Professor in Heidelberg (Schelveria N. v. E.), * Osnabrück 23. Juli 1778, ✝ Heidelberg 30. Nov. 1832.

8148* —— Kritik der Lehre von den Geschlechtern der Pflanze. Heidelberg, Braun. 1812. 8. 86 p. — *Erste Fortsetzung. ib. 1814. 8 118 p. — *Zweite Fortsetzung. Carlsruhe, Braun. 1823. 8 xvi, 270 p. (2 th.)

8149* **Schelver,** *Friedrich Joseph.* Lebens- und Formgeschichte der Pflanzenwelt. Handbuch seiner Vorlesungen. Erster Band. Heidelberg, Engelmann. 1822. 8. xii, 269 p. (1 7/12 th.)

Schenck, *A.*
8150* —— Anleitung zur Bestimmung der im Herzogthum Nassau und dessen Umgebung wildwachsenden Pflanzengattungen, nebst pädagogisch-didaktischen Vorerinnerungen. (Gymnasialprogramm von Dillenburg.) (Wiesbaden, Friedrich. 1846.) 4. 112 p. (1/3 th.)

Schenck a Grafenberg, *Johann Georg.*
8151* —— Hortus Patavinus: cui accessere *Melchioris Guilandini* Conjectanea synonymica plantarum etc. publicante *Jo. Georg. Schenckio a Grafenberg.* Francofurti, typ. Becker. 1600. 8. 93 p., praef. — *ib. 1608. 8. (non differt.)
Paginae 1—22 conveniunt omnino cum *Cortusii* L'horto dei semplici di Padova. Sequuntur *Guilandini* Conjectanea synonymica plantarum, et iconographia horti aeri incisa.

Schenckel, *J.*
8152 —— Das Pflanzenreich mit besonderer Rücksicht auf Insectologie, Gewerbskunde und Landwirthschaft. Mainz, Kunze. 1847. 8. xii, 332 p., 80 tab.

Schenk, *August,* Professor der Botanik in Leipzig (Schenkia Griseb.).
8153* —— Plantarum species, quas in itinere per Aegyptum, Arabiam et Syriam *G. H. de Schubert, M. Erdl* et *J. R. Roth* collegerunt, recensuit et ex parte descripsit. Monachii, typ. Wolf. (Würzburg, Voigt et Mocker) 1840. 8. vi, 46 p. (1/3 th)
8154* —— Flora der Umgebung von Würzburg, Aufzählung der um Würzburg vorkommenden Phanerogamen. Regensburg, Manz. 1848. 8. xl, 199 p. (1 th. n.)
8155* —— Ueber das Vorkommen contractiler Zellen im Pflanzenreiche. Jubiläumsschrift. Würzburg, typ. Thein. 1858. 4. 28 p., 1 tab.
8156* —— Der botanische Garten der Universität zu Würzburg. Würzburg, Stahel. 1860. 8. 24 p. (1/5 th. n.)
8157* —— Die Spermatozoiden im Pflanzenreich. Braunschweig, Vieweg. 1864. 8. vi, 54 p., 6 tab. (1 2/3 th.)
8158* —— Beiträge zur Flora der Vorwelt. Cassel 1863. 4.
Palaeontographica XI, 296—308. 4 tab.
8159 —— Beiträge zur Flora des Keupers und der rhätischen Formation. Bamberg 1864. gr. 8. 8 tab.
8160* —— Die fossile Flora der Grenzschichten des Keupers und Lias Frankens. Wiesbaden, Kreidel. 1867. 4. xxiv, 232 p., 45 tab. (27 th. n.)
8161* —— Mittheilungen aus dem Gesammtgebiete der Botanik, herausgegeben von *A. Schenk* und *Christian Luerssen*. Heft 1. 2. Leipzig, Fr. Fleischer. 1871. 8. 312 p., 19 tab. (4 th.)
Alstroemeriaceas exposuit in *Martii* Flora brasiliensi.

Schenk, *Johann Theodor,* Professor in Jena, * Jena 15. Aug. 1619, † Jena 21. Dec. 1671.
8162 —— De re herbaria D. Jenae 1653. 4.
8163* —— Historia plantarum generalis, in synopsin redacta et ad usum medicum concinnata. D. Jenae, typ. Nise. 1656. 4. (44) p.
8164* —— Catalogus plantarum horti medici Jenensis, earumque quae in vicinia proveniunt; cum figuris aeneis. Jenae 1659. 12.. 4 plag.
8165* —— Μαραθρολογία, sive de Foeniculo. D. Jenae 1665. 4. 88 p.
8166* —— De Cinnamomo. D. Jenae, typ. Werther. 1670. 4. 53 p.

Scherbius, *Johannes,* † Frankfurt a/O. 8. Nov. 1813.
8167* —— De Lysimachiae purpureae sive Lythri Salicariae L. virtute medicinali non dubia. D. Jenae 1790. 4. 34 p., 1 tab.

Scherbius, *Melchior.*
8168* —— De loco et situ plantarum. D. Basileae, typ. Pistor. 1731. 4. 32 p.

Scherer, *Johann Andreas,* Professor in Wien, * Prag 24. Juni 1755, † Wien 10. April 1844.
8169* —— Beobachtungen und Versuche über das pflanzenähnliche Wesen in den warmen Karlsbader und Töplitzer Wässern in Böhmen. Dresden, Walther. 1787. 4. 20 p.
Est fortasse translatio commentationis in *Jacquin* Collect. vol. I. 1786. p. 171—185 insertae: Observationes et experimenta super materia viridi Thermarum Carolinarum et Toeplizensium regni Bohemiae.

Scheuchzer, *Johann,* Professor der Physik und Chorherr in Zürich, Nachfolger seines Bruders Johann Jakob (Scheuchzeria L.), * Zürich 20. März 1684, † Zürich 8. März 1738.
8170* —— Agrostographiae helveticae Prodromus, sistens binas graminum alpinorum hactenus non descriptorum et quorundam ambignorum decades. (Tiguri), sumtibus auctoris. 1708. folio. 28 p., 8 tab.
8171* —— Operis agrostographici idea, seu Graminum, Juncorum, Cyperorum, Cyperoidum iisque affinium methodus. Tiguri, typ. Bodmer. 1719. 8. 93 p., praef. et vocum explicatio.
8172* —— Agrostographia, sive Graminum, Juncorum, Cyperorum, Cyperoidum, iisque affinium historia. Tiguri, Bodmer. 1719. 4. 512 p., praef., ind., 11, 8 tab. — *Editio nova. Accesserunt *Alberti von Haller* synonyma nuperiora, graminum 70 species, de generibus graminum epicrisis. Denique plantae rhaeticae itineris anno 1709 a *J. Scheuchzero* suscepti. Tiguri, Orell et soc. 1775. 4. viii, 512 p., praef., ind., 19 tab. — Appendix: 92 p.
Tabulae octo ultimae redeunt ex Agrostographiae helveticae Prodromo. Editio altera praeter appendicem minime differt.

Scheuchzer, *Johann Jakob,* Professor in Zürich, * Zürich 2. Aug. 1672, † Pyrmont 23. Juni 1733.
R. Wolf, Biographien I, 181—228.
8173* —— Herbarium diluvianum. Tiguri 1709. folio. 44 p., 10 tab. — *Editio novissima duplo auctior. Lugduni Batavorum, apud Petrum Van der Aa. 1723. folio. 119 p., praef., ind., 14 tab.
8174* —— Physica sacra iconibus illustrata, in qua de variis Scripturae sacrae plantis, procurante *Andrea Pfeffel,* chalcographo Augustano. Augustae Vindelicorum 1732—35. V voll. folio. 650 tab.
gallice: Physique sacrée, ou histoire naturelle de la Bible, traduite du latin. Amsterdam 1732—37. VIII voll. folio. 127, 163, 185, 160, 184, 298, 182, 268, 85 p., 750 tab.

Scheutz, *Nils Johan.*
8175* —— Conspectus Florae Smolandicae. Upsaliae, typ. acad. 1857. 8. xviii, 58 p.
8176 —— Smålands Flora, innefattande Kronobergs och Jönköpings Läns Fanerogamer och Ormbunkar. Wexjö, typ. Södergrén. 1864. 8. xxiv, 362 p.

Schiede, *Christian Julius Wilhelm* (Schiedea Cham. et Schl.), † Mexico im December 1836.
8177* —— De plantis hybridis sponte natis. Cassellis Cattorum, Krieger. 1825. 8. 80 p. (1/4 th.)

Schiedermayr, *C.*
8178 —— Darstellung des Vegetationscharacters der Umgebung von Linz. Wien 1850. 4. (1/3 th.)

Schiel, *Heinrich.*
8179* —— Grundzüge der Pflanzenkunde nach ihrem gegenwärtigen Zustande mit Rücksicht auf Medicin und Pharmacie. Güns, Reichard. 1838. 8. xx, 275 p. (1 3/4 th.)

Schiera, *Giovanni Maria.*
8180* —— Dissertationes duae, quarum una de plantarum sexu, foecundatione, sistemate sexuali et multiplicatione: altera de naturali et constanti plantarum affectione ad perpendiculum etc. agit. Mediolani, apud Fr. Agnellum. 1750. 8. 76 p., praef.

Schildbach, *Karl.*
8181 —— Beschreibung einer Holz-Bibliothek. Cassel 1788. 8. 16 p., 1 fol.

Schildknecht, *J.*
8182* —— Führer durch die Flora von Freiburg. Freiburg im Breisgau, Wagner. 1863. 8. xvi, 206 p. (4/5 th.)

Schiller, *Karl,* Oberlehrer in Schwerin.
8183* —— Zum Thier- und Kräuterbuche des meklenburgischen Volkes. Heft 1—3. Schwerin, Bärensprung. 1861—64. 4. 32, 34, 42 p.

Schilling, *Gottfried Wilhelm.*
8184 —— Descriptio trium plantarum in curatione leprae adhiberi solitarum. Impr. cum ejus Commentationibus de lepra. Lugduni Batavorum 1778. 8. p. 196—213, 3 tab.

Schilling, *Johann Jakob.*
8185* —— Phytologiae seu physices plantarum specimen I (—III). Duisburgi ad Rhenum, typ. Straub. 1752. 4. 84 p.

Schilling, *Samuel,* Lehrer in Breslau, * Juliusburg 10. April 1773, † Breslau 15. Dec. 1852.

8186* —— Gemeinnütziges Handbuch der Botanik oder Gewächskunde der in- und ausländischen etc. Breslau, Richter. 1840. 8. 476 p., 60 tab. (2 th.)

Schimert, *Johann Peter.*

8187* —— De systemate sexuali. D. Tyrnaviae 1776. 8. 22 p.

Schimper, *Karl Friedrich,* * Mannheim 15. Febr. 1803, † Schwetzingen 21. Dec. 1867.
Botanische Zeitung 1868, 33—40. 544.

8188* —— Beschreibung des Symphytum Zeyheri und seiner zwei deutschen Verwandten S. bulbosum Schimp. et S. tuberosum Jacq. (Aus Geiger's Magazin, Band 28.) Heidelberg, Winter. 1835. 8. 119 p., 6 tab. (⅚ th.)

Schimper, *Wilhelm Philipp,* Professor in Strassburg, * Dosenheim 8. Jan. 1808.

8189* —— Recherches anatomiques et morphologiques sur les mousses. Strasbourg, Berger-Levrault. 1850. 4. iv, 92 p., 9 tab. (3⅓ th. n.)
Mémoires de la Soc. d'histoire natur. de Strasbourg, tome IV.

8190* —— et *A.* **Mougeot.** Monographie des plantes fossiles du grès bigarré de la chaîne des Vosges. Leipzig, Engelmann. 1844. 4. 83 p., 40 tab. col. (11 th.)

8191* —— Bryologia Europaea seu Genera Muscorum Europaeorum monographice illustrata auctoribus *Ph. Bruch, W. Ph. Schimper* et *Th. Gümbel.* Editore *W. Ph. Schimper.* Vol. 1—6. Stuttgartiae, Schweizerbart. 1836—55. 4. tab. 1—640, text. ind. gen. (162½ th.)

8192* —— Thedenia, ett nytt Växtslägte. Öfversättning. Stockholm, typ. Beckman. 1853. 8. 7 p., 1 tab.

8193* —— Mémoire pour servir à l'histoire naturelle des Sphaignes (Sphagnum L.). Paris, imprimerie impériale. 1857. 4. 96 p., 24 tab.
Mém. sav. étr., vol. XV.
Bull. soc. bot. IV. 220—225.

8194* —— Synopsis Muscorum Europaeorum premissa introductione de elementis bryologicis tractante. Accedunt tabulae VIII, typos genericos exhibentes et mappa bryo-geographica. Stuttgartiae, Schweizerbart 1860. 8. clix, 733 p., 8 tab. (7⅓ th.)

8195* —— Le terrain de transition des Vosges. Partie paléontologique. Strasbourg, typ. Berger-Levrault. 1862. 4. 348 p., 30 tab.
Mém. sc. nat. de Strasbourg.

8196* —— Musci europaei novi vel Bryologiae europaeae Supplementum. Fasc. 1—4. Stuttgart, Schweizerbart. 1864—66. 4. x p., 40 tab. (10 th.)
Prodibit decem fasciculis.

8197 —— Euptychium muscorum neocaledonicorum genus novum et genus Spiridens revisum. Jena, Frommann. 1866. 4. 10 p., 3 tab. (1 th. n.) — Nachtrag zu Spiridens. ib. 1867. 4. 6 p., 1 tab. (8 sgr.)
Nova Acta Leop. vol. XXXIV.

Schinne, *J. E. C. van.*

8198* —— Catalogus plantarum indigenarum et exoticarum, quae in horto medico Rotterodamensi aluntur, secundum systema Linnaeanum dispositarum. (Roterodami) 1809. 8. 48 p., praef., ind.

Schinz, *Christoph Salomon,* Professor in Zürich, * 28. Febr. 1764, † Zürich 26. Aug. 1847.

8199* —— Praktischer Commentar zu *Johann Gessners* phytographischen Tafeln, für Aerzte und Liebhaber der Kräuterwissenschaft herausgegeben. Zürich, Orell, Füssli und Co. 1800. folio. viii, 5 foll. (X tab), 11 tab.

Schinz, *Salomon,* Arzt in Zürich, * Zürich 26. Jan. 1734, † Zürich 26. Mai 1784.

8200* —— Primae lineae botanicae ex tabulis phytographicis cl. Dr. *Joannis Gessneri* ductae. Erster Grundriss etc. latine et germanice. Turici, J. C. Füssli. 1775. folio. 19 p., 2 tab. col.

8201* (——) Anleitung zu der Pflanzenkenntniss und derselben nützlichsten Anwendung. Zürich, Waisenhaus. 1774. (1777. cf. p. 119.) folio. 129, 7 p., 100 tab. col.

Schkuhr, *Christian,* Universitäts-Mechanikus in Wittenberg (Schkuhria Roth.), * Pegau bei Leipzig 14. Mai 1741, † Wittenberg 17 Juli 1811.
Vitam enarravit *Schwaegrichen* in *Enchiridii* ed. latina. 1805. p. 3—8.

8202* **Schkuhr,** *Christian.* Botanisches Handbuch der mehrsten theils in Deutschland wildwachsenden theils ausländischen in Deutschland unter freiem Himmel ausdauernden Gewächse. Zweite, mit dem Nachtrag der Riedgräser vermehrte Auflage. Leipzig, G. Fleischer. 1808. 4 Bände. 8. — I: viii, 408 p. — II: iv, 421 p. — III: 305 p. — IV: xvi, 455 p. Cum 485 tab. col. sign. 1—358. (80 th. — 20 th. A.)
Prodiit primum Wittenbergae 1787—1803 triginta fasciculis vel tribus partibus, quae annos 1791, 1796, 1803 in titulis gerunt.

8203* —— Enchiridion botanicum, seu descriptiones et icones plantarum in Europa vel sponte crescentium vel in hortis sub Dio perdurantium. Editio latina (curante *Friedrich Schwaegrichen.*) Lipsiae, G. Fleischer. 1805. 8. — I: xiv, 268 p., 88 tab. col.

8204* —— Beschreibung und Abbildung der theils bekannten, theils noch nicht beschriebenen Arten von Riedgräsern, nach eigenen Beobachtungen, und vergrösserter Darstellung der kleinsten Theile. Wittenberg 1801. 8. 128 p., 54 tab. col. — *Nachtrag oder die zweite Hälfte der Riedgräser. ib. 1806. 8. xii, 94 p., 39 tab. col. (16 th.)
* gallice: Histoire des Carex ou Laiches, contenant la description et les figures coloriées de toutes les espèces connues et d'un grand nombre d'espèces nouvelles. Traduite de l'allemand et augmentée par *Gislenus François Dela Vigne.* Leipzig, Voss et Co. 1802. 8. xvi, 167 p., 54 tab. col. effigies autoris. (10 th.)

8205* —— Vier und zwanzigste Klasse des Linné'schen Pflanzensystems oder Kryptogamische Gewächse. Erster Band mit 219 ausgemalten Kupfertafeln enthält ausser den sämmtlichen Farnkräutern Deutschlands noch eine grosse Anzahl andrer aus allen Welttheilen, welche noch nicht oder zum Theil unvollkommen, auch nur in seltnen Werken abgebildet sind. Wittenberg, bei dem Verfasser. 1809. 4. xiv, 212 p., 219 tab. col., effigies autoris. (45 th.)
Exemplaria titulo gallico cum dedicatione ad imperatricem Josephinam, Wittenberg, chez l'auteur. 1806. 8. non differunt.

8206* —— Deutschlands kryptogamische Gewächse. Zweiter Theil; oder vier und zwanzigste Pflanzenklasse. II. Abtheilung, die deutschen Moose enthaltend. In 3 Heften. Leipzig, Ernst Fleischer. 1810—17. 4. x, 88 p., 42 tab. col. (sign. 1—39.) (10 th.)

Schläpfer, *Georg,* * Trogen 6. Febr. 1797, † Trogen 8. April 1835.

8207 —— Versuch einer naturhistorischen Beschreibung des Cantons Appenzell. Trogen 1829. 8.

Schlauter, *E. A.*

8208* —— Die Orobanchen Deutschlands in tabellarischer Uebersicht. Quedlinburg und Leipzig, Basse. 1834. 8. 14 p. (⅛ th.)

Schlechtendal, *Diedrich Friedrich Karl von,* Chefpräsident des Oberlandesgerichts zu Paderborn (Schlechtendalia Willd.), * Xanten 24. Sept. 1767, † Paderborn 22. Febr. 1842.
Dem Andenken an *D. F. K. von Schlechtendal,* von dessen Sohne *D. F. L. von Schlechtendal,* in *Linnaea* 1842. p. 513—522.

Schlechtendal, *Diedrich Franz Leonhard von,* Professor der Botanik in Halle a/S., * Xanten im Herzogthum Cleve 27. Nov. 1794, † Halle 12. Oct. 1866.

8209* —— Animadversiones botanicae in Ranunculeas *Candollii.* Sectio prior. D. Berolini, typ. Starcke. 1819. 4. 30 p., 4 tab. — Sectio posterior. Berolini, typ. Schade. 1820. 4. 39 p., 2 tab. (1 th.)

8210* —— Erineum Pers. Regensburg 1821. 4. 31 p.
Regensburger Denkschriften, vol. II. p. 73—100.

8211 —— Flora Berolinensis. Berolini, Dümmler. 1823—24. II voll. 8. — I: Phanerogamia. 1823. lxxii, 535 p. — II: Cryptogamia. 1824. xiv, 284 p. (3⅜ th.)

8212* —— Adumbrationes plantarum. (Filices capenses). Fasc. 1—V. Berolini, Dümmler. 1825(—32.) 4. 56 p., 30 tab. (4⅛ th.)

8213* —— und *P. C.* **Bouché.** Ueber die wilde Kartoffel (Papa cimarron) von Mexico. Berlin 1833. 4. 7 p, 1 tab.

8214* —— *Chr. E.* **Langethal** u. *Ernst* **Schenk.** Flora von Deutschland. Band 1—20. Jena, Mauke. 1841—64. 8. 2400 tab. col. (80 th.)
Opus potissimum *Langethalio* et *Schenkio* adscribendum.

8215* —— Hortus Halensis tam vivus quam siccus iconibus et descriptionibus illustratus. Fasc. 1—5. Halae, Schwetschke. 1841—53. 4. 24 p., 12 tab. col. (2⅝ th.)

8216* —— De Aseroes genere Dissertatio. Programma gratulatorium. Halae 1847. 4. 15 p., 1 tab. col.

8217* **Schlechtendal,** *Diedrich Franz Leonhard von.* Bemerkungen über die Gattung Hemerocallis und deren Arten. Halle, H. W. Schmidt. 1854. 4. 18 p. (18 *sgr.* n.)

8218* —— Betrachtungen über die Zwergmandeln und die Gattung Amygdalus überhaupt. Halle, H. W. Schmidt. 1854. 4. 30 p. ($^1/_2$ *th.* n.)

8219* —— Bemerkungen über Pontederia azurea Sw. und die Familien-Verwandten. Halle, A. W. Schmidt. 1861. 4. 30 p., 1 tab. col. ($^2/_3$ *th.* n.)

Abh. der naturf. Ges. zu Halle, Band 6.
Elaeagnaceas exposuit in DC. Prodr. XIV, 606—616.
Botanische Zeitung et *Linnaea* infra inter Diaria leguntur.

Schlegel, *Paul Marquard,* Professor in Jena, * 1605, † Hamburg 1653.

8220* —— Programma de electioribus rei herbariae scriptoribus, hortisque medicis potioribus. Jenae 1639. 4. 8 p.

Schleicher, *J. C.,* in Bex (Schleicheria Willd.).

8221* —— Catalogus plantarum in Helvetia cis- et transalpina sponte nascentium, quas in continuis fere itineribus in usum botanophilorum collegit et summo studio, collatione cum celeberrimorum autorum descriptionibus et iconibus facta, rite redegit. Bex Helvetiae (1800.) 8. 76 p. — *Ed. II: ib. 1807. 8. 39 p., et catalogus Salicum: 2 p. — *Ed. III. emendata et auctior. ib. 1815. 8. 48 p. — *Ed. IV. emendata et auctior. Camberii (Chambéry), typ. Corrin et Routin. 1821. 8. 64 p.

Schleiden, *Matthias Jakob,* Staatsrath a. D. in Dresden, * Hamburg 5. April 1804.

8222* —— Beiträge zur Anatomie der Cacteen. St. Petersburg (Leipzig, Engelmann. 1842.) 4. 46 p., 10 tab. col. in folio obliquo. (4 *th.*)

Seorsim impr. ex Mém. de l'académie imp. des sc. de St. Pétersbourg. série VI. tome IV.

8223* —— Herr Dr. *Justus Liebig* in Giessen und die Pflanzenphysiologie. Leipzig, Engelmann. 1842. 8. 37 p. ($^1/_6$ *th.*)

8224* —— Grundzüge der wissenschaftlichen Botanik, nebst einer methodologischen Einleitung als Anleitung zum Studium der Pflanze. Leipzig, Engelmann. 1842—43. 2 Theile. 8. — I: 1842. Methodologische Einleitung. Vegetabilische Stofflehre. Die Lehre von der Pflanzenzelle. xxvi, 289 p. — II: 1843. Morphologie, Organologie. xviii, 564 p. ($4\frac{2}{3}$ *th.*) — *Zweite gänzlich umgearbeitete Auflage. (Die Botanik, als inductive Wissenschaft behandelt.) ib. 1845—46. 2 Theile. 8. — I: 1845. Methodologische Grundlage. Vegetabilische Stofflehre. Die Lehre von der Pflanzenzelle. xx, 329 p., 1 tab. — II: 1846. Morphologie. Organologie. xvi, 614 p., 4 tab. ($6\frac{1}{2}$ *th.*) — Dritte verbesserte Auflage. ib. 1849—50. 2 Theile. 8. — I: 1849. x, 342 p., ic. xyl., 1 tab. — II: 1850. xvi, 619 p., ic. xyl., 4 tab. ($6\frac{5}{6}$ *th.*) — Vierte Auflage. ib. 1861. 8. xxiv, 710 p. ($4\frac{5}{6}$ *th.* n.)

8225* —— Beiträge zur Botanik. Gesammelte Aufsätze. Erster Band. Leipzig, Engelmann. 1844. 8. viii, 242 p., 9 tab. ($1\frac{5}{6}$ *th.*)

8226* —— Die neuern Einwürfe gegen meine Lehre von der Befruchtung als Antwort auf Dr. *Theodor Hartig's* Beiträge zur Entwicklungsgeschichte der Pflanzen. Leipzig, Engelmann. 1844. 8. 38 p. ($^1/_6$ *th.*)

8227* —— und *Karl* **Naegeli.** Zeitschrift für wissenschaftliche Botanik. Heft I—IV. Zürich, Meyer und Zeller. 1844—46. 8. — I: 1844. 188 p., 4 tab. — II. 1845. iv, 210 p., 4 tab. — III—IV: 1846. vii, 319 p, 8 tab. ($6\frac{1}{30}$ *th.*)

8228* —— Ueber Ernährung der Pflanzen und Saftbewegung in denselben. Leipzig, Engelmann. 1846. 8. $6\frac{1}{4}$ plag. ($^1/_2$ *th.*)

Aus der zweiten Auflage der Grundzüge der wissenschaftlichen Botanik für Landwirthe und Gebildete unter den Laien besonders abgedruckt.

8229* —— Grundriss der Botanik zum Gebrauch bei seinen Vorlesungen. Mit 16 Holzschnitten. Leipzig, Engelmann. 1846. 8. vi, 214 p. (1 *th.*) — *Zweite verbesserte Auflage. ib. 1850. 8. viii, 216 p., ic. xyl. (1 *th.*)

* *anglice:* Principles of scientific botany as an inductive science. Translated by *E. Lankaster.* London, Longman. 1849. 8. viii, 616 p., 6 tab., ic. xyl. i. t. (21 *s.*)

8230* —— Beiträge zur Kenntniss der Sassaparille. Mit mehreren in den Text eingedruckten Holzschnitten und zwei illuminirten Steindrucktafeln. (Aus dem Archiv der Pharmacie besonders abgedruckt.) Hannover, Hahn. 1847. 8. 42 p., 2 tab. col.

8231* **Schleiden,** *Matthias Jakob.* De notione folii et caulis. Programma. Jena 1849. 8. 12 p.

8232* —— Die Pflanze und ihr Leben. Populäre Vorträge. Leipzig, Engelmann. 1847. 8. 329 p., 5 tab. col. ($2\frac{1}{4}$ *th.*) — *Sechste verbesserte Auflage. ib. 1864. 8. xxiv, 396 p., ic. xyl., 19 tab. ($3\frac{1}{4}$ *th.*)

* *anglice:* The plant: a biography. In a series of popular lectures. Translated by *Arthur Henfrey.* London, Baillière. 1848. 8. 37½ p., 5 tab. col., ic. xyl. (15 *s.*) — Ed. II. ib. 1853. 8. (15 *s.*)

* *gallice:* La plante et sa vie. Traduit d'après la cinquième édition, par *Scheidweiler.* Bruxelles, A. Schnée. 1858. 8.

hollandice: Populaire voorlezingen over de plant en har leven. Naar de 3. Hoogduitsche uitgave bewerkt en voorzien van aanteekeningen door *D. J. Coster.* Amsterdam, M. H. Binger. 1852. 8. (6 *fl.*)

8233* —— Die Physiologie der Pflanzen und Thiere und Theorie der Pflanzenkultur. Braunschweig, Vieweg und Sohn. 1851 8. xii, 500 p., ic. xyl. ($2\frac{1}{2}$ *th.* n.)

Dritter Band von *Schleiden* und *Schmids* Encyklopädie der Naturwissenschaften.

8234* —— Handbuch der medizinisch-pharmaceutischen Botanik und botanischen Pharmacognosie. Zwei Theile. Leipzig, Engelmann. 1852—57. 8. ($5\frac{1}{3}$ *th.*) — I: Medizinisch-pharmaceutische Botanik. 1852. xviii, 414 p., ic. xyl. — II: Botanische Pharmacognosie. 1857. xviii, 498 p., ic. xyl. ($5\frac{1}{3}$ *th.*)

8235* —— Studien. Populäre Vorträge. Leipzig, Engelmann. 1855. 8. viii, 318 p, 5 tab. (2 *th.*) — *Zweite umgearbeitete und vermehrte Auflage. ib. 1857. 8. x, 390 p., 6 tab. (3 *th.* n.)

8236* —— Für Baum und Wald. Eine Schutzschrift an Fachmänner und Laien gerichtet. Leipzig, Engelmann. 1870. 8. viii, 144 p. (1 *th.*)

Schleifentag, *Gabriel.*

8237* —— De plantis. D. Lipsiae, typ. Liger. 1625. 4. (8) foll.

Schlichtkrull, *Olof Nicolai Christopher,* Arzt in Kopenhagen, * Kopenhagen 30. Sept. 1801, † Kopenhagen 2. Oct. 1831.

8238* —— De officinelle Planter ordnede efter DeCandolle's naturlige Plantesystem, tilligemed de vigtigste characterer paa disse planters familier. Kjøbenhavn 1831. 8.

Schlosser, *Joseph Calasanz,* Physikus des Kreuzer Comitats in Kroatien (Schlosseria Wuk.).

8239* —— De Papilionaceis in Germania sponte crescentibus. D. Ticini regii, typ. Fusi et soc. 1836. 8. 52 p.

8340* —— Anleitung die im Mährischen Gouvernement wildwachsenden und am häufigsten cultivirten phanerogamen Pflanzen nach der analytischen Methode durch eigne Untersuchungen zu bestimmen. Brünn, typ. Rohrer. (Wien, Beck.) 1843. 8. 401, li p. (3 *th.*)

8241* —— et *Ludwig* **Farkaš Vukotinović.** Syllabus florae Croaticae additis descriptionibus specierum novarum. Zagrabiae, Lud. Gai. 1857. 12. vi, 192, xvi p.

8242* —— Flora croatica. Edidit academia scientiarum slav. merid. Zagrabiae 1869. 8. 141, 1362 p.

Schlotheim, *Ernst Friedrich von,* Kammerpräsident in Gotha, * Almenhausen 2. April 1764, † Gotha 28. März 1832.

8243* —— Beschreibung merkwürdiger Kräuterabdrücke und Pflanzenversteinerungen. Ein Beitrag zur Flora der Vorwelt. Erste Abtheilung. Gotha, Becker. 1804. gr. 4. 68 p., 14 tab. (5 *th.*)

8244* —— Die Petrefactenkunde auf ihrem jetzigen Standpunkte durch die Beschreibung seiner Sammlung versteinerter und fossiler Ueberreste des Thier- und Pflanzenreichs der Vorwelt erläutert. Gotha, Becker. 1820. 8. lxii, 437 p., 15 tab. sign. 15—29. (5 *th.*)

Tabulae 1—14 sunt in libro praecedenti.

8245* —— Nachträge zur Petrefactenkunde. Nr. I: ib. 1822. 8. xi, 100 p., 21 tab. — Nr. II: ib. 1823. 8. 114 p., 16 tab. ($7\frac{1}{4}$ *th.*)

Schlümbach, *Friedrich Alexander von.*

8246* —— Abbildung der hauptsächlichsten in- und ausländischen Nadelbäume, welche besonders in Baiern wild gefunden werden. Zwei Theile. Nürnberg, typ. Bieling. 1810—11. 4. vi, 131 p., 18 tab. col.

Schmalz, *Eduard,* Arzt, * Lommatzsch 18. Mai 1801.

8247* —— Dispositio synoptica generum plantarum circa Dresdam et sponte crescentium et in agris frequentius cultarum adjectis familiis naturalibus. Tabellarische Uebersicht etc. Als

Anhang zu *Heinrich Ficinus* Flora von Dresden. Dresden, Arnold. 1822. folio. 37 p. (1 *th.*)

8248* **Schmalz**, *Eduard*. Fungorum species novis iconibus novisque descriptionibus illustratae. Prospectus. s. l. et a. 4. 7 p., 2 tab. col.

Schmalz, *Friedrich*, Staatsrath in Dorpat, * Wildenborn bei Zeitz 25. Jan. 1781, † Dresden 15. Mai 1847.

8249* —— Theorie des Pflanzenbaus mit Beispielen aus der Erfahrung im Grossen erläutert und bestätigt. Königsberg, Bornträger. 1840. 8. xiv, 187 p. (1 1/4 *th.*)

8250* —— Anleitung zur Kenntniss und Anwendung eines neuen Ackerbausystems. Auf Theorie und Erfahrung gegründet. Leipzig, Brockhaus. 1842. 8. iv, 107 p. (1/2 *th.*)

Schmid, *Christian*.

8251* —— Resurrectio rerum (vegetabilium) artificialis. D. Lipsiae, typ. Spörel. 1677. 4. 8 foll.

Schmid, *E. E.*

8252* —— Die geognostischen Verhältnisse des Saalthales bei Jena Leipzig, Engelmann. 1846. folio. 72, (4) p., 5 tab. col. (5 1/3 *th.*)
Inest a p. 65—72: Ueber die fossilen Pflanzenreste des Jenaischen Muschelkalkes, von *M. J. Schleiden*.

8253* —— und *M. J.* **Schleiden**. Ueber die Natur der Kieselhölzer. Programm. Jena, Mauke. 1855. gr. 4. x, 42 p., 3 tab. (1 1/3 *th.* n.)

Schmid, *Ignaz*.

8254 —— De fungis esculentis et venenatis. Vindobonae, typ. Ulrich. 1836. 8. 39 p.

Schmidel, *Casimir Christoph*, Professor der Medicin in Erlangen (Schmidelia L.), * Bayreuth 21. Nov. 1718, † Anspach 18. Dec. 1792.

8255* —— Icones plantarum aeri incisae atque vivis coloribus insignitae, adjectis indicibus nominum necessariis, figurarum explicationibus et brevibus animadversionibus; curante et edente *Georg Wolfgang Knorr*, chalcographo Norimbergensi. (Norimbergae), typ. J. J. Fleischmann. 1747. folio. 197 p., 50 tab. col. — *Curante *Johann Christoph Keller*. (Norimbergae), typ. de Launoy. 1762. folio. 197 p., 50 tab. col. — *Ed. II. curante *Bischoff*. Manipulus I—III. Erlangae, Palm. 1793—97. folio 280 p., 75 tab. col. (36 1/4 *th.*)

8256* —— De medulla radicis ad florem pertingente epistola. Impr. cum Specimine botanico *Nicolai Laurentii Burmann* de Geraniis. Lugduni Batavorum 1759. 4. (10) p., 1 tab.
Schmidel, Diss. bot. argum. p. 115—130.

8257* —— Dissertationes botanici argumenti revisae et recusae. Erlangae, Walther. 1783. 4. 130 p., 4 tab.
De Oreoselino p. 1—28, De Buxbaumia p. 29—62, De Blasia p 63—88, De Jungermanniae charactere p. 89—114, De medulla radicis ad florem pertingente p. 115—130.

Dissertationes praeside Casimir Christoph Schmidel:

8258* —— De Oreoselino. D. Erlangae, typ. Tetzschner. 1751. 4. 42 p.
Schmidel, Diss. bot. argum. p. 1—28.

8259* —— De Buxbaumia. D. Erlangae, typ. Tetzschner. 1758. 4. 46 p., 1 tab.
Schmidel, Diss. bot. argum. p. 29—62.

8260* —— De Blasia. D. Erlangae, typ. Tetzschner. 1759. 4. 32 p., 1 tab.
Schmidel, Diss. bot. argum. p. 63—88.

8261* —— De Jungermanniae charactere. D. Erlangae, typ. Tetzschner. 1760. 4. 29 p., 1 tab.
Schmidel, Diss. bot. argum. p. 89—114.

Schmidlin, *Eduard*.

8262* —— Flora von Stuttgart, oder Beschreibung der in der Umgegend von Stuttgart wildwachsenden sichtbar blühenden Gewächse. Stuttgart, Metzler. 1832. 12. viii, 559 p. (1 1/2 *th.*)

8263* —— Anleitung zum Botanisiren und zur Anlegung von Pflanzensammlungen. Für Anfänger und Volksschulen. Stuttgart, Hoffmann. 1846. 8. viii, 407 p. (2/3 *th.*) — * Zweite Auflage. ib. 1858. 8. viii, 466 p., ic. xyl. (1 1/2 *th.*)

8264* —— Populäre Botanik. Zweite Auflage. Stuttgart, Weise. 1865—66 8. vi, 712 p. (3 *th.*)

Schmidt, *C. P.*

8265* —— Neue Methode, die phanerogamischen Pflanzen zu trocknen. Görlitz, Edwin Schmidt. 1831. 8. 48 p. (1/4 *th.*)

Schmidt, *David*.

8266 —— Taschenbuch der pharmaceutisch-vegetabilischen Rohwaarenkunde für Aerzte, Apotheker und Droguisten. Erster Band, Heft 1—5. Jena, Schmid. 1847. 8. 360 p., 50 tab. col. (3 3/4 *th.*)

Schmidt, *Franz*, * Austerlitz 1751, † Wien 1834.

8267* —— Oestreichs allgemeine Baumzucht, oder Abbildungen in- und ausländischer Bäume und Sträuche, deren Anpflanzung in Oestreich möglich und nützlich ist. Wien, typ. Alberti. 1792—1822. IV voll. folio. I: 1792. 57 p., ind., tab. col. 1—60. — II: 1794. 68 p., ind., tab. col. 61—120. — III: 1800. 51 p., ind., tab. col. 121—180. — IV: ib. typ. Strauss. 1822. 58 p., ind., tab. col. 181—240. (herabges.: 80 *Gulden*.)
Textum voluminis quarti et ultimi tandem anno 1839 absolvit Leopold *Trattinick*, postquam operis continuatio morte autoris diu interrupta fuerat.

8268* —— Anleitung zur sichern Erziehung und Vermehrung derjenigen Ahornarten, die allgemein vermehrt zu werden verdienen. Wien, Staatsdruckerei. 1812. 4. vi, 50 p., 10 tab. col.

Schmidt, *Franz Wilibald*, Professor der Botanik in Prag, * 1763, † Prag 2. Febr. 1796.

8269* —— Neue und seltene Pflanzen nebst einigen andern botanischen Beobachtungen. D. Prag, Calve. 1793. 8. 58 p., 1 tab. (5/12 *th.*)

8270* —— Flora boëmica inchoata, exhibens plantarum regni Boëmiae indigenarum species. Tomus I. Centuria I—IV. Pragae, Calve. 1795—94. folio. 86, 97, 112, 96 p. (1 1/3 *th.*)

8271* —— Sammlung physikalisch-ökonomischer Aufsätze, zur Aufnahme der Naturkunde und deren damit verwandten Wissenschaften in Böhmen; herausgegeben von *Franz Wilibald Schmidt*. Erster (und einziger) Band. Prag, Calve. 1795. 8. 375 p., 3 tab. (1 *th.*)
Insunt: Bemerkungen über verschiedne in dem Systema naturae, cura *Gmelin*, angeführte Pflanzen, p. 185—201; botanische Beobachtungen, p. 221—250; über *Linne's* Syngenesia, Polygamia aequalis, semiflosculosi, p. 251—286.

Schmidt, *Friedrich*, Major.

8272* —— Reisen im Amurlande. Botanischer Theil. Petersburg, Eggers und Co. Leipzig, L. Voss. 1868. 4. 227 p., 8 tab. bot. 2 mappae. (3 1/6 *th.*)
Mém. XII, Nr. 2.

8273* —— Flora der Insel Moon. Dorpat, Glaeser. 1854. 8. 62 p. (18 *sgr.*)
Aus dem Dorpater Archiv.

8274* —— Flora des silurischen Bodens von Ehstland, Nord-Livland und Oesel. Dorpat, Laakmann. 1855. 8. 115 p. (24 *sgr*)

Schmidt, *H. R.*

8275* —— Preussens Pflanzen nach dem natürlichen Systeme geordnet und beschrieben. Danzig, Homann. 1843. 8. iv, 267 p. (1 1/4 *th.*)

Schmidt, *Johann Anton*, Professor in Heidelberg.

8276* —— Beobachtungen über die Verbreitung und Vertheilung phanerogamischer Pflanzen Deutschlands und der Schweiz. D. Göttingen, typ. E. A. Huth. 1850. 8. 59 p.

8277* —— Beiträge zur Flora der Capverdischen Inseln. Heidelberg, E. Mohr. 1852. 8. viii, 357 p. (1 2/3 *th.* n.)

8278* —— Flora von Heidelberg. Heidelberg, Mohr. 1857. 16. xlvi, 395 p. (1 *th.* n.)

8279 —— Anleitung zur Kenntniss der natürlichen Familien der Phanerogamen. Stuttgart, Schweizerbart. 1865. 8. xxiv, 351 p. (1 2/3 *th.* n.)
In *Martii* Flora brasiliensi elaboravit Labiatas et Scrophularineas.

Schmidt, *Johann August Friedrich*.

8280* —— Der angehende Botaniker, oder kurze und leichtfassliche Anleitung die Pflanzen kennen und bestimmen zu lernen etc. Ilmenau, Voigt. 1832. 12. — Vierte verbesserte und vermehrte Auflage. Weimar, Voigt. 1848. 8. xvi, 396 p. 36 tab. (1 1/3 *th.*)

Schmidt, *Johann Christoph*.

8281* —— De analogia regni vegetabilis cum animali. D. Basileae, typ. Lüdii. 1721. 4. 24 p.

Schmidt, *Johann Friedrich Julius*, Professor in Athen, * 26. Oct. 1825.

8282* —— Beiträge zur physikalischen Geographie von Griechenland. Athen, Karl Wilberg. 1860. 4. viii, 304 p. (4 *th.*)

Schmidt, *Johann Joachim.*
8283* —— Aeusserungen über ein System in der Pflanzenkunde. (Boitzenburg) 1797. 8. 39 p. (1/12 th.)
8284* —— Botanisches Jahrbuch für Jedermann, etc. die Pflanzen des Erdbodens aller Art, deren System, Geschichte und Literatur näher kennen zu lernen. Lüneburg, Herold und Wahlstab. 1799. 8. 308 p., praef. (1 1/3 th.)

Schmidt, *Johann Karl*, Conservator des *Shuttleworth*'schen Herbariums in Bern, * Bernstadt in der Oberlausitz 6. April 1793, † Bern 2. Dec. 1850.
8285* —— Allgemeine ökonomisch-technische Flora, oder Abbildungen und Beschreibungen aller in Bezug auf Oekonomie und Technologie merkwürdigen Gewächse. Jena, Schmid. II voll. 8. — I: 1827. (Heft 1—10.) 230 p., tab. col. 1—50. — II: 1829. (Heft 11—15.) x p. et tab. col. 51—75. (10 th.)
Prodiit annis 1820—31 quindecim fasciculis.

Schmidt, *Joseph Hermann*, * Paderborn 1804, ÷ 1852.
8286 —— De corporum heterogeneorum in plantis animalibusque genesi D. Berolini 1825. 4. VIII, 44 p., 2 tab.

Schmidt, *Paul.*
8287* —— Ueber einige Wirkungen des Lichtes auf Pflanzen. D. Breslau, Marnschke und Berendt. 1870. 8. 44 p. (1/3 th. n.)

Schmidt, *Robert.*
8288* —— Flora von Gera. Erste Abtheilung. Phanerogamen. Gera, Verlag, des naturwissenschaftlichen Vereins. 1857. 8. 98 p.

Schmidt, *Wilhelm Ludwig Ewald*, * Nattwerder bei Potsdam 4. Mai 1804, † Stettin 5. Juni 1843.
8289 —— De Erythraea. D. Berolini, typ. Krause. 1828. 4. 30 p., 2 tab.
8290* —— Flora von Pommern und Rügen. Stettin, Becker und Altendorff. 1840. 8. XXXVIII, 392 p. (1/2 th.) — * Zweite Auflage, verbessert und vermehrt von *Baumgardt*. Stettin, Müller. 1848. 8. XXXVIII, 399 p.

Schmincke, *Johann Heinrich*, Professor in Rinteln, * 13. Febr. 1688, † Rinteln 18. Febr. 1725.
8291* —— Dissertatio de cultu religioso arboris Jovis, praesertim in Hassia. D. Marburgi 1714. 4. 28 p.

Schmitz, *J. Joseph*, Lehrer an der Ritteracademie in Bedbury, ÷ 14. Aug. 1845.
8292* —— et *Eduard* **Regel**. Flora Bonnensis. Praemissa est *L. C. Trevirani*, Prof. Bonn., Comparatio Florae Vratislaviensis et Bonnensis. Bonnae, H. B. König. 1841. 8. XLVIII, 512 p. (2 th.)

Schneeberger, *Anton*, Professor in Krakau, † Krakau 1587.
8293* —— Catalogus stirpium quarundam latine et polonice conscriptus. Cracoviae, apud Lazarum Andream. 1557. 8 min. (94) foll. Arnold.
8294* —— Catalogus medicamentorum simplicium, sive euporistôn pestilentiae veneno adversantium, et quomodo iis utendum sit, brevis institutio. Tiguri, typ. Jac. Gesner. (1561.) 8. 58 foll., praef. — * Impr. cum *Cassio* Jatrosoph. Tiguri 1562. 8. Bibl. Goett.

Schneevoogt, *G. Voorhelm*, † Amsterdam 1871.
8295* —— Icones plantarum rariorum; delineavit et in aes incidit *H. Schwegman*; scriptionem inspexit *Steven Jan vanGeuns*. Harlem, Plaat. 1793—95. Fasc. I—XV. = II voll. folio. 48 foll., 48 tab. col.
Volumen primum continet fasciculos I—XII, alterum XIII—XV; plures non prodierunt.

Schneider, *Karl Friedrich Robert.*
8296* —— Die Vertheilung und Verbreitung der schlesischen Pflanzen, nachgewiesen in 14 Gebieten der schlesischen Flora. Nebst einem Anhange über die Vergleichung der schlesischen mit der britischen Flora. Nebst einer botanisch-geognostischen Karte von Bunzlau. Breslau, Grass, Barth und Co. 1838. 8. 292 p. (2/3 th.)
Etiam inscribitur: «Beiträge zur schlesischen Pflanzenkunde.» Priores 188 paginae praeterea seorsim editae sunt, inscriptae: «Flora von Bunzlau, oder die Pflanzen der Umgegend von Bunzlau nach Vorkommen, Häufigkeit, Standort und Blütezeit, mit Angabe aller schlesischen Pflanzen nach Vorkommen und Blütezeit.»

Schnekker, *Johann Daniel*, * Goslar 26. Nov. 1749.
8297* —— Idea generalis ordinis plantarum verticillatarum. D. Giessae, typ. Braun. 1777. 4. 32 p.

Schnellenberg, *Tarquinius*, latine **Ocyorus**, der freyen Künste unnd Artzney Doctor, zu Dortmünde.
8298* —— Experimenta von zwentzig Pestilentz Wurzeln, und Kreutern, wie sie alle, und ein jegliches besonder, für Gift und Pestilentz gebraucht mögen werden. Frankfurdt a/M., gedruckt durch Weygand. (1546.) 8. (48) foll. — * Frankfurt a/M. 1552. 8. — Königsberg, Johann Daubmann. 1555. 4. — * Frankfurt a/M. (durch Georg Raben und Weygand Hanen Erben.) 1566. 8. (64) foll., (21) bon. ic. xyl. i. t. — Argentorati, Rihelius. 1589. 8. — Frankfurt a/O., bei Friedrich Hartmann. 1613. 8. — Strassburg, Mülbe. 1651. 8. — Annaberg, bei David Nicolai. 1680. 8. — Strassburg 1700. 8.

Schneyder, *Johann.*
8299* —— Ueber den Wein- und Obstbau der alten Römer. Programm. Rastatt, typ. Mayer. 1846. gr. 8. VI, 58 p.

Schnittspahn, *Georg Friedrich*, Hofgartendirector in Darmstadt, * Darmstadt 3. Jan. 1810, † Darmstadt 21. Dec. 1865.
8300 —— Flora der phanerogamischen Gewächse des Grossherzogthums Hessen. Ein Taschenbuch für botanische Excursionen. Darmstadt, Diehl. 1839. 8. LXVIII, 304 p., 1 mappa geogr. — Ed. II. ib. 1846. 8. LXXII, 328 p. — * Ed. III. ib. 1853. 8. LXXVI, 362 p. — * Ed. IV. ib. 1865. 8. CX, 444 p. (1 th.)

Schnizlein, *Adelbert*, Professor der Botanik in Erlangen, † Erlangen 24. Oct. 1868.
8301* —— Dissertatio botanica de Typhacearum familia naturali. Nerolingae, typ. Beckii. 1845. 4. 28 p., 2 tab.
8302* —— Die natürliche Pflanzenfamilie der Typhaceen, mit besondrer Rücksicht auf die deutschen Arten bearbeitet. Nördlingen, Beck. 1845. 8. 28 p., 2 tab., explicatio tabularum. (2/5 th.)
8303* —— Die Flora von Bayern, nebst den angränzenden Gegenden von Hessen, Thüringen, Böhmen, Oesterreich und Tyrol, so wie von ganz Würtemberg und Baden. Erlangen, Heyder. 1847. 8. CVI, 373 p. (1 1/2 th)
8304* —— und *Albert* **Frickhinger**. Die Vegetationsverhältnisse der Jura- und Keuperformation in den Flussgebieten der Wörnitz und Altmühl. Nördlingen, Beck. 1848. gr. 8. VIII, 344 p., 1 mappa col. geogn. (2 1/3 th.)
8305* —— Die Farnpflanzen der Gewächshäuser. Eine Anleitung zur systematischen Bestimmung der vorzüglichsten ausländischen Arten. (Aus *Ernst Berger*, Gartenpflanzen.) Erlangen, Palm und Enke. 1854. 8. 37 p. (4/15 th.)
8306* —— Kurze Beschreibung des botanischen Gartens der Universität Erlangen. Erlangen, typ. Junge. 1857. 8. 17 p.
8307* —— Analysen zu den natürlichen Ordnungen der Gewächse. 1. Phanerogamen. Erlangen, Palm und Enke. 1858. 4. 60 p, 70 tab. in folio. (4 th)
8308* —— Uebersichten zum Studium der systematischen und angewandten, besonders der medicinisch-pharmaceutischen Botanik. Erlangen, Palm und Enke. 1860. 8. XVI, 96 p. (2/5 th. n)
8309 —— Botanik, als Gegenstand der allgemeinen Bildung. Erlangen, Besold. 1868. 8. 134 p., ic. xyl., 4 tab. (2/3 th. n.)
Élaboravit Lacistemaceas in *Martii* Flora brasiliensi.
8310* —— Iconographia familiarum naturalium regni vegetabilis delineata atque adjectis familiarum characteribus adnotationibusque variis tum scientiam tum usum spectantibus exornata. Abbildungen der natürlichen Familien des Gewächsreiches ... Vol. 1—4. Bonn, Max Cohen und Sohn. 1843—70. 4. Ordines 1—277. 277 folia textus, 277 tabulae. (42 th.)

Schnizlein, *Karl Friedrich Christoph Wilhelm.*
8311 —— De Sedo acri Linn. Erlangae, typ. Hilpert. 1804. 8. 44 p.

Schober, *Gottlob*, Arzt in Moskau (Schoberia C. A. M.), * Leipzig um 1670, † Moskau 3. Dec. 1739.

Schobinger-Pfister, *J.*
8312 —— Taschenbuch für reisende Botaniker im Kanton Luzern. Nach *J. G. Kraner*'s Prodromus Florae lucernensis, vermehrt mit mehr als 500 Pflanzenarten. Luzern, Schiffmann. 1866. 16. 252 p. (2/5 th. n.)

Schoenfeld, *Melchior.*
8313 —— De plantis in genere. D. Lipsiae 1619. 4.

Schoenheit, *Friedrich Christian Heinrich*, Pastor in Singen bei Stadtilm, † 28. April 1870.
8314* —— Taschenbuch der Flora Thüringens, zum Gebrauche bei Excursionen, im Auftrage und unter Mitwirkung der botanischen

Section des naturwissenschaftlichen Vereins für Thüringen. Rudolstadt, Renovanz 1850. 8. LXXII, 562 p. (2⅔ th.)
Ergänzungen in Linnaea 1861.

Schoenlein, *Johann Lukas*, Professor der Medizin in Berlin, * Bamberg 30. Nov. 1793, * Bamberg 23. Jan. 1864.

8315* —— Abbildungen von fossilen Pflanzen aus dem Keuper Frankens. Mit erläuterndem Text nach dessen Tode herausgegeben von *August Schenk*. Wiesbaden, Kreidel. 1865. folio. 22 p , 13 tab. (6⅔ th.)

Schoenlein, *Philipp*, * Zürich 9. Febr. 1834, ÷ am Cap Palmas (Guinea) 11. Jan. 1856.
Plantas ab eo in Africa collectas edidit *Fr. Klotzsch*.

Schoepf, *Johann David* (Schoepfia Schreb.), * Wunsiedel 8. März 1752, ÷ Anspach 10. Sept. 1800.

8316* —— Materia medica americana, potissimum regni vegetabilis. Erlangae, Palm. 1787. 8. XVIII, 170 p.

Schoepfer, *Franz Xaver*, Professor in Innsbruck, * 1773.

8317* —— Flora Oenipontana, oder Beschreibung der in der Gegend um Innsbruck wildwachsenden Pflanzen, nebst Angabe ihrer Wohnorte, Blütezeit und Nutzen. Innsbruck, Wagner. (Leipzig, Barth.) 1805 8. 396 p., praef., ind. (1⅝ th.)
Etiam inscribitur: «Flora tyrolensis», volumen I.

Schoepfius, *Johannes*.

8318 —— Hortus Ulmensis, Ulmischer Paradiss-Garten, d. i. ein Verzeichnuss und Register der Simplicien, an der Zahl über 600, welche in Gärten und nechsten Bezirck umb die Stadt Ulm zu finden. (latine et germanice.) Ulm, Johann Meder. 1622. 8.

Scholler, *Friedrich Adam* (Schollera Roth.), * Bayreuth 1718, † 3 April 1785.

8319* —— Flora Barbiensis. In usum seminarii fratrum. Lipsiae, apud Weidmann haeredes et Reich in commissis. 1775. 8. 310 p., ind. — *Supplementum Florae Barbiensis, edente *J. J. Bossart*. Barbii, typ. Spellenberg. 1787. 8. p. 311—366, 1 tab.

Scholtz, *Heinrich*, Arzt in Breslau, * Breslau 4. Febr. 1812, ÷ Breslau 29. Oct. 1859.

8320* —— Enumeratio Filicum in Silesia sponte crescentium earumque de usu, additis Lycopodiaceis et Equisetaceis. D. Vratislaviae 1836 8. 58 p

8321* —— Flora der Umgegend von Breslau. Breslau, Schulz und Co. 1843. 8. 336 p. (¾ th.)

Scholz, *Lorenz*, Arzt in Breslau, * Breslau 20. Sept. 1552, † Breslau 22. April 1599.
Henschel im 29. Jahresbericht der schlesischen Gesellschaft 1851, 137—141.

8322* —— Hortus Vratislaviae situs et rarioribus plantis consitus, carmine celebratus, cum ejusdem horti catalogo botanico. Vratislaviae, apud haeredes Scharfenberg. 1587. 4. — *Catalogus arborum, fruticum ac plantarum tum indigenarum quam exoticarum horti medici *Laurentii Scholzii*. Vratislaviae, typ. Georg Baumann. 1594. 4. (12) p.
Aelteste Nachricht von der Kultur der Kartoffel in Europa.
Hortus *Laurentii Scholzii*, quem ille colit Vratislaviae, situm intra ipsa civitatis moenia, celebratus carmine *Andreae Calagii*. Vratislaviae, typ. Georg Baumann. 1592. 4. (10) foll.
In *Laurentii Scholzii*, medici Vratislaviensis, Hortum epigrammata amicorum. Vratislaviae, typ. Georg Baumann. 1594. 4 (48) foll.

Schomburgk, *Otto Alfred*, * Freiburg a. d. Unstrut 25. Aug. 1809, † Buchsfelde in Australien 16. Aug. 1857.

Schomburgk, *Richard*, Director des botanischen Gartens zu Adelaide in Südaustralien, * Freiburg a. d. Unstrut 5. Oct. 1811.

8323* —— Versuch einer Fauna und Flora von Britisch-Guiana. Nach Vorlagen von *Johannes Müller*, *Ehrenberg*, *Erichson*, *Klotzsch*, *Troschel*, *Cabanis* und Andern systematisch bearbeitet. Leipzig, J. J. Weber. 1848. 8.
Flora: p. 787—1260.

8324* —— Catalogue of the plants under cultivation in the Government Botanic Garden, Adelaide, South Australia. Adelaide, typ. Cox. 1874. 8. XIII, 200 p.

Schomburgk, *Robert Hermann* (Schomburgkia Lindl.), * Freiburg a. d. Unstrut 5. Juni 1804, † Berlin 11. März 1865.

8325* —— A description of British Guiana, geographical and statistical: exhibiting its resources and capabilities, together with the present and future condition and prospects of the colony. London, Simpkin, Marshall and Co. 1840. 8. 155 p., 1 mappa geogr. (5 s.)
Vegetable productions: p. 28—37.
* *germanice*: Geographisch-statistische Beschreibung von Britisch-Guiana, etc. Aus dem Englischen von *Otto Alfred Schomburgk*. Magdeburg, Schmilinsky. 1841. 8. VIII, 154 p., 1 mappa geogr. (1 th.)
Pflanzenreich: p. 29—38.

8326* **Schomburgk**, *Robert Hermann*. Reisen im Guiana und am Orinoko während der Jahre 1835—39; nach seinen Berichten und Mittheilungen an die geographische Gesellschaft in London herausgegeben von *Otto Alfred Schomburgk*. Leipzig, Georg Wigand. 1841. 8. XXIV, 510 p., 6 tab col., 1 mappa geogr. (6⅔ th.)

8327* —— Description of Calycophyllum Stanleyanum, a new Rubiacea from Guiana. (Reprinted for private distribution from the London Journal of botany, vol. III.) (London 1844.) 4. 3 p., 1 tab.

8328* —— Die Barbacenia Alexandrinae und Alexandra Imperatricis, entdeckt und beschrieben. Braunschweig 1845. 4. 22 p., 1 tab.

8329* —— Die Rapatea Friderici Augusti und Saxo-Fridericia regalis, entdeckt und beschrieben. Braunschweig 1845. 4. 14 p., 2 tab.

Schot, *Joseph van der*, Sohn von Richard van der Schot, † Wien 18. Juli 1819. aet. 56.
Ging 1791 nach Isle de France, später nach Nordamerika.

Schot, *Richard van der*, Director des Kaiserlichen Gartens Schönbrunn, Begleiter *Jaquin's* in Amerika 1754—56 (Schotia Jacq.).

Schott, *Heinrich*, Universitätsgärtner in Wien, * Breslau 1759, † Wien im Juli 1819.
Verh. des zool. bot. Vereins VII, 111—112.

Schott, *Heinrich Wilhelm*, Director der Kaiserlichen Gärten in Schönbrunn (Schottia Jacq.), * Brünn 7. Jan. 1794, ÷ Schönbrunn 5. Febr. 1865.
* *Fenzl*, Lebensskizze. Wien, Staatsdruckerei. 1865. 8. 17 p.

8330* —— et Stephan **Endlicher**. Meletemata botanica. Vindobonae, typ. Carol. Gerold. 1832. folio. 36 p., 5 tab.
Opus rarissimum, nunquam in bibliopoliis venale, vix ac ne vix quidem sexaginta exemplaribus divulgatum est.

8331* —— Rutaceae. Fragmenta botanica. Vindobonae, Wallishausser. 1834. folio. 14 p., 7 tab.

8332* —— Genera Filicum. Vindobonae, Wallishausser. 1834. 4 obliquo. (44) p., 20 tab. (8 th.)

8333* —— Skizzen österreichischer Ranunkeln. Sectionis Allophanes. Wien, typ. Gerold. 1852. 8. 15 p., 6 tab.

8334* —— Wilde Blendlinge österreichischer Primeln. Wien, typ. Gerold. 1852. 8. 19 p., 6 tab.

8335* —— Die Sippen der österreichischen Primeln. Wien, typ. Gerold. 1861. 8. 14 p.

8336* ——, C. F. **Nyman** et Th. **Kotschy**. Analecta botanica. Vindobonae, typ. Gerold. 1854. 8. VIII, 64 p.
Versatur in plantis provinciarum regni austriaci meridionalium.

8337* —— Araceen Betreffendes. (I.) Wien, typ. Gerold. 1854. 8. 15 p. — II. Wien, Mechitaristen-Buchdruckerei. 1855. 8. 22 p.

8338* —— Synopsis Aroidearum, complectens Enumerationem systematicam generum et specierum hujus ordinis. I. Vindobonae, typ. congr. Mechitaristarum. 1856. 8. 140 p.

8339* —— Icones Aroidearum. Vindobonae 1857. folio.
Prodierunt quatuor fasciculi cum 40 tabulis coloratis, absque descriptione.

8340* —— Genera Aroidearum exposita. Vindobonae, typ. Ueberreuter, Olomucii, Hölzel. 1858. folio. 101 p., 98 tab. col. (37⅙ th.)

8341* —— Prodromus Systematis Aroidearum. Vindobonae, typis congregationis Mechitaristicae. 1860. 8. (6) 602 p. (6 th.)

Schott, *Wilhelm*, Professor an der Universität Berlin, * Mainz 3. Sept. 1807.

8342* —— Skizze zu einer Topographie der Producte des chinesischen Reichs. Gelesen in der Akademie der Wissenschaften am 2 Juni 1842. Berlin, Druckerei der Akademie. 1842. 4. 141 p.

Schousboe, *P. K. A.*, Consul in Marocco (Schousboea Willd.).

8343* —— Jagttagelser over Vextriget i Marokko. Förste Stycke. Kjøbenhavn, typ. Seidelin. 1800. 4. 204 p., 7 tab.

* *germanice:* Beobachtungen über das Gewächsreich in Marokko, gesammelt auf einer Reise in den Jahren 1791—93. 1. Theil. Aus dem Dänischen von *J. Ambr. Markussen.* Kopenhagen und Leipzig, Schubothe. 1801. 8. xvi, 186 p., 2 tab. (5/6 *th.*)

Schouw, *Joakim Frederik*, * Kopenhagen 7. Febr. 1787, † Kopenhagen 28. April 1852.

Biographie von *P. F. Mölle*, in *Schouw*, die Erde .. p. 1—18 mit Portrait.

8344* —— Dissertatio de sedibus plantarum originariis. Sectio prima. De pluribus cujusvis speciei individuis originariis statuendis. Havniae, typ. Popp. 28. Sept. 1816. 8. 80 p.

8345* —— Grundtræk til en almindelig Plantegeographie. Kjøbenhavn, Gyldendal. 1822. 8. viii, 463 p, 4 mappae bot. geogr. (1 *Rbd.* 32 *sk.*)

8346* —— Plantegeographisk Atlas. Henhörende till Sammes Grundtræk til en almindelig Plantegeographie. Kjøbenhavn, typ. J. H. Schultz. 1824. folio. 1 fol, 22 mapp. bot. geogr. (7 *Rbd.*)

* *germanice:* Grundzüge einer allgemeinen Pflanzengeographie. Aus dem Dänischen übersetzt vom Verfasser. Berlin, Reimer. 1823. 8. viii, 524 p., 4 mappae bot. geogr. (6⅔ *th.*)

* *germanice:* Pflanzengeographischer Atlas zur Erläuterung von *Schouw's* Grundzügen einer allgemeinen Pflanzengeographie. Berlin, Reimer. 1823. folio. 1 fol., 22 mapp. bot. geogr.

8347* —— Tableau du climat et de la végétation de l'Italie, résultat de deux voyages en ce pays dans les années 1817—19 et 1829—30. Vol. I. Tableau de la température et des pluies de l'Italie. Copenhague, Gyldendal. 1839. 4. x, 214, 227 p., 5 tab. (6 *th.*)

8348 —— Erindringsord til en Forelæsningen over den almind. Plantelære. Ny Udg. Kjøbenhavn (Gyldendal.) 1839. 8. 48 p. (24 *sk.*)

8349* —— Foreløbig Fortegnelse over den Kjøbenhavnske botaniske Haven Planter. Kjøbenhavn, Gyldendal. 1847. gr. 8. 480 p., 1 tab. (2/3 *th.*)

8350 —— Natur-Skildringer; en Række af almeenfattelige Forelæsninger. Kjøbenhavn, Gyldendal. 1837. 8. viii, 176 p., 2 tab. (1 *Rbd.* 12 *skill.*) — * Ed. II. ib. 1866. 8. (1⅕ *th.*)

* *germanice:* Naturschilderungen. Eine Reihe allgemein fasslicher Vorlesungen. Kiel 1840. 8. 162 p, 2 tab. (1 *th.*)

* *germanice:* Die Erde, die Pflanzen und der Mensch. Naturschilderungen. Aus dem Dänischen unter Mitwirkung des Verfassers von *H. Zeise.* Mit der Biographie des Verfassers von *P. L. Möller* und seinem Portrait nach Marstrand Leipzig, G. Senf. 1854. 8. xvi, 266 p. (1 *th.*)

Schrader, *Christian Friedrich.*

8351* (——) Index plantarum horti botanici Paedagogii regii Glauchensis. Halae, typ. Hessii. 1772. 16. 52 p.

8352* —— Genera plantarum selecta in usum tironum botanophilorum methodo tabellari adornavit. Halae, typ. Orphanotrophei. 1780. 8. 54 p.

Schrader, *Friedrich,* Professor in Helmstädt, * Helmstädt 30. Juli 1657, † Helmstädt 22. Aug. 1704.

8353* —— Dissertatio epistolica de microscopiorum usu in naturali scientia et anatome. Goettingae 1681. 8. 36 p.

8354* —— Programma quo medicinae in illustri academia Julia studiosi ad exercitia botanica excitantur et de nova plantarum methodo admonentur. Helmstadii, typ. Hamm. 1690. 4. (8) foll.

Schrader, *Heinrich Adolph,* Professor der Botanik in Göttingen (Schraderia Vahl), * Alfeld bei Hildesheim 1. Jan. 1767, † Göttingen 21. Oct. 1836.

8355* —— Reliquiae Schraderianae. *H. A. Schrader's* Lebensbeschreibung und hinterlassene unvollendete botanische Abhandlungen. (Aus Linnaea, vol. XII.) Halle, Gebauer. 1838. 8. 124 p.

8356* —— Spicilegium Florae germanicae. Pars prior. Hannoverae, Ritscher. 1794. 8. 194 p., 4 tab. col.

8357* —— Sertum Hannoveranum, seu plantae rariores, quae in hortis regiis Hannoverae vicinis coluntur. Descriptae ab *Henrico Adolpho Schrader*, delineatae et sculptae a *Johann Christian Wendland.* Volumen I, fasc. I—IV. Goettingae, Vandenhoek et Ruprecht (fasc. IV: Hahn.) 1795—98. folio. 28, 8 p., ind., 24 tab. col. (5 *th.*)

8358* —— Systematische Sammlung kryptogamischer Gewächse. Zwei Lieferungen. Goettingen, Dieterich. 1796—97. 8. — I: 1796. 20 p — II: 1797. 16 p.

8359* **Schrader**, *Heinrich Adolph.* Nova genera plantarum. Pars I. Lipsiae, Crusius. 1797. folio. viii, 30 p., 6 tab. col. (3½ *th.*)

8360* —— Abermahlige Revision der Gattung Usnea in des Herrn Prof. *Hoffmann* Flora Deutschlands zweitem Theile. Als Beleuchtung der in der Jenaer Literaturzeitung 1799. Nr. 240 befindlichen Recension des ersten Stücks des botanischen Journals. Goettingen, Dieterich. 1799. 8. lii p. (½ *th.*)

Cf. *Schraderi* anteriorem commentationem: «Ueber die Gattung Usnea, nebst einigen vorausgeschickten Bemerkungen über den zweiten Theil der *Hoffmann*'schen Flora Deutschlands» in *Schrader's* Journal, Stück I. p. 42—85, 1 tab.

8361* —— Journal für die Botanik. Herausgegeben vom Medizinalrath *Schrader.* Göttingen, Dieterich. 1799—1803. V voll. 8. — I: 1799. viii, 526 p., 6 tab., effigies *Thunberg.* — II: 1799. 502 p., 5 tab., effigies *N. J. Jacquin.* — III: 1801. lii, 446 p., 9 tab., effigies *Vahl.* — IV: 1801. 487 p., 7 tab., effigies *Smith.* — V: 1803. vi, 504 p., 8 tab., effigies *Swartz.* (6⅔ *th.*)

8362* —— Neues Journal für die Botanik. Erfurt, Knick und Müller. 1806—10. 4 Bände. 8. — I: 1806. 184, 204, 200 p., 6 tab., effigies *Cavanilles.* — II: 1807. 172, 376 p., 3 tab., effigies *A. L. Jussieu.* — III: 1809. 260, 294 p., 3 tab., effigies *Willdenow.* — IV: 1810. 288 p., 2 tab. (6⁵⁄₇ *th.*)

8363* —— Commentatio super Veronicis spicatis Linnaei. Goettingae, Dieterich. 1803. 8. 40 p, 2 tab. (⅓ *th.*)

8364* —— Flora germanica. Tomus I. (et unicus.) Goettingae. Dieterich. 1806. 8. 432 p., 6 tab. (1⅔ *th.*)

8365* —— Genera nonnulla plantarum emendata et observationibus illustrata. Goettingae, Dieterich. 1809. 4. 20 p., 5 tab. (¾ *th.*)

8366* —— Hortus Gottingensis, sive plantae novae et rariores horti regii botanici Gottingensis descriptae et iconibus illustratae. Goettingae, Dieterich. 1809. folio. 22 p., 16 tab. col. (8 *th.*)

8367* —— De Halophytis Pallasii, respectu imprimis ad Salsolam et Suaedam habito commentatio. Goettingae, Dieterich. 1810. 4. 20 p., 3 tab. (⅜ *th.*)

8368* —— Monographia generis Verbasci. Goettingae, Dieterich. 1813—23. II sectiones. 4. — I: 1813. 40 p., 5 tab. — II: 1823. 58 p., 3 tab. (1⅙ *th.*)

8369* —— De Asperifoliis Linnei commentatio. Goettingae, Dieterich. 1820. 4. 26 p., 1 tab.

8370* —— Blumenbachia, novum e Loasearum familia genus, adjectis observationibus super nonnullis aliis rarioribus aut minus cognitis plantis. Goettingae, Dieterich. 1827. 4. 54 p., 4 tab. (⅔ *th.*)

8371* —— Analecta ad Floram Capensem. I. Cyperaceae. Goettingae, Dieterich. 1832. 4. 55 p., 4 tab. (⅔ *th.*)

Schrader, *Johann Christian Karl,* Obermedizinal-Assessor in Berlin, * Werben 27. Sept. 1762, † Berlin 25. April 1826

8372* —— Die norddeutschen Arzneipflanzen für Anfänger der Apothekerkunst. Berlin, Mylius. 1792. 8. x, 644 p., 4 Tabellen. (1⅚ *th.*)

8373* —— und *Johann Samuel Benjamin* **Neumann.** Zwei Preisschriften über die eigentliche Beschaffenheit und Erzeugung der erdigen Bestandtheile in den verschiednen inländischen Getraidearten. Herausgegeben von der Königl. Akademie der Wissenschaften zu Berlin Berlin, Fr. Maurer. 1800. 8. 120 p.

Schrader, *Johann Eduard Julius,* Bibliothekar an der königlichen Bibliothek in Berlin, * Berlin 26. Dec. 1809.

8374* —— De Monocotyledonearum et Dicotyledonearum circa gemmarum explicationem differentia. D. Bonnae, typ. Georgii. 1834. 8. 23 p.

Schrader, *Wilhelm.*

8375* —— Die Thüringer Flora zum Schulgebrauche zusammengestellt. Erfurt, Villaret. 1852. 8. iv, 220 p. (⅙ *th.* n.)

Schramm, Oekonomie-Commissionsrath.

8376* —— Flora von Brandenburg und Umgegend. Brandenburg, Wiesike. 1857. 8. x, 233 p. — * ib. 1861. 8. 20 p. (½ *th.*)

Schramm, *A.*

8377 —— et *H.* **Mazé.** Essai de classification des Algues de Guadeloupe. Basse-Terre, imprimerie du Gouvernement. 1865. 4. 57 p.

Schramm, *Johannes Augustin,* Professor am Gymnasium in Leobschütz, † Leobschütz 9. Aug. 1849.

8378* **Schramm**, *Johannes Augustin.* Die Pflanzen des Leobschützer Stadtwaldes, ein Unterrichtsmittel der Lehranstalt. Ratibor, typ. Langer. 1833. 8. 92 p.
8379* —— Die seltneren Pflanzen der schlesischen Flora in den Umgebungen von Leobschütz, nebst einigen Beobachtungen über gemeinere. Leobschütz, Schubert. 1840. 8. 45 p.

Schrank, *Franz von Paula,* Professor der Botanik in München, * Farnbach am Inn 21. Aug. 1747, † München 23. Dec. 1835.
<small>*von Martius,* Denkrede auf *Franz von Paula von Schrank.* Gelesen in der Akademie der Wissenschaften den 28. März 1836. München, typ. Wolf. 1836. 4. 31 p.</small>

8380* —— Beiträge zur Naturgeschichte. Leipzig 1776. 8. 137 p., 7 tab. ($^7/_{12}$ th.)
<small>Genauere Untersuchung einiger sich ähnlichen Pflanzen, p. 129—137.</small>
8381* —— Eine Centurie botanischer Anmerkungen zu des Ritters *von Linné* Species plantarum. Erfurt, Keyser. 1784. 4. 64 p. ($^5/_{24}$ th)
<small>Acta Erfordensia, 1782. vol. III.</small>
8382* —— und *Karl Ehrenbert* **von Moll.** Naturhistorische Briefe über Oestreich, Salzburg, Passau und Berchtesgaden. Salzburg, Mayr. 1785. 2 Bände 8. — I: 332 p., 1 tab. — II: xxx, 457 p., 2 tab. (2 th.)
<small>Inest: Flora Berchtesgadensis, vol. II. p. 155—323.</small>
8383* —— Anfangsgründe der Botanik. München, Strobl. 1785. 8. 206 p. ($^9/_{24}$ th.)
8384* —— Baiersche Flora. München, Strobl. 1789. 2 Bände. 8. — I: 753 p. — II: 670 p, ind. (3$^2/_3$ th.)
8385* —— Primitiae Florae Salisburgensis, cum dissertatione praevia de discrimine plantarum ab animalibus. Francofurti a/M., Varrentrapp. 1792. 8. xvi, 240 p., 2 tab. (1$^1/_{12}$ th.)
8386* —— Vom Pflanzenschlafe und von verwandten Erscheinungen bei den Pflanzen. Ingolstadt 1792. 8.
8387 —— Akademische Reise nach den südlichen Gebirgen von Baiern, im Jahr 1788. München, Lindauer. 1793. 8. (1$^1/_6$ th)
8388* —— Von den Nebengefässen der Pflanzen und ihrem Nutzen. Halle, Gebauer. 1794. 8. 94 p., 3 tab. ($^1/_2$ (th)
8389* —— Sammlung naturhistorischer und physikalischer Aufsätze. Nürnberg 1796. 8. 456 p. (1$^1/_2$ th.)
<small>Insunt: Betrachtungen über Syngenesia polygamia frustanea und ähnliche Erscheinungen, p 381—444.</small>
8390* —— Grundriss einer Naturgeschichte der Pflanzen. Erlangen, Schubart. 1803. 8. 452 p., praef., ind. (1$^1/_3$ th.)
8391* —— Flora Monacensis, seu plantae sponte circa Monachium nascentes, quas pinxit et in lapide delineavit *Johann Nepomuk Mayrhofer.* Commentarium perpetuum addidit *Franciscus de Paula Schranck.* Monachii, in instituto lithographico scholae festivalis. (Fleischmann) 1811—18. IV voll. gr. folio. 400 foll., 400 tab. col., effigies *Schrank* et *Mayrhofer.* (144$^2/_3$ th. — col. 250 th.)
8392* —— Plantae rariores horti academici Monacensis descriptae et iconibus illustratae. Monachii, in instituto lithographico scholae festivalis. 1819. II voll. folio. 100 foll., 100 tab. col. (40 th.)

Schreber, *Johann Christian Daniel (von),* Professor in Erlangen (Schrebera Roxb.), * Weissensee 16. Jan. 1739, † Erlangen 10. Dec. 1810.
<small>*Harles,* Memoria. Erlangen 1810. 4. 19 p.
Nova Acta Nat. Cur IX. 1—15.
Schrank, Andenken an *Schreber.* (Leipz. lit. Anzeiger 1816.))
Martius, Erinnerungen aus meinem 90jährigen Leben. 143—151.</small>

8393* —— Botanisch-ökonomische Abhandlung vom Grasbaue. Leipzig, Fritsch. 1764. 8. ($^1/_6$ th.)
8394* —— Icones et descriptiones plantarum minus cognitarum. Decas I (unica.) Halae, typ. et sumt. J. J. Curt. 1766. folio. 20 p., 10 tab. (1 th.)
<small>Plantae ab *Andr. de Gundelsheimer, Tournefortii* in itinere orientali comite, lectae.</small>
8395* —— Beschreibung der Gräser nebst ihren Abbildungen nach der Natur. Leipzig, Crusius. (Vogel.) 1769—1810. 3 Theile. folio. — I: 1769 154 p., tab. col. 1—20. — II: 1772(—79.) p. 1—88, tab. col. 21—40. — III: 1810. p. 89—160, tab. col. 41—54. (nigr. 8$^1/_2$ th. — col. 19$^1/_3$ th.)
8396* —— De Phasco observationes, quibus hoc genus muscorum vindicatur atque illustratur. Lipsiae, Crusius. (Vogel.) 1770. 4. xxii p, 2 tab. ($^1/_4$ th.)
8397* **Schreber**, *Johann Daniel Christian (von).* Spicilegium Florae Lipsicae. Lipsiae, Dyk. 1771. 8. 148 p., praef., ind. 1($^1/_2$ th.)
8398* —— Beschreibung der Quecke nebst ihrer Abbildung nach der Natur. Leipzig, Crusius. (Vogel.) 1772. 4. 28 p., 1 tab. ($^1/_4$ th.)
8399* —— Plantae verticillatae unilabiatae. D. Erlangae, typ. Walther. 1773. 4. LXIV p., 1 tab.
8400* —— Plantarum verticillatarum unilabiatarum genera et species. Lipsiae, Crusius. (Vogel.) 1774. 4. LXXV p., 1 tab. ($^2/_3$ th.)
<small>Est idem liber ac praecedens.</small>
8401* —— De Persea Aegyptiorum commentationes I—IV. Erlangae 1790—92. folio.

Schreiber, *Franz,* * Mainz 5. Juni 1839.
8402* —— Fasciculi vasorum imprimis dicotyl. et monocotyl. D. Bonnae, typ. Carthaus. 1864. 8. 38 p.

Schroeder, *Heinrich Ernst.*
8403* —— Gedanken vom Nutzen der Botanik in Ansehung eines jeden Gelehrten wegen der damit zu seiner Gesundheit verbundenen Leibesbewegung. Halle, Bayer. 1774. 4. 20 p.

Schröder, *Julius.*
8404* —— Untersuchung der chemischen Constitution des Frühjahrssaftes der Birke, seiner Bildungsweise und weiteren Umwandlung bis zur Blattbildungsperiode. Gekrönte Preisschrift. Dorpat, Gläser. 1865. 8. 84 p., 4 tab.

Schroff, *Karl,* Professor in Wien.
8405* —— Ueber eine in der Gegend des ehemaligen Kyrene (Nordafrika) gesammelte Wurzelrinde und über das Silphium der alten Griechen. (Separatabdruck aus den Med. Jahrbüchern, Zeitschrift der k. k. Gesellschaft der Aerzte.) Wien, typ. Ueberreuter. 1862. 8. 55 p., 1 tab.
8406* —— Das pharmakologische Institut der Wiener Universität Wien, Braumüller. 1865. gr. 8. xi, 173 p. (1$^1/_3$ th. n.)

Schubert, *Michael,* Professor der Botanik in Warschau. * 1787, † Warschau 1860.
8407* —— Spis roślin ogrodu botanicznego Królewsko-Warszawskiego Uniwersytetu. (Catalogus plantarum horti universitatis Varsaviensis.) W Warzawie 1820. 8. xiv, 156 p. — * Ed. II. ib. 1824. 8. XLIV, 583 p., 2 tab.
8408* —— Rosprawa o składzie nasienia początkowém rozrastaniu się zarodka i głównych różnicach składu wewnętrznego roślin. (De anatomia et germinatione plantarum.) W Warszawie, w drukarni Xięży Piarów. 1824. 8. 179 p, 4 tab.
8409* —— Opisanie drzew i krzewów leśnych królestwa polskiego. (De arboribus sylvaticis Poloniae.) W Warszawie, typ. Glücksberg. 1827. 8. XXXIV, 357 p., praef., ind.

Schubert, *W.*
8410* —— Verzeichniss der Gefässpflanzen, welche in der Umgegend Oberschützens gefunden wurden. Gymnasialprogramm. Oberschützen 1858. 4. p. 21—32.

Schuch, *Christian Theophil,* † Donaueschingen 25. März 1851.
8411 —— Gemüse und Salate der Alten in gesunden und kranken Tagen. 1. Abtheilung. Blattgemüse und Salate. Botanisch-philologische Abhandlung. Rastatt, W. Mayer. 1853. 8. 48 p. (8 sgr.)

Schuchardt, *Theodor,* Lehrer in Görlitz.
8412* —— Synopsis Tremandrearum. D. Goettingae, typ. Dieterich. 1853. 8. 49 p.

Schuebeler, *F. Chr.,* Professor der Botanik und Director des Gartens in Christiania.
8413 —— Ueber die geographische Verbreitung der Obstbäume und beerentragenden Gesträuche in Norwegen. (Abgedruckt aus der Hamburger Gärten- und Blumenzeitung.) Hamburg, Kittler. 1857. 8. 40 p. ($^1/_5$ th.)
8414* —— Die Kulturpflanzen Norwegens. Mit einem Anhange über die altnorwegische Landwirthschaft. Programm. Christiania 1862. 4. vi, 197 p., 24 tab.
8415* —— Synopsis of the vegetable products of Norway. Translated from the M. S. by M. R. Barnard. Christiania, typ. Brogger et Christie. 1862. 4. 31 p., 2 tab.
<small>Uebers. aus Kulturpflanzen.</small>

Schuebler, *Gustav*, Professor in Tübingen (Schueblera Mart.), * Heilbronn 15. Aug. 1787, † Tübingen 8. Sept. 1834.
8416* —— Systematisches Verzeichniss der wildwachsenden phanerogamen Pflanzen um Tübingen. (Beilage zu Dr. *Eisenbach's* Geschichte von Tübingen.) Tübingen 1822. 8. 60 p.
8417* —— Grundsätze der Agrikulturchemie in näherer Beziehung auf land- und forstwirthschaftliche Gewerbe. (Aus *Putsche's* Encyclopädie abgedruckt.) Leipzig, Baumgärtner. 1831. 8. (1 2/3 *th.*) — *Zweite Auflage, durchgesehn und verbessert von *K. L. Krutzsch.* Leipzig, Baumgärtner. 1838. 2 Theile. 8. — I: Agriculturchemie. XVI, 270 p., 1 tab. — II: Agronomie. 266 p., 1 tab. (2 *th.*)
8418* —— und *Georg* **von Martens.** Flora von Würtemberg. Tübingen, Osiander. 1834. 8. 6, XXXII, 695 p., 1 mapp. geogr. (3 *th.*)
Supplementum hujus Florae scripsit *Wilibald Lechler*, Supplement zur Flora von Würtemberg. Stuttgart, Schweizerbart 1844. 8. 72 p. (1/3 *th.*)

Praeside Gustavo Schuebler dissertationes academicae:

8419* —— Characteristica et descriptiones Cerealium in horto academico Tuebingensi et in Würtembergia cultorum annexis observationibus de plantatione et ubertate eorum. D. Tuebingae, typ. Fues. 1818. 8. 47 p., 1 schema, 1 tab.
8420* —— Chemische Untersuchung der Hanfblätter. D. Tübingen 1821. 8. 28 p.
8421* —— De distributione geographica plantarum Helvetiae. D. Tuebingae, typ. Schramm. 1823. 8. 31 p, 3 schemata.
8422* —— Descriptiones plantarum novarum vel minus cognitarum horti botanici academici Tuebingensis. D. Tuebingae, typ. Richter. 1825. 8. 31 p.
8423* —— De Salvinia natante, cum aliquibus aliis plantis cryptogamis comparata. D. Tuebingae, typ. Eifert. 1825. 4. 15, (2) p., 1 tab. (Autor: *Georg Ludwig Duvernoy.*)
8424* —— Untersuchungen über die Farben der Blüten und einige damit in Beziehung stehende Gegenstände. D. Tübingen, Schönhardt. 1825. 8. 38 p.
8425* —— Beobachtungen über die Temperatur der Vegetabilien und einige damit verwandte Gegenstände. D. Tübingen, typ Schönhardt. 1826. 8. 16 p., 1 schema.
8426* —— Untersuchungen über das specifische Gewicht der Samen und näheren Bestandtheile des Pflanzenreichs. D. Tübingen, typ. Schönhardt. 1826. 8. 32 p.
8427* —— Untersuchungen über die Einwirkung verschiedner Stoffe des organischen und unorganischen Reichs auf das Leben der Pflanzen. D. Tübingen, typ. Schönhardt. 1826. 8 58 p.
8428* —— Untersuchungen über Most- und Weintraubenarten Würtembergs. D. Tübingen, typ. Schönhardt. 1826. 8. 26 p.
8429* —— Untersuchungen über die pflanzengeographischen Verhältnisse Deutschlands. D. Tübingen, typ. Schönhardt. 1827. 8. 40 p., 1 schema.
Redit in Hertha, Juli 1827; et auctius in Eschweiler's bot. Literaturblättern, Band III. Heft 1.
8430* —— Untersuchungen über Obst- und Weintraubenarten Würtembergs. D. Tübingen, typ. Fues. 1827. 8. 34 p, 2 schemata.
8431* —— Untersuchungen über die fetten Oele Deutschlands in Beziehung auf ihre wichtigen physischen Eigenschaften. D. Tübingen, typ Eifert 1828. 8. 39 p., 2 schemata.
8432* —— Untersuchungen über die Temperaturveränderungen der Vegetabilien und verschiedene damit in Beziehung stehende Gegenstände. D. Tübingen, typ. Hopfer de l'Orme. 1829. 8. 41 p.
8433* —— D. sistens observationes quasdam botanico-physicas (de antherarum excisione ad efficiendos flores plenos, et de efficacia Natri muriatici in plantis comparati cum aliis quibusdam salibus, ejusque ad augendam soli fertilitatem usu), adjectis de tumore albo genu thesibus. Tubingae, typ. Reis. 1830. 8. 27 p.
8434* —— De Secali cornuto. D. Tuebingae, typ. Fues. 1830. 8. 43 p. (Autor: *Johann Friedrich Finkh.*)
8435* —— Systematische Uebersicht der Versteinerungen Würtembergs, mit vorzüglicher Rücksicht der in den Umgebungen von Boll sich findenden. Tübingen, Laupp. 1830. 8. 55 p. (Autor: *Friedrich Hartmann.*)
8436* **Schuebler**, *Gustav*. Untersuchungen über die Vertheilung der Farben und Geruchsverhältnisse in der Familie der Rubiaceen. D. Tübingen, typ Reiss. 1831. 8 36 p, 1 tab.
8437* —— Untersuchungen über die Vertheilung der Farben und Geruchsverhältnisse in den wichtigeren Familien des Pflanzenreichs. D. Tübingen, typ. Reiss. 1831. 8. 50 p.
8438* —— Untersuchungen über die Vertheilung der Farben und Geruchsverhältnisse in den Familien der Asperifolien, Primulaceen, Convolvulaceen, Campanulaceen, Rosaceen, Ranunculaceen, Papaveraceen und Nymphaeen D. Tübingen, typ. Reiss. 1831. 8. 30 p.
8439* —— Untersuchungen über die Temperaturverhältnisse der schwäbischen Alp. D. Tübingen, typ. Reiss. 1831. 8. 30 p, 1 tab.
8440* —— Untersuchungen über die mittlere Zeit der Blütenentwicklung mehrerer vorzüglich in der Flora Deutschlands einheimischer Pflanzen in der Gegend von Tübingen. D Tübingen, typ. Richter. 1831. 8. 31 p.
8441* —— Beobachtungen über jährlich periodisch wiederkehrende Erscheinungen im Thier- und Pflanzenreich. D. Tübingen, typ. Reiss 1831. 8. 35 p, 1 tab.
8442* —— Ueber die Riedgräser Würtembergs, mit besonderer Berücksichtigung der in der Flora von Tübingen einheimischen. D. Tübingen, Osiander. 1832. 8. 34 p. (Autor: *Franz Fleischer*) (1/6 *th.*)
8443* —— Utriculariae vulgaris adumbratio. D. Tubingae, typ. Eifert. 1832. 8. 29 p. (Autor: *Gustav Hartmann.*)
8444* —— Ueber die geognostischen Verhältnisse der Umgebungen von Tübingen. D Tübingen, typ. Reiss. 1832. 8. 32 p., 1 tab.
8445* —— Untersuchungen über die Regenverhältnisse der schwäbischen Alp und des Schwarzwalds. D. Tübingen, typ. Bähr. 1832. 8. 20 p.
8446* —— Seminum Sorghi vulgaris analysis, adjectis thesibus medico-chirurgicis. D. Tubingae, typ. Fues. 1832. 8. 24 p. (Autor: *Georg Werner.*)
8447* —— Beiträge zur Naturkunde (zur Flora) Oberschwabens D. Tübingen, typ. Hopfer de l'Orme. 1832. 8. 32 p.
8448* —— Untersuchungen über die Bedeutung der Nektarien in den Blumen auf eigene Beobachtungen und Versuche gegründet. D. Stuttgart, Friedrich Henne. 1832. 8. VIII, 152 p. (Autor: *Johann Gottlob Kurr.*) (7/12 *th.*)
8449* —— Untersuchungen über die Farbenveränderungen der Blüten D. Tübingen, typ. Fues. 1833. 8. 18 p., 1 tab.
8450* —— Untersuchungen über die Farbenverhältnisse in den Blüten der Flora Deutschlands. D. Tübingen, typ. Bähr. 1833. 8. 23 p.
8451* —— Untersuchungen über die Farbenverhältnisse in den Blüten der Flora Frankreichs. D. Tübingen, typ. Fues. 1833. 8. 21 p.
8452* —— Beobachtungen und Versuche über die Beziehung der Nectarien zur Befruchtung und Samenbildung der Gewächse. D. Tübingen, typ. Fues. 1833. 8. 40 p. (Autor: *Fr. X. Woerz.*)
8453* —— Untersuchungen über die Bestandtheile der Hirse, Panicum miliaceum L. D. Tübingen, typ. Eifert 1834. 8. 23 p. (Autor: *Christian Jenisch.*)
Schuetz, *Karl Emil*, * Breslau 8. Febr. 1818.
8454* —— De Taxo baccata ejusque veneno. Diss. toxicologico-medica. Vratislaviae, typ. Fritz. 1840. 8. 41 p.
Schuez, *G. E. C. Ch.*, Arzt zu Calw.
8455* —— Flora des nördlichen Schwarzwaldes. D. Calw, typ. Oelschlaeger. 1858. 8. 64 p , 1 tab.
Schultes, *Joseph August*, Professor zu Landeshut (Schultesia Mart.), * Wien 15. April 1773, † Landeshut 21. April 1831.
8456* (——) Oestreichs Flora. Ein Handbuch auf botanischen Excursionen. Wien 1794. II voll. 8. — I: 215 p. — II: 244 p. — *Flora austriaca. Viennae 1800. 8. (non differt) — *Zweite ganz umgearbeitete Auflage. Wien, Schaumburg. 1814. 2 voll. 8. — I: XIV, 700 p. — II: 577 p., ind. (3 1/3 *th.*)
8457* —— Ausflüge nach dem Schneeberge in Unteröstreich. Wien,

Degen. 1802. 12 obl. xi, 305 p. ($^5/_{12}$ th.) — *Zweite vermehrte Auflage. ib. 1807. 2 Bände. 8. ($2^1/_3$ th.)
Accedit: Kleine Fauna und Flora von der südwestlichen Gegend um Wien bis auf den Gipfel des Schneebergs: 127 p. ($^1/_6$ th.)

8458* **Schultes**, *Joseph August*. Catalogus primus plantarum horti botanici C. R. Universitatis Cracoviensis anno 1806. Cracoviae 1807. 12. 47 p.

8459* —— Catalogus horti regii botanici Landishuti Bojorum. Landishuti, typ. Thomann. 1810. 8. 22 p. — Supplementum I—III. ib. 1811—13. 8. 8, 7, 7 p.

8460* —— Baierns Flora. Vollständige Beschreibung der im Königreich Baiern wildwachsenden Pflanzen. Erste Centurie. Landshut, Krüll. 1811. 8. xvi, (400) p. ($1^5/_{12}$ th.)

8461* —— Grundriss einer Geschichte und Literatur der Botanik von Theophrastos Eresios bis auf die neuesten Zeiten; nebst einer Geschichte der botanischen Gärten. Wien, Schaumburg et Co. 1817. 8. xvi, 411 p ($1^2/_3$ th)
Etiam sub titulo: Anleitung zum gründlichen Studium der Botanik. Vollständiges Register. von *J. Schultes*. München, Ackermann. 1871. 8. 60 p.

Schultes, *Julius Hermann*, der Sohn, * Wien 4. Febr. 1804, † München 1. Sept. 1840.

Schultz, *Adam Gottfried*.

8462 —— Quaenam est ad Antheras Pollinis formatio ejusque evolutio? e quibusnam constat principiis? quibus modis et viis Pollen transfertur ad Pistillorum Stigmata? Quamnam exserit actionem ad germen foecundandum, an vitalem, seu dynamicam, aut materialem, et per quae tunc organa? Groningae 1822. 4. 57 p.

Schultz, *Franz Johann*.

8463* —— Abbildung der in- und ausländischen Bäume, Stauden und Sträuche, welche in Oestreich fortkommen etc. Wien, Sammer. 1792—1804. 3 Bände und einige Hefte. folio. 360 tab. col., (40) tab. col. (ramos aphyllos illustrantes), et 116, 104, 112 p. Bibl. Imp. Austriae.

Schultz, *Friedrich Wilhelm*, Arzt zu Kronweissenburg (Pfalz), * Zweibrücken 3. Jan. 1804.

8464* —— Beitrag zur Kenntniss der deutschen Orobanchen. (Für seine Freunde in Druck gegeben.) München 1829. folio. 12 p., 1 tab. ($^1/_2$ th)

8465* —— Archives de la Flore de France et d'Allemagne. Tome I. Bitche 1842—54. 8. 526 p. — *Archives de Flore. Weissenburg et Deidesheim 1854—66. 364 p., 4 tab.

8466* —— Flora der Pfalz, enthaltend ein Verzeichniss aller bis jetzt in der baierischen Pfalz und den angränzenden Gegenden Badens, Hessens, Oldenburgs, Rheinpreussens und Frankreichs beobachteten Gefässpflanzen, mit Angabe der geognostischen Beschaffenheit des Bodens etc. Eine von der pfälzischen Gesellschaft für Pharmacie und Technik gekrönte Preisschrift. Speyer, Lang. 1846. 8. LXXVI, 575 p. ($2^1/_2$ th.) — *Nachträge. Speyer (1846) 8. 35 p. ($^1/_4$ th.) — *Zusätze und Berichtigungen. Neustadt a. d. Hardt, typ. Kranzbühler. 1859. 8. 25 p. — *ib. 1861. 8. 62 p.

8467* —— Grundzüge der Phytostatik der Pfalz. Weissenburg an der Lauter, beim Verfasser. 1863. 8. 223 p., 1 tabl.

8468* —— Étude sur quelques Carex. Haguenau, typ. Edler. 1868. 8. 12 p., 2 tab.

Schultz, *Karl Friedrich*, Arzt in Neubrandenburg, * Stargard 1765, † Neubrandenburg 27. Juni 1837.
Boll, Flora von Mecklenburg 161—163.

8469* —— Prodromus Florae Stargardiensis, continens plantas in Ducatu Megapolitano-Stargardiensi seu Strelitzensi sponte provenientes. Berolini, C. F. E. Spaethen. 1806. 8. x, 530 p. — *Supplementum: Neobrandenburgi 1819. 8. vi, 93 p. ($3^1/_6$ th.)

Schultz, *Karl Heinrich*, genannt **Bipontinus**, * Zweibrücken 30. Juni 1805, † Deidesheim 17. Dec. 1867.

8470* —— Analysis Cichoriacearum Palatinatus secundum systema articulatum. Landau, typ. Baur. 1841. 8. 8 p.
Seorsim impr. ex Jahrb. für praktische Pharmacie, Band 4.

8471* —— Ueber die Tanaceteen, mit besonderer Berücksichtigung der deutschen Arten. (Festgabe zu *Koch's* Doctorjubiläum.) Neustadt a/d. Haardt, typ. Trautmann. 1844. 4. 69 p.
Vidi in Delessertiana bibliotheca exemplar forma folio dicta excusum.

8472* **Schultz**, *Karl Heinrich*, genannt **Bipontinus**. Lychnophora Mart. und einige benachbarte Gattungen. Festgabe. Neustadt a/d. Hardt, typ. Kranzbühler. 1864. 4. 119 p.

8473* —— Beitrag zur Geschichte und geographischen Verbreitung der Cassiniaceen des Pollichiagebiets und zum Systeme der Cichoriaceen. Dürkheim a/H., G. Lang. 1866. 8. 82 p. ($^2/_3$ th. n.)
Aus Pollichia 22—24.i

Schultz, *Karl Heinrich*, genannt **Schultzenstein**, Professor in Berlin, * Altruppin 8. Juli 1798, † Berlin 23. März 1871.

8474* —— Ueber den Kreislauf des Saftes im Schöllkraute und in mehren andern Pflanzen und über die Assimilation des rohen Nahrungsstoffes in den Pflanzen überhaupt. Mikroskopische Beobachtungen und Entdeckungen. Mit einer Vorrede *Link's*. Berlin, Dümmler. 1822. 8. xiv, 66 p., 1 tab. col. ($^5/_{12}$ th.)

8475* —— Ueber den Kreislauf des Saftes in den Pflanzen. Erläuternde Bemerkungen. Berlin, Reimer. 1824. 8. 64 p. ($^1/_4$ th.)

8476* —— Die Natur der lebendigen Pflanze. Erweiterung und Bereicherung der Entdeckungen des Kreislaufs im Zusammenhange mit dem ganzen Pflanzenleben nach einer neuen Methode dargestellt. 1823—28. 2 Theile. 8. — I: (etiam inscribitur: Die Pflanze und das Pflanzenreich.) Berlin, Reimer. 1823. LII, 693 p., 4 tab. — II: (etiam inscribitur: Die Fortpflanzung und Ernährung der Pflanzen.) Stuttgart, Cotta. 1828. xvi, 624 p, 3 tab. ($6^{11}/_{12}$ th.)

8477* —— Natürliches System des Pflanzenreichs nach seiner innern Organisation, nebst einer vergleichenden Darstellung der wichtigsten aller früheren künstlichen und natürlichen Pflanzensysteme. Berlin, Hirschwald. 1832. 8. xxviii, 586 p., 1 tab. ($2^5/_6$ th.)

8478* —— Sur la circulation et sur les vaisseaux lactifères dans les plantes. Mémoire qui a remporté le grand prix pour 1833. Paris et Berlin, Hirschwald. 1839. 4. 110 p., 23 tab. ($3^1/_3$ th.)
Seorsim impr. ex Mémoires des savans étrangers, vol. VII. — De proprio opere disseruit autor in Berliner Jahrbüchern für wissenschaftliche Kritik, 1840. I. Nr. 17 sqq.

8479* —— Die Cyklose des Lebenssaftes in den Pflanzen. Herausgegeben von der Kaiserl. Leop. Carol. Akademie der Naturforscher. Breslau und Bonn 1841. 4. xii, 355 p., 31 tab. nigr, 2 tab. col ($8^1/_2$ th.)
Nov. Acta Acad. caes. Leop. Carol. Nat. Cur. vol. XVIII. Supplementum II.

8480* —— Die Anaphytose oder Verjüngung der Pflanzen. Ein Schlüssel zur Erklärung des Wachsens, Blühens und Fruchttragens, mit praktischen Rücksichten auf die Kultur der Pflanzen. Berlin, Hirschwald. 1843. 8. xxii, 214 p. ($1^1/_4$ th.)

8481* —— Die Entdeckung der wahren Pflanzennahrung. Mit Aussicht zu einer Agriculturphysiologie. Berlin, Hirschwald. 1844. 8. 142 p. ($^2/_3$ th.)

8482* —— Neues System der Morphologie der Pflanzen nach den organischen Bildungsgesetzen, als Grundlage eines wissenschaftlichen Studiums der Botanik, besonders auf Universitäten und Schulen. Berlin, Hirschwald. 1847. 8. xxiv, 246 p., 1 tab. (1 th.)

8483* —— Die Verjüngung im Pflanzenreich. Neue Aufklärungen und Beobachtungen. Berlin, Hirschwald. 1851. 8. 102 p, 1 tab. ($^3/_5$ th.)

8484* —— Ueber Pflanzenernährung, Bodenerschöpfung und Bodenbereicherung, mit Beziehung auf *Liebig's* Ansicht der Bodenausraubung durch die moderne Landwirthschaft. Berlin, J. Springer. 1864. 8. vi, 75 p. ($^1/_2$ th.)

Schultze, *A. G. R.*

8485* —— Compendium der officinellen Gewächse nach natürlichen Familien geordnet. Berlin, Hirschwald. 1840. 8. x, 362 p. ($1^2/_3$ th.)

Schultze, *Christian Friedrich*.

8486* —— Kurze Betrachtung der versteinerten Hölzer. Dresden, Gröll. 1754. 4. 32 p., 1 tab.

8487* —— Kurtze Betrachtung derer Kräuterabdrücke im Steinreiche, worinnen dieselben sowohl in Ansehung ihres Ursprungs, als auch ihres eigenthümlichen Unterschiedes und übrigen Eigenschaften in Erwägung gezogen werden. Dresden und Leipzig, Heckel. 1755. 4. 76 p., 6 tab.

Schultze, *Johannes Dominicus*, Arzt in Hamburg, * Hamburg 1752, † Weimar 22. Mai 1790.

8488* —— Ueber die grosse amerikanische Aloe, richtiger Agave, bei Gelegenheit der jetzt im Raths-Apothekergarten blühenden. Hamburg, Herold. 1782. 8. 64 p.

Schultze, *Max*, Professor in Bonn.

8489* —— Das Protoplasma der Rhizopoden und der Pflanzenzellen. Ein Beitrag zur Theorie der Zelle. Leipzig 1863. 8. 68 p.

Schulz, *Johannes*.

8490* —— De radice Ginseng vel Ninsi. (Panax quinquefolium.) D. Dorpati 1836. 8. 32 p.

Schulze, *Franz*, in Rostock.

8491* —— Beitrag zur Kenntniss des Lignins und seines Vorkommens im Pflanzenkörper. Rostock, typ. Adler. 1856 8. 23 p.

Schulze, *Johann Ernst Ferdinand*.

8492* —— Toxicologia veterum, plantas venenatas exhibens Theophrasti, Galeni, Dioscoridis, Plinii, aliorumque auctoritate ad deleteria venena relatas. Loca ex veterum monimentis eruta perpetuo commentario ornavit, varia experimenta et observata adjecit. D. Halae, typ. Orphanotrophei. 1788. 4. 78 p.

Schulze, *Johann Heinrich*, Professor in Altdorf und Halle, * Colbitz 12. Mai 1687, † Halle 10. Oct. 1744.

8493* —— pr. De Aloe. D. Altdorfii, typ. Kohles. 1723. 4. 20 p.
8494* —— De Colocynthide. D. Halae 1734. 4. 34 p.
8495* —— De Persicaria acida Jungermanni. D. Halae 1735. 4. 26 p.
8496* —— De fructibus horaeis. D. Halae 1737. 4. 28 p.
8497* —— Examen chemicum radicis Scillae marinae. D. Halae, typ. Hilliger. 1739. 4. 34 p.
8498* —— De Chamaemelo. D. Halae 1739. 4. 34 p.
8499* —— De Asaro. D. Halae 1739. 4. 22 p.
8500* —— De Melissa. D Halae 1739. 4. 20 p.
8501* —— De Lilio Convallium. D. Halae 1742. 4. 28 p.
8502* —— De Rubo idaeo officinarum. D. Halae 1744. 4. 26 p.
8503* —— De Ipecacuanha americana. D. Halae 1744. 4. 27 p.

Schulzer von Müggenburg, *Stephan*, österreichischer Hauptmann in Vinkovce.

8504* ——, *August* **Kanitz** und *Joseph A.* **Knapp**. Die bisher bekannten Pflanzen Slavoniens. Ein Versuch. Wien, Czermak. 1866. 8. 172 p. (28 sgr.)

Schumacher, *Christian Friedrich* (Schumacheria Vahl.), * Glückstadt 15. Nov. 1757, † Kopenhagen 9. Dec. 1830.

8505* —— Enumeratio plantarum in partibus Saellandiae septentrionalis et orientalis. Havniae, Brummer. (Schubothe.) 1801—3. II voll. 8. — I: 1801. VIII, 304 p. — II: 1803. 489 p. (2 1/12 th. — 1 Rbd.)

8506 —— Den Kjøbenhavnske Flora, Planterne med tydelige Befrugtningsdele, overs. og forøget med danske Trivielnavne og Register ved *F. C. Kielsen*. Kjøbenhavn, Schubothe. 1804. 8. 308 p. (32 skill.)

8507 —— og *Johan Daniel* **Herholdt**. De officinelle Lægemidler af Planteriget, som voxe vildt eller kunne dyrkes i de danske Stater. Kjøbenhavn, Schubothe. 1808. 4. (24 skill.)

8508 —— Medicinsk Plantelære for studerende Læger og Pharmaceuter. Kjøbenhavn, Schubothe. 1825—26. II voll. 8. (1 Rbd. 48 skill.)

8509* —— Beskrivelse af Guineiske Planter som ere fundne af danske botanikere, især et Etatsraad *Thonning*. Kjøbenhavn, typ. Popp. 1827. 4. 466 p.
Særskilt aftrykt af det Konigl. Dansk. Videnskabers Selskabs Skrifter.

Schumacher, *Wilhelm*.

8510* —— Die Diffusion in ihren Beziehungen zur Pflanze. Theorie der Aufnahme, Vertheilung und Wanderung der Stoffe in den Pflanzen. Leipzig und Heidelberg, Winter. 1864. 8. xv, 288 p.

8511* —— Die Ernährung der Pflanze. Mit besonderer Berücksichtigung der Culturgewächse und der landwirthschaftlichen Praxis nach den neuesten Forschungen für Landwirthe und Pflanzenforscher bearbeit. Berlin, Müller. 1864. 8. 653 p. (3 1/2 th.)

8512* —— Die Physik der Pflanzen. Ein Beitrag zur Physiologie, Klimatologie und Culturlehre der Gewächse. Berlin, Wiegandt und Hempel. 1867. 8. vi, 517 p., ind.
Die Physik in ihrer Anwendung auf Agrikultur und Pflanzenphysiologie, Band II.

Schumann, *J.*

8513 —— Die Diatomeen der hohen Tatra. Wien (Leipzig, Brockhaus.) 1867. 8. 103 p., 4 tab. (1/5 th. n.)

Schummel, *Theodor Emil*, Lehrer in Breslau, * Breslau 23. Mai 1785, † Breslau 24 Nov. 1848.

8514* —— Ueber die giftigen Pilze, mit besondrer Rücksicht auf Schlesien. Breslau, Grass, Barth et Co. 1840. 4. 28 p., 2 tab. col. (1/2 th.) (* Jam 1838 in programmate prodiit: 40 p.)

Schur, *Philipp Johann Ferdinand*, * Königsberg i. Pr. 1799.

8515* —— Enumeratio plantarum Transsilvaniae. Wien, Braumüller. 1866. 8. XVIII, 984 p. (6 th.)

Schuster, *Johann Christian*, Professor in Pesth, * Fünfkirchen 7. Mai 1777, † Pesth 19. Mai 1839.

8516* —— Terminologia botanica. Baden, typ. univ. 1808. 8. 118 p. — * Ed. II. correctior. ib. 1815. 8. 148 p.

Schuurmans Stekhoven, *H.*

8517 —— Kruidkundig Handboek, bevattende eene systematische beschrijving van alle in de Nederlanden, in hed wild groeijende boomen, beesters en kruiden. Amsterdam, Sepp. 1815—18. II voll. 8. — I: 1815. Phanerogame. — II: 1818. Cryptogamae. (4 fl. 50 c.)

8518 —— Kruidkundig Kunst-Woordenboek. Leyden, Hazenberg. 1825. 8. IV, 198 p.

Schuyl, *Florentius*, * Schiedam 13. Jan. 1619, † Leyden 5. Herfstmaamd 1669.

8519* —— Catalogus plantarum horti academici Lugduni Batavi, quibus is instructus erat anno 1668. Accedit index plantarum indigenarum, quae prope Lugdunum in Batavis nascuntur. Lugduni Batavorum, apud haeredes Joh. Elsevirii. 1668. 8. 74 p. — * Heidelbergae, Zubrodt. 1672. 12. 91 p.
germanice: Darmstadt 1679 8.

Schwab, *Johann*, * Scheinwald 24. Jan. 1735, † Heidelberg 21. Sept. 1795.

8520* —— De causis vegetationem plantarum adjuvantibus. D Heidelbergae, typ. Haener. 1774. 4. 26 p., praef.

Schwabe, *Samuel Heinrich*, Apotheker in Dessau, * Dessau 25. Oct. 1789.

8521* —— Flora Anhaltina. Berolini, Reimer. 1838—39. II voll. 8. — I: 1838. (Phanerogamia.) 431 p. — II: 1839. (Cryptogamia et Index generum.) 425 p., 7 tab. (4 th.) — * Flora von Anhalt. Deutsche Ausgabe. Dessau, Neuberger. 1865. 8. XII, 419 p. (1 1/2 th.)

Schwaegrichen, *Christian Friedrich*, Professor der Naturgeschichte in Leipzig (Schwaegrichenia Rchb.), * Leipzig 16 Sept. 1775, † Leipzig 2. Mai 1853.

8522* —— Topographiae botanicae et entomologicae Lipsiensis specimen I. Lipsiae 1799. 4. 36 p. — * Topographiae botanicae Lipsiensis specimen II. 1799. 4. 48 p. — * Specimen IV, plantas nuper inventas indicans. ib. 1806. 4. 20 p.

8523* —— Historiae Muscorum hepaticorum Prodromus. Commentatio qua hortum botanicum Lipsiensem feliciter instauratum renuntiat. Lipsiae, Barth. 1814. 8. 39 p., 1 tab. col (1/3 th.)

Schwalbe, *Christian Georg* (Schwalbea L.).

8524* —— De China officinarum. D. Lugduni Batavorum, Wishoff. 1715. 4. 21 p.

Schwann, *Theodor*, Professor in Lüttich (Schwannia Endl.), * Neuss bei Düsseldorf 7. Dec. 1810.

8525* —— Mikroskopische Untersuchungen über die Uebereinstimmung in der Structur und dem Wachsthum der Thiere und Pflanzen. Berlin, Reimer. 1839. 8. XVIII, 270 p., 4 tab. (1 5/6 th.)

Schweigger, *August Friedrich*, Professor zu Königsberg (Schweiggeria Spr.), * Erlangen 8. Sept. 1783, ermordet bei Girgenti in Sicilien in der Gasse von Grotta affumata 28. Juni 1821.
Bruchstücke aus dem Leben des als Opfer seiner Wissenschaft gefallenen Dr. Fr. Aug. *Schweigger*. Halle, Anton. 1830. 8.
Die Ermordung des Prof. Dr. Aug. Friedrich *Schweigger*. Kriminalprozess

gegen *Michelangelo Alessi von Cammarata*, geführt vor dem Oberkriminalgerichtshof des Thales von Girgenti. (*Hitzig's* Annalen der Kriminalrechtspflege, Band 35 Mai 1846, p. 152—183.

8526* **Schweigger,** *August Friedrich.* Specimen Florae Erlangensis. Pars I: Classis I—XIII. D medica inauguralis. Erlangae, typ. Hilpert. 1804. 8. 136 p. — *Addenda: p. 137—160. — *Flora Erlangensis. Pars II, autoribus *A. F. Schweigger* et *Franz Koerte.* Classis XIV—XXIII Erlangae, Palm. 1811. 8. VIII, 443 p. (1 1/3 th.)

8527* (——) Enumeratio plantarum horti botanici Regiomontani. Regiomonti, typ. acad. 1812. 8. VI, 79 p.

8528* —— Nachrichten über den botanischen Garten zu Königsberg Königsberg, akademische Buchhandlung. 1819. 8. 45 p., 2 tab. (1/2 th.)

8529* —— Beobachtungen auf naturhistorischen Reisen. Anatomisch-physiologische Untersuchungen über Corallen, nebst einem Anhange, Bemerkungen über den Bernstein enthaltend. Berlin, Reimer. 1819. 4. VI, 127 p., 12 Tabellen, 8 tab. (3 2/3 th.)

8530* —— De plantarum classificatione naturali, disquisitionibus anatomicis et physiologicis stabilienda commentatio. Regiomonti, typ. acad. (Lipsiae, Dyk.) 1820. 8. IV, 32 p., 3 chart. (1/3 th.)

Schweinfurth, *Georg.*

8531* —— Versuch einer Vegetationsskizze der Umgegend von Straussberg und des Blumenthals bei Berlin. Berlin 1862. 8. 36 p, 1 tab.
Aus den Verh. des bot. Vereins der Mark Brandenburg.

8532* —— Plantae quaedam niloticae, quas in itinere cum divo (sic!!) *Adalberto* libero Barone *de Barnim* facto collegit *Robertus Hartmann.* Recensuit et observationes criticas in plantas prius jam notas et novarum descriptiones addidit. Berolini, G Reimer. 1862. 4. IV, 55 p., 16 tab. (3 1/3 th. n.)

8533* —— Beitrag zur Flora Aethiopiens. 1 Abtheilung. Berlin, G. Reimer. 1867. gr. 4. XII, 311 p., 4 tab. (5 1/3 th. n.)

8534* —— Reliquiae Kotschyanae. Beschreibung und Abbildung einer Anzahl unbeschriebener oder wenig gekannter Pflanzenarten, welche *Theodor Kotschy* auf seinen Reisen in den Jahren 1837—39, als Begleiter *Josephs von Russegger* in den südlich von Kordofan und oberhalb Fesoglu gelegenen Bergen der freien Neger gesammelt hat. Mit einer biographischen Skizze und Portrait *Kotschy's.* Berlin, G. Reimer. 1868. 4. XL, 52 p., 35 tab. (8 th. n)
* Pflanzengeographische Skizze des gesammten Nilgebietes und der Uferländer des rothen Meeres. *Petermann's* Mittheilungen 1868, 113—129, 155—169, 214—218.

Schweinitz, *Ludwig David von,* Vorstand der mährischen Brüder in Nordamerika (Schweinitzia Ell.), * Bethlehem in Pennsylvanien 13 Febr. 1780, † Bethlehem 8. Febr. 1834.
Walter R. Johnson, A memoir of the late *Lewis David von Schweinitz.* Published by order of the academy Philadelphia, printed by W. Gibbons. 1835. 8. with Portrait.

8535* —— Specimen Florae Americae septentrionalis cryptogamicae, sistens Muscos hepaticos hucusque in America septentrionali observatos Raleigh, typ. Gales. 1821. 8. 27 p.

8536* —— Monograph of the North-American species of the genus Carex. Edited by *John Torrey.* New York, typ. Seymour. 1825. 8. p. 283—373, 6 tab.
Annals of the Lyc. of nat. hist. of NewYork vol. I. Part II.

8537* —— Narrative of an expedition to the source of St. Peter's River, lake Winnepeek, lake of the woods, performed in the year 1823, by order of the hon. *J. C. Calhoun,* under the command of *Stephen H. Long.* Compiled from the notes of Major *Long,* Messrs. *Say, Keating* et *Colhoun,* by *William H. Keating.* London, printed for Geo. B. Whittaker. 1825. II voll. 8. — I: XIII, 458 p., 5 tab — II: 248, 156 p., 2 tab. nigr., 1 tab. col. (1 l. 8 s.)
Vol. II. Appendix p. 105—123 Section II Botany. A catalogue of plants collected in the north-western territory by Mr. Thomas Say, in the year 1823, by *Lewis D. de Schweinitz.*
A catalogue of plants collected in the North Western Territory by Mr. Thomas Say, in the year 1823, in Major *Stephen H. Long* Expedition to the Source of St. Peters River. Philadelphia 1824. 8. vol. II, 379—480.

Schwencke, *Martin Wilhelm,* Arzt im Haag (Schwenckea L), * 1707, † im Haag 21. Jan. 1785.

8538* **Schwencke,** *Martin Wilhelm.* Officinalium plantarum catalogus, quae in horto medico, qui Hagae Comitum est, aluntur. Hagae Comitum, P. de Hondt. 1752. 8. VI, 86 p

8539* —— Verhandeling over de waare gedaante, aart en uijtwerking der Cicuta aquatica Gresneri, of groote waterscheerling. etc. Gravenhage, Gaillard. 1756. 8. 54 p., 4 tab.

8540* —— Kruidkundige Beschrijving der in- en uitlandsche gewassen, welke heedendaagsch meest in gebruik zijn. Gravenhage, typ van Karnebeek. 1766. 8. 327 p., praef.

8541* —— Novae plantae Schwenckia dictae a celeberrimo Linnaeo in Gen. plant. ed. VI. p. 567 ex celeb. *Davidis van Rooijen* Charact. mss. 1761 communicata brevis descriptio et delineatio cum notis characteristicis. Hagae Comitum, typ. van Karnebeek. 1766. 8. (6) p., 1 tab. col.
Exstat latine et hollandice impressa cum libro praecedenti.

Schwenckfelt, *Kaspar,* Stadtphysikus in Hirschberg (Schwenckfeldia Willd.), * Greiffenberg 14. Aug. 1563, † Görlitz 9. Juni 1609.
Henel, Silesiogr. renovat. cap. VII. p. 200.

8542* —— Stirpium et fossilium Silesiae catalogus, in quo praeter etymon, natales, tempus, natura et vires cum variis experimentis assignantur; cum indice remediorum. Lipsiae, Alberti. 1600. 4. 407 p., introductio, ind.
Catalogus stirpium explicit in pagina 348.

8543* —— Hirschbergischen Warmen Bades, in Schlesien unter dem Riesen Gebürge gelegen, kurtze und einfältige Beschreibung: .... Und kurtzem Verzeichniss derer Kräuter und BergArthen, welche umb diesen warmen Brunnen auf und wieder aufn Gebürgen gefunden werden. Görlitz, Joh. Rhambaw. 1607. 8. 236 p., praef., ind. — *Ed. II: Hirschberg, Georg Opitz. (1619.) 8. 237 p., praef., ind.
A p. 183—236 et 184—237 insunt: Kräuter, welche umb diese Gegend wachsen.

Schwendener, *Simon,* Privatdocent der Botanik in Zürich.

8544 —— Die periodischen Erscheinungen der Natur insbesondere der Pflanzenwelt. Nach den von der allgemeinen Schweizerischen Gesellschaft für die gesammten Naturwissenschaften veranlassten Beobachtungen bearbeitet. Zürich, Höhr in Comm. 1856. 4. 50 p., 1 tab. (23 sgr.)

8545* —— Untersuchungen über den Flechtenthallus. Erster Theil: Die strauchartigen Flechten. Leipzig, Engelmann. 1860. 8. 78 p., 7 tab.
Aus *Naegeli,* Beiträge zur wissenschaftlichen Botanik. Heft II, 109—186, tab. 1—7. — Heft III, 127—198, tab. 8—11. — Heft IV, 161—202, tab. 22—23. (1860—68.)

8546* (——) Die Algentypen der Flechtengonidien. Programm für die Rektoratsfeier der Universität. Basel, typ. Schultze. 1869. 4. 42 p., 3 tab. col.

Schwerin, *Johann David.*

8547* —— Nahmregister derjenigen in- und ausländischen Bäume, Pflanzen, Bluhmen, welche dieses Jahr auf einem wohlbekandten im Horn vor der Stadt Hamburg belegenen Garten sich befinden. Hamburg, typ. Neumann. 1710. 8. — Erster Anhang. ib. 1711. 8. — Zweiter Anhang. ib. 1712. 8. A—Z.

Schweyckert, *J. M.*

8548* (——) Catalogus plantarum horti botanici Carolsruhani secundum Systematis vegetabilium Linnaei editionem XIV. Carolsruhae, typ. Macklot. 1791. 8. 60 p.

Schwilgué, *C. J. A.,* * Schelestadt 1774, † Paris Februar 1808.

8549* —— Traité de matière médicale. Paris 1805. II voll. 12. — Ed. II: revue, corrigée et augmentée. Paris, Brosson. 1809. II voll. 8. — I: XL, 469 p. — II: 520 p. — Ed. III. par *P. H. Nysten.* Paris, Brosson. 1818. II voll. 8. (12 fr)

Schychowsky, *Iwan,* Professor in Moskau (SchychowskiaEndl.).

8550* —— De Digitali purpurea. D. Dorpati 1829. 8. 66 p.

8551* —— De fructus plantarum phanerogamarum natura. D. Dorpati, typ. Schünmann. 1832. 8. 57 p.

Scina, *Domenico,* * Palermo 28. Febr. 1765, † Palermo 13. Juli 1837.
Biographie in Nuovo Giornale de' Letterati. Vol. 38. Pisa 1839. 8. p. 260—266.

Scopoli, *Johann Anton,* zuletzt Professor in Pavia (Scopolia Forst. Jacq.), * Cavalese im Fleimsthale in Tyrol 3. Juni 1723, † Pavia 8. Mai 1788.

Biographische Nachrichten von *J. A. Scopoli*. (*Roemer*, Magazin für die Botanik, V. 3—11).
Freyer in Flora 1840. Beibl. p. 57—66.

8552* **Scopoli**, *Johann Anton*. Methodus plantarum enumerandis stirpibus ab eo hucusque repertis destinata. Viennae Austriae, typ. van Ghelen. 1754. 4. 26 p.

8553* —— Flora carniolica, exhibens plantas Carnioliae indigenas et distributas in classes, genera, species, varietates, ordine Linneano. Viennae, Trattner. 1760. 8. 607 p., praef. — *Editio secunda aucta et reformata. Viennae, Krauss. 1772. II voll. 8. — I: 448 p., praef., ind., tab. 1—32. — II: 496 p., ind., tab. 33—65. (5 1/3 *th*.)

8554* —— Anni historico-naturales. Lipsiae, Hilscher. 1769—72. V voll. 8. — I: 1769. 168 p. (Ornithologica.) — II: 1769. 118 p. (Iter Gorizense; iter Tyrolense; de cucurbita pepone observationes; Lichenis islandici vires medicae.) — III: 1769. 108 p. (Medica et Mineralogica.) — IV: 1770. 150 p., 2 tab. (Dubia botanica: Fungi in Hungaria detecti.) — V: 1772. 128 p. (Mineralogica et Zoologica.)

8555* —— Dissertationes ad scientiam naturalem pertinentes. Pars I. Pragae 1772. 8. 120 p, 46 tab.
Insunt: Plantae subterraneae, p. 81—120, tab. 1—46.

8556* —— Introductio ad historiam naturalem, sistens genera lapidum, plantarum et animalium hactenus detecta, characteribus essentialibus donata, in tribus divisa, subinde ad leges naturae. Pragae, Gerle. 1777. 8. 506 p., ind.

8557* —— Fundamenta botanica praelectionibus publicis accommodata. Papiae, typ. monasterii Salvatoris. 1783. 8. 174 p., 10 tab. — *Viennae, Wappler. 1786. 8. 180 p., 10 tab. — Viennae 1802. 8.

8558* —— Deliciae Florae et Faunae insubricae, seu novae aut minus cognitae species plantarum et animalium, quas in Insubria austriaca, tam spontaneas, quam exoticas vidit, descripsit et aeri incidi curavit. Pars I—III. Ticini, typ. monasterii S. Salvatoris. 1786—88. folio. IV, 85, 115, 87 p., 75 tab.
Inest: Specimen botanicum de Astragalo. II. p. 103—114.
Aeusserst selten complett, indem einige Blätter bei der Einnahme von Pavia zu Grunde gingen.

Scoresby, *William*, junior.

8559* —— Journal of a voyage to the northern Whale-fishery; including researches and discoveries on the eastern coast of West Greenland, made in the summer of 1822 in the ship Baffin of Liverpool. Edinburgh, Constable. 1823. 8. XLIII, 472 p., 8 tab. (16 s.)
Appendix Nr. II: List of plants from the East coast of Greenland with some remarks, by Dr. *Hooker*, p. 410—415. — redit in *Robert Brown* Vermischte Schriften I. 551—558.
* germanice: von *Kries*. Hamburg, Perthes. 1825. 8.

Scott, *J. R.*

8560 —— Introductory Lecture to a course of botanical lectures, excursions and demonstrations. Edinburgh 1820. 8.

Scribonius Largus.
Ernst Meyer, Geschichte der Botanik II. 26—39.

8561* —— *Scribonii Largi* de compositionibus medicamentorum liber unus, antehac nusquam excusus: *Joanne Ruellio* doctore medico castigatore. Impr. cum *Celso*. Parisiis, apud Christianum Wechel, sub scuto Basiliensi. 1529. folio. (9), 30, (5) foll. — * *Scribonii Largi* de compositione medicamentorum liber, jampridem *Jo. Ruellii* opera e tenebris erutus et a situ vindicatus; cum aliis. Basileae, apud Andream Cratandrum. 1529. 8. 348 p. — *Scribonii Largi* Compositiones medicae. *Joannes Rhodius* recensuit, notis illustravit, lexicon Scribonianum adjecit. Patavii, typ. Pauli Frambotti. 1655. 4. (10) foll., 144, 465 p., ind, ic. xyl. i. t.

Seba, *Albertus*, * Eetzel in Ostfriesland 2. Mai 1665, † Amsterdam 3. Mai 1736.

8562* —— Locupletissimi rerum naturalium thesauri accurata descriptio et iconibus arteficiosissimis expressio per universam physices historiam. Opus cui in hoc rerum genere nullum par exstitit. Amstaelodami, apud Wetstenium. 1734—65. IV voll. folio. latine et gallice. — I: 1734. 154 p., praef., 111 tab. — II: 1735. 154 p., 114 tab.
Intercedunt nonnullae plantae; e. gr. tabulae 1—29 voluminis primi; volumina III et IV nostram rem non tangunt.

Sebastiani, *Antonio*.

8563* —— Romanarum plantarum fasciculus primus. Romae, typ. de Romanis. 1813. 4. 14 p., 4 tab.

8564* —— Romanarum plantarum fasciculus alter. Accedit Enumeratio plantarum sponte nascentium in ruderibus Amphitheatri Flavii. Romae, typ. Salviucci. 1815. 4. 81 p., 6 tab.

8565* —— et *Ernesto* **Mauri**. Florae Romanae Prodromus, exhibens centurias XII plantarum circa Romam et in Cisapenninis pontificiae ditionis provinciis sponte nascentium sexuali systemate digestas. Romae, Poggioli. 1818. 8. xv, 351 p., 10 tab.

8566* —— Esposizione del sistema di Linneo, pianti officinali indigene o esotiche domiciliate nell' orto botanico. Roma, Bourlié. 1819. 8. 80 p.

Sebeòk de Szent-Miklós, *Alexander*.

8567* —— D. medico-botanica de Tataria hungarica. Viennae, typ. Schmidt. 1779. 8. 29 p., 1 tab.
Jacq. Miscellanea austriaca, vol. II. p. 274—291.

Secondat, *Jean Baptiste, Baron de*, * Marlhilhac 1716, † Bordeaux 17. Juni 1796.

8568* —— Mémoires sur l'histoire naturelle du chêne, sur la résistance des bois à être rompus par les poids dont ils sont chargés; sur les arbres forestiers de la Guienne; sur des champignons qui paroissent tirer leur origine d'une pierre. Paris, de Bure. 1785. folio. 31 p., 7 tab.

Secretan, *Louis*, Landamman des Kanton Waadt, * Lausanne 5. Sept. 1758, † Lausanne 24. Mai 1839.

8569* —— Mycographie Suisse, ou description des champignons qui croissent en Suisse, particulièrement dans le canton de Vaud, aux environs de Lausanne. Genève, typ. Bonnant. 1833. III voll. 8. — I: LV, 522 p. — II: 576 p. — III: VIII, 759, 95 p. (30 *fr*. — herabgesetzt: 3 1/2 *th*)
Verh. der schweiz. naturf. Ces. 1839, 191—195.

Seligmann, *Franz Romeo*, Professor in Wien.

8570* —— Liber fundamentorum pharmacologiae. Auctore *Abu Mansur Mowafik Ben Ali el Herwi*. Epitome codicis manuscripti persici Bibl. caes. reg Vienn. inediti. Primus Latio donavit Dr. *Romeo Seligmann*. Pars I. D. Vindobonae, typ. Schmid. 1830. 8. 90 p. — Pars II. Vindobonae, typ. Schmid. 1833. 8. 111 p.

8571* —— Ueber drei höchst seltne Persische Handschriften. Ein Beitrag zur Literatur der orientalischen Arzneimittellehre. Wien, typ. Schmid. 1833. 8. 43 p.

8572* —— Prolegomena in codicem Vindobonensem sive medici Abu Mansur Muwafak Bin Ali Heratensis Librum Fundamentorum pharmacologiae linguae ac scripturae persicae specimen antiquissimum nuper editum. Vindobonae, typ. aulae et status. 1859. 8. 55 p.

Seemann, *Berthold*, in London, * Hannover 28. Febr. 1825.

8573* —— Die Volksnamen der amerikanischen Pflanzen. The popular Nomenclature of the american Flora. Hannover, Rümpler 1851. 8. IV, 54 p (1 *th*. n.)

8574* —— Die in Europa eingeführten Acacien, mit Berücksichtigung der gärtnerischen Namen. Hannover, Rümpler. 1852. 8. III, 72 p., 2 tab. col. (2/3 *th*. n.)

8575* —— The Botany of the Voyage of H. M. S. Herald, under the command of Capt. *Henry Kellett*, during the years 1845—51. London, Lovell Reeve. 1852—57. 4. 483 p., 100 tab. (5 *l*. 10 *s*.)

Contents:
1. Flora of Western Eskimaux-Land, p. 11—56.
2. Flora of the Isthmus of Panama, p. 57—254.
3. Flora of North-Western Mexico, p. 255—346.
4. Flora of the Island of Hongkong, p. 347—432.

8576* —— und *Wilhelm E. G.* **Seemann**. Bonplandia, Zeitschrift für die gesammte Botanik. Jahrgang 1—10. Hannover, Rümpler. 1853—62. 4. (à 5 1/3 *th*.)

8577* —— Popular history of the Palms and their allies, containing a familiar account of their structure, geographical and geological distribution, history, properties, and uses, and a complete list of all the species introduced into our gardens. London, Lovell Reeve. 1856. 8. XVI, 359 p., 20 tab. — Ed. II. ib. 1866. (10 *s*. 6 *d*.)

8578* **Seemann**, *Berthold.* Die Palmen. Populäre Naturgeschichte derselben. Nebst einem Verzeichniss aller bisher in unsre Gärten eingeführten Arten. Unter Mitwirkung des Verfassers deutsch bearbeitet von *Karl Bolle.* Leipzig, W. Engelmann. 1857. 8. xiv, 258 p., 7 tab. (2¼ *th.*) — *Zweite (erweiterte) Auflage. ib. 1863. 8. x, 368 p., 8 tab. (2 *th.*)

8579 —— The british Ferns at one view. London, J. van Voorst. 1860. 8. (6 *s.*)

8580* —— Hannoversche Sitten und Gebräuche in ihrer Beziehung zur Pflanzenwelt. Ein Beitrag zur Kulturgeschichte Deutschlands. Populäre Vorträge. Leipzig, Engelmann. 1862. 8. x, 93 p (½ *th.*)

8581* —— Viti: an account of a government mission to the Vitian and Fijian islands in the years 1860—66. Cambridge, Macmillan and Co. 1862. 8. xv, 447 p., 2 tab. col., 1 mappa geogr.

8582* —— Flora Vitiensis: a description of the plants of the Viti or Fiji Islands. With an account of their history, uses and properties London, L. Reeve and Co. 1865—68. 4.
Vidi Fasciculos 1—9. 1865—68. 4. 324 p., tab. col. 1—90. (à 15 *s.*)

8583* —— The Journal of botany, british and foreign. Vol. 1—9. London, R. Hardwicke, L. Reeve and Co. 1863—71. 8. (à 12 *s.*)

Seenus, *Joseph, Freiherr von.*

8584* —— Beschreibung einer Reise nach Istrien und Dalmatien, vorzüglich in botanischer Hinsicht. (Beilage zum botanischen Taschenbuch auf 1805.) Nürnberg und Altdorf, Monath und Kussler. 1805. 8. 77 p. (¼ *th.*)

Seetzen, *Ulrich Jasper* (Seetzenia R. Br.), * Sophiengroden bei Jever 30. Jan. 1767, † 8. Sept. 1811 (wurde an diesem Tage zu Taes, 50 Meilen von Moccha, vergiftet gefunden).

8585* —— Systematum generaliorum de morbis plantarum brevis dijudicatio. D. Goettingae, Dieterich. 1789. 8. 62 p.

Séguier, *Jean François* (Seguieria Loeffle), * Nîmes (Gard) 25. Nov. 1703, † Nîmes 1. Sept. 1784.

8586* —— Bibliotheca botanica, sive Catalogus auctorum et librorum omnium qui de re botanica, de medicamentis ex vegetabilibus paratis, de re rustica, et de horticultura tractant. Accessit bibliotheca botanica *Johannis Antonii Bumaldi,* seu potius *Ovidii Montalbani* Bononiensis. Hagae Comitum, apud Joannem Neaulme. 1740. 4. 16, 450, 66 p. — *Lugduni Batavorum, apud Cornelium Haak. 1760. 4. (eadem est impressio, novis titulis, et addito libro insequente:)

8587* —— Auctuarium in Bibliothecam botanicam, antehac a clariss. viro, botanico eximio D.D. *Joanne Francisco Seguiero,* conscriptam et editam prolatum a *Laur. Theod. Gronovio,* J. U. D. et soc. med. phys. Basilaeensis socio. Lugduni Batavorum, apud Cornelium Haak. 1760. 4. (2), 65, (7) p.

8588* —— Bibliothecae botanicae, quae prodiit Hagae Comitum anno 1740, supplementum. Impr. cum ejus Plant. Veron. vol. II. Veronae, typ. seminarii 1745. 8. 79 p.

8589 —— Catalogus plantarum, quae in agro Veronensi reperiuntur. Veronae 1745. 8. 111 p.

8590* —— Plantae Veronenses, seu stirpium, quae in agro Veronensi reperiuntur, methodica synopsis. Accedit ejusdem Bibliothecae botanicae supplementum. Veronae, typ. seminarii. 1745. II voll. 8. — I: LXXI, 516 p., tab. 1—12. — II: 480, 79 p., tab. 13—17.
In volumine altero praeter supplementum bibliothecae botanicae additur a p. 443—447 *Calceolarii* Iter Baldi.

8591* —— Plantarum, quae in agro Veronensi reperiuntur, volumen tertium seu supplementum. Veronae 1754. 8. xv, 312 p., 8 tab.

Sehlmeyer, *Johann Friedrich,* Hofapotheker in Köln a/Rh., * Nienburg a/d. Weser 22. Febr. 1788, † Sobernheim a/d. Nahe 1. Sept. 1856.

8592* —— Index alphabeticus specierum Hymenomycetum in Epicrisi Systematis mycologici Friesii descriptarum, earumque synonymarum. Coloniae ad Rhenum 1852. 8. 60 p.

Seidel, *C. F.*

8593 —— Zur Entwicklungsgeschichte der Victoria regia Ldl. Jena, Frommann. 1869. 4. 28 p., 2 tab. (⅘ *th.*)

Seidel, *Jakob,* * Ohlau (Schlesien) 1548, † Greifswald 4. Febr. 1615.

8594* **Seidel**, *Jakob.* Theses de causis, speciebus, differentiis, partibus et facultatibus plantarum. D. Gryphiswaldiae, typ. Ferber. 1610. 4. (24) foll.

Seits, *Tobias Anton.*

8595* —— Allgemeine ökonomische Samen- und Früchtelehre, als Vorläufer einer europäischen karpologischen Flora. Salzburg, Mayr. 1822. 8. (19/24 *th.*)

8596* —— Die Rosen nach ihren Früchten. Ein unentbehrlicher Leitfaden zu ihrer richtigen Bestimmung für Botaniker, Gärtner und Blumenliebhaber; oder alle bisher bekannten Rosenarten nach *Trattinik's* Synodus karpologisch dargestellt. Prag, Enders. 1825. 16. 229 p. (⅔ *th.*)

Selbstherr, *Karl.*

8597* —— Die Rosen in 25 Gruppen und 95 Arten. Breslau, gedruckt bei Philipp's Erben. 1832. 4. 230 p. (2⅓ *th*)

Selby, *Prideaux John,* High Sheriff of Northumberland, * 1789, † 27. März 1867.

8598* —— A history of british forest trees, indigenous or introduced. Part I—X. London, John van Voorst. 1841—42. 8. (1 *l.* 8 *s.* — in royal-octavo: 2 *l.* 16 *s.*)

Selig, *Christoph Wilhelm.*

8599* —— De Galii rotundifolii charactere botanico usuque medico. D. Erlangae, typ. Hilpert. 1802. 8. 40 p.

Semmedi, *Johannes Curvus.*

8600* —— Pugillus rerum indicarum, quo comprehenditur historia variorum simplicium ex India orientali, America, aliisque orbis terrarum partibus allatorum; antehac lingua lusitanica exaratus, nunc vero latinitate donatus cura *Abrahami Vateri.* Vitembergae, ex officina Gerdesiana. 1722. 4. 84 p., praef., ind.

Senckenberg, *Johann Christian,* Arzt in Frankfurt a/M., † Frankfurt 1772.

8601* —— De Lilii convallium ejusque inprimis baccae viribus. D. Goettingae, typ. Schultz. 1737. 4. 40 p.

Sendtner, *Otto,* Professor der Botanik in München (Sendtnera Endl.), * München 1814, † Erlangen 21. April 1859.

8602* —— De Cyphomandra, novo Solanacearum genere tropicae Americae. D. (Monachii 1845.) 8. 18 p., 1 tab.
Seorsim impr. e Flora, diario botanico Ratisbonensi anni 1845.

8603 —— Beobachtungen über die klimatische Verbreitung der Laubmoose durch das österreichische Küstenland. München 1850. 8.

8604* —— Die Vegetationsverhältnisse Südbayerns nach den Grundsätzen der Pflanzengeographie und mit Bezugnahme auf Landeskultur geschildert. München, Literarisch-artistische Anstalt. 1854. 8 XII, 910 p., 10 tab. (5 *th.* n.)

8605* —— Die Vegetationsverhältnisse des bayerischen Waldes nach den Grundsätzen der Pflanzengeographie geschildert. Nach dem Manuscripte des Verfassers vollendet von *W. Gümbel* und *L. Radlkofer.* München, Literarisch-artistische Anstalt. 1860. 8 XIII, 505 p., 8 tab. (3 *th.* 18 *sgr.* n)
In *Martii* Flora Brasiliensi dedit Cestrineas et Solanaceas.

Senebier, *Jean* (Senebiera Poir.), * Genf 6. Mai 1742, † Genf 22. Juli 1809.
Maunoir, Éloge historique. Genève, Paschoud. 1810. 8.

8606* —— Mémoires physico-chimiques sur l'influence de la lumière solaire pour modifier les êtres des trois règnes de la nature, et surtout ceux du règne végétal. Genève, Chirol. 1782. III voll. 8. — I: XVI, 408 p. — II: VIII, 411 p. — III: VIII, 412 p., 2 tab.
* *germanice:* Physikalisch-chemische Abhandlungen über den Einfluss des Sonnenlichts auf alle drei Reiche der Natur und auf das Pflanzenreich insonderheit. Aus dem Französischen, mit Kupfern. Leipzig, Jacobäer. 1785. 4 Theile. 8. — I: 232 p. — II: 214 p., 2 tab. — III: 204 p. — IV: 264 p.

8607* —— Recherches sur l'influence de la lumière solaire, pour métamorphoser l'air fixe en air pur par la végétation. Genève, Chirol. 1783. 8. XXXII, 385 p.

8608* —— Expériences sur l'action de la lumière solaire dans la végétation. Genève, Barde. 1788. 8. XVI, 446 p.

8609* —— Physiologie végétale, contenant une description des organes des plantes et une exposition des phénomènes produits par leur organisation. Genève, Paschoud. Cinq volumes.

(1800.) 8. — I: 463 p. — II: 472 p. — III: 420 p. — IV: 435 p. — V: 351 p. (21 fr.)

8610* **Senebier**, *Jean.* Rapports de l'air avec les êtres organisés. etc. Genève, Paschoud. 1807. III voll. 8. (12 fr.)
Vol. III: 347 p. contient: Traité sur les rapports des plantes avec l'air atmosphérique.

Senft, *Ferdinand*, Professor in Eisenach, * Möhra bei Salzungen 6. Mai 1810.

8611 —— Die Vegetationsverhältnisse der Umgegend Eisenachs. Eisenach, (Jacobi) 1865. 8. 67 p.

8612* —— Lehrbuch der forstlichen Naturkunde. Zweiter Band. Lehrbuch der forstlichen Botanik. Jena, Mauke. 1867. 8. xxxii, 480 p., 6 tab. (1 3/5 th.)

8613* —— Systematische Bestimmungstafeln von Deutschlands wildwachsenden und kultivirten Holzgewächsen. Berlin, Springer. 1868. 8. v, 77 p. (3/4 th.)

Senger, *Gerhard Anton*, Prediger zu Reck, † 25. April 1822.

8614* —— Die älteste Urkunde der Papierfabrikation in der Natur entdeckt, nebst Vorschlägen zu neuen Papierstoffen. Dortmund und Leipzig, Mallinckrodt. 1799. 8. 96 p. (1/2 th.)
Libellus impressus est in charta e variis parata confervis. Adjecta est critica dijudicatio ejusdem, quae prodiit. Essen, Bädeker. 1800. 8. 31 p.

Senilis (nomen fictum!)

8615* —— Pinaceae: being a Handbook of the firs and pines. London, Hatchard and Co. 1866. 8. xix, 223 p. (10 s. 6 d.)

Serapion.
Liber Serapionis aggregatus in medicinis simplicibus. Mediolani 1475. folio. (Editio princeps!)

8616* —— Insignium medicorum *Joan. Serapionis* Arabis de simplicibus medicinis opus praeclarum et ingens. *Averrois* Arabis de eisdem liber eximius. *Rasis* filii Zachariae de eisdem opusculum perutile. Incerti item autoris de Centaurio libellus hactenus Galeno inscriptus. Dictionum arabicarum juxta atque latinarum index valde necessarius. In quorum emendata excusione ne quid omnino desyderetur *Othonis Brunfelsii* singulari fide et diligentia cautum est. (Argentorati excudebat Georgius Ulricher Andlanus 1531.) 4. 397 p. Praecedunt: praef., ind., 10 foll. — De simplicium medicamentorum historia libri VII, interprete *Nic. Mutono.* Venetiis 1552. folio. 267 p.

Seringe, *Nicolas Charles*, Professor in Lyon (Seringia Gay.), * Longjumeau 3. Dec. 1776, † Lyon 29. Sept. 1858.

8617* —— Essai d'une monographie des saules de la Suisse. Berne, typ. Maurhofer. 1815. 8. 100 p., 2 tab. (3 fr.)
Simul edita sunt specimina sicca Salicum Helvetiae ab autore collecta et determinata.

8618* —— Mélanges botaniques, ou Recueil d'observations, mémoires et notices sur la botanique. Berne, Genève et Lyon 1818—31. II voll. 8. — I: 1818. 244 p., 1 tab. — II: 1826—31. 156 p., 3 tab.
Vol. I. Nr. 1: Critique des Roses desséchées. Berne 1818. 8. p. 1—63.
Vol. I. Nr. 2: Monographie des Céréales de la Suisse, ou description de blés, seigles, orges, avoines, mais, millets cultivés en Suisse, leurs maladies et leurs usages économiques. Berne et Leipzig, Cnobloch. 1819. 8. vi, 65—244 p., 1 tab.
Vol. II. Nr. 3: Genève, Mai 1824. 8. p. 1—44.
Vol. II. Nr. 4: Observations sur le genre Ranunculus et particulièrement sur les caractères à tirer des carpelles pour la distinction des espèces. Genève, typ. Bonnant. Mars 1826. 8. p. 45—70, 1 tab.
Vol. II. Nr. 5: Observations sur la nature des fleurs et des inflorescences, par *J. Roeper.* Genève, typ. Bonnant. Mars 1826. 8. p. 74—114.
Vol. II. Nr. 6: Mémoire sur la culture et l'emploi des Céréales et de quelques autres Graminées, pour la fabrication des chapeaux et des tissus de paille, suivi de notes sur les Graminées en général. Extrait des Mémoires de la société royale d'agriculture de Lyon. Lyon, typ. Barret. Octobre 1831. 8. p. 115—158, 2 tab.

8619* —— Mémoire sur la famille des Cucurbitacées. Genève 1825. 4. 40 p., 5 tab.
Extrait des Mémoires de la société de physique et d'histoire naturelle de Genève, vol. III.

8620* **Seringe**, *Nicolas Charles.* Mémoire sur la famille des Mélastomacées. Genève, Barbezat. 1830. 4. 28 p., 4 tab.
Lu en 1827, et extrait des Mémoires de la société de physique et d'histoire naturelle de Genève, vol. IV. p. 337—364.

8621* —— et **Guillard**. Essai de formules botaniques représentant les caractères des plantes par des signes analytiques qui remplacent les phrases descriptives; suivi d'un vocabulaire organographique et d'une synonymie des organes. Paris, Mercklein. 1835. 4. 128 p. (4 fr.)

8622* —— Notice sur le Maclure orangé. Lyon, typ. Barret. 1837. 8. 15 p., 1 tab. col.

8623* —— Élémens de botanique spécialement destinés aux établissemens d'éducation. Paris et Lyon, Hachette. 1841. 8. xii, 268 p., 28 tab. — Nouvelle édition. Lyon, Savy. 1845. 8. (6 fr.)

8624* —— Descriptions et figures des Céréales européennes, telles que orge, seigle, blé, nivièra, avoine, phalaris, riz, millet, mais etc. Seconde édition, avec 30—35 planches gravées in 4. Quatre livraisons. Paris, Bouchard-Huzard. (Lyon, Giberton et Brun.) 1841—47. gr. 8. (18 fr.)
Vidi anno 1846 fasciculum primum et alterum 155 p., 19 tab., sign. 1—17.

8625* —— Flore des jardins et des grandes cultures, ou Description des plantes de jardins, d'orangeries et de grandes cultures. Tome 1. 2. 3. Lyon, Charles Savy. 1847—49. 8. (27 fr.) — I: 1849. xxxii, 605 p., 11 tab. — II: 1847. xii, 588 p., 10 tab. — III: 1849. xii, 635 p., 9 tab.

8626* —— Nouvelle disposition des familles végétales par classes, sous-classes, ordres et sous-ordres. Paris, Victor Masson. 1856. 4. 40, (4) p., 4 tab.
In Prodromo *Candolleano* sunt Seringii: Aconitum, vol. I, 56—64. — Caryophyllaceae, I, 251—422. — Rosaceae, II, 530—625. — Cucurbitaceae, III, 297—320.

Serpetro, *Nicolò*.

8627* —— Il mercato delle maraviglie della natura, overo Istoria naturale. Venezia, Tomasini. 1653. 4.
A p. 196—244 sive Porticu VI de plantis egit.

Serra, *Buenaventura*, qui Floram Majorcas conscripsit (Serraea Cav.), * Palma de Mallorca 1728, † 1784.
Colmeiro Bot. esp. 166.

Serres, *Jean Joseph*, Artillerie-Oberst in La Roche-des-Arnauds (Alpes marit.), † 16. Aug. 1858.

8628* —— Flore abrégée de Toulouse, ou Catalogue méthodique des végétaux phanérogames qui croissent naturellement aux environs de cette ville, indiquant les stations et les époques de fleuraison de chaque plante. Toulouse, Corne. 1836. 8. viii, 237 p.

8629* —— Description, culture et taille des mûriers, leurs espèces et leurs variétés. Paris, V. Masson. 1855. 8. (9 fr.)

Serres, *Olivier de*, Seigneur du Pradel, * Villeneuve dans le Vivarais 1539, † Pradel 2. Juli 1619.

8630* —— Le théâtre d'agriculture et mesnage des champs. Paris 1600. folio. — * Genève, Chouet. 1629. 4. 878 p., praef., ind. — Lyon 1675. folio. — Le théâtre d'agriculture et mesnage des champs d'*Olivier de Serres, Seigneur du Pradel.* Nouvelle édition, augmentée de notes et d'un vocabulaire, publiée par la société d'agriculture du département de la Seine. Paris, Huzard. 1804—5. II voll. 4. — I: 1804. cxcii, 672 p. — II: 1805. xliv, 948 p. et planches. (30 fr.)

Servais, *Gaspard Joseph de*, * Braine-l'Alleu 13. Juli 1735, † Mechelen 21. März 1807.

8631* —— Korte Verhandeling van de boomen, heesters en houtagtige Kruid-gewassen, welke in de nederlandsche lugtstreek de winterkoude kunnen uitstaan. etc. Mechelen, Hanicq. 1789. 8. xii, 237 p., 1 tab.

Sessé, *Martin*, Director des botanischen Gartens in Mexico, seit 1788 (Sessea Rz. et Pav.), † Mexico 1809.
Colmeiro Bot. esp. 184—185.

Sestini, *Domenico*, Abbate, * Florenz um 1750, † Florenz August 1832.

8632 —— Lettere scritte dalla Sicilia e dalla Turchia. Firenze 1779—84. VII voll. 12. 242, 218, 231, 215, 210, 221, 223 p.

Seubert, *Moritz*, Professor an der polytechnischen Schule in Karlsruhe, * Karlsruhe 2. Juni 1818.

8633* —— Flora azorica, quam ex collectionibus schedisque *Hochstetteri* patris et filii elaboravit et tabulis XV propria manu aeri incisis illustravit. Bonnae, Marcus. 1844. 4. vi, 49 p., 15 tab ($2^2/_3$ *th.*)

8634* —— Elatinearum Monographia. Bonnae 1845. 4. 28 p., 4 tab.
Acta Leop. XXI, 1.

8635* —— Die Pflanzenkunde gemeinfasslich dargestellt. Stuttgart, Müller. 1849—50. 2 voll. 8. 294, 358, (2) p., 3 tab., ic. xyl. ($2^2/_5$ *th.*) — * Die Pflanzenkunde in populärer Darstellung. Dritte Auflage. ib. 1855. 8. (2 *th.*) — * Vierte Auflage. Leipzig, Winter. 1861. 8. (2 *th.*) — * Fünfte Auflage. ib. 1867. 8. iv, 596 p., ic. xyl. (2 *th.* n.)

8636* —— Lehrbuch der gesammten Pflanzenkunde. Stuttgart, Müller. 1853. 8. vi, 410 p. (2 *th.*) — * Fünfte verbesserte und vermehrte Auflage. Leipzig, Winter. 1870. 8. viii, 500 p., ic. xyl. (2 *th.* n.)
hollandice: vertaald door *C. A. J. A. Oudemans.* Utrecht 1857. 8. (5 *fl.* 90 *c.*)

8637 —— Naturgeschichte des Pflanzenreichs. 2 Theile. Stuttgart, Müller. 1853. 8. ($1^1/_6$ *th.*)

8638* —— Zusammenstellung der bis jetzt im Grossherzogthum Baden beobachteten Laubmoose. Freiberg i/Br., typ. Poppen. 1860. 8. 52 p.

8639* —— Excursionsflora für das Grossherzogthum Baden. Stuttgart, Engelborn. 1863. 8. liv, 244 p. (1 *th.*)

8640* —— Grundriss der Botanik. Zum Schlulgebrauch bearbeitet. Leipzig, Winter. 1868. 8. iv, 151 p. ($^2/_5$ *th.* n.)

8641* —— Excursionsflora für das südwestliche Deutschland. Ravensburg, Ulmer. 1868. 16. lvi, 282 p. (1 *th.* n.)
In *Martii* Flora Brasiliensi exposuit Alismaceas, Amaryllideas, Butomeas, Commelinaceas, Haemodoraceas, Hydrocharideas, Hypoxideas, Tuncaceas, Liliaceas, Mayaceas, Pontaderinas, Rapateaceas, Styraceas, Vellosieas, Xyrideas.

Severino, *Marco Aurelio*, Professor der Anatomie in Neapel, * Tarsia 2. Nov. 1580, † Neapel 16. Juli 1656.

8642* —— Epistolae duae: altera de lapide fungifero: altera de lapide fungimappa. Impr. cum *Fierae* Coena. Patavii, typ. Sardi. 1649. 4. p. 167—208. — * Publici juris iterum factae a *Franz Ernst Brueckmann.* Guelpherbyti 1728. 4. 44 p., 1 tab.
* *gallice:* Journal de physique. Supplément, vol. XIII. p. 1—22, 234—236.

Seydler, *Christian Aenotheus.*

8643* —— Analecta pharmacognostica. D. Halae, typ. Grunert. 1815. 8. 32 p

Seynes, *Jules de*, Arzt in Montpellier.

8644* —— Du parasitisme dans le règne animal et dans le règne végétal. Thèse. Montpellier, typ. Ricard. 1860. 8. 124 p.

8645* —— De la germination. Thèse. Paris, J. B. Baillière. 1863. 4. 76 p., 1 tab. (2 *fr.* 50 *c.*)

8646* —— Essai d'une Flore mycologique de la région de Montpellier et du Gard. Observations sur les Agaricines, suivies d'une énumération méthodique. Paris, J. B. Baillière. 1863. 8. 156 p., 5 tab. et 1 mappa col. (8 *fr.*)

Sharp, *J. B.*

8647 —— Tropical vegetable fibres. Address to the Chamber of commerce, Dundee, Febr. 6, 1857. London 1857. 8.

Sharrock, *Robert.*

8648 —— The history of the propagation and improvement of vegetables by the concurrence of art and nature. Oxford 1660. 8. 150 p., 1 tab — Ed. II. much enlarged. Oxford 1672. 8. — Ed. III. London 1694. 8. 255 p.

Shaw, *Thomas*, Professor in Oxford (Shawia Forst.), * Kendal 1692, † Oxford 15. Aug. 1751.

8649* —— Travels or observations relating to several parts of Barbary and the Levant. Oxford, printed at the theatre. 1738. folio. xv, 442, 60 p., ind., tab. — A supplement. ib. 1746. folio. 112 p., 1 tab. — A further vindication of the book of travels and the supplement to it. (ib. 1747.) folio. 6 p.
In altera parte p. 37—47: Specimen Phytographiae africanae, or a Catalogue of some of the rarer plants of Barbary, Egypt and Arabia, cum 6 tabulis.
* *germanice:* Reisen, oder Anmerkungen verschiedne Theile der Barbarei und Levante betreffend. Nach der zweiten englischen Ausgabe ins Deutsche übersetzt. Leipzig, Breitkopf. 1765. 4. 424 p., praef., ind., 32 tab.
A p. 393—403, tab. 1—6: Specimen Phytographiae africanae.
gallice: Voyage dans la Barbarie et le Levant. La Haye, Néaulme. 1743. II voll. 4.

8650* **Shaw**, *Thomas.* Catalogus plantarum, quas in variis Africae et Asiae partibus collegit *Thomas Shawius.* Accessit appendix de coralliis et eorum affinibus. Operâ *J. D.* (i. e. *Johannis Jacobi Dillenii.*) Oxonii 1738. folio.
Est impressio seorsim facta ex opere praecedenti.

Shecut, *John L. E. W.*

8651* —— Flora Carolinaeensis; or a historical, medical and oeconomical display of the vegetable kingdom; according to the Linnean or sexual system of botany. In two volumes. Vol. I. Charleston, typ. John Hoff. 1806. 8. 579 p., 5 tab.
Bibl. Cand.
Volumen alterum non vidi.

Sheldrake, *Timothy.*

8652 —— Botanicum medicinale, an herbal of medicinal plants on the College of Physicians list. London s. a. folio. 117 tab. aen. col.

Sherard, *William* (Sherardia Dill.), * Bushby (Leicestershire) 1659, † Eltham (Kentshire) 12. Aug. 1728.
Acta lit. Sueciae 1722, 540.

Shier, *John.*

8653* —— Report on the starchproducing plants of the colony of British Guiana. Demerara, printed at the Royal Gazette office. 1847. 8. 18 p.

Short, *Charles Wilkins*, Professor in Louisville, * Woodford County (Kentucky) 6. Oct. 1794, † Louisville (Kentucky) 7. März 1863.
Silliman, Journal. II. vol. 36, 130.

8654* —— A sketch of the progress of botany in Western America. (From the Transylvania Journal of medicine, Nr. 34.) Lexington, typ. Clarke. 1836. 8. 30 p.

Short, *Thomas*, Arzt, * Edinburgh ..., † Rotheram 28. Nov. 1772.

8655 —— Medicina britannica, or a treatise on such physical plants as are generally to be found in the fields or gardens in Great-Britain. London 1747. 8. 352, 39 p.

Sibbald, *Robertus*, Professor der Medicin in Edinburgh (Sibbaldia L.), * 1643, † 1720.

8656* —— Scotia illustrata, sive Prodromus historiae naturalis. Edinburgi, ex officina Jacobi Kniblo. 1684. folio.
Partis secundae tomus I est de plantis, 114 p., ind.

Siber, *Urban Gottfried.*

8657* —— De Moly Hermetis herba. Schneebergae 1699. 4.

Sibthorp, *John* (Sibthorpia L.), * Oxford 28. Oct. 1758, † Bath 7. Febr. 1796.

8658* —— Flora Oxoniensis, exhibens plantas in agro Oxoniensi sponte crescentes, secundum systema sexuale distributas. Oxonii, Fletcher. 1794. 8. xxiv, 422 p., ind.

8659* —— Florae graecae Prodromus: sive plantarum omnium enumeratio, quas in provinciis aut insulis Graeciae invenit *Joh. Sibthorp.* etc. Characteres et synonyma omnium cum adnotationibus elaboravit *Jac. Ed. Smith.* Londini, typ. Taylor. 1806—13. II voll. 8. — I: 1806. xvi, 442 p. — II: 1813. 422 p. (2 *l.* 2 *s.*)

8660* —— Flora graeca: sive plantarum rariorum Historia, quas in provinciis aut insulis Graeciae legit, investigavit et depingi curavit *Johannes Sibthorp.* Hic illic etiam insertae sunt pauculae species, quas vir idem clarissimus, Graeciam versus navigans, in itinere praesertim apud Italiam et Siciliam, invenerit. Characteres omnium, descriptiones et synonyma elaboravit *Jac. Ed. Smith.* Londini, typ. Rich. Taylor. (veneunt apud White, Payne et Foss.) 1806—40. X voll. folio. — I: 1806. Classis I—III. viii, 82 p., tab. col. 1—100. — II: 1813. Classis III—V. 83 p., tab. col. 101—200. — III: 1819. Classis V. 93 p., tab. col. 201—300. — IV: 1823. Classis V—X. 88 p., tab. col. 301—400. — V: 1825. Classis X—XIII. 81 p., tab. col. 401—500. — VI: 1827. Classis XIII—XIV. 80 p., tab. col. 501—600. — VII: 1830. Classis XIV—XVII. 87 p., tab. col. 601—700. — VIII: 1833. Classis XVII—XIX. 75 p., tab.

col. 701—800. — IX: 1837. Classis XIX. 77 p., tab. col. 801—900. — X: 1840. Classis XIX—XXIV. 106 p., tab. col. 901—966. (250 *l.*)

Historiam operis rarissimi, cujus triginta tantum e primaria impressione exemplaria exstant, narravi in *Gersdorfii Leipziger Repertorium*, 1847, Heft 33, p. 258—261. Volumina VIII—X post obitum *Smithii* († 17 Mart. 1828) edidit *John Lindley*; cf. Admonenda in calce voluminis septimi. Volumen X habet a p. 57—106 Appendices: I: Nomina autorum compendiaria in hoc opere citatorum fusius exposita, p. 59—66. — II: Enumeratio plantarum omnium emendata, quas *Sibthorpius* in Graecia invenit, p. 67—82. — III: Catalogus plantarum graecarum *Dioscoridi* notarum, cum synonymis botanicis ad scriptorum optimorum sententias elaboratus, p. 83—88. — IV: Index nominum, quae Graecia hodie in usu habet, cum synonymis botanicis, p. 91—96. — V: Index nominum turcicorum, cum synonymis botanicis, p. 97. — VI: Index nominum systematicorum et synonyma, p. 99—106. — Exemplaria incompleta (vol. I—VI, vol. I—VII) *Goettingae, Berolini, Vindobonae in Palatina*, et *Dresdae* servabantur incuria bibliothecariorum. Sed opus de novo typis excusum prodiit curis ill. *Charles Daubeny*, Professoris Oxoniensis, annis 1845—46, ad veterum strictissimam exemplarium similitudinem adaptatum, Londini in libraria *Henry C. Bohn* pretio 63*l.* venale.

«L'exemplaire de ce bel ouvrage en la possession de M. Delessert est le seul qui se trouve en France.» *Lasègue.*

* Plants of Greece from Dr. *Sibthorp's* Papers, in *Robert Walpole's* Memoirs. London 1818. 4. p. 233—254.

Sicard, *Adrien.*

8661* —— Monographie de la canne à sucre de la Chine, dite Sorgho à sucre. Ed. II. Marseille, typ. d'Arnaud. II voll. 8. (8 *fr.*)

Sickler, *Friedrich Karl Ludwig*, * Gräfentonna 28. Nov. 1773, † Hildburghausen 8. Aug. 1836.

8662* —— Allgemeine Geschichte der Obstkultur von den Zeiten der Urwelt an bis auf die gegenwärtigen herab. Erster Band. Geschichte der Obstkultur von den Zeiten der Urwelt bis zu Constantin dem Grossen. Frankfurt a/M., Jäger. 1802. 8. LXIV, 507 p., 3 tab. ($2\frac{5}{6}$ *th.*)

Sickmann, *Johann Rudolf*, Assistent am botanischen Garten in Hamburg, * 1779, † Hamburg 18. Jan. 1849.

8663* —— Enumeratio stirpium phanerogamarum circa Hamburgum sponte crescentium. Hamburgi, Meissner. 1836. 8. 80 p. ($\frac{1}{2}$ *th.*)

Sieber, *Franz Wilhelm* (Siebera Gay.), * Prag 1785, † Prag im Irrenhause 17. Dec. 1844.

Hormayr, Archiv, 1829, 788—792.

Franz Wilhelm Sieber. Ein biographischer Denkstein von Dr. *Legis Glückselig.* Wien, Beck. 1847. 8. VI, 90 p., effigies *Sieberi.* ($\frac{7}{12}$ *th.*)

Bericht über die Prager Irrenanstalt von Dr. *Fischel* in Prager Vierteljahrsschrift 1847. Band IV. p. 135—139.

8664* —— Herbarium Florae aegyptiacae, sive collectio stirpium rariorum Aegypti indigenorum. Vindobonae 1820. folio. 4 foll.

8665* —— Herbarium Florae creticae, sive collectio stirpium rariorum in insula Creta sponte nascentium. Vindobonae 1820. folio. 8 foll.

8666* —— Reise nach der Insel Creta im griechischen Archipelagus im Jahre 1817. Leipzig, Fleischer. 1823. 2 Bände. 8. — I: 548 p. — II: 328 p., 14 tab. ($5\frac{1}{2}$ *th.*)

8667* —— Reise von Cairo nach Jerusalem und wieder zurück, nebst Beleuchtung einiger heiligen Orte. Prag, Neureutter. 1823. 8. 167 p., 3 tab. ($1\frac{1}{3}$ *th.*)

Siebold, *Karl von*, Professor in München, * Würzburg 16. Febr. 1804.

8668* —— De finibus inter regnum animale et vegetabile constituendis. Programma gratulatorium. Erlangae, typ. Jung. (Blaesing.) 1844. 4. 14 p. ($\frac{1}{4}$ *th.*)

Siebold, *Philipp Franz von*, * Würzburg 17. Febr. 1796, † München 18. Oct. 1866.

8669* —— Tabulae synopticae usus plantarum. In insula Dezima 1827. folio. 4 foll.

8670* —— Synopsis plantarum oeconomicarum universi regni japonici. (Dezima, Nov. 1827.) 8. IV, 74 p.

8671* —— Einige Worte über den Zustand der Botanik auf Japan, nebst einer Monographie der Gattung Hydrangea und einigen Proben Japanischer Literatur über die Kräuterkunde. Bonn 1829. 4. 26 p., 2 tab.

Ex novis actis physico-medic. academiae caesareae Leopoldino-Carolinae. T. XIV, pars 2, p. 671—696.

8672* —— Erwiederung auf *W. H. de Vriese's* Abhandlung: Het Gezag van *Kaempfer*, *Thunberg*, *Linnaeus* en anderen, omtrent den botanischen oorsprong van den Ster-anijs des Handels, gehandhaafd tegen Dr. *Ph. Fr. von Siebold* en Prof. *J. G. Zuccarini.* Mit Bezug auf die von *J. Hoffmann* mitgetheilten Angaben schinesischer und japanischer Naturgeschichten. Leiden, bei dem Verfasser. (Leipzig, Voss und Fr. Fleischer.) 1837. 8. 19 p., app. (1 *th.*)

8673* **Siebold**, *Philipp Franz von*, et *Joseph Gerhard* **Zuccarini.** Florae Japonicae familiae naturales, adjectis generum et specierum exemplis selectis. Monachii, Franz. 1843—46. 4.

Sectio prima Plantae dycotyledoneae polypetalae. 1843. 96 p., 2 tab. ($17\frac{1}{2}$ *gr.*) — Sectio altera. Plantae dicotyledoneae (gamopetalae, monochlamydeae) et monocotyledoneae. 1846. 118 p., 1 tab. ($1\frac{1}{4}$ *th*)

8674* —— Flora japonica, sive Plantae, quas in imperio japonico collegit, descripsit, ex parte in ipsis locis pingendas curavit. Sectio prima, continens plantas ornatui vel usui inservientes. Digessit *Joseph Gerhard Zuccarini.* Lugduni Batavorum. (Lipsiae, Leopold Voss.) 1835—44. folio. — Centuria prima. (Fasc. I—XX.) 1835. 193 p., tab. col. 1—100. — Centuria altera. Fasc. I—X. 1842—70. 4. 91 p., tab. col. 101—150. (nigr. $68\frac{1}{3}$ *th.* — col. $136\frac{2}{3}$ *th.* n.)

Fasciculos ultimos quinque edidit *F. A. W. Miquel.*

Siegesbeck, *Johann Georg*, Akademiker in Petersburg bis 1747 (Siegesbeckia L.), * Seehausen bei Magdeburg.

8675* —— Primitiae Florae Petropolitanae, sive Catalogus plantarum tam indigenarum quam exoticarum, quibus instructus fuit hortus medicus Petriburgensis praesenti anno 1736. Rigae, typ. Froelich. (1736.) 4. 111 p., praef. — * Supplementum: ib. 1737. 4. 36 p.

8676* —— Propempticum de Majanthemo, Lilium convallium officinis vulgo nuncupato. Petropoli 1736. 4. 15 p.

8677* —— Programma de Tetragono *Hippocratis.* Petropoli 1737. 4. 12 p.

8678* —— Botanosophiae verioris brevis Sciagraphia in usum discentium adornata; accedit ob argumenti analogiam Epicrisis in Cl. *Linnaei* nuperrime evulgatum Systema plantarum sexuale et huic superstructam methodum botanicam. Petropoli, typ. Academiae. 1737. 4. 64 p., praef.

Epicrisis Systematis *Linnaei*: p. 40—64.

8679* —— Vaniloquentiae botanicae specimen, a M. *Johann Gottlieb Gleditsch* in consideratione Epicriseos Siegesbeckianae in scripta botanica *Linnaei*, pro rite obtinendo sexualistae tituto, nuper evulgatum, jure vero retorsionis refutatum et elusum. Petropoli 1741. 4. 54 p.

Siegfried, *J. J.*

8680* —— Die Pflanzen in ihrer Anwendung auf Forst- und Landwirthschaft, Gartenbau, Gewerbe und Handel. Zürich, Schulthess. 1840. 8. XII, 264 p. ($\frac{1}{2}$ *th.*)

Siennik, *Marcin.*

8681* —— Herbarz to iest ziół tutecznych postrronnych i zamorskich opisanie, co za moc maia, a jako ich używać etc. (Herbarium vel herbarum indigenarum et exoticarum descriptio.) Krakowie, w drukarni Mikołaia Szarfenberga. 1568. folio min. 628 p.

Sierstorpf, *Kaspar Heinrich, Freiherr von*, Braunschweigscher Oberjägermeister, * Hildesheim 9. Mai 1750, † Braunschweig 1842.

8682 —— Einige Bemerkungen über die in dem Winter 1788—89 erfrorenen Bäume. Braunschweig, Schulbuchhandlung. 1790. gr. 8. ($\frac{1}{8}$ *th*)

8683 —— Ueber die forstmässige Erziehung, Erhaltung und Benutzung der vorzüglichsten inländischen Holzarten. (Erster Theil. 1794. Die Forstbotanik, die Naturkunde der Bäume überhaupt, und die Beschreibung der Eiche. Zweiter Theil. 1813. Die Beschreibung der Fichte.) Mit illuminirten Kupfern. Hannover, Hahn. 1794—1813. 2 Theile. gr. 4. ($5\frac{1}{2}$ *th.*)

Sigwart, *Georg Friedrich*, Professor in Tübingen, * Gross-Tuttlingen 8. April 1711, † Tübingen 9. März 1795.

8684* —— pr. De vegetabilium ulteriori indagine ejusdemque necessitate et utilitate. D. Tuebingae, typ. Fues. 1769. 4. 22 p.

Silfverstråhle, *Gustaf.*

8685* —— Bestämning af Blad och Knoppars divergence. Stockholm 1839. 8. 11 p.

Kongl. Vetensk. Acad. Handl. för år 1838. p. 202—212.

Sillén, *Nicolaus Jacobus.*
8686* —— pr. Flora Paroeciae Bränkyrka. D. Upsaliae, typ. academiae. 1827. 8. 48 p.

Silva Manso, *Antonio Luiz Patricio da.*
8687* —— Enumeração das substancias Brazileiras, que podem promover a catarze. Memoria coroada pela imperial academia de medicina de Rio de Janeiro em o anno de 1836. Rio de Janeiro, na typographia nacional. 1836. 8. 51 p.

Silver, *Alexander.*
8688 —— Outlines of elementary botany, for the use of students. London, Renshaw. 1865. 8. 380 p. (5s. 6d.)

Simler, *Josias*, * Cappel (Zürich) 1530, † Zürich 2. Juli 1576.
8689* —— Vallesiae descriptio libri duo. De alpibus commentarius. Tiguri, excudebat Froschoverius. 1574. 8. 151 foll., praef.
A foll. 126—132 agitur de plantis alpinis secundum *Conradum Gesnerum.*

Simon Januensis vel Genuensis.
Ernst Meyer, Geschichte der Botanik IV, 160—167.
8690* —— Synonyma medicinae seu Clavis sanationis. Opus impressum Mediolani per Antonium Zarotum Parmensem, anno Domini MCCCCLXXIII. die Martis III. Augusti. folio. *Hain* Nr. 14747. — Ed. II: Incipit clavis sanationis elaborata per venerabilem virum magistrum *Simonem Januensem* domini papae subdyaconum et capellanum medicum quondam felicis recordationis domini Nicolai papae quarti qui fuit primus de ordine minorum. In civitate Patavina per Petrum Maufer. 1474. folio. (174) foll. binis columnis 40 lin. — Venetiis, per Guilelmum de Tridino ex Monteferato. 1486. folio. — * *Simonis Januensis* opusculum, cui nomen clavis sanationis simplicia medicinalia latina, graeca et arabica ordine alphabetico mirifice elucidans recognitum ac mendis purgatum: et quotationibus Plinii maxime: ac aliorum in marginibus ornatus: et quam diligentius ac correctius id fieri potuit, impressum. (In calce:) Finis. *Simonis Januensis* additis auctoritatibus Plinii locis propriis per Georgium de Ferrariis de Varolēgo montisserati, artium et medicine doctorem. Impressum Venetiis per Gregorium de Gregoriis Anno domini 1514 die XXII mensis Maji. folio. 65 foll.

Simon, *Gustav Wilhelm.*
8691* —— De sarcina ventriculi. D. Halis 1847. 8. VI, 29 p., 1 tab.

Sims, *John*, * London 1792, † London 19. Juli 1838.

Sinclair, *George*, Gärtner des Herzogs von Bedford zu Woburn Abbey, * 1786, † 13. März 1834.
8692* —— Hortus gramineus Woburnensis, or an account of the results of experiments on the produce and nutritive qualities of different grasses and other plants used as the food of the more valuable domestic animals: instituted by *John, Duke of Bedford.* Illustrated with dried specimens of the plants upon which these experiments have been made. London, printed by B. MacMillan. 1816. gr. folio. VI, LXVI, 316 p., ind., cum exemplaribus siccis graminum. Bibl. Kew. — Ed. II. London, Ridgway. 1825. 8. xx, 438 p, with figures. — Ed. III. ib. 1826. 8. — Ed. IV. ib. 1838. 8. (non differunt.)
* germanice: Johann Herzog von Bedford's Chemisch-agronomische Untersuchungen über den Werth verschiedner Futtergräser. Zuerst herausgegeben von Sir *Humphry Dacy.* Nach dem Französischen von *M. Marchais de Mignaux.* Verdeutscht von *A. A. Haas.* Trier (Koblenz, Hergt.) 1821. 8. 138 p., praef., ind. (⅜ th.)
* germanice: Hortus gramineus Woburnensis, oder Versuche über den Ertrag und die Nahrungskräfte verschiedner Gräser und andrer Pflanzen, welche zum Unterhalt der nützlicheren Hausthiere dienen, veranstaltet durch *Johann, Herzog von Bedford,* etc. übersetzt von *Fr. Schmidt.* Stuttgart, Cotta. 1826. 8. XIX, 448 p., (60) tab. in 4. (3½ th. — col. 3¼ th.)

Singer, *J.*
8693* —— Flora Ratisbonensis. Verzeichniss der um Regensburg wildwachsenden Phanerogamen. Regensburg, Pustet. 1865. 8. 80 p. (⅙ th.)

Single, *Christian.*
8694* —— Abbildungen der vorzüglichsten und hauptsächlichsten Traubensorten Würtembergs. Stuttgart, Ebner und Seubert. 1860. gr. 4. VI, 96 p., 19 tab. col. (3½ th. n.)

Sjöstrand, *M. G.*
8695* —— Calmar Läns och Ölands Flora. Calmar, typ. Westin. 1863. 8. IV, 4, 368 p.

Siricius, *Johannes.*
8696 —— Historische, physische und medizinische Beschreibung derer im Fürstlich Gottorpischen Garten, das Neue-Werck genannt, dreyen blühenden Aloen (mit Beyfügung einer Beschreibung der gleichfalls blühenden Yucca gloriosa). Schleswig 1705. 4. 64 p., 1 tab.
8697 —— Kurze Beantwortung derer von Dr. *W. V. W.* (i. e. *Wilhelm Ulrich Waldschmiedt*) sehr ungereimten, nichtswürdigen und injurieusen Imputationen, wider seine herausgegebene Beschreibung derer im Hochfürstlichen Gottorpschen Garten verwichenes Jahr 1705 blühenden Aloen, und dessen Persohn, der Wahrheit zu Steuer, und zur Rettung seines ehrlichen Nahmens, allen Verständigen und Unpassionirten zum Urtheil übergeben. (Kiel) 1706. 4. 68 p.
8698 —— Bajae cimbricae, seu Carmen de Aloe americana. Schleswigae 1709. folio.

Sismonda, *Eugenio.*
8699* —— Matériaux pour servir à la paléontologie du terrain tertiaire du Piémont. Végétaux fossiles. Turin 1865. 4. 80 p., 35 tab.
Mem. della acc. di Torino, XXII, 391—471.

Skinner, *Stephen*, Arzt in Lincoln (Skinnera Choisy), * Middlesex 1622, † Lincoln 5. Sept. 1667.
8700* —— Etymologicon botanicum, seu explicatio nominum (anglicorum) omnium vegetabilium praesertim solo nostro assuetorum, aut quae, licet peregrina sint, vulgo nota sunt. Impr. cum ejus Etymologico linguae anglicanae. Londini, typ. T. Boycroft. 1671. folio.

Slevogt, *Johann Hadrian*, Professor in Jena (Slevoglia Rchb.), * Jena 1653, † Jena 29. Aug. 1726.

Programmata academica:
8701* —— De Aegilope herba. Jenae, typ. Krebs. 1695. 4. 8 p.
8702* —— Prolusio academica, qua ostenditur, nucem Methel *Avicennae* esse Daturam modernorum. Jenae, typ. Werther. 1695. 4. 8 p.
8703* —— De Polypodio. Jenae 1699. 4. 8 p.
8704* —— De Acmella ceylanica, novo fluoris albi remedio. Jenae, typ. Gollner. 1703. 4. 8 p.
8705* —— De cortice Culilavan. Jenae 1705. 4.
8706* —— De Cinnamomo. Jenae 1707. 4.
8707* —— De Pyrethro. Jenae 1709. 4. 8 p.
8708* —— Centaurium minus. Jenae, typ. Krebs. 1713. 4. 8 p.
8709* —— De Lino sylvestri catharctico Anglorum. Jenae, typ. Krebs. 1715. 4. 8 p.
8710* —— De virtute Hyoscyami catharctica. Jenae, typ. Krebs. 1715. 4. 8 p.
8711* —— Nonnulla ad natalem locum, characterem et vires herbae Scordii pertinentia. Jenae 1716. 4. 8 p.
8712* —— De Momordica. Jenae 1719. 4. 12 p.
8713* —— De Bandura Ceylonensium. Jenae 1719. 4. 8 p.
8714* —— De Thea romana et hungarica sive silesiaca, aliisque ejus succedaneis. Jenae, typ. Ritter. 1721. 4. 8 p.
8715* —— De Astrantiae charactere a Tournefortio minus sufficienter delineato, florisque genitalibus. Jenae 1721. 4. 8 p.

Dissertationes praeside Johann Hadrian Slevogt:
8716* —— Balsamum verum, quod vulgo Opobalsamum dicitur. D. Jenae 1705. 4. 31 p.
8717* —— De Urticis. D. Jenae, typ. Gollner. 1707. 4. 30 p., 1 tab.
8718* —— De Ruta. D. Jenae, typ. Gollner. 1715. 4. 40 p.
8719* —— De Opobalsamo. D. Jenae 1717. 4. 32 p.
8720* —— De Gentiana. D. Jenae, typ. Werther. 1720. 4. 25 p.
8721* —— De Scrophularia. D. Jenae, typ. Werther. 1720. 4. 27 p.

Sloane, *Sir Hans* (Sloanea L.), * Killileagh in Irland 16. April 1660, † Chelsea 11. Jan. 1753.
Vita *Johannis Sloane.* (Comm. med. lips. II. 366—368. 727—732.)
Éloge de *Sloane.* (Hist. de l'acad. des sc. de Paris, 1753. p. 305—320.)
Michaelis, Sloanii vita. (Comm. soc. gott. IV. 503—511.)
Levensbeschryving van den Heere *Hans Sloane.* (Uitgezogte Verhandelingen, I. p. 1—17.)
8722* —— Catalogus plantarum, quae in insula Jamaica sponte proveniunt vel vulgo coluntur cum earundem synonymis et

locis natalibus; adjectis aliis quibusdam, quae in insulis Maderae, Barbados, Nieves et St. Christophori nascuntur, seu Prodromi historiae naturalis Jamaicae Pars I. Londini, Brown. 1696. 8. 232 p., praef., ind.

8723* **Sloane**, *Sir Hans*. A voyage to the Islands Madera, Barbados, Nieves, S. Christophers and Jamaica, with the natural history of the herbs and trees, four-footed beasts, fishes, birds, insects, reptiles etc. of the last of those Islands; etc. In two volumes. London, printed by B. M. for the author. 1707—25. folio. — I: 1707. CLIV, 264 p., praef., tab. 1—156. — II: 1725. XVIII, 499 p., tab. 157—274, et XI.

«Ich besitze das Werk doppelt», sagte *Clifford* zu *Burman*, «und will es Ihnen schenken, wenn Sie mir dagegen *Linné* abstehn.» *Stoever*, Leben *Linné's*, I, 149.

Sloboda, *Daniel*.

8724* —— Rostlinnictvi. V Praze, Fr. Řivnač. 1852. 8. XLVIII, 733 p.

Sluyter, *Theodor*, Harlum 13. Aug. 1817.

8725* —— De vegetabilibus organismi animalis parasitis ac de novo epiphyto in pityriasi versicolore obvio. D. Berolini, typ. Schade. 1847. 8. 32 p., 1 tab.

Smee, *Alfred*, * Cambervell 18. Juni 1818.

8726* —— The potatoe plant, its uses and properties together with the cause of the present malady. The extension of that disease to other plants, the question of famine arising therefrom, and the best means of averting that calamity. London, Longman. 1846. 8. XVI, 174 p., 10 tab.

Smidth, *Jens Hansen*.

8727 —— Arboretum scandinavicum. Fasc. I. Kjøbenhavn (Schubothe). 1831. 12. 160 p. (1 *Rbd.*)

Smielowsky, *Timotheus*, Professor der Pharmacie in Petersburg (Smelowskia C. A. M.), † Petersburg 20. Oct. 1815.

8728 —— Hortus Petropolitanus seu descriptiones et icones plantarum rariorum Horti Imperialis Academiae scientiarum Petropolitanae edidit *Timotheus Smielovsky*. Fasciculus I. Petropoli, impressus litteris ex officina Imperialis Academiae scientiarum. 1806. gr. folio. IV, 16 p., 5 tab. col. — Tab. I. Thunbergia fragrans. — Tab. II. Spigelia marilandica. — Tab. III. Terechovskia panduraefolia. — Tab. IV. Convallaria japonica v. alba. — Tab. V. Chelone barbata.

Smith, *Christian*, * Drammen (Norwegen) 17. Oct. 1785, † auf dem Congoflusse 22. Sept. 1816.

8729 —— Dagbog paa en Reise til Kongo i Afrika. (Journal d'un voyage à Congo en Afrique). Christiania 1819. 8. XVIII, 164 p., effigies.

Ce voyage botanique, édité après la mort de l'auteur, est précédé de sa biographie. Le journal de Smith a été publié en anglais dans «Narrative of an Expedition to explore the river Zaire, usually called the Congo, in South Africa in 1816, under the direction of Capt. *J. K. Tuckey*. London 1818, in-4.

Leopold von Buch in Edinb. New Phil. Journal 1826, 209—213.

Smith, *Frederick W.*

8730* —— The Florists Magazine: a Register of the newest and most beautiful varieties of florists flowers. Vol. I. London, Orr and Smith. 1836. 4. 72 foll., 72 tab. col.

Smith, *Gerard Edwards*.

8731* —— A catalogue of rare or remarkable phaenogamous plants collected in South Kent: with descriptive notices and observations. London, Longman. 1829. 8. XVI, 76 p., 5 tab. col.

Smith, *H.*

8732 —— Flora Sarisburiensis, or Repository of English Botany. Nr. 1—5. Salisbury 1817. 8.

Smith, *James Edward*, Präsident der Linnean Society in London (Smithia Ait), * Norwich 2. Dec. 1759, † Norwich 17. März 1828.

8733* —— Memoir and correspondence of the late Sir *James Edward Smith*. Edited by *Lady Smith*. In two volumes. London, Longman, Rees, Orme etc. 1832. 8. — I: VIII, 610 p., with portrait of the bust of *Sir James*. — II: IV, 610 p., with tables of autographs.

Edinb. Journal of science, Juli 1829, 1—16.

8734* —— Plantarum icones hactenus ineditae, plerumque ad plantas in herbario Linneano conservatas delineatae. Fasc. I—III. London, White. 1789—91. folio. 75 foll., tab. 1—75. (3 *l.* 3 *s.*)

Textus redit in Magazin für Botanik, Stück IX, p. 33—62; *Usteri* Annalen, Stück III. p. 73—112, Stück XII, p. 26—57.

8735* **Smith**, *James Edward*. Icones pictae plantarum rariorum. Londini, typ. Davis. Fasc. I—III. 1790—93. folio max. 36 foll., 18 tab. col. latine et anglice.

Trium fasciculorum textus latinus redit in *Roemer* Archiv I. 1. p. 71—94.

8736* —— Spicilegium botanicum. Fasc. I. et II. London 1791—92. folio. 22 p., tab. col. 1—24. Bibl. Reg. Berol.

Plura non prodierunt. Titulus impressus desideratur.

8737* —— Tentamen botanicum de Filicum generibus dorsiferarum. (Turin, chez J. M. Briolo. 1793.) 4. 22 p., 1 tab.

Seorsim impr. ex Actis Taurinensibus anni 1790. vol. V. p. 401—422.

8738* —— A specimen of the Botany of New-Holland. The figures by *James Sowerby*. Vol. I. London, typ. Davis. 1793. 4. VIII, 54 p., 16 tab. col. (1 *l.* 1 *s.* A.)

8739 —— Syllabus of a course of lectures on botany. London 1795. 8. 72 p.

8740* —— Tracts relating to natural history. London, White 1798. 8. XIV, 312 p. (7 *s.*)

8741* —— Compendium Florae britannicae. Londini, White. 1800. 8. VIII, 122 p., ind. — *Editio in usum Florae germanicae a *Georg Franz Hoffmann*. Erlangae, Palm. 1801. 12. 274 p., ind., effigies *Smith*. ($1\frac{1}{6}$ *th.*) — *Ed. II: London 1816. 8. VIII, 194 p. — *Ed. III: London 1818. 12. VIII, 194 p. — Ed. V: London 1828. 12. (7 *s.* 6 *d.*)

8742* —— Flora britannica. Londini, White. 1800—4. III voll. 8. 1407 p., praef., ind. (1 *l.* 6 *s.* 6 *d.*) — *Recudi curavit additis passim adnotatiunculis *Johann Jakob Roemer*. Turici, typ. Gessner. 1804—5. III voll. 8. 1406 p., praef., ind. $5\frac{1}{8}$ *th.*)

8743* —— Exotic Botany, consisting of coloured figures and scientific descriptions, of such new, beautiful or rare plants as are worthy of cultivation in the gardens of Britain. The figures by *James Sowerby*. London, J. Sowerby. 1804—5. II voll. gr. 8. VII, 118, 122 p., 120 tab. col. (3 *l.*)

Editio alia in 4. non differt.

8744* —— Florae graecae Prodromus: sive plantarum omnium enumeratio, quas in provinciis aut insulis Graeciae invenit *Joh. Sibthorp*. etc. Characteres et synonyma omnium cum adnotationibus elaboravit *Jac. Ed. Smith*. Londini, typ. Taylor. 1806—13. II voll. 8. — I: 1806. XVI, 442 p. — II: 1813. 422 p. (2 *l.* 2 *s.*)

8745* —— An introduction to physiological and systematical botany. London, White. 1807. 8. — Ed. II: London, White. 1809. 8. (14 *s.* — col. 1 *l.* 8 *s.*) — Ed. III. ib. 1814. 8. XXIII, 333 p., 15 tab. — *Ed. IV: London, Longman. 1819. 8. XXI, 407 p., 15 tab. — *Ed. V: ib. 1825. 8. XXI, 435 p., 15 tab. (14 *s.* — col. 1 *l.* 8 *s.*) — *An introduction to the study of botany. Ed. VII. corrected by *William Jackson Hooker*. London, Longman. 1833. 8. XX, 504 p., 36 tab. (16 *s.* — col 2 *l.* 12 *s.* 6 *d.*) — New edition, with considerable additions by *William Macgillivray*. London 1838. 12. (9 *s.*)

* *germanice:* Anleitung zum Studium der physiologischen und systematischen Botanik. Nach der dritten Originalausgabe aus dem Englischen übersetzt von *Joseph August Schultes*. Wien, Doll. 1819. 8. XL, 400 p., 15 tab. ($2\frac{1}{3}$ *th.*)

8746* —— A review of the modern state of botany, with a particular reference to the natural systems of *Linnaeus* and *Jussieu*. (From the second volume of the Supplement to the Encyclopaedia britannica. London 1817.) 4. 48 p.

8747* —— A grammar of botany illustrative of artificial as well as natural classification, with an explanation of *Jussieu's* system. London, Longman. 1821. 8. XX, 242 p., 21 tab. col. — *Ed. II: London, Longman. 1826. 8. XXII, 240 p., 21 tab. (12 *s.* — col. 1 *l.* 11 *s.* 6 *d.*)

* *germanice:* Botanische Grammatik zur Erläuterung sowohl der künstlichen, als der natürlichen Classification, nebst einer Darstellung des *Jussieu*'schen Systems. Aus dem Englischen übersetzt. Weimar, Industrie-Comptoir. 1822. 8. XXVI, 222 p., 21 tab. ($1\frac{3}{4}$ *th.*)

8748* —— The English Flora. London, Longman et Co. 1824—36. V voll. 8. (3 *l.* 12 *s.*)

Vol. I: Phanerogamia. 1824. XLV, 371 p.
Vol. II: Phanerogamia. 1824. VIII, 470 p.
Vol. III: Phanerogamia. 1825. VI, 512 p.

Vol IV: Phanerogamia et Filices. 1828. vi, 373 p. (I—IV: 2 l. 8 s.)
Vol. V, Part I: 1833. Musci frondosi, Hepaticae, Lichenes, Characeae, Algae, by *William Jackson Hooker*. x, 4, 432 p. (12 s.)
Vol V, Part II: 1836. Fungi, by the Rev. *M. J. Berkeley*. 32, 386, xv p. (12 s.)
Vol V. Part II sistit etiam volumen alterum *Hookeri* British Flora; cf Nr 4659

8749* **Smith**, *James Edward*. A Compendium of the English Flora. London, Longman. 1829. gr. 12 vii, 219 p. — *Second edition with additions and corrections by *William Jackson Hooker*. London, Longman. 1836. 8. vii, 230 p. (7 s. 6 d.)
James Edward Smith est autor vocum botanicarum in *Abraham Rees* New Cyclopedia.

Smith, *John*, Curator of the Botanic Garden, Kew.
8750* —— An Enumeration of ferns cultivated in the Royal Gardens at Kew, in December 1845; with Characters and Observations on some of the genera and species. (London 1846.) gr. 8. 45 p.
8751 —— Cultivated ferns; or, a Catalogue of exotic and indigenous ferns cultivated in british gardens London, W. Pamplin. 1857. 8. 84 p. (1 s.)

Smith, *J. J.*
8752* —— Address to the senate on the New botanic garden. Cambridge, Univ. press. 1846. 8. 24 p.

Smith, *William*, Rev., Professor am Queens College in Cork, * Balnamere 12. Jan. 1808, † Cork 6. Oct. 1857.
8753* —— A Synopsis of the british Diatomaceae; with remarks on their structure, functions and distribution; and Instructions for collecting and preserving specimens. The plates by *Tuffen West*. In two volumes. London, Smith and Beck. 1853—56. 8. (2 l. 11 s.)
Vol. I: 1853. xxxiii, 89 p., 1 tab. col., tab. 1—31.
Vol. II: 1856. xxx, 107 p. tab. 32—62, col. A—E.

Smitt, *J. W.*
8754 —— Skandinaviens förnämsta ätliga och giftiga Svampar. Stockholm, Norstedt et Söner. 1863. 8. iv, 69 p., et tab. in folio.

Smyttère, *Philippe Joseph Emmanuel de*, * Cassel (Nord) 19 Jan. 1800.
8755* —— Tableaux synoptiques d'histoire naturelle médicale. Paris, Crochard. 1829. 8.
8756* —— Phytologie pharmaceutique et médicale ou végétaux envisagés sous les rapports anatomique, physiologique et thérapeutique Paris 1829. gr 8 122, 148 p., praef., ind. et ic. xyl e t.
8757* —— Précis élémentaire de botanique médicale et de pharmacologie. Paris 1837. 8. iii, 280 p.

Sobolewski, *Gregor* (Sobolewskia M. v. B.).
8758* —— Flora Petropolitana, sistens plantas in gubernio Petropolitano sponte crescentes, tam eas quae olim in Flora ingrica *Krascheninnikovii* a *Gortero* enumeratae sunt quam novas post annum 1764 hucusque a variis botanicis Petropoli degentibus detectas, nunc vero generice ac specifice descriptas cum additione variarum observationum atque russica plantarum denominatione. Petropoli, typ. Collegii medici. 1799. 8. vii, 355 p.

Socinus, *Abel*, * Basel 16. Jan. 1729, † Basel 2. Oct. 1808.
8759 —— Theses anatomico-botanicae. Basileae 1751. 4. 8 p.

Soennerberg, *Jakob*, Professor der Medicin in Lund, * auf Öland 25. Nov 1770, † Lund nach 1844.
8760* —— Dijudicatio emendationum systematis sexualis Linnaei. D. Lundae, typ Berling. 1798. 4. 20 p.

Sörensen, *H L*.
8761 —— Beretning om en botanisk Reise in Omegnen af Fæmundsøen og i Trysil. Christiania 1867. 8. 55 p.
Nyt Magazin for Naturvidenskaberne.

Solander, *Daniel*, Unterbibliothekar am British Museum (Solandra Sw.), * Norrland 28. Febr. 1736, † London 16. Mai 1782.

Soldin, *A. et S.*
8762 —— Danske Flora. Fasc. 1—3. Kjøbnhavn 1807. 4.

Sole, *William*, Apotheker in Bath (Solea Spr.).
8763* —— Menthae britannicae; being a new botanical arrangement of all the british mints hitherto discovered, etc. Bath, typ. Cruttwell. 1798. folio min. viii, 55 p., 24 tab. (1 l. 5 s)

Solier, *Antoine Joseph Jean*, * Marseille 8. Febr. 1792, † Marseille 27. Nov. 1851.
Cf. *Alphonse Derbes*, supra Nr. 2164.

Solly, *Richard Horsman* (Sollya Lindl.), * London 29. April 1778, † London 31. März 1858.

Solms-Laubach, *Hermann, Graf zu*, Privatdocent in Halle a/d. S., * Laubach 23. Dec. 1842.
8764* —— De Lathraeae generis positione systematica. D. Berolini, typ. Schade. 1865. 8. 42 p
8765* —— Tentamen Bryogeographiae Algarviae regni Lusitani provinciae. Commentatio academica. Halis, typ. orphanotrophei. 1868. 8. 45 p.
8766* —— Die Familie der Lennonaceen. Halle, Schmidt. 1870. 4. 60 p., 3 tab. (1½ th. n.)
Abh. der naturf. Ges. zu Halle.

Sommerfelt, *Sören Christian* (Sommerfeltia Less.), * Sukkestad bei Christiania 9. April 1794, † Ringeboe 28. Dec. 1838.
Biographie in Botaniska Notiser 1839, p. 9—12.
8767* —— Supplementum Florae lapponicae, quam edidit Dr. *Georgius Wahlenberg*. Christianiae, typ. Borgianis. 1826. 8. xii, 331 p., 3 tab. col. (3 th.)
Bemærkninger ved Supplementum Florae lapponicae, in Magazin for Naturvidenskaberne, 1827. I. p. 163—166.
8768* —— Physisk oekonomisk beskrivelse over Saltdalens Præstaegjeld i Nordlandene. Udgivet af det kongelige norske Videnskabers Selskab. Trondhjem 1827. 4. 148 p.
Om Planteriget: p. 38—81.
Cat. of sc. Papers V, 748.

Sonder, *W.*, Medicinalrath in Hamburg (Sondera Lehm.).
8769* —— Revision der Heliophileen. (Hamburg 1846) 4. 103 p., tab. 17—29.
Abhandlungen des nat. Vereins in Hamburg. Bd. I. p. 173—279.
8770* —— Flora hamburgensis. Beschreibung der phanerogamischen Gewächse, welche in der Umgegend von Hamburg wild wachsen und häufig kultivirt werden. Hamburg, Kittler. 1851. 8. iv, 604 p. (2⅔ th.)
8771* —— Die Algen des tropischen Australiens. Hamburg 1871. 4. 42 p., 6 tab.
Abhandlungen der Hamburger Naturf. Gesellschaft, Band 5.
Cat. of sc. Papers V, 749—750.

Sonnenburg, *Albert*.
8772* —— Arithmonomia naturalis seu de numeris in rerum natura tentamen, e mineralogia, botanice et zoologia illustratum. Dresdae et Lipsiae, Arnold. 1838. folio min. vi, 124 p., 1 tab.

Sonnerat, *Pierre* (Sonneratia Comm), * Lyon 1749, † Paris 31. März 1814.
8773 —— Voyage à la nouvelle Guinée, dans lequel on trouve la description des lieux, des observations physiques et morales et des détails relatifs à l'histoire naturelle dans le règne animal et le règne végétal. Paris, Ruault. 1776. 4. xii, 206 p., 120 tab.
Tabulae ad botanicam et ornithologiam spectant.
8774* —— Voyage aux Indes orientales et à la Chine, fait par ordre du roi depuis 1774 jusqu'en 1781. Paris 1782. II voll. 4. — I: 317 p., tab. 1—80. — II: 298 p., tab. 81—140. — Ed. II: ib. 1806. IV voll. 8. et Atlas.
* *germanice*: Reise nach Ostindien und China, auf Befehl des Königs unternommen vom Jahr 1774—81. Zürich, Orell et Co. 1783. II voll. 4. — I: xii, 268 p., tab. 1—80. — II: x, 214 p., tab. 81—140.

Sonnini (de Manoncour), *Charles Sigisbert* (Sonninia Rchb.), * Luneville 1. Febr. 1751, † Paris 29. Mai 1812.
8775* —— Mémoire sur la culture et les avantages du Chou-navet de Laponie. Paris 1788. 8. 52 p.
8776* —— Voyage dans la haute et basse Egypte. Paris, an VII. 1799. III voll. 8. — I: 425 p. — II: 417 p. — III: 424 p., 38 tab. in 4.
* *germanice*: Leipzig, Heinsius. 1800. 2 Bände. 8.
anglice: London 1799. III voll. 8.
8777* —— Traité des Asclépiadées, particulièrement de l'Asclépiade de Syrie, précédé de quelques observations sur la culture du coton en France. Paris, Buisson. 1810. 8. 446 p., 2 tab. col.

Sonntag, *Christoph*, Professor in Altdorf, * Wayda 28. Jan. 1654, † Altdorf 6. März 1717.
8778* —— Paralipomena quibus ligna Sittim explicata et applicata sistuntur. D. Altdorfii, typ. Kohles. 1710. 4. 28 p.

Sorauer, *Paul.*

8779* —— Beiträge zur Keimungsgeschichte der Kartoffelknolle. Berlin, Wiegandt und Grieben. 1868. 8. II, 28 p., 1 tab. (⅔ *th.*)

Soret, *Jacques Frédéric,* † Genf 17. Dec. 1865.

Sorolla, *Ildefonse.*

8780* —— Epitome Medices. De differentiis herbarum ex historia plantarum *Theophrasti.* Valentiae, typ. Claudii Mace, sumtibus Sonzoni. 1642. 8. 94 foll., praef. Bibl. Reg. Par.
In fine legitur: Valentiae, apud Michaelem Sorolla, juxta universitatem. 1627. Non nisi quatuor priores folia sunt novae impressionis.
Colmeiro Bot. esp. 157.

Soubeiran, *J. Léon.*

8781* —— Études micrographiques sur quelques fécules. Thèse. Paris, Thunot. 1853. 8. 59 p., 2 tab.

8782* —— Des applications de la botanique à la pharmacie. Thèse. Paris, typ. Thunot. 1854. 4. 88 p.

8783* —— Essai sur la matière organisée des sources sulfureuses des Pyrénées. Paris, V. Masson. 1858. 8. 76 p., 2 tab.

Soulange-Bodin, *Étienne* (Soulangia Brongn.), * Tourraine 1774, † Paris 23. Juli 1846.

Soulavie, *Jean Louis Giraud-,* * Argentière 1752, † Paris 18. März 1813.

8784* —— Histoire naturelle de la France méridionale. Seconde partie: Les végétaux. Contenant les principes de la géographie physique du règne végétal, avec des cartes pour en exprimer les limites. Paris, J. F. Quillau. 1783. 8. 399 p., 2 tab.

Sowerby, *Charles Edward,* † London 7. Mai 1842.

8785 —— The illustrated catalogue of british plants. Nr. I. Phanerogamia. London, Longman et Co. 1841. 12. 8 tab.

Sowerby, *James,* * London 21. März 1757, † Lambeth 25. Oct. 1822.

8786 —— An easy introduction to drawing flowers according to nature. London s. a. 4 obl. 6 foll., 6 tab.
germanice: Botanisches Zeichnenbuch mit Kupfern. Weimar, Landes-Industrie-Comptoir. 1794. gr. 4. (⁷⁄₂₄ *th.*)

8787 —— Flora luxurians, of the Florist's delight. London (1789—91.) Nr. I—III. folio. 18 tab. col., 18 foll.

8788* —— Coloured figures of english Fungi or Mushrooms. London, typ. Davis. III voll. and Supplement. 1797—1809. folio. 440 tab. col., text., ind. (10 *l.*)
Prodiit annis 1797—1815 32 fasciculis.

8789* —— English Botany, or coloured figures of british plants, with their essential characters, synonymes and places of growth. To which will be added occasional remarks by *James Edward Smith* and *James Sowerby.* The figures by *James Sowerby.* London, White. 1790—1814. XXXVI voll. 8. 72, (2592) p., tab. col. 1—2592.

8790 —— General indexes to the thirty-six volumes of English Botany to which is added an alphabetical index to english fungi; making together a catalogue of indigenous british plants. London, Sowerby. 1814. 8. VI p., (37) foll.

8791* —— The supplement to english botany; containing Figures of such newly discovered Plants as are not contained in the 36 Volumes finished in 1814.
Vol. I: 1831. foll. et tab. col. 2593—2692, et ind.
Vol. II: 1843. foll. et tab. col. 2693—2796, et ind.
Vol. III: 1843. foll. et tab. col. 2797—2867, et ind.
Vol. IV: 1849. foll. et tab. col. 2868—2960, et ind.
Vol. V: (1863—65.) Nr. 77—82. foll. et tab. col. 2961—2995. (continuatur.)

8792* —— English Botany; or, coloured figures on british plants. Edited by *John T. Boswell Syme,* the popular portion by Mrs. *Lankaster.* The figures by J. Sowerby, J. De C. Sowerby, F. W. Salter and John Edward Sowerby. Third edition.
Vol. I: 1863. Ranunculaceae—Cruciferae. VIII, 235 p., tab. col. 1—161.
Vol. II: 1864. Resedaceae—Sapindaceae. 246 p., tab. col. 162—322.
Vol. III: 1864. Leguminosae—Rosaceae. 273 p., tab. col. 323—490.
Vol. IV: 1865. Lythraceae—Dipsaceae. 265 p., tab. col. 491—679.
Vol. V: 1866. Compositae. 231 p., tab. col. 680—860.
Vol. VI: 1866. Campanulaceae—Verbenaceae. 213 p., tab. col. 861—1018.
Vol. VII: 1867. Labiatae—Amarantaceae. 194 p., tab. col. 1019—1177.
Vol. VIII: 1868. Chenopodiaceae—Coniferae. 296 p., tab. col. 1178—1374.
Vol IX: 1869. tab. col 1375—1545. (15 *l.* 15 *s.*)

8793* **Sowerby,** *James.* The Ferns of Great Britain. The descriptions, synonyms by *Charles Johnson.* London, Sowerby. 1855. 8. 87 p., 49 tab. col.

8794* —— The Fern Allies: a supplement to the Ferns of Great Britain. ib. 1856. 8. 52 p., 31 tab. col. (10 *s.* 6 *d.*)

8795* —— Grasses of Great Britain. London 1857—58. 8. 144 tab. col. (1 *l* 14 *s.*)

8796* —— British wild flowers. Described with an introduction and a key to the natural orders by *C. Pierpoint Johnson.* London, John E. Sowerby. 1860. 8. LII, 168 p., 83 tab. cum 1600 ic. col. (3 *l*)

8797 —— Useful plants of Great Britain. London, Hardwicke. 1862. 8. (27 *s.*)

8798 —— An illustrated Key to the natural orders of british wild flowers. London, van Voorst. 1865. 8. (7 *s.* 6 *d.*)

Soyer-Willemet, *Hubert Félix,* Oberbibliothekar in Nancy (Soyeria Moun.), * Nancy 3. Juni 1791, † Nancy 18. Jan. 1867.

8799* —— Mémoire sur le nectaire, qui a obtenu en 1825 la mention honorable au concours ouvert par la société Linnéenne de Paris. Paris, Decourchant et Gallay. 1826. 8. 56 p.

8800* —— Observations sur quelques plantes de France, suivies du catalogue des plantes vasculaires des environs de Nancy. Nancy, Bontoux. 1828. 8. 195 p. (2 *fr.* 50 *c.*)

8801* —— Euphrasia officinalis et espèces voisines. Erica vagans et multiflora. Observations de botanique. Nancy, typ. Hissette. 1835. 8. 19 p.
Extrait des Mémoires de la soc. royale de sc. lettr. et arts de Nancy 1833—34.

8802* —— Gnaphalium neglectum, nouvelle espèce du groupe des Filaginées. etc. Nancy, typ. Hissette. 1836. 8. 11 p., 1 tab.

8803* —— Sur le Cerastium manticum et quelques espèces de ce genre. Erodium chium et laciniatum, plantes nouvelles de la Flore française avec des notes sur quelques espèces de ce genre. Nancy, Grimblot. 1839. 8. 24 p.

8804* —— Revue des Trèfles de la section Chronosemium, par MM *Soyer-Willemet* et *Godron.* Nancy, Grimblot et veuve Baybois. 1847. 8. 35 p.
Extrait des Mémoires de la société royale des sciences etc. de Nancy, année 1846.
Cat. of sc. Papers V, 765.

Spach, *Eduard,* * Strassburg 1801.

8805* —— Histoire naturelle des végétaux. Phanérogames. Paris, 1834—48. XIV voll. 8. — I: 1834. VIII, 490 p. — II: 1834. 450 p. — III: 1834. 519 p. — IV: 1835. 446 p. — V: 1836. 524 p. — VI: 1838. 588 p. — VII: 1839. 538 p. — VIII: 1839. 562 p. — IX: 1840. 586 p. — X: 1841. 572 p. — XI: 1842. 444 p. — XII: 1846. 458 p. — XIII: 1846. 444 p. — XIV: 1848. Tables. 432 p. (94 *fr.*) — * Atlas ib. 1846. gr. 8. 71 p., 172 tab. col. (nigr. 45 *fr.* — col. 90 *fr.*)
Sistit sectionem operis inscripti: »Suites à *Buffon.*« Pars cryptogamica, in qua Filices autore *Fée* continentur, adhuc exspectatur.
Cat. of sc. Papers V, 767.

Spadoni, *Paolo,* Professor in Macerata, * Corinaldo 10. Dec. 1764, † Macerata 16. Sept. 1826.

8806* —— Nuova specie di Lino originario di Siberia per la prima volta nomenclato e descritto. Macerata, typ. Capitani. 1808. 8. 22 p., 1 tab. col. (Linum Beauharnaisianum.)

8807* —— Pellegrinazione alle gessaje di S. Angelo, S. Gaudenzio, Portone e Scappezzano nel dipartimento del Metauro (Ancona) e scoperte quivi fatte. Macerata, Mancini. 1813. 8. 98 p., 1 tab.

8808* —— Xilologia picena applicata alle arti. Tomo 1—3. Macerata, Cortesi. 1826—28. 8. 316, 288, 275 p.

Spaendonck, *Gerard van* (Spaendoncia Desf.), * Tittburg 23. Mai 1746, ✝ Paris 11. Mai 1822.
8809* —— Fleurs dessinées d'après nature. Paris, chez l'auteur et Bance. s. a. folio. Cahier 1—6. 24 tab. col. (36 *fr.*) Bibl. Imp. Austr.
8810 —— Souvenirs de Van Spaendonck, ou Recueil de fleurs lithographiées d'après les dessins de ce célèbre Professeur, accompagné d'un texte rédigé par plusieurs de ses élèves. Paris, Castel de Courval. 1825. 4 obl. 20 tab. (20 *fr.*)

Spallanzani, *A. Lazaro*, Professor in Pavia (Spallanzania DC.), * Scandiano 12. Jan. 1729, ✝ Pavia 12. Febr. 1799.
J Tourdes, Notice sur la vie littéraire de *Spallanzani*. Seconde édition. Milau 1800. 8. 183 p.
8811 —— Opuscoli di fisica animale e vegetabile. Modena 1776. II voll. 8. — I: 304 p., tab. 1—2. — II: 277 p., tab. 3—6.
Insunt: Osservazioni e sperienze intorno all' origine delle piantine delle Muffe, vol. II. p. 255—277.
gallice: Opuscules de physique animale et végétale. Traduits de l'italien par *Jean Senebier* Genève 1777. II voll. 8. — Paris, Duplain. 1787. II voll. 8. — I: cxiv, 352 p., 6 tab. — II: 730 p., 3 tab.
8812 —— Fisica animale e vegetabile. Venezia 1782. III voll. 12. 312, 396, 488 p., 2 tab.
Inest: Della generazione di diverse piante, vol. III. p. 305—461.
8813* —— Expériences pour servir à l'histoire de la génération des animaux et des plantes. Genève, Chirol. 1786. 8. xcvi, 413 p. (5 *fr.*)
germanice: Versuche über die Erzeugung der Thiere und Pflanzen. Aus dem Französischen von *Michaelis*. Erste Abtheilung. Leipzig, Göschen. 1786. 8. 462, 80 p., 3 tab.

Spalowsky, *Joachim Johann Nepomuk*, Arzt in Wien, * 1752, ✝ Wien 17. Mai 1797.
8814* —— De Cicuta, Flammula Jovis, Aconito, Pulsatilla, Gratiola, Dictamno, Stramonio, Hyoscyamo et Colchico. D. Vindobonae, typ. Trattner. 1777. 8. 44 p., praef., 9 tab.

Sparrman, *Anders*, Professor in Stockholm (Sparrmania L. fil.), * Uppland 27. Febr. 1748, ✝ Stockholm 9. Aug. 1820.
Kong Vetenskaps Academiens Handlingar för 1820. S, 393—399.

Speerschneider, *J*, Professor in Rudolstadt.
8815* —— Ueber die Entwicklung der Roggenähre. Programm. Rudolstadt 1867. 4. 8 p., 1 tab.
Cat. of sc. Papers V, 769.

Speke, *John Hanning*.
8816* —— Journal of the discovery of the source of the Nile. Edinburgh and London, W. Blackwood and Co. 1863. 8.
Appendix G: List of plants collected by Capt. J. A. Grant between Zanzibar and Cairo, p 625—658.

Spenner, *Fridolin Karl Leopold*, Professor zu Freiburg im Breisgau, * Säckingen im Schwarzwalde 25. Sept. 1798, ✝ Freiburg im Breisgau 5. Juli 1841.
Perleb in Flora 1842. p. 161—172, und 177—186.
8817* —— Flora Friburgensis et regionum proxime adjacentium. Friburgi Brisgoviae, typ. Wagner. 1825—29. III voll. 8. — I: 1825. p. lxxxviii, 1—253, 2 tab. — II: 1826. p. xlviii, 255—608, 1 tab. — III: 1829. p. 609—1088, ind. (3¾ *th.*)
8818* —— Handbuch der angewandten Botanik, oder praktische Anleitung zur Kenntniss der medizinisch, technisch und ökonomisch gebräuchlichen Gewächse Deutschlands und der Schweiz. Drei Abtheilungen. Freiburg, Groos. 1834—36. 8. 945, xx, 325 p. (5 *th.*)
8819* —— Deutschlands phanerogamische Pflanzengattungen in analytischen Bestimmungstabellen nach dem natürlichen und Linnéschen Systeme. Mit einem lateinischen und teutschen terminologischen Wörterbuche. Freiburg, Groos. 1836. 8. xlii, 322 p. (1⅓ *th.*)

Speranza, *Carlo*.
8820* —— Teofrasto primo botanico. Discorso. Firenze 1861. 8. 32 p.

Speck, *Gustav*, ✝ München August 1870.
8821 —— Die Lehre von der Gymnospermie im Pflanzenreiche. Gekrönte Preisschrift. Petersburg (Leipzig, Voss.) 1869. 4. 91 p., 7 tab. (1 *th.* 17 *gr.* n)
Mém. Pét. 10—13.

Sperling, *Johannes*, Professor in Wittenberg, * Zeuchfeld bei Laucha 12. Juli 1603, ✝ Wittenberg 12. Aug. 1658.
8822* **Sperling**, *Johannes*. Carpologia physica posthuma. Opusculum utile ac jucundum: nunc secundum prodiens e Museo *Georgii Caspar Kirchmaier*. Wittebergae, typ. Michael Wendt. 1661. 8. 230 p., praef. — *Wittebergae, Berger. 1669. 8. 230 p., praef.
8823* —— Exercitatio de traductione formarum in plantis. D. Wittebergae 1648. 4. (8) foll.
8824* —— Meditationes in *Johannis Caesaris Scaligeri* Exoticas exercitationes. Wittebergae 1656. 8.

Sperling, *Otto*, Arzt zu Kopenhagen, später zu Hamburg (Sperlingia Vahl.), * Hamburg 28. Dec. 1602, ✝ Kopenhagen 26. Dec. 1681.
8825 —— Hortus Christianaeus, seu Catalogus plantarum, quibus *Christiani IV*. Daniae Regis viridarium Hafniense anno 1642 et superiore adornatum erat. Hafniae 1642. 12. 2½ plag.
Redit in *Simonis Paulli* Viridariis variis, p. 1—80.

Spiczyński, *Hieronymus*.
8826 —— O ziołach tutecznych i zamorskich i mocy ich a khetmu Księgi lekarskie, wedle rejestru niżéy nowo wypisanego wszem wielmi użyteczne. (De herbis indigenis et exoticis atque de earum vi, nec non libri medicinales valde utiles.) Cracoviae, apud haeredes Marci Scharfenberger. 1556. folio min.
De rarissimo libro cf. *Arnold*, de monum. hist. nat. Polon. p. 43. — *Adamski*, Hist. rei herb. in Polonia, p. 13. 25.

Spiegel, *Adrian*, Professor in Padua (Spigelia L.), * Brüssel 1578, ✝ Padua 7. April 1625.
Ch. Morren, Adrien Spiegel. Bruxelles 1838. 8. 32 p.
8827* —— Isagoges in rem herbariam libri duo. Patavii, apud Paulum Meiettum. 1606. 4. 138 p., praef., ind. — *Lugduni Batavorum, ex officina Elzeviriana. 1633. 12. 272 p., ind. — *Editio prioribus correctior. Helmstadii, Heitmüller. 1667. 4. 127 p., praef., ind.
Editioni Lugdunensi accedit a p. 223—262: Catalogus plantarum horti academici Lugduno-Batavi, quibus is instructus erat anno 1633, praefecto ejusdem horti *Adolfo Vorstio*. Isagoges libri duo exstant praeterea in Operum omnium editionibus: Venetiis, apud Evangelistam Deuchinum. 1627. folio. — Francofurti, apud Matth. Merianum. 1632. 4. et in editione Lindeniana: Amstelodami, apud Joannem Blaeu. 1645. folio. — De autoris vita ac meritis circa anatomiam plantarum cf. *Charles Morren*: Adrien Spiegel. Extrait d'une histoire inédite de la botanique belge. Bruxelles 1838. 8. 32 p.

Spieler, *Alexander Julius Theodor*, * Breslau 17. Juni 1817.
8828* —— De plantis venenatis Silesiae. D. toxicologico-medica. Vratislaviae, typ. Richter. 1841. 8. 42 p.

Spielmann, *Jakob Reinbold*, Professor der Medizin und Botanik in Strassburg, * Strassburg 31. März 1722, ✝ Strassburg 9. Sept. 1783.
Vicq d'Azyr, Œuvres II, 48—62.
Wittwer, dem Andenken des verdienstvollen Mannes, J R. *Spielmann*, geheiligt. Helmstädt 1785. 8. 36 p.
8829* (——) Prodromus Florae Argentoratensis. Argentorati, Bauer. 1766. 8. 154 p., ind.
Autoris nomen compertum habeo ex *Crell*, Chemische Annalen. 1784. I. p. 579.
8830* —— Institutiones materiae medicae praelectionibus academicis accommodatae. Argentorati, Bauer. 1774. 8. 656 p., praef., ind.
germanice: Anleitung zur Kenntniss der Arzneimittel. Neue Auflage. Strassburg, Treuttel und Würtz. 1785. 8.
8831 —— Pharmacopoea generalis. Argentorati, Treuttel. 1783. 4. 218, 372 p., praef., ind., effigies autoris.

Praeside Jacobo Reinboldo Spielmann dissertationes:
8832* —— Cardamomi historia et vindiciae. D. Argentorati, typ. Heitz. 1762. 4. 40 p.
8833* —— De vegetabilibus venenatis Alsatiae. D. Argentorati, typ. Heitz. 1766. 4. 76 p.
8834* —— Acaciae officinalis historia. D. Argentorati, typ. Heitz. 1768. 4. 16 p.
8835* —— Olerum Argentoratensium fasciculus. D. Argentorati, typ. Heitz. 1769. 4. 62 p. — Fasciculus alter. ib. 1770. 4. 40 p.
8836* (——) Vegetatio. D. Argentorati, typ. Kürsner. 1773. 4. 38 p.
8837* (——) Helminthochorti historia, natura atque vires. D. Argentorati, typ. Heitz. 1780. 4. 40 p.

Spies, *Johann Karl*, Professor in Helmstädt.
Vitam enarravit programmate *Hermannus von der Hardt*: Memoria experimentissimi medici Domini *Johannis Caroli Spies*, anno 1729 die XII Julii pie defuncti (* 24. Nov. 1663 Wernigerodae). Helmstadii, typ. Schnorr. (1729.) 4. 16 p.

8838* **Spies**, *Johann Karl*. Programma de Siliquis Convolvuli americani, vulgo Vanigliis. Helmstadii 1721. 4. (12) p.
8839* —— Rosmarini coronarii historia medica. D. Helmstadii, typ. Schnorr. 1718. 4. 39 p.
8840* —— De Avellana mexicana. D. Helmstadii, typ. Hamm. 1721. 4. 48 p., 2 tab.
8841* —— De Valeriana. D. Helmstadii, typ. Schnorr. 1724. 4. 34 p.

Spiessenhoff, *Karl Eugen Luchini von.*
8842* ——, pr. Solanum caule inermi, flexuoso, foliis superioribus hastatis, vulgo Dulcamara dictum, chemice et medice discussum. D. Heidelbergae 1742. 4. 28 p.

Spin, *Marquis de.*
8843* —— Le jardin de St. Sébastien, avec des notes sur quelques plantes nouvelles ou peu connues. Turin, typ. Bianco. 1809. 8. 28 p., 2 tab. — * Turin, typ. Soffietti. 1812. 8. 28 p, 2 tab. — * Turin, Pomba. 1818. 8. 33 p., 2 tab. — * Supplément: Turin, Pomba. 1823. 8. 15 p., 1 tab.

Splitgerber, *Friedrich Ludwig*, * Amsterdam 9. Dec. 1801, † Amsterdam 23. Mai 1845.
Biographie von *de Vriese* in der Tijdschrift voor natuurl. geschied. 1845. vol. XII. p. 71—116.
8844* —— Enumeratio Filicum et Lycopodiacearum, quas in Surinamo legit. Leiden, Luchtmans. 1840. 8. 56 p.
Tijdschrift voor Nat. Gesch. vol. VII.
8845* —— Observationes de Voyria. (Leiden, Luchtmans. 1840.) 8. 11 p., 2 tab.
Tijdschrift voor Nat. Gesch. vol. VII.
8846* —— Notice sur une nouvelle espèce de Vanille. Paris 1841. 8. 8 p.
Annales des sc. nat. vol. XVI.
8847* —— De plantis novis surinamensibus. (Amstelodami 1842.) 8. 20 p.
8848* —— Description du genre Urania non Schreb. non Rich. (Amsterdam 1843.) 4. 8 p., 2 tab.

Spon, *Jacques*, Arzt in Lyon, *Lyon 1647, †Vevay 12. Dec. 1685
8849* —— Tractatus novi de potu Caphé, de Chinensium Thé, et Chocolata. Parisiis, apud Petrum Muguet. 1685. 12.
8850* —— *Jacobi Sponii* Bevanda asiatica, hoc est, physiologia potus Café, a D.D. *Manget* notis, et seorsim a Constantinopoli plantae iconismis recens illustrata. Lipsiae 1705. 4. 56 p., 5 tab.
8851 (——) Drey neue Tractate von dem Trancke Cafe, Sinesischen The, und der Chocolata. Budissin 1688. 8.

Spratt, *George.*
8852 —— The medico-botanical Pocket-Book. London, Churchill. 1836. 8. (10 *s.* 6 *d.*)

Sprecchis, *Pompejus.*
8853* —— Antabsinthium *Clavenae*, i. e. quod Absinthium umbelliferum in monte Servae Belluni et aliis Italiae montibus ortum sit idem cum Absinthio alpino umbellifero *Caroli Clusii*. Venetiis, apud Antonium Turinum. 1611. 4. 120 p., 1 tab.

Sprengel, *Anton*, † Rendsburg 25. Jan. 1851.
8854* —— Anleitung zur Kenntniss aller in der Umgegend von Halle wildwachsender phanerogamischen Gewächse. Halle, Anton. 1848. 8. IV, 538 p. (1½ *th.*)
8855* —— Commentatio de Psarolithis, ligni fossilis genere. Halae, Anton. 1828. 8. 42 p. (¼ *th.*)

Sprengel, *Christian Konrad*, Rector in Spandau (Sprengelia Batsch.), * 1750, † Berlin 7. April 1816.
8856* —— Das entdeckte Geheimniss der Natur im Bau und in der Befruchtung der Blumen. Berlin, Fr. Vieweg sen. 1793. 4. 444 p., ind., 25 tab. (3⅔ *th.*)
8857* —— Die Nützlichkeit der Bienen und die Nothwendigkeit der Bienenzucht, von einer neuen Seite dargestellt. Berlin, Vieweg. 1811. 8. 81 p.

Sprengel, *Joachim Friedrich.*
8858 —— Vorstellung der Kräuterkunde in Gedächtnisstafeln. Greifswald 1754. 4.

Sprengel, *Karl*, * Schillerslage 1788, † Regenwalde 19. April 1859.
8859* —— Meine Erfahrungen im Gebiete der allgemeinen und speziellen Pflanzenkultur. Erster Band. Leipzig, Baumgärtner. 1847. 8. XII, 345 p. (1½ *th.*) — II: 1850. XII, 348 p. (1½ *th.*)

Sprengel, *Kurt*, Professor der Botanik zu Halle, * Boldekow bei Anklam 3. Aug. 1766, † Halle 15. März 1833.
8860* —— Antiquitatum botanicarum specimen primum. Lipsiae, Schaefer. 1798. 4. VIII, 110 p., 2 tab. (1¼ *th.*)
8861* (——) Der botanische Garten der Universität zu Halle im Jahre 1799. Mit dem Grundrisse des botanischen Gartens. Halle, Kümmel. 1800. 8. XXIII, 108 p., 1 tab. — * Erster Nachtrag. ib. 1801. 8. 44 p. (¾ *th.*)
8862* —— Anleitung zur Kenntniss der Gewächse. In Briefen. Drei Sammlungen. Halle, Kümmel. 1802—4. 8. — I: 1802. 421 p., 4 tab. — II: 1802. 367 p., 4 tab. — III: Einleitung in das Studium der kryptogamischen Gewächse. 1804. 374 p., 10 tab. — * Zweite ganz umgearbeitete Ausgabe. 2 Theile oder 3 Bände. ib. 1817—18. 8. XII, 482, XVIII, XII, 992 p., 25 tab. pro parte col (8⅔ *th*)
* *anglice:* An introduction to the study of cryptogamous plants, in letters. London, White. 1807. 8. VIII, 411 p., 10 tab.
8863* (——) De graminum fabrica et oeconomia. D. Halae 1804. 4. 31 p., 1 tab. col.
8864* —— Gartenzeitung. Mit illuminirten Kupfern. Halle, Gebauer. 1804—6. 4 Bände. 4. (9⅝ *th*)
8865* —— Florae Halensis tentamen novum. Halae Saxonum, Kümmel. 1806. 8. XVI, 420 p., 12 tab. (1¾ *th.*) — * Mantissa prima Florae Halensis, addita novarum plantarum Centuria ib. 1807. 8. 58 et 31 p. — Mantissa altera. ib. 1811. 8. 31 p. (⅓ *th.*) — * Flora Halensis. Ed. II. aucta et emendata. ib. 1832. II tomi. 8. 763 p. (2⅓ *th.*)
8866* —— Historia rei herbariae. Amstelodami, sumtibus tabernae librariae et artium. (Leipzig, Brockhaus.) 1807—8. II voll. 8. — I: 1807. XV, 532 p. — II: 1808. XVII, 574 p. (6 *th*)
8867* —— Von dem Bau und der Natur der Gewächse. Halle, Kümmel. 1812. 8. IX, 654 p., 14 tab. (4¾ *th.*)
Simul editae sunt *Heinrich Friedrich Link* Kritische Bemerkungen und Zusätze. Halle, Kümmel. 1812. 8. 59 p. (¼ *th.*)
suecice: Om Växternas byggnad och Natur Öfversättning af *H. M. Rönnow*. Upsala, Palmblad et Co. 1820. 8. VIII, 152, (5) p., 5 tab.
8868 —— Dissertatio de germanis rei herbariae patribus. Eine Abhandlung. München, (G. Franz.) 1813. 4. (5/12 *th.*)
8869* —— Plantarum Umbelliferarum denuo disponendarum Prodromus. Halae, typ. Hendel. 1813. 8. 42 p., 1 tab. (5/12 *th.*)
Seorsim impr. ex Schriften der Naturf. Gesellschaft zu Halle. Band II. Heft I. p. 1—42.
8870* —— Plantarum minus cognitarum pugillus primus et secundus. Halae, Kümmel 1813—15. 8. — I: 1813. 98 p. — II: 1815. 98 p., ind. (⅚ *th*)
8871* —— De frumentorum, maxime Secales, antiquitatibus. Programma academicum. Halae, typ. Grunert. 1816. 4 8 p.
8872* —— Species Umbelliferarum minus cognitae, illustratae. Halae, Renger. 1818. 4. X, 154 p., 7 tab. (2⅓ *th.*)
8873* —— Geschichte der Botanik. Neu bearbeitet. Altenburg und Leipzig, F. A. Brockhaus. 1817—18. 2 Theile. 8. — I: 1817. (4), 424 p., 8 tab. col. — II: 1818 (4), 396 p. (4⅔ *th.*)
8874* —— Jahrbücher der Gewächskunde, herausgegeben von *Kurt Sprengel, Adolph Heinrich Schrader* und *Heinrich Friedrich Link*. Berlin, Nauck. 1818—20. 3 Hefte. 8. — I: 1818. VI, 191 p. — II: 1819. 197 p., 1 tab. — III: 1820. 184 p., 1 tab. (2¼ *th.*)
8875* —— Novi proventus hortorum academicorum Halensis et Berolinensis. Centuria specierum minus cognitarum, quae vel per annum 1818 in horto Halensi et Berolinensi floruerunt, vel siccae missae fuerunt. Halae, Gebauer. (1819.) 8. 48 p. (¼ *th.*)
8876* —— Narcissorum conspectus. s. l. 1820. 8. 32 p.
8877* —— *A. P. DeCandolle* und *Kurt Sprengel's* Grundzüge der wissenschaftlichen Pflanzenkunde. Zu Vorlesungen. Leipzig, Cnobloch. 1820. 8. VIII, 611 p., 8 tab. (2½ *th.*)
Candollius semper, se aliquid laboris in hoc opus contulisse, negavit.
Elements of the philosophy of plants. Edinburgh, Blackwood. 1821. 8. XXXIII, 486 p., 8 tab. (7 *s.*)
8878* —— Neue Entdeckungen im ganzen Umfang der Pflanzenkunde. Leipzig, Fr. Fleischer. 1820—22. III voll. 8. — I: 1820. IV, 452 p., 3 tab. — II: 1821. 363 p., 3 tab. — III: 1822. 409 p. (6⅔ *th.*)
8879* —— *Caroli Linnaei* Systema vegetabilium. Editio XVI, curante

Kurt Sprengel. Goettingae, typ. Dieterich. 1825—28. IV voll. vel V partes. 8. — I: Classis I—V. 1825. vi, 992 p. — II: Classis VI—XV. 1825. 939 p. — III: Classis XVI—XXIII. 1826. 936 p. — IV. Pars I: Classis XXIV. 1827. 592 p. — IV. Pars II: Curae posteriores. 1827. 410 p. — * Tentamen supplementi ad Systematis vegetabilium Linnaei editionem decimam sextam, auctore *Anton Sprengel.* 1828. 35 p. (19 11/12 *th.*)

8880* **Sprengel,** *Kurt. Curtii Sprengelii* Opuscula academica collegit, edidit, vitamque auctoris breviter enarravit *Julius Rosenbaum.* Lipsiae, Gebauer. 1844. 8. xx, 155 p. (5/6 *th.*)
Umbelliferas exposuit in *Roemer* et *Schultes*, vol. VI.
Cat. of sc. Papers V, 783.

Sprenger, *Philipp Stephan.*
8881* —— Horti medici catalogus arborum, fruticum ac plantarum tam indigenarum quam exoticarum. Francofurti a/M., typ. J. Spiess. 1597. 4. (44) p.

Spring, *Anton Fr*, Professor der Anatomie und Physiologie in Lüttich, * Geroldsbach (Oberbayern) 8. April 1814.
8882* —— Ueber die naturhistorischen Begriffe von Gattung, Art, und Abart und über die Ursachen der Abartungen in den organischen Reichen. Eine Preisschrift. Leipzig, Fr. Fleischer. 1838. 8 viii, 184 p. (1 *th.*)
8883* —— Monographie de la famille des Lycopodiacées. (Extrait des tomes XV et XXIV des Mémoires de l'Académie royale de Belgique.) Bruxelles, typ Hayez. (Muquardt in Comm.) 1842 et 1849. 4. 110, 358 p.
Lycopodiaceas exposuit in *Martii* Flora brasiliensi.

Spruce, *Richard.*
8884 —— Report on the expedition to procure seeds ... of the Cinchona succirubra, or Red Bark Tree London 1861. 8.
Cat of sc. Papers V, 785.

Spry, *H. H.*
8885 —— Suggestions received by the agricultural and horticultural Society of India for extending the cultivation and introduction of useful and ornamental plants. Calcutta 1841. 8.

Squier, *E. G.*
8886* —— Tropical Fibres: their production and exonomic extraction. London, J. Madden. 1863. 8. 64 p., 16 tab.

Stache, *Guido Karl Heinrich,* * Namslau 28. März 1833.
8887* —— De Casuarinis non viventibus et fossilibus nonnulla. D. Vratislaviae, typ. Storch. 1855. 8. 44 p.

Stackhouse, *John* (Stackhousia Sm.), * 1740, † Bath 22. Nov. 1819.
8888* —— Nereis britannica, continens species omnes Fucorum in insulis britannicis crescentium (descriptione latina et anglica, necnon) iconibus illustrata. Bathoniae, typ. Hazard. (1795—) 1801. folio. xl, 112 p., appendix, 24 tab. col. — * Ed. altera: Oxonii, typ. Collingwood. 1816. 4. xii, 68 p., 20 tab.
8889* —— De Libanoto, Smyrna et Balsamo *Theophrasti* notitiae, addita de Mnasio et Sari apud eundem conjectura: ex editione historiae plantarum curante *Joh. Stackhouse.* Oxonii 1814 in usum peregrinantium. 8. 16 p., 3 tab. (graece et latine.)
8890* —— Illustrationes *Theophrasti* in usum botanicorum praecipue peregrinantium. Oxonii 1811. 8. viii, 83, 91 p., 1 tab., effigies *Stackhousii.*
8891* —— Extracts from *Bruce's* Travels in Abyssinia, and other modern authorities respecting the Balsam and Myrrh Trees, illustrative of the Natural History of *Theophrastus.* Bath, Binns. 1815. 8. xxi, 15 p., 3 tab.

Stadelmeyer, *Ernst.*
8892* —— Echitis species brasilienses novae descriptae et adumbratae. D. Monachii, typ. Wolf. 1840. 8. vi, 82 p., 4 tab.

Staehelin, *Benedict,* Sohn von Johann Heinrich (Staehelina DC.), * Basel 1695, † Basel 2. Aug. 1750.
8893 —— Theses physico-anatomico-botanicae. Basileae 1721. 4. (Compositae.)
8894 —— Tentamen medicum. Basileae 1724. 4. (De polline et de partibus floris.)
8895 —— Observationes anatomico-botanicae. Basileae 1731. 4. 8 p (Equisetum.)
Histoire de l'ac. des sc. Par. 1730.
Haller, Bibl. bot. II, 175.

Staehelin, *Johann,* * Basel 1680, † Basel 1755.
8896* —— Theses miscellaneae medico-anatomico-botanicae. D. Basileae 1751. 4. 8 p.

Staehelin, *Johann Heinrich,* * Basel 1668, † Basel 19. Juli 1726.

Staehelin, *Johann Rudolf,* Professor in Basel, * Basel 1724, † Basel 1796.
8897 —— Specimen observationum anatomicarum et botanicarum. D. Basileae 1751. 4. 8 p.
8898 —— Specimen observationum medicarum. D. Basileae 1753. 4. 8 p.

Stalenus, *Johan Lars,* Bischof von Wexiö, † 1651.
8899 —— Disputatio philosophica de plantis. Upsaliae, typ. Matthiae, 1634. 4. 10 p.

Stanford, *C. E.*
8900 —— On the economic applications of seaweed. London 1862. 8.

Stange, *Johann Karl Thomas,* † Frankfurt a/O. 30. Oct. 1854.
8901* —— Index plantarum phanerogamarum, quae in agro Francofurtano nascuntur. Programm des Gymnasiums. Frankfurt a/O., typ. Trowitzsch. 1839. 4. xxv p.

Stanger, *William,* Surveyor General des Port-Natal Districts (Stangeria T. Moore.), † Port-Natal 21. März 1854.

Stanhope, *Philipp Henry, Earl of,* Präsident der Medicobotanical Society in London (Stanhopea Hook.), * 7. Dec. 1781, † Chevening Park 2. März 1855.
8902* —— Addresses at the Anniversary Meetings of the Medicobotanical Society in 1829—37. London, typ. Wilson. 1829—37. 8.

Stansbury, *Howard.*
8903* —— An Expedition to the valley of the Great Salt Lake of Utah. London, Sampson, Low Son and Co. 1852. 8. 487 p.
Appendix D: Botany. Catalogue of plants collected by the Expedition, by *John Torrey,* p. 381—397. tab. 1—9.

Stapell, *Johann Friedrich.*
8904 —— Tulipanen Geheimniss, oder Geistliche Betrachtung der unbegreifflich schönen Blumen der Tulipen, zur Erweckung christlicher Andacht vorgestellet. Lübeck, bey Ulrich Wettstein. 1663. 12.

Starcken, *Johann Georg Wilhelm.*
8905* —— Gyros Convolvulorum evolvere tentabit. Helmstadii, typ. Hamm. 1705. 4. 96 p., 1 tab.

Stark, *Robert M.*
8906 —— A popular history of british mosses. London, L. Reeve. 1854. 12. 322 p., 20 tab. (10 s. 6 d.)

Staude, *Friedrich.*
8907* —— Die Schwämme Mitteldeutschlands. Gotha 1858. gr. 4. (3 th. n.)

Staudinger, *L. A.*
8908* —— Commentar zu des Hrn. Prof. *Lehmann* Erklärung in Nr. 6 des Hamb. Unp. Correspondenten, die Preisaufgabe über den Duwock (Equisetum palustre) betreffend. Altona, typ. Hammerich et Lesser. 1840. 8. vi, 46 p.

Stechmann, *Johannes Paul.*
8909* —— De Artemisiis. D. Goettingae, typ. Rosenbusch. 1775. 4. 59 p.

Steck, *Abraham.*
8910* —— De Sagu. D. Argentorati, typ. Heitz. 1757. 4. 44 p.

Steeger, *J. A.*
8911 —— Ansichten aus dem Pflanzenreiche. Danzig, C. Alberti. 1822. 8. xx, 111 p.

Steele, *Richard.*
8912* —— An essay upon gardening, containing a catalogue of exotix plants for the stoves and greenhouses of the british gardens, etc. York, typ. Peacock. 1793. 4. xxii, 159, 102 p., 3 tab.

Steele, *William E.*
8913* —— Handbook of field botany, comprising the flowering plants and ferns indigenous to the british isles. Dublin, J. MacGlashan. 1847. 8. xxix, 249 p., 1 tab. (7 s. 6 d.)

Steenstrup, *Johan Japhet Smith,* * Vang 8. März 1813.
8914* —— Untersuchungen über das Vorkommen des Hermaphroditismus in der Natur. Ein naturhistorischer Versuch. Aus

dem Dänischen übersetzt von *C. F. Hornschuch*. Greifswald, Otte. 1846. 4. 2 tab. (2 th.)

Steetz, *Joachim*, Arzt in Hamburg (Steetzia Lehm.), * Hamburg 12. Nov. 1804, † Hamburg 24. März 1862.

8915 —— Revisio generis Comesperma Labill. et synopsis Lasiopetalearum et Büttneriearum in Nova Hollandia indigenarum. Hamburgi 1847. 8. 25, 52 p., ind.

8916* —— Die Familie der Tremandreen und ihre Verwandtschaft zu der Familie der Lasiopotaleen. Ein Beitrag für den Ausbau des natürlichen Pflanzensystems. Hamburg, Meissner. 1853. 8. VIII, 111 p. (2/3 *th.* n.)

Stefani, *Stefano de*.

8917* —— Sopra una nuova malattia che attacca il Ricinus communis L Communicazione. Verona, typ. Vicentini. 1865. 8. 6 p.
Atti dell' Accademia dell' agr. vol. 43.

8918* —— Cenni storici ed Osservazioni pratiche sopra la nuova malattia del Ricino nella provincia Veronese. Verona, typ. Vicentini. 1866. 8. 29 p., 1 tab.

Steggall, *John*.

8919* —— The pupil's introduction to botany. London, Highley. 1829. 8. VIII, 174 p., 8 tab. col. (6 s.)

Steige, *Joachim*, latine **Steigius**.

8920* —— Beschreibung des Lindenbaums. Wittebergae 1657. 4.

Steiger, *Jakob Robert*, * Luzern 6. Juni 1801, † Luzern 5. April 1862.

8921* —— Flora des Kantons Luzern, des Rigi und des Pilatus. Luzern, Schiffmann. 1860. 8. 635 p. (10 *fr.*)

Stein, *Friedrich*, Professor in Prag, * Niemegk 1818.

8922* —— Grundriss der organischen Naturgeschichte. Zum Gebrauche für höhere Schulen. Erste Abtheilung: Organographie der Pflanzen. Berlin, Duncker und Humblot. 1845. 8. IV, 152 p. (1/2 *th.*)

Stein, *Johann Heinrich*.

8923* —— Versuche und Beobachtungen über Angewöhnung ausländischer Pflanzen an den Westphälischen Himmelsstrich. Mannheim, Hofbuchhandlung. 1787. 8. 76 p., praef., ind. (1/4 *th.*)

8924* —— Geschichte einer künstlichen Befruchtung der Levkoyen. Minden, Koerber. 1787. 8. 45 p. (1/8 *th.*)

Steinheil, *Adolf* (Steinheilia DC.), * Strasburg im December 1810, † 26. Mai 1839 auf der Ueberfahrt von Martinique nach Caracas.

8925 —— De l'individualité considérée dans le règne végétal. (Strasbourg 1836.) 4. 18 p

8926 —— Qu'entend-on par Endosmose et Exosmose? (Extrait d'une thèse soutenue à Paris par *Jouanguy*. Paris, Mars. 1838) 4. 19 p.

8927 —— Observations sur la végétation des Dunes à Calais. Versailles, typ. Montalant-Bougleux. 1838. 8. 22 p.
Extrait des Mémoires sc. nat. de Seine et Oise.
Cat. of sc. Papers V, 815.

Steinvorth, *H*.

8928 —— Phanerogamenflora des Fürstenthums Lüneburg. Lüneburg 1849. 8.

Stellati, *Vincente*.

8929 —— Istituzioni di filosofia botanica. Napoli 1809. 8.

Steller, *Georg Wilhelm*, Akademiker in Petersburg (Stellera L.), * Winsheim in Franken 10. März 1709, † Tumen in Russland 14. Nov. 1746.

8930* —— Beschreibung von dem Lande Kamtschatka Herausgegeben von J. B. S(cherer). Frankfurt und Leipzig, Fleischer. 1774. 8.
Von den Bäumen, Stauden und Pflanzen des Landes Kamtschatka, p. 74—96.

Stemler, *Johann Gottlieb*.

8931* —— Specimen parallelismi inter systema Linneanum et Jussieuanum. D. Jenae, typ. Etzdorf. 1810. 4. 12 p.

Stengel, *Karl*.

8932* —— Hortensius et Dea Flora cum Pomona historice, tropologice et anagogice descripti. Augustae Vindelicorum, typ. Apperger. 1647. II tomi. 12. 384, 537 p.

Stenhammer, *Christian*, Probst des Kirchspiels Harädsbammar, * Ed bei Linköping 18. Oct. 1784, † 10. Jan. 1866.
Th. M. Fries, Christian Stenhammar, ett biographiskt utkast. (Botaniska Notiser 1866, 1—6.)

8933 —— Novae Schedulae criticae de Lichenibus suecanis. Norcoepiae, Bohlin. 1833. 4. 19 p.

Stenzel, *Karl Gustav*, Lehrer an der Realschule in Cüstrin, * Breslau 1826.

8934* —— De trunco Palmarum fossilium. D. Vratislaviae, typ. Grass. 1850. 4. 20 p., 2 tab.

8935 —— Bericht über das Wachsthum der Farnkräuter. Programm. Cüstrin 1855. 4.

8936 —— Untersuchungen über Bau und Wachsthum der Farne. I Stamm und Wurzel von Ophioglossum vulgatum. Bonn, Weber. 1853. 4. (2/3 *th.* n.)

8937 —— Untersuchungen über Bau und Wachsthum der Farne. II. Ueber Verjüngungserscheinungen bei den Farnen. Jena, Frommann. (2 1/2 *th.* n.)
Cat. of sc. Papers V, 822.

Stephan, *Friedrich* (Stephania Willd.).

8938* —— De Pediculari comosa, lectum in societate Linneana. Lipsiae XXI Dec. 1791. 8. 8 p., 1 tab.

8939* —— Enumeratio stirpium agri Mosquensis. Mosquae 1792. 8. 63 p.

8940* —— Icones plantarum Mosquensium ad historiam plantarum sponte circa Mosquam crescentium illustrandam pinxit et in aes incidit. Decas I. Mosquae, apud Rüdiger et Claudi. 1795. folio. 2 p., 10 tab.

8941 —— Nomina plantarum quas alit ager Mosquensis et hortus privatus Friderici Stephan. Petropoli, Drechsler. 1804. 8. 61 p

Stephanitz, *Alexander Ludwig*.

8942* —— De Rhabarbaro Dissertatio geographico-historica. Berolini, Burmeister et Stange. 1838. 8. 25 p. (1/4 *th.*)

Stephens.

8943 —— et *Gul.* **Bruneus**. Catalogus horti botanici Oxoniensis. Oxonii 1658 8.

8944 (——) Catalogue of the trees . . . of the physick garden, Oxford. Oxford 1658. 8.

Stephensen, *Magnus*.

8945 —— De til Menneske-Fode i Island brugelige Tang-Arter og i Sördeleshed Söl. Kjöbenhavn, Moller. 1808. 4. 34 p., 4 tab
Udgivet af det Kongelige Danske Landhuusholdnings-Selskab.

Stephenson, *John*.

8946* —— and *James Morss* **Churchill**. Medical botany: or Illustrations and descriptions of the Medicinal plants of the London, Edinburgh and Dublin Pharmacopoeas. Vol. 1—4. London, John Churchill. 1831. 8. tab. col. 1—185 and text. (6 *l.* 6 *s.*)

Sterbeeck, *Francis van* (Sterbeeckia Schreb.), * Antwerpen 1631, † Antwerpen 1693.

8947* —— Theatrum fungorum oft het tooneel der campernoelien, waer inne vertoont wort de gedaente, kenteeckens, natuere, crachten, voetsel, deught ende ondeught; mitsgaders het voorsichtigh schoonmaken ende bereyden van alderhande fungien; en blijckteeckenen van de gene die vergiftighe gegeten hebben, met de geneesmiddelen tot soodanigh ongeval dienende: beneffens eene naukeurighe beschrijvinge vande Aerdbuylen, Papas, Tarratouffli, Artichiocken onder d'aerde, ende ongehelijcken ghewasschen. Waer by ghevoeght is en cort Tractaet vande hinderlijcke cruyden van dit landt, als wilde petercelie, ende andere, met de teghen middelen teghen soodanigh vergif. Alles met neerstigheyt, lanck-duerige ondervindinghe, ende ijverigh ondersoecken vande schriften der ervarenste cruyt-Kenders vergaedert ende beschreven. T'Antwerpen, by Joseph Jacobs. 1675. 4. (18 foll) 396 p., ind., 36 tab. praeter effigiem *Joannis van Buyten*. — * Den tweeden Druck verbetert. T'Antwerpen, by Franciscus Huyssens. 1712. 4. (Immo eadem est impressio, nullaque omnino nota differt praeter omissam effigiem *Buytenii* et dedicationem.)

8948* —— Citricultura, oft regeringhe der uythemsche boomen te weten oranien, citroenen, limoenen, granaten, laurieren en

andere. Waer in beschreven is de gedaente ende kennisse der boomen, met hunne bloemen, bladeren en vruchten: van ieder geslacht in het besonder. Als oock van den Ranckappel, oprechten Laurier van America, den Caneelboom, ende besonderlijck van den verboden Adams oft Paradysappel. T'Antwerpen, by Joseph Jacops. 1682. 4. (20 foll.), 296 p, ind., 14 tab. — *Den tweeden druck verbetert. T'Antwerpen, by Franciscus Huysens. 1712. 4. (Eadem est impressio ac praecedens, novo titulo.)
Icones fere omnes sunt e *Ferrario* repetitae.

Sterler, *Alois*, * 1787, † Haydhausen bei München 15. Dec. 1831.

8949* —— Hortus Nymphenburgensis, seu Enumeratio plantarum in horto regio Nymphenburgensi cultarum. (Der Garten zu Nymphenburg etc.) Monachii, (Lind.) 1821. 8. VIII, 119 p. (½ th) — *Editio altera. ib. 1826. 8. VI, 164 p.

8950* —— Europas Medicinische Flora. Herausgegeben von *Alois Sterler* und *Johann Nepomuck Mayerhoffer*. München, typ. Lentner 1820. folio. 80 p, 80 tab. col. (26 $^{19}/_{24}$ th.)

Sternberg, *Kaspar, Graf* (Sternbergia W. et Kit.), * Prag 6. Jan 1761, † Březina 20. Dec. 1838.
Leben des Grafen *Kaspar Sternberg*, von ihm selbst beschrieben, nebst einem akademischen Vortrag über der Grafen *Kaspar* und *Franz Sternberg* Leben und Wirken für Wissenschaft und Kunst in Böhmen. Herausgegeben von *Franz Palacky*. Prag. in Commission bei Friedrich Tempsky. 1868. 8. IV, 242 p, 1 tab. (Medaillon.) (1⅓ th.)

8951* —— Botanische Wanderung in den Böhmer Wald. Nürnberg, Monath 1806. 8. 14 p., 4 Tabellen. (½ th.)

8952* —— Reise in die Rhetischen Alpen vorzüglich in botanischer Hinsicht im Sommer 1804. Nürnberg, Monath. (Prag, Calve.) 1806. 8. 64 p. (½ th)

8953 —— Reise durch Tirol in die österreichischen Provinzen Italiens im Frühjahr 1804. Regensburg (Prag, Calve) 1806. folio min. XII, 166 p., 4 tab. (7¾ th.)

8954* —— Revisio Saxifragarum iconibus illustrata. Ratisbonae, typ. Augustin. 1810. folio. XIV, 60 p., 31 tab. — Supplementum, Decas I: ib. 1822. VI, 16 p., tab. col. 1—10. — Supplementum II: Prag, Calve. 1831. VI, 104 p., tab. col. 11—26. (43½ th.)

8955* —— Abhandlung über die Pflanzenkunde in Böhmen. In zwei Abtheilungen. Prag, Calve. 1818. 8. — I: Historisch-chronologische Entwickelung der Fortschritte der Pflanzenkunde in Böhmen. 168 p. — II: Kritische Beurtheilung der in Böhmen erschienenen Werke, die von Pflanzen handeln. 128, XLVI p. (1$^{7}/_{12}$ th.)

8956* —— Versuch einer geognostisch-botanischen Darstellung der Flora der Vorwelt. Leipzig und Prag, Fr. Fleischer. 1820—38. II voll. folio. — I: 1820. 24, 33, 39, XLII, 48, 79 p., 90 tab. col. — II: 1838. 220, LXXI, 70 tab. col. (60 th.)
* *gallice*: Essai d'un exposé géognostico-botanique de la Flore du monde primitif. Traduit de l'allemand par le Comte *François Gabriel de Bray*. Livraison I—IV. Leipzig et Prague, Fr. Fleischer. 1820(—27). folio. x p., 64 tab. col. (3⅔ th.)

8957* —— Catalogus plantarum ad septem varias editiones Commentariorum *Mathioli* in Dioscoridem. Ad Linnaeani systematis regulas elaboravit, Pragae, Calve. 1821. folio. IV, 30 p (1⅓ th.)

8958* —— Bruchstücke aus dem Tagebuch einer naturhistorischen Reise von Prag nach Istrien. (Besondrer Abdruck aus Flora 1826.) Regensburg 1826. 8. 92 p.

8959* —— Ueber einige Eigenthümlichkeiten der böhmischen Flora und die klimatische Verbreitung der Pflanzen der Vor- und Jetztwelt Zweite Ausgabe. Regensburg (Leipzig, Hofmeister.) 1829. 8. 25 p. (⅛ th)
Cat. of sc. Papers V, 824—826.

Sternheim, *Karl von*.

8960* —— Uebersicht der Flora Siebenburgens. D. Wien, typ. Ueberreuter. 1846. 8. 32 p.

Sterzing.

8961* —— Systematisches Verzeichniss der um Sondershausen vorkommenden vollkommenen Pilze. (Programm der Realschule) Sondershausen, typ. Eupel. 1860. 4. 60 p.

Steudel, *Ernst Gottlieb*, Oberamtsarzt in Esslingen (Steudelia Presl.), * Esslingen 30. Mai 1783, † Esslingen 12. Mai 1856.

8962* **Steudel**, *Ernst Gottlieb*. Ist eine Verbindung der Botaniker zu einer gemeinschaftlichen Bearbeitung eines Systema vegetabilium nöthig und möglich? Regensburg 1820. 4. 22 p.
Seorsim impr. ex Regensburger Denkschriften.

8963* —— et *Christian Friedrich* **Hochstetter**. Enumeratio plantarum Germaniae Helvetiaeque indigenarum, seu Prodromus, quem synopsin plantarum Germaniae Helvetiaeque edituri botanophilisque adjuvandam commendantes scripserunt. Stuttgartiae et Tuebingae, Cotta. 1826. 8. VIII, 352 p. (1⅔ th.)

8964* —— Ueber ein neues Pflanzengenus (Frankia Schimperi), vorgetragen zu Esslingen den 26. Sept. 1836. (Extraabdruck aus dem Medizinischen Correspondenzblatt.) 8. 14 p., 2 tab.

8965* —— Nomenclator botanicus, seu synonymia plantarum universalis, enumerans ordine alphabetico nomina atque synonyma tum generica tum specifica, et a Linnaeo et a recentioribus de re botanica scriptoribus plantis phanerogamis imposita. Editio secunda ex novo elaborata et aucta. Stuttgardiae et Tuebingae, typis et sumtibus J. G. Cottae. 1840 —41. II partes. 8 max. — I: Litt. A—K. 1840. 852 p. — II: Litt. L—Z. 1841. 810 p. (8 th.) — *Ed. I. ib. 1821. 8 max. XVII, 900 p. (8⅓ th.)

8966* —— Synopsis plantarum glumacearum. Vol. 1. 2. Stuttgartiae, Metzler. 1855. 4. VII, 474, 348 p. (9 th.)
Cat. of sc. Papers V, 826.

Steudener, *Arnold*.

8967* —— Das Symbol des Zweiges in einem antiken und in einem modernen Gebrauche. Rosslebner Programm. Halle 1857. 4. 34 p.

Steudner, *H.*, botanisches Mitglied der *von Heuglin*'schen Expedition, * Greiffenberg in Schlesien 1832, † in dem Dschurdorfe Wau 10. April 1863.

Steven, *Christian* (Stevenia Ad.), * Fredriksham 1781, † Sympheropol 30. April 1863.
Bull. nat. Mosc. 1865, 101—161.

8968* —— Monographia Pedicularis. Mosquae 1822. 4. 60 p., 17 tab.
Mém. soc. nat. Mosc. vol. VI.

8969* —— Verzeichniss der auf der taurischen Halbinsel wildwachsenden Pflanzen. Moskau, Buchdruckerei der Universität. 1857. 8. 412 (2) p., 2 tab.
Cat. of sc. Papers V, 827.

Stewart, *R. B.*

8970 —— Outlines of botany. London, Ridgway. 1835. 8. (2 s. 6 d.)

Stieff, *Johann Ernst*, * Breslau 22. Mai 1749, † Breslau 4. Jan. 1793.

8971* —— De vita nuptiisque plantarum. Lipsiae, typ. Breitkopf. 1741. 4. 24 p.
Redit in *Reichard* Sylloge opusc. botan. p. 40—69.

Stiehler, *August Wilhelm*.

8972* —— Ueber die Bildung der Steinkohle nach *Lindley* und *Hutton*, mit Rücksicht auf andre darüber aufgestellte Ansichten. Braunschweig, Leibrock. 1843. 8. IV, 69 p. (½ th.)

8973* —— Beiträge zur Kenntniss der vorweltlichen Flora des Kreidegebirges im Harze. Cassel 1855. 4.
Palaeontographica V, 47—80, 3 tab.

8974* —— Synopsis der Pflanzenkunde der Vorwelt. Erste Abtheilung. Die gamopetalen, angiospermen Dicotyledonen der Vorwelt. Quedlinburg, Basse. 1861. 8. XVI, 196 p.

Stika, *Otto*.

8975 —— Kurze Uebersicht der Phanerogamen aus der nächsten Umgebung der Stadt Brüx. Programm. Brüx 1857. 4. 24 p.

8976 —— Kurze Uebersicht der Kryptogamen aus der nächsten Umgebung der Stadt Brüx. Programm. Brüx 1858. 4. 24 p.

Stillingfleet, *Benjamin* (Stillingia Gard.), * London 1702, † London 15. Dec. 1771.

8977 —— Literary life and select works, with unpublished observations on some of the plants of *Theophrastus*; by *William Coxe*. London, Nichols. 1811. III voll. 8. (2 l. 2 s.)

8978 —— Miscellaneous tracts relating to natural history, husbandry and physick. Translated from the latin, with notes. London 1759. 8. 230 p. — *Ed. II. To which is added the Calendar of Flora by *Theophrastus*. London, Dodsley. 1762.

8. XXXII, 391 p., 11 tab. — The third edition. London, Dodsley. 1775. 8. (non differt.)

Stisser, *Johann Andreas*, Professor in Helmstädt, * Luchow in Lüneburg 19. Jan. 1657, † Helmstädt 21. April 1700.

8979* —— Botanica curiosa, oder nützliche Anmerkungen, wie einige fremde Kräuter und Blumen in seinem 1692 zu Helmstedt angelegten medicinischen Garten bisher cultivirt und fortgebracht; nebst einigen Abrissen fremder Gewächse. Helmstedt, Hamm. 1697. 8. 224 p., praef., append., 12 tab. — ib. (1708.) 8. 224 p., 12 tab.

8980* —— Horti medici Helmstadiensis catalogus plantas omnes enumerans, quarum culturam ab anno 1692 usque 1699 in horto suo instituit. Helmstadii 1699. 8. 42 p.

Stizenberger, *Ernst*, Arzt in Constanz.

8981* —— Dr. *Ludwig Rabenhorst's* Algen Sachsens, resp. Mittel-Europas. Dekade 1—100. Systematisch geordnet mit Zugrundelegung eines neuen Systems. Dresden, typ. Heinrich. 1860. 8, 41 p. (¼ *th.*)

8982 —— Beiträge zur Lichenen-Systematik. (St. Gallen) 1862. 8.

8983 —— Kritische Bemerkungen über die Lecideaceen mit nadelförmigen Sporen. Dresden 1863. mit 2 col. Tafeln.

8984 —— Consp. spec. saxicol. gen. Opegraphae. (Ratisb.) 1864. 8.

8985 —— Ueber die steinbewohnenden Opegrapha-Arten. Dresden 1865. gr. 4. mit 2 Kupfern.

8986 —— Lecidea sabuletorum Fl. und die ihr verwandten Flechten-Arten. Dresden 1867. gr 4. mit 3 Kupfern.
Cat. of sc. Papers V, 835

Stocks, *John Ellerton*, * 1826, † Hull 30. Aug. 1854.
Proc. Linn. Soc. II. 416—418.
Cat. of sc. Papers V. 836.

Stoessner, Gymnasiallehrer.

8987* —— Flora der nächsten Umgebung von Annaberg. Annaberg, Rudolph et Dieterici. 18... 8. VI, 185 p, 9 tab. (⅔ *th.* n.)

Stohr, *Johann Moritz*.

8988 —— Poma sodomitica, ad illustrationem Sapientiae X, 7. D. Lipsiae 1695. 4. 2 plag.

Stokes, *Jonathan*, * Chesterfield (Derbyshire) 1755, † Chesterfield 30. April 1831.

8989* —— A botanical Materia medica, consisting of the generic and specific characters of the plants used in medicine and diet with synonyms and references to medical authors. In four volumes. London, Johnson and Co. 1812. 8. — I: LXVIII, 503 p. — II: 567 p. — III: 549 p. — IV: 702 p. (3 *l.*)

8990* —— Botanical Commentaries. Vol. I. London, Simpkin and Marshall, Treuttel et Würtz. 1830. 8. XXVIII, CXXXIV, 272 p. (14 *s*)
Paginae 28 priores sistunt praefationem; sequuntur 134 paginae botanical terms and abbreviations; tunc 272 paginae spectant ad systematicam botanicam classium Linnean. 1—3.

Stoltz, *J. L.*

8991 —— Ampélographie Rhénane ou description caractéristique, historique, synonymique, agronomique et économique des cépages les plus estimés et les plus cultivés dans la vallée du Rhin, depuis Bâle jusqu'à Coblence, et dans plusieurs contrées viticoles de l'Allemagne méridionale. Avec 32 planches lithographiées en couleur, représentant une partie du sarment, le fruit et la feuille de chaque cépage décrit. Mulhouse 1852. 4. XVI, 266 p., 32 tab. (Stuttgart, F. Köhler.) (9 *th.* 7 *sgr.*)

Stolz, *Johann Christian*.

8992* —— Flore des plantes qui croissent dans les départemens du Haut et Bas-Rhin, formés par la ci-devant Alsace. Strasbourg, Levrault. 1802. 8. VII, 62 p. (1 *fr.* 50 *c.*)

Storch, *Franz*.

8993 —— Flora von Salzburg. Salzburg, Zaunrith 1857. 8.

Storms, *Jan*, Professor zu Cambray, * Mecheln 29. Aug. 1559, † Cambray 9. März 1650.

8994* —— De Rosa hierochuntina liber unus, in quo de ejus natura, proprietatibus, motibus et causis pulchre disseritur. Lovanii, typ. Gerardi Rivii. 1608. 8. 96 p., praef.

Strabo, *Walafridus*.

8995 —— *Strabi*, Fuldensis monachi, Hortulus, apud Helvetios in Sancti Galli monasterio repertus, carminis elegantia tum delectabilis, quum. doctrinae cognoscendarum quarundam herbarum varietate utilis. Norimbergae, in officina Joh. Weissenburger. 1512. 4. — *Impr. cum *Macro.* Basileae (apud Joannem Fabrum Emmeum Juliacensem.) 1527. 8. foll. 48—57. — *Impr. cum *Macro.* Friburgi 1530. 8. foll. 99—108. — * *Walafridi Strabi* Hortulus. Carmen ad codd. mss. veterumque editionum fidem recensitum, lectionis varietate notisque instructum a *Friedrich Anton Reuss*. Accedunt Analecta ad antiquitates Florae germanicae et capita aliquot *Macri* nondum edita. Wirceburgi, Stahel. 1834. 8. 105 p. (⅔ *th.*)

Strange, *John*, * 1732, † Ridge (Middlesex) 19. März 1799.

8996 —— Lettera sopra l' origine della Carta naturale di Cortona, corredata di varie altre osservazioni relative agli usi, e prerogative della Conferva Plinii, e di altre piante congeneri. Pisa 1764. 4. 107 p. — Seconda editione. 12. LXXVI p
Hujus libelli excerpta per auctorem cum ulterioribus observationibus adsunt in Philosoph. Transact vol. LIX. p. 50—56; itemque gallice versa in Journal de physique, Introduction, tome I, p. 43—46.

Strasburg, *Johann Georg*, Professor in Königsberg, * Berlin 1620, † Königsberg 8. März 1681.

8997 —— Positiones anatomicae et botanicae. Regiomonti 1663. 4.

Strasburger, *Eduard*, Professor in Jena, * Warschau 1. Febr. 1844.

8998* —— Die Befruchtung bei den Coniferen. Jena, H. Dabis. 1869. 4. 22 p., 3 tab. (1⅓ *th.*)

8999 —— Die Befruchtung bei den Farnkräutern. Petersburg (Leipzig, Voss.) 1868. 4. 14 p., 1 tab. (⅓ *th.* n.)
Mém. ac. sc. Pét.

Strauss, *Friedrich Karl Joseph*, Freiherr von, Kgl. Bayrischer Staatsrath, * Mainz 3. Juli 1787, † München 21. Juni 1855.

Strauss, *Lorenz*, Professor in Giessen (Straussia DC.), * 1633, † 1687.

9000* —— Disputatio physico-medica de potu Coffi. Giessae, typ. Karger. 1666. 4. IV, 15 p., ic. xyl. — Francofurti 1666. 4. (non differt.)
germanice: *Laurentius Straussius* vom Coffi. Impr. cum *Koschwitz* Vollständige Apotheke p. 949—952.
gallice: Impr. cum *Dufour* (i. e. *Jacobus Spon*) De l'usage du caphé, du thé et du chocolate. Lyon, Jean Girin. 1671. 12. p. 1—30.
anglice: Impr. in The manner of making Coffe, Tea and Chocolate. London 1685. 12 p. 1—14.

Strehler, *L. F.*

9001* —— Uebersicht der um Ingolstadt wildwachsenden phanerogamischen Pflanzen. Als Programm zum Jahresberichte für 1840/41. Ingolstadt, typ. Attenkover. (1841.) 4. XLVII p., praef., ind.

Streintz, *Joseph Anton*.

9002* —— Genera Cruciferarum, Umbelliferarum et Compositarum Florae germanicae dichotomice distributa. D. Vindobonae, typ. Ueberreuter. 1843. 8. 39 p.

Streinz, *W. M.*, Protomedikus in Gratz.

9003 —— Nomenclator fungorum exhibens ordine alphabetico nomina tam generica quam specifica ac synonyma a scriptoribus de scientia botanica fungis imposita. Wien, Grund. 1861. 8. VIII, 735 p. (4 *th.* n.)

Strempel, *Karl Friedrich*, Ober-Medizinalrath in Rost * Bössow bei Wismar 20. Aug. 1800.

9004* —— Filicum Berolinensium Synopsis. D. Berolini, typ. Starck. 1822. 8. 48 p., 1 tab.

Strickland, *Agnes*.

9005 —— Floral sketches. London, Wilson. 1836. 18. (3 *s.* 6 *d.*)

Strobelberger, *Johann Stephan*.

9006* —— Recens nec antea sic visa Galliae politica-medica descriptio, in qua de qualitatibus ejus, academiis celebrioribus, urbibus praecipuis, fluviis dignioribus, aquis medicatis, fontibus mirabilibus, plantis et herbis rarioribus, aliisque multis dignissimis rebus a nemine adhuc publicitus emissis ingenue disseritur. Jenae, typis et sumtibus Johannis Beithmanni. 1620. 12. 271 p. Bibl. univ. Lips.
Tota sectio quinta, p. 175—271, est de plantis rarioribus, quae per totam Galliam, praecipue in Gallia Narbonensi, Proventiali et Languedocia sponte virent: ubi earum loci natales, simulque aliae res scitu dignissimae proponuntur.

9007* **Strobelberger**, *Johann Stephan*. Mastichologia, seu de universa Mastiches natura dissertatio medica, in qua et arboris Lentisci et nobilissimi ejus Gummi Resinae, Mastiches, nomenclaturae, descriptiones, loci natales, culturae, qualitates, varietas, dignitas, electio, probatio, collectio, aestimatio, succedanea, utilitas ac inde parata medicamenta officinalia, magistralia et artificialia describuntur. Lipsiae, typ. Jansonii. 1628. 8. 109 p.

Ström, *Hans*, * Pfarrhof Borgund 25. Jan. 1726, † 1797.
9008* (——) Underretning om den islandske Moos, Mariegræsset og Gejtnaskoven, deres tilberedelse til mad. Kjøbenhavn, typ. N. Møller. 1785. 8. 22 p., 1 tab. col.

Strohecker, *Johann Rudolph*.
9009 —— Systematische Anleitung zu botanischen Excursionen in Mitteleuropa. München, Gummi. 1869. 8. iv, 206 p. (⅔ th.)

Stromeyer, *Friedrich*, Professor der Chemie zu Göttingen, * Göttingen 2. Aug. 1776, † Göttingen 18. Aug. 1835.
9010* —— Commentatio inauguralis, sistens historiae vegetabilium geographicae specimen. Goettingae, typ. Dieterich. 31. Dec. 1800. 4. 80 p.

Stromeyer, *Johann Friedrich*, Professor der Medicin in Göttingen, * 4. Juni 1750, † 27. Juni 1830.
9011* —— D. botanico-medica sistens plantarum Solanacearum ordinem. Goettingae, typ. Rosenbusch. 1772. 4. 36 p.

Strong, *A. B.*
9012* —— The American Flora, or history of plants and wild flowers; containing the botanical description, history, propagation and culture, medical properties, and uses of each plant and flower. 4 volumes. New York, Green and Spencer. 1848. 4. (5 l. 10 s.)

Stroud, *T B.*
9013 —— Elements of botany, physiological and systematical. Greenwich 1821. 8. 257 p. (10 s.)

Strube, *Wilhelm*, Arzt, * Marienwerder 25. Jan. 1838.
9014* —— Exanthemata phytoparasitica eodemne fungo efficiantur, quaeritur. D. Berolini, typ. Schade. 1863. 8. 31 p.

Strumpf, *Ferdinand Ludwig*.
9015* (——) Die offizinellen Gewächse in den natürlichen Pflanzenfamilien etc. Berlin, Logier. 1840. 4 Tabellen in gr. folio. (¾ th.)

Strutt, *James George*.
9016* —— Sylva britannica; or portraits of forest trees, distinguished for their antiquity, magnitude or beauty. Drawn from nature by *Jacob George Strutt*, author of «Deliciae sylvarum.» London, for the author by Longman, Rees, etc. (1831—36.) 8 max. xvi, 151 p., (50) tab. (3 l. 3 s. — impr. folio: 4 l. 10 s. — India paper: 7 l. 17 s. 6 d.)

Struve, *Friedrich Christian*.
9017* —— pr. Dissertatio sistens vires plantarum cryptogamicarum medicas Kiliae 1773. 4. 32 p. (Respondens: *Georg Heinrich Weber*)

Struve, *Gustav Adolph*, * Dresden 1811.
9018* —— De silicia in plantis nonnullis. D. Berolini, typ. Nietack. 1835. 8 30 p., 2 tab.

Stumpf, *Johann Georg*, Professor zu Greifswald, * Würzburg 1. Jan. 1750, † Greifswald 30. Mai 1798.
9019* —— pr. De Robiniae Pseudoacaciae praestantia et cultu. D. I et II. Gryphiae 1796. 4. 24 p.

Stupper, *C. L.*
9020 —— Medizinisch-pharmazeutische Botanik, oder Beschreibung und Abbildung sämmtlicher in der neuesten k. k. österreichischen Landes-Pharmakopöe vom Jahre 1836 aufgeführten Arzneipflanzen. Wien (Gerold.) 1841—43. 2 Bände. gr. 4. — I: 1841. 16 plag., 16 tab. col. — II: 1843. 16¼ plag., 60 tab. col. (20 th.)

Stur, *Dionys*.
9021* —— Ueber den Einfluss des Bodens auf die Vertheilung der Pflanzen. Wien 1856—57. 8. 124 p.
Wiener Sitzungsberichte, Band 20 und 25.
9022 —— Aufzählung der phanerogamen Nutzpflanzen Oesterreichs. Wien 1857. 8.

9023* **Stur**, *Dionys*. Beiträge zu einer Monographie des Genus Astrantia. Wien, Gerold. 1860. 8. 58 p., 1 tab.
Wiener Sitzungsberichte, Band 40.
Cat. of sc. Papers V, 875—876.

Sturler, *W. L. de*.
9024 —— Catalogue descriptif des espèces de bois de l'archipel des Indes orientales. Paris 1867. 8.

Sturm, *Benjamin Christian Gottlieb*.
9025 —— Visci quercini descriptio botanica, analysis chemica et usus medicus. Specimen inaugurale. Jenae 1796. 8. 38 p.

Sturm, *Jakob*, Kupferstecher in Nürnberg (Sturmia Gaertn. fil.), * Nürnberg 21 März 1771, † Nürnberg 28. Nov. 1848.
Zum Andenken an *Jakob Sturm*, dem Ikonographen der deutschen Flora und Fauna. Nürnberg 1819. 8. 24 p. und Porträt.
9026* —— Deutschlands Flora in Abbildungen nach der Natur mit Beschreibungen. Nürnberg, auf Kosten des Herausgebers. (Berlin, Friedländer und Sohn.) 1798—1855. 12. 163 Hefte. 2472 tab. col. und Text.
Erste Abtheilung. *Phanerogamen.* Heft 1—96. 1798—1855. 12. 1576 tab. col und Text.
Icones nitidissimas post patris mortem sculpsit *Joh. Wilhelm Sturm.* — Plura genera monographice a variis autoribus exposita sunt, e. g. Trifolium, autore *Schreber*, fasc. 15—16; Vicia et Ervum, autore *Hoppe*, fasc. 31—32; Saxifraga, autore *Comite Kaspar Sternberg*, fasc. 33. 35; Myosotis, autore *Ludwig Reichenbach*, fasc. 42; Carex (Caricologia germanica), autore *Hoppe*, fasc 47. 50. 53. 55. 57. 61. 69; Cyperacearum et Juncacearum familia, autore *Hoppe*, fasc. 9. 10. 13. 28. 36—40. 44. 52. 71. 77. 78. 85. 86; Draba, autore *Hoppe*, fasc. 60. 65; et inde a fasciculo 63 complurium generum optimae illustrationes autore venerabili *Koch* Erlangensi. Singulae monographiae seorsim venales prostant.
Zweite Abtheilung. *Kryptogamen* (mit Ausschluss der Pilze). Heft 1—31. 1798—1839. 12. 416 tab. col., text.
Lichenes exposuit ill. *Laurer* Gryphiensis, Jungermannieas et Algas *Corda* Pragensis.
Dritte Abtheilung. *Pilze.* Heft 1—36. 1813—53. 12. 480 tab. col., text.
Fasciculos 1—4 elaboravit *L. P. F. Ditmar*; fasciculos 5. 10. 16. 17. (Polyporus), 18. (Bovista, Lycoperdon, Langermannia, Sackea), 21—24 (Boletus) elaboravit *Friedrich Wilhelm Theophilus Rostkovius* Sedinensis; fasciculi 6. 7. 8. 9. 11. 12. 13. 14. 15. 19. 20 autorem habent *Augustum Josephum C. Corda* Pragensem; fasciculos 25—26 exposuit *C. G. Preuss.* Fasc. 31—32 *A. Schnizlein.* Fasc. 33—36 *Friedrich von Strauss.*

Sturm, *Johann Wilhelm*, * Nürnberg 19. Juli 1808, † Nürnberg 7. Jan. 1865.
9027* —— und *Adalbert* **Schnizlein**. Verzeichniss der Phanerogamen und kryptogamischen Gefässpflanzen in der Umgegend von Nürnberg und Erlangen. Erlangen und Leipzig, Hinrichs. 1847. 8. 44 p. (⅓ th.) — * Zweite gänzlich umgearbeitete Auflage. Nürnberg, Schmid. 1860. 8. xii, 137 p.
9028* —— Nymphaea semiaperta *Klinggräff*, eine für Bayern neue Pflanze bei Nürnberg aufgefunden. Aus dem ersten Hefte der Abhandlungen der naturhistorischen Gesellschaft zu Nürnberg.) Nürnberg, Geiger. 1852. 8. 7 p., 1 tab. col.
9029* —— Enumeratio plantarum vascularium cryptogamicarum chilensium. Ein Beitrag zur Farn-Flora Chile's. (Aus dem zweiten Hefte der Abhandlungen der naturhistorischen Gesellschaft zu Nürnberg.) Nürnberg, typ. Sebald. 1858. 8. 52 p.
In *Martii* Flora brasiliensi exposuit Gleicheniaceas, Hymenophyllaceas, Marattiaceas, Ophioglosseas, Osmundaceas et Schizaeaceas.

Sturm, *Johann Christoph*.
9030* —— pr. Σκιαγραφια, quaedam diducendi alias uberius argumenti de plantarum animaliumque generatione. Altdorfii, typ. Schönnerstädt. 1687. 4. 24 p.

Suard.
9031* —— Catalogue des plantes vasculaires du dép. de la Meurthe. Nancy, typ. Troup. 1843. 8. 46 p.

Suardus, *Paulus*, aromatarius.
9032* (——) Thesaurus aromatariorum. (Impressum Venetiis per Albertinum Vercellensem currente MCCCCIIII. die XXVIII Junii.) folio. 44 foll.

Suarez de Rivera, *Francisco*.
9033 —— Clave botanica, o medicina botanica, nueva y novissima. Madrid 1738. 4. 280 p., 5 tab. aeneae, pessimae.

Succow, *Friedrich Wilhelm Ludwig*, Arzt, † Mannheim 21. Juni 1838.
9034* —— Flora Mannheminensis et vicinarum regionum cis et

transrhenanarum. Mannhemii, Schwan et Götz. 1822. II partes. 8. x, 244, 168 p., 1 mappa geogr. (2 th.)

Succow, *Gustav*, Professor in Jena, † Jena 17. Aug. 1867.
9035* —— Commentatio physica de lucis effectibus chemicis in corpora organica et organis destituta. Jenae, Bran. 1828. 4. xv, 92 p., 1 tab.
De lucis in plantas effectu chemico: p. 43—62.

Suckow, *Georg Adolph*, Professor in Heidelberg (Succovia Med.), * Jena 28. Jan. 1751, † Heidelberg 13. Mai 1813.
9036 —— Oekonomische Botanik, zum Gebrauch seiner Vorlesungen. Mannheim und Lautern, Schwan und Götz. 1777. 8. 436 p. (1 th.)
rossice: vertente *Andrea Terjaew.* Petropoli 1804. 4.
9037 —— Versuche über die Wirkungen verschiedner Luftarten auf die Vegetation, und über diejenige Luft, welche die Gewächse liefern. München (G. Franz) 1782. gr. 4. ($^1/_4$ th.)
9038* —— Anfangsgründe der theoretischen und angewandten Botanik. Leipzig, Weidmann's Erben und Reich. 1786. 2 Theile. 8. — I: xx, 190 p., ind., 16 tab. — II: Band 1—2. xII, 938 p., ind. — *Zweite vermehrte Auflage. Leipzig, Weidmann. 1797. 2 Theile. 8. — I: xxII, 292 p., 17 tab. — II: Band 1—3. LII, 738, LVI, 632, xvi, 376 p. (7 th.)
9039* —— Diagnose der Pflanzengattungen nach der neusten Ausgabe des Linneischen Sexualsystems. Leipzig, Weidmann. 1792. 8. viii, 423 p. (1 $^1/_3$ th.)

Suckow, *Lorenz Johann Daniel*, Professor in Jena, * Schwerin 19. Febr. 1722, † Jena 26. Aug. 1801.
9040* —— Bezeichnung der vornehmsten Pflanzen und ihrer Kultur zum Vortheile der Oekonomie. Vierte vermehrte und verbesserte Auflage Jena, akademische Buchhandlung. 1794. 8. 110 p. ($^7/_{24}$ th.)

Suffren, *de*.
9041* (——) Principes de botanique extraits des ouvrages de *Linné* et suivi d'un Catalogue des plantes du Frioul et de la Carnia, avec le nom des lieux, où on les trouve. Venice, chez Antoine Rosa. 1802. 8. 208 p.

Suhr, *Johann Nicolaus von* (Suhria Agardh.), * Heide (Nordditmarschen) 16. Oct. 1792, † Rendsburg 29. März 1847.
Nova Acta Leop. vol. XVIII, Suppl. I, 273—288, tab. 1—3.

Sulek, *Bogoslav*.
9042* —— Biljarstvo. Uputa u poznavanje bilja. Dio 1. U Beču 1856. viii, 320 p. — Dio II. u Zagrebu 1859. 8. 368, 24 p., 24 tab.

Sullivant, *William S.* (Sullivantia Torr. et Gray)
9043* —— Musci Alleghanienses, sive Enumeratio muscorum atque hepaticarum, quos in itinere a Marylandia usque ad Georgiam per tractus montium anno domini 1843 decerpserunt *Asa Gray* et *S. W. Sullivant.* (interjectis nonnullis aliunde collectis.) Columbus in Ohione. 1846. 8. 87 p
Huic splendide impressae 292 specierum enumerationi accedit elegantissima specimen omnium exsiccatorum collectio; sunt volumina duo in 4. eodem titulo sed anno 1844 inscripta. Quinquaginta tantum exemplaria praeparata sunt, haud venalia. Exstat liber una cum herbario in bibliothecis *Delessertii, Montagnii* et *Schimperi.*
9044* —— Contributions to the Bryology and Hepaticology of North-America. Part I. 1847. 4.
From the Memoirs of the American Academy of arts and sciences, new ser. vol. III. 57—66.
9045 —— The Musci and Hepaticae of the United States, East of the Mississipi River. Contributed to the Second Edition of Gray's Manuel of Botany. New York 1856. 8. iv, 113 p., 8 tab. (6 th. 12 ngr.)
9046* —— Musci. (In *Charles Wilkes,* United States Exploring Expedition.) Philadelphia, typ. Sherman. 1859. folio. 32 p., 26 tab.
9047* —— Icones Muscorum, or Figures and Descriptions of most of those Mosses peculiar to Eastern North America which have not been heretofore figured. With 129 copperplates. Cambridge, (Mass.) Sever and Francis. London, Trübner and Co. 1864. gr. 8. viii, 216 p., 128 tab. (Asher 28 th.) (20 Dollar.)
Cat. of sc. Papers V, 885—886.

Surian, *Joseph Donat*, Plumier's Gefährte auf St. Domingo im Jahr 1690 (Suriana L.), † Marseille 1691.

Suringar, *Gerhard Konrad Bernhard*.
9048* —— Commentatio in quaestionem: Quaeritur concinna expositio eorum, quae de foliorum plantarum ortu, situ, fabrica et functione innotuerunt, quae praemium reportavit. (Lugduni Batavorum 1820.) 4. 68 p.

Suringar, *W. F. R.*, Professor der Botanik in Leiden.
9049 —— De beteekenis der plantengeographie en de geest van haar onderzoek. Leeuwarden, Suringar. 1857. 8. 46 p. (50 ct.)
9050* —— Observationes phycologicae in Floram batavam. Leovardiae, Suringar. 1857. gr. 8. vi, xvi, 79 p., 4 tab. col. (3 fl.)
9051* —— De Sarcine (Sarcina ventriculi Goodsir). Onderzoek naar de plantaardige natuur, den ligchaamsbouw en den ontwikkelingswetten van dit organisme. Leeuwarden, G. T. N. Suringar. 1865. 4. .v, 131 p., 3 tab. (10 fl. 50 c.)
9052* —— De Kruidkunde in hare betrekking tot de maatschappij en de hoogeschool. Leeuwarden, Suringar. 1868. 8. 47 p.
9053* —— Algae japonicae Musei botanici Lugduno-batavi. Edidit societas sc. holl. quae Harlemi est. Harlemi, typ. Loosjes. 1870. 4 39, viii p., 25 tab. (4 $^2/_3$ th.)

Suśrutas.
9054* —— Ayurvédas. Id est medicinae systema a venerabili *D'Hanvantare* demonstratum a Suśruta discipulo compositum Nunc primum ex Sanskrita in latinum sermonem vertit, introductionem, annotationes et rerum indicem adjecit Dr. *Franciscus Hessler.* Erlangae, Enke. 1844—47. II voll. 8. — I: 1844. viii, 206, (2) p. — II: 1847. viii, 248, (3) p. (9 $^1/_3$ th.) — III: 1850. 8. vi, 184, (1) p.
Inest a pag. 171—186: Index sanscrito-latinus plantarum arborumque in Suśrutae Āyurveda obviarum, ordine sanscrito-alphabetico.

Suter, *Johann Rudolf*, Professor in Bern, * Zofingen 29. März 1766, † Bern 24. Febr. 1827.
Nekrolog von *Usteri* in Verh. der Schw. Ges. der Naturw. in Zürich 1827, 131—144.
9055* —— Flora helvetica, exhibens plantas Helvetiae indigenas Hallerianas et omnes, quae nuper detectae sunt ordine Linneano. Turici, Orell, Füssli et Co. 1802. II voll. 12 — I: LXIII, 345 p. — II: 416 p., ind. — *Editionem alteram edidit et auxit *Johann Hegetschweiler*. ib. 1822. II voll. 12. — I: cxxII, 408 p. — II: 504 p. (3 th.)

Sutherland, *James* (Sutherlandia R. Br.).
9056* —— Hortus medicus Edinburgensis, or a catalogue of the plants in the physical garden at Edinburgh, containing their most proper latin and english names, with an english alphabetical index. Edinburgh, typ. Anderson. 1683. 8. 367 p., praef., ind. — Edinburgh, by Andrew Anderson. 1692. 8. Rivin.

Sutton, *Charles*, D. D., * Norwich 6. März 1756, † St. George at Tombland 28. Mai 1846.
Proc. Linn. Soc. I. 341—342.

Svenonius, *Johannes*.
9057* —— Specimen de usu plantarum in Islandia indigenarum in arte tinctoria. Hafniae 1776. 8. 32 p.

Swagermann, *E. P.*
9058 —— Verhandeling over dat Soort van Vaten in de Planten. Verh. Haarlem voor 1812.

Swainson, *William*, * Liverpool 8. Oct. 1789, † Ferk Grove auf Neuseeland 6. Dec. 1855.
9059 —— Botanical Report on Victoria. Melbourne 1853. folio.

Swammerdam, *Johannes*, * Amsterdam 12. Febr. 1637, † Amsterdam 15. Febr. 1680.
9060 —— De Filice mare *Dodonaei* dissertatio epistolaris. Impr. cum ejus Bibliis naturae vol. II. p. 906—910.
anglice: On the Felix mas, or male fern of *Dodonaeus*. Printed with his Book of nature, p. 151—153.

Swartz, *Olof*, Professor in Stockholm (Swartzia Schreb.), * Norrköping 21. Sept. 1760, † Stockholm 19. Sept. 1818.
Kongl. Wet. Acad. Handlingar for år 1818. p. 370—380.
Magnus af Pontin, Åminnelse-Tal. Stockholm 1821. 8. 58 p. Cum icone monumenti Sepulcralis *Swartzii.*
Nov. Act. Acad. Nat. Curios. vol. X. pars II. p. XXXIV—XLI.
Biographie über den Professor *Olof Swartz*. Stockholm, typ. Norstedt. 1828. 8. 32 p., 2 tab. (effigies et sepulcrum *Swartzii.*
Hooker, Journal II, 382—392.

9061* **Swartz,** *Olof.* Methodus muscorum illustrata. D. (praeside *Carolo von Linné,* filio.) Upsaliae, typ. Edman. 1781. 4. 38 p., 2 tab.

9062* —— Nova genera et species plantarum, seu Prodromus descriptionum vegetabilium maximam partem incognitorum quae sub itinere in Indiam occidentalem annis 1783—87 digessit O. S. Holmiae, Upsaliae et Aboae, in bibliopolio Swederi. 1788. 8. x, 152 p, ind.

9063* —— Observationes botanicae, quibus plantae Indiae occidentalis aliaeque Systematis vegetabilium ed. XIV. illustrantur, earumque characteres passim emendantur. Erlangae, Palm. 1791. 8. 424 p., 11 tab. (2 *th.*)

9064* —— Icones plantarum incognitarum, quas in India occidentali detexit atque delineavit. Fasciculus I. Erlangae, Palm. 1794. folio. 8 p., 13 tab. col. (5¼ *th.*)

9065* —— Flora Indiae occidentalis aucta atque illustrata, sive descriptiones plantarum in Prodromo recensitarum. Erlangae, Palm. 1797—1806. III voll. 8. — I: 1797. VIII, 640 p., 15 tab. — II: 1800. p. 641—1230, tab. 16—29. — III: 1806. p. 1231—2018, index: x p. (7⅔ *th.*)

9066* —— Dispositio systematica muscorum frondosorum Sueciae. Adjectis descriptionibus et iconibus novarum specierum. Erlangae, Palm. 1799. 12. 112 p., 9 tab. col. (1⅓ *th.*)

9067* —— Genera et species Orchidearum systematice coordinatarum s. l. 1805. 8. 108 p., 1 tab.
Seorsim impr. ex *Schraderi* Neuem Journal, Band 1.

9068* —— Synopsis Filicum, earum genera et species systematice complectens. Adjectis Lycopodineis et descriptionibus novarum et rariorum specierum. Kiliae, bibliopolium academicum. 1806. 8. XVIII, 445 p., 5 tab. (3 *th.*)

9069* —— Lichenes americani, quos partim in Flora Indiae occidentalis descripsit, partim e regionibus diversis Americae obtinuit. Iconibus coloratis illustravit *Jakob Sturm.* Fasc. I. Norimbergae, Sturm. 1811. 8. 25 p., 18 tab. col. (2¼ *th.*)

9070* (——) Summa vegetabilium Scandinaviae systematice coordinatorum. Holmiae, typ. Caroli Delén. 1814. 8. 71 p.

9071* —— Adnotationes botanicae, quas reliquit *Olavus Swartz.* Post mortem auctoris collectae, examinatae, in ordinem systematicum redactae atque notis et praefatione instructae a *Johanne Emanuele Wikström.* Accedit Biographia *Swartzii,* autoribus *Curtio Sprengel* et *Carolo Adolpho Agardh.* Holmiae, typ. Norstedt. 1829. 8. LXXIV, 188 p., 4 tab. (2¼ *th*)
Tabulae duae priores sistunt effigiem et sepulcrum *Swartzii,* duae posteriores Orchidearum varias icones.
Orchidearum genera et species et Filicum genera et species exstant in *Schrader's* Journal I. 805 et 1801.
Cat. of sc. Papers V: 896.

Swayne, *George.*
9072 Gramina pascua: or a collection of specimens of the common pasture grasses, with their Linnaean and english names, descriptions and remarks, with 19 dried specimens. Bristol 1790. folio. 11 foll. (16 *s.*)

Sweert, *Emanuel* (Swertia L.), * Sevenbergen bei Breda um 1552.
9073* —— Florilegium, tractans de variis floribus et aliis indicis plantis, ad vivum delineatum, in duabus partibus et quatuor linguis concinnatum. Francofurti a/M., apud Antonium Kempner, sumtibus autoris. 1612. folio. — I: (18) foll., 67 tab. — II: 43 tab. — * Amstelodami, apud Johannem Jansonium. 1620. folio. — * ib. 1631. folio. — * ib. 1641. folio. 67, 43 tab. col. — * ib. 1647. folio. — * ib. 1655. folio.
Icones rudiores, pleraeque liliacearum, e Valleti opere sumptae, sine descriptione; insunt tamen passim novae: Iris Swertii, 41. Gladiolus iridifolius, 66. Amaryllis orientalis, 31.

Sweet, *Robert.*
The Trial of *Robert Sweet,* at the Old Bailey, before Mr. Justice Best. Upon a charge alledged against him, for feloniously receiving a box, containing plants, stolen from the Royal gardens at Kew. London, typ. Nichols. 1824. 8. 31 p. (1 *s*)

9074* —— Hortus suburbanus Londinensis: or a Catalogue of plants cultivated in the neigbbourhood of London, arranged to the Linnean system, etc. London, Ridgway. 1818. 8. XI, 242 p. (18 *s.*)

9075* —— Geraniaceae. The natural order of Gerania, illustrated by coloured figures and descriptions, comprising the numerous and beautiful mule-varieties cultivated in the gardens of Great-Britain, with directions for their treatment. London, Ridgway. 1820—30. V voll. 8. 500 foll, 500 tab. col. (19 *l.*)

9076 **Sweet,** *Robert.* The botanical cultivator; or, instructions for the management and propa ation of the plants cultivated in the Hothouses, Greenhouses, and Borders, in the Gardens of Great Britain. London, James Ridgway. 1821. 8. 528 p. — Fifth edition. ib. 1831. 8. 714 p. (10 *s.* 6 *d*)

9077* —— The british Flower-Garden: containing coloured figures and descriptions of the most ornamental and curious hardy herbaceous plants, including annuals, biennials and perennials, etc. The drawings by *E. D. Smith.* London, Simpkin and Marshall. 1823—29. III voll. 8. 300 tab. col. totidem foll. — * Series the second. London, Ridgway. 1831—38. IV voll. 8. 412 tab. col, totidem foll. (22 *l.* 16 *s.*)

9078* —— Cistineae. The natural order of Cistus, or Rock-Rose; illustrated by coloured figures and descriptions of all the distinct species and the most prominent varieties, that could be at present procured in the gardens of Great-Britain; with the best directions for their cultivation and propagation. London, Ridgway. 1825—30. 8. xx, 224 p., 112 tab. col. (2 *l.* 12 *s.* 6 *d.*)

9079* —— *Sweet's* Hortus britannicus, or a catalogue of plants cultivated in the gardens of Great-Britain: arranged in natural orders: with the addition of the Linnean classes and orders to which they belong, etc. London, Ridgway. 1827. 8. 492 p., ind. (10 *s.* 6 *d.*) — * Second edition. London, Ridgway. 1830. 8. xv, 623 p. (1 *l.* 1 *s.*) — * Third edition, greatly enlarged and improved, edited by *George Don.* London, Ridgway. 1839. 8. xx, 799 p. (1 *l.* 1 *s.*)

9080 —— The Florists' Guide and Cultivators Directory, containing coloured figures of the choicest flowers cultivated by florists. London, J. Ridgway. 1829—32. II voll. gr. 8. 200 tab. col. et expl. (7 *l.* 15 *s.*)

9081* —— Flora australasica, or a selection of handsome or curious plants, natives of New-Holland and the Southsea-islands, containing coloured figures and descriptions, etc. London, J. Ridgway. 1827—28. gr. 8. 56 foll., ind., 56 tab. col. (1 *l.* 16 *s.*)

9082* —— and *H.* **Weddell.** British Botany. Nr. I. London, Ridgway. 1831. 8. 8 foll., 2 tab. col. (2 *s.* 6 *d.*)
Hujus operis nonnisi fasciculum primum vidi in bibliotheca regia Berolinensi. Duodecim fasciculi, singulis binarum tabularum, tomum explent. In quaqua tabula quatuor plantarum icones valde minutae repraesentantur.

Swete, *Edward Horace.*
9083* —— Flora Bristoliensis: illustrated by a map and two plates. London, Hamilton, Adams and Co. 1854. 8. XXVI, 138 p., 2 tab., 1 mappa. (5 *s.*)

Swieten, *Geraard van.* Leibarzt der Kaiserin Maria Theresia seit 1745 (Swietenia L.), * Leyden 7. Mai 1700, † Schönbrunn 18. Juni 1772.

Swinden, *N.*
9084* —— The beauties of Flora displayed, or Gentleman and Lady's pocket companion to the flower and kitchen garden. London 1778. 8. 86 p., 4 tab.

Switzer, *S.*
9085 —— A dissertation on the true «Cytisus» of the ancients. Ed. II. London 1735. 8.

Syen, *Arnold* (Syena Schreb.), * 1640, † Leyden 21. Oct. 1678.

Sykes, *William Henry,* Lieutenant Colonel, * London 25. Jan. 1790.
9086 —— Remarks on the origin of the popular belief in the Upas or Poison tree of Java. 8.

Sylvius, *Johannes.*
9087 —— Oratio de Rosis. Hafniae 1601. 4. 3½ plag.

Symons, *Jelinger,* * Low Layton 1778, † London 20. Mai 1851.
9088 —— Synopsis plantarum insulis britannicis indigenarum; complectens characteres genericos et specificos secundum systema sexuale distributos. Londini, White. 1798. 8. VII, 207 p.

SYRENIUSZ

Syreniusz Syreński, *Szymon*, latine *Simon Syrennius*.
9089* — Zielnik, Herbarzem który z języka. Łacińskiego zowią etc. etc. i. e. Viridarium, Herbarium latino sermone vocant, hoc est descriptio propria nominum, formae, virtutis et virium singularum herbarum, arborum, fruticum et radicum etc. magna cum cura et consilio lingua polonica collecta et in octo libros divisa etc. Cracoviae, in typographia Basilii Skalski. 1613. folio. 1540 p., ic. xyl. i. t.
A p. 1536—1539 Appendix ejusdem autoris de tyrannide Judaeorum in infantes Christianos. Sequuntur 12 foll. indices latini, polonici et germanici; in fronte sunt 2 foll. cum dedicatione et praefatione editoris D. Gabriel Joannicy ad reginam Sueciae *Annam*. De hoc opere, quod vidi in Caesarea Vindobonensi et in Regia Parisiensi bibliothecis, ejusque autore, summo Polonorum illius aetatis botanico, fuse agit *Arnold* De monumentis hist. nat. Poloniae, p. 79—88, et *Adamski* Prodromus hist. rei herbariae in Polonia, p. 32—34.

Syruczek, *Eugen*.
9090 — Kurzer Abriss der allgemeinen Forstbotanik. Prag, Credner. 1846. 8. 684 p., 8 tab. col. (2⅙ th.)

Szontagh, *N. de.*
9091 — Flora Comitatus Arvensis in Hungaria. Vindobonae 1863. 8.
9092 — Enumeratio plantarum phanerogamarum territorii Soproniensis. Vindobonae 1864. 8. 40 p.

T.

Tabernaemontanus, *Jacobus Theodorus*, cognomine, aus Bergzabern, Leibarzt in Heidelberg, † Heidelberg 1590.
Adam, Vitae medicorum 314—316.
9093* — Neuw Kreuterbuch mit schönen, künstlichen und leblichen Figuren und Konterfeyten aller Gewächss der Kräuter etc. etc. Durch *Jacobum Theodorum Tabernaemontanum*, der Artznei Doctorem und Kurf. Pfaltz best. Medicum zu Neuwhausen. Frankfurt a/M., durch Nicolaum Basseum. 1588. folio. 818 p., indices, ic. xyl. i. t. — *Das ander Theyl durch *Nicolaum Braun*. ib. 1591. folio. 822 p., decem indices, ic. xyl. i. t. — *New vollkomentlich Kreuterbuch, mit schönen und künstlichen Figuren aller Gewächs der Bäumen, Stauden und Kräutern, so in Teutschen und Welschen Landen, auch in Hispanien, Ost und Westindien oder in der Newen Welt wachsen, derer über 3000 eygentlich beschrieben werden, auch deren Underscheidt und Würckung sampt ihren Namen in mancherlei Sprachen angezeigt werden, derengleichen vormals nie in keiner Sprach in Truck kommen, etc. durch *Jacobum Theodorum Tabernaemontanum*. Jetzt wiederumb etc. durch *Casparum Bauhinum*. (3 Theile.) Frankfurt a/M., durch Nicolaum Hoffmann. 1613. folio. 686, 844 p., indices, ic. xyl. i. t. — Francofurti a/M., apud Paulum Jacobum. 1625. III voll. folio. — * Vormals durch *Casp. Bauhinum* mit sonderem Fleiss gebessert, itzt wiederumb aufs neue übersehen, mit nützlichen Marginalien, Synonymis, Registern und andern vermehrt durch *Hieronymum Bauhinum*. Basel, Jakob Werenfels. 1664. folio. x p., ic. xyl. i. t. — * Neu vollkommen Kräuterbuch, darinen über 3000 Kräuter mit schönen und künstlichen Figuren, auch deren Unterscheid und Würkung, sammt ihren Namen in mancherlei Sprachen beschrieben; desgleichen auch, wie dieselbige in allerhand Kranckheiten, beyde der Menschen und des Viehs sollen angewendet und gebraucht werden, angezeigt wird. Erstlichen durch *Casp. Bauhinum* mit sehr nützlichen Marginalien, Synonymis, neuen Registern und anderem vermehrt. Und nun zum drittenmal aufs fleissigst übersehen, an unzahlbaren Orten absonderlich verbessert, an scheinbaren Mängeln durchaus ergänzt, und endlichen zu hochverlangter Vollkommenheit gebracht. Basel, gedruckt und verlegt bei Johann Ludwig König und Johann Brandmyllern. 1687. folio. 1529 p., ind., ic. xyl. i. t. — *ib. 1731. folio. (non differt.)
9094* (——) Eicones plantarum seu stirpium, arborum nempe fruticum, herbarum, fructuum, lignorum, radicum omnis generis; tam inquilinorum quam exoticorum, quae partim Germania sponte producit, partim ab exteris regionibus allata in Germania plantantur: in gratiam medicinae reique herbariae studiosorum in tres partes digestae. Adjecto indice gemino locupletissimo. Curante *Nicolao Bassaeo*, typographo Francofurtensi. Francofurti a/M. 1590. 4 obliquo. 1128 p., ind.
Icones sunt 2255, binae in singula pagina, ex opere praecedenti sumtae ac seorsim editae.

Tafalla, *Juan*, Schüler von *Ruiz* und *Pavon*, Professor der Botanik in Lima (Tafalla Rz. et P.).
Colmeiro Bot. esp. 181.

Tagault, *Jean*, Professor in Lausanne, † 1559.
9095* — Tractatus de purgantibus medicamentis simplicibus. Basileae 1537. 4.

Tagliabue, *Giuseppe*.
9096* — Storia e descrizione della Littaea geminiflora. (Bibliotheca italiana Nr. I) Milano, typ. Pirotta. 1816. 8. 14 p., 1 tab.

Tardent, *Charles*.
9097* — Essai sur l'histoire naturelle de la Bessarabie. Lausanne, Ducloux. 1841. 8. 88 p.
A p. 27—88: Catalogue des plantes qui croissent naturellement en Bessarabie et aux environs d'Odessa.

Targioni-Tozzetti, *Adolfo*, Professor in Florenz.
9098* — Sulla malattia delle uve. Rapporto generale della Commissione della R. Accademia dei Georgofili. Firenze, typ. Cellini. 1856. 8. VIII, 320 p., 1 tab.
Cat. of sc. Papers V, 912.

Targioni-Tozzetti, *Antonio*, Professor der Botanik am grossen Hospital in Florenz, Sohn von *Ottavio*, * Florenz 30. Sept. 1785, † Florenz 18. Dec. 1856.
Elogio del Professore *Antonio Targioni-Tozzetti*, da *Filippo Parlatore*. Atti del Georgofili, nova serie, tomo V. 1858. 8. 28 p.
9099 — Sommario di botanica medico-farmaceutica. Firenze 1828. 8.
9100* — Cenni storici sulla introduzione di varie piante nell' agricoltura ed orticoltura toscana. Firenze, typografia Galileiana di M. Cellini e C. 1853. 8. VIII, 324 (1) p.
Cat. of sc. Papers V, 913.

Targioni-Tozzetti, *Giovanni*, Professor in Florenz (Targionia Micheli), * Florenz 11. Sept. 1712, † Florenz 7. Jan. 1783.
Éloge par *Vicq d'Azyr*, Œuvres III. 305—325.
9101 — De praestantia et usu plantarium. Pisis 1734. folio.
9102* — Prodromo della corografia e della topografia fisica della Toscana. Firenze, nella stamperia imperiale. 1754. 8. 210 p.
9103* — Relazioni d'alcuni viaggi fatti in diverse parti della Toscana. Edizione seconda, con copiose giunte. Firenze 1768—79. XII tomi. — I: 1768. 464 p., 3 tab. aen. — II: 1768. 540 p., 2 tab. — III: 1769. 473 p., 2 tab. — IV: 1770. 478 p., 2 tab. — V: 1773. 474 p., 2 tab. — VI: 1773. 430 p., 2 tab. — VII: 1774. 488 p, 1 tab. — VIII: 1775. 528 p., 2 tab. — IX: 1776. 456 p. — X: 1777. 466 p., 8 tab. — XI: 1777. 455 p., 4 tab. — XII: 1779. 446 p.
9104* — Catalogus vegetabilium marinorum musei sui, opus posthumum ad secundam partem novorum generum plantarum celeberrimi *Petri Antonii Micheli* inserviens, cum notis *Octaviani Targioni Tozzetti Johannis* filii. Florentiae, typ. Tofanis. 1826. folio. (Fasc. I.) 94 p., 3 tab. (18 *paoli*).

Targioni-Tozzetti, *Ottaviano*, Professor in Florenz, * Florenz 10. Febr. 1755, † Florenz 6. Mai 1829.
Bertoloni, Elogio del professore Ottaviano Targioni-Tozzetti. (Mem. della Soc. it. delle scienze in Modena tom. XXI.) Modena 1837. 4. 8 p. et effigies *Targioni-Tozzetti*.
9105* — Sulle Cicerchie Memoria. Firenze, typ. Carlieri. 1793. 8. 72 p.
9106* — Istitutioni botaniche. Firenze 1794. II voll. 8. — *Ed. II: Firenze, Piatti. 1802. II parte ossia III tomi. 8. — I: VIII, 392 p., 12 tab. — II: XXII, 440 p. — III: 589 p. — *Ed. III: Firenze, Piatti. 1813. III voll. 8. — I: IX, 642 p., 17 tab. — II: XXVIII, 552 p. — III: 684 p.
9107* — Sopra alcuni funghi ritrovati nell' apparecchio di una frattura complicata d'una gamba umana. Modena 1805. 4. 24 p., 1 tab.
Memorie della società italiana delle scienze, tom. XIII.

9108* **Targioni-Tozzetti**, *Ottaviano*. Prospetto per la Flora economica fiorentina. Verona, typ. Gambaretti. 1808. 4. 31 p.
Memorie della società ital. delle scienze, tom. XIV.
9109* —— Dizionario botanico italiano che comprende i nomi volgari italiani specialmente toscani, e vernacoli delle piante raccolti da diversi autori e dalla gente di campagna col corrispondete latino Linneano. Firenze, presso G. Piatti. 1809. II partes. 8. — I: XVI, 195 p. — II: 124 p. — *Seconda edizione. Parte 1. 2. Firenze, a Spesi dell' editore. 1858. 8. XII, 308, 248 p.
9110* —— Observationum botanicarum Decas I—V. (Florentiae 1808—10.) 4. 55, 103 p., 13 tab.
Ann. Mus. imp. Florent. vol. I et II.
9111 —— Della necessità di osservare le parti della fruttificazione avanti e dopo la florescenza. Modena, tipografia camerale. 1825. 4. 14 p.
Cat. of sc. Papers V. 913.

Tarsótzky, *Matthias von*.
9112 —— Az öszporhonukról. (Ueber die Compositen). Ofen 1839. 8. VIII, 32 p.

Tartaglini, *Lione*.
9113 —— Erbolario. Prima parte. Firenze 1558. 12.

Taschenberg, *Ernst L.*, Lehrer in Halle.
9114* —— Handbuch der botanischen Kunstsprache. Halle, Anton. 1843. 8. XVI, 184 p., 2 tab. (⅔ *th*.)
9115* —— Deutschlands Pflanzengattungen oder charakteristische Merkmale der in Deutschland wildwachsenden Gattungen der Phanerogamen, einiger Kryptogamen und der überall angepflanzten ausländischen Bäume und Sträucher. Merseburg, Nulandt. 1845. 8 XII, 147 p. (¼ *th*.)

Taschner, *Christian Friedrich*, Arzt in Eisenach, * Eisenach 13. April 1817.
9116* —— De duabus novis Trichomanum speciebus de earum nec non aliarum hujus generis plantarum structura. Jenae 1843. 4. 35 p, 2 tab.

Tassi, *Attilio*, Professor in Siena.
9117* —— Del modo di compilare i cataloghi di semi nei giardini botanici. Lucca, typ. Giusti. 1856. 8. 15 p.
9118* —— Della fruttificazione dell' Hoya carnosa R. Br. Milano, Ubicini. 1856. 8. 14 p., 1 tab.
9119* —— Sulla Flora della provincia Senese e Maremma toscana. Siena, typ. dei Sordo-Muti. 1862. 8. 63 p., 1 tab.
9120* —— Cenno sulla botanica agraria, medica, economica ed industriale della provincia di Siena. Siena, typ. Sordo-Muti. 1865. 4. 130 p., 1 tab.
Annuario della provincia di Siena. 1865.
Cat. of sc. Papers V, 914.

Tatarinow, *Alexander*.
9121* —— Catalogus medicamentorum sinensium, quae Pekini comparanda et determinanda curavit. Petropoli 1856. 8. IV, 65 p.

Tate, *Ralph*.
9122 —— Flora Belfastiensis. The plants round Belfast; with their geographical and geological distribution. Belfast, G. Phillips and Sons. 1863. 12.

Taube, *Johann*, Arzt in Celle, *Celle 1727, † Celle 8. Dec. 1799.
9123* —— Beiträge zur Naturkunde des Herzogthums Zelle (und Lüneburg). Zelle 1766—69. 8. 264 p.

Taupenot, *J. M.*
9124 —— Recherches sur l'organisation des Synanthérées. Dijon 1851. 4. 55 p., 9 tab. (3 *fr*. 50 *c*)

Tausch, *Ignaz Friedrich* (Tauschia v. Schl.), † Prag 1848.
9125* —— Index plantarum, quae in horto excellentissimi Comitis *Josephi Malabaila de Canal* coluntur (cum adnotationibus). Pragae 1821. 4. 12 p.
9126* —— Hortus Canalius, seu plantarum rariorum, quae in horto botanico illustr. ac excell. *Josephi Malabaila Comitis de Canal* coluntur, icones et descriptiones. Tomus primus. Decas 1. Pragae, typ. Theophili Haase. (Calve.) 1823. folio. 28 p., 10 tab. col., effigies *Comitis Canal*. (nigr. 8 *th*. — col. 11⅓ *th*.)
Decadem alteram prodiisse lego, nullibi vero vidi.
Cat. of sc. Papers V, 917—918.

Taylor, *Thomas* (Tayloria Hook.), † Dunkerron (Ireland) Februar 1848.
Cat. of sc. Papers V, 923—924.

Tchichatscheff, *Peter von*, * Gatschina 1812.
9127* —— Asie mineure. Troisième partie: Botanique. Tome 1. 2. Paris, Gide. 1860. gr. 8. LVI, 484, XVI, 676 p., 44 tab.
Cat. of sc. Papers V, 926.

Teerlink, *C. C. J.*
9128 —— De bepaling van de anorganische bestanddeelen der planten. Akad. Proefschrift. Leyden 1858. 8.

Teesdale, *Robert* (Teesdalia R. Br.), † Turnham Green bei London 25. Dec. 1804.
Plantae Eboracenses, in Linn. Transactions II, 103—125. V, 36—95.

Teichert, *J.*, Corrector.
9129* —— Flora von Freienwalde an der Oder. Freienwalde a/O., Fritze. 1870. 8. IV, 356 p.

Teichert, *Oscar*.
9130* —— Geschichte der Ziergärten und der Ziergärtnerei in Deutschland während der Herrschaft des regelmässigen Gartenstyls. Berlin, Wiegandt und Hempel. 1865. 8. VIII, 284 p.

Teichmeyer, *Hermann Friedrich*, Professor in Jena (Teichmeyera Scop.), * Hannöv. Münden 30. April 1685, † Jena 5. Febr. 1744.
9131* —— Programma II. de Caapeba sive Parreira brava. Jenae 1730. 4. (8) p.
9132* —— Institutiones botanicae, seu brevis in rem herbariam introductio. Jenae, typ. Fickelscherr. 1731. 8. 79 p., praef. — *ib. 1737. 8. 79 p., praef. — *Francofurti et Lipsiae 1764. 8. 79 p., praef.

Teysmann, *J. E.*, Gärtner am botanischen Garten in Buitenzorg.
9133 —— Nouvelles Recherches sur la culture de Rafflesia Arnoldi R. Br. Batavia 1856. 8.
9134* —— Catalogus plantarum quae in horto botanico Bogoriensi coluntur. Batavia, ter Lands-Drukkerij. 1866. 8. V, 398 p.
Cat. of sc. Papers V, 927—928.

Teissier, *Octave*.
9135* —— Etude biographique sur *Louis Gérard*, botaniste, suivie de plusieurs lettres inédites de Commerson, Linnée, Burmann, Malesherbes, Papon et autres personnages célèbres. Toulon, typ. Aurel. 1859. 8. (4) 100 p., effigies *Gerardi*.
Extrait du Bulletin de la soc. des sciences de Toulon.

Telfair, *Charles* (Telfairia Hook.), * Belfast in Irland um 1778, † Port. Louis auf Mauritius 14. Juli 1833.
Julien Desjardins Notice historique sur *Charles Telfair* Esq. Port Louis, Ile Maurice, 1836. 8. 100 p.

Tengström, *Johannes Magnus von*, Professor in Helsingfors, † Helsingfors 2. Dec. 1856.
7136* —— De fructus in phanerophytis evolutione. D. Helsingforsiae 1841. 4. 20 p.
9137* —— Naturhistoriens studium i Finland före Linnés tid. D. I. *Elias Tillandz* och hans föregångare. Helsingfors 1843. 8. 32, 16 p.
9138* —— Stirpes cotyledoneae paroeciae Pojo. D. Helsingforsiae 1844. 8. 22 p.
9139* —— In distributionem vegetationis per Ostrobothniam collectanea. D. Helsingforsiae 1846. 8. 24 p.

Tennent, *James Emerson*.
9140* —— Ceylon. An account of the island physical historical and topographical. Vol. 1. 2. London, Longman. 1859. 8.
Vegetation. Trees and plants. Vol. I. 83—124.

Tenore, *Michele*, Professor der Botanik in Neapel (Tenorea Bert.), * Neapel 5. Mai 1780, † Neapel 19. Juli 1861.
9141* —— Corso delle botaniche lezioni. Napoli, typ. Orsini. 1806. II voll. 8. — I: Trattato di fitognosia. Tomo primo: Vocabulario metodico ed alfabetico di botanica tecnologia. XVI, 511 p. — *Ed. II: Napoli, typ. Sangiacomo et diarii encyclopaedici. 1816—23. IV voll. 8. — I—II: Trattato di fitognosia. 1816. 300, 354 p. (1 D. 20 Gr.) — III: Trattato di fitofisiologia. 1821. 356 p., ind. (80 Gr.) — IV, 1—2: Flora medica universale, e Flora particolare della provincia di Napoli. 1823. 8. 620, 178 44 p., ind.

9442* **Tenore**, *Michele*. Flora Napolitana, ossia descrizione delle piante indigene del regno di Napoli e delle piu rare specie di piante esotiche coltivate ne' giardini. Napoli, nella stamperia reale. 1811—38. V voll. folio. — I: 1811—15. LXXII, 324 p. — II: 1820. 398 p. — III: 1824—29. XII, 412 p. — IV: 1830. 358, XVIII p. — V: 1835—36. XIV, 379 p. — Icones in folio maximo: 250 tab. col. (2125 *Lire*.)

9443* —— Raccolta di viaggi fisico-botanici effettuati nel regno di Napoli dai collaboratori della Flora Napolitana. Articoli estratti dal giornale enciclopedico. Vol. I. Napoli, typ. Migliaccio. 1812. 8. 477 p.

9444* (——) Catalogus plantarum horti regii Neapolitani ad annum 1813. Neapoli, typ. Trani. 1812. 4. VIII, 122 p. — *Ad Catalogum plantarum horti regii Neapolitani anno 1813 editum appendix prima. Neapoli. 1815. 8. VI, 76 p. — *Ed. II. Neapoli, typ. diarii encyclopaedici. 1819. 8. 89 p.

9445* —— Osservazioni botanico-agrarie intorno la collezione de' Cereali del real orto botanico di Napoli. Napoli, Sangiacomo. 1817. 8. 32 p
Giornale enciclopedico di Napoli, anno XI, Nr. 1.

9446* —— Discorso pronunciato in occasione dell' apertura della nuova sala destinata per le publiche lezioni, nel real orto botanico di Napoli. Napoli 1818. 4. et 8. 30 p., 1 tab.

9447* (——) Ad Florae Neapolitanae Prodromum appendix quarta. Neapoli, typ. diarii encyclopaedici. 1823. 8. 36 p.

9448* (——) Ad Florae Neapolitanae Prodromum appendix quinta, exhibens centurias duas plantarum nuperrime detectarum; nec non specierum novarum vel minus rite cognitarum, characteres et illustrationes. Neapoli, apud R. Marotta et Vanspandoch. 1826. 4. 34 p.

9449* —— Memoria sulle specie e varietà di Crocchi della Flora Napolitana. Napoli, presso R. Marotta e Vanspandoch. 1826. 4. 13 p, 4 tab. col.

9450* —— Osservazioni sulla Flora *Virgiliana*. Napoli, Zambraja. 1826. 8. 18 p.

9451 —— Viaggio in alcuni luoghi della Basilicata e della Calabria citeriore. Napoli 1827. 8.

9452 —— Cenno di geografia fisica e botanica del regno di Napoli. Napoli 1827. 8. 2 mapp. geogr.

9453* —— Essai sur la géographie physique et botanique du royaume de Naples. Naples, imprimerie française. 1827. 8. 130 p., 2 mapp geogr.

9454 —— Memorie lette alla Reale Accademia di scienze di Napoli negli anni 1822—27. Napoli 1831. 4. 7 tab.
Insunt: Acer Lobelii, Thuya pyramidalis, Dracaena Boerhavii, Oxonis Dehnhardtii, Ornithogalum garganicum, Ixia ramiflora, Campanula garganica.

9455* —— Viaggio per diverse parti d'Italia, Svizzera, Francia, Inghiltera e Germania. Napoli, dalla stamperia francese. 1828. IV voll. 8. — I: 386 p. — II: 403 p. — III: 528 p. — IV: 357 p.

9456* —— Memoria sul Pruno Cocumiglia di Calabria. Napoli 1828. 4. 9 p., 1 tab.

9457* —— Succinta relazione del viaggio fatto in Abruzzo ed in alcune parti dello stato pontificio nell' està del 1829. (Letta all' Accademia Pontaniana) Napoli, nella stamperia della società filomatica. 1830. 4. 90 p.

9458* —— Relazione del viaggio fatto in alcune luoghi di Abruzzo citeriore nella state del 1831. Napoli, typ. Tizzano. 1832. 8. 132 p, 1 mappa geogr.

9459* —— Se la voce Ulva denotasse presso gli antichi la generalità delle piante aquatiche palustri, ovvero la sola Typha latifolia; riflessioni seguite da alcune osservazioni sul papiro. (Napoli) 1831. 4. 29 p.

9460* —— Sylloge plantarum vascularium Florae Neapolitanae hucusque detectarum. Neapoli, typ. Fibreni. 1831. 8. (Cum appendicibus 1—3.) 639 p. (3 *D*.) — *Appendix quarta: 52 p. — *Appendix quinta: (Neapoli, Tizzano.) 1842. 56 p.

9461* —— Memoria sopra diverse specie del genere Musa; letta all' Accademia 28 Marzo 1830. Napoli 1832. 4. 35 p., 3 tab.
Atti della Accademia Pontaniana vol. II. fasc. I.

9462* —— Memoria su di una nuova felce e su varie altre specie. Napoli, typ. Fernandes. 1832. 4. 32 p., 5 tab.

9463 **Tenore**, *Michele*. Saggio sulla botanica italiana. Napoli 1832. 8.

9464* —— Memoria su di una nuova specie di Angelica. Napoli, typ. Fernandes. 1837. 4. 9 p., 1 tab. col.

9465* —— Nuove ricerche su la Caulinia oceanica. Napoli 1838. 4. 13 p., 1 tab.

9466* —— Memoria sulle diverse specie e varietà di Cotone coltivate nel regno di Napoli, colle istruzioni pel coltivamento del cotone siamese e le notizie sulle altre specie, di cui puossi provare l'introduzione. Napoli, typ. Tramater. 1839. 4. 34 p., 2 tab.

9467* —— Sopra i due nuovi generi di piante Syncàrpia e Donzellia Memoria. Modena 1840. 4. 13 p., 2 tab. col.
Mem. della Accad. di Modena, tom. XXII, p. 226—236.

9468* —— Ricerche sull' arancio fetifero. Modena 1843. 4. 10 p, 1 tab.
Mem. della Accad. di Modena, tom. XXIII.

9469* (——) Catalogo delle piante che si coltivano nel R. orto botanico di Napoli, corredato della pianta del medesimo e di annotazioni. Napoli, tip. Puzzicllo. 1845. 4. XII, 104 p., 1 tab.
Cat. of sc. Papers V, 932—934.

Tenore, *Vincenzo*, Professor in Neapel.
9470* —— et G. A. **Pasquale**. Compendio di botanica. Ed. II. Napoli 1858. 8. 408 p.
Cat. of sc. Papers V, 934.

Tenzel, *Franz Bernhard Richard*, * Kempten 1790, ÷ Erlangen . . .

9471* —— Beschreibung einer besondern Pflanzenkrankheit. Kempten (Erlangen, Heyder.) 1819. 8. 15 p. ($^1/_{12}$ th.)

9472* —— Nomenclator systematicus in *Leonardi Plukenetii* phytographiam. Erlangae, typ. Junge. (Heyder.) 1820. 8. 106 p. ($^3/_4$ th.)

Termo, *M. B.*
9473* —— Schlüssel zur Botanik nach Linnés System in Klassen und Ordnungen. Leipzig 1837. gr. 12. VI, 135 p., 1 tab. in folio. ($^2/_3$ th.)
suecice: Inledning till Botaniken. Stockholm 1838. 12. 110 p., 1 tab.

Ternstroem, *Christopher* (Ternstroemia Vent.), ÷ auf der Insel Pulicador 1745.

Textor, *Benedict*, Arzt aus La Bresse in Burgund.
9474* —— Stirpium differentiae ex *Dioscoride* secundum locos communes, opus ad ipsarum plantarum cognitionem admodum conducibile. Parisiis, Simon Colin. 1534. 12. 103 foll. — Venetiis, in officina Divi Bernardini. 1537. 12. — *Impr. cum *Hieronymi Tragi* de stirpium nomenclaturis. Argentinae, excudebat Wendelinus Rihelius. 1552. 4. p. 1128—1200.

Thal, *Johann*, Arzt in Nordhausen (Thalia L.), * Erfurt 1542 oder 1543, ÷ Peseckendorf bei Nordhausen 18. Juli 1583.
C. F. Lesser, Epistola de vita *Johannis Thalii*. Nordhusae 1747. 4.
Irmisch, Ueber einige Botaniker des 16. Jahrhunderts. Sondershausen 1862. 4. p. 44—58.

9475* —— Sylva Hercynia, sive Catalogus plantarum sponte nascentium in montibus et locis plerisque Hercyniae Sylvae, quae respicit Saxoniam, conscriptus singulari studio a *Joh. Thalio*, medico Northusano. Impr. cum *Camerarii* Horto medico. Francofurti ad Moenum, Joh. Feyerabend. 1588. 4. 133 p., 9 tab. ic. xyl.
Editionem «Northusae 1674. 4.» frustra ubique quaesivi.

Thedenius, *Knut Fredrik*.
9476* —— Bidrag till Kännedomen om Najas marina L. Stockholm, typ. Norstedt et Söner. 1838. 8. 13 p., 1 tab.
Kongl. Vetensk. Acad. Handl. 1837. p. 241—253.
germanice: von Ottm. Dotzauer in Flora 1840. p. 305—320.

9477* —— Anmärkningar om Herjedalens Vegetation. Stockholm, typ. Norstedt et Söner. 1839. 8. 53 p., 1 tab.
Kongl. Vet. Acad. Handl. för år 1838. p. 24—76.

9478* —— Observationes de enervibus Scandinaviae speciebus generis Andreaeae. Holmiae, typ. Beckmann. 1849. 8. 10, (2) p., 2 tab.

9479* —— Stockholmstraktens Phanerogamer och Ormbunkar, med Växställen för de sällsyntare. Stockholm 1850. 8. 64 p.

9480* —— Bidrag till Kännedomen om Stockholmstraktens Lafvegetation. Stockholm 1852. 8.

9481 —— Botaniska Excursioner i Stockholmstrakten. Stockholm, typ. Norman. 1859. 8. 135 p. — Bihang: 80 p.

9482* —— Svensk Skol-Botanik. Första Cursen. Ed. II. Stockholm, typ. Nyman. 1861. 60 p., 60 tab.

Théis, *Alexandre de*, * Nantes 13. Dec. 1765, † Paris 24. Dec. 1842.
  J. Duverger, Notice biographique. Paris 1843. 8. 14 p.
9183* —— Glossaire de botanique, ou Dictionnaire étymologique de tous les noms et termes relatifs à cette science. Paris, Gabriel Dufour. 1810. 8. XXVI, 542 p.
  * *italice:* Spiegazione etimologica de' nomi generici delle piante, tratta dal glossario di botanica di *Alessandro de Théis* e da altri moderni scrittori. Vicenza, typ. Parise. 1815. 4. VI, 166 p.

Theokritos.
  Tenore, Osservazioni sulla Flora di Teocrito. Napoli 1826. 4.
  Fée, Flore de Théocrite et des autres bucoliques grecs. Paris 1832. 8. XVI, 118 p.

Theophrastos Eresios (Theophrasta Juss.), * Lesbos, Olymp. 102,3 = 370 vor Chr., † Olymp. 123,3 = 285 vor Chr.
9184* —— *Theophrasti* de historia et de causis plantarum libros ut latinos legeremus, *Theodorus Gaza*. (in calce:) Impressum Tarvisii, per Bartholomaeum Confalonerium de Salodio anno domini 1483 die XX Februari. folio. 155 foll. sign. A—L et a—k. (Hain Repert. Nr. 15,491.)
9185* —— *Theophrasti Eresii* Opera omnia, *Theodoro Gaza* interprete, graece et latine. Venetiis, Aldus. mense Martio 1504. folio. 273 foll.
  Insunt De historia et de causis plantarum, foll. 109—204.
9186* —— *Theophrasti* de historia plantarum et de causis plantarum. Impr. cum *Aristotele*. s. l. 1513. folio.
9187* —— *Theophrasti* de suffruticibus, herbisque ac frugibus libri quatuor (Historiae plantarum libri VI—IX), *Theodoro Gaza* interprete. Accedunt *Plinii* Natur. histor. lib. XX. capita tria. (In calce:) Argentorati, per Henricum Seybold, mense Augusto 1528. 8.
9188* —— *Theophrasti* de historia et causis plantarum libri quindecim, latine, *Theodoro Gaza* interprete. Parisiis, apud Aegidium Gourmonctum. 1529. 8. 354 p., praef., ind.
9189* —— *Theophrasti Eresii* De historia plantarum et de causis plantarum, latine, *Theodoro Gaza* interprete. Impr. cum *Aristotele*. Basileae, Cratander. 1534. folio. 264 p.
9190* —— *Theophrasti* Opera, quae quidem a tot saeculis adhuc restant, omnia: summo studio partim hinc inde conquisita, atque in unum veluti corpus nunc primum redacta, partim a multis quibus etiam hactenus scatebant mendis, doctorum virorum industria ac meliorum exemplarium ope repurgata. Basileae (1541.) folio. 291 p.
  Περὶ φυτῶν ἱστορία καὶ περὶ φυτῶν αἰτιῶν, p. 1—196.
9191* —— Dell' historia delle piante di *Theophrasto* libri III, tradutti novamente in lingua italiana da *Michel Angelo Biondo* medico. etc. Vinegia, typ. Biondo. 1549. 8. (4) 72 foll.
9192 —— *Theophrasti* de causis plantarum liber primus graece. Parisiis, apud Vascosanum. 1550. 4.
9193* —— *Theophrasti* philosophi clarissimi de historia plantarum libri IX cum decimi principio: et de causis sive earum generatione libri VI, latine, *Theodoro Gaza* interprete. Quantum diligentiae huic editioni *Joannes Jordanus* adhibuerit, docebit te sequens epistola ad lectorem. Lugduni, apud Rovillium. 1552. 8. (56), 399 p., ind.
9194* —— *Theophrasti* Περὶ φυτῶν ἱστορίαν καὶ περὶ φυτῶν αἰτιῶν καὶ τίνα ἄλλα αὐτοῦ βιβλία περιέχων τόμος VI. (Praemissa est vita *Theophrasti*.) Venetiis, Aldus filius. 1552. 8. 652 p.
9195 —— *Theophrasti* de causis plantarum liber sextus, graece et latine. Parisiis, apud Guil. Morelium. 1558. 8.
9196* —— *Theophrasti Eresii* graece et latine Opera omnia. *Daniel Heinsius* textum graecum locis infinitis partim ex ingenio partim e libris emendavit: hiulca supplevit; male concepta recensuit: interpretationem passim interpolavit. Cum indice locupletissimo. Lugduni Batavorum, typ. Henrici ab Haestens. 1613. folio. (8) foll., 508 p.
9197* —— *Theophrasti Eresii* de historia plantarum libri decem, graece et latine, in quibus textum graecum variis lectionibus, emendationibus, hiulcorum supplementis, latinam *Gazae* versionem nova interpretatione ad margines: totum opus absolutissimis cum notis, tum commentariis: item rariorum plantarum iconibus illustravit *Joannes Bodaeus a Stapel*, medicus Amstelodamensis. Accesserunt *Julii Caesaris Scali*geri in eosdem libros animadversiones, et *Roberti Constantini* annotationes, cum indice locupletissimo. Amstelodami, apud Henricum Laurentium. (typ. Iudoci Broerssen.) 1644. folio. 1187 p., praef., ind., ic. xyl. i. t.
9198* **Theophrastos Eresios.** *Theophrasti Eresii* de historia plantarum libri decem, graece, cum Syllabo generum et specierum, glossario, et notis. Curante *Joh. Stackhouse*. Oxonii, excudebat S. Collingwood. 1813—14. II partes. 8. — I: 1813. I—LII, 1—241 p., effigies *Stackhouse*, 1 tab. — II: 1814. LIII—LXXXVIII, 243—509, (2) p.
  Haec editio neque in rebus philologicis neque in botanicis satisfacit.
9199* —— *Theophrasti Eresii* quae supersunt Opera et excerpta librorum quatuor tomis comprehensa. Ad fidem librorum editorum et scriptorum emendavit historiam et libros VI de causis plantarum conjuncta opera *H. F. Linkii*, excerpta animos explicare conatus est *Joh. Gottlob Schneider* Saxo. Lipsiae, Vogel. 1818—21. V voll. 8. — I: 1818. XL, 896 p. — II: 1818. 630 p. — III: 1818. 843 p. — IV: 1818. 873 p. — V: 1821. LXVI, 549 p. (3 th.)
9200* —— *Theophrast's* Naturgeschichte der Gewächse. Uebersetzt und erläutert von *Kurt Sprengel*. Altona, Hammerich. 1822. 2 Theile. 8. — I: Uebersetzung. 358 p., praef. — II: Erläuterungen. 427 p. (3 1/8 th.)
9201* —— *Theophrasti Eresii* Historia plantarum. Emendavit, cum adnotatione critica edidit *Frid. Wimmer*. (Operum *Theophrasti* tomus primus.) Vratislaviae, Hirt. 1842. 8. XLVIII, 347 p. (3 th.)
9202* —— *Theophrasti Eresii* Opera quae supersunt omnia. Ex recognitione *Friderici Wimmer*. Tomus 1—3. Lipsiae, B. G. Teubner. 1854—62. 8. LII, 262, 356, XXXIII, 330 p.
9203* —— *Theophrasti Eresii* Opera, quae supersunt, omnia graeca recensuit, latine interpretatus est, indices rerum et verborum absolutissimos adjecit *Fridericus Wimmer*. Parisiis, Firmin Didot. 1866. gr. 8. XXVIII, 547 p.

  Illustrantia Theophrastum scripta:

* **Odonus**, *Caesar*. *Theophrasti* sparse (ae) de plantis sententiae in continuatam seriem ad propria capita revocatae, nominaque secundum literarum ordinem disposita, per *Caesarem Odonum* Philosophum ac Medicum Bononiae practicam medicinae ordinariam profitentem. Accesserunt disputationes duae, alterum an Rheubarbarum etc. Bononiae, apud Alexandrum Benaccium. 1561. 4. 142 foll.
* **Scaliger**, *Julius Caesar*. Commentarii et animadversiones in sex libros de causis plantarum *Theophrasti*. Lugduni, apud Guli. (sic!) Rovillium. (Genevae, typ. Joannis Crispini.) 1566. folio. (4) foll., 396 p., (14) foll. ind. Bibl. Juss.
  —— Animadversiones in historias *Theophrasti*. Lugduni, apud Joannam Jac. Juntae F. 1584. 8. 424 p.
    Insunt quoque *Roberti Constantini* Annotationes in historias *Theophrasti*, p. 345—424.

  Acorambonus, *Felix*. Explanatio sententiarum difficilium in *Theophrasti* libris de plantis (i. e. Historia plantarum et de caussis plantarum.) Romae, apud Sanctium et Lazari. 1590. folio. — ib. 1603. folio. (Cat. Brit. Mus. I. 89.)

* **Vigna**, *Dominicus*. Animadversiones sive observationes in libros de historia et de causis plantarum *Theophrasti* per *Dominicum Vignam*. etc. Pisis, apud Marchettum et Massinum. 1625. 4. (42), 117 p. Bibl. Juss.

* **Sorolla**, *Ildefonso*. Epitome Medices. De differentiis herbarum ex historia plantarum *Theophrasti*. Valentiae, typ. Claudii Mace, sumtibus Sonzoni. 1642. 8. 94 foll., praef. (In fine legitur: Valentiae, apud Michaelem Sorolla, juxta universitatem. 1627. Non nisi quatuor priora folia sunt novae impressionis. Bibl. Reip. Par.

* **Moldenhawer**, *Johann Jakob Paul*. Tentamen in historiam plantarum *Theophrasti*. Hamburgi, Hoffmann. 1791. 8. 151 p. (2/3 th.)

* **Stackhouse**, *John*. Illustrationes *Theophrasti* in usum botanicorum praecipue peregrinantium. Oxonii, typ. Clarendon. 1811. 8. VIII, 83, 91 p.

Stackhouse, *John*. De Libanoto, Smyrna et Balsamo *Theophrasti* notitiae, addita de Mnasio et Sari apud eundem conjectura: ex editione historiae plantarum curante *Joh. Stackhouse*. Oxonii 1814 in usum peregrinantium. 8. 16 p., 3 tab. (graece et latine.)

* —— Extracts from *Bruce's* Travels in Abyssinia, and other modern authorities respecting the Balsam and Myrrh Trees, illustrative of the Natural History of *Theophrastus*. Bath, Binns. 1815. 8. xxi, 15 p., 3 tab.

* (**Paulet de Fontainebleau**, *Jean Jacques*.) Examen d'un ouvrage qui a pour titre: «Illustrationes *Theophrasti* in usum botanicorum praecipue peregrinantium. Auctore *Joh. Stackhouse*. Oxonii 1811. 8. 110 p.» Melun et Paris, Huzard. 1816. 8. 61 p (1 fr. 50 c.)

* **Sturz**, *Friedrich Wilhelm*. Duo loca *Theophrasti* de caussis plantarum l. 14 et 27. emendantur et explicantur. Impr. cum *Chr. Dan. Beckii* Commentariis soc. philol. Lips. I. 2. p. 266.

Montesanto, *Giuseppe*. Dei libri de *Teofrasto Eresio* intorno alle piante, commentati da. *Gasparo Hoffmann*. Notizie. Padova 1822. folio 31 p¨., 2 tab.

Speranza, *Carlo*. Teofrasto primo botanico. Discorso. Firenze 1841. 8. 32 p. (84 c.)

Theobald, *G.*
Cat. of sc. Papers V, 945—946.

Theorin, *G. R. A.*
9204* —— Växtgeografisk skildring af Södra Halland. D. Lund, typ. Berling. 1865. 8. xvi, 32 p.
9205 —— Om växternas hår och yttre glandler. Några anmärkningar. Calmar, typ. Westin. 1868. 8. 30 p., 1 tab.

Thevenot, *Jean* (Thevenotia DC.), * Paris 6. Juni 1633, † Miana bei Tauris 28. Nov. 1667.

Thibaud, *Etienne*.
9206 —— Disquisitio, utrum in plantis existat principium vitale, principio vitali in animalibus analogum? Monspelii 1785. 4. 22p.

Thibierge, *Adolphe*.
9207* —— De l'amidon du marron d'Inde. Ed. II. Paris, V. Masson. 1857. 8. iii, 140 p., 4 tab. (2 fr. 50 c.)

Thiébaut-de-Berneaud, *Arsene* (Thiebaudia Colla), * Sedan 14. Jan. 1777, † Paris 3. Jan. 1850.
9208* —— Du genêt, considéré sous le rapport de ses différentes espèces, de ses propriétés et des avantages, qu'il offre à l'agriculture et à l'économie domestique. Paris, Colas. 1810. 8. vi, 92 p.
9209* —— Coup d'œil historique, agricole, botanique et pittoresque sur le Monte Cirello. Paris, typ. Poulet. 1814. 8. 43 p.
9210* —— Description du jardin de cultures exotiques établi à Fromont près Paris. Paris, typ. Lebel. 1824. 8. 13 p.
9211* —— Traité élémentaire de botanique et de physiologie végétale, ou simples études sur les divers phénomènes que présentent les plantes, appuyées de planches dessinées d'après nature et gravées avec soin. Paris, Veuve le Gras (1837.) 8. xi, 384 p. et Atlas: 36 tab. col.
Cat. of sc. Papers V, 951.

Thiel, *Hugo*, * Bonn 4. Non. Jun. 1839.
9212* —— De radicum plantarum quarundam ab apicolis praecipue cultarum directione et extensione. D. Bonnae, typ. Georgi. 1865. 8. 40 p.

Thielens, *A.*
9213 —— Flore médicale belge. Bruxelles 1862. 8. iv, 335 p. (5 fr.)

Thiery de Menonville, *Nicolas Joseph*, * St. Mihiel 18. Juni 1739, † San Domingo 1780.
9214* —— Traité de la culture du Nopal et de l'éducation de la cochenille dans les colonies françaises de l'Amérique. Précédé d'un voyage à Guaxaca. Au Cap-français, Herbault. (Paris, Delalain.) 1787. 8. cxliv, 436, 94 p., 2 tab. col

Thiesen, *Johannes*.
9215* —— De plantarum anima. Regiomonti 1758. 4. 22 p.

Thiriart.
9216* —— Catalogue des plantes et arbustes cultivés du jardin botanique de Cologne. Cologne, typ. Thiriart. 1806. 8. 43, 64, 21, 34 p., praef., ind.

Thisquen.
9217* —— Die wichtigeren Gewächse aus der Phanerogamenflora in Münstereifel. 1. Theil. Köln, typ. Schmitz. 1854. 4. 32 p.

Thomae, *C.*
9218* —— Alphabetisches Verzeichniss der in der Umgegend von Wiesbaden wildwachsenden Pflanzen (Phanerogamen), und der wichtigsten Kulturgewächse. Wiesbaden, Scholtz. 1841. 8. (⅓ th.)

Thomann, *A.*
9219 —— Synopsis der in der Umgebung von Krems wildwachsenden Phanerogamen. Programm. Krems 1859. 4. 25 p.

Thomas, *Emanuel*.
Frater ejus Ludovicus obiit Neapoli 9. Jan. 1823 (Thomasia Gay.) et alius frater Philippus † in insula Caral Sardiniae mense Septembri 1831.
9220* —— Catalogue des plantes suisses, qui se vendent chez *Emanuel Thomas* à Bex Canton de Vaud en Suisse. Lausanne, typ. Ducloux. 1818. 8. 38 p. — *ib. 1837. 8. 49 p. — Strasbourg, typ. Dannbach. 1844. 8. 4, 8 p. Cryptogames.

Thomas, *Friedrich*; Oberlehrer in Ohrdruf, *Gotha 22. Nov. 1840.
9221* —— De foliorum frondosorum Coniferarum structura anatomica. D. Berolini, typ. Schade. 1863. 8. 38 p.
9222* —— Ueber Phytoptus Duj. und eine grössere Anzahl neuer oder wenig gekannter Missbildungen, welche diese Milbe an Pflanzen hervorbringt. Programm. Gotha, typ. Engelhardt. 1869. 4. 22 p, 1 tab.

Thomasius, *Jakob*, Professor in Leipzig, * Leipzig 25. Aug. 1622, † Leipzig 9. Sept. 1684.
9223* (——) De laudibus florum. Lipsiae, typ. Henschel. 1652. 4. (8) p.
9224* (——) Disputatio philologica de Mandragora. Von der Alraun-Wurtzel. Lipsiae, typ. Ritzsch. 1655. 4. — *Recusa et aucta: Lipsiae, typ. Hahn. 1671. 4. (24) p. — * Halae 1739. 4. 24 p. — *Lipsiae 1769. 4. (24) p.

Thomé, *Otto Wilhelm*, * Köln 20. März 1841.
9225* —— De Cicutae virosae L. rhizomatis et radicis anatomia. D. Bonnae, typ. Carthaus. 1862. 8. 34 p.
9226* —— Das Gesetz der vermiedenen Selbstbefruchtung bei den höheren Pflanzen. Leipzig, Mayer. 1870. 8. 46 p., ic. xyl. (⅖ th.)

Thompson, *John* (Thompsonia R. Br.).
9227 —— Botany displayed, being a complete and compendious elucidation of botany, according to the system of Linnaeus. London 1798. 4. Nr. 1—4: 10 p., 9 foll., 12 tab. col.

Thompson, *John Vaughan*.
9228* —— A Catalogue of plants growing in the vicinity of Berwick upon Tweed. London, J. White. 1807. 8. xxiv, 132 p.
Cat. of sc. Papers V, 959.

Thompson, *Robert*.
Cat. of sc. Papers V, 959—960.

Thompson, *William*.
9229 —— The English Flower Garden. London, Simpkin. 1855. 4. (21 s.)

Thomson, *Anthony Todd*, * 1778, † Eating 3. Juli 1849.
9230* —— Lectures on the elements of botany. Part 1. containing the descriptive anatomy of those organs, on which the growth and preservation of the vegetable depend. Vol. I. London, Longman, Hurst etc. 1822. 8. xxxiii, 688 p., ind., 10 tab.

Thomson, *Spencer*.
9231 —— Wanderings among the wild flowers: how to see and how to gather them; with two chapters on the economical and medicinal uses of our native plants. London, Houlston. 1854. 12. (320 p.) (5 s.)
9232 —— Wayside weeds. London, Groombridge. 1864. 8. 224 p., ic. xyl. (5 s.)

Thomson, *Thomas*, in London, * Glasgow 4. Dec. 1817.
Cat. of sc. Papers V, 976.

Thore, *Jean*, Arzt in Dax (Thora DC., Thorea Agardh.), *Montaut (Landes) 3. Oct. 1762, † Dax (Landes) 27. April 1823.
9233 —— Essai d'une Chloris du Département des Landes. Dax, Seize. an XI. (1803.) xliv, 516 p.

9234 **Thore**, *Jean*. Promenade sur les côtes du golfe de Gascogne. Bordeaux 1810. 8.
  Desvaux, Journ. I, 193—197. (1808.)
Thornton, *Robert John*, Professor in London (Thorntonia Rchb.), † London 21. Jan. 1837.
9235* —— A new illustration of the sexual system of *Linnaeus*, Volumen I. — The genera of exotic and indigenous plants that are to be met with in Great-Britain; arranged according to the reformed system. — The philosophy of botany. London (1799—1809.) imp. folio. 184 p., 66 tab.
  Inter tabulas occurrunt effigies botanicorum *James Edward Smith, Martyn, Rutherford, Jean Jacques Rousseau, Darwin, Shaw, Hill, Hales, Bonnet, Colin Milne, Withering, Curtis, Ray, Vaillant, Tournefort*, aliorum.
9236* —— Select plants. The Temple of the Flora. Picturesque botanical plates of the New illustration of the sexual system of *Linnaeus*. London, printed for the publisher. 1799. imp. folio. (30) foll., 31 tab. col.
  Inter tabulas occurrunt duae *Linnaei* effigies; altera eum depingit peregrinantem in Lapponia.
9237 —— Practical botany, being a new illustration of the genera of plants. London 1807. 8. vol. I: 90 p., 85 tab.
9238* —— A new family herbal: or popular account of the natures and properties of the various plants used in medicine, diet and the arts. London, Phillips. 1810. 8. xvi, 901 p., (283) ic. xyl. (1 *l*. 10 *s*.) — Ed. II. ib. 1814. 8.
9239* —— The British Flora; or genera and species of british plants; arranged after the reformed sexual system; and illustrated by numerous tables and dissections. London, typ. Whiting. 1812. V voll. 8. — I: x, 120 p., totid. tab. — II: 138 p., totid. tab. — III: 126 p., totid. tab. — IV: 100 p., totid. tab. — V: 53 schemata, 52 p. (10 *l*. 10 *s*.)
9240 —— Elements of botany. London 1812. II voll. rep. 8. — I: 90 p., 52 tab. — II: 73 p., 84 tab. (10 *l*. 6 *d*.)
9241 —— Juvenile Botany. London, Sherwood. 1818. 8. viii, 307 p, 14 tab.
9242 —— An easy introduction to the science of Botany, through the medium of familiar conversations between a father and his son. London, Sherwood, Jones and Co. 1823. 12. v, 307 p, 14 tab. col. (12 *s*.)
Thorstensen, *Petrus*, Arzt in Kongsberg (Norwegen), * 1753.
9243 —— De Scirpis in Dania sponte nascentibus. D. Havniae 1770. 4. 16 p.
Thory, *Claude Antoine*, * 26. Mai 1759, † Paris 1827.
9244* —— Rosa Redoutea, seu descriptio novae speciei generis Rosae. Parisiis, typ. Hérissant le Doux. 1817. 8. 7 p, 1 tab. col.
9245* —— Rosa Candolleana, seu descriptio novae speciei generis Rosae; addito catalogo inedito Rosarum quas *Andreas DuPont* in horto suo studiose colebat anno 1813. Parisiis, typ. Hérissant le Doux. 1819. 8. 19 p., 1 tab. col.
9246* —— Prodrome de la Monographie des espèces et variétés connues du genre rosier, divisées selon leur ordre naturel, avec la synonymie des noms vulgaires. Paris, Dufart. 1820. 8. 190 p., 2 tab. col. (6 *fr*.)
9247* —— Monographie ou histoire naturelle du genre groseillier, contenant la description, l'histoire, la culture et les usages de toutes les groseilles connues. Paris, Dufart. 1829. 8. xvi, 152 p., 24 tab. col., effigies autoris. (10 *fr*.)
  Claude Antoine Thory composuit textum operis: Les Roses peintes par *Pierre Joseph Redouté*.
Thouin, *André* (Thouinia Poit.), * Paris 10. Febr. 1747, † Paris 27. Oct. 1824.
  Cuvier, Éloge historique. Mém. du Muséum XIII, 205—216.
  Silvestre, Notice biographique. Paris 1825. 8. 26 p
9248* —— Monographie des greffes, ou description technique des diverses sortes de greffes employées pour la multiplication des végétaux. (Paris, typ. Huzard. 1821.) 4. 100 p., 13 tab. (6 *fr*.)
  germanice: Monographie des Pfropfens. Leipzig, Baumgärtner. 1821. 4. (2½ *th*.)
9249* —— Cours de culture et de naturalisation des végétaux. Avec un Atlas de 65 planches in 4. publié par *Oscar Leclerc*, son neveu et aide au jardin du roi. Paris, Huzard et Déterville. 1827. III voll. 8. — I: xxxii, 528 p. — II: 614 p. — III: 476 p. — Atlas: 4 obl. 65 tab. (35 *fr*.)
  Cat. of sc. Papers V, 983—984.

Thozet, *A.*
9250 —— Notes on some of the Roots, Tubers, Bulbs, and Fruits used as Food by the Aboriginals of N. Queensland. Rockhampton 1866. 8.
Thran, *Christian.*
9251 —— Index plantarum horti Carolsruhani tripartitus. (1733.) 8. 132 p.
Threde, *H. C.*
9252* —— Die Algen der Nordsee und die mit denselben vorkommenden Zoophyten Erste Centurie und Appendix. Hamburg, Hoffmann und Campe. 1832. 4.
Threlkeld, *Caleb* (Threlkeldia R. Br.), * 1676, † Dublin 1728.
9253* —— Synopsis stirpium hibernicarum alphabetice dispositarum, sive commentatio de plantis indigenis praesertim Dubliniensibus instituta, being a short treatise of native plants, especially such as grow spontaneously in the vicinity of Dublin; with an appendix of observations made upon plants, by Dr. (*Thomas*) *Molyneux*. Dublin, typ. Powell. 1727. 8. (114) p. Appendix: 60 p.
Thuemmig, *Ludwig Philipp*, Professor in Halle, dann in Cassel, * Helmbrechts bei Culmbach 12. Mai 1697, † Cassel 15. April 1728.
9254* —— Experimentum singulare de arboribus ex folio educatis ad rationes physicas revocatum. D. Halae, typ. Hilliger. 1724. 4. 56 p
  * *germanice:* Von den Bäumen, welche aus Blättern auferzogen werden. In libro sequenti, Stück II. p. 110—173; et inter Meletemata varii argumenti. Brunsvici 1727.
9255* —— Versuch einer gründlichen Erläuterung der merkwürdigsten Begebenheiten in der Natur. 1—3. Stück. Halle 1723. 8. 270 p.
  Insunt: Translatio dissertationis praecedentis, II, p. 110—173. — De conservatione florum per plures annos. III. p. 181—188. — De succo arborum per frigus manante, Nr. 10 — De circulis annuis, Nr. 12. — De arborum inversione, ut rami in terram mergerentur et radices agerent, Nr. 22. — Cur plus olei ex adultis plantis habeatur, quam ex teneris, Nr. 28. — De autore cf. *Hall.* Bibl. bot. II. p. 171. — *Spreng.* Hist. rei herb. II. p. 311—312.
Thuillier, *Jean Louis*, * Creil (Oise) 22. April 1757, † Paris 18. Dec 1822.
9256* —— La Flore des environs de Paris, ou Distribution méthodique des plantes qui y croissent naturellement, faite d'après le système de Linné; avec le nom et la description de chacune en latin et en français; l'indication de leur lieu natal, de leur durée, du tems de leur floraison, de la couleur des fleurs et la citation des auteurs, qui les ont le mieux décrites ou en ont donné les meilleures figures. Paris, Desaint. 1790. 12. viii, 359 p. — *Nouvelle édition, revue, corrigée et considérablement augmentée. Paris, chez l'auteur. an VII. (1799.) 8. xlviii, 550 p. (6 *fr*.) — Paris, Compère. 1824. 8. (non differt)
Thunberg, *Carl Pehr*, Professor der Botanik in Upsala (Thunbergia Retz.), * Jönköping 11. Nov. 1743, † Tunaberg bei Upsala 8. Aug. 1822
  Agardh, Biographie in K. Wet. Acad. Handl. 1828. p. 242—267.
  Billberg, Åminnelse-Tal öfver etc. *C. P. Thunberg*, hållet inför K. Vet. Acad. den 21 Mars 1829. Stockholm, typ. Norstedt. 1832. 8. 48 p.
  germanice: Stralsund, Struck. 1831. 8.
9257* —— Flora japonica, sistens plantas insularum japonicarum secundum systema sexuale emendatum redactas ad XX classes, ordines, genera et species cum differentiis specificis, synonymis paucis, descriptionibus concinnis et 39 iconibus adjectis. Lipsiae, Müller. (F. A. Brockhaus.) 1784. 8. lii, 418 p., 39 tab. (3⅓ *th*.)
  Botanical observations on the Flora japonica. Transact. of the Linnean Society. vol. II. p. 326—342. — *Usteri*, Annalen der Botanik, Stück XVIII, p. 89—105.
9258* —— Icones plantarum japonicarum, quas in insulis japonicis annis 1775 et 1776 collegit et descripsit. Upsaliae, Edman. (Schubothe.) 1794—1805. folio. — (I: 1794. (Orchideae). — II: 1800. — III: 1801. — IV: 1802. — V: 1805.) (20) p., 50 tab. (8½ *th*.)
9259* —— Resa uti Europa, Africa, Asia, förrättad åren 1770—79. Upsala, Edman. 1788—93. IV voll. 8. — I: 1788. 389 p., 2 tab. — II: 1789. 384 p, 4 tab. — III: 1791. 414 p. — IV: 1793. 341 p, 4 tab.

* germanice: Reise durch einen Theil von Europa, Afrika und Asien, hauptsächlich in Japan, in den Jahren 1770—79. Aus dem Schwedischen von *Groskurd*. Mit Kupfern. Berlin, Haude und Spener. 1792—94. 2 Theile. 8. — I: 1792. 292, 262 p. — II: 1794. XVI, 242, 263 p. (1¼ th.)
* germanice: Reisen in Afrika und Asien, vorzüglich in Japan, während der Jahre 1772—79 auszugsweise übersetzt von *Kurt Sprengel*, mit Anmerkungen von *Johann Reinhold Forster*. Berlin, Voss. 1792. 8. VIII, 230 p. (11/12 th.)
anglice · Travels in Europe, Africa and Asia. London 1794—95. IV voll. 8. — I: 317 p., 2 tab. — II: 316 p., 4 tab. — III: 285, 31 p. — IV: 293 p., 4 tab.
* *gallice*: Voyages de C. P. Thunberg au Japon, par le Cap de Bonne-Espérance, des Îles de la Sonde etc. Traduits par *L. Langles* et revus quant à la partie d'histoire naturelle par *J. B. Lamarck*. Paris, Dandré. 1796. IV voll. 8, 28 tab., effigies *Thunbergii*. (12—15 fr.)
gallice: Voyage en Afrique et en Asie, principalement au Japon, pendant les années 1772—79, servant de suite au voyage de *Sparrman*, traduit du suédois avec des notes. Paris, Fuchs 1794. 8. (6 fr.)

9260 **Thunberg**, *Carl Pehr*. Descriptiones Mesembryanthemorum quorundam in capitis bonae spei Africae interioribus regionibus anno 1774 detectorum. Norimbergae 1791. 4. 18 p.
Ex novis actis physico-med. acad. caes. Leop. Carol. Tom. VIII.
9261* —— Prodromus plantarum Capensium, quas in promontorio Bonae Spei Africes annis 1772—75 collegit. Pars I et II. Upsaliae, Edman. (Schubothe.) 1794—1800. 8. 191 p., 3 tab. (2⅔ th.)
9262* —— Flora Capensis, sistens plantas promontorii Bonae Spei Africes, secundum systema sexuale emendatum, redactas ad classes, ordines, genera et species cum differentiis specificis, synonymis et descriptionibus. Volumen primum. Fasc. I—III. Upsaliae 1807—13. 8. 578 p. — * Havniae, Bonnier. 1818—20. 8. Fasc. I—V. 578, 352 p. — * Edidit et praefatus est *Joseph August Schultes*. Stuttgardiae, Cotta. 1823. 8. LXVI, 803 p. (4 th.)

Praeside Carolo Petro Thunberg dissertationes academicae:
9263* —— De Gardenia. D. Upsaliae, typ. Edman. 1780. 4. 22 p., 2 tab.
9264* —— De Protea. D. Upsaliae, typ. Edman. 1781. 4. 62 p., 5 tab.
9265* —— Oxalis. D. Upsaliae, typ. Edman. 1781. 4. 32 p., 2 tab.
9266* —— Nova genera plantarum. D. I—XVI. Upsaliae, typ. Edman. 1781—1801. 4. 194 p., 5 tab.
9267* —— Iris. D. Upsaliae, typ. Edman. 1782. 4. 36 p., 2 tab.
6268* —— Ixia. D. Upsaliae, typ. Edman. 1783. 4. 24 p., 2 tab.
9269* —— Gladiolus. D. Upsaliae, typ. Edman. 1784. 4. 26 p., 2 tab.
9270* —— De Aloe. D. Upsaliae, typ. Edman. 1785. 4. 14 p.
9271* —— De medicina Africanorum. D. Upsaliae, typ. Edman. 1785. 4. 8 p.
Magazin für die Botanik. Stück V, p. 59—66. — *Schlegel*, Thesaurus mat. med. I. p. 191—198.
9272* —— De Erica. D. Upsaliae, typ. Edman. 1785. 4. 62 p., 6 tab.
Usteri Delect. opusc. bot. II. p. 1—78.
9273* —— Ficus genus. D. Upsaliae, typ. Edman. 1786. 4. 16 p., 1 tab.
Usteri Delect. opusc. bot. I. p. 125—144.
9274* —— Museum naturalium Academiae Upsaliensis. Dissertationibus academicis. Pars I—XXII. Upsaliae, typ. Edman. 1787—97. 4. p. 1—191, 93—226. — Appendix I—VII: 1791—98. p. 111—150, 103—125.
9275* —— De Moraea. D. Upsaliae 1787. 4. 20 p., 2 tab.
9276* —— Restio. D. Upsaliae, typ. Edman. 1788. 4. 22 p., 1 tab.
Usteri Delectus opusc. bot. I. p. 35—58.
9277* —— Arbor toxicaria Macassariensis. D. Upsaliae, typ. Edman. 1788. 4. 11 p.
Usteri Delectus opusc. bot. I. p. 23—34.
9278* —— De Myristica. D. Upsaliae, typ. Edman. 1788. 4. 10 p.
9279* —— De Caryophyllis aromaticis. D. Upsaliae, typ. Edman. 1788. 4. 8 p.
9280* —— De Moxae atque ignis in medicina rationali usu. D. Upsaliae, typ. Edman. 1788. 4. 15 p.
9281* —— Flora Strengnesensis. D. Upsaliae, typ. Edman. 1791. 4. 62 p.
III. *Wikström* hanc dissertationem Respondenti *Carl Axel Carlson* tribuit.
9282* —— De Benzoë. D. Upsaliae, typ. Edman. 1793. 4. 7 p.
9283* —— De Acere. D. Upsaliae, typ. Edman. 1793. 4. 12 p.
9284* —— De cortice Angusturae. D. Upsaliae, typ. Edman. 1793. 4. 7 p.
9285* —— De scientia botanica utili atque jucunda. D. Upsaliae, typ. Edman. 1793. 4. 10 p.
9286* —— De Hermannia. D. Upsaliae, typ. Edman. 1794. 4. 19 p., 1 tab.

9287* **Thunberg**, *Carl Pehr*. De oleo Cajuputi. D. I—II. Upsaliae, typ. Edman. 1797. 4. 18 p.
9288* —— De Diosma. D. Upsaliae, typ. Edman. 1797. 4. 20 p.
9289* —— De Melanthio. D. Upsaliae, typ. Edman. 1797. 4. 8 p.
9290* —— De usu Menyanthidis trifoliatae. D. Upsaliae, typ. Edman. 1797. 4. 6 p.
9291* —— De Drosera. D. Upsaliae, typ. Edman. 1797. 4. 8 p.
9292* —— De Hydrocotyle. D. Upsaliae, typ. Edman. 1798. 4. 8 p., 1 tab.
9293* —— Arctotis. D. Upsaliae, typ. Edman. 1799. 4. 19 p.
9294* —— De Arnica. D. Upsaliae, typ. Edman. 1799. 4. 34 p.
9295* —— Dissertationes academicae Upsaliae habitae sub praesidio *Caroli Petri Thunberg* (edidit *Christian Heinrich Persoon*). Goettingae, Dieterich. 1799—1801. III voll. 8. — I: 1799. VIII, 326 p., 5 tab. — II: 1800. 436 p., 3 tab. — III: 1801. 272 p., 12 tab. (3½ th.)
In voluminibus I—II continentur 41 dissertationes botanicae; in volumine III 18 dissertationes zoologici argumenti.
9296* —— Fructificationis partium varietates. D. I—II, 2. Upsaliae, typ. Edman. 1800—2. 4. 32 p.
9297* —— Aspalathus. D. I. Upsaliae, typ. Edman. 1802. 4. 14 p.
9298* —— De Blaeria. D. Upsaliae, typ. Edman. 1802. 4. 12 p.
9299* —— De Antholyza. D. Upsaliae, typ. Edman. 1803. 4. 10 p.
9300* —— De Phylica. D. Upsaliae, typ. Edman. 1804. 4. 10 p.
9301* —— De Brunia. D. Upsaliae, typ. Edman. 1804. 4. 8 p.
9302* —— Thesium. D. Upsaliae, typ. Edman. 1806. 4. 13 p.
9303* —— Betula. D. Upsaliae, typ. Edman. 1807. 4. 18 p., 1 tab.
9304* —— De Dracaena. D. Upsaliae, typ. Edman. 1808. 4. 8 p., 1 tab.
9305* —— De Borbonia. D. Upsaliae, typ. Edman. 1811. 4. 7 p., 1 tab.
9306* —— De Cinchona. D. Upsaliae, typ. Edman. 1811. 4. 10 p.
9307* —— De utilitate plantarum quarundam suecicarum. D. Upsaliae, typ. Stenhammar. 1813. 4. 9 p.
9308* —— De Rubo. D. Upsaliae, typ. Stenhammar. 1813. 4. 12 p., 1 tab.
9309* —— De Styrace. D. Upsaliae, typ. Stenhammar. 1813. 4. 14 p.
9310* —— Dissertatio, geographiam plantarum cultarum adumbrans. Upsaliae, typ. Stenhammar. 1813. 4. 10 p.
9311 —— Flora Runsteniensis. D. I—V. Upsaliae, typ. Zeipel et Palmblad. 1815—17. 4. 32 p.
Clar. *Wikström Abrahamo Ahlquist* adscripsit hanc dissertationem.
9312* —— In narcoticis observationes. D. Upsaliae, typ. Zeipel et Palmblad. 1816. 4. 10 p.
9313* —— De Daphne. D. Upsaliae 1817. 8. 54 p.
Autor est *Johannes Emanuel Wikström*.
9314* —— Plantarum brasiliensium Decas I—III. Upsaliae, typ. Palmblad. 1817—21. 4. 38 p., 3 tab.
9315* —— In genus Echitis observationes. D. Upsaliae, typ. academiae. 1819. 4. 8 p., 1 tab.
9316* —— De nutritione plantarum. D. I—III. Upsaliae, typ. academiae. 1819. 4. 32 p.
9317* —— Genera graminum in Scandinavia indigenorum recognita. D. Upsaliae, typ. academiae. 1819. 4. 10 p.
Autor est *Carl Johan Hartman*.
9318* —— Flora Gothoburgensis. D. I—II, 2. Upsaliae, typ. academiae. 1820—24. 8. 117 p.
Autor est *Pehr Fredrik Wahlberg*.
9319* —— De Krameria. Dissertatio botanico-medica sistens historiam botanicam generis nec non notiones auctorum circa Ratanhiam radicem chemicas et medicas. D. Upsaliae, typ. academiae. 1822. 4. 19 p.
9320* —— De Digitali purpurea. D. Upsaliae, typ. academiae. 1822. 4. 16 p.
9321* —— De Ipecacuanha. D. I—II. Upsaliae 1824. 8. 38 p.
9322* —— Examen classis Diandriae in systemate sexuali. D. Upsaliae, typ. Palmblad. 1824. 4. 11 p.
9323* —— Examen classis Gynandriae. D. Upsaliae, typ. Palmblad. 1824. 4.
9324* —— Plantarum japonicarum novae species. Upsaliae, typ. Palmblad. 1824. 8. 10 p., 1 tab.
9325* —— Examen classis Monoeciae. D. I—II. Upsaliae, typ. Palmblad. 1825. 4. 22 p.
9326* —— Examen classis Dioeciae. D. I—II. Upsaliae, typ. Palmblad. 1825. 4. 18 p.

9327* **Thunberg**, *Carl Peter.* Examen classis Polygamiae. D. I—II. Upsaliae, typ. Palmblad. 1825. 4. 14 p.
9328* —— De Palmis. D. I. II. Upsaliae, typ. Palmblad. 1825. 4. 16 p.
9329* —— Florula javanica. D. I—II. Upsaliae, typ. Palmblad. 1825. 4. 23 p.
9330* —— Florula ceilanica. D. Upsaliae, typ. Palmblad. 1825. 4. 11 p.
9331 —— Anvisning till de svenska pharmaceutiska växternas igenkännande. D. I. Upsala, typ. Palmblad. 1826. 8. 20 p.
Autor est *Pehr Fredrik Wahlberg.*
9332* —— De Gummi ammoniaco. D. Upsaliae, typ. Palmblad. 1828 4. 8 p.
9333* —— Afhandling om the wäxter, som i Bibelen omtalas. D. I—IX. Upsala, typ. Palmblad. 1828. 8. 128 p.

Thuret, *Gustave,* in Antibes.
9334 —— Recherches sur les zoospores des Algues et les anthéridies des cryptogames. Paris, typ. Martinet. 1851. 8. 93 p., 31 tab. (20 *fr.*)
Ann. sc. nat. XIV. 214—260 XVI. 15—39.
9335* —— Recherches sur la fécondation des Fucacées, suivies d'observations sur les anthéridies des Algues. Paris, V. Masson. 1855—57. 46, 16 p., 8 tab.
Ann. sc. nat. IV. Série, tome II. III.
Cat. of sc. Papers V, 987—988.

Thurmann, *Julius,* Président der société jurassienne d'émulation, * Neu-Breisach 5. (8.) Nov. 1804, † Porrentruy (Bruntrutt) 25. Juli 1855.
9336* —— Énumération des plantes vasculaires du district de Porrentruy. (Archives de la société jurassienne d'émulation.) Porrentruy, typ. Michel. 1848. 8. 54 p.
9337* —— Essai de phytostatique, appliqué à la chaîne du Jura et aux contrées voisines, ou Étude de la dispersion des plantes vasculaires envisagée principalement quant à l'influence des roches soujacentes. Berne, Jent et Gassmann. 1849. II voll. gr 8. xii, 373, 444 p., 7 tab. pro parte col.
Cat. of sc. Papers V, 988.

Thurneisser zum Thurn, *Leonhard,* * Basel 6. Aug. 1531, † Köln 9. Juli 1596.
9338* —— Historia, sive descriptio plantarum omnium, tum domesticarum quam exoticarum, earundem cum virtutes influentiales, elementares et naturales, tum subtilitates nec non icones etiam veras ad vivum arteficiose expressas proponens, atque una cum his partium omnium humani corporis externarum et internarum picturas, et instrumentorum extractioni chymicae servientium delineationum usumque ac methodos pharmaceuticas quasvis, ad curam valetudinis dextre tractandam necessarias complectens. Berlini, excudebat Michael Hentzske. 1578. folio. clvi p., praef., ind., ic. xyl. i. t. — *Coloniae Agrippinae, apud Joannem Gymnicum, sub monocerote. 1587. folio.
9339* —— Historia und Beschreibung Influentischer, Elementischer und Natürlicher Wirckungen aller fremdem und heimischen Erdgewechsen, auch irer Subtiliteten, sampt wahrhaftiger und künstlicher Conterfeitung derselbigen, auch aller theiler, innerlicher und äusserlicher glider am menschlichen Körper, nebst Fürbildung aller zu der Extraction dienstlicher Instrumenten, auch deren Gebrauch, und allen zu erhaltung der gesundheit notwendigen Prozessen, gemeinem Nutz zu gut. Gedruckt zu Berlin bei Michael Hentzken. 1578. folio. 156 p., praef., ind , ic. xyl. i. t. (*2 th.* A.)
A praecedente libro fere non differt, ab ipso autore germanice simul ac latine editus. Solae sunt Umbelliferae, cum mirificis synonymis locisque natalibus. Omnia plena nugarum astrologicarum. Icones paraverat 1921, teste *Bayer* Epist. p. 74., quae ad *Pancovium* transierunt.

Thury, *J. M. Antoine,* Professor der Botanik in Genf, * Kanton Waadt 1822.
Cat. of sc. Papers V, 989.

Thwaites, *George Henry Kendrick,* Director des botanischen Gartens zu Paradenia auf Ceylon.
9340* —— Reports on the Royal Botanic Garden, Paradenia. 1—12. Colombo, typ. of the government printer. 1856—67. folio.
9341* —— Enumeratio plantarum Zeylaniae: an Enumeration of Ceylon plants, with Descriptions of the new and little known genera and species, observations on their habitats, uses, native names. Assisted in the identification of the species and synonymy by *J. D. Hooker.* London, Dulau and Co. 1864. 8. viii, 483 p. (1 *l.* 5 *s.*)
Prodiit quinque fasciculis annis 1859—64.
Cat. of sc. Papers V, 989—991.

Tichomirow, *Wladimir.*
9342* —— Peziza Kauffmanniana, eine neue Becherpilzspecies. Moskau 1868. 8. 44 p., 4 tab.
Bull. nat. Mosc. 1868, Nr. 2.

Tidicaeus, *Franz,* Professor in Leipzig und Thorn, * Danzig 1554, † Thorn 29. März 1617.
9343* —— Phytologia generalis, capitibus aliquot complectens ea quae ad plantarum essentiam naturamque universim explicandam pertinent. D. Lipsiae, Georgius Defnerus imprimebat. 1582. 12. (68) p.

Tidyman, *Philipp,* † Aberdeen 11. Juni 1850.
9344* —— Commentatio inauguralis de Oryza sativa. Goettingae, Dieterich. 1800. 4. 28 p., 2 tab. col.

Tieghem, *Philippe van.*
9345* —— Recherches sur la structure des Aroïdées. Thèse. Paris, typ. Martinet. 1867. 4. 139 p., 10 tab.
Cat. of sc. Papers V, 993.

Tiemeroth, *Johann Heinrich.*
9346* —— Planta ac fructus Ananas hujusque usus medicus. D. Erfordiae, typ. Grosch. 1723. 4. 16 p.

Tilemann, *Johannes.*
9347* —— Praxis botanica, hoc est methodus cognitionis et culturae plantarum. Herbipoli 1657. 8.

Tilemann, *Tobias.*
9348* —— De metallis, plantis ac brutis animalibus. D. Wittebergae 1610. 4. (8) p.

Tilesius, *Wilhelm Gottlieb* (Tilesia F. M. M.), * Mühlhausen 17. Juli 1769, † Mühlhausen 17. Mai 1857.
9349* —— Musae paradisiacae quae nuper Lipsiae floruit icones quatuor exhibuit. Lipsiae 1792. 8. 14 p., 4 tab. col. (²/₃ *th.*)

Til-Landz, *Elias,* Professor in Åbo (Tillandsia L.), * 1640, † Åbo 18. Febr. 1693.
9350* —— Catalogus plantarum quae prope Aboam tam in excultis quam incultis locis hucusque inventae sunt. Aboae 1673. 8. — *Ed. II: in gratiam philobotanicorum auctior editus. Aboae, typ. Wallius. 1683. 8. (36) foll.
9351* —— Icones novae in usum selectae et catalogo plantarum promiscue appensae. Aboae, typ. Wallius. 1683. 8. 160 tab. lign. inc.

Tiling, *Mathias,* Professor der Medizin zu Rinteln, * Jever 18. Aug. 1634, † Rinteln 25. Febr. 1685.
9352* —— Rhabarbarologia, seu curiosa Rhabarbari disquisitio, illius etymologiam, differentiam, locum natalem, formam, temperamentum, vires detegens. Praemittitur praefatio, in qua prolixus discursus de mineralibus, animalibus et plantis admirandis et peregrinis, quae in China reperiuntur. Francofurti a/M., Seyler. 1679. 4. 782 p., 2 tab.
9353* —— Lilium curiosum, seu accurata Lilii albi descriptio, in qua ejus natura et essentia mirabilis, nobilitas et praestantia singularis, qualitates et vires ineffabiles fere philologice, physice, theologice et medice, secundum leges et methodum Academiae Naturae Curiosorum explicantur, multaque arcana quum spiritualia tum naturalia relevantur. Francofurti a/M., Seyler. 1683. 8. 576 p., praef.

Tillet, *Mathieu,* * Bordeaux 1714, † 20. Dec. 1791.
9354 —— Dissertation sur la cause, qui corrompt et noircit les grains de bled dans les épis, et sur les moyens de prévenir ces accidens. Bordeaux 1755. 4. 150 p.
* *germanice:* Abhandlung von der Ursache, woher die Körner des Getraides in den Aehren verderben und schwarz werden. Hamburg und Leipzig, Grund und Holle. 1757. 8. 312 p., 8 Tabellen.

Tillette de Clermont-Tonnère, *Baron,* Prosper-Abbeville, * Abbeville 4. Dec. 1789, † Abbeville 7. Dec. 1859.
Cat. of sc. Papers V, 996.

Tilli, *Giovanni Lorenzo.*
9355* —— Enumeratio stirpium in horto academico Pisano viventium. Pisis, typ. Prosperi. 1806. 8. 38 p. — Auctuarium I. 1807: 9 p. — 1810: 48 p.

Tilli, *Michelangelo*, Professor in Pisa (Tillaea Mich.), * Castel fiorentino 10. April 1655, † Pisa 13. März 1740.
Fabroni, Vitae Italorum IV, 173—196.

9356* —— Catalogus plantarum horti Pisani. Florentiae, apud Tartinium et Franchium. 1723. folio. xii, 187 p., 50 tab., iconographia horti, effigies *Tilli*.

Timbal-Lagrave, *Édouard*, Apotheker in Toulouse.
9357* —— Mémoires sur quelques hybrides de la famille des Orchidées. Toulouse, typ. Chauvin. 1854. 8. 28 p., 2 tab.
9358* —— Observations critiques et synonymiques sur l'herbier de l'Abbé *Chaix*. Toulouse, Milhès. 1856. 8. 74 p.
9359* —— Catalogue des plantes spontanées ou cultivées dans le département de la Haute-Garonne employées en médecine. Toulouse, typ. Bonnal. 1859. 8. 26 p.
9360* —— Études sur quelques Cistes de Narbonne. Toulouse, typ. Douladoure. 1861. 8. 33 p.
Mém. Ac. Toul V. Série, tome V, 28—58.
Cat. of sc. Papers V, 997.

Timm, *Joachim Christian* (Timmia Hedw.), * Wangerin 7. Dec. 1734, † Malchin 3. Febr. 1805.
9361* —— Florae Megapolitanae Prodromus exhibens plantas ducatus Megapolitano-Suerinensis spontaneas. Maxime secundum systema Linneano-Thunbergianum digestas. Lipsiae, J. G. Müller. 1788. 8. xvi, 284 p., ind., 1 tab. col.

Tinant, *François A.*
9362* —— Flore Luxembourgeoise ou description des plantes phanérogames, recueillies et observées dans le grand-duché de Luxembourg, classées d'après le système sexuel de Linnée. Luxembourg, Kuborn. 1836. 8. 512 p. — Ed. II. ib. 1855. 8.
Cat. of sc. Papers V, 998.

Tinelli, *Giovanni*, Professor in Mantua.
9363 —— Dizionario elementare di botanica. Mantova, tipografia Virgiliana. 1809. 8. viii, 254 p.

Tineo, *Giuseppe*, Professor der Botanik in Palermo (Tinea Spr.), † Palermo 1812.
9364* (——) Index plantarum horti botanici Academiae regiae Panormitanae una cum nominibus pharmaceuticis atque vernaculis in usum medicae juventutis. Panormi 1790. 8. 88 p.
9365 —— Synopsis plantarum horti academici Panormitani. Panormi 1802—7. 8.

Tineo, *Vincenzo*, Professor der Botanik in Palermo, * Palermo 27. Febr. 1791, † Palermo 25. Juli 1856.
9366* —— Plantarum rariorum Siciliae pugillus primus. D. Panormi, typ. regiis. 1817. 8. 22 p., ind.
9367* —— Catalogus plantarum horti regii Panormitani ad annum 1827. Panormi, typ. regiis. 1827. 8. 284 p.
9368* —— Plantarum rariorum Siciliae minus cognitarum fasciculi I—III. Panormi, typ. Barravecchiae. 1846. 8. p. 1—48.
Estratto dall' Ingrassia, Giornale medico, Anno II.

Tita, *Antonio*.
9369* —— Catalogus plantarum, quibus consitus est Patavii amoenissimus hortus Illustrissimi ac excellentissimi Equitis *Jo. Francisci Mauroceni*, Veneti Senatoris, ab *Antonio Tita* confectus. Accedit *Antonii Titae* iter per alpes Tridentinas in Feltrensi ditione, per vallem Sambucae inter Bassani montes, ac per Marcesinae alpestria, quae septem communibus accensentur. Patavii, typ. seminarii. 1713. 8. 183 p., (13) foll.

Titford, *W. J.*
9370* —— Sketches towards a Hortus botanicus americanus; or coloured plates (with a catalogue and concise and familiar descriptions of many species) of new and valuable plants of the Westindies and North und South America. London, typ. Stower. 1811. 4. xvi, 132 p., ind., 18 tab. col.

Titius, *Johann Daniel*, Professor in Wittenberg, * Konitz in Westpreussen 2. Jan. 1729, † Wittenberg 16. Dec. 1796.
9371* —— Systema plantarum sexuale ad naturam compositum. D. Wittenbergae, typ. Dürrii. 1767. 4. 19 p. (Respondens: *Karl Friedrich Pfotenhauer.*)
germanice: Anmerkungen über die Eintheilung der Pflanzen, besonders in Absicht auf das Geschlecht derselben. In libro sequenti, vol. I. p. 110—142, et in Neues Hamburger Magazin, Stück XC. p. 183—517.

«Nemo *Titio* ineptius doctrinam sexualem aggressus est. Ratiocinium id, quale ab infante aut ab homine exspectaveris rationis suae nequaquam compote.» *Spreng.* Hist. II. 376.

Titius, *Michael*, * Brandenburg (in Preussen) 28. Sept. 1611, † Königsberg 17. Febr. 1658.
9372* —— Catalogus plantarum horti electoralis Regiomontani, recensitus a *Michaele Titio*, Prusso, rei herbariae Cultore. Regiomonti, typ. Joh. Reusneri. 1654. 12. (29) foll. Bibl. Reg. Berol. et Bibl. urb. Regiom.
Libellum rarissimum recudi curavit ill. *Ernestus Meyer* in von Schlechtendal, Linnaea, vol. X. p. 369—370.

Titius, *Salomon Constantin*, Professor in Wittenberg, * Wittenberg 2. Aug. 1766, † Wittenberg 9. Febr. 1801.
9373* —— De acido vegetabilium elementari, ejusque varia modificatione. Lipsiae, typ. Sommer. 1788. 4. 46 p.
9374* —— De cespite ustili vulgo Turfa. D. I—II. Wittebergae, typ. Tzschiedrich. 1794. 4. 24, 20 p.
9375* —— De aere in Coluteae leguminibus contento Prolusio I. Wittebergae, typ. Charis. 1800. 4. 8 p.

Tittmann, *Johann August* (Tittmannia Brongn.), * Bühla (Hannover) 1774, † Dresden 11. Dec. 1840.
9376* —— Ueber das Studium der Botanik, als eine der nützlichsten und angenehmsten Beschäftigungen für alle Stände. Pirna 1803. 12. 76 p.
9377 —— Darstellung der in Sachsen wildwachsenden Medizinalpflanzen. Heft I. Dresden 1810. gr. 8. 12 tab. col. (1½ th.)
9378* —— Ueber den Embryo des Samenkorns und seine Entwicklung zur Pflanze. Dresden, Walther. 1817. 8. iv, 100 p. (7/12 th.)
9379* —— Die Keimung der Pflanzen, durch Beschreibung und Abbildung einzelner Saamen und Keimpflanzen erläutert. Dresden, Walther. 1821. 4. vi, 200 p., 27 tab. col. (8⅔ th.)
Cat. of sc. Papers V, 1000.

Todaro, *Agostino*, Director des botanischen Gartens in Palermo.
9380* —— Orchideae siculae, sive Enumeratio Orchidearum in Sicilia hucusque detectarum. Panormi, ex Empedoclea officina. 1842. 8. 135 p., 2 tab.
9381* —— Rariorum plantarum minusve recte cognitarum in Sicilia sponte provenientium Decas I. Panormi (1845.) 4. 16 p.
9382* —— Nuovi generi e nuove specie di piante coltivate nel real orto botanico di Palermo. Fasc. 1—3. Palermo, typ. Piola. 1858. 1860. 1861. 8. 78 p.
9383* —— Osservazioni su talune species di cotone coltivate nel real orto botanico di Palermo. Palermo 1862. 8. 105 p.
Giornale del R. Ist. d'Incorr. 1862.
9384* —— Relazione sui cotoni coltivati al R. Orto botanico nell' anno 1864. Palermo, typ. Lorsnaider. 1864. 8. 36 p.
9385* —— Synopsis plantarum acotyledonearum vascularium sponte provenientium in Siciliae insulisque adjacentibus. (Filices.) Panormi, typ. Lao. 1866. 4. 52 p.

Tode, *Heinrich Julius* (Todea Willd.), * Zollenspicker 31. Mai 1733, † Schwerin 30. Dec. 1797.
9386* —— Fungi Mecklenburgenses selecti. Lüneburgi, Lemke. 1790—1791. II fasciculi. 8. — I: 1790. viii, 47 p., tab. I—VII. — II: 1791. viii, 64 p., tab. VIII—XVII. (2½ th.)

Tokelem.
9387* —— Beschreibung der Hölzer, welche in den nördlichen Gegenden Russlands wachsen. Petersburg 1766. 8. 373 p., 26 tab. Bibl. Goett.

Tollat von Vochenberg, *Johann*.
9388 —— Ain meisterlichs büchlein der | artzney für manigerley kranck | heit uñ siechtagen d' menschen. Hye endet sich dz meisterlich büchlein | der krütter gesamelt durch *Johannē Tol | lat von vochenberg* in der weit berümtē | vniuersitet zu wien by dem aller erfarnistē | mañ der artzney doctor *Schrick*. Anno domini 1497. 4. 40, (4) foll. — Ed. II: 1498. 4. 34, (4) foll. — *Augsburg, typ. Froschauer. 1504. 4. 40 foll. — *Strasburg, typ. Martin Flach. 1507. 4. 83 p. — *Strassburg 1508. 4. 43 foll. — *Augsburg 1514. 4. — *Nürnberg, durch Friedrich Peypus. 1516. 4. 35 foll. — *Strassburg,

durch Math. Hupfauf. 1520. 4. — Erffurtt, durch Melchior Sachssen. 1530. 8. — *(Leiptzigk, durch Michael Blum.) 1532. 4. 47 foll.

Tomaschek, *Anton*, Professor in Lemberg.
9389 —— Phänologische Beobachtungen aus der Umgebung von Cilli. Programm. Cilli 1855. 4.
9390 —— Zur Flora der Umgebungen Lembergs. 1.—4. Beitrag. Wien 1859—62. 8.
Aus den Schriften der zool. bot. Gesellschaft in Wien.

Tommaselli, *Giuseppe*.
9391* (——) Analisi dei vegetabili per arrivare alla conoscenza de' generi e delle specie. Verona, typ. Ramanzini. 1794. II voll. 8. xiv, 112, 240 p.
9392* (——) Compendio di fisiologia vegetale, estratto dalle opere più recenti. Verona, per l'erede Merlo. 1800. 8. (8) 276 p.

Tommasini, *Muzio*, * Triest 4. Juni 1794.
9393* —— Der Berg Slavnik im Küstenlande und seine botanischen Merkwürdigkeiten, insonderheit Pedicularis Friderici Augusti. (Besondrer Abdruck aus Linnaea, vol. XIII.) Halle, typ. Gebauer. 1839. 8. 30 p., 1 tab. col.

Tongue, *Ezrael*, * Tockhill 11. Nov. 1621, † Tockhill (Yorkshire) 18. Dec. 1680.
Phil. Transact. Vol. VI.

Tonning, *Henrik*.
9394* —— Norsk medicinsk och oekonomisk Flora, indeholdende adskillige planter, som fornemmelig ere samlede i Tronhiems stift. Forste deel. (Class. Linn. 1—15.) Kiøbenhavn, typ. Svare. (Schubothe.) 1773. 4. (14) 185 p.

Tornabene, *Francesco*.
9395* —— Sopra alcuni fatti di anatomia e fisiologia vegetale. Catania, typ. Riggio. 1838. 4. 21, 41 p.
9396* —— Osservazioni sopra gli endogeni. Catania, da Pietro Giuntini. 1840. 8. 41 p., 2 tab.
9397* —— Ricerche bibliografiche sulle opere botaniche del secolo decimoquinto. Catania, typ. Riggio. 1840. 8. 91 p.
9398* —— Saggio di geografia botanica per la Sicilia. Napoli, typ. del Fibreno. 1846. 4. 48 p.
Atti della VII. adunanza degli Scienziati italiani in Napoli.
9399* —— Quadro storico della botanica in Sicilia, che serve di prolusione all' anno scolastico 1846—47 nella Regia Università. Catania, typ. del reale ospizio di beneficenza. 1847. 4 min. 70 p.
9400* —— Lichenographia sicula. Catanae, typ. Sciuto. 1849. 4. 152 p., 3 tab. col.

Torrey, *John*.
9401* (——) A Catalogue of plants growing spontaneously within 30 miles of the city of New-York. Albany, typ. Websters and Skinners. 1819. 8. 100 p.
9402* —— A Flora of the northern and middle sections of the United States; or a systematic arrangement and description of all the plants hitherto discovered in the United states, north of Virginia. Vol. I: (Classis Linn. I—XII.) New-York, Swords. 1824. 8. xii, 513 p.
Volumen alterum nunquam prodiit.
9403* —— A Compendium of the Flora of the northern and middle States. New-York, Stacy R. Collins. 1826. 8. 403 p.
9404* —— Catalogue of North-American genera of plants, arranged according to the orders of *Lindley's* introduction to the natural system of botany. New York, typ. Sleight and Robinson. 1831. 8. 22 p.
9405* —— Monograph of the North American Cyperaceae. New York 1836. 8.
Annals of the Lyceum of NewYork, vol. III, 339—451.
9406* —— and *Asa* **Gray**. A Flora of North-America, containing abridged descriptions of all the known indigenous and naturalized plants growing north of Mexico; arranged according to the natural system. New York, Wiley and Putnam. 1838—43. II voll. 8. — I: 1838—40. xiv, 711 p. (1 *l.* 10 *s.*) — II, Part 1—3: 1841—43. 504 p. (12 *s.* 6 *d.*)
Desinit in fine Compositarum.
9407* —— A Flora of the State of New York, comprising full descriptions of all the indigenous and naturalized plants hitherto discovered in the state, with remarks on their economical and medicinal properties. Vol. 1. 2. Albany, typ. Carroll and Cook. 1843. 4. xii, 484, 572 p., 162 tab. col.
Etiam inscribitur: Natural History of New York, Part II: Botany. In parte prima, p. 113—197, ejusdem operis, Albany 1839. 8., continetur *Johannis Torrey* Report on the botanical department of the Survey in New York.
9408* **Torrey**, *John*. Descriptiones et icones novorum generum et specierum plantarum, in *Frémont*, Report of the Exploring Expedition to the Rocky Mountains. Washington 1845. 8. pag. 311—319, 4 tab.
9409* —— Botanical Appendix to the Notes of a military reconnoissance from Fort Leavenworth in Missouri to San Diego in California by W. H. Emory. Washington 1848. 8. p. 135—156, and tab. 1—12.
Senate Papers. 30th Congress. 1. Session. Executive Nr. 7.
9410* —— Darlingtonia californica. Washington 1853. 4. 1 tab.
9411* —— Batis maritima L. Washington 1853. 4. 1 tab.
9412* —— Plantae Wrightianae Texano-neomexicanae. Part 1. 2. Washington 1852—53. 146, 119 p., 14 tab.
Smithsonian Contributions vol. III. V.
9413* —— Plantae Fremontianae; or, descriptions of plants collected by Col. J. C. Frémont in California. Washington 1853. 4. 24 p., 10 tab.
Smithsonian Contributions vol. V.
9414* —— Description of the plants collected during the Expedition to the Red River of Louisiana. Washington 1853. 8. p. 277—304, tab. 1—20.
9415* —— Botany of Capt. *L. Sitgreaves*, Report of an Expedition down the Zuni and Colorado Rivers. Washington 1853. 8. p. 155—190, 21 tab.
9416* —— Plants collected by F. Creuzfeld in the Kansas, Arkansas . . . Cambridge 1854. 4. 10 tab.
9417* —— and *Asa* **Gray**. Reports on the Botany of the Expedition from the Mississippi River to the Pacific Ocean. Vol. IV, Parallels 32—41 of northern latitude. Washington 1857. 4. 22 p., 10 tab., 18 p., 10 tab., 126 p, 25 tab.
9418* —— Botany of the United States and Mexican Boundary. Washington 1858. 4. 270 p., 61 tab.
9419* —— and *Asa* **Gray**. A Revision of the Eriogoneae. Philadelphia 1870. 8.
Proc. Amer. Acad. vol. VIII, 143—200.
9420* —— Icones ineditae ad Floram Philadelphiae illustrandam destinatae. s. l. et a. 4. 130 tab. col. Bibl. Horti Paris.

Torssell, *Gustav*, * Tyfielsö in Südermannland 28. April 1811, † Upsala 5. Febr. 1849.
9421* —— Enumeratio Lichenum et Byssacearum Scandinaviae hucusque cognitorum. Upsaliae 1843. 12. 55 p. (16 *skill.*)

Toulouze, *Guillaume*.
9422* —— Livre de bouequets de fleurs et oyseaux faictz par *Guillaume Toulouze*, Maistre brodeur de Montpellier et se vend chez l'auteur. Montpellier, faict à l'année 1655. folio. 92 tab. Bibl. Juss.

Tournefort, *Joseph Pitton de*, * Aix (Provence) 5. Juni 1656, † Paris 28. Dec. 1708.
Fontenelle, Éloge de *Tournefort*, in Mémoires de l'académie des sciences. 1708. p. 143—154.
Honoré Maria Lauthier, Lettre à M. *Begon*, au sujet du feu M. *Pitton de Tournefort*. Paris 1709. 4.
Terrasson, Abrégé du projet de M. *Reneaume* sur les manuscrits de feu M. *de Tournefort*, dans les Mémoires de l'Acad. des sciences 1709, p. 315.
Moquin Tandon, Notice sur *Tournefort*; dans le Plutarque provençal. Marseille 1860. 8.
9423* —— Élémens de botanique, ou méthode pour connaître les plantes. Paris, de l'imprimerie royale. 1694. III voll. gr. 8. — I: 562 p., praef, ind. — II et III: 451 tab. — *Élémens de botanique, ou méthode pour connaître les plantes. Édition augmentée de tous les supplémens donnés par *Antoine de Jussieu*, enrichie d'une concordance etc. par *N. Jolyclerc*. Lyon, chez Bernuset. 1797. VI voll. 8. — I: xvi, 480 p. — II: 436 p. — III: 452 p. — IV: 416 p. — V: tab. 1—244. — VI: tab. 245—489. (30 *fr.*)
9424* —— Histoire des plantes, qui naissent aux environs de Paris, avec leur usage dans la médecine. Paris, de l'imprimerie royale. 1698. 12. 543 p., praef., ind. — *Seconde édition,

revue et augmentée par *Bernard de Jussieu.* Paris, Musier. 1725. II voll. 12. — I: 407 p., praef., ind. — II: 528 p., ind.
* *anglice:* History of plants growing about Paris, with their uses in physick; and a mechanical account of the operation of medicines. Translated into english with many additions and accommodated to the plants growing in Great Britain by *John Martyn.* London, Rivington. 1732. II voll. 8. — I: LXVII, 311 p. — II: 362 p., ind.

9425* **Tournefort,** *Joseph Pitton de.* De optima methodo instituenda in re herbaria, ad *Guilelmum Sherardum* epistola, in qua respondetur dissertationi D. *Raji* de variis plantarum methodis. (Parisiis 1697.) 8. 27 p.

9426* —— Relation d'un voyage du Levant, fait par ordre du roi, contenant l'histoire ancienne et moderne de plusieurs îles de l'Archipel, les plans des villes et des lieux les plus considérables, et enrichie de descriptions et de figures de plantes, d'animaux et d'observations singulières touchant l'histoire naturelle. Paris, de l'imprimerie royale. 1717. II voll. 4. — I: 554 p., praef, tab. — II: 526 p., ind., tab.
Epistolae sunt ex ipso itinere datae ad D. de *Pontchartrain.* Primum tomum superstite autore († 28 Nov. 1708) prodiisse, editores.
anglice: A voyage into the Levant London 1741. III voll 8. 335, 390, 364 p., tab.
* *germanice:* Beschreibung einer auf Königl. Befehl unternommenen Reise nach der Levante. Nürnberg, Raspe. 1776—77. III voll. 8. — I: 1776. 503 p., 41 tab. — II: 1777. 516 p., 38 tab — III: 1777. 644 p , 60 tab
* *hollandice:* Uit het Fransch vertaald, door *P. Le Clercq.* 2 deelen. Amsterdam, Janssoons van Waesberge. 1737. 4.
Dessins du voyage de Tournefort, par Aubriet (600) C'est une partie de ces dessins peints dans la collection des vélins que M. *Desfontaines* a publiée sous le nom de *Corollaire.*

9427* —— Institutiones rei herbariae. Editio altera, gallica longe auctior, quingentis circiter tabulis aeneis adornata. Parisiis, e typographia regia. 1700. III voll. 4. — I: 697 p. — II: tab. 1—250. — III: tab. 251—476. — * Editio tertia, appendicibus aucta ab *Antonio de Jussieu*, Lugdunaei. Lugduni (juxta exemplar Parisiis, e typographia regia) 1719. III voll. 4. — I: XXXII, 695 p. — II: tab. 1—252. — III: tab. 253—489.

9428* —— Corollarium Institutionum rei herbariae, in quo plantae 1356 in orientalibus regionibus observatae recensentur et ad genera sua revocantur. Parisiis, ex typographia regia. 1703. 4. 54 p., tab. 477—489. — *Impr. cum editione tertia Institutionum. Lugduni 1719 4. 58 p , tab. 477—489. — *In ordinem alphabeticum digestum in *Raji* Historia plantarum, vol. III, appendix, p. 97—112.

9429 —— Traité de la matière médicale, ou l'histoire et l'usage des médicamens et leur analyse chimique. Ouvrage posthume de M. *Tournefort,* mis au jour par M. *Besnier.* Paris, d'Houry 1717. II voll. 12. — I: LXII, 539 p. — II: 480 p.
anglice: Materia medica, or a description of simple medicines generally us'd in physick. London, typ. Bell. 1708. 8. 406 p. — Ed. II. London 1716. 8. 406 p.
Versio anglica facta est secundum Praelectiones *Tournefortii* manuscriptas.

Tournon, *Dominique Jérôme.*
9430* —— Flore de Toulouse, ou description des plantes qui croissent aux environs de cette ville, avec l'indication de leur lieu natal, l'époque de leur floraison, des observations sur leurs propriétés en médecine, en économie rurale, et les tables de leurs noms français, latins et patois. Toulouse, Bellegarrigue. 1811. 8. 393 p. — Ed. II. ib. 1827. 8. (vix differt.)

Toxites, *Michael,* Professor der Medizin in Tübingen, zuletzt Arzt in Hagenau, * Stürzingen in Graubündten um 1500, † Hagenau nach 1574.
9431* —— Onomastica duo. I. philosophicum, medicum, synonymum ex variis vulgaribusque linguis. II. Theophrasti Paracelsi: h. e. earum vocum, quarum in scriptis ejus solet usus esse, explicatio. Argentorati, per Bernhardum Jobinum. 1574. 8. (13), 490 p.

Tozzi, *Bruno,* monachus Valumbrosanus (Tozzia Mich.).
9432* —— Specimina iconum pro Catalogo plantarum Toscaniae. 1703. 4. 6 tab. aen. sine textu. Bibl. Juss.

Tozzi, *Luca,* Protomedikus in Neapel, * Folignano 1638, † Neapel 11. März 1717.
9433 —— Medicinae theoreticae Pars I. (de vegetatione.) Lugduni 1684. 8.

Tradescant, pater (Tradescantia L.), † 1638.
J. Hamel, Tradescant der Aeltere 1618 in Russland. Petersburg, Eggers und Co. Leipzig, L. Voss. 1847. 4. 264 p. mit Portrait.

Tradescant, *John,* filius, † 1652.
9434* —— Musaeum Tradescantianum, or a collection of rarities preserved at South-Lambeth near London. London 1656. 8. 183 p.
Inest: Catalogus plantarum in horto *Johannis Tradescant* nascentium, p. 73—178; cf. *William Watson,* Some account of the remains of *John Tradescant's* garden at Lambeth. Philos. Transact. 1749: vol. XLVI, Nr. 492. p. 160—161.

Trappen, *Johann Eberhard van der.*
9435* —— Responsio ad quaestionem: Quaeritur historia Solani tuberosi L. hujusque plantae descriptio botanica, culturae modus et varius usus oeconomicus? Trajecti a/Rh., Altheer. 1835. 8. 153 p.

9436* —— Specimen historico-medicum de Coffea. D. Trajecti a/Rh., typ. Kemink. 1843. 8. (2) 152 p.

Trattinick, *Leopold,* Custos am Herbarium in Wien (Trattinickia Willd.), * Klosterneuburg bei Wien 26. Mai 1764, † Wien 14. Jan. 1849.

9437* —— Genera plantarum methodo naturali disposita. Vindobonae, impensis auctoris. 1802. 8. 88 !

9438* —— Fungi austriaci ad specimina viva cera expressi, descriptiones ac historiam naturalem completam addidit *Leopold Trattinick.* Oesterreichs Schwämme nach lebendigen Originalien in Wachs gearbeitet, mit Beschreibungen und einer ausführlichen Naturgeschichte. Manipulus I—V. Wien, Geistinger. 1804—6. 4. 202 p., 18 tab. col.

9439 —— Fungi austriaci delectu singulari iconibus XL observationibusque illustrati. Oestreichs Schwämme in einer Auswahl etc. Editio nova. Wien, Gerold. 1830 4. VI, 210 p., 20 tab. col. (2½ th.)

9440* —— Die essbaren Schwämme des Oestreichschen Kaiserstaates. Wien und Triest, Geistinger. 1809. 8. CXXIII, 174 p , 30 tab. col. — * Neue Ausgabe. Wien, Gerold. 1830. 8. CXXIII, 189 p , 30 tab. col. (1⅔ th.)
Editio nova praeter additamenta p. 175—189 non differt.

9441* —— Thesaurus botanicus. (Fasc. I—XX.) Viennae, typ. Strauss. (1805—)19. folio. 13 p., 80 tab. col. (26⅚ th. — col. 33⁵⁄₁₂ th.)

9442* —— Archiv der Gewächskunde. Wien, auf Kosten des Herausgebers. (Schaumburg.) 1812—18. 5 Lieferungen oder 2 Bände. 4. 296 tab., text. (24⅙ th.)

9443* —— Observationes botanicae tabularum rei herbariae illustrantes Fasc. I—III. Viennae, sumtibus editoris. 1811—12. 4. 128 p.

9444* —— Ausgemalte Tafeln aus dem Archiv der Gewächskunde. Wien, auf Kosten des Herausgebers. 1812—14. IV voll. 4. — I: 1812. 34 p., appendix, (100) tab. col. effigies *Leopold Trattinick.* — II: 1813. 24 p , appendix, (100) tab. col., effigies *Carl von Linné.* — III: 1814. 61 p., appendix, (100) tab. col, effigies *George Louis le Clerc Comte de Buffon.* — IV: 1814. 42 p., appendix, (100) tab. col , effigies *Friedrich Gottlieb Dietrich.*

9445* —— Flora des Oesterreichischen Kaiserthumes. Wien, typ. Strauss. (Schaumburg) 1816—22. 2 Bände oder 24 Hefte. gr. 4. — I: 1816. XIV, 143 p., 100 tab. col. — II: 1820. X, 82 p., 100 tab. col. — Heft 23—24: 1822. 16 p., 21 tab. col. (37⅓ th. — col 112 th.)

9446* —— Botanisches Taschenbuch, oder Conservatorium aller Resultate, Ideen und Ansichten aus dem ganzen Umfange der Gewächskunde. Erster (und einziger) Jahrgang. Wien, Schaumburg. 1821. 8. XII, 347 p., effigies *Leopold Trattinick.* (1⅓ th.)

9447* —— Auswahl vorzüglich schöner, seltner, berühmter und sonst sehr merkwürdiger Gartenpflanzen in getreuen Abbildungen, nebst Erläuterungen über ihre Charakteristik, Verwandtschaft, Klassification, Geschichte, Verwendung, Kultur und ästhetische Ansichten. Wien, auf Kosten des Herausgebers. (Schaumburg.) 1821. (Fasc. I—XXIII.) II voll. 4. — I: XXIV, 148 p., 100 tab. — II: VI, 97 p., 100 tab. (35¾ th. — col. 143⅛ th.)

9448* —— Rosacearum Monographia. (Synodus botanica, omnes familias, genera et species plantarum illustrans.) Vindobonae,

Heubner. 1823—24. IV voll. 8. — I: xxii, 86 p., 17 plag. — II: xxvi p., 30½ plag. — III: xvi p., 21½ plag. — IV: xxiii p., 20½ plag. (6⅔ th.)

9449* **Trattinick,** *Leopold.* Genera nova plantarum iconibus observationibusque illustrata. Fasc. I—II. Viennae, (Schaumburg.) 1825. 4. 24 tab., (24) foll. (2⅓ th.)

9450* —— Neue Arten von Pelargonien deutschen Ursprungs. Als Beitrag zu *Robert Sweet's* Geraniaceen mit Abbildungen und Beschreibungen. Herausgegeben von einigen deutschen Gartenfreunden; der Text von *Leopold Trattinick.* Wien, auf Kosten der Herausgeber. (Schaumburg.) 1825—43. 6 Bände. 8. 264 tab. col., text. (54⅙ th.)

Icones potissimum secundum plantas florentes horti *Jacobi Klier,* hortulani Vindobonensis, factae sunt.

9451* —— Der Kaiserkranz zum 12. Febr. 1829. (Aus dem Archiv für Geschichte, Staatenkunde, Literatur und Kunst besonders abgedruckt.) 4. 4 p., 1 tab. col.

Agitur de Franciscea uniflora Pohl.

Traun, *Heinrich.*

9452* —— Versuch einer Monographie des Kautschuks. D. Göttingen, Vandenhoeck und Ruprecht. 1859. 8. 69 p. (⅖ th. n.)

Traumellner, *Aloys,* Apotheker in Klagenfurt, * Wien 27. Sept. 1782, † Klagenfurt 13. Oct. 1840.

Biographie von *Rainer Graf* in Flora 1841. p. 57—62.

Traunsteiner, *Joseph,* Apotheker in Kitzbühl in Tirol, * Kitzbühl 18. Dec. 1798, † Kitzbühl 20. März 1850.

Biographie in Flora 1850, Nr. 23.

9453* —— Monographie der Weiden von Tirol und Vorarlberg. Innsbruck, Wagner. 1842. 8. 40 p.

Trautvetter, *Ernst Christian (von).*

9454* —— De novo systemate botanico brevem notitiam dedit. (Mitau, Reyher. 1842.) 8. 20 p., 1 tab. (⅙ th.)

9455 —— Das Laubwerk oder der Spross (*frons*), als eine Blume in Nacheinanderfolge. (Aus einem handschriftlichen Werke: Grundriss der Pflanzenlehre.) (Mitau, Reyher.) 1844. 8. (⅙ th.)

Trautvetter, *Ernst Rudolph (von)* (Trautvetteria F. et M.).

9456 —— Ueber die Nebenblätter. Mitau 1831. 8.

Seorsim impr. ex *Ernesti Christiani Trautvetter* patris Annalibus: Die Quatember.

9457* —— De Echinope genere Capita II. D. Mitaviae, typ. Steffenhagen. 1833. 4. 32 p., 1 tab.

9458* —— Salicetum, sive Salicum formae, quae hodie innotuere, descriptae et systematice dispositae. Fasc. I. continens Salices pleiandras et monandras. Petropoli, Acad. scient. 1836. 4. 30 p., 4 tab.

9459* —— Grundriss einer Geschichte der Botanik in Bezug auf Russland. St. Petersburg, Druckerei der Akademie der Wissenschaften. 1837. 8. v, 145 p. (⅚ th.)

9460* —— De Pentastemone genere Commentatio. (Comment. Acad. tom. IV.) Petropoli, typ. Acad. scient. 1839. 4. 26 p., ind.

9461* —— Ueber die Krzemieniecer botanischen Garten. (Moskau 1844.) 8. 14 p.

9462* —— Plantarum imagines et descriptiones Floram russicam illustrantes. Fasc. I—VIII. Monachii, impensis auctoris. Stuttgartiae, Schweizerbart. 1844—46. 4. p. 1—65, tab. 1—40. (6 th.)

9463 —— De Flora Rossiae septentrionalis. Programma academicum. Kijoviae 1846. 8. 26 p.

9464* —— Die pflanzengeographischen Verhältnisse des europäischen Russlands. Heft 1. 2. 3. Riga, Kymmel in Comm. (Berlin, Foerstner.) 1849—51. 8. 51, 82, 64 p. (1½ th. n.)

9465* —— Enumeratio plantarum songoricarum ab *Alexandro Schrenk* annis 1840—43 collectarum. Fasc. 1—4. Mosquae, typ. univ. 1864—68. 8.

Bull. soc. nat. Mosc.

9466* —— Reise in den äussersten Norden und Osten Sibiriens während der Jahre 1843 und 1844 mit allerhöchster Genehmigung auf Veranstaltung der K. Akademie der Wissenschaften zu St. Petersburg ausgeführt, und in Verbindung mit vielen Gelehrten herausgegeben von Dr. *Al. Th. von Middendorff.* Erster Band, zweiter Theil: Botanik. 1. Abtheilung: Phänogame Pflanzen aus dem Hochnorden. Petersburg, (Leipzig, Voss.) 1847. 4. ix, 190 p., 8 tab. (6 th.) — et *C. A. Meyer,* Florula ochotensis phanogama, 133 p., 21 tab.

9467* **Trautvetter,** *Ernst Rudolph (von).* Conspectus Florae insularum Nowaja-Semla. (Petropoli 1871.) 8. 46 p.

Schriften der bot. Ges. in Petersburg, Band 1.

Trécul, *Auguste.*

9468* —— Recherches sur la structure et le développement du Nuphar lutea. (Paris 1843.) 8. 60 p., 4 tab.

Extrait des Annales des sciences naturelles, Nov.—Déc. 1845.

Trentepohl, *Johann Friedrich,* Prediger (Trentepohlia Roth.), * Oldenburg 17. Febr. 1748, † Oldenbrock im Oldenburgischen 1. März 1806.

9469* —— Oldenburgische Flora zum Gebrauch für Schulen und beim Selbstunterricht bearbeitet von *Karl Hagena.* Oldenburg, Schulze. 1839. 8. xxviii, 298 p. (1 th.)

Trevelyan, *W. C.*

9470* —— On the vegetation and temperature of the Faroe Islands. (From the Edinburgh New Phil. Journ. for January 1835 reprinted with corrections.) Florence, June 1837. 4. 16 p.

Treviranus, *Christian Ludolf,* Professor der Botanik in Bonn (Trevirana Willd.), * Bremen 18. Sept. 1779, † Bonn 6. Mai 1864.

Biographie in Bot. Ztg. 1866, Beilage Nr. 30.

9471* —— Vom inwendigen Bau der Gewächse und von der Saftbewegung in denselben. Eine Schrift, welcher die Königliche Societät der Wissenschaften in Göttingen das Accessit zuerkannt. Göttingen, Dieterich. 1806. 8. xx, 208 p., 2 tab. (1 th.)

9472* —— Beiträge zur Pflanzenphysiologie. Göttingen, Dieterich. 1811. 8. x, 260 p., 5 tab. (1 th.)

9473* —— Observationes botanicae, quibus stirpes quasdam germanicas illustrare conatus est. Programma. Rostockii, typ. Adler. 1812. 4. 24 p.

9474* —— Von der Entwicklung des Embryo und seiner Umhüllungen im Pflanzenei. Berlin, Reimer. 1815. 4. vi, 102 p., 6 tab. (1¾ th.)

9475* —— De Delphinio et Aquilegia observationes, quas munia professoralia in hac alma Musarum sede ingressus herbarum studiosis offert. Vratislaviae, Korn. 1817. 4. 28 p., 2 tab. (⅓ th.)

9476* —— und *Gottfried Reinhold* **Treviranus.** Vermischte Schriften anatomischen und physiologischen Inhalts. Band IV. Bremen, Heyse. 1821. 4. ii, 242 p., 6 tab. (2½ th.)

9477* —— Die Lehre vom Geschlechte der Pflanzen in Bezug auf die neusten Angriffe erwogen. Bremen, Heyse. 1822. 8. 146 p., Nachschrift: (2) p. (¾ th.)

9478* —— Allii species quotquot in horto botanico Vratislaviensi coluntur, recensuit, rariores observationibus illustravit, novas quasdam descripsit. Programma academicum. Vratislaviae, typ. universitatis. 1822. 4. 18 p.

9479* —— Ueber gewisse in Westpreussen und Schlesien angeblich mit einem Gewitterregen gefallene Samenkörner. Breslau, Max. 1823. 8. 31 p. (⅙ th.)

9480* —— De plantis Orientis, unde pharmaca quaedam colliguntur, accuratius determinandis. 1823. 8. (13) p.

Seorsim impr. ex *Brandes* Archiv, vol. XII.

9481* —— De ovo vegetabili ejusque mutationibus observationes recentiores. Programma academicum. Vratislaviae, typ. universitatis. 1828. 4. 20 p. (⅙ th.)

9482* —— *Caroli Clusii* Atrebatis et *Conradi Gesneri* Tigurini Epistolae ineditae. Ex archetypis edidit, adnotatiunculas adspersit, nec non praefatus est *L. Chr. Treviranus.* Lipsiae, Voss. 1830. 8. vi, 62 p. (⅜ th.)

9483* —— Symbolarum phytologicarum, quibus res herbaria illustratur, fasciculus I. Goettingae, Dieterich. 1831. 4. viii, 92 p., 3 tab. (1 th.)

9484* —— Physiologie der Gewächse. Bonn, Marcus. 1835—38. II voll. 8. — I: 1835. xx, 570 p., 3 tab. — II: 1838. xvi, 809 p., 3 tab. (7 th.)

9485* —— Bemerkungen über die Führung von botanischen Gärten, welche zum öffentlichen Unterrichte bestimmt sind. Bonn, typ. Georgi. (Marcus.) 1848. 8. 39 p. (⅓ th. n.)

9486* **Treviranus**, *Christian Ludolf*. Die Anwendung des Holzschnitts zur bildlichen Darstellung von Pflanzen, nach Entstehung, Blüthe, Verfall und Restauration. Leipzig 1855. 8.

Trevisan, *Victore, Conte*, in Mason bei Marostica, * Padova 1818.

9487* —— Enumeratio stirpium cryptogamicarum hucusque in provincia Patavina observatarum. Patavii, typ. Cartallier et Sicca, sumtibus auctoris. 1840. 8. 39 p.

9488* (——) Prospetto della Flora Euganea. Padova, typ. seminarii. 1842. 8. 67 p.

9489* —— Sunti di tre Memorie algologiche. (Padova, typ. seminarii.) 1843. 4. 16 p.

9490* —— Le Alghe del tenere udinese demominate e descritti. Padova, typ. seminarii. 1844. 8. 24 p.

9491* —— Nomenclator Algarum, ou Collection des noms imposés aux plantes de la famille des Algues. Tome premier. Livr. 1. Padoue, typ. seminarii. 1845. 8. 80 p.

9492* —— Saggio di una monografia delle Alghe coccotalle. Padova, typ. seminarii. 1848. 8. 112 p. (3 *fr.*)

9493* —— Conspectus Verrucarinarum. Prospetto dei generi e delle specie dei Licheni Verrucarini. Bassano, typ. Roberti. 1860. 8. 20 p.

Trew, *Christoph Jakob* (Trewia L.), * Lauf bei Nürnberg 26. April 1695, † Nürnberg 18. Juli 1769.
J. C. Ziehl, Erinnerungen an Chr. J. Trew und seine Zeit. Nürnberg 1857. 8.

9494* —— Cedrorum Libani historia earumque character botanicus cum illo Laricis, Abietis Pinique comparatus. Accedit brevis disquisitio an haec arbor sit illa ipsa in sacro codice prae omnibus celebrata vel ad aeres vel berosch dicta, itemque an Graecis botanicis fuerit cognita. Cum apologia et mantissa. Norimbergae, Schwarzkopf. 1757 et 1767. 4. 28, 50 p., 7 tab.
Apologiam et Mantissam observationis de Cedro Libani seorsim prodiisse lego: Norimbergae 1767. 4.

9495* —— Brevis historia naturalis arboris Sassafras dictae Lauri speciei et quaedam de Lauri speciebus in genere. (Norimbergae 1761) 4. 132 p.
Ex oovis actis physico-med. academiae caesareae Leopoldino-Carolinae. Tom. II. 277—408.

9496* —— Plantae rariores, quas maximam partem ipse in horto domestico coluit secundum notas suas examinavit et breviter explicavit, nec non depingendas aerique incidendas curavit *Christophorus Jacobus Trew*, edente *Johann Christoph Keller*, pictore Norimbergensi. (Norimbergae) ex officina Chr. de Launoy. 1763. folio. 14 p., tab. col. 1—10. — Plantae rariores, quarum primam decadem curavit *C. J. Trew*, posteriorum curam et illustrationem suscepit *Benedict Christian Vogel*, auxiliante arte sua *Adam Ludwig Wirsing*. Decas II. ib. 1779. folio. 22 p., tab. col. 11—20.

9497* —— Beschreibung der grossen amerikanischen Aloe, wobei das tägliche Wachsthum des Stengels der im Jahr 1726 zu Nürnberg verblüheten Aloe erläutert wird. Nürnberg, typ. Adelburner. 1727. 4 obl. 36 p., 1 tab.

9498* —— Die Nahrungsgefässe in den Blättern der Bäume nach ihrer unterschiedlichen Austheilung und Zusammenfügung, so wie solche die Natur selbst bildet, abgedruckt von *Johann Michael Seligmann*. Nebst *Christoph Jakob Trew's* historischem Bericht von der Anatomie der Pflanzen und der Absicht dieses Werks. Nürnberg, Fleischmann. 1748. folio. 8 p., 32, 2 tab.

9499* —— Plantae selectae, quarum imagines ad exemplaria naturalia Londini in hortis Curiosorum nutrita manu artificiosa doctaque pinxit *Georgius Dionysius Ehret*; occasione haud vulgari publici usus ergo collegit et a tab. 1—72 nominibus propriis notisque illustravit *Christophorus Jacobus Trew*; hinc ad centesimam usque addendo itidem nomina ac notas produxit D. *Benedictus Christianus Vogel*; in aes incidit et vivis coloribus repraesentavit primum *Johannes Jacobus Haid*, inde *Johannes Elias Haid*, filius. (Norimbergae) per Decades editae 1750—73. folio. 56 p., 100 tab. col., et imagines *Trewii, Ehretii* et *Haidii* patris. — Supplementum. Augustae Vind., Haid. 1790. folio.

* *hollandice:* Uitgezochte planten. etc. Uit het latyn vertaald en met aantekeningen verrykt door *Cornelius Perceboom.* Amsterdam, Sepp. 1771. folio. VI, 72 p., 100 tab. col. et imagines *Trewii. Ehretii* et *Haidii* patris.

9500* **Trew**, *Christoph Jakob*. Hortus nitidissimis omnem per annum superbiens floribus, sive amoenissimorum florum imagines, quas magnis sumtibus collegit vir clarissimus *Christophorus Jacobus Trew*, ipso vero annuente in aes incisas vivisque coloribus pictas in publicum edidit *Johannes Michael Seligmann*. Der das ganze Jahr hindurch im schönsten Flor stehende Blumengarten, oder Abbildungen der lieblichsten Blumen etc. Nürnberg, sumtibus haeredum Seligmann. 1750—86. III voll. folio. latine et germanice. — I: 1750—68 (22) plag., tab. col. 1—59. — II: (edidit *Adam Ludwig Wirsing*.) 1772. 51 p., tab. col. 60—120. — III: (edidit *Adam Ludwig Wirsing*.) 1786. 58 p., tab. col. 121—180.

9501* —— Librorum botanicorum catalogi duo, quorum prior recentiores quosdam posterior plerosque antiquos ad annum MDL usque excusos ad ductum propriae collectionis breviter recenset. Norimbergae, stanno Fleischmanniano. 1752. folio. (54) p. — * Librorum botanicorum catalogus tertius, in quo recentiores quosdam ad ductum propriae collectionis porro recenset. Norimbergae 1757. folio. p. 55—80
Seorsim impressi sunt ex *Trewiana* Herbarii Blackwelliana editione.

Triana, *José*.

9502* —— Nuevos jéneros e especies de plantas para la Flora neogranadina. Bogotá, imprenta del Neogranadino. 1854. 4. 28 p.

9503* —— et *J. E. Planchon*. Prodromus Florae Novogranatensis. Paris, Victor Masson et fils. 1862—67. II voll. gr. 8. — I. Phanérogamie. 1862. 382 p. — II. Cryptogamie. 1863—67. 589 p.
Annales des sc. nat. 1862—67.
Lichenes exposuit *W. Nylander*, Fungos *J. H. Léveillé*. Hepaticas *C. M. Gottsche*, Selaginelleas *A. Braun*, Filices et Lycopodiáceas *G. Mettenius*
Museos *E. Hampe*.

Triller, *Daniel Wilhelm*, Professor in Wittenberg, * Erfurt 10. Febr. 1695, † Wittenberg 22. Mai 1782.

9504* —— Moly Homericum detectum, cum reliquis ad fabulam Circaeam pertinentibus. D. Lipsiae, typ. Titii. 1716. 4.

9505 —— De morte subita ex nimio violarum odore oborta. Wittebergae 1762. 4

9506* —— De planta quadam venenata ejusque furioso effectu λιθοστορφω, copiis Antonianis olim exitiali ad illustrandum quendam *Appiani* locum in Parthicis. Programma academicum. Wittebergae, typ. Eichsfeld. 1765. 4. XVI p.

9507* —— De Brassica puerperis ipso festo Amphidromiorum die oblata atque apposita. Witembergae 1781. 4.

Trimen, *Henry*, Bot. Dep. Brit. Mus., London.

9508* —— and *William T. Thiselton* **Dyer**. Flora of Middlesex: a topographical and historical account of the plants found in the county; with Sketches of the physical geography and climate, and of the progress of the Middlesex Botany during the last three centuries. London, R. Hardwicke. 1868. 8. XLI, 428 p., 1 mappa geogr. (12s. 6d.)

Trimmer, *K.*

9509 —— Flora of Norfolk. Norwich, Stacey. 1866. 12. (6s.)

Trichinetti, *Augusto*, Professor in Pavia (Trinchinettia Endl.).

9510* —— Sulla facoltà assorbente delle radici de vegetabili. Memoria premiata. Milano, typ. G. Bernardoni di Gio. 1843. 4. 81 p.
* Rapport sur le Mémoire de Mr. *Auguste Trinchinetti* de Monza, intitulé: De odoribus florum observationes et experimenta. Bruxelles, Hayez. 1839. 8. 29 p.

Trinius, *Karl Bernhard* (Trinia Hoffm.), * Eisleben 7. März 1778, † Petersburg 12. März 1844.
Biographie von *Ruprecht* in der Ausgabe seiner Gedichte. Berlin 1848. 8. p. 1—38.

9511 —— et *J. Liboschitz*. Description des Mousses qui croissent aux environs de St.-Pétersbourg et de Moscou. St.-Pétersbourg, Drechsler. 1811. 12. 15 foll.

9512* —— Fundamenta Agrostographiae, sive Theoria constructionis floris graminei; adjecta synopsi generum graminum hucusque cognitorum. Viennae, Heubner. 1820. 8. x, 214 p., ind., 3 tab. (1 ⅔ th)

9513* **Trinius**, *Karl Bernhard*. Clavis Agrostographiae antiquioris. Uebersicht des Zustandes der Agrostographie bis auf Linné, und Versuch einer Reduction der alten Synonyme der Gräser auf die heutigen Trivialnamen. Coburg, Biedermann. 1822. 8. XXIV, 412 p, 1 tab. (2 1/4 th.)

9514* —— De graminibus unifloris et sesquifloris Dissertatio botanica, sistens Theoriae constructionis floris graminei epicrisin, terminologiae novae rationes, de methodo disquisitiones, adjecta generum et specierum e tribu Uni- et Sesquiflororum plurium synopsi. Petropoli, Academia scient. (Lipsiae, Voss.) 1824. 8. 314 p., ind., 5 tab. (1 1/8 th.)

9515* —— De graminibus paniceis. Dissertatio botanica altera. Petropoli, Academia scient. (Lipsiae, Voss.) 1826. 8. 289 p (3/4 th.)

9516* —— Species graminum iconibus et descriptionibus illustravit. Petropoli, impensis Academiae imper. scientiarum. (Lipsiae, L. Voss.) 1828 (1823)—36. III voll. 4. 360 tab., text. (45 th.)
Prodiit 30 fasciculis; à 12 tab. 1 1/2 th.

9517* —— Ueber den gegenwärtigen wissenschaftlichen Standpunkt der Naturforschung. St. Petersburg (Leipzig, Voss.) 1828. gr. 8. 82 p. (1/2 th.)

9518* (——) Genera plantarum ad familias suas redacta. Petropoli, impensis Academiae scientiarum. 1835. 4. 399 p.
Es wurden nur 15 Exemplare gedruckt. *Bongard* hat Theil an diesem Werke.

9519* —— Oryzea. Petropoli, typ. univ. 1839. 4. 23 p.
Mém. Ac. Sc. Série XII, tome 5.

9520* —— Agrostidea. I. Vilfea. Petropoli, typ. Academiae. (Lipsiae, Voss.) 1840. 4. 112 p. (1/2 th.)
Ex Actis Acad. scient. Petrop. ser. VI. tom. V. sc. nat.

9521* —— Agrostidea. II. Callo rotundo. (Agrostea.) Petropoli, typ. Academiae. (Lipsiae, Voss.) 1841. 4. 144 p. (2/5 th.)
Ex Actis Acad. scient. Petrop. ser. VI. tom. VI. sc. nat.

9522* —— et *F. J. Ruprecht*. Species graminum Stipaceorum. Petropoli, typ. Academiae. (Lipsiae, Voss.) 1842. 4. 189 p. (1 th.)
Ex Actis Acad. scient. Petrop. ser. VI. tom. V. sc. nat.

Trionfetti, *Giovanni Battista*, Professor der Botanik in Rom (Triumfetta L.), * Bologna 8. Mai 1658, † Rom Nov. 1708.

9523* —— Observationes de ortu ac vegetatione plantarum cum novarum stirpium historia iconibus illustrata. Romae, typ. A. Herculis. 1685. 4. (6), 106 p., 17 tab.

9524* —— Syllabus plantarum horto medico Romanae Sapientiae hoc re ipsa anno 1688 additarum. Romae, typ. D. Ant. Herculis. 1688. 4. 8 p.

9525* —— Praelusio ad publicas herbarum ostensiones habita in horto medico Romanae Sapientiae. Cui accesserunt novarum stirpium descriptiones et icones. Romae, typ. D. Antonii Herculis. (1700) 4. 64 p., 6 tab.

9526* —— Vindiciarum veritatis a castigationibus quarundam propositionum, quae habentur in opusculo de ortu ac vegetatione plantarum, cum auctoris specimine circa plantarum phaenomena ac metamorphoses Pars prior, in qua experimenta ac novae observationes de ortu ac vegetatione plantarum continentur. Romae, typ. A. de Rubeis. 1703. 4. 205 p., praef., 4 tab.

Trionfetti, *Lelio*, Professor in Bologna, * Bologna 1647, † Bologna 2. Juli 1722.

Tristan, *Jean, Seigneur de Saint-Amand*, * Paris 1596, † Paris 1656.

9527 —— Traité du Lys, symbole de l'espérance. Paris 1656. 4.
Confutat *Chifletii* sententiam in Anastasi *Childerici* regis. Antwerpii 1655. 4. cap. XII., quae apes regibus Franciae pro insignibus inservierint: lilia potius inde a *Chlodovaeo I.* adhibita fuisse, tria vero jam inde a Philippo VI. Respondit *Chiflet* anno 1658.

Tristan, *Jules Marie Claude, Marquis de* (Tristania R. Br.), * Orleans 26. April 1776, † Orleans 24. Jan. 1861.

9528* —— Mémoire sur la situation botanique de l'Orléanais et sur les caractères de la Flore Orléanaise. Orléans, typ. Huet-Perdoux. 1810. 8. 15 p.

9529* —— Mémoire sur les aigrettes des fleurs composées et sur les caractères du genre Zinnia. Orléans, typ. Huet-Perdoux. 1811. 8. 13 p.

9530* —— Mémoire sur les organes caulinaires des asperges. Orléans, typ. Huet-Perdoux. 1813. 8. 46 p.

9531* —— Tableau des époques de la végétation observées aux environs d'Orléans année 1817 et 1818. (Orléans, typ. Huet-Perdoux.) 8. 8, 16 p., 3 tableaux.

Trog, *Jakob Gabriel*, Apotheker in Thun.

9532* —— Tabula analitica fungorum in Epicrisi vel Synopsi Hymenomycetum Friesiana descriptorum, ad operis usum faciliorem collata. Bernae, Huber et Co. 1846. gr. 12. VIII, 313, (1) p. (1 1/3 th.)

9533* —— Die essbaren, verdächtigen und giftigen Schwämme der Schweiz. Nach der Natur gezeichnet und gemalt von *J. Bergner*, und beschrieben von *J. G. Trog*, Vater. (Bern 1845—50.) folio. 46 p., ind., 36 tab. col. (24 th.)

9534* —— Die Schwämme des Waldes als Nahrungsmittel, oder kurze Anleitung zur Kenntniss der bei uns wildwachsenden essbaren Schwämme und zu ihrem zweckmässigen Gebrauche. Mit Tafeln von *J. Bergner*. Bern, Dalp. 1848. 8. 116 p., 20 tab. col. (2 th. n.)

Troilius, *A. M.*

9535 —— Om Westerästrakten i botanisk afseende Utkast. Stockholm, typ. Westrell. 1860. 8. XI, 43 p.

Tromsdorff, *Johann Samuel*, * Alperstädt 22. Sept. 1676, † Erfurt 13. April 1713.

9536 —— Ros mellis, non ros, nec mellis ros; der ungleich angegebne Honigthau etc. D. Erfurti, typ. Müller. 1699. 4. (20) p.

Trotzky, *Peter Kornuch*, Professor in Kasan.

9537* —— De plantarum phanerogamarum germinatione. D. Dorpati, typ. Schünmann. 1832. 8. 64 p.

Trouffiant,

9538* —— Discours sur la botanique, pour l'ouverture du cours de cette science établi à Nevers. Nevers, typ. Lefebure. an II de la république. 8. 76 p.

Trozelius, *Clas Blechert*, * Lofta 1719, † Lund 1. Nov. 1794.

9539 —— Tankar om en Hushållares upmärksamhet vid Växt-Riket. D. Lund, typ. Berling. 1760. 4. 32, (2) p.

9540 —— Anmärkningar om Hvit-och Rot-kåhls planteringen. D. Lund 1762. 4. 26 p.

9541 —— Physico-oeconomisk Beskrifning öfver Mistelåhs Socken uti Småland. D. Lund, typ. Berling. 1766. 4. 20 p.
Catalogus plantarum Paroeciae Mistelåhs, p. 19—20.

9542 —— De generatione ac nutritione arborum. D. I—II. Londini Gothorum, typ. Berling. 1768. 4. 27 p.

9543 —— Tankar om Säcker och Sirup af inhemska växter. D. Lund 1771. 4. 16 p.

9544 —— Förslag til nya Brygg- och Drickes ämnen. D. Lund 1772. 4. 18 p.

9545 —— Specimen graduale de Sacerdote botanico. D. Londini Gothorum, typ. Berling. 1772. 4. 15 p.

Trummer, *Franz*.

9546* —— Systematische Classification und Beschreibung der im Herzogthum Steiermark vorkommenden Rebensorten. Herausgegeben von der k. k. Landwirthschaftsgesellschaft in Steiermark. Grätz, Ferstl. 1841. 8. x, 362 p., 4 schemata, 2 tab. — Nachtrag. IV, 192 p. (3 1/6 th.)

Tscherniaeff, *B. M.*, Professor der Botanik in Charkow.

9547 —— Conspectus plantarum circa Charcoviam et in Ucrania sponte crescentium. Charcoviae 1859. 8.

Tschudi, *Johann Jakob*, * Glarus 25. Juli 1818.

9548* —— Die Kokkelskörner und das Pikrotoxin. Mit Benutzung von Dr. *Ch. K. Vossler's* hinterlassenen Versuchen. St. Gallen, Scheitlin und Zollikofer. 1847. 8. VIII, 130 p.

Tuckerman, *Edward* (Tuckermania Nolte).

9549* —— Enumeratio methodica Caricum quarundam. Species recensuit et secundum habitum pro viribus disponere tentavit. Schenectadiae, typ. Riggs. 1849. 8. 21 p.

9550* —— An enumeration of North American Lichenes, with a preliminary view of the structure and general history of these plants, and of the Friesian system: to which is prefixed an essay on the natural systems of *Oken, Fries* and *Endlicher*. Cambridge, John Owen. 1845. 8. VI, 59 p.

9551* —— A Synopsis of the Lichens of New England, the other

northern states, and British America. Cambridge, G. Nichols. 1848. 8. v, 93 p.
Supplement in *Silliman's Journal* 1858—59.

Tuckey, *Jamês Hingston,* * Greenhill 1776, † London 4. Oct. 1816.
9552* —— Narrative of an expedition to explore the river Zaire usually called the Congo in South-Africa in 1816. To which is added the Journal of Professor *Smith,* and an appendix: containing the natural history of that part of the kingdom of Congo through which the Zaire flows. London, Murray. 1818. 4. LXXXII, 498 p., 14 tab.
Appendix V: Observations systematical and geographical on Professor *Christian Smith's* Collection of Plants from the vicinity of the River Congo, by *Robert Brown,* p. 420—485.

Tulasne, *Charles,* Arzt in Paris, * Langeais (Indre-et-Loire) 5. Sept. 1816.

Tulasne, *Louis René,* in Paris, * Azay-le-Rideau (Indre-et-Loire) 12. Sept. 1815.
9553* —— Fungi hypogaei. Histoire et monographie des champignons hypogés. Parisiis, Fr. Klincksieck. 1851. folio. XIX, 222 p., 9 tab. col. et 12 tab. nigrae analyticae aeri incisae a *Carolo Tulasne* delineatae. (75 *fr.*)
Prostant hujus libri centena duntaxat exemplaria.
9554* —— Monographia Podostemacearum. Excerpta e tomo sexto (p. 1—208) Collectaneorum: Archives du Muséum. Accesserunt 13 tabulae sumtibus Ilug. Weddelli pictae. Paris, apud Gide Baudry et soc. 1852. 4. 208 p., 13 tab. pro parte col.
9555* —— Monographia Monimiacearum. Excerpta e tomo VIII Collectaneorum quae inscribuntur Archives du Muséum. Paris, Gide Baudry et soc. 1855. 4. p. 273—436, tab. 25—34.
9556* —— et *Charles* **Tulasne.** Selecta Fungorum carpologia, ea documenta et icones potissimum exhibens quae varia fructuum et seminum genera in eodem Fungo simul aut vicissim adesse demonstrent. Tomus 1—3. Parisiis 1861—65. folio. (230 *fr.*)
In *Martii* Flora Brasiliensi exposuit Antidesmeas, Gnetaceas, Monimiaceas et Podostemaceas.

Tulpe, *Nicolaus,* * Amsterdam 11. Oct. 1593, † Amsterdam 12. Sept. 1674.
9557* —— Observationes medicae. Amstelodami 1652. 8. 403 p., tab.
Insunt varia botanica, de Phallo, Thea, aliis.

Tupper, *J. B.*
9558* —— An essay on the probability of sensation in vegetables; with additional observations on instinct, sensation, irritability, etc. London 1811. 8. — * The second edition. London, Longman, Hurst, etc. 1817. 8. IX, 142 p. (6 *s.*)

Turczaninow, *Nicolaus,* † Charkow 1864.
9559* —— Flora baicalensi-dahurica seu descriptio plantarum in regionibus cis- et transbaicalensibus atque in Dahuria sponte nascentium. Pars I. II, 1. 2. Mosquae, typ. A. Semen. 1842 —56. 8. — I: 1842—45. 544 p., II: 1856. 374, 436 p.

Turgot, *Marquis de Cousmont, Étienne François,* * Paris 16. Juni 1721, † Paris 21. Oct. 1789.
9560* (——) Mémoire instructif sur la manière de rassembler, de préparer, de conserver et d'envoyer les diverses curiosités d'histoire naturelle. Lyon 1758. 8. 146 p., 25 tab.

Turio, *Bernardino.*
9561 —— Specimen plantarum, quas in agro Clavariensi aliisque dipartimenti Appenninorum locis collegit atque exsiccavit. Clavari, typ. Pila. (1806.) 4. 32 p.

Turnbull, *A.*
9562* —— On the medical properties of the natural order Ranunculaceae: and more particularly on the uses of Sabadilla seeds, Delphinium Staphisagria and Aconitum Napellus. London, Longman. 1835. 8. VIII, 171 p.

Turner, *Dawson* (Dawsonia R. Br.), * Yarmouth 18. Oct. 1775, † Old Brompton 20. Juni 1858.
9563* —— A Synopsis of the British Fuci. London, White. (Yarmouth, typ. F. Bush.) 1802. II voll. 8. XLVI, 400 p.
9564* —— Muscologiae hibernicae spicilegium. Yermuthi et Londini, White. 1804. 8. XI, 200, XIV p., 16 tab. col.
9565 —— Remarks upon some parts of the Hedwigian system of mosses, with a monograph of the genus Bartramia. Yarmouth 1804. 8.
9566* —— and *Lewis Weston* **Dillwyn.** The botanists guide through England and Wales. London, Philipps and Fardon. 1805. II voll. 8. XVI, 804 p.
9567* **Turner,** *Dawson.* Fuci, sive plantarum Fucorum generi a botanicis adscriptarum icones, descriptiones et historia. (Etiam anglice inscriptus: Fuci, or colored figures and descriptions etc.) London, Arch. 1808—19. IV voll. gr. 4. — I: 1808. 164 p., tab. col. 1—71. — II: 1809. 162 p., tab. col. 72—134. — III: 1811. 148 p., tab. col. 135—196. — IV: 1819. 153, 7 p., tab. col. 197—258.
9568* (——) Specimen of a Lichenographia britannica; or Attempt at a History of the British Lichens. Imperfect. For private circulation only. Yarmouth, typ. C. Sloman. 1839. 8. II, 240 p., ind. Bibl. Reg. Berol.

Turner, *Robert.*
9569* —— Botanologia, the brittish physician: or the nature and vertues of english plants, etc. London, Brook. 1664. 8. 663 p., praef., ind., effigies autoris. — London 1687. 8. 363 p.

Turner, *William* (Turnera Plum.), * Morpeth (Northhumberland) 1515, † London 7. Juli 1568.
Herbal. (Folium 2ᵃ, sign. A. ii:) To the mooste noble and mighty Prince Edward by the grace of God Duke of Summerset, etc. (Folium 3ᵇ, conclusio dedecationis:) Anno Dom. M.CCCCXLVIII. | Martii XV. In extremo libro:) Imprinted at London by John Day, etc. 8 min. 63 foll. 29—30 lin. Hanc editionem non vidi.
9570* —— A new Herball, wherin are conteyned the names of herbes in greke, latin, englysh, duch, frenche and in the potecaries and herbariestatin, with the properties, degrees and naturall places of the same, gathered and made by *William Turner,* Physician unto the duke of Somersettes Grace. Imprimed at London, by Steven Mierdman. anno 1551. folio. (94) foll. custod. A—P. cum iconibus ligno incisis. — The seconde parte. Collen 1562. folio. 171 foll. — * The first and seconde partes of the Herbal of *William Turner,* Doctor in phisick, lately oversevn, corrected and enlarged with the thirde parte, lately gathered, etc. Imprinted at Collen, by Arnold Birckmann. 1568. folio. — Part I: 223 p., praef., ic. xylogr. i. t. — Part II: 171 foll., ic. xylogr. i. t. (est eadem impressio, novo titulo ac praefatione.) — Part III: 81 foll., ic. xylogr. i. t.
In Germaniam auctor se receperat, saeviente Maria, atque Coloniae cum profugorum colonia vixerat, quare ejus regionis plantas spontaneas solus fere omnium auctorum tradit.
«Gulielmus Turnerus, Anglus, historiam de naturis herbarum scholiis et notis vallatam edidit Coloniae, apud Gymnicum. 1544. 4 » Bum. Hunc librum frustra quaesivi.

Turpin, *Pierre Jean François* (Turpinia Vent.), * Vire 11. März 1775, † Paris 1. Mai 1840.
9571* —— Mémoire sur l'inflorescence des Graminées et des Cypérées comparée avec celle des autres végétaux sexifères; suivi de quelques observations sur les disques. (Paris 1819.) 4. 67 p., 2 tab.
Extrait des *Annales du Muséum d'histoire naturelle,* tome V.
9572* —— Essai d'une iconographie élémentaire et philosophique des végétaux avec un texte explicatif. Paris, Panckoucke. 1820. 8. 200 p., 59 tab.
9573* —— Organographie végétale; observation sur quelques végétaux microscopiques, et sur le rôle important que leurs analogues jouent dans la formation et l'accroissement du tissu cellulaire. Paris, Belin. 1827. 4. 55 p., 1 tab. col. (3 *fr.* 50 *c.*)
Extrait des *Mémoires du Muséum,* tome XIV.
9574 —— Mémoire sur l'organisation intérieure et extérieure des tubercules du Solanum tuberosum et de l'Helianthus tuberosus, considérée comme une véritable tige souterraine. Paris 1828. 4. x p., 5 tab. (3 *fr.* 50 *c.*)
9575* —— Observations sur la famille des Cactées, suivies de la description d'une espèce nouvelle d'Echinocactus et de celle de Rhipsalis parasitica. Paris, typ. Huzard. 1830. 8. 69 p., 3 tab.
Extrait des *Annales de l'Institut horticole de Fromont.*
9576* —— Examen d'une chloranthie ou monstruosité observée sur l'inflorescence du Saule marceau. Paris, typ. Huzard. 1833. 8. 13 p., 1 tab.
9577* —— Mémoire de nosologie végétale. (Paris 1833.) 4. 24 p., 1 tab. nigr., 1 tab. col.
Extrait des *Mémoires des Savans étrangers,* tome VI.

9578* **Turpin**, *Pierre Jean François*. Observations générales sur l'organogénie et la physiologie des végétaux. Paris, typ. Didot. 1835. 4. 50 p., 1 tab. col.
   Mémoires de l'Académie, tome XIV.
9579* —— Notice sur une maladie qui se développe sur les tiges vivantes des mûriers et plus particulièrement sur celles du murier multicaule. Paris, Huzard. 1838. 8. 8 p., 1 tab.
9580* —— Iconographie végétale, ou organisation des végétaux illustrée au moyen de figures analytiques. Avec un texte explicatif raisonné et une notice biographique sur M. *Turpin* par M. *Achille Richard*. Paris, Panckoucke. 1841. 4 min. XII, 144 p., 57 tab. col.

Turra, *Antonio*, Professor in Vicenza (Turraea L.).
9581 —— Istoria del arbore della China. Livorno 1764. 4.
9582* —— Farsetia, novum genus. Accedunt animadversiones quaedam botanicae. (Venetiis 1765.) 4. 14 p., 1 tab. Bibl. Juss.
9583* (——) Flora italicae prodromus. Vicetiae, ex officina Turraeana. 1780. 8. 68 p.

Turre, *Georgius a*, vernaculo nomine *Giorgio dalla Torre*, horti Patavini praefectus ab anno 1649 (Turraea L.).
   Visiani, L'orto botanico di Padova p. 19—23.
9584* —— Catalogus plantarum horti patavini novo incremento locupletior, Angelo Marcello Veneto Senatori inscriptus. Patavii, ex typografia Camerali. 1660. 8. 104 p. — *Patavii, typ. Trambotti. 1662. 12. 132 p., praef. Bibl. Horti Pat.
9585* —— Historia plantarum. Dryadum, Amadryadum, Chloridisque Triumphus, ubi plantarum universa natura spectatur, affectiones expenduntur, facultates explicantur. Patavii, typ. Frambotti. 1685. folio. 709 p., praef., ind.

Tussac, *F. R. de*.
9586* —— Flora Antillarum, seu historia generalis botanica, ruralis, oeconomica vegetabilium in Antillis indigenorum, et exoticorum indigenis cultura adscriptorum; secundum systema sexuale Linnaei et methodum naturalem Jussieui in loco natali elaborata, iconibus accuratissime delineatis et coloratis illustrata. Parisiis, apud auctorem et Fr. Schöll. 1808—27. IV voll. folio. — I: 1808. 198 p., 30 tab. col. — II: 1818. 221 p., 34 tab. col. — III: 1824. 127 p., 37 tab. col. — IV: 1827. 124 p., 37 tab. col.

Twamley, *Louisa Anne*.
9587 —— The romance of nature, or the Flower Seasons illustrated. Ed. III. London 1836. 8. 27 tab. col. (1 l. 11 s. 6 d.)
9588 —— Flora's Gems. London 1837. 4. 12 tab. col. (2 l. 2 s.)
9589 —— Our wild flowers familiarly described and illustrated. London 1838. 8. 12 tab. col. (1 l. 1 s)

Tweedie, *John* (Tweedia Hook. et Arn.), * 1775, † Santa Catalina (Buenos-Ayres) 1. April 1862.

Twent, *A. P.*
9590* —— Proeve of eenige aanteekeningen wegens het planten op Duinen van Raaphorst, aan liefhebbers van planten meedegedeeld, van nut konden zyn. In's Gravenhage, Wynants. 1800. 8. 104 p.

Twining, *Elizabeth*.
9591 —— Illustrations of the natural orders of plants. London 1849—55. II voll. folio. 160 tab. col.

Tyas, *Robert*.
9592 —— Flowers from the holy land: being an account of the chief plants named in scripture; with historical, geographical, and historical illustrations. With 12 coloured groups of flowers. London 1851. 12. 204 p. (7 s. 6 d.)

Tylkowski, *Adalbert*, Rector des Seminars in Wilna, * 1624, † Wilna 14. Jan. 1695.
9593* —— Physica curiosa. Cracoviae 1669. 4. Bibl. Reg. Dresd. — *Oliva, typ. Fritsch. 1680—82. 8.
   Pars VIII. p. 453—690 agit de plantis.

U.

Ucria, *Bernardino da* (chiamato nel secolo *Michelangelo Aurifici*) (Ucria Targ.), * Ucria del val Demine di Sicilia, l'anno 1739, † Palermo 29. Jan. 1796.
   Scina, Storia lit. di Sicilia III, 102—106.
9594* —— Hortus regius Panhormitanus, aere vulgaris anno 1780 noviter exstructus, septoque ex indigenis, exoticisque plurimas complectens plantas. Panormi, typis regiis. 1789. 4. VI, 498 p. Bibl. mus. Vind., Bibl. Webb.

Uechtritz, *Max F. S. von*, † Breslau 1852.
9595* —— Kleine Reisen eines Naturforschers. Breslau, Korn. 1820. 8. x, 354 p. (²/₃ th.)

Ulitzsch, *Karl August*.
9596* —— Botanische Schattenrisse, nebst einer kurzen Einleitung in die systematische Kräuterkunde nach Linné. Torgau, auf Kosten des Herausgebers. 1796. 2 Hefte. 4. 120 p., 80 tab. (1½ th.)

Ullgren, *Olof Mathias*, * Upsala 30. Aug. 1785, † Upsala 31. Mai 1819.
9597 —— De plantis tinctoriis suecanis. D. I—II. Upsaliae, typ. academiae. 1815. 4. 14 p.

Ulloa, *Antonio de*, Generaldirector der Spanischen Marine (Ulloa Pers.), * Sevilla 12. Jan. 1716, † Isla de Leon bei Cadix 5. Juli 1795.
   Colmeiro Bot. esp. 161.

Unanue, *José Hipólito*, Professor der Anatomie in Lima, später Regierungspräsident von Peru (Unanuea Rz. et Pav.).
   Colmeiro Bot. esp. 182.
9598* —— Disertacion sobre el aspecto, cultivo, comercio y virtudes de la famosa planta del Perú nombrada Coca, publicada en el Mercurio Peruano num. 372. Impresa en Lima, en la imprenta real de los niños expositos. 1794. 4. 45 p., praef., 1 tab.

Underwood, *John*.
9599* (——) Catalogue of plants in the Arboretum, Fruticetum, Herbarium, Gramina vera, Hortus tinctorius, hot and greenhouses of the Dublin Society's botanic garden at Glasvenin in Dublin, typ. Graisberry. 1802. 8. 247 p.
9600* —— A catalogue of plants, indigenous and exotic, cultivated in the botanic garden belonging to the Dublin Society at Glasvenin. Dublin, typ. Graisberry. 1804. 8. 134 p. and map.

Unger, *Franz*, Professor der Botanik an der Universität Wien (Ungeria Schott et Endl), * Amthof zu Leitschach in Steiermark 30. Nov 1800, † Gratz 13. Febr. 1870.
   Reyer, Leben und Wirken des Naturhistorikers *Franz Unger*. Gratz, Leuschner und Lubensky. 1871. 8. II, 100 p. (16 sgr.)
9601* —— Die Exantheme der Pflanzen und einige mit diesen verwandte Krankheiten der Gewächse, pathogenetisch und nosographisch dargestellt. Wien, Gerold. 1833. 8. XII, 422 p., 7 tab. (nigr. 2 th. — col. 2½ th.)
9602* —— Ueber den Einfluss des Bodens auf die Vertheilung der Gewächse, nachgewiesen in der Vegetation des nordöstlichen Tirols. Wien, Rohrmann und Schweigerd. 1836. gr. 8. XXIV, 367 p., 9 mappae. (3½ th.)
9603* —— Ueber das Studium der Botanik. Ein Vortrag. Grätz, typ. Tanzer. 1836. 8. 24 p.
9604* —— Die Schwierigkeiten und Annehmlichkeiten des Studiums der Botanik. Ein Vortrag, gehalten am 8. März 1837. s. l. 8. 11 p.
9605* —— Aphorismen zur Anatomie und Physiologie der Pflanzen. Wien, Beck. 1838. 8. 20 p. (½ th.)
9606* —— Ueber den Bau und das Wachsthum des Dicotyledonenstammes. Preisschrift. St. Petersburg, Akademie der Wissenschaften. (Leipzig, Voss). 1840. 4. III, 204 p., 16 tab. (2⅓ th.)
9607* —— Ueber Krystallbildungen in den Pflanzenzellen. (Wien 1840.) 4. 60 p., 7 tab.
   Annalen des Wiener Museums der Naturgeschichte, Band III.

9608* **Unger,** *Franz.* Beiträge zur vergleichenden Pathologie. Sendschreiben an *Schönlein.* Wien, Beck. 1840. 4. VI, 42 p., 1 tab. col. (1 th.)
9609* —— Die Pflanze im Momente der Thierwerdung. Wien, Beck. 1843. 8. 99 p., 1 tab. col. (1 th.)
9610* —— Ueber merismatische Zellenbildung bei der Entwicklung des Pollens. s. l. 1844. 4. (7) p., 1 tab.
9611* —— Synopsis plantarum fossilium. Lipsiae, Voss. 1845. 8. XVIII, 330 p. (1⅔ th.)
9612* —— Grundzüge der Anatomie und Physiologie der Pflanzen. Wien, Gerold. 1846. 8. XIV, 134 p, (79) ic. xyl. i. t. (1½ th.)
9613* —— Chloris protogaea. Beiträge zur Flora der Vorwelt. Leipzig, in Commission bei Wilhelm Engelmann. 1847. 4. IV, CX, 150 p., 50 tab. (33⅓ th.)
Prodiit annis 1841—47 decem fasciculis.
9614* —— Ueber die fossile Flora von Parschlug. (Grätz 1847.) gr. 8. 39 p, ic. xyl. i. t.
Besonders abgedruckt aus der Steiermärkischen Zeitschrift, neue Folge, Jahrgang IX. Heft I.
9615* —— Die fossile Flora von Sotzka. Wien, Braumüller. 1850. 4. 67 p., 47 tab. col. (16⅔ th. n.)
Wiener Denkschriften, Band II.
9616* —— Genera et species plantarum fossilium. Vindobonae, Braumüller. 1850. 8. XL, 627 p. (4 th.)
9617* —— Die Urwelt in ihren verschiednen Bildungsperioden. Landschaftliche Darstellungen mit erläuterndem Texte. Wien 1851. 4. — Zweite Auflage. ib. 1858. 4. X p., 16 tab. in folio. (18⅔ th.)
9618* —— Iconographia plantarum fossilium. Abbildungen und Beschreibungen fossiler Pflanzen. Wien, Braumüller. 1852. folio. 46 p., 22 tab. col. (8⅓ th. n.)
Wiener Denkschriften III, Band 2.
9619* —— Botanische Briefe. Wien, Gerold. 1852. 8. X, 156 p., (2⅓ th.)
* *anglice:* Botanical Letters to a friend. London 1853. 8. 116 p.
9620* —— Ueber einige fossile Pflanzen aus dem lithographischen Schiefer von Solenhofen. Cassel 1852. 4.
Palaeontographica II, 218—255, 2 tab.
9621* —— Beiträge zur Kenntniss der niedersten Algenformen. Wien, Braumüller. 1854. 4. 12 p., 1 tab. col. (⅔ th)
Denkschriften der Akademie, Band VII.
9622* —— Anatomie und Physiologie der Pflanzen. Pest, Wien und Leipzig, Hartleben. 1855. XIX, 464 p., ic. xyl. (4 th. 4 sgr.)
9623* —— Sylloge plantarum fossilium. Sammlung fossiler Pflanzen, besonders aus der Tertiärformation. Theil 1—3. Wien, Gerold. 1860—66. 4. 48, 36, 76 p., 57 tab. (11⅓ th.)
Denkschriften der Wiener Akademie der Wissenschaften, Band XIX. XXII. XXV.
9624* —— Neu-Holland in Europa. Ein Vortrag, gehalten im Ständehause. Wien, Braumüller. 1861. 8. 72 p., ic. xyl.
9625* —— und *Theodor Kotschy.* Die Insel Cypern ihrer physischen und organischen Natur nach, mit Rücksicht auf ihre frühere Geschichte. Wien, Braumüller. 1865. 8. XII, 598 p., 2 tab. ic. xyl. (4⅔ th.)
Specielle Flora der Insel, p. 150—392.
9626* —— Grundlinien der Anatomie und Physiologie der Pflanzen. Wien, Braumüller. 1866. 8. V, 178 p., ic. xyl. (1⅓ th.)
9627* —— Die Pflanze als Todtenschmuck und Grabeszier. Vortrag. Wien, Braumüller. 1867. 8. 27 p. (⅕ th.)
9628* —— Beiträge zur Anatomie und Physiologie der Pflanzen. Wien, Gerold. 1869. 8. 27 p., 1 tab. (⅖ th.)
9629* —— Geologie der europäischen Waldbäume. I. II. Graz, Leuschner u. Lubensky. 1869—70. 8. 135 p., 3 tab. (1⅗ th.)
Mitth. des naturw. Vereins für Steiermark, Band II.
Unger, *Johann Gottfried.*
9630* —— Dissertatio de חיםי, hoc est, de Papyro frutice ad Jesaiam XIX, 7. D. Lipsiae 1731. 4. 42 p.
Unger, *Michael.*
9631* —— Animadversiones circa *Jussieui* methodum plantarum naturalem. D. Halae, typ. Gebauer. 1806. 8. 34 p.
Ungern-Sternberg, *Franz, Baron,* Professor in Dorpat, † Dorpat 24. Jan. 1868.
9632* —— Versuch einer Systematik der Salicornieen. D. Dorpat, typ. E. J. Karow. 1866. 8. XIV, 114, (2) p.

Ungius, *Nicolaus Thomas,* † 1653.
9633 —— Encomion historiae plantarum, seu oratio de plantis etc. Upsaliae, typ. Wallianis. 1636. 4. (10) p.
Ungnad, *Christian Samuel.*
9634* —— De Malo Persica. D. Francofurti a/V., typ. Winter. 1757. 4. 34 p.
Unonius, *Olof,* * Gefle 29. Juli 1602, † Upsala 23. Nov. 1662.
9635 —— pr., Disputio physica de plantis. Upsaliae, typ. Matthiae. 1647. 4. 10 p.
Unverricht, *Karl.*
9636* —— Anleitung zur Pflanzenkenntniss. Ein Handbuch der allgemeinen Botanik und Flora von Deutschland. Schweidnitz, Heege. 1842. gr. 12. XL, 812 p. (1⅓ th.)
Unzer, *Johann August,* * Halle 29. April 1727, † Altona 2. April 1799.
9637* —— Sammlung kleiner Schriften. Physikalische. Rinteln und Leipzig (F. A. Brockhaus.) 1766. 8. 440 p. — Zwote Sammlung. Zur speculativen Philosophie. ib. 1769. 8. 410 p. — Dritte Sammlung. ib. 1769. 8. (2⅔ th.)
Insunt: Betrachtungen über einige Besonderheiten aus dem Gewächsreiche. I. 54—64. — Untersuchung, wie die Bäume vor dem Erfrieren zu bewahren sind. I. 140—150. — Vom Gefühle der Pflanzen. I. 242—255.
Ursinus, *Johannes Heinrich,* Superintendent zu Regensburg, * Speier 26. Jan. 1608, † Regensburg 14. Mai 1667.
9638* —— Arboretum biblicum, in quo arbores et frutices passim in s. literis occurentes, notis philologicis, philosophicis, theologicis exponuntur et illustrantur. Norimbergae, sumtibus Tauberi imprimebat Gerhardus. 1663. 8. 621 p., praef., ind., tab. plur. — Ed. II: Norimbergae 1672. 8. 624 p., tab. plur. — Ed. III: Norimbergae, typ. Froberg. 1685. 8. 624 p., tab. plur. — Continuatio historiae plantarum biblicae. ib. 1685. 8. 276 p., praeter appendices. — * Norimbergae, apud J. D. Tauberum. 1699. II voll. 8. — I: 624 p., praef., ind., tab. plur. — II: (sive continuatio.) 212 p., ind.
Ursinus, *Leonhard,* Professor in Leipzig, * Nürnberg 1618, † Leipzig 1664.
9639* —— De botanices utilitate. Lipsiae 1652. 4.
9640 —— Tulipa de Alepo. Programma. Lipsiae 1661. 4.
9641* —— De Rosa menstrua. Programma. Lipsiae 1661. 4.
9642* —— Ad demonstrationes botanicas Programma. (Lipsiae) 27 April 1662. 4.
9643 —— Lilium album plenum. Programma. Lipsiae 1662. 4.
Urzedow, *Marcin.*
9644* —— Herbarz polski, to iest o przyrodzeniu zioł y drzew rozmaitych, y innych rzeczy do lekarztw nalezacych, księgi dwoie, Doctora *Marcini Urzędowa* i. e. Herbarium polonicum h. e. de natura herbarum et arborum variarum atque aliarum rerum ad pharmaca pertinentium libri duo. W Krakowie, w drukárni Lázárzowéy. 1595. folio. (6), 488 p, ic. xylogr. i. t. Bibl. Goett.
Arnold de monum. hist. nat. Poloniae p. 60. — *Adamski* Prodromus hist. rei herb. in Polonia p. 29. — *Spreng.* Hist. rei herb. I. 464—465. — *Linnaeus* et *Hallerus* nomen autoris varie mutilaverunt; est enim idem noster N. Zedora et Martin Unzendorf, Hall. Bibl. bot. I. 389.
Uslar, *Justus Ludwig von*
9645* —— Die Bodenvergiftung durch die Wurzelausscheidungen der Pflanzen als vorzüglichster Grund für die Pflanzen-Wechselwirthschaft. Altona, Blatt. 1844. 8. 161 p. (1 th.)
Uslar, *Johann Julius von,* * Clausthal 13. Oct. 1762, † Herzberg 1838.
9646* —— Fragmente neurer Pflanzenkunde. Braunschweig, Schulbuchhandlung. 1794. 8. 188 p. (7/12 th.)
* *anglice:* Chemico-physiological observations on plants. Translated from the German with additions by *G. Schmeisser.* Edinburgh, Creech. 1795. 8. XII, 171 p.
Usteri, *Paul,* Arzt in Zürich (Usteria Willd.), * Zürich 14. Febr. 1768, † Zürich 9. April 1831.
* *Hans Locher-Balber,* Nekrolog auf *Paul Usteri,* M. D. Bürgermeister des Kantons Zürich. Zürich, Orell, Füssli et Co. 1832. 8. 56 p. (¼ th.)
9647* —— Delectus opusculorum botanicorum, edidit notisque illustravit. Argentorati, in bibliopolio academico. 1790—93. II voll. 8. — I: 1790. XVI, 336 p., 5 tab. — II: 1793. VIII, 462 p., 5 tab.

V.

Vahl, *Jens Lorenz Muestue*, Bibliothekar des botanischen Gartens in Kopenhagen, * Kopenhagen 27. Nov. 1796, † Kopenhagen 12. Nov. 1854.

9648 —— Observations sur la végétation en Islande, avec une Liste des plantes que l'on suppose exister en Islande, dressée par M. *Vahl*. Impr. cum *E. Robert*, Voyage en Islande et au Groenland. Paris 1841. 8. p. 337—379.

Vahl, *Martin*, Professor der Botanik in Kopenhagen (Vahlia Dahl., Vahlia Thunb.), * Bergen in Norwegen 10. Oct. 1749, † Kopenhagen 24. Dec. 1804.

9649* —— Symbolae botanicae, sive plantarum tam earum, quas in itinere imprimis orientali collegit *Petrus Forskål*, quam aliarum recentius detectarum exactiores descriptiones, nec non observationes circa quasdam plantas dudum cognitas. Havniae, impensis auctoris. (Schubothe.) 1790—94. III partes. folio. — I: 1790. 85 p., tab. 1—25. — II: 1791. 105 p., tab. 26—50. — III: 1794. 104 p., tab. 51—55. (14⅔ th.)

9650* —— Eclogae americanae, seu descriptiones plantarum praesertim Americae meridionalis nondum cognitarum. Fasc. I—III. Havniae, impensis auctoris. (Schubothe.) 1796—1807. folio. — I: 1796. 52 p., tab. 1—10. — II: 1798. 56 p., tab. 11—20. — III: 1807. 58 p., tab. 21—30. (14½ th.)

9651* —— Icones illustrantes plantarum americanarum in Eclogis descriptarum inservientes edidit *M. V.* Decas I—III. Havniae, impensis auctoris. (Schubothe.) 1798—99. folio. 30 tab. (6 th.)

9652* —— Enumeratio plantarum vel ab aliis, vel ab ipso observatarum, cum earum differentiis specificis, synonymis selectis et descriptionibus succinctis. Havniae, typ. Mölleri, impensis auctoris. 1804—6. II voll. 8. — I: 1804. LX, 384 p. — II: 1806. VIII, 423 p. (5 Rbdr. — 5⅓ th.)

Est editio minoris pretii, Goettingae, Vandenhoek et Ruprecht. 2 th., quae praeter annos 1824 et 1825 in titulis minime differt. — Opus in Triandria classe incompletum remansit.

Vaillant, *Léon*.

9653* —— De la fécondation dans les Cryptogames. These. Paris, F. Savy. 1863. 8. 134 p., 2 tab. (2 fr. 50 c.)

Vaillant, *Sébastien* (Vaillantia DC.), * Vigny (Seine-et-Oise) 26. Mai 1669, † Paris 26. Mai 1722.

9654* —— Sermo de structura florum, horum differentia usuque partium eos constituentium, habitus in ipsis auspiciis demonstrationis publicae stirpium in horto regio Parisino, d. 10 Junio 1717 et Constitutio trium novorum generum plantarum, Araliastri, Sherardiae, Boerhaaviae. Cum descriptione duarum plantarum novarum generi postremo inscriptarum. Discours sur la structure des fleurs, leurs différences et l'usage de leurs parties, prononcé à l'ouverture du jardin royal de Paris le 10 Juin 1717, et l'établissement de trois nouveaux genres de plantes l'Araliastrum, la Sherardia et la Boerhaavia, avec la description de deux nouvelles espèces rapportées au dernier genre. Lugduni Batavorum, apud P. van der Aa. 1718. 4. 55 p. — *ib. 1727. 4. 55 p. — *ib. 1728. 4. 55 p. (gallice et latine.)

9655* —— Etablissement d'un nouveau genre de plante nommé Araliastrum, duquel le fameux Ninzen ou Ginseng des Chinois est une espèce. Communiqué par M. *Vaillant*, Demonstrateur des plantes au jardin royal de Paris, à un des ces amis (*Hugo*) à Hannover le 3 février. 1718. 4. (4) foll. Bibl. Juss.

Ephem. Acad. Nat. Cur. Cent. VII—VIII, appendix, p. 189—192; redit in Sermone de structura florum.

9656* —— Botanicon Parisiense. Operis majoris prodituri Prodromus. Lugduni Batavorum, apud Petrum van der Aa. 1723. 8. 132 p., praef. *Boerhaavii*. — *Editio nova emendatior et aucta. Lugduni Batavorum et Parisiis, Briasson. 1743. 8. 131 p., praef. (differt.)

9657* —— Botanicon Parisiense, ou Dénombrement par ordre alphabétique des plantes, qui se trouvent aux environs de Paris, compris dans la carte de la Prévôté et de l'Election de la dite ville par le Sieur *Danet Gendre* année 1722, avec plusieurs descriptions des plantes, leurs synonymes, le tems de fleurir et de grainer, et une critique des auteurs de botanique. Enrichi de plus de trois cents figures, dessinées par le Sieur *Claude Abriet*, peintre du cabinet du Roy. Leide et Amsterdam, chez Verbeek et Lakeman. 1727. folio. XII, 205 p., ind., XXXIII tab.

Catalogus manuscriptum Herbarii *Vaillantiani*, quod in Museo horti Parisiensis servatur, vidi in Bibl. Ill. Hadriani de Jussieu; II voll. 4. 1550 p.

Valcarenghi, *Paolo*.

9658* —— In *Ebenbitar* tractatum de Malis Limoniis commentaria. Cremonae, Ricchini. 1758. 4. XXXII, 232 p.

Valente, *Antonio*.

9659* —— Recensio plantarum villa atque horto praesertim botanico *Francisci Caetani* ducis comprehensarum juxta *C. Linnaei* et *A. L. Jussieu* systemata dispositarum. Romae, typ. Caetani in Exquiliis. 1803. 8. XVIII, 167 p., effigies Principis *Caetani*.

Valenti-Serini, *Francisco*.

9660* —— Dei funghi sospetti e velenosi del territorio di Siena. Torino 1868. folio. 36 p., 56 tab. col. litografia Giordano è Saluschi.

Valentin, *Georg*, Professor der Physiologie in Bern.

9661 —— Beschreibung einer Antholyse von Lysimachia Ephemerum. Bonn 1837. 4. 14 p.

Nova Acta Acad. Leop. vol. XVIII.

Valentini, *Christoph Bernhard*, Professor in Giessen, * Giessen 29. Dec. 1694, † Berleberg 10. Febr. 1728.

9662* —— Tournefortius contractus, sub forma tabularum sistens institutiones rei herbariae juxta methodum modernorum cum laboratorio Parisiensi ejusdem autoris. Accedit Materia medica a *Paulo Hermanno* in certas classes characteristicas redacta, cum duplici schematismo, excursionibus botanicis et herbariis vivis conficiendis inserviente. Francofurti a/M., Andreae. 1715. folio. 48 p., ind., 4 tab.

Valentini, *Michael Bernhard*, Professor in Giessen (Valentinia Sw.), * Giessen 26. Nov. 1657, † Giessen 18. März 1729.

9663* —— Museum museorum oder Vollständige Schaubühne aller Materialien und Spezereien. Frankfurt a/M., Zunner. 1704—14. III voll. folio. — I: 1704. 250 p., tab., et *Johann Daniel Major*, Unvorgreiffliches Bedencken von Kunst- und Naturalienkammern, 76 p. — II: 1714. 196 p., 38 tab. und Oost-indianische Sendschreiben, von allerhand raren Gewächsen, Bäumen, Juvelen, auch andere Raritäten, durch *Cleyern, Rumphen, Herbert de Jager*, ten Rhyne etc. gewechselt, und aus deroselben in holländischer Sprach beschriebenen Originalien übersetzet von *Michael Bernhard Valentini*, 119 p., tab.

Volumen III agit de instrumentis physicis.

9664* —— Historia simplicium reformata sub Musei Museorum titulo antehac in vernaculâ edita, jam autem in gratiam exterorum sub directione, emendatione et locupletatione auctoris a D. *Joh. Conr. Beckero* latio restituta. Francofurti a/M., ex officina Zunneriana. 1716. folio. 664 p., praef., ind., 16 tab. — *Offenbaci 1732. folio. (non differt.)

A p. 377 ad finem usq.: India literata.

9665 —— Prodromus historiae naturalis Hassiae, quem anno academiae Juliae Gissenae jubilaeo 1707 sub praesidio autoris *Johannes Nicolaus Mueller*, Giessa-Hassus proposuit. Giessae, apud Henningium Müllerum. 1707. 4.

In capite quarto de plantis Hassiae agitur.

9666* —— Viridarium reformatum, seu Regnum vegetabile, das ist: Neu eingerichtetes und vollständiges Kräuterbuch, worinnen auf noch nicht gesehene Weise derer Vegetabilien als Kräutern, Sträuchen etc. etc. Frankfurt a/M., Heinscheidt. 1719. folio. 584 p., indices, 384 tab., ic. i. t.

Valet, *F.*

9667* —— Uebersicht der in der Umgegend von Ulm wildwachsenden phanerogamischen Pflanzen. Ulm, Nübling. 1847. 8. 144 p. (⁷⁄₁₅ th.)

Valla, *Giorgio*.

9668* —— De simplicium natura liber unus. Argentinae, per Henricum Sybold. (1528 mense Augusto.) 8. (104) foll. sign. A—N.

Valle, *Felice,* † Corsica 1747.
9669* —— Florula Corsicae, edita a *Carolo Alliono.* (Misc. Taur. II. p. 204—218, 1 tab. — *Florula Corsicae, aucta ex scriptis *Dn. Jaussin* a *Nic. Laur. Burmanno.* Nov. Act. Acad. Nat. Cur. IV, Append. p. 205—254.)

Valles, *Francisco,* † 1592.
Colmeiro Bot. esp. 155.
9670 —— De iis, quae scripta sunt physice in libris sacris, sive de sacra philosophia liber singularis. Cui propter argumenti similitudinem adjuncti sunt duo alii, nempe *Levini Lemnii* de plantis sacris et *Francisci Ruei* de gemmis, ante quidem editi, sed nunc emendatius expressi. Lugduni, apud Franciscum Le Fevre. 1588. 8. 693, 285 p — *De sacra philosophia, sive de iis, quae in libris sacris physice scripta sunt, liber singularis. Ed. VI. Lugduni 1652. 8. 440 p

Vallet, *Pierre,* brodeur ordinaire du roi très-chrestien Henri IV et Louis XIII.
9671* —— Le jardin du roy tres chrestien *Henry IV* roy de France et de Navarre, dedié à la royne par *Pierre Vallet,* brodeur ordinaire du roy. 1608. folio. 4 foll., 73 tab., effigies *Pierre Vallet* et *Jean Robin.*
Jean Robin, botanicus regius et horti scholae Parisiensis curator, addidit exoticas quasdam plantas a *Jean Robin,* filio, ex Guinea et Hispania delatas anno 1603.
9672* —— Le jardin du Roy tres chrestien *Louis XIII.* Paris 1623. folio. (3), 12 p., 91 tab. **Bibl. Juss.**

Vallet, *Alphonse.*
9673* —— Considérations médicales sur les champignons. Paris, J. B. Baillière. 1862. 4. 66 p. (3 *fr.*)

Vallisnieri de Vallisnera, *Antonio,* Professor in Padua (Vallisneria Mich.), * Trasilico 3. Mai 1661, † Padua 18 Jan. 1730.
Fabroni, Vitae Italorum VII, 9—10.
Configliachi, Discorso inaugurale intorno agli scritti del Cav. *Antonio Vallisneri.* Padova 1836. folio min. 35 p.
9674 —— Prima raccolta d'Osservazioni e d'Esperienze. Venezia, Albrizzi. 1710. 12.
Insunt: De arcano Lenticulae palustris semine, p. 1; Fiore della Lenticula palustris scoperto dall' autore, p. 27; de Pinu africana, p. 81; Index plantarum, quae juxta Liburnum nascuntur, ab auctore notatae, et a *Tiberio Scalio* Liburnensi descriptae, cum notationibus Jo. Bapt. Scarella, p. 112.
9675* —— Opere diversi. (Inest: Raccolta di varj trattati.) Venezia, Ertz. 1715. 4. 261 p., tab.
9676* —— Opere fisico-mediche, raccolte da *Antonio (Vallisneri),* suo figliuolo. Venezia, Sebastian Coleti. 1733. III voll. folio. — I: LXXXII, 469 p., 52 tab. — II: 551 p., 36 tab. — III: 676 p., 6 tab.
Insunt: Osservazioni intorno al fiore dell' Aloe americana, ed al sugo stillante dalla medesima, vol. II. p. 69—74. De arcano Lenticulae palustris semine ac admiranda vegetatione, vol. II. p. 81—89.

Vallot, *Jean Nicolas,* Arzt in Dijon, † Dijon nach 1856.
9677* —— Histoire de la botanique en Bourgogne. Dijon, typ. Frantin. 1828. 8. 51 p. (2 *fr.*)

Vandelli, *Domingos,* Professor in Lissabon (Vandellia L.).
9678 —— Dissertatio de arbore Draconis seu Dracaena. Accedit D. de studio historiae naturalis necessario. Olisipone, apud Galliardum. 1768. 8. 39 p., 1 tab.
Redit in *Römeri* Scriptoribus.
9679* —— Memoria sobre a utilidade dos jardins botanicos a respecto da agricultura, e principalmente da cultivação dos charnecas. Lisboa 1770. 8. 23 p.
Redit cum ejus Diccionario dos termos technicos de historia natural. Coimbra 1788. 4. p. 293—301.
9680* —— Fasciculus plantarum, cum novis generibus et speciebus. Olisipone, ex typographia regia. 1771. 4. 20 p., 4 tab.
9681 —— Diccionario dos termos technicos de historia natural, extrahidos das obras de *Linneo,* com a sua explicação. Coimbra 1788. 4. 301 p., 20 tab.
Memoria sobre a utilidade dos jardins botanicos, p. 293—301.
9682* (——) Florae lusitanicae et brasiliensis specimen. Et epistolae a *Carolo a Linné* et *A. de Haen* ad *Dom. Vandelli* scriptae. Conimbricae, Barneoud. 1788. 4. 96 p., 5 tab.
9683* —— Viridarium *Grisley* Lusitanicum, Linneanis nominibus illustratum, jussu Academiae in lucem editum a *Dominico Vandelli.* Olisipone, typ. Acad. Scient. 1789. 8. XX, 134 p.

Vandamme, *Henri.*
9684* —— Mémoire sur les maladies des Graminées et sur les moyens de préserver ces végétaux du danger qui les menace. Hazebrouck, typ. Guermouprez 1838. 8. 11 p.
9685* —— Flore de l'arrondissement d'Hazebrouck (dép. du Nord). Paris, Baillière. 1850—60. 8. VIII, 334 p.

VandeWoestyne, *J. X.*
9686* —— Discours (sur la botanique). Gand, Goesin-Verhaeghe. 1814. 8. 8, (2) p.

Van Hulle, *H. J.*
9687* —— Le jardin botanique de l'université de Gand. Gand, typ. Annoot Braekman. 1871. 8. 43 p., 2 tab.

Van Mons, *Jean Baptiste,* * Bruxelles 11. Nov. 1705, † Louvain 6. Sept. 1842.
Ed. Pynaert, Éloge. Gand 1871. 8.

Varecka, *W.*
9688 —— Phanerogamenflora der Umgebung von Neusohl. Programm. Neusohl 1857. 4. 49 p.

Varro, *Marcus Terentius* (Varronia L.), * Reate im Sabinerlande um 114 a. Chr., † um 26 a. Chr.
9689* —— De re rustica libri tres. (Cum scriptoribus rei rusticae.) Editio princeps: Venetiis, Nicol Jenson. 1472. folio. — Ed. II: Regii, Bm. Bruschus, aliae Bottonus, nonis Junii 1482. folio. — *Parisiis 1533. folio. — Separatim a *Petro Victorio* editi. Parisiis, apud Ludovicum Tiletanum. 1535. 4. — *Lugduni, Sebastian Gryphius. 1541. 8. — *Parisiis, Stephanus. 1543. 8. — *Lugduni, apud Gryphium. 1549. 8. — Cum notis integris *Petri Victorii* et *Josephi Scaligeri.* Parisiis, Stephanus. 1569. 1573. 1581. 1585. 8. — Cum commentariis *Ausonii Popmae* Frisii. Lugduni Batavorum, Plantinus. 1601. 8. — Dordraci, Brerewond. 1619. 8. — Amstelodami, Janssonius. 1623. 8. — *curavit *J. M. Gesner.* Lipsiae, Fritsch. 1735. 4. — *Biponti 1787. 8. — *Ex optimorum scriptorum atque editorum fide et virorum doctorum conjecturis correxit, atque interpretum omnium collectis et excerptis commentariis suisque illustravit *Johann Gottlob Schneider.* Lipsiae, Fritsch. 1795. 8. (Scriptores rei rusticae, vol. I, p. 123—326.)

Vassalli, *Antonmaria,* * Turin 30. Jan. 1761, † Turin 5. Juli 1825.
9690* —— Spiegazione delle esperienze recate contro l' influsso dell' elettricità nella vegetazione da' Signori *Ingenhousz,* e *Schwankhardt* et ulteriori esperienze confermanti tale influsso. Torino, Briolo. 1788. 8. 36 p.
9691* —— Della fecondazione artefíciale delle piante e dei vantaggi della medesima. (Extratto di Calendario georgico di 1802.) 12. p. 7—11.
9692* —— Saggio teorico-pratico sopra l'Arachis hypogaea. Torino, stamperia di dipartimento. 1807. 8. 47 p., 3 tab.

Vater, *Abraham,* Professor in Wittenberg (Vateria L.), * Wittenberg 9. Dec. 1684, † Wittenberg 18. Nov. 1751.
9693* —— Balsami de Mecca natura et usus. Programma. Wittenbergae 1720. 4. (4) foll.
9694* —— Catalogus plantarum imprimis exoticarum horti academici Wittenbergensis in usum auditorum juxta seriem alphabeticum adornatus. Wittenbergae, apud viduam Gerdesiam. 1721. 4. 28 p., praef., 1 tab.
9695* —— Supplementum Catalogi plantarum, sistens accessiones novas, quibus hortus academicus Wittembergensis hucusque actus est. Wittembergae, Gerdes. 1724. 4. 20 p., praef., 1 tab.
9696* —— Catalogus variorum exoticorum, quae in Museo suo, brevi luci exponendo, possidet *A. Vater.* Wittenbergae 1726. 4. 16 p., praef.
9697* —— De Ruta ejusdemque virtutibus. D. Vitembergae 1735. 4. 24 p.
9698 —— De Cereo americano. D. Vitembergae 1735. 4.
9699* —— De Laurocerasi indole venenata. D. Wittebergae 1737. 4. 32 p.
9700* —— Syllabus plantarum, potissimum exoticarum, quae in horto academiae Wittenbergensis aluntur. Wittenbergae 1738. 8. 72 p.

9701* **Vater**, *Abraham*. Anatome trunci Ulmi, cui cornu cervinum inolitum Programma. Vitembergae 1741. 4. 8 p.
9702* —— Cornu cervi monstrosum a trunco arboris Fagi, cui adhaesit, resectum. Programma. Vitembergae 1744. 4. 8 p.

Vater, *Christian*, Professor in Wittenberg, * Jüterbock ... 1651, † Wittenberg 6. Oct. 1732.
9703* —— Rei herbariae aestimatoribus et cultoribus et p. d. eosdemque ad solennes plantarum in agris, sylvis, ripis et montibus Wittebergensibus lustrationes humanissime invitat. Wittebergae (1692.) 4. (4) foll.

Vaucher, *Jean Pierre Étienne*, Professor in Genf (Vaucheria DC), * Genf 27. April 1763, † Genf 5. Jan. 1841.
9704* —— Mémoire sur les graines des Conferves. (Paris, typ. Peronneau) 1800. 4. 16 p., 2 tab.
9705* —— Histoire des Conferves d'eau douce, contenant leurs différens modes de reproduction et la description de leurs principales espèces, suivie de l'histoire des Trémelles et des Ulves d'eau douce. Genève, Paschoud. an XI. 1803. 4. xv, 285 p., 17 tab. (15 fr.)
9706* —— Monographie des Prêles. Histoire générale et physiologique du genre. Genève, Paschoud. 1822. 4. iv, 63 p., 13 tab.
Mémoires de la société d'hist. nat. de Genève, tome I. p. 329—391.
polonice: vertente A. *Wolfgang*. Vilnae, typ. Zawadski. 1826. 4.
9707* —— Monographie des Orobanches. Genève et Paris, Paschoud. 1827. 4. ii, 72 p., 16 tab. (8 fr. — col. 12 fr.)
9708* —— Mémoire sur la chute des feuilles. Genève, Barbezat et Delarne. 1828. 4. 17 p
Mémoires de la société d'hist. nat de Genève, tom. I. p. 120—136.
9709* —— Histoire physiologique des plantes d'Europe, ou exposition des phénomènes qu'elles présentent dans les divers périodes de leur développement. Tome premier. Genève, Barbezat et Co. 1830. 8. 503 p.
9710* —— Histoire physiologique des plantes d'Europe, ou Exposition des phénomènes qu'elles présentent dans les diverses périodes de leur développement. Paris, Marc Aurel frères. 1841. IV voll. gr. 8. — I: xxxi, 583 p. — II: 743 p. — III: 786 p. — IV: 637 p. (30 fr.)

Vaupell, *Christian*, † Kopenhagen 1862.
9711* —— Untersuchungen über das peripherische Wachsthum der Gefässbündel der dikotyledonen Rhizome. Leipzig, Hinrichs. 1855. 8. 44 p., 2 tab. (3/5 th.)
9712* —— Planterigets Naturhistorie. Kjøbenhavn, Reitzel. 1854. 8. 120 p., ic. xyl. — Ed. II. ib. 1860. 8. — Ed. III. ib. 1866. 8. (omarbeidet af Chr. *Grönlund*)
9713* —— Iagttagelser over Befrugtningen hos en art af slägten Oedogonium. D. Kjøbenhavn, Reitzel. 1859. 8. 38 p., 1 tab.
9714 —— De Danske Skove. Kjøbenhavn 1863. 8. ic. xyl.

Vauquelin, *Nicolas Louis* (Vauquelinia Correa), * St. André d'Hébertot 16. Mai 1763, † 15. Nov. 1829.
9715* —— Expériences sur les sèves des végétaux. Paris, Quillau. an VII. (1799.) 8. 32 p.

Vavasseur, *P.*, *P. L.* **Cottereau** et *A.* **Gillet de Grandmont**.
9716* —— Dictionnaire universel de botanique agricole, industrielle, médicale et usuelle, comprenant toutes les plantes vénéneuses et les champignons délétères et comestibles. Tome premier. Paris, au bureau. 1836. 4.

Vée, *Amédée*.
9717 —— Recherches chimiques et physiologiques sur la fève du Calabar. Thèse. Paris, Delahaye. 1865. 8. 34 p.

Veesenmeyer, *Gustav*.
9718* —— Ueber die Vegetationsverhältnisse an der mittleren Wolga. Petersburg 1854. 8.
Beiträge zur Pflanzenkunde des russischen Reiches, Heft 9, p. 41—116

Veillard, *Eugène*.
9719 —— Plantes de la Nouvelle-Calédonie. Caen 1865. 8. 21 p.

Veitch, *John Gould*, botanischer Reisender in China und Japan, * Chelsea 17. April 1839, † 1867.

Veith, *Emanuel*, Director der Thierarzneischule in Wien, * Kuttenberg 1788.
9720* —— Systematische Beschreibung der vorzüglichsten in Oestreich wildwachsenden oder in Gärten gewöhnlichen Arzneigewächse mit besonder Rücksicht auf die neue östreichsche Provinzial-Pharmacopoe. Wien und Triest, Geistinger. 1813. 8. 143 p., ind. (1/2 th.)
Idem liber jam anno praecedente 1812 latino titulo inscriptus Viennae dissertationis loco prodiit.
9721* **Veith**, *Emanuel*. Abriss der Kräuterkunde für Thierärzte und Oekonomen, nebst einer Uebersicht der gewöhnlichsten einheimischen Gewächse und ihrer Standörter. Wien und Triest, Geistinger. 1813. 8. xvi, 413 p., 1 tab. col. (1 2/3 th.)

Velasco, *José M.*, Arzt in Mexico.
9722* —— Estudio sobre la familia de las Cacteas de Mexico.
La Naturaleza. Mexico 1869, I.

Velley, *Thomas* (Velleja Sm.), † 6. Juni 1806.
9723* —— Coloured figures of marine plants, found on the southern coast of England; illustrated with descriptions and observations accompanied with a figure of the Arabis stricta from St. Vincent Rock. To which is prefixed an inquiry into the mode of propagation peculiar to sea plants. Plantarum maritimarum etc. Bathoniae, typ. Hazard. (London, White.) 1795. folio. (38) p., 5 tab. col.
Disquisitio de plantarum maritimarum propagatione hujus libri, redit in *Roemer* Archiv, Band I, Stück III p. 108—118.

Velloso, *José Marianno da Conceição* (Vellosia Mart.), * 1743, † Rio de Janeiro 1812.
9724* —— Alographia dos alkalis fixos vegetal ou potassa, mineral ou soda e dos seus nitratos, segundo as melhores memorias estrangeiras. Parte primeira: Do Alkali fixo vegetal ou Potassa. Lisboa, na offic. de Simeão Thaddeo Ferreira. 1798. 8. xiv, 245 p., 20 tab.
A p. 191 ad finem sequitur: Flora alographica ejusdem autoris.
9725* —— Quinografia portugueza, ou Collecção de varias memorias sobre vinte e duas especies de quinas, tendentes ao seu descobrimento nos vastos dominios do Brasil, copiada de varios authores modernos, enriquecida com cinco estampas de quinas verdadeiras, quatro de falsas, e cinco de balsameiras. Lisboa, na offic. Correa da Silva. 1799. 8. 191 p., praef.
9726* —— Florae fluminensis, seu Descriptionum plantarum praefectura Fluminensi sponte nascentium liber primus ad systema sexuale concinnatus Augustissimae Dominae nostrae per manus Ill.mi ac Ex.mi Aloysii de Vasconcellos et Souza sistit Fr. Josephus Marianus a conceptione *Vellozo*. 1790. Flumiae Januario, ex typographia nationali. 1825. folio. (16) 352 p.
Desinit textus in Syngenesia genere Sabbata dicto, Nr. 309.
9727* —— *Petro*, nomine ac imperio primo, brasiliensis imperii perpetuo defensore imo fundatore, scientiarum artium literarumque patrono et cultore jubente, *Florae Fluminensis Icones* nunc primo eduntur. Edidit Dom. Frat. *Antonius da Arrabida*, Episcopus de Anemuria, caesareae majestatis a consiliis nec non confessor, Cappellani maximi coadjutor, studiorum principum ex imperiali stirpe moderator et imperialis publicaeque bibliothecae in urbe Fluminensi praefectus. Parisiis, ex officina lith. Senefelder, curante E. Knecht. 1827. XI voll. folio max. 153, 156, 168, 189, 135, 113, 164, 164, 128, 143, 127 tab. = 1640 tab, praefatio: 1 p., index alphabeticus: 14 p., index methodicus: 21 p.
Operis historiam satis memorabilem narravit ill. *von Martius* in Flora, Beiblätter 1837, vol. II. p. 9—13. Commentariis plantas cryptogamas in undecimo volumine occurrentes illustravit Prof. *Gustav Kunze* in Flora 1837. p 321—335.

Venetz, *Ignace*, Ober-Ingenieur des Cantons Wallis, * 1788, † 1859.
9728* —— Catalogus plantarum in Valesia sponte nascentium. Seduni 1817. 8. 17 p.

Ventenat, *Étienne Pierre*, Bibliothekar des Pantheons in Paris (Ventenatia Koel.), * Limoges (Vienne) 1. März 1757, † Paris 13. Aug. 1808.
9729* —— Tableau du règne végétal selon la méthode de *Jussieu*. Paris, typ. Drissonnier. an VII. 1794. IV voll. 8. — I: LXXII, 627 p. — II: 607 p. — III: 587 p. — IV: 265 p., 24 tab. (40 fr.)
9730* —— Principes de botanique, expliqués au Lycée républicain. Paris, Sallior. an III. (1795) 8. 223 p., 14 tab. (5 fr.)
* *germanice*: Anfangsgründe der Botanik. Frei übersetzt. Durchaus mit Anmerkungen und Zusätzen (von *Albrecht von Haller*, dem Sohne.) Zürich, Orell, Füssli und Co. 1802. 8. xvi, 378 p., 14 tab. (2 1/3 th.)

9731* **Ventenat**, *Étienne Pierre*. Description des plantes nouvelles et peu connues, cultivées dans le jardin de *J. M. Cels*. Paris, de l'imprimerie de Chapelet. an VIII. 1800. 4. 100 foll., praef, ind., 190 tab. a *Redouté* delineatae.
Quérard indicat 20 fasciculos, singulum decem tabularum, 12 fr.; 24 fr. = 200 tab. Ego nonnisi centum vidi.

9732* —— Monographie du genre tilleul. Paris, Baudouin. an X. (1802.) 4. 21 p., 5 tab. Bibl. Cand.
Extraite des Mémoires de l'Académie des sciences, tome IV. 1803.

9733* —— Choix des plantes, dont la plupart sont cultivées dans le jardin de *Cels*. Paris, Chapelet. an XI. 1803. folio. 60, 3 foll., 60 tab. (250 *fr.*)
Prodiit decem fasciculis.

9734* —— Jardin de la Malmaison. Paris 1803—4. II voll. folio. — I: typ. Chapelet. 1803. foll. et tab. col. 1—60. — II: typ. Herhan. 1804. foll. et tab. col. 61—120. (800 *fr.*)

9735* —— Decas generum novorum aut parum cognitorum. (Nivenia. Homeria. Hexaglottis. Myconia. Lasiopetalum. Oroxylum. Cyclopia. Baptisia. Loxidium. Callitris.) Parisiis, typ. E. Dufart. 1808. gr. 8. (2), 5—10 p.

Venturi, *Antonio*.

9736* —— Plantae in horto *Antonii Venturi* prope Brixiam collectae cum aliis permutandae. Brixiae, typ. Bettoni. 1835. 8. 16 p.

9737* —— Studi micologici. Brescia, tipografia del pio istituto in S. Barnaba. 1842. 4. x, 56 p., 13 tab. col. (10 *Lire* 54 *c.*)

9738* —— I miceti dell' agro Bresciano, descritti ed illustrati con figure tratte dal vero. Brescia, dalla tipografia Gilbert. 1845—60. folio. 48 p., 64 tab. col.

Verdries, *Johann Melchior*, Professor in Giessen, * Giessen 26. Juni 1679, † Giessen 25. Juli 1735.

9739* —— , pr. De succi nutritii in plantis circuitu. D. Giessae, typ. Müller. 1707. 4. 33 p, 1 tab.

Verlot, *Jean Baptiste*.

9740* —— Catalogue des plantes cultivées au jardin botanique de la ville de Grenoble en 1856. Grenoble, typ. Maisonville. 1857. 8. 11, 100 p.

9741* —— Sur la production et la fixation des variétés dans les plantes d'ornement. Paris, J. B. Baillière. 1865. 8. 102 p. (2 *fr.* 50 c.)

Verlot, *Bernard*.

9742* —— Le guide du botaniste herborisant. Paris, J. B. Baillière et fils. 1865. 8. xv, 595 p. (5 *fr.*)

Verschaffelt, *Ambrosius*.

9743* —— Nouvelle Iconographie des Camellias. 12 voll. à 48 tab. col. Gand 1848—60. 4. (à 22 *fr.*)

Verzascha, *Bernhard*, Stadtphysikus in Basel, * Basel 10. Dec. 1629, † Basel 1678. (Wolf † 1680. B. III, 125.)

9744* —— Neu vollkommenes Kräuterbuch, von allerhand Gewächsen der Bäumen, Stauden und Kräutern, die in Teutschland, Italien, Frankreich und in andern Orten der Welt herfür kommen etc. verbessert, vermehret und mit nützlichen Registern versehen. Basel, Johann Jakob Decker. 1678. folio. 792 p., ic. xyl. i t.
In novum ordinem redactum edidit postea *Theodor Zwinger*, de quo mox infra.

Vesling, *Johannes*, Professor in Padua (Veslingia Fabr.), * Minden 1598, † Padua 30. Aug. 1649.

9745* —— De plantis Aegyptiis observationes et notae ad *Prosperum Alpinum*, cum additamentis aliarum ejusdem regionis. Patavii, apud Paulum Frambottum. 1638. 4. 80 p., ind., ic. xyl. i. t.
Impressae sunt cum editione altera *Prosperi Alpini* De plantis Aegypti, et cum ejus Historia nat. Aegypti part II. p. 149—216.

9746 —— Catalogus plantarum horti gymnasii Patavini, quibus auctior erat anno 1642, praefecto ejusdem horti *Joanne Veslingio*. Patavii, apud Paulum Frambottum. 1642. 12.

9747 —— Catalogus plantarum horti gymnasii Patavini, quibus auctior erat anno 1644. 12.
Exstat etiam in Historia gymnasii Patavini *Jacobi Philippi Thomasini* p. 99, in qua sic exhibetur Catalogus plantarum Cretensium, quas *Ignatius ab Agris*, medicus Insulanus, jussu senatus Veneti ab ea insula Patavium advexerat anno 1640.

9748* —— De cognato anatomici et botanici studio Dissertatio (oratio potius). Patavii, typ. Frambotti. 1638. 4. (16) p.

9749* **Vesling**, *Johannis*. Opobalsami veteribus cogniti vindiciae. Accedunt ejusdem Paraeneses ad rem herbariam, publicis plantarum ostensionibus praemissae. Patavii, typ. Pauli Frambotti. 1644. 4. 108 p. — *Impr. cum *Prosperi Alpini* Operum postumorum vol. II. Lugduni Batavorum 1735. 4. p. 85—146, 217—306.

Vest, *Lorenz Chrysanth von*, Professor in Grätz, * Klagenfurt 18. Nov. 1776, † Grätz 15. Dec. 1840.

9750* —— Manuale botanicum, inserviens excursionibus botanicis, sistens stirpes totius Germaniae phaenogamas, quarum genera triplici systemate, corollino, carpico et sexuali coordinata, specierumque characteres observationibus illustrata sunt. Klagenfurti, typ. Leon. 1805. 8. 818 p., praef. (4 *th*)

9751* —— Anleitung zum gründlichen Studium der Botanik. Mit einer Uebersicht über den Bau naturhistorischer Klassificationssysteme, einer Kritik des *Jussieu*'schen und den Grundzügen eines neuen natürlichen Systems. Wien, Gerold. 1818. 8 xix, 362 p. (1 3/4 *th*.)

9752* —— Versuch einer systematischen Zusammenstellung der in Steyermark cultivirten Weinreben mit ihren Diagnosen, Beschreibungen und Synonymenindex. Grätz, typ. Leykam. 1826. 8. 103 p.

Vesti, *Justus*, Professor in Erfurt, * Hildesheim 13. Mai 1651, † Erfurt 27. Mai 1715.

9753* —— , pr. De symbolo Pythagorae: Fabis abstineto. D. Erfordiae, typ. Kindleb. 1694. 4. 30 p.

Viborg, *Erik Nissen*, Professor der Botanik an der Universität Kopenhagen seit 1797 (Viborgia Thunb.), * Bedsted im Amt Apenrade 5. April 1759, † Kopenhagen 25. Sept. 1822.

9754* —— Efterretning om Sandvexterne och deres anvendelse til at dæmpe sandflugten paa vesterkanten af Jyland. Kjøbenhavn 1788. 4. 71 p., 7 tab.
germanice: Beschreibung der Sandgewächse, und ihrer Anwendung zur Hemmung des Flugsandes auf der Küste von Jütland. Aus dem Dänischen übersetzt von *J. Petersen*. Kopenhagen, Proft. 1789. 8. x, 70 p., 7 tab. (40 *Skill.*)

9755* —— Botanisk oekonomisk Afhandling om Bygget. Priisskrift. Kjøbenhavn, Thiele. 1788. 4. 62 p., 4 tab. (32 *Skill.*)
germanice: Botanisch-ökonomische Abhandlung von der Gerste. Preisschrift. Kopenhagen, Brummer. 1802. 4. 56 p., 3 tab. (1/4 *th*)

9756* —— Forsøg til systematiske danske navne af indenlandske planter. Kjøbenhavn, typ. Moller. 1793. 8. 344 p.

9757 —— Botanisk Bestemmelse af de i danske Lov omtalte Sandvexter, samt om Sandflugtens Dæmpning. Kjøbenhavn, Schubothe. 1795. 8. (40 *Skill.*)

9758* —— Botanisk oekonomisk beskrivelse over di i Landhuusholdningen vigtigte Aspe- og Pilearter. (Populus et Salix.) Et priisskrivt. Kjøbenhavn, Gyldendal. 1800. 8. 116 p. (36 *Skill.*)

Vicat, *Philipp Rudolf*, Arzt in Lausanne, * Pagerne 1720, † Lausanne 1783.

9759* —— Matière médicale, tirée de *Halleri* «Historia stirpium indigenarum Helvetiae, Bernae 1768. folio.» avec beaucoup d'additions. Bern 1776. II voll. 8. — *Ed. II: Histoire des plantes suisses ou Matière médicale et l'usage économique des plantes. Berne 1791. II voll. 8. vi, 368, 360 p.
germanice: übersetzt von *Samuel Hahnemann*. Leipzig 1806. 8. iv, 425 p. (1 1/2 *th*.)

9760* —— Histoire des plantes vénéneuses de la Suisse, contenant leur description, leurs mauvais effets sur les hommes et sur les animaux, avec leurs antidotes. Yverdun 1776. 8. xxix, 392, 112 p., 3 tab.

Vicq, *Eloy de*.

9761* —— et *Blondin de la* **Boutelette**. Catalogue raisonné des plantes vasculaires du département de la Somme. Abbeville, typ. Briez. 1865. 8. viii, 318 p. (4 *fr.*)

Vieillard, *Eugène*.

9762* —— Études sur les genres Oxera et Deplanchea. Caen, Hardel. 1862. 8. 11 p.

9763* —— Notes sur quelques plantes intéressantes de la Nouvelle-Calédonie. Caen, typ. Le Blanc Hardel. 1866. 8. 23 p.

Vietz, *Ferdinand Bernhard*, Director der Thierarzneischule in Wien, * Wien 20. Aug. 1772, † Zara 25. Juli 1815.

9764* —— Icones plantarum medico-oeconomico-technologicarum

oder Abbildungen aller medizinisch-ökonomisch-technologischen Gewächse, mit der Beschreibung ihres Nutzens und Gebrauches. Wien, Schrämbl. 1800—20. X voll. 4. 935 (vel 1088) tab. col. cum textu latino et germanico. — Supplementum: ib. 1822. 4. 116 p, 100 tab. col.
In voluminibus I et II continentur Plantae officinales. A—Z. 225 tab. col.

Vigier, *João.*

9765* —— Historia das plantas da Europa e das mais uzadas que vem de Asia, de Affrica e da America. Lion, na officina de Anisson, Posnel et Rigaud. 1718. II voll. 8. 866 p., praef., ind., ic. xyl.

Vigna, *Dominico.*

9766* —— Animadversiones sive observationes in libros de historia et de causis plantarum *Theophrasti*. Pisis, apud Marchettum et Massinum. 1625. 4. (42), 117 p.

Vigneux, *A.*

9767* —— Flore pittoresque des environs de Paris, contenant la description de toutes les plantes qui croissent naturellement dans un rayon de dix-huit à vingt lieues de cette capitale etc. etc. Paris, chez l'auteur, Migneret et Fantin. 1812. 4. xxv, 214 p., 68 tab. col. (sign. 1—6, I—LXII.) et 1 carte col. des environs de Paris. (30 *fr.*) — * Supplément: ib. 1814. 4. 28 p, 1 tab. col (3 *fr.*)

Vigo, *Giovanni Bernardo.*

9768* —— Tubera terrae. Carmen. Taurini, ex typographia regia. 1776. 4. (4), 47 p.
 * italice: I tartuffi. Poemetto tradotto dal latino. ib. 1776. 4. 55 p.

Viguier, *L. G. Alexandre*, Bibliothekar in Montpellier (Viguiera Kth.).

9769* —— Histoire naturelle, médicale et économique des Pavots et des Argémones. D. Montpellier, Martel. 1814. 4. 50 p, 1 tab.

Villa, *Estevan de*, Benedictiner und Apotheker in Burgos.

9770* —— Ramillete de plantas. Burgos 1637. 4. 148 foll.
«Liber rarus, tribus absolutus partibus. quarum prima novem continet capita de vita, generibus et virtutibus plantarum, altera descriptionem 45 plantarum alphabetico ordine (Axeuxo-Turbit), tertia varia praecepta pharmaceutica.» *Tschudi* in lit. ad *Fenzl.*

9771 —— Libro de simples incognitos en la medecina. Burgos, Pedro Gomez de Valdivielso. 1643. 4. — Segunda parte. ib. 1654. 4.
Colmeiro Bot. esp. 158.

Villanova, *Tomás Manuel*, Professor der Chemie und Botanik in Valencia, * Vigastro 1737, † Valencia 1802.
Colmeiro Bot. esp. 169.

Villar (ou **Villars**), *Dominique* (Villarsia Guett.), * im Weiler Villar zu Noyer (Dép. les Hautes Alpes) 14. Nov. 1745, † Paris 20. Juni 1814
Ladoucette, Notice biographique. Paris, typ. Hérissant le Doux. 1818. 8. 16 p, et Portrait.
Ant. Macé, Notes inédites de *Villars* s. quelq. botanistes dauphinois. Paris 1862.
Bull soc bot. XI, 49—55.
Notice historique sur la vie et les travaux du docteur *Villar*, par *Victor Bally*. Grenoble 1858 8. 56 p.

9772* —— Prospectus de l'histoire des plantes de Dauphiné et d'une nouvelle méthode de botanique, suivi d'un catalogue des plantes qui y oont été nouvellement découvertes et de celles qui sont les plus rares, ou qui sont particulières à cette province. Avec leurs caractères spécifiques et l'établissement d'un nouveau genre, appelé Bernardia. Grenoble, imprimerie royale. 1779. 8. 49 p. Bibl. Cand.

9773* —— Histoire des plantes du Dauphiné, contenant une préface historique, un dictionnaire des termes de botanique; les classes, les familles, les genres et les herborisations des environs de Grenoble, de la Grande Chartreuse, de Briançon, de Gap et de Montelimar. Grenoble, chez l'auteur. 1786—89. III voll 8. — I: 1786. LXXX, 467 p, 1 tab. — II: 1787. XXIV, 690 p., tab. 1—15. — II: 1789. XXXII, 1091 p., tab 16—55 (33 *fr.*)
Ejus Flora Delphinalis impressa est cum vol. I. *Gilibertianae* editionis Linnaei Systematis plantarum Europae.

9774* —— Catalogue des substances végétales, qui peuvent servir à la nourriture de l'homme, et qui se trouvent dans les départemens de l'Isère, la Drôme et les Hautes-Alpes. Grenoble, typ. Giroud. (an II de la république.) 8. 48 p.
In titulo hujus libelli aeque ac in Nr. 10746 nomen autoris scribitur *Villar*, a loco suo natali sumtum. Postea semper *Villars* audit.

9775* **Villar** (ou **Villars**), *Dominique.* Mémoire sur les moyens d'accélérer les progrès de la botanique. Paris, Villier. an IX. (1801.) 8. 34 p. (60 c.)

9776* —— Mémoires sur la topographie et l'histoire naturelle extraits du cours de l'école centrale du département de l'Isère; suivis d'observations statistiques sur la nature des montagnes; — sur les animaux et les plantes microscopiques etc. Lyon, Reymann. (Paris, Brunot.) an XII. (1804.) 8. 172 p., praef., ind.

9777* (——) Tableau pour la plantation et l'ordre du jardin de botanique de l'école de médecine de Strasbourg d'après la méthode de *Jussieu*. Strasbourg, Levrault. 1806. 8. 51 p. Bibl. Juss.

9778* —— Catalogue méthodique de plantes du jardin de Strasbourg, dédié aux professeurs actuels de l'école. Strasbourg, Levrault. 1807. 8. XLVIII, 398 p., 6 tab. (6 *fr.*)

9779* —— *Gustav* **Lauth** et *A.* **Nestler**. Précis d'un voyage botanique fait en Suisse, dans les Grisons, aux sources du Rhin, au St. Gothard etc. en 1811; précédé de quelques réflexions sur l'utilité des voyages pour les naturalistes. Paris et Strasbourg, Lenormant. 1812. 8. 64 p., 4 tab.

Ville, *George.*

9780* —— Recherches expérimentales sur la végétation. Paris, Mallet-Bachelier. 1857. 8. 160 p., 4 tab. (7 *fr.* 50 *c.*)

Villette.

9781* —— Nouveau Manuel de botanique élémentaire et de botanique appliquée. Paris 1838. II voll. 12. — I: 212 p., 1 tab. — II: 212 p., 2 tab. (3 *fr.*)

Vilmorin, *Philippe Victor Levêque de*, berühmter Gärtner (Vilmorinia DC.), * Landrecourt (Meuse) 1746, † 6. März 1804.

Vilmorin, *Pierre Louis François Levêque de*, * Paris 18. April 1816, † Verrières bei Paris 22. März 1860.

9782* —— Essai d'un Catalogue méthodique et synonymique des froments qui composent la collection de *L. Vilmorin*. Paris 1850. 8. 43 p.

9783 —— Description des plantes potagères, avec un Dictionnaire synonymique de leurs noms vulgaires. Paris 1856. 12.

9784* —— Les fleurs de pleine terre, comprenant la description et la culture des fleurs annuelles, vivaces et bulbeuses de pleine terre, servies de classements divers indiquant l'emploi de ces plantes et l'époque de leur floraison; de plan de jardins avec des exemples de leur ornementation en divers genres. Paris 1865. 1216 p. — Ed. III. ib. 1870.

9785* —— Revue des nouveautés horticoles de la maison *Vilmorin-Andrieux*. Année 1—5. Paris 1858—63. 8.

Vincens, *Jean César.*

9786* —— et **Baumes**. Topographie de la ville de Nismes et de sa banlieue. Nismes, typ. Belle. 1802. 4. XXIV, 588 p.
Botanique: p. 322—415.

Vincentius Bellovacensis, * um 1190, † 1264.
 * *Aloys Vogel*, Literär-historische Notizen über den mittelalterlichen Gelehrten *Vincenz von Beauvais*. Universitätsprogramm. Freiburg, typ. Groos. 1843. 4. 66 p.
Ernst Meyer, Geschichte der Botanik, Band IV.

9787* —— Speculum naturale. Argentorati, Johannes Mentelin. 1473—76. folio.
Decimus liber incipit agere de secundo opere diei tercie, hoc est de terre germinatione et agit primo de plantis in generali; postea de herbis communibus. Undecimus liber agit de ceteris herbis videlicet que nascuntur in locis cultis ut in ortis et agris. Duodecimus liber agit de hiis que procedunt de herbis scilicet seminibus et granis ac succis. Tertius decimus liber incipit agere in communi de arboribus et postmodum specialiter de arboribus communibus videlicet silvaticis et agrestibus. Quartus decimus liber agit de arboribus cultis et frugiferis et precipue de illis quarum fructus in humanos sumuntur cibos. Quintus decimus liber agit de arborum fructibus et succis a quibusdam earum profluentibus.
Editiones sequentes: Norimbergae, per Antonium Koburger. 1483. folio. — Venetiis 1494. folio. — Duaci, apud Balthasar Bellerum. 1624. folio. non vidi.

Vinci, *Lionardo da*, * Vinci bei Florenz 1452, † Cloud bei Amboise 2. Mai 1519.

9788* —— Trattato della pittura. Roma, nella stamperia di Romanis. 1817. 4. 511 p.
Libro sesto: Degli alberi e verdure. p. 391—438.

Vinson, *Jean François Dominique Émile.*

9789* —— Essai sur quelques plantes utiles de l'Ile Bourbon. Thèse. Paris, typ. Thunot. 1855. 4. 25 p.
Bull. soc. bot. III. 137—139.
Siegesbeckia orientalis. Moringa pterygosperma. Clematis mauritiana Lam.

Virey, *Julien Joseph,* * Hortes 5. Nov. 1775, † Paris 28. März 1846.

9790 —— Des médicaments aphrodisiaques en général et en particulier sur le Dudaim de la Bible. Paris, typ. Colas. 1813. 8. 24 p. (1 fr. 25 c)

9791 —— Nouvelles considérations sur l'histoire et les effets hygiéniques du café, et sur le genre Coffea. Paris, Colas. 1816. 12. 36 p.

9792* —— Philosophie de l'histoire naturelle ou phénomènes de l'organisation des animaux et des végétaux. Paris, Baillière. 1835. 8. xvi, 512 p. (7 fr.)

Vischer, *Eduard.*
9793 —— The forest trees of California. San Francisco 1862. 4. 27 tab.
Photographs from the original drawings.

Visiani, *Roberto de,* Professor der Botanik in Padua, * Sebenico 1801.

9794* —— Stirpium dalmaticarum specimen. Patavii, typ. Crescinianis. 1826. 4. xxiii, 57 p., praef., 8 tab.

9795* —— Plantae quaedam Aegypti ac Nubiae enumeratae atque illustratae. Patavii, typ. Minervae editorum. 1836. 8. 43 p., 8 tab. (6 Lire.)

9796* —— Della utilità ed amenità della piante. Discorso. Padova 1837. 8. 48 p.

9797* —— Della origine ed anzianità dell' orto botanico di Padova Memoria. Venezia, typ. Merlo. 1839. 8. 43 p. (1 Lira.)
Estratto dal vol. I. fasc. VII et VIII del Memoriale della Medicina contemporanea.

9798* —— Illustrazione delle piante nuove o rare del' orto botanico di Padova Memoria I. Padova, typ. Sicca. 1840. 4. 24 p. — *Memoria II. ib. 1844. 4. 26 p.

9799* —— Sopra la Gastonia palmata Roxb. proposta qual tipo di un nuovo genere nella famiglia delle Araliaceae. Torino 1841. 4. 12 p., 1 tab. (Trevesia.)

9800* (——) L'Orto botanico di Padova nell' anno 1842. Padova, typ. Sicca. 1842. 8. 151 p., 1 tab.

9801* —— Illustrazione di alcune piante della Grecia e del Asia minore. Venezia, Antonelli. 1842. 4. 22 p., 6 tab.

9802* —— Del metodo e delle avvertenze che si usano nell' orto botanico di Padova per la cultura, fecondazione e fruttificazione della vaniglia Memoria. Venezia, typ. Antonelli. 1844. 4. 18 p., 1 tab.

9803* —— Flora dalmatica, sive Enumeratio stirpium vascularium, quas hactenus in Dalmatia lectas et sibi observatas descripsit, digessit, rariorumque iconibus illustravit *Robertus de Visiani.* Lipsiae, Fr. Hofmeister. 1842—52. III voll. 4. — I: 1842. xii, 352 p., tab. col. 1—25. — II: 1847. x, 268 p., tab. col. 26—51, 10bis et ter. — III: 1852. iv, 390 p., tab. col. 52—55. (col. 20⅔ th. n. — nigr. 15 th. n.)
Zanardini, Nota sulla Flora dalmatica. Venezia 1852. 8. 8 p.

Vitman, *Fulgenzio.*
9804 —— De medicatis herbarum facultatibus liber. Faventiae 1770. II voll. 8. 371, 364 p.

9805 —— Saggio dell' istoria erbaria delle Alpi di Pistoja, Modena e Lucca. Bologna 1773. 8. 51 p.

9806* —— Summa plantarum, quae hactenus innotuerunt, methodo Linneana per genera et species digesta, illustrata, descripta. Mediolani, typ. Mon. Ambrosii majoris. 1789—92. VI voll. 8.
— I: 1789. viii, 497 p. — II: 1789. 459 p. — III: 1789. 557 p. — IV: 1790. 487 p. — V: 1791. 458 p. — VI: 1792. 397, xliii p. — *Supplementum: Vol. I. (Classes Linn. I—V.) ib. 1802. 8. viii, 384 p.

Vittadini, *Carlo,* * Monticelli 11. Juni 1800, † Mailand 20. Nov. 1865.
Garovaglio in Rendiconto Ist. lomb. IV, 40—67.

9807* —— Tentamen mycologicum, seu Amanitarum illustratio. D. Mediolani, typ. Rusconi. 1826. 4. 34 p., 1 tab.

9808* —— Monographia Tuberacearum. Mediolani, typ. Rusconi. 1831. 4. 88 p., 5 tab.

9809* —— Descrizione dei funghi mangerecci più comuni dell' Italia e de' velenosi che possono co' medisimi confondersi. Milano, Rusconi. 1835. 4. xlvii, 364 p., 44 tab. col. (48 Lire.)
Prodiit annis 1832—35 duodecim fasciculis.

9810* **Vittadini,** *Carlo.* Monographia Lycoperdineorum. Augustae Taurinorum, ex officina regia. 1842. 4. 93 p., 3 tab. col.
Memorie della Accad. di Torino, tomo V.

Viviani, *Domenico,* Professor der Botanik in Genua, *Legnano.. Juli 1772, † Genua 15. Febr. 1840.

9811* —— Annali di botanica. Genova, stamperia nazionale. 1802. 4. 248 p. — *Annales botanici redacti curâ *Dom. Viviani.* Vol. I. pars II. Genuae, apud J. Delle-Piani. 1804. 4. 193 p., 5 tab.

9812* (——) Elenchus plantarum horti botanici, observationibus quoad novas vel rariores species passim interjectis. Genuae 1802. 4 min. 36 p., 1 tab.

9813* —— Florae italicae fragmenta, seu plantae rariores vel nondum cognitae in variis Italiae regionibus detectae, descriptionibus et figuris illustratae. Fasc. I. Genuae, typ. Giossi. (1808.) 4. viii, 28 p., 26 tab.

9814* (——) Saggio sulla maniera d' impedire la confusione, che tien dietro alla innovazione de' nomi, e alle inesatte descrizioni delle piante in botanica. Milano, typ. Zeno. s. a. 4. 14 p, 2 tab.

9815* —— Florae libycae specimen, sive plantarum enumeratio Cyrenaicam, Pentapolim, Magnae Syrteos desertum et regionem Tripolitanam incolentium, quas ex siccis speciminibus delineavit, descripsit et aere insculpi curavit. Genuae, ex typographia pagana. 1824. folio. xii, 68 p., 27 tab. col.
Révision par *Ernest Cosson,* in Bull. soc. bot. XII, 275—286.

9816* —— Florae Corsicae specierum novarum vel minus cognitarum diagnosis quam in Florae italicae fragmenti alterius Prodromum exhibet. Genuae, ex typographia Pagana. 1824. 4. 16 p. — *Appendix ad Florae Corsicae Prodromum. Genuae, typ. Gravier. 1825. 4. 8 p., 1 tab. — *Appendix altera. ib. 1830. 4. 8 p., 2 tab.

9817* —— Plantarum aegyptiarum Decades IV. Quas vel primus descripsit vel observationibus illustravit. Genuae, typ. Gesino. 1831. 8. 30 p., 2 tab.

9818* —— Della struttura degli organi elementari nelle piante e delle loro funzioni nella vita vegetabile. Genova, typ. Gravier. 1832. 8. 362 p., 3 tab. in 4.

9819* —— I funghi d' Italia e principalmente le loro specie mangereccie, velenose e sospette, descritte ed illustrate con tavole disegnato e colorite dal vero. Fasc. 1—6. Genova, typ. Ponthenier. 1834—38. folio. xv, 64 p., 60 tab. col.

9820* —— Memoria sopra alcuni plagi in botanica, con alcune riflessioni che ne conseguitano esposte in un' appendice. Milano, typ. Rusconi. 1838. 8. 40 p.

Vogel, *A.*
9821* —— Quaestio de Hesperidum malis. Programma scholae cathedralis Numburgensis. Numburgi, typ. Klaffenbach. 1832. 4. 19 p.

Vogel, *Benedict Christian,* Professor in Altdorf (Vogelia Walt.), * Feuchtwang 24. April 1745, † Nürnberg 8. Juni 1825.

9822* —— Programma de generatione plantarum. Altdorfi, typ. Meyer. 1768. 4. (20) p.

9823 —— Index plantarum horti medici Alttorfini. s. l. 1790. 4. 42 p.

9824* —— Ueber die Amerikanische Agave, und besonders diejenige, welche im Sommer 1798 im botanischen Garten zu Altdorf geblühet und auch Früchte angesetzet hat. Altdorf und Nürnberg, Monath und Kussler. 1800. 8. 77 p., 1 tab. col. in folio. (1⅓ th.)

Vogel, *Eduard,* * Crefeld 7. März 1829, ermordet zu Wara im Königreich Wadai in Central-Afrika 14. Febr. 1856.
Bonplandia 1853, p. 38. 1862, 273.

Vogel, *Rudolph Augustin,* Professor in Göttingen, * Erfurt 4. Mai 1724, † Göttingen 5. April 1774.

9825* —— Historia materiae medicae ad novissima tempora producta. Editio nova correctior ac emendatior. Francofurti et Lipsiae 1760. 8. 410 p., praef., ind.

9826* —— De statu plantarum, quo noctu dormire dicuntur. Programma. Goettingae, typ. Hager. 1759. 4. 16 p.

Vogel, *Theodor,* * Berlin 30. Juli 1812, † Fernando Po 17. Dec. 1841.
Treviranus in Linnaea 1842, 533—560.

9827* **Vogel**, *Theodor*. Generis Cassiae synopsis. D. Berolinae, typ. Nietack. V Aug. 1837. 8. 72 p. — *Berolini, Logier. 1837. 8. 79 p. (1/4 *th.*)
Editio altera indice aucta est, ceterum immutata.

Vogeli, *Félix*.
9828* —— Flore fourragère, ou Traité complet des alimens du cheval. etc. avec un grand tableau synoptique. Paris, Anselin. 1836. 8. xi, 324 p. (6 *fr.*)

Vogl, *August E.*, Privatdocent an der Universität Wien.
9829* —— Die Chinarinden des Wiener Grosshandels und der Wiener Sammlungen, mikroskopisch untersucht und beschrieben. Wien, Gerold. 1867. 8. viii, 134 p.

Vogler, *Johann Andreas*.
9830* —— Dissertatio inauguralis, sistens Polypodii speciem nuperis auctoribus ignotam, Polypodium montanum vocatam. Gissae, Braun. 1781. 4. 16 p.

Vogler, *Johann Philipp*, Arzt zu Weilburg, * Darmstadt 1746, † Weilburg 14. April 1816.
9831* —— Schediasma botanicum de duabus graminum speciebus nondum satis extricatis. Giessae, Krieger. 1776. 8. 22 p.
Bromus scaber Linn. suppl. et Avena, quam strigosam dicit.
9832* —— Abhandlung vom Sommerspeltz oder Emmer. Wetzlar 1777. 4. 12 p.
9833* —— Versuche mit den Scharlachbeeren in Absicht ihres Nutzens in der Färberei. (Grana Kermes von Quercus Ilex und Q. coccifera.) Wetzlar, typ. Ungewitter. 1780. 4. 10 p.

Voigt, *Friedrich Siegmund*, Professor in Jena (Voigtia Spr.), * Gotha 1. Oct. 1781, † Jena 10. Dec. 1850.
9834* —— Dissertatio sistens conspectum tractatus de plantis hybridis. Jenae 1802. 4. 14 p.
9835* —— Handwörterbuch der botanischen Kunstsprache. Jena, Stahl. 1803. 8 xviii, 269 p. (2/3 *th.*) — * Wörterbuch der botanischen Kunstsprache. Zweite, sehr vermehrte und verbesserte Auflage. Jena, Schmid. 1824. 8. xii, 260 p. (1 *th.*)
9836* —— Darstellung des natürlichen Pflanzensystems von *Jussieu*, nach seinen neuesten Verbesserungen. In Tabellen. Leipzig, Reclam. 1806. folio. 24, xv p., 13 Tabellen. (2 *th.*)
9837* —— System der Botanik. Jena, akademische Buchhandlung. 1808. 8. xxix, 384 p, 4 tab. (1 2/3 *th.*)
9838* (——) Catalogus plantarum, quae in hortis ducalibus botanico Jenensi et Belvederensi coluntur. Jenae, typ. Goepferdt. 1812. 8. 78 p.
9839 —— Flora des Herzoglichen botanischen Gartens zu Jena und seiner nächsten Umgebungen. Jena 1819. 12.
9840* —— Lehrbuch der Botanik. Zweite umgearbeitete Ausgabe. Jena, Schmid. 1827. 8. x, 485 p. (2 1/2 *th*)
Als erste Ausgabe muss wohl das «System der Botanik» vom Jahr 1808 angesehn werden, und nicht der kurze Abschnitt über das Pflanzenreich im «System der Natur.» Jena 1823. 8. p 704—725.
9841* —— Geschichte des Pflanzenreichs. Erste Lieferung. Jena, Mauke. 1847. 8. 112 p. (2/5 *th.*)
Liber in 8—10 fasciculis absolutus prodibit.
9842* —— Handbuch der praktischen Botanik, enthaltend die Geschichte, Beschreibung und Anwendung sämmtlicher in Deutschland wildwachsender und in den Gärten und Gewächshäusern cultivirten Pflanzen. Zwei Bände. Jena, Mauke. 1850. 8. iv, 599, 562 p. (4 4/5 *th*)

Voigt, *Gottfried*, * Delitzsch 26. April 1644, † Hamburg 7. Juli 1682.
9843* —— Curiositates physicae. Gustrovii, Sceipelius. 1668. 8. 184 p. — Lipsiae 1698. 12.
Inter alia contra resurrectionem plantarum.

Voigt, *Johann Otto*, Surgeon to the Danish government, Serampore, * Nordborg in Schleswig 22. März 1798, † London 22. Juni 1843.
Liebmann in *Schouw* Dansk Tidskrift I. 72. (1847.)
9844* —— Hortus suburbanus Calcuttensis. A catalogue of the plants which have been cultivated in the Hon. East India Company's botanical garden, Calcutta, and in the Serampore botanical garden, generally known as Dr. *Carey's* garden, from the beginning of both etablishements (1786 and 1800) to the end of August 1841; drawn up according to the Jussieuan arrangement, and mostly in conformity with the second edition (1836) of Lindley's natural system of botany. By the late *J. O. Voigt*. Printed under the superintendence of *W. Griffith*. Calcutta, Bishops College Press (Hafniae, Reitzel.) 1845. gr. 8. xxix, 745, lxviii p. (9 7/8 *th.*)

Voigt, *Johann Karl Wilhelm*, Bergrath in Ilmenau, * Allstädt 20. Febr. 1752, † Ilmenau 1. Jan. 1821.
9845* —— Versuch einer Geschichte der Steinkohlen, der Braunkohlen und des Torfes. Göttinger Preisschrift. Weimar, Hoffmann. 1802—5. 2 Theile. 8. — I: 1802. xxiii, 307 p., ind., 1 tab. — II: 1805. 197 p., ind., 2 tab. (2 5/24 *th.*)

Voit, *Johann Gottlob Wilhelm*, Arzt in Schweinfurt (Voitia Hornsch), * Schweinfurt 1786, † Schweinfurt 12. Juni 1813.
9846* —— Historia muscorum frondosorum in Magno Ducatu Herbipolitano crescentium. Norimbergae, Weigel-Schneider. 1812. 8. viii, 231 p., 1 tab. (2/3 *th.*)

Voith, *Ignaz von*, Oberstbergrath, * Winklarn in der Oberpfalz 1. März 1759, † Regensburg 11. Febr. 1848.

Volan, *V. A.*
9847 —— Roslinoslovije. Lwow 1854. 8. 271 p.
Botanica in lingua Russinica.

Volckamer, *Johann Christoph*, * Nürnberg 7. Juni 1644, † Nürnberg 26. Aug. 1720.
9848* —— Nürnbergische Hesperides, oder gründliche Beschreibung der edlen Citronat-, Citronen- und Pomeranzenfrüchte, wie solche in selbiger und benachbarter Gegend recht mögen eingesetzt, gewartet, erhalten und fortgebracht werden, sammt ausführlicher Erzählung der meisten Sorten, welche theils in Nürnberg würcklich gewachsen, theils von verschiedenen fremden Orten dahin gebracht werden, in vier Theile eingetheilet und mit nützlichen Anmerkungen erkläret. Flora, oder curiose Vorstellung verschiedener rarer Blumen und etlicher andrer Gewächse. Nürnberg, Endter. 1708. folio. 255 p., ind., 115 tab.
Inest: Nürnbergische Flora, p. 209—243, 19 tab.
* *latine:* Hesperidum Norimbergensium, sive de malorum citreorum, limonum aurantiorumque cultura et usu libri IV, bene multis iconibus in aes elegantissime incisis ornati: quibus subjuncta est Flora, flores plantasque rariores in agro norico cultas exhibens. Norimbergae, Endter. (1713.) folio. 271 p, praef., ind., 115 tab
Tabulae sunt eaedem ac in germanica editione. Flora Norimbergensis, p. 209—243, 19 tab.
9849* —— Continuation der Nürnbergischen Hesperidum. Nürnberg 1714. folio. 239 p., tab. plurimae.
Inest: Beschreibung etlicher fremden Gewächse, p. 209—236, 11 tab.

Volckamer, *Johann Georg*, filius (Volckameria L.), * Nürnberg 7. Mai 1662, † Nürnberg 8. Juni 1744.
Panzer, De Volcamero quaedam, additis duabus Boerhavii et Tournefortii ad illum epistolis antea nondum impressis. Programma gratulatorium. Norimbergae 1802. 4. 15 p.
9850* —— Flora Noribergensis, sive Catalogus plantarum in agro Noribergensi tam sponte nascentium, quam exoticarum, et in φιλοβοτάνων viridariis, ac medico praecipue horto aliquot abhinc annis enutritarum, cum denominationibus locorum, ubi proveniunt, ac mensium, quibus vigent florentque, addita singularibus exoticis cultura, propagandique ratione, cum generum et specierum notis characteristicis, partim ex Morisono, Ammanno, Hermanno, Rajo atque Rivino, partim et ex ipso naturae libro propriis observationibus depromptis, cum iconibus et descriptionibus rariorum aliquot plantarum. Noribergae, Michael, typ. Knorz. 1700. 4. 407 p., tab. — * Norimbergae, Monath. 1718. 4. 407 p., tab. (praeter titulum non differt.)

Volta, *Giovanni Serafino*.
9851* —— Nuove ricerche ed osservazioni sopra il sessualismo di alcune piante. Mantova 1795. 4. 43 p., 1 tab.
Memorie della Accademia di Mantova, tomo I.

Voorhelm, *George*.
9852* —— Traité sur la Jacinte; contenant la manière de la cultiver suivant l'expérience qui en a été faite par *George Voorhelm*, fleuriste d'Harlem. Harlem 1752. 8. — * Ed. II: Harlem, typ. Behn. 1762. 8. 13, 127 p., 3 tab., effigies *Voorhelm*. —

* Ed. III. revue et augmentée. Harlem, typ. Beets. 1773. 8. xi, 142 p., 3 tab.
germanice: Abhandlung von Hyacinthen, übersetzt von *Georg Leonhart Huth* Nürnberg 1753. 8.

Voorst, *Adolph van*, Professor in Leyden, * Delft 23. Nov. 1597, † Leyden 8. Oct. 1663.

9853* —— Catalogus plantarum horti academici Lugduni Batavi, quibus is instructus erat anno 1633, praefecto ejusdem horti *Adolfo Vorstio*. Impr. cum *Spiegel* Isagoge in rem herbariam. Lugduni Batavorum 1633. 12. p. 223—262; et index plantarum indigenarum, p. 263—272. — * Catalogus plantarum horti academici 1635, et index plantarum indigenarum. Lugduni Batavorum 1636. 12. 66 p. — * Catalogus plantarum horti academici Lugduni Batavi, quibus is instructus erat anno 1642. Accedit index plantarum indigenarum, quae prope Lugdunum in Batavis nascuntur. Lugduni Batavorum, ex officina Elseviriana. 1643. 12. 71 p. — * Catalogus plantarum horti academici 1649, et index plantarum indigenarum. ib. 1649. 12. 72 p. — * Catalogus plantarum horti academici 1657, et index plantarum indigenarum. ib. 1658. 12. 72 p.

Vorm, *Hobius van der*.

9854* —— Atriplex salsum vulgo dictum soutenelle, essentia, viribus et operationibus suis primo descriptum. Amsterdam, typ. a Waesberge. 1661. 12. 94 p., praef.

Vriese, *Willem Hendrik de*, Professor der Botanik in Leyden (Vriesea Ldl.), * Oosterhout (Brabant) 1807, † Leyden 23. Jan. 1862.

9855* —— Responsio ad quaestionem etc. Quid hactenus ex plantarum physiologia de forma, directione, structura et functione radicum innotuerit et quaenam sint phaenomena in oeconomia rurali observata, quae ex hac cognitione utiliter explicari possint? quae praemium reportavit. Groningae, typ. Oomkens. 1829. 4. 93 p.

9856* —— Oratio de progressu physiologiae plantarum, prudenti naturam indagandi rationi tribuendo. Amstelodami, typ. civ. publ. 1835. 4. 39 p.

9857* —— Plantenkunde voor Apothekers en Artsen of Beschrijvingen der geneeskrachtige Planten naar de natuurlijke familien van het Plantenrijk. Leiden, van der Hoek. 1835—38. II voll. 8. 787 p.

9858* —— Hortus Spaarn-Bergensis. Enumeratio stirpium, quas in villa Spaarn-Berg prope Harlemum alit *Adr. van der Hoop.* Amstelodami, Joh. Müller. 1839. 8. xii, 146, xvi p., 2 tab. col.
Pars altera prodiit anno 1846.

9859* (——) Berigten van Proefnemingen aangaande het Overbrengen van levende Planten uit overzeesche landen naar Europa, inzonderheit uit Indië naar Nederland. Amsterdam 30 Juni 1840. 8. 15 p.

9860* —— Protrepticus ad commilitones etc. (Historia rei Herbariae.) Amstelodami, Müller 1841. 8. 35 p.

9861* —— Berigt aangaande een' onlangs uit Java ontvangen Cycas circinalis L., gekweekt en thans bloeijende in den Kruidtuin der Stad Amsterdam. Amsterdam, A. Zweesaardt 1842. 8. 19 p.

9862* —— Oratio de re herbaria Batavis non minus quam reliquis Europae populis excolenda, quam habuit die XXVII mensis Septembris 1845, quum ordinariam botanices in Academia Lugduno-Batava professionem solemni ritu auspicaretur. Lugduni Batavorum, typ. Luchtmans. 1845. 8. 34 p. (¼ th.)

9863* —— Plantae novae et minus cognitae Indiae batavae orientalis. Nouvelles recherches sur la Flore des possessions néerlandaises aux Indes orientales. Ouvrage orné de planches dessinées par le Colonel *Q. M. R. Ver Huell*. Fasc. I. Amsterdam, Elix et Co. 1845. 4 max. 12 p., praef., tab. col. 1—3. (2½ th.)

9864* —— Over eene bloeijende Agave americana L. Stuk 1. 2. Leiden, C. C. van der Hoek. 1847. 8. 37 p.

9865* —— Chloris medica. Praecipuarum plantarum medicatarum ad naturam facta illustratio et descriptio. Naar de natuur gemaakte afbeeldingen en beschrijvingen van de voornaamste geneeskrachtige gewassen, met de kenmerken van natuurlijke orden, geslachten, soort, en die van derzelver verwisselingen en vervalschingen, benevens de ontleding der Bloem- en Vruchtdeelen. Amsterdam, Beijerinck. 1847. 4.

9866* **Vriese**, *Willem Hendrik de*. Descriptions et figures des plantes nouvelles et rares du jardin botanique de l'université de Leide et des principaux jardins du royaume des Pays-Bas. Fas. 1. 2. Leide, A. Arnz et Co. Leipzig, Friedrich Fleischer. 1847—51. folio. 10 tab. col. et texte. (8 th.)

9867 —— De Medicijn-hof. Beschrijving der voorn. geneesrijke gewassen, vermeld in de «Nederl. Apotheek». Leiden 1852. 8.

9868* —— Illustrations d'Orchidées des Indes orientales néerlandaises, ou Choix de plantes nouvelles et peu connues de la famille des Orchidées, publié par ordre et sous les auspices de S. E. le Ministre des Colonies, Mr. *Ch. F. Pahoud*, avec texte explicatif et scientifique par Mr. *W. H. de Vriese*. Planches chromolithographiques exécutées à la lithographie royale de *C. W. Mieling*. La Haye, C. W. Mieling. 1854. gr. folio. (8) foll., 18 tab. col., 1 tab. nigr. (50 th.)

9869* —— et *P.* **Harting**. Monographie des Marattiacées, d'après les collections du Musée impérial de Vienne, de celui de Paris, de Sir *W. J. Hooker*, de Mr. *François Delessert*, de Mr. *Junghuhn* etc. suivie de Recherches sur l'anatomie, l'organogénie et histiogénie du genre Angiopteris, et de Considérations sur la structure des fougères en général. Leide et Düsseldorf, Arnz et Co. 1853. folio. viii, 60, (1) p, 9 tab. (14 fl.)

9870* —— Illustrations des Rafflesias Rochsusenii et Patma, d'après les recherches faites aux îles de Java et de Noessa Kambangan par *J. E. Teysman* and *S. Binnensyk*. Leide et Düsseldorf, Arnz et Co. 1854. folio. 6 tab. col.

9871* —— De Kinaboom uit Zuid-Amerika overgebragt naar Java, onder de regering van Konig Willem III. Gravenhage, Mieling. 1855. 8. 122 p.

9872* —— Tuinbouw-Flora van Nederland en zijne overzeesche Bezittingen. Vol. 1—3. Leyden, Sythoff. 1855—56. 8. 360, 375, 376 p., 38 tab. col. (48 fl.)

9873* —— Mémoire sur le camphrier de Sumatra et de Borneo. Leide, A. W. Sythoff et E. J. Brill. 1856. 4. 23 p., 2 tab. (5 fl.)

9874* —— De Vanielje van Oost-Indië, een nieuw produkt voor den handel. Leiden, Sythoff. 1856. 8.

9875 —— De handel in Getah Pertja door den oorsprong dezer stof toegelicht. Leiden, Sythoff. 1856. 8.

9876* —— Plantae Indiae batavae orientalis, quas exploravit *C. G. Reinwardt*. Fasc. 1. 2. Lugduni Bat., Brill. 1856—57. 4. 160 p., 8 tab.

9877 —— De invloed der Kruidkunde op de belangen van den Staat. Leiden, de Breuk et Smits. 1857. 8. 24 p.

9878 —— Synoecia Guilielmi I., découverte aux îles de Java et de Borneo. Leiden, Sythoff. 1861. 4.

9879* —— Minjak Tangkawang, en andere Voortbrengselen van het Plantenrijk van Borneo's Westerafdeeling, welke aanbeveling verdienen voor den nederlandschen handel. Leiden, A. W. Sythoff. 1861. 4. 37 p.

Vrolik, *Gerard*, * Leyden 25. April 1775, † Amsterdam 10. Nov. 1859.

9880* —— Dissertatio sistens observationes de defoliatione vegetabilium nec non de viribus plantarum ex principiis botanicis dijudicandis. Lugduni Batavorum, Honkoop. 1796. 8. 66, (6) p.

9881* —— Oratio de eo, quod Amstelodamenses ad rem botanicam exornandam contulerunt. Amstelodami, P. H. Dronsberg. 1797. 4. 70 p.

9882 —— Naamlyst der geneesryke Plantgewaschen in den Amsterdamschen Kruidtuin. Amsterdam, Holtrop. 1804. 8. vi, 32 p.

9883* —— Catalogus plantarum medicinalium in Pharmacopoea batava memoratarum. Editio altera auctior. Accedit introductio de studio botanico recte instituendo. Amstelodami, Holtrop. 1805. 8. viii, 165 p., 2 schemata. — Ed. III: ib. 1813. 8. 178 p.

9884* (——) Elenchus plantarum, quae in horto Amstelaedamensi coluntur. Amstelaedami 1814. 8. 55 p. — * ib. (1821.) 8. 84 p.

9885* —— Waarnemingen en Proeven over de onlangs geheerscht hebbende ziekte der aardappelen. Amsterdam, Sulpke. 1845. 8. vi, 22 p.

9886* **Vrolik**, *Gerard*. Observations et expériences relatives à la maladie des pommes de terre. Amsterdam, (Leipzig, T. O. Weigel.) 1846. gr. 8. 40 p, 10 tab. col. ($^1/_3$ th.)

Vry, *Joannes Elisa de*.
9887 —— Dissertatio chymica inauguralis de analysi chymica, qua partes plantarum et animalium remotae cognoscuntur. Roterodami, Wyt et fil. 1838. 8. IV, 63, 4 p.

Vrydag Zynen, *T.*
9888 —— Chinae verae et Pseudo-Chinae herbarii regii Lugdunensis. Lugduni Batavorum 1860. 4.

W.

Wachendorff, *Everardus Jacobus van*, Professor in Utrecht (Wachendorffia Burm.), * 1702, † 1758.
9889* —— Oratio botanico-medica de plantis immensitatis intellectus divini testibus locupletissimis. Trajecti ad Rhenum, typ. Broedelet. 1743. 4. 55 p.
9890* —— Horti Ultrajectini index. Trajecti ad Rhenum, van Vucht. 1747. 8. xxx, 394 p., praef., ind.

Wade, *Walter*, Professor in Dublin.
9891 —— Catalogus systematicus plantarum indigenarum in Comitatu Dublinensi inventarum. Pars I. Dublini 1794. 8. 275 p.
9892 —— Syllabus of a course of lectures on botany. Dublin 1802. 8.
9893 —— Plantae rariores in Hibernia inventae; or habitats of some plants, rather scarce and valuable found in Ireland; with concise remarks on the properties and uses of many of them. Dublin, typ. Graisberry and Campbell. 1804. 8. XIV, 214 p.
9894* —— Salices or an essay towards a general history of sallows, willows and osiers, their uses and best methods of propagating and cultivating them. Dublin, typ. Graisberry and Campbell. 1811. 8. XIII, 406, 56 p., 1 tab. col.
9895* —— Prospectus of lectures on botany, to be delivered in the theatre of the Dublin Society. First course. 1820. Dublin, typ. Graisberry. 1820. 8. 40 p.

Waechter, *J. K.*, Forstrath in Hannover, † 1846.
9896* —— Ueber die Reproductionskraft der Gewächse, insbesondre der Holzpflanzen. Ein Beitrag zur Pflanzenphysiologie mit Anwendung auf Forst- und Landwirthschaft und auf Gartenbaukunst. Hannover, Hahn. 1840. 8. IV, 202 p. (1 th.)

Waga, *Jakób*, Professor in Łomża.
9897* —— Flora polonica phanerogama, seu Descriptiones plantarum phanerogamarum in regno Poloniae tam sponte nascentium quam continuata cultura solo nostro assuefactarum Linnaeano systemate dispositae. Varsaviae, typ. Stan. Strombski. 1848. II voll. 8. — I: XIII, 766 p. — II: XXX, 820 p., index.

Wagener, *Philipp Christian*.
9898* —— und *Friedrich* **Gruber** d. J. Flora von Hildesheim, oder Beschreibung und Abbildung der im Fürstenthum Hildesheim wildwachsenden Pflanzen. Erstes Zehend. Hildesheim, typ. Schlegel. 1798. folio. (6 p.), 10 tab. col. Bibl. Goett.

Wagner, *Daniel*.
9899* —— Pharmaceutisch-medizinische Botanik, oder Beschreibung und Abbildung aller in der k. k. Oestreich'schen Pharmacopoe vom Jahre 1820 vorkommenden Arzneipflanzen in botanischer, pharmaceutischer, medizinischer, historischer und chemischer Beziehung etc. Wien, typ. F. Ullrich, auf Kosten und im Verlage des Verfassers. 1828. II voll. gr. folio. 216 foll., praef., 249 tab. col.

Wagner, *Hermann*, Lehrer in Bielefeld.
9900* —— Führer ins Reich der Cryptogamen. I. Laubmoose. Bielefeld, Helmich. 1852. 8. 42 p.
9901* —— Pflanzenkunde für Schulen. Mit Holzschnitten. I. Cursus. 5. Auflage. Bielefeld, Velhagen et Klasing. 1870. 8. VII, 128 p. — II. Cursus. 4. Auflage. ib. 1870. 8. X, 256 p. — III. Cursus. ib 1857 8 (2$^1/_3$ th.)

9902* **Wagner**, *Hermann*. Die Familien der Gräser und Halbgräser. Bielefeld, Helmich. 1854. 1855. 8. VI, 97, 144 p., 4 tab. ($^2/_3$ th. n.)
9903* —— Die Pflanzendecke der Erde in pflanzengeographischen Bildern und Schilderungen. Bielefeld, Velhagen und Klasing. 1857. 8. IV. 464 p.
9904* —— Illustrirte deutsche Flora. Mit 1250 Holzschnitt-Illustrationen. Stuttgart, Julius Hoffmann. 1871. 8. LXVIII, 939 p. (5$^1/_2$ th.)

Wagner, *Johannes Gerhard*, * 1706, † Lübeck 9. April 1759.
9905 —— Arboreti sacri perfectioris specimen, sistens Laurum ex omni antiquitate erutam. Helmstadii 1732. 8. 216 p.

Wagner, *Moritz*, Professor in München, * Bayreuth 1813.
9906 —— Naturwissenschaftliche Reisen im tropischen Amerika. Stuttgart, Cotta. 1870. 8. XXIV, 632 p. (3$^1/_2$ th. n.)
Beiträge zur Pflanzengeographie von Mittel-Amerika. p. 340—375.

Wahlberg, *Johann August*, * Götheborg 9 Oct. 1810, † N'Gami (Südafrika) 6. März 1857.
9907* —— J. A. Wahlbergii Fungi natalenses, adjectis quibusdam capensibus. Edidit Elias Fries. Holmiae, Bonnier. 1848. 8. 34 p. ($^1/_2$ th.)

Wahlberg, *Pehr Fredrik*, Professor in Stockholm, * Götheborg 19. Juni 1800.
9908* —— Flora Gothoburgensis. D. I—II, 2. Upsaliae, typ. academiae. 1820—24. 8. 117 p.
Dissertatio sub praesidio Caroli Petri Thunberg proposita est.
9909 —— Anvisning till Svenska Foder-Växternas kännedom. Stockholm, H. G. Nordström. 1835. 8. 318 p., 4 tab. (2 Rdr.)
Prodiit primum in Kongl. Svenska Landtbruks-Academiens Handlingar. åren 1833—34. Stockholm 1835. 8. p 165—282. — år 1835. ib. 1836. 8 p. 61—262.

Wahlenberg, *Göran (Georg)*, Professor zu Upsala (Wahlenbergia Schrad.), * Eisenhütte Skarphyttan bei Carlstadt in Wermeland 1. Oct. 1780, † Upsala 23. März 1851.
9910* —— De sedibus materiarum immediatarum in plantis tractatio. Upsaliae, typ. Edman. 1806—7. 4. 74 p.
9911 —— Berättelse om mätningar och observationer för att bestämma Lappska Fjällens höjd och temperatur vid 67 Graders Polhöjd. Stockholm, typ. Delén. 1808. 4. 58 p., 4 tab.
Fragmentum hujus operis, de regionibus plantarum, anglice translatum a *Dryander* adest in Linnaei Lachesi lapponica a Smithio edita.
* germanice: Bericht über Messungen und Beobachtungen zur Bestimmung der Höhe und Temperatur der Lappländischen Alpen unter dem 67 Breitengrade. Aus dem Schwedischen mit Anmerkungen von *J. Friedrich Ludwig Hausmann*. Göttingen, Dieterich. 1812. 4. VI, 61 p., 4 tab. ($^5/_6$ th.)
9912* —— Flora lapponica, exhibens plantas geographice et botanice consideratas in Lapponiis suecicis, scilicet Umensi, Pitensi, Lulensi, Tornensi et Kemensi nec non Lapponiis norvegicis, scilicet Norlandia et Finmarkia utraque indigenas, et itineribus annorum 1800, 1802, 1807 et 1810 denuo investigatas. Berolini (Reimer.), 1812. 8. LXVI, 550 p., 30 tab. (6 th.)
9913* —— De vegetatione et climate in Helvetia septentrionali inter flumina Rhenum et Arolam observatis et cum summi septentrionis comparatis tentamen. Turici, Orell, Füssli et Co. 1813. 8. IIC, 200 p, 3 tab. (3$^1/_3$ th.)
9914* —— Flora Carpatorum principalium, exhibens plantas in montibus Carpaticis inter flumina Waagum et Dunagetz eorumque ramos Arvam et Popradum crescentes. Cui praemittitur Tractatus de altitudine, vegetatione, temperatura et meteoris horum montium in genere. Goettingae, Vandenhoeck. 1814. 8. CXVIII, 408 p., 4 tab. (2$^1/_2$ th.)
9915* —— Flora Upsaliensis, enumerans plantas circa Upsaliam sponte crescentes. Enchiridion excursionibus studiosorum Upsaliensium accommodatum. Upsaliae, typ. academiae. (Lipsiae, F. A. Brockhaus.) 1820. 8. VIII, 495 p., 1 mappa geogr. (2$^1/_2$ th.)
9916* —— Flora suecica, enumerans plantas Sueciae indigenas, post Linnaeum edita. Upsaliae, Palmblad. (Lipsiae, F. A. Brockhaus.) 1824—26. II partes 8. LXXXVIII, 1117 p. (5$^1/_{12}$ th.)
— * Flora suecica, enumerans plantas Sueciae indigenas, cum synopsi classium ordinumque, characteribus generum, differentiis specierum, synonymis citationibusque selectis, locis regionibusque natalibus, descriptionibus habitualibus nomina

incolarum et qualitates plantarum illustrantibus, post *Linnaeum* edita. Auctior et emendatior denuo impressa. Upsaliae, Palmblad. 1831—33. II voll. 8. — I: 1831. 445 p. — II: 1833. xcvii, 447—1134 p. (6 *Rdr. 20 skill.*)

9917* **Wahlenberg**, *Göran (Georg)*. Om möglighelen att, enligt vegetabiliernas naturliga analogier, a priori bestämma deras egenskaper och verkningar på menskliga organismen. D. I—II. Upsala 1834. 8. 31 p.

9918* —— Historisk Underrättelse om Upsala Universitetets Botaniska Trädgård, 1836. (Infördt i Skandia IX. 1.) Upsala, Leffler et Sebell. 1837. 8. 26 p.
* *germanice*: übersetzt von *Creplin*, in Flora 1838. Beiblätter, p. 37—76.
Växter i Österländerne samlade af *J. Berggren*. In *Berggren*, Resor. Stockholm 1826. 8. Appendix: 70 p.

Wahlstedt, *L. J.*
9919 —— Bidrag till kännedomen om de Skandinaviska arterna af växtfamiljen Characeae. D. Lund, typ. Lundberg. 1862. 8. viii, 43 p.
9920* —— Om Characeernas knoppar och öfvervintring. D. Lund, typ. Ohlsson. 1864. 8. 48 p.

Wahlström, *J. E.*
9921 —— Plantarum vascularium in regione Telgae borealis sponte crescentium Synopsis. Upsaliae, Wahlström et Co. 1847. 8. 40 p.

Waidel, *Edmund*.
9922* —— Diagnosis plantarum labiatarum in Austria sponte nascentium. D. Vindobonae, typ. Ueberreuter. 1840. 8. iv, 36 p.

Waitz, *Friedrich August Karl*, Stadtphysikus in Samarang, * Schaumburg 27. März 1798.
9923* —— Praktische Beobachtungen über einige javanische Arzneimittel etc. Aus dem Holländischen mit Anmerkungen von Dr. *Johann Baptist Fischer*. Leipzig, F. A. Brockhaus. (Brüssel, Frank.) 1829. 8. xvi, 79 p. (½ *th.*)

Waitz, *Karl Friedrich*, Geheimer Kammerrath in Altenburg, * Altenburg 18. Febr. 1774, † Altenburg 21. Aug. 1848.
9924* —— Beschreibung der Gattung und Arten der Heiden nebst einer Anweisung zur zweckmässigen Kultur derselben. Altenburg, Rink. 1805. 8. xii, 355 p., 2 tab. — *Neue Ausgabe: Leipzig und Altenburg, Hinrichs. 1809. 8. xii, 355 p., 2 tab. (1⅔ *th.*) (non differt; eadem impressio.)

Wakefield, *Priscilla*.
9925* —— An introduction to botany in a series of familiar letters. London, Newbery. 1796. 12. 184 p., 11 tab. — *Ed. II: ib. 1798. 8. 200 p., 11 tab. (4 *s.* — col. 8 *s.*) — *Ed. VII: ib. 1816. 12. xii, 178 p., 10 tab.
* *gallice*: Paris, Buisson. 1801. 12. 227 p., 12 tab.

Walchner, *Franz Hermann*.
9926 —— Darstellung der wichtigsten bis jetzt erkannten Verfälschungen der Arzneimittel und Droguen, nebst einer Zusammenstellung derjenigen Arzneigewächse, welche mit andern Pflanzen aus Betrug und Unkenntniss verwechselt und in den Handel gebracht werden. Karlsruhe, Macklot. 1842. 8. 14¾ plag. (1 *th.*)

Walcott, *John*.
9927 —— Flora britannica indigena, or plates of the indigenous plants of Great Britain. Bath 1778. 8. 8 p., 168 tab.

Waldschmidt, *F.*
9928* —— Studien zur Waldeckischen Flora. Programm. Corbach, typ. Weigel. 1865. 4. 19 p.

Waldschmiedt, *Johann Jakob*, Professor in Marburg, * Rodheim in der Wetterau 13. Jan. 1644, † Marburg 12. Aug. 1689.
9929 —— De vegetabilium ortu, vita et morte. D. Marpurgi 1788. 4.

Waldschmiedt, *Wilhelm Ulrich*, Professor in Kiel, * Giessen 12. Jan. 1669, † Kiel 12. Jan. 1731.
9930 —— Programma ad herbationes anni 1696. Kiliae 1696. 4.
9931 —— Programma ad herbationes anni 1701. (De jucunditate studii plantarum.) Kiliae 1701. 4.
9932 —— Programma ad herbationes anni 1702. Kiliae 1702. 4.
9933* —— De sexu ejusdem plantae gemino. D. Kiliae, typ. Reuther. 1705. 4. 22 p.
9934* —— Programma de vegetabilium usu eximio in medicina. Kiliae 1707. 4.

9935* **Waldschmiedt**, *Wilhelm Ulrich*. Programma (de plantarum vegetatione), quo ad publicas plantarum demonstrationes invitat. Kiliae 1710. 4.
9936* —— Programma de industria aevi hodierni, qua propagatio plantarum, veterum circa res hortenses occupationes post se relinquit. Kiliae 1712. 4.
9937* —— Kurtze und gründliche Beschreibung derer Aloen insgemein, insonderheit aber derer Amerikanischen, durch Veranlassung zweier in dem Hochfürstlichen Lust-Garten zu Gottorff bald blühenden Amerikanischen Aloen, nebst *Johann Daniel Majoris* Tractat von eben dieser Materie. Kiel, Riechel. 1705. 4. 36 p., praeter opusculum *Majoris*.
9938 —— Amerikanischer zu Gottorff blühender Aloen fernere Beschreibung, worinnen derselben Blühung und Verblühung, nebst andern sonderbahren Anmerkungen kürtzlich erörtert, und einige wieder die herausgegebene Beschreibung gemachte Einwürffe eines guten Freundes bescheidentlich wiederleget werden. Kiel, bey Barthold Reuthern. 1706. 4. 36 p.

Waldstein, *Franz Adam, Graf von* (Waldsteinia Willd.), *Wien 14. Febr. 1759, † Oberleutendorf in Böhmen 22. Mai 1823.
9939* —— et *Paul Kitaib(e)l*. Descriptiones et icones plantarum rariorum Hungariae. Viennae, typ. Schmidt. (Schaumburg.) 1802—12. III voll. folio. — I: 1802. xxxii, 104 p., tab. col. 1—100. — II: 1805. xxxii, 105—221 p., tab. col. 101—200. — III: 1812. 223—310 p., ind., tab. col. 201—280. (224 *th.*)

Walker, *Richard*.
9940* —— The Flora of Oxfordshire and its contiguous counties, comprising the flowering plants only, arranged in easy and familiar language, according to the Linnean and natural systems; preceded by an introduction to botany. Oxford, Slatter. 1833. 8 cxxxv, 338 p., 12 tab. (14 *s*)

Walker, *Wilhelm*.
9941* —— Die Obstlehre der Griechen und Römer. Nach Quellen bearbeitet. Reutlingen, Mäcken. 1845. 8. viii, 357 p. (1½ *th.*)

Wall, *W. A.*
9942 —— Westmanlands Flora. Stockholm 1852. 8.

Wallace, *Alfred Russel*.
9943* —— Palm trees of the Amazon with their uses. London, John van Voorst. 1853. 8. viii, 129 p., 48 p.

Wallace, *James*.
9944 —— A description of the isles of Orkney. Edinburgh 1693. 8. 94 p, 2 tab. — London 1700. 8. 147 p., 2 tab.
Continet catalogum plantarum indigenarum Orcadum.

Wallenius, *Johan Fredric*, Arzt, * Åbo 14. Aug. 1765, † 12. Jan. 1836.
9945* —— Nova Ammeos species. D. Aboae, typ. Frenckel. 1810. 4. 13 p.

Wallerius, *Johan Gotschalk*, Professor in Upsala, * Nerike 11. Juli 1709, † Upsala 16. Nov. 1785.
9946* —— Decades binae thesium medicarum. D. Upsaliae 1741. 4. 38 p. (Respondens: *Johan Anders Darelius*.)
De injurioso contra *Linnaeum* libello, in Stoeveriana collectione epistolarum p. 119—158 recuso, cf Thes. lit. bot. Nr. 6141.
9947 —— De principiis vegetationis. D. I. Holmiae, typ. regiis. 1751. 4. 21 p.
* *germanice*: Von den Ursachen, welche bei dem Wachsthum der Pflanzen, bemerkt werden. Physikalische Belustigungen, Band III. p. 773—813.
9948* —— De artificiosa foecundatione immersiva seminum vegetabilium. D. Holmiae, typ. Salvii. 1752. 4. 24 p.
9949 —— De prima vinorum origine casuali. D. Holmiae 1760. 4. 12 p.
9950 —— De vestigiis diluvii universalis. D. Upsaliae 1760. 4. 16 p.
9951* —— De origine oleorum in vegetabilibus. D. Upsaliae 1761. 4. 12 p.
9952* —— De vegetatione seminum vegetabilium per mortem. D. Upsaliae 1761. 4. 8 p.

Wallich, *Nathaniel*; M. D. (Wallichia Roxb.), * Kopenhagen 28. Jan. 1786, † London 28. April. 1854.
Proc. Linn. Soc. II. 314—318.
9953* —— Descriptions of some rare Indian plants. (Calcutta 1818) 4. p. 369—415. (14) tab. (Primula prolifera — Menispermum Cocculus.)

9954* **Wallich**, *Nathanael*. List of Indian woods collected. London, J. Moyes. s. a. 8. 43 p.
From the Transactions of the Society of arts, vol. XLVIII.

9955* —— Tentamen Florae Napalensis illustratae, consisting of botanical descriptions and lithographic figures of select Nipal plants. Fasc. I—II. Calcutta and Serampore, printed and published at the Asiatic Lithogr. Press. 1824—26. folio. 64 p., 50 tab.

9956* (——) A numerical List of dried specimens of plants in the East India Company's Museum, collected under the superintendence of Dr. *Wallich*, of the Company's botanic garden at Calcutta. London, 1st December 1828. folio. 306 p.
p. 1—268: Enumeratio 7683 specierum e collectione Wallichiana et Indices. — p. 269—305: «Numerical list of dried plants in the herbarium of the Honorable East India Company presented to the Linnaean Society of London. Continued from Dr. *Wallich*.» Continet enumerationem 1465 (7684—9148) specierum. — p. 305—306: Addenda et corrigenda.

9957* —— Plantae asiaticae rariores; or descriptions and figures of a select number of unpublished East Indian plants, by *Nathanael Wallich*. London, Treuttel and Würtz. 1830—32. III voll. folio. — I: 1830 15, 84 p., tab. col. 1—100. — II: 1831. 86 p., tab. col 101—200. — III: 1832. VIII, 117 p., tab. col. 201—295, et Map of India, sign. 296—300. (36 *l.*)

Wallin, *Georg*, Bischof von Gothenburg, * Gevaliae 31. Juli 1686, ✝ Gothenburg 16. Mai 1760.

9958* ——, pr. Γάμος φύτων, sive Nuptiae arborum. D. Upsaliae, typ. Winter. 1729. 4. p. 243—290, 1 tab., ic. xyl.

Wallis, *John*.

9959 —— Dendrology; in which are facts, experiments and observations demonstrating that trees and vegetables derive their nutriment independently of the earth. London, Berger. 1833. 8. (4 *s.*)

Wallman, *Johan*.

9960* —— Försök till en systematisk uppställning af wäxtfamiljen Characeae. Stockholm, P. A. Norstedt et söner. 1853. 8. 103 p.
* *gallice*: traduit par *W. Nylander*. Bordeaux, Laforgue. 1856. 8. 91 p. Actes de la soc. linn. XXII.

Wallman, *Johan Hacquinus*, * Linköping 7. Sept. 1792.

9961 —— De systematibus vegetabilium, qua ratione oeconomicae scientiae profuerint. D. I—II. Upsaliae, typ. Zeipel et Palmblad. 1818. 4. 16 p.

Wallroth, *Karl Friedrich Wilhelm*, Arzt in Nordhausen (Wallrothia Spr.), * Breitenstein im Schwarzburgischen 13. März 1792, ✝ Nordhausen 22. März 1857.
Biographie von *Kützing* in Bonplandia 1857, p. 147—148.

9962* —— Geschichte des Obstes der Alten. Erstes (und einziges) Heft. Halle, Hendel. 1812. gr. 8. XVIII, 142 p. (1/2 *th.*)

9963* —— Annus botanicus, sive Supplementum tertium ad *C. Sprengelii* Floram Halensem. Cum tractatu et iconibus VI Charam genus illustrantibus. Halae, Kümmel. 1815. 8. XXX, 200 p., 6 tab. (1 1/2 *th.*)

9964* —— Schedulae criticae de plantis Florae Halensis selectis. Corollarium novum ad *Sprengelii* Floram Halensem. Tomus I. Phanerogamia. Halae, Kümmel. 1822. 8. 516 p., 5 tab. (2 1/2 *th.*)

9965* —— Orobanches generis Diaskeue. Ad *Car. Mertensium* epistola. Francofurti a/M., Wilmans. 1825. 8. 80 p. (7/12 *th.*)

9966* —— Naturgeschichte der Flechten. Nach neuen Normen und in ihrem Umfange bearbeitet. Ein fasslicher Unterricht zum Selbststudium der Flechtenkunde. Frankfurt a/M., Wilmans. 1825—27. 2 Bände. 8. — I: 1825. LVIII, 722 p. — II: 1827. Physiologie und Pathologie des Flechtenlagers. XVI, 518, (1) p. (7 *th.*)

9967* —— Rosae plantarum generis historia succincta, in qua Rosarum species tum suae terrae proventu tum in hortis natas suppositicias secundum normas naturales ad stirpium bessestres primitivos revocat inque speciminum ratorum fidem rhodologorum et rhodophilorum captui accommodat. Nordhusae, Köhne. 1828. 8. XII, 311 p. (2 *th.*)

9968* —— Naturgeschichte der Säulchenflechten; oder monographischer Abschluss über die Flechtengattung Cenomyce Acharii. Naumburg, in Commission bei Eduard Zimmermann. 1829. 8. VI, 198 p. (1 1/3 *th.*)

9969* **Wallroth**, *Karl Friedrich Wilhelm*. Flora cryptogamica Germanicae. Norimbergae, Schrag. 1831—33. II voll. 12. — Pars prior, continens Filices, Lichenastra, Muscos et Lichenes. 1831. XXVI, 654 p. — Pars posterior, continens Algas et Fungos. 1833. LVI, 923 p. (6 *th.* — jetzt 1 1/3 *th.*)

9970* —— Erster Beitrag zur Flora hercynica. Erste Abtheilung, allgemeine Berichtigungen einiger in *Hampe's* Prodromus Florae Hercyniae erwähnten Gewächsarten enthaltend. Halle, typ. Gebauer-Schwetschke. 1840. 8. 158 p.
Seorsim impr. ex *Linnaea*, vol. XIV. 1840. p. 1—158. — Continuatio: ib. p 529—704. — Titulus in *Linnaea* sic differt ΣΧΟΛΙΟΝ zu *Hampe's* Prodromus Florae Hercyniae.

9971* —— Beiträge zur Botanik. Eine Sammlung monographischer Abhandlungen über besonders schwierige Gewächsgattungen der Flora Deutschlands. Erster Band. Heft 1—2. Leipzig, Hofmeister. 1842—44. gr. 8. VI, 252 p., 3 tab. col. (1 2/3 *th.*)
Heft I: 1842. Monographischer Versuch über Agrimonia Cels. — Zur Naturgeschichte der Usnea nigra Dill. — Zur Naturgeschichte der Orchis bifolia Thal. — Naturgeschichte des Senecio paludosus L. — Die Naturgeschichte der Erysibe subterranea Wallr. (des Brandes der Kartoffeln). VI, 1—123 p., tab. col. I—II. (5/6 *th.*)
Heft II: 1844. Monographischer Versuch über die Gattung Lampsana Dodon. — Zur Kenntniss der Anthemis tinctoria mit schwefelgelben Strahlenblüthen. — Naturgeschichte der myketischen Entomophyten. — Monographie der Gattung Armeria Willd. — Monographie der Gattung Xanthium Diosc. — Zur Kenntniss der Salix hastata L. 125—252 p., tab. col. III. (5/6 *th.*)

Walpers, *Wilhelm Gerhard* (Walpersia Reiss.), * Mühlhausen in Thüringen 26. Dec. 1816, † durch Selbstmord in Köpnik bei Berlin 18. Juni 1853.
Bonplandia 1853, p. 197—200.

9972* —— Animadversiones criticae in Leguminosas capenses herbarii regii Berolinensis. D. Halae, typ. Gebauer-Schwetschke. 1839. 8. 99 p.

9973* —— Repertorium botanices systematicae. Lipsiae, Fr. Hofmeister. 1842—48. VI voll. 8. (30 2/3 *th.*)
Tomus I: 1842. (Ranunculaceae—Mimoseae; index generum) IV, 947, (4) p. (5 *th.*)
Tomus II: 1843. (Chrysobalaneae—Monotropeae; supplementum primum ad Repertorii botanices systematicae tomum primum et secundum: Ranunculaceae—Gesneriaceae; index generum tomi I—II.) VIII, 1029 p. (6 *th.*)
Tomus III: 1844—45. Synopsis Solanacearum, Scrophularinarum, Orobanchearum et Labiatarum in botanicorum scriptis ad hunc diem editis descriptarum. (Addenda et corrigenda; synopsis generum; index generum.) XII, 1002 p. (5 1/3 *th.*)
Tomus IV: 1844—48. Synopsis Verbenacearum, Myoporinearum, Selaginearum, Stilbinearum, Globulariearum et Plantaginearum omnium ad annum MDCCCXLIV cognitarum. Additus est index ordinum, subordinum, generum, sectionum, specierum et synonymorum omnium in Repertorii botanices systematicae fasciculis I—XXVI obviorum. VIII, 821 p. (4 *th.*)
Tomus V: 1845—46. Synopsis plantarum exogenearum dialypetalarum omnium inde ab anno MDCCCXLIII detectarum, exhibens supplementum tertium ad ordines XCVI priores vegetabilium in Prodromo Candolleano descriptorum. (Ranunculaceae—Loranthaceae; index generum.) VIII, 982 p. (6 *th.*)
Tomus VI: 1846—47. Synopsis plantarum exogenearum gamopetalarum post Prodromi Candolleani tomum decimum et Repertorii botanices systematicae fasciculum decimum sextum editos detectarum. (Lonicereae—Plantagineae, additamenta; index generum fasc. I—XXVI.) VIII, 834 p. (4 1/15 *th.*)

9974* —— Annales botanices systematicae. Vol. I—VII. Lipsiae, Fr. Hofmeister. (A. Abel.) 1848—68. 8. (49 *th.* 26 *sgr.*)
I: 1848—49. Synopsis plantarum phanerogamicarum novarum omnium per annos 1846—47 descriptarum. VI, 1127 p.
II: 1851—52. Synopsis plantarum phanerogamicarum thalamiflorarum et calyciflorarum omnium per annos 1848—50 descriptarum. 1125 p.

III: 1852—53. Synopsis plantarum phanerogamicarum corolliflorarum, monochlamydearum et monocotyledonearum omnium per annos 1848—50 descriptarum. 1168 p.

IV—VI: 1857—60. Synopsis plantarum phanerogamarum novarum omnium per annos 1851—55 descriptarum auctore Carolo Müller Berol. VIII, 959, 966, 1309 p.

VII: 1868. Addenda ad litteraturam botanicam annorum 1856—66. 960 p.

Walpert, *H.*
9975* —— Alphabetisch-synonymisches Wörterbuch der deutschen Pflanzennamen, so wie der pflanzlichen Erzeugnisse, mit Angabe der systematischen Namen der Pflanzen. Lateinisch-deutsch und deutsch-lateinisch. Magdeburg, Heinrichshofen. 1852. 8. VIII, 205 p.
9976* —— Synonyma der Phanerogamen und cryptogamischen Gefässpflanzen, welche in Deutschland und in der Schweiz wild wachsen. Lissa, Günther. 1855. 8. 309 p. (1⅓ th.)

Walter, *F.*, Obergärtner in Kunnersdorf, * 1772, ✝ 15. Jan. 1855.
9977* (——) Verzeichniss der auf den Friedländischen Gütern cultivirten Gewächse, nebst einem Beitrage zur Flora der Mittelmark. Dritte Auflage. 1815. 8. XII, 60 p.
Accedunt huic tertiae editioni: Adnotationes quaedam ad Floram Berolinensem *C. S. Kunthii*, auctore *Adelberto de Chamisso*: 13 p. — Editionem primam anno 1804 curavit *Karl Ludwig Willdenow*; supplementum prodiit anno 1805, et editio altera anno 1806.

Walter, *Thomas*, * Hampshire (England) um 1740, ✝ Carolina 1788.
9978* —— Flora Caroliniana, secundum systema vegetabilium perillustris Linnaei digesta, characteres essentiales, naturalesve et differentias veras exhibens, cum emendationibus numerosis descriptionum antea evulgatarum, adumbrationes stirpium plus mille continens nec non generibus novis non paucis, speciebus plurimis novisque ornata. London, Fraser. 1788. 8. VIII, 263 p., 1 tab.

Walther, *Alexander.*
9979* —— und *Ludwig* **Molendo**. Die Laubmoose Oberfrankens. Beiträge zur Pflanzengeographie und Systematik und zur Theorie vom Ursprunge der Arten. Leipzig, Engelmann. 1868. 8. VII, 279 p. (1 th.)

Walther, *Augustin Friedrich,* Professor in Leipzig (Waltheria L.), * Wittenberg 26. Oct. 1688, ✝ Leipzig 12. Oct. 1746.
9980* —— Plantarum exoticarum indigenarumque index tripartitus. etc. Lipsiae, typ. Langenheim. 1732. 8. 80 p. Bibl. Goett.
Est catalogus horti ejus privati.
9981* —— Designatio plantarum, quas hortus *Augustini Friderici Waltheri*, Path. Prof. Lips., complectitur. Accedunt novae plantarum icones XXIV. Lipsiae, Gleditsch. 1735. 8. 171 p., 24 tab.
9982* —— Programma de plantarum structura. Lipsiae 1740. 4. 16 p.
Redit in *Reichard* Sylloge opusc. bot. p. 69—81.
9983* —— De Silphio in veterum nummis ac diversis plantae speciebus disserit. Programma academicum. (Lipsiae 1746.) 4. 24 p., ic. xyl. i. t.
9984 —— Programma de Loto aegyptia in nummis antiquis. Lipsiae 1746. folio. 2 plag.

Walther, *Friedrich Ludwig,* Professor in Giessen, * Schwaningen bei Ansbach 3. Juni 1759, ✝ Giessen 30. März 1824.
9985* —— Flora von Giessen und der umliegenden Gegend für Anfänger und junge Freunde der Gewächskunde. Giessen und Darmstadt, Heyer. 1802. 8. VIII, 704, XVII p., 1 tab. col. (1⅓ th.)
9986* —— Einige Bemerkungen über die wissenschaftlichen Eintheilungen der Holzarten. (Besonders abgedruckt aus dem XII. Bande des neuen Forstarchivs.) Ulm 1805. 8. 20 p., 11 Tabellen in fol. obl.

Walti, *Joseph.*
9987* —— Das Amylon und Inulin. Chemische Abhandlung mit steter Hinsicht auf Pflanzenphysiologie, Technik und Medicin. Nürnberg, Riegel und Wiessner. 1829. 8. IV, 60 p. (¼ th.)

Walz, *Georg Friedrich.*
9988* —— Der Milchsaft des Giftlattichs chemisch untersucht. D. Heidelberg 1839. 8. 54 p.

Walz, *J.,* Privatdocent der Botanik in Kiew.
9989 —— Beiträge zur Morphologie und Systematik der Gattung Vaucheria. Jena 1867. 8.

Wangenheim, *Friedrich Adam Julius von,* Oberforstmeister in Gumbinnen (Wangenheimia Moench), * 1747, ✝ 25. März 1800.
9990* —— Beschreibung einiger Nordamerikanischer Holz- und Buscharten mit Anwendung auf deutsche Forsten. Göttingen, Dieterich. 1784. 8. 151 p., ind. (⅓ th.)
9991* —— Beitrag zur teutschen holzgerechten Forstwissenschaft, die Anpflanzung Nordamerikanischer Holzarten, mit Anwendung auf teutsche Forste, betreffend. Göttingen, Dieterich. 1787. folio. XLV, 124 p., ind., 31 tab. (5 th.)

Ward, *Nathaniel Bagshaw,* * London 1791, ✝ St. Leonards 4. Juni 1868.
9992* —— On the growth of plants in closely glazed cases. London, J. van Voorst. 1842. 8. VI, 95 p. (5 s.) — *Ed. II. ib. 1852. 8. XIV, 143 p., 1 tab.

Warming, *J. Eugène B.*
9993* —— Er koppen hos vortemælken (Euphorbia L.) en blomst eller en blomsterstand? D. Kjøbenhavn, Gad. 1871. 8. 110, 18 p., 3 tab.

Warner, *Richard* (Warneria Mill.), ✝ 1775.
9994 —— Plantae Woodfordienses, a catalogue of the more perfect plants growing spontaneously about Woodford in the county of Essex. London 1771. 8. 238 p. — *Additions. 1784. 8. p. 241—255.

Warner, *Robert.*
9995* —— Select orchideous plants. Part 1—10. London, Lovell Reeve. 1862—64. folio. 40 tab. col. and text. (6 l. 6 s.)
Lego, alteram prodiisse seriem, quam non vidi.

Warscewicz, *Josef,* verdienstvoller Reisender, * Wilna 1812, ✝ als Inspector des botanischen Gartens in Krakau 31. Dec. 1866.

Wartmann, *Bernhard,* Professor in St. Gallen.
9996* —— Beiträge zur Anatomie und Entwicklungsgeschichte der Algengattung Lemanea. St. Gallen, Scheitlin und Zollikofer. 1854. 4. IV, 28 p, 4 tab. (⅔ th.)
9997* —— Beiträge zur St. Gallischen Volksbotanik. Verzeichniss der Dialectnamen, der technischen und arzneilichen Volksanwendung meist einheimischer Pflanzen. St. Gallen, Scheitlin und Zollikofer. 1861. 8. 43 p.
Ein vortreffliches Buch.

Wartmann, *Jakob.*
9998* —— Botanik für die weibliche Jugend. St. Gallen, Scheitlin und Zollikofer. 1841. 8. IV, 192 p. (¾ th.)
9999* —— St. Gallische Flor, für Anfänger und Freunde der Botanik bearbeitet. St. Gallen, Scheitlin und Zollikofer. 1847. 8. VI, 268 p. (⁹⁄₁₀ th.)

Warton, *Simon.*
10000* (——) Schola botanica, sive Catalogus plantarum quas ab aliquot annis in horto regio Parisiensi studiosis indigitavit vir clarissimus *Joseph Pitton Tournefort,* ut et *Pauli Hermanni* Paradisi batavi Prodromus. Edente in lucem *S. W. A.* Amstelaedami, apud Henricum Wetstenium. 1689. 12. 386 p., praef., ind.
A p. 301—386 *Pauli Hermanni* Paradisi batavi Prodromus.

Watelet, *Adolphe,* Professor in Soissons.
10001* —— Description des plantes fossiles du bassin de Paris. Paris, Baillière. 1865—66. 4. 257 p., 60 tab. (60 fr.)

Waterhouse, *Benjamin.*
10002 —— The botanist, being the botanical part of a course of lectures delivered in the university of Cambridge (America), etc. Boston 1811. 8. 259 p. (5 s.)

Watkins, *C. R. W.*
10003* —— Principles and rudiments of botany. London, Partridge and Co. 1858. 8. 114 p. (2 s. 6 d.)

Watson, *Alexander.*
10004* —— Flora Stæ Helenica. St. Helena: printed by J. Boyd. 1825. 4. V, 20 p.
Sistit praeter introductionem anglica scriptam lingua catalogum plantarum methodo Linneana dispositum, adjectis nominibus anglicis; autor fertur: *Alexander Watson,* militum praefectus.

Watson, *Hewett Cottrell*.
10005* —— Outlines of the geographical distribution of british plants; belonging to the division of vasculares or cotyledones. Edinburgh: printed for private distribution. (1832.) 8. XVI, 334 p.
10006* —— The new botanist's guide to the localities of the rarer plants of Britain; on the plan of *Turner* and *Dillwyn's* Botanist's guide. London, Longman, Rees, Orme etc. 1835 —37. II voll. 8. — I: England and Wales. 1835. VI, 403 p. — II: 1837. Scotland and adjacent isles. XXIV, 407—674 p. (16 s. 6 d.)
10007* —— Remarks on the geographical distribution of british plants; chiefly in connection with latitude, elevation and climate. London, Longman, Rees, Orme etc. 1835. 8. XVI, 288 p. (6 s. 6 d.)
* *germanice:* Bemerkungen über die geographische Vertheilung und Verbreitung der Gewächse Grossbritanniens, besonders nach ihrer Abhängigkeit von der geographischen Breite, der Höhe und dem Klima. Uebersetzt und mit Beilagen und Anmerkungen versehen von *Karl Traugott Beilschmied*. Breslau, in Commission bei Jos. Max et Co. 1837. 8. XX, 261 p. (1½ th.)
10008* —— The geographical distribution of british plants. Third edition. Part I. London, printed for the author. 1843. 8. IV, 259 p.
Ranunculaceae, Nymphaeaceae, Papaveraceae.
10009* —— Cybele britannica; or, British plants and their geographical relations. Vol. 1—4. London, Longman and Co. 1847—59. 8 — I: 1847. IV, 472 p. — II: 1849. 480 p. — III: 1852. 560 p. — IV: 1859. V, 827 p. (42 s.)
10010* —— Part first of a Supplement to the Cybele britannica, to be continued occasionally. London, printed for private distribution. 1860. 8. 119 p.
10011* —— A Compendium of the Cybele britannica; or British plants in their geographical Relations. London, Longmans. 1870. 8. VI, 651 p. (10 s)
Watson, *John Forbes*.
10012* —— Index to the native and scientific names of Indian and other eastern economic plants and products. London, Trübner and Co. 1868. 4. VIII, 637 p. (1 l. 11 s. 6 d)
Watson, *P. W.*
10013* —— Dendrologia britannica, or trees and shrubs that will live in the open air of Britain throughout the year. A work useful to proprietors and possessors of estates, etc. London, Arch. 1825. II voll. gr. 8. 172 foll., ind., LXXII, 30 p., 172 tab. col.
Watson, *William*, Professor der Botanik in Chelsea (Watsonia Mill., Watsonia Ker), * London ... 1715, † London 10. Mai 1787.
Pulteney, Geschichte der Botanik II, 479—512.
Watzel, *Cajetan*.
10014* —— Ueber Pflanzenfrüchte. Programm. Böhmisch-Leippa, typ. Geržabeck. 1851. 8. 14 p.
10015 —— Vegetationsbeobachtungen am Horizonte von Böhmisch-Leippa. Programm. Böhmisch-Leippa 1854. 8.
Wauters, *Pierre Engelbert*, Arzt in Gent, * Gent 5. Dec. 1745, † Gent 8. Oct. 1840.
10016* —— Dissertatio botanico-medica de quibusdam plantis belgicis in locum exoticarum sufficiendis. Gandavii, van der Schueren. 1785. 8. 80 p.
10017* —— Repertorium remediorum indigenorum exoticis in medicina substituendorum. Responsum coronatum. Gandae, typ. Goesin-Disbecq. 1810. 8. VIII, 302 p., ind.
Wauthier, *Eugène*.
10018* —— De pigmento indico. D. praemio ornata. Lovanii 1824. 4.
Wawra, *Heinrich*, Arzt in Wien.
10019* —— und *J. Peyritsch*. Sertum Benguelense. Wien, Gerold. 1860. 8. 46 p.
Wiener Sitzungsbericht. Band 38.
10020* —— Botanische Ergebnisse der Reise Sr. Majestät des Kaisers von Mexico Maximilian I. nach Brasilien. Wien, Karl Gerold und Sohn. 1866. folio. XVI, 234 p., 104 tab. (tab. 1—32 sind colorirt.) (40 th.)

Webb, *Philipp Barker*, ein treuer Freund und Beförderer des Thesaurus literaturae botanicae (Webbia DC.), * Milford House in der Grafschaft Surrey 18. Juli 1793, † Paris 29. Aug. 1854.
Parlatore, Elogio di *F. B. Webb*. Firenze 1856. 4. 7, 113 p. Portrait.
10021* —— Iter hispaniense, or a synopsis of plants collected in the southern provinces of Spain and in Portugal, with geographical remarks, and observations on rare and undescribed species. Paris, Béthune and Plon, and at London, by Henry Coxhead. 1838. 4. IV, 80 p. (1 th.)
10022* —— Otia hispanica, seu Delectus plantarum rariorum per Hispanias sponte nascentium. Pentas I—II. Parisiis, Brockhaus et Avenarius: London, H. Coxhead. 1839. folio. 15 p., 6 tab. sign. I—X. (8 th.)
10023* —— et *Sabin Berthelot*. Histoire naturelle des îles Canaries. Tome III, deuxième partie. Phytographia canariensis. Sectio 1—4. Paris, Béthune-Mellier. 1836—50. 4. 220, 496, 479, X, 208 p., 288 tab. col., sign. 1—252, et 27 extra ordinem, crypt. 1—9. (nigr. 636 fr. — col. 1272 fr.)
Sectionem quartam, plantas cellulares sistentem, elaboravit optimus Camillus Montagne, amicus noster piae memoriae.
10024* —— Fragmenta Florulae aethiopico-aegyptiacae ex plantis praecipue ab *Antonio Figari* Musaeo J. R. Florentino missis. Parisiis, Victor Masson. 1854. 8. 72 p.
Webb, *R. H.*
10025* —— and *W. H. Coleman*. Flora Hertfordiensis, or a Catalogue of plants found in the county of Hertford. London, W. Pamplin. 1849. 8. XLVI, 390, (20) p.
Weber, *Anton*.
10026* —— Clavis analytica specierum ordinis Compositarum. D. Vindobonae, typ. Ueberreuter. 1843. 8. 44 p.
Weber, *C. Otto*.
10027* —— Die Tertiärflora der niederrheinischen Braunkohlenformation. Cassel 1852. 4. 8 tab.
Palaeontographica II, 115—236.
10028* —— Ueber Ursprung, Verbreitung und Geschichte der Pflanzenwelt. Bremen 1857. 8. 19 p.
Weber, *Friedrich*, Professor der Botanik in Kiel, * 3. Aug. 1784, † Kiel 21. März 1823.
10029* —— Botanische Briefe an Hr. Prof. *Kurt Sprengel*. Ein Anhang zu seiner Einleitung in das Studium der kryptogamischen Gewächse. Kiel, akademische Buchhandlung. 1804. 8. 111 p. (½ th.)
10030* —— und *Daniel Matthias Heinrich Mohr*. Naturhistorische Reise durch einen Theil Schwedens. Göttingen, Dieterich. 1804. 8. 207 p., 3 tab. (1⅓ th.)
10031* —— Archiv für die systematische Naturgeschichte. Ersten Bandes erstes Stück. Leipzig, Schäfer. 1804. 8. X, 153 p., 5 tab. col. (1 th.)
10032* —— Beiträge zur Naturkunde. In Verbindung mit ihren Freunden verfasst und herausgegeben. Kiel, akademische Buchhandlung. 1805—10. 2 Bände. 8. — I: 1805. VIII, 356 p., 7 tab. nigr. et col. — II: 1810. VI, 400 p., 4 tab. (4⅓ th.)
10033* —— Botanisches Taschenbuch auf das Jahr 1807. Deutschlands kryptogamische Gewächse. Erste Abtheilung: Filices, Musci frondosi et hepatici. (Handbuch der Einleitung etc.) Kiel, akademische Buchhandlung. 1807. 12. XLVI, 509 p., 12 tab. (3 th. — col. 4½ th.)
10034* —— Tabula exhibens calyptratarum operculatarum sive Muscorum frondosorum genera. Kiliae, Mohr. 1813. folio. 3 plag. (⅓ th.)
10035* —— Historiae Muscorum hepaticorum Prodromus. Kiliae, Hesse. 1815. 8. 160 p. (⅚ th.)
10036* —— Hortus Kiliensis; oder Verzeichniss der Pflanzen, welche im botanischen Garten in Kiel 1822 gezogen werden. Kiel, akademische Buchhandlung. 1822. 8. XII, 113 p. (¾ th.)
Weber, *Georg Heinrich*, Professor in Kiel (Webera corymbosa L.), * Göttingen 27. Juli 1752, † Kiel 7. Juli 1828.
10037* —— Spicilegium Florae Gottingensis, plantas inprimis cryptogamicas Hercyniae illustrans. Gotha, Ettinger. 1778. 8. 288 p., praef., ind., 5 tab. col.

10038* (**Weber**, *Georg Heinrich.*) Primitiae Florae holsaticae. D. Kilae, typ. Bartsch. 1780. 8. 112 p. — Supplementum. ib. 1787. 8. 14 p.
Dissertationem die 29 Martii 1780 sub praesidio *Johannes Christiani Kerstens* proposuit *Friedrich Heinrich Wiggers*; sed autorem se professus est cl. *Georg Heinrich Weber.*

10039* ——, pr. Plantarum minus cognitarum decuria. D. Kiloniae 1784. 4. 20 p.

Weber, *Johann Karl.*
10040* —— Die Alpenpflanzen Deutschlands und der Schweiz. Mit einem erläuternden Text von *C. A. Kranz.* Band 1—4. München, Kaiser. 1845—68. 12. tab. col. 1—400. (10⅔ *th.*)

Weddell, *H. A.*
10041* —— Additions à la Flore de l'Amérique du Sud. Paris, V. Masson. 1850. 8. 94 p., 2 tab.
Ann. sc. nat. 3me Série, vol. 13.

10042* —— Histoire naturelle des Quinquinas, ou Monographie du genre Cinchona suivie d'une description du genre Cascarilla et de quelques autres plantes de la même tribu. Ouvrage accompagné de 34 planches dessinées par *Riocreux* et *Steinheil.* Paris, Victor Masson. 1849. folio. VII, 108 p., 34 tab. (tab. 28. 29. 30 col.) sign. 1—30, 3bis. 4bis, Frontispice et Carte·géogr. (60 *fr.*)
Naturgeschichte der Chinabäume nebst einer Beschreibung des Genus Cascarilla und einiger anderer verwandter Pflanzen. In deutscher Uebersetzung herausgegeben vom Allgemeinen österreichischen Apotheker-Vereine. Wien, Tendler und Co. 1865. 8. 125 p. (1 *th.*)
Uebersicht der Cinchonen. Deutsch bearbeitet von *F. A. Flückiger.* Schaffhausen, Brodtmann. 1870. 8. 43 p. (⅖ *th.*)

10043* —— Monographie de la famille des Urticées. Ouvrage accompagné de 20 planches dessinées par l'auteur. Paris, Gide et Baudry. 1856. 4. 592 p., 20 tab.
Archives du Muséum, tome IX.

10044* —— Chloris andina. Essai d'une Flore de la région alpine des Cordillères de l'Amérique du Sud. Tome 1. 2. Paris, P. Bertrand. 1855. 1857. 4. 231, 316 p., praef., 91 tab. nigr. sign. 1—90, 27X. (200 *fr.*)
Castelnau, Expédition dans l'Amérique du Sud, Partie 6.

10045* —— Mémoire sur le Cynomorium coccineum, parasite de l'ordre de Balanophorées. Paris, typ. Claye. 1860. 4. p. 271—308, tab. 24—27.
Archives du Muséum, tome X.

Wedel, *Johann Adolph*, Professor in Jena, * Jena 17. Aug. 1675, † Jena 23. Febr. 1747.
10046* ——, pr. De Scordio. D. Jenae, typ. Krebs. 1716. 4. 32 p.
10047* ——, pr. De Calamo aromatico. D. Jenae, typ. Krebs. 1718. 4. 24 p.
10048* ——, pr. De Helenio. D. Jenae 1719. 4. 16 p.
10049* ——, pr. De Vincetoxico. D. Jenae, typ. Ritter. 1720. 4. 20 p.
10050* ——, pr. De Verbena. D. Jenae, typ. Ritter. 1721. 4. 18 p.
10051* ——, pr. De Fungis. D. Jenae, typ. Ritter. 1744. 4. 34 p.
In bibliotheca Banksiana adest exemplum in folio impressum, cui annexae sunt: Icones Fungorum,' quas ad vivum coloribus delineavit Parens noster carissimus *Heinricus Christophorus Seyffertus*, Med. Lic. et Phys. Poesneccensis. Poesneccae 1744. folio. 133 foll.

Wedel, *Johann Wolfgang*, * 1708, † 1757.
10052* —— Tentamen botanicum flores plantarum in classes, genera superiora et inferiora per characteres ex ipsis floribus desumtos dividendo, cognitioni nominis generi infimo ad quod planta pertinet competentis inserviens. Praefationem addidit *Georg Ehrhard Hamberger.* Jenae, Ritter. 1747. 4. XXVIII, 90 p., ind. — *Ed. II. aucta et emendata. Jenae, Ritter. 1749. 4. XXVIII, 116 p.

10053* —— Sendschreiben an seines Herrn Vetters des Herrn Hofrath *Haller* in Göttingen Wohlgeboren wegen der in denen Göttingischen gelehrten Zeitungen vom 11. Martii im 27. Stück befindlichen Beurtheilung seines Tentaminis botanici sowohl als der *Hamberger*'schen Vorrede. Jena, Ritter. 1748. 4. 16 p.

Wedel, *Georg Wolfgang*, Professor in Jena (Wedelia Jacq.), * Golzen (Niederlausitz) 12. Nov. 1645, † Jena 6. ept. 1721.
10054* —— Opiologia. Jenae 1674. 4. 170 p. — Jenae 1682. 4. 170 p., ind.
10055* —— Pharmacia in artis formam redacta, experimentis, observationibus et discursu perpetuo illustrata. Jenae, typ. Krebs. 1677. 4. 245 p., praef., ind., effigies. — Ed. II. Jenae 1693. 4.

10056 **Wedel**, *Georg Wolfgang.* Centuriae (duae) exercitationum medico-philologicarum sacrarum et profanarum, varias lectiones, experimenta et commentarios curiosos exhibens. Jenae 1701—20. 4.
Sunt programmata mox dicenda collecta, adjectis aliis, numero 150.

Propemtica s. programmata, autore Georg Wolfgang Wedel.
10057* —— De Amello *Virgilii.* Jenae 1686. 4.
10058* —— De Hyperico mystico. Jenae 1686. 4.
10059* —— De unguento nardino. Jenae 1687. 4.
10060* —— De Tetragono *Hippocratis.* Jenae 1688. 4.
10061* —— De Anil, Indico, Glasto. Jenae 1689. 4.
10062* —— De herbis germanis *Ovidii.* Jenae 1689. 4.
10063* —— De Sinapi scripturae. Jenae 1690. 4.
10064* —— De morbo et herba solstitiali. Jenae 1690. 4
10065* —— De Nectare et Ambrosia. Jenae 1691. 4.
10066* —— De Nepenthe *Homeri.* Jenae 1692. 4.
10067* —— De radice amara *Homeri.* Jenae 1692. 4.
10068 —— De Hyssopo. I—III. Jenae 1692. 4.
10069 —— De Maza (Zea Mays?) Jenae 1693. 4.
10070 —— De ligno Aloes. Jenae 1693. 4.
10071* —— De Faecula Coa. Jenae 1693. 4.
10072* —— De Corchoro *Theophrasti* in genere. Jenae 1695. 4.
10073* —— De Corchoro *Theophrasti* in specie. Jenae 1695. 4.
10074* —— De corona *Christi* spinea. I. Jenae 1696. 4.
10075 —— De ramo aureo *Virgilii.* Jenae 1699. 4.
10076 —— De Lilio agri. Jenae 1700. 4.
10077* —— De Cirsio *Dioscoridis.* Jenae 1700. 4.
10078* —— De resina aegyptia *Plauti.* Jenae 1700. 4.
10079* —— De bulbo veterum. Jenae 1701. 4.
10080 —— De pane Dyrrhachine *Julii Caesaris.* Jenae 1701. 4.
10081* —— De lignis thyinis Apocalypseos in genere. Jenae 1707. 4.
10082* —— De Sabina scripturae. Jenae 1707. 4.
10083* —— De Thyo *Homeri.* Jenae 1707. 4.
10084* —— De mensis citreis. Jenae 1707. 4.
10085* —— De Rhabarbari origine. Jenae 1708. 4.
10086* —— De Rhabarbari genere, differentiis et virtute. Jenae 1708. 8.
10087* —— De Theseo *Theophrasti Eresii.* Jenae 1708. 4.
10088* —— De Calamo aromatico. Jenae 1708. 4.
10089* —— De Oenanthe *Theophrasti Eresii.* Jenae 1710. 4.
10090* —— De Lilio convallium *Salomonis.* Jenae 1710. 4.
10091* —— De Moly *Homeri* in genere. Jenae 1713. 4.
10092* —— De Moly *Homeri* in specie. Jenae 1713. 4.
10093* —— De mythologio Moly *Homeri.* Jenae 1713. 4.
10094* —— De Zytho scripturae. Jenae 1713. 4.
10095* —— De Holoconitide *Hippocratis.* I—II. Jenae 1715. 4.

Dissertationes praeside Georg Wolfgang Wedel:
10096* —— De Gialapa. D. Jenae 1678. 4. 40 p. — *Jenae 1715. 4.
10097* —— De Camphora. D. Jenae 1697. 4.
10098* —— De Terebinthina. D. Jenae 1700. 4.
10099* —— De Aro. D. Jenae 1701. 4. 36 p.
10100* —— De Musco terrestri clavato. D. Jenae 1702. 4.
10101* —— De Maro. D. Jenae 1703. 4. 44 p.
10102* —— De Ipecacuanha americana et germanica. D. Jenae 1705. 4. 44 p.
10103* —— De Cubebis. D. Jenae 1705. 4. 39 p.
10104* —— De Sabina. D. Jenae 1707. 4. 36 p.
10105* —— De Cinnamomo. D. Jenae 1707. 4. 36 p., 1 tab.
10106 —— De Thea. D. Jenae 1707. 4.
10107* —— De Serpentaria virginiana. D. Jenae 1710. 4.
10108* —— De Contrayerva. D. Jenae 1712. 4.
10109* —— De Plantagine. D. Jenae 1712. 4.
10110* —— De Centaurio minori. D. Jenae 1713. 4.
10111* —— De Salvia. D. Jenae 1715. 4.
10112* —— De Cuscuta. D. Jenae 1715. 4. 117 p.
10113* —— De Hyoscyamo. D. Jenae 1715. 4.
10114* —— De Hyperico, aliis Fuga Daemonum. D. Jenae 1716. 4.

10415* **Wedel**, *Georg Wolfgang*. De Viola martia purpurea. D. Jenae 1716. 4. 36 p.
10416* —— De Glycyrrhiza. D. Jenae 1717. 4.
10417* —— De Allio. D. Jenae 1718. 4.
10418* —— De Sambuco. D. Jenae 1720. 4.
10419* —— De Polypodio. D. Jenae 1721. 4.

Wegelin, *Theodor*.
10420* —— Enumeratio stirpium Florae helveticae secundum ordines naturales disposita. Dissertatio inauguralis. Turici, typ. Orell Füssli et soc. 1838. 8. VIII, 82 p. (⅝ *th.*)

Wehmann, *Achatz Friedrich*.
10421* Hortus *Caspar Bosianus*, oder richtiges Verzeichniss aller, sowohl fremder als einheimischer Gewächse, Bäume, Stauden, Kräuter und Blumen, welche im Tit. Herrn *Caspar Bosens*, Vornehmen des Raths und weitberühmten Handelsherrn allhier in Leipzig, Garten vor dem Grimmischen Thore beständig unterhalten werden und zu finden sind. (Leipzig) 1723. 8. (84) p., 1 tab.

Weidel, *Gustav*.
10422* —— De Umbelliferis territorii Vindobonensis. D. Vindobonae, typ. Ueberreuter. 1842. 8. 71 p.

Weigel, *Christian Ehrenfried*, Professor und Archiater in Greifswald (Weigelia Thunb.), * Stralsund 24. Mai 1748, † Greifswald 8. Aug. 1831.
10423* —— Flora Pomerano-Rugica, exhibens plantas per Pomeraniam anteriorem suecicam et Rugiam sponte nascentes, methodo Linneana secundum systema sexuale digestas, cum differentiis specificis, nominibus germanicis, officinalibus pharmacopoeorum, locis natalibus, tempore florendi, obscuriorum descriptionibus. Berolini, Stralsundiae et Lipsiae, apud Gottl. Aug. Lange. 1769. 8. 222 p., praef., ind. — Supplementum: Gryphiae 1773. 8. **Desid. Banks.**
10424* —— Observationes botanicae. D. Gryphiswaldiae, typ. Röse. 1772. 4. 51, (10) p., 3 tab. (Respondens: *Moritz Ulrich Willich.*)
  danice: Botaniske observationer. Physiogr. Sälskap. Handl. I. p. 42—55.
10425*. —— Einladungsschrift vom Nutzen der Botanik. Greifswald 1773. 4. 15 p.
10426* (——) Index seminum et plantarum horti Gryphici systematicus. Gryphiae, typ. Röse. 1773. 8. 20 p.
10427* —— Dissertatio academica, sistens hortum Gryphicum. Gryphiae, typ. Röse. 1782. 4. 36 p. (Respondens: *Laur. Timon Grönberg.*)
10428* —— Dissertationem *Clas Fredric Hornstedt* de fructibus Javae esculentis indicit, simulque de oleis Camphorae quaedam disserit. Gryphiae, typ. Röse. 1786. 4. 22, 31 p.

Weigel, *Johann Adam Valentin*, * Sommerhausen bei Würzburg 1740, † Haselbach bei Schmiedeberg in Schlesien 30. Juni 1806.
10429* —— Schlesischer Pflanzenkalender, oder Verzeichniss der in Schlesien wildwachsenden Pflanzen, wie sie in jedem Monate blühen. 1791. 8.
  Observationes ejus botanicae exstant in Geographisch-naturhistorische Beschreibung des Herzogthumes Schlesien. Berlin 1800—6. 10 Bde. 4.

Weihe, *Karl Ernst August*, Arzt in Minden, † Minden im März 1834.
10430* —— De nectariis. D. Halae, typ. Bath. 1802. 8. 44 p.
10431* —— et *Christian Gottfried* **Nees von Esenbeck**. Rubi germanici descripti et figuris illustrati. Beschreibung der deutschen Brombeersträucher. Bonnae, sumtibus autorum. 1822. (Elberfeldae, Schön. 1822—27.) folio. 116 p., 53 tab. pro parte col. (20 *th.*)
  Prodiit decem fasciculis. Textus germanicus seorsim: 130 p.

Weihe, *Karl*.
10432* —— De Umbelliferis officinalibus. D. Lemgoviae, Meyer. 1817. 8. 30 p.

Weiner, *A*.
10433 —— Die Papilionaceae in den Umgebungen von Iglau. Programm. Iglau 1861. 4. 14 p.

Weinmann, *J. A.*, * 1782, † Paulowsk 17. Aug. 1858.
10434* —— Der botanische Garten der Kaiserlichen Universität zu Dorpat im Jahre 1810. Dorpat, typ. Grenzius. 1810. 8. XVII, 168 p.
  Pag. 1—168 inscribitur: Enumeratio plantarum ordine alphabetico, quae in horto botanico Dorpatensi anno 1810 viguerunt. — * Supplementum I. Enumerationis, auctore *Karl Friedrich Ledebour*. 1811. 8. 5 p.
10435* **Weinmann**, *J. A.* Elenchus plantarum horti imperialis Pawlowskiensis et agri Petropolitani. Petropoli, typ. orphanotrophei. 1824. 8. XXVII, 472 p.
10436* —— Hymeno- et Gasteromycetes hucusque in imperio rossico observatos recensuit. Pars prodromi Florae rossicae. Petropoli, Acad. scient. 1836. 8. 676, XXXVIII p. (3 *th.*)
  Enumeratio Gasteromycetum genuinorum hucusque in imperio ruthenico observatorum; Linnaea, vol. IX. p. 403—416.
10437* —— Enumeratio stirpium in agro Petropolitano sponte crescentium secundum systema sexuale Linneanum composita. Petropoli 1837. 8. 320 p.

Weinmann, *Johann Georg*.
10438* —— Tractatus botanico-criticus de Chara *Caesaris*, cujus libr. III. de bello civ. c. XLVIII meminit. Praemittitur laus *Caesaris*. Carolsruhae, Macklot. 1769. 8. 76 p.

Weinmann, *Johann Wilhelm*, Apotheker in Regensburg (Weinmannia L.).
10439* —— Thesaurus rei herbariae locupletissimus indice systematico illustratus et emendatus, in quo aliquot plantarum millia secundum classes, ordines, genera, species et varietates methodo Linneana recensentur et passim adnotationibus illustrantur. Augustae Vindelicorum, Haid. 1787. 8. XXII, 184 p., ind.
  Adnotatiunculas aliquot addidit *Christian Ludwig Becker*.
10440* —— Phytanthozaiconographia, sive Conspectus aliquot millium tam indigenarum tam exoticarum ex quatuor mundi partibus longe annorum serie indefessoque studio a *Johanne Guilielmo Weinmanno*, Dicast. Ratisb. Ass. et Pharmac. sen. collectarum plantarum, arborum, fruticum, florum, fructuum, fungorum etc. quae nitidissime aeri incisae et simul diu desiderata ac recens inventa arte vivis coloribus et iconibus naturae aemulis excusae et repraesentatae per *Bart. Senterum*, *Joh. Eliam Ridingerum* et *Joh. Jac. Haidium*, pictores et chalcographos, quorum denominationes etc. latino et germanico idiomate sincere explicantur a *Johann Georg Dieterichs* (tom. I. II.) et *Ambrosius Karl Bieler* (t. III. IV.) Eigentliche Vorstellung etlicher tausend von *J. W. Weinmann* gesammelter Pflanzen, welche in Kupfer gestochen, und durch eine neu erfundne Art etc. Ratisbonae, per H. Lenzium. 1737—45. IV voll. folio. — I: 1737. A—B. 200 p., tab. col. 1—275. — II: 1739. C—F. 516 p., tab. col. 276—525. — III: 1742. G—O. 488 p., tab. col. 526—775. — IV: 1745. 540 p., tab. col. 576—1025, praef. *Halleri*, ind.
  Hall Bibl. bot. vol. II. p. 278.
  * *hollandice*: Taalryk Register der plaat- ofte figuur-beschryvingen der bloemdragende gewassen, door den Heer *Johann Wilhelm Weinmann*. etc. Nu in het nederduitsch door een voornaam kender en liefhebber vertaalt; en opgeheldert door *Johannes Burmannus*. Amsterdam, by Z. Romberg. 1736. 1739. 1746. 1748. IV voll. folio. — I: XXXII, 280 p. — II: 538 p. — III: 500 p. — IV: 619 p., ind.

Weinrich, *Georg Albert*.
10441* —— Dissertatio inauguralis de Haematoxylo Campechiano. Erlangae 1780. 4. 38 p.
  Schlegel, Thes. mat. med. II. p. 187—220.

Weis, *Ludwig*.
10442* —— Die Elemente der Botanik. Barmen, Langewiesche. 1869. 8. XVI, 119 p.

Weise, *Johann Christoph Gottlob*.
10443* —— Deutschlands Pflanzenblütekalender, oder monatliches Verzeichniss aller in Deutschland wildwachsenden bis 1828 bekannten Phanerogamen, mit Angabe der Standörter und genauen Kennzeichen. Gotha und Erfurt, Hennigs. 1831—32. 2 Bände. 8. X, 447. 332, 78 p. (3 *th.*)

Weiss, *Adolf*.
10444* —— Die Pflanzenhaare. Untersuchungen über den Bau und die Entwicklung derselben. Berlin, Wiegandt und Grieben. 1867. 8. XIX, 300 p., 13 tab. (6 *th.*)
  Separatabdruck aus «Botanische Untersuchungen», herausgegeben von *H. Karsten*.

Weiss, *Chr. Ernst*, Professor in Kiel.
10145* —— Fossile Flora der jüngsten Steinkohlenformation und das Rothliegende im Saar-Rheingebiete. Heft 1. 2. Bonn, Henry. 1869—71. 4. IV, 140 p., 15 tab. (6⅔ *th.* n.)
Weiss, *Friedrich Wilhelm*, Privatdocent in Göttingen (Weissia Hedw.), * 1744.
10146* —— Plantae cryptogamicae Florae Gottingensis. Gottingae, Vandenhoeck. 1770. 8. XII, 333 p., 1 tab. col.
Nomen autoris melius scribitur *Weiss*, licet in fronte hujus libri legatur *Weis*.
10147 —— Betrachtung über die nutzbare Einrichtung akademischer Vorlesungen in der Botanik, nebst Anzeige seiner Vorlesungen im Winter. 1774. Göttingen (1774.) 4. VIII p.
10148 —— Entwurf einer Forstbotanik. Erster Band. Göttingen 1775. 8. 358 p., 8 tab.
10149* —— Vorbereitung zum Unterricht in den Grundkenntnissen der Botanik. Göttingen, Dieterich. 1781. 4. 24 p. — Frankfurt a/M. 1791. 4. (non differt.)
Weiss, *Simon*.
10150* —— Dissertatio physica de excrescentiis plantarum animatis. Lipsiae, typ. Fleischer. 1694. 4. (24) p.
Weitenweber, *Wilhelm Rudolph*, † Prag 1. April 1870.
10151* —— Der arabische Kaffee in naturhistorischer, diätetischer und medizinischer Hinsicht geschildert. Prag, typ. Thabor. 1835. 8. 130 p.
Literatura Coffeae, p. 9—14.
Weitzner, *Fr.*
10152* —— Schulbotanik, oder Pflanzenkunde in Verbindung mit Technologie. Breslau, Grass, Barth und Co. 1853. 8. 144 p.
Weizenbeck, *Georg Anton*, Weltpriester bei der schwarzen Mutter Gottes zu Altenötting.
10153 (——) Botanische Unterhaltungen mit jungen Freunden der Kräuterkunde auf Spaziergängen. Zwölf Stück. München (Fleischmann.) 1784. 8. 392 p. (1⅓ *th.*)
10154 —— *Linne's* vollständiges deutsches Pflanzensystem in tabellarische Form gebracht. Erstes (und einziges) Heft. München, Strobl. 1785. 8. (⅓ *th*)
10155* —— Anzeige der meisten um München wildwachsenden oder allgemein gebauten Pflanzen, mit ihren Kennzeichen in tabellarischer Form. München, Strobl. 1786. 8. 159 p. (⅓ *th.*)
Welden, *Ludwig, Freiherr von*, österreichischer Feldzeugmeister (Weldenia Schultes.), * Laupheim (Würtemberg) 10. Juni 1780, † Gratz 6. Aug. 1853.
10156* —— Der Monte Rosa. Eine topographische u. naturhistorische Skizze. Wien, Gerold. 1824. 8. VIII, 166 p., 8 tab. (2 *th.*)
Well, *Johann Jakob von*, * Prag 1. März 1725, † Wien 4. April 1787.
10157* —— Kurz verfasste Gründe zur Pflanzenlehre. Wien, typ. Grund. 1785. 8. 236 p., praef., ind.
Welling, *Christian Friedrich von*.
10158* (——) Allgemeine historisch-physiologische Naturgeschichte der Gewächse. Gotha, Ettinger. 1791. 8. 332 p., praef., ind., 36 tab. col.
Welsch, *Christian Ludwig*, * Leipzig 23. Febr. 1669, † Leipzig 1. Jan. 1719.
10159* —— Basis botanica, sive brevis ad rem herbarum manuductio, omnes plantarum partes, una cum earundem virtutibus secundum novissimorum botanicorum fundamenta generali quadam methodo demonstrans; cum onomastico plantarum in climate Lipsiensi crescentium. Lipsiae, Heybey. 1697. 12. 228 p.
Welsch, *Georg Hieronymus*, Arzt in Augsburg, * Augsburg 28. Oct. 1626, † Augsburg 11. Nov. 1678.
10160 —— De Aegagropilis. Aug. Vind. 1660. 4.
Welwitsch, *Friedrich*, Professor der Botanik in Lissabon (Welwitschia Hook.), * Maria-Saal bei Klagenfurt 1806.
10161* —— Synopsis Nostochinearum Austriae inferioris. Eine systematische Aufzählung der Gallert-Tange des Erzherzogthums Oestreich unter der Ens mit nährer Bezeichnung ihres Vorkommens und ihrer Fundorte. Wien 1836. 8. 30 p.
Ejus «Beiträge zur kryptogamischen Flora Unteröstreich's» impressa sunt in Beiträge zur Landeskunde Oestreich's, Band IV. 1834. p. 156—273.

Wenderoth, *Georg Wilhelm Franz*, Professor der Botanik an der Universität Marburg (Wenderothia Schlechtd.), * Marburg 17. Jan. 1774, † Marburg 5. Juni 1861.
Autobiographie in *Strieder*, Hessische Gelehrtengeschichte vol. XVIII, p. 503.
10162 —— Dissertatio inauguralis medica, sistens Materiae pharmaceuticae hassiacae specimen. Marburgi, Krieger. 1802. 8. (¼ *th.*)
10163 —— Ueber das Studium der Botanik. Einige Worte an seine akademischen Mitbürger zur Berichtigung seiner angekündigten im Sommer 1805 zu haltenden Vorlesungen über medizinische Botanik. Marburg 1805. 8.
10164* —— Lehrbuch der Botanik zu Vorlesungen und zum Selbststudium. Marburg, Krieger. 1821. 8. XVI, 590 p. (3 *th*)
10165* —— Beiträge zur Flora von Hessen. Marburg 1823. 8. 39 p.
Seorsim impr. ex Marburger Schriften, Band I. Nr. 6.
10166* —— Einige Bemerkungen über verschiedne neue Pflanzenarten des botanischen Gartens in Marburg, nebst einer Abbildung der Polygala depressa Wender. Marburg und Cassel, Krieger. 1831. 8. 59 p., 1 tab. col. (⅓ *th.*)
Seorsim impr. ex Marburger Schriften, Band II, Heft 6.
10167* —— Bemerkungen über wichtige einheimische Arzneipflanzen nebst Vorschlägen in Betreff derselben. (Akonitarzneien.) Kassel, Krieger. 1837. 12. 23 p. (⅙ *th*)
10168* —— Versuch einer Charakteristik der Vegetation von Kurhessen. Als Einleitung in die Flora dieses Landes. Nebst 2 Probebogen: einer der Flora hassiaca, und einer der Flora Marburgensis. Kassel, Krieger. 1839. 8. XII, 155, 16, 16 p., 3 tab. (1¼ *th.*)
Schriften der Gesellschaft zur Beförderung der Naturwissenschaft zu Marburg, Band IV.
10169* —— Flora hassiaca, oder systematisches Verzeichniss aller bis jetzt in Kurhessen und (hinsichtlich der seltneren) in den nächst angrenzenden Gegenden des Grossherzogthums Hessen-Darmstadt beobachteten Pflanzen, enthaltend die offen blühenden Gewächse. Cassel, Fischer. 1846. 8. XXVIII, 402 p. (1½ *th.*)
10170* —— Der Pflanzengarten der Universität Marburg. Die Geschichte desselben erzählt. Marburg, typ. Koch. 1850. 8. 75 p.
10171* —— Die Pflanzen botanischer Gärten, zunächst des Pflanzengartens der Universität Marburg. 1. Heft. Die natürliche Ordnung der Coniferen. Cassel, Hotop. 1851. 8. VIII, 64 p. (¼ *th.*)
10172* —— Analecten kritischer Bemerkungen über einige Gewächse der deutschen und anderen Floren. 1 Heft. Cassel 1852. 4. VI, 12 p., 1 tab. (⅔ *th.*)
Wendland, *Heinrich Ludolph*, Gartenmeister in Herrnhausen, * 1792, † Teplitz 18. Juli 1869
10173* —— Commentatio de Acaciis aphyllis. Hannoverae, Hahn. 1820. 4. XII, 55 p., 14 tab. (2¼ *th.*)
Wendland, *Johann Christoph*, Garten-Inspector in Herrenhausen seit 1817 (Wendlandia Bartl.), * Landau 18. Juli 1755, † Herrenhausen 17. Juli 1828.
Biographia in Bonplandia 1858, p. 229—231.
10174* —— Hortus Herrenhusanus, seu plantae rariores, quae in horto regio Herrenhusano prope Hannoveram coluntur. Fasc. I—IV. Hannoverae, Hahn. 1788—1801. folio. 16, 8, 8 p., 24 tab. col., et delineatio horti col. (10 *th.* — herabgesetzt: 5 *th.*)
10175* (——) Verzeichniss der Glas- und Treibhauspflanzen, welche sich auf dem Königlichen Berggarten zu Herrenhausen bei Hannover befinden. Hannover, typ. Pockwitz. 1797. 8. 79, 38 p.
10176* —— Botanische Beobachtungen, nebst einigen neuen Gattungen und Arten. Hannover, Hahn. 1798. folio. 58 p., 4 tab. col. (¾ *th.*)
10177* —— Ericarum icones et descriptiones. Abbildung und Beschreibung der Heiden. Fasc. I—XXVII. Hannover, Hahn. 1798—1823. 4. (180), 190, 34 p., 162 tab. col. (37⅚ *th.* — herabgesetzt: 15 *th.*)
10178* —— Collectio plantarum tam exoticarum quam indigenarum cum delineatione, descriptione, culturaque earum. Sammlung ausländischer und einheimischer Pflanzen, mit ihrer

Abbildung, Beschreibung und Kultur. Hannover, Hahn. 1808—19. III vol. 4. vii, 98, 82, 24 p., 84 tab. col. (28 th. — herabgesetzt: 18 th.)

Wendland, *Hermann*, Director des Königlichen Gartens zu Herrenhausen.

10179* —— Die Königlichen Gärten zu Herrenhausen bei Hannover. Hannover, Hahn. 1852. 8. iv, 90 p., 2 tab.

10180* —— Index Palmarum, Cyclanthearum, Pandanearum, Cycadearum, quae in hortis europaeis coluntur, synonymis gravioribus interpositis. Hannoverae, Hahn. 1854. 8. xiv, 68 p.

Wendt, *Georg Friedrich Karl.*

10181* —— Deutschlands Baumzucht, oder Verzeichniss der Holzarten, welche das Klima von Deutschland im Freien aushalten, nebst Angabe ihrer Grösse, des erforderlichen Bodens, Standes, der Blütezeit, Reife und Ausdauer. Eisenach, Wittekindt. 1804. 4. 72 p. (½ th.)

Wendt, *Johann Christian Wilhelm*, * Söndersylland 16. Sept. 1778, † Kopenhagen 4. März 1838.

10182* —— Anwiisning til at indsamle, torre og conservere de i Dannemark og Norge vildvaxande medicinske planter. Kjøbenhavn, Schubothe. 1812. 8. xiv, 184 p.

10183* —— Historiske og chemiske Bidrag til Kundskaben om enkelte Lägemidler af Slägten Euphorbia. Kjøbenhavn (C. Graebe.) 1823. 8. 52 p.

Wendt, *Johann.*

10184* —— Die Thermen zu Warmbrunn im schlesischen Riesengebirge. Breslau, Gosohorsky. 1840. 8. xvi, 320 p., 1 tab. (1½ th.)
Inest a p. 41—114: Zur Flora Warmbrunns und seiner Umgebungen, von *Christian Nees von Esenbeck*, mit vollständiger Lichenenflor, nach *Julius von Flotow*; p. 115—169.

Wenzlaff, *Franz*, Director der Königl. Realschule in Berlin, * Mark Friedland 3. Oct. 1810.

10185* —— De defoliatione plantarum. D. Berolini, typ. Schlesinger. 1844. 8. 49 p.

Wepfer, *Johann Jakob*, * Schaffhausen 23. Dec. 1620, † Schaffhausen 28. Jan. 1695.

10186* —— Cicutae aquaticae historia et noxae, commentario illustrata. Basileae, König. 1679. 4. 336 p., praef., ind., 4 tab. — Adjectae sunt Dissertationes de Thee helvetico ac Cymbalaria, curante *Theodor Zwinger*. Basileae, ex officina Episcopiana. 1716. 4. 336 p., praef., ind., 4 tab. — *Lugduni Batavorum, Potuliet. 1733. 8. 422 p., praef., ind., 4 tab.

Werneck, *Ludwig Friedrich Franz*, Freiherr von.

10187* —— Anleitung zur gemeinnützlichen Kenntniss der Holzpflanzen. Frankfurt a/M., Jäger. 1791. 8. xvi, 316 p. (1 th.)

10188* —— Versuch einer Pflanzenpathologie und Therapie. Ein Beitrag zur höhern Forstwissenschaft. Mannheim und Heidelberg, Schwan und Götz. 1807. 8. 60 p. (½ th.)

Wernekinck, *Franz*, Professor in Münster, * Vischering (Westphalen) 19. Febr. 1764, † Münster 6. Febr. 1839.

10189* —— Icones plantarum sponte nascentium in Episcopatu Monasteriensi, additis differentiis specificis, synoymis et locis natalibus. Vol. I. continens tab. 1—100. Monasterii, typ. Aschendorf. 1798. folio. 12 p.
Est explicatio 100 tabularum, quae nunquam prodierunt.

Werner, *Alexander.*

10190* —— De herba Rubi Chamaemori. D. Vilnae, typ. Zawadski. 1815. 8. 24 p.

Werner, *Ludwig Reinhold von.*

10191* —— De scriptoribus historiam plantarum borussicarum illustrantibus disserit. etc. Cüstrini 1756. 4. 16 p.

Wernischeck, *Jakob*, Arzt in Wien (Wernischeckia Scop.), † Wien 18. Juli 1804.

10192* —— Genera plantarum ad facilius consequendam earum notitiam secundum numerum laciniarum corollae disposita. Vindobonae, typ. Kaliwoda. 1763. 8. 430 p., ind. — *Vindobonae, typ. Trattnern. 1764. 8. 430 p., ind.

Werther, *C. A.*

10193* —— Lebens-, Seelen- und Geisteskraft oder die Kräfte der organischen Natur in ihrer Einheit und Entwicklung. Erster Theil: Die Pflanzen und das Thier. Halle, E. Anton. 1860. 8. xviii, 330 p. (1½ th.)

Wesmael, *A.*, in Gent.
Ejus est Monographia generis Populus in DC. Prodr. vol. 16.

Wessel, *A. W.*

10194* —— Flora Ostfrieslands. Aurich, Seyde. 1858. 8. — Zweite vermehrte Auflage. Leer, Meyer. 1869. 8. vii, 204 p. (⅗ th. n.)

Wessel, *Philipp.*

10195* —— und *Otto Weber*. Neuer Beitrag zur Tertiärflora der niederrheinischen Braunkohlenformation. Cassel 1856. 4. Palaeontographica IV, 111—168, 11 tab.

Wessely, *Franz.*

10196 —— Einiges über die Vegetationsverhältnisse aus der Umgebung der Stadt Kremsier. Programm. Kremsier 1855. 4. 12 p.

Wessén, *Carl Johan.*

10197* —— Plantae cotyledoneae in paroecia Ostogothiae Kärna, quas secundum methodum naturalem celeberr. *Friesii* disposuit atque congessit. Upsaliae, Leffler et Sebell. (Lipsiae, Voss.) 1838. 8. iv, 62 p., (4) p. index. (⅔ th.)

West, *H.* (Westia Vahl.)

10198* —— Bidrag til beskrivelse over Ste Croix, med en kort udsigt over St. Thomas, St. Jean, Tortola, Spanishtown og Crabeneiland. Kjøbenhavn 1793. 8. 363 p.
Cap. II: Om Landets producter, p. 259—336, ubi insularum *St. Croix* et *Thomas* Flora exponitur. Vidi exemplar notis manuscriptis ab ill. *Puerari* auctum in bibliotheca Candolleana.

Westenberg, *Ernst Wilhelm.*

10199* —— Viridarii academiae Ducatus Gelriae et Comitatus Zutphaniae, quod est Harderovici, herbarum ac usualium plantarum catalogus. Harderovici 1709. 12. 65 p.

Westendorp, *G. D.*

10200 —— Les Cryptogames classés d'après leurs stations naturelles. Gand 1854. 8. 300 p. (4 fr.)

Westerhoff, *Rembert.*

10201 —— Accurata descriptio botanica viginti aut plurium plantarum, in solo Groningano sponte et simul copiose provenientium, adiecta brevi earum historia. Groningae, J. Oomkens. 1822. 4. 125 p.

Westerlund, *C. A.*

10202 —— Bidrag till kännedomen af Sveriges Atriplices. D. Lund, Berling. 1861. 8. 62 p.

Westmacott, *William.*

10203 —— Theobotanologia, sive historia vegetabilium sacra: or, a scripture herbal; wherein all the trees, shrubs, herbs, plants, flowers, fruits, etc. London, Salisbury. 1694. 12. 232 p., praef., ind.

Weston, *Richard.*

10204* —— Botanicus universalis et hortulanus; exhibens descriptiones specierum et varietatum arborum, fruticum, herbarum, florum et fructuum tam indigenorum quam exoticorum, per totum orbem, seu cultiv(at)orum in hortis ac viridariis europaeis sive descriptorum botanicis hodiernis. Secundum systema sexuale magni Linnaei digestorum, cum nominibus anglice redditis. (The Universal botanist and Nurseryman, etc.) Londini, Bell. 1770—77. IV voll. 8. — I: 1770. Catalogus arborum et fruticum secundum ordinem alphabeti. xv, 360 p. — II: 1771. xiii, 384 p. — III: 1772. Herbae secundum ordinem alphabeti. p. 385—748. — IV: 1777. Cryptogamian, 95 p. Catalogue of flowers and their prices, p. 51—128. Catalogue of the most esteemed fruits, p. 129—212. Catalogue of the principal botanical authors, p. XVII—LXXX. Chronological table of botanical authors (ex *Adansonio*), XXX p., 17 tab. ad explicationem systematis Linnaeani.
Volumina I—III annis 1777 novis titulis pro editione secunda instructa sunt.

10205* —— The English Flora, or a catalogue of trees, shrubs, plants and fruits, natives as well as exotics, cultivated in the English nurseries, greenhouses and stoves. London 1775. 8. 259 p. — Supplement. ib. 1780. 8. 120 p.

10206* **Weston**, *Richard*. A catalogue of stove plants cultivated in England in 1775, and described in the English Flora. s. l. (1775.) gr. folio. 5 foll.

Westring, *Johan Peter*, * Linköping 24. Nov. 1753, † Norrköping 1. Oct. 1833.

10207* —— Svenska Lafvarnas Färghistoria, eller sättet att använda dem till färgning och annan hushållsnytta. Första bandet. (Häftet 1—7.) Stockholm, tryckt hos Carl Delén. 1805. 8. xv, 32, 292, 23 p., 21 tab. col.
Prodiit annis 1803—9 octo fasciculis, secundum *Wikström* XV, 338, VII p. et 24 tab. col., singulus pretio 24 *skill*. Bco.
* *germanice*: Schwedens vorzüglichste Färbeflechten treu nach der Natur abgebildet, nebst der chemischen Bearbeitung derselben, besonders in Rücksicht auf Färberei. Aus dem Schwedischen übersetzt von F. D. D. *Ulrich*. Norköping und Leipzig, bei F. D. D. Ulrich. 1805. 8. XXII, 23 p., 3 tab. col.
Nihil praeter hunc fasciculum prodiit.

Weyl.
10208* —— Die in der Umgegend Rastenburgs und im angränzenden Masuren vorkommenden seltneren Pflanzen. Gymnasialprogramm. Rastenburg, typ. Haberland. 1847. 4. 8 p.

Weyler y Lavina, *Fernando*.
10209 —— Elementos de botánica. Palma de Mallorca 1843. 8.
10210* —— Catálogo de las plantas naturales observadas (del imperio Marroquí). Palma, imprenta de Pedro José Gelabert. 1860. 8. 12 p.

Weymayr, *Thassilo*.
10211 —— Die Gefässpflanzen der Umgebung von Gratz. Programm. Gratz 1867. 4. 49 p.

Wheeler, *J. L.*
10212 —— Catalogus rationalis plantarum medicinalium in horto societatis pharmaceuticae Londinensis apud vicum Chelsea cultarum. Londini 1830. 8.

Whistling, *Christian Gottfried*, * Hartmannsdorf bei Chemnitz 1757, † Merseburg 29. Oct. 1807.
10213* —— Oekonomische Pflanzenkunde für Land und Hauswirthe, Gärtner, Künstler etc. Leipzig, Richter und Gleditsch. 1805—7. 4 Theile. 8. — I: 1805. XVIII, 478 p. — II: 1805. XVIII, 420 p. — III: 1806. XX, 619 p. — IV: 1807. 473 p. (7 1/6 *th.*)

Whitaker, *John*.
10214 —— Notice of the Fucus natans. Lewes 1830. 12. 7 p., 1 tab.

White, *Francis J.*
10215* —— Inaugural dissertation on the geography of plants. Edinburgh, Maclachlan et Stewart. 1838. 8. 62 p.

White, *John*.
10216* —— Essay on the indigenous grasses of Ireland. Dublin 1808. 8. XXIX, 156 p., 2 tab. col. (5 *s*. 6 *d*.)

Wibel, *August Wilhelm Eberhard Christoph*, Arzt in Wertheim, * 1775, † Wertheim 25. Jan. 1814.
10217 —— Dissertatio inauguralis, Primitiarum Florae Werthemensis sistens Prodromum. D. Jenae 1797. 8. 40 p.
10218* —— Primitiae Florae Werthemensis. Jenae, Goepferdt. 1799. 8. 372 p. (1 1/4 *th.*)
10219* —— Beiträge zur Beförderung der Pflanzenkunde. Ersten Bandes erste Abtheilung. Frankfurt a/M., Guilhauman. 1800. 8. x, 116 p., 2 tab. (1/2 *th.*)

Wichelhaus, *H.*
10220* —— Ueber die Lebensbedingungen der Pflanze. Vortrag. Berlin, Dümmler. 1868. 8. 30 p. (1/6 *th.* n.)

Wichura, *Max*, Regierungsrath zu Breslau, Botaniker der Japanischen Expedition, * Neisse 27. Jan. 1817, † Berlin 24. Febr. 1866 durch Kohlenoxydvergiftung.
10221* —— Die Bastardbefruchtung im Pflanzenreich erläutert an den Bastarden der Weiden. Breslau, Morgenstern. 1865. 4. IV, 95 p., 2 tab. (2 1/3 *th.*)

Widnmann, *Friedrich*, Leibarzt des Herzogs Eugen von Leuchtenberg, * 1765, † München 28. Jan. 1848.
10222* —— Catalogus systematicus secundum Linnaei systema vegetabilium adornatus arborum, fruticum et plantarum celeberrimi horti Eystettensis. Norimbergae, ex officina Felseckeriana. 1805. 4. 79 p.
* *gallice*: Catalogue des arbres, arbrisseaux et plantes, qui croissaient dans l'ancien jardin, qu'existait dans le XVI et XVII siècle à l'entour du château de l'évêché d'Eystett, rangés suivant le système de Linnaeus. (Dédié à l'impératrice *Josephine*.) Eystett 1806. 4. 80 p.

Wied-Neuwied, *Maximilian Alexander Philipp, Prinz von* (Maximiliana Mart. Neuwiedia Bl.), * Neuwied 23. Sept. 1782, † Neuwied 3. Febr. 1867.
10223* —— Beitrag zur Flora Brasiliens. Mit Beschreibungen von *Nees von Esenbeck* und *von Martius*. Bonn 1823—24. 4. 88, 54 p., 14 tab.
Ex novis actis physico-medic. academiae caesareae Leopoldino-Carolinae. Tom. XI. pars I. et Tom. XII. pars I.

Wiedemann, *F. J.*
10224* —— und E. **Weber**. Beschreibung der phanerogamischen Gewächse Esth-, Liv- und Kurlands. Reval, Kluge. 1852. 8. CXXV, 664 p. (4 *th.*)

Wiegmann, *A. F.*, * 1771, † Braunschweig 12. März 1853.
10225* —— Ueber das Einsaugungsvermögen der Wurzeln. Marburg, Krieger. 1828. 8. 18 p. (1/8 *th.*)
Extraabdruck aus den Marburger Schriften, Band II. Heft 1.
10226* —— Ueber die Bastarderzeugung im Pflanzenreiche. Eine von der Königl. Akademie der Wissenschaften zu Berlin gekrönte Preisschrift. Braunschweig, Vieweg. 1828. 4. XII, 40 p., 1 tab. col. (2/3 *th.*)
10227* —— Ueber die Entstehung, Bildung und das Wesen des Torfes. Preisschrift. Braunschweig, Vieweg. 1837. gr. 8. VIII, 90 p. (1/2 *th.*)
10228* —— Die Krankheiten und krankhaften Missbildungen der Gewächse. Ein Handbuch für Landwirthe, Gärtner und Forstmänner. Braunschweig, Vieweg. 1839. 8. VIII, 176 p., 1 tab. (3/4 *th.*)
danice: Om Planternes Sygdomme, oversat af S. Th. N. *Drejer*. Kjøbenhavn 1839. 8. 205 p., 1 tab. (64 *Skill*.)
hollandice: Zwolle, Willink. 1842. gr. 8. (1 *fl*. 50 *c*.)
10229* —— und L. **Polstorff**. Ueber die anorganischen Bestandtheile der Pflanzen, oder Beantwortung der Frage: Sind die anorganischen Elemente, welche sich in der Asche der Pflanzen finden, so wesentliche Bestandtheile des vegetabilischen Organismus, dass dieser sie zu seiner nöthigen Ausbildung bedarf, und werden sie den Gewächsen von aussen dargeboten? Göttinger Preisschrift. Nebst einem Anhange über die fragliche Assimilation des Humusextractes. Braunschweig, Vieweg. 1842. gr. 8. 55 p. (1/3 *th.*)
* *hollandice*: Over de anorganische Bestanddeelen der Planten. Leiden, Luchtmans. 1843. 8. 69 p.

Wierzbicki, *Peter*, Bergarzt im Banat (Wierzbickia Rchb.), * 1794, † Oravicza 5. Febr. 1847.
10230 —— Die Flora der Umgebungen von Brünn. Programm. Brünn 1854. 4. 22 p.

Wiesner, *Julius*, Professor am polytechnischen Institute in Wien.
10231* —— Die technisch verwendeten Gummiarten, Harze und Balsame. Ein Beitrag zur wissenschaftlichen Begründung der technischen Waarenkunde. Erlangen, Enke. 1869. 8. VI, 205 p., ic. xyl. (1 1/2 *th.*)
10232* —— Beiträge zur Kenntniss der indischen Faserpflanze und der aus ihnen abgeschiedenen Fasern, nebst Beobachtungen über den feineren Bau der Bastzellen. Wien, Gerold. 1870. 8. 36 p., 2 tab. (9 *sgr*. n.)

Wigand, *Albert*, Professor der Botanik in Marburg.
10233* —— Kritik und Geschichte der Lehre von der Metamorphose der Pflanze. Leipzig (Engelmann.) 1846. 8. IV, 131 p., ind. (7/12 *th.*)
10234* —— Grundlegung der Pflanzen-Teratologie, oder Gesichtspunkte für die wissenschaftliche Betrachtung der Bildungsabweichungen im Pflanzenreiche. Nebst einem Excurs über die morphologische Bedeutung des Pistills der Leguminosen, Liliaceen, Primulaceen und über den Begriff des Blattes. Marburg, Elwert. 1850. 8. IV, 151 p. (1/2 *th.*)
10235* —— Intercellularsubstanz und Cuticula. Eine Untersuchung über das Wachsthum und die Metamorphose der vegetabilischen Zellmembran. Braunschweig, Fr. Vieweg und Sohn. 1850. 8. VI, 130 p., 2 tab. col. (1 1/2 *th.*)

10236* **Wigand,** *Albert.* Botanische Untersuchungen. Braunschweig, Fr. Vieweg. 1854. 8. VI, 168 p., 6 tab. (1 1/2 *th.*)

10237* —— Der Baum. Betrachtungen über Gestalt und Lebensgeschichte der Holzgewächse. Braunschweig, Fr. Vieweg. 1854. 8. XIV, 256 p., 2 tab. (1 1/2 *th.* n.)

10238* —— Flora von Kurhessen. Erster Theil. Diagnostik der in Kurhessen und den angrenzenden Gebieten vorkommenden Gefässpflanzen. Marburg, Elwert. 1859. 8. XLVIII, 387 p. (1 1/3 *th.*)

10239* —— Der botanische Garten zu Marburg. Mit einem Plane. Marburg, Elwert. 1867. 8. 24 p., 1 tab.

10240* —— Mikroskopische Untersuchungen. Stuttgart, Maier. 1872. 8. IV, 191 p., ic. xyl. (1 *th.*)

Wigand, *Johann,* Bischof von Pomesanien in Ostpreussen (Wigandia Kunth.), * 1523, † Liebemohl 1587.

10241* —— Vera historia de succino borussico; de alce borussica, et de herbis in Borussia nascentibus, etc. studio et opera *Johannis Rosini.* Jenae, typ. Steinmann. 1590. 8. 153 foll., praef., ind.

De succino, foll. 1—37. Catalogus herbarum in Borussia nascentium, cum praefatione *Wigandi* anni 1583, foll. 48—88.

Wiggers, *Heinrich August Ludwig,* Assistent am Wöhlerschen Laboratorium in Göttingen, * Altenhagen bei Hannover 12. Juni 1803.

10242* —— Inquisitio in Secale cornutum, respectu imprimis habito ad ejus ortum, naturam et partes constituentes, nominatim eas, quibus vires medicinales adscribendae sunt. Commentatio praemio ornata. Goettingae, typ. Rosenbusch. 1831. 4. 78 p.

Wight, *Robert.*

10243* —— Illustrations of Indian Botany; principally of the southern parts of the Peninsula. Glasgow, typ. Curll et Bell. 1831. 4. 70 p., 40 tab. col. sign. 1—19, 21—41.

Prodiit quatuor fasciculis ita inscriptis: Supplement I—IV of the Botanical Miscellany of *Hooker.* Textus cum iisdem tabulis etiam adest in *Hooker* Bot. Misc. II, 90—110, 344—360. III, 84—104, 291—302.

10244* —— Contributions to the Botany of India. London, Parbury. 1834. 8. 136 p. (7 *s.* 6 *d.*)

10245* —— and *George Arnott* **Walker-Arnott.** Prodromus Florae Peninsulae Indiae orientalis, containing abridged descriptions of the plants found in the Peninsula of British India, arranged according to the natural systsm. Vol. I. London, Parbury, Allen et Co. 1834. 8. XXXVII, 480 p. (16 *s.*)

10246* —— Icones plantarum Indiae orientalis, or Figures of Indian plants. Vol. 1—6. Madras, Frank et Co. Calcutta, Ostell, Lepage et Co. London, Baillière. 1840—56. 4. tab. 1—2101 and text. (27 *l.* 10 *s.*)

* *Cleghorn,* General Index of the plants described and figured in Dr. *Wight's* work entitled Icones plantarum Indiae orientalis. Madras typ. H. Smith. 1856. 4. IV, 68 p.

10247* —— Illustrations of Indian Botany; or figures illustrative of each of the natural orders of Indian plants, described in the author's Prodromus Florae Peninsulae Indiae orientalis, with observations on their botanical relations, economical uses and medical properties; including descriptions of recently discovered or imperfectly known plants. Madras, published by J. B. Pharoah (and by P. R. Hunt) for the author. Vol. 1. 2. 1841—50. 4. XI, 218, XI, 230 p., 205 tab. col. sign. 1—182. (9 *l.* 9 *s.*)

10248* —— Spicilegium Neilgherrense; or, a selection of Neilgherry plants, drawn and coloured from nature, with brief descriptions of each; some general remarks on the geography and affinities of natural families of plants, and occasional notices of their economical properties and uses. Vol. 1. 2. Madras: printed in the Athenaeum press for the author, and sold by Franck and Co., Madras, and Ostell, Lepage and Co. Calcutta 1846—51. 4. 87, 94 p., 202 tab. col.

Wikström, *Johann Emanuel,* Professor der Botanik in Stockholm (Wikstroemia Schrad.), * Wenersborg (Skara) 1. Nov. 1789, † Stockholm 4. Mai 1856.

10249* —— Museum naturalium academiae Upsaliensis, cujus appendicem XXI etc. praeside *C. P. Thunberg* proponit *J. E. Wikström.* D. Upsaliae, typ. Stenhammar et Palmblad. 1818. 4. 24 p.

Dissertatio haecce historiam Lichenographiae praesertim suecanae continet, adjecto catalogo Lichenum in herbario regiae universitatis Upsaliensis asservatorum.

10250* **Wikström,** *Johann Emanuel.* Dissertatio botanica de Daphne. Upsaliae 1817. 8. 54 p. — * Ed. altera emendata et aucta. Stockholmiae, typ. Strinnholm. 1820. 8. 42 p.

In Actis Acad. scient. Holm. anni 1818. p. 263—349 ediderat auctor: Granskning af de till Thymelaearum växtordning hörande slägten och arter. Epitome seorsim prodiit: * Enumeratio specierum generis Daphnes. Stockholmiae, typ. Ortmann. 1820. 8. 16 p.

10251* —— Några arter af växtslägtet Rosa. Stockholm, typ. Lindhs Enka. 1821. 8. 14 p, 1 tab.

Ur Kongl. Vet. Akad. Handl. för år 1820.

10252* —— Tvenne arter af växtslägtet Equisetum. Stockholm, typ. Lindh. 1821. 8. 7 p., 1 tab.

Kongl. Vet. Acad. Handl. för år 1821.

10253* —— Beskrifning af tvenne nya arter af växtslägtet Fritillaria, jemte anmärkningar om åtskilliga arter af samma slägte. Stockholm, typ. Lindh. 1822. 8. 11 p., 1 tab.

Kongl. Vet. Acad. Handl. 1821. St. II. p. 350—359.

10254* —— Mindre kända växter. Stockholm, typ. Lindhs Enka. 1823. 8. 14 p. — Continuatio: ib. 1824. 8. 10 p.

Ur Kongl. Vet. Acad. Handl. för år 1822—23.

10255* —— Den Americanska Agaves eller den så kallade hundradeåriga Aloë'ns natural-historia. Stockholm, typ. Norstedt. 1828. 8. 15 p.

Från Kongl. Vet. Acad. Årsb. för år 1827, p. 294—308.

10256* —— Conspectus litteraturae botanicae in Sueciae ab antiquissimis temporibus usque ad finem anni 1831, notis bibliographicis et biographiis auctorum adjectis. Holmiae, excudebant P. A. Norstedt et filii. 1831. 8. XLIX, 341 p. (2 *th.*)

10257* —— Stockholms Flora, eller kort Beskrifning af de vid Stockholm i vildt tillstånd förekommande växter. Förra Delen. (Class. 1—13.) Stockholm, Norstedt. 1840. 8. VIII, 185, 423 p., Appendix: 27 p., 1 mappa geogr. (3 *Rdr.* 32 *skill.*)

10258* —— Årsberättelser om botaniska Arbeter och Upptäckter för åren 1821—54. Stockholm, Norstedt et Söner. 1822—56. 8. — Register öfver 1820—38. ib. 1852. 8. VII, 170 p.

Annos 1853—54 elaboravit ill. *N. J. Andersson.*

10259* —— Jahresberichte der Königl. Schwedischen Akademie der Wissenschaften über die Fortschritte der Botanik in den letzten Jahren vor 1820—42 von *Joh. Em. Wikström.* Uebersetzt und mit Hinweisungen auf neuere Arbeiten und mit Registern versehen, von Dr. *Karl Beilschmied.* Breslau 1834—47. 15 Bände. 8. (I, III—XIV: 14 2/3 *th.*)

I: (über die letzten Jahre von und bis 1820, 1821, 1822, 1824.) 1838. 239 p. (1 *th.*)
II: (über 1823 und 1825 von *Joh. Müller.*) 1839. IV, p. 101—228 und 131—216.
III: (über 1826—27.) 1839. X, 283 p. (1 1/6 *th.*)
IV: (über 1828) 1835. VIII, 128 p. (7/12 *th.*)
V: (über 1829) 1834. VIII, 102 p. (5/12 *th.*)
VI: (über 1830) 1834. VIII, 166 p. (2/3 *th.*)
VII: (über 1831) 1834. XVI, 200 p. (11/12 *th.*)
VIII: (über 1832) 1835. VIII, 185 p. (3/4 *th.*)
IX: (über 1833) 1835. X, 225 p. (1 *th.*)
X: (über 1834) 1836. XII, 232 p. (1 *th.*)
XI: (über 1835) 1838. XIV, 422 p. (1 5/12 *th.*)
XII: (über 1836) 1840. VIII, 362 p. (1 3/4 *th.*)
XIII: (über 1837) 1841. VIII, 435 p. (2 *th.*)
XIV: (über 1838) 1843. 531 p. (2 *th.*)
XV: (über 1839—42) 1847. XV, 502 p., ind.

Wikström, *J. A.*

10260 —— Provinsen Helsinglands Fanerogama växter och Ormbunkar. Hudiksvall, typ. Hollström. 1868. 8. 44, 3 p.

Wilbrand, *Johann Bernhard,* Professor in Giessen (Wilbrandia Presl.), * Klarholz in der Grafschaft Rheda in Westphalen 8. März 1779, † Giessen 9. Mai 1846.

Selbstbiographie: Giessen, typ. Heyer. 1831. 8. 42 p.

10261* —— Handbuch der Botanik nach *Linne's* System, enthaltend die in Deutschland und in den angränzenden Gegenden wildwachsenden und merkwürdigen ausländischen Gewächse. etc.

Giessen, Heyer. 1819. 2 Bände. 8. x, 544, 491 p., 16 tab. (4 1/2 *th.*) — * Neue Auflage. Darmstadt, Leske. 1837. 8. LVI, 703 p. (3 *th.* — herabgesetzt: 2 *th.*)

10262* **Wilbrand,** *Johann Bernhard,* und *Ferdinand August* **Ritgen.** Gemälde der organischen Natur in ihrer Verbreitung auf der Erde. Giessen, Müller. 1821. 8. 128 p., 4 tab. in gr. folio. (4 1/2 *th.* — col. 8 2/3 *th.*)
* *suecice:* Utkast till den Organiska Naturens Geographi. Öfversatt af *Henrik Sandström.* Stockholm, Haegström. 1828. 8. 87 p.

10263* —— Uebersicht der Vegetation Deutschlands nach ihren natürlichen Familien. (Regensburg 1824) 8. 75 p. (1/4 *th.*)
Seorsim impr. ex *Flora,* diario bot. Ratisb. anni 1824.

10264* —— Die natürlichen Pflanzenfamilien in ihren gegenseitigen Stellungen, Verzweigungen und Gruppirungen zu einem natürlichen Pflanzensysteme. Giessen, Heyer. 1834. 8. IV, 95 p. (1/4 *th.*)

10265* —— Allgemeine Physiologie, insbesondre vergleichende Physiologie der Pflanzen und der Thiere. Heidelberg und Leipzig, Gross. 1833. 8. XII, 452 p. (2 1/2 *th.*)

Wilcke, *Georg Wilhelm Constantin von.*

10266* —— Versuch einer Anleitung, die wilden Bäume und Sträucher unsrer deutschen Wälder und Gehölze auf ihren blossen Anblick mit Sicherheit erkennen und unterscheiden zu lernen. Halle, Gebauer. 1788. 8. VIII, 326 p., 3 tab.

Wilcke, *Samuel Gustav,* Docent in Greifswald, † Altenkirchen 1791.

10267* —— Flora Gryphica, exhibens plantas circa Gryphiam intra milliare sponte nascentes, una cum nominibus et locis natalibus. Gryphiae, Röse. 1765. 8. 144 p., ind.

10268* —— Hortus Gryphicus, exhibens plantas prima ejus constitutione illatas et altas, una cum horti historia. Gryphiae, typ. Röse. 1765. 8. 104 p., praef., ind.

Wilde, *O.*

10269* —— Die Pflanzen und Raupen Deutschlands. Versuch einer lepidopterischen Botanik. Theil 1. 2. Berlin, Mittler und Sohn. 1860—61. 8. XI, 221, VII, 494 p., 10 tab. (3 1/2 *th.*)

Wildvogel, *Christian.*

10270* ——, pr. De jure florum, Vom Blumenrechte. D. Jenae, typ. Müller. 1691. 4. (48) p.

Wilhelm, *Franz,* Professor in Würzburg, * Niederklein 5. Oct. 1725, † Würzburg 20. Juli 1794.

10271 —— Flora Herbipolitana. Bamberg, Göbhardt. 1782. gr. 8.

Wilhelm, *Gottlieb Tobias,* † Augsburg 12. Dec. 1811.

10272* (——) Unterhaltungen aus der Naturgeschichte, Band XVI—XXV: Das Pflanzenreich. Band I—X. Augsburg, Engelbrecht. (Sondershausen, Voigt.) 1810—22. 10 Bde. 8. x p., 616 tab. col. (63 1/6 *th*)

Wilkinson, *Lady.*

10273* —— Weeds and wild flowers, their uses, legends and literature. London, van Voorst. 1858. 8. x, 421 p., 12 tab. col. (10 *s.* 6 *d.*)

Willdenow, *Karl Ludwig,* Professor der Botanik in Berlin (Willdenowia Thunb.), * Berlin 22. Aug. 1765, † Berlin 10. Juli 1812.
Biographie von *Schlechtendal* dem Vater in Magazin der Berliner Ges. naturf. Freunde, Band 6.

10274* —— Florae Berolinensis Prodromus secundum systema Linneanum a *Thunbergio* emendatum conscriptus. Berolini, W. Vieweg. 1787. 8. XVI, 439 p., 7 tab.

10275* —— Tractatus botanico-medicus de Achilleis, cui accedit supplementum generis Tanaceti. Halae, Hendel. 1789. 8. XII, 59 p., 2 tab.

10276* —— Historia Amaranthorum. Turici, Ziegler et fil. 1790. folio. 38 p., 12 tab. col. (6 *th.*)

10277* —— Grundriss der Kräuterkunde zu Vorlesungen entworfen. Berlin, Haude und Spener. 1792. 8. XIV, 486 p., 9 tab. — * Ed. II. ib. 1798. 8. VI, 590 p., 10 tab. — * Ed. III. ib. 1802. 8. 644 p., 11 tab. — * Ed. IV. ib. 1805. 654 p., 11 tab. — * Ed. V. ib. 1810. 638 p., 11 tab. — * Ed. V: Wien, typ. Bauer. 1808. 8. 548 p., 11 tab. — * Nach der fünften Auflage mit Anmerkungen und Zusätzen von *Joseph August Schultes.* Wien, Doll. 1818. 8. 652 p., 11 tab. — Nach dessen Tode neu herausgegeben mit Zusätzen von *Heinrich Friedrich Link.* Sechste Auflage. Erster (theoretischer) Theil. Berlin, Haude und Spener. 1821. 8. 711 p., 11 tab. — * Siebente Auflage: ib. 1831. 8. 694 p., 11 tab. (2 1/2 *th.*)
* *danice:* Udkast till en Lærebog i Botaniken, oversat etc. af *Henrik Steffens.* Kjøbenhavn, Bach. 1794. 8. 400 p., 9 tab.
* *anglice:* Edinburg, Blackwood. 1805. 8. IV, 508 p., 10 tab.
* *rossice:* vertente *J. Reipolsky.* Mosquae 1819. 8.

10278* **Willdenow,** *Karl Ludwig.* Phytographia, seu descriptio rariorum minus cognitarum plantarum. Fasciculus primus. Erlangae, Walther. 1794. folio. 15 p., 10 tab. (2 *th.*)

10279* —— Berlinische Baumzucht, oder Beschreibung der in den Gärten um Berlin im Freien ausdauernden Bäume und Sträucher, für Gartenliebhaber und Freunde der Botanik. Berlin, Nauk. 1796. 8. XXXII, 452 p., 7 tab. — * Zweite vermehrte Ausgabe. ib. 1811. 8. XXII, 586 p., 7 tab. (3 1/4 *th.*)

10280* —— Geraniologia in amicorum usum seorsim impressa. Berolini 1800. 8. 86 p.

10281* —— und *A. H.* **Homeyer.** Gekrönte pomologische Preisschriften. Erfurt, Beyer und Maring. 1801. 8. 159 p. (1/2 *th.*)

10282* —— Bemerkungen über einige seltene Farrenkräuter. Erfurt, Beyer und Maring. 1802. 8. 32 p., 3 tab. (1/2 *th.*)

10283* —— Anleitung zum Selbststudium der Botanik, ein Handbuch zu öffentlichen Vorlesungen. Berlin, Oehmigke. 1804. 12. VI, 666, 12 p., 4 tab. col., effigies. — Zweite Auflage. Berlin, Oehmigke. 1810. 8. — * Dritte vermehrte und verbesserte Auflage von *Heinrich Friedrich Link.* Berlin, Oehmigke. 1822. 8. VIII, 537 p, 4 tab. col. — * Vierte vermehrte und verbesserte Auflage von *Albert Dietrich.* Berlin Oehmigke. 1832. 8. VIII, 582 p., 4 tab. col. (2 *th.*)
hollandice: Handleiding tot de kennis der planten, gevolgd naar het hoogduitsch van *C. L. Willdenow,* door Mr. *Willewaal.* s. l. et a. gr. 8. (5 *fl.* 50 *c.*)

10284* —— Caricologia, sive descriptiones omnium specierum Caricis, in usum excursionum botanicarum pro amicis seorsim impressa. Berolini 1805. 8. 107 p.

10285* —— Enumeratio plantarum horti regii botanici Berolinensis, continens descriptiones omnium vegetabilium in horto dicto cultorum. Berolini, in taberna libraria scholae realis. 1809. 8. VI, 1099 p. — * Supplementum post mortem autoris editum a *von Schlechtendal* (patre). ib. 1813. 8. x, 70 p. (6 1/6 *th.*)

10286* —— Hortus Berolinensis, sive icones et descriptiones plantarum rariorum vel minus cognitarum, quae in horto regio botanico Berolinensi excoluntur. Berolini, Schüppel. 1816. folio. x p., 110 tab. col. (38 1/3 *th.*)
Praefatus est *Willdenow* anno 1806; epilogum scripsit *Link* anno 1816.

Willemet, *Remi,* pater, Professor der Botanik in Nancy, * Norroy (Lothringen) 13. Sept. 1735, † Nancy 21. Juli 1807.
Lamoureux, Notice biographique. Bruxelles 1808. 8.
De Haldat, Éloge. Nancy 1807. 8.

10287 —— Phytographie économique de la Lorraine, ou Recherches botaniques sur les plantes utiles dans les arts. Nancy 1780. 8. 142 p.

10288 —— Willemetia, nouveau genre de plantes créé par M. *de Necker* et fragment pour servir à l'histoire naturelle de la Neckeria capnoides de *Scopoli.* s. l. et a. 7 p., 1 tab.

10289* —— Monographie pour servir à l'histoire naturelle de botanique de la famille des plantes étoilées. Strasburg, Koenig. 1791. 8. CIII p.

10290* —— Phytographie encyclopédique, ou Flore de l'ancienne Lorraine et des départemens circonvoisins. Nancy, Guivard. 1805. III voll. 8. x, 1394, 94 p. (15 *fr.*)

Willemet, *Pierre Remi François de Paule,* filius (Willemetia Brongn.), * Nancy 2. April 1762, † Seringapatam in Indien 1790.

10291* —— An vires plantarum ex characteribus botanicis sunt inferendae? D. Nancy, typ. Bachot. 1782. 4. 4 p.

10292* —— Herbarium Mauritianum. Praefatus est *Aubin Louis Millin.* Lipsiae, Wolff. 1796. 8. XII, 64 p.
Usteri, Annalen der Botanik, Stück XVIII, p. 1—66.
Act. soc. hist. nat. de Paris 1790. p. 127.

Williams, *Charles.*
10293* —— The vegetable world. London, Westley and Davis. 1833. 12. IV, 288 p., 1 tab.

Williams, *J.*
10294 —— Dissertatio de succi circuitu et de respiratione in plantis. Edinburgh 1825. 8.

Willich, *Christian Ludwig* (Willichia Mutis.), * Trent auf der Insel Rügen 1718, † Clausthal 2. Oct. 1773.
10295* —— Observationes quaedam botanicae et medicae cum novae plantae figura. Goettingae, Vandenhoek. (1747.) 4. 22 p.
In titulo hujus libelli nomen autoris false scribitur *Willig.*
10296* —— De plantis quibusdam observationes. Goettingae, Vandenhoek. 1762. 8. 76 p.
10297* —— Illustrationes quaedam botanicae. Goettingae, Vandenhoek. 1766. 8. 55 p.
Omnes tres libelli redeunt in *Reichard* Sylloge opusc. bot. p. 82—182.

Willkomm, *Moritz*, Professor der Botanik und Director des Gartens in Dorpat, * Herwigsdorf bei Zittau 29. Juni 1821.
10298* —— Recherches sur l'organographie et la classification des Globulaires. Leipsick, Gustave Mayer. 1850. folio min. 32 p., 4 tab. pro parte col. (2 *th.*)
10299* —— Die Strand- und Steppengebiete der iberischen Halbinsel und deren Vegetation. Zur Habilitation in der philosophischen Fakultät der Universität zu Leipzig. Leipzig, Friedrich Fleischer. 1852. 8. 171 p., 1 mappa geogr., 1 tab.
10300* —— Anleitung zum Studium der wissenschaftlichen Botanik nach den neuesten Forschungen. Leipzig, Fr. Fleischer. 1854. 8. 2 Bände. XII, 555, VIII, 331 p. (5 *th.*)
10301* —— Deutschlands Laubhölzer im Winter. Ein Beitrag zur Forstbotanik. Leipzig, Schönfeld. 1859. 4. IV, 56 p., ic. xyl. — ib. 1864. 4. (non differt.) (28 *sgr.*)
10302* —— et *Johann* **Lange**. Prodromus Florae hispanicae. seu Synopsis methodica omnium plantarum in Hispania sponte nascentium vel frequentius cultarum quae innotuerunt. Vol. 1. 2. Stuttgartiae, Schweizerbart. 1861—70. 8. XXX, 360, 680 p. (7 *th.* 26 *sg*,)
10303* —— Führer ins Reich der deutschen Pflanzen, eine leicht verständliche Anweisung die in Deutschland wildwachsenden und häufig angebauten Gefässpflanzen schnell und sicher zu bestimmen. Leipzig, H. Mendelssohn. 1863. 8. X, 678 p., ic. xyl. i. t, 7 tab. (3 *th.*)
10304 —— Ueber den gegenwärtigen Stand und Umfang der botanischen Wissenschaft. Antrittsvorlesung. Dorpat, Gläser. 1868. 8. 24 p. (4 *gr.* n.)

Willshire, *Hughes.*
10305* —— The principles of botany; structural, functional and systematic, condensed and immediately adapted to the use of students of medicine. London, Highley. 1839. 8. XII, 232 p. (6 *s.*)

Wilmer, *B.*
10306* —— Observations on the poisonous vegetables which are either indigenous in Great-Britain, or cultivated for ornament. London, T. Longman. 1781. 8. XVI, 103 p.

Wilson, *John.*
10307* —— A synopsis of british plants in Mr. *Ray's* method; with their characters, descriptions, etc. Newcastle upon Tyne, typ. Gooding. 1744. 8. 14, 272 p., praef., ind., 2 tab.

Wilson, *William*, † Warrington 3. April 1871.
10308* —— Bryologia britannica: containing the Mosses of Great Britain and Ireland systematically arranged and described according to the Method of Bruch and Schimper. Being a New Edition, with many Additons and Alterations of the Muscologia Britannica of Messrs. *Hooker* and *Taylor.* London, Longman. 1855. 8. 444 p., 61 tab. col. (4 *l.* 4 *s.*)

Wimmer, *Friedrich*, Schulrath in Breslau, * Breslau 30. Oct. 1803, † Breslau 12. März 1868.
10309* —— et *Heinrich* **Grabowski**. Flora Silesiae. Vratislaviae, Korn. 1827—29. III voll. 8. — I: Classis I—X. 1829. XVI, 446 p., effigies *Seliger.* — II: Classis XI—XV. 1829. XXIV, 282 p., effigies *Karl Christian Guenther.* — III: Classis XVI—XXII. 1829. 400 p (4 *th.*)

10310* **Wimmer**, *Friedrich.* Ueber den Unterricht in der Naturgeschichte. Programm des Friedrichsgymnasiums zu Breslau. Breslau, typ. Grass, Barth und Co. 1829. 4. 14 p.
10311 —— Flora von Schlesien. Handbuch zur Bestimmung und Kenntniss der phanerogamischen Gewächse dieser Provinz, nebst einer gedrängten Einleitung in die Pflanzenkunde. Berlin, Rücker. 1832. gr. 8. IX, 400 p. (1 ⅔ *th.*)
10312* —— Phytologiae Aristotelicae fragmenta edidit *Fridericus Wimmer.* Vratislaviae, Jos. Max et soc. 1838. 8 XII, 98 p. (⅔ *th.*)
10313* —— Flora von Schlesien preussischen und österreichischen Antheils oder vom obern Oder- und Weichselquellengebiet, mit besondrer Berücksichtigung der Umgegend von Breslau. Nach natürlichen Familien mit Hinweisung auf das Linné'sche System. Nebst phytogeographischen Angaben und einer Profilkarte des Schlesischen Gebirgszugs. Breslau, Ratibor und Pless, Ferdinand Hirt. 1840. gr. 12. XLVIII, 464, 82 p. (2 ⅔ *th.*) — * Zweite, neu redigirte und bereicherte Ausgabe. Nebst einer Uebersicht der fossilen Flora Schlesiens von *Heinrich Robert Goeppert.* ib. 1844. 2 Bände. 12. — I: XLVIII, 512 p. — II: 225, 54 p., 1 mapp. geol. (3 *th.*) — *Dritte Bearbeitung. ib. 1857. 8. LXXIX, 695 p. (3 ½ *th.*)
10314* —— Das Pflanzenreich. Anleitung zur Kenntniss desselben nach dem natürlichen Systeme. Breslau, Hirt. 1853. 8. 192 p., ic. xyl. — Neue Auflage. ib. 1862. 8. XXII, 223 p., ic. xyl. (⅚ *th.* mit Atlas 2 ½ *th.*)
10315* (——) Das Pflanzenreich. Anleitung zur Kenntniss desselben nach dem *Linné'*schen System, unter Hinweisung auf das natürliche System. Achte vermehrte und verbesserte Auflage. Mit 523 Holzschnitten. Breslau, Hirt. 1863. 8. VI, 208 p.
10316* —— Salices europaeae. Breslau, Hirt. 1866. 8. XCII. 386 p. (3 *th.* n.)

Winch, *Nathanael John*, * Hampton Court 1769, † New Castle upon Tyne 5. Mai 1838.
10317* (——) The botanists guide through the counties of Northumberland and Durham. Vol. I. New Castle upon Tyne, typ. Hodgson. 1805. 8. 5, VII, 123 p. — Vol. II. Gateshead upon Tyne, typ. J. Marshall. 1807. 8. VII, 112 p., ind.
10318* —— An essay on the geographical distribution of plants through the counties of Northumberland, Cumberland and Durham. Newcastle, typ. Walker. 1819. 8. 52 p. — *Second edition. Newcastle, typ. Hodgson. 1825. 8. 54 p.
* *germanice:* Versuch über die geographische Verbreitung der Pflanzen in den englischen Grafschaften Northumberland, Cumberland und Durham; übersetzt von *Karl Traugott Beilschmied.* Flora 1837. I. p. 289—317.
10319* —— Flora of Northumberland and Durham. Newcastle, typ. Hodgson. 1831. 4. 149 p.
From the Transactions of the natural history of Northumberland, Durham and Newcastle upon Tyne, 1831.
10320* —— Contributions to the Flora of Cumberland, to which are added Remarks on the lists of plants published in *Hutchinson's* history of that county, and in *Turner* and *Dillwyn* Botanists guide through England and Wales. Newcastle, typ. Hodgson. 1833. 4. 17 p.

Winckler, *Emil.*
10321* —— Geschichte der Botanik. Frankfurt a/M., J. Rütter. 1854. 8. XVI, 640 p. (2 *th.*)

Winckler, *Nicolaus.*
10322* —— Chronica herbarum, florum, seminum, fructuum, radicum, succorum, animalium atque eorundem partium quo nimirum tempore singula eorum colligenda atque in usum adferenda sunt medicum. Augustae Vindelicorum, typ. Manger. 1571. 4. 94 foll.
germanice: Aus dem Lateinischen ins Teutsche übersetzt. Augsburg. typ. Manger. 1577. 8.

Windt, *L. G.*
10323 —— Der Berberitzenstrauch, ein Feind des Wintergetreides. Aus Erfahrungen, Versuchen und Zeugnissen. Hannover, Gebr. Hahn. 1806. 8. 173 p.

Winkelblech, *Karl.*
10324* —— Ueber *Liebig's* Theorie der Pflanzenernährung und *Schleiden's* Einwendungen gegen dieselbe. Kassel Krieger. 1842. 8. 31 p. (⅙ *th.*)

10325* **Winkelblech**, *Karl.* Bemerkungen zu *Schleiden's* offenem Sendschreiben an Dr. *Justus Liebig.* Braunschweig, Vieweg. 1842. 8. 23 p. (⅛ *th.*)

Winkler, *Eduard.*
10326* —— Sämmtliche Giftgewächse Deutschlands naturgetreu dargestellt und allgemein fasslich beschrieben. Mit einer Vorrede von *Friedrich Schwaegrichen.* Berlin, Natorff und Co. 1831. 8. II, XI, 119 p, 96 tab. col. sign. 1—95. (4 *th.*) — *Dritte verbesserte Auflage. Leipzig, Fr. Voigt. 1853. gr. 8. XIV, 120 p., 100 tab. (5 *th.* n.)

10327* —— Abbildungen sämmtlicher Arzneigewächse Deutschlands, welche in die Pharmacopöen der grössern deutschen Staaten aufgenommen sind. Nach der Natur gezeichnet von *Eduard Winkler.* Leipzig, Magazin für Industrie und Literatur. (Schäfer.) (1832 sqq.) 4. 192, 16 tab. col. (26 *th.*)

10328* —— Handbuch der Gewächskunde zum Selbststudium oder Beschreibung sämmtlicher pharmazeutisch-medizinischer Gewächse, welche in den Pharmakopöen der grössern deutschen Staaten aufgenommen sind. Leipzig, Magazin für Industrie. (Schäfer.) 1834. gr. 8. VIII, (2), 783 p. (4 *th.*) — Ergänzungsheft. ib. 1834. gr. 8. 2¾ plag. (⅓ *th.*)

10329 —— Anfangsgründe der Botanik zum Gebrauch für Schulen und zum Selbstunterrichte. Zweite gänzlich umgearbeitete und vermehrte Auflage, mit 140 Abbildungen. Leipzig, F. A. Brockhaus. 1836. 16. 16½ plag. (¾ *th.*)

10330* —— Vollständiges Real-Lexicon der medizinisch-pharmaceutischen Naturgeschichte und Rohwaarenkunde. Enthaltend: Erklärungen und Nachweisungen über alle Gegenstände der Naturreiche, welche bis auf die neusten Zeiten in medizinisch-pharmaceutischer, toxikologischer und diätetischer Hinsicht bemerkenswerth geworden sind. Leipzig, Brockhaus. 1840—42. 2 Bände. 8. — I: 1840. A—L. XII, 953 p. — II: 1842. M—Z. XVI, 1214 p. (9⅓ *th.*)

10331* —— Abbildungen der Arzneigewächse, welche homöopathisch geprüft worden sind und angewendet werden. Leipzig, Magazin für Industrie und Literatur. (Schäfer.) (1834—36.) 4. (156) tab. col. (24 *th.*)

10332* —— Pharmaceutische Waarenkunde, oder Handatlas der Pharmakologie, enthaltend Abbildungen aller wichtigen pharmaceutischen Naturalien und Rohwaaren nebst genauer Charakteristik und kurzer Beschreibung. Leipzig, Schäfer. 1844—51. 8. (21⅔ *th.*)

10333* —— Getreue Abbildung aller in den Pharmacopöen Deutschlands aufgenommenen officinellen Gewächse, nebst ausführlicher Beschreibung derselben in medicinischer, pharmaceutischer und botanischer Hinsicht. Dritte verbesserte Auflage. Leipzig, C. B. Polet. (1846—47.) 4. Lfg. 1—54. 4. (270) tab. col. (13½ *th.*)

10334* —— Handbuch der medizinisch-pharmaceutischen Botanik. Nach den neusten Entdeckungen bearbeitet. Leipzig, Polet. 1850. 8. 712 p. (2 *th.*)

Winkler, *Friedrich Ludwig*, Apotheker zu Hernigen, * Hernigen 1801.
10335* —— Die echten Chinarinden. Ein Beitrag zur genaueren Kenntniss dieser wichtigen Arzneimittel. Darmstadt und Leipzig, Leske. 1834. 8. IV, 83 p., 2 tab. (½ *th.*)
Abgedruckt aus des Verfassers Lehrbuch der pharmaceutischen Chemie und Pharmakognosie.

Winneken, *Christian.*
10336* —— Beschreibung des wahren Opobalsambaumes. Kopenhagen 1745. 8.

Winslow, *Jakob*, * Odense 17. April 1669, † Paris 3. April 1760 (sic!)
10337* —— Spicilegium anatomico-botanicum generale de machinae plantanimalis oeconomia analogica. Havniae, typ. Bockenhoffer. 1694. 4. 20 p.

Winter, *Ferdinand*, in Saarbrücken.
10338* —— Die Laubmoosflora des Saargebiets. Neustadt a. d. H. 1868. 8. 52 p.
Aus Pollichia 1868.

Winterl, *Joseph Jakob*, Professor in Pest (Winterlia Mch.), * Eisenerz (Steiermark) 15. April 1732, † Pest 23. Nov. 1809.
10339* —— Index horti botanici universitatis hungaricae, quae Pestini est. (Pestini) 1788. 8. 7 plag., 26 tab.

Winterschmidt, *Johann Samuel*, * Nürnberg 1760, † Nürnberg 1824.
10340 —— Nürnbergische Flora, oder Abbildung und Beschreibung der in Nürnbergs Umgegend ohne Kultur wachsenden Pflanzen. Nürnberg 1818—21. 8. 1. und 2. Band und 3. Bandes 1. Heft. 108 tab. et totidem foll.
Opus haud continuatum est.

Wionius, *Georgius.*
10341* (——) Botanotrophium seu hortus medicus *Petri Ricarti*, pharmacopoei Lillensis celeberrimi, cura *Georgii Wionii*, artium Doctoris ac Medici descriptus ac editus. Lillae Gallo-Flandricae, typ. Simonis le Francq. 1644. 12. (12), 56 p.

Wipacher, *David.*
10342* —— Flora Lipsiensis bipartita. Pars prior, plantarum indigenarum, quarum curam in circulo Lipsiensi solus gerit creator benignissimus, historiam exhibens. Kurtzer doch gründlicher Bericht von denenjenigen Kräutern und Gewächsen, welche allein durch göttliche Verordnung und Pflege um Leipzig gefunden und erhalten werden Lipsiae, sumtibus autoris, typ. Bauch. 1726. 8. 80 p, ind. Bibl. univ. Lips.

Wirsing, *Adam Ludwig*, * Dresden 1734, † Dresden 1797.
10343* —— Eclogae botanicae e dictionario regni vegetabilis Buchoziano collectae, exhibentes plantarum antea ineditarum icones ad prototypa accuratissime expressas, cum descriptionibus ad adnotationibus necessariis. Manipulus I. Norimbergae 1778. folio. 2 p., 10 tab.

Wirtgen, *Philipp*, Lehrer in Coblenz, * Neuwied 4. Dec. 1806, † Coblenz 7. Sept. 1870.
10344* —— Leitfaden für den Unterricht in der Botanik an Gymnasien und höheren Bürgerschulen. Zugleich als Anleitung zur leichtern Bestimmung der wildwachsenden phanerogamischen Pflanzen des mittleren und nördlichen Deutschlands. Coblenz, Hölscher. 1839. gr. 12. XI, 318 p. (½ *th.*) — *Zweite umgearbeitete Auflage. Coblenz, Hölscher. 1846. gr. 12. IV, 483 p. (9/10 *th.*)

10345* —— Flora des Regierungsbezirks Coblenz. Coblenz, Hölscher. 1841. 8. XI, 238 p. (½ *th.*)

10346* —— Prodromus der Flora der preussischen Rheinlande. Erste Abtheilung: Phanerogamen. Im Auftrage des botanischen Vereins am Mittel- und Niederrheine, zunächst für dessen Mitglieder unter besondrer Mitwirkung der HH. *Bach, Bogenhard, Fingerhuth, Flück, Löhr, Schlmeyer* und *Theodor Vogel* bearbeitet und herausgegeben von *Philipp Wirtgen.* Bonn, in Comm. von Henry und Cohen. 1842. 8 XII, 208 p.

10347* —— Herbarium Mentharum rhenanarum. Erläuterungen zu dem Herbarium der rheinischen Menthen. Coblenz, Hölscher. (1855). 8. 16 p.

10348* —— Rheinische Reiseflora. Coblenz, Hölscher. 1857. 12. XXIV, 178 p.

10349* —— Flora der preussischen Rheinprovinz und der zunächst angränzenden Gegenden. Bonn, Henry und Cohen. 1857. 8. XXII, 563 p., 2 tab. (1⅓ *th.*)

10350* —— Anleitung zur landwirthschaftlichen und technischen Pflanzenkunde für Lehranstalten und zum Selbstunterricht. Erster und zweiter Cursus. Coblenz, Hergt. 1857—60. 8. VIII, 216, 252 p.

10351* —— Ueber die Vegetation der hohen und der vulkanischen Eifel. Bonn, typ. Georgi. 1865. 8. p. 63—292.
Aus den Verh. des naturf. Vereins für Rheinland und Westphalen.

10352* —— Flora der preussischen Rheinlande, oder die Vegetation des rheinischen Schiefergebirges und des deutschen niederrheinischen Flachlandes. Band 1. Thalamifloren. Bonn, Henry. 1870. 8. 372 p. (1¼ *th.*)

Wirzén, *Johannes Ernst Adhemar.*
10353* —— De geographica plantarum per partem provinciae Casanensis distributione. D. Helsingforsiae, typ. Frenkel. 1839. 8. 129 p.

40354* **Wirzén**, *Johannes Ernst Adhemar.* Scriptores rei herbariae fennicae. Disquisitio botanico-critica. D. I. Helsingforsiae, typ. Frenkel. 1843. 8. 16 p. (non continuata est.)
40355* —— Prodromus Florae fennicae. D. I—II. Helsingforsiae, typ. Frenkel. 1843. 8. 32 p.
Desinit in Triandria.

Wislizenus, *A.*
40356* —— Memoir of a tour to Northern Mexico, connected with Col. *Doniphan's* Expedition in 1846 and 1847. With a scientific Appendix and three Maps. Washington, typ. Tippin and Streeper. 1848. 8. 141 p., 3 tab.
Senate Misc. Papers, 30th Congress, 1st Section, Nr. 26.

Wistar, *Caspar*, Präsident der American Philosophical Society (Wistaria Nutt.), * Philadelphia 13. Sept. 1761, † Philadelphia 22. Jan. 1818.

Witham, *Henry.*
40357* —— Observations on fossil vegetables, accompanied by representations of their internal structure, as seen through the microscope. Edinburgh and London, Blackwood and Cadell. 1831. 4. 48 p., 4 tab. (1 l. 1 s.)
40358* —— A description of a fossil tree discovered in the Quarry at Craigleith near Edinburgh in the month of November 1830. Edinburgh, tpp. Neill. 1833. 4. 9, 4 p., 4 tab. col.
40359* —— The internal structure of fossil vegetables found in the carboniferous and oolitic deposits of Great-Britain described and illustrated. Edinburgh, Black. 1833. 3. 84 p., 16 tab. col. (1 l. 1 s.)

Withering, *William*, Arzt in Birmingham (Witheringia L'hér.), * Wellington (Shropshire) ... 1741, † Larches bei Birmingham 6. Oct. 1799.
40360* —— A botanical arrangement of all the vegetables naturally growing in Great Britain, with descriptions of the genera and species, etc. Birmingham, typ. Swinney. 1776. II voll. 8. XCVI, 838 p, 12 tab. — *Ed. II: ib. 1787—93. III voll. 8. — I et II: LXVI, 1151 p.., 2 tab. — III: 1792. CLVII, 503 p., tab. 3—19. — *Ed. III: ib. 1796. IV voll. 8. — I: 402 p., tab. 1—19. — II: 512 p., tab. 20—28. — III: p. 513—920, tab. 29—30. — IV: 418 p., tab. 17, 18, 31. *Ed. IV: London, Cadell and Davies. 1801. IV voll. 8. XII, 402, 900, 410 p., 32 tab. — *Ed. V: ib. 1818. 4 voll. 8. — Ed. VII: London, typ. Baldwin. 1830. IV voll. 8. — I: LXIV, 394 p. — II: 590 p. — III: p. 591—1160. — IV: 444 p., 35 tab. — *Ed. VIII: by *William Macgillivray.* Edinburg 1835. 8. (10 s. 6 d)

Withering, *William*, der Sohn, † London 1832.
40361* —— The miscellaneous Tracts of the late *William Withering*, M. D., F. R. S. To which is prefixed a Memoir of his Life, character and writings. Vol. 1. 2. London, printed for Longman. 1822. 8. — I: VI, 496 p., effigies *W.* — II: IV, 503 p. (1 l. 7 s.)
Vol. I, p. 249—297: Florae Ulyssiponensis specimen, ex annis 1792 —94. — Vol. II, p. 103—306: An account of the foxglove, e Curtisii Flora londinensi reimpressus.

Witman, *Ernst.*
40362* —— Entwurf einer tabellarischen Darstellung der Terminologie der Phänogamisten. Wien, Beck. 1812. 8. 24 p., 16 Tabellen in folio. (1 2/3 th)
40363* —— Rede als Einleitung zur Mycotheca und Mycographia austriaca. Wien, typ. Mechitarist. 1816. 8. XXII p.

Witt, *Johann Constantin.*
40364* —— De legibus quibusdam ad processum vegetationis pertinentibus. D. Halae, typ. Bath. 1802. 8. XVI, 47 p.

Witte, *H.*, botanischer Gärtner in Leiden.
40365 —— Enumeratio alphabetica nominum et synonymorum Palmarum, quae in Belgii septentrionalis hortis coluntur. Lugduni Batavorum 1859. gr. 8.
40366* —— Flora. Afbeeldingen en Beschrijvingen van boomen, heesters, eenjarige planten, enz. voorkomende in de nederlandsche tuinen. Oorspronkelijke teekeningen van *A. J. Wendel.* Groningen, J. B. Wolters. 1868. 4. X, 316 p., ind., 80 tab. col.

40367 **Witte**, *H.* Schetsen uit het plantenrijk. Met platen en een menigte figuren in den tekst. Haarlem 1870. 8. (5 1/2 th.)

Witting, *Wilhelm August Ernst.*
40368* —— De elementis anorganicis graminum quae nominantur acida. D. Berolini, typ. Schlesinger. 1851. 8. 50 p.

Wittmack, *Ludwig.*
40369 —— Musa Ensete. D. inauguralis. Halle 1867. 8. 82 p., 1 tab.
Ex Linnaea 1867.

Wittrock, *Veit Brecher*, Docent in Upsala.
40370* —— Försök till en Monographi öfver Algslägtet Monostroma. Akademisk Afhandling. Stockholm, typ. Riis. 1866. 8. 66 p., 4 tab.
40371* —— Algologiska Studier. I och II. Upsala, Edquist et Berglund. 1867. 8. 46 p., 2 tab.

Wittstein, *G. C.*
40372* —— Etymologisch-botanisches Handwörterbuch. Enthaltend: die genaue Ableitung und Erklärung der Namen sämmtlicher botanischen Gattungen, Untergattungen und ihrer Synonyme. Ansbach, Junge. 1852. 8. VIII, 952 p. (4 1/3 th.)
Editio *Erlangen, Palm et Enke. 1856. non differt.

Wittwer, *Wilhelm Constantin.*
40373 —— Geschichtliche Darstellung der verschiednen Lehren über die Respiration der Pflanzen, unter besondrer Berücksichtigung der Frage: «Trägt sie zur Ernährung der Pflanzen bei oder nicht?» D. München, typ. Wolf. 1850. 8. 82 p.

Wodzicki, *Stanislaw*, *Comes.*
40374 —— O chodowaniu, użytku, mnożeniu i poznawaniu Drzew Krzewów Roslin i Ziel celnieyszych: ku ozdobiu Ogrodów przy zastosowaniu do naszey strefy. Dzieło Miłośnikom Ogrodów poświęcone przez *Stanislawa Wodzickiego.* (Ueber Kultur, Nutzen, Vermehrung und Erkennen der vorzüglicheren Bäume, Sträucher, Staudengewächse und Kräuter zur Zierde der Gärten, angewandt auf unser Klima.) Tom I. W Krakowie 1818. 8. XXIV, 593 p. —, ib. 1825. IV voll. 8.
De egregio opere cf. *Sprengel* Neue Entdeckungen, Band I. p. 408—424.

Wohlleben, *Johann Friedrich.*
40375* —— Supplementum ad Leysseri Floram Halensem. Fasciculus primus. Halae, Renger. 1796. 8. (2), 44 p., 1 tab.

Wolf, *Elias.*
40376* —— De Pyrola umbellata. D. Goettingae 1817. 8. 54 p.

Wolf, *Georg Armin.*
40377* —— De radice Caincae. D. Marburgi 1831. 8. 24 p.

Wolf, *Johann*, † Nürnberg 12. Febr. 1824.
40378* —— Deutschlands Gemüse. Gezeichnet und geätzt von *Johann Samuel Winterschmidt* dem Jüngsten. Mangoldarten. (Beta.) Nürnberg, Winterschmidt. 1805. 4. IV, 14 p., 14 tab. col.
40379* —— Abbildung und Beschreibung des Wasserwegerichs (Alisma Plantago L.) als eines neu empfohlenen wirksamen Mittels gegen die Wasserscheu. Nürnberg, Tyroff. 1817. 4. 8 p., 1 tab. col. (1/4 th.)

Wolf, *Nathanael Matthaeus von*, Arzt in Danzig, * Conitz 24. Jan. 1724, † Danzig December 1784.
40380 (——) Genera et species plantarum vocabulis characteristicis definita. Marienwerder, typ. Kanter. 1781. 8. 454 p. (Accedunt: Genera plantarum vocabulis characteristicis definita. s. l. 1776. 8. 177 p. — Concordantia botanica: Dantisci, typ. Müller. 1780. 8. 19 plag. dimid.

Wolff, *Christian*, Freiherr von, * Breslau 24. Jan. 1679, † Halle 9. April 1754.
40381* —— Entdeckung der wahren Ursache von der wunderbaren Vermehrung des Getreydes, dadurch zugleich der Wachsthum der Bäume und Pflanzen überhaupt erläutert wird, als die erste Probe der Untersuchungen von dem Wachsthume der Pflantzen zum drittenmahle herausgegeben. Halle, Renger. 1750. 4. 140 p., praef., 1 tab.
40382* —— Erläuterung der Entdeckung der wahren Ursache von der wunderbaren Vermehrung des Getreydes, darinnen auf die Erinnerungen, welche darüber heraus kommen, geantwortet wird. Frankfurt und Leibzig. 1730. 4. 44 p., praef.
40383* —— Allerhand nützliche Versuche zu genauer Erkenntniss der Natur und Kunst. Halle 1721. 3 Theile. 8.

10384* **Wolff**, *Christian, Freiherr von.* Vernünftige Gedanken von den Würkungen der Natur. Halle 1723. 8.
10385* —— Vernünftige Gedanken von den Absichten der natürlichen Dinge. Halle 1724. 8.
10386* —— Vernünftige Gedanken von dem Gebrauche der Theile in Menschen, Thieren und Pflanzen. Frankfurt und Leipzig 1725. 8.
De omnibus his libellis cf. *Hall.* Bibl. bot. II. p. 152—153.
10387 ——, pr. Phaenomenon singulare de Malo pomifera absque floribus ad rationes physicas revocatum. D. Marburgi 1727. 4. 20 p. (Respondens: *Adam Ixstatt.*)
Ejusdem de pomo ex trunco arboris enato dissertatio, in qua varia traduntur ad theoriam vegetationis plantarum facientia, exstat in Comment. Acad. Petrop. tomo VIII. p. 197—208.

Wolff, *Emil Theodor*, Professor in Hohenhausen, * Flensburg 30. Aug. 1818.
10388* —— Die chemischen Forschungen auf dem Gebiete der Agrikultur und Pflanzenphysiologie. Leipzig, Barth. 1847. 8. VIII, 549 p. (2½ th.)
10389* —— Das Keimen, Wachsthum und die Ernährung der Pflanzen. Ein populärer Vortrag. Bautzen, Weller. 1849. 8. 60 p. (⅓ th. n.)

Wolff, *Johann Friedrich*, Arzt in Schweinfurt (Wolffia Horkel), * Schweinfurt 1778, † Schweinfurt 13. März 1806.
10390* —— Commentatio de Lemna. Altdorfii et Norimbergae, Lechner. 1801. 4. 22 p., 1 tab.

Wolff, *Kaspar Friedrich*, Professor in Petersburg, * Berlin 1735, † Petersburg 22. Febr. 1794.
10391* —— Theoria generationis. D. Halae 1759. 4. 146 p., 2 tab.
— *Theoria generationis. Editio nova aucta et emendata. Halae, Hendel. 1774. 8. LXIV, 231 p., 2 tab. (¾ th.)
* *germanice:* Theorie von der Generation. Berlin 1764. 8. 283 p.

Wolfgang, *Jan*, Professor in Wilna, * Lozowe (Podolien) 1776, † Poluknie bei Wilna 17. Mai 1859.
10392 —— Rzecz o herbacie czytana na posiedzeniu Cesarskiego towarzystwa lekarskiego w Wilnie dnia 12 grudnia 1822 r. Wilno, drukiem Józefa Zawadzkiego. 1823. 8. 56 p.

Wollebius, *Lucas.*
10393* —— Dissertatio medica de methodo herbas lustrandi, cui annexa sunt corollaria quaedam anatomica. Basileae 1711. 4. 22 p.

Wood, *Alfonso.*
10394 —— A Class-Book of Botany, in Two Parts. Part I. The Elements of Botanical Science. Part II. The Natural Orders; Illustrated by a Flora of the Northern, Middle, and Western States, particularly of the United States, North of the Capital, latitude 38¾°. 41st edition, revised and enlarged. Boston 1855. 8. 650 p. (9 s.)

Wood, *John B.*
10395* —— Flora Mancuniensis. Halifax, Leyland and Son. 1840. 8. IX, 81 p.

Woodforde, *James.*
10396* —— A catalogue of the indigenous phaenogamic plants, growing in the neighbourhood of Edinburgh; and of certain species of the class Cryptogamia: with reference to their localities. Edinburgh, Carfrae. 1824. 12. XI, 86 p. (3 s. 6 d.)

Woods, *Joseph.*
10397* —— The Tourist's Flora: a Descriptive Catalogue of the Flowering Plants and Ferns of the British Islands, France, Germany, Switzerland, Italy and the Italian Islands. London 1850. 8. 610 p. (18 s.)

Woodville, *William*, * 1752, † London 26. März 1805.
10398* —— Medical botany, containing systematic and general descriptions, with plates of all the medical plants comprehended in the catalogues of the Materia medica, as published by the Royal College of Physicians of London and Edinburgh. London, Philipps. 1790—93. III voll. 4. 578 p., praef., ind., 210 tab. — *Supplement: ib. 1794. 4. 169 p., tab. col. 211—274. — Ed. II. ib. 1810. 4. — *Third edition, in which 39 new plants have been introduced. The botanical descriptions arranged and corrected by *William Jackson Hooker;* the new medico-botanical portion supplied by *G. Spratt.* London, Bohn. 1832. V voll. 4. — I—IV: 824 p., appendix, 274 tab. col. — V: 157 p., ind., 39 tab. col. (8 l. 8 s.)

Woolls, *William.*
10399* —— A contribution to the Flora of Australia. Sydney, F. White. Parramatta, J. Fergusson. Melbourne, G. Robertson. 1867. 8. x, 255 p.

Wopnin, *M.*
10400* —— Ueber die bei der Schwarzerle (Alnus glutinosa) und der Gartenlupine (Lupina mutabilis) auftretenden Wurzelanschwellungen. Petersburg (Leipzig, Voss.) 1866. 4. 13 p., 2 tab. (⅓ th. n.)
Mém. ac Pét. 1866.
10401* —— Exobasidium Vaccinii. Freiburg, typ. Poppen. 1867. 8. 20 p., 3 tab.
Freiburger Verhandlungen, Band 4.

Wossidlo, *Paul*, Director der Realschule in Tarnowitz, * Krotoschin 11. Mai 1836.
10402* —— Quaedam additamenta ad Palmarum anatomiam. D. Vratislaviae, typ. Freund. 1860. 8. 23 p.
10403 —— Ueber die Structur der Jubaea spectabilis. Ein Beitrag zur Anatomie der Palmen. Jena, Fr. Frommann. 1861. 4. 31 p., 5 tab (2 th. n.)
Nova Acta Leop. Vol. 28.
10404 —— Ueber Wachsthum und Structur der Drachenbäume. Programm. Breslau 1868. 8. 32 p., 2 tab.

Wrede, *E. Chr. C.*
10405 —— Verzeichniss meiner Rosen nach einer genauen systematischen Bestimmung. Dritte verbesserte Auflage. Braunschweig 1814. 8. (⅙ th.)

Wredow, *Johann Christian Ludwig*, Prediger zu Parum in Mecklenburg, * Güstrow 20. Nov. 1773, † Parum 11. Aug. 1823.
10406* —— Tabellarische Uebersicht der in Meklenburg wildwachsenden phänogamischen Pflanzengeschlechter, nebst einer allgemeinen Einleitung in die Pflanzenkunde etc. Lüneburg, Herold. 1807. 8. XII, 308 p. (1 th.)
10407* —— Oekonomisch-technische Flora Meklenburgs, oder Beschreibung etc. Lüneburg, Herold. 1811—12. 2 Bände. 8. — I: 1811. (Cl. 1—5.) XVIII, 604 p. — II: 1812. Erste Abtheilung. (Cl. 6—13.) VIII, 614 p. (4 th.)

Wretschko, *Mathias.*
10408* —— Zur Entwicklungsgeschichte des Laubblattes. (Jahresbericht des Gymnasiums.) Laibach, typ. Kleinmayr. 1862. 4. 22 p.
10409 —— Vorschule der Botanik für den Gebrauch an höheren Classen der Mittelschulen. Wien, C. Gerolds Sohn. 1865. 8. XVI, 208 p. ic. xyl. (24 sgr.)
10410* —— Beitrag zur Entwicklung der Inflorescenz in der Familie der Asperifolien. Jahresbericht des akademischen Gymnasiums in Wien. Wien 1866. 8. 23 p.

Wright, *William*, * 1740, † 1827.
Memoir of the late *William Wright*, M. D. With extracts from his correspondence, and a selection of his papers on medical and botanical subjects. Edinburgh, Blackwood, and London, Cadell. 1828. 8. II, 456 p., effigies *Wrightii.*
10411* —— A botanical and medical account of the Quassia Simaruba, or tree which produces the Cortex Simaruba. (Edinburgh 1778.) 4. 9 p., 2 tab.
From the Transactions of the Royal Society of Edinburgh vol. II. p. 73—81; cf. London Medical Journal vol. XI. p. 91—102.

Wüllerstorf-Urbair, *B. von*, k. k. Commodore.
10412* —— Reise der österreichischen Fregatte Novara um die Erde in den Jahren 1857—59 unter den Befehlen des Commodore *B. von Wüllerstorf-Urbair.* Botanischer Theil. Erster Band. Sporenpflanzen von *A. Grunow, J. Krempelhuber, H. W. Reichardt, Georg Mettenius, Julius Milde.* Redigirt von *Eduard Fenzl.* Wien, Staatsdruckerei in Comm. 1870. 4. 261 p., 36 tab. (10 th.)

Wuensche, *Johann Georg.*
10413* —— Enumeratio plantarum circa Vitebergam in aquis, locis paludosis et humidis praecipuarum nec non officinalium sponte crescentium cum praefamine *Traug. Carol. Aug. Vogt.* Wittenbergae, Zimmermann. 1804. 8. XVI. 101 p. (9/24 th.)

Wuensche, *Otto*, Oberlehrer in Zwickau.
10414 —— Excursionsflora für das Königreich Sachsen und die angrenzenden Gegenden. Nach der analytischen Methode. Leipzig, Teubner. 1869. 8. XLVIII, 319 p. (1 *th.* n.)
10415* —— Schulflora von Deutschland. Leipzig, Teubner. 1871. 8. XLVII, 326 p. (1 *th.*)

Wüstemann, *Ernst Friedrich*, Professor am Gymnasium illustre in Gotha, * Gotha 31. März 1799, † Gotha 1. Juni 1856.
10416* —— Ueber die Kunstgärtnerei bei den alten Römern. Vortrag in zwei Sitzungen des Thüringer Gartenbauvereins in Gotha im October und November 1845 gehalten. 1846. 8. 32 p.
10417* —— Unterhaltungen aus der alten Welt für Garten- und Blumenfreunde. Drei Vorträge. (I. Ueber das Veredeln der Bäume bei den Alten. II. Ueber die Papyrusstaude und die Fabrikation des Papiers bei den Alten. III. Die Rose mit besondrer Rücksicht auf deren Kultur und Anwendung im Alterthum) Gotha, Carl Gläser in Comm. 1854. 8. 68 p. (²/₅ *th.*)

Wuestnei, *Karl Georg Gustav*, Lehrer in Schwerin (Wuestneia Rabenh.), * Malchin 18. Febr. 1810, † Schwerin 12. Oct. 1858.

Wulfen, *Franz Xaver*, Freiherr von, Professor in Klagenfurt (Wulfenia Jacq.), * Belgrad 5. Nov. 1728, † Klagenfurt 16. März 1805.
Michael Kunitsch, Biographie des *Franz Xaver Freiherrn von Wulfen*. Wien, Gassler. 1810. 4. 35 p. et 1 tab., effigies *Wulfenii*.
10418* —— Cryptogama aquatica. Lipsiae, Schaefer. 1803. 4. 64 p., 1 tab. (²/₃ *th.*)
10419* —— Plantarum rariorum descriptiones. Lipsiae, Schäfer. (Kühn.) 1805. 4. 116 p., ind., 6 tab. (1 *th.*)
10420* —— Flora norica phanerogama. Im Auftrage des zoologisch-botanischen Vereins in Wien, herausgegeben von *Eduard Fenzl* und *P. Rainer Graf*. Wien, Gerold. 1858. 8. XIV, 816 p. (6 *th.*)
Viri egregii «Icones pictae fungorum (austriacorum) ineditae» 113 tab. col. in 4. servantur in Museo botanico Vindobonensi.

Wulff, *Johann Christoph*, D. M., in Königsberg, † Königsberg 19. Febr. 1767.
10421* —— Specimen inaugurale plantas XXIII in Borussia repertas et nondum descriptas comprehendens. Regiomonti (1744.) 4. 20 p.
10422* —— Flora borussica denuo efflorescens auctior. Cum figuris Regiomonti et Lipsiae, Hartung et Zeis. 1765. 8. 267 p., praef., ind, 1 tab. (Struthiopteris germanica.)

Wunderbar, *R. J.*
10423* —— Biblisch-talmudische Medicin. Erste Abtheilung. Riga und Leipzig 1850. 8. VIII, 119 p.
Materia medica und Pharmacologie der Israeliten. p. 71—119.

Wunschmann, *Friedrich*, * 1803, † Berlin 30. Jan. 1872.
10424* —— Deutschlands gefährliche Giftpflanzen naturgetreu dargestellt und nach ihren Wirkungen und Gegenmitteln beschrieben etc. Berlin, Logier. 1833. 8. VI, 58 p., 24 tab. col (⁵/₆ *th.*)
10425* —— Leitfaden für den botanischen Unterricht auf Gymnasien und Realschulen. Berlin, Plahn. 1851. 8. IV, 83 p.

Wurffbain, *Friedrich Sigismund*, Arzt in Nürnberg, * 1682, † 1710.
10426 —— De Rubea tinctorum. D. Basileae 1707. 4. 28 p.

Wydler, *Heinrich*, Professor in Bern (Wydleria DC.).
10427* —— Essai monographique sur le genre Scrophularia. Genève, Barbazet. 1828. 4. 50 p, 5 tab.
10428* —— Ueber dichotome Verzweigung der Blüthenaxen dicotyledonischer Gewächse. Halle, typ. Gebauer. 1843. 8. 40 p., 2 tab.
Seorsim impr. ex Linnaea, vol. XVII.
10429* —— Ueber systematische Verzweigungsweise dichotomer Inflorescenzen. Regensburg 1851. 8. 110 p., 3 tab.
Besondrer Abdruck aus Flora, 1851. Nr. 19—28.

Wyżycki, *Józef Gerald*, Professor in Warschau.
10430 —— Zielnik ekonomiczno-techniczny, czyli Opisanie drzew, krzewów i roślin dziko rosnących w kraju, jako też przyswojonych, z pokazaniem użytku ich w ekonomice, rękodziełach, fabrykach i medycynie domowej, z wyszczególnieniem jadowitych i szkodliwych, oraz mogących służyć ku ozdobie ogrodów i mieszkań wiejskich. Vilnae, typ. Zawadski. 1845. II voll. 8.
Herbarium oeconomico-technicum.

Y.

Yañez, *Agustin*, Apotheker in Barcelona, * Barcelona 1789, † Barcelona 1857.
Colmeiro Bot. esp. 201.

Yates, *James*, * Highgate 30. April 1789, † London 7. April 1871.
10431* —— Textrinum antiquorum: an account of the art of weaving among the ancients. Part I: On the raw materials used for weaving. London, Taylor and Walton. 1843. 8. XVI, 472 p., 16 tab.

Young, *Edward*.
10432* —— The Ferns of Wales. Neath, printed and published by *Thomas Thomas*. 1856. 4. v, 29 p., with 24 dried specimens. (1 *Guinea*.)

Yvart, *Jean Augustin Victor*, * 1764, † Paris 19. Juni 1831.
10433* —— Object d'intérêt public, recommandé à l'attention du gouvernement et de tous les amis de l'agriculture. (Sur l'influence qu'exerce le vinettier ou épine-vinette (Berberis vulgaris) sur la fructification du froment.) Paris, Huzard. 1816. 8. 92 p. (1 *fr.* 50 *c.*)

Z.

Zahlbruckner, *Johann* (Zahlbruckneria Rchb.), * Wien 15. Febr. 1782, † Grätz 2. April 1850.
10434* —— Darstellungen der pflanzengeographischen Verhältnisse des Erzherzogthums Oesterreichs unter der Enns. Wien, Beck. 1831. 8. 64 p.
Aus den Beiträgen zur Länderkunde Oesterreichs unter der Enns. Band I, 205—268.

Zahn, *Johann Heinrich*.
10435* —— Dissertatio inauguralis de Rhododendro chrysantho. Jenae 1783. 4. 24 p.

Zallinger, *Johann Baptista*, * Botzen 16. Aug. 1731, † Botzen 11. Juli 1785.
10436 —— De ortu frugum ex mechanismo plantarum. D. Oeniponti 1769. 4.
* *germanice*: Abhandlung von dem Ursprung der Früchte aus ihrem Bau hergeleitet. Aus dem Lateinischen übersetzt von *Johann*, Grafen *von Auersperg*. Augsburg, Klett. 1780. 8. 96 p.
10437 —— De incremento frugum. D. Oeniponti 1771. 4.
* *germanice*: Abhandlung von dem Wachsthum der Früchte aus dem Bau der Pflanzen hergeleitet. Aus dem Lateinischen übersetzt von *Johann*, Grafen *von Auersperg*. Augsburg, Klett. 1781. 8. 131 p.
10438* —— De morbis plantarum cognoscendis et curandis dissertatio ex phaenomensis deducta. D. Oeniponti, typ. de Trattnern. 1773. 8. 137 p., appendix.
* *germanice*: Abhandlung über die Krankheiten der Pflanzen, ihrer (sic!) Kenntniss und Heilung. Aus dem Lateinischen übersetzt von *Johann*, Grafen *von Auersperg*. Augsburg, Klett. 1779. 8. IV, 143 p.

Zaluziansky à Zaluzian, *Adam*.
10439* —— Methodi herbariae libri tres *Adami Zaluziansky à Zaluzian*, Med. D. Pragae, in officina Georgii Dacziceni anno Domini MDXCII. 4. (122) foll. et 1 tabula (ad fol. 69 pertinens), Orcheos distributionem sistens. Bibl. Deless., Rivin., Haller., Bibl. univ. Basil. — * *Adami Zaluzanii a Zaluzaniis* Methodi herbariae libri tres. Prodit Francofurti a Collegio Paltheniano. 1604. 4. (120) foll. et 1 tabula, Orcheos distributionem sistens.
Bibl. Berol., Goett., Cand., Vind., Basil., Banks., Haller.
De hoc opere optime disseruit ill. *Roeper* in Flora, diario botanico Ratisbonensi, 1835. p. 225—236. Bene monuit, editiones minime praeter praefixas praefationes inter se differre, quod ipse ego accurate didici

instituta comparatione. Signum chartae impressum utriusque editionis est equus saltans. Pagina decima tertia editionis principis quadrat cum pagina nona editionis Francofurtanae; incipit: Methodi herba | riae liber I. de aetiolo | gia plantarum. | Quid sit herbaria Cap. I. | Herbariae nomine vulgo comprehenditur | permista....

Zamboni, *Giuseppe*.
10440 —— Parnassi botanici fragmenta. Florentiae 1721. 4.
Num differant nescio a *Seguierio* citatae «Icones plantarum CCV cum earumdem virtutibus versibus exaratis, in 4.» Harum iconum exemplar unicum nunc apud D. Joan. Anton. Targionium medicum Florentinum asservatum edendum curavit *Petr. Ant. Michelius*, qui subinde ex illarum aere novas pro opere quod tunc parabat de Novis plantarum generibus tabulas conflavit.

Zanardini, *Giovanni*, M. D., Professor in Padua, * Venedig 1804.
10441* —— Synopsis Algarum in mari adriatico hucusque collectarum, cui accedunt Monographia Siphonearum nec non generales de algarum vita et structura disquisitiones cum tabulis auctoris manu ad vivum depictis. Taurini, ex regio typographeo. 1844. 3. 153 p., 8 tab. col.
Seorsim impr. ex Memorie della R. Acad. di Torino, ser. II. tom. V. p. 105—256.
10442* —— Saggio di classificazione naturale delle Ficee, aggiunti nuovi studii sopra l'Androsace degli antichi, con tavola miniata ed enumerazione di tutte le specie scoperte e raccolte dall' autore in Dalmazia. (Edizione di cente sole copie.) Venezia, typ. Girolamo Tasso. 1843. 4. 64 p., 1 tab. col.
Bot. Zeitung 1844. p. 404—408.
10443* —— Sulle corallinee (polipaj calciferi di *Lamouroux*) Rivista. Venezia, typ. Tasso. 1844. gr. 8. 38 p.
10444* —— Notizie intorno alle cellulari marine delle lagune e de' litorali di Venezia. Venezia, typ. Naratovich. 1847. 8. 88 p., 4 tab.
Atti dell' I. R. Istituto veneto, vol. VI.
10445* —— Prospetto della Flora veneta, in occasione del IX. Congresso degli Scienziati italiani. Venezia, Antonelli. 1847. 4. 53 p.
Estratto dall' opera: Venezia e le sue Lagune.
10446* —— Plantarum in mari rubro hucusque collectarum enumeratio. Venezia 1858.) 4. c. 12 tab.
Mem. dell' Ist. veneto vol. VII. p. 209—309.
10447* —— Iconographia phycologica adriatica, ossia Scelta di Ficee nuove o più rare dei mari mediterraneo ed adriatico. Venezia, typ. Antonelli. 1862—71. 4. — I: 1862—64. VIII, 175 p, tab. col. 1—40. — II: 1865—69. tab. col. 41—80.
Memorie dell' Istituto veneto, vol. 9—14.

Zannichelli, *Gian Girolamo*, Apotheker in Venedig (Zannichellia Mich), * Modena 1662, † Venedig 11. Jan. 1729.
10448* —— Catalogus plantarum terrestrium et marinarum, quibus domus ejus ornatae erant in festo corporis Christi. Venetiis 1711. 1712.
10449* —— De Myriophyllo pelagico, aliaque marina plantula anonyma epistola. Venetiis, apud Andream Poletum. 1714. 8. 17 p., 3 tab.
10450* —— De Rusco, ejusque medicamentosa praeparatione epistola. Venetiis, apud Bonifacium Viezzerum. 1727. 8. 15 p, 1 tab.
10451* —— Opuscula botanica posthuma a *Joanne Jacobo* filio in lucem edita. Venetiis, typ. Dom. Lovisa. 1730. 4. 87 p., praef
Insunt quinque itinera botanica per Istriam et insulas adjacentes; Montis Caballi; stirpium in Monte Vettarum agri Feltrini sponte nascentium descriptio; plantarum Montis Summani agri Vicentini descriptio; per montes Euganeos.
10452* —— Istoria delle piante che nascono ne' lidi intorno a Venezia; opera postuma di *Gian Girolamo Zannichelli*, accresciuta da *Gian Jacopo*, figliuolo dello stesso. Venezia, A. Bortoli. 1735. folio. 290 p., praef., 78 tab.

Zannichelli, *Gian Jacopo*, in Venedig, Sohn Geronimo's.
10453* —— Lettera intorno alle facoltà dell' ippocastano. Venezia, typ. Tommasini. 1733. 4. 15 p., 1 tab.
10454* —— Enumeratio rerum naturalium, quae in Musaeo Zannichelliano asservantur. Venetiis, Antonius Bortolus. 1736. 4. 126 p.

Zanon, *Antonio*, * Udine 18. Juni 1696, † Udine 4. Dec. 1770.
10455* —— Dell' agricoltura, dell' arti e del commercio, in quanto unite contribuiscono alla felicità degli stati, Lettere. Venezia, typ. Fenzo. 1763—71. VIII voll. 8. cum effigie autoris.
10456 —— Delle coltivazione e del uso delle patate e d' altre piante comestibili. Venezia 1767. 8.

Zanoni, *Giacomo*, Präfect des Gartens von Bologna (Zanonia L.), * Montecchio 16. März 1615, † Bologna 24. Aug. 1682.
10457 —— Indice delle piante portate nell' anno 1652 nel viaggio di Castiglione ed altri monti di Bologna. Bologna, Ferroni. 1652. folio. 1 plag.
10458* —— Istoria botanica nella quale se descrivono alcune piante degl' antichi, da moderni con altri nomi proposte; e molt' altre non più osservate, e da varie reggioni del mondo venute, con le virtù e qualità della maggior parte diesse, ed in figure al vivo rappresentate. Bologna, per Gioseffo Longhi. 1675. folio. 211 p, ind., 80 tab.
10459* —— Rariorum stirpium historia ex parte olim edita. Nunc centum plus tabulis ex commentariis auctoris ab ejusdem nepotibus ampliata. Opus universum digessit, latine reddidit, supplevitque *Cajetanus Montius*. Bononiae, typ. Laelii a Vulpe. 1742. folio. 247 p., praef., vita *Zanonii*, effigies *Zanonii*, 185 tab.

Zantedeschi, *Francesco*, Professor der Physik in Padua, * Dolce (Verona) 18. Aug. 1797.
10460* —— Dell' influenza dei raggi solari rifratti dai vetri colorati sulla vegetazione delle piante e germinazione de' semi Memoria. Venezia, Antonelli. 1843. 4. 26 p.
Ejus «Piante rare rinvenute in un viaggio botanico alle alpi Bresciane e Bergamasche» exstant in Commentarj dell' Ateneo di Brescia per 1825.
10461* —— Della electricità degli stami e pistilli delle piante explorata all' atto della fecondazione e di una nuova classificazione delle linfe e succhi vegetabili. Padova, typ. Sicca. 1853. 4. 56 p., 1 tab.
Memorie del Istituto veneto.

Zavira, *Constantin Johann*.
10462 —— Onomatologia Botanike tetraglottos k. t. .. (Nomenclatura botanica quadrilinguis, sive Libellus, in quo nomina diversarum plantarum diversis quatuor idiomatibus, hoc est, Graeco veteri et hodierno, Latino item ac Ungarico comprehenduntur. E diversorum Botanicorum scriptis collectum. Pesthini 1787. 8. 87 p.

Zawadski, *Alexander*, Professor der Botanik in Lemberg, * Bielitz (Schlesien) 6. Mai 1798, † Brünn 5. Mai 1868.
10463* —— Enumeratio plantarum Galiciae et Bucowinae, oder die in Galizien und der Bukowina wildwachsenden Pflanzen mit genauer Angabe ihrer Standorte. Breslau, Korn. 1835. 8. XXIV, 200 p. (1 th.)
10464* —— Flora der Stadt Lemberg, oder Beschreibung der um Lemberg wildwachsenden Pflanzen nach ihrer Blütezeit geordnet. Lemberg, Millikowski. 1836. 8. XVI, 338 p. (1 1/3 th.)

Zea, *Francisco Antonio*, * Medellin (Neu Granada) 1770 † Bath (Somersetshire) 28. Nov. 1822.
Colmeiro Bot. esp. 191.

Zenker, *Jonathan Karl*, Professor in Jena (Zenkeria Frin.), * Sundremda 4. März 1799, † Jena 6. Nov. 1837.
10465* —— Die Pflanzen und ihr wissenschaftliches Studium überhaupt. Ein botanischer Grundriss zum Gebrauche academischer Vorträge und zum Selbststudium. Eisenach, Bärecke. 1830. 8. XII, 278 p. (1 1/3 th)
10466* —— Merkantilische Waarenkunde, oder Naturgeschichte der vorzüglichsten Handelsartikel. Durch illuminirte Abbildungen theils nach der Natur, theils nach den besten Originalien erläutert von *Ernst Schenk*. Jena, Mauke. (Schmidt.) Drei Bände oder 9 Hefte. 1831—35. 4. — I: Heft 1—4. 1831. VI, 136 p., tab. col. 1—24. — II: Heft 5—8. 1832. VI, 155 p., tab. col. 25—48. — III: Heft 1. 1835. 26 p., tab. col. 49—54. (1 1/3 th)
10467* —— Beiträge zur Naturgeschichte der Urwelt. Organische Reste (Petrefakten) aus der Altenburger Braunkohlen-Formation, dem Blankenburger Quadersandstein, jenaischen bunten Sandstein und böhmischen Uebergangsgebirge. Jena, Mauke. 1833. 4. VIII, 67 p., 6 tab. col. (3 th.)
10468* —— Plantae indicae, quas in montibus Coimbaturicis coeruleis, Nilagiri seu Neilgherries dictis, collegit Rev. *Bernhardus Schmidt*. Decas I. II. Jenae, A. Schmidt. Parisiis, Treuttel et Würtz. 1835—37. folio. 22 p., tab. col. 1—20. (8 th.)

10469* **Zenker,** *Jonathan Karl.* Historisch-topographisches Taschenbuch von Jena und seiner Umgebung besonders in naturwissenschaftlicher und medicinischer Beziehung; mit einem Plane von Jena und einem geognostischen Profile. Jena, Frommann. 1836. 8. x, 338 p., 2 tab. (1 $^2/_3$ *th.*)
Flora Jenensis: p. 258—286.

10470* —— Flora von Thüringen und der angränzenden Provinzen. Heft 1—88. Jena (Mauke.) 1836—48. 8. 880 tab. col., text. (29 $^1/_3$ *th.*)
Tabulas delineavit *Ernst Schenk*; textum post *Zenkeri* obitum scripsit *D. F. L. von Schlechtendal,* nunc *Christian Eduard Langethal.*

Zenkoffsky.
10471 —— Nonnulla ad processum vegetationis Coniferarum pertinentia. Petropoli 1846. 4. 41 p, 3 tab. (rossice.)

Zenneck, *Ludwig Heinrich,* Professor in Hohenheim, * Tübingen 1779, ÷ Stuttgart 1859.
10472 —— Flora von Stuttgart. Stuttgart 1822. 4.
10473 —— Oekonomische Flora, oder systematisch tabellarische Beschreibung von 1000 fast überall in Deutschland wildwachsenden phanerogamischen Pflanzen. Stuttgart und Prag, Calve. 1822. 4. x, 55 p, 1 tab. ($^1/_3$ *th*)

Zerapha, *Stefano,* Professor an der Akademie in Malta.
10474* —— Florae Melitensis thesaurus, sive plantarum enumeratio, quae in Melitae Gaulosque insulis aut indigenae aut vulgatissimae occurrunt. Fasc. 1. Melitae, vendunt ab auctore apud Dupont pharmacopolam in via Mercanti Nr. 19. 1827. 8 36 p. — Fasciculus alter. Melitae 1831. 8. ex regia typographia. p. 38—86. (644 Arten.)

Zetterman, *A. J.*
10475 —— et *A. E.* **Brander.** Bidrag till syd-vestra Finland's Flora. Helsingfors 1867. 8. 30 p.

Zetterstedt, *Johan Wilhelm,* Professor in Lund, * Miölby 20. Mai 1785.
10476 ——, pr. De foecundatione plantarum. D. I—III. Lundae, typ Berling. 1810—12 4. 42 p.
10477* —— Resa genom Sveriges och Norriges Lappmarker, förrättad år 1821. Lund, typ. Berling. 1822. II voll. 8. — I: xv, 266 p., 3 tab. col. — II: 231 p.
Register öfver växter, funne under resan i Lappmarken, vol. II. p. 227—231
10478* —— Resa genom Umeå Lappmarker i Vesterbottens Län, år 1832. Örebro 1833. 8. 398 p., 4 tab. (3 *Rdr*)
10479* —— Conspectus plantarum in horto botanico et plantatione universitatis Lundensis praecipue annis 1834—37 obviarum. Lundae, typ. Berling. 1838. 8 109, 2 p.

Zetterstedt, *Johann Emanuel,* Professor in Upsala.
10480* —— Dispositio Muscorum frondosorum in monte Kinnekulle nascentium. Upsaliae, C. A. Leffler 1854. 8. 72 p. (16 *sgr.*)
10481* —— et *Fr. Joh.* **Björnström.** Monographiae Andreaearum Scandinaviae tentamen. Upsaliae, C. A. Leffler. 1855. 8. 56 p. (16 *sgr*)
10482* —— Plantes vasculaires des Pyrénées principales. (Montpellier, typ. Böhm.) Paris, A. Franck. 1857. 8. LVII, 330 p., 1 tab. geogr.
10483* —— Revisio Grimmiearum Scandinaviae. Upsala, typ. Edquist. 1861. 8. 139 p., ind.
10484* —— Om Växtgeographiens Studium. Upsala, Edquist et Berglund. 1863. 8. 52 p.

Zeyher, *Johann Michael,* Oheim des Reisenden, Gartendirector in Schwetzingen, * 26. Nov. 1770, ÷ Schwetzingen 20 April 1843.
10485* —— und *Georg Chr.* **Roemer.** Beschreibung der Gartenanlagen zu Schwetzingen. Mannheim, Bender. 1809. 8. VIII, 96, 95 p., 8 tab. et iconogr horti. (2 $^2/_3$ *th.*)
10486* —— Verzeichniss der Gewächse im Grossherzoglichen Garten zu Schwetzingen. Mannheim, Schwan und Götz. 1818. 8. 207 p. (1 $^5/_{24}$ *th.*)
10487* —— und *J. G.* **Rieger.** Schwezingen und seine Gartenanlagen. Mannheim, Schwan und Goetz. (1826) 8. VIII, 182 p., 8 tab., 1 Plan (3 *th.*)

Zeyher, *Karl Ludwig Philipp,* * Dillenberg 2. Aug. 1799, ÷ am Cap. 30. Dec. 1858.
Bonplandia 1857, p. 354—355.

Zeyss, *Johann Heinrich Wilhelm,* Lehrer in Gotha.
10488* —— Versuch einer Geschichte der Pflanzenwanderung. 1. und 2. Stück. Gotha, typ. Engelhard-Reyher. 1855. 4. 21, 14 p.

Zieger, *Christian Gottlob.*
10489 —— De vita inter plantas optimo sanitatis tuendae praesidio. Lipsiae 1757. 4. 12 p.

Ziegler, *Louis.*
10490* —— Die officinellen Gewächse in tabellarischer Uebersicht nach dem künstlichen und natürlichen Systeme geordnet. Hannover, Kius. 1845. 4. 42 p. ($^1/_2$ *th.*)

Ziegra, *Christian Samuel.*
10491* —— De morte plantarum. Disputatio physica. Wittebergae, typ. Wilckii. 1680. 4. 24 p.

Zigno, *Achille de,* * Padova 1813.
10492* —— Sopra alcuni corpi organici che si osservano nelle infusioni Cenni. Padova, typ. Cartallier e Sicca. 1839. 8. 25 p.
10493* —— Sulle piante fossili del Trias di Recoaro raccolte dal Prof. *A. Massalongo* Osservazioni. Venezia, typ. Antonelli. 1862. 4. 31 p., 10 tab.
Mem. Ist. veneto, vol. XI, 1—31.
10494* —— Dichopteris, genus novum Filicum fossilium. Monografia del genere Dichopteris. Venezia, typ. Antonelli. 1865. 4. 15 p., 3 tab.
Mem. Ist. veneto. vol. XII.
10495* —— Osservazioni sulle Felce fossile dell' Oolite. Padova, typ. Rardi. 1865. 8. 40 p., 1 Tabelle.
10496* —— Flora fossilis formationis oolithicae. Le Piante fossili dell' Ooolite descritte ed illustrate dal Barone *Achille de Zigno.* Vol. I. Padova, dalla tipografia del Seminario. 1856—68. 4. XVI, 223 p., 25 tab.
Erschien in 5 Fasciklen.

Zigra, *Johann Hermann,* Handelsgärtner in Riga, ÷ Riga 5. Jan. 1857.
10497* —— Dendrologisch-ökonomisch-technische Flora der im Russischen Kaiserreiche bis jetzt bekannten Bäume und Sträucher, nebst deren vollständiger Kultur etc. Dorpat, typ. Lindfors. 1839. 2 Bände. 8. 461, 393 p.
rossice: Petropoli 1812. 2 voll. 8.

Zimmermann, *Ferdinand Joseph von,* * Wien 1787.
10498* —— Grundzüge der Phytologie zum Gebrauche seines öffentlichen Vortrags entworfen. Wien, Heubner. 1831. 8. XXIV, 702 p. (3 $^1/_3$ *th*)

Zimmermann, *Hermann.*
10499* —— De Papyro. Particula I. Geographica continens. D. Vratislaviae 1866. 8. 29 p.

Zimmermann, *Johann Georg,* * Brugg 8. Dec. 1728, ÷ Hannover 7. Oct. 1795.
10500 —— Dubia ex *Linnaei* Fundamentis botanicis. Goettingae 1751. 8.

Zimmermann, *Oscar Emil Reinhold,* Oberlehrer in Chemnitz.
10501* —— Abhandlung über das Genus Mucor. Programm der Realschule. Chemnitz, typ. Pickenhahn. 1871. 8. 51 p, 1 tab.

Zinn, *Johann Gottfried,* Professor in Göttingen (Zinnia L.), * Schwabach 4. Dec. 1727, ÷ Göttingen 6. April 1759.
10502* —— Observationes quaedam botanicae et anatomicae de vasis subtilioribus oculi et cochlea auris internae. Goettingae, Vandenhoeck. 1753. 4. 41 p.
Observationes de caulibus fasciatis et variis monstrosis formis p. 1—13.
10503* —— Catalogus plantarum horti academici et agri Gottingensis. Gottingae, Vandenhoeck. 1757. 8. 441 p., praef., ind.

Ziz, *Johann Baptist,* Lehrer in Mainz, * Mainz 8. Oct. 1779, ÷ Mainz 1. Dec. 1829.

Zobel, *Johann Baptista,* Herausgeber des sechsten Bandes von *Corda's* Icones Fungorum, * Prag 8. Aug. 1812, ÷ Pwenec bei Prag 14. Aug. 1865

Zoega, *Johann*, dänischer Etatsrath (Zoegea L.), * Rapsted bei Tondern im Schleswig-Holsteinischen 7. Oct. 1742, † Kopenhagen 29. Dec. 1788.
Biographie in *Stoever's* Historischen statistischen Beiträgen. Hamburg 1789. p. 252.
Flora islandica in *Olafsen* und *Povelsen*, Reise, Theil II. p. 233—244.

Zollikofer, *Kaspar Tobias*, Appellationsrath in St. Gallen (Zollikoferia DC).

10504* —— Versuch einer Alpenflora der Schweiz, in Abbildungen auf Stein, nach der Natur gezeichnet und beschrieben. Tentamen Florae alpinae Helvetiae etc. Heft I. St. Gallen, Huber et Co. 1828. folio. (20) p., 10 tab. col. (2½ th.)

Zollinger, *Heinrich*, * Feuerthalen (Zürich) 22. März 1818, † auf Java 19. Mai 1859.

10505* —— Systematisches Verzeichniss der im indischen Archipel in den Jahren 1842—48 gesammelten so wie der aus Japan empfangenen Pflanzen Heft 1—3. Zürich, Kissling. 1854—55. gr. 8. xiv, 160, 67 p., 1 tab. col. (3 th. 22 sgr.)

Zorn, *Bartholomaeus*, Arzt in Berlin, * 1639, † 1717.

10506* —— Botanologia medica, seu dilucida et brevis manuductio ad plantarum et stirpium tam patriarum quam exoticarum in officinis pharmaceuticis usitatarum cognitionem, oder Kurze Anweisung, wie diejenigen Kräuter und Gewächse, welche in der Artzney gebräuchlich und in den Apotheken befindlich, zu des Menschen Nutzen und Erhaltung guter Gesundheit können angewendet werden. Berlin, Pape. 1714. 4. 740 p., praef., ind, 5 tab.

Zorn, *Johannes* (Zornia Gm.), * 1739, † Kempten 9. Jan. 1799.

10507* (——) Icones plantarum medicinalium. Abbildungen von Arzneigewächsen. Centuria I—V. Nürnberg, Raspe. 1779—84. 8. 336 p., 500 tab. col. (16 th. — col. 48 th.) — * Zweite Auflage. Centuria I—VI. Nürnberg, Raspe. 1784—90. 8. x p., 600 tab. col.

Zornow, *R.*

10508 —— Flora von Gumbinnen. Programm der höheren Bürgerschule. Gumbinnen 1870. 4.

Zsigray, *Karl Ludwig*.

10509* —— Enumeratio Centaurearum Hungariae. D. Pestini 1838. 8. 13 p.

Zuccagni, *Attilio*, † Florenz 1807.

10510* —— Dissertazione concernente l'istoria di una pianta panizzabile dell' Abissinia, conosciuta da quei popoli sotto il nome di Tef. Firenze, typ. Vanni. 1775. 8. vii, 45 p., 1 tab.

10511* —— De naturali liliorum, quae ante simulacra Deiparae locantur, fructificatione, veluti prodigium evulgata. (Florentiae 1796.) 8. (16) p.

10512* —— Lettera indirizzata al Signor *Giuseppe Antonio Cavanilles* (sopra i fiori della Lopezia racemosa.) s. l. et a. 8. 11 p., 1 tab. col.
Estratto dal Giornale Pisano tom. V. Nr. 14.

10513* —— Centuria prima observationum botanicarum, quas in horto regio Florentino ad stirpes ejusdem novas vel rariores illustrandas instituit. (Florentiae 1806.) 4. (25) foll., 1 tab.

10514* (——) Synopsis plantarum, quae virescunt in horto botanico Musei R. Florentini hoc anno 1806. (Florentiae, typ. Didot. 1806.) gr. 8. LXIX p.

Zuccalmaglio, *A. W. von*, genannt *Wilhelm von Waldbruehl*, * Waldbrühl 17. März 1808.

10515* —— Die deutschen Pflanzennamen, gesammelt und gesichtet. Berlin, Vereinsbuchhandlung. 1841. 8. vi, 82 p. (⅓ th.)

Zuccarini, *Franz Karl*, Professor der Botanik in Heidelberg, * Mannheim 24. Febr. 1737, † Heidelberg 15. Nov. 1809.

Zuccarini, *Joseph Gerhard*, Professor in München (Zuccarinia Bl), * München 10. Aug. 1797, † München 18. Febr. 1848.
v. *Martius*, Denkrede auf *J. G. Zuccarini*. München, typ. Weiss. 1848. 4. 32 p.

10516* —— Monographie der amerikanischen Oxalisarten. München, typ. Seidel. 1825. 4. 60 p., 6 tab. — * Nachtrag zu der Monographie der amerikanischen Oxalisarten. ib. 1831. 4. 100 p., 3 tab.
Seorsim impr. ex Denkschriften der Münchner Akademie der Wissenschaften.

10517* **Zuccarini**, *Joseph Gerhard*. Flora der Gegend um München. Erster Theil. Phanerogamen. (Class. I—XI) München, Lindauer. 1829. 8. 418 p. (1⅓ th.)

10518* —— Characteristik der deutschen Holzgewächse im blattlosen Zustande. Mit Abbildungen von *Sebastian Minsinger*. München, (Cotta.) 1823—31. 2 Hefte. 4. 32 p., 18 tab. col. (5⅔ th.)

10519* —— Ueber die Vegetationsgruppen in Baiern. Eine Rede. München, typ. Pössenbacher. 1833. 4. 26 p. (⅓ th.)

10520* —— Ueber einige Pflanzen aus den Gattungen Agave und Fourcroya. Breslau und Bonn 1833. 4. 22 p., 3 tab.
Ex novis actis physico-medic academiae caesareae Leopoldino-Carolinae. Tom. XVI. pars 2. p. 659—678. 678ᵇ. 679.

10521* —— Plantarum novarum vel minus cognitarum, quae in horto botanico herbarioque regio Monacensi servantur. IV fasciculi. Monachi, Franz. 1837—40. 4. 110, 72, 146, 36 p., 30 tab. (4 th. 22 sgr.)
Abhandlungen der mathematisch-physikalischen Classe der Königlich Bayerischen Akademie der Wissenschaften in München.

10522* —— Ueber zwei merkwürdige Pflanzenmissbildungen. München, Franz. 1844. 4. 15 p., 2 tab. (¼ th.)
Abhandlungen der mathematisch-physikalischen Classe der Königlich Bayerischen Akademie der Wissenschaften in München.

10523* —— Naturgeschichte des Pflanzenreichs. Kempten, Dannheimer. 1843. 8. 322 p., praef. (1 th.)
Etiam inscribitur: *J. A. Wagner's* Handbuch der Naturgeschichte. Band II.

Zumaglini, *Antonio Mauritio*, † Biella in Piemont 14. Nov. 1866.

10524* —— Flora Pedemontana sive Species plantarum phanerogamarum in Pedemonte et Liguria sponte nascentium. Tomus I Augustae Taurinorum, typ. J. Favale. 1849. 8. 435 p. — Tomus II. Bugellae, typ. Ardizzone. 1860. 8. 444, iv p.

10525 —— Della malattia attuale dell' uva, sue cause e rimedii. Memoria I. II. Torino, Cugini Pompa e Comp. 1851—53. 16. 70 p.

Zunk, *Hermann Leopold*.

10526* —— Die natürlichen Pflanzensysteme geschichtlich entwickelt. Eine von der philosophischen Fakultät zu Leipzig gekrönte Preisschrift. Leipzig, Hinrichs. 1840. 8. vi, 208 p. (1⅙ th.)

Zuppinger, *Ferdinand*.

10527* —— Die glücklich entdeckte Ursache der Kartoffelkrankheit. Zürich, Orell, Füssli et Co. 1847. 8. 29 p. (⁸⁄₁₅ th.)

Zwanziger, *Ignaz*, * Margarethen am Moos in Niederösterreich 5. Oct. 1822, † Salzburg 29. Nov. 1853.

10528 —— Flora von Lungau. Lungau 1853. 8.

Zwinger, *Friedrich*, Professor in Basel, * Basel 1707, † Basel 1776.

10529* —— Positiones anatomico-botanicae. Basileae, typ. Decker. 1731. 4. 11 p.

10530* —— Theses anatomico-botanicae. D. Basileae, typ. Decker 1733. 4. 8 p.

Zwinger, *Johann Jakob*.

10531 —— Dissertatio medica inauguralis de valetudine plantarum secunda et adversa. Basileae, apud Joh. Jac. Genathium. 1708. 4.
Exstat etiam in *Theodori Zwingeri* Fasciculo dissertationum medicarum selectiorum p. 309—358.

Zwinger, *Johann Rudolf*, Professor in Basel, * Basel 3. Mai 1692, † Basel 31. Aug. 1777.
Wolf, Biographien III, 123.

Zwinger, *Theodor*, Professor der Anatomie und Botanik in Basel (Zwingera Schreb.), * Basel 26. Aug. 1658, † Basel 22. April 1724.
Wolf, Biographien III, 119—132.

10532* —— Theatrum botanicum, das ist, neu vollkommenes Kräuterbuch, erstens an das Tagesliecht gegeben von *Bernhard Verzascha*, in einer ganz neue Ordnung gebracht, auch mehr als umb die helffte vermehret und verbessert durch *Theodor Zwinger*. Basel, Jakob Bertsche. 1696. folio. 995 p., ic. xyl. i. t. — * Theatrum botanicum, das ist, Vollkommenes Kräuterbuch, worinnen allerhand Erdgewächse etc. Itzo

übersehn und vermehrt durch *Friedrich Zwinger*, des seligen Autors [† 1724] Sohn. Basel, Bischoff. 1744. folio. (6) foll., 1216 p., ind, ic. xyl.
Sunt icones, quibus *Camerarius* in Epitome usus fuerat, et vires medicae, et opus ipsum *Matthioli*, per *Camerarium* et *Verzascham* correctum.

10533 **Zwinger,** *Theodor.* Lucubrationes academicae circa plantarum doctrinam in genere, cum continuatione. Basileae 1698. 4.

10534* —— Fasciculus dissertationum medicarum selectiorum; *Theodorus Zwingerus*, cujus privata cura, institutione et auxilio, a suis quaeque auctoribus conscriptae, publiceque ventilatae fuerunt, revidit, emendavit, auxit. Basileae, König. 1710. 8. 649 p.

10535* —— Examen plantarum nasturcinarum, quo vegetabilium horum structura naturalis, qualitates, vires atque usus in vita humana salubris breviter ac dilucide explicantur. D. Basileae, typ. Thurnisiorum. 1714. 4. VIII, 92 p.

10536* **Zwinger,** *Theodor,* pr. De Cymbalaria. D. Basileae, typ. Lüde. 1715. 4. 20 p., 1 tab. col. — *Impr. cum *Wepfer* Cicutae aquaticae historia. Basileae 1716. 4. — *Lugduni Batavorum 1733. 8. p. 459—481.

10537* ——, pr. De Thee helvetico. D. Impr. cum *Wepfer* Cicutae aquaticae historia. Basileae 1716. 4. — *Lugduni Batavorum 1733. 8. p. 423—458.

Zynen, *T. D. Vrydag.*
10538 —— De in den Handel voorkomende Kinabasten, pharmacologisch behandeld. Rotterdam 1835. 8.

ADDENDA.

Auerswald, † Leipzig 30. Juni 1870.

Balderama, *Jenaro.*
10539* —— Ensayo descriptivo de las Palmas de San Martin i Casanare. Bogota, typ. Rivas. 1871. 8. 12 p.

Baxter, *William,* † Oxford 1. Nov. 1871.

Beddome, *R. H.*
10540* —— Icones plantarum Indiae orientalis.
Prodierunt anno 1871. Partes 5—8.

Birdwood, *C.*
10541 —— Catalogue of the vegetable productions of the presidency of Bombay. Ed. II. Bombay 1865. 8. (14 s.)

Blytt, *A.*
10542* —— Christiania Omegns Phanerogamer og Bregner med angivelse af deres udbredelse samt en indledning om vegetationens afhængighed af underlaget. Christiania, typ. Brogger. 1870. 8. 103 p.

Braun, *Alexander.*
10543 —— Die Characeen Europa's in getrockneten Exemplaren (von Professor Dr. *A. Braun* in Berlin, Dr. *L. Rabenhorst* in Dresden und Dr. *E. Stitzenberger* in Constanz. Fasc. I. Nr. 1—25. Dresden 1857. — Fasc II. Nr. 26—50. ib. 1858. — Fasc. III. Nr. 51—75. ib. 1867. (Mit einem gedruckten Conspectus systematicus Characearum europaearum auctore *A. Braun.*) — Fasc. IV. Nr. 76—100. ib. 1870.

Brefeld, *Oscar.*
10544* —— Untersuchungen über die Entwicklung der Empusa muscae und Empusa radicans und die durch sie verursachten Epidemien der Stubenfliegen und Raupen. Halle, Schmidt. 1871. 4. 50 p., 4 tab. (1 ⅕ th.)

Caruel, *Teodoro.*
10545* —— Statistica botanica della Toscana. Firenze, typ. Pellas. 1871. 8. II, 374 p. (15 Lire.)

Cesati, *Vincenzo.*
10546* —— Compendio della Flora italiana. Vol. I. Milano, Villardi. 1869—71. gr. 8. 215 p., 28 tab.

Colmans, *Eugen,* † Gent 9. Jan. 1871.

Colmeiro, *Miguel..*
10547* —— Examen histórico-crítico de los trabajos concernientes á la Flora hispano-lusitana. Madrid, typ. Rey. 1870. 8. 86 p.

Compayno, *Louis,* † Perpignan 1871.

Deichmann Branth, *J. S.*
10548* —— og *E. Rostrup.* Lichenes Daniae eller Danmarks Laver. Kjøbenhavn. Gad. 1869. 8. 158 p., 2 tab.
Bot. Tidskrift, Bind III.

Dippel, *Leopold.*
10549* —— Das Mikroskop. 2. Theil. Braunschweig, Vieweg. 1869. 8. XV, 465 p., 8 tab. (6 ⅔ th.)

Dolliner, *Georg,* † Idria 16. April 1872.

Duchartre, *Pierre Etienne.*
10550* —— Observations sur le genre Lis (Lilium Tournef.). Paris, typ. Donnaud. 1871. 8. 142 p.
Journal de la soc. centrale d'horticulture. II. Série. vol. 4. 5.

Duftschmid, *Johann.*
10551 —— Die Flora von Oberösterreich. Linz, Ebenhöch. 1870. 8.

Dumortier, *Barthélemy Charles.*
10552* —— Notice sur les espèces indigènes du genre Scrophularia. Tournay, typ. Blanquart. 1834. 8. 12 p.

10553* —— Opuscules de botanique et d'histoire naturelle. Fascicules 1—10. Bruxelles, typ. Annoott-Braeckman. 1862—68. 8.

10554* —— Les Scirpes triquètres. Gand, typ. Annoott-Braeckman. 1868. 8. 6 p.

10555* —— Bouquet du Litoral belge. Gand, typ. Annoott-Braeckman. 1869. 8. 58 p.

10556* —— Pomone Tournaisienne. Tournay, Casterman. Leipzig, Kittler. 1869. 8. 247 p., ic. xyl.

Duschak, *M.,* Rabbiner in Gaya.
10557* —— Zur Botanik des Talmud. Pest, typ. J. Neuer. 1870. 8. 136 p. (⅔ th.)

Duval-Jouve, *Joseph.*
10558 —— Étude anatomique de l'arête des Graminées. Paris, Baillière. 1871. 4. (4 fr.)

Eichelberg, *Johann Friedrich Andreas,* † Genf 25. April 1871.

Eichler, *August Wilhelm.*
10559* —— Versuch einer Charakteristik der natürlichen Pflanzenfamilie Menispermeae. Regensburg 1864. 4. 42 p., 1 tab.
Regensburger Denkschriften, Band V.

Figari Bey, † Genua 1870.

Fischer, *L.*
10560 —— Flora von Bern. Dritte umgearbeitete und vermehrte Auflage. Bern, Huber et Co. 1871. XXVIII, 268 p., 1 mappa geogr. (1 th. n.)

Fricken, *Wilhelm von.*
10561* —— Excursionsflora zur leichten und sicheren Bestimmung der höheren Gewächse Westphalens. Arnsberg, Grote. 1871. 8. XCII, 323 p. (1 th. n.)

Fries, *Theodor Magnus.*
10562* —— Lichenographia scandinavica sive Dispositio Lichenum in Dania, Suecia, Norvegia, Fennia, Lapponia rossica hactenus collectorum. Pars prima. Upsaliae, Lundequist, typ. Berling. 1871. 8. IV, 324 p. (2 ½ th.)

Fritzsche, *Karl Julius,* † Dresden 20. Juni 1871.

Fuckel, *Leopold.*
10563* —— Symbolae mycologicae. Nachtrag. Wiesbaden, Niedner. 1871. 8. 59 p. (⅓ th. n.)

Fuisting, *Wilhelm,* † Münster 17. Nov. 1870.
Garcke, *August.*
10564* —— Flora von Nord- und Mitteldeutschland. Zehnte verbesserte Auflage. Berlin, Wiegandt und Grieben. 1871. 8. VIII, 628 p. (1 *th.* n)
Garovaglio, *Santo.*
10565 —— Discorsi sulla botanica. Parte 1. 2. Pavia 1866. 8.
Geel, *P. C. van.*
10566* —— Sertum botanicum. Collection choisie des plantes les plus remarquables par leur élégance, leur éclat et leur utilité; dédiée à la Reine par une société des botanistes. Bruxelles (1828—)36. folio min. 600 tab. col.
Gevers Deynoot, *D. R.*
10567 —— en *T. H. A. J.* **Abeleven.** Flora Noviomagensis. Nijmegen, Haspels. 1848. 8. (1 *fr.* 50 *c.*)
Gorkum, *K. W. van.*
10568* —— Die Chinakultur auf Java. Aus dem Holländischen übertragen von *C. Hasskarl.* Leipzig, W. Engelmann. 1869. 8. 61 p.
Grenier, *Charles.*
10569* —— Flore de la chaîne jurassique I. II. Besançon, Dedivers et Co. (Paris, Savy.) 1865—69. 8. 1001 p.
Grisebach, *August.*
10570* —— Die Vegetation der Erde nach ihrer klimatischen Anordnung. Ein Abriss der vergleichenden Geographie der Pflanzen. Band 1. 2. Leipzig, W. Engelmann. 1872. 8. VIII, 603, x, 635 p., 1 mappa geogr.
Hanstein, *Johannes.*
10571* —— Botanische Abhandlungen aus dem Gebiete der Morphologie und Physiologie. Band 1. Bonn, Marcus. 1871. 8.
Harz, *C. O.*
10572* —— Einige neue Hyphomyceten Berlins und Wiens. Moskau 1872. 8. 60 p., 4 tab.
Heer, *Oswald.*
10573* —— Flora fossilis Alaskana. Stockholm, Norstedt et Söner. (Leipzig, F. A. Brockhaus.) 1869. 4. 41 p., 10 tab. col. (1 1/5 *th.* n.)
Sv. Acad. Handl. vol. VIII, Nr. 41.
10574* —— Flora fossilis arctica. 2. Band. Winterthur, Wurster et Co. 1871. 4. VII, 233 p., 59 tab. col. (10 2/3 *th.* n.)
Henkel, *J. B.,* † Tübingen 2. März 1871.
Heufler, *L. von Hohenbühel.*
10575* —— Enumeratio Cryptogamarum Italiae venetae. Viennae, Gerold. 1871. 8. 150 p. (2/3 *th.* n.)
Verh. der zool. bot Ges., Band 21.
Heurck, *Henri van.*
10576* —— Observationes botanicae et descriptiones plantarum novarum herbarii Van Heurckiani. Fasciculus I. II. Anvers, F. Baggerman. 1870—71. 8. 249 p. (2 1/5 *th.* n.)
Hildebrand, *Friedrich.*
10577* —— Ueber die Geschlechtsverhältnisse bei den Compositen. Jena, Frommann. 1869. 4. 104 p., 6 tab. (2 2/3 *th.* n.)
Hooker, *Joseph Dalton.*
10578* The Flora of British India. Part 1. London, L. Reeve and Co. 1872. 8. XL, 208 p. (10 *s.* 6 *d.*)
Husemann, *August und Theodor.*
10579* —— Die Pflanzenstoffe in chemischer, physiologischer, pharmakologischer und topikologischer Hinsicht. Berlin, Springer. 1870—71. 8. VII, 1178 p. (7 *th.* n.)
Jack, *Joseph Bernhard.*
10580* —— Die Lebermoose Badens. Ein Beitrag zur Kenntniss der Lebensweise und geographischen Verbreitung dieser Pflanzen. Freiburg im Breisgau, typ. Poppen. 1870. 8. 95 p.
Berichte der naturf. Gesellschaft in Freiburg.
Jankovcsich,
10581 —— Synopsis specierum hungaricarum Amanitae. Pestini 1838. 8.
Johnson, *Thomas.*
10582* —— Opuscula omnia botanica *Thomae Johnsoni,* pharmaceuticae societatis Londinensis socii. Nuperrime edita a *T. S. Ralph.* Londini, sumtibus Gulielmi Pamplin. 1847. 4. 13, 48, 78, 19, 37 p., 3 tab. (12 *s.*)
Just, *Leopold.*
10583* —— Keimung und erste Entwicklung von Secale cereale unter dem Einflusse des Lichtes. D. Breslau, Maruschke und Berendt. 1870. 8. 50 p. (1/3 *th.* n)
Karsten, *Hermann.*
10584 —— Zur Geschichte der Botanik. Berlin, Friedländer. 1870. 8. VII, 37 p. ic. xyl. (1/3 *th.*)
Kehrer, Professor in Heilbronn.
10585 —— Flora der Heilbronner Stadtmarkung. Beitrag 1—3. Heilbronn (Tübingen, Fues.) 1856. 1860. 1870. 4. 40, 48 p. (1 *th.* 11 *sgr.* n.)
Ker, *John Bellenden,* † 1871.
Kerner, *Anton Joseph.*
10586* —— Novae plantarum species. Fasc. 1. 2. Innsbruck, Wagner. 1870. 8.
Kiessler, *R.*
10587* —— Flora der Umgegend von Stendal. Stendal, Franzen und Grosse. 1871. 8. 130 p.
Klaudyan, *Nicolaus,* Arzt in
10588* (——) Knieha lekarska kteraz slo- | we herbarz: a neb zelinarz : | zvelmi vziteczna : zmno- | hych kniech latinskych. | yz/kutecznych pra- | czij vybrana : po- | czina se sstiastnie. (i. e. Arzneibuch, welches heisst Kräuterbuch.) (Norimbergae 1517.) folio. 130 foll., ic. xyl. Bibl. Mus. Senckenb. Francof., Bibl. Kew.
Adamski, Hist. rei herb. p. 10.
Knapp, *Joseph Hermann.*
10589* —— Die bisher bekannten Pflanzen Galiziens und der Bukowina. Wien, Braumüller. 1872. 8. XXVI, 520 p. (4 *th.*)
Knobbe.
10590* —— Das Weizenkorn und seine Keimung. Programm. Königsberg, typ. Dalkowski. 1871. 4. 17 p.
Krempelhuber, *August von.*
10591* —— Dritter Band: Die Fortschritte und die Literatur der Lichenologie in dem Zeitraume von 1866—70 incl. nebst Nachträgen aus den früheren Perioden. München 1872. 8. XIII, 260 p. (8 *th.*)
Kuphaldt, Lehrer in Plön.
10592* —— Die Flora von Plön. Programm. Plön, typ. Hirt. 1863. 8. 38 p.
Langmann, *Johann Friedrich.*
10593 —— Flora des Grossherzogthums Meklenburg und der angrenzenden Gebiete. Umgearbeitet und neu herausgegeben von *E. Langmann.* Dritte Auflage. Schwerin, Schmale. 1871. 8. XVI, 320 p. (5/6 *th.* n.)
Lecoq, *Henri,* † Clermont-Ferrand 4. Aug. 1871.
Leighton, *W. A.*
10594* —— The Lichen-Flora of Great Britain, Ireland and the Channel Islands. Shrewsbury, printed for the author. 1871. 8. II, 470 p.
Leitgeb, *Hubert.*
10595* —— Beiträge zur Entwicklungsgeschichte der Pflanzenorgane. IV. Wachsthumsgeschichte von Radula complanata. Wien, Gerold. 1871. 8. 48 p., 4 tab. (17 *gr.* n.)
10596* —— Zur Morphologie der Metzgeria furcata. Gratz 1872. 8. 12 p., 2 tab.
Lemaire, *Charles Antoine,* *Paris 1801, † Paris 22. Juni 1871.
Lenormand, *René,* † Vire (Calvados) 11. Dec. 1871.
Leroy, *André,* in Angers.
10597* —— Dictionnaire de pomologie, contenant l'histoire, la description, la figure des fruits anciens et des fruits modernes les plus remarquablement connus et cultivés par *André Leroy.* Tome 1. 2. Poires. Paris 1867—69. 8. 615, 776 p.
Lundell, *P. M.*
10598* —— De Desmidiaceis, quae in Suecia inventae sunt, Observationes criticae. Upsaliae, typ. Berling. 1871. 4. 100 p., 5 tab.
Nova Acta Ups. Vol. VIII.

Luerssen, *Christian.*
10599* —— Beiträge zur Entwicklungsgeschichte der Farnsporangien. Habilitationsschrift. Leipzig, typ. Breitkopf und Härtel. 1872. 8. 32 p., 3 tab.
Macedo, *M. A. de.*
10600* —— Notice sur le palmier Carnauba. Paris, typ. Plon. 1867. 8. 46 p.
Corypha cerifera.
Malbranche, *A.*
10601* —— Catalogue descriptif des Lichens de la Normandie classés d'après la méthode du Dr. *Nylander.* Rouen, typ. Lecointe. 1870. 8.
Martins, *Charles.*
10602* —— Observations sur l'origine glaciaire des tourbières du Jura neuchâtelois et de la végétation spéciale qui les caractérise. Montpellier, Boehm et fils. 1871. 4. 34 p.
Mémoires de l'ac. Montp. VIII, 1—34.
Martius, *Karl Friedrich Philipp von.*
10603* —— Flora Brasiliensis. Fasc. 51—56. edidit *Aug. Guil. Eichler.* Leipzig, Fr. Fleischer in Comm. 1871—72. folio. (35⅔ th. n.)
Matthew, *Patrick.*
10604 —— Naval timber and arboriculture. London, Longman. 1831. 8.
Miquel, *F. A. W.*
10605* —— Illustrations ... Livr. 1. 2. Amsterdam 1870—71. 4. 96 p., 25 tab. (10 fr.)
Moggridge, *J. Traherne.*
10606* —— Ueber Ophrys insectifera L. Jena, Frommann. 1869. 4. 16 p., 4 tab. col. (1⅕ th. n.)
Mohl, *Hugo von,* † Tübingen 1. April 1872.
Müller, *N. J. C.,* Professor in Heidelberg
10607* —— Botanische Untersuchungen. 1—3. Heidelberg, Winter. 1872. 84 p., 1 tab.
Mueller, *Otto.*
10608* —— Ueber den feineren Bau der Zellwand der Bacillarien, insbesondere des Triceratium Faves Ehrenb. und der Pleurosignen. Berlin, typ. Unger. 1871. 8.
Aus Müller's Archiv 1871.
Naccari, *Fortunato Luigi,* † Padua 3. März 1860.
Neger, *Johannes.*
10609 —— Excursionsflora Deutschlands. Nürnberg, Korn. 1871. 8. XLIV, 443 p. (1¾ th. n.)
Noeldeke, *C.,* Ober-Appellationsrath in Celle.
10610 —— Flora Cellensis. Verzeichniss der in der Umgegend von Celle wildwachsenden Gefässpflanzen, Moose und Flechten. Celle, Schulze. 1871. 8. VIII, 96 p. (½ th.)
Noerdlinger.
10611* —— Der Holzring als Grundlage des Baumkörpers. Stuttgart, Cotta. 1871. 8. IV, 55 p.
Ohlert, *Arnold.*
10612 —— Lichenologische Aphorismen. I. Königsberg. II. Danzig, Weber. 1871. 4. 37 p. (14 gr. n.)
Paine, *John A.,* jr., in Utica.
10613* —— Catalogue of plants found in Oneida County and vicinity. New York 1865. 8. 140 p.
From the Report of the Regents of the University of the state of New York.
Passerini, *Giovanni.*
10614* —— Primo Elenco di funghi Parmensi. Genova 1867. 8. 46 p.
Comment. critt. ital.
Peyritsch, *Johann.*
10615* —— Ueber Pelorien bei Labiaten. 1. 2. Wien, Gerold. 1869—71. 8. 24, 27 p., 6 tab. (1½ th. n.)
Pfeffer, *W.*
10616* —— Die Entwicklung des Keimes der Gattung Selaginella. Bonn, Marcus. 1871. 8. 80 p., 6 tab. (1⅔ th.)
Hanstein Botanische Abhandlungen, Heft 4.
Pfeiffer, *Ludwig.*
10617* —— Synonymia botanica locupletissima generum, sectionum et subgenerum ad finem anni 1858 promulgatorum. In forma conspectus systematici totius regni vegetabili schemati Endlicheriano adaptati. Vollständige Synonymik .... Cassellis, Fischer. 1870. 8. VIII, 672 p. (3½ th. n.)
Pinzger, *P.*
10618* —— Kritischer Vergleich der im Gouvernement Moskau wildwachsenden Pflanzen mit den gleichen Species der deutschen Flora. Programm. Brandenburg, Wiesike. 1868. 4. 23 p., 2 tab.
Radde, *G.*
10619* —— Reisen in den Süden von Ostsibirien. Botanische Abtheilung. Nachträge zur Flora der Gebiete des russischen Reichs östlich vom Altai bis Kamtschatka und Sitka. Bearbeitet von *E. Regel.* Band 1. Moskau 1861. 8. VIII, 211 p., 5 tab.
Bull. nat. Mosc. 1861.
Rapin, *Daniel.*
10620 —— Le guide du botaniste. Ed. II. Genève 1862. 12. 770 p. (12 fr.)
Ravin, *E.*
10621 —— Catalogue méthodique et raisonné des plantes qui croissent naturellement dans le département de l'Yonne. Auxerre 1861. 8. (3 fr.)
Redslob, *Julius.*
10622 —— Die Moose und Flechten Deutschlands. Mit besonderer Berücksichtigung auf Nutzen und Nachtheile dieser Gewächse. Zweite umgearbeitete Auflage. Leipzig, Baensch. 1871. 4.
Regel.
10623 —— Revisio specierum Crataegorum. Petropoli 1871. 8.
Reichenbach, *Heinrich Gustav.*
10624 —— Beiträge zur systematischen Pflanzenkunde. Leipzig, Abel. 1871. 4. 74 p. (2 th.)
Reinke, *Johannes.*
10625* —— Untersuchungen über Wachsthumsgeschichte und Morphologie der Phanerogamenwurzel. Bonn, Marcus. 1871. 8. 50 p., 2 tab. (⅔ th.)
Hanstein Botanische Abhandlungen, Heft 3.
Reisseck, *Siegfried,* † Wien 9. Nov. 1871.
Rhodion, *Eucharius,* Stadtarzt zu Frankfurt a/M.
10626* —— Kreutterbuch von allen Erdtgewächsen, anfenglich von Dr. *Johan Cuba* zusamenbracht, jetz widerum new corrigirt, und auss den bestberümptsten Aerzten, auch täglicher erfarnuss, gemehrt. Mit warer Abconterfeitung aller kreuter. Distillirbuch *Hieronymi Braunschwig* von aller kreuter aussgebrenten Wassern, hiemit fuglich ingeleibt. (Getruckt zu Franckfurt am Meyn, bei Christian Egenolff, volendet uf den 26 tag Mertzens. Nach der geburt Christi unsers Seligmachers MDXXXIII jare. folio min. (8) foll., CCXII p., (4) foll., ic. xylogr. i. t. — *Frankfurt a/M., bei Christian Egenolph. 1540. folio. (24), CCCVIII, (5) p., ic. xylogr. i. t. — *Frankfurt a/M., bei Christian Egenolph. 1550. folio.
Rochleder, *Friedrich.*
10627* —— Phytochemie. In *L. Gmelin* Handbuch der Chemie. Band VIII, 1—154. Heidelberg 1858. 8.
Ruchinger, *Giuseppe Maria.*
10628* —— Cenni storici dell' I. R. Orto botanico in Venezia e Catalogo delle piante in esso coltivate. Venezia, Antonelli. 1847. 8. XIII, 150 p.
Sachs, *Julius.*
10629* —— Arbeiten des botanischen Instituts in Würzburg. Heft 1.2. Leipzig, Engelmann. 1871. 1872. 8. 286 p., 7 tab.
Sachsse, *R.*
10630 —— Ueber einige chemische Vorgänge bei der Keimung von Pisum sativum L. Habilitationsschrift. Leipzig 1872. 8. 55 p.
Saporta, *Gaston, Comte de.*
10631 —— Prodrome d'une Flore fossile des travertins anciens de Sézanne. Paris, Savy. 1865. 4. (17 fr.)
Mém. soc. géol.
Sauter, *Anton Eleutherius.*
10632* —— Die Vegetationsverhältnisse des Pinzgaus im Herzogthum Salzburg. Salzburg 1863. 8. 98 p.
Mittheilungen der Ges. für Salzburger Landeskunde, Band 3
10633* —— Kryptogamenflora des Pinzgaus. Salzburg 1864. 8. 56 p.
Mittheilungen der Ges. für Salzburger Landeskunde, Band 4.

10634* **Sauter,** *Anton Eleutherius.* Flora des Herzogthums Salzburg. 1.—4. Theil. Salzburg, Mayr. 1866—71. 8. 68, 203, 83, 37 p. (1 th. 11 gr. n.)
Schlosser, *Joseph Calasanz, Ritter von Klekowski.*
10635* —— und *Ludwig von* **Farkas-Vukotinović.** Flora croatica, exhibens stirpes phanerogamas et vasculares cryptogamas quae in Croatia, Slavonia et Dalmatia sponte crescunt nec non illas quae frequentissime coluntur. Zagrabiae, apud Fr. Župan. (Albrecht et Fiedler.) 1869. 8. cxli, 1302 p.
Seemann, *Berthold,* † Javali (Nicaragua) 10. Oct. 1871.
Seligmann, *Franz Romeo,* Professor in Wien.
10636* —— Liber fundamentorum pharmacologiae. Auctore *Abu Mansur Mowafik Ben Ali el Herwi.* Epitome codicis manuscripti persici Bibl. caes. reg. Vienn. inediti. Primus Latio donavit Dr *Romeo Seligmann.* Pars I. D. Vindobonae, typ. Schmid. 1830. 8. 90 p. — Pars II. Vindobonae, typ. Schmid. 1833. 8. 111 p.
10637* —— Ueber drei höchst seltne Persische Handschriften. Ein Beitrag zur Literatur der orientalischen Arzneimittellehre. Wien, typ. Schmid. 1833. 8. 43 p.
10638* —— Prolegomena in codicem Vindobonensem sive medici *Abu Mansur Muwafak Bin Ali Heratensis* Librum Fundamentorum pharmacologiae linguae ac scripturae persicae specimen antiquissimum nuper editum. Vindobonae, typ. aulae et status. 1859. 8. 55 p.
Sonder, W.
10639* —— Die Algen des tropischen Australiens. (Hamburg 1871.) 4. 41 p., 6 tab. col.
Sperk, *Gustav.*
10640* —— Algenflora des schwarzen Meeres. Charkow 1869. 8. IV, 160 p.
10641* —— Die Lehre von der Gymnospermie im Pflanzenreiche. Petersburg, Akademie der Wissenschaften. 1869. 4. 91 p., 7 tab. (1 th. 17 ngr.)
Mém. ac. Pét. XIII, Nr. 6.
Spring, *Anton,* † Lüttich 17. Jan. 1872.
Stur, *Dionys.*
10642* —— Ueber den Einfluss des Bodens auf die Vertheilung der Pflanzen. Als Beitrag der Flora von Oesterreich, der Geographie und Geschichte der Pflanzenwelt. Heft 1. 2. Wien, Gerold. 1856—57. 8. 79, 75 p. (27 gr. n.)
Sitzungsberichte der Akademie der Wissenschaften.
Suringar, *W. F. R.*
10643* —— Algae japonicae Musei botanici Lugduno-Batavi. Harlemi, typ. heredum Loosjes. 1870. 4. 39 p., 25 tab. col.
Tieghem, *Philippe van.*
10644 —— Recherches sur la structure du pistil et sur l'anatomie comparée de la fleur. Vol. 1. 2. Paris, Savy. 1871. 4. 265 p., 16 tab. (20 fr.)
Triana.
10645* —— Nouvelles Études sur les Quinquinas, d'après les matériaux présentés en 1867 à l'exposition universelle de Paris, et accompagnées des facsimile des dessins de la Quinologie de Mutis. Paris 1872. folio. 84 p., 33 tab. (70 fr.)
Velasco, *José.*
10646 —— Flora mexicana. Mexico 1870. 8.
Venturi, *Antonio.*
10647* —— Nozioni organografiche e fisiologiche sopra gli Imenomiceti di montagne con note e tavole. Brescia, tip. del pio Istituto. 1844. 8. 32 p., 2 tab.
Visiani, *Roberto de.*
10648* —— Considerazioni intorno al genere ed alla specie in botanica. Venezia 1847. 4. 59 p.
Mem. Ist. ven. III.
10649* —— Proposta di una nuova distribuzione delle Labiate europee. Padova, Sicca. 1848. 4. 20 p.
Nuovi Saggi.
10650* —— Relazione critica di un' opera sopre le piante fossili dei terreni terziarii del Vicentino del Dr. *A. Massalongo.* Venezia 1852. 8. 7 p.
Atti Ist. ven. III.

10651* **Visiani,** *Roberto de.* Relazione intorno alla malattia dell' uva nel 1853. Venezia 1854. 8. 16 p.
Atti Ist. ven. V.
10652* —— Di due piante insettifughe, Pyrethrum roseum et P. cynarifolium Trev. Padova 1853—54. 8. 14 p.
10653* —— Di due piante nuove dell' ordine delle Bromeliacee. Venezia, typ. Cecchini. 1854. 4. 9 p., 1 tab. col.
Mem. Ist. ven. V.
10654* —— Revisio plantarum minus cognitarum, quas hortus Patavinus colit. Venezia, typ. Antonelli. 1855. 8. 8 p. — *Recensio altera. ib. 1859. 8. 12 p.
Atti Ist. ven. I. IV.
10655* —— ed *A.* **Massalongo.** Flora de' terreni terziarii di Novale nel Vicentino. Torino, dalla stamperia. 1856. 4. 47 p., 13 tab (12 fr.)
Mem. Acc. Torino XVII.
10656* —— Piante fossile della Dalmazia raccolte ed illustrate. Venezia, typ. Antonelli. 1858. 4. 35 p., 6 tab. (7 fr. 50 c)
Mem. Ist. ven. VII.
10657* —— Sopra l' Acanto degli scrittori greci e latini studi critici. Venezia, typ. Antonelli. 1858. 4. 7 p.
Mem. Ist. ven. VII.
10658* —— Plantarum serbicarum Pemptas, ossia Descrizione di cinque piante serbiane. Venezia, typ. Antonelli. 1860. 4. 11 p., 5 tab.
Mem. Ist. ven. IX.
10659* —— Due nuove piante dell' orto botanico di Padova. Padova, typ. Randi. 1860. 4. 7 p., 1 tab. col.
Nuovi Saggi VII.
10660* —— Sulla vegetazione e sul clima dell' isola di Lacroma in Dalmazia Osservazioni. Trieste, C. Cohen. 1863. 8. 16 p., 1 mappa col.
10661* —— Palmae pinnatae tertiariae agri veneti illustratae. Venezia, typ. Antonelli. 1864. 4. 26 p., 12 tab.
Mem. Ist. ven. XI.
10662* —— Di una nuova specie di Manna caduta in Mesopotamia nel Marzo 1864 Relazione. Venezia, typ. Antonelli. 1865. 8. 25 p.
Atti Ist. ven. X.
10663* —— Di due nuovi generi di piante fossili. Padova, typ. Randi. 1869. 8. 8 p.
10664* —— Florae dalmaticae supplementum. Opus suum novis curis castigavit et auxit. Venetiis, typ. Antonelli. 1872. 4. 189 p., 10 tab. col.
Vittadini, *Carlo.*
10665* —— Della natura del calcino e mal del segno Memoria. Milano, typ. Bernardoni. 1824. 4. 68 p., 2 tab.
Giornale dell' Istituto lombardo tomo III.
Vriese, *Willem Hendrik de.*
10666* —— De Kamferboom van Sumatra. Leiden, H. R. de Breuk. 1851. 4. xii, 69 p., 1 tab. col.
Wacker, *H.*
10667* —— Uebersicht der Phanerogamenflora von Culm. Culm, typ. Lohde. 1861. 4. 24 p.
Waga, *Jakob,* † Lomza 23. Febr. 1872.
Warner, *Robert.*
10668* —— Select orchidaceous plants. Series II. Part 1—8. London, Lovell Reeve. 1865—72 4. 24 tab. col. (à 10 s. 6 d.)
Watson, *Sereno.*
10669* —— and *Daniel C.* **Eaton.** Botany of the United States Geological Exploration of the fortieth parallel. Washington, Government printing office. 1871. 4. LIII, 525 p., 40 tab.
Weiss, *Adolf,* Professor in Prag.
10670* —— Zum Baue und der Natur der Diatomaceen. Wien, Gerold. 1871. 8. 37 p., 2 tab. (⅔ th. n.)
Wiener Sitzungsberichte, Band 63.
Weiss, *Christian Ernst,* Professor an der Bergakademie in Berlin.
10671* —— Fossile Flora der jüngsten Steinkohlenformation und des Rothliegenden im Saar-Rheingebiete. Bonn, A. Henry, 1869—72. 4. 250 p, 20 tab.
Welwitsch, *Friedrich.*
10672* —— Sertum angolense sive stirpium quarundam novarum vel minus cognitarum in itinere per Angolam et Benguellam

observatarum descriptionibus iconibus illustratum tentavit. London 1869. 4. 94 p., 25 tab.
Transact. Linn. Soc. vol. XXVII.

Wiesner, *Julius*.
10673* —— Mikroskopische Untersuchungen. Stuttgart, J. Maier. 1872. 8. ix, 189 p. (1 *th*.)

Wilkes, *Charles*.
10674* —— Botany of the United States Expedition during the years 1838—42 under the command of *Charles Wilkes*, U. St. N. Phanerogamia. Philadelphia, typ. Sherman. 1854. 4. 777 p., 100 tab. in folio. (13 *l*. 13 *s*.)
Wilkes Exploring Expedition vol. VX, Parte I.
Continet Ranunculeas usque ad Loranthaceas. Partem alteram non vidi.

Willkomm, *Moritz*.
10675* —— Forstliche Flora von Deutschland und Oesterreich. Lieferung 1. Leipzig, Winter. 1872. 8. 80 p.

ANONYMA ET PERIODICA.

10676* Nova Acta Academiae Leopoldinae Carolinae Naturae Curiosorum. Vol. 9—36. Bonn (Jena, Frommann.) 1818—72. 4.

10677* Adansonia. Recueil périodique d'observations botaniques, rédigé par *H. Baillon*. Vol. 1—9. Paris 1860—70. 8.

10678 —— Afbeeldingen der Artseny-gewassen met derzelver Nederduitsche en Latynsche beschryvingen. (Naar het Hoogd. door *D. L. Oskamp*, *M. Houttuyn* en *J. C. Krauss*.) Vol. 1—6. Amsterdam, J. C. Sepp. 1796—1800. 8. 600 tab.

10679* Alphabetum empiricum, sive *Dioscoridis* et *Stephani Atheniensis* philosophorum et medicorum de remediis expertis liber, juxta alphabeti ordinem digestus. Nunc primum a *Casparo Wolphio*, Tigurino medico, in latinam linguam conversus, et in lucem editus. (Tiguri) 1581. 8. 76 foll.
Secundum codicem manuscriptum in *Conradi Gesneri* bibliotheca adservatum et inscriptum: Περὶ φαρμάκων ἐμπειρίας liber traductus esse dicitur.

10680* Annalen der Botanik. Herausgegeben von *Paulus Usteri*. Zürich, Orell, Gessner, Füssli et Co. Leipzig, Peter Philipp Wolf. Vierundzwanzig Stück. 1791—1800. 8. (17½ *th*.)
Inscribuntur etiam fasciculi VII—XXIV: «Neue Annalen der Botanik.»

10681* Annales de la société phytologique d'Anvers. Tome I. Anvers, typ. Jorssen. 1864—67. 8.
vidi Livr. 1—10: 160 p.

10682 Annales de Flore. Vol. 1—16. Paris 1832—48. 8.

10683* Annales de la société d'horticulture de Paris. Paris 1821—71. 8.
Seit 1855: «Journal.»

10684* Annales de l'Institut royal horticole de Fromont, dirigées par *Etienne Soulange-Bodin*. Vol. 1—6. Paris, Huzard. 1829—34. 8.

10685 Annales des sciences naturelles. Botanique. I. Série. Vol. 1—30 et Table générale. Paris 1824—33. 8. — II. Série. Vol. 1—20 et Table générale. ib. 1834—43. 8. — Série III. Vol. 1—20 et Table générale. ib. 1844—53. 8. — Série IV. Vol. 1—20 et Table générale. ib. 1854—63. 8. — Série V. Vol. 1—15. ib. 1864—71. 8.

10686 Annals of the Canada Botanical Society. Vol. I. Kingston 1860—62. 4.

10687* Annals of botany, by *Charles Konig* and *John Sims*. Vol. 1. 2. London, typ. Taylor. 1805—6. 8.

10688* Arbolayre contenant la qualitey et virtus proprietey des herbes arbres gomes et semeces. s. l. et a. folio. Bibl. Paris.

10689* Arbeiten des botanischen Instituts in Würzburg. Herausgegeben von *Julius Sachs*. Heft 1. 2. Leipzig, Engelmann. 1871—72. 8.

10690* Arboretum floridum, oder eine Gemüthserfrischende Beschreibung der Bäumen. Augspurg, typ. Koppmayer. 1689. 12. (2), 108 p., 34 tab.

10691* Nederlandsch Kruidkundig Archief. Uitgegeven door *W. H. de Vriese*, *F. Dozy* en *J. H. Molkenboer*. Deel 1—5. Leyden 1848—63. 8.

10692 Botanisches Archiv der Gartenbaugesellschaft des österreichischen Kaiserstaates. Abbildungen und Beschreibungen neuer oder seltener Pflanzen, welche in den Gärten der Monarchie blühen. Wien 1837. 2 Hefte. 4.

10693* Archiv für die Botanik. Herausgegeben von *J. J. Roemer*. Leipzig, Schaefer. 1796—1805. 9 Stück = III vol. 4. — I: Stück 1—3. 1796—98. viii, 134, 122, 186 p., ind., 17 tab. — II: Stück 4—6. 1799—1801. 450 p,, ind., 13 tab. — III: Stück 7—9. 1803—5. vi, 464 p., 9 tab. (24 *th*.)

10694* Archiv skandinavischer Beiträge zur Naturgeschichte. Herausgegeben von *Christian Friedrich Hornschuch*. Erster Theil (oder drei Hefte). Greifswald 1845. 8. xii, 462, 14 p., 4 tab. (2½ *th*)

10695* Archiv der Gewächskunde. Wien, auf Kosten des Herausgebers. (Schaumburg.) 1812—18. 5 Lieferungen oder 2 Bände. 4. 296 tab., text. (24⅙ *th*.)

10696* Archives de botanique. Rédigées par *A. J. Guillemin*. Tome 1. 2. Paris 1833. 8.

10697 A short attempt to recommend the study of botanical analogy, in investigating the properties of medicines from the vegetable kingdom. London 1784. 8. 101 p.

10698* Beiträge zur Pflanzenkunde des russischen Reiches. Herausgegeben von der Kaiserlichen Akademie der Wissenschaften. Lieferung 1—11. St Petersburg, Druckerei der Akademie der Wissenschaften. (Leipzig, Voss.) 1844—59. 8. (6¼₀ *th*.)
Singulae partes sub nomine autoris recensentur.

10699 La Belgique horticole, rédigé par *Edouard Morren*. Vol. 1—21. Liège 1850—71. 8.

10700 Billotia, ou notes de botanique publiées par *V. Bavoux*, *A. Guichard*, *P. Guichard* et *J. Paillot*. Besançon, J. Jacquin. 1864—66. 8.

10701* Phytographische Blätter. Verfasst von einer Gesellschaft Gelehrten. Herausgegeben von *D. G. F. Hoffmann*. Erster Jahrgang. Göttingen 1803. 8. x, 124 p., 8 tab. col.

10702* Bonplandia. Zeitschrift für die gesammte Botanik. Herausgegeben von *Berthold Seemann*. Jahrgang 1—10. Hannover, Rümpler. 1853—62. 4. (49⅓ *th*.)

10703* Die fruchtbare Boriza (Botrychium Lunaria) oder das heilsame Mondkraut, mit vielen chymischen und lunarischen Früchten abgebildet. Brieg, typ. Jacob. 1681. 8. 127 p.
Nomen autoris Jakob Martini liquet e Bibl. Rivin. Nr. 6883.

10704* Der Botaniker, oder compendiöse Bibliothek alles Wissenswürdigen aus dem Gebiete der Botanik. Heft 1—9, 13—18. (Schluss.) Gotha und Halle, Gebauer. 1793—96. 8.

10705* Japanese Botany, being a Fac Simile of a Japanese book with introductory notes and translations. Philadelphia, J. B. Lippincott. (1858.) 8. xii, 56 p., 44 ic. xyl.

10706* Medical Botany: or, history of plants in the materia medica of the London, Edinburgh, et Dublin Pharmacopoeias. Arranged according to the Linnaean system. London, Cox and Son. 1821—22. II voll. 8 max. — I: 1821, xii, 228 p., 72 tab col. — II: 1822. vi, 216 p., tab. col. 73—138.

40707* Svensk Botanik. Stockholm 1801—38. XI voll. (Fasc. 1—129.) gr. 8. 774 foll., 774 tab. col.
  Första Bandet, utgifven af *J. W. Palmstruch* och *C. W. Venus*. Stockholm, tryckt hos C. Delén och J. G. Forsgrén. 1802. 8. foll. et tab. col. 1—72. — Ed. II. utgifven af *Johan Wilhelm Palmstruch*, och å nyo upplagd af *Gustaf Johan Billberg*. Stockholm, tryckt hos C. Delén. 1815. gr. 8.
  Andra Bandet, utgifven af *Johan Wilhelm Palmstruch*. Stockholm, tryckt hos Carl Delén. 1803. gr. 8. foll. et tab. col. 73—144.
  Tredje Bandet, utgifven af *J. W. Palmstruch*, med text författad af *C. Quensel*. Stockholm, tryckt hos Henrik A. Nordström. 1804. gr. 8. foll. et tab. col. 145—216.
  Fjerde Bandet, utgifven af *J. W. Palmstruch*, med text författad af *C. Quensel*. Stockholm, tryckt hos Carl Delén. 1805. gr. 8. foll. et tab. col. 217—288.
  Femte Bandet, utgifven af *J. W. Palmstruch*, med text författad af *O. Swartz*. Stockholm, tryckt hos Carl Delén. 1807. gr. 8. foll. et tab. col. 289—360.
  Sjette Bandet, utgifven af *J. W. Palmstruch*, med text författad af *O. Swartz*. Stockholm, tryckt hos Carl Delén. 1809. gr. 8. foll. et tab. col. 361—432.
  Sjunde Bandet, utgifven af *G. J. Billberg*, med text författad af *O. Swartz*. Stockholm, tryckt hos Olof Grahn. 1812. gr. 8. foll. et tab. col. 433—504.
  Åttonde Bandet, utgifven af *G. J. Billberg*, med text författad Nr. 1—6 af *O. Swartz*, Nr. 7—12 af Utgifvaren. Stockholm, tryckt hos Carl Delén. 1819. gr. 8. foll. et tab. col. 505—576.
  Nionde Bandet, utgifven af Kongl. Vetenskaps Academien; innehållande Nr. 577—648. Ifrån och med Nr. 595 sammanfattadt af *Göran Wahlenberg*. Upsala, tryckt hos Palmblad et Co. 1823—25. gr. 8. foll. et tab. col. 577—648.
  Tionde Bandet, utgifven af Kongl. Vetenskap Academien; innehållande Nr. 649—720, sammanfattadt af *Göran Wahlenberg*. Upsala, tryckt hos Palmblad et Co. 1826—29. gr. 12. foll. et tab. col. 649—720.
  Elfte Bandet (Häftena 121—129), utgifven af Kongl. Vetenskaps Academien, sammanfattadt af *Göran Wahlenberg* et *Pehr Fredrik Wahlberg*. Upsala, tryckt hos Palmblad et Co. Stockholm, tryckt hos Norstedt et Söner. 1830—38. gr. 8. foll. et tab. col. 721—774.
  Operis Svensk Botanik ex decreto Academiae regiae Holmiensis continuationes non amplius prodibunt. Textum conscripserunt *Quensel* vol. I—IV, annis 1802—6; *Swartz* vol. V—VII et fasciculos 85—90 tomi octavi, annis 1806—17; *Billberg* fasciculos 91—96 tomi octavi et 97—99 tomi noni, annis 1818—21; *Wahlenberg* fasciculos 100—108 tomi noni, tomum decimum, et fasciculos 121—123 tomi undecimi, annis 1822—30; *Pehr Fredrik Wahlberg* fasciculos 124—1829 tomi undecimi, annis 1830—38. Figurae pictae sunt a *Venus* et *Palmstruch*, utroque Centurione equestri, a Professoribus *Swartz*, *Acharius*, *Wahlberg*, *Agrelius*, *Laestadius*. Pretium uniusque fasciculi initio valde fuit modicum, 16 skill. Bco., dein ad 32 skill. Bco., postremo 1 Rdr. Bco. auctum est. Historiam operis fuse tradit ill. *Wikström* in Consp. lit. bot. in Suecia p. 251—256.

40708 Bulletin de la société royale de botanique de Belgique. Tome 1—9. Bruxelles 1862—70. 8.

40709* Bulletin botanique, ou Collection de notices originales et d'extraits des ouvrages botaniques, souvent accompagnés de gravures représentants des analyses d'organes importants de la fleur ou du fruit etc. par *Seringe*. Genève, Barbezat. 1830. 8. 348. p., 9 tab. (12 fr.)

40710* Bulletin de la société botanique de France. Tome 1—16. Paris 1854—69. 8.

40711* The botanical Cabinet, consisting of coloured delineations of plants from all countries, with a short account of each, directions for management etc. by *Conrad Loddiges and Sons*. The plates by *George Cooke*. London, Arch. 1818—24. X voll. 4. tab. col. 1—1000. totidem foll. text., ind. — vol. XI—XX: ib. 1825—33. 8. tab. col. 1001—2000. totidem foll. text., ind.

40712* The Floricultural Cabinet and Florist's Magazine, by *Joseph Harrison*. Vol. 1—10. London, Whitaker. 1833—42. 8. — New Series. Vol. 1—7. ib. 1843—46. 8.

40713* Catalogue of exotic plants cultivated in the island of Mauritius, at the royal botanic garden Pamplemousses, at his excellency the Governor's Garden at Reduit, at Mon Plaisir, Bois Cheri etc. with an enumeration of the most remarkable indigenous plants of that colony. Compiled and published under the auspices and authority of his excellency Sir *Robert Townsend Farquhar*, Baronet, Governor, Captain-General, Vice-Admiral. (Printed by Mallac brothers, printers to government.) 1822. 4. 44 p.

40714* Catalogus plantarum singularum suis areolis distinctarum scholae botanicae horti regii Parisiensis, quibus ea instructa erat anno 1656. Accessit index plantarum aliarum quae passim in caeteris ejusdem horti partibus occurrunt. Cur. et dil. *M. A. E. P. P.* Parisiis, apud J. Bessin. 1656. 12. 59 p. — ib. 1660. 12. 59 p. (differt.)

40715* Botanisches Centralblatt für Deutschland, redigirt von *L. Rabenhorst*. Leipzig, Kummer. 1846. 8. Erster Jahrgang. VIII, 552 p., 1 tab. (2⅔ th.)

40716 The Gardeners Chronicle, conducted by *John Lindley* and *Masters*. London, published for the proprietors, at 3, Charles Street, Covent Garden. 1841—71. folio.

40717* Commentario della società crittogamologica italiana. Vol. 1. 2. Genova 1861—67. gr. 8.

40718* Companion to the Botanical Magazine; being a Journal, containing such interesting botanical information, as does not come within the prescribed limits of the Magazine. London, typ. Couchman. 1835—36. II voll. 8.

40719* Conversations on botany. With plates. Sixth edition. London, Longman, Rees. 1828. 8. XIX, 278 p., 21 tab. col. (12 s.)

40720* De latinis et graecis nominibus arborum, fruticum, herbarum, piscium et avium liber: ex Aristotele, Theophrasto, Dioscoride, Galeno, Nicandro, Athenaeo, Oppiano, Aeliano, Plinio, Hermolao Barbaro et Joanne Ruellio: cum gallica earum nominum appellatione. Lutetiae, ex officina Roberti Stephani. 1544. 8. 85 p., ind. — *Lugduni, apud Theobaldum Paganum. 1548. 8 min. 155 p., ind. — *ib. 1552. 12. 148 p., ind. — Ed. III: Pictavii, ex officina Marnesiorum et Bouchetorum fratrum. 1552. 4. 77 p., ind. — *Ed. IV: Lutetiae, apud Carolum Stephanum. 1554. 8. 102 p., ind.

40721* Denkschriften der Königlichen Botanischen Gesellschaft in Regensburg Band 1—5, 1. Regensburg 1815—64. 4.

40722* Dictionnaire des sciences naturelles, dans lequel on traite méthodiquement des différens êtres de la nature, considérés soit en eux-mêmes, d'après l'état actuel de nos connaissances, soit relativement à l'utilité qu'en peuvent retirer la médecine, l'agriculture, le commerce et les arts; suivi d'une Biographie des plus célèbres naturalistes. Ouvrage destiné . . . . par plusieurs Professeurs du jardin du roi et des principales écoles de Paris. Paris et Strasbourg, Levrault. 1816—30. LX voll. 8.
  Ad hoc opus pertinent praeterea volumen supplementum et schemata sistens, 60 fasciculi icones, 4 volumina biographias et 25 fasciculi effigies naturae scrutatorum continentes. Tabulae botanicae coloratae sunt 500. Res botanicas exposuerunt *Brongniart*, *DeCandolle*, *Cassini*, *Desfontaines*, *St.-Hilaire*, *von Humboldt*, *de Jussieu*, *Lesson*, *Loiseleur-Deslongchamps*, *Mirbel*, *Poiret*, alii.

40723* Nouveau Dictionnaire d'histoire naturelle, appliquée aux arts, à l'agriculture, à l'économie rurale et domestique, à la médecine etc. Par une société de naturalistes et d'agriculteurs. Nouvelle édition presque entièrement refondue. Paris, Deterville. 1816—19. XXXVI voll. 8. A—Z.

40724* Dictionnaire classique d'histoire naturelle par Messieurs *Audouin*, *Bourdon* etc. dirigé par *Bory de Saint-Vincent*. Paris, Rey et Gravier. 1822—31. XVII voll. 8.
  Volumen XVII continet 160 tab. col. et 141 p. explicationes.

40725* Dictionnaire universel d'histoire naturelle, resumant et complétant tous les faits présentés . . . . dirigé par *Charles d'Orbigny*. Vol. 1—13. Paris, Renard, Martinet et Co. 1842—49. 8.

40726* Dreihundert auserlesene Amerikanische Gewächse nach Linné'scher Ordnung. (Nach *Jacquin's* Stirpes americanae entworfen.) Nürnberg, Raspe. 1785—88. 8. x foll., 300 tab. col. (24 th.)

10727* Ectypa vegetabilium usibus medicis praecipue destinatorum, et virium et culturae brevis descriptio. Nach der Natur verfertigte Abdrücke der Gewächse unter der Aufsicht *Christian Gottlieb Ludwig's*. Halae, typ. Trampe. 1760. folio. 100 tab. col., 48 p.

10728* Nouveaux élémens de botanique à l'usage des élèves qui suivent le cours du jardin des plantes et de l'école de médecine de Paris, par M. *L****. Paris, Crochard. 1809. 8. xx, 167, 204 p. — *Seconde édition revue et corrigée par M. *C* … ib. 1812. 12. xx, 204, 9 p. — Ed. III. Paris 1815. 12. — *Ed. IV. Paris 1817. 12. xxii, 386 p. — Ed VI. corrigée et augmentée par *Fr. V. Mérat*. Paris 1829. 12.

10729* Encyclopédie méthodique. Botanique Paris 1783—1817. XIII voll. 4. — I: 1783. A—Cho. xliv, 752 p. — II: 1786. Cic—Gor. 774 p. — III: 1789. Gor—Mau. viii, 759 p. — IV: 1797. Mau—Pan. vii, 764 p. — V: 1804. Pan—Pyx. viii, 748 p. — VI: 1804. Qua—Sci. 786 p. — VII: 1806. Sci—Tra. 731 p. — VIII: Tre—Zuc. 879 p. — Supplément. IX: 1810. A—Byt. xviii, 761 p. — X: 1811. Caa—Gyr. 876 p. — XI: 1813. Hab—Mor. 780 p. — XII: 1816. Mor—Ryn. 731 p. — XIII: 1817. Sa—Z. et Addenda. viii, 780 p avec un Atlas gr. in 4: 900 tab.
De la Marck est autor voluminum I—IV; *Poiret* continuavit opus a vol. V—XIII.

10730* Tableau encyclopédique et méthodique des trois règnes de la nature. Botanique. Illustration des genres. Paris 1791—1823. III voll. 4 — I: 1791. xvi, 496 p. — II: 1793. 551 p — III et Supplément: 1823. 728 p
De la Marck est autor voluminum I et II; *Poiret* absolvit opus.

10731* Neue Entdeckungen im ganzen Umfang der Pflanzenkunde. Leipzig, Fr. Fleischer. 1820—22. III voll. 8. — I: 1820. iv, 452 p., 3 tab — II: 1821. 363 p., 3 tab. — III: 1822. 409 p. (6⅔ th.)

10732* Excursions-Taschenbuch der Flora von Göttingen, Münden, Heiligenstadt und Uslar Göttingen, Rente. 1868. 8. iv, 108 8. (⅔ th. n.)

10733 The Irish Flora, comprising the flowering plants and ferns Dublin 1847. 12. 220 p. (5 s.)

10734* Flora Stª Helenica. St. Helena, printed by J. Boyd. 1825. 4. 20 p.

10735* Flora oder Botanische Zeitung. Jahrgang 1—25. Regensburg 1818—42 8. — Neue Reihe. Band 1—29. ib. 1843—71. 8.

10736* Flora corcirese. Ionios Anthologia. Corfu 1834—35. 8. 430—469. 668—703. 940—964. 180—227.

10737 Flora universalis, oder naturgetreue Abbildungen aller bekannten, auch der seltensten Gewächse. 6 Hefte. Dresden, Arnold 1805. folio. 75 tab. col.

10738* Flore de Serres et des Jardins de l'Europe, ou description et figures des plantes les plus rares et les plus méritantes Réd. par *Blume, Brongniart, Decaisne, Miquel, Reichenbach, van Houtte* et a. 17 vols. Gand 1845—70. 8. (208 th)

10739* Flore des serres et jardins de Paris, ou collection des plantes remarquables par leur utilité, leur élégance, leur éclat ou leur nouveauté. Par *une société de botanistes*. Paris, rue du Coq St. Honoré n° 4. 1834. VI voll. 4. (600) tab. col., (600) foll.

10740 Florula Columbiensis, or a list of plants found in the district of Columbia, during the years 1817—18. Washington 1819. 8.

10741* The flower garden display'd, in above four hundred curious representations of the most beautiful flowers, regulary dispos'd in the respective months of their blossom, curiously engraved on copperplates from the designs of Mr. *Furber* and others and coloured to the life; with the description and history of each plant and the method of their culture. London, Hazard. 1732. 4. 108 p., 13 tab. col. — Ed. II. ib. 1734. 4. (non differt.)

10742* The Flower Garden of new or remarkable plants, by *John Lindley* and *Joseph Paxton*. Vol. 1—3. London 1851—53. 4. 108 tab. col. (40 th.)

10743* Garten-Flora. Herausgegeben von *Eduard Regel* und (anfänglich) von *Oswald Heer*. Jahrgang 1—20. Erlangen, Encke. 1852—71. 8.

10744 Gartenzeitung. Mit illuminirten Kupfern. Halle, Gebauer. 1804—6. 4 Bände. 4. (9⅝ th.)

10745* Allgemeine Gartenzeitung. Eine Zeitschrift für Gärtnerei und alle damit in Beziehung stehende Wissenschaften. In Verbindung mit den tüchtigsten Gärtnern und Botanikern des In- und Auslands herausgegeben von *Friedrich Otto* und *Albert Dietrich*. Fünfzehn Jahrgänge. Berlin, Nauck. 1833—47. XV voll. gr. 4. (60 th.)

10746 The Botanical Gazette, by *Arthur Henfrey*. Vol. 1—3. London 1849—51. 8.

10747* Giornale botanico italiano, compilato per *Filippo Parlatore*. Anno 1. 2. Firenze 1844—47. 8.

10748* Nuovo Giornale botanico italiano. Vol. 1. 2. Firenze 1869. 1870. 8.

10749* Handatlas sämmtlicher medicinisch-pharmaceutischer Gewächse, oder naturgetreue Abbildungen und Beschreibung der offizinellen Pflanzen für Pharmaceuten, Mediciner und Droguisten. Herausgegeben von einem Vereine Gelehrter. Jena, Mauke. 1845—47. 4 min. xxx, x p., 192 tab. col. (10 th.)

10750* Hedwigia. Ein Notizblatt für kryptogamische Studien. Band 1—10. Dresden, C. Heinrich. 1852—71. 8. (20 th.)

10751 A boke of the properties of herbes called an herball, drawen out of an auncyent booke of phisyck by *W. C.* London, by Wyllyam Copland. s. a. 8. 10 plag.

10752 —— Imprinted | at London in Fletstrete | at the sygne of the George | nexte to seynt Dunstones churche | by me Wyllyam Myddylton | In the yere of our Lorde | M CCCCC XLVI.
Aliae editiones «The grete Herball» inscriptae laudantur in Bibliotheca Banksiana: Londoni 1526. 1529. 1539. 1561. folio.

Herbarius.

10753* Herbarius. Ma | guntie impressus. | anno 1484. 4. (4), 150, (19) foll., ic. xyl. i. t.

10754* Herbarius Patavie im | pressus anno domiʒ cete | ra LXXXV. 4. (4), CL, (1) foll., cum CL ic. xyl. — *Herbarius Patavie im | pressus anno domini et ce | terra LXXXVI. 4. (4), CL, (18) foll., cum CL ic. xyl. satis rudibus.

10755 (Herbarius.) Herbolarium seu de virtutibus herbarum. (Folium CL^b:) Finiunt Liber vocatur herbolarium de virtutibus herbarum. Impressum Vincentiae, per Magistrum *Leonardum de Basileae* et *Guilielmum de Papia* Socios. Anno salutis M.CCCC.LXXXXI. die XXVII meñ. Octob. 4. CL, (18) foll., ic. xyl.

10756* (Herbarius). Incipit tractatus de virtutibus herbarum. | Arnoldi de nova villa Avicenna. Impressum Venetiis per *christophorum de pensis* anno domini nostri Jesu Christi 1502, Julius, die vero 4. A | a | b | c—r; ic. xyl.

10757* (Herbarius). Venetiis per Simonem Papiensem dictum Bivilaquam, 1499. 4.

10758 (Herbarius). Venetiis, per Jo. Rubeum et Bernardinum, fratres Vercellenses. 1509. 4. ic. xyl.

10759 Een Herbarius of Kruydboek. s. l. (typ. Joh. Veldener Calemburgi.) 1484. 4. ic. xyl.

10760 Herbarius of Kruidboeck in dietsche. Anvers, Mathias Goes. (1482.) 4.

10761 Herbarius (Den groten) met alden figueren der cruyden enz. Geprent Tutrecht onder Sinte Martens toorn by my Jan Berntsz. 1538. folio.

10762* Le grant herbier en francoys : contenant les qualitez : vertus : et proprietez des herbes : arbres : gommes : semences : huylles : et pierres precieuses : extraict de plusieurs traictez de medecine : comme de Avicenne : Rasis : Constantin.

Isaac : Plataire : et Ypocras. Selon le commun usaige. Imprime nouvellement a Paris. Par *Alain Lotrian* Imprimeur et libraire. s. a. 4. (20), 176 foll. binis columnis 41 linearum, ic. parv. xyl. i. t. (Aloe—Zuccarum.) — * Imprime par *Denis Janot et Alain Lotrian*. s. a. 4. (20), 176 foll. — * Imprime nouvellement a Paris par *Jehan Janot*, imprimeur et libraire jure en universite de Paris. s. a. 4. (20), 176 foll. ic. xyl. — *Paris, Jehan Petit. 4. 108 foll., ind., binis columns 46 linearum, ic. xyl. i. t. — Imprime a Paris par Jaques Nyuerd | Pour Michel le noir. Marchant Libraire | iure De luniuersite de Paris.

10763* Herbier général de l'amateur, 2ᵉ série, contenant les figures coloriées des plantes nouvelles et rares des jardins de l'Europe, leur description, leur culture, par MM. *A. Brongniart, Richard, Decaisne, Spach*, et rédigé par *Ch. Lemaire*. Paris 1845. 4.

10764* Herbolario volgare. Stampato nella inclita citta di Venetia con accuratissima diligentia per Alessandro de Bindoni : nel anno 1522 adi 30. del nese del Agost. 150 ic. xyl.

10765* Herbolario volgare. Vinegia, A. Bindone. 1536. 8.

10766* Herbolario volgare : di novo venute i luce : e di latino in volgare tradutte. etc. (in calce:) Stampato in Venetia con somma diligentia : per Giovanno Maria Palamides. 1539. a di ultimo Jugio. 8 lat. x foll., (150) ic. xyl.

10767* Herbolario volgare, nel qual è le vertu delle herbe e molti altri semplici se dechiarano, con alcune belle aggionte novamente de latino in volgare tradutto (in calce:) Stapato ne la inclita citta di Venetia con accuratissima diligentia per Giovanni Maria Palamides nel anno MDXL. 8 (181) foll., (150) ic. xyl.

10768* Histoire des plantes de l'Europe et des plus usitées, qui viennent d'Asie, d'Afrique et d'Amérique etc. divisée en deux tomes, et rangée suivant l'ordre du Pinax de *Gaspard Bauhin*. Lyon, chez Jean Baptiste de Ville. 1683. II voll. 8. — Lyon 1689. II voll. 12. 866 p. — Lyon, chez Nicolas de Ville. 1707. II voll. 8. — *ib. 1716. II voll. 8. (non differt) — *ib. 1719. II voll. 8. 866 p., praef., ind., ic. xyl. i. t. — *ib. 1726. II voll. 8. — *Lyon, chez Duplain. 1737. II voll. 8 — Lyon 1753. 8. — Lyon 1766 8.

10769* Horae physicae Berolinenses collectae ex symbolis virorum doctorum *Heinrich Friedrich Link, Karl Asmund Rudolphi, Friedrich Klug, Christian Gottfried Nees von Esenbeck, Friedrich Otto, Adelbert von Chamisso, Christian Friedrich Hornschuch, Dieterich Friedrich Ludwig von Schlechtendal, Christian Gottfried Ehrenberg*. Edi curavit *Christian Gottfried Nees von Esenbeck*. (*Link:* Epistola de Algis aquaticis in genera disponendis; *Otto:* Plantae rariores, quae in horto regio Berolinensi a mense Januario ad ultimum Majum anni 1819 floruere; *Nees von Esenbeck:* Sylloge observationum botanicarum; *Hornschuch:* Musci frondosi exotici herbarii Willdenowiani, tum capenses a *Bergius* lecti, tum alii quidam ex Australasiae aliisque orbis terrarum plagis a *Chamisso* relati; *Chamisso:* Ex plantis in expeditione Romanzoffiana detectis, genera tria nova. *Ehrenberg:* Enumeratio fungorum a *Chamisso* in itinere circa terrarum globum collectorum; *von Schlechtendal:* Genus Cymbaria, revisum et emendatum; *Nees von Esenbeck:* Plantarum Canariensium a *Smithio* in itinere suo detectarum, species quatuor novae, descriptionibus, iconibus et adnotationibus *Leopold von Buch* de locis earum natalibus illustratae; *Ehrenberg:* de Coenogonio, novo Lichenum genere ex penu viri clarissimi *Chamisso* desumto.) Bonnae, sumtibus Adolphi Marcus. 1820. folio. 123 p., 27 tab. (6 ²/₃ *th.*)

10770 L'horticulteur universel; Journal général des jardiniers et amateurs, rédigé par *Charles Lemaire*. Paris, Cousin. 1839—44. VI voll. 8.

10771 Hortus Amstelodamensis, of Afbeeldingen en beschryvingen van merkwaardige gewassen uit den Hortus botanicus te Amsterdam. Amsterdam, C. G. van der Post. 1848. gr. folio.

10772 Hortus Vanhoutteanus, ou description de plantes nouvelles, rares ou peu connues, introduites dans les jardins de *Louis van Houtte*, horticulteur à Gand; avec catalogue descriptif et prix-courant des nouveautés et des multiplications disponibles dans cet établissement. Bulletin périodique faisant suite à la Flore des serres et des jardins de l'Europe Gand, Vanhoutte. 1845. 8. 50 p., tab. 1—5, 7.

10773* Jahrbücher der Gewächskunde, herausgegeben von *Kurt Sprengel, Adolph Heinrich Schrader* und *Heinrich Friedrich Link*. Berlin, Nauk. 1818—20. 3 Hefte. 8. — I: 1818. vi, 191 p. — II: 1819. 197 p, 1 tab. — III: 1820. 184 p., 1 tab. (2 ¹/₄ *th.*)

10774* Jahrbücher für wissenschaftliche Botanik. Herausgegeben von *Natan Pringsheim*. Band 1—7. Leipzig, Engelmann (vorher Berlin, Hirschwald.) 1858—70. 8.

10775* Jahresberichte des botanischen Vereins am Mittel- und Niederrhein. Nr 1—5. Bonn und Coblenz 1837—41. 8.

10776* Le Jardin fleuriste. Journal général des progrès et des intérêts botaniques et horticoles par *Charles Lemaire*. Vol. 1—4. Gand, Gyselinck. 1851—54. 8. tab. col. 1—430. (80 *fr.*)

10777* Le jardinier solitaire, ou dialogues entre un curieux et un jardinier solitaire, contenant la méthode de faire et de cultiver un jardin fruitier et potager (par frère *François*, chartreux). Paris, Rigaud. 1704. 12. — Ed. IV. ib. 1712. 12 — Ed. V. ib. 1723. 12. 440 p., praef.

10778 Icones arborum, fruticum et herbarum exoticarum quarundam a *Rajo, Mentzelio*, aliisque botanophilis quidem descriptarum, ast non delineatarum. Ut et animalium peregrinorum rarissimorum, tam volatilium quam quadrupedum ac aquatilium in extremis oris ac desertis Indiarum et aliis locis repertorum. Lugduni Batavorum apud Petrum van der Aa. s. a. in forma oblonga. 2 foll., 80 tab.

10779* Icones plantarum sponte Chinâ nascentium e Bibliotheca Braamiana excerptae. London, J. H. Bohte. 1821. folio. 30 tab. col., praef. (3 *l.* 3 *s.*)
In Catalogo Bibliothecae Radcliffe Oxoniensis liber autori *H. B. Ker* adscribitur.

10780* L'Illustration horticole. Journal spécial des serres et des jardins, rédigé par *Charles Lemaire*. Vol. 1—18. Gand, A. Verschaffelt. 1854—71. gr. 8. (à 15 *fr.*)

10781 Herbarum, Arborum, Fruticum, Frumentorum ac Leguminum, Imagines ad vivum recens depictae etc. Francof. 1522. 4.

10782* Plantarum Index. Parisiis, typ. Lud. de la Fosse. 1661. 12. 60 p

10783* Journal für die Botanik. Herausgegeben von *Schrader*. Göttingen, Dieterich. 1799—1803. V voll. 8. — I: 1799. viii, 526 p., 6 tab., effigies *Thunberg*. — II: 1799. 502 p., 5 tab., effigies *N. J. Jacquin*. — III: 1801. lii, 446 p., 9 tab., effigies *Vahl*. — IV: 1801. 487 p., 7 tab., effigies *Smith* — V: 1803. vi, 504 p., 8 tab., effigies *Swartz*. (6 ²/₇ *th.*)

10784* Neues Journal für die Botanik. Herausgegeben von *Schrader*. Erfurt, Knick und Müller. 1806—10. 4 Bände. 8. — I: 1806. 184, 204, 200 p., 6 tab., effigies *Cavanilles*. — II: 1807. 172, 376 p., 3 tab., effigies *A. L. Jussieu*. — III: 1809. 260, 294 p., 3 tab., effigies *Willdenow*. — IV: 1810. 288 p., 2 tab. (6 ⁵/₇ *th.*)

10785* The Journal of Botany, being a second series of the botanical Miscellany; containing figures and descriptions of such plants as recommend themselves by their novelty, rarity or history, or by the uses to which they are applied in the arts, in medicine and in domestic oeconomy; together with occasional botanical notices and information. Edited by *W. J. Hooker*. London 1834—42. IV voll. 8.

10786* The London Journal of Botany, containing figures and descriptions of such plants as recommend themselves by their novelty, rarity, history or uses; together with botanical notices and information and occasional portraits and memoirs of eminent botanists. Edited by *W. J. Hooker*. London 1842—48. V voll. 8.

10787* Journal of botany and Kew Garden Miscellany. Edited by *W. J. Hooker.* London 1849—57. 8.

10788* The Journal of botany, british and foreign. Edited by *Berthold Seemann.* Vol. 1—9. London 1863—71. 8.

10789* Atlantic Journal and friend of Knowledge, by *C. F. Rafinesque.* Philadelphia 1832. 8.

10790* Journal de botanique, rédigé par une société des botanistes. Vol. 1. 2. Paris 1808—9. 8.

10791* Journal de botanique appliquée, rédigé par *A. N. Desvaux.* Vol. 1—4. Paris 1813—14. 8.

10792* Journal de la botanique néerlandaise, rédigé par *F. A. W. Miquel.* Tome 1. Amsterdam 1861. 8.

10793* Das Kreuterbuch oder Herbarius. Das Buch von allen Kreutern, Wurtzeln und andern Dingen. Strassburg, Balthasar Beck. 1530. folio. 162 foll., ind., ic. xyl.

10794* Neu angelegtes medizinisches Kräuter - Paradiess - Gärtlein, nebst einer schönen Vorrede von *Phytophilo.* Franckfurt a/M. bei Multzen. 1719. 8. 22, 240 p., ind.

10795* De Krudtlade vermehret. Also dat ydt wol mach heten de Klene Herbarius Krüderboeck, edder Garde der gesundheit, van den Krüdern und Gewessen, so hyr by uns in düdeschen Landen meistlyck am besten bekandt und ok gemeynlyck wol tho hebbende synt, hyrher getagen. (In calce:) Gedrücket to Hamborch, dorch Philip van Ohr. 1602. 8.

10796* Leçons de botanique faites au jardin royal de Montpellier; par Monsieur *Imbert,* Professeur et Chancellier en l'université de médecine et recueillies par Mr. *Dupuy des Esquiles,* maitre Ez arts et ancien Etudiant en Chirurgie. En Hollande, aux depens des libraires. (Avignon, Simon Tournel.) 1762. 12. 215 p Bibl. Cand., Deless.
Est satyra satis insalsa in *Imbertum,* qui Monspelii botanices Professoris munere fungebatur, autoribus *Cusson, Gouan* et *Commerson.*

10797* Liber aggregationis sive secretorum de virtutibus herbarum, falso *Alberto Magno* adscriptus. Argentine 1493. pridie Id. Mar. 8. (31) foll. — *Imprimé pour Thomas Laisne libraire demourant a Rouen. s. a. 8. 7 plag. — Impr. per Wilh. de Mechlinia in opulentissima civitate Londiniarum. s. a. 4. Bibl. Mus. brit. — *Argentorati, Zetzner 1601. 12. p. 141—155.
Libri miserrimi sexcenties impressi editiones equidem colligere neglexi. Sedulo indicantur a viris ill *Choulant* et *Thierfelder* in *Henschel's* Janus, Bd. I.

10798* Linnaea. Ein Journal für die Botanik in ihrem ganzen Umfange. Herausgegeben von *D. F. L. von Schlechtendal* (und nach dessen Tode von *A. Garcke.*) Band 1—36. Berlin 1826—70. 8.

10799* Literaturberichte zur Flora. Herausgegeben von *D. H. Hoppe* und *A. E. Fürnrohr.* Band 1—12. Regensburg 1831—42. 8.

10800 Literaturblätter für reine und angewandte Botanik. Herausgegeben von der Königl. Botanischen Gesellschaft zu Regensburg. (Auch: Annalen der Gewächskunde) Band 1—5 oder Jahrgang 1—3 Nürnberg 1828—30.

10801* Livre Nouveau de fleurs tres vtil pour l'art d'orfeurerie, et autres. Dedié à Jean de Leins a Amsterdam chez Nic. Visscher. 1625. 24 Bll. obl.-fol. — *Paris, B. Moncornet. 1645. 12. obl.

10802 Magazin für die Botanik. Herausgegeben von *J. J. Römer* und *P. Usteri.* Band 1—4. Zürich 1787—90. (Geschlossen.)

10803 Neues Magazin für die Botanik in ihrem ganzen Umfange. Herausgegeben von *J. J. Römer.* Band 1. Zürich 1794. (Geschlossen.)

10804 The Floral Magazine, containing figures and descriptions of new popular garden flowers, by *H. H. Dombrain.* Vol. 1—7. London, Lowell Reeve. 1861—68. gr. 8.

10805 The Gardeners Magazine, conducted by *Loudon.* London, (Longman.) 1826—43. XIX voll. 8.
Series I: vol. I—XI. Series II: vol XII—XVI. Series III: vol. XVII—XIX.

10806* The Pomological Magazine; or, Figures and Descriptions of the most important varieties of fruit cultivated in Great Britain. Vol. 1—3. London, James Ridgway. 1828—30. gr. 8. 152 foll., 152 tab. col.

10807* Magazin für die Botanik, herausgegeben von *Johann Jakob Roemer* und *Paulus Usteri.* Zürich, Füssli (Ziegler und Söhne.) 1787—90. 12 Stück = IV voll. 8. — I: 1787. 167 p., 2 tab. — II: 1787. 164 p., 3 tab. — III: 1788. 158 p. — IV. 1788. 189 p., 4 tab. col. — V: 1789. 184 p. — VI: 1789. 191 p., 1 tab. nigr., 2 tab. col. — VII: 1790. 178 p., 4 tab: col. — VIII: 1790. 184 p. — IX: 1790. 147 p., 2 tab. col. — X: 1790. 200 p. — XI: 1790. 192 p., 2 tab. col. — XII: 1790. 205 p., 2 tab. col. (8 *th.*)

10808* Neues Magazin für die Botanik in ihrem ganzen Umfange. Erster Band. Zürich, Ziegler und Söhne. 1794. 8. VIII, 336 p 4 tab. (1 1/3 *th.*)

10809* Botanical and physiological Memoirs, consisting of 1. *A. Braun,* the phenomenon of rejuvenescence in nature, translated by *A. Henfrey.* 2. On the animal nature of the Diatomeae, by *Meneghini,* translated by *Christopher Johnson.* 3. *Cohn,* An abstract of the natural history of Protococcus pluvialis, translated by *George Busk.* Edited by *Arthur Henfrey.* London, printed for the Ray Society. 1853. 8. xxv, 567 p., 5 tab.

10810 Botanical Miscellany, by *W. J. Hooker.* Vol. 1—3. London 1830—33. 8.

10811 Mittheilungen über Flora, Gesellschaft für Botanik und Gartenbau. Herausgegeben von *K. T. Schramm.* Dresden, Arnold. 1841—64. 8.

10812 Moolika Sankalitum, or mingling of Herbs. A work on medicine. Translated from Teeloogoo into English, having the names of the various Medicines in Tamul, by Cavelly Venkata Ramaswamy Brahein. Madras 1835 (5 s.)

10813* Musée helvétique d'histoire naturelle (partie botanique), ou Collection de mémoires, monographies, notices botaniques Tome 1. Museum der Naturgeschichte Helvetiens, botanische Abtheilung. Erster Band. Bern, Burgdorfer. (1818—)23. 4. vi, 175 p., 16 tab. pro parte col. (45 *fr.* — 11 1/3 *th.*)
Inest: Esquisse d'une monographie du genre Aconitum, p. 115—175.

10814* Botaniska Notiser. Utgifne af *A. E. Lindblom,* for 1839—46. Lund 1841—46. 8.

10815* Nya Botaniska Notiser, för år 1847—68. 1871. 1872. Stockholm 1850—67. 8.

Ortus sanitatis.
Editiones latinae:

10816* Ortus Sanitatis | De herbis et plantis. | De animalibus 2 reptilibus | De Auibus et volatilibus | De Piscibus 2 natatilibus | De lapidibus 2 in terre venis nafcē(tib)us | De Urinis et ea4 fpeciebus | Tabula medicinalis Cum directo | rio generali per omnes tractatus. (Folium 1ᵇ:) icon xylogr. (Folium 2ᵃ, sign. aij:) (o)Mnipotētis | eterniq3 dei: toti9 natu | re creatoris opa mira- | bilia admirandaq3 me | cū vicib9 iterat3 crebri | us pcogitādo reuolui. | etc. (Folium 202ᵃ, col. II. lin. 19 et 20:) Hec de herbis 2 arborib9 2 que ex his | ad vsum medicine cōcurrūt fufficiant. (Folium 203ᵃ tit.:) Tractatus de | Animalibus. (Folium 203ᵇ) ic. xylogr. cum inscr.: Homo natus de muliere breui viuens tempore. (Folium 204ᵃ, sign. Aij:) Prologus in tractatus | De animalibus. | Quoniā in priorib9 diuino nobis affiftente | etc. (Folium 245ᵇ:) ¶ Hec igitur de natura animaliū qua- | drupedum 2 alijs in terris morantium | fufficiant. quia fiqua alia funt facile ex | antedictis agnosci possunt. (Folium 246ᵃ, sign. Giiij:) incipit tract. de avibus, in cujus fine fol. 273ᵇ col. 1: Hec igit dicta de auiū natura fufficiant. Ead. pag. col. 2. incip. tract. de piscibus. Folium 298ᵃ sqq. tract. de lapidibus. (Folium 332ᵇ col. 2:) Et hec de lapidibus preciofis | ad prefens dicta fufficiant. (Folium 333ᵃ tit.:) Tractatus | de Urinis. (Folium 333ᵇ:) ic. xylogr. (Folium 334ᵃ, sign. aaij:) ( )Uoniam me- | dicus eft artifex fenfitiu9 | Expl. fol. 342ᵇ col. II. lin. 40: nis dicta fufficiant. Finis. Folium 343ᵃ sign. cc. Fol. 360ᵃ: tabb., in calce: Finis. s. l., a. et typ. 54—55 lin. binis col. 360 foll.

10817* Ortus sanitatis. ( )Mnipo | tētis iter | niq3 dei. | toci9 nature cre | atoris opera mi | rabilia admirā | daq3 mecū vici | bus iteratis crebrius p̄cogitando reuol | ui etc. (Folium 248ᵃ:)

Hec de herbis ⁊ arboribus ⁊ q̄ ex his | ad vſum medicine ocurrūt ſufficiant. (Folium 249ᵃ tit.:) Tractatus de Animalibus | vitam in terris ducentium. (sic) (Folium 249ᵇ:) icon xylogr. (Folium 250ᵃ, sign. nij:) Prologus. | (q)Uoniam in prioribus di | uino nobis aſſiſtente auxi | etc. (Folium 298ᵇ:) Hec igit de natura animalium q̄dru | pedum. et alijs in terris morantiū ſuffici | ant. quia ſiqua alia ſunt facile ex añ dictis | agnoſci poſſunt. (Folium 299ᵃ tit.:) Tractatus de Auibus. (Folium 299ᵇ:) icon xylogr. (Folium 300ᵃ, ſign. vj:) Prologus. | (e)Xpeditoq₃ tractatu ſecū | do de proprietatibus vi | etc. (Folium 334ᵇ:) Hec igit dcā de auiū natura ſufficiāt. (Folium 334ᵇ:) icon xylogr. (Folium 335ᵃ, ſign. aaj:) Prohemiū. | (i)Am in precedenti tra | ctatu locutū ſumuſ de | etc. (Folium 364ᵃ:) Hec de Piſcibus ac monſtruo⁊ aqua | tilium ⁊ naturis breuiando tranſcurrim⁹. | Sequit tractatus Quintus. de Lapidi | bus videlicet precioſis eorūq₃ v'tutibus. (Folium 364ᵇ:) icon xylogr. (Folium 365ᵃ, ſign. eeiij:) Prohemiū. | (ſ)Eneca ī naturalibus | queſtionibus libro ſe | ptimo dicit. Sicut in | etc. (Folium 408ᵇ:) Et hec de Lapidibus precioſis | ad prefens dicta ſufficiant. (Folium 409ᵃ tit.:) Tractatus de Urinis. (Folium 409ᵇ:) icon xylogr. (Folium 410ᵃ, ſign. ij:) (q)Uoniam medicus eſt | artifex ſenſitiuus. ⁊ p | ſigna ī egritudinum | etc. Expl. fol. 422ᵃ col. 2, lin. 47: hec de vrinis dicta ſufficiant. (Folium 422ᵇ) icon xylogr. (Folium 423ᵃ, ſign. Aj,—fol. 453ᵃ tabb.) (Folium 453ᵇ:) post epilogum, in quo *Jac. Meydenbach* libri impreſſor nominatur: Impreſſum eſt autem hoc ipm in inclita | ciuitate Moguntina. que ab antiquis au | rea Moguntia dicta. ac a magis id eſt ſa | pientibus vt fertur primitus fundata. in | qua nobiliſſima ciuitate ⁊ ars ac ſcientia | hec ſubtiliſſima caracteriſandi ſeu impri | mendi fuit primū inuenta. Impreſſum | eſt inquam ſub Archiprefulatu Reueren | diſſimi ⁊ Digniſſimi principis ⁊ dñi. do | mini Berₜoldi archiepiſcopi Mogūtiñ | ac principis electoris cuius feliciſſimo au | ſpicio graditur recipitur ⁊ auctoriſatur. | Anno ſalutis Milleſimo Quadringente | ſimo Nonageſimo primo. Die vero Io | uis viceſima tercia menſis Iunij. folio. 453 foll. ic. xyl.

10818* Ortus Sanitatis. De herbis ⁊ plantis | De Animalibus ⁊ reptilibus | De Auibus ⁊ volatilibus | De Piſcibus ⁊ natatilibus | De Lapidibus ⁊ in terre venis naſcētibus | De Urinis ⁊ earum ſpeciebus | Tabula medicinalis Cum directorio | generali per omnes tractatus. (Folium 1ᵇ:) icon xylogr. (Folium 2ᵃ, sign. aij:) ( )Mnipotētis | eterniq₃ dei: totius natu- | re creatoris opera mira- | bilia admirandaq₃ mecū | vicibus iteratis crebrius | p̄cogitādo reuolui etc. (Folium 202ᵃ col. II. lin. 45 et 16:) Hec de herbis et arborib. et que ex his | ad vſum medicine cōcurrūt ſufficiant. (Folium 203ᵃ tit.:) Tractatus de | animalibus. (Folium 203ᵇ icon xylogr. c. inscr.:) Homo natus de muliere breui viuens tempore. (Folium 204ᵃ, sign. Aij:) Prologus in tractatum | De animalibus. | Quoniā in prioribus diuino nobis aſſiſtē | te etc. (Folium 245ᵇ:) ¶ Hec igit de natura animaliū quadrupedum | ⁊ alijs in terris morantiū ſufficiant: quia ſiqua | alia ſunt facile ex antedictis agnoſci poſſunt. (Folium 246ᵃ, sign. fiiij pro Giiij:) incipit tract. de avibus, in cujus fine fol. 273ᵇ col. 1: Hec igit dicta de auiū natura ſufficiant. Ead. pag. col. 2: incip. tract. de piſcibus. Folium 298ᵃ seq. tract. de lapidibus. (Folium 332ᵇ col. 2:) Et hec de lapidibus precioſis | ad preſens dicta ſufficiant. (Folium 333ᵃ tit.:) Trattactus (sic) | de vrinis. (Folium 333ᵇ:) icon xylogr. (Folium 334ᵃ, sign. aaij:) ( )Uoniam me- | dicus ē artifex ſenſitiuus | etc. Expl. fol. 342ᵇ col. 2. lin. 39: dicta ſufficiant. Finis. (Folium 343ᵃ, sign. cc—fol. 360ᵃ tabb., in quarum fine:) Finis. s. l. a. et typ. n. f. g. ch. c. f. 54—55 lin. 360 foll., ic. xylogr.

10819* Ortus sanitatis. De herbis et plantis. de animalibus et reptilibus. de avibus et volatilibus. de piscibus et natatilibus. de lapidibus et in terre venis nascentibus. de urinis et earum speciebus. Tabula medicinalis cum directorio generali per omnes tractatus. 1517. 4. 355 foll. binis columnis 57 lin., ic. xylogr. i. t.

Editiones germanicae:

10820* —— (Folium 1ᵃ, sign. a.ij:) (I)Ch hab oft | vnd vil bey | mir ſelbs be | trachtet die | wunderſame | wercke des | ſchöpfers d' | nature. etc. In seq. legitur: — ¶ Vnd nennen diſes buch | zu latein. Ortus ſanitatis. auff | teutſch. Ein garten der geſundt- | heit. In wölchē garten man fin | det vierhundert vnd xxxv. kreü- | ter. etc. (Folium 3ᵃ, sign. aiiij:) incipit opus ipſum. Expl. fol. 229ᵇ col. 2. lin. 37:) nitatis. (Folium 230ᵃ, sign. F.j:) Diſes iſt das dritteyl | diſes buchs. vnd iſt ein regiſter | zu finden kreüter die do laxieren | dz iſt ſtülgäng bringen. etc. (Folium 231ᵇ post icon xylogr.: Diſes iſt das vierde | teyl diſes büchs. vnd ſaget vns | von allen farben des harns. (Folium 234ᵇ, sub finem col. 1:) Hyenach volget das | fünfft teyl vnnd das leczte dyſes | buchs. vñ iſt ein regiſter behend | zu finden von allen kranckheitē | etc. (Folium 253ᵃ, sign. liiij, col. 1. lin. 5:) Dyſz ſind dye capitel | der kreutter nach ordnunge des | alphabets. (Folium 257ᵇ:) ¶ Eyn ende hat diſes regiſter. s. l. a. et typ. folio. 257 foll. c. 42 lin. binis col. ic. xyl.

Videtur impreſſio Auguſtae Vindelicorum facta.

10821* —— (O)Fft vnd | vil habe | ich bey mir hel | beſt betracht | dye wunder- | ſam wercke | des ſchöpfers | d' nature etc. In seq. legitur: vn nenne diſs buch zu latin Ortus ſa | nitatis. vff teutſch ein gart d' geſunt- | heit. in welchē gartē mā findet. cccc. | vn. xxx. kreuter etc. (Folium 3ᵃ col. 2, sign. aiij: incipit opus ipſum.) Folium 204ᵇ, sub finem col. 2:) Das iſt das dritteil diſz | buchs vnd iſt ein reigiſter (sic) zu finden | kreuter die da laxiere das iſt ſtülge | ge bringen etc. (Folium 206ᵃ, sign. Dij post icon xylogr.:) Dis iſt das vierde teyl | diſs büchs vnd ſaget vns von allen | farwen des harns. (Folium 208ᵃ, col. 2:) Hienach volget dz funft | teyl vnd das left diſs büchs vñ iſt ein | regiſter behende zu finden von allen | kranckheiten etc. (Folium 221ᵃ, col. 2:) Dis ſint die capitel der kru | ter nach ordenung des alphabets. Expl. fol. 323ᵇ col. 2, lin. 28. s. l. a. et typ. folio. 223 foll., 42—43 lin. binis col. ic. xylo gr. l. t. (Argentorati s. Mogunt.)

10822* —— (O)Ft vnd vil | habe ich bey mir ſel | bſt betracht die wun- | derſam wercke des | ſchöpfers der natuer | etc. In sequentibus legitur: — Und nē | nen diſs buch zu latin Ortus ſanitatiſ | auff teutſch ein gart der geſuntheit. | In welchen garten man findet. cccc. | vnd xxxv. kreüter etc. (Folium 3ᵃ, ſign. aiij: incipit opus ipsum. Expl. fol. 204ᵇ col. 2. lin. 31: de ingenio ſanitatis. Deinde: Dis iſt dz dirtteil (sic) | diſs büchs vñ iſt eyn regiſter zu findē | kreuter die da laxiren dz iſt ſtülgenge | bringen. etc. (Folium 406ᵃ post icon. xylogr.:) Diſz iſt das vierde | teyl diſz büchs vnd ſaget vnſz vō allē | farben des harns. (Folium 208ᵇ sub finem col. 1:) Hie nach volget | das fünffte teyl vnd dz left diſs büchs | vnd iſt eyn regiſter behende zu ſyndē | von allen kranckheyten der menſchē | etc. (Folium 201ᵃ col. 2:) Dis ſint die capitel | d' kruter nach ordenūg deſ alphabetſ. Expl. fol. 223ᵇ col. 2. lin. 2. s. l. a. et typ. folio. 223 foll. 43 lin. binis col, ic. xyl.

10823* —— Offt vnd vil habe ich by mir ſelbſt betrachtet die wūderſam | werck des ſchepfers der natuer wie er am anbeginde dē hy | etc. In sequentibus legitur: — Und nēne diſs buch zu latin Ortus ſanitatis. vff teutſch | ein gart der geſuntheit. In welchem garten man findet. cccc. vnd | (Folium 3ᵃ) xxxx. kreuter etc. (Folium 3ᵇ:) vacat. (Folium 4ᵃ) incipit opus ipſum. Expl. fol. 338ᵇ lin. 22: lienus iſt beweren in ſyne buch de ingenio ſanitatis. (Folium 339ᵃ:) Diſz iſt das dritteyl diſz buchs vnd iſt eyn | regiſter zu finden kruter die da laxieren das iſt ſtülgenge brengen | etc. (Folium 341ᵃ:) icon xylogr. Infra: Diſz iſt das vierde deyl diſz buchs vnd ſa | get vns von allen farben defz harns. (Folium 344ᵇ:) Hie nach volget das fünffte deyl vnd das | leht diſz buchs. vnd iſt ein regiſter behende zu finden von allen | krang | heyten der menſchen etc. (Folium 354ᵃ col. 2:) Diſz ſynt die capitel der kru | ter nach ordenūg defs alphabets. (Folium 356ᵇ litt. missal. rubro:) Diſſer Herbarius iſt czu | mencz gedruckt vnd geen | det vff dem xxviij dage des mercz. Anno. M.cccc.lxxxv. Scuta Schoefferi rubra. folio. g. ch. s. f. c et pp. n. 356 foll, ic. xyl.

Haec editio infinnis est iconibus magnis bene sculptis, quae etiam in ordine ab aliis differunt. Prima est icon in capite LI: Agaricus, Dannenswam; deinde Agnus castus, Schafmülle; Betonica, Betonien, Buglossa, Ochsenzunge; Borago, Porrich; icon ultima est Zucarum, Zocker

10824* —— (O)fft vnd vil hab ich bey mir selbs betracht dye wū | dersame werck des schepffers der natur. wie er an | etc. In fequentibus legitur: — Vnd nennen difs buch zu latein Ortus fa | —nitatis. auff teutfch ein gart dˀ gesuntheyt. In welchem garten mā | vindt .cccc. vnd xxxv kreüter. etc. (Folium 3^b:) vacat. (Folium 4^a, fign. aiij:) incipit opus ipsum. Expl fol. 338^b lin. 22: als galienus ift beweren in seinem buch de ingenio fanitatis. (Folium 339^a:) ⁋ Dyfz ift dz dritt reyl (sic) difs buchs vnd ift ein reigifteer (sic) ze findē kreü | ter die do laxierent dz ift ftul geng bringent etc. (Folium 341^a post icon xylogr.:) ⁋ Difs ift das vierd teyl difs buchs vnd fagt | vns von allen farben des harns. (Folium 344^b sub finem pag.: ⁋ Hyenach volget das fünfft vnd das letzt teyl difs buchs. vnd | ift ein regifter behend zeuinden von allen kranckeyten der menfchē. | etc (Folium 365^a, fign. X.v:) ⁋ Dyfs find die capitel der krei | ter nach ordnung des alphabets. (Folium 369^a:) ⁋ Hye hat ein end der herbarius | in der keyferlichen ftatt Augfp | urg Gedruckt vnd vollendet an | montag nechft vor Bartholo- | mei nach Christi gepurt M. cccc | lxxxv. folio. 369 foll, ic. xylogr. i. t. (Ant. Sorg)

10825 —— Ortus sanitatis. auff teutfch Ein Garten der Gefundtheit. In fine: Gedruckt vnd volendet difer Herbarius durch Hannfen fchönfperger in der Keyferlichen Statt zu Augfpurg an der mittwochen nach dem weyffen funtag. Anno. M.CCCC vnd in dem Lxxxvj. jare. folio. ic. xyl.

10826* —— OFftt (sic) vnd vil hab | ich bey mir selbs | betracht die wū | derfamen werck | des fchöffers dˀ | naturen. wye er | etc. In fequentibus legitur: — ⁋ Vn nennē | difes buch zu latein Ortus fanitatis. auff teütfch Ein garten dˀ | gefundtheit In wölchem gartē | man findet cccc vnd .xxxv. kreü | ter etc (Folium 3^b:) vacat. (Folium 4^a, fign. .a iiij:) incipit opus ipsum. Expl. fol. 230^b col. 2. lin. 41: tatis. (Folium 231^a, fign F j:) Difz ift das dritteil | difss buchs vnd ift ein regifter | zu finden kreüter die do laxierē | daz ift ftulgenge bringen. etc. (Folium 232^b post icon. xylogr.:) Dyfz ift das vierde | teil difss buchs vnd faget vns | von allen farben des harms. (Folium 235^b sub finem col. 1: hie nach volget das (sic) | fünffte teil vnd das leczft difss | buchs. vnnd ift ein regifter be- | hende zu finden von allen kran- | gkheiten etc. (Folium 254^a, fign liiii, poft 4 lin.) Dyfz find dye capitel | der kreüter nach ordenung des | alphabets. (Folium 257^b:) ⁋ Gedruckt vnd volendet ⸗ Herbarius durch Hannfen fch- | önfperger in der Keserylichen (sic) | ftatt zu Augfburg an fant Bo | nifacius tag Anno. M.cccc. vñ. in dem .lxxxvj. jare folio. 257 foll. 42 lin. binis col., ic. xyl.

10827* —— OFft vñ vil hab | ich bey mir fe | lbs betrachtet | die wundersammen | werck des fchöpffers der naturen | etc. In fequentibus legitur: — ⁋ Vnd nennen | difes buch zu latein Ortus fanita | tis. auff teütfch. Ain garten der ge | funthait. In welichē garten man | findet. cccc. vnd xxxv. kreüter, etc. (Folium 3^b incipit opus ipsum) Expl. fol. 222^a col. 2. lin 34: genio fanitatis. (Folium 222^b:) vacat. (Folium 223^a, fign. Fj:) Difz ift das dritteil difes | buchs. vn ift ain regifter zefinden | kreüter die do laxiren das ift ftül | genge bringen etc. (Folium 224^a col. 2:) Difz ift das vierde teil | difs büchs. vnd faget vns von al- | len farben des harms. Icon xylogr. (Folium 226^b sub finem col. 2:) Hie nach vollget das | fünffteil vnd das letft difs buchs. vnd | ift ain regifter behent zefinden | von allen kranckheiten dˀ menfchē | etc. (Folium 243^b col. 2. lin. 9 seq.:) Difz fynd die capitel | der kreütter nach ordnung des al- | phabetes. (Folium 247^a:) Gedruckt vnd vollendet feligklichen difer | Herbarius. Durch Conraden Dinckmut zu | Ulm. Am famftag vor Judica. Als man zalt | nach Chrifti vnnsers herren geburt Taufend | vierhundert vnd fibenundachtzig Jare. Gott fey lob. folio. 247 foll., 48 lin. binis col., ic. xyl.

10828* —— Herbarius zu teüt | fch vnd von aller | handt kreüteren. (Folium 2^a:) Aron an dem .xvj. capitel | etc. (Folium 4^b:) ⁋ Eyn ende hat difes regifter. (Folium 5^a: vacat.) (Folium 5^b:) icon xylogr. (Folium 6^a, fign a.ij:) (I)CH hab oft | vnd vil bey | mir felbs be | trachtet die | wundfamē | wercke des | fchöpfers dˀ | naturē. etc. In sequentibus legitur: ⁋ Vnd nennen difes büch | zu latein. Ortus fanitatis. auff | teütfch. Ein garten der gefundt- | heit In wölchē garten man fin | det vierhundert vnd xxxv. kreü | ter. etc. (Folium 7^b:) vacat. (Folium 8^a:) incipit opus ipsum. Expl. fol. 234^b col. 2 lin. 37: nitatis. (Folium 235^a, fign. F j:) Difes ift das dritteyl difes büchs. vnd ift ein regifter | zu finden kreüter die do laxieren | dz ift ftülgäng bringen etc. (Folium 236^b col. 1 post iconem xylogr.:) Difes ift das vierde | teyl difes büchs. vnd faget vns | von allen farben des harms (Folium 239^b sub finem col. 1: Hyenach volget das | fünfft teyl vnnd das leczte difes | büchs. vn ift ein regifter behend | zu finden von allen kranckheitē | der menfchen. etc. (Folium 258^a, fign. Iiiij lin 5 seq.: Dyfz find dye capitel | der kreütter nach ordnunge des | alphabets. Folium 261^b: ⁋ Gedruckt vnd volendet dyfer | herbarius durch Hannfen fchön | fperger in der Keyferlichen ftatt | zu Augfpurg am montag vor | fant Thomas tag. Anno. M.cccc | vnd in dem. lxxxviij. jare. folio. 261 foll. 42 lin. binis col, ic. xyl

10829* —— Herbarius zu teüt | fche vnd von aller | handt kreüteren (Folium 2^a:) Aron an dem .xvj capitel | etc. (Folium 4^b col. 2:) ⁋ Ein ende hat difes regifter. (Folium 5:) vacat. (Folium 6^a, fign. aij:) (U)Il vnd offt | habe ich bey | mir felbs be | trachtet die | wüderfamē | wercke des | fchöpfers dˀ | naturē. wie | etc. In sequentibus legitur: — ⁋ Vnd nennen difes buch | zu latein. Ortus fanitatis. auff | teutfch. Ein garten der gefundt- | heit. In wölichem garten man | findet vierhundert vn dreiffig kreuter. etc. (Folium 7^b:) icon xylogr. (Folium 8^b:) incipit opus ipsum Expl fol. 234^b, col. 2 lin. 40: de ingenio fanitatis. (Folium 235^a, fign. F.j:) Difes ift das dritteyl | difes buchs vnd ift ein regifter | zu finden kreütter die do laxierē | daz ift ftülgeng bringen etc. (Folium 236^b post icon xylogr.:) Dyfes ift das vierdt | teyl dyfes buches vnd fagt vns | von allen farben des harmes. (Folium 239^b sub finem col. 1:) Hie nach volget das | fünfft teyl vnnd das letzt dyfes | buches. vnnd ift ein regifter be | hende zu finden von allen kran- | ckheyten etc. (Folium 258^a, fign. Iiiij, col. 1 lin. 5 seq.:) Dyfes find die capitel | der kreütter nach ordnunge des | alphabets. (Folium 261^b:) ⁋ Gedruckt vnd fäligklich vol- | lendet dyfer Herbarius durch | Hannfen Schönfperger in der | Keyferlichen ftat Augfpurg an | dem afftermontag nach Tybur- | cij. Nach Crifti geburt taufent | vierhundert. vnnd in dem dreü- | vnd neünczigiften jare. folio. 261 foll. 42 lin. binis col., ic. xyl.

10830* —— Herbarius zu teutfch vnnd von allerhandt | kreüteren. (Folium 2^a:) Aron an dem .xvj. capitel. (Folium 4^b col. 2:) ⁋ Ein ende hat difes regifter. (Folium 5:) vacat. (Folium 6^a, fign. aij:) (V)Il vnd offt | habe ich bey | mir felbs be | trachtet dye | wüderfamē | wercke des | fchöpfers dˀ naturē. In fequentibus legitur: Vñ | nenē dyfes buch zu latein. Ortus | fanitatis. auff teutfch. Ein gartē | der gefundtheyt. In wölichē gar | ten man findet vier huudert (sic) vnd | fünffunddreiffig kreuter. etc. (Folium 7^b:) icon xylogr. (Folium 8^a:) incipit opus ipsum. Expl. fol. 234^b col. 2 lin. 38: nitatis. (Folium 235^a, fign. Fj:) Difes ift daz dritteil di | fes büchs vñ ift ein regifter zu fin | den kreütter die do laxieren daz ift | ftülgeng bringen. etc (Folium 236^b post icon xylogr.:) Dyfes ift das vierd- | teil dyfes buchs vnd fagt vns vō | allen farben des harmes. (Fclium 239^b sub finem col. 1:) Hie nach volget das | fünfft teil vnd dz letft dyfes büch- | es vnd ift ein regifter behende zu- | finden von allen kranckheytē dˀ mē | etc. (Folium 258^a, fign. liiij, lin. 4 seq) Dyſes find die capitel | Der kreüter nach ordnung des al- | phabets. (Folium 261^b :) ⁋| Ged | ruckt vnd fäligklich volen | det dyſer Herbarius durch Hann | ſen Schönſperger in der Keyſer | lichen ſtatt Augſpurg am affter- | montag vor vnſers herrē auffart | Nach Chriſti geburt tauſent vier- | hundert. vnd in dē ſechſsvndneün | tzigſten jare. folio. 261 foll. 39 lin. ic. xyl.

10831* —— Herbarius zu teutſch In fine: Gedruckt vnd feligklich volendt diſer Herbarius durch Hanſen Schönfperger in der kaiferlichen ſtat Augſpurg am montag nach vnſers herrn Hymelfart nach Chriſti gepurt tauſentvierhundert vnd in dem neun vnd neunzigiſten Jare. folio. ic. xyl. — *Augsburg, Schönsperger. 1502. folio. — *Getruckt und flyſſiglich beſehen durch Joannem Prüſs, Buchdrucker zu Thiergarten, Bürger zu Straſsburg. Geendet uff Sant Johannis Enthauptungstage. 1507. folio. — *Strafsburg 1509. folio. — *Strafsburg, Beck. 1515. folio. — *Strafsburg, Beck. 1521. 4 — *Strafsburg, Beck. 1524. folio. — *Strafsburg, Beck. 1528. folio.

Editiones in idiomate Saxoniae inferioris:

10832* Hür heuet an de luſtighe unde (ge?) nochlighe Gaerde der ſuntheit. (Incipit:) Aken unde vele hebbe ik by my ſulven overdacht de wun | derlike werke des ſcheppers der nature. wo he in deme an | beginne den hēmel heſſt gheſchapen uñ ghetziret mit ſchonen luchtendē ſternē. (In fine:) Hyr endighet ſik dat boek der krude. der eddelen ſtene unde d'watere der mynſchē ghenomet (de ghenochlike gharde d'Suntheit) de betheerto d' meynheit begravē unde verborghen ghewest is. unde nu den mynſchen to nutte gheapenbaret unde in dat licht ghebrocht (unde ghedrucket is dorch dat beveel *Steffani Arndes* inwaner d'keiserliken ſtat Lubeck na der borth unſes heren MCCCCXCII. Des got) mit alleme hemelschen heere ghelavet unde gheeret ſy nu unde to ewighen tiden. gr. 4.

10833* Dit is de genochlike Garde der ſuntheyt. to latine Ortulus ſanitatis edder Herbarius genömet, dar me ynne vindet alle arth, nature unde eghenſchop der krudere unde der eddelen ſtene etc. Lubeck in ſaligen *Steffen Arndes* nagelaten Druckerye. 1520. folio. **Bibl. Goett.**

Editio hollandica:

10834 Dē grotē herbarius met al ſyn figurē, die Ortus ſanitalis ghenaemt is. etc. (in calce:) Defen boek is gheprint in die vermeerde Coopstadt van Antwerpen bi mi Claes de Grave, int jaer ons heeren 1514 den XVII dach van Junius. 4. ic. xyl.

Editio gallica:

10835 Ortus sanitatis, translaté de latin en francoys. Paris, Vérard. s. a. folio. 275, (17), 270, (27) foll, ic. xyl.

10836* Le jardin de sante translate de latin en francoys nouvellement imprime a Paris. (Philippe le noir. 1539.) folio. 246 foll., ind., ic. rud. xyl. **Bibl. Palat. Vindob.**

10837* Ortus sanitatis. Impressum Venetiis per Bernardinum Benalium: Et Joannem de Cereto de Tridino alias Tacuinum. Anno domini 1511. die XI. Augusti. folio.

10838 Osservazioni sopra la Ruggine del Grano. Lucca, J. Giusti. 1767. 8. 114 p., 1 tab.

10839* Papers regarding the cultivation of hemp in India. Published by authority. Agra: printed at the Secundra Orphan Press. 1855. gr. 8. IV, 49, XXVI p.

10840* The Phytologist: a monthly botanical Journal, conducted by *Edward Newman*. Vol. 1—5. London, J. van Voorst. 1842—51. 8.

10841 The Phytologist. A botanical Journal conducted by *Alexander Irvine*. Vol. 1—6. London 1855—63. 8.

10842* Plantae Junghuhnianae. Enumeratio plantarum quas in insulis Java et Sumatra detexit *Fr. Junghuhn*. Fasc. 1—4. Lugduni Batavorum, H. R. de Breuk. 1851—55. 8. 522 p.
    Autoribus ill. *Miquel, Bentham, Montagne, Molkenboer, Hasskarl, van den Bosch* aliisque.

10843 Principia botanica, or a concise and easy introduction to the sexual botany of Linnaeus. Newark and London, Robinson. 1787. 8. 280 p.

10844* Prodromus Florae batavae. In sociorum imprimis usum edendum curavit societas promovendo Florae batavae studio. Vol. I. Plantae vasculares. Sumtibus societatis apud Jac. Hazenberg 1851. 8. XIV, 382 p.

10845* Report on the Hon'ble Company's Botanic Gardens, Calcutta. Parts 1. 5. 6. 7. Calcutta, typ. Huttmann. 1843. 4 98 p.

10846 Report of Proceedings of the international horticultural congress, held in London, Mai 1866. London 1867. 8. 428 p.

10847* Reports and Papers on botany, consisting of 1. *Mohl*, On the structure of the Palm-stem. 2. 3. *Nägeli*, On vegetable cells and on the utricular structures in the contents of cells. 4. *Link*, Report for 1844—45. 5. *Grisebach*, Report for 1844—45. Edited by *Arthur Henfrey*. London, printed for the Ray Society. 1849. 8. VII, 514 p, 3 tab.

10848* Reports and papers on botany. On the Morphology of the Coniferae, by *Zuccarini*, translated by George Busk. On botanical geography, by *Grisebach*, translated by W. B. Macdonald. On vegetable cells, by *Carl Nägeli*, translated by A. Henfrey. Report on botany, by *Link*, translated by J. Hudson. London, printed for the Ray Society. 1846. 8. VII, 493 p., 7 tab.

10849* Revue botanique. Rédigée par *P. Duchartre*. Année 1. 2. Paris 1845—47. 8.

10850* Revue horticole. Résumé de tout ce qui parait d'intéressant en jardinage, plantes nouvelles, . . . par MM. *Poiteau, Vilmorin, Decaisne, Neumann* et *Pepin*. Paris, Dusacq. 1829—70. 8. — I. Série. Vol. 1—3. Paris 1829—40. — II. Série. Vol. 1—5. ib. 1841—46. — III. Série. Vol. 1—5. ib. 1847—51. — IV Série. Vol. 1—9. ib. 1852—60. — (V. Série) publié sous la direction *de J. A. Barral*. ib. 1861—70.

10851* Vegetable substances, used in the arts and in domestic economy. Timber trees: fruits: used for the food of man; materials of manufactures. (Published under the superintendence of the society for the diffusion of useful knowledge.) London, Charles Knicht 1830—33. III voll. 8. — I: 1830. 422 p. — II: 1832. 396 p. — III: 1833. 456 p.
    * *germanice:* Zwei Abtheilungen. Leipzig, Baumgärtner. 1837—38 8. 474 p. (1½ th.)

10852* Sylloge plantarum novarum itemque minus cognitarum a praestantissimis botanicis adhuc viventibus collecta, et a societate regia botanica Ratisbonensi edita. Ratisbonae, typ. Brenck. 1824—28. II voll. 8. — 1: 1824. XII, 244 p, 1 tab. — II: 1828. VIII, 256 p., 1 tab.

10853 Synopsis analytique de la Flore du Gard, ou méthode facile pour arriver au nom de toutes les plantes vasculaires de ce département. Ouvrage utile pour les herborisations; par M. l'abbé *J. G.* Nimes et Paris, Vaton. 1847. 12. 16 plag.

10854* Botanisches Taschenbuch für die Anfänger dieser Wissenschaft und der Apothekerkunst. Herausgegeben von *D. H. Hoppe*. Regensburg 1790—1811. 23 Jahrgänge. 8. 182, 208, 248, 260, 258, 268, 252, 252, 236, 252, 252, 252, 252, 252, 266, 251, 252, 251, 243, 232 et 236 p., tab. (18½ th.)
    Inscribitur inde ab anno 1805: «Neues botanisches Taschenbuch.» Jahrgang 23 erschien 1849.

10855* Theatrum Florae, in quo ex toto orbe selecti mirabiles venustiores ac praecipui flores tanquam ab ipsius Deae sinu proferuntur. Lutetiae Parisiorum, apud Nicolaum Mathoniere. 1622. folio. 69, 2 tab. aen. absque textu. **Bibl. Cand., Deless.** — *Lutetiae Parisiorum, apud Petrum Firens. 1633. folio. 69, 3 tab. aen. absque textu. **Bibl. Reg. Berol.** (non differt.)

10856 New theory of vegetable physiology, based on electricity, and substantiated by facts, with its application to agriculture. Edinburgh 1848. gr. 12. 186 p. (5 s.)

10857* Botanisk Tidsskrift, udgivet ved *Peder Heiberg*. Bind 1—4. Kjøbenhavn 1866—70. 8.

10858 Tijdschrift voor het Antwerpsche Kruidkundig genootschap. Vol. 1—6. Antwerpen 1866—71. 8.

10859 Tracts relative to botany. Translated from different languages. London, Philipps and Pardon. 1805. 8. 277 p., 9 tab.
10860 Transactions of the Horticultural Society of London. Vol. 1—7. London (1812.) 1820—30. — Second Series. Vol. 1—3. London 1835—48. 4.
10861* Transactions of the Botanical Society of Edinburgh. Vol. 1—10. Edinburgh 1837—70. 8.
10862* Transactions of the Royal Medico-botanical Society. Part 1—4. London 1832—37. 8.
10863* Uebersicht der Moose, Lebermoose und Flechten des Taunus. Wiesbaden, (Kreidel) 1849. 8. IV, 101, XIV p. ($^{7}/_{10}$ th.)
Jahrbücher des Vereins für Naturkunde im Herzogthume Nassau, Heft 5.
10864* Verhandlungen des botanischen Vereins für die Mark Brandenburg. Redigirt von *Paul Ascherson*. Heft 1—12. Berlin 1859—71. 8.
10865* Verhandlungen des zoologisch-botanischen Vereins in Wien. Band 1—21. Wien, Braumüller. 1851—71. 8.
10866 Versuch einer poetischen Beschreibung zweier amerikanischen Aloen, welche in dem Königl. Lustgarten zu Friedrichsberg geblühet haben. Kopenhagen 1745. 4. 24 p., 1 tab.
10867* Verzeichniss und kurze Beschreibung der meistentheils ausländischen Bäume und Sträucher, die in dem botanischen Garten der K. Akademie der Wissenschaften zu Berlin gezogen und abgelassen werden. Berlin, typ. Decker. 1773. 8. 63 p.
10868* Oesterreichisches Botanisches Wochenblatt (seit Jahrgang 8 «Zeitschrift») herausgegeben von *A. Skofitz*. Jahrgang 1—21. Wien 1858—71. 8.
10869* Botanisches Wörterbuch, veranstaltet und herausgegeben von der freien ökonomischen Gesellschaft im Jahr 1795. (Deutsch-lateinisch-russische Pflanzennamen.) St. Petersburg (1795.) 4. 157 p.
10870* Zeitschrift für wissenschaftliche Botanik von *M. J. Schleiden* und *Karl Nägeli*. Zürich 1844—46. 8.
10871 Botanische Zeitung. Herausgegeben von der botanischen Gesellschaft in Regensburg. Jahrgang 1—6. Regensburg 1802—7. 8.

LITERATURAE BOTANICAE

THESAURI

PARS SYSTEMATICA.

LITERATURAE BOTANICAE THESAURI PARS SYSTEMATICA.

* *Asterisco notatos invenies libros aut generales gravioresque aut in capitis 3. §. 3. — 8. tabulis insignes; litera E libros „ectypis" illustratos, conf. p. 375.*

LIBER I. BOTANICA GENERALIS.

Cap. 1. Botanices historia.

*Gesner, De rei herbariae scriptoribus. (Bock, Stirpium historia. Argentorati 1552. 4.).

Mattioli, Epistolarum medicinalium libri quinque. Pragae 1564. folio.

Mercurialis, Variarum lectionum libri quator. Venetiis 1571. 4.

Gesner, Epistolarum medicin. libri tres. Tiguri 1577. — Liber IV. Witteb. 1584. 4. — Epistolae a Bauhino editae. Basil. 1591. 8.

Joly, P., Raisons des anciens en la consecration de certains arbres, herbes et fleurs. Metz 1588. 4.

Campi, Discorso qual sia il vera Mitridato, con un breve capitolo del vero Aspalato. Lucca 1623. 4.

Schlegel (Slegelius), Programma de rei herbar., scriptoribus hortisque medicis. Jenae 1639. 4.

*Bumaldus (Montalbanus), Bibliotheca botanica. Bononiae 1657. 12. — Hagae 1740. 4.

Gervasi, Bizanie d'alcuni semplicisti di Sicilia. Napoli 1673. 4.

Saumaise, Plinianae exercitationes in C. J. Solini Polyhistora etc. Trajecti a/Rh. 1689. folio.

Bromelius, Catalogus librorum botanicorum ex bibliotheca Bromeliana. Gothoburgi 1694. 8.

Hotton, Sermo quo rei herbariae historia et fata adumbrantur. Lugd. Bat. 1695. 4.

Goetz, De eruditis hortorum cultoribus. Lubeccae 1706. 4. — Lipsiae 1726. 4.

Helvigius, De ortu et progressu scientiae botanicae. Gryphiswaldiae 1707. 4.

Schminckius, De cultu religioso arboris Jovis praesertim in Hassia. Marburgi 1714. 4.

*Garidel, Histoire (p. XLVII. Catalogue historique des auteurs, qui ont écrit sur les plantes). Aix 1715. fol.

Erndl, De Flora japonica, codice bibliothecae berolinensis. Dresdae (1716). 4.

Letters between Mr. John Ray and his correspondents. London 1718. 8.

Sbaraglia, Quistioni agitate tra Malpighi e Sbaraglia. Bologna 1723. 4.

Lischwitz, Veterum de re herbaria diligentia. Lipsiae 1724. 4.

Monti, Plantarum varii indices. (Dissertatio rei herbariae historiam complectens.) Bononiae 1724. 4.

*Hermann, Bibliotheca Riviniana. Lipsiae (1727). 8.

*Linné, Bibliotheca botanica. Amstelodami 1736. — Halae 1747. — Amstelodami 1751. 8.

Linné, Hortus Cliffortianus. (Bibliotheca botanica Cliff.) Amstelodami 1737. fol.

Reusch, De Botanicis non Medicis. Helmstadii 1739. 4.

Fabregou, Description (vol. VI. p. 347—471. Dissertation sur l'origine et le progrès de la botanique.). Paris 1740. 8.

*Séguier, Bibliotheca botanica. Hagae Comitum 1740. 4. — Supplem. Veronae 1745. 8. — Gronovius, Auctuarium. Lugd. Bat. 1760. 4.

Weinmann, Phytanthoza-iconographia. (Praefatio. Haller, De iconibus plantarum a Germanis paratis.) Regensburg 1745. fol.

Moehsen, De manuscriptis medicis inter codices bibliothecae berolinensis. Berolini 1746—47.

Fabricius, Oratio de Germanorum in rem herbariam meritis. Helmstadii 1751. 4.

*Treu, Librorum botanicorum catalogi duo. Norimbergae 1752. — tertius. ib. 1757. fol.

Linné, Incrementa botanices proxime praeterlapsi semisaeculi. Holmiae 1753. 4.

Werner, De scriptoribus plantarum borussicarum. Custrini 1756. 4.

Kalm, Fata botanices in Finlandia. Aboae 1758. 4.

Collin, Fata botanica in Finnlandia. Aboae 1758. 4.

*Linné, Auctores botanici. Upsaliae 1759. 4.

Select remains of John Ray with his life by Derham. London 1760. 8.

Linné, Reformatio botanices. Upsaliae 1762. 4.

Leçons de botanique faites au jardin de Montpellier. (Avignon) 1762. 12. (Satyra in Imbertum, auctoribus Cusson, Gouan et Commerson.)

Catalogo de los autores españoles, que han escrito de historia natural. (Quer, Flora española. Madrid 1762. 4. vol. II. p. 105—128.)

Fabricius, Suppellex mea libraria botanica. (Enumeratio horti helmstadiensis. 1763. 8. 12 foll.)

Baldinger, Catalogus dissertationum, quae medicamentorum historiam, fata et vires exponunt. Altenburgi 1768. 4.

Boehmer, De plantis in Cultorum memoriam nominatis. Wittebergae 1770. 4. — Ed. nova continuata: Lipsiae 1799. 8. — (Additamenta cl. Leonis Comitis Henckel von Donnersmarck in Millin, Magazin encyclopédique. Paris 1810. t. IV, p. 271—278, t. V, p. 46—73, 241—264.)

Hérissant, Bibliothèque physique de la France. Paris 1771. 8. (Botanique, p. 261—300, 454—463.)

*Haller, Bibliotheca botanica. Tiguri 1771—72. 4. — Kall, Additiones. Hafniae 1775. 8. — Murr, Adnotationes. Erlangae 1805. 4.

Milne, Institutes of botany. London 1771—72. 4.

Koelpin, De cultura historiae naturalis in Pomerania. Stettini 1773. 8.

Triller, Brassica festo Amphidromiorum oblata. Witembergae 1781. 4.

Gilibert, Indagatores naturae in Lithuania. Wilnae 1781. 8.

Kall, De duplici plantarum sexu Arabibus cognito. Hafniae 1782—83. fol.

Cobres, Deliciae Cobresianae. (Augsburg 1782) 8.

Boehmer, Bibliotheca scriptorum historiae naturalis. Lipsiae 1785 —89. 8. (Pars III, 1—2: Phytologi.)
Lastri, Biblioteca georgica. Firenze 1787. 4.
Epistolae a *Linné* et *de Haen* ad *Vandelli* scriptae. Conimbricae 1788. 4.
Ducarel, Letter upon the early cultivation of botany in England. (Philos. Transact. LXIII. 79—88.)
Rottböll, Om Urtelaerens tilstand i Danmark. (Kiöbenh. Selsk. Skr. X. 393—424, 463—468.)
*Pulteney, Historical and biographical sketches of the progress of botany in England. London 1790. 8.
Pontedera, Epistolae ac dissertationes, ed. *Bonato* Patavii 1791. 4.
Linné, Collectio epistolarum, ed. *Stoever*. Hamburgi 1792 8.
Lidbeck, De plantis in Suecorum memoriam nominatis. Lundae 1792. 4.
Medicus, Geschichte der Botanik unsrer Zeiten. Mannheim 1793. 8.
*Baldinger, Literatura universa materiae medicae etc. Marburgi 1793. 8.
Baldinger, Ueber Literargeschichte der Botanik. Marburg 1794. 8.
Bondt, De utilitate laborum recentiorum in re botanica. Amsterdam 1794. 4.
Swartz, Tal om Naturalhistoriens uphof i Sverige. Stockholm 1794. 8.
*Dryander, Catalogus bibliothecae historico-naturalis *Josephi Banks*. Londini 1796—1800. 8.
Vrolik, Oratio de eo, quod Amstelodamenses ad rem botanicam contulerunt. Amstelodami 1797. 4.
Sprengel, Antiquitatum botanicarum specimen. Lipsiae 1798. 4.
Reinwardt, Oratio de ardore, quo botanices cultores in sua studia feruntur. Hardervici 1801. 4.
*Reuss, Repertorium commentationum a societatibus literariis editarum. Goettingae 1801—1802. 4.
Re, Saggio di bibliografia georgica. Venezia 1802. 8
Sickler, Allgemeine Geschichte der Obstkultur. I: Von den Zeiten der Urwelt bis zu Konstantin dem Grossen. Frankfurt a/M. 1802. 8.
Dickson, De l'agriculture des anciens. Paris 1802. 8.
Schrank, Briefe an *B. S. Nau*. Erlangen 1802. 8.
Sahlberg, De progressu cognitionis plantarum cryptogamicarum. Abo 1803. 4.
Nocca, Epistolae ad multos viros doctos datae. Ticini 1805. 8.
Burchardt, Pomologische Bibliothek, herausgegeben von *Buettner*. Coburg 1806. 8.
Cambry, Notice sur l'agriculture des Celtes et des Germains. Paris 1806. 8.
Sangiorgio, Delle epoche piu luminose della botanica. Milano 1807. 8.
Fagerborg, De primordiis botanices. Upsaliae 1807. 4.
*Sprengel, Historia rei herbariae. Amstelodami 1807—8. 8.
Retzius, De plantis cibariis Romanorum. Lundae 1808. 4.
Cuvier, Rapport historique sur les progres des sciences naturelles. Paris 1810. 4.
Mouton-Fontenille, Coup d'oeil sur la botanique. Lyon 1810. 8.
Wallroth, Geschichte des Obstes der Alten. Halle 1812. gr. 8.
Pollini, Discorso istorico sulla botanica. Verona 1812. 8.
Sprengel, De germanis rei herbariae patribus. München 1813. 4.
Encontre, Recherches sur la botanique des anciens (Aconit.). Montpellier 1813. 8
Hulthem, Sur l'état ancien et moderne de l'agriculture et de botanique dans les Pays-Bas. Gand 1817. 4.
Smith, A review of the moderne state of botany. (London 1817.) 4.
*Schultes, Grundriss einer Geschichte und Literatur der Botanik. Wien 1817. 8.

*Sprengel, Geschichte der Botanik. Altenburg und Leipzig 1817 —18. 8.
Sternberg, Abhandlung über die Pflanzenkunde in Böhmen. Prag 1818. 8.
Arnold, De monumentis hist. nat. Poloniae literariis. Varsaviae 1818. 8.
Cuvier, Recueil des éloges historiques. Paris 1819—27. 8.
Philipps, Pomarium britannicum, historical.. London 1820. 8. — 1821. — 1823.
Smith, A selection of the correspondence of *Linnaeus*. London 1821. 8.
*Wikström, Öfversigt af botaniska arbeten och upptäckter. (Årsberättelse etc.) 1821—44. Stockholm 1822—49. 8. — Germ. auctae:
*Beilschmied, Jahresberichte der Schwedischen Akademie über die Fortschritte der Botanik. Breslau 1834—47. 8.
Du Petit-Thouars, La physiologie végétale et le prix Monthion. Paris 1822. 8.
Philipps, History of cultivated vegetables. Ed. II. London 1822. 8.
Philipps, Sylva odorifera, the Shrubbery historical. London 1823. 8.
Reinwardt, Oratio de augmentis historiae naturalis ex Indiae investigatione. Hardervici 1823. 4.
*Billerbeck, Flora classica. Lipsiae 1824. 8.
Hogg, Observations on some of the classical plants of Sicily. (London) 1824. 8.
Philipps, Flora historica. London 1824. 8.
Hoffmann, Oratio de fatis et progressibus rei herbariae imprimis in imperio rutheno. Mosquae 1824. 4.
Adamski, Prodromus historiae rei herbariae in Polonia. Vratislaviae 1825. 8.
Agardh, Antiquitates (epistolae) *Linnaeanae*. Lundae 1826. fol.
Choulant, Handbuch der Bücherkunde für die ältere Medicin. Leipzig 1828. 8. — ib. 1841. 8.
Vallot, Histoire de la botanique en Bourgogne. Dijon 1828. 8.
Trinius, Ueber den gegenwärtigen wissenschaftlichen Standpunkt der Naturforschung. St. Petersburg 1828. gr. 8.
Candolle, De l'état actuel de la botanique générale. (Revue française 1829. vol. VIII, p. 33—56.)
Hornemann, Om de tydske Naturforskeres Forsamling i Berlin. Kiobenhavn 1829 8.
Stanhope, Earl, Addresses to the medico-botanical society. London 1829. — 1837. 8.
Winther, Literaturae scientiae nat. in Dania, Norvegia et Holsatia enchiridion. Havniae 1829. 8.
Miltitz, Handbuch der botanischen Literatur. (Bibliotheca botanica.) Berlin 1829. 8.
Siebold, Ph., Zustand der Botanik auf Japan. Bonn 1829. 4.
Linné, Literae XI ad *Gardenium*, ed. *Lueders*. Kiliae 1829. 4.
Linné, Epistolae ineditae, ed. *van Hall*. Groningae 1830. 8.
Treviranus, Clusii et C. Gesneri epistolae ineditae. Lipsiae 1830. 8.
Belleval, Questions philologiques sur quelques plantes. Montpellier 1830. 8.
Haberle, Rei herbariae hungaricae et transsylvanicae historia. Budae 1830. 8.
Candolle, Histoire de la botanique genevoise. Genève 1830. 4.
Dierbach, Repertorium botanicum. Lemgo 1831. 8.
Wikström, Conspectus literaturae botanicae in Suecia. Holmiae 1831. 8.
Galterer, Literatur des Weinbaues aller Nationen. Heidelberg 1832. 8.
*Candolle, Progrès de la botanique en 1832. Genève 1833. 8.
Myrin, Historia rei herbariae in Suecia. Upsala 1833. 4.
Bongard, Esquisse historique des travaux sur la botanique en Russie. Petersbourg 1834. 4.

Link, De antiquitatibus botanicis rostochiensibus. Berolini 1835. 4.
Richardson, Richard, Extracts from the correspondance illustrative of the progress of botany. Yarmouth 1835. 8.
Cesati, Sugli studii fiso-fisiologici degli Italiani etc. Milano 1836. 8.
Henschel, Zur Geschichte der botanischen Gärten und der Botanik in Schlesien im 15. und 16. Jahrhundert. Berlin 1837. 8.
*Meyen, dein. *Link, Muenter*, Jahresbericht der physiologischen Botanik für 1836—48. Berlin 1837—49. 8.
Trautvetter, Grundriss einer Geschichte der Botanik Russlands. St. Petersburg 1837. 8.
Morren, Les siècles et les legumes. Liège 1837. 8.
Linné, Lettere inedite, ed. *Bertoloni*. Bologna 1838. 8.
Schneider, Descriptio codicis vetustissimi. Vratislaviae 1839. 4.
*Wuestenfeld, Geschichte der arabischen Aerzte und Naturforscher. Göttingen 1840. 8.
Tornabene, Opere botaniche del secolo decimoquinto. Catania 1840. 8.
Linné, Epistolae ad *Nicol. Jos. Jacquin*, ed. *Schreibers*. Vindobonae 1841. 8.
* *Cuvier*, Histoire des sciences naturelles. Paris 1841—43. 8.
* *Grisebach*, Bericht über die Leistungen in der Pflanzengeographie während der Jahre 1840—46. Berlin 1841—49. 8.
Parlatore, Sulla botanica in Italia. Parigi 1841. 8.
Vriese, Protrepticus ad commilitones. (Historia rei herbariae.) Amstelodami 1841. 8.
Parlatore, Come possa considerarsi la botanica etc. Firenze 1842. 8.
Choulant, Bibliotheca medico-historica. Lipsiae 1842. 8.
Parlatore, La botanica nello stato attuale delle scienzi naturali. Firenze 1842. 8.
Colmeiro, Ensayo histórico sobrè los progresos de la botanica. Barcelona 1842. 8.
Yates, Textrinum antiquorum. London 1843 8.
Gray, Selections from the scientific correspondence of *Cadwallader Colden* with *Gronovius, Linnaeus, Collinson*. New Haven 1843. 8.
Reliquiae *Baldwinianae*, by *Darlington*. Philadelphia 1843. 8.
Vriese, Over eene verzameling eigenhandige brieven an *Carolus Clusius*. Leiden 1843. 8.
Fraas, Zur Geschichte europaeischer Culturpflanzen. Freysing 1843. 4.
(*Moretti*) Difesa e illustrazione delle opere botaniche di *Pietro Andrea Mattioli*. (Milano 1844.) 8.
Meyer, Die Entwicklung der Botanik in ihren Hauptmomenten. Königsberg 1844. 8.
*Lasegue, Musée botanique de Mr. *Benjamin Delessert*. Paris 1845. 8.
Pfund, T., De antiquissima apud Italos Fabae cultura ac religione. Berolini 1845. 8.
Brignoli a Brunnhoff, Intorno alla Flora degli antichi. Modena 1845. 8.
Martius, De priscorum botanicorum epistolis in bibliotheca erlangensi asservatis. Regensburg 1845. 4.
* *Fraas*, Synopsis plantarum Florae classicae. München 1845. 8.
Walker, Die Obstlehre der Griechen und Römer. Reutlingen 1845. 8.
Schneyder, Ueber den Wein- und Obstbau der alten Römer. Rastatt 1846. gr. 8.
Wuestemann, Ueber die Kunstgärtnerei bei den alten Römern. (Gotha) 1846. 8.
* *Sachse*, Verzeichniss von Bildnissen von Aerzten und Naturforschern. Schwerin 1847. 8.
Ruchinger, G., Cenni storici dell' Orto botanico in Venezia. Venezia 1847. 8.
Heer, Vaterland der Nahrungspflanzen und Geschichte des schweizerischen Landbaues. Zürich 1847. 8.

Lajard, Cyprés pyramidal chez les peuples de l'antiquité. Paris 1847. 8.
Darlington, Memorials of *John Bartram* and *Humphry Marshall*. Philadelphia 1849. 8.
Wunderbar, Biblisch-talmudische Medicin. Riga u. Leipzig 1850. 8.
d'Avoine, Concordance des espèces par *R. Dodoens* avec *Linné*. Bruxelles 1850. 8.
*Pritzel, Thesaurus literaturae botanicae. Lipsiae 1851. 4. — Ed. nova reformata. ib. 1871—74. 4.
Bonato, Veneti promotori della scienza erbaria. Padova 1851. 8.
Berg, E. v., Catalogus bibliothecae horti Petropolitani. Petropoli 1852. 8.
Martins, Histoire des botanistes et du jardin de Montpellier. Montpellier 1852. 8.
Meyer, Botanische Erläuterungen zu *Strabo's* Geographie. Königsberg 1852. 8.
Irmisch, Einige Botaniker des 16. Jahrhunderts. Sondershausen 1852. 8.
Targioni, Ant., Introduzione di varie piante nell' agricoltura ed orticoltura toscana. Firenze 1853. 8.
Wüstemann, Unterhaltungen aus der alten Welt für Garten- und Blumenfreunde. Gotha 1854. 8.
*Meyer, Geschichte der Botanik. Königsberg 1854—57. 8.
Winckler, E., Geschichte der Botanik. Frankfurt a/M. 1854. 8.
Treviranus, Die Anwendung des Holzschnitts. Leipzig 1855. 8.
*Pritzel, Iconum botanicarum Index locupletissimus. Berlin 1855—66. 4.
Klinsmann, Clavis Dilleniana, ad hortum Elthamensem. Danzig 1856. 4.
Du Moulin, Flore des poètes anciens grecs et latins. Paris 1856. 8.
Boetticher, Baumkultus der Hellenen. Berlin 1856. 8.
Du Molin, Flore poétique et ancienne. Paris 1856. 8.
Lacroix, L'Histoire de la botanique et la distribution des plantes de la Vienne. Caen 1857. 4.
Berg, E. v., Catalogue des dessins de plantes. Petersbourg 1857. 8.
Vriese, De invloed der Kruidkunde op de belangen van den Staat. Leiden 1857. 8.
Colmeiro, La botánica y los botánicos de la península hispano lusitana. Madrid 1858. 8.
Wilkinson, Weeds and wild flowers, their uses, legends and literature. London 1858. 8.
Lange, M. T., Danmarks planteväxt i de sidste 2 aarhundreder. Kjobnhavn 1859. 8.
Oudemans, Inwijdingsrede over de Plantkunde. Utrecht 1859. 8.
Lenz, Botanik der alten Griechen. Gotha 1859. 8.
Kessler, H., Landgraf Wilhelm IV. als Botaniker. Cassel 1859. 4.
Teissier, Lettres sur Louis Gérard, de Commerson, Linné, Burmann, Malesherbes, Papon et autres. Toulon 1859. 8.
Megenberg, Buch der Natur. Die erste Naturgeschichte in deutscher Sprache. Stuttgart 1861. 8.
Günther, Die Ziergewächse und ihre Kultur bei den Alten. Bernburg 1861. 4.
Gmelin, J. G., Reliquiae commercii epistolici. Stuttgart 1861. 8.
Jessen, Was heisst Botanik? Leipzig 1861. 8.
Wartmann, B., St. Gallische Volksbotanik. St. Gallen 1861. 8.
Irmisch, Einige Botaniker des 16. Jahrhunderts. Sondershausen 1862. 4.
Seemann, Hannoversche Sitten in Beziehung zur Pflanzenwelt. Leipzig 1862. 8.
Krause, Eurich Cordus. Hanau 1863. 8.
Mohl, Rede bei Eröffnung der naturwissenschaftlichen Facultät. Tübingen 1863. 8.
Beisly, Shakspere's Garden. London 1864. 8.

Planchon, G., Modifications de la Flore de Montpellier depuis le 16me siècle. Paris 1864. 4.
Pringsheim, Kryptogam. Studien neuerer Zeit. Jena 1864. 8.
*Jessen, Botanik der Gegenwart und Vorzeit. Leipzig 1865. 4.
Teichert, Geschichte der Ziergärten. Berlin 1865. 8.
Daubeny, Essay on the trees and shrubs of the ancients. London 1865. 8.
Brockhausen, Die Pflanzenwelt Sachsens in Beziehungen zur Götterlehre und Aberglauben der Vorfahren. Hannover 1865. 8.
*Langkavel, Botanik der spätern Griechen. Berlin 1866. 8.
Planchon, J. E., Rondelet et ses disciples. Montpellier 1866. 8.
Kirschleger, Le monde végétal, rapports avec les us sur les bords du Rhin. Strasbourg 1866. 8.
Unger, Die Pflanze als Todtenschmuck und Grabeszier. Wien 1867. 8.
Pollender, Gebührt die Priorität dem Grew oder dem Malpighi? Berlin 1867. 4.
Saelan, Finlands botaniska Litteratur. (Helsingfors 1867.) 8.
Rambosson, Histoire et Légendes des plantes. Paris 1868. 8.
*Brongniart, Les progrès de la botanique phytographique. Paris 1868. 8.
*Duchartre, Les progrès de la botanique physiologique. Paris 1868. 8.
Saccardo, Storia e letteratura della Flora veneta. Milano 1869. 8.
Funcke, Der Waldkultus und die Linde in der Geschichte und Liedern. Köln 1869. 12.
Colmeiro, Examen historico de los trabajos concernientes a la Flora hispano-lusitana. Madrid 1870. 8.
Kessler, H., Das aelteste Herbarium Deutschlands von Ratzenberger 1592. Cassel 1870. 8.
Karsten, H., Zur Geschichte der Botanik. Berlin 1870. 8.
Duschak, Botanik des Talmud. Pesth 1870. 8.
*Krempelhuber, Fortschritte und Literatur der Lichenologie. III. 1866—70. München 1872. 8.

Cap. 2. Ephemerides et Collectanea.

1718. *Blair*, Miscellaneous observations. Lond. 8.
1749. *Haller*, Opuscula sua botanica. Gött. 8.
1749-70. *Linnaei*, Amoenitates academicae. Holm. 8. — saepius.
1751. *Gesneri*, C., Opera bot. ed. Trew. Norimb. fol.
1765-67. *Gleditsch*, Vermischte Abhandlungen. Halle. 8.
1768. *Gleditsch*, Vermischte Bemerkungen. Leipzig. 8.
1768-83. *Guettard*, Memoires sur les sciences et arts. Paris. 8.
1787-90, 94. *Roemer* u. *Usteri*, Magazin für Botanik. (no. 10808-9.)
1790-1811. *Hoppe*, botanisches Taschenbuch. no. 10856.
1791-1800. *Usteri*, Annalen der Botanik. no. 10680.
1796-1805. *Roemer*, Archiv für die Botanik. no. 10693.
1798. *Smith*, J., Tracts relating to natural history. no. 8740.
1799-1803, 6-10. *Schrader*, Journal für die Botanik. no. 10783-4.
1802-7. Botanische Zeitung, Regensburg. no. 10871. (vide 1815. Denkschriften; 1818. Flora; 1828. Literaturblätter.)
1802-4. *Viviani*, Annali di botanica. (Annales botanici.) Genova. no. 9811.
1803. *Hoffmann*, Phytographische Blätter. no. 10701.
1804. *Villars* Memoirs. Paris. no. 9776.
1804-6. Gartenzeitung. Halle. no. 10744.
1805. Tracts relative to botany. London. 8.
1805-6. *Konig* and *Sims*, Annals of botany. no. 10687.
1806-8. *Moessler*, Botanische Blätter. Hamburg. no. 6316.
1808-9. (*Desvaux*) Journal de botanique. Paris. no. 10790.

1812-18. Archiv der Gewächskunde. Wien (Schaumburg). no. 10696.
1812. *Rudolphi*, Beiträge zur .. Naturgeschichte. Berlin. 8.
1813-14. *Desvaux*, Journal de botanique appliquée. no. 10791.
1815-64. Denkschriften der bot. Gesellsch., Regensburg. no. 10731.
1818-72.. Flora od. allgemeine bot. Zeitung, Regensb. no. 10735.
1818-72.. Nova acta Ac. Leopold. Carol., Bonn. no. 10676.
1818-33. *Loddiges*, The botanical cabinet. no. 10711.
1818-20. *Sprengel*, *Schrader*, *Link*, Jahrbücher der Gewächskunde. no. 10773.
1818-23. *Seringe*, Musée helvétique. no. 10813.
1820. Horae physicae Berolinenses. no. 10769.
1820-22. *Sprengel*, Neue Entdeckungen .. der Pflanzenkunde. no. 10731.
1820-48. Transactions of the horticult. soc., London. no. 10860.
1821. *Treviranus*, Vermischte Schriften. Bremen. 4.
1821-72.. Annales de la soc. d'horticulture, Paris. no. 10683.
1822. *Presl*, Deliciae pragenses. Pragae. 8.
1822. *Withering*, Miscellaneous tracts. London. 8.
1824-72.. Annales de sc. naturelles, Paris. no. 10685.
1825-34. *Brown*, R., Vermischte botanische Schriften.
1826-72.. *Schlechtendal*, Linnaea. no. 10798.
1826-43. *Loudon*, The Gardeners Magazine. no. 10805.
1828-30. The Pomological Magazine, London. no. 10806.
1828-42. Literaturblätter (dein -berichte) zur Flora. no. 10799-800.
1829. *Knapp*, J. L, Journal of the naturalist. London. 8.
1829-34. *Soulange-Bodin*, Annales .. horticole de Fromont. no. 10684.
1829-40. *Poiteau* etc., Revue horticole. no. 10850.
1830-32. *Seringe*, Bulletin botanique. no. 10709.
1830-57. *Hooker*, Botanical Miscellany. no. 10810; dein Journal of bot. no. 10785-87. (cfr. 1835 Companion.)
1832-48. Annales de Flore, Paris. no. 10682.
1832. *Rafinesque*, Atlantic Journal, Philadelphia no. 10789.
1832-37. Transactions .. Medico-botan. soc., London. no. 10862.
1833. *Guillemin*, Archives de botanique. no. 10696.
1833-46. *Harrison*, The floricultural Cabinet. no. 10712.
1833-47. *Otto* u. *Dietrich*, Allgemeine Gartenzeitung. no. 10745.
1834-45. *Hoeven* en *Vriese*, Tijdschrift voor naturljke Geschiedenis en physiologie. Amsterdam et Leiden.
1834. Flore de serres .. de l'Europe, Paris. no. 10739.
1834-42. Hooker Journal = 1834 Bot. Miscellany.
1835-36. *Hooker*, Companion to the botanical Magazine. no. 10718.
1836. *Smith*, F., The Florists Magazine. London. 4.
1836-37. *Knowles* Birmingham Botanic Garden and Floral Magazine no. 4759.
1837-41. Jahresberichte des bot. Vereins am Mittelrhein. no. 10775.
1837-72.. Transactions of bot. soc., Edinburgh. no. 10861.
1837. Bot. Archiv der Gartenbaugesellschaft Wien no. 10692.
1839-44. *Lemaire*, L'horticulteur universel. no. 10770.
1841-72.. The Gardeners Chronicle. no. 10716.
1841-61. *Schramm*, Mittheilungen über Flora. no. 10811.
1841-72.. Botaniska Notiser, Stockholm. no. 10814-15.
1842-51, 55-63. The Phytologist, London. no. 10840-41.
1843-72.. *Mohl* u. *Schlechtendal*, Botanische Zeitung, Berlin, Leipzig. no. 10871.
1843-72.. Jahresberichte der Pollichia. Landau, dein Neustadt a/Hardt. 8.
1844-47. *Parlatore*, Giornale bot. italiano. no. 10747.
1844-46. *Schleiden* u. *Naegeli*, Zeitschrift für wissensch. Botanik. no 10870.
1844-48. *Hooker*, London Journal of bot. = 1834 Bot. Miscell.

1845.	*Mohl,* Vermischte Schriften botan. Inhalts. Tübingen.	
1845.	*Hornschuch,* Archiv skandinav. Beiträge. no. 10694.	
1845-47.	*Duchartre,* Revue botanique. no. 10849.	
1845-70.	*van Houtte,* Flore des serres. no. 10738.	
1846.	*Boreau,* Compte-rendu des travaux de la section botanique à Milan en 1844. Angers. 8.	
1846.	*Rabenhorst,* Botan. Centralblatt. no. 10715.	
1848-63.	*Vriese* etc., Nederlandsch Kruidkundig Archief. no.10691	
1849-51.	*Henfrey,* Botanical Gazette. London. no. 10746.	
1849.	*Presl, K.,* Epimeliae botanicae. Pragae 1849. 4.	
1849-57.	*Hooker,* Journal of bot. = 1834 Bot. Miscell.	
1850-72..	*Morren,* La Belgique horticole. no. 10699.	
1851-54.	*Lemaire,* Le jardin fleuriste. no. 10776.	
1851-53.	*Lindley* and *Paxton,* The Flower Garten. no. 10742.	
1851-72..	Verhandl. d. zool.-bot. Vereins, Wien. no. 10865.	
1852-72..	*Regel,* Garten-Flora. no. 10743.	
1852-72..	*Hedwigia,* .. für kryptogam. Studien. no. 10750.	
1852-64.	*Fries, E.,* Botaniska Utflygter. Stockholm. 8.	
1853-62.	*Seemann,* Bonplandia. no. 10702.	
1853.	*Cavolini,* Memoria postume. Benevento. 4.	
1854-72..	Bulletin .. soc. bot. de France. no. 10710.	
1854-72..	*Lemaire,* L'illustration horticole. no. 10780.	
1858-72..	*Pringsheim,* Jahrbücher f. wissensch. Botanik. no. 10774.	
1858-72..	*Skofitz,* Bot. Wochenblatt (dein Zeitschrift). no. 10868.	
1859-72..	*Ascherson,* Verhandl. bot. Ver .. Brandenburg. no. 10864.	
1860-70.	*Baillon,* Adansonia. no. 10677.	
1860.	*Martius, K.,* Vermischte Schriften. München. 8.	
1860-62.	Annals of Canada bot. soc., Kingston. no. 10686.	
1861-68.	*Dombrain,* The Floral Magazine. no. 10804.	
1861.	*Miquel,* Journ. de la bot. neerlandaise. no. 10792.	
1861-67.	Commentario della soc. crittogam. Ital. no. 10717.	
1862-72..	Bulletin .. soc. bot. de Belgique. no. 10708.	
1863-69.	*Miquel,* Annales Musei bot. Lugduno-Batavi. no. 6281.	
1863.	*Seemann,* The journal of botany. no. 10788.	
1864-67.	Annales .. soc. phytologique d'Anvers. no. 10681.	
1864-66.	*Bavoux* etc., Billotia. no. 10700.	
1866-68.	*Brown, R.,* Miscellaneous works. London. 8.	
1866-72..	*Heiberg,* Botanisk Tidskrift. no. 10857.	
1866-72..	Tijdskrift .. Antwerpsche kruid. genootsch. no. 10858.	
1867.	Report of .. internat. horticult. Congress. no. 10846.	
1870-72..	Nuovo Giornale bot. italiano. no. 10748.	
1871-72..	*Hanstein,* bot. Abhandlungen. Bonn. no. 3775.	
1871-72..	*Sachs,* Arbeiten des bot. Institutes, Würzburg. no. 10689.

Cap. 3. Descriptiones variae iconesque plantarum et auctorum veterum et recentiorum.

Omnes hic enumerabuntur veterum libri aetatem Tournefortianam (1694) praecedentes, exceptis perpaucis levioribus in capitulis de speciebus singulis cap. 6—15, in libro III geographico et in capite 43 de vita plantarum enumeratis, recentiorum vero ex capitulis posterioribus recepti sunt, qui tabulis specierum novarum insignes. — *Asterisco inde a §. 3 indicabuntur libri tabulis insignes, itemque littera E ad finem tituli adscripta libri „ectypis" i. e. impressionibus plantarum ipsarum illustrati. Icones aeneae inde ab anno 1591, lapideae ab 1806, impressiones plantarum ipsarum emendatae (Naturselbstdruck) ab 1856, icones photographicae ab 1857 plantis adhibitae sunt.

§. 1. *Plantae Scripturae sacrae commemoratae.*

Conf. specierum singularum monographiae in Cap. 15: Arbor scientiae boni et mali, Balsamum, Borith, Cicata, Coniferae (Cedrus, Sabina, Thyina ligna), Cucurbitaceae, Ficus, Hypericum, Hyssopus, Lilia, Manna, Nardus, Papyrus, Quercus, Rathem, Rosa, Sinapis, Sodomaea poma, Spina.

Lemnius, Similitudinum ac parabolarum, quae in bibliis ex herbis desumuntur, explicatio. Antwerpiae 1563. 8.
Vallesius, De sacra philosophia liber singularis. Lugduni 1588. 8.
— Ed. VI: ib. 1652. 8.
Rumetius, Sacrorum bibliorum arboretum morale. Paris 1606. 12.
Anomoeus, Kreuzgarten der heiligen Schrift. Nürnberg 1609. 8.
Barreira, Tractado das significacoens das plantas na sagrada escriptura. Lisboa 1622. 4.
Rumetius, Scripturae sacrae viridarium literale et mysticum. Paris 1626. 8.
Meursius, Arboretum sacrum. Lugd. Bat. 1642. 8.
Ursinus, Arboretum biblicum. Norimbergae 1663—85. 8.
Maurille de St. Michel, Phytologie sacrée. Angers 1664. 4.
Cocquius, Observationes etc. (Phytologia sacra) Vlissingae 1664. 4.
Castellus, Via ad clarius enarrandam botanologicam Scripturae partem. Londini 1667. 4.
Haeberlin, De generatione plantarum ex sacris literis. Tuebingae 1693. 12.
Westmacott, Theobotanologia. London 1694. 12.
Been, Spinae et tribuli ante lapsum producti. Havniae 1702. 4.
*Celsius, Botanici sacri exercitatio prima. Upsaliae 1702. 8.
Hiller, De plantis in scriptura sacra memoratis. Tubingae 1716. 4.
Garofalo, Dissertationes miscellae. (Origanum, Ricinus, Lilium, Mandragora et Hyssopus.) Romae 1748. 4.
Hardt, Intybum sylvestre in Elisae mensa mors in olla, 2. Reg. IV. 40. nec non Bryonia in Esaiae vinea. Helmstadii 1719. 4.
Schroeder, De hortis veterum Hebraeorum. Marburgi 1722. 4.
*Hiller, Hierophyticon. Trajecti a/Rh. 1725. 4.
Hasaeus, Dissertationum philologicarum sylloge. (De ligno Sittim et de Rubo Mosis) Bremae 1731. 8.
*Scheuchzer, Physica sacra, iconibus illustrata. Aug. Vind. 1732 —35. fol.
Bose, De potionibus mortiferis Marc. XVI, 18. Lipsiae 1736—37. 4.
*Celsius, Hierobotanicon. Upsaliae 1745—47. 8.
Gessner, Phytographia sacra generalis. Tiguri 1759—67. 4.
Clewberg, De variis frumentorum et leguminum speciebus in Vet. Test. memoratis. Upsaliae 1760. 4.
Michaelis, Fragen an eine Gesellschaft Gelehrter. Frankfurt a/M. 1762. 8.
Bang, De plantis quibusdam sacrae botanicae. Havniae 1767. 8.
Gessner, Phytographia sacra specialis. Tiguri 1768—73. 4.
Sprengel, Flora biblica. (Hist. rei herb. Amstelodami 1807. 8. I, 6-19.)
— *Encontre,* Additions. (Montpellier 1811. 8.)
Virey, Des médicaments aphrodisiaques et sur le Dudaim. Paris 1813. 8.
Amoureux, Dissertation philologique sur les plantes religieuses. Montpellier 1817. 8.
Harris, The natural history of the Bible. Boston 1820. 8.
Duncan, Botanical theology. Oxford 1826. 8.
Carpenter, Scripture natural history. London 1828. 8.
Thunberg, Afhandling om the wäxter, som i Bibelen omtalas. Upsala 1828. 8.
Rosenmueller, Biblische Naturgeschichte. Leipzig 1830. 8. (Historia plantarum biblicarum: p. 69—447.)
Johns, C. A., Flora sacra. London 1840. 12.
Gorrie, Illustrations of scripture from botanical science. London 1853. 8.

Balfour, The Plants of the Bible. Edinburgh 1857. 8.
Cultrera, Flora biblica. Palermo 1861. 8.
Blessner, Flora sacra. New York 1864. 8.
Balfour, The plants of the Bible. Edinburgh 1866. 8.

§. 2. *Auctores veteres ante artem typographicam inventam (1455) explicati.*

Conf. specierum singularum monographiae in Cap. 15: Acanthus, Aconitum, Aegilops, Aegolethron, Alica et Chondros, Amellus, Amomum, Androsace, Asparagus, Brassica, Bulbus, Byssus, Camphora, Castanea, Chara, Cicuta, Cinnamomum, Citrea mensa, Citrus, Corchorus, Cucumis, Cytisus, Datura, Dyrrachinus panis (Aracaceae), Faba, Faecula coa, Fagus, Ficus, Holoconitis, Lamium, Laurus, Ligustrum, Lotus, Manna, Moly, Nardus, Nectar, Nepenthes, Nerium, Nymphaea, Ocymum, Oenanthe, Orobanche, Palma, Papaver, Papyrus, Persea, Phoenix, Pyrethrum, Quercus, Radix amara, Resina aegyptia, Saccharum, Scandella, Solstitialis herba, Tetragonum, Thuya, Thuyon, Tubera Suetoni.

Homeros, c. 900 a. Chr. — *Miquel*, Specimen Florae Hom. Amsterd. 1836. 8. — *Euchholz*, Flora Hom. Culm 1836. 4.
Pythagoras, 584—505 a. Chr. — vide Cap. 8. Leguminacae. Faba.
Hippocrates, 460—357 a. Chr. — *Dierbach*, Die Arzneimittel des Hipp. Heidelberg 1824. 8. — vide Cap. 8. Camphora, Holoconitis, Tetragonon.
Aristoteles, 384—322 a. Chr., no. 243—44.
Theophrastos, 370—285 a. Chr., no 9184—9203. — *Stillingfleet*, Litterary life, with observations on some plants of Th. London 1811. 8. — vide Cap. 8. Camphora, Corchorus, Oenanthe, Orobanche, Theseon, Thuya.
Nikandros Kolophonius, 200—133 a. Chr., no. 6704.
Plautus, 184 a. Chr. — conf. Cap. 8. Resina Aegyptia, Terebinthinaceae.
Strabo, 60 a. Chr. — 25 p. Chr. — *Meyer, E*, Botan. Erläuterungen zu St. Geographie. Königsberg 1842.
Nicolaus Damascenus, c. 5 p. Chr., no. 6694. — Alberti Magni De vegetabilibus libri VII. ed. Meyer et Jessen. Berolini 1867. 8.
Marcus Port. Cato, 223—149 a. Chr., no. 1606.
Marcus Terentius Varro, 114 — c. 26 a. Chr., no. 9689.
Caesar — vide Cap. 8. Chara, Panis Dyrrachinus.
Publius Virgilius Maro, 70—19 a. Chr. — *Eysson*, Sylvae *Virgilianae* prodromus. Groningae 1695. 12. — *Wedel, G.*, De ramo aureo *Virgilii*. Jenae 1699. 4. — *Martyn, V.*, Georgica, cum commentario. London 1741. 4. — *Martyn*, The Bucoliks. London 1749. 4. — *Martyn*, Dissertations upon the Aeneids. London 1770. 8. — *Retzius*, Flora *Virgiliana*. Lund 1809. 8. — *Nocca* Se Virgilio ha descritto il Citrus medica s. !. 1819. fol. — *Fée*, Flore de *Virgile*. Paris 1822. 8. — (*Paulet*) Flore et Faune de *Virgile*. Paris 1824. 8. — (*Tenore*) Osservazioni sulla Flora *Virgiliana*. Napoli 1826. 4. — *Mancy*, Le Bucoliques de *Virgile*. (Flore Virgilienne.) Paris 1828. 18. — *Bubani*, Flora Virgiliana. Bologna 1869. 8. — conf. Cap. 8. Amellus (Compositae), Ligustrum, Ramus aureus.
Ovidius Naso, 43 a. Chr. — 17 p. Chr. — *Wedel*, De herbis germanis Ovidii. Jenae 1689. 4.
Aulus Cornelius Celsus, c. 10 p. Chr., no. 1637.
Scribonius Largus, 40 p. Chr., no. 8561.
Lucius Junius Moderatus Columella, 60 p. Chr., no. 1825.
Pedanius Dioscorides Anazarbeus, c. 77 p. Chr., no. 2291—2323. — conf. Cap. 8. Amomum, Cirsium, Orobanche.
Cajus Plinius Secundus, 23—79 p. Chr., no. 7207—9. — *Leonicenus*, De Plinii erroribus. Ferrariae 1492. 4. saep. — *Barbaro*, Castigationes Plinianae. Romae 1492—3. fol. — *Colenuci*, Pliniana defensio. Ferrarae (1493). 4. — conf. Cap. 8. Aegolethron, Amomum, Lamium, Papyrus.
Appianus, 147 p. Chr. — conf. Cap. 8. Solanaceae (1765).

Klaudios Galenos, 131 — c. 200, no. 3177.
Cajus Julius Solinus, c. 240. — no. 8045.
Apicius Coelius, c. 240, no. 204. — *Dierbach*, Flora Apiciana. Heidelberg 1831. 8.
Oribasios Pergamenos, 325—400, no. 6849.
Basilius, c. 316—379.
Cyrillus Alexandrinus, 376—444, no. 2020.
Marcellus Empiricus, c. 410, no. 5801—2.
Paulos Aeginetes, c. 420.
Aetios Amydeos, c. 540.
Isidorus Hispalensis, 570—636, no. 4504.
Macer Floridus, ? c. 980, no. 5711.
Johannes Mesue, ? c. 1000, no. 6413.
Ibn Sind (Avicenna), 980—1037, no. 4410; Cap. 8. Solanaceae (1695).
Hildegardis de Pinguia, 1099—1179, no. 4058—59.
Ibn Roschid (Averroes), 1120—98.
Abd-Allathif, 1162—1231.
Ibn Beithar, —1248, no. 4408—9.
Henrik Harpestreng, —1244, no. 3788.
Serapion, c. 1240, no. 8616.
Bartholomaeus Anglicus, c. 1250.
Vincentius Bellovacensis, c. 1190—1264, no. 9787.
Albertus de Bollstädt, Magnus, 1193—1280, no. 89—91.
Ibn-al-Awam, c. 1200, no. 4407.
Piero de Crescenzi (Petrus de Crescentiis), c. 1235—1320, no. 1966.
Ibn Bathuthab, 1303—77.
Simon Januensis, c. 1290, no. 8690.
Matthaeus Sylvaticus, c. 1310, no. 5976.
Giacomo Dondi (Jacobus de Dondis), 1298—1359.

§. 3. *Ab anno 1455 usque ad Bauhinum, 1623. Plantae Europaeae conquiruntur.*

Icones ligneae imprimuntur.

De primitiis iconum impressarum conf. libri hi:

Weinmann, Phytanthoza-iconographia, (praefatio *Halleri*, De iconibus plantarum a Germanis paratis) Regensburg 1745. fol.
Trew, Librorum botanicorum catalogi duo. Norimb. 1752. fol.
Tomabene, Ricerche bibliografiche. Catania 1840. 8.
Moretti, Difese delle opere botaniche di Mattidi memorie VII. 1853. 4.
Treviranus, Die Anwendung des Holzschnittes zur Darstellung von Pflanzen. Leipzig 1855. 8.
Choulant, Die Anfänge wissenschaftlicher Naturgeschichte und Abbildung im Abendlande. Dresden 1856. 4.
Meyer, E. Gesch. d. Bot. IV. p. 274—288.

Plinius, Historiae naturalis libri XXXVII. Ed. I: Venetiis 1469. fol.
Simon Januensis, Synonyma medicinae seu Clavis sanationis. Ed. princeps. Mediolani 1473. fol.
Meyenberg, Das Puch der Natur. Augsburg 1475. fol. — Ed. nov. Stuttgart 1861. 8.
Celsus, De re medica libri VIII. Ed. princeps. Florentiae 1478. fol.
Matthaeus Sylvaticus, Liber pandectarum medicinae. (Argentorati) s. a. fol. — Venetiis 1480. fol.
Theophrastus Eresius, De Historia et de Caussis plantarum libri, latine a Th. Gaza. Tarvisii 1483. fol.
*Herbarius, Maguntie impressus 1484. 4., no. 10753—61, 10764—67.
*Ortus sanitatis. s. l. et a. (c. 1486) fol., no. 10816—37.
Macer floridus, De viribus herbarum. Neapoli 1487. fol.
Valla, De simplicium natura. Venetiis 1488. 8. — 1497. fol. — 1528. 8.

Leonicenus, De Plinii et aliorum medicorum erroribus. Ferrariae 1492. 4. — Basileae 1529. 4. — ib. 1532. fol.
Barbaro, Castigationes Plinianae. Romae 1492—93. fol.
(Pseudo-Apulejus.) Herbarium Apuleji Platonici. Romae (1493). 4. Ed. noviss. cur. Choulant. Lipsiae 1832. 8. — danice. Harpestreng, Danske Lagebog. Kiöbenhavn 1826. 8. — anglosax. Cockayne Leachdoms. London 1864. 8.
Fiera, Coena de herbarum virtutibus. Argentorati s. a. 8. — Patavii 1649. 4.
Liber aggregationis sive secretorum de virtutibus herbarum. Argentine 1493. 8.
Theophrastos Eresios. Opera graece in Aristotelis operibus IV, 1. Venetiis, Aldus 1496—97.
Tollat von Vochenberg, Ain meisterlichs büchlein der artzney. (Wien) 1497. 4.
Dioscorides, Περὶ ὕλης ἰατρικῆς λόγοι ἕξ. Ed. princeps: Venetiis 1499. fol.
Nikandros, Alexipharmaca et Theriaca. Ed. princeps: Venetiis 1499. fol. — Paris 1846. Lex. 8.
Brunschwyg, Von der Kunst der distillirung. Strassburg 1500. fol.
Arbolayre, contenant la qualitey et virtus des herbes s. a. fol. no. 10688.
(Suardus) Thesaurus aromatariorum. (Venetiis 1504.) fol.
Nocito, Lucidarium medicinae. Neapoli 1511. 4.
Herrera, Obra de agricultura. Alcalá de Henares 1513. fol. — Madrid 1818—19. 4.
Friese, L., Synonyma und gerechte Uslegung der Wörter. Strassburg 1519. 4. (latine, gallice.)
Manardus, Epistolarum medicinalium libri XX. (In Mesue Simplicia annotationes et censurae). Ferrara 1521. 4.
Treveris, The grete herball. London 1526. fol.
Scribonii Largi, De compositionibus medicamentorum. Parisiis 1529. fol.
Brunfels Herbarum vivae eicones ad naturae imitationem. Argentorati 1530—36. fol. (germ.: Contrafeyt Kräuterbuch. Strassburg 1532—37. fol.
*Le grant herbier en francoys s. a. (? 1530). 4. no. 10762.
Serapionis Averrois, Rasis De simplicibus medicinis opuscula edidit Otho Brunfels. (Argentorati 1531.) 4.
Champier, Hortus gallicus. Lugduni 1533. 8.
Champier, Campus Elysius Galliae. Lugduni 1533. 8.
Gesner, De stirpium collectione tabulae. (Kyberi Lexicon. Argentinae 1533. 8. p. 467—548.)
Oribasii, De simplicibus libri quinque. Argentorati 1533. fol.
A boke of the proprieties of herbes. London, by Wyllyam Copland. s. a. 8. no. 10751—52.
Kreuterbuch, durch Rhodion Frankf. a. M., Egenolph 1533. fol. — Cujus operis icones bibliopola iterum atque iterum libris suis, praesertim sequentibus adhibuit:
Egenolph, Herbarum imagines vivae. (1536.) saep.
Dorstenius, Botanicon. 1540.
Dryander, der ganzen Arznei Inhalt. 1542.
Dioscorides. De medicinali materia. Per Ryff 1543—45. — 1549. fol. (no. 2307 et 2308).
Lonitzer, Naturalis historiae opus. 1551. fol.
Lonitzer, Kreuterbuch. 1557. fol. saepius.
Egenolph, Plantarum effigies octingentae. 1562. 4.
Cordus, Botanologicon. Coloniae 1534. 12. — Parisiis 1551. 12.
Falimierz, Herbarium polonicum. Krakow 1534. fol.
Ruelle, De natura stirpium libri tres. Parisiis 1536. fol.
Brasavola, Examen omnium simplicium medicamentorum. Romae 1536. fol. — Mundella Epistolae et Annotat. in Bras. Basil. 1538. 8.
Aristotelis, Problemata quae ad stirpium genus et oleracea pertinent. Lugduni Batavorum 1537. 8.

Lovicz, Enchiridion medicinae. Cracoviae 1537. 8.
Tagault, De medicamentis simplicibus purgantibus. Basileae 1537. 4
Agricola, J., Medicinae herbariae libri duo. Basileae 1539. 8.
Mecum, Von den Kräutern und ihrer Kraft. Wittebergae 1539. 4
Bock, New Kreuterbuch. Strassburg 1539. fol.
Figulus, Dialogus qui inscribitur botanomethodus. Coloniae 1540. 4.
Dorstenius, Botanicon. Francofurti 1540. fol.
Fuchs, R. (Fuscus), Plantarum omnium apud pharmacopolas nomenclaturae. Paris 1541. 8.
Gesner, Historia plantarum et vires ex Dioscoride, Paulo Aegineta etc. Basileae 1541. 8.
Brohon, De stirpibus epitome. Cadomi 1541. 8.
Fuchs, L., De historia stirpium commentarii insignes. Basileae 1542. fol.
Fuchs, R. (Fuscus), De plantis antea ignotis. Venetiis 1542. 12
(Brunfels) In Dioscoridis historiam plantarum certissima adaptatio. Argentorati 1543. fol.
Fuchs, R. (Fuscus), De herbarum notitia. Antwerpiae 1544. 8
Fuchs, L., Apologia qua refellit Gualtheri Ryffi reprehensiones Basileae 1544. 8.
Horst, De Turpeto et Thapsia. Romae 1544. 4.
Lange, Epistolae medicinales. Basileae 1544. 4.
Fuchs, L., Cornarius furens. Basileae 1545. 8.
Fuchs, L, Adversus mendaces Christiani Egenolphi calumnias. Basileae 1545. 8.
Ryff, Das neue grosse Distillirbuch. Frankfurt 1545. 4.
Alamanni, La coltivazione. Parigi 1546. 4. — ib. 1832. 12.
Bock, Kreuterbuch. Strasburg 1546. fol. saep.
Schnellenberg, Experimenta von zwentzig Pestilentz Wurtzeln. Francfurdt a/M. 1546. 8. saepius. — Strassburg 1700.
Asham, A littel herbal. London 1550. 12.
Turner, W., A new Herball. London et Collen 1551—62. fol. — 1568. fol.
Dodoens, Cruydeboeck. Antwerpen 1551—54. fol. — 1644.
Bock, De stirpium nomenclaturis etc. Argentorati 1552. 4.
Cordus, V., Dispensatorium. Lugduni 1552. 12.
Dodoens, De frugum historia liber unus. Antwerpiae 1552. 8.
Dodoens, De stirpium historia commentariorum imagines. Antwerpiae 1553—54. 8. — Ed. II: ib. 1559. 8.
Bock, Verae atque ad vivum expressae imagines etc. Eigentliche und wahrhaftige Abbildung etc. Strassburg 1553. 4.
Belon, Les singularitez .. trouvées en Grèce, Asie, Judée, Egypte, Arabie .. Paris 1553. 4.
Belon, De arboribus coniferis .. aliis sempiterna fronde virentibus. Paris 1553. 4.
Mattioli, Dioscorides de materia medica cum commentariis. Venetiis 1554. fol. — Redit saepissime et ab ipso et ab aliis illustratus, traductus, commutatus.
Baccanellus, De consensu medicorum in cognoscendis simplicibus. Lutetiae 1554. 12.
Evonymi Philiatri (Conradi Gesneri), Thesaurus de remediis secretis. Lugduni 1555. 16.
Gesner, C., De raris et admirandis herbis, quae lunariae nominantur. Tiguri 1555. 4.
Gesner, C., iconum earumque analyticarum, quarum plus MD exarare curavit, operibus suis nonnullas adhibuit, plurimas ineditas reliquit, quae impressae inveniuntur (passim additis aliis) in libris:
Camerarius, Mattioli de plantis epitome. Francof. a/M. 1586. 4.
Camerarius, Kreuterbuch des Mattioli. Ib. 1586—90. fol. — saepius.
Camerarius, Hortus medicus. Ib. 1588. 4.

Alberti magni, De secretis mulierum (opus spurium). Ib. 1592. 4. — 1608. 4.
Durante, Hortulus sanitatis durch Uffenbach. Ib. 1609. 4.
Becher, Parnassus medicinalis. Pars II. Ulm 1663. fol.
Verzascha, Neu vollkommenes Kräuterbuch. Basel 1678. fol.
Zwinger, Theatrum botanicum. Bassel 1696. fol.
Gessner, Opera botanica. Edidit Schmidel. 1751—71. fol. Icon xylog. 198 in aere sculptae, 176 nigrae, 105 col.
Spiczynski, O ziolach tutecznych i zamorskich, etc. (De herbis indigenis et exoticis) Cracoviae 1556. fol.
Guilandinus, De stirpium aliquot nominibus vetustis ac novis epistolae. Basileae 1557. 8. — Patavii 1558. 8.
Schneeberger, Catalogus stirpium. Cracoviae 1557. 8
Belon, Portraits d'oyseaux .. herbes, arbres .. d'Arabie et d'Egypte. Paris 1557. 4
Clusius, Petit recueil, auquel est contenue la description d'aucunes pommes et liqueurs. Antwerpen 1557. 4.
Guilandinus, Apologiae adversus Matthiolum liber primus, qui inscribitur Theon. Patavii 1558. 4.
Mattioli, Epistola de Bulbocastaneo, Oloconitide, Mamire, Traso, Moly etc. Pragae 1558. 12.
Mattioli, Apologia adversus Amatum Lusitanum. Venetiis 1558 8.
Tartaglini, Erbolario. Fiorenza 1558. 12.
Freige, Quaestionum medicarum libri XXXVI. (Dendrographia, Phyturgia, Botanologia.) Basileae 1558. 8.
Maranta, Methodi cognoscendorum simplicium libri III. (Novum herbarium.) Venetiis 1559. 4.
*Cordus, V., Adnotationes ad Dioscoridis libros. Argentorati 1561. fol. — Stirpium descriptionis liber quintus. Argentorati 1563. fol. — Norimbergae 1751. fol.
Anguillara, Semplici. Vinegia 1561. 8.
*(Du Pinet vel Pinaeus) Historia plantarum. Lugduni 1561. 12.
Fuchs, De componendorum medicamentorum ratione. Lugduni 1561 12.
Galenus, (Operum) Quinta classis. Basileae 1561. fol.
Mesuae Opera omnia, cum annotationibus Andreae Marini. Venetiis 1561. fol.
Schneeberger, Catalogus medicamentorum simplicium. Tiguri (1561). 8.
Bulleyne, The booke of simples London 1562. fol.
Hesse, Defensio viginti problematum Guilandini. Patavii 1562. 8.
Mattioli, Adversus viginti problemata Melchioris Guilandini disputatio. Patavii 1562. 8.
Juhász vel *Melius*, Herbarium. Debrecini 1562. 4. — Kolosvárott 1578 4
Huerto (ab Horto), Coloquios dos simples. Goa 1563. 4.
Nevianus, De plantarum viribus poematium. Lovanii 1563. 8.
Mizauld, Alexikepus seu auxiliaris hortus. Lutetiae 1564. 8.
*Dodoens, Frumentorum, leguminum, palustrium et aquatilium herbarum historia. Antverpiae 1566. 8.
Fragoso, Catalogus simplicium medicamentorum. Compluti 1566. 8.
Calzolaris, Il viaggio di Monte Baldo. Venezia 1566. 4.
Maplet, A greene forest, or a naturall historie. London 1567. 8.
*Dodoens, Florum et coronariarum herbarum historia. Antverpiae 1568. 8.
Siennik, Herbarz. Krakowie 1568. fol. min.
Mattioli, Opusculum de simplicium medicamentorum facultatibus. Venetiis 1569. 12.
Monardes, Historia medicinal de las cosas que se traen de nuestras Indias occidentales. Sevilla 1569. 4.
Pena et *Lobel*, Stirpium adversaria nova. Londini 1570. fol.
Cajus, De rariorum animalium et stirpium historia. Londini 1570. 8.
Mattioli. Compendium de plantis omnibus. Venetiis 1571. 4.

Winckler, Chronica herbarum, quo tempore colligenda. Augustae Vindelicorum 1571. 4.
Fragoso, Discursos de las cosas aromaticas. Madrid 1572. 8.
Dodoens, Purgantium herbarum historia. Antverpiae 1574. 4.
Carrichter, Kräuterbuch. Strassburg 1575. 8.
*Clusius, Rariorum stirpium per Hispanias. Antwerp. 1576. 8. — per Pannoniam, Austriam .. ibid. 1583. 8. — redit utrumque: Rariorum plantarum historia. ibid. 1601. fol. — Curae posteriores. ibid. 1611. fol.
*Lobelius, Plantarum seu stirpium historia. Antwerpiae 1576. fol.
Gesner, Epistolarum medicinalium libri III. Tiguri 1577. 4. — liber IV. Wittebergae 1584. 4.
Acosta, Tractado de las drogas. Burgos 1578. 4.
Thurneisser zum Thurn, Historia sive descriptio plantarum omnium. Berlini 1578. fol. — Historia und Beschreibung influentischer Wirckungen aller Erdgewechsen. Berlin 1578. fol.
*Dodoens, Stirpium aliquot historiae jam recens conscriptae. — (Historia vitis. Coloniae 1580. 8. p. 47—96.)
*Lobelius, Plantarum icones. Antwerp. 1581. 4. obliq.
Oczko, Descriptio herbarum medicarum. Cracoviae 1581. 4.
Bodenstein, De duodecim herbis signis Zodiaci dicatis. Basil. 1581. fol.
Clusius, Aliquot notae in Garciae Aromatum historiam. Antwerpiae 1582. 8.
Cesalpini, De plantis libri XVI. Florentiae 1583. 4.
*Rauwolf, Reiss in die Morgenländer. Laugingen 1583. 4.
*Dodoens, Stirpium historiae pemptades sex. Antverpiae 1583. fol.
Durante, Herbario nuovo. Roma 1585. fol. — Venetia 1684. fol.
Alberti, Tres orationes. Norimbergae 1585. 8.
*Mattioli, De plantis epitome utilissima. Francofurti a/M. 1586. 4.
*(Dalechamps) Historia generalis plantarum. Lugduni 1587. fol. — *Pons*, Annotationes. Lugduni 1600. 8. — *Bauhin*, Animadversiones gen. Francofurti 1601. 4.
Gesner, De stirpium collectione tabulae. Tiguri 1587. 8.
Porta, Phytognomica octo libris contenta. Neapoli 1588. fol. — Francofurti a/M. 1591. 8. — 1608. 8. — Rothomagi 1650. 8.
*Rosbach, Paradiesgärtlein. Frankfurt a/M. 1588. 8.
*Camerarius, Hortus medicus et philosophicus. Francofurti a/M. 1588. 4. — Icones: ib. 1588. 4.
*Tabernaemontanus, Neuw Kreuterbuch. Frankfurt 1588—91. fol.
Acosta, Historia natural y moral de las Indias. Sevilla 1590. 4.
*Camerarius, Symbolae ex re herbaria. Norimbergae 1590. 4.
Bauhin, De plantis a divis sanctisve nomen habentibus. Basileae 1591. 8.
Gretscher, De plantis ex Aristotele potissimum collecta. Ingolstadii 1591. 4.
Zaluziansky, Methodi herbariae libri tres. Pragae 1592. 4.

Icones ligneae et aeneae imprimuntur (xylo-, chalcographicae).

*Colonna, Phytobasanos, sive plantarum aliquot historia. Neapoli 1592. 4.
Bejthe, Füves könyv füveknek. (Herbarium pannonicum.) Németh-Ujvárot 1595. 4.
Pona, Plantae in Baldo monte et in via. Verona 1595. 4.
Urzedow, Herbarz polski. w Krakowie 1595. fol.
Bauhin, Phytopinax. Basileae 1596. 4.
*Gerarde, The Herball, or generall historie of plantes. London 1597. fol. — ib. 1633. fol.
*Mattioli, Opera omnia. Basileae 1598. fol.
Pion, Phytologia. Wirceburgi 1598. 4.
*Imperato, Dell' historia naturale libri XXVIII. Napoli 1599. fol. — Ven. 1672.

Perez, De medicamentorum delectu. Toleti 1599.
*Clusius. Rariorum plantarum historia. (Inest quoque *Roelsius*, Epistola de quibusdam plantis.) Antwerpiae 1601. fol.
Grau, De plantis. Cassellis 1601. 4.
Jessenius a Jessen, De plantis. Wittebergae 1601. 4.
Battus, Oratio prima botanologica. Regiomonti 1601. 4.
De Krudtlade vermehret. Hamburg 1602. 8. no. 10795.
Knobloch, De plantis. Wittebergae 1603. 4.
Clusius, Exoticorum libri decem. Antwerpiae 1605. fol.
Duret, Histoire admirable des plantes. Paris 1605. 8.
*Belleval, Dessein touchant la recherche de Languedoc. Monspelic 1605. 8. — (Icones 500 ineditas partim postea a Gilberto 1796 editas reliquit.)
Mueller, Ph., De plantis in genere. Lipsiae 1607. 4.
*Vallet, Le jardin du roy. s. l. 1608. fol
Seidel, Theses de causis, speciebus etc. plantarum. Gryphiswaldiae 1610. 4.
Horst, Hortulus medicus. Cassellis 1610. 4.
Tilemann, De metallis, plantis ac brutis. Wittebergae 1610. 4.
*Clusius, Curae posteriores. Antwerpiae 1611. fol.
*Reneaulme, Specimen historiae plantarum. Parisiis 1611.
Bodenstein, Beschreibung der Kräuter, so den zwölf Himmelszeichen sich vergleichen. Amberg 1611. 8.
* *Bry*, Florilegium novum. (Icones plurimae Passei et Valletii.) Oppenheim 1612—18. fol.
*Sweert, Florilegium. Francofurti a/M. 1612. fol.
* *Collaert*, Florilegium. s. l. et a. 4.
*Besler, Hortus Eystettensis. s. l. 1613. fol.
Syreniusz Syrenski, Zielnik Herbarzem który z języka Lacińskiego zowią etc. Cracoviae 1613. fol.
*Passaeus, Hortus floridus. Arnhemii 1614. 4. obl.
*Passaeus, Icones. (Cognoscite lilia agri etc.) s. l. et a. 4. obl.
Pauli, Decas problematum de plantis. Dantisci 1614. 4.
Forer, De plantis. Dilingae 1615. 4.
Hernandez, Quatro libros de la naturaleza y virtudes de las plantas en la nueva España. Mexico 1615. 4. — Rerum medicarum Novae Hispaniae thesaurus. Romae 1648. fol. — Opera. Matriti 1790. 4.
Colladon, Adversaria. Coloniae Allobrogum 1615. 8.
*Colonna, Minus cognitarum stirpium Ekphrasis. Romae 1616. 4.
*Besler, Fasciculus rariorum varii generis. s. l. 1616—23. 4.
Olorinus, Centuria arborum mirabilium. Magdeburgk 1616. 12.
Olorinus, Centuria herbarium mirabilium. Magdeburgk 1616. 12.
*Franeau, Jardin d'hyver, ou Cabinet des fleurs. Dovay 1616. 4.
Franke, Signatur, d. i. Gründtliche und wahrhaftige Beschreibung der Gewächsen. Rostock 1618. 4.
Schoenfeld, De plantis in genere Lipsiae 1619. 4.
Bauhin und *Cherler*, Historiae plantarum generalis Prodromus. Ebroduni 1619. 4.
Bauhin, K., Prodromus Theatri botanici. Francofurti 1620. 4.
Preibisius, De plantarum natura. Lipsiae 1620. 4.
* *L'Anglois*, Livre de fleurs. Paris 1620. fol.
Chesnecophorus, Disputationes de plantis Upsaliae 1621—26. 4.
Colombina, Il bomprovifaccia. Padova 1621. 8.
Becher, Parnassus medicinalis illustratus: Phytologia d. i. das Kräuterbuch. Ulm 1622. fol.
Schöpfius, Hortus Ulmensis, Verzeichniss der Simplicien in Gärten und umb Ulm. Ulm 1622. 8.
*Theatrum Florae. Lutetiae Parisiorum 1622. fol.

§. 4. *Plantae peregrinae transmarinae describuntur usque ad Tournefortium (1694).*

Bauhin, Pinax theatri botanici. Basileae 1623 4
Montalbanus, Index plantarum herbarii sui Bononiae 1624. 4.
Poppe, Kräuterbuch .. des teutschen Landes nach den Signaturen. Leipzig 1625. 8.
Schleifentag, De plantis. Lipsiae 1625. 4.
Securius, De plantis. Lipsiae 1625. 4.
*Londerseel, Icones animalium et plantarum. 1625. 4.
Livre Nouveau de fleurs. Amsterdam 1625. fol. obl. — Paris 1645. 12.
*Bry, Anthologia magna. Francofurti 1626. fol.
*Alpinus, De plantis exoticis libri duo. Venetiis 1627. 4.
Raspe, De plantis. Lipsiae 1627. 4.
Muehlpfort, Medizinisches Spaziergänglein. Schleusingen 1627. 8.
Contant, Les oeuvres divisées en cinq traictez. Poictiers 1628. fol.
Contant, Les divers exercices. Poictiers 1628. fol.
(*Kentmann*) Tabula locum et tempus exprimens, quibus uberius plantae vigent. Wittebergae 1629. 4. — Francofurti a/M. 1715. fol.
Horst, Herbarium Horstianum. Marpurgi 1630. 8.
A booke of beast, birds, flowers, fruits etc. 1630. fol.
Saur, Botanologia astrologica, oder wie die Kräuter .. zu rechter Zeit eingesammelt werden sollen. Erffurdt 1631. 4.
Caussenus, Polyhistor symbolicus Coloniae 1631. 8.
Theatrum Florae. 1633. fol.
Apollinaris, Handbüchlein vieler Arzneien .. Strasburg 1633. 8.
Stalenus, De plantis. Upsaliae 1634. fol.
Hanmann, De plantis in genere. Lipsiae 1635. 4.
Nieremberg, Historia naturae. Antwerpiae 1635. fol.
Villa, Ramillete de plantas. Burgos 1637. 4.
Franke, Speculum botanicum. Upsaliae 1638. 4. — ib. 1659 4
Paulli, Quadripartitum botanicum de simplicium facultatibus. Rostochii 1639. 4. — Ed. III: Francofurti a/M. 1708. 4.
*Parkinson, Theatrum botanicum. London 1640. fol.
*Boetius de Boot, Florum, herbarum ac fructuum selectiorum icones et vires. Brugis 1640. 4.
Kozak, Septimanae horologii .. de vegetabilium speciebus, partibus et signaturis. Brunopoli 1640. 8.
Buchel, Descriptio florum fructuum herbarum. 1641. 8.
Besler, Gazophylacium rerum naturalium. Lipsiae 1642. folio. — ib. 1733. fol. — *Lochner*, Rariora musei Besleriani. s. l. 1716. fol.
Meursius, Arboretum sacrum. Lugduni Batavorum 1642. 8.
*Brosse, Icones ineditae.
Bondt (Bontius), De medicina Indorum libri IV. Lugduni Batavorum 1642. 12.
Villa, Libro de simples incognitos. Burgos 1643. 4.
Ausius, De plantis in genere. Upsaliae 1644. 4.
Jonston, Syntagmatis dendrologici specimen. Lesnae 1645. 4.
Munting, Hortus et universae materiae medicae gazophylacium. Groningae 1646. 12.
Fischer, Lev, Methodus nova herbaria plantarum ad VII summa genera (astrologica) redacta. Brunopoli 1646. 8.
Du Val, Phytologia sive philosophia plantarum. Paris 1647. 8.
Ericus, De plantis. Dorpati 1647. 4.
Gudrius, Anatomia Simplicium, von der Signatur aller Erdgewächsen. Nürnb. 1647. 12. — Stuttg 1659. 12.
Unonius, De plantis. Upsaliae 1647. 4.
Eichstad, De plantis in genere. Gedani 1648. 4.
**Paulli, Simon*, Flora danica, det er Dansk Urtebog Kiöbenhavn 1648. (Icones Lobelii et Dodonaei adhibuit.)

Clavenna, Clavis Clavennae. Tarvisii 1648. fol.
*Piso, De medicina brasiliensi libri IV. Lugduni Batavorum 1648. fol. — Amstelodami 1658. fol. — Vindobonae 1817. 8.
*Bauhin et Cherler, Historia plantarum universalis. Ebroduni 1650—51. fol.
Hernandez, Rerum medicarum Novae Hispaniae thesaurus. Romae 1651. fol.
Tulpe, Observationes medicae. Amstelodami 1652. 8.
Bernhard, Catalogus plantarum circa Varsaviam. Dantisci 1652. 12.
Rosencreutzer, Newe Practica des Wurtz- und Kräuterkalenders. (astrolog.) Nürnberg 1652. 4.
Schenckius, De re herbaria. Jenae 1653. 4.
Serpetro, Il mercato delle maraviglie della natura. Venezia 1653. 4.
Culpeper, The english physician. London 1653. 8. — 1792.
Fabricius, De signaturis plantarum. Norimb. 1653. 4.
Panckow, Herbarium portatile. Berlin (1654). 4.
*Lobelius, Stirpium illustrationes. Londini 1655. 4.
Toulouze, Livre de boucquets de fleurs. Montpellier 1655. fol.
Brotbeck, De plantis. Tubingae 1656. 4.
Gyllenstalpe, De regno vegetabili in genere. Aboae 1656. 4.
Schenckius, Historia plantarum generalis. Jenae 1656. 4.
Sperling, Meditationes in Scaligeri Exoticas exercitationes. Wittebergae 1656. 8.
Tradescant, Musaeum Tradescantianum. London 1656. 8.
Coles, The art of simpling. London 1656. 12.
Coles, Adam in Eden. London 1657. fol.
*Ambrosinus, Novarum plantarum historia. Bononiae 1657. 4.
Tilemann, Praxis botanica methodus cognitionis et culturae plantarum. Herbipoli 1657. 8.
*Bauhin, Theatri botanici liber primus. Basileae 1658. fol.
Horst, De plantis in genere. Ulmae 1659. 4.
Lovell, Παμβοτανολογία a compleat herball. Oxford 1659. 8.
Kirchmaier, De raris atque admirandis arboribus. Wittebergae 1660. 4
Montalbanus, Hortus botanographicus. Bononiae 1660. 8.
Montalbanus, Nova dendranatomes adumbratio. Bononiae 1660. fol.
Dunstall, A booke of flowers, fruits, etc. London 1661. 4. obl.
Plantarum Index. Parisiis 1661. 12. — no 10782.
Jonston, Notitia regni vegetabilis. Lipsiae 1661. 12.
Jonston, Dendrographias libri decem. Francofurti a/M. 1662. fol.
Strasburg, Positiones botanicae. Regiomonti 1663. 4.
Aengelen, Herbarius. Amsterdam 1663. 8.
Turner, R., Botanologia, the brittish physician. London 1664. 8.
Blagrave, Supplement to Culpeper's Physican. London 1666. 8.
Borel, Hortus seu armamentarium simplicium. Castris 1666. 8.
*Chabrey, Stirpium icones et sciagraphia. Genevae 1666. fol.
Rollfink, Liber de purgantibus vegetabilibus. Jenae 1667. 4.
*Aldrovandus, Dendrologiae libri duo. Bononiae 1668. fol. — Legati, In Aldrov. de arboribus εἶδος. Bononiae 1668. 4.
Morison, Praeludia botanica. Londini 1669. 12.
Tylkowski, Physica curiosa. Cracoviae 1669. 4.
Bartholinus, Epistola de simplicibus medicamentis inquilinis cognoscendis. Havniae 1669. 8.
Nylandt, Der nederlandsche herbarius of Kruydtboeck. Amsterdam 1670. 4.
Rollfinc, De vegetabilibus libri duo. Jenae 1670. 4. — *Major*, Catalogus plantarum in R. libro II. Kilonii 1673. 4.
*Munting, Waare oeffening der Planten. Amsterd. 1672. 4.
*Morison, Plantarum umbelliferarum distributio. Oxonin 1672. fol.
Franke, Lexicon vegetabilium usualium (Flora francica). Argentorati 1672. 12.
Hughes, The american phisician. London 1672. 12.
Archer, Compendious herbal. London 1673. 8.
Til-Landz, Catalogus plantarum prope Aboam. Aboae 1673. 8. — 1683.
Caldarone, Epistola botanica. Neapoli 1674. 4.
Muryllo y Velarde, Tratado de raras y peregrinas yervas. Madrid 1674. 4.
Michetus, Lexicon botanicum. Romae 1675. 12.
*Zanoni, Istoria botanica. Bologna 1675. fol.
(*Scarella*) Postille ad alcuni capi della Storia bot. Pad. 1676. 12
Ammann, Character plantarum naturalis. Lipsiae 1676. 12.
Dodart, Mémoires pour servir á l'histoire des plantes. Paris 1676. fol. — Ed. III: Amsterdam 1758. 4.
Praetorius, De plantis. Halae 1677. 4.
Wedel, G. W., Pharmacia in artis formam redacta. Jenae 1677. 4.
*Rheede, Hortus indicus malabaricus. Amstelodami 1678—1703. fol.
*Breyn, Exoticarum plantarum centuria prima. Gedani 1678. fol.
Nutius, Fasciculus sive elenchus herbarum. Venetiis 1678. 12.
Verzascha, Neu vollkommenes Kräuterbuch. Basel 1678. fol.
Koenig, Generalia regni vegetabilis. Basileae 1680. 4.
Le Grand, Historia naturae. Londini 1680. 4.
*Breyn, Prodromi rariorum plantarum. Gedani 1680—89. 4. — 1739 4.
*Morison, Plantarum historiae universalis pars II—III. Oxonii 1680—99. fol.
Grew, Musaeum regalis societatis. London 1681. fol.
*Munting, De herba Britannica et Aloidarium. Amstel. 1681. 4.
*Perrot, Les leçons royales. Paris 1681. 12.
*Robert, Variae et multiformes florum species. Paris s. a. 4.
*Cleyer, Icones Japanicae ineditae.
Majus, De plantis et arboribus. Marburgi 1681. 4.
Tozzi, Medicinae theoreticae pars I. (De vegetatione) Lugduni 1681. 8.
*Mentzel, Πίναξ (Pugillus plantarum rariorum). Berol. 1682. fol.
Ray, methodus plantarum nova. Lond. 1682. 8. — 1703. 8.
Honuphriis, Stirpium nomina in pharmacopolio Minimorum reperiundarum. Romae 1682. 4.
Charas, Pharmacopoea regia galenica. Genevae 1683. 4.
*Til-Landz, Icones novae catalogo appensae. Aboae 1683. 8.
Histoire des plantes de l'Europe. Lyon 1683. 8. — ib. 1737. 8.
Charas, Opera .. plantae Theriacae Andromachi. Genevae 1684. 4.
Cappellinus, De plantis. D. I. Havniae 1684. 4.
*Sibbald, Scotia illustrata. Edinburgi 1684. fol.
Palmberg, Serta florea suecana, eller: svenske örtekrantz. 1684 8. — Stockholm 1738. 8.
Eglinger, Positionum botanico-anatomicarum centuria. Basil. 1685. 4
Turre, Dryadum, Hamadryadum, Chloridisque triumphus. Patavii 1685. fol.
*Trionfetti, Observationes de ortu ac vegetatione plantarum cum (Novarum stirpium historia). Romae 1685. 4.
Abercrombie, Nova medicinae clavis. Londini 1685. 8.
Halden, Plantarium philosophicum seu problemata phytologica de plantis. Dillingae 1686. 4.
Ray, Historia plantarum. Londini 1686—1704. fol.
Mueller, Vademecum botanicum. Frankfurt 1687. 8.
Wägner, De natura et virtutibus plantarum. Regiomonti 1688. 4.
Camerarius, De plantis vernis. Tubingae 1688. 4.
Waldschmiedt, De vegetabilium ortu, vita et morte. Marpurgi 1688. 4.
Magnol, Prodromus historiae generalis plantarum. Monspelii 1689. 8.
Newton, Enchiridion universale plantarum. s. l. (circa 1689.) 8
Arboretum floridum. Augsburg 1689. 12.
Hermann, Paradisi batavi prodromus (p. 301—386. *Warton*, Schola botanica). Amstelodami 1689. 12.

Boehm, Joh., Catalogus rariorum plantarum hortuli Johannis Boehm. Venetiis 1689. 8.
*Rivinus, Introductio generalis in rem herbariam. Lipsiae 1690. fol. — Ed. III: ib. 1720. 12. Ordines plantarum, III. etc. 1690—99. fol. — Icones plantarum. Lips. 1760.
Borrich, De usu plantarum indigenarum in medicina. Havniae 1690. 4.
Limmer, De plantis in genere. Servestae 1691. 4.
Plukenett, Opera omnia botanica, in sex tomos divisa. (Phytographia, Almagestum, Almatheum.) Londini (1691—1705.) 4. —1720. — *Phelsum*, Explicatio. Harlingae 1769. 4. — *Giseke*, Index Linnaeanus. Hamburgi 1779. fol. — *Tenzel*, Nomenclator. Erlangae 1820. 8.
Aldrovandus, Pomarium curiosum. Bononiae 1692. fol.
Vater, Programma ad plantarum lustrationes. Wittebergae 1692. 4.
Petiver, Musaei Petiveriani centuria I—X. Londini (1692—1703.) 8.
Plumier, Description des plantes de l'Amerique. Paris 1693. fol.
Dale, Pharmacologia. Londini 1693. 12. — ib. 1737. 4.
Boogh, Nederduitsch woordenboek: Catalogus omnium simplicium. Amsterdam 1694. 8.
Pechey, The compleat herbal of physical plants. London 1694. 8.
*Pomet, Histoire générale des drogues simples et composées. Paris 1694. fol. — ib. 1735. 4.

§. 5. *A Tournefortio usque ad Linnaeum 1736. Species generatim colliguntur.*

*Tournefort, Elémens de botanique. Paris 1694. 8. — lat.: Institutiones rei bot. 1700. 4. — 1719. — 1797.
Nebel, De novis inventis botanicis. Marburgi 1694. 4.
*Munting, Naauwkeeerige beschryving der aardgewassen. Leyden 1696. fol. — Phytographia 1702. fol.
Commelin, J., Horti Amstelodamis variorum plantarum descriptio et icones. Amstelodami 1697—1702. fol. — Icones ineditae permultae in horto Amstelodamensi.
*Boccone, Museo di piante rare. Veneziis 1697. 4.
*Hermann, Paradisus batavus, ed. Sherard. Lugduni Batavorum 1698. 4.
*Icones arborum, fruticum et herbarum. Lugduni Batavorum s. a. fol. obl.
Blankaart, De nederlandschen Herbarius. Amsterdam 1698. 8.
*Trionfetti, Praelusio. Accedunt Novarum plantarum icones et historia. Romae 1700. 4.
*Robert, Bosse et Chastillon, Recueil de plantes. (Paris 1701.) fol.
Wedel, Centuriae (duae) exercitationum. Jenae 1701—20. 4.
Vallisneri, Prima raccolta d'Osservazioni e d'Esperienze. Venezia 1701. 12.
*Rudbeck, Campi Elysii liber I, II. Upsaliae 1701—2. fol. — Lond. 1789.
*Petiver, Gazophylocii décades. Lond. 1702—9. fol. — 1764.
*Plumier, Nova plantarum americanarum genera. Parisiis 1703. 4. — Filicetum amer. ib. 1703. fol. — Plantarum amer. fasciculi ed. Burmann. Amstel. 1755—60. — Icones ineditae in mus. Paris.
Loesel, Flora prussica. Regiomonti 1703. 4.
Sloane, A voyage to Madera. Lond. 1707—25. fol.
(Petit) Lettres d'un médecin. (Spec. novae.) Namur 1710. 4.
Salmon, Botanologia. London 1710—11. fol.
Zwinger, Fasciculus dissertationum. Basileae 1711.
Zannichelli, Catalogus plantarum quibus domus ejus ornatae erant in festo corporis Christi. Venetiis 1711. 1712.
*Cupani, Panphyton siculum. Panorini 1713. 4.
*Barrelier, Plantae per Galliam, Hispaniam et Italiam. Paris 1714. fol.
*Petiver, Plantarum Italiae marinarum et graminum icones. Londini 1715. fol.

Valisneri, Opere diversi. Venezia 1715. 4.
*Tournefort, Relations d'un voyage du Levant. Paris. 1717. 4.
Hermann, Musaeum zeylanicum. Lugduni Bat. 1717. 8.
Blair, Miscellaneous observations. London 1748. 8.
Pontedera, Dissertationes botanicae XI. (Compositae). Patavii 1720. 4
Monti, Plantarum varii indices. Bononiae 1724. 4. — ib. 1753 4.
Vater, Catalogus exoticorum musei sui. Wittembergae 1726. 4.
*Martyn, Historia plantarum rariorum. Londini 1728. fol.
*Micheli, Nova plantarum genera. Florentiae 1729. 4.
Kniphof, Offizinal Kräuterbuch. Erfurt 1733—34. fol. Ectypa.
Vallisnieri, Opere fisico-mediche. Venezia 1733. fol.
Brueckmann, F. E., Die Art, Kräuter nach dem Leben abzudrucken Wolfenbüttel 1738. 4. (Büchner, Mis. phys. med. 1730. p. 1346—60.) Ectypa.
*Seba, Locupletissimi rerum naturalium thesauri descriptio. Amstelaedami 1734—65. fol.
*Alpinus, Opera posthuma, Lugduni Batavorum 1735. 4.
Zannichelli, Musaeum. Venetiis 1736. 4.

§. 6. *A Linnaeo ad R. Brown 1810. Species denominantur definiuntur connectuntur.*

*Linné, Musa Cliffortiana. Lugd. Bat. 1736. 4.
*Linné, Hortus Cliffortianus. Lugd. Bat. 1737. fol.
*Weinmann, Phytanthoza iconographia. Ratisbonae 1737—45. fol. — Thesaurus methodo Linneana recens. Aug. Vindel. 1787. 8.
*Burmann, Joh., Thesaurus zeylanicus. Amstelodami 1737. 4.
*Burmann, Joh., Rariorum africanarum Decades 10. Amstelodami 1738—39. 4.
*Ammann, Stirpium rariorum in imperio Rutheno icones. Petropoli 1739. 4.
*Rumpf, Herbarium amboinense. Amstelodami 1741—55. fol.
*Zanoni, Rariorum stirpium historia, ed. Montius. Bononiae 1742. fol.
Hecker, Specimen Florae berolinensis. Berolini 1742. fol. Ectypa.
Buechner, De memorabilibus Voigtlandiae e regno vegetabili. (Greizae 1743.) 4.
Linné, Plantae Martino-Burserianae. Upsaliae 1745. 4.
Linné, Nova plantarum genera. Holmiae 1747. 4.
*Schmidel, Icones plantarum. Norimbergae 1747. fol.
Willich, Observationes botanicae. Gottingae (1747). 4.
*Ehret, Plantae et papiliones rariores. (London 1748—59.) fol
Haller, Opuscula botanica. Goettingae 1749. 8.
Linné, Amoenitates academicae. Holmiae 1749—69. 8. — Ed. III: Erlangae 1787—90. 8.
Buettner, Enumeratio methodica plantarum carmine cl. Cuno recensitarum. Amstelodami 1750. 8.
*Treu, Plantae selectae. Norimbergae 1750—73. fol.
*Treu, Hortus nitidissimis superbiens floribus. Nürnberg 1750—86. fol.
Linné, Nova plantarum genera. Upsaliae 1751. 4.
Hess, Theses anatomico-botanicae. Basileae 1751. 4.
Socinus, Theses anatomico-botanicae. Basileae 1751. 4.
Stehelinus, Specimen observationum botanicarum. Basileae 1751. 4.
Stehelinus, Theses miscellaneae. Basileae 1751. 4.
Stupanus, Specimen anatomico-botanicum. Basileae 1751. 4.
Thurneysen, Theses medicae. Basileae 1751. 4.
Ramspeck, Selectarum observationum specimina. no. II. Basil. 1751—52. 4.
*Gesneri, Opera botanica per duo saecula desiderata, edid. Schmiedel. Norimbergae 1751—71. fol.
Newton, A compleat herbal. London 1752. 8.

Hess, Observationes medicae. Basileae 1753. 4.
Stehelinus, Specimen observationum medicarum. Basileae 1753. 4.
Mieg, Specimen observationum botanicarum. Basileae 1753. 4.
Zinn, Observationes quaedam bot. et anat. Goettingae 1753. 4.
Koelreuter, De plantis quibusdam rarioribus. Tubingae 1755. 4.
Linné, Centuria prima plantarum. Upsaliae 1755. 4.
Linné, Centuria altera plantarum. Upsaliae 1756. 4.
Kniphof, Botanica in originali. Halae 1757—67. fol. Ectypa.
(Hecker) Flora berolinensis. Berlin 1757—58. fol. Ectypa.
*Mueller, J. G., Species plantarum delineatae, Decas I. Berlin 1757. fol.
Linne, Opera varia. Lucae 1758. 8.
Scepin, De acido vegetabili. (p. 21—44. Annotationes botanicae.) Lugduni Batavorum 1758. 3.
Linné, Miscellaneous tracts by Stillingfleet. London 1759. 8. — ib. 1762 8
Arduino, Animadversiones botanicae. Venetiis 1759—64. 4.
Ludwig, Ectypa vegetabilium. Halae 1760. fol. Ectypa.
*Miller, Figures of plants described in the gardener's dictionary. London 1760. fol.
*Oeder, Flora danica. Havniae 1761—1872. fol.
Hill, Botanical tracts. London 1762. 8.
Willich, De plantis observationes. Gottingae 1762. 8.
*Schmidel, Icones plantarum. Norimbergae 1762. fol.
Arduino, Animadversion. botanic. Patavii 1763. 4.
*Treu, Plantae rariores, Norimbergae 1763—1779. fol.
*Jacquin, Observationes botan. Vindobonae 1764—71. fol.
Linné, Selectae ex Amoenitatibus academicis dissertationes. Graeciae 1764—69 4.
*Gleichen, Das neueste aus dem Reiche der Pflanzen. Nürnberg 1764. fol.
Turra, Farsetia; accedunt Observationes botanicae. Ven. 1765. 4.
Gleditsch, Vermischte physik.-bot.-ökonomische Abhandlungen. Halle 1765—67. 8.
Unzer, Sammlung kleiner Schriften. Rinteln und Leipzig 1766—69. 8 Vita.
De la Roche, Descriptiones plantarum aliquot novarum. Lugduni Batavorum 1766. 4.
*Schreber, Icones et descriptiones plantarum minus cognitarum. Halae 1766. fol.
Willich, Illustrationes botanicae. Gottingae 1766. 8.
*Schreber, Beschreibung der Gräser. Leipzig 1766—1810. fol.
*Burmann, Flora indica. Lugd. Batav. 1768. 4.
Guettard, Mémoires sur différentes parties des sciences et arts. Paris 1768—82. 4.
Gleditsch, Vermischte Bemerkungen aus der Arzneiwissenschaft, Kräuterlehre und Oekonomie. Leipzig 1768. 8.
Hammer, Samling af botaniske afhandlinger. Christania 1769. 8.
Scopoli, Anni historico-naturales. Lipsiae 1769—72. 8.
*Jacquin, Hortus Vindobonensis. Vindobonae 1770—76. fol.
Vandelli, Fasciculus plantarum. Olisipone 1771. 4.
Du Roi, Observationes botanicae. Helmstadii 1771. 4.
Weigel, Observationes botanicae. Gryphiswaldiae 1772. 4.
Rottboel, Descriptiones plantarum rariorum indicit. Havniae 1772. 8.
(Moscati) Dissertazioni sopra una gramigna. Milano 1772. 4.
Scopoli, Dissertationes ad scientiam naturalem pertinentes. Pragae 1772. 8.
Hill, Exotic botany illustrated. London 1772. fol.
*Jacquin, Flora austriaca Viennae 1773—78. fol.
*Rottboell, Descriptiones et icones rariorum et novarum plantarum. Havniae 1773 fol.

Gouan, Illustrationes et observationes botanicae ad specierum historiam facientes. Tiguri 1773. fol.
*Hill, A decade of curious trees and plants. London 1773. fol.
*Hill, Twenty-five new plants. London 1773. fol.
Battarra, Epistola de re naturali observationes. Arimini 1774. 4
*Retzius, Fasciculus observationum botanicarum. Lundini 1774. 4.
Biber, Blätterskelete. Gotha 1774. Ectypa.
*Dillenius, Horti Elthamensis icones. Lugd. Bat. 1774. fol.
*Buchoz, Centuries des planches. Paris 1775—78. fol.
*Meerburgh, Afbeeldingen van zeldsaame gewassen. Leyden 1775. fol
*Buchoz, Histoire universelle du règne végétal. Paris 1775—78. fol (A—Penn.)
*Aublet, Histoire des plantes de la Guianae. Londres et Paris 1775. 4.
Linné, Auserlesene Abhandlungen. Leipzig 1776—78. 8.
Schrank, Beiträge zur Naturgeschichte. Leipzig 1776. 8.
*Buchoz, Collection précieuse et enluminée des fleurs. Paris 1776 fol.
La Chenal, Observationes botanico-medicae. Basileae 1776. 4
Mieg, Specimen II. Observationum botanicarum. Basileae 1776 4
*Bry, Anthologia Meriana. Francofurti 1776. fol.
*Miller, Icones animalium et plantarum. s. l. 1776—94. fol.
Forster, Characteres generum plantarum. Londini 1776. fol
*Icones plantarum ed. Giseke, Schulze, Abendroth, et Buek Hamburgi 1777—78. fol.
*Curtis, Flora Londinensis. London 1777—87. — 1817—28. fol.
Delany, Catalogue of plants copyed from nature 1778. 8.
Wirsing, Eclogae botanicae. Norimbergae 1778 fol.
Jacquin, Miscellanea austriaca ad botanicam, etc. Vindobonae 1778—81. 4.
*Retzius, Observationes botanicae Lipsiae 1779—91 fol
*Buchoz, Dons merveilleux dans le règne végétal Paris 1779—83. fol.
*Mueller, Illustration of the sexual system. London 1779—89 8
*Buchoz, Plantes nouvellement decouvertes. Paris 1779. fol.
*(Asso) Synopsis stirpium Aragoniae. Massiliae 1779—81. 4
Beckmann, Pflanzenabdrücke. — Beiträge zur Geschichte der Erfindungen. Leipzig 1780. 8 vol. I, p. 514—523. Ectypa.
*(Miller) Icones plantarum. Londini 1780. gr. fol.
*Jacquin, Select. stirpium american. (Viennae 1780.) fol.
Linné, Select. dissertations, by Brand. London 1781. 8
Panzer, Observationum botanicarum specimen. Norimbergae 1781. 8.
Schrank, Eine Centurie botanischer Anmerkungen. Erfurt 1781 4
*Jacquin, Icones plantarum rariorum. Vindobonae 1781—93. fol
*Gleichen, Microscopische Entdeckungen. Nürnberg 1781. 4.
Mueller, Kleine Schriften. Dessau 1782. 8.
Roth, Beiträge zur Botanik. Bremen 1782—83. 8.
Reichard, Sylloge opusculorum botanicorum. Francofurti a/M. 1782. 8.
Schmidel, Dissertationes botanici argumenti revisae et recusae Erlangae 1783. 4.
Buchoz, Le jardin d'Eden. Paris 1783. fol
Medicus, Botanische Beobachtungen. Mannheim 1783—84. 8.
*Curtis, Botanical Magazine. London 1783—1870 8.
*Thunberg, Flora japonica. Lips. 1784. 8. fol.
Cirillo, De essentialibus nonn. plant. characteribus Neapoli 1784. 8.
Eschenbach, Observationum botanicarum specimen. Lipsjae 1784. 4.
Weber, Plantarum minus cognitarum decuria. Kiloniae 1784. 4.
*L'héritier, Stirpes novae aut minus cognitae. Paris 1784—85. fol.
*Pallas, Flora rossica. Petropoli 1784—88. fol.
*Allione, Flora pedemontana. Aug. Taur. 1785. fol.
Belleval, Opuscules. Paris 1785. 8.
Murray, Opuscula. Goettingae 1785—86. 8.

Martius, Anweisung Pflanzen abzudrucken. Wetzlar 1785. 8. Ectypa.
Gloxin, Observationes botanicae. Argentorati 1785. 4.
Buchoz, Le grand jardin de l'univers. Paris 1785. fol.
Jacquin, Collectanea ad botanicam, chemiam et spectantia. Vindobonae 1786—96. 4.
*Kerner, Abbildung aller ökonomischen Pflanzen. Stuttgart 1786—96. 4.
*Villars, Histoire des plantes du Dauphiné. Grenoble 1786—89. 8.
Hoffmann, Observationes botanicae. Erlangae 1787. 4.
Roth, Botanische Abhandlungen und Beobachtungen. Nürnberg 1787. 4.
*Curtis, The Botanical Magazine. London 1787—1870. 8. — General indexes. London 1828. 8.
Ehrhart, Beiträge. Hannover 1787—92. 8.
*L'héritier, Geraniologia. Parisiis 1787—88. fol.
Junghanns, Icones plantarum rariorum. Halae 1787. fol. Ectypa.
Junghanns, Icones plantarum officinalium. Halae 1787. fol Ectypa.
Hoppe, Ectypa plantarum ratisbonensium. Regensburg 1787—93. fol.
Buchoz, Nouveau traité de toutes les plantes. Paris 1787—88. fol.
Ehrhart, Beiträge zur Naturkunde. Hannover 1787—92. 8.
*Gaertner, De fructibus plantarum. Stuttgardiae 1788—1807. 4.
Schulze, Toxicologia veterum, plantas venenatas exhibens Theophrasti, Galeni, Dioscoridis, Plinii etc. Halae 1788. 4.
*L'héritier, Sertum anglicum. Paris 1788. fol.
Picco, Melethemata inauguralia. Augustae Taurinorum 1788. 8. Fungi.
*Cirillo, Plantarum rariorum Neapolit. Neapoli 1788—92. fol.
*Gil et Xuarez, Osservazioni fitologiche sopra alcune piante esotiche Roma 1789—92. 4.
*Smith, Plantarum icones hactenus ineditae. London 1789—91. fol.
*Meerburgh, Plantae rariores depictae. Lugduni Batavorum 1789. fol.
*Sowerby, Flora luxurians. London (1789—91). fol.
Gleditsch, Vermischte botanische Abhandlungen. Berlin 1789. 8.
*Cavanilles, Monadelphia. Matriti 1790. 4.
*Vahl, Symbolae botanicae. Havniae 1790—94. fol.
*Smith, Icones pictae plantarum rariorum. London 1790—93. fol.
*Donovan, The botanical review or the beauties of Flora. London 1790. 8.
Usteri, Delectus opusculorum botanicorum. Argentorati 1790—93. 8.
Ludwig, Delectus opusculorum ad scientiam naturalem spectantium. Lipsiae 1790. 8.
*Smith and Sowerby, English Botany. London 1790—1814. gr. 8.
*Retzius, Observationes botanicae. Lipsiae 1791. fol.
Baumann, Miscellanea medico-botanica. Marpurgi 1791. 8.
Link, Annalen der Naturgeschichte. Göttingen 1791. 8
Mayer, Sammlung physikalischer Aufsätze. Dresden 1791—98. 8
Pontedera, Epistolae ac dissertationes. Opus posthumum ed. Bonato. Patavii 1791. 4.
Batsch, Botanische Bemerkungen. Halle 1791. 4.
Salisbury, Icones stirpium rariorum. Londini 1791. fol.
Swartz, Observationes botanicae. Erlangae 1791. 8.
*Cavanilles, Icones et descriptiones plantarum. Matriti 1791—1801. fol.
*Smith, Spicilegium botanicum. London 1791—92. fol.
*Happe, Flora depicta. Berolini 1791. fol.
*La Billardière, Icones plantarum Syriae. Paris 1791—1812. 4.
*Kaempfer, Icones plant. in Japonia. Londini 1791. fol.
Schriften der regensburgischen botanischen Gesellschaft. Regensburg 1792. 8.
*Happe, Abbildung ökonomischer Pflanzen. Berolini 1792—94. fol.
*Martyn, Flora rustica. London 1792—94. 8.
Naumburg, Delineationes Veronicae Chamaedryos etc. Erfordiae 1792. 8.

Borkhausen, Rheinisches Magazin. Giessen 1793. 8.
Hedwig, Sammlung zerstreuter Abhandlungen über botanisch-ökonomische Gegenstände. Leipzig 1793—97. 8.
Medicus, Kritische Bemerkungen. Mannheim 1793. 8.
Nocca, Observationes botanicae. (Turici 1793) 8.
Rutström, Positiones botanici argumenti. Harderovici 1793 4.
Schmidt, Neue -und seltene Pflanzen. Prag 1793. 8
*Schmidel, Icones plantarum. Erlangae 1793—97. fol.
(Reich) Magazin des Pflanzenreichs. Erlangen 1793. 4
*Schneevoogt, Icones plantarum rariorum. Harlem 1793—94 fol.
*Smith, Botany of New Holland. London 1793. 4.
Sowerby, Introduction to drawing flowers. London (1794). 4
Meyrick, Miscellaneous botany. Birmingham 1794. fol.
*Dreves, Botanisches Bilderbuch. (Getreue Abbildungen und Zergliederungen.) Leipzig 1794—1801. 4.
Willdenow, Phytographia. Erlangae 1794 fol
*Jacquin, Oxalis. Viennae 1794 4
*Ruiz et Pavon, Florae chil. et peruv. Prodromus. Madrid 1794 fol.
*Swartz, Icones plantarum Indiae occid. Erlangae 1794 fol.
*Thunberg, Icones plantarum japonic. Ups. 1794—1805. fol.
*La Peyrouse, Figures de la Flore des Pyrénées. Paris 1795—1801 fol
*Roxburgh, Plants of Coromandel. London 1795—1819 gr fol
Link, Dissertationes botanicae. Suerini 1795. 4.
Schmidt, Sammlung physikalisch-ökonomischer Aufsätze. Prag 1795 8
*Kerner, Hortus sempervirens. Stuttgardiae 1795—1830 fol. eleph.
Schrank, Sammlung naturhistorischer Aufsätze Nürnberg 1796 8.
Roemer, Scriptores de plantis hispanicis, lusitanicis, brasiliensibus Norimbergae 1796. 8.
Cavanilles, Coleccion de papeles sobre controversias botanicas. Madrid 1796. 8.
Ulitzsch, Botanische Schattenrisse. Torgau 1796. 4. Ectypa.
Hoppe, Ectypa plantarum selectarum. Regensburg 1796 fol Ectypa.
*Vahl, Eclogae americanae. Havniae 1796—1807. fol
*Masson, Stapeliae novae. London 1796. fol.
*Swartz, Flora Indiae occident. Erlangen 1797—1806
Schrader, Nova genera plantarum. Lipsiae 1797 fol.
Poivre, Oeuvres complètes. Paris 1797. 8.
Camerarius, Opuscula botanica, ed Mikan. Pragae 1797. 8.
*Andrews, Botanists Repository. London 1797—1811. 4.
Roth, Catalecta botanica. Lipsiae 1797—1806 8.
*Jacquin, Plantarum rariorum. Viennae 1797—1804.
*Wendland, Ericarum icones. Hannover 1798—1823 4
*Sturm, Deutschlands Flora. Leipzig 1798—1849 8
Smith, Tracts relating to natural history. London 1798 8.
*Ruiz et Pavon, Flora peruviana et chilensis. Matriti 1798—1802 fol.
Mayr, Deutschlands Flora. Regensburg 1798—99. fol. Ectypa.
*Vahl, Icones ad Eclogas. Havniae 1798—99. fol.
Dunker, Pflanzenbelustigung. Brandenburg 1798. 8. Ectypa
*Meerburgh, Plantarum selectarum icones pictae. Lugd. Bat. 1798. fol.
Wendland, Botanische Beobachtungen. Hannover 1798. fol.
*Candolle et Redouté, Plantes grasses. Fasc. 1—31. Paris 1799—1829. gr. fol.
*Hedwig, Filicum genera et species. Lipsiae 1799—1803. fol.
*Hornstedt, De novis generibus plantarum. Upsaliae 1799. 8
*Thornton, Selects plants. London 1799. imp. fol.
*Thornton, A new illustration of the sexual system of Linnaeus London (1799—1809.) fol
Thunberg, Dissertationes academicae Upsaliae habitae, edid. Persoon. Goettingae 1799—1801. 8.
*Desfontaines, Flora atlantica. Parisiis 1800. 4.
*Pallas, Species Astragalorum. Lipsiae 1800. fol.

*Jacquin, Fragmenta botanica. Viennae (1800—)1809. fol.
*Ventenat, Description des plantes nouv. Paris 1800. fol.
Wibel, Beiträge zur Beförderung der Pflanzenkunde. Frankfurt a/M. 1800. 8.
*Duhamel, Traité des arbres et arbustes. Seconde édition (par Loiseleur, Mirbel, Poiret et autres.) Paris 1801—19. fol.
*Host, Icones graminum austriacorum. Vindobon. 1801—9. fol.
*Candolle, Astragalogia. Parisis 1802. fol.
Hedwig, Observationum botanicarum fasciculus I. Lipsiae 1802. 4.
Roth, Neue Beiträge zur Botanik. Frankfurt a/M. 1802. 8.
*Dreves et Hayne, Choix des plantes d'Europe. Leipzig 1802. 4.
*Kerner, Icones plantarum selectiorum. Stuttgardiae 1802. fol.
*Batsch, Der geöffnete Blumengarten. (Le jardin ouvert.) Weimar 1802. 8.
*Waldstein et Kitaibel, Descriptiones plant. Hungariae. Viennae 1802—12. fol.
* Svensk Botanik. Stockholm 1802—38. 8.
*Pallas, Illustrationes plantarum imperfecte cognitarum. (Halophytae.) Lipsiae 1803. fol.
*Ventenat, Choix des plantes. Paris 1803. fol.
Haworth, Miscellanea naturalia. Londini 1803. 4.
*Bory, Essais sur les îles fortunées. Paris 1803. 4.
*Michaux, Flora boreali-americ. Paris 1803. 4.
*Ventenat, Jardin de la Malmaison. Paris 1803—4 fol.
*Ventenat, Choix de plantes. Paris 1803. fol.
*Smith, J., Exotic Botany, coloured figures. Lond. 1804—5. 8. et 4.
*Bory, Voyage dans les quatre îles d'Afrique. Paris 1804. 8.
*Knapp, Gramina britannica. London 1804. 4.
*Palisot de Beauvois, Flora d'Oware et de Benin. Paris 1804—7. fol.
*La Billardière, Novae Hollandiae plant. Parisiis 1804—6. 4.
*Flora universalis. Dresden 1805. fol.
*Prevost, Collection des fleurs et des fruits peints d'après nature. Paris 1805. fol.
*Trattinik, Thesaurus botanicus. Viennae 1805—19. fol.
Pott, Index herbarii mei vivi. Brunovici 1805. 8.
Wulfen, Plantarum rariorum descriptiones. Lipsiae 1805. 4.
*Rudge, Plantarum Guianae rariorum icones. Londini 1805. fol.
*Rousseau, La Botanique. Paris 1805. fol.
*Salisbury, Paradisus londinensis. London 1805—8. 4.
*Hayne, Arzneigewächse. Berlin 1805—46. 4.

Icones ligneae aeneae lapideae imprimuntur (xylo-, chalco-, lithographicae).

*Jacquin, Stapeliarum descriptiones. Vindobonae 1806. fol.
Du Petit, Genera nova madagascariensia. (Paris 1806.) 8.
*Loiseleur, Flora gallica. Lutet. 1806—7. 8.
*Humboldt et Bonpland, Monographia Melastomacearum. Paris 1806—23. fol.
*Sibthorp, Flora graeca. Londini 1806—40. fol
Biehler, Plantarum novarum ex herbario Sprengelii centuria. Halae 1807. 8.
Roth, Botanische Bemerkungen und Berichtigungen. Leipzig 1807. 8.
Ventenat, Decas generum novorum. Paris 1808. 4.
*Tussac, Flora Antillarum. Parisiis 1808—27. fol.
*Desfontaines, Choix des plantes du corollaire de Tournefort. Paris 1808. 4.
Targioni-Tozzetti, Observationum botanicarum decades. (Florentiae 1808—10.) 4.
*Wendland, Collectio plantarum. Sammlung ausländischer und einheimischer Pflanzen. Hannover 1808—19. 4.

*Bessa, Fleurs et fruits gravés et coloriés. Paris 1808. fol. max.
*Desvaux, Journal de botanique. Paris 1808—16. 8.
*De la Roche, Eryngiorum Historia. Parisiis 1808. fol.
*Candolle, Icones plantarum Galliae rariorum. Parisiis 1808. fol.
*Schkuhr, Botan. Handbuch. Leipzig 1808. 8.
*Humboldt et Bonpland, Plantae aequinoctiales. Paris 1808—9. fol.
* Poiteau et Turpin, Flore parisienne. Paris 1808—13. 4.
*Jacquin, Fragmenta botanic. Viennae 1809. fol.
Graumüller, Neue Methode von natürlichen Pflanzenabdrücken. Jena 1809. 4. Ectypa.
*Hoffmannsegg et Link, Flore portugaise. Berlin 1809—40. fol.
*Schkuhr, Vierundzwanzigste Klasse. Farrenkräuter. Wittenberg 1809. 4.

§. 7. *A R. Brown usque ad Candolle 1824. Species exoticae perscrutantur.*

*Retzius, Observationum botanicarum pugillus. Lundae 1810. 4
*Bonnet, Facies plantarum. Carcassonne 1810. fol. Ectypa.
*Sternberg, Revisio Saxifragarum. Ratisbonae 1810. fol.
*Marschall, Centuria plant. Rossiae merid. Chark. 1810—43. fol.
*Michaux, Histoire des arbres de l'Amerique. Paris 1810—13. 4.
*Langsdorf et Fischer, Icones Filicum. Tübingen 1810—18. fol.
Trattinick, Observationes botanicae. Viennae 1811—12. 4.
*Jacquin, Eclogae plantarum rariorum. Vindobonae 1811—44. fol.
*Kerner, Genera plantarum selectarum. Stuttgartiae 1811—28. fol.
Lagasca, Amenidades naturales de las Españas. I: Orihuela 1811. 4. II: Madrid 1821. 4.
*Tenore, Flora napolitana. Napoli 1811—36. fol.
Liboschitz et Trinius, Flore de St. Petersbourg et Moscou. Petersburg 1811. 4.
*Trattinick, Archiv der Gewächskunde. Wien 1812—18. 4.
*Edwards, S., The new botanic garden illustrated. London 1812. 4.
Trattinick, Tafeln aus dem Archiv der Gewächskunde. Wien 1812—14. 4.
Candolle, Recueil des Mémoires sur la botanique. Paris 1813. 4.
Sprengel, Plantarum minus cognitarum pugilli I—II. Halae 1813—15. 8.
Bottione, Stirpes quas vivas pinxit. Taurini 1813. 8.
*Bauer, Ferd., Illustrationes Florae Novae Hollandiae. Londini 1813. fol.
*Bonpland, Description des plantes à Malmaison. Paris 1813. fol
Opp, Neue Pflanzenabdrücke. (Gräser.) Jena (1814). fol. Ectypa.
*Pursh, Flora Americ. septent. London 1814. 8.
Rafinesque, Analyse de la nature. Palerme 1815. 8.
*Edwards and Lindley, The Botanical Register. London 1815—47. 8.
*Guimpel, Willdenow u. Hayne, Deutsche Holzarten. Berl. 1815—20. 2 vol. 4.
*Humboldt, Bonpland, Kunth, Nova genera. Paris 1815—25. fol.
Lagasca, Genera et species plantarum novarum. Matriti 1816. 4.
Savi, Osservazioni sopra diverse piante. Pisa 1816. 8.
*Mordant de Launoy, et Loiseleur, Herbier général de l'amateur. Paris 1816—27. 4.
*Willdenow, Hortus berolinensis. Berolini 1816.
*Trattinick, Flora oestreich. Kaiserthums. Wien 1816—22. 4.
*Nocca et Balbis, Flora ticinensis. Ticini 1816—1821. 4.
Brotero, Phytographia Lusitaniae. Olisipone 1816—27. fol.
Colladon, Histoire des Casses. Montpellier 1816. 4.
*Barton, Vegetable Materia medica of the United States. Philad. 1817—18. 4.
*Bigelow, American Medical Botany. Boston 1817—20. 4.
*Delile, Description de l'Egypte. Botanique. Paris 1817. fol.

Dunal, Monographie des Anonacees Paris 1817. 4.
Lehmann, Monographia generis Primularum. Lips. 1817. 4.
Seringe, Musée helvétique, partie botanique etc. Bern 1818—23. 4.
Seringe, Mélanges botaniques. Berne, Genève et Lyon 1818—31. 8.
Savi, Flora italiana. Pisa 1818—24. fol.
Humboldt, Mimoses par Kunth. Paris 1819. fol.
Bertoloni, Amoenitates italicae. Bononiae 1819. 4.
Trattinick, Thesaurus botanicus. Viennae 1819. fol.
Leandro do Sacramento, Nova plantarum genera e Brasilia. Monachii 1820. 4.
Lehmann, Monographia Potentillarum. Hamburgi 1820—35. 4.
*Horae physicae berolinensis. Bonnae 1820. fol.
Lindley, Rosarum Monographia. London 1820. 8.
Bertoloni, Excerpta de re herbaria. Bononiae 1820. 4.
Sprengel, Neue Entdeckungen. Leipzig 1820—22. 8.
Delessert, Icones selectae plantarum. Paris 1820—46. fol.
Sweet, Geraniaceae. London 1820—30. gr. 8.
Link et Otto, Icones plantarum select. Berolini 1820—28. 4.
Reichenbach, Monographia generis Aconiti. Lipsiae 1820. fol.
Descourtilz, Flore médicale des Antilles. Paris 1821—29. 8.
Lehmann, Icones Asperifoliarum. Hamburgi 1821. fol.
*Icones plantarum China. London 1821. fol.
Gussone, Adnotationes ad catalogum horti in Boccadifalco. Neapoli 1821. 8.
Lindley, Collectanea botanica. London 1821. fol.
Reichenbach, Magazin der ästhetischen Botanik. Lpz. 1821—26. 4.
Lindley, Digitalium monographia. Londini 1821. fol.
Trattinick, Botanisches Taschenbuch. Wien 1821. 8.
Treviranus, Vermischte Schriften. Bremen 1821. 4.
Bertoloni, Lucubrationes de re herbaria. Bononiae 1822. 4.
Dumortier, Commentationes botanicae. Tournay 1822. 8.
Hooker, Botanical illustrationes. Edinburgh 1822. fol. obl.
Presl, Deliciae pragenses. Pragae 1822. 8.
Withering, Miscellaneous tracts. London 1822. 8.
Schtscheglow. (Thes. no. 9348.)
Dupetit. Histoire des Orchidées d'Afrique. Paris 1822. 4.
Trinius, Species Graminum. Petropoli 1823—36. 4.
Dumortier, Agrostograph. belgica. Tournay 1823. 8.
Lamark, Recueil de planches. Paris 1823 4
Martius, Genera et species Palmarum. Lipsiae 1823—48. fol
Wikström, Mindre kända växter. Stockholm 1823—24. 8.
Hooker, Exotic Flora. Edinburgh 1823—27. gr. 8.
Reichenbach, Iconographia botanica, seu Plantae criticae. Lipsiae 1823—32. 4.
Sweet, The british Flower Garden. Lond. 1823—38. 8.
Reichenbach, Illustratio Aconiti. Lipsiae 1823—27. fol.

§. 8. *Ab A. P. de Candolle usque ad nostra tempora.*

Candolle, Prodromus systematis regni vegetabilis. Paris 1824—72.
Sylloge, plantarum novarum. Ratisbonae 1824—28. 8.
Lambert, Description of Pinus. (Don, Account of the Lambertian Herbarium.) London 1824. fol. — Ed. aucta 1828—37. fol.
Martius, Nova genera et species plant. Brasil. Monachii 1824—32. fol.
Viviani, Florae lybicae specimen. Genuae 1824. fol.
Saint-Hilaire, Histoire des plantes du Brésil. Paris 1824. 4.
Bartling et Wendland, Beiträge zur Botanik. Göttingen 1824—25. 8.
Colla, Hortus ripulensis. Aug. Taur. 1824. 4.
La Billardière, Sertum austrocaledonicum. Parisiis 1824—25. 4.
*Verhandlungen des Vereines des Gartenbaues. Berlin 1824—53. 4.

Trattinick, Genera nova plantarum. Viennae 1825. 4.
Brown, Vermischte botanische Schriften, herausgegeben von *Nees. von Esenbeck*. Nürnberg 1825—34. 8.
Candolle, Plantes rares. Genève 1825—29. 4.
Guimpel Otto u. Hayne, Fremde Holzarten. Berlin 1825. 4.
Raddi, Plant. brasil. Filices. Florentinae 1825. fol.
Saint-Hilaire, Flora Brasiliae merid. Paris 1825—33. fol.
Presl, Reliquiae Haenkeanae. Pragae 1825—36. fol.
Sweet, Cistineae. London 1825—30. 8.
Hegetschweiler, Reisen. (Versuch einer Monographie von Aretia, Cerastium, Aconitum, Potentilla, Saxifraga, Hieracium). Zürich 1825. 8.
Candolle, Mémoires sur les Légumineuses. Paris 1825. 4.
Schlechtendal, Adumbrationes plant. Filices capenses. Berolini 1825—32. 4.
Richard, Commentatio de Coniferis et Cycadeis. Stuttgart 1826. gr. 4.
Gussone, Plantae rariores Ioniae Samnii et Apruttii. Neapoli 1826. 4.
Gaudichaud, Botanique du Voyage autour du monde sur les corvettes L'Uranie et La Physicienne. Paris 1826. 4. et Atlas.
Cassini, Opuscules phytologiques. Paris 1826—34. 8.
Guillemin, Icones plantarum Australasiae. Paris 1827. gr. 4.
Reichenbach, Iconographia botan. exotica. Lipsiae 1827—30. 4.
Saint-Hilaire, Plantes usuelles des Brasiliens. Paris 1827. 4.
Breda, Genera et species Orchidearum et Asclepiadearum Javae Gandavi 1827. fol.
Pohl, Plantarum Brasiliae icones. Vindobonae 1827—31. fol.
Sweet, Flora australasica. London 1827—28. gr. 8.
(Robillard D'Argentelle) Catalogue du Carporama. (Fructus cerei) Paris (1827?). 8.
Wallich, A numerical list of dried specimens of plants in the East India Companys Museum. London 1828. fol.
Martius, Icones plantarum cryptog. Brasil. Monachii 1828—34. fol.
Link et Otto, Icones plantarum rariorum. Berolini 1828—31. 4.
Wagner, Pharmaceutische Botanik. Wien 1828. fol.
Rafinesque, Medical Flora of the United States. Philadelphia 1828—30. 8.
Rochel, Plantae Banatus rariores. Pestini 1828. fol.
Bory, Botanique (Cryptogamie) de la Coquille. Paris 1828. fol.
Blume, Flora Javae Bruxellis 1828—58. fol.
Lehmann, Novarum et minus cognitarum stirpium pugilli. Hamburgi 1828—57. 4.
Roscoe, Scitamineae. Liverpool 1828. gr. fol.
Nees von Esenbeck, Plantae medicinales. Düsseldorf 1828. fol.
Hooker and Greville, Icones filicum. Londini 1829—31. fol.
Kunth, Distribution des Graminées de Humboldt. Paris 1829 (1835). fol.
Gussone, Flora sicula. Neapoli 1829. fol.
Ledebour, Icones plantarum Rossic. imprimis Altaic. Rigae 1829—34. fol.
Brongniart, Botanique du Voyage de La Coquille autour du monde. Paris 1829. 4.
Swartz, Annotationes botanicae. (Panicum. Rosae. Orchideae. Musci.) Holmiae 1829. 8.
Wallich, Plantae asiaticae rariores. London 1830—32. fol.
Hooker, Botanical Miscellany. London 1830—33. 8.
Candolle, Monographie des Campanulées. Paris 1830. 4.
Guimpel u. v. Schlechtendal, Alle Gewächse der Pharmacopoea boruss. Berlin 1830—37. 4.
Guillemin, Perrottet et Richard, Flora Senegambiae. Parisiis 1830—33. 4.
Stockes, Botanical Commentaries. London 1830. 8.

*Hooker, Botanical Miscellany. London 1830—33. 8.
*Bauer, Fr. and Lindley, Illustrationes of Orchidaceous plants. London 1830—38. fol.
*Wight, Illustrations of Indian Botany. Glasgow 1831. 4.
*Bury, Selection of Hexandrian plants. London (1831—34) fol.
*Bory et Brongniart, Expédition de Morée. Paris 1831—35. fol.
Tenore, Memorie. Napoli 1831 4
Treviranus, Symbolae phytologicae. Goettingae 1831. 4.
*Eichwald, Plant. itineris caspio-caucasici. Vilnae 1831—33. fol.
Bertoloni, De plantis novis aliisque minus cognitis. Bononiae 1832. 4.
*Presl, Symbolae botanicae, sive descriptiones et icones plantarum novarum aut minus cognitarum. Pragae 1832—33. fol.
Savi, Cose botaniche. Pisa 1832. 8.
*Schott et Endlicher, Meletemata botanica. Vindobonae 1832. fol.
*Woodville and Hooker, Medical Botany. London 1832. 4.
*Nees, Sammlung schönblühender Gewächse. Düsseldorf 1832. fol.
*Endlicher, Atacta botanica. Vindobonae 1833. fol.
Rafinesque, Herbarium Rafinesquianum. Prodromus. Philadelphia 1833. 8.
Bray, Wissenschaftliches Vermächtniss. Regensburg 1833. 4.
*Moricand, Plantes nouv. d'Amérique. Genève 1833—46. gr. 4.
*Hooker, Flora boreali-americana. London 1833—40. 4
*Loddiges, The Botanical Cabinet. London 1818—33. 8.
*Dietrich, Flora regni borussici Berlin 1833—44. 8.
*Guillemin, Archives de botanique Paris 1833. 8
*Bélanger, Voyage aux Indes orientales Paris s. a. 4.
*Reichenbach, Flora exotica. Leipzig 1834—36 fol.
*Paxton, Magazine of Botany. London 1834—49. 8.
*Richard, Sertum Astrolabianum. (Dumont d'Urville, Voyage.) Paris 1834. 8. et Atlas.
*Reichenbach, Icones Florae germanicae. Lipsiae 1834—72 4.
*Mutel, Flore française. Paris 1834 4
*Hooker, Journal of botany. London 1834—42 8.
*Schott, Genera Filicum. Vindobonae 1834. 4.
*Schott, Rutaceae. Vindobonae 1834. fol.
*Spach, Histoire nat. des végétaux. Paris 1834—48. 8.
*Baxter, British phaenogamous Botany. London 1834—43. gr. 8.
Bertoloni, De quibusdam novis plantarum speciebus. Bononiae 1835. 4.
*Siebold et Zuccarini, Flora japonica Lugd. Bat. 1835—44. fol.
*Zenker, Plantae indicae. Jenae 1835. fol.
*Poeppig et Endlicher, Nova genera. Lipsiae 1835—45. fol.
*Hooker, Companion to the Botanical Magazine. London 1835—36. gr. 8.
*Blume, Rumphia. Lugd. Bat. 1835—48. fol.
Miquel, Flora Indiae batavae. Amsterdam 1835—60. 8.
Griesselich, Kleine botanische Schriften. Karlsruhe 1836. 8.
*Salm, Monographie des Aloe et Mesembrianthemum. Düsseldorf 1836—49. 4.
*Webb, Phytographia canariensis. Paris 1836—50. 4.
*Hooker, Icones plantarum. London 1837—71. 8.
*Moris, Flora sardoa. Taurini 1837—43. 4.
*Herbert, Amaryllidaceae. London 1837. gr. 8.
*Kunze, Analecta pteridographica. Lipsiae 1837. fol.
*Zuccarini, Plantae novae. Monachi 1837—40. 4.
*Knowles and Westcott, Floral Cabinet. London 1837—40. 4
*Batemann, The Orchidaceae. London (1837—43). fol.
*Endlicher, Iconographia generum plantarum. Vindobonae 1838. 4.
Reliquiae Schraderianae. Halle 1838. 8.
Viviani, Memoria sopra alcuni plagi in botanica. Milano 1838. 8.
Miquel, Commentarii phytographici. Lugduni Batavorum 1838—40 fol.
Martius, Reden und Vorträge. Stuttgart 1838. 8.

Lindblom, Botaniska upsater. Lund 1838. 8.
Lindley, Miscellaneous notices and miscellaneous matter. London 1838—46. 8.
*Sagra, Historia fisica de Cuba. Paris 1838—53. fol.
*Wight, Icones plant. Indiae orient. Madras 1838—53. 4.
*Wight, Illustrations of Indian Botany. Madras 1838—51. 4.
*Lindley, Sertum orchidaceum. London 1838. fol.
*Guimpel et Klotzsch, Officinelle Gewächse. Berlin 1838. 4.
*Brand u. Ratzeburg, Deutschlands Giftgewächse. Berlin 1838. 4.
Corinaldi, Notizie storiche della accademia Valdarnese. Pisa 1839. 8.
(Endlicher et Fenzl) Novarum stirpium decades I—X. Vindobonae 1839. 8.
Bentham, Plantae Hartwegianae. Londini 1839—57. 8.
*Bongard, Descriptiones plantarum novarum. Petropoli 1839. 4.
*Forbes, Pinetum Woburnense. London 1839. gr. 8.
*Royle, Illustrations of botany. London 1839. 4.
*D'Orbigny, Voyage dans l'Amérique. Paris 1839—47. gr. 4.
*Gaudichaud, Botanique de la Bonite. Paris 1839—52. fol.
*Boissier, Voyage botanique dans l'Espagne. Paris 1839—45. 4.
*Maund, The Botanist. London 1839. sqq. 4.
*Orbigny, C., Dictionaire d'histoire naturelle. Paris 1839—49. 8.
Marsili, Notizie inedite. Padova 1840. 8.
*Kunze, Supplemente zu Schkuhr's Riedgräsern. Leipzig 1840—50. gr. 8.
*Endlicher et Martius, Flora brasiliensis. Vindobonae 1840—53 fol.
*Kunze, Farrnkräuter. Leipzig 1840—51. 4.
*Lindley, Swan River. London 1840. 8.
*Hartig, Forstl. Culturpflanzen. Berlin (1840—41). 4.
*Antoine, die Coniferen. Wien 1840—46. fol.
*Schlechtendal, Hortus halensis. Halae 1841—53. 4.
*Link, Klotzsch et Otto, Icones plantarum rariorum. Berol. 1841—44. 4.
*Dumont d'Urville, Voyage au Pole Sud. Botanique par Richard. Paris 1841—54. fol.
Wallroth, Beiträge zur Botanik. Leipzig 1842—44. 8.
Jaubert et Spach, Illustrationes plantarum orient. Paris. 1842—53. 4.
*Visiani, Flora Dalmatica. Lipsiae 1842—52. 4.
*Miquel, Sertum exoticum. Rotterdam 1842. royal 4.
Parlatore, Plantae novae vel minus notae. Paris 1842. 8.
Bertoloni, Miscellanea botanica. Bononiae 1842—46. 4.
*Torrey, Flora of New-York. Albany 1843. 4.
*Schnizlein, Iconographia familiarum regni vegetab. Bonn 1843—64. 4.
*Pfeiffer und Otto, Blühende Cacteen. Kassel 1843—48. 4.
*Trautvetter, Plantarum imagines, russic. Monachii 1844—46. 4.
*Hooker, J. D., The Botany of Antarctic Voyage. London 1844—60. 4.
*Fee, Memoires sur les Fougères. Strassburg 1844—66. 4. et fol.
*Bentham, The Botany of the voyage of H. M. S. Sulphur. London 1844. 4.
*Fielding et Gardner, Sertum plantarum. London 1844—49. 8.
Presl, Botanische Bemerkungen. Prag 1844. 4.
*Fee, Memoires sur les Fougères. Strassburg 1844—45. 4.
*Newmann; History of british ferns. London 1844. 8.
*Hooker, Species Filicum. London 1844—64. 8.
*Hartinger, Paradisus vindobonensis. Wien 1844—51. fol.
*Hooker, J. D., Flora antarctica. London 1844—47. fol.
*Jacquemont, Voyage dans l'Inde. Paris 1844. 4.
Kirschleger, Notices botaniques. Strassburg 1845. 4.
Raffeneau-Delile, Éclaircissemens sur diverses parties de la botanique. Montpellier 1845. 8.

Lasègue, Musee botanique de Mr. Benjamin Delessert. Paris 1845. 8.
*Cosson et *Germain*, Atlas de la Flore de Paris. Paris 1845. 8.
*Miquel, Sertum exoticum. Rotterdam 1845. 4.
*Flore des Serres. Gand 1845—53. 8.
**Hortus Vanhoutteanus*. Gand 1845. 8.
*Gay, Historia de Chile. Paris 1846—53. 8. et fol.
*(*Emerson*) Trees of Massachusets. Boston 1846. 8.
*Jordan, Observationes sur plantes. Lyon 1846—49. 8.
*Sonder, Revision der Heliophileen. (Hamburg 1846.) 4.
*Raoul, Choix de Plantes de la Nouv.-Zelande. Paris 1846. 4.
*Bory et *Durieu*, Exploration scientifique de l'Algérie. Botanique, par Bory de St. Vincent et Durieu de Maison-neuve. Paris 1846—51. 4.
*Wight, Specilegium neilgherrense. Madras 1846—51. 4.
*Miers, Illustrations of South Amer. plants. London 1846—58. 4.
*Miquel, Illustrationes Piperacearum. Vrat. et Bonnae 1846. 4.
*Richard, Tentamen Florae abyssinicae. Parisiis (1847—51.) fol.
*Fischer et *C. A. Meyer*, Sertum petropolitanum. Petropoli 1847. gr. fol.
Ferret et *Galinier*, Voyage en Abyssinie. Paris 1847—48. 8.
*Griffith, Icones et Notulae plantarum asiaticarum. Calcutta 1847—51. 4.
*Karsten, Auswahl neuer Gewächse Venezuelas. Berlin 1848. 4.
Emory, Notes of reconnoissance in California. Washington 1848. 8.
*Roupell, Flora of South Africa. London. 1849. fol.
*Weddell, Histoire naturelle des Quinquinas. Paris 1849. fol.
*Blume, Museum botanicum. Lugd. Bat. 1849—51. 8.
Hooker, Niger Flora. London 1849. 8.
*Hooker, J. D., The Rhododendrons of Sikkim-Himalaya. London 1849—51. fol.
*Twining, Illustrations of the natural orders. London 1849—55. fol.
*Blume et *Fischer*, Museum botanicum. Lugduni Batavorum 1849—56. 8.
Twining, Illustrations of the natural orders. London 1849—55. fol.
*Miquel, Stirpes surinamensis. Lugd. Bat. 1850. 4.
Lindley and *Paxton*, Flower Garden. London 1850—53. 8.
*Griffith, Palms of East India. Calcutta 1850. fol.
Wenderoth, Pflanzen botanischer Gärten. Cassel 1851. 8.
*Lemaire, Le jardin fleuriste. Gand 1851—54. 8.
*Bunge, Icones plantarum novarum. (Riga 1851.) fol.
Miers, Contributions to botany. London 1851—71. 4.
Schott, Wilde Blendlinge oestreichischer Primeln. Wien 1852. 8.
*Regel, Gartenflora. Band 1—2. Zürich 1852—72. 4.
*Seemann, Botany of the Voyage of Herald. London 1852—57. 4.
*Willkomm, Icones plant. Hispaniae. Lipsiae 1852—54. 4.
*Gasparrini, Revisio Trigonellae et super aliis plantis. Neapoli 1852. 4.
*Stansbury, An expedition to Utah. London 1852. 8.
*Willkomm, Icones plantarum Hispaniae. Lipsiae 1852—61. 4.
*Sitgreaves, Expedition down the Zuni and Colorado Rivers. Washington 1853. 8.
*Webb, Otia hispanica. Paris 1853. fol.
*Walace, Palm trees of the Amazon. London 1853. 8.
*Miquel, Annales Musei botanici Lugduno-Batavi. Amstelodami 1853—65. fol.
Parlatore, Nuovi generi monocotiledoni. Firenze 1854. 8.
Delponte, Stirpium exoticarum novarum pugillus. Torino 1854. 4.
Schott, H. W., *Nyman* et *Kotschy*, Analecta botanica. Vindobonae 1854. 4.
*Salm, Monographie des Aloe et Mesembrianthemum. Düsseldorf 1854—63. 4.
**Nuttall, Th.*, The North-American Sylva. Piladelphia 1854. 8.

*Fee, Iconographia Filicum. Paris 1854—57. 4.
*Graells, Indicatio plantarum novarum. Matriti 1854. 8.
**Vriese, de*, Illustrations d'Orchidées des Indes orient. La Haye 1854. gr. fol.
*Johnson and *Sowerly*, The Ferns of Great Britain 1855—56. 8.
*Wilkes, United States Exploring Expedition under Wilkes. Filices by Brackenridge. Philadelphia 1855. fol.
**Hooker, J. D.*, Illustrations of Himalayan plants. London 1855. fol.
*Humphreys, The Galery of exotic flowers. London (1855). 4.
*Passerini, Mazzetto di piante nuove. Parma 1855. 4.

Icones ex plantis ipsis impressae (Ectypa nova E. n.) et photographicae passim adhibentur

*Ettingshausen, Physiotypia plantarum Austriacarum. Wien 1856. fol. E. n.
Goeppert, Botanische Museen. Breslau 1856. 8.
*Middendorff, Dr. Th. Reise im Norden Sibiriens. St. Petersburg 1856. 4.
Gray, United States Expedition of Wilkes. Philadelphia 1856. fol.
**Lowe, E. J.*, Ferns, british and exotic. London 1856—60. 8.
*Mettenius, Filices horti Lipsiensis. Leipzig 1856. fol.
*Antoine, Die Kupressinengattungen Arceuthos, Juniperus und Sabina. Wien 1857—64. (Ic photogr.) fol.
*Vriese, Plantae Indiae orient. Leiden 1857—8. 4.
*Schott, Icones Aroidearum. Vindobonae 1857—59. fol.
**Payer, J. B.*, Traité d'organogénie comparée de la fleur. Paris 1857. 8.
*Todaro, Nuovi piante nel orto di Palermo. Palermo 1858, 60, 61. 4.
*Karsten, Parasitische Pflanzen. Bonn 1858. 4.
**Müller, F.*, Fragmenta phytographiae Australiae. Melbourne 1858—64. 8.
*Karsten, Florae Columbiae specimina. Berol. 1858—66. fol.
*Baillon, Etude des Euphorbiacees. Paris 1858. 8.
*Reichenbach, Xenia orchidacea. Lipsiae (1854—) 1858. 4.
*Boott, Illustrations of Carex. London 1858—62. fol.
**Berg, O. C.*, Darstellung sämmtlicher officinellen Gewächse. Leipzig 1858—63. 4.
Nylander og *Saelan*, Herbarium Musei fenici. Helsingfors 1859. 8.
*Torrey, United States and Mexican Boundary Survey under Emory. Washington 1859. 4.
*Howard, Illustrations of the Nueva Quinologia of Pavon. London 1859—62. fol.
**Hooker, W. J.*, Filices exoticae. London 1859. 4.
**Müller, F.*, The Plants indigenous of Victoria. Melbourne 1860—65. 4.
*Harvey, Thesaurus capensis. Dublin 1860—64. 8.
*Linden, Iconographie des Orchidées. Bruxelles 1860. fol.
Visiani, R., Due nuove piante. Padova 1860. 4
*Tchichatscheff, Asie mineure. Botanique. Paris 1860. 4.
**Dietrich, D.*, Flora universalis. Neue Reise. Heft I. Jena 1861. fol.
**Hooker, W. J.*, The British Ferns. London 1861. 8.
**Hooker, W. J.*, A Second Century of Ferns. London 1861. 8.
**Hooker, W. J.*, Garden Ferns. London 1862. 8.
*Warner, Select Orchidaceous plants. London 1862. fol.
Lowe, E. J., The natural history of Ferns. London 1862. 8.
*Dumortier, Opusculus. Bruxelles 1862—68. 8.
*Klotzsch, Reise des Prinzen Waldemar. Berlin 1862. 4.
Peters, Reise nach Mossambique. Berlin 1862—64. 4.
*Oersted, Amerique centrale. Copenhague 1863. fol.
**Murray, A.*, The Pines and Firs of Japan. London 1863. 8.
*Nooten, Fleurs, fruits et feuillages de Java. Bruxelles 1863. fol.

Lawson, Pinetum britannicum. Edinburgh 1863—66. fol.
Ettingshausen, Photographisches Album der Flora Oesterreichs. Wien 1864. 8.
Ettingshausen, Die Farnkräuter der Jetztwelt. Wien 1864. 4. E. n.
Lowe, E. J., Beautiful leaved plants. London 1864. gr. 8.
Müller, F., The vegetation of the Chatham Islands. Melbourne 1864. 8.
Bureau, Monographie des Bignoniacées. Paris 1864. 4.
Lange, J., Descriptio plantarum nov. Florae hispanicae. Havniae 1864. fol.
Batemann, A Monograph of Odontoglossum. London 1864—65. fol.
Jordan, Breviarium plantarum novarum. Parisiis 1866. 8.
Jordan, Icones ad Floram Europae. Paris 1866—68. fol.
Wawra, Reise Maximilian I. nach Brasilien. Wien 1866. fol.
Kotschy, T., Plantae Tinneanae. Viennae 1866. fol.
Beddome, Icones plantarum Indiae orientalis. Madras. London 1868—69. 4.
Kerner, A., Novae plantarum species. Innsbruck 1870. 8.
Miquel, F., Illustrations... Amsterdam 1870—71. 4.
Heurck, Plantae novae. Anvers 1870—71. 8.
Reichenbach, H., Beiträge zur systematischen Pflanzenkunde. Leipzig 1871. 4.

Cap. 4. Botanica popularis, compendia, encomia.

§. 1. *Libri linguae Latinae Linnaeum praecedentes.*

Figulus, Dialogus, qui inscribitur botanomethodus. Coloniae 1540. 4.
Gratarolo, Praefatio de rei plantariae origine, progressu et utilitate. Argentorati 1563. 8.
Costaeus, De universali stirpium natura libri duo. Aug. Taur. 1578. 4.
Tidicaeus, Phytologia generalis. Lipsiae 1582. 12.
Estius, Laus rei herbariae. (Dodoens Hist. stirp. Antwerpiae 1583. fol)
Alberti, Tres orationes. (I. De cognitione herbarum.) Norimbergae 1585. 8.
Gesner, Tabulae collectionum (fol. 1—40. De partibus et differentiis plantarum. Tiguri 1587. 8.
Zaluzianski à Zaluzian, Methodi herbariae libri tres. Pragae 1592. 4.
Battus, Oratio prima botanologica. Regiomonti 1601. 4.
(*Colius*) Syntagma herbarum encomiasticum. Lugduni Batav. 1606. 4.
Spiegel, Isagoges in rem herbariam libri duo. Patavii 1606. 4.
Moegling, Praeludia rei herbariae. Tubingae 1612. 4.
Duval, In phytologiam praefatio paraenetica. Paris 1614. 4.
Mueller, De plantarum cognitione medico necessaria. Basileae 1616. 4.
Lauremberg, Botanotheca. Rostochii 1626. 12. — Altdorfii 1662. 4. Francofurti a/M. 1708. 4.
Ungius, Encomion historiae plantarum seu oratio de plantis. Upsaliae 1636. 4.
Vesling, De cognato anatomico et botanico studio. Patavii 1638. 4.
Panarolus, De necessitate botanices. Romae 1643. 4.
Vesling, Paraeneses ad rem herbariam. — Opobalsami vindiciae. Patavii 1644. 4. p. 61—108. — Alpini Hist. natur. Aegypti II. p. 85—146.
Fischer, Methodus nova herbaria. Brunopoli 1646. 8.
Caesius, Phytosophicarum tabularum pars I. (Hernandez, Historia plantarum mexicanarum. Romae 1651 fol.)
Jung vel *Jungius*, Doxoscopiae physicae minores. Hamburgi 1662. 4.
Ursinus, Programma ad demonstrationes botanicas. Lipsiae 1662. 4.

Helvigius, De studii botanici nobilitate. Lipsiae 1666. 4.
Faber, Tractatus de plantis. Paris 1666. 4.
Rollfink, De vegetabilibus in genere libri duo. Jenae 1670. 4.
Borrich, Oratio de experimentis botanicis, habita anno 1675. (— Dissertationes etc. Havniae 1715. 8. 1, p. 6—62.)
Dorstenius, Rei herbariae commendatio. Marpurgi 1675. 4.
Franke, Programmata ad herbationes annorum 1677—87. Heidelbergae 1677—87. 4. — (Flora francica 1685. p. 1—90.)
Hannemann, Methodus cognoscendi simplicia vegetabilia. Kilonii 1677. 4.
Jungius, Isagoge phytoscopica. Hamburgi (1678). 4.
Koenig, Regnum vegetabile. Basileae 1680. 4. — ib. 1708. 4.
Krause, De studio botanico et chemico. Jenae 1681. 4.
Schelhammer, Programma ad rem herbariam excolendam. s. l. 1681. 4.
Bidloo, Dissertatio de re herbaria. Amsterdam 1683. 8.
Ten Rhyne, Discursus de chymiae et botanicae antiquitate et dignitate. (De Arthritide. Londini 1683. 8. p. 225—269.)
Rudbeck, De fundamentali plantarum notitia rite acquirenda. Ultrajecti a/Rh. 1690. 4.
Schrader, Programma quo studiosi ad exercitia botanica excitantur. Helmstadii 1690. 4.
Vater, Programma invitatorium ad herbationes. Wittebergae(1692). 4.
Denyau, Oratio panegyrica de plantis. Paris 1695. 4.
Waldschmiedt, Programmata ad herbationes. Kiliae 1696—1702. 4.
Welsch, Basis botanica. Lipsiae 1697. 12.
Tournefort, Institutiones rei herbariae. 1700. 4. saep.
Triumfetti, Praelusio ad publicas herbarum ostensiones. Romae (1700). 4.
Gakenholz, De vegetabilium praestantia et indole cognoscenda. Helmstadii 1706. 4.
Wollebius, De methodo herbas lustrandi. Basileae 1711. 4.
Valentini, Tournefortius contractus. Francofurti a/M. 1715. fol.
Valentini, Tabula excursionibus botanicis inserviens. (Tournefortius contractus. Francofurti a/M. 1715. fol.)
Commelyn, Oratio metrica in laudem rei herbariae. Amstelaedami 1715. 4.
Camerarius, De botanica. Tuebingae 1717. 4.
Rehfeldt, Hodegus. (Rudimenta botanica.) Halae 1717. 8. p. 4—17.
Fairfax, Oratio in laudem botanices. London 1717. 4.
Fairfax, Oratio apologetica pro re herbaria. ib. 1718. 4.
Meibom, Botanica generalia. Helmstadii 1718. 4.
Royen, Oratio qua jucunda et necessaria commendatur doctrina botanica. Lugduni Batavorum 1729. 4.
Teichmeyer, Institutiones botanicae. Jenae 1731. 8.
(*Ehrhart*) Botanologiae juvenilis mantissa. Ulmae 1732. 8.
Alberti, De erroribus in pharmacopoliis ex neglecto studio botanico. Halae 1733. 4.

§. 2. *Libri linguae Latinae Linnaeni et recentiores.*

Linné, Fundamenta botanica. Amstelodami 1736. 8. — *Haller*, Dubia ex L. fundamentis. Goettingae 1750—53. 4. (*Loefling*, Literae ad Hallerum. I, p. 9—17.) — *Zimmermann*, J., Dubia etc. Göttingae 1754. 8.
Browallius, De introducenda in scholas historiae naturalis lectione. (*Linné*, Critica. Lugduni Bataorum 1737. 8.)
Ludwig, Aphorismi botanici. Lipsiae 1738. 8.
Wallerius, De historiae naturalis usu medico. Upsaliae 1740. 4.
Henrici, Animadversiones de laude et praestantia vegetabilium. Havniae 1740. 4.
Linné, Peregrinationum intra patriam necessitas. Upsaliae 1741. 8.

Dercum, Fundamenta rei herbariae. Wirceburgi 1742. 4.
Ludwig, Institutiones regni vegetabilis. Lipsiae 1742. 8. — ib. 1757. 8.
Ernsting, Prima principia botanica. (Anfangsgründe der Kräuter-wissenschaft.) Wolfenbüttel 1748. 8.
Linné, De curiositate naturali. Holmiae 1748. 4.
Haller, Opuscula, p. 153—166. Oratio de botanices utilitate. Goettingae 1749. 8.
Ceintrel, Oratio in laudem botanices. (Lille) 1749. 4.
Gorter, Elementa botanica. Hardervici 1749. 8.
Bergen, De studio botanices methodice addiscendae. (Flora francofurtana. Francofurti a/V. 1750. 8. p. 1—38.)
*Linné, Philosophia botanica. Stockholmiae 1751. 8. — Ed. IV: Halae 1809. 8.
Stehelinus, Theses miscellaneae. Basileae 1751. 4.
Lambergen, De amico historiae naturalis cum medicina connubio. Franequerae 1751. fol.
Monti, De florum pulchritudine conservanda. (Comm. inst. bonon. II. 2. 229—237. — Journal de physique. II. 623—628.)
Herwech, De praestantia studii historici naturae. Holmiae 1752. 4.
*Linné, Quaestio historico-naturalis: Cui bono? Upsaliae 1752. 4.
*Linné, Instructio musei rerum naturalium. Upsaliae 1753. 4.
Alston, Tirocinium botanicum. Edinburgi 1753. 8.
Lambergen, Encomia botanices. Groningae 1754. 4.
Hesslén, De usu botanices morali. Lond. Goth. 1755. 4
*Linné, Elementa botanica (ed. *Solander*). Upsaliae 1756. 8.
Murray, Enumeratio vocabulorum quorundam, quibus antiqui linguae latinae auctores in re herbaria usi sunt. Holmiae 1756. 4.
Zieger, De vita inter plantas optimo sanitatis tuendae praesidio. Lipsiae 1757. 4.
Kalm, Studium historiae naturalis informatori necessarium. Aboae 1757. 4.
Nietzki, De studii botanici ratione etc. Halae 1758. 4.
*Linné, Delineatio plantae. Upsaliae 1758. 8.
Schaeffer, De studii botanici faciliori ac tutiori methodo. Ratisbonae (1758). 4.
Schaeffer, Isagoge in botanicam expeditiorem. Ratisbonae 1759. 8.
*Linné, Termini botanici. Upsaliae 1762. 4.
Nonne, De botanices usu. Erfordiae 1763. 4.
Berkenhout, Clavis anglica linguae botanicae. London 1764. 8.
Oeder, Elementa botanicae. Havniae 1764—66. 8.
Murray, De amico insectorum scrutinii cum re herbaria connubio. Goettingae 1764. 4.
Lipp, Enchiridion botanicum. Vindobonae 1765. 8.
Crantz, Institutiones rei herbariae. Viennae 1766. 8.
Hartmann, Primae lineae institutionum botanicarum *Crantzii*. Vindobonae 1766. 8.
Cirillo, Ad botanicas institutiones introductio. Neapoli 1766. 4.
Koelpin, De botanices praestantia et dignitate. Gryphiswaldiae 1766. 4.
*Linné, Necessitas promovendae historiae naturalis in Rossia. Upsaliae 1766. 4.
*Linné, Usus historiae naturalis in vita communi. Upsaliae 1766. 4.
Vandelli, De studio historiae naturalis necessario. Olisipone 1768. 8.
Ludwig, De rei herbariae studio et usu. Lipsiae 1768. 4.
Helg (potius *Hermann*), De botanices systematicae in medicina utilitate. Argentorati 1770. 4.
Joerlin, Partes fructificationis. Lundae 1771. 4. — ib. 1786. 8.
Trozelius, De sacerdote botanico. Lond. Goth. 1772. 4.
Olafsyn, Termini botanici. Kiöbenhavn 1772. 8.
Gunner, Discursus de botanices utilitate. In ejus: Tentamen etc. Hafniae 1773. 8.

*Linné, Deliciae naturae. Tal hållit etc. Stockholm 1773. — ib. 8. 1816. 8.
Ortega, Tabulae botanicae. Matriti 1773. 4. — 1783.
Astheimer, Phytologia generalis. Neoburgi 1773. 4.
Weiss, Ueber die nutzbare Einrichtung akademischer Vorlesungen in der Botanik. Göttingen 1774. 4.
Reuss, Compendium botanices. Ulmae 1774. 8. — ib. 1785. 8.
Schinz, Primae lineae botanicae. Erster Grundriss etc. Turici 1775. fol.
Leers, Flora herbornensis. (Nomenclator Linnaeanus) Herbornae 1775. 8.
Scopoli, Introductio ad historiam naturalem. Pragae 1777. 8.
Augustin, Prolegomena in systema sexuale botanicorum. Viennae 1777. 8.
Itier, Oratio de utilitate atque jucunditate botanicae. Monspelii 1778. 4.
Haggren, De oeconomico historiae naturalis usu. Upsaliae 1780. 4.
*Linné, Termini botanici. Hamburgi 1781. 8. — ib. 1787. 8.
Ortega, Tabulae. (Explicatio quarundam vocum.) Matriti 1783. 8.
Scopoli, Fundamenta botanica. Papiae 1783. 8.
Rodati, Linnaei de plantarum ordine interpretatio. Bononiae 1785. 8.
Petagna, Institutiones botanicae. Neapoli 1785—87. 8.
Cirillo, Fundamenta botanica. Neapoli 1785—87. 8.
Principia botanica. Newark 1787. 8.
Brugmans, Orationes de accuratiori plantarum indigenarum notitia etc. Lugd. Bat. 1787. 4.
Pereboom, Materia vegetabilis. Lugd. Bat. 1787—88. 4.
Forster, Enchiridion. (Termini botanici: p. 161—224.) Halae 1788. 8.
Pereboom, Systema characterum plantarum. Lugd. Bat. 1788. 4.
Liljeblad, De historia naturali ordini ecclesiastico necessaria. Upsaliae 1788—89. 4.
Maerter, Fundamenta botanica et termini botanici. Bruxellis 1789. 8.
Oskamp, Plantarum fabrica et oeconomia. Trajecti a/Rh. 1789. 4.
Boehmer, Dispositionem plantarum in tabulis synopticis illustrat. Wittebergae 1789. 4. — Tabularum exempla. 1790. 4.
Necker, Corollarium ad philosophiam botanicam Linnaei. Neowedae 1789. 8.
Giseke, Theses botanicae in usum auditorum. Hamburgae 1790. 8.
Cirillo, Tabulae botanicae elementares. Neapoli 1790. fol.
Gilibert, Methodi Linneanae botanicae delineatio. Lugduni 1790. 8.
Necker, Corollarium ad Linnaei Philosophiam botanicam. Neowedae 1790. 8.
Rodschied, De necessitate et utilitate studii botanici. Marpurgi 1790. 8.
Geuns, Oratio de instaurando inter Batavos studio botanico. Trajecti a/Rh. 1791. 4.
Baumann, De utili ac honesto botanices studio ex monumentis veterum. — (Miscellanea. Marburgi 1791. 8. p. 1—16.)
*Linné, Praelectiones in ordines naturales plantarum. Hamburgi 1792. 8.
Oskamp, Tabulae plantarum terminologicae. Lugd. Bat. 1793. fol.
Thunberg, De scientia botanica utili atque jucunda. Upsaliae 1793. 4.
Nocca, In botanices commendationem oratio. Turici 1793. 8.
Gessner, J., Tabulae phytographicae cum commentationibus Schinzi. Turici 1795—1826. fol.
Plenck, Elementa terminologiae et systematis sexualis. Viennae 1796. 8.
Hedenstroem, De usu historiae naturalis oeconomico. Gryphiae 1796. 4.
Link, Philosophiae botanicae novae prodromus. Goettingae 1798. 8.
*Hayne, Termini botanici. Berlin 1807. (1799—1812.) 4.
Nocca, Monitum eorum gratia editum qui ad botanicam introduci volunt. (Turici 1800.) 8.
Michelazzi, Compendium regni vegetabilis. (Goritii 1800.) 8.

Briganti, Clavis systematis sexualis Linnaei. Neapoli 1804. fol.
Vest, Manuale botanicum. Klagenfurti 1805. 8.
Nocca, Termini botanico-cryptogamici. Papiae 1814. 8.
*Hayne, De coloribus corporum naturalium determinandis. Berolini 1814. 4.
Schuster, Terminologia botanica. Budae 1815. 8.
Breda, Oratio de historiae naturalis studio. Leovardiae 1818. 4.
Eysenhardt, De accurata plant. comparatione. Regiomonti 1823. 4.
*Link, Elementa philosophiae botanicae. Grundlehren der Kräuterkunde. Berolini 1824. 8. — ib. 1837. 8. — Icones anatomico-botanicae ad illustr. Elementa. 1837—42. fol.
Schréter, De constructione herbarii. Vindobonae 1826. 8.
Bertoloni, Praelectiones rei herbariae. Bononiae 1827. 8.
Hoser, De modo plantas determinandi. Pragae 1828. 8.
Hall, Elementa botanices. Groningae 1834. 8.
*Endlicher, Enchiridion botanicum. Lipsiae 1841. 8.
Pancic, Taxilogia botanica. Pestini 1842. 8.
Cop, Oratio de botanices necessitudine. Daventriae 1842. 8.
*Schnizlein, Iconographia familiarum naturalium. Bonn 1843—70. 4.
Engelmann, Genera plantarum. Mitau 1844. 8.
Vriese, Oratio de re herbaria excolenda. Lugduni Batavorum 1845. 8.
Horaninow, Characteres familiarum. Petropoli 1847. 8.
Britzger, Introductio in artem botanicam. Ulmae 1850. 8.
Saunders, W., Refugium botanicum. London 1869—70. 8.

§. 3. *Libri linguae Anglicae Americani.*

Hosack, Course of lectures on botany. New York 1795. 8.
Barton, Elements of botany. Philadelphia 1803. 8.
Bingley, Useful knowledge: Vol. II. Vegetables. Philadelphia 1808. 8.
Waterhouse, The botanist. Boston 1811. 8.
Eaton, Botanical exercices. Albany 1820. 8.
Locke, Outlines of botany. Boston 1825. 8.
Nuttall, Notice of an introduction to botany. Cambridge 1827. 8.
Beck, A sketch of the rudiments of botany. (— Botany. Albany 1833. 8.)
Rennie, Botany for the use of beginners. New York 1833. 8.
Rennie, Handbook of plain botany. Edinburgh 1834. 8.
Gray, A., Elements of botany. New York 1836. 12.
Eaton, Botanical grammar and dictionnary. Albany 1836. 8.
Darby, Manual of botany. New York 1841. 12.
*Gray, A., The botanical text-book for colleges, schools and private students. New York 1842. 8. — 1845. — 1850.
Wood, A., Class-Book of Botany. Boston 1855. 8.
*Gray, A., First lessons in botany and vegetable physiology. New York 1857. 8.
Miller, M., and *Lawson*, Wild flowers of North America. London 1867. 4.

§. 4. *Libri linguae Anglicae Britannici.*

Coles, The art of simpling. London 1656. 12.
Bolnest, Rational way of preparing vegetables. London 1672. 12.
Blair, Botanik essays. London 1720. 8.
Martyn, The first lecture of a course of botany. London 1729. 8.
(*Martyn*) A short explanation of the technical words. s. l. et a. 4.
Wilson, Botanical dictionary. In ejus «Synopsis» etc. Newcastle 1744. 8.
Alston, Dissertation on botany. London 1754. 8.
Hill, Usefulness of a knowledge of plants. London 1759. 8.
Lee, An introduction to botany. London 1760. 8. — Edinburgh 1806. 8.
Hill, The vegetable system. London 1762. 8.
Mueller vel *Miller*, Short introduction to the science of botany. (— Gardeners kalendar. London 1769. 8. p. XVII—LXVI.)
Milne, A botanical dictionary. London 1770. 8. — Ed. III: ib. 1805. 8.
Peirson, On the connection between botany and agriculture. (*Hunter*, Georgical essays. London 1772. 8. vol. III. 7—24.)
Rose, The elements of botany. London 1775. 8.
Robson, The principles of botany. (— British Flora. York 1777. 8. p. 1—53.)
Curtis, Linnaeus system of botany. London 1777. 4.
*Muller, J. S. (*Miller*), Illustration of the sexual system of Linnaeus. London 1779—89. 8.
Martyn, Letters on the elements of botany, by Rousseau; translated with notes and 24 additional letters. London 1785. 8.
Relhan, Heads of a course on botany. Cambridge 1787. 8.
Curtis, Companion to the Botanical Magazine. London 1788. 8.
*Martyn, Thirty-eight plates with explanations. London 1788. 8.
Saunders, Introduction to botany. London 1792. 8.
Martyn, The language of botany. London 1793. 8. — Ed. III: London 1807. 8. (cf. Transact. of the Linn. soc. I, 147—154.)
Smith, Syllabus of a course of lectures on botany. London 1795. 8.
Wakefield, Introduction to botany. London 1796. 12.
Thompson, Botany displayed. London 1798. 4.
*Thornton, A new illustration of the sexual system of Linnaeus. London (1799—1809). imp. fol.
Hull, Elements of botany. Manchester 1800. 8.
Mavor, Botanical pocket book. London (1800). 12.
Hall, Elements of botany. London 1802. 8.
Wade, Syllabus of a course on botany. Dublin 1802. 8.
Curtis, Lectures on botany. London 1805. 8.
Toase, A series of botanical tabels. London 1805. 4.
*Smith, Introduction to botany. London 1807. 8. — Ed. VIII: ib. 1838. 12.
Ewer, Compendium botanices. London 1808. 8.
Thornton, A new family herbal. London 1810. 8.
Thornton, Elements of botany. London 1812. 8.
Thornton, Practical botany. London s. a. 8.
Keith, A system of physiological botany. London 1816. 8.
Allman, Syllabus of botanical lectures. Dublin 1817. 8.
Bingley, Introduction to Botany. London 1817. 12. — 1827. 8. — 1831. 8.
Thornton, Juvenile Botany. London 1818. 8.
Rootsey, Syllabus of a course of botanical lectures. Bristol 1818. 12.
(*Edgeworth*) Dialogues on botany. London 1819. 8.
Wade, Prospectus of lectures on botany. Dublin 1820. 8.
Scott, Botanical lectures. Edinburgh 1820. 8.
Syme, Werner's nomenclature of colours with additions. Edinburgh 1821. 8.
Smith, Grammar of botany. London 1821. 8. — ib. 1826. 8.
Stroud, Elements of botany. Greenwich 1821. 8.
Pinnock, Catechism of botany. London 1822. 12.
Thomson, Lectures on botany. London 1822. 8.
Frost, Orations before the medico-botanical society. London 1825—28. 4.
Lloyd, Botanical terminology. Edinburgh 1826. 8.
Johns, Practical botany. London 1826. 8.
Butt, The botanical primer. London 1827. 12.
Forsyth, The first lines of botany. London 1827. 12.
Frost, Some account of the science of botany. London 1827. 4.
Lempriere, Popular lectures on vegetable physiology etc. London 1827. 8.
Nuttall, Introduction to botany. Cambridge 1827. 8.

Conversations on botany. London 1828. 8.
Allman, Analysis per differentias constantes viginti. London 1828. 4.
Knight, Outlines of botany. Aberdeen 1828. 8.
Castle, An introduction to botany. London 1829. 12.
Lincoln, Familiar lectures on botany. Hartford 1829. 8. — ib. 1835. 12.
Steggall, The pupil's introduction to botany. London 1829. 8.
Hardcastle, Introduction to the elements of the Linnaean system. London 1830. 4.
Lindley, An outline of the first principles of botany. London 1830 8.
Lindley, An introduction to the natural system of botany. London 1830. 8. — ib. 1839. 8
Walker-Arnott, Botany. s. l. et a. 4.
Patrick, A popular description etc. Edinburgh 1831. 12.
Banks, Introduction to the study of english botany. London 1832. 8.
Mudie, The botanic annual. London 1832. 8.
Reid, Outlines of medical botany. Edinburgh 1832. 8. — ib. 1839. 8.
Lindley, An introduction to botany. London 1832. 8.
Castle, Synopsis of systematic botany. London 1833. 8.
Lindley, Nixus plantarum. Londini 1833. 8.
Rhind, A catechism of botany. Edinburgh 1833. 12.
Thornton, Introduction to botany. London 1833. 12.
Williams, The vegetable world. London 1833. 8.
Daubeny, Inaugural lecture on the study of botany. Oxford 1834. 8.
Drummond, First steps to botany. London 1834. 8.
(*Fitton*) Conversations on botany. Ed. VIII. London 1834. 8. — Ed. IX. ib. 1840. 8.
Roget, Animal and vegetable physiology. (Bridgewater-Treatises no. V.) London 1834. 8. — ib. 1840. 8.
Lindley, Ladies' botany. London 1834. 8. — ib. 1837. 8.
Burnett, Outlines of botany. London 1835. 8.
Henslow, Principles of botany. London 1835. 8.
Rattray, A botanical chart. Glasgow 1835. 8.
Stewart, Outlines of botany. London 1835. 8.
Lindley, A key to structural, physiological and systematical botany. London 1835. 8.
Lindley, A natural system of botany. London 1836. 8.
Don, David, Outlines of lectures on botany. London 1836. 8.
Main, Popular botany. London 1836. 8.
Partington, Introduction to botany. London 1836. 8.
The Handbook of plain botany. London 1836. 8.
Castle, The Linnean artificial system of botany. London 1837. 4.
Marcreight, Manual of british botany. London 1837. 8. — ib. 1844. 8.
Perkins, The elements of botany. London 1837. 8.
Baskerville, Affinities of plants. London 1839. 8.
Lindley, School botany. London 1839. 8.
Parley, Tales about plants. London 1839. 8.
Willshire, The principles of botany. London 1839. 8.
Francis, Grammar of botany. London 1840. 8.
Jesse, Gleanings in natural history. London 1840. 8.
Macgillivray, A manual of botany. London 1840. 8.
Loudon, The first book of botany. London 1841. 8.
Lindley, Elements of botany. London 1841. 8. — ib. 1847. 8.
Loudon, Botany for Ladies. London 1842. 8.
Pratt, Flowers and their associations. London 1846. 8.
Lindley, The vegetable kingdom. London 1846. 8.
Loudon, Tales about plants. London 1846. 12.
Henfrey, Rudiments of botany. London 1849. 12.
Balfour, Manual of botany. Edinburgh 1849. 8. — 1863. 8.
Curtis, Beauties of the Rose. Bristol 1850. 4.
Rhind, Vegetable kingdom. London 1852. 8.

Macgillivray, Manual of botany. Ed. II. London 1853. 8.
Lindley, Vegetable kingdom. Ed. IV. London 1853. 8.
Balfour, Outlines of botany. Edinburg 1854—62. 8.
Seemann, Popular history of the Palms and their allies. London 1856. 8.
Henfrey, Elementary Course of Botany. London 1857. 8.
Henderson, E. G., Illustrated Bouquet. London 1857—64. fol.
Henslow, Dictionary of terms. London 1858. 8.
Hogg, Vegetable kingdom. London 1858. 8.
Watkins, Principles and rudiments of botany. London 1858. 8.
Dresser, Rudiments of structural and physiological botany. London 1859. 8.
Balfour and *Babington*, Lessons on botany for beginners. Edinburgh 1859. 8.
Balfour, Classbook of botany. Edinburgh 1860. 8.
Coultas, What may be learned from the tree. Philadelphia 1860. 8.
Dresser, Popular Manual of botany. Edinburgh 1860. 8.
Lindley, Descriptive botany. London 1860. 8.
Bentley, G., Outlines of elementary botany. London 1861. 8.
Bentley, R., Manual of botany. London 1861. 8.
Oliver, D., Lessons in elementary botany. London 1864. 8.
Cooke, Manual of botanical terms. London 1865. 8.
Moore, Th., The Elements of botany. London 1865. 12.
Silver, Outlines of elementary botany. London 1865. 8.
Sowerby, Key to the natural orders. London 1865. 8.
Lindley, Treasury of botany. London 1866. 8.
Babington, Syllabus of lectures on botany. Cambridge 1868. 8.
Balfour, The Elements of botany. Edinburgh 1869. 8.

§. 5. *Libri linguae Batavae.*

Baster, Verhandeling over de voortteling der dieren en planten. Harlem 1768. 8.
Gorter, Leer der plantkunde. Amsterdam 1782. 8.
Martyn, Inleiding tot de Kruidkunde. London 1798. 8.
Schuurmans Stekhoven, Kruidkundig Kunstwoordenboek. Leyden 1826. 8.
Hall, Bejinseleu der Plantkunde. Groningen 1836. 8.
Hall, Redevoeringen over het plantenrijk. Groningen 1838. 8.
Nortier, Catechismus der plantkunde. Rotterdam 1848. 8.
Coster, Kunstwoordenleer. Utrecht 1853. 8.
Hall, Toegepaste Kruidkunde. Groningen 1857. 8.
Coster, De Plantkunde geschetst. Amsterdam 1861—64. 8.
Oudemans, Lärbok der Plantenkunde. Utrecht 1866—67. 8.
Oudemans, Eerste beginselen der plantenkunde. Amsterdam 1868. 8.
Witte, Schetsen uit het plantenrijk. Haarlem 1870. 8.

§. 6. *Libri linguae Gallicae.*

La Brosse, De la nature, vertu et utilité des plantes. Paris 1628. 8.
Tournefort, Élémens de botanique. Paris 1694. 8.
Garçon, Reponse à une question, si la théorie de la botanique est nécessaire à un médecin. Narbonne 1740. 4.
Barrere, La connaissance des plantes est-elle nécessaire à un médecin? Narbonne 1740. 4.
Tournefort, Abrégé des élémens de botanique. Avignon 1749. 12.
Helie, Système de Linnaeus sur la génération des plantes. Montpellier 1750. 12.
Cointrel, Discours sur la botanique. Lille 1750. 12.
Introduction à la botanique. Amiens 1754. 12.
Adanson, Familles des plantes. Première partie. Paris 1763. 8.

(*Latourrette* et *Rozier*) Démonstrations élémentaires de botanique. Lyon 1766. 8. — Ed. IV: ib. 1796. 8.
Barbeu-Dubourg, Nouvelle méthode de botanique. (Botaniste français). Paris 1767. 12. vol. I, p. 1—154.
Barbeu-Dubourg, Manuel de botanique. Paris 1768. 12.
Bucquet, Introduction à l'étude des corps du règne végétal. Paris 1773. 8.
(*Lestiboudois*) Abrégé élémentaire de botanique (et carte). Lille 1774. 8.
Durande, Discours prononcé le 29 Mai 1774. (Journal de physique, IV. 190—204.)
Bulliard, Introduction à la Flore des environs de Paris. Paris 1776. 8.
(*Durande*) Notions élémentaires de botanique. Dijon 1781. 8.
*Rousseau, Essais élémentaires sur la botanique, écrits en 1771. Londres 1782. 12.
Dictionnaire de la matière médicale. Paris 1773. 8.
Duvernin, Discours sur la botanique. (*Delarbre*, Séance publique. Clermont-Ferrand 1782. 8. p. 7—37.)
Bulliard, Dictionnaire élémentaire de botanique. Paris 1783. fol. — Edition par Richard. Paris 1812. fol.
Blanc, Essai de botanique pratique. Embrun 1784. 12.
Haüy, Observations sur la manière de faire les herbiers. (Mém. de l'acad. des sc. de Paris, 1785. p. 210—212.)
Bibliothèque des Dames. Botanique. Paris 1786. 12.
*Villars, Histoire des plantes du Dauphiné. I, p. 1—111. Dictionnaire des termes de botanique. Grenoble 1786. 8.
Lebreton, Manuel de botanique. Paris 1787. 8.
Gouan, Explication du système botanique du *Linné*. Montpellier 1787. 8.
Alyon, Cours de botanique Paris 1787—88. fol.
Cotte, Manuel d'histoire naturelle. Paris 1787. 8.
Cotte, Leçons élémentaires d'histoire naturelle. Paris 1787. 8.
Rossignol, Botanique élémentaire. Turin 1790. 8.
Rousseau, Lettres sur la botanique. Paris 1793—95. 8. — ib. 1838. 12.
Troufflant, Discours sur la botanique. Nevers (1794). 8.
Ventenat, Tableau du règne végétal. Paris 1794. 8.
Ventenat, Principes de botanique Paris (1795). 8.
Jolyclerc, Cours complet de botanique. Lyon 1795. 8.
Desfontaines, Cours de botanique élémentaire. (*Usteri*, Annalen XVI, 27—87.)
(*Coppens*) Terminologie botanique. Gand 1797. 8.
Denesle, Introduction à la botanique. (Poitiers) 1798. 8.
Jolyclerc, Principes de la philosophie du botaniste. Paris 1798. 8.
Mouton-Fontenille, Tableau des systèmes de botanique. Lyon 1798. 8.
Philibert, Introduction à l'étude de la botanique. Paris 1799. 8.
Hanin, Voyage dans l'empire de Flore. Paris 1800. 8.
(*Deshayes*) Carte botanique de la méthode Jussieu. Paris 1801. 8.
(*Gilibert*) Tableau des plantes à démontrer. (Lyon) 1801. 8.
Philibert, Exercices de botanique. Paris 1801. 8.
Draparnaud, Discours sur les avantages de l'histoire naturelle. Montpellier (1801). 8.
Mirbel, De l'influence de l'histoire naturelle sur la civilisation. Paris (1801). 8.
Philibert, Leçons élémentaires de botanique. Paris 1802. 8.
Béheré, Tableau méthodique du système de Tournefort. Paris 1802. gr. fol.
*Mirbel, Traité d'anatomie et de physiologie végétales. Paris, an X. (1802). 8.
M(ontbrisson), Lettres à Mme de C** sur la botanique. Paris 1802. 12.
(*Suffren*) Principes de botanique. Venise 1802. 8.
Draparnaud, Sur l'utilité de l'histoire naturelle. Montpellier (1803). 8.

(*Aubin*) Élémens succincts de botanique. Paris 1803. 8.
(*Deshayes*) Le Vademecum du botaniste voyageur. Paris 1803. 8.
(Le botaniste voyageur. ib. 1807. 8. non differt.)
Mouton-Fontenille, Dictionnaire des termes de botanique. Lyon 1803. 8.
Philibert, Dictionnaire abrégé de botanique. Paris 1803. 8.
Philibert, Dictionnaire universel de botanique. Paris 1804. 8.
Gouan, Traité de botanique et de matière médicale. Montpellier 1804. 8.
Duméril, Traité élémentaire d'histoire naturelle. Paris 1804. 8. — Ed. IV. Paris 1830. 8.
*Candolle, Principes élémentaires de botanique. Paris 1805. 8.
Gérardin, Tableau élémentaire de botanique. Paris 1805. 8.
*Jaume St. Hilaire, Exposition des familles naturelles et de la germination des plantes. Paris 1805. 8.
*Redouté, La botanique de Jean Jacques Rousseau. Paris 1805. fol.
Gasc, Discours sur les avantages de l'étude de la botanique. Paris 1810. 8.
Saint-Hilaire, Réponse aux reproches, que les gens du monde font à l'étude de la botanique. Paris 1811. 8.
Hanin, Cours de botanique et de physiologie végétale. Paris 1811. 8.
(*Benoit*) Herbier élémentaire. Paris 1811. fol.
Botanique de la jeunesse. Paris 1812. 12.
Plée, Le jeune botaniste. Paris 1812. 8.
*Candolle, Théorie élémentaire de la botanique. Paris 1813. 8. — 1819. 8. — 1844. 8.
Rafinesque, Principes fondamentaux de somiologie. Palerme 1814. 8.
Van de Woestyne, Discours (sur la botanique). Gand 1814. 8.
*Du Petit-Thouars, L'enseignement de botanique. Paris 1814. 8.
Marquis, Plan raisonné d'un cours de botanique. Rouen 1815. 8.
Mérat, Élémens de botanique. Ed. IV. Paris 1817. 12. — Ed. VI. ib. 1829. 12.
Loiseleur, Nouveau voyage dans l'empire de Flore. Paris 1817. 8.
Desvaux, Programme du cours de botanique. Angers 1817. 8. — ib. 1832. 8.
Desvaux, Nomologie botanique. Angers 1817. 8. — ib 1832. 8.
Gérardin, Dictionnaire raisonné de botanique. Paris 1817. 8.
*Richard, Nouveaux élémens de botanique. Paris 1819. 8. — Ed. VII. ib. 1846. 8.
Richard, Tableau explicatif du système de Linné. Paris s. a. gr. fol.
Poiret, Leçons de Flore. Paris 1819—20. 8. — ib. 1823. 8.
Guénard, Les enfans voyageurs. Paris 1819. 8.
Du Petit-Thouars, Cours de phytologie. Paris 1819—20. 8.
Marquis, Esquisse du règne végétal. Rouen 1820. 8.
Turpin, Essai d'une iconographie élémentaire. Paris 1820. 8.
Boitard, Botanique des Dames. Paris 1821. 12.
Boitard, Flore de la botanique des Dames. Paris 1821. 12.
Marquis, Fragmens de philosophie botanique. Rouen 1822. 8.
Caffin, Exposition méthodique du règne végétal. Paris 1822. 8.
Peyre, Méthode analytique-comparative de botanique. Paris 1823. 4.
Brierre et Pottier, Élémens de botanique. Paris 1825. 12.
Demerson, La botanique enseignée en 22 leçons. Paris 1825. 12.
Leschevin, Physiologie végétale. Paris 1825. 8.
Spaendonck, Recueil de fleurs. Paris 1825. 4.
Anquetin, Manuel de botanique. Paris 1826. 8.
Boitard, Manuel complet de botanique. Paris 1826. 12.
La botanique. Paris 1826. 12.
Lestiboudois, Botanographie élémentaire. Lille 1826. 8.
Lamouroux, Resumé complet de botanique. Paris 1826. 12.
Candolle, Organographie végétale. Paris 1827. 8.
Girardin et Juillet, Nouveau manuel de botanique. Paris 1827. 12.
Letourneux, Lettres à Nanine sur la botanique. Paris 1827. 12.

Drapiez, Herbier de l'amateur de fleurs. Bruxelles 1828—35. 4.
Kickx, Resumé du cours de minéralogie et de botanique. Bruxelles 1828. 8.
Duvernoy, Discours. Strassburg 1828. 8.
Daudirac, Utilité de la botanique en médecine. Paris 1828. 4.
Moucheron, Principes élémentaires de botanique. Paris 1828. 12.
Lamouroux, Resumé de phytographie. Paris 1828. 12.
Lamouroux, Iconographie des familles végétales. Paris 1828. 12.
Lecoq, Précis élémentaire de botanique. Paris 1828. 8.
Rastoin, Lettres sur la botanique. Paris 1829. 12.
Lecoq, De la préparation des herbiers pour l'étude. Paris 1829. 8.
Dechesnel, Botanique des poètes. Paris s. a. 8.
Lecoq et Juillet, Dictionnaire raisonné des termes de botanique. Paris 1831. 8.
Boitard, Herbier des Desmoiselles. Paris 1832. 4.
Raffeneau-Delile, Leçon de botanique. Montpellier 1833. 8.
Orbigny, Tableau synoptique du règne végétal d'après Jussieu. Paris 1834. gr. fol.
Comte, Introduction au règne végétal de Jussieu Paris 1834. fol. — Weimar 1834. fol.
Leblond et Rendu, Botanique. Paris 1834. 8
Saucerotte, Élémens d'histoire naturelle: Botanique Paris 1834. 8. — ib. 1840. 8.
Lebouidre-Delalande, Leçons sur la botanique. Paris 1834—37. 12
(Fée) Discours botanique. Strassburg 1834. 4.
Jourdan, Dictionnaire des termes usités dans les sciences naturelles Paris 1834. 8
Boitard, Botanique des Demoiselles. Paris 1835. 8.
Clerc, Manuel classique et élémentaire de botanique. Paris 1835. 4.
Fée, Maître Pierre Entretiens sur la botanique. Paris 1835. 12.
Mahieu, Élémens de phytologie. Châlons-sur-Marne 1835. 8.
Salacroux, Élémens d'histoire naturelle. Paris 1835. 8. — ib. 1839 8.
Pouchet, Traité élémentaire de botanique appliquée. Paris 1835 —36. 8.
Candolle, Introduction à l'étude de Botanique Paris 1835. 8.
Delafosse, Précis (Notions) d'histoire naturelle. Botanique Paris 1836. 12. — ib. 1843. 12.
Douy, Nouveau manuel de botanique. Paris 1836. 8
Ferrand, Cours élémentaire de botanique générale d'après Richard. Paris 1836. 12
Écorchard, Cours de botanique au jardin des plantes de Nantes. Nantes 1836. 8.
Thiébaut-de-Berneaud, Traité élémentaire de botanique. Paris (1837). 8.
(Poisle-Desgranges) Le petit botaniste. Paris 1837. 12.
Villette, Nouveau manuel de botanique. Paris 1838. 12.
Rendu, Botanique. Paris 1838. 8. — ib. 1840. 12.
Desvaux, Traité général de botanique. Paris 1838—39. 8.
Meissas, Botanique. Paris 1839. 8.
Jacquemart, Flore des Dames. Paris 1840. 12
Saint-Hilaire, Leçons de botanique. Paris 1840. 8.
Mirbel, Brisseau, Analyses de plantes. s. a. fol.
Palustre, Études de botanique. Poitiers 1840. 4.
Pujoulx, La botanique des jeunes gens. Paris 1840. 8.
Palustre, Botanique. Niort 1841. 8.
Pujoulx, Promenades au marché des fleurs. Paris 1841. 8.
Chirat, Étude des fleurs. Lyon 1841. 12.
Letellier, Avis au peuple sur les champignons. Paris 1841. 4.
Seringe, Élémens de botanique. Lyon 1841. 8. — ib. 1845. 8.
Michot, Tableau botanique de la méthode de Jussieu. Mons 1842. fol. max.

Meissas, Petite botanique. Paris 1842 12.
*Jussieu, Ad., Botanique. Paris 1843. 8. — 1845. 8.
*Candolle, Théorie élémentaire de botanique Ed. III. Paris 1844. 8
*Le Maout, Leçons de botanique. Paris 1844. 8. — Atlas 1846. 4.
*Plée, Types de chaque famille. Paris 1844—64. 4.
Magaud de Beaufort, Cours de botanique. Paris 1844. 8. — Botanique. ib. 1846. 8.
Comte, Botanique. Paris 1845 8.
Dechenaux, Clé d'analogie en botanique. Paris 1845. 8.
Lebouidre-Delalande, Traité élémentaire de physiologie végétale. Paris 1845. 8.
Pierre, La botanique. Laon 1845. 18.
Herbier général de l'amateur. Paris 1845. 4.
*Richard, Nouveaux élémens de botanique. Ed. VII. Paris 1846. 8.
Mutel, Élémens de botanique. Grenoble 1847 16.
Rodet, Leçons de botanique. Toulouse 1847. 8.
Lecoq, La toilette et coquetterie des végétaux Clermont-Ferrand 1847. 8.
Rodet, Leçons de botanique élémentaire. Lyon 1847. 8 — Ed. II. 1862. 8.
*Payer, Familles naturelles des plantes Paris 1848 4.
*Jussieu, Taxonomie. Paris 1848 8
Hoefer, Dictionnaire de botanique pratique. Paris 1850 8
Audouit, Le plantes curieuses. Paris 1850. 8.
Germain, Guide du botaniste. Paris 1852. 8.
Plée, Glossologie dans l'enseignement. Paris 1854. 8.
Jaubert, L'enseignement de la botanique. Paris 1857. 8
Mutel, Élémens de botanique. Ed. III. Grenoble 1857. 8.
*Payer, Élémens de botanique. Paris 1857—58. 8.
*Payer, Leçons sur les familles naturelles. Paris 1860—64. 8.
Lecoq, La vie des fleurs Paris 1861. 8.
Lecoq, Botanique populaire. Paris 1862. 8.
Rapin, D., Le guide du botaniste. Genève 1862. 12.
Jacques, Manuel general des jardins. Paris 1862. 8.
Bellardi, L, Quadri iconografici di botanica. Torino 1863. 4
Parlatore, Méthode naturelle. Florence 1863. 8.
Olivier, T, Traité de botanique élémentaire. Tournai 1863. 12.
Lambert, Ed., Botanique des Lycées Paris 1864. 8.
Grimard, La plante. Paris 1864. 8.
Beketoff, Cours de botanique. Petersburg 1864 8
Figuier, Histoire des plantes. Paris 1865. 8.
Schmidt, J. A., Kenntniss der natürlichen Familien Stuttgart 1865. 8.
Garovaglio, Discorsi sulla botanica. Pavia 1865. 8.
Verlot, B., Le guide du botaniste herborisant Paris 1865. 8.
Audouit, L'herbier des demoiselles. Paris 1865. 8.
Moquin-Tandon, Le monde de la mer. Paris 1865. 8.
*Duchartre, Élémens de botanique. Paris 1867. 8.
Marchand, Des classifications et des méthodes en botanique. Angers 1867. 8.
Le Maout, Leçons élémentaires. Ed III Paris 1867. 8
*Baillon, H., Histoire des plantes. Paris 1867—70. 8
*Le Maout, Traité général de botanique. Paris 1868. 8
Jandel, Botanique sans maître. Paris 1868. 8.
Marion, Les merveilles de la végétation. Paris 1868. 8.
Richard, Nouveaux Élémens de botanique et physiologie vég. Ed. X. Paris 1870. 8.
Germain, Dictionnaire de botanique. Paris 1870. 8.
Dupuis, Le règne végétal. Paris 187.. 8.

§. 7. Libri linguae Germanicae.

Thuemmig, Von Verwahrung der Blumen. (Versuch einer Erläuterung etc. Halle 1723 8 p. 181—188.) cf. Abh. der naturf. Ges. in Danzig, 1 76—90
Hecker, Einleitung in die Botanik Halle 1734. 8.
Sprengel, J., Kräuterkunde in Gedächtnisstafeln. Greifswald 1754. 4.
Schaeffer, Erleichterte Arzneikräuterwissenschaft. Regensburg 1759. 4.
Kretzschmar, Abhandlung vom Nutzen der Kräuterlehre. (Beschreibung der Martynia Friedrichstadt [1764]. 4. p. 1—9.)
Du Hamel, Erklärung der Kunstwörter aus der Botanik. Nürnberg 1766 4.
Mayer, Vom Nutzen der Botanik. Greifswald 1772. 4.
Weigel, Vom Nutzen der Botanik. Greifswald 1773. 4.
Weiss, Ueber die nutzbare Einrichtung akademischer Vorlesungen in der Botanik. Göttingen (1774). 4.
Schroeder, Gedanken vom Nutzen der Botanik in Ansehung der Leibesbewegung Halle 1774. 4.
(*Schinz*) Anleitung zu der Pflanzenkenntniss. Zürich 1774. fol.
Dieterich, Anfangsgründe der Pflanzenkenntniss. Leipzig 1775. 8.
Mueller (Miller), Illustratio systematis sexualis Linnaei. Londini 1777 fol — Darmst. 1792 fol. — Frankf. 1804.
Hill, Allgemeine Einleitung in die Botanik. Leipzig 1781. 8.
Lorenz, Grundriss der Botanik. Leipzig 1781. 8.
Weiss, J, Grundkenntnisse der Botanik. Göttingen 1781. 4.
Roth, Ueber Pflanzensammlungen. (— Beiträge zur Botanik, I. 110 —119. II. 42—69. II. 83—86. 1782—83)
Roth, Widerlegung einiger Vorurtheile wider das Studium der Botanik. (— Beiträge. Bremen 1783 8 II, 1—13.)
(*Weizenbeck*) Botanische Unterhaltungen. München 1784. 8.
Well, Gründe zur Pflanzenlehre. Wien 1785. 8.
Schrank, Anfangsgründe der Botanik. München 1785. 8.
Jacquin, Anleitung zur Pflanzenkenntniss. Wien 1785. 8. — 1800. 8. — 1840. 8.
Suckow, Anfangsgründe der Botanik. Leipzig 1786. 8. — ib. 1797. 8.
Loewe, Handbuch der Kräuterkunde. Breslau 1787. 8.
Ehrhart, Erklärung der Kunstwörter. (*Wachendorf's* Pflanzensystem. [— Beiträge VI, 1—13.] 1787.)
Batsch, Versuch einer Anleitung zur Kenntniss der Pflanzen. Halle 1787—88. 8.
Fiedler, K. W, Anleitung zur Pflanzenkenntniss. München 1787. 8.
Batsch, Ueber Blumenpräparate. (*Roemer*, Magazin X. 3—13. 1790.)
Fibig, Einleitung in die Naturgeschichte des Pflanzenreiches. Mainz 1791. 8.
(*Welling*) Naturgeschichte der Gewächse. Gotha 1791. 8.
Willdenow, Grundriss der Kräuterkunde. Berlin 1792. 8. — Ed. VII. ib. 1831. 8.
Kohlhaas, Einleitung in die Kräuterkunde. Nürnberg 1793. 8.
Der Botaniker. Halle 1793—94. 8.
Batsch, Botanik für Frauenzimmer. Weimar 1795. 8.
Bechstein, Naturgeschichte der Gewächse. Leipzig 1796. 8.
Hedwig, Belehrung die Pflanzen zu trocknen und zu ordnen. Gotha 1797. 8.
Pohl, Botanischer Kinderfreund. Leipzig 1797. 8.
Koch, Botanisches Handbuch zum Selbstunterricht. Magdeburg 1797—98. 8. — Ed. III. ib. 1824—26. 8.
Borkhausen, Botanisches Wörterbuch. Giessen 1797. 8.
Moench, Einleitung in die Pflanzenkunde. Marburg 1798. 8.
Naumburg, Lehrbuch der reinen Botanik. Hamburg 1798. 8.
Schmidt, Botanisches Jahrbuch für Jedermann. Lüneburg 1799. 8.
Ludwig, Handbuch der Botanik. Leipzig 1800. 8.
Hedwig, Aphorismen über die Gewächskunde. Leipzig 1800. 8.
Herrmann, Kleines Lehrbuch der Botanik. Hamburg s. a. 8.

Hummitzsch, Linné's Pflanzensystem. Dresden s. a. 8.
Illiger, Versuch einer vollständigen Terminologie für Thier- und Pflanzenreich. Helmstedt 1800 8.
Berger, Handbuch der Pflanzenkenntniss. Leipzig 1801. 8.
Batsch, Grundzüge der Naturgeschichte des Gewächsreiches. Weimar 1801. 8.
Batsch, Beiträge und Entwürfe zur pragmatischen Geschichte des Gewächsreichs. Weimar 1801. 4.
Erdmann, Tabellarische Uebersicht der Botanik. Dresden 1802. 4
Sprengel, Anleitung zur Kenntniss der Gewächse. Halle 1802—4. 8.
Kohlhaas, Rede am 4. Sitzungstage der regensburgischen botan. Gesellschaft. (Schriften der regensb. Ges. l, 1—48.)
Martius, Ueber den Werth einer systematischen Pflanzenkenntniss. (Schriften der regensb. Ges I, 238—253.)
Roth, Anweisung Pflanzen zu sammeln. Gotha 1803. 8.
Tittmann, Studium der Botanik. Pirna 1803. 12.
Voigt, Handwörterbuch der botanischen Kunstsprache. Jena 1803. 8. — ib. 1824. 8.
Schrank, Grundriss einer Naturgeschichte der Pflanzen. Erlangen 1803. 8.
Roth, Anweisung Pflanzen zu sammeln und zu bestimmen. Gotha 1803. 8.
Grindel, Anleitung zur Pflanzenkenntniss. Riga 1804. 8.
Bernhardi, Anleitung zur Kenntniss der Pflanzen. (Handbuch der Botanik.) Erfurt 1804. 8.
Londes, Handbuch der Botanik. Göttingen 1804 8.
Sprengel, Einleitung in das Studium der kryptogamischen Gewächse. Halle 1804. 8. — *Weber*, Anhang. Kiel 1804. 8.
Willdenow, Anleitung zum Selbststudium der Botanik. Berlin 1804. 12. — Ed. IV. ib. 1832. 8.
Moessler, Taschenbuch der Botanik. Hamburg 1805. 8.
Piepenbring, Lehrbuch der Fundamentalbotanik. Gotha 1805. 8.
Wenderoth, Ueber das Studium der Botanik. Marburg 1805. 8.
Juch, Anleitung zur Pflanzenkenntniss. München 1806. 8.
Schwaegrichen, Anleitung zum Studium der Botanik. (*Heyne*, Pflanzenkalender. Leipzig 1806. 8.)
Voigt, Darstellung des Jussieu'schen Systems in Tabellen. Leipzig 1806. fol.
Dennstedt, Das Gewächsreich. Weimar 1807. gr. 8.
Crome, Botanischer Kinderfreund. Göttingen 1807—8. 12.
Voigt, System der Botanik. Jena 1808. 8.
Frege, Versuch eines allgemeinen botanischen Handwörterbuchs. Zeitz 1808. 8.
Meinecke, Der Botaniker ohne Lehrer. Halle 1809. 8.
Merrem, Handbuch der Pflanzenkunde. Marburg 1809. 8.
(*Wilhelm*) Unterhaltungen aus der Naturgeschichte: Das Pflanzenreich. Augsburg 1810—22. 8.
Graumüller, Tabellarische Uebersicht der Pflanzensysteme von Linné, Thunberg, Jussieu und Batsch. Eisenberg 1811. 4.
Graumüller, Diagnose der bekanntesten Pflanzengattungen. Eisenberg 1811. 8.
Ackermann, Ueber die Natur des Gewächses. Mannheim 1812. 4.
Witmann, Entwurf einer tabellarischen Darstellung der Terminologie. Wien 1712. 8.
Moessler, Handbuch der Gewächskunde. Altona 1815. 8. — Ed. III. von Reichenbach. ib. 1833—34. 8.
Witmann, Rede als Einleitung zur Mycotheca austriaca. Wien 1816. 8.
Dietrich, Nachtrag zu Borkhausen's botanischem Wörterbuche. Giessen 1816. 8.
Roemer, Versuch eines Wörterbuchs der Terminologie. Zürich 1816. 8.
Cassel, Lehrbuch der natürlichen Pflanzenordnung. Frankfurt 1817. 8.

Sprengel, Anleitung zur Kenntniss der Gewächse. Zweite ganz umgearbeitete Auflage. Halle 1817—18. 8.
Vest, Anleitung zum Studium der Botanik. Wien 1818. 8.
Wilbrand, Handbuch der Botanik. Giessen 1819. 8. — Darmstadt 1837. 8.
Hoppe, Anleitung Gräser für Herbarien zuzubereiten. Regensburg 1819. 4.
*Sprengel, Grundzüge der wissenschaftlichen Pflanzenkunde. Leipzig 1820. 8.
Dierbach, Anleitung zum Studium der Botanik. Heidelberg 1820. 8.
(Reichenbach) Katechismus der Botanik. Leipzig 1820. 8. — Ed. II. ib. 1824—26. 8.
**Nees von Esenbeck*, Handbuch der Botanik. Nürnberg 1820—21. 8.
Wenderoth, Lehrbuch der Botanik. Marburg 1821. 8.
Tettelbach, Hülfsblätter zum Studium der Botanik. Dresden 1821—25. 8.
Schelver, Lebens- und Formgeschichte der Pflanzenwelt. Heidelberg 1822. 8.
Hergt, Anleitung zur Pflanzenkenntniss. (Flora von Hadamar. Hadamar 1822. 8.)
Smith, Botanische Grammatik. Uebers. Weimar 1822. 8.
Bischoff, Die botanische Kunstsprache. Nürnberg 1822. fol.
Bauhardt, Gründliche Anleitung zum Einlegen der Pflanzen. Weimar 1823. 8.
Kviakowska, Erste Anfangsgründe der Botanik. Wien 1823. 8.
Schubert, Lehrbuch der Naturgeschichte. Erlangen 1823. 8. — ib. 1846. 8.
Schultz, Die Natur der lebendigen Pflanze. Berlin und Stuttgart 1823—28. 8.
*Cuerie, Anleitung zum Bestimmen der Pflanzen des mittlern und südlichen Deutschlands. Görlitz 1824. 8. — Ed. VII. Kittlitz 1849. 8.
*Oken, Lehrbuch der Naturgeschichte. II: Botanik. Jena 1825—26. 8.
Perleb, Lehrbuch der Naturgeschichte des Pflanzenreichs. Freiburg i/Br. 1826. 8.
Leo, Botanische Kunstsprache. Berlin 1826. 8.
Herr, Anleitung zur Botanik. Giessen 1827. 8.
Voigt, Lehrbuch der Botanik Jena 1827. 8.
Luedersdorff, Das Auftrocknen der Pflanzen fürs Herbarium und die Aufbewahrung der Pilze. Berlin 1827. 8.
Reichenbach, Botanik für Damen. Leipzig 1828. 8.
Muhl, Das Pflanzenreich nach natürlichen Familien. Trier 1828. 8.
Dietrich, Handbuch der Botanik. Jena 1828. 8.
Bischoff, Uebersicht des Linné'schen Sexualsystems. Heidelberg 1829. fol.
Fuhlrott, Jussieus und De Candolle's natürliche Pflanzensysteme. Bonn 1829. 8.
*Link, Handbuch zur Erkennung der Gewächse. Berlin 1829—33. 8.
*Dietrich, Terminologie der phanerogamischen Pflanzen. Berlin 1829. fol. — ib. 1838. gr. 8.
Kachler, Grundriss der Pflanzenkunde. Wien 1830. 8.
Richter, Taschenbuch der Botanik. Magdeburg 1830. 8.
Schmidt, Kurze Anweisung zur Botanik. Stettin 1830. 8.
Zenker, Die Pflanzen und ihr Studium. Eisenach 1830. 8.
Kirchner, Uebersicht der Pflanzenkunde. Berlin 1830. 8.
Kirchner, Schulbotanik. Berlin 1831. 8.
Schmidt, Neue Methode Pflanzen zu trocknen. Görlitz 1831. 8.
Huenefeld, Anweisung die Gewächse zu trocknen. Leipzig 1831. 8.
Arendt, Tabellarische Uebersicht der Flora Deutschlands. Osnabrück 1831. fol.
*Kunth, Handbuch der Botanik. Berlin 1831. 8.
Hochstetter, Populäre Botanik. Stuttgart 1831. 8. — ib. 1837. 8.
Zimmermann, Grundzüge der Phytologie. Wien 1831. 8.

Hess, Uebersicht der phanerogamischen natürlichen Familien. Darmstadt 1832. 8.
Schmidt, Der angehende Botaniker. Ilmenau 1832. 12. — Weimar 1836. 12.
Lueben, Anweisung zum Unterricht in der Pflanzenkunde. Halle 1832. 8. — ib. 1841. 8.
Hess, J, Uebersicht der Familien. Darmstadt 1832. 8.
Krüger, J, Das Pflanzenreich. Quedlinburg 1833. 8.
Krueger, Handwörterbuch der botanischen Kunstsprache. Quedlinburg 1833. 8.
Juengst, Kurzer Abriss der Pflanzenkunde. Bielefeld 1833 8.
*Bischoff, Handbuch der botanischen Terminologie und Systemkunde. Nürnberg 1833—44. 4.
Comte, Das Pflanzenreich nach A. L. de Jussieu in methodischer Uebersicht. Weimar 1834 imp.-fol.
Reichenbach, Das Pflanzenreich in seinen natürlichen Klassen und Familien. (Universum der Natur, I et IV.) Leipzig 1834—35. 4.
*Bischoff, Lehrbuch der allgemeinen Botanik. Stuttgart 1834—39 8.
Zuccarini, Unterricht in der Pflanzenkunde. München 1834. 8.
Wilbrand, Die natürlichen Pflanzenfamilien. Giessen 1834. 8.
Huebener, Einleitung in das Studium der Pflanzenkunde. Mannheim 1834. gr. 12.
Huebener, Handbuch der Terminologie und Organographie. Mainz 1835. gr. 12.
Grosse, Leitfaden der Botanik. Stendal 1835. 8.
Erdelyi, Anleitung zur Pflanzenkenntniss. Wien 1835. 8.
Otto, Der Schlüssel zur Botanik. Rudolstadt 1835. 12.
Fischer, Das Pflanzenreich. Breslau 1835—40. 8.
Roemer, Handbuch der allgemeinen Botanik. München 1835—40. 8.
(Burmeister und *Taschenberg)* Botanische Abbildungen. Berlin (1835—45. 4.
Die jungen Pflanzenforscher. Bern 1836. 8.
Friess, Grundriss der Phytognosie. Innspruck 1836. 8.
Fuernrohr, Grundzüge der Naturgeschichte. Regensburg 1836. 8. — Augsburg 1846. 8.
Krassow et *Lepde*, Lehrbuch der Botanik. Berlin 1836. 8. — ib. 1846. 8.
(Motty) Leidfaden der Botanik. Posen 1836. 8.
Mueller, Tabellarische Uebersicht des Pflanzenreichs. Stuttgart 1836. fol. max.
Petermann, Handbuch der Gewächskunde Leipzig 1836. 8.
Reichenbach, Kupfersammlung zum deutschen Botanisirbuche. Leipzig 1836. 8.
Richter, Anleitung zur Gewächskunde. Köln 1836. 8.
Schubert, Geschichte der Erde II, 2: Botanik. Erlangen 1836. 8.
*Spenner, Deutschlands phanerogamische Pflanzengattungen in analytischen Bestimmungstabellen. Freiburg 1836. 8.
Winkler, Anfangsgründe der Botanik. Leipzig 1836. 16.
Unger, Ueber das Studium der Botanik. Grätz 1836. 8.
Unger, Die Schwierigkeiten und Unannehmlichkeiten des Studiums der Botanik. (Grätz) 1837. 8.
Reichenbach, Handbuch des natürlichen Pflanzensystems. Dresden 1837. 4.
Reichenbach, Allgemeine Pflanzenkunde. Leipzig 1837. 4.
Reichenbach, Naturgeschichte des Pflanzenreiches. Leipzig 1837. 4.
Schmidt, Botanischer Wegweiser. Stettin 1837. 8
Termo, Schlüssel zur Botanik. Leipzig 1837. gr. 12.
Wall, Botanik. Regensburg 1837. 8.
Pflanzenreich in tabellarischer Uebersicht. Weimar 1837—38. gr. fol.
Dietrich, Botanik für Gärtner. Berlin 1837—39. 8.
Fuhlrott, Das Pflanzenreich und seine Metamorphose. Elberfeld 1838. 8.
Schiel, Grundzüge der Pflanzenkunde. Güns 1838. 8.

Lenz, Naturgeschichte: Pflanzenreich. Gotha 1838—39. 8.
Petermann, Das Pflanzenreich. Leipzig (1838—) 1845. gr. 8.
Otto, Naturgeschichte für Kinder. Saalfeld 1839—43. gr. 8.
Kappe. Der kleine Botaniker. Meurs 1839. 12. — ib 1843. 12.
Koch, Das natürliche System des Pflanzenreiches. Jena 1839. 8.
Meyer, Preussens Pflanzengattungen. Königsberg 1839. 12.
Wirtgen, Leitfaden für den Unterricht in der Botanik. Koblenz 1839. gr 12. — ib. 1846. gr. 12.
Oken, Naturgeschichte. II—III: Botanik. Stuttg. 1839—41. 8. fol.
Bischoff, G. Wörterbuch der beschreibenden Botanik. Stuttgart 1839 8.
Bertholdi, Der Pflanzensammler. Berlin 1840. 12.
Fresenius, Grundriss der Botanik Frankfurt a/M. 1840. 8. — ib. 1843 8
Eichelberg, Pflanzenkunde. Zürich 1840. 8
Heer, Analytische Tabellen zur Bestimmung der Gattungen. Zürich 1840. gr. 12.
Heynhold, Das natürliche Pflanzensystem Dresden 1840. 8.
Reichenbach, Naturgeschichte des Pflanzenreichs. Leipzig 1840 8
Schilling, Handbuch der Botanik. Breslau 1840. 8.
Adelburg, Entwicklung einer analytisch-lexikalischen Methode. Wien 1841. 8.
Reichenbach, Der deutsche Botaniker.: Das Herbarienbuch. Repertorium herbarii. Dresdae 1841. 8.
Reichenbach, Herbarien-Etiketten. Schedulae herbariorum. Dresden 1841 fol max.
Holzschuher, Erläuterung der Systeme in der Botanik. Posen 1841. 4.
Fechner, Allgemeine Botanik. Görlitz 1841. 8.
Goldmann, Grundriss der Botanik. Berlin 1841. 8.
Wartmann, Botanik für die weibliche Jugend. St. Gallen 1841. 8.
Fischer, Lehrbuch der Naturgeschichte. Wien 1842. 8.
Petermann, Taschenbuch der Botanik. Leipzig 1842. 8.
Pfau, Ueber Botanik. Ulm 1842. 12
Pompper, Die vorzüglichsten Charakterpflanzen etc. Leipzig 1842. 8.
Unverricht, Anleitung zur Pflanzenkenntniss. Schweidnitz 1842. gr. 12.
Schleiden, Grundzüge der wissenschaftlichen Botanik. Leipzig 1842—1843. 8.
Endlicher und *Unger*, Grundzüge der Botanik. Wien 1843. 8.
Grossmann, Elementarbuch in der Botanik. Stuttgart 1843. 8.
Langethal, Die Gewächse des nördlichen Deutschlands. Jena 1843. 8.
Rabenhorst, Populär praktische Botanik. Leipzig 1843. 8.
Rossmaessler, Das Wichtigste vom innern Bau und Leben der Gewächse. Dresden 1843. 8.
Zuccarini, Naturgeschichte des Pflanzenreichs. Kempten 1843. 8.
Link, Vorlesungen über die Kräuterkunde. Berlin 1843—45. 8.
Taschenberg, Handbuch der botanischen Kunstsprache. Halle 1843. 8.
Kehrer, Leitfaden in die Botanik. Heilbronn 1844. 4.
Walchner, Der praktische Naturforscher. VI: Der Botaniker Karlsruhe 1844. 8
Krueger, Die Botanik in drei Lehrstufen. Berlin 1844—47. 8.
Bruellow, Systematische Eintheilung des Pflanzenreichs nach natürlichen Familien für Schulen. Posen 1845. 8.
Burmeister, Grundriss der Naturgeschichte. Berlin 1845. 8.
Hoefle, Die Pflanzensysteme von Linné, Jussieu, de Candolle. Heidelberg 1845. 4.
Krasper, Kurzer Grundriss der botanischen Abdrücke. Magdeburg 1845. 8.
Landerer, Handbuch der Botanik. Athen 1845. 8.
Focke, L. E., Leitfaden in der Botanik. Aschersleben 1846 8.

Langethal, Terminologie der beschreibenden Botanik. Jena 1846. 8.
Schleiden, Grundriss der Botanik. Leipzig 1846. 8.
Schmidlin, Anleitung zum Botanisiren und zum Anlegen von Sammlungen. Stuttgart 1846. 8.
Hess, Pflanzenkunde. Berlin 1846. 8.
Lueben, Die Hauptformen der äussern Pflanzenorgane. Leipzig 1846. 8.
Schmidlin, Anleitung zum Botanisiren. Stuttgart 1846. 8.
Schulz, Grundriss der Zoologie und Botanik. Berlin 1846. 8.
Dittweiler, Lehrbuch der Botanik. Stuttgart 1847. 8.
Kunth, Lehrbuch der Botanik. 1. Theil. Berlin 1847. 8.
Schenkel, Das Pflanzenreich. Mainz 1847. gr. 8.
Voigt, Geschichte des Pflanzenreichs. Jena 1847. 8.
Leunis, Synopsis der Pflanzenkunde. Hannover 1847. 8.
Schleiden, Die Pflanze und ihr Leben. Leipzig 1847. 8.
Bischoff, G., Die Botanik in ihren Grundrissen. Stuttgart 1848. 8.
Goldmann, Lehrbuch der Botanik. Berlin 1848—53. 8.
Irmisch, Stoff für den botanischen Unterricht auf Gymnasien. Sondershausen 1849. 4.
Blum, Anleitung zum Studium der Botanik. Leipzig 1849. 8.
Pluskal, Methode Pflanzen zu trocknen. Brünn 1849. 8.
Seubert, Die Pflanzenkunde. Stuttgart 1849—50. 8.
Richter, Anleitung zur Gewächskunde. Ed. II. Köln 1849—54. 8.
Voigt, F., Praktische Botanik. Jena 1850. 8.
Seubert, Lehrbuch der Pflanzenkunde. 5. Aufl. Stuttgart 1850. 8.
Voigt, Handbuch der deutschen wilden und der cultivirten Gewächse. Weimar 1850. 8.
Wunschmann, Leitfaden für den botanischen Unterricht. Berlin 1851. 8.
Michaelis, A., Repetitorium der Botanik. Tübingen 1851. 8.
Liaudet, Memoranda der Botanik für Materia medica. Weimar 1851. 8.
Unger, Botanische Briefe. Wien 1852. 8.
Leunis, Analytischer Leitfaden der Botanik. Hannover 1853. 8.
Seubert, Lehrbuch der Pflanzenkunde. Stuttgart 1853. 8.
Seubert, Naturgeschichte des Pflanzenreichs. Stuttgart 1853. 8.
Weitzner, Schulbotanik und Technologie. Breslau 1853. 8.
Bill, Grundriss der Botanik. Wien 1854. 8. — 1857. 8. — 1866. 8.
Wigand, Der Baum, Gestalt und Lebensgeschichte der Holzgewächse. Braunschweig 1854. 8.
Grisebach, Grundriss der systematischen Botanik. Göttingen 1854. 8.
Willkomm, Studium der wissenschaftlichen Botanik. Leipzig 1854. 8.
Koller, Grundzüge der Botanik. Augsburg 1854. 8.
Rossmässler, Flora im Winterkleide. Leipzig 1854. 8.
Kirchhoff, Schulbotanik. Halle 1855. 8.
Brüllow, Botanische Wandkarte. Berlin 1855. 8. et fol.
Kolaczek, Lehrbuch der Botanik. Wien 1856. 8.
Postel, Führer in die Pflanzenwelt. Langensalza 1856. 8.
Hoffmann, H., Lehrbuch der Botanik. Darmstadt 1857. 8.
Fenzl, Illustrirte Botanik. Pest 1857. 8.
Wagner, Pflanzendecke der Erde. Bielefeld 1857. 8.
Mueller, K. A., Das Buch der Pflanzenwelt. Leipzig 1857. 8. — 1869. 8.
Seemann, Die Palmen. Leipzig 1857. 8.
Dippel, Botanik. Essen 1858. 8.
Postel, Vademecum der Pflanzenwelt. Langensalza 1860. 8.
Schnizlein, A., Uebersichten der systematischen und angewandten Botanik. Erlangen 1860. 8.

Auerswald, Anleitung zum rationellen Botanisiren. Leipzig 1860. 8.
Reissek, Palmen. Wien 1861. 8.
Jessen, Was heisst Botanik? Leipzig 1861. 8.
Müller, K., Pflanzenstaat. Leipzig 1861. 8.
Maly, Botanik für Damen. Wien 1862. 8.
Rossmässler, Der Wald. Leipzig 1862. gr. 8.
Mielck, Die Riesen der Pflanzenwelt. Leipzig 1863. 4.
*Auerswald, Botanische Unterhaltungen. Leipzig 1863. 8.
*Wimmer, Pflanzenreich Breslau 1863. 8.
Nave, Präpariren und Untersuchungen der Pflanzen. Dresden 1864. ? 8.
Kreutzer, Das Herbar. Wien 1864. 8.
Leunis, Synopsis der Pflanzenkunde. Hannover 1864—67. 8.
Kirchhoff, Schulbotanik. Halle 1865. 8.
Wretschko, Vorschule der Botanik. Wien 1865. 8.
Hochstetter, Naturgeschichte des Pflanzenreichs in Bildern. Esslingen 1865. fol.
Schmidlin, Populäre Botanik. Stuttgart 1865—66. 8.
Liebe, Grundriss der speciellen Botanik Berlin 1866. 8.
Hanstein, Uebersicht des natürlichen Pflanzensystems. Bonn 1867. 8.
Huebner, Pflanzenkunde. Potsdam 1867. 8
Hippel, Natur und Gemüth. Berlin 1867. 8.
Schnizlein, Botanik als Gegenstand allgemeiner Bildung. Erlangen 1868. 8.
Wichelhaus, Die Lebensbedingungen der Pflanze. Berlin 1868. 8.
Willkomm, Stand der botanischen Wissenschaft. Dorpat 1868. 8.
Seubert, Grundriss der Botanik. Leipzig 1868. 8.
Weis, Elemente der Botanik. Barmen 1869. 8.
*Dippel, Das Mikroskop. Braunschweig 1869. 8
Berthold, Darstellungen aus der Natur. Köln 1869. 8.
Beéche, Taschenbuch der Pflanzenkunde. Berlin 1869. 8.
Huebner, J. G., Pflanzen-Atlas. Berlin 1869. 4.
Wagner, H, Pflanzenkunde für Schulen. Bielefeld 1870. 8.
*Sachs, Lehrbuch der Botanik. Leipzig 1870. 8.

§. 8. *Libri linguae Hispanicae et Lusitanicae.*

Quer, Diccionario en que se explican los terminos. (Flora española. Madrid 1762. 4. vol. II, p. 1—64.)
Barnades, Principios de botanica. Madrid 1767. 4.
Ortega, Tabulae botanicae. (Tablas botanicas etc.) Matriti 1773. 4. — ib 1783. 8.
Ortega et Palau y Verdera, Curso elemental de botanica. Madrid 1785. 8. ib. 1795. 8.
Vandelli, Diccionario dos termos technicos. Coimbra 1788. 4.
Rodon y Bell, Breve discurso di botanica. Cartagena 1788. 4.
Brotero, Compendio de botanica. Lisboa 1788. 8. — Ed. II. por Ant. Alb. da Fonseca Benevides. Lisboa 1837—39. 8.
Brotero, Principios de agricultura philosophica. (Livro I: Anatomia e physiologia dos vegetaes.) Coimbra 1793. 4.
Lorente, Carta (I—II) sobre las observationes botanicas de Cavanilles. Valencia 1797—98. 4.
Cavanilles, Descripcion de las plantas etc. Madrid 1802. 8.
Blanco, Tratado elemental de botanica. Valencia 1834—35. 4.
Fonseca, Diccionario de glossologia botanica. Lisboa 1841. 4.
Weyler, Elementos de botanica. Palma 1843. 8.
Blanco y Fernandez, Introduccion al estudio de las plantas. Madrid 1845—46. 8.
Colmeiro, Curso. Madrid 1854—57. 8.
Bosch, Manual. Madrid 1858. 8.
Costa y Cuxart, Lecciones de botanica general. Barcelona. 1859. 8.
Echeandia, Flora y Curso de botanica. Madrid 1861. 8.

§. 9. *Libri linguae Italicae.*

Danielli, Quistioni intorno a cose di botanica. Bologna 1733. 8.
Bianchi, Vademecum botanico. Firenze 1763. 8.
Dugnani, Saggio di botanica. Milano 1775. 4.
Comparetti, Riscontri fisico-botanici ad uso clinico. Padova 1793. 8.
(Tommaselli) Analisi dei vegetabili. Verona 1794. 8.
**Targioni-Tozzetti*, Institutioni botaniche. Firenze 1794. 8. — Ed. III. ib. 1813. 8.
Bolton, Esame critico quanto alla parte botanica degli Elementi di storia naturale del cittadino Millin. Torino 1799. 8.
Pratesi, Tavole di botanica elementare. (Pavia 1801.) 8.
Nocca, Elementi di botanica. Pavia 1801. 8 — ib. 1805. 8.
Tenore, Quadro delle botaniche lezioni. (Napoli 1802.) 4.
Bayle-Barelle, Tavole analitico-elementari di botanica. Milano 1804. 8.
Cosentino, Saggio di botanica. Catanea 1805. 8.
(Tenore) Corso delle botaniche lezioni. Napoli 1806. 8. — ib. 1816—1823. 8. — ib. 1833. 8.
Sangiorgio, Elementi di botanica. Milano 1808. 8.
Pollini, Succinto esame degli Elementi di botanica del Prof. Paolo Sangiorgio. Verona 1809. 8.
Stellati, Istituzioni di filosofia botanica. Napoli 1809. 8.
Tinelli, Dizionario elementare di botanica. Mantova 1809. 8.
Bertani, Osservazioni intorno al Dizionario dell' Tinelli. Mantova 1809. 8.
Pollini, Elementi di botanica. Verona 1810—11. 8.
Savi, Lezioni di botanica. Firenze 1811. 8.
Sebastiani, Esposizione del systema di Linneo. Roma 1819. 8.
Levi, Della maniera di formare e conservare gli erbari botanici. Venezia 1819. 8.
Savi, Nuovi elementi di botanica. Pisa 1820. 8.
(Nocca) Clavis rem herbariam addiscendi absque praeceptore. Ticini 1823. 8.
Savi, Scelta di generi di piante. Pisa 1826. 8.
Beggiato, De studio botanico cum nonnullorum Florae plant. enumeratione. Patavii 1830. 8.
Savi, Istituzioni botaniche. Firenze 1833. 8.
Moretti, Guida allo studio della fisiologia vegetabile e della botanica. Pavia 1835. 8.
Visiani, Della utilità ed amenità delle piante. Padova 1837. 8.
Parlatore, Lezioni di botanica comparata. Firenze 1843. 8.
Robiati, Atlante elementare di botanica. Milano 1847. gr. 8.
Manganotti, Elementi di botanica. Verona 1852. 8.
Celi, Lezioni elementari di botanica. Reggio 1855. 8.
Manganotti, Elementi di botanica fisiologica e pratica. Ed II. Verona 1856. 8.
Keller, Principi di botanica. Padova 1856. 8.
Tenore, V., Compendio di botanica. Napoli 1858. 8.
Lanzilotti, Compendio di botanica. Napoli 1863. 8.
Garovaglio, Discorsi sulla botanica. Pavia 1866. 8.
Caruel, Guida del botanico principiante Firenze 1866. 8.

§. 10. *Libri linguarum Scandinavicarum Danici Norvegici Suecici.*

Moeller, H., Utkast öfver Principia botanicae. 1755. 8.
*Linné, Tal vid deras Kongl. Majesteters höga närvaro. Upsala (1759). fol.

Buchhave, Grunden til Plantelaeren. Soröe 1768. 8.
Hoffberg, Anwisning til Wäxt-Rikets kännedom. Stockholm 1768. 8. – Ed. III: ib 1790. 8.
Rottboell, Botanikens utstrakte nytte. Kiöbenhavn 1771. 8.
Brander, Kort Begrepp af Natural-Historien. Westerås 1785. 8.
Hernquist, Kort Genwäg til Naturaliers kännedom. Skara 1795. 8.
Retzius, Tankar om natural-historiens nytta och värde. Lund 1811. 4.
(Swartz) Grundärna till Läran om Djur och Växter. Stockholm 1813. 8
*Agardh, Lärobok i Botanik. Malmö 1830–32. 8
Hartmann, Utkast till populär naturkunnighet. Stockholm 1836. 8.
Hartmann, Botanologien. Stockholm 1838. 8.
Drejer, Laerebog. Kiobnhavn 1839. 8.
Oerstedt, Planterigets naturhistorie. Kjöbenhavn 1839. 8.
Dueben, Handbok i vextrikets naturliga familjer. Stockholm 1841. 8.
Arrhenius, Utkast till växtrikets terminologie. Upsala 1842. 8.
*Fries, Aro Naturvetenskaperna nagot Bildningsmedel? Upsala 1842. 8
Arrhenius, Utkast till växtrikets terminologie Upsala 1842. 8.
Nyman. Ofversigt af wäxtfamiljerna Stockholm 1843 8.
Arrhenius, Elementar-Kurs i botaniken. Upsala 1845 8.
Schagerström, Lärobok i Skandinaviens växtfamiljes. Upsala 1846 8.
Nyman, Botanikens första grunder. Stockholm 1849. 8
Andersson, Lärebok i Botanik. Stockholm 1851 8.
*Andersson, Svensk Skol-Botanik. Stockholm 1853. 8
*Vaupell, Planterigets Naturhistorie. Kjobenhavn 1854. 8
Thedenius, Excursioner i Stockholmstracten. Stockholm 1859. 8.
Thedenius, Skolbotanik Stockholm 1859. 8. – 1861. 8.
Areschoug, F., Lärobok i Botanik. Stockholm 1860–63. 8.
Dahl, T, Botanisk Lommebog for Skoler. Kjöbenhavn 1861 8.
Kindberg, Sexualsystemet jemfört med Fries naturliga system. Linköping 1862. 4.
Areschoug, F, Botanikens elementer Lärobok Lund 1863. 8.
Zetterstedt, Växtgeografiens Studium. Upsala 1863. 8.
Arrhenius, Botanikens första grunder. Stockholm 1864. 8.
Arrhenius, Elementarkurs i botaniken. Stockholm 1865. 8.
*Vaupell, Planteriget. Ed. III. Kjobenhavn 1869 8.

§. 11. *Libri linguarum ceterarum Graeci Polonici Rossici alii.*

Klaudyan, Knieha lekarska kteraz slowe herbarz. Norimberg 1517. fol.
Lippay, Posoni Kert. Nagy-Szombatba et Beczben 1664–67. 4
Czenpinski, Botanica dlà szkól Naradowych Warszawie 1785. 8.
Ambodik, Botanicae elementaris fundamenta (rossice). Petropoli 1796. 8.
Jundzill, Elementa botanices (polonice). w Warszawie 1804. 8. – w Wilnie 1818. 8
Dwigubsky, Fundamenta botanica Linnaei (rossice). Mosquae 1805 8
Dwigubsky, Elementa historiae naturalis vegetabilium (rossice). Mosquae 1811. 8.
Wolfgang, Rzeczo herbacie czytana. Wilno 1823. 8.
Berchtold, O Přirozenosti Prostlin aneb Rostlinar etc. Praze 1823–35 4.
Dziarkowski, Pomnozenie. Warszawie 1824–28. 8.
Moon, Outline of the Linnean system of botany for thé use of the Singhalese. In ejus «Catalogue» Colombo 1824. 4.
Yates, Elemens of natural philosophy (Sanscrit.) Calcutta 1825. 8.
Martinoff, Lexicon botanicum (rossice) Petropoli 1826. 8.
Dwigubsky, Methodus facilis recognoscendi plantarum (rossice) Mosquae 1827. 8 – Ed. II: ib. 1838 8
Horaninow, Primae lineae botanices (rossice). Petropoli 1827 8
Jaeger, Lectures sur l'histoire naturelle d'Haiti. Tome I: Botanique. Port-au-Prince 1830. 4.
Fraas, Στοιχεῖα τῆς βοτανιχῆς. Ἀθῆναι 1837. 8
Historia naturalis armeniaca Mechitaristarum. II: Botanica Viennae 1844. 8
Ἐγχειρίδιον τῆς βοτανιχῆς. Ἀθῆναι 1845. 8.
Wyzycki, Zilnick economiczno-techniczny Vilnae 1845. 8.
Prest, Wseobecný rostlinopis. Prag 1846. 8.
Sloboda, Rostlinictví. Prag 1852. 8.
Opiz, Sczname rostlin kveteny Cesk'e. Prace 1852 8
Sloboda, Rostlinnictví. Praze 1852. 8.
Reuss, Kvetna Slovenska cili opis vsech etc Prag 1853. 8
Volan, Roslinoslovije (Ruccinice). Lwow 1854. 8
Mihálka, Növ'enytan. (Botanisches Lehrbuch) Pest 1856 8
Sulek, Biljarstvo. Uputa u poznavanje bilja. Becu 1856. – Zagrebu 1859 8.
Celakovsky, Přirodopisny atlas rostlinstva. Prag 1865. 4

LIBER II. BOTANICA SYSTEMATICA.

Cap. 5. Systemata et thesauri botanica.

Thesauri plantarum usualium conf. in libro IV.

§. 1. *Varia systematum initia.*

Bock, New Kreuterbuch Strassburg 1539. fol, saep. (Ordines 3.)
Dodoens, Cruydeboeck Bruxel 1551 fol., saep (Ordines variae.)
Gesner, K, De stirpium collectione tabulae. (Kyber, Lexicon Argentin 1553 8.) – Ed. II Tiguri 1587 (Terminologiae initia.)
Gesner, K., Epistolae et opera no 3296–3304 (Genera condenda)
Maranta, Methodi cognoscendorum simplicium. Venetiis 1559 fol.
Lobel, Plantarum historia. Antverp 1576 fol. (Ordines multae.)
Costaeus, De universali stirpium natura. Aug. Taur. 1578. 4.
Reneaulme, Specimen historiae plantarum. Paris 1611 4
*Bauhin, K, Pinax theatri botanici. Basil 1623. 4.
Petraeus, De. stirpium natura, partibus, summis generibus. Upsal 1625. 4

§. 2. *Systemata imperfectiora fructibus floribus fundata, 1583—1694.*

*Cesalpini, De plantis libri XVI Florentiae 1583. 4
Zaluziansky a Zaluzian, Methodi herbariae libri tres. Pragae 1592 4
Bauhin, K, Pinax theatri botanici Basil 1623 4

*Jungius, Doxoscopiae physicae minores. Hamburgi 1662. 4. — Isagoge phytoscopica. 1678. — Conjunctim: Opuscula botanico-physica Coburgi 1747. 4.
Morison, Praeludia botanica. Lond. 1669. 12.
Rivinus, An plantarum vires ex figura et colore cognosci possint? Lipsiae 1670. 4.
Morison, Plantarum umbelliferarum distributio. Oxonii 1672 fol.
Amman, Character plantarum naturalis. Lipsiae 1676. 12.
*Morison, Plantarum historia universalis. Oxonii 1680—99. fol.
Ray, Methodus plantarum nova. (Londini) 1682. 8. — 1703. 8.
*Ray, Historia plantarum. Londini 1686—1704. fol.
Rudbeck, fil, De fundamentali plantarum notitia rite acquirenda. Ultrajecti a/Rh. 1690. 4.
*Rivinus, Introductio in rem herbariam. Lipsiae 1690. fol. — Ordines plantarum III. Lipsiae 1690—99. fol. — Icones plantarum 1766. fol. — Ruland, Das System des Rivinus. Würzburg 1830. 8.

§. 3. *Systema Tournefortianum floribus fundatum.*

Tournefort, Elemens de botanique. Paris 1694. 4. — latine: Institutiones rei botanicae. 1700. 4. — 1719. — 1797.
Nebel, De novis inventis botanicis. Marburgi 1694. 4.
Schelhammer, De nova plantas in classes digerendi ratione. Hamburgi 1695. 4.
Ray, De variis plantarum methodis. Londini 1696. 8.
Tournefort, De optima methodo instituenda in re herbaria (contra Rajum). (Paris 1697.) 8.
(Collet) Lettres sur la botanique (contra Tournefort). Paris 1697. 12. — Chomel, Réponse. (Paris 1697.) 8.
Zwinger, Circa plantarum doctrinam in genere. Basileae 1698. 4.
Schelhammer, De nova plantas cognoscendi methodo. s. l. 1698. 4.
Camerarius, De convenientia plantarum in fructificatione et viribus. Tubingae 1699. 4.
Below, De vegetabilibus in genere Londini Gothorum 1700. 4.
Koenig, Spicilegium botanicum et anatomicum. Basileae 1703. 4.
Knaut, De variis doctrinam plantarum tradendi methodus. Halae 1705. 4.
Schelhammer, De studio botanico recte instituendo. Kilonii 1705. 4
Johren, Vademecum botanicum. Colbergae (1710). 8.
Eglinger, Theses anat. et bot. (in Tournefort). Basil. 1711. 1721. 4.
Hugo, De variis plantarum methodis. Lugduni Batavorum 1711. 4.
Wollebius, De methodo herbas lustrandi. Basileae 1711. 4.
(Alexandre) Dictionnaire botanique et pharmaceutique. Paris 1716 8. — 1817. 8.
Knaut, Methodus plantarum genuina. Lipsiae 1716. 8.
Mangold, De conciliandis methodis Tournefortii, Rivini, Hermanni et Raji. Basileae 1716. 4.
Jussieu, Discours. (Introductio in rem herbariam.) Paris 1718. 4.
Ripa, Historiae universalis plantarum scribendae propositum addito specimine. Patavii 1718. 4.
Valentini, Viridarium reformatum. Frankfurt a/M. 1719. fol.
Burckhard, Epistola ad Leibnitzium de charactere plantarum naturali. Wolfenbüttel 1720. 4. — Ed. II Helmstadii 1750.
Leibnitz, Epistola ad A. C. Gackenholtzium de methodo botanica. In Leibnitz, Opera omnia ed. Dutens. Genevae 1768. 4 vol. II, p. 169—174.
Magnol, Novus character plantarum. Monspelii 1720. 4.
Bernouilli, Positiones anatomico-botanicae. Basileae 1721. 4.
Koenig, Theses botanicae. Basileae 1721. 4.
Miller, Ph., The gardeners dictionary. Lond. 1724. 8. — 1731. fol. — Ed. IX by Th. Martyn. 1797—1804.
Lischwitz, De continuanda Rivinorum industria in eruendo plantarum charactere. Lipsiae 1726. 4.

Kramer, Tentamen botanicum sive methodus Rivina-Tournefortiana. Viennae 1728. 8. — ib. 1744. fol.
Micheli, Nova plantarum genera. Florentiae 1729. gr. 4.
(Roberg) Grundvahl til plantekjänningn. Upsaliae 1730. 12.
Heister, De studio rei herbariae emendando. Helmstadii 1730. 4.
Hebenstreit, Definitiones plantarum. Lipsiae 1731. 4.
Koenig, Adversariae quaedam botanica. Basileae 1731. 4.
Scherbius, De loco et situ plantarum. Basileae 1731. 4.
Stehelinus, Observationes anatomico-botanicae. Basileae 1731. 4.
Zwinger, Positiones anatomico-botanicae. Basileae 1731. 4.
Heister, De foliorum utilitate in constituendis plantarum generibus. Helmstadii 1732. 4.
Zwinger, Theses anatomico-botanicae. Basileae 1733. 4.
Halling, Theses botanicae. Hafniae 1733. 4.
Passavant, Theses anatomico-botanicae. Basileae 1733. 4.
Respinger, Theses anatomico-botanicae Basileae 1733. 4.
Huber, Positiones anatomico-botanicae. Basileae 1733. 4.
Haller, De methodico studio botanices absque praeceptore. Goettingae 1736. 4.

§. 4. *Systemata Linnaeana organis propagationis fundata.*

A. Systema artificiale praevalens.

*Linné, Systema naturae. Lugduni Batavorum 1735. fol. — Ed. XIII. Lipsiae 1788—93. 8.
Linné, Methodus sexualis. Lugduni Batavorum 1737. 8.
Linné, Classes plantarum. Lugduni Batavorum 1737. 8.
Linné, Genera plantarum; cum corollario. Lugduni Batavorum 1737. 8. — Ed. X. Goettingae 1830—31 8.
Ludwig, Definitiones plantarum. Lipsiae 1737. 8.
Ludwig, De minuendis plantarum generibus. Lipsiae 1737. 4.
Siegesbeck, Botanosophiae verioris brevis sciagraphia. Petropoli 1737 4.
Hotton, Thesaurus phytologicus. Nürnberg 1738. 4.
(Browallius) Examen Epictiseos Siegesbeckianae in systema sexuale. Aboae (1739). 4. — Lugduni Batavorum 1743. 8
Ludwig, Observationes in methodum sexualem Linnaei. Lipsiae 1739. 4.
Gleditsch, Consideratio Epicriseos Siegesbeckianae Berolini 1740. 8.
Hebenstreit, De methodo plantarum ex fructu optima. Lipsiae 1740. 4.
Ludwig, De minuendis plantarum speciebus. Lipsiae 1740. 4.
Siegesbeck, Vaniloquentiae botanicae specimen. Petropoli 1741. 4.
Heister, Meditationes in novum systema botanicum Linnaei. Helmstadii 1741. 4.
Wallerius, Decades binae thesium. Upsaliae 1741. 4.
Bergen, Ultri systematum an Tournefortiano an Linnaeano potiores partes deferendae sint? Francofurti a/V. 1742. 4.
Fabricius, Primitiae Florae Butisbacensis (p. 34—64. Observationes methodos Tournefortii, Rivini, Raji, Knauthii et Linnaei concernentes). Wetzlariae 1743. 8.
Ludolff, Synopsis dissertationum duarum perfectiones methodi botanicae concernentium. Berolini 1746. 8.
Ludwig, Definitiones generum plantarum. Ed. II. Lipsiae 1747. 8.
Wedel, Tentamen botanicum. Jenae 1747 4.
Wedel, Sendschreiben an Haller. Jenae 1748 4.
Heister, Systema plantarum generale ex fructificatione. Helmstadii 1748. 8.
Sauvages, Methodus foliorum. A la Haye 1751. 8
Heister De generibus plantarum medicinae causa augendis Helmstadii 1751 4.
Hill, A history of plants. London 1751. fol.
Linné, Species plantarum. Holmiae 1753. 8.

Ehrhart, Oekonomische Pflanzenhistorie. Ulm 1753—62. 8.
Alston, Tirocinium botanicum (Linnaeum carpit) Edinburgi 1753. 12.
Scopoli, Methodus plantarum. Viennae 1754. 4.
Du Hamel, Dissertation sur les méthodes de botanique. (Physique des arbres. Paris 1758. 4. vol. I, p. XXIX—LXV)
Schaeffer, Epistola de studii botanici faciliori ac tutiori methodo cum specimine tabularum sexualium etc. (Ratisbonae 1758.) 4.
Ludwig, De colore plantarum species distinguente. Lipsiae 1759. 4.
Schaeffer, Botanica expeditior. Ratisbonae 1760. 4.
Ludwig, Definitiones generum plantarum. Ed. III. ed. Boehmer. Lipsiae 1760. 8.
Biörnlund, Fundamentum differentiae specificae plantarum. Gryphiae 1761. 4
Hill, The vegetable system. London 1761—75. fol.
Linné, Species plantarum. Ed. II. Holmiae 1762—63 8.
Meese, Plantarum rudimenta. Leovardiae 1763. 4.
Wernischeck, Genera plantarum secundum numerum laciniarum corollae. Vindobonae 1763. 8.
Adanson, Familles des plantes. Paris 1763. 8
Gleditsch, Systema plantarum a staminum situ Berolini 1764. 8.
Senebier, De Polygamia. s. l 1765. 4.
Bose, De disquirendo charactere plantarum essentiali Lipsiae 1765. 4.
Rueling, De ordinibus naturalibus plantarum. Goettingae 1766 4.
Titius, Systema plantarum sexuale ad naturam compositum. Wittenbergae 1767 4.
Giseke, Systemata plantarum recentiora. Goettingae 1767. 4
Linné, Mantissae plantarum Generum ed. VI. Specierum ed. II. Holmiae 1767—71. 8.
Barbeu-Dubourg, Le botaniste français, les plantes disposées suivant une nouvelle methode. Paris 1767. 8.
Ludwig, De re herbariae studio et usu. Leipzig 1768. 4.
Hill, Herbarium sec. methodum floralem novam. Londini 1769. 8.
Mitchell, De principiis botanicorum, cum generibus recens conditis Norimbergae 1769. 4
Scopoli, Annus hist. natur. (IV p. 48—114 et V, p. 14. Dubia botanica.) Lipsiae 1770. 8.
Agosti, De re botanica tractatus. Belluni 1770. fol
Weston, Botanicus universalis et hortulanus. Londini 1770—77. 8
Dieterich, Pflanzenreich nach dem Natursysteme Linné's. Erfurt 1770. 8 Ed. II Leipzig 1798—99. 8.
Knorr, Thesaurus rei herbariae hortensisque universalis Nürnberg 1770—72 fol.
Baldinger, Ueber das Studium der Botanik Jena 1770. 4.
Hernquist, Genera Tournefortii stilo reformata. Londini Goth 1771. 4.
Kalm, Genera plantarum fennicarum. Aboae 1771 8.
Milne, Institutes of botany. London 1771—72 4.
Rueling, Ordines naturales plantarum. Goettingae 1774 8.
Linné, Systema vegetabilium. Ed XIII, ed. Murray. Goettingae 1774 8. — Supplementum: Brunsvigae 1781. 8
Houttuyn, Natuurlyke historie Deel II Planten. Amsterdam 1774—83. 8.
Weiss, F, Ueber Vorlesungen in der Botanik. Göttingen 1774. 4.
Jussieu, Exposition d'un nouvel ordre des plantes, adopté dans les démonstrations du jardin royal. (Paris 1774) 4
Schimert, De systemate sexuali Tyrnaviae 1776. 8
(Wolf) Genera plantarum. (Marienwerder) 1776. 8
Kotz, De generibus plantarum. Tyrnaviae 1776 8
Forster, Characteres generum plantarum. Londini 1776 4.
Augustin, Prolegomena in systema sexuale. Viennae 1777. 8.
Mueller, Illustratio systematis sexualis Linnaei. Londini 1777. fol.
Mueller, An illustration of the sexual system of Linnaeus. London 1779—89. 8

Linné, Systema plantarum. Ed. novissima cur. Reichard. Francofurti a/M. 1779—80. 8.
Schrader, Genera plantarum selecta. Halae 1780. 8.
Thunberg, Nova genera plantarum. Upsaliae 1781—1801. 4.
Roth, Verzeichniss der Pflanzen, welche nicht in den gehörigen Klassen des Linnéschen Systems stehen. Altenburg 1781. 8.
(Wolf) Genera et species plantarum. Marienwerder 1781. 8.
Lamark, Encyclopädie methodique. Paris 1783—1817. 4.
De Las, Phytographie universelle ou nouveau système de botanique. Stockholm et Lyon 1783. 8
Linné, Systema vegetabilium. Ed XIV, ed. Murray. Goettingae 1784. 8.
Saint-Germain, Manuel des végétaux. Paris 1784. 8.
Gilibert, Caroli Linnaei Systema plantarum Europae Coloniae Allobrogum 1785—87. 8.
Lademann, De systematibus plantarum. Helmstadii 1785. 4.
Batsch, Dispositio generum plantarum jenensium. Jenae 1786. 4.
Dahl, Observationes circa systema vegetabilium a Linné. Havniae 1787. 8.
The families of plants. Lichfield 1787. 8.
Du Petit, L'enchainement des Etres lue 1788. (Melanges. Paris 1811. 8)
Vitman, Summa plantarum. Mediolani 1789—1802. 8.
Giseke, Tabula genealogico-geographica affinitatum plantarum. s. l 1789. fol.
Otto, Theses aliquot botanicae. Trajecti a/V. 1789. 4.
Jussieu, Genera plantarum. Parisiis 1789. 8.
Suckow, Ueber das Studium der angewandten Botanik. (Vorles. der kurpfälz phys. ökon. Ges. II. 124—156)
Usteri, Ueber Vortrag und Lehrmethode der Botanik (Roemer, Magazin VI, 3—15.) 1789.
Batsch, Analyses florum. Halae 1790. 4.
Necker, Elementa botanica. Neowedae a/Rh. 1790. 8.
Cothenius, Dispositio vegetabilium a staminum numero. Berolini 1790. 8.
Schrank, Cogitata de methodo botanicam docendi. (Roemer, Magazin XII. 3—13) 1790.
Lamarck, Tableau encyclopédique. Paris 1791—1823. 4.
Lamarck, Botanique. Illustration des genres. Paris 1791—1823. 4.
Medikus, Philosophische Botanik. II: Ueber Pflanzengattungen. Mannheim 1791. 8.
(Liljeblad) Svenska Oertslagen. Upsala (1792). 8.
Suckow, Diagnose der Pflanzengattungen. Leipzig 1792. 8.
Linné, Praelectiones in ordines naturales plantarum. Hamburgi 1792. 8.
Medicus, Geschichte der Botanik unserer Zeiten. Mannheim 1793 8.
Batsch, Synopsis universalis analytica generum plantarum. Jenae 1794. 4.
Batsch, Dispositio generum plantarum Europae. Jenae 1794. 4.
Moench, Methodus plantas a staminum situ. Marburgi 1794—1802. 8.
Gesner, Tabulae phytographicae analysin generum plantarum exhibentes. Turici 1795—1826. fol.
Link, Dissertationes botanicae. Suerini 1795. 4.
Liljeblad, Ratio plantas in sedecim classes disponendi. Upsaliae 1796. 4.
Kullberg, De affinitate generum in classibus Linnaeanis. Lundae 1796. 4.
(Tittman) Ueber das Studium der Botanik. Pirna s. a. 12.
Lorente, Nova generum Polygamiae classificatio. Valentiae (1796). 4.
Schmidt, Aeusserungen über ein System in der Pflanzenkunde. (Boitzenburg) 1797. 8.
Linné, Systema vegetabilium. Ed. XV: ed. Persoon. Goettingae 1797. 8 — E XV, ed. Murray. Paris 1798. 8.

Linné, Species plantarum. Ed IV, curante Willdenow. Berolini 1797—1830. 8. — *Schultes*, Observationes in Linné Species pl. ed. Willdenow. Oeniponti 1809. 8.
Soennerberg, Dijudicatio emendationum systematis Linnaei. Lundae 1798. 4.
Lorente, Systema botanicum Linneano-anomalisticum. Valentiae 1799. 4.
Retzius, De genere in historia naturali. Londini Gothorum 1799. 4.
Jolyclerc, Phytologie universelle. Paris 1799. 8.
Mirbel, Histoire générale et particulière des plantes. Paris 1800—6. 8.
Colombano, Collezione raggionata. s. l. 1800. 8.
Ponten, De serie vegetabilium. Gryphiae 1800. 4.
Illiger, Versuch über die Begriffe Art und Gattung. Helmstedt 1800. 8.
Augier, Essai d'une nouvelle classification des végétaux. Lyon 1801. 8
Batsch, Tabula affinitatum regni vegetabilis. Wimariae 1802. 8.
(*Dobrowsky*) Entwurf eines Pflanzensystems nach Zahlen und Verhältnissen. Prag 1802. 8.
Lavy, Genera plantarum subalpinam regionem exornantium. Taurini 1802. 8.
Trattinick, Genera plantarum methodo naturali disposita. Vindobonae 1802. 8.
Lamarck et *Mirbel*, Histoire naturelle des végétaux. (Suites de Buffon.) Paris 1802. 12. — ib. 1830. 12.
Cramer, Enumeratio plantarum in systemate Linneano false dispositarum. Marpurgi 1803. 8.
Eckerberg, De reformationibus Classium plantarum Caroli a Linné Londini Gothorum 1804. 8.
Réflexions sur les différents systèmes de botanique Paris 1804. 4.
*Jussieu, Mémoires (I—XIII) sur les caractères généraux des familles tirés de graines. (Paris 1804—30.) 4
*Vahl, Enumeratio plantarum. (Cl. I—III) Havniae 1804—6. 8.
Persoon, Synopsis plantarum. Paris 1805—7. 12.
Retzius, Methodus Tournefortiana a Guiart filio reformata. Lundae 1805. 4.
Gilibert, Histoire des plantes d'Europe et étrangères. Ed. II. Lyon 1806. 8.
Caylus, Histoire du rapprochement des végétaux. Paris 1806. 8.
Unger, Animadversiones circa Jussieui methodum plantarum naturalem. Halae 1806. 8.
Hedwig, Genera plantarum. Lipsiae 1806. 8.
Salisbury, The generic characters in the English botany. London 1806. 8.
Salisbury, R., The Genera of plants. Liriogamae London 1866. 8.
Gilibert, Histoire des plantes d'Europe et étrangères. Ed. II. Lyon 1806. 8.
Schrader, Genera nonnulla plantarum emendata. Goettingae 1808. 4.
Borkhausen, Tentamen dispositionis plantarum Germaniae. Darmstadt 1809. 8.
*Jussieu, Mémoires (I—II) sur les genres de plantes à ajouter ou a retrancher à diverses familles connues. (Paris 1809—10.) 4.
Stemler, Specimen paralelismi inter systema Linnaeanum et Jussieuanum Jenae 1810. 4.
Fischer, Beitrag zur botanischen Systematik, die Existenz der Monokotyledonen und Polykotyledonen betreffend. Zürich 1812. 4.
Lefébure, Sur le principe essentiel de l'ordre en botanique. Paris 1812. 4.
Broegelmann, Beschreibung der vorzüglichsten im letzten Jahrzehnt entdeckten Pflanzen. Frankf. a/M. 1812. 4.
Lefébure, Méthode signalémentaire. Paris 1814—15. 8.
Lavy, Phyllographie piémontaise. (Turin 1816.) 8.
Lefébure, Concordance des trois systèmes de Tournefort, Linnaeus et Jussieu. Paris 1816. 8.
Nouveau dictionnaire d'histoire naturelle. Paris 1816—19. 8.

Dictionnaire des sciences naturelles. Botanique, par Turpin. Paris 1816—30. 8.
Bertani, Nuovo Dizionario di botanica. Mantova 1817—18. 8.
Lefébure, Le vrai système des fleurs. Paris 1817. 8
Agardh, Aphorismi botanici. Lundae 1817—25. 8.
Bredsdorff, De regulis in classificatione observandis. Havniae 1817. 8.
(*Alexandre*) Dictionnaire botanique et pharmaceutique. Paris 1716. 8. — ib. 1817. 8.
Linné, Systema vegetabilium. Ed. XVI, curantibus Roemer et Schultes. Stuttgartiae 1817—30. 8. — Mantissae in vol. I—III: ib 1822—27 8.
Candolle, Regni vegetabilis systema naturale. Paris 1818—21. 8.
Nuttall, The genera of the north-american plants. Philadelphia 1818 8.
Vest, Grundzüge eines neuen natürlichen Systems. (Anleitung) Wien 1818. 8.
Wallman, De systematibus vegetabilium. Upsaliae 1818 4
Schweigger, De plantarum classificatione naturali Regiomonti 1820. 8.
Hall, Commentatio de systematibus botanicis. Trajecti a/Rh 1821 8.
Lefébure, Système floral. Paris 1821. 8.
Oken, Esquisse du système d'anatomie et physiologie et d'histoire naturelle. Paris 1821. 8. — Entwurf von Oken's philosophischem Pflanzensysteme. s. l. et a. 8.
Kalm, M., Sciagraphia studii botanici Aboae 1821. 4.
Dictionnaire classique d'histoire naturelle, dirigé par Bory de St Vincent. Paris 1822—31. 8.
Schmalz, Dispositio synoptica generum plantarum circa Dresdam crescentium. Dresden 1822. fol.
Eysenhardt, De accurata plantarum comparatione. Regiomonti 1823. 4.
Lestiboudois, Mémoire sur la structure de Monocotylédonées. Lille 1823. 8.
Jussieu, Principes de la méthode naturelle des végétaux. Paris 1824. 8.
Thunberg, Examen classium Diandriae, Gynandriae, Monoeciae, Dioeciae et Polygamiae. Upsaliae 1824—25. 4.
Candolle, Prodromus systematis naturalis regni vegetabilis Paris 1824—72. 8.
Linné, Systema vegetabilium Ed. XVI, curante Sprengel. Goettingae 1825—28. 8.
Poiret, Histoire philosophique, littéraire, économique des plantes de l'Europe. Paris 1825—29. 8.
Agardh, Classes plantarum. Lundae 1825. 8.
*Fries, Systema orbis vegetabilis. Pars I: Plantae homonemeae Lundae 1825. 8.
Dietrich, F. G., Neu entdeckte Pflanzen. Berlin 1825—37. 8
Fée, Mémoire sur les Monocotylédones. I—II. s l. 1826. 8.
Bicheno, On systems and methods in natural history. London 1827. 8.
Aspegren, Växt-Rikets Familje-Träd. Carlscrona 1828. fol.
Martius, Ordinum plantarum characteres stenographice expositi (Berolini 1828.) 4.
Reichenbach, Conspectus regni vegetabilis. Uebersicht des Gewächsreiches Lipsiae 1828. 8
Dumortier, Analyse des familles des plantes. Tournay 1829. 8.
Kachler, Encyclopädisches Pflanzenwörterbuch. Wien 1829. 8
Dietrich, F. G., Handlexicon der Gärtnerei und Botanik. Berlin 1829—30. 8.
Opiz, Höchstes Ziel der reinen Botanik. Prag 1829. 8.
Ratzeburg, Untersuchungen über Formen und Zahlenverhältnisse der Naturkörper. Berlin 1829. 4.
Uebersicht der Pflanzenfamilien. Berlin 1829. 4.
Loudon, Encyclopaedia of plants. London 1829. 8.
Wimmer, Ueber den Unterricht in der Naturgeschichte. Breslau 1829 4

CAP. 5. SYSTEMATA ET THESAURI

B. Systematis naturalis ordines et classes condita.

Bartling, Ordines naturales plantarum. Goettingae 1830. 8.
La Peyrouse, Essais sur les fleurs à enveloppe unique. Paris 1830. 4.
Lindley, An introduction to the natural system of botany. London 1830. 8. — ib. 1839. 8.
Rudolphi, Systema orbis vegetabilium. Gryphiae 1830. 8
Characters of genera extracted from Hooker British Flora. Edinburgh 1830. 8.
Linné, Species plantarum. Ed. VI, autore A. Dietrich. (Cl. I—III.) Berolini 1831—33. 8.
Don, A general history of the dichlamydeous plants. (A general system of gardening and botany. London 1831—38. 4
Ruland, Ueber das botanische System des Rivinus. Würzburg 1832. 8.
Schultz, Natürliches System des Pflanzenreichs nach seiner innern Organisation. Berlin 1832. 8.
Soeckeland, Ueber den Unterricht in der Pflanzenkunde. Koesfeld 1832. 4.
Candolle, Note sur la division du règne végétal en quatre grandes classes. (Genève 1833) 8.
Lindley, Nixus plantarum. Londini 1833. 8.
Nees von Esenbeck jun., Genera plantarum Florae germanicae. Bonnae 1833—60. 8.
Kunth, Enumeratio plantarum omnium. Stutgardiae 1833—43 8.
Presl, Repertorium botanicae systematicae. Pragae 1834. 8.
Spach, Histoire naturelle des végétaux. Phanérogames. Paris 1834—48. 8.
Bernhardi, Ueber den Begriff der Pflanzenart. Erfurt 1834. 4.
Horaninow, Primae lineae systematis naturae Petropoli 1834. 8
Schrader, De Monocotyledonearum et Dicotyledonearum circa gemmarum explicationem differentia. Bonnae 1834. 8.
Wilbrand, Die natürlichen Pflanzenfamilien. Giessen 1834. 8.
Fries, Mappa botanica ex affinitate et analogia. Upsala 1835. fol.
(*Lefébure*) Flore de Paris. Genera et species etc. Paris 1835. 8.
Martius, Conspectus regni vegetabilis Nürnberg 1835. 8
Helm, Quaestiones botanicae de methodo physicohistorica. Viennae 1835. 8.
Seringe et *Guillard*, Essai de formules botaniques. Paris 1835. 4.
Linné, Systema, genera, species plantarum uno volumine, sive Codex Linnaeanus, ed Richter. Lipsiae 1835—40. 4.
(*Trinius*) Genera plantarum ad familias suas redacta. Petropoli 1835. 4.
Spenner Deutschlands phanerog. Pflanzengattungen. Freiburg 1836. 8.
Endlicher, Genera plantarum. Vindobonae 1836—40. Mantissa 1—5. 1842—50. 4.
Meisner, Plantarum vascularium genera. Lipsiae 1836—43. fol.
Leydolt, Die Plantagineen in Bezug auf die naturhistorische Species. Wien (1836). 8.
Steinheil, De l'individualité considérée dans le règne végétal. (Strassburg 1836) 4.
Lindley, A natural system of botany. London 1836. 8.
Fée, Les Jussieu et la méthode naturelle. Strassbourg 1837. 8
Reichenbach, Handbuch des natürlichen Pflanzensystems. Dresden 1837. 8.
Perleb, Clavis classium, ordinum et familiarum atque index generum regni vegetabilis. Freiburg i/Br. 1838. 4.
Sonnenburg, Arithmonomia naturalis. Dresdae 1838. fol. min.
Spring, Ueber die Begriffe von Gattung, Art und Abart. Leipzig 1838. 8.
Harvey, The genera of South African plants. Cape Town 1838. 8.
Meyer, Preussens Pflanzengattungen. Königsberg 1839. 12.
Oken, Naturgeschichte. II—III. Botanik. Stuttg 1839—41. 8. fol.
Dietrich, Synopsis plantarum Vimariae 1839—52. 8

CAP. 6. CLASSIS CRYPTOGAMARUM

Elsner, De speciei definitionibus quaestiuncula critica. (Synopsi Fl. Cerv.) Vratislaviae 1839. 8.
Zunck, Die natürlichen Pflanzensysteme geschichtlich entwickelt. Leipzig 1840. 8.
Endlicher, Enchiridion botanicum. Lipsiae 1841. 8
Loudon, Encyclopaedia of plants. Ed. II. London 1841. 8.
Walpers, Repertorium botanices systematicae. Lipsiae 1842—48. 8.
Moritzi, Réflexions sur l'espèce en histoire naturelle. Soleure 1842. 8.
Trautvetter, De novo systemate botanico. (Mitau 1842.) 8
Hooker and *Bauer*, Genera Filicum. London 1842. 8. max
Nees von Esenbeck, Spenner, etc. Genera plantarum Florae German. Bonnae 1843—53. 8.
Horaninow, Tetractys naturae. Petropoli 1843. 8.
Schnizlein, Iconographia familiarum. Bonn 1843—70. 4.
Engelmann, Genera plantarum. Mitau 1844. 8.
Plée, Types de chaque famille et des principaux genres de France Paris 1844—64. 4.
Bischoff, Handbuch der botanischen Systemkunde. Nürnberg 1844. 4.
Payer, Des classifications en histoire naturelle. Paris 1844. 4.
Gérard, Réflexions sur le genre en histoire natur. Paris 1845 8.
Lindley, The vegetable Kingdom. London 1846. 8.
Horaninow, Characteres familiarum. Petropoli 1847. 8.
Walpers, Annales botanices systematicae. Lipsiae 1848—68 8.
Gray and *Sprague*, Genera Florae Americae. Boston 1848—49. 8.
Twining, Illustrations of the natural orders. London 1849—55 fol.
Lindley, Vegetable Kingdom. Ed. IV. London 1853. 8.
Grisebach, Grundriss der systematischen Botanik. Göttingen 1854. 8
Seringe et *Guillard*, Nouvelle disposition des familles. Paris 1856. 4.
Weber, C., Ursprung und Geschichte der Pflanzenwelt. Bremen 1857. 8.
Lindblad, Ett Centrum i naturliga Grupper. Lund 1857. 4.
Agardh, J. G., Theoria systematis plantarum. Lundae 1858. 8
Godron, De l'espèces et races. Paris 1859. 8.
Celakovsky, Zusammenhang in den Stufen des Pflanzenreichs Kommotau 1859. 4.
Bentham et *Hooker*, Genera plantarum. Londini 1862 sqq. 8.
Kindberg, Sexualsystemet jemfört med Fries naturliga System. Linköping 1862. 4.
Parlatore, Le méthode naturelle. Florence 1863. 8.
Clarke, New arrangement of phanerogamous plants. London 1866. fol.
Gouriet, Classification, des monocotylédonées et des monopétales. Niort 1866. 4.
Krause, Botanische Systematik. Weimar 1866. 8.
Baillon, H., Histoire des plantes. Paris 1867—70. 8.
Marchand, Léon, Des classifications et des méthodes en botanique. Angers 1867. 8.
Gmelin, P., Pflanzenfamilien nach ihren Verwandtschaften. Stuttgart 1867. 8.

Cap. 6. Classis cryptogamarum monographiae.

Weiss, Plantae cryptogamicae Florae gottingensis. Gottingae 1770. 8
Koelreuter, Das entdeckte Geheimniss der Kryptogamie. Karlsruhe 1777. 8.
Happe, Flora cryptogamica depicta. Berolini 1783. 4.
Hedwig, Theoria generationis et fructificationis plantarum cryptogamicarum. Petropoli 1784. 4. — Lipsiae 1798. 4.
Dickson, Fasciculi IV plantarum cryptogamarum Britanniae. London 1785—1801. 4.
Hedwig, Descriptio et adumbratio Muscorum frondosorum et aliorum vegetantium e classe cryptogamica. Lipsiae 1787—97. fol.

Rutström, Spicilegium plantarum cryptogamarum Succiae. Aboae 1794. 4.
Hoffmann, Deutschlands Flora. Kryptogamie. Erlangen 1795. 12.
Kunze, Deutschlands kryptogamische Gewächse Hamburg 1795. 8.
Schrader, Systematische Sammlung kryptogamischer Gewächse. Göttingen 1796—97. 8
*Sturm, Deutschlands Kryptogamen. Nürnberg 1798—1839. 12.
Mohr, Cryptogamarum ordines, genera et species. Kiliae 1803. 8.
Sprengel, Einleitung in das Studium der kryptogamischen Gewächse. Halle 1804. 8. — ib. 1818. 8. — *Weber*, Anhang Kiel 1804. 8.
Willdenow, De vegetabilium cryptogamicarum dispositione. (Praefatio ad Rebentisch, Prodr. Fl. neom) Berolini 1804. 8.
Mueller, Tentamen accuratioris cryptogamiae definitionis Goettingae 1805. 8.
Funck, Kryptogam. Gewächse des Fichtelgebirges. Leipzig 1806 —38. 4.
Duval, C., Verzeichniss der Farrnkräuter und Laubmoose bei Regensburg. Nürnberg 1806. 8.
*Weber und *Mohr* Deutschlands kryptogamische Gewächse Kiel 1807. 12.
Girod-Chantrans, Essai sur la géographie (Cryptogames du dép. du Doubs). Paris 1810. 8.
Hooker, Plantae cryptogamicae, quas collegerunt Humboldt et Bonpland. Londini 1816 4.
Opiz, Deutschlands kryptogamische Gewächse. Prag 1816. 8.
Martius, Flora cryptogamica erlangensis. Norimbergae 1817. 8.
Ritter, Kryptogamen in Schleswig-Holstein. Augustenburg 1817. 8.
Le Turquier, Concordance des figures des cryptogames. Rouen 1820. 8.
Brondeau, Cryptogames de l'Agenais. Agen 1820—30. 8.
Raddi, Crittogame brasiliane. Modena 1822. 4.
Maerklin, Betrachtungen über die Urformen der niedern Organismen. Heidelberg 1823. 8.
Desmazières, Plantes cryptogames de la France. Lille 1825. 4. — Ed. II. ib. 1836—45. 4.
Bischoff, De plantarum praesertim cryptogamicarum transitu et analogia. Heidelbergae 1825. 8.
Libert, Mémoires sur les cryptogames aux environs de Malmédy. Paris 1826. 8.
Bory de St. Vincent, Cryptogamie (Algae, Lycopodiaceae, Filices) du voyage par Duperrey. Paris 1828. 4.
Martius, Icones plantarum cryptogamicarum Brasiliae. Monachii 1828—34. fol.
*Bischoff, Die kryptogamischen Gewächse. (Chareen, Equiseteen, Rhizokarpen und Lycopodeen) Nürnberg 1828. 4.
Prost, Mousses, Hépatiques et Lichens de la Lozère. Mende 1828. 8.
Brondeau, Cryptogames de l'Agenais. Agen 1828—30. 8
Numan et *Marchand*, Sur les propriétés nuisibles des fourrages par des productions cryptogamiques. Groningae 1830. 8.
*Wallroth, Flora cryptogamica Germaniae. Norimbergae 1831—33. 12.
*Hall, Flora Belgii septentrionalis. Cryptogamia. Amsterdam 1832 —36. 8.
Martius, Flora brasiliensis. (Algae, Lichenes, Hepaticae.) Stuttgardiae 1833. 8.
Mohl, Entwicklung und Bau der Sporen der Kryptogamen Regensburg 1833. 8.
Roxburgh, The cryptogamous plants, of the Flora indica. s. l. et a. 8.
Grateloup, Cryptogamie Tarbellienne. Bordeaux 1835. 8.
Kickx, Flore cryptogamique de Louvain. Bruxelles 1835. 8
Genth, Flora von Nassau. 1. Theil. Kryptogamie. Mainz 1836. 8.
Montagne, Plantes cellulaires des îles Canaries. (*Webb* et *Berthelot*, Histoire. Paris 1836—47 4.)
Garovaglio, Delectus specierum novarum cryptogam. Ticini 1837 —38. 8.
Garovaglio, Catalogo di alcune crittogame nella provincia di Como e nella Valtellina (Musci et Lichenes.) Como 1837—43. 8.
Mohl, Morphologische Betrachtungen über das Sporangium der Gefässkryptogamen. Tübingen 1837. 8.
Gaillon, Aperçu .. les limites qui séparent le règne végétal du animal. Boulogne 1838. 8.
Montagne, Florula boliviensis. Paris 1839. 4. (*D'Orbigny*, Voyage.)
Montagne, Sertum patagonicum. Paris 1839 4. (*D'Orbigny*, Voyage.)
Ortmann, Flore cryptogamique de Carlsbad (*Carro*, Almanach. 1840)
Trevisan, Enumeratio stirpium cryptogam. prov. patavinae Patavii 1840. 8
Kickx, Recherches à la Flore cryptogam. des Flandres. Bruxelles 1840—46. 4.
Eisengrein, Einleitung in das Studium der Akotyledonen. (Allgemeines. Algen. Flechten.) Freiburg 1842—44. 8
*Montagne, Cryptogamie. Exposition sommaire de la morphologie des plantes cellulaires Paris 1843. 8.
Mougeot, Index stirpium cryptogam. vogeso-rhenanarum. Bruyerii 1843. 4.
Dietrich, Deutschlands kryptogamische Gewächse Jena 1843—46. 8.
*Rabenhorst, Deutschlands Kryptogamenflora. Leipzig 1844—53. 8.
Montagne, Plantes cellulaires du Voyage au pole sud et dans l'Océanie par Dumont d'Urville. Paris 1845. 8. et Atlas.
Hooker, The cryptogamic botany of the antarctic voyage. London 1845. 4
Ruprecht, Distributio cryptogamarum vascularium in imperio rossico. Petropoli 1845. 8.
Durieu, Flore d'Algérie. Cryptogamie. Paris 1847—49. 4
Ehrenberg, Passat-Staub und Blut-Regen. Berlin 1847. 4.
Koerber, Grundriss der Kryptogamenkunde. Breslau 1848. 8
Perty, Blepharophora Nymphaeae Bern 1848. 4. (Animal nec planta.)
Griffith, W., Icones et Notulae. On the higher cryptog plants Calcutta 1849. 8.
Bayrhoffer, Moose, Lebermoose und Lichen des Taurus. Wiesbaden 1849. 8.
*Mettenius, Beiträge. I. Fortpflanzung der Gefässcryptogamen. Heidelberg 1850. 8.
Brondeau, Deux Cryptogames de la France Bordeaux 1851 8.
*Thuret, Zoospores et anthéridies des Cryptogames. Paris 1851 8
*Hofmeister, Keimung, Entfaltung und Fruchtbildung höherer Kryptogamen. Leipzig 1851. 4.
*Hofmeister, Kenntniss der Gefässkryptogamen. Leipzig 1852. 4.
Coultas, Principles of Botany, Cryptogamia. Philadelphia 1852. 8
Wagner, H., Führer ins Reich der Cryptogamen. Bielefeld 1852. 8.
Perty, Kenntniss kleinster Lebensformen. Bern 1852. 4.
Berkeley, Cryptogamic plants collected in Portugal by Welwitsch. London 1853. 8.
Heufler, Flora cryptogamica vallis Arpasch Wien 1853. fol.
Westendorp, Cryptogames d'après leurs stations. Gand 1854. 8
Montagne, Cryptogamia guyanensis. Parisiis 1855. 8.
Thuret, Fécondation des Fucacées. Paris 1855—57. 8.
*Montagne, Sylloge Cryptogamarum. Paris 1856. 8.
Fresenius, Kenntniss mikroskopischer Organismen. Frankfurt a/M. 1856—58. 4.
*Berkeley, Cryptogamic Botany. London 1857. 8.
Bernouilli, Gefässkryptogamen der Schweiz Basel 1857 8.
Pradal, Cryptogames de la Loire inférieure. Nantes 1858. 8.
Roumegère, Flore cryptogamique du Sud-Ouest. Toulouse 1858. 8.
Bertoloni, A., Flora italica cryptogama. Paris 1858—67. 8.
Payot, Fougères, prèles et Lycopodiacées du Mont Blanc. Genève 1860. 8.
Lamy, Cryptogames de la Haute Vienne. Limoges 1860. 8.

Courcière, Graminées et Cryptogames vasculaires de Gard. Nimes 1862. 8.
Vaillant, Fécondation dans les cryptogames. Paris 1863 8.
Grognot, Cryptogames de Saone et Loire. Autun 1863. 8.
Rabenhorst, Kryptogamenflora von Sachsen. Leipzig 1863—70. 8.
Pringsheim, Kryptogamische Studien neurer Zeit. Jena 1864 8.
Sauter, A, Kryptogamenflora des Pinzgaus Salzburg 1864. 8.
Berthold, Die Gefässcryptogamen Westfalens. Brilon 1865 4.
Bérenger, Intorno la generazione della crittogama del Ricino. Verona 1866. 8.
Bary, Pilze, Flechten und Myxomyceten. Leipzig 1866. 8.
Colmeiro, Cryptogamas acrogenas de España y Portugal. Madrid 1867. 8.
Kicks, Flore cryptogamique des Flandres. Paris 1867. 8.
Frémineau, Système vasculaire des Cryptogames vasculaires de France. Paris 1868. 8.
Roumegère, Cryptogamie illustrée Paris 1868. 4.
Saccardo, Cryptogame vascolari Trivigliane. Venezia 1868. 8.
Payer, Botanique cryptogamique. Ed. II. Paris 1868. 8.
Klatt, Kryptogamenflora von Hamburg. Hamburg 1868. 8.
Husnot, Cryptogames des Antilles, leur distribution géographique. Caen 1870. 8.
Heufler, Enumeratio Cryptogamarum Italiae venetae. Viennae 1871. 8.

Cap. 7. Algarum sive Phycearum monographiae.

Medica: Chondrus crispus Lyb. 1810, 1835.

(*Mont-Sainct*) (Le jardin senonois Lettre sur le fait prodigieux d'une pluye rouge comme sang.) Sens 1604. 12.
Zannichelli, De Myriophyllo pelagico et marina plantula anonyma. Venetiis 1714. 8.
Bruckmann, F., De lapide violacea (Byssus colithus L). Guelpherbyti 1725 8.
Ludwig, Vegetatio plantarum marinarum. Lipsiae 1736. 4.
Gleditsch, Lucubratiuncula de Fuco subgloboso, sessili et molli. Berolini 1743. 4.
Pauli vel Povelsen, Circa plantarum maris islandici et speciatim algae sacchariferae originem Havniae 1749. 4.
Secondat, Observations (p. 12—17. Sur une espèce d'Ulva, qui croît dans la fontaine bouillante de Daix). Paris 1750. 8.
Donati, Della storia naturale marina dell' adriatico. Venezia 1750. 4
Kniphof, Physikalische Untersuchung des Peltzes auf Wiesen. Erfurt 1753. 4.
Ginanni, Opere postume (tomo I.) nel quale si contengono 114 piante che vegetano nel mare adriatico. Venezia 1755. fol.
Linné, Natura pelagi Upsaliae 1757. 4.
Klein, Dubia circa plantarum marinarum fabricam. Petropoli 1760. 4.
Meese, Het XIX Class. (Beschryving van een zonderlinge Zeeplant) Leeuwarden 1761. 8.
Baster, Opuscula de plantis marinis. Harlemi 1762—65. 4.
Strange, Lettera sopra l'origine della carte naturale di Cortona. Pisa 1764. 4.
Gmelin, Historia Fucorum. Petropoli 1768. 4.
Corti, Osservazioni microscopiche sulla Tremella. Lucca 1774. 8
Willan, Observations (p. 9—10. Confervae species (Byssus lanuginosa) in aquis sulphureis Croft prope Darlington). London 1782. 8.
Scherer, Beobachtungen über das pflanzenähnliche Wesen in den Karlsbader und Töplitzer Wässern. Dresden 1787. 4.
Olivi, Dell' Ulva atropurpurea. (Padova) 1793. 4.
Velley, Coloured figures of marine plants Bathoniae 1795. fol.

Esper, Icones Fucorum. Nürnberg 1797—1808. 4.
Bory de St. Vincent, Mémoire sur les genres Conferva et Byssus. Bordeaux 1797. 8.
Carradori, Della trasformazione del Nostoc in Tremella verrucosa etc. In Prato 1797. 12
Roth, Kryptogamische Wassergewächse. Hannover 1797. 8.
Sturm, Deutschlands Flora. Kryptogamen (Algen von Corda). Nürnberg 1798—1839. 12.
Hedwig, Tremella Nostoch. Lipsiae 1798 4.
Ruiz, Fuci natantis fructificatio Matriti 1798. 4.
Vaucher, Mémoire sur les graines des Conferves. (Paris) 1800. 4.
Stackhouse, Nereis britannica. Bathoniae 1801. fol. — Ed. II. Oxonii 1816. 4.
Girod Chantrans, Conferves, Bisses, Tremelles. Paris 1802. 4.
Turner, Synopsis of the british Fuci London 1802. 8.
Dillwyn, British Confervae. London (1802—14). 4.
Vaucher, Histoire des Conferves d'eau douce. Genève 1803. 4
Wulfen, Cryptogama aquatica. Lipsiae 1803. 4.
Lamouroux, Dissertation sur plusieurs espèces de Fucus. Agen 1805. 4
Ducluzeau, Sur les Conferves des environs de Montpellier. Montpellier (1805) 4.
Grateloup, Descriptiones aliquorum Ceramiorum novorum. (Observationes etc. Montpellier 1806. 4.)
Turner, Fuci. London 1808—19. 4.
Agardh, Dispositio Algarum Sueciae. Lundae 1810—12. 4.
Rennie, Essays on the natural history and origine of Peat moss (Chondrus crispus Lyngb). Edinburgh 1810. 8.
Agardh, Algarum Decades I—IV. Lundae 1812—15. 4.
Lamouroux, Thalassiophytes non articulés. Paris 1813. 4.
Nees von Esenbeck, Die Algen des süssen Wassers. Bamberg 1814 8.
Griffen, Fucus edulis. New York 1816. 8.
Lamouroux, Histoire des polypiers coralligènes flexibles. Caen 1816 8.
Pollini, Sulle alghe viventi nelle terme euganee. Milano 1817. 8.
Nitzsch, Beitrag zur Infusorienkunde. Halle 1817. 8.
Agardh, Synopsis Algarum Scandinaviae Lundae 1817. 8.
Lyngbye, Tentamen Hydrophytologiae danicae. Havniae 1819. 4.
Link, Epistola de Algis aquaticis in genera disponendis (Horae phys. ber. Bonn 1820. 8.)
Gaillon, Essai sur l'étude des Thalassiophytes. Rouen 1820 8.
Agardh, De metamorphosi Algarum. Lundae 1820. 8.
Agardh, Icones Algarum ineditae. Lundae 1820—22. 4
Bauer, Some experiments on the red snow. London 1820 4
Gaillon, La fructification des Thalassiophytes symphysistées. Rouen 1821. 8.
Bivona, Scinaia. Palermo 1822. 8.
Agardh, Species Algarum rite cognitae. Gryphiae 1823—28. 8.
Agardh, Systema Algarum. Lundae 1824. 8
Targioni-Tozzetti, Catalogus vegetabilium marinorum musei sui. Florentiae 1826. fol.
Bory, Essai monographique sur les Oscillaires. Paris 1827. 8.
Gaillon, Résumé méthodique des classifications des Thalassiophytes. Strassbourg 1828. 8.
Naccari, Algologia adriatica. Bologna 1828. 4.
Agardh, Icones Algarum europaearum. Lipsiae 1828—35. 8.
Hornemann, Fucus buccinalis L. Kjøbenhavn 1828. 4.
Delle Chiaje, Hydrophytologiae regni neapolitani icones. Napoli 1829. fol.
Bachelot de la Pylaie, Flore de l'île de Terre neuve. Paris 1829. 4.
Greville, Algae britannicae. Edinburgh 1830. 8.

Whitaker, Fucus natans. Lewes 1830. 12.
Meyer, Fucus vesiculosus. Kiliae 1830. 4.
Agardh, Conspectus criticus Diatomacearum. Lundae 1830—32. 8.
Andrejewsky, De thermis Aponensibus. Berolini 1831. 4.
Link, Ueber Pflanzenthiere und die dazu gerechneten Gewächse. Berlin 1831. 4.
Biasoletto, Di alcune alghe microscopiche. Trieste 1832. 8.
Bailey, American Bacillaria. (Amer. Journ. of sc. and arts, vol. 41 et 42)
Duby, Ceramiées. Genève 1832—36. 4.
Threde, Algen der Nordsee. Hamburg 1832. 4.
Comelli, Intorno alle alghe microscopiche del Dr. Biasoletti Udine 1833. 8.
Beggiato, Delle terme euganee. Memoria Padova 1833 8.
Gaillon, Observations sur les limites qui séparent le règne végétal et animal. Boulogne 1833. 8.
Berkeley, Gleanings of british Algae. London 1833. 8
Amici, Descrizione di un' Oscillaria Firenze 1833. 8.
Kuetzing, Algarum aquae dulcis Germaniae decades I—XVI. Halle 1833—36. 8.
Agardh, Hafsalgers germination. Stockholm 1834. 8.
Kuetzing, Synopsis Diatomacearum. Halle 1834. 8.
Chauvin, Des collections d'Hydrophytes et de leur préparation. Caen 1834. 8.
Meyer, De Fuco (Chondro) crispo seu Lichene Carrageno Berolini 1835. 8.
Comelli, Intorno alle alghe di acqua dolce ed alle produzini animali che si credevano alghe. Udine 1835 8.
Nardo, Considerazioni generali sulle alghe. Venezia 1835. 4.
Brébisson et Godey, Algues de Falaise. Falaire 1835. 8.
Welwitsch, Synopsis Nostochinearum Austriae inferioris. Wien 1836. 8.
Agardh, Novitiae Florae Suecine ex Algarum familia. Lundae 1836. 8.
Meneghini, Conspectus Algologiae euganeae. Patavii 1837. 8.
Meneghini, Cenni sulla organografia e fisiologia delle alghe. Padova 1838. fol
Areschoug, Symbolae Algarum rariorum Florae scandinavicae. Lundae 1838. 8.
Brébisson et Godey, Diatomées et essai d'une classification. Brée 1838. 8.
Morren, Histoire d'un genre nouveau de la tribu des Confervées, nommé Aphanizomène. Bruxelles 1838. 4.
Ehrenberg, Mikroskopische Analyse des curländischen Meteorpapiers von 1686. Berlin 1839. fol.
Areschoug, De Hydrodictyo utriculato. Lundae 1839. 8.
Zigno, Sopra alcuni corpi organici nelle infusioni. Padova 1839. 8.
Montagne, Sertum patagonicum. Paris 1839. 4. (*D'Orbigny*, Voyage.)
Meneghini, Synopsis Desmidiearum. Halae 1840. 4.
Postels et Ruprecht, Illustrationes Algarum in itinere circa orbem in Oceano pacifico collectarum. Petropoli 1840. fol. max.
Kuetzing, Die Umwandlung niederer Algenformen in höhere. Haarlem 1841. 4.
Morren, Recherches sur la rubéfaction des eaux. Bruxelles 1841. 4.
Stiebel, Die Grundformen der Infusorien etc. Frankfurt a/M. 1841. 4.
Zanardini, Synopsis Algarum in mari adriatico collectarum (cum Monographia Siphonearum). Taurini 1841. 4.
*Harvey, A manual of the british Algae. London 1841. 8.
Kuetzing, Polypiers calcifères. Nordhausen 1841. 4.
Decaisne, Essai sur une classification des algues et des polypiers calcifères. Paris 1842. 8.
Meneghini, Monographia Nostochinearum italicarum, addito specimine de Rivulariis. Aug. Taur. 1842. 4.

**Agardh, J.*, Algae maris mediterranei et adriatici Paris 1842. 8.
Montagne, Prodromus generum specierumque Phycearum novarum in itinere ad polum antarcticum collectarum. Paris 1842. 8
Notaris, Algologiae maris ligustici specimen. (Taurini 1842) 4
*Meneghini, Alghe italiane e dalmatiche. Padova 1842—46 8.
Chauvin, Recherches sur l'organisation, la fructification et la classification des algues. Caen 1842. 4.
Unger, Die Pflanze im Momente der Thierwerdung. Wien 1843 8
Zanardini, Classificazione naturale delle Ficee. Venezia 1843. 4.
*Kuetzing, Phycologia generalis. Leipzig 1843. 4.
Nicolucci, De quibusdam Algis aquae dulcis. Neapoli 1843. 8.
Trevisan, Memorie algologiche. Padova 1843. 8.
Trevisan, Le Alghe del tenere udinese. Padova 1844. 8
Kuetzing, Verwandlung der Infusorien in Algen. Nordhausen 1844. 4.
*Kuetzing, Die kieselschaligen Bacillarien oder Diatomeen. Nordhausen 1844. 4.
Oerstedt, De regionibus marinis. Havniae 1844. 8.
Agardh, J., In systemata Algarum hodierna adversaria. Lundae 1844. 8.
Zanardini, Corallinee calciferi. Venezia 1844. 8.
*Hassall, A history of the british freshwater Algae. London 1845 8
Roemer, Die Algen Deutschlands. Hannover 1845. 4.
Kuetzing, Phycologia germanica. Nordhausen 1845. 8.
*Kuetzing, Tabulae phycologicae. Nordhausen 1845—70 8.
Trevisan, Nomenclator Algarum. Padoue 1845. 8.
*Harvey, Phycologia britannica. London 1846—51. 8.
*Harvey, Nercis australis. London 1847—49. 8
Naegeli, Die neuen Algensysteme und Versuch zur Begründung eines eignen Systems der Algen und Florideen. Zürich 1847. 4
Areschoug, Iconographia phycologica. Gothob. 1847. 4.
Landsborough, Treasures of the Deep. Glasgow 1847. 4.
Zanardini, Cellulari marine di Venezia. Venezia 1847 8
Fresenius, Verwandlung von Infusorien in Algen. Frankfurt a/M. 1847. 8.
*Montagne, Phycologie Paris 1847. 8.
Trevisan, Alghe coccotalle Padova 1848. 8
**Agardh, J.*, Species, genera et ordines Algarum Lundae 1848—63. 8.
Jessen, Prasiola. Kiel 1848. 4.
Kuetzing, Heterocladia prolifera. Nordhausen 1849. 8
Kuetzing, Species Algarum. Leipzig 1849. 8.
Naegeli, Gattungen der einzelligen Algen. Zürich 1849. 4.
Areschoug, Phyceae Scandinaviae marinae. Upsaliae 1850. 4.
Ruprecht, Algae Ochotenses. Leipzig 1850. 4.
Landsbrough, British Seaweeds. London 1850. 8.
Mettenius, Beiträge I. Algologische Beobachtungen. Heidelberg 1850. 8.
*Thuret, Zoospores des Algues. Paris 1851. 8.
Cocks, The Sea-Weed Collector's Guide. London 1853. 8.
Fischer, L. H., Nostochaceen. Bern 1853 4.
*Smith, British Diatomaceae. London 1853—56. 8.
*Harvey, Phycologia australica. London 1853—63. 8.
Unger, Niederste Algenformen. Wien 1854 4.
Wartmann, Anatomie und Entwicklungsgeschichte von Lemanea. St. Gallen 1854. 4.
*Pringsheim, Befruchtung und Keimung der Algen. Berlin 1855—57 8
*Braun, Algarum unicellaria genera nova. Lipsiae 1855. 8.
Laurès, Conferves de Néris. Paris 1855. 8.
Glos, Monographie der Seegewächse. Neusohl 1855. 8
*Thuret, Fécondation des Fucacées. Paris 1855—57. 8.
Frauenfeld, Algen der Dalmatinischen Küste. Wien 1855 4

CAP. 7. ALGAE SIVE PHYCEAE

Gonod, Les plantes des sources minérales Paris 1856. 4
Roche, Les Algues. Études marines. Paris 1856. 8
Braun, Chytridium. Berlin 1856. 4
Derbès, Physiologie des Algues. Paris 1856 8
Itzigsohn, Mougeotia genuflexa Neudamm 1856. 8
Lorenz, Aegagropila Sauteri Wien 1856. 4
Pringsheim, Algengeschlecht. Berlin 1856. 8.
Ruprecht, Tange des Ochotsker Meeres. Petersburg 1856. 4.
Roche, Les Algues Paris 1856. 8
Cramer, Ceramieen. Zürich 1857. 4
Ekman, Skandinaviens Hafsalger. Stockholm 1857. 8.
Gregory, Marine Diatomaceae. Edinburgh 1857. 4.
Suringar, Observationes phycologicae. Leovarden 1857 8
Bary, Conjugaten. Leipzig 1858. 4.
Bonhomme, Quelques Algues d'eau douce Carrère 1858 8.
Soubeiran, Les sources sulfureuses des Pyrénées. Paris 1858 8.
Zanardini, Plantarum in mari rubro enumeratio Venezia 1858. 4.
Harvey, Nereis boreali-americana. New York 1858 4
Bary, Mycetozoen Leipzig 1859. 8
Johnstone, Seaweeds. London 1859—63. 8
Vaupell, Befrugtningen hos Oedogonium. Kjøbenhavn 1859 8.
Pringsheim, Dauerschwärmer des Wassernetzes. Berlin 1860. 8.
Stizenberger, Algen Sachsens. Dresden 1860 8.
Lambert, Algues de l'Aisne. Paris 1860. 8
Pringsheim, Morphologie der Meeresalgen Berlin 1862. 4.
Agardh, J., Spetsbergens Alger. Lund 1862. fol
Musset, Oscillaires Toulouse 1862. 4.
Stanford, Economic applications of seaweed London 1862 8.
Zanardini, Iconographia phycologica adriatica. Venezia 1862—71. 4.
Bary, Chytridieen Freiburg 1863 8
Bary, Ascomyceten Leipzig 1863 8.
Cramer, Ceramiaceen Zürich 1863 4
Heiberg, Diatomaceae Danicae Kjøbenhavn 1863. 8.
Le Jolis, Algues marines de Cherbourg. Paris 1863. 8
Lorenz, J R, Vertheilung der Organismen im Quarnerischen Golfe. Wien 1863 8
Gray, J, Handbook of british Algae London 1864 8
Rabenhorst, Florae Europaea Algarum Lipsiae 1864—68 8
Gray, British Algae London 1864 8
Schenk, Spermatozoiden. Braunschweig 1864 8
Schramm, A., Classification des Algues de Guadeloupe Basse-Terre 1865 4.
Areschoug, De Confervacees nonnullis. Upsaliae 1866 4
Martens, Tange der ostasiatischen Expedition. Berlin 1866—68. 8
Ardissone, Ceramiee italiche. Pesaro 1867 4
Ardissone, Alghe di Ancona. Torino 1867. 4
Notaris, Desmidiaceae italiche Genova 1867 8
Bornet, Floridées Paris 1867. 8
Schumann, Diatomaceen der hohen Tatra Wien 1867 8
Pedicino, Diatomee d'Ischia. Napoli 1867. 4.
Walz, Vaucheria Jena 1867. 8.
Wittrock, Algologiska Studier Upsala 1867 8
Reinsch, Die Algenflora von Franken. Nürnberg 1867 8.
Wittrock, Monostroma Stockholm 1868 8
Millardet, Des genres Atichia, Myriangium et Naetrocymbe — La matière colorante des Phycochromacées et des Diatomées — De la germination des Closterium et Staurastum. Strasbourg 1868 4
Grunow, Algen der Novara. Wien 1868. 4
Brefeld, Dictyostelium mucoroides Frankfurt a/M. 1869. 4
Schwendener, Algentypen der Flechtengonidien Basel 1869. 8

CAP. 8. LICHENUM MONOGRAPHIAE

Sperk, G., Algenflora des schwarzen Meeres. Charkow 1869. 8.
Dippel, Diatomen von Kreuznach. Kreuznach 1870 8.
Suringar, Algae japonicae. Harlem 1870. 4.
Pfitzer, Bacillarien. Bonn 1871. 8.
Lundell, Desmidiaceae Sueciae Upsaliae 1871. 4.
Sonder, W., Algen des tropischen Australiens. (Hamburg 1871) 4
Weiss, A, Bau und Natur der Diatomaceen Wien 1871. 8
Müller, O., Bau der Zellwand der Bacillarien Berlin 1871. 8

Cap. 8. Lichenum monographiae.

Medica: Cetraria islandica Ach. 1769, Cladonia pyxidata Spr. 1785, Parmelia parietina Arch. 1817, 1818, Peltidea canina Hoffm 1762, Usnea cranii humani 1732

Coeler, De Usnea seu musco cranii humani. Lugduni Batavorum 1732. 4.
Cartheuser, De Lichene cinereo terrestri (Peltidea canina Hoffm.). Francofurti 1762. 4.
Scopoli, Annus hist. nat (II. p 107—118.) Lichenis (Cetrariae) islandici vires medicae. Lipsiae 1769. 8.
Hagen, Tentamen historiae Lichenum praesertim prussicorum Regiomonti 1782. 8.
Hoffmann, Enumeratio Lichenum. Erlangae 1784. 4.
Dillenius, De Lichene (Cladonia) pyxidato. Moguntiae 1785. 8.
Amoreux, Recherches sur les divers Lichens. Lyon 1787 8
Hoffmann, Vegetabilia cryptogama. Erlangae 1787—90. 4.
Hoffmann, Plantae lichenosae. Lipsiae 1789—1801. fol.
Humboldt, Synonymia Lichenum castigata. (Flora fribergensis Berolini 1793. 8. p. 183—185).
Persoon, Einige Bemerkungen über die Flechten. (Zürich 1794) 8.
Candolle, Premier essai sur la nutrition des Lichens. Paris 1798. 4.
Acharius, Lichenographiae suecicae Prodromus. Lincopiae 1798. 8
Sturm, Deutschlands Flora, Kryptogamen (Lichenen von Laurer) Nürnberg 1798—1839. 12.
Bernhardi, Lichenum gelatinosorum illustratio. (Schrader's Journal I, 1799, p. 1—17.) 8.
Schrader, Abermalige Revision der Gattung Usnea. Göttingen 1799. 8.
Acharius, Methodus qua omnes detectos Lichenes etc. Stockholmiae 1803 8.
Westring, Svenska Lafvarnas Färghistoria. Stockholm 1803—9 8.
Duval, C., Verzeichniss der Flechten um Regensburg. Nürnberg 1808. 8
Luyken, Tentamen historiae Lichenum. Goettingae 1809. 8
Acharius, Lichenographia universalis. Goettingae 1810. 4
Swartz, Lichenes americani Norimbergae 1811. 8.
Wikström, Musei upsaliensis appendix XXI Upsaliae 1813. 4
Acharius, Synopsis methodica Lichenum. Lundae 1814. 8
Floerke, deutsche Lichenen. Berlin 1815. 8
Monkewitz, Chemisch-medizinische Untersuchung über die Wandflechte (Parmelia parietina Ach) und Chinarinden. Dorpat 1817. 8.
Fries, Lichenum dianome nova. Lundae 1817. 4
Mannhardt, Lobariae (Parmeliae) parietinae analysis chemica. Kiliae 1818. 4.
Ehrenberg, De Coenogonio, nova Lichenum genere. (Hor. phys. ber. Bonn 1820. fol)
Dufour, J, Revision des genres Cladonia, Scyphophorus, Helopodium et Baeomyces. Bruxelles 1821. 8
Delise, Histoire des Lichens Genre Sticta. Caen 1822—25 8. et Atlas.

Fries, Beskrifning på nya Lafslägten. Stockholm 1822. 8.
*Schaerer, Lichenes Helvetiae exsiccati. Bern 1823—54. 4.
Hepp, Lichenenflora von Würzburg. Mainz 1824. 8.
Eschweiler, Systema Lichenum. Norimbergae 1824. 4.
*Fée, Essai sur les cryptog. des écorces exotique offic. Paris 1824—37. 4.
Fée, Méthode lichénographique et genera. Paris 1824. 4.
Brotero, Historia natural da orzella. Lisboa 1824. 8.
Chevallier, Histoire des Graphidées. (Histoire générale des Hypoxylons.) Paris 1824. 4.
Fries, Schedulae criticae de Lichenibus Sueciae exsiccatis. Lond. Goth 1824—33. 4.
*Meyer, Nebenstunden I: Die Entwicklung, Metamorphose und Fortpflanzung der Flechten. Göttingen 1825 8.
Mann, Lichenum in Bohemia dispositio succinctaque descriptio. Pragae 1825 8.
*Wallroth, Naturgeschichte der Flechten. Frankfurt a/M. 1825—27. 8.
Goebel und *Kunze*, Pharmaceutische Waarenkunde. (Band. I. Parasitische Flechten der officinellen Rinden.) Eisenach 1827—29. 4.
Floerke, De Cladoniis. Rostockii 1828. 8.
Wallroth, Naturgeschichte der Säulchenflechten (Cenomyce Ach.). Naumburg 1829. 8.
Fingerhuth, Tentamen Florulae Lichenum Eiffliacae. Norimbergae 1829. 8.
Fries, Primitiae geographiae Lichenum. Lond. Goth. 1831 8.
*Fries, Lichenographia europaea reformata. Lundae et Gryphiae 1831 8.
Dietrich, Lichenographia germanica. Jena 1832—37. 4.
Stenhammar, De Lichenibus suecanis. Norcaepiae 1833. 4.
*Hepp, Sporen europäischer Lichenen. Zürich 1833—67. 4
Bohler, Lichenes britannici. Sheffield 1835—37. 8.
Fée, Memoires lichénographiques. (Bonnae) 1838. 4.
Borrer et *Turner*, Lichenographia britannica Yarmouth 1839. 8.
Koerber, De gonidiis Lichenum. Berolini 1839. 8.
Flotow, Lichenen des Riesengebirges. (*Wendt*, Die Thermen zu Warmbrunn. Breslau 1840. 8.)
Wallroth, Beiträge I. (Zur Naturgeschichte der Usnea nigra Dill.) Leipzig 1842. 8.
Perktold, Die Umbilicarien von Tirol. Innsbruck 1842. 8
Flotow, *Goeppert* et *Nees von Esenbeck*, Die Rinde Pao Pereira (Geissospermum Vell. Allem), ihre Lebermoose und Flechten. Breslau 1842. 8.
Torssell, Enumeratio Lichenum et Byssacearum Scandinaviae. Upsaliae 1843. 12.
Rabenhorst, Deutschlands Kryptogamenflora: Lichenen. Leipzig 1845. 8.
Tuckerman, Enumeration of north american Lichenes. Cambridge 1845. 8.
Koerber, Lichenographiae germanicae specimen, Parmeliacearum familiam continens. Vratislaviae 1846. 4.
*Montagne, Aperçu morphologique des Lichens. Paris 1846. 8.
Cornaz, Lichens jurassiques. Neuchâtel 1847. 8.
Tuckerman, Lichens of New England and British America. Cambridge 1848. 8.
Holle, Borrera ciliaris. Goettingae 1849. 4.
Tornabene, Lichenographia sicula. Cataniae 1849. 4.
*Schaerer, Enumeratio Lichenum europaeorum. Bern 1850. 8.
Leighton, British angiocarpous Lichens. London 1851. 8.
Bayrhoffer, Lichenen und deren Befruchtung. Bern 1851. 4.
Thedenius, Stockholmstractens Lafvegetation. Stockholm 1852. 8.
Massalongo, Licheni crostosi. Verona 1852. 8.
Norman, Redactio nova Lichenum. Christianiae 1852. 8.
Massalongo, Memorie lichenografiche. Verona 1853. 8.
Nylander, W., Collectanea lichenologica in Gallia meridionali et Pyrenaeis. Holmiae 1853. 8.
*Koerber, Systema Lichenum Germaniae. Vratislaviae 1855. 8
Massalongo, Symmicta Lichenum. Verona 1855. 8
Massalongo, Lichenes Italiae. Verona 1855—56. 8.
Guembel, Lecanora ventosa Ach Wien 1856. 4
Bornet, Lichens nouveaux. Cherbourg 1856. 8
Famintzin, Gonidien der Flechten. Petersburg 1857 4.
Fries, Th., De Stereocaulis et Pilophoris. Upsaliae 1857. 8.
Nylander, W., Monographia Caliciorum. Helsingforsiae 1857. 8.
Nylander, Prodromus Lichenologiae. Burdigaliae 1857. 8.
Beltramini, Licheni Bassanesi. Bassano 1858. 8.
Fries, Th., Monographia Stereocaulorum et Pilophorum. Upsaliae 1858. 4.
*Nylander, Synopsis methodica Lichenum. Paris 1858—59. 8.
Bentzel-Sternau, Fortschritte der Lichenologie. Pressburg 1859. 8.
Koerber, Parerga lichenologica. Vratislaviae 1859—60. 8.
Le Jolis, Lichens de Cherbourg. Paris 1859. 8.
Bayrhoffer, Entwicklung und Befruchtung der Cladoniaceen. Frankfurt a/M. 1860. 4.
Fries, Th., Lichenes arctoi Europae Grönlandiaeque. Upsaliae 1860. 4.
Trevisan, Conspectus Verrucarinarum. Bassano 1860. 8
Anzi, Lichenes Sondrienses. Novi Comi 1860. 8.
Payot, Lichens de Mont Blanc Lausanne 1860. 8.
Schwendener, Strauchartige Flechten. Leipzig 1860. 8.
Schwendener, Flechtenthallus. Leipzig 1860—68. 8
Trevisan, Conspectus Verrucariarum. Bassano 1860. 8
Krempelhuber, Lichenenflora Baierns Regensburg 1861. 4.
Nylander, Lichenes Scandinaviae. Helsingfors 1861. 8.
Massalongo, Lichenes capenses. Venezia 1861. 4.
Fries, Th., Genera Heterolichenum europaea. Upsaliae 1861. 8
Stizenberger, Beiträge zur Lichenen-Systematik (St.-Gallen) 1862. 8.
Rojas Clemente, Liquenologia geografica de Andalucia. Madrid 1863. 8.
Stizenberger, Lecideaceen. Dresden 1863. 8.
Garovaglio, Verrucaria di Lombardia. Pavia 1864 8.
Garovaglio, Distribuzione geografica dei Licheni di Lombardia. Pavia 1864. 8.
Fuisting, Apothecium Lichenum Berolini 1865. 8.
Gibelli, Verrucaria. Milano 1865. 4.
Stizenberger, Opegrapha. Dresden 1865. 4.
Garovaglio, Recenti sistemi lichenologici. Pavia 1865. 8.
Garovaglio, Dispositio Lichenum. Mediolani 1865—68. 4.
Garovaglio, Octona Lichenum genera. Mediolani 1866. 4.
Anzi, Neosymbola Lichenum. Mediolani 1866. 8.
Garovaglio, Manzonia. Mediolani 1866. 4.
Famintzin, Gonidien der Lichenen. Petersburg 1867. 4.
Garovaglio, Quatuor Lichenum angiocarpearum genera. Mediolani 1867. 4.
Mudd, British Lichens. London 1867 8.
*Krempelhuber, Geschichte und Literatur der Lichenologie. München 1867—69. 8.
Stizenberger, Lecidea sabuletorum (Fr. Dresden 1867. 4.
Anzi, Analecta Lichenum rariorum. Novi comi 1868. 8.
Roumeguère, Lichens. Toulouse 1868. 4.
Nylander, Synopsis Lichenum Novae Caledoniae. Caen 1868. 8.
Deichmann, Lichenes Daniae. Kjobenhavn 1869. 8.
Bausch, Flechten Badens. Carlsruhe 1869. 8.
Schwendener, Algentypen der Flechtengonidien. Basel 1869 8.
Crombie, Lichenes britannici. Londini 1870. 8.

Ohlert, A, Lichenen der Provinz Preussen. Danzig 1870. 4.
Malbranche, Lichens de la Normandie. Rouen 1870. 8.
Fries, Th., Lichenographia scandinavica. Upsaliae 1871. 8.
Leighton, W., The Lichen-Flora of Great Britain. Shrewsbury 1871. 8.
Ohlert, A, Lichenologische Aphorismen. Danzig 1871. 4.
Redslob, J., Die Moose und Flechten Deutschlands. Leipzig 1871. 4.

Cap. 9. Fungorum monographiae.

Conf. de morbi splantarum: Cap. 44 Ampelideae, Solanum tuberosum, Triticorum morbi.

Fungi officinales 1702, 1755, 1778, 1784.

Jonghe, Phalli in Hollandiae sabuletis descriptio. Delphis 1564. 4.
Ciccarellus, Opusculum de Tuberibus. Patavii 1564. 12.
Cornelissen, Sur les Tubera des anciens et de Suetone (Lycoperdon tuber L.). s. l. et a. 8.
Severinus, De lapide fungifero et fungimappa Patavii 1649. 4
Sterbeeck, Theatrum Fungorum Antwerpen 1675. 4.
Breyn, De Fungis officinalibus. Lugd. Bat. 1702. 4.
Lancisi, Diss. de ortu, vegetatione et textura Fungorum Romae 1714 fol.
Marsigli, De generatione Fungorum. Romae 1714. fol.
Brueckmann, F, Fungi subterranei, vulgo tubera terrae dicti. Helmstädiae 1720. 4.
Brueckmann, F., De Fungo hypoxylo digitato. Helmstadii 1725. 4.
Brueckmann, F., Epistola itineraria XX de Tuberibus terrae. Wolfenbuetteliae 1730 4
Gleditsch, Methodus Fungorum. Berolini 1753. 8.
Battarra, Fungorum agri ariminensis historia. Faventiae 1755. 4.
Linné, Fungus melitensis. Upsaliae 1755. 4.
Hill, Of the mushroom stone. London 1758 8
Schaeffer, Vorläufige Beobachtungen der Schwämme um Regensburg Regensburg 1759. 4. — Der Gichtschwamm mit grünschleimigem Hute. 1760. 4. — Icones fungorum singularium. 1761. 4.
*Schaeffer, Fungorum in Bavaria et Palatinatu circa Ratisbonam, icones. Ratisbonae 1762—74. 4. — *Persoon*, Commentarius Erlangae 1800. 4.
Mueller, Efterretning om Svampe. Kiöbenhavn 1763. 4.
Marsili, Fungi carrariensis historia. (Patavii) 1766. 4.
Pennier, Sur les truffes et sur les champignons. Avignon 1766. 12.
Scopoli, Annus hist. nat. (IV. p. 144—50. Fungi quidam rariores in Hungaria detecti). Lipsiae 1770. 8.
Scopoli, Dissertationes (p. 84—120, tab. 1—46. Plantae subterraneae). Pragae 1772. 8.
Duchesne, Description de deux champignons de Paris. 1772. 4.
Fellner, Prodromus Fungorum agri vindobonensis. Viennae 1775. 8.
Boehmer, De dubia Fungorum collectione. Wittebergae 1776. 4.
Huth, Vom Entstehen des Schwammes in den Gebäuden. Halberstadt 1776. 8.
Lidbeck, Fungi regno vegetabili vindicati. Londini Gothorum 1776 4.
Spallanzani, Opuscoli di fisica (vol. II. p. 255—77. Origine delle Muffe). Modena 1776. 4.
Richter, A. G., De Agarico (officinali). Goettingae 1778. 4.
Rubel, De Agarico officinali. Vindobonae 1778. 8.
Gruner, De virtutibus Agarici muscarii. Jenae 1778. 4.
Borch, Lettres sur les truffes de Piémont. Milan 1780. 8.
Bryant, Two species of Lycoperdon. London (1782). 8.
Krapf, Beschreibung der um Wien wachsenden Schwämme. Wien 1782. 4.

Necker, Traité sur la Mycitologie. Mannheim 1783 8.
Batsch, Elenchus Fungorum Halae 1783—89. 4.
Enslin, De Boleto suaveolente L. Erlangae 1784. 4.
Secondat, Memoires... champignons, qui paroissent tirer leur origine d'un pierre. Paris 1785. fol.
Kerner, Giftige und essbare Schwämme. Stuttgart 1786. 8
Picco, Melethemata. (De Fungorum generatione etc.) Augustae Taurin. 1788. 8.
Dardana, In Agaricum campestrem infamem acta. Aug. Taur. 1788. 8.
Planer, Fungi agri erfurtensis. Erfordiae 1788. 8.
*Bolton, History of fungusses about Halifax. Huddersfield 1788—91. 4.
(Hoffmann) Nomenclator Fungorum. (Agarici.) Berlin 1789—90. 8
Medikus, F. C., Lettre sur l'Origine des Champignons. Mannheim 1790. 8.
Tode, Fungi mecklenburgenses selecti. Lueneburgi 1790—91. 8.
Holm (Holmskjold), Beata ruris otia Fungis danicis impensa. Havniae 1790-99 fol.
Paulet, Tabula plantarum fungosarum. Paris 1791. 4.
*Bulliard, Histoire des champignons de la France. Paris 1791—98. fol.
Buchoz, Collection curieuse des champignons. Paris 1792. fol.
(Forster, B M.) Peziza cuticulosa. (London 1792.) 16
Wulfen, Icones pictae Fungorum ineditae s. l. et a. 4.
Humboldt, Florae fribergensis specimen. Berolini 1793. 8.
Paulet, Traité des champignons. Paris 1793 (—1835). 4.
Persoon, Observationes mycologicae. Lipsiae 1796—99. 8.
Blottner, De Fungorum origine. Halae 1797. 8.
Holm (Holmskjold), Coriphaei Clavarias Ramariasque complectentes. Lipsiae 1797. 8.
*Persoon, Tentamen dispositionis methodicae Fungorum. Lipsiae 1797. 8.
Persoon, Commentatio de Fungis clavaeformibus. Lipsiae 1797. 8.
Hoffmann, Vegetabilia in Hercyniae subterrancis collecta. Norimbergae (1797—) 1811. fol.
*Sowerby, Coloured figures of english Fungi or Mushrooms. London 1797 (—1815). fol.
Candolle, Notice sur le Reticularia rosea. Paris 1798.
Persoon, Icones et descriptiones Fungorum minus cognitorum. Lipsiae (1798—1800). 4.
Ellrodt, Schwammpomona. Baireuth 1800. 12.
Mayer, J. C. Essbare Schwämme. Berlin 1801. fol.
*Persoon, Synopsis methodica Fungorum. Goettingae 1801. 8.
Gerod-Chautrans, Conferves, Bisses, Tremelles. Paris 1802. 4.
Persoon, Icones pictae rariorum Fungorum. Paris 1803—6. 4.
Frenzel, Physiologische Beobachtungen. (Ueber Entstehung der Erdschwämme.) Weimar 1804. 8.
Trattinick, Fungi austriaci. Wien 1804—6. 4. — ib. 1830. 4.
Albertini et *Schweinitz*, Conspectus Fungorum in agro Niskiensi. Lipsiae 1805. 8.
Rebentisch, Index. (Descriptiones aliquot Fungorum.) Berolini 1805. 8.
Targioni-Tozzetti, O., Sopra alcuni funghi ritrovati nell' apparechio di una frattura. Modena 1805. 4
Haberle, Das Gewächsreich. Erste Familie: Pilze. Weimar 1806. 8
Haberle, Beobachtungen über das Entstehen der Sphaeria lagenaria Pers. so wie des Merulius destruens Pers. Erfurt 1806. 8.
Quadri, Una specie di fungo velenoso. Milano 1807. 4.
Nysten, Maladies des vers à soie. Paris 1808. 8.
Bayle-Barelle, Funghi nocivi. Milano 1808. 4.
Bayle-Barelle, Descrizione dei funghi nocivi o sospetti. Milano 1808. 4
Nysten, Recherches sur les maladies des vers à soie. Paris 1808. 8.

Siemssen, Hausschwamm. Leipzig 1809. 8
Ditmar, Duo genera fungorum. 1809. 8.
Siemssen, Naturgeschichte des Hausschwammes Leipzig 1809. 8.
Trattinick, Die essbaren Schwämme des Kaiserstaates. Wien 1809 — ib. 1830. 8.
*Sturm, Deutschlands Flora. Pilze. Nürnberg 1813–48. 12.
Fischer, Anleitung zur Trüffeljagd. Karlsruhe 1814. 8.
Liboschitz, Beschreibung eines neuentdeckten Pilzes. Wien 1814. fol.
Malacarne, Di un fungo delle classe de' Licoperdi. Verona 1814. 4.
Bonato, Osservazioni sopra i funghi mangereccj. Padova 1815. 8.
Candolle, Mémoire sur les Rhizoctones. (Mém Mus. d'hist. nat. 1815 II, p 209–216)
Candolle, Mémoire sur le genre Sclerotium et sur l'ergot des Céréales (Mém. Mus. d'hist. nat. 1815. II, 401–20)
Lespiault, Notice sur les champignons comestibles. Agen 1815. 8.
Fries, Observationes mycologicae. Havniae 1815–18. 8. – ib. 1824. 8.
**Nees von Esenbeck*, Das System der Pilze und Schwämme. Würzburg 1816. 4.
Otto, Versuch einer Anordnung der Agaricorum. Leipzig 1816. 8.
Hornemann, Om Berberissen kan frembringa kornrust? Kjøbenhavn 1816. 8.
Fries, Specimen systematis mycologici. Lundae 1817. 8.
Fries, Symbolae Gasteromycorum. Lundae 1817–18. 4.
Candolle, Les Champignons parasites: Xiloma, Asteroma, Polystigma et Stilbospora. (Mus. d'hist. nat. de Paris. 1817. III, 312–40)
Kunze et Schmidt, Mykologische Hefte. Leipzig 1818–23. 8.
Ehrenberg, Sylvae mycologicae berolinenses. Berolini 1818. 4.
Persoon, Traité sur des champignons comestibles. Paris 1818. 8.
Nees von Esenbeck jun., Radix plantarum mycetoidearum. Bonnae 1819 4.
Ehrenberg, Horae phys ber (Enumeratio Fungorum a Chamisso collectorum). Bonn 1820 fol.
Ehrenberg, Syzygites, eine neue Schimmelgattung. (1820.) 4.
Krombholz, Conspectus Fungorum esculentorum. Prag 1821. 8
Schlechtendal, Erineum Pers. Regensburg 1821. 4.
Larber, Funghi. Bassano 1821. 4
*Fries, Systema mycologicum. Gryphiswaldiae 1821–30. 8.
Eschweiler, De fructificatione generis Rhizomorphae. Elberfeldiae 1822. 4.
*Persoon, Mycologia europaea Erlangae 1822–28. 8
Desmazières, Notice sur les Lycoperdons de Linné. Arras 1823. 8.
*Greville, Scotish cryptogamic Flora. Edinburgh 1823–29. 8.
Briganti, De Fungis rarioribus regni neapolitani. Neapoli 1824.
Brondeau, Description de deux champignons nouveaux. Paris 1824. 8
Linné, Species plantarum. Ed. IV. tomus VI. (*Link*, Hyphomycetes et Gymnomycetes) Berolini 1824–25. 8.
Bornholz, Der Trüffelbau Quedlinburg 1825. 8.
Brongniart, Essai d'une classification naturelle des champignons. Paris 1825 8.
(*Gmelin*) Beschreibung der Milchblätterschwämme in Baden. Karlsruhe 1825 8.
Léveillé, Recherches sur la famille des Agarics Paris 1825. 8.
Vittadini, Ammanitarum illustratio. Mediolani 1826. 4.
Cordier, Guide de l'amateur des champignons. Paris 1826. 12.
Letellier, Sur les propriétés des champignons de Paris. Paris 1826. 4.
Letellier, Histoire et description des champignons alimentaires et vénéneux aux environs de Paris. Paris 1826. 8
Desmazières, Observations botaniques et zoologiques. Lille 1826. 8.
Le Turquier Delongchamp, Concordances de Persoon avec De Candolle, Bulliard et Fries Rouen 1826 8.

Brondeau, Observations sur l'Agaricus pilosus Huds Paris 1827. 8.
Descourtilz, Des champignons comestibles, suspects et vénéneux Paris 1827. 8.
Lüdersdorff, Das Auftrocknen .. die Aufbewahrung der Pilze. Berlin 1827. 8
Ascherson, De Fungis venenatis. Berolini 1828 8.
Oesterreicher, Generalia de Fungis venenatis. Pestini s a. 8
Fries, Elenchus Fungorum. Gryphiae 1828. 8.
Martin, Manuel de l'amateur de truffes. Paris 1828. 18.
Barbieri, Osservazioni microscopiche. Mantova 1828. 8
Alberti, A., Del modo di conoscere i Fungi. Milano 1829. 4
Dijk et van Beek, Onderzoekingen aangaande het zwart in de Melisbrooden. Amsterdam 1829. 8.
Larber, Sui funghi saggio generale. Bassano 1829. 4.
Letellier, Figures des champignons servant de supplément aux planches de Bulliard (tab. 603–710). Paris 1829–42. 4.
*Fries, Synopsis Agaricorum europaeorum. Lundae 1830 8
Hayne, Die schädlichen und nützlichen Schwämme. Wien 1830 4
Lecoq, Recherches sur Randan (Peziza randanensis Lecoq) Paris 1830. 8.
Desmazières, Monographie des Naemaspora et Libertella. Lille 1831. 8.
Lenz, Die nützlichen und schädlichen Schwämme. Gotha 1831. 8. — ib. 1840. 8.
Vittadini, Monographia Tuberacearum. Mediolani 1831. 4.
Krombholz, Naturgetreue Abbildungen und Beschreibungen der essbaren, schädlichen und verdächtigen Schwämme. Prag 1831–47. fol.
Roques, Histoire des champignons comestibles et vénéneaux. Paris 1832. 8. — ib. 1841. 8. et Atlas.
Vittadini, Descrizione dei Funghi mangerecci e velenosi dell' Italia. Milano (1832–) 1835. 4.
Secretan, Mycographie suisse. Genève 1833 8.
Fée, Mémoire sur les Phylleriées et le genre Erineum. Paris 1834. 8.
Viviani, I Funghi d'Italia. Genova 1834. fol.
*Fries, Boleti, Fungorum generis, illustratio. Upsaliae 1835. 8.
Kickx, Notice sur quelques espèces peu connues de la Flore belge Bruxelles 1835. 8.
Bassi, Del mal del segno, calcinaccio o moscardino dei bachi da seta. Lodi 1835–36. 8.
Schmalz, Fungorum species illustratae. s. l. et a. 4
Berkeley, Fungi. (Smith, English Flora, vol V. part II.) London 1836. 8.
*Berkeley, British Funghi. Fasc. I–IV. London 1836–43. 4. (exsiccati)
*Fries, Synopsis generis Lentinorum. Upsaliae 1836. 8.
*Fries, Genera Hymenomycetum; nova expositio. Upsaliae 1836. 8.
Fries, Anteckningar öfver de i Sverige växande ättiga Svampar Upsala 1836. 4.
Moynier, De la truffe. Paris 1836. 8.
Opatowski, De familia Fungorum boletoideorum. Berolini 1836. 8
Schmid, De Fungis esculentis et venenatis. Vindobonae 1836. 8
Weinmann, Hymeno- et Gasteromycetes imperii rossici. Petropoli 1836. 8.
*Fries, Epicrisis systematis mycologici seu Synopsis Hymenomycetum Upsaliae et Lundae 1836–38. 8.
Chevallier, Fungorum et Byssorum illustrationes. Paris 1837. fol
Corda, Ueber Spiralfaserzellen in dem Haargeflechte der Trichien Prag 1837. 4
Fries, Fungi guineenses Adami Afzelii. Upsaliae 1837. 4.
Fries, Spicilegium plantarum neglectarum. I. Agarici hyperrhodii Upsaliae 1837. 4
**Nees von Esenbeck* jun. et *Henry*, Das System der Pilze. Bonn 1837. gr 8.

Corda, Icones Fungorum hucusque cognitorum. Pragae 1837—42. fol.
Audouin, Recherches sur la Muscardine. Paris 1838. 8.
Audouin, Nouvelles expériences. Paris 1838. 8.
Haro, Tableau des champignons des environs de Metz. Metz 1838. 8.
Jakovcsich, Literatura doctrinae de Fungis venenatis et edulibus, accedente synopsi specierum hungaricarum Amanitae. Pestini 1838. 8.
Junghuhn, Enumeratio Fungorum Javae. (Batavia 1838.) *8.
Mlady, Synopsis Amanitarum in agro pragensi. Pragae 1838. 8.
Noulet et Dassier, Traité des champignons comestibles, suspectes et vénéneux. Toulouse 1838. 8.
Schummel, Ueber die giftigen Pilze. Breslau (1838.) 1840. 4.
Corda, Prachtflora europäischer Schimmelbildungen. Leipzig 1839. fol.
Kreutzer, Essbare Schwämme. Wien 1839. 8.
Proell, Fungi austriaci esculenti iisque similes virulenti. Viennae 1839. 8.
Dufour, Notice sur les champignons comestibles du dép. des Landes. Mont-de-Marsan 1840. 8.
Léveillé, Notice sur le genre Agaric. Paris 1840. 8.
Kickx, Notice sur quelques champignons du Mexique. Bruxelles 1841. 8.
Montagne, Esquisse organographique et physiologique sur la classe des champignons. Paris 1841. 8.
Notaris, Micromycetes italici novi. (Taurini 1841—44.) 4.
Gasparrini, Ricerche sulla natura della pietra fungaja. Napoli 1841. 4.
Brunner, Einiges über den Steinlöcherpilz (Polyporus Tuberaster Jacq.) und die Pietra fungaja der Italiener. Neuenburg 1842. 4.
Corda, Anleitung zum Studium der Mykologie nebst kritischer Beschreibung aller bekannten Gattungen Prag 1842. 8.
Coxe, Description of the Agaricus atramentarius. Philadelphia 1842. 8.
Marquart, Beschreibung essbarer und schädlicher Schwämme. Brünn 1842. 8.
Oschatz, De Phalli impudici germinatione. Vratislaviae 1842. 4.
Venturi, Studi micologici. Brescia 1842. 4.
Vittadini, Monographia Lycoperdineorum. Aug. Taur. 1842. 4.
Castagne, Urédinées dans les Bouches-du-Rhône. Marseille 1842—43. 8.
Harzer, Naturgetreue Abbildungen der vorzüglichsten Pilze. Dresden 1842 (—45). gr. 4.
Montagne, Considérations générales sur les Podaxinées et le nouveau genre Gyrophragmium. (Paris 1843.) 8.
Rabenhorst, Deutschlands Krytogamenflora: Pilze. Leipzig 1844. 8.
Wallroth, Beiträge II. Naturgeschichte der myketischen Entomorphyten). Leipzig 1844. 8.
Berkeley, Decades of Fungi. London 1844—56. 8.
Venturi, A., Nozioni organografiche e fisiologiche sopra gli Imenomiceti. Brescia 1844. 8.
Notaris, Cenno sulla tribu de' pirenomiceti sferiaci. Firenze 1844. 4.
Notaris, Osservazioni su alcuni generi dei pirenomiceti sferiaci. Firenze 1845. 8.
Buehler, Der laufende Schwamm. Stuttgart 1845. 8.
Harrwitz, De Cladosporio herbarum. Berolini 1845. 8.
Lund, Conspectus Hymenomycetum circa Holmiam crescentium. Christianiae 1845. 8.
Trog, Schwämme der Schweiz. Bern 1845—60. fol.
Venturi, I miceti dell' agro bresciano. Brescia 1845—60. fol.
Dozy et Molkenboer, Novae Fungorum species in Belgico septentrionali. Lugd. Bat. 1846. 8.
Trog, Tabula analytica Fungorum. Bernac 1846. gr. 12.
Léveillé, Nouvelle classification des Champignons. Paris 1846. 8

Reisseck, Ueber Endophyten der Pflanzenzelle. Wien 1846. 4.
Badham, The esculent mushrooms of England. London 1847. gr. 8. —1864. 8.
Blanchet, Les champignons comestibles de la Suisse. Lausanne 1847. 4.
Hussey, Illustrations of british Mycology. London 1847—55. 4.
Mulsant, Nouvelle espèce du genre Sphaeria Hall. Lyon 1847. 8.
Robin, Les végétaux qui croissent sur les animaux vivants. Paris 1847. gr. 8.
Schlechtendal, De Aseroës genere dissertatio Halae Saxonum (1847). 4.
Simon, Sarcina ventriculi. Halis 1847. 8.
Sluyter, De vegetabilibus parasitis. Berolini 1847. 8.
Horaninow, Die Pilze medicinisch-polizeilich. Petersburg 1848. 8.
Wahlberg, Fungi natalenses. Holmiae 1848. 8.
Trog, Die Schwämme des Waldes. Bern 1848. 8.
Hoffmann, Beiträge. Frankfurt a/M. 1850—63. 4.
Bonorden, Mykologie. Stuttgart 1851. 8.
Cazin, Champignons de Bagnères de Luzon. Paris 1851 8.
Tulasne, Fungi hypogaei. Parisiis 1851. fol.
Fries, E, Novae symbolae mycologiae. Upsaliae 1851. 4.
Fries, E., Cortinarii et Hygrophori Sueciae. Upsaliae (1852). 8.
Bary, Developpement des Champignons parasites. Paris 1852.
Baria, Champignons de Nice. Nice 1852 4.
Lavalle, Champignons comestibles. Paris 1852. 8.
Sehlmeyer, Index Hymenomycetum. Coloniae 1852. 8.
Robin, C., Végétaux parasites sur l'homme et les animaux. Paris 1853. 8.
Lindblad, Synopsis Fungorum Sueciae. Upsala 1853. 8.
Bary, Brandpilze. Berlin 1853. 8.
Berkeley, Fungi from Portugal. London 1853. 8.
Lindblad, Synopsis Hydnorum jubatorum Sueciae. Upsala 1853. 8.
Braun, Pflanzenkrankheiten durch Pilze Berlin 1854. 8.
Brandsch, Pilzarten von Mediasch. Mediasch 1854 4.
Hénon, Meruliusdestruens dans les constructions. Lyon 1854. 8.
Dupuis, Des champignons comestibles et vénéneux. Paris 1854. 8.
Fries, E., Monographia Omphaliarum Sueciae. Upsaliae 1854. 8
Herrmann, P., Der Pilzjäger. Dresden 1854. 8.
Fries, E, Monographia Collibiarum Sueciae. Upsaliae 1854. 8.
Fries, E., Monographia Armillariarum Sueciae. Upsaliae 1854. 8.
Fries, E., Monographia Clytocybarum Sueciae. Upsaliae 1854. 8.
Fries, E., Monographia Mycenarum Sueciae. Upsaliae 1854. 8.
Fries, E., Monographia Lepiotarum Sueciae. Upsaliae 1854. 8.
Fries, E., Monographia Tricholomatum Sueciae. Upsaliae 1854. 8.
Fries, E., Monographia Amanitarum Sueciae. Upsaliae 1854. 8.
Léveillé, Iconographie des Champignons de Paulet. Paris 1855. 4.
Caspary, Zwei und dreierlei Früchte einiger Schimmelpilze Hyphomyceten. Berlin 1855. 8.
Léveillé, Iconographie des champignons. Paris 1855. 4.
Küchenmeister, Pflanzliche Parasiten des Menschen. Leipz. 1855. 8.
Lehmann, Pilze. Dresden 1855. 8.
Lindblad, Lactarii Sueciae. Upsala 1855. 8.
Borszczow, Fungi ingrici. Petropoli 1857. 8
Kickx, Clavis Bullardiana. Gandavi 1857. 8.
Limminghe, Flore mycologique de Gentinnes. Namur 1857. 8.
Fries, E., Svampárnes geografisca Utbredning. Upsala 1857. 8.
Fries, E., Monographia Hymenomycetum Sueciae. Upsaliae 1857. 8.
Staude, Schwämme Mitteldeutschlands. Gotha 1858. 4.
Ciccone, Muscardine. Paris 1858 8.
Kühn, Krankheiten der Kulturgewächse. Berlin 1858. 8.
Barla, Champignons de Nice. Nice 1859. 4.

CAP. 9. FUNGI

Cazin, Les champignons souterraines de Bagnères de Luchon. Paris 1859. 8.
Bonorden, Coniomyceten und Kryptomyceten. Halle 1860. 8.
Sterzing, Pilze um Sondershausen. Sondershausen 1860. 4.
Fuckel, Enumeratio Fungorum Nassoviae. Wiesbaden 1860. 8.
Roussel, Champignons de Paris. Paris 1860. 8.
Seynes, Du parasitisme. Montpellier 1860. 8
Richter, B., De favo ejusque fungo. Vratislaviae 1860. 8.
Coemans, Pilobolus. Bruxelles 1861. 4.
Bail, Wichtigste Sätze der neuern Mykologie. Jena 1861, 4.
Berkeley, British Fungology. London 1861. 8.
Streinz, Nomenclator Fungorum. Wien 1861. 8.
Bail, Mykologie. Jena 1861. 4.
Bail, Mykologische Studien. Jena 1861. 4.
*Tulasne, Selecta Fungorum carpologia. Paris 1861—65. fol.
*Hoffmann, Icones analyticae Fungorum. Giessae 1861—65. 4.
Gasparrini, Malattie degli Agrumi. Napoli 1862. 4.
Coemans, Spicilèges mycologique. Bruxelles 1862—63. 8.
Köhler, Kenntniss der Pilze. Ollmütz 1862. 8.
Pasteur, Corpuscules organisés dans l'atmosphère. Paris 1862. 8.
Fries, E., Sweriges ätliga och giftiga Swampar. Stockholm 1862—69. fol.
Cooke, Plain account of British Fungi. London 1862. 8.
Vallet, A., Considération médicales sur les champignons Paris 1862. 4.
Crespi, Malattia dominante nella vegetazione. Milano 1862. 8.
Kaiser, Agaricus muscarius. Goettingae 1862. 8.
Vallet, Champignons Paris 1862. 4.
Oerstedt, Sygdome hos planterne. Kjøbenhavn 1863. 8.
Fabre, Maladies de la vigne. Montpellier 1863. 4.
Lallemant, Ergot du Diss (Ampelodesmos tenax Link.) Alger 1863. 8.
*Hoffmann, Index Fungorum. Lipsiae 1863. 8.
Smitt, Skandinaviens Svamper. Stockholm 1863. 8.
Strube, Exanthemata phytoparasitica. Berolini 1863 8.
Seynes, Flore mycologique de Montpellier et du Gard, Enumeration des Agaricines. Paris 1863. 8.
Bonorden, Abhandlungen der Mykologie. Halle 1864—70. 4.
Notaris, Rettificazioni al profilo dei Discomiceti. Genova 1864. 8.
Cooke, Rust, smut, mildew, and mould. London 1865 8
Cooke, Index fungorum britanicorum. London 1865. 8.
Morel, L., Traité des Champignons. Moulins 1865. 16.
Suringar, Sarcina ventriculi Leeuwarden 1865. 4.
Notaris, Sferiaci italici. Genova 1865. 4.
Des Vaulx, Les plantes suspectes de la France. Lille 1865. 8.
Oersted, Befrugtningsorganer hos Bladswampene. Kjøbnhavn 1865. 8.
Stefani, Nuova malattia di Ricinus communis. Verona 1865. 8. — Cenni storici ed osservazioni sopra la malattia. ib. 1866. 8.
Berenger, Generazioni del crittogame del Ricino. Verona 1866. 8.
Oersted, Un champignon parasite, dont les générations alternantes. Copenhague 1866 8.
Oersted, Berberisrust og Graesrust. Kjøbenhavn 1866. 8.
Letellier, Champignons vénéneux. Paris 1866. 4.
Boudier, Champignons et leurs charactères usuels chimiques et toxologiques. Paris 1866. 8.
Hallier, Pflanzliche Parasiten des menschlichen Körpers. Leipzig 1866. 8.
Passerini, G., Elenco di funghi Parmensi. Genova 1867. 8.
Garbiglietti, Funghi Sardi. Torino 1867. 4.
*Fries, E., Icones selectae Hymenomycetum. Holmiae 1867—70. 4.
Wosonin, Exobascidium Vaccinii. Freiburg 1867. 8
Nitschke, Pyromycetes. Vratislaviae 1867—69. 8.

CAP. 10. HEPATICAE

Garbiglietti, Fungi di Torino. Torino 1867. 4.
Hallier, Choleraoontagien. Leipzig 1867. 8.
Oersted, Champignons parasites. Copenhagen 1867. 8.
Ebbinghaus, Pilze Deutschlands. Leipzig 1868. 4.
Hallier, Phytopathologie. Leipzig 1868. 8.
Tichomirow, Peziza Kaufmanniana. Moskau 1868 8.
Hallier, Parasitologische Untersuchungen. Leipzig 1868. 8.
Seynes, Flore mycologique de Montpellier. Paris 1868. 8.
Lenz, Schwämme. Gotha 1868. 8.
Kohlrausch, Essbare Pilze. Göttingen 1868. 8.
Oersted, Om Udvikling hos Snyltesvampe. Kjøbnhaven 1868. 4.
Valentini, Ch., Dei funghi sospetti di Siena. Torino 1868. fol.
Brefeld, Dictyostelium mucoroides. Frankfurt a/M. 1869. 4
Cordier, Les champignons de la France. Paris 1869. 8
Inzenga, Fungi siciliani. Palermo 1869. 8.
Bail, Pilzepizootien. Danzig 1869. 8.
Chatin, La truffe. Paris 1869. 8
Fuckel, Symbolae mycologae. Wiesbaden 1869—70. 8.
*Gonnermann und *Rabenhorst*, Mycologia europaea. Dresden 1869—70. fol.
Pasteur, Maladie des vers à soie. Paris 1870. 8
*Hoffmann, Mykologische Berichte. Giessen 1870—71. 8.
Fuckel, Symbolae mycologicae. Wiesbaden 1871. 8
Zimmermann, O., Das Genus Mucor. Chemnitz 1871 8.
Harz, Neue Hyphomyceten Berlins und Wiens. Moskau 1872 8

Cap. 10. Hepaticarum monographiae.

Schmidel, De Blasia. Erlangae 1759. 4.
Schmidel, De Jungermanniae charactere. Erlangae 1760 4.
*Sturm, Deutschlands Flora, Kryptogamen (Jungermannien von Corda). Nürnberg 1798—1839. 12.
Schwaegrichen, Historiae Muscorum hepaticorum prodromus. Lipsiae 1814. 8.
Weber, Historiae Muscorum hepaticorum prodromus. Kiliae 1815. 8
*Hooker, British Jungermanniae. London 1816. fol.
Hooker, Plantae cryptogamicae Humboldti et Bonplandi. London 1816 4.
Libert, Notice sur un genre nouveau, Lejeunia. Bruxelles 1820. 8.
Raddi, Jungermanniografia etrusca. (Modena 1820.) 4. — Bonnae 1841. 4.
Schweinitz, Specimen Florae Americae septentrionalis cryptogamicae. (Musci hepatici.) Raleigh 1821. 8.
Raddi, Crittogame brasiliane. Modena 1822. 4.
Hooker et *Taylor*, Muscologia britannica. Ed. II. London 1827. 8.
*Lindenberg, Synopsis Hepaticarum europaearum. Bonnae 1829. 4.
Corda, Genera Hepaticarum. (Opiz, Beiträge, p. 643—55.)
Corda, Monographia Rhizospermarum et Hepaticorum. Pragae 1829. 4.
Nees von Esenbeck, Enumeratio plantarum cryptogamicarum Javae I: Hepaticae. Vratislaviae 1830. 8.
*Dumortier, Sylloge Jungermannidearum Europae indigenarum. Tornaci Nerviorum 1831 8.
Ekart, Synopsis Jungermanniarum Germaniae. Coburgi 1832. 4.
**Nees von Esenbeck*, Naturgeschichte der europäischen Lebermoose. Berlin und Breslau 1833—38. 8.
Huebener, Hepaticologia germanica. Mannheim 1834. 8.
Bischoff, De Hepaticis imprimis tribuum Marchantiearum et Ricciearum. Heidelbergae 1835. 4.
Dumortier, Jungermanniacées, Revision des genres. Tournay 1835. 8.

Lindenberg, Monographie der Riccieen. Bonn 1836. 4.
Krémer, Monographie des Hépatiques de la Moselle. Metz 1837. 8.
Notaris, Primitiae Hepaticologiae italicae. (Taurini 1838.) 4.
Lindenberg und *Gottsche*, Species Hepaticorum. Bonnae 1839—51 4.
Mohl, Ueber die Entwicklung der Sporen von Anthoceros laevis. 1839. (Verm Schriften, 1845, p 84—93)
Mérat, Notice sur une hépatique regardée comme l'individu mâle de Marchantia conica L. (Nemoursia tuberculata.) Paris 1840. 8.
Flotow, Die Rinde Pao Pereira und .. (ihre) Flechten. Breslau 1842 8
Gottsche, Synopsis Hepaticarum. Hamburgi 1844 (—47) 8.
Montagne, Hépatiques. Paris 1845. 8
Sullivant, Bryology and Hepaticology of North-America. 1847 4
Moose, Lebermoose und Flechten des Taunus. Wiesbaden 1849. 8.
Notaris, Jungermanniae americanae Taurini 1855. 4.
Dozy, Plagiochila Landei Lugduni 1856 4.
Sande-Lacoste, Synopsis Hepaticarum javanicarum. Amsterdam 1856. 4
Sullivant, Musci and Hepaticae of the United States. New-York 1856 8.
Dozy, Plagiochila Sandei. Lugd. Bat. 1856. 4.
Holle, Zellenbläschen der Lebermoose. Heidelberg 1857. 8.
Notaris, Epatiche italiane. Torino 1858. 4.
Gottsche, Mexikanske Levermosser Kjøbenhavn 1861 4.
Kny, Evolutio Hepaticarum Berolini 1863. 8.
Krémer, Hépatiques de la Moselle Ed II Metz 1863 8.
Lortet, Fécondation et germination du Preissia commutata Paris 1867 8
Jack, Die Lebermoose Badens Freiburg i/Br 1870. 8

Cap. 11. Muscorum monographiae.

Dillenius, Historia Muscorum Oxonii 1741 4. — *Giseke*, Index Linnaeanus in Dillenii Hist Musc (Ind in Plukenetii Opera bot Hamburgi 1779. fol.)
Heinze, De incrementis botanicae contemplationis Muscorum. Goettingae 1747. 4.
Linné, Semina Muscorum detecta. Upsaliae 1750 4
Linné, Splachnum Stockholmiae 1750. 4
Linné, Buxbaumia. Upsaliae 1757 4
Schmidel, De Buxbaumia. Erlangae 1758. 4
Linné, Usus Muscorum. Upsaliae 1766. 4.
Schreber, De Phasco observationes Lipsiae 1770 4.
Necker, Methodus Muscorum Mannheimii 1771. 8.
Necker, Physiologia Muscorum. Mannheimii 1774 8.
Curtis, Fructification of the mosses (London) 1776. 8
Ludwig, De sexu Muscorum detecto. Lipsiae (1777). 8
Swartz, Methodus Muscorum illustrata Upsaliae 1781 4
Hedwig, Fundamentum historiae naturalis Muscorum frond Lips. 1782. 4
Malthe, De generatione Muscorum Goettingae 1787 8
Hedwig, Descriptio et adumbratio Muscorum frond. Lipsiae 1787—97. fol.
Nochden, De argumentis contra Hedwigii theoriam de generatione Muscorum. Goettingae 1797. 4.
Bridel-Brideri, Muscologia recentiorum. Gotha 1797—1822. 8.
Swartz, Dispositio Muscorum frond. Sueciae. Erlangae 1799 12.
Hose, Herbarium vivum Muscorum frondosorum Lipsiae 1799—1800. 8.

Roehling, Deutschlands Moose. Bremen 1800. 8.
Hedwig, Species Muscorum frondosorum edid. Schwaegrichen. Lipsiae 1801—42. 4.
Crome, Sammlung deutscher Laubmoose. Schwerin 1803—6 4.
Turner, Muscologiae hibernicae spicilegium. Yermuthi 1804. 8.
Turner, Hedwigian system of mosses, monograph of Bartramia. Yarmouth 1804. 8.
Palisot-Beauvois, Prodrome des 5 et 6 familles de l'Aethéogamie. Les Mousses, les Lycopodes. Paris 1805. 8.
Béheré, Muscologia rothomagensis. s. l. et a. 8.
Blandow, Uebersicht der mecklenburgischen Moose. (Neustrelitz) 1809. 8.
Schkuhr, Vier und zwanzigste Klasse. II: Die deutschen Moose. Leipzig 1810—47. 4.
Palisot-Beauvois, Fructification des Mousses et des Lycopodes. (Paris 1811) 4
Liboschitz et *Trinius*, Description des mousses de St. Petersbourg et de Moscou Petersbourg 1811. 8.
Voit, Historia Muscorum frondosorum in Magno Ducatu herbipolitano. Norimbergae 1812. 8.
Weber, Muscorum frondosorum genera. Kiliae 1813. fol.
Wikström, Musei upsaliensis appendix XXI. Upsaliae 1813. 4.
Bachelot de la Pylaie, Etudes cryptogamiques ou Monographies de mousses. Paris 1815. 8.
Hooker, W, Orthotrichum. s. l et a. fol.
Hooker, W, Plantae cryptogamicae Humboldti et Bonplandi. London 1816 4
Hornschuch, De Voitia et Systylio Erlangae 1818. 4.
Hooker, Musci exotici. London 1818—20. 8.
Nees von Esenbeck jun., De Muscorum propagatione. Erlangae 1818. 4
Hooker et *Taylor*, Muscologia britannica. London 1818. 8. — Ed. II: ib. 1827 8.
Brown, Characters and description of Lyellia. 1819. (Transact. of Linn. Society XII, 560—583.) (Verm. Schriften II, 701—44.)
Bridel-Brideri, Methodus nova Muscorum. Gotha 1819. 4.
Hornschuch, Musci frondosi exotici herbarii Willdenowiani. (Hor. phys ber. Bonn 1820. fol.)
Funck, Deutschlands Moose. Baireuth 1820. 8
Palisot-Beauvois, Muscologie, ou traité sur les Mousses Paris 1822 8.
Hessler, De Timmia. Goettingae 1823. 4.
Cassebeer, Entwicklung der Laubmoose. Frankfurt 1823. 8.
Nees von Esenbeck, *Hornschuch* et *Sturm*, Bryologia germanica. Nürnberg 1823—31. 8.
Walker-Arnott, Disposition méthodique des espèces de Mousses. Paris 1825. 4.
Greville et *Walker-Arnott*, A new arrangement of the genera of mosses. (Tentamen methodi muscorum.) (Edinburgh 1825.) 8
Bridel-Brideri, Bryologia universa. Lipsiae 1826—27. 8.
Kittel, Rapport sur la nouvelle disposition des mousses par Walker-Arnott. Paris 1826 8
Schwaegrichen, Species Muscorum frondosorum. (Linné, Species plantarum Ed. IV, tomus V, pars II, sectio 1.) Berolini 1830. 8.
Fiorini-Mazzanti, Specimen Bryologiae romanae. Romae 1831. 8. — Ed II: ib. 1841. 7.
Huebener, Muscologia germanica. Leipzig 1833. 8.
Howitt, Muscologia Nottinghamensis. Nottingham 1833. 9.
Balsamo et *Notaris*, Synopsis Muscorum in agro mediolanensi Mediolani 1833. 8.
Balsamo et *Notaris*, Prodromus Bryologiae mediolanensis. Mediolani 1834. 8.
Ahnfelt, Dispositio Muscorum Scaniae Lundae 1835. 8.

Gardner, Musci britannici arranged according to Hooker's British Flora. Glasgow 1836. 8.
Notaris, Specimen du Tortilis italica. Taurini 1836. 4.
Notaris, Mantissa Muscorum ad Floram pedemontanam. Taurini 1836. 4.
Montagne, Monographie du genre Conomitrium. (Paris 1837) 8.
Lisa, Elenco dei muschi di Torino. Torino 1837 8.
Schimper, Bryologia europaea. Stuttgardiae 1837—55. 4. — Suppl. 1864—66.
Notaris, Muscologiae italicae spicilegium. Mediolani 1837. 4.
Notaris, Syllabus Muscorum in Italia. Taurini 1838. 8.
Hornschuch, Musci brasilienses. In Florae brasiliensis fasc. 1 1840 fol.
Valentine, Muscologia nottinghamiensis. (*Hooker*, Journal of botany. III, p. 375.)
Garovaglio, Enumeratio Muscorum in Austria inferiore. Viennae 1840 8.
Garovaglio, Bryologia austriaca excursoria. Viennae 1840. 8.
Angström, Dispositio Muscorum in Scandinavia. Upsaliae 1842. 12.
Hampe, Icones Muscorum novorum vel minus cognitorum. Bonnae 1844. 8
Lantzius-Béninga, De evolutione sporidiorum in capsulis Muscorum. Goettingae 1844. 4.
Dozy et *Molkenboer*, Muscorum frondosorum novae species ex Archipelago indico. Lugd. Bat. 1844. 8.
Fiedler, Synopsis Hypnearum magalopolitanarum. Rostock 1844. 8.
Fiedler, Synopsis der Laubmoose Mecklenburgs. Schwerin 1844. 8
Lesquereux, Catalogue des mousses de la Suisse. (Neuchâtel 1845.) 4.
Dozy et *Molkenboer*, Musci frondosi inediti Archipelagi indici Lugd. Bat. 1845—46. 4.
Montagne, Mousses, leur morphologie et classification. Paris 1846. 8.
Sullivant, Musci alleghaniensis. Columbus in Ohione 1846. 8.
Sullivant, Contributions to the bryology and hepaticology of North-America. s. l. 1847 4.
Itzigsohn, Laubmoose der Mark Brandenburg. Berlin 1847. 8.
Gardiner, Lessons on british Mosses. London 1849 8
Thedenius, De enervibus Scandinaviae speciebus Andraeae. Holmiae 1849. 8.
Schimper, W., Recherches anatomiques et morphologiques sur les mousses. Strassbourg 1850. 4.
Sendtner, Verbreitung der Laubmoose durch das oesterreichische Küstenland. München 1850. 8.
Heufler, Laubmoose von Tirol. Wien 1851. 8
Areschoug, Musci montis Kinnekulle. Upsala 1851. 8.
Hammar, Monographia Ortotrichorum et Ulotarum Sueciae Lundae 1852. 8.
Müller, Deutschlands Moose. Halle 1853. 8.
Schimper, Thedenia. Stockholm 1853. 8.
Stark, Popular history of british mosses. London 1854. 12.
Zetterstedt, Musci montis Kinnekulle. Upsaliae 1854. 8.
Dozy, Prodromus Florae bryologicae Surinamensis Harlem 1854. 4.
Dozy, Anatomie der Sphagna. Amsterdam 1854. 8.
Wilson, Bryologia britanica. London 1855. 8.
Zetterstedt, J. E., Monographia Andreaearum Scandinaviae. Upsaliae 1855. 8.
Plucar, Laubmoose um Teschen. Teschen 1855—56. 4.
Dozy, Bryologia javanica. Lugduni 1855—70. 4.
Borszczow, Musci Taimirenses Petropoli 1856. 8

Ebel, Preussens Laubmoose. Königsberg 1856. 4.
Jensen, Bryologia danica. Kjøbenhavn 1856. 8.
Sullivant, Musci and Hepaticae of the United States. New-York 1856 8
Schimper, Histoire naturelle des Sphagnum. Paris 1857. 4.
Dozy, Musci frondosi inediti Archipelagi indici Lugd 1857. 8
Borszczow, Enumeratio Muscorum Ingriae. Petropoli 1857. 8.
Gämbel, Moosflora der Rheinpfalz. Landau 1857 8.
Mitten, Musci austroamericani London 1859. 8.
Sullivant, Musci. Wilkes Exploring Expedition. Philadelphia 1859. fol.
Nylander, Bidrag till Finlands Bryologi Helsingfors 1859. 8.
Schimper, Synopsis Muscorum Europaeorum. Stuttgart 1860. 8.
Heufler, Hypneen Tirols Wien 1860. 8.
Girgensohn, Laub- und Lebermoose Liv-, Esth- und Kurlands Dorpat 1860. 8.
Lorentz, Zur Biologie und Geographie der Laubmoose. München 1860. 4.
Seubert, Laubmoose Badens. Freiburg 1860. 8.
Zetterstedt, Grimmiae Scandinaviae Upsala 1861. 8.
Heufler, Laubmoose Tirols Wien 1861 8.
Notaris, Musci italici. Genova 1862. 8.
Berkeley, British Mosses. London 1863. 8.
Reinhardt, Enumeratio muscorum in Brandenburg et Magdeburg Berolini 1863. 8.
Reinhardt, Der Mark Brandenburg Laubmoose. Berlin 1863 8
Notaris, Tortula. Torino 1863. 8.
Piccone, Muschi di Liguria. Genova 1864. 8.
Müller, Australian Mosses. Melburne 1864. 8.
Lorentz, Moosstudien. Leipzig 1864. 8.
Sullivant, Icones Muscorum peculiar to Eastern North-America London 1864. gr 8.
Schimper, W., Musci Europaei novi. Bryologiae Supplementum Stuttgart 1864—66 4.
Mueller, Ferd., Drawings of Australian Mosses. Melbourne 1864. 8
Fischer von Waldheim, Florula bryologica Mosquensis. Mosquae 1864. 8.
Geheeb, Laubmoose Aargaus. Aarau 1864 8.
Lindberg, Europaeiska Trichostomeae. Helsingfors 1864. 8.
Grönvall, Observationer til Skånes Bryologi. Malmö 1864. 8
Russow, Torfmoose. Dorpat 1865. 8.
Lorentz, Bryologisches Notizbuch. Stuttgart 1865. 8.
Lorentz, Verzeichniss der Europäischen Laubmoose Stuttgart 1865. 8.
Molendo, Moosstudien aus den Algäuer Alpen. Leipzig 1865. 8.
Berggren, Mossornas könlösa fortplanting. Lund 1865. 4
Berggren, Bidrag til Skandinaviens Bryologie. Lund 1866. 4.
Schimper, Euptychium gen. n et Spiridens revisum. Jena 1866. 4.
Notaris, Cronaca della briologia italiana. Genova 1866—67. 8.
Lorentz, Ehrenberg Moose aus Aegypten und Syrien Berlin 1867. 4
Schimper, Spiridens. Jena 1867. 4.
Debat, Mousses dans les dép. du Rhône etc. Paris 1867. 8.
Winter, Laubmoosflora des Saargebiets Neustadt 1868. 8.
Walther, Laubmoose Oberfrankens. Leipzig 1868. 8.
Le Jolis, Mousses de Cherbourg. Paris 1868. 8.
Solms-Laubach, Bryographia Algarviae. Halis 1868. 8.
Kleinhans, Album des Mousses. Paris 1869. 4.
Lorentz, Querschnitt der Laubmoose. Berlin 1869. 8
Milde, Bryologia silesiaca. Leipzig 1869. 4.
Pfeffer, Bryogeographische Studien. Bern 1869. 4.
Notaris, Epilogo della Briologia italiana. Genova 1869. 8.
Brockmüller, Laubmoose Meklenburgs. Schwerin 1869. 8.

Jaeger, A., Moosflora von St Gallen und Appenzell. (Berlin) 1869. 8.
Jaeger, A., Enumeratio Fissidentacearum. Sangalli 1869. 8.
Jaeger, A., Musci cleistocarpi St. Gallen 1869. 8.
Redslob, J., Die Moose und Flechten Deutschlands. Leipzig 1871. 4.

Cap. 12. Characearum Equisetacearum monographiae.

§. 1. Characeae.

Amici, Circolazione nella Chara. Modena 1818. 4.
Bruzelius, Observationes in genus Charae. Londini Goth. 1824 8.
Kaulfuss, Das Keimen der Charen. Leipzig 1825 8.
Barbieri, Osservazioni microscopiche. Mantova 1828. 8.
Ganterer, Die oesterreichischen Charen. Wien 1847. 4.
Braun, Saftströme in den Characeen. Berlin 1852. 8.
Wallmann, Systematisk uppställning af Characeae Stockholm 1853 8
Braun, Die Characeen Europas Dresden 1857 no. 10543.
Wahlstedt, De Skandinaviska Characeae. Lund 1862. 8.
Wahlstedt, Om Characeernas knoppar Lund 1864. 8.
Leonhardi, Oesterreichische Armleuchtergewächse. Prag 1864. 8.
Braun Characeen Afrikas. Berlin 1868 8

§. 2. Equiseta.
Conf. Cap. 6, 13.

Wikström. Tvenne arter Equisetum. Stockholm 1821 8
Vaucher, Monographie des Prêles. Genève 1822. 4.
Staudinger, Ueber Equisetum palustre. Altona 1840. 8.
Milde, Germinatio sporarum Equisetorum. Vratislaviae 1850. 8.
Milde, Beiträge zur Kenntniss der Equiseten. Bonn 1852 4
Reess, Equisetum. Jena 1857. 8.
Payot, Fougères prêles . du Mont Blanc. Genève 1860. 8.
Duval-Jouve, Histoire des Equisetum de France. Paris 1864. 4.
Milde, Monographia Equisetorum. Dresden 1865 4
Olsson, De svenska Equisetum. Upsala 1866 8
Pfitzer Schutzscheide der Equiseten. Königsberg 1867. 8

Cap. 13. Filicum monographiae.

Officinales: Adiantum capillus veneris L. (1644), Aspidium filix mas Sw. (1826, 1829), Botrychium lunaria L. (1681), Lycopodium clavatum L (1702, 1814), Polypodium calaguala L. (1805), Polypodium vulgare (1699, 1721)

Formi, Traité de l'adianton ou cheveu de Venus. (Adiantum Capillus Veneris L. Montpellier 1644. 8.
(Martini) Die fruchtbare Boriza oder das heilsame Mondkraut (Botrychium Lunaria Sw.). Brieg 1681. 8.
Grosgebauer, Programma de agnis tartaricis (Cibotium barometz Sm.) Vinariae 1690. 8.
Slevogt, De polypodio (vulgari L.). Jenae 1699. 4.
*Plumier, Filicetum americanum. Parisiis 1703. fol.
*Plumier, Traité des fougères de l'Amérique Paris 1705 fol.
*Petiver, Pterigraphia americana. (Londini 1712.) fol.
Wedel, G., De Polypodio (vulgari L.). Jenae 1721. 4.

Swamerdam, Bibliae nat. (II. p 906—10. De Filice mare Dodonaei). Lugd Bat. 1736. fol.
Linné, Acrostichum. Upsaliae 1745. 4.
Kalm, De Pteride aquilina. Aboae 1754. 4.
Maratti, Descriptio de vera florum existentia, vegetatione et forma in plantis dorsiferis. Romae 1760. 8. — Botanophili romani epistola. Romae 1768. 12. — (Maratti, Flora Romana. 1822).
Baldinger, De Filicum seminibus. Jenae 1770. 4.
Necker, La propagation des Filicées. Mannheim 1775. 4.
Lammersdorf, De Filicum fructificatione. Goettingae 1781. 8.
Vogler, Polypodium montanum. Giessae 1781 4.
Gmelin, Consideratio generalis Filicum. Erlangae 1784. 4.
Bolton, Filices britannicae. Leeds 1785—90. 4.
Smith, Tentamen de Filicum generibus dorsiferarum. (Turin 1793.) 4.
*Hedwig, Filicum genera et species. Lipsiae 1797—1803. fol.
Huperz, De Filicum propagatione. Goettingae 1798. 8.
Bernhardi, Asplenium und verwandte Gattungen. Erfurt 1802. 8.
Willdenow, Ueber einige seltene Farrenkräuter. Erfurt 1802. 8.
Fischer, De vegetabilium imprimis Filicum propagatione. Halae 1804. 8.
Ruiz, Memoria sobre la legitima Calaguala (Polypodium Cal.). Madrid 1805. 4.
*Swartz, Synopsis Filicum. Kiliae 1806. 8.
*Schkuhr, Vier und zwanzigste Klasse (Farnkräuter). Wittenberg 1809. 4. — Suppl. *Kunze, Die Farnkräuter. Leipzig 1840—. 51. 4.
Langsdorff et Fischer, Icones Filium (collectarum in expeditione Krusenstern). Tubingae 1810—18 fol.
Brown, On Woodsia. London 1812 4 (Verm Schriften. II, 675—682.)
Bachelot, Etudes cryptog. Notice sur les environs des Fougères. Paris 1815. 8.
Raddi, Synopsis Filicum brasiliensium. Bononiae 1819. 4.
Sadler, Descriptio plantarum epiphyllospermarum Hungariae et Transsylvaniae. Pestini 1820. 8.
Index alphabeticus Filicum. (Linné Species plantarum ed. Willdenow. Berolini 1821. 8)
Strempel, Filicum berolinensium synopsis. Berolini 1822. 8.
Kaulfuss, Enumeratio Filicum, quas legit Chamisso. Lipsiae 1824. 8.
Macvicar, The germination of the Filices. Edinburgh 1824. 4.
Raddi, Plantarum brasil. nova genera. Filices. Florentiae 1825. fol.
Schlechtendal, Adumbrationes. (Filices capenses) Berolini 1825—32. 4.
Batso, De Aspidio Filice mare. Vindobonae 1826. 8.
Kaulfuss, Das Wesen der Farnkräuter. Leipzig 1827. 4.
*Hooker et Greville, Icones Filicum. Londini 1829—31. fol.
Roederer, De radice Filicis maris. Jenae 1829. 4.
Sadler, De Filicibus Hungariae, Transsylvaniae et Croatie. Budae 1830. 8.
Plaschnik, Ueber die Kultur der Farrenkräuter. Berlin 1831. 4.
Tenore, Memoria su di una nuova felce. Neapoli 1832. 4.
*Schott, Genera Filicum. Vindobonae 1834. 4. obl.
Hooker, List of the ferns in the pacific isles. (Nightingale, Oceanic sketches. London 1835. gr. 12. p. 127—32)
Kunze, Plant. acotyl. Africae australioris recensio. I. Filices. Lipsiae 1836. 8.
Presl, Beschreibung zweier neuen böhmischen Asplenium. Prag 1836. 8.
*Presl, Tentamen pteridographiae. Pragae 1836. 8. — Suppl. 1845. 4.
Scholtz, Enumeratio Filicum Silesiae. Vratislaviae 1836. 8.
Francis, Analysis of the british ferns. London 1837. 8. — ib. 1843. 8.
Gasparrini, Osservazioni intorno Grammites leptophylla. (Napoli 1837.) 8.

CAP. 13. FILICES

Kunze, Analecta pteridographica. Lipsiae 1837. fol.
Heward, Observations on ferns from Jamaica. London 1838. 8.
Agardh, Recensio specierum generis Pteridis. Lundae 1839. 8.
Newman, Notes on irish natural history, especially ferns. London 1840. 8.
Newman, A history of british ferns. London 1840. — 8. ib. 1844. 8.
Splitgerber, Enumeratio Filicum Surinami. Leiden 1840. 8.
Link, Filicum species horti berolinensis Berolini 1841. 8.
Riley, Catalogue of ferns. London 1841. 8.
Hooker, Genera Filicum. London 1842 gr. 8.
Martens et *Galeotti*, Mémoire sur les fougères du Mexique. (Bruxelles 1842.) 4·
*Presl, Hymenophyllaceae. Pragae 1843. 4.
Roeper, Zur Flora Mecklenburgs. I (Filices.) Rostock 1843. 8.
Taschner, De duabus novis Trichomanum speciebus. Jenae 1843. 4.
Fée, Mémoires sur la famille des fougères. Strassburg 1844—45. fol.
Newman, History of british Ferns. London 1844. 8.
Saubinet, Notice sur les fougères de Reims. (Reims 1844.) 8.
Colenso, Ferns of New Zealand. Van Diemens Land 1845. 8.
Smith, John, Ferns cultivated at Kew. London 1846. gr. 8.
*Hooker, Species Filicum. London 1846—64. 8
Presl, Gefässbündel im Stipes der Farne. Prag 1847. 4.
Moore, Th., British Ferns. London 1848 8.
*Leszczyc-Suminski, Entwicklungsgeschichte der Farnkräuter. Berlin 1848. 4.
Liebmann, Mexico's Bregner. Kjøbenhavn 1849 4.
Pratt, The Ferns of Great Britain. London. 8.
Kunze, Index Filicum. Halis 1850 8 — Argentorati 1853. 8.
Mercklin, Prothallium der Farnkräuter. Leipzig 1850. 4.
Vriese, Marattiacées. Leiden 1853. fol.
Stenzel, Untersuchungen .. Stamm und Wurzel von Ophioglossum. Bonn 1853. 4.
Schnizlein, A., Die Farnpflanzen der Gewächshäuser. Erlangen 1854. 8
Brackenridge, Filices of the Exploring expedition. Philadelphia 1854. 4.
Brackenridge, Filices of Capt. Wilkes Expedition. Philadelphia 1854. 4
Hooker, Century of Ferns. London 1854—60. 8.
Stenzel, Verjüngungserscheinungen bei den Farnen. Jena 1854. 4.
Stenzel, Wachsthum der Farnkräuter. Vratisl. 1855. 4.
Sowerby, Ferns of Great Britain. London 1855. 8.
Moore, Th., Popular history of the british ferns. London 1855. 8.
Moore, Th., The Ferns of Great Britain und Ireland. London 1855. fol.
Young, The Ferns of Wales. Neath 1856. 4.
Milde, Deutsche Ophioglossaceen. Berlin 1856. 8.
Duval-Jouve, Le pétiole des Fougères. Haguenau 1856—61. 8.
Hasskarl, Filices javanicae. Batavia 1856. 4.
*Mettenius, Filices horti Lipsiensis. Lipsiae 1856. fol.
*Mettenius, Filices Lechlerianae. Lipsiae 1856—59. 8.
Sowerby, Fern Allies. London 1856. 8.
Lowe, Ferns Vol. 1—8. London 1856—60. 8.
Mettenius, Ueber einige Farngattungen. Frankfurt 1856—59. 4.
Chanter, Ferny combes. London 1856. 12.
Smith, John, Cultivated Ferns, a Catalogue. London 1857. 8
Moore, Th., Index Filicum. London 1857—62. 8.
Sturm, J. W., Enum .. Farn-Flora Chiles. Nürnberg 1858. 8.
Bosch, Synopsis Hymenophyllacearum. Lugdunae 1858—64. 8.
Pappe, Synopsis Filicum Africae australis. Capetown 1858. 8.
Hooker, Filices exoticae London 1859. 4.

CAP. 14. SELAGINES HYDROPTERIDES

Reichardt, Gefässbündelvertheilung im Stamme der Farn. Wien 1859. 4.
Seemann, British Ferns London 1860. 8.
Eaton, D, Filices Wrightianae et Fendlerianae. Cantabrigiae 1860. 4
Payot, Fougères . du Mont Blanc. Genève 1860. 8
Seemann, The british Ferns at one view. London 1860. 8
Bosch, Hymenophylleae javanicae. Amsterdam 1861. 4
Hooker, British Ferns. London 1861. 4.
Holle Farnflora von Hannover. Hannover 1862. 4.
Hooker, Garden Ferns. London 1862. 8
Beddome, The Ferns of southern India Madras 1863. 4.
*Mettenius, Angiopteris. Leipzig 1863. 4.
*Mettenius, Hymenophyllaceae. Leipzig 1864. 4.
*Ettinghausen, Die Farnkräuter der Jetztwelt. Wien 1864. 4.
Coemans, Sphenophyllum. Bruxelles 1865 4
Pasquale, Una anomalia del Polipodio vulgare. Napoli 1866. 4
Lankester, British Ferns. London 1866. 8.
Todaro, Synopsis Filicum Siciliae. Panormi 1866. 4.
Beddome. Ferns of British India. Madras 1866—68. 4.
Bommer, Fougères Bruxelles 1867. 8.
Kuhn, Filices Deckenianae. Lipsiae 1867. 8.
Milde, Filices Europae et Atlantidis Asiae minoris et Sibiriae. Leipzig 1867. 8.
Rivière, Fougères. Paris 1867—68. ·8.
Cooke, Fern book for Everbody. London 1867. 8.
Kuhn, Filices africanae. Lipsiae 1868. 8
Lowe, New and rare Ferns. London 1868. 8.
Milde, Monographia Osmundae. Vindobonae 1868. 8.
Strasburger, Die Befruchtung bei den Farnkräutern. Petersburg 1868. 4.
Millardet, Le Prothallium male des Crypt. vascul. Strassburg 1869. 4.
Kuhn, Mexikanische Farnflora. Halle 1869. 8.
Mac Kerc, Ferns of Natal. Pietermaritzburg 1869. 8.
Milde, Monographia Botrychiorum. Vindobonae 1869. 8.
Mac Kerc, Synopsis Filicum capensium. Pietermaritzburg 1870. 8.
Lyell, Geographical Handbook of all the known Ferns. London 1870. 4.
Luerssen, Entwicklungsgeschichte der Farnsporangien Leipzig 1872. 8.

Cap. 14. Selaginum Hydropteridum monographiae.

§. 1. Selagines.

De Selaginibus, filicibus antea annumeratis, conf. Cap. 6, 13.

Wedel, G, De musco terrestri (Lyc.) clavato. Jena 1702. 4.
Palisot-Beauvois, Prodrome de la 5 et 6 familles de l'Aethéogamie Les Mousses, les Lycopodes. Paris 1805 8.
Palisot-Beauvois, Nouvelles observations sur la fructification des Mousses et des Lycopodes. (Paris 1811.) 4.
Danzel, De Lycopodii herba et semine. Goettingae 1814. 8.
Pagès, Remarques sur une erreur de synonymie relativement aux Lycopodes. Paris 1824. 8.
Spring, Lycopodiaceae brasiliensis. (Martius Flora brasil. fasc. l. 1840. fol.)
Splitgerber, Enum. Fil .. et Lycop. Surinam. Leiden 1840. 8.
Spring, Lycopodiacées. Bruxelles 1842—49. 4.
Kamp, Lycopodium Chamaecyparissus D. chemica. Bonn 1856. 8.

Payot, Fougères .. et Lycopodiacées du Mont Blanc. Genève 1860 8.
Pfeffer, W., Keime der Gattung Selaginella Bonn 1871. 8.

§. 2. Hydropterides.
Cont. Cap. 6, 13.

Schuebler (et *Duvernoy*), De Salvinia natante Tubingae 1825 4.
Corda, Monographia Rhizospermarum et Hepaticorum. Pragae 1829. 4
Agardh, De Pilularia. Lundae 1833. 8.
(*Dunal*) Mémoire sur Marsilea Fabri. Orléans 1837 8.
Griffith, On Azolla and Salvinia. (Calcutta 1844.) 8
Mettenius, De Salvinia. Heidelbergae 1845. 4.
Mettenius, Beiträge zur Kenntniss der Rhizokarpeen Frankfurt a/M. 1846. 4.
Braun, Zwei deutsche Isoeten. Berlin 1862 8
Hanstein, Pilularia. Bononiae 1865. 4.
Braun, Marsilea und Pilularia Berlin 1870. 8.
Russow, Marsilea Dorpat 1871. 8

Cap. 15. Phanerogamarum monographiae.

Acacia vide *Leguminosae*

Acanthaceae
Jussieu, Mémoire sur le Dicliptera et le Blechum. (Paris 1807.) 4.
Nees von Esenbeck, Lepidagathidis illustratio. Vratislaviae 1841 4
Visiani, Acanto degli scrittori greci e latini. Venezia 1858 4.

Acerinae
Hahn, De Platano (Acer Pseudoplatanus.) Aboae 1695 8.
Lauth, De Acere Argentorati 1781. 4.
Thunberg, De Acere. Upsaliae 1793. 4.
Cubières, Mémoire sur Acer Negundo. Versailles 1804 8
Schmidt, Anleitung zur Erziehung der Ahornarten Wien 1812 4.

Aconitum Veterum vide *Ranunculaceae*

Acorus vide *Araceae*.

Aegilops Veterum vide *Gramineae* (1695)

Aegolethron Plinii
Gleditsch, Eclaircissements sur le veritable Aegolethron de Pline (Act. ac. Berol 1759, p. 48—86. Erigeron-Inulam foetidam L. esse) — Untersuchung des etc. (Phys bot Abhandl 1767 III, 144—99.)

Aegyptia resina Plauti vide *Anacardiaceae*

Aesculus vide *Hippoisstancae*

Agave americana (Ensatae)
Hager, De Aloe aculeata americana, quae Chorae floruit. Altenburgi 1663. 4
Major, Amerikanische Aloe. (Schleswig 1668.) 4
Wundersame Aloe zu Schlieben bei Jena 1669. 4
Munting, Aloidarium. Amstelodami 1680 4
Pein, Eigentliche Abbildung der amerikanischen Aloe Leipzig 1700 fol.
Waldschmiedt, Beschreibung derer Aloen. Kiel 1705. 4
Waldschmiedt, Amerikanischer zu Gottorf blühender Aloen fernere Beschreibung. Kiel 1706 4
Siricius, Beschreibung dreier blühenden Aloen Schleswig 1705. 4
Siricius, Beantwortung derer Imputationen (Waldschmiedt's). Kiel 1706. 4.
Brenner, americanska Aloe. Stockholm 1708. fol.
Siricius, Bajae cimbricae. Schleswigae 1709. fol.
Scarella, Ragguaglio intorno al fiore dell' Aloe americana. Padova 1710. 8.
Die amerikanische Aloe zu Copenick. Berlin 1712 4.
Olearius, Aloedarium historicum. Arnstadt 1713. 8.
Treu, Beschreibung der grossen amerikanischen Aloe. Nürnberg 1727. 4. obl.
Account of the Aloe americana. London 1729. 8.
Vallisneri, Osservazioni intorno al fiore dell' Aloe americana. — (Opere fisico-mediche. Venezia 1733. fol. vol. II 69—74.)
Büchner, J. G., De Aloe Americana florente. — De Aloe Americana aliisque plantis exoticis in Voigtlandia florentibus. — (Diss epist. Greizae 1743 4.)
Versuch einer poetischen Beschreibung zweier amerikanischen Aloen Kopenhagen 1745 4
Schultze, J. D, Ueber die grosse amerikanische Aloe, richtiger Agave. Hamburg 1782. 8
Balmis, De las eficaces virtudes de Agave y de Begonia. Madrid 1794 8.
Vogel, Ueber die amerikanische Agave. Altdorf 1800. 8
Rodati, Index horti bon. (Observationes circa duas species Agaves. Bononiae (1802) 8.
Brenner, Minne öfver den americanska Aloen Stockholm 1808. fol
Roubieu, Opuscules. (Dissertation sur Agave americana L.) Montpellier 1816 8.
Wikström, Den americanska Agaves natural-historia. Stockholm 1828. 8.
Vriese, Eene bloejende Agave americana Leiden 1847 8

Alchemilla vide *Rosaceae*

Alica vide *Tritica sativa* (1627)

Alismaceae vide *Helobiae*

Aloexylon vide *Leguminosae*

Alsineae vide *Caryophyllae*

Amarantaceae
Willdenow, Historia Amarantorum. Turici 1790. fol.
Jussieu, Observations sur la famille des Amarantacées (Paris 1803.) 4
Martius, Beitrag zur Kenntniss der Amarantaceen. (Bonnae 1825) 4.

Amaryllideae vide *Ensatae*

Ambrosia Homeri vide *Nectar*

Amellus Virgilii vide *Compositae* (1686)

Amentaceae vide *Cupuliferae*

Amigdaleae vide *Amygdaleae*.

Amomum vide *Scitanuneae*.

Ampelideae.
Dodoens, Historia vitis vinique Coloniae 1580 8
Horst, Opusculum de Vite vinifera. Helmstadii 1587 8
Beck, Uva magna cananaea. Jenae 1679. 4.
Caldenbach, De Vite Tuebingae 1683 4.
Brueckmann, F, Vina hungarica. (Epist. itin. 97. cent. I.) Wolffenbuttelae 1740. 4.
Wallerius, De prima origine vinorum casuali. Holmiae 1760. 4.
Mueller, Deutschlands Weinbau. Leipzig 1803. 8.
Kerner, Le raisin, ses espèces et variétés dessinées et coloriées d'après nature. Stuttgart 1803—15 fol.
Rojas Clemente, Las variedades de la vid. Madrid 1807. 8.

Acerbi, Delle viti italiane. Milano 1825. 8.
Vest, Zusammenstellung der Weinreben Steyermarks. Grätz 1826. 8.
Schuebler, Untersuchungen über Most- und Weintraubenarten Würtembergs. Tübingen 1826. 8.
Schuebler, Untersuchungen über Obst- und Weintraubenarten Würtembergs. Tübingen 1827. 8.
Geremia, Varieta delle uve dell' Etna. Catania 1835. 4.
Babo und *Metzger*, Die Wein- und Tafeltrauben. Mannheim 1836. 8.
Gok, Die Weinrebe und ihre Früchte. Stuttgart 1836—39. fol.
Babo, Der Weinstock und seine Varietäten. Frankfurt 1844. 8.
Kolenati, Die in Grusien einheimischen Reben. Moscou 1846. 8.
Schneyder, Ueber den Wein- und Obstbaum der alten Römer. Rastatt 1846. gr. 8.
Zumaglini, Malatia dell' uva. Torino 1851—53. 8.
Bouchardat, Maladie de la vigne Paris 1852. 8.
Stoltz, Ampélographie rhénane Mühlhausen 1852. 4.
Sanna-Solaro, Malattia dell' uva. Salerno 1853. 8
Montagne, Maladie de la vigne. Paris 1853. 8.
Rhodes, L'epigéonosie, ou la peste des vignes. Plaisance 1854. 8.
Visiani, R., Malattia dell' uva nell 1853. Venezia 1854. 8.
Targioni-Tozzetti, Malattia delle uve. Firenze 1856 8.
Marès, Maladie de la vigne. Montpellier 1856. 8.
Bronner, Die wilden Trauben des Rheinthals. Heidelberg 1857. 8.
Savi, Malattia delle viti. Pisa 1857. 8.
Comini, Traubenfäule. Bozen 1858. 8.
Single, Traubensorten Würtembergs. Stuttgart 1860. 4.
Keller, Malattia delle uve. Padova 1862. 8.
Godron, Des différentes axes de la vigne. Nancy 1867. 8.

Amygdalaceae. De speciebus cultis conf. *Pomaceae*.
Vater, De Laurocerasi indole venenata. Wittebergae 1737. 4.
Ungnad, De malo Persico. Francof. 1757. 4.
Schlechtendal, Amygdalus. Halle 1854. 4.

Amyris vide *Burseraceae*.

Anacardiaceae.
Strobelberger, Mastichologia. Lipsiae 1628. 8.
Wedel, De Resina aegyptia Plauti (Mastichenesse). Jenae 1700. 4.
Heister, De nominibus etc. (De floribus Piperodendri, Schini mollis). Helmstadii 1741. 4.
Horsfield, Rhus Vernix, radicans and glabrum. Philadelphia 1798. 8.
Boehmer, De Toxicodendro. Wittebergae 1800. 4.
Heusinger, Observata circa Rhoa Toxicodendron et radicantem. Helmstadii 1809. 4.
Marchand, Anacardiacées. Paris 1869. 8.

Androsace Veterum vide *Urticaceae* (1843).

Angustura vide *Diosmaceae*.

Anonaceae
Dunal, Monographie de la famille des Anonacées. Paris 1817. 4.
Candolle, Mémoire sur la famille des Anonacées. Genève 1832. 4.

Antirrhineae vide *Scrophularineae*.

Appiani planta venenata vide *Solanaceae* (1765).

Apocynaceae (conf. *Contortae*)
Lochner, Nerium sive Rhododaphne veterum et recentiorum. Norimbergae 1716. 4.
Thunberg, In genus Echitis observationes. Upsaliae 1819. 4.
Griscom, On the Apocynum cannabinum. Philadelphia 1833. 8.

Aquaticae vide *Callitrichaceae, Podostemaceae, Ceratophylleae*.

Aquifoliaceae.
Bandelow, Foliorum Ilicis Aquifolii analysis. Halae 1789. 8.

Araceae.
Wedel, De Aro. Jenae 1701. 4.
Wedel, De Bulbo veterum (Colocasiam esse). Jenae 1701. 4.
Wedel, De Calamo aromatico. Jenae 1708. 4. — ib. 1718. 4.
Wedel, De pane dyrrhachino Julii Caesaris (Ari radicem esse). Jenae 1701. 4.
Bassi, Ambrosina. Bononiae 1763. 4.
Hellenius, De Calla. Aboae 1789. 4.
Roubieu, Opuscules (Description de l'Arum Colocasia L.). Montpellier 1816 8.
Schott, Aroideen Betreffendes. Wien 1854—55 8.
Schott, Synopsis Aroidearum. Wien 1856. 8.
Irmisch, Aroideén. Berlin 1856 4
Schott, Icones Aroidearum. Vindobonae 1857. fol
Schott, Genera Aroidearum. Vindobonae 1858. fol.
Schott, Prodromus systematis Aroidearum. Vindobonae 1860. 8.
Polonio, Osservazioni organogeniche sui fioretti feminei del Arum Italicum. Pavia 1861. 4.
Euder, Index Aroidearum. Berlin 1864. 8.
Tieghem, Aroidées. Paris 1867.

Araliaceae.
Breyne, J. P., De radice Gin-sem seu Nisi (Panax ginseng Nees). Lugd. Bat 1700. 4.
Rudbeck, De Hedera. Upsaliae 1707. 4
Lafitau, La plante du Gin seng de Tartarie decouverte en Canada (Panax quinquefolius L.). Paris 1718. 8.
Vaillant, Etablissement du Araliastrum (Panax L.). Paris 1718. 4.
Schulz, J., De radice Ginseng vel Ninsi (Panax quinquefolius). Dorpati 1836. 8.
Araliaceae, in Miquel Commentarii no. III. Lugduni Bat. 1840. fol.
Visiani, Sopra la Gastonia palmata Roxb. (Trevesia Vis.) Torino 1841. 4
Leitgeb, Haftwurzeln des Epheu. Wien 1858. 8.

Arbor scientiae Scripturae.
Celsius, De arbore scientiae boni et mali. Upsaliae 1715. 8

Aristolochiacae (conf. *Contortae*).
Wedel, De Serpentaria virginiana. Jenae 1710. 4.
Baier, De Aristolochia. Altdorfi 1721. 4.
Baier, De Asaro. Altdorfi 1721. 4.
Schulze, De Asaro. Halae 1739. 4.
Ruiz, Memoria sobre las virtudes de la planta Bejuco de la Estrella (Aristolochia fragrantissima). Madrid 1805. 4.
Graeger, De Asaro europaeo. Goettingae 1830. 8.
Klotzsch, Aristolochiae. Berlin 1852 4.

Artocarpeae.
Ellis, A description of the Mangostan and the bread-fruit. London 1775. 4.
Panzer, Beitrag zur Geschichte des ostindischen Brotbaums. Nürnberg 1783. 8.
Forster, Geschichte und Beschreibung des Brotbaumes. Cassel 1784. 4.
Sykes, Origin of the popular belief in the Upas or Poison tree of Java (Antiaris toxicaria Lesch.). s. l. et a. 8.
Murray, A descriptive account of the Palo de Vaca or Cow-Tree of the Caracas (Galactodendron utile Kth.). London 1837 gr. 8.

Asclepiadeae (conf. *Contortae*)
Masson, Stapeliae novae. London 1796. fol.
Jacquin, Stapeliarum in hortis vindobonensibus cultarum descriptiones. Vindobonae 1806 (—19). fol.
Brown, On the Asclepiadeae. (Edinburgh 1810.) 8. — (latine a Presl.) Pragae 1819. 8. (Verm. Schriften. II, 347—414.)

Sonnini, Traité des Asclepiadées, particul. A. de Syrie (A. Cornuti). Paris 1810. 8.
Jacquin, Genitalia Asclepiadearum controversa. Viennae 1811 8.
Jacquin, Synopsis Stapeliarum. (Wien) 1816. 8.
Breda, Genera et species Orchidearum et Asclepiadearum, quas in Java collegerunt Kuhl et van Hasselt. Gandavi 1827. fol.
Brown, Observations on the organs and mode of fecundation in Orchideae and Asclepiadeae. London, October 1831. 8. (Transact of the Linnean Society 1833. 4. p. 685—745. — Verm. Schriften. V. p. 117—189.)
Ehrenberg, Ueber das Pollen der Asclepiadeen Berlin 1831. 4.
Meitzen, Asclepias Cornuti Decae, als Gespinnstpflanze. Göttingen 1862. 8

Asparagus, vide Coronariae.

Asperifoliae.
Lehmann, Beschreibung einiger neuer Pflanzen. Halle 1817. 8
Lehmann, Plantae e familia Asperifoliarum nuciferae. Berolini 1818. 4.
Lehmann, Icones rariorum plantarum e familia Asperifoliarum. Hamburgi 1821 (—24). fol.
Schrader, De Asperifoliis Linnaei. Goettingae 1820. 4.
Reichenbach, Amoenitates botani. I: Myosotis. Dresdae 1820. 8.
Reichenbach, Die Vergissmeinnichtarten Deutschlands. Nürnberg 1822. 12.
Fieber, Die Echien Böhmens. Prag 1841 8
Schimper, Beschreibung des Symphytum Zeyheri. Heidelberg 1835 8
Laguesse, Les Myosotis dans la Côte d'Or. Dijon 1857. 8.
Wretschko, Inflorescenz der Asperifolien. Wien 1866. 8.
Dumortier, Pulmonaria. Gand 1868 4

Aurantiaceae
Monardes, De Citriis, Aurantiis et Limoniis. Antwerpen 1561. 16. — Clusii Exotica 1605.
Ferrarius, Hesperides. Romae 1646. 4.
Grube, Analysis Mali citrei. Hafniae 1668. 8.
(Morin) Instruction facile pour connoistre toutes sortes d'orangers. Paris 1674. 12.
Nati, Florentina phytologica observatio de malo Limonia citrata-aurantia Florentiae vulgo La Bizarria. Florentiae 1674. 4.
Commelyn, Nederlandtze Hesperides. Amsterdam 1676 fol.
Sterbeeck, Citricultura. Antwerpen 1682. 4.
Franke, De Malo citreo. Heidelbergae 1686. 4.
Lanzoni, Citrologia. Ferrariae 1690 12.
Volckamer, Nürnbergische Hesperides. Nürnberg 1708—14. fol.
Civinnini, Della storie degli agrumi. Firenze 1734. 4.
Heister, De Aurantiis. Helmstadii 1741. 4.
Valcarenghi, In Ebenbitar tractatum de Malis Limoniis commentaria. Cremonae 1758. 4.
Carmignani, Memorie sulle Mediche tornata et turbinata Linn. e sulla tuberculata e aculeata Willd. (Pisa) 1810. 8.
Gallesio, Traité du Citrus. Paris 1811. 8.
Risso, Essai sur l'histoire naturelle des orangers etc. Paris 1813. 4.
Michel, Traité du citronnier. Paris 1816. fol.
Risso et Poiteau, Histoire naturelle des orangers. Paris 1818—19. fol.
Nocca, Se Virgilio ha veramente descritto il limone o Citrus medica. s. l. 1819. fol.
(Piccioli) Pomona toscana (Aurantiaceae). Firenze 1820. 8.
(His) Notice sur les orangers. Paris 1829. 4.
Vogel, Quaestio de Hesperidum malis. Numburgi 1832. 4.
Arrosto, Monografia degli agrumi. Messina 1835. 8.
Savi, Sul Citrus Hystrix e sul Citrus salicifolia. (Firenze) 1837. 8.
Gallesio, Gli agrumi dei giardini di Firenze. Firenze 1839. 8.
Tenore, Ricerche sull' arancio fetifero. Modena 1843. 4.
Roemer, Synopses monographicae. I: Hesperides. Wimariae 1846. 8.
Baillon, Aurantiacées. Paris 1855. 4.

Balanophoreae vide Rhizantheae.

Balsamineae.
Kunth, Notice sur la Balsamine des jardins. Paris 1827. 4.
Roeper, De floribus et affinitatibus Balsaminearum. Basileae 1830. 8
Presl, Bemerkungen über den Bau der Blumen der Balsamineen. Prag 1836. 8.

Balsamodendron, Balsamum vide Burseraceae
Bassia elliptica vide Chenopodiaceae.

Begoniaceae.
Balmis, De las eficaces virtudes de Agave et de Begonia. Madrid 1794 8.
Klotzsch, Begoniaceen. Berlin 1854 4.
Hildebrand, Caules Begoniacearum. Berlin 1858. 8.
Hildebrand, Stämme der Begoniaceen. Berlin 1859. 4.
Wedel, De Theseo Theophrasti (Rhabarbarum dicit, est Leontice Mrysogonum L). Jenae 1708. 4.

Berbérideae.
Lechler, Berberides Americae centralis. Stuttgart 1857. 8.

Betulaceae vide Capuliferae.

Bignoniaceae.
Nees von Esenbeck, Fridericia et Zollernia, ad socios literae. (Bonnae) 1827. 4.
Endlicher, Ceratotheca. Berlin 1832. 8.
Candolle, Revue sommaire de la famille des Bignoniacées. (Genève 1838.) 8.
(Maugin) Question du Sésame. Pétition adressée aux chambres législatives. Douai 1843. 8.
Fenzl, Darstellung und Erläuterung vier minder bekannter Gattungen. s. l. et a.
Fenzl, Ueber die Stellung der Gattung Oxera. s. l. et a. 4.
Vieillard, Les genres Oxera et Deplanchea. Caen 1862. 8.
Bureau, Bignoniacées. Paris 1864. 4.

Bixaceae.
Kunth, Malvaceae .. fam. nova Bixineae. Paris 1822. 8.

Bombaceae vide Sterculiaceae.
Borith Scripturae vide Chenopodeae (1705).
Boswellia vide Burseraceae.

Brassica napus, oleracea, rapa L. (Cruciferae).
Pagenstecher, De Rapis. Groningae 1710. 12.
Trozelius, Anmarkningar vid Hvit- och Rotkåhls planteringen. Lund 1762. 4.
Triller, Brassica festo Amphidromiorum oblata. Witembergae 1787. 4.
Sonnini, Sur la culture du chou-navet de Laponie. Paris 1788. 8.
Candolle, Mémoire sur les différentes espèces, races et variétés de choux et de raiforts en Europe. Paris 1822. 8.
Metzger, Systematische Beschreibung der kultivirten Kohlarten. Heidelberg 1833. 8.

Brayera anthelminthica Kunth, vide Rosaceae.
Bromeliaceae vide Ensatae.

Bruniaceae.
Thunberg, De Brunia. Upsaliae 1804. 4.

Buettneriaceae.

Hughes, American. physician. (Theobroma Cacao.) London 1672. 12. pag. 102—55.
Splitgerber, Drey Tractate von Cafe, The und Chocolata. Budissin 1688. 8.
Spies, J. K. et *Brueckmann*, De Avellana mexicana. Helmstadii 1721. 4. — Ed. II. *Brueckmann, F.*, De Avell. mex. vulgo Cacao dicta. Brunsvigae 1728. 4.
Milhau, Dissertation sur le cacaoyer. Montpellier 1746. 8.
Linné, De potu chocolatae. Holmiae 1765. 4.
Thunberg, Hermannia. Upsaliae 1794. 8.
Gay, Monographie de la tribu des Lasiopétalées dans la famille des Buettneriacées. Paris 1821. 4.
Kunth, Malvaceae, Buettneriaceae etc. Paris 1822. 8.
Candolle, Mémoire sur quelques genres nouveaux des Buettneriacées. Paris 1823. 4.
Gay, Fragment d'une monographie des vraies Buettneriacées. Paris 1823. 4.
Korthals, Verhandling etc. (Maranthes). Leiden 1839—42. fol.
Steetz, Büttneriaceae Novae Hollandiae. Hamburgi 1847. 8.
Mitscherlich, De Cacao. Berolini 1857. 8.
Mitscherlich, Der Cacao und die Chocolade Berlin 1859. 8
Bernouilli, Theobroma. Zürich 1869. 8

Bulbus Veterum vide *Araceae*.

Burseraceae

Alpinus, De Balsamo dialogus. (Balsamodendron gileadense Kth. Venetiis 1591. 4. — ib. 1592. 4. — Patavii 1639. 4.
Pona, Del vero Balsamo de gli antichi. Venezia 1623. 4
Campi, Parere sopra il Balsamo. Lucca 1639. 4. — Riposta ad objettioni Ib. 1640. 4. — In dilucidazione e confirmazione. Pisa 1641. 4.
Baldus, Opobalsami orientalis propugnationes. Romae 1640. 4.
Castelli, Opobalsamum. Venetiis 1640. 4.
Castelli, Opobalsamum triumphans. (Venetiis 1640.) 4.
Vesling, Opobalsami veteribus cogniti vindiciae. Patavii 1644. 4.
Kirchmaier, De Corallio, Balsamo etc. Wittebergae 1661. 4.
Major, De Myrrha, locustis etc. Scripturae (Balsamodendron Myrrha Nees v. E.). Kilonii 1668. 4.
Slevogt, Balsamum verum, vulgo Opobalsamum. Jenae 1705. 4.
Slevogt, De Opobalsamo. Jenae 1717. 4.
Vater, Balsami de Mecca natura et usus. Wittenbergae 1720. 4
Winneken, Beschreibung des wahren Opobalsambaumes. Kopenhagen 1745. 8.
Martini, De thuris in veterum Christianorum sacris usu (Boswellia sp.). Lipsiae 1752. 4.
Cartheuser, De eximia Myrrhae genuinae virtute — (Dissert. selectis. Francofurti 1775. 8. p. 28—55.)
Reche, De Amyridis speciebus officinalibus. Halae 1804. 8.
Afzelius, De origine Myrrhae controversa. Upsaliae 1825—29. 4.
Ehrenberg, De Myrrhae et Opocalpasi in itinere per Arabiam et Habessiniam detectis plantis. Berolini 1841. fol.

Butomaceae vide *Helobiae*
Buxaceae vide *Euphorbeaceae*.
Byssus Veterum vide *Lineae*.

Cacteae.

Vater, De Cereo americano. Vitembergae 1735. 4.
Boehmer, De Melocacto ejusque in Cereum transformatione. Wittebergae 1757. 4.
Link et *Otto*, Ueber die Gattungen Melocactus und Echinocactus. Berlin 1827. 4.
Candolle, Revue de la famille des Cactées. Paris 1829. 4.
Turpin, Observations sur la famille des Cactées. Paris 1830. 8.
Finckh, Die Cactus. Stuttgart 1832. 8.
Candolle, Mémoire sur quelques espèces de Cactées. Paris 1834. 4.
Pfeiffer, Beschreibung und Synonymik der in deutschen Gärten vorkommenden Kaktéen. Berlin 1837. 8.
Pfeiffer, Enumeratio diagnostica Cactearum. Berolini 1837. 8.
Colla, Storia e descrizione del Cactus senilis. Torino 1838. 4.
Lemaire, Cactearum novarum horti Monvilliani descriptio. Paris 1838. 4.
Lemaire, Cactearum genera nova speciesque novae. Paris 1839. 8.
Miquel, Genera Cactearum descripta et ordinata. Roterodami 1839. 8.
Colla, Storia e descrizione del Cactus spiraeformis. Torino 1840. 4
Cacteae, in *Miquel* Commentarii no. III. Lugduni Bat. 1840. fol.
Lemaire, Iconographie descriptive des Cactées. Paris 1841. fol.
Miquel, Monographia generis Melocacti. Vratislaviae 1841. gr. 4.
Salm-Reifferscheid-Dyck, Ueber die Familie der Cacteen. (Berlin 1840) 8.
Salm-Reifferscheid-Dyck, Cacteae in horto dyckensi cultae anno 1841—44. Duesseldorpii et Parisiis 1841—45. 8.
Mittler, Taschenbuch für Cactusliebhaber. Leipzig 1841—44. gr. 16.
Giacomelli, Catalogo delle Cacteae coltivate. Treviso 1842. 4.
Schleiden, Beiträge zur Anatomie der Cacteen. St. Petersburg (1842.) 4.
Harting, Bijdrage tot de anatomie der Cacteen. Amsterd. 1842. 8.
Pfeiffer und *Otto*, Abbildung blühender Kakteen. Kassel 1843—47. 4.
Lemaire, Manuel de l'amateur des Cactus. Paris 1845. 12.
Foerster, Handbuch der Cacteenkunde. Leipzig 1846. 8.
Engelmann, Cacteae of Whipple's Expedition. Washington 1846. 4.
Engelmann, G., The Cacteae of the United States. Cambridge 1856. 8.
Rosny, L'Opuntia ou Cactus Raquette de L'Algérie. Paris 1857. 8.
Engelmann, Cacteae of the Mexican Boundary Survey. Washington 1858. 4.
Labouret, Monographie des Cactées. Paris 1853. 8.

Caesalpineae vide *Leguminosae*.

Calligoneae.

Borszczow, Die aralisch-kaspischen Calligoneen. Petersburg 1866. 4.

Callitricheae.

Hegelmaier, Monographie der Gattung Callitriche. Stuttgart 1861. 4.

Camelliaceae vide *Ternstroemiaceae*.

Campanulaceae.

Forsberg, Campanulae suecicae. Upsaliae 1829. 4.
Candolle, Monographia des Campanulées. Paris 1830. 4.

Cannabineae vide *Urticaceae*.

Caprifoliaceae Conf. Cephaelis, Cinchona, Coffea.

Wurffbain, De Rubea tinctorum. Basileae 1707. 4.
Lochner, Mungos animalculum et radix (Ophiorrhiza Mungos L.). Norimbergae 1715. 4.
Wedel, G., De Sambuco. Jenae 1720. 4.
Cartheuser, De radice Mungo. Francofurti 1769. 4.
Thunberg, De Gardenia. Upsaliae 1780. 4.
Lundmark, De usu Linnaeae medico. Upsaliae 1788. 4.
Willemet, Monographie des plantes étoilées. Strassburg 1791. 8.
Selig, De Galii rotundifolii charactere botanico. Erlangae 1802. 8.
Jussieu, Mémoire sur l'Opercularia. (Paris 1804.) 4.
Candolle, Mémoire sur le Cuviera (Paris 1807.) 4.
Roubieu, Opuscules. (Précis sur les chèvre-feuilles des environs de Montpellier.) Montpellier 1816. 8.

Jussieu, Sur la famille des Rubiacées. Paris 1820. 4.
Colla, Mémoire sur le Melanopsidium nigrum. Paris 1825. 8.
Cruse, De Rubiaceis capensibus, praesertim de Anthospermo. Berolini 1825. 4.
Richard, Mémoire sur la famille des Rubiacées. Paris 1829. 4.
Wolf, De radice Caincae (Chiococca anguifuga Mart.) Marburgi 1831. 8.
Decaisne, Recherches sur la garance (Rubia) et de ses espèces. Bruxelles 1837. 4.
Opiz und *Berchtold*, Die Rubiaceen Böhmens. Prag 1838. 8.
Korthals, Observationes de Naucleis indicis. Bonnae 1839. 8.
Korthals, Verhandelingen etc. (Nauclea). Leiden 1839—42. fol.
Schomburgk, Description of Calycophyllum Stanleyanum. (London 1841.) 4.
Baillet et *Timbal*, Essai du Galium. Toulouse 1862. 8.

Caryophyllinae (conf. *Mesembryanthemeae*, *Portulacaceae*).

Bergen, Epistola de Alchimilla supina (Scleranthus perennis) ejusque coccis. Francofurti a/V. 1748. 4.
Cartheuser, De radice Saponariae. Francofurti 1760. 4.
Otto, De Phytolacca. Trajecti a/V. 1792. 4.
Jussieu, Sur la nouvelle famille des Paronychiées. (Paris 1815.) 4.
Saint-Hilaire, La nouvelle famille des Paronychiées. Paris 1816. 4.
Gay, Histoire de l'Arenaria tetraquetra L. Paris 1824. 8.
Candolle, Mémoire sur la famille des Paronychiées. Paris 1829. 4.
Fenzl, Versuch einer Darstellung der geographischen Verbreitungsverhältnisse der Alsineen. Wien 1833. 8.
Grenier, Observations sur Moenchia et Malachium. (Besançon 1839.) 8.
Soyer-Willemet, Sur le Cerastium manticum et autres. Nancy 1839. 8.
Grenier, Fragment d'une monographie de Cerastium. (Besançon 1840.) 8.
Grenier, Monographia de Cerastio. Vesontione 1841. gr. 8.
Grenier, Extrait des Mémoires etc. (Alsine). Besançon 1841. 4.
Godron, Quelques observations sur la famille des Alsinées. Nancy 1842. 4.
Gay, Holostei generis monographia. Paris 1845. 8.
Godron, Note sur le Dianthus virgineus de Linné. Nancy 1846. 8.
Godron, Silène. Nancy 1847. 8.
Baptista, Discussão das Paronychiaceas. Lisboa 1855. 4.
Kindberg, Symbolae Lepigonorum. Upsaliae 1856. 8.
Rohrbach, Monographie der Gattung Silene. Leipzig 1868. 8.

Cassiae species (Leguminosae).

Mizauld, Opusculum de Sena. Lutetiae 1572. 8.
Baier, De Senna. Altdorfi 1733. 4.
Nectoux, Observations sur les diverses espèces de Séné du commerce. Voyage. Paris 1808. fol.
Riehl, De Cassiae speciebus officinalibus. Halae 1801. 8.
Colladon, Histoire naturelle et médicale des Casses. Montpellier 1816. 4.
Vogel, Generis Cassiae synopsis. Berolini 1837. 8.
Martius, Sennesblätter. Leipzig 1857. 8.
Batka, Monographie von Senna. Prag 1866. 4.

Cassiniaceae vide *Compositae*.

Casuarineae.

Miquel, Revisio Casuarinarum. Amstelodami 1848. 4.
Stache, De Casuarinis viventibus et fossilibus. Vratislaviae 1855. 8.
Loew, De Casuarinearum caulis folique evolutione. Berolini 1865. 8.

Cedrelaceae.

Roxburgh, Description of a new species of Swietenia (febrifuga). (London 1793.) 4.
Duncan, Tentamen de Swietenia Soymida. Edinburgi 1794. 8.
Forsten, De Cedrela febrifuga. Lugd. Bat. 1836. 4.
Chaloner, The Mahagoni tree. Liverpool 1851. 8.

Celastrineae.

Hellenius, Evonymus. Aboae 1786. 4.
Korthals, Verhandelingen etc. (Salacia, Hippocratea). Leiden 1839—42. fol.
Ettingshausen, Nervation der Celastrineen. Wien 1857. 4.

Cephaelis Ipecacuanha Rich. (*Caprifoliaceae*).

Valentini, De Ipecacuanha novo Gallorum antidysenterico. Giessae 1698. 4.
Wedel, De Ipecacuanha americana et germanica. Jenae 1705. 4.
Schulze, De Ipecacuanha americana. Halae 1744. 4.
Linné, De Viola Ipecacuanha. Upsaliae 1774. 4.
Muenz et *Raab*, De cortice peruviano et radice Ipecacuanhae. Landishuti 1812. 8.
Candolle, Recherches sur les différentes espèces d'Ipecacuanha. (Mém. de la soc. des prof. de l'école de méd. de Paris. vol. I, 178—194.)
Richard, Histoire naturelle et médicale des différentes espèces d'Ipécacuanha du commerce. Paris 1820. 4.
Klinsmann, De Emetino et Cephaeli Ipecacuanha, Psychotria emetica, Richardsonia brasiliensi. Berolini 1823. 8.
Thunberg, De Ipecacuanha. Upsaliae 1824. 8.

Ceratophylleae.

Gray, Remarks on the Ceratophyllaceae. New York 1837. 8.

Chamaelaucieae vide *Myrtaceae*.

Chamaeleon Veterum vide *Compositae* (1867).

Chailletiaceae.

Candolle, Description du Chailletia. (Ann. Mus. d'hist. nat. 1811. XVII, 153—159.)

Chara Caesaris vide *Umbelliferae* (1769).

Chenopodeae.

Vorm, Atriplex salsum. Amsterdam 1661. 12.
Lange, De herba Borith, Jeremias II. 22. et Malachias III. 2. (Salsolam esse). Altdorfi 1705. 4. — *Rudbeck*, De Borith fullonum (Purpuram nec herbam esse). Upsalis 1722. 4. — Responsum ad C. B. Michaelis. 1733. 4.
Eysel, De Bonoheinrico oder Guten Heinrich. Erfordiae 1714. 4.
Henckel, Flora saturnizans (Salzkraut oder Kali geniculatum). Leipzig 1722. 8.
Roberg, De Blito. Upsaliae 1740. 4.
Cartheuser, De Chenopodio ambrosioide. Francofurti 1757. 4.
Velloso, Alographia dos alkalis fixos vegetal ou potassa. Lisboa 1798. 8.
Fallén, De Beta pabulari. Lundae 1792. 4.
Imlin, De Soda et ejus peculiari sale. Argentorati 1760. 4.
Dejean, Historia, analysis et usus Sodae hispanicae. Lugduni Batavorum 1773. 4.
Pallas, Illustrationes plantarum (Halophytae). Lipsiae 1803. fol.
Schrader, De Halophytis Pallasii. Goettingae 1810. 4.
Lagasca, Plantas Barilleras de España. Madrid 1817. 4.
Gussone, Flora sicula (Salicornia). Neapoli 1829. fol.
Notaris, De Chenopodii speciebus. Ticini 1830. 4.
Péligot, Recherches sur l'analyse et la composition chimiques de la betterave à sucre. Paris 1839. 8.
Babington, British Atripliceae. Edinburgh 1840. 8.
Moquin-Tandon, Chenopodearum enumeratio. Paris 1840. 8.
Westerlund, Sveriges Atriplices. Lund 1861. 8.
Bunge, Anabasearum Revisio. Petropoli 1862. 4.

Ungern-Sternberg, Versuch einer Systematik der Salicornieen. Dorpat 1866. 8.
Cleghorn, The Pauchontree, or Indian Gutta tree (Bassia elliptica). Madras 1858. 4.

Chiococca vide Rubiaceae.
Chloranthaceae.
Chlorantheae in *Blume*, Flora Javae. Bruxellis 1828. fol.

Chondrus vide Tritica culta (1627).
Cinchonae species (Caprifolia).
Linné, De cortice peruviano. Upsaliae 1758 4.
Pulteney, De Cinchona officinali L. Edinburgi 1764. 8.
Turra, Istoria del arbore della China. Livorno 1764. 4.
(*Mutis*) Instruccion relativa de las especies y virtudes de la Quina. Cadiz 1792. 4.
(*Bertoloni*, Notizia sopra la chinologia del Mutis; Ann. di storia nat. III, p. 411—412.)
Ruiz, H. et Pavon, Quinologia. Madrid 1792. 4. — Supplem. 1801. 4.
Relph, An inquiry into the efficacy of the yellow peruvian bark. London 1794. 8.
(*Lambert*) A description of the genus Cinchona. London 1797. 4.
Velloso, Quinografia portugueza. Lisboa 1799. 8.
Ruiz, S., Defensa del verdadero descubridor de las Quinas del reyno de Santa Fé. Madrid 1802. 4.
Rohde, Monographia Cinchonae. Goettingae 1804. 8.
Renard, Die inländischen Surrogate der Chinarinde. Mainz 1809. 8.
Thunberg, Cinchona. Upsala 1811. 4.
Neves Mello, Circa Cinchonam brasiliensem observationes. Rio de Janeiro 1811. 8.
Guglielmi, Osservazioni sulla China-china officinale e quattro altre specie. Parma 1811. 8.
Hartung, De Cinchonae speciebus et medicamentis Chinam supplentibus. Argentorati 1812. 4.
Laubert, Recherches sur le Quinquina. Paris 1816. 8.
Lambert, An illustration of the genus Cinchona. London 1821. 4.
Pelletier et Caventou, Analyse chimique des Quinquina etc. Paris 1821. 8.
Graf, Die Fieberrinden. Wien 1824. 8.
Bergen, Versuch einer Monographie der China. Hamburg 1826. 4.
Candolle, Notice sur les différents genres et espèces, dont les écorces ont été confondues sous le nom de Quinquina. (Bibl. univ. de Genève 1829. vol. XLI, 144—162.)
Folchi, Descrizione degli esemplari delle Chine-chine vere e false. Romae 1830. 8.
Winkler, Die ächten Chinarinden. Darmstadt 1834. 8.
Zynen, De Kinabasten. Rotterdam 1835. 8.
Hooker, Dissertation upon the Cinchonas Glasgow 1839. 8.
Weddell, Quinquinas. Paris 1849. fol.
Howard, Illustrations of the Nueva Quinologia of Pavon. London 1852. fol.
Delondre A. et A. Bouchardat, Quinologie. Paris 1854. 4.
Reichhardt, E., Bestandtheile der Chinarinde. Braunschweig 1855. 8.
Vriese, De Kinaboom uit Zuid-America overgebragt naar Java. Gravenhage 1855. 8.
Reichel, C. F., Chinarinde und deren Bestandtheile. Leipzig 1856. 8.
Grahe, Die Chinarinden. Kasan. 1857. 8.
Klotzsch, Die Abstammung der im Handel vorkommenden Chinarinde. Berlin 1857. 8.
Karsten, Die Chinarinden Neugranadas. Berlin 1858. 8.
Markham, Notes on the culture of Chinchonas (1859.) 8.
Spruce, Expedition to procure seeds ... of the Chinchona succirubra. London 1861. 8.
Markham, Travels in Peru and India, collecting Cinchona plants and their introduction into India. London 1862. 8.
Mac Ivor, Cultivation of Cinchonae (in India). Madras 1863. 8.
Phoebus, Die Delondre-Bouchardat'schen Chinarinden. Giessen 1864. gr. 8.
Planchon, G., Des Quinquinas. Paris 1864. 8.
Berg, Die Chinarinden der pharmacognostischen Sammlung. Berlin 1865. 4.
Vogl, Die Chinarinden des Wiener Grosshandels. Wien 1867. 8.
Gorkom, Die Chinakultur auf Java. Leipzig 1869. 8.
Triana, Nouvelles Études sur les Quinquinas. Paris 1872. 8.

Cinchonaceae vide Caprifolia Rubiaceae.
Cissampelos vide Menispermaceae.
Cistineae.
Sweet, Cistineae. London 1825—30. 8.
Timbal-Lagrave, Cistes de Narbonne. Toulouse 1861. 8.

Clusiaceae.
Ellis, A description of the Mangostan (Garcinia L.). London 1775. 4.

Cocca vide Menispermaceae.
Cocculus vide Menispermaceae.
Cochlospermaceae vide Ternstroemiaceae.
Coffea arabica L. (Caprifoliaceae).
Dufour, De l'usage du caphé, du thé et du chocolate. Lyon 1661. 12.
(*Strauss*) De potu Coffi. Francofurti 1666. 4.
Naironi, De saluberrima potione Cahve seu Cafe. Romae 1671 12.
Dufour, Traitez nouveaux du café, du thé et du chocolate. Lyon 1685. 12.
Sponius, Tractatus novi de potu Caphé, Thé, Chocolata. Paris 1685. 12.
Spliegerber, Drey Tractate von Café etc. Budissin 1688. 8.
(*Galland*) De l'origine et du progrez du cafe. Caen 1699. 8.
Andalorius, Il caffée descritto ed esaminato. Messaniae 1703. 12.
Sponius, Bevanda asiatica. Lipsiae 1705. 4.
Douglas, Botanical dissection of the coffeeberry. (= Lilium sarniense. London 1725. fol.)
Douglas, J., Arbor Yemensis, Cofé ferens. London 1727. fol.
Milhau, Dissertation sur le caffeyer. Montpellier 1746. 8.
Dalla Bona, L'uso e l'abuso del Caffè. Verona 1751. 8.
Gmelin, De Coffee. Tubingae 1752. 4.
Kalm, Om Caffé. Abo 1755. 4.
Linné, Potus Coffeae. Upsaliae 1761. 4.
Ellis, An historical account of coffee. London 1774. 4.
Virey, Sur le café et le genre Coffea. Paris 1816. 12.
Abendroth, De Coffea. Lipsiae 1825. 4.
Kihlmann, Kaffé. Stockholm 1828. 8.
Weitenweber, Der arabische Kaffee. Prag 1835. 8.
Marcus, De Coffea. Lipsiae 1837. 4.
Emerich, De Coffeae facultatibus. Berolini 1839. 8.
Trappen, De Coffea. Trajecti a/Rh. 1843. 8.
Marchand, L, Recherches sur le Coffea arabica. Paris 1864. 8.

Colocasiae vide Araceae.
Combretaceae.
Candolle, Mémoire sur la famille des Combrétacées. Genève 1828. 4.

Commelinaceae vide Enantioblasteae.

Compositae.

Rocardus, De plantis Absinthii tractatus Venetiis 1589. 4.
Bauhin, J., De plantis Absynthii nomen habentibus. Montisbeligardi 1593. 8.
Chiavena (Clavena), Historia Absynthii umbelliferi (Achillea Clavenae L.) et Scorsonerae italicae. Venetiis 1610. 4.
Sprecchis, Antabsynthium Clavenae. Venetiis 1611. 4.
Fehr, Anchora sacra vel Scorzonera. Jenae 1666. 8.
Boccone, De Abrotano marino (Diotis maritima Desf?). Cataneae 1668. fol.
Fehr, Hiera picra vel de Absinthio analecta. Lipsiae 1668. 8.
Petri von Hartenfelss, Asylum languentium seu Carduus sanctus benedictus. Jenae 1669. 8.
Murillo y Velarde, Tratado de raras yervas (Abrotano e Buphtalmo). Madrid 1674. 4.
Wedel, G., De Amello Virgilii (Melelotum perperam dicit). Jenae 1686. 4.
Camerarius, De Cichorio. Tubingae 1690—91. 4.
Schefer, De Chamomilla. Argentorati 1700. 4.
Wedel, De Cirsio Dioscoridis. Jenae 1700. 4.
Breyne, De radice Gin-Sem et Chrysanthemo bidente zeylanico. Acmella dicto (Spilanthes oleracea). Lugduni Batavorum 1700. 4.
Slevogt, De Acmella ceylanica. Jenae 1703. 4.
Slevogt, De Pyrethro. Jenae 1709. 4.
Eysel, Filius ante patrem (Tussilago Farfara). Erfordiae 1714. 4.
Eysel, Bellicographia Erfordiae 1714. 4.
Baier, (Achillea) Millefolium. Altdorfi 1714.
Boretius, De Hieraciis prussicis. Luguni Batavorum 1720. 4.
Staehelin, B, Theses physico-anatomico-botanicae. Basileae 1721. 4.
Franke, Gründliche Untersuchung der unvergleichlichen Sonnenblume. Ulm 1725. 8.
Nebel, De Acmella palatina (Bidens cernua L). Heidelbergae 1739. 4.
Klein, An Tithymaloides frutescens folii Nerii Plum. nec Cacalia nec Cacaliastrum? (Kleinia) Gedani 1730. 4.
Lischwitz, De ordinandis rectius virgis aureis (Solidago). Lipsiae 1731. 4.
Schulze, De Chamaemelo (Chamomilla). Halae 1739. 4.
Linné, Anandria. Upsaliae 1745. 4.
Cartheuser, De ligno nephritico, colubrino et semine santonico. Francofurti 1749. 4.
Bergen, De Petasitide. Francofurti a/V. 1759. 4.
Meese, Het XIX Classe van de Genera plantarum Linn Leeuwarden 1761. 4.
Berkhey, Expositio characteristica structurae florum qui dicuntur Compositi. Lugduni Batavorum 1761. 4.
Heurlin, De Syngenesia. Londini Gothorum 1771. 4.
Rigler, De Syngenesiae divisionibus. Budae 1778. 8.
Boehmer, Cyano segetum nuper imputatum viciis limitatur. Wittenbergae 1787. 4.
Thunberg, De (Artemisiae) Moxae usu. Upsaliae 1788. 4.
Willdenow, De Achilleis et Supplementum generis Tanaceti. Halae 1789. 8.
Hellenius, De Cichorio. Aboae 1792. 4.
Bonato, Pisaura automorpha e Coreopsis formosa. Padova 1793. 4.
Schmidt, F W., Sammlung etc. (p. 251—286. Ueber Syngenesia, Polygamia aequalis, semiflosculosi). Prag 1795. 8.
Schrank, Sammlung (p. 351—414. Betrachtungen über Syngenesia polygamia frustranea). Nürnberg 1796. 8.
Thunberg, De Arnica. Upsaliae 1799. 4.
Thunberg, Arctotis. Upsaliae 1799. 4.
Jussieu, Mémoire sur le Kleinia et l'Atractea. (Paris 1803.) 4.
Jussieu, Mémoire sur l'Acicarpha et le Boopis (Paris 1803.) 4.
Jussieu, Sur le Gymnostyles. (Paris 1804.) 4.
Candolle, Description d'un nouveau genre Strophanthus. (Mém. des savans étrangers 1805. I, 406.)
Gochnat, Tentamen de Cichoraceis. Argentorati 1808. 4.
Bivona-Bernardi, Monographia delle Tolpidi. Palermo 1809. fol.
Candolle, Observations sur les Composées ou Syngenèses. (Ann Mus. d'hist. nat. 1810. XVI, 135—158.)
Lagasca, Amenidades (un órden nuevo des Compuestas). Orihuela 1811. 4
Tristan, Mémoire sur les aigrettes des fleurs composées et les caractères du genre Zinnia. Orléans 1811. 8.
Anderson, The Eupatorium perfoliatum L. New York 1813. 8.
Brown, On the Compositae. London 1817. 4. (Verm. Schrift. II, 497—604.)
Nees von Esenbeck, Synopsis specierum generis Asterum herbacearum. Erlangae 1818. 4.
Geiger, De Calendula officinali. Heidelbergae 1818. 8.
Ganzel, De Lactuca sativa et Lactuccario. Berolini 1819. 8.
Cassini, Opuscules phytologiques. Paris 1826—34. 8.
Gay, Monographie des genres Xeranthemum et Chardinia. Paris 1827. 4.
Monnier, Essai monographique sur les Hieracium. Nancy 1829. 8.
Mérat, Examen des genres Apargia et Thrincia. Paris 1831. 8.
Lessing, De generibus Cynarocephalarum et speciebus generis Arctotidis. Berolini 1832 8.
Nees von Esenbeck, Genera et species Asterearum. Vratislaviae 1832. 8.
Besser, Tentamen de Abrotanis. Moscoviae 1832. 4.
Lessing, Synopsis generum Compositarum. Berolini 1832. 8.
Hirschfeld, De Lactuca virosa et Scariola. Berolini 1833. 8.
Besser, Dissertatio de Seriphidiis. (Cremeneci 1833) 8.
Trautvetter, De Echinope genere. Mitaviae 1833. 4.
Candolle, Genres nouveaux des Composées (Paris 1833) 8.
Michel, De Artemisiis usitatis. Pragae 1834. 8
Candolle, Compositae Wightianae. (Wight, Contributions. London 1834. 8.)
Soyer, Gnaphalium neglectum. Nancy 1836. 8.
Fenzl, Charakteristik der Gnaphalien De Candolle's s l. et a. 8.
Steudel, Ueber ein neues Pflanzengenus (Frankia Schimperi). s. l. 1836. 8.
Picard, Observations botaniques sur le genre Sonchus. Boulogne s a. 8.
Candolle, Structure et classification des Composées. Paris 1838. 4.
Candolle, Statistique des Composées. Paris 1838. 4.
Zsigray, Enumeratio Centaurearum Hungariae. Pestini 1838. 8
Rapp, Ueber das Santonin. Heilbronn 1838. 8.
Tarsótzky, Ueber die Compositen. Ofen 1839. 8.
Walz, Der Milchsaft des Giftlattichs. Heidelberg 1839. 8.
Barratt, Eupatoria verticillata. Middletown 1840. 4.
Naegeli, Die Cirsien der Schweiz. (Neuchatel 1841.) 4.
Parlatore, In Filaginis Evacisque species observationes. (Firenze 1841.) 8.
Savi, Sull' Erigeron siculum L. (Jasonia sicula Cand. Prodr.). Modena 1841. 4.
Schultz, Analysis Cichoriacearum Palatinatus. Landau 1841. 8.
Wallroth, Beiträge I. (Naturgeschichte des Senecio paludosus L). 1842. 8.
Weber, A., Clavis Compositarum. Vindobonae 1843. 8.
Schultz, Ueber die Tanaceteen. Neustadt a. d. Haardt 1844. 4.
Wallroth, Beiträge (Zur Kenntniss der Anthemis tinctoria. Die Gattung Lampsana Dodon. Monographie der Gattung Xanthium Diosc.). Leipzig 1844. 8.
Visiani, Osservazioni sopra alcune specie di Matricaria. Firenze 1845. 8

Fries, E., Symbolae Hieraciorum. Upsaliae 1847—48. 4.
Remy, Monografia de las Compuestas de Chile. Paris 1849. 8.
Taupenot, Sur l'organisation des Synanthérées. Dijon 1851. 4.
Grisebach, Distributio Hieracii generis per Europam. Goettingae 1852. 4.
Fenzl, Leucanthemum et Pyrethrum. Wien 1853. 8.
Visiani, R., Piante insettifughe, Pyrethrum roseum et cynarifolium. Padova 1853—54. 8.
Backhouse, British Hieracia. York 1856. 8.
Farkas Vukanovics, Hieracia croatica. Zagrabiae 1858. 4.
Fries, E., Epicrisis Hieraciorum. Upsaliae 1862. 8.
Kindberg, Dispositio Synantherearum. Linköping 1862. 8.
Christener, Die Hieracien der Schweiz. Bern 1863. 4.
Schultz, Lychnophora Mart. Neustadt 1864. 4.
Bunge, Cousinia. Petersburg 1865. 4.
Fries, E., Symbolae ad synonymiam Hieraciorum. Upsaliae 1866. 8.
Schulz, K. H., Verbreitung der Cassiniaceen des Pollichingebiets und zum Systeme der Cichoriaceen. Dürkheim 1866. 8.
Lefranc, Des Chamaeléons des anciens, Cardopatium orientale Spach et Atractylis gummifera L. Paris 1867. 8.
Kühne, Blüthenentwicklung bei den Compositen. Berlin 1869. 8.
Miquel, Illustrations de la Flore d'Archipel indien. Amsterdam 1870. 4.

Coniferae.

Belon, De arboribus coniferis. Parisiis 1553. 4.
Axtius, Tractatus de arboribus coniferis. Jenae 1679. 12.
Scharff, Ἀρκευθολογία sive Juniperi descriptio curiosa. Francofurti 1679. 8.
Wedel, G., De Terebinthina. Jenae 1700. 4.
Wedel, G., De Sabina scripturae. Jenae 1707. 4.
Wedel, G., De lignis thyinis Apocalypseos. Jenae 1707. 4.
Wedel, G., De Sabina. Jenae 1707. 4.
Wedel, G., De mensis citreis. Jenae 1707. 4.
Wedel, G., De Thyo Homeri (Sabinam esse). Jenae 1707. 4.
Fougeroux, Sur le Thuya de Theophraste. (Journal de physique. XVIII, 354—356. — Nieuwe geneesk. Jaarb. I, 216—219.)
Vallisnieri, Prima Raccolta (p. 84. De Pinu africana). Venez 1710. 12.
Camerarius, Biga botanica (Pini coni). Tubingae 1712. 4.
Baier, De Junipero. Altdorfi 1719. 4.
Biel, De lignis ex Libano ad templum hierosolymitanum aedificandum petitis. Brunsvigae 1740. 4.
Treu, Cedrorum Libani historia. Norimbergae 1757—67. 4.
Alströmer, Beskrifning på svenska Slok Granen, Pinus viminalis. (Vetensk. Acad. Handl. 1777. p. 310—317.)
Arnold, Reise nach Mariazell. (Pinus nigra.) Wien 1785. 4.
Ginanni, F., Istoria delle Pinete Ravennati. Roma 1774. 4.
Gough, Cedar of Libanus growing in the garden of Queen Elizabeth's Palace at Enfield. (London) 1788. fol.
Anderson, J., Lettres for the culture of bastard cedar trees. Madras 1794. 4.
Cubières, Mémoire sur les cyprès de la Louisiane. Paris 1809. 8.
Cubières, Mémoire sur le Cèdre rouga. Paris s. a. 8.
Lambert, A description of the genus Pinus. London 1803—24. fol. — 1828—37. fol.
Schlümbach, Abbildung der Nadelbäume in Baiern. Nürnberg 1810—11. 4.
Gouan, Description du Gingko biloba. Montpellier 1812. 8.
Brotero, Historia natural dos Pinheiros e Abetos. s. l. 1817. 8.
Savi, Sul Cedro del Libano. Firenze 1818. 8.
Candolle, Sur le Gingko biloba L. (Bibl. de Genève 1818. VII, 130—133.)
Jacquin, Ueber den Gingko. Wien 1819. 8.
Richard, Commentatio de Coniferis et Cycadeis. Stuttgardiae 1826. fol.
Jaeger, De quibusdam Pini silvestris monstris. Stuttgartiae 1828. 4.
Hoess, Monographie der Schwarzföhre (Pinus austriaca). Wien 1831. fol.
Nardo, L., Corticis Pini maritimae analysis chemica et usus medicus. Patavi 1831. 8.
Nardo, Su alcuni usi ed applicazioni del Pinus maritima. Venezia 1834. 8.
Kratzmann, Ed., De Coniferis usitatis. Pragae 1835. 8.
Mohl, Ueber die männlichen Blüthen der Coniferen. Tübingen 1837. 8.
Jacques, Monographie de la famille des Conifères. Paris 1837. 8.
Loiseleur, Histoire du cèdre du Liban. Paris 1837. 8.
Moretti, De Cedro Libani. Paviae 1838. 8.
(Forbes) Pinetum woburnense. Londini 1839. gr. 8.
Antoine, Die Coniferen nach Lambert etc. Wien 1840—46. fol.
Schuetz, De Taxo baccata ejusque veneno. Vratislaviae 1840. 8.
Goeppert, De Coniferarum structura anatomica. Vratislaviae 1841. 4.
Link, Abietinae horti berolinensis. Halae 1841. 8.
Meyer, Ueber die Coniferen. (Königsberg 1841.) 8.
Siebold et Zuccarini, Flora japonica. (Cent. II. fasc. 1—5. Coniferae.) Lugd. Bat. 1842—44. fol.
Brown, On the plurality and development of the embryos in the seeds of Coniferae. London 1844. 8.
Meyer, Monographie der Gattung Ephedra. St. Petersburg 1846. 4.
Endlicher, Synopsis Coniferarum. 1847. 8.
Knight, J., Synopsis of the coniferous plants in Great Britain. London 1850. 8.
Torrey, Darlingtonia californica. Washington 1853. 4.
Martius, Gingko biloba L. Montpellier 1854. 4.
Beinling, Geographische Verbreitung der Coniferen. Breslau 1854. 4.
Rosny, Thuya de Barbarie. Paris 1856. 8.
Antoine, Arceuthos, Juniperus und Sabina. Wien 1857—60. 4.
Gordon, Th., The Pinetum, synopsis of all conif. plants. London 1858—62. 8.
Courtin, Coniferen, Beschreibung aller ... Stuttgart 1858. 8.
Caspary, Abietinarum flos femineus. Regiom. 1861. 4.
Thomas, Folia Coniferarum. Berlin 1863. 8.
Murray, And., The Pines and Firs of Japan. London 1863. 8.
Parlatore, Studii organografici sui fiori e sui frutti delle Conifere. Firenze 1864. 4.
Henkel und Hochstetter, Synopsis der Nadelhölzer, deren Kultur und Ausdauer. Stuttgart 1865. 8.
Boer, Coniferae Archipelagi indici. Trajecti 1866. 4.
Senilis, Pinaceae, a Handbook London 1866. 8.
Boer, Coniferi Archipelagis indici. Trajecti a/Rh. 1866. 4.
Lawson, Pinetum britannicum. Edinburgh 1766—72. fol.
Carrière, Conifères. Paris 1867. 8.
Strasburger, Befruchtung bei den Coniferen. Jena 1869. 4.

Connaraceae.

Candolle, Mémoire sur les genres Connarus et Omphalobium. (Paris 1826.) 4.

Contortae (vide Apocynaceae, Aristolochiaceae, Asclepiadeae).

Rottboell, Botanikens udstrakte nytte. Kiöbenhavn 1771. 8.
Medicus, Ueber den merkwürdigen Bau der Zeugungsglieder der Contorten. (Nerium, Periploca, Koelreuteria, Cynanchum, Asclepias.) Mannheim 1782. 8.

Convolvulaceae.

Donati, De radice purgante Mechioacan (Jalapa). Mantuae 1569. 4.
Franke, De (Convolvulo L.) Soldanella. Heidelbergae 1674. 4.

Wedel, De Gialapa. Jenae 1678. 4.
Paullini, De Jalapa liber singularis. Francofurti a/M. 1700. 8.
Chambers, De (Ribes Arabum et) ligno Rhodio. (Convolvulus scoparius L.) Lugduni Bat. 1724. 4.
Choisy, Convolvulaceae orientales. Genève 1834—41. 4.
Marquart, L., Die Scammoniumsorten. Lemgo 1836—37. 8.
Choisy, Les Convolvulacées du Brésil et Marcellia. Genève 1844. 4.
Colla, Nuova specie, Calonyction macrantholeucum. Torino (1840.) 4.

Copaifera vide *Leguminosae*.

Corchorus Theophrasti vide *Euphorbiaceae* (1695).

Corneae.

L'Héritier, Cornus. Paris 1788. fol
Meyer, Ueber einige Cornusarten. St. Petersburg 1845. 4.

Coronariae (conf. Dracaenae, Juncaceae, Moly (=?Allium), Smilaceae, Tetragonon Hippocratis).

Gesner, Epistola de Tulipa Turcarum. (Valerii Cordi Annotationes in Dioscoridem. Argentorati 1561. fol)
Minderer, Aloedarium marocostinum Augustae Vindelicorum 1616. 8.
Castelli, P, Epistola de nomine Hellebori apud Hippocratem (Veratrum L.) Romae 1622. 4.
Paulin, Sur l'antiquité et splendeur des fleurs des Lys. Paris 1626. 8.
Tristan, Traité du Lys symbole de l'esperance. Paris 1656. 4.
Pfautz, Descriptio (Ampeloprasum proliferum Allium carinatum). Ulmae 1656. 4.
Ursinus, Tulipa de Alepo. Lipsiae 1661. 4.
Ursinus, Lilium album plenum. Lipsiae 1662. 4.
Stapell, Tulipanen Geheimniss zur Erweckung christlicher Andacht. Lübeck 1663. 12.
Olearius, Hyacinth-Betrachtung. Leipzig 1665; 12.
Rainssant, Sur l'origine de la figure des fleurs de Lys. Paris 1678. 4.
Schookius, De Tulipis. Francofurti 1680. 4.
Tilling, Lilium curiosum. Francofurti a/M. 1683. 8.
Wedel, De Lilio agri (Scripturae sacrae, Martagon esse). Jenae 1700. 4.
Fleischer, Lilia Rubenis (Scripturae sacrae). Havniae 1703. 4.
Wedel, De Lilio convallium Salomonis (Lilium candidum esse). Jenae 1710. 4
Baier, De Scilla. Altdorfi 1715. 4.
Baier, De Asparago. Altdorfi 1715. 4.
Rosenfeld, Rosa saronitica, Cant. II, 1. (Lilium est). Witteberg 1715. 4.
Wedel, De Alio Jenae 1718 4
Schulze, De Aloe. Altdorfi 1723. 4
Ikenius, De Lilio saronitico emblemate sponsae ad illustr. Cant II. 1. Bremae 1728. 8
Schulze, J H, Examen chemicum radicis Scillae marinae. Halae 1739. 4.
Haller, De Alii genere naturali libellus. Gottingae (1745). 4.
Voorhelm, Traité sur la Jacinte. Harlem 1752. 8. — ib. 1773 8.
Ardène, Traité des Jacintes. Avignon 1759. 12.
(Saint-Simon) Des Jacintes. Amsterdam 1768. 4.
Franz, De Asparago ex scriptis medicorum veterum. Lipsiae 1778. 4.
Buchoz, Collection de Jacinthes. Paris 1781. fol.
Murray, Succi Aloes amari initia. Gottingae 1785. 4.
Thunberg, Aloe. Upsala 1785. 4.
Heister, Brunsvigia. Brunsvigiae 1753. fol
Zuccagni, De naturali liliorum ante simulacra Deiparae fructificatione. (Florentiae 1796.) 8

Thunberg, De Melanthio. Upsaliae 1797. 4.
Candolle, Les Liliacées peintes par Redouté. Paris 1802—8. fol.
Tristan, Les organes caulinaires des Asperges. Orléans 1813. 8.
Salm-Reifferscheid-Dyck, Verzeichniss der verschiedenen Arten des Geschlechts Aloe etc. (Düsseldorf 1817.) 8.
Andrzejowski, Czackia. Krzemieniec 1818. 4.
Treviranus, Allii species. Vratislaviae 1822. 4.
Bresler, Generis Asparagi historia naturalis atque medica. Berolini 1826. 8.
Ecklin, Standorte und Blüthezeit der Corenarien etc. am Cap. Esslingen 1827. 8.
Cruse, De, Asparagi officinalis L. germinatione. Regiomonti 1828. 8.
Bury, A selection of Hexandrian plants. London (1831—34). fol max.
Reboul, Nonnularum specierum Tuliparum agri florentini propriae notae. Florentiae 1822—23. 8.
Wikström, Nya arter af Fritillaria. Stockholm 1822. 8.
Douglas, Account of the species of Calochortus. London 1823. 4.
Morren, Notice sur un lis du Japon. Gand 1833. 8.
Bertoloni, Descrizione di un nuovo genere. (Strangweja hyacinthioides Bert) Modena 1835. 4.
Salm-Reifferscheid-Dyck, Monographia generis Aloes et Mesembrianthemi. Düsseldorf 1836 sqq. 4.
Gray, Melanthacearum Americae septentrionalis revisio. Novi Eboraci 1837. 8.
Douglas, Selectae specierum Tuliparum agri florentini synonyma. Florentiae 1838. 8.
Rapp, Ueber die Veratrine Tübingen 1839. 8.
Kunth, Eichhornia, gen. nov. (Ponteduriaceae). Berolini 1842. 8.
Schlechtendal, Hemerocallis. Halle 1854. 4.
Irmisch, Morphologie der Melanthaceen. Berlin 1856. 4.
Schlechtendal, Pontederia. Halle 1861 4.
Cannart, Monographie historique des lis. Malines 1870. 8.
Duchartre, Observations sur Lilium Tourn. Paris 1871. 8.

Cortex adstringens vide *Leguminosae*.

Cortex Angusturae vide *Diosmaceae*.

Cortex Pao Pereira vide *Apocynaceae*.

Crassulaceae.

Bradley, The history of succulent plants. London 1716—27. 4.
Minuart, Cotyledon hispanica. (Madrid 1739.) 4.
Ortega, De nova quadam stirpe, seu Cotyledonis Mucizoniae et l'istoriniae descriptio. Matriti 1772. 4.
Hartmann, De Sedo agri Linnaeano. Trajecti a V. 1784. 4
Martelli, Braschiae plantae novae generis descriptio. Romae 1791. 4.
Candolle, Plantarum historia succulentarum. Paris 1799—1829. fol.
Candolle, Mémoire sur la famille des Joubarbes. Sempervivae Juss. (Bulletin soc. phil. 1801. p. 1.)
Schnizlein, K., De Sedo acri L. Erlangae 1804. 8.
Haworth, Synopsis plantarum succulentarum. Londini 1812. 8 — Supplementum. 1819. 8. — Revisiones Saxifragearum enumeratio. Londini 1821. 8
Jussieu, Note sur le genre Francoa. (Paris 1824.) 8.
Candolle, Mémoire sur la famille des Crassulacées. Paris 1828. 4.
Brown, Structure and affinities of Cephalotus. (Edinburgh 1832.) 8.
Lamotte, Sempervivum L. Clermont Ferrand 1864. 8.

Croton vide *Euphorbiaceae*.

Cruciferae (vide Brassica).

Sturm, De Rosa hierochuntina (Anastatica) liber unus. Lovanii 1608. 8.
Moellenbrock, Cochlearia curiosa Lipsiae 1674. 8.
Wedel, De Faecula coa (Eruca et Sinapis L.). Jenae 1693. 4.

Mappus, De Rosa de Jericho vulgo dicta. Argentorati 1700. 4.
Zwinger, Examen plantarum nasturcinarum. Basileae 1714. 4.
Brendel, De plantis flore perfecto simplici regulari tetrapetalo. Wittebergae 1718. 4.
Turra, Farsetia, novum genus. (Venetiis 1765.) 4.
Crantz, Classis Cruciformium emendata. Lipsiae 1769. 8.
Sebeók de Szent-Miklós, De Tartaria hungarica. Viennae 1779. 8.
Bergeret, Phytonomatotechnie universelle. (Vol. III: Crucifères francaises) Paris 1783—84. fol.
Hagen, De Cardamine pratensi Regiomonti 1785. 4.
(*L'Héritier*) Kakile. 1788. fol.
Medicus, Pflanzengattungen. (Cruciferae.) Mannheim 1792. 8.
Candolle, Notices sur quelques genres de Siliculeuses. (Mém. soc. d'hist. nat. de Paris 1799. I, 140)
Candolle, Monographie des Biscutelles. (Ann. Mus. d'hist. nat. 1811. XVIII, 292—301.)
Candolle, Mémoire sur la famille des Crucifères. (Paris 1821.) 4.
Candolle, Mémoire sur les différentes espèces de choux et de raiforts. Paris 1822. 8.
Wahlenberg, Anmärkningar vid Cardamine parviflora Linn. (Vet. Ak. Handl 1822.) Stockholm 1823. 8.
Wrangel, Cardamine parviflora L. (Vet. Ak. Handl. 1822.) Stockholm 1823. 8.
Lestiboudois, Mémoire sur les fruits siliqueux. Lille 1823. 8.
Lestiboudois, Observations phytologiques. (Sur l'insertion des étamines des Crucifères.) Lille 1826. 8
Monnard (et Gay), Observations sur quelques Crucifères Paris 1826. 8.
Kunth, Blüten- und Fruchtbildung der Cruciferen. Berlin 1833. 4.
Lindblom, Skandinaviska arterna af slägtet Draba. (Stockholm 1840.) 8.
Meyer, Alyssum minutum und Gattung Psilonema. Petersburg 1840. 4.
Gay, Erysimorum novorum diagnoses. Paris 1842. 8.
Sonder, Revision der Heliophileen. (Hamburg 1846.) 4.
Godron, L'inflorescence et les fleurs des Cruciferes. Nancy 1865. 8.
Fournier, Recherches anatomiques, taxonomiques sur les Crucif. Sisymbrium partic. Paris 1865. 4.
Chatin, Cresson. Paris 1866. 8

Cucurbitaceae.
Baldini, Tractatus de Cucumeribus (Veterum). Florentiae 1586. 4.
Aquilanus, Origine, qualità e specie de' peponi. Firenze 1602. 4.
Rubeus, Disputatio de Melonibus. Venetiis 1607. 4.
Kirsten, Exercitatio de Colocynthide prophetica et Cocco. Stetini 1651. 4.
Slevogt, De Momordica (M. Balsamina L.). Jenae 1719. 4.
Franke, J, Thappuah Jeruschalmi seu Momordicae descriptio. Ulmae 1720. 8.
Celsius, Melones aegyptii ab Israelitis desiderati, Num. XI. 5. Lugd. Bat. 1726. 4.
Schulze, De Colocynthide. Halae 1734. 4.
Handtwig, De Bryonia, von der heiligen Rübe. Rostockii 1758. 4.
Scopoli, Annus hist. nat. (II. p. 97—106. De Cucurbita Pepone observationes). Lipsiae 1769. 8.
Duchesne, A. N., Histoire naturelle des courges. s l. et a. 8.
Kerner, Les melons. Stuttgart 1810. fol.
Savi, Sopra una pianta cucurbitacea (Beninsaca). Milano 1818. 8.
Saint-Hilaire, Mémoire sur les Cucurbitacées, Passiflorées et Nandhirobées. Paris 1823. 4.
Seringe, Mémoire sur la famille des Cucurbitacées. Genève 1825. 4.
Candolle, De la famille des Cucurbitacées. (Mém. soc. d'hist. nat. de Genève 1825. III, 33—37.)
Sageret, Mémoires sur les Cucurbitacées. Paris 1826—27. 8.

Molkenboer, De Colocyntide. Lugd. Bat. 1840 8.
Roemer, Synopses monographicae. II: Peponiferae. Wimariae 1846. 8.

Cupuliferae (et Betulaceae).
Du Choul, De varia Quercus historia. Lugduni 1558. 8.
Eysson, Sylvae Virgilianae prodromus. Groningae 1695. 12
Eysson, De Fago (Virgilii). Groningae 1700. 12.
Eysson, De Castaneis (Veterum). Groningae 1703. 12.
Schminckius, De cultu religioso arboris Jovis praesertim in Hassia. Marburg 1714. 4.
Engeström, De Quercu Hebraeis אלי et אילה (Oeconomia, vegetatio etc. quercus). Lond. Goth. 1737—38. 4.
Linné, Betula nana L. Holmiae 1743. 4.
Lidbeck, Betula Alnus. Lundae 1779. 4.
Secondat, Mémoires (Histoire naturelle du chêne). Paris 1785. fol.
Gleditsch, Vier Abhandlungen (Ueber Alnus quercifolia Gled.). Berlin 1788. 8.
Rooke, Sketches of oaks in the park at Welbeck. London 1790. 4.
Hartmann, Betula et Alnus. Stuttgart 1794. 4.
Michaux, Histoire des chênes de l'Amérique. Paris 1801. fol.
Thunberg, Betula. Upsaliae 1807. 4.
Bosc, Les différentes espèces de chênes en France. Paris 1808. 4.
Michaux, Histoire des arbres forestiers de l'Amérique septentrionale. vol. II. Paris 1810. 4.
Marquis, Recherches historiques sur le chêne. Rouen 1812 8.
Loewis, Ueber die ehemalige Verbreitung der Eichen in Lief- und Esthland. Dorpat 1824. 8.
Mirbel, Description de neuf espèces des Amentacées. Paris 1827. 4.
Saint-Moulin, Monographia Quercus Roboris. Lugd. Bat. 1828. 4.
Long, Some enquiry concerning the Quercus and Fagus of the ancients. (London) 1838. 8.
Malherbe, Sur quelques chênes, spécial Quercus Suber. Metz 1839 8.
Lamy, Essai monographique sur le chataignier. Limoges (1840?). 8.
Lambert, Forêts de chêne-liège. Alger 1853. 8.
Colmeiro et Boutelou, Exámen de las arboles, que producen Bellotas. Sevilla 1854. 8.
Kotschy, Eichen Europas und des Orients. Wien 1858—62. fol.
Lambert, E., Exploitation de chêne-liège en Algérie. Paris 1860. 8.
Candolle, Production du liège. Genève 1860. 8.
Regel, Monographia Betulacearum. Mosquae 1861. 4.
Moehl, Morphologische Untersuchungen über die Eiche. Cassel 1862. 4.
Schroeder, Frühjahrssaft der Birke. Dorpat 1865 8.
Oudemans, Cupuliferae javanicae. Amstelodami 1865. 4
Oersted, Classification des chênes. Copenhagen 1867. 8.
Liebmann, Les chênes de l'Amérique tropicale. Leipzig 1869. fol.

Cuscuteae.
Wedel, De Cuscuta. Jenae 1715. 4.
Franke, J, Das verschmähte und wieder erhöhete Flachsseidenkraut. Ulm 1718. 8.
Arescheug, Revisio Cuscutarum Suecia. Lundae 1852. 8.
Desmoulins, Etudes sur les Cuscutes. Toulouse 1853. 8.
Engelmann, Cuscuta St. Louis 1860. 8.

Cusparieae vide Diosmaceae.

Cycadeae (conf. *Sagus*).
Beeldsnijder, Catalogue des plantes à Rupelmonde (Zamia Beeldsnijderiana). Utrecht 1823. 8.
Richard, Commentatio de Conifereis et Cycadeis. Stuttgardiae 1826 fol.
Mohl, Ueber den Bau des Cycadeenstammes. Münden 1832. 4.

Lehmann, Cycadeae Africae australes. Hamburgi 1834. fol.
Miquel, Commentarii no. III. Lugd. Bat. 1840. fol.
Miquel, Cycadeae Loddigesianae. Amsterdam 1842. 8.
Miquel, Monographia Cycadearum. Trajecti 1842. fol.
Vriese, Cycas circinalis bloeyende .. Amsterdam 1842. 8.
Heinzel, Macrozamia Preisii. Vratislaviae 1844. 4.
Miquel, Cycadeae americanae. Amsterdam 1851. 4.
Karsten, Organographie der Zamia muricata Willd. Berlin 1857. 4.
Mettenius, Beiträge zur Anatomie der Cycadeen. Leipzig 1860. 4.
Miquel, Prodromus systematis Cycadearum. Ultrajecti 1861. 4.

Cyperaceae.

Guilandinus, Papyrus h. e. commentarius in tria Caji Plinii Majoris de Papyro capita. Venetiis 1572. 4.
Scaliger, Animadversiones. (— Opuscula varia. Francof. 1612. 8. p. 1—52.)
Kirchmaier, De Papyro veterum. Wittebergae 1666. 4.
Ray, Methodus plantarum (p. 167—87 Graminum, Juncorum et Cyperorum specialis). Londini 1703. 8.
Flachs, Vestitus e Papyro in Gallia nuper introductus e scriniis antiquitatis erutus. Lipsiae 1718. 4.
Unger, De Papyro frutice ad Jesaim XIX, 7. Lipsiae 1731. 4.
Caylus, Dissertation sur le Papyrus. (Paris) 1758. 4.
Thorstensen, De Scirpis in Dania sponte nascentibus. Havniae 1770. 4.
De Papyro fructus ac seminis experte commentarioli ad Hiob VIII, 12. Coburgi 1772—79. 4.
Merz, De Caricibus quibusdam Sarsaparillae succedaneis. Erlangae 1784 fol.
Cirillo, Cyperus Papyrus. Parma 1796. fol.
Schkuhr, Beschreibung und Abbildung der Riedgräser. Wittenberg 1801. 8 — Nachtrag: ib. 1806. 8.
Preuschen, De Cypero esculento L. Erlangae 1801 8.
Hueser, De Carice arenaria. Goettingae 1802. 8.
Gaudin, Etrennes de Flore (Carices). Lausanne 1804. 16.
Willdenow, Caricologia. Berolini 1805. 8.
Agardh, Caricographia scanensis. Lundae 1806. 4.
Desvaux, Notice sur un nouveau genre des Cypéracées. s. l. 1808. 4.
Lestiboudois, Essai sur la famille des Cypéracées. Paris 1819. 4.
Presl, Cyperaceae et Gramineae siculae. Pragae 1821. 8.
Schweinitz, The north-american species of Carex. New York 1825. 8.
Hoppe, Caricologia germanica. Leipzig 1826. 8.
Degland, De Caricibus Galliae indigenis. Paris 1828. 8.
Schrader, Analecta ad Floram capensem. I: Cyperaceae. Goettingae 1832 4.
Schuebler, Ueber die Riedgräser Würtembergs. Tübingen 1832. 8
Redtenbacher, De Caricibus territorii vindobonensis. Vindobonae 1834. 8.
Hoppe et Sturm, Caricologia germanica. Nürnberg 1835. 12.
Torrey, Monograph of north-american Cyperaceae. New York 1836. 8.
Malherbe, Notice sur le Papyrus. Metz 1840. 8.
Drejer, Revisio critica Caricum borealium. Hafniae 1841. 8.
Kunze, Supplemente der Riedgräser zu Schkuhr's Monographie. Leipzig 1841 sqq. 8.
Tuckerman, Enumeratio methodica Caricum quarundam. Schenecstadiae 1843. 8.
Drejer, Symbolae Caricologiae. Hafniae 1844. fol.
Nylander, F., Eriophori monographia. Helsingfors 1846. 4.
Andersson, Cyperaceae Scandinaviae Holmiae 1849. 8.
Liebmann, Mexicos Cyperaceae. Kjøbenhavn 1850. 4

Parlatore, Papyrus des anciens. Paris 1853. 4.
Fenzl, Cyperus Jacquini Schrad. Wien 1855. 4.
Boott, Illustrations of the genus Carex. London 1858—67. fol.
Liebmann, Mexicos Cyperaceae. Kjøbenhavn 1860. 8.
Caruel, Ciperoidee europee. Firenze 1866. 4.
Schulz, F. W., Étude sur quelques Carex. Haguenau 1868. 8.
Dumortier, Les Scirpes triquètres. Gand 1868. 8.

Cytineae vide *Rhizantheae*.

Daphnoideae.

Hartmann, Super Daphnes Gnidii usu epispastico. Trajecti a/V. 1780. 4.
Wikström, De Dâphne. Upsaliae 1817. 8. — Stockholm 1820. 8.

Dioscoreae.

Griesebach, Dioscoreae brasilienses. (Martius, Flora bras. Lipsiae 1842. fol.)

Diosmaceae.

Geyer, Διχταμνογραφια (Dictamnus L.). Francofurti 1687. 4.
Thunberg, De cortice Angusturae (Galipea febrifuga St.-Hill.). Upsaliae 1793. 4.
Thunberg, De Diosma. Upsaliae 1797. 4.
Candolle, Mémoire sur la tribu des Cuspariées. (Mém. Mus. d'hist. nat. de Paris 1822. IX, 139—54.)
Bartling et Wendland, Diosmeae descriptae et illustratae. Goettingae 1824. 8.
Jussieu, Monographie du Genre Phebalium. (Paris 1825.) 4.
Nourij, Historia foliorum Diosmae serratifoliae, vulgo foliorum Buchu. Groningae 1827. 8.
Bruinsma, De Diosma crenata. Lugduni Batavorum 1838. 4.
Autenrieth, Ueber die ächte Angusturarinde. Stuttgart 1841 8.

Dipsaceae.

Coulter, Mémoire sur les Dipsacées. Genève 1823. 4.

Dipterocarpeae.

Korthals, Verhandlingen etc. (Dryobalanops). Leiden 1839—42. fol.
Eichstad, An Camphora Hippocrati, Aristoteli, Theophrasto fuerit incognita? Dantisci 1650. 4.
Gronovius, J., Camphorae historia. Lugduni Batavorum 1715. 4.
Dumas, J. B., Mémoire sur les substances végétales, qui se rapprochent du camphre. Paris 1832. 8.
Vriese, W., De Kamferboom van Sumatra. Leiden 1851. 4.
Oudemans, Vrucht van Dryobalanops Camphora. Rotterdam 1855. 8.
Vriese, Le camphrier de Sumatra et de Borneo. Leide 1856. 4.

Dracaenae (Coronariae).

Baier, De sanguine Draconis. Altdorfi 1712. 4.
Vandelli, De arbore Draconis seu Dracaena. Olisipone 1768. 8.
Crantz, De duabus Draconis arboribus botanicorum. Viennae 1768. 4.
Berens, De Dracone arbore Clusii. Goettingae 1770. 4.
Maratti, Romulea et Saturnia. Romae 1772. 8.
Thunberg, De Dracaena. Upsaliae 1808. 4.
Goeppert, Dracänen. Breslau 1854. 4.
Wossidlo, Wachsthum und Structur der Drachenbäume. Breslau 1858. 8.

Droseraceae.

Eysel, De Rore solis (Drosera rotundifolia L.). Erfordiae 1715. 4.
Brendel, De Rorella. Wittebergae 1716. 4.
Thunberg, De Drosera. Upsaliae 1797. 4.
Ellis, Dionaea muscipula. — (Directions. London 1770. 4.)
Dumortier, Notice sur le genre Dionaea. Bruxelles s. a. 8.
Parlatore, Osservazioni sull' Aldrovanda vesiculosa. Firenze 1844. 8.

Nitschke, De Droserae rotundifoliae irritabilitate. Vratislaviae 1858. 8.

Dryobalanops vide *Dipterocarpeae*.
Dudaim vide *Mandragora*.

Elaeagneae.

Hellenius, De Hippophaë. Aboae 1789. 4.
Lebret, Notice sur l'Hippophae rhamnoides. Rouen 1821. 8.
Savi, Descrizione di una specie di Elaeagnus (Cornachinia fragiformis). Modena 1836. 4.

Elaeocarpinae vide *Tiliaceae*

Elatineae.

Seubert, Elatinearum Monographia. Bonnae 1845. 4.

Enantioblasteae.

Thunberg, Restio. Upsaliae 1788. 4.
Martius, Eriocauleae. Bonnae 1833. 4.
Schomburgk, Die Rapatea Friderici Augusti und Saxo-Fridericia regalis. Braunschweig 1845. 4.
Koernicke, Eriocauleae. Berlin 1856. 4.
Hasskarl, Commelinaceae indicae. Vindobonae 1870. 8.

Ensatae (conf. *Agave, Hydrocharideae, Musaceae*).

Hertodt, Crocologia. Jenae 1670. 8.
Baier, De Iride. Altdorfi 1710. 4.
Lochner, Commentatio de Ananasa. Norimbergae (1716). 4.
Tiemeroth, Ananas hujusque usus medicus. Erfordiae 1723. 4.
Douglas, Lilium sarniense. London 1725. fol.
Heister, Descriptio novi generis Brunsvigiae. Brunsvigiae 1753. fol.
Burmann, Wachendorfia. Amstelaedami 1757. fol.
Linné, Planta Alstroemeria. Upsaliae 1762. 4.
La Roche, Descriptiones plantarum aliquot novarum. Lugduni Batav. 1766. 4.
Maratti, Romuleae et Saturniae notae. Romae 1772. 8.
Thunberg, Iris. Upsaliae 1782. 4.
Thunberg, Ixia. Upsaliae 1783. 4.
Thunberg, Gladiolus. Upsaliae 1784. 4.
Thunberg, De Moraea. Upsaliae 1787. 4.
Candolle, Mémoire sur le Vieusseuxia. (Ann. Mus. d'hist. nat. II, 136–41.)
Candolle, Note sur les genres Diasia et Montbretia. (Bull. soc. phil. 1803. p. 251.)
Thunberg, De Antholyza. Upsaliae 1803. 4.
Loiseleur, Recherches sur les Narcisses indigènes. Paris 1810. 4.
Faujas-de-Saint-Fond, Mémoire sur le Phormium tenax. Paris 1813. 4.
Tagliabue, Storia e descrizione della Littaea geminiflora. Milano 1816. 8.
Goldbach, Croci historia botanico medica. Mosquae 1816. 8. — conf. Monographiae generis Croci Tentamen in Mém. de Mosc. V, 142–61.)
Haworth, Suppl. pl. succulentarum (Narcissearum revisio). Londini 1819. 8.)
Sprengel, Narcissorum conspectus. s. l. 1820. 8.
Herbert, Treatise on bulbous roots Amaryllis, Brunsvigia, Ammocharis, Boophane, Imhofia, Nerine, Lycoris etc. London 1821. 8.
Gillet de Laumont, Sur la fructification du Phormium tenax à Cherbourg et a Toulon. (Paris) 1824. 8.
Bertoloni, Descrizione de' Zafferani italiani. Bologna 1826. 4.
Tenore, Specie di Crocchi della Flora napolitana. Napoli 1826. 4.
Gay, Observations sur deux mémoires. Paris 1827. 8.
Ker, Iridearum genera cum ordinis charactere naturali specierumque enumeratione. Bruxellis 1827. 8.

Ecklon, Standorte und Blütezeit der Coronarien und Ensaten am Cap. Esslingen 1827. 8.
Castiglioni, Monografia dello Zafferano (Crocus). Milano 1829. 8.
Haworth, A monograph of the Narcisseae. London 1831. 8.
Haworth, Narcissearum monographia. London 1831. 8.
Bury, A selection of Hexandrian plants. London (1831–34). fol. max.
Dietrich, Europäische Arten der Gattung Gladiolus. Berlin 1832. 4.
Moretti, Nonnulla de Crocis italicis. Paviae 1834. 8.
Herbert, Amaryllidaceae. London 1837. 8.
Nickles, Notice sur les Gladiolus de France et d'Allemagne. (Strassburg 1840.) 4.
Meyer, E., Ueber Seidenflachs, besonders den neuseeländischen (Phormium tenax). (Königsberg 1842.) 8.
Neumann, Die Familie der Amaryllideen. Weissensee 1844. 8.
Schomburgk, Die Barbacenia Alexandrinae. Braunschweig 1845. 4.
Roemer, Synopses monographicae. IV: Ensatae. Wimariae 1847. 8.
Visiani, R., Di due nuove Bromeliacee. Venezia 1854. 4.
Planchon, J., Des Hermodactes (Colchicum L.) au vue pharmaceutique. Paris 1856. gr. 8.
Irmisch, Irideen. Berlin 1856. 4.
Beer, Bromeliaceen. Wien 1857. 8.

Ericaceae (conf. *Lennoaeeae*).

Kalm, De Erica vulgari. Aboae 1754. 4.
Murray, De Arbuto uva ursi. Goettingae 1764. 4
Linné, De Erica. Upsaliae 1770. 4.
Linné, De Ledo palustri. Upsaliae 1775. 4.
Hartmann, Antinephritica Uvae ursinae virtus merito suspecta. Trajecti a/V. 1778. 4
Royen, R., Ericetum Africanum (ineditum). 1779. 4.
Koelpin, Ueber den Gebrauch der sibirischen Schneerose (Rhododendron chrysanthum) in Gichtkrankheiten. Berlin 1779. 8.
Zahn, De Rhododendro chrysantho. Jenae 1783. 4.
Thunberg, De Erica. Upsaliae 1785. 4.
Bauer, Thirty plates of Ericas. London 1791–1800. fol.
Wendland, Ericarum icones et descriptiones. Hannover 1798–1823. 4.
Thunberg, De Blaeria. Upsaliae 1802. 4.
Jussieu, Sur Erica Daboecia. (Paris 1802.) 4.
Andrews, Coloured engravings of Heaths. London 1802–9. fol.
Andrews, The Heathery. London 1804. gr. 8.
Waitz, Beschreibung der Heiden. Altenburg 1805. 8.
Wolf, E., De Pyrola umbellata. Gottingae 1817. 8.
Radius, De Pyrola umbellata. Gottingae 1817. 8.
Ringel, De natura et viribus herbae Ledi palustris. Halae 1824. 8
(Forbes) Hortus ericaceus woburnensis. (London) 1825. 4.
Presl, Epistola de Symphysie. Pragae 1827. 4.
Radius, De Pyrola et Chimophila. Specimen I. botanicum. Lipsiae 1821. 4.
Kunth, Ueber die Gattung Sympieza Lichtenstein. Berlin 1832. 4.
Mac Nab, Propagation and cultivation of Capeheaths. Edinb 1832. 8.
Soyer-Willemet, Erica vagans et E. multiflora Nancy 1835. 8.
Seidel und *Heynhold*, Die Rhodoraceae. Dresden 1843. 8.
Regel, Die Kultur und Aufzählung der Eriken deutscher und englischer Gärten. (Zürich 1843.) 4.
Aleksandrowitsch, De familia plantarum ericacearum. Petropoli 1844. 4.
Hooker, The Rhododendrous of the Sikkim Himalaya. London 1849–51. fol.
Maximowicz, Rhododendreae Asiae orientalis. Petropoli 1870.

Eriocauleae vide *Enantioblasteae*.

Eriogoneae vide *Polygonaceae*.

Erythroxylaceae

Julian, Disertacion sobre Hoyo o (Erythroxylum) Coca. Lima 1787.

Unanue, Disertacion sobre la famosa planta del Perú, nombrada Coca Lima 1794. 4.

Martius, Beiträge zur Kenntniss der Gattung Erythroxylon. (München 1840.) 4

Niemann, A., Organische Basis in den Cocablättern. Göttingen 1860. 8.

Gosse, Monographie de l'Erythr. Coca. Bruxelles 1861. 8.

Moréno, Recherches sur l'Erythro. Coca et la Cocaine. Paris 1868 4.

Eugenia vide *Myrtaceae*.

Euphorbiaceae (conf. *Indigofera* 1839).

Fischer, J. A, De Ricino americano. Erfordiae 1719. 4.

Linné, Euphorbia ejusque historia naturalis et medica. Upsaliae 1752. 4.

Geiseler, Crotonis monographia. Halae 1807. 8.

Wedel, De Corchoro Theophrasti in genere et specie (Mercurialem esse). Jenae 1695. 4.

Cervantes, De resina elastica et ejus arbore (Siphonia elastica). Mexico 1794. 4.

Wendt, J. Lägemidler af Slägten Euphorbia Kjøbenhavn 1823. 8.

Jussieu, Considerations sur la famille des Euphorbiacées. (Paris 1823.) 4.

Jussieu, De Euphorbiacearum generibus. Paris 1824. 4.

Roeper, Enumeratio Euphorbiarum Germaniae et Pannoniae. Goettingae 1824. 4.

Daenzer, Des Euphorbiacées usitées. Strassburg 1834. 4.

Dubreuil, Histoire de quelques Euphorbiacées. Paris 1835. 4.

Czompo, De Euphorbiaceis Hungariae, Croatiae, Transsylvaniae Dalmatiae et litoralias hungarici. Pestini 1837. 8.

Colmeiroa buxifolia Reut. (Reuter Essai. Genève 1843.) 4.

Baillon, Organisation des Euphorbiacées. Paris 1855. 4.

Boissier et *Reuter*, Icones Euphorbiarum. Paris 1856. fol.

Boissier, Icones Euphorbiarum. Paris 1856. fol.

Baillon, Étude générale sur les Euphorbiacées. Paris 1858. 8.

Baillon, Monographie des Buxacèes et des Stylocérées. Paris 1859. 8.

Klotzsch, Euphorbiaceae. Berlin 1859. 4.

Braun, Polyembryonie und Keimung von Coelebogyne. Berlin 1860. 4.

Marchand, Croton Tiglium. Paris 1861. 8.

Budde, Evolutio floris Euphorbiae Helioscopiae. Bonnae 1864. 8.

Warming, Er Koppen etc (Euphorbiae flos) Kjøbenhavn 1871. 8.

Fabae Veterum.

Julius Alexandrinus, Epistola apologetica (de Fabis veterum). Francofurti 1584. 8.

Vesti, De symbolo Pythagorae: Fabis abstineto. Erfordiae 1694. 4.

Isink, Disputatio philologica de Fabis. Groningae 1712. 4.

Ficeae vide *Urticaceae*

Fluviales

Vallisneri, De arcano Lenticulae palustris semine ac admiranda vegetatione. — Prima Raccolta p. 1—27, et Opere fisico-mediche vol. II, p. 81—89. 1733.

Ehrhart, Wiedergefundene Blüthe der Lemna gibba L. (Beiträge I, p. 43—51. 1787.)

Cavolini, Phucagrostidum Theophrasti anthesis. Neapoli 1792. 4.

Cavolini, Zosterae oceanicae Linnaei anthesis. Neapoli 1792. 4

Wolff, De Lemna. Altdorfii 1801. 4.

Cosentino, Nuove osservazioni sulla Zostera oceanica. s. l. 1828. 4.

Tenore, Nuove ricerche su la Caulinia oceanica. (Napoli 1838.) 4.

Thedenius, Bidrag till kännedomen om Najas marina L. Stockholm 1838. 8.

Hoffmann, Is Lemna arrhiza auct. eene standvastige onderscheidene soort? Leiden 1838. 8.

Klotzsch, Pistia. Berlin 1852. 4.

Irmisch, Potameen. Berlin 1858. 4.

Hegelmaier, Die Lemnaceen. Leipzig 1868. 4.

Magnus, Najas. Berlin 1870. 4.

Frangulaceae vide *Rhamneae*.

Fumariaceae vide *Papaveraceae*.

Gentianeae.

Wedel, De Radice amara Homeri (Gentianam esse). Jenae 1692. 4.

Schroer, De natura et viribus Trifolii fibrini. Gubenae 1700. 8.

Franke, Trifolii fibrini historia. Francofurti 1701 8.

Wedel, G., De Centaurio minori. Jenae 1713. 4.

Slevogt, Commendatio Centaurii minoris. Jenae 1713. 4.

Eysel, Trifolium fibrinum. Erfordiae 1716. 4.

Slevogt, De Gentiana. Jenae 1720. 4.

Hartmann, Historia Gentianae naturalis et medica. Trajecti a/V. 1777. 4.

Froelich, De Gentiana libellus Erlangae 1796. 8.

Thunberg, De usu Menyanthidis trifoliatae. Upsaliae 1797. 4.

Marquis, Essai sur l'histoire naturelle et medicale des Gentianes. Paris 1810. 4.

Nees von Esenbeck, Ueber die bartmündigen Enzianarten. (Erlangae 1818.) 4.

Bunge, Conspectus generis Gentianae, imprimis specierum rossicarum. (Mosquae) 1824. 4.

Melén, De Erythraeis suecanis. Upsaliae 1826. 4.

Schmidt, De Erythraea. Berolini 1828. 4.

Moretti, De Gentianis comensibus. Ticini 1832. 8.

Lebert, De Gentianis Helvetiae. Turici 1834. 8.

Grisebach, De Gentianearum familiae characteribus. Berolini 1836. 8.

Grisebach, Genera et species Gentianearum. Stuttgartiae 1839. 8.

Splitgerber, Observationes de Voyria. (Leiden 1840.) 8.

Desmoulins, Erythraea de la Gironde. Bordeaux 1851. 8.

Geraniaceae.

Burmann, Specimen botanicum de Geraniis. Lugd. Bat. 1759. 4.

L'Héritier, Geraniologia. Paris 1787—88. fol.

Willdenow, Geraniologia. Berolini 1800. 8.

Dietrich, Die Linneischen Geranien. Weimar 1802. 4.

Andrews, Geraniums. London 1805. 4.

Sweet, Geraniaceae. London 1820—30. 8.

Trattinick, Neue Arten von Pelargonien. Wien 1825—43. 8.

Opiz, Die Pelargonien. Auszug aus Cand. Prodromus. Prag 1825. 8.

Klier, Kultur der Pelargonien. Wien 1826. 12.

Picard, Étude sur les Geraniées. Boulogne 1838. 8.

Delile, Index seminum horti Genus Erodium. (Monspelii 1839.) 8.

Soyer-Willemet, Erodium chium et laciniatum. Nancy 1839. 8.

Gesneraceae.

Brown, On Cyrtandreae. (*Horsfield*, Plantae javanicae rariores. London 1838—39. fol.)

Oersted, Central Americas Gesneriaceer. Kjøbenhavn 1858. 4.

Globularineae.

Willkom, Globulaires. Leipzig 1850. fol.

Planchon, Globulaires. Montpellier 1859. 8.

Glumaceae vide *Cyperaceae Gramineae*.
Gossypii species (Malvaceae).

Quatremere d'Isjonval, Essai sur les caractères qui distinguent les cotons. Paris 1784. 4.
Leblond, Mémoire sur la culture du cotonier. Cayenne 1801. 4.
Rojas Clemente, Memoria sobre Gossypium. Madrid 1818. 8.
Tenore, Memoria sulle diverse specie e varietà di cotone. Napoli 1839. 4.
Reissek, Die Fasergewebe des Leins, Hanfes .. der Baumwolle. Wien 1852. fol.
Royle, Measures in India for the culture of cotton. London 1857. 8.
Todaro, Cotone coltivate nel orto di Palermo. Palermo 1862—64. 8.
Parlatore, Le specie dei Cotoni. Firenze 1866. 4.

Gramineae. Conf. *Saccharum, Sorghum, Tritica culta* (cum ceteris frumentis), *Triticum repens, Zea.*
Crassus, De Lolio (temulento L) tractatus. Bononiae 1600. 4.
Montalbani (Bumaldus), Bibliotheca botanica. (Graminum omnium nomenclatura.) Bononiae 1657. 12. — Hagae 1740. 4.
Slevogt, De Aegilope herba. Jenae 1695. 4.
Ray, Methodus plantarum (p. 167. Graminum specialis). Londini 1703. 8.
Scheuchzer, Agrostographiae helveticae prodromus. Tiguri 1708. fol.
Camerarius, De Lolio temulento. Tubingae 1710. 4.
Monti, Catalogi stirpium agri bononiensis prodromus, Gramina ac hujusmodi affinia complectens. Bononiae 1719. 4.
Scheuchzer, Operis agrostographici idea. Tiguri 1719. 8.
Scheuchzer, Agrostographia. Tiguri 1719. 4. — *Haller*, Appendix. 1775. 4.
Hilscher, Prolusio de gramine Manna (Glyceria fluitans). Jenae 1747. 4.
Cuno, Ode (p. 173—208. Denso, Beweis der Gottheit aus dem Grase). Amst. 1750. 8.
Stillingfleet, Miscellaneous tracts (p. 202—218. Observations.) London 1759. 8. — ib. 1762. 8. p. 363—390.
Schreber, Vom Grasbaue. Leipzig 1764. 8.
Linné, Fundamenta Agrostographiae. Upsaliae 1767. 4.
Schreber, Beschreibung der Gräser. Leipzig 1769—1810. fol.
Schreber, Beschreibung der Quecke. Leipzig 1772. 4.
Rottboell, Descriptiones et Icones plantarum rariorum. Hafniae 1773. fol.
Zuccagni, Istoria di una pianta panizzabile del Abissinia, Tef. Firenze 1775. 8.
Bruz, De gramine Mannae (Glyceria fluitans L.). Viennae 1775. 8.
Vogler, De duabus graminum speciebus (Bromus scaber L. et Avena strigosa). Giessae 1776. 8.
Linné fil., Nova graminum genera. Upsaliae 1779. 4.
Curtis, Enumeration of the british grasses. London 1787. fol.
Fraser, Short history of the Agrostis Cornucopiae. London 1789. fol.
Curtis, Practical observations on the british grasses. Ed. II. London 1790. 8. — Ed. IV: ib. 1805. 8.
Luedgers, De medicamento nov-antiquo Tebaschir (ex Bambusa arundinacea Willd.). Goettingae 1791. 8.
Esmarch, Gräser etc. in Schleswig-Holstein. Schleswig 1794. 8.
Hellenius, Afhandling om Arundo Phragmites. Aboae 1795. 4.
Tidyman, De Oryza sativa. Goettingae 1800. 4.
Host, Icones et descriptiones Graminum austriacorum. Vindobonae 1801—9. fol.
Koeler, Descriptio graminum Galliae et Germaniae. Francofurti a/M. 1802. 12.
Knapp, Gramina britannica. London 1804. 4.
Babel (potius *Sprengel*), De Graminum fabrica. Halae 1804. 4.

Durand, De quibusdam Chloridis speciebus. Monspelii 1808. 4.
White, Grasses of Ireland. Dublin 1808. 8.
Durand, Chloris. Monspelii 1808. 4.
Gaudin, Agrostographia alpina. Alpina III, 1—75. 1808—9.
Heller, Gramina Wirceburgensia. Wirceburgi 1809. 8.
Provanzale, Cannucia palustre (Phragmites). Firenze 1809. 8.
Fluegge, Paspalus. Reimaria. Hamburgi 1810. 8.
Gaudin, Agrostologia helvetica. Paris 1811. 8.
Lagasca, Amenidades. (Sobre el Cencro espigado.) Orihuela 1811. 4.
Desmazières, Agrostographie du Nord de la France. Lille 1812. 8.
Palisot-Beauvois, Essai d'une nouvelle agrostographie. Paris 1812. 8.
Panzer, Ideen zu einer künftigen Revision der Gattungen der Gräser. München 1813. 4.
Jacquin, Eclogae Graminum rariorum. Vindobonae 1813—44. fol.
Opp., Neue Pflanzenabdrücke (Gräser). Jena 1814. Ectypa.
Sinclair, Hortus gramineus woburnensis. London 1816. fol. — ib. 1825. 8. — ib. 1838. 8.
Mühlenberg, Gramina Americae septentrionalis. Philadelphia 1817. 8.
Presl, Gramineae siculae. Pragae 1818. 8.
Hartmann, C. J., Genera graminum in Skandinavia. Upsaliae 1819. 4.
Turpin, Mémoire sur l'inflorescence des Graminées et des Cyperacées. (Paris 1819.) 4.
Thunberg, Genera Graminum Scandinaviae recognita. Upsaliae 1819. 4.
Presl, Cyperaceae et Gramineae siculae. Pragae 1820. 8.
Trinius, Fundamenta Agrostographiae. Viennae 1820. 8.
Hall., Synopsis Graminum Belgii septentrionalis. Trajecti a/Rh. 1821. 8.
Trinius, Clavis Agrostographiae antiquioris. Coburg 1822. 8.
Dumortier, Observations sur les Graminées de la Flore belgique. Tournay 1823. 8.
Raddi, Agrostographia brasiliensis. Lucca 1823. 8.
Vibert, Observations sur la nomenclature des Roses. Paris 1824. 8.
Vibert, Essai sur les Roses. Paris 1824. 8.
Trinius, Gramina uniflora sesquiflora et panicea. Petrop. 1824—26. 8.
Raspail, Mémoires sur la famille des Graminées. Paris 1825. 8.
Trinius, Species Graminum. Petropoli (1823) 1828—36. 4.
Nees von Esenbeck, Agrostologia brasiliensis. Stuttgardiae 1829. 8.
Bujack, Botanisch-kritische Bemerkungen über die Gräser. Königsberg 1830. 4.
Desvaux, Opuscules sur les sciences naturelles (Gramineae). Angers 1831. 8.
Bakker, De radice Iwerancusae. Trajecti a/Rh. 1833. 8.
Kunth, Distribution méthodique de la famille des Graminées. Paris 1835. fol.
Petermann, De flore gramineo. Lipsiae 1835. 8.
(*Fischer et Meyer*) Bericht über die Getraidearten. (St. Petersburg 1837.) 4.
Ruprecht, Tentamen Agrostographiae universalis. Pragae 1838. 8.
Ruprecht, Bambuseae. Petropoli 1839. 4.
Trinius, Oryzea. Petropoli 1839. 4.
Bravais, Analyse d'un brin d'herbe ou examen de l'inflorescence des Graminées. Mans 1840. 8.
Roeper, Verzeichniss der Gräser Meklenburgs. Rostock 1840. 8.
Trinius, Agrostoidea: I. Vilfea. II. Callo rotundo. (Agrostea.) Petropoli 1840—41. 4.
Darlington, Discourse on the natural family of Gramineae. West Chester 1841. 8.
Nees von Esenbeck, Gramineae Africae australioris. Glogaviae 1841. 8.
Parnell, The Grasses of Scotland. Edinburgh 1842. 8.

Trinius et *Ruprecht*, Species graminum Stipaceorum. Petropoli 1842. 4.
Hooker, Notes. (Tussacgrass of the Falkland islands.) London 1843. 8.
Roeper, Zur Flora Meklenburgs. II. (Gramineae.) Rostock 1844. 8.
Parnell, The grasses of Britain. Edinburgh 1845. gr. 8.
Hanham, Natural illustrations of the british grasses. London 1846. 4.
Hochstetter, Die Graspflanze. Stuttgart 1847. 8.
Andersson, Gramineae Scandinaviae. Holmiae 1852. 8.
Notaris, Agrostographiae aegyptiacae Fragmenta. Taurini 1852—53. 4.
Rouville, Monographie du genre Lolium. Montpellier 1853. 4.
Lapham, Grasses of Wisconsin. Madison 1854. 8.
Wagner, H, Gräser und Halbgräser Bielefeld 1854. 8.
Cosson, Glumacées d'Algérie. Paris 1854—67. 4.
Steudel, Synopsis plantarum glumacearum. Stuttgartiae 1855. 4.
Andersson, Monographia Andropogonearum. Holmiae 1856. 4.
Jordan, Mémoire sur Aegilops triticoides. Paris 1856. 8.
Sowerby, Grasses of Great Britain London 1857—58. 8.
Lowe, British Grasses. London 1858. 8.
Andersson, Catabrosa algida. Holmiae 1859. 8.
Braun, Gattung Leersia Berlin 1861. 8.
Remy, Genres des Graminées. Paris 1861. 8.
Polscher, Bestimmung der Gräser um Duisburg. Duisburg 1861. 8.
Münter, Hydropyrum palustre L Greifswald 1862. 8.
Fries, E, Schedulae .. De Graminum europaearum generibus. Brux. 1863 8
Lallement, Ergot du Diss (Ampelodesmos tenax). Alger 1863. 8.
Jessen, Deutschlands Gräser. Leipzig 1863. 8.
Baillet, Genre Lolium Toulouse 1863—64. 8.
Lavallée, Bromus Schraderi Kth Paris 1864. 8.
Duval-Jouve, Aira de France Paris 1865. 8.
Plues, British Grasses. London 1867. 8.
Haustein, H, Gräser für den Wiesenbau. Wiesbaden 1867. 8.
Dumortier, Michelaria. Gand 1868. 8.
Duval-Jouve, Agropyrum de l'Hérault. Montpellier 1870. 8.

Granateae vide *Myrtaceae*.

Guttiferae
Cambessedes, Mem. sur .. les Guttiferes. Paris 1829. 4.
Planchon, Guttifères. Paris 1862. 8.

Haemodoraceae vide *Ensatae*.

Haematoxylon vide *Leguminosae*.

Halorageae.
Kirchmaier, De Tribulis potissimum aquaticis (Trapa natans). Wittebergae 1692. 4.
Hellenius, De Hippuride. Aboae 1786. 4.
Lebret, Mémoire sur le Trapa natans Rouen 1821. 8.

Helobiae
Wolf, Alisma Plantago L gegen die Wasserscheu. Nürnberg 1817. 4.
Marshall, W., Anacharis Alsinastrum .. London 1852. 8.
Buchenau, Index Butomacearum, Alismacearum, Juncaginacearum. Bremen 1868. 8

Hermodactyli vide *Ensatae*.

Hippocastaneae vide *Sapindaceae*

Holoconitis Hippocratis vide *Umbelliferae* (1715).

Hydrangeae
Maximowicz, Hydrangeae Asiae orientalis. Petersburg 1867. 4.

Hydnoreae vide *Rhizanthae*.

Hydrilleae.
Caspary, Hydrilleae. Berlin 1857. 8.
Caspary, Hydrilleen. Berlin 1859. 8.

Hydrocharideae.
Bergen, De Aloide (Stratiotes L). Francofurti a/V. 1753. 4.
Nolte, Stratiotes und Sagittaria. Kopenhagen 1825. 4.
Marshall, Anacharis Alsinastrum. London 1852. 8.
Chatin, Mémoire sur Vallisneria spiralis. L. Paris 1855. 4.
Rohrbach, Hydrocharideen und Theilung des Vegetationskegels. Halle 1871. 4.

Hydroleaceae
Choisy, Description des Hydroléacées. (Genève 1833.) 4.

Hypericineae.
Wedel, De Hyperico mystico. Jenae 1686. 4.
Eysel, De Fuga Daemonum (Hypericum perforatum L.). Erfordiae 1714. 4
Wedel, G, De Hyperico, aliis Fuga Daemonum. Jenae 1716. 4.
Linné, Hypericum. Upsaliae 1776. 4.
Birkholz, Das Johanniskraut. Leipzig 1781. 8.
Jussieu, Sur quelques espèces du genre Hypericum. (Paris 1804.) 4.
Choisy, Prodrome d'une monographie des Hypéricinées. Genève 1821. 4.
Huss, De Hypericis Sueciae indigenis. Upsaliae 1830. 4.
Korthals, Verhandling etc. (Cratoxylon). Leiden 1839—42. fol

Hypoxideae.
Hypoxideae, in *Miquel* Commentarii no. III. Lugd. Bat. 1840. fol.

Hyssopus Scripturae.
Saumaise, De Hyssopo in cruce Christi epistolae tres. Lugd. Bat. 1646. 8.
Saumaise, Responsio in quaestionem Reverovicii de Hyssopo Evangelii. Roterodami 1654. 12.
Montalbanus, Dell' Issopo di Salomone. Bologna 1671. 4.
Wedel, De Hyssopo. Jenae 1692. 4

Illicium vide *Magnoliaceae*.

Indigofera L. (*Leguminosae*) aliaeque plantae tinctoriae.
Wedel, De Anil, Indico, Glasto. Jenae 1689. 4.
Runge, De pigmento indico. Berolini 1822. 8.
Wauthier, De pigmento indico. Lovanii 1824. 4.
Jaume Saint-Hilaire, Mémoire sur les indigofères du Bengale et de la Chine. (Paris 1826.) fol.
Perrottet, Mémoire sur la culture des indigofères tinctoriaux. Paris 1832. 8.
Joly, Sur les plantes indigofères et le Polygonum tinctorium. Montpellier 1839. 8.
Joly, Observations sur les plantes qui peuvent fournir des couleurs bleues (Polygonum tinctorium, Chrozophora tinctoria). Montpellier 1839. 4.
Morren, Mémoire sur la formation de l'Indigo dans les feuilles du Polygonum tinctorium. Bruxelles 1839. 4.
Perrottet, Art de l'indigotier, suivi d'une notice sur le Wrightia tinctoria. Paris 1842. 8.

Irideae vide *Ensatae*

Juglandeae.
Buechner, De nuce Juglande. Erfordiae 1743. 4.
Plappart, De Juglande nigra. Vindobonae 1777. 8.

Juliflorae vide *Artocarp*, *Casuarin.*, *Cupuliferae* (cum *Betul.*), *Salic.*, *Ulmac.*, *Urtic.* (cum *Mor.*, *Cannab*).

Juncaceae.

Ray, Methodus plantarum (p. 167—87 Gram., Juncorum .. specialis). Londini 1703. 8.
Rostkovius, Monographia generis Junci. Berolini 1801. 8.
Meyer, E, Junci generis monographiae. Goettingae 1819. 8.
Meyer, E, Synopsis Juncorum. Goettingae 1822. 8.
Meyer, E., Synopsis Luzularum. Goettingae 1823. 8.
Brown, Character und description of Kingia. (London 1825.) 8.
La Harpe, Monographie des vraies Joncées. Paris 1825. 4.
Engelmann, Revision of the northamerican Juncus. St. Louis 1868. 8.

Kingiaceae vide Juncaceae.

Labiatae.

(Pseud-Apulejus) Herbarium (Antonio Musae false adscriptus liber de herba Vetonica). Romae 1471. 4. — saepius.
Minderer, Aloedarum marocostinum, .. ex maro. Aug. Vind. 1616. 12. saepius.
Mellesinus, Carmen de virtutibus Scordii. Aug. Vind. 4.
(Dupeyrat) La Betoyne. s. l. et a. 8.
Paullini, Sacra herba sive nobilis Salvia. Augustae Vindelic. 1688. 8.
Wedel, G, De (Teucrio) Maro. Jenae 1703. 4.
Camerarius, De (Teucrio) Scordio. Tubingae 1706. 4.
Nebel, De Roremarino. Heidelbergae 1710. 4.
Wedel, G., De Salvia. Jenae 1715. 4.
Slevogt, Nonnulla ad vires herbae Scordii. Jenae 1716. 4.
Eysel, De Betonica. Erfordiae 1716. 4.
Alberti, De Roremarino. Halae 1718. 4.
Spies, Rosmarini coronarii historia medica Helmstadii 1718. 4.
Schulze, J. H., De Melissa. Halae 1739. 4.
Koenig, De Lamio Plinii. Argentorati 1742. 4.
Cartheuser, De Marrubio albo. Francof. a/V. 1753. 4.
Linné, De Menthae usu. Upsaliae 1767. 4.
Schreber, Plantae verticillatae unilabiatae. Erlangae 1773. 4.
Linné, De Maro. Upsaliae 1774. 4.
Schnekker, Idea generalis ordinis verticillatarum. Giessae 1777. 4.
Ettlinger, De Salvia. Erlangae 1777. 4.
Knigge, De Mentha Piperitide. Erlangae 1780. 4.
Linné fil., De Lavandula. Upsaliae 1780. 4.
Hartmann, De Monarda. Trajecti a/V. 1791.
Sole, Menthae britannicae. Bath 1798. fol. min.
Hiltebrandt, Generis Dracocephali monographia. Goettingae 1805. 8.
Gingins de Lassaraz, Histoire naturelle des Lavandes. Genève 1826. 8.
Fresenius, Syllabus observationum de Menthis, Pulegio et Preslia. Francofurti a/M. 1829. 8.
Bentham, Labiatarum genera et species. London 1832—36. 8.
Koch, De plantis labiatis. Erlangae 1833. 4.
Waidel, Diagnosis Labiatarum in Austria. Vindobonae 1840. 8.
Savi, Osservazioni sopra alcune specie del Origanum. Pisa 1840. 8.
Wirtgen, Herbarium rhenanarum. Coblenz (1855). 8.
Kirchhoff, De Labiatarum organis vegetationis. Bonnae 1861. 8.
Delpino, Pensiere e un genere nuovo delle Labiste. Pisa 1867. 8.

Lasiopetaleae vide Büttneriaceae.

Laurineae (de Camphora conf. Dipterocarpeas).

Neander, Sassafrasologia. Bremae 1627. 4.
Campi, Dialogo, nel quale si manifesta lo sconosciuto Cinnamomo delli antichi. Lucca 1654. 4.
Schenckius, De Cinnamomo. Jenae 1670. 4.
Dexbach, De Cassia cinnamomea et Malabathro. Marpurgi 1700. 4.
Slevogt, De Cortice Culilavan. Jenae 1705. 4.
Slevogt, De Cinnamomo. Jenae 1707. 4.
Wedel, G., De Cinnamomo. Jenae 1707. 4.
Goeller, De Cinnamomo. Trajecti a/Rh 1709. 4.
Wagner, Arboreti sacri specimen, sistens Laurum. Helmstadii 1732. 8.
Cartheuser, De Cassia aromatica. Francofurti 1745. 4.
Agnethler, De Lauro. Halae 1751. 4.
Cartheuser, De cortice Culilawan. Francofurti 1753. 4.
Ruiz et Pavon, Tabulae 28 generis Lauri ineditae. (cf. — Flora peruviana vol. IV.)
Leblond, Observations sur le cannelier de la Guyane française. Cayenne 1795. 8.
Nogueira da Gama, Memoria sobre o Loureiro Cinnamomo vulgo Caneleira de Ceylão. Lisboa 1797. 8.
Jussieu, Mémoire sur la réunion de plusieurs genres des Laurinées. (Paris 1805.) 4.
Leschenault de la Tour, Notice sur le cannellier de l'ile de Ceylan. St. Denis (Bourbon) 1821. 4.
Nees von Esenbeck, De Cinnamomo disputatio. Bonnae 1823. 4.
Nees von Esenbeck, Hufelandiae illustratio. Vratislaviae 1833. 4.
Nees von Esenbeck, Systema Laurinarum. Berolini 1836. 8.
Meisner, Geographische Verhältnisse der Lorbeergewächse. München 1866. 4.

Leguminosae.

(Papilionaceae, Swartzieae, Mimoseae) Conf. *Cassia, Fabae Veterum, Indigofera, Trifolium.*
Camerarius, De herba Mimosa seu sentiente. Tubingae 1688. 4.
Wedel, G., De ligno Aloes (Aloexylon Agallochum Lour.). Jenae 1693. 4.
Isink, De Fabis (Vicia Faba). Groningae 1712. 4.
Hoppe, De Balsamo Copayba. (Valentini, Hist. simpl. p 617-24.) Francf. 1716. fol.
Wedel, De Glycyrrhiza. Jenae 1717. 4.
Switzer, A dissertation on the true Cytisus of the ancients. London 1731—35. 8.
Heister, De nuce Been (Moringa pterygosperma Gaertn.). Helmstadii 1750. 4.
Clewberg, De רחם arbore (Rothim, Ratam, Genista) sub qua Elias profugus recubuisse legitur 1 Reg. XIX. 4. 5. Upsaliae 1758. 4.
Sloane, Account of four sorts of strange Beans, frequently cast om shoar of the Orkney isles. (Philos. Transact. XIX. no. 222. p. 298—300.)
Bellardi, De Mimosa sentiente. Torino 1764. 8.
Weinrich, De Haematoxylo campechiano. Erlangae 1780. 4.
Picciuoli, Hortus Panciaticus (Panciatica purpurea). Firenze 1783. 4.
Medicus, Theodora speciosa. Mannheim 1786. 8.
Scopoli, Deliciae Florae insubricae (vol. II, p. 103—114. Specimen de Astragalo). Ticini 1786—88. fol.
Amoreux, Sur le Cytise des anciens. (Mèm. de la soc. d'agric. de Paris, 1787. Trim: d'été. p. 68—86.)
Bondt, De cortice Geoffreae surinamensis. Lugduni Batavorum 1788. 8.
Endter, De Astragalo exscapo L. Goettingae 1789. 8.
Stumpf, De Robiniae Pseudoacaciae praestantia et cultu. Gryphiae 1796. 4.
Pallas, Species Astragalorum. Lipsiae 1800. fol.
Candolle, Note sur la monographie des Légumineuses biloculaires. (Bull. soc. phil. 1800. p. 123.)
Candolle, Mémoire sur les genres Astragalus etc. (Bull. soc philom. 1802. p. 130.)
Candolle, Astragalogia. Paris 1802. fol.
Thunberg, Aspalathus. Upsaliae 1802. 8.
François, Le robinier. Paris 1803. 12.

Ruiz, Memoria sobre las virtudes de la raiz Yallhoy (Monnina polystachya). Madrid 1805. 4
Vassalli, Saggio sopra l'Arachis hypogaea Torino 1807. 8.
Thiébaut-de-Berneaud, Du genêt. Paris 1810. 8.
Thunberg, De Borbonia. Upsaliae 1811. 4.
Hegetschweiler, Descriptio Glycines heterocarpae. Turici 1813. 4.
Torrey, Darlingtonia californica. Washington 1813. 4.
Menke, De leguminibus veterum. Goettingae 1814. 4.
Humboldt, Bonpland, Kunth, Mimoses et autres plantes Légumineuses du nouveau continent. Paris 1819 (—24). fol.
Wendland, De Acaciis aphyllis. Hannoverae 1820. 8.
Savi, Osservazioni sopra Phaseolus et Dolichos. Pisa 1822. 8.
Bronn, De formis plantarum leguminosarum primitivis et derivatis. Heidelbergae 1822. 4.
Ebermaier, Plantarum papilionacearum monographia medica. Berolini 1824. 8.
Huettenschmid, Analysis chemica corticis Geoffroyae jamaicensis et surinamensis. Heidelbergae 1824. 8.
Candolle, Mémoires sur la famille des Légumineuses. I—XV. Paris 1825. 4
Martius, Soennneringia. Monachii 1828. 4.
Merrem, Ueber den Cortex adstringens brasiliensis (Acacia adstringens). Köln 1828. 8.
Savi, Sopra alcune Acacie egiziane memoria. Pisa 1830. 8.
Endlicher, Diesingia, novum genus plantarum (Ratisbonae 1832) 8.
Agardh, Synopsis generis Lupini. Lundae 1835 8.
Hayne, J., Arten und Abarten essbarer Faseolen. Mscr. horti vindob.
Eisengrein, Die Familie der Schmetterlingsblütigen. Stuttgart 1836 8.
Moretti, De Papilionaceis Germaniae. Ticini 1836. 8.
Bentham, De Leguminosarum generibus. Vindobonae 1837. 4.
Meyer, Bemerkungen über einige Hymenobrychisarten. Petersburg 1837 4
Gasparrini, Descrizione di un nuovo genere (Farnesia odora Gasp.) (Napoli 1838) 8.
Korthals, Verhandlingen etc. (Bauhinia). Leiden 1839—42. fol
Walpers, Animadversiones in Leguminosas capenses. Halae 1839. 8.
Schomburgk, Die Barbacenia Alexandrina und Alexandra imperatricis Braunschw. 1845. 4.
Basiner, Enumeratio monographica specierum Hedysari. Petropoli 1846. 4.
Soyer-Willemet et *Godron*, Revue des trèfles de la section Chronosemium Nancy 1847. 8.
Lochr, Zur Kenntniss der Hülsenfrüchte, bes. der Bohne. Giessen 1848. 4.
Gasparrini, Revisio generis Trigonella. Neapoli 1852. 4.
Seemann, Die in Europa eingeführten Acacien. Hannover 1852. 8.
Fischer, F. E., Astragali Tragacanthae. Mosquae 1853. 8.
Martens, Die Gartenbohnen, Verbreitung, Kultur und Benutzung Stuttgart 1860. 8.
Fournier, Albizzia anthelmi utile. Paris 1861. 4
Weiner, Die Papilionaceae von Iglau. Iglau 1861. 4.
Godron, Papilionaceae. Nancy 1865. 8.
Obbes, Vicia Faba nauvoensis. Leiden 1866. 8
Bunge, Astragali gerontogaei Petropoli 1868. 4
Bert, Les mouvements de Mimosa pudica L. Paris 1867. 8.

Lemnaceae vide *Fluviales*

Lennoaceae

Solms-Laubach, Familie der Lennoaceen. Halle 1870. 4.

Lignum nephriticum.

Cartheuser, De ligno nephritico .. Frankf. a/V. 1749. 4.

Ligustrum Virgilii vide *Oleaceae* (1764).

Liliaceae vide *Coronariae*

Lineae

Wedel, De Purpura et Bysso. Jenae 1706. 4.
Camerarius, Biga botanica (Linum catharticum). Tubingae 1712. 4
Slevogt, De Lino sylvestri cathartico Anglorum. Jenae 1715. 4.
Forster, Liber singularis de Bysso antiquorum. Londini 1776. 8.
Spadoni, Nuova specie di Lino di Siberia (Linum Beauharnaisianum). Macerata 1808. 8.
Moritz, De Lini cathartici vi purgante. Dorpati 1835. 8
Bertoloni, Dissertatio de Bysso antiquorum. Bononiae 1835. 4.
Viviani, Dell Bisso degli antichi. (Milano) 1836. 8.
Pagenstecher, F., Ueber Linum catharticum L. München 1845. 8
Reissek, Fasergewebe des Leins etc. Wien 1852. fol

Loaseae.

Jussieu, Mémoire sur le Loasa. (Paris 1804.) 4.
Schrader, Blumenbachia. Goettingae 1827. 4.

Lobeliaceae.

Jussieu, Mémoire sur les Lobeliacées et les Stylidiées. (Paris 1811.) 4
Presl, Prodromus monographiae Lobeliacearum. Pragae 1836. 8.

Loganiaceae

Linné, Lignum colubrinum leviter delineatum (Strychnos colubrina L.). Upsaliae 1749. 4.
Cartheuser, De ligno .. colubrino. Francof. 1749. 4
Linné, De Spigelia Anthelmia. Upsaliae 1758. 4.
Du Petit-Thouars, Notice historique sur le genre Canirum (Strychnos). Strasbourg 1806. 8.
Diesing, De (Strychnos L) nucis vomicae principio efficaci. Vindobonae 1826. 8.
Desnoix, Loganiacées. Paris 1853. 8.
Bureau, Loganiacées. Paris 1856. 8.

Lonicereae vide *Caprifoliaceae*.

Loranthaceae.

Meinardus, De Visco Druidarum. Pictavii 1614. 8
Baier, De Visco. Altdorfii 1706. 4.
Koelderer, Viscum plerarumque arborum planta parasitica. Argentorati 1747. 4.
Buchwald, Analysis Visci ejusque usus. Hafniae 1753. 4.
Sturm, B., Visci quercini descriptio analysis et usus medicus. Jenae 1796. 8.
Savi, Sul Viscum album ed il Loranthus europaeus. Pisa 1823. 8.
Candolle, Mémoire sur la végétation du guy. (Mém. des savans étrangers vol I.)
Gaspard, Mémoire physiologique sur le gui, Viscum album L. (*Magendie*, Journal de physiologie experim. et pathol. VII, 227—333.)
Loranthaceae, in *Blume*, Flora Javae. Bruxellis 1828. fol.
Candolle, Mémoire sur la famille de Loranthacées. Paris 1830. 4.
Candolle, Notice sur la végétation des plantes parasites et en particulier des Loranthacées. (Genève 1830.) 8.
Decaisne, Recherches sur le gui (Viscum album). Bruxelles 1840. 4.

Lotus veterum?

Walther, De Loto aegyptia in nummis antiquis. Lipsiae 1746. fol.
Jussieu, Divinatio de arboribus, palmis, Loto rubra et coerulea (*Barthelémy*: Explication de la Mosaïque de Palestrine. Paris 1760. 4.)
Ray, Von dem ägyptischen Lotus. (Hamb. Magazin XXIII, 201—209.)

Desfontaines, Recherches sur le Lotos de Lybie (Mém. de l'acad. des sc. de Paris, 1788. 443—53. — Journal de physique, XXXIII, 287—92.)
Duppa, Illustrations of the Lotus of the ancients and Tamara of India. London 1816. fol.
Fee, Sur les Lotos des anciens. Paris 1822. 8.
Fee, Flore de Virgile (Lotos p. 80—101). Paris 1822. 8.

Lythrarieae.

Scherbius, De Lysimachiae purpureae sive Lythri Salicariae L. virtute. Jenae 1790. 4.
Freyer, De Lythro Salicaria L. Gottingae 1802. 8.
Candolle, Revue de la famille des Lythraires. Genève 1826. 4.
Candolle, Mémoire sur le Fatioa. (Zürich 1828.) 4.

Magnoliaceae.

Ellis, Letters to Linnaeus and Aiton. (Illicium floridanum.) London 1771. 4.
Rogers, Properties of Liriodendron Tulipifera. Philadelphia 1802. 8.
Cubières, Mémoire sur le Tulipier. Versailles 1803. 8.
Cubières, Mémoire sur le Magnolier auriculé. Paris 1810. 8.
Soulange-Bodin, Nouvelle espèce de Magnolia Paris 1826. 8.
Magnoliaceae, in *Blume*, Flora Javae. Bruxellis 1828. fol.
Hoffmann, Die Angaben chinesischer und japanischer Naturgeschichten von dem Illicium religiosum. Leiden 1837. 8.
Siebold, Erwiederung auf W. H. de Vriese's Abhandlung (über den Sternanis). Leiden 1837. 8.

Malpighiaceae.

Jussieu, Malpighiacearum synopsis, monographiae prodromus. (Paris 1840.) 8.
Jussieu, Monographie des Malpighiacées. Paris 1843. 4

Malvaceae (conf. Gossypium)

Host, J. D., Malva arborescens lutea. Gissae 1654. 4.
Medicus, Ueber einige künstliche Geschlechter der Malvenfamilie. Mannheim 1787. 8.
Cavanilles, Monadelphiae classis dissertationes decem Matriti 1790. 4.
Boehmer, De plantis monadelphis praesertim a Cavanilles dispositis. Wittebergae 1797. 4.
Kunth, Malvaceae etc. Paris 1822. 8.
Giordano, Memoria su di una nuova specie d'Ibisco (Hibiscus hakeaefolius Giord.). Napoli 1833. 4.
Bertoloni, Descrizione di una nuova specie di Sida. Modena 1843 4.
Payer, Malvacées. Paris 1852. 4.

Mandragora officinalis Mill. (Solanaceae).

Driessche (Drusius), Tractatus, an per Dudaim Mandragorae significentur? s. l. et a. 12.
Catelan, Discours sur la Mandragore. Paris 1639. 12.
Thomasius, Disputatio de Mandragora. Lipsiae 1655. 4
Ravius, De Dudaim Rubenis. Upsala 1656. 8.
Deusing, De Mandragorae pomis. Groningae 1659. 12.
Deusing, Diss. sel. p. 586—98.
Deusing, De Mandragorae pomis pro Doudaim Genes. XXX. habitis. Groningae 1659. 12.
Liebentantz, De Rachelis deliciis Dudaim ad Genesin XXX, 14. Wittebergae 1660. 4.
Ludovici, Dudaim esse tubera. (Eph. act. nat. cur. Dec. I. Ann. 4—5. p. 269—72.)
Murillo y Velarde, Tratado de raras yervas. Madrid 1674. 4.
Rudbeck, De Mandragora. Upsaliae 1702. 8. *(Quam diss. Holtzbom suo nomine denuo edidit Trajecti a/Rh. 1704.)*
Rudbeck, Dudaim Rubenis fraga vel mora Rubi idaei spinosi fuisse. Upsaliae 1733. 4.

Virey, Des médicaments aphrodisiaques et sur le Dudaim de la Bible. Paris 1813. 8.

Manna.

Donatus ab Altomari, De Mannae differentiis. Venetiis 1562. 4.
Deusing, De Manna et Saccharo. Groningae 1659. 12.
Saumaise, De Manna et Saccharo commentarius Parisiis 1663. 8.
Saumaise, De Manna. (— Exerc. de homonymis. Trajecti a/Rh. 1689. fol. p. 245—54.)
Outhov, Exercitatio de Manna Israelitarum. Groningae 1694. 4
Majus, De Manna, duplici ex scripturae et naturae libro occasione. Giessae 1706. 4.
Ledel, Succincta Mannae excorticatio. Sorau 1733. 8.
Höyberg, De coelesti cibo Man dicto, e Exod. XVI, 15. Hafniae 1743. 4.
Wilhelm, De Manna κεκρυμμενῳ. Lugd. Bat. 1744. 4.
Pontoppidan, De Manna Israelitarum. Havniae 1756. 4.

Marantaceae vide Scitamineae.

Marcgraviaceae.

Jussieu, Mémoire sur le Marcgravia. (Paris 1809.) 4.

Melastomaceae.

Humboldt et Bonpland, Monographia Melastomacearum. Lutetiae Parisiorum 1806—23. fol.
Candolle, Mémoire sur la famille des Mélastomacées. Paris 1828. 4.
Seringe, Mémoire sur la famille des Mélastomacées. Genève 1830 4.
Opatowski, De Memecyleis. Berolini 1838. 8.
Melastomaceae, in *Miquel*, Commentarii no. II. Lugduni Bat. 1840. fol.
Naudin, Mélastomacées. Paris 1849—53. 8.

Melanthaceae vide Liliaceae.

Meliaceae.

Jussieu, Mémoires sur la groupe des Méliacées. (Paris 1830.) 4.

Memecyleae vide Melastomaceae.

Menispermeae (conf Cissampelos).

Lochner, Schediasma de Parreira brava (Cissampelos L.) Norimbergae 1719. 4.
Dale, De Parreira brava et Serapia officinarum. Lugduni Bat. 1723. 4.
Teichmeyer, De Caapeba sive Parreira brava. Jenae 1730. 4
Boullay, L'histoire naturelle et chimique de la coque du Levant (Menispermum Cocculus) Paris 1818. 8. — II: ib. 1818. 4
Tschudi, Die Kokkelkörner und das Pikrotoxin. St. Gallen 1847. 4.
Mettenius, Beiträge I. Bau der Phytocrene. Heidelberg 1850. 8
Eichler, Charakteristik der Menispermeae. Regensburg 1864. 4.

Mesembrianthemeae (Caryophyllinae).

Thunberg, Mesembryanthemaeum capitis bonae spei. Norimbergae 1791. 4.
Haworth, Observations on the genus Mesembrianthemum. London 1794. 8.
Haworth, Miscellanea naturalia. (Mesembrianthemum.) Londini 1803. 8.
Salm-Reifferscheid-Dyck, Monographia generis Aloes et Mesembrianthemi. Düsseldorf 1836—63 4.

Mimoseae vide Leguminosae

Moly Homeri.

Siber, De Moly Hermetis herba. Schneebergae 1699. 4.
Wedel, De Moly Homeri I—II. Jenae 1713. 4.
Wedel, De mythologia Moly Homeri (Nymphaeam esse). Jenae 1713. 4.
Triller, Moly Homericum detectum (Helleborum nigrum esse). Lipsiae 1716. 4.

Monimiaceae.
Jussieu, Mémoire sur les Monimiées. (Paris 1809) 4.
Tulasne, Monographia Monimiacearum. Paris 1855. 4.

Musaceae vide *Ensatae*.

Myristicaceae.
Paullini, Μοσχοκαρυογραφία seu Nucis moschatae curiosa descriptio. Erfordiae 1704. 8.

Myrsineae.
Jussieu, Note sur l'Oncostemum. (Paris 1830) 4.
Scheffer, Commentatio de Myrsinaceis Archipelagi indici. Weesp 1867. 8.

Myrtaceae.
Hoffmann, De Caryophyllis aromaticis. Halae 1701. 4.
Baier, De malo Punica. Altorfii 1712. 4.
Cramer, De Myrto D. philol.-theol. Tiguri 1731. 4.
(*Martini*) De oleo Wittnebiano seu Kajuput (Melaleuca Roxb.) Wolfenbüttel 1751. 4.
Ortega, Historia natural de la Malagueta o pimienta de Tavasco (Eugenia Pimenta DC.). Madrid 1780. 4.
Thunberg, De Caryophyllis aromaticis. Upsaliae 1788. 4.
Thunberg, De oleo Cajuputi. Upsaliae 1797. 4.
Raddi, Di alcune specie di Pero indiano (Psidium). Bologna 1821. 4.
Candolle, Note sur les Myrtacées. Paris 1826. 8.
Schauer, Die Melaleuken der deutschen Gärten. (Berlin 1835.) 8.
Nees von Esenbeck, Kamptzia. Vratislaviae a/V. 1840. fol.
Tenore, Sopra i due nuovi generi Syncarpia e Donzellia. Modena 1840. 4.
Schauer, Chamaelaucieae. Vratislaviae 1841. 4.
Candolle, Mémoire sur la famille des Myrtacées. Genève 1842. 4.
Schauer, De Regelia, Beaufortia et Calothamno. Vratislaviae 1843. 4.
Berg, Revisio Myrtacearum Americae. Halle 1855. 8.

Napoleona vide *Styracaceae*.

Nardostachys Jatamansi Cand. (*Valerianeae*).
Otto, De Nardo Pistica ex historia passionis dominicae. Lipsiae 1673. 4.
Eckard, De Nardo pistica ex Marc. XIV, 3. et Joann. XII, 3. Wittebergae 1681. 4.
Wedel, De unguento nardino. Jenae 1687. 4.
Faber, De Nardo et Epithymo, adversus Josephum Scaligerum. Romae 1607. 4.
Blanc, Account of the Nardus indica or spikenard. (Phil. Transact. LXXX, 284—92.)
Jones, On the spikenard of the ancients. (Transact. of the soc. of Bengal II, 405—17.)
Hatchett, On the spikenard of the ancients. London 1836. 4.

Naucleae vide *Rubiaceae*.

Nectar Homeri.
Wedel, De Nectare et Ambrosia. Jenae 1691. 4.

Nepentheae.
Slevogt, De Bandura Ceylonensium (Nepenthes destillatoria). Jenae 1719. 4.
Korthals, Verhandelingen etc. Leiden 1839—42. fol.

Nepenthes Homeri.
Petit, P, Homeri Nepenthes (Soporiferum esse). Trajecti a/Rh. 1689. 4.
Wedel, G., De Nepenthe Homeri (Opium esse). Jenae 1692. 4.
Marquis, Réflexions sur le Nepenthes d'Homère. Rouen 1815. 8.

Nicotiana Tabacum L. (*Solanaceae*).
Monardes, De Tabaco (hispanice circa annum 1570, gall. 1572).
Everaerts, De herba Panacea. Antwerpiae 1583. 12. — Ultrajecti 1644. 12. — Epistolae medicorum de Tabaco, p. 147—97.
Agardh, Conspectus specierum Nicotianae. Lundae 1819. 12.
Brotero, Especies de Nicociana e sua cultura Lisboa 1826. 8.
Demersay, Du Tabac au Paraquay. Paris 1851. 8.
Fermond, Monographie du Tabac. Paris 1857. 8.

Nyctagineae.
Jussieu, Observations sur la famille des Nyctaginées. (Paris 1803.) 4.
Kunth, Ueber eine neue Gattung der Nyctagineen. Berlin 1832. 4.

Nymphaeaceae (conf. *Moly*).
Candolle, Les affinités des Nymphaeacées. (Genève 1821.) 4
Fries, E., Botanisk-antiquariske Excursimer (p. 1—28. Grekernes Nympheaceer). Upsala 1836. 1.
Lindley, Victoria regia. (London 1837.) fol. eleph.
Trécul, Structure et développement du Nuphar lutea. (Paris 1843.) 8.
Hooker, W. J., Description of Victoria regia. London 1847. fol.
Macfadyen, Nelumbium jamaicense. Jamaica 1847. 8.
Planchon, Victoria regia. Gand 1850. 4.
Lawson, Victoria regia. Edinburgh 1851. 8.
Hooker, Victoria regia. London 1851. fol.
Lawson, The waterlilies, their history and cultivation. Edinburgh 1851. 8.
Sturm, J. W, Nymphaea semiaperta Klinggräff. Nürnberg 1852. 8.
Loescher, Victoria regia L. Hamburg 1852. 8.
Seidel, Entwickelungsgeschichte der Victoria regia Ldl. Jena 1859. 4.
Caspary, Die Nuphar der Vogesen und des Schwarzwaldes. Halle 1870. 4.

Ochnaceae vide *Simarubaceae*.

Ocymum Veterum.
Amoreux (fils), Eclaircissemens sur l'espèce de fourrage, que les anciens nommaient Ocymum. (Mém. de la soc. d'agric. de Paris, 1789. Printemps, p. 62—70.)

Oenanthe Theophrasti vide *Smilaceae* (1710).

Oenothereae.
Scarella, Lettera intorno ad una pianta anonima (Isnardia palustris). Padova 1687. 4.
Zuccagni, Lettera al Signor Cavanilles (sopra i fiori della Lopezia racemosa). s. l. et a. 8.
Jussieu, Observations sur la famille des Onagraires. (Paris 1804.) 4.
Candolle, Mémoire sur la famille des Onagraires. (Paris 1829.) 4.

Olacaceae.
Jussieu, Description du genre Icacina. (Paris 1821.) 4.

Oleaceae (conf. *Manna*).
Caldenbach, De Olea. Tubingae 1679. 4.
Kirsten, In Virgilii versum Alba Ligustra cadunt, Vaccinia nigra leguntur (Ligustrum album L. esse). Altorfii 1764. 4.
Lehr, De Olea europaea. Gottingae 1779. 4.
Leroy, Mémoire sur le Kinkina français (Fraxinus excelsior L.). Paris 1808. 4.
Loeber, Heiligkeit des Oelbaums in Attika. Stade 1857. 8.
Lambert, E., Exploitation ... d'oliviers en Algérie. Paris 1860. 8.

Opium vide *Papaveraceae*.

Ophiorrhiza vide *Caprifolia*.

Orchideae.
Spies, J. K., De siliquis Convolvuli americani vulgo Vanigliis. Helmstadii 1721. 4.
(*Rivinus*) Ordo plantarum flore irregulari hexapetalo. s. l. et a. fol.
Handtwig, De Orchide. Rostockii 1747. 4.

Chatelain, De Corallorhiza. Basileae 1760. 4.
Koenig, Descriptiones Epidendrorum. (*Retzius*, Observationes fasc. III. Lipsiae 1783. fol.)
Swartz, Genera et species Orchidearum. (Erfurt) 1805. 8.
Richard, De Orchideis europaeis annotationes. Paris 1817. 4.
(Fleury) Orchidées des environs de Rennes. Rennes 1819. 8.
Du Petit-Thouars, Histoire particulière des plantes Orchidées recueillies sur les trois isles australes d'Afrique. Paris 1822. 8.
Blume, Tabellen en platen voor de javaansche Orchideën. Batavia 1825. fol.
Lindley, Orchidearum sceleti. Londini 1826. 8.
Morren, Orchidis latifoliae descriptio botanica et anatomica. (Gandavii 1827.) 4.
Breda, Genera et species Orchidearum et Asclepiadearum, quas in Java collegerunt *Kuhl* et *van Hasselt*. Gandavii 1827. fol.
Richard, Orchidées des îles de France et de Bourbon Paris 1828. 4.
Lindley et *Bauer*, Illustrations of orchidaceous plants. London 1830—38. fol.
Lindley, The genera and. species of orchidaceous plants. London 1830—40. 8.
Mayrhofer, De Orchideis in territorio vindobonensi. Vindobonae 1832. 8.
Brown, Observations on the fecundation in Orchideae and Asclepiadeae. London, October 1831. 8. (— Verm. Schriften V, p. 117—89.)
Dumortier, Notice sur le genre Maelenia. Bruxelles 1834. 4.
Bateman, The Orchidaceae of Mexico and Guatemala. London 1837—43. fol. — A second century. s. l. et a. fol.
Lindley, Sertum orchidaceum. London 1838. (1837—42). gr. fol.
Mutel, Premier mémoire sur les Orchidées. Paris 1838. 8.
Splitgerber, Notice sur une nouvelle espèce de Vanille. Paris 1841. 8.
Richard, Monographie des Orchidées recueillies dans les Nil-Gherries par Perrottet. Paris 1841. 4.
Mutel, Mémoire sur plusieurs Orchidées nouvelles. Paris 1842. 4.
Todaro, Orchideae siculae. Panormi 1842. 8.
Wallroth, Zur Naturgeschichte der Orchis bifolia Thal. (— Beiträge I. Leipzig 1842. 8.)
Loddiges, C., Orchideae in the collection. London (1842). 12.
Hoffmannsegg, Verzeichniss seiner Orchideen. Dresden 1842. 1843. 1844. 8.
Visiani, Fecondazione e fruttificazione della vaniglia nell' orto di Padova. Venezia 1844. 8.
Huegel, Orchideensammlung im Frühjahre 1845. (Wien 1845.) 8.
Henshall, The cultivation of orchidaceous plants. London 1845. 8.
Lyons, A practical treatise on the management of orchidaceous plants. Ed. II. London 1845. 8.
Jenisch, Katalog seiner Orchideensammlung zu Flottbeck. Hamburg 1845. 8.
Hooker, A century of orchidaceous plants. London 1846 sqq. 4.
Lindley, Orchideae Lindenianae. London 1846. 8
Lindley, Folia orchidacea. London 1852—59. 8.
Reichenbach, De pollinis Orchidearum genesi. Lipsiae 1852. 4.
Jost, Tropische Orchideen. Prag 1852. 8.
Irmisch, Biologie und Morphologie der Orchideen. Leipzig 1853. 4.
Beer, Orchideen. Wien 1854. 8.
Vriese, Illustrations d'Orchidées. La Haye 1854. fol.
Timbal-Lagrave, Orchidées hybrides. Toulouse 1854. 8.
Beer, Praktische Studien an Orchideen nebst Kulturanweisungen und Beschreibung aller schönblühenden tropischen Orchideen. Wien 1854. 8.
Morel, Ch., Culture des Orchidées. Paris 1855. 8.
Fabre, Tubercules de l'Himantoglosum hircinum. Paris 1855. 4.
Vriese, De Vanielje van Oost-Indie. Leiden 1856. 8.

Beer, Ueber das Schleuderorgan verschiedener Orchideen. Wien 1857 8.
Moore, Th., Illustrations of orchidaceous plants. London 1857. gr. 8.
Reichenbach, Xenia orchidaceae. Leipzig 1858—70. 4.
Linden, Pescatorea Bruxelles 1860. fol.
Oudemans, Luftwurzeln der Orchideen. Amsterdam 1861. 4.
Warner, Select orchideous plants. London 1812—64 fol.
Reichenbach, Schiller'sche Orchideensammlung. 4. Ausgabe. Hamburg 1861. 8.
Beer, Morphologie der Orchideen. Wien 1863. fol.
Leitgeb, Luftwurzeln der Orchideen. Wien 1864. 4.
Bateman, Odontoglossum. London 1864—70. fol.
Kerner, Hybride Orchideen Oestreichs. Wien 1865. 8.
Warner, R., Select orchidaceous plants. London 1865—72. 4.
Rohrbach, Epigogium Gmelini. Göttingen 1866. 4.
Moggridge, Ueber Ophrys insectifera. Jena 1869. 4.
Reichenbach, Beiträge zur Orchideenkunde Centralamerikas. Hamburg 1869. 4.
Reichenbach, Beiträge zur Orchideenkunde. Jena 1869. 4.

Orobancheae et Orobanche veterum.

(Micheli) Relazione dell' erba detta da' botanici Orobanche. Firenze 1723 8. — ib. 1754. 8.
Frémont, Note sur l'Orobanche de Dioscoride et de Théophraste. Cherbourg 1807. 8.
Hoorebeke, Mémoire sur les Orobanches. Gand 1818. 8.
Wallroth, Orobanches generis Diaskene. Francofurti a/M. 1825. 8.
Vaucher, Monographie des Orobanches. Genève 1827. 4.
Schultz, Beitrag zur Kenntniss der deutschen Orobanchen. München 1829. fol.
Schlauter, Die Orobanchen Deutschlands. Quedlinburg 1834. 8.
Duchartre, Lathraea clandestina. Paris 1847. 4.
Solms-Laubach, De Lathraeae positione systematica. Berlin 1865. 8.

Oxalideae.

Franke, Herba Alleluja (Oxalis Acetosella L.). Ulmae 1709. 12.
Thunberg, Oxalis. Upsaliae 1781. 4.
Jacquin, Oxalis. Viennae 1794. 4.
Zuccarini, Monographie der amerikanischen Oxalisarten. München 1825. 4. — Nachtrag: ib. 1831. 4.
Hénon, Notice sur l'Oxalis Deppei Lodd. Lyon 1838. 8.

Paeoniaceae vide *Ranunculaceae*.

Palmae (conf *Phoenix*, *Sagus*).

Cluyt, Historia nucis medicae Maldivensium. Amsterodami 1634. 4.
Caldenbach, De Palma. Tubingae 1679. 4.
Hagendorn, De Catechu (Areca). Jenae 1679. 8.
Celsius, Exercitationis de Palma caput primum. Upsaliae 1711. 8.
Rydelius, De Palma. Londini Gothorum 1720. 8.
Kirsten, De Areca Indorum. Altorfii 1739. 4.
Steck, De Sagu. Argentorati 1757. 4.
Observations on the Oheeroo, a Palm-tree. London 1784. 4.
Reynier, Considérations. (Observations sur le Palmier-dattier et sur sa culture.) Paris 1802. 8.
Delile, Description du Palmier Doum de la Haute Egypte ou Crucifera thebaica. (Description de l'Egypte. Paris 1810. fol.)
Amoreux, L'origine du Cachou (Areca Catechu). Montpellier 1812. 8.
Martius, Historia naturalis Palmarum. Lipsiae 1823—51. fol.
Martius, Palmarum familia ejusque genere denuo illustrata. Monachii 1824. 4.
Thunberg, De Palmis. Upsaliae 1825. 4.
Mohl, De Palmarum structura. Monachii 1831. fol.
Marshall, Contribution to a natural and economical history of the Coconut tree. Edinburgh 1832. 8. — ib. 1836. 8.

Martius, Die Verbreitung der Palmen in der alten Welt. München 1839 4
Ritter, Die Verbreitung der Dattel- und Kokospalme in Indien. s l. et a. 8.
Martius, Palmetum Orbignianum seu descriptio Palmarum in Paraguaria et Bolivia crescentium. (*d'Orbigny*, Voyage, vol. VII. sectio III. Paris 1843—46. 4)
Griffith, The Palms of British East India. (Calcutta 1845.) 8.
Ferguson, Palmyra Palm of Ceylon. Colombo 1850 8.
Griffith, Palms of British East India. Calcutta 1850. fol.
Stenzel, Truncus Palmarum fossilis. Vratislaviae 1850. 4.
Wallace, Palm trees of the Amazon with their uses. London 1853. 8.
Karsten, Cecropia peltata L. Bonn 1854. 4.
Wendland, Index Palmarum. Hannover 1854. 8.
Regnaud, Histoire naturelle et économique du Cocos nucifera. Paris 1856. 4.
Seemann, Popular history of the Palms. London 1856. 8. — ib. 1866. 8.
Hahmann, Die Dattelpalme. Nordhausen 1858. 8.
Witte, Enumeratio Palmarum. Lugduni Batavorum 1859. 8.
Wossidlo, Additamenta ad Palmarum anatomiam. Vratislaviae 1860. 8.
Wossidlo, Jubaea spectabilis. Jena 1861. 4.
Reisseck, Die Palmen. Wien 1861. 8.
Macedo, Notice sur le palmier Carnauba. Paris 1867. 8.
Miquel, De Palmis Archipelagi indici. Amsterdam 1868. 4.
Balderama, Palmas de San Martin i Casanare. Bogota 1871 8.

Panax vide *Araliaceae*

Panis dyrrhachinus Caesaris vide *Aroideae* (1701).

Papaveraceae (et Fumariaceae). De Opio conf *Nepenthes Homeri.*

Borch, De somniferis maxime papavercis. Havniae 1683. 4.
Hofsteter, De Papavere etc. Halae 1704. 4.
(*Lochner*) Μηκωνοπαιγνιον sive Papaver ex omni antiquitate erutum. Norimbergae 1713 4.
Fischer, J. A., De Papavere erratico. Erfordiae 1718. 4.
Camerarius, De Fumaria. Tubingae 1718. 4.
Roussy, De Fumaria vulgari. Argentorati 1749. 4.
Otto, De Fumaria. Trajecti a/V. 1789. 4.
Charbonnier, Recherches à l'histoire de Argémone du Mexique. Paris 1808. 4.
Viguier, Histoire des Pavots et des Argémones. Montpellier 1814. 4.
Lestiboudois, Mémoire sur le fruit des Papavéracées. Lille 1823. 8.
Handschuch, De plantis fumariaceis. Erlangae 1832. 8.
(*Ritter*) Die Opiumkultur und die Mohnpflanze. s. l. et a. 8.
Elkan, Tentamen monographiae generis Papaver. Regiom. 1839. 4.
Schultz, Vortrag über Hypecoum pendulum L. (1. Jahresb. der Pollichia.) Landau 1843. 8.
Parlatore, Monografia delle Fumariee. Firenze 1844. 8.
Hammar, Fumaria. Lund 1854. 8.
Reveil, Recherches sur l'Opium. Paris 1856. 8.
Godron, Fumaria. Nancy 1864. 8.
Irmisch, Papaver trilobum Wallr. Halle 1865. 4.

Papilionaceae vide *Leguminosae.*

Paronychiaceae vide *Caryophyllaceae.*

Passifloreae.

(*Parlasca*) Il fiore della granadiglia. Bologna 1609. 4.
Rasciotti, Copia del fiore et frutto che nasce nelle Indie occidentali. Venezia 1609. fol.
Petrelli, Vera narratio fruticis (Passiflorae). Coloniae 1610. 8.
Vera effigies plantae Maraco (P. incarnata) qualis floruit in horto *Johannis Robini*, mensibus Augusto et Septembri 1612 et 1613. fol.
Donato d'Eremita, Vera effigie della granadiglia. Napoli 1619. 4.
Castelli, Vera e natural effigie della granadilla. Venetia 1620 fol.
Donato d'Eremita, Granadiglia overo flor della passione. Napoli 1622. 4.
Coppie de la fleur de la passion qui croist dans les Indes occidentales Paris 1643 fol
Linné, Passiflora. Holmiae 1745. 4.
Lawrence, Passion-flowers. London s. a. fol.
Cavanilles, De Passiflora. (Monadelphiae classis dissertatio X.) Matriti 1790. 4.
Jussieu, Mémoires (I—II) sur les Passiflorées. (Paris 1805) 4.
Saint-Hilaire, Mémoire sur les Passiflorées etc. Paris 1823. 4.

Pedalineae.

Kretzschmar, Beschreibung der Martyniae annuae villosae. (Dresden 1764.) 4.

Pereira (? Geissospermum Vell, Apocynaceae).

Flotow, Goeppert et Nees von Esenbeck, Ueber die Rinde Páo Pereira. Breslau 1842. 8.

Phoenix dactylifera L. (Palmae).

Celsius, Exercitationis de Palma caput primum. Upsaliae 1711. 8.
Schultens, De Palma ardente. Pars I—II. Franequerae 1725. 4.
Bloch, Tentamen phoinicologiae sacrae. Havniae 1767. 8.
(*Boddaert*) Verhandeling over den Palmboom. (Nieuwe geneesk. Jaarboeken V, 157—68.)

Phormium vide *Ensatae.*

Phytolaccaceae vide *Caryophyllinae* (1792).

Piperaceae.

Wedel, G., De Cubebis. Jenae 1705. 4.
Heister, De Pipere. Helmstadii 1740. 4.
Miquel, Commentarii (De vero pipere Cubeba deque speciebus cognatis ac cum eo commutatis. Disputatio taxonomica et geographica de Piperaceis. Observationes de Piperaceis). Lugd. Bat. 1839—40. fol.
Kunth, Bemerkungen über die Familie der Piperaceen. Halle 1840. 8.
Miquel, Systema Piperacearum. Roterodami 1843—44. 8.
Candolle, Mémoire sur les Piperacées. Paris 1866. 4.

Pistacea vide *Anacardiaceae.*

Pittosporeae.

Putterlick, Synopsis Pittosporearum. Vindobonae 1839. 8.

Plantagineae et Plumbagineae.

Wedel, G., De Plantagine. Jenae 1712. 4.
Rapin, Esquisse de l'histoire naturelle des Plantaginées. Paris 1827. 8.
Leydolt, Die Plantagineen. (Wien 1836) 8.
Ebel, De Armeriae genere. Prodromus Plumbaginearum familiae. Regiomonti 1840. 4.
Wallroth, Monographie der Gattung Armeria Willd. (— Beiträge II. Leipzig 1844.) 8.
Barnéoud, Recherches sur le developpement structure et classification des Plantaginées et des Plumbaginées. Paris 1844. 4.
Barnéoud, Monographie générale des Plantaginées. Paris 1845. 4.
Petri, Armeria. Berolini 1863. 8.

Podostemaceae.

Tulasne, Monographia Podostemacearum. Paris 1852. 4.

Polemoniaceae.
Jussieu, Mémoire sur le Cantua. (Paris 1804.) 4.

Polygaleae.
Linné, Radix Senega (Polygala L.). Holmiae 1749. 4.
Ruiz, Disert. sobre la raiz de la Ratánhia (Krameria triandra Ruiz). Madrid 1799. 4.
Ruiz, Mem. de la virtudes de (Monnina polystachya) la planta llamada Yallhoy. Madrid 1803.
Jussieu, Mémoire sur la famille des Polygalées. (Paris 1815.) 4.
Saint-Hilaire, Conspectus Polygalearum Brasiliae meridionalis. Orléans 1818. 8.
Thunberg, De Krameria. Upsaliae 1822. 4.
Bunsen, De Ratanhiae radice. Gottingae 1828. 8.
Steetz, Comesperma Lab. Hamburg 1847. 8.
Cotton, Krameria. Paris 1868. 4.

Polygoneae (conf. *Indigofera, Rheum*).
Alpinus, De Rhapontico disputatio. Patavii 1612. 4. — Lugd. Bat. 1718. 4.
Munting, De vera antiquorum herba britannica. Amstelodami 1681. 4.
Cannegieter, De Brittenburgo, britannica herba etc. Hagae Comitum 1734. 4.
Schulze, J. H, De Persicaria acida Jungermanni (Polyg. amphibium L.). Halae 1735. 4. (*Trew*, in Comm. lit. nor. 1737, p. 395—413.)
Linné, Rhabarbarum. Upsaliae 1752. 4.
Campdera, Monographie des Rumex. Paris 1819. 4.
Meisner, Monographiae generis Polygoni prodromus. Genevae 1826. 4.
Meyer, Bemerkungen über die Familie der Polygonaceae. St. Petersburg 1840. 4.
Sandéen, Bladknopparne hos Polygoneae. Lund 1865. 4.
Torrey, Eriogoneae. Philadelphia 1870. 8.

Poma sodomitica vide *Sodomaea*.

Pomaceae (et arborum fructiferarum cultura).
Domitzer, Ein newes Pflantzbüchlin. s. l. 1531. 8. — Augspurg 1534. 8.
Claf, De ligni Cotonei natura et viribus. Ingolstadii 1580. 4.
Austen, The spiritual use of an Orchard. Oxford 1653. 4. — London 1847. 8.
Jung, Κρυσομηλον seu malum aureum (Cydonia). Vindobonae 1673. 8.
La Quintinye, Instruction pour les jardins fruitiers et potagers. Paris 1690. 4.
Ungnad, De Malo Persica. Francofurti a/V. 1757. 4.
Linné, Frutetum suecicum. Upsaliae 1758. 4.
Knoop, Pomologia. Leeuwarden 1758—63. fol.
Du Hamel, Traité des arbres fruitiers. Paris 1768. 4.
Mayer, Pomona franconica. Nürnberg 1776—1801. 4.
Kraft, Pomona austriaca. Wien 1790—96. fol. — ib. 1791—94. 4.
Forsyth, Observations on the diseases of fruit and forest trees. London 1791. 8.
Diel, Versuch einer systematischen Beschreibung deutscher Kernobstsorten. Frankfurt a/M. 1799—1832. 8.
Willdenow und *Homeyer*, Gekrönte pomologische Preisschriften. Erfurt 1801. 8.
Forsyth, Treatise on the culture of fruit-trees. London 1802. 8.
Sickler, Allgemeine Geschichte der Obstkultur. I: Von den Zeiten der Urwelt bis zu Konstantin dem Grossen. Frankfurt a/M. 1802. 8.
Guenderrode et *Borkhausen*, Die Pflaumen. Darmstadt 1804—8. 8.
Christ, Vollständige Pomologie. Frankfurt a/M. 1809—13. 8.
Brookshaw, Pomona britannica. London 1812. fol.
Wallroth, Geschichte des Obstes der Alten. Halle 1812. gr. 8.
Knight, Pomona herefordiensis. London 1811. 4.
Knight, Selection from the physiol. and horticult. papers. London 1841. 8.
Du Petit-Thouars, Recueil sur la culture des arbres fruitiers. Paris 1815. 8.
Du Petit-Thouars, Le verger français. Paris 1817. 8.
Christ, Handbuch der Obstbaumzucht und Obstlehre. Frankfurt a/M. 1817. 8.
Gallesio, Pomona italiana. Pisa 1817—34. fol.
Lelieur, La Pomone française. Paris 1817. 8.
Diel, Systematisches Verzeichniss deutscher Kernobstsorten. Frankfurt a/M. 1818. 1829. 1833. 8.
Heim, Klassifikation und Beschreibung der Kirschensorten. Stuttgart 1819. 8.
Phillips, Pomarium britannicum. London 1820. gr. 8.
Piccioli, Pomona toscana. Firenze 1820. 8.
Noisette, Le jardin fruitier. Paris (1813—) 21. 4. — 1832—39. 8.
Jaume Saint-Hilaire, Flore et Pomone françaises. Paris 1828—33. fol.
Ronalds, Pyrus Malus brentfordiensis. London 1831. gr 4.
Couverchel, Maturation des fruits. Paris 1832. 4.
Dittrich, Systematisches Handbuch der Obstkunde. Jena 1837—41. 8.
Liegel, Anleitung zur Kenntniss der Pflaumen. Passau 1838—41. 8.
Couverchel, Traité des fruits. Paris 1839. 8.
Walker, Die Obstlehre der Griechen und Römer. Reutlingen 1845. 8.
Schneyder, Ueber den Wein- und Obstbau der alten Römer. Rastatt 1846. gr. 8.
Jordan, L'origine des variétés ou espèces d'arbres fruitiers. Paris 1853. gr. 8.
Schlechtendal, Amygdalus. Halle 1854. 4.
Koch, K., Crataegus und Mespilus. Berlin 1854. 8.
Dochnahl, Führer in der Obstkunde. Nürnberg 1855—60. 8.
Schuebeler, Verbreitung der Obstbäume in Norwegen. Hamburg 1857. 8.
Decaisne, Jardin fruitier du Muséum. Paris 1858—65. 4.
Liegel, Uebersicht aller Pflaumen. Regensburg 1861. 8.
Leroy, Dictionnaire de pomologie. Paris 1867—69. 8.
Dumortier, Pomone Tournaisienne. Tournay 1869. 8.
Regel, Revisio specierum Crataegorum. Petropoli 1871. 8.

Pontederaceae vide *Coronariae*.

Portulaceae.
Bradley, History of succulent plants. London 1716—27. 4.
Minuart, Cerviana. (Madrid 1739.) 4.
Candolle, Plantarum historia succulentarum. Paris 1799—1829. fol.
Haworth, Miscellanea naturalia. (Tetragonia, Portulacca.) Londini 1803. 8.
Haw, Synopsis plantarum succulentarum. Londini 1812. 8. — Supplementum. 1819. 8. — Revisiones. (— Saxifragearum enumeratio. Londini 1821. 8.)
Candolle, Revue de la famille des Portulacées. (Paris 1828.) 4.

Potameae vide *Fluviales*.

Primulaceae.
Franke, De Soldanella. Heidelbergae 1674. 4.
Sesler, Nuovo genere Vitaliana. Venezia 1750. 4.
Bruch, De Anagallide. Argentorati 1758. 4.
Holm nobilis Holmskjold, Afhandling om Anagallis. Kiöbenhavn 1761. 8.
Schwencke, Novae plantae Schwenckia descriptio. Hagae Com. 1766. 8.
Lehmann, Monographia generis Primularum. Lipsiae 1817. 4.
Delle Chiaje, Memoria sul Ciclamino Poliano. Napoli 1824. 4.

Moretti, De Primulis italicis. Ticini 1831. 8.
Saint—Hilaire et *De Girard*, Monographie des Primulacées du Brésil méridional. Orléans 1840. 8.
De Jonghe, Monographie du genre Cyclamen. Bruxelles 1844. 12.
Duby, Mémoire sur la famille des Primulacées. Genève 1844. 4.
Bubani, Dodecathea. Florentiae 1850. 8.
Desmoulins, Erythraea et Cyclamen de la Gironde. Bordeaux 1851. 8.
Schott, H. W, Wilde Blendlinge oesterreichischer Primeln. Wien 1852. 8
Schott, H. W., Die Sippen der oesterreichischen Primeln. Wien 1861. 8.
Klatt, Lysimachia. Hamburg 1862. 8.

Proteaceae.
Thunberg, De Protea. Upsaliae 1781. 4.
Knight, On the cultivation of the Proteaceae etc. London 1809. 4.
Brown, On the natural order of plants called Proteaceae. London 1810. 4.
Brown, Supplementum primum Prodromi Florae Novae Hollandiae, exhibens Proteaceas novas. Londini 1830. 8. (Verm. Schriften. V, 77—116.)
Giordano, Su di una nuova specie di Embothrio. Napoli 1837 4.

Punica vide *Myrtaceae.*

Pyrolaceae vide *Ericaceae.*

Quercaceae vide *Cupuliferae.*

Radix amara Homeri vide *Gentianeae* (1692).

Rafflesiaceae vide *Rhizantheae.*

Ranunculaceae.
Huenerwolf, Anatomia Paeoniae. Arnsteti 1680. 8.
Eysel, De Aquilegia scorbuticorum asylo. Erfordiae 1716. 4.
Helwing, Florae campana seu Pulsatilla. (Lipsiae 1719.) 4.
Wollebius, De Helleboro nigro. Basileae 1721 4.
Baier, De Helleboro nigro. Altorfii 1733. 4.
Reinhold, De Aconito Napello. Argentorati 1769. 4.
Jussieu, Examen de la famille des Renoncules. (Paris 1773.) 4.
Linné, Planta Cimicifuga. Upsaliae 1774. 4.
La Chenal, Observationes botanico-medicae. (Aquilegia.) Basileae 1776. 4.
Mayr, De venenata Ranunculorum indole. Viennae 1783. 8.
Hagen, De Ranunculis prussicis. Regiomonti 1784. 4.
Mueller, J. A., De Clematide Vitalba L. ejusque usu medico. Erlangae 1786. 4.
Koelle, Spicilegium observationum de Aconito. Erlangae 1788. 8.
Jussieu, Quelques nouvelles espèces d'Anémones. (Paris 1804.) 4.
Biria, Histoire naturelle et médicale des Renoncules. Montpellier 1811. 4.
Encontre, Mémoire sur l'Aconit des anciens. (Montpellier 1813) 8.
Candolle, Considérations générales sur les fleurs doubles des Renonculacées. (Mém. soc. d'Arcueil 1817. III, 385—404.)
Treviranus, De Delphinio et Aquilegia observationes. Vratislaviae 1817. 4.
Seringe, Esquisse d'une monographie du genre Aconitum. In Musée helvétique. Bern (1818—) 23. 4. p. 115—75.
Schlechtendal, Animadversiones botanicae in Ranunculaceas Candollii. I—II. Berolini 1819—20. 4.
Reichenbach, Uebersicht der Gattung Aconitum. Regensburg 1819. 8.
Reichenbach, Monographia generis Aconiti. Lipsiae 1820. fol.
Reichenbach, Illustratio specierum generis Aconiti. Lipsiae 1823—27. fol.
Seringe, Observations sur le genre Ranunculus. (Mélanges II. 4.) Genève 1826. 8.
Spenner, Monographia generis Nigellae. Friburgi Brisgoviae 1829. 4.
Turnbull, On the medical properties of the Ranunculaceae (Aconitum, Delphinium). London 1835. 8.
Wenderoth, Ueber wichtige einheimische Arzneipflanzen (Aconitum). Kassel 1837. 12.
Godron, Les Renoncules à fruits ridés transversalement. Nancy 1840. 8.
Avellino, Su di una nuova specie di Clematide Memoria. Napoli 1842. 8.
Pritzel, Anemonarum revisio. Lipsiae 1842. 8.
Dumas, Sur la structure de l'Hellébore fétide. Montpellier 1844. 4.
Schott, Oesterreichische Ranunkeln. Wien 1852. 8.
Rossmann, Batrachium. Giessen 1854. 4.
Regel, Thalictrumarten Russlands. Moskau 1861. 8.
Dumortier, Monographie du genre Batrachium. Bruxelles 1863. 8.

Rapateae vide *Enantioblasteae.*

Rathem Scripturae vide *Leguminosae* (1758).

Resedaceae.
Saint-Hilaire, Deuxième mémoire sur les Résédacées. Montpellier 1837. 4.
Müller, Résédacées. Zürich 1857. 4.

Restiaceae vide *Enantioblasteae.*

Rhamnaceae.
Thunberg, De Phylica. Upsaliae 1804. 4.
Brongniart, Mémoire sur la famille des Rhamnées. Paris 1826. 4.
Rondot, Vert de Chine, Rhamnus utilis. Paris 1858. 8.
Maximowitz, Rhamneae orientali-asiaticae. Lipsiae 1867. 4.

Rhei species (Polygonaceae)
Belus, Quaestio de Rhabarbaro. Bononiae 1533. 4.
Alpinus, De Rhapontico disputatio. Patavii 1612. 4. — Lugduni Batavorum 1718. 4.
Tilling, Rhabarbarologia. Francofurti a/M. 1679. 4.
Wedel, De Rhabarbari origine. Jenae 1708. 4.
Wedel, De Rhabarbari genere et differentiis. Jenae 1708. 4.
Hollstein, Rhabarbari historia. Lugduni Batavorum 1718. 4.
Chambers, De Ribes Arabum et ligno Rhodio. Lugduni Batav. 1724. 4.
Bouillet, Lettres au sujet de la rheubarbe. Beziers 1727. 4.
Gmelin, J. G., Rhabarbarum officinarum. Tubingae 1752. 4.
Linné, Rhabarbarum. Upsaliae 1752. 4.
Sandeman, De Rheo palmato. Edinburgh 1769 8.
Mohrbegk, De Rhabarbaro. Gryphiae 1788. 4.
Clarion, Travail chimique sur les rheubarbes exotique et indigène. Paris 1803. 8.
(Coste) Précis historique de l'importation et de la naturalisation en France du Rheum palmatum L. Paris 1805. 8.
Stephanitz, De Rhabarbaro. Berolini 1838. 8.

Rhizantheae.
Brown, Account of a new genus of plants named Rafflesia. London 1821. 4. (Verm. Schriften II, 605—74.)
Brown, On the female flower and fruit of Rafflesia with observations on its affinities and on the structure of Hydnora. s. a. 8. (Verm. Schriften II, 761—68.)
Blume, Korte Beschrijving van de Patma der Javanen. Batavia 1825. 8.
Rhizantheae in *Blume*, Flora Javae. Bruxellis 1828. fol.
Vriese, Illustrations de Rafflesias Rochusseni et Patma. Leide 1854. fol.
Weddell, Cynomorium coccineum. Paris 1860. 4.

Teysmann, Culture de Rafflesia Arnoldi. Batavia 1866. 8.
Bary und *Woronin*, Prosopanche Burmeisteri (eine neue Hydnoree). Halle 1868. 4.

Rhizoboleae.
Mutis, Monographia de Caryocar Almendron. Madrid s. a. 4.

Rhizophoreae vide Rhizantheae.
Rhododendreae vide Ericaceae.
Rhus vide Anacardiaceae.

Ribesiaceae.
Berlandier, Mémoire sur la famille des Grossulariées. Genève 1828. 4.
Thory, Monographie du genre groseillier. Paris 1829. 8.
Pansner, Anordnung der Stachelbeersorten. Arnstadt 1846. 8.

Rosae species (Rosaceae).
Sylvius, Oratio de Rosis. Hafniae 1601. 4.
Rosenberg, Rhodologia. Argentinae 1628. 8.
Hagelgans, Rosa loquens h. e. de primariis Rosae mysteriis. Coburgi 1652. 12.
Rosenfeld, De Rosa saronitica. Wittebergae 1652. 4.
Ursinus, De Rosa menstrua. Lipsiae 1661. 4.
Saltzmann, De Rosa. Argentorati 1670. 4.
Krause, De Rosa. Jenae 1674. 4.
Hagendorn, Cynosbatologia (Rosa canina). Jenae 1681. 8.
Rosenfeld, De Rosa saronitica, Cant. II, 1. (Lilium est.) Wittebergae 1715. 4.
Parskius, Rosa aurea. s. l. 1728. 4.
(*Benemann*) Die Rose. Leipzig 1742. 8.
Dercum, De Rosa. D. medica. Wirceburgi 1751. 4.
Herrmann, De Rosa. Argentorati 1762. 4.
Lawrance, A collection of Roses from nature. London (1790—1810). fol.
Roessig, Beschreibung der Rosen. Leipzig 1799—1803. 8.
Guillemeau, Histoire naturelle de la Rose. Paris 1800. 12.
Roessig, Die Rosen nach der Natur gezeichnet und kolorirt. Leipzig (1802—20). 4.
Buchoz, Monographie de la Rose et de la Violette. Paris 1804. 8.
Pozzetti, Rose particolari dell' Italia inferiore. 1804.
Afzelius, De Rosis suecanis. Upsaliae 1804—13. 4.
Andrews, Roses. London 1805—28. 4.
Guerrapain, Almanach des Roses. Paris 1811. 8.
Wrede, Verzeichniss meiner Rosen. Braunschweig 1814. 8.
Rau, Enumeratio Rosarum circa Wirceburgum sponte crescentium. Norimbergae 1816. 8.
Thory, Rosa Redoutea. Paris 1817. 8.
Redouté, Les Roses. Paris 1817—24. fol. min.
Pronville, Nomenclature du genre rosier. Paris 1818. 8.
Dematra, Monographie des rosiers du canton de Fribourg. Fribourg 1818. 8.
Seringe, Critique des Roses déséchés. (Mélanges I, 1.) Berne 1818. 8.
Thory, Rosa Candolleana. Paris 1819. 8.
Dechesnel, La Rose. Toulouse 1820. 8. — Paris 1838. 12.
Lindley, Rosarum monographia. London 1820. 8.
Thory, Prodrome de la monographie du genre rosier. Paris 1820. 8.
Wikström, Några arter af Rosa. Stockholm 1821. 8.
Pronville, Sommaire d'une monographie du genre rosier. Paris 1822. 8.
Trattinick, Synodus botanica. Rosacearum monographia. Vindobonae 1823—24. 8.
Seits, Die Rosen nach ihren Früchten. Prag 1825. 16.
Desportes, Rosetum gallicum. Le Mans et Paris 1828. 8.
Wallroth, Rosae generis historia succincta. Nordhusae 1828. 8.
Selbstherr, Die Rosen in 25 Gruppen und 95 Arten. Breslau 1832. 4.
Booth, Gegen Prof. Lehmann in Betreff der Prachtrose «Königin von Dänemark». Altona 1833. 8.
Lehmann, Entgegnung an die Gebrüder Booth. (Hamburg 1834.) 8.
Siemers, Darlegung meiner Verhandlung mit Herrn John Booth. Altona 1834. 8.
Redouté, Le bouquet royal. Paris 1843. fol.
Meyer, Ueber die Zimmtrosen. St. Petersburg 1847. 4.
Roemer, Synopses monographicae. III: Rosiflorae. Wimariae 1847. 8.
Curtis, H., Beauties of the Rose. Bristol 1850. 4.
Baker, British Roses. Huddersfield 1864. 8.
Déséglise, Classification of the species of Rosa. Huddersfield 1865. 8.
Dumortier, Roses belges. Gand 1867. 8.

Rosaceae (conf. Rosa, Rubus).
Camerarius, De (Spiraea) Ulmaria. Tubingae 1717. 4.
Bergen, K., Epistola de Alchimilla ejusque coccis. Francof. 1748. 4.
Cartheuser, De Marrubio albo et Alchimilla. Francofurti 1753. 4.
Duchesne, A. N., Histoire naturelle des fraisiers. Paris 1766. 8.
Duchesne, A. N., Essai sur l'histoire naturelle des fraisiers. s. l. et a. 8.
Du Hamel, Histoire naturelle des fraisiers. (— Traité des arbres fruitiers.) Paris 1768. 4.
Linné, Fraga vesca. Upsaliae 1772. 4.
Nestler, Monographia de Potentilla. Paris 1816. 4.
Candolle, Kerria et Purshia. London 1818. 4. (Transactions Linn. Soc. XII, 2. 152—59.)
Lehmann, Monographia generis Potentillarum. Hamburgi 1820—35. 4.
Brayer, Notice sur une nouvelle plante (Brayera anthelminthica Kth.). (Paris 1822.) 8.
Cambessedes, Monographie du genre Spiraea. Paris 1824. 8.
Candolle, Note sur le feuillage des Cliffortia. (Ann. des sc. nat. 1824. I, p. 447.)
Dumortier, Notice sur le nouveau genre Hulthemia et classification des Roses. Tournay 1824. 8.
Crész, De Potentillis Hungariae, Croatiae, Transsilvaniae, Dalmatiae et litoralis hungarici. Pestini 1837. 8.
Wallroth, Monographischer Versuch über Agrimonia. (— Beiträge I. Leipzig 1842. 8.)
Lehmann, Revisio Potentillarum. Bonnae 1856. 4.
Lambertye, Le Fraisier. Paris 1864. 8.

Rubiaceae vide Caprifolia.

Rubus (Rosaceae).
Paullini, De Chamaemoro norvegica. Hamburgi 1676. 4.
Rudbeck, Rubus humilis fragariae folio fructu rubro (R. arcticus). Upsaliae 1716. 8.
Camerarius, De Rubo idaeo. Tubingae 1721. 4.
Schulze, J. H., De Rubo idaeo officinarum. Halae 1744. 4.
Thunberg, De Rubo. Upsaliae 1813. 4.
Werner, De herba Rubi Chamaemori. Vilnae 1815. 8.
Weihe et *Nees von Esenbeck*, Rubi germanici. Bonnae 1822—28. fol.
Arrhenius, Monographia Ruborum Sueciae. Upsaliae 1840. 8.
Godron, Monographie des Rubus aux environs de Nancy. Nancy 1843. 8.
Babington, Synopsis of the British Rubi. London 1846. 8.
Chaboisseau, Rubus. Bordeaux 1863. 8.
Dumortier, Genre Rubus. Bruxelles 1863. 8.
Kuntze, O., Reform deutscher Brombeeren. Leipzig 1867. 8.
Babington, British Rubi. London 1869. 8.
Genevier, Rubus de la Loire. Angers 1869. 8.

Rutaceae.

Starck, Sertum rutaceum domus Saxonicae insigne. Lips. 1664. 4.
Slevogt, De Ruta. Jenae 1715. 4.
Vater, A., De Ruta ejusdemque virtutibus. Vitembergae 1735. 4.
Jussieu, Mémoires sur la Rutacées. Paris 1825. 4.
Kroeber, Ruta graveolens L. und verwandte Arten. Würzburg 1830. 8.
Schott, Rutaceae. Vindobonae 1834. fol
Colla, Observations sur la famille des Rutacées, sur le genre Correa, et formation du nouveau genre Antommarchia. Turin 1843. 4.

Saccharum officinarum L. (Gramineae).

Deusing, De Manna et Saccharo. Groningae 1659. 12.
Kirchmaier, De Coralio, Balsamo et Saccharo. Wittebergae 1661. 4.
Saumaise, De Manna et Saccharo. Paris 1663. 8.
Saumaise. De Saccharo. (— Exercitationes etc. Divione 1668. fol. p. 255—57)
Hannemann et Stolterfoht, De Saccharo Salmasiano. (Nov. literar. Mar. Balth. 1701. p. 209—13.)
Bose, Otia wittebergensia. (Antiquitates Sacchari.) Wittebergae 1739. 4.
Cartheuser, De Saccharo. Francofurti a/V. 1761. 4.
Plaz, De Saccharo. Lipsiae 1763. 4.
(Vaccari) Sul richiamo della canna zuccherina in Sicilia. Palermo 1825—26 8.
Martius, Flora brasil. (II. *Amaralisi* Carmen de sacchari opificio. Stuttg. 1829. 8)
Ritter, Die Verbreitung des Zuckerrohrs in Asien. Berlin 1840. 4.
Reid, History of Sugar. London 1866. 8.

Sagus Rumphii Willd. (Palmae)

Brueckmann, U, Abhandlung vom Sego. Braunschweig 1751. 4.
Steck, De Sagu. Argentorati 1757 4.

Salicinae.

Hagen, Ueber die sechszehn nutzbaren Weidenarten Preussens. Königsberg 1769 4.
Hartmann, De Salice laurea odorata, Linnaei pentandra. Trajecti a/V. 1769. 4.
Hoffmann, Historia Salicum iconibus illustrata. Lipsiae 1785—91. fol.
Viborg, Vigtigste Aspe- og Pilearter (Populus et Salix). Kiöbenhavn 1800. 4.
Wade, Salices. Dublin 1811. 8.
Seringe, Essai d'une monographie des Saules de la Suisse. Berne 1815. 8.
Dumortier, Verhandeling over het geslacht der Wilgen. Amsterdam 1825. 8.
Host, Salix. Vindobonae 1828. fol.
Koch, De Salicibus europaeis. Erlangae 1828. 8.
(Forbes) Salicetum woburnense. (London) 1829. 4.
Sadler, Synopsis Salicum Hungariae. Pestini 1831. 8.
Candolle, Revue de quelques ouvrages sur le genre Saule. (Bibl. univ. de Genève 1832. XLIX, 15—27.)
Fries, Commentatio de Salicibus. (— Mantissa I. Novit. Florae suecicae. Lundae 1832. 8)
Trautvetter, Salicetum. Petropoli 1836. 4.
List, Salicum prope Tilsam adumbrationes. Tilsae 1837. 4.
Barratt, Salices americanae. Middletown 1840. 4.
Traunsteiner, Monographie der Weiden von Tirol. Innspruck 1842. 8.
Wallroth, Beiträge. II. (Zur Kenntniss der Salix hastata L.) Leipzig 1844. 4.
Andersson, Salices Lapponiae. Upsaliae 1845. 8.
Andersson, Salices boreali-americanae. Cambridge 1858. 8.

Fries, E., De i Swerige växande Pilarterna (Salices). Upsala 1859. 8.
Dumortier, Saules belges. Bruxelles 1862. 8.
Kerner, Herbarium österreichischer Weiden. Innspruck 1863—69. fol.
Fries, A., Die weidenartigen Gewächse von Wertheim. Wertheim 1864. 8.
Wichura, Bastarde der Weiden. Breslau 1865. 4
Wimmer, Salices europaeae. Breslau 1866. 8.
Krémer, Populus euphratica. Paris 1866. 4.
Andersson, Monographia Salicum. Holmiae 1867. 4.

Santalaceae.

Thunberg, Thesium. Upsaliae 1806. 4.

Sapindaceae.

Zannichelli, Facoltà dell' ippocastano. Venezia 1733. 4.
Jussieu, Mémoire sur le Paullinia. (Paris 1804) 4.
Jussieu. Mémoire sur le Melicocca (Paris 1817) 4.
Cambessedes, Mémoire sur la famille des Sapindacées. (Paris 1831.) 4
Thibierge, Amidon du marron d'Inde. Paris 1857. 8.
Naegeli, Dickenwachsthum bei den Sapindaceen. München 1864. 8.

Sarracenieae.

Croom, Observations on the genus Sarracenia. New York 1837. 8.

Saurureae.

Meyer, De Houttuynia atque Saurureis. Regiomonti 1827. 8.

Saxifragaceae.

Pallas, De Chrysosplenio. Argentorati 1758. 4.
La Peyrouse, Figures de la Flore des Pyrénées (Saxifraga). Paris 1795—1801. fol.
Haworth, Miscellanea naturalia. (Saxifraga.) London 1803. 8.
Haworth, Saxifragearum enumeratio. Londini 1821. 8.
Moretti, Specie italiani del genere Saxifraga. Pavia 1823. 4.
Sternberg, Revisio Saxifragarum iconibus illustrata. Ratisbonae 1810. fol. — Supplementa: Ratisbonae et Pragae 1822—31. fol.
Engler, Saxifraga. Halle 1866—69. 8.

Scitamineae.

Martinelli, Raggionamenti sopra l'Amomo e Calamo aromatico novamente avuto di Malacca. Venezia 1604. 4. (Cf Giudizio sopra i raggionamenti di Cecchino Martinelli etc. Mantova 1605. 4.)
Marogna, Commentarius in tractatus Dioscoridis et Plinii de Amomo. Basileae 1608. 4.
Minderer, Aloedarium marocostinum, .. ex costo. Aug. Vind. 1616. 12.
Kamel, De Tugus seu Amomo legitimo. (Philos. Transact. 1699. XXI no. 248. p. 2—4. — Ray, Hist. pl. III, 89—90.)
Krause, R. W., De Cardamomis. Jenae 1704. 4.
Gesner, De Zingibere. Altorfii 1723. 4.
Linné, Musa Cliffortiana. Lugduni 1736. 4.
Spielmann, Cardamomi historia et vindiciae. Argentorati 1762. 4.
Koenig, Descriptiones Monandrarum et Epidendrorum in India orientali factae. (*Retzius*, Observationes botanicae, fasc. III. Lipsiae 1783. fol.)
Rottboell, Beskrivelse over Strelitzia reginae. Kiöbenhavn 1790. 4.
Tilesius, Musae paradisiacae icones quatuor. Lipsiae 1792. 8.
Fraser, Thalia (?) dealbata; icon. 1794.
Ryder, Some account of the Maranta (arundinacea L. et indica Tussac.). London 1796. 8.
Hegetschweiler, Descriptio Scitaminum L. nonnullorum. Turici 1813. 4.
Ker et Bauer, Strelitzia depicta. London 1818. fol.
Colla, Sul genere Musa. Torino 1825. 4.
Roscoe, Monandrian plants of the order Scitamineae. Liverpool 1828. fol.

Lestiboudois, Notice sur le genre Hedychium. Lille 1829. 8.
Colla, Novi Scitaminearum generis commentatio. Taurini 1830. 4.
Richard, De Musaceis commentatio. Vratislaviae 1831. 4.
Tenore, Memorja sopra diverse specie del genere Musa. Napoli 1832. 4.
Splitgerber, Description du genre Urania non Schreb. nec Rich (Amsterdam 1843.) 4.
Hall, Observationes de Zingiberaceés. Lugduni 1858. 4.
Horaninow, Prodromus Scitaminearum etc. Petropoli 1862. fol.
Wittmack, Musa Ensete. Halle 1867. 8.
Koernicke, Marantaceae. Mosquae 1869. 4.

Sclerantheae vide *Caryophyllinae*.

Scrophularinae.

Franke, J., Polycresta herba Veronica (officinalis L.). Ulmae 1690. 12.
Franke, J., Veronica theezans (officinalis L.). Coburgi 1693. 12.
Zwinger, De (Linaria) Cymbalaria. Basileae 1715. 4.
Zwinger, De Thee helvetico (Veron. off. L.). Basileae 1716. 4.
Eysel, De Veronica, Grundtheil, Ehrenpreis. Erfordiae 1717. 4.
Franke, Spicilegium de Euphragia herba (Euphrasia). Francofurti 1717. 8.
Martinis, Nuovo invento al (Veronica L.) Anagallidi acquatiche etc. Verona 1717. 8.
Slevogt, De Scrophularia (nodosa L.). Jenae 1720. 4.
Roberg, De planta Sceptrum carolinum dicta. Upsaliae 1731. 4.
Haller, De Pedicularibus. Goettingae 1737. 4.
Risler, De Verbasco. Argentorati 1754. 4.
Kostrzewski, De Gratiola. Viennae 1775. 8.
Dollfuss, Specimen bot.-medicum (Veronica). Basileae 1784. 4.
Hartmann, P, De Gratiola. Trajecti a/V. 1784. 4.
Withering, Account of the foxglove (Digitalis purpurea L.). Birmingham 1785. 8.
Hagen, Veronicarum prussicarum recensio. Regiomonti 1790. 4.
Stephan, De Pediculari comosa. Lipsiae 1791. 8.
Colsmann, Prodromus descriptionis Gratiolae. Havniae 1793. 8.
Bodard, Mémoire sur la Véronique cymbalaire. Pisa 1798. 8.
De la Vigne, De Gratiola officinali L. Erlangae 1799. 8.
Schrader, Commentatio super Veronicis spicatis L. Goettingae 1803. 8.
Bernhardi, Ueber minder bekannte Ehrenpreisarten des südlichen Deutschlands. Erfurt 1806. 8.
Jussieu, Note sur le genre Hydropityon Gaertneri. (Paris 1807.) 4.
Jussieu, Sur le Curanga. (Paris 1807.) 4.
Elmiger, Histoire naturelle et médicale des Digitales. Montpellier 1812. 4.
Schrader, Monographia generis Verbasci. Goettingae 1813—23. 4.
Schlechtendal, Genus Cymbaria revisum et emendatum. In Hor. phys. ber. Bonnae 1820. fol.
Lindley, Digitalium monographia. Londini 1821. fol.
Steven, Monographia Pedicularis. s. l. 1822. 4.
Thunberg, De Digitali purpurea. Upsaliae 1822. 4.
Balsamo-Crivelli, Verbascorum Italiae monographia. Ticini 1824. 8.
Wydler, Essai monographique sur le genre Scrophularia. Genève 1828. 4.
Trattinick, Der Kaiserkranz (Franciscea uniflora Pohl) zum 12. Februar 1829. (Wien 1829.) 4.
Colla, Freyliniae genus. Taurini 1830. 4.
Chavannes, Monographie des Antirrhinées. Paris 1833. 4.
Koch, Monographia generis Veronicae. Wirceburgi 1833. 8.
Moretti, Synopsis Veronicarum Italiae. Ticini 1834. 8.
Dumortier, Espèces indigènes du Scrophularia. Tournay 1834. 8.
Soyer-Willemet, Euphrasia officinalis et espèces voisines. Nancy 1835. 8.
Bentham, Scrophularinearum revisio. (London 1835.) 8.
Bentham, Scrophularineae indicae. London 1835. 8.
Trautvetter, De Pentastemone genere. Petropoli 1839. 4.
Teubern, De Digitalis purpureae vi pharmacodynamica. Jenae 1840. 8.
Pfund, Monographiae generis Verbasci prodromus. Prag 1840. 8.
Hofmann, Ueber die tirolischen Arten von Verbascum. Innspruck 1841. 8.
Planchon, J., Les ovules de Véroniques et l'Avicennia. Montpellier 1844. 4.
Fries, E., Schedulae. Veronica didyma. Bruxellis 1863. 8.
Mingaud, Erinus alpinus. Paris 1863. 8.
Franchet, Verbascum de la France et leurs hybrides. Angers 1868. 8

Selagineae.

Choisy, Mémoire sur la famille des Selaginées. Genève 1823. 4.

Sikkim Scripturae vide *Spinae*.

Simarubaceae et Ochnaceae.

Crell, J., De cortice Simaruba. Helmstadii 1746. 8.
Linné, Lignum Quassiae. Upsaliae 1763. 4.
Wright, Account of the Quassia Simaruba. (Edinburgh 1778.) 4.
Candolle, Mémoire sur les Ochnacées et Simaroubées. (Ann. Mus. d'hist. nat. 1811. XVII, 398—425.)
Planchon, Note sur le genre Godoya et les Ochnacées. Paris 1847. 8.

Smilaceae.

Praetorius, Lilium convallium. 1578. — Tubingae 1676. 12.
Castelli, De Smilace aspera. Messanae 1652. 4.
Wedel, De Oenanthe Theophrasti (Convallariam bifoliam esse). Jenae 1710. 4.
Schwalbe, De China officinarum. Lugduni Batavorum 1715. 4.
Baier, De Lilio convallium. Altorfii 1718. 4.
Zannichelli, De Rusco. Venetiis 1727. 8.
Siegesbeck, De Majanthemo Lilium convallium nuncupato. Petropoli 1736. 4.
Senckenberg, De Lilii convallium ejusque baccae viribus. Goettingae 1737. 4.
Browallius, De Convallariae specie. Aboae 1741—44. 4.
Schulze, J. H., De Lilio convallium. Halae 1742. 4.
Boehmer, De viribus Sassaparillae antisyphiliticis. Wittebergae 1803. 4.
Franzoja, Analysis Smilacis Chinae. Patavii 1825. 8.
Ledebour, Monographia generis Paridum. Dorpati 1827. fol.
Grisebach, Smilaceae brasilienses. (*Martius*, Flora brasiliensis fasc. III—V. Lipsiae 1842. fol.)
Schleiden, Beiträge zur Kenntniss der Sassaparille. Hannover 1847. 8.
Beinling, De Smilacearum structura. Vratislaviae 1850. 8.

Sinapi Scripturae.

Wedel, De Sinapi scripturae. Jenae 1690. 4.
Frost, Remarks on the mustard tree mentioned in the New Testament. London 1827. 8.

Siphonia vide *Euphorbiaceae* (1794).

Sittim Scripturae vide *Spinae*.

Sodomaea poma Scripturae.

Mundelstrup, De pomis sodomiticis. Havniae 1683. 4.
Stohr, Poma sodomitica ad illustrationem Sapientiae X, 7. Lipsiae 1695. 4.
Kaasboel, De arboribus sodomaeis. (Hafniae) 1705. 4.

Solanaceae
(conf. *Mandragora, Nicotiana, Solanum tuberosum*)

Gregorius de Regio, De varietate Capsicorum commentarius. (*Clusii* Curae posteriores. Antwerpiae 1611. fol.)
Ambrosinus, De Capsicorum varietate. Bononiae 1630. 12.
(*Thomasius*) De Mandragora Lipsiae 1655. 4. — ib. 1769. 4
Faber, Strychnomania Augustae Vind. 1677. 4.
Schoon, Waare oeffening en ontleding der planten etc. (Nicotiana). Gravenhage 1692. 8.
Slevogt, Nucem Methel *Avicennae* esse Daturam modernorum. Jenae 1695. 4.
Slevogt, De virtute Hyoscyami cathartica. Jenae 1715. 4.
Wedel, De Hyoscyamo Jenae 1715. 4
Spiessenhof, Solanum vulgo Dulcamara dictum Heidelbergae 1742. 4
Triller, De planta quadam venenata copiis Antonianis exitiali ad Appiani locum in Parthicis (*Datura Stramonium* L) Wittebergae 1765 4
Linné, De Dulcamara. Upsaliae 1771 4.
Stromeyer, Solanacearum ordo. Goettingae 1772. 4.
Plaz, De Atropa Belladonna Lipsiae 1776. 4.
Hartmann, P, Solani Dulc. palaiologia Pliniana. Trajecti a/V. 1779 4.
Jussieu, Sur le Petunia. (Paris 1803.) 4.
Jussieu, Sur le Solanum cornutum du Mexique. (Paris 1804.) 4.
Dunal, Histoire naturelle, médicale et économique des Solanum. Montpellier 1813 4.
Dunal, Solanorum generumque affinium synopsis. Monspelii 1816. 8.
Lehmann, Generis Nicotianarum historia. (Hamburgi) 1818. 4.
Agardh, Conspectus specierum Nicotianae. Lundae 1819. 12.
Balsamo-Crivelli, De Solanacearum familia in genere. Ticini 1824. 8.
Pauquy, De la Belladone. Paris 1825. 4
Pouchet, Essai sur l'histoire naturelle et médicale des Solanées. Paris 1827. 4.
Pouchet, Histoire naturelle et médicale des Solanées. Rouen 1829. 8.
Fingerhuth, Monographia generis Capsici. Duesseldorpii 1832. 8.
Schlechtendal und *Bouché*, Ueber die wilde Kartoffel (Papa cimarron) von Mexico. Berlin 1833 4.
Bertoloni, Commentarius de Mandragoris. Bononiae 1835. 4.
Naudin, Études sur la végétation des Solanées. Paris 1842. 4.
Boschan, De Scopolina atropoide. Vindobonae 1844. 8.
Sendtner, De Cyphomandra. (Monachii 1845.) 8.
Sendtner, Solanaceae et Cestrineae brasilienses. (Florae brasiliensis fasc. VI. Lipsiae 1846. fol)
Lucas, De Solani tuberosi principio narcotico. Hirschberg 1846. 8.
Milne-Edwards, De la famille des Solanacées. Paris 1864. 4.
Cauvet, Des Solanées Strassbourg 1864. 4.
Godron, Races du Datura Stramonium. Nancy 1864 8.
Pasquale, Varietà di Lycopersicum esculentum. Napoli 1866. 4.

Solanum tuberosum L.
(Solanaceae) conf. *Morbi plantarum* Cap. 44.

Scholz, L, Hortus (Sol tub. cultum). Vratislaviae 1587. 4.
Zanon, Delle coltivazione delle patate. Venezia 1767. 8.
Vigo, Tubera terrae. Taurini 1776. 4.
Bavegem, Prijsverhandeling over de ontaarding der aardappelen. Dordrecht 1782. 8.
Bavegem, Kort doch noodzakelijk bericht tot het landvolk. Dordrecht 1783 8
Dunal, Histoire naturelle, médicale et économique des Solanum. Montpellier 1813. 4.
Sageret, Mémoire sur le semis de la Solanée parmentière. Paris 1814. 8.
Putsche, Versuch einer Monographie der Kartoffeln. Weimar 1819. 4.
Candolle, Premier rapport sur les pommes de terre. (Bibl. univ. de Genève 1822. VII, 275—88.)
Trappen, Historia Solani tuberosi L. Trajecti a/Rh. 1835. 8.
Berchtold, Die Kartoffeln. Prag 1842. 8.
Martius, Die Kartoffel-Epidemie der letzten Jahre. München 1842. 4.
Wallroth, Die Naturgeschichte der Erysibe subterranea Wallr. (Kartoffelbrand). In ejus «Beiträge» I. Leipzig 1842. 8.
Bergsma, De aardappel epidemie in Nederland. Utrecht 1845. 8.
Blanchet, De l'épidémie des pommes de terre. (Lausanne 1845.) 8.
Dumortier, Sur la cloque de la pomme de terre. Bruxelles 1845 8.
Vrolik, Waarnemingen over de ziekte der aardappelen. Amsterdam 1845. 8
Vrolik, Observations relatives à la maladie des pommes de terre. Amsterdam 1846. gr. 8.
Lucas, De Solano tuberoso ejusque principio narcotico. Hirschberg 1846. 8.
Decaisne, Histoire de la maladie des pommes de terre en 1845. Paris 1846. 8.
Focke, Die Krankheit der Kartoffeln. Bremen 1846. gr. 4.
Martius, Sendschreiben über die Kartoffelkrankheit. Utrecht 1846 8.
Muenter, Die Krankheiten der Kartoffeln. Berlin 1846. 8.
Schauer, Die Stockfäule der Kartoffeln. Anclam und Swinemünde 1846. 8.
Smee, The potato plant. London 1846. 8.
Pluskal, Die sämmtlichen Krankheiten der Kartoffeln. Brünn 1847. 8.
Zuppinger, Die glücklich endeckte Ursache der Kartoffelkrankheit. Zürich 1847. 8.
Schacht, Bericht über die Kartoffelpflanze. Berlin 1856. fol.
Bary, Kartoffelkrankheit. Leipzig 1861. 8.

Solstitialis herba.
Wedel, De morbo et herba solstitiali. Jenae 1690. 4.

Sorghi species (Gramineae).
Arduino, Istruzione sull' olco di Cafreria. Padova 1811 8.
Arduino, Nuovo metodo per estrarre lo zucchero etc. Padova 1813. 8.
Barton, Some account of a plant used as a substitute for Chocolate, Holcus bicolor Willd. Philadelphia 1846 8.
Olcott, Sorgho and Imphee. New York 1857. 8.
Sicard, Monographie de la Sorgho à sucre. Marseille.

Spadiciflorae vide Araceae, Typhaceae.

Spigelia vide Loganiaceae.

Spinae Scripturae.
Wedel, G., De corona Christi spinea. Jenae 1696. 4.
Sonntag, Paralipomena, quibus ligna Sittim explicata sistuntur. Altorfii 1710. 4.
Hallmann, De στεφάνῳ ἐξ ἀκάνθων, corona de spinis. Rostochii 1757. 4.

Stapeliae vide Asclepiadeae.

Sterculiaceae.
Larréategui, Description botanique du Chiranthodendron (Cheirostemon H. B. K). Paris 1805. 4.
Parlatore, Notizia sulla Pachira alba. Firenze 1843. 8.
Brown, Pterocymbium, with observations on Sterculieae. (*Horsfield*, Plantae javanicae rariores. London 1844. fol.)
Parlatore, Pachira delle Bombaceae. Firenze 1843. 8.
Ettingshausen, Nervation der Bombaceen. Wien 1858. 4.

Stilbaceae.
Kunth, Ueber die Verwandtschaft der Gattung Stilbe. Berlin 1832. 4.

Strychnos vide Loganiaceae.

Stylocereae vide *Euphorbiaceae*.

Styracaceae.

Kirsten, J., De Styrace (officinali L.). Altorfii 1736. 4.
Thunberg, De Benzoë (Styrax Benzoïn Dryand.). Upsaliae 1793. 4.
Thunberg, De Styrace. Upsaliae 1813. 4.
Jussieu, Note sur le genre Napoleona Pal. Beauv. (Paris 1844) 4.

Swartzieae vide *Leguminosae*.

Swietenia vide *Cedrelaceae*.

Tamarisceae.

Bunge, Species Tamaricum. Dorpati 1852. 4.

Terebinthineae.

Kunth, Terebinthacearum genera. Paris 1824. 8.
Marchand, Térébinthacées. Paris 1869. 8.

Ternstroemiaceae (conf. Thea).

Candolle, Mémoire sur les Ternstroemiacées. Genève 1823. 4.
Jussieu, Revue des Ternstroemiacées. (Paris 1824) 8.
Chandler, Camellia britannica. London 1825. 4.
Cambessedes, Mémoire sur les Ternstroemiacées etc. Paris 1828. 4.
Baumann, Les Camellia de Bollwiller. Bollweiler 1829—31 fol.
Seidel, Die Camellien. Wien 1830. 8.
Chandler et Booth, Illustrations and descriptions of Camelliae. London 1831. fol.
Korthals, Verhandelingen etc. Leiden 1839—42. fol
Berlèse, Iconographie du genre Camellia. Paris 1839. fol.
Berlèse, Monographie du genre Camellia. Paris 1840. 8.
Colla, Camelliografia. Torino 1843. 8.
Arruda, Apparecimento. (Azerdia pernambucana.) Rio 1846. 4.
Verschaffelt, Nouvelle Iconographie des Camellia. Gand 1848—60. 4
Choisy, Mémoire sur les Ternstroemiacées et Camelliacées. Genève 1855. 4.

Tetragonon Hippocratis.

Wedel, G, De Tetragono Hippocratis (Veratrum album esse). Jenae 1688. 4.
Siegesbeck, De Tetragono Hippocratis (Lamium album esse). Petropoli 1737. 4.

Thea chinensis Sims. (Ternstroemiaceae).

Ten Rhyne, De frutice Thée excerpta ex ejus observationibus japonicis. (*Breyn*, Centuria. Gedani 1678. fol.)
Petit, P., Thea. Lipsiae 1685. 4.
Hyde, De herbae Cha collectione. Oxonii 1688. 8.
Wedel, G., De Thea Jenae 1707. 4.
Kaempfer, Theae japonensis historia. (Amoen. exot. p. 605—31. Geschichte von Japan II, p. 442—64.)
Slevogt, De Thea romana .. aliisque succedaneis. Jenae 1721. 4.
Geschichte der Einführung des Thee's in Engelland. (Hamburg. Magazin XIX, p. 230—32.)
Linné, Potus Theae. Upsaliae 1765. 4.
Lettsom, History of the Tea-Tree. London 1799 4.
Bergsma, De Thea. Trajecti a/Rh. 1825. 8.
Mac Clelland, Report on the physical condition of the Assam Tea plant. (Calcutta 1838.) 8.
Griffith, Report on the Tea plant of Upper Assam. (Calcutta 1838.) 4.
Mac Clelland, Papers relating to the measures adopted for introducing the cultivation of the Tea plant in India. Calcutta 1839. fol.

Theobroma vide *Büttneriaceae*.

Thesion Theophrasti vide *Berberideae*.

Tiliaceae.

Steige, Beschreibung des Lindenbaums. Wittebergae 1617. 4.
Ilmer, De Tilia Lipsiae 1669. 4.
Ventenat, Monographie du genre tilleul. Paris 1802. 4.
Jussieu, Mémoire sur le Grewia. (Paris 1804) 4.
Kunth, Tiliaceae etc. Paris 1822. 8.
Brunner, Observations sur l'inflorescence du tilleul. Genève 1846. 8.
Mueller, K., De familia Elaeocarpacearum. Berolini 1849. 8
Funcke, Der Waldkultus und die Linde in Geschichte und Liedern. Köln 1869. 12.

Trapa vide *Haloragaeae*.

Trifolii species (Leguminosae).

Joerlin, Trifolium hybridum. Lundae 1780. 4.
Hoppe et Sturm, Die Kleearten Deutschlands. Nürnberg 1804. 12.
Savi, Memoria sopra i trifogli. (Pisa 1809.) 8.
Savi, Observationes in varias Trifoliorum species. Florentiae 1810. 8.
Ekart, Frankens und Thüringens Flora (Trifolium). Bamberg 1828. 4.

Tritica culta ceteraque frumenta (Gramineae).

Sequuntur *Triticorum morbi*, conf. *Sorghum*, *Zea*.

Peccana, De' commentarii della Scandella (Hordeum mundatum) libri tre. Verona 1622. 4.
Peccana, De Chondro et Alica libri duo. Verona 1627. 4.
Wedel, De Maza. Jenae 1693. 4.
Wolff, Ch, Entdeckung der wahren Ursache von der Vermehrung des Getraides. Halle 1718. 4. — ib. 1750. 4.
Wolff, Ch., Erläuterung der Entdeckung etc. ib. 1718. 4.
Linné, De transmutatione frumentorum. Upsaliae 1757. 4.
Vergin, Om sädesartenes förwandling. Stockholm 1757. 8.
Camerarius, De Lolio temulento. (Ephem. Acad. Nat. Cur. Dec. III. Ann. III. p. 238—43.)
Olmi, Discorso, nel quale si esamina, se il Loglio sia prodotto in alcune occasioni dalla semenza del grano. (Atti del Accad. di Siena, tomo IV. p. 297—320.)
Vergin, Proefneeminge, aangaande eene wonderlyke verbetering van Graan. Harlem 1758. 8. (Holland's Magazyn III. nr. 2. p. 18.)
Nozeman, Uitreksel etc. omtrent eene wonderbaare verbetering van de Haver, door J. B. Vergin. (Uitgezogte Verhandelingen III. 404—12, 481—94, IV. 49—66.)
Linné, Brief aan Cornelius Nozeman over de verandering van Haver in Rogge. (Uitgezogte Verhandelingen IV. 67—71.)
Ledermueller, Zergliederung des Korns oder Rockens. Nürnberg 1764. fol.
Ledermueller, Vorstellung einer angeblichen Rockenpflanze. Nürnberg 1765. fol.
(Moscati) Dissertazioni sopra una gramigna che nella Lombardia infesta la Secale. Milano 1772. 4.
Parmentier, Analyse du bled et des farines. Paris 1776. 8.
Sage, Analyse des blés. Paris 1776. 8.
Vogler, Vom Sommerspelz oder Emmer. Wetzlar 1777. 4.
Poncelet, Histoire naturelle du froment. Paris 1779. 8.
Joerlin, Avena elatior. Lundae 1781. 4.
Viborg, Afhandling om Bygget. Kiöbenhavn 1788. 4.
Arduino, Del genere delle avene. Padova 1789. 4.
Mazzucato, Sopra alcune specie di frumento. Padova 1807. 8.
Bayle-Barelle, Monografia agronomica dei Cereali. Milano 1809. 8.
Mazzucato, Triticorum definitiones atque synonyma. Utini 1812. 8.
Sprengel, De frumentorum maxime Secales antiquitatibus. Halae 1816. 4.
Lagasca, Instruccion sobre el modo .... à la perfeccion de La Ceres española. (Madrid 1816.) 4.

Tenore, Osservazioni intorno la collezione de' Cereali. Napoli 1817. 8.
Schuebler, Characteristica et descriptiones Cerealium. Tubingae 1818. 8.
Seringe, Monographie des Céréales de la Suisse. Berne 1819. 8.
Metzger, Europäische Cerealien. Heidelberg 1824. fol.
Seringe, Mémoire sur l'emploi des Céréales pour la fabrication des chapeaux et des tissus de paille. (Mélanges II, 6.) Lyon 1831 8.
Krause, Abbildungen und Beschreibung aller bekannten Getraidearten. Leipzig 1835—37. fol.
Fries, Botaniskt-antiquariske excursioner. (p. 29—36. Om sädeslagens Stamland.) Upsala 1836. 4.
Fischer et Meyer, De cultura frumenti in horto bot. Petropoli 1837. 4. (germ. Bericht etc.)
Martin, V., Essai historique sur les Céréales. Paris 1839. 4.
Krause, J. W., Das Getraidebuch. Leipzig 1840. 8.
Metzger, Die Getraidearten und Wiesengräser. Heidelberg 1841. 8.
Seringe, Description et figures des Céréales européennes. Paris 1841—47. 8.
Loiseleur, Considérations sur les Céréales. Paris 1842—43. 8.
Vilmorin, Catalogue des froments. Paris 1850. 8.
Michon, Les Céréales en Italie sous les Romains. Paris 1859. 8.
Bibra, Die Getreidearten und das Brod. Nürnberg 1860. 8.
Clément Mullet, Les noms des céréales chez les anciens et les Arabes. Paris 1865. 8.
Nowacki, Das Reifen des Getreides. Halle 1870. 8.
Riebel, Mikroskop. Untersuchung der Getreidepflanze. Augsburg 1871. 8.

Triticorum ceterorumque frumentorum morbi,
conf. *Morbi plantarum* Cap. 44.

Haenßler, Gedanken wegen der bluttriefenden Kornähren. Cüstrin 1697. 4.
Camerarius, De ustilagine frumenti. Tubingae 1709. 4.
Tillet, Dissertation sur la cause, qui corrompt et noircit les grains de bled dans les épis. Bordeaux 1755. 4. — Suite: Paris 1755. 4.
Engel, Abhandlung vom Roste im Getraide. Zürich 1758. 8.
Ginanni, Delle malattie del grano in erba. Pesaro 1759. 4.
Gadd, Om sädesarternas sjukdomar. Åbo 1766. 4.
Fontana, Osservazioni sopra la ruggine del grano. Lucca 1767. 8.
Read, Traité du seigle ergoté. Strassburg 1771. 8.
Fontana, Saggio di osservazioni sopra il falso ergot e Tremella. Firenze 1775. 4.
Tessier, Traité des maladies des grains. Paris 1783. 8.
Bryant, Causes of that disease in wheat called Brand. Norwich (1784). 8.
Imhof, Zeae Maydis morbus ad ustilaginem vulgo relatus. Argentorati 1784. 4.
San Martino, Memoria sopra la nebbia dei vegetabili. Vicenza 1785. 8.
Tessier, Résultats et expériences faites à Rambouillet sur la carie. Paris 1785. 8.
Tessier, Moyens pour préserver les fromens de la carie. Avignon 1786. 8.
Roessig, Abhandlung über das Mutterkorn. Leipzig 1786. 8.
Doria, Lettera agronomica sulla ruggine del grano. Roma 1801. 8.
Banks, Account of the cause of the disease in corn. London 1805. 8.
Windt, Der Berberitzenstrauch, ein Feind des Wintergetreides. Hannover 1806. 8.
Gautieri, Della ruggine del frumento. Milano 1807. 8.
Prevost, Mémoire sur la cause immédiate de la carie ou charbon des blés et autres maladies des plantes. Montauban 1807. 4.
Losana, Delle malattie del grano in erba non curate. Carmagnola 1811. 8.
Hornemann, Om Berberissen kan frembringa kornrust? Kiöbenhavn 1816. 8.
Yvart, Sur l'influence qu'exerce le vinettier (Berberis vulgaris) sur la fructification du froment. Paris 1816. 8.
Fries, Om Brand och Rost på wäxter. Lund 1821. 8.
Féburier, Sur les moyens pour préserver les blés de la carie. s. l. (1821). 8.
Bauer, Microscopical observations on the Vibrio Tritici. London 1823. 4.
Léveillé, Mémoire sur l'ergot. (Paris 1826.) 8.
Losana, Saggio sopra il carbone del Mais. Torino 1828. 8.
Bayle-Barelle, Della malattia della golpe del gran turco. Milano s. a. 8.
Schuebler, De Secali cornuto. Tubingae 1830. 8.
Wiggers, Inquisitio in Secale cornutum. Goettingae 1831. 4.
Galama, Verhandeling over het moederkoorn. Groningen 1834. 8.
Philippar, Traité sur la carie, le charbon, l'ergot, la rouille et autres maladies des Céréales. Versailles 1837. 8.
Bonjean, Histoire du seigle ergoté. Paris 1842. 8.
Fée, Mémoire sur l'ergot du seigle. Strassbourg 1843. 4.
Harrwitz, De Cladosporio herbarum. Berol. 1845. 8.
Barz, Untersuchungen über die Brandpilze. Berlin 1853. 8.
Ronconi, Malattia del frumento chiamata Rachitide. Padova 1855. 8.
Kühn, Krankheiten der Culturgewüchse. Berl. 1858. 8.
Cooke, Rust, smut, mildew and mould. London 1865. 8.
Oersted, Berberisrust og Graesrust. Kjöbenh. 1866. 8.

Triticum repens L. (Gramineae).

Pfautz, Descriptio graminis medici plenior. Ulmae 1656. 4.
Kniphof, De gramine levidensi et praecellentissimo. Erfordiae 1747. 4.
Bergius, Rön om spannemåls-bristens ärsättjande medelst Quickrot. Stockholm 1757. 4.

Triuridaceae vide *Helobiae*.

Tropaeoleae.

Lochner, De Acriviola (Trop. majus L.). (Norimbergae 1717.) 4.
Cartheuser, De Cardamindo (sp. ead.). Francofurti 1735. 4.
Hellenius, De Tropaeolo. Aboae 1789. 4.

Tugus vide *Scitamineae* (1699).

Typhaceae.

Schnizlein, Die Pflanzenfamilie der Typhaceen. Nördlingen 1845. 8.

Ulmaceae.

Riddermarck, De Ulmo. Londini Scaniae 1692. 8.
Fischer, De Dirdar Ibnsinae Ulmo arbore. Erfordiae 1718. 4.
Sachs, De Ulmo. Argentorati 1738. 4.
Cubières, Mémoire sur Celtis L. Paris 1808. 8.
Michaux, Mémoire sur le Zelkona, Planera crenata. Paris 1831. 8.
Dunal, Description du Planera Richardi Mich. Montpellier 1843. 8.

Umbelliferae.

Thurneisser zum Thurn, Historia aller Erdgewechsen (Umbelliferae). Berlin 1578. fol.
Schenck, J. F., Μαραθρολογια sive de Foeniculo. Jenae 1665. 4.
Morison, Plantarum Umbelliferarum distributio nova. Oxonii 1672. fol.
Conti, Il vero Silfio. Venezia 1673. 4. — Lettera sopra la detta. 1674. 4. — Risposta. 1674. 4.
Wepfer, Cicutae aquaticae historia et noxae. Basileae 1679. 4.
Helvigius, Specimen pharmacologiae sacrae, de Cicuta. Gryphiswaldiae 1708. 4.

Wedel, De Holoconitide Hippocratis (Myrrhis). Jenae 1715. 4.
Slevogt, De Astrantiae charactere. Jenae 1721. 4.
Laurence, New System of the ancients of the Silphium. London 1726. fol.
Boecler, De Foeniculo. Argentorati 1732. 4.
Dresig, De Cicuta Atheniensium poena publica. Lipsiae 1734. 4.
Boecler, De Coriandro. Argentorati 1739. 4.
Ernsting, Phellandrologia. Brunsvigae 1739. 4.
Milhau, De Carvi. Argentorati 1740. 4.
Walther, De Silphio in veterum nummis. (Lipsiae 1746.) 4.
Schmidel, De Oreoselino. Erlangae 1751. 4.
Schwencke, Verhandeling over Cicuta aquatica Gesneri. Gravenhage 1756. 8.
Harnisch, Meditationes de Pimpinella nigra. Lipsiae 1757. 4.
Cartheuser, De Branca ursina germanica (Heracleum Sphondylium L.). Francofurti 1761. 4.
Crantz, Classis Umbelliferarum emendata. Lipsiae 1767. 8.
Weinmann, Chara Caesaris, de bello civili III, 50. (Carum Carvi L.) Carolsruhae 1769. 8.
Dollfuss, Specimen botanico-medicum (Caucalis). Basileae 1781. 4.
Jussieu, Extrait d'un mémoiré de *Cusson* sur les Ombellifères. (Hist. de la soc. de médecine 1782—83.)
Otto, B. C., De Phellandrii aquatici charactere botanico et usu. Trajecti a/V. 1793. 4.
Thunberg, De Hydrocotyle. Upsaliae 1798. 4.
Londes, De Chaerophyllo bulboso. Goettingae 1801. 4.
Briganti, De nova Pimpinellae specie. Neapoli 1805. fol.
Candolle, Mémoire sur le Drusa. (Paris 1807.) 4.
De la Roche, Eryngiorum nec non generis Asclepideae historia. Paris 1808. fol.
Wallenius, Nova Ammeos species. Aboae 1810. 4.
Gandy, Essai sur les plantes ombellifères. Strassbourg 1812. 4.
Sprengel, Plantarum umbelliferarum prodromus. Halae 1813. 8.
Hoffmann, Syllabus plantarum umbelliferarum. Mosquae 1814. 8.
Hoffmann, Genera plantarum umbelliferarum. Mosquae 1814. 8. — 1816. 8.
Weihe, K., De Umbelliferis officinalibus. Lemgoviae 1817. 8.
Sprengel, Species Umbelliferarum minus cognitae. Halae 1818. 4.
Richard, Monographie du genre Hydrocotyle. Bruxelles 1820. 8.
Vela, Disertacion sobre la familia natural de las plantas aparasoladas. (Lagasca, Amenidades. Madrid 1821. 4.)
Lagasca, Dispositio Umbelliferarum carpologica. (— Amenidades. Madrid 1821. 4.)
Lagasca, Observaciones sobre la familia natural de las plantas aparasoladas. Londres 1826. 8.
Thunberg, De Gummi ammoniaco (Dorema Don.). Upsaliae 1828. 4.
Candolle, Mémoire sur la famille des Ombellifères. Paris 1829. 4.
Tenore, Memoria su di una nuova specie di Angelica. Napoli 1837. 4.
Visiani, Sopra la Gastonia palmata Roxb. (Trevesia Vis.). Torino 1841. 4.
Weidel, De Umbelliferis territorii Vindobonensis. Vindobonae 1842. 8.
Buchner, Chemische Untersuchung der Angelikawurzel (Archangelica off. Hoffm.). Nürnberg 1842. 4.
Fenzl, Umbelliferarum genera nova et species. (Ratisbonae 1843.) 8.
Avellino, Nota sulla Pastinaca latifolia. Napoli 1843. 8.
Lepine, Hydrocotyle asiatica L. Pondichery 1854. 8.
Jochmann, Umbelliferarum structura et evolutio. Vratisl. 1854. 4.
Kornhuber, Umbelliferen von Pressburg. Pressburg 1854. 4.
Massalongo, Monografia del genere Silphidium. Modena 1858. 4.
Stur, Astrantia. Wien 1860. 8.
Schroff, Silphium der alten Griechen. Wien 1862. 8.
Thome, Cicutae rhizoma et radix. Bonn 1862. 8.
Déniau, Le Silphium (Asa foetida) et Mémoire sur des Ombellifères économique, médical et pharmaceutique. Paris 1864. 4.
Lefranc, Atractylis gummifera. Paris 1866. 8.

Urticaceae conf. *Ulmaceae, Artocarpeae.*

Heidegger, De Ficu a Christo maledicta. Amstelodami 1657. 4.
Hoffmann, Ficus arbor philologice considerata. Jenae 1670. 4.
Bromelius, Lupologia. Stockholm 1687. 12.
Slevogt, De Urticis. Jenae 1707. 4.
Wedel, G., De (Dorstenia) Contrayerva. Jenae 1712. 4.
Baier, De Lupulo. Altdorfi 1718. 4.
Franke, Tractatus singularis de Urtica urente. Dilingae 1723. 8.
Mule, De Ficu arefacta meditationes. Havniae 1739. 4.
Linné, Ficus. Upsaliae 1744. 4.
Linné, Rariora Norvegiae (Gunnera perpensa). Upsaliae 1768. 4.
Scopoli, Annus hist. nat. (IV, 120—124) de cultura Mori albae in Tyroli australi. Lipsiae 1770. 8.
Linné, Aphyteja. Upsaliae 1776. 4.
Lidbeck, De Moro alba. Lundae 1777. 4.
Thunberg, Ficus genus. Upsaliae 1786. 4.
Seidenschnur, De Cannabis vi medica. Halae 1803. 4.
(Gallesio) Pomona italiana (del fico). Pisa 1820. 8.
Schuebler, Chemische Untersuchung der Hanfblätter. Tübingen 1821. 8.
Mauz, Versuche (Verbesserung des Hanfbaues). Tübingen 1822. 8.
Beggiato, Nuova specie di gelso delle Filippine. Padova 1836. 8.
Seringe, Notice sur le Maclure orangé. Lyon 1837. 8.
Candolle, Description de Ficus Saussureana. (Genève 1840.) 4.
Urticaceae, in *Miquel*, Commentarii no. III. Lugd. Bat. 1840. fol.
Perrottet, Rapport adressé au ministre de la marine et des colonies sur une mission dans l'Inde etc. Paris 1842. 8.
Moretti, Prodromo di una monografia del genere Morus. Milano 1842. 8.
Zanardini, Classificazione delle Ficee aggiunti nuovi studii sopra l'Androsace degli antichi. Venezia 1843. 4.
Gasparrini, Nova genera super nonnullis Fici speciebus. Neapoli 1844. 4.
Miquel, Afrikaansche Fijgeboomen. Amsterdam 1849. 4.
Liebmann, Mexicos og Central-Americas Urticaceae. Kjøbenhavn 1851. 4.
Reissek, Fasergewebe des Leins, Hanfes. Wien 1852. fol.
Torrey, Batis maritima. Washington 1853. 4.
Serres, J., Des muriers leurs epèces et leurs variétés. Paris 1855. 8.
Cultivation of hemp in India. Agra 1855. 8.
Martius, G., Pharmakologische Studien über Hanf. Erlangen (1855). 8.
Weddell, Urticeae. Paris 1856. 4.
Vriese, Synoecia Guilielmi de Java et Borneo. Leiden 1861. 4.
Gasparrini, Embriogenia della Canape. Napoli 1862. 4.
Méhu, Houblon et Lupulin. Montpellier 1867. 8.

Utricularieae.

Schuebler, Utriculariae vulgaris adumbratio. Tubingae 1832. 8.
Saint-Hilaire et *De Girard*, Monographie des Lentibulariées du Brésil méridional. Orléans 1840. 8.

Vaccinium Virgilii vide Oleaceae (1764).

Valerianeae.

Spies, J. K., De Valeriana. Helmstadii 1724. 4.
Alberti, De Valerianis officinalibus. Halae 1732. 4.
Dresky, De Valeriana officinali L. Erlangae 1776. 4.
Ackern, De Valeriana. Halae 1789. 8.

Dufresne, Histoire naturelle et médicale de la famille des Valérianées. Montpellier 1811. 4.
Belcke, Animadversiones botanicae in Valerianellas. Rostockii 1826. 4.
Candolle, Mémoire sur la famille des Valérianées. Paris 1832. 4.
Feueregger, De Valerianeis Hungariae, Croatiae etc. Pestini 1837. 8.
Irmisch, Naturgeschichte der einheimischen Valeriana-Arten. Halle 1854.
Krok. Valerianella. Stockholm 1864. 4.

Vellozieae vide *Ensatae*.
Verbenaceae.

Wedel, J A, De Verbena. Jenae 1721. 4.
Monrad, De Verbena ejusque usu in sacris et incantationibus Veterum Hafniae 1751. 4
Jussieu, Observations sur la famille des Verbenacées. (Paris 1806.) 4.
Kunth, Ueber die Gattung Omphalococca Wild. Berlin 1832. 4.
Falconer, Report on the Teak forests (Tectonia grandis). Calcutta 1852. 8.
Gibson, A, Teak and other plantations in the Bombay Presidency. Bombay 1852. 8.
Brandis, Peya Teak Calcutta 1861. 8.
Bocquillon, Revue des Verbénacées. Paris 1861—63. 8.

Violarieae.

Wedel, J, De Viola martia purpurea. Jenae 1717. 4.
Triller, De morte subita ex violarum odore. Wittebergae 1762. 4.
Kessler, F., De Viola. Vindobonae 1763. 8.
Pio, De Viola specimen botanico-medicum. Taurini 1813. 4.
Gingins de Lassaraz, Mémoire sur les Violacées. Genève 1823. 4.
Kirschleger, Notice sur les violettes de la vallée du Rhin. (Strassbourg 1840) 4.

Vitis vide *Ampelideae*.
Zea Mays L. (Gramineae).

Imhof, Zeae Maydis morbus. Argentorati 1784. 4.
Marabelli, De Zea Mays planta. Papiae 1793. 8.
Duchesne, E. A., Traité du mais. Paris 1835. 8.
Bonafous, Histoire naturelle du mais. Paris 1836. fol.
Kraft, Metamorphose der Maispflanze. Wien 1870. 8.

Zingiberaceae vide *Scitamineae*.

Cap. 16. Horti botanici.

Historia hortorum:

Gesner, C, Horti Germaniae (in V Cordi Annotationes no. 1884). — *Vredmannus, J*, Hortorum viridariorumque icones ichnographicae. Colon 1615. 4. — *Pauli, Sim.*, Viridaria varia. Havn. 1633 12 — *Schultes*, Grundriss einer Geschichte der Botanik (pag. 345—411 Versuch einer Geschichte der botanischen Gärten). Wien 1817. 8.

* hortum botanicum publicum indicit. Seminum indices enumeravimus, quas videre contigit.

I. Horti Europaei.
§. 1. *Index geographicus*.

Anglia
Allerton
Birmingham.
*Cambridge.
*Dublin.
*Edinburgh.
Eltham
Fulham
*Glasgow
*Hull.
*Ipswich.
*Kew.
*Liverpool.
*London.
Manchester.
Orford.
*Oxford.
*Salisbury
Upton.
Woburn.

Austria.
Brezina.
*Graetz.
Hlubosch.
*Innspruk.
Kismarton.
*Krakau.
*Lemberg.
*Pest.
*Prag.
Pressburg.
*Schönbrunn.
Schlackenwerth.
*Triest.
*Wien.

Batavia.
*Amsterdam.
*Antwerpen.
*Breda.
*Gröningen.
Haag.
*Harlem.
Hunselgaerd.
*Leiden.
*Rotterdam.
Rupelmonde.
*Utrecht.

Belgium.
*Brüssel.
*Gent.
*Lüttich.
Luxemburg.

Dania.
*Kjöbenhavn.

Gallia.
*Amiens.
*Angers.
*Besançon.
Blois.
*Bordeaux.
*Brest.
*Caen.
*Dijon.
*Douai.
Grenoble.
*Lille.
Loriol.
*Lyon.
*Marseille.
*Montpellier.
*Nancy.
*Nantes.
Nismes.
Orléans.
*Paris.
*Rouen.
*Toulon.
Toulouse.
Versailles.

Germania.
*Altdorf.
*Berlin.
*Bonn
*Braunschweig.
*Breslau.
*Carlsruhe.
Cassel.
Danzig.
*Darmstadt.
*Dresden.
Dyck ad Rhenum.
Eichstädt
Eisenach.
*Eldena.
*Erfurt
*Erlangen
Frankfurt a. M.
*Frankfurt a. O.
*Freiburg.
Friedland.
*Giessen.
*Göttingen.
*Greifswald.
Halberstadt.
*Halle.
*Hamburg.
Hannover.
*Heidelberg.
*Helmstädt.
*Hohenheim.
*Jena.
Jever.
Illerfeld.
*Ingolstadt.
*Kiel.
*Köln a. Rh.
*Königsberg.
*Landshut.
*Leipzig.
*Mannheim.
*Marburg.
*München.
*Münden.
*Münster.
Muskau.
Nürnberg.
Pillnitz.
*Poppelsdorf (Bonn II.).
*Regensburg.
*Rostock.
Schwetzingen.
Schwöbbern.
Sondershausen.
Stettin.
*Strassburg.
*Tharandt.
*Tübingen.
Ulm.
Weimar.
*Wittenberg.
*Würzburg.

Graecia.
*Athen.

Helvetia.
*Basel.

*Bern.
*Genf.
*Zürich.

Hispania.
*Barcelona.
*Madrid.
*San-Carlos.

Italia.
Albavilla.
Bassano.
*Bologna.
Catanea.
Ferrari.
*Firenze (Florentia).
*Genua.
*Lucca.
*Mailand.
*Mantua.
Marengo.
*Messana.
*Modena.
*Monza.
Moriano.
*Napoli.
*Novara.
*Padua.
*Palermo.
*Parma.
*Pavia.
*Pisa.
*Reggio.
Rivoli.

*Rom.
St. Sebastiani.
*Siena.
*Turin.
*Venedig.
*Verona.
Villar-Perosa.
Vicentia.

Lusitania.
*Coimbra.
Lissabon

Norwegia vide *Scandinavia*.

Rossia.
*Abo.
*Dorpat.
*Gorenki.
Kichinoff.
*Kiew
*Krzemienc.
*Moskau.
Orlov.
*Petersburg.
Solkamski.
*Warschau.
Wilna.

Scandinavia.
Agerum.
*Christiania.
*Lund.
*Upsala.

§. 2. Index hortorum Europaeorum alphabeticus.

*Åbo, Finnlandiae Rossicae, hortus botanicus. — *Hellenius*, Hortus academiae aboënsis. 1779. 4.

Agerum prope *Carlscronam*, Sueciae. — *Ferber*, Hortus agerumensis. Holmiae 1739. 8.

Allerton, Angliae. — *Salisbury*, Prodromus stirpium in horto ad Chapel Allerton vigentium. Londini 1796. 8.

Albavilla, Siciliae. — Catalogus plantarum horti botanici Salvatoris Portal. Catanae 1826. 12.

*Altdorf, Germaniae, hortus botanicus. — *Jungermann*, Catalogus plantarum in h. altdorphino. Altdorphii 1635. 4. — ib. 1646. 8. — *Hoffmann*, Florae altdorfinae deliciae hortenses. Altdorfii 1660. 1677. 1691. 1703 4. — *Baier*, Horti altdorfiensis historia. Altdorfi 1727. 4. — *Vogel*, Index plantarum medicinalium horti altdorfini. Altdorfi 1790. 4.

*Amiens, Galliae, hortus botanicus. — *Desmaly*, Mémoire sur le jardin établi (1770). Msp. (Haller, Bibl II, 616.) — *James*, Jardin des plantes d'Amiens. Amiens 1858. 8.

*Amsterdam, Bataviae, I. hortus botanicus. — *Snippendal*, Catalogus pl. 1646. 4. — *(Cornelius)* Catalogus horti 1661. 8. — *Commelyn*, Catalogus pl. 1689. 8. — *Commelyn*, Horti rariorum plantarum descriptio et icones. 1697—1701. fol. — *Commelyn*, Plantarum usualium horti catalogus. (1698.) 8. — Ed. III: ib. (1724.) 8. — *Commelyn*, Praeludia bot. Lugd. Bat. 1703. 4. — *Commelyn*, Horti plantae rariores et exoticae. Lugd. Bat. 1706. 4. — *Vrolik*, G., Namlyst der Geneesryke Plantgewaschen. 1804. 8. — *Vrolik*, Elenchus plantarum 1807—9, 1814, 1821. 8. — Indices seminum Vrolik 1837 etc., *Miquel* 1857 etc.

Amsterdam, Bataviae, II. hortus Georgi Clifford Hartcampi. — *Linné*, Hortus Cliffortianus. Amst 1737. fol. — *Linné*, Viridarium Cliff. 1737. 8.

*Angers, Galliae, hortus botanicus. — *Bastard*, Végétaux du jardin 1810. 12. — *Boreau*, Catalogue du jardin 1842—44. 4.

*Antwerpen (Anvers), Bataviae, hortus botanicus. — Indices seminum *Rigouts-Verbert* 1860 (vel antea?) etc., *F. Acar* 1867 etc.

Argentina, Argentoratum vide *Strassburg*.

*Athen, Graeciae, hortus botanicus. — Indices seminum inde ab anno 1863 (vel antea?) Heldreich.

Augusta Taurinorum vide *Turin*.

Aurelia vide *Orléans*.

*Barcelona (Barcino), Hispaniae, hortus botanicus. — *Colmeiro*, Catalogus horti 1844. 8. — Delectus sem. fol. 1861. — A. C. *Costa*, Adnotationes. 1861.

*Basel, Helvetiae, I. hortus botanicus. — Indices sem. *Meisner* 1837 etc., *Schwendener* 1868 etc.

Basel, Helvetiae, II. hortus Remigii Feschii J. C. Basileae 1644. — *Bry*, Florilegium. 1641.

Bassano, Italiae. — *(Parolini)* Indices seminum horti Paroliniani. 1834 etc.

*Berlin, Prussiae, hortus botanicus. — *Elsholz*, Flora marchica. (Horti regii Berlin, Oranienburg, Potsdam.) 1663. 8. — *Ludolff*, Catalogus plantarum demonstratarum vel demonstrabilium. 1746. 8. — Verzeichniss etc. (Thes no 11795) 1773. 8. — *Willdenow*, Berlinische Baumzucht. 1796. 8. — 1811. 8. — Verzeichniss von Hauspflanzen .. um billige Preise für 1805. 4. — *Hayne*, Dendrologische Flora der Gärten Berlins. 1822. 8. — *Willdenow*, Enumeratio plantarum horti. 1809. 8. — Suppl. 1813. 8. — *Willdenow*, Hortus. (1806—) 16. fol. — *Sprengel*, Novi proventus hortorum halensis et berol. Halae (1819) 8 — *Otto*, Plantae rariores. In Hor phys. ber. Bonn 1820 fol. — *Link*, Enumeratio plantarum altera. Berolini 1821—22. 8. — *Link*, Hortus regius bot. 1827—33. 8. — *Link* et *Otto*, Icones plantarum selectarum horti. 1820—28. 4. — *Link* et *Otto*, Icones plantarum rariorum horti. 1828 (—31.) 4. — *Link*, *Klotzsch* et *Otto*, Icones plantarum rariorum horti. 1841—44. 4. — *Link*, Filicum species horti. 1841. 8. — *Link*, Abietinae horti. 1841. 8. — (Indices seminum: 1814. 1818. 1836—49) — *Fr. Otto* 1813—42, *Link*, *Kunth* 1843—49, *Schultzenstein* 1850, *Braun* 1851 etc.

*Bern, Helvetiae, hortus botanicus. — Index seminum *Wydler*, *Fischer*.

*Besançon (Vesontio), Galliae, hortus botanicus. — *Morel*, Catalogue du jardin bot. 1805. 8.

Bibbiani vide *Florenz*.

Birmingham, Angliae. — *Brunton*, John et Co., A catalogue of plants at their nursery, Perryhill. 1777. 8.

Blois (Blesae), Galliae. — *(Brunyer)* Hortus regius blesensis. (Ducis Aurelianensium.) Parisiis 165? 4. — 1655. fol. — *Morison*, Hortus regius auctus. In: Praeludia botanica. Londini 1669. 8

Bogorensis hortus vide *Asia, Baitenzorg*.

*Bologna (Bononia), Italiae, hortus botanicus. — *Ambrosinus*, Hortus conditus. 1657. 4. — *Monti*, Horti historia. In: Plantarum varii indices. 1724. 4. — ib. 1753. 4. — *(Rodati)* Index plantarum (et continuatio historiae). (1802.) 8. — *Bertoloni*, Rapporto 1812. 8. — *Bertoloni*, Elenchus plantarum. 1820. 4. — *Bertoloni*, Viridarii vegetabilia commutanda. 1824. 4. — *Bertoloni*, Horti plantae commutandae. Bononiae 1826. 4. — *Bertoloni*, Continuatio historiae horti botanici. 1827. 4. — *Bertoloni*, Sylloge plantarum horti. 1827. 4. — *Bertoloni*, Horti plantae novae. 1838—39. 4. — Indices seminum *Bertoloni* 1835 etc.

*Bonn, Prussiae, I. hortus botanicus. — *Nees von Esenbeck* et *Sinning*, Plantarum in horto icones selectae. Bonnae 1824. 4. — Indices seminum *Nees* 1829 etc., *Treviranus, Sinning, Haustein* 1865.

*Bonn, Prussiae, II. hortus oeconomico-botanicus academiae Poppelsdorf. — *Körnicke*, Systematische Uebersicht der Cerealien und monocarpischen Leguminosen .. ausgestellt in Wien 1873. Bonn 1873. 4.

Bordeaux (Burdigala), Galliae, hortus botanicus. — *Latapie*, Hortus burdigalensis. 1784. 8. — Catalogue du jardin bot. de Gironde s. a. 8. — *Durieu de Maisonneuve*, Le nouveau jardin 1853. 8 — *Durieu*, Catalogue des graines 1863 etc.

*Braunschweig, Germaniae, I. hortus botanicus. Indices seminum non vidi.

*Braunschweig, Germaniae, II hortus saltuarius. — *Hartig*, Naturgeschichte der forstl. Culturpfl. Berlin 1851. 4.

Braunschweig, Germaniae, III. hortus Ducis Brunsvicensis. — *Royer*, Beschreibung des Gartens zu Hessem. Halberstadt 1648. 4. — Ed. II: Braunschweig 1658. 4.

Braydensis hortus vide *Mailand*.

*Breda, Bataviae, hortus botanicus. — *Brosterhusius*, Catalogus horti medici bredensis. Bredae 1647. 12.

Brera vide *Mailand*.

Breslau (Vratislavia), Silesiae, I. hortus botanicus. — *Goeppert*, Beschreibung des Breslauer Gartens. 1830. 8. — *Schauer*, Der botanische Garten zu Breslau. Liegnitz 1843. 8. — Nachricht von dem botanischen Garten. s. l. et a 8. — Indices seminum *Nees* 1834 etc, *Goeppert* 1852 etc. — *Goeppert*, Botanischer Garten. Görlitz 1857. 8. — Breslau 1868. 8.

Breslau, Silesiae, II. hortus Laurentii Scholz, M. D., Hortus Vratislaviae situs 1587. 4. — *Scholz*, Catalogus horti 1594 4. — *Calagii* carmen. Vratislaviae 1592. 4. — Epigrammata amicorum. 1594. 4.

*Brest, Galliae, hortus botanicus (hodie: jardin botanique de la marine). — *Pichon* et *Broca*, Catalogue raisonné des plantes cultivées à l'école de botanique. 1811. 8.

Brezina, Bohemiae, hortus Comitis Kaspar von Sternberg. — Enumeratio plantarum horti brezinensis. (Pragae 1824.) 8.

**Brüssel (Bruxelles)*, Belgii, I. hortus botanicus. — *Nyst*, Catalogue des plantes. 1826. 8. — *Crocq*, Tableau du jardin d'après la reorganisation par Dekin. 1809. fol. — Index sem. *Bommer* 1866—67.

Brüssel, Belgii, II. — *Linden*, Hortus Lindenianus 1859—60. 8.

Brüssel, Belgii III. — Catalogue des jardins de Mr. Joseph Parmentier. 1818. 8.

Brüssel, Belgii, IV. — Catalogue du jardin de la société d'horticulture de Belgique 1830. 8. — ib. 1842. 8.

Butigliera vide *Marengo*.

**Caen (Cadomum)*, Galliae, hortus botanicus. — *Farin*, Catalogue du jardin. 1781. 8. — *Thierry, G.*, Graines recueltées. 1865. 4. — *Morrière*, Catalogue des espèces offertes. 1869—70. 8.

**Cambridge (Cantabrigia)*, Angliae, hortus botanicus. — Account of the donation of a botanic garden. 1763. 4. — *Martyn*, Catalogus horti. 1771. 8. — Mantissa: ib. 1772. 8. — *Martyn*, Horti catalogus. 1794. 8. — *Donn*, Hortus cantabrigiensis 1796. 8. — Ed. XIII: London 1845 8 — *Smith, J. J.*, New botanic garden. Cambridge 1846. 8.

*Carlsruhe, Badenae, hortus botanicus archiducalis. — *Thran*, Index horti. (1733.) 8. — *Risler*, Hortus. Loerraci 1747. 8. — Catalogus. Herausgegeben von *A. W. Sievert*. s. l. et a. — (*Schweyckert*) Catalogus pl. 1791. 8. — (*Gmelin*) Hortus. 1811. 8. — *Hartweg*, Hortus. 1825. 8. — Indices seminum: *Seubert* 1836 etc.

Cassel, Hassiae, I. horti Electoris Hassiae. — *Boettger*, Beschreibung des bot. Gartens. 1777. 4. — *Boettger*, Verzeichniss der Bäume und Stauden im Park zu Weissenstein. Cassel 1777. 4. — *Moench*, Verzeichniss der Bäume und Stauden des Lustschlosses Weissenstein bei Cassel. Frankfurt 1785. 8.

Cassel, Hassiae, II. hortus Dr. Arnoldi Gille. — *Gille*, Hortus. 1627. 4. — 1632. 4.

Catanea, Siciliae. — *Boccone*, Elegantissimarum plantarum horti Pauli Bocconis semina. 1668. fol.

Charlottenborg vide *Kjöbenhavn* I.

Charlottenlund vide *Kjöbenhavn* II

Chelsea vide *London*.

Chiswik vide *London*.

*Christiania, Norwegiae, hortus botanicus. — (*Rathke*) Enumeratio plantarum horti. 1823. 8. — Semina horti *Blytt* 1837 etc., *Schübeler* 1864 etc.

*Coimbra, Lusitaniae, hortus botanicus. — Index seminum, *Vidal* 1860 (?), *Henriquez* 1874.

Colonia vide *Köln*.

Cracau vide *Krakau*.

Cronenburg vide *Kjöbenhavn* III.

Danzig, Prussiae. — *Klein*, Fasciculus (I—III) plantarum rariorum ex horto Kleiniano. 1722. fol. — 1724. 1726. 1748. 8.

*Darmstadt, Hassiae, hortus botanicus. — Katalog des Schlossgartens. 1832. 8. — Indices seminum: 1826. 1834—49. *Schnittspahn* 1834 etc., *H. Haustein* 1868, *Dippel* 1869 etc.

**Dijon (Divio)*, Galliae, hortus botanicus. — Catalogus horti. 1808. 8. — Catalogues des graines: *Fleurot* 1833 etc., *Laguesse* 1867 etc.

Donatensis hortus vide *Firenze* III.

*Dorpat, Rossiae, hortus botanicus. — *Germann*, Verzeichniss der Pflanzen. 1807. 8. — (*Weinmann*) Der botanische Garten. 1810. 8. — Suppl. 1811. 8. — Indices seminum *Ledebour* 1818—35. (Appendix I. 1821. Suppl. I—III, 1823—25), *Bunge* 1836—66, *Willkomm* 1867—69.

**Douai (Dovaeum)*, Galliae, hortus botanicus. — *Potiez—Defroom*, Catalogue des plantes cultivées dans les jardins de la société d'agriculture. 1835. 8.

*Dresden, Saxoniae, I. hortus botanicus. — *Reichenbach, L.*, Selectus e seminario 1837 etc.

Dresden, Saxoniae, II. horti comitis de Hoffmannsegg. — (*Jannak*) Catalogus seminum. 1823—25. 8. — Preisverzeichniss der Pflanzen. Ed. VIII. 1836. 8. — Verzeichniss der Pflanzenkulturen. 1824—42. 8. — Verzeichniss der Orchideen. 1842—44. 8.

*Dublin, Hiberniae, I. hortus botanicus. — *Nicholson*, Methodus plantarum horti. 1712. 4. — Indices seminum *Bain* 1857 etc.

*Dublin, Hiberniae, II. hortus societatis dublinensis in Glasvenin. — (*Underwood*) Catalogue of plants. Dublin 1802. 8. — 1804. 8. — *Niven*, Companion to the bot. garden. 1838. 8.

Dyck ad Rhenum, Germaniae. — *Salm-Reifferscheid-Dyck*, Observationes in horto dyckensi notatae. Coloniae 1820—22. 12. — *Salm-Reifferscheid-Dyck*, Plantae succulentae horti. 1821. 12. — 1822. 8. — 1829. 8. — (*Salm-Reifferscheid-Dyck*) Hortus dyckensis. Düsseldorf 1834. 8. — *Salm-Reifferscheid-Dyck*, Cacteae in horto anno 1841. Duesseldorpii 1841. 8. — *Salm-Reifferscheid-Dyck*, Cacteae in horto anno 1844. Paris 1845. 8.

*Edinburgh, Scotiae, hortus botanicus — *Sutherland*, Hortus medicus. 1683 8. — 1692. 8. — *Preston*, Catalogus pl. 1716. 12. — Index plantarum officinalium horti. (1738.) 8. — *Alston*, Index pl. 1740. 8 — 1753. 8. — Catalogue of the bot. garden. 1775. 8. — *Bury*, A selection of Hexandrian plants. London (1831—34.) fol. max. — *Balfour* director 1874.

Eichstädt, Bavariae, Eystettensis hortus episcopi Johannis Konradi von Gemmingen, in monte St. Wilibaldi. — *Besler*, Hortus eystettensis. 1613. 1640. 1713. fol. max. — *Widnmann*, Catalogus systematicus horti. Norimbergae 1805. 4.

Eisenach, Thuringiae, horti Magni Ducis Wimariae. — *Dietrich*, Weimarsche Flora. (Park zu Weimar.) Eisenach 1800. 8 — *Dietrich*, Beschreibung der Gärten in und bei Eisenach. Eisenach 1808. 8. — ib. 1811. 8.

*Eldena, Pommeraniae, hortus botanicus academiae oeconomicae. — Indices sem. *Schauer*, *Münter* 1848 etc., *Jessen* 1852—75. Anno 1876 academia abrogata est.

Eltham, Angliae, hortus Jacobi Sherard. — *Dillenius*, Hortus elthamensis. Londini 1732. fol.

*Erfurt, Thuringiae, hortus botanicus. — *Bernhardi*, Catalogus plantarum. 1799—1808. 8. — *Bernhardi*, Selectus sem. manuscriptus 1830, impressi 1833—47.

*Erlangen, Bavariae, hortus botanicus. — *Martius, K. F. P.*, Plantarum enumeratio. 1814. 8. — *Schnizlein*, Botanischer Garten. 1857. 8. — Indices Seminum *Koch, Schnizlein* 1852 etc., *Rees* 1872.

Eystettensis hortus vide *Eichstädt*.

Farnesianus hortus vide *Rom*.

Ferrari, Italiae, hortus botanicus. — *Campana*, Catalogus. 1812. 8. — Indices seminum *Jacchelli* 1857 etc.

Firenze (Florentia), Italiae, I. hortus academiae Florentinae. — *Manetti*, Catalogus. 1747. fol. — *Micheli*, Catalogus. 1748. fol. — *Targioni-Tozzetti*, Historia horti. (*Micheli*, Catalogus.) 1748. fol. — *Manetti*, Viridarium flor. 1751. 8. — *(Zuccagni)* Synopsis plantarum. 1782—95. fol., 8. et 4. — *(Zuccagni)* Synopsis plantarum horti botanici florentini. (Florentiae 1806.) gr. 8. — *(Zuccagni)* Centuria prima observationum in horto flor. 1806. 4. — *(Piccioli)* Catalogus. 1829. 8. — Catalogus seminum ab anno 1836; *Parlatore* 1850 etc.

Firenze, Italiae, II. hortus dei Georgofili. — *Targioni-Tozzetti*, Osservazioni fatte al giardino. 1836. 8.

Firenze, Italiae, III. — *Planchon*, Hortus Donatensis. Paris 1854—58. 8.

Firenze, Italiae, IV hortus villae Bibbiani. — *(Ridolfi)* Catalogo delle piante coltivate a Bibbiani. Firenze 1843 4. — 1857.

Firenze, Italiae, V. hortus Ferronianus. — Catalogo del giardino Ferroni di Firenze. 1804. 8.

Firenze, Italiae, VI. hortus Marchionis Panciatichi. — *Picciuoli*, Hortus Panciaticus. 1783. 4.

Frankfurt am Main, Germaniae, hortus botanicus. — *Sprenger*, H. med. catalogus. 1597. 4. — *Reichard*, Enumeratio stirpium h. Senckenbergiani. 1782. 8. — Indices seminum *Fresenius* 1834 etc.

Frankfurt an der Oder, Germaniae, I. hortus botanicus Viadrinus. — *Bergen*, Catalogus stirpium. 1742. 8.

Frankfurt an der Oder, Germaniae, II. hortus J. N. Buek. — *Buek*, Hortus francofurtanus. 1824. 8.

Frankfurt an der Oder, Germaniae, III. — *Mayer, J. C. A*, Mein Garten. 1778. 8.

*Freiburg im Breisgau, Germaniae, hortus botanicus. — *Perleb*, De horto botanico friburgensi. Friburgi Brisgoviae 1829. 4. — Indices seminum *Perleb, Braun, Krause, Sachs, Hildebrand*.

Friedland prope Potsdam, Germaniae. — *(Willdenow)* Verzeichniss der auf den friedländischen Gütern kultivirten Gewächse. (Berlin) 1804—5. 8. — 1806. 8. — Ed. III (von *F. Walter*). 1815. 8.

Fulham, Angliae. — *Ray*, Arbores et frutices rari et exotici in horto episcopi londinensis Henrici Compton. (Ray, Hist. pl. II. [1686] p. 1798.) — *Watson, William*, An account of the garden at F. (Phil. Transact. vol. 47. p. 244—47.)

Gand vide *Gent*.

Genf (Genève), Helvetiae, hortus botanicus. — *Candolle*, Rapport sur la fondation du jardin. 1819. 8. — Second. 1821. 8. — *Candolle*, Catalogue des arbres et vignes du jardin. 1820. 8. — *Candolle*, Notices sur les plantes rares. 1823—47. 4. — *Candolle*, Plantes rares. 1827. 4. — *Candolle*, Notice sur le jardin. 1845. 8. — Index seminum 1826 etc.

Gent (Gandavium), Belgii, I. hortus botanicus. — *Couret-Villeneuve*, Hortus gandavensis. an X. 12. — *Mussche*, Catalogue. (1810.) 8. — *Mussche*, Hortus gandavensis. 1817. 8. — *Van Hutte*, Jardin botanique de Gand. Gand 1871. 8. — Indices seminum *Kickx*. 1865 etc.

Gent, Belgii, II. horti Ludovici Van Houtte. — Hortus Vanhoutteanus. Gand 1845. 8. — Flore de Serres. 1845—72.

Genua, Italiae, hortus botanicus. — *Dinegro*, Elenchus plantarum. 1802. 4. — *(Durazzo)* Il giardino dello Zerbino. 1804. 8. — Index seminum *Notaris* 1840—71, *Baglietto*.

Giessen, Hassiae, hortus botanicus. — *Heiland*, Catalogus plantarum. (*Valentini*, Prodromus hist. nat. Hassiae. p 27—33.) — (Illuminirter Plan des Gartens in *Walther*, Flora. Giessen 1802. 8.) — Indices seminum *Wilbrand, Hoffmann*.

Gippovicus vide *Ipswich*.

Gironde vide *Bordeaux*.

Glasgow, Scotiae, hortus botanicus. — *(Murray)* Companion to the Glasgow botanic garden. (1819.) 8. — *(Hooker)* A catalogue of plants. 1825. 8.

Glauchau vide *Halle*.

Glottianus vide *Glasgow*.

Göttingen, Hannoverae, hortus botanicus. — *Haller*, Brevis enumeratio stirpium horti gottingensis. 1743. 8. — *Haller*, Enumeratio plantarum horti gottingensis aucta. 1753. 8. — *Zinn*, Catalogus. 1757. 8. — *Murray*, Prodromus designationis stirpium. 1770. 8. (Horti historia, p. 83—134. Plantae 1769. p. 135—231.) — *Murray*, Observationes super stirpibus. (Nov. comm. soc. gott. vol. III—VIII. Comm. soc. gott. vol. I—IX.) 8. — *Hoffmann*, Hortus. 1793. fol — *Schrader*, Catalogus. 1806. 8. — *Schrader*, Hortus. 1809. fol. (Gött. Gel. Anz. 1809. no. 37—38. 1810. I. 641. 1812. I. 129.) — *(Schrader)* Verzeichniss käuflicher Pflanzen. 1805. 4. — 1810. 4. — ib. 1812. 4. — *Bartling*, Der botanische Garten zu Göttingen. 1837. 4. — Indices seminum 1803, Nachtrag 1804, *Schrader* 1814 etc., *Bartling* 1837 etc.

Gorenki, Rossiae. — *(Redowsky)* Enumeratio plantarum horti Comitis Alexii a Razumowsky in pago mosquensi Gorinka. s. l. 1804. 12. — *(Fischer)* Catalogue du jardin à Gorenki. s. l. 1808. 8. — Moscou 1812. 8.

Grätz (Graecium), Austriae, hortus botanicus Joannei. — Selectus seminum *J. Hayne* 1834—35, *Unger* 1836—49, *Bill* 1850—70, *Eichler*.

Greifswald (Gryphia), Pommeraniae, hortus botanicus. — *Wilcke*, Hortus 1765. 8. — *(Weigel)* Index seminum. 1773. 8 — *Weigel*, Hortus. 1782. 4. — *(Ledebour)* Enumeratio plantarum horti. 1806—10. 8. — Indices seminum *Weigel* 1773, *Hornschuch* et *Dotzauer, Münter* 1852 etc

Grenoble, Galliae. — Index seminum *Verlot* 1845 etc. — *Verlot*, Catalogue des plantes. 1857. 8.

Grüningen, Bataviae, hortus botanicus. — *Munting*, Hortus. 1646. 12. — *Munting*, Catalogus. 1646. (*Simon Paulli* Viridariae. p. 593—706.) — *Roman*, Catalogus. 1802. 8. — *(Driessen)* Index 1820. 8.

Gyldenland vide *Kjöbenhavn II*.

Haag (Haga Comitum), Bataviae, I. hortus Simonis Beaumont. — *(Kiggelaer)* Horti B. catalogus. 1690. 8.

Haag, Bataviae, II. hortus M. W. Schwencke. — *Schwencke*, Officinalium plantarum horti catalogus. 1752. 4.

Hafnia vide *Kjöbenhavn*.

Halle an der Saale, Saxoniae prussicae, I. hortus botanicus. — *(Junghanns)* Index plantarum horti. 1771. 8. — *(Sprengel)* Der botanische Garten zu Halle. 1800—1. 8. — (cf. Hall Allg. Lit. Zeitg. 1804. I. p. 1. — 1804. Intell. Bl. p. 1684. — 1810. Dec. p. 833—36.) — *Sprengel*, Verzeichniss der Pflanzen und Samen. 1802, 1804. 8. — *Henckel von Donnersmarck*, Adumbrationes plantarum nonnullarum horti h. 1806. 4. — *Sprengel*, Index plantarum horti. 1807. 12. — ib. 1808. 8. — *Sprengel*, Plantarum minus cognitarum pugillus I—II. 1813—15. 8. — *Sprengel*, Novi proventus hortorum halensis et berolinensis. (1819.) 8. — *Schlechtendal*, Hortus halensis. Fasc. I—II. Halae Saxonum 1841. 4. — Indices seminum *Sprengel* 1809—11, 1813 (in praefatione: de pecuniis horto a rege Guestfalico subtractis), 1814, 1818, 1828 etc., *Schlechtendal* 1835 etc, *de Bary* 1866 etc., *Krauss* 1872 etc.

Halle an der Saale, Saxoniae prussicae, II. hortus pastoris J. G. Oelschlaeger. — *(Olearius)* Specimen Florae hallensis. 1668. 12.

Halle an der Saale, Saxoniae prussicae, III. hortus paedagogii Glauchensis. — *(Schrader)* Index horti. 1772. 16.

*Hamburg, Germaniae, I. hortus botanicus. — *Flügge*, Plan eines botanischen Gartens bei Hamburg. 1810. 8. — *Ohlendorff, J. H.*, Verzeichniss der Gewächse, welche im H. bot. G. abgegeben werden können. (I. Bäume u. Gesträuche, 1825—27, II. Topfpfl., III. Stauden 825, -6, -7.) I—III. 1834. 8. — Verzeichniss abzugebender Pflanzen. 1830. 8. — *(Otto)* Verzeichniss abzugebender Pflanzen. 1845. 8. — Indices seminum *Lehmann* 1823—59, *Otto* 1860—62, *Reichenbach jun.* 1863 etc.

Hamburg, Germaniae, II. hortus Consulis von Bostel, Hornae. — *Schwerin*, Nahmenregister eines wohlbekandten Gartens im Horn. 1710—12. 8.

Hamburg, Germaniae, III — *Buek*, Verzeichniss seines Handelsgartens in Hamburg. Bremen 1779. 8. Hildesheim 1790. 8.

Hamburg, Germaniae, IV. hortus Lastropianus in Eimsbuettel. — *Lange*, Catalogus der Gewächse. 1707. 8.

Hannover, Germaniae, hortus regis herrenhusanus. — *(Ehrhart)* Verzeichniss der Blumen und Sträucher. 1787. 8. — *(Ehrhart)* Verzeichniss der Glas- und Treibhauspflanzen. 1787. 8. — *(Wendland)* Verzeichniss der Glas- und Treibhauspflanzen 1797. 8 — *Schrader et Wendland*, Sertum hannoveranum. Goettingae 1795—98. fol. — *Wendland*, Hortus herrenhusanus. 1798—1801. fol. — *Wendland*, Garten zu Herrenhausen. 1852. 8.

Harbke prope Helmstädt, Germaniae, hortus Domini von Veltheim. — *Du Roi*, Die Harbkesche wilde Baumzucht. Braunschweig 1771—72. 8. — Ed. II. von *Pott*. ib. 1795—1800. 8.

Harderwyck (Velavicus hortus), Bataviae, hortus botanicus. — *Hermannida, Rutyer*, Hortulus velavicus sive orationes aliquot de hortis etc. Harderovici 1665. 8. — *(Schultes) Westenberg*, Viridarii academiae Harderovici catalogus. 1709. 12.

Harlem, Bataviae, I hortus botanicus. — *Koker*, Plantarum catalogus 1702. 8

Harlem, Bataviae, II. hortus Adriani van der Hoop, in villa Spaarn-Berg. — *Vriese*, Hortus spaarn-bergensis. Amstelodami 1839. 8.

Harlem, Bataviae, III. hortus Martini van Marum. — *Marum*, Catalogue de son jardin. 1810. 8.

Hartecamp vide *Amsterdam*.

*Heidelberg, Germaniae, hortus botanicus. — *Sprenger*, Horti medici catalogus. Francofurti a/M. 1597. 4. — *Caus*, Hortus palatinus. Francofurti a/M. 1620. fol. — *Franke*, Ambarvalia heidelb. Heidelbergae 1687. 4. — Augusta Hygeiae palatinae corona etc 1751. 4. — *Gattenhof*, Stirpes agri et horti heidelb. 1782. 8. — Indices seminum *Bischoff, (Schelver?)* (1832?) etc., *Schmidt* 1856 etc, *Hoffmeister* 1864 etc., *Kraus* 1871, *Pfitzer* 1873 etc.

Helmstädt, Germaniae, I. hortus botanicus — *Heister*, Index plantarum rariorum, quibus hortum academiae Juliae auxit. 1730—33. 4. — *Leincker*, Horti helmstad. praestantia. 1746. 4. — *Fabricius*, Enumeratio plantarum. 1759. 8. — ib. 1763. 8. — ib. 1776. 8.

Helmstädt, Germaniae, II hortus J. A Stisser — *Stisser*, Botanica curiosa 1697. 8 — *Stisser*, Horti medici helmstadiensis catalogus 1699. 8.

Helmstädt III. vide *Harbke*.

Herbipolis vide *Würzburg*.

Herrenhausen vide *Hannover*.

Hessem vide *Braunschweig*.

Hlubosch prope *Prag*, Austriae. — *Pohl*, Des Freiherrn von L. B. von Hochberg botanischer Garten zu Hlubosch. Prag 1812. 8.

*Hohenheim, Würtembergiae, hortus botanico-oeconomicus academiae, Fleischer (indices nullae).

Hunselgaerd, Bataviae. — *Brandòn*, Hortus regius honselaerdigensis fol

*Hull, Angliae, hortus botanicus. — *(Niven)* Catalogue of herbs and alpine plants. 1863—64 cum Appendice.

Jacolaeae vallis vide *Upsala III. Ulricsdal*.

*Jena, Thuringiae, hortus botanicus. — *Slegelius*, Programma ad hortenses lectiones 1639. 4. — *Schenckius*, Catalogus plant.

horti medici 1659. 12. — *Schelhammer*, Programma. 1690. 4. — *Baldinger*, Index plantarum horti et agri jenensis. 1773. 8. — *(Batsch)* Conspectus horti. 1795. 4. — *(Batsch)* Catalogus plantarum horti. 1794. fundati. 1797. fol. — *(Voigt)* Catalogus plantarum hortorum jenensis et belvederensis. 1812. 8. — *Hallier*, Der botanische Garten zu Jena. Leipzig 1864. 8. — Delectus seminum *Voigt* 1835 (vel antea) etc, *Schleiden* 1852 etc, *Pringsheim* 1865—67, *Strassburger* 1869 etc.

Jever, Germaniae, hortus P. H. G. Moehring. — *Moehring*, Primae lineae horti privati. Oldenburgi 1736. 8.

Illerfeld, Bavariae. — Verzeichniss der Pflanzen zu Illerfeld. (*Lupin*, Die Gärten. München 1820. 8.)

*Ingolstadt, Bavariae, hortus botanicus. — Historia horti 1723. 4.

Insulanus hortus vide *Lille*.

Ipswich (Gippovicus), Angliae. — *Coyte*, Hortus bot. gippovicensis (Doctoris Coyte). 1796. 8.

*Innspruck (Oenipons), Austriae, hortus botanicus. — *Heufler*, Pflanzengarten des Ferdinandeums. 1840. 8. — *Kerner, A.*, Der botan. Gart. 1863. 8. — *Kerner, A.*, Die Kultur der Alpenpflanzen. 1864. 8. — *Kerner*, Der botanische Garten zu Innsbruck. 1869. 8. — Indices seminum: *Kerner*.

*Kew prope London, Angliae, hortus botanicus. — *Hill*, Hort. kew. Londini 1768. 8. — *L'Héritier*, Sertum anglicum. Paris 1788. fol. — *Aiton*, Hortus Kew. 1789 8. — *Meen*, Exotic plants from the gard. at Kew. s. l. 1790. fol. — *Bauer*, Delineations of exotick plants at Kew. 1796. fol. — *Aiton*, Hortus kew. Ed. II. cur. *Dryander* et *Rob. Brown*. 1810—13. 8. — *Aiton*, Epitome of the Hortus kew. 1814. 8. — *Scheer*, Kew and its gardens. 1840. 8. — *Hooker, W. J.*, Kew Gardens. 1847. 8. — *Oliver, D.*, Official Guide to Kew Museums. 1868 (saepius). 8. — *Oliver, D.*, Guide to the Bot. Gard. 1867 (saepius). 8.

Kichinoff, Rossiae. — *Dupont* et *Carro*, Catalogue de la pépinière à Kichinoff en Bessarabie. 182x. 8.

*Kiel, Holsatiae, hortus botanicus. — *Major*, Memoria initiati horti medici. 1669. fol. — *Weber*, Hortus kiliensis. 1822. 8. — Indices seminum manuscriptae *Nolte* 1829—34, decem impressae *Eichler* 1874.

*Kiew, Rossiae, hortus botanicus. — Delectus seminum in horto kiovensi collectorum *Trautvetter* 1840 etc., *D. A. Rogovicz* 1857 (vel antea) etc., *Borscow* 1873.

*Kjöbenhavn (Kopenhagen, Hafnia), Daniae, I. hortus botanicus, olim arcis regiae Charlottenborg in urbe ipsa, ab anno 1874 admoenia remotus splendidum scientiae urbisque decus. — *Sperling*, Hortus Christianaeus. Havniae 1642. 12. (*Paulli*, Viridaria varia, p. 1—80.) — *Sperling*, Catalogus stirpium indigenarum in horto. 1645. 8. — *Paulli, S.*, Catalogus. (Viridaria 1653. 12.) — *Rottboell*, Plantae rariores. 1773. 8. — *Bache*, Et par ord i anledning af Hr. Riegels usandfaerdige beretning etc. 1787. 4. — *Bache*, Kammerraad Lund's angreb. 1788. 4. — *Hornemann*, Enumeratio horti 1807. 8. — *Hornemann*, Hortus 1813—19. 8. — *Moerch*, Catalogus plant. 1839—40. 8. — *Schouw*, Forelöbig Fortegnelse over Planter 1847. 8. (horti situs in tabula). — Indices seminum *Hornemann, Schouw* 1841 etc. *Liebmann* 1852 etc. *Lange* 1857 etc. — Beretning om Universitetes paataenkte nye botaniske Have. 1870. 8. — *Lange*, Veiviser; Universitetes nye bot. Have 1875. 8. (cum horti tabula).

*Kjöbenhavn, Daniae, II. hortus oeconomicus et saltuarius (gyldenlundensis). — *Kylling*, Gyldenlund seu Catalogus plantarum 404, quibus Christiani V. lucus aureus exornatus est. Havniae 1684. 4. — Catalogus seminum (Fröfertegnelse) 1797—1802 in hort. bot. Hafn. asservatur. — *Lange*, Fortegnelse over de i Veterinair- og Landbohöiskolens have og i Forsthaeven i Charlottenlund dyrkede Frilands-Traeer og Buske. 1874.. 8. (horti oecon. situs in tabulis).

Kjöbenhavn, Daniae, III. hortus cronenburgensis. — *Bloch*, Descriptio vireti ad arcem Cronenburg prope Helsingoram. Cum ejus Horticultura danica. Havniae 1647. 4.

Kismarton (?) prope *Oedenburg*, Hungariae. — *Derer*, Poetica exhibitio arcis et horti kismartoniensis. Sopronii 1828. 8.

*Köln am Rhein (Colonia Agrippina), Germaniae. — *Thiriart*, Catalogus du jardin botanique. 1806. 8. —*(Berkenkamp)* Catalogus plantarum horti. 1816. 8.

*Koenigsberg (Regiomontum), Prussiae, hortus botanicus. — *Titius*, Catalogus. 1654. 12 — *(Schweigger)* Enumeratio. 1812. 8. — *(Schweigger)* Nachrichten über den bot. Garten. 1819. 8. — Hortus regiomontanus seminifer, *E. Meyer* 1821 etc., *Caspery* 1859.

*Krakau (Cracovia), Austriae, hortus botanicus. — *Schultes*, Catalogi horti universitatis cracoviensis. 1807—8. 12. — *Czerwiakowski*, Catalogus horti. 1864. 8. — Indices seminum *Czerwiakowski* 1855 (vel antea) etc., *J. Warzewicz* (horti inspector 1861—66).

*Krzemieniec (Cremenecum), Rossiae, hortus botanicus. — *Besser*, Catalogue des plantes du jardin botanique. 1810. 8. — ib. 1811. 8. — Suppl. I—III. ib. 1812—14. 8. — *Besser*, Catalogus plantarum in horto. 1816. 8. — *Trautvetter*, Ueber den Krz. bot. Garten. (Moskau 1844.) 8.

Lambeth vide *London* V.

*Landshut, Germaniae, hortus botanicus. — *Schrank*, Catalogus horti. 1807. 4. — *Schultes*, Catalogus horti 1810—13. 8.

*Leiden (Lugdunum Batavorum), Bataviae, hortus botanicus. — *Paaw*, Hortus publicus academiae. 1591. 8 — 1601. 8. — 1603. 8. — 1629. 8. — *Vorstius*, Catalogus plantarum horti. 1633. 12. — 1636. 12. — 1643. 12. — 1649. 12. — 1658. 12. (redeunt catalogi 1641, 42, 49 in *Simon Pauli*, Viridaria. 1653. 12.) — *Schuyl*, Catalogus plantarum horti. 1668. 8. — Heidelbergae 1672. 12. — *Hauck*, Catalogus plantarum horti. 1679. 12. — *Hermann*, Horti catalogus. 1687. 8. — *Hermann*, Florae lugduno-batavae flores. 1690. 8. — *Gottschalck*, Catalogus plantarum horti Lugduni. Plöen 1697. 8. — 1704. 8. — *Boerhaave*, Index plantarum. 1710. 8. — *Boerhaave*, Index alter plantarum 1720. 4. — *Boerhaave*, Historia plantarum. Romae 1727. 8. — *Royen*, Florae leydensis prodromus. Lugd. Bat. 1740. 8. — *Gmelin*, Otia botanica. Tubingae 1760. 4. — *(Brugmans)* Elenchus plantarum in horto. 1818. 8. — Enumeratio plantarum horti. 1831. 8. — *Vriese*, Descriptions et figures des plantes nouvelles du jardin botanique de Leide. 1847 sqq. gr. fol. — *Vriese*, Plantes nouvelles du jardin. 1847—51. fol. — *Miquel*, Annales Musei botanici Lugduno-Batavi. Lipsiae 1863—69. fol. — Elenchus seminum *Reinwardt* 1823 etc., *E. Vriese* etc.

*Leipzig, Germaniae, I. hortus botanicus. — *Ammann*, Catalogus seminum. 1664. 4. — *Ammann*, Suppellex botanica. 1675. 8. — *Baumgarten*, Sertum lipsicum. 1790. 8. — *Hedwig*, Sporarum catalogus. 1799. 8. — *Schwaegrichen*, Hortum botanicum lipsiensem feliciter instauratum renuntiat. In ejus «Hist. Musc. hep. prodromus». Lipsiae 1814. 8. (Leipz. Lit. Zeitg. 1809. Intell.-Blatt no. 31.) — Indices seminum *Kunze* 1835—50, *Poeppig* 1851, *Mettenius* 1852—65, *Schenk* 1868 etc. (hortulanus *Plaschnick* 1838—49).

Leipzig, Germaniae, II. hortus Chr. Aug. Breiter. — *Bretter*, Hortus Breiterianus. 1817. 8.

Leipzig, Germaniae, III. hortus mercatoris Kasparis Bose. — *Ammann*, Hortus Bosianus. 1686. 4. — *Pein*, Der Bosensche Garten. Halle 1690. 8. — Leipzig 1699. 8. — ib. 1705. 8. — ib. 1713. 8. — *Wehmann*, Hortus Caspar Bosianus. 1723. 8. — *Probst*, Verzeichniss des Kaspar Bose'schen Gartens. 1738. 8. — ib. 1747. 8.

Leipzig, Germaniae, IV. hortus A. F. Walther. — *Walther*, Plantarum index tripartitus. 1732. 8. — *Walther*, Designatio plantarum horti ejus. 1735. 8.

*Lemberg (Leontopolis), Austriae, hortus botanicus. — Delectus sem. *Weiss* 1865 etc, *Herrm. Schmidt* 1872, *Cisielki* 1873.

Leodium, *Liège* vide *Lüttich*.

*Lille, Galliae, I. hortus botanicus. — *Cointrel*, Catalogue du jardin botanique de Lille. Lille 1751. 8.

Lille, Galliae, II. — *(Wionius)* Botanotrophium seu hortus medicus Petri Ricarti. Lillae 1644. 12.

*Lissabon.

*Liverpool, Angliae, hortus botanicus urbis. — *Roscoe*, The botanic garden in Liverpool. Liverpool 1802. 8. — Catalogue of plants in the bot. garden. 1808. 8. — *Roscoe*, Monandrian plants from living specimens in the bot. garden. 1828. fol. — *Tyermann*, List of seeds collected in the bot. Garden. 1865.

Loewen (Louvain), Belgiae, hortus botanicus. — *Martens* (indices sem. ?).

*London, Angliae, I. hortus Chelseanus soc. pharm. londinensis. — *Petiver*, Botanicum hortense. (Philos. Transactions, vol. XXVII—XXIX.) — A catalogue of fifty plants presented to the Royal Society, by the Company of apothecaries of London, pursuant to the direction of Sir *Hans Sloane*. For the years 1722—73. (Philos. Transactions, vol. XXXII—LXIV.) — *Miller*, Catalogus plantarum officinalium in horto chelseyano Londini 1730. 8. — *(Rand)* Index plantarum officinalium horti chels. Londini 1730. 12 — *(Rand)* Horti chels index compendiarius Londini 1739. 12. — *Haynes*, An accurata survey of the botanic garden at Chelsea. London 1751. fol. — *Field*, Memoirs on the botanik garden at Chelsea. London 1820. 8.

*London, Angliae, II. hortus soc. hortic. lond. in Chiswick. — Catalogue of the Horticultural Society's of London garden at Chiswick. London 1826. 8. — ib. 1831. 8. — *Lindley*, Report upon the new or rare plants in the garden. 1825—27. 4. — *Bentham*, Report (I and II) on some of the more remarkable plants 1834. 4.

*London, Angliae, III. — *Page*, Plants in the Southampton Botanic Gardens. London 1818. 8.

London, Angliae, IV. hortus Guilielmi Curtis, in Lambeth Marsh, postea in Brompton. — *Curtis*, Catalogue of plants in the London botanical garden. 1783. 8. — *Curtis*, Catalogue of the Brompton botanic garden. 1790—99. 8.

London, Angliae, V. hortus Johannis Tradescant in Lambeth. — *Tradescant*, Catalogus plantarum etc. (Musaeum Tradescantianum. London 1656. 8 p. 73—178.) — *Watson*, Some account of the remains of John Tradescant's garden at Lambeth. (Phil. Transact. vol. XLVI, p. 160—61.)

London, Angliae, VI. hortus Johannis Gerarde, Londini. — *Gerarde*, Catalogus arborum, fruticum ac plantarum in horto Gerardi. 1596. 4. — 1599. 4.

London, Angliae, VII. hortus Roberti Furber mercatorius in Kensington. — *Furber*, Catalogue of trees and shrubs. 1724. 8. — 1727. 8.

London, Angliae, VIII. hortus Conradi Loddiges, mercatorius in Hackney. — Catalogue of plants and seeds sold by Conrad Loddiges, nurseryman at Hackney. London 1777. 8. — 1811. — Catalogue of plants. 1814—36. 8. — Orchideae. (1842.) 12.

London, Angliae, IX. hortus J. Symmons armigeri in Paddington-house. — *Salisbury*, Hortus paddingtonensis. London 1797. 8.

London confer. *Kew*.

Loriol, Galliae. — *Freycinet*, Catalogue raisonné de sa pépinière à Loriol (Drôme). Valence s. a. 8.

*Lucca, Itallae, hortus botanicus. — Index seminum *Tassi* 1858 etc., *C. Bicchi*.

*Lüttich (Liège, Leodium), Belgii, hortus botanicus. — *(Gaede)* Index plantarum horti. 1828. 8. — Catalogue des graines *Ch. Morren* 1835 etc., *Ed. Morren* 1859 etc.

Lugdunum vide *Lyon*.

Lugdunum Batavorum vide *Leiden*.

*Lund, Sueciae, hortus botanicus. — *Lidbeck*, Horticultura academica lundensis. 1791. 4. — *Zetterstedt*, Conspectus plantarum. 1838. 8. — (Nec *C. Agardh* nec *J. Agardh* hortum nunc majorem ex systemate proprio componens indices edidisse puto.)

Lutetiae vide *Paris*.

Luxemburg, Belgii. — *Linden*, Prix-Courant. Luxembourg (1847.) 8.

Lyon (Lugdunum), Galliae, hortus botanicus. — *Gilibert*, Synopsis plantarum horti. 1810. 8. — *(Seringe)* Catalogues des graines. 1833—47.

Madrid, Hispaniae, hortus botanicus. — *(Ortega)* Indice de las plantas en el real jardin botanico (de Madrid). Madrid 1772. 4. — *(Ortega)* Elenchus plantarum horti matritensis. 1796. 8. (cf. *Colmeiro*, Ensayo historico, p. 41.) — *Ortega*, Novarum aut rariorum plantarum horti matritensis descriptionum decades I—X. Matriti 1797—1800. 4. — Index seminum quae desiderantur 1800. — *(Lagasca)* Elenchus plantarum horti matritensis. Matriti 1816. 4. — Catalogo de las plantas Pascual Asensio hortulanus 1849—54, *Vicente Cutanda* 1855—65, *Colmeiro* 1866 etc.

Mailand (Mediolanum), Italiae, horti botanici. — *Armano*, Catalogus horti regii botanici braydensis (Brera). Mediolani 1812. 8. — *Armano*, Sugli orti botanici di Milano. (*Poligrafo*, Ann. 1812, p. 71.)

Manchester, Angliae. — A catalogue of very curious plants collected by the late *Philipp Brown* at his garden. 1779. 8.

Mannheim, Germaniae, hortus botanicus. — *Medicus*, Index horti manhemiensis. Manhemii 1771. 12.

Mantua, Italiae, hortus botanicus. — Catalogus plantarum. 1785. 8. — *Nocca*, Horti historia. (Turici 1793.) 8. — *Nocca*, Illustrationes plantarum. (Turici 1793.) 8. — *Nocca*, Scenographia horti. (Turici 1796.) 8. (*Usteri*, Annalen VI, 1—29, 60—64 XVIII, 67—83.)

Marburg, Germaniae, hortus botanicus. — *Moench*, Methodus plantas horti describendi. 1794—1802. 8. — *Wenderoth (Merrem?)*, Index plantarum. 1807. 8. — *Wenderoth*, Bemerkungen über neue Pflanzenarten des Gartens. 1831. 8. — *Wigand*, Botanischer Garten. 1867. 8.

Marengo, Italiae. — *Freylin*, Catalogue du jardin de Buttigliera (Marengo). Turin und Asti 1810—12. 8.

Marseille, Galliae, hortus botanicus. — *Gouffé de la Cour*, Liste des plantes rares du jardin de Marseille. (Mémoire etc. Marseille 1813. 8.)

Maurienne vide Moriano.

Mediolanum vide Mailand.

Messana, Siciliae, hortus botanicus. — *Castelli*, Hortus messanensis. Messanae 1640. 4.

Modena (Mutina), Italiae, hortus botanicus. — *Fabriani*, Index plant. 1811. 8. — *Brignoli a Brunnhoff*, Catalogus horti 1817 8. — ib. 1836. 8. — *Brignoli a Brunnhoff*, Elenchus sem 1818. 8. — 1843—48. 8. — *Brignoli a Brunnhoff*, Horti historia. 1842. 4.

Monachium, Monacum vide München.

Montpellier (*Monspelium*), Galliae, hortus botanicus. — *Belleval*, Onomatologia stirpium in horto. 1598. 12. — *Belleval*, Dessein touchant la recherche des plantes. 1605. 8. — *Belleval*, Remontrance et supplication au Roy Henry IV. s. a. 4. — *Belleval*, Opuscules. Paris 1785. 8. — *Magnol*, Hortus regius. 1697. 8. — *Gouan*, Hortus regius. Lugduni 1762 8. — Iconographia horti monspeliensis. In: *Dorthes*, Éloge de Belleval. Montpellier 1788. 4. — *Broussonet*, Elenchus plantarum horti. 1805. 8. — *Candolle*, Catalogus plantarum. 1813. 8. — *Raffeneau-Delile*, Index seminum. (Monspelii 1837—44.) 8. — *Martins*, Jardin de Montpellier. 1852. 8. — 1854. 4. — Indices semin.... *Martins*.

Monza (Modoetia, Modicia), Italiae, hortus botanicus. — Catalogus plantarum in hortis regiae villae. 1813. 8. — *(Rossi)* Catalogus plantarum horti. Mediolani 1826. 4. — Catalogo delle piante vendibili. Monza 1832. 8. — *(Manetti)* Catalogus plantarum horti prope Modiciam. Mediolani 1842—44. 8. — Indices seminum: 1832 etc.

Moriano (Maurienne), Italiae, hortus equitis Bonafous. — *Mottard*, Jardin expérimental de Saint-Jean-de-Maurienne. Turin 1844. 8.

Moskau (Mosquae), Rossiae, I. hortus botanicus. — *(Hoffmann)* Hortus mosquensis. Mosquae (1808). 8. — Indices sem. 1866 etc., *Kaufmann*.

Moskau, Rossiae, II. — *Pallas*, Enumeratio plantarum in horto Procopii a Demidof. Petropoli 1781. 8. — Enumeratio plantarum. Mosquae 1786. 8.

München (Monachium), Bavariae, I. hortus botanicus. — Catalogus. Monachii 1811. 8. — *Schrank*, Plantae rariores horti academici. 1819. fol. — *Martius*, Hortus botanicus. 1825. 4. — *(Martius et Schrank)* Hortus regius monacensis. Verzeichniss etc. München und Leipzig 1829. 8. — *Martius*, Amoenitates botanicae monacenses. Frankfurt a/M. 1829—31. 4. — *Martius*, Botanischer Garten in München. München 1852. 8. — Indices seminum: *Martius* 1835 etc., *Naegeli* 1857 etc.

München, Bavariae, II. hortus regis Bavariae, in Nymphenburg. — *Sterler*, Hortus nymph. Monachii 1821. 8. — ib. 1826. 8.

Münden, Hannoverae, hortus academiae saltuariae. — *Zabel* (indices nullae).

Münster, Germaniae, hortus botanicus. — Indices sem. *Karsch* 1855 vel antea etc.

Muskau, Lusatiae, paradisus principis Hermann von Pueckler. — *Pueckler-Muskau*, Andeutungen über Landschaftsgärtnerei etc. Stuttgart 1834. 8. und Atlas in fol — *Petzold*, Hauptkatalog der Baumschulen (arbores venales). Leipzig, ab anno 1860 ?

Nancy, Galliae, hortus botanicus. — *Willemet*, Catalogus plantarum horti. Nancy 1802. 8.

Nantes, Galliae, hortus botanicus. — *Écorchard*, Spécimen d'une Flore. Nantes 1841. 8.

Napoli (Neapolis), Italiae, I. hortus botanicus. — *(Tenore)* Catalogo delle piante. 1807. 16. — *Tenore*, Catalogus plantarum. 1812. 4. Appendix: ib. 1815 8. — Ed. II: ib. 1819. 8. — *Tenore*, Catalogo della collezione agraria. 1815. 8. — *Tenore*, Osservazione botanico-agrarie. 1817. 8. — *Tenore*, Catalogo degli alberi etc. in vendita. 1841. 8. — *(Tenore)* Catalogo delle piante 1845. 4. — *Pasquale*, Real orto botanico. 1867. 4. — Indices seminum *Tenore* 1824 etc., *Cesati* (Pasquale et Licopoli conservatores horti).

Napoli, Italiae, II. — *(Tenore)* Catalogo delle piante del giardino botanico del Signor Principe de Bisignano. Napoli 1809. 8.

Neustadt-Eberswalde, Prussiae, hortus botanicus academiae saltuariae. — *Ratzeburg, R. Hartig* (indices nullae).

Nismes, Galliae — *Destremx, J. J.*, Elenchus plantarum horti ejus. Nismes 1806. 8. — Alais 1821. 8.

Norimberg vide Nürnberg.

Novara, Italiae, I. hortus botanicus. — *Biroli*, Catalogus plantarum horti novariensis. Novarine 1810. 8.

Novara, Italiae, II. — *(Cattaneo)* Hortus Cattaneus. Novara 1807. — *(Cattaneo)* Catalogo delle piante del giardino Cattaneo. Novara 1812. 8.

Nürnberg (*Norimbergum*), Bavariae, horti. — *Volckamer*, Flora noribergensis. 1700. 4. — *Brueckmann*, Notae in Volckameri Floram noribergensem. (Epist. itin. LIII. Cent. 3, p. 678—705) — *Volckamer*, Nürnbergische Flora. In ejus: Nürnb. Hesperides. Nürnberg 1708. fol. p. 209—43. — *Volckamer*, Flora norimbergensis. In ejus: Hesperides norimbergenses. Nürnberg (1713). fol. p. 209—43. — Beschreibung etlicher fremden Gewächse. (Continuation der Nürnb. Hesp. 1714. fol. p. 209—36.)

Odessa, Rossiae, hortus botanicus. — Indices sem. 1874. *Walz*.

Oenipons vide Innspruck.

Orford, Angliae. — *Neal*, Catalogue of the garden of John Blackburne Esqu. at Orford, Lancashire. Warrington 1779. 8.

Orléans (*Aurelia*), Galliae. — *Le Lectier*, Catalogue des arbres. Orléans 1628. 8.

Orlov, Rossiae. — *Buek*, Nomina plantarum in horto Comitis G. W. Orlovii (in insula Orloviana) cultarum. s. l. 1811. 4. — *Pursch*, Hortus Orloviensis. London 1815. 8.

*Oxford (Oxonium), Angliae. — An english catalogue of the physicke garden at Oxford. 1648. 8. — (Bobart) Catalogus plantarum. Oxonii 1648. 8. (Paulli, Viridaria varia. p. 325—94.) — Catalogus horti, cura Philippi Stephani et Guilielmi Brounei. 1658. 8.

*Padua (Patavium), Italiae, I. hortus botanicus. — Tiraboschi, Storia della lit. ital. t. VII. — Facciolati, Fasti gymn. patav. — E. Meyer, Geschichte IV, 254. — (Cortusi) L'horto dei simplici di Padova. Venezia 1591. 8. (latine: Schenckius, Hortus patav. Francofurti 1600. 8.) — Vesling, Catalogus plantarum horti gymnasii patavini. 1642—44. 12. (Redit in Paulli, S. Viridaria 1653. 12.) — Marcellus, Hortus pl. 1660. 8. — Turre, Catalogus pl. 1660. 8. — ib. 1662. 12. — Viali, Plantae in seminario. 1686. 12. — Pontedera, Epistolae de horto patavino. (Nicolai Comneni Papadopoli Historia gymnasii patavini. Venetiis 1726. fol. p. 14—23.) — Arduino, Catalogo primo delle piante nel real orto di agricoltura di Padova. 1807. 2. — Bonato, Catalogus plantarum horti. 1811. 8. — Visiani, Piante nuove o rare dell' orto. 1840—44. 4. — Visiani, Della origine ed anzianità dell' orto botanico di Padova. Venezia 1839. 8. — Marsili, Notizie del pubblico giardino de' semplici di Padova, ed. Visiani. 1840. 8. — (Visiani) L'orto botanico di Padova. 1842. 8. — Indices seminum, ab anno 1824, Visiani 1840 etc.

Padua, Italiae, II. — Tita, Catalogus plantarum horti equitis J. F. Mauroceni. Patavii 1713. 8.

Palatinus hortus vide Heidelberg.

*Palermo (Panormum), Siciliae, I. hortus botanicus. — Ucria, Hortus regius panhormitanus. 1789. 4. — (Tineo) Index plantarum. 1790. 8. — (Tineo) Synopsis plantarum. 1802—7. 8. (Tineo) Catalogus plantarum. 1827. 8. — Todaro, Nuovi generi nel orto di Palermo. Palermo 1858—61. 8. — Selectus seminum Tineo 1817 etc., Gasparrini 1829, Todaro 1857 etc.

Palermo, Siciliae, II. hortus Fr. Borbonii, Principis Juventutis. — (Gussone) Catalogus plantarum horti in Boccadifalco prope Panormum. Neapoli 1821. 8. — (Gussone) Index seminum. (1825.) 4. — Gasparrini, Piante coltivate nel real orto. s. l. et a. 8. — Gasparrini, Discorso intorno l'origine del villaggio S. Ferdinando. s. l. et a. 8.

Palermo, Siciliae, III. hortus Josephi, Principis Catholicae. — Cupani, Hortus Catholicus. Neapoli 1696—97. 4.

*Paris (Lutetia), Galliae, I. hortus botanicus musei historiae naturalis. — Vallet, Le jardin du Roy tres chrestien Henry IV. 1608. fol. — Riolan, Requette au roi pour l'établissement d'un jardin. 1618. 8. — Vallet, Le jardin du Roy tres chrestien Louis XIII. 1623. fol. — Brosse, Dessein d'un jardin royal à Paris. 1628. 8. — Brosse, Advis pour le jardin royal des plantes médicinales, que le roy veut establir. 1631. 4 — Brosse, Description du jardin royal des plantes médicinales establỵ par le Roy Louis le Juste. 1636. 4. (redit in S. Paulli, Viridaria 1653. 12.) — Brosse, L'ouverture du jardin royal. 1640. 8. — Brosse, Catalogue des plantes cultivées. 1641. 4. — Brosse, Icones plantarum horti regii. s. a. fol. — Catalogus plantarum singularum. 1656. fol. — (Joncquet) Hortus regius. 1661. fol. — (Warton) Schola botanica. 1689. 12. — Jussieu, Discours sur le progrès de la botanique au jardin royal. 1718. 4. — Buchoz, Le jardin du Roi. 1792. fol. — Jauffret, Voyage au jardin des plantes. 1798. 8. — Tableau de l'école de botanique du jardin des plantes. 1800. 8. — Notice des principaux objets etc. An IX. 8. — Fischer von Waldheim, Das Nationalmuseum der Naturgeschichte zu Paris. Frankfurt a/M. 1802—3. 8. — Desfontaines, Tableau de l'école de botanique du Muséum. 1804. 8. — Ed. II: ib. 1815. 8. — Ed. III: Catalogus plantarum horti regii parisiensis. ib. 1829. 8. — Additamentum: ib. 1832. 8. — Liste des plantes desirées. 1818. 4. — Deleuze, Histoire et description du Muséum. 1823. 8. — Perrottet, Catalogue des plantes etc. 1824. 8. — Rousseau et Lemonnier, Promenades au jardin des plantes. 1837. 12. — De Saillet, Une journée au jardin des plantes. 1840. 8. — Boitard, Le jardin des plantes. 1842. 8. — Bernard et Lemaout, Le jardin des plantes. 1842. gr. 8. — Brongniart, Enumération des genres de plantes cultivées au Muséum. 1843. 8. — Graines récoltées 1827 avec Suppl. 1828, Mirbel 1835 (vel antea) etc., Decaisne 1850 etc.

*Paris, Galliae, II. hortus scholae medicae parisiensis. — Marthe, Catalogue du jardin médical de Paris. 1801. 8. — Poiteau, Le jardin botanique de l'école de médicine. 1816. 12.

*Paris, Galliae, III. hortus pharmacopoerum. — (Gregoire) Hortus pharmaceuticus lutetianus. (Paris) 1638. 12. — (Descemet) Catalogue du jardin des apoticaires. 1741. 8. — ib. 1759. 8. — Buisson, Classes et noms des plantes. 1779. 12. — Guiart, Classification végétale ... plantes du jardin de pharmacie. 1807. 12. — ib. 1823. 8.

Paris, Galliae, IV. arboretum regium ad Roule. — Du Petit-Thouars, Notice historique sur la pépinière du roi au Roule. Paris 1825. 8.

Paris, Galliae, V. hortus Andrieux. — Andrieux, Catalogue raisonné des plantes. 1771. 8.

Paris, Galliae, VI. hortus Celsianus. — Ventenat, Description des plantes nouvelles ou peu connues. 1800. 4. — Ventenat, Choix des plantes du jardin de Cels. 1803. fol. — Catalogues de l'établissement. 1817—45. 8.

Paris, Galliae, VII. hortus in Fromont. — Thiébaut-de-Berneaud, Description du jardin de cultures exotiques établi à Fromont. 1824. 8.

Paris, Galliae, VIII. arboretum Luxembourg. — Hervy, Catalogue de l'école impériale près de Luxembourg. 1809. 4. — Bosc, Vignes cultivées. s. a. 8.

Paris, Galliae, IX. hortus Dionysii Joncquet. — Joncquet, Hortus sive index plantarum quas excolebat. Parisiis 1659. 4.

Paris, Galliae, X. hortus Imperatricis Josephinae in Malmaison. — Ventenat, Jardin de la Malmaison. Paris 1803—4. fol. — Bonpland, Description des plantes rares cultivées à Malmaison et à Navarre. Paris 1813. fol.

Paris, Galliae, XI. horti Morinorum. — Morin, D., Catalogues de quelques plantes à fleurs au Jardin de Pierre Morin. Paris 1651. 4. — ib. 1658. 12. — Catalogus plantarum horti Renati Morini. Paris 1621. 12.

Paris, Galliae, XII. horti Ludovici Philippi ad Neuilly, Le Raincy et Monceaux. — Jacques, Catalogue des arbres et plantes cultivées aux domaines privés du Roi. Paris 1833. 12.

Paris, Galliae, XIII. horti Cardinalis Richelieu. — Priezac, Horti Ruellani laus. Parisiis 1640. 4.

Paris, Galliae, XIV. hortus Joh. et Vesp. Robin. — Robin, Catalogus stirpium, quae Lutetiae coluntur. 1601. 8. — Linocier, Histoire des plantes trouvées en isle de Virginie cultivées au jardin de M. Robin. Paris 1619. 12. — Robin, Histoire des plantes de l'isle Virgine cultivées. 1620. 12. — Robin, Enchiridion isagogicum. Paris 1624. 8.

Paris, Galliae, XV. hortus mercatoris Royer. — Royer, Catalogue des plantes. 1760. 8.

*Parma, Italiae, hortus botanicus. — Elenchus plantarum. 1802. 12. — Jan, Elenchus plantarum. (1826.) fol. — Indices seminum ab anno 1827, Passenui 1847 etc.

Parolianus hortus vide Bassano.

*Pavia (Ticinum Papia), Italiae, hortus botanicus. — Brusati, Catalogus horti. 1793. 8. — Scanagata, Catalogus. 1797. 8. — Nocca, Tic. h. plantae selectae. Ticini 1800. fol. — Viviani, Saggio sulla maniera d'impedire etc. Milano 1800. 4. — Colombano potius Nocca, Collezione ragionata etc. 1800. 8. — (Nocca) Synopsis plantarum horti. (1803.) 8. — Nocca, Synonymia plantarum horti. 1804. 8. — Nocca, Nomenclatura stirpium horti. 1807. 8. — (Nocca) Onomatologia plantarum h. (1813.) 8. — Nocca, Historia atque ichnographia horti. 1818. 4. — Garovaglio, Orto di Pavia. 1862. 8. — Indices seminum ab anno 1826, Nocca, Garovaglio.

Pest, Hungariae, hortus botanicus. — (*Winterl*) Index horti. 1788. 8. — (*Kitaibel*) Plantae horti universitatis hungaricae. 1809. 8. — ib. 1812. 8. — Indices seminum ab anno 1864 etc., *Linzbauer et Juranyi*.

Petersburg (Petropolis), Rossiae, I. hortus botanicus. — *Deschisaux*, Mémoire sur l'établissement d'un jardin de botanique à St. Petersbourg. 1725. 8. — *Siegesbeck*, Primitiae Florae petropolitanae. Rigae 1736—37. 4. — (*Fischer*) Index horti. 1824. 8. — *Fischer et Meyer*, Getraidearten im Garten. (1837.) 4. — Indices seminum *Fischer et Meyer* 1835—50, *Meyer* 1851—54, *Regel* 1855 etc.

Petersburg, Rossiae, II. — *Weinmann*, Elenchus plantarum horti pawlowskiensis. Petropoli 1824. 8.

Pillnitz, Saxoniae, hortus regis Saxoniae. — Catalogus. Dresdae 1819. 8. — Enumeratio seminum: 1824. 4. — (*Terschek* hortulanus 1874.)

Pisa, Italiae, hortus botanicus. — *Bellucci*, Plantarum index. 1662. 12. — *Vellia*, Catalogo di piante l'anno 1635. (*Targioni-Tozzetti*, Dei progressi etc. III. 243—50.) — *Tilli*, Catalogus pl. Florentiae 1723. fol. — *Calvius*, Commentarium ad historiam vireti p. 1777. 4. — *Savi*, Enumeratio stirpium. 1804. 8. — *Tilli*, Enumeratio stirp. 1806—10. 8. — *Tilli*, Index seminum. 1817. — *Savi*, Notizie alla storia del giardino e museo. 1828. 8. — Indices seminum ab anno 1834, *Savi, Caruel*.

Poppelsdorf vide Bonn.

Prag, Bohemiae, I. hortus botanicus. — (*Kosteletzky*) Index plantarum. 1844. 8. — Indices seminum ab anno 1821, *Presl, Kosteletzky, Willkomm*.

Prag, Bohemiae, II. hortus Comitis Josephi Malabaila de Canal. — (*Nowodworsky*) Elenchus plantarum. 1804. 8. — *Tausch*, Index plantarum. 1821. 4. — *Tausch*, Hortus Canalius. 1823. 8.

Presburg (*Posonium*), Hungariae, hortus Primatis de Gran. — *Lippay*, Posoni Kert. Nagy-Szombatba et Béczben 1664—67. 4.

Regensburg (Ratisbona), Bavariae. — *Oberndorffer*, Horti medici, qui Ratisbonae est, descriptio. 1621. 8.

Reggio (Regium), Italiae, hortus botanicus. — *Fossa*, Catalogus horti. 1811. 8.

Rivoli (*Ripulae*), Italiae, hortus Ludovici Colla. — *Colla*, Hortus ripulensis. Aug. Taur. 1824—28. 4.

Romae, Italiae, I. hortus botanicus. — *Triumfetti*, Syllabus plantarum horto medico romanae Sapientiae additarum. Romae 1688. 4. — *Cavallini*, Brevis enumeratio plantarum etc. 1689. 12. — *Triumfetti*, Praelusio ad publicas herbarum ostensiones. 1700. 4. — *Cocchi*, Oratio in aperitione horti. 1726. 4. — *Bonelli et Sabbati*, Hortus rom. 1772—93. fol. — (*Donarelli*) Enumeratio seminum. (1834.) fol. — Indices seminum *Scuguinetti* 1857—68, *Nohris* 1869.

Romae, Italiae, II. hortus Francisci Caetani Ducis. — *Valente*, Recensio plantarum. 1803. 8.

Romae, Italiae, III. hortus cardinalis Odoardi Farnesii. — (*Castelli*) Exactissima descriptio rariorum plantarum in horto Farnesiano. Romae 1625. fol. — *Sandrart*, Giardini di Roma oder römische Gärten. Nürnberg 1692. fol.

Rostock, ducatus Megalopilitani, Mecklenburg, Germaniae, hortus botanicus. — *Link*, Primitiae horti rostockiensis. (— Diss. bot. Suerini 1795. 4.) — *Boll*, Flora von Meklenburg. (*Boll*, Archiv XIV. 1860.) p. 178.

Rotterdam, Bataviae, hortus botanicus. — *Schinne*, Catalogus plantarum. 1809. 8. — Indices seminum ab anno 1839, *F. A. G. Miquel* 1840 etc., *Dalen* 1847 etc., *N. W. P. Rauwenhoff* 1864—71.

Rouen (Rothomagum), Galliae, hortus botanicus. — Catalogue du jardin de Rouen. s. l. et a. (17xx.) 12. — Hortus regius rothomagensis. (Rothomagi) 1778. 12. — *Pouchet*, Considérations sur le jardin. Rouen 1832. 4. — *Pouchet*, Nouvelles considérations. 1832. 8. — Catalogue des espèces en echange *C. Blanche*. 1868.

Roule vide *Paris*.

Rupelmonde prope *Utrecht*, Bataviae, hortus Beeldsnijderianus. — *Beeldsnijder*, Catalogue des plantes à Rupelmonde. 1823. 8.

Salisbury (Salisburgium), Angliae, hortus botanicus. — *Ranfftl*, Catalogus horti. (178x—86.) 8.

San-Carlos, Hispaniae, hortus botanicus. — *Menos de Llena*, Catalogo de las plantas enviadas al Jardin bot. Barcelona 1791. 4. (Horti director: *Ignacio Armengol*.)

Schlackenwerth, Bohemiae. — *Schmutz*, Tractatus de nymphis carolo-badensibus. 1661. 8.

Schwetzingen prope *Mannheim*, ducatus Badensis, Germaniae, hortus Magni Ducis badensis. — *Zeyher* und *Roemer*, Beschreibung der Gartenanlagen. Mannheim 1809. 8. — *Zeyher* und *Rieger*, Schwetzingen und seine Gartenanlagen. Mannheim (1826). 8. — *Zeyher*, Verzeichniss der Gewächse. Mannheim 1818. 8.

Schönbrunn prope *Viennam*, Austriae, hortus imperatoris Austriae. — *Jacquin*, Plantarum rariorum h. descriptiones et icones. 1797—1804. fol. — *Mauchart*, Schönbrunn's bot. Reichthum. 1805. 12. — *Schmidt*, Nachlese (dazu). 1808. 8. — *Boos*, Schönbrunn's Flora. 1816. 8. — *Hartinger*, Paradisus vindobonensis. 1844—47. fol.

Schwöbbern prope *Hameln*, Hannoverae, hortus Ottonis von Muenchhausen. — *Muenchhausen*, Verzeichniss seines Gartens. Göttingen 1748. fol.

St. Sebastiani ad *Padum*, Italiae, hortus Marchionis de Spin. — *Rodati*, Catalogue du jardin. s. l. 1804—6. 8. — *Spin*, Le jardin de St. Sébastien. Turin 1809. 8. — ib. 1812. 8. — ib. 1818—23. 8.

Siena (Senae), Italiae, hortus botanicus. — Selectio seminum ex horto universitatis Senarum *Giuli* 1843 etc., *Tassi* 1861.

Solkamskiae, Rossiae. — *Lepechin*, Catalogus horti Demidoviani. (*Lepechin*, Dnevnyia zapisky, 1771. p. 136—89. Tagebuch etc. III, 83—117.)

Sondershausen in Thuringia, Germaniae, hortus Principis Schwarzburg. — *Ekart*, Beschreibung des Parkes zu Sondershausen. Potsdam 1840. imp. 4.

Stettin (*Sedinum*), Germaniae. — *Zander*, Primitiae viridarii medici stett. 1672.

Strassburg (Argentina, Argentoratum), Germaniae, I. hortus botanicus. — *Mappus*, Catalogus horti. 1691. 12. — (*Spielmann*) Hortus. 1781. 8. — 1782. 8. — (*Villars*) Tableau pour la plantation du jardin. 1806. 8. — *Villars*, Catalogue méthodique. 1807. 8. — (*Nestler*) Index plantarum. 1836. 8. — *Fee*, Histoire du jardin. 1836. 8. — Indices seminum *Fee* 1834 etc., *de Bary* 187...

Strassburg, Germaniae, II. hortus Laurentii Thomae Walliser. — *Bry*, Florilegium. 1612. saepius.

Tasmanensis hortus vide *Melbourne* Australiae.

Tharand, Saxoniae, hortus academiae saltuariae Nobbe (Indices nullae).

Ticinum vide *Pavia*.

Toulon (Telo Martius), Galliae, hortus botanicus. — Catalogue du jardin bot. Avignon 1821. 8.

Toulouse (*Tolosa*), Galliae, hortus tolosanus. — Catalogue. 1782. 8. — 1827. 8.

Triest (Tergeste), Austriae, hortus botanicus. — (*Biasoletto*) Selectus seminum: 1835—47. fol.

Tübingen, Germaniae, hortus botanicus tubingensis. — *Kielmeyer*, Decas rariorum plantarum h. 1814. 4. — *Schuebler*, Descriptiones plantarum novarum h. 1825. 8. — *Hochstetter*, Garten von T. 1860. 12. — Index sem. ab anno 1822, *Schuebeler, v. Mohl, Hoffmeister*.

Turin (Augusta Taurinorum), Italiae, hortus botanicus. — *Allione*, Synopsis stirpium. 1760. 4. — *Balbis*, Miscellanea bot. 1804—6. 4. — *Balbis*, Enumeratio. 1805. 4. — *Balbis*, Catalogus. 1807—14. 8. — *Balbis*, Horti stirpium icones. Taurini 1810. 4. — *Biroli*, Catalogus. 1815. 8. — (*Capelli*) Catalogus. 1821. 8. —

Moris, Illustrationes rariorum stirpium. (1833.) 4. — Enumeratio seminum *Moris* 1829—68, *Gibelio* 1869, *Delponte* 1870 etc.
Ulm, Germaniae, I. — *Schoepflus*, Hortus ulmensis, Ulmischer Paradissgarten. Ulm 1622. 8.
Ulm, Germaniae, II. hortus Julii Herculis Mueller. — Catalogus plantarum horti sui. Ulmae 1745. 8.
*Upsala, Sueciae, I. hortus botanicus. — *Rudbeck*, Catalogus plantarum. Upsaliae 1658. 12. — Auctuarium: 1666. 12. — *Rudbeck*, Horticultura nova. 1664. 4. — *Rudbeck*, Hortus. 1685. 8. *Linné*, Hortus. 1745. 4. — *Linné*, Hortus. 1748. 8. — *Linné*, Demonstrationes plantarum. 1753. 4. — *Linné* fil., Decas (I—II) plantarum rariorum. 1762—63. fol. — *Linné* fil., Plantarum rariorum horti fasciculus I. Lipsiae 1767. fol. (*Murray* in *Roemer* und *Usteri*, Magazin. II. Stück. 1788.) — *Wahlenberg*, Om Upsala Universitetets botaniska trädgård. Upsala 1837. 8. (germanice.) — Delectus seminum *E. Fries, Areschoug*.
Upsala, Sueciae, II. hortus Comitis De la Gardie in Jacobsdal, hodie Ulricsdal. — *Rudbeck*, Deliciae vallis Jacobaeae. Upsaliae 1666. 12.
Upton, Angliae, hortus Johannis Fothergill. — Catalogue. (London) 1781. 8. — (*Coakley–Lettsom*) Hortus. (1783.) 8.
*Utrecht (*Ultrajectum, Rhenotrajectum*), Bataviae, hortus botanicus. — *Roy* vel *Regius*, Hortus acad. 1650. 8. — *Wachendorff*, Horti index. 1747. 8. — (*Kops*) Index plantarum. 1823. 8. — (Index seminum ab anno 1819, *Bergsma* 1836—58. *F. W. Miquel*, 1859 etc. *Rauwenhoff* 1872.
Valleyres in Waadt (*Valdensi Comitatu*), Helvetiae, horti bot. semina in horti Genevensis Catalogo seminum indixit *Boissier* 1861—65.
Varsavia vide *Warschau*.
*Venedig (*Venetiae*), Italiae, I. hortus botanicus. — *Ruchinger*, Cenni intorno all' orto botanico del Liceo Convitto. 1842. 8.
Venedig, Italiae, II. — Catalogus rariorum plantarum hortuli *Johannis Boehm*. Venetiis 1689. 8.
Venedig, Italiae, III. hortus Caroli Maupoil, in provincia veneta. — *Maupoil*, Catalogo degli alberi e piante. Venezia 1827. 8.
Venedig, Italiae, IV. — Iconographia horti *Gerardi Sagredo*, in *Clarici*, Istoria etc. Venezia 1726. 4.
*Verona, Italiae, hortus botanicus. — *Pollini* Catalogus. 1812. 8. — ib. 1814. 8. — *Pollini*, Horti et provinciae plantae novae. Ticini 1816. 4.
Versailles, Galliae. — *Philippar*, Catalogue précedé d'un notice historique du jardin de la ville. Versailles 1843. gr. 8.
Villa-Perosa, in comitatu Taurinensi, Italiae. — Catalogo del giardino della *Marchesa di Priero* al Villar-Perosa. Torino 1832. 8.
Vicentia, Italiae. — (*Thienaeus*) Series plantarum in horto botanico Comitis *Antonii Mariae Thienaei*. Vicetiae 1802. 8.
Vilna vide *Wilna*.
Vindobona vide *Wien*.
*Warschau (*Varsavia*), Rossiae, hortus botanicus. — *Bernhard*, Catalogus plantarum in hortis regiis Varsaviae. Dantisci 1652. 12. (*Paulli*, Viridaria p. 203—87) — *Schubert*, Spis roślin i. e. Catalogus plantarum horti. 1820. 8. — Ed. auctior: ib. 1824. 8.
Weimar, Germaniae, hortus ducis Belvedere. — (*Voigt*) Catal. plant. Jenae 1812. 8.
Weissenstein vide *Cassel*.
*Wien (*Vindobona*), Austriae, I. hortus botanicus. — *Jacquin*, Hortus botanicus. 1770—76. fol. — *Stoerck*, Instituta facultatis medicae vindobonensis. 1775. 8. (Mappam horti edidit *Anton Liber Baro von Guldenstein*.) — *Endlicher*, Catalogus horti. 1842—43. 8. — Indices seminum ab anno 1814, *Endlicher, Fenzl*.
Wien, Austriae, II. vide *Schönbrunn*.
Wilna, Rossiae, hortus botanicus. — *Jundzill*, Index horti vilnensis. Vilnae 1814—15. 8.

*Wittenberg, Germaniae, hortus botanicus. — *Heucher*, Index horti. 1711. 4. — *Heucher*, Novi proventus. 1711. 4. — ib. 1713. 4. — *Brueckmann*, Notae in Heucheri Scripta. (Epist. itin. LI. Cent. III, p. 583—627.) — *Vater*, Catalogus plantarum. 1721. 4. — Supplementum: ib. 1724. 4. — *Vater*, Syllabus plantarum. 1738. 8.
Woburn Abbey, Angliae, hortus Johannis Russell, Ducis Bedfordiae. — *Sinclair*, Hortus gramineus woburnensis. 1816. fol. — ib. 1825. 8. — ib. 1838. 8. (gallice, germanice.) — (*Forbes*) Hortus ericaceus wob. (London) 1825. 4. — (*Forbes*) Salicetum wob. (London) 1829. 4. — (*Forbes*) Hortus wob. London 1833. 8. — (*Forbes*) Pinetum wob. Londini 1839. gr. 8.
*Würzburg (*Herbipolis*), Germaniae, hortus botanicus. — *Beringer* et *Dercum*, Plantarum quarundam exoticarum catalogus. Herbipoli 1722. fol. — (*Krauss*) Verzeichniss von Pflanzen im Residenzgarten. Würzburg 1812. 4. — (cf. *Mayer*, Pomona franconica. Nürnberg 1776—1801. 4.) — (*Leiblein*) Selectus seminum: 1844—49. — *Schenk*, Der botanische Garten. 1860. 8. — Selectus seminum *Leiblein* 1841 etc., *Schenk* 1851 etc., *Sachs* 1868.
*Zürich (*Turicum*), Helvetiae, hortus turicensis. — (*Schinz*) Catalogus. 1772. 8. — 1776. 8. — 1784. 8. — 1788. 8. — (*Roemer*) Catalogus. (Turici) 1802. 12. — *Heer*, Der botanische Garten. 1853. 4. — (Indices seminum ab anno 1826. 1835. 1839—48. *Schinz, Heer*.)

II. Horti Africani.

*Algier, Africae septentrionalis. — (*Hardy*) Catalogue des végétaux cultivées à la pépinière centrale du gouvernement à Alger. (Hamma près Alger 1844.) 4. — 1860. 8. — *A. Rivière* directeur 1874.
Bourbon, insula maris Indici. — *Breon*, Catalogue des plantes cultivées aux jardins botaniques et de naturalisation de l'île Bourbon. Saint-Denis 1820—25. 4.
*Capetown, Africae australis. — *Mac Gibbon*, Catalogue of the Botanic Garden Capetown. Capetown 1858. 8.
Capetown, Africae australis. — Hortus *Jouberti* in monte Tafelberg ad Caput Bonae Spei, vide *Ecklon*, Topographisches Verzeichniss. Esslingen 1827. 8.
*Mauritius, insula Africae orientalis. — Catalogue of plants cultivated in the island of Mauritius. (Mauritius) 1822. 4. — *Bojer*, Hortus mauritianus. Maurice 1837. 8. — *Horne* director 1874.

III. Horti Americani.

*Amherst, Americae borealis, hortus botanicus. — *Tuckermann* director 1874.
*Cambridge, Americae borealis, hortus botanicus. — *Asa Gray* director 1874.
*Caracas, Venezuelae, hortus botanicus. — *Ernst* director 1874.
Eastensis hortus vide *Jamaica*.
*Habana, insulae Cubae. — *Ramon de la Sagra*, Informe sobre el estado actual del jardin de la Habana. Habana 1825. 4.
*Jamaica, insula Indiae occidentalis. — *Dancer*, Catalogue of plants in the botanical garden of Jamaica. St. Jago de la Vega 1792. 4. — *Broughton*, Hortus Eastensis. Kingston 1792. 4. — Hortus Eastensis. St. Jago de la Vega 1794. 4. — A catalogue of plants in the public garden in the mountains of Liguanea. (St. Jago de la Vega) 1794. 4. — *Lunan*, Hortus jamaicensis. Jamaica 1814. 4. — *Wilson* director 1874. — Conf. *Saint-Vincent*, insulam.
*Lexington, Americae borealis. — (*Rafinesque*) First catalogues and circulars of the botanical garden of Lexington. Lexington 1824. 8.
*Lima, Peru, hortus botanicus. — *Miquel de los Rios* director 1874.

Martinique, insula Indiae occidentalis, hortus botanicus. — *L'Herminier* director 1874.

New York, Americae borealis, I. hortus botanicus. — *Prince*, A treatise on trees and plants cultivated at the botanic garden, Flushing, Long Island, near New York. New York 1820. 8. — ib. 1822. 8. — *Prince*, Catalogue of american indigenous trees and plants cultivated. 1820. 12.

New York, Americae borealis, II. — *Hosack*, Hortus Elginensis. New York 1806. 8. — ib. 1811. 8. — *Hosack*, A statement of facts relative to the Elgin botanic garden. New York 1811. 8.

Philadelphia, Americae borealis. — *Mac Mahon*, Catalogue of american seeds. Philadelphia 1806. 8.

*Saint-Louis in Missuri, Americae borealis, hortus botanicus. — *C. Rau* director 1874.

*Saint-Vincent, insula Indiae occidentalis, hortus botanicus. — *Guilding*, Account of the botanic garden in the island of St.-Vincent. Glasgow 1825. 4. — A list of plants delivered by C. Bligh at the botanical garden at St. Vincent, Jamaica. (Transactions of the soc. for encour. of arts, vol. XII, 303—13.) — *Anderson*, State of some of the most valuable plants in the royal botanical gardens in the island of St. Vincent. (Transactions of the soc. for encour. of arts, vol. XVI.)

*Santjago, Chili, hortus botanicus. — *R. A. Philippi* director 1874.

*Trinidad, insula Indiae occidentalis, hortus botanicus. — *Presto* director 1874.

IV. Horti Asiatici.

Bengalensis hortus vide *Serampore*.

Bombay, Indiae orientalis. — *Graham*, A catalogue of the plants growing in Bombay and its vicinity. Bombay 1839. 8. — *Shuttlenorth* director 1874.

*Buitenzorg (Bogoriensis hortus), Java insulae. — *Blume*, Catalogus van gewassen in 's lands plantentuin te Buitenzorg. Batavia (1823). 8. — *Hasskarl*, Catalogus alter. Batavia 1844. 8. — *Hasskarl*, Hortus bogoriensis. Amsterdam 1858. 8. — *Miquel*, Choix des plantes cultivées et dessinées dans le jardin de Buitenzorg. La Haye 1863. fol. — *Teysmann*, Catalogus horti Bogoriensis. Batavia 1866. 8. — *Scheffer* director, *Teysmann* inspector 1874.

*Calcutta, Indiae orientalis. — *Griffith*, Remarkable plants in the H. C. botanic gardens. (Calcutta 1843.) 8. — Report on the Companys Botanic Gardens. Calcutta 1843. 4. — *Voigt*, Hortus suburbanus calcuttensis. 1845. gr. 8. — Catalogue of seeds, *Anderson*. 1864. 8. — *King* et *Henderson* directores 1874.

*Madras, Indiae orientalis. — *Cleghorn*, Hortus Madras patensis. Madras 1853. 8.

*Ootacamund, provinciae Neilgherries, Indiae orientalis. — *Mac Ivor*, Reports on the Botanical Garden Ootacamund. Ootacamund 1849. 1858. 8.

*Paradenia, Ceiloniae insulae. — *Gardner*, Botanic garden at Paradenia, Kandy. Colombo 1845. 8. — *Thwaites*, Reports on the Botanic garden Paradenia. Colombo 1856—67. fol.

*Serampore (Saharunpore), Indiae orientalis. — (*Roxburgh*) Hortus bengalensis. Serampore 1814. 4. — *Jameson* superintendens. 1874.

*Travancore, Indiae orientalis. — *Maltby*, Government Garden in Travancore. 1862. 4.

V. Horti Australici.

*Adelaide, hortus botanicus. — *Schomburgk*, Katalog des Gartens in Adelaide. Adelaide 1871. 8.

*Brisbane in Queensland, hortus botanicus. — *Walter Hill* director 1874.

*Hobart-Town, Tasmaniae, hortus botanicus. — *Abbot* director 1874

*Melbourne, hortus botanicus. — *Bunce*, Hortus Tasmanensis. Melbourne 1851. 8. — Sir *Ferd. Müller*, indefessus horti director, semina distribuit pretiosissima.

*Sidney, hortus botanicus. — *Moore, C.*, Catalogue of the botanic garden. Sidney 1857. 8.

Cap. 17. Nomina plantarum et vernacula et systematica.

Indices nominum reperiuntur praeterea in capituli 5, Herbariis et majoribus plantarum pinacibus, et in libri IV. lexicis.

Friese, L. (*Phrisius*), Synonyma .. so man in der artzney allen Kreutern etc. zuschreiben pflegt. Strasburg 1519. 4. — 1535. 4.

Brunfels, Onomastikon medicinae. Argentorati 1534. fol.

Duchesne (a *Quercu*), In *Ruellium* de stirpibus epitome. Paris 1539. 8. — Cadomi 1541. 8.

Fusch, Plantarum omnium nomenclaturae. Parisiis 1541. 8.

Gesner, Catalogus plantarum latine, graece, germanice et gallice. (Herbarum nomenclaturae Dioscoridi adscriptae p. 146.) Tiguri 1542. 4.

Bock, De stirpium nomenclaturis. Argentorati 1552. 4.

Kyberus, Lexicon rei herbariae trilingue. Argentinae 1553. 8.

Peucer, Vocabula .. frugum, leguminum, olerum et fructuum communium. Vitebergae 1556. 8.

Guilandinus et *Gesner*, De stirpium aliquot nominibus vetustis ac novis. Basil. 1557. 8.

Toxites, Onomastica duo. Argentorati 1574. 8. (Plantarum nomina, lexicon Paracelsi.)

Franke, Hortus Lusatiae. Budissinae 1594. 4. (Nomina Vendorum; cfr. *Oettel* 1799.)

Schenk, Hortus patavinus (p. 27—93. *Guilandinus*, Conjectanea synonymica plantarum). Francofurti 1600. 8.

Alstedii Lexicum philosophicum (p. 1925—3250. *Rosenbach*, Quatuor indices physici). Herbornae 1626. 8.

Muehlpfort, Medizinisches Spaziergänglein der mit heiligen Namen bekannten Kräuter. Schleusingen 1627. 8.

Ambrosini, Panacea ex herbis quae a Sanctis denominantur. Bononiae 1630. 8.

Franke, J., Speculum botanicum nomenclaturae suecicae. Upsaliae 1638. 4.

Boodt, Florum icones. (*Lambertus Vossius*, Lexicon novum plantarum tripartitum.) Brugis 1640. 4.

Joncquet, Stirpium obscurius denominatarum explicatio. Parisiis 1659. 4.

Ambrosinus, Phytologia. Bononiae 1666. fol.

Skinner, Etymologicon botanicum, seu explicatio nominum (anglicorum) omnium vegetabilium. Londini 1671. fol.

Franke de Franckenau, Lexicon vegetabilium usualium. Argentorati 1672. 12.

Cleyer, Herbarium parvum sinicis vocabulis indicis insertis constans Francofurti 1680. 4.

Mentzel, Πίναξ βοτανώνυμος πολυγλωττος καθολικός. Berolini 1682. fol.

Hoffmann, Exercitationes de homonymis. Trajecti a/Rh. 1689. fol.

Rohr, Tractat. (p. 157—842. Auf was für Art in dem Reich der Gewächse die schweren und undeutlichen Benennungen abzuschaffen?) Coburg 1736. 8.

Linné, Critica botanica. Lugd. Bat. 1737. 8. (Fundamenta botanica, ed. *Gilibert*, vol. III. p. 363—594.)

CAP. 17. NOMENCLATORES

Probst, Wörterbuch (latino-germanicum). Leipzig 1741. 8.
Heister, De nominum plantarum mutatione utili et noxia. Helmstadii 1741. 4.
Heister, Systema (p. 23—48. Regulae de nominibus plantarum a cel. *Linnaei* longe diversae). Helmstadii 1748. 8.
Monti, Indices (p. 1—76 Plantarum genera). Bononiae 1753. 4.
Linné, Nomenclator botanicus. Holmiae 1759. 4.
Oeder, Index plantarum in *Linné* Systema ed. X. Havniae 1761. 12.
Monteiro, Diccionario portuguez das plantas. Lisboa 1765. 8.
Carvalho, Diccionario portuguez das plantas. Lisboa 1765. 8.
Oeder, Nomenclator botanicus. Copenhagen 1769. 8.
Milne, A botanical dictionary. London 1770. 8. — Ed. III: ib. 1805. 8.
(*Jacquin*) Index ad *Linné* Systema ed. XII. Viennae 1770. 4.
Boehmer, De plantis in Cultorum memoriam nominatis. Wittebergae 1770. 4. — Lipsiae 1799. 8. (*Millin*, Mag. encycl. IV, 271—78. V, 46—73, 241—64.)
(*Planer*) Versuch einer teutschen Nomenklatur der Linneischen Gattungen. Erfurt 1771. 8.
(*Gmelin*) Onomatologia botanica completa. Frankfurt 1772—78. 8. Nomenclator botanicus. Lipsiae 1772. 8.
(*Mikan*) Catalogus plantarum omnium juxta *Linné*, Systema veget. ed. XIII. Pragae 1776. 8.
(*Reuss*) Dictionarium botanicum. Leipzig 1781. 8.
Meyer, Lexicon botanicum. (rossice.) Moskau 1781—83. 4.
Hartmann, Iconum botanicarum Gesnerio-Camerarianarum minorum nomenclator Linneanus. Trajecti a/V. 1781. 4. Nomenclator botanicus. Ed. II. Lipsiae 1782. 8.
Murray, Vindiciae nominum trivialium stirpibus a *Linneo* impertitorum. Goettingae 1782. 4. (Opuscula II, 293—332.)
Bergeret, Phytonomatotechnie universelle. Paris 1783—84. fol.
La Marck, Encyclopédie méthodique. Paris 1783—1817. 4.
(*Jacquin*) Index ad *Linné*, Systema nat. ed. XIV. Viennae 1785. 8.
Ambodik, Novum dictionarium botanicum rosso-latino-germanicum. Petropoli 1789. 4. — ib. 1808. 4.
Lamarck, Tableau encyclopédique. Paris 1791—1823.
Kluk, Dykcyonarz roślinny (Lexicon botanicum). w Warszawie 1786. 8.
Zavira, Onomatologia Botanike tetraglottos. Pesthini 1787. 8.
Lidbeck, De plantis in Suecorum memoriam nominatis. Lundae 1792. 4.
Nocca, Nomina plantarum italica et corrupta Lombardiae. (Turici 1793.) 8.
Viborg, Forsog til systematiske danske navne af indenlandske planter. Kiöbenhavn 1793. 8.
Nemnich, Allgemeines Polyglottenlexikon der Naturgeschichte. Leipzig (1793—98). 4.
Olafsyn, Explicatio nominum plantarum Islandiae vernaculorum in Act. soc. sc. Island. vol. I, p. 1—19.
Forsyth, A botanical nomenclator. London 1794. 8.
Raeuschel, Nomenclator botanicus. Ed. III. Lipsiae 1797. 8.
Botanisches Wörterbuch. St. Petersburg 1797. 4.
Oettel, Verzeichniss der in der Oberlausitz wachs. Pflanzen. Görlitz 1799. 8. (Nomina Vendorum Frankii (1594) emendata, aucta, Germanica).
Beckmann, Lexicon botanicum. Goettingen 1801. 8.
Boehmer, Lexicon rei herbariae tripartitum. Lipsiae 1802. 8.
Henckel von Donnersmarck, Nomenclator botanicus. Halae 1803. 8.
Henckel von Donnersmarck, Nomenclator botanicus. Halae 1803. 8. — 1806. 8. — 1821. 8.
Berger, Anweisung zur richtigen Aussprache der Pflanzennamen. Leipzig 1804. 8.
Pollini, Synonymia botanica moderna. Milano 1804. 8.

Henckel, Index generum ad *Linné*, Species plantarum. Halae 1806. 8.
Jirasek, Beiträge zu einer botanischen Provinzial-Nomenklatur von Salzburg, Baden und Tirol. Salzburg 1806. 4.
Targioni-Tozzetti, Dizionario botanico italiano. Firenze 1809. 8. — Ed. II: ib. 1825. 8.
Théis, Glossaire de botanique. Paris 1810. 8.
Dennstedt, Nomenclator botanicus. Eisenbergae 1810. 8.
Retzius, Observationes in Criticam botanicam *Linnaei*. Lundae 1811. 4.
Gallizioli, Dizionario botanico. Firenze 1812. 8.
Lichtenstein, Index generum in *Wildenow* Spec. plant. et in *Persoon* Synopsin. Helmstadii 1814. 8.
Monti, Dizionario botanico veronese. Verona 1817. 8.
Rees, The Cyclopaedia. London 1819. 4.
Tenzel, Nomenclator systematicus in *Leonardi Plukenetii* Phytographiam. Erlangae 1820. 8.
Henckel von Donnersmarck, Nomenclator botanicus. Ed. II. Halae 1821. 8.
Sternberg, Catalogus plantarum ad septem editiones *Mathioli* in Dioscoridem. Pragae 1821. fol.
Steudel, Nomenclator botanicus. Stuttgardiae 1821. gr. 8.
Hamilton, Notices concerning plants of India and their Sanscrita names. Edinburgh 1823. 4.
Andrzejowski, Nomina plantarum antiqua in polonicum translata. Vilnae 1827. 8.
Fée, Essai historique et critique sur la phytonymie ou nomenclature végétale. Gand 1828. 8.
Anthon, Handwörterbuch der pharmaceutischen Nomenklaturen. Nürnberg 1833. 8.
Holl, Wörterbuch deutscher Pflanzennamen. Erfurt 1833. gr. 8.
(*Guibourt*) Nomenclature synonymique créole et botanique des arbres de la Guadeloupe. Paris 1834. 8.
Ditrich, Plantae officinales indigenae linguis in Hungaria vernaculis deductae. Budae 1835. 8.
Mohl, Welche Autorität soll den Gattungsnamen der Pflanzen beigegeben werden? Tübingen 1836. 8.
Meyer, E., Vergleichende Erklärung eines Pflanzenglossars. Königsberg 1837. 4.
Keith, A botanical lexicon. London 1838. 8.
Meyer, E., Preussens Pflanzengattungen. Königsberg 1839. 12.
Kaehler, Alphabetisch-scientifisches Samenverzeichniss. Wien 1839. 8.
Paxton and *Lindley*, Botanical pocket-dictionary. London 1840. 12.
Steudel, Nomenclator botanicus. Ed. II. Stuttgardiae 1840—41. gr. 8.
Koene, Ueber Form und Bedeutung der Pflanzennamen in der deutschen Sprache. Münster 1840. 4.
Mueller, Botanisch-prosodisches Wörterbuch. Brilon 1840—41. 4.
Heynhold, Nomenclator botanicus hortensis. Dresden 1840—48. 8.
Steudel, Nomenclator botanicus. Ed. II. Stuttgardiae 1840—41. gr. 8.
Buek, Genera, species et synonyma Candolleana alphabetico ordine disposita. Berolini 1840—42. 8.
Heynhold, Nomenclator botanicus hortensis. Leipzig 1840—47. 8.
Berger, Catalogus herbarii. Wirceburgi 1841—46. 12.
Zuccalmaglio, Die deutschen Pflanzennamen. Berlin 1841. 8.
Fries, Öfver Växternes Namn. Upsala 1842. 8.
Dictionnaire universel d'histoire naturelle. Paris 1842—50. 8.
Des Étangs, Liste des noms populaires des plantes de l'Aube. Paris 1845. 8.
Ibn Sind, Zusammengesetzte Heilmittel der Araber (p. 270—88.
Husson, Essai de synonymie bot. arabe). Freiburg 1845. 8.
Martin, A., Die Pflanzennamen der deutschen Flora. Halle 1851. 8.

Seemann, Volksnamen amerikanischer Pflanzen. Hannover 1851. 8.
Heufler, Beitrag zum deutschen Sprachschatz. Wien 1852. 8.
Walpert, Deutsche Pflanzennamen. Magdeburg 1852. 8.
Wittstein, Etymologisches Wörterbuch. Ansbach 1852. 8.
Durheim, Schweizerisches Pflanzenidiotikon. Bern 1856. 8.
Vilmorin, Plantes potagères avec leur noms vulgaires. Paris 1856. 12.
Le Hericher, Flore populaire de Normandie. Avranches 1857. 8.
Grandgagnage, Noms wallons. Liège 1857. 8.
Drury, The useful plants of India, with vernacular synonyms and economical value medicine and arts. Madras 1858. 8.
Elliot, Flora andhrica a vernacular botanical list of the Teluga districts. Madras 1859. 8.
Filet, De inlandsche plantenamen. Batavia 1859. 8.
Mason, Burmah. The plants with vernacular names. London 1860. 8.
Schiller, K., Zum Thier- u. Kräuterbuche des meklenburgischen Volkes. Schwerin 1861–64. 4.
Wartmann, St. Gallische Volksbotanik. St. Gallen 1861. 8.

Prior, Popular names of british plants. London 1863. 8.
Hoffmann, Noms indigènes du Japon et de la Chine. Leide 1864. 8.
Saccardo, Flora Trevigiana aggiunteyi le denominazioni vernacole. Venezia 1864. 8.
Clément-Mullet, Noms des Céréales chez les anciens. Paris 1865. 8.
Brockhausen, Pflanzenwelt Niedersachsens. Hannover 1865. 8.
Pfitzmaier, Botanische Sprache der Japaner. Wien 1865. 8.
Pfitzmaier, Die Sprache in den botanischen Werken der Japaner. Wien 1865. 8.
Mueller, A., Wörterbuch deutscher und böhmischer Namen der offizinellen Pflanzen. Prag 1866. 4.
Jenssen-Tusch, Nordiske Plante navne. Kjøbenhavn 1867. 8.
Watson, Names of indian economic plants. London 1868. 4.
Perona, Vocabulario friulano. Venezia 1869–70. 8.
Clément-Mullet, Etudes sur les noms arabes. Paris 1870. 8.
Grasmann, Deutsche Pflanzennamen. Stettin 1870. 8.
Clément-Mullet, Les noms arabes de diverses familles de végétaux. Paris 1870. 8.
Pfeiffer, Synonymia botanica locupletissima. Cassellis 1870. 8.

LIBER III. BOTANICA GEOGRAPHICA.
SECT. A. GENERALIA, CAP. 18—19.

Cap. 18. Geographia plantarum generalis.

Monconys, Journal de ses voyages. Lyon 1665–66. 4.
Dampier, Voyage round the world. London 1697. 8.
(*Biron*) Curiositez de la nature apportées des Indes. Paris 1703. 12.
Lesser, Nachricht von einer von D. Menzel angegebenen botanischen Geographie. (Physik. Belustig. I, 321–27.)
Scherbius, De loco et situ plantarum. Basileae 1731. 4.
Behrens, Reise um die Welt. Frankfurt und Leipzig 1737. 8.
Michault, Lettre sur la situation de la Bourgogne par rapport à la botanique. s. l. 1738. 8.
Linné, Peregrinationum intra patriam necessitas. Upsaliae 1741. 4.
Linné, Oratio de telluris habitabilis incremento. Upsaliae 1743. 4.
Büchner, Diss. epist. (De arboribus insolito tempore florentibus.) Greizae 1743. 4.
(*Du Hamel du Monceau*) Avis pour le transport par mer des arbres, des plantes vivaces et des semences. Paris 1753. 8.
Leonhard, De novo aquae salsae fonte. (De plantis prope salinas crescentibus.) Goettingae 1753. 4.
Kalm, Adumbratio Florae. Aboae 1754. 4.
Linné, Stationes plantarum. Upsaliae 1754. 4.
Linné, Flora alpina. Upsaliae 1756. 4.
Linné, Calendarium Florae (upsaliensis). Upsaliae 1756. 4.
(*Turgot*) Mémoire instructif sur la manière de rassembler et conserver les curiosités d'histoire naturelle. Lyon 1758. 8.
Linné, Instructio peregrinatoris. Upsaliae 1759. 4.
Besson, Observations sur les moyens de rendre utiles les voyages des naturalistes. (Journal d'hist. nat. II. 185–210.)
Stillingfleet, The calendar of Flora. London 1761. 8.
Leche, Några träds blomningstid. (Vet. Acad. Handl. 1763. p. 259.)
Petiver, Opera. (vol. I. Directions for the gathering of plants.) London 1764. fol.
Linné, De coloniis plantarum. Upsaliae 1768. 4.
(*Poivre*) Voyages d'un philosophe. Yverdun 1768. 12.

Dillenius, De plantis novi orbis, veteris spontaneis et inquilinis factis. (Ephem. acad. nat. cur. cent. III–IV, p. 281–82.)
Ellis, Directions for bringing over seeds and plants. London 1770. 4.
Ferber, Blomster-almanach för Carlscronas climat. (Vetensk. Acad. Handl. 1771. p. 75–88.)
Coakley-Lettsom, Le voyageur naturaliste. Amsterdam 1775. 8.
Forster, Observations made during a voyage round the world. London 1778. 4.
Ortega, Instruccion sobre el modo de transportar plantas vivas etc. Madrid 1779. 8.
Hagstroemer, Observationer på den tid blomster om våren först visa: Stockholm 1780. 8.
Bjerkander, Blomster-almanach etc. (ib. Vet. Acad. Handl. 1780. p. 130–37; 1786. p. 51–57; 1789. p. 303–10; 1790. p. 136–43; 1791. p. 281–93; 1792. p. 18–28, 69–78, 194–228; 1794. p. 197–222.)
Soulavie, Histoire nat. de la France méridionale. II: Les principes de la géographie physique du règne végétal. Paris 1783. 8.
Seetzen, Ueber die Pflanzenverzeichnisse gewisser Gegenden. (*Usteri*, Annalen. XVI, 20–26.)
Walch, Calendarium Palaestinae oeconomicum. Goettingae (1785). 4.
Buhle, Calendarium Palaestinae oeconomicum. Goettingae 1785. 4.
Hellenius, Specimen calendarii Florae aboënsis. Aboae 1786. 4.
Haenl, Blumenkalender für Böhmen. (Abhandl. der böhm. Gesellschaft. 1787. p. 94–135.)
Jirasek, Blüthenkalender. (ib. 1787. p. 322–36.)
Schmidt, Blüthenkalender. (ib. 1788. p. 48–80.)
Thunberg, Resa uti Europa, Africa, Asia. Upsala 1788–93. 8.
Link, Florae goettingensis specimen, sistens vegetabilia saxo calcareo propria. Goettingae 1789. 8.
Enckel, Observationer gjorde i Sådankyla Lappmark. (Vet. Acad. Handl. 1790. p. 78–79.)
Weigel, Schlesischer Pflanzenkalender. s. l. 1791. 8.

Nordmeyer, Calendarium Aegypti oeconomicum. Goettingae 1792. 4.
Baillon, E., Mém. sur le deperissement des bois. Paris 1794. 8.
White, Calendarium Florae de Selborne. London 1795. 8.
Blumenkalender für das gemässigtere Europa und die Schweiz. (Magazin für die Bot. XI, 41—117.)
Retzius, Meditationes de distributione rerum naturalium. Lundae 1798. 4.
Arnaud, Calendrier républicain botanique. Avignon 1799. 12.
La Billardière, Relation du voyage à la recherche de La Pérouse. Paris 1799. 4.
Stromeyer, Historiae vegetabilium geographicae specimen. Goettingae 1800. 4.
Pouzin, Avis au botaniste, qui doit parcourir les alpes. (Montpellier) an VIII. 4.
(*Chastenet*) Calendrier de Flore. Paris 1802—3. 8.
Heyne, Pflanzenkalender. Leipzig 1804. 8.
Kielmeyer, Observata de vegetatione in regionibus alpinis. Tubingae 1804. 4.
Humboldt et *Bonpland*, Essai sur la géographie des plantes. Paris, an XIII. 1805. gr. 4.
Humboldt, Ideen zu einer Physiognomik der Gewächse. Tübingen 1806. 8.
Oberlin, Propositions géologiques. Strassburg 1806. 8.
Wahlenberg, Berättelse om mätninger etc. Stockholm 1808. 4.
Candolle, Géographie agricole et botanique. 1809. 8. — 1822.
Amoreux, Etat de la végétation sous le climat de Montpellier. Montpellier 1809. 8.
Barton, Specimen of a geographical view of the trees and shrubs of North-America. Philadelphia 1809. 4.
Moreau de Jonnès, Carte orographique et botanique du volcan du Piton du Carbet à la Martinique. (*Quérard*, France lit. VI. 296.)
Herrmann, Calendarium plantarum in Marchia media circa Berolinum. Berolini 1810. 12.
Phelps, Botanical calendar. London 1810. 8.
Crosfield, Calendar of Flora. Warrington 1810. 8.
Krusenstern, Reise um die Welt. St. Petersburg 1810—12. 4.
Brocchi, Memoria sulla valle di Fassa. Milano 1811. 8.
Wahlenberg, Flora lapponica. Berolini 1812. 8.
Wahlenberg, De vegetatione et climate in Helvetia septentrionali. Turici 1813. 8.
Clarke, Travels in various countries of Europe, Asia and Africa. London 1813—23. 4.
Thunberg, Geographia plantarum cultarum. Upsaliae 1813. 4.
Wahlenberg, Flora Carpatorum principalium. Goettingae 1814. 8.
Brown, R., General remarks geographical and systematical on the botany of Terra Australis. London 1814. 4. (Verm. Schriften I. 1—166.)
Humboldt, Nova genera. (Notationes ad geographiam plantarum spectantes.) Lutetiae Par. 1815—25. fol. (etiam in *Hooker*, Plante cryptog. London 1816. 4.)
Humboldt, Sur les lois dans le distribution des formes végétales. Paris 1816. 8.
Humboldt, Nouvelles recherches sur les lois dans la distribution des formes végétales. (Paris) s. a. 8.
Schouw, De sedibus plantarum originariis. Havniae 1816. 8.
Humboldt, De distributione geographica plantarum. Lutetiae Parisiorum 1817. 8.
Candolle, Mémoire sur la géographie des plantes de France. (Mém. soc. d'Arcueil 1817. III, 262—322.)
Candolle, Conjectures sur le nombre total des espèces, qui végétent sur le globe. (Bibl. univ. de Genève 1817. VI, 119—24.)
Boué, De methodo Floram regionis cujusdam conducendi. Edinburgi 1817. 8.
Petter, Agave .. Verbreitung einiger interessanter Gewächse. Friedland 1817. 8.
Instruction pour les voyageurs et les employés dans les colonies. Paris 1818. 4. — ib. 1829. 8.
Rauch, Régéneration de la nature végétale. Paris 1818. 8.
Brown, Observations systematical and geographical on the Herbarium collected by Prof. Christian Smith in the vicinity of the Congo. London 1818. 4. (Verm. Schriften I, 167—336.)
Bigelow, Facts serving to shew the comparative forwardness of the spring in different parts of the United States. Cambridge 1818. 4.
Ross, John, A voyage of discovery. London 1819. 4.
Buch, Allgemeine Uebersicht der Flora auf den canarischen Inseln. Berlin 1819. 4.
Winch, Essay on the geographical distribution of plants through Northumberland, Cumberland and Durham. Newcastle 1819. 8. — ib. 1825. 8.
Hisinger, Anteckningar i physick och geognosi. Upsala 1819—37. 8.
Candolle, Instruction pratique sur les collections botaniques à l'usage des voyageurs. (Genève 1820.) 8.
Bartling, De floribus ac insulis maris liburnici. Hannoverae 1820. 8.
Wahlenberg, Flora Upsaliensis. Upsaliae 1820. 8.
Candolle, Essai élémentaire de géographie botanique. (Paris 1820.) 8.
Candolle, Projet d'une Flore physico-géographique de la vallée du Léman. Genève 1821. 8.
Wilbrand und *Ritgen*, Gemälde der organischen Natur. Giessen 1821. 8. und Atlas.
Neygenfind, Enchiridion .. Silesiae Calendarium bot. Misenae 1821. 8.
Braune, Salzburg und Berchtesgaden. Wien 1821. 8.
Meyer, Beiträge zur chorographischen Kenntniss des Flussgebiets der Innerste. Goettingen 1822. 8.
(*Cordienne*) Notice topo-phytographique de quelques lieux de Jura. Dole 1822. 8.
Wahlenberg, Anmärkningar om Ölands Natur. Stockholm 1822. 8.
Hofman, Skrivelse angaaende de paa det inddaemmede ved Hofmansgave fremkomne planter. Kiöbenhavn 1822. 8.
Neygenfind, Kalender der schlesischen Flora. Meissen 1822. 8.
Schouw, Grundtraek til en almindelig plantegeographie. Kiöbenhavn 1822. 8.
Schuebler, De distributione geographica plantarum Helvetiae. Tubingae 1823. 8.
Hoffmann, De vallium in Germania boreali directione congrua. Halae 1823. 8.
Loewis, Ueber die ehemalige Verbreitung der Eichen in Lief- und Esthland. Dorpat 1824. 8.
Leschenault de la Tour, Notice sur la végétation de la Nouvelle-Hollande et de la terre de Diemen. Paris 1824. 8.
Scuderi, Trattato dei Boschi dell' Etna. (Catanea 1824.) 4.
Schouw, Plantegeographisk Atlas. Kiöbenhavn 1824. fol.
Martius, Die Physiognomie des Pflanzenreiches in Brasilien. München (1824). 4.
Martius, Beitrag zur Kenntniss der Amarantaceen. (Bonnae 1825.) 4.
Boitard, Manuel du naturaliste. Paris 1825. 18.
Cunningham, Botany of the mountain country between the colony round Port Jackson and the settlement of Bathurst. Impr. cum Fields Geographical Memoirs on New Sud Wales. London 1825. 8.
Moreau de Jonnès, Mémoire sur le déboisement des forêts. Bruxelles 1825. 4.
Schoder, Die Erdarten im Gebiete der Pflanzenvegetation. Ludwigsburg 1825. 8.
Duperrey, Voyage autour du monde par La Coquille. (Zoologie. vol. I, p. 187—360.)

Lesson, Observations générales sur l'histoire naturelle des diverses contrées visitées. (*Bory de St. Vincent*, Cryptogamie, *Brongniart*, Phanerogamie.) Paris 1826—29. 4.
Sauter, Geographisch-botanische Schilderung der Umgebungen Wiens. Wien 1826. 8.
Alberti, Die Gebirge Würtembergs. Stuttgart 1826. 8.
Lachmann, Flora brunsvicensis. 1. Theil. Braunschweig 1827. 8.
Schuebler, Untersuchungen über die pflanzengeographischen Verhältnisse Deutschlands. Tübingen 1827. 8.
Cambessedes, Enumeratio plantarum in insulis Balearibus earumque circa mare mediterraneum distributio geographica. Parisiis 1827. 4.
Ricci, L'orologio di Flora. Venezia 1827. 4.
Tenore, Cenno di geografia fisica et botanica del regno di Napoli. Napoli 1827. 8.
Tenore, Essai sur la géographie physique et botanique du royaume de Naples. Naples 1827. 8.
Cunningham, General remarks on the vegetation of Terra australis. Impr. in King, Narrative of a survey of the coasts of Australia. London 1827. 8.
Ehrenberg, Beitrag zur Charakteristik der nordafrikanischen Wüsten. Berlin 1827. 4.
Heuffel, De distributione plantarum geographica per comitatum pestiensem. Pestini 1827. 8.
Hisinger, Profiler och tabeller öfver de förnämsta bergshöjder. Stockholm 1827. 4. — ib. 1829. 8.
Barton, Lecture on the geography of plants. London 1827. 12.
Mirbel, Recherches sur la distribution géographique des végétaux phanérogames de l'ancien monde. Paris 1827. 4.
Schouw, Beiträge zur vergleichenden Klimatologie. Kopenhagen 1827. 8.
Schouw, Specimen geographiae physicae comparativae. Havniae 1828. 4.
Rochel, Tractatus phytogeographicus, in ejus «Plantae Banatus rariores». Pestini 1828. fol.
Brongniart, Considérations générales sur la nature de la végétation etc. Paris 1828. 8.
Aubuisson de Voisins, Traité de géognosie. Paris 1828—34. 8.
Reinwardt, Ueber den Charakter der Vegetation auf den Inseln des indischen Archipels. Berlin 1828. 4.
Beilschmied, Pflanzengeographische Vergleiche auf die Flora Schlesiens. Breslau 1829. 8.
Sternberg, Ueber einige Eigenthümlichkeiten der böhmischen Flora. Regensburg 1829. 8.
Lauvergne, Géographie botanique du port de Toulon et des îles de Hyères. Montpellier 1829. 4.
Jussieu, Mémoires sur la groupe des Méliacées. (Paris 1830.) 4.
Lavy, État général de végétaux originaires. Paris 1830. 8.
Beilschmied, Pflanzengeographie nach A. von Humboldt's Werke. Breslau 1831. 8.
Fries, Primitiae geographiae Lichenum. Lond. Goth. 1831. 8.
Martius, Die Pflanzen und Thiere des tropischen Amerika. Ein Naturgemälde. (Leipzig) 1831. 4.
Zahlbruckner, Pflanzengeographische Verhältnisse Oesterreichs unter der Enns. Wien 1831. 8.
Lessing, Pflanzengeographischer Anhang, in seiner Reise durch Norwegen. Berlin 1831. 8.
Hegetschweiler, Beiträge zu einer kritischen Aufzählung der Schweizerpflanzen. Zürich 1831. 8.
Kirschleger, Statistique de la Flore d'Alsace et des Vosges. Mühlhausen 1831—32. 4.
Steinheil, Observations sur la végétation des Dunes à Calais. Versailles s. a. 8.
Weise, Deutschlands Pflanzenblütekalender. Gotha 1831—32. 8.

Schuebler, Ueber die Temperaturverhältnisse der schwäbischen Alp. Tübingen 1831. 8.
Schuebler, Ueber die Regenverhältnisse der schwäbischen Alp und des Schwarzwaldes. Tübingen 1832. 8.
Schuebler, Ueber die geognostischen Verhältnisse Tübingens. Tübingen 1832. 8.
Watson, Outlines of the geographical distribution of british plants. Edinburgh (1832). 8.
Wallich, Upon the preparation and management of plants during a voyage from India. London 1832. 4.
Schouw, Europa, en let fattelig naturskildring. Kiöbenhavn 1832. 8. — ib. 1835. 8.
Erman, Reise um die Erde. Berlin 1833—38. 8. et fol.
Zuccarini, Ueber die Vegetationsgruppen in Baiern. München 1833. 4.
Fenzl, Darstellung der geographischen Verbreitungsverhältnisse der Alsineen. Wien 1833. 8.
Canstein, Karte der Verbreitung der nutzbarsten Pflanzen über den Erdkörper (und Begleitworte dazu). Berlin 1834. 8.
Candolle, Instruction pratique sur les collections botaniques. (Genève 1834.) 8.
Meyen, Reise um die Erde. Berlin 1834—35. 4.
Luetke, Voyage autour du monde. Paris 1835—36. 8 et fol.
Heer, Beiträge zur Pflanzengeographie. Mit einem Gemälde der Vegetationsverhältnisse des Cantons Glarus. Zürich 1835. 8.
Candolle, Notice sur la géographie botanique de l'Italie. (Genève 1835.) 8.
Delastre, Aperçu statistique de la végétation du dép. de la Vienne. Poitiers 1835. 8.
Lindblom, In geographicam plantarum intra Sueciam distributionem adnotata. Lundae 1835. 8.
Watson, Remarks on the geographical distribution of british plants. London 1835. 8.
Dobel, Neuer Pflanzenkalender. Nürnberg 1835. 8.
Lund, Bemärkninger over vegetationen paa de indre höisletter af Brasilien. Kjöbenhavn 1835. 4.
Berthelot, Coup d'oeil sur les forêts canariennes, sur leurs changements et leurs alternances. Paris 1836. fol.
Chamisso, Reise um die Welt. Leipzig 1836. 8.
Nees von Esenbeck, Systema Laurinarum. (Mappa distributionis geographicae Laurinarum.) Berolini 1836. 8.
Candolle, Distribution géographique des plantes alimentaires. Genève 1836. 8.
Meyen, Grundriss der Pflanzengeographie. Berlin 1836. 8.
Unger, Ueber den Einfluss des Bodens auf die Vertheilung der Gewächse. Wien 1836. gr. 8.
Meinicke, Das Festland Australien. Prenzlau 1837. 8.
Saint-Hilaire, Tableau de la végétation primitive dans la province de Minas Geraes. Paris 1837. 8.
Trevelyan, On the vegetation and temperature of the Faroe Islands. Florence 1837. 4.
Schouw, Naturskildringer. Kiöbenhavn 1837. 8. — Ed. II: ib. 1839—46. 8.
Hoffmann, Physikalische Geographie. Berlin 1837. 8.
Hellrung, Atlas der Weinländer in Europa. Magdeburg 1837. 8.
Graf, Versuch einer gedrängten Zusammenstellung der Vegetationsverhältnisse des Herzogthums Krain. Laybach 1837. 8.
Miquel, De plantarum regni Batavi distributione. Lugd. Bat. 1837. 8.
Schneider, Die Vertheilung und Verbreitung der schlesischen Pflanzen. Breslau 1838. 8.
Martins, Essai sur la topographie botanique du mont Ventoux en Provence. Paris 1838. 8.
Lagrèze-Fossat, Notice géologico-botanique sur l'arrondissement de Moissac. Montauban (1838). 8.

Brongniart, Considérations sur la nature des végétaux, qui ont couvert la surface de la terre. Paris 1838. 4.
White, On the geography of plants. Edinburgh 1838. 8.
Bronn, Anleitung zum Sammeln, Zubereiten und Verpacken von Thieren, Pflanzen und Mineralien. Heidelberg 1838. 12.
Candolle, Statistique de la famille des Composées. Paris 1838. 4.
Mohl, Ueber den Einfluss des Bodens auf die Verbreitung der Alpenpflanzen. Tübingen 1838 8.
Griffith, Report on the Tea plant of Upper Assam. (Calcutta 1838.) 8.
Mac Clelland, Report on the physical condition of the Assam Tea plant. (Calcutta 1838.) 8.
Mac Clelland, Papers relating to the measures adopted for introducing the cultivation of the Tea plant in India. Calcutta 1839. fol.
Miquel, Commentarii (Disput. geograph. de Piperaceis). Lugd. Bat. 1839. fol.
Mathieu de Dombasle, Des forêts considérées relativement à l'existence des sources. (Nancy) 1839. 8.
Martius, Die Verbreitung der Palmen in der alten Welt. München 1839. 4.
Grisebach, Genera et species Gentianearum adjectis observationibus phytogeographicis. Stuttgardiae 1839. 8.
Dumont d'Urville, Expédition au pole austral et dans l'Océanie des corvettes L'Astrolabe et La Zélée. Paris 1839. 8.
Vaillant, Voyage autour du monde sur La Bonite. Paris 1839—46. 8. et fol.
Boissier, Voyage botanique dans le midi de l'Espagne. Paris 1839—45. 4.
Schouw, Tableau du climat et de la végétation de l'Italie. Copenhague 1839. 4.
Wirzén, De geographica plantarum in provincia casanensi distributione. Helsingforsiae 1839. 8.
Ritter, Erdkunde (Verbreitung der Dattel- und Kokospalme, der Pfefferrebe, Banane und Mango in Indien; der indische Feigenbaum, Asvattha; die Banjane (Ficus indica); die Opiumkultur und die Mohnpflanze; die Kultur des Zuckerrohrs in Asien und seine geographische Verbreitung). Berlin 1832—58. 8.
Ritter, Ueber die geographische Verbreitung des Zuckerrohrs. Berlin 1840. 8.
Lindley, Swan River. Sketch of the vegetation of this colony. London 1840. 8.
Webb et *Berthelot*, Géographie botanique des îles Canaries. (Histoire etc. tome III, première partie.) Paris 1840. 4.
Barentin, Die Vegetation in der Mark Brandenburg. Berlin 1840. 4.
Bennett, Narrative of a whaling voyage round the globe. London 1840. 8.
Kreutzer, Autochronologicon Europae mediae. Wien 1840. 12.
Kreutzer, Blüthenkalender Wiens. Wien 1840. 12.
(*Vriese*) Het overbrengen van levende planten uit Indië naar Nederland. Amsterdam 1840. 8.
Stotter und *Heufler*, Geognostisch-botanische Bemerkungen (und Karte) auf einer Reise durch Oetzthal und Schnals. Innsbruck 1840. 8.
Martins, De la délimitation des regions végétales sur les montagnes du continent européen. Paris 1840. 8.
Quetelet, Resumé des observations sur la méteorologie, sur le magnetisme, sur les températures de la terre, sur la floraison des plantes etc. (Bruxelles) 1841. 4.
Roemer, Geographie und Geschichte der Pflanzen. München 1841. 8.
Grisebach, Bericht über die Leistungen in der Pflanzengeographie während der Jahre 1840—46. Berlin 1841—49. 8.
Hisinger, Tableau de la végétation du Sneehätten sur le Dovrefield. s. l. 1841. 8.

Brueckner, Entwurf einer Pflanzengeographie Mecklenburgs. (*Langmann*, Flora von Mecklenburg. Neustrelitz 1841. 8.)
Dumont d'Urville, Voyage au pole sud et dans l'Océanie sur les corvettes L'Astrolabe et La Zélée. Paris 1841—47. 8. et Atlas.
Fries, Våren. En botaniske betraktelse. Upsala 1842. 8.
Martens et *Galeotti*, Considérations sur la géographie botanique de Mexique. In «Memoires sur les fougères». (Bruxelles 1842.) 4.
Heufler, Die Ursachen des Pflanzenreichthums in Tirol. Innspruck 1842. 8.
Baikoff, De plantarum geographia. Jaroslaviae 1843. 4.
Meyen, Botanik einer Reise um die Erde. Breslau 1843. 4.
Machacka, Conspectus geognostico-botanicus circuli Boleslaviensis in Bohemia. Vindobonae 1843. 8.
Hinds, The regions of vegetation. London 1843. 8.
Belcher, Narrative of a voyage round the world. London 1843. 8.
Watson, The geographical distribution of british plants. Ed. III. Part. I. (Ranunculaceae, Nymphaeaceae, Papaveraceae.) London 1843. 8.
Colmeiro, Principj che devono regolare una Flora applicati alla formazione della Spagnuola. Lucca 1843. 8.
Bentham, The Botany of the voyage of H. M. S. Sulphur. London 1844. 4.
Cesati, Saggio su la geografia botanica della Lombardia. Milano 1844. 8.
Desmoulins, État de la végétation sur le Pic du Midi de Bigorre au 17 oct. 1840. Bordeaux 1844. 8.
Ebel, Zwölf Tage auf Montenegro. II. Heft. Königsberg 1844. 8.
Grenier, Thèse de géographie botanique du dép. du Doubs. Strasbourg 1844. 8.
Drège, Zwei pflanzengeographische Dokumente. (Leipzig 1844.) 8.
Raffeneau-Delile, Souvenirs d'Egypte. Herborisations au Désert. Montpellier 1844. 8.
Kittlitz, Vier und zwanzig Vegetationsansichten von Küsten und Inseln des stillen Oceans. Siegen 1844—45. 8.
Oerstedt, De regionibus marinis. Havniae 1844. 8.
Godron, Les migrations des végétaux. Raybois 1844. 4.
Gaudichaud, Botanique du voyage autour du monde. Paris 1844—46. 8.
Darwin, Ch. R., The voyages of Beagle round the world. London 1845. 8.
Jussieu, Géographie botanique. Paris 1845. 8.
Mougeot, Considérations générales sur la végétation spontanée du dép. des Vosges. Epinal 1845. 8.
Martins, Essai sur la géographie botanique de la France. Paris (1845). 8.
Kirschleger, Statistique végétale de Strasbourg. Strasbourg 1845. 8.
Heer, Die obersten Grenzen des thierischen und pflanzlichen Lebens in den Schweizeralpen. Zürich 1845. 4.
Heufler, Die Golazberge in der Tschitscherei. Triest 1845. 4.
Fallou, Die Gebirgsformationen zwischen Mittweida und Rochlitz, der Zschopau und beiden Mulden und ihr Einfluss auf die Vegetation. Leipzig 1845. 4.
Fritsch, Die periodischen Erscheinungen. Prag 1845. 4. — 3jähr. Beobachtungen. 1851. 4.
Streubel, Der Conservator. Berlin 1845. 8.
Held, Demonstrative Naturgeschichte. Stuttgart 1845. gr. 8.
Ruprecht, Distributio cryptogamarum vascularium in imperio rossico. Petropoli 1845. 8.
Tengström, In distributionem vegetationis per Ostrobothniam collectanea. Helsingforsiae 1846. 8.
Godron, Sur une plante propre aux terrains salifères de Sarrebourg. Nancy 1846. 8.

Forbes, Connexion between the distribution of Fauna and Flora of the british isles. London 1846. 8.
Hohenacker, Höhenprofil und Kärtchen von Südwestpersien nach Th. Kotschy. Esslingen 1846. fol.
Meyer, Neueste Nachrichten über einige vegetabilische Eroberer in Südamerika. (Königsberg 1846.) 8.
Meyer, Die Vertheilung der Nahrungspflanzen auf der Erde. (Königsberg 1846.) 8.
Miquel, Oratio de regno vegetabili in telluris superficie mutanda efficaci. Amstelaedami 1846. 4.
Tornabene, Geographia botanica per la Sicilia. Napoli 1846. 4.
Petersen, Ueber den Einfluss der Waldungen auf die Witterungsverhältnisse und das Klima. Altona 1846 8.
Pignol, De l'influence du climat sur les plantes. Lyon s. a. 8.
Hellrung, Karte des Weingebiets in den Zollvereinsstaaten. Augsburg 1846. gr. fol.
Bolle, De vegetatione alpina extra Alpes. Berolini 1846. 8.
Watson, Cybele britannica: or british plants and their geographical relations Part 1 London 1847. 8.
Schnizlein und *Frickhinger*, Die Vegetationsverhältnisse der Jura- und Keuperformation in den Flussgebieten der Wörnitz und Altmühl. Nördlingen 1847. gr. 4.
Ross, James Clark, A voyage of discovery. London 1847. 8.
Fraas, Klima und Pflanzenwelt in der Zeit. Landshut 1847. 8.
Jaeger, F. W., Verbreitung der Gewächse. Hamburg 1847. 4.
Fischer-Oster, Vegetationszonen. Bern 1848. 8.
Desmoulins, Naturalisation en France du Panicum Digitaria L. Bordeaux 1848. 4.
Thurmann, Essai de phytostatique Berne 1849. gr. 8.
Lambert, Geographia plantarum. Berolini 1849. 8.
Lambert, W., Geographia plantarum in Wetteravia et Brandenburgia. Berolini 1849. 8.
Schmidt, Verbreitung der Pflanzen Deutschlands. Göttingen 1850. 8.
Emmrich, Vegetationsverhältnisse in Meiningen. Meiningen 1851. 4.
Berghaus, Pflanzengeographischer Atlas. Gotha 1851. fol.
Seemann, Die in Europa eingeführten Acacien. Hannover 1852. 8.
Hoffmann, Pflanzenverbreitung und Pflanzenwanderung. Darmstadt 1852. 8.
Seemann, B., Botany of the voyage of Herald. London 1852—57. 4.
Fries, Distributio Hieracii generis per Europam. Goettingae 1852. 8.
Rudolph, L., Atlas der Pflanzengeographie Berlin 1852. fol. obl.
Rudolph, L., Die Pflanzendecke der Erde. Populäre.. Berlin 1853. 8.
Godron, Migration des végétaux. Montpellier 1853. 4.
Manganotti, Cenni di geogr. e palaeontol. botan. Verona 1854. 8.
Kittlitz, Vegetations-Ansichten. Wiesbaden 1854. 4.
Lecoq, La géographie bot. de l'Europe et de la France. Paris 1854—58. 8.
Beinling, Verbreitung der Coniferen Breslau 1854. 4.
Sendtner, Vegetationsverhältnisse Südbayerns. München 1854. 8.
Watzel, Vegetationsbeobachtungen von Böhm.-Leippa. Leippa 1854. 8.
Zeyss, Pflanzenwanderung. Gotha 1855. 4.
Candolle, Géographie botanique. Paris 1855. 8.
Tomaschek, Phänologische Beobachtungen von Cilli. Cilli 1855. 4.
Sachse, Pflanzengeographie des Erzgebirges. Dresden 1855. 8.
Rudolph, L, Bedeutung der Pflanzengeographie für den geogr. Unterricht. Berlin 1855. 8.
Kabsch, Das Pflanzenleben der Erde. Hannover 1855 8.
Schmidt, F., Flora des silurischen Bodens von Esthland, Nord-Livland und Oesel. Dorpat 1855. 8.
Wessely, Vegetationsverhältnisse von Kremsier. Kremsier 1855. 4.
Schwendener, Periodische Erscheinungen. Zürich 1856. 4.

Stur, Einfluss des Bodens auf die Vertheilung der Pflanzen. Wien 1856—57. 8.
Suringar, W., De beteekenis der plantengeographie. Leeuwarden 1857. 8.
Ducolombier, Une méthode de statistique botanique. Metz 1857. 8.
Andersson, N. J., Fregatten Eugenies Resa om kring Jorden. Stockholm 1857—61. 4.
Hoffmann, Witterung und Wachsthum. Leipzig 1857. 8.
Suringar, Plantengeographie. Leeuwarden 1857. 8
Hanstein, H., Verbreitung und Wachsthum der Pflanzen im Verhältnisse zum Boden. Darmstadt 1859. 8.
Rudolph, L., Supplementheft zur Pflanzendecke. Berlin 1859. 8
Engel, Influence des climates et de la culture sur les propriétés médicales des plantes. Strasbourg 1860. 4.
Unger, Neu-Holland in Europa. Wien 1861. 8.
Sagot, Principes généraux de géographie agricole. Paris 1862. 8.
Liebe, Geographie der Schmarotzerpflanzen. Berlin 1862. 4.
Liebe, Verbreitung der Schmarotzerpflanzen. Berlin 1862—69. 4
Kerner, Pflanzenleben der Donauländer. Innsbruck 1863. 8.
Zetterstedt, J. E., Växtgeographiens Studium. Upsala 1863. 8.
Pickering, The geographical distribution of animals and plants. London 1864. 4.
Rudolph, Pflanzengeographie. Berlin 1864. fol.
Rudolph, L, Atlas der Pflanzengeographie. Berlin 1864. fol.
Martius, K., Vorträge über die Florenreiche. München 1865. 8.
Kerner, A., Die hybriden Orchideen der österreichischen Flora. Innspruck 1865. 8.
Meisner, Geographische Verhältnisse der Lorbeergewächse. München 1866. 4.
Moore, D, Contributions towards a Cybele britannica in Ireland. Dublin 1866. 8.
Zimmermann, H., De Papyro. Geographica. Vratislaviae 1866. 8
Franchet, Distribution géographique des plantes de Loir et Cher. Vendomme 1866. 8.
Caruel, Generi delle Cyperoidee europee. Firenze 1866. 4.
Linsser, Periodische Erscheinungen. Petersburg 1867—69. 4.
Christ, Verbreitung der Pflanzen in der alpinen Region. Zürich 1867. 4.
Pinzger, P., Vergleich der Moskauer Pflanzen mit den gleichen Species der deutschen Flora. Brandenburg 1868. 4.
Krasan, Pflanzenphänologische Beobachtungen. Görz 1868. 8.
Schultz, Carex. Hagenau 1868. 8.
Lyell, Geographical handbook of all the known ferns. London 1870. 8.
Wüllerstorf-Urbair, Reise der Novara um die Erde. Wien 1870. 4.
Martins, Ch, L'origine glaciaire des toubières du Jura. Montpellier 1871. 4.
Grisebach, Die Vegetation der Erde. Leipzig 1872. 8.

Cap. 19. Plantae fossiles.

Petrificata.

Scheuchzer, Herbarium diluvianum. Tiguri 1709. fol. — Ed. II: Lugduni Bat. 1723. fol.
Bromell, Lithographiae suecanae specimen secundum. (Holmiae 1727.) 8.
Langhanns, Programm von einem versteinerten Baume. Landshut 1736. 4.
Reichel, De vegetabilibus petrefactis. Vitembergae 1750. 4.

Schultze, Kurtze Betrachtung der versteinerten Hölzer. Dresden 1754. 4.
Schultze, Kurtze Betrachtung derer Kräuterabdrücke. Dresden 1755. 4.
Wallerius, De vestigiis diluvii universalis. Upsaliae 1760. 4.
Waldin, Die Frankenberger Versteinerungen. Marburg 1778. 4.
Schlotheim, Beschreibung merkwürdiger Kräuterabdrücke. Gotha 1804. gr. 4.
Martin, Petrificata derbiensia. Wigan 1809. 4.
Parkinson, James, Organic remains of a former world. London 1811. 4.
Noeggerath, Ueber aufrecht im Gebirgsgestein eingeschlossene fossile Baumstämme. Bonn 1819—21. 8.
Sternberg, Versuch einer geognostisch-botanischen Darstellung der Flora der Vorwelt. Prag 1820—38. fol.
Schlotheim, Betrefactenkunde. Gotha 1820—23. 8.
Brongniart, Notice sur les végétaux fossiles. Paris 1821. 4.
Nau, Pflanzenabdrücke und Versteinerungen aus dem Kohlenwerke St. Ingbert im bairischen Rheinkreise. München 1821. 4.
Rhode, Beiträge zur Pflanzenkunde der Vorwelt. Breslau 1821—23. fol.
Brongniart, Classification et distribution des végétaux fossiles. Paris 1822. 4.
Mantell, The fossils of the south downs. London 1822. 4.
Unger, De Palmis fossilibus. (*Martius*, Genera et species Palmarum. Monachii 1823. fol.)
Breda, Oratio de Florae mundi primigenii reliquiis in lithanthracum fodinis. Gandavi 1823. 4.
Buckland, Reliquiae diluvianae. London 1824. 4.
Artis, Antediluvian phytology. London 1825. 4.
Brongniart, Observations sur les végétaux fossiles renfermés dans les grès de Hoer en Scanie. Paris 1825. 8.
Fischer von Waldheim, Notice sur les végétaux fossiles du gouvernement de Moscou. Moscou 1826. 4.
Jaeger, Ueber die Pflanzenversteinerungen im Bausandstein. Stuttgart 1827. 4.
Mantell, Illustrations of the geology of Sussex. London 1827. 4.
Brongniart, Considérations générales sur la nature de la végétation etc. Paris 1828. 8.
Brongniart, Prodrome d'une histoire des végétaux fossiles. Paris 1828. 8.
Brongniart, Histoire des végétaux fossiles. Paris 1828—37. 4.
Brongniart, Notice sur les plantes (fossiles) d'Armissan près Narbonne. Paris 1828. 8.
Bronn in: *Bischoff, G.*, Die krypt. Gewächse Deutschlands. 1828. 4.
Sprengel, Commentatio de Psarolithis. Halae 1828. 8.
Hisinger, Esquisse d'un tableau des pétrifications de la Suède. Stockholm 1829. 8. — ib. 1831. 8.
Schuebler, Systematische Uebersicht der Versteinerungen Würtembergs. Tübingen 1830. 8.
Woodward, Synoptical table of british organic remains. London 1830. 8.
Hisinger, Catalogue des fossiles de la Suède. Stockholm 1831. 8.
Witham, Observations on fossil vegetables. Edinburgh 1831. 4.
Lindley et *Hutton*, The fossil Flora of Great-Britain. London 1831—37. 4.
Cotta, Die Dendrolithen in Beziehung auf ihren innern Bau. Dresden 1832. 4.
Unger, Iconographia plantarum fossilium. Wien 1832. fol.
Witham, The internal structure of fossil vegetables. Edinburgh 1833. 4.
Witham, Description of a fossil tree. Edinburgh 1833. 4.
Zenker, Beiträge zur Naturgeschichte der Urwelt. Jena 1833. 4.
Bronn, Lethaea geognostica. Stuttgart 1835—38. 8. — 1851—56.

Gutbier, Abdrücke und Versteinerungen des Zwickauer Schwarzkohlengebirges. Zwickau 1835. 8.
Goldenberg, Grundzüge der vorweltlichen Flora um Saarbrücken. Saarbrücken 1835. 4.
Mammatt, A collection ... the formation of the Ashby-coal-field. Ashby-de-la-Zouch 1836. gr. 4.
Goeppert, Systema Filicum fossilium. Breslau et Bonn 1836. 4.
Hisinger, Lethaea suecica. Holmiae 1837—41. 4.
Goeppert, De floribus in statu fossili. Vratislaviae 1837. 4.
Brongniart, Considérations sur la nature des végétaux qui ont couvert la surface de la terre. Paris 1838. 4.
Collegno, Distribution des débris végétaux. Paris 1838. 4.
Haidinger, Pflanzenreste in den Braunkohlen- und Sandsteinebilden des Elbogner Kreises. Prag 1839. 4.
Ross, De Filicum ectypis in lithanthracum wettinensium fodinis. Halae 1839. 8.
Kurtze, De petrefactis in schisto bituminoso mansfeldensi. Halae 1839. 4.
Münster, Petrefactenkunde. Bayreuth 1839—46. 4.
Bowerbank, A history of the fossil fruits and seeds of the London Clay. London 1840. 8.
Hoenninghaus, Ueber fossile Blätter im Süsswasserkalk von Membach. Crefeld 1840. 4.
Rossmaessler, Beiträge zur Versteinerungskunde. Dresden 1840. gr. 8.
Goeppert, Fossile Flora des Quadersandsteins. Breslau 1841. 4.
Unger, Chloris protogaea. Beiträge zur Flora der Vorwelt. Leipzig (1841—47). 4.
Gutbier, Ueber einen fossilen Farrenstamm, Caulopteris Freieslebeni. Zwickau 1842. 8.
Brongniart, Algues fossiles en Tauride. In *Demidoff*, Voyage. vol. II. Paris 1842. 8.
Goeppert, Die Gattungen der fossilen Pflanzen. Bonn 1842—45. 4. obl.
Goeppert, Fossile Flora der Gipsformation. Breslau 1842. 4.
Parlatore, Sulle impronte de' vegetabili fossili nella Maremma toscana. (Firenze 1843.) 8.
Roemer, F. A., Die Versteinerungen des Harzgebirges. Hannover 1843. 4.
Stiehler, Bildung der Steinkohle. Braunschweig 1843. 8.
Schimper et *Mougeot*, Monographie des plantes fossiles du grès bigarré des Vosges. Leipzig 1844. 4.
Germar, Die Versteinerungen des Steinkohlengebirges von Wettin und Löbejün im Saalkreise. Halle 1844—53. fol.
Goeppert, Uebersicht der fossilen Flora Schlesiens. Breslau 1844. 8.
Corda, Beiträge zur Flora der Vorwelt. Prag 1845. 4.
Unger, Synopsis plantarum fossilium. Lipsiae 1845. 8.
Kurr, Beiträge zur fossilen Flora der Juraformation Würtembergs. Stuttgart 1845. 4.
Goeppert, Der Bernstein. Berlin 1845. fol.
Reuss, A. E., Die Versteinerungen der böhmischen Kreideformation. Stuttgart 1845—46. royal 4.
Dunker, Monographie der norddeutschen Wealdenbildung. Braunschweig 1846. 4.
Schleiden, Ueber die fossilen Pflanzenreste des Jenaischen Muschelkalkes. (*Schmid* und *Schleiden* «Die geognostischen Verhältnisse des Saalthals». Leipzig 1846. fol. p. 65—72.)
Dunker und *Meyer*, Palaeontographica. Cassel 1846—71. 4.
Unger, Ueber die fossile Flora von Parschlug. (Grätz 1847) gr. 8.
Goeppert, Ob die Steinkohlenlager aus Pflanzen entstanden? Leiden 1848. 4.
Bronn, Index palaeontologicus. Stuttgart 1848—49. 8.
Andrae, K. J., De formatione tertiaria. Halis 1848. 8.
Berger, A. R., De fructibus lithanthracum. Vratislaviae 1848. 4.

Geinitz, Versteinerungen des Zechsteingebirges. Leipzig 1848—49. 4.
Goeppert, Fossile Coniferen. Leiden 1850. 4.
Unger, Fossile Flora von Sotzka. Wien 1850. 4.
Unger, Genera et species plantarum fossilium. Wien 1850. 8.
Stenzel, De trunco Palmarum fossilium. Vratislaviae 1850. 4.
Massalongo, Schizzo sopra la Flora primordiale. Verona 1850. 8.
Andrae, K. J., Geognostische Karte von Halle. Halle 1850. 8.
Massalongo, Le piante fossili del Vincentino. Padova 1851. 8.
Unger, Die Urwelt. Wien 1851. 4.
Ettinghausen, Acrobryen des Kreidegebirges. Wien 1851. 4.
Unger, Iconographia plantarum fossilium. Wien 1852. fol.
Unger, Fossile Pflanzen von Solenhofen. Cassel 1852. 4.
Goeppert, Flora des Uebergangsgebirges. Bonn 1852. 4.
Goeppert, Beiträge zur Tertiärflora Schlesiens. Cassel 1852. 4.
Massalongo, Sapindacearum fossilium Monographia. Veronae 1852. 8.
Visiani, R., Relazione de „piante fossili" del Massalongo. Venezia 1852. 8.
Weber, C, Tertiärflora der niederrheinischen Braunkohlenformation. Cassel 1852. 4.
Massalongo, Varia ad Floram fossilem Lombardiae. Veronae 1852—67. 4.
Massalongo, Monographia Sapindacearum fossilium. Veronae 1852. 8.
Ettinghausen, Fossile Flora von Häring. Wien 1853. 4.
Geinitz, Flora des Hainichen-Ebersdorfer Kohlenbassins. Leipzig 1854. 4.
Goldenberg, Selaginellen der Vorwelt. Saarbrücken 1854. 8.
Goeppert, Tertiärflora von Java Gravenhage 1854. 4.
Ehrenberg, Mikrogeologie. Leipzig 1854. fol.
Massalongo, Monografia delle Dombeyacee fossili. Verona 1854. 8.
Manganotti, Cenni di geogr. e palaeontol. bot. Verona 1854. 8.
Geinitz, Die Leitpflanzen des Rothliegenden und des Zechsteingebirges in Sachsen. Leipzig 1854. 4.
Geinitz, Steinkohlenformation in Sachsen. Leipzig 1855. fol.
Ettinghausen, Eocenflora des Monte Promina. Wien 1855. 4.
Mercklin, Palaeodendrologicon rossicum. St. Petersburg 1855. 4.
Stache, De Casuarinis viventibus et fossilibus. Vratislaviae 1855. 8.
Stiehler, Vorweltliche Flora des Kreidegebirges im Harze. Cassel 1855. 4.
Eichwald, Lethaea rossica. Stuttgart 1855. 8.
Goldenberg, Flora Saraepontana. Saarbrücken 1855—62. 4.
Kovats, Fossile Flora von Erdobenye und Tallya. Pest 1856. 8.
Wessel, Ph, Tertiärflora der niederrheinischen Braunkohlenformation. Cassel 1856. 4.
Visiani, R., Flora de terrini terziarii di Novale. Torino 1856. 4.
Zigno, Flora fossilis formationis oolithicae. Padova 1856—68. 4.
Béron, Déluge et vie des plantes. Paris 1857. 4.
Kimball, Flora of the Apalachian coalfield. Göttingen 1857. 8.
Fischer-Oster, Fossile Fucoiden der schweizer Alpen. Bern 1858. 4.
Visiani, R., Pianto fossili della Dalmazia. Venezia 1858. 4.
Unger, Die Urwelt. Wien 1858. 4.
Hallier, Cycadeae fossiles Apoldenses. Jena 1858. 8.

Cleghorn, Bassia elliptica Dalz. Madras 1858. 4.
Ettinghausen, Thalassiophyten des Kreidegebirges. Wien 1859. 4.
Unger, Sylloge plantarum fossilium. Wien 1860—66. 4.
Heer, Recherches sur le pays tertiaire. Winterthur 1861. 4.
Heer, Miocene baltische Flora. Königsberg 1861. 4.
Heer et Gaudin, Le climat et végétation du pays tertiaire. Winterthur 1861. gr. 4.
Stiehler, Synopsis der Pflanzenkunde der Vorwelt. Quedlinburg 1861. 8.
Unger, Neu-Holland in Europa. Wien 1861. 8.
Zigno, Piante fossili del Trias di Recoaro. Venezia 1862. 4.
Geinitz, Dyas oder Zechsteinformation. Leipzig 1862. 4.
Schimper, W., Le terrain de transition des Vosges. Strasbourg 1862. 4.
Ettinghausen, Eocenflora Europas. Wien 1862. 8.
Saporta, Végétation tertiaire. Paris 1862—67. 8.
Schenk, A., Beiträge zur Flora der Vorwelt. Cassel 1863. 4.
Ettinghausen, Die Farrnkräuter der Jetztwelt zur Bestimmung der vorweltlichen. Wien 1864. 4.
Visiani, R., Palmae pinnatae tertiariae agri veneti. Venezia 1864. 4.
Planchon, G., Etude des tufs de Montpellier. Paris 1864. 4.
Goeppert, Flora der Permischen Formation. Cassel 1864—65. 4.
Schenk, Beiträge zur Flora des Keupers. Bamberg 1864. 8.
Watelet, Plantes fossiles du bassin de Paris. Paris 1865—66. 4.
Heer, Pflanzen der Pfahlbauten. Zürich 1865. 4.
Schönlein, Fossile Pflanzen aus dem Keuper Frankens. Wiesbaden 1865. fol.
Andrae, Vorweltliche Pflanzen. Bonn 1865—67. 4.
Sismonde, Paléontologie tertiaire de Piémont. Turin 1865. 4.
Saporta, G., Flore fossile des travertins anciens de Sézanne. Paris 1865. 4.
Zigno, Felce fossile dell' Oolite. Padova 1865. 8.
Zigno, Dichopteris, genus Filicum fossilium. Venezia 1865. 8.
Coemans, Monographie des Sphénophyllum d'Europe. Bruxelles 1865. 8.
Coemans, Flore fossile du terrain crétacé du Hainaut. Bruxelles 1866. 4.
Unger, Geologie der europäischen Waldbäume. Grätz 1866—70. 8.
Capellini et Heer, Phyllites crétacées de Nebraska. Zürich 1866. 4.
Ettinghausen, Flora des Tertiärbeckens von Bilin. Wien 1867—68. 4.
Roehl, Steinkohlenflora Westphalens. Cassel 1867. 4.
Schenk, Fossile Flora der Grenzschicht des Keupers und Lias Frankens. Wiesbaden 1867. 4.
Molon, Flora tertiaria Veneta. Milano 1867. 4.
Heer, Flora fossilis arctica. Zürich 1868—71. 4.
Heer, Braunkohlenpflanzen von Bornstedt. Halle 1869. 4.
Heer, Flora fossilis Alaskana. Stockholm 1869. 4.
Visiani, R, Di due nuovi generi di piante fossili. Padova 1869. 8.
Weiss, Ch., Fossile Flora der jüngsten Steinkohlenformation und des Rothliegenden im Saar-Rheingebiete. Bonn 1869—72. 4.
Engelhardt, Flora der Braunkohlenformation von Sachsen. Leipzig 1870. 8.

SECT. B. FLORAE, CAP. 20—36.

Cap. 20. Flora Africae.

§ 1. Flora Africae australis.
(Capitis bonae Spei.)

Ten Rhyne, Fasciculus rariorum plantarum in promontorio Bonae Spei collectarum. (*Breyn*, Centuria. Gedani 1678. fol.)

Mentzel, Corollarium plantarum in promontorio bonae spei a Joh. Fr. Ruecker collectarum. (— Lexicon. Berolini 1696. fol.)
Kolbe, Beschreibung des Vorgebirgs der guten Hoffnung. Nürnberg 1719. fol.
Burmann, Catalogi duo plantarum africanarum. Amstelaedami 1737. 4.

Burmann, Rariorum Africanarum plantarum Decas I—X. Amstelaedami 1738—39. 4.
Linné, Flora Capensis. Upsaliae 1759. 4.
Linné, Plantae rariores Africanae. Holmiae 1760. 4.
Bergius, Descriptiones plantarum ex Capite Bonae Spei. Stockholmiae 1767. 8.
Burmann, Prodromus Florae Capensis. (— Flora indica. Lugduni Batavorum 1768. 4.)
Sparrman, Resa til Goda-Hopps Udden. Stockholm 1783. 8.
Roth, Observationes plantarum e Capite Bonae Spei. (Bot. Abhandlungen. Nürnberg 1787. 4. p. 53—65.)
Paterson, A narrative of four journeys into the country of the Hotentots and Caffraria. London 1789. 4.
Le Vaillant, Voyage dans l'intérieur de l'Afrique. Paris 1790. — Second voyage. Paris (1795). 8.
Thunberg, Prodromus plantarum Capensium. Upsaliae 1794—1800. 8.
Barrow, Travels into the interior of southern Africa. London 1801—4. 4.
Thunberg, Flora Capensis. Upsaliae 1807—13. 8. — Havniae 1818—20. 8. — Stuttgardiae 1823. 8.
Burchell, Travels in the interior of southern Africa. London 1822—24. — Botanical index. 1824. 4.
Schlechtendal, Adumbrationes. (Filices Capenses.) Berolini 1825—32. 4.
Cruse, De Rubiaceis Capensibus, praesertim de genere Anthospermo. Berolini 1825. 4.
Schrader, Analecta ad Floram Capensem. I: Cyperaceae. Goettingae 1832. 4.
Fenzl, Pemptas stirpium novarum Capensium. Halis a/S. 1833. 8.
Meyer, Commentariorum de plantis Africae australioris Dregeanis fasc. I—II. Lipsiae 1835—37. 8.
Kunze, Plantarum acotyled. Afr. austral. recensio. I. Filices. Lipsiae 1836. 8.
Drège, Catalogus plantarum exsicc. Afr. austral. I—III. 1837—40. 8.
Harvey, The genera of South African plants. Cape Town 1838. 8.
Walpers, Animadversiones in Leguminosas capenses. Halae 1839. 8.
Nees von Esenbeck, Florae Africae australioris illustrationes monographicae. I: Gramineae. Glogaviae 1841. 8.
Hochstetter, Nova genera plantarum Africae. Ratisbonae 1842. 8.
Fenzl, Pemptas stirpium novarum capensium. Halis a/S 1843. 8.
Drège, Zwei pflanzengeographische Documente. (Leipzig 1844.) 8.
Krauss, F, Beiträge zur Flora des Cap und Natallandes. Regensburg 1846. 8.
Pappe, South African plants used as remedies. Capetown 1847. 8.
Bondam en Top, Flora Campensis. Naamlyst.. Kampen 1849. 4.
Roupell, Flora of South Africa. Specimens. London 1849. gr. fol.
Pappe, Flora Capensis medica. Capetown 1850—57. 8.
Kretschmar, E., Südafrikanische Skizzen. (Heilmittel.) Leipzig 1853. 8.
Pappe, Silvae Capenses. Capetown 1853. 8.
Armitage, Botany of Natal. Pietermaritzburg 1854. 8.
Chapman, Travels in South-Africa. London 1858. 8.
Harvey and *Sonder*, Flora Capensis. Dublin 1859—65. 8.
Harvey, Thesaurus Capensis. Dublin 1859—63. 8.
Brown, John C., Report of the Colonial Botanist. Capetown 1866. 4.

§. 2. Flora Africae occidentalis.

Labat, Nouvelle relation de l'Afrique occidentale. Paris 1728. 12.
Adanson, Histoire naturelle du Sénégal. Paris 1757. 4.
Forster, Plantae atlanticae ex insulis Madeira, St. Jacobi, Adscensionis, St. Helenae et Fayal. (Goettingae 1787.) 4.
Matthews, A voyage to the river Sierra Leone. London 1788. 8.
Isert, Reise nach Guinea und den Caribäischen Inseln. Kopenhagen 1788. 8.
Durand, Voyage au Sénégal. Paris 1802. 8. et Atlas.
Afzelius, Genera plantarum Guineensium. Upsaliae 1804. 4.
Palisot-Beauvois, Flore d'Oware et de Benin en Afrique. Paris 1804—7. (—21?) fol.
Le Dru, Voyage aux îles de Ténériffe etc. Paris 1810. 8.
Afzelius, Remedia Guineensia. Upsaliae 1813—17. 4.
Roxburgh, Plants from St. Helene. London 1816. 4.
Tuckey, Narrative of an expedition to explore the river Zaire (Congo) in South-Africa. London 1818. 4.
Brown, Observations on the Herbarium collected in the vicinity of the Congo. London 1818. 4. (Verm. Schriften I, 1—167.)
Afzelius, Stirpium in Guinea medicinalium species novae. Upsaliae 1818—29. 4.
Buch, Allgemeine Uebersicht der Flora auf den canarischen Inseln. Berlin 1819. 4.
Nees von Esenbeck, Plantarum Canariensium species quatuor novae. (Hor. phys. ber. Bonn 1820. fol.)
Raddi, Breve osservazione sull' Isola di Madera. Firenze 1821. 8.
Sabine, Edible fruits of Sierra Leone. London 1824. 4.
Afzelius, Stirpium in Guinea medicinalium species cognitae. Upsaliae 1825. 4.
Antommarchi, Exquisse de la Flore de St. Hélène. Paris 1825. 8.
(*Watson*) Flora Sta. Helenica. St. Helena 1825. 4.
Bowdich, Excursions in Madeira and Porto Santo. Botany: p. 244—67. London 1825. 4.
Buch, Physikalische Beschreibung der canarischen Inseln. Berlin 1825. 4.
Schumacher, Beskrivelse af guineiske Planter. Kjøbenhavn 1827. 4.
Guillemin, Perrottet et Richard, Florae Senegambiae tentamen. Paris 1830—33. gr. 4.
Lowe, Primitiae Faunae et Florae Maderae et Portus Sanctis. Cambridge 1831. 4. — Novitiae. 1838. 4.
Pritchard, List of plants growing on the island of St. Helena. Capetown 1836. 8.
Berthelot, Les forêts canariennes, leurs changements et leurs alternances. Paris 1836. fol.
Webb et Berthelot, Histoire naturelle des îles Canaries. Tome III: Phytographia canariensis. Paris 1836—50. 4.
Fries, Fungi guineenses Adami Afzelii. Upsaliae 1837. 4.
Brunner, Reise nach Senegambien und nach den Inseln des grünen Vorgebirges. Bern 1840. 8.
Seubert, Flora Azorica. Bonn 1844. 4.
Robley, A selection of Madeira flowers. London 1845. fol.
Penfold, A selection of Madeira flowers, fruits and ferns. London 1845. royal 4.
Hooker, Niger Flora. London 1849. 8.
Jardin, Herborisations sur la côte occidentale d'Afrique. Paris 1851. 8.
Schmidt, J. A., Flora der Capverdischen Inseln. Heidelberg 1852. 8.
Klotzsch, Philipp Schönlein's botanischer Nachlass. Berlin 1856. 4.
Schacht, Madeira und Tenerife. Berlin 1859. 8.
Lowe, R. T., A manual Flora of Madeira. London 1868. 8
Welwitsch, F., Sertum angolense. London 1869. 4.
Godman, Natural history of the Azores. London 1870. 8.

§. 3. Flora Africae borealis.

(*Insulas occidentales vide in Capit. seq.*)

Leo Africanus, De totius Africae descriptione libri IX. Antwerpiae 1556. 8.

Alpinus, De plantis Aegypti liber. Venetiis 1592. 4. — Patavii 1640. 4. — Opera posth. vol. II, p. 1—70. Lugduni Bat. 1735. 4. — (*Brueckmann*, Notae et animadversiones. Epist. itin. 54. p. 706—16.)
Vesling, De plantis Aegyptiis observationes et notae. Patavii 1638. 8.
Mueller, Die afrikanische Landschaft Fetu. Hamburg 1673. 8.
Lippi, Description des plantes observées en Egypte en 1704. (Mscr. in bibl. horti Paris.)
Vallisneri, Prima Raccolta (p. 84. De Pinu Africana). Venezia 1710. 12.
Loyer, Relation du voyage du royaume d'Issyny. Paris 1714. 12.
Petiver, Plantarum Aegyptiacarum rariorum icones. Londini 1717. fol.
Shaw, Travels. Oxford 1738. fol. (p. 37—47 Specimen phytographiae Africanae.)
Shaw, Catalogus plantarum, quas in variis Africae et Asiae partibus collegit. Oxonii 1738. fol.
Poiret, Voyage en Barbarie. Paris 1789. 8.
Bruce, Travels to discover the source of the Nile. Vol. V: Select specimens of natural history. Edinburgh 1790. 4.
Nordmeyer, Calendarium Aegypti oeconomicum. Goettingae 1792. 4.
Desfontaines, Flora Atlantica. Paris 1798—1800. 4.
Spottswood, Phytologia Tingitana. (Phil. Transact. XIX. 239—349.)
Sonnini, Voyage dans la haute et basse Egypte. (Paris 1799.) 8.
Schousboe, Iagttagelser over vextriget i Marokko. Kjøbenhavn 1800. 4.
Golberry, Fragmens d'un voyage en Afrique. Paris 1802. 8.
Reynier, Considérations sur l'agriculture de l'Egypte. (Paris 1802.) 8.
Nectoux, Voyage dans la haute Égypte. Paris 1808. fol.
Delile, Description de l'Egypte. Paris 1810. fol. Vide no. 2129—30.
Viviani, Florae Libycae specimen. Genuae 1824. fol.
Delile, Centurie de plantes d'Afrique du voyage à Méroé recueillies par *Cailliaud*. Paris 1826. 8.
Denham et *Clapperton*, Narrative of travels in northern and central Africa. London 1826. 4. (Bot. appendix by Robert Brown, p. 208—46.)
Cailliaud, Voyage à Méroé. Paris 1826—27. 8.
Ehrenberg, Charakteristik der nordafricanischen Wüsten. Berlin 1827. 4.
Visiani, Plantarum Aegyptiarum decades. Genua 1830. 8.
Schimper, Reise nach Algier. Stuttgart 1834. 8.
Bové, Observations sur les cultures de l'Égypte. Paris 1835. 8.
Visiani, Plantae quaedam Aegypti et Nubiae. Patavii 1836. 8.
Fresenius, Flora von Abyssinien. Frankfurt a/M. 1837—45. 4.
Desfontaines, Voyage dans les régences de Tunis et d'Alger. Paris 1838. 8.
Kotschy, Plantae Knoblecherianae. Vindobonae 1844. 8.
Montagne, Sur la phénomène de la coloration des eaux de la mer rouge. (Trichodesmium erythraeum Ehrenb.) (Paris 1844.) 8.
Champy, Flore Algérienne. Paris 1844. 8.
Delile, Souvenirs d'Egypte. Herborisations au Désert. Montpellier 1844. 8.
Rochet, Second voyage dans le pays des Adels et de Choa. Paris 1846. 8.
Ferret, Voyage en Abyssinie. Paris 1847. 8.
Richard, Tentamen Florae Abyssiniae. Paris 1847—57. 8.
Munby, Flore d'Algérie. Paris 1847. 8.
Cosson, Voyage botanique en Algérie. Paris 1852. 8.
Boissier, Pugillus plantarum Africae. Geneva 1852. 8.
Cosson, Voyages en Algérie (tres) 1852, 53, 57. Paris 1852—57. 8. no. 1908, 10, 11.
Cosson et de Maisonneuve, Flore d'Algérie. Paris 1854—67. 4.
Kotschy, Die Vegetation von Suez. Wien 1854. 8.
Webb, Fragmenta Florulae Aethiopico-Egypticae. Paris 1854. 8.
Rosny, Quelques arbres de l'Afrique boréale. Paris 1856. 8.
Cosson, Sertulum Tunetanum. Paris 1857. 8.
Lambert, E., Exploitation de chêne-liège et d'oliviers en Algérie. Paris 1860. 8.
Pomel, Matériaux pour la Flore atlantique. Oran 1860. 8.
Weyler, Plantas del imperio Maroqui. Palma 1860. 8.
Debeaux, Plantes de Boghar. Bordeaux 1861. 8
Schweinfurth, Plantae Niloticae. Berlin 1862. 4.
Cosson, Considérations sur l'Algérie. Paris 1863. 8.
Speke, The source of the Nile. Edinburgh 1863. 8.
Figari Bey, Studii scientifici sull' Egitto. Lucca 1864—65. 8.
Kotschy, Plantae Binderianae. Wien 1865. 8.
Munby, Catalogus plantarum in Algeria nascentium. Londini 1866. 8.
Munby, Flore de l'Algérie. London 1866. 8.
Jourdann, Flore murale de Tlemcen. Alger 1866. 8.
Boissier, Flora orientalis (Aegypti). Basileae 1867. 8.
Kotschy, Plantae Tinneanae. Vindobonae 1867. fol.
Schweinfurth, Beitrag zur Flora Aethiopiens. Berlin 1867. 4.
Schweinfurth, Reliquiae Kotschyanae. Berlin 1868. 4.
Oliver, Flora of tropical Africa. London 1868—71. 8.

§. 4. Flora Africae orientalis.
(Madagascar, Reunion.)

Cluyt, Historia nucis medicae Maldivensium. Amstelodami 1634. 4.
Flacourt, Histoire de la grande isle Madagascar. Troyes 1661. 4.
(*Saint-Pierre*) Voyage à l'isle de France etc. Amsterdam 1773. 8.
Willemet, Herbarium Mauritianum. Lipsiae 1796. 8.
Bory, Voyage dans les quatre princip. îles des mers d'Afrique. Paris 1804. 8.
Du Petit, Végétaux des isles de France Bourbon et Madagascar. Paris 1804. 8.
Du Petit, Végétaux des isles australes d'Afrique. Paris 1806. 4.
Du Petit, Genera nova Madagascariensia. (Paris 1806.) 8.
Du Petit, Melanges. (Observations sur les plantes des îles Australes. Cours de botanique appliquée aux productions de l'île de France. Esquisse de la Flore de Tristan d'Acugna.) Paris 1811. 8.
Du Petit, Histoire particulière des plantes Orchidées recueillies sur les trois isles australes d'Afrique. Paris 1822. 8.
Richard, Monographie des Orchidées des îles de France et de Bourbon. Paris 1828. 4.
Bojer, Hortus Mauritianus. Maurice 1837. 8.
Bouton, Rapports de la soc. d'hist. nat. de l'île Maurice. Maurice 1839—45. 4.
Bojer, Description des plantes recueillies en Madagascar. (*Bouton*, Rapports. Maurice 1839—43. 4.)
Bertoloni, Illustrazione di piante mozambizesi. Bologna 1852—54. 4.
Bouton, Medicinal plants of Mauritius. Mauritius 1857. 8.
Decken, Reisen in Ost-Africa 1859—65. Leipzig. 4.
Perrottet, Introduction du Vanillier à la Réunion. Pondichéry 1860. 8.
Maillard, Notes sur l'île de la Réunion. Paris 1862. 8.
Maillard, Plantes de l'île de la Réunion. Paris 1862. 8.
Peters, Reise nach Mossambique, Botanik. Berlin 1862—64. 4.
Bouton, Cannes a sucre a Maurice. Maurice 1863. 8.
Bouton, Plantes medicinales de Maurice. Port-Louis 1864. 8.

Cap. 21. Flora Americae.

§. 1. Flora Americae australis et centralis.

Oviedo y Valdes, Sumario de la natural y general istoria de las Indias. Toledo 1526. fol.
Oviedo y Valdes, Primera parte de la historia natural y general de las Indias. Sevilla 1535. fol.
Monardes, Historia medicinal de Indias occidentales. Sevilla 1569. 4.
Lery, Histoire d'un voyage en Brésil. Paris 1578. 8.
Rasciotti, Copia del flore et frutto che nasce nelle Indie occidentali. Venezia 1609. fol.
Hernandez, Quatro libros de la naturaleza y virtudes de la plantas en la nueva España. Mexico 1615. 4.
Rochefort, Histoire naturelle et morale des isles Antilles d'Amérique. Rotterdam 1639. 4.
Laet, L'histoire du nouveau monde ou description des Indes occidentales. Leyde 1640. fol.
Piso, De medicinar Brasiliensi. Lugduni Bat. 1648. fol. — Amstelodami 1658. fol. — Vindobonae 1817. 8.
Hernandez, Rerum medicarum Novae Hispaniae thesaurus. Romae 1648. fol.
Ligon, History of the island of Barbados. London 1657. fol.
Du Tertre, Histoire générale des Antilles. Paris 1667—71. 4.
Plumier, Description des plantes de l'Amérique. Paris 1693. fol.
Sloane, Catalogus plantarum insulae Jamaica. Londini 1696. 8.
Plumier, Nova plantarum Americanarum genera. Parisiis 1703. 4.
Plumier, Filicetum Americanum. Parisiis 1703. fol.
Plumier, Traité des fougères de l'Amérique. Paris 1705. fol.
Merian, De insectis surinamensibus et de plantis, quibus vescuntur et in quibus fuerunt inventae. Amstelodami 1705. fol.
(*Petiver*) Account of some american plants. (Mem. for the curious, 1707. p. 345—52.)
Sloane, A voyage to the islands Madera, Barbados, Nieves, St. Christophers and Jamaica. London 1707—25. fol.
Petiver, Pterigraphia Americana. (Londini 1712.) fol.
Feuillée, Journal sur les côtes orientales de l'Amérique méridionale et dans les Indes occidentales. (Histoire des plantes médicales de Perou et Chile. II, 703—67 III, 1—71.) Paris 1714—25. 4.
Frezier, Relation du voyage aux côtes du Chily et du Pérou. Paris 1716. 4.
Labat, Nouveau voyage aux îles de l'Amérique. Paris 1722. 12.
Catesby, The natural history of Carolina, Florida and the Bahama Islands. London 1731—43. fol.
Lozano, Descripcion chorografica del gran Chaco, Gualamba. Cordoba 1733. 4.
La Condamine, Relation d'un voyage dans l'intérieur de l'Amérique méridionale. Paris 1745. 8.
Ulloa, Relacion historica del viage á la America meridional. Madrid 1748. fol.
Hughes, The natural history of Barbados. London 1750. fol. — 1789. fol.
Chevalier, Sur les plantes de St. Domingue. Paris 1752. 12.
Plumier, Plantae Americanae. Amsterdam 1755—60. fol.
Browne, Natural history of Jamaica. London 1756. fol.
Loefling, Iter Hispanicum, eller Resa till spanska länderna. Stockholm 1758. 8.
Linné, Plantarum Jamaicensium pugillus. Upsaliae 1759. 4.
Linné, Flora Jamaicensis. Upsaliae 1759. 4.
Jacquin, Enumeratio plantarum in insulis Caribaeis vicinaque Americes continente. Lugduni Batavorum 1760. 8.
(*Thibault de Chanvalon*) Voyage à la Martinique. Paris 1763. 4.
Jacquin, Selectarum stirpium Americanarum historia. Vindobonae 1763. fol. — 1780. fol.
Prefontaine, Plantes et arbres qui naissent à Cayenne. (— Maison rustique etc. Paris 1763. 8. p. 135—211.)
Merian, Recueil des plantes des Indes. Paris 1768. fol.
Bancroft, Essay on the natural history of Guiana. London 1769. 8.
Desportes, Plantae Domingenses. (— Histoire des maladies de St. Domingue, vol. III, 3—56. 181—309.) Paris 1770. 12.
Ulloa, Noticias Americanas. Madrid 1772. 4.
Linné, Plantae Surinamenses. Upsaliae 1775. 4.
Aublet, Histoire des plantes de la Guiane française. Paris 1775. 4.
(*Kunth*, Ueber einige Aublet'sche Gattungen. Berlin 1833. 4.)
Rottboell, Descriptiones rariorum plantarum (Surinamensium). Havniae 1776. 4. — ib. 1798. fol.
(*Nicolson*) Essai sur l'histoire naturelle de l'Ile de St. Domingue. Paris 1776. 8.
Houstoun, Reliquiae Houstounianae. Londini 1781. 4.
Molina, Saggio sulla storia naturale del Chile. Bologna 1782. 8. — ib. 1810. 4.
Forster, Fasciculus plantarum Magellanicarum. (Goettingae 1787.) 4. (Comm. soc. gott. IX, 13—45.)
(*Vandelli*) Florae Lusitanicae et Brasiliensis specimen. Conimbricae 1788. 4.
Isert, Reise nach Guinea und den Caribäischen Inseln. Kopenhagen 1788. 8.
Swartz, Nova genera et species plantarum, seu prodromus descriptionum vegetabilium Indiae occidentalis. Holmiae 1788. 8.
Hernandez, Opera quum edita tum inedita. (De historia plantarum Novae Hispaniae.) Matriti 1790. 4.
Swartz, Inträdes tal om Vestindien. Stockholm 1790. 8.
Swartz, Observationes botanicae. Erlangae 1791. 8.
Ruiz, Quinologia. Madrid 1792. 4. — Supplemento: ib. 1801. 4.
Edwards, History of the british colonies in the West Indies. London 1793. 4.
West, Bidrag til beskrivelse over Ste Croix. Kiöbenhavn 1793. 8.
West, Flora insularum St. Croix et Thomas, in ejus «Bidrag» etc. Kjöbenhavn 1793. 8. p. 259—336.
Barham, Hortus americanus. Vegetable productions of South-Amer. and Westindia particularly Jamaica. Kingston 1794. 8.
Ruiz et Pavon, Florae Peruvianae et Chilensis prodromus. Madrid 1794. fol. — Romae 1797. gr. 4.
Swartz, Icones plantarum incognitarum Indiae occidentalis. Erlangae 1794. fol.
Stedmann, Narrative of a five years expedition of Surinam and Guiana. London 1796. 4.
Richard, Catalogus plantarum e Cayenna missarum a D. le Blond. (Actes de la soc. d'hist. nat. de Paris. I, 105—14.)
Ruiz, Respuesta... à Cavanilles. Madrid 1796. 4.
Vahl, Eclogae Americanae. Havniae 1796—1807. fol.
Swartz, Flora Indiae occidentalis. Erlangae 1797—1806. 8.
Vahl, Icones illustrationi plantarum in Eclogis descriptarum inservientes. Havniae 1798—99. fol.
Ruiz et Pavon, Flora Peruviana et Chilensis. (Cl. I—VIII.) Matriti 1798—1802. fol. (Continuatur ab ill. Triana 1872.)
Ruiz et Pavon, Systema vegetabilium Florae Peruvianae et Chilensis. s. l. 1798. gr. 8.
Euphrasén, Reise nach den westindischen Inseln St. Barthelemy, St. Eustache und St. Christoph. Göttingen 1798. 8.
Morceau de Jonnès, Carte botanique du volcan du Piton- du Carbet à la Martinique. (*Querard*, France lit. VI. 296.)
(*Ruiz*) Ad cl. Jussieum epistola de ejus dubiis circa nova genera Florae Peruvianae. Matriti 1801. 4.
Gomes, Plantae Brasiliae. Olisipone 1803. 4.

Ledebour et *Adlerstam*, Plantarum Domingensium decas. Gryphiae 1805. 4.

Rudge, Plantarum Guianae rariorum icones et descriptiones. Londini 1805. fol.

Humboldt et *Bonpland*, Plantae aequinoctiales. Paris 1805—18. fol.

Thunberg, Plantarum Brasiliensium decas I—III. Upsaliae 1817—21. 4.

Tussac, Flora Antillarum. Parisiis 1808—27. fol.

Descourtilz, Voyages d'un naturaliste Paris 1809. 8.

Azara, Voyages dans l'Amérique méridionale. Paris 1809. 8. (Botanique : vol II. p 482—544)

Mawe, Travels into the interior parts of Brazil. London 1813. 4.

Lunan, Hortus Jamaicensis. Jamaica 1814. 4.

Leblond, Description abrégée de la Guyane française. Paris 1814. 8.

Humboldt et *Bonpland*, Reise in die Aequinoctialgegenden. Stuttgart 1815—32 8.

Humboldt, *Bonpland*, *Kunth*, Nova genera et species plantarum orbis novi. Lutetiae Parisorum 1815—25. fol.

Hooker, Plantae cryptogamicae, quas collegerunt Humboldt et Bonpland. Londini 1816. 4.

Thunberg, Plantarum Brasiliensium decas I—III. Upsaliae 1817—21. 4.

Meyer, Primitiae Florae Essequeboensis. Goettingae 1818. 4.

Saint-Hilaire, Conspectus Polygalearum Brasiliae meridionalis. Orléans 1818. 8.

Arruda, Centuriae plantarum Pernambucensium. 1818.

Raddi, Synopsis Filicum Brasiliensium. Bononiae 1819. 4.

Humboldt, *Bonpland*, *Kunth*, Mimoses et autres plantes Légumineuses du nouveau continent. Paris 1819 (—24). fol.

Raddi, Di alcune specie nuove brasiliane. Modena 1820. 4.

Raddi, Quaranta piante nuove del Brasile. Modena 1820. 4.

Leandro da Sacramento, Nova plantarum genera e Brasilia. Monachii 1820. 4.

Richard, Histoire des différentes espèces d'Ipécacuanha. Paris 1820. 4.

Mikan, Delectus Florae et Faunae Brasiliensis. Vindobonae 1820. fol.

Wied-Neuwied, Reise nach Brasilien. Frankfurt a/M. 1820—21. 8.

(Schreibers) Nachrichten von den k. k. Naturforschern in Brasilien. Brünn 1820—22. 8.

Descourtilz, Flore médicale des Antilles. Paris 1821—29. 8.

Kunth, Synopsis plantarum, quas ab plagam aequinoctialem orbis novi collegerunt *Humboldt* et *Bonpland*. Paris 1822—25. 8.

Raddi, Crittogame Brasiliane. Modena 1822. 4.

Moreau de Jonnès, Histoire physique des Antilles françaises. Paris 1822. 8.

Saint-Hilaire, Aperçu d'un voyage dans l'intérieur du Brésil. Paris 1823. 4.

Martius, Genera et species Palmarum Brasiliae. (Fasc. I—VIII.) Monachii 1823—45. fol. max.

Raddi, Agrostographia Brasiliensis. Lucca 1823. 8.

Raddi, Descrizione di una nuova Orchidea brasiliana. Modena 1823. 4.

Wied-Neuwied, Beitrag zur Flora Brasiliens. Bonn 1823—24. 4.

Saint-Hilaire, Histoire des plantes rémarquables du Brésil et du Paraguay. Paris 1824. 4.

Saint-Hilaire, Plantes usuelles des Brasiliens. Paris 1824—28. 4.

Martius et *Zuccarini*, Nova genera et species plantarum Brasiliae. Monachii 1824—32. fol.

La Lave et *Lexarza*, Novorum vegetabilium descriptiones. Mexici 1824—25. 8.

Martius, Die Physiognomie des Pflanzenreiches in Brasilien. München (1824). 4.

Spix und *Martius*, Reise in Brasilien. München 1824—31. 4. und Atlas.

Zuccarini, Monographic der amerikanischen Oxalisarten. München 1825. 4. — Nachtrag: ib. 1831. 4.

Velloso, Florae fluminensis descriptio. 1825. — Icones. Parisiis 1827. fol. max.

Hamilton, Prodromus plantarum Indiae occidentalis. London 1825. 8.

Dumont d'Urville, Flore des isles Malouines. Paris 1825. 8.

Saint-Hilaire, Flora Brasiliae meridionalis. Paris 1825—33. fol.

Raddi, Plantarum Brasiliensium nova genera. Pars I: Filices. Florentiae 1825. fol.

Miers, Travels in Chile and La Plata. London 1826. 8.

Candolle, Notice sur la botanique du Brésil. (Genève 1827.) 8.

Noyer, Forêts vierges de la Guiane française. Paris 1827. 8.

Pohl, Plantarum Brasiliae icones et descriptiones. Vindobonae 1827—31. fol.

Martius, Icones plantarum cryptogamicarum Brasiliae. Monachii 1828—34. fol.

Del'Horme, Catalogue du jardin botanique de la Martinique. Saint-Pierre 1829. 8.

Cambessedes, Cruciferarum, Elatinearum, Caryophyllaccarum, Paronychiarum, Portulacearum, Crassulacearum, Ficoidearum, Cunoniacearum Brasiliae meridionalis synopsis. (Paris 1829.) 8.

Nees von Esenbeck, Agrostologia Brasiliensis. Stuttgardiae 1829. 8.

Maycock, Flora Barbadensis. London 1830. 8.

Presl, Reliquiae Haenkeanae. Pragae 1830—36. fol.

Moricand, Plantae Americanae rariores. Genevae 1830. fol.

Saint-Hilaire, Voyage dans les provinces de Rio de Janeiro et de Minas Geraes. Paris 1830. 8.

Jussieu, Observations sur quelques plantes du Chili. (Paris 1831.) 8.

Martius, Die Pflanzen und Thiere des tropischen Amerika. (Leipzig) 1831. 4.

Meyen, Ueber die Hochebenen im südlichen Peru. (Berlin 1832.) 8.

Pohl, Reise im Innern von Brasilien. Wien 1832—37. 4.

Colla, Plantae rariores in regionibus Chilensibus a clar. Bertero nuper detectae. Aug. Taur. 1832—33. 4.

Poeppig, Fragmentum synopseos phanerogamarum in Chile lectarum. Lipsiae 1833. 4.

Moricand, Plantes nouvelles d'Amérique. Genève 1833—46. gr. 4.

Saint-Hilaire, Voyage dans le district des diamans. Paris 1833. 8.

Schlechtendal und *Bouché*, Ueber die wilde Kartoffel (Papa cimarron) von Mexico. Berlin 1833. 4.

Lund, Vegetationen paa de indre boisletter af Brasilien. Kjöbenhavn 1835. 4.

Rengger, Reise nach Paraguay. Aarau 1835. 8.

Hancock, Observations on the climate, soil and productions of British Guiana. London 1835. 8.

Orbigny, A., Voyage dans l'Amérique méridionale. Paris 1835—49. 4. et fol.

Poeppig, Reise in Chile, Peru und auf dem Amazonenstrome. Leipzig 1835—36. 4.

Poeppig et *Endlicher*, Nova genera ac species plantarum in regno Chilensi, Peruviano et in terra Amazonica lectarum. Lipsiae 1835—45. fol.

Manso, Substanzias brazileiras, que podem promover a catarze. Rio de Janeiro 1836. 8.

Ritter, Naturhistorische Reise nach der westindischen Insel Hayti. Stuttgart 1836. 8.

Saint-Hilaire, Végétation primitive dans la province de Minas Geraes. Paris 1837. 8.

Martius, Herbarium Florae Brasiliensis. Monachii 1837 (—40). 8.

Murray, A descriptive account of the Palo de Vaca or Cow-Tree of the Caracas. London 1837. gr. 8.

Bateman, The Orchidaceae of Mexico and Guatemala. London 1837—43. fol.

Macfadyen, Flora of Jamaica. London 1837. 8.
Maycock, Plants in the British West India Colonies. (*Halliday*, The West Indies. London 1837. 8. p. 389—408.)
Bentham, Plantae Hartwegianae imprimis Mexicanae. Londini 1839—46. 8.
Orbigny, Voyage dans l'Amérique méridionale. Tome VII. Botanique. Paris 1839. (1834—46.) 4.
Splitgerber, Enumeratio Filicum et Lycopodiacearum Surinami. Leiden 1840. 8.
Saint-Hilaire et De Girard, Monographie des Lentibulariées du Brésil méridional. Orléans 1840. 4.
Saint-Hilaire et De Girard, Monographie des Primulacées du Brésil méridional. Orléans 1840. 8.
Schomburgk, A description of British-Guiana. London 1840. 8.
Bertoloni, Florula Guatimalensis. Bononiae 1840. 4.
Martius, Flora Brasiliensis. Lipsiae 1840—70. fol.
Kickx, Notice sur quelques champignons du Mexique. Bruxelles 1841. 8.
Schomburgk, Reisen in Guiana und am Orinoko während der Jahre 1835—39. Leipzig 1841. 8.
Martens et Galeotti, Mémoire sur les fougères du Mexique. (*Martens*, Géographie botanique de Mexique.) Bruxelles 1842. 4.
Casaretto, Novarum stirpium Brasiliensium decades. Genuae 1842—45. 8.
Splitgerber, De plantis novis Surinamensibus. Amstelodami 1842. 8.
Otto, Reiseerinnerungen an Cuba, Nord- und Südamerika. Berlin 1843. 8.
Hooker, Observations on the Tussacgrass of the Falkland islands. (— Notes. etc. London 1843. 8.)
Choisy, Sur les Convolvulacées du Brésil et sur la Marcellia. Genève 1844. 4.
Ramon de la Sagra, Histoire physique et politique de l'île de Cuba. Paris 1844. 8.
Allemão, Plantas novas do Brasil. Rio 1844—62. 4.
Montagne, Historia de Cuba. Paris 1845. 4.
Orbigny, A., Descripcion de Bolivia. Paris 1845. 8.
Gay, Historia fisica y politica de Chile. Botanica. Paris 1845—53. 8. et Atlas.
Sagra, Historia fisica de Cuba. Tom IX—XII. Paris 1845—55. fol.
Gardner, Travels in the interior of Brazil. London 1846. 8.
Meyer, E., Neueste Nachrichten über einige vegetabilische Eroberer in Südamerika. (Königsberg 1846.) 4.
Miers, Illustrations of south american plants. London 1846—47. 4.
Remy, Analecta Boliviana, seu nova genera et species plantarum in Bolivia crescentium. Paris 1847. 8.
Schomburgk, Reisen in British-Guiana in 1840—44. Leipz. 1847—48. gr. 8.
Schomburgk, Flora von British Guiana. Leipzig 1848. 8.
Presl, Epimeliae botanicae. Pragae 1849. 4.
Weddell, Additions à la Flore de l'Amérique du Sud. Paris 1850. 8.
Miquel, Stirpes Surinamenses selectae. Lugduni 1850. 4.
Miquel, Analecta botanica Indica. Amsterdami 1850—52. 4.
Miers, Contributions to botany. London 1851—71. 8.
Liebmann, Mexicos og Central-Americas Urticaceae. Kjøbenhavn 1851. 4.
Seemann, Botany of the voyage of the Herald. (Flora of Panama, of N. W. Mexico p. 57—346.) London 1852—57. 4.
Heller, K. B., Reisen in Mexico. Leipzig 1853. 8.
Martius, Commentar zu Marcgraf und Piso. München 1853. 4.
Grisebach, Pflanzen aus Südchile und von der Maghellansstrasse. Göttingen 1854. 4.
Berg, A., Physiognomy of tropical vegetation in South-America. London 1854. fol.

Triana, Nuevos géneros de la Flora neogranadina. Bagotá 1854. 4.
Grisebach, Pflanzensammlungen Philippi's und Lechler's im südlichen Chile und an der Maghellaenstrasse. Göttingen 1854. 4.
Weddell, Chloris Andina. Paris 1855—57. 4.
Ramon de la Sagra, Historia de Cuba. Paris 1855—58. 4.
Grisebach, Vegetation der Karaiben. Göttingen 1857. 4.
Andersson, Flora insularum Gallopagensium. Holmiae 1857—61. 4.
Crüger, Outline of the Flora of Trinidad. London 1858. 8.
Karsten, Flora Columbiae. Berolini 1858—59. fol.
Grisebach, Ausgewählte Pflanzen des tropischen Amerika. Göttingen 1860. 4.
Philippi, A, Reise durch die Wüste Atacama (Florula Atacamensis). Halle 1860. 4.
Triana, Prodromus Florae Neogranatensis. Paris 1862—67. 8.
Oersted, L'Amérique centrale. Copenhague 1863. 4.
Bates, The naturalist on the river Amazons. London 1863. 8.
Grisebach, Flora of the British West Indian islands. London 1864. 8.
Grisebach, Die geographische Verbreitung der Pflanzen Westindiens. Göttingen 1865. 4.
Jameson, Synopsis plantarum Quitensium. Quito 1865. 8.
Grisebach, Plantae Cubenses. Lipsiae 1866. 8.
Wawra, Botan. der Reise Kaiser Maximilians nach Brasilien. Wien 1866. fol.
Netto, Collecção das plantas economicas do Brasil. Paris 1866. 8.
Netto, Itinéraire botanique dans la province de Minas Geraes. Paris 1866. 8.
Bellermann, Landschaftsbilder aus den Tropen Süd-America's. Berlin 1868. 4.
Mann, H., Catalogue of the phaenogamous plants east of the Mississippi and of the vascular cryptogamous north of Mexico. Cambridge (1868). 8.
Peckolt, Matéria medica brasileira. Rio de Janeiro 1868. 8.
Wagner, M., Reisen im tropischen Amerika. Stuttgart 1870. 8.
Velasco, Flora Mexicana. Mexico 1870. 8.
Netto, Botanica applicada do Brasil. Rio 1871. 8.

§. 2. Flora Americae borealis (septentrionalis).

Conf. Flora arctica in Cap. 13, Mexicana in §. praecedente.

Thevet, Les singularitez de la France antarctique, autrement nommée Amérique. Paris 1558. 4.
Monardes, Historia medicinal de las cosas que se traen de nuetras Indias occidentales. Sevilla 1569. 4.
Robin, Histoire des plantes nouvellement trouvées à l'isle Virgine et autres lieux. Paris 1620. 12.
Cornuti, Canadensium plantarum historia. Paris 1635. 4.
Banister, Catalogus plantarum in Virginia observatarum. (*Raji* Historia plantarum. II, p. 1926. Londini 1688. fol.)
Boucher, Histoire naturelle de la nouvelle France vulgairement dite le Canada. Paris 1664. 12.
Hughes, The american physician. London 1672. 12.
Josselyn, New Englands rareties. London 1672. 12.
Josselyn, An account of two voyages to New England. London 1674. 8.
(*Petiver*) Herbarium Virginianum. (Memoirs for the Curious, 1707. p. 227—32.)
Cutler, Account of the vegetable productions growing in New England. (Mem. of the amer. acad. 1, 396—493.)
Lawson, A new voyage to Carolina. London 1709. 4.
Diereville, Voyage du Port Royal de l'Acadie. Amsterdam 1710. 8.
Lafitau, La plante du Ginseng de Tartarie decouverte en Canada. Paris 1718. 8.

Catesby, Natural History of Carolina, Florida and the Bahama Islands. London 1731—43. fol.
Brickell, The natural history of North-Carolina. Dublin 1737. 8.
Gronovius, Flora Virginica. Lugduni Batavorum 1739—73. — Ed. II: ib. 1762. 8.
Barrère, Essai sur l'histoire naturelle de la France équinoctiale. Paris 1741. 8. (Plantes: p. 1—119.)
Colden, Plantae Coldenghamiae in provincia noveboracensi Americes (Act. soc. ups. 1743. p. 81—136. 1744—50. p. 47—82.)
Colden, Jenny, Flora Novi Eharaci (inedita).
Barrère, Nouvelle relation de la France équinoxiale. Paris 1743. 8.
Bartrant, Observations etc. in his travels from Pensilvania to Onondago, Oswego and the Lake Ontario in Canada. London 1751. 8.
Kalm, En Resa til Norra America. Stockholm 1753—61. 8.
Catesby, Hortus Britanico-Americanus or .. trees and shrubs of North Amer. London 1763. fol.
Forster, Flora Americae septentrionalis. London 1771. 8.
Bossu, Nouveaux voyages dans l'Amérique septentrionale. Amsterdam 1777. 8.
Cutler, Vegetable produoctions of America. 1785. 4.
Marshall, Arbustum Americanum. Philadelphia 1785. 8.
Walter, Flora Caroliniana. London. 1788. 8.
Castiglioni, Viaggio negli Stati Uniti. Milano 1790. 8.
Bartram, Travels through Carolina, Georgia, Florida etc. Philadelphia 1791. 8.
Imlay, Description of the western territory of North America. London 1792. 8.
Nachrichten aus dem Pflanzenreiche in Georgien. (Hamburger Magazin XVII, 468—518.)
Lamarck, Notice de quelques plantes rares ou nouvelles, observées par *Michaux*. (Journ. d'hist. nat. 1, 409—19.)
Michaux, Histoire des chênes de l'Amérique. Paris 1801. fol.
Michaux, Flora boreali-Americana. Paris 1803. 8.
Volney, Tableau du climat et du sol des États Unis. Paris 1803. 8.
Michaux, Voyage à l'ouest des monts Alléghanys. Paris 1804. 8.
Michaux, Notice sur les îles Bermudes. (Paris) 1806. 4.
Shecut, Flora Carolineensis Charleston 1806. 8.
Eddy, Plantae Plandomenses New York 1808.
Barton, Geographical view of the trees of North-America. Philadelphia 1809. 4.
Michaux, Histoire des arbres forestiers de l'Amérique septentrionale. Paris 1810—13. 4.
Barton, Flora Virginica. Philadelphia 1812. 8.
Muehlenberg, Catalogus plantarum Americae septentrionalis. Lancaster 1813. 8. — Philadelphia 1818. 8.
Bigelow, Florula Bostoniensis. Boston 1814. — 1824. — ib. 1840. 8.
Pursch, Flora Americae septentrionalis. London 1814. 8.
Barton, Florae Philadelphicae prodromus. Philadelphia 1815. 4.
Rafinesque, Florula Ludoviciana. New York 1817. 8.
Barton, Vegetable materia medica of the United states. Philad. 1817—18. 4.
Muehlenberg, Descriptio graminum et calamariarum Americae septentrionalis. Philadelphia 1817. 8.
Muehlenberg, Index Florae Lancastriensis. (Transact. of the americ. soc. III, 157—84.)
Eaton, Manual of botany for North America. Albany 1817. 12. — Ed. VIII: 1841. 8.
Bigelow, American medical botany. Boston 1817—21. 4.
Barton, Compendium Florae Philadelphicae. Philadelphia 1818. 8.
Nuttall, The genera of north-american plants. Philadelphia 1818. 8.
Bigelow, The comparative forwardness of the spring in different parts of the United States. Cambridge 1818. 4.
(*Torrey*) Catalogue of plants of New York. Albany 1819. 8.

Florula Columbiensis. Washington 1819. 8.
Rafinesque, Annals of nature etc. Lexington 1820. 8.
Barton, A Flora of North America. Philadelphia 1820—23. 4.
Elliot, Botany of South-Carolina and Georgia. Charleston 1821—24. 8.
Schweinitz, Specimen Florae Americae septentrionalis cryptogamicae. (Musci hepatici.) Raleigh 1821. 8.
Torrey, Flora of the northern and middle sections of the United States. New York 1824. 8.
Rafinesque, Neogenyton. s. l. 1825. gr. 8.
Schweinitz, Narrative of an expedition to the source of St. Peters River. London 1825. 8. (Catalogue of plants collected in the north-western territory. vol. II. p. 105—23.)
James, E. P., Plants from the Rocky Mountains. Philadelphia 1825. 4.
Schweinitz, Monograph of the north-american species of the genus Carex. New York 1825. 8.
Darlington, Florula Cestrica. West Chester 1826. 4.
Torrey, Account of a collection of plants from the Rocky mountains. New York 1827. 8.
Rafinesque, Medical Flora of the United States. Philadelphia 1828—30. 8.
Bachelot de la Pylaie, Flore de l'Ile de Terre neuve et des îles St. Pierre et Miclou. Paris 1829. 4.
Hitchcock, Catalogue of plants in the vicinity of Amherst College. Amherst 1829. 8.
Meyer, Plantae Labradoricae. Lipsiae 1830. 8.
Presl, Reliquiae Haenkeanae. Prag 1830—36. fol.
Torrey, Catalogue of north-american genera of plants. New York 1831. 8.
Eaton, Plants from the vicinity of Troy. Lexington 1832. 8.
Presl, Symbolae botanicae. Pragae 1832—52. fol.
Beck, Botany of the northern and midland United States north of Virginia. Albany 1833. 8.
Catalogue of plants of Kentucky. Lexington 1833. 8.
Croom et Loomis, Catalogue of plants in the neighbourhood of New Bern 1833. 8.
Hooker, Flora boreali-Americana. London 1833—40. 4.
Nuttall, Collection towards a Flora of the territory of Arcansas. s. l. 1834. 4.
Bachmann, Catalogue of plants in the vicinity of Charleston. 1834. 8.
Gibbes, A catalogue of plants of Columbia, S. C. Columbia 1835. 8.
Herzog *Paul von Würtemberg*, Erste Reise nach dem nördlichen Amerika. Stuttgart 1835. 8.
Riddel, A synopsis of the Flora of the western states. Cincinnati 1835. 8.
Riddel, Supplementary catalogue of Ohio plants. Cincinnati 1836. 8.
Torrey, Monograph of north-american Cyperaceae. New York 1836. 8.
Aikin, Catalogue of plants near Baltimore. 1836. 8.
Rafinesque, New Flora and botany of North-America. Philadelphia 1836. 8.
Darlington, Flora Cestrica. W. Chester 1837. 8.
Gray, Melanthacearum Americae septentrionalis revisio. Novi Eboraci 1837. 8.
Croom, Catalogue of plants in the vicinity of New Bern. New York 1837. 8.
Torrey and *Gray*, Flora of North-America. New York 1838—43. 8.
Torrey, Natural history of New York. Albany 1839. 8. (Report on the botanical department of the Survey in New York. vol I, p. 113—97.)
Wied-Neuwied, Reise in das innere Nordamerika. Koblenz 1839—1841. 4.
Gosse, The Canadian naturalist. London 1840. 8.

Synopsis of the genera of american plants. Georgetown 1840. 12.
(*Dewey*) Report on the plants of Massachusetts. Cambridge 1840. 8.
Eaton et *Wright*, North american Botany. Published by *E. Gates*. 1840. 8.
Tuckerman, A further enumeration of some New England Lichenes. (Boston 1840.) 8.
Barratt, Salices Americanae. Middletown 1840. 4.
Barratt, North american Carices. Middletown 1840. 4.
Wood, J., Flora Mancuniensis. Halifax 1840. 8.
Nees von Esenbeck, in *Max zu Wied-Neuwied*, Reise in das innere Nordamerika. Koblenz 1841. 4. vol. II, p. 429—54.
Nuttall, The north-american Sylva. Philadelphia 1842—54. 8.
Torrey, A Flore of the state of New York. Albany 1843. 4.
Torrey, Icones ad Floram Philadelphiae illustrandam. s. l. et a. 4.
Tuckerman, Enumeratio methodica Caricum quarundam. Schenectadiae 1843. 8.
Frémont, J. C., Expedition to the Rocky Mountains. Washington 1845. 8.
Torrey, Descriptiones in Frémont, Rocky Mountains. Washington 1845. 8.
Engelmann, Plantae Lindheimerianae. Boston 1845. 8.
Comstock, An Introduction to Botany and the most common Plants in the Middle and Northern States. New York 1845. 8.
Tuckerman, Enumeration of north american Lichenes. Cambridge 1845. 8.
Engelmann, G., Botany of the Expedition of Whipple. Washington 1846. 4.
Gray, Chloris boreali-Americana. Cambridge 1846. 4.
Emmons, Agriculture of New York (also Fruit- and Forest-trees). Albany 1846—51. 4.
Sullivant, Musci Alleghanienses. Columbus in Ohione 1846. 8.
Sullivant, Contributions to the bryology and hepaticology of North-America. s. l. 1847. 4.
Hovey, The Fruits of America. Boston 1847. 8.
Shier, The starchproducing plants of British Guiana. Demerara 1847. 8.
Sullivant, Bryology and Hepaticology of North-America. 1847. 4.
Emory, Reconnoissance to California. Washington 1848. 8.
Wislizenus, A tour to Northern Mexico. Washington 1848. 8.
Torrey, Botany in Emory Report. Washington 1848. 8.
Strong, The American Flora. New York 1848. 4.
Gray, A., Genera Florae Americae. New York 1848—49. 8.
Lapham, Plants of Wisconsin. 1849.
Lea, Plants of Cincinnati. Philadelphia 1849. 8.
Gray, A., Plantae Wrightianae. New-Mexico 1851. 52. 53. 4.
Stansbury, Expedition to Utah. London 1852. 8.
Clapp, The plants of the United States. Philadelphia 1852. 8.
Torrey, Plantae Wrightianae Texanae. Washington 1852—53.
Jeffrey, Botanical Expedition to Oregon. Edinburgh 1853. 4.
Torrey, Plantae Fremontianae. Washington 1853. 8.
Torrey, Plants of the red River. Washington 1853. 8.
Torrey, Botany of Capt. Sitgreaves Report. Washington 1853. 8.
Darlington, Flora Cestrica. Ed. III. Philadelphia 1853. 8.
Torrey, Plantae Creuzfeldianae. Cambridge 1854. 4.
Gray, Botany from Wilkes Expedition. Philadelphia 1854. 4.
Wilkes, Expedition v. G. Brakenridge, Gray. Philadelphia 1854. 8.
Darby, Botany of the Southern States. New York 1855. 8.
Wilkes, Reports for a railroad to the Pacific Ocean. Washington 1855—59. 4.
Brunet, Catalogue of Canadian woods. Paris 1857. 8.
Torrey and *Gray*, Expedition from Mississippi to Pacific Ocean. Washington 1857. 4.
Torrey, Botany of Capt. Wilke's Expedition. Washington 1857. 4.
Torrey, Botany of the Mexican Boundary. Washington 1858. 4.
Emory, Mexican boundary Survey. Vol. I. Washington 1859. 4.
Torrey, Icones ad Floram Philadelphiae. 4. (ineditae.)
Cooper and *Gray*, Report from the Mississippi River to the Pacific Ocean. Washington 1860. 4.
Gray, Report upon the Colorado River. Washington 1861. 4.
Gray, Botany of the Northern United States. New York 1861. 8.
Provancher, Flore Canadienne. Quebec 1862. 8.
Munro, D., Forest and ornamental trees of New Brunswick. St. John 1862. 8.
Vischer, Forest trees of California. San Francisco 1862. 4.
Chapman, Flora of the Southern United States. New York 1865. 8.
Paine, Plants in Oneida County. Utica 1865. 8.
Burr, The field and garden vegetables of America. Boston 1865. 8.
Gray, A., Manual of the botany of the Northern United States. New York 1867. 8.
Miller, M., Wild flowers of North-America. London 1867. 4.
Engelmann, The north american Juncus. St. Louis 1868. 8.
Watson, S., Exploration of the fortieth parallel. Washington 1871. 4.

Cap. 22. Flora arctica.

Conf. Cap. 55. Flora Danica Islandiam et Groenlandiam amplectens; Cap. 23, §. 3. Flora Sibirica septentrionalis.

Martens, Spitzbergische oder grönländische Reisebeschreibung. Hamburg 1675. 4.
Egede, Det gamle Grönlands nye perlustration eller naturelhistorie. Kiøbnhavn 1741. 4.
Anderson, Nachrichten von Island, Grönland und der Strasse Davids. Hamburg 1746. 8.
Povelsen, Circa plantarum quarundam maris Islandici et speciatim algae sacchariferae originem observationes. Havniae 1749. 4.
Oeder, Flora Danica. Havniae 1761—1871. fol.
Mueller, Enumeratio stirpium in Islandia sponte crescentium, a Koenig lectarum. (Nov. act. acad. nat. cur. IV, 1770. 203—15.)
Rottboell, Afhandling om en deel rare planter, som i Island og Grönland ere fundne. (Kiøbenh. Selsk. Skrifter X, 1770, 424—62.)
Olafsen og *Povelsen*, Reise igiennem Island. (Inest: *Zoega*, Flora islandica ex observationibus J. G. Koenig.) Sorøe 1772. 4.
Mohr, M., Islands Naturhistorie. Kiøbnhavn 1786. 8.
Hooker, Journal of a tour in Iceland. Yarmouth 1811. 8. — London 1813. 8.
Mackenzie, Travels in the island of Iceland Ed. II. Edinburgh 1812. 4.
Barrow, Voyages into the arctic regions. London 1818. 8.
Brown, R., List of plants collected on the coasts of Baffins Bay and at Possession Bay. (London 1819.) 4. (Verm. Schriften. I, 336—56.)
Brown, R., Chloris Melvilliana. London 1823. 4. (germanice vertit *Kunze*, Flora 1824. Beilage, p. 65—115; vertit *Meyer*, in *Brown*, Verm. Schriften. I, 357—464.)
Hooker, List of plants from the east coast of Greenland. (*Scoresby*, Journal of a voyage to the northern whalefishery. Edinburgh 1823. 8. p. 410—15. — R. Brown, Verm. Schrift. 1, 554—58.)
Richardson, Botanical appendix. (*John Franklin*, Narrative of a journey from the Shores of Hudsons Bay and the Polar Sea.) London (1823.) 4.

Hooker, Account of a collection of arctic plants formed by Edward Sabine. London 1824. 4.
Thienemann, Reise im Norden, bes in Island. Leipzig 1824—33. 4.
Parry, Narrative .. to reach the North Pole. London 1828. 4.
Hjaltalin, Islenzk Grasafræði. Kaupmannahöfn 1830. 8.
Trevelyan, Vegetation of the Faroe Islands. Florence 1837. 4.
Gaimard, Voyage en Islande et au Groënland. Paris 1838—51. 8.
Hooker et *Walker-Arnott*, The botany of Capt. Beechey's voyage to the pacific and Bering Strait. London 1841. 4.
Vahl, J., Végétation en Islande. Paris 1841. 8.
Robert, Observations sur la végétation en Islande, avec une liste des plantes que l'on suppose exister en Islande, dressée par Vahl. (— Voyage. Paris 1841. 8. p. 337—79.)
Gaimard, Voyages in Scandinavie, en Laponie, au Spitzberg et aux Feroë. Paris 1843—48. 16.
Seemann, Botany of the voyage of the Herald. London 1852—57. 4. (Flora of West-Esquimaux-Land, p. 11—56.)
Hooker, Flora Antarctica. London 1844—47. 4.
Trautvetter, Phänogame Pflanzen aus dem Hochnorden. (Middendorf, Reise in den äussersten Norden und Osten Sibiriens, I, 2) St. Petersburg 1847. 4.
Trautvetter, Phänogame Pflanzen aus dem Hochnorden. Petersburg 1856. 4.
Lange, Grønlands planter. Kjøbenhavn 1857. 8.
Martens, Uebersicht der Flora arctica. Regensburg 1859. 4.
Martens, E v, Ueberblick der Flora arctica. Regensburg 1859. 4.
Martens, La végétation du Spitzberg comparée a celle des Alpes et des Pyrénées. Montpellier 1865 4.
Rothrock, Flora of Alaska Washington 1867. 8.
Malmgrén, Svenska expeditioner till Spetzbergen och Jan Mayen. Stockholm 1867 8
Malmgrén, Planten in Spetzbergen. Stockholm 1868. 8.
Trautvetter, Conspectus Florae Nowaja-Semla. (Petropoli 1871.) 8.

Cap. 23. Flora Asiae.

§. 1. Flora Asiae australis.

Huerto (ab Horto), Coloquios dos simples. Goa 1563. 4.
Acosta, Tractado de las drogas. Burgos 1578. 4.
Acosta, Historia natural y moral de las Indias Sevilla 1590. 4.
Linschotten, Itinerarium. Amsterdam 1596. fol.
Nieuhof, Het gezantschap der neerlandtsche oost-indische Companie etc Amsterdam 1665. fol
Baldaeus, Beschreiving der oost-indische Kusten Malabar, Coromandel, Ceylon. Amsterdam 1672. fol.
Tavernier, Six voyages en Turquie, en Perse, aux Indes. Paris 1676. 4.
Rheede tot Draakestein, Hortus indicus Malabaricus. Amstelodami 1678—1703 fol
Knox, Historical relation of the island Ceylon London 1681. fol.
Thevenot, Relation de l'Indostan. Paris 1684. 4
Tachard, Second voyage au royaume de Siam. Paris 1689. 4
Meister, Der orientalisch-indianische Kunst- und Lustgärtner. Dresden 1692. 4
Commelin, C., Flora Malabarica. Lugd Bat. 1696. 8. — 1696. fol. — (novo tit) Botanographia. ib. 1718. fol.
Petiver, Account of some indian plants (a *Sam. Brown* prope Madras lectae). (Phil Transact XX, 313—35.)
Brown, East India plants (Madras) with remarks by James Petiver. (Phil. Transact. XXII 579—1022. XXIII, 1055—1460)

Kaempfer, Amoenitatum exoticarum fasciculi V. Lemgoviae 1712. 4.
Hermann, Musaeum Zeylanicum. Lugduni Batavorum 1717. 8.
Slevogt, De Bandura Ceylonensium. (Nepenthes destillatoria.) Jenae 1719. 4.
Semmedi, Pugillus rerum indicarum. Vitembergae 1722. 4.
Valentyn, Oud en nieuw Oost-Indien. Dordrecht et Amsterdam 1724—26. fol.
Barchewitz, Ostindianische Reisebeschreibung. Chemnitz 1730. 8.
Burmann, Thesaurus zeylanicus. Amstelaedami 1737. 4.
Kirsten, De Areca Indorum. Altorfii 1739. 4.
Linné, Flora Zeylanica. Holmiae 1747. 8.
Rumpf, Herbarium Amboinense Amstelodami 1750. (1741—55.) — Auctuarium: 1755. fol. — *Burmann*, Index. alter in omnes tomos Herbarii Amboinensis. Lugd. Bat. 1769. fol. — *Henschel*, Clavis. Vratisl. 1833. 8.
Linné, Herbarium Amboinense. Upsaliae 1754. 4.
Osbeck, Dagbok öfwer en ostindisk resa åren 1750—52. Stockholm 1757. 8.
Beze, Description de quelques arbres et de quelques plantes de Malacque. (*Dodart*, Mémoires p. 637—44.) Amsterdam 1758. 4
Burmann, Flora Indica. Lugd. Bat. 1768. 4.
Burmann, Flora Malabarica. Amstelaedami 1769. fol.
Turpin, Histoire civile et naturelle du royaume de Siam. Paris 1771. 12 (Caput XII. de arboribus redit germanice in «Berliner Sammlung» vol. VIII. p. 137—67.)
(Milne) A descriptive catalogue of plants from the East-Indies. London 1773. 4.
Rottboell, Beskrivelse over nogle planter fra de malabariske kyster. (Danske Vid. Selsk Skrift. nye Saml. II, 525—46, 593—94)
Jones, The design of a treatise on the plants of India. (Transact. of the soc. of Bengal II, 345—52.)
Radermacher, Naamlyst der planten op Java. Batavia 1780—82. 4.
Sykes, Origin of the popular belief in the Upas or Poison tree of Java. 8.
Sonnerat, Voyage aux Indes orientales et à la Chine. Paris 1782. 4.
Koenig, Descriptiones Monandrarum et Epidendrorum in India orientali factae. (*Retzius*, Observationes botanicae, fasc. III Lipsiae 1783. fol.)
Panzer, Beitrag zur Geschichte des ostindischen Brotbaums. Nürnberg 1783. 8.
Forster, Geschichte und Beschreibung des Brodbaums. Cassel 1784. 4.
Loureiro, Flora Cochinchinensis. Ulyssinone 1790. 4. — Berolini 1793. 8. — *Jussieu*, Sur quelques genres de Loureiro. (I—VII.) (Paris 1807—10.) 4
Roxburgh, Plants of the coast of Coromandel. London 1795—1819. fol. max.
Symes, Account of an embassy to the kingdom of Ava. London 1800. 4.
Turner, Account of an embassy to the court of the Teshoo Lama in Tibet. London 1800. 4.
Barrow, Voyage to Cochinchina. London 1806. 4.
Lagasca, Amenidades (Plantas de la .. Amboyna Malabar .. conaturalizadas en España.) Orihuela 1811. 4.
Roxburgh, A catalogue of plants described in the Flora indica Serampore 1813. 4.
Roxburgh, Hortus Bengalensis. Calcutta 1814. 4.
Wallich, Descriptions of some rare indian plants. (Calcutta 1818.) 4.
Wallich, List of indian woods collected. London s. a. 8.
Roxburgh, Flora Indica. (Cl. I—V.) Serampore 1820—24. 8.
Roth, Novae plantarum species praesertim Indiae orientalis. Halberstadii 1821. 8.
Hamilton, Some notices concerning the Plants of India. Edinburgh 1823. 4.

Wallich, Tentamen Florae Nepalensis illustratae. Calcutta und Serampore 1824—26. fol.
Moon, A catalogue of the indigenous and exotic plants growing in Ceylon. Colombo 1824. 4.
Blume, Tabellen en platen voor de javaansche Orchideën. Batavia 1825. fol.
Thunberg, Florula Ceilanica. Upsaliae 1825. 4.
Thunberg, Florula Javanica. Upsaliae 1825. 4.
Don, Prodromus Florae Nepalensis. Londini 1825. 8.
Blume, Bijdragen tot de Flora van Nederlandsch India. Batavia 1825—26. 8.
Breda, Genera et species Orchidearum et Asclepiadearum, quas in Java collegerunt Kuhl et van Hasselt. Gandavi 1827. fol.
Blume, Enumeratio plantarum Javae. Lugd. Bat. 1827—28 8.
Blume et *Fischer*, Flora Javae. Bruxellis 1828—29. fol.
Wallich, A numerical list of plants collected in the botanic garden at Calcutta. London 1828. fol.
Wallich, List of plants in the East-India-Companys Museum of the bot. garden at Calcutta. London 1828. fol.
Reinwardt, Vegetation auf den Inseln des indischen Archipels. Berlin 1828. 4.
Candolle, Notice sur la botanique de l'Inde orientale. (Genève 1829) 8.
Dillwyn, References to the Hortus malabaricus. Swansea 1829. 8.
Nees von Esenbeck, Enumeratio plantarum cryptogamicarum Javae. I: Hepaticae. Vratislaviae 1830. 8.
Wallich, Plantae Asiaticae rariores. London 1830—32. fol.
Wight, Illustrations of indian botany. Glasgow 1831. 4.
Piddington, An english index to the plants of India. Calcutta 1832. 8.
Roxburgh, Flora Indica. Serampore 1832. 8. — vol. IV. (Cryptogamae.) s l. et a. 8.
Ritter, Erdkunde von Asien. Berlin 1832—58. 8. (unde seorsina: Verbreitung der Dattel- und Kokospalme; der Pfefferrebe, Banane und Mango; der indische Feigenbaum, Asvatha, die Banjane [Ficus Indica] etc ; die Opiumkultur und die Mohnpflanze; die Kultur des Zuckerrohrs).
Wight, Catalogue of plants of East Indian. s. l. 1833. 8
Wight, Contributions of the botany of India. London 1834. 8.
Wight et *Walker-Arnott*, Prodromus Florae Indiae orientalis. London 1834. 8.
Blume, Rumphia. Lugd. Bat. 1835—46. fol.
Zenker, Plantae Indicae ex montibus Neilgherries. Decas I. Jenae 1835. fol.
Jacquemont, Correspondance pendant son voyage. Paris 1835. 8.
Decaisne, Herbarii Timorensis descriptio. Paris 1835. 4.
Baker, H., List of specimens of wood from India. London 1836. 8.
Endlicher et *Fenzl*, Sertum Cabulicum. Vindobonae 1836. 4
Royle, Essay on the antiquity of Hindoo medicine. London 1837. 8.
Bakie, Observations of the Neilgherries. Calcutta 1838. 8.
Bennet, Plantae Javanicae rariores. Londini 1838—44. fol.
Wight, Illustrations of indian botany. Madras 1838—50. 4.
Wight, Icones plantarum Indiae orientalis. Madras 1838—51. 4.
Mac Clelland, Physical condition of the Assam Tea plant. (Calcutta 1838.) 8.
Griffith, The Tea plant of Upper Assam. (Calcutta 1838.) 8.
Junghuhn, Enumeratio Fungorum Javae. (Batavia 1838.) 8.
Griffith, Report on the Tea plant of Upper Assam. (Calcutta 1838.) 8.
Endlicher, Stirpium Australasicarum herb. Hügel. decades tres. Vindobonae 1838. 4.
Mac Clelland, Introducing the cultivation of the Tea plant in India. Calcutta 1839. fol.

Royle, Illustrations of the botany of the Himalayan mountains and of the Flora of Cashmere. London 1839. fol.
Graham, A catalogue of the plants growing in Bombay and its vicinity. Bombay 1839. 8.
Korthals, Botanie der nederlandsche overzeesche Bezittingen (*Temminck*, Verhandl. Leiden 1839—42. fol).
Royle, Essay on the productive resources of India. London 1840. 8.
Junghuhn, Nova genera et species Florae Javanicae. Leiden 1840. 8.
Richard, Monographie des Orchidées recueillies dans les Nil-Gherries par Perrottet. Paris 1841. 4.
Moorcroft et *Trebeck*, Travels in the Himalayan provinces. London 1841. 8.
Jacquemont, Voyage dans l'Inde pendant les années 1828—32. Paris 1841—44. 4.
Jack, Description of Malayan plants. (Calcutta 1843.) 8.
Jacquemont, Plantae rariores, quas in India orientali collegit; auctore *Cambessèdes*. Paris 1844. 4.
Bennett, Wanderings in New South Wales, Batavia, Pedircoast, Singapore and China. London 1844. 8.
Munro, W, Hortus Agrensis, wild or cultivated plants. Agra 1844. 4.
Dozy et *Molkenboer*, Muscorum frondosorum novae species ex Archipelago indico. Lugd. Bat. 1844. 8.
Dozy et *Molkenboer*, Musci frondosi inediti Archipelagi indici. Lugd. Bat. 1845—46. 8.
Vriese, Plantae novae et minus cognitae Indiae batavae orientalis. Amsterdam 1845 sqq. 4. max.
Griffith, The Palms of British East India. (Calcutta 1845.) 8.
Moritzi, Verzeichniss der von *Zollinger* auf Java gesammelten Pflanzen. Solothurn 1845—46. 4.
Junghuhn, Reisen durch Java. Magdeburg 1845. 8
Wight, Spicilegium Neilgherrense. Madras 1846—54. 4.
Griffith, Icones plantarum Asiaticarum. Calcutta 1847—51. 4.
Griffith, Notulae ad Plantas Asiaticas. Calcutta 1847—51. 8.
Rink, Die Nikobarischen Inseln. Kopenhagen 1847. 8.
Bélanger et *Bory de St. Vincent*, Voyage aux Indes orientales. Botanique. Phanérogamie. Paris s. a. 4.
Junghuhn, Die Battaländer auf Sumatra. Berlin 1847. 8.
Thurmann, Plantes vasculaires de Porrentruy Porrentruy 1848. 8.
Helfer, Sammlungen aus Vorder- und Hinter-Indien. Prag 1848. 8.
Griffith, W., Plants in the Khasyah and Bootan mountains. Calcutta 1848 8.
Hasskarl, Plantae Javanicae rariores. Berolini 1848. 8.
Blume, Museum botanicum. Lugduni 1849—56. 8.
Hooker, J. D, Rhododendrons of Sikkim Himalaya. London 1849—(51). fol.
Mac Clelland, Report of India Calcutta 1850. 4.
Mason, Flora Burmanica. Tavoy 1851. 8
Edgeworth, M. P., Catalogue of plants in the Banda district. Mooltan 1851. 8.
Miquel, Plantae Junghuhnianae. Lugd. Bat. 1851—55. 8.
Martius, T., Die ostindische Rohwaarensammlung der Universität Erlangen.
Zollinger, Pflanzen des indischen Archipels und Japans. Zürich 1854—55. 8.
Hooker, J. D., Himalayan Journals. London 1854. 8
Hooker, J D., Illustrations of Himalayan plants. London 1855. fol.
Richardson, Flowers and anglo-indian flower-garden. Calcutta 1855. 8.
Vriese, De Kinaboom overgebragt naar Java. Leiden 1855.
Miquel, Flora Indiae batavae. Leipzig 1855—61. 8.
Hasskarl, Retzia. Batavia 1855—56. 4.
Vriese, Le camphrier de Sumatra et de Borneo. Leiden 1856. 8

Vriese, De Vanielje van Oost-Indie. Leiden 1856. 8.
Vriese, De handel in Getah Pertja. Leiden 1856. 8.
Vriese, Plantae Indiae Batavae orientalis. Lugduni 1856—57. 4.
Blume, Flora Javae. Amsterdam 1858. fol.
Dalzell, Plants of the Bombay Presidency. Surat 1858. 8.
Beddome, Vegetable products of the Pulney Hills. (Madras 1858.) 8.
Drury, Useful plants of India. Madras 1858. 8.
Cleghorn, Reports (variae) upon Indian forests. Madras 1858—64.
Tennent, Ceylon. London 1859. 8.
Elliott, Flora Andhirica. Madras 1859. 8
Wawra und *Peyritsch*, Sertum Benguelense. Wien 1860. 8.
Hasskarl, Neuer Schlüssel zu Rumpf Herbarium amboinense. Halle 1860. 4.
Mason, Burmah. London 1860. 8.
Mason, Flora of Tenaserim, Pegu and Burmah. Rangoon 1860. 8.
Dalzell, Bombay Flora. Bombay 1861. 8.
Brandis, Teak forests 1857—60. Calcutta 1861. 8.
Lépine, Nomenclature des objets de Pondichery. Pondichery 1861. 4.
Vriese, Minjak Tangkaway en andere Voortbrengelsen van Borneo. Leiden 1861. 4.
Vriese, Synoecia Guilielmi L. de Java et de Borneo. Leiden 1861. 4.
Brandis, Woods of Burmah. Rangoon 1862. 4.
Klotzsch und *Garcke*, Die Pflanzen des Prinzen Waldemar. Berlin 1862. 4.
Hasskarl, Horti malabarici Clavis nova. Regensburg 1862. 8.
Nooten, Fleurs, fruits et feuillages de Java. Bruxelles 1863. fol.
Thwaites, Enumeratio plantarum Zeylaniae. London 1864. 8.
Drury, Handbook of Indian Flora. Madras 1864—66. 8.
Birdwood, Productions of Bombay. Bombay 1865. 8.
Dickson, Fibre plants of India. Dublin 1865. 8.
Sturler, Espèces de bois des Indes orientales. Paris 1867. 8.
Beddome, Icones plantarum Indiae orientalis. Madras 1868—72. 4.
Gorkum, Chinakultur auf Java. Leipzig 1869. 8.
Wiesner, Indische Faserpflanzen. Wien 1870. 8.
Miquel, Illustrations de la Flore de l'Archipel indien. Amsterdam 1870. 4.
Kurz, Vegetation of the Andaman islands. Calcutta 1870. fol.
Hooker, J. D., Flora of British India. London 1872. 8.

§. 2. Flora Asiae occidentalis (Asiae minoris).

Conf. Botanici veteres Graeci in Cap. 3, §. 2. De flora orientali conf. in Cap. 28 Flora Graeciae, in Cap. 20, §. 3 Flora Egypti.

Belon, Les observations de plusieurs singularités. Paris 1554. 4.
Belon, Portraits d'oyseaux, herbes, arbres d'Arabie et d'Egypte. Paris 1557. 4.
Rauwolf, Aigentliche Beschreibung der Raiss in die Morgenländer. Vierter Theil: «Etliche schöne ausländische Kräuter». Laugingen 1583. 4.
Baumgarten in Braitenbach, Peregrinatio in Aegyptum, Arabiam, Palaestinam et Syriam. Noribergae 1594. 4.
Honorius Bellus, De rarioribus plantis Creticis, Aegyptiis novis. (*Clusii* Historia plantarum. Antwerpiae 1601. fol.)
Honorius Bellus, Stirpes insignes in Creta observatae. (*Pona*, Mons Baldus. Basileae 1608. 4.)
Sturm, De Rosa Hierochuntina liber unus. Lovanii 1608. 8.
Thevenot, Relation d'un voyage fait au Levant. Paris 1664—74. 4.
Andersen und *Iversen*, Orientalische Reisebeschreibung. Schleswig 1669. fol.
Tavernier, Six voyages en Turquie, en Perse, aux Indes. Paris 1676. 4.

Ray, Stirpium orientalium rariorum catalogi tres. In «A collection of curious travels.» London 1693. 8.
Mappus, De Rosa de Jericho vulgo dicta. Argentorati 1700. 4.
La Roque, Voyage dans l'Arabie heureuse. Amsterdam 1716. 12.
Tournefort, Relation d'un voyage du Levant. Paris 1717. 4.
Buxbaum, Plantarum minus cognitarum centuriae, complectens plantas circa Byzantium et in Oriente observatas. Petropoli 1728—40. 4.
Shaw, Travels or observations relating to several parts of Barbary and the Levant. Oxford 1738—47. fol.
Gronovius, Flora orientalis. Lugduni Batavorum 1755. 8.
Linné, Flora Palaestina. Upsaliae 1756. 4.
Russell, The natural history of Aleppo and parts adjacent. London 1756. 4. — ib. 1794. 4.
Hasselquist, Iter Palaestinum. Stockholm 1757. 8.
Schreber, Icones et descriptiones plantarum (Gundelsheimerianarum) minus cognitarum. Halae 1766. fol.
Mariti, Viaggi per l'isola di Cipro e Palestina. Torino 1769—70. 8.
Niebuhr, Reisebeschreibung nach Arabien. Kopenhagen 1774—78. 4.
Forskål, Flora Aegyptiaco-Arabica. Hafniae 1775. 4. — Icones rerum naturalium itineris orientalis. Hafniae 1776. 4. — *Vahl*, Symbolae plantarum, quas collegit Forsk. descriptio. Hafniae 1790—94. fol.
Sestini, Lettere odeporiche, ossia viaggio per la penisola di Cizico. Livorno 1785. 8. -- (Opuscoli. Firenze 1785. 12. — Viaggi e opuscoli diversi. Berolino 1807. 8.
Walch, Calendarium Palaestinae oeconomicum. Goettingae (1785). 4.
Buhle, Calendarium Palaestinae oeconomicum. Goettingae 1785. 4.
Hellenius, Specimen calendarii Florae aboënsis. Aboae 1786. 4.
La Billardière, Icones plantarum Syriae rariorum Paris 1791—1812. 4.
Botta, Storia naturale dell' isola di Corfu. Milano 1797. 8. — ib. 1823. 8.
Olivier, Voyage dans l'empire othoman, l'Égypte et la Perse. Paris 1801—4. 4. et Atlas bot.
Morier, A journey through Persia, Armenia and Asia minor. London 1812. 4. — A second journey etc. London 1818. 4.
Sieber, Reise nach der Insel Creta. Leipzig 1823. 8.
Sieber, Reise von Cairo nach Jerusalem. Prag 1823. 8.
Clarke, List of all the plants collected in Greece, Egypt and the Holy Land. In *Clarke*, Travels. II, 1823, 716—24.
Berggren, Resor uti Europa och Österlanderne. (*Wahlenberg*, Växter i Österländerne amlade, vol. II. Bihang 1) Stockholm 1826—28. 8.
Rueppel, Reise in Nubien, Kordofan und dem peträischen Arabien. Frankfurt a/M. 1829. 8.
Raffeneau-Delile, Fragmens d'une Flore de l'Arabie pétrée. Paris 1833. 4.
Parrot, Reise zum Ararat. Berlin 1834. 8.
Choisy, Convolvulaceae orientales. Genève 1834—41. 4.
Endlicher et *Fenzl*, Sertum cabulicum. Vindobonae 1836. 4.
Schenk, Plantarum species, quas in itinere per Aegyptum, Arabiam et Syriam collegerunt *Schubert*, *Erdl* et *Roth*. Monachii 1840. 8.
Hohenacker, Enumeratio plantarum provinciae Talysch. s. l. et a. 8.
Huegel, Kaschmir. Stuttgart 1840—44. 8.
Decaisne, Plantes de l'Arabie heureuse. Paris 1841. 4.
Botta, Relation d'un voyage dans l'Yémen. Paris 1841. 8.
Kitto, Palestine, The physical geography and natural history of the Holy Land. London 1841. 8.
Boissier, Diagnoses plantarum orientalium novarum. Lipsiae 1842—59. 8.
Jaubert et *Spach*, Illustrationes plantarum orientalium. Paris 1842—46. 4.

Fenzl, Pugillus plantarum Syriae et Tauri occidentalis. Vindobonae 1842. 8.
Fenzl, Illustrationes et descriptiones plantarum novarum Syriae et Tauri occidentalis. (Scors. ex Russegger Reise. Stuttgart 1843. 8.)
Aucher-Éloy, Relations de voyages en Orient de 1830 à 1838. Paris 1843. 8.
Webb, Topographie de la Troade. Paris 1844. 8.
Decaisne, Enumération des plantes recueillies par Bové dans les deux Arabies, la Palestine, la Syrie et l'Égypte. (Florula sinaica.) Paris 1845. 8.
Hohenacker, Höhenprofil und Kärtchen von Südwestpersien. Esslingen 1846. fol.
Koch, K., Beiträge zu einer Flora des Orients. Berlin 1848—51. 8.
Honigberger, Früchte aus dem Morgenlande. Wien 1851. 8.
Cosson, Plantes de Syrie et de Palestine. Paris 1854. 8.
Puel, L'herbier de Syrie. Paris 1854—55. 8.
Tchichatscheff, Flore de l'Asie mineure. Paris 1860. 8.
Anderson, Flora Adenensis. London 1860. 8.
Kotschy, Die Vegetation des Elbrus in Nord-Persien. Wien 1861. 8.
Kotschy, Die Sommerflora des Antilibanon und Hermon Wien 1864. 4.
Kotschy, Der Libanon und seine Alpenflora. Wien 1864. 4.
Bertoloni, Antonio, Piante nuove asiatiche. Bologna 1864—65. 4.
Unger, Die Insel Cypern. Wien 1865. 8.
Visiani, R., Specie di Manna in Mesopotamia. Venezia 1865. 8.
Kotschy, Plantae Arabiae. Wien 1865. 8.
Krémer, Populus Euphratica. Paris 1866. 4.
Cesati, Piante di Terra santa. Vercelli 1866. 4.
Boissier, Flora Orientalis. Basileae 1867. 8.

§. 3. Flora Asiae borealis.
Conf. Cap. 36. Flora Rossiae.

Gmelin, Flora sibirica. Petropoli 1747—69. 4. — *Ledebour*, Commentarius. (Ratisbonae 1841.) 4.
Linné, Plantae rariores camtschatcenses. Upsaliae 1750. 4.
Linné, Necessitas promovendae etc. (Flora Sibirica.) Upsaliae 1766. 4.
Lerche, Descriptio plantarum Astrachanensium et Persiae. Norimbergae 1773. 4.
Spadoni, Nuova specie di Lino Siberia (Linum Beauharnaisianum). Macerata 1808. 8.
Rehmann, Beschreibung einer Thibetanischen Handapotheke. Petersburg 1811. 8.
Henning, De plantis Tanaicensibus. Mosquae 1826. 4.
Ledebour, Meyer et *Bunge*, Flora Altaica. Berolini 1829—34. 8.
Hohenacker, Plantae in territorio Elisabethopolensi et Karabach. (Moskau 1833.) 4.
Erman, Plantae itineris circa terram plerumque Kamtschatcenses. (— Verzeichniss. Berlin 1835. fol. p. 53—64.)
Bunge, Verzeichniss der im Ostaltai gesammelten Pflanzen. Petersburg 1836. 8.
Bongard, Descriptiones plantarum novarum. Petropoli 1839. 4.
Bongard et *Meyer*, Verzeichniss der am Saisang-Nor und Irtysch gesammelten Pflanzen. Petersburg 1841. 4.
(Fischer et *Meyer)* Enumeratio (I—II) plantarum novarum a cl. *Schrenk* lectarum. Petropoli 1841—42. 8.
Karelin et *Kirilow*, Enumeratio plantarum in desertis Songoriae orientalis et in summo jugo Alatau collectarum. (Mosquae 1842.) 8.
Index plantarum anno 1840 a *Karelin* et *Kirilow* in regionibus altaicis collectarum. Mosquae 1842. 4.
Turczaninow, Flora Baicalensi-dahurica. Mosquae 1842—56. gr. 8.

Bunge, Icones plantarum novarum. Riga 1848. 8. et 4.
Osten Sacken, Sertum Tschiantschanicum. Petersburg 1849. 4.
Meyer, Pflanzen Kolenatis aus dem Caucasus. Petersburg 1849. 8.
Meyer, K. A., Verzeichniss der von Kolenati im mittlern Theile des Kaukasus gesammelten Pflanzen. Petersburg 1849. 8.
Ruprecht, Verbreitung der Pflanzen im nördlichen Ural. Leipzig 1850. 8.
Bunge, Beitrag zur Kenntniss der Steppen Central-Asiens. St. Petersburg 1851. 4.
Béketoff, Flora Tiflensis. Petersburg 1853. 8.
Meyer, Pflanzen des Gouvernements Tambow. Petersburg 1854. 8.
Trautvetter, Flora Ochotensis. Petersburg 1856. 4.
Ruprecht, Flora boreali-Uralensis. Petrop. 1856. 4.
Middendorff, Reise in den Norden von Sibirien. Petersburg 1856—67. 4.
Martins, Promenade botanique le long de l'Asie-Mineure, de la Syrie et de l'Egypte. Montpellier 1858. 4.
Bunge, Plantae Abichianae. Petersburg 1858. 4.
Maximowicz, Primitiae Florae Amurensis. Leipzig 1859. 4.
Ruprecht, Decas plantarum ex itinerario Maak. Petersburg 1859. fol.
Boissier und *Buhse*, Pflanzen Transkaukasiens und Persiens. Moskau 1860. 4.
Regel, Florae Tentamen Ussuriensis. Petersburg 1861. 4.
Radde, G., Reisen in den Süden von Ostsibirien. Moskau 1861. 8
Regel, Flora, oestlich vom Altai bis Kamtschatka und Sitka. Moskau 1861. 8.
Regel, Enumeratio plantarum in regionibus cis- et transiliensibus. Mosquae 1864—69 8.
Trautvetter, Enumeratio plantarum Songoricarum. Mosquae 1864—68. 8.
Maximowicz, Rhamneae orientali-Asiaticae. Petersburg 1867. 4.
Schmidt, F., Reisen im Amurlande. Leipzig 1868. 4.
Ruprecht, Flora Caucasi. Petersburg 1869. 4.
Maximowicz, Rhododendreae Asiae-orientalis. St. Petersburg 1870. 4.

§. 4. Flora Asiae orientalis (Chinae, Japoniae).

Boym, Flora Sinensis. Viennae 1656. fol.
Kircher, China illustrata. Amstelodami 1667. fol.
Incarville, Catalogue des plantes en usage en Chine. circa 1750. (Moscou 1812—13.)
Linné, Iter in Chinam. Upsaliae 1768. 4.
Buchoz, Collection précieuse: I. Plantes de la Chine. Paris 1776. fol.
Kaempfer, Geschichte und Beschreibung von Japan. Lemgo 1777—79. 4.
Buchoz, Herbier des plantes médicales de la Chine. Paris 1781. fol.
Sonnerat, Voyage aux Indes or. et à la Chine. Paris 1782. 4.
Thunberg, Flora Japonica. Lipsiae 1784. 8.
Kamel, Herbarum in insula Luzone Philippinarum icones ineditae. s. l. et a. fol.
Kaempfer, Icones selectae plantarum Japoniae. Londini 1791. fol.
Comparetti, Sulle proprietà della China. Padova 1794. 8.
Thunberg, Icones plantarum Japonicarum. Upsaliae 1794—1805. fol.
Barrow, Travels in China. London 1804. 4.
Lagasca, Amenidades (Plantas de la China etc. conaturalizadas en España). Orihuela 1811 4.
Santa-Maria, Manual de medicinas de los Indios. Manila 1815. 8.
Icones plantarum Chinâ nascentium. London 1821. fol.
Thunberg, Plantae Japonicae novae. Upsaliae 1824. 8.
Siebold, De historiae naturalis in Japonia statu. Bataviae 1824. 8
Siebold, Ph., Zustand der Botanik auf Japan. Bonn 1829. 4.
Bunge, Enumeratio plantarum, quas in China boreali collegit. (Petropoli 1831) 4:

Morren, Notice sur un lis du Japon. Gand 1833. 8.
Bunge, Plantarum Mongholico-chinensium Decas I. Casani 1835. 8.
Siebold et Zuccarini, Flora Japonica. Lugd. Bat. 1835—70. fol.
Morren et Decaisne, Observations sur quelques plantes du Japon. Bruxelles 1836. 8.
Hoffmann, Die Angaben chinesischer und japanischer Naturgeschichten von dem Illicium religiosum Leiden 1837. 8.
Blanco, Flora de Filipinas. Manila 1837. 8.
Cantor, Flora of Chusan. London 1842. 8.
Schott, Skizze zu einer Topographie der Produkte des chinesischen Reichs. Berlin 1842. 4.
Decaisne, Florula sinaica. Paris 1844. 8.
Bennett, Wanderings in New South Wales .. and China. London 1844. 8.
Fortune, Three years wanderings in China. London 1847. 8.
Fortune, Journey of the Tea Countries of China. London 1852. 8.
Seemann, Botany of the voyage of the Herald. London 1852—57. 4. (Flora of Hongkong p. 347—432.)
Zollinger, Verzeichniss indischer sowie japanischer Pflanzen. Zürich 1854—55. gr. 8.
Gray, Plants of the China Seas and Japan. Wash. 1856. 4.
Gray, A., Species collected in the Expedition to the China Seas and Japan. Washington 1856. 4.
Tatarinow, Catalogus medicamentorum Sinensium. Petropoli 1856. 8.
Choisy, Plantae javanicae et e Japonia. Genevae 1858. 8.
Japanese Botany. Philadelphia (1858). 8.
Bentham, Flora hongkongalis. London 1861. 8.
Hanbury, Notes on chinese Materia medica. London 1862. 8.
Debeaux, Pharmacie et matière médicale des Chinois. Paris 1865. 8.
Miquel, Prolusio Florae Japonicae. Amsterdam 1865—67. fol.
Hance, Adversaria in Stirpes Asiae orientalis. Paris 1866. 8.
Debeaux, Matières tinctoriales des Chinois. Paris 1866. 8.
Maximowicz, Plantae novae Japoniae et Mandschuriae. Petropoli 1866—68. 4.
Maximowicz, Revisio Hydrangearum Asiae orientalis. Lipsiae 1867. 4.
Miquel, Flora Japonica Hagae 1870. 8.

Cap. 24. Flora Australiae (Oceaniae).

Parkinson, A journal of a voyage to the South Seas. (Plants of use for food, medicine etc. in Otaheite, p. 37—50.) London 1773. 4.
Forster, Characteres generum plantarum, quas in itinere ad insulas maris australis collegerunt. Londini 1776. 4.
Sonnerat, Voyage à la nouvelle Guinée. Paris 1776. 4.
Forrest, A voyage to New Guinea and the Moluccas. London 1779. 4.
Forster, Florulae insularum Australium prodromus. Goettingae 1786. 8.
Tench, Compleat account of the settlement of Port Jackson. London 1788. 8.
Smith, A specimen of the botany of New-Holland. London 1793. 4.
Willemet, Herbarium Mauritianum. Lipsiae 1796. 8.
Forster, Herbarium Australe. Goettingae 1797. 8.
Collins, Account of the english colony in New South Wales. London 1801. 4.
Bory de St. Vincent, Essais sur les isles fortunées. Paris 1803. 4.
La Billardière, Plantae Novae Hollandiae. Paris 1804—6. 4.
Brown, R., Prodromus Florae Novae Hollandiae et ins. Van Diemen. London 1810. 8. — 1821—27.
Bauer, Illustrationes Florae Novae Hollandiae. Londini 1813. fol.
Flinders, A voyage to Terra australis. London 1814. 4. (*Robert Brown*, General remarks geographical and systematical on the botany of Terra australis, p. 533—613. Verm. Schriften I, 1—166.)
Leschenault, Végétation de la Nouvelle-Hollande et de la terre de Diemen. Paris 1824. 8.
La Billardière, Sertum Austro-caledonicum. Paris 1824—25. 4.
Cunningham, Botany of the mountain country round port Jackson and Bathurst. (Fields Geographical-Memoirs on New Sud Wales. London 1825. 8.)
King, Narrative of a survey of the intertropical and western coasts of Australia. London 1827. 8.
Guillemin, Icones plantarum Australiae rariorum. Paris 1827. fol.
Cunningham, Vegetation of Terra australis. (*King*, Narrative of a survey of the coasts of Australia. London 1827. 8.)
Sweet, Flora Australasica. London 1827—28. gr. 8.
Brown, Supplementum primum Prodromi Florae Novae Hollandiae. London 1830. 8. (Verm. Schriften. V. 77—116.)
Richard, Essai d'une Flore de la Nouvelle Zélande. (*Dumont d'Urville*, Voyage.) Paris 1832. 8. et Atlas.
Endlicher, Prodromus Florae Norfolkicae. Vindobonae 1833. 8.
Richard, Sertum Astrolabianum. (*Dumont d'Urville*, Voyage.) Paris 1834. 8. et Atlas.
Hooker, List of the ferns in the collection made by Mr. *Nightingale* in the pacific isles. (*Nightingale*, Oceanic sketches. London 1835. gr. 12. p. 127—32.)
Lhotsky, Journey to the Australian Alps. Sidney 1835. 8.
Nightingale, Oceanic sketches. London 1835. gr. 12.
Fraser, C, Botany of Swan River (1836).
Guillemin, Enumération des plantes dans les îles de la société principalement Taiti. Paris 1837. 8.
Mertens, Notices botaniques sur les îles Carolines. (*Luetke*, Voyage. vol. III, p. 132—44.)
Krauss, Beitrag zur Kenntniss der Corallineen und Zoophyten der Südsee. Stuttgart 1837. 4.
Meinicke, Das Festland Australien. Prenzlau 1837. 8.
(*Endlicher, Bentham, Fenzl, Schott*) Enumeratio plantarum, quas in Nova Hollandia collegit *Karl von Huegel*. Vindobonae 1837. 8.
Endlicher, Stirpium Australasicarum decades tres. Vindobonae 1838. 4.
Mitchell, Three expeditions into the interior parts of eastern Australia. London 1838. 8.
Mitchell, Th., Expedition into tropical Australia. (*Lindley*, 77 novae species plantarum Australiae.) London 1839. 8.
Lindley, Swan River. Sketch of the vegetation. London 1840. 8.
Postels et Ruprecht, Illustrationes Algarum in itinere circa orbem in Oceano pacifico collectarum. Petropoli 1840. fol. max.
Hombron et Jacquinot, Plantes phanérogames de la Voyage de L'Astrolabe et de La Zélée. Paris 1841—54.
Montagne, Prodromus generum specierumque Phycearum novarum in itinere ad polum antarcticum collectarum. Paris 1842. 8.
Hooker, W. J., Notes on the botany of the antarctic voyage. London 1843. 8.
Hooker, J. D., The botany of the antarctic voyage. (Flora Antarctica.) London 1844—47 sqq. 4.
Colenso, The northern island of New Zealand. Van-Diemensland 1844. 8.
(*Lehmann*) Plantae Preissianae ex Australasia occidentali et meridionali-occidentali. Hamburgi 1844—47. 8.

Kittlitz, Vierundzwanzig Vegetationsansichten von Küsten und Inseln des stillen Oceans. Siegen 1844—45. 4.
Bennett, Wanderings in New-South-Wales .. London 1844. 8.
Hooker, The cryptogamic botany of the antarctic voyage. London 1845. 4.
Dumont d'Urville, Voyage au pôle sud et dans l'Océanie. (Hombron, Jacquinot et *Decaisne*, Phanérogames, *Montagne* Cellulaires.) Paris 1845—53. 8.
Raoul, Choix des plantes de Nouvelle Zelande. Paris 1846. 4.
Ruprecht, Neue Pflanzen des stillen Oceans. Leipzig 1852. 4.
Swainson, Botanical Report on Victoria. Melbourne 1853. fol.
Hooker, Flora Novae Zeelandiae. London 1853—55. 4.
Müller, Definitions. Melbourne 1855. 8.
Macathur et Moore, Catalogue des bois de N. S. W. Australia. Paris 1855. 4.
Cuzent, Études sur quelques végétaux de Tahiti. Tahiti 1857. 8.
Mueller, Ferd., Fragmenta phytographiae Australiae. Melbourne 1858—68. 8.
Hooker, Flora Tasmaniae. London 1860. 4.
Cuzent, Végétaux de Tahiti. Rochefort 1860. 8.
Meredith, Bush friends in Tasmania London 1860. 4.
Mueller, Ferd., Plants collected by E. Fitzalan. Melbourne 1860. fol.
Müller, Plants of Victoria. Melbourne 1860—65. 4.
Seemann, Viti. Cambridge 1862. 8.
Bentham, Flora Australiensis. London 1863—70. 8.
Müller, Vegetation of the Chatham islands. Melbourne 1864. 8.
Brongniart, Fragment d'une Flore de la Nouvelle Calédonie. Paris 1864. 8.
Vieillard, Plantes de la Nouvelle-Calédonie. Caen 1865. 8.
Seemann, Flora Vitiensis. 1865—68. 4.
Vieillard, Plantes de la Nouvelle Calédonie. Caen 1866. 8.
Thozet, Roots and Fruits used as Food by the Aboriginals of N. Queensland. Rockhampton 1866. 8.
Charsley, The wild flowers around Melbourne. London 1867. 4.
Mueller, Ferd, Vegetable products exhibited. Melbourne 1867. 8.
Woolls, Contribution to the Flora of Australia. Sidney 1867. 8.
Hooker, Handbook of the New Zealand Flora. London 1867. 8.
Lindsay, Contribution to New Zealand Botany. London 1868. 4.
Thozet, Nutritive plants of New Queensland. Rockhampton 1869. 8.

Cap. 25. Flora Europaea generalis.

Ray, Travels through the Low-countries, Germany, Italy and France. (Catalogus stirpium in exteris regionibus.) London 1673. 8.
Ray, Stirpium europaearum extra Britannias sylloge. Londini 1694. 8.
Laicharding, Vegetabilia europaea. Oeniponte 1770—71. 8.
Linné, Systema plantarum Europae, curante *Gilibert*. Coloniae Allobrogum 1785—87. 8.
Blumenkalender für das gemässigtere Europa und die Schweiz. (*Roemer*, Magazin für die Bot. XI, 1790, 44—117.)
Laicharding, Manuale botanicum. Lipsiae 1794. 8.
Roemer, Flora europaea inchoata. Norimbergae 1797—1811. 8.
Boissieu, Flore d'Europe. Lyon 1805—7. 8.
Richard, De Orchideis europacis annotationes. Paris 1817. 4.
Persoon, Mycologia europaea. Erlangae 1822—28. 8.
Bronn, Ergebnisse meiner naturhistorisch-ökonomischen Reisen. Heidelberg 1826—31. 8.
Agardh, Berättelse om en botanisk Resa till Oesterrike och Italien. Stockholm 1828. 8.
Koch, De Salicibus europaeis. Erlangae 1828. 8.
Tenore, Viaggio per diverse parti d'Italia, Svizzera, Francia, Inghiltera e Germania. Napoli 1828. 8.
Lindenberg, Synopsis Hepaticarum europaearum. Bonnae 1829. 4.
Dumortier, Sylloge Jungermannidearum Europae indigenarum. Tornaci Nerviorum 1831. 8.
Nees von Esenbeck, Naturgeschichte der europäischen Lebermoose. Berlin 1833—38. 8.
Schimper, Bryologia europaea. Stuttgardiae 1837—55. 4.
Corda, Prachtflora europäischer Schimmelbildungen. Leipzig 1839. fol.
Kreutzer, Authochronologicon Europae mediae. Wien 1840. 12.
Seringe, Descriptions et figures des Céréales européennes. Paris 1841—47. 8.
Daum, Bemerkungen über Landwirthschaft, Klima und Vegetation in Südfrankreich, Welschland und Malta. Charlottenburg 1844. 8.
Lamotte, Plantes vasculaires de l'Europe centrale. Paris 1847. 8.
Visiani, R., Nuova distribuzione delle Labiate europee. Padova 1848. 4.
Woods, The Tourists Flora. London 1850. 8.
Henfrey, Vegetation of Europe. London 1852. 8.
Henfrey, Outlines of the natural history of Europe. London 1852. 8.
Nyman, Sylloge florae Europaeae. Oerebroae 1854—65. 8.
Lecoq, Géographie botanique de l'Europe. Paris 1854. 8.
Schimper, Synopsis muscorum Europaeorum. Stuttg. 1860. 8.
Jordan, Icones ad Floram Europae. Paris 1866—68. fol.

FLORAE EUROPAEAE SECT. 1. MEDITERRANEAE
(LUSITANICA, HISPANICA, ITALICA, GRAECA, TURCICA).

Cap. 26. Flora Hispanica et Lusitanica.

De flora Pyrenaica conf. cap. 29 flora Gallica.

Lucius Junius Moderatus Columella, c. 60. p. Chr., no. 1825.
Isidorus Hispalensis, 570—636. p. Chr., no. 4504.
Ibn al Awam, c. 1200, no. 4407.
Herrera, Obra de agricultura. Alcala de Henares 1513. fol. saep.
Clusius, Rariorum stirpium per Hispanias historia. Antverpiae 1576. 8.
Arrieta, De la fertilidad y abundancia de Espanna. Madrid 1578. 8.
Grisley, Viridarium lusitanum. Ulyssipone 1661. 12.
Breynius, De plantis rarioribus in Hispania observatis. (Philos. Transact. XXIV, 2045—50. — Eph. acad. nat. cur. Cent. 5—6. App. p. 95—100.)
Barrelier, Plantae per Galliam, Hispaniam etc. Parisiis 1714. fol.
Torrubia, Aparato para la historia natural española. Madrid 1754. 4.
Loefling, Iter Hispanicum. Stockholm 1758. 8.
Quer, Flora Española. Madrid 1762—84. 4.

Games, Ensayo sobre las aguas de Aranjuez. Madrid 1771. 4.
Bowles, Introduccion a la historia natural y a la geografia fisica de España. Madrid 1775. 4. — Ed. III: ib. 1789. 4.
Ortega, Tratado de las aguas de Trillo (p. 37—47. Catalogo de las plantas). Madrid 1778. 8
Asso y del Rio, Synopsis stirpium Aragoniae. Massiliae 1779. 4.
Asso y del Rio, Mantissa stirpium Aragoniae. Massiliae 1781. 4.
Asso y del Rio, Enumeratio stirpium in Aragonia noviter detectarum 1784 8.
Vandelli, Florae Lusitanicae et Brasiliensis specimen. Coimbra 1788 4.
Townsend, A journey through Spain. London 1791. 8.
Cavanilles, Icones et descriptiones plantarum. Matriti 1791—1801. fol.
Cavanilles, Observaciones sobre el reyno de Valencia. Madrid 1795—97. fol
Link, Bemerkungen auf einer Reise durch Frankreich, Spanien und Portugal Kiel 1799—1804. 8.
Fischer, Description de Valence (p 393—418. Essai d'une Flore de Valence) Paris 1804. 8.
Brotero, Flora Lusitanica Olissipone 1804 8.
Rojas Clemente y Rubio, Ensayo (Tres listas de plantas en que se caracterizan varias especies nuevas). Madrid 1807. 8.
Hoffmannsegg et *Link*, Flore portugaise. Berlin 1809—40. fol.
Brotero, Phytographia Lusitaniae selectior. Olissipone 1816—27. fol. min
Lagasca, Genera et species plantarum novarum. Matriti 1816. 4.
Sandalio, Lecciones de agricultura. (II, p. 321—72. Catalogi plantarum spontanearum oeconomicarum Hispaniae.) Madrid 1816. 4.
Lagasca, Memoria sopra las plantas Basileras de España. Madrid 1817. 4
Haenseler, Ensayo (Lista de las plantas de Carratraca). Malaga 1817 4
Figueiredo, Flora pharmaceutica e alimentar Portugueza. Lisboa 1825 8
Cambessèdes, Excursions dans les îles Baléares. Paris 1826. 8.
Cambessèdes, Enumeratio plantarum, in insulis Balearibus. Parisiis 1827 4
Cook, Sketches in Spain London 1834. 8.
Le Play, Observations sur l'histoire naturelle de l'Espagne. Paris 1834. 8
Webb, Iter Hispaniense. Paris et London 1838. 8.
Boissier, Elenchus plantarum quas in itinere Hispanico legit. Genevae 1838. 8
Webb, Otia Hispanica. Paris et London 1839. fol.
Boissier, Voyage botanique dans le midi de l'Espagne. Paris 1839—45 4
Boissier et *Reuter*, Diagnoses plantarum Hispanicarum. Genevae 1842 8.
Colmeiro, Los progresos de la botánica specialmente á España. Barcelona 1842. 8.
Reuter, Essai sur la végétation de la Nouvelle Castille. Genève 1843. 4.
Wichert, Beitrag zur Kulturgeschichte Hispaniens. Königsberg 1845—46. 4.
Kelaart, Flora Calpensis. London 1846 8.
Kunze, Chloris austro-Hispanica. Ratisbonae 1846. 8.
Colmeiro, Plantas en Cataluña. Madrid 1846. 8.
Cutanda et *Del Amo*, Botanica de Madrid y de los jardines. Madrid 1848. 8.
Colmeiro, Flora de las Castillas. Madrid 1849. 8.
Colmeiro, Recuerdos botánicos de Galicia. Santiago 1850. 4.
Planellas, Flora Gallega. Santiago 1852 8.
Willkomm, Strand- und Steppengebiete der iberischen Halbinsel. Leipzig 1852. 8.
Graells, Plantae novae. Matriti 1854. 8.
Colmeiro, Recuerdos botánicos de Galicia. Santiago 1858. 8.
Colmeiro, Apuntes para la Flora de las Castillas. Madrid 1859. 8.
Graells, Ramilletes. Madrid 1859. 4.
Cutanda, Flora de Madrid. Madrid 1861. 8.
Echeandia, Flora Caesar-augustana. Madrid 1861. 8.
Willkomm et *Lange*, Prodromus Florae Hispanicae. Stuttgart 1861—70. 8.
Loscos, Plantae Arragoniae. Dresden 1863. 8.
Costa, Flora de Cataluña Barcelona 1864. 8.
Rojas Clemente, Plantas de Titaguas, pueblo de Valencia. Madrid 1864. 8.
Lange, Plantae novae Hispaniae. Havniae 1864—66. fol.
Lange, Pugillus plantarum Hispanicarum. Havniae 1865. 8.
Watson, Botany of the Azores. London 1870. 8.

Cap. 27. Flora Italica.

Marcus Portius Cato, 234—149 a. Chr., no. 1606.
Marcus Terentius Varo, 114—c. 14 a. Chr., no. 9689.
Publius Virgilius Maro, 70—19 a. Chr., conf. p. 376.
Lucius Junius Moderatus Columella, c. 60 p. Chr. no. 1825.
Pedanius Dioscorides, c. 77 p. Chr., no. 2291—2322.
Cajus Plinius Secundus, 23—79 p. Chr., no. 7207—9, conf. p. 376.
Apicius Coelius, c. 240 p. Chr., conf. p. 376.
Piero de Crescenzi, c. 1235—1320, no. 1966.
Simon Januensis, c. 1290, no. 8960.
Matthaeus Sylvaticus, c. 1310. no. 5976.
Plinii commendatores conf. p. 376.
Manardus, Epistolae medicinales. Ferrari 1521. 4.
Brasavola, Examen omnium simplicium. Romae 1536. — *Mundella*, Epistolae .. in Brass. Basil. 1538
Mattioli, Commentaria in Dioscoridem. Venez. 1554. fol. — saep., conf. no. 5977—95.
Guilandinus, De stirpium aliquot nominibus .. Patav. 1557. 8. — Apologia versus Matthiolum. ib. 1558. 8.
Tortaglini, Erbalario. Firenza 1558. 12.
Maranta, Methodus cognoscendorum simplicium. Venet. 1559. 4.
Anguillara, Semplici. Vinegia 1561. 8.
Calzoloris, Viaggio de Monte Baldo. Venezia 1566. 4.
Cesalpini, De plantis libri XVI. Florentiae 1583. 4.
Durante, Herbario nuovo. Rom. 1585. fol. — Venez. 1684.
Porta, Phytognomonica. Neapoli 1588. fol. — saep.
Colonna, Phytobasanos, sive plantarum aliquot historia. Neap. 1592. 4.
Pona, Plantae in Baldo monte et via. Verona 1595. 4.
Imperato, Dell' historia naturale. Napoli 1599. fol. — Venez. 1672.
Colonna, Minus cognitarum plantarum Ekphrasis. Romae 1616. 4.
Turre, G., Catalogus plantarum horti. Patav. 1660. 12. — 1662.
Aldrovandi, Dendrologiae libri duo Bononiae 1668. fol. — Legati in Aldr. de arboribus. Bon. 1668. 4.
Passerini, Sogno nella licenza, da Monte Baldo. Trento 1684. 12.
Scarella, Lettera intorno ad una pianta anonima (Isnardia palustris). Padova 1687. 4.
Martinis, Catalogus plantarum in itinere montis Baldi. Veronae 1707. 4.

Donati, Trattato de semplici nel lito di Venetia. Venetia 1631. 4.
Bonfiglioli, Index plantarum Aetna. (*Carrera*, Montegibello descritto. Catanea 1636. 4.)
Zanoni, Indice delle piante di Castiglione ed altri monti di Bologna. Bologna 1652. fol.
Zanoni, Descrizione d'alcune piante. s. l. et a.
Panarolus, Plantarum amphitheatralium (i. e. in amphitheatro Vespasiani Romae sponte crescentium) catalogus. Romae 1652. 4.
Boccone, Manifestum botanicum de plantis Siculis. Cataneae 1668. fol.
Boccone, Programma botanico. (*Targioni-Tozzetti*, Dei progressi etc. III, 250—56.)
Ray, Travels through .. Italy. Lond. 1673. 8.
Boccone, Icones et descriptiones rariorum plantarum Siciliae, Melitae, Galliae et Italiae. Oxonii 1674. 4.
Rogyeri, Catalogo delle piante del suolo Romano. Romae 1677. fol.
Cavallini, Brevis enumeratio plantarum. (Pugillus meliteus.) Romae 1689. 12.
Cupani, Catalogus plantarum Sicularum. Panormi 1692. fol.
Cupani, Syllabus plantarum Siciliae. Panormi 1694. 16.
Boccone, Museo di piante rare della Sicilia, Malta, Corsica, Italia, Piemonte e Germania. Venezia 1697. 4. — Appendix de plantis siculis. 1702. 4.
Vallisneri, Prima Raccolta. (Index plantarum juxta Liburnum.) 1701. 12. p. 112.
Tozzi, Specimina iconum pro catalogo plantarum Toscaniae. 1703. 4.
Cupani, Panphyton Siculum. Panormi 1713. gr. 4. — *Bertoloni*, Commentarius. (— Lucubrationes de re herbaria. Bononiae 1822. 4.)
Barrelier, Plantae per Galliam, Hispaniam et Italiam observatae. Parisiis 1714. fol.
Pontedera, Compendium tabularum botanicarum. Patavii 1718. 4.
Monti, Catalogi stirpium agri Bononiensis prodromus. Bononiae 1719. 4.
Zannichelli, Opuscula botanica posthuma. Venetiis 1730. 4.
Zannichelli, Istoria delle piante ne' lidi intorno a Venezia. Venezia 1735. fol.
Sabbati, Synopsis plantarum, quae in solo romano luxuriantur. Ferrariae 1745. 4.
Séguier, Catalogus plantarum agri Veronensis. Veronae 1745. 8.
Séguier, Plantae Veronenses. Veronae 1745. 8. — Supplementum. ib. 1754. 8.
Donati, Della storia naturale marina dell' adriatico. Venezia 1750. 4.
Targioni-Tozzetti, Prodromo della corografia Toscana. Firenze 1754. 8.
Battarra, Fungorum agri Ariminensis historia. Faventiae 1755. 4.
Ginanni, Opere postume. Piante nel mare Adriatico. Venezia 1755. fol.
Linné, Fungus Melitensis. Upsaliae 1755. 4.
Allione, Rariorum Pedemontii stirpium specimen. Aug. Taur. 1755. 4.
Allione, Stirpium litoris et agri Nicaensis enumeratio. Parisiis 1757. 8.
Matani, Delle produzione naturali del territorio pistojese. Pistoja 1762. 4.
Strange, Lettera sopra l'origine della carta naturale di Cortona. Pisa 1764. 4.
Marsili, Fungi Carrariensis historia. (Patavii) 1766. 4.
Targioni-Tozzetti, Relazione d'alcuni viaggi. Firenze 1768—79. 8.
Agosti, De re botanica tractatus. Belluni 1770. fol.
Bonelli et *Sabbati*, Hortus Romanus. Romae 1772—93. fol.
Vitman, Istoria erbaria delle alpi di Pistoja, Modena e Lucca. Bologna 1773. 8.
Ginanni, Istoria civile e naturale delle pinete Ravennati. Roma 1774. 4.
Forskål, Florula Melitensis. (— Flora Aeg.-Arabica. Havniae 1775. 4. p. XIII—XIV.)
Cavallini, Pugillus Meliteus. (*Brueckmann*, Epist. itin. LXII. Cent. II, 674—91.)
Bartalini, Catalogo delle piante di Siena. Siena 1776. 4.
Sestini, Lettere dalla Sicilia e Turchia. Firenze 1779—84. 12.
Turra, Florae Italicae Prodromus. Vicentiae 1780. 8.
Borch, Lettres sur les truffes de Piemont. Milan 1780. 8.
Allione, Flora Pedemontana. Aug. Taur. 1785. fol. — Auctuarium. 1789. 4. — *Bellardi*, Osservazione. (Appendice.) 1788. 8. — *Bellardi*, Appendix. 1792. 4.
Petagna, Institutiones botanicae, vol. II—V. Neapoli 1787. 8.
Cirillo, Plantarum rariorum regni Neapolitani Fasc. I. II. Neapoli 1788—92. fol.
Re, Viaggio al monte Ventasso. Milano (1789). 8.
Santi, Plantae Pisanae. (— Analisis. Pisa 1789 8.)
Buniva, Nomenclator Linnaeanus Florae pedemontanae. Augustae Taur. 1790. 12.
Allione, Fasciculus stirpium Sardiniae in dioecesi Calaris. (Misc. taur. I, 88—103.)
Spadoni, Lettere odeporiche sulla montagna Ligustica. Bologna 1793. 8.
Nocca, De itineribus ad varia loca. (Turici 1794.) 8.
Amoretti, Viaggio da Milano ai laghi maggiore. Milano 1794. — 1806 — 1817. — 1824. 8.
Santi, Viaggio al Montamiata e per le prov. Senesi. Pisa 1795—1806. 8.
Young, Voyage en Italie. Paris 1796. 8.
Azuni, Histoire naturelle de la Sardaigne. Paris 1798. 8. — ib. 1802. 8. (Regne végétal. II, 367—98.)
Savi, Flora Pisana. Pisa 1798. 8.
Lavy, Stationes plantarum Pedemontii. Taurini 1801. 8.
Balbis, Elenco delle piante di Torino. Torino 1801. 8.
Marzari-Pencati, Piante di Vicenza. Milano 1802. 8.
Maironi da Ponte, Osservazioni sul dipart. del Seno. Bergamo 1803 8.
Bertoloni, Rariorum Liguriae plantarum decades. Genuae 1803—10. 8.
Savi, Due centurie di piante appartenenti alla flora Etrusca. Pisa 1804. 8.
Bertoloni, Plantae Genuenses. Genuae 1804. 8.
Balbis, Miscellanea botanica. Taurini 1804—6. 4.
Re, Flora Segusiensis. Taurini (1805). 8.
Biroli, Flora oeconomica del dipartimento dell' Agogna. Vercelli 1805. 8.
Balbis, Flora Taurinensis. Taurini 1806. 8.
Turio, Specimen plantarum agri Clavariensis. Clavari (1806). 4.
Bivona-Berardi, Sicularum plantarum Cent. I. II. Panormi 1806. 4.
Viviani, Voyage dans les Appennins. Gênes 1807. 4.
Savi, Botanicon Etruscum. Pisis 1808—25. 8.
Viviani, Florae Italicae fragmenta. Genua 1808. 4.
Biroli, Flora Aconiensis. (Novara) 1808. 8.
Bertoloni, Rariorum Liguriae plantarum. Decades I—III. Genuae 1808—10. 8.
Bisceglie, Flora della provincia di Bari. Napoli 1809. 8.
Savi, Memoria sopra i trifogli. (Pisa 1809.) 8.
Roneoni, Osservazioni su la flora Napolitana. Napoli 1810. 8.
Brignoli, Fasciculus rariorum plantarum Forojuliensium. Urbini 1810. 4.

Rafinesque, Caratteri di alcuni nuovi generi della Sicilia. Palermo 1810. 4.
Rafinesque et *Ortolani*, Statistica generale di Sicilia. Parte I: Fisica della Sicilia. Palermo 1810. 8.
Mazzucato, Viaggio botanico all' alpi giulie. Udine 1811. 8.
Brocchi, Memoria sulla valle di Fassa. Milano 1811. 8.
Tenore, Flora Napolitana. Napoli 1811—38. fol.
Ronconi, Osservazioni su la Flora Napolitana. Napoli 1811. 8. — *Ronconi*, Analisi delle osservazioni del Dr. Gussone. Napoli 1811. 8.
Tenore, Raccolta di viaggi fisico-botanici. Napoli 1812. 8.
Brignoli a Brunnhoff et *Bodei*, Alcuni cenni sulle produzione naturali del dip. del Metauro. Urbino 1813. 8.
Spadoni, Pellegrinazione alle gessaje di Ancona. Macerata 1813. 8.
Sebastiani, Romanarum plantarum fasciculus I—II. Romae 1813—15. 4.
Moretti, Piante da aggiunsersi alla Flora Vicentina. Pavia 1813—20 4. (Cf. ejus: Memorie ed osservazioni. Pavia 1820. 8. p. 230—305.)
Bivona-Bernardi, Stirpium rariorum in Sicilia sponte provenientium descriptiones. Panormi 1813—16. 4.
Thiébaut-de-Berneaud, Coup d'oeil sur le Monte Circello. Paris 1814. 4.
Pollini, Viaggio a lago di Garda e al monte Baldo. Verona 1816. 8.
— Osservazioni intorno al viaggio al lago di Garda e al monte Baldo. (Risposta di Eleuterio Benacese alle Osservazioni. Timepoli 1817. 8.)
Re, Florae Atestinae Prodromus. Mutinae 1816 8.
Lavy, Phyllographie Piémontaise. (Turin 1816.) 8.
Pollini, Horti et provinciae Veronensis plantae novae. Ticini 1816. 4.
Nocca et *Balbis*, Flora Ticinensis. Ticini 1816—21. 4 (Cf. Il critico criticato et Al Signor Arduini.)
Briganti, Stirpes rariores in regno Neapolitano. Neapoli 1816. fol.
Tineo, Plantarum rariorum Siciliae pugillus. Panormi 1817. 8
Moretti, Lettera al autore delle osservazioni intorno all viaggio al lago di Garda e al monte Baldo del Dr. Pollini. Pavia 1817. 8.
Pollini, Sulle alghe viventi nelle terme Euganee. Milano 1817. 8.
Moretti, Osservazioni sopra diverse piante italiani. Milano 1818. 8
Sebastiani et *Mauri*, Florae Romanae prodromus. Romae 1818. 8.
— *Fiorini-Mazzanti*, Appendice. s. l. et a. 8.
Presl, Gramineae Siculae. Pragae 1818. 8.
Ruchinger, Flora dei Lidi veneti. Venezia 1818. 8.
Savi, Flora Italiana. Pisa 1818—24 fol.
Bertoloni, Amoenitates. Bononiae 1819. 4.
Bisceglie, Flora della provincia di Napoli. Bari 1819. 4.
Presl, Cyperaceae et Gramineae Siculae. Pragae 1820. 8.
Raddi, Jungermanniografia Etrusca. (Modena 1820.) 4. — Bonnae 1841. 4.
Bartling, De littoribus ac insulis maris Liburnici. Hannoverae 1820. 8.
Moricand, Flora Veneta. Genevae 1820. 8 (— *Moretti*, Osservazioni; in Bibl. italiana.)
Mauri, Romanarum plantarum centuria XIII. Romae 1820. 8.
Re, Ad Floram Pedemontanam appendix (prima). Taurini (1821). 8. - (Appendix altera in Mem. d. R. A. di Torino, tom. XXXI, 1824. p. 189—224.)
Presl, Cyperaceae et Gramineae Siculae. Pragae 1821. 8.
Reboul, Nonnullarum specierum Tuliparum agri Florentini propriae notae. Florentiae 1822—23. 8
Maratti, Flora Romana; opus posthumum ed. *Oliveri*. Romae 1822. 8.

Pollini, Flora Veronensis. Veronae 1822—24. 8. — *Moretti*, Intorno alla flora Veronensis del Sign. Pollini osservazioni. Milano 1822. 8.
Bergamaschi, Gita botanica agli Apennini. Pavia 1823. 4.
Bergamaschi, Lettera sopre varie piante degli Apennini. Pavia 1823. 4.
(*Tenore*) Ad Florae Neapolitanae prodromum appendix quarta. Neapoli 1823. 8. — Appendix quinta: ib. 1826. 4.
Viviani, Florae Corsicae specierum novarum diagnosis. Genuae 1824. 4. — Appendices: ib. 1825—30. 4.
Scuderi, Trattato dei boschi dell' Etna. (Catanea 1824.) 4.
Martens, Reise nach Venedig. Ulm 1824. 8.
Delle Chiaje, Memoria sul Ciclamino Poliano. Napoli 1824. 4.
Balsamo-Crivelli, Verbascorum Italiae monographia. Ticini 1824. 8.
Naccari, Aggiunte alla Flora veneta. Bologna 1824. 4.
Cocco, Per lo stabilimento della Flora Moessinense di piante artificiali in rilievo orazione. Messina 1824. 8.
Briganti, De Fungis rarioribus regni Neapolitani. Neapoli 1824.
Comolli, Plantarum in Lariensi provincia lectarum enumeratio. Novo-Comi 1824. 8.
Valle, Florula Corsicae. (Misc. taur. II, 214—18. — Nov. Act. Acad. Nat. Cur. IV. App. 205—54.)
Re, Flora Torinese. Vol. I. (Cl. I—XVI.) Torino 1825. 8.
Presl, Flora Sicula. Pragae 1826. 8.
Gussone, Plantae rariores itineris per oras Ionii et Adriatici maris et per regiones Samnii et Apruttii. Neapoli 1826. 4.
Naccari, Flora Veneta. Venezia 1826—28 4.
Moretti, Il botanico italiano. Pavia 1826. 4.
Risso, Histoire naturelle des productions de l'Europe méridionale et des environs de Nice. Paris 1826—28. 8.
Bertoloni, Descrizione de' Zafferani italiani. Bologna 1826. 4. — *Tenore*, Memoria sulle Crocchi della Flora napolitana. Napoli 1826. 4. — *Gay*, Observations sur deux mémoires. Paris 1827. 8.
Moris, Stirpium Sardoarum elenchus. Caral. 1827—29. 4.
Gussone, Florae Siculae prodromus. Neapoli 1827—28. 8. — Supplementum 1832—34. 8.
Bertoloni, Prolegomena ad Floram Italicam. Bononiae 1827. 8.
Tenore, Viaggio in alcune luoghi della Basilicata e della Calabria citeriore. Napoli 1827. 8.
Tenore, Geografia fis. et botanica del regno di Napoli. Napoli 1827. 8.
Zerapha, Florae Melitensis thesaurus. Melitae 1827. 4.
Agardh, Botanisk Resa til .. Italien. Stockholm 1828. 8.
Tenore, Viaggio per diverse parti d'Italia .. Napoli 1828. 8.
Brunner, Streifzug durch das östliche Ligurien, Elba, Sicilien und Malta. Winterthur 1828. 8.
Romano, Le piante fanerogame Euganee. Padova 1828. 8. — ib. 1831. 8.
Naccari, Algologia Adriatica. Bologna 1828. 4.
Avé-Lallemant, De plantis quibusdam Italiae borealis. Berolini 1829. 4.
Gussone, Flora Sicula. Neapoli 1829 fol.
Delle Chiaje, Hydrophytologiae regni Neapolitani icones. Neapoli 1829. fol.
Castiglioni, Monografia dello Zafferano. Milano 1829. 8.
Gussone, Flora Sicula. (Salicornia.) Neapoli 1829. fol.
Mauri, *Orsini* et *Tenore*, Enumeratio plantarum in itinere per Apruttium lectarum. Neapoli 1830. 4.
Beggiato, De studio botanicae cum nonnullarum Florae plantarum enumeratione. Patavii 1830. 8.
Tenore, Succinta relazione del viaggio in Abruzzo. Napoli 1830. 4.

Fiorini-Mazzanti, Specimen Bryologiae Romanae. Romae 1831. 8. — 1841. 8.
Tenore, Sylloge plantarum Florae Neapolitanae. Neapoli 1831—42. 8.
Moretti, De Primulis Italicis. Ticini 1831. 8.
Tenore, Relazione del viaggio di Abruzzo citeriore. Napoli 1832. 8.
Tenore, Saggio sulla botanica Italiana. Napoli 1832. 8.
(Jan) Catalogus complectens prodromum Florae Italiae superioris. Parmae 1832. fol.
Bertoloni, De plantis novis. Bononiae 1832. 4.
Bertoloni, Mantissa plantarum Florae alpium Apenninarum. Bononiae 1832. 4.
Bertoloni, Memoria sopra alcune produzioni naturali nel golfo della Spezia. Modena 1832. 4.
Petter, Botanischer Wegweiser in Spalato. Wien 1832. 12.
Bertoloni, A., Flora Italica. Bononiae 1833—54. 8.
Reggiato, Delle terme Euganee. Memoria. Padova 1833. 8.
Colla, Herbarium Pedemontanum. Aug. Taur. 1833—37. 8.
Balsamo et Notaris, Synopsis Muscorum in agro Mediolanensi. Mediolani 1833. 8.
Balsamo et Notaris, Prodromus Bryologiae Mediolanensis. Mediolani 1834. 8.
Viviani, I Funghi d'Italia. Genova 1834. fol.
Moretti, Nonnulla de Crocis Italicis. Paviae 1834. 8.
Moretti, Synopsis Veronicarum Italiae. Ticini 1834. 8.
Comelli, Flora Comense. Como 1834—4x. 12.
Massara, Prodromo della Flora valtellinese. Sondrio 1834. 8.
Candolle, Notice sur la géographie botanique de l'Italie. (Genève 1835.) 8.
Comelli, Intorno alle alghe di acqua dolce ed alle produzioni animali che si credevano alghe. Udine 1835. 8.
Sanguinetti, Centuriae tres Prodromo Florae Romanae addendae. Romae 1837. 8.
Moris, Flora Sardoa. (Ranunc. — Ericae) Taurini 1837—43. 4.
Bertoloni, Commentarius de itinere Neapolitano. Bononiae 1837. 4.
Sandi, Enumeratio stirpium agri Bellunensis. Belluni 1837. 8.
Garovaglio, Delectus specierum novarum cryptogamicarum. Ticini 1837—38 8.
Garovaglio, Catologo di alcune crittogame di Como e Valtellina. (Musci frondosi et Lichenes) Como 1837—43. 8.
Sanguinetti, Centuriae tres Prodromo Florae Romanae addendae. Romae 1837. 8.
Meneghini, Conspectus Algologiae Euganeae. Patavii 1837. 8.
Lisa, Elenco dei muschi di Torino. Torino 1837. 8.
Notaris, Muscologiae Italicae spicilegium. Mediolani 1837. 4.
Notaris, Syllabus Muscorum in Italia. Taurini 1838. 8
Notaris, Primitiae Hepaticologiae Italicae. (Taurini 1838.) 4.
Reboul, Selecta specierum Tuliparum agri Florentini synonyma. Florentiae 1838. 8.
Gussone, Tre articoli risguardante le peregrinazioni fatte in alcuni luoghi del regno di Napoli. Napoli 1838. 8.
Moretti, De vegetabilibus sponte crescentibus in caevadiis archigymnasii Ticinensis. Ticini 1838. 8.
Moretti, De vegetabilibus sponte crescentibus in caevadio collegii Borromei. Ticini 1838. 8.
Parlatore, Rariorum plantarum Siciliae fascic. Panormi 1838—40. 8.
Parlatore, Flora Panormitana. Panormi 1839. 4.
Parlatore, Icones plantarum florae Panormitanae. Panormi 1839. 4.
Moris et De Notaris, Florula Caprariae. Taurini 1839 4.
Moris, Stirpes Sardoae novae aut minus notae. (Taurini 1839.) 4.
Tenore, Géographie phys. et bot. de l'Italie. Copenhague 1839. 4.

Schouw, Tableau du climat et de la végétation de l'Italie. Copenhague 1839. 4.
Cesati, Stirpes Italicae rariores vel novae. Mediolani 1840. fol.
Trevisan, Enumeratio stirpium cryptogamicarum provinciae Patavinae. Patavii 1840 8.
Parlatore, In Filaginis Evacisque species observationes. (Firenze 1841.) 8.
Savi, Sull' Erigeron siculum L. (Jasonia sicula De Cand. Prodr.) Modena 1841. 4.
Zanardini, Synopsis Algarum in mari Adriatico collectarum. Taurini 1841. 4.
Notaris, Micromycetes Italici novi. (Taurini 1841—44.) 4.
Gasparrini, Ricerche sulla natura della pietra fungaja. Napoli 1841. 4.
Puccinelli, Plantae agri Lucensis. Lucae 1841—43. 8.
Parlatore, Sulla botanica in Italia. Discorso. Parigi 1841. 8.
Parlatore, Observations sur quelques plantes d'Italie. Paris 1841. 8.
Bertoloni, Iter in Apenninum Bononiensem. Bononiae 1841. 8.
Brunner, Einiges über den Steinlöcherpilz (Polyporus Tuberaster Jacq) und die Pietra fungaja der Italiener. Neuenburg 1842. 4.
Agardh, Algae maris Mediterranei et Adriatici. Paris 1842. 8.
Notaris, Algologiae maris Ligustici specimen. (Taurini 1842.) 4.
Meneghini, Alghe Italiane e Dalmatiche. Fascic. I—V. Padova 1842—46. 8.
Meneghini, Monographia Nostochinearum Italicarum, addito specimine de Rivulariis. Aug. Taur. 1842 4.
Todaro, Orchideae Siculae. Panormi 1842. 8.
Calcara, Storia naturale dell' isola di Ustica. Palermo 1842. 8.
(Trevisan) Prospetto della Flora Euganea. Padova 1842. 8.
Baselice, Flora Biccarese. Campobasso 1842. 8.
Gussone, Florae Siculae synopsis. Neapoli 1842—45. 8.
Colmeiro, Principj una Flora della Spagnuola. Lucca 1843. 8.
Grigolato, Piante medicinali di Rovigo. Rovigo 1843—54. gr. 4.
Rota, Enumerazione delle piante rare della provincia bergamasca. Pavia 1843. 8.
Nicolucci, De quibusdam Algis aquae dulcis. Neapoli 1843. 8.
Cesati, Saggio su la Flora della Lombardia. Milano 1844. 8.
Passerini, Flora Italiae superioris. Thalamiflorae. Mediolani 1844. 8.
Cesati, Geographia botanica della Lombardia. Milano 1844 8.
Savi, Florula Gorgonica. Firenze 1844. 8.
Daum, Landwirthschaft, Klima und Vegetation in . Welschland und Malta. Charlottenburg 1844. 8.
Bertoloni, G., Iter in Apenninum. Bononiae 1844. 4.
Notaris, Repertorium Florae Ligusticae. Taurini 1844. 4.
Risso, Flore de Nice. Nice 1844 8.
Sava, Lucubrazioni sulla Flora dell' Etna. Milano 1844.
Martens, G., Italien. Stuttgart 1844—46. 8.
Venturi, I miceti dell' agro Bresciano. Brescia 1845. fol.
Rosso, Catalogus plantarum in agro Calato-Hieronensis. Catanae 1845. 4.
Todaro, Rariorum plantarum Siciliae decas I. s. l. (1845). 4.
Parlatore, Flora Palermitana. Firenze 1845. 8.
Tornabene, Geografia botanica per la Sicilia. Napoli 1846. 4.
Notaris, Prospetto della Flora Ligustica Genova 1846 gr. 8.
Colmeiro, Catalogo de plantas en Cataluña. Madrid 1846. 8.
Tineo, V., Plantae rariorae Siciliae. Panormi 1846. 8.
Tornabene, Quadro della botanica in Sicilia. Catania 1847. 4.
Zanardini, Prospetto della Flora veneta. Venezia 1847. 4.
Parlatore, Flora italiana. Vol. 1—4. Firenze 1848—69. 8.
Calcara, Sui boschi della Sicilia. Palermo 1848. 8.
Zumaglini, Flora Pedemontana Taurini 1849—60. 8
Calcara, Florula medica Siciliana. Palermo 1851. 8.

Passerini, Flora di Parma. Parma 1852. 8.
Bergamasch, Peregrinazione nelle Valli Camonica, Seriana, Brembana. Pavia 1853. 8.
Grigolati, Piante del Polesine. Rovigo 1854. 4.
Perini, Flora dell' Italia settentrionale. Trento 1854—65. 8.
Camisola, Flora Astese Asti 1854. 8.
Gussone, Enumeratio plantarum insulae Inarime. Neapoli 1854. 8.
Rota, Flora di Bergamo. Bergamo 1855 4
Pirona, G J., Florae Forojuliensis syllabus. Utini 1855. 8.
Clementi, Sertulum plantarum in Olympo Bithynico, in agro Bizantino et Hellenico. Taurini 1855. 4
Sanguinetti, Florae Romanae prodromus alter. Romae 1855—(67). 4.
Steven, Pflanzen der taurischen Halbinsel Moskau 1857. 8.
Caruel, Prodromo della Flora Toscana. Firenze 1860—61. 8.
Polonio, Osservazione sui foretti feminei dell' Arum Italicum. Pavia 1861. gr. 4
Pasquale, Florula Vesuviana. Napoli 1862. 4.
Tassi, Flora della provincia Senese. Siena 1862. 8.
Visiani, R, Vegetazione di Lacroma in Dalmazia. Trieste 1863. 8.
Saccardo, Flora Trevigiana aggiuntevi le denominazioni vernacole Venezia 1864. 8.
Caruel, Florula dell' isola de Montecristo. Milano 1864. 8.
Moggridge, Flora of Mentone and the coast from Marseilles to Genoa. London 1864—68.
Tassi, Botanica agraria medica ed industriale di Siena. Siena 1865. 4.
Bertoloni, G., Florole del Tino e del Tinetto. Bologna 1866. 4.
Martins, Climat et végétation des îles Borromées. Montpellier 1866.
Genuari, Alla Flora Sarda. Cagliari 1866. 8.
Bellairs, Wayside Flora towards Rome. London 1866. 8.
Bertoloni, G., Vegetazione dei Monti di Porretta. Bologna 1868. 8
Saccardo, Flora Trevigiana. Venezia 1868. 8.
Saccardo, Storia della Flora Veneta. Milano 1869. 8.
Cesati, Flora Italiana. Milano 1869—72. 8.
Caruel, Statistica botanica della Toscana. Firenze 1871. 8.
Visiani, R, Florae Dalmaticae supplementum. Venetiis 1872. 4.

Cap. 28. Flora Graeciae et Turciae.
§. 1. Auctores classici Florae Graeciae Europaeensis et Asiaticae.
Homeros, c. 900 a. Chr., conf. p. 376
Hippocrates, c. 460—435 a. Chr., conf. p. 376.
Aristoteles, 384—322 a. Chr., no. 243—44.
Theophrastos Eresios, 370—325 a. Chr, conf. p. 376.
Nikandros Kolophonios, 200—133 a. Chr., no 6704.
Strabo, 60 a. Chr. —25 p Chr., conf. p 376.
Nicolaus Damascenos, c. 5 p. Chr., conf. p. 376.
Pedanios Dioscorides, c. 77 p Chr., no. 2291—2322.
Cajus Plinius Secundus, 23—79 p. Chr.

§. 2. Auctores recentiores
conf. Cap. 23, §. 2 Flora Asiae minoris.
Anguillara Semplici. Vinegia 1561. 8.
Sestini, Lettere dalla . Turchia. Firenze 1779—84. 12.
Sestini, Lettere odeporiche. II. p. 93—138. Florae Olympicae idea. Livorno 1785. 8.
Sonnini, Voyage en Grèce et en Turquie. Paris 1801. 8.
Sibthorp, Florae Graecae prodromus. Londini 1806—13. 8.
Sibthorp, Flora Graeca. Londini 1806—40. fol.
Pieri, Della corcirese Flora centurie prima. Corfu 1814. 4. max.
Delile, Sur une Flore Byzantine manuscrite. Paris 1818. 8.
Walpole, Plants of Greece from Dr. Sibthorp's papers. (Memoirs etc. London 1818. 4. p. 233—54.)
Sieber, Herbarium Florae Creticae. Vindobonae 1820. fol.
Dalla Porta, Prospetto delle piante nell' isola di Cefalonia. Corfu 1821. 4.
Dumont d'Urville, Enumeratio plantarum ex insulis Archipelagi. Paris 1822. 8.
Pieri, Flora Corcirensis. Cent. I—II. Corcirae 1824. 8.
Portenschlag-Ledermayer, Enumeratio plantarum in Dalmatia lectarum. Wien 1824. 8. (Plantae Dalmaticae a Welden sculptae servantur in bibl. Candolleana)
Visiani, Stirpium Dalmaticarum specimen. Patavii 1826. 4.
Partsch, Plantae insulae (Ragusanae) Meleda. (— Bericht etc. Wien 1826. 8. p. 19—22.)
Zerapha, Florae Melitensis thesaurus. Melitae 1827. 4.
Petter, Botanischer Wegweiser in der Gegend von Spalato in Dalmatien. Zara 1832. 12. obl.
Alschinger, Flora Jadrensis. Jaderae 1832. 8.
Bory de St. Vincent, Expédition scientifique de Morée. Tome III, 2. partie: Botanique. Paris 1832. 4.
Flora Corcirese. Jonios Anthologia. Corfu 1834—35. 8.
Frivaldsky, Plantae novae ex Balcano. 1835—40.
Frivaldsky, Uebersicht der auf dem Balkan gesammelten Gewächse. (In «A magyar tudós» etc. Budae 1835. 4. p. 235—76.)
Bory de St. Vincent et Chaubard, Nouvelle Flore du Péloponnèse et des Cyclades. Paris 1838. fol.
Cesati et Fenzl, Verzeichniss von Pflanzen aus Südgriechenland. (In *Friedrichsthal*, Reise. Leipzig 1838. 8. p. 261—311.)
Fiedler, Uebersicht der Gewächse des Königreichs Griechenland. (In ejus «Reise». Leipzig 1840. 8. I, 507—874.)
Boué, La Turquie d'Europe. Paris 1840. 8. (Vol. 1. 408—76: Végétation de la Turquie d'Europe; III. 1—39: Agriculture, horticulture)
Fiedler, Reise durch Griechenland. Leipzig 1840—41. 8. (Gewächse Griechenlands: I. 507—858.)
Ebel, Zwölf Tage auf Montenegro. II. Heft. Königsberg 1841. 8.
Margot et Reuter, Essai d'une Flore de l'île de Zante. Genève 1841. 4.
Visiani, Illustrazione di alcune piante della Grecia e del Asia minore. Venezia 1842. 4.
Poech, Enumeratio plantarum insulae Cypri. Vindobonae 1842. 8.
Visiani, Flora Dalmatica. Lipsiae 1842—47. 4.
Grisebach, Spicilegium Florae Rumelicae et Bithynicae. Brunsvigae 1843—45. 8.
Grech Delicata, Flora Melitensis. Melitae 1853. 8.
Schmidt, J. F. J, Geographie von Griechenland. Athen 1860. 4.
Visiani, R, Plantarum Serbicarum pemptas. Venezia 1860. 4.
Heldreich, Die Nutzpflanzen Griechenlands. Athen 1862. 8.
Orphanides, Enumeratio chloridis Hellenicae. Athen 1866. 8.

FLORAE EUROPAEAE SECT. 2. CENTRALIS.
(GALLICA, BATAVICA, BELGICA, GERMANICA.)

Cap. 29. Flora Gallica.

Vincentius Bellovacensis, c. 1190—1264, no. 9787.
Champier, Hortus Gallicus. Lugduni 1533. 8.
Champier, Campus Elysius Galliae. Lugduni 1533. 8.
Ruelle, De natura stirpium libri tres. Parisiis 1536. fol.
(Du Pinet) Historia plantarum. Lugd. 1561. 12.
(Dalechamps) Historia generalis plantarum. Lugd. 1587. fol.
Bauhin, Historia fontis Bollensis in ducatu Wirtembergico. Montisbeligardi 1598. 4.
(Mont-Sainct) Le jardin Senonois. Sens 1604. 12.
Belleval, Dessein touchant la recherche des plantes du pays de Languedoc. Montpellier 1605. 8.
Belleval, Remontrance et supplication au Roy Henry IV. s. a. 4.
Reneaulme, P., Specimen historiae plantarum. Paris 1611. 4.
Strobelberger, Galliae politico-medica descriptio. (Plantae rariores, praecipue in Gallia Narbonnensi, Proventiali et Languedocia.) Jenae 1620. 12.
Cornuti, Enchiridion botanicum Parisiense. (— Canadensium plantarum historia. Parisiis 1635. 4.)
Prevost, Catalogue des plantes, qui croissent en Bearn, Navarre et Begorre etc. Pau 1655. 8.
Magnol, Botanicon Monspeliense. Lugduni 1676. 8. — Monspelii 1686. 8.
Tournefort, Histoire des plantes, qui naissent aux environs de Paris. Paris 1698. 12. — ib. 1725. 12.
Collet, Catalogue des plantes autour de Dijon. Dijon (1702). 12.
Barrelier, Plantae per Galliam... observatae. Parisiis 1714. fol.
Callard de Ducquerie, Ager medicus Cadomensis. Parisiis 1714. fol. (Mscr.?)
Garidel, Histoire des plantes aux environs d'Aix. Aix 1715. fol.
Vaillant, Botanicon Parisiense prodromus. Lugd 1723. 8.
Vaillant, Botanicon Parisiense. Leide 1727. fol.
(Astruc) Mémoires pour l'histoire naturelle de Languedoc. Paris 1737. 4.
Michault, Situation de la Bourgogne par rapport à la botanique. s. l. 1738. 8.
Fabregou, Description des plantes aux environs de Paris. Paris 1740. 8.
Le Monnier, Observations d'histoire naturelle. Paris 1744. 4.
Goettard, Observations sur les plantes. (Flora ditionis Stampanae et australioris Galliae.) Paris 1747. 8.
Dalibard, Florae Parisiensis prodromus. Paris 1749. 8.
Secondat, Sur une espèce d'Ulva, qui croit dans la fontaine bouillante de Daix. — Observations. Paris 1750. 8. p. 12—17.
Sauvages, Methodus foliorum seu plantae florae Monspeliensis. A la Haye 1751. 8.
Linné, Flora Monspeliensis. Upsaliae 1756. 4.
Gerard, Flora Galloprovincialis. Parisiis 1761. 8.
Gouan, Hortus regius Monspeliensis. Lugduni 1762. 8.
Buchoz, Traite historique des plantes, qui croissent dans la Lorraine et les trois Evêchés. Paris 1762—70. 8.
Buchoz, Tournefortius Lotharingiae. (Nancy 1764.) 8.
Gouan, Flora Monspeliaca. Lugduni 1765. 8.
Alleon du Lac, Mémoires. Lyon 1765. 8.
Necker, Deliciae Gallo-belgicae sylvestres. Argentorati 1768. 8.
Latourrette, Botanicon Pilatense. (— Voyage au Mont Pilat. Avignon 1770. 8. p. 109—223.)
Buchoz, Dictionnaire raisonné des plantes de la France. Paris 1770—71. 8.
(Latourrette et Rozier) Voyage au Mont Pilat. Avignon 1770. 8.
Buchoz, Traité historique des plantes dans la Lorraine. Paris 1770. 12.
Duchesne, Description de deux champignons de Paris. 1772. 4.
Forskål, Florula litoralis Galliae ad Estac prope Massiliam. (— Flora Aeg.-Arabica. Havniae 1775. 4. p. I—XII.)
Maulny, Flore du Mans. Avignon 1776. 8.
Bulliard, Flora Parisiensis. Paris 1776—80. 8.
Lamarck, La flore française. Paris 1778. 8.
Villars, Prospectus de l'histoire des plantes de Dauphiné. Grenoble 1779. 8.
Bulliard, Herbier de la France. Paris 1780—95. fol. — *Letellier*, Figures des champignons, suppl. de Bulliard. 1829—42. 4.
Lestiboudois, Botanographie belgique. Lille 1781. 8. — ib 1799 8
Palasso, Essai sur la minéralogie des Pyrénées, suivi d'un catalogue des plantes. Paris 1781. 8.
Durande, Flore de Bourgogne. Dijon 1782. 8.
Darluc, Histoire naturelle de la Provence. Avignon 1782—86. 8.
Bonamy, Florae Nannetensis prodromus. Nannetis 1782—85. 12
Soulavie, Histoire naturelle de la France méridionale.
Soulavie, Géographie physique du règne végétal. Paris 1783. 8
Couvet-Villeneuve, Prodromus florae Aurelianensis. Orléans 1784. 8.
Villars, Flora Delphinalis. (Gilibert, Syst. pl. Eur. vol. I. Coloniae Allobr. 1785. 8.)
Villars, Histoire des plantes du Dauphiné. Grenoble 1786—89. 8.
Gateau, Description des plantes de Montauban. Montauban 1789. 8.
Saint-Amans, Le bouquet des Pyrénées. (— Fragmens etc. Metz 1789. 8. p. 189—259.)
Saint-Amans, Fragmens d'un voyage dans les Pyrénées. Metz 1789. 8.
(Ramond) Observations faites dans les Pyrénées. Paris 1789. 8.
Broussonet, Corona florae Monspeliensis. Monspelii 1790. 8.
Thuillier, Flore des environs de Paris. Paris 1790 8. — ib. 1799. 8.
Bulliard, Histoire des champignons de la France. Paris 1791—98. fol.
Buchoz, Collection curieuse des champignons. Paris 1792. fol.
Lamarck, Extrait de la Flore française. Paris 1792. 8.
Lamarck, La Flore française. Ed. II. Paris 1793. 8.
Young, Voyages en France. Paris 1794. 8.
Lapeyrouse, Figures de la Flore des Pyrénées. Paris 1795—1801. fol.
Delarbre, Flore d'Auvergne. Clermont-Ferrand 1795. 8. — Ed. II: 1800. 8.
Noel, Essais sur le dép. de la Seine inférieure. Rouen 1795—97. 8.
Gouan, Herborisations des environs de Montpellier. 1796. 8.
Zuccagni, De naturali liliorum ante simulacra Deiparae fructificatione. (Flor. 1796.) 8.
Buchoz, Flore économique de Paris. Paris 1797. 8.
(Cambry) Voyage dans le Finistère. Paris 1799. 8.
Arnaud, Calendrier républicain botanique. Avignon 1799 12.
Francoeur, Flore Parisienne. Paris, an IX. (1801). 12.
Ramond, Voyages au Mont-Perdu. Paris 1801. 8.
Guillemeau, Calendrier de Flore des environs de Niort. Niort 1801. 8.
(Chastenet) Calendrier de Flore. Paris 1802—3. 8.

Vincens, Flore de Nismes. (— Topographie etc. Nismes 1802. 4. p. 322—415)

Béheré, Muscologia Rothomagensis. s. l. et a. 8.

(Aubry de la Mottraie) Exercices d'histoire naturelle (Plantes indigènes de Morbihan). Vannes 1802—3. 4.

Rouçel, Flore du Nord de la France. Paris 1803. 8

Thore, Essai d'une Chloris du dép. des Landes. Dax (1803). 8.

Boucher (de Crevecoeur), Extrait de la Flore d'Abbeville et du dép. de la Somme. Paris 1803 8.

Bergeret, Flore des Basses-Pyrénées. Pau, an XI. (1803). 8.

Cambry, Description du département de l'Oise. Paris (1803). 8.

Dubois, Méthode éprouvée à connaitre les plantes de l'interieur de la France et d'Orléans. Orléans 1803. 8. — Paris 1840. 8. — *Saint-Hilaire*, Notices sur 70 espèces trouvées depuis dans le dép. du Loiret. Orléans s. a. 8.

Renault, Flore du dép. de l'Orne Alençon (1804). 8.

Guérin, Description de la fontaine de Vaucluse. Avignon 1804. 12.

(Coste) Précis historique de l'importation et de la naturalisation en France du Rheum palmatum L. Paris 1805. 8.

Ducluzeau, Sur les Conferves de Montpellier. Montpellier (1805). 4.

Willemet, Flore de l'ancienne Lorraine. Nancy 1805. 8.

(Dupont) Double Flore Parisienne. Paris 1805 8. — ib. 1813. 8.

Candolle et Lamarck, Flore Française. Ed. III Paris 1805. 8. — ib 1815. 8.

Jaume St. Hilaire, Plantes de la France décrites et peintes Paris (1805—) 22. 4.

Lamarck et Candolle, Synopsis plantarum in flora Gallica descriptarum. Paris 1806. 8.

Hanin, Enumeratio plantarum circa Metas. Metis 1806. 4.

Loiseleur Deslongchamps, Flora Gallica. Lutetiae 1806—7. 8. — Paris 1828. 8.

Guérin, Flore du dép. de Vaucluse. (— Fragmens etc. Montpellier [1807] 4.)

Candolle, Icones plantarum Galliae rariorum. Paris 1808. 4.

Candolle, Note de quelques plantes nouvelles trouvées en France. (Bull. soc. phil. 1808. p. 117.)

Candolle, Rapports sur les voyages botaniques en France. Paris 1808—13. 8.

Bosc, Mémoire sur les différentes espèces de chênes en France. Paris 1808. 4.

Amoreux, État de la végétation sous le climat de Montpellier. Montpellier 1809 8.

Bastard, Essai sur la Flore du département de Maine et Loire. Angers 1809 8. — Supplément: Angers 1812. 8.

Guyétant, Catalogue des plantes du Jura et des plaines jusqu'à la Saône. Besançon 1809. 8.

Merlet de l. Boulaye, Herborisations dans les dép. de Maine-et-Loire et des Deux-Sèvres. Angers 1809. 12.

Thore, Les côtes du golfe de Gascogne. Bordeaux 1810. 8.

Girod-Chantrans, Cryptogames du dép. du Doubs. (— Essai sur la géographie. Paris 1810. 8.)

Loiseleur, Plantes à ajouter à la Flore de France Paris 1810. 8.

Loiseleur, Recherches sur le Narcisses indigènes. Paris 1810. 4.

Tristan, Mémoire sur la Flore Orléanaise. Orléans 1810. 8.

Tournon, Flore de Toulouse. Toulouse 1811. 8.

Plée, Herborisations artificielles aux environs de Paris. Paris 1811 sqq. 8.

Laterrade, Flore Bordelaise. Bordeaux 1811. 12. — Ed. IV: ib. 1846. 12.

Desmazières, Agrostographie des départemens du Nord de la France. Lille 1812 8.

Mérat, Nouvelle Flore des environs de Paris. Paris 1812. 8. — Ed. V: Bruxelles 1837—38 8

Vigneux, Flore pittoresque des environs de Paris. Paris 1812—14. 4.

Poiteau et Turpin, Flore Parisienne. Paris 1813. fol.

Lapeyrouse, Histoire abrégée des plantes des Pyrénées. Toulouse 1813—18. 8.

Dralet, Description des Pyrénées. (Arbres et arbustes des Pyr. franç. vol. II.) Paris 1813. 8.

Le Turquier Delongchamps, Flore des environs de Rouen. Rouen 1816—25. 12.

Candolle, Géographie des plantes de France. (Mém. soc. d'Arcueil 1817. III, 262—322.)

Desvaux, Observations sur les plantes des environs d'Angers. Angers 1818. 12.

(Fleury) Orchidées des environs de Rennes. Rennes 1819. 8.

Brouard, Catalogue des plantes du dép. de l'Eure. Evreux 1820. 12.

Prost, Notice sur la Flore du dép. de la Lozère. Mende (1820). 8.

Saint-Amans, Flore Agenaise. Agen 1821. 8.

Fodéré, Voyage aux Alpes maritimes. Paris 1821. 8.

(Cordienne) Notice topophytographique de quelques lieux de Jura. Dole 1822. 8.

Baron, Flore des départemens méridionaux de la France et principalement de celui de Tarn et Garonne. Montauban 1823. 8.

Desmazières, Catalogue des plantes omises dans la Botanographie belgique. Lille 1823. 8.

(Bernard) Tableau de la Flore du Jura. Strassbourg 1823. 8.

Pluquet, Origine, culture et l'usage de quelques plantes du Bessin Caen 1824. 8.

Valle, Florulae Corsicae. (Misc. taur. II, 214—18. — Nov. Act. Acad. Nat. Cur. IV. App. 205—54.)

Viviani, Florae Corsicae specierum novarum diagnosis. Genuae 1824. 4. — Appendices. ib. 1825—30. 4.

Lorey et Duret, Catalogue des plantes dans le dép. de la Côte d'Or. Dijon 1825. 8.

Desmazières, Plantes cryptogames de la France. Lille 1825. 4. — Ed. II. ib. 1836—45. 4.

Lebeaud, Manuel des plantes usuelles indigènes. Paris 1825. 12.

Arnaud, Flore du dép. de la Haute-Loire. Puy 1825. 8. (— Supplément. 1830. 8.)

Bentham, Catalogue des plantes indigènes des Pyrénées et du Bas-Languedoc. Paris 1826. 8.

(Belleval) Beautés méridionales de la Flore de Montpellier. Montpellier 1826. 8.

Lefébure, Cours de promenades champêtres aux environs de Paris. Paris 1826. 8. obl.

Kirschleger, Liste des plantes rares d'Alsace et des Vosges. Strassbourg 1826. 8.

Chevallier, Flore générale des environs de Paris. Paris 1826—27. 8.

Thiébaut-de-Berneaud, Voyage à Ermenonville. Paris 1826. 8.

Libert, Mémoires sur les cryptogames aux environs de Malmédy. Paris 1826. 8.

Letellier, Sur les propriétés des champignons aux environs de Paris. Paris 1826. 4.

Letellier, Histoire et description des champignons alimentaires et vénéneux aux environs de Paris. Paris 1826. 8.

Cordier, Guide de l'amateur de champignons de la France. Paris 1826 12. (nov. tit. Histoire. 1836. 12.)

Bautier, Tableau analytique de la Flore Parisienne. Paris 1827. 12. — Ed V. ib. 1843. 12.

Lestiboudois, Botanographie belgique ou Flore du nord de la France et de la Belgique propement dite. Lille 1827. 8.

Loiseleur, Plantes à ajouter à la Flore de France. Paris 1827. 8.

Balbis, Flore Lyonnaise. Lyon 1827—28. 8. — Supplément. 1835. 8.

Desvaux, Flore d'Anjou. Angers 1827. 8.

Degland, De Caricibus Galliae indigenis. Paris 1828. 8.

Desportes, Rosetum Gallicum. Le Mans et Paris 1828. 8.
Prost, Liste des mousses, hépatiques et lichens du dép. de la Lozère. Mende 1828. 8.
Brondeau, Cryptogames de l'Agenais. Agen 1828—30. 8.
Tenore, Viaggio per .. Francia. Napoli 1828. 8.
Boisduval, Flore française. Paris 1828. 8.
Loiseleur, Flore générale de la France. Paris 1828. 8.
Soyer-Willemet, Observations sur quelques plantes de France, suivies du catalogue des plantes des environs de Nancy. Nancy 1828. 8.
Duby, Candollii Botanicon Gallicum sive Synopsis. Ed. II. Paris 1828—30. 8.
Steinheil, Végétation des Dunes à Calais. Versailles 1828. 8.
Brébisson, La végétation de la Basse-Normandie. Caen 1829. 8.
Lauvergne, Géographie botanique du Port de Toulon et des îles de Hyères. Montpellier 1829. 4.
Lefébure et *Leforestier*, Album floral des plantes de France. Paris 1829. 8. obl.
Brébisson, Coup d'œil sur la végétation de la Basse-Normandie. Caen 1829. 8.
Holandre, Flore de la Moselle. Metz 1829—36 8. — Ed. II. ib. 1842. 8.
Mutel, Flore du Dauphiné. Grenoble 1830. 8.
Guépin, Flore de Maine et Loire. Angers 1830. 12. — 1838. 8. — 1845. 8.
Candolle, De quelques ouvrages sur la botanique de la Lorraine. (Bibl. univ. de Genève 1830. XLIV. 260—70.)
Lecoq, Recherches sur Randan. (Peziza randanensis Lecoq.) Paris 1830. 8.
Pauquy, Flore de la Somme et de Paris. Amiens 1831. 8.
Kirschleger, Statistique de la Flore d'Alsace et des Vosges. Mühlhausen 1831(—32). 4.
Lorey et *Duret*, Flore de la Côte d'Or. Dijon 1831. 8.
Lecoq et *Bouillet*, Itinéraire du dép. du Puy-de-Dome. Paris 1831. 8.
Boreau, Voyage aux montagnes du Morvan. Nevers 1832. 12.
Roques, Histoire des champignons comestibles et vénéneux. Paris 1832. 8. — ib. 1841. 8. et Atlas.
Boubée, Bulletin de nouveaux gisemens en France de botanique. Paris 1833. 8.
(*Perreymond* et *Requien*) Plantes phanérogames aux environs de Fréjus. Paris 1833. 8.
(*Dujardin*) Flore complète d'Indre et Loire. Tours 1833. 8.
Polsterer, Hyères in der Provence. Wien 1834. 8. (Enumeratio 350 plantarum indigen. p. 36—46.)
Pouchet, Flore ou Statistique botanique de la Seine inférieure. Rouen 1834. 8.
Boucher, Flore d'Abbeville. Abbeville 1834. 8.
Desvaux, Statistique naturelle de la Maine et Loire. Angers 1834. 8. (Botanique p. 406—582.)
Mutel, Flore française destinée aux herborisations. Paris 1834—38. 8.
Boreau, Programme de la Flore du centre de la France. Nevers 1835.
Montagne, Cryptogames à ajouter à la Flore française. Paris 1835—36. 8.
Doisy, Flore du dép. de la Meuse. Verdun 1835. 16.
Lesson, Flore Rochefortine. Rochefort 1835. 8.
Delastre, Aperçu statistique de la végétation du dép. de la Vienne. Poitiers 1835. 8.
Pourret, Extrait de la Chloris Narbonnensis. (Toulouse 1835.) 4.
Hussenot, Chardons nancéiens ou prodrome d'un catalogue des plantes de la Lorraine. Nancy 1835. 8.
Brébisson et *Godey*, Algues de Falaise. Falaise 1835. 8.

Jaume Saint Hilaire, Flore Parisienne. Paris 1835. 4.
(*Lefébure*) Flore de Paris. Paris 1835. 8.
Serres, Flore de Toulouse. Toulouse 1836. 8.
Kirschleger, Prodrome de la Flore d'Alsace. Strassbourg 1836. 8. — Appendice: 1838. 12.
Brébisson, Flore de la Normandie. Caen 1836. 12.
Dufour, Sur les excursions au Pic d'Anie et au Pic Amoulat. Bordeaux 1836. 8.
Schultz, Flora Galliae et Germaniae exsiccata. Herbier. Bitche 1836—40. fol. — Archives. ib. 1841—66. 8.
Serres, Flore abrégée de Toulouse. Toulouse 1836. 8.
Grenier, Souvenirs botaniques des environs des Eaux-bonnes. (Bordeaux) 1837. 8.
Mérat, Synopsis de la nouvelle Flore de Paris. Paris 1837. 12.
Kremer, Hepatiques de la moselle. Metz 1837. 8.
Noulet, Flore du bassin sous-pyrénéen. Toulouse 1837. 8. — Additions: ib. 1846. 8.
Pesneau, Catalogue des plantes du dép. de la Loire inférieure. Nantes 1837. 12.
Desportes, Flore de la Sarthe et de la Mayenne. Le Mans 1838. 8.
Martins, Topographie botanique du mont Ventoux. Paris 1838. 8.
Lagrèze, Notice geologico-botanique sur l'arrond. de Moissai. Montauban (1838). 8.
Grenier, Observations botaniques. Besançon 1838. 8.
(*Robert*) Plantes phanérogames aux environs de Toulon. Brignolles 1838. 8.
Analyse des plantes du Lyonnais et du Mont-Pilat. Lyon 1838. 12.
Catalogue des plantes du dép. de la Mayenne. Laval 1838. 18.
Delafons, Prodrome de la Flore des arrondissements de Laon etc. Noyon 1839. 8.
Ernsts, Nizza und Hyères. Bonn 1839. gr. 12.
Moisand, Flore Nantaise. Nantes 1839. 8.
Boreau, Flore du centre de la France. Paris 1840. 8.
Catalogue de la Flore de la Charente-inférieure. La Rochelle 1840. 4.
Cosson et *Germain*, Observations sur quelques plantes critiques des environs de Paris. Paris 1840. 8.
Des Moulins, Catalogue raisonné des plantes de la Dordogne. Bordeaux 1840—46. 8.
Nicklès, Notice sur les Gladiolus de France et d'Allemagne. (Strassbourg 1840.) 4
Belleval, Nomenclateur botanique Languedocien. Montpellier 1840. 8.
Dufour, Champignons comestibles des Landes. Mont-de-Marsan 1840. 8.
Des Étangs, Plantes observées dans le dép. de l'Aube. Troyes 1841. 8.
Braguier et *Maurette*, Végétation du dép. des Deux-Sèvres. Saint-Maixent 1842. 18.
Delastre, Flore du dép de la Vienne. Poitiers 1842. 8.
Castagne, Urédinées des Bouches-du-Rhône. Marseille 1842—43. 8.
Pouzolz, Catalogue des plantes, qui croissent naturellement dans le Gard. Nismes 1842. 4.
Cosson, *Germain* et *Weddell*, Introduction à une Flore analytique et description des environs de Paris. Paris 1842. 8.
Cosson et *Germain*, Supplément au catalogue raisonné des plantes de Paris. Paris 1843. 8.
Grenier, Catalogue des plantes phanérogames du dép. du Doubs. (Besançon 1843.) 8.
Godron, Catalogue des plantes du dép. de la Meurthe. Nancy 1843. 8.
Godron, Flore de Lorraine (Meurthe, Moselle, Meuse, Vosges) Nancy 1843—45. 8.
Mérat, Revue de la Flore Parisienne. Paris 1843—46. 8.
Suard, Plantes de la Meurthe. Nancy 1843. 8.

Chantelot, Plantes cryptogames et phanérogames. Bordeaux 1844. 8.
Desmoulins, Végétation sur le Pic du Midi de Bigorre au 17 oct 1840. Bordeaux 1844. 8.
Saubinet, Notice sur les mousses et les fougères des environs de Reims. (Reims 1844) 8.
Daum, Landwirthschaft, Klima und Vegetation in Südfrankreich.. Charlottenburg 1844. 8.
Boreau, Notes sur quelques plantes françaises. Angers 1844. 8.
Gras, Statistique botanique du dép de l'Isère. Grenoble 1844. 8.
Lloyd, Flore de la Loire-inférieure. Nantes 1844. 12.
Grenier, Géographie botanique du dép. du Doubs. Strassburg 1844. 8
Mougeot, J, La Végétation du dép des Vosges. Epinal 1845. 8.
Babey, Flore jurassienne. Paris 1845. 8.
Castagne, Catalogue des plantes dans les environs de Marseille. Aix 1845. 8
Choulette, Synopsis de la Flore de Lorraine et d'Alsace, Strassburg 1845. 12.
Martins, Géographie botanique de la France. Paris 1845. 8.
Puel, Catalogue des plantes du dép. du Lot Cahors 1845—52. 8.
Guépin, Flore de Maine et Loire. Ed II Angers 1845—56 8.
Cosson et Germain, Flore descriptive et analytique des environs de Paris Paris 1845 8.
Cosson et Germain, Synopsis analytique de la Flore des environs de Paris Paris 1845. 8
Cosson et Germain, Atlas de la Flore des environs de Paris. Paris 1845 8.
Lambertye, Catalogue des plantes dans le dép. de la Marne. Paris 1846. 8.
Chesnon, Statistique de l'Eure. Evreux 1846. 4.
Laterrade, Flore Bordelaise Ed IV. Bordeaux 1846—57. 8
Jordan, Observations sur plusieurs plantes nouvelles, rares ou critiques de la France. I—VI. Lyon et Paris 1846—47. 8.
Jordan, Observations sur plusieurs plantes nouvelles ou critiques de la France. Lyon et Paris 1846—49. 8
Godron, Sur une plante propre aux terrains salifères de Sarrebourg. Nancy 1846. 8.
Synopsis de la Flore du Gard. Nimes et Paris 1847. 12.
Dunal, Petit bouquet méditerranéen. Montpellier 1847. 4.
Duchartre, Observations sur le Lathraea clandestina. Paris 1847. 4.
Dupuy, Florule du dép du Gers. Auch 1847 8.
Gonnet, Flore élémentaire de la France Paris 1847. 8.
Bourlet, Plantes phanérogames de Douai. Douai 1847. 8.
Lagrèze-Fossat, Flore de Tarn et Garonne. Montauban 1847. 8.
Delalande, J. M., Excursion dans la Charente-inférieure. Nantes 1848. 8.
Dubois, Fr., Matière médicale indigène. Tournai 1848. 8.
Daumenjou, Herborisations sur la Montagne-Noire de Sorèze et de Castres Castres 1848. 8.
Desmoulins, Naturalisation en France du Panicum Digitaria Laterr Bordeaux 1848 8
Cosson, Plantes critiques. Paris 1848—51. 8.
Grenier et Godron, Flore de France. Paris 1848—56 8.
Hilaire de Latourette, Flore de Velay. Puy 1849. 8.
Marissal, Espèces omises dans la Flore du Hainaut. Algues 1850. 8.
Vandamme, Flore d'Hazebrouck. Paris 1850—60. 8.
Delbos, Végétaux de la Gironde. Bordeaux 1852. 8.
Giard, Plantes de St Calais 1852. 8.
Jordan, Pugillus plantarum gallicarum. Paris 1852. 8.
Dodet, Flore du Jura. Neuchâtel 1853—69. 8.
Godron, Migrations des végétaux spec. au sol de France. Montpellier 1853. 4

Martins, Croissance du Gingko biloba sous le climat de Montpellier. Montpellier 1854. 4.
Bossu, Plantes médicinales indigènes. Paris 1854. 8.
Michalet, Plantes du Jura et de Gex. Besançon 1854. 8
Lecoq, Géogr. bot de l'Europe et de la France. Paris 1854. 8.
Godron, Florula Juvenalis. Nancy 1854—56. 8.
Contejean, Plantes de Montbéliard. Besançon 1854—56. 8.
Bellynck, Flore de Namur Namur 1855. 8.
Lamotte, Plantes nouvelles du plateau central. Clermont-Ferrand 1855. 8.
Matrin-Donos, Herborisations dans le midi de la France. Montauban 1855. 8.
Durieu, Plantes de la Gironde. Bordeaux 1855. 8.
Billot, Annotations à la Flore de France et d'Allemagne. Haguenau 1855—(62). 8.
Timbal, Observations sur l'herbier de Chaix. Toulouse 1856. 8.
Carriot, Guide à la Grande Chartreuse et à Chalais. Lyon 1856. 8.
Lamy, Flore de la Haute-Vienne. Limoges 1856. 8.
Arrondeau, Flore Toulousaine. Toulouse 1856. 8.
Pouzolz, Flore du Gard. Montpellier 1856—62. 8.
Lacroix, Nouveaux faits. Caen 1857. 4.
Grenier, Flora Massiliensis advena. Besançon 1857. 8.
Graves, Plantes de l'Oise Beauvais 1857. 8.
Bourguignat, Plantes de l'Aube. Paris 1857 8.
Zetterstedt, Plantes vasculaires des Pyrénées principales. Montpellier 1857. 8.
Godron, Flore de Lorraine. Ed. II. Paris 1857. 8.
Boreau, Flore du centre de la France. Ed III. Paris 1857. 8.
Verlot, Catalogue du jardin botanique Localités de quelques espèces de cette contrée. Grenoble 1857. 8.
Le Héricher, Flore populaire de Normandie et d'Angleterre Avranches 1857. 8.
Hecquet, Topographie d'Abbeville Amiens 1857. 8.
Lacroix, L'Histoire de la botanique et la distribution des plantes de la Vienne. Caen 1857. 4.
Laguesse, Les Myosotis dans la Côte d'Or. Dijon 1857 8.
Clos, Révision de l'herbier des Pyrénées de Lapeyrouse Toulouse 1857. 8.
Mathieu, A., Flore forestière en France. Nancy 1858—60. 8.
Parisot, Flore de Belfort. Besançon 1858. 8
Remy, Flore de la Champagne Reims 1858. 12.
Boreau, Plantes de Maine et Loire Paris 1859. 8.
Le Grand, Géographie botanique de l'Aube. Troyes 1859. 8.
Carion, Plantes de Saône et Loire. Autun 1859. 8
Lefevre, Flore de Chartres. Chartres 1859—60. 8.
Timbal, Plantes de la Haute-Garonne employées en médicine. Toulouse 1859. 8.
Philippe, Flore des Pyrénées. Bagnères 1859—60. 8.
Lamy, Plantes cryptogames de la Haute-Vienne. Limoges 1860. 8.
Cosson, Appendix Florae Juvenalis. Paris 1860. 8.
Le Jolis, Plantes de Cherbourg. Paris 1860. 8.
Noulet, Flore de Toulouse. Ed. II. Toulouse 1860. 8.
Rochebrune, Plantes de la Charente. Paris 1861. 8.
Ravin, Plantes de l'Yonne. Auxerre 1861. 8.
Ardoino, Plantes de Menton et de Monaco. Turin 1862. 8.
Besnou et Lachénée, Catalogue des plantes de Cherbourg. 1862. 8.
Castagne, Plantes du dép. des Bouches du Rhône. Marseille 1862. 8.
Cessac, Plantes de la Creuse. Gueret 1862. 8.
Loret, L'herbier de la Lozère. Mende 1862.
Godron, Géographie botanique de la Lorraine. Nancy 1862. 8.
Gillet et Magne, Nouvelle Flore française. Paris 1863. 8.

Angreville, Flore Vallaissaine. Genève 1863. 8.
Clos, Végétation de l'Aude. Bordeaux 1863. 8.
Matrin-Donos, Plantes critiques du Tarn. Paris 1864. 8.
Jordan, Espèces nouvelles de la France. Paris 1864. 8.
Plessier, Excoursion de Beauvais. Beauvais 1864. 8.
Blanche et *Malbranche*, Plantes cellulaires de la Seine-infér. Rouen 1864. 8.
Debeaux, Herborisations de Barèges. Paris 1864. 8.
Moggridge, Flora of Mentone and the coast from Marseilles to Genoa. London 1864—68.
Planchon, G, Modifications de la Flore de Montpellier depuis le 16me siècle. Paris 1864. 4.
Blanche, Plantes de la Seine inférieure. Rouen 1864. 8.
Michalet, Botanique du Jura. Paris 1864. 8.
Rodin, Végétation de l'Oise. Beauvais 1864. 8.
Sauzé, Plantes des Deux-Sèvres. Niort 1864. 8.
Martin-Donos, Florule du Tarn. Toulouse 1864—67. 8.
Companyo, Flore des Pyrénées orientales. Perpignan 1865. 8.
Grenier, Flore de la chaîne jurassique. Paris 1865. 8.
Vicq, Plantes de la Somme. Abbeville 1865. 8.
Revel, Recherches dans le Sud-Ouest. Bordeaux 1865. 8.
Grenier, Flore de la chaîne jurassique. Besançon 1865—69. 8.
Franchet, Distribution géographique des plantes de Loir-et-Cher. Vendome 1866. 8.
Desmars, Plantes de Redon. Redon 1866. 8.
Lefèvre, Botanique d'Eure et Loir. Chartres 1866. 8.
Mabille, Plantes de Dinan et de St. Malo. Bordeaux 1866. 8.
Migout, Flore de l'Allier. Moulin 1866. 8.
Genevier, Florule de Montagne-sur-Sèvre (Vendée). Angers 1866. 8.
Dulac, Flore des Hautes Pyrénées. Paris 1867. 8.
Crouan, Flore de Finistère. Paris 1867. 8.
Ardoino, Flore des Alpes maritimes. Mentone 1867. 8.
Mabille, Plantes de la Corse. Paris 1867—69. 8.
Ardoino, Flore des Alpes-maritimes. Menton 1867. 8.
Ansberque et *Cussin*, Herbier de la flore française. Lyon 1867.
Gayffier, Herbier forestier de la France. Paris 1868. fol.
Jandel, La botanique de la France. Paris 1868. 8.
Lloyd, Flore de l'Ouest de la France. Ed. II. Nantes 1868. 8.
Lamy, Plantes aquatiques. Limoges 1868. 8.
Barla, Flore illustrée de Nice. Nice 1868. 4.
Planchon, Modifications de la Flore de Montpellier. Paris 1869. 8.
Brebisson, Flore de la Normandie. Ed. IV. Caen 1869. 8.
Kirschleger, Flore Vogésorhénane. Paris 1870. 8.

Cap. 30. Flora Batavica et Belgica.

Fuchs, R. (Fuscus), Plantarum nomenclaturae. Antv. 1541. 8. — De plantis antea ignotis. Venet. 1542. 12. — De herbarum notitia. Antv. 1544. 8.
Dodoens, De stirpium historia commentariorum imagines. Antverp. 1553. fol. — Pemptades 1583. fol.
Dodoens, Cruydeboeck. Antverpen 1554. fol. — saep.
Jonghe (Junius), Phalli in Hollandiae sabuletis descriptio. Delphis 1564. 4.
Lobelius, Plantarum historia. Antv. 1576. — Kruydeboek. ib. 1581.
Pilleterius, Plantarum in Walachria, Zeelandiae insula, nascentium synonymia. Middelburgi 1610. 8.
Knyf, Goylandiae herbarum brevis enarratio. Amstel. 1621. 4.
Vorstius) Index plantarum prope Lugdunum. Lugd. Batav. 1633. 12.

Munting, Hortus .. in quo plantas usitatiores ac vulgatiores in agro Omlandico et Drentico .. Groeningae 1646. 12.
Brumann, Index plantarum circa Zuollam in Transilvania. 1662. 8.
Ray, Travels through the Low-countries .. London 1673. 8.
Sterbeeck, Theatrum Fungorum. Antwerpen 1675. 4.
Haugk, Catalogus .. cum indice plantarum prope Lugdunum in Batavis. Darmstadt 1679. 12.
Gommelyn, Catalogus plantarum Hollandiae. Amstelod. 1683. 12.
Gottschalck, Index plantarum circa Lugdunum. (Catalogus horti Lugduni Bat. Plöen 1697. 8. — ib. 1704. 8.)
Gorter, Flora Gelro-zutphanica. Harderovici 1745—57. 8.
Linné, Flora Belgica. Upsaliae 1760. 4.
Meese, Flora Frisica. Franeker 1760. 8.
Gorter, Flora Belgica cum II supplementis. Trajecti 1767—77. 8.
Loosjes, Flora Harlemica. Haarlem 1779. 8.
Gorter, Flora septem provinciarum Belgii. Harlemi 1781. 8.
Gorter, Flora Zutphaniae. Zutphaniae 1781. 8.
Latourrette, Chloris Lugdunensis. (*Linné*, Syst. plant. ed. *Gilibert*. Lugduni 1785. 8. p. 43.)
Ehrhart, Meine Reise nach der Grafschaft Bentheim und Holland. (Beiträge II, 1788. p. 73—166.)
Geuns, Plantarum Belgii confoederati spicilegium. Hardervici 1788. 8.
Rozin, Herbier portatif des plantes de Liège. (Liège) 1791. 8.
Rouçel, Traité des plantes dans les environs de Gand, Alost, Termonde et Bruxelles. Paris 1792. 8.
Kops et *van Hall*, Flora Batava. Amsterdam 1800—68. 4.
Rouçel, Flore du Nord de la France. Paris 1803. 8.
Lejeune, Flore des environs de Spa. Liège 1811—13. 8.
Kickx, Flora Bruxellensis. Bruxellis 1812. 8.
Dekin et *Passy*, Florula Bruxellensis. Bruxellis 1814. 8.
Geer, Plantarum Belgii confoederati indigenarum spicilegium alterum. Trajecti a/Rh. 1814. 8.
Hocquart, Flore du dép. de Jemappe. Mons 1814. 8.
Schuurmans Stekhoven, Kruidkundig Handboek. Amsterdam 1815—18. 8.
Mulder, Elenchus plantarum prope Leidam. Lugd. Bat. 1818. 4.
Hall, Synopsis Graminum indigenorum Belgii partis septentrionalis. Trajecti a/Rh 1821. 8.
Nyst, Catalogue des plantes du plateau de St. Pierre à Maestricht. Paris 1821. 8.
Westerhoff, Viginti plantae in solo Groningano. Groningae 1822. 4.
Dumortier, Observations sur les Graminées de la Flore belgique. Tournay 1823. 8.
Kickx et *Quetelet*, Relation d'un voyage à la grotte de Han. Bruxelles 1823. 4.
(*Forbes*) Journal of a horticultural tour through Flanders, Holland and France. Edinburgh 1823. 8.
Lejeune, Revue de la Flore de Spa. Liège 1824. 8.
Hall, Flora Belgii septentrionalis (Flora van Noord-Nederland). Amsterdam 1825—36. 8.
Dumortier, Verhandeling over het geslacht der Wilgen. Amsterdam 1825.
Kuyper, Eerste naamlyst van planten in de omstreken van Breda. Breda 1826. 8.
Lejeune et *Courtois*, Choix de plantes de la Belgique. Liège 1826. fol.
Lestiboudois, Botanographie belgique ou Flore du nord de la France et de la Belgique proprement dite. Lille 1827. 8.
Dumortier, Florula Belgica. Tornaci Nerviorum 1827. 8.
Lejeune et *Courtois*, Compendium Florae Belgicae. Leodii 1828—36. 8.

Hall, Miquel et *Dassen*, Flora Belgii septentrionalis. Cryptogamia. Amsterdam 1832—36. 8.
Kickx, Notice sur quelques espèces peu connues de la Flore belge. Bruxelles 1835. 8.
Kickx, Flore cryptogamique des environs de Louvain. Bruxelles 1835. 8.
Tinant, Flore Luxembourgeoise. Luxembourg 1836. 8.
Hécart, Florula Hannoniensis. Valenciennes 1836. 8.
Miquel, De plantarum regni Batavi distributione. Lugd. Bat. 1837. 8.
Raffeneau-Delile, Notice sur un voyage horticole et botanique en Belgique et en Hollande. Montpellier 1838. 8.
Bruinsma, Flora Frisica. Leeuwarden 1840. 8.
Kickx, Recherches pour servir à la Flore cryptogamique des Flandres. Bruxelles 1840—46. 4.
Molkenboer et *Kerbert*, Flora Leidensis. Lugd. Bat. 1840. 8.
Gevers Deynoot, Flora Rheno-trajectina (Flora van Utrecht). Utrecht 1843. 8.
Dozy et *Molkenboer*, Novae Fungorum species in Belgio septentrionali. Lugd. Bat. 1846. 8.
Gevers, Flora Noviomagensis. Nijmegen 1848. 8.
Vandamme, Flore d'Hazebrouck (Nord). Paris 1850—60. 8.
Prodromus florae Batavae. Hazenberg 1851. 8.
Ronebouts, Flora Amstelodamensis. Amsterdam 1852. 8.
Matthieu, Flore générale de la Belgique. Bruxelles 1853. 8.
Hall, Neêrlands plantenschat. Leeuwarden 1856. 8.
Crépin, Plantes critiques de la Belgique. Bruxelles 1859—65. 8.
Oudemans, Flora van Nederland Harlem 1859—62.
Crépin, Flore de Belgique. Bruxelles 1860—66. 8.
Heurck, Flore de Brabant. Louvain 1861. 8.
Mueller, Felix, Specilège de la Flore Bruxelloise. Bruxelles 1862. 8.
Crépin, Revue de la Flore de la Belgique. Bruxelles 1863. 8.
Crépin, L'Ardenne. Bruxelles 1863. 8.
Bastelaer, Promenades dans les Ardennes Belges. Bruxelles 1865. 8.
Piré, Flore du centre de la Belgique. Bruxelles 1866. 8.
Crépin, Flore de Belgique. Ed II Bruxelles 1866. 8.
Dumortier, Bouquet du Litoral belge. Gand 1869. 8.

Cap. 31. Flora Germanica.

Opera generalia hucusque territorium imperii caesarei Germanici c. d. Austriae Helvetiam quoque et terras Germanicas amplexa sunt. Floram regni Polonici sub Flora Rossica (cap. 56) enumeratam reperies.

§. 1. Veteres.

Hildegardis de Pinguia, 1099—1179, Subtilitatum diversarum creaturarum libri novem, no. 4058—59.
Albertus Magnus de Bollstädt, 1193—1280, De vegetabilibus libri VII, no 89—91, unde excerptus: *Megenberg*, Das Puch der Natur. Augsburg 1475. fol. — saep.
Brunschwyg, Von der Kunst der Distillirung. Strassburg 1500. fol.
Brunfels, Herbarum vivae eicones. Argentorati 1530—36. fol. — saep.
Gesner, De stirpium collectione tabulae (*Kyberi* lexicon. Argentinae 1533. p. 467—548) — Conf no. 3296—3305 et p. ...
Kreuterbuch durch *Rhodion*. Egenolph 1533. fol. — conf. Cap. 3. p. ...
Bock, New Kreuterbuch. Strassburg 1539. fol. — saep.
Fuchs, De historia stirpium commentarii. Basil. 1544. 8.

Cordus, V., Adnotationes ad Dioscoridem. Argent. 1561. fol. — Stirpium lib. V. ib. 1563. fol.
Thurneisser, Historia plantarum omnium. Berlin 1578. fol. — Historia und Beschreibung influentischer Wirkungen aller Erdgewechsen. ib. 1578. fol.
Camerarius, Hortus medicus et philosophicus. Accedit *Thalius*, Sylva Hercynia. Francof. 1588. 4.
Tabernaemontanus, Neuw Kreuterbuch. Frankf. 1588—91. fol.
Wigandus, Vera historia (p. 48—88. De herbis in Borussia nascentibus). Jenae 1590. 4. fol.
Franke (Francus), Hortus Lusatiae .. Namen der Gewächse in Ober- und Nieder-Lausitz. Budissinae 1594. 8.
Bauhin, Historia fontis Bollensis. Montisbeligardi 1598. 4.
Schwenckfelt, Stirpium et fossilium Silesiae catalogus. Lipsiae 1600. 4.
Schwenckfelt, Kräuter, welche umb diese Gegend wachsen. (Hirschbergischen Warmen Bades einfältige Beschreibung) Görlitz 1607. 8. p. 183—236.
Jungermann, Plantae circa Altorfium. Altorfi 1615. 4.
(*Menzel*) Synonyma plantarum circa Ingolstadium sponte nascentium. Ingolstadii 1618. 8.
Knobloch, Beschreibung des Burckbernheimer Wildtbades. Onoltzbach 1620. 12.
Schoepfius, Hortus Ulmensis, Ulmischer Paradisgarten. Ulm 1622. 8.
Jungermann, Cornucopiae florae Giessensis. Giessae 1623. 4.
Poppius, Kräuterbuch .. des deutsch. Landes .. nach Signaturen. Leipzig 1625. 8.
(*Kentmann*) Tabula locum et tempus exprimens, quibus plantae vigent. Wittebergae 1629. 4. — Francof. 1715. fol.
Oelhafius, Elenchus plantarum circa Dantiscum nascentium. Dantisci 1643. 4. — ib. 1656. 8.
Royer, Beschreibung des Gartens zu Hessem (p. 112—28. De plantis montis Gaterschlebensis). Halberstadt 1648. 4.
Mentzel, Centuria plantarum circa nobile Gedanum sponte nascentium. Dantisci 1650. 4.
Chemnitz, Index plantarum circa Brunsvigam. Brunsvigae 1652. 4.
Loeselius, Plantae in Borussia sponte nascentes. Regiomonti 1654. 4.
Schenckius, Catalogus plantarum horti et viciniae Jenensis. Jenae 1659. 12.
Hoffmann, M., Florae Altdorfinae deliciae sylvestres. Altdorfii 1662. 4.
Schaeffer, Deliciae botanicae Hallenses. Hallae Saxonum 1662. 12.
Elsholz, Flora Marchica. Berolini 1663. 8.
Ray, Travels through the Low-countries, Germany.. Lond. 1673. 8.
Ammann, Suppellex botanica. Lipsiae 1675. 8.
Beckmann, Catalogus plantarum in tractu Francofurtano sponte nascentium. (— Memorabilia. Francofurti a/O. 1676. 4. et *Jobst*, Beschreibung von Frankfurt. ib. 1706. fol.)
Hoffmann, M., Florilegium Altdorfinum. Altdorfii 1676. 4.
Franke, Programmata ad herbationes in agro Heidelbergensi. Heidelbergae 1677—87. 4. (— Flora francica 1685. p. 1—90.)
Knauth, Enumeratio plantarum circa Halam Saxonum. Lipsiae 1687. 8.
Hoffmann, M., Montis Mauriciani in agro Leimburgensium descriptio medico-botanica. Altdorfii 1694. 4.
Boccone, Museo di piante rare della .. Germania. Venez. 1697. 4.
Patschke, Catalogus stirpium in sylvis Saxonicis anno 1667 reperiundarum. In *Lehmann*, Historischer Schauplatz. Leipzig 1699. 4.
Volckamer, Flora Noribergensis. Noribergae 1700. 4.
Tollius, Epistolae itinerariae. Amstelaedami 1700. 4.
Behrens, Hercynia curiosa, Hartzwald. Nordhausen 1703. 4.
Loeselius, Flora Prussica, curante Gottsched. Regiomonti 1703. 4.
Valentini, Prodromus historiae naturalis Hassiae. Giessae 1707. 4.

Johren, Vademecum botanicum. (Flora Francofurtana.) Colbergae (1710). 8.
Helwing, Flora quasimodogenita. Gedani 1712. 4.
Meyenberg, Flora Einbeccensis. Goettingae 1712. 8.
Rehfeldt, Hodegus botanicus menstruas plantas circa Halam enumerans. Halae 1717. 8.
Ruppius, Flora Jenensis. Francofurti 1718. 8. — ib. 1726. 8. — Jenae 1745. 8.
Dillenius, Catalogus plantarum circa Gissam nascentium. Francofurti a/M. 1719. 8.
Boretius, De Hieraciis Prussicis Lugduni Batavorum 1720. 4.
Buxbaum, Enumeratio plantarum in agro Hallensi. Halae 1721. 8.
Duvernoy, Plantae circa Tubingensem arcem florentes. Tubingae 1722. 8.
Gemeinhardt, Catalogus plantarum circa Laubam. Budissae 1724. 8.
Brueckmann, De lapide violaceo Hercyniae. (Byssus iolithus L.) Guelpherbyti 1725. 4.
Helwing, Supplementum Florae Prussicae. Gedani (1726). 4.
Wipacher, Flora Lipsiensis bipartita. Lipsiae 1726. 8.
Lindern, Tournefortius Alsaticus. Argentorati 1727. 8.
Leopold, Deliciae silvestris Florae Ulmensis. Ulm 1728. 8.
Burghart, Iter Sabothicum. Breslau 1736. 8.
Haller, De Veronicis quibusdam alpinis. Goettingae 1737. 4.
Gleditsch, Catalogus plantarum in vicinis Trebnizio locis sponte nascentium. Lipsiae 1737. 8.
Haller, Ex itinere in sylvam Hercyniam observationes botanicae. Goettingae 1738. 4.
Mappus, Historia plantarum Alsaticarum posthuma. Argentorati 1742. 4.
Fabricius, Primitiae Florae Butisbacensis. Wetzlariae 1743. 8.
Bergen, Catalogus plantarum indigenarum. Francof. a/V. 1744. 8.
Wulff, Plantae in Borussia repertae. Regiomonti 1744. 8.
Lindern, Hortus Alsaticus. Argentorati 1747. 8.
Boehmer, Flora Lipsiae indigena. Lipsiae 1750. 8.
Bergen, Flora Francofurtana. Francofurti a/V. 1750. 8.
Gleditsch, Catalogus plantarum Marchiae Brandenburgicae. (*Beckmann*, Beschreibung Brandenburgs. Berlin 1751. fol.)
Ritter, Animadversiones in Floram Riedeseliam. Vratislaviae 1752. 4.
Lucas, Essay on waters. (Plantae Aquisgranenses.) London 1756. 8.
Zinn, Catalogus horti et agri Gottingensis. Gottingae 1757. 8.
(*Hecker*) Flora Berolinensis. Berlin 1757—58. fol. (Ectypa.)
Schaeffer, Vorläufige Beobachtungen der Schwämme um Regensburg. Regensburg 1759. 4.
Schaeffer, Der Gichtschwamm mit grünschleimigem Hute. Regensburg 1760. 4.
Schaeffer, Icones et descriptio fungorum singularium. Abbildung etc. Regensburg 1761. 4.
Leysser, Flora Halensis. Halae 1761. 8. — Ed. II: ib. 1783. 8.
Schaeffer, Fungorum qui in Bavaria et Palatinatu circa Ratisbonam nascuntur, icones. Ratisbonae 1762—74. 4.
Zueckert, Naturgeschichte des Ober- und Unterharzes. Berlin 1762—63. 8.
Kaehnlein, Verzeichniss einiger um Wittenberg befindlichen Kräuter. Wittenberg 1763. 8.
Nonne, Flora in territorio Erfordensi indigena. Erfordiae 1763. 8.
Buchoz, Tournefortius Lotharingiae ou plantes dans la Lorraine. Nancy 1764. 8.
Gmelin, Fasciculus plantarum patriae urbi (Reutlingen) vicinarum. Tubingae 1764. 4.
Reyger, Tentamen Florae Gedanensis. Dantisci 1764—66. 8.
Wulff, Flora Borussica. Regiomonti 1765. 8.
Wilcke, Flora Gryphica. Gryphiae 1765. 8.

(*Spielmann*) Prodromus Florae Argentoratensis. Argentorati 1766. 8.
Taube, Beiträge zur Naturkunde des Herzogthums Zelle. Zelle 1766—69. 8.
Hartmann, Plantarum prope Francofurtum ad Viadrum fasciculus. Francofurti a/V. 1767. 4.
Grimm, Synopsis stirpium agri Isenacensis. Norimbergae 1767—70. 4.
Reyger, Die um Danzig wildwachsenden Pflanzen. Danzig 1768. 8.
Koelpin, Florae Gryphicae supplementum. Gryphiae 1769. 8.
Weigel, Flora Pomerano-rugica. Berolini 1769. 8. — Supplementum. Gryphiae 1773. 8.
Weiss, Plantae cryptogamicae Florae Gottingensis. Gottingae 1770. 8.
Murray, Prodromus designationis stirpium Gottingensium. Goettingae 1770. 8.
Schreber, Spicilegium Florae Lipsicae. Lipsiae 1771. 8.
Reichard, Flora Moeno-francofurtana. Francofurti a/M. 1772—78. 8.
Gmelin, Enumeratio stirpium in agro Tubingensi. Tubingae 1772. 8.
Baldinger, Index plantarum horti et agri Jenensis. Goettingae 1773. 8.
Jahn, A. T., Plantae circa Lipsiam. Lipsiae 1774. 4.
Jahn, Plantae circa Lipsiam nuper inventae. Lipsiae 1774. 4.
Hoppe, Geraische Flora. Jena 1774. 8.
Leers, Flora Herbornensis. Herbornae 1775. 8. — Berolini 1789. 8.
Scholler, Flora Barbiensis. Lipsiae 1775—87. 8.
Barckhausen, Fasciculus plantarum ex Flora comitatus Lippiaci. Goettingae 1775. 4.
Pollich, Historia plantarum in Palatinatu electorali sponte nascentium. Mannhemii 1776—77. 8.
Mattuschka, Flora Silesiaca. Breslau 1776—89. 8.
Doerrien, Verzeichniss und Beschreibung der oranien-nassauischen Gewächse. Herborn 1777. 8.
Cartheuser, Enumeratio stirpium per ducatum Megalopolitano-strelitzense observatarum. Trajecti a/V. 1777. 4.
Moench, Enumeratio plantarum Hassiae. Cassellis 1777. 8.
Weber, Spicilegium Florae Gottingensis. Gothae 1778. 8.
Mattuschka, Enumeratio stirpium Silesiae. Vratislaviae 1779. 8.
Rueling, Beschreibung der Stadt Nordheim. Göttingen 1779. 8.
Weber, Primitiae Florae Holsaticae. Kiliae 1780. 8.
Rudolph, Florae Jenensis plantae. (Cl. XIII, 1.) Jenae 1781. 4.
Wilhelm, Florae Herbipolitana. Bamberg 1782. gr. 8.
Gattenhof, Stirpes agri et horti Heidelbergensis. Heidelbergae 1782. 8.
Oeder, Schreiben betreffend einen Vorschlag zu einer Flora Germanica. (*Roth*, Beiträge, I. 93—103. 1782.)
(*Honckeney*) Vollständiges Verzeichniss der Gewächse Teutschlands. Leipzig 1782. 8.
Schkuhr, Botanisches Handbuch. Wittenberg 1783—1803. — Ed. II: Leipzig 1808. 8. — Lat.: Enchiridion bot. ed. Schwaegrichen. Lipsiae 1805. 8.
Happe, Flora cryptogamica depicta. Berolini 1783. 4.
Leske, Reise durch Sachsen. Leipzig 1784. 4.
Lieblein, Flora Fuldensis. Frankfurt a/M. 1784. 8.
Cappel, Verzeichniss der um Helmstedt wildwachsenden Pflanzen. Dessau 1784. 8.
Hagen, De Ranunculis Prussicis. Regiomonti 1784. 4.
Weizenbeck, Anzeige der Pflanzen um München. München 1786. 8.
Lueders, Nomenclator stirpium Marchiae Brandenburgicae. Berolini 1786. 8.
Rueling, Verzeichniss der Harzflora. In *Gatterer*, Anleitung etc. Göttingen 1786. 8.
(*Kerner*) Flora Stuttgardiensis. Stuttgart 1786. 8.

Elwert, Fasciculus plantarum e Flora marggraviatus Baruthini. Erlangae 1786. 4.
Schrank, Baiersche Reise. München 1786. 8.
Willdenow, Florae Berolinensis prodromus. Berolini 1787. 8.
Krocker, Flora Silesiaca renovata. Vratislaviae 1787—1823. 8.
Scherer, Beobachtungen über das pflanzenähnliche Wesen in den Karlsbader und Töplitzer Wässern. Dresden 1787. 4.
Hoffmann, Vegetabilia cryptogama. Erlangae 1787—90. 4.
Roth, Tentamen Florae Germanicae. Lipsiae 1788—1800. 8.
Planer, Index plantarum agri Erfurtensis. Gothae 1788. 8.
Planer, Indici plantarum agri Erfurtensis fungos et plantas nuper collectas addit. Erfordiae 1788. 8.
Jirasek und *Henke*, Reise nach dem Riesengebirge. Dresden 1788. 4.
Timm, Florae Megalopolitanae prodromus. Lipsiae 1788. 8.
Schrank, Bairische Flora. München 1789. 8.
Link, Florae Goettingensis specimen. Goettingae 1789. 8.
Esmarch, Schleswig'sche Flora. Schleswig 1789—91. 8.
Link, Florae Goettingensis specimen, sistens vegetabilia saxo-calcareo propria. Goettingae 1789. 8.
Hoffmann, Plantae lichenosae. Lipsiae 1789—1801. fol.
Borkhausen, Versuch der in Hessen-Darmstadt, bes Catzenellenbogen wachsenden Holzarten. Frankf. a/M. 1790 8.
Boeninger, De plantis venenatis agri Duisburgensis. Duisburgii a/R. 1790. 8.
Hagen, Veronicarum Prussicarum recensio Regiomonti 1790. 4.
Tode, Fungi Mecklenburgenses selecti. Lueneburgi 1790—91. 8.
Gaertner, Centurie von Pflanzen um Hanau. (*Ehrhart*, Beiträge, V. 163—67.) 1790.
Baumgarten, Flora Lipsiensis. Lipsiae 1790 8.
Becker, Beschreibung der Bäume und Sträucher in Meklenburg. Rostock 1791. 8.
Link, Botanische Bemerkungen. (— Annalen. Göttingen 1791. 8. p. 27—38.)
Weigel, Schlesischer Pflanzenkalender. s. l. 1791. 8.
Jirasek, *Haenke*, *Gruber* et *Gerstner*, Beobachtungen auf Reisen nach dem Riesengebirge. Dresden 1791. 4.
Hoffmann, Deutschlands Flora. Erlangen 1791. 12. — ib. 1800—4. 12.
Honckeney, Synopsis plantarum Germaniae Berolini 1792—93. 8.
Borkhausen, Tentamen dispositionis plantarum Germaniae. Darmstadt 1792. 8.
Martersteck, Bonnischer Flora erster Theil. Bonn 1792. 8.
Humboldt, Florae Fribergensis specimen Berolini 1793. 8.
Schrank, Reise nach den südlichen Gebirgen von Baiern. München 1793. 8.
Schrader, Spicilegium Florae Germanicae. Hannoverae 1794. 8.
Esmarch, Gräser, rietartige Gewächse, Schäftlinge und Kannenkräuter in Schleswig-Holstein. Schleswig 1794. 8.
Borkhausen, Beiträge zur deutschen Flora. (*Roemer*, Neues Magazin, I. 1—34. 1794.)
Moench, Methodus plantas horti et agri Marburgensis describendi. Marburgi 1794—1802. 8.
Borkhausen, Flora der obern Grafschaft Catzenelnbogen. Halle 1795—96. 8
Schrank, Briefe über das Donaumoos. München 1795. 8.
Kunze, Deutschlands kryptogamische Gewächse. Hamburg 1795. 8.
Hoffmann, Deutschlands Flora. Kryptogamie. Erlangen 1795. 12.
Rafn, Danmarks och Holsteens Flora (Cl. I—X.) Kiöbenhavn 1796 —1800 8.
Schrader, Systematische Sammlung kryptogamischer Gewächse. Göttingen 1796—97. 8.
Wohlleben, Supplementum ad *Leysseri* Floram Halensem. Halae 1796. 8.

Roehling, Deutschlands Flora. Bremen 1796. 8. — Ed. II: Frankfurt a/M. 1812—13. 8. — Ed. III: von *Mertens* und *Koch*. Frankfurt a/M. 1823—39. 8.
Wibel, Primitiarum Florae Werthemensis prodromus Jenae 1797. 8.
Roth, Bemerkungen über das Studium der kryptogamischen Wassergewächse. Hannover 1797. 8.
Hoffmann, Vegetabilia in Hercyniae subterraneis collecta. Norimbergae (1797—) 1811. fol.
Wernekink, Icones plantarum episcopatus Monasteriensis. Monasterii 1798. fol.
Koelle, Flora des Fürstenthums Bayreuth. Bayreuth 1798. 8.
Wagener und *Gruber*, Flora von Hildesheim. Hildesheim 1798. fol.
Sturm, Deutschlands Flora. Phanerogamen. Nürnberg 1798—1855. — Kryptogamen. (Lichenes von *Laurer*, Jungermannieae und Algae von *Corda*, Fungi) 1798—1853. 12.
Heim, Deutsche Flora. Halle 1799 8
Oettel, Verzeichniss der in der Oberlausitz wildwachsenden Pflanzen. (Historiola botanices Lusaticae praecedit.) Görlitz 1799. 8.
Frenzel, Verzeichniss von Pflanzen um Wittenberg. Wittenberg 1799. 8.
Verzeichniss der Pflanzen um den Ursprung der Donau und des Neckars. Winterthur 1799. 8.
Wibel, Primitiae Florae Werthemensis. Jenae 1799. 8.
Gaertner, *Meyer* et *Scherbius*, Oekonomisch-technische Flora der Wetterau. Frankfurt a/M. 1799—1802. 8.
Schwaegrichen, Topographiae botanicae Lipsiensis specimen. I. II IV Lipsiae 1799—1806 4.
Pursch, Verzeichniss der Pflanzen im Plauischen Grunde. In *Becker*, Der Plauische Grund. Nürnberg 1799. fol. p. 45—94.
Bernhardi, Systematisches Verzeichniss der Pflanzen um Erfurt. Erfurt 1800. 8.
Dennstedt, Weimars Flora. Jena 1800. 8.
Weigel, Geographisch-naturhistorische Beschreibung Schlesiens. Berlin 1800—6. 4.
Roehling, Deutschlands Moose. Bremen 1800. 8.
Frenzel, Verzeichniss von Holzarten um Wittenberg. Wittenberg 1801. 8
De la Vigne, Flore Germanique. Erlangen 1801—2. 12.
Koeler, Descriptio Graminum in Gallia et Germania. Francofurti a/M. 1802. 12.
Walther, Flora von Giessen. Giessen 1802. 8.
Brueckner, Florae Neobrandenburgensis prodromus. Jenae 1803. 8.
Wulfen, Cryptogama aquatica. Lipsiae 1803. 4.
Crome, Sammlung deutscher Laubmoose. Schwerin 1803—6. 4.
Graumüller, Systematisches Verzeichniss wilder Pflanzen um Jena. Jena 1803. 8.
Graumüller, Charakteristik der um Jena wildwachsenden Pflanzen. Jena 1803. 8.
Rot von Schreckenstein und *von Engelberg*, Flora der Gegend um den Ursprung der Donau. Donaueschingen 1804. 8.
Wuensche, Enumeratio plantarum circa Vitebergam. Vitebergae 1804. 8
Schweigger et *Koerte*, Flora Erlangensis. Erlangae 1804—11. 8.
Hoppe et *Sturm*, Die Kleearten Deutschlands. Nürnberg 1804. 12.
Heyne, Pflanzenkalender. Leipzig 1804. 8.
Sach, Deutschlands wilde Gewächse. Berlin 1804. 8.
Rebentisch, Prodromus Florae Neomarchicae. Berolini 1804. 8.
Rebentisch, Index plantarum circa Berolinum. Berolini 1805. 8.
Albertini et *Schweinitz*, Conspectus Fungorum in agro Niskiensi. Lipsiae 1805. 8.
Londes, Verzeichniss der Pflanzen um Göttingen. Göttingen 1805. 8.
Gmelin, Flora Badensis Alsatica. Carlsruhae 1805—26. 8.
Willemet, Flore de l'ancienne Lorraine. Nancy 1805. 8.

Schrader, Flora Germanica. Goettingae 1806. 8.
Sprengel, Florae Halensis tentamen novum. Halae 1806. 8. — Mantissa I–II: ib. 1807–11. 8. — Ed. II: ib. 1832. 8.
Schultz, Prodromus Florae Stargardiensis. Berolini 1806. 8. — Supplementum: Neubrandenburgi 1819. 8.
Bucher, Florae Dresdensis nomenclator. Dresdae 1806. 8
Bernhardi, Ueber minder bekannte Ehrenpreisarten des südlichen Deutschlands. Erfurt 1806. 8.
Oberlin, Propositions géologiques Strassburg 1806. 8.
Duval, Verzeichniss der Farrenkräuter, Laubmoose und Flechten um Regensburg. Nürnberg 1806–8. 8.
Funck, Kryptogamische Gewächse des Fichtelgebirges. Leipzig 1806–38. 42 Hefte. 4.
Ficinus, Flora der Gegend um Dresden Dresden 1807–8. 8.
Weber und *Mohr*, Deutschlands kryptogamische Gewächse. Kiel 1807. 12.
Wredow, Tabellarische Uebersicht der Pflanzen Meklenburgs. Lüneburg 1807. 8.
(*Detharding*) Verzeichniss mecklenburgischer Gewächse. Rostock 1809. 8.
Graff, Preussens Flora. Elbing 1809. 8.
Lehmann, Primae lineae Florae Herbipolensis. Herbipoli 1809. 8.
Heller, Graminum in Magno Ducatu Wirceburgensi enumeratio. Wirceburgi 1809. 8.
Borkhausen, Tentamen dispositionsis plantarum Germaniae. Darmstadt 1809. 8.
Blandow, Uebersicht der meklenburgischen Moose. (Neustrelitz) 1809. 8.
Esmarch, Gewächse um Schleswig Schleswig 1810. 8.
Heller, Flora Wirceburgensis. Wirceburgi 1810–15. 8.
Sehkuhr, Vier und zwanzigste Klasse. Die deutschen Moose. Leipzig 1810–47. 4.
Herrmann, Calendarium plantarum in Marchia media circa Berolinum. Berolini 1810. 12.
Schultes, Baierns Flora. Landshut 1811. 8.
Schrank et *Mayrhoffer*, Flora Monacensis. Monachii 1811–18. fol.
Wredow, Oekonomisch-technische Flora Meklenburgs Lüneburg 1811–12. 8.
Voit, Historia Muscorum frondosorum in Magno Ducatu Herbipolitano. Norimbergae 1812. 8.
Treviranus, Observationes botanicae. Rostockii 1812. 4.
Kunth, Flora Berolinensis. Berolini 1813. 8. — Ed. II: ib. 1838. 8.
Koch et *Ziz*, Catalogus plantarum Florae Palatinatus. Moguntiae 1814. 8.
Wahlenberg, Flora Carpatorum principalium. Goettingae 1814. 8.
Schwaegrichen, Historiae Muscorum hepaticorum prodromus. Lipsiae 1814. 8.
Wallroth, Annus botanicus. Halae 1815. 8.
Chamisso, Beitrag zur Flora der Mittelmark. (*Walter*, Verzeichniss etc. Berlin 1815. 8)
Weber, Historiae Muscorum hepaticorum prodromus. Kiliae 1815. 8.
Rau, Enumeratio Rosarum circa Wirceburgum sponte crescentium. Norimbergae 1816. 8.
Menzel, Plantae circa Ingolstadium. Ingolstadii 1816. 8.
Etwas über Standorte der Pflanzen in Hohenlohe und Mergentheim. Mergentheim 1816. 8.
Opiz, Deutschlands kryptogamische Gewächse. Prag 1816. 8.
Ritter, *Ch.*, Schleswig und Holsteins Pflanzen. Tondern 1816. 8. — Kryptogamen. Augustenburg 1817. 8.
(*Henckel von Donnersmarck*) Enumeratio plantarum circa Regiomontum. Regiomonti 1817. 8.
Martius, Flora cryptogamica Erlangensis. Norimbergae 1817. 8.

Winterschmidt, Nürnbergische Flora. Nürnberg 1818–21. 8.
Hagen, Preussens Pflanzen. Königsberg 1818. 8.
Hagen, Chloris Borussica. Regiomonti 1819. 12
Voigt, F., Flora des botanischen Gartens und seiner Umgebungen. Jena 1819. 12.
Meigen und *Weniger*, Verzeichniss der an den Ufern des Rheins, der Roer, Maas und Ourte wachsenden Pflanzen. Köln 1819 8.
Adler, Flora des ziegenrücker Kreises Neustadt 1819. 8.
Dierbach, Flora Heidelbergensis. Heidelbergae 1819–20. 12.
Dehne, Spaziergang von Leipzig nach dem Harze. Leipzig 1819. 8.
Uechtritz, Kleine Reisen eines Naturforschers. Breslau 1820. 8.
Funk, Deutschlands Moose. Baireuth 1820. 8.
Reichenbach, Amoenitates botanicae Dresdenses. I: Observationes in genus Myosotis. Dresdae 1820. 8.
Bluff et *Fingerhuth*, Compendium Florae Germanicae. Norimbergae 1821–33 12. — Ed. II: ib 1836–38. 12.
Ficinus und *Schubert*, Flora der Gegend um Dresden. Ed. II. Dresden 1821–23. 8.
Neygenfind, Enchiridion botanicum, . plantas Silesiae adjungitur Calendarium. Misenae 1821. 8.
Custer, Phanerogamische Gewächse des Rheinthals. 1821. 8.
Boeninghausen, Nomenclator sistens plantas in circulo Coesfeldiae Westphalorum. Coesfeldiae (1821). 8.
Reichenbach, Die Vergissmeinnichtarten Deutschlands. Nürnberg 1822. 12.
Wallroth, Schedulae criticae de plantis Florae Halensis selectis Halae 1822. 8.
Strempel, Filicum Berolinensium synopsis. Berolini 1822. 8
Succow, Flora Mannhemiensis et vicinarum regionum. Mannhemii 1822. 8.
Meyer, Beiträge zur Kenntniss des Flussgebiets der Innerste in den Fürstenthümern Grubenhagen und Hildesheim. Göttingen 1822. 8
Schmalz, Dispositio synoptica generum plantarum circa Dresdam. Dresden 1822. fol.
Alten, Augsburgische Blumenlese. Augsburg 1822. 8.
Zenneck, Flora von Stuttgart. Stuttgart 1822. 4.
Hergt, Versuch einer Flora von Hadamar. Hadamar 1822. 8.
Schuebler, Verzeichniss der Pflanzen um Tübingen. Tübingen 1822. 8.
Opiz, Beiträge zur Naturgeschichte. Prag 1823–28. 8.
Eysenhardt, De accurata .. Observationes in Floram Prussicam. Regiomont. 1823. 4.
Hoffmann, De vallium in Germania boreali directione congrua. Halae 1823. 8.
Nees von Esenbeck, *Hornschuch* et *Sturm*, Bryologia Germanica Nürnberg 1823–31. 8.
(*Meigen*) Versuch einer Flora der Ufer des Niederrheins, der Roer, Maas und Ourte. Köln 1823. 12.
Duval, Flora von Irlbach. Regensburg 1823. 8.
Behlen, Flora des Spessart. (— Der Spessart, vol. I. p. 78–138. Leipzig 1823. 8.)
Wenderoth, Beiträge zur Flora von Hessen. Marburg 1823. 8.
Schlechtendal, Flora Berolinensis. Berolini 1823–24. 8.
Brand, Flora Berolinensis. Berolini 1824. 12.
Dietrich, Flora der Gegend um Berlin. Berlin 1824. 8.
Rostkovius et *Schmidt*, Flora Sedinensis. Sedini 1824. 8.
Wilbrand, Uebersicht der Vegetation Deutschlands. (Regensburg 1824.) 8.
Buek, Hortus Francofurtanus. Frankfurt a/O. 1824. 8.
Roeper, Enumeratio Euphorbiarum Germaniae et Pannoniae. Goettingae 1824. 4.
Graumueller, Flora Jenensis (Classis I–V.) Eisenberg 1824. 8.
Boenninghausen, Prodromus Florae Monasteriensis. Monasterii 1824. 8.

(*Guenther*, *Grabowski* et *Wimmer*) Enumeratio stirpium Silesiae Vratislaviae 1824. 8.
Spenner, Flora Friburgensis. Friburgi Brisgoviae 1825—29. 8.
Reyger, Die um Danzig wildwachsenden Pflanzen, umgearbeitet von *Weiss* Danzig 1825—26. 8.
Wallroth, Orobanches generis Diaskeue. Francofurti a/M. 1825. 8.
(*Gmelin*, *K.*) Beschreibung der Milchblätterschwämme in Baden. Karlsruhe 1825. 8
Meyer, Nebenstunden I: Die Entwicklung, Metamorphose und Fortpflanzung der Flechten. Göttingen 1825. 8.
Dierbach, Beiträge zu Deutschlands Flora. Heidelberg 1825—33. 8.
Steudel et *Hochstetter*, Enumeratio plantarum Germaniae Helvetiaeque. Stuttgartiae 1826. 8.
Alberti, Die Gebirge Würtembergs. Stuttgart 1826. 8.
Lorek, Flora Prussica. Königsberg 1826—37. 4. — Ed. III: ib. 1846—48. 4.
Hoppe, Caricologia Germanica. Leipzig 1826. 8.
Nolte, Novitiae Florae Holsaticae. Kiloniae 1826. 8.
Schaefer, Trierische Flora. Trier 1826—29. 8.
Dietrich, Flora Jenensis. Jenae 1826 8.
Dierbach, Systematische Uebersicht der Gewächse um Heidelberg. Karlsruhe 1827. 8.
Wimmer et *Grabowski*, Flora Silesiae. Vratislaviae 1827—29. 8.
Lachmann, Flora Brunsvicensis Braunschweig 1827—31. 8
Pappe, Enumerationis plantarum Lipsiensium specimen. Lipsiae 1827 8.
Roth, Enumeratio plantarum Germaniae. (Cl. I—V.) Lipsiae 1827. 8.
Schuebler, Die pflanzengeographischen Verhältnisse Deutschlands Tübingen 1827. 8.
Ruthe, Flora der Mark Brandenburg. Berlin 1827—34. 8.
Spenner, Ueber die Vegetation des Renchthales. (*Zentner*, Das Renchthal. Freiburg 1827. 8.)
Detharding, Conspectus plantarum Megalopolitanorum. Rostockii 1828. 8.
Bischoff, Die kryptogamischen Gewächse. (Chareen, Equiseteen, Rhizokarpen und Lycopodeen.) Nürnberg 1828. 4.
Ekart, Frankens und Thüringens Flora. (Trifolium.) Bamberg 1828. 4.
Tenore, Viaggio per .. e Germania. Napoli 1828. 8.
Pappe, Synopsis plantarum agri Lipsiensis. Lipsiae 1828. 8.
List, Stirpes nuperrime in Lithuania detectae. Tilsae 1828. 4.
Koelbing, Flora der Oberlausitz. Görlitz 1828. 8.
Becker, Flora der Gegend um Frankfurt a/M. Frankfurt a/M. 1828. 8.
Homann, Flora von Pommern. Köslin 1828—35. 8.
Avé-Lallement, De plantis quibusdam Germaniae australis. Berolini 1829. 4.
Zuccarini, Flora der Gegend um München München 1829. 8.
Fingerhuth, Tentamen Florulae Lichenum Eiffliacae. Norimbergae 1829. 8.
Schultz, Kenntniss der deutschen Orobanchen. München 1829. fol.
Frank, Rastadts Flora. Heidelberg 1830. 8.
Petif, Enumeratio plantarum in ditione Florae Palatinatus. Biponti 1830. 8
Klett et *Richter*, Flora der Umgegend von Leipzig. Leipzig 1830. 8.
Roth, Manuale botanicum Lipsiae 1830. 8.
Kirchner, Pflanzen um Neustadt-Eberswalde. (— Uebersicht etc. Berlin 1830. 8)
Reichenbach, Flora Germanica excursoria. Lipsiae 1830—33. 12.
Kirschleger, Statistique de la Flore d'Alsace et des Vosges. Mühlhausen 1831(—32). 4.
Schuebler, Temperaturverhältnisse der schwäbischen Alp. Tübingen 1831. 8.
Arendt, Tabellarische Uebersicht der Flora des mittleren und nördlichen Deutschland. Osnabrück 1831. fol

Wallroth, Flora cryptogamica Germaniae. Norimbergae 1831—33. 12.
Reuss, Flora des Unterdonaukreises. Passau 1831. 8.
Fresenius, Taschenbuch auf Excursionen um Frankfurt a/M. Frankfurt a/M. 1831—32. 8.
Weise, Deutschlands Pflanzenblütekalender. Gotha 1831—32. 8.
Schuebler, Ueber die Riedgräser Würtembergs. Tübingen 1832. 8.
Schuebler, Regenverhältnisse der schwäbischen Alp und des Schwarzwaldes. Tübingen 1832. 8.
Jung, Flora des Herzogthums Nassau. Hadamar 1832. 8.
Dietrich, Lichenographia Germanica. Jena 1832—37. 4.
Schuebler, Die geognostischen Verhältnisse Tübingens. Tübingen 1832. 8
Schmidlin, Flora von Stuttgart. Stuttgart 1832. 12.
Mueller, Verzeichniss der Pflanzen um Aachen. Aachen 1832. 4.
Schuebler, Beiträge zur Naturkunde (Flora) Oberschwabens. Tübingen 1832. 8.
Wimmer, Flora von Schlesien. Berlin 1832. gr. 8.
Ekart, Synopsis Jungermanniarum Germaniae. Coburgi 1832. 4.
Anthon, Tabelle über die Pflanzenfamilien Deutschlands. Nürnberg 1833. fol.
Nees von Esenbeck, Naturgeschichte der europäischen Lebermoose. Berlin und Breslau 1833—38. 8.
Dietrich, Flora regni Borussici. Berlin 1833—44. 8. max.
Dietrich, Deutschlands Flora. Jena 1833—42. gr. 8.
Huebener, Muscologia Germanica. Leipzig 1833. 8.
Zuccarini, Die Vegetationsgruppen in Baiern. München 1833. 4.
Nees von Esenbeck jun., Genera plantarum Florae Germanicae. Bonnae 1833—60. 8. (liber ad finem non perductus).
Schramm, Die Pflanzen des Leobschützer Stadtwaldes. Ratibor 1833. 8.
Schuebler und *Martens*, Flora von Würtemberg. Tübingen 1834. 8.
Reichenbach, Icones Florae Germanicae. Lipsiae 1834—70. 4.
Schlauter, Die Orobanchen Deutschlands. Quedlinburg 1834. 8.
Redtenbacher, De Caricibus territorii Vindobonensis. Vindobonae 1834. 8.
Huebener, Hepaticologia Germanica. Mannheim 1834. 8.
Schimper, Beschreibung des Symphytum Zeyheri. Heidelberg 1835. 8.
Dobel, Neuer Pflanzenkalender. Nürnberg 1835. 8.
(*Meyer*) Elenchus plantarum Borussiae. (Regiomonti 1835) 8.
Hoppe et *Sturm*, Caricologia Germanica. Nürnberg 1835. 12.
Meigen, Deutschlands Flora Essen 1836—42. 8.
Müller, Prodromus der Flora von Aachen. Aachen 1836. 8.
Hampe, Prodromus Florae Hercynicae. Halle 1836—44. 8.
Sickmann, Enumeratio stirpium circa Hamburgum. Hamburgi 1836. 8.
Nicolai, Verzeichniss der Pflanzen um Arnstadt. Arnstadt 1836. gr. 12.
Zenker und *Schenck*, Flora von Thüringen. Jena 1836—48 sqq. 8.
Zenker, Flora Jenensis. In: Hist.-topogr. Taschenbuch. Jena 1836. 8. p. 258—86.
Kirschleger, Prodrome de la Flore d'Alsace. Strassburg 1836. 8. — Appendice: 1838. 12.
Genth, Flora des Herzogthums Nassau. 1. Theil. Kryptogamie. Mainz 1836. 8.
Meyer, G., Chloris Hanoverana. Göttingen 1836. 4.
Schultz, F. W., Flora Galliae et Germ. exsiccata: Herbier et IV Cent. Bitche 1836—40. fol. — Archives etc. Traités sur les plantes Cent V—X. ib. 1841—47. 8.
Tinant, Flore Luxembourgeoise. Luxembourg 1836. 8.
Scholtz, Enumeratio Filicum Silesiae. Vratislaviae 1836. 8.
Krémer, Monographie des Hépatiques de la Moselle. Metz 1837. 8.

(Forbes) Journal of a horticultural tour in Germany. London 1837. 8.
List, Salicum prope Tilsam adumbrationes. Tilsae 1837. 4.
Kittel, Taschenbuch der Flora Deutschlands. Nürnberg 1837. 12.
— ib. 1844. 8.
Koch, Synopsis Florae Germanicae et Helveticae. Francofurti a/M. 1837—38. 8. — Ed. II: Lipsiae 1843—45. 8.
Elsner, Flora von Hirschberg. Breslau 1837. 8.
List, Plantae Lithuanicae Chloridi Borussicae Hagenii inserendae. Tilsae 1837. 4.
Gutheil, Flora von Höxter und Holzminden. Holzminden 1837. 8.
Schabel, Flora von Ellwangen. Stuttgart 1837. 8.
Jüngst, Flora von Bielefeld und Westphalen. Bielefeld 1837. 8.
Heldmann, Oberhessische Flora. Marburg 1837. 8.
Arendt, Schola Osnabrugensia in Chloridem hanoveranam. Osnabrück 1837. 8.
Prahl, Index plantarum circa Gustroviam. Gustroviae 1837. 8.
Reichel, Standorte der seltneren Pflanzen um Dresden. Dresden 1837. gr. 12.
Schneider, Die Vertheilung und Verbreitung der schlesischen Pflanzen. Breslau 1838. 8.
Hoyer, Flora der Grafschaft Schaumburg. Rinteln 1838. 8.
Schwabe, Flora Anhaltina. Berolini 1838—39. 8.
Loehr, Flora von Coblenz. Cöln 1838. 8.
Ficinus et Heynhold, Flora der Gegend um Dresden. Ed. III. Dresden 1838. 8.
Reuss, Flora von Passau. Passau 1838. 12.
Haro, Tableau des champignons des environs de Metz. Metz 1838. 8.
Schneider, Flora von Bunzlau. Breslau 1838. 8.
Petermann, Flora Lipsiensis excursoria. Lipsiae 1838. 8.
Gutheil, Grundzüge einer Flora von Kreuznach. Regensburg 1839. 8.
Mink, Aufzählung der Phanerogamen um Crefeld. Crefeld 1839. 4.
Fuernrohr, Flora ratisbonensis. Regensburg 1839. 8. (— Nachträge. Regensburg 1845. 4.)
Elsner, Synopsis Florae Cervimontanae. Vratislaviae 1839. 8.
Koch, Flora von Jena. Jena 1839. 8.
Trentepohl, Oldenburgische Flora. Oldenburg 1839. 8.
Schnittspahn, Flora des Grossherzogthums Hessen. Darmstadt 1839. 8. — ib. 1865. 8.
Wenderoth, Versuch einer Charakteristik der Vegetation von Kurhessen. Kassel 1839. 8.
Schatz, Flora Halberstadensis excursoria. Halberstadt 1839. 8.
Menge, Catalogus plantarum regionis Grudentinensis et Gedanensis. Grudentiae 1839. 12.
Rabenhorst, Flora Lusatica. Leipzig 1839—40. 8.
Stange, Index plantarum agri Francofurtani. Frankfurt a/O. 1839. 4.
Wallroth, Erster Beitrag zur Flora Hercynica. Halle 1840. 8.
Lincke, Deutschlands Flora. Leipzig 1840—47. 8.
Rueckert, Beschreibung etc. Flora von Sachsen. Leipzig 1840. 8. — Grimma (1844). 8.
Pampuch, Flora Tremesnensis (Posen). Tremesno 1840. 8.
Nicklès, Notice sur les Gladiolus de France et d'Allemagne. (Strassburg 1840.) 4.
Barentin, Die Vegetation in der Mark Brandenburg. Berlin 1840. 4.
Schmidt, Flora von Pommern und Rügen. Stettin 1840. 8.
Schramm, Die seltneren Pflanzen um Leobschütz. Leobschütz 1840. 8.
Wimmer, Flora von Schlesien preussischen und österreichischen Antheils. Breslau 1840. gr. 12. — ib. 1844. gr. 12.
Nees von Esenbeck und *Flotow,* Zur Flora Warmbrunns. (*Wendt,* Die Thermen zu Warmbrunn. Breslau 1840. 8. p. 41—114.)
Goeppert, Seltnere Pflanzen um Altwasser. In *Wendt,* Altwasser. Breslau 1841. 8.

Berger, Catalogus herbarii. Würzburg 1841—46. 12.
Dietrich, Flora Marchica. Berlin 1841. 8.
Petermann, Flora des Bienitz. Leipzig 1841. 16.
Schultz, Analysis Cichoriacearum Palatinatus. Landau 1841. 8.
Fieber, Die Echien Böhmens. Prag 1841. 8.
Schlechtendal, Langethal und *Schenk,* Flora von Deutschland. Jena 1841—64. 8.
Langmann, Flora von Mecklenburg. (Darin: *Brueckner,* Pflanzengeographie Mecklenburgs.) Neustrelitz 1841. 8.
Koenig, Botanischer Führer durch die Rheinpfalz. Mannheim 1841. 8.
Strehler, Uebersicht der Pflanzen um Ingolstadt. Ingolstadt (1841). 4.
Mueller, Flora Waldeccensis et Itterensis. Brilon 1841. 8.
Thomae, Verzeichniss der Pflanzen um Wiesbaden. Wiesbaden 1841. 8.
Schmitz et Regel, Flora Bonnensis. Bonnae 1841. 8.
Wirtgen, Flora des Regierungsbezirks Koblenz. Koblenz 1841. 8.
Wallroth, Beiträge zur Botanik, .. Flora Deutschlands. Leipzig 1842—44. 8.
Wirtgen, Prodromus der Flora der preussischen Rheinlande. Bonn 1842. 8.
Ortmann, Flora des Elbogner Kreises in Böhmen. Carlsbad 1842. 8.
Ratzeburg, Forstnaturwissenschaftliche Reisen durch Deutschland. Berlin 1842. 8.
Holl, Flora von Sachsen. Dresden 1842. 8.
Reichenbach, Der deutsche Botaniker II: Flora Saxonica. Dresden 1842. 8. — ib. 1844. 8.
Holl et Heynhold, Flora von Sachsen. I. Phanerogamen. Dresden 1842. 8. — *Heynhold,* Clavis generum zur Flora von Sachsen. 1843. 8.
Grabowski, Flora von Oberschlesien. Breslau 1843. 8.
Scholtz, Flora der Umgegend von Breslau. Breslau 1843. 8.
Doell, Rheinische Flora. Frankfurt a/M. 1843. 8.
Streintz, Genera Cruciferarum, Umbelliferarum et Compositarum Florae Germanicae dichotomice distributa. Vindobonae 1843. 8.
Schmidt, Preussens Pflanzen. (Phytologie.) Danzig 1843. 8.
Grossmann, Elementarbuch .. Flora von Schwäbisch-Hall. Stuttgart 1843. 8.
Roeper, Zur Flora Mecklenburgs. (Filices, Gramineae) Rostock 1843—44. 8.
Godron, Flore de Lorraine. Nancy 1843—45. 8
Mougeot, Index stirpium cryptogamarum Vogeso-rhenanarum, fasc I—XII. Bruyerii 1843. 4.
Dietrich, Deutschlands kryptogamische Gewächse. Jena 1843—46. 8.
Koch, Taschenbuch der deutschen und schweizer Flora. Leipzig 1844. 8.
Haecker, Lübeckische Flora. Lübeck 1844. 8.
Pfeiffer, Uebersicht der Pflanzen Kurhessens. Kassel 1844. 8.
Pfeiffer, Einige Worte über die subalpine Flora des Meissners. Kassel 1844. 8.
Lechler, Supplement zur Flora von Würtemberg. Stuttgart 1844. 8.
Lochr, Taschenbuch der Flora von Trier und Luxemburg. Trier 1844. 8.
Rabenhorst, Deutschlands Kryptogamenflora: Pilze. Leipzig 1844—47. 8.
Fiedler, Synopsis Hypnearum Megalopolitanarum. Rostock 1844. 8.
Fiedler, Synopsis der Laubmoose Mecklenburgs. Schwerin 1844. 8.
Kirschleger, Statistique végétale de Strasbourg. Strasb. 1845. 8.
Kaltenbach, Flora des Aachener Beckens. Aachen 1845. 12.
Taschenberg, Deutschlands Pflanzengattungen. Merseburg 1845. 8.
Metsch, Flora Hennebergica. Schleusingen 1845. 8.
Herold, Taschenbuch der teutschen Flora. Nordhausen 1845. 8. (Opus fraudulentum.)

Hampe, Klima, Vegetation und Flora des Harzes. (*Brederlow*, Der Harz. Braunschweig 1845. 8. p. 86—111)
Fallou, Die Gebirgsformationen zwischen Mittweida und Rochlitz, der Zschopau und beiden Mulden und ihr Einfluss auf die Vegetation. Leipzig 1845. 4.
Roemer, Die Algen Deutschlands. Hannover 1845. 4.
Kuetzing, Phycologia Germanica. Nordhausen 1845. 8.
Hoffmann, Schilderung der deutschen Pflanzenfamilien. Giessen 1846 8
Brandes, Die Flora Deutschlands und der angränzenden Länder. Stollberg 1846. 12
Antz und *Clemen*, Flora von Düsseldorf. Düsseldorf 1846. 8.
Richter, Flora von Saalfeld Saalfeld 1846. 4.
Irmisch, Verzeichniss der Pflanzen in den Schwarzburgischen Fürstenthümern. Sondershausen 1846 8.
Echterling, Verzeichniss der Pflanzen im Fürstenthum Lippe. Detmold 1846. 8.
Saage, Plantae circa Brunsbergam. Brunsbergae 1846. 8.
Wenderoth, Flora Hassiaca Kassel 1846. 8.
Kabath, Flora von Gleiwitz. Gleiwitz 1846. 8.
Hübener, Flora von Hamburg. Hamburg 1846. 8.
Schultz, Flora der Pfalz. Speyer 1846—61. 8.
Koerber, Lichenographiae Germanicae specimen, Parmeliacearum familiam continens. Vratislaviae 1846. 4
Maly, Anleitung zum Bestimmen der deutschen Pflanzengattungen. Wien 1846. gr. 12.
Petermann, Analytischer Pflanzenschlüssel. Leipzig 1846. 8.
Petermann, Deutschlands Flora. Leipzig 1846—49. 4.
Piper, Taschenbuch der norddeutschen Flora. Malchin 1846. 8.
Schenck, Anleitung zur Bestimmung der in Nassau wildwachsenden Pflanzengattungen. (Wiesbaden 1846.) 4.
Lorinser, Taschenbuch der Flora Deutschlands und der Schweiz. Wien 1847. 8.
Schnizlein und *Frickhinger*, Die Vegetationsverhältnisse der Jura- und Knuperformation in den Flussgebieten der Wörnitz und Altmühl. Nördlingen 1847. gr. 4.
Kittel, Taschenbuch der Flora Deutschlands. Nürnberg 1847. 8.
Griesselich, Deutsches Pflanzenbuch. Karlsruhe 1847. 8.
Aichinger, Botanischer Führer um Wien. Wien 1847. 12.
Haub, Album plantarum circa Conicium. Conitz 1847. 4.
Schnizlein, Flora von Baiern, Würtemberg, Baden etc. Erlangen 1847. 8
Sturm und *Schnizlein*, Verzeichniss der Pflanzen um Nürnberg und Erlangen. Erlangen 1847. 8.
Valet, Uebersicht der Pflanzen um Ulm. Ulm 1847. 8.
Grisebach, Vegetationslinien des nordwestlichen Deutschlands. Göttingen 1847. 8.
Weyl, Rastenburgs Pflanzen. Rastenburg 1847. 4
Pfeiffer, Flora von Niederhessen und Münden Kassel 1847. 8.
Gies, Bestimmen der offenblüthigen Gewächse. Fulda 1847. 8.
Garcke, Flora von Halle. Halle 1848. 8.
Sprengel, A, Kenntniss aller Gewächse von Halle. Halle 1848. 8.
Stoessner, Flora von Annaberg. Annaberg 1848 8.
Meurer, Uebersicht der Kurhessischen Flora Rinteln 1848. 4.
Schenk, Flora von Würzburg. Regensburg 1848. 8.
Schnizlein, Vegetationsverhältnisse der Wörnitz und Altmühl Nördlingen 1848. 8.
Klinggraeff, Flora von Preussen. Marienwerder 1848—66. 8.
Garcke, Flora von Nord- und Mittel-Deutschland. Berlin 1849. 8.
— 1871. 8.
Lambert, W., Geographia plantarum in Wetteravia et Brandenburgica. Berolini 1849. 8.
Irmisch, Stoff.. und Nachträge zur Flora Schwarzburgs. Sondershausen 1849. 4.
Meyer, G. F., Flora Hannoverana excursoria. Göttingen 1849. 8.
Robolsky, Flora von Neuhaldensleben. Neuhaldensleben (1849). 8.
Steinvorth, Phanerogamenflora des Fürstenthums Lüneburg. Lüneburg 1849. 8.
Lantzius-Béninga, Beiträge zur Flora Ostfrieslands. Göttingen 1849. 4.
Patze, Meyer und *Elkan*, Flora der Provinz Preussen. Königsberg 1850. 8.
Bogenhard, Flora von Jena. Leipzig 1850. 8.
Schönheit, Flora Thüringens. Rudolstadt 1850. 8.
Schmidt, J. A., Verbreitung phan. Pflanzen Deutschlands und der Schweiz. Göttingen 1850. 8
Caflish et *Körber*, Flora von Augsburg. Augsburg 1850. 8.
Martius, K., Die botanische Erforschung Bayerns. München 1850. 8.
Hoefle, Die Flora der Bodenseegegend. Erlangen 1850. 8.
Bischoff, Beiträge zur Flora Deutschlands. Heidelberg 1851. 8.
Ritschl, Flora von Posen. Berlin 1851. 8.
Sonder, Flora Hamburgensis. Hamburg 1851. 8.
Emmrich, Vegetationsverhältnisse von Meiningen. ibid. 1851. 4.
Emmert, Flora von Schweinfurt. Schweinfurt 1852. 8.
Loehr, Enumeratio der Flora von Deutschland. Braunschweig 1852. 8.
Wenderoth, Analecten der deutschen und anderen Flora. Cassel 1852. 4.
Engesser, Flora des südöstlichen Schwarzwaldes. Donaueschingen 1852 4.
Kirschleger, Flore d'Alsace. Strasbourg 1852—58. 8.
Froelich, Die Alpenpflanzen der Schweiz. Teufen 1852—57. 4.
Meyer, Flora des (ehemaligen) Königreiches Hannover. Göttingen 1852—54. fol.
Schrader, Thüringer Flora. Erfurt 1852. 8.
Seubert, Excursionsflora für Baden. Stuttgart 1853. 8.
Karsch, Phanerogamenflora von Westphalen. Münster 1853. 8.
Kittel, Taschenbuch der Flora Deutschlands. Nürnberg 1853. 8.
Böckel, Oldenburgische cryptogamische Gefässpflanzen. Oldenburg 1853. 8.
Lacipière, Des émétiques végétaux indigènes. Strasbourg 1854. 8.
Cantieny, Zittaus wildwachsende Pflanzen. Zittau 1854. 4.
Sendtner, Vegetationsverhältnisse Südbayerns. München 1854. 8.
Meyer, Flora des Fichtelgebirges. Augsburg 1854. 8.
Leimer, Flora von Augsburg. Augsburg 1854. 8.
Thisquen, Flora von Münstereifel. Köln 1854. 4.
Schatz, Flora von Halberstadt. Halberstadt 1854. 8.
Ascherson, Florae Marchicae comparatio. Halis 1855. 8.
Sachse, Pflanzengeographie des Erzgebirges. Dresden 1855. 8.
Langmann, Flora von Nord- und Mitteldeutschland. Neustrelitz 1856. 8.
Friche-Joset, Flore du Jura septentrional et du Sundgau. Mulhouse 1856. 8.
Gerhardt, Flora von Prenzlau. Prenzlau 1856. 4.
Baumgardt, Flora der Mittelmark. Berlin 1856. 8.
Borchmann, Holsteinische Flora. Kiel 1856. 12
Korschel, Flora von Burg. Burg 1856. 8.
Griewank, Zur Flora Meklenburgs. Rostock 1856. 8.
Doell, Flora des Grossherzogthums Baden. Carlsruhe 1856—62. 8.
Karsch, Flora der Provinz Westphalen. Münster 1856. 8.
Engstfeld, Flora des Sieger Landes. Siegen 1856. 4.
Montandon, Flore du Jura et Sundgau. Mulhouse 1856. 8.
Kehrer, Flora der Heilbronner Stadtmarkung. Heilbronn 1856—66. 4.
Koch, Synopsis Florae Germaniae. Ed. III. Leipzig 1857. 8.

Wirtgen, Rheinische Reiseflora. Coblenz 1857. 12.
Schmidt, Flora von Heidelberg. Heidelberg 1857. 16.
Schmidt, Flora von Gera. Gera 1857. 8.
Klöbisch, Deutsche Waldbäume. Leipzig 1857. 8.
Engesser, Flora des Schwarzwaldes. Ed. II. Donaueschingen 1857. 8.
Hofmann, Flora von Freysing. Freysing 1857. 8.
Wirtgen, Flora der Rheinprovinz. Bonn 1857. 8.
Wimmer, Flora von Schlesien. 3. Bearbeitung. Berlin 1857. 8.
Helmrich, Prodromus Florae Svidniciensis. Berolini 1857. 8.
Schramm, Flora von Brandenburg Brandenburg 1857—61. 8.
Sanio, Florula Lyceensis. Halae 1858. 8.
Schuez, Flora des nördlichen Schwarzwaldes. Calw 1858. 8.
Auerswald, Botanische Unterhaltungen. Leipzig 1858. 8.
Hartinger, Deutschlands Forstkulturpflanzen. Ollmütz 1858. fol.
Hartinger, Die essbaren und giftigen Pilze. Wien 1858. fol.
Fiscali, Deutschlands Forstculturpflanzen. Ollmütz 1858. 8.
Grosse, Deutschlands Kulturpflanzen. Leipzig 1858. 8.
Wessel, A, Flora Ostfrieslands. Aurich 1858. 8.
Schnizlein, Analysen. Erlangen 1858. 4.
Langethal, Gewächse Deutschlands für Landwirthschaft. Jena 1858. 8. — Ed. II. 1868. 8.
Ratzeburg, Standortsgewächse und Unkräuter. Berlin 1859. 8.
Willkomm, Deutschlands Laubhölzer im Winter. Leipzig 1859. 4.
Koppe, Bei Soest wachsende Pflanzen. Soest 1859. 4.
Eggemann, Aus der osnabrückischen Flora. Osnabrück 1859. 4.
Wigand, Flora von Kurhessen. Marburg 1859. 8.
Auerswald, Rationelles Botanisiren. Leipzig 1860. 8.
Dochnahl, Die Holzpflanzen Deutschlands nach Blättern und Zweigen. Nürnberg 1860. 8.
Sendtner, Vegetationsverhältnisse des bayrischen Waldes. München 1860. 8.
Wilde, Die Pflanzen und Raupen Deutschlands. Berlin 1860—61 8.
Huber und *Rehm*, Flora von Memmingen. Augsburg 1860. 8.
Loehr, Flora von Köln. Köln 1860. 8.
Boll, Flora von Meklenburg. Neubrandenburg 1860. 8.
Heyer, Phanerogamenflora von Oberhessen. Giessen 1860—62. 8.
Roemer, F, Das nordwestliche Harzgebirge. Cassel 1860. 4.
Fischer, J. K., Gefässpflanzen Neu-Vorpommerns und Rügens. Stralsund 1861. 4.
Grosse, Flora von Aschersleben. Aschersleben 1861. 8.
Hallier, Die Vegetation auf Helgoland. Hamburg 1861 8.
Wacker, H., Phanerogamenflora von Culm. Culm 1861 4.
Baenitz, Flora der östlichen Niederlausitz. Görlitz 1861—68. 8.
Schiller, Zum Thier- und Kräuterbuche des meklenburgischen Volkes. Schwerin 1861—64. 4.
von Holle, Flora von Hannover. Hannover 1862—67. 8.
Meins, Flora von Glückstadt. Glückstadt 1862. 4.
Seemann, Hannoversche Sitten in Beziehung zur Pflanzenwelt. Leipzig 1862. 8.
Schweinfurth, Vegetationsskizze von Straussberg und des Blumenthals von Berlin. 1862. 8.
Scharenberg, Handbuch für Sudeten-Reisende. Breslau 1862. 8.
Willkomm, Führer ins Reich der deutschen Pflanzen. Leipzig 1863. 8.
Auerswald, Botanische Unterhaltungen. Leipzig 1863. 8.
Kuphaldt, Flora von Plön. Plön 1863. 8.
Richter, Augsburger Blütenkalender. Augsburg 1863. 8.
Seubert, Excursionsflora für Baden. Stuttgart 1863. 8.
Lienau, Pflanzen des Fürstenthums Lübeck. Eutin 1863. 8.
Schildknecht, Flora von Freiburg. Freiburg 1863. 8.
Schultz, Phytostatik der Pfalz. Weissenburg 1863. 8.

Hallier, Die Vegetation auf Helgoland. Hamburg 1863. 8.
Ascherson, Flora der Provinz Brandenburg. Berlin 1864. 8.
Sadebeck, Flora montium intra Wistritiam et Nissam. Vratislaviae 1864. 8.
Jahn, C. L., Die Holzgewächse des Friedrichshains. Berlin 1864. 8.
Artus, Atlas aller offizinellen Gewächse Deutschlands. Leipzig 1864—67. 4.
Koch, Taschenbuch der deutschen und schweizer Flora. 6. Auflage. Leipzig 1865. 8.
Grosse, Flora von Nord- und Mitteldeutschland. Aschersleben 1865. 8.
Laban, Flora von Hamburg und Altona. Hamburg 1865. 8.
Senft, Vegetationsverhältnisse Eisenachs. Eisenach 1865. 8.
Schwabe, Flora von Anhalt. Dessau 1865. 8.
Singer, Flora Ratisbonensis. Regensburg 1865. 8
Koppe, Pflanzen um Soest. Ed. II. Soest 1865. 8.
Wirtgen, Vegetation der Eifel. Bonn 1865. 8.
Laban, Flora von Hamburg und Altona. Hamburg 1865. 8.
Waldschmidt, Studien zur Waldeckischen Flora. Corbach 1865. 4.
v. Martens, Flora von Würtemberg. Tübingen 1865. 8.
Klatt, Flora von Lauenburg. Hamburg 1865. 8.
Klatt, Norddeutsche Anlagenflora. Hamburg 1865. 8.
Besnard, Bayerns Flora. München 1866. 8.
Schultz, K. H, Verbreitung der Cassiniaceen des Pollichiagebiets und zum Systeme der Cichoriaceen. Dürkheim 1866. 8.
Dreier, Flora Bremensis. Bremen 1866. 8.
Daiber, Flora von Würtemberg. Tübingen 1866. 8.
Hildebrand, Flora von Bonn. Bonn 1866. 8.
Lantzius-Béninga, Die deutschen Pflanzenfamilien und Geschlechter. Göttingen 1866. 8.
Kuntze, Taschenflora von Leipzig. Leipzig 1867. 8.
Reinsch, Alpenflora von Franken. Nürnberg 1867. 8.
Erfurth, Flora von Weimar. Weimar 1867. 8.
Goeppert, Urwälder Schlesiens und Böhmens. Dresden 1868. 4.
Lackowitz, Flora von Berlin. Berlin 1868. 8.
Seubert, Excursionsflora für Südwestdeutschland. Ravensburg 1868. 16.
Grimme, Flora von Paderborn. Paderborn 1868. 8.
Excursions-Taschenbuch von Göttingen. Göttingen 1868. 8.
Langethal, Kalender der heimischen Pflanzen und Verzeichniss der merkwürdigsten Bäume der Erde. Jena 1868. 8
Hinüber, Im Sollinge wachsende Gefässpflanzen. Göttingen 1868. 8.
Klatt, Cryptogamenflora von Hamburg. Hamburg 1868. 8.
Frank, A., Pflanzentabellen Nord- und Mittel-Deutschlands. Leipzig 1869. 8.
Hinterwaldner, Nachtrag zur Flora Karlstadts. Karlstadt 1869. 4.
Marsson, Flora von Neuvorpommern, Rügen und Usedom. Leipzig 1869. 8.
Wünsche, Excursionsflora für Sachsen. Leipzig 1869. 8.
Juengst, Flora Westphalens. 3. Auflage. Bielefeld 1869. 8.
Wessel, Flora Ostfrieslands. Ed. II. Leer 1869. 8.
Hagena, Flora von Oldenburg. Bremen 1869. 8.
Boll, Flora von Bremgarten. Aarau 1869. 8.
Teichert, Flora von Freienwalde. Freienwalde 1870. 8.
Fuckel, Nassau's Flora. Wiesbaden 1870. 8.
Wirtgen, Flora der preussischen Rheinlande. Bonn 1870. 8.
Hoffmann, Prodromus Florae Eystettensis. Eichstätt 1870. 8.
Zornow, Flora von Gumbinnen. Gumbinnen 1870. 4.
Caspary, Die Nuphar der Vogesen und des Schwarzwaldes. Halle 1870. 4.
Garcke, Flora von Nord- und Mitteldeutschland. 10. Aufl. Berlin 1871. 8.

Langmann, J., Flora Meklenburg's. Schwerin 1871. 8.
Wagner, Illustrirte Flora. Stuttgart 1871. 8.
Wünsche, O., Schulflora von Deutschland. Leipzig 1871. 8.
Wagner, H., Illustrirte deutsche Flora Stuttgart 1871. 8.
Neger, Excursionsflora Deutschlands. Nürnberg 1871. 8.
Kiessler, R., Flora von Stendal Stendal 1871. 8.
Fricken, Excursionsflora Westphalens. Arnsberg 1871. 8.
Noeldeke, Flora Cellensis. Celle 1871. 8.
Willkomm, M., Forstliche Flora von Deutschland und Oesterreich. Leipzig 1872. 8.

Cap. 32. Flora Helvetica.

Aretius, Stockhornii et Nessi stirpium descriptio. (*Cordi* Opera. Argentorati 1561. fol. foll. 232—35.)
Fabricius, Galandae montis stirpium enumeratio. (*Cordi* Opera, fol 235.)
Simler, Vallesiae descriptio. Tiguri 1574. 8.
Bauhin, Catalogus plantarum circa Basileam. Basileae 1622. 8.
Wagner, Historia naturalis Helvetiae. Tiguri 1680. 12.
Scheuchzer, Ουρεσιφοιτης helveticus, sive itinera per Helvetiae alpinas regiones facta annis 1702—11. Lugd. Bat. 1723. 4.
Scheuchzer, Agrostographiae Helveticae prodromus. Tiguri 1708. fol. — *Haller*, Appendices. Tiguri 1775. 4.
Muralt, Botanologia, sive Helvetiae Paradisus. Tiguri 1710. 8.
Haller, Iter helveticum anni 1739. Goettingae 1740. 4.
Haller, Enumeratio methodica stirpium Helvetiae. Goettingae 1742. fol.
Haller, Emendationes et auctuaria ad stirpium helveticarum historiam (Bernae) 1759. 4.
Haller, Enumeratio stirpium quae in Helvetia rariores proveniunt. s l. 1760. 8.
Cappeller, Pilati montis historia. Basileae 1767. 4.
Haller, Historia stirpium indigenarum Helvetiae inchoata Bernae 1768. fol.
Scheuchzer, Plantae rarae in alpibus rhaeticis anno 1709 repertae. (*Scheuchzer*, Astrographia. Tiguri 1775. 4. p. 68—92.)
Saussure, Voyages dans les Alpes. Neufchatel 1779—96. 4.
Reynier, Mémoires à l'histoire physique et naturelle de la Suisse. Lausanne 1788. 8.
Blüthenkalender .. für die Schweiz. (*Roemer*, Mag. XI, 1790. p. 41.)
Reynier, Liste des plantes decouvertes en Suisse depuis *Haller*. (Mém. pour l'Hist. nat. de la Suisse. I, 212—26)
Haller, Icones plantarum Helvetiae ex ipsius Historia stirpium helveticarum. Bernae 1795. fol.
Schleicher, Catalogus plantarum Helvetiae. Bex (1800). 8. — ib. 1807. 8. — ib. 1815. 8. — Ed. IV: Camberii 1821. 8.
Suter, Flora Helvetica. Turici 1802. 12. — Ed. II. ib. 1822. 8.
Gaudin, Etrennes de Flore. (Carices.) Lausanne 1804. 16.
Murith, Botaniste dans le Valais. Lausanne 1810. 4.
Clairville, Manuel d'herborisation en Suisse et en Valais. Winterthur 1811. 8.
Gaudin, Agrostologia Helvetica. Paris 1811. 8.
Villars, Lauth et *Nestler*, Précis d'un voyage botanique fait en Suisse. Paris 1812. 8.
Wahlenberg, De vegetatione et climate in Helvetia septentrionale. Turici 1813. 8.
Seringe, Essai d'une monographie des Saules de la Suisse. Berne 1815. 8.
Venetz, Catalogus plantarum Valesiae. Seduni 1817. 8.
Dematra, Monographie des rosiers du canton de Fribourg. Fribourg 1818. 8.
Seringe, Monographie des Céréales de la Suisse. (Mélanges I. 2.) Berne 1819. 8. — *Candolle*, Monographie et Herbarium des Céréales par *Seringe*. s. l. et a. 8.
Braune, Salzburg und Berchtesgaden. Wien 1821. 8.
Candolle, Projet d'une Flore physico-géographique de la vallée du Léman. Genève 1821. 8.
Hagenbach, Tentamen Florae Basileensis. Basileae 1821—34. Supplem. 1843. 8.
Meyer, Chorographische Kenntniss des Flussgebiets der Innerste. Goettingen 1822. 8.
Schuebler, De distributione geographica plantarum Helvetiae. Tubingae 1823. 8.
Welden, Der Monte Rosa. Wien 1824. 8.
Krauer, Prodromus Florae Luzernensis. Luzern 1824. 12.
Hegetschweiler, Reisen in den Gebirgsstock zwischen Glarus und Graubünden. Zürich 1825. 8.
Hegetschweiler und *Labram*, Sammlung von Schweizerpflanzen. Basel 1826—34. 8.
Zollikofer, Alpenflora der Scnweiz. St. Gallen 1828. fol.
Gaudin, Flora Helvetica. Turici 1828—33. 8.
Tenore, Viaggio per .. Svizzera. Napoli 1828. 8.
Schläpfer, Beschreibung des Cantons Appenzell. Trogen 1829. 8.
(*Chavannies*) Introduction à la Flore Helvétique de *Gaudin*. Lausanne 1831. 8.
Hegetschweiler, Beiträge zur kritischen Aufzählung der Schweizerpflanzen Zürich 1831 8.
Moritzi, Die Pflanzen der Schweiz. Chur 1832. 8.
Reuter, Catalogue des plantes vasculaires de Genève. Genève 1832. 8. — Suppl. 1841. 8.
Agassiz, Tableau des familles nat. et genres en Suisse. Neuchatel 1833. 12.
Gaudin, Topographia botanica Helvetica. Turici 1833. 8.
Secretau, Mycographie Suisse. Genève 1833. 8.
Heer, Beiträge zur Pflanzengeographie. Vegetationsverhältnisse des Canton Glarus. Zürich 1835. 8.
Gaudin, Synopsis Florae Helveticae. Turici 1836. 8.
(*Blanchet*) Catalogue des plantes dans le canton de Vaud. Vevey 1836. 8.
Wegelin, Enumeratio stirpium Florae Helveticae. Turici 1838. 8.
(*Thurmann*) Plantes des environs de Porrentruy. Porrentruy 1838. 4.
Koelliker, Verzeichniss der Gewächse des Kantons Zürich. Zürich 1839. 8.
Moritzi, Die Pflanzen Graubündens. Neuchâtel 1839. 4.
Hegetschweiler, Flora der Schweiz, herausgegeben von *Heer*. Zürich 1840. gr. 12.
Naegeli, Die Cirsien der Schweiz. (Neuchatel 1841.) 4.
Rapin, Le guide du botaniste dans le canton de Vaud. Lausanne 1842. 8.
Brown, Catalogue des plantes aux environs de Thoune et dans l'Oberland bernois. Thoune 1843. 8
Moritzi, Die Flora der Schweiz. Zürich 1844. 8.
Lesquereux, Catalogue des mousses de la Suisse. (Neuchâtel 1845) 4.
Heer, Der Kanton Glarus. S. Gallen und Bern 1846. 8. (Pflanzenwelt: p 121—58.)
Wartmann, St. Gallische Flora. St. Gallen 1847. 8.
Laffon, Flora von Schaffhausen. Schaffhausen 1848. 8.
Fischer, Pflanzen des Berner Oberlandes. Bern 1852. 8.
Godet, Flore du Jura. Neuchâtel 1853. 8. — Suppl. 1869.
Godet, Plantes veneneuses de Neuchâtel. 18... 8.

Payot, Guide au Jardin de la Mer de Glace. Genève 1854. 12.
Fischer, L., Flora von Bern. Bern 1855. 8. — 1863. 8. — 1871.
Balfour and *Babington*, Botanical excursion to Switzerland. Edinburgh 1859. 8.
Brügger, Flora des Poschiavinothales. Leipzig 1859. 8.
Steiger, Flora von Luzern. Luzern 1860 8.
Reuter, Flore de Genève. Ed. II Genève 1861. 8.
Fischer, L., Pflanzen des Berner Oberlandes von Thun. Bern 1862. 8.
Angreville, La Flore Vallaisanne. Genève 1863. 8
Bruhin, Flora Einsiedlensis. Einsiedeln 1864. 8.
Schobinger-Pfister, Flora von Luzern. Luzern 1866. 12
Christ, H., Verbreitung der Pflanzen der Alpenkette. Zürich 1867. 4.
Tauconnet, Herborisation à Salève Genève 1867—69. 8.
Gremli, Excursionsflora. Aarau 1867—70. 8.
Christ, H, Die Pflanzendecke des Juragebirges. Basel 1868. 8.
Boll, J., Phanerogamen und Cryptogamen von Bremgarten. Aarau 1869. 8
Ducommun, Taschenbuch. Solothurn 1869. 8.

Cap. 33. Flora Austriaca.

Falimiecz, Herbarium Polonicum. Krakow 1534. fol.
Lovicz, Enchiridion medicinae. Cracoviae 1537. fol
Spiczynski, Oziolach etc. (De herbis indigenis etc.) Cracov. 1556. fol.
Schneeberger, Catalogus stirpium quarundam. Cracoviae 1557. 8.
Siennik, Herbarz. Krakovie 1568. fol.
Clusius, Rariorum aliquot stirpium per Pannoniam, Austriam et vicinas provincias observatarum historia (Adhaeret *Bejthe*, Stirpium nomenclator pannonicus.) Antverpiae 1583—84. 8.
Oczko, Descriptio herbarum medicarum. Cracov. 1584. 4.
Zaluzunski, Methodi herbariae libri tres. Pragae 1592. 4.
Urzędow, Herbarz Polski. Krakowie 1595. fol.
Bejthe, Füves könyv füveknek. (Herbarium Pannonicum.) Németh-Ujvárot 1595. 4.
Syreniusz Syrenski, Herbarzem który z języka etc. Cracov. 1613. fol.
Tita, Catalogus horti *Mauroceni*. (Iter per alpes tridentinas) Patavii 1713. 8.
Marsigli, Danubius Pannonico-mysicus. Hagae Comitum 1726. fol.
Roschmann, Regnum animale, vegetabile et medicum Tyrolense. Oeniponti 1738. 4.
Loew, Epistola de Flora Pannonica conscribenda. Sempronii 1739. 4.
Kramer, Elenchus vegetabilium per Austriam inferiorem observatorum. Viennae 1756. 8.
Scopoli, Flora Carniolica. Viennae 1760. 8. — Ed. II: ib. 1772. 8
Jacquin, Enumeratio stirpium in agro Vindobonensi. Vindobonae 1762. 8.
Crantz, Stirpes Austriacae. Viennae 1762—67. 8. — Ed. II: ib. 1769. 4.
Scopoli, Fungi quidam rariores in Hungaria detecti. (— Annus hist. nat IV. Lipsiae 1770. 8. p. 144—150.)
Scopoli, Plantae subterraneae. (— Dissertationes. Pragae 1772. 8. p. 84—120, tab. 1—46.)
Jacquin, Florae Austriacae icones. Viennae 1773—78. fol.
(*Horvatovszky*) Florae Tyrnaviensis. Pars I. Tyrnavii 1774. 8.
Fellner, Prodromus ad historiam Fungorum agri Vindobonensis. Viennae 1775. 8.
Balog, Plantae Transsilvaniae. Lugd. Bat. 1779. 4.

Sebeők de Szent-Miklós, De Tartaria Hungarica Viennae 1779 8.
Maerter, Verzeichniss der östreichischen Gewächse. Wien 1780. 8.
Hacquet, Plantae alpinae Carniolicae. Viennae 1782. 4.
Krapf, Beschreibung der um Wien wachsenden Schwämme. Wien 1782. 4.
Hacquet, Mineralogisch-botanische Lustreise vom Terglou in Krain zum Glockner in Tirol. Wien 1783. 8.
Piller et *Mitterpacher*, Iter per Poseganam Slavoniae provinciam. Budae 1783. 4.
Schrank und *Moll*, Naturhistorische Briefe über Oestreich, Salzburg, Passau und Berchtesgaden. Salzburg 1785 8
Hacquet, Reise aus den Dinarischen durch die Julischen, Carnischen, Rhätischen, Norischen Alpen Leipzig 1785. 8.
Arnold, Reise nach Mariazell. Wien 1785. 4.
Scopoli, Deliciae Florae et Faunae insubricae. Ticini 1786—88. fol.
Haenke, Blumenkalender für Böhmen. (Abhandl. der böhm Gesellschaft. 1787, p. 94—135.)
Jirasek, Blüthenkalender. (ib. 1787. p. 322—36.)
Schmidt, Blüthenkalender (ib 1788 p. 48—80.)
Haenke, Observationes botanicae. (*Jacquin*, Collectanea II, 1—96. 1788.)
Hacquet, Neueste physikalisch-politische Reisen durch die dacischen und sarmatischen oder nördlichen Karpathen. Nürnberg 1790 —96. 8.
Hacquet, Reise durch die norischen Alpen. Nürnberg 1791. 8.
Lumnitzer, Flora Posoniensis. Lipsiae 1791 8.
Schrank, Primitiae Florae Saliburgensis. Francofurti a/M. 1792. 8.
Reiner und *Hohenwarth*, Botanische Reisen nach einigen oberkärntnerischen Alpen. Klagenfurt 1792—1812. 8.
Grossinger, Historia physica Hungariae. Posonii 1792—99. 8
Földi, Rövid kritika es rajzolat á Magyar füvésztudomanyról. Bélsben 1793. 8.
Schrank, Reise nach den südlichen Gebirgen von Baiern München 1793 8.
Schmidt, Flora Boëmica inchoata. Pragae 1793—94. fol.
(*Schultes*) Oesterreichs Flora. Wien 1794. 8. — Ed. II: ib. 1814. 8.
Host, Synopsis plantarum Austriae. Vindobonae 1797. 8.
Johann, Erzherzog von Oestreich, Icones plantarum austriacarum ineditae. (In museo Vindobonensi.) fol.
Braune, Salzburgische Flora. Salzburg 1797. 8.
Townson, Travels in Hungary. London 1797. 4.
Genersich, Florae Scepusiensis elenchus. Leutschoviae 1798. 8.
Host, Icones et descriptiones Graminum Austriacorum. Vindobonae 1801—9. fol.
Genersich, Catalogus plantarum rariorum Scepusi Hungariae. Leutschoviae 1801. 4.
Schultes, Ausflüge nach dem Schneeberge. Wien 1802. 12. — Ed. II: ib. 1807. 8.
Waldstein et *Kitaibel*, Descriptiones et icones plantarum rariorum Hungariae. Viennae 1802—12. fol.
(*Suffren*) Catalogue des plantes du Frioul et de la Carnia. (— Principes de botanique. Venise 1802. 8.)
Trattinick, Fungi Austriaci. Wien 1804—6. 4. — ib. 1830. 4.
Seenus, Beschreibung einer (botanischen) Reise nach Istrien und Dalmatien. Nürnberg 1805. 8.
Schoepfer, Flora Oenipontana. Innsbruck 1805. 8.
Sternberg, Reise durch Tirol nach Oberitalien. Regensburg 1806. fol. min.
Sternberg, Botanische Wanderung in den Böhmer Wald. Nürnberg 1806. 8.
Sternberg, Reise in den rhätischen Alpen. Nürnberg 1806. 8.
Dioszegi (Flora Ungarns, ungarisch.). 1807. 8

Sartori, Specimen nomenclatoris plantarum Styriae. Viennae 1808. 8.
Schultes, Reisen durch Oberöstreich. Tübingen 1809. 8.
Besser, Primitiae Florae Galiciae Viennae 1809. 12.
Pohl, Tentamen Florae Bohemiae. Prag 1810—15. 8.
Dioszegi (Medizinische Botanik). Debrecin 1813. 8.
Wahlenberg, Flora Carpatorum principalium Goettingae 1814. 8.
Baumgarten, Enumeratio stirpium Transsilvaniae. Vindobonae 1816. 8.
Trattinick, Flora des österreichischen Kaiserthums. Wien 1816 —22. 4.
Sadler, Verzeichniss der um Pesth und Ofen wildwachsenden Gewächse. Pesth 1818. 8.
Hoppe et Hornschuch, Tagebuch einer Reise nach den Küsten des adriatischen Meeres. Regensburg 1818. 8.
Presl, Flora Cechica. Pragae 1819. 8.
Rochel, Pflanzenumrisse aus dem südöstlichen Karpath des Bannats. Wien 1820. fol.
Sadler, Descriptio plantarum epiphyllospermarum Hungariae et Transsylvaniae. Pestini 1820. 8.
Schultes, Reise auf den Glockner Wien 1821. 8.
Braune, Salzburg und Berchtesgaden Wien 1821. 8.
Rochel, Naturhistorische Miscellen über den nordwestlichen Karpath in Oberungarn. Pesth 1821. 8.
Gebhard, Verzeichniss der von 1804—19 in Steyermark gesammelten Pflanzen. Grätz 1821 12.
Lang, Enumeratio plantarum in Hungaria lectarum. Pestini 1822. 8
Berchtold, O Přirozenosti Rostlinanele Rostlinar etc Praze 1823 —35 4.
Opiz, Böheims phanerogamische und kryptogamische Gewächse. Prag 1823. 8
Kosteletzky, Clavis analytica in Floram Bohemiae. Pragae 1824. 8.
Portenschlag-Ledermayer, Enumeratio plantarum in Dalmatia lectarum Wien 1824 8
Röper, Enumeratio Euphorbiarum Germaniae et Pannoniae. Goettingae 1824 4.
Sadler, Flora comitatus Pestinensis. Pestini 1825—26. 8. — ib 1840 8.
Bray, Voyage pittoresque dans le Tirol Ed. III. Paris 1825. fol.
Mann, Lichenum in Bohemia dispositio succinctaque descriptio. Pragae 1825 8.
Sternberg, Bruchstücke einer naturhistorischen Reise von Prag nach Istrien Regensburg 1826. 8.
Sauter, Geographisch-botanische Schilderung der Umgebungen Wiens. Wien 1826 8
Visiani, Stirpium Dalmaticarum specimen. Patavii 1826. 4
Partsch, Plantae insulae Meleda. (— Bericht etc. Wien 1826. 8. — p 19—22.)
Host, Flora Austriaca. Viennae 1827—31. 8
Heuffel, De distributione plantarum geographica per comitatum Pestinensem Pestini 1828. fol.
Rochel, Plantae Banatus rariores. Pestini 1828. fol.
Sternberg, Eigenthümlichkeiten der böhmischen Flora Regensburg 1829. 8.
Endlicher, Flora Posoniensis. Posonii 1830. 8.
Sadler, De Filicibus veris Hungariae, Transsylvaniae et Croatiae. Budae 1830. 8
Hoess, Monographie der Schwarzföhre (Pinus austriaca). Wien 1831 fol.
Zahlbruckner, Pflanzengeographische Verhältnisse Oesterreichs unter der Enns Wien 1831. 8
Herbich, Additamentum ad Floram Galiciae. Leopoli 1831. 8
Sadler, Synopsis Salicum Hungariae Pestini 1831. 8

Ruda, Phytotoxicologiae Cechicae tentamen. (Ranunculaceae venenatae.) Prag 1834 8.
Zawadski, Enumeratio plantarum Galiciae et Bucowinae. Breslau 1835 8.
Rohrer und *Mayer*, Vorarbeiten zu einer Flora von Mähren. Brünn 1835.
Presl, Flora von Carlsbad. (*Carro*, Essay on the mineral waters of Carlsbad. Prag 1835. 12.)
Zawadski, Flora der Stadt Lemberg. Lemberg 1836. 8.
Herbich, Selectus plantarum rariorum Galiciae et Bucovinae. Czernovicii 1836. 4.
Vernau, Rudimentum physiographiae Moldaviae. Budae 1836. 8
Nendtvich, Enumeratio plantarum in territorio Quinque-ecclesiensi (Fünfkirchen) Budae 1836. 8.
Berchtold, Oekonomische Flora Böhmens. Prag 1836—41. 8.
Welwitsch, Synopsis Nostochinearum Austriae inferioris. Wien 1836 8.
Graf, Vegetationsverhältnisse des Herzogthums Krain. Laybach 1837.
Czompo, De Euphorbiaceis Hungariae, Croatiae, Transsylvaniae, Dalmatiae et litoralis Hungarici. Pestini 1837. 8.
Feueregger De Valerianeis Hungariae, Croatiae etc. Pestini 1837. 8
Friedrich August von Sachsen, Flora von Marienbad. Prag 1837. 8.
Conrad, J., Flora der Herrschaft Tepl. Prag 1837. 8
Rochel, Botanische Reise in das Banat. Pesth 1838. 8.
Maly, Flora Styriaca. Grätz 1838. 12
Jakovcsich, Literatura de Fungis, synopsis specierum Hungaricarum Amanitae. Pestini 1838. 8.
Ortmann, Flora Carlsbadensis. (*Fleckles*, Karlsbad. Stuttgart 1838. 8.)
Mlady, Synopsis Amanitarum in agro Pragensi Pragae 1838. 8.
Opiz und *Berchtold*, Die Rubiaceen Böhmens. Prag 1838. 8
Polák, Plantae Com. Castriferrei Hungariae Ofen 1839. 8.
Tommasini, Der Berg Slavnik im Küstenlande Halle 1839. 8.
Majewski, O Grzybach Jadowitych Krajowych. Kraków 1839. 8.
Proell, Fungi Austriaci esculenti iisque similes virulenti. Viennae 1839. 8.
Stotter und *Heufler*, Geognostisch-botanische Bemerkungen (und Karte) durch Oelzthal und Schnals. Innsbruck 1840. 8.
Kreutzer, Blüthenkalender Wiens. Wien 1840. 12.
Biasoletto, Conspectus plantarum oeconomicarum Istriae (Pittoreskes Oestreich, no. 13.) Wien 1840. 4.
Kreutzer, Prodromus Florae Vindobonensis. Wien 1840. 8.
Kreutzer, Aufzählung der Pflanzen um Wien. Wien 1840. 12.
Garovaglio, Enumeratio Muscorum in Austria inferiore. Viennae 1840. 8.
Garovaglio, Bryologia Austriaca excursoria. Viennae 1840. 8.
Sailer, Die Flora Oberöstreichs. Linz 1841. 8.
Dembosz, Flora Cracoviensis medica. Cracoviae 1841. 8.
Biasoletto, Viaggio di S. M Federico Augusto re di Sassonia per l'Istria, Dalmacia e Montenegro. Trieste 1841. 8.
Hofmann, Ueber die tirolischen Arten von Verbascum. Innspruck 1841. 8.
Ebel, Zwölf Tage auf Montenegro. Königsberg 1842—44. 8.
Heufler, Die Ursachen des Pflanzenreichthums in Tirol. Innsbruck 1842. 8.
Patzelt, Thalamifloren der Umgebungen Wiens. Wien 1842. 8.
Dolliner, Enumeratio plantarum in Austria inferiori. Vindobonae 1842. 8.
Perktold, Die Umbilicarien von Tirol. Innsbruck 1842. 8.
Traunsteiner, Monographie der Weiden von Tirol. Innspruck 1842. 8.
Marquart, F, Beschreibung der in Mähren und Schlesien häufigsten essbaren Schwämme Brünn 1842. 8.

Kubinyi, Plantae venenosae Hungariae. Budae 1842. 8.
de Visiani, Flora Dalmatica. Lipsiae 1842—52. 4.
Machacka, Conspectus geognostico-botanicus circuli Boleslawiensis in Bohemia. Vindobonae 1843. 8.
Schlosser, Anleitung die Pflanzen Mährens zu bestimmen. Brünn 1843. 8.
Fleischmann, Uebersicht der Flora Krains. Laybach 1844. 8. — (Supplementum in: Flora 1846. p. 239—40.)
Sailer, Flora der Linzergegend. Linz 1844. 8.
Landoz, Pflanzen um Klausenburg Klausenburg 1844. 8.
Heufler, Die Golazberge in der Tschitscherei. Triest 1845. 4.
Biasoletto, Escursioni sullo Schneeberg nella Carniola. Trieste 1846. 8.
Neilreich, Flora von Wien. Wien 1846. gr. 8.
Sternheim, Uebersicht der Flora Siebenbürgens. Wien 1846. 8.
Aichinger, Führer um Wien. Wien 1847. 8.
Maly, Enumeratio plantarum Austriacarum. Wien 1848. 8.
Schiedermayr, Vegetationscharakter von Linz. Wien 1850. 4.
Sendtner, Verbreitung der Laubmoose durch das österreichische Küstenland. München 1850. 8.
Hausmann, Flora von Tirol. Innsbruck 1851—55. 8.
Ott, Katalog der Flora Böhmens. Prag 1851. 4.
Hinterhuber, Prodromus einer Flora von Salzburg. Salzburg 1851. 8.
Pokorny, Vegetationsverhältnisse von Iglau. Wien 1852. 8.
Schott, H W., Skizzen österreichischer Ranunkeln. Wien 1852. 8.
Zwanziger, Flora von Lungau. Lungau 1853. 8.
Edel, Die Vegetation in der Moldau. Wien 1853. 8.
Reuss, Kvetna Slovenska. Prag 1853. 8.
Herbich, Stirpes rariores Bucovinae. Stanislawow 1853. 8.
Josch, Flora von Kärnten. Klagenfurt 1853—54. 8
Watzel, Vegetationsbeobachtungen von Leippa. Leippa 1854. 8.
Fuss, Kenntniss der Phanerogamenflora Siebenbürgens. Hermannstadt 1854. 8.
Kornhuber, Die Umbelliferen von Pressburg Pressburg 1854. 4.
Wiesner, Flora von Brünn. Brünn 1854. 4.
Perini, Flora del Tirolo meridionale. Trento 1854—65. fol.
Ambrosi, Flora Tyroliae australis. Vol. 1. 2. Padova 1854—57. 8.
Facchini, Zur Flora Tirols. Innsbruck 1855. 8.
Pirona, Florae Forojuliensis Syllabus. Utini 1855. 8.
Tomascheck, Phänologische Beobachtungen von Cilli. Cilli 1855. 4.
Ettingshausen, Physiotypia plantarum Austriacarum. Wien 1856 fol. — et: Bericht über —. 1856. 8.
Varecka, Flora von Neusohl. Neusohl 1857. 4.
Schlosser, Syllabus Florae Croaticae. Zagrabiae 1857. 12.
Stur, Phanerogame Nutzpflanzen Oesterreichs. Wien 1857. 8.
Storch, Flora von Salzburg. Salzburg 1857. 8.
Stika, Pflanzen um Brüx. Brüx 1857—58. 4.
Schubert, Pflanzen um Oberschützen. Oberschützen 1858. 4.
Fronius, Flora von Schässburg. Kronstadt 1858. 8.
Heuffel, Enumeratio plantarum in Banatu Temesiensi. Viennae 1858. 8.
Wulfen, Flora Norica phanerogama. Wien 1858. 8.
Tomascheck, Zur Flora Lembergs. Wien 1858—62. 8
Thomann, Flora von Krems. Krems 1859. 4.

Berdau, Flora Cracoviensis. Cracoviae 1859. 8
Krejc, Pflanzengeographie aus Böhmen. Rakonitz 1859. 8.
Baehlechner, Die phanerogamen Pflanzen von Brixen. Brixen 1859. 8.
Herzog, Die Phanerogamenflora von Bistritz. Kronstadt 1859. 8.
Baehlechner, Flora von Brixen. Brixen 1859. 8.
Krejc, Pflanzengeographische Skizze aus Böhmen. Rakonitz 1859. 8.
Neilreich, Flora von Niederösterreich Wien 1859. 8.
Herbich, Flora der Bucowina. Leipzig 1859. 8.
Kornhuber, Flora von Pressburg. Pressburg 1859—60. 4.
Mik, Flora von Ollmütz. Ollmütz 1860. 8.
Makowsky, Sumpf- und Uferflora von Ollmütz. Ollmütz 1860. 8.
Hofstädter, Vegetationsverhältnisse von Kremsmünster. Kremsmünster 1862. 4.
Kitaibel, Reliquiae. Vindobonae 1862—63. 8.
Knauer, Flora von Suczkawa. Suczkawa 1863 4
Sauter, A., Vegetationsverhältnisse des Pinzgaus. Salzburg 1863 8.
Kerner, A., Das Pflanzenleben der Donauländer. Innspruck 1863. 8.
Kerner, A., Herbarium österreichischer Weiden. Innspruck 1863—69. fol.
Ettingshausen, Photographisches Album der Flora Oesterreichs Wien 1864 8
Pokorny, Plantae lignosae imperii Austriaci. Wien 1864. 4.
Kitaibel, Additamenta ad Floram Hungaricam. Halis 1864. 8.
Kreutzer, Flora Wiens. 2. Auflage. Wien 1864. 8.
Sapetza, Flora von Neutitschein Görlitz 1864 8.
Szontagh, Plantae territorii Soproniensis. Vindobonae 1864. 8.
Pancic, Flora agri Belgradensis. Belgradi 1865. 8
Bruhin, Die Gefässcryptogamen Vorarlbergs. Bregenz 1865 8.
Molendo, Moosstudien aus den Algäuer Alpen. Leipzig 1865 8
Fuss, Flora Transsilvaniae excursoria. Cibinii 1865. 8.
Knapp, Prodromus Florae Nitriensis. Vindobonae 1865. 8.
Schur, Enumeratio plantarum Transsilvaniae. Wien 1866. 8
Schultze, Pflanzen Slavoniens. Wien 1866. 8.
Neilreich, Gefässpflanzen Ungarns und Slavoniens. Wien 1866. 1867. 8.
Sauter, Flora des Herzogthums Salzburg. Salzburg 1866—71. 8.
Celakowsky, Prodromus der Flora von Böhmen. Prag 1867 8
Sapetza, Pflanzen Karlstadts Karlstadt 1867 4.
Weymayr, Gefässpflanzen um Gratz. Gratz 1867. 4.
Maly, Flora von Steiermark. Wien 1868. 8.
Ball, A guide to the eastern Alps. London 1868. 8.
Kräsan, Pflanzenphänologische Beobachtungen für Görz. Görz 1868. 8.
Neilreich, Vegetationsverhältnisse von Kroatien. Wien 1868 8.
Schlosser, Flora Croatica. Zagrabiae 1869. 8.
Haslinger, Flora von Brünn. Brünn 1869 8.
Bayer, Botanisches Excursionsbuch. Wien 1869. 8.
Bayer, Praterflora Wien 1869. 8.
Kerner, Abhängigkeit. Innsbruck 1869. 8.
Duftschmid, Flora von Oberösterreich. Linz 1870. 8.
Lorinser, Excursionsbuch. Wien 1870. 8.
Lorinser, Botanisches Excursionsbuch. Ed. III. Wien 1871. 8.
Knapp, Die Pflanzen Galiziens und der Bukowina Wien 1872 8.

FLORAE EUROPAEAE SECT. 3. BOREALIS.

Cap. 34. Flora Anglica.

Treveris, The greate herball London 1526. fol.
A boke of properties of herbes. London s. a. 8.
Asham, A littel herbal. London 1550. 12
Turner, W., A new Herball. Lond. et Collen 1551—62. fol — 1568.
Bulleyne, The booke of simples. London 1562. fol.
Maplet, A greene forest or a naturall historie. Lond. 1567. 8.

Cajus, De rariorum .. stirpium historia. Lond. 1570. 8.
Gerarde, The Herbal. London 1597. fol. — 1633.
Johnson, Itinera in agrum Cantianum. Londini 1629—32. 4. — *Johnson*, Mercurius botanicus. 1634—41. 4. — (Conjunctim: Opuscula omnia botanica. 1847. 4.)
How, Phytologia Britannica. Londini 1650. 8.
Culpipper, The English physician. Lond. 1658. 8. — 1792.
(*Ray*) Index plantarum agri Cantabrigiensis. Cantabrigiae 1660. 8
(*Ray*) Catalogus plantarum circa Cantabrigiam nascentium. Cantabrigiae 1660. 8. — Appendix: ib. 1663. 8. — ib. 1685. 8.
Turner, R., Botanologia. Lond 1664. 8.
Merrett, Pinax rerum naturalium Britannicarum. Londini 1667. 8.
Ray, Catalogus plantarum Angliae et insularum. Londini 1670. 8. — ib. 1677 8.
Sibbald, Scotia illustrata. (II, I: de plantis.) Edinburgi 1684. fol.
Sloane, Account of four sorts of strange Beans, frequently cast om shoar of the Orkney isles. (Philos. Transact. XIX. no. 222. p. 298—300.)
Plot, The natural history of Strafford-Shire. Oxford 1686. fol.
Ray, Fasciculus stirpium Britannicarum. Londini 1688. 8.
Ray, Synopsis methodica stirpium Britannicarum. Londini 1690. 8. — ib. 1696. 8. — ib. 1724. 8.
Wallace, Description of the isles of Orkney. Edinburgh 1693. 8.
Leigh, Natural history of Lancashire etc. Oxford 1700. fol.
Plot, The natural history of Oxfordshire. Oxford 1705. fol.
Petiver, Mr. John Ray his method of English plants. (Memoirs for the Curious 1708. p. 159—66, 191—96).
Lawson, A list of rare plants in Westmoreland and Cumberland (Robinson, Natural history. London 1709. 8 p. 89—95)
Morton, A natural history of Northamptonshire. London 1712. fol.
Petiver, Herbarii Britannici Raji Catalogus cum iconibus (London 1713) fol
Blair, A more exact description of several indigenous plants (— Miscellaneous observations London 1718. 8.)
Threlkeld, Synopsis stirpium Hibernicarum. Dublin 1727. 8.
Martyn, Methodus plantarum circa Cantabrigiam nascentium. Londini 1727. 8.
Martyn, Tournefort's history of plants, with the plants growing in Great-Britain London 1732 8.
Blackstone, Fasciculus plantarum circa Harefield nascentium. London 1737. 12.
Doering, A catalogue of plants about Nottingham. Nottingham 1738 8
Wilson, Synopsis of British plants. New Castle 1744. 8.
Blackstone, Plantarum rariorum Angliae loci natales Londini 1746 8.
Doering, Scarce plants etc. (— Historical account. Nottingham 1751. 4. p 89—90)
Linné, Flora Anglica. Upsaliae 1754. 4.
Hill, The British herbal London 1756. fol
Stillingfleet, Observations on grasses (— Miscellaneous tracts. London 1759 8. p. 202—18. — ib. 1762. 8. p. 363—90.)
Hill, Flora Britannica. Londini 1760. 8.
Ray, Itineraries. (— Select remains. London 1760. 8.)
Stillingfleet, The calendar of Flora. London 1761. 8.
Hudson, Flora Anglica. Londini 1762. 8. — ib. 1778. 8. — ib. 1798. 8.
Lyons, Fasciculus plantarum circa Cantabrigiam nascentium. Londini 1763. 8.
Martyn, Plantae Cantabrigienses. (List of rare plants. p. 44—114.) London 1763. 8.
Hill, Herbarium Britannicum. Londini 1769. 8.
Berkenhout, Outlines of the natural history of Great-Britain. London 1770 8.

Warner, Plantae Woodfordienses (Essex). London 1771. 8. — (Forster) Additions to Warner's Plantae Woodfordienses. s. l. 1784. 8.
Cullum, Florae Anglicae specimen. s. l. 1774. 8.
Curtis. Catalogue of plants in the environs of London. London 1774 8.
Waring, On some plants found in several parts of England. (Philosoph. Transact. LIX, p. 23—38.)
Jenkinson, Description of British plants. Kendal 1775. 8.
Rose, Plants discovered in Norfolk and Suffolk. (— Elements of botany. London 1775. 8.)
Bolton, Catalogue of plants growing in the parish of Halifax. (Watson, History etc. London 1775. 4. p. 729—64.)
Withering, Arrangement of all the vegetables naturally growing in Great-Britain. Birmingham 1776. 8. — Edinburgh 1835. 8.
Jacob, Plantae Favershamienses. London 1777. 8.
Lightfoot, Flora Scotica. London 1777. 8.
Robson, The British Flora York 1777. 8.
Curtis, Flora Londinensis. London 1777—87. fol.
Walcott, Flora Britannica indigena. Bath 1778. 8.
Willan, Confervae (Byssus lanuginosa) in aquis sulphureis Croft prope Darlington. (— Observations. London 1782. 8. p. 9—10.)
Broughton, Enchiridion botanicum. Londini 1782. 8.
Curtis, Catalogue of certain plants, in the environs of Settle in Yorkshire. 1782. 8.
Curtis, Catalogue of British plants, arranged according their periods of flowering. London 1783. 8.
Bute, Botanical tables. s. l. et a. 4.
(*Travis*) Catalogus plantarum circa Scarborough nascentium s l. et a. 4.
Teesdale, Plantae Eboracenses, or a catalogue of the more rare plantes, which grow wild in the neigbourhood of Castle Howard, in the North Riding of Yorkshire. (Transact. of the Linn. soc. II, 103—25)
Dickson, Fasciculi IV plantarum cryptogamarum Britanniae. London 1785. 4.
Bolton, Filices Britannicae. Leeds 1785—90. 4.
Relhan, Flora Cantabrigiensis. Cantabrigiae 1785 8. — Supplementum I—III: ib. 1786—93. 8.
Curtis, Enumeratio of the British grasses. London 1787. fol.
Bolton, History of fungusses about Halifax. Huddersfield 1788—91. 4.
White, Natural history of Selborne. London 1789. 4. — ib. 1836. 8.
Smith and Sowerby, English Botany London 1790—1814. 8. — Indices: 1814. — Suppl. 1831—65. 8. — Ed. II: 1863—69. 8.
Pulteney, Rare plants in Leicester. London 1790. fol.
Curtis, Practical observations on the British grasses. Ed. II: London 1790. 8. — Ed. IV: ib. 1805. 8.
Milne et Gordon, Indigenous botany. (Kent, Middlesex.) London 1793. 8.
Shiercliff, Catalogue of plants, which grow on St. Vincent's Rocks. (— Bristol and Hotwell guide. Bristol 1793. 8. p. 82—86)
Sibthorp, Flora Oxoniensis. Oxonii 1794. 8.
Wade, Catalogus plantarum comitatus Dublinensis. Dublini 1794. 8.
White, Calendarium Florae of Selborne. London 1795. 8.
Velley, Coloured figures of marine plants. Bathoniae 1795. fol.
(*Freeman*) Select specimens of British plants. London 1797—1809. fol
Sowerby, Coloured figures of english Fungi. London 1797—1815. fol.
Abbot, Flora Bedfordiensis. Bedford 1798. 8.
Symons, Synopsis plantarum insulis Britannicis indigenarum. Londini 1798. 8.
Sole, Menthae Britannicae Bath 1798. fol.
Hull, The British Flora. Manchester 1799. 8.

Pulteney, Catalogue of plants of Dorsetshire. London 1799. fol.
Garnett, Observations on a tour through the highlands of Scotland. London 1800. 4.
Smith, Flora Britannica. Londini 1800—4. 8.
Smith, Compendium Florae Britannicae. Londini 1800. 8. — Ed V: ib. 1828. 12.
Forster, List of the rare plants of Tonbridge Wells. London 1801. 12.
Stackhouse, Nereis Britannica. Bathoniae 1801. fol. — Ed. II: Oxonii 1816. 4.
Turner, Synopsis of the British Fuci. London 1802. 8.
Dillwyn, British Confervae. London (1802—14). 4.
Turner, Muscologiae Hibernicae spicilegium. Yermuthi 1804. 8.
Knapp, Gramina Britannica. London 1804. 4. — Ed. II: ib. 1840. 4.
Wade, Plantae rariores Hiberniae. Dublin 1804. 8.
Turner and *Dillwyn*, The botanists guide through England and Wales. London 1805. 8.
Winch, The botanists guide of Northumberland and Durham. New-Castle 1805. 8.
Galpine, A synoptical compend of British botany. London 1806. 12. — ib. 1820. 8.
Thompson, J. V., Plants of Berwick upon Tweed. London 1807. 8.
Ordoyno, Flora Nottinghamiensis. Newark 1807. 8.
White, Essay on the indigenous grasses of Ireland. Dublin 1808. 8.
Phelps, Botanical calendar. London 1810. 8.
Crosfield, Calendar of Flora. Warrington 1810. 8.
Thornton, The British Flora. London 1812. 8.
Davies, Welsh botanology. London 1813. 8.
Hopkirk, Flora Glottiana. Glasgow 1813. 8
Cockfield, Catalogue of searce plants of London. London 1813. 12.
Sinclair, Hortus gramineus Woburnensis. London 1816 fol. — ib. 1825. 8. — ib. 1838. 8.
Hooker, British Jungermanniae. London 1816. fol.
Forster, Flora Tonbrigensis London 1816. 8.
Purton, British plants of the Midland counties. Stratford-upon-Avon 1817. 8.
Smith, H., Flora Salisburiensis. Salisbury 1817. 8
Curtis, Flora Londinensis. London 1817—28. fol.
Hooker et Taylor, Muscologia Britannica. London 1818. 8. — Ed. II: ib 1827. 8.
Clifford, Thomas, Hugues, Flora Tixalliana. Paris 1818. 4.
Winch, Geographical distribution of plants through Northumberland, Cumberland and Durham. New-Castle 1819. 8. — ib. 1825. 8.
Perry, Plantae Varvicenses selectae. Warwich 1820 8.
Galpine, British Botany. Ed II. London 1820. 8.
Jones, J. P, Botanical tour through Devon and Cornwall. Exeter 1820. 12.
Gray, J, A natural arrangement of British plants. London 1821. 8.
Hooker, Flora Scotica. London 1821. 8.
Graves, A monograph of the British grasses. London 1822. gr. 8.
Greville, Scotish cryptogamic Flora. Edinburgh 1823—29. 8.
Greville, Flora Edinensis. Edinburgh 1824. 8.
Woodforde, Catalogue of plants of Edinburgh. Edinburgh 1824. 12.
Smith, The English Flora. London 1824—36. 8.
Mackay, A Catalogue of the plants found in Ireland. Dublin 1825. 4.
Johns, W., Practical botany of British plants. London 1826. 8.
Hooker et Taylor, Muscologia Britannica. Ed. II: London 1827. 8.
Tenore, Viaggio per .. Inghilterra. Napoli 1828. 8.
Henslow, A catalogue of British plants. Cambridge 1829. 8.
Jones et Kingston, Flora Devoniensis. London 1829. 8.
Johnston, A Flora of Berwick-upon-Tweed. Edinburgh 1829—31. 8.
Smith, Catalogue of rare plants in South-Kent. London 1829. 8.

Smith, Compendium of the English Flora. London 1829. gr. 12. — Ed. II. by *Hooker*. 1836. 8.
Lindley, Synopsis of the British Flora. London 1829. — 1841. 12.
Philippar, Voyage agronomique en Angleterre. Paris 1830. 8.
Greville, Algae Britannicae. Edinburgh 1830. 8.
Hooker, The British Flora. Vol. 1: Phanerogamia. London 1830 — Ed. V: 1842. — Vol. II: Cryptogamia. 1833—36. 8.
Patrick, Indigenous plants of Lanarkshire. Edinburgh 1831. 12.
Sweet and *Weddell*, British botany. London 1831. 8.
Weddell, British botany. London 1831. 4.
Winch, Flora of Northumberland and Durham. Newcastle 1831. 4.
Watson, Geographical distribution of British plants. Edinburgh (1832). Remarks on etc. 1835 8.
Berkeley, Gleanings of British Algae. London 1833. 8.
Winch, Contributions to the Flora of Cumberland. Newcastle 1833. 4.
Walker, Flora of Oxfordshire. Oxford 1833. 8.
Anderson, Guide to the Highlands and Islands of Scotland. London 1834. 8.
Babington, Flora Bathoniensis. London 1834. 12. — Supplement: ib. 1839. 8.
Hastings, Illustrations of the natural history of Worcestershire. London 1834. 8.
Baxter, British phaenogamous botany. Oxford 1834—43. 8.
Cooper, T. H., The Botany of Sussex. Sussex 1834. 8.
Francis, A catalogue of British flowering plants and ferns. London 1835. fol. — ib. 1840. fol.
Bohler, Lichenes Britannici. Sheffield 1835—37. 8.
Watson, The new botanist's guide. London 1835—37. 8
Mackay, Flora Hibernica. Dublin 1836. 8.
Murray, The northern (Scotland) Flora. Edinburgh 1836. 8.
Rhind, Excursions. (Flora Edinensis.) Edinburgh 1836. 12
Johnson, Ch, British poisonous plants London 1836. 8.
Berkeley, Fungi. (*Smith*, English Flora, vol. V. part. II.) London 1836. 8.
Berkeley, British Fungi. Fasc. I—IV. London 1836—43 4.
Gardner, Musci Britannici arranged according to Hooker's British Flora. Glasgow 1836. 8.
Francis, Analysis of the British ferns. London 1837. 8 — ib. 1843. 8.
Cooper, Flora Metropolitana. London 1837. 12
Dickie, Flora Abredonensis. Aberdeen 1838. 8.
Irvine, London Flora. London 1838. gr. 12.
Luxford, Flora of the neighbourhood of Reigate, Surrey London 1838. gr. 12.
Hall, A Flora of Liverpool. London (1839). 12
Babington, Primitiae Florae Sarnicae. London 1839 8
Cowell, Floral guide for East Kent. Faversham 1839. 8.
Hall, Flora of Liverpool. London (1839). 12.
Ralfs, The British phaenogamous plants and ferns. London 1839. 8.
Salter, Botany of Poole. Poole 1839. 8.
Gordon, Flora of Maray. London 1839. 8.
Howitt, The Nottinghamshire Flora. London 1839. 8.
Francis, The little English Flora. London 1839. 8.
Bellamy, Natural history of South Devon. London 1840. 8.
Newman, Notes on Irish natural history, especially ferns. London 1840. 8.
Newman, A history of British ferns. London 1840. 8. — ib. 1844. 8.
Babington, Monograph of the British Atripliceae. Edinburgh 1840. 8.
Jackson, The pictorial Flora. London 1840. 8.
Newman, Notes on Irish natural history. London 1840 8.
Baines, Flora of Yorkshire. London 1840 8.

Leighton, Flora of Shropshire. London 1841. 8.
Gulliver, Catalogue of plants of Banbury. London 1841. 12.
Beesley, Botany of Banbury. 1841. 8.
Balfour, Babington and *Campbell*, Catalogue of British plants. Edinburgh 1841. 8.
Balfour and *Babington*, Vegetation of the outer Hebrides. Edinburgh 1841. 8.
Leighton, A Flora of Shropshire. London 1841. 8.
Sowerby, The illustrated catalogue of British plants. London 1841. 12.
Deakin, Florigraphia Britannica. London 1841-45. 8.
Harvey, A manual of the British Algae. London 1841. 8.
Bloxam and *Babington*, Botany of the Charnwood Forest. In Potter, The history etc. London 1842. 4.
(*Coxhead*) Catalogue of plants of Great-Britain. London 1842. gr. 8.
Hammond, Plants in Broughton Hall. Manchester 1842. 8.
Watson, The geographical distribution of British plants. Ed. III. London 1843. 8.
Babington, Manual of British botany. London 1843. 8.
Lees, The botany of the Malvern Hills etc. London (1843). 8.
Garner, Natural history of the county of Stafford. London 1844. 8.
Buckmann, Botanical guide of Cheltenham. Cheltenham 1844. 8.
Edmonston, Flora of Shetland. Aberdeen 1845. 8.
Jenner, Flora of Tunbridge Wells. London (1845). 8.
Power, The botanists Guide for Cork. (Contributions .. 1845. 8.)
Loudon, J. W., British wild flowers. London 1845. 4.
Hassall, A history of the British freshwater Algae. London 1845. 8.
Parnell, The grasses of Britain. Edinburgh 1845. gr. 8.
Hanham, Natural illustrations of the British grasses. Lond. 1846. 4.
Forbes, The connexion between the Fauna and Flora of the British Isles. London 1846. 8.
Harvey, Phycologia Britannica. London 1846-51. 4.
Knapp, The botanical chart of British plants. Bath 1846. 8.
Loudon, British wild-flowers. London 1846. 4.
The Irish Flora. Dublin 1847. 12.
Flower, Flora Thanatensis. Ramsgate 1847. 12.
Johnson, Opuscula. Londini 1847. 4.
Steele, Handbook of field-botany. Dublin 1847. 8.
Watson, Cybele Britannica: or British plants and their geographical relations. London 1847-60. 8.
Ibbitson, H., Phaenogamous plants of Great Britain. Lond. 1848. 8.
Moore, Th., British Ferns. London 1848. 8.
Buxton, Flowering plants, ferns, mosses and algae of Manchester. London 1849. 8.
Catlow, Popular Field Botany. London 1849. 8.
Cullen, Flora Sidostiensis. London 1849. 8.
Kirby, Flora of Leicestershire. London 1850. 8.
Pratt, Flowering plants and ferns of Great Britain. London 1850. 8.
Halle, F., The Vale of Teign. London 1851. 8.
Dickinson, Flora of Liverpool London 1851. 8.
Salmon, Flora of Surrey. London 1852. 8.
Dowden, Wild flowers of the Bohereens. London 1852. 8.
Johnston, Botany of the Eastern borders. London 1853. 8.
Macgillivray, Plants of Aberdeen. Aberdeen 1853. 8
Swete, Flora Bristoliensis London 1854. 8
Stark, Popular history of British Mosses London 1854. 12.
Thomson, S, Wanderings among wild flowers. London 1854. 12.
Baker, J., The flowering plant and ferns of Great Britain. London 1855. 8
Moore, Th, Popular history of the British ferns. London 1855. 8.
Moore, Th., The Ferns of Great Britain and Ireland. Lond. 1855. fol.

Backhouse, British Hieracia. 1856. 8.
Bromfield, Flora Vectensis. London 1856. 8.
St. Brody, Flore of Weston. Weston 1856. 8.
Le Héricher, Flore populaire de Normandie et d'Angleterre. Avranches 1857. 8.
Wilkinson, Weeds and wild flowers. London 1858. 8.
Irvine, Illustrated Handbook of the British plants. London 1858. 8.
Irvine, British plants. London 1858. 8.
Henslow, Flora of Suffolk. London 1860. 8.
Babington, Flora of Cambridgeshire. London 1860. 8.
Johnson, Ch., British wild flowers. London 1860. 8.
Diard, Guide to Aberdeen, Banff and Kincardine. Aberdeen 1860. 8.
Sowerby, British wild flowers. London 1860-65. 8.
Bentham, Outlines introductory to local Floras. London 1861. 8.
Moore, Th., The field botanist's Companion. London 1862. 8.
Sowerby, Useful plants of Great Britain. London 1862. 8.
Miall, Flora of the West Riding. London 1862. 8.
Gibson, Flora of Essex. London 1862. 8.
Miall, Flora of Yorkshire. London 1862. 8.
Brewer, Flora of Surrey. London 1863. 8.
Balfour, Flora of Edinburgh. Edinburgh 1863. 8.
Preston, Flora of Marlborough. London 1863. 8.
Dickie, Flora of Ulster. Belfast 1863. 8.
Trimen, Flora of Middlesex. London 1863. 8.
Tate, Flora Belfastiensis. Belfast 1863. 12.
Baker, J., North Yorkshire. London 1863. 8.
Grindon, British and garden botany. London 1864. 8.
Thomson, S., Wayside weeds. London 1864. 8.
Baker, J., Review of the British Roses. Huddersfield 1864 8.
Melvill, Flora of Harrow. London 1864. 8.
Bentham, British Flora. London 1866. 8.
Trimen, Flora of Norfolk. Norwich 1866. 12.
Flower, Flora of Willshire. London 1866. 8.
Babington, British Botany London 1867. 8.
Johnson, Ch., The useful plants of Great Britain. London 1867. 8.
Lowe, E. J., Our native Ferns. London 1867. 8.
Keyss, Flora of Devon and Cornwall. Plymouth 1867. 8.
Lees, Botany of Malvern hills. Malvern 1868. 8.
Trimen, Flora of Middlesex. London 1868. 8.
Babington, The British Rubi. London 1869. 8.
Lowe, Florula Salvagica. London 1869. 8.
Hooker, Students Flora. London 1870. 8.
Watson, H., Compendium of the Cybele Britannica. Lond. 1870. 8.

Cap. 35. Flora Scandinavica
(Danica, Norvegica, Suecica).

Harpestreng († 1244), Dansk Lægebog. Kiobenhavn 1826. 8.
Franke, Speculum botanicum. Upsaliae 1638. 4. — ib. 1659. 4.
Paulli, Flora Danica. Kjøbenhavn 1648. 4.
Fuiren, Index plantarum circa Nidrosiam. Impr. cum Bartholini Cista medica. Havniae 1662. 8. p. 278-93
Schaeffer, Lapponia. Francofurti 1673. 4.
Kylling, Viridarium Danicum. Havniae 1688. 4.
Bromelius, Chloris Gothica. Gothoburgi 1694. 8.
Rudbeck, Nora Samolad sive Laponia illustrata. (Iter per Uplandiam.) Upsalae 1701. 4.

Linder nobilis *Lindestolpe*, Flora Wiksbergensis. Stockholm 1716.
Roberg, Graesoea Upsaliae 1727. 4.
Ugla, De praefectura Naesgardensis Dalekarliae. Upsalis 1734. 4.
Linné, Flora Lapponica. Amstelaedami 1737. 8. — Londini 1792. 8.
Leche, Primitiae Florae Scanicae. Lundae 1744. 4.
Linné, Flora Suecica. Stockholmiae 1745. 8. — ib. 1755. 8.
Linné, Öländska och Gothländska Resa. Stockholm 1745. 8.
Kalm, Wästgötha och Bahusländska Resa. Stockholm 1746. 8.
Linné, Wästgöta Resa. Stockholm 1747. 8.
Rosén, Observationes circa plantas Scaniae. Londini Gothorum 1749. 4.
Linné, Skånska Resa. Stockholm 1751. 8.
Hagstroem, Jaemtlands oeconomiska beskrifning. Stockholm 1751. 8.
Pontoppidan, Det förste forsög paa Norges naturlige historie. Kiöbenhavn 1752—53. 4.
Linné, Herbationes Upsalienses. Upsaliae 1753. 4.
Linné, Calendarium Florae (Upsaliensis). Upsaliae 1756. 4.
Linné, Prodromus Florae Danicae. Upsaliae 1757. 4.
(Zamzelius) Blomsterkrants af de uti Neriket befintliga wäxter. Örebro 1760. 12.
Oeder, Flora Danica. Havniae 1761—1871. fol. — Nomenclator Flor. Dan. 1769. 8.
Leche, Några träds blomningstid. (Vetensk. Acad. Handl. 1763. p. 259.)
Trozelius, Catalogus plantarum paroeciae Mistelåhs. (— Phys. oec. beskrifning etc. Lund 1766. 4.)
Gunner, Flora Norvegica. Nidrosiae et Hafniae 1766—72. fol.
Müller, Flora Fridrichsdalina. Argentorati 1767. 8.
Linné, Rariora Norvegiae. Upsaliae 1768. 4.
Linné, Flora Åkeröensis. Upsaliae 1769. 4.
Thorstensen, De Scirpis in Dania sponte nascentibus. Havniae 1770. 4.
Oeder, Enumeratio plantarum Florae Danicae. Havniae 1770. 8.
Linné, Pandora et Flora Rybyensis. Upsaliae 1771. 4.
Ferber, Blomster-almanach för Carlscrona. (Vet. Ac. Handl. 1771. p. 75—88.)
Tonning, Norsk medicinsk och oekonomisk Flora. Kjøbenhavn 1773. 4.
Alströmer, Beskrifning på svenska Slok Granen, Pinus viminalis. (Vetensk. Acad Handl 1777. p. 310—17.)
Retzius, Florae Scandinaviae prodromus. Holmiae 1779. 8. — Ed. II. Lipsiae 1795. 8 — Supplement I et II. Lundae 1805—9. 4.
Bjerkander, Blomster-almanach etc. (Vet. Ac. Handl. 1780. p. 130 —37; 1786. p. 51—57; 1789. p. 303—10; 1790. p. 136—43; 1791. p. 281—93; 1792. p. 18—28, 69—78, 194—228; 1794. p. 197—222.)
Naezén, Index plantarum rariorum in urbis Ulricaehamn Vestrogothiae confiniis. Upsaliae 1782. 4.
Afzelius, De vegetabilibus Suecanis observationes. Upsaliae 1785. 4.
Fischerström, Växter omkring Mälaren. (— Utkast. Stockholm 1785. 8. p. 245—92.)
Wahlbom, Catalogus plantarum Oelandicarum. (— Oelandia. Upsaliae 1786. 4. p. 42—44.)
Holm nobilis *Holmskjold*, Beata ruris otia Fungis Danicis impensa. Havniae 1790—99. fol.
Enckel, Observationer gjorde i Sådankylä Lappmark. (Vet. Ac. Handl. 1790. p. 78—79.)
Thunberg, Flora Strengnesensis. Upsaliae 1791. 4.
Liljeblad, Svensk Flora. Upsaliae 1792. 8.
Rutström, Spicilegium plantarum cryptogamarum Sueciae. Aboae 1794. 4.
Hammer, Florae Norvegicae Prodromus. Kjøbenhavn 1794. 8.
Rafn, Danmarks og Holsteens Flora. Kjøbenhavn 1796—1800. 8.

Acharius, Lichenographiae Suecicae Prodromus. Lincopiae 1798. 8.
Swartz, Dispositio Muscorum frondosorum Sueciae. Erlangae 1799. 12.
Schumacher, Enumeratio plantarum Saellandiae. Havniae 1801—3. 8.
Acerbi, Travels through Sweden, Finland and Lapland. London 1802. 4.
Svensk Botanik. Stockholm 1802—38. gr. 8. (no. 10707.)
Westring, Svenska Lafvarnas Färghistoria. Stockholm 1803—9. 8.
Weber und *Mohr*, Naturhistorische Reise durch Schweden. Göttingen 1804. 8.
Afzelius, De Rosis Suecanis. Upsaliae 1804—13. 4.
Schumacher, Den Kjøbenhavnske Flora. Kjøbenhavn 1804. 8.
Agardh, Caricographia Scanensis. Lundae 1806. 4.
Retzius, Flora oeconomica Sueciae. Lund 1806—12. 8.
Forselles, Tvenne nya växter fundne i Sverige. (Poa remota Fors., Artemisia coarctata Fors.) Upsaliae 1807. 8.
Wahlenberg, Berättelse om mätninger etc. Stockholm 1808. 4.
Hisinger, Anteckningar i physik og geognosi. Upsala 1809—37. 8.
Liljeblad, Coloniae plantarum in Suecia. Upsaliae 1809. 4.
Agardh, Dispositio Algarum Sueciae. Lundae 1810—12. 4.
Buch, Reise durch Norwegen und Lappland. Berlin 1810. 8.
Linné, Lachesis Lapponica. London 1811. 8.
Hedrén, Sokn-Beskrifning öfver Wisnum och Kil i Wermlands Län. Carlstadt 1811. 8.
Wahlenberg, Flora Lapponica. Berolini 1812. 8.
Wendt, J, Anwisning til ad indsamle etc. medicinske planter. Kjøbenhavn 1812. 8.
Fries, Novitiae Florae Suecicae. Lundae 1814—23. 4.
Swartz, Summa vegetabilium Scandinaviae. Holmiae 1814. 8.
Ahlqvist, Flora Runsteniensis. Upsala 1815—17. 4.
Flor, Christiania's Planter. Christiania 1817. 8.
Osbeck et *Montin*, Hallands Flora. (*Bexell*, Hallands Historia. vol. I, 386—404.) Götheborg 1817. 8.
Widegren, Sällsyntare växter. (— Östergöthland. Linköping 1817. 8. vol. I, p. 24—31.)
Fries, Flora Hallandica. Lundae 1817—18. 8.
Agardh, Synopsis Algarum Scandinaviae. Lundae 1817. 8.
Lyngbye, Tentamen Hydrophytologiae Danicae. Havniae 1819. 4.
Thunberg et *Hartmann*, Genera Graminum Scandinaviae recognita. Upsaliae 1819. 4.
Wahlenberg, Flora Upsaliensis. Upsala 1820. 8.
Thunberg, Flora Gothoburgensis. Upsala 1820—24. 8.
Forsander, De vegetatione Scaniae. Lundae 1820. 4.
Hartmann, C. J., Handbok i Skandinaviens Flora till Mossorna. Stockholm 1820. 8. — ib. 1838. 8.
Wikström, Några arter af Rosa. Stockholm 1821. 8.
Zetterstedt, Resa genom Sveriges och Norriges Lappmarker. Lund 1822. 8.
Hofman, De paa det indaemmede ved Hofmansgave fremkomne planter. Kiobenhavn 1822. 8.
Ahlqvist, Anmärkningar om Ölands Vegetation. Stockholm 1822. 8.
Billberg, Botanicon Scandinaviae. (Icones.) Holmiae 1822. 8.
Laestadius, Botaniska Anmärkningar. (Flora Lapponiae.) Stockholm 1823. 8.
Aspegren, Blekings Flora. Carlscrona 1823. 8.
Wahlenberg, Flora Suecica. Upsaliae 1824—26. 8. — ib. 1831—33. 8.
Thienemann, Reise im Norden Europas. Leipzig 1824—27 8.
Fries, Schedulae criticae de Lichenibus Sueciae exsiccatis. Lond. Goth. 1824—33. 4.
Fries, Stirpium agri Femsoniensis index. Lundae 1825—26. 8.
Sommerfelt, Supplementum Florae Lapponicae (Wahlenbergii). Christianiae 1826. 8.

CAP. 35. SCANDINAVIA

Agardh et *Lindblom*, Stirpes agri Rotnoviensis. Lundae 1826—29. 8.
Hornemann, Nomenclatura Florae Danicae emendata. Hafniae 1827. 8
Sommerfelt, Beskrivelse over Saltdalens Praestegjeld i Nordlandene. Trondhjem 1827. 4.
Agardh et *Sillén*, Flora parochiae Bränkyrka. Upsaliae 1827. 8.
Lundequist, Flora paroeciae Bränkyrka. Upsaliae 1827. 8.
Hisinger, Profiler och tabeller öfver de förnämsta bergshöjder. Stockholm 1827. 4 — ib. 1829. 8.
Fries, Novitiae Florae Suecicae. Ed. II. Lond. Goth. 1828. 4. — (Mantissae I—III.) Lundae 1832—42. 8.
Bohman, Omberg in Ostrogothia. Linköping 1829. 8.
Enumeratio plantarum Sueciae. (Upsala 1830) 8.
Huss, De Hypericis Sueciae indigenis. Upsaliae 1830. 4.
Areschoug, Stirpes in regione Cimbritshamnensi. Londini Gothorum 1831. 8.
Lindblom, Bidrag till Blekings Flora. Stockholm 1831. 8.
Gellerstedt, Nerikes Flora. Örebro 1831. 8.
Lessing, Reise durch Norwegen nach den Loffoden. Berlin 1831. 8.
Lessing, Reise durch Norwegen. Pflanzengeographischer Anhang. Berlin 1831. 8.
Smith, Arboretum Scandinavicum. Kjøbenhavn 1831. 12.
(Hisinger) Förteckning på wäxterna i Westmanland. Stockholm 1832. 8.
Myrin, Wermlands och Dalslands vegetation. Stockholm 1832. 8.
Zetterstedt, Resa genom Umeå Lappmarker. Örebro 1833. 8.
Myrin, Corollarium Florae Upsaliensis. Upsaliae 1834. 8.
Bredsdorff, Haandbog ved botaniske excursioner i Egnen om Sorøe. Kiobnhavn 1834—35. 8.
Fries, Flora Scanica. Upsaliae 1835. 8.
Agardh, Enumeratio plantarum in regione Landscronensi. Lundae 1835. 8.
Lindblom, In geographicam plantarum intra Suecicam distributionem adnotata. Lundae 1835. 8.
Ahnfelt, Dispositio Muscorum Scaniae. Lundae 1835. 8.
Agardh, Novitiae Florae Sueciae ex Algarum familia. Lundae 1836. 8.
Fries, Anteckningar öfver de i Sverige växande ätliga Svampar. Upsala 1836. 4.
Areschoug, Plantae Florae Gothoburgensis. Londini Gothorum 1836. 8.
Dueben, Conspectus vegetationis Scaniae. Lundae 1837. 8.
Saeve, Synopsis Florae Gothlandicae. Upsaliae 1837. 8.
Blytt, M., Fortegnelse over Norges Traearter og Buskväxter in: Hornemann, Forsög. Ed. III., Tom II. Kjøbenhavn 1837. 8.
Drejer, Flora excursoria Hafniensis. Hafniae 1838. 12.
Hartmann, Skandinaviens Flora. Stockholm 1838. 8.
Wessen, Plantae paroeciae Ostrogothia Kärnä. Upsaliae 1838. 8.
Ringius, Herbationes Lundenses. Lundae 1838 8.
Lilja, Skånes Flora Lund 1838. 8.
Areschoug, Symbolae Algarum rariorum Florae Scandinavicae. Lundae 1838. 8.
Thedenius, Herjedalens Vegetation. Stockholm 1839. 8.
Wikström, Stockholms-tractens naturbeskaffenhet. Stockholm 1839. 8.
Schagerström, Plantae paroeciae Roslagiae Bro. Upsaliae 1839—40. 8.
Hooker, Notes on Norway. Glasgow 1839. 8.
Wikström, Stockholms Flora. I. Stockholm 1840. 8.
Lindblom, Skandinaviska arterna af slägtet Draba. (Stockholm 1840) 8.
Bohman, Wettern och dess Küster. Örebro 1840. 8.
Drejer, Revisio critica Caricum borealium. Hafniae 1841. 8.

Lund, Reise igjennem Nordlandene og Vestfinmarken. Christiania 1842. 8.
Angstrôm, Dispositio Muscorum in Scandinavia. Upsaliae 1842. 12.
Hoegberg, Svensk Flora. Örebro 1843. 8.
Kröningssvärd, Flora Dalecarlica. Fahlun 1843. 8.
Torssell, Enumeratio Lichenum et Byssacearum Scandinaviae. Upsaliae 1843. 12.
Blytt, Enumeratio plantarum circa Christianiam. Christianiae 1844. 4.
Andersson, Plantae vasculares circa Quickjock Lapponiae lulensis. Upsaliae 1844—45. 8.
Schagerström, Conspectus vegetationis Uplandiae. Upsaliae 1845. 8.
Lund, Conspectus Hymenomycetum circa Holmiam crescentium. Christianiae 1845. 8.
Andersson, Salices Lapponiae. Upsaliae 1845. 8.
Fries, Summa vegetabilium Scandinaviae. Holmiae (1846). 8.
Bjurzon, Skandinaviens Wäxtfamiljer i Sammandrag. Upsala 1846. 8.
Hartmann, C. J., Svensk och Norsk Excursions-Flora. Stockholm 1846. 12.
Lund, N., Christianias phanerogame Flora. Christiania 1846. 8.
Andersson, Conspectus vegetationis Lapponicae. Upsaliae 1846. 8.
Drejer, De Danske Foderarter. Kjøbnhavn 1847. 8.
Blytt, M., Norsk Flora. Christiania 1847. 8.
Hartman, C., Flora Gevaliensis. Gevaliae 1847. 8.
Wahlström, Synopsis plantarum Telgae borealis. Upsaliae 1847. 4.
Lindberg, Plantae in regione Maeleri. Upsaliae 1848. 8.
Martins, Voyage botanique le long de la Norvege. Paris (1848). 8.
Andersson, Plantae Scandinaviae. Holmiae 1849—52. 8.
Andersson, Atlas ofver Florans familjer. Stockholm 1849. 8.
Hartman, C., De plantis Skandinavicis herbarii Linneanii. Holmiae 1849—51. 8.
Thedenius, Stockholmstraktens Phanerogamer. Stockholm 1850. 8.
Fries, E., Phanerogamer och Filices i Södermanland. Upsaliae 1851. 8.
Larsson, Symbolae ad Floram Daliae. Carlstadi 1851. 8.
Bergstrand, Naturalhistoriska Antekningar om Oeland. Stockholm 1851 8.
Thedenius, Stockholmstraktens Lafvegetation. Stockholm 1852. 8.
Wall, Westmanlands Flora. Stockholm 1852. 8.
Hofberg, Södermanlands Planter. 1852. 8.
Sahlen, Wennerbergs Flora. Mariestad 1854. 12.
Fries, E., Observationes plantas Suecicas illustrantes. Upsaliae 1854. 8.
Fries, E., Conspectus Florae Ostrogothicae. Upsaliae 1854. 8.
Hisinger, Flora Fakerviciensis. Helsingfors 1855. 4.
Lange, J., Haandbog i den Danske Flora. Kjøbenhavn 1857. 8.
Fristedt, Växtgeographisk skildring af Södra Ångermanland. Upsala 1857. 8.
Schuebeler, Verbreitung der Obstbäume in Norwegen. Hamburg 1857. 8.
Scheutz, Conspectus Florae Smolandicae. Upsaliae 1857. 8.
Lindeberg, Novitiae Florae Skandinaviae. Göteburg 1858. 8.
Beurling, Plantae vasculares Skandinaviae juxta systema naturae. Holmiae 1859. 8.
Thedenius, Excursioner i Stockholmstrakten. Stockholm 1859. 8.
Lange, Forandringen af Danmarks plantaväxt. Kjøbenhavn 1859. 8.
Grönvall, Anteckningar till Skånes Flora. Malmö 1859. 8.
Blytt, A., Om Vegetationsforholdene ved Sognefjorden. Christiania 1859. 8.
Rostrup, Veiledning i den Danske Flora. Kjøbenhavn. 1860. 8.
Laestadius, C. S., Växtligheten i Torneå Lappmark. Upsala 1860. 8.
Floderus, Skandinaviska Fanerogamer och Ormbuskar. Upsala. 1861. 8.

Blytt, M., Norges Flora. Christiania 1861. 8.
Gosselmann, Blekinges Fanerogamer och Ormbunkar. Carlskrona 1861. 8.
Schuebeler, Die Kulturpflanzen Norwegens. Christiania 1862. 4.
Schuebeler, Synopsis of the vegetable products of Norvey. Christiania 1862. 4.
Post, Uppställning af vextställena i mellersta Sveriga. Stockholm 1862. 8.
Hoch, Supplementer till Dovres Flora. Christiania 1863. 8.
Hartman, R., Gefletractens Växter. Gefle 1863. 8.
Lund, A., Wimmerby-Flora. Upsala 1863. 8.
Sjöstrand, Calmar Lans och Ölands Flora. Calmar 1863. 8.
Smitt, Skandinaviens ätliga och giftiga Svampar. Stockholm 1863. 8.
Vaupell, De Danske Skove. Kjøbenhavn 1863. 8.
Scheutz, Smålands Flora. Wexiö 1864. 8.
Lange, Danske Flora. Ed. III. Kjøbenhavn 1864. 8.
Rostrup, Danske Flora. Ed. II. Kjøbenhavn 1864. 8.
Hartman, C., Skandinaviens Phanerogamer och Filices. Stockholm 1864. 8.
Normann, Index plantarum vascularium in provincia arctica Norvegiae. Nidrosiae 1864. 8.
Blytt, Axel, Botanisk Reise i Valders og de tilgraendsende Egne. Christiania 1864 8.
Printz, Botanisk Reise i Christiania. Valders 1865. 8
Theorin, Växtgeographisk skildring af Södra Halland. Lund 1865. 8.
Saelan, Flora Fennica. Helsingissä 1866. 8.
Hartmann, Nerikes Flora. Örebro 1866. 8.
Areschoug, Skanes Flora. Lund 1866. 8.
Andersson. Apercu des plantes cultivées de la Suède. Stockholm 1867. 8.
Nymann, Svenska Växternas natur-historia. Örebro 1867—68. 8.
Sörensen, Botanisk Resa i Faemundsöen og i Trysil. Christiania 1867. 8.
Wikström, Helsinglands Flora. Hudikvall 1868. 8.
Wikström, Helsinglands Fanerogama och Ormbunkar. Hudiksvall 1868. 8.
Lilja, Skanes Flora. Stockholm 1870. 8.
Blytt, Christiania Omegns Phanerogamer og Bregner. Christiania 1870. 8
Lange, J, Fortegnelse over de Frilandstraeer. Kjöbnhavn 1871. 8.

Cap. 36. Flora Rossica.

Florae veteres Polonicae Cracoviae editae conf. in Flora Austriaca Cap. 25.

Bernnard, Catalogus plantarum circa Varsaviam. Dantisci 1652. 12.
Til-Landz, Catalogus plantarum circa Aboam. Aboae 1673. 8. — 1683.
Til-Landz, Icones novae catalogo appensae. Aboae 1683. 8.
Rzacynski, Historia naturalis Poloniae. Sandomiriae 1721. 4. — Auctuarium: Gedani 1745. 4.
Erndl, Viridarium vel Catalogus plantarum circa Varsaviam nascentium. (— Varsavia physice illustrata. Dresdae 1730. 4.)
Ammann, Stirpes rariores in imperio Rutheno. Petropoli 1739. 4.
Gmelin, Reise durch Sibirien. Göttingen 1751—52. 8.
Krascheninnikow, Descriptio Kamtschatkae (rossice) Petropoli 1755. 8.
Gorter, Flora Ingrica. Petropoli 1761—64. 8.
Kalm, Florae Fennicae pars prior. Aboae 1765. 4.

Laxmann, Sibirische Briefe. Göttingen 1769. 8.
Pallas, Reise durch verschiedene Provinzen des russischen Reichs. St. Petersburg 1771—76. 4. — Reise. Auszug. Frankfurt 1776—78. 8.
Lepechin, Diarium itineris per varias Rossiae provincias (rossice). Petropoli 1771—80. 8.
Steller, Beschreibung von dem Lande Kamtschatka. Frankfurt 1774. 8.
Rytschkow, Tagebuch über seine russische Reise. Riga 1774. 8.
Gmelin, Reise durch Russland. Petersburg 1774. 4.
Georgi, Bemerkungen einer Reise im russischen Reiche. Petersburg 1775. 4.
Gilibert, Flora Lithuanica inchoata. (Chloris Grodnensis.) Grodno 1781. 8. — Coloniae Allobr. 1785. 8.
Patrin, Relation d'un voyage aux monts d'Altai. St. Petersbourg 1783. 8.
Pallas, Flora Rossica. Petropoli 1784—88. fol.
Hablizl, Descriptio physica gubernii taurici (rossice). Petersburg 1785. 8. (gallice, anglice, germanice.)
Gueldenstaedt, Reisen durch Russland und im kaukasischen Gebirge. Petersburg 1787—91. 4.
Justander, Observationes historiam plantarum Fennicarum illustrantes. Aboae 1791. 4.
Jundzill, Synopsis plantarum Lithuaniae. w Wilnie 1791. 8. — ib 1811. 8.
Pallas, Tableau physique et topographique de la Tauride. St. Petersburg 1795. gr. 4.
Stephan, Enumeratio stirpium agri Mosquensis. Mosquae 1795. fol.
Stephan, Icones plantarum Mosquensium. Mosquae 1795. fol.
Clarke, Plants in the Crimea. (*Clarke,* Travels. II, 729—36.)
Georgi, Geographisch-physische und naturhistorische Beschreibung des Russischen Reiches. Königsberg 1797—1802. 8.
Marschall von Bieberstein, Tableau des provinces situées sur la côte occidentale de la mer Caspienne. Petersbourg 1798. 4.
Pallas, Bemerkungen auf einer Reise in die südlichen Statthalterschaften des Russischen Reichs. Leipzig 1799. 4.
Sobolewski, Flora Petropolitana. Petropoli 1799. 8.
Marschall von Bieberstein, Beschreibung der Länder am Kaspischen Meere. Frankfurt a/M. 1800. 8.
Dwigubsky, Prodromus Florae Mosquensis. Mosquae 1802. 8.
Grindel, Botanisches Taschenbuch für Liv-, Kur- und Esthland. Riga 1803. 8.
Melartin, Gewächskunde Finnlands. St. Petersburg 1804. 4.
Friebe, Oekonomisch-technische Flora für Liefland, Esthland und Kurland. Riga 1805. 8.
Marschall von Bieberstein, Flora Taurico-Caucasica. Charkoviae 1808—19. 8.
Druempelmann, Flora Livonica. Riga 1809—10. fol.
Marschall von Bieberstein, Centuria plantarum rariorum Rossiae meridionalis. (Decas I—VIII.) Charkoviae et Petropoli 1810—43. fol.
Liboschitz et Trinius, Description des mousses de St. Pétersbourg et de Moscou St. Pétersbourg 1811. 8.
Liboschitz et Trinius, Flore des environs de St. Pétersbourg et de Moscou. St. Pétersbourg 1811. 4.
Martius, Prodromus Florae Mosquensis Mosquae 1812. 8
Ledebour, Observationes in Floram Rossicam Petropoli 1814. 4.
Prytz, Florae Fennicae breviarium Aboae 1819—21. 8.
Besser, Enumeratio plantarum in Volhynia, Podolia, Bessarabia et circa Odessam. Vilnae 1821. 8. — ib. 1822. 8.
Lucé, Prodromus Florae Osiliensis. Riga 1823. 8.
Andrzejowski, Rys botaniczny. Vilnae 1823. 8
Loewis, Die ehemalige Verbreitung der Eichen in Liev- und Esthland. Dorpat 1824. 8.

Weinmann, Elenchus plantarum agri Petropolitani. Petropoli 1824. 8.
Hoefft, Catalogue des plantes dans le district de Dmitrieff sur la Svapa. Moscou 1826. 8.
Meyendorff, Voyage d'Orenbourg à Boukhara. Paris 1826. 8.
Andrzejowski, Dictionarium botanicum (ross.). Creminecii 1827. 8.
Andrzejowski, Nomina plantarum Polonica. Vilnae 1827. 8.
Richter, Rud, Medizin.Topographie von Archangelsk. Dorpat 1828
Dwigubsky, Flora Mosquensis. Mosquae 1828. 12.
Ledebour, Icones plantarum novarum. Rigae 1829—34. fol.
Ledebour, Reise durch das Altaigebirge und die soongorische Kirgisensteppe. Berlin 1829—30. 8.
Eichwald, Naturhistorische Skizze von Litthauen, Volhynien und Podolien. Wilna 1830. 4
Fleischer, Verzeichniss der Phanerogamen der Ostseeprovinzen. Mitau 1830 4
Andrzejowski, Rys botaniczny. Vilnae 1830. 8.
Humboldt, Fragmens de géologie et de climatologie Asiatiques. Paris 1831. 8.
Meyer, Verzeichniss der im Kaukasus und am Kaspischen Meere gesammelten Pflanzen. St..Petersburg 1831. 4.
Eichwald, Plantarum novarum ex itinere Caspio-caucasico fasciculi duo. Vilnae 1831—33 fol.
(Brunner) Ausflug über Constantinopel nach Taurien. St. Gallen und Bern 1833. 8
Gueldenstaedt, Beschreibung der Kaukasischen Länder. Berlin 1834. 8.
Eichwald, Reise auf dem Kaspischen Meere und in den Kaukasus. Stuttgart 1834—37 8.
Dubois de Montpéreux, Voyage autour du Caucase. Paris 1836—39. 8.
Levinin, Icones Florae Petropolitanae. Petropoli 1836.
Weinmann, Hymeno- et Gasteromycetes imperii Rossici. Petropoli 1836. 8.
Weinmann, Enumeratio stirpium agri Petropolitani. Petropoli 1837. 8.
Goebel, Reise in die Steppen des südl Russlands. Dorpat 1837—38. 4.
Wirzén, Plantarum in provincia Casanensi distributio. Helsingforsiae 1839. 8.
Fleischer, Flora der Deutschen Ostseeprovinzen. Mitau 1839. 8
Ehrenberg, Mikroskopische Analyse des curländischen Meteorpapiers von 1686. Berlin 1839. fol.
Tardent, Catalogue des plantes en Bessarabie et aux environs d'Odessa. (— Essai etc. Lausanne 1841. 8. p. 27—88.)
Ledebour, Flora Rossica. Stuttgartiae 1842 sqq. 8.
Demidoff, Voyage dans la Russie méridionale et la Crimée. Paris 1842. 8.
Koch, Reise durch Russland nach dem Kaukasischen Isthmus. Stuttgart 1842—43 8.
Turczaninow, Flora Baicalensi-Dahurica. Mosquae 1842—56. 8.
Godet, Versuch einer Flora des Beschtau. (Dubois du Montpéreux, Reise im Kaukasus. Darmstadt 1842—46. 8. vol. II, p. 480—93.)

Wirzén, Scriptores rei herbariae Fennicae. Helsingforsiae 1843. 8.
Wirzén, Prodromus Florae Fennicae. Helsingforsiae 1843. 8.
Nylander, Spicilegium plant. Fennicarum. Helsingf. 1843—44. 8.
Humboldt, Asie centrale. Paris 1843. 8.
Tengström, Stirpes cotyledoneae paroeciae Pojo. Helsingforsiae 1844. 8.
Meyer, Florula provinciae Tambow. (Beiträge etc. I.) Petropoli 1844. 8.
Trautvetter, Plantarum imagines et descriptiones Floram Rossicam illustrantes. Monachii 1844—46 sqq. 4.
Beiträge zur Pflanzenkunde des Russischen Reiches. St. Petersburg 1844—59. 8.
Ruprecht, Distributio cryptogamarum vascularium in imperio Rossico. Petropoli 1845. 8
Ruprecht, Flores Samojedorum cisuralensium. Petropoli 1845. 8.
Koch, Wanderungen im Oriente 1843 und 1844. Weimar 1846. 8.
Tengström, In distributionem vegetationis per Ostrobothniam collectanea. Helsingforsiae 1846. 8.
Waga, Flora Polonica. Varsaviae 1848. 8.
Meyer, Florula provinciae Wiatka. Petersburg 1848. 8
Trautvetter, Die pflanzengeographischen Verhältnisse des europäischen Russlands. Riga 1849—51. 8.
Meyer, K. A, Beiträge zur Flora Russlands. Petersburg 1850. 4.
Bunge, Beitrag zur Flora Russlands. Petersburg 1851. 8.
Wiedemann. Pflanzen Esth-, Liv- und Kurlands. Reval 1852. 8.
Fleischer, Flora von Esth-, Liv- und Kurland. Mitau 1853. 8.
Békétoff, Flora Tifliensis. Petersburg 1853. 8.
Schmidt, Flora der Insel Moon. Dorpat 1854. 8.
Veesenmeyer, Vegetationsverhältnisse an der Wolga. Petersburg 1854. 8.
Schmidt, F., Flora des silurischen Bodens von Esthland, Nord-Livland und Oesel. Dorpat 1855. 8.
Bode, Verbreitungsgrenzen der Holzgewächse des europäischen Russlands. Berlin 1856. 8.
Tscherniajeff, Conspectus plantarum Charcoviae. Charkow 1859. 8.
Sass, Phanerogamenflora Oesels. Dorpat 1860. 8.
Ruprecht, Flora Ingrica. Petropoli 1860. 8.
von Glehn, Flora der Umgebungen Dorpats. Dorpat 1860. 8.
Regel, Plantae Semenovianae. Mosquae 1861—69. 8.
Russow, Flora Revals. Dorpat 1862. 8.
Fries, Th., Sällskapets pro Fauna et Flora Fennica Notiser. Upsala 1862. 8.
Lönnrot, Flora Fennica. Helsingissae 1866. 8.
Aspelin, Tavastehus Flora. Helsingfors 1867. 8.
Zetterman, Syd-vestra Finnlands Flora. Helsingfors 1867. 8.
Meinshausen, Synopsis plantarum Ingriae. Petersburg 1869. 8.
Blane, Familien der Phanerog. der balt. Provinzen. Riga 1869. 8.
Meinshausen, Synopsis plantarum diaphoricarum Florae Ingricae. Petersburg 1869. 8.

LIBER IV. BOTANICA APPLICATA.

Cap. 37. Plantae medicae.

Conf. De signatura plantarum Cap. 32, de plantis singulis Monographiae Cap. 6—14. Opera veterum, quae fere omnia medica, in Cap. 3, §. 1—3 enumerata invenies.

Lémery, Dictionnaire des drogues simples. Paris 1698. 4. — Ed. augmentée par Morelot. ib. 1807. 8.
Camerarius, De convenientia plantarum in fructificatione et viribus. Tubingae 1699. 4.
Hyde, De religionis veterum Persarum historia. Oxonii 1700. 4.
Valentini, Polychresta exotica. Francofurti a/M. 1701. 4.
Valentini, Museum Museorum oder Vollständige Schaubühne aller Materialien und Spezereien. Frankfurt a/M. 1704—14. fol.
Mueller, Curioser Botanicus. Dressden 1706. 8.

Nebel, De plantis verno tempore efflorescentibus usualibus. Marburgi 1706. 4.
Nebel, De plantis incipiente aestate efflorescentibus usualibus. Marburgi 1707. 4.
Waldschmiedt, De vegetabilium usu in medicina. Kiliae 1707. 4.
Chomel, Abrégé de l'histoire des plantes usuelles. Paris 1712. 8. — ib. 1803. 8.
Camerarius, Biga botanica. Tubingae 1712. 4.
Feuillée, Histoire des plantes médicales de Perou et Chili. (— Journal etc. Paris 1714—25. 4. II, 703—67. III, 1—71.)
Zorn, Botanologia medica. Berlin 1714. 4.
Petiver, Hortus peruvianus medicinalis. (Operum vol. II.) London 1715. fol.
Valentini, Historia simplicium reformata. Francofurti a/M. 1716. fol.
Kraeutermann, Compendiöses Blumen- und Kräuterbuch. Frankfurt 1716. 8.
(Alexandre) Dictionnaire botanique et pharmaceutique. Paris 1716. 8. — 1802. — 1817. 8.
Tournefort, Traité de la matière médicale. Paris 1717. 12.
Vigier, Historia das plantas etc. Lion 1718. 8
Buchwald, Explicatio virtutum plantarum indigenarum. Havniae 1720. 4.
Zamboni, Icones plantarum CCV cum earum virtutibus. Florentiae (1721 ?). 4.
Hoffmann, De methodo compendiosa plantarum vires indagandi. Halae 1721. 8.
Miller, Botanicum officinale. London 1722. 8
Heister, De collectione simplicium. Helmstadii 1722. 4
Knowles, Materia medica botanica. Londini 1723. 4.
Blair, Pharmaco-botanologia. London 1723—28. 4.
Monti, Exoticorum simplicium varii indices. Bononiae 1724. 4.
(Martyn) Tabulae synopticae plantarum officinalium. Londini 1726. fol.
Hermann, Cynosura materiae medicae. Argentorati 1726—31. 4.
Chomel, Catalogus plantarum officinalium secundum facultates. Paris 1730. 8.
Kraeutermann, Compendiöses Lexicon exoticorum et materialium. Arnstadt 1730. 8.
Hebenstreit, De sensu externo facultatum in plantis judice. Lipsiae 1730. 4.
Boecler, De neglecto vegetabilium circa Argentinam nascentium usu. Argentorati 1732—33. 4.
Alberti, De erroribus in pharmacopoliis ex neglecto studio botanico. Halae 1733. 4.
Alleyne, New english dispensatory. London 1733. 8.
Ludolff, Anfangsgründe der Arzneiwissenschaft. Berlin 1734. 8.
Malouin, Chymie médicinale. Paris 1734. 12.
Thomson, Method of discovering the virtues of plants. London 1734. 8.
Targioni-Tozzetti, De praestantia et usu plantarum. Pisis 1734. fol.
Lischwitz, De plantis diaphoreticis et sudoriferis. Kilonii 1734. 4.
K'Eogh, Botanologia Hibernica. Corke 1735. 4.
Wedel, Syllabus materiae medicae selectioris. Jenae 1735. 4.
Blackwell, A curious herbal. London 1737. fol. — Herbarium Blackwellianum emendatum et auctum. Norimbergae 1750—73. fol.
Hamnerin, Vires medicae plantarum indigenarum. Upsaliae 1737. 4.
Schulze, J. H., De fructibus horaeis. Halae 1737. 4.
Suarez, Clave botanica. Madrid 1738. 4.
Lischwitz, Plantae diureticae. Kilonii 1739. 4.
Abel, Medizinisches Kräuter-Paradiesgärtlein Frankfurt 1740. 12.
Albrecht, De aromatum exoticorum noxa. Erfordiae 1740. 4.
Geoffroy, Tractatus de materia medica. Paris 1741. 8.
Rieger, Introductio in notitiam rerum naturalium. Hagae 1742. 4.

Gleditsch, De methodo botanica dubio et fallaci virtutum in plantis indice. Francofurti a/V. 1742. 4.
Lischwitz, Plantae anthelminthicae. Kilonii 1742. 4.
Lagusi, Erbuario italo-siciliano. Palermo 1743. 4.
Ludwig, Radicum officinalium bonitas ex vegetationis historia dijudicanda. (I—II) Lipsiae 1743. 4.
Morandi, Osservazioni intorno al sinonimo alfabetico dell' erbe usuali. Milano 1743. 4.
Morandi, Riposta etc. Milano 1743. 4. (contra Cesare Carini.)
Morandi, Historia botanica practica. Mediolani 1744. fol.
Short, Medicina britannica. London 1747. 8.
Blot, An naturali cuique plantarum classi eadem medica facultas? (Cadomi 1747.) 4
Linné, Vires plantarum. Upsaliae 1747. 4
Linné, Materia medica, liber I. De plantis. Holmiae 1749. 8 — Ed. V: Lipsiae 1787. 8.
Cartheuser, Fundamenta materiae medicae. Parisiis 1749—52 12.
Hill, A history of the materia medica. London 1751. 4.
Linné, Sapor medicamentorum. Holmiae 1751. 4.
Buechner, De quibusdam remediis restituendis. Halae 1752. 4
Haller, De praestantia remediorum vegetabilium. Goettingae 1752 4.
Linné, Odores medicamentorum. Stockholmiae 1752. 4.
Linné, Plantae officinales. Upsaliae 1753. 4.
Linné, Censura medicamentorum simplicium vegetabilium Upsaliae 1753. 4.
Linnaeus, Censura medicamentorum simplicium vegetabilium. Upsaliae 1753. 4.
Staehelin, J. R., Specimen observationum medicarum Basileae 1753. 4
Cartheuser, De genericis quibusdam plantarum principiis Francofurti 1754. 8.
Catalogue des plantes usuelles. Amiens 1754. 12.
Linné, De methodo investigandi vires medicamentorum chemica Upsaliae 1754 4.
Gmelin, Botanica et chemia ad medicam applicata praxin Tubingae 1755. 4.
Banal, Catalogue des plantes usuelles. Montpellier 1755. 8.
Hill, The usefull family herbal. London 1755. 8.
Hilie, De actione plantarum in partes solidas. Goettingae 1755. 4.
Sheldrake, Botanicum medicinale. London s. a. fol.
Cartheuser, De praecipuis balsamis nativis. Francofurti 1755 4.
Linné, Specifica Canadensium. Scarae 1756. 4.
Monte Pigati, Nova ad praxin botanices rudimenta. Patavii 1757. 4.
Geoffroy, Traité de la matière médicale. Paris 1757. 12.
Beckerstedt, Örtebook. Stockholm 1758. 4.
Linné, Medicamenta graveolentia. Upsaliae 1758. 4.
Crantz, An plantarum officinalium recepta nomina recte mutentur? Viennae 1760. 4.
Gauthier, Introduction à la connaissance des plantes. Paris 1760. 8.
Meder, Medicamenta simplicia, entbehrliche. Goettingae 1760. 4.
Vogel, Historia materiae medicae. Francofurti 1760. 8.
Biruega, Examen pharmaceutico-galenico-historico. Madrit 1761. 8.
Boehmer, De virtute loci natalis in vegetabilia. Wittebergae 1761. 4.
(Arenstorff) Comparatio nominum plantarum officinalium. Berlin 1762. 8.
Crantz, Materia medica. Viennae 1762. 8.
Kalm, Praestantia plantarum indigenarum prae exoticis. Abo 1762. 4.
Plaz, De plantarum virtutibus ex charactere haudquaquam addiscendis. Lipsiae 1762—63. 4.
Brookes, Natural history of vegetables. London 1763. 12.
Aken, Svenska Medicinal Växterna. Örebro 1764. 8.

Isenflamm, Methodus plantarum medicinae clinicae adminiculum. Erlangae 1764. 4.
Wilcke, De usu systematis sexualis in medicina. Gryphiswaldiae 1764. 4.
Lange, De remediis Brunsvicensium domesticis. Brunsvigae 1765. 8.
Linné, Usus Muscorum. Upsaliae 1766. 4.
(*Latourette* et *Rozier*) Demonstrations élémentaires de botanique, vol. II. Lyon 1766. 8.
Schwencke, Kruidkundige beschryving etc. Gravenhage 1766. 8.
Arnauld et *Saterne*, Description des plantes usuelles. Paris 1767. 12.
Dagoly, Collection des plantes usuelles. Paris 1767. fol.
Garsault, Description, vertus et usages de 719 plantes. Paris 1767. 8.
Gleditsch, Anleitung zur Erkenntniss roher Arzneimittel. Berlin 1768. 8.
Gleditsch, Verzeichniss der gewöhnlichsten Arzneigewächse. Berlin 1769. 8.
Boehmer, De justa plantarum indigenarum aestimatione. Wittebergae 1770. 4.
Buchoz, Manuel medical des plantes. Paris 1770. 8.
Carl, Botanisch-medizinischer Garten. Ingolstadt 1770. 8.
Cartheuser, Pharmacologia. Berolini 1770. 8.
Desportes, Abrégé des plantes usuelles de S. Domingue. (— Histoire etc. Paris 1770. 12. tom. III, p. 3—56.)
Edwards, The british herbal. London 1770. fol. — (Select collection of 100 plates.) London 1775. fol.
Herrmann, J., De botanices in medicina utilitate. Argentorati 1770. 4.
Vitman, De medicatis herbarum facultatibus liber. Faventiae 1770. 8
Haller, Praefatio ad Pharmacopoeam helveticam. Basileae 1771. fol.
Jussieu, Traité des vertus des plantes. Nancy 1771. 8.
Hill, Virtues of british herbs. London 1772. 8.
Linné, Observationes in materiam medicam. Upsaliae 1772. 4.
En liten örte-bok. WäsLerås 1772. 8.
Ludwig, De plantarum viribus medicis. Lipsiae 1772. 4.
Ludwig, De plantarum viribus specificis. Lipsiae 1772. 4.
Ludwig, De plantarum viribus cultura mutatis. Lipsiae 1772. 4.
Hellenius, Finska medicinal-wäxter. Åbo 1773. 4.
Koenig, De remediorum indigenorum ad morbos endemicos expugnandos efficacia. Hafniae 1773. 8.
Marquet, Venimecum de botanique. Paris 1773. 12.
Tonning, Norsk medicinsk och oekonomisk Flora. Kiobenhavn 1773. 4.
Struve, Vires plantarum cryptogamicarum medicae. Kiliae 1773. 4.
Eisen, Unterricht von der Kräuter- und Wurzeltrocknung. Riga 1774. 4.
(*Regnault*) La botanique mise à la portée de tout le monde. Paris 1774. fol.
Spielmann, Institutiones materiae medicae. Argentorati 1774. 8.
Jaskiewicz, Pharmaca regni vegetabilis. Vindobonae 1775. 8.
Vicat, Matière médicale tirée de Halleri Historia stirpium Helvetiae. Bern 1776. 8. — ib. 1791. 8.
Murray, Apparatus medicaminum. Goettingae 1776—92. 8. — ib. 1793—94. 8.
Gleditsch, Einleitung in die Wissenschaft der rohen und einfachen Arzneimittel. Berlin 1778—87. 8.
Baldinger, Alexiteria et alexipharmaca contra diabolum. Goettingae 1778. 4.
Bergius, Materia medica e regno vegetabili. Stockholmiae 1778. 8 — ib. 1782 8
Wuertz, Conamen mappae medicamentorum simplicium. Argentorati 1778 4.

Coste et *Willemet*, Essais sur quelques plantes indigènes substituées à des végétaux exotiques. Nancy 1778. 8.
Schilling, Descriptio trium plantarum in curatione leprae adhiberi solitarum. Lugduni Batavorum 1778. 8.
Murray, Dulcium natura et vires. Gottingae 1779. 4.
(*Zorn*) Icones plantarum medicinalium. Nürnberg 1779—84. 8.
Banal, Catalogue des plantes médicinales. Montpellier 1780. 8. — ib. 1784. 8.
Vogler, Versuche mit den Scharlachbeeren (Grana Kermes). Wetzlar 1780. 4.
Buchoz, Collection des plantes médicales de la Chine. Paris 1784. fol.
Willemet, An vires plantarum ex characteribus botanicis sunt inferendae? Nancy 1782. 4.
Schreber, Mantissa ad Linnaei Mat. medicae ed. IV. Erlangue 1782. 8.
Lichtenstein, Anleitung zur medizinischen Kräuterkunde. Helmstedt 1782—86. 8.
Lestiboudois, De viribus plantarum. Duaci 1783. 4.
Spielmann, Pharmacopoea generalis. Argentorati 1783. 4.
Burtin, Quels sont les végétaux indigènes à substituer aux végétaux exotiques? Bruxelles 1784. 4.
Attempt, To recommend the study of botanical analogy in investigating the properties London 1784. 8.
Wauters, De plantis belgicis in locum exoticarum sufficiendis. Gandavii 1785. 8.
Thunberg, De medicina Africanorum. Upsaliae 1785. 4.
Segerstedt, De pharmacis indigenis. Upsaliae 1787. 4.
Happe, Botanica pharmaceutica. Berolini 1788 (—1806). fol.
Plenck, Icones plantarum medicinalium. Viennae 1788—1812. fol.
Gleditsch, Botanica medica. Berlin 1788—89. 8.
Bach, Nutzen der gebräuchlichsten Erdgewächse in der Arzneiwissenschaft. Breslau 1789. 8.
Cullen, Treatise of Materia medica. Edinburgh 1789. 8.
Grahl, Medicamenta quaedam Rossorum domestica. Jenae 1790. 4
Meyrick, The new family herbal. Birmingham 1790. 8.
Woodville, Medical botany. London 1790—94. 4. — Ed. III: by *Hooker* and *Spratt*. ib. 1832. 4.
Carminati, Hygiene, terapeutice et materia medica. Papiae 1791—95. 8.
Martersteck, Bonnischer Flora erster Theil. Bonn 1792. 8.
Roussel, Tableau des plantes usuelles. Caen 1792. 8.
Schrader, Die norddeutschen Arzneipflanzen. Berlin 1792. 8.
Coste et *Willemet*, Matière médicale indigène. Nancy 1793. 8.
Ebermaier, Vergleichende Beschreibung der in Apotheken leicht verwechselten Pflanzen. Braunschweig 1794. 8.
Valentin, De plantarum succis. Marburgi 1795 8.
(*Krauss*) Afbeeldingen der artsenygewassen. (Icones plantarum medicinalium.) Amsterdam 1796—1800. 8.
Vrolik, De viribus plantarum ex principiis botanicis dijudicandis. Lugduni Batavorum 1796. 8.
Barton, Materia medica of the United States. Philadelphia 1798—1804. 8.
Peyrilhe, Cours d'hist. nat. médicale. Paris 1799. 8. — ib. 1804. 8.
Schwediaur, Pharmacologia seu materia medica. Paris 1800. 12 — ib. 1803. 12.
Vietz, Icones plantarum medico-oeconomico-technologicarum. Wien 1800—20. 4. — Supplementum: 1822. 4
Walter, Plantae officinales. (Argentorati) s. a. 4.
Morelot, Cours d'hist. nat. pharmaceutique. Paris 1800. 8.
Nocca, Istituzione di botanica pratica. Pavia 1801 8.
Dietrich, Der Apothekergarten. Berlin 1802. 8.
Ebermaier, Von den Standörtern der Pflanzen. Münster 1802. 8.

Grindel, Pharmaceutische Botanik. Riga 1802. 8.
Hoffmann, Syllabus plantarum officinalium. Goettingen 1802. 8.
Noehden, Entwurf zu Vorlesungen über pharmacologische Botanik. Göttingen 1802. 8.
Wenderoth, Materiae pharmaceuticae hassiacae specimen. Marburgi 1802. 8.
Gomes, Observationes de nonnullis Brasiliae plantis. Olisipone 1803. 4.
Vitet, Matière médicale. Lyon 1803. 8.
Alibert, Matière médicale. Paris 1804. 8. — ib. 1826. 8.
Schwilgué, Traité de matière médicale. Paris 1805. 12. — ib. 1818. 8.
Kelch, Flora medica borussica. Regiomonti 1805. 8.
Savi, Materia medica vegetabile. Firenze 1805. fol.
Vrolik, Catalogus plantarum medicinalium pharmacopeae batavae. Amstelodami 1805. 8.
Hayne (*Brandt*, *Ratzeberg* et *Klotzsch*), Getreue Darstellung der in der Arzneikunde gebräuchlichen Gewächse. Berlin 1805—46. 4.
Barbier, Principes généraux de pharmacologie. Paris 1806. 8.
Roques, Plantes usuelles indigènes et exotiques. Paris 1807—8. 4.
Dziarkowski, Wybór roslin krajowych. Warszawie 1808. 8. — ib. 1821. 8.
Schumacher og *Herholdt*, De officinelle Laegemidler af Planteriget. Kjöbenhavn 1808. 4.
Tenore, Saggio sulla qualita medicinali delle piante della Flora Napolitana. Napoli 1808. 8. — ib. 1820. 8.
Nocca, Istituzioni di botanica pratica. Pavia 1808—9. 8.
Morelot, Histoire naturelle appliquée etc. Paris 1809. 8.
Dubuisson, Plantes usuelles indigènes et exotiques. Paris 1809. 8.
Sangiorgio, Istoria delle piante medicale. Milano 1809—10. 8.
Bodard, Analyse de cours de botanique médicale comparée. Paris 1809. 4.
Bodard, Cours de botanique médicale comparée. Paris 1810. 8.
Arruda da Camara, Dissertaçao sobre as plantas do Brazil. Rio de Janeiro 1810. 8.
Cassel, Ueber die natürlichen Familien der Pflanzen mit Rücksicht auf ihre Heilkräfte. Köln 1810. 8.
Fleming, A catalogue of Indian medicinal plants and drugs. Calcutta 1810. 8.
Tittmann, Darstellung der Medizinalpflanzen Sachsens. Dresden 1810. gr. 8.
Wauters, Repertorium remediorum indigenorum exoticis substituendorum. Gandae 1810. 8.
Balbis, Materies medica. Taurini 1811. 8.
Bertero, Nonnullae indigenae stirpes exoticis succedaneae. Taurini 1811. 4.
Stokes, A botanical Materia medica. London 1812. 8.
Wendt, J., Anwisning til de medicinske planter i Danmark og Norge. Kjöbenhavn 1812. 8.
Graumüller, Handbuch der mediz.-pharmac. Botanik. Eisenberg 1813—19. 8.
Veith, Beschreibung der Arzneigewächse Oestreichs. Wien 1813. 8.
Ainslie, Materia medica of Hindostaan. Madras 1813. 4.
Afzelius, Remedia guineensia. Upsaliae 1813—17. 4.
Lunan, Hortus jamaicensis. Jamaica 1814. 4.
Chaumeton, *Chamberet* et *Poiret*, Flore médicale. Paris 1814—20. 8.
Seydler, Analecta pharmacognostica. Halae 1815. 8.
Graumüller, Flora pharmaceutica jenensis. Jenae 1815. 4.
Bodard, Tableau des plantes médicinales. Paris 1815. 4.
Thunberg, In narcoticis observationes. Upsaliae 1816. 4.
Vollberg, Pharmaca quaedam indigena. Dorpati 1816. 8.
Bigelow, American medical botany. Boston 1817—21. 4.
Alberti, Flora medica. Milano 1817. 8.

Reichenbach, Flora Lipsiensis pharmaceutica. Lipsiae 1817. 8.
Barton, Vegetable materia medica of the United States. Philadelphia 1817—18. 4.
Campana, Farmacopea ferrarese. Firenze 1818. 8.
Goetz, Descriptio plantarum exoticarum officinalium. Viennae 1818. 8.
Gray, A supplement to the pharmacopoeas. London 1818. 8.
Afzelius, Stirpium in Guinea medicinalium species novae. Upsaliae 1818—29. 4.
Loiseleur, Manuel des plantes usuelles indigènes. Paris 1819. 8.
Dierbach, Handbuch der medizinisch-pharmaceutischen Botanik. Heidelberg 1819. 8.
Hornemann, De indole plantarum guineensium. Havniae 1819. 4.
Barbier, Traité de matière médicale. Paris 1819—20. 8.
Lejeune, De indigenarum plantarum virtutibus. Leodii 1820. 4.
(*Masius*) Tentamen pharmacopoeae pauperum una cum catalogo plantarum medicinalium Megapolitanarum. Rostochii 1820. 8
Sterler et *Mayerhoffer*, Europa's medizinische Flora. München 1820 (—24). fol.
Hoffmann, Compendium pharmacologiae. Mosquae 1821. 8.
Loeuillart-D'Avrigni, Principes de botanique médicale. Paris 1821. 12.
Roques, Phytographia médicale. Paris 1821. 4. — ib. 1835. 8.
Sternberg, Catalogus plantarum ad septem editiones *Mattioli* in Dioscoridem. Pragae 1821. fol.
Descourtilz, Flore médicale des Antilles. Paris 1821—29. 8.
Nees von Esenbeck jun., *Weihe*, *Wolter* und *Funke*, Plantae officinales oder Sammlung officineller Pflanzen. Düsseldorf 1821—33. fol. (Textus seorsim «Beschreibung» etc. Düsseldorf 1829. fol.)
Medical Botany. London 1821—22. 8.
Eimbcke, Flora Hamburgensis pharmaceutica. Hamburg 1822. 8.
Gautier, Herbier médical. Paris 1822. 12.
Gautier, Manuel des plantes médicinales. Paris 1822. 8.
Guibourt, Histoire abrégé des drogues simples. Paris 1822. 8. — ib. 1836. 8.
Goldbach, De plantis officinalibus Rossiae. (rossice.) Mosquae 1823. 4.
Richard, Botanique médicale. Paris 1823. 8.
Tenore, Flora medica universale e particolare della provincia di Napoli. Napoli 1823. 8.
Treviranus De plantis Orientis. unde pharmaca quaedam colliguntur accuratius determinandis. s. l. et a. 1823. 8.
Maly, De analogis plantarum affinium viribus. Pragae 1823. 8.
Ebermaier, Papilionacearum monographia medica. Berlin 1824. 8.
Niemann, J., Pharmacopoea Batava. Lipsiae 1824. 8.
Herbarium pharmaceuticum. Kiobenhavn 1824. 8.
Martius, Specimen materiae medicae Brasiliensis. (Monachii) 1824. 4.
Saint-Hilaire, Plantes usuelles des Brasiliens. Paris 1824—28. 4.
Delle Chiaje, Iconografia ed uso delle piante medicinali. Napoli 1824—25. 8.
Bunge, De relatione methodi naturalis in vires vegetabilium Dorpati 1825. 4.
Afzelius, Stirpium in Guinea medicinalium species cognitae. Upsaliae 1825. 4.
Figueiredo, Flora pharmaceutica e alimentar portugueza Lisboa 1825. 8.
Schumacher, Medicinsk Plantelaere. Kiöbenhavn 1825—26 8.
Ainslie, Materia indica. London 1826. 8.
(*Duncan*) Catalogue of medical plants. Edinburgh 1826. 8
Leo, Taschenbuch der Arzneipflanzen. Berlin 1826—27. 4.
(*Nocca*) Flora farmaceutica. Pavia 1826. 8.

Thunberg, Anvisning till de svenska pharmaceutiska växternas igenkännande. Upsala 1826. 8.
Kieseritzky, Ratio inter systema plantarum naturale earumque vires medicinales. Rigae 1826. 8.
Kickx, Descriptio plantarum officinalium et venenatarum in agro Lovaniensi. Lovanii 1827. 8.
Chevallier et *Richard*, Dictionnaire des drogues simples et composées. Paris 1827—29. 8.
Stephenson et *Churchill*, Medical botany. London 1827—30. 8. — ib. 1837. 8.
Thomson, Botanique du droguiste. Paris 1827. 12. (anglice)
Goebel et *Kunze*, Pharmaceutische Waarenkunde. (Rinden. Wurzeln) Eisenach 1827—34. 4.
Boott, On (vegetable) Materia medica. London 1827. 8.
Schuebler, Untersuchung über die fetten Oele Deutschlands. Tübingen 1828. 8.
Jourdan, Pharmacopée universelle. Paris 1828. 8. — ib. 1840. 8.
Julia de Fontenelle et *Tollard*, Manuel de l'herboriste. Paris 1828. 8.
Tollard, Manuel de l'herboriste. Paris 1828. 18.
Bluff, Heilkräfte der Küchengewächse. Nürnberg 1828 8.
Dierbach, Die neuesten Entdeckungen in der Materia medica. Heidelberg 1828 8 — Ed. II: ib. 1837—45. 8
Fée, Cours d'histoire naturelle pharmaceutique. Paris 1828. 8.
Wagner, Pharmaceutisch-medizinische Botanik. Wien 1828. gr. fol.
Recluz, Des sucs végétaux aqueux en général. Paris 1828. 8
Rafinesque, Medical Flora of the United States. Philadelphia 1828—30. 8.
Dwigubsky, Icones plantarum medicin. Rossicarum. Mosquae 1828—34 4.
Targioni, Ant., Sommario di botanica medico-farmac. Firenze 1828 8.
Smyttère, Phytologie pharmaceutique. Paris 1829. gr. 8.
Smyttère, Tableaux d'histoire naturelle médicale. Paris 1829. 8
Backer, De radicum virtutibus medicis plantarum physiologia illustrandis Amstelodami 1829. 8
Waitz, Beobachtungen über einige javanische Arzneimittel. Leipzig 1829. 8
Bischoff, Plantae medicinales. Heidelbergae 1829 4.
Bussy et *Boutron-Charland*, Moyen de reconnaître les falsifications des drogues. Paris 1829. 8.
De Smyttère, Phytologie pharmaceutique et médicale. Paris 1829. gr 8.
De Smyttère, Tableaux synoptiques d'histoire naturelle médicale Paris 1829. gr. fol
Hartmann, Pharmacologia dynamica. Vindobonae 1829. 8.
Horaninow, Systema pharmacodynamicum. Petropoli 1829. gr. 12.
Maravigna, Saggio di una Flora medica catanese Catania 1829. 4.
Anslijn, Afbeelding der Artzenijgewassen. Amsterdam 1829—39. fol.
Brandt, Tabellarische Uebersicht der offizinellen Gewächse. Berlin 1829—30. fol.
Hayne, *Brandt* und *Ratzeburg*, Darstellung der Arzneigewächse der neuen preussischen Pharmakopoe. Berlin 1829—41. 4.
Dobel, Synonymisches Wörterbuch der Arznei- und Handelsgewächse. Kempten 1830. 8.
Loiseleur, Histoire médicale des succédanées Paris 1830. 8.
Peixoto, Dissertation sur les médicamens brésiliens. Paris 1830. 4.
Nees von Esenbeck jun. et *Ebermaier*, Handbuch der medizinisch-pharmaceutischen Botanik. Düsseldorf 1830—32. 8.
Mann, Die ausländischen Arzneipflanzen. Stuttgart 1830—33. fol.
Seligmann, Liber fundamentorum pharmacologiae, auctore Abu Mansur Mowafik Ben Ali el Herwi. Vindobonae 1830—33. 8.
Guimpel et *von Schlechtendal*, Abbildung und Beschreibung aller in der Pharmacopoea borussica aufgeführten Gewächse. Berlin 1830—37 4.

Siegl, De calendario plantarum officinalium. Vindobonae s. a. 8.
Dierbach, Abhandlung über die Arzneikräfte der Pflanzen. Lemgo 1831. 8.
Lehmann, De convenientia plantarum in habitu et viribus. Vratislaviae 1831. 8.
Anslijn, Handleiding der Botanie .. tot de Artzenijmeng-Kunde. Amsterdam 1831. 8. — Leijd 1835—38. 8.
Ascherson, Pharmaceutische Botanik. Berlin 1831. 4.
Bischoff, Grundriss der medizinischen Botanik. Heidelberg 1831. 8.
Dietrich, Flora medica. Jena 1831. 4.
Richard, Élémens d'histoire naturelle médicale. Paris 1831. 8.
Schlichtkrull, De officinelle planter. Kiöbnhavn 1831. 8.
Schmidt, Beschreibung der offizinellen Pflanzen der preussischen Pharmakopoe. Berlin 1831. fol. obl.
Kosteletzky, Allgemeine medizinisch-pharmaceutische Flora. Prag 1831—36. 8.
Berg, Anleitung zur Erkennung der Arzneigewächse. Berlin 1832 8.
Bock, Plantarum officinalium in Transsilvania descriptio. Cibinii 1832. 8.
Ehrmann, Pharmaceutische Botanik. Wien 1832. 8.
Martius, Grundriss der Pharmakognosie des Pflanzenreichs. Erlangen 1832. 8.
Schmidt, Handbuch der medizinischen und Farbekräuter. Gotha 1832. 8.
Winkler, Abbildungen sämmtlicher Arzneigewächse Deutschlands. Leipzig 1832 sqq. 4.
Seligmann, Ueber drei höchst seltne persische Handschriften. Wien 1833. 8.
Graves, Hortus medicus. London 1833. 4.
Henschel, Clavis Rumphiana. (Specimen materiae medicae amboinensis.) Vratisláviae 1833. 8.
Isensee, Elementa geographiae et statistices medicinalis. Berolini 1833. 8.
Rennie, Alphabet of medical botany. Edinburgh 1833. 8.
Kunth, Anleitung zur Kenntniss der in der Pharmacopoea borussica aufgeführten Gewächse. Berlin 1834. 8.
Turpin, Flore usuelle. Paris 1834. 8.
Winkler, Handbuch der Gewächskunde. Leipzig 1834. gr. 8.
Spenner, Handbuch der angewandten Botanik. Freiburg 1834—36. 8.
Winkler, Abbildungen (und Beschreibungen) der homöopathisch geprüften Arzneigewächse. Leipzig (1834—36). 4.
Wahlenberg, Om möglighelen att, enligt vegetabiliernas naturliga analogier, a priori bestämma deras egenskaper. Upsala 1834. 8
Ditrich, Plantae officinales indigenae. Budae 1835. 8.
Goeppert, Schlesiens offizinelle Pflanzen. Breslau 1835. 8.
Jacobovics, Elenchus plantarum officinalium Hungariae. Pestini 1835. 8.
Vriese, Plantenkunde voor Apothekers en Artsen. Leiden 1835—38. 8.
Silva Manso, Enumeração das substancias brazileiras, que podem promover a catarze. Rio de Janeiro 1836. 8.
Delle Chiaje, Flora medica. Napoli 1836. 8.
Forshäll, Lärobok i pharmacien. Norrköping 1836. 8.
Spratt, The medico-botanical pocket-book. London 1836. 8.
Vavasseur, Dictionnaire universel de botanique .. médicale etc. Paris 1836. 4.
Smyttère, Précis de botanique médicale. Paris 1837. 8.
Cap, Principes élémentaires de pharmaceutique. Paris 1837. 8.
Castle, Introduction to the medical botany. London 1837. 8.
Dietrich, Handbuch der pharmaceutischen Botanik. Berlin 1837. 8.
Ilmoni, Enumeratio plantarum officinalium Fenniae. Helsingforsiae 1837. 8.

Maly, Systematische Beschreibung der deutschen Arzneigewächse. Grätz 1837. 8.
Romano, Plantae officinales Europae. Viennae 1837. 8.
Royle, An essay on the antiquity of Hindoo medicine. London 1837. 8.
Barton et *Castle*, The british Flora medica. London 1837—38. 8.
Roques, Nouveau traité des plantes usuelles. Paris 1837—38. 8.
Guillemin, Synthèses de pharmacie et de chimie. Paris 1838. 4.
Guimpel et *Klotzsch*, Pflanzenabbildungen und Beschreibungen zur Erkenntniss offizineller Gewächse. Berlin 1838. 4.
Lindley, Flora medica. London 1838. 8.
Miquel, Leerboek tot de kennis der artsenijgewassen. Amsterdam 1838. 8.
Walther, Pharmakognostisch-pharmakologische Tabellen. Mainz 1838. fol. obl.
Dietrich, Taschenbuch der Arzneigewächse Deutschlands. Jena 1838. 8.
Dietrich, Taschenbuch der ausländischen Arzneigewächse. Jena 1839. 8.
(*Quarizius*) Naturhistorisch-pharmaceutisch-botanisches Lesebuch. Magdeburg 1839. 8.
Hruschauer, Elemente der medizinischen Chemie und Botanik. Grätz 1839. 8.
Geiger, Pharmaceutische Botanik, bearbeitet von *Nees von Esenbeck* und *Dierbach* Heidelberg 1839—43. 8.
Drejer, Compendium i den medicinske Botanik. Kiöbnhavn 1840. 8.
Katzer, Uebersicht der offizinellen Pflanzen der östreichischen Pharmacopoe. Wien 1840. 8.
Loew, Botanica chemico-physiographica principalium pharmacorum. Vindobonae 1840. 8.
Schultze, Compendium der offizinellen Gewächse. Berlin 1840. 8.
(*Strumpf*) Die offizinellen Gewächse in Tabellen. Berlin 1840. gr. fol.
Sibthorp, Catalogus plantarum graecarum Dioscoridi notarum. (Flora graeca, Londini 1840. fol. vol. X, p. 83—88.)
Winkler, Real-Lexicon der medizinisch-pharmaceutischen Naturgeschichte und Rohwaarenkunde. Leipzig 1840—42. 8.
Plank, Grundriss der Veterinärbotanik. München 1840. 8.
Marquart, Pharmaceutische Naturgeschichte. Mainz 1841—42. 8.
Pasquale e *Avellino*, Flora medica della provincia di Napoli. Napoli 1841. 8.
Pohnert, De plantis medicinalibus. Vindobonae 1841. 8.
Stupper, Medizinisch-pharmaceutische Botanik. Wien 1841—43. gr. 4.
Dierbach, Synopsis materiae medicae. Heidelberg 1841—42. 8.
Walchner, Verfälschungen der Arzneimittel und Droguen. Karlsruhe 1842. 8.
Endlicher, Die Medizinalpflanzen der östreichischen Pharmacopoe. Wien 1842. 8.
Roeber, Explicatio systematis plantarum naturalis pharmaco-dynamica. Herbipoli 1842. 8.
Pereira, Materia medica. London 1842. 8.
Maschin, Plantae medicinales Bohemiae. Vindobonae 1843. 8.
Martius, Systema materiae medicae vegetabilis Brasiliensis. Lipsiae 1843. 8.
Martius, Naturell, Krankheiten und Heilmittel der Urbewohner Brasiliens. München 1843. 8.
Bischoff, Medizinisch-pharmaceutische Botanik. Erlangen 1843. 8.
Martiny, Encyclopädie der pharmaceutischen Rohwaarenkunde. Quedlinburg 1843—54. 8.
Reicholdt und *Reider*, Die pharmaceutische Waarenkunde. Leipzig 1844. 8.
Suśrutas, 'Ayurvédas. Erlangae 1844—1847. 8.
Winkler, Pharmaceutische Waarenkunde. Leipzig 1844 sqq. 4.

Berg, Handbuch der pharmaceutischen Botanik. Berlin 1845. 8.
Berg, Charakteristik der für die Arzneikunde und Technik wichtigen Pflanzengenera. Berlin 1845—49. 4.
Ziegler, Die offizinellen Gewächse. Hannover 1845. 4.
Strumpf, Systematisches Handbuch der Arzneimittellehre. Berlin 1845—48 sqq. 8.
Berg, O., Charakteristik der wichtigsten Pflanzengenera. Berlin 1845. 4.
Berg, O., Handbuch der pharmaceutischen Botanik. Berlin 1845. 8.
Handatlas medicinisch-pharmaceutischer Gewächse. Jena 1845—47. 4.
Griffith, R., Medical Botany. Philadelphia 1845. 8.
Cassone, Flora medico-farmaceutica. Torino 1846—52. 8.
Winkler, Charaktere der offizinellen Pflanzen. Leipzig (1846). 8.
Winkler, Handbuch der medizinisch-pharmaceutischen Botanik. Leipzig (1846 sqq.). 8.
Dietrich, Taschenbuch der pharmaceutisch-vegetabilischen Rohwaarenkunde. Jena 1842—46. 8.
Engelhardt, Die deutschen Arzneigewächse. Nordhausen 1846. 8.
Winkler, Getreue Abbildung aller offizinellen Gewächse. Leipzig 1846 sqq. 4. (Text)
Royle, A manual of materia medica. London 1847. 8.
Schmidt, Taschenbuch der pharmaceutisch-vegetabilischen Rohwaarenkunde. Jena 1847 sqq. 8.
Vriese, Chloris medica. Amsterdam 1847 sqq. 4.
Lindley, Medical and economical botany. London 1849. 8.
Godot, Plantes vénéneuses. Neuchâtel 1850. 8.
Liaudet, Memoranda der Materia medica. Weimar 1851. 8.
Honigberger, Arzneipflanzen aus dem Morgenlande. Wien 1851. 8.
Martius, K., Syllabus de botanica pharmaceutico-medica. (Monachii 1852.) 8.
Vriese, Medicejnhof. Leiden 1852. 8
Schleiden, Medizinisch-pharmaceutische Botanik. Leipzig 1852—57. 8.
Planellas, Flora Gallega con los usos medicos Santiago de Compostella 1852. 8.
Coze, Médicaments narcotiques. Strasbourg 1853. 4.
Engel, Médicaments astringents végétaux. Strasbourg 1853. 4.
Martius, Ostindische Rohwaarensammlung. Erlangen 1853. 8.
Kretzschmar, Südafrikanische Skizzen (Heilmittel) Leipzig 1853. 8.
Lazipière, Des émétiques végétaux. Strasbourg 1854. 8.
Soubeiran, Des applications de la botanique à la pharmacie. Paris 1854. 4.
Oudemans, Aanteekeningen op de Pharmacopoea neerlandica. Rotterdam 1854—56. 8.
Pereira, Materia medica. Ed. IV. London 1854—57. 8.
Boesu, Plantes médicales. Paris 1854. 8.
Dufour, L., Cours sur les propriétés des végétaux. Nevchâtel 1855—61. 8.
Henkel, Charakteristik der medicinischen Pflanzenfamilien. Würzburg 1856. 12.
Planchon, Hermodactes. Paris 1856. 8.
Vriese, Handelia, Geta Pertja. Leiden 1856. 8.
Tatarinow, Catalogus medicamentorum sinensium. Petropoli 1856. 8.
Bouton, Medicinal plants of Mauritius. Mauritius 1857. 8.
Rodet, Botanique agricole et médicale. Lyon 1857. 8.
Camarh-Leme, Ombellifères vénéneuses. Montpellier 1857. 8.
Berg, O. u. *Schmidt*, Darstellung sämmtlicher officinellen Gewächse. Leipzig 1858—63. 4.
Traun, Monographie des Kautschuks. Göttingen 1859. 8.
Timbal, Plantes de la Haute-Garonne employées en médicine. Toulouse 1859. 8.

Bentley, Advantages of botany to medicine. London 1860. 8.
Borsczow, Wichtigste Ferulaceen. Petersburg 1860. 4.
Moquin-Tandon, Éléments de Botanique médicale. Paris 1861. 8.
Thielens, Flore médicale belge. Bruxelles 1862. 8.
Maly, Beschreibung der Medizinalpflanzen. Wien 1863. 8.
Berg, O. und *Schmidt*, Pharmaceutische Waarenkunde. Berlin 1863—69. 8.
Grosourdy, El medico botanico criollo. Paris 1864. 4.
Heurck, Flore médicale belge. Louvain 1864. 8.
Artus, Atlas aller officinellen Gewächse Deutschlands. Leipzig 1864—67. 4.
Milne-Edwards, Solanacées. Paris 1864. 4.
Tassi, Botanica agraria medica ed industriale di Siena. Siena 1865. 4.
Berg, O. und *Schmidt*, Anatomischer Atlas zur pharmaceutischen Waarenkunde. Berlin 1865. 4.
Schroff, Pharmakologisches Institut in Wien. Wien 1865. 8.
Rostrup, Födergräser. Kjøbenhavn 1865. 4.
Patek, Giftpflanzen. Prag 1866—67. 4.
Mueller, Ferd., Das grosse illustrirte Kräuterbuch. Ulm 1866—69. gr. 8.
Oberlin, L., Aperçu des végétaux médicinaux. Paris 1867.
Flückiger, Pharmakognosie. Berlin 1867. 8.
Linke, Atlas der Giftpflanzen. Leipzig 1868. 4.
Planchon, G., Les caractères des drogues. Paris 1868. 8.
Berg, Pharmakognosie des Pflanzenreichs. Berlin 1869. 8.
Barber, Pharmaceutical map of the world, showing the habitats of all drugs in general use. London 1869. fol.
Cauvet, Nouveaux éléments d'histoire naturelle médicale. Paris 1869. 8.
Wiesner, Gummiarten, Harze und Balsam. Erlangen 1869. 8.

Cap. 38. Plantae venenatae.
Ed. 1. p. 492—93.
Conf. Fungi cap. 9, Phanerogamae cap. 15.

Petrus de Abano, Tractatus de venenis. Mantuae 1472. fol.
Ardoynis, Liber de venenis. Venetiis 1492 fol. — Basileae 1562. fol.
Arma, Opus de venenis. Taurini 1557. 8.
Ponzetti, De venenis libri tres. Basileae 1562. fol.
Grevin, Deux livres des venins. Anvers 1568. 4.
Bacci, Prolegomena de venenis. Romae 1586. 4.
Crassus, De Lolio tractatus. Bononiae 1600. 4.
Faber, Strychnomania. (Atropa Belladonna.) Augustae Vind. 1677. 4.
Sicelius, Diatribe de Belladonna. Jenae 1724. 8.
Vater, De Laurocerasi indole venenata. Wittebergae 1737. 4.
Mead, A mechanical account of poisons Ed. III: London 1745. 8.
Buechner, De venenis. Halae 1746. 4.
Herbert, De Cassavae amarae surinamensis (Jatropha Manihot) radice. Marburgi 1753. 4.
Rossi, De nonnullis plantis venenatis. Pisis 1762. 8.
Triller, De morte subita ex nimio violarum odore oborta. Wittebergae 1762. 4.
Linne, De Raphania (Raphanus Raphanistrum). Upsaliae 1763. 4.
Gmelin, De materia toxicorum vegetabilium in medicamentum convertenda. Tubingae 1765. 4.
Triller, De planta copiis Antonianis olim exitiali. Wittebergae 1765. 4

Krapf, Experimenta de Ranunculorum venenata qualitate. Viennae 1766. 8.
Spielmann, De vegetabilibus venenatis Alsatiae. Argentorati 1766. 4.
Duvernoy, De Lathyri quadam venenata specie. Basileae 1770. 4.
Langguth, De plantarum venenatarum arcendo scelere. Wittebergae 1770. 4.
Knolle, Plantae venenatae umbelliferae. Lipsiae 1771. 4.
Pohl, De plantis venenatis umbelliferis. Lipsiae 1771. 4.
Gadd, Anmaerkningar om förgiftiga wäxter i gemen. Åbo 1773. 4.
Caels, De Belgii plantis venenatis. Bruxellis 1774. 4.
Gmelin, Abhandlung von den giftigen Gewächsen. Ulm 1775. 8.
Vicat, Histoire des plantes vénéneuses de la Suisse. Yverdun 1776. 8.
Gmelin, Allgemeine Geschichte der Pflanzengifte. Nürnberg 1777. 8. — ib. 1803. 8.
Spalowsky, De Cicuta, Flammula Jovis etc. Vindobonae 1777. 8.
Hirzel, Geschichte einer giftigen Art Erbsen (Lathyrus sativus). In *Linguet* et *Tissot*. Zürich 1780. 8.
Mayr, De venenata Ranunculorum indole. Viennae 1783. 8.
Bulliard, Histoire des plantes vénéneuses et suspectes de la France. Paris 1784. fol.
Halle, Die deutschen Giftpflanzen. Berlin 1784—93. 8. — ib. 1801—5. 8.
Plenck, Toxicologia. Viennae 1785. 8.
Puihn, Materia venenaria regni vegetabilis. Lipsiae 1785. 8.
Boehmer, Cyano segetum nuper imputatum virus limitatur. Wittebergae 1787. 4.
Schulze, Toxicologia veterum. Halae 1788. 4.
Thunberg, Arbor toxicaria macassariensis. Upsaliae 1788. 4.
Kolbani, Ungarische Giftpflanzen. Pressburg 1791. 8.
Boehmer, De plantis .... e foro proscribendis. Wittebergae 1792. 4.
Martius, Ueber den Macassarischen Giftbaum. Erlangen 1792. 4.
Doeltz, Versuche über Pflanzengifte. Nürnberg 1792. (8.)
Dunker, Beschreibung der Giftpflanzen. Brandenburg 1796—97. 12.
Frege, Anleitung zur Kenntniss der Giftpflanzen. Kopenhagen 1796. 8.
Erdmann, Sammlung sächsischer Giftpflanzen. Dresden 1797. fol.
Kerner, Deutschlands Giftpflanzen. Hannover 1798. 4
Siemssen, Radicum Solani tuberosi innocentia. Rostockii 1798. 8.
Mayer, Einheimische Giftgewächse. Berlin 1798—1800. 8.
Buhle, Die wichtigsten deutschen Giftpflanzen. Cöthen 1804. fol.
Hechenberger, Salzburgische Giftpflanzen. Salzburg 1804—6. fol.
Kohlhaas, Giftpflanzen. Regensburg 1805. 4.
Laisney, Dissertation sur quelqes plantes vénéneuses. Montpellier, an XIV. 4.
Raffeneau-Delile, Sur les effets d'un poison de Java, appelé Upas tieuté, et sur la noix vomique, la fève de St. Ignace, le Strychnos potatorum et la pomme de Vontac. Paris 1809. 4.
Magendie, Examen de l'action de quelques végétaux sur la moëlle épinière. Paris 1809. 8.
Tesnière, Essai sur les poisons végétaux. Montpellier 1809. 4.
Orfila, Traité des poisons, ou Toxicologie générale. Paris 1813—15. 8. — Ed. III: ib. 1826. 8.
Goetz, Abbildungen deutscher Giftpflanzen. Weimar 1817. 8.
Juch, Die Giftpflanzen. Augsburg 1817. fol.
Targioni-Tozzetti, Malattia prodotta dal Rhus Vernix. (Firenze 1817.) 4.
Ljungberg, De plantis venenatis. Upsaliae 1822. 4.
Dietrich, Deutschlands Giftpflanzen. Jena 1826. 8.
Ricord-Madianna, Recherches et expériences sur les poisons d'Amérique (Spigelia anthelminthica L. et Hippomane Mancinella L.). Bordeaux 1826. 4.
Buchner, Toxicologie. Nürnberg 1827. 8.
Hegetschweiler und *Labram*, Die Giftpflanzen der Schweiz. Zürich s. a. 4

Mann, Deutschlands Giftpflanzen. Stuttgart 1829. fol.
Schulz, Deutschlands Giftpflanzen. Berlin (1829). 4. obl.
Vogel, Anleitung zur Kenntniss der Giftpflanzen. Crefeld 1829. 8.
Plato, Deutschlands Giftpflanzen. Leipzig 1829—40. 8.
Numan et *Marchand*, Sur les propriétés nuisibles des fourrages par des productions cryptogamiques. Groningae 1830. 8.
Winkler, Sämmtliche Giftgewächse Deutschlands. Berlin 1831. 8.
Wunschmann, Deutschlands Giftpflanzen. Berlin 1833. 8.
Iser, De Papaveraceis venenatis Bohemiae. Pragae 1834. 8
Komma, Toxicologia Solaninarum indigenarum. Pragae 1834. 8.
Lilienfeld, Umbelliferae venenatae Cechiae. Pragae 1834. 8.
Ruda, Phytotoxicologiae cechicae tentamen. (Ranunculaceae venenatae.) Pragae 1834. 8.
Schedlbauer, Phytotoxicologia cechica. Pragae 1834. 8.
Otto, Die vorzüglichsten in Thüringen wildwachsenden Giftpflanzen. Rudolstadt 1834. 8. — ib. 1842. 8.
(Jakubowski) Gpis roślin i bedlek jadowitych. Poznàn 1835. 8.
Taddei, Repertorio dei veleni e contravveleni. Firenze 1835. 8.
Henry, Die Giftpflanzen Deutschlands. Bonn 1836. 8.
Miquel, De nord-neederlandsche vergiftige gewassen. Amsterdam 1836. fol.
Rullmann, Die Giftpflanzen Deutschlands. Kassel 1837. 8.
Schottlaender, Giftpflanzen Deutschlands. Ulm 1837. 8.
Wahlenberg, De notione antidoti. Upsaliae 1837. 8.
Brandt, *Phoebus* et *Ratzeburg*, Abbildung und Beschreibung der deutschen Giftgewächse. Berlin 1838. 4.
Kreutzer, Oestreichs Giftgewächse. Wien 1838. 8.
Phoebus, Deutschlands kryptogamische Giftgewächse. Berlin 1838. 4.
Schmidt, Wilhelms Wanderungen. Erfurt 1838. 8.
Derive, Flore vénéneuse de la province de Liège. Verviers 1839. 12.
Grabacher, De venenis narcoticis. Vindobonae 1840. 8.
Guenther et *Bertuch*, Pinakothek der deutschen Giftgewächse. Jena 1840. 4.
Praschil, Plantae venenatae in territorio vindobonensi. Viennae 1840. 8.
Schuetz, De Taxo baccata ejusque veneno. Vratislaviae 1840. 8.
Spieler, De plantis venenatis Silesiae. Vratislaviae 1841. 8.
Prestele, Die wichtigsten Giftpflanzen Deutschlands. Friedberg 1843. 8.
Hochstetter, Die Giftgewächse Deutschlands und der Schweiz. Esslingen 1844. 8
Spiekerkoetter, Die Giftpflanzen Deutschlands. Minden 1844. 8.
Spiekerkoetter, Anleitung zur Kenntniss der Giftpflanzen. Minden 1844. 8.
Berge und *Riecke*, Giftpflanzenbuch. Stuttgart 1845. 4.
Lucas, De Solano tuberoso ejusque principio narcotico. Hirschberg 1846. 8.
Schneider, Die vorzüglichsten Giftpflanzen. Konstanz 1847. imp. fol

---

Cap. 39. Plantae usuales et agricultura.

Conf. Auctores veteres Cap. 3, §. 2—4, Monographiae Cap. 7.

Ed. I: *Botanica oeconomica, cultura et usus plantarum singularum, plantae tinctoriae, utiles, materia alimentaria, varia potus genera,* p. 471—80.

Cato, De re rustica. Ed. I: Venetiis 1472. fol. — Lipsiae 1794. 8.
Columella, De re rustica libri XII et liber de arboribus Venetiis 1523. 4. — Lipsiae 1794. 8.
Palladius, De re rustica libri. Ed. I. Venetiis 1472. fol. — Lipsiae 1795. 8.
Varro, De re rustica libri tres. Ed. 1. Venetiis 1472. fol. — *Rottboell*, Anmärkinger til *Cato* de re rustica. Kiöbenhavn 1790. 4.
Albertus magnus, De vegetabilibus liber VII. (c. 1260) no. 89—91.
Petrus de Crescentiis, Opus ruralium commodorum. Ed. I: Aug. Vind. 1471. fol. (pluries)
Apicius Caelius, De opsoniis et condimentis libri X. Venetiis 1500. 4.
Camerarius, Opuscula de re rustica. Noribergae 1577. 4.
Bussato, Giardino di agricultura. Venezia 1592. 4. — Ed. V: 1781. 8.
Serres, Le théâtre d'agriculture et mesnage des champs. Paris 1600. fol. — ib. 1804—5. 4.
Bacon, Fr, Ten centuries of natural history Lond. 1621. — latine: Sylva sylvarum. London 1627. fol.
Tilemann, Praxis botanica, methodus .. culturae plantarum. Herbipoli 1657. 8.
Sperling, Carpologia physica posthuma. Wittebergae 1661. 8.
Franke de Frankenau, Lexicon vegetabilium usualium. Argent. 1672. 12.
Splitgerber, Drey Tractate von Cafe, The, und Chocolata. Budissin 1688. 8.
Blair, Miscellaneous observations. (Some botanical improvements communicated to Mr. *Petiver*.) London 1718. 8.
Buechner, Sonderbare Vermehrung der Feldfrüchte. Schneeberg 1718. 4.
Orth, Flora deliciosa. Herbipoli 1723. 8.
Bradley, Dictionarium botanicum .. in husbandry and gardening. London 1728. 8.
Evelyn, Terra. London 1729. fol. — York 1786. 4.
Miller, The gardeners dictionary abridged. London 1735. 8 — ib. 1771. 4.
Rohr, Traktat von dem Nutzen der Gewächse. Coburg 1736. 8.
Geoffroy, An omne esculentum vegetabile cultura salubrius? Paris 1747. 4
Linné, Flora oeconomica. Upsaliae 1748 4.
Linné, Pan suecicus. Upsaliae 1749. 4.
Linné, Plantae esculentae patriae. Upsaliae 1752 4.
Linné, Hospita insectorum Flora. Upsaliae 1752. 4.
Wallerius, De artificiosa foecundatione immersiva seminum. Holmiae 1752. 4.
Ehrhart, Unterricht von einer zu verfassenden Pflanzenhistorie. Memmingen 1752. 4.
Ehrhart, Oekonomische Pflanzenhistorie. Ulm und Memmingen 1753—62. 8.
Kalm, Possibilitas vegetabilia fabricis utilia colendi Aboae 1754. 4.
Kalm, De praerogativis Finlandiae praecipue quoad plantas spontaneas in bellariis adhibitas. Aboae 1756. 4
Kesselmeyer, De quorundam vegetabilium principio nutriente Argentorati 1759. 4.
Buchoz, Lettres périodiques. Paris 1759—70. 8.
Linné, Plantae tinctoriae. Upsaliae 1759. 4.
Kalm, Om nyttan af våra inhemska växter kännande. Åbo 1760. 4
Trozelius, Tankar om en Hushållares upmärksamhet vid växtriket Lund 1760. 4.
Boehmer, De serendis vegetabilium seminibus. Wittebergae 1761. 4
Paulli, Dansk oeconomisk urte-bog. Kiöbenhavn 1761. 8.
Wallerius, Elementa agriculturae physico-chemica. Upsaliae 1761. 4.
Gehler, De nexu studii botanici cum oeconomico. Lipsiae 1763. 4.
Zanon, Dell' agricoltura etc. Venezia 1763—71. 8.
Linné, Fructus esculenti. Upsaliae 1763. 4.
Linné, Hortus culinaris. Holmiae 1764. 4.
(Duchesne) Manuel de botanique. Paris 1764. 8.

CAP. 39. PLANTAE USUALES

Strange, Lettera sopra l'origine della carta naturale di Cortona. Pisa 1764. 4.
Schreber, Abhandlung vom Grasbaue. Leipzig 1764. 8.
Plaz, De plantarum cultura. Lipsiae 1764. 4.
Cartheuser, De radicibus esculentis. Francofurti 1765. 4.
Arduino, Memorie sopra la coltura e usi di varie piante. Padova 1766 4
Spielmann, Olerum Argentoratensium fasc. Argentorati 1769—70. 4.
Joerlin, De usu plantarum indigenarum. Londini Gothorum 1769. 4.
Trozelius, Tankar om Såcker och Sirup af inhemska växter. Lund 1771 4.
Buchoz, Manuel alimentaire des plantes. Paris 1771. 8.
Beunie, Welk zyn de profytelykste planten van dit land? Brüssel 1772. 4.
Du Rondeau, Plantes utiles des Pays-Bas. Bruxelles 1772. 4.
Plants of use for food, medicine etc. in Otaheite. (*Parkinson*, Voyage. London 1773. 4. p. 37—50.)
Schreber, Beschreibung der Quecke. Leipzig 1772. 4.
(*Reuss*) Kenntniss der Malern und Färbern nützlichen Pflanzen. Leipzig 1776. 8.
Svenonius, De usu plantarum Islandae in arte tinctoria. Hafniae 1776. 8
Huth, Vom Entstehen des Schwammes in den Gebäuden. Halberstadt 1776. 8.
Gleditsch, Geschichte aller in Arznei und Haushaltung nützlich befundnen Pflanzen Berlin 1777. 8.
Kluk, Plantarum utilium cultura (polnice). w Warszawie 1777—80. 8.
Suckow, Oekonomische Botanik. Mannheim 1777. 8.
Bergius, Materia .. culinaris. Stockholm 1778—81. 8.
Cossigny, Essai sur la culture de l'Indigo. Isle de France 1779. 4.
Gmelin, Abhandlungen von den Arten des Unkrauts. Lübeck 1779. 8.
Willemet, Phytographie économique de la Lorraine. Nancy 1780. 8.
Lorenz, Grundriss der Botanik für Landwirthe Leipzig 1781. 8.
Rozier, Cours complet ou Dictionnaire d'agriculture. Paris 1781—1805. 8.
Kerner, Handlungsprodukte aus dem Pflanzenreich. Stuttgart 1781—86 fol
Maerter, Vorstellung eines ökonomischen Gartens. Wien 1782. 8.
Bertholon, De l'électricité des végétaux. Paris 1783. 8.
Brugmans, Quaenam sunt plantae inutiles et venenatae, quae prata inficiunt? Groningae 1783. 8.
Bryant, Flora diaetetica London 1783. 8.
Boehmer, De satione mixta. Wittebergae 1784. 4.
Plenck, Bromatologia. Viennae 1784. 8.
Bergius, Tal om Läckerheter. Stockholm 1785. 8.
Ström, Underretning om den islandske Moos, Mariegraesset och Gejtnaskoven Kiöbenhavn 1785. 8.
Kerner, Abbildung aller ökonomischen Pflanzen. Stuttgart 1786—96 4.
Weigel, De fructibus esculentis Javae. Gryphiae 1786. 4.
Forster, De plantis esculentis insularum oceani australis. Berolini 1786. 8
Dambourney, Teintures solides des végétaux indigènes. Paris 1786. 8.
Amoreux, Recherches sur les divers Lichens. Lyon 1787. 8.
Thiery de Menonville, Traité de la culture du Nopal. Au Cap-français 1787. 8.
Stein, Versuche über Angewöhnung ausländischer Pflanzen an den westphälischen Himmelsstrich. Mannheim 1787. 8.
Viborg, Efterretning om Sandvexterne. Kiöbenhavn 1788. 4.
Geuns, Verhandeling over de inlandsche nyttige plantgewassen. Haarlem 1789. 8

Castiglioni, Osservazioni sui vegetabili piu utili degli Stati Uniti. (Viaggio. Milano 1790. 8. vol II, 169—402.)
Curtis, Practical observations on the british grasses. Ed. II: London 1790. 8. — Ed. IV: London 1805. 8.
Swayne, Gramina pascua. Bristol 1790. fol.
Bryant, A dictionary of the ornamental trees and plants. Norwich (1790). 8.
Graefer, A descriptive catalogue of plants. London (1791). 8.
Hagen, De plantis in Prussia cultis. Regiomonti 1791—179x. 8.
Brez, La Flore des insectophiles. Utrecht 1791. 8.
Leblond, Essai sur l'art de l'indigotier. (Paris) 1791. 8.
Boehmer, De plantis segeti infestis et auctoritate publica exstirpandis, custodiendis et e foro proscribendis. Wittebergae 1792. 4.
Happe, Abbildung ökonomischer Pflanzen. Berlin 1792—94. fol.
Martyn, Flora rustica or accurate figures etc. Lond. 1792—94. 8.
Olivi, Dell' Ulva atropurpurea. (Padova) 1793. 4.
Suckow, Bezeichnung der vornehmsten Pflanzen. Jena 1794. 8.
Villar, Catalogue des substances végétales qui peuvent servir à la nourriture de l'homme. Grenoble, an II. 8.
Boehmer, Technische Geschichte der Pflanzen. Leipzig 1794. 8.
Hornemann, Forsög til en dansk oeconomisk plantelaere. Kjobenhavn 1795. 8. — Ed. III: ib. 1821—37. 8.
Niemecsky, De plantis parasiticis aliisque segeti obstantibus. Francofurti a/M. 1795. 8.
Viborg, Bestemmelse af de i danske Lov omtalte Sandvexter. Kiöbenhavn 1795. 8.
Olin, Plantae suecanae annonae difficultate urgente victui humano inservientes. Upsaliae 1797—98. 4.
(*Buchoz*) Flore économique des environs de Paris. Paris 1797. 8.
Gaertner, *Meyer* et *Scherbius*, Oekonomisch-technische Flora der Wetterau. Frankfurt a/M. 1799—1802. 8.
Senger, Die älteste Urkunde der Papierfabrikation. Dortmund 1799. 8. — Kritik dieser Schrift. Essen 1800. 8.
Darwin, Phytologia, or the philosophy of agriculture and gardening. London 1800. 4.
Twent, Het planten op Duinen van Raaphorst. Gravenhage 1800. 8.
Buchoz, Manuel tinctorial des plantes. Paris 1800. 8.
Mauke, Grasbüchlein. Leipzig 1801. 4. — ib. 1818. 4.
Duplessy, Des végétaux résineux. Paris 1802. 8.
Whistling, Oekonomische Pflanzenkunde. Leipzig 1805—7. 8.
Friebe, Oekon.-technische Flora für Lief-, Esth- und Kurland. Riga 1805. 8.
Westring, Svenska Lafvarnas Färghistoria. Stockholm 1805. (1803-1809.) 8.
Biroli, Flora economica del dipartimento dell' Agogna. Vercelli 1805. 8.
Retzius, Försök till en Flora oeconomica Sueciae. Lund 1806. 8. Anhang: ib. 1812. 4.
Retzius, De plantis cibariis Romanorum. Lundae 1808. 4.
Gallizioli, Elementi botanico-agrari. Firenze 1809—12. 8.
Crome, Pflanzenkunde für Landwirthe. Hannover 1810—11. 8.
Lagasca, Lista de plantas de la China, del Japon, Amboyna, Malabar y Filipinas conaturalizadas en España. (— Amenidades. Orihuela 1811. 4.)
Wredow, Oekonomisch-technische Flora Meklenburgs. Lüneburg 1811—12. 8.
Crome, Der Boden und sein Verhältniss zu den Gewächsen. Hannover 1812. 8.
Davy, Elements of agricultural chemistry. London 1813. 4. — ib. 1839. 8.
Gouffé de la Cour, Mémoires sur les végétaux exotiques qui peuvent être naturalisés dans le midi de la France. Marseille 1813. 8.

CAP. 39. PLANTAE USUALES

Veith, Abriss der Kräuterkunde. Wien 1813. 8.
Thunberg, De utilitate plantarum suecicarum. Upsaliae 1813. 4.
Megerle von Mühlfeld, Oestreichs Färbepflanzen. Wien 1813. 8.
Marzari-Pencati, Sull' introduzione del Lichene islandese come alimente in Italia. Venezia 1815. 4.
Hornemann, Om Berberissen kan frembringa kornrust? Kiobnhavn 1816. 8.
Sinclair, Hortus gramineus woburnensis. London 1816. fol. — ib. 1825. 8. — ib. 1838. 8.
Murphy, Treatise on agricultural grasses. London 18xx. 8.
North, An account of the different Kinds of grasses propagated in England. London s. a. 8.
Sandalio, Lecciones de agricultura. Madrid 1816. 4.
Gmelin, K. C., Nothhülfe gegen Mangel aus Misswachs. Karlsruhe 1817. 8.
Wodzicki, O chodowaniu, użytku etc. W Krakówie 1818. 8. — ib. 1825. 8.
Hofman-Bang, De usu Confervarum in oeconomia naturae. Hafniae 1818. 8
Hoorebeke, Mémoire sur les Orobanches. Gand 1818. 8.
Berchtold et *Presl*, O Přiozenosti Rostlin, aneb Rostlinář etc. W Praze 1820. 4.
Dallaporta, Prospetto delle piante di alimento o di rimedio nell' isola di Cefalonia. Corfu 1821. 4.
Phillips, History of cultivated vegetables. London 1822. 8.
Savi, Sulla naturalizazione delle piante. (Pisa 1822.) 8.
Zenneck, Oekonomische Flora. Stuttgart und Prag 1822. 4.
Sabine, Some account of the edible fruits of Sierra Leone. London 1824. 4.
Bosc, Traité élémentaire de physique végétale appliquée à l'agriculture Paris (1824). 8.
(*Sadler*) De Stipae noxa. Pestini 1825. 8.
Siebold, Tabulae synopticae usus plantarum. Dezima 1827. fol.
Siebold, Synopsis plantarum oeconomicarum universi regni japonici. (Dezima 1827.) 8.
Chamisso, Uebersicht der nutzbarsten und schädlichsten Gewächse. Berlin 1827. 8.
Schmidt, Allgemeine ökonomisch-technische Flora. Jena 1827—29. 8.
Fischer, Beschreibung aller Gift-, Arznei- und Futtergewächse. Neuzelle 1827. 8.
Teindl, Die Unkrautpflanzen. Wien 1827. 8.
Thouin, Cours de culture et de naturalisation des végétaux. Paris 1827. 8. et Atlas.
Hundeshagen, Lehrbuch der forst- und landwirthschaftlichen Naturkunde. Tübingen 1827—30. 8
Medicus, L. W., Zur Geschichte des künstlichen Futterbaues. Nürnberg 1829. 8.
Numan et *Marchand*, Sur les propriétés nuisibles des fourrages par des productions cryptogamicques. Groningue 1830. 8.
Loudon, Hortus britannicus. London 1830—32. 8. — ib. 1839. 8.
Vegetable substances. London 1830—33. 8.
Zenker und *Schenk*, Merkantilische Waarenkunde. Jena 1831—35. 4.
Perrottet, Observations sur les essais de culture tentés au Sénégal. Paris 1831. 8.
Schuebler, Grundsätze der Agrikulturchemie. Leipzig 1831. 8. — ib. 1838. 8.
Porter, The tropical agriculturist. London 1833. 8.
Reum, Oekonomische Botanik. Dresden 1833. 8.
Wahlberg, Anvisning till svenska foder-växternas kännedom. Stockholm 1835. 8
Lawson, The agriculturists manual. Edinburgh 1836. 8.
Delile, Essais d'acclimations à Montpellier. (Montpellier 1836.) 8.
Vogeli, Flore fourragère. Paris 1836. 8.
Dierbach, Grundriss der ökonomisch-technischen Botanik. Heidelberg 1836—39. 8.
Berchtold, Oekonomisch-technische Flora Böhmens. Prag 1836—41. 8.
Vavasseur, Dictionnaire universel de botanique agricole, médicale et industrielle. Paris 1836. 4.
Duchesne, Repertoire des plantes utiles. Paris 1836. 8.
Morren, Les siècles et les legumes. Liège 1837. 8.
Lilja, Flora öfver Sveriges odlade vexter. Stockholm 1839—40. 8.
Sigfried, Die Pflanzen in ihrer Anwendung etc. Zürich 1840. 8
Schmalz, Theorie des Pflanzenbaues. Königsberg 1840. 8.
Vaux, Outlines of tilling land. London 1840. 8.
Biasoletto, Conspectus plantarum oeconomicarum Istriae. (Pittoreskes Oestreich, no. 13.) Wien 1840. 4.
Metzger, Landwirthschaftliche Pflanzenkunde. Heidelberg 1841. 8.
Dietrich, Deutschlands ökonomische Flora. Jena 1841—43. 8.
Langethal, Lehrbuch der landwirthschaftlichen Pflanzenkunde. Jena 1841—45. 8.
Spry, Introduction of useful . plants. Calcutta 1841. 8.
Burnett, Plantae utiles tres. London 1842—50. 8.
Boutelou, Acclimatisacion de plantas ecsóticas. Sevilla 1842. 4.
Schmalz, Anleitung zur Kenntniss und Anwendung eines neuen Ackerbausystems. Leipzig 1842. 8.
Yates, Textrinum antiquorum. London 1843. 8.
Uslar, Die Bodenvergiftung durch die Wurzelausscheidungen Altona 1844. 8.
Lecoq, Traité des plantes fourragères. Paris 1844. 8.
Hitzer, Die Lebensdauer der Pflanzen. Berlin 1844. 8.
Visiani, Fecondazione e fruttificazione della vaniglia nell' orto di Padova. Venezia 1844. 4.
Wężycki, Zielnick ekonomiczno-techniczny. Vilnae 1845. 8.
Braconnot, De l'influence du sol sur la végétation. Nancy 1845 8.
Hasskarl, Aanteekeningen over het nut door de Bewoners von Java aan eenige planten van dat Eiland toegeschreven. Amsterdam 1845. 8.
Eichelberg, Naturgetreue Abbildungen und Beschreibungen der Handelsgewächse. Zürich 1845. gr. 8.
Lankester, History of plants yielding food. London 1845. 12.
Rouchadart, Recherches sur la végétation appliquées à l'agriculture. Paris 1846. 12.
Herrmann, Oekonomische Pflanzenkunde. Kolberg 1846 8.
Sprengel, Erfahrungen im Gebiete der Pflanzenkultur. Leipzig 1847. 8.
Wolff, Die chemischen Forschungen auf dem Gebiete der Agricultur und Pflanzenphysiologie. Leipzig 1847. 8.
Darlington, Agricultural Botany. Philadelphia 1847. 8.
Shier, The starchproducing plants of British Guiana. Demerara 1847. 8.
Mouchon, Dictionnaire de bromatologie végétale exotic. Paris 1847—48. 8.
Hoefer, F., Dictionnaire de botanique practique. Paris 1850. 8.
Griffith, W., Palms of British East India. Calcutta 1850. fol.
Cohn, Die Menschheit und die Pflanzenwelt. Breslau 1851. 8.
Moe, De norske Foderväxter. Christiania 1852. 8.
Reisseck, Die Fasergewebe des Leines, des Hanfes, der Nessel und Baumwolle. Wien 1852. fol.
Calwer, Landwirthschaftlich-technische Pflanzenkunde. Stuttgart 1852—55. 4.
Schacht, Prüfung der Handels-Gewebe. Berlin 1853. 8.
Archer, Popular economic botany. London 1853. 8.

Visiani, Piante insetifughe, Pyrethrum roseum et synairfolium. Padova 1853–54. 8.
Martius, T., Die ostindische Rohwaarensammlung der Universität. Erlangen 1853. 8.
Macquart, Les plantes et leurs insectes. Lille 1853–55. 8.
Reymond, Flore utile de la France. Paris 1854. 8.
Cultivation of hemp in India. Agra 1855. 8.
Langethal, Lehrbuch der landwirthschaftlichen Pflanzenkunde. Ed. III Jena 1855–64. 8.
Vinson, Plantes utiles de l'île de Bourbon. Paris 1855. 4.
Bibra, Die narkotischen Genussmittel. Nürnberg 1855. 8.
Royle, The fibrous plants of India. London 1855. 8.
Hooker, W. J., Museum of economic botany. London 1855. 8.
Jaubert, La botanique à l'exposition universelle. Paris 1855. 8.
Vilmorin, Plantes potagères. Paris 1856. 12.
Alefeld, Bienenflora. Darmstadt 1856–63. 8.
Heuzé, Plantes fourragères. Versailles 1856. 8.
Wirtgen, Landwirthschaftliche und technische Pflanzenkunde. Coblenz 1857–60. 8.
Hall, Toegepaste kruidkunde. Groningen 1857. 8.
Thibierge, L'amidon du marron d'Inde. Paris 1857. 8.
Rodet, Botanique agricole et médicale. Lyon 1857. 8.
Sharp, Tropical vegetable fibres. London 1857. 8.
Hooker, W. J, Paris Universal Exhibition. London 1857 8.
Drury, Useful plants of India with vernacular names. Madras 1858. 8.
Kühn, J, Die Krankheiten der Kulturgewächse. Berlin 1858. 8.
Bosch, Manual de botanica a la agricultura y industria. Madrid 1858. 8.
Heuzé, Les plantes industrielles. Paris 1859–60. 8.
Wilde, Lepidopterische Botanik. Berlin 1860–61. 8.
Bibra, Die Getreidearten und das Brod. Nürnberg 1860. 8.
Dufour, L., Propriétés des végétaux et leurs applications. Neuchatel 1861. 8.
Vriese, Minjak Tankawag. Leiden 1861. 4.
Rosenthal, Synopsis plantarum diaphoricarum Erlangen 1862. 8.
Pappe, Florae cap. medicae prodromus. Capetown 1862. 8.
Heldreich, Nutzpflanzen Griechenlands. Athen 1862. 8
Piesse, Art of perfumery. London 1862. 8.
Sowerby, Useful plants. London 1862. 8.
Schuebeler, Die Kulturpflanzen Norwegens. Christiania 1862. 4.
Schuebeler, Synopsis of the vegetable products of Norvey. Christiania 1862 4.
Buchenau, Producte der Industrieausstellung. Ein Bericht Bremen 1863. 8.
Squier, Tropical fibres. London 1863. 8.
Piesse, Lectures on perfumes. London 1865. 8.
Dickson, Fibre plants of India. Dublin 1865. 8.
Archer, Profitable plants. London 1865. 8.
Gourdon, Nouvelle Iconographie fourragère. Toulouse 1865–67. 8.
Rostrup, Afbildning of de vigtigste Födergräser. Kjøbenhavn 1865. 4.
Claye, Culture des plantes aromatiques in Portugal et dans ses colonies. Paris 1865. 8.
Tassi, Botanica agraria, medica ed industriale di Siena. Siena 1865. 4.
Kirschleger, Le monde végétale, rapports avec les us sur les bords du Rhin. Strasbourg 1866. 8.
Netto, Collecção das plantas economicas do Brasil. Paris 1866 8.
Thozet, Roots and Fruits used as Food by the Aboriginals of N. Queensland. Rockhampton 1866. 8

Mueller, Ferd., Das grosse illustrirte Kräuterbuch. Ulm 1866–69. gr. 8.
Alefeld, Landwirthschaftliche Flora. Berlin 1866. 8.
Ansbergue, Flore fourragère. Lyon 1866. fol.
Johnson, Useful plants of Great Britain. London 1867. 8.
Langethal, Gewächse Deutschlands für die Landwirthschaft. Jena 1868. 8.
Loebe, Landwirthschaftliche Flora. Leipzig 1868. 4.
Meinshausen, Synopsis plantarum diaphoricarum Florae ingricae Petersburg 1869. 8.
Thozet, Nutritive plants of New Queensland. Rockhampton 1869. 8.
Hehn, Kulturpflanzen. Berlin 1870. 8.
Husemann, Pflanzenstoffe. Berlin 1870. 8.
Wiesner, Indische Faserpflanzen. Wien 1870. 8.
Vilmorin, Fleurs de pleine terre. Ed. III. Paris 1870. 8.
Netto, Botanica applicada do Brasil. Rio 1871. 8.

Cap. 40. Plantae hortenses.

Conf. Monographiae cap. 13, Horti bot. cap. 16, Arbores cap. 11.

Estienne (Stephanus), De re hortensi libellus. Lugduni 1536. 8
Le Court (Curtius), Hortorum libri triginta. Lugduni 1560. fol.
Franeau, Jardin d'hyver ou cabinet des fleurs. Dovay 1616. 4.
Parkinson, Paradisi in sole Paradisus terrestris. London 1629. fol.
Cluyt, Memorie der vreemder blom-bollen. Amsterdam 1631. 8.
Lauremberg, Horticultura. Francofurti a/M. (1632). 4.
Lauremberg, Apparatus plantarius. Francofurti a/M. (1632). 4.
Ferrari, Flora seu de florum cultura libri IV. Romae 1633. 4.
Bloch, Horticultura danica. Havniae 1647. 4.
Stengelius, Hortensius et Dea Flora cum Pomona. Aug. Vind. 1647. 12.
Collaert, Florilegium. s. l. et a. 4.
(Thomasius) De laudibus florum Lipsiae 1652. 4.
Toulouze, Livre des bouquets de fleurs. Montpellier 1655. fol.
Morin, Remarques necessaires pour la culture des fleurs. Paris 1658. 4.
Sharrock, The history of the propagation and improvement of vegetables. Oxford 1660. 8.
Rea, Flora, seu de florum cultura. (Flora, Ceres, Pomona.) London 1665. fol.
Elsholz, Neuangelegter Gartenbau. Cölln a/d. Spree 1666. 4. — Ed. IV: Leipzig 1715. fol.
Munting, Waare oeffening der planten. Amsterdam 1672. 4.
Rudbeck, Propagatio plantarum botanico-physica. Upsaliae 1686. 8.
Packbusch, De varia plantarum propagatione. Lipsiae 1695. 4.
Stisser, Botanica curiosa. Helmstedt 1697. 8.
Sacconi, Ristretto delle piante. Vienna 1697. 4.
Bradley, New improvements of planting and gardening. London 1717. 8. — Ed. VI: ib. 1731. 8.
Bradley, Treatise of Husbandry and Gardening. London 1724. 4.
Bradley, New experiments to the generation of plants. London 1724. 8.
Miller, The gardeners and florists dictionary. London 1724 8. — The gardeners dictionary. London 1731. fol. — Ed. IX. by Th. Martyn. 1797–1804. fol. — The gardeners dictionary abridged. London 1735. 8. — 1771 4.
Clarici, Istoria e coltura delle piante. Venezia 1726. 4.
Bradley, Dictionarium botanicum. in husbandry and gardening. London 1728. 8.

Linne, De horticultura academica. Upsaliae 1754. 4.
Hill, The origin and production of proliferous flowers. London 1759. 8.
Catesby, Hortus britanico-americanus or .. trees and shrubs of .. North-America. London 1763. fol.
Arena, La natura e coltura de' fiori. Palermo 1767—68. 8.
Weston, Botanicus universalis et hortulanus. Londini 1770—77. 8.
(*Le Berryais*) Traité des jardins, ou le nouveau De la Quintinye. Paris 1775. 8. — ib. 1789. 8.
Mayer, Mein Garten. Frankfurt 1778. 8.
Swinden, The beauties of Flora, or flower and Kitchen garden. London 1778. 8.
Medicus, Beiträge zur schönen Gartenkunst. Mannheim 1782. 8.
Lueder, Botanisch-praktische Lustgärtnerei. Leipzig 1783—86. 4.
Sowerby, Flora luxurians or the florists delight. London (1789—91). fol.
Bryant, A dictionary of the ornamental trees and plants. Norwich (1790). 8.
Lidbeck, Horticultura academica. Lundae 1791. 4.
Roemer, J. J., Encyclopädie für Gärtner. Tübingen 1797. 8.
Darwin, Phytologia or the philosophy of agriculture and gardening. London 1800. 4.
Batsch, Der geöffnete Blumengarten. (Le jardin ouvert.) Weimar 1802. 8
Du Mont de Courset, Le botaniste cultivateur. Paris 1802. 8. — Ed. II: Paris 1811—14. 8.
Dietrich, F. G., Lexicon der Gärtnerei und Botanik. Berlin 1802—10. 8.
Vassalli, Della fecondazione arteficiali delle piante. (Torino 1802.) 12.
Sprengel, Gartenzeitung. Halle 1804—6. 4.
Prevost, Collection des fleurs et des fruits peints d'après nature. Paris 1805. fol.
Medicus, Beiträge zur Kultur exotischer Gewächse. Mannheim 1806. 12.
Bessa, Fleurs et fruits gravés et coloriés. Paris 1808. fol. max.
Knight, On the cultivation of the Proteaceae London 1809. 4. — A selection from his physiological and horticultural papers. London 1811. 8.
Broegelmann, Beschreibung im letzten Jahrzehend entdeckter Pflanzen. Frankfurt a/M. 1812. 8.
Cotta, L'antologista botanico. Torino 1813—14. 8.
Spaendonck, Fleurs dessinées d'après nature. Paris s. a. fol. — Souvenirs. Paris 1825. fol. obl.
Edwards et *Lindley*, The botanical Register. London 1815—46. XXXII voll. 8.
Hosack, Discourse before the New York horticultural society. New York 1824. 8.
Morris, The botanists manual. London 1824. 8.
Phillips, Flora historica. London 1824. 8.
Morris, Flora conspicua. London 1825. 8.
Dietrich, F. G., Neu entdeckte Pflanzen. Berlin 1825—37. 8.
Loudon, The Gardeners Magazine. London 1826—43. XIX voll. 8.
Redouté, Choix des plus belles fleurs. Paris 1827. fol.
Reichenbach, Taschenbuch für Gartenfreunde. Dresden 1827. 8.
Jaume Saint-Hilaire, Flore et Pomone françaises. Paris 1828—33. fol
Dietrich, F. G, Handlexicon der Gaertnerei und Botanik. Berlin 1829—30. 8
Roscoe, Floral illustrations of the seasons. No. I. Spring. London 1829. 4.
Loudon, Hortus botanicus. London 1830—32. 8. — 1839.
Don, General system of gardening and botany. London 1831—38. 4.
Paxton, The horticultural Register. London 1832—36 8
Courtois, Magazin d'horticulture. Liège 1833 8

Allgemeine Gartenzeitung. Berlin 1833—47. gr. 4.
Jacques, Catalogue glossologique des arbres .. plantes en domaines du roi. Paris 1833. 12.
Labram, Sammlung der Zierpflanzen. Basel 1835. 8.
Dietrich, A., Botanik für Gärtner. Berlin 1837—39. 8.
Lemaire, L'horticulteur universel. Paris 1839—44. 8.
Mangles, The floral calendar. London 1839. 8.
Paxton and *Lindley*, Botanical pocket dictionary. London 1840 12.
Bosse, Handbuch der Blumengärtnerei. Hannover 1840—42. 8.
Dietrich, D., Zeitschrift für Gärtner und Botaniker oder Repertorium. Jena 1840—46. 4.
Heynhold, Nomenclator botanicus hortensis. Dresden 1840—47. gr. 8.
Lindley, The theory of horticulture. London 1840. 8.
Spry, Suggestions for the introduction of useful and ornamental plants. Calcutta 1841. 8.
Loudon, Jane, The Ladies flower-garden. London 1841—42. 4.
Ward, On the growth of plants in closely glazed cases. London 1842. 8.
Denisse, Flore d'Amérique. (Icones florum.) Paris 1843—46 fol.
Redouté, Bouquet royal. Paris 1843. fol.
Lemaire, Flore des serres. Gand 1845—52. 8.
Jacques, Manuel général des plantes. Paris 1845—62. 8.
Seringe, Flore des jardins et des grandes cultures. Lyon 1845. 8. et Atlas in fol.
Wuestemann, Ueber die Kunstgärtnerei bei den alten Römern (Gotha) 1846. 8
Cutanda et *Del Amo*, Botanica de Madrid y de los jardins. Madrid 1848 8.
Callow, Popular Garden botany. London 1849. 8.
Jühlke, Die botanischen Gärten. Hamburg 1849. 8.
Jöndl, Ueber Park-Anlagen. Wien 1850. 8.
Wendland, Index Palmarum, Cyclanthearum, Pandanearum, Cycadearum. Hannover 1854. 8.
Filet, De planten in den botan. tuin te Weltevreden. Batavia 1855. 8.
Vriese, Tuinbouw-Flora van Nederland. Leyden 1855—56. 8.
Le Maout et *Decaisne*, Flore élémentaire des jardins et champs. Paris 1855. 8.
Passerini, Mazzetto di fiori. Parma 1855. 8.
Richardson, D, Flowers . The anglo-indian flowergarden. Calcutta 1855. 8.
Regel, Kultur der Pflanzen unserer Gebirge. Erlangen 1856. 8.
Koch, K., Bildende Gartenkunst und Pflanzenphysiognomik. Berlin 1859. 8.
Koch, K., Die botanischen Gärten. Berlin 1860. 8
Moe, Dyrkning af glaciale planter. Christiania 1862. 8.
Decaisne et *Naudin*, Manual de l'amateur des jardins. Paris 1862—66. 8.
Jacques, Manual general des jardins d'Europe Paris 1862. 8.
Nooten, Fleurs de Java. Bruxelles 1863. fol.
Grindon, British and garden botany. London 1864. 8
Kerner, Kultur der Alpenpflanzen. Innsbruck 1864. 8.
Vilmorin, Les fleurs de pleine terre. Paris 1865.
Raprich-Robert, Flore ornementale. Paris 1865—70 4
Teichert, Geschichte der Ziergärten. Berlin 1865 4
Klatt, Norddeutsche Anlagenflora. Hamburg 1865. 8
Report of Proceeding of the international horticultural congress. London 1867. 8.
Witte, Flora der nederl. tuinen Groningen 1868. 4.
Bellermann, Landschafts- und Vegetationskalender Berlin 1868. 4.

Cap. 41. Arbores.

Belon, De arboribus coniferis, aliisque sempiterna fronde viventibus. Paris 1553. 4.
Belon, Les demonstrances . . d'affranchir et apprivoisier les arbres sauvages. Paris 1558. 8.
Meursius, Arboretum sacrum. Lugd. Bat. 1642. 8.
Jonston, Syntagmatis dendrologici specimen. Lesnae 1645. 4.
Kirchmeier, De raris atque admirandis arboribus. Witteb. 1660. 4.
Jonston, Dendrographia. Francof. 1662. fol.
Aldrovandus, Dendrologiae libri duo. Bonon. 1668. fol. — *Legati*, In A. de arboribus. Bon. 1668. 4.
Axtius, Tractatus de arboribus coniferis. Jena 1679. 12.
Arboretum floridum. Augspurg 1689. 12.
Rohr, Historia naturalis arborum silvestrium Germaniae. Leipzig 1732. fol.
Engeström, De Quercu, Hebraeis אלון et א״ב אלה (Oeconomia, vegetatio Quercus). Londini Goth. 1737–38. 4.
Du Hamel, Traité des arbres et arbustes qui se cultivent en France en pleine terre. Paris 1755 4.
Linné, Arboretum suecicum. Upsaliae 1759. 4.
Knoop, Dendrologia. Leeuwarden 1763. fol.
Tokelem, Beschreibung der Hölzer des nördlichen Russland. Petersburg 1766. 8.
Oelhafen von Schoellenbach, Abbildung der wilden Bäume, Stauden- und Buschgewächse. Nürnberg 1767–1804 4.
Scopoli (Tabula ostendens usum lignorum), Annus hist. nat. IV. Lipsiae 1770. 8. p. 124.
Du Roi, Observationes botanicae (de arboribus Americae septentrionalis). Helmstadii 1771. 4.
Du Roi, Die Harbkesche wilde Baumzucht. Braunschweig 1771–72. 8. — Ed. II. von *Pott* ib 1795–1800. 8.
Poederle, Manuel de l'arboriste et du forestier belgiques. Bruxelles 1772–79 8.
Houttuyn, Houtkunde. Icones lignorum. Amstelodami 1773 (–91). 4.
Boutcher, Treatise on forest-trees. Edinburgh 1775. 4.
Gleditsch, Einleitung in die Forstwissenschaft. Berlin 1775. 8.
Weiss, F. W., Entwurf einer Forstbotanik. Göttingen 1775. 8.
Maerter, Verzeichniss der östreichischen Bäume. Wien 1781. 8. — ib. 1796. 8.
Wangenheim, Beschreibung nordamerikanischer Holz- und Buscharten. Göttingen 1781. 8.
Mustel, Traité théorique et pratique de la végétation. Paris 1781–84. 8.
Meerburgh, Naamlyst der boom en heestergewassen. Leyden 1782. 8.
Burgsdorf, Geschichte vorzüglicher Holzarten. Berlin 1783–87. 4.
Ludwig, Die neuere wilde Baumzucht Leipzig 1783. 8.
Kerner, Beschreibung und Abbildung der Bäume und Gesträuche Wirtembergs. Stuttgart 1788 (1783–92). 4.
Marshall, Arbustum americanum. Philadelphia 1785. 8
Secondat, Mém. . . sur le chêne. Paris 1785. fol.
Secondat, Mém . . la resistance des bois. Paris 1785. fol.
Secondat, Mém. . . les arbres forestières de la Guienne. Paris 1785. fol
Burgsdorf, Anleitung zur Erziehung der Holzarten. Berlin 1787. 8. — Marburg 1806. 8.
Wangenheim, Die Anpflanzung nordamerikanischer Holzarten. Göttingen 1787. fol.
Wilcke, Anleitung die Bäume zu erkennen und zu unterscheiden. Halle 1788 8
(*Servais*) Korte verhandeling van de boomen etc. Mechelen 1789. 8.

Borkhausen, Beschreibung der Holzarten in Hessendarmstadt. Frankfurt a/M. 1790. 8.
Juge de St. Martin, Notice des arbres dans le Limousin. Limoges 1790. 8.
Reitter und *Abel*, Abbildung der hundert deutschen wilden Holzarten. Stuttgart 1790. 4. — Fortsetzung: ib. 1803. 4.
Rooke, Descriptions and sketches of some remarkable oaks in the park at Welbeck. London 1790. 4.
Becker, Beschreibung der Bäume und Sträucher in Meklenburg. Rostock 1791. 8.
Werneck, Anleitung zur Kenntniss der Holzpflanzen. Frankfurt a/M. 1791. 8.
Bordiga, Storia delle piante forestiere. Milano 1791–94. 4.
Gadd, Om medel at underhålla och öka skogsväxten i Finland. Åbo 1792. 4.
Schultz, Abbildung der Bäume Oesterreichs. Wien 1792–1804. fol.
Schmidt, Oesterreichs allgemeine Baumzucht. Wien 1792–1822. fol.
Hennert, Reise nach Harbke. Berlin 1792. 8.
Castiglioni, Storia delle piante forestiere. Milano 1794. (?)
Baillon, Emmanuel, Mém. sur le dépérissement des bois. Paris 1794. 8.
Hécart, Essai sur les arbres du dép. du Nord. Valenciennes (1795). 4.
Kerner, Darstellung ausländischer Bäume und Gesträuche. Leipzig 1796. 4.
Willdenow, Berlinische Baumzucht. Berlin 1796. 8. — ib. 1811. 8.
Bechstein, Taschenblätter der Forstbotanik. Weimar 1798. 8. — ib. 1828. 8.
Hildt, Beschreibung in- und ausländischer Holzarten zur technologischen Kenntniss. Weimar 1798–99 8.
Borkhausen, Handbuch der Forstbotanik. Giessen 1800. 8.
Burgsdorf, Einleitung in die Dendrologie. Berlin 1800. fol.
Frenzel, Verzeichniss von Holzarten um Wittenberg. Wittenberg 1801. 8.
Savi, Trattato degli alberi della Toscana. Pisa 1801. 8. — Firenze 1801. 8.
Wagner und *Hebig*, Botanisches Forsthandbuch. Giessen 1801 8.
Du Hamel, Traité des arbres et arbustes, que l'on cultive en France en pleine terre. Seconde édition (*Nouveau Du Hamel*) par *Loiseleur-Delongchamps* et *Michel*. Paris 1801–19. fol.
Kospoth, Beschreibung und Abbildung der Bäume und Sträucher Erfurt 1802. 4.
Londes, Vorlesungen über Forst- und ökonomische Botanik. Göttingen 1802. 8.
(*Krauss*) Afbeeldingen der Boomen en Heesters tot verciering van engelsche bosschen en tuinen. Amsterdam 1803–8. 4.
Michaux, Mémoire sur la naturalisation des arbres forestiers de l'Amérique septentrionale. Paris 1805. 8.
Werneck, Versuch einer Pflanzenpathologie und Therapie Mannheim 1807. 8.
Bosc, Les différentes espèces de chênes en France. Paris 1808 4.
Huber, Vollständige Naturgeschichte der deutschen Bau- und Baumhölzer. München 1808. 4.
Desfontaines, Histoire des arbres et arbrisseaux. Paris 1809. 8.
Bechstein, Forstbotanik. Erfurt 1810. 8. — Fünfte Ausgabe von *Behlen*. ib. 1843. 8.
Michaux, Histoire des arbres forestiers de l'Amérique septentrionale. Paris 1810–13. 4.
Reum, Forstbotanik. Dresden 1814. 8. — Ed. III. ib. 1837. 8.
Sartorelli, Degli alberi dell' Italia superiore trattatto. Milano 1816. 8.
Guimpel, *Otto* et *Hayne*, Abbildung der Holzarten. Berlin 1819––30. 4.

Hoeller, Der König und die Königin der Löhrbäume. Brünn 1820. 4.
Hayne, Dendrologische Flora Berlins. Berlin 1822. 8.
Phillips, Sylva florifera. London 1823. 8.
Behlen, Klima, Lage und Boden in ihrer Wechselwirkung auf die Waldvegetation. Bamberg 1823. 8.
Behlen, Der Spessart. Versuch einer Topographie dieser Waldgegend. Leipzig 1823—27. 8.
Behlen, Lehrbuch der Forstbotanik. Frankfurt a/M. 1824. 8.
Behlen, Diagnostik der Forstgewächse. Bamberg 1824. 8.
Berghes, Abbildung sämmtlicher Holzpflanzen. Köln 1825. 8.
(*Kent*) Sylvan sketches. London 1825. 8.
Duchesne, J. B., Herbier forestier. Paris 1825. 4.
Moreau de Jonnès, Recherches sur .. la destruction des forêts. Bruxelles 1825. 4.
Pernitsch, Flora von Deutschlands Wäldern. Leipzig 1825. 8.
Watson, Dendrologia britannica. London 1825. gr. 8.
Spadoni, Xilologia picena applicata. Macerata 1826—28. 8.
Saint Moulin, De arboribus in Belgio cultis. Trajecti a/Rh. 1827. 8.
Schubert, Opisanie drzew i krzewów leśnych królestwa polskiego. (De arboribus sylvaticis Poloniae.) w Warszawie 1827. 8.
Krebs, Vollständige Beschreibung und Abbildung der im mittlern und nördlichen Deutschland wildwachsenden Holzarten. Braunschweig 1827—35. fol.
Mitchell, Dendrologia. London 1828. 8.
Dietrich, D. N. F., Forstflora. Jena 1828—33. 8. — ib. 1838—40. 8.
Zuccarini, Charakteristik der deutschen Holzgewächse im blattlosen Zustande. München 1829—31. 4.
Hoess, Anleitung die Bäume Oestreichs zu erkennen. Wien 1830. 12.
Smith, Arboretum scandinavicum. Kjöbenhavn 1831. 12.
Strutt, Sylva britannica, or portraits of forest trees. London (1831—36). fol.
Matthew, Naval timber and arboriculture. London 1831. 8.
Browne, Sylva americana. Boston 1832. 8.
Hoess, Das Nöthigste über die Organe der Holzgewächse. Wien 1833. 8.
Wallis, Dendrology. London 1833. 8.
Behlen und *Desberger*, Naturgeschichte der deutschen Forstkryptogamen. Erfurt 1835. 8.
Loudon, Hortus lignosus londinensis. London 1838. 8.
Loudon, Arboretum et Fruticetum britannicum. London 1838. 8.
Zigra, Dendrologisch-ökonomisch-technische Flora Russlands. Dorpat 1839. 8.
Antoine, Die Coniferen. Wien 1840—46. fol.
Waechter, Ueber die Reproductionskraft der Holzpflanzen. Hannover 1840. 8.
Hartig, Naturgeschichte der forstlichen Kulturpflanzen Deutschlands. Berlin 1840—46. 4.
Grebe, De conditionibus ad arborum saltuensium vitam necessariis. Marburgi 1841. 8.
Grigor, The Eastern Arboretum. London 1841. 8.
Selby, History of british forest trees. London 1841—42. 8.
Nuttall, The north-american Sylva. Philadelphia 1842 sqq. imp. 8.
Loudon, Encyclopaedia of trees and shrubs. London 1842. 8.
Boeck, Abbildungen der in Deutschland einheimischen wilden Holzarten. Augsburg 1844 sqq. 4.
Syruček, Abriss der Forstbotanik. Prag 1846. 8.
Du Breuil, Cours d'arboriculture. Paris 1846. 8.
Hartig, Forstliche Kulturpflanzen. Berlin 1851. 4.
Koch, Hortus dendrologicus. Berlin 1853. 8.
Boetticher, Der Baumcultus der Hellenen. Berlin 1856. 8.

Klöbisch, Deutsche Waldbäume und ihre Physiognomie. Leipzig 1857. 8.
Hartinger, Deutschlands Forstkulturpflanzen. Ollmütz 1858. fol.
Willkomm, Deutschlands Laubhölzer im Winter. Leipzig 1859. 4.
Nördlinger, Technische Eigenschaft der Hölzer. Stuttgart 1860. 8.
Matthieu, Flore forestière. Nancy 1860. 8.
Nördlinger, Querschnitte von hundert Holzarten. Stuttgart 1861. 16.
Vischer, Forest trees of California. San Francisco 1862. 4.
Schübler, Kulturpflanzen Norwegens. Christiania 1862. 8.
Mielck, Riesen der Pflanzenwelt. Leipzig 1863. 4.
Pokorny, Oestreichs Holzpflanzen. Wien 1864. 8.
Maly, Oekonomisch-technische Pflanzenkunde. Wien 1864. 8.
Petzold, Arboretum Muscaviense. Gotha 1864. 8.
John, Die Holzgewächse des Friedrichshaines. Berlin 1864. 8.
Willkomm, Deutschlands Laubhölzer im Winter. Leipzig 1864. 4.
Doebner, Botanik für Forstmänner. Aschaffenburg 1865. 8.
Oberdieck, Etymologie von Obstnamen. Breslau 1866. 4.
Sturler, Espèces de bois des Indes orientales. Paris 1867. 8.
Senft, Lehrbuch der forstlichen Botanik. Jena 1867. 8.
Senft, Bestimmungstafeln der Holzgewächse. Berlin 1868. 8.
Grindon, The trees of Old England. London 1868. 8.
Fiscali, Deutschlands Forstkulturpflanzen. Ollmütz 1868. 8.
Beiche, Pflanzenkunde für Land- und Forstwirthe. Berlin 1869. 8.
Funcke, Der Waldkultus und die Linde in Geschichte und Liedern. Köln 1869. 12.
Koch, Dendrologie. Erlangen 1869—72. 8.
Schleiden, Für Baum und Wald. Leipzig 1870. 8.
Mongredien, Trees and shrubs. London 1870. 8.
Rossmässler, Der Wald. Leipzig 1870. gr. 8.
Laguna, Flora forestal española. Madrid 1870. 4.
Willkomm, M., Forstliche Flora von Deutschland und Oesterreich. Leipzig 1872. 8.

Cap. 42. Plantae poeticae religiosae superstitiosae contemplationi subjectae.

Sigla titulis nonnullis apposita indicant contemplationem auctoris:

E = emblematicam symbolicam;
M = miraculosam mythicam;
P = poeticam;
R = religiosam;
S = signaturae medicae addictam.

(*Ed. I. Phytotheologi, Symbola e plantis desumta, Poëmata de plantis p. 363—65, Plantarum mythicarum et magicarum historia p. 366—67.*)

Nikandros, Alexipharmaca et Theriaca. Venetiis 1499. fol. — Paris 1846. gr. 8. **P**
Carmen graecum anonymum de herbis. (*Macer* ed. *Choulant*. Lips. 1832. 8.)
Virgilius, Georgicorum libri IV. et Bucolica, saepiss. impressa.
Andromachus, Antiquissimum de Theriaca carmen. Norimbergae 1754. 4.
Cyrilli Alexandrini De plantarum et animalium proprietate. Romae 1590. 8. **P**

Otho Cremonensis, De electione meliorum simplicium rhythmi. (*Macer* ex rec. *Choulant*. Lipsiae 1832. 8. p. 157—77.)
Macer Floridus, De viribus herbarum. Neapoli 1477. fol. — Ed. *Choulant*. Lipsiae 1832. 8.
Walafridus Strabo, Hortulus. Norimbergae 1512. 4. — ex rec. *Reuss* Wirceburgi 1834. 8. — *Atrociani* Scholia, impr. cum priori. Basileae 1527. 8. **P**
Folcz, Carmen de viribus herbarum. (*Macer* ed. *Choulant*. Lips. 1832. 8.)
Philes, Carmina graeca ed. *Wernsdorf*. Lipsiae 1768. 8. (Carmen de plantis, p. 93—123.)
Alamanni, La coltivazione. Parigi 1546. 4. — ib. 1832. 12. **P**
Asham, A littel herbal. London 1550. 12. **S**
Goebet, De succino libri duo (I. de passione, resurrectione et beneficiis Christi). (Francofordiae 1558.) 8.
Lemnius, Occulta naturae miracula. Antwerpiae 1561. 8.
Nevianus, De plantarum viribus poematum. Lovanii 1563. 8.
Carrichter, Kräuterbuch. Strassburg 1575. 8. — Tübingen 1739. 8. — Horn des Heyls menschlicher Blödigkeit. Strassburg 1576. fol. — Das Buch von der Harmonie, Sympathie und Antipathie der Kräuter. Nürnberg 1686. 8. **S**
Thurneisser zum Thurn, Historia plantarum omnium. Berlin 1578. fol. — Historia influentischer Wirkungen aller Erdgewechsen. Berlin 1578. fol. **S**
Bodenstein, De duodecim herbis signis Zodiaci dicatis. Basil. 1581. fol. **S**
Le facoltà dei semplici. (*Castore Durante* Herbario nuovo. Roma 1585. fol.) **P**
Porta, Phytognomica octo libris contenta. Neapoli 1588. fol. **S**
Rinaldi, Il mostruosissimo mostro. Ferrara 1588. 8. **E**
Camerarius, Symbolorum et emblematum ex re herbaria desumtorum centuriae. Noribergae 1590—95. 4. **E**
Scholz, L., Hortus celebratus carmine *Andreae Calagii*. Vratislaviae 1592. 4. — In *Scholzii* Hort. epigrammata. ib. 1594. 4.
Pétsi, Keresztény szüzeknek tisztességes Koszuruja, h. e. Virginum christianarum corona honesta. Tyrnaviae 1591. 8. **R**
(*Parlasca*) Il fiore della granadiglia. Bologna 1609. 4. **R**
Petrelli, Vera narratio fruticis (Passiflorae). Coloniae 1610. 8. **R**
Bodenstein, Kurtze Beschreibung und Nutz der Kräuter, so den zwölf himmlischen Zeichen sich vergleichen. Amberg 1611. 8. **S**
Rosbach, Neues Paradiesgärtlein. Frankfurt a/M. 1613. 8.
Meinardus, De Visco Druidarum orationes. Pictavii 1614. 8.
Olorinus, Centuria arborum mirabilium. Magdeburgk 1616. 12.
Olorinus, Centuria herbarum mirabilium. Magdeburgk 1616. 12.
Franeau, Jardin d'hyver. Dovay 1616. 4. **P**
Franke, Signatu der Gewächse. Rostock 1618. 4.
Mellesinus, Carmen heroicum de virtutibus Scordii herbae. (Aug. Vindel. Olymp. 787. anno 3.) 4. **P**
Poppe, Kräuterbuch, darinnen die Kräuter der teutschen Lande aus dem Licht der Natur etc. Leipzig 1625. 8. **S**
Muehlpfort, Medizinisches Spaziergänglein, darinne der mit heiligen Namen bekannten Kräuter etc. Schleusingen 1627. 8. **S**
Paulin, Sur l'antiquité, noblesse et splendeur des fleurs de Lys. Paris 1626. 8.
Contant, Le second Eden. Poitiers 1628. fol.
Caussinus, Polyhistor symbolicus. Coloniae 1631. 8. **E**
Saur, Botanologia ἀστρολογικη, oder wie die Kräuter .. zu rechter Zeit eingesammelt werden sollen. Erfurt 1631. 8.
Apollinaris, Handbüchlein vieler Arzneien. Strassburg 1633. 8. **S**
Forget, Artis signatae designata fallacia. Nancei 1633. 12. **S**

Kozak a Prachien, Septimanae horologii macrocosmi liber quartus de vegetabilium speciebus, partibus et signaturis. Vesaliae 1640. 4. **S**
(*Du Peyrat*) La Betoyne dedié a Monseigneur de *Bethune*, Duc de Sully. s. l. et a. 8. **E**
Fischer, Methodus nova herbaria. Brunopoli 1646. 8. **S**
Der fruchtbringenden Gesellschaft Namen etc. Frankfurt a/M. 1646. 4. **E**
Stengelius, Hortensius et Dea Flora cum Pomona. Aug. Vind. 1647. 12. **E**
Hagelgans, Rosa loquens h. e. de Rosae mysteriis. Coburg 1652. 12.
Rosencreutzer, Newe Practica des Wurtz- und Kräuterkalenders. Nürnberg 1652. 4. **E**
Fabricius, De signatura plantarum. Norimbergae 1653. 4. **S**
Austen, The spiritual use of an orchard. Oxford 1653. 4. — London 1847. 8. **R**
(*Thomasius*) Disputatio de Mandragora. Lipsiae 1655. 4.
Tristan, Traité du Lys, symbole de l'esperance. Paris 1656. 4. **S**
Deusing, De Mandragorae pomis (et mangoniis). Groningae 1659. 12. (Diss. select. p. 586—98.)
Gudrius von Tours, Anatomia et physiognomia simplicium. Stuttgart 1659. 8. **S**
Starck, Sertum rutaceum domus saxonicae insigne. Lipsiae 1664. 4. **E**
Olearius, Hyacinth-Betrachtung. Leipzig 1665. 12. **R**
Stapell, Tulipanen Geheimniss zu Erweckung christlicher Andacht. Lübeck 1663. 12. **R**
Cowley, Poemata latina. Londini 1668. 12. **P**
Rivinus, An plantarum vires ex figura et colore cognosci possint. Lipsiae 1670. 4.
Rainssant, Sur l'origine de la figure des fleurs de Lys. Paris 1678. 4. **E**
(*Beckmann, J. C.*) Bericht von den Schlangengestalten auf den Blättern der Bäume (Insectorum vestigia). Frankfurt a/O. 1680. 4.
(*Martini*) Die fruchtbare Boriza oder das heilsame Mondkraut. Brieg 1681. 8. **S**
Passerini, Sogno nella licenza, ch'ei prende da Monte Baldo. Trento 1684. 12. **P**
Petit, Thea, sive de sinensi herba Thee carmen. Lipsiae 1685. 4. **P**
Grosgebauer, Programma de agnis tartaricis et vegetabilibus. Von den Lämmern, so aus der Erden wachsen. Vinariae 1690. 4.
Haeufler, Unvorgreifliche Gedancken wegen der mildiglich bluttriefenden Kornähren. Cüstrin (1697). 4.
Falugi, Prosopopoeiae botanicae ad methodum Rivini sive nomenclator botanicus. Florentiae 1697. 12. — Pars secunda de plantis umbelliferis. 1699. 12. — Tournefortiana methodo disposita 1705. 12. **P**
Pitzschmann, Gottselige Vermuthung von einem Gewächse der Erden gleich einer Semmel (Fungorum sp.). Leipzig 1700. 8
Heucher, De vegetabilibus magicis. Wittebergae 1700. 4.
Mentz, De plantis, quas ad rem magicam facere crediderunt veteres. Lipsiae 1705. 4.
Siricius, Bajae cimbricae, seu carmen de Aloe americana. Schleswigae 1709. fol. **P**
Hauser, Theses botanicae. (Spica Zeae, in qua granum Avenae fuerit.) Basileae 1711. 4,
Savastano, Botanicorum seu institutionum rei herbariae libri IV. Neapoli 1712. 8. **P**

CAP. 42. PLANTAE POETICAE

Heucher, Plantarum historia fabularis. Wittebergae 1713. 4.
Schminckius, De cultu religioso arboris Jovis praesertim in Hassia. Marburgi 1714. 4.
Derham, Physico-Theology. London 1714. 8.
Commelin, K., Oratio metrica in laudem rei herbariae. Amstelodami 1715. 4. **P**
Nieuwentytt, Het regt gebruik der werelt beschouwingen. Amsterdam 1717. 4. **R**
Zamboni, Parnassi botanici fragmenta. Florentiae 1721. 4. **P**
Knowles, Materia medica botanica. Londini 1723. 4. **P**
(*Mailly*) Principales merveilles de la nature. Rouen 1723. 8.
La Croix, Connubia florum latino carmine demonstrata. Paris 1728. 8. **P**
Parskius, Rosa aurea omni aevo sacra. s. l, 1728. 4. **E**
Cramer, De Myrto. Tiguri 1731. 4. **E**
Royen, Carmen elegiacum de amoribus et connubiis plantarum. Lugduni Bat. 1732. 4.
Langguth, Antiquitates plantarum feralium apud Graecos et Romanos. Lipsiae 1738. 4.
Trew, De Serpentaria mirabili montana Muntingii. (Commerc. liter. norimb. 1738. p. 377—79.)
Lentilius, De radice effractoria vel apertoria, Sprengwurzel. (Ephem. acad. nat. cur. dec. III. Ann. VII—VIII. p. 144—52.)
Lischwitz, De plantis dolorosam Domini Jesu passionem et gloriosam resurrectionem depingentibus. Kilonii 1739. 4.
Rohr, Phytotheologia. Frankfurt und Leipzig 1740. 8.
Klingenstierna, De perfectionibus divinis. Upsaliae 1740. 4. **R**
(*Fischer*) Vernünftige Gedanken von der Natur. 1743. 8. **R**
Wachendorff, Oratio de plantis immensitatis intellectus divini testibus. Trajecti a/Rh. 1743. 4.
Versuch einer poetischen Beschreibung zweier Aloen. Kopenhagen 1745. 4.
Linné, De oeconomia naturae. Upsaliae 1749. 4. **R**
Lesser, Die Offenbarung Gottes in der Natur. Nordhausen 1750. 4.
Cuno, Ode über seinen Garten. Amsterdam 1750. 8. **P**
Densa, Beweis der Gottheit aus dem Grase. (*Cuno*, Ode. Amsterdam 1750. 8.) **R**
Monrad, De Verbena ejusque usu in sacris et incantationibus veterum. Hafniae 1751. 4.
Gesner, J, De Ranunculo bellidifloro et plantis degeneribus. Tiguri 1753. 4.
Lesser, Die Gläubigen als Bäume betrachtet. (— Kleine Schriften. Leipzig 1754. 8. p. 139—97.)
Hesslén, De usu botanices morali. Londini Goth. 1755. 4. **R**
Maupertuis, Essai de cosmologie. (— Oeuvres. Lyon 1756. 8. I, 1—78.) **R**
Lohenschiold, De floribus Lygiis vulgo lilia vocatis. Tubingae 1756. 4. **E**
Der Christ bei dem Kornhalme. Breslau 1757. 4. **R**
Ray, The wisdom of God manifested in the works of the creation. Ed. XII. London 1759. 8.
Gesner, Phytographia sacra generalis et specialis. Tiguri 1759—73. 4.
Linné, De politia naturae. Upsaliae 1760. 4. **R**
Unzer, Betrachtung über einige Besonderheiten aus dem Gewächsreiche. (— Sammlung etc. I. 1766. p. 54—64.) **R**
Edwards, Of the wisdom and power of God. (— Essays. London 1770. 8. p. 1—40.) **R**
Nahuys, De religiosa plantarum contemplatione. Trajecti a/Rh. 1775. 4. **R**
Schroeter, Ueber den Einfluss der Naturgeschichte in die Kenntniss des Schöpfers. (— Abhandlungen. Halle 1776. 8. I, 1—21.) **R**
Vigo, Tubera terrae. Taurini 1776. 4. **P**

Trozelius, Inledning til Guds underverk uti naturen. Lund 1778—80. 4. **R**
Jones, The religious use of botanical philosophy. London 1784. 4. **R**
(*Darwin*) The botanic garden. (I. The economy of vegetation; II. The loves of the plants.) Lichfield 1789. 4. **P**
Zuccagni, De naturali liliorum ante simulacra Deiparae fructificatione. (Florentiae 1796.) 8.
Castel, Les plantes. Poème. Paris 1797. 12. — Ed. V. Paris 1832. 12. **P**
Petit-Radel, De amoribus Pancharitis et Zoroae poema erotico-didacticon. Paris 1798. 8. — ib. 1801. 8. — (Epitome gallica: Le mariage des plantes. Paris 1798. 12. — Les Mystères de Flore. Paris 1813. 8.) **P**
Boehmer, Plantas fabulosas imprimis mythologicas recenset. I—XV. Wittebergae 1800—3. 4.
Rowden, A poetical introduction to the study of botany. London 1801. 8. **P**
Jacquin, Stapeliarum .. descriptiones. (Stapeliae sylvestres, carmen.) Viennae 1806. 8. **P**
Genlis, La botanique historique et litéraire. Paris 1810. 8. **E**
De la Chénage, Abécédaire de Flore. Paris 1811. 8. **E**
Jacquemart, Flore des Dames. Paris s. a. 12. **E**
Retzius, De historia naturali fundamento theologiae naturalis. Lundae 1811. 4.
Dietrich, Aesthetische Pflanzenkunde. Berlin 1812. 8.
Turner, Poem upon the study of botany. (*Rootsey*, Syllabus. Bristol 1818. 12.)
Lucot, Emblèmes de Flore et des végétaux. Paris 1819. 8. **E**
Treviranus, Ueber gewisse angeblich mit einem Gewitterregen gefallne Samenkörner. Breslau 1823. 8.
Fieber, Symbolische Pflanzen, Blumen und Früchte. Prag 1826—30. 12. **E**
Anaralii Brasiliensis Carmen de sacchari opificio (*Martius*, Flora brasiliensis, vol. II. Stuttgardiae 1829. 8.)
Goeppert, Ueber den Getraide- und Schwefelregen. Breslau 1831. 8.
Dierbach, Flora mythologica. Frankfurt a/M. 1833. 8.
Lees, The affinities of plants with man. London 1834. 8. **E**
Roget, Animal and vegetable physiology. (Bridgewater-Treatises no. V.) London 1834. 8. — ib. 1840. 8. **R**
Metzger, J, Gesetze der Pflanzen- und Mineralienbildung angewendet auf altdeutschen Baustil. Stuttgart 1835. 8.
(*Melleville*) Les amours des plantes. Paris 1835. 8.
Döring, Die Königin der Blumen. Elberfeld 1835. 8. **E**
Scazzola, Filosofia dei fiori. Allessandria 1836. 8. **E**
Strickland, Floral sketches. London 1836. 18. **E**
The floral telegraph. London 1836. 18. **E**
Minding, Das Leben der Pflanze. Leipzig 1837. 8.
The spirit of the woods. London 1837. 8. **E**
(*Trattinick*) Versuche in der contemplativen Botanik. Wien 1839. 4. **E**
La Tour, Le language des fleurs. Stuttgart 1840. 12. **E**
Gohren, Medicorum priscorum de signatura plantarum doctrina. Jenae 1840. 8. **S**
Metzger, E., Ornamente aus deutschen Gewächsen. München 1841—42. royal fol.
(*Symanski*) Der Selam des Orients. Berlin 1841. 8. **E**
Trattinick, Schule der blühenden Natur. Wien 1843. 8. **E**
Dietrich, Die Wunder der Pflanzenwelt. Ulm 1844. 8. **R**
Svenska Blomsterpråket. Stockholm 1845. 16. **E**
Osgood, The floral offering, a token of friendship. Philadelphia 1847. 4. **E**

Lecoq, De la toilette et de la coquetterie des végétaux. Clermont-Ferrand 1847. 8. **E**
Schleiden, Die Pflanze und ihr Leben. Leipzig 1847. 8. — saep.
Fechner, Nanna oder über das Seelenleben der Pflanzen. Leipzig 1848. 8.
Balfour und *Babington*, Phytotheology. London 1851. 8.
Bratranek, Beiträge zu einer Aesthetik der Pflanzenwelt. Leipzig 1853. 8.
Balfour and *Babington*, Botany and Religion. Edinburgh 1859. 8.
Brandt, M., Das Pflanzenleben in Gedichten. Frankfurt a/M. 1866. 8.
Rambosson, Histoire et légendes des plantes. Paris 1868. 8.

LIBER V. BOTANICA PHYSIOLOGICA.

Cap. 43. Morphologia et vita plantarum.

(*Ed. I. Comparatio animalium et plantarum, Actiones vitales p. 494—95, Arbores vetustae p. 499, Foliorum ramorumque situs Metamorphosis, Monstra et plantae hybridae, alia morphologica p. 501—7.*)

Sperling, De traductione formarum in plantis. Wittebergae 1648. 4.
Montalbani, Monstrosarum observationum indicatio. (— Hortus botanographicus. Bononiae 1660. 8. p. 100—110.)
Montalbani, Nova antepraeludialis dendranatomes. Bonon. 1660. fol.
Jungius, Doxoscopiae physicae minores. Hamburgi 1662. 4.
Major, De planta monstrosa gottorpiensi. Schleswigae 1665. 4.
Ammann, Planta est homo inversus. Lipsiae 1668. 4.
Ilmer, De Tilia (prope Neustadt ad magnam tiliam). Lipsiae 1669. 4.
Langheinrich, De sensu plantarum. Lipsiae 1672. 4.
Bayle, De forma plantarum, quae explicatur ex generatione fungi, quae est planta simplicissima. Tolosae 1677. 12.
Nati, Florentina phytologica observatio de malo Limonia citrata-aurantia Florentiae vulgo La Bizarria. Florentiae 1674. 4.
Jungius, Isagoge phytoscopica. Hamburgi (1678). 4.
Beckmann, Bericht von den Schlangengestalten. Frankfurt a/O. 1680. 4.
Ortlob, Analogia nutritionis plantarum et animalium. Lipsiae 1683. 4.
Sturm, J. W., De plantarum animaliumque generatione. Altdorfi 1687. 4.
Winslow, De macchinae plantanimalis oeconomia. Havniae 1694. 4.
Wagner, Gyro-Convolvulorum evolvere tentabit. Helmstadii 1705. 4.
Krause, De naturae in regno vegetabili lusibus. Jenae 1706. 4.
Waldschmiedt, De plantarum vegetatione. Kiliae 1710. 4.
Vaillant, Sermo de structura florum. Discours etc. Lugduni Batavorum 1718. 4.
Pontedera, Anthologia. Patavii 1720. 4.
Jussieu, De analogia inter plantas et animalia. Londini 1721. 4.
Schmidt, De analogia regni vegetabilis cum animali. Basileae 1721. 4.
Thuemmig, Experimentum de arboribus ex folio educatis. Halae 1721. 4. — Redit in Versuch etc. 1723. 8.
Wolff, De Malo pomifera absque floribus Marburgi 1727. 4.
Boretius, De anatome plantarum et animalium analoga. Regiomonti 1727. 4.
Bose, De motu plantarum sensus aemulo. Lipsiae 1728. 4.
Kulm, De literis in ligno Fagi repertis. Gedani 1730. 4.
Chicoyneau, Discours sur les plantes sensitives. Montpellier 1732. 4.
Grienwaldt, De vita plantarum. Altdorfii 1732. 4.
Feldmann, Comparatio plantarum et animalium. Lugduni Batavorum 1732 4. — Berolini 1780. 8.
Brueckmann, De Ocymastro flore viridi pleno. Wolfenbuett. 1732 fol.
Lischwitz, De variis naturae lusibus ac anomaliis circa plantas. Kilonii 1733. 4.
Bose, Calycem Tournefortii explicat. Lipsiae 1733. 4.
Liljemark, Berettelse om blomman. (Upsaliae) 1735. 4.
Gorter, Exercitationes medicae quatuor. (Vis vitalis.) Amstelodami 1737. 4.
(*Roberg*) Vegetabilium cum animalibus comparatio. Upsaliae 1737. 12.
Bazin, Observations sur les plantes et leur analogie avec les insectes. Strasbourg 1741. 8.
Stieff, De vita nuptiisque plantarum. Lipsiae 1741. 4.
Burchard, De optima florum anatome. Rostock 1743. 4.
Burchard, Epistola de calyce et calycistis. Rostock 1743. 4.
Linné, De Peloria. Upsaliae 1744. 4.
Browallius, De harmonia fructificationis plantarum cum generatione animalium. Aboae 1744. 4.
Browallius, De transmutatione specierum in regno vegetabili. Aboae 1745. 4.
Linné, Gemmae arborum. Upsaliae 1749. 4.
Plaz, De flore plantarum. Lipsiae 1749. 4.
Bosseck, De antheris florum. Lipsiae 1750. 4.
Linné, Plantae hybridae. Upsaliae 1751. 4.
Boehmer, De plantis fasciatis. Wittebergae 1752. 4.
Harmens, De similitudine vitae physicae in animalibus et plantis. Londini Gothorum 1752. 4.
Parsons, On the analogy between the propagation of animals and that of vegetables. London 1752. 8.
Moro, Sopra la generazione degli animali e vegetabili. Bassano 1753. 4.
Zinn, Observationes botanicae (de caulibus fasciatis et variis monstrosis formis). Goettingae 1753. 4.
Linné, Vernatio arborum. Upsaliae 1753. 4.
Gesner, J., De Ranunculo bellidi floro et plantis degeneribus. Tiguri 1753. 4.
Linné, Metamorphoses plantarum. Holmiae 1755. 4.
Linné, Somnus plantarum. Upsaliae 1755. 4.
Adami, Freye Gedanken über einen Buchenbaum. Breslau 1756. 8.
Hill, The sleep of plants explain'd. London 1757. 12.
Boehmer, De nectariis florum. Wittebergae 1758. 4.
Boehmer, De ornamentis in floribus praeter nectaria. Wittebergae 1758. 4.
Thiesen, De plantarum anima. Regiomonti 1758. 4.
Wolff, Theoria generationis. Halae 1759. 4. — ib. 1774. 8.
Vogel, De statu plantarum, quo noctu dormire dicuntur. Goettingae 1759. 4.
Hill, The origin and production of proliferous flowers. London 1759. 8.
Linné, Prolepsis plantarum. Upsaliae 1760. 4.
Boehmer, De nectariis florum. Wittebergae 1762. 4.
Bonnet, Considérations sur les corps organisés. Amsterdam 1762. 8.

Linné, Nectaria florum. Upsaliae 1762. 4.
Linné, Disquisitio de prolepsi plantarum. Upsaliae 1763. 4.
Kapp, Motus humorum in plantis et animalibus. Lipsiae 1763. 4.
Bourru, Num pili, plantae? Paris 1764. 4.
Bonnet, Contemplation de la nature. Amsterdam 1764. 8.
(*Covolo*) Discorso della irritabilità d'alcuni fiori. Firenze 1764. 8.
Camper, Analogia inter animalia et stirpes. Groningae 1764. 4.
Koelpin, De stylo ejusque differentiis externis. Gryphiswaldiae 1764. 4.
Nonne, De plantis nothis. Erfordiae (1765). 4.
Boehmer, Planta res varia. Wittebergae 1765. 4.
Nonne, De plantis nothis, occasione spicae Tritici, cui Avenae fatuae aliquot semina innata erant. Erfordiae (1765). 4
Unzer, Vom Gefühle der Pflanzen. (— Sammlung etc. I. 1766. p. 242—55.)
Oetinger et *Gmelin*, Irritabilitas plantarum in singulis plantarum partibus explorata. Tubingae 1768. 4.
Alströmer, Finylliga får afweln. (Plantae hybridae.) Stockholm 1770. 8.
Harmens, De differentia humorum in animalibus et plantis. Londini Gothorum 1771. 4.
Schulze, Tanker om planternes dyriske liighed. Kiöbenhavn 1772. 8.
Marum, Quousque consentiunt motus fluidorum et alia animalium et plantarum functiones? Groningae 1773. 4.
(*Maude*) An account of the oak of Cowthorp. s. l 1774. 4.
Tessier, An similis vegetantium et animantium generandi modus? Paris 1775. 4.
Eschenbach, Nectariorum usus. Lipsiae 1776. 4.
Jussieu, Bernard, An compar animantium et vegetantium perspiratio? Parisiis 1777. 4.
Bose, Ernst Gottlieb, De generatione hybrida. Lipsiae 1777. 4.
Fortemps, Vita plantarum illustrata. Vindobonae 1780. 8.
La Métherie, Vues physiologiques sur l'organisation animale et végétale. Amsterdam 1781. 12.
Harrington, Philosophical and experimental enquiry into the first and general principles of animal and vegetable life. London 1781. 8.
Bondt, Overeenkomst tweschen dieren en planten. Amsterdam 1782. 8.
Kall, De duplici plantarum sexu Arabibus cognito. Hafniae 1782—83. fol.
Klipstein, De nectariis plantarum. Jenae 1784. 4.
Kerner, Beobachtungen über die beweglichen Blätter des Hedysarum gyrans. Stuttgart 1784. 4.
Thibaud, Disquisitio utrum in plantis existat principium vitale? Monspelii 1785. 4.
Percival, The perceptive power of vegetables. Warrington (1785). 8.
Spallanzani, Expériences sur la génération des animaux et des plantes. Genève 1786. 8.
Hope, De plantarum motibus et vita. Edinburgi 1787. 8.
Cirillo, Discorsi academici (Del moto e della irritabilità de vegetabili). s. l. 1789. 8.
Percival, Speculations on the perceptive power of vegetables. (Mem. soc. Manchester voll. II. p. 114—30.)
Desrousseaux, An ut in plantis sic in animantibus perspirationi moderandae inserviat epidermis? Paris 1789. 4.
Hedwig, De fibrae vegetabilis et animalis ortu. Lipsiae 1789. 4.
Betrachtungen über das Empfindungsvermögen der Pflanzen. (Sammlungen zur Physik, Band III. p. 666—78.)
Also hätten die Pflanzen Vorstellungen? Frankfurt 1790. 8.
Lidbeck, De limitibus inter regna naturae. Lundae 1790. 4.
Goethe, Versuch die Metamorphose der Pflanzen zu erklären. Gotha 1790 8.

Schrank, Vom Pflanzenschlafe. Ingolstadt 1792. 8.
Schrank, De discrimine plantarum ab animalibus. (— Primitiae Florae salisburgensis. Francofurti a/M. 1792. 8. p. 1—16.)
Bourne, De plantarum irritabilitate. Edinburgi 1794. 8.
Brera, De vitae vegetabilis et animalis analogia. Ticini 1796. 8.
Kreysig, Vitae vegetabilis cum animali convenientia. Wittebergae 1796. 4.
Peschier, De irritabilitate animalium et vegetabilium. Edinburgh 1797. 8.
Humboldt, Versuche .... über den chemischen Process des Lebens in der Thier- und Pflanzenwelt. Berlin 1797. 8.
Peschier, De irritabilitate animalium et vegetabilium. Edinburgh 1797. 8.
Fallén, De irritabilitate motus causa in plantis. Lundae 1798. 4.
Draparnaud, Discours sur les moeurs et la manière de vivre des plantes. Montpellier IX. 8.
Hebenstreit, Momenta comparationis regni animalis cum vegetabili. Lipsiae 1798. 4.
Hunter, Analogy between vegetable and animal parturition. London (1799). 8.
Thunberg, Fructificationis partium varietates. Upsaliae 1800—2. 4.
Voigt, Conspectus tractatus de plantis hybridis. Jenae (1802). 4.
Weihe, De nectariis. Halae 1802. 8.
Kahleyss, De vegetabilium et animalium differentiis. Halae 1802. 8.
Guersent, Quels sont les caractères des propriétés vitales dans les végétaux? Paris 1803. 8.
De la Métherie, Considérations sur les êtres organisées Paris 1804. 8.
Carena, De animalium et plantarum analogia. Taurini 1805. 8.
Nocca, Il sonno delle foglie. Pavia 1805. 4.
Koeler, Lettre à Mr. Ventenat sur les boutons et ramifications des plantes. Mayence 1805. 4.
Carradori, Sulla vitalità delle piante. Milano 1807. 8.
Dubuisson, Essai sur les propriétés de la force vitale dans les végétaux. Paris 1808. 8.
Carradori, Sopra l'irritabilità della lattuga. s. l. 1808. 8.
Desvaux, Phyllographie. Paris 1809. 8.
Bellardi, Saggio intorno l'ibridismo delle piante. Milano 1809. 8.
Goube, Traité de la vie et de l'organisation des plantes. Rouen 1810. 8.
Sprengel, Ch., Die Nützlichkeit der Bienen. Berlin 1811. 8.
Hermbstädt, Versuche über den Instinct der Pflanzen Berlin 1812. 8.
Balisot-Beauvois, Sur l'arrangement et la disposition des feuilles. (Paris 1812.) 8.
Jussieu, Notes sur le calice et la corolle. (Paris 1812.) 4.
Tupper, An essay on the probability of sensation in vegetables London 1813. 8. — ib. 1817. 8.
Tristan, Les organes caulinaires des asperges. Orleans 1813. 8.
Jaeger, Ueber die Missbildungen der Gewächse. Stuttgart 1814. 8.
Henckel von Donnersmarck, Lettera sul nettario dei fiori. Milano 1816. 8.
Roubieu, Aperçu sur la sensibilité des plantes. (— Opuscules etc. Montpellier 1816. 8.)
Brown, On some remarkable deviations from the usual structure of seeds and fruits. London 1816. 4. (Verm. Schriften II. 745—60.)
Candolle, Considérations générales sur les fleurs doubles. (Mém soc. d'Arcueil 1817. III. 385—404.)
Hopkirk, Flora anomala. Glasgow 1817. 8.
Pollini, Sopra la teoria della riproduzione vegetale del Signor Gallesio. Milano 1818. 8.
Rauch, Régénération de la nature végétale. Paris 1818. 8.

Boon Mesch, De ratione inter structuram et formam externam plantarum. Lugduni Batavorum 1819. 4.
Turpin, L'inflorescence des Graminées et des Cypéracées. Paris 1819. 4.
Agardh, De metamorphosi Algarum. Lundae 1820. 8.
(*Meneghini*) Sulla metamorfosi delle piante. s. l. et a. 4.
Haan, Quinam sunt limites inter vitam animalium et vegetabilium? (Leyden) 1821. 4.
Lestiboudois, Mémoire sur les fruits siliqueux. Lille 1823. 8.
Murray, Experimental researches on the painted corolla of the flower. London 1824. 8.
Dutrochet, Recherches anatomiques et physiologiques. Paris 1824. 8
Schiede, De plantis hybridis sponte natis. Cassellis Cattorum 1825. 8.
Golowin, De vita plantarum. Mosquae 1825. 8.
Ratzeburg, Observationes ad peloriarum indolem definiendam spectantes. Berolini (1825). 4.
Moquin-Tandon, Essai sur les dédoublements d'organes dans les végétaux. Montpellier 1826. 4.
Lestiboudois, Observations phylologiques. Lille 1826. 8.
Desvaux, Les appareils sécrétoires du nectar. Paris 1826. 8.
Soyer-Willemet, Mémoire sur le nectaire. Paris 1826. 8.
Roeper, Observations sur la nature des fleurs et des inflorescences. (*Seringe*, Mélanges II. 5.) Genève 1826. 8.
Deshayes, Notice sur une chêne extraordinaire, appelé la Cuve. Rouen 1826. 8.
Lindley, Observations upon the natural laws which govern the production of double flowers. London 1826. 4.
Blumenhain, Die Pflanzenuhr im Garten und Zimmer Brünn 1826. 8.
Dutrochet, L'agent immédiat du mouvement vital. Paris 1826. 8.
Boreau, Observations sur les enveloppes florales des végétaux monocotylédons. Paris 1827. 8.
Ricci, L'Orologio di Flora. Venezia 1827. 4.
Kalchberg, Ueber die Natur, Entwicklungs- und Eintheilungsweise der Pflanzenauswüchse. Wien 1828. 8.
Wiegmann, Ueber die Bastarderzeugung im Pflanzenreiche. Braunschweig 1828. 4.
Jaeger, De quibusdam Pini silvestris monstris. Stuttgartiae 1828. 4.
Bartels, Ueber innere und äussere Bewegung im Pflanzen- und Thierreiche. Marburg 1828. 8.
Nestler, Discours. Strassburg 1829. 4.
Dunal, Considérations sur les organes de la fleur. Montpellier 1829. 4.
Dunal, Considérations sur les fonctions des organes floraux colorés et glanduleux. Montpellier 1829. 4.
Dumortier, Recherches sur la motilité des végétaux. Gand 1829. 8.
Bishop, Causal botany. London 1829. 8.
Schuebler, De antherarum excisione ad efficiendos flores plenos. Tubingae 1830. 8.
Roeper, De floribus et affinitatibus Balsaminearum. Basileae 1830. 8
Henslow, Examination of a hybrid Digitalis. Cambridge 1831. 8.
Trautvetter, Ueber die Nebenblätter. Mitau 1831. 8.
Strutt, Sylva britannica, or portraits of forest trees distinguished for their antiquity, magnitude or beauty. London (1831—36) fol.
Candolle, Notice sur la longévité des arbres. (Genève 1831.) 8.
Candolle, De quelques arbres très-anciens mesurés au Mexique. (Bibl univ de Genève 1831 XLVI. 387—94)
Berthelot, Observations sur l'accroissement et la longévité des arbres. Genève 1832. 8.
Engelmann, De antholysi prodromus. Francofurti a/M. 1832. 8.

Dumortier, Recherches sur la structure comparée des animaux et des végétaux. Bruxelles 1832. 4.
Candolle, Physiologie végétale. Paris 1832. 8.
Schychowsky, De fructus plantarum phanerogamarum natura. Dorpati. 1832. 8.
Schuebler (= *Kurr*), Untersuchungen über die Bedeutung der Nektarien. Stuttgart 1833. 8
Schuebler (= *Kurr*), Ueber die Beziehung der Nektarien zur Befruchtung. Tübingen 1833. 8.
Henslow, On a monstrosity of the common Mignionette (Reseda odorata L.). Cambridge 1833. 4.
Kunth, Blüthen und Fruchtbildung der Cruciferen. Berlin 1833. 4.
Turpin, Examen d'une chloranthie ou monstruosité dans l'inflorescence du saule marceau. Paris 1833. 8.
Presl, Vermischte botanische Aufsätze. s. l. et a. 8.
Miquel, De organorum in vegetabilibus ortu et metamorphosi. Lugduni Batavorum 1833. 4.
Wilbrand, Vergleichende Physiologie der Pflanzen und Thiere. Heidelberg 1833. 8.
Eichner, De tela cellulosa vegetabili et animali. Monachi 1834. 8.
Labat, De l'irritabilité des plantes. Paris 1834. 8.
Goethe, Mittheilungen aus der Pflanzenwelt. (Bonn 1834.) 4.
Schimper, Beschreibung des Symphytum Zeyheri (Folarum situs) Heidelb. 1835. 8.
Guillard, Sur la formation et le développement des organes floraux. Paris 1835. 4.
Dumortier, Essai carpographique. Bruxelles 1835. 4.
Marquart, Die Farben der Blüthen. Bonn 1835. 8.
Mohl, Beobachtungen über die Umwandlung von Antheren in Carpelle. Tübingen 1836. 8.
Bellani, Longavità delle piante. Milano 1836. 8.
(*Puvis*) De la dégénération et de l'exstinction des variétés des végétaux. Paris 1837. 8.
Mohl, Ueber die männlichen Blüthen der Coniferen. Tübingen 1837. 8.
Berg, Die Biologie der Zwiebelgewächse. Neustrelitz 1837. 8.
Bravais, Mémoire sur la disposition géométrique des feuilles et des inflorescences. Paris 1838. 8.
Martius, Reden und Vorträge. Stuttgart 1838. 8.
Morren, Recherches sur le mouvement et l'anatomie du Stylidium graminifolium. Bruxelles 1838. 4.
Morren, Recherches sur le mouvement et l'anatomie du style de Goldfussia anisophylla. Bruxelles 1839. 4.
Couverchet, Traité des fruits. Paris 1839. 8.
Jussieu, Mémoire sur les embryons monocotylédonés. (Paris 1839.) 4.
Kratzmann, Die Lehre vom Samen der Pflanzen. Prag 1839. 8.
Bravais, Essai sur la disposition générale des feuilles rectisériées. (Clermont-Ferrand 1839.) 8.
Pierquin, Le sommeil des plantes. Paris 1839. 8.
Silfverstrâhle, Bestämning af Blad och Knoppars divergence. Stockholm 1839. 8.
Bravais, Analyse d'un brin d'herbe ou examen de l'inflorescence des Giramnées. Mans 1840. 8.
Drejer, Elementa phylologiae. Hafniae 1840. 8.
Payer, Essai sur la nervation des feuilles dans les plantes dicotylées. Paris 1840. 4.
Bianconi, Di alcuni movimenti che si osservano nelle piante per la diffusione de' semi. Bologna 1841. 8.
Candolle, Monstruosités végétales. Neufchâtel 1841. 4.
Jussieu, Note sur les fleurs monstrueuses d'Acer laciniosum. (Paris 1841.) 8.
Moquin-Tandon, Éléments de tératologie végétale. Paris 1841. 8.
Tengström, De fructus in phanerophytis evolutione. Helsingforsiae 1841. 4.

Kuetzing, Die Umwandlung niedrer Algenformen in höhere. Harlem 1841. 4.
Luzsiczky, De vita plantarum. Vindobonae 1842. 8.
Hamburger, Symbolae ad doctrinam de plantarum metamorphosi. Vratislaviae 1842. 4.
Wydler, Ueber dichotome Verzweigung der Blüthenaxen dikotyledonischer Gewächse. Halle 1843. 8.
Kunth, Ueber Blattstellung der Dikotyledonen. Berlin 1843. 8.
Schultz, Die Anaphytose oder Verjüngung der Pflanzen. Berlin 1843. 8.
Irmisch, Der Anorganismus. Die Pflanze. Das Thier. Sondershausen 1843. 8.
Berg, Bericht über an Pflanzen beobachtete Ausartungen. Neubrandenburg 1843. 4.
Karsten, De cella vitali. Berolini (1843). 8.
Unger, Die Pflanze im Momente der Thierwerdung. Wien 1843. 8.
Siebold, De finibus inter regnum animale et vegetabile constituendis. Erlangae 1844. 4.
Planchon, Mémoire sur les vrais et faux arilles, les ovules de Véroniques et l'Avicenna. Montpellier 1844. 4.
Zuccarini, Zwei Pflanzenmissbildungen. München 1844. 4.
Kützing, Ueber die Verwandlung der Infusorien in niedre Algenformen. Nordhausen 1844. 4.
Gaertner, Beiträge zur Kenntniss der Befruchtung. Stuttgart 1844. 8.
Dumas, Sur la structure de l'Hellébore fétide et sur l'évolution de ses organes floraux. Montpellier 1844. 4.
Trautvetter, Das Laubwerk oder der Spross als eine Blume in Nacheinanderfolge. (Mitau) 1844. 8.
Draper, Treatise on the forces which produce the organization of plants. New York 1844. 4.
Mohl, Ueber die Reizbarkeit der Blätter von Robinia. (Verm. Schriften p. 372—74.)
Roeper, Zur Flora Mecklenburgs II. (Gramineae). Rostock 1844. 8.
Godron, De l'hybridité dans les végétaux. Nancy 1844. 4.
Kirschleger, Essai historique sur la tératologie végétale. Strassbourg 1845. 4.
Godron, Description d'une monstruosité dans la fleur des Crucifères. Nancy 1845. 8.
Kros, De Spira in plantis. Groningae 1845. 8.
Naumann, Ueber den Quincunx als Grundgesetz der Blattstellung vieler Pflanzen. Leipzig 1845. 8.
Kirschleger, Sur les folioles carpiques dans les plantes angiospermes. Strassbourg 1846. 8.
Reichenbach, Die Pflanzenuhr. Leipzig 1846. 16.
Brunner, Observations sur l'inflorescence du tilleul. Genève 1846. 8.
Wigand, Kritik und Geschichte der Metamorphosenlehre. Leipzig 1846. 8.
Herr, Ueber Bewegung in der Pflanzenwelt. Herborn 1846. 4.
Schleiden, Die Pflanze und ihr Leben. Leipzig 1847. 8. — 6. Auflage. ib. 1864. 8.
Fromberg, Plantarum vita et partes constituentes. Trajecti a/Rh. 1847. 8.
Caspary, De Nectariis. Bonnae 1848. 4.
Doell, Laubknospen der Amentaceen. Frankfurt a/M. 1848. 8.
Lestiboudois, Phyllotaxie anatomique. Paris 1848. 4.
Clos, Rhizotaxie. Paris 1848. 4.
Schleiden, Notio folii et caulis. Jena 1849. 8.
Ralph, Icones carpologicae. London 1849. 4.
Gaertner, Versuche über die Bastarderzeugung. Stuttgart 1849. gr. 8.

Brückner, Arthur, De relationibus formam inter et vires plantarum. Vratislaviae 1850. 8.
Irmisch, Knollen der Zwiebelgewächse. Berlin 1850. 8.
Scharenberg, Unterschied zwischen Thieren und Pflanzen und die Mittelformen. Kiel 1850. 4.
Wigand, Pflanzenteratologie. Marburg 1850. 8.
Irmisch, Monokotylische Knollen- und Zwiebelgewächse. Berlin 1850. 8.
Braun, Verjüngung. Leipzig 1851. 4.
Martins, Tératologie végétale. Montpellier 1851. 4.
Hoffmann, Pflanzenschlaf. Giessen 1851. 8.
Planchon, J., Concordance entre formes, structure, affinités et propriétés des plantes. Montpellier 1851. 8.
Wydler, Verzweigungsweise dichotomer Inflorescenzen. Regensburg 1851. 8.
Reichert, Monogene Fortpflanzung. Dorpat 1852. 4.
Braun, Parthenogenesis. Berlin 1852. 4.
Krémer, Sexualité et hybridité. Montpellier 1852. 8.
Braun, Individuum. Berlin 1853. 4.
Bary, Plantarum generatio sexualis. Berlin 1853. 8.
Jordan, Origine des variétés. Paris 1853. 8.
Irmisch, Biologie und Morphologie der Orchideen. Leipzig 1853. 4.
Irmisch, Vergleichende Morphologie. Halle 1854—63. 8.
Klotzsch, Bastarde. Berlin 1854. 8.
Timbal, Hybrides des Orchidées. Toulouse 1854. 8.
Dochnahl, Die Lebensdauer ungeschlechtlicher Vermehrung. Berlin 1854. 8.
Jessen, Die Lebensdauer der Gewächse und die Ursachen verheerender Pflanzenkrankheiten. Breslau 1855. 4.
Fabre, Recherches sur les tubercules de l'Himantoglossum. Paris 1855. 4.
Baillon, Organisation des Euphorbiacées. Paris 1855. 4.
Fermond, Symmétrie. Paris 1855. 8.
Germain de St. Pierre, Histoire iconographique des anomalies. Paris 1855. fol.
Thiel, Directio radicum. Bonn 1855. 8.
Colombier, Botanique arithmétique. Paris 1855. 8.
Naegeli, Die Individualität in der Natur. Zürich 1856. 8.
Irmisch, Morphologie der Melanthaceen, Irideen und Aroideen. Berlin 1856. 4.
Germain, Archives de biologie végétal. Paris 1856. 4.
Goeppert, Botanische Museen. Görlitz 1856. 8.
Haustein, Zusammenhang der Blattstellung mit dem Holzring. Berlin 1857. 4.
Ratchinsky, Mouvements opérés par les plantes sous l'influence de la lumière. Moscou 1857. 8.
Normann, Observations de morphologie végétale. Christiania 1857. 4.
Areschoug, Groddknopparnas morphologi. Lund 1857. 4.
Bergsma, Parthenogenesis. Utrecht 1857. 8.
Ritschl, Pflanzenbastarde. Posen 1857. 4.
Rossmann, Phyllomorphose. Giessen 1857—58. 4.
Pokorny, Nervation der Blätter. Wien 1858. 8.
Radlkofer, Parthenogenesis. Leipzig 1858. 8.
Sachs, J., Gesetzmässige Stellung der Nebenwurzeln. Wien 1858. 8.
Bronn, Morphologische Studien. Leipzig 1858. 8.
Ratchinsky, Bewegungen der höhern Pflanzen. Moskau 1858. 8
Nitschke, Droserae rotundifoliae irritabilitas. Vratislaviae 1858. 8.
Darwin, Origin of species. London 1859. 8. — ib. 1869. 8.
Regel, Parthenogenesis. Petersburg 1859. 4.
Lönnroth, Växternas Metamorphoser. Stockholm 1859. 8.
Dresser, Unity of variety. London 1859. 8.
Daubeny, Final causes of the sexuality of plants. Oxford 1860. 8.

Werther, Lebenskraft. I. Die Pflanze-und das Thier. Halle 1860. 8.
Braun, Polyembryonie von Coelebogyae. Berlin 1860. 4.
Hallier, De geometricis plantarum rationibus. Jenae 1860. 8.
Cramer, Pflanzenarchitectonik. Zürich 1860. 8.
Irmisch, Morphologie der Monokotyledonen. Halle 1860. 4.
Eichler, Entwicklungsgeschichte der Blätter. Marburg 1861. 8.
Leclerc, Mouvement des végétaux. Paris 1861. 8.
Caspary, Abietinarum flos femineus. Regiomonti 1861. 4.
Kirchhoff, De Labiatarum organis vegetativis. Bonnae 1861. 8
Fleischer, Missbildungen. Esslingen 1862. 8.
Musset, L'hétérogenie ou génération spontanée. Toulouse 1862. 4.
Darwin, Ch. R, Orchids fertilised by insects. London 1862. 8.
Moehl, Morphologische Untersuchungen über die Eiche. Cassel 1862. 4.
Agardh, J. G., Om delars betydelse. Lund 1862. fol.
Gieswald, Hemmungsprozess in der Antherenbildung. Danzig 1862. 4.
Beer, Morphologie und Biologie der Orchideen. Wien 1863. fol.
Godron, Recherches sur l'hybridité. Nancy 1863. 8.
Eichler, Bewegung im Pflanzenreiche. München 1864. 8.
Cramer, Bildungsabweichungen und Deutung des Pflanzeneies. Zürich 1864. 4.
Fermond, Phytomorphie Paris 1864—68. 8.
Leyendecker, Blätter unsrer Laubbäume. Weilburg 1864. 4.
Faivre, Variabilité de l'espèce. Lyon 1864. 8.
Rossmann, Spreitenformen der Umbelliferen. Halle 1864. 4.
Parlatore, Sui fiori et sui frutti delle Conifere. Firenze 1864. 4.
Rudde, Evolutio floris Euphorbiac helioscopiae. Bonnae 1864. 8.
Sandéen, Bladknopparne hos Polygoneae. Lund 1865. 4.
Neubert, Betrachtungen der Pflanzen. Stuttgart 1865. 8.
Landrin, Monstruosités végétales. Versailles 1865. 8.
Naegeli, Naturhistorische Art. München 1865. 8.
Wichura, Die Bastardbefruchtung der Weiden. Breslau 1865 4.
Verlot, J., La production des variétés dans les plantes d'ornement. Paris 1865. 8.
Kirschleger, La métamorphose de Goethe. Strasbourg 1865. 8.
Godron, Les bourgeons et l'inflorescence des Papilionacées. Nancy 1865. 8.
Godron, L'inflorescence et les fleurs des Crucifères. Nancy 1865. 8.
Fournier, Recherches anatom. taxon. sur les Crucifères et Sisymbrium partic. Paris 1865. 4.
Sagot, De l'état sauvage et des résultats de la culture et de la domestication. Nantes 1865. 8.
Liebe, Elemente der Morphologie. Berlin 1866. 8.
Kerner, Gute und schlechte Arten. Innsbruck 1866. 8.
Ohlert, E., Die morphologische Stellung der Samen. Königsberg 1866. 4.
Wretschko, Inflorescenz der Asperifolien. Wien 1866. 8.
Pasquale, Una anomalia del Polipodio vulgare. Napoli 1866. 4.
Godron, Nouvelles Recherches sur l'hybridité. Nancy 1866. 8.
Walz, J., Morphologie und Systematik der Vaucheria. Jena 1867. 8.
Delpino, Biologia vegetale. Pisa 1867. 8.
Godron, Axes de végétation de la vigne. Paris 1867. 8.
Sandéen, Om Individualitäten hos de hogra växterna. Carlskrona 1867. 8.
Bert, Les mouvements de Mimosa pudica. Paris 1867. 8.
Kirchhoff, Die Pflanzenmetamorphose bei Wolf und Goethe. Berlin 1867. 4.
Darwin, Variation under domestication. London 1868. 8.
Mueller, N., Eine allgemeine morphologische Studie. (Halle 1869) 4.
Hildebrand, Geschlechtsverhältnisse bei den Compositen. Jena 1869. 4.
Heller, K. B., Darwin und der Darwinismus. Wien 1869. 8.
Kerner, Abhängigkeit der Pflanzengestalt von Klima und Boden. Innsbruck 1869. 4.
Hoffmann, Werth von Species und Varietät. Giessen 1869. 8.
Masters, Vegetable teratology. London 1869. 8.
Michelis, Formentwicklungsgesetz. Wien 1869. 8.
Braun, Misbildung von Podocarpus chinensis. Berlin 1869. 8.
Köhne, Blüthenentwicklung bei den Compositen. Berlin 1869. 8.
Strassburger, Befruchtung bei den Coniferen. Jena 1869. 4.
Dub, Kurze Darstellung der Lehre Darwins. Stuttgart 1870. 8.
Thome, Vermiedne Selbstbefruchtung. Leipzig 1870. 8.
Krafft, G., Metamorphose der Maispflanze. Wien 1870. gr. 8.
Warming, Er koppen hos Euphorbia en blomst? Kjøbenhavn 1871. 8.

Cap. 44. Valetudo et morbi plantarum.

Conf. Monographiae: cap. 9 Fungi, cap. 15 Ampelideae, Solanum tuberosum, Triticorum morbi.

Leonardo da Vinci, c. 1490, Trattato della pittura. Romae 1817. 4.
Grube, De vita et sanitate plantarum. Jenae 1664. 4.
Ziegra, De morte plantarum. Wittebergae 1680. 4.
Weiss, De excrescentiis plantarum animatis. Lipsiae 1694. 4.
Tromsdorff, Ros mellis, non ros, nec mellis ros. Erfurti 1699. 4.
Zwinger, De valetudine plantarum secunda et adversa. Basileae 1708. 4.
Eysel, Die wundernswürdige Weidenrose Erfordiae 1711. 4.
Eysfarth, De morbis plantarum. Lipsiae 1723. 4
Hilscher, De natura et origine roris mellei et rubiginis vegetabilium. Jenae 1736. 4.
Curieuse Nachricht von Weyden-Rosen. Erfurt (1747). 4.
(Albrecht) De Salicum rosis fictis. Coburgi 1748. 8.
Hoppe, Einige Nachricht von den sogenannten Eichen-, Weiden- und Dornrosen. Leipzig 1748. 4. — *Schreiber*, Vernünftige Gegenantwort. Gera 1748. 4.
Hasselbom, Aphorismi de morbis plantarum. Aboae 1748. 4.
Hoppe, T., Weidenrosen. Gera 1748. 4.
Gedanken über die Rosen und Nelken der Weiden. (Nassau) 1750. 4.
Plaz, De plantarum plethora. Lipsiae 1754. 4.
Bring, De morbis plantarum. Londini Gothorum 1758. 4.
(Cattaneo) Della idropisia de' gelsi. (Milano 1767.) 8.
Hagen, Physikalisch-botanische Betrachtungen über die Weidenrosen. Königsberg 1769. 4.
Scopoli, Annus hist. nat. (IV. p. 115—20. De lue epidemica Mori albae.) Lipsiae 1770. 4.
Alberti, Dell' epidemica mortalità de' gelsi. Salò 1773. 4.
Locatelli, Sulla corrente malattia de' gelsi. Verona 1773. 4.
Zallinger, De morbis plantarum. Oeniponti 1773. 8.
Moschettini, Della brusca malattia degli olivi. Napoli 1777. 12.
San Martino, Memoria sopra la nebbia dei vegetabili. Vicenza 1785. 4.
Saint-Amans, Recherches sur la maladie, qui détruit les arbres des promenades d'Agen. Agen 1789. 8.
Seetzen, Systematum generaliorum de morbis plantarum brevis dijudicatio. Gottingae 1789. 8.
Forsyth, Observations on the diseases of fruit and forest trees. London 1791. 8.
Plenck, Physiologia et pathologia plantarum. Viennae 1794. 8.
Candolle, Observation sur une espèce de gomme, qui sort des buches du hêtre. (Journ de physique 1799. vol. XLVIII. p. 447.)

CAP. 44. VALETUDO ET MORBI

Re, Saggio di nosologia vegetabile. Firenze 1807. 8.
Re, Saggio teorico-pratico sulle malattie delle piante. Venezia 1807. 8. — Ed. II: Milano 1817. 8.
Werneck, Versuch einer Pflanzenpathologie und Therapie. Mannheim 1807. 8.
Christ, Die Krankheiten, Uebel und Feinde der Obstbäume. Frankfurt a/M. 1808. 8.
Auersperg (Zallinger), Die Krankheiten der Bäume. Brünn 1809. 8.
Maccary, Sur la maladie forficulaire du mûrier. Paris 1810. 8.
Candolle, Mém. sur le Sclerotium et sur l'ergot des Cereales. (Mém. mus. hist. nat. 1815, II, 401—20)
Pollini, Sopra alcune malattie degli ulivi. Milano 1818. 8.
Tenzel, Beschreibung einer besondern Pflanzenkrankheit. Kempten 1819. 8.
Vittadini, C., Natura del calcino e mal del segno. Milano 1824. 4.
Platania, Sopra una essudazione spontanea della quercia. Catania 1825. 4.
Turpin, Mémoire de nosologie végétale. (Paris 1833.) 4.
Unger, Die Exantheme der Pflanzen. Wien 1833. 8.
Candolle, Sur les maladies des mélèzes dans la Grande-Bretagne. (Genève 1835.) 8.
Puvis, De la dégénération des variétés des végétaux. Paris 1837. 8.
Turpin, Notice sur une maladie des tiges des mûriers. Paris 1838. 8.
Vandamme, Mémoire sur les maladies des Graminées. Hazebrouck 1838. 8.
Moretti, Compendio di nosologia vegetabile. (Bibl. agraria tom. XXII.) Milano 1839. 8.
Moretti, De vegetabilium rhachitide. Ticini 1839. 8.
Wiegmann, Die Krankheiten und krankhaften Missbildungen der Gewächse. Braunschweig 1839. 8.
Unger, Beiträge zur vergleichenden Pathologie. Wien 1840. 4.
Meyen, Pflanzenpathologie. Lehre von dem kranken Leben und Bilden der Pflanzen. Berlin 1841. 8.
Harrwitz, De Cladosporio herbarum. Berol. 1845. 8.
Smee, The potatoe plant its uses and malady. London 1846. 8.
Reisseck, Endophyton der Pflanzenzelle. Wien 1846. 4.
Raspail, Histoire naturelle de la santé et de la maladie chez les végétaux et chez les animaux. Paris 1846. 8.
Regel, Die äussern Einflüsse auf das Pflanzenleben. (Morbi.) Zürich 1847. 8.
Puvis, De l'importance des semis pour l'amélioration des variétés. Paris 1848. 8.
Bary, Brandpilze. Berlin 1853. 8.
Braun, Pflanzenkrankheiten durch Pilze. Berlin 1854. 8.
Regel, Die Schmarotzergewächse und Pflanzenkrankheiten. Zürich 1854. 8.
Jessen, Die Lebensdauer und die Ursachen verheerender Pflanzenkrankheiten. Breslau 1855. 4.
Kühn, Krankheiten der Kulturgewächse. Berlin 1858. 8.
Bary, Kartoffelkrankheit. Leipzig 1861. 8.
Gasparini, Malattie degli organi vegetativi degli Agrumi. Napoli 1862. 4.
Crespi, Malattia dominante nella vegetazioni. Milano 1862. 8.
Bary, Developpement des champignons parasites. Paris 1838. 8.
Lallemant, Ergot du Diss (Ampelodesmus tenax). Alger 1863. 8.
Strube, Exanthemata phytoparasitica. Berol. 1863. 8.
Oersted, Sygdomma hos planterna. Kjöbenh. 1863. 8.
Stefani, Nuova malattia di Ricinus communis. Verona 1865. 8. — Cenni storici ed osservazioni sopra la malattia.. 1866. 8. — *Berenger*, Generazione del crittogame del Ricino. ib. 1866. 8.
Oersted, Champignons parasites. Copenhagen 1867. 8.
Cooke, Rust smut mildew and mould. London 1868. 8.
Hallier, Phytopathologie. Leipzig 1868. 8.
Hallier, Parasitologische Untersuchungen. Leipzig 1868. 8.
Thomas, Missbildung durch Phytopus Duj. Gotha 1869. 4.

Cap. 45. Physiologiae partes chemicae physicae.

Ed. I: Calor et electricitas plantarum, Effectus externi in plantas, Chemia generalis, Motus fluidorum, Chemia specialis, Resurrectio, Color, Odor, Respiratio plantarum p. 495—99.

Voigt, Curiositates physicae. (Contra resurrectionem.) Gustrovii 1668. 8.
Schmid, Resurrectio (vegetabilium) artificialis. Lipsiae 1677. 4.
Hannemann, Phoenix botanicus. (Kilonii 1678.) 4. (Resurrectio)
Franke, Programma ad herbationes anni 1680. Heidelbergae 1680. 4. — Ed. II: De Palingenesia liber singularis commentario illustratus a J. Chr. Nehring. Halae 1717. 4
Wedel, De sale volatili plantarum. Jenae 1682. 12.
Moegling, Palingenesia sive resurrectio plantarum. Tubingae 1683. 4.
Fick, De plantarum extra terram vegetatione. Jenae 1688. 4.
Hoepffner, Das verkehrte Jahr. Jena (1696). 4.
Barnstorff, Programma de resuscitatione plantarum. Rostockii 1703. 4.
Bradley, New improvements of planting and gardening. London 1717. 8. — Ed. VI: London 1731. 8.
Steuchius, De nutritione arborum. Upsaliae 1722. 8.
Henckel, Flora saturnizans. Leipzig 1722. 8. — ib. 1755. 8.
Hales, Statical essays. Vol. I. London 1727. 8. — ib. 1731. 8. — ib. 1738. 8.
Kulm, De plantis earumque nutritione. Gedani 1728. 4.
Bradley, Ten practical discourses concerning the growth of plants. London 1733. 8.
Brueckmann, De Ocymastro flore viridi pleno. Wolfenbuttelae 1734. 4.
Hertel, De plantarum transpiratione. Lipsiae 1735. 4.
Bose, Tentamina electrica. (De vegetatione electricitatis vi accelerata.) Wittebergae 1747. 4.
Taglini, Lettere scientifiche (p. 37—94. Su l'Aglio trapiantato al pie del Rosaio possa conferire alla Rosa una maggior fragranza?) Firenze 1747. 4.
Mennander, De nutrimento plantarum. Aboae 1747. 4.
Mennander, Theses de transpiratione plantarum. Aboae 1750. 4.
Wallerius, De principiis vegetationis. Holmiae 1751. 4.
Linné, Odores medicamentorum. Stockholmiae 1752. 4.
Kiesling, De succis plantarum. Lipsiae 1752. 4.
Ammersin, De electricitate propria lignorum. Lucernae 1754. 12.
Bonnet, Recherches sur l'usage des feuilles. Goettingae 1754. 4.
Linné, De methodo investigandi vires medicamentorum chemica. Upsaliae 1754. 4.
Hoegström, Tal om orsakena etc. (Frigoris effectus in plantas.) Stockholm 1755. 8.
Bose, De secretione humorum in plantis. Lipsiae 1755. 4.
Harmens, De transpiratione plantarum. Londini Gothorum 1756. 4.
Ludwig, De colore plantarum observata. Lipsiae 1756. 4.
Scepin, De acido vegetabili. Lugduni Batavorum 1758. 4.
Linné, Medicamenta graveolentia. Upsaliae 1758. 4.
Ludwig, De colore florum mutabili. Lipsiae 1758. 4.
Ludwig, De colore plantarum species distinguente. Lipsiae 1759. 4.
Hahn, Sermo de chemiae cum botanica conjunctione utili ac pulchra. Trajecti a/Rh. 1759. 4.

Home, Principles of agriculture and vegetation. London 1759. 8.
Wallerius, De origine oleorum in vegetabilibus. Upsaliae 1761. 4.
Wallerius, De Palingenesia. Upsaliae 1764. 4.
Unzer, Sammlung I. 1766. (p. 440—50. Bäume vor dem Erfrieren zu bewahren.) (— Neues Hamb. Magazin, 86. Stück, p. 120—32.)
Altmann, Analysis plantarum antiscorbuticarum. Viennae 1766. 8.
Trozelius, De generatione et nutritione arborum. Lond. Goth. 1768. 4.
Beguillet, De principiis vegetationis et agriculturae. Divione 1769. 8.
Sigwart, De vegetabilium ulteriori indagine. Tubingae 1769. 4.
Crell, Ueber das Vermögen der Pflanzen, Wärme zu erzeugen und zu vernichten. Helmstedt 1778. 8.
Becker, Experimenta circa mutationem colorum vegetabilium a corporibus salinis. Goettingae 1779. 4.
Duttenhofer, Von dem Pflanzenleben in Beziehung auf den Ackerbau. Stuttgart 1779. 4.
Ingenhousz, Experiments upon vegetables. London 1779. 8.
Lindsay, De plantarum incrementi causis. Edinburgi 1781. 8.
Demel, Analysis plantarum. Viennae 1782. 8.
Suckow, Versuche über die Wirkungen verschiedener Luftarten auf die Vegetation. München 1782. gr. 4
Senebier, Mémoires sur l'influence de la lumière solaire. Genève 1782. 8.
Brugmans, Natuurkundige Verhandeling over een zwavelagtigen nevel. Groningen (1783). 8.
Senebier, Recherches sur l'influence de la lumière solaire. Genève 1783. 8
Bertholon, De l'électricité des végétaux. Paris 1783. 8
Gardini, De influxu electricitatis atmosphaericae in vegetantia. Aug. Taur 1784. 8.
Rosenthal, Versuche, die zum Wachsthum der Pflanzen nöthige Wärme zu bestimmen. Erfurt 1784. 4.
Ingenhousz, Vermischte Schriften. Wien 1784. 8.
Ingenhousz, Nouvelles expériences sur divers objets de physique. Paris 1785. 8.
Boehmer, De coeruleo colore raro. Wittebergae 1786. 4.
Becker, Chemische Untersuchung der Pflanzen und deren Salze. Leipzig 1786. 8.
Riche, De chemia vegetabilium. Avenione 1786. 8.
Michalowsky, De principio plantarum odoro. Regiomonti 1788. 8.
Baer, Experimenta chemica de Gummi-resinis nonnullis. Erlangae 1788. 4.
Titius, De acido vegetabilium elementari. Lipsiae 1788. 4.
Senebier, Expériences sur l'action de la lumière solaire dans la végétation. Genève 1788. 8.
Vassalli, Esperienze recate contro l'influsso dell' elettricità nella vegetazione. Torino 1788. 8.
Coulon, De mutata humorum in regno organico indole. Lugduni Batavorum 1789. 8.
Sierstorpf, Bemerkungen über die im Winter 1788—89 erfrorenen Bäume. Braunschweig 1790. 8.
Marabelli, De Zea Mays planta analytica disquisitio. Papiae 1793. 8.
Trainer, Examen chemicum Mannae. Erlangae 1793. 8.
Humboldt, Aphorismi ex doctrina physiologiae chemicae plantarum. (— Flora Fribergensis. Berolini 1793. 8.)
Comparetti, Riscontri fisico-bot. Padova 1793. 8. (Notulae quaedam anatomicae)
Hempel, Ueber die Natur der Pflanzensäuren. Berlin 1794. 8.
Hempel, Chemische Untersuchung der Winter- und Sommereiche. (— Pharm.-chem. Abhandlung etc. Berlin 1794. 8.)
Lehr, De carbone vegetabili. Marburgi 1794. 8.
Ingenhousz, Miscellanea physico-medica. Viennae 1795. 8.
Ingenhousz, Proeven over het voedzel der planten. Delft 1796. 8.

Humboldt, Versuche nebst Vermuthungen über den chemischen Process des Lebens in der Thier- und Pflanzenwelt. Berlin 1797. 8.
Humboldt, Einleitung über einige Gegenstände der Pflanzenphysiologie. — *Ingenhousz*, Ueber Ernährung der Pflanzen. Leipzig 1798. 8.
Candolle, Premier essai sur la nutrition des Lichens. Paris 1798. 4.
Elsner, De plantarum nutrimento. Regiomonti 1798. 8.
Hagen, K. G., De plantarum nutrimento ab aqua. Regiomonti 1798.
Jordan, Disquisitio chemica evictorum regni animalis et vegetabilis elementorum. Goettingae 1799. 4.
Titius, De aere in Coluteae leguminibus contento. Wittebergae 1800. 4.
Schrader und *Neumann*, Preisschriften über die Beschaffenheit und Erzeugung der erdigen Bestandtheile in den Getraidearten. Berlin 1800. 8.
Clarion, Observations sur l'analyse des végétaux. Paris 1803. 8.
Oppenheim, De phytochemia pharmacologiae lucem foenerante. Halis 1803. 8.
Clarion, Travail chimique sur les rhubarbes exotique et indigène. Paris 1803. 8.
Candolle et Cuvier, Examen d'un sel recueilli sur le Reaumuria. (Bull. soc. phil. 1803. p. 251.)
Langlès, Recherches sur la découverte de l'essence de rose. Paris 1804. 12.
Saussure, Recherches chimiques sur la végétation. Paris 1804. 8.
Candolle, Expériences relatives à l'influence de la lumière sur quelques végétaux. (Mém. des savans étrangers 1805. I. 370.)
Melandri et Moretti, Analisi delle radici di Cariofilata, di Colchico autumnale e dell' uva orsina. Pavia 1805. 8.
Kielmeyer, Observationes chemicae de acredine nonnullorum vegetabilium. Tubingae 1805. 8.
Wahlenberg, De sedibus materiarum immediatarum in plantis Upsaliae 1806—7. 4.
Graullau, Comment les engrais agissent-ils en général? Bordeaux 1807. 8.
Senebier, Traité sur les rapports des plantes avec l'air atmosphérique. Genève 1807. 8.
Hermbstädt, Zergliederung der Vegetabilien nach physisch-chemischen Grundsätzen. Berlin 1807. 8.
Kielmeyer, De materiis narcoticis regni vegetabilis. Tubingae 1808. 8
Kielmeyer, De effectibus arsenici in varios organismos. Tubingae 1808. 8.
Candolle, Note sur la cause de la direction des tiges vers la lumière. (Mém. soc. d'Arcueil 1809. II. 104.)
Ruhland, Fragmenta de nutritione plantarum. Landishuti 1809. 8.
Gasc, Mémoire sur l'influence de l'électricité dans la fécondation des plantes. Mayence 1811. 8.
Neves Mello, Circa Stipae arenariae aristam observationes. Rio de Janeiro 1811. 8.
Grindel, Die organischen Körper chemisch betrachtet. Riga 1811. 8. — ib. 1818. 8.
Hermbstädt, Versuche über das Keimen. Berlin 1812. 4.
Amoretti, Degli effetti de' turbini sulle piante. Pavia 1813. 4.
Davy, Elements of agricultural chemistry. London 1813. 4. — ib. 1839. 8.
Gautieri, Dell' influsso de' boschi sullo stato fisico de' paesi. Milano 1814. 8.
John, J. F., Chemische Tabellen der Pflanzenanalysen. Nürnberg 1814. fol.
Gilby, De mutationibus quas ea, quae e terra gignuntur, aëri inferunt. Edinburgi 1815. 8.
Gaultier de Claubry, Recherches sur l'existence de l'Iode dans les plantes etc. Paris 1815. 4.

Cloquet, Sur les odeurs. Paris 1815. 4.
Erikson, Reflexiones circa nutritionem vegetabilium. Upsaliae 1815. 4.
Amoretti, Elettrometria de' vegetali. Milano 1816. 8.
Du Petit-Thouars, Le verger français. (Effectus frigoris in plantas) Paris 1817. 8.
Gmelin, De plantarum exhalationibus. Tubingae 1817. 8.
Monkewitz, Chemisch-medizinische Untersuchung über die Wandflechte (Lichen parietinus) und Chinarinden. Dorpat 1817. 8.
Berthold, De seminis Phellandrii aquatici analysi chemica. Halae 1818. 8.
Boullay, L'histoire chimique de la coque du Levant (Menispermum Cocculus). Paris 1818. 8. — II: ib. 1818. 4.
Mannhardt, Lobariae parietinae analysis chemica. Kiliae 1818. 4.
Godefroy, Essai sur la formation des substances végétales. Strassburg 1818. 4.
Rees, Disquisitio de decompositione acidi carbonici in vegetatione. Trajecti a/Rh. 1818. 8.
Grischow, Physikalisch-chemische Untersuchungen über die Athmungen der Gewächse. Leipzig 1819. 8.
John, Ueber die Ernährung der Pflanzen und den Ursprung der Pottasche und andrer Salze in ihnen. Berlin 1819. 8.
Boon Mesch, De vi lucis in vegetabilia. Lugduni Batav. 1819. 4.
Nees von Esenbeck, *Bischof* und *Rothe*, Die Entwicklung der Pflanzensubstanz. Erlangen 1819. 4.
Thunberg, De nutritione plantarum. Upsaliae 1819. 4.
Glocker, Versuch über die Wirkungen des Lichtes auf die Gewächse. Breslau 1820. 8
Vogel, Chemische Analyse der Nymphaea alba. (*Dingler*, Ueber die Nymphaea alba L. Wien 1820. 8.)
Runge, Neueste phytochemische Entdeckungen. Berlin 1820—21. 8.
Mathieu de Dombasle, Du mode de nutrition des plantes. Paris 1821. 8.
Davids, De fontibus vegetationis plantarum. Lugduni Batavorum 1822. 4.
Runge, De pigmento indico. Berolini 1822. 8.
Bosc, Collection de Mémoires relatives aux effets sur les oliviers de la gelée du 11 au 12 janvier 1820. Paris 1822. 8.
Chaptal, Chimie appliquée à l'agriculture. Paris 1822. 8. — Ed II: ib. 1829. 8.
(*Canzoneri*) Saggio sul castagno d'India. Palermo 1823. 8.
Marincovich, De succo Tithymalorum ejusque analysi. Venetiis 1823. 8.
Jaeger, De effectibus variarum aëris specierum in plantas. Stuttgartiae 1823. 4.
Becker, K. J. T., De acidi hydro-cyanici vi perniciosa in plantas. Jenae 1823. 4.
Petri, Der thierische Magnetismus in seiner Anwendung auf die Pflanzenwelt. Ilmenau 1824. 8.
Martin Solon, Alcalia vegetabilia novissime inventa. Paris 1824. 4.
Franzoja, Analysis Smilacis Chinae. Patavii 1825. 8.
Franzoja, Analysis Arundinis Donacis. Patavii 1825. 8.
Raspail, Analyse microscopique et le développement de la fécule dans les céréales. (— Mémoires sur les Graminées. Paris 1825. 8.)
Bosson, Mémoire sur l'influence du déboisement des forêts. Paris 1825. 8.
Schmidt, J. H., De corporum heterogeneorum in plantis genesi. Berolini 1825. 4.
Schuebler, Untersuchungen über die Farben der Blüten. Tübingen 1825. 8.
Johnson, Anwendung des Kochsalzes auf den Feld- und Gartenbau. Leipzig 1825. 8.
Goeppert, Nonnulla de plantarum nutritione. Berolini 1825. 8.
Léveillé, Influence du froid sur quelques Agaricoïdées. (Paris 1825.) 8.

Schuebler, Ueber die Einwirkung verschiedener Stoffe auf das Leben der Pflanzen. Tübingen 1826. 8.
Schuebler, Beobachtungen über die Temperatur der Vegetabilien. Tübingen 1826. 8.
Berzelius, Lärbok i Kemien. Stockholm 1826—28. 8.
Balsó, De Aspidio Filice mare. Vindobonae 1826. 8.
Goeppert, De acidi hydrocyanici vi in plantas. Vratislaviae 1827. 8.
Petit, Mémoire sur le pavot d'orient. Paris 1827. 8.
Macaire-Princeps, Mémoire sur la coloration automnale des feuilles. Genève 1828. 4.
Runge, Resultate chemischer Untersuchungen der Cynareen, Eupatorineen etc. Breslau 1828. 4.
Succow, De lucis effectibus chemicis in corpora organica. (De lucis in plantas effectu chemico: p. 43—62.) Jenae 1828. 4.
Waltl, Das Amylon und Inulin. Nürnberg 1829. 8.
Fechner, Resultate der bis jetzt unternommenen Pflanzenanalysen. Leipzig 1829. 8.
Schuebler, Untersuchungen über die Temperaturveränderungen der Vegetabilien. Tübingen 1829. 8.
Goeppert, Ueber die Wärmeentwicklung in den Pflanzen und deren Gefrieren. Breslau 1830. 8.
Cailliot, Essai chimique sur la Térébinthine des sapins Strassburg 1830. 4.
Graeger, De Asaro europaeo. Goettingae 1830. 8.
Schuebler, De efficacia Natri muriatici in plantis. Tubingae 1830. 8.
Candolle, De l'influence de la température atmosphérique sur le développement des arbres au printems. (Genève 1831) 8.
Besser, De Salicinio. Berolini 1831. 8.
Schuebler, Grundsätze der Agriculturchemie. Leipzig 1831. 8. — ib. 1838. 8.
Schuebler, Ueber die Vertheilung der Farben und Geruchsverhältnisse bei den Asperifolien, Primulaceen etc. Tübingen 1831. 8
Schuebler, Ueber die Vertheilung der Farben und Geruchsverhältnisse in der Familie der Rubiáceen. Tübingen 1831. 8.
Schuebler, Ueber die Vertheilung der Farben und Geruchsverhältnisse in den wichtigeren Familien. Tübingen 1831. 8.
Goeppert, Ueber Wärmeentwicklung in der lebenden Pflanze. Wien 1832. 8.
Guillemin, Considérations sur l'amertume des végétaux. Paris 1832. 4.
Hartrodt, Die Alkaloide. Leipzig 1832. 4.
Schuebler, Seminum Sorghi vulgaris analysis. Tubingae 1832. 8.
Jablonski, De conditionibus vegetationi necessariis. Berolini 1832. 8.
Fée, Examen de la théorie des rapports botano-chimiques. Strassburg 1833. 4.
Girou de Buzareinges, Mémoire sur l'évolution des plantes et sur l'accroissement en grosseur des exogènes. Paris 1833. 8.
Raspail, Nouveau système de chimie organique. Paris 1833. 8.
Reuter, Der Boden und die atmosphärische Luft in Einwirkung auf Ernährung der Pflanzen. Frankfurt a/M. 1833. 8.
Focke, De respiratione vegetabilium. Heidelbergae 1833. 4
Schuebler, Ueber die Farbenverhältnisse in den Blüten der Flora Deutschlands. Tübingen 1833. 8.
Schuebler, Untersuchungen über die Farbenveränderungen der Blüten. Tübingen 1833. 8.
Schuebler, Ueber die Farbenverhältnisse in den Blüten der Flora Frankreichs. Tübingen 1833. 8.
Pieper, Das wechselnde Farbenverhältniss des Blattes. Berlin 1834. 8.
Koch, K., De phytochemia. Jenae 1834. 8.
Dassen, De Scillitino additis experimentis de venenorum vi in plantas. Groningae 1834. 8.
Jacquin, Ueber die geistige Gährung der stärkemehlhaltigen Stoffe. (Wien 1834) 8.

Schuebler, Untersuchungen über die Bestandtheile des Hirse, Panicum miliaceum L. Tübingen 1834. 8.
Giordano, Cenno sulla decolorazione delle foglie in autumno. Torino 1835. 8.
Marquart, Die Farben der Blüthen Bonn 1835. 8.
Edwards, Mémoire de physiologie agricole sur la végétation des céréales sous de hautes températures. Versailles 1835. 8.
Himly, De Caoutschouk et de Caoutschino. Goettingae 1835. 8.
Struve, De silicia in plantis nonnullis. Berolini 1835. 8.
Daubeny, On the action of light upon plants, and of plants upon the atmosphere. London 1836. 4.
Christison, On the properties of hemlock (Conium maculatum) and its alcaloid conia Edinburgh 1836. 4.
Mohl, Ueber die Functionen der Blätter. Tübingen 1836. 8.
Florio, Sugl' innesti, sulla colorazione dei vegetabili e sulla fosforenza del ligno. Vigevano 1836. 8.
Mohl, Untersuchungen über die winterliche Färbung der Blätter. Tübingen 1837 8.
Claus, Grundzüge der analytischen Phytochemie. Dorpat 1837. 8.
Murray, Chemical analysis of the milk and bark of the Palo de Vaca London 1837. gr. 8.
Pepe et *Cupido*, Analisi del frutto del Platano orientale Napoli 1837. 8
Bleisch, De Amygdalinio. Vratislaviae 1838. 4.
Rapp, Ueber das Santonin. Heilbronn 1838. 8.
Thomson, Chemistry of organic bodies. Vegetables. London 1838. 8
Beek et *Bergsma*, Observations thermo-électriques sur l'élévation de température des fleurs de Colocasia odora. Utrecht 1838 4.
Steinheil, Qu'entend on par endosmose et exosmose? (Paris 1838) 4.
Abbene, Saggio sulla influenza della Magnesia nella germinazione. Torino 1838 8.
Moretti, Sul influsso della luna nella vegetazione. Parma 1838 8.
Vry, De analysi chemica plantarum. Roterodami 1838. 8
Hasskarl, Over de ontwikkeling van warmte in planten Batavia 1838. 8
Reimers, Respirationis plantarum explicatio. Kiliae 1839. 4.
Rapp, Ueber die Veratrine. Tübingen 1839. 8.
Meyer, Ueber das Amylum. (Königsberg 1839.) 8.
Payen, Mémoire sur l'Amidon. Paris 1839. 8.
Péligot, Recherches sur l'analyse et la composition chimiques de la betterave à sucre. Paris 1839 8
Walz, Der Milchsaft des Giftlattichs chemisch untersucht. Heidelberg 1839. 8
Morren, Rapport sur le mémoire de Trinchinetti: De odoribus florum experimenta. Bruxelles 1839. 8.
Weinlig, Die Pflanzenchemie. Leipzig 1839. 8.
Zanon, Sull' influenza elettrochimica delle terre sulla vegetazione. Belluno 1840. 8.
Chatin, Sur les théories de l'accroissement Paris 1840. 8.
Liebig, Die organische Chemie in ihrer Anwendung auf Agrikultur und Physiologie. Braunschweig 1840. 8. — Ed VI: ib. 1846. 8.
Zwenger, Nonnulla de Catechino. Gissac 1841. 4.
Dumas, Leçon sur la statique chimique des êtres organisés. Paris 1841—42. 8.
Gruber, Ueber den Zustand der neuern organischen (Agrikultur-) Chemie. Wien 1841. 8.
Hlubek, Die Ernährung der Pflanzen und die Statik des Landbaues Prag 1841 8
Scheidweiler, Cours raisonné et pratique d'agriculture et de chimie agricole. Bruxelles 1841—43. 8
Payen, Mémoires sur les développements des végétaux. Paris 1842 4

Schleiden, Offnes Sendschreiben an Liebig. Leipzig 1842. 8.
Schleiden, Hr. Justus Liebig und die Pflanzenphysiologie. Leipzig 1842. 8.
Wiegmann und *Polstorff*, Ueber die anorganischen Bestandtheile der Pflanzen. Braunschweig 1842. gr 8.
Winkelblech, Ueber Liebig's Theorie der Pflanzenernährung. Kassel 1842 8.
Winkelblech, Bemerkungen zu Schleiden's Sendsch.eiben an Liebig. Braunschweig 1842. 8.
Hlubek, Beantwortung der wichtigsten Fragen des Ackerbaues Grätz 1842. 8.
Johnston, Lectures on agricultural chemistry. Edinburgh 1842. 8.
Johnston, Elements of agricultural chemistry Edinburgh 1842. 8.
Schmid, Dr. J. Liebig's Zustand der Chemie in Oesterreich und Preussen. Stuttgart 1842. 8.
Herschel, On the action of the rays of the solar spectrum on vegetable colours. London 1842. 4.
Blanchet, Influence de l'ammoniaque sur la végétation. Lausanne 1843. 8
Catinelli, Kritische Bemerkungen über Hlubek's Beleuchtung der Organischen Chemie Liebig's. Wien 1843. 8.
Loesche, De causis naturae chemicae et efficaciae plantarum Lipsiae 1843. 8.
Loewig, Ueber Bildung und Zusammensetzung der organischen Verbindungen. Zürich 1843. 4.
Mohl, Dr. Justus Liebig's Verhältniss zur Pflanzenphysiologie. Tübingen 1843. 8.
Rueder, Ueber die Ernährung der Pflanzen und die Statik des Landbaues. Leipzig 1843. 8.
Solly, Rural chemistry London 1843. 8.
Bérard, Mémoire sur la maturation des fruits. Paris s. a. 8.
Duméril, Des odeurs, de leur nature et de leur action physiologique Paris 1843 8.
Preisser, Sur l'origine et la nature des matières colorantes organiques. Rouen 1843. 8.
Lindemann, De cultu herbarum in vasis. Zittaviae 1843. 4.
Zantedeschi, Dell' influenza dei raggi solari rifratti dai vetri colorati sulla vegetazione. Venezia 1843. 4.
Gris, De l'action des composés ferrugineux solubles sur la végétation. Paris 1843. 8.
Gris, Nouvelles expériences sur l'action etc. Châtillon 1844. 8.
Johnson, J., Von der Nahrung der Kulturpflanzen. St. Petersburg 1844. 8.
Hirschfeld, Die Ernährung und das Wachsthum der Pflanzen. Kiel 1844. 8.
Loesche, Das vegetabilische Leben und die chemische Affinität. Leipzig 1844. 8.
Petzholdt, Populäre Vorlesungen über Agrikulturalchemie. Leipzig 1844. 8. — ib. 1846. 8.
Schultz, Die Entdeckung der wahren Pflanzennahrung. Berlin 1844. 8.
Geubel, Die physiologische Chemie der Pflanzen mit Rücksicht auf Agrikultur. Frankfurt a/M. 1845. 8.
(*Gray*) The chemistry of vegetation. (New York) 1845. 8.
Neugebauer, De calore plantarum. Vratislaviae 1845. 8
Byczkowski, Das Verhältniss der Pflanzen zur Atmosphäre. Dorpat 1846. 8.
Dove, Ueber den Zusammenhang der Wärmeveränderungen der Atmosphäre mit der Entwicklung der Pflanzen. Berl. 1846. gr. 4.
Schleiden, Ueber Ernährung der Pflanzen und Saftbewegung in denselben. Leipzig 1846. 8.
Bouchardat, Recherches sur la végétation appliquées à l'agriculture Paris 1846. 12.

Hirschfeld, Versuch einer Materialrevision der wahren Pflanzennahrung. Hamburg 1846. 8.
Hoffmann, Schilderung der deutschen Pflanzenfamilien vom physiologisch-chemischen Standpunkte. Giessen 1846. 8.
Schleiden, Ueber Ernährung der Pflanzen. Leipzig 1846. 8.
Rochleder, Beiträge zur Phytochemie. Wien 1847. 8.
Wolff, Die chemischen Forschungen auf dem Gebiete der Agrikultur und Pflanzenphysiologie. Leipzig 1847. 8.
Loehr, Zur Kenntniss der Hülsenfrüchte, insbes. der Bohne. Giessen 1848. 8.
Cop, Over eigene warmte by Planten. Zwolle 1848. 8.
Bischoff, C., De alcalibus in plantis. Bonnae 1848. 8.
Le Docte, Chemie et physiologie végétale. Bruxelles 1849. 8.
Becquerel, Les effets electriques obtenus dans les tubercules, les racines et les fruits. Paris 1850. 4.
Becquerel, L'électricité dans les végétaux. Paris 1851. 4.
Robin, E., L'oxyginè et la vie des végétaux. Paris 1851. 8.
Garreau, La respiration des plantes. Lille 1851. 8.
Witting, De acidis anorganicis graminum. Berolini 1851. 8
Knop, W., Verhalten einiger Wasserpflanzen zu Gasen. Leipzig 1853. 8.
Zantedeschi, Della electricità degli stami e pistilli. Padova 1853. 4.
Erdmann, K, Die unorganischen Bestandtheile in den Pflanzen. Göttingen 1855. 8.
Sarradin, Étude sur les cendres des végétaux Paris 1855. 4.
Caspary, Wärmeentwicklung in der Blüthe der Victoria. Berlin 1855. 8.
Salm-Horstmar, Nahrung der Pflanzen. Braunschweig 1856. 8.
Reichardt, Partes plantarum anorganicae. Jenae 1856. 8.
Engelhardt, Nahrung der Pflanzen. Leipzig 1856. 8.
Gris, Recherches sur la chlorophylle. Paris 1857. 4.
Ville, Recherches expérimentales sur la végétation. Paris 1857. 8.
Rochleder, F., Phytochemie. Heidelberg 1858. 8.
Oudemans en Rauwenhoff, De scheikundige Verschijnselen bij de Kiming. Rotterdam 1858. 8.
Kamp, Lycopodium Chamaecyparissus. D. chem. Bonn 1858. 8.
Rochleder, Analyse von Pflanzen. Würzburg 1858. 8.
Teerlink, De anorganische bestanddeelen der planten. Leyden 1858. 8.
Heiden, Keimen der Gerste. Berlin 1859. 8.
Garreau, Distribution des matières minérales dans les plantes; circulation intracellulaire. Lille 1859. 4.
Cossa, Sull' assorbimento delle radici. Pisa 1859. 8
Cauvet, Rôle des racines dans l'absorption et l'excretion. Strassbourg 1861. 4.
Passow, Die Pflanze und die Luft. Stralsund 1861. 4.
Balfour and Babington, Observations on the frost of 1860. Edinburgh 1861. 8.
Roché, L'action de quelques composés du règne minéral sur les végétaux. Paris 1862. 4.
Martens, Farben der Pflanzen. Stuttgart 1862. 8.
Kordgien, De plantis in terra arte facta cultis. Regiomonti 1863. 8.
Ruprecht, Untersuchungen über das Tschornosjom. Petersburg (1864—66). gr 8.
Schultz, Pflanzenernährung. Berlin 1864. 8
Jaeger, G., Wirkungen des Arseniks auf Pflanzen. Stuttgart 1864. 8.
Schröder, Constitution des Frühlingssaftes der Birke. Dorpat 1865. 8.
Schumacher, Physik der Pflanzen. Berlin 1867. 8.
Schumacher, Ernährung. Berlin 1869. 8.
Karsten, Chemismus der Pflanzenzelle. Wien 1869. 8.
Lefranc, De l'acide atractylique et des Atractylades. Paris 1869. 8.
Garreau, L'absorbation et l'exhalation des plantes. Lille 18xx. 8.
Schmidt, Wirkungen des Lichts. Breslau 1870. 8.
Prantl, Das Inulin. München 1870. 12.

Cap. 46. Anatomia et Physiologia generalis.

(Ed. I Microscopium p. 493—94, Anatomiae particulae p. 505—7.)

Aromatari, Epistola de generatione plantarum ex seminibus. Venetiis 1625. 4.
Bacon de Verulam, Sylva sylvarum or a naturall historie. London 1627. fol.
Digby, A discourse concerning the vegetation of plants. London 1661. 12.
Hooke, Micrographia. London 1665. fol.
Grew, The anatomy of vegetables begun. London 1672. 8.
Grew, An idea of a phytological history. London 1673. 8.
Grew, The comparative anatomy of trunks. London 1675. 8.
Malpighi, Anatome plantarum. Londini 1675—79. fol
Classus, Meditationes de natura plantarum. Venetiis 1677. 12.
Mariotte, Premier essay de la végétation des plantes. Paris 1679. 12.
Schrader, De microscopiorum usu. Goettingae 1681. 8.
Grew, The anatomy of plants. London 1682 fol.
Triumfetti, Observationes de ortu ac vegetatione plantarum. Romae 1685. 4.
Leeuwenhoek, Epistolae ad societatem anglicam. (28—146) Leiden et Delft 1686—1704. 4. — Continuatio: Lugduni Batavorum 1689. 4. — ib. 1715. 4.
Malpighi, Opera omnia, seu thesaurus locupletissimus botanico-medico-anatomicus. Londini 1686. fol. Lugduni Batavorum 1687. 4.
Sturm, J. C., Plantarum animaliumque generatio. Altdorfii 1687. 4.
Buonanni, Micrographia curiosa. Romae 1691. 4
Homberg, Germination des plantes. (Paris) 1693.
Camerarius, Epistola de sexu plantarum. Tubingae 1694. 8. (Redit in *J. G. Gmelin*, Sermo. ib. 1749. 8. p. 83—148.)
Leeuwenhoek, Arcana naturae. Delphis 1695. 4. — Continuatio: ib. 1697. — 1719. — Send-brieven. Delft 1719. — Anatomia seu interiora rerum. Lugduni Batavorum 1697. 4.
Bucci, Discorso della generazione delle piante, in quella maniera alcune nel corso dell' anno si spogliano delle foglie e perche altre conservino la perpetua lor verdura. Venezia 1697. fol. (Galeria di Minerva, tom. II. p. 395.)
Malpighi, Opera posthuma. Londini 1697. fol. et pluries.
Nicolai, De phyllobolia. Francofurti 1698. 8.
Dein, Untersuchung der Wachsthumskräfte in den Samen. Nürnberg 1699. 4.
Triumfetti, Vindiciae veritatis Romae 1703. 4.
Waldschmiedt, De sexu ejusdem plantae gemino. Kiliae 1705. 4.
Verdries, De succi nutritii in plantis circuitu. Giessae 1707. 4.
Duve, De acceleranda per artem plantarum vegetatione. Lipsiae 1717. 4.
Kellander, De seminibus. Lugduni Batavorum 1720. 4.
Pontedera, Anthologia, sive de floris natura libri tres. Patavii 1720. 4
Perrault, Oeuvres de physique. Leide 1721. 4. (De succi circuitu.)
Thuemmig, Experimentum singulare de arboribus ex folio educatis. Halae 1721. 4.

Wolff, Allerhand nützliche Versuche zu Erkenntniss der Natur. Halle 1721. 8.
Thuemmig, Versuch einer gründlichen Erläuterung der merkwürdigsten Begebenheiten in der Natur. Halle 1723. 8.
Wolff, Vernünftige Gedanken von den Wirkungen der Natur. Halle 1723. 8.
Wolff, Vernünftige Gedanken von den Absichten der natürlichen Dinge. Halle 1724. 8.
Staehelin, B., Tentamen medicum. Basileae 1724. 4. (De polline et partibus floris.)
Bradley, New experiments and observations relating to the generation of plants. London 1724. 8.
Wolff, Vernünftige Gedanken von dem Gebrauche der Theile etc. Frankfurt 1725. 8.
Jacobaeus, De plantarum structura et vegetatione schedion. Havniae 1727. 8.
Hales, Statical essays. Vol. 1: Vegetable staticks. London 1727. 8. — ib. 1731. 8. — ib. 1738. 8.
Royen, De anatome et oeconomia plantarum. Lugduni Batavorum 1728. 4.
Bourguet, Sur la génération et le mechanisme des plantes. Amsterdam 1729. 12.
Wallin, Γάμος φύτων, sive Nuptiae arborum. Upsaliae 1729. 4.
Staehelin, B., Observationes anatomico-botanicae. Basileae 1731. 4.
Plaz, Historia radicum. Lipsiae 1733. 4.
De la Baisse, La circulation de la seve dans les plantes. Bordeaux 1733. 12.
Calandrini, De vegetatione et generatione plantarum. Genevae 1734. 4.
Plaz, De plantarum seminibus. Lipsiae 1736. 4.
Burggrave, Bedenken von dem Werke der Erzeugung. Frankfurt 1737. 4.
(*Roberg*) Berettelse om blomman och dess åtskilliga delars verkan och gagn. Upsaliae 1737. 4.
Ludwig, De sexu plantarum. Lipsiae 1737. 4.
Roberg, Plantarum generatio leviter adumbrata. Upsaliae 1738. 4.
Logan, Experimenta et meletemata de plantarum generatione. Lugduni Batavorum 1739. 8.
Oelreich, Generatio aequivoca ut absona demonstrata. Londini Gothorum 1739. 4.
Walther, De plantarum structura. Lipsiae 1740. 4.
Plaz, Foliorum in plantis historia. Lipsiae 1740. 4.
Stieff, De vita nuptiisque plantarum. Lipsiae 1741. 4.
Vater, Anatome trunci Ulmi, cui cornu cervinum inolitum. Vitembergae 1741. 4.
Buechner, J. G., De arboribus insolito tempore florentibus. De arboribus et frumentis monstrosis (— Dissertationes epist. Greizae 1743. 4.)
Buechner, De memorabilibus Voigtlandiae ex regno vegetabili. (Greizae 1743. 4.)
Gesner, Dissertationes de partium vegetationis et fructificationis structura, differentia et usu. Lugduni Batavorum 1743. 8.
Vater, Cornu cervinum monstrosum a trunco arboris Fagi resectum. Vitembergae 1744. 4.
Plaz, Caulis plantarum explicatus. Lipsiae 1745. 4.
Badcock, Microscopical Observations on the farina foecundans. (London 1745.)
Parsons, The microscopical theatre of seeds. London 1745. 4.
Needham, An account of some new microscopical discoveries. London 1745. 8.
Adams, Micrographia illustrata. London 1746. 4.
Linné, Sponsalia plantarum. Stockholm 1746. 4.
Guettard, Observations sur les plantes. (Pili, glandulae.) Paris 1747. 8.
Hebenstreit, De foetu vegetabili. Lipsiae 1747. 4.
Bose, De nodis plantarum. Lipsiae 1747. 4.
Mennander, De foliis plantarum. Aboae 1747. 4.
Mennander, De radicibus plantarum. Aboae 1748. 4.
Treu, Die Nahrungsgefässe in den Blättern. Nürnberg 1748. fol.
Boehmer, Plantae caule bulbifero. Lipsiae 1749. 4.
Needham, Observations upon the generation etc. London 1749. 4.
Schiera, Dissertatio de plantarum sexu et foecundatione. Mediolani 1750. 8.
Mennander, De transpiratione plantarum. Aboae 1750. 4.
Schiera, Dissertatio de constanti plantarum affectione ad perpendiculum. Mediolani 1750. 8.
Plaz, Organicarum in plantis partium historia physiologica. Lipsiae 1751. 4.
Staehelin, J. R, Specimen observationum anatomicarum et botanicarum. Basileae 1751. 4.
Staehelin, J., Theses anatomico-botanicae. Basileae 1751. 4.
Mennander, De seminibus plantarum. Aboae 1752. 4.
Hill, Essays in natural history. London 1752. 8.
Schilling, Phytologiae seu physices plantarum specimen I—III. Duisburgi 1752. 4.
Boehmer, De vegetabilium celluloso contextu. Wittebergae 1753. 4.
Bose, De radicum in plantis ortu et directione. Lipsiae 1754. 4.
Joblot, Observations faites avec le microscope. Paris 1754—55. 4.
Jampert, Dubia contra vasorum in plantis probabilitatem. Halae 1755. 4.
Kuechelbecker, De spinis plantarum. Lipsiae 1756. 4.
Kalm, De foecundatione plantarum. Aboae 1757. 4.
Boehmer, De nectariis florum. Wittebergae 1758. 4.
Robert de Limbourg, Quelle est l'influence de l'air sur les végétaux? Bordeaux 1758. 4.
Hill, Outlines of a system of vegetable generation. London 1758. 8.
Du Hamel, La physique des arbres. Paris 1758. 4.
Reichel, De vasis plantarum spiralibus. Lipsiae 1758. 4.
Ledermueller, Mikroskopische Gemüths- und Augenergötzungen. Nürnberg 1759—63. 4.
Schmidel, De medulla radicis ad florem pertingente epistola. Lugduni Batavorum 1759. 4.
Wolff, Theoria generationis. Halae 1759. 4. — ib. 1774. 8.
Linné, Disquisitio de quaestione sexum plantarum etc. Petropoli 1760. 4.
Buchoz, De la génération des plantes. Pont-à-Mousson 1760. 4.
Kröyer, De sexualitate plantarum ante Linnaeum cognita. Hafniae 1761. 4.
Koelreuter, Vorläufige Nachricht von Versuchen und Beobachtungen über das Geschlecht der Pflanzen. Leipzig 1761—66. 8.
Wallerius, De vegetatione seminum vegetabilium per mortem. Upsaliae 1761. 4.
Plaz, De natura plantas muniente. Lipsiae 1761. 4.
(*Saussure*) Observations sur l'écorce des feuilles et des pétales. Genève 1762. 8.
Linné, Fundamenta fructificationis. Upsaliae 1762. 4.
Ernsting, Beschreibung der Geschlechter der Pflanzen. Lemgo 1762. 4.
Gehler, De usu macerationis seminum in plantarum vegetatione. Lipsiae 1763. 4.
Plaz, De motu humorum in plantis vernali tempore vividiore. Lipsiae 1764. 8.
Bose, De motu humorum in plantis. Lipsiae 1764. 4.
Gleichen, genannt *Russwurm*, Das Neueste aus dem Reiche der Pflanzen. Nürnberg 1764. fol.
Ledermueller, Versuch bei Frühlingszeit die Vergrösserungswerkzeuge anzuwenden. Nürnberg 1764. fol.

Ledermueller, Zergliederung einer Knospe von Aesculus Hippocastanum. Nürnberg 1764. fol.
Ledermueller, Zergliederung des Rockens. Nürnberg 1764. fol.
Ledermueller, Vorstellung einer angeblichen Rockenpflanze, das Staudenkorn. Nürnberg 1765. fol.
Boehmer, Planta res varia. Wittebergae 1765. 4.
Linné, Mundus invisibilis. Upsaliae 1767. 4.
Hernandez, Nuevo discorso de la generacion de plantas etc. Madrid 1767. 4.
Vogel, De generatione plantarum. Altdorfi 1768. 4.
Guettard, Mémoires sur différentes parties des sciences et arts. Paris 1768—83. 4.
Ludwig, De elaboratione succorum plantarum. (I—III.) Lipsiae 1768—72. 4.
Zallinger, De ortu frugum ex mechanismo plantarum. Oeniponti 1769. 4.
Hill, The construction of timber. London 1770. fol.
Boehmer, De plantarum superficie. Wittebergae 1770. 4.
Pohl, Animadversiones in structuram ac figuram foliorum in plantis. Lipsiae 1771. 4.
Zallinger, De incremento frugum. Oeniponti 1774. 4.
(*Spielmann*) Vegetatio. Argentorati 1773. 4.
Boehmer, Commoda quae arbores a cortice accipiunt. Wittebergae 1773. 4.
(*Houttuyn*) Houtkunde. Icones lignorum. Amstelaedami 1773 (—91). 4.
Hoppe, Abhandlung von der Begattung der Pflanzen. Altenburg 1773. 8.
Leske, De generatione vegetabilium. Lipsiae 1773. 4.
Marum, De motu fluidorum in plantis experimentis et observationibus indagato. Groningae 1773. 4.
Corti, Osservazioni microscopiche sulla Tremella e sulla circolazione del fluido in una pianta acquajuola (Chara). Lucca 1774. 8.
Schwab, De causis vegetationem adjuvantibus. Heidelbergae 1774. 4.
Ludwig, De plantarum munimentis. Lipsiae 1776. 4.
Mauksch, De partibus plantarum. Tyrnaviae 1776. 8.
Spallanzani, Opuscoli di fisica animale e vegetabile. Modena 1776. 8.
Bell, De physiologia plantarum. Edinburgi 1777. 8.
Eschenbach, De physiologia seminum. Lipsiae 1777. 4.
Boehmer, Spermatologiae vegetabilis pars I—VII. Wittebergae 1777—84. 4. — Commentatio de plantarum semine. 1785. 8.
Hebenstreit, De vegetatione hyemali. Lipsiae 1777. 4.
Gleichen, genannt *Russwurm*, Auserlesene mikroskopische Entdeckungen. Nürnberg 1777—81. gr. 4.
Ludwig, De pulvere antherarum. Lipsiae 1778. 4.
Berwald, Abhandlung vom Geschlecht der Pflanzen und der Befruchtung. Hamburg 1778. 8.
Ingenhousz, Experiments upon vegetables. London 1779. 8.
Hebenstreit, Causae humorum motum in plantis commutantes. Lipsiae 1779. 4.
Moldenhawer, De vasis plantarum speciatim radicem herbamque adeuntibus. Trajecti a/V. 1779. 4.
Feuereusen, Pflanzenorganologie. Hannover 1780. 8.
Filipecki, Observationes circa naturam plantarum. Viennae 1781. 8.
Mustel, Traité théorique et pratique de la végétation. Paris 1781—84. 4.
Spalanzani, Fisica animale e vegetabile. Venezia 1782. 12.
Colbiörnsen, Programma de sexu plantarum. Havniae 1782. fol.
Kall, De duplici plantarum sexu Arabibus cognito. Hafniae 1782—83. fol.
Bosc, Ernst Gottlieb, De fabrica vasculosa vegetabili. Lipsiae 1783.—4.
Ingenhousz, Vermischte Schriften. Wien 1784. 8.
Ingenhousz, Nouvelles expériences. Paris 1785. 8.
Adams, Essays on the microscope. London 1787. 4.

Buniva, De generatione plantarum. Augustae Taurinorum 1788. 8.
Gaertner, De fructibus et seminibus plantarum. Stuttgartiae 1788—1807. III vol. 4.
Medicus, Philosophische Botanik. I: Von den mannichfaltigen Umhüllungen der Samen. Mannheim 1789. 8.
Brugmans, De mutata humorum in regno organico indole a vi vitali vasorum derivanda. Lugduni Batavorum 1789. 8.
Donovan, Essay on the minute parts of plants. London 1789—90. 4.
Oskamp, Nonnulla plantarum fabricam et oeconomiam spectantia. Trajecti a/Rh. 1789. 4.
Senebier, Dictionnaire des forêts et bois. Paris 1790—1815. 4.
Rotheram, The sexes of plants vindicated. Edinburgh 1790. 8.
Marti, Experimentos y observaciones sobre los sexos y fecundacion de las plantas. Barcelona (1791). 8.
Comparetti, Prodromo di fisica vegetabile. Padova 1791—99. 8.
Sprengel, Das entdeckte Geheimniss der Befruchtung. Berlin 1793. 4.
Hedwig, Sammlung zerstreuter Abhandlungen. Leipzig 1793—97. 8.
Boehmer, De vegetatione plantarum inversa. Wittebergae 1794. 4.
Plenck, Physiologia et pathologia plantarum. Viennae 1794. 8.
Schrank, Von den Nebengefässen der Pflanzen. Halle 1794. 8.
Uslar, Fragmente neurer Pflanzenkunde. Braunschweig 1794. 8.
Rossi, Istoria di ciò che è stato pensato intorno alla fecondazione delle piante. Verona 1794. 4.
Volta, Sessualismo di alcune piante. Mantova 1795. 4.
Ingenhousz, Miscellanea physico-medica. Viennae 1795. 8.
Darwin, Zoonomia or the laws of organic life. London 1796. 4.
Rafn, Udkast till en plante-physiologie. Kiöbenhavn 1796. 8.
Vrolik, De defoliatione vegetabilium. Lugduni Batavorum 1796. 8.
Boehmer, De foliis arborum deciduis. Wittebergae 1797. 4.
Hooper, Observations on the structure and economy of plants. Oxford 1797. 8.
Bodard, Sur les plantes hypocarpogées. Pisa 1798. 4.
Giboin (revera *Draparnaud*), Fragmens de physiologie végétale. Montpellier 1799. 4.
Vauquelin, Expériences sur les sèves des végétaux. Paris (1799). 8.
Medicus, Beiträge zur Pflanzenanatomie und Physiologie. Leipzig 1799—1804. 4.
Ganser, Observationes circa nutritionem et anatomiam plantarum. Salisburgi s. a. 4.
Brunn, De vasis plantarum. Halae 1800. 8.
Meyer, Naturgetreue Darstellung der Entwicklung der Pflanzen. Leipzig 1800. 8.
Senebier, Physiologie végétale. Genève (1800). 8.
Gerard, Sur deux plantes dont la fructification s'exécute dans l'intérieur et à l'extérieur de la terre. (Paris 1800.) 8.
Heller, Organa plantarum functioni sexuali inservientia. Wirceburgi 1800. 8.
Krocker, Anton, De plantarum epidermide. Halae 1800. 8.
(*Tommaselli*) Compendio di fisiologia vegetale. Verona 1800. 8.
Goube, Traité de la physique végétale des bois. Paris 1801. 8.
Huber et Senebier, Mémoires sur l'influence de l'air dans la germination. Genève 1801. 8.
Lefébure, Sur la germination des plantes. Strassburg (1801). 8.
Jurine, L'organisation des feuilles. Paris 1802. 4.
Degland, La sève circule-t-elle dans les plantes? (Montpellier 1802.) 4.
Gouan, Discours sur les causes du mouvement de la sève dans les plantes. Montpellier 1802. 4.
Mirbel, Traité d'anatomie et de physiologie végétales. Paris, an X. (1802). 8.
Witt, De legibus quibusdam ad processum vegetationis pertinentibus. Halae 1802. 8.
Candolle, Note sur la graine des Nymphaea. (Bull. soc. phil. 1802. p. 68.)

Medicus, Pflanzenphysiologische Abhandlungen. Leipzig 1803. 12.
Frenzel, Physiologische Beobachtungen über den Umlauf des Saftes. Weimar 1804. 8.
La Métherie, Considérations sur les êtres organisés. Paris 1804. 8.
Reubel. System der Pflanzenphysiologie. München 1804. 8.
Fischer, De vegetabilium imprimis Filicum propagatione. Halae 1804. 8.
Kielmeyer, De matierum quarundam oxydatarum in germinationem efficientia. Tubingae 1805. 4.
Dwigubsky, Fundamenta botanica Linnaei. Mosquae 1805. 8.
Bernhardi, Beobachtungen über Pflanzengefässe. Erfurt 1805. 8.
Knight, Physiological Papers. (— A Selection edited. London 1841. 8.)
Cotta, Naturbeobachtungen über die Bewegung und Function des Saftes in den Gewächsen. Weimar 1806. 4.
Du Petit-Thouars, Essais (1) sur l'organisation des plantes. Paris 1806 8.
Treviranus, Vom inwendigen Bau der Gewächse. Göttingen 1806. 8.
Bartsch, Observationes phytotomicae. Halae (1807?). 8.
Link, Grundlehren der Anatomie und Physiologie der Pflanzen. Göttingen 1807—12. 8.
Rudolphi, Anatomie der Pflanzen. Berlin 1807. 8.
Richard, Démonstrations botaniques, ou Analyse du fruit considéré en général. Paris 1808. 8.
Kieser, Aphorismen aus der Physiologie der Pflanzen. Göttingen 1808. 8.
Mirbel, Exposition et défense de ma théorie de l'organisation végétale. Erläuterung etc. A la Haye 1808 8.
Mirbel, Exposition de la théorie de l'organisation végétale. Paris 1809. 8.
Dupetit, Essais sur la végétation Paris 1809. 8. (XIII. Essai in — Melanges. Paris 1811. 8.)
Grindel, Ideen über die Vegetation. Riga 1809. 8.
Meinecke, Das Zahlenverhältniss in den Fruktifikationsorganen und Beiträge zur Pflanzenphysiologie. Halle 1809 8.
Gérardin, Sur la propriété des graines de conserver longtemps leur vertu germinative (Paris 1809.) 4.
Zetterstedt, De foecundatione plantarum. Lundae 1810—12. 4
Gérardin, Essai de physiologie végétale. Paris 1810. 8.
Perotti, Fisiologia delle piante. (Barge) 1810. 8.
Treviranus, Beiträge zur Pflanzenphysiologie. Göttingen 1811. 8.
Richard, Analyse botanique des embryons endorrhizes et particulièrement de celui des Graminées. Paris 1811. 4.
Dwigubsky, Elementa historiae naturalis vegetabilium. Mosquae 1811. 8.
Swagermann, Verhandeling over dat Soort van Vaten in de Planten. Harlem 1812.
Palisot-Beauvois, Sur la moelle des végétaux ligneux et sur la conversion des couches corticales en bois. (Paris 1812.) 4.
Schelver, Kritik der Lehre von den Geschlechtern der Pflanze. Heidelberg 1812—23. 8.
Féburier, Essai sur les phénomenes de la végétation. Paris 1812. 8.
Féburier, Notice sur la moelle et l'étui médullaire des arbres dicotylédones. Paris 1812. 8.
Kieser, Mémoire sur l'organisation des plantes. Harlem (1812). 4.
Moldenhawer, Beiträge zur Anatomie der Pflanzen. Kiel 1812. 4.
Sprengel, Von dem Bau und der Natur der Gewächse. Halle 1812. 8.
Link, Kritische Bemerkungen zu *Sprengel*: Ueber den Bau und die Natur der Gewächse. Halle 1812. 8.
Gallesio, Teoria della riproduzione vegetale. Vienna 1813. 8.
Lemaire-Lisancourt, Notions sur la physique végétale. Paris 1813. 8.
Treviranus, Von der Entwicklung des Embryo. Berlin 1815. 4.
Anselmo, Discorsi fisiologici. Torino 1815. 8.
Du Petit-Thouars, Histoire d'un morceau de bois. Paris 1815. 8.

Du Petit-Thouars, Recueil des rapports et des mémoires. Paris 1815. 8.
Mirbel, Élémens de physiologie végétale et de botanique. Paris 1815. 8.
Kieser, Grundzüge der Anatomie der Pflanzen. Jena 1815. 8.
Pollini, Osservazioni sulla vegetazione degli alberi. Verona 1815. 8.
Keith, A system of physiological botany. London 1816. 8.
Roubieu, Opuscules. (Aperçu sur la sensibilité des plantes.) Montpellier 1816. 8.
Lyon, Physiology and pathology of trees London (1816?). 8.
Tittmann, Ueber den Embryo des Samenkorns. Dresden 1817. 8
Amici, Osservazioni sulla circolazione del succhio nella Chara. Modena 1818. 4.
Sageret, Discussion sur l'existence des deux sèves dites de printemps et d'août. Paris 1818. 8.
Nees von Esenbeck, Bischof und *Rothe*, Die Entwicklung der Pflanzensubstanz. Erlangen 1819. 4.
Cassel, Morphonomia botanica. Coloniae Agrippinae 1820. 8.
Fischer, De interna plantarum fabrica. Mosquae 1820. 8.
Suringar, De foliorum ortu, situ, fabrica et functione. (Lugduni Batavorum 1820.) 4
Henschel, Von der Sexualität der Pflanzen. Breslau 1820. 8.
Tittmann, Die Keimung der Pflanzen. Dresden 1821. 4.
Autenrieth, De discrimine sexuali jam in seminibus apparente. Tuebingae 1821. 4.
Hoeven, De foliorum plantarum ortu, situ, fabrica et functione. Lugduni Batavorum 1821. 4.
Féburier, Observations sur la physiologie végétale. Versailles (1821). 8.
Treviranus, Vermischte Schriften anatomischen und physiologischen Inhalts. Bremen 1821. 4.
Du Petit-Thouars, La physiologie végétale et le prix Montbion. Paris 1822. 8.
Robertson, Colloquia de rebus praecipuis physiologiae vegetabilium. Lovaniae 1822. 8.
Mauz, Versuche und Beobachtungen über das Geschlecht der Pflanzen (Tübingen 1822) 8.
Treviranus, Die Lehre vom Geschlechte der Pflanzen. Bremen 1822. 8.
Courtois, Organorum propagationis ortus. Gand 1822. 4.
Seits, Allgemeine Samen- und Früchtelehre. Salzburg 1822. 8
Schultz, Ueber den Kreislauf des Saftes im Schöllkraute. Berlin 1822. 8.
Lestiboudois, Structure des monocotylédones. Lille 1823. 8.
Preiss, Rhizographie. Prag 1823. 8.
Du Petit-Thouars, Sur la formation des arbres. Paris 1823. 8.
Candolle, Mémoire sur les pores de l'écorce de feuilles. (Mém des savans étrangers vol. I.)
Moretti, De epidermidis plantarum structura et evolutione. Ticini 1823. 8.
Amici, Osservazioni microscopiche sopra varie piante. Modena 1823. 4.
Schultz, Die Natur der lebendigen Pflanze. Berlin und Stuttgart 1823—28. 8.
Féburier, Précis d'anatomie végétale. Versailles 1824. 8.
Link, Elementa philosophiae botanicae. Berolini 1824. 8. — ib. 1837. 8
Schubert, Rosprawa o składzie nasienia. (De anatomia et germinatione plantarum.) w Warszawie. 1824. 8.
Schulz, Ueber den Kreislauf des Saftes in den Pflanzen. Berlin 1824 8.
Chevallier, Histoire des Graphidées. Observations anat. et physiol. sur ces végétaux. Paris 1824. 4.
Bailly, De l'incision annulaire. Paris 1825. 8

Brown, Character of Kingia, with observations on its ovulum and the female flower of Cycadeae and Coniferae. (London 1825.) 8. (Verm. Schriften. IV, 75—140.)
Targioni-Tozzetti, Della necessità di osservare le parti della fruttificazione. Modena 1825. 4.
Guillemin, Le Pollen et la génération. Paris 1825. 4.
Williams, J., De succi circuitu et respiratione. Edinburgh 1825. 8.
Leschevin, Physiologie végétale. Paris 1825. 8.
Sniadecki, Théorie des êtres organiques. Paris 1825. 8.
Bory de St. Vincent, De la matière. Paris 1826. 8.
Meyen, De primis vitae phaenomenis in fluidis formativis. Berolini 1826. 4.
Candolle, Premier mémoire sur les lenticelles des arbres et le développement des racines, qui en sortent. (Paris 1826.) 8.
Schuebler, Untersuchungen über das specifische Gewicht der Samen. Tübingen 1826. 8.
Bluff, Entwicklungscombinationen organischer Wesen. Köln 1827. 8.
Candolle, Organographie végétale. Paris 1827. 8.
Gmelin et *Palm*, Ueber das Winden der Pflanzen. Tübingen 1827. 8.
Morren, Orchidis latifoliae descriptio .. anatomica. (Gand. 1827.) 4.
Mohl, Ueber den Bau und das Winden der Ranken und Schlingpflanzen. Tübingen 1827. 4.
Lecoq, Recherches sur la reproduction des végétaux. Clermont 1827. 4.
Turpin, Organographie végétale. Paris 1827. 4.
Mayer, Supplemente zur Biologie des Blutes und des Pflanzensaftes. Bonn 1827. 4.
Brongniart, Mémoire sur la génération et le développement de l'embryon dans les végétaux phanérogames. Paris 1827. 8.
Anecdoton Linneanum (de nuptiis et sexu plantarum) ed. *Afzelius*. Upsaliae 1827. 8.
Linné, De nuptiis et sexu plantarum ed. *Afzelius*. Upsaliae 1828. 8.
Hoffmann, Drei physiologisch-botanische Abhandlungen. Warschau 1828. 8.
Treviranus, De ovo vegetabili ejusque mutationibus. Vratislaviae 1828. 4.
Barbieri, Osservazioni microscopiche. (Circulatio succi in Charis.) Mantova 1828. 8.
Turpin, Mémoire sur l'organisation des tubercules du Solanum tuberosum et de l'Helianthus tuberosus. Paris 1828. 4.
Cruse, De Asparagi officinalis L. germinatione. Regiomonti 1828. 8.
De Saussure, De l'influence du desséchement sur la germination de plusieurs graines alimentaires. Genève 1828. 4.
Brown, A brief account on microscopical observations made in the months of June, July and August 1827 on the particles contained in the pollen of plants; and on the general existence of active molecules in organic and anorganic bodies. London 1828. 8. — Additional remarks on active molecules. London 1829. 8. (Verm. Schriften IV, p. 441—514.)
Schultze, Mikroscopische Untersuchungen über *Robert Brown's* Entdeckung lebender selbst im Feuer unzerstörbarer Theilchen in allen Körpern. Carlsruhe 1828. 4.
Dutrochet, Nouvelles recherches sur l'endosmose et l'exosmose. Paris 1828. 8.
Klinkhardt, Betrachtung des Pflanzenreichs. Berlin 1828. 8.
Meyen, Untersuchungen über den Inhalt der Pflanzenzellen. Berlin 1828. 8.
Mohl, Ueber die Poren des Pflanzenzellgewebes. Tübingen 1828. 4.
Roeper, De organis plantarum. Basileae 1828. 4.
Wiegmann, Ueber das Einsaugungsvermögen der Wurzeln Marburg 1828. 8.
Agardh, Essai de réduire la physiologie végétale etc. Lund 1828. 8.
Biörlingsson, De elementis physiologiae plantarum. Upsaliae 1828. 4.

Bischoff, Die kryptogamischen Gewächse ... anatomisch, physiologisch bearbeitet. Nürnberg 1828. 4.
Berta, Iconografia di scheletri di diverse foglie. Parma 1828. 4.
Agardh, Essai sur le développement intérieur des plantes. Lund 1829. 8.
Bischoff, De vera vasorum plantarum spiralium structura et functione. Bonnae 1829. 4.
Hundeshagen, Lehrbuch etc. II: Anatomie, Chemismus und Physiologie der Pflanzen. Tübingen 1829. 8.
Berta, Memoria sull' anatomia della foglie delle piante. Parma 1829. 4.
Backer, De radicum plantarum physiologia. Amstelodami 1829 8.
Vriese, Quid hactenus ex plantarum physiologia de forma, directione, structura et functione radicum innotuerit? Groningae 1829. 4.
Boitard, Physiologie végétale. Paris 1829 12.
Agardh, Om Inskrifter i lefvande träd. Lund 1829. 8.
Sageret, Pomologie physiologique. Paris 1830. 8.
Bourdon, Principes de physiologie comparée. Paris 1830. 8.
Candolle, Notice sur la végétation des plantes parasites. (Genève 1830.) 8.
Meyen, Phytotomie. Berlin 1830. 8. und Atlas in 4.
Marchand, De radicibus et vasis plantarum. Utrecht 1830. 8.
Berta, Iconografia del sistema vascolare delle foglie. Parma 1830. 4.
Purkinje, De cellulis antherarum fibrosis nec non de granorum pollinarium formis. Vratislaviae 1830. 4.
Moretti, Della fecondazione delle piante. Milano 1830. 8.
Brown, Observations on the organs and mode of fecundation in Orchideae and Asclepiadeae. London, October 1831. 8. (Transact. Linnean Society 1833. 4. p. 685—745. Verm. Schriften V, p. 117—89.)
Ehrenberg, Ueber das Pollen der Asklepiadeen. Berlin 1831. 8.
Viviani, Della struttura degli organi elementari nelle piante. Genova 1831. 8.
Moretti, De retrogradu lymphae vegetabilis motu. Ticini 1831. 8
Eble, Die Lehre von den Haaren. Wien 1831. 8. (Pflanzenhaare. I. p. 1—60.)
Mohl, De Palmarum structura. Monachii 1831. fol.
Poiteau, La théorie de *Lahire* sur l'origine et la direction des fibres ligneuses dans les végétaux. Paris 1831. 8.
Schuebler, Beobachtungen periodischer Erscheinungen im Thier- und Pflanzenreiche. Tübingen 1831. 8.
Ehrenberg, Ueber das Pollen der Asklepiadeen. Ein Beitrag zur Auflösung der Anomalien in der Pflanzenbefruchtung. Berlin 1831. 4.
Fritzsche, Beiträge zur Kenntniss des Pollen. Berlin 1832. 4
Candolle, Physiologie végétale. Paris 1832. 8.
Dumortier, Recherches sur la structure comparée des animaux et des végétaux. Bruxelles 1832. 4.
Mohl, Ueber den Bau des Cycadeenstammes. München 1832. 4.
Mohl, Bau der porösen Gefässe. München 1832. 4.
Miquel, Germinatio plantarum. Groningae 1832. 4.
Trotzky, De plantarum phanerogamarum germinatione. Dorpati 1832. 4.
Douy, Physique végétale traité élémentaire. Paris 1832. 8.
Florio, Caso singolare d'innesto. Torino 1832. 8.
Schultz, Natürliches System des Pflanzenreichs nach seiner innern Organisation. Berlin 1832. 8.
Mohl, Structura caudicis filicum arborearum. Monachi 1833. fol
Mohl, Entwicklung der Sporen der kryptogam. Gewächse. Regensburg 1833. 8.
Fritzsche, De plantarum polline. Berolini 1833. 8
Bischoff, Handbuch der botanischen Terminologie und Systemkunde. Nürnberg 1833—44 4

Schuebler, Ueber die Beziehung der Nektarien zur Befruchtung und Samenbildung der Gewächse. Tübingen 1833. 8.
Krocker, Hermann, De plantarum epidermide. Vratislaviae 1833. 4.
Amici, Descrizione di un' Oscillaria. Firenze 1833. 8.
Fée, De la reproduction des végétaux. Strassburg 1833. 4.
Hartig, Verwandlung der polykotyledonischen Pflanzenzelle im Pilz- und Schwammgebilde. Berlin 1833. 8.
Lindley, On the principal questions at present debated in the philosophy of botany. London 1833. 8.
Main, Illustrations of vegetable physiology. London 1833. 8.
Murray, The physiology of plants. London 1833. 12.
Duvernoy, Untersuchungen über Keimung, Bau und Wachsthum der Monokotyledonen. Stuttgart 1834. 8.
Mohl, Beiträge, 1: Ueber den Bau und die Formen der Pollenkörner. Bern 1834. 4.
Mohl, Ueber die fibrosen Zellen der Antheren. (Verm. Schriften. II, p. 62—66.)
Meyen, Ueber die Bewegung der Säfte in den Pflanzen. Berlin 1834. 8.
Blake, Conversations on veget. physiol. and botany. Philadelphia 1834. 8.
Agardh, Om hafs-algers germination. Stockholm 1834. 8.
Edwards et *Colin*, De l'influence de la température sur la germination. Paris 1834. 8.
Des Moulins, Notice sur des graines trouvées dans les tombeaux romains. Bordeaux 1835. 8.
Mohl, Verbindung der Pflanzenzellen unter einander. Tübing. 1835. 4.
Mohl, Vermehrung der Pflanzenzellen durch Theilung. Tübingen 1835. 4.
Broers, De gemnis. Trajecti a/Rh. 1835. 8.
Moretti, Sopra alcuni punti di fisiologia vegetabile. Pavia 1835. 8.
Neumann, Die lebendige Natur. Berlin 1835. 8.
Virey, Philosophie de l'histoire naturelle. Paris 1835. 8.
Vriese, Oratio de progressu physiologiae plantarum. Amstelodami 1835. 8.
Reum, Pflanzenphysiologie. Dresden 1835. 8.
Treviranus, Physiologie der Gewächse. Bonn 1835—38. 8.
Turpin, Observations générales sur l'organogénie et la physiologie des végétaux. Paris 1835. 4.
Cesati, Sugli studii fito-fisiologici degli Italiani et particolamenti del Prof. *Giuseppe Moretti*. Milano 1836. 8.
Frignet, Essai sur l'histoire de la blastogénie foliaire. Strassburg 1836. 4.
Meyen, Ueber die neusten Fortschritte der Anatomie und Physiologie der Gewächse. Haarlem 1836. gr. 4.
Mohl, Ueber die Functionen der Blätter. Tübingen 1836. 8.
Mohl, Untersuchungen über die Lenticellen. Tübingen 1836. 4. — Sind die Lenticellen als Wurzelknospen zu betrachten? (1832.) — Die Spaltöffnungen der Proteaceen. (1833.) — Die Entwicklung der Spaltöffnungen. (1838.) — Die Cuticula der Gewächse. (1842.) (Verm. Schriften. Stuttgart 1845. p. 229—67.)
Mohl, Entwicklung des Korkes und der Borke. Tübingen 1836. 4.
Mohl, Untersuchungen über den Mittelstock von Tamus elephantipes L. Tübingen 1836. 4.
Mohl, Bau des Stammes von Isoetes lacustris. (Verm. Schriften. p. 122—28.)
Mohl, Erläuterung und Vertheidigung meiner Ansicht von der Structur der Pflanzensubstanz. Tübingen 1836. 4.
Mohl, Ueber die Symmetrie der Pflanzen. Tübingen 1836. 8.
Corda, Ueber den Bau des Pflanzenstammes. Prag 1836. 8.
Meneghini, Ricerche sulla struttura del caule nelle piante monocotiledoni. Padova 1836. 4.
Meyen, Ueber die Sekretionsorgane der Pflanzen. Berlin 1837. 4.
Meyen, Jahresberichte über physiologische Botanik in den Jahren 1836—39. Berlin 1837—40. — *Link* für 1840-45. — *Münter* für 1846. Berlin 1837—49. 8.
Mohl, Bau der vegetabilischen Zellenmembran. Tübingen 1837. 8
Mohl, Die anatomischen Verhältnisse des Chlorophylls. Tübingen 1837. 8.
Mohl, Die männlichen Blüthen der Coniferen. Tübingen 1837. 8.
Dutrochet, Mémoire pour servir à l'histoire anatomique et physiologique des végétaux et des animaux. Paris 1837. 8. et Atlas.
Fritzsche, Ueber den Pollen. St. Petersburg 1837. 4.
Raspail, Nouveau système de physiologie végétale. Paris 1837. 8. et Atlas.
Link, Icones anatomico-botanicae. Berolini 1837—42. fol.
Decaisne, Recherches anatomiques et physiologiques sur la garance. Bruxelles 1837. 4.
Moretti, De radicis vegetabilium officiis. Ticini 1837. 8.
Meyen, Neues System der Pflanzenphysiologie. Berlin 1837—39. 8.
Audouin, Recherches sur la Muscardine. Paris 1838. 8.
Audouin, Nouvelles expériences. Paris 1838. 8.
Moretti, De plantarum morphologia. Ticini 1838. 8.
Spring, Ueber die Ursachen der Abartungen. (— Ueber die naturhistorischen Begriffe etc. Leipzig 1838. 8.)
Endlicher, Grundzüge einer neuen Theorie der Pflanzenzeugung. Wien 1838. 8.
Tornabene, Sopra alcuni fatti di anatomia e fisiologia vegetale. Catania 1838. 4.
Unger, Aphorismen zur Anatomie und Physiologie der Pflanzen. Wien 1838. 8.
Mohl, Untersuchungen über die Wurzelausscheidung. Tübingen 1838. 8.
Morren, Considérations sur le mouvement de la sève des Dicotylédones. s. l (1838). 8.
Schultz, Sur la circulation et sur les vaisseaux lactifères dans les plantes. Paris 1839. 4.
Schwann, Untersuchungen über die Uebereinstimmung in der Struktur und dem Wachsthum der Thiere und Pflanzen. Berlin 1839. 8.
Link, Icones selectae anatomico-botanicae. Berolini 1839—42. fol.
Decaisne, Sur l'organisation anatomique de la betterave à sucre. Paris 1839. 8.
Decaisne, Mémoire sur le développement du pollen, de l'ovule et sur la structure des tiges de gui (Viscum album). Bruxelles 1840. 4.
Doleschall, Physiologia plantarum (hungarice). Pestini 1840. 8.
Lestiboudois, Études sur l'anatomie et la physiologie des végétaux. Paris 1840. 8.
Unger, Ueber Kristallbildungen in den Pflanzenzellen. (Wien 1840.) 4.
Waechter, Ueber die Reproduktionskraft der Gewächse. Hannover 1840. 8.
Unger, Ueber Bau und Wachsthum des Dikotyledonenstammes. Petersburg 1840. 4.
Meyen, Noch einige Worte über den Befruchtungsakt und die Polyembryonie. Berlin 1840. 8.
Chatin, Anatomie comparée végétale appliquée à la classification. Paris 1840. 4.
Decaisne, Recherches sur Viscum album. Bruxelles 1840. 4.
Chatin, L'accroissement par couches concentriques. Paris 1840. 8.
Tornabene, Osservazioni sopra gli endogeni. Catania 1840. 8.
Gaudichaud, Recherches générales sur l'organographie, la physiologie et l'organogénie des végétaux. Paris 1841. 4.
Goeppert, De Coniferarum structura anatomica. Vratislaviae 1841. 4.
Maupied, Considérations sur le caractère de la végétabilité. Paris 1841. 4.

Morren, Prémices (Études) d'anatomie et physiologie végétales. Bruxelles 1841. 8.
Pleniger, Ueber Pflanzenphysiologie. Wien 1841. 8.
Turpin, Iconographie végétale, ou organisation des végétaux illustrée. Paris 1841. 4.
Vaucher, Histoire physiologique des plantes d'Europe. Paris 1841. gr. 8. (Vol. I. jam anno 1830 prodierat.)
Muenter, Observationes phytophysiologicae (de caulis incremento). Berolini 1841. 8.
Schulz, Die Cyklose des Lebenssaftes in den Pflanzen. Breslau und Bonn 1841. 4.
Gasparrini, Ricerche sulla struttura degli stomi. Napoli 1842. 4.
Mirbel, Nouvelles notes sur le cambium. Paris 1842. 4.
Fries, Våren. En botanisk betraktelse. Upsala 1842. 8.
Schleiden, Beiträge zur Anatomie der Cacteen. St. Petersburg (1842). 4.
Schleiden, Offenes Sendschreiben an Hrn. Dr. *Justus Liebig*. Leipzig 1842. 4.
Schleiden, Hr. Dr. *Justus Liebig* und die Pflanzenphysiologie. Leipzig 1842. 8.
Schleiden, Grundzüge der wissenschaftlichen Botanik. Leipzig 1842—43. 8.
Dujardin, Nouveau manuel complet de l'observateur au microscope. Paris 1842—43. 8. et Atlas.
Scheljesnow, Die Entstehung des Keims. Petersburg 1842. 8.
Naegeli, Zur Entwicklungsgeschichte des Pollens. Zürich 1842. 8.
Hartig, Neue Theorie der Befruchtung der Pflanzen. Braunschweig 1842. 4.
Meyer, Das Ueberwallen abgehauener Baumstümpfe. (Königsberg 1842.) 8.
Goeppert, Ueberwallen der Tannenstöcke. Bonn 1842. 4.
Goeppert, Zur Erläuterung des Baues und des Wachsthums der Bäume. (Breslau 1843.) 4.
Carradori, Degli organi assorbenti delle radici. Firenze s. a. 8.
Bellani, Sulle funzioni delle radici. Milano 1843. 8.
Trinchinetti, Sulla facoltà assorbente delle radici. Milano 1843. 4.
Loiseleur, Reflexions sur la formation du bois. Paris 1843. 8.
Karsten, De cella vitali. Berolini (1843). 8.
Mohl, Dr. *Justus Liebig's* Verhältniss zur Pflanzenphysiologie. Tübingen 1843. 8.
Unger, Die Pflanze im Momente der Thierwerdung. Wien 1843. 8.
Jussieu, Botanique. Paris 1843. 8. — ib. 1844. 8. — ib. 1845. 8.
Link, Anatomia plantarum iconibus illustrata. Berolini 1843—47. 4.
Parlatore, Lezioni di botanica comparata. Firenze 1843. 8.
Trecul, Structure et développement du Nuphar lutea. (Paris 1843.) 8.
Baikoff, De plantarum epidermide. Mosquae 1843. 8.
Mohl, In welchem System des Holzes wird der rohe Nahrungssaft zu den Organen geleitet? Tübingen 1843. 8.
Hartig, Beiträge zur Entwicklungsgeschichte der Pflanzen Berlin 1843. 4.
Brown, On the plurality and development of the embryos in the seeds of Coniferae. London 1844. 8.
Gaertner, Beiträge zur Kenntniss der Befruchtung. 1. Theil. Stuttgart 1844. 8.
Visiani, Fecondazione della Vaniglia. Venezia 1844. 4.
Planchon, Considérations sur les ovules de quelques Veroniques et de l'Avicennia. Montpellier 1844. 4.
Schleiden, Die neueren Einwürfe gegen meine Lehre von der Befruchtung. Leipzig 1844. 8.
Unger, Ueber merismatische Zellenbildung bei der Entwicklung des Pollens. s. l. 1844. 4.
Heinzel, Macrozamia Preissii. Vratislaviae 1844. 4.

Parlatore, Anatomia dell' Aldrovanda vesiculosa. Firenze 1844. 8.
Gasparini, Nuove ricerche sulla struttura dei cistomi. Neapel 1844. 4.
Candolle, Théorie élémentaire de botanique. Ed. III, publiée par *Alphonse de Candolle*. Paris 1844. 8.
Le Maout, Leçons élémentaires de botanique. Paris 1844. 8.
Barnéoud, Recherches sur le développement, et la structure générale des Plantaginées. Paris 1844. 4.
Hartig, Das Leben der Pflanzenzelle. Berlin 1844. 4.
Kuetzing, Die Sophisten und Dialektiker. (Streitschrift gegen Schleiden.) Nordhausen 1844. 8.
Parlatore, Osservazioni sull' anatomia dell' Aldrovanda vesiculosa Firenze 1844. 8.
Schleiden, Beiträge zur Botanik. Gesammelte Aufsätze. Leipzig 1844. 8.
Schleiden, Schellings und Hegels Verhältniss zur Naturwissenschaft. Leipzig 1844. 8.
Schleiden und *Naegeli*, Zeitschrift für wissenschaftliche Botanik. Zürich 1844—46. 8.
Mohl, Vermischte Schriften botanischen Inhalts. Tübingen 1845. 4.
Schleiden, Grundzüge der wissenschaftlichen Botanik. Zweite gänzlich umgearbeitete Auflage. Leipzig 1845—46. 8.
Gasparrini, Ricerche sulla del caprifico e del fico e sulla caprificazione. Napoli 1845. 4.
Gérard, De la génération spontanée. Paris 1845. 8.
Lecoq, De la fécondation naturelle et artificielle des végétaux. Paris 1845. 8.
Lebouidre, Traité élémentaire de physiologie végétale. Paris 1845. 8.
Stein, Organographie der Pflanzen. Berlin 1845. 8.
Moleschott, Betrachtung von Liebigs Pflanzenernährung. Harlem 1845. 4.
Le Maout, Atlas élémentaire de botanique. Paris 1846. gr. 4.
Mercklin, Zur Entwicklungsgeschichte der Blattgestalten. Jena 1846. 8.
Harting, Bijdrage tot de anatomie der Cacteen. s. l. et a. 8.
Harting, Mikrochemische onderzoekingen over den aard en de ontwikkeling van den plantaardigen celwand. s. l. et a.
Steenstrup, Untersuchungen über das Vorkommen des Hermaphroditismus in der Natur. Greifswald 1846. 4.
Unger, Grundzüge der Anatomie und Physiologie der Pflanzen. Wien 1846. 8.
Hofmeister, Vergleichende Untersuchungen. Leipzig 1846. 4.
Mohl, Ueber die Grössenbestimmung mikroskopischer Objecte (Verm. Schriften p. 429—42.)
Mohl, Mikrographie. Tübingen 1846. 8.
Zenkoffsky, Processus vegetationis Coniferarum. Petropoli 1846. 4.
Schleiden, Die Pflanze und ihr Leben. Leipzig 1847. 8.
Schultz, Neues System der Morphologie der Pflanzen. Berlin 1847. 8.
Harting, Entwicklung der Elementartheile des jährlichen Stammes der Dikotylen. Halle 1847. 8.
Henfrey, Outlines of physiological botany. London 1847. 8.
Morren, Dodonaea, ou Recueil d'observations. Bruxelles 1847. 8
Rainey, Ascent and descent of the sap. London 1847. 8.
Griffith, W., Icones et Notulae. Development of organs. Calcutta 1847. 8.
Harvey, A., Trees and their nature; or, the bud and its attributes. London (1847?). 12.
Cohn, Symbola ad seminis physiologiam. Berolini 1847. 8.
Karsten, Die Vegetationsorgane der Palmen. Berlin 1847. 4.
Presl, Gefässbündel im Stipes der Farne. Prag 1847. 4.
Itzigsohn, Laubmoose .. die Spermatozoen der phanerogamischen Gewächse. Berlin 1847. 8.

Guillard, Observations sur la moelle des plantes ligneuses. Paris 1847. 8.
New theory of Physiology based on electricity. Edinburgh 1848 12.
Harting, Mikroskop. Utrecht 1848—54. 8.
Pringsheim, Strata crassiora in plantarum cellula. Halae 1848. 8.
Koerte, Spongiae tela fibrosa. Berolini 1848. 8.
Kontopulos, De physiologia plantarum secundum Aristotelem et Theophrastum. Berolini 1848. 8.
Pringsheim, De forma et incremento stratorum crassiorum in cellula Halae 1848. 8.
Perty, Die Bewegung durch schwingende Organe im Pflanzenreiche Bern 1848. 4.
Loehr, Zur Kenntniss der Hülsenfrüchte, insbes. der Bohne. Giessen 1848. 4.
Wolff, E., Keimen, Wachsthum und Ernährung der Pflanzen. Bautzen 1849. 8.
Bahrdt, De pilis plantarum. Bonnae 1849. 4.
Broecker, De textura spinarum. Mitaviae 1849. 4.
Hammar, Några Anmärkningar rörande Carpologien. Lund 1849. 8.
Hofmeister, Embryo der Phanerogamen. Leipzig 1849. 4.
Morren, C., Fuchsia, Recueil d'observations. Bruxelles 1849 8.
Baum, Die ungeschlechtliche Vermehrung. Hamburg 1850. 8.
Wittwer, Die Respiration der Pflanzen. München 1850. 8.
Mettenius, Beiträge zur Botanik. Heidelberg 1850. 8.
Wigand, Intercellularsubstanz und Cuticula. Braunschweig 1850.
Cohn, Cuticula. Halle 1850. 8.
Schacht, Pflanzenembryo. Amsterdam 1850. 4.
Bein, De Smilacearum structura. Vratislaviae 1850. 8.
Stenzel, Truncus palmarum fossilis. Vratislaviae 1850. 4.
Mercklin, Prottallium der Farnkräuter. Leipzig 1850. 4.
Willkomm, L'organographie des Globulaires. Leipsick 1850. fol.
Morren, C, Lobelia, Recueil d'observations. Bruxelles 1851. 8.
Buchenau, Entwicklungsgeschichte des Pistills. Marburg 1851. 8.
Mohl, Anatomie der vegetabilischen Zelle. Braunschweig 1851. 8.
Eisengrein, Entwicklungsgeschichte des Samenkeims. Frankfurt a/M. 1851. 8.
Kützing, Grundzüge der philosophischen Botanik. Leipzig 1851—52. 8.
Schultz, K. H., Anaphytose oder Verjüngung der Pflanzen. Berlin 1851. 8
Schacht, Mikroskop und seine Anwendung für Pflanzenanatomie. Berlin 1851. 8.
Fleischer, Keimen der Gewächse. Stuttgart 1851. 8.
Schleiden, Physiologie und Theorie der Pflanzenkultur. Braunschweig 1851. 8.
Garreau, Respiration. Lille 1851. 8.
Robin, E., Role de l'oxygène et vie des végétaux. Paris 1851. 8.
Watzel, Ueber Pflanzenfrüchte. Leippa 1851. 8.
Schacht, Physiologische Botanik. Berlin 1852. 8.
Klotzsch, Pistia. Berlin 1852. 4.
Quekett, Lectures on histology. London 1852. 8.
Agardh, J, De cellula vegetabili. Lund 1852. 4.
Reisseck, Fasergewebe des Leins, Hanfes etc. Wien 1852. fol.
Reichenbach, De pollinis Orchidearum genesi. Lipsiae 1852. 4.
Hanstein, H., Bau und Entwicklung der Baumrinde. Berlin 1853. 8.
Soubeiran, Études micrographiques sur quelques fécules. Paris 1853. 8.
Zantedeschi, Elettricità degli stami e pistilli. Padova 1853. 4.
Schacht, Der Baum. Berlin 1853. 8. — ib. 1860. 8.
Naegeli, Erscheinungen im Pflanzenreich. Freiburg 1853. 4.
Celi, Lezioni elementari di fisiologia. Modena 1853. 8.
Bary, De plantarum generatione. Berolini 1853. 8.
Stenzel, Stamm und Wurzel von Ophioglossum vulgatum. Bonn 1853. 4.
Stenzel, Verjüngungserscheinungen bei den Farnen. Jena 1854. 4.
Jochmann, Umbelliferorum structura et evolutione. Vratisl. 1854. 4.
Schacht, Beiträge zur Anatomie. Berlin 1854. 8.
Areschoug, F., Botaniska Observationer. Lund 1854. 8.
Cohn, Der Haushalt der Pflanzen. Leipzig 1854. 8.
Karsten, Bau der Cecropia peltata. Bonn 1854. 4.
Pringsheim, Bau und Bildung der Pflanzenzelle. Berlin 1854 4.
Wigand, Botanische Untersuchungen. Braunschweig 1854. 8.
Braun, Schiefer Verlauf der Holzfaser. Berlin 1854. 8.
Dozy, Anatomie der Sphagna. Amsterdam 1854. 4.
Naegeli, Pflanzenphysiologische Untersuchungen. Zürich 1855—58. 4
Cramer, K., Botanische Beiträge. Zürich 1855. 4.
Vaupell, Das peripherische Wachsthum der Gefässbündel der Rhizome. Leipzig 1855. 8.
Jumpertz, Foecundatio. Bonn 1855. 8.
Schleiden, Studien. (Populäre Vorträge) Leipzig 1855. 8.
Unger, Anatomie und Physiologie. Pest 1855. 8.
Stenzel, Wachsthum der Farnkräuter. Cüstrin 1855. 4.
Chatin, Mémoire sur le Vallisneria spiralis. Paris 1855 4.
Schacht, Lehrbuch. Berlin 1856—59. 8.
Chatin, Anatomie comparée. Paris 1856—62. 8.
Radlkofer, Befruchtung der Phanerogamen. Leipzig 1856. 4.
Baillon, H., Des mouvements dans les organes sexuels des végétaux. Paris 1856. 4.
Breidenstein, Mikroskopische Pflanzenbilder. Darmstadt 1856. 8.
Kolaczek, Lehrbuch der Botanik. Wien 1856. 8.
Karsten, Stellung einiger parasitischer Pflanzen. Bonn 1856 4.
Gasparrini, Succiatori delle radici ed della Lemna minor. Napoli 1856. 4.
Schacht, Bericht über die Kartoffelpflanze. Berlin 1856. fol.
Schacht, Lehrbuch der Anatomie und Physiologie. Berlin 1856. 8.
Schulze, F., Lignin und sein Vorkommen. Rostock 1856. 8.
Gasparrini, Radici. Napoli 1856. 4.
Cordes, Europesche houtsoorten tot mikroskopisch onderzoek. Harlem 1857. 4.
Karsten, Organographie der Zamia muricata. Berlin 1857. 4.
Radlkofer, Befruchtungsprozess. Leipzig 1857. 8.
Ettingshausen, Nervation der Celastineen. Wien 1857. — Der Bombaceen. 1858. — Der Apetalen. 1858. 4.
Fockens, Die Luftwurzeln der Gewächse. Göttingen 1857. 8.
Gris, Recherches microscop. sur la Chlorophylle. Paris 1857. 4.
Brunetti, Fenomeni fisiologici dei vegetabili. Venezia 1858. 8.
Nitschke, De Droserae rotundifoliae irritabilitate. Vratislaviae 1858. 8.
Leitgeb, Die Haftwurzeln des Epheu. Wien 1858. 8.
Hildebrand, De caulibus Begoniacearum. Berolini 1858. 8.
Morren, E, Les feuilles vertes et coloriées. Gand 1858. 8.
Gray, A., How plants grow. New York 1858 8.
Naegeli, Beiträge zur wissenschaftlichen Botanik. Leipzig 1858—68. 8.
Hanstein, Gefässstrangverbindungen im Stengelknoten. Berlin 1858. 4.
Schenk, A., Contraktile Zellen im Pflanzenreiche. Würzburg 1858. 4.
Oudemans, Kieming der Planten zaden. Rotterdam 1858. 8.
Bary, Untersuchungen über Conjugaten. Leipzig 1858. 4.
Sanio, Im Winter Stärke führende Zellen des Holzkörpers. Halle 1858. 8.
Dippel, Zellenbildung. Leipzig 1858. 4.
Hartig, Entwicklung des Pflanzenkeims. Leipzig 1858. 4.
Sachs, Nebenwurzeln. Wien 1858. 8.
Schacht, Grundriss der Anatomie und Physiologie. Berlin 1859. 8.
Arendt, R., Das Wachsthum der Haferpflanze. Leipzig 1859. 8.

Radlkofer, Krystalle proteinartiger Körper. Leipzig 1859. 8.
Cossa, Assorbimento delle radice. Pisa 1859. 8.
Heiden, Keimen der Gerste. Berlin 1859. 8.
Sachs, Keimung der Schminkbohnen. Wien 1859. 8.
Hildebrand, Die Stämme der Begoniaceen. Berlin 1859. 4.
Bary, Die Mycetozeen. Leipzig 1859. 8.
Fermond, Fécondation. Paris 1859. 8.
Reichardt, Gefässbündelvertheilung im Stamme der Farn. Wien 1859. 4.
Hofmeister, W., Zur Kenntniss der Embryobildung. Leipzig 1859—61. 4.
Wossidlo, Ad palmarum anatomiam. Vratislaviae 1860. 8.
Mettenius, Anatomie der Cycadeen. Leipzig 1860. 4.
Karsten, Geschlechtsleben und Parthenogenesis. Berlin 1860. 4.
Ettingshausen, Blattskelette der Dikotyledonen. Wien 1861. 4.
Noerdlinger, Querschnitte von hundert Holzarten. Stuttgart 1861. 16.
Oudemans, Oberhaut bei den Luftwurzeln der Orchideen. Amsterdam 1861. 4.
Hildebrand, Einige Beobachtungen aus der Pflanzenanatomie. Bonn 1861. 4.
Gernet, Xylologische Studien. Moskau 1861—66. 8.
Cooke, A Manual of structural botany. London (1861). 12.
Marchand, Tiges des Phanérogames. Paris 1861. 8.
Wossidlo, Structur der Jubaca spectabilis (Palmae). Jena 1861. 4.
Polonio, Osservazioni organogeniche sui fioretti feminei dell' Arum Italicum. Pavia 1861. 4.
Gasparrini, Succiatori delle radici ed osservazioni morfologiche sopra taluni organi della Lemna minor. Napoli 1862. 4.
Gasparrini, Embriogenia della Canape Napoli 1862. 4.
Wretschko, Entwicklungsgeschichte des Laubblattes. Laibach 1862. 4.
Desmoulins, Connaissance des fruits et des graines. Bordeaux 1862. 8.
Peter, Bau und Entwicklung der dikotyledonischen Brutknospen. Hameln 1862. 8. — 1863. 8.
Thomé, Cicutae virosae rhizomatis anatomia. Bonnae 1862. 8.
Reuss, G. Ch., Pflanzenblätter in Naturdruck. Stuttgart 1862—69. 8.
Karsten, Histologische Untersuchungen. Berlin 1862. 4.
Agardh, J., Delars betydelse. Lund 1862. fol.
Darwin, Fertilisation der Orchidées. London 1862. 8.
Musset, Hétérogénie. Toulouse 1862. 4.
Gieswald, Antherenbildung. Danzig 1862. 4.
Karsten, Organische Zelle. Leipzig 1863. 8.
Gasparrini, Cellule vegetali. Napoli 1863. 8.
Bary, Fruchtentwicklung der Ascomyceten. Leipzig 1863. 4.
Boehm, Jos, Saftsteigen in den Pflanzen. Wien 1863. 8.
Schultze, Protoplasma. Leipzig 1863. 8.
De Seynes, Germination. Paris 1863. 4.
Thomas, F., Foliorum Coniferarum structura. Berolini 1863. 8.
Bonadei, Accrescimento delle piante. Sondrio 1864. 8.
Budde, Euphorbiae helioscopiae floris evolutione. Bonnae 1864. 8.
Carriot, Étude des fleurs. Lyon 1864. 8.
Caruel, Studi sulla polpa i semi in alcuni frutti carnosi. Firenze 1864. 4.
Gris, Recherches sur la germination. Paris 1864. 8.
Hanstein, Milchsaftgefässe. Berlin 1864. 4.
Leitgeb, Die Luftwurzeln der Orchideen. Wien 1864. 4.
Leyendecker, Die Blätter unsrer Laubbäume. Weilburg 1864. 4.
Naegeli, Dickenwachsthum bei den Sapindaceen. München 1864. 8.
Wahlstedt, Characeernas knoppar och öfvervintring. Lund 1864. 8.
Boehm, Jos., Saftsteigen. Wien 1864. 8.
Schumacher, W., Die Ernährung der Pflanze. Berlin 1864. 8.
Schreiber, Fasciculi vasorum dicotyl. et monocotyl. Bonnae 1864. 8.

Schenck, A., Die Spermatozoiden im Pflanzenreich. Braunschweig 1864. 8.
Parlatore, Studi organografici sui fiori delle Conifere. Firenze 1864. 4.
Rossmässler, Bau des Holzes. Frankfurt a/M. 1865. 8.
Berg, O. C. und Schmidt, Anatomischer Atlas zur pharmaceutischen Waarenkunde. Berlin 1865. 4.
Boehm, Jos., Chlorophyllbildung. Wien 1865. 8.
Etienne, V., Sur les éléments corticaux. Paris 1865. 8.
Sandéen, Bladknopparne hos några Polygoneae. Lund 1865. 4.
Karsten, Botanische Untersuchungen. Berlin (1865—67). 8.
Famintzin, Wachsen der keimenden Kresse. Petersburg 1865. 4.
Darwin, Climbing plants. London 1865. 8.
Dippel, Milchsaftgefässe. Rotterdam 1865. 4.
Karsten, Gesammelte Beiträge. Berlin 1865. 4.
Netto, Tiges des Lianes. Paris 1865. 8.
Naegeli, Mikroskop. Leipzig 1865—67. 8.
Thiel, De Radicum directione. Bonnae 1865. 8.
Loew, Casuarinearum caulis foliique evolutio et structura. Berolini 1865. 8.
Godron, Les fleurs des Cruciferes Nancy 1865. 8.
Fournier, Les Cruciferes, Sisymbrium en partic. Paris 1865. 8.
Bary, Pilze, Flechten und Mycomyceten. Leipzig 1866. 8.
Mueller, Wachsthum des Vegetationspunktes. Berlin 1866. 8.
Gris, Arbres. Paris 1866. 4
Gris, Recherches l'histoire physiologique des arbres Paris 1866 4.
Boehm, Jos, Bastfasern. Wien 1866. 8.
Boehm, Jos, Entwicklung von Gasen. Wien 1866. 8.
Sachs, J, Handbuch der Experimental-Physiologie. Leipzig 1866. 8.
Martins, Racines aérifères aquatiques du Jussiaea Montpellier 1866. 4.
Woronin, Wurzelanschwellungen bei Alnus glutinosa und Lupinus mutabilis Petersburg 1866. 4
Delpino, Apparecchi della fecondazione. Firenze 1867. 8.
Delpino, Pensieri sulla biologia vegetale, e proposto di un genere nuovo delle Labiate. Pisa 1867. 8.
Dippel, Das Mikroskop und seine Anwendung Braunschweig 1867—69. 8.
Bert, Mouvements de Mimosa pudica. Paris 1867. 8.
Boehm, Jos., Chlorophyll. Wien 1867. 8.
Boehm, Jos., Zellen in den Gefässen des Holzes Wien 1867. 8.
Frank, A. B., Entstehung der Intercellularräume. Leipzig 1867. 8.
Pasquale, Sulla eterofillia. Napoli 1867. 4.
Pollender, Entstehen der Oeffnungen in der Haut des Blüthenstaubes. Bonn 1867. 4.
Speerschneider, Entwicklung der Roggenähre. Rudolstadt 1867. 4.
Tieghem, Structure des Aroïdées. Paris 1867. 4.
Wittmack, Musa Ensete. Halle 1867. 8.
Hildebrand, Die Geschlechtsvertheilung und Selbstbefruchtung. Leipzig 1867. 8.
Madinier, Nutrition végétale. Paris 1867. 8
Weiss, Die Pflanzenhaare. Berlin 1867. 8.
Ludwig, Die Befruchtung der Pflanzen. Bielefeld 1867. 8
Pasquale, Heterofillia. Napoli 1867. 8.
Dippel, Mikroskop. Braunschweig 1867—70. 8.
Chaton, Tiges ligneuses. Gand 1867—68. 8.
Fermond, Phytogénie. Paris 1867. 8.
Dippel, Intercellularsubstanz. Rotterdam 1867. 4.
Albarella, Radice .. como organo di absorbimento. Napoli 1867. 8.
Heurck, Microskope. Ed. II. Anvers. 1868. 8
Hegelmaier, Die Lemnaceen. Leipzig 1868. 4.

Leitgeb, Entwicklungsgeschichte. Wien 1868—69. 8.
Sorauer, Keimungsgeschichte der Kartoffelknolle. Berlin 1868. 8.
Luerssen, Pollen. Jena 1868. 8.
Licopoli, Sulla organogenia dei pappi. Napoli 1868. 4.
Le Maout et *Decaisne*, Traité général de botanique. Paris 1868. 8.
Baillon, H., Traité du développement de la fleur et du fruit. Paris 1868. 8.
Pollender, Das chemische Verhalten des Blüthenstaubes. Berlin 1868. 4.
Liebe, Die Elemente der Morphologie. Berlin 1868. 8.
Frank, A., Beiträge zur Pflanzenphysiologie. Leipzig 1868. 8.
Theorin, Växternas hår och glandler. Calmar 1868. 8.
Wossidlo, Wachsthum und Structur der Drachenbäume. Breslau 1868. 8.
Hildebrand, Geschlechtsverhältnisse bei den Compositen. Jena 1869. 4.
Masters, Vegetable Morphology. London 1869. 8.
Peyritsch, J., Ueber Pelorien bei Labiaten. Wien 1869—71. 8.
Unger, Beiträge zur Anatomie und Physiologie. Wien 1869. 8.
Strasburger, Befruchtung bei den Coniferen. Jena 1869. 4.
Millardet, Le Prothallium male des Crypt. vascul. Strassburg 1869. 4.
Goeppert, Inschriften in lebenden Bäumen. Breslau 1869. 8.
Schreiber, Fasciculi vasorum. Bonn 1869. 8.
Speck, Lehre von der Gymnospermie. Petersburg 1869. 4.
Scheffer, Observationes phytographicae. Buitenzorg 1869. 8.
Reinhardt, Blicke in das Pflanzenleben. Leipzig 1869. 8.
Magnus, Nogàs. Berlin 1870. 4.
Beale, Protoplasm: or, life, force and matter. London 1870. 8.
Frank, A., Wagerechte Richtung von Pflanzentheilen. Leipzig 1870. 8.
Hanstein, Entwicklung des Keims. Bonn 1870. 8.
Just, L., Keimung von Secale cereale unter dem Einflusse des Lichts. Breslau 1870. 8.
Kummer, Leben der Pflanze. Zerbst 1870. 8.
Sachs, J., Lehrbuch der Botanik. Leipzig 1870. 8.
Brefeld, Entwicklung der Empusa. Halle 1871. 4.
Duval-Jouve, Étude anatomique de l'arête. Paris 1871. 4.
Knoobbe, Das Weizenkorn und seine Keimung. Königsberg 1871. 4.
Leitgeb, H., Entwicklungsgeschichte von Radula complanata. Wien 1871. 8.
Noerdlinger, Der Holzring als Grundlage des Baumkörpers. Stuttgart 1871. 8.
Reinke, J., Wachsthumsgeschichte der Phanerogamenwurzel. Bonn 1871. 8.
Schenk, Mittheilungen aus der Botanik. Leipzig 1871. 8.
Rohrbach, Hydrocharideen und Theilung des Vegetationskegels. Halle 1871. 4.
Tieghem, Ph., Structure du pistil et l'anatomie comparée de la fleur. Paris 1871. 4.
Leitgeb, Morphologie der Metzgeria furcata. Gratz 1872. 8.
Mueller, N., Botanische Untersuchungen. Heidelberg 1872. 8.
Sachsse, R., Chemische Vorgänge bei der Keimung von Pisum sativum. Leipzig 1872. 8.
Wigand, Mikroskopische Untersuchungen. Stuttgart 1872. 8.
Wiesner, J., Mikroskopische Untersuchungen. Stuttgart 1872. 8.
Luerssen, Entwicklungsgeschichte des Farnsporangiums. Leipzig 1872. 8.

INDEX AUCTORUM.

Omisimus voces *a, de, the, van, von* nominibus praepositas, nomina reliqua composita *(del, delle, de la, la, le etc.)* bis terve enumerata invenies.

Aa — *Anon.* 10778.
Aasheim — *Rottboell* 7845.
Ab Agris — *Vesling* 9747.
Ab Altomari — *Altomari* 121.
Abel — *Brown* 1214. 1227.
Abel — *Reitter* 7533.
Abeleven — *Gevers* 10567.
Abendroth — *Giseke* 3351.
Ab Horto — *Huerto* 4316.
Abildgaard — *Bibl. Banks.* III. 426.
Ab Ucria — *Ucria* 9594.
Achard — *Bibl. Banks.* III. 432. 438. 549.
Acharius — *Linnaeus* 5524.
Acharius — *Anon.* 10707.
Acharius — *Bibl. Banks.* III. 343.
Acidalius — *Scholz* 8322.
Ackermann — *Agardh.*
Ackermann — *Doeltz* 2356.
Ackermann, J. Chr., — *Pseudo-Apulejus* 7357.
Acoluthus — *Bibl. Banks.* III. 406.
Acorambonus — *Theophrastus* 9203.
Acosta — *Clusius* 1760.
Acosta — *Huerto* 4316.
Acrel, Erich, — *Thunberg* 9307.
Acrel, J. G., — *Lundmark* 5694.
Adanson — *Marath* 5797.
Adanson — *Bibl. Banks.* III. 217. 301. 408. 410. 414. 530.
Adlerstam — *Ledebour* 5133.
Aejmelaeus — *Thunberg* 9269. 9277.
Aelvebemes — *Roberg* 7658.
Aemilius Macer — *Macer* 5711.
Aesculapius — *Hildegardis* 4058. 4059.
Afzelius, Adam, — *Fries* 3084.
Afzelius — *Linnaeus* (vita).
Afzelius — *Bibl. Banks.* III. 168. 306. 354. V. 80.
Afzelius, J. A., — *Linnaeus* 5435.
Agardh — *Lindblom* 5327.
Agardh — *Linnaeus* (vita).
Agardh — *Retzius* 7552.
Agardh — *Sprengel* 8867.
Agardh — *Swartz* 9071.
Agassiz — *Perrottet* 7051.
Agnethler — *Linnaeus* 5404.
Agostini — *Leonicens* (vita).
Agoty — *Gautier* 3243—3244.

Agredius — *Anon.* 10707.
Agris, Ign. ab, — *Vesling* 9747.
Ahl — *Bibl. Banks.* III. 500.
Ahlgren — *Heurlin* 4041.
Ahlquist — *Thunberg* 9311.
Ahmed — *Ibn Beithar* 4409.
Aichenhain — *Aichinger* 75.
Aimen — *Bibl. Banks.* III. 425.
Al-Awam — *Ibn Al-Awam* 4407.
Albertus Magnus — *Anon.* 10797.
Albrecht — *Bibl. Banks.* III. 380. 399. 403. 408. 432. 545.
Alceste — *Brown* 1227.
Aldinus — *Castelli* 1590.
Aldrovandi — *Crassus* 1959.
Aldrovandi — *Montalbanus* 6390.
Aldus — *Dioscorides* 2291. 2293.
Alefeld — *Bibl. Banks.* III. 359.
Alexander, navis, — *Brown* 1229.
Alexander Benedictus — *Plinius* 7207.
Alexandre — *Bastien* 546.
Alexandrinus — *Cyrillus, Alex.* 2020.
Alfredus — *Meyer* 6156.
Alfredus — *Nicolaos Damascenos* 6694.
Alire — *Delile* 2129—2140.
Allamana — *Bibl. Banks.* III. 85.
Allen — *Macdonald* 5710.
Allioni — *Valle* 9669.
Allioni — *Bibl. Banks.* III. 80. 109. 149. 245.
Alm — *Linnaeus* 5523.
Almeida, D., — *Corrla da Sovra* (vita).
Almeloveen — *Rheede* 7585.
Almeloveen — *Bibl. Banks.* III. 179.
Alpinus — *Bondt* 372.
Alpinus — *Huerto* 4316.
Alpinus — *Vesling* 9745.
Alston — *Linnaeus* 5405.
Alston — *Bibl. Banks.* III. 392.
Alstroemer, Clas, — *Bibl. Banks.* III. 325.
Alstroemer, Johan, — *Bibl. Banks.* III. 628.
Alstroemer, Patrick, — *Bibl. Banks.* III. 627.
Altena — *Richard* 7594.
Althof — *Murray* 6571.
Alvalat — *Bibl. Banks.* V. 103.
Alvares da Silva — *Bibl. Banks.* III. 569.
Amann — *Linnaeus* 5476.
Amans — *Saint Amans* 7978—7980.

Amatus Lusitanus — *Mattioli* 5977. 5984. 5985.
Amboise — *Bacon* 312.
Ammann, Joh. — *Bibl. Banks.* III. 85. 220. 235. 270. 273. 276. 306. 319. 350. 407.
Ammann, Paul, — *Bibl. Banks.* III. 332.
Ammonius — *Agricola* 71.
Amo — *Del Amo* 2143.
Amoreux — *Belleval, P.* (vita).
Amoreux — *Ciccarelius* 1715.
Amoreux — *Hoffmann* 5100.
Amoreux — *Bibl. Banks.* III. 201. 202. 369. 599.
Amorim Castro — *Bibl. Banks.* III. 590.
Amorosi — *Dehnhardt* 2106.
Ampère — *Chamisso* (vita).
Amydenos — *Aëtios.*
Anderson — *Peters* 7084.
André — *Rivière* 7650.
Andreas Bellun. — *Valcarenghi* 9658.
Andreoli — *Moretti* 6443.
Andrew — *Richard* 7594.
Andrews — *Twamley* 9544.
Andromachus — *Charas* 1668.
Anelli — *Moretti* 6449.
Anglicus — *Bartholomaeus Anglicus* 430.
Ankarcrona — *Bibl. Banks.* III. 268.
Anonymi cf. Thesaurus p. 360—368.
Anonymi carmen — *Macer* 5711.
Anonymi — *Nikandros* 6704.
Ansberque — *Cusin* 2013.
Anthropo-Mago-Botanophilus — *Birkholz* 782.
Antic — *Bosc* 1030—1031.
Antonius Musa — *Pseudo-Apulejus* 7357.
Antonius Musa — *Brasavola* 1093.
Apicius — *Dierbach* 2238.
Apinus — *Bibl. Banks.* III. 407.
A Poot — *Rheede* 7585. 7587.
Appianus — *Triller* 9306.
Apulejus — *Pseudo-Apulejus* 7357—7358.
A Quercu — *Duchesne* 2485.
Ardinghelli — *Hales* 3700.
Arduino, Luigi, — *Bibl. Banks.* III. 588.
Arduino, Pietro, — *Bibl. Banks.* III. 239. 588.
Arenius — *Mennander* 6086.
Aretius — *Cordus* 1884.

Argentelle — *Robillard* 7665.
Arias y Costa — *Sandalio* 8022.
A Ripa — *Ripa* 7637.
Aristoteles (Pseudo) — *Brassavola* 1093.
Aristoteles (Pseudo) — *Nicolaus Damasc.* 6694.
Aristoteles (Pseudo) — *Scaliger* 8088.
Armistead — *Hall* 3740.
Arnold, J Chr, — *Bonnet* 981.
Arnold, Samuel, — *Wedel* 10050.
Arnott — *Greville* 3552.
Arnott — *Hooker* 4226
Arnott — *Kittel* 4705.
Arnott — *Wight* 10245.
Aromatariis — *Jung* 4524.
Arrabida — *Vellozo* 9727.
Arrot — *Bibl. Banks.* III. 475.
Asbjörnsen — *Schacht* 8107.
Aschan — *Thunberg* 9283.
Aschenborn — *Cartheuser* 1558.
Ascherson — *Decken* 2099.
Ascherson — *Engelmann* 2715.
Ascholin — *Hallenius* 3938.
Asham — *Ascham* 269.
Askelöf — *Retzius* 7549
Aspegren — *Kalm* 4581.
Aspelin — *Linnaeus* 5447.
Ast — *Dioscorides* 2321—2322
Astrolabe — *Dumont* 2482.
Astrolabe — *Montagne* 6379.
Astrolabe — *Richard* 7603.
Astruc — *Bibl Banks.* III. 381.
Asulanus — *Dioscorides* 2293.
Atrocianus — *Macer* 5714
Atti — *Malpighi* (vita).
A Turre — *Turre* 9584—9585
Aube, corvette, — *Raoul* 7412.
Aubert Du-Petit-Thouars — *Du Petit* 2521—2537
Aubriet — *Desfontaines* 2178.
Aubriet — *Vaillant* 9657.
Aubry, Jean, — *Alyon* 122.
Audouin — *Anon.* 10724.
Auersperg, Graf, — *Zallinger* 10434—10438.
Auerswald (vita), pag 356.
Auisson — *Robert* 7664.
Aureli — *Ferrari* 2877.
Aurell — *Thunberg* 9333.
Ausonius Popma — *Varro* 9689
Austen — *Bacon* 317.
Avantius Rhodiginus — *Fiera* 2395.
Avellar — *Brotero* 1192.
Avellino — *Pasquale* 6905.
Averrhoes — *Brunfels* 1424.
Averrois — *Serapion* 8616.
Avoine — *Dodoens* (vita).
Avrigni — *Loeuillart* 5577.
Awam — *Ibn-al-Awam* 4407
Axenborg — *Thunberg* 9333.
Azcouovieta — *Bibl. Banks.* III. 534

Baade — *Bibl Banks.* III. 123.
Babel — *Sprengel* 8863.
Babington — *Balfour* 378.
Baccius Baldinus — *Baldini* 874.
Bach — *Wirtgen* 10848.
Bachmann — *Rivinus* 7651—7657.
Bachovius — *Baier* 336.
Bacon, Vincent, — *Bibl. Banks.* III. 550
Badcock — *Bibl. Banks.* III. 388.

Badier — *Bibl. Banks.* III. 473. 635.
Baeck — *Celsius* (vita).
Baeck — *Linnaeus* (vita).
Baeck — *Bibl Banks.* III. 303. 359.
Baer — *Gmelin* 3372.
Baeumlin — *Bibl. Banks.* III. 230.
Bågenholm — *Thunberg* 9330.
Bahi — *Plenck* 7204.
Baier — *Bibl. Banks.* III. 266.
Baikie — *Barter, Ch.* (vita).
Baillon — *Payer* 7011.
Baird — *Peschier* 7068.
Baisse — *De la Baisse* 2110.
Baker, George, — *Bibl. Banks.* III. 511.
Baker, Henry, — *Badcock* 318.
Baker, J G, — *Baines* 356.
Baker — *Saunders* 8047.
Balber — *Usteri* (vita).
Balbis — *Nocca* 6724.
Balderama 10539.
Baldinger — *Calden* (vita)
Baldinger — *Ludwig* 3658.
Ballej — *Villar* (vita).
Balsamo-Crivelli — *Jussieu* 4544.
Bandini — *Dioscorides* 2305.
Bandini — *Nicandros* 6704.
Banesius — *Naerioni* 6611.
Banister — *Bibl. Banks.* III. 185.
Banks — *Bauer* 497.
Banks — *Curtis* 2010.
Banks — *Dryander* 2423—2424.
Banks — *Houstoun* 4290
Banks — *Kaempfer* 4565
Banks — *Roxburgh* 7832.
Barba — *Bibl. Banks* III. 441.
Barbarus — *Barbaro* 406—407.
Barbarus — *Brunfels* 1283.
Barbarus — *Dioscorides* 2294.
Barbasle — *Boissier de la Croix de Sauvage* (vita).
Barck — *Linnaeus* 5460.
Barelle — *Bayle-Barelle* 528—530.
Barker Webb — *Webb* 10021—10023.
Barkhausen — *Barkhausen* 411.
Barnim, Baron von, — *Schweinfurth* 8532.
Baron — *Bibl. Banks.* III. 644.
Barrell — *Bibl. Banks.* III. 329.
Barrington — *Bibl. Banks* III 135.
Barth — *Apicius* 204.
Barthelemy — *Jussieu* 4552.
Bartholinus — *Gesner* 3299.
Bartholinus — *Bibl. Banks.* III. 73. 99.
Bartling — *Schomburgh* 8323.
Bartolozzi — *Bibl. Banks.* III. 225. 368. 413 425. 638.
Barton, B Sm, — *Bibl Banks.* III. 290.
Bartram — *Darlington* 2054.
Baruffaldi — *Brassavola* (vita)
Bary, de, — *Braun* 1099.
Bassaeus — *Tabernaemontanus* 9093.
Bastard, W, — *Bibl. Banks.* III. 630.
Baster — *Miller* 6329.
Baster — *Bibl. Banks.* III 401. 557.
Bastien — *Alexandre* 98.
Batard — *Bastard* 464—466.
Bathûthah — *Ibn Bathûthah.*
Batsch — *Bibl. Banks.* III. 43
Baudin — *Bory* 1024.
Bauer, Ferd, — *Endlicher* 2690.
Bauer, Ferd, — *Flinders* 2938.
Bauer, Ferd, — *Lindley* 5345

Bauer, Ferd., — *Sibthorp* 8660
Bauer, Franz, - *Hooker* 4227.
Bauer, Franz, — *Ker* 4625.
Bauer, Franz, — *Lindley* 5350.
Bauer, J. Fr., — *Bibl Banks.* III. 439.
Bauhin, Jean, — *Gesner* 3304.
Bauhin, Jean, — *Morisson* 6462.
Bauhin, Jean, — *Rocardus* 7678.
Bauhin, Jean Gaspard, — *Endlicher* 2634.
Bauhin, Jerôme, — *Tabernaemontanus* 9093.
Bauhin, Kaspar, — *Jonquet* 4467.
Bauhin, Kaspar, — *Mattioli* 5984. 5985.
Bauhin, Kaspar, — *Morisson* 6462.
Bauhin, Kaspar, — *Tabernaemontanus* 9093.
Bauhin, Kaspar, — *Anguillara* 187.
Bauhin, Kaspar, — *Hagenbach* 3694.
Baumes — *Vincens* 9786.
Bautzmann — *Bibl. Banks.* III. 406.
Baxter (vita), pag 356.
Baxter — *Brown* 1216
Bayle-Barelle — *Mazzucato* 6026.
Beal — *Bibl. Banks* III. 376. 570. 571.
Beatson — *Roxburgh* 7833.
Beaufort — *Magaud* 5737.
Beaumes — *Vincens* 9786.
Beaumont — *Kiggelaer* 4671.
Beaupré — *Gaudichaud-Beaupré* 3233—3235.
Beauvais — *Vincentius* 9787.
Beauvois — *Palisot-de Beauvois* 6896—6901.
Bechmann — *Sturm* 9030.
Beck — *Schuebler* 8440.
Becker, Chr. Ludw., — *Weinmann* 10130.
Becker, Eb. Ph., — *Bibl. Banks.* III. 536.
Becker, Joh. Konr, — *Valentini* 9664.
Becker, S. J., — *Fasch* 2819.
Beckius — *Wedel* 10048.
Beckmann, Johann, — *Linnaeus* 5404.
Beckmann — *Bibl. Banks.* III. 564. 583. 592.
Becquerel — *Laures* 5094.
Beddome 10540.
Bedford, Duke of, — *Davy* 2077.
Bedford, Duke of, — *Forbes* 2959—2962.
Bedford, Duke of, — *Hooker* 4225.
Bedford, Duke of, — *Russel* 8692.
Bedford, Duke of, — *Sinclair* 2692.
Beechey — *Hooker* 4226.
Beek — *Dijk* 2282.
Behlen — *Bechstein* 538—540.
Behr, I. H., — *Cardano* (vita).
Behrens — *Berens* 686.
Beilschmied — *Aristoteles* 244.
Beilschmied — *Brown* 1214. 1237.
Beilschmied — *Lindley* 5348. 5353
Beilschmied — *Watson* 10007.
Beilschmied — *Wickstroem* 10259.
Beilschmied — *Winch* 10318.
Beithar — *Ibn Beithar* 4408. 4409.
Beithius — *Clusius* 1758.
Belanger — *Duran* (vita).
Belcher — *Bentham* 620.
Belcher — *Hinds* 4083.
Bellenden Ker — *Ker* 4625—4626.
Belleval — *Gilibert* 3328.
Belleval — *Latourette* 5084.
Bellonius — *Belon* 606—609.
Bellonius — *Clusius* 1760.
Bellovacensis — *Vincentius* 9787.
Bellus — *Clusius* 1759.
Bellus — *Pona* 7260.
Belonius — *Belon* 606—609

Ben Ahmed — *Ibn Beithar* 4409.
Benevides — *Brotero* 1192.
Benevides — *Fonseca Benevides* 2956.
Bengel — *Gmelin* 3384.
Ben Honain — *Meyer* 6156.
Ben Honain — *Nicolaos Damask.* 6694.
Béninga — *Lantzius-Béninga* 5064—5066.
Benislant — *Oelhafen* 6803.
Benoist — *Bartram* 447.
Bentham — *Candolle* 1485.
Bentham — *Endlicher* 2693.
Bentham — *Hooker* 4233.
Bentham — *Knight* 4747.
Bentham — *Martius* 5902.
Bentsch — *Schuebler* 8431.
Benvenuti — *Bibl. Banks.* III. 428.
Beraud — *Bibl Banks.* III. 634.
Berchem — *Bibl. Banks.* III. 622.
Berchtold — *Fieber* 2887.
Berchtold — *Pfund* 7113.
Berendt — *Goeppert* 3238.
Berens, J Fr , — *Murray* 6572.
Berens, Reinhold, — *Ludwig* 5658.
Berg, C. F. W., — *Candolle* 1483
Berg, C. F. W., — *Thouin* 9248.
Berg, O , — *Martius* 5902.
Berg, P. U., — *Thunberg* 9266. 9271
Bergantini — *Savastano* 8056.
Bergen — *Bibl Banks.* III. 81. 293. 642.
Berger — *Dumont* 2479.
Berger — *Linnaeus* 5477.
Berghuis — *Isink* 4505.
Bergier — *Geoffroy* 3276.
Bergius — *Bibl. Banks.* III. 298 356 357.
Bergius, P. J., — *Linnaeus* 5452.
Bergius, P. J., — *Bibl. Banks.* III 212. 599.
Bergmann — *Goebel* 3423.
Bergner — *Trog* 9533—9534.
Bergonzoli — *Moretti* 6444.
Bergrén — *Thunberg* 9327.
Bergrot — *Celsius* 1634.
Bergsma — *Beck* 558.
Bergsma — *Martius* 5907.
Bergsma — *Trappen* 9436.
Berkeley — *Bartholomaeus* 430
Berkeley — *Hooker* 4218.
Berkeley — *Smith* 8748.
Berkhey — *Bibl. Banks.* III. 643.
Berlandier — *Candolle* 1485.
Berlepsch — *Kabsch* 4558.
Berlin — *Linnaeus* 5507.
Bernál — *Loscosy Bernál* 5624.
Bernardi — *Bivona-Bernardi* 805—808
Berndtson — *Bibl. Banks.* III. 596.
Berneaud — *Thiebaud de Berneaud* 9208—9211.
Berner — *Bibl. Banks.* III. 367.
Bernhard a Bernitz — *Bibl. Banks.* III. 214. 550.
Bernhardi — *Goethe* (vita).
Bernitz — *Bernhard a Bernitz* 696.
Bernitz — *Bibl. Banks.* III. 214. 550.
Beronius — *Stumpf* 9019.
Berriat-Saint-Prix — *Edwards, W. Fr.* (vita).
Berryais — *Le Berryais* 5107.
Bertéro — *Colla* 1794.
Berth — *Kniphof* 4750.
Berthelot — *Webb* 10023.
Bertholdt — *Esper* (vita).
Bertoloni — *Boccone* (vita).
Bertoloni — *Candolle* 1490.
Bertoloni — *Cesalpini* (vita).
Bertoloni — *Linnaeus* 5403.
Bertuch — *Dennstedt* 2159.
Bertuch — *Guenther* 3625.
Bertuch — *Putsche* 7373.
Berzelius, Bengt, — *Linnaeus* 5491.
Besler — *Widmann* 10222.
Besnier — *Tournefort* 9429.
Bessa — *Du Hamel* 2470.
Bessa — *Loiseleur* 5586.
Besser — *Andrzejowsky* 183.
Besser — *Boehmer* 904
Best — *Richard* 7594.
Bethune, Duc de Sully, — *Du-Peyrat* 2834.
Betiken — *Wedel* 10047.
Betti — *Bolus* 699.
Beucker, I. I. de, — *Heurck* 4037.
Beudant — *Jussieu* 4544.
Bevilaqua — *Bibl. Banks.* III. 430.
Bewick — *Thornton* 9266.
Beyersten — *Bibl. Banks.* III. 475.
Beze — *Dodart* 2341.
Biasoletto — *Comelli* 1826.
Bidloo — *Commelyn* 1831.
Bidloo — *Hermann* (vita).
Bieberstein — *Marschall* 5830—5832.
Bieler — *Weinmann* 11124.
Biese, Franz, — *Aristoteles* 244.
Bigarre — *Bibl. Banks.* III. 628.
Bigelow — *Engelmann* 2713.
Bilderdyk — *Mirbel* 6289.
Billinger, Chr. L., — *Gmelin* 3394.
Bilfinger, G. B., — *Bibl. Banks.* III. 372. 402. 404.
Bilhard — *Wedel* 10112.
Billardière — *La Billardière* 4962—4965.
Billberg — *Anon.* 10707.
Billon — *Kralixz* 4851.
Binnensyk — *Vriese* 9870.
Björno — *Povelsen* 7293.
Björnstroem — *Zetterstedt* 10481.
Biondo — *Theophrastus* 9191.
Bipontinus — *Schultz, K. H.* 8470—8473.
Birdwood 10541.
Bischoff — *Nees v. Esenbeck* 6645.
Bischoff — *Schmidel* 8255.
Bismark — *Spies* 8841.
Bjuur — *Linnaeus* 5461.
Biwald — *Linnaeus* 5425.
Blackburne — *Neal* 6622.
Blagden — *Crell* 1961.
Blair — *Bradley* 1079.
Blair — *Bibl. Banks.* III. 390. 447.
Blanche — *Puel* 7361.
Blane — *Bibl. Banks.* III. 202. 649.
Blankenhorn — *Nebel* 6631.
Bleeck — *Eysel* 2780
Blegny — *Dedu* 2100.
Bloch — *Bibl. Banks.* III. 537.
Blom — *Bergius* 674.
Blom — *Linnaeus* 5502.
Blom — *Bibl. Banks.* III. 320. 545. 625.
Blond — *Leblond* 5109—5112.
Blossom, navis, — *Hooker* 4225—4226.
Blume — *Nees v. Esenbeck* 6652.
Blumenbach — *Bruce* 1256.
Blumenbach — *Bibl. Banks* III. 124.
Blumenberg — *Thunberg* 9266.
Blumenhof — *Ephrasin* 2765.
Blytt, A. 10542.
Blytt, M., — *Fries* 3064
Bobartius — *Morison* 6464.
Boccone — *Abercrombie* 5.
Boccone — *Bibl. Banks.* III. 149.
Bock — *Brunfels* 1283.
Bock — *Kandel* (vita).
Bodaeus a Stapel — *Theophrastus* 9197.
Boddaert — *Bibl. Banks.* III. 47. 199.
Bodin-Soulange — *Bodin.*
Boeber — *Bibl. Banks.* III. 172
Boeckeler — *Peters* 7084.
Boediker — *Elsholz* (vita).
Boehmer, G. R., — *Blackwell* 812.
Boehmer, G. R., — *Knorr* 4757.
Boehmer, G. R., — *Ludwig* 5658—5662.
Boekh — *Bonnet* 981.
Boerhave — *Panzer* 6923.
Boerhave — *Vaillant* 9656.
Boerner — *Macer* 5711.
Boëlius de Boot — *Boodt* 989.
Boëlius de Boot — *Passaeus* 6972.
Boettiger — *Vater* 9699.
Bogenhard — *Wirtgen* 10346.
Bohnsach — *Bibl. Banks.* III. 639.
Bojer — *Bouton* 1065.
Bois — *Dubois* 2426—2428.
Boisduval — *Loiseleur* 5589.
Boitard — *Dubois* 2426.
Boll — *Crome* (vita).
Bolle — *Peters* 7084.
Bolstaedt — *Albertus* 89—91.
Bolzano — *Krombholz* (vita).
Bomme — *Bibl. Banks.* III. 407
Bon — *Bibl. Banks.* III. 598.
Bonato — *Michiel* (vita).
Bonato — *Pontedara* 7266.
Bonde — *Bibl. Banks.* III. 383.
Bongiovanni — *Bibl. Banks.* III. 353
Bonite — *Gaudichaud* 3235
Bonnet — *Desvaux* 2203.
Bonnet — *Bibl. Banks.* III. 383 394. 642.
Bonpland — *Hooker* 4209.
Bonpland — *Humboldt* 4327—4333
Bonpland — *Kunth* 4930.
Bontius — *Bondt* 972.
Bontius — *Piso* 7157.
Bonvoisin — *Bibl. Banks.* III. 434.
Boodt — *Passaeus* 6972.
Boot — *Boodt* 989.
Booth — *Lehmann* 5174.
Booth, W B., — *Chandler* 1662.
Boranetzky — *Famintzin* 2418.
Borbonius — *Gussone* 3658.
Borch — *Bang* 401.
Borch — *Borrich.* (errore) 1017—1018.
Borch — *Forsyth* 2984.
Borch (Borrichius) — *Bibl. Banks.* III. 73. 345. 402.
Borckhausen — *Borkhausen* 1009—1013.
Borda — *Bibl. Banks.* III. 422.
Borde — *Delile* 2135.
Borellus, Joh., — *Malpighi* 5764.
Borellus, Joh., — *Nebel* 6627.
Borellus, Petrus — *Borel* 1006.
Borkhausen — *Dietrich* 2278.
Borkhausen — *Guenderode* 3624.
Borkhausen — *Mueller* 6523.

Borkhausen — *Bibl. Banks.* III. 89. 152; V. 65—104
Borrichius (Borrich errore pro Borch) — Borch 997—998. 1017—1018.
Borromée — *Dumont* 2482.
Borszczow — *Middendorf* 6209.
Bory de St Vincent — *Anon.* 10724.
Bory de St. Vincent — *Bélanger* 586.
Bosc — *Bibl. Banks.* III. 237. 291. 327. 357.
Bosca — *Salvador y Bosca* 8020.
Bosch, R. B. van der, — *Dozy* 2394.
Bose — *Cels, J. M* (vita).
Bose, E. G, — *Blackwell* 812.
Bose, E. G., — *Zieger* 10849.
Bose, G. M., — *Bose* 1044.
Bose, Kaspar, — *Peine* 7024.
Bose, Kaspar, — *Probst* 7348.
Bose, Kaspar, — *Wehmann* 10121.
Bossart — *Scholler* 8349.
Bosse, A., — *Dodart* 2341.
Bosse, A., — *Robert* 7661.
Bosse, J F. W., — *Henshall* 3976.
Bosseck — *Bose* 1038.
Bosseck — *Plaz* 7186—7187.
Boswell — *Sowerby* 8792.
Botanophilos — *Richter* 7621. 782.
Botanophilus — *Birkholz* 782.
Botanophilus romanus — *Maratti* 5797.
Botelho — *Bibl. Banks.* III. 569.
Botta — *Decaisne* 2094.
Bouchard — *Bonafous* (vita).
Bouchardat — *Delondre* 2145
Bouchardat — *Phoebus* 7131.
Bouché — *Schlechtendal* 8213.
Boucher — *Bibl. Banks.* III 546.
Boudon — *Saint-Amans* 7978—7980.
Bouillon de la Grange — *Bibl. Banks* III. 435. V. 89. 93. 95
Boulanger — *Buch* 1308.
Boulard — *Pulteney* 7365.
Boulaye — *Merlet* 6106
Bouldouc — *Bibl. Banks.* III. 467 sqq
Boulouze — *Jussieu* 4545.
Bourdelot — *Collet* 1805.
Bourgoing — *Batsch* 484.
Boutellette — *Vicq* 9761.
Boutelou — *Colmeiro* 1817.
Boutelou — *Herrera* 4007.
Bouton — *Bojer* 940.
Bouton — *Desjardins* 2183
Bouvier — *Bibl. Banks.* III. 534.
Bowie, James — *Pritchard* 7343.
Boye — *Luetke* 5687.
Boyle — *Grew* 3554.
Braad — *Bibl. Banks.* III. 360. 627.
Bradley — *Anon.* 1081.
Bradley — *Bibl. Banks.* III. 358. 373.
Bramieri — *Bibl. Banks.* III. 629.
Brand — *Linnaeus* 5425.
Brander — *Hellenius* 3937.
Brander — *Zettermann* 10475.
Brandis — *Aristoteles* 243.
Brandis — *Molina* 6326.
Brandström — *Troselius* 9545.
Brandt — *Hayne* 3864.
Branzell — *Thunberg* 9274.
Brasavola — *Mundella* 6552.
Brassai — *Lindley* 5356.
Braun, Al., 10543.
Braun, Al., — *Bravais* 1112.
Braun — *Peters* 7084.

Braun — *Triana* 9503.
Braun, Nic., — *Tabernaemontanus* 9093.
Braunschweig — *Brunschwyg* 1293.
Braunschweig — *Dioscorides* 2322.
Bray — *Sternberg* 8956.
Breda — *Ingenhouz* 4435.
Breda — *Linnaeus* 5426.
Bredin — *Bibl Banks.* V. 90.
Brefeld 10544.
Bremer — *Linnaeus* 5472.
Brera — *Bonato* 969.
Breton — *Lebreton* 5115.
Breuel — *Boehmer* 902.
Breuil — *Dubreuil* 2430.
Brevet — *Bibl. Banks.* III. 230.
Breyn — *Cleyer* (vita).
Breyn — *Helwing* 3952.
Breyn — *Reyger* 7581.
Breyn — *Bibl. Banks.* III. 145 sqq.
Brickenden — *Bibl. Banks.* V. 92.
Brideri — *Bridel-Brideri* 1143—1145.
Briganti — *Huerto* 4316.
Briganti — *Monardes* 6866.
Brignoli — *Linnaeus* (vita).
Brignoli — *Tagliabue* 9096.
Brisseau — *Mirbel* 6286—6292.
Brissot — *Mirbel* 6286—6292.
Broca — *Pichon* 7138
Brocchi — *Cesalpini* (vita).
Brodtmann — *Hegetschweiler* 3905.
Brody — *Saint-Brody* 7981.
Brohon — *Duchesne* 2446.
Brogniart — *Richard, Achille* (vita).
Brogniart — *Orbigny* 6846.
Brongniart 1509.
Brongniart — *Brown* 1212.
Brongniart — *Bory* 1026.
Brongniart — *Coquebert* (vita).
Brongniart — *Gustava* (vita).
Brongniart — *Jussieu, A. L.* (vita).
Bronn — *Darwin* 2057—2058.
Bronne — *Bobart* 855.
Brotbequius — *Brotbeck* 1491.
Brotero — *Fonseca Benevides* 3260.
Brotherton — *Bibl. Banks.* III. 366.
Broussonet — *Belleval* 603.
Broussonet — *Linnaeus* 5128.
Browallius — *Linnaeus* 5413. 5418.
Brown, Robert, — *Abel* 2.
Brown, Robert, — *Aiton* 78
Brown, Robert, — *Bauer* 498.
Brown, Robert, — *Bennet* 613.
Brown, Robert, — *Clapperton* (vita).
Brown, Robert, — *Flinders* 2958.
Brown, Robert, — *Soresby* 8559.
Brown, Robert, — *Tuckey* 9952.
Bruce — *Stackhouse* 8891.
Bruce — *Bibl. Banks.* III. 539.
Bruce, Robert, — *Bibl. Banks.* III. 413.
Bruch — *Schimper* 8191.
Brueckmann — *Heister* 3928.
Brueckmann — *Severin* 8642.
Brueckmann — *Spies* 8840.
Brueckmann — *Bibl. Banks.* III. 398.
Brueckner — *Langmann* 5058.
Brunel — *Bonpland* (vita).
Brunelli — *Bibl Banks.* III. 602
Brunellus — *Cyrillus* 2020.
Bruncus — *Stephens* 8943.
Brunfels — *Bock* 868.
Brunfels — *Serapion* 8616.
Brunin — *Bauhin* 509.

Brunner — *Bibl. Banks.* III. 429.
Brunnhoff — *Brignoli a Brunnhoff* 1150—1153.
Brunschwyg — *Dioscorides* 2322.
Brunsvicensis — *Brunschwyg* 1239.
Brunyer — *Morisson* 462.
Brutelle — *L'heritier* 5267—5279.
Bruzelius — *Joerlin* 4442.
Bry — *Linschotten* 5530.
Buchanan — *Don* 2364.
Buchanan — *Hamilton* (sub Rheede) 7585.
Buchenau — *Dreier* 2403.
Buchhave — *Bibl. Banks.* III. 576. 580.
Buchheim — *Pereira* 7085.
Buchoz — *Wirsing* 10343.
Buckingham — *Chandler* 1661.
Buechner, J. G., 1315—1317, — *Bibl. Banks.* III. 354. 408.
Buek — *Giseke* 3351—3352.
Buek — *Pursch* 7371.
Buettner — *Cuno* 1992.
Buettner — *Miller* 6239.
Buettner — *Sperling* 8823
Buffon — *Mirbel* 6288
Buffon — *Hales* 3700.
Buffon — *Spach* 8805.
Buffon — *Bibl. Banks.* III. 370. 421. 591. 617.
Buhse, F, — *Boissier* 947.
Buisson — *Dubuisson* 2431—2432.
Bulliard — *Letellier* 5249.
Bules — *Davy* 2077,
Bumaldus — *Montalbanus* 6386—6390.
Bumaldus — *Séguir* 8586.
Bunge — *Candolle* 1509.
Bunge — *Ledebour* 5137.
Buniva — *Allioni* (vita).
Buniva — *Bibl. Banks.* III. 394.
Burchard — *Forer* 2963.
Burger — *Zallinger* 10438
Burgsdorff — *Reitter* 7538.
Burgsdorff — *Bibl. Banks.* III. 208. 419. 619.
Burgues — *Lambert* 5013—5014.
Burmann — *Bonfiglioli* (vita).
Burmann, Joh., — *Plumier* 7217.
Burmann, Joh., — *Rumpf* 7908.
Burmann, Joh., — *Weinmann* 10140.
Burmann, Joh., — *Bibl. Banks.* III. 299.
Burrmann, Nic. L., — *Valle* 9669.
Burrmann, Nic. L, — *Bibl Banks.* III. 298.
Burnett — *Stephenson* 8946.
Burser — *Martin, Pehr* (vita).
Busbecq — *Dioscorides* p. 85. Codices.
Buttersack — *Lohenschiold* 5583.
Buxbaum — *Bibl. Banks.* III. 34 76 sqq
Buzareinges — *Girou* (vita).

Cabanis — *Schomburgk* 8323.
Cabot — *Agassiz* 68.
Caelius — *Apicius* 204. 2238.
Caesalpino — *Boccone* 862.
Caesalpino — *Cesalpini* 1640—1641.
Caesar — *Nocca* 6716.
Caesar — *Weinmann* 10138.
Caesaraugustanus — *Asso* 273—274.
Caesius — *Cesi* 1647.
Caesius — *Hernandez* 4000.
Caetani Dux — *Valente* 9659.
Cailliaud — *Delile* 2134.
Caisne — *Decaisne* 2086—2095.
Calagius — *Scholz* 8322.

Calceolarius — *Calzolaris* 1428.
Calceolarius — *Mattioli* 5982—5983.
Calceolarius — *Olivi* 6831.
Calceolarius — *Séguier* 8590.
Caley — *Brown* 1216.
Camara — *Arruda* 258—261.
Cambessedes — *Jacquemont* 4352.
Cambessedes — *St.-Hilaire* 7988.
Camellus — *Kamel*.
Camellus — *Ray* 7436.
Camerarius, E. R., — *Brotbeck* 1191.
Camerarius, Joachim, — *Mattioli* 5983. 5990.
Camerarius, R. J., — *Gmelin* 3382.
Campe — *Bibl. Banks*. III. 367.
Campegius — *Champier* 1658—1659.
Canal — *Nowodworsky* 6769.
Canal — *Tausch* 9125—9126.
Candolle, Alph, — *Blanco* 827.
Candolle, Alph., — *Candolle, A. P.*, 1472 1482. 1485. 1505. 1506.
Candolle, Alph, — *Martius* 5902.
Candolle, A. P., — *Balbis* (vita).
Candolle, A. P., — *Bauhin* 509.
Candolle, A. P., — *Baumann* 512.
Candolle, A. P., — *Bautier* 520.
Candolle, A. P., — *Broussonet, P. M. A.* (vita).
Candolle, A. P., — *Delessert* (vita)
Candolle, A. P., — *Desfontaines* (vita).
Candolle, A. P., — *Goethe* 3453.
Candolle, A. P., — *Hooker, W. J.* (vita).
Candolle, A. P., — *La Mark* 5002—5007.
Candolle, A. P., — *Monnard* (vita)
Candolle, A. P., — *Presl* 7316.
Candolle, A. P., — *Redouté* 7453.
Candolle, A. P., — *Sprengel* 8877
Cane — *Bibl. Banks*. III. 432.
Cannart — *De Cannart* 2096.
Çap — *Lindley* 5356.
Cap, P. A., — *Commerson* (vita).
Cap, P. A., — *Montagne* (vita).
Capieux — *Batsch* 475.
Carbonnière — *Ramond* 7409—7410
Cardanus — *Scaliger* 8089.
Carey, E., — *Carey, W.* (vita).
Carey — *Roxburgh* 7836—7837.
Carey — *Voigt* 9844.
Carini — *Morandi* 6416.
Carlander — *Linnaeus* (vita).
Carlbohm — *Linnaeus* 5465.
Carli — *Bibl. Banks*. III. 591.
Carlson — *Thunberg* 9281.
Caronelli — *Bibl. Banks*. III. 629.
Carpow — *Handtwig* 3758.
Carradori — *Bibl. Banks*. III. 348.
Carramone — *Bibl. Banks*. III. 336.
Carrera — *Bonfiglioli*.
Carrichter — *Poppe* 7271
Carrington — *Miall* 6188.
Carruthers — *Gray* 3534.
Cartheuser — *Schnekker* 8297.
Cartheuser — *Bibl. Banks*. III. 253. 402. 435. 593.
Caruel 10545.
Caruel — *Cesalpini* (vita).
Carus, Jul. Vict., — *Aristoteles* 244.
Carus, Jul. Vict., — *Darwin* 2057. 2060.
Caryophilus — *Garofalo* 3200.
Carystius — *Mizuuld* 6300
Casauboni — *Nikolaos Damask.* 6694.
Casearius — *Rheede* 7585.
Casenas — *Castelli* 1589—1594.

Caspary, Rob. — *Braun* 1099.
Cassebeer — *Pfeiffer* 7105.
Cassini — *Le Monnier* (vita).
Castelblanco (sive Castel-Blanco) — *Amatus Lusitanus* 123—124.
Castelnau — *Weddell* 10044.
Castéra — *Bruce* 1256.
Castiglioni — *Moretti* 6445.
Castle — *Barton* 441.
Catherina II. — *Pallas* 6905
Catholica, Princeps, — *Cupani* 1994.
Catlin, George, — *Beyrich* (vita).
Cato, Hercole, — *Etienne* 2746.
Cattel — *Royen* 7844.
Cattley — *Lindley* 5345.
Caulinus — *Cavolini* 1620—1622.
Caumels — *Rojas Clemente* 7739.
Cavanilles — *Boehmer* 907.
Cavanilles — *Lorente* 5604.
Cavanilles — *Ruiz* 7895. 7900.
Cavanilles — *Bibl. Banks*. III. 229. 599.
Caventu — *Pelletier* 7028.
Cavolini — *Bibl. Banks*. III. 90. 317. 337. 443.
Cels — *Ventenat* 9731. 9733.
Celsius — *Unonius* 9653.
Celsius — *Bibl. Banks*. III. 168. 194.
Cenomanus — *Belon* 604—609.
Cervi — *Minuart* 6252.
Cesa — *Agosti* (vita).
Cesalpini — *Boccone* 862.
Cesati 10546
Cesati — *Friedrichsthal* 3059.
Cesi — *Hernandez* 4000.
Chabot — *Bibl. Banks*. III. 633.
Chabraeus (Chabrey) — *Bauhin* 504.
Chabraeus — *Chabrey* 1650.
Chaix — *Timbal-Lagrave* 9358.
Challan — *Cubières* (vita).
Chamberet — *Chaumeton* 1679.
Chamberlayn — *Dufour* 2460.
Chamisso — *Kaulfuss* 4608.
Chamisso — *Kunth* 4927.
Chamisso — *Nees v. Esenbeck* 10769.
Chamisso — *Walter* 9977.
Changeux — *Bibl. Banks*. III. 407. 432.
Chanin — *Plenck* 7202.
Channing — *Bibl. Banks*. III. 466.
Chantrans — *Girod-Chantrans* 3345—3346.
Charas — *Henckel* 3955.
Charas — *Perreult* 7045.
Charkany — *Mohamed* 6320.
Chartre — *Duchartre* 2435—2438.
Chastillon — *Dodart* 2341.
Chastillon — *Robert* 7661.
Chaubard — *Bory* 1026—1027.
Chazal — *Webb* 10023.
Chazelles — *Miller* 6237.
Chenal — *Bauhin* 509.
Chenaux — *Dechenaux* 2097.
Chènaye — *Delachénaye* 2111.
Chenon — *Linnaeus* 5454.
Cherler — *Bauhin* 503.
Chesne — *Duchesne* 2439—2446.
Chesnel — *Dechesnel* 2098.
Chiaje — *Delle Chiaje* 2142—2144.
Chiarellio — *Cupani* 1995.
Chiavena — *Clavena* 1736
Chiavena — *Sprechis* 8853.
Chifletius — *Tristan* 9527.
Chiliani — *Wedel* 10109—10110.
Chisaux — *Dechisaux* 2169.

Choisy — *Candolle* 1485.
Chomel — *Bibl. Banks*. III. 305. 310 315
Choul — *Du Choul* 2447.
Choulant — *Macer* 5711.
Christ — *Forsyth* 2984.
Christian IV. Rex — *Sperling* 8825.
Christmann — *Linnaeus* 5431.
Christophersson — *Hernquist* 4002.
Churchill — *Stephenson* 8946.
Cibot — *Bibl. Banks*. III. 354.
Cirillo — *Bibl Banks*. III. 534.
Clairville — *Rousseau* 7822
Clapperton — *Brown* 1235.
Claret — *Latourette* 5084—5087.
Clark, James, — *Bibl. Banks*. III. 552 589
Clark, John, — *Bibl. Banks*. III. 380.
Claubry — *Goltier* 3241
Claudius — *Ausius* 289
Claus — *Goebel* 3423.
Clavena — *Sprechis* 8853.
Clayton, John — *Gronovius* 3607
Clayton, Richard, — *La Croix* 4973.
Clelland — *Mac Clelland* 5707—5708
Clemen — *Antz* 200.
Clemens — *Goethe* (vita).
Clemente — *Rojas Clemente* 7739—7742.
Clemente — *Herrera* 4007.
Clerc — *Le Clerc* 5120.
Clerck — *Linnaeus* 5404.
Clericis — *Bayer* 329.
Clermont, Tonnère, — *Tillette, de* (vita).
Clermont, Tillette, de, — *Hecquet* 3877
Cless — *Bauhin* 508.
Cleyer — *Valentini* 9663
Cleyer — *Bibl. Banks*. III. 75 183. 576.
Clifford — *Linnaeus* 5407—5409.
Clifford — *Commelin* 1829.
Clos-Bayle, Moquin, — *Tandon* (vita)
Clotte-Mouton — *Tontenille* 6496—6499.
Clouet — *Bibl Banks*. III. 594
Clowes — *Hammond* 3751.
Clusius — *Acosta* 13
Clusius — *Bejthe* 582.
Clusius — *Belon* 607. 609
Clusius — *Berens* 636
Clusius — *Dodoens* 2345.
Clusius — *Horst* 4275.
Clusius — *Huerto* 4316.
Clusius — *Monardes* 6366.
Clusius — *Roelsius* 7702.
Clusius — *Treviranus* 9482.
Clutius — *Cluyt* 1762—1763.
Cluzeau — *Ducluzeau* 2448.
Coelho — *Bibl Banks*. III. 569. 639.
Coelius — *Apicius Coelius* 204. 2238.
Cok, J. M., — *Commelin* 1829.
Colangelo — *Porta* (vita).
Colden — *Bibl. Banks*. III. 185
Colden, Jenny, — *Colden* (vita).
Coleman — *Webb* 10025.
Colin — *Acosta* 13.
Colin — *Alpino* 114.
Colin — *Edwards* 2623.
Colin — *Huerto* 4316.
Colin — *Monardes* 6366.
Colin Milne — *Milne* 6242—6249.
Colla — *Balbis* (vita).
Colla — *Bertero* (vita).
Collen, F. van, — *Commelin* 1829.
Colleoni Porto — *Beggiato* 569.
Collet — *Chomel* 1705.

Colliander — *Linnaeus* 5842.
Colliander — *Thunberg* 9275.
Collie — *Hooker* 4226.
Collin — *Stoerk* 8979.
Collinson — *Colden* (vita).
Collinutius — *Brunfels*.
Colmans (vita), pag. 356.
Colmeiro 10547
Colmeiro — *Rojas Clemente* 7741
Colonna — *Donato* 2372.
Colonna — *Hernandez* 4000.
Columella — *Fiera* 2985.
Columna — *Colonna* 1822—1823.
Commelin, Johannes, — *Bidloo* 768
Commelin, Johannes, — *Rheede* 8540.
Commelin, Kaspar, — *Merian* 6105
Commerson — *Anon.* 10796
Comparetti — *Bibl Banks* III. 414 V. 87.
Compayno (vita), pag. 356
Concina — *Suffren* 9044
Condamine — *Bibl. Banks.* III. 437. 475
Conradinus — *Campi* 1462.
Constable — *Balfour et Babington* 386.
Constantinus — *Amatus Lusit* 124
Cooke, Benj., — *Bibl. Banks.* III 395—396
Cooke, George, — *Loddiges* 5559
Copland — *Anon.* 10751.
Coppens — *Mussche* 6584
Coq — *Lecoq* 5121—5126
Coquille — *Brongniart* 1174.
Coquille — *Duperrey* 2519.
Corazzi — *Monti* 6394.
Corbichon — *Bartholomaeus* 430
Corda — *Sturm* 9026.
Cordus, Eurich, — *Dioscorides* 2308.
Cordus, Valerius, — *Aretius* 243.
Cordus, Valerius, — *Mellesinus* 6074.
Cordus, Valerius, — *Gesner* 3296
Cordus, Valerius, — *Dioscorides* 2308
Cornarius — *Fuchs* 3142
Cornarius — *Macer* 5711.
Cornarius — *Dioscorides* 2292—2311.
Cornelissen — *Mussche*
Cornelius Celsus — *Celsus* 1637.
Corniani — *Bibl. Banks* III. 428
Corti — *Bibl. Banks.* III. 375.
Cortuso — *Guilandinus* 8640.
Corvinus — *Baier* 328.
Coschwitz — *Buxbaum* 1406
Cosh — *Mac Cosh*
Cosson — *Desvaux* (vita).
Cosson — *Perraudière* (vita).
Costa — *Acosta* 14.
Costa — *Sandalio* 8022
Costaeus — *Costeo* 1924
Coste — *Necker* 6634.
Coster — *Schleiden* 8232.
Cotereau — *Columella* 1825
Cothenius — *Otto* 6872.
Cotte — *Bibl. Banks* III. 404
Cottereau — *Vavasseur* 9716.
Coulcius — *Cowley* 1939
Couperus — *Bibl. Banks* III 247
Courset — *Dumont* 2579
Court — *Le Court* 5132.
Courtilz — *Descourtilz* 2170—2172
Courtois — *Dodoens* 2350
Courtois — *Lejeune* 5186.
Cousmont — *Turgot* 9560—9561
Cowell — *Bradley* 1082
Coxe — *Ramond* 7409

Coxe — *Stillingfleet* 8977.
Cramer — *Fick* 2885.
Cramer — *Heer* 3897.
Cramer — *Naegeli* 6602.
Crantz — *Hartmann* 3810.
Crato — *Gesner, K.* (vita).
Crausius — *Krause* 4865—4869
Cremonensis — *Macer* 5711.
Creplin — *Agardh* 47. 52.
Creplin — *Aristoteles* 244.
Creplin — *Wahlenberg* 9918.
Creuzer — *Baldinger* (vita).
Crevecoeur — *Boucher* 1052.
Crichton — *Bibl Banks.* III. 519 533.
Crivelli — *Balsamo* (vita).
Croall — *Johnstone* 4460.
Croix — *La Croix* 4973.
Croix de Sauvages — *Boissier* 950
Cronstedt — *Bibl. Banks.* III. 585 527
Cropp — *Haller* 3746.
Cruciger — *Cordus* 1885.
Crusell — *Kalm* 4580.
Crusius — *Duve* 2578.
Cuba — *Lonitzer* 5591.
Cuba — *Anon.* 10816—37.
Culpepper — *Blagrave* 814
Cunningham — *Brown* 1216.
Cunningham — *Bibl. Banks.* III. 183.
Cuno — *Buettner* 1347
Curiander — *Driesche* (vita)
Curteis — *Bibl Banks.* 641.
Curtio Trojano de Navo — *Dioscorides* 2315.
Curtis — *Bateman* 471.
Curtis — *Batsch* 485.
Curtis — *Hooker* 4230.
Curtius — *Le Curt* 5132.
Curtius, J. D, — *Eysel* 2784
Curtius, Jes , — *Slevogt* 8718
Cusin — *Ansberque* 190.
Cusson — *Anon.* 10796
Cusson — *Bibl. Banks.* III. 488.
Cutler — *Bibl Banks.* III. 185
Cuvier — *Adanson* (vita).
Cuvier — *Banks* (vita).
Cuvier — *Bowdich* 4070.
Cuvier — *Broussonet* (vita).
Cuvier — *Cels* (vita).
Cuvier — *Desmarest* (vita)
Cuvier — *Duhamel* (vita)
Cuvier — *l'Heritier* (vita).
Cuvier — *Palisot* (vita).
Cuvier — *Pallas* (vita).
Cuvier — *Priestley* (vita).
Cuvier — *Richard, L C.* (vita)
Cuvier — *Thouin* (vita).
Cyrrey — *Badham* 320.
Cyrrey — *Schacht* 8099.
Cyrillus — *Cirillo* 1717.

Dagoty — *Gautier-Dagoty* 3243—3244.
Dahlberg — *Linnaeus* 5471.
Dahlgren — *Linnaeus* 5515 5520.
Dahtborn — *Paullini* (vita).
Dalechamps — *Amatus Lusit* 124.
Dalechamps — *Clavenna* 1736
Dalechamps — *Pons* 7263
Dalimier — *Schacht* 8099.
Dalman — *Thunberg* 9312. 9333
Damascenus — *Meyer* 6156

Damaskenos — *Nicolaos* 6694.
Dana — *Bibl. Banks.* 583.
Danet Gendre — *Vaillant* 9657.
Danty d'Isnard — *Isnard*.
Dantz von Ast — *Dioscorides* 3321—3322.
Dapper — *Digby* 2281.
Darelius — *Linné* 5448.
Darelius — *Wallerius* 9946.
Daremberg — *Hildegardis* 4059.
Darin — *Retzius* 7554.
Darlington — *Baldwin* 377.
Darlington — *Bartram, I.* (vita)
Darwin — *Hoffmann* 4148.
Dassdorff — *Moegling* 6306.
Dassen — *Hall* 3709.
Dassier — *Noulet* 6765.
Dassow — *Linnaeus* 5446.
Daubenton — *Bibl. Banks.* III. 332. 369. 371. 372. 404. 592. 643
Daubeny — *Candolle, A P. de* (vita)
Daubeny — *Sibthorp* 8660.
Davidson — *Bibl Banks* III. 473.
Davies — *Bibl. Banks.* III. 343.
Davy de la Roche — *Merlet* 6106
Davy, Humphry, — *Sinclair* 8692.
Davy, Humphry, — *Bibl. Banks.* V 88.
Debey — *Ettingshausen* 2754.
Decaisne — *Candolle* 1485.
Decaisne — *Delessert* 2126.
Decaisne — *Hombron* 4193.
Decaisne — *Jacquemont* 4352.
Decaisne — *Le Maout* 5209.
Decaisne — *Morren* 6474.
Decaisne — *Orbigny* 6845.
Decaisne — *Peligot* 7026
Decaisne — *Raoul* 7412,
Decima — *Bonato* 970.
Dedu — *Grew* 3554.
Dehne — *Bibl. Banks* III. 433. 434. 437
Deichmann — *Branth* 10548
Deisch — *Caflish* 1412.
Dekkers — *Breyn* 1140.
De la Gardie — *Rudbeck* 7864.
De la Gardie, Eva, — *Bibl. Banks.* III 596.
Delalande — *Lebouidre Delalande* 5113—5114.
Del Amo — *Cutanda* 2015.
De la Pylaie — *Bachelot* 311—312.
Delarbre — *Bibl. Banks.* III. 94.
De la Rive — *A. P. de Candolle* (vita).
De la Roche — *Candolle* 1465.
De la Roche — *Merlet* 6106
De la Roche — *Redouté* 7453.
De la Vigne — *Schkuhr* 8204
Delaville — *Bibl. Banks.* V 97.
De l'Ecluse — *Clusius* 1755—1761.
Delessert — *Belleval* 603.
Delessert — *Lasegue* 5081
Delessert — *Vriese* 9869
Deleuze — *Darwin* 2061.
Deleuze — *Dombey* (vita).
Delile — *Redouté* 7453.
Delile, Eulalie, — *Kunth* 4936.
Delile, Eulalie, — *Saint-Hilaire* 7988
Della Rocca — *Bibl. Banks.* III. 337
Delle Chiaje — *Cavolini* (vita) 1622.
De l'Obel — *Lobelius* 5548—5556.
Delondre — *Bouchardat-Phoebus* 7131
Delongchamp — *Le Turquier* 5254—5256.
Delongchamp — *Pennier* 7031.
Del Rio — *Asso* 273—274.

Demidof — *Léveillé* 5262.
Demidof — *Mercklin* 6102.
Demidof — *Pallas* 6904.
Denham — *Brown* 1374. 1384.
Denham — *Milne, W. G.* (vita)
Denis — *Demersay* 2152.
Denso — *Cuno* 1992.
Denso — *Bibl Banks*. III. 620.
Dentan — *Bibl. Banks*. III. 643.
Denys — *Hervegde Saint-Denys* 4015
De Ortu — *Huerto* 4316.
De Pinguia — *Hildegardis* 4050. 4059.
De Porto Naonis — *Odoricus de P. N*
Derbès — *Castagne* 1586.
Dercum — *Beringer* 679.
Derham — *Ray* (vita)
Derham — *Bibl. Banks*. III 421.
Desaguliers — *Bibl. Banks*. III. 366.
Desberger — *Bechstein* 540.
Desberger — *Behlen* 575.
Déscurain — *Guettard* 3630.
Desfontaines — *Bibl. Banks* III. 25. 176. 201 sqq.
Desfontaines — *Plinius* 7209
Desfontaines — *Tournefort* 9426
Desgenettes — *Linné* 5456.
Desjardins — *Bouton* 1065
Desjardins — *Telfair* (vita).
De Silvestre — *Bosc, L. A. G.* (vita).
Deslandes — *Bibl Banks*. III 399.
Deslongchamps — *Loiseleur* 5584—5592.
Deslongchamps — *Mordant* 6418
Desmoneux — *Callard* 1425.
Desmoulins — *Dalechamps* 2035
Desmoulins — *Mattioli* 5991.
Desvaux — *Ecorchard* 2612.
Desvaux — *Gérardin* 3584.
Dethardius — *Bibl. Banks*. III. 405.
Deusing — *Bibl. Banks* III. 196. 204. 464.
Deynoot — *Gevers Deynoot* 3315.
D'Hericourt — *Bochet d'Hericourt* 7687.
Dibdin — *Dioscorides* 2299
Dickson — *Brown* 1247.
Dickson — *Bibl Banks* III. 138. 340. 650.
Dierbach — *Apicius Coelius* 204.
Dierbach — *Cesalpini* (vita).
Dierbach — *Geiger* 3260.
Dierbach — *Persoon* 7063.
Dieterichs — *Weinmann* 5427.
Dietrich, A., — *Du Breuil* 2429.
Dietrich, A., — *Borkhausen* 1012.
Dietrich, A., — *Gartenzeitung* 10745.
Dietrich, A., — *Linnaeus* 5427.
Dietrich, A., — *Wildenow* 10283.
Dietrich, D., — *Loudon* 5427.
Dillenius — *Giseke* 3348.
Dillenius — *Rivinus* 7651.
Dillenius, J. J — *Shaw* 8650.
Dillon — *Ortega* 6855.
Dillon — *Richard* 7604.
Dillwyn — *Turner* 9566
Dillwyn — *Watson* 10006.
Diocles Carystius — *Mizauld* 6300.
Dioscorides — *Agricola* 71.
Dioscorides — *Amatus Lusitanus* 123 124.
Dioscorides — *Barbaro* 407.
Dioscorides — *Brunfels* 1283 1285.
Dioscorides — *Contant.* 1850. 1851.
Dioscorides — *Cordus, Val* 1884—1885.
Dioscorides — *Fuchs* 3137—3143.
Dioscorides — *Guillandinus* 3636. 3638.

Dioscorides — *Holtzachius* 4188.
Dioscorides — *Jacquin* 4375.
Dioscorides — *Laguna* 4992.
Dioscorides — *Lonitzer* 5600.
Dioscorides — *Marogna* 5818.
Dioscorides — *Mattioli* 5977—5995.
Dioscorides — *Pasini* 6964.
Dioscorides — *Petri* 7094.
Dioscorides — *Pona* 7264.
Dioscorides — *Sibthorp* 8660.
Dioscorides — *Sternberg* 5993. 8957.
Dioscorides — *Textor* 9174; v. *Alphabetum empiricum* 10679.
Dippel 10549.
Ditmar — *Sturm* 9026.
Djupedius — *Thunberg* 9263.
Dixon — *Bibl. Banks*. III. 347.
Dizé — *Bibl. Banks*. III. 586.
Dobson — *Crell* 1961
Dodart — *Bibl. Banks*. III. 358. 381. 390. 429.
Dodart — *Bosse* (vita).
Dodart — *Perrault* 7045.
Dodeon — *Dodoens* 2345
Dodoens — *Alexandrinus* 99.
Doederlin — *Baier* 330.
Doehler — *Wildvogel* 10270.
Doellinus — *Wedel* 10109.
Doering — *Boehmer* 876.
Doering — *Deering* 2101—2102.
Dollfuss — *Bibl. Banks* III 473.
Dolliner (vita), pag 356
Dombey — *L'heritier* 5267
Domizer — *Domitzer* 2363.
Donald — *Macdonald* 5740
Donato d'Altamare — *Altomari* 121.
Don, David, — *Lambert* 5009—5010.
Don, George, — *Corson* (vita).
Don, George, — *Sweet* 9097.
Doniphan — *Wislizenus* 10356.
Donos — *Martin Donos* 5916—5918.
Don, P N., — *Don* 2374.
Donzelli — *Roggeri* 7730.
Doornik — *Rombouts* 7750.
Dorta — *Huerto* 4316.
Dorthes — *Belleval* (vita).
Dorthes — *Bibl. Banks*. III. 256. 305.
Do Sacramento — *Leandeo do Sacramento* 5105.
Doucette — *Villar* (vita).
Douglas, David, — *Bentham* 616
Douglas, David, — *Hooker* 4222.
Douglas, James, *Bibl. Banks*. III. 235. 538 624.
Douglas, Sylv., — *Bibl. Banks* III 570.
Draakestein — *Rheede* 7585—7587.
Draparnaud — *Giboin* 3320.
Drapiez — *Richard* 7594.
Drechsler — *Slevogt* 8747.
Drège — *Meyer* 6153.
Drejer — *Oeder* 6799.
Drejer — *Wiegmann* 10238.
Dronnecke von Caub — *Lonitzer* 5599.
Dronnecke von Caub — *Anon.* 10816—10831.
Drossander — *Rudbeck* 7868.
Dru — *Ledru.*
Drummond — *Hooker* 4222.
Drusius — *Driessche* 2415.
Dryander, Jonas — *Aiton* 78.
Dryander — *Lidbeck* 5293.
Dryander — *Wahlenberg* 9911.

Dryander — *Bibl. Banks*. III. 89. 261. 278. 324. 339.
Dryfhout — *Bibl Banks*. III. 367.
Dubourg — *Barbeu-Dubourg* 409
Dubuisson — *Bibl. Banks*. III. 268.
Duby — *Candolle* 1470.
Duby — *Moritzi* 6470.
Ducarel — *Bibl. Banks*. III 6. 135
Duchartre 10550.
Duchartre — *Maillard* 5745
Duchesne — *Prevost* 7332
Duchesne, A. N., — *Bibl. Banks*. III. 290. 369. 651
Du Choul — *Gesner* 3299.
Dudley — *Bibl. Banks*. III. 366. 548 565.
Duerrius — *Bibl. Banks* III 549.
Dufour — *Sponius* 8850.
Duftschmid 10551.
Du Hamel — *Bibl Banks*. III. 287 sqq
Duke of Bedford — *Russel, Duke of Bedford* (vita).
Du Monceau — *Du Hamel* 2464—2470
Dumont de Courset — *Jacques* 4354.
Dumont de Courset — *Bibl. Banks*. V. 88
Dumont d'Urville — *Montagne* 6374. 6379.
Dumont d'Urville — *Richard* 7601
Dumortier 10552—10556.
Dunal — *Candolle* 1485
Dunal — *Fabre* 2790
Duncan — *Banks* (vita).
Du Pas — *Passaeus* 6972—6973.
Du Pavillon — *Huet du Pavillon.*
Duperrey — *Bory* 1027.
Duperrey — *Brongniart* 1174
Du Petit — *Petit* 7083.
Du Petit-Thouars — *Amadei* (vita)
Du Petit-Thouars — *Colonna* (vita).
Du Petit-Thouars — *Féburier* 2829
Du Petit-Thouars — *Ray* (vita).
Dupin — *Delessert* (vita).
Du Pinet — *Plinius* 7207
Du Pinet — *Mattioli* 5991.
Du Pont, André. — *Thory* 9245
Dupont, J., — *Duval* 2573.
Dupont — *Bibl. Banks*. III 318
Du Pradel — *Serres* 8680
Dupuy des Esquiles — *Anon.* 10796.
Durand — *Nuttall* (vita).
Durande — *Bibl. Banks*. III. 4. 451. 581. 616
Dureau de la Malle — *Desfontaines* 2180.
Duret — *Lorey* 5616—5617.
Du Roi — *Bibl. Banks*. III 335
Duschak 10557.
Dutens — *Leibnitz* 5182.
Dutrochet — *Bravais* 1113.
Duval — *Jouve* 10558.
Duval — *Richard* 7606.
Duval — *Bibl. Banks*. III 154
Duvernin — *Delarbre* 2115.
Duvernoy — *Schuebler* 8423.
Dwigubsky — *Lindley* 5349.
Dyck — *Salm-Reifferscheid-Dyck* 8008—8016.
Dyer — *Trimen* 9508.
Dygbaeus — *Digby* 2281.

Eandi — *Vassalli* 9690—9692.
East — *Broughton* 1201—1203.
Eaton — *Chapman* 1665
Ebenbitar — *Valcarenghi* 9658.

Ebermaier — *Nees von Esenbeck* 6664.
Ebersbach — *Hebenstreit* 3870.
Ebn Beithar — *Ibn Beithar* 4409.
Eckhard — *Wedel* 10113.
Ecluse — *Clusius* 1755—1761.
Eder — *Mentzel* 6094
Edwards Bryan, — *Broughton* 1201.
Edwards — *Catesby* 1602.
Edwards — *Dancer* 2042.
Edwards — *Milne-Edwards* 6246.
Effendy Charkany — *Mohammed* 6320.
Egenolph — *Cornarius* 1887—1889.
Egenolph — *Fuchs* 3143.
Egenolph — *Lonitzer* 5598—5600.
Egnatius — *Barbaro* 407.
Egnatius — *Dioscorides* 2301.
Ehinger — *Baier* 331.
Ehrenberg — *Brown* 1214.
Ehrenberg — *Nees von Esenbeck* 9796.
Ehrenberg — *Schomburgk* 8323.
Ehrenclou — *Bibl. Banks.* III. 630
Ehrenreich — *Bibl. Banks.* III. 632
Ehret — *Linnaeus* 5408
Ehret — *Treu* 10447.
Ehret — *Bibl. Banks* III. 78. 245—248. 274. 278 sqq.
Ehrhart — *Lonitzer* 5599.
Ehrlich — *Slevogt* 8721
Ehrmann, J Chr, — *Boecler* 880.
Ehrmann, J Chr., — *Mappus* 5794.
Ehrmann — *Nestler* (vita).
Eichelberg (vita), pag. 356.
Eichler 10559.
Eichstadius — *Oelhafius* 6804.
Eisenberger — *Blackwell* 812.
Eisfarth — *Eysfarth* 2782
Ek — *Thunberg* 9296.
Ekeberg — *Osbeck* 6865
Ekeberg — *Thunberg* 9274.
Ekeberg — *Bibl. Banks* III. 581.
Ekelund — *Thunberg* 9274.
Ekermark — *Thunberg* 9333.
Ekman, C J, — *Thunberg* 9267
Elfwendahl — *Fallen* 2809.
El Herwi — *Seligmann* 8570.
Elkan — *Patze* 6983.
Eller — *Bibl. Banks.* III. 400.
Ellis — *Bibl Banks.* III. 248. 277. 282 sqq.
Ellrodt — *Koelle* 4784.
Elmgreen, Gabriel, — *Linnaeus* 5489.
Elmgreen, Johann, — *Linnaeus* 5495.
Eloy — *Aucher-Eloy* 279.
Eltz — *Boehmer* 908.
Elvebemes — *Roberg* 7658.
Ely — *Bibl. Banks.* III. 491.
Emhard — *Wedel* 10117.
Empiricus-Marcellus — *Empiricus* 5801—5802
Enckel — *Bibl. Banks.* III. 419.
Enckelmann — *Fischer* 2918.
Encroe — *La Croix* 4973.
Endeavour — *Parkinson* 6935.
Endlicher — *Brown* 1214.
Endlicher — *Hartinger* 3799.
Endlicher — *Nees von Esenbeck* 6665.
Endlicher — *Poeppig* 7225.
Endlicher — *Schott* 8330.
Endlicher — *Tuckermann* 9550.
Engel — *Camerarius* 1435.
Engelberg — *Rot von Schreckenstein* 7793.
Engelhart — *Lidbeck* 5294.

Engelmann — *Emory* 2681—2682.
Engelmann — *Ives* 4555.
Engeström — *Bibl. Banks.* III. 602.
Enklaar — *Wiegmann* 10228.
Ennes — *Leche* 5116.
Ennichmann — *Schenkius* 8163.
Eogh — *K'Eogh* 4624.
Erasmi — *Eysel* 2773.
Erdl — *Schenk* 8153.
Erdmann — *Bibl. Banks.* III. 89.
Erebus — *Hooker* 4238 4288.
Eremita — *Donato d'Eremita* 2371—2372.
Eresios — *Theophrastos Eresios* 9184—9203.
Erichson — *Schomburgk* 8323.
Erndelius — *Cleyer* (vita).
Erndelius — *Erndel* 2731—2732.
Erndelius — *Bibl. Banks.* III. 164.
Esberg — *Rudbeck, O., Vater* (vita).
Eschweiler — *Martius* 5895.
Etangs — *Des Etangs* 2174.
Eugenie — *Andersson* 165.
Euphrasén — *Linnaeus* 6134.
Evelyn, Charles, — *Bibl Banks.* III. 607.
Evelyn, John, — *Mitchell* 6254.
Evelyn, John, — *Bibl. Banks.* III. 421.
Ewer — *Bibl. Banks.* III. 335.

Fabbroni — *Bibl. Banks.* V. 98
Faber, Joh , — *Hernandez* 4000.
Faber, J M , — *Bibl. Banks.* III. 316.
Fabre, Esprit, — *Dunal* 2508.
Fabriano — *Herrera* 4007.
Fabricius, Joh., — *Bibl. Banks.* III. 152.
Fabricius, Joh. — *Heucher* 4024.
Fabricius, Joh. Christ., — *Linnaeus* 5434.
Fabricius, Joh. Christ., — *Bibl. Banks.* III. 425.
Fagraeus — *Bibl. Banks.* III. 371. 628.
Faguet — *Baillon* 354.
Fahlberg — *Bibl. Banks.* III. 209. 301 326. 635.
Faivre — *Goethe* (vita).
Falander — *Mennander* 6088.
Falck, J. P., — *Linnaeus* 5496.
Falck, J. W., — *Bibl. Banks.* III. 493.
Falconer — *Bibl. Banks.* III. 564. V. 96.
Fant — *Thunberg* 9302.
Fantuzzi — *Aldrosandi* (vita).
Fantuzzi — *Ambrosini* (vita).
Farkas Vukotinovic — *Schlosser* 8241.
Farnese — *Castelli* 1590.
Farquhar, Jenny — *Golden* (vita).
Farquhar — *Anon.* 10713.
Fasano — *Bibl. Banks.* III. 87
Fauché — *Bory* 1026.
Fausto da Lougiano — *Dioscorides* 2315.
Faxe — *Bibl. Banks.* III. 572.
Federico-Augusto — *Biasoletto* 764.
Federigo — *Alpino* (vita).
Fée — *Nestler* (vita).
Fée — *Spach* 8805.
Fehr — *Bibl. Banks.* III. 403. 519.
Feil — *Schuebler* 8408.
Feller — *Amman, P.* (vita)
Felsing — *Mueller* 6523.
Fenzl — *Endlicher* 2692. 2693. 2695.
Fenzl — *Friedrichsthal.*
Fenzl — *Jacquin* 4355—4356.
Fenzl — *Martius* 5902.
Fenzl — *Wüllerstorf* 10412.

Fenzl — *Wulfen* 10420.
Ferber — *Linnaeus* 5503.
Ferber — *Bibl. Banks.* III. 418.
Fernandez — *Blanco* 826.
Fernandez — *Bibl. Banks.* V. 98.
Ferrante Imperato — *Imperato* 4433.
Ferro — *Durante* 2552.
Ferro — *Imperato* 4433.
Ferschius — *Scholz* 8322.
Feschius — *Bry* 1299.
Ficinus — *Heynhold* 4048.
Ficinus — *Schmalz* 8247.
Fick — *Paulli* 6992.
Fieber — *Berchthold* 632.
Fiebig — *Fibig* 2883.
Fiebiger — *Titius* 9374.
Fiera — *Severinus* 8642.
Figari (vita), pag. 356.
Figari — *Notaris* 6755.
Figari — *Webb* 10024.
Figulus, Ben., — *Bibl. Banks.* III. 454.
Fikke — *Fick* 2885.
Filhol — *Baillet* 345.
Fingerbuth — *Bluff* 837.
Fingerhuth — *Wirtgen* 10346.
Finkh — *Schuebler* 8434.
Firens — *Anon.* 10855.
Firmas — *Boissier de la Croix de Sauvage* (vita).
Fiscali — *Hartinger* 3800.
Fischer, Fr. E. L., — *Langsdorff* 5060.
Fischer, L. 10560.
Fischer, Gotthelf, — *Humboldt* 4325.
Fischer, Joh. Bapt., — *Blume* 845.
Fischer, Joh. Bapt. — *Waitz* 9923.
Fitch — *Bentham* 622.
Fitch — *Hooker* 4236. 4241.
Fitzgerald — *Bibl. Banks.* III. 621.
Flachsenius — *Gyllenstalpe* 3669.
Fleckle — *Ortmann* 6862.
Fleischer — *Schuebler* 8442.
Fliesen — *Bibl. Banks.* III. 630.
Floeck — *Wirtgen* 10346.
Floridus — *Macer* 5711.
Flotow — *Wendt* 10148.
Flourens — *A. P. de Candolle* (vita).
Flourens — *Delessert* (vita).
Flourens — *Desfontaines* (vita).
Flourens — *La Billardière* (vita).
Floyer — *Bibl. Banks.* III. 449.
Flygare — *Linnaeus* 5512.
Flygare — *Bibl. Banks.* III. 168.
Focke — *Dreier* 2403.
Foersch — *Bibl. Banks.* III. 204.
Fogelius — *Jung* 4523—4525.
Fogelius — *Martens* 5843.
Foigny — *Jussieu* 4547.
Folcz — *Macer* 5711.
Fond — *Faujas de Saint-Fond* 2823.
Fons — *Lafons* 4981.
Fonseca Benevides — *Brotero* 1192.
Fontainebleau, Paulet, — *Theophrastos* 9203.
Fontaines — *Desfontaines* 2175—2180.
Fontana, F., — *Bibl. Banks.* III. 375. 425. 427.
Fontana, J, — *Bibl. Banks.* III. 532.
Fontana, N., — *Bibl. Banks.* III. 327.
Fontenille — *Mouton-Fontenille* 6496—6499.
Fornander — *Linnaeus* 5463.
Forskåhl — *Linnaeus* 5459
Forssander — *Retzius* 7551.

Forster, Georg, — *Forsyth* 2984.
Forster, Georg, — *Bibl. Banks.* III. 184. 254.
Forster, J. Reinhold, — *Bergius* 671.
Forster, J. Reinhold, — *Kalm* 4572.
Forster, J. Reinhold, — *Osbeck* 6865.
Forster, J, Reinhold, — *Thunberg* 9259.
Forster, J. Reinhold, — *Bibl. Banks.* III. 182. 202. 583.
Forster, W. E, — *Baier* 332.
Fortelius — *Mennander* 6087.
Fossat — *Lagrèze-Fossat* 4489—4490.
Fothergill — *Bibl. Banks.* III. 516. 514. 538.
Fothergill — *Collinson* (vita).
Fothergill — *Empson* 2683.
Fougeroux — *Bibl. Banks.* III. 324.
Fougeroux, A. G., — *Bibl. Banks.* III. 203. 235. 254 sqq.
Fourcroy — *Bibl. Banks.* III. 438. 474. 633. V. 88.
Fournel — *Haro* 3787.
Fourneau — *Jordan* 4481. 4482.
Fousch — *Fuchs* 3199.
Fragoso — *Bibl Banks*. III. 638. 639.
Frampton — *Monardes* 6366.
Franchetti — *Moscati* 6492.
Francheville — *Bibl. Banks.* III. 270. 581.
Francis — *Croom* 1974.
Francis — *Meyen* 6139.
Franciscus, J Borbonius, — *Gusson* 3664.
Franciscus Medicis Dux — *Cesalpin* 1640.
Franck, J. Chr., — *Verdries* 9739.
Francke — *Franke* 3015—3029.
Francois, Chartreux, — *Anon.* 10776.
Francq van Berkhey — *Berkhey* 691.
Francus, G, — *Franke* 3015—3029.
Francus de Frankenau — *Franke*
Franke, Georg, — *Aldrovandi* 93.
Franke, Georg, — *Montalbanus* 6390.
Franke, G. F., — *Bibl. Banks.* III. 349. 405.
Frankenau, Francus de, — *Franke, G.* 3015—3017.
Frankenius — *Franke* 3019—3020.
Franklin — *Brown* 1214.
Franklin — *Hooker* 4222.
Franklin — *Richardson* 7613.
Franz I. imper. Austriae — *Chaumeton* 1679.
Fraser, John, — *Brown* 1216.
Fraser, Thomas, — *Bibl. Banks.* III. 524.
Fraylino di Buttigliera — *Bibl. Banks.* III. 631.
Fredol — *Moquin Tandon* 6414.
Freigius — *Freige* 3038.
Fréminville — *Cambry* 1433.
Frémont — *Torrey* 9408.
Fresenius — *Becker, J.* (vita).
Fresne — *Dufresne* 2463.
Freycinet — *Gaudichaud* 3234.
Freycinet — *Leschenault* 5226.
Fricken 10561.
Frickhinger — *Schnizlein* 8304.
Friederici — *Boehmer* 900.
Friederici, von, — *Bibl. Banks.* III. 560.
Friedland — *Walter* 9977.
Friedrich August von Sachsen — *Biasoletto* 1764.
Friedrichsthal — *Griesebach* 3590.
Fries, E., — *Afzelius* 32
Fries, E., — *Ahnfeld* 74.
Fries, E., — *Anderson* 155.
Fries, E., — *Areschoug* 233.
Fries, E., — *Aristoteles* 244.

Fries, E., — *Lund* 5691.
Fries, E., — *Trog* 9532.
Fries, E., — *Tuckermann* 9550.
Fries, Thore 10562.
Friese — *Eysel* 2779.
Frisch — *Bibl. Banks.* III. 370.
Frisius — *Fleischer* 2932.
Fritzsche (vita), pag. 356.
Frivaldzky — *Griesebach* 3590.
Froelich — *Candolle* 1485.
Froelich — *Bibl. Banks.* III. 308.
Fuchs, Fr. Chr., — *Bibl. Banks.* III. 503. 533.
Fuchs — *Bock* 868.
Fuchs, L., — *Amatus Lusitanus* 124.
Fuchs, L., — *Brunfels* 1283.
Fuchs, L, — *Cornarius* 1887—1889.
Fuchs, K., — *Cesalpini* (vita).
Fuckel 10563.
Fucus — *Fuchs* 3140.
Fuelleborn — *Bibl. Banks.* III. 539.
Fuernrohr — *Bruzelius* 1298.
Fuernrohr — *Hoppe, D. H.* (vita).
Fuessel — *Boehmer* 904.
Fuisting (vita), pag. 357.
Funck — *Bibl. Banks.* III. 154.
Funk — *Bibl. Banks.* V. 70.
Funke — *Nees von Esenbeck* 6662.
Furber — *Anon.* 10741.
Fusch, Fuschs — *Fuchs* 3139.
Fuscus, Remaclus — *Fuchs* 3144—3146.
Fusée Aublet — *Aublet* 277.
Fuss — *Baumgarten* 518.

Gackenholtz — *Leibnitz* 5182.
Gadd — *Hasselbom* 3840.
Gadd — *Bibl. Banks.* III. 256. 423. 582. 586. V. 83.
Gadebusch — *Hasselquist* 3844.
Gaertner — *Bibl. Banks.* III. 34. 90. 470.
Gaertner, fil., — *Bibl. Banks.* III. 156.
Gagnebin — *Bibl. Banks.* III. 46. 247. 256. 315. 319.
Gahn, Henr., — *Linnaeus* 5509.
Gahn, Nils., — *Linnaeus* 5464.
Gahrliep — *Bibl. Banks.* III. 405.
Gaillardot — *Puel* 7361.
Gaimana — *Bravais* 1102.
Gale — *Bibl. Banks.* III. 399.
Galenus — *Mundella* 6552.
Galeotti — *Martens* 5850.
Galetti — *Moretti* 6446.
Galinier — *Ferret* 2879.
Gallén — *Thunberg* 9274.
Galleus — *Collaert* 1803.
Gallisch, Fr. A., — *Aristoteles* 244.
Gallisch — *Ludwig* 5655.
Gama — *Nogueira da Gama* 6732.
Gama, Soldanha de, — *Allemão* 100.
Gama — *Soldanha da Gama* 7997—7999.
Gandoger de Foigny — *Jussieu* 4547.
Garcia del Huerto — *Huerto* 4316.
Garcia del Huerto — *Acosta* 13.
Garcia del Huerto — *Clusius* 1766.
Garcin — *Bibl. Banks.* III. 243. 272. 281. 282. 333.
Garcke 10564.
Garcke — *Berg* 649.
Garcke — *Peters* 7081.
Garden — *Linnaeus* 5403.
Garden — *Bibl. Banks.* III. 307. 472.

Gardner — *Fielding* 2894.
Garovaglio 10565.
Garsault — *Geoffroy* 3276.
Gaspari — *Campi* 1460—1464
Gatinara — *Brunfels* 1283.
Gatterer — *Bonnet* 981.
Gaucher de Passac — *Belon* (vita).
Gaudichaud — *Leveillé* 5262.
Gaudin — *Chavannes* 1682.
Gaudin — *Heer* 3895.
Gault — *Prevost* 7332.
Gauthier de la Peyronie — *Pallas* 6903.
Gautier — *Bibl. Banks.* III. 565.
Gautier, L. A., — *Noissette* 6733.
Gavinelli — *Malpighi* 5764.
Gawler — *Ker* 4625—4626.
Gay — *Barnéoud* 419.
Gay, Claude, — *Remy* 7539.
Gay — *Endress* (vita).
Gay, Mdme., — *Webb* 10023.
Gaza — *Theophrastus* 9184—9189. 9193—9197.
Gebauer — *Isenflamm* 4508.
Geel 10566.
Geier — *Geyer* 3316.
Geinitz — *Buch* (vita).
Geissler, sculptor, — *Pallas* 6908.
Gellerstedt — *Sillén* 8626.
Gemmingen — *Besler* 745.
Gemunden — *Berlèse* 693.
Gennari — *Donati* (vita).
Gennari — *Pontedera* (vita).
Gentili — *Cesalpini* (vita).
Genuensis — *Simon Januensis* 8690.
Geoffroy, C. J., — *Bibl. Banks.* III. 343. 355. 390.
Geoffroy, E. F., — *Bibl. Banks.* III. 538. 564.
Georgi, Joh. Gottlieb, — *Osbeck* 6865.
Georgi, Joh. Gottlieb, — *Bibl. Banks.* III. 436. 516.
Georgii, J. Chr. S., — *Gmelin* 3385.
Gera — *Moretti* 6435.
Gerard — *Bibl. Banks.* III. 255 644. V. 73.
Gerard — *Dupuis* 2545.
Gerard — *Teissier* 9135.
Gerardimontanus — *Nevianus* 6685.
Gerber, Traugott, — *Hertel* 4013.
Gerbino — *Rosso* 7787.
Gerhard — *Gleditsch* 3365.
Germain — *Cosson* 1901.
Germain — *Saint-Germain* 7982.
Gerstenberg — *Bibl. Banks.* III. 460.
Gerstner — *Jirasek* 4426.
Gertzensee — *Bauhin* 504.
Gervasius — *Caldaroni* 1420.
Gérvasius — *Cupani* 1995.
Gervinus — *Forster, Georg* (vita).
Gesner, Joh., — *Linnaeus* 5405.
Gesner, Joh., — *Schinz* 8200.
Gesner, J. M., — *Cato* 1606.
Gesner, J. M., — *Columella* 1825.
Gesner, J. M., — *Varro* 9689.
Gesner, Konr., — *Bauhin* 501.
Gesner, Konr., — *Bock* 867.
Gesner, Konr., — *Clusius* (vita).
Gesner, Konr., — *Cordus* 1884.
Gesner, Konr., — *Dioscorides* 2298. 3308.
Gesner, Konr., — *Guillandinus* 3636—3637.
Gesner, Konr., — *Hartmann* 3819.
Gesner, Konr., — *Kyberus* 4957.
Gesner. Konr., — *Simler* 8689.

Gesner, Konr., — *Treviranus* 9482.
Gestrinius — *Celsius* 1632.
Geuns — *Geer* 3255.
Geuns — *Schneevoogt* 8295.
Geuns — *Bibl. Banks.* III. 48. 89.
Gevalin — *Thunberg* 9264.
Gevers Deynoot 10567.
Gherardini — *Darwin* 2061.
Ghiareschi — *Bibl. Banks.* III. 642.
Gibelli — *Cesati* 1646.
Gibelli — *Garovaglio* 3211.
Gibbon — *Mac Gibbon* 5714
Gibson — *Dalzell* 2039
Giers — *Trozelius* 9543.
Giesche — *Giseke* 3347—3350.
Gilibert — *Belleval* 603.
Gilibert — *Latourrette* 5084—5086
Gilibert — *Linnaeus* 5405 5413. 5426
Gillenius — *Gille* 3332.
Gillet de Grandmont — *Vavasseur* 9716.
Gillivray — *Mac Gillivray* 5715.
Ginignano — *Dioscorides* 2317
Gingins — *Candolle* 1485
Gingins — *Goethe* 3452.
Giovene — *Bibl. Banks* III. 430. 635.
Giralt — *Planellas Giralt* 7173.
Girard — *Saint-Hilaire* 7993
Giraud — *Soulavie-Soulavie* 8784.
Girault — *Rousseau* 7822.
Girod-Chantrans — *Bibl Banks.* III. 348 V. 90.
Gisbertus Longolius — *Figulus* 2899
Giseke — *Linnaeus* 5433. 5434
Giseke — *Bibl Banks* III. 68. 211 215.
Gisors — *Serres* 8630.
Gladenbach — *Carrichter* 1542
Gland — *Degland* 2103—2104.
Glanvilla — *Bartholomaeus Anglicus* 430
Glaser — *Bauhin, H* (vita).
Gleditsch — *Beckmann* 551
Gleditsch — *Linnaeus* 5486
Gleditsch — *Siegesbeck* 8679.
Gleditsch — *Bibl Banks* III. 32. 160 sqq
Glendenberg — *Bibl. Banks* III 437
Glendinning — *Gordon* 3470
Gluckselig — *Ortmann* 6864
Gluckselig — *Lieber* (vita).
Gmelin, Ferd G., — *Palm* 6909.
Gmelin, Ferd. G., — *Palmer* 6911
Gmelin, G. Fr., — *Camerarius* 1445
Gmelin, Joh. Fr., — *Linnaeus* 5404.
Gmelin, Joh Fr., — *Ludwig* 5658.
Gmelin, Joh. Fr. — *Oetinger* 6816
Gmelin, Joh Fr. — *Schmidt* 8271.
Gmelin, J. G , — *Ledebur* 5139
Gmelin, J G , — *Bibl. Banks.* III 587
Gmelin, Phil Fr , — *Ehrhart* 2644
Gmelin, Phil. Fr., — *Knorr* 5757.
Gmelin, Sam G., — *Bibl. Banks* III. 81 245. 280 448
Gniditsch — *Ludwig* 5656.
Goclenius — *Apollinaris* 205
Godeheu — *Bibl Banks.* III 337
Godet — *Dubois de Montpéreux* 2428.
Godey — *Brebisson* 1116
Godron — *Grenier* 3546.
Godron — *Soyer-Willemet* 8804
Goeckelius — *Heister* 3926
Goeckelius — *Wedel* 10107
Goeppert — *Flotow* 2944.
Goeppert, sculptor, — *Mueller* 6324

Goeppert — *Wendt* 10184
Goeppert — *Wimmer* 10313.
Goeritz — *Bibl. Banks.* III. 198. 264. 578.
Goerter — *Bauhin* 500.
Goethe — *Darlington* 2049.
Goethe — *Dietrich, Fr. G.* (vita).
Goethe — *Friedrich* 3058.
Goethe — *Kirschleger* 4695. 4696.
Goez — *Bibl. Banks.* III. 515.
Goeze — *Bonnet* 981.
Goeze — *Mueller* 6537.
Goeze — *Needham* 6640.
Gohori — *Lemnius* 5212.
Goodenough — *Bibl. Banks.* III. 348. 345.
Gordon — *Milne* 6245.
Gorham — *Martyn, Thomas* (vita).
Gorhum 10568
Gorter — *Geer* 3255
Gorter — *Geuns* 3312.
Gorter — *Bibl. Banks.* III. 199. 417. 645.
Gossin — *Cassini* (vita).
Gottsche — *Lindenberg* 5333—5339
Gottsche — *Triana* 9503.
Gottsched — *Loeselius* 5576.
Gouan — *Anon.* 10796.
Gouffier — *Bibl. Banks* III. 433. 598. 632
Gough — *Bibl Banks.* III. 400. V. 85.
Goupylos — *Dioscorides* 2295.
Goyon de la Plombanie — *Bibl. Banks.* III. 592. 637.
Grabowski — *Guenther* 3626.
Grabowski — *Wimmer* 10309.
Graefe — *Boehmer* 904
Graf, P. Rainer — *Wulfen* 10420.
Grafenberg — *Schenk v. Grafenberg* 8151.
Graff — *Merian* 6105.
Graffenried — *Bauhin* 504.
Grand — *Le Grand* 5163
Grandmont — *Vavasseur* 9716.
Granlund — *Bibl. Banks.* III. 170.
Granroth — *Kalm* 4576.
Grant Herbier — *Anon.* 10762
Graberg — *Linnaeus* 5498.
Grassius — *Bibl. Banks.* III. 408.
Grasso — *Cosentini* (vita)
Grateloup — *Dufour* 2456.
Grauer — *Weber* 10043.
Gravel — *Wedel* 10115.
Graves, G., — *Curtis* 2005.
Graves, G., — *Hooker* 4227.
Graves, R., — *Bibl. Banks.* III. 548
Gravius — *Grau* 3510.
Gray, Asa, — *Colden* (vita).
Gray, Asa, — *Cooper* 1861
Gray, Asa, — *Engelmann* 2711
Gray, Asa, — *Fendler* 2861
Gray, Asa, — *Ives* 4555.
Gray, Asa, — *Sullivant* 9043
Gray, Asa, — *Torrey* 9406. 9417. 9419.
Gray, John, — *Bibl. Banks.* III. 475.
Greenway — *Bibl. Banks.* III. 542. 598.
Gregorius de Regio — *Bibl. Banks.* III. 251.
Gregorius Nazianzenus — *Cyrillus* 2020.
Grenier 10569.
Grenier et Godron — *Ansberque* 190
Gretscher — *Aristoteles* 244
Greville — *Hooker* 4217.
Grew — *Dedu* 2110
Grew — *Pollender* 7245.
Griesbach 10570.
Griesebach — *Grisebach* 3588—3592

Griffith — *Voigt* 10824.
Grimm — *Bibl. Banks.* III. 160. 298.
Grimm, Jacob, — *Marcellus Empiricus* (vita)
Grimoard — *Caylus* 1623.
Griper — *Brown* 1834.
Grisebach — *Endlicher* 2696.
Grisebach — *Martius* 5902
Grisebach — *Meyen* 6143.
Grisebach — *Schomburgk* 8323.
Griselini — *Bibl. Banks.* III. 392.
Grisley — *Vandelli* 9683.
Groenberg — *Weigel* 10127.
Groenewegen — *Miquel* 6272.
Groening — *Blackwell* 812.
Groenlund — *Vaupell* 9712.
Grohnert — *Hagen* 3683.
Gronenberg — *Gesner* 3303.
Grongnier — *Balbis* (vita)
Gronovius — *Clayton* (vita).
Gronovius, J. T., — *Colden* (vita).
Gronovius, L. Th., — *Seguir* 8537.
Groskurd — *Thunberg* 9259.
Grube — *Bartholinus* 429.
Gruber — *Jirasek* 4426.
Gruber — *Wagner* 9898.
Gruembke — *Biornlund* 780.
Gruembke — *Bose* 1036.
Gruendler — *Bibl. Banks.* III. 354.
Grufberg — *Linnaeus* 5467.
Gruner — *Graumueller* 3515.
Grunow — *Wüllerstorf* 10412.
Gruterus — *Bacon* 317
Gruvel — *Molina* 6362.
Gualteri — *Ortega* 6858.
Gueldenstaedt — *Bibl. Banks.* III 319.
Guembel — *Schimper* 8194.
Guembel — *Sendtner* 8605
Guenther, Aug., — *Linnaeus* 5422.
Guéranger — *Diard* 2219.
Guerin — *Spielmann* 8833.
Gueroult — *Macer* 5711.
Guettard — *Bibl. Banks.* III. 49. 227 sqq.
Guettard — *Déscourin* (vita).
Gugenmus — *Bibl. Banks.* III. 686
Guiart — *Retzius* 7552.
Guibert — *Heurck* 4059.
Guicciardi — *Moretti* 6437.
Guichard — *Bavoux* 523.
Guilandinus — *Gesner* 3300—3301.
Guilandinus — *Hesse* 4021.
Guilandinus — *Mattioli* 5980.
Guilandinus — *Scaliger* 8087.
Guilandinus — *Schencka Grafenberg* 8151
Guillard — *Seringe* 8621.
Guillemin — *Candolle* 1463. 1502.
Guillemin — *Redouté* 7456.
Guisan — *Bibl. Banks.* V. 78.
Gullett — *Bibl. Banks.* III 597.
Gundelsheimer — *Schreber* 8394.
Gunner — *Bibl. Banks.* III. 129 167.
Gusmao — *Brotero* 1195
Gussone — *Rónconi* 7752.
Gutbier — *Geinitz* 3261
Gutschmid — *Biasoletto* 764.
Guy de la Brosse — *La Brosse* 1183—1189.

Haartmann, J — *Linnaeus* 5404. 5455.
Haartmann, J. G,— *Rutstroem* 7935.
Haas — *Sinclair* 8693.
Haase — *Ludwig* 5661.

Hablizl — *Bibl. Banks.* III. 594. 634.
Hacquet — *Bibl. Banks.* III. 347.
Hadelich — *Bibl. Banks.* III. 199.
Haen — *Vandelli* 9682.
Haenke — *Jirasek* 4425—4426.
Haenke — *Linnaeus* 5411.
Haenke — *Presl* 7314.
Haenke — *Bibl. Banks.* III. 129. 164. 417.
Hagek — *Mattioli* 5992.
Hagelberg — *Trozelius* 9541.
Hagemann — *Bibl. Banks.* III. 198.
Hagen — *List* 5542—5543.
Hagen — *Ludwig* 5658.
Hagen — *Bibl. Banks.* III. 288 328.
Hagena — *Trentepohl* 9469.
Hagenbut — *Cornarius* 1887—1889.
Haggren — *Bibl. Banks.* III. 368.
Hagström — *Bibl. Banks.* III. 330. 536
Hahn, H. J., — *Mul* 4064.
Hahn, I. G., — *Mesue* (vita).
Hahn, J. E., — *Unger* 9630.
Hahnemann — *Haller* 9759.
Haid — *Treu* 9499.
Haid — *Weinmann* 10140.
Hain — *Bibl. Banks.* III. 550.
Halder — *Schuebler* 8425.
Halenius — *Linnaeus* 5453.
Hall, B. M., — *Linnaeus* 5497
Hall, H. Chr. van, — *Kops* 4822.
Hall, H. Chr. van, — *Linnaeus* 5403.
Hallberg — *Ullgren* 9597
Hallé — *Bibl. Banks.* III 543.
Hallenberg — *Linnaeus* 5516
Haller — *Alamanni* 89.
Haller — *Hamberger* 3742
Haller — *Ruppius* 7913.
Haller — *Scheuchzer* 8172.
Haller — *Vicat* 9759.
Haller — *Weinmann* 10124.
Haller — *Bibl. Banks.* III. 7. 79 sqq.
Haller, A. von, fil., — *Ventenat* 9730.
Haller, A. von, fil , — *Bibl. Banks.* V. 70.
Hallier — *Lecoq* 5130.
Hallman, J. G , — *Linnaeus* 5441.
Hallman, J. G., — *Thunberg* 9280.
Hamale — *De Cannart* 2096.
Hamberger — *Wedel* 10052—10053.
Hamel — *Du Hamel du Monceau* 2465—2470.
Hamel — *Tradescant* (vita).
Hamilton, Charles, — *Bibl. Banks.* III. 282.
Hamilton, Charles, — *Culpeper* 1988.
Hamilton, Francis, — *Don* 2364.
Hampe — *Triana* 9503.
Hampe — *Wallroth* 9970.
Hanbut — *Cornarius* 1887—1889
Handsch — *Mattioli* 5989.
Hanhart — *Gesner, K.* (vita).
Hanin — *Anon.* 10728.
Hanneken — *Wedel* 10100.
Hannelius — *Brovallius* 1208.
Hannemann — *Bibl. Banks.* III. 202.
Hanow — *Bibl. Banks.* III. 344.
Hanstein 10571.
Hanvantare, D., — *Susrutas* 9054
Harder — *Bibl. Banks.* III. 541 546.
Hardt, von der, — *Spies* (vita).
Hardtman — *Joerlin* 4441.
Harduinus — *Plinius* 7207—7208
Harnisch — *Lueben* 5680.
Haro — *Fournel* 2990.
Harpe — *La Harpe* 4995.

Harris — *Bibl. Banks.* III. 185.
Harrison — *Paxton* 7004.
Hartenfelss — *Petri von Hartenfelss* 7093.
Hartig — *Berghes* 670.
Hartig, G. L., — *Bibl. Banks.* III. 592.
Hartig, Th., — *Schleiden* 8227.
Harling, P , — *Vriese* 9869.
Hartman — *Thunberg* 9317.
Hartman — *Lange, Joh.* (vita).
Hartmann, Aug., — *Schuebler* 8445.
Hartmann, Fried., — *Schuebler* 8435.
Hartmann, Gust, — *Schuebler* 8443.
Hartmann, J. Fr , — *Bibl. Banks.* III. 44.
Hartmann, Rab., — *Schweinfurth* 8532.
Hartog — *Burmann* 1389.
Hartog — *Kolbe* 4816.
Hartweg — *Bentham* 619.
Harz 10572.
Hasenest — *Bibl. Banks.* III. 545.
Hasselquist, A , — *Hahn* 3699.
Hasselquist, Fr., — *Linnaeus* 5445.
Hasselquist, Fr., — *Bibl. Banks.* III. 336.
Hasselt — *Bibl. Banks.* III. 638.
Hasselt — *Blume* 843.
Hasselt — *Breda* 1122.
Hassenfratz — *Bibl. Banks.* III. 378.
Hasskarl — *Gorkum* 10558.
Hasskarl — *Blume* 848.
Hasskarl — *Gorkom* 3471
Hasskarl — *Peters* 7081.
Hasskarl — *Rumpf* (vita).
Hast — *Thunberg* 9265.
Hastedt — *Bibl. Banks.* III. 135.
Hatton — *Boccone* 89.
Hauff — *Roget* 7720.
Haugke — *Langheinrich* 5056.
Haumann — *Cartheuser* 1548.
Hausmann — *Wahlenberg* 9911.
Hauy — *Bibl. Banks.* III. 13.
Havell, R., — *Bury* 1403.
Havell, R., — *Roscoe* 7763.
Hawkins — *Bibl. Banks.* III. 497.
Hawks — *Croom* 1974.
Hay — *Thunberg* 9291.
Hayes — *Deshayes* 2181—2182.
Haynbut — *Cornarius* 1887—1889.
Hayne — *Dreves* 2414.
Hayne — *Guimpel* 3651. 3652.
Hayne — *Bibl. Banks.* V. 77.
Haynpol — *Cornarius* 1887—1889.
Hebenstreit, Ernst, — *Darvin* 2062.
Hebenstreit, J. Chr., — *Bibl. Banks.* III. 84. 251. 297.
Hebenstreit, J. E, — *Lischwitz* 5535.
Heberden — *Bibl. Banks.* III. 532. 552.
Hecla — *Brown* 1234.
Hedenberg — *Linnaeus* 5466.
Hedin — *Linnaeus* 5403. 5518.
Hedrén, Ad , — *Thunberg* 9316.
Hedrén, E., — *Thunberg* 9327.
Hedrén, J. J , — *Thunberg* 9285
Hedwig — *Humboldt* 4325.
Hedwig — *Noehden* 6728.
Hedwig — *Bibl. Banks.* III. 49. 384.
Hee — *Bibl. Banks.* III. 547.
Heer, Osw., 10513—10574.
Heer, Osw., — *Capellini* 1524.
Heer — *Moritzi* 6468.
Heer — *Hegetschweiler* 3907.
Heering — *Baier* 324.
Heermann — *Eysel* 2777.

Hegardt — *Linnaeus* 5437.
Hegelschweiler — *Labram*.
Hegetschweiler — *Suter* 9055.
Heidler — *Consad* 1849.
Heidler — *Friedrich* 3058.
Heiland — *Bibl. Banks.* III. 417.
Heiligtag — *Linnaeus* 5443.
Hein — *Bibl. Banks.* III. 544.
Heinhold — *Ficinus* 4179.
Heinhold — *Holl* 4179.
Heinsius, Daniel, — *Theophrastus* 9196.
Heinsius, J. S., — *Slevogt* 8719.
Heinz — *Schulze* 8449.
Heister, El. Fr., — *Heister* 3924.
Heister, El. Fr., — *Bibl. Banks.* III. 482.
Heister, L., — *Burckhard* 1378.
Heister, L., — *Bibl. Banks.* III. 367.
Helbling — *Bibl. Banks.* III. 569
Helck — *Bibl. Banks.* III. 407.
Helfenzrieder — *Bibl. Banks.* III 401.
Helg — *Herrmann* 4009.
Hellenius, Carl, — *Linnaeus* 5525.
Hellenius, Carl, — *Bibl. Banks.* III. 277. 334.
Hellenius, Joh., — *Kalm* 4584.
Hellwig, Chr., — *Franke* 3015.
Hellwig, J., — *Pott* 7284.
Hempel — *Boehmer* 901.
Hemprich — *Ehrenberg* 2638.
Henckel — *Bibl. Banks.* III. 183. 405.
Henckel von Donnersmarck — *Sprecchis* 8853.
Henckel von Donnersmarck — *Tagliabue* 9096.
Hendel — *Klein* (vita).
Henderson — *Black*.
Henderson — *Thornton* 9238
Henfrey — *Mohl* 6351.
Henfrey — *Schleiden* 8232.
Henkel (vita) pag. 357.
Henne — *Bibl. Banks.* III. 288
Henri IV. — *Belleval* 602.
Henri IV. — *Vallet* 9674.
Henriques Ferreira — *Bibl. Banks* III. 589.
Henry — *Nees von Esenbeck* 6662 6666.
Henschel, A. W., — *Aristoteles* 244.
Henschel, A. W. E. Th., — *Rumpf* (vita).
Henslow — *Maund* 6005
Heppe — *Bibl. Banks* III. 619.
Herbarius — *Anon.* 10754—10767.
Herbouville — *Bibl. Banks.* V. 103.
Herder, F. von, — *Regel* 7472.
Herboldt — *Schumacher* 8507.
Hericourt — *Bochet de Hericourt* 7687.
Herincq — *Dupuis* 2545.
Herissant — *Callard* 1425.
Héritier — *L'Héritier* 5268—5279
Hermann, Gottfried, — *Macer* 5741.
Hermann, G. E., — *Baier* 334.
Hermann, G. S., — *Rivinius* 7656.
Hermann, J., — *Herrmann* 4008.
Hermann, Paul, — *Burmann* 1389
Hermann, Paul, — *Linnaeus* 5422
Hermann, Paul, — *Valentini* 9662.
Hermann, Paul, — *Warton* 10000
Hermbstaedt — *Orfila* 6848.
Hermbstaedt — *Bibl. Banks.* V. 96
Hermes — *Bibl. Banks.* III 430
Herminier — *Guibourt* 3635.
Herminier — *L'Herminier*
Hermolaus Barbarus — *Barbaro* 406—407.
Herolt, Johanna, — *Commelin* 1829.

Herr, Michael, — *Brunfels* 1283
Herr, Michael, — *Columella* 1825.
Herzog — *Schulze* 8498.
Hess — *Bauhin, K.* (vita).
Hesselius, A, — *Thunberg* 9270.
Hessler — *Susrutas* 9054.
Hessius, Eob, — *Aristoteles* 244.
Heufler 10575.
Heuglin — *Steudner, H.* (vita).
Heurck 10576.
Heward — *Cunningham, A.* (vita).
Heyer — *Bibl. Banks.* III. 437.
Heyke — *Bibl Banks.* III. 596.
Heyland — *Boissier* 948.
Heyland — *Delessert* 2126.
Heyland — *Webb* 10023.
Heyne, Benj, — *Roth* 7806.
Heyne, C G., — *Murray, I. A.* (vita).
Hiärne — *Bibl. Banks.* III. 436.
Hjelt — *Nordmann* (vita)
Hieronymus Braunschweig — *Brunschwyg* 1293.
Hieronymus Cardanus — *Cardanus* 1528.
Hieronymus Mercurialis — *Mercurialis* 6103.
Hilaire — *Jaume* 4400—4405.
Hilaire — *Saint-Hilaire* 7983—7993.
Hildebrand 10577.
Hildegardis — *Reuss* 7570.
Hill, John, — *Rheede* 7586.
Hill, John, — *Bibl. Banks.* III. 441.
Hiller, D. G, — *Otto* 6873.
Hiller, K. Chr., — *Sigwart* 8684.
Hinds — *Bentham* 620
Hinterwaldner — *Sapetza* 8038.
Hinton East — *Broughton* 1201—1203.
Hinueber — *Bibl. Banks.* III. 423.
Hiortberg — *Bibl. Banks.* III. 633
Hjorth — *Linnaeus* 5456.
Hippocrates — *Dierbach* 2232.
Hippocrates — *Paulet* 6986
Hire — *La Hire.*
Hirsekorn — *Bibl. Banks.* III. 493.
Hirzzel — *Gesner, Joh.* (vita).
Hispalensis — *Isidorus* 4504.
Hizler — *Fuchs, L.* (vita).
Hlubeck — *Rueder* 7884.
Hobson — *Bibl. Banks.* III. 401.
Hochberg — *Pohl* 7230.
Hochenwarth — *Bibl. Banks.* III. 154.
Hochstetter — *Henkel* 3966.
Hochstetter — *Seubert* 8633,
Hochstetter — *Steudel* 8963.
Hochstetter — *Schenkius* 8166.
Högström — *Bibl. Banks.* III. 634.
Höjer — *Linnaeus* 5462.
Höjer — *Thunberg* 9373.
Hoelderlin — *Camerarius* 1437.
Hoelzel — *Schidel* 8259.
Hörter — *Bauhin* 500.
Hofer — *Bibl. Banks.* III. 79. 214. 245.
Hoffmann, Anton, — *Linnaeus* 5505.
Hoffmann, Chr. Fr., — *Marshall* 5834.
Hoffmann, Friedrich, — *Buxbaum* 1406.
Hoffmann, Friedrich, — *Hecker* 3875.
Hoffmann, Georg Frz., — *Smith* 8744.
Hoffmann, Georg Frz., — *Bibl. Banks.* III. 87. 220.
Hoffmann, Jacob Fr., — *Hartmann* 3820.
Hoffmann, J, — *Siebold* 8672.
Hoffmann, John, — *Bibl. Banks* III. 546.
Hoffmann, J M., — *Bibl Banks* III 403

Hoffmann, Kaspar, — *Theophrastus* 9201.
Hoffmann, Moritz, — *Lauremberg* 5090.
Hoffmann, Moritz, — *Bibl. Banks.* III. 405.
Hofmann, Ernst, — *Ruprecht* 7923.
Hofmann, Gabriel, — *Titius* 9374.
Hofmann, Kaspar, — *Jungermann* 4528.
Hofmeister — *Bary* 458.
Hofmeister — *Chalon* 1653.
Hofmeister — *Klotzsch* 4732.
Hofstede — *Bibl. Banks.* III. 499.
Hohenbühel — *Heufler* 10575.
Hohenwarth — *Reiner* 7522.
Hohlbach — *Henkel* 3955.
Holch — *Bibl. Banks.* III. 595.
Holland — *Plinius* 7207.
Hollandre — *Miller* 6237.
Hollberg — *Kalm* 4583.
Hollmann — *Bibl. Banks.* III. 385.
Holm — *Linnaeus* 5479.
Holmberger — *Bibl. Banks.* III. 557. V. 87.
Holmskiold — *Bibl. Banks.* III. 224.
Holmskiold — *Holm* 4185—4187.
Holtzbom — *Rudbeck* 7871.
Holwell — *Bibl. Banks.* III. 322.
Holyk — *Kirchmaier* 4688.
Homann — *Hartmann* 3822.
Homberg — *Bibl. Banks.* III. 399. 433.
Hombres — *Boissier de Calroix* (vita).
Hombron — *Dumont* 2482.
Hombron — *Montagne* 6379.
Homeros — *Miquel* 6256.
Homeyer — *Willdenow* 10281.
Honigberger — *Endlicher* 2692.
Honorius Bellus — *Pona* 7260.
Hooker, J D, — *Bentham* 627.
Hooker — *Bauer, Ferd.* (vita).
Hooker — *Black.*
Hooker, J. D., 10578.
Hooker, J. D., — *Boott* 995.
Hooker, J. D., — *Le Maout* 5210.
Hooker, J. D., — *Martius* 5902.
Hooker, William, — *Salisbury* 8003.
Hooker, W. J., — *Berkeley* 681. 683.
Hooker, W. J., — *Bromfield* 1163.
Hooker, W. J., — *Brown* 1214.
Hooker, W. J., — *Collie* (vita).
Hooker, W. J., — *Curtis* 2005—2008.
Hooker, W. J., — *Nightingale* 6703.
Hooker, W. J., — *Scoresby* 7557.
Hooker, W. J., — *Smith* 8745. 8748. 8749.
Hooker, W. J., — *Vriese* 9869.
Hooker, W. J., — *Woodville* 10398.
Hooker, W. J., — *Wilson* 10308.
Hoole — *Leeuwenhoek* 5152.
Hoop — *Vriese* 9858.
Hope, John, — *Bibl. Banks.* III. 240. 242. 275. 482.
Hoppe, D. H., — *Martius* 5906.
Hoppe, D. H., — *Seenus* 8584.
Hoppe, D. H., — *Sturm* 9026.
Hoppe, D. H., — *Bibl. Banks.* III. 154. 395.
Hoppe, T. K., — *Bibl. Banks.* III. 79. 249. 405.
Horatianus — *Hildegardis* 4058.
Hornborg, R, — *Linnaeus* 5549.
Hornborg — *Linnaeus* 5481
Hornemann — *Agardh* 52.
Hornemann — *Blytt* 851.
Hornemann — *Bolander* (vita).
Hornemann — *Oeder* 6799
Hornschuch — *Agardh* 52.

Hornschuch — *Ahnfelt* 79.
Hornschuch — *Aristoteles* 244.
Hornschuch — *Endlicher* 2696.
Hornschueh — *Fries* 3087.
Hornschuch — *Hoppe* 4250.
Hornschuch — *Martius* 5902.
Hornschuch — *Nees von Esenbeck* 6649.
Hornschuch — *Steenstrup* 8914.
Hornstedt — *Usteri* 9647.
Hornstedt — *Weigel* 10126.
Hornung — *Baier* 323.
Horsfield — *Bennet* 643.
Horst, Gregor, — *Hurst* 4275.
Horst, Jacob, — *Lemnius* 5242.
Horstmar — *Salm-Horstmar* 8007.
Horto — *Huerto* 4316.
Hortus sanitatis — *Anon.* 10754—10767. 10816—10837.
Hosang — *Spielmann* 8836.
Hose — *Wollebius* 10393.
Hose — *Bibl. Banks.* V. 70.
Hottinger — *Bibl. Banks.* III. 406.
Hotton — *Boerhaave* 931.
Hotton — *Bibl. Banks.* III. 517.
Houck — *Wedel* 10111.
Houghton — *Bibl. Banks.* III. 574.
Houlston — *Bibl. Banks.* III. 548.
Houstoun — *Bibl. Banks.* III. 321.
Houton — *La Billardière* 4962.
Houtte, L. van, — *Planchon* 7167.
Houttuyn — *Linnaeus* 5404. 5431.
Houttuyn — *Bibl. Banks.* III. 234. 466. V. 81.
How — *Lobel* 5550.
Howard — *Bibl. Banks.* III. 624.
Howell — *Bibl. Banks.* III. 548.
Huber — *Mattioli* 5993.
Huebener — *Genth* 3275.
Hueber — *Schulze* 8503.
Huegel — *Endlicher* 2693—2694.
Huelfferich — *Brunfels* 1283.
Huenerwolff — *Bibl. Banks.* III 403.
Huerto — *Acosta* 13.
Huerto — *Clusius* 1760.
Hugo — *Vaillant* 9655.
Hugues — *Leblond* 5112.
Hulle — *Van Hulle* 9627.
Humboldt — *Beilschmied* 578.
Humboldt — *Berg* 637.
Humboldt — *Bowdich* 1070.
Humboldt — *Hooker* 4209.
Humboldt — *Kunth* 4930.
Humboldt — *Lambert* 5011.
Humboldt — *Schomburgk* 8326.
Humboldt — *Bibl. Banks.* III. 220. 239. 406 414. 424. V. 87.
Hummelberg — *Apicius* 204.
Hummelberg — *Pseudo-Apulejus* 7357.
Hunter, A., — *Crell* 1961.
Hunter, A., — *Evelyn* 2766
Hunter, A., — *Bibl. Banks.* III. 374. 377. 400. 628.
Hunter, W., — *Bibl. Banks.* III. 583.
Huperz — *Maratti* 5797.
Husemann, A. et Th. 10579.
Husemann, Th., — *Boudier* 4054.
Huss, H., — *Bibl. Banks.* III. 630.
Huss, J. L., — *Bibl. Banks.* III. 622.
Husson — *Mueller* 6530.
Hutchinson — *Winch* 10320.
Huth, G. L., — *Catesby* 1602.
Huth, G. L., — *Feuillée* 2882.

Huth, G. L., — *Hull* 4066.
Huth, G. L., — *Knoop* 4754.
Huth, G. L., — *Miller* 6237.
Huth, G. L., — *Voorhelm* 9252.
Hütton — *Lindley* 5351.
Huydekoper — *Commelin* 1829.
Huysum — *Martyn* 5981.

Jack 10580.
Jacobaeus — *Bibl. Banks.* III. 180
Jacobi — *Schulze* 8493.
Jacobus de Manliis — *Brunfels* 1283.
Jacquin, J. F., — *Bibl. Banks.* III. 36.
Jacquin, J. F., — *Cupani* 1395.
Jacquin, N J., — *Anon.* 10726.
Jacquin, N. J., — *Bibl. Banks.* III. 81.
Jacquinot — *Dumont* 2482.
Jacquinot — *Hombron* 4193.
Jaeger, G. F., — *Kielmeyer* 4664.
Jaeger, H. de, — *Bibl. Banks.* III. 635.
Jager — *Valentini* 9663.
Jakovcsich 10584.
Jakovcsich (false Jankovcsich) — *Sadler* 7964
Jammy — *Albertus* 90.
Jan — *Gallesio* 3180.
Janot — *Anon.* 10762.
Janot — *Moquin-Tandon* (vita).
Jansonius ab Almeloveen — *Rheede* 7525.
Januensis — *Simon Januensis* 8690
Jarava — *Fuchs* 3140.
Jardin — *Dujardin* 2471—2472
Jardins — *Desjardins* 2183.
Jartoux — *Bibl. Banks.* III. 532.
Jaubert — *Aucher-Eloy* 279
Jaussin — *Valle* 9669
Ibn-al-Awam — *Clement-Mullet* 1746.
Ibn-Beitar — *Valcarenghi* 9658.
Jean — *Chevalier* 1688.
Jeaubernat — *Matrin-Donos* 5918.
Jenisch — *Schuebler* 8753.
Jenson — *Cato* 1606
Jentsch — *Eysel* 2775.
Jenyns — *Henslow* (vita).
Jessen — *Albertus de Bollstedt* 91.
Jetze — *Bibl. Banks.* III. 494
Jeunet — *Duval* 2568—2570.
Iház — *Juhász* 4516.
Ihre — *Celsius* (vita).
Ihre — *Rudbeck, O, Sohn* (vita).
Jirasek — *Bibl. Banks.* III. 447.
Imbert — *Anon.* 10796.
Incarville — *Bibl. Banks.* III. 584
Ingenhousz — *Vasalli* 9609.
Investigator — *Flinders* 2938.
Joannicy — *Syreniusz* 9089.
Jobst — *Beckmann* 549.
Jörlin — *Linnaeus* 5486.
Jörlin — *Bibl. Banks.* III. 593.
Joffrin — *Lindley* 5343.
Johannot — *Miller* 6232
Johansson — *Thunberg* 9316.
Johnson, J., — *Bibl. Banks.* III 544.
Johnson, C. P., — *Sowerby* 8796.
Johnson, W. R., — *Schweinitz* (vita).
Johnson, Thomas, — *Gerarde* 3382.
Jolyclerc — *Mirbel* 6288.
Jolyclerc — *Linnaeus* 5431.
Jolyclerc — *Tournefort* 9423.
Jomard — *Beaufort* (vita).
Jones — *Bibl. Banks.* III. 478 202 643. 649.

Jonnès — *Moreau de Jonnès* 6419.
Jordanus — *Theophrastus* 9193.
Joset — *Friche-Joset* 3056.
Jouanguy — *Steinheil* 8926
Ippolito — *Cupani* 1995
Irmisch — *Camerarius, Joach.* (vita).
Irmisch — *Cordus* (vita).
Ironside — *Bibl. Banks.* III. 591.
Irvine — *Johnson* 4456.
Isaacus Ben Honain — *Meyer* 6156.
Isabella — *Brown* 1229.
Isenflamm — *Gleichen* 3367—3368.
Isert — *Bibl Banks.* III. 290.
Isingrin — *Fuchs* 3138—3139.
Isink — *Eysson* (vita).
Isjouval — *Quatremère* 7378.
Ismailow — *Rousseau* 7822
Isnard — *Lippi* (vita).
Isnard — *Bibl. Banks.* III. 245. 251 283 295. 297. 299. 313.
Juillet — *Girardin* 3343
Juillet — *Lecoq* 5124.
Julin — *Bibl. Banks.* III. 648
Julius Alexandrinus — *Alexandrinus* 39
Julius Caesar — *Nocca* 6716
Julius Caesar — *Weinmann* 10138
Jung — *Berlèse* 694.
Jungck — *Sprengel* 8865
Jungermann — *Baier* 338.
Jungermann — *Besler* 745
Junghuhn, Fr., — *Blume* 848.
Junghuhn, Fr., — *Goeppert* 3443
Junghuhn, Fr., — *Vriese* 9869
Jungius — *Aromatari* 254
Jungius — *Leibnitz* 5182
Jungius — *Junge* 4523—4525
Junius — *Jonghe* 4472.
Just 10583.
Juslenius — *Linnaeus* 5470.
Jussieu, Adrian de, — *Barrelier* 423.
Jussieu, Adrian de, — *Belleval* 603.
Jussieu, Adrian de, — *Boccone* 863.
Jussieu, Adrian de, — *Duchesne* 2442
Jussieu, Adrian de, — *Lippi* 5532.
Jussieu, Adrian de, — *Saint-Hilaire* 7988.
Jussieu, Adrian de, — *Tozzi* 9432.
Jussieu, Adrian de, — *Vaillant* 9657.
Jussieu, Antoine de, — *Barrelier* 423.
Jussieu, Antoine de, — *Fagon* (vita).
Jussieu, Antoine de, — *Tournefort* 9427. 9428.
Jussieu, Antoine de, — *Bibl. Banks.* III. 223. 231 sqq.
Jussieu, A. L. de, — *Comte* 1847.
Jussieu, A. L. de, — *Deshayes* 2184
Jussieu, A. L. de, — *Michot* 6207.
Jussieu, A. L. de, — *Ruiz* 7900
Jussieu, A. L. de, — *Saint-Hilaire* 7984.
Jussieu, A L. de, — *Unger* 9634.
Jussieu, Bernard de, — *Caylus* 1623
Jussieu, Bernard de, — *Tournefort* 9424.
Jussieu, Bernard de, — *Bibl. Banks* III. 319. 338. 650.
Justander — *Hellenius* 3939.
Ives — *Gray* 3532.
Ivor — *Mac Ivor* 5717—5720.
Ixstatt — *Wolff* 10387.

Kaalund — *Cappellinus* 1527
Kaempfer — *Bibl. Banks* III. 183. 360 sqq.

Kaestner — *Moeller, G. Fr.*
Kaestner — *Bibl. Banks.* III. 379. 388.
Kahler — *Cordus, E.* (vita).
Kall — *Domitzer* 2363.
Kalm — *Bibl. Banks.* III 170. 320 sqq.
Kaltschmied — *Schenkius* 8165.
Kamel — *Ray* 7436.
Kamel — *Bibl Banks.* III 182. 200. 479.
Kandel, David, — *Bock* 868.
Kanitz — *Kitaibel* 4703. 4704.
Kanitz — *Schulzer von Müggenburg* 8504.
Kapp — *Bose* 1044.
Kapp — *Brown* 1214
Karsten — *Bellermann* 595.
Karsten, Hermann 10584.
Karwin — *Karwinsky von Karwin.*
Keating — *Schweinitz* 8537.
Kehrer 10585.
Kellander — *Rudbeck* 7873.
Kellander — *Bibl. Banks.* III. 380.
Keller, Chr., — *Praetorius* 7295.
Keller, J Chr, — *Gleichen* 3367.
Keller, J Chr, — *Schmidel* 8255.
Kemmler — *Martens* 5848
Kendrich — *Crosfield* 1975
Kentmann, Joh., — *Gesner* 3303.
Kentmann, Theophilus, — *Major* 5749.
Kentmann, Theophilus, — *Pauckow* 6919.
Kentmann, Theophilus, — *Valentini* 9662.
Ker — *Anon.* 10779
Ker, John Bellenden (vita), pag. 357
Kerbert — *Molkenboer* 6364
Kerc — *Mac Kerc* 5723—5724
Kern — *Schuebler* 8439
Kerndl — *Plenck* 7201
Kerner, A., — *Carolus Magnus.*
Kerner, Anton Joseph 10586.
Kerner — *Forster* 2981
Kerner — *Michaux* 6194
Kerner — *Bibl. Banks* III 416
Kerr, James, — *Bibl. Banks.* III. 505. 530.
Kersten — *Weber* 10038
Kessler — *Heim, E L* (vita)
Kettner — *Vater* 9697
Keventer — *Harmens* 3784
Kikx — *Busbecq* (vita)
Kjellberg — *Sillén* 8686
Kjellenberg — *Thunberg* 9326
Kjellman — *Thunberg* 9290
Kielmann — *Kielmeyer* 4661.
Kielsen — *Batsch* 484
Kielsen — *Schumacher* 8506.
Kiernander — *Linnaeus* 5449.
Kiesling — *Boehmer* 896.
Kiggelaer — *Commelin* 1839
Kiggelaer — *Munting* 6559.
King — *Brown* 1214. 1236.
King — *Cuningham* 1994.
Kingdon — *Candolle* 1501.
Kingston — *Jones* 4470.
Kirch — *Bibl. Banks.* III. 429.
Kirchmaier — *Sperling* 8822.
Kirchner — *Petzold* 7098.
Kirilow — *Karelin* 4590.
Kirkall — *Martyn* 5924
Kirschleger — *Bock* (vita).
Kirschleger — *Goethe* (vita).
Kirsten, J. J., — *Bibl. Banks.* III. 285.
Kissling — *Jussieu* 4544.
Kitaibel — *Waldstein* 9939.

Kittel — *Richard* 7594.
Kittlitz — *Luetke* 5687.
Klase — *Linnaeus* 5436.
Klatt — *Peters* 7081.
Klaudin, Nicolaus 10588.
Klein, J K, — *Baier* 333.
Klein, J T, — *Bibl. Banks.* III. 14. 249. 379.
Klein, K. E., — *Linnaeus* 5417.
Klein, M., — *Bibl. Banks.* III. 557
Kleinknecht — *Franke* 3027.
Klemm — *Goldenbach* 4422.
Klier, J, - *Trattinick* 9450.
Klier, Ph, — *Schenkel* 8152
Klinggräff — *Sturm* 9028.
Klinsmann — *Breyne* 1136.
Klopsch — *Cartheuser* 1551
Klotzsch — *Berg* 637. 645.
Klotzsch — *Dietrich* 2249.
Klotzsch — *Guimpel* 3654.
Klotzsch — *Hayne* 3864.
Klotzsch — *Link* 5396.
Klotzsch — *Meyen* 6143.
Klotzsch — *Peters* 7081.
Klotzsch — *Schomburgk* 8323.
Kluka — *Dzcarkowski* 2392.
Knapp — *Schulzer von Müggenburg*
Knapp, Jos Herm. 10589.
Knight — *Bibl. Banks.* III. 621. V 86
Kniphof — *Brückmann* 1263
Knobbe 10590.
Knorr — *Schmidel* 8255.
Koch — *Berger* 663.
Koch — *Herold* 4004.
Koch — *Neilreich* 6670.
Koch — *Roehling* 7700.
Koch — *Sturm* 9026.
Kock — *Ender* 2688.
Koehler, Frz Jos., — *Schuebler* 8437
Koehler, Frdr., — *Schuebler* 8428.
Koelpin — *Loefling* 5564.
Koelreuter — *Bibl. Banks.* III. 80 216 sqq
Koenig, Charles, — *König* 4799
Koenig, J. G, — *Colsmann* 1824.
Koenig, J. G, — *Retzius* 7547.
Koenig, J G, — *Bibl. Banks* III 87 167. 271. 336.
Koenigsdoerfer — *Hoppe* 4256.
Koerber, G., — *Caflish* 1412.
Koestlin — *Kielmeyer* 4665.
Kohl — *Blume* 843.
Kohlhaas — *Bibl Banks.* III. 4.
Kollmeier — *Dreier* 2403.
Kolophonios — *Nikandros* 6704
Kops — *Hall* 3702
Koronzaey — *Alberti* 86
Kotschy — *Schott* 8336.
Kotschy — *Schweinfurth* 8534.
Kotschy — *Unger* 9625
Kotzebue — *Chamisso* 1656.
Krafft, W. G, — *Bibl Banks.* III. 400.
Krafft von Gladenbach — *Carrichter* 1542
Kraft, Jens, — *Bibl. Banks.* III. 370.
Kralick — *Cosson* 1909.
Kralix — *Kralitz* 4852.
Krascheninnikow — *Gorter* 3475.
Krascheninnikow — *Sabolewski* 8758.
Krascheninnikow — *Bibl. Banks* III. 77. 335.
Krause, C H, — *Bibl. Banks.* III. 638.
Krause, Chr. L, — *Roloff* 7745
Krause, Chr L., — *Bibl. Banks* III. 631

Krausold — *Wedel* 10104.
Kraut, G., — *Hildegardis* 4056
Kraut, J H., — *Cartheuser* 1557.
Krempelhuber, A. von, 10591.
Krempelhuber — *Wüllerstorf* 10412.
Kresse — *Meyer* 6173.
Kreyssig — *Balmis* 394.
Kries — *Scoresby* 8559.
Kroon — *Junghuhn* (vita).
Kruenitz — *Bibl. Banks.* III. 384. 575.
Krusenstern — *Langsdorff* 5060.
Krutzsch — *Schuebler* 8447.
Kuechelbecker — *Bosseck* 1047.
Kuehn, Chr. Fr., — *Bibl. Banks.* III. 460.
Kuehn, J F W, — *Otto* 6874.
Kuehn, K G, — *Pulteney* 7365
Kuehn, O. B., — *Orfila* 6848.
Kuetzing — *Meneghini* 6083.
Kuhl — *Blume* 843.
Kuhl — *Breda* 1122
Kuhn — *Decken* 2099.
Kulmus, J. E, — *Kulm* 4924. 4925.
Kummer — *Richard* 7596.
Kumpfler — *Heyland*
Kunitsch — *Wulfen* (vita)
Kunsemueller — *Bibl. Banks.* III 495.
Kunst — *Cartheuser* 1554.
Kunth — *Peters* 7081.
Kunth — *Walter* 9977.
Kunze, G, — *Brown* 1234.
Kunze, G., — *Goebel* 3422
Kunze, G., — *Richard* 7596.
Kunze, G., — *Velloza* 7727
Kuphaldt 10592.
Kurr — *Schuebler* 8448
Kyber, David, — *Bock* 867.
Kylander — *Stalenus* 8899.
Kylling — *Bibl Banks.* III 186.
Kyronius — *Bibl Banks.* III. 640.

Labadie — *Bibl Banks.* V. 97.
La Baïsse — *La Baïsse* 2110.
La Billardière — *La Billardière* 4962—4965.
La Billardière — *Bibl. Banks.* III. 311. 514.
Laborde, Léon, — *Delile* 2135.
La Boulaye — *Merlet* 6106.
La Boutelette — *Vicq* 9764.
Labram — *Hegetschweiler* 3904.
Lachausse — *Spielmann* 8834.
La Chenal — *Bauhin* 509.
La Chenal — *Bibl. Banks.* III. 80. 151.
La Chénaye — *Delachénaye* 2111.
Lachenmeyer — *Schuebler* 8449.
Lackowitz, W, — *Ascherson* 268.
La Clotte — *Mouton-Fontenille* 6496—6499.
La Condamine — *Condamine* 1848.
La Coquille — *Brongniart* 1174.
Lacoste — *Sande Lacoste* 8025.
La Cour — *Gouffé de la Cour.*
La Croix de Sauvages — *Boissier* 950.
Lacuna — *Laguna* 4992.
Laestadius — *Anon.* 10707.
Laet — *Piso* 7157.
Lafond — *Blanco* 828.
Lafont — *Kröyer* 4895
La Gardie, de, — *Rudbeck* 7864.
La Gardie, Eva, — *Bibl. Banks.* III. 596.
Lagasca — *Herrera* 4007.
Lagerlöf — *Wallerius* 9950.
Lagrave — *Baillet* 344.

Lagrave — *Timbal-Lagrave* 9357—9360.
Laguna — *Dioscorides* 2313.
Lagus — *Kalm* 4570.
La Hire, I. N, — *Bibl. Banks.* III. 337. 412.
La Hire, I. N., — *Poiteau* 7238.
La Hire, Ph., — *Bibl. Banks.* III. 378. 381.
Lahitte — *Roessig* 7724.
Lalande — *Delalande* 2112.
Lalande — *Lebonidre* 5113—5114.
Lalézari — *Diez* 2280.
Lallemant — *Avé Lallemant* 292.
La Marck — *Candolle* 4468.
La Marck — *Bibl. Banks.* III. 48. 86 sqq.
La Mark — *Bautier* 520.
Lamark — *Thunberg* 9259.
Lambert — *Antoine* 195.
Lambert — *Bibl. Banks.* V. 83
Lambert — *Browne, Patrick* (vita).
Lambert — *Collinson* (vita).
La Métherie — *Bibl. Banks.* V. 85.
Lamotte — *Lecoq* 5127.
La Mottraie — *Aubry* 278.
Lamouroux, Jean, — *Zonardini* 10443.
Lamouroux, Sophie, — *Brondeau* 1164.
Lamouroux, Sophie, — *Lamouroux* 5028.
Lampe — *Ikenius* 4429.
Lampertico-Colloni Porto — *Beggiato* 569.
Lancisi — *Marsigli* 5836.
Lande — *Delalande* 2112.
Lande — *Lebonidre* 5113—5114.
Landino — *Plinius* 7207.
Landz — *Til-Landz* 9350—9351.
Lang — *Baier* 327.
Lange, Joh — *Hartmann* 3814.
Lange, Joh., — *Willkomm* 10302
Lange, Joh. Heinr., — *Engestroem* 2718.
Lange, Joh. Joach., — *Linnaeus* 5404.
Lange, Samuel, — *Eysel* 2774.
Langethal — *Schlechtendal* 8214.
Langethal — *Zenker* 10470.
Langius — *Lange* 5044.
Langkavel — *Aristoteles* 243.
Langlès — *Thunberg* 9259.
Langmann, Joh. Fr. 10593.
Lankestres — *Küchenmeister* 4906
Lankestres — *Ray* (vita).
Lankestres — *Sowerby* 8792.
Lantin — *Mariotte* 5814.
Lantingshausen — *Bibl. Banks.* III. 627.
Lany — *Delany* 2114.
La Pérouse — *La Billardière* 4962.
La Peyrouse — *La Peyrouse* 5069—5071.
La Physicienne — *Gaudichaud* 3234.
Lappe — *Linnaeus* (vita, sub Afzelius).
La Prymme — *Bibl. Banks.* III. 399.
La Pylaie — *Bachelot* 311. 312.
La Quintinye — *Le Berryais* 5107.
Larbre — *Delarbre* 2115—2116.
Lardner — *Henslow* 3977.
Largus — *Scribonius Largus* 8561.
La Rive — *Candolle, A. P.* (vita).
La Roche — *De la Roche* 2117—2118.
La Roche — *Merlet* 6106.
La Roche — *Redouté* 7453.
La Ruelle — *Ruel* 7885.
Las — *De Las* 2119.
La Sagra — *Montagne* 6375 6380
Lasègue — *Delalande* (vita).
Lasègue — *Delessert* (vita).
Lasègue — *Despréaux* (vita).
Lasègue — *Drummont* (vita).

Lassaraz — *Gingin* 3338. 3339.
La Steyrie — *Bibl. Banks.* V. 101.
Lastre — *Delastre* 2120—2121.
L'Astrolabe — *Dumont* 2482.
L'Astrolabe — *Montagne* 6379.
L'Astrolabe — *Richard* 7601.
Lathauver — *Delathauver* 2122.
La Tour d'Aigues, de, — *Bibl. Banks.* III. 426.
La Tour — *Leschenault* 5225. 5226.
Latourette — *Hilaire de Latourette* 4052.
Latourette — *Bibl. Banks.* III. 20. 144. 534. V. 69.
Lattuada — *Moretti* 6438.
Laubach — *Solms-Laubach* 8764—8768.
L'Aube, corvette, — *Raoul* 7412.
Laumont — *Gillet* 3334.
Launay — *Mordant de Launay* 6418.
Launay — *Loiseleur* 5586.
Laurell — *Hellenius* 3941.
Lauremberg — *Paulli* 6992. 6994.
Laurer — *Sturm* 9026.
Laurin — *Linnaeus* 5510.
Lauth — *Herrmann, Joh.* (vita).
Lauth — *Villars* 9779.
Lauthier — *Tournefort*, (vita).
La Vigne — *De la Vigne* 2123—2124.
Lavina — *Weyler Lavina* 10209—10210.
Lavirotte — *Needham* 6641.
Lawson, Thomas, — *Bibl. Banks* III. 138.
Lawson — *Miller* 6235.
Laxmann — *Bibl. Banks.* III. 174. 271.
Lay — *Hooker* 4226.
Lazare — *Bertlelon* 419.
La Zélée — *Dumont* 2482.
La Zélée — *Montagne* 6379.
Le Blond — *Bibl. Banks.* III. 597.
Lebreton — *Bibl. Banks.* III. 590.
Lebrija — *Dioscorides* 2313.
Leche — *Bibl. Banks.* III. 169 418.
Leclerc de Buffon — *Mirbel* 6288.
Leclerc, E., — *Hardouin* 3780.
Leclerc, Oscar, — *Thouin* 10.
Leclerc, P., — *Tournefort* 9426.
L'Ecluse — *Clusius* 1755—1761.
Lecoq, Henri (vita), pag. 357.
Lecticr — *Le Lectier* 5198.
Ledebour — *Weinmann* 10434.
Ledermayer — *Portenschlag* 7275.
Leeuwenhoek — *Bibl. Banks.* III. 339. 371.
Lefebure — *Bibl. Banks.* III. 628.
Lefebure — *Richard* 7604.
Leforestier — *Lefébure* 5154.
Le Francq van Berkhey — *Berkhey* 691.
Le Francq van Berkhey — *Berkhey* (vita).
Legendre, Mlle, — *Webb* 10023.
Lehmann, Alexander, — *Bunge* 1364.
Lehmann, J. Gr, — *Bibl. Banks.* III. 537.
Lehmann — *Staudinger* 8908.
Lehrs — *Nicander* 6704.
Leincker, J. L., — *Wedel* 10102
Leincker, J S., — *Crell* 1960.
Lejougand — *Adanson* (vita).
Leitgeb, H. 10595—10596.
Leloir — *Richard* 7594.
Lemaire, Ch. Ant. (vita), pag. 357.
Lemaire — *Loiseleur* 5586.
Lemery, L., — *Bibl. Banks.* III. 433
Lemery, N , — *Bibl. Banks.* III. 493.
Lemnius, Lev., — *Vallesius* 9670.
Lemonnier, L. G., — *Bibl. Banks.* III. 552.

Lenormand, René (vita), pag. 357
Lentilius — *Bibl. Banks.* III. 204.
Leoni — *Moretti* 6448.
Leonicenus — *Brunfels* 1283.
Leopold, C. Fr., — *Kalm* 4573.
Leopold, J. D., — *Camerarius* 1436.
Lepechin — *Demidow* 2154.
Lepechin — *Bibl. Banks.* III. 126. 236. 295. 344. 462.
Leporin — *Heister, Lor.* (vita).
Le Preux — *Jussieu, B. de* (vita).
Leprieur — *Guillemin* 3647.
Leprieur — *Montagne* 6384.
Lerche — *Bibl. Banks.* III. 174. 291.
Leroy, André 10597.
Lersner — *Caldenbach* 1424.
Lescallier — *Larreategui* 5078.
Lescallier — *Bibl. Banks.* III. 616.
L'Escluse — *Clusius* 1755—1761.
Le Séniavine — *Luetke* 5687.
Leske — *Pohl* 7227
Lesser — *Bibl. Banks.* I I. 128.
Lesser — *Thae* (vita)
Lessert — *Delessert* 2123
Lesson — *Richard* 7604.
Lestiboudois — *Bibl. Banks.* III. 596.
Leuze — *Deleuze* 2127.
Le Vasseur — *Grew* 3554.
Le Vasseur — *Bibl. Banks* III. 473.
Leveillé, J. B. F, — *Bibl. Banks.* III. 343.
Leveillé — *Gaudichaud-Beaupré* 3235.
Léveillé, J H., — *Moritzi* 6470.
Léveillé — *Triana* 9503.
Levi — *Caylus* 1623.
Levieux — *Le Turquier* 5235
Levin — *Hellenius* 3934.
Lewenhaimb — *Sachs von Lewenhaimb* 7953.
Lewes, G H., — *Aristoteles* 244
Lewin — *Thunberg* 9302.
Lexarza — *La Llave* 5001
Leysser — *Wohlleben* 10375.
Leysser — *Bibl. Banks.* III. 224.
Lezermes — *Marshall* 5334.
L'Heritier — *Bibl. Banks.* III. 229. 276 sqq.
L'Herminier — *Guibourt* 3635.
Lhotsky — *Bauer, F.* (vita)
Liboschitz — *Trinius* 9511
Lidbeck, A , — *Bibl. Banks.* III. 650.
Lidbeck, E. G , — *Bibl. Banks.* III. 379 sqq
Lidén — *Linnaeus* 5435.
Lidén — *Thunberg* 9325.
Lieb — *Handtwig* 3759.
Liebentantz, J , — *Liebentantz* 1451.
Liebig — *Mohl* 6348
Liebig — *Schleiden* 8223. 8226
Liebig — *Schultz* 8484
Liebig — *Winkelblech* 10324—10325.
Liebmann — *Gottsche* 3484.
Liebmann — *Oeder* 6799.
Liger — *Serres* 8630.
Liljeblad — *Bibl. Banks.* III. 318. 339
Liljevalch — *Bruzelius* 1298.
Lilius — *Brovallius* 1207.
Limberger — *Nebel* 6629.
Limbourg — *Robert de Limbourg* 7663.
Limprecht — *Bibl. Banks.* III. 366. 547.
Linck, J. H., — *Bibl. Banks.* III. 249.
Linck, J. W , — *Eschenbach* 2738.
Lincke — *Bellermann* 595
Lincoln — *Bibl. Banks.* III. 378.

Lindblom — *Agardh* 44.
Lindegaard — *Pontoppidan* 7267.
Lindemann, E., — *Fleischer* 2934.
Lindemann, Fr., — *Isidorus* 4504.
Lindemann, G, — *Linden* 5335.
Linden, A. von der, — *Apicius* 204.
Linden — *Lindley* 5366.
Lindenstolpe — *Linder* 5340.
Lindheimer — *Engelmann* 2711.
Lindley — *Bauer* 496.
Lindley — *Donn* 2374.
Lindley — *Edwards* 2621.
Lindley — *Knight* 4747.
Lindley — *Loudon* 5625.
Lindley — *Mitchell* 6295.
Lindley — *Paxton* 7005.
Lindley — *Richard* 7606.
Lindley — *Sibthorp* 8660.
Lindner — *Ilmer* 4429.
Lindroth — *Thunberg* 9316.
Lindsay, John, — *Bibl. Banks* III. 277. 444 sqq.
Lindström — *Trozelius* 9544.
Lingg — *Schuebler* 8447
Link — *Berg* 644.
Link — *Dietrich* 2246.
Link — *Hoffmannsegg* 4161.
Link — *Leo* 5216.
Link — *Linnaeus* 5427.
Link — *Nees von Esenbeck* 6645.
Link — *Schultz* 8474.
Link — *Sprengel* 8867. 8874.
Link — *Theophrastus* 9199
Link — *Willdenow* 10277. 10283 10286.
Link — *Bibl. Banks* III 420 V 62. 85. 86.
Linnaeus — *Alston* 117.
Linnaeus — *Colden* (vita).
Linnaeus — *Dahl* 2029.
Linnaeus — *Ellis* 2666.
Linnaeus — *Fée* 2840.
Linnaeus — *Gilibert* 3327
Linnaeus — *Haller* 3730.
Linnaeus — *Hasselquist* 3841.
Linnaeus — *Henckel von Donnersmarck* 3958.
Linnaeus — *Hill* 4064
Linnaeus — *Klotsch* 4726
Linnaeus — *Lipp* 5532.
Linnaeus — *Loefling* 5564
Linnaeus — *Lorente* 5605
Linnaeus — *Ludwig* 5666.
Linnaeus — *Manetti* 5780
Linnaeus — *Martyn* 5928.
Linnaeus — *Merrem* 6109
Linnaeus — *Mikan* 6218.
Linnaeus — *Milne* 6243.
Linnaeus — *Mitchell* 6293.
Linnaeus — *Mueller* 6523—6524.
Linnaeus — *Murray* 6573.
Linnaeus — *Necker* 6638.
Linnaeus — *Ortega* 6858.
Linnaeus — *Planer* 7176.
Linnaeus — *Raeuschel* 7398
Linnaeus — *Retzius* 7559.
Linnaeus — *Richard* 7605.
Linnaeus — *Roberg* 7659 (opus Linnaei).
Linnaeus — *Roemer* 7715.
Linnaeus — *Rose* 7766
Linnaeus — *Siegesbeck* 6678. 6679.
Linnaeus — *Soennerberg* 8760.
Linnaeus — *Sprengel* 8879.
Linnaeus — *Suffren* 9041.

Linnaeus — *Thornton* 9235—9236.
Linnaeus — *Titius* 9371.
Linnaeus — *Vandelli* 9682.
Linnaeus — *Weizenbeck* 10154
Linnaeus — *Bibl. Banks.* III 29. 35. 169 sqq.
Linné, pater, — *Linnaeus.*
Linné, fil., — *Ludwig* 5658.
Linné, Elizabeth Christiana — *Bibl. Banks.* III. 368.
Linocier — *Robin* 7672.
Lippi — *Petiver* 7940.
Lisancourt — *Limaire* 5206.
Lischwitz — *Rivinus* 7654
Lise — *Delise* 2141.
Lissignol — *Mueller* 6514.
Lister — *Apicius* 204.
Lister — *Bibl. Banks.* III. 371. 373. 442.
Ljungstedt — *Fries* 3069.
Llanos — *Blanco* 828.
Llave — *La Llave* 5000.
L'Obel — *L'Obel* 5548—5550
Lobelius — *L'Obel* 5548—5550
Lobelius — *Pena* 7029
Lobo — *Bibl Banks* III. 211.
Locher-Balber — *Usteri* (vita)
Lochner — *Besler* 747.
Lochner — *Bibl Banks* III. 76
Lodin — *Thunberg* 9266
Loefling — *Linnaeus* 5450.
Loefling — *Bibl. Banks.* III. 19.
Loehr — *Wirtgen* 10346
Loenberg — *Liljeblad* 5313.
Loenwall — *Hahn* 3698
Loeper — *Leske* (vita)
Loeser — *Hager* 3694
Loew — *Wedel* 10119.
Loew — *Bibl. Banks.* III. 172 648
Loewe — *Bibl. Banks.* III. 315 330.
Loiseleur — *Du Hamel* 2470.
Loiseleur — *Mordant* 6418.
Longchamp — *Le Turquier* 5254—5256.
Longchamp — *Pennier de Longchamp* 7031
Longiano — *Dioscorides* 2345.
Longolius — *Figulus* 2899.
Lonicerus — *Lonitzer* 5600.
Lonitzer — *Domitzer* 2363.
Lonitzer — *Dioscorides* 2307.
Loo — *Linnaeus* 5484
Losjes — *Berkhey* (vita).
Lopez — *Ruiz* 7898—7904.
Lorenz, P. G., — *Decken* 2099.
Lorenz, K. J G., — *Fuchs, L.* (vita)
Lossberg — *Roberg* 7660.
Loteri — *Bibl. Banks* III. 594
Lotrian — *Anon.* 10726.
Lotze — *Massalongo* 5966
Loudon — *Antoine* 195.
Louiche — *Desfontaines* 2175—2180.
Loureiro — *Bibl. Banks.* III. 635 V. 35. 95.
Louis XIII — *Vallet* 9672.
Louis le Juste — *Brosse* 1187. 1189
Lucé — *Bibl Banks.* III. 442. V. 103
Luchini — *Spiessenhoff* 8842
Ludeen — *Rudbeck* 7872
Ludovici — *Bibl. Banks.* III. 196
Ludwig — *Baldinger* 372.
Ludwig, Chr. Fr., — *Dietrich, K. F.* 2244.
Ludwig, Chr. Fr., — *Humboldt* 4325
Ludwig, Chr. Gottlieb, — *Blackwell* 812.
Ludwig, Chr Gottlieb, — *Hebenstreit* 3869
Ludwig, Chr Gottlieb, — *Rivinus* 7655

Lueders, A. F., — *Linnaeus* 5403.
Lueders, F. W. A., — *Gleditsch* 3364.
Luerssen, Ch. 10599.
Luerssen — *Schenck* 8161.
Luetke — *Postels* 7280.
Luetke — *Kittlitz* 4708.
Lund, C. F., — *Bibl. Banks.* III. 563.
Lund, G., — *Bibl Banks.* III. 522.
Lund, M, — *Trozelius* 9540.
Lund, N. T., — *Bibl. Banks.* III. 499.
Lundelius — *Rudbeck* 7872
Lundell, P. M 10598.
Lundequist — *Sillén* 8686
Lundmark, J. D., — *Linnaeus* 5528.
Lundmark, J D., — *Bibl. Banks.* III. 320.
Lundmark, P, — *Thunberg* 9276.
L'Uranie — *Gaudichaud* 3234.
Lusitanus — *Amatus Lusitanus* 123—124.
Luut — *Linnaeus* 5514.
Lynacro — *Macer* 5711.
Lyons — *Hooker* 4230.
Lysarch — *Zigra* 9498.
Lyte, Henry, — *Dodoens* 2345.

Maack — *Ruprecht* 7924
Maarseeven — *Commelin* 1829
Macaine — *Saussure, N.,* — *Th* (vita)
Macaire — *Marcet* 5803.
Mac Clelland — *Griffith* (vita) 3568. 3570. 3571.
Macdonald — *Bibl. Banks.* III. 536.
Mac Encroe — *La Croix* 4973.
Macedo, M A. de, 10600.
Macer — *Harpestreng* 3788.
Macer — *Lovicz* 5639.
Macer — *Reuss* 7571.
Macgillivray — *Richard* 7594.
Macgillivray — *Smith* 8745.
Macgillivray — *Withering* 11329.
Machy — *Bibl. Banks.* III. 524.
Macie — *Bibl. Banks* III. 487.
Mackenzie — *Bauer* 498.
Macquer — *Bibl. Banks.* III. 438.
Madden — *Bibl. Banks.* III. 549.
Maderna — *Bibl. Banks.* III. 594.
Madianna — *Ricord-Madianna* 7623.
Maederjan — *Hoffmann* 4153.
Maerklin — *Bibl. Banks* III 89. 443
Magendie — *Delile* 2132.
Magne — *Gillet* 3333
Magnus a Tengstroem — *Nylander* 6775.
Mahon — *Mac Mahon* 5725.
Majer — *Schuebler* 8433.
Maillard — *Chomel* 1707.
Maillard — *Sauzé* 8055.
Mainardes — *Brunfels* 1283.
Mainardi — *Valvasori-Beggiato* 568.
Mainardus — *Manardus* 5777.
Major — *Kentmann* 4623
Major — *Valentini* 9663.
Major — *Bibl. Banks.* III. 552.
Maire — *Lemaire* 5199—5206
Maironi — *Bibl. Banks.* III. 552.
Maïz — *Moréno y Maïz* 6424.
Makowski — *Pauli* 6916.
Malabaila de Canal — *Nowodworski* 6769.
Malabaila de Canal — *Tausch* 9125—9126.
Malbranche 10601.
Malbranche — *Blanche* 820
Mallac — *Anon* 10713.

Mallet — *Bibl. Banks.* III. 473.
Malpighi — *Danielli* 2034.
Malpighi — *Grew* 3557.
Malpighi — *Pollender* 7245.
Malsch — *Bergen* 662
Malvezzi — *Bibl. Banks.* III. 590.
Manardus — *Mesue* 6413.
Mandosius — *Cesi* (vita).
Manetti — *Linnaeus* 5404.
Manfredi — *Baldus* 376.
Manget — *Dufour* 2462.
Manget — *Sponius* 8850
Manliis — *Brunfels* 1283.
Manoncour — *Sonnini* 8775—8777.
Manso — *Silva Manso* 8687.
Manutius — *Plinius* 7207.
Maout — *Le Maout* 5207—5210.
Marabelli — *Bibl. Banks* III. 434.
Marcet — *Candolle* 1502.
Marcgrav — *Martius* 5911.
Marcgravius — *Piso* 7157.
Marchais de Migneaux — *Sinclair* 8692.
Marchal — *Barton* 440.
Marchand — *Numand* 6770
Marchant — *Morisson* 6462.
Marchant — *Bibl Banks.* III. 302 303 sqq.
Marck — *La Marck* 5002—5007.
Marckham — *Salisbury* 8000—8003
Marcorelle — *Bibl Banks.* III. 253. 369 436.
Marcus — *Hartmann* 3819.
Marcus Nevianus — *Nevianus* 6685
Marggraf — *Bibl. Banks.* III. 485. 564. 585.
Maria — *Santa Maria* 8036.
Marinello — *Anguillara* 187.
Marini — *Durante* (vita).
Marini — *Mesue* 6413.
Marius — *Meier, Georg.*
Marklin — *Illiger* 4428.
Markussen — *Rafn* 7404.
Maronea — *Marogna* 5818.
Marogna — *Pona* 7260.
Marquardus II Episc. — *Besler* 745
Marradon — *Bibl. Banks.* III. 579.
Marschalch — *Bibl. Banks.* III. 549.
Marschall — *Bertram, J.* (vita).
Marshall — *Darlington* 2054.
Marsham — *Bibl. Banks.* III 377. 420. 619. 654.
Marsigli, L. F., — *Dufour* 2462.
Marsili, Giovanni, — *Lancisi* 5033.
Marsili, Giovanni, — *Bibl. Banks.* III. 281. 326.
Marsili — *Michiel* (vita).
Marsilius — *Marsigli et Marsili* 5837—5839
Marskussen — *Schousboe* 8343.
Martelli — *Bonelli* 976.
Martens, G. v., — *Bauhin* 500.
Martens, G. v., — *Schuebler* 8418.
Marti — *Aretius* 242.
Martignoni — *Moretti* 6433.
Martin, Ant. Rob., — *Linnaeus* 5480.
Martin, Hugh, — *Bibl. Banks* III. 582.
Martin, Ph. von, — *Orbigny* 6845.
Martin, Petrus, — *Bibl Banks* III. 76. V. 64.
Martin, Roland, — *Linnaeus* 5439.
Martin — *Juge de Saint-Martin* 4515.
Martinet — *Knoop* 4754.
Martinet — *Bibl. Banks.* III. 316.
Martinez — *Quer* 7380.
Martini, Fr. H. W., — *Adanson* 20.
Martini, Fr. H. W., — *Cartheuser* 1552.

Martini, Jacob, — *Anon.* 10703.
Martinière — *Martens* 5843.
Martino — *Bellardi* 592.
Martino — *San Martino* 8034.
Martins — *Bravais* 1112.
Martins — *Bray* (vita).
Martins — *Goethe* (vita).
Martins, Ch. 10602.
Martius, E. W, — *Flotow* 2944.
Martius, E. W., — *Bibl. Banks.* III. 5. 154.
Martius, K. Fr. Ph. 10603.
Martius, K. Fr. Ph., — *Bentham* 623.
Martius, K. Fr. Ph., — *Buch* (vita).
Martius, K. Fr. Ph., — *Endlicher* 2696.
Martius, K. Fr. Ph., — *Goethe* 3453.
Martius, K. Fr. Ph., — *Linnaeus* (vita).
Martius, K. Fr. Ph., — *Orbigny* 6845.
Martius, K. Fr. Ph., — *Schranck* (vita).
Martius, K. Fr. Ph., — *Zuccarini* (vita).
Martius, Th., — *A. P. de Candolle* (vita).
Martius, Th., — *Hanbury* 3755.
Martyn, John, — *Tournefort* 9424.
Martyn, John, — *Bibl Banks.* III. 244. 350.
Martyn, Thomas, — *Miller* 6237.
Martyn, Thomas, — *Rousseau* 7822.
Martyn, Thomas, — *Bibl. Banks.* III. 27. 259. V. 88.
Mascon — *Rojas Clemente* 7739
Massalongo — *Zigno* 10493.
Masson-Four — *Lindley* 5349.
Matière — *Bory* 1027.
Matolai — *Bibl. Banks.* V. 97.
Maton — *Linnaeus* (vita, sub Pulteney).
Mattheolus — *Hesse* 4021.
Mattheolus — *Mattioli* 5977—5995
Matthaeus a S. Josepho — *Barrelier* 423.
Matthaeus Sylvaticus — *Simon Januensis* 8690.
Mathée — *Dioscorides* 2314.
Matthew, P. 10604.
Matthiolus — *Mattioli* 5977—5995.
Mattioli — *Amatus Lusitanus* 124.
Mattioli — *Dioscorides* 2309. 2310 2316. 2318. 2320.
Mattioli — *Guilandinus* 3638—3639.
Mattioli — *Hessus* 4021.
Mattioli — *Moretti* 6429.
Mattioli — *Pasini* 6964.
Mattioli — *Sternberg* 8957.
Mattioli — *Zwinger* 10532
Mauduit — *Bibl. Banks.* III. 381.
Maurette — *Braguier* 1082.
Mauri — *Fiorini-Mazzanti* 2906.
Mauri — *Sebastiani* 8565.
Mauroceni — *Tita* 9369.
May — *Palladius* 6916.
Mayer, A F. H., — *Moessler* 6316.
Mayer, August, — *Rohrer* 7738.
Mayer, Johann, — *Thuemmig* 9254
Mayer, Johann — *Bibl. Banks.* III. 164. 474 sqq.
Mayer, Johann, Chr. A., — *Bibl Banks.* III. 372. 375. V. 92. 97
Mayer, Joseph, — *Bibl. Banks.* V. 82
Mayr — *Hoppe* 4248.
Mayr — *Bibl. Banks.* III. 597.
Mayrhoffer — *Schrank* 8391
Mayrhoffer — *Sterler* 8950.
Mazé — *Schramm* 8377.
Mazéas — *Bibl. Banks.* III. 584.
Maziéres — *Demaziéres* 2185—2187.
Mazzanti — *Fiorini-Mazzanti* 2905—2906.

Mazzuoli — *Bibl. Banks.* III. 443.
Medemblick — *Dioscorides* 2299.
Meder — *Schultze* 8497.
Medicus — *Naumburg* 6620.
Medicus — *Stein* 8923.
Medicus — *Bibl. Banks.* III. 48. 83. 207 sqq.
Meerbeeck — *Dodoens* (vita).
Meerburgh — *Bibl. Banks.* III. 643.
Meermann — *Brandon* 1086.
Meese, B. Chr., — *Bibl. Banks.* III. 428.
Meese, David, — *Bibl. Banks.* III. 444. 602.
Meidinger — *Bibl. Banks.* III. 407.
Meinecke — *Forsyth* 2985.
Meisner — *Martius* 5902.
Meisner, J. Fr., — *Boehmer* 898.
Meisner, K. Fr., — *Candolle* 1485. 1501.
Melander — *Bibl. Banks.* III. 428.
Mélicoq — *Lafons* 4984.
Melius — *Jichász* 4516.
Mello — *Neves Mello* 6684.
Mendel — *Cartheuser* 1555.
Meneghini-Fabris — *Romano* 7749.
Menegoli — *Scarella* 8092—8094.
Menghinus — *Bibl. Banks.* III. 494.
Menonville — *Thiery* 9214.
Mensinga — *Munting* 6559.
Mentzel, Chr., — *Cleyer* (vita).
Mentzel, Chr., — *Reyger* 7584.
Mentzel, Chr., — *Bibl. Banks.* III. 128. 532.
Menzies — *Bibl. Banks.* V. 82.
Mérat — *Boreau* 1004.
Mérat — *Anon.* 10728.
Merck, J A., — *Feldmann* 2859.
Mercurialis — *Guilandinus* 3639.
Mergiletus — *Mappus* 5793.
Merian, Matthaeus, — *Bry* 1299.
Merian, Matthaeus, — *Johnston* 4475
Méril — *Duméril* 2476. 2477.
Merkus Doosnik — *Rombouts* 7750.
Merrem — *Linnaeus* 5434.
Merrett — *Bibl. Banks.* III. 370. 373
Merson — *Demerson* 2153.
Mertens — *Roehling* 7700.
Mery — *Lemery* 5211.
Mesch — *Boon Mesch* 991—992.
Mesue — *Monardus* 5777.
Métherie — *La Métherie* 5019.
Mettenius — *Triana* 9503.
Mettenius — *Wüllerstorf* 10412.
Metzger — *Babo* 305.
Meyen — *Brown* 1214.
Meyer, Bernhard, — *Gaertner* 3167.
Meyer, C. A., — *Fischer* 2914—2916.
Meyer, Ernst, — *Albertus Magnus* 91.
Meyer, Ernst, — *Aristoteles* 244.
Meyer, Ernst, — *Brown* 1214.
Meyer, Ernst, — *Drége* 2404.
Meyer, Ernst, — *Goethe* (vita).
Meyer, Ernst, — *Nicolaus Damascenus* 6694.
Meyer, Ernst, — *Patze* 6983.
Meyer, Ernst, — *Titius* 9372
Meyer, F., — *Duncan* 2512.
Meyer, F. A. A., — *Bibl. Banks.* III 414.
Meyer, G. F. W., — *Arendt* 225.
Meyer, Hermann von, — *Dunker* 2517.
Meyer, H., — *Diel* 2238.
Meyer, J. A., — *Schulze* 8502.
Meyer, J. B., — *Aristoteles* 243.
Meyer, J. D., — *Martyn* 5921.
Meyer, K. A., — *Bongard* 978.
Meyer, K. A., — *Fischer* 2914—2913

Meyer, K. A., — *Ledebour* 5137.
Meyer, K. A., — *Middendorf* 6209.
Meyer, L., — *Agardh* 52.
Michael — *Gyllenstålpe* 3669.
Michaelis, Joh. Dav., — *Celsius* 1636.
Michault — *Cesalpini* 1453.
Michaux, F. A., — *Nuttall* 6774.
Michaux — *Richard* 7611.
Michel — *Du Hamel* 2470.
Micheli — *Sachs* 7950.
Micheli — *Targioni-Tozzetti* 9 14.
Micheli — *Zamboni* 10440.
Michon — *Cosson* 1909.
Michon — *Moquin-Tandon* (vita).
Middendorf — *Ruprecht* 7920.
Middendorff — *Trautvetter* 9466.
Mieg, J. R., — *Zwinger* 10535
Mieg, M., — *Mieg* 6210.
Mieling — *Vriese* 9868.
Mikan, J. Chr. — *Camerarius* 1453.
Miklós — *Sebeck* 8567.
Milde — *Wüllerstorf* 10412
Miles — *Bibl. Banks.* III. 339. 359.
Millardet — *Maillard* 5745.
Miller — *Mueller* 6523—6525.
Miller, Charles, — *Bibl. Banks.* III. 401.
Miller, John, — *Bute* 1404.
Miller, Philip, — *Baster* 469
Miller, Philip, — *Bibl. Banks.* III. 173. 584. 613. 641.
Millin — *Boehmer* 902.
Millin — *Linnaeus* (vita, sub Pulteney).
Millin — *Willemet* 10292.
Millin — *Bibl. Banks.* III 354.
Millington — *Bibl. Banks.* III. 486
Milne, Edwards, — *Jussieu* 4544.
Minsinger — *Zuccarini* 10518.
Miquel, F. A. W. 10605.
Miquel — *Hall* 3709.
Miquel — *Kops* 4822.
Miquel — *Martius* 5902.
Miranda — *Vellozo* 9727
Mirbel — *Brown* 1212
Mirbel — *La Marck* 5006.
Mirbel — *Richard* 7607.
Mirecourt — *Gérardin* 3284—3286.
Mirza Labat Khan — *Labat* 4961.
Misilmeris, Dux, — *Cupani* 1994.
Mitterpacher — *Piller* 7149.
Mizaldus — *Mizauld* 6300—6301.
Modin — *Thunberg* 9333.
Moehren — *Cothenius* (vita).
Moehring — *Bibl. Banks.* III. 77 sqq.
Moehsen — *Besler* 745.
Moelle — *Schoun* (vita).
Moeller — *Bibl. Banks.* III. 382. 388.
Moggridge, J. Traherne 10606.
Mohl, H. (vita), pag. 356.
Mohneke — *Thunberg* 9333.
Mohr — *Adam* 15.
Mohr, Daniel — *Dillwyn* 2287.
Mohr, Daniel — *Weber* 10030—10033.
Mohr, Nic., — *Thorstensen* 9243.
Moibanus — *Dioscorides* 2298.
Molbech — *Harpestreng* 3788.
Moldenhaver — *Theophrastus* 9203.
Molendo — *Walther* 9979.
Molinaeus — *Dalechamps* 2035.
Molkenboer — *Dozy* 2388—2395.
Molkenboer — *Miquel* 6272.
Moll — *Schrank* 8382.

Moller — *Major* 5751.
Mollin — *Hellenius* 3935
Moltke — *Hermann* 3995.
Molyneux — *Threlkeld* 9253.
Monardes — *Clusius* 1760.
Monardes — *Huerto* 4316
Monceau — *Du Hamel du Monceau* 2465—2470
Mondaïni — *Bibl. Banks.* III. 626.
Moninckx — *Commelin* 1829.
Monard — *Gaudin* 3240.
Monnet — *Lamark* 5002—5007.
Monnier — *Le Monnier.*
Monro — *Bibl Banks.* III. 466.
Mons — *Van Mons* (vita).
Mont — *Dumont* 2480—2482
Montagne — *Bélanger* 586
Montagne — *Borrer* 1016.
Montagne — *Cazin* 1625
Montagne — *Dumont* 2482
Montagne — *Gaudichaud-Beaupré* 3235.
Montagne — *Hombron* 4193.
Montagne — *Maillard* 5745.
Montagne — *Orbigny* 6845.
Montagne — *Sagra* 7973
Montagne — *Webb* 10021—10023.
Montalbanus — *Aldrovandi* 98.
Montalbanus — *Seguier* 8586.
Montanus — *Fiera* 2895.
Montaudon — *Friche-Joset* 3056
Montbéliard — *Bernard* 695
Montesanto — *Theophrastus* 9203.
Montet — *Bibl Banks.* III 469
Monti, Gaetano, — *Monti* 6395—6396.
Monti, Gaetano, — *Zanoni* 10459
Monti, Gaetano, — *Bibl Banks* III. 243. 258
Monti, Guiseppe, — *Quer* 7380
Monti, Guiseppe, — *Bibl. Banks.* III 14. 77 sqq
Monti, Ignazio, — *Bibl. Banks.* III 466.
Montigiano da S Gimignano — *Dioscorides* 2307
Montin — *Linnaeus* 5451
Montin — *Bibl. Banks.* III 170 sqq.
Montpéreux — *Dubois* 2428
Montyon — *Gaudichaud* 3233.
Moore — *Lindley* 5373
Moore — *Macarthur* 5706.
Moquin-Tandon — *Candolle* 1485
Moraeus — *Bibl. Banks.* III. 550.
Mordant — *Loiseleur* 5586.
More, Robert, — *Bibl. Banks.* III. 531.
Moreau de St Mery — *Bibl Banks.* III 596. 635
Morelli — *Rufinus*
Moretti — *Boccone* (vita)
Moretti — *Cesati* 1642
Moretti — *Dioscorides* 2316
Moretti — *Moricand* 6450.
Moretus — *Matthaeus Sylvaticus* 5976
Morgenbesser — *Ludwig* 5660
Morhart — *Fuchs* 3143
Morison — *Bauhin* 509.
Morison — *Boccone* 859
Morland — *Bibl Banks* III. 390
Moro, Pietro, — *Bibl. Banks* III 431
Morozzo — *Bibl. Banks.* III 432
Morren — *d'Avoine* 293.
Morren — *de Candolle, A. P.* (vita)
Morren — *Cortois* (vita)

Morren — *Schacht* 8102.
Mortier — *Dumortier* 2483—2502.
Mortimer — *Bibl. Banks.* III. 550.
Mossdorf — *Schulze* 8501.
Mossin — *Henrici* 3970.
Mottini — *Moretti* 5441.
Moutraie — *Aubry* 278.
Mougeot — *Schimper* 8190.
Moulin — *Saint-Moulin* 7994—7995.
Moulinié — *Darwin* 2000.
Moulins — *Des Moulins* 2188—2194.
Moulins — *Dalechamps* 2035.
Moult — *Bibl. Banks* III. 522.
Moultrie — *Elliot, St.* (vita).
Mourgue — *Bibl. Banks.* III. 422.
Mouton-Fontenille — *Dombey* (vita).
Mouton-Fontenille — *Linnaeus* 5431.
Muecke — *Schulze* 88495.
Mueggenburg — *Schulzer von Mueggenburg* 8504.
Muehlenberg — *Bibl Banks.* III. 185
Muehlfeld — *Megerle von Muehlfeld* 6053.
Mueller, Arg., — *Martius* 5902.
Mueller, Ferd., — *Bentham* 626.
Mueller, Ferd — *Piré* 7154.
Mueller, Frz. X., — *Schuebler* 8436.
Mueller, Joh, — *Schomburgk* 8323
Mueller, Joh M., — *Bibl. Banks.* III. 547.
Mueller, Joh. N, — *Valentini* 9665.
Mueller, N. J C, 10607
Mueller, Karl, — *Montagne* 6378.
Mueller, Karl, — *Peters* 7081.
Mueller, O. Fr., — *Oeder* 6799.
Mueller, O Fr., — *Bibl. Banks.* III. 167 sqq
Mueller, Otto 10608
Mueller, Paul Chr, — *Eysfarth* 2782.
Mueller, Ph. L St., — *Linnaeus* 5404.
Muhammed Lalézari — *Diez* 2280.
Mulder, Claas, — *Richard* 7594
Mulder, N., — *Meese* (vita).
Mundella — *Brasavola* 1093.
Munnicks — *Rheede* 7585.
Munniks — *Driessen* (vita).
Muñoz — *Hernandez* 4001.
Munting — *Cannegieter* 1519.
Munting — *Newton* 6689.
Murr — *Alamanni* 80.
Murray — *Bruce* (vita).
Murray — *Kalm* 4572.
Murray — *Linnaeus* 5430.
Murray — *Bibl Banks.* III. 449. 263. 530.
Mustel — *Bibl. Banks.* III. 368.
Mutis — *Bibl. Banks.* III. 331. 332.
Mutonus — *Serapion* 8616.
Mygind — *Jacquin* 4361.
Mylius — *Bibl Banks* III 356 392
Myller — *Mueller* 6359
Mylphortus — *Muehlpfort* 6505.

Nab — *Mai Nab* 5726
Naccari (vita), pag. 358.
Naegeli — *Cramer* 1947. 1948.
Naegeli — *Koch* 4775.
Naegeli — *Schleiden* 8227.
Naezén — *Linnaeus* 5527
Nagler — *Bessa* 750.
Nangis-Regnault — *Regnault* 7475.
Naonis — *Odoricus de Poeto Naonis*
Nathhorst — *Linnaeus* 5478.
Nau — *Bibl. Banks.* V. 87.

Naucler — *Linnaeus* 5440.
Naudin — *Decaisne* 2095.
Naudin — *Gourdon* 3496.
Naumburg — *Bibl. Banks.* III. 389.
Navó — *Dioscorides* 2315.
Nebel, D., — *Ammann* 139.
Necker — *Willemet* 10288.
Necker — *Bibl. Banks.* III. 156. 311. 440. 441.
Nectoux — *Bibl. Banks.* III. 613.
Nees von Esenbeck, Chr. G., — *Bluff* 837.
Nees von Esenbeck, Chr G,. — *Bolton* 962.
Nees von Esenbeck, Chr. G., — *Bravais* 1113.
Nees von Esenbeck, Chr. G., — *Brown* 1214
Nees von Esenbeck, Chr. G., — *Candolle* 1485.
Nees von Esenbeck, Chr. G., — *Endlicher* 2696.
Nees von Esenbeck, Chr. G., — *Flotow* 2944.
Nees von Esenbeck, Chr. G., — *Fuhlrott* 3152.
Nees von Esenbeck, Chr. G., — *Goethe* 3453.
Nees von Esenbeck, Chr G., — *Lindenberg* 5338.
Nees von Esenbeck, Chr. G., — *Lindley* 5353.
Nees von Esenbeck, Chr. G., — *Martius* 5895. 5902.
Nees von Esenbeck, Chr. G., — *Meyen* 6143
Nees von Esenbeck, Chr. G, — *Moquin-Tandon* 6412.
Nees von Esenbeck, Chr. G., — *Raddi* 7389
Nees von Esenbeck, Chr. G., — *Schleiden* 8228.
Nees von Esenbeck, Chr. G., — *Weihe* 10131.
Nees von Esenbeck, Chr. G., — *Wendt* 10184.
Nees von Esenbeck, Friedrich, — *Balton* 962.
Nees von Esenbeck, Friedrich, — *Geiger* 3260
Nees von Esenbeck, Friedrich, — *Henry* 3971
Neger, J. 10609.
Nehring — *Franke* 3017.
Neile — *Bibl. Banks.* III. 570
Neilreich — *Crantz* (vita).
Nelly — *Hellenius* 3942.
Nesle — *De Nesle* 2155.
Nestler — *Villars* 9779.
Netto — *Alemao* 100.
Neuenare, Comes, — *Brunfels* 1283..
Neufchateau — *François* 3038
Neuffer — *Schuebler* 8432.
Neumann, J. S. B., — *Schrader* 8373.
Neumann, Kaspar, — *Bibl. Banks.* III. 436—437.
Neuwied — *Wied-Neuwied* 10223.
Neuwied — *Martius* 5895.
Newburgh — *Bibl. Banks.* III. 570.
Newton, Thomas, — *Lemnius* 5213.
Niblaeus — *Thunberg* 9301.
Nicander — *Dioscorides* 2291.
Nichols — *Pulteney* 7366.
Nicolaus, Alex., — *Agricola* 71
Nicolaus Damascenus — *Du Val* 2572.
Nicolaus Damascenus — *Meyer* 6156.
Nicolaus Damascenus — *Scaliger* 8088.
Niebuhr — *Forskål* 2969—2970.
Nigrisoli — *Zannichelli* 10450.
Nilsson — *Areschoug* 234.
Nilsson — *Ringius* 7633.
Ninham — *Grigor* 3574.
Nisse — *Denisse* 2157.
Nissole — *Bibl Banks.* III. 34. 241. 304. 325.
Nitsche — *Hebenstreit* 3868.
Nobleville — *Arnauld* 248.

Nocca — *Balsamo* 396.
Nocca — *Bibl. Banks.* III. 89.
Noehden — *Bibl. Banks.* V. 86.
Nonne — *Planer* 7174.
Nonne — *Bibl. Banks.* III. 400.
Norano, F., — *Bibl. Banks.* III. 181.
Norberg — *Bibl. Banks.* III. 40.
Nordblad — *Linnaeus* 5485.
Nordenskjöld — *Bibl. Banks.* III. 592.
Notaris — *Balsamo* 397—398.
Notaris — *Moris* 6460.
Nowell — *Baines* 356.
Nozeman — *Bibl. Banks.* III. 275. 410. 592. 653.
Nunes — *Thompson* 9227.
Nuttall — *Michaux* 6196.
Ny — *Delany* 2114.
Niggren — *Bibl. Banks.* III. 630
Nylander — *Triana* 9503.
Nylander — *Wallmann* 9961.
Nyman — *Schott* 8336.
Nysten — *Schwilgue* 8549.

Obel — *Lobel* 5548—5550.
Obermann — *Nebel* 6628.
Obnen — *Poederle* 7222.
Ochs — *Baier* 325.
Ocyous — *Schnelld.sberg* 8298.
Odhelius — *Bibl. Banks.* III. 387. 474. 536.
Odmannus — *Bergius* 671.
Odonus — *Theophrastus* 9203.
Odus — *Cordus* 1884.
Oeder — *Du Hamel* 2465.
Oedmann — *Bjerkander* (vita).
Oehme — *Bibl. Banks.* III. 412.
Oeler — *Stohr* 8988.
Oelhafen v Sch., — *Du Hamel* 2469.
Oelschlaeger — *Olearius* 6823—6825.
Oersted — *Liebmann* (vita).
Oestmark — *Thunberg* 9308.
Oestreich — *Johann, Erzherzog* 4443.
Oetinger, F. Chr., — *Gmelin* 3375.
Oetinger, F. Chr., — *Ludwig* 5658.
Ohlert, Arnold 10612.
Oken — *Tuckermann* 9550.
Olavius — *Olafsyn* 6821.
Oldenland — *Burmann* 1389.
Oldenland — *Kolbe* 4816.
Olin — *Rafn* 7404.
Olin — *Thunberg* 9294.
Oliver — *Bibl. Banks.* III. 475.
Oliveri — *Maratti* 5799.
Olivi — *Bibl. Banks.* III. 346. 415.
Olivier, G. A., — *Bibl. Banks.* III. 431. 646. 624.
Olivier de Serres — *Belleval* 603.
Olivier de Serres — *Serres* 8630
Olmi — *Bibl. Banks.* III. 410.
Oostcr — *Fischer-Ooster* 2926—2927
Opiz — *Berchthold* 632.
Opoix — *Bibl. Banks.* III. 503
Orbigny — *Anon.* 10725.
Orbigny — *Montagne* 6372—6373.
Oribasius — *Hildegardis.*
Orloff — *Pursch.*
Orraeus — *Kalm* 4574.
Orsini — *Mauri* 6007.
Orta, Garcia de, — *Huerto* 4316.
Ortega — *Du Hamel* 2468.
Ortega — *Hernandez* 4001.

Ortega — *Linnaeus* 5426.
Ortega — *Quer* 7380.
Ortelius — *Colius* 1788.
Ortus sanitatis — *Anon.* 10837.
Osbeck — *Bibl. Banks.* III. 239 sqq.
Oscar I. Rex — *Blytt* 852.
Oskamp — *Anslijn* 193.
Oskamp — *Krauss* 4871.
Otho Cremonensis — *Macer* 5711.
Otth — *Candolle* 1485.
Ottin — *Wallerius* 9952.
Otto, Chr., — *Eysel* 2776.
Otto, Friedrich, — *Guimpel* 3652.
Otto, Friedrich, — *Link* 5386—5387. 5389. 5396.
Otto, Friedrich, — *Nees von Esenbeck* 6645.
Otto, Friedrich, — *Pfeiffer* 7108.
Otto, Friedrich, — *Gartenzeitung* 10745.
Otto, Fr. W., — *Isidorus* 4504.
Oudney — *Brown* 1214. 1235.
Ovidius Montalbanus — *Montalbanus* 6386—6390.

Paduanensis — *Dioscorides* 2299—2300.
Pagani-Cesi — *Agosti* (vita).
Pahoud — *Vriese* 9868.
Paillot — *Bavoux* 523.
Paine, John A. jr. 10613.
Pajot — *Bibl. Banks.* III. 584.
Palacky — *Sternberg* (vita).
Palassou — *Bibl. Banks.* III. 142.
Palau y Verdera — *Linnaeus* 5426.
Palau y Verdera — *Ortega* 6858
Palau y Verdera — *Bibl. Banks.* V. 99. 100.
Palier — *Bibl. Banks.* III. 592.
Palisot de Beauvois-Thiébaut — *Bibl. Banks.* III. 443—444.
Pallas — *Demidow* 2154.
Pallas — *Bibl. Banks.* III. 474. 557.
Palletta — *Bibl. Banks.* III. 431.
Palmegreen — *Rydelius* 7936.
Palmer — *Gmelin* 3373.
Palmstjerna — *Bibl. Banks.* III. 622.
Palmstruch — *Anon.* 10707.
Palmstruch — *Billberg* 775.
Paludanus — *Linschotten* 5530.
Panazio — *Baldus* 376.
Panciatichi — *Picciuoli* 7135.
Panckoucke — *Chaumenton* 1679.
Panckoucke — *Poiret* 7234.
Panckoucke — *Turpin* 9572. 9580.
Pancovius — *Panckow* 6919.
Pandulphus Callinutius — *Brunfels* 1283.
Panzer — *Linnaeus* 5431.
Panzer — *Martyn* 5438.
Panzer — *Volckamer, J. G.* (vita)
Pardo — *Loscos y Bernal* 5624.
Parkinson — *Lobel* 5550.
Parkinson — *Newton* 6689
Parlasca — *Petrelli* 7090.
Parlatore — *Bivona-Bernardi* (vita).
Parlatore — *Blytt* (vita).
Parlatore — *Targioni-Tozetti, A.* (vita).
Parlatore — *Webb* (vita).
Parmentier — *Newchateau* 6682.
Parmentier — *Rozier* 7855.
Parmentier — *Bibl. Banks.* III 430. 626.
Parry — *Brown* 1234.
Parry — *Emory* 2682.
Parsons — *Bibl. Banks* III. 398.

Pascallet — *Gaudichaud-Beaupré* (vita)
Pasquale — *Guscone* (vita).
Pasquale — *Tenore* (vita).
Passac — *Belon* (vita).
Passaeus — *Boodt* 989.
Passaeus — *Bry* 1299.
Passerini, Giovanni 10614.
Passerini — *Cesati* 1646.
Passinges — *Bibl. Banks.* III. 422.
Passy — *Dekin* 2109.
Pasteur — *Bibl. Banks.* III. 426.
Patacky — *Dobrowsky* (vita).
Patouillat — *Bibl. Banks.* III. 545.
Patris — *Bibl. Banks.* III. 498.
Pauer — *Schmidel* 8261.
Pauer — *Léveillé* 5262
Paulet — *Theophrastus* 9203.
Paulet — *Bibl. Banks.* III. 348. 552.
Pauli — *Povelsen* 7293
Paulli — *Bibl. Banks.* III. 549.
Pauls — *Brown* 1214
Paurle — *Agricola* 71.
Pavillon — *Huet du Pavillon.*
Pavon — *Ruiz* 7894. 7896—7897.
Pawius — *Paaw* 8690.
Paxton — *Lindley* 5369.
Payer — *Adanson* 22.
Pechlin — *Petit* 7084.
Pedrol — *Salvadory Pedrol* (vita)
Péechi — *Pétsi* 7094.
Peine — *Probst* 7348—7349.
Peirson — *Bibl. Banks.* III. 4. 393.
Péligot — *Decaisne* 2089.
Pencati — *Marzari-Pencati* 5935—5936
Penschienati — *Bibl. Banks* III. 623.
Pentz — *Thunberg* 9288.
Fercival — *Bibl. Banks.* III. 443. 476. 522.
Pereboom — *Treu* 9499.
Pereira Rebello — *Bibl. Banks.* III. 569.
Pergamenus — *Oribasius Pergamenus* 6849.
Periander — *Lochner* 5551.
Perleb — *Candolle* 1467.
Péron — *Leschenault* 5226.
Pérouse — *La Billardière.*
Perrault — *Bibl. Banks* III. 406.
Perrottet — *Guillemin* 3647.
Perrottet — *Richard* 7601.
Perry — *Gray* 3528.
Perry — *Knight* 4745
Persoon — *Halm* 4187
Persoon — *Linnaeus* 5430.
Persoon — *Thunberg* 9295.
Persoon — *Bibl. Banks.* III. 90. 225. 444.
Perugino — *Ferrari* 2877.
Pestalozza — *Griesebach* 3590.
Pestel — *Caylus* 1623.
Petermann — *Linnaeus* 5432.
Peters, Frz., — *Strauss* 9000.
Petersen, J., — *Viborg* 9754.
Peterson — *Kellander* 4617.
Petit, Ant., — *Richard* 7601.
Petit-Radel — *Acerbi* 6.
Petit-Thouars — *Du Petit.*
Petiver — *Brown* 1251.
Petiver — *Bibl. Banks.* III 75. 95 sqq.
Petraeus — *Bring* 1154.
Petrus I., Imperator, — *Vellozo* 9727.
Petrus de Aboeno — *Dioscorides* 2299—2300
Pettigrew — *Lettson* (vita)
Peyrat — *Dupeyrat* 2538.
Peyritsch, Joh. 10615.

Peyritsch — *Kotschy* 4843.
Peyritsch — *Wawra* 10019.
Peyrouse — *La Peyrouse* 5069—5070.
Peyssonnel — *Bibl. Banks.* III. 344. 552.
Pfeffel — *Scheuchzer* 8174.
Pfeffer, W. 10616.
Pfeffer — *Heister* 3925
Pfeiffer, L 10617.
Pfeiffer — *Linnaeus* 5473.
Pfister — *Hiller* 4079.
Pfister — *Schobinger-Pfister* 8312.
Pfotenhauer — *Titius* 9374.
Pfund — *Berchtold* 632.
Pfund — *Jussieu* 4544.
Pfund — *Montagne* 6375.
Phalimirus — *Falamierz* 2807.
Phelippe te Noir — *Bartholomaeus* 430.
Phelippe te Noir — *Anon.* 10836.
Philomousos — *Carrichter* 1542.
Phoebus — *Brandt* 1094.
Phrysius — *Fries* 3121.
Physicienne — *Gaudichaud* 3234
Piatti — *Micheli* 6202.
Picco — *Dardana* 2047.
Pickering — *Bibl. Banks* III. 443.
Picot — *La Peyrouse* 5069—5070.
Picot — *Bibl Banks* III. 142 426. V. 78. 81.
Pictet-Mallet — *Forsyth* 2985.
Pictorius — *Macer* 5711.
Picus — *Picco* 7136
Picus — *Dardana* 2047.
Pielnhuber — *Kirchmaier* 4681
Pierre — *Germain de Saint Pierre* 3289—3292
Pigati — *Monte Pigati* 6393
Pigou — *Bibl Banks*. III. 055
Pihlman — *Wallerius* 9948.
Pinaeus — *Du Pinet* 2539.
Pinet — *Du Pinet* 2539.
Pingeron — *Sestini* 8632
Pinguia — *Hildegardis* 4458—4459.
Pinzger, P 10618.
Pirona — *Comelli* (vita)
Piso — *Bondt* 972.
Piso — *Martius* 5911
Pitton — *Tournefort* 9424—9429
Pius VI — *Martelli* 5841.
Placcius — *Imperato* 4433
Planchon — *Belleval* 603.
Planchon — *Cambessedes* (vita).
Planchon — *Linden* 5335.
Planchon — *Triana* 9503.
Plancus, Janus, — *Colonna* (vita)
Planer, J. A, — *Camerarius* 1447
Planer, J J, — *Linnaeus* 5414
Plazza — *Bibl. Banks*. III. 449
Plessy — *Duplessy* 2540
Plinius — *Brunfels* 1283.
Plinius — *Fée* 2844.
Plinius — *Guilandinus* 3639.
Plinius — *Leonicenus* 5219.
Plinius - *Saumaise* 8045.
Plinius — *Scaliger* 8087.
Plot — *Bibl. Banks* III. 421
Pluche — *Bibl. Banks*. III. 428
Plukenet — *Giseke* 3348.
Plukenet — *Phelsum* 7116
Plukenet — *Tenzel* 9172
Poederle — *Bibl. Banks* III 423.
Poggioli — *Cesi* (vita).
Poiret — *Chaumeton* 1679

Poiret — *La Mark* 5004—5005.
Poiteau — *Du Hamel* 2467.
Poiteau — *Risso* 7644.
Poitevin — *Draparnaud* (vita).
Pokorny — *Ettingshausen* 2756.
Pollich — *Bibl. Banks*. III. 546.
Polstorff — *Wiegmann* 10229.
Polycarpus — *Jessenius* 4423.
Pomel — *Bibl. Banks*. III. 343.
Pona — *Belli* (vita)
Pona — *Clusius* 1759.
Pona — *Marogna* 5818.
Pontachartrain — *Tournefort* 9426.
Pontedera — *Tilli* 9356.
Pontén — *Thunberg* 9292.
Pontin — *Linnaeus* 5488.
Pontin, M. A., — *Swartz* (vita).
Ponzetti — *Ardoynis* 216.
Poot — *Rheede* 7585—7587.
Poppe — *Carrichter* 1542.
Porro — *Cortuso* 1896.
Porta — *Dallaporta* 2037.
Portes — *Desportes* 2196—2198
Porto — *Beggiato* 569.
Porto Naonis — *Odoricus de P N.*
Pose — *Clewberg* 1749.
Possevinus — *Petrelli* 7090.
Postels — *Luetke* 5687.
Pott, J. F., — *Du Roi* 2560
Pottier — *Brierre* 1146.
Pouppé — *Desportes* 2193.
Pourret — *Bibl Banks*. III 143 236.
Prachien — *Kozak a Prachien* 4847.
Pradel — *Serres* 8630.
Preiss — *Lehmann* 5176
Prenzler — *Waldschmiedt* 9933.
Presl, J. S , — *Berchtold* 631.
Presl, K. B , — *Brown* 1218
Preu, Joachim, — *Camerarius* (vita)
Preuss, C. G., — *Sturm* 9026
Preuss, G B , — *Bibl. Banks*. III. 406
Preux — *Jussieu, B. de* (vita)
Printz — *Linnaeus* 5494
Pritzel — *Delessert* (vita).
Pronville — *Lindley* 5343
Proust — *Bibl. Banks*. III. 437.
Prouvensal — *Saint-Hilaire* 7983—7993.
Puerari — *West* 10198.
Pulteney — *Linnaeus* (vita).
Pulteney — *Banister* (vita).
Pulteney — *Blair* (vita)
Pulteney — *Bibl. Banks* III 137. 250. 357. 416. 548. V. 83
Pursh — *Pursch* 7369—7374.
Pursh — *Donn* 2374.
Putius — *Bibl. Banks*. III. 287.
Putterlick — *Nees von Esenbeck* 6665
Pyl — *Bibl Banks*. III. 473.
Pylaie — *Bachelot* 311—312.

Quensel — *Anon.* 10707
Quercu — *Duchesne* 2446.
Quesne — *Linnaeus* 5426.
Quintinye — *La Quintinye* 5075.
Quintus Apollinaris — *Apollinaris* 205

Rabe — *Heister* 3923.
Rabenhorst — *Braun* 10543
Rabenhorst — *Gonnermann* 3466.

Rabenhorst — *Stizenberger* 8981.
Radde, G. 10619.
Raddi — *Carradori* (vita).
Radel — *Petit-Radel* 7086.
Radlkofer — *Delle* 2129—2140.
Radlkofer — *Sendtner* 8605.
Radloff — *Thunberg* 9278.
Raffeneau — *Delile-Delile* 2119—2121.
Rafinesque — *Cupani* 1995.
Rahn — *Bibl. Banks*. III. 476.
Raimann — *Jaquin, N J.* (vita).
Rainville — *Bibl. Banks*. III. 428.
Rajus — *Ray* 7431—7440
Ram — *Dodoens* 2345.
Ramatuelle — *Bibl. Banks*. III. 312; 382. 384.
Ramon de la Sagra — *Montagne* 6375. 6380.
Ramond — *Bibl. Banks*. V. 69. 88.
Ramus — *Been* 560.
Rand — *Martyn* 5921.
Ransford — *Graham* (vita).
Ranzovius — *Macer* 5711.
Rapin, D. 10620.
Raspail — *Bulliard* 1356.
Ratzeburg — *Brandt* 1091.
Ratzeburg — *Hayne* 3864.
Ratzeburg — *Meyen* 6143.
Ratzenberger — *Kessler* 4651.
Rau — *Bibl. Banks*. III. 546.
Rautenfels — *Martens* 5843.
Rauwenhoff — *Nortier* 6744.
Rauwenhoff — *Quedemans* 6884.
Rauwolf — *Gronovius* 3608
Ravin, E. 10621.
Rawley — *Bacon* 317.
Rawson — *Pappe* 6930
Ray — *Belli* (vita).
Ray, B., — *Bibl. Banks* III 201
Ray, John, — *Dampier* 2041.
Ray, John, — *Grisley* 3602.
Ray, John, — *Schelhammer* 8143.
Ray, John, — *Tournefort* 9425. 9428
Ray, John, — *Bibl Banks*. III. 43 sqq
Rayger — *Bibl Banks* III. 356
Razumowski — *Fischer* 2912.
Razumowski — *Redowski* 7458.
Reaumur — *Bibl. Banks*. III. 343 344. 351.
Rechus — *Hernandez* 4000.
Redtel — *Schulze* 8496.
Redouté — *Bonpland* 988.
Redouté — *Candolle* 1463 1465.
Redouté — *La Peyrouse* 5069.
Redouté — *Du Hamel* 2470.
Redouté — *Michaux* 6194
Redouté — *Rousseau* 7822.
Redouté — *Ventenat* 9731. 9734
Redslob, Jul. 10622.
Reed — *Bibl. Banks*. III. 574.
Reftelius — *Linnaeus* 5499.
Regel 10623.
Regel — *Schmitz* 8292.
Regis — *Malpighi* 5764.
Regius — *Roy* 7839.
Rehm — *Huber* 4300.
Reichard — *Linnaeus* 5411. 5431.
Reichard — *Bibl. Banks*. III. 84. 352.
Reichardt — *Clusius* (vita).
Reichardt — *Wüllerstorf* 10412.
Reichel, G. Chr., — *Kiesling* 4670.
Reichenbach — *Lauremberg* 5089.
Reichenbach, A. B , — *Plato* 7181.
Reichenbach, Gustav, — *Hoffmannsegg* 4163

Reichenbach, Gustav 10624.
Reichenbach, Gustav, — *Linden* 5335.
Reichenbach, Gustav, — *Peters* 7081.
Reichenbach, Gustav, — *Saunders* 8047.
Reichenbach, Ludwig, — *Harzer* 3836.
Reichenbach, Ludwig, — *Heynhold* 4049.
Reichenbach, Ludwig, — *Klett* 4718.
Reichenbach, Ludwig, — *Miltitz* 6247.
Reichenbach, Ludwig, — *Moessler* 6348.
Reichenbach, Ludwig, — *Sturm* 9026.
Reifferscheid — *Salm-Reifferscheid-Dyk* 8008—8016.
Rein — *Mink* 6251.
Reinboth — *Eysel* 2772.
Reineccius — *Rosenfeld* 7770.
Reinesius — *Apicius* 204.
Reiniger — *Leske* 5228.
Reinke, Johs. 10625.
Reinwardt — *Blume* 843.
Reinwardt — *Nees von Esenbeck* 6652.
Reising — *Ziegra* 10491.
Reiske — *Taber* 2787.
Reisseck, S. (vita), pag. 358.
Rendorp — *Commelin* 1829.
Rendu — *Leblond* 5110.
Renealmus — *Reneaulme* 7542.
Reneaume — *Bibl. Banks.* III 323. 373.
Renou — *Hardouin* 3780.
Renz — *Schuebler* 8426.
Requien — *Perreymond* 7046
Reselius — *Bibl. Banks.* III. 378.
Ressons — *Bibl. Banks* III. 621.
Retzius — *Bibl Banks.* III. 170 sqq.
Reusch — *Volckamer* 9848.
Reuss, Ch. F, — *Bibl. Banks.* III. 580.
Reuss, F. A., — *Hildegardis* 4059.
Reuss, F. A, — *Strabo* 8895.
Reuss, G. D., — *Schulze* 8500.
Reuter — *Boissier* 943. 946.
Reuter — *Margot* 5812
Reveil — *Dupuis* 2545.
Revigin — *Trozelius* 9542.
Reyer — *Unger* (vita).
Reyges — *Breyne, J. Ph.* (vita).
Reynier — *Bibl. Banks.* III. 151. sqq.
Rhanius — *Cramer* 1946.
Rheede von Droakenstein — *Dillwyn* 2288.
Rhein — *Krause* 4868
Rhellicanus — *Gesner* 3299
Rhodion, E. 10626.
Rhodion — *Anon.* 10793.
Rhodius — *Scribonius* 8561.
Rhyne — *Breyn* 1186.
Rhyne — *Valentini* 9663.
Rhyne — *Bibl. Banks.* III. 2.
Ribeiro — *Arruda da Camara* 261.
Ribeiro — *Peixoto* 7025.
Ricartus — *Wionius* 10341.
Richard, Achille, — *Guillemin* 3647.
Richard, Achille, — *C. L. Richard* 7609—7610.
Richard, Achille, — *Sagra* 7973.
Richard, Achille, — *Turpin* 9580.
Richard, L. C., — *Buillard* 1355.
Richard, L. C., — *Duval* 2573.
Richard, L. C, — *Nestler* 6674.
Richard, L. C., — *Thuillier* 9256.
Richard, L. C., — *Bibl. Banks.* III. 190. 269. 326. 354.
Richardson, John, — *Brown* 1214.
Richardson, John, — *Hooker* 4222.

Richer de Belleval — *Belleval* 600—603.
Richer de Belleval — *Gilibert* 9328.
Richers — *Haller* 3715.
Richter, G. Fr., — *Bibl. Banks.* III. 380.
Richter, H. Eb., — *Klett* 4718.
Richter, H. Eb , — *Linnaeus* 5432.
Ridinger — *Weinmann* 10140.
Riecke, V. A., — *Berge* 654.
Rieckius — *Camerarius* 1451.
Riedlinus — *Bibl. Banks.* III. 546
Riegels — *Bache* 309.
Rieger — *Zeyher* 10487.
Riera — *Salvador y Riera*.
Rihel, W. et J., — *Bock* 864—868.
Rimrod — *Bibl. Banks.* III. 275.
Ringier — *Schuebler* 8421.
Rio, da — *Arduino* (vita)
Rio — *Asso* 273—274
Riocreux — *Delessert* 2126.
Riocreux — *Dumont* 2482.
Riocreux — *Raoul* 7412.
Riocreux — *Webb* 10023.
Riocreux — *Weddell* 10042.
Rippelius — *Zwinger* 10530.
Risler, Jacob, — *Bibl. Banks.* III. 286.
Ritgen — *Wilbrand* 10282.
Ritter, J. J., — *Bibl. Banks.* III. 447.
Ritter von Rittersberg — *Dobrowsky* (vita).
Rive — *Derive* 2167
Rivera — *Suarez de Rivera* 9033.
Rivera — *Dioscorides* 2313.
Rivière — *Bibl. Banks.* III. 544.
Rivinus, A. Q , — *Dillenius* 2284.
Rivinus, A. Q, — *Ray* 7438.
Rivinus, A. Q., — *Rivinus* 7657.
Rivinus, A. Q., — *Ruland* 7905
Rivinus, A. Q., — *Schelhammer* 8143.
Rivius — *Dioscorides* 2307—2308.
Rixner — *Cardano* (vita)
Robers, Nic, — *Dodart* 2341.
Robert — *Bosse* (vita)
Robert — *Ruprich-Robert* 7929.
Robert — *Vahl* 9648
Robiati — *Goethe* 3452.
Robin, C C, — *Rafinesque* 7400.
Robin, Jean, — *Vallet* 9671.
Robinson — *Bibl. Banks.* III 355.
Robinus — *Robin* 7670—7673.
Robson — *Bibl. Banks.* III. 654.
Rocadus — *Bauhin* 502
Rocca, Della, — *Bibl. Banks.* III. 337.
Roche, La — *La Roche* 2117—2118.
Roche — *Redouté* 7453.
Roche, Davy de la, — *Merlet* 6106
Rochleder, Fr. 10627.
Rode — *Schuebler* 8419
Rodigas — *Scheidweiler* (vita).
Roeder — *Schuebler* 8451.
Roehling — *Borkhausen* (vita).
Roelsius — *Clusius* 1759.
Roemer, G. Chr., — *Zeyher* 10485.
Roemer, J. J, — *Candolle* 1472.
Roemer, J. J., — *Linnaeus* 5430.
Roemer, J. J., — *Smith* 8741.
Roemer, J. J., — *Bibl. Banks.* III. 646.
Roennow — *Sprengel* 8867.
Roentgen — *Dodoens* (vita)
Roeper — *Candolle* 1502.
Roeper — *Seringe* 8618.
Roeslin — *Anon.* 10793
Roessler — *Bibl. Banks.* III. 649.

Roffredi — *Bibl. Banks.* III. 427.
Roget — *Candolle* (vita).
Rohard — *Castel* 1587.
Roi — *Du Roi* 2559—2560.
Roland — *Bibl. Banks.* III. 422. 629. 639.
Rolander — *Bibl. Banks.* III. 290.
Rolfincius — *Rolfink* 7742—7743.
Rolfincius — *Major* 5753.
Romano — *Dumont* 2479.
Romanson — *Thunberg* 9296.
Romanus — *Pion* 7152.
Rondeau — *Du Rondeau* 2561.
Roos — *Linnaeus* 5508.
Rosa — *Mascati* 6492.
Rosapachius — *Rosbach* 7762.
Roschid — *Ibn Roschid*.
Roscius — *Dioscorides* 2293.
Rosenbaum — *Sprengel* 8880.
Rosensten — *Bibl. Banks.* III. 629
Rosenthal, Chr. F., — *Linnaeus* 5492
Rosinus — *Wigandus* 1024.
Ross, J. Clarke, — *Hooker* 4199 4228.
Ross, John, — *Brown* 1229
Rossi — *Bibl. Banks.* III. 395
Rossmaessler — *Auerswald* 284.
Rostan — *Bibl. Banks.* III. 575
Rostkovius — *Sturm* 9026.
Rostrup — *Deichmann* 10548.
Roth, A. W., — *Bibl Banks.* III. 64. 85 sqq.
Roth, J. R, — *Schenck* 8153.
Rothe, H. A, — *Nees von Esenbeck* 6645.
Rotheram — *Linnaeus* 5495.
Rothius — *Camerarius* 1446.
Rothman, G, — *Linnaeus* 5500.
Rothman, G, *Wallerius* 9951
Rothman, J, — *Bibl Banks* III. 351.
Rothschild — *Lowe* 5642.
Rottboell — *Koenig* 4798.
Rottboell — *Bibl Banks* III. 6 33 83. 178.
Rottendorf — *Ferrari* 2877.
Roubieu — *Gouan* (vita).
Rougier — *Bibl. Banks.* V 88.
Rouille — *Fuchs* 3139.
Roulle — *Henckel* 3955.
Rousseau, J J., — *Martyn* 5927
Rousseau, J. J., — *Meinecke* 6062.
Rousseau, J J, — *Redouté* 7454.
Roux — *Henckel* 3955.
Rovillius — *Dalechamps* 2035.
Rovillius — *Fuchs* 3139.
Rovillius — *Pons* 7263.
Rowley — *Bacon* 317.
Roxas — *Clemente-Herrera* 4007.
Roxburgh — *Brown* 1247.
Roxburgh — *Bibl Banks.* III. 304. sqq.
Roy — *Leroy* 5224.
Royen, A., — *Gmelin* 3393.
Royen, D., — *Schwencke* 8541.
Royer — *Deleuze* 2127.
Royer — *Darwin* 2057.
Royle — *Bentham* 617.
Roze — *Rivière* 7650
Rozier — *Latourette* 5084—5085
Rozier — *Bibl. Banks.* III. 640.
Rubesch — *Reuss* 7566.
Rubini — *Bibl. Banks.* III. 527.
Ruchinger, G M, 10628.
Rucker — *Bibl. Banks.* III. 546.
Rudbeck, Joh. Olof., — *Roberg* 7659.
Rudbeck, Olof. — *Holtzbom* 4189.

Rudbeck, Olof., filius, — *Bibl. Banks.* III. 170.
Rudberg, D, — *Linnaeus* 5438.
Rudberg, O., — *Below* 610.
Rudenschöld — *Bibl. Banks.* III. 324.
Rudolphi — *Nees von Esenbeck* 9795.
Ruecker — *Mentzel* 6093.
Rueffer — *Boehmer* 897.
Ruellius — *Duchesne* 2446.
Ruellius — *Scribonius* 8561.
Ruellius — *Dioscorides* 2295. 2302. 2306—2307.
Rufinus — *Rueling* 7869.
Ruiz — *Lambert* 5011.
Ruiz — *Ortega* 6859.
Rumberg — *Jörlin* 4440.
Rumpel — *Bibl. Banks.* III. 491.
Rumpf — *Blume* 846
Rumpf — *Burman* 1393
Rumpf — *Hasskarl* 3849.
Rumpf — *Henschel* 3974.
Rumpf — *Valentini* 9663.
Rumpf — *Bibl. Banks* III. 286.
Rumphius — *Rumpf* 7908—7909.
Rung — *Thunberg* 6268.
Ruppius — *Bibl. Banks* III. 29.
Ruprecht — *Meyer* 6178.
Ruprecht — *Middendorf* 6209.
Ruprecht — *Osten-Sacken* 6869.
Ruprecht — *Postels* 7280.
Ruprecht — *Trinius* (vita) 9522.
Rurik — *Chamisso* 1656.
Rush — *Bibl. Banks.* III 565. V. 96.
Russeger, Jos von, — *Schweinfurth* 6869.
Russel, Duke of Bedford — *Forbes* 2959—2962.
Russel, A, — *Bibl. Banks.* III. 472.
Russel, Cl., — *Bibl. Banks.* III 654.
Russwurm — *Gleichen* 3367. 3368.
Ruthe — *Eysson* 2785.
Rutty — *Bibl Banks.* III. 550.
Ruysch — *Commelin* 1833
Ryff — *Dioscorides* 2307—2308.
Ryff — *Fuchs* 3141
Ryhinerus — *Bibl Banks.* III. 575.

Sabbati — *Bonelli* 976.
Sabin Berthelot — *Berthelot* 715.
Sabine, Edward, — *Hooker* 4214.
Saccardo — *Arduino* (vita).
Saccardo — *Beggiato* (vita).
Saccardo — *Bertoloni* (vita).
Sacerdoti — *Marsili* 5838.
Sachs, Jul. 10629.
Sachs von Lewenhaimb — *Bibl. Banks.* III. 265. 408.
Sachsen, König von, — *Biasoletto* 764.
Sachsse, R. 10630.
Sacken — *Osten-Sacken* 6869.
Sacklén — *Hellenius* 3936
Sacramento — *Leandro do Sacramento* 5105.
Sadler — *Balfour* 390
Saelan — *Lönnrot* 5570.
Saelan — *Nylander* 6781.
Sage — *Bibl Banks.* III. 436.
Sagredo — *Clarivi* 1728.
Sahlin — *Thunberg* 9333.
Sahlstedt — *Retzius* 7546.
Saibante — *Rufinus.*

Saint — *Mont-Saint* 6398.
Saint-Alban — *Bacon* 317.
Saint-Amand — *Tristan* 9527.
Saint-Amans — *Brondeau* 1164.
Saint-Amans — *Linnaeus* (vita).
Saint-Aubin — *Genlis* 3273.
Saint-Denys — *Hervey de Saint-Denys* 4015.
Saint-Fond — *Faujas* 2823.
Saint-Germain — *Prevost* 7332.
Saint-Hilaire — *Jaume* 4400—4405.
Saint-Jean Grevecoeur — *Bibl. Banks.* III. 600.
Saint-Leger — *Bibl. Banks.* V. 101.
Saint-Martin — *Juge* 4515.
Saint-Martin — *Bibl. Banks.* III. 546.
Saint-Michel — *Maurille* 6008.
Saint-Vincent — *Bory* 1023—1027.
Salberg, C. H, — *Thunberg* 9266.
Salberg; J, — *Linnaeus* 5501.
Saldanha da Gama — *Allemão* 100.
Salerne — *Arnauld* 248.
Salerne — *Bibl. Banks.* III. 429.
Salisbury, R. A., — *Thunberg* 9272.
Salisbury, R. A, — *Bibl. Banks.* III. 259. 281. 316.
Salm — *Salm-Salm* (vita).
Salmasius — *Saumaise* 8045.
Salmuth — *Guilandinus* 3639.
Salter — *Bromfield* 1163.
Samonicus — *Macer* 5711.
San Antonio — *Bibl. Banks.* V. 100.
Sandahl — *Trozelius* 9540.
San de Lacoste, C. N. von der, — *Dozy* 2394—2395.
Sander — *Bibl. Banks.* III 570. 628.
Sandhagen — *Heister* 3927.
Sandmark, C. G, — *Linnaeus* 5490.
Sandmark, G, — *Retzius* 7550.
Sandström — *Wilbrand* 10262.
Sangiorgio, G., — *Moscati* 6492.
San Martino — *Bibl. Banks.* III. 378. 569.
Santes de Ardoynis — *Ardoynis* 215—216.
Saporta, Gaston Comte de 10631.
Saracenus — *Dioscorides* 2296. 2312.
Sarrabat — *De la Baisse* 2110.
Sarwey — *Camerarius* 1452.
Saul — *Boreau* 1004.
Saussure — *Bonnet* (vita).
Saussure — *Bibl. Banks.* III. 415. V. 85.
Sauter, Anton, Eleuth. 10632—10634.
Sauvages — *Boissier* 950.
Savatier-Rochebrune — *Trémeau* 7682.
Savi, Gaetano, — *Ridolfi* (vita).
Savi, Gaetano, — *Bibl. Banks.* V. 65.
Savi, G. B., — *Théis* 9183.
Say — *von Schweinitz* 8537.
Sbaragli — *Danielli* 2043.
Scaliger — *Constantin* (vita).
Scaliger — *Faber* 2786.
Scaliger — *Nikolaos Damask.* 6694.
Scaliger — *Sperling* 8824.
Scaliger — *Theophrastus* 9197. 9203
Scaliger — *Varro* 9689.
Scalius — *Vallisneri* 9674.
Scannagati — *Linnaeus* 5431.
Scannagati — *Bibl. Banks.* III. 594.
Scardeonius — *Bonafede* (vita).
Scarella — *Vallisneri* 9674.
Schaeffer — *Persoon* 7059.
Schaeffer — *Bibl. Banks.* III. 557.
Schaerer — *Moritzi* 6470.

Scharffius — *Bibl. Banks.* III. 551.
Schauer — *Bluff* 837.
Schauer — *Brown* 1214.
Schauer — *Candolle* 1485.
Schauer — *Martius* 5902.
Schauer — *Moquin-Tandon* 6412.
Scheffer — *Bibl. Banks.* III. 638.
Scheffler — *Baier* 335.
Scheich Muhammed Lalézari — *Diez* 2280.
Scheidweiler — *Lemaire* 5203.
Scheidweiler — *Schleiden* 8232.
Schelhammer — *Bibl. Banks.* III. 352. 899. 405.
Schelhass — *Wedel* 10099.
Schelver — *Henschel* 3972.
Schenck von Grafenberg — *Guilandinus* 3640.
Schenk, A, — *Schoenlein* 8315.
Schenk, Ernst, — *Goebel* 3422.
Schenk, Ernst, — *Krause* 4863.
Schenk, Ernst, — *Langethal* 5049.
Schenk, Ernst, — *Zenker* 10466—10470.
Schenk — *Martius* 5902.
Schenk — *Schlechtendal* 8214.
Scherbius — *Gaertner* 3167.
Scherer, J. A., — *Ingenhousz* 4435
Scherer, J. B, — *Steller* 8930.
Scheuchzer, J., — *Haller* 3728.
Schiller — *Brunfels* 1283.
Schiller, G W., — *Reichenbach* 7513.
Schimper, Karl, — *Bravais* 1112.
Schindler — *Ramspeck* 7411
Schinz, Chr. Sal, — *Gesner* 3310.
Schinz, Sal, — *Bibl. Banks.* III. 367
Schkuhr — *Kunze* 4945—4946.
Schkuhr — *Bibl. Banks.* III. 89. 152.
Schlechtendal von — *Chamisso* (vita).
Schlechtendal — *Guimpel* 3653.
Schlechtendal — *Schomburgk* 8323.
Schlechtendal — *Zenker* 10470.
Schlechtendal, pater — *Willdenow* 10285.
Schleger — *Bibl. Banks* III. 498.
Schleicher — *Bibl. Banks.* V. 70.
Schleiden — *Hartig* 3793.
Schleiden — *Schmid* 8252. 8253.
Schleiden — *Winkelblech* 10324. 10325.
Schlincke — *Cartheuser* 1553.
Schlosser, J. C. 10635.
Schlotterbeck — *Bibl. Banks.* III. 349. 403.
Schmaltz — *Rafinesque-Schmaltz* 7399—7402.
Schmeer — *Ortlob* 6861.
Schmeisser — *Uslar* 9646.
Schmersahl — *Bibl. Banks.* III. 622. 631. 634. 639.
Schmid, Bernhard, — *Zenker* 10468.
Schmid, Joh. Andr., — *Wedel* 10116.
Schmid, Joh. Phil., — *Fischer* 2919.
Schmid, Joh. Ulr., — *Wedel* 10096.
Schmidel, C. Chr., — *Krause* 3296.
Schmidel, Joh., — *Thomasius* 9224.
Schmidt, C. F., — *Berg* 646.
Schmidt, C. F., — *Karsten* 4595.
Schmidt, Chr. Fr., — *Bibl. Banks.* III. 619.
Schmidt, Chr. H., — *Duchesne* 2443.
Schmidt, Franz W., — *Bibl. Banks.* III. 88. 164 sqq.
Schmidt, Fr. — *Meyer, J. C.*, 6175.
Schmidt — *Goebel-Helfer* 3932.
Schmidt — *Goebel-Jussieu* 4544.
Schmidt, Joh. Ant, — *Martius* 5902.

Schmidt, Joh. Karl, — *Kunze* 4942.
Schmidt, Joh. St., — *Mauchart* 5999.
Schmidt, Karl, — *Claus* (vita).
Schmidt, Karl Wilh., — *Boehmer* 907.
Schmidt, Matth. Eust., — *Orth* 6860.
Schmidt, W. L. E., — *Rostkovius* 7790.
Schmiedel — *Schmidel* 8255—8261.
Schmieder — *Bibl. Banks.* III. 233. 403.
Schnecker — *Schnekker* 8297.
Schneider, Saxo — *Cato* 1606
Schneider, Saxo — *Columella* 1825.
Schneider, Saxo — *Theophrastus* 9199.
Schneider, Saxo — *Varro* 9689.
Schnizlein — *Berger* 663.
Schnizlein — *Berger* 664.
Schnizlein — *Sturm* 9027.
Schnizlein — *Martius* 5902.
Schnurrer — *Kielmeyer* 4662.
Schnyder — *Bibl. Banks.* III 214.
Schober, C. G , — *Bibl. Banks.* III. 371.
Schober, G., — *Bibl. Banks.* III. 544.
Schobinger — *Spiessenhoff* 8842.
Schoeffer, P., — *Anon.* 10823.
Schoellenbach — *Oelhafen* 6803.
Schoellenbach — *Du Hamel* 2469.
Schoen — *Frenzel* 3044.
Schoenfeldt, J. W., — *Schminckius* 8291.
Schoenfeldt, Melchior, — *Carrichter* 1542.
Schoenfeldt, Melchior, — *Poppe* 7271.
Schoenlein — *Klotzsch* 4731
Schoepf — *Bibl. Banks.* III. 369.
Schoepfer — *Herold* 4004.
Schott, H , — *Endlicher* 2693
Schott, Joh., — *Brunfels* 1283—1285.
Schottus, Kaspar, — *Ilmer* 4429.
Schouw — *Hofman* 4167.
Schouw — *Oeder* 6799.
Schrader, H A., — *Sprengel* 8874.
Schrader, J. Chr K., — *Bibl. Banks.* III 498.
Schrank — *Brown* 1214.
Schrank — *Haworth* 3858.
Schrank — *Martius* 5893
Schrank — *Schreber* (vita).
Schrank — *Bibl. Banks* III. 12 sqq.
Schreber — *Adanson* 20.
Schreber — *Cranz* (vita)
Schreber — *Ellis* 2665.
Schreber — *Linnaeus* 5411. 5415. 5416. 5424—5425.
Schreber — *Sturm* 9026.
Schreber — *Bibl. Banks.* III. 81 sqq.
Schreckenstein — *Rot von Schreckenstein* 7793
Schreiber, Hier., — *Cordus, Val.* (vita).
Schreiber, J F., — *Hoppe* 4255.
Schreiber, J. F , — *Bibl. Banks.* III. 653.
Schreibers — *Linnaeus* 5403.
Schreibers, Isabelle, — *Jacquin* 4355.
Schrenk — *Fischer* 2915.
Schreuder — *Kaasböl* 4556.
Schrick — *Tollat von Vachenberg* 9388.
Schroeckius — *Bibl. Banks.* III. 265 sqq.
Schroeder, J., — *Mundelstrup* 6553.
Schroepfer — *Herold* 4004.
Schroeter, J. S , — *Bibl. Banks* III. 353. 408.
Schroeter, K., — *Grube* 3617.
Schubart — *Eysel* 2778.
Schubert, G. H. v., — *Aucher-Eloy* (vita).
Schubert, G. H., — *Nees von Esenbeck* 6646.
Schubert, G. H., — *Schenck* 8153

Schubert, Karl, — *Ficinus* 2884.
Schuebler — *Duvernoy* 2581.
Schuebler — *Martens* 5848.
Schuebler — *Schacht* 8107.
Schuette — *Ruppius* 7913.
Schuez — *Schuebler* 8422.
Schultens — *Boerhaave* (vita).
Schultes, H., — *Hoffmann* 4151.
Schultes, Jos. A., — *Linnaeus* 5430.
Schultes, Jos. A., — *Roemer* 7715.
Schultes, Jos. A., — *Smith* 8745.
Schultes, Jos. A., — *Thunberg* 9262.
Schultes, Jos. A., — *Willdenow* 10277.
Schultes, Jul. Herm., — *Linnaeus* 5430.
Schultes, Jul. Herm., — *Roemer* 7715.
Schultz, Bip, — *Schomburgk* 8323.
Schultze, Sam., — *Bibl. Banks.* III. 625.
Schultzenstein — *Schultz* 8474—8484.
Schultzius, Simon, — *Bibl. Banks.* III. 545.
Schulz von Schulzenheim — *Linnaeus* (vita).
Schulze, Chr. Fr, — *Kretzschmar* 4881.
Schulze, Chr. Fr., — *Bibl. Banks.* III. 94. 161. 494.
Schulze, Joh. Dom., — *Giseke* 3350.
Schumacher, Chr. Fr., — *Bibl. Banks.* III. 237.
Schuster — *Bibl. Banks.* III. 406. 546.
Schwabe — *Perrault* 7045.
Schwaegrichen — *Hedwig* 3885.
Schwaegrichen — *Heyne* 4047.
Schwaegrichen — *Linnaeus* 5427.
Schwaegrichen — *Schkuhr* (vita).
Schwaegrichen — *Winkler* 10326.
Schwalbe — *Jampert* 4392.
Schwan — *Otto* 6875
Schwankhardt — *Vassalli* 9690.
Schwarz, Chr. G. — *Popowitsch* 7269.
Schwarz, J. Fr., — *Lange* 5041.
Schwegman — *Schneevogt* 8295.
Schweighaeuser — *Gibcin* 3320.
Schweinitz — *Albertini* 88.
Schwencke — *Bibl. Banks* III 233
Schwendener — *Naegeli* 6604. 6608.
Schwendimann — *Spielmann* 8837.
Schyller — *Brunfels* 1283.
Scopoli — *Bibl. Banks.* III. 434.
Scopoli — *Willemet* 10288.
Scott — *Ray* (vita).
Scouler — *Brotero* 1196.
Scribonius Largus — *Brunfels* 1283.
Scultetus — *Cornarius* 1890.
Seba — *Bibl. Banks.* III. 384. 465.
Sebastiani — *Fiorini-Mazzanti* 2906.
Sebastiani — *Mauri* 6006.
Sebisch — *Bock* 865.
Seeber — *Kuechelbecker* 4904.
Seemann, B. (vita), pag. 359.
Seetzen — *Bibl. Banks.* III. 128. 654.
Segerstedt — *Ullgren* 9597.
Segnitz, G. von, — *Ermert* 2678.
Seguier — *Gronovius* 3609.
Seguierus — *Bradley* 1084.
Ségur — *Wakefield* 9925.
Sehlmeyer — *Wirtgen* 10346.
Seidl — *Berchtold* 632.
Seizius — *Boehmer* 904.
Seligmann, J. M, — *Treu* 9498 9500.
Sellow — *Martius* 5902.
Semenow — *Regel* 7472.
Sendel — *Bibl. Banks.* V. 95
Senguerdius — *Gronovius* 3606

Senguerdius — *Schwalbe* 8524.
Senjawin — *Kittlitz* 4708.
Senjawin — *Luetke* 5687.
Senjawin — *Postels* 7280.
Sennebier — *Huber* 4299.
Sennebier — *Saussure, H. B.* (vita)
Sennebier — *Spellanzani* 8841. 8843.
Sennebier — *Bibl. Banks.* III. 347 sqq.
Senner — *Baier* 337.
Senter — *Weinmann* 10140
Sepp — *Kops* 4822.
Sepp — *Krauss* 4871—4872.
Serenus Samonicus — *Macer* 5711.
Seringe — *Anon.* 10813.
Seringe — *Candolle* 1485.
Seringe — *Hamilton* 3744.
Serra — *Correa de Serra*.
Serrão — *Alemão* 100.
Serres — *Belleval* 603.
Servières — *Bibl. Banks.* III. 637.
Sesler — *Donati* 2370.
Settermark — *Kalm* 4578.
Seubert, Friedrich, — *Gok* 3456
Seubert — *Martius* 5902.
Seward — *Darwin, E.* (vita).
Seyffert — *Wedel* 10071.
Sharp — *Allen* 104.
Sherard — *Tournefort* 9425.
Sherard, Jac., — *Dillenius* 2285.
Sherard, Wm., — *Hermann* 3994.
Sherard, Wm., — *Bibl Banks* III. 548.
Shuttleworth — *Schmidt, J. K*, 8285.
Siber — *Cardano* (vita)
Sibthorp — *Dioscorides* 2322.
Sieber — *Siber* 8657.
Sieber — *Brown* 1216.
Siebold, Ph. Fr. von, — *Cleyer* (vita).
Sieffert — *Bibl. Banks.* III. 589.
Siegesbeck — *Brendel* 1128.
Siegesbeck — *Browall* 1206.
Siegesbeck — *Gleditsch* 3353.
Siennicki — *Dziarkowski* 2592.
Sievers — *Bibl. Banks.* III. 274.
Sigaud de la Fond — *Hales* 3700
Sigel — *Bibl. Banks.* III. 507. V 96.
Sigwart, G Fr , — *Koelreuter* 4790.
Silander — *Bibl Banks.* III. 627.
Sillén — *Agardh* 45.
Sillén — *Huss* 4340.
Sillig — *Macer* 5711.
Silliman — *Bertero* 714.
Silvestre — *Cubières* 2502—2508.
Silvius — *Mesue* 6113.
Simler — *Gesner, K.* (vita).
Simon — *Saint-Simon* 7996.
Simon Januensis — *Mattheus Sylvaticus* 5976.
Sims — *Curtis* 2007.
Sims — *Koenig* 4799.
Sinâ — *Ibn Sinâ* 4410.
Sinclair, G., — *Donn* 2374.
Sinning — *Nees von Esenbeck* 6648—6663.
Sjösteen — *Bibl Banks.* III. 644.
Sitgreaves — *Torrey* 9415.
Sixius — *Cartheuser* 1556.
Skepper — *Henslow* 3980.
Skoge — *Bibl. Banks.* III. 635.
Skytte — *Bibl. Banks.* III. 596.
Slare — *Bibl. Banks.* III. 564.
Slegelius — *Schlegel* 8220.
Sloane — *Bibl. Banks* III 129 sqq

Smellie — *Rotheram* 7809.
Smith, Chr, — *Brown* 1214. 1225.
Smith, Chr, — *Tuckey* 9582.
Smith, Colin, — *Carmichael* (vita).
Smith, E. D, — *Sweet* 9077.
Smith, J. E., — *Berkeley* 681.
Smith, J E, — *Dioscorides* 2322.
Smith, J. E, — *Hooker* 4218.
Smith, J. E, — *Linnaeus* 5403. 5408. 5410. 5428
Smith, J. E, — *Ray* (vita).
Smith, J E, — *Rudbeck* 7867.
Smith, J E, — *Sibthorp* 8659 8660.
Smith, J E., — *Bibl Banks*. III. 154 sqq.
Smyth, John, — *Bibl Banks*. III. 463.
Smith, Lady, — *Smith* 8733.
Soares Barbosa — *Bibl Banks*. III. 654. V. 88.
Söderberg — *Linnaeus* 5517
Söderberg — *Thunberg* 9326.
Söderstedt — *Thunberg* 9287.
Solander — *Bauer* 497
Solander — *Bibl. Banks*. III. 248. 506.
Solano — *Sanna Solano* 8035.
Soldan — *Prestele* 7328.
Solier — *Derbes* 2164
Solinus — *Saumaise* 8045
Solitander — *Mennander* 6090.
Sommer — *Olorinus* 6834—6835.
Sommerfeldt — *Bibl. Banks* III 611.
Sonder, W 10639
Sonder — *Decken* 2099.
Sonder — *Harvey* 3834
Sonnerat — *Bibl. Banks*. III. 248. 313. 359.
Sonnini — *Mirbel* 6288
Sonnini — *Rozier* 7855.
Sontheimer, J. von, — *Ibn Beithar* 4409.
Sontheimer, J. von, — *Ibn Sina* 4410.
Soret — *Goethe* 3452.
Sorolla — *Theophrastus* 9203.
Sorolla — *Dioscorides* 2313.
Soulange — *Bodin-Candolle* 1502
Sowerby — *Cooke* 1857.
Sowerby — *Dickson* 2224.
Sowerby — *Johnson* 4448—4450.
Sowerby — *Loudon* 5625
Sowerby — *Smith* 8738.
Soyer — *Willemet-Braconnet* 1074.
Spach — *Jaubert* 4397.
Spachius — *Tragoso* 3000.
Spadoni — *Bibl. Banks*. III. 406.
Sparmann, J. W, — *Alberti* 84.
Sparrmann, A, — *Linnaeus* 5513.
Sparrmann, A., — *Bibl. Banks*. III. 85. 241. 276. 330.
Sparrmann, N. G., — *Thunberg* 2296.
Speckbuck — *Hartmann* 5813.
Speneux — *Letellier* 5250.
Spengler — *Bibl. Banks*. III. 359.
Spenner — *Nees von Esenbeck* 6665.
Speranza — *Theophrastus* 9203.
Sperk, G. 10640.
Sperling, Otto, — *Fuiren* 3155.
Sperling, Otto, — *Bibl. Banks* III. 166.
Spielmann — *Herrmann* 4008.
Spielmann, fil., — *Spielmann* 8835
Spigelius — *Spiegel* 8827.
Spittler — *Bibl. Banks* III. 429.
Spongia — *Visiani* 9759.
Sponius — *Dufour* 2462
Spottswood — *Bibl Banks* III. 176.

Spraque — *Gray* 3526.
Sprat — *Cowley* (vita).
Spratt — *Woodville* 10398.
Spreng — *Bradlay* 1081.
Sprengel, Anton, — *Linnaeus* 5430.
Sprengel, Kurt, — *Babel* 297.
Sprengel, Kurt, — *Bergius* 671.
Sprengel, Kurt, — *Biehler* 770.
Sprengel, Kurt, — *Dioscorides* 2297.
Sprengel, Kurt, — *Encontre* 2684.
Sprengel, Kurt, — *Krocker* 4891.
Sprengel, Kurt, — *Link* 5383.
Sprengel, Kurt, — *Linnaeus* 5411. 5426. 5430.
Sprengel, Kurt, — *Neue Entdeck*. 10731.
Sprengel, Kurt, — *Swartz* 9071.
Sprengel, Kurt, — *Theophrastus* 9200.
Sprengel, Kurt, — *Wallroth* 9963—9964.
Sprengel, Kurt, — *Weber* 10029.
Spring, A. (vita), pag. 359.
Spring — *Martius* 5902.
Spring — *Miquel* 6272.
Springsfeld — *Bibl. Banks*. III. 76.
Spyk, v. d. — *Royen* 7844.
Stackhouse — *Paulet* 6987.
Stackhouse — *Theophrastus* 9198—9203.
Stackhouse — *Bibl. Banks*. III. 654.
Stalpart — *Bibl. Banks*. III. 547 552
Stang — *Genlis* 3273.
Stantcke — *Alberti* 85.
Stålhammar — *Bibl. Banks*. III. 566.
Stapel — *Theophrastus* 9197.
Staphorst — *Rauwolf* 7430.
Stedman — *Bibl. Banks*. III. 545
Steetz — *Peters* 7081.
Steetz — *Schomburgk* 8323.
Steffens, Henrik, — *Willdenow* 10277.
Stehelinus, J. R., — *Bibl. Banks*. III. 396.
Steigius — *Steige* 8920.
Steinheil, L, — *Le Maout* 5208.
Steinheil, — *Weddell* 10042.
Stekhoven — *Schuurmans Steckhoven* 8517—8518.
Steller — *Bibl. Banks*. III. 557.
Stelliola — *Imperato* 4433.
Stenberg — *Hellenius* 3940.
Stenhammar — *Fries* 3069.
Stenius — *Wallerius* 9947.
Stenmeyer — *Palmberg* 6910.
Stephanus Atheniensis — *Anon.* 10679.
Stephanus — *Estienne* 2745. 2746.
Stephanus, Carolus, — *Baccanelli* 307.
Stephanus, Robertus, — *Alamanni* 80.
Stephanus, Phil , — *Bobart* 855.
Sternau — *Bentzel-Sternau* 630.
Sternberg, Joachim, — *Bibl. Bank*. III. 378.
Sternberg, Kaspar, — *Brown* 1218.
Sternberg, Kaspar, — *Mattioli* 5993.
Sternberg, Kaspar, — *Sturm* 9026.
Sternberg — *Ungern-Sternberg* 9632.
Steudel — *Kielmeyer* 4663.
Stewart — *Lee* 5148.
Stickman — *Linnaeus* 5468.
Stieff — *Bibl. Banks* III 285
Stierna — *Kalm* 4577.
Stillingfleet — *Linnaeus* 5418. 5425. 5477.
Stirbes — *Humboldt* 4327.
Stitzenberger — *Braun* 10543.
Stobaeus — *Bibl. Banks*. III. 405.
Stockes — *Withering* 10360.
Stoeber — *Bock* (vita)

Stoever — *Camper* (vita).
Stoever — *Linnaeus* 5435.
Stolberg — *Cordus* 1884.
Stoltefoht — *Bibl. Banks*. III. 202.
Stork — *Bibl. Banks*. III. 630.
Storme — *Commelin* 1829.
Strabo — *Macer* 5711.
Strabo — *Meyer* 6164.
Strabo — *Reuss* 7574.
Strand — *Linnaeus* 5475.
Straub — *Kielmeyer* 4666.
Strickland — *Freeman* 3037.
Stridsberg — *Bibl Banks*. III. 640.
Ström, G. T., — *Thunberg* 9266.
Ström, Hans, — *Bibl. Banks*. III. 130. 167. 222.
Strömer — *Bibl. Banks*. III. 421.
Stromer von Reichenbach — *Lauremberg* 5089.
Strumpff — *Linnaeus* 5411.
Strutt — *Loudon* 5630.
Struwe — *Thunberg* 9272.
Stumpf — *Bibl. Banks*. V. 73.
Stupani — *Bauhin, K.* (vita).
Sturm — *Hoppe* 4253.
Sturm — *La Vigne* 2124.
Sturm — *Martius* 5902.
Sturm — *Nees von Esenbeck* 6649
Sturm — *Swartz* 9069.
Sturm, J. W., — *Sturm* 9026.
Sturz — *Theophrastus* 9203.
Suarez de Rivera — *Dioscorides* 2313
Suckow, G. A., — *Bibl. Banks*. III. 12. 582—583. 589.
Suetonius — *Cornélissen* 1892.
Sulphur — *Bentham* 620.
Sumiński — *Leszczyc Lumiński* 5246.
Sundberg — *Thunberg* 9333.
Surgy — *Kalm* 4572.
Sutton — *Bibl. Banks*. V. 79.
Svensk Botanik — *Billberg* 775.
Svensk Botanik — *Anon.* 10707.
Swagermann — *Bibl. Banks*. III. 288. 372. 412.
Swartz, Er., — *Thunberg* 9323.
Swartz, N., — *Cleverg* 1750.
Swartz, O, — *Billberg* 775.
Swartz, O., — *Linnaeus* 5529.
Swartz, O., — *Ludwig* 5658.
Swartz, O, — *Anon.* 10707.
Swartz, O., — *Bibl. Banks*. III. 168 sqq.
Sweet — *Trattinick* 9450.
Swindius — *Bry* 1299.
Syen — *Rheede* 7585.
Syen — *Bibl. Banks*. III. 292.
Sylvaticus — *Mathaeus-Sylvaticus* 5976.
Symmons — *Salisbury* 8005.
Symphorianus — *Le Court* 5132.
Syrennius — *Syreniusz Syreński* 9089.
Syreński — *Syreniusz Syreński* 9089.
Szent-Miklòs — *Sebeök* 8567.
Szubert — *Schubert* 8407—8409.

Taillant, Eugenia, — *Raoul* 7412.
Tamlander — *Justander* 4554.
Tandon — *Garidel* (vita).
Tandon — *Moquin-Tandon* 6410—6414.
Tapie — *Latapie* 5082.
Tarbe — *Mont-Saint* 6398.
Targioni, J. Ant., — *Zamboni* 10440.

Targioni-Tozzetti, Giov., — *Micheli* 6803.
Tarquinius Ocyorus — *Schnellenberg* 8298.
Tausch — *Ott* 6870.
Taylor, Silas, — *Bibl. Banks.* III. 570.
Taylor, Thomas, — *Hooker* 4211.
Taylor — *Wilson* 10308.
Teesdale — *Bibl. Banks.* III. 138.
Teichmeyer — *Wedel* 10103.
Teichmeyer — *Bibl. Banks.* III. 380.
Tellier — *Letellier* 5247—5249.
Temminck — *Korthals* 4829.
Tengborg — *Linnaeus* 5504.
Tengström — *Nylander* 6775.
Tenore — *Colonna* (vita).
Tenore — *Mauri* (vita) 6007.
Tenore — *Theokritos* (vita).
Ten Rhyne — *Breyn* 1136.
Ten Rhyne — *Valentini* 9663.
Terjaew — *Suckow* 9036.
Terrade — *Laterrade* 5083.
Terrentius — *Hernandez* 4000.
Terror — *Hooker* 4199. 4228.
Tertre — *Du Tertre* 2562.
Tessier — *Bibl. Banks.* III. 286 sqq.
Tessin, Comitissa, — *Linnaeus* 5404.
Testa — *Malpighi* (vita).
Tettelbach — *Lischwitz* 5536.
Textor — *Bock* 867.
Teyler — *Meyen* 6136.
Teyler — *Moleschott* 6360.
Teyssmann — 9133—9134; *Vriese* 9870.
Thalius — *Camerarius* 1439.
Thauwer — *Delathauwer* 2122.
Thedenius — *Andersson* 162.
Thelning — *Thunberg* 9320.
Theobald — *Cassebeer* 1578.
Theocritus — *Fée* 2841.
Theodorus — *Hildegardis* 4933—4934.
Theodorus — *Tabernaemontanus* 9093—9094.
Theophrast — *Constantin* (vita).
Theophrastus — *Moldenhawer* 6358.
Theophrastus — *Nikolaos Damask.* 6694.
Theophrastus — *Odonus* 6797.
Theophrastus — *Paulet* 6986. 6987.
Theophrastus — *Scaliger* 8090—8091.
Theophrastus — *Sorolla* 8780.
Theophrastus — *Stackhouse* 8889—8891.
Theophrastus — *Stillingfleet* 8977—8978.
Theophrastus — *Vigna* 9766.
Thevenot — *Boym* 1072.
Thiébaut — *Broussonet, P. M. A.* (vita).
Thielisch — *Bibl. Banks.* III. 550.
Thilo — *Franke* 3005.
Thiolat — *Webb* 10023.
Thiriart — *Berkenkamp* 690.
Tholér — *Thunberg* 9323.
Thomae — *Fischer* 2918.
Thomae — *Jonston* (vita).
Thomas — *Young* 10432.
Thomasinus — *Vesling* 9747.
Thomasius, G., — *Bibl. Banks.* III. 538.
Thomé — *Bibl. Banks.* III. 589.
Thomson — *Hooker* 4203.
Thon — *Boitard* 954.
Thoner — *Horst* 4276.
Thonning — *Schumacher* 8509.
Thorlacius — *Svenonius* 9057.
Thornton — *Curtis, W.* (vita).
Thorpe — *Bibl. Banks.* III. 135.
Thory — *Redouté* 7455.

Thouars — *Du Petit* 2520—2537.
Thouin — *Rozier* 7855.
Thouin — *Bibl. Banks.* III. 207. 611. 649.
Thran — *Risler* 7639.
Thryllitius — *Heucher* 4027.
Thubieres — *Caylus* 1623.
Thuemming — *Bibl. Banks.* III. 383.
Thunberg — *Ahlquist* 73.
Thunberg — *Hartmann* 3802.
Thunberg — *Melén* 6073.
Thunberg — *Wahlberg* 9908.
Thunberg — *Wahlenberg* 9910.
Thunberg — *Wikström* 10249—10250.
Thunberg — *Bibl. Banks.* III. 184 sqq.
Thurber — *Ives* 4555.
Thuret — *Bornet* 1015.
Thurn — *Thurneisser zum Thurn* 9338—9339.
Thyrén, A., — *Aspelin* 272.
Tiburtius — *Bibl. Banks.* III. 625. 644.
Tieghém, Ph. v., 10644.
Tiemann — *Boehmer* 904.
Tietz — *Titius* 9371—9379.
Tilebein — *Bibl. Banks.* III. 435.
Tilingius — *Tilling* 9352—9353.
Tilingius — *Bibl. Banks.* III. 471.
Tillaeus — *Linnaeus* 5506.
Tillandz — *Tengström* 9137.
Tillet — *Bibl. Banks.* III. 344. 431.
Tilli — *Calvi* 1462.
Timbal-Lagrave — *Baillet* 344.
Tinelli — *Bertani* 712.
Tipaldo — *Biroli* (vita).
Tissot — *Bibl. Banks.* III. 429.
Titius, G. Chr., — *Wedel* 10405.
Titius, J. D., — *Bonnet* 933.
Tobias Aldinus — *Castelli* 1588—1594.
Todd — *Bibl. Banks.* III. 322.
Tode — *Bibl. Banks.* III. 224. 348. 351—353.
Todenfeld — *Hertodt a Todenfeld* 4014.
Tollard — *Rozier* 7855.
Tonge — *Bibl. Banks.* III. 373. 376.
Tonnère — *Tillete de Clermont-Tonnère* (vita).
Tonning — *Linnaeus* 5511.
Top — *Bondam* 971.
Toreen — *Osbeck* 6865.
Tornabene — *Cosentini* (vita).
Tornberg — *Björlingsson* 779.
Torner — *Linnaeus* 5474.
Torre, dalla, — *Turre* 9584—9585.
Torrey — *Croom* 1947.
Torrey — *Emory* 2681. 2682.
Torrey — *Frémont* 3040
Torrey — *Ives* 4555.
Torrey — *Lindley* 5348.
Torrey — *von Schweinitz* 8536.
Torssell — *Meyen* 6138.
Tot Draakestein — *Rheede* 7585—7587.
Toulet — *Champy* 1660.
Tour — *Leschenault* 5225. 5226.
Tourdes — *Spallanzani* (vita).
Tourette — *Latourette* 5084—5086.
Tournefort — *Aubriet* (vita).
Tournefort — *Belleval* 603.
Tournefort — *Desfontaines* 2478.
Tournefort — *Panzer* 6923.
Tournefort — *Paulli* 6992.
Tournefort — *Quer* 7380.
Tournefort — *Ray* 7436. 7440.

Tournefort — *Valentini* 9662.
Tournefort — *Warton* 10000.
Tournefort — *Bibl. Banks.* III. 34 sqq.
Tournon — *Belon* 607.
Tours — *Gudrius von Tours* 3621.
Townley — *Bibl. Banks.* III. 628.
Townson — *Bibl. Banks.* III. 443.
Toxites — *Carrichter* 1542.
Tozzetti — *Targioni-Tozzetti* 9102—9111.
Trafvenfeldt — *Thunberg* 9266.
Tragus — *Bock* 864—868.
Tragus — *Brunfels* 1283.
Trallianos — *Alexandros*.
Trampe — *Kniphof* 4752.
Trant — *Bibl. Banks.* III. 314.
Trapp — *Linnaeus* (vita).
Trappen — *Kops* 4822.
Trattinick — *Schmidt* 8267.
Trattinick — *Bibl. Banks.* III. 646. 648. 654.
Trautmann — *Rose* 1039.
Trautvetter — *Middendorf* 6209.
Trehan — *Anon.* 2284.
Treise — *Wedel* 10118.
Tremblay — *Bonnet* (vita).
Tremblay — *Macer* 5711.
Trémeau — *Rochebrune-Trémeau* 7682.
Tremx — *Destremx* 2199.
Treveris — *Anon.* 10752.
Treviranus — *Clusius* (vita).
Treviranus — *Juhlke* 4511.
Treviranus — *Lindley* 5364.
Treviranus — *Schmitz* 8292.
Trew — *Treu* 9494—9501.
Trew — *Blackwell* 812.
Trew — *Bibl. Banks.* III. 76 sqq.
Triana 10645.
Triana — *Planchon* 7171.
Triewald — *Bibl. Banks.* III. 399 sqq.
Trinchinetti — *Moretti* 6442.
Trinius — *Liboschitz* 5233. 5234.
Trinius — *Raspail* 7417.
Triumfetti — *Malpighi* 5764.
Triverius — *Anon.* 10752.
Trochet — *Dutrochet* 2563—2566.
Troeltzsch — *Schmidel* 8258.
Trombelli — *Bibl. Banks.* III. 590.
Trommsdorff, J. B., — *Bibl. Banks.* III. 482.
Trommsdorff, W. B., — *Bibl. Banks.* III. 434. 493.
Troschel — *Schomburgk* 8323.
Trotter — *Hooker* 4283.
Trotula — *Hildegardis* 4058.
Troyel — *Bibl. Banks.* III. 425.
Truchsess von Wetzhausen — *Heim* 3912.
Tschudi — *Miller* 6237.
Tuckey — *Brown* 1225.
Tudecius — *Bibl. Banks.* III. 403.
Tulpius — *Tulpe* 9557.
Turberville — *Needham* 6640—6641.
Turgot — *Miller* 6237.
Turner, Dawson, — *Borrer* 1016.
Turner, Dawson, — *Hooker* 4225.
Turner, Dawson, — *Richardson* 7416.
Turner, Dawson, — *Russel*.
Turner, Dawson, — *Watson* 10006.
Turner, Dawson, — *Winch* 10320.
Turner, Mrs., — *Rootsey* 7756.
Turpin — *Candolle* 1471.
Turpin — *Chaumeton* 1679.
Turpin — *Delessert* 2126.
Turpin — *Delile* 2130.

TURPIN

Turpin — *Du Hamel* 2467.
Turpin — *Goethe* 3451.
Turpin — *Humboldt* 4332—4333.
Turpin — *La Billardière* 4963. 4965.
Turpin — *Mirbel* 6294.
Turpin — *Poiret* 7234.
Turpin — *Poiteau* 7236.
Turpin — *Saint-Hilaire* 7988.
Turpin — *Tussac* 9586.
Turpin — *Ventenat* 9733.
Turquier — *Le Turquier* 5254—5256.
Turra — *Bibl. Banks.* III. 249. 488.
Tursén — *Linnaeus* 5442.
Tursén — *Bibl. Banks.* III. 639.
Turton — *Linnaeus* 5404.
Tuscan — *Bennet* 612.
Tyrholm — *Du Hamel* 2465.
Tzscheppe — *Schuebler* 8420.
Tzscheppius — *Lischwitz* 5541.

Uffenbach — *Dioscorides* 2322.
Uffenbach — *Durante* 2552.
Uffenbach — *Lonitzer* 5599.
Ugla — *Wallin* 9958.
Uhlich, Chr. G., — *Boehmer* 904.
Uhlich, R. E., — *Boehmer* 904.
Uilkens — *Hall* 3705.
Ullmark — *Linnaeus* 5493.
Ulmgrehn — *Riddermark* 7626.
Ulrich — *Westring* 10207.
Ulricher — *Brunfels* 1283.
Ungebauer — *Plaz* 7185.
Unger — *Endlicher* 2702.
Unzendorf — *Urzedow* 9644.
Unzer — *Bibl. Banks.* III. 193. 412. 422.
Uranie — *Gaudichaud* 3234.
Urbair — *Wüllerstorf-Urbair* 10412.
Urville — *Dumont d'Urville* 2480—2482.
Usteri — *Balog* 395.
Usteri — *Dickson* 2224.
Usteri — *Gleditsch* (vita).
Usteri — *Jussieu* 4549.
Usteri — *Murrey* 6576.
Usteri — *Roemer* 7706.
Usteri — *Bibl. Banks.* III. 12.
Utterbom — *Jörlin* 4439.

Vacher — *Bibl. Banks.* III 541.
Vagetius — *Jung* 4524.
Vahl, J., — *Drejer* 2409.
Vahl, J, — *Oeder* 6799.
Vahl, Martin, — *Lambert* 5009.
Vahl, Martin, — *Oeder* 6799.
Vahl, Martin, — *Bibl. Banks.* III. 36 sqq.
Vaillant — *Gaudichaud* 3235.
Vaillant, S., — *La Croix* 4973.
Vaillant, S., — *Mérat* 6099.
Vaillant, S., — *Bibl. Banks.* III. 34. 44. 218.
Val — *Duval* 2568—2577.
Valdes — *Oviedo y Valdes* 6889.
Valentini — *Camerarius* 1444.
Valentini — *Cleyer* (vita).
Valentini — *Kentmann* 4623.
Valentini — *Bibl. Banks.* III. 545.
Vallet — *Bry* 1299.
Vallet — *Robin* 7671.
Vallisneri — *Martinis* 5861.
Valvasori — *Beggiato* 568.

Van Altena — *Richard* 7594.
Van Bavegem — *Bavagem* 521—522.
Van Beek — *Beek* 558.
Van Beek — *Dijk* 2282.
Van Berkhey — *Berkhey* 691.
Van Breda — *Breda* 1120—1122.
Van Breda — *Ingenhousz* 4435.
Vandelli — *Grisley* 3602.
Vandelli — *Bibl. Banks.* III 430. 590. V. 69.
Van den Driessche — *Driessche* 2415.
Van der Aa — *Anon.* 10778.
Van der Boon Mesch — *Boon Mesch* 991—992.
Van der Bosch — *Dozy* 2394.
Vanderesse — *Bibl. Banks.* III. 380.
Vanderhaert — *Blume* 846.
Van der Hoeven — *Hoeven* 4119.
Van der Hoop — *Vriese* 9858.
Van der Sande Lacoste — *Dozy* 2394. 2395.
Vanderstegen de Putte — *Linnaeus* 5404.
Van der Trappen — *Trappen* 9435—9436.
Van der Trappen — *Kops* 4822.
Van der Vorm — *Hobius* 4098. 9854.
Van Dijk — *Dijk* 2282.
Van Geer — *Geer* 3255.
Van Geuns — *Schneevoogt* 8295.
Van Gorter — *Gorter* 3473—3478.
Van Haan — *Haan* 3670.
Van Hall — *Hall* 3701—3703. 3705.
Van Hall — *Kops* 4822.
Van Hasselt — *Breda* 1122.
Van Houtte — *Lemaire* 5203.
Van Houtte — *Planchon* 7167.
Van Hulthem — *Hulthem* 4324.
Van Londerseel — *Londerseel* 5593.
Van Meerbeeck — *Dodoens* 2350.
Van Phelsum — *Phelsum* 7116.
Van Poot — *Rheede* 9585. 9587.
Van Rees — *Rees* 7460.
Van Rheede — *Rheede* 7585—7587.
Van Roy — *Roy* 7839.
Van Royen — *Royen* 7840—7845.
Van Royen — *Gmelin, P. F.,* 3393.
Van Royen — *Schwencke* 8541.
Van Spaendonck — *Spaendonck* 8809.
Van Sterbeeck — *Sterbeeck* 8947—8948.
Van Wachendorff — *Wachendorff* 9889—9890.
Variscus — *Olorinus* 6834—6835.
Vassali-Eandi — *Vassalli* 9690—9692.
Vasseur — *Grew* 3554.
Vastel — *Bibl. Banks.* III. 375. 400.
Vater — *Semmedi* 8600.
Vaucher — *Candolle* 1502.
Vauquelin — *Bibl. Banks.* III 426. 434. 496. 511.
Vaux — *Cadet-de-Vaux.*
Vaux — *Desvaux* 2201—2211.
Vela — *Lagasca* 4987.
Velarde — *Murillo y Velarde* 6562.
Velasco, José, 10646.
Vellia — *Bibl. Banks.* III. 111.
Ventenat — *Koeler* 4782.
Ventenat — *Bibl. Banks.* III. 387 sqq.
Venturi, A., 10647.
Venus — *Anon.* 10707.
Verdera — *Ortega* 6858.
Verdries — *Bibl Banks.* III. 379. 388.
Vergilius, Marcello, — *Barbaro* 407.
Vergilius, Marcello, — *Dioscorides* 2294. 2302—2304. 2306.

VOLCKAMER

Vergilius, Marcello, *Lonitzer* 5600.
Vergilius, P. Maro, — *Virgilius.*
Ver Huell — *Vriese* 9863.
Vering — *Piso* 7158.
Vernin — *Duvernin* 2579.
Vernisy — *Bibl. Banks.* III. 343.
Vernoy — *Duvernoy* 2581—2584.
Verteuil, de — *Crüger* 1977.
Verulam — *Bacon* (vita).
Verzascha — *Zwinger* 10532.
Vesling — *Alpino* 111. 113.
Vest — *Reiner* 7522.
Viano — *Bibl. Banks.* III. 429.
Viborg — *Holm* 4186.
Vicq d'Azyr — *Barbeu Dubourg* (vita).
Vicq d'Azyr — *Bucquet* (vita).
Vicq d'Azyr — *Cusson* (vita).
Vicq d'Azyr — *Linnaeus* 5431.
Victorius — *Varro* 9689.
Videmar — *Moscati* 6492.
Vigier — *Anon.* 10768.
Vigna — *Theophrastus* 9203.
Vigne — *De la Vigne* 2123—2124.
Vigne — *Schkuhr* 8204.
Vignet — *Bibl. Banks.* III. 653.
Villar — *Chaix* 1651.
Villar — *Villar* 9772—9779.
Villar — *Bibl. Banks.* III. 144. 311.
Villars — *Villar.*
Ville — *Anon.* 10768.
Villeneuve — *Coppens* (vita).
Villeneuve — *Couret-Villeneuve* 1931.
Villinganus — *Macer* 5711.
Vincent — *Bory* 1023—1027.
Virey — *Bosc* (vita).
Virgander — *Linnaeus* 5483.
Virgilius — *Fée* 2835.
Virgilius — *Kirsten* 4702.
Virgilius — *Nocca* 6719.
Virgilius — *Paulet* 6988.
Virgilius — *Retzius* 7557.
Virgilius — *Tenore* 9150.
Virgin — *Andersson* 165.
Visiani, R. de 10648—10654.
Visiani — *Alpino* (vita).
Visiani — *Bonafede* (vita).
Visiani — *Cortusa* (vita).
Visiani — *Jacquin* 4369.
Visiani ed A. Massalongo 10655—10664.
Visscher — *Londerseel* 5593.
Vitaliano — *Donati* 2370.
Vittadini, C. 10665.
Viviani — *Cavanilles* 1619.
Vochenberg — *Tollat von Vochenberg* 9388.
Vogel, Aloys, — *Vincentinus* (vita).
Vogel, B. Chr., — *Treu* 9496. 9499.
Vogel, Hermann, — *Schuebler* 8441.
Vogel, Theodor, — *Hooker* 4233.
Vogel, Theodor, — *Marquart* 5823.
Vogel, Theodor, — *Meyen* 6143.
Vogel, Theodor, — *Wirtgen* 10346.
Vogelius — *Jung* 4524—4525.
Vogler, J. Ph, — *Bibl. Banks.* III. 584—586.
Vogt, Tr. K. A, — *Boehmer* 925.
Vogt, Tr. K. A., — *Wuensche* 10413.
Voigt, Fr. Sigm, — *Saussure* 8051.
Voigt, Fr Sigm, — *Richard* 7606.
Volcamer — *Baldus* 375.
Volckamer, J Chr, — *Bibl. Banks.* III. 248.
Volckamer, J. G. J., — *Bibl. Banks.* III. 350.

Volckamer, J. G H., — *Bibl. Banks.* III. 280. 385. 399. 403.
Volckamer — *Panzer* 6923.
Volkmann, J. J., — *Bruce* 1256.
Volta — *Bibl. Banks.* III. 198.
Voorst — *Vorstius* 9853.
Vorm — *Hobius van der Vorm* 4089. 9854.
Vorstius — *Clusius* (vita).
Vorstius — *Kralitz* 4852.
Vossius — *Boodt* 989.
Vossler — *Tschudi* 9548.
Vries — *Martens* 5840.
Vriese — *Blume* 848.
Vriese — *Clusius* (vita).
Vriese — *Siebold* 8672.
Vriese — *Wiegmann* 10229.
Vriese 10666.
Vroede — *Commelin* 1829.
Vrolik — *Dozy* (vita).
Vukotinović — *Farkas-Vukotinović* 2816—2848.
Vukotinović — *Schlosser* 8241.

Wacker, H. 10667.
Wadsberg — *Afzelius* 25.
Wännman — *Linnaeus* 5487.
Wäsström — *Bibl. Banks.* III. 428.
Waga, J. (vita), pag. 359.
Wagenitz — *Limmer* 5318—5320.
Wagner, J. A, — *Zuccarini* 10528.
Wagner, J. J., — *Triller* 9504.
Wagner, J. J., — *Bibl. Banks.* III. 405. 544. 545.
Wagner, K. Chr., — *Reichel* 7488.
Wagner, R., — *Mohl* 6351.
Wagnitius — *Limmer* 5318.
Wahlberg — *Thunberg* 9318. 9331.
Wahlberg — *Anon.* 10707.
Wahlbom — *Linnaeus* 5444.
Wahlenberg — *Fries* 3061.
Wahlenberg — *Sommerfelt* 8767.
Wahlenberg — *Thunberg* 9274
Wahlenberg — *Anon.* 10707
Waitz — *Roessig* 7727.
Walafridus — *Reuss* 7571.
Walafridus — *Strabo* 8995.
Walch — *Hoppe* 4257.
Walckenaer — *Azara* 295.
Waldbrühl, W. von, — *Zuccalmaglio* 10515
Waldemar — *Klotzsch* 4732.
Waldheim — *Fischer von Waldheim* 2908. 2909.
Waldnelius — *Passaeus* 6973.
Waldschmied — *Siricius* 8627.
Walker-Arnott — *Arnott* 249—250.
Walker-Arnott — *Greville* 3552.
Walker-Arnott — *Hooker* 4226.
Walker-Arnott — *Kittel* 4705.
Walker-Arnott — *Wight* 10245.
Wallerius — *Linnaeus* (vita).
Wallich — *Don* 2364.
Wallin — *Hernquist* (vita).
Walliser — *Bry* 1299.
Wallman — *Liljeblad* 5312.
Wallroth — *Bluff* 837.
Walpers — *Bravais* 112.
Walpers — *Meyen* 6143.
Walther, F. L., — *Bibl. Banks.* III. 324.
Walther, J. F., — *Schulze* 8404.
Wangenheim — *Colden* (vita).

Wangenheim — *Bibl. Banks.* III. 270. 277. 320. 325.
Warenius — *Thunberg* 9333.
Waring — *Bibl. Banks.* III. 435.
Warner, R, 10668.
Watson, S, 10669.
Watson, W., — *Bolton* 962.
Watson, W., — *Tradescant* 9434.
Watson, W., — *Bibl. Banks.* III. 95 sqq.
Wauters — *Burtin* 1402.
Wawra — *Massalongo* 5968.
Wehb — *Hooker* 4233.
Weber, E., — *Wiedemann* 10224.
Weber, Fr., — *Adam* 15.
Weber, Fr, — *Dillwyn* 2287.
Weber, G. H., — *Nolte* 6735.
Weber, G. H., — *Struve* 9017.
Weber, J. A., — *Slevogt* 8720.
Weber, O., — *Wessel* 10195.
Weddell, A., — *Cosson* 1902.
Weddell, H., — *Sweet* 7082.
Wedel, Christian, — *Wedel* 10098.
Wedel, G. W., — *Bibl. Banks.* III. 402. 403. 518. 544.
Wedel, Joh. Ad., — *Wedel* 10097.
Wedel, J. W., — *Hamberger* 3741—3742.
Weigel — *Bibl. Banks.* III. 82.
Weihe — *Nees von Esenbeck* 6662.
Weiland — *Acerbi* 6.
Weinmann — *Bieler* (vita).
Weinmann, J. G., — *Gmelin, P. F.,* 3395.
Weis — *Weiss* 10146—10147.
Weiss, A. 10670.
Weiss, Chr. E. 10671.
Weiss, Fr. W., — *Mueller* 6524.
Weiss, J. Chr., — *Baier* 326.
Weiss, J. Gottfr., — *Reyger* 7583.
Weissenborn — *Naumburg* 6619.
Weissheit — *Wedel* 10105.
Weissmann — *Slevogt* 8716.
Weissmann — *Bibl. Banks.* III. 527.
Weitenweber — *Corda* (vita).
Weizenbeck — *Linnaeus* 5431.
Welden — *Portenschlag* 7275.
Welwitsch, Fr. 10671.
Wenckh — *Bibl. Banks.* III. 526.
Wendel — *Witte* 10366.
Wendland — *Bartling* 433.
Wendland — *Schrader* 8357.
Wendland — *Bibl. Banks.* V. 65.
Weniger — *Meigen* 6057.
Wepfer — *Bibl. Banks.* III. 546.
Werenfels — *Bauhin, J.* (vita).
Werner, Georg, — *Schuebler* 8446.
Wernle — *Schuebler* 8450.
Wesmael — *Heurck* 4038.
West — *Smith* 8753.
Westbeck — *Bibl. Banks.* III. 587.
Westcott — *Knowles* 4759.
Westfeld — *Bibl. Banks.* III. 432.
Westmann — *Wallerius* 9949.
Westring — *Linnaeus* 5523.
Westring — *Bibl. Banks.* III. 587. V. 99.
Westrumb — *Bibl. Banks.* III. 435.
Wetterlund — *Stumpf* 9019.
Whiple — *Engelmann* 2713.
White, Taylor, — *Bibl. Banks.* III. 493.
Whytt — *Bibl. Banks.* III. 505.
Wickmann — *Linnaeus* 5524.
Widnmann — *Besler* 745.
Wiese — *Lamoureux* 5027.

Wiese — *Anon.* 10851.
Wiesner, Jul. 10673.
Wiest — *Schuebler* 8429.
Wigand, Otto, — *Linnaeus* 5432.
Wiggers — *Weber* 10038.
Wikstroem — *Bjerkander* (vita).
Wikstroem — *Swartz* 9071.
Wikstroem — *Thunberg* 9313.
Wilcke, J. C, — *Bibl. Banks.* III. 368.
Wilkes, Charles, 10674.
Wilkes, Charles, — *Brackenridge* 1073.
Wilkes, Charles, — *Gray* 3529.
Wilkes, Charles, — *Sullivant* 9046.
Wilkinson — *Bibl. Banks.* III. 536.
Will — *Kirsten* 4701.
Willdenow — *Bolton* 962.
Willdenow — *Gleditsch* (vita).
Willdenow — *Guimpel* 3651.
Willdenow — *Henkel von Donnersmark* 3958.
Willdenow — *Herrmann* 4010.
Willdenow — *Honckeny* 4195.
Willdenow — *Leers* 5149.
Willdenow — *Link* 5391.
Willdenow — *Linnaeus* 5426. 5427.
Willdenow — *Loureiro* 5637.
Willdenow — *Rebentisch* 7447.
Willdenow — *Walter* 9977.
Willdenow — *Bibl. Banks.* III. 49 sqq.
Willemet, H. F., — *Soyer-Willemet* 8799—8804.
Willemet, Remi, — *Coste* 1918—1919.
Willemet, Remi, — *Bibl. Banks.* III. 349. 443. 540. V. 80.
Williams — *Bibl. Banks.* III. 535.
Willich, Chr. L., — *Bibl. Banks.* III. 77.
Willich, M. U., — *Weigel* 10124.
Willius — *Bibl. Banks.* III. 166.
Willkomm, M. 10675.
Willkomm — *Kunze* 4947.
Willkomm — *Loscosy Bernal* 5624.
Willughby — *Ray* (vita).
Willughby — *Bibl. Banks.* III. 373.
Wilrenk — *Plato* 7181.
Wilson, M., — *Bibl. Banks.* III. 422.
Wiman — *Linnaeus* 5457.
Wimmer — *Aristoteles* 244.
Wimmer — *Guenther* 3626.
Wimmer — *Scharenberg* 8126.
Wimmer — *Theophrastus* 9201—9203.
Winblad — *Thunberg* 9333.
Winckler, G. Chr., — *Bibl. Banks.* III. 408.
Winkelblech — *Schleiden* 8226.
Winkler — *Darwin* 2057.
Winkler — *Plato* 7181.
Winterschmidt — *Oelhafen* 6803.
Winterschmidt — *Wolf* 10378.
Winthorp — *Bibl. Banks.* III. 600.
Wirsing — *Treu* 9496. 9500.
Withering — *Bibl. Banks.* III. 14.
Withoos — *Commelin* 1829.
Wittewaal — *Willdenow* 10283.
Wittwer — *Camerarius, Joachim* (vita).
Wittwer — *Spielmann* (vita).
Woellner — *Heister* 3929.
Woerz — *Schuebler* 8452.
Woestyne — *van de Woestyne* 9686.
Wolf, R., — *Gesner, K.* (vita).
Wolf, R., — *Gessner, J.* (vita).
Wolff, J., — *Oelhafen* 6803.
Wolff, J. Ph. I., — *Bibl. Banks.* III. 355.
Wolff, J. Ph. II., — *Baldinger* 372.

Wolff, J. Ph II., — *Ludwig* 5658.
Wolff, Sal Beer., — *Cartheuser* 1547.
Wolleb, Daniel, — *La Chenal* 4969.
Wollrath — *Linnaeus* 5469.
Wolphius — *Gesner* 3302. 3305.
Wolphius — *Anon.* 10679.
Wolter — *Nees von Esenbeck* 6662.
Wonnecke von Caub — *Lonitzer* 5599.
Wonnecke von Caub — *Anon.* 10816—10836.
Woodward, J., — *Bibl. Banks.* III. 377.
Woodward, Th., — *Bibl. Banks.* III. 344—345. 356—357. V. 83.
Woronin — *Bary* 455. 457.
Woyt — *Packbusch* 6891.
Wray — *Ray* 7431—7444.
Wright, John, — *Eaton* 2593.
Wright, W., — *Bibl. Banks.* III. 463. 476. 513.
Wttwaal — *Willdenow* 10283.
Wulfen — *Bibl Banks.* III. 153
Wund — *Bibl. Banks.* III. 570.
Wurmb — *Bibl. Banks.* III. 211.
Wyatt — *Hervey* 3828.

Ximenez — *Hernandez* 3999
Xuarez — *Gilii* 3332.

Yañez — *Lagasca* (vita).
Young — *Bibl. Banks.* III. 651.
Ypey — *Bibl. Banks.* III. 372.
Yvard — *Bibl. Banks.* III. 558.

Zachar — *Hallman* 3740.
Zacharias — *Boehmer* (vita).
Zani — *Moretti* 6440.
Zannichelli, G. J., — *Zannichelli* 10451—10452.
Zanolini — *Moretti* 6447.
Zanoni — *Scarella* 8092.
Zapf — *Bibl. Banks.* III. 265.
Zauschner — *Bibl. Banks.* III. 261. 297.
Zea — *Ruiz* 7904.
Zebuhle — *Cartheuser* 1550.
Zedora — *Urzedow* 9644.
Zélée — *Dumont* 2480—2481.
Zélée — *Montagne* 6379.
Zeller — *Schuebler* 8427.
Zeno — *Barbaro* (vita).
Zeuthen — *Mule* 6549.
Zeviani — *Bibl. Banks.* III. 552.

Zeyher — *Ecklon* 2610.
Ziccardi — *Gussone* 3662.
Ziehl — *Trew* (vita).
Ziervogel — *Linnaeus* 5458
Zielen — *Gleditsch* 3352.
Zimara — *Albertus, M.,* 89.
Zimmermann — *Bartram* 447.
Zimmermann — *Haller, A.* (vita).
Zimmermann, J. Chr., — *Schmidel* 8260.
Zinn — *Bibl. Banks.* III. 79 sqq.
Ziz — *Koch* 4772.
Zollinger — *Léveillé* 5262.
Zollinger — *Moritzi* 6470.
Zorn — *Panckow* 6919.
Zuccagni — *Bibl. Banks.* V. 77.
Zuccarini — *Siebold* 8673.
Zucchini — *Bibl. Banks* III. 626.
Zumbach — *Hermann* 3993.
Zum Thurn — *Thurneisser* 9338—9339.
Zwinger — *Bauhin, J. K.* (vita).
Zwinger, Fr., — *Bibl Banks.* III. 359.
Zwinger, Theodor, — *Ardoynis* 246.
Zwinger, Theodor, — *Wepfer* 10186.
Zynen — *Vrydag Zynen* 9888.
Zyttardus — *Figulus* 2899.

INDEX LIBRORUM ANONYMORUM.

J. C. B. — *Joh. Christ. Beckmann* 550.
J. Fr. B. — *Bourgoing* 484.
L. B***. — *Le Berryais* 5107.
C**. — *Clairville* 1725.
M. C***. — *Anon.* 10728.
L. M. C. (Caumels) — *Rojas Clemente* 7739.
M. B. C. (Collet) — *Chomel* 1705.
V. D. C. — *Chastenay* 1671.
D. — *Dupont* 2541.

D**. (le citoyen D**.) — *Deshayes* 2181—2182.
D***. — *La Croix* 4973.
L. B. F*** — *Louis Benj. Francoeur* 3007.
J. G. — *Anon.* 10853.
M. F. H. — *Martin Fogelius Hamburgensis* 4525.
J. v. K. — *Kviakowska* 4956.
M. L***. — *Anon.* 10728.

J. B. de M. — *Montbrison* 6382.
J. G. O. — *Joh. Gottfr. Olearius* 6825.
F. P. — *Franz Peters* 9000.
C. A. R. Caesaraugustanus — *Asso* 273—274.
L. M. P. T. — *Hanin* 3763.
Chr. Fr. v. W. — *Welling* 10158.
Dr. W. V. W. — *Waldschmiedt* 8697.

Abbildung — *Guimpel* 3653—3654.
Abbildungen und Beschreibungen — *Fenzl* 2866.
Abbildungen, naturgetreue, col. — *Anon.* 10737.
Abhandlung über die Krankheiten — *Zallinger* 10438.
Abhandlung von dem Ursprung der Früchte — *Zallinger* 10436.
Abhandlung von dem Wachsthum der Früchte — *Zallinger* 10437.
Abhandlungen der Senckenberg'schen Gesellschaft — *Bary* 457; *Brefeld* 1125.
Abrégé élémentaire — *Lestiboudois* 5238.
Accademia a Gioenia, Atti della — *Bianca* 760.
Account, true, of the Aloe — *Bradley* 1081.
Acta Univ. Lund — *Berggren* 668.
Actes de la soc. helv. Neuchâtel — *Bourquenoud* 1060.
Actes de la Soc. Lin.— *Arrondeau* 256.
Afbeeldingen — *Krauss* 4871—4872.
Afbeeldingen en beschryving — *Anon.* 10771.
Aggregationis sive secretorum de virtutibus — *Anon.* 10797.
Allgemeine historisch-physiologische — *Welling* 10158.
Aloe, true account of, — *Bradley* 1081.
Aloen, Poëtische Beschreibung zweier, — *Anon.* 10866.
Amours des plantes — *Melleville* 6075.
Amstelodamensis hortus — *Anon.* 10771.
Analisi dei vegetabili — *Tommaselli* 9391.
Anleitung zu der Pflanzenkenntnisse — *Schinz* 8201.
Annales des sc. nat. — *Bary* 452.
Annali universali dei viaggi — *Belzoni* 611.

Annals and Mag. of nat. hist. — *Bauer, Fr.* 493.
Antwerpsche Kruidkundig genootschap — *Anon.* 10859.
Anvers, Société phytologique, — *Anon.* 10681.
Archiv, Botanisches, — *Huegel* 4311.
Archiv für die Botanik — *Roemer* 7708.
Archiv für Naturgeschichte — *Weber* 10031.
Archives de botanique — *Guillemin* 3649.
Art de farmer, L', — *Whately* 11189.
Astrolabe — *Dumont d'Urville* 2842.
Astrolabe — *Montagne* 6379.
Astrolabe — *Richard* 7601.
Atti d. Accad. a Gioenia — *Bianca* 760.
Ausflug — *Brunner* 1290.
Avis pour le transport — *Du Hamel du Monceau* 2465.

Beautés méridionales — *Belleval* 597.
Beiträge zur Naturgeschichte — *Weber* 10031.
Beiträge, Skandinavische, — *Anon.* 10694.
Belgique, Société botanique — *Anon.* 10708.
Beobachtungen auf Reisen — *Jirasek* 4425.
Bericht — *Brunner* 1288.
Bericht über die Getraidearten — *Fischer* 2914.
Bericht von Schlangengestalten — *Beckmann* 550.
Berichte der naturw. Gesellschaft in Freiburg — *Bary* 455.
Berigten van Proefnemingen — *Vriese* 9859.
Berolinienses, horae, — *Anon.* 10769.
Beschreibung, gemüthserfrischende, — *Anon.* 10690.

Beschreibung der Milchblätterschwämme — *Gmelin* 3391.
Betoyne — *Du Peyrat* 2538.
Bibliothek alles Wissenswürdigen — *Anon.* 10704.
Billotia — *Bavoux* 523.
Biographie médicale — *Aublet* (vita).
Biogr. nouv. des Cont. — *Baillon* (vita).
Boke of the properties — *Anon.* 10751—10752.
Booke of flowers — *Dunstall* 2518.
Boriza, die fruchtbare, — *Martini* 5860.
Botanic Garden — *Darwin* 2061.
Botanic Garden — *Maund* 6004.
Botanic garden Pamplemousses Mauritius — *Anon.* 10713.
Botanic Gardens at Calcutta, Report, — *Anon.* 10845.
Botanical Cabinet — *Loddiges* 5559.
Botanical Gazette — *Anon.* 10746.
Botanical Magazine — *Curtis* 2007.
Botanical Magazine, Companion, — *Anon.* 10745.
Botanical Memoirs — *Anon.* 10809.
Botanical Miscellany — *Anon.* 10810.
Botanical Register — *Edwards* 2621.
Botanical Society of Edinburgh — *Anon.* 10861.
Botanique mise à la portée — *Regnault* 7475.
Botanische Gesellschaft in Regensburg — *Anon.* 10721.
Botanischer Garten v. *infra* Hortus.
Botanischer Garten zu Berlin — *Anon.* 10867.
Botanischer Verein am Rhein — *Anon.* 10775.
Botanisches Archiv — *Huegel* 4311.
Botanisches Centralblatt — *Rabenhorst* 7384.

Botanisches Oestreichisches Wochenblatt — *Anon.* 10868.
Botanisches Taschenbuch — *Weber* 10033.
Botanische Unterhaltungen — *Weizenbeck* 10153.
Botanische Zeitung, Regensburg, — *Anon.* 10735. 10871.
Botaniska Notiser — *Lindblom* 5330, *Anon.* 10814—10815.
Botanist — *Maund* 6005.
Botaniste cultivateur — *Du Mont de Courset* 2479.
Botaniste sans maître — *Rousseau* 7822.
Botaniste voyageur — *Deshayes* 2182.
Botanists guide — *Winch* 10817.
Botanographia — *Commelyn* 1834.
Botanologiae juvenilis — *Ehrhart* 2642.
Botanophili Romani — *Maratti* 5797.
Botanotrophium — *Wionius* 10341.
Botany, English, — *Sowerby* 8789—8792.
Botany of Captain Beechey's Voyage — *Hooker* 4226.
Botany of Sulphur — *Bentham* 620.
Brandenburg, botanischer Verein, — *Anon.* 10864.
Bull. soc. bot. — *Aunier* 288.
Bull. soc. bot. — *Billot* (vita)

Cabinet, botanical, — *Loddiges* 5559.
Cabinet, floral, — *Knowles* 4760.
Calendrier de Flore — *Victorine de Chastenet* 1671.
Carte botanique — *Deshayes* 2181.
Catalogue v. infra Hortus.
Catalogue de l'herbier de Syrie — *Puel* 7361.
Catalogue de livres — *Ventenat* 10706.
Catalogue descriptive — *Milne* 6244.
Catalogue des plantes de Dijon — *Collet* 1806.
Catalogue des plantes de la Charante — *Paye* 2826.
Catalogue des plantes de Menton — *Ardoin* 213.
Catalogue des plantes de Paris — *Descemet* 2168.
Catalogue of plants of New York — *Torrey* 9401.
Catalogue of plants of Glasgow — *Hooker* 4216
Catalogue of plants in Sidney — *Moore* 6401.
Catalogue of scarce plants .. London — *Cockfield* 1767.
Catalogue of the trees ... Oxford — *Stephens* 8944.
Catalogus v. infra Hortus.
Catalogus plantarum horti Jenensis — *Voigt* 9338.
Catalogus plantarum in agro Calato — *Rosso* 7787.
Centralblatt, bot., — *Rabenhorst* 7384.
Chronicle, the Gardeners, — *Anon.* 10716.
Cinchona, Description ... — *Lambert* 5011.
Clavis rem herbariam — *Nocca* 6720.
Coffi, Disputatio phys. de, — *Strauss* 9000.
Cognoscite lilia agri — *Passaeus* 6973.
Columbiensis Florula — *Anon.* 10740.
Companion to the Glasgow garden — *Murray* 6580.

Comparatio nominum — *Arenstorff* 227.
Compendio di fisiologia — *Tommaselli* 9392.
Congress, international horticult. — *Anon.* 10846.
Conspectus horti ... Jenensis — *Batsch* 483.
Conversations on vegetable physiology — *Jane Marcet* 5803.
Copy of a letter — *Hooker* 4225.
Corso delle botaniche lezione — *Tenore* 9141.
Cultivateur, botaniste, — *Du Mont de Courset* 2479.
Cultur des Zuckerrohrs, die, — *Ritter, Erdkunde*.

Dansk Urtebog — *Pauli* 6993.
Da Rio, Giornale, — *Arduino, P.* (vita).
De graminum fabrica — *Sprengel* 8863.
De herbis et plantis — *Anon.* 10816—10837.
De laudibus florum — *Thomasius* 9223.
Delectus opusculorum — *Ludwig* 5658.
Della idropisia de' gelsi — *Cattaneo* 1608.
De l'origine du café — *Galland* 3178.
Démonstrations élémentaires — *Latourette* 5084.
Denkschriften der Schweizerischen Naturf. Gesellschaft — *Bernoulli* 707.
De potu Coffi — *Strauss* 9000.
De Salicum rosis fictis — *Albrecht* 92.
Descriptio exactissima — *Castelli* 1590
Description ... Cinchona — *Lambert* 5011.
Descriptive catalogue — *Milne* 6244.
Des Jacintes — *Saint-Simon* 7996.
Desiderata — *Dryander* 2423.
De Stipae noxa — *Sadler* 7958.
Deutschlands Flora — *Sturm* 9026.
Dialogues on botany — *Edgeworth* 2616.
Dictionarium botanicum — *Reuss* 7569.
Dictionarium botanicum rosso-lat.-germ. — *Ambodik* 126.
Dictionnaire botanique — *Alexandre* 98.
Dictionnaire universel — *Vavasseur* 9716.
Difesa e illustrazione — *Moretti* 6429.
Discorso della irritabilità — *Covolo* 1937.
Discours botanique — *Fée* 2845.
Discours sur la végétation — *Digby* 2281.
Disertacion botanica — *Pavon* 7002.
Disputatio de Mandragora — *Thomasius* 9224.
Disputatio phys. de Coffi — *Strauss* 9000.
Dissertatio epistolaris — *Martini* 5858.
Dissertation ... Cachou — *Amoreux* 146.
Dissertation ... plantes religieuses — *Amoreux* 147.
Dissertazioni sopra — *Moscati* 6492.
Double Flore Parisienne — *Dupont* 2541.
Drey neue Tractate — *Spon* 8551.

Ectypa plantarum — *Hoppe* 4248.
Edinburgh, Botan. Society, — *Anon.* 10861.
Eicones plantarum — *Tabernaemontanus* 9094.
Élémens de botanique — *Anon.* 10728.
Élémens succints — *Aubin* 276.
Elenco delle piante .. Vicenza — *Marzari-Penkati* 5935.
Encyclopedia britannica — *Arnott* 250.

Encyclographie du règne végétal — *Drapiez* 2400.
English botany — *Smith* 8731.
English botany — *Sowerby* 8789—8792.
Entwurf eines Pflanzensystems — *Dobrowsky* 2337.
Enumeratio stirpium in Silesia — *Guenther* 3626.
Epoche biografiche — *Brera* 1132.
Essai sur l'histoire — *Nicolson* 6695.
Eulogium, historical, — *Ruiz* 7891.
Exactissima descriptio — *Castelli* 1590.
Examen d'un ouvrage — *Paulet* 6987.
Examen epicriseos — *Browallius* 1206.
Exercices d'histoire naturelle — *Aubry de la Mottraie* 278.
Extrait des Actes de la Soc. Lin. — *Arrondeau* 256.

Fasciculus plantarum — *Blackstone* 809.
Feigenbaum, der indische, — *Ritter, Erdkunde*.
Ferns of Natal — *Mac Kerc* 5723.
Flora Antillarum — *Tussac* 9586.
Flora austriaca — *Schultes* 8456.
Flora batava — *Kops* 4822.
Flora Beroliniensis — *Hecker* 3876.
Flora brasiliensis — *Endlicher* 2696.
Flora danica — *Oeder* 6799—6800.
Flora danica — *Paulli* 6993.
Flora der Wetterau — *Gaertner* 3167.
Flora farmaceutica — *Nocca* 6721.
Flora Flumiensis — *Vellozo* 9726—9727.
Flora Fridrichsdalina — *Mueller* 6536.
Flora, Garten-, — *Anon.* 10743.
Flora, Gesellschaft zu Dresden — *Anon.* 10811.
Flora graeca — *Sibthorp* 8660.
Flora japonica — *Siebold* 9674.
Flora, Litteraturberichte zur, — *Anon.* 10799.
Flora Neapolitana — *Tenore* 9142. 9147—9148.
Flora of Marlborough — *Preston* 7329.
Flora prussica — *Loeselius* 5576.
Flora Romana — *Maratti* 5799.
Flora sicula — *Gussone* 3661.
Flora St. Helena — *Watson* 10004.
Flora Stuttgardiensis — *Kerner* 4638.
Flora, The Irish, — *Anon.* 10733.
Flora Tyrnaviensis — *Horvatowszky* 4277.
Flora von Goettingen, Taschenbuch — *Anon.* 10732.
Flora von Thueringen — *Zenker* 10470.
Florae batavae, Prodromus, — *Anon.* 10844.
Florae italicae prodromus — *Turra* 9583.
Florae lusitanicae specimen — *Vandelli* 9682.
Floral Cabinet — *Knowles* 4760.
Floral Magazine — *Anon.* 10804.
Flore, Annales de, — *Anon.* 10682.
Flore complète d'Indre et Loire — *Dujardin* 2471.
Flore de Paris — *Lefébure* 5157.
Flore des jeunes personnes — *Wakefield* 9925.
Flore des serres — *Anon.* 10739.
Flore des serres et jardins — *Lemaire* 5203.
Flore, double, Parisienne — *Dupont* 2541.
Flore du Gard — *Anon.* 10853.
Flore du Jura, Tableau de la, — *Bernard* 695.

Flore et Faune de Virgile — *Paulet* 6988.
Flore médicale — *Chaumeton* 1679.
Flore Parisienne — *Francoeur* 3007.
Floricultural Cabinet — *Anon.* 10712.
Florist's Magazine — *Anon.* 10712.
Flowers, booke of, — *Dunstall* 2518.
Förteckning Skandinaviska — *Floderus* 2940.
Förteckning Westmanland — *Hisinger* 4092.
Freiburg, Berichte der naturwissenschaftlichen Gesellschaft in, — *Bary* 455.
Fromont, Annales, — *Anon.* 10684.
Fruchtbare Boriza — *Martini* 5860.
Fruit-Walls improved — *Fatio* 2820.

Garde der gesundtheit — *Anon.* 10795.
Garden at Reduit Mauritius — *Anon.* 10713.
Garden, botanic, — *Darwin* 2061.
Garden, botanic, — *Maund* 6004.
Garden, The Flower, plants, — *Anon.* 10741 —10742
Gardens at Calcutta, Botanic, — *Anon.* 10845.
Gardeners Chronicle — *Anon.* 10716.
Gardeners Magazine — *Anon.* 10805.
Gardener's Magazine — *Loudon* 5626
Garten conf. infra Hortus.
Gartenbaugesellschaft, oestreichische, — *Anon.* 10692.
Gartenzeitung — *Sprengel* 8864.
Gemüthserfrischende Beschreibung d. Bäume — *Anon.* 10690.
Genera et species — *Wolf* 10380.
Genera plantarum — *Trinius* 9518.
Gesellschaft, naturwissenschaftliche, in Freiburg — *Bary* 455.
Gesellschaft, Denkschriften der Schweizerischen Naturf., — *Bernoulli* 707.
Gesellschaft, Senckenberg'sche, Abhandlungen — *Bary* 457, *Brefeld* 1125.
Gewächse, offizinelle, — *Strumpf* 9015.
Giornale, da Rio, — *Arduino, P.* (vita).
Goettingen, Excursionstaschenbuch, — *Anon.* 10732.
Graminum, de fabrica, — *Sprengel* 8863.
Grant herbier en francoys — *Anon.* 10762.

Hamburger Magazin — *Bazin* 534.
Helena, Flora St., — *Watson* 10004.
Helminthochorti historia — *Spielmann* 8837.
Hemp in India — *Anon.* 10839.
Herbarius — *Anon.* 10753—10767. 10793. 10795 10828—10834.
Herbarum imagines vivae — *Fgenolphus* 2626.
Herbier de Syrie, Catalogue de l', — *Puel* 7361.
Herbier, Le grant, — *Anon.* 10762.
Herbolario, -um — *Anon.* 10755. 10764—10767.
Herminier, notice sur l', — *Guibourt* 3635.
Histoire des drogues — *Huerto* 4316.
Histoire des plantes vénéneuses — *Vicat* 9760.
Historia generalis plantarum — *Dalechamps* 2035.
Historia Helminthochorti — *Spielmann* 8837.
Historia plantarum — *Boerhaave* 932.
Historia plantarum — *Du Pinet* 2539.
Historical Eulogium — *Ruiz* 7891.

Horn des Heyls — *Carrichter* 1542
Horti Beaumontiani catalogus — *Kiggelaer* 4671.
Horticulteur universel, l', — *Lemaire* 5201.
Horticultural congress — *Anon.* 10846.
Horticultural Register — *Paxton* 7004.
Horticultural Society of London — *Anon.* 10860.
Hortus Amstelodamensis — *Cornelius* 1893.
Hortus Amstelaedamensis — *Vrolik* 9884.
Hortus Argentinensis — *Nestler* 6675.
Hortus Bengalensis — *Roxburgh* 7834.
Hortus Blesensis — *Brunyer* 1295.
Hortus Blesensis — *Morison* 6462.
Hortus Boccadifalco — *Gussone* 3658.
Hortus Bononiae — *Rodati* 7692.
Hortus bot. Halensis — *Sprengel* 8861.
Hortus Calcuttensis suburbanus — *Voigt* 9844.
Hortus Canal — *Nowodworsky* 6769.
Hortus Canalius — *Tausch* 9126.
Hortus Carlsruhanus — *Gmelin* 3389.
Hortus Carolsruhanus — *Schweyckert* 8548.
Hortus Christianiensis — *Rathke* 7423.
Hortus Collinsonianus — *Dillwyn* 2289.
Hortus Coloniensis — *Berkenkamp* 690.
Hortus Dorpatensis — *Weinmann* 10134.
Hortus Dyckensis — *Salm-Reifferscheid-Dyck* 8012.
Hortus Eastensis — *Broughton* 1201—1202.
Hortus Elthamensis — *Dillenius* 2633—2634.
Hortus Eystettensis — *Besler* 745.
Hortus Florentinus — *Zuccagni* 10514.
Hortus floridus — *Passaeus* 6972.
Hortus Genuae — *Viviani* 9812.
Hortus Glauchensis — *Schrader* 8351.
Hortus Gorinska — *Redowsky* 7458.
Hortus gramineus Woburnensis — *Sinclair* 8692.
Hortus Groninganus — *Driessen* 2416
Hortus Gryphicus — *Lefébure* 5134.
Hortus Gryphicus — *Weigel* 10126.
Hortus Halensis — *Junghans* 4532.
Hortus Jenensis — *Batsch* 483.
Hortus Jenensis — *Joncquet* 4468.
Hortus Jenensis — *Voigt* 9338.
Hortus Leodiensis — *Gaede* 3163.
Hortus Lugduno-Batavus — *Brugmans* 1275.
Hortus Lugduno-Batavus — *Kralitz* 4852.
Hortus Lugduno-Batavus — *Sandifort* 8027.
Hortus Lutetianus — *Gregoire* 3539.
Hortus Madraspatensis — *Cleghorn* 1738.
Hortus Madritensis — *Lagasca* 4984.
Hortus Modoetiensis — *Rossi* 7776.
Hortus Monacensis — *Martius* 5893.
Hortus Mosquensis — *Hoffmann* 4138.
Hortus Neapolitanus — *Tenore* 9169.
Hortus Panormitanus — *Tineo* 9564.
Hortus Pesthiniensis — *Winterl* 10339.
Hortus Pragensis — *Kosteletzky* 4833.
Hortus Regiomontanus — *Schweiger* 8527.
Hortus Rheno-Trajectinus — *Kops* 4822.
Hortus Romanus — *Bonelli* 976.
Hortus Romanus — *Donarelli* 2367.
Hortus Sanitatis — *Anon.* 10816—10837.
Hortus Schrenkii — *Fischer* 2915.
Hortus Tauriniensis — *Moris* 6458.
Hortus Turicensis — *Roemer* 7712.
Hortus von Huegel — *Endlicher* 2693
Hortus Woburnensis — *Forbes* 2959. 2961.
Houtkunde — *Houttuyn* 4291.

Jacintes, des, — *Saint-Simon* 7996.
Jahrbücher der Gewächskunde — *Sprengel* 8868.
Jahrbücher des Nassauischen Vereins — *Bayrhoffer* 534.
Jahresberichte — *Wikström* 10259.
Jardin Senonois — *Mont-Sainct* 7996.
Icones animalium ... — *Miller* 6233.
Icones lignorum — *Houttuyn* 4291.
Icones plantarum — *Müller* 6525.
Icones plantarum — *Oeder* 6799.
Icones plantarum — *Rivinus* 7655.
Icones plantarum seu stirpium — *Tabernaemontanus* 9094.
Icones plantarum seu stirpium — *Vietz* 9764.
Icones plantarum seu stirpium — *Zorn* 10507.
Icones selectae plantarum — *Kaempfer* 4565.
Idropisia, della, de' gelsi — *Cattaneo* 1608.
Il fiore della granadiglia — *Parlasca* 6936.
Imagines Herbarum — *Anon.* 10781.
Index plantarum — *Anon.* 10782.
Index plantarum agri Cantabrigiensis — *Ray* 7433.
Index regni vegetabilis — *Jacquin* 4831.
Indice de las plantas — *Ortega* 6833.
In Dioscoridis historiam — *Brunfels* 1285
Indischer Feigenbaum — *Ritter, Erdkunde*
Institut horticole de Fromont — *Anon.* 10684.
Institut in Würzburg — *Anon.* 10689.
Instruction facile — *Morin* 6455.
Introduction — *Chavannes* 1682.
Introduction to the of cryptogamous plants — *Sprengel* 8862.
Journal de botanique — *Desvaux* 2201—2202.
Journal für die Botanik — *Schrader* 8361.
Journ. Linn. Soc. — *Barter* (vita).
Irish Flora — *Anon.* 10733.
Jura, Tableau de la Flore du, — *Bernard* 695.

Kakile — *L'héritier* 5271.
Katechismus der Botanik — *Reichenbach* 7497.
Kenntniss derjenigen Pflanzen — *Reuss* 7568.
Kew Garden Miscellany — *Anon.* 10787.
Korte Verhandeling — *Servais* 8631.
Krankheiten, Abhandlung über die, — *Zallinger* 10438.
Kräuter-Paradies-Gärtlein — *Anon.* 10794.
Krüderboeck edder Garde — *Anon.* 10795.
Kruidkundig Archief, Nederlandsch, — *Anon.* 10691.
Kruydboek, Een Herbarius, — *Anon.* 10759—10761.

La Betoyne — *Du Peyrat* 2538.
La botanique mise à la portée — *Regnault* 7475.
L'art de former — *Whately* 11189.
L'Astrolabe — *Dumont d'Urville* 2482.
L'Astrolabe — *Montagne* 6379.
L'Astrolabe — *Richard* 7604.
Laudibus florum, De — *Thomasius* 9223.
La Zélée — *Dumont d'Urville* 2482.
La Zélée — *Montagne* 6379.
Le botaniste cultivateur — *Du Mont de Courset* 2479.

Le botaniste sans maître (par De Clairville) — *Rousseau* 7822.
Le botaniste voyageur — *Deshayes* 2182.
Le grant herbier — *Anon.* 10762.
Le jardin Senonois — *Mont-Sainct* 6398.
Leopoldinae Carol., Nova Acta, — *Anon.* 10676.
Les amours des plantes — *Melleville* 6075.
Lettre sur les arbres à épiceries — *Cossigny* 1899.
Lettres à Mme de C** — *Montbrison* 6392.
Lettres d'un médecin — *Petit* 7083.
Lettres sur la botanique — *Collet* 1806.
Le Vademecum du botaniste — *Deshayes* 2182.
L'horticulteur universel — *Lemaire* 5201.
L'horto dei simplici di Padova — *Cortusi* 1896.
Lichenographia britannica — *Borrer* 1016.
Lilia agri cognoscite — *Passaeus* 6973.
Linnaea — *Ascherson* 266.
Livre, Nouveau, des fleurs — *Anon.* 10801.
London Journal — *Anon.* 10786.
L'Orto botanico di Padova — *Visiani* 9800.
Lund, Acta Univ., — *Berggren* 668.

Madras Journal — *Beddome* 554.
Magasin encycl. — *Adanson* (vita).
Magazin für die Botanik — *Roemer* 7706—7707.
Magazin, Hamburger, — *Bazin* 534.
Magazine, botanical — *Curtis* 2007.
Magazine, Companion to the Botanical — *Anon.* 10718.
Magazine, Gardener's — *Loudon* 5626.
Magazine of botany — *Paxton* 7002.
Magazine, The Gardeners, — *Anon.* 10806.
Magyar Tudós Társaság Évkönyvei — *Frivaldszky* 3129.
Manuel de botanique — *Duchesne* 2493.
Manuel d'herborisation — *De Clairville* 1726.
Marburger Schriften — *Bartels* 428.
Marlborough, Flora of, — *Preston* 7329.
Matière médicale — *Vicat* 9759.
Mauritius, bot. garden, — *Anon.* 10713.
Mecklenburgisches Archiv — *Boll* (vita).
Medico-Botanical Society — *Anon.* 10862.
Μηκωνοπαιγνιον — *Lochner* 5551.
Mem. Acad. Turin — *Biroli* (vita).
Memoria alla — *Radi* (vita), *Savi*.
Mémoire instructif — *Turgot* 9560.
Mémoire sur la structure — *Dunal* 2508.
Mémoires de la soc. phys. de Bordeaux — *Bert* 709.
Mémoires de la Soc. Linn. de Paris — *Amoreux* (vita).
Mémoires pour servir — *Dodart* 2341.
Memoirs, Botanical, — *Anon.* 10809.
Memorie della Accademia di Bologna — *Bertoloni* 744.
Mem. of the society of Manchester — *Bell* 587.
Mercurius botanicus — *Johnson* 4455—4456.
Mingling of Herbs — *Anon.* 10812.
Miscellany, Botanical, — *Anon.* 10810.
Montpellier, Leçons de botanique faites au jardin royal de Montpellier etc. — *Anon.* 10796.
Museum der Naturgeschichte Helvetiens — *Anon.* 10813.

Nachrichten — *Schreibers* 9338.
Nassauischer Verein, Jahrbücher, — *Bayrhoffer* 531.
Naturalist — *Baker* 360.
Naturforscher, schwedische, — *Thunberg* 9383.
Naturgetreue Abbildungen — *Anon.* 10737.
Naturhistorisches, botanisch. — *Quarizius* 8270.
Nederlandsch Kruidkundig Archief — *Bosch* 1033.
Neuchâtel, Actes de la soc., — *Bourquenoud* 1060.
Neues Journal für die Botanik — *Schrader* 8362.
Neues medizinisches Kräuterbuch — *Nylandt* 6785.
Nomenclator — *Raeuschel* 7398.
Nomenclator botanicus — *Henckel von Donnersmark* 8958.
Nomenclator fungorum — *Hoffmann* 4130.
Nominibus arborum — *Anon.* 10720.
North-American Sylvan — *Nuttall* 6774.
Notice sur les orangers — *His* 4089.
Notice sur l'Herminier — *Guibourt* 3635.
Notice topophytographique — *Cordienne* 1880.
Notions élémentaires — *Durande* 2550.
Notiser botaniska — *Lindblom* 5330, Anon. 10814—10815.
Nouveau livre de fleurs — *Anon.* 10801.
Nouv. Mém. de Moscou — *Besser* 755.
Nova Acta soc. sc. Ups. — *Andersson* 164.
Novarum stirpium decades — *Endlicher* 2695.
Novum herbarium — *Maranta* 5797.
Numerical list, A, — *Wallich* 9956.
Nuovo Giornale botanico — *Bertoloni* (vita).

Observations faites dans les Pyrénées — *Ramond* 7409.
Observations sur l'écorce — *De Saussure* 8051.
Oekonomisch-technische Flora Boehmens — *Berchtold* 632.
Oert-slagen, Svenska — *Liljeblad* 5311.
Oestreichs Flora — *Schultes* 8456.
Offizinelle Gewächse — *Strumpf* 9015.
Onomatologia seu nomenclatura — *Nocca* 6722.
Onomatologia botanica — *Gmelin* 3377.
Orbis eruditi judicium — *Linné* (vita).
Orchidées des environs de Rennes — *Fleury* 2937.
Origine du café — *Galland* 3178.
Osservazioni sulla Flora Virgiliana — *Tenore* 9150.

Palaeontographica — *Dunker* 2517.
Papers relating ... tea — *Mac Clelland* 5708.
Paradies-Gärtlein — *Anon.* 10794.
Paradisus Vindobonensis — *Hartinger* 3799.
Paris, société d'horticulture — *Anon.* 10683.
Parisiensis horti regii Catalogus — *Anon.* 10714.
Petro nomine ac imperio — *Vellozo* 9727.
Peziza cuticulosa — *Forster* 2972.
Pflanzenabbildungen — *Guimpel* 3654.

Pflanzen und Gebirgsarten — *Friedrich* 3058.
Pflanzenkunde des russischen Reiches — *Anon.* 10698.
Philos. Transactions — *Badcock* 318.
Physikalische Arbeiten — *Born* 1138.
Phytologia britannica — *How* 4293.
Pinetum Woburnense — *Forbes* 2962.
Plantae — *Demidow* 2154.
Plantae Borussiae — *Meyer* 6152.
Plantae circa Cantabrigiam — *Ray* 7431.
Plantae horti v. *infra* Hortus.
Plantae horti Florentini, Synopsis, — *Zuccagni* 10514.
Plantae Lindheimerianae — *Engelmann* 2711.
Plantae Preissianae — *Lehmann* 5176.
Plantae rariores — *Treu* 9496.
Plantae Regiomontani — *Henckel von Donnersmark* 3957.
Plantae selectae — *Treu* 9499.
Plantae Vapincenses — *Chaix* 1651.
Plantarum, arborum effigies, — *Egenolph* 2627.
Plantarum horti Jenensis, catalogus, — *Voigt* 9338.
Plantarum in agro Calato, catalogus, — *Rosso* 7787.
Plantarum seu stirpium icones — *De l'Obel* 5549.
Plantes phanérogames de Frejus — *Perreymond* 7046.
Plantes phanérogames de Toulon — *Robert* 7662.
Plants, Catalogue of scarce .. London — *Cockfeld* 1767.
Plants, cryptogamous, introduction to the study of — *Sprengel* 8862.
Poligrafo — *Barbieri* 410.
Pomological Magazine — *Anon.* 10806.
Pomona austriaca — *Kraft* 4849—4850.
Pomona franconica — *Mayer* 6017.
Pomona italiana — *Gallesio* 3181—3182.
Postille ad alcuni capi — *Scarella* 8092.
Poty de coffi — *Strauss* 9000.
Praedium rusticum — *Estienne* 2746.
Praedium rusticum — *Vanière* 10662.
Précis historique . du Rheum — *Coste* 1920.
Principales merveilles — *De Mailly* 2431.
Principes de botanique — *Suffren* 9041.
Proc. Am. Ac. — *Andersson* 168.
Proc. Linn. Soc. — *Anderson, Th.,* 152.
Proc. Linn. Soc. — *Anderson, W.* (vita).
Proc. Royal Soc. — *Bauer, Fr.* (vita).
Prodromus Florae Argentoratensis — *Spielmann* 8829.
Properties of herbes — *Anon.* 10751—10752.
Prospetto — *Trevisan* 9488.

Question du Sésame — *Maugin* 6000.

Rapports annuels ... Maurice — *Bouton* 1065.
Rapports annuels ... Maurice — *Desjardins* 2183.
Recherches sur ... — *Belleval* (vita).
Recueil des plantes — *Robert* 7661.
Register, botanical, — *Edwards* 2621.
Register, the horticultural, — *Paxton* 7004.
Reise in den äussersten Norden — *Trautvetter* 9466.

Relazione dell' erba — *Micheli* 6201.
Replica — *Dehnhardt* 2106.
Report of the Colonial botanist — *Brown* 1210.
Report on the plants of Massachusetts — *Dewey* 2217.
Review of ... Hortus Malabaricus — *Dillwyn* 2288.
Revue botanique — *Duchartre* 2435.
Rio, da, Giornale — *Arduino, P.* (vita).
Ruggine del Grano Osservazioni — *Anon.* 10838.
Russischen Reiches Pflanzenkunde — *Anon.* 10698.

Saggio sulla maniera — *Viviani* 9814.
Salicetum Woburnense — *Forbes* 2960.
Salicum rosis fictis, de, — *Albrecht* 92.
St. Helena, Flora, — *Watson* 10004.
Schedulae criticae — *Fries* 3069.
Schlangengestalten, Bericht von, — *Beckmann* 550.
Schola botanica — *Warton* 10000.
Schwedische Naturforscher — *Thunberg* 9333.
Schweizerischen Naturf. Gesellschaft, Denkschriften der, — *Bernoulli* 707.
Secretorum de virtutibus herbarum — *Anon.* 10797.
Select specimens — *Freeman* 3037.
Senckenberg'sche Gesellschaft, Abhandlungen — *Bary* 457, *Brefeld* 1125.
Serres, Flore de, — *Anon.* 10738—10739.
Sertum plantarum — *Fielding* 2894.
Skandinavischer Beiträge, Archiv, — *Anon.* 10694.
Sketches, Sylvan, — *Kent* 4622.
Società crittogamologica italiana — *Anon.* 10717.
Société botanique de Belgique — *Anon.* 10708.
Soc. helv. des sc. nat. Neuchâtel, Actes de la, — *Bourquenoud* 1060.
Société d'horticulture de Paris — *Anon.* 10683.
Soc. Linn., Extrait des Actes de la, — *Arrondeau* 256.
Société phytologique d'Anvers — *Anon.* 10684.
Some account — *Collinson* (vita).
Specimen Florae Hallensis — *Olearius* 6825.
Specimen of a Lichenographia britannica — *Borrer* 1016. 9568.
Spiegazioni — *Théis* 9183.
Statistique de l'Eure — *Chesnon* 1687.
Stipae, de noxa, — *Sadler* 7958.
Stockholm Acad. Handl. — *Andersson* 163.
Storia della piante foresture — *Castiglione* 1596.
Sugli studii — *Cesati* 1642.
Suites à Buffon — *Spach* 8805.
Sulphur — *Bentham* 620.

Summa vegetabilium — *Swartz* 9070.
Svenska Oertslagen — *Liljeblad* 5314.
Sylvan, North-American, — *Nuttall* 6774.
Sylvan sketches — *Kent* 4622.
Symbolae ad historiam — *Linné* 5435.
Synonyma plantarum — *Menzel* 6094.
Synopsis plantarum — *Nocca* 6712.
Synopsis plantarum horti Florentini — *Zuccagni* 10514.
Synopsis stirpium ... Aragoniae — *Asso* 273.
Syntagma herbarum — *Colius* 1788.
Syrie, Catalogue de l'hérbier de, — *Puel* 7361.
Systematisk Förtekning — *Gocselmann* 3481.

Tableau pour .. jardin de Strassbourg — *Villars* 9777.
Tableau de la Flore du Jura — *Bernard* 695.
Tableau des plantes — *Gilibert* 3329.
Tabula locum — *Kentmann* 4623.
Tabulae phytographicae — *Gesner.* 3310.
Tabulae synopticae — *John Martyn* 5919.
Taschenbuch, botanisches, — *Weber* 10033.
Taschenbuch der Flora von Göttingen — *Anon.* 10732.
Tentamen pharmacopoeae — *Masius* 5937.
Terminologie botanique — *Coppens* 1865.
Thesaurus aromatariorum — *Suardus* 9032.
Trabalhos da exploração — *Allemão* 103.
Trabalhos da Vellosiana — *Allemão* 102.
Tractate, Drey neue, — *Spon* 8551.
Tracts relative to botany — *Koenig* 4800.
Traité des jardins — *Le Berryais* 5107.
Transact. Bot. Soc. Edinb. — *Bridges* (vita).
Trattato di fitognosia — *Tenore* 10094.
True account of the Aloe — *Bradley* 1081.

Ueber das Studium der Botanik — *Tittmann* 9376.
Ueber das Vermögen — *Crell* 1961.
Underretning — *Du Hamel* 2465.
Underretning — *Stroem* 9008.
Unterhaltungen — *Wilhelm* 10272.
Unterhaltungen, botanische, — *Weizenbeck* 10053.
Ursprung der Früchte, Abhandlungen von dem, — *Zallinger* 10436.
Urtebog, Dansk, — *Pauli* 6993.

Vademecum du botaniste, le, — *Deshayes* 2182.
Vanhoutteanus, Hortus — *Anon.* 10772.
Vegetatio — *Spielmann* 8836.
Végétation, Discours sur la — *Digby* 2281.
Verbreitung der Dattel- und Kokospalme — *Ritter, Erdkunde* 7649.
Verbreitung der Pfefferrebe — *Ritter, Erdkunde.*

Verein am Mittel- und Niederrhein — *Anon.* 10775.
Verein für Brandenburg — *Anon.* 10864.
Verein, Nassauischer, Jahrbücher — *Bayrhoffer* 531.
Verhandeling, Korte, — *Servais* 8631.
Verhandelingen — *Korthals* 4829.
Vermögen, über das, — *Crell* 1961.
Versuch einer Flora — *Meigen* 6058.
Versuch einer teutschen — *Planer* 7176.
Verzeichniss — *Detharding* 2213.
Verzeichniss — *Salm-Reifferscheid-Dyck* 8008.
Verzeichniss — *Walter* 9977.
Verzeichniss — *Wendland* 10175.
Virtutibus herbarum, De, — *Anon.* 10755 —10767. 10797.
Vollständiges systematisches Verzeichniss — *Honckeny* 4194.
Vom Tulpen- und Narzissenbau — *Diez* 2280.
Vorschläge, nach welchen — *Du Hamel* 2465.
Voyage au Mont-Pilat — *Latourette* 5085.
Voyage au Pole Sud — *Dumont d'Urville* 2482.
Voyage au Pole Sud — *Montagne* 6379.
Voyage dans l'Amérique méridionale — *Alcide d'Orbigny* 2377.
Voyage dans le Finistère — *Cambry* 1433.
Voyage dans l'empire de Flore — *Hanin* 3763.
Voyage de découvertes de l'Astrolabe — *Richard* 7603.
Voyage en Abyssinie — *Richard* 7604.
Voyageur, Botaniste, — *Deshayes* 2182.

Wachsthum der Früchte, Abhandlung von dem, — *Zallinger* 10437.
Wien, zool.-botanischer Verein, — *Anon.* 10865.
Wörterbuch, Botanisches etc., — *Anon.* 10869.
Würzburg, botanisches Institut, — *Anon.* 10689.

Zeitschrift für wissenschaftliche Botanik — *Schleiden* 8227.
Zeitschrift für wissenschaftliche Zoologie — *Bary* 451.
Zeitschrift, Oestreichische bot., — *Anon.* 10868.
Zeitung, Allgemeine Garten-, — *Anon.* 10745.
Zeitung, botanische, Regensburg, — *Anon.* 10735.
Zeitung, Garten-, — *Anon.* 10744—10745.
Zélée — *Dumont d'Urville* 2842, *Montagne* 6379.
Zoologisch-botan. Verein in Wien — *Anon.*
Zuckerrohr, die Cultur des, — *Ritter, Erdkunde.*

CORRIGENDA.

Pag.	No	lege:
5	123	Dioscoridis
7	206	peponi
8	Col. I. lin 1.	fil
—	215	1424
—	240	elementar
10	279	Schubert, Biographien, II.
—	289	Upsaliae
22	630	Wigand
24	678	Åland
32	906	baccato
—	934	56 p.
33	946	Pugillus
34	Bonnet	Saussure
36	1017—18	Borrich, idem qui Borch p. 35.
39	Bray	Martius
43	1218	Works
45	1280	Trans-isalania
—	1283	Neuenar
46	1299	Meriana
47	1335	(—)
56		**Carlowitz**
62	1711	1809—13
71	1932	Quaestio
72		**Cruikshanks**
74	2007	1787—1870
79	2156	Silphium
81	2204	Ed. II. ib 1831.
85	2300	XXIX. mensis
87	Col. II, lin VII.	Mattioli
88	2337	(**Dobrowsky**, Abt Joseph)
89	Dombey	Mouton — Fontenille
91	2403	Schünemann. 1855.
92	2439	(—)
93	2467	adsint
—	2471	Flore
97	2575	1856—61.

Pag.	No	lege:
103	2773	Bellicographia (verba: sive Bellidis descriptio — deleantur)
105		**Fallén**
107	Col. II. lin. IV, ex: 632.	Berchtold.
109	3955	2955
—	2956	(—)
110	2972	(—)
112	3038	(—)
114	3115	**Fries**, Thore Magnus,
124	3393	Royen
125	3443	Junghuhn
134	3734	fossilibus
136	3807	halföns
139	3899	baltische
—	3919	1730—33
142	4012	Dietze. 1854.
148	4200	Rhododendrons
157	4475	I: 214 foll., 63 tab.
161	4585	Rubus
165	4705	.. de Paris p. 25—144.
—	4733	ad Nr. 4734 pertinet: Ed. II. cur. J. Dziarkowski et K. Siennicki. ib. 1823—26. 4 voll. 8.
168		**Koernicke**, Friedrich, Professor in Poppelsdorf
173	4968	inaugurale
174	4997	1790—91.
176	5073	1839
187	5394	Fasc. I—III. fol. 50 p., 24 tab.
188	Col. I. lin. XXX.	Fée, Vie de Linné,
194	5545	**Lloyd**
—	5547	**Lloyd**
196	5620	Tendler u Co. 1854. 8. LVI, 384 p.
203	5820	Hölzel 1856.
211	6047	Meerburgh
213	6105	metamorphosibus
215	6166	Angusturae

Pag.	No.	lege:
220	6313	botanici
221	6363	Colocynthide
224		Moretti Professor zu Pavia
225		Morren Professor in Lüttich
—		deleas 6479 (vide 6483).
232	6694	(—)
233	6705	Droserae
—	6706	Pyrenomycetes germanici. Die Kernpilze Deutschlands.
235	6785	De Nederlandsche
—	6792	Breslau, typ. Freund.
237	6837	De Memecyleis
246	7102	Bryogeographische
247	7135	**Picciuoli**, Giuseppe
249	Col. II. lin. XXIII.	Giseke, Index Linneanus *(deleas Phelsum)*
260	7526	Die Algenflora
275	7961	Jakovcsich
280	8121	*Agardhio jure tributum, vide* 57.
284	8273	Moon
295	8634	(—)
298	8709	cathartico
302	8821	Sperk
307	8987	1848
313	9154	Oxalis
315	9212	agricolis
322		Treviranus, Ludolf Christian.
323	9490	denominate
—	9510	**Trinchinetti**
328	Col. II. lin. V.	Aubriet
338	9959	Nepal
341	10043	Urticées
351	10387	Ickstadt
351	10400	Lupinus
356	10562	Fries, Thore
357	10581	Jakovcsich
358	10630	Pisum
540	Col. I lin. XXVIII.	Najas

INDEX.

	Pag.
Praefatio	V
Auctores ordine alphabetico enumerati	1—356
Addenda	356—360
Anonyma et Periodica	360—368

PARS SYSTEMATICA.

Liber I. Botanica generalis.

Cap. 1.	Botanices historia	371—374
Cap. 2.	Ephemerides et Collectanea	374—375
Cap. 3.	Descriptiones variae iconesque plantarum	375—388
§. 1.	Plantae scripturae sacrae commemoratae	375—376
§. 2.	Auctores veteres ante artem typographicam inventam (1455) explicati	376
§. 3.	Ab anno 1455 usque ad Bauhinum 1623. Plantae Europaeae, conquiruntur. Icones ligneae	376—379
	Icones ligneae et aeneae	378
§ 4.	Plantae peregrinae transmarinae describuntur usque ad Tournefortium (1694)	379—381
§. 5.	A Tournefortio usque ad Linnaeum 1736. Species generatim colliguntur	381
§. 6.	A Linnaeo ad R. Brown 1810. Species denominantur definiuntur connectuntur	381—384
	Icones ligneae aeneae lapideae	384
§. 7.	A R. Brown usque ad Candolle 1824. Species exoticae perscrutantur	384—385
§. 8.	Ab A. P. de Candolle usque ad nostra tempora	385—388
	Icones ex plantis ipsis impressae	387
Cap. 4.	Botanica popularis, compendia, encomia	388—398
§. 1.	Libri linguae Latinae Linnaeum praecedentes	388
§. 2.	Libri linguae Latinae Linnaeani et recentiores	388—390
§. 3.	Libri linguae Anglicae Americani	390
§. 4.	Libri linguae Anglicae Britannici	390—391
§. 5.	Libri linguae Batavae	391
§. 6.	Libri linguae Gallicae	391—393
§. 7.	Libri linguae Germanicae	394—397
§. 8.	Libri linguae Hispanicae et Lusitanicae	397
§. 9.	Libri linguae Italicae	397
§. 10.	Libri linguarum Scandinavicarum	397—398

Liber II. Botanica systematica.

Cap. 5.	Systemata et thesauri botanica	398—402
§. 1.	Varia systematum initia	398
§. 2.	Systemata imperfectiora fructibus floribus fundata 1583—1694	398—399
§. 3.	Systema Tournefortianum floribus fundatum	399
§. 4.	Systemata Linnaeana organis propagationis fundata	399
	A. Systema artificiale praevalens	399—401
	B. Systematis naturalis ordines et classes condita	402
Cap. 6.	Classis cryptogamarum monographiae	402—404
Cap. 7.	Algarum sive Phycearum monographiae	404—406
Cap. 8.	Lichenum monographiae	406—408
Cap. 9.	Fungorum monographiae	408—411
Cap. 10.	Hepaticarum monographiae	411—412
Cap. 11.	Muscorum monographiae	412—414
Cap. 12.	Characearum Equisetacearum monographiae	414
§. 1.	Characeae	414
§. 2.	Equiseta	414
Cap. 13.	Filicum monographiae	414—415
Cap. 14.	Selaginum Hydropteridum monographiae	415—416
§. 1.	Selagines	415—416
§. 2.	Hydropterides	416
Cap. 15.	Phanerogamarum monographiae (Familiae ex ordine alphabetico dispositae)	416—446
Cap. 16.	Horti botanici	446—456
I.	Horti Europaei	446—455
§. 1.	Index geographicus	446—447
§. 2.	Index hortorum Europaeorum alphabeticus	447—455
II.	Horti Africani	455
III.	Horti Americani	455—456
IV.	Horti Asiatici	456
V.	Horti Australici	456
Cap. 17.	Nomina plantarum et vernacula et systematica	456—458

Liber III. Botanica geographica.

Sect. A. Generalia, Cap. 18—19.

Cap. 18.	Geographia plantarum generalis	458—462
Cap. 19.	Plantae fossiles. (Petrificata)	462—464

Sect. B. Florae, Cap. 20—36.

Cap. 20.	Flora Africae	464—466
§. 1.	Flora Africae australis	464—465
§. 2.	Flora Africae occidentalis	465
§. 3.	Flora Africae borealis	465—466
§. 4.	Flora Africae orientalis	466
Cap. 21.	Flora Americae	467—471
§. 1.	Flora Americae australis et centralis	467—469
§. 2.	Flora Americae borealis (septentrionalis)	469—471
Cap. 22.	Flora arctica	471—472

		Pag.
Cap. 23.	Flora Asiae	472—476
§. 1.	Flora Asiae australis	472—474
§. 2.	Flora Asiae occidentalis (minoris)	474—475
§. 3.	Flora Asiae borealis	475
§. 4.	Flora Asiae orientalis (Chinae et Japoniae)	475—476
Cap. 24.	Flora Australiae (Oceaniae)	476—477
Cap. 25.	Flora Europaea generalis	477

Florae Europaeae Sect. 1. mediterraneae.

Cap. 26.	Flora Hispanica et Lusitanica	477—478
Cap. 27.	Flora Italica	478—482
Cap. 28.	Flora Graeciae et Turciae	482
§. 1.	Auctores classici Florae Graeciae Europaeensis et Asiaticae	482
§. 2.	Auctores recentiores	482

Florae Europaeae Sect. 2. centralis.

Cap. 29.	Flora Gallica	483—487
Cap. 30.	Flora Batavica et Belgica	487—488
Cap. 31.	Flora Germanica	488—496
Cap. 32.	Flora Helvetica	496—497
Cap. 33.	Flora Austriaca	497—499

Florae Europaeae Sect. 3. borealis.

		Pag.
Cap. 34.	Flora Anglica	499—502
Cap. 35.	Flora Scandinavica	502—505
Cap. 36.	Flora Rossica	505—506

Liber IV. Botanica applicata.

Cap. 37.	Plantae medicae	506—512
Cap. 38.	Plantae venenatae	512—513
Cap. 39.	Plantae usuales et agricultura	513—516
Cap. 40.	Plantae hortenses	516—517
Cap. 41.	Arbores	518—519
Cap. 42.	Plantae poeticae religiosae superstitiosae contemplationi subjectae	519—522

Liber V. Botanica physiologica.

Cap. 43.	Morphologia et vita plantarum	522—526
Cap. 44.	Valetudo et morbi plantarum	526—527
Cap. 45.	Physiologiae partes chemicae physicae	527—534
Cap. 46.	Anatomia et Physiologia generalis	534—540
Index Auctorum		541—568
Index librorum Anonymorum		569—573
Corrigenda		574
Index		575—576
Epilogus		577